Praktische Funktionenlehre

Erster Band

Praktische Funktionenlehre

Von

Professor Dr.-Ing. Friedrich Tölke

Erster Band

Elementare und elementare transzendente Funktionen

Zweite, stark erweiterte Auflage

Mit 178 Abbildungen,
50 durchgerechneten Beispielen
und einer Ausschlagtafel

Springer-Verlag
Berlin Heidelberg GmbH

1950

ISBN 978-3-642-94575-5   ISBN 978-3-642-94574-8 (eBook)
DOI 10.1007/978-3-642-94574-8

Vorwort zur ersten Auflage.

Seitdem E. Jahnke und insbesondere F. Emde mit ihren einzigartigen durch Formeln, Kurven und räumliche Schaubilder ergänzten Tafelwerken die mathematisch hochentwickelte Funktionentheorie weiten Kreisen von Ingenieuren und Physikern erschlossen haben, zeigt sich auf zahlreichen Gebieten der Technik ein immer fühlbarer werdendes Bedürfnis nach einer weit ausholenden Darstellung der Praktischen Funktionenlehre.

Es ist in der heutigen Zeit nicht mehr tragbar, daß hochwertigste technische Kräfte bei der Inangriffnahme neuer Probleme immer wieder gezwungen sind, sich mit der Lösung von Integralen, Differential- und Integralgleichungen abzuquälen, die längst technisches Allgemeingut sein könnten, oder infolge Mangel an Besserem zu ungeeigneten oder fehlerhaften Funktionentafeln greifen müssen, welche die Gefahr des völligen Leerlaufs der angestellten Berechnungen in sich bergen.

In dieser Erkenntnis habe ich vor einiger Zeit den Entschluß gefaßt, ein den heutigen technischen Bedürfnissen angepaßtes Lehr- und Nachschlagebuch der Praktischen Funktionenlehre zu schaffen. Es sind zunächst die folgenden sechs Bände vorgesehen:

Band   I. Elementare und elementare transzendente Funktionen, Unterstufe.

Band II. Elementare und elementare transzendente Funktionen, Oberstufe.

Band III. Theta-Funktionen.

Band IV. Elliptische Funktionen.

Band V. Hypergeometrische Funktionen und Kugelfunktionen.

Band VI. Zylinderfunktionen.

Meine Assistenten Dr.-Ing. Walter Ernst, Dr.-Ing. Hans Hagen und Dipl.-Ing. Chang Wei hatten die Freundlichkeit, das Manuskript des vorliegenden ersten Bandes zu lesen und sämtliche Formeln und Integrale unabhängig von mir nachzurechnen. In den Händen meines Oberingenieurs Dr.-Ing. Kurt Hirschfeld lag die Betreuung und Überwachung der für die Berechnung der Funktionentafeln eingesetzten Kräfte. Mein verehrter Kollege, Herr Professor Dr.-Ing. E. Brennecke, Direktor des Geodätischen Institutes der Technischen Hochschule Berlin, hatte die Freundlichkeit, mir in Herrn Vermessungsinspektor Kramm einen Mitarbeiter zur Verfügung zu stellen, der, in seltenem Maße zahlenmäßig begabt, die Zuverlässigkeit der Funktionentafeln weitgehend sicherstellte. Ich kann jedenfalls versichern, daß alles Menschenmögliche getan wurde, um der Fachwelt ein möglichst verläßliches Werk zu übergeben.

Es ist mir ein besonderes Bedürfnis, den genannten Herren meinen Dank für ihre selbstlose Mitarbeit auszusprechen. Ferner danke ich auch den studentischen Mitarbeitern, den Herren E. W. Lindow, E. Iwanoff, M. V. Bodnarescu und R. Schulz, sowie Herrn Dipl.-Ing. Chang Wei, Frau Dr. rer. nat. Chang-Lu Hsiu-Chen und den Herren Eckard, Franke und Neuhaus für das Lesen der Korrektur.

Schließlich gedenke ich noch dankbar des Verständnisses und Weitblickes, den ich beim Springer-Verlag fand. Ohne diesen Weitblick wäre es wohl kaum möglich gewesen, ein so schwieriges Manuskript im gegenwärtigen Augenblicke zu verlegen und den besten Traditionen des Springer-Verlages gemäß auszustatten.

Charlottenburg, im September 1942.

F. Tölke.

Vorwort zur zweiten Auflage.

Wie im Vorwort zur ersten Auflage zum Ausdruck gebracht wurde, sollte das Gebiet der elementaren und elementaren transzendenten Funktionen in zwei Bänden behandelt werden. Inzwischen sind durch das kürzlich erschienene Werk von Herrn Professor Dr. Betz über Konforme Abbildungen große Teile des für den zweiten Band vorgesehenen Stoffes so eingehend bearbeitet worden, daß es zweckmäßig erschien, auf eine spezielle Behandlung der elementaren und elementaren transzendenten Funktionen im Komplexen zu verzichten und sich unmittelbar den Anwendungen dieser Funktionen im Gebiete der partiellen Differentialgleichungen zuzuwenden. Diese für den zweiten Band gedachten Abschnitte sind nun mit denen des ersten vereinigt worden. Ferner sind auch noch die Kugelfunktionen in die vorliegende zweite Auflage des ersten Bandes mit aufgenommen worden. Auch für die neu hinzugekommenen Abschnitte wurde an Abbildungen, Beispielen und Tafeln nicht gespart. So möge denn auch dieses Buch wieder dazu beitragen, neue Brücken zwischen der Mathematik und Technik zu schlagen.

Dankbar gedenke ich wieder des tiefen Verständnisses und Weitblickes auf seiten des Springer-Verlages sowie der Aufmerksamkeit der Druckerei, die durch tadellose Satzarbeit das Ausmerzen von Satzfehlern sehr erleichtert hat.

Karlsruhe, im Juli 1950.

F. TÖLKE

Inhaltsverzeichnis.

Erster Abschnitt.

Definierende Differential- und Integralgleichungen, Fundamentaleigenschaften und gegenseitige Beziehungen der elementaren und elementaren transzendenten Funktionen.

Zweiter Abschnitt.

Durch elementare und elementare transzendente Funktionen ausdrückbare Integrale.

Dritter Abschnitt.

Funktionentafeln der elementaren Transzendenten.

Vierter Abschnitt.

Anwendungen im Bereich der partiellen Differentialgleichungen und Integralgleichungen.

Erstes Kapitel. Örtlich periodische Wärmeausgleich-, Wärmeentwicklungs- und Diffusionsvorgänge

Inhaltsverzeichnis   XI

Fünfter Abschnitt.

Summierung von Reihenentwicklungen.

Sechster Abschnitt.

Tafel der zonalen Kugelfunktion sowie ihrer Abteilungen und Integrale.

(Für die Formeln und Kurven siehe Ziffer 36)

Erster Abschnitt.

Definierende Differential- und Integralgleichungen, Fundamentaleigenschaften und gegenseitige Beziehungen der elementaren und elementaren transzendenten Funktionen.

1. Gausssche Differentialgleichung und hypergeometrische Reihen [1].

In den folgenden Betrachtungen wird des öfteren auf die Gausssche Differentialgleichung und ihre Lösungen durch hypergeometrische Reihen bezug genommen, weshalb hierüber das Notwendigste vorangestellt sei.

Die Differentialgleichung

$$\frac{d^2w}{dz^2} + \frac{\gamma - (\alpha + \beta + 1)z}{z(1-z)}\frac{dw}{dz} - \frac{\alpha\beta}{z(1-z)}w = 0 \qquad (1)^a$$

zwischen den reellen, imaginären oder komplexen Veränderlichen w und z unter Einschluß von drei willkürlichen Parametern α, β, γ heißt Gausssche oder hypergeometrische Differentialgleichung. Sie läßt sich, wenn $1 - z$ an Stelle von z als unabhängige Veränderliche eingeführt wird, auch in der Alternativform

$$\frac{d^2w}{d(1-z)^2} + \frac{(\alpha + \beta - \gamma + 1) - (\alpha + \beta + 1)(1-z)}{z(1-z)}\frac{dw}{d(1-z)} - \frac{\alpha\beta}{z(1-z)}w = 0 \qquad (1)^b$$

schreiben. Ein erstes Partikularintegral liefert die durch die hypergeometrische Potenzreihe dargestellte Funktion

$$F(\alpha, \beta, \gamma, z) = 1 + \frac{\alpha\beta}{\gamma}\frac{z}{1!} + \frac{[\alpha(\alpha + 1)][\beta(\beta + 1)]}{[\gamma(\gamma + 1)]}\frac{z^2}{2!} + \cdots +$$

$$+ \frac{[\alpha(\alpha + 1)(\alpha + 2)\cdots(\alpha + n - 1)][\beta(\beta + 1)(\beta + 2)\cdots(\beta + n - 1)]}{[\gamma(\gamma + 1)(\gamma + 2)\cdots(\gamma + n - 1)]}\frac{z^n}{n!} + \cdots, \quad (|z| < 1), \quad (2)^a$$

wie durch Einsetzen von $(2)^a$ in $(1)^a$ bewiesen werden soll. Für $w = F$ und nach Multiplikation von $(1)^a$ mit $-\dfrac{z(1-z)}{\alpha\beta}$ lautet die zu beweisende Identitätsgleichung bei leichter Umordnung

$$F - \frac{\gamma}{\alpha\beta}\frac{dF}{dz} + \frac{\alpha + \beta + 1}{\alpha\beta}z\frac{dF}{dz} - \frac{z}{\alpha\beta}\frac{d^2F}{dz^2} + \frac{z^2}{\alpha\beta}\frac{d^2F}{dz^2} = 0.$$

Da $(2)^a$ innerhalb ihres Konvergenzbereiches gleichmäßig konvergent ist, können die Ableitungen von F nach z durch gliedweise Differentiation gebildet werden. Aus $(2)^a$ folgt daher

$$F(\alpha, \beta, \gamma, z) = 1 + \frac{\alpha\beta}{\gamma}z + \sum_{2}^{\infty}\frac{[\alpha(\alpha + 1)(\alpha + 2)\cdots(\alpha + n - 1)][\beta(\beta + 1)(\beta + 2)\cdots(\beta + n - 1)]}{\gamma(\gamma + 1)(\gamma + 2)\cdots(\gamma + n - 1)}\frac{z^n}{n!},$$

$$-\frac{\gamma}{\alpha\beta}\frac{dF}{dz} = -1 - \frac{(\alpha + 1)(\beta + 1)}{\gamma + 1}z - \sum_{2}^{\infty}\frac{[(\alpha + 1)(\alpha + 2)\cdots(\alpha + n)][(\beta + 1)(\beta + 2)\cdots(\beta + n)]}{(\gamma + 1)(\gamma + 2)\cdots(\gamma + n)}\frac{z^n}{n!},$$

$$\frac{\alpha + \beta + 1}{\alpha\beta}z\frac{dF}{dz} = \frac{\alpha + \beta + 1}{\gamma}z +$$

$$+ \sum_{2}^{\infty}\frac{(\alpha + \beta + 1)[(\alpha + 1)(\alpha + 2)\cdots(\alpha + n - 1)][(\beta + 1)(\beta + 2)\cdots(\beta + n - 1)]}{\gamma(\gamma + 1)(\gamma + 2)\cdots(\gamma + n - 1)}\frac{z^n}{(n - 1)!},$$

$$-\frac{z}{\alpha\beta}\frac{d^2F}{dz^2} = -\frac{(\alpha + 1)(\beta + 1)}{\gamma(\gamma + 1)}z - \sum_{2}^{\infty}\frac{[(\alpha + 1)(\alpha + 2)\cdots(\alpha + n)][(\beta + 1)(\beta + 2)\cdots(\beta + n)]}{\gamma(\gamma + 1)(\gamma + 2)\cdots(\gamma + n)}\frac{z^n}{(n - 1)!},$$

$$+\frac{z^2}{\alpha\beta}\frac{d^2F}{dz^2} = \sum_{2}^{\infty}\frac{[(\alpha + 1)(\alpha + 2)\cdots(\alpha + n - 1)][(\beta + 1)(\beta + 2)\cdots(\beta + n - 1)]}{\gamma(\gamma + 1)(\gamma + 2)\cdots(\gamma + n - 1)}\frac{z^n}{(n - 2)!},$$

[1] Der mathematisch weniger geübte Leser kann Ziffer 1 zunächst überspringen.

und damit

$$F - \frac{\gamma}{\alpha\beta}\frac{dF}{dz} + \frac{\alpha+\beta+1}{\alpha\beta}z\frac{dF}{dz} - \frac{z}{\alpha\beta}\frac{d^2F}{dz^2} + \frac{z^2}{\alpha\beta}\frac{d^2F}{dz^2}$$

$$= \frac{[\alpha\beta(\gamma+1)-(\alpha+1)(\beta+1)\gamma+(\alpha+\beta+1)(\gamma+1)-(\alpha+1)(\beta+1)]}{\gamma(\gamma+1)}z +$$

$$+ \sum_{2}^{\infty}\frac{(\alpha+1)(\alpha+2)\cdots(\alpha+n-1)(\beta+1)(\beta+2)\cdots(\beta+n-1)}{\gamma(\gamma+1)(\gamma+2)\cdots(\gamma+n)}$$

$$\left[\alpha\beta(\gamma+n)-(\alpha+n)(\beta+n)\gamma+(\alpha+\beta+1)(\gamma+n)n-(\alpha+n)(\beta+n)n+(\gamma+n)(n-1)n\right]\frac{z^n}{n!}$$

Die Ausmultiplikation auf der rechten Seite zeigt, daß die beiden eckigen Klammern identisch verschwinden. Somit folgt

$$F - \frac{\gamma}{\alpha\beta}\frac{dF}{dz} + \frac{\alpha+\beta+1}{\alpha\beta}z\frac{dF}{dz} - \frac{z}{\alpha\beta}\frac{d^2F}{dz^2} + \frac{z^2}{\alpha\beta}\frac{d^2F}{dz^2} = 0,$$

wie zu beweisen war.

Durch Vertauschen von γ mit $\alpha+\beta-\gamma+1$ und z mit $1-z$ ergibt sich entsprechend

$$F(\alpha,\beta,\alpha+\beta-\gamma+1,1-z) = 1 + \frac{\alpha\beta}{\alpha+\beta-\gamma+1}\frac{1-z}{1!} + \frac{[\alpha(\alpha+1)][\beta(\beta+1)]}{[(\alpha+\beta-\gamma+1)(\alpha+\beta-\gamma+2)]}\frac{(1-z)^2}{2!} + \cdots +$$

$$+ \frac{[\alpha(\alpha+1)(\alpha+2)\cdots(\alpha+n-1)][\beta(\beta+1)(\beta+2)\cdots[(\beta+n-1)]}{[(\alpha+\beta-\gamma+1)(\alpha+\beta-\gamma+2)\cdots(\alpha+\beta-\gamma+n)]}\frac{(1-z)^n}{n!} + \cdots \tag{2$^\mathrm{b}$}$$

als ein Partikularintegral von (1)$^\mathrm{b}$.

Da die Differentialgleichungen (1)$^\mathrm{a}$ und (1)$^\mathrm{b}$ identisch sind, liegen in (2)$^\mathrm{a}$ und (2)$^\mathrm{b}$ zwei voneinander unabhängige Partikularintegrale vor, und man erhält

$$\frac{d^2w}{dz^2} + \frac{\gamma-(\alpha+\beta+1)z}{z(1-z)}\frac{dw}{dz} - \frac{\alpha\beta}{z(1-z)}w = 0,$$

$$w = c_1 F(\alpha,\beta,\gamma,z) + c_2 F(\alpha,\beta,\alpha+\beta-\gamma+1,1-z). \qquad (|z|<1) \tag{3}$$

Die Brauchbarkeit der Lösung ist an den Konvergenzbereich der hypergeometrischen Reihen (2)$^\mathrm{a}$ und (2)$^\mathrm{b}$ gebunden. Dieser umfaßt den im Innern des Einheitskreises um $z=0$ gelegenen Teil der komplexen Zahlenebene. Unter gewissen Bedingungen konvergieren die Reihen auch noch auf dem Einheitskreise selbst, worauf einzugehen sich hier aber erübrigt.

2. Die Exponentialfunktionen.

a) Definierende Integralgleichung und Potenzreihenentwicklung.

Es sei nach einer Funktion $w(z)$ gefragt, die der linearen Integralgleichung

$$w(z) - w_0 - \int_0^z \omega\, w(\zeta)\, d\zeta = 0$$

genügt. ω sei dabei ein willkürlicher Parameter, während w_0, wie aus der Integralgleichung unmittelbar hervorgeht, den Wert von w für $z=0$ darstellt. Nun sei $w(z)$ nach Frobenius in der Form der unbestimmten Potenzreihe

$$w(z) = w_0 + w_1 z + w_2 z^2 + \cdots + w_n z^n + \cdots$$

angesetzt, mit deren Hilfe das Integral gemäß

$$\int_0^z \omega\, w(\zeta)\, d\zeta = \omega\int_0^z (w_0 + w_1\zeta + w_2\zeta^2 + \cdots + w_n\zeta^n + \cdots)\, d\zeta$$

$$= \omega\left[w_0 z + \frac{w_1 z^2}{2} + \frac{w_2 z^3}{3} + \cdots + \frac{w_n z^{n+1}}{n+1} + \cdots\right].$$

ausgewertet werden kann. Dann tritt an die Stelle der Integralgleichung nach entsprechender Zusammenfassung die Identitätsgleichung

$$(w_1 - \omega w_0)z + \left(w_2 - \frac{\omega w_1}{2}\right)z^2 + \left(w_3 - \frac{\omega w_2}{3}\right)z^3 + \cdots + \left(w_n - \frac{\omega w_{n-1}}{n}\right)z^n + \cdots \equiv 0,$$

die nur durch Nullsetzen sämtlicher Klammern befriedigt werden kann. Hieraus folgt für die unbestimmten Koeffizienten

$$w_1 - \omega w_0 = 0, \quad w_2 - \frac{\omega w_1}{2} = 0, \quad w_3 - \frac{\omega w_2}{3} = 0, \quad \cdots w_n - \frac{\omega w_{n-1}}{n} = 0, \quad \cdots$$

oder nach Auflösung des Gleichungssystems

$$w_1 = \omega w_0, \quad w_2 = \frac{\omega w_1}{2} = \frac{\omega^2 w_0}{2!}, \quad w_3 = \frac{\omega w_2}{3} = \frac{\omega^3 w_0}{3!}, \quad \cdots w_n = \frac{\omega w_{n-1}}{n} = \frac{\omega^n w_0}{n!}, \quad \cdots.$$

Damit lassen sich Ausgangsgleichung und Ergebnis in folgender Weise zusammenfassen

$$w(z) - w_0 - \omega \int_0^z w(\zeta)\,d\zeta = 0, \quad w(z) = w_0 \left[1 + \frac{\omega z}{1!} + \frac{(\omega z)^2}{2!} + \frac{(\omega z)^3}{3!} + \cdots + \frac{(\omega z)^n}{n!} + \cdots \right]. \qquad (4)^{\mathrm{a}}$$

In entsprechender Weise ergibt sich durch Vertauschen von ω mit $-\omega$

$$w(z) - w_0 + \omega \int_0^z w(\zeta)\,d\zeta = 0, \quad w(z) = w_0 \left[1 - \frac{\omega z}{1!} + \frac{(\omega z)^2}{2!} - \frac{(\omega z)^3}{3!} + \cdots + (-1)^n \frac{(\omega z)^n}{n!} + \cdots \right]. \qquad (4)^{\mathrm{b}}$$

Die in den eckigen Klammern von (4) enthaltenen Funktionen werden gemäß

$$\left. \begin{aligned} e^{+\omega z} &= 1 + \frac{\omega z}{1!} + \frac{(\omega z)^2}{2!} + \frac{(\omega z)^3}{3!} + \cdots = \sum_0^\infty \frac{(\omega z)^n}{n!}, \\ e^{-\omega z} &= 1 - \frac{\omega z}{1!} + \frac{(\omega z)^2}{2!} - \frac{(\omega z)^3}{3!} + \cdots = \sum_0^\infty (-1)^n \frac{(\omega z)^n}{n!}, \end{aligned} \right\} \quad (|z| < \infty) \qquad (5)$$

als Exponentialfunktionen bezeichnet. Da die Potenzreihen für jeden z-Wert konvergieren, werden die Exponentialfunktionen durch (5) für den gesamten Bereich der komplexen Zahlenebene definiert. Für reelle z-Werte und $\omega = 1$ ist ihr Verlauf aus Abb. 1 ersichtlich.

Die Einführung von (5) in (4) liefert

$$\left. \begin{aligned} w(z) - w_0 - \omega \int_0^z w(\zeta)\,d\zeta = 0, \quad w(z) = w_0 e^{+\omega z}, \\ w(z) - w_0 + \omega \int_0^z w(\zeta)\,d\zeta = 0, \quad w(z) = w_0 e^{-\omega z}. \end{aligned} \right\} \qquad (6)$$

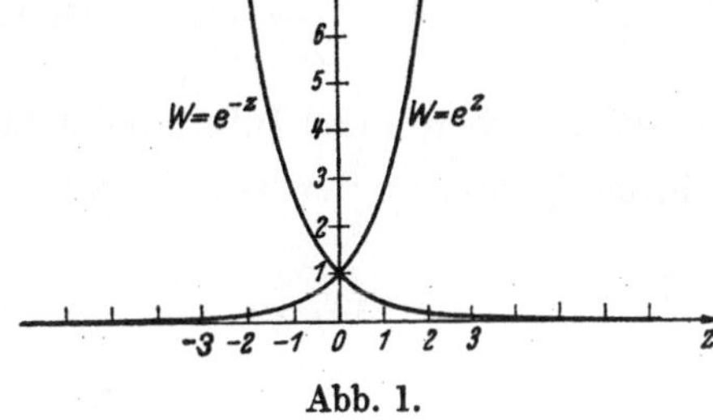

Abb. 1.

Die Integralgleichungen (6) lassen sich auch in der allgemeineren Form

$$\left. \begin{aligned} w(z) - w(z_0) - \omega \int_{z_0}^z w(\zeta)\,d\zeta = 0, \quad w(z) = w(z_0)\, e^{\omega(z - z_0)}, \\ w(z) - w(z_0) + \omega \int_{z_0}^z w(\zeta)\,d\zeta = 0, \quad w(z) = w(z_0)\, e^{-\omega(z - z_0)}, \end{aligned} \right\} \qquad (7)$$

schreiben, wie man durch Einsetzen der Lösungen in Verbindung mit (5) unmittelbar bestätigt.

b) Differential- und Integralformeln.

Aus (5) folgen die Differential- und Integralformeln

$$\left. \begin{aligned} \frac{d e^{\omega z}}{dz} = \omega e^{\omega z}, \qquad & \int e^{\omega z}\,dz = \frac{1}{\omega} e^{\omega z}, \\ \frac{d e^{-\omega z}}{dz} = -\omega e^{-\omega z}, \qquad & \int e^{-\omega z}\,dz = -\frac{1}{\omega} e^{-\omega z}. \end{aligned} \right\} \qquad (8)$$

c) Definierende Differentialgleichungen.

Für $w = C e^{\omega z}$ bzw. $w = C e^{-\omega z}$ ergeben sich aus (8) die Differentialgleichungen

$$\left. \begin{aligned} \frac{dw}{dz} - \omega w = 0, \quad w = C e^{\omega z}, \\ \frac{dw}{dz} + \omega w = 0, \quad w = C e^{-\omega z}, \end{aligned} \right\} \qquad (9)$$

Man hätte dieses Ergebnis auch unmittelbar aus (6) bzw. (7) durch Differentiation der Integralgleichungen gewinnen können. Demgemäß sind die Integralgleichungen (6) bzw. (7) und die Differentialgleichungen (9) als äquivalent anzusehen. Trotz dieser Äquivalenz besteht aber insofern ein bemerkenswerter Unterschied, als in der Lösung der Integralgleichung alle Größen von vornherein festgelegt sind, während in derjenigen der Differentialgleichung eine zunächst völlig willkürliche Größe, die Integrationskonstante C, anfällt, deren Bestimmung erst durch zusätzliche Aussagen, z. B. über das Funktionsverhalten am Rande, möglich ist.

d) Beispiel 1.

Zur Beleuchtung dieser grundsätzlich verschiedenen Betrachtungsmöglichkeiten sei gemäß Abb. 2 ein langes Bohrgestänge untersucht, dessen Tragquerschnitt $F(z)$, um das Gestängegewicht auf ein Minimum herabzusetzen, überall voll ausgenutzt sein soll; die zulässige Zugbeanspruchung und das Raumgewicht des Stahles seien σ bzw. γ, das Gewicht des Bohrers G_0 und der Querschnitt am unteren Ende F_0. Dann liefert die Kräftegleichgewichtsbedingung für das Gestänge unterhalb eines Schnittes im Abstande z vom unteren Ende

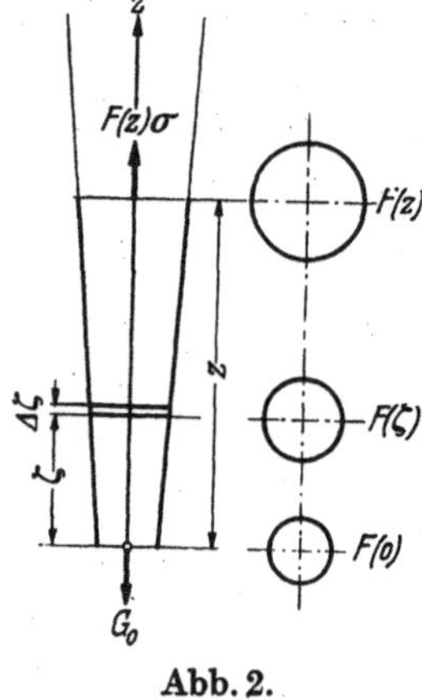

Abb. 2.

$$F(z)\,\sigma - G_0 - \int_0^z \gamma F(\zeta)\,d\zeta = 0\,,$$

und insbesondere an der Stelle $z = 0$

$$F_0\sigma - G_0 = 0 \quad \text{oder} \quad G_0 = F_0\sigma\,.$$

Wird diese Beziehung in der Gleichgewichtsbedingung berücksichtigt und gleichzeitig durch σ dividiert, so folgt die Integralgleichung

$$F(z) - F_0 - \frac{\gamma}{\sigma}\int_0^z F(\zeta)\,d\zeta = 0\,,$$

die mit der oberen der Integralgleichungen (6) vollständig übereinstimmt, wenn w durch F und ω durch $\frac{\gamma}{\sigma}$ ersetzt werden. Somit ergibt sich als Lösung

$$F(z) = F_0\, e^{\frac{\gamma}{\sigma}z}\,.$$

Zu einer ganz anderen Art der Betrachtung gelangt man, wenn gemäß Abb. 3 noch ein zweiter benachbarter Schnitt an der Stelle $z + \Delta z$ durch das Gestänge geführt und die Gleichgewichtsuntersuchung auf das zwischen z und $z + \Delta z$ liegende „Gestängeelement" beschränkt wird. In diesem Falle ergibt sich

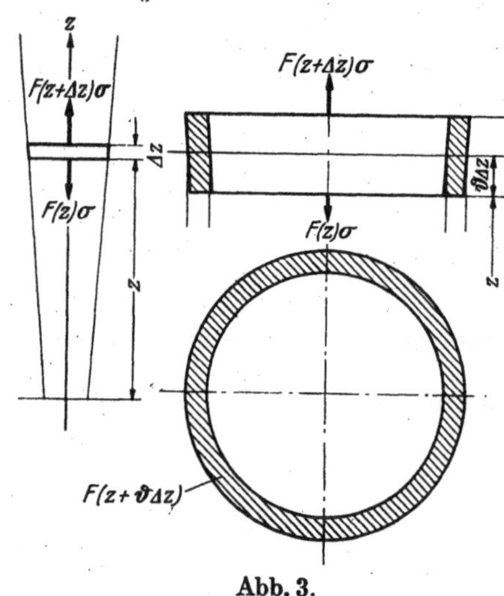

Abb. 3.

$$F(z + \Delta z)\sigma - F(z)\sigma - \gamma F(z + \vartheta \Delta z)\Delta z = 0$$

oder nach Division durch $\sigma\Delta z$

$$\frac{F(z + \Delta z) - F(z)}{\Delta z} - \frac{\gamma}{\sigma}F(z + \vartheta \Delta z) = 0\,.$$

Da der „mittlere" Querschnitt $F(z + \vartheta \Delta z)$ des Gestängeelementes zunächst unbekannt ist, kann über ϑ nur ausgesagt werden, daß es zwischen 0 und 1 liegt. Beim Grenzübergang für $\Delta z \to 0$ fällt ϑ aus der Gleichgewichtsbedingung heraus und man erhält

$$\frac{dF}{dz} - \frac{\gamma}{\sigma}F = 0\,.$$

Durch Vergleich mit der ersten der Gln (8) ergibt sich hier die Lösung zu

$$F = C\, e^{\frac{\gamma}{\sigma}z}\,.$$

Die Integrationskonstante C folgt aus der Randbedingung

$$F = F_0 \quad \text{für} \quad z = 0$$

in Verbindung mit (5) zu

$$C = F_0 .$$

Man erhält daher

$$F(z) = F_0 e^{\frac{\gamma}{\omega} z}$$

d. h. das gleiche Ergebnis wie bei der ersten Betrachtungsweise.

Wie dieses Beispiel anschaulich erkennen läßt, gelangt man zu Integralgleichungen, wenn der Körper als Ganzes oder „im Großen" betrachtet wird, zu Differentialgleichungen, wenn er atomisiert oder „im Kleinen" untersucht wird. Da die Betrachtung im Großen erheblich kürzer ist und keine offenbleibenden Bestimmungsstücke enthält, ist es häufig vorteilhafter die Probleme auf Integralgleichungen zurückzuführen.

e) Exponentialfunktionen als Lösungen von Differentialgleichungen höherer Ordnung.

Werden die Gln (8) nochmals differenziert, so folgt

$$\frac{d^2 e^{\omega z}}{d z^2} = \omega^2 e^{\omega z} , \quad \frac{d^2 e^{-\omega z}}{d z^2} = \omega^2 e^{-\omega z} .$$

Hiernach lassen sich die beiden Exponentialfunktionen als Lösungen ein und derselben Differentialgleichung zweiter Ordnung darstellen, z. B. in der Form

$$\frac{d^2 w}{d z^2} - \omega^2 w = 0, \quad w = C_1 e^{\omega z} + C_2 e^{-\omega z} . \tag{10}$$

Durch sukzessive Differentiation ergibt sich für die n^{ten} Differentialquotienten der Exponentialfunktionen

$$\frac{d^n e^{\omega z}}{d z^n} = \omega^n e^{\omega z} , \quad \frac{d^n e^{-\omega z}}{d z^n} = (-1)^n \omega^n e^{-\omega z} . \tag{11}$$

Diese Formeln gestatten — wenigstens formal —, die Lösung einer linearen Differentialgleichung mit konstanten Koeffizienten allgemein darzustellen. Ist die Differentialgleichung in der Form

$$\frac{d^n w}{d z^n} + A_1 \frac{d^{n-1} w}{d z^{n-1}} + A_2 \frac{d^{n-2} w}{d z^{n-2}} + \cdots + A_{n-2} \frac{d^2 w}{d z^2} + A_{n-1} \frac{d w}{d z} + A_n w = 0$$

vorgegeben, so liefert der Ansatz

$$w = C e^{\omega z}$$

in Verbindung mit (11)

$$C e^{\omega z} [\omega^n + A_1 \omega^{n-1} + A_2 \omega^{n-2} + \cdots + A_{n-2} \omega^2 + A_{n-1} \omega + A_n] = 0 .$$

Wird der Parameter ω so gewählt, daß die charakteristische Gleichung

$$\omega^n + A_1 \omega^{n-1} + A_2 \omega^{n-2} + \cdots + A_{n-2} \omega^2 + A_{n-1} \omega + A_n = 0$$

erfüllt ist, so wird die Identitätsgleichung für jeden Wert von z befriedigt und $C e^{\omega z}$ ist demgemäß ein Partikularintegral der Ausgangsdifferentialgleichung. Die charakteristische Gleichung besitzt als algebraische Gleichung n^{ter} Ordnung n Wurzeln, so daß n Lösungen von der Form $C e^{\omega z}$ angegeben werden können. Ihre Überlagerung liefert die allgemeine Lösung mit n willkürlichen Integrationskonstanten. In Zusammenfassung dieser Ergebnisse erhält man

$$\left. \begin{aligned} &\frac{d^n w}{d z^n} + A_1 \frac{d^{n-1} w}{d z^{n-1}} + A_2 \frac{d^{n-2} w}{d z^{n-2}} + \cdots + A_{n-2} \frac{d^2 w}{d z^2} + A_{n-1} \frac{d w}{d z} + A_n w = 0, \\ &w = C_1 e^{\omega_1 z} + C_2 e^{\omega_2 z} + \cdots + C_n e^{\omega_n z}, \\ &\omega^n + A_1 \omega^{n-1} + A_2 \omega^{n-2} + \cdots + A_{n-2} \omega^2 + A_{n-1} \omega + A_n = 0. \end{aligned} \right\} \tag{12}$$

Auf die praktische Bestimmung der Wurzelwerte ω, insbesondere wenn sie komplex sind, auf die Behandlung von Doppelwurzeln und auf die reelle Zusammenfassung komplexer Lösungen wird weiter unten noch teilweise eingegangen werden.

f) Produkte von Exponentialfunktionen.

Nun seien zwei Exponentialfunktionen gemäß

$$e^{\omega z} = 1 + \frac{\omega z}{1!} + \frac{(\omega z)^2}{2!} + \frac{(\omega z)^3}{3!} + \cdots + \frac{(\omega z)^n}{n!} + \cdots,$$

$$e^{\omega_0 z_0} = 1 + \frac{\omega_0 z_0}{1!} + \frac{(\omega_0 z_0)^2}{2!} + \frac{(\omega_0 z_0)^3}{3!} + \cdots + \frac{(\omega_0 z_0)^n}{n!} + \cdots$$

durch ihre Potenzreihen gegeben; dann liefert ihre Multiplikation

$$e^{\omega z} e^{\omega_0 z_0} = 1 + \frac{(\omega z + \omega_0 z_0)}{1!} + \frac{(\omega z + \omega_0 z_0)^2}{2!} + \frac{(\omega z + \omega_0 z_0)^3}{3!} + \cdots + \frac{(\omega z + \omega_0 z_0)^n}{n!} + \cdots = e^{\omega z + \omega_0 z_0}. \tag{13}$$

Insbesondere folgt für $\omega = \omega_0 = 1$ und $\omega = -\omega_0 = 1$

$$\left. \begin{aligned} e^z e^{z_0} &= e^{z + z_0}, \\ e^z e^{-z_0} &= e^{z - z_0}. \end{aligned} \right\} \tag{14}$$

Für $z_0 = z$ erhält man aus der zweiten der Gln (14) wegen $e^0 = 1$

$$e^{-z} = \frac{1}{e^{+z}}, \qquad e^{+z} = \frac{1}{e^{-z}}. \tag{15}$$

In Erweiterung auf mehrfache Produkte liefert (14) durch stufenweise Anwendung auf sich selbst

$$e^{z_1} e^{z_2} e^{z_3} \cdots e^{z_n} = e^{z_1 + z_2 + z_3 + \cdots + z_n}. \tag{16}$$

g) Potenzen von Exponentialfunktionen.

Aus (16) folgt bei Heranziehung des Potenzbegriffes der Algebra

$$(e^z)^\lambda = e^{\lambda z} = (e^\lambda)^z. \tag{17}$$

3. Die Logarithmusfunktion.

a) Logarithmusfunktion als Umkehrung der Exponentialfunktion.

Die Logarithmusfunktion ist die Umkehrung der Exponentialfunktion. Demgemäß lauten die Definitionsgleichungen

$$z = e^w, \quad w = \ln z. \tag{18}$$

b) Differential- und Integralformeln, Potenzreihenentwicklung.

Aus dem Umkehrcharakter folgt in Verbindung mit (8)

$$\frac{d \ln z}{dz} = \frac{dw}{dz} = \frac{1}{\dfrac{dz}{dw}} = \frac{1}{e^w} = \frac{1}{z}. \tag{19}$$

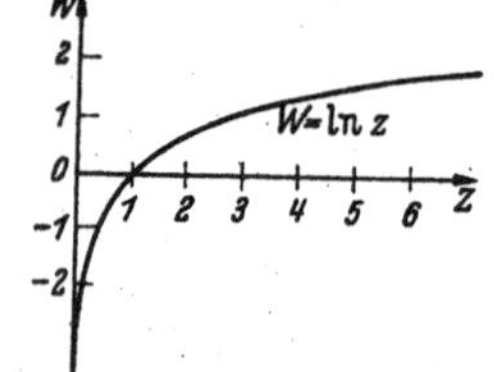

Abb. 4.

Ferner ergibt sich durch partielle Integration

$$\int \ln z \, dz = z \ln z - \int z \frac{d \ln z}{dz} dz = z (\ln z - 1). \tag{20}$$

Durch n-fache Differentiation erhält man aus (19)

$$\frac{d^n \ln z}{dz^n} = \frac{(-1)^{n-1}(n-1)!}{z^n} = \frac{(-1)^{n-1}}{n} \frac{n!}{z^n}, \qquad \left(\frac{d^n \ln z}{dz^n} \right)_{z=1} = \frac{(-1)^{n-1}}{n} n!. \tag{21}$$

Wird die Logarithmusfunktion gemäß

$$\ln z = \ln [1 - (1 - z)] = \ln 1 - \left(\frac{d \ln z}{dz} \right)_1 \frac{1 - z}{1!} + \left(\frac{d^2 \ln z}{dz^2} \right)_1 \frac{(1 - z)^2}{2!} - \cdots + (-1)^n \left(\frac{d^n \ln z}{dz^n} \right)_1 \frac{(1 - z)^n}{n!} + \cdots$$

an der Stelle $z = 1$ entwickelt, so folgt wegen

$$\ln 1 = 0 \tag{22}$$

und in Verbindung mit (21)

$$\ln z = - \left[(1 - z) + \frac{(1 - z)^2}{2} + \frac{(1 - z)^3}{3} + \cdots + \frac{(1 - z)^n}{n} + \cdots \right] = - \sum_1^\infty \frac{(1 - z)^n}{n}. \qquad (|z| < 1). \tag{23}$$

Für reelles Argument ist der Verlauf von $\ln z$ aus Abb. 4 ersichtlich.

c) Definierende Differentialgleichung.

Wie man mit (19) oder (21) sofort bestätigt, genügt die Logarithmusfunktion der Differentialgleichung

$$\frac{d^2 w}{dz^2} + \frac{1}{z}\frac{dw}{dz} = 0 \quad \text{mit} \quad w = c_1 \ln z + c_2 . \tag{24}$$

d) Logarithmus von Produkten und Potenzen.

Nun seien zwei Logarithmusfunktionen gemäß

$$\begin{aligned} z &= e^w , & w &= \ln z \\ z_0 &= e^{w_0}, & w_0 &= \ln z_0 \end{aligned}$$

gegeben. Dann folgt durch Multiplikation und Addition bzw. Division und Subtraktion

$$\begin{aligned} z\,z_0 &= e^w e^{w_0} = e^{w+w_0}, & w + w_0 &= \ln z + \ln z_0, & z\,z_0 &= e^{\ln z + \ln z_0}, \\ \frac{z}{z_0} &= \frac{e^w}{e^{w_0}} = e^{w-w_0}, & w - w_0 &= \ln z - \ln z_0, & \frac{z}{z_0} &= e^{\ln z - \ln z_0}. \end{aligned} \tag{25}$$

Hieraus ergibt sich durch Umkehrung

$$\ln(z\,z_0) = \ln z + \ln z_0, \qquad \ln \frac{z}{z_0} = \ln z - \ln z_0 . \tag{26}$$

Im Sonderfalle $z = 1$ liefert die zweite dieser Gleichungen, wenn z an Stelle von z_0 geschrieben und gleichzeitig (22) beachtet wird,

$$\ln \frac{1}{z} = - \ln z . \tag{27}$$

Bei Erweiterung auf ein n-faches Produkt, durch Anwendung von (26) auf sich selbst, folgt

$$\ln(z_1 z_2 z_3 \cdots z_n) = \ln z_1 + \ln z_2 + \ln z_3 + \cdots + \ln z_n \tag{28}$$

und bei Heranziehung des Potenzbegriffes der Algebra

$$\ln z^\lambda = \lambda \ln z . \tag{29}$$

4. Die Potenzfunktion.

a) Darstellung durch Exponential- und Logarithmusfunktion.

Die Funktion

$$w = z^\lambda$$

heißt Potenzfunktion. Mit der aus (18) folgenden Identität

$$w = e^{\ln w}$$

und unter Verwendung von (29) kann die Potenzfunktion gemäß

$$w = z^\lambda = e^{\lambda \ln z} \tag{30}$$

durch Exponential- und Logarithmusfunktion ausgedrückt werden.

b) Differential- und Integralformeln.

Für Differentialquotient und Integral erhält man

$$\frac{dz^\lambda}{dz} = \lambda z^{\lambda-1}, \qquad \int z^\lambda \, dz = \frac{z^{\lambda+1}}{\lambda+1} . \tag{31}$$

Hieraus folgt für den n-fachen Differentialquotienten und das n-fache Integral

$$\frac{d^n z^\lambda}{dz^n} = \lambda(\lambda-1)(\lambda-2)\cdots(\lambda-n+1)\,z^{\lambda-n} . \qquad \underset{(n)}{\int\!\!\int \cdots \int} z^\lambda \,(dz)^n = \frac{z^{\lambda+n}}{(\lambda+1)(\lambda+2)\cdots(\lambda+n)} \tag{32}$$

c) Potenzfunktionen als Lösungen der gleichdimensionalen Differentialgleichung.

Zufolge (32) lassen sich die Lösungen der sogenannten gleichdimensionalen Differentialgleichung

$$\frac{d^n w}{dz^n} + A_1 \frac{1}{z} \frac{d^{n-1}w}{dz^{n-1}} + A_2 \frac{1}{z^2} \frac{d^{n-2}w}{dz^{n-2}} + \cdots + A_{n-2} \frac{1}{z^{n-2}} \frac{d^2 w}{dz^2} + A_{n-1} \frac{1}{z^{n-1}} \frac{dw}{dz} + A_n \frac{1}{z^n} w = 0$$

unmittelbar durch Potenzfunktionen darstellen. Wird w in der Form

$$w = C z^\lambda$$

angesetzt, so geht die Differentialgleichung in die Identitätsgleichung

$$C z^{\lambda-n} [\lambda(\lambda-1)(\lambda-2)\cdots(\lambda-n+1) + A_1 \lambda(\lambda-1)(\lambda-2)\cdots(\lambda-n+2) + \cdots +$$
$$+ A_{n-2}\lambda(\lambda-1) + A_{n-1}\lambda + A_n] = 0$$

über. Um sie für jedes z zu befriedigen, muß λ der charakteristischen Gleichung

$$\lambda(\lambda-1)(\lambda-2)\cdots(\lambda-n+1) + A_1 \lambda(\lambda-1)(\lambda-2)\cdots(\lambda-n+2) + \cdots +$$
$$+ A_{n-2}\lambda(\lambda-1) + A_{n-1}\lambda + A_n = 0$$

genügen, die nach dem Ausmultiplizieren eine algebraische Gleichung n^{ten} Grades darstellt. Entsprechend den n Wurzeln dieser Gleichung ergeben sich n Partikularintegrale von der Form $C z^\lambda$, die bei Überlagerung, als mit n willkürlichen Konstanten behaftet, die allgemeine Lösung der Ausgangsdifferentialgleichung darstellen. In Zusammenfassung dieser Ergebnisse erhält man

$$\left.\begin{aligned}
&\frac{d^n w}{dz^n} + \frac{A_1}{z} \frac{d^{n-1}w}{dz^{n-1}} + \frac{A_2}{z_2} \frac{d^{n-2}w}{dz^{n-2}} + \cdots + \frac{A_{n-2}}{z^{n-2}} \frac{d^2 w}{dz^2} + \frac{A_{n-1}}{z^{n-1}} \frac{dw}{dz} + \frac{A_n}{z^n} w = 0, \\
&w = C_1 z^{\lambda_1} + C_2 z^{\lambda_2} + C_3 z^{\lambda_3} + \cdots + C_n z^{\lambda_n}, \\
&\lambda(\lambda-1)(\lambda-2)\cdots(\lambda-n+1) + A_1 \lambda(\lambda-1)(\lambda-2)\cdots(\lambda-n+2) + \cdots + \\
&\qquad + A_{n-2}\lambda(\lambda-1) + A_{n-1}\lambda + A_n = 0.
\end{aligned}\right\} \quad (33)$$

Auf die praktische Bestimmung der Wurzelwerte λ, insbesondere wenn sie komplex sind, auf die Behandlung von Doppelwurzeln und auf die reelle Zusammenfassung komplexer Lösungen kann hier nicht näher eingegangen werden.

d) Potenzfunktionen und GAUSSsche Differentialgleichung.

In besonders enger Beziehung stehen die Potenzfunktionen zu der GAUSSschen Differentialgleichung für die Parameter $\alpha = -\lambda$ und $\beta = \gamma = 1-\lambda$. In diesem Falle folgt nämlich einerseits, wie man durch Einsetzen in Verbindung mit (31) und (32) bestätigt,

$$\frac{d^2 w}{dz^2} + \frac{(1-\lambda)(1-2z)}{z(1-z)} \frac{dw}{dz} + \frac{\lambda(1-\lambda)}{z(1-z)} w = 0, \qquad w = c_1(1-z)^\lambda + c_2 z^\lambda. \quad (34)$$

und andererseits nach (3)

$$\frac{d^2 w}{dz^2} + \frac{(1-\lambda)(1-2z)}{z(1-z)} \frac{dw}{dz} + \frac{\lambda(1-\lambda)}{z(1-z)} w = 0,$$
$$w = c_1 F(-\lambda, 1-\lambda, 1-\lambda, z) + c_2 F(-\lambda, 1-\lambda, 1-\lambda, 1-z). \quad (35)$$

Dabei stellen nach (2) die mit F bezeichneten Partikularintegrale die hypergeometrischen Reihen

$$\left.\begin{aligned}
F(-\lambda, 1-\lambda, 1-\lambda, z) &= 1 - \lambda z + \frac{\lambda(\lambda-1)}{2!} z^2 - \frac{\lambda(\lambda-1)(\lambda-2)}{3!} z^3 + \cdots + \\
&\quad + (-1)^n \frac{\lambda(\lambda-1)(\lambda-2)\cdots(\lambda-n+1)}{n!} z^n + \cdots, \\
F(-\lambda, 1-\lambda, 1-\lambda, 1-z) &= 1 - \lambda(1-z) + \frac{\lambda(\lambda-1)}{2!} (1-z)^2 - \frac{\lambda(\lambda-1)(\lambda-2)}{3!} (1-z)^3 + \cdots + \\
&\quad + (-1^n) \frac{\lambda(\lambda-1)(\lambda-2)\cdots(\lambda-n+1)}{n!} (1-z)^n + \cdots.
\end{aligned}\right\} \quad (36)$$

dar.

Der Vergleich von (34) und (35) in Verbindung mit (36) zeigt für beide Lösungsformen Entwickelbarkeit an den Stellen $z=0$ bzw. $z=1$ und Übereinstimmung der Funktionswerte an diesen Entwicklungsstellen. Somit erhält man

$$
\begin{aligned}
(1-z)^\lambda &= 1-\lambda z+\frac{\lambda(\lambda-1)}{2!}z^2-\frac{\lambda(\lambda-1)(\lambda-2)}{3!}z^3+\cdots+ \\
&\quad +(-1)^n\frac{\lambda(\lambda-1)(\lambda-2)\cdots(\lambda-n+1)}{n!}z^n+\cdots, \qquad (|z|<1) \\
z^\lambda &= 1-\lambda(1-z)+\frac{\lambda(\lambda-1)}{2!}(1-z)^2-\frac{\lambda(\lambda-1)(\lambda-2)}{3!}(1-z)^3+\cdots+ \\
&\quad +(-1)^n\frac{\lambda(\lambda-1)(\lambda-2)\cdots(\lambda-n+1)}{n!}(1-z)^n+\cdots.
\end{aligned} \tag{37}
$$

Dies sind die binomischen Sätze der Algebra.

e) Produkte und Potenzen von Potenzfunktionen.

Über (30) und die für Exponential- und Logarithmusfunktion abgeleiteten Beziehungen läßt sich zeigen, daß die Produkt- und Potenzformeln der Algebra

$$
\begin{aligned}
z^\lambda z^{\lambda_0} &= z^{\lambda+\lambda_0}, \\
(z^\lambda)^\mu &= z^{\lambda\mu}=(z^\mu)^\lambda,
\end{aligned} \tag{38}
$$

auch für beliebige komplexe Argumente z gelten. Mit $\mu=\frac{1}{\lambda}$ folgt aus (38) die Identität

$$
(z^\lambda)^{\frac{1}{\lambda}}=z=\left(z^{\frac{1}{\lambda}}\right)^\lambda. \tag{39}
$$

Diese liefert für $z^\lambda=w$ die Umkehrung der Potenzfunktion in der Form

$$
w=z^\lambda, \qquad z=w^{\frac{1}{\lambda}}. \tag{40}
$$

5. Die Kreisfunktionen.

a) Definierende Differentialgleichung und Potenzreihenentwicklung der cosinus- und sinus-Funktion.

Wird in (10) ω durch $i\omega$ ersetzt, so ergibt sich

$$
\frac{d^2w}{dz^2}+\omega^2 w=0, \qquad w=C_1 e^{i\omega z}+C_2 e^{-i\omega z}. \tag{41}
$$

Für die Partikularintegrale von (41) folgen aus (5) die Reihenentwicklungen

$$
e^{\pm i\omega z}=\left[1-\frac{(\omega z)^2}{2!}+\frac{(\omega z)^4}{4!}-\cdots\right]\pm i\left[\omega z-\frac{(\omega z)^3}{3!}+\frac{(\omega z)^5}{5!}-\cdots\right], \tag{42}
$$

deren Real- bzw. Imaginärteile gemäß

$$
\begin{aligned}
\cos\omega z &= 1-\frac{(\omega z)^2}{2!}+\frac{(\omega z)^4}{4!}-\cdots=\sum_0^\infty(-1)^n\frac{(\omega z)^{2n}}{(2n)!}, \\
\sin\omega z &= \omega z-\frac{(\omega z)^3}{3!}+\frac{(\omega z)^5}{5!}-\cdots=\sum_0^\infty(-1)^n\frac{(\omega z)^{2n+1}}{(2n+1)!},
\end{aligned} \tag{43}
$$

als cosinus-Funktion und sinus-Funktion bezeichnet werden. Beide Funktionen werden für den gesamten Bereich der komplexen Zahlenebenen durch (43) definiert.

b) Differential- und Integralformeln.

Die Differentiation der Reihenentwicklungen (43) ergibt

$$
\begin{aligned}
\frac{d\cos\omega z}{dz} &= -\omega\left[\omega z-\frac{(\omega z)^3}{3!}+\frac{(\omega z)^5}{5!}-\cdots\right]=-\omega\sum_0^\infty(-1)^n\frac{(\omega z)^{2n+1}}{(2n+1)!}, \\
\frac{d\sin\omega z}{dz} &= +\omega\left[1-\frac{(\omega z)^2}{2!}+\frac{(\omega z)^4}{4!}-\cdots\right]=+\omega\sum_0^\infty(-1)^n\frac{(\omega z)^{2n}}{(2n)!}.
\end{aligned}
$$

In Verbindung mit (44) folgen hieraus die Differential- und Integralformeln

$$\frac{d\cos\omega z}{dz} = -\omega\sin\omega z, \qquad \int\cos\omega z\,dz = +\frac{1}{\omega}\sin\omega z, \ \Bigg\} \tag{44}$$
$$\frac{d\sin\omega z}{dz} = +\omega\cos\omega z, \qquad \int\sin\omega z\,dz = -\frac{1}{\omega}\cos\omega z. \ \Bigg\}$$

c) MOIVREsche Formel.

Mit (43) wird (42) in die MOIVREsche Formel

$$e^{\pm i\omega z} = \cos\omega z \pm i\sin\omega z \tag{45}$$

übergeführt. Wird diese zusammen mit der Konstantentransformation

$$C_1 = \tfrac{1}{2}(A - Bi), \qquad C_2 = \tfrac{1}{2}(A + Bi)$$

in (41) berücksichtigt, so folgt

$$\frac{d^2 w}{dz^2} + \omega^2 w = 0, \qquad w = A\cos\omega z + B\sin\omega z. \tag{46}$$

d) Additionstheoreme der cosinus- und sinus-Funktion.

Nun seien gemäß

$$e^{\pm i\omega z} = \cos\omega z \pm i\sin\omega z, \qquad e^{\pm i\omega_0 z_0} = \cos\omega_0 z_0 \pm i\sin\omega_0 z_0,$$
$$e^{\pm i(\omega z + \omega_0 z_0)} = \cos(\omega z + \omega_0 z_0) \pm i\sin(\omega z + \omega_0 z_0)$$

drei Exponentialfunktionen mit imaginärem Argument zugrunde gelegt. Wird hierauf die **Produkt**formel (13) angewendet, nachdem ω mit $i\omega$ und ω_0 mit $i\omega_0$ vertauscht sind, so **folgt**

$$(\cos\omega z \pm i\sin\omega z)(\cos\omega_0 z_0 \pm i\sin\omega_0 z_0) = \cos(\omega z + \omega_0 z_0) \pm i\sin(\omega z + \omega_0 z_0).$$

Diese komplexe Gleichung kann nur bestehen, wenn sie getrennt für die Real- und Imaginärteile befriedigt wird. Es ergeben sich somit die beiden Gleichungen

$$\cos\omega z\cos\omega_0 z_0 - \sin\omega z\sin\omega_0 z_0 = \cos(\omega z + \omega_0 z_0), \ \Bigg\} \tag{47}$$
$$\sin\omega z\cos\omega_0 z_0 + \cos\omega z\sin\omega_0 z_0 = \sin(\omega z + \omega_0 z_0), \ \Bigg\}$$

die das Additionstheorem der trigonometrischen Funktionen enthalten. Werden $\omega = 1$ und $\omega_0 = \pm 1$ gesetzt und gleichzeitig die aus (43) folgenden Beziehungen

$$\cos(-\omega z) = \cos\omega z, \ \Bigg\} \tag{48}$$
$$\sin(-\omega z) = -\sin\omega z, \ \Bigg\}$$

beachtet, so nimmt (47) die vereinfachte Form

$$\cos z\cos z_0 \mp \sin z\sin z_0 = \cos(z \pm z_0), \ \Bigg\} \tag{49}$$
$$\sin z\cos z_0 \pm \cos z\sin z_0 = \sin(z \pm z_0) \ \Bigg\}$$

an. Die Auflösung dieser Gleichungen nach $\cos z$ und $\sin z$ ergibt

$$\cos z = \ \ \cos(z \pm z_0)\cos z_0 \pm \sin(z \pm z_0)\sin z_0, \ \Bigg\} \tag{50}$$
$$\sin z = \mp \cos(z \pm z_0)\sin z_0 + \sin(z \pm z_0)\cos z_0. \ \Bigg\}$$

Die entsprechenden Gleichungen für ωz und $\omega_0 z_0$ lauten

$$\cos\omega z = \ \ \cos(\omega z \pm \omega_0 z_0)\cos\omega_0 z_0 \pm \sin(\omega z \pm \omega_0 z_0)\sin\omega_0 z_0, \ \Bigg\} \tag{51}$$
$$\sin\omega z = \mp \cos(\omega z \pm \omega_0 z_0)\sin\omega_0 z_0 + \sin(\omega z \pm \omega_0 z_0)\cos\omega_0 z_0. \ \Bigg\}$$

e) Verschiedene Lösungsformen der definierenden Differentialgleichung.

Die Gln (51) sollen nun für das untere Vorzeichen in die Lösungsfunktion (46) eingeführt werden. Dies ergibt

$$w = (A\cos\omega_0 z_0 + B\sin\omega_0 z_0)\cos(\omega z - \omega_0 z_0) + (-A\sin\omega_0 z_0 + B\cos\omega_0 z_0)\sin(\omega z - \omega_0 z_0).$$

Werden für die runden Klammern neue Konstante C_1 und C_2 eingeführt und die ω-Werte gleich gesetzt, so ergibt sich die Lösung der Ausgangsdifferentialgleichung in der Form

$$\frac{d^2w}{dz^2} + \omega^2 w = 0 , \quad w = C_1 \cos \omega (z - z_0) + C_2 \sin \omega (z - z_0) . \tag{52}$$

Faßt man z_0 nicht wie bisher als einen vorgegebenen Parameter auf, sondern als eine willkürliche wählbare Größe, so enthält die Lösung (52) drei willkürliche Konstante. Es kann dann, ohne Einschränkung der Allgemeinheit, über einen der C-Werte noch frei verfügt werden. So folgt für $C_2 = 0$ bzw. $C_1 = 0$ die dritte Form der allgemeinen Lösung

$$\frac{d^2w}{dz^2} + \omega^2 w = 0 , \quad w = C \cos \omega (z - z_0) \quad \text{bzw.} \quad w = C \sin \omega (z - z_0) . \tag{53}$$

Wird in der ersten der Lösungsdarstellungen (53) z_0 mit z_1, in der zweiten z_0 mit z_2 vertauscht, so ergibt sich bei Überlagerung beider eine mit vier Konstanten behaftete Lösungsform, die als die allgemeinste Darstellung zu bezeichnen ist. In Zusammenfassung der verschiedenen Möglichkeiten erhält man:

$$\frac{d^2w}{dz^2} + \omega^2 w = 0 , \quad \left. \begin{aligned} w &= C_1 \cos \omega (z - z_1) + C_2 \sin \omega (z - z_2) , \\ w &= C_1 \cos \omega (z - z_0) + C_2 \sin \omega (z - z_0) , \\ w &= C_1 \cos \omega z + C_2 \sin \omega z , \\ w &= C \cos \omega (z - z_0) \quad \text{bzw.} \quad w = C \sin \omega (z - z_0) . \end{aligned} \right\} \tag{54}$$

Man könnte bei rein formaler Betrachtungsweise eine so weitgehende Unterteilung der Lösungsmöglichkeiten als überflüssig ansehen. Dem ist aber keineswegs so. Es ist für den Formel- und Rechenaufwand, der bei Behandlung physikalischer und technischer Randwertaufgaben in Kauf genommen werden muß, geradezu ausschlaggebend, in welcher Form die Lösung einer Differentialgleichung angesetzt wird.

f) Integralgleichungen der cosinus- und sinus-Funktion.

Wie schon unter Ziffer 2 bemerkt wurde, fallen alle mit der nachträglichen Konstantenbestimmung verbundenen Rechenarbeiten fort, wenn anstatt im kleinen im großen gearbeitet und dadurch die Lösung auf eine Integralgleichung zurückgeführt wird. Welches sind nun die zu (54) äquivalenten Integralgleichungen und wie sehen ihre Lösungen aus?

Wird die Differentialgleichung (54) zunächst mit $2\dfrac{dw}{dz}$ multipliziert, so folgt

$$2 \frac{d^2w}{dz^2} \frac{dw}{dz} + 2 \omega^2 \frac{dw}{dz} w = \frac{d}{dz} \left(\frac{dw}{dz}\right)^2 + \omega^2 \frac{dw^2}{dz} = \frac{d}{dz} \left[\left(\frac{dw}{dz}\right)^2 + \omega^2 w^2\right] = 0$$

oder integriert zwischen den bestimmten Grenzen z_0 und z

$$\left(\frac{dw}{dz}\right)^2 + \omega^2 w^2 - \left(\frac{dw}{dz}\right)_0^2 - \omega^2 w^2(z_0) = 0 \quad \text{bzw.} \quad \frac{dw}{dz} = \sqrt{\left(\frac{dw}{dz}\right)_0^2 + \omega^2 \left[w^2(z_0) - w^2(z)\right]} . \tag{55}$$

Hieraus ergibt sich durch nochmalige Integration zwischen z_0 und z die Integralgleichung

$$w(z) - w(z_0) - \int_{z_0}^{z} \sqrt{\left(\frac{dw}{dz}\right)_0^2 + \omega^2 \left[w^2(z_0) - w^2(\zeta)\right]}\ d\zeta = 0 .$$

Wird entsprechend der zweiten der Lösungsformen (54) die allgemeine Lösung gemäß

$$w = C_1 \cos \omega (z - z_0) + C_2 \sin \omega (z - z_0) , \quad \frac{dw}{dz} = - C_1 \omega \sin \omega (z - z_0) + C_2 \omega \cos \omega (z - z_0)$$

angesetzt, so folgt für $z = z_0$

$$w(z_0) = C_1 , \quad \left(\frac{dw}{dz}\right)_0 = C_2 \omega .$$

Damit sind C_1 und C_2 bekannt, und man erhält in Zusammenfassung der gefundenen Ergebnisse

$$\left. \begin{aligned} & w(z) - w(z_0) - \int_{z_0}^{z} \sqrt{\left(\frac{dw}{dz}\right)_0^2 + \omega^2 \left[w^2(z_0) - w^2(\zeta)\right]}\ d\zeta = 0 , \\ & w(z) = w(z_0) \cos \omega (z - z_0) + \frac{1}{\omega} \left(\frac{dw}{dz}\right)_0 \sin \omega (z - z_0) \end{aligned} \right\} \tag{56}$$

Mit (56) ist gleichzeitig auch die Lösung der in der Anwendung besonders häufig auftretenden quadratischen Differentialgleichung (55) gewonnen worden. Es ergibt sich

$$\left(\frac{dw}{dz}\right)^2 + \omega^2\,w^2(z) - \left(\frac{dw}{dz}\right)_0^2 - \omega^2 w^2(z_0) = 0\,, \quad w(z) = w(z_0)\cos\omega\,(z - z_0) + \frac{1}{\omega}\left(\frac{dw}{dz}\right)_0 \sin\omega\,(z - z_0)\,. \tag{57}$$

Durch Multiplikation mit $2w$ nimmt (55) die Form

$$2\,w\,\frac{dw}{dz} = \frac{dw^2}{dz} = 2\,w\,\sqrt{\left(\frac{dw}{dz}\right)_0^2 + \omega^2\left[w^2(z_0) - w^2(z)\right]}$$

an. Die Integration dieser Differentialgleichung zwischen z_0 und z liefert eine Alternativform der Integralgleichung (56). Man erhält

$$\left.\begin{aligned}
&w^2(z) - w^2(z_0) - 2\int\limits_{z_0}^{z} w(\zeta)\sqrt{\left(\frac{dw}{dz}\right)_0^2 + \omega^2\left[w^2(z_0) - w^2(\zeta)\right]}\ d\zeta = 0\,, \\[2mm]
&w(z) = w(z_0)\cos\omega\,(z - z_0) + \frac{1}{\omega}\left(\frac{dw}{dz}\right)_0 \sin\omega\,(z - z_0)
\end{aligned}\right\} \tag{58}$$

Die Integralgleichungen (56) und (58) sind dadurch gekennzeichnet, daß die gesuchten Funktionen unter einem einfachen Integral stehen. Durch unmittelbare zweimalige Integration von (54) ergeben sich Integralgleichungen mit Doppelintegralen. Eine erste Integration zwischen z_0 und z ergibt

$$\frac{dw}{dz} - \left(\frac{dw}{dz}\right)_0 + \omega^2\int\limits_{z_0}^{z} w(\zeta)\,d\zeta = 0\,. \tag{59}$$

Wird die zweite Integration zwischen den gleichen Grenzen vollzogen, so folgt als weitere Alternativform der Integralgleichung (56)

$$\left.\begin{aligned}
&w(z) - w(z_0) - \left(\frac{dw}{dz}\right)_0 (z - z_0) + \omega^2 \int\limits_{z_0}^{z}\int\limits_{z_0}^{z} w(\zeta)\,d\zeta\,d\zeta = 0\,, \\[2mm]
&w(z) = w(z_0)\cos\omega\,(z - z_0) + \frac{1}{\omega}\left(\frac{dw}{dz}\right)_0 \sin\omega\,(z - z_0)
\end{aligned}\right\} \tag{60}$$

In Zusammenfassung der äquivalenten Lösungsformen erhält man

$$\left.\begin{aligned}
&w(z) - w(z_0) - \int\limits_{z_0}^{z}\sqrt{\left(\frac{dw}{dz}\right)_0^2 + \omega^2\left[w^2(z_0) - w^2(\zeta)\right]}\,d\zeta = 0 \\[2mm]
&w^2(z) - w^2(z_0) - 2\int\limits_{z_0}^{z} w(\zeta)\sqrt{\left(\frac{dw}{dz}\right)_0^2 + \omega^2\left[w^2(z_0) - w^2(\zeta)\right]}\,d\zeta = 0\,, \\[2mm]
&w(z) - w(z_0) - \left(\frac{dw}{dz}\right)_0 (z - z_0) + \omega^2 \int\limits_{z_0}^{z}\int\limits_{z_0}^{z} w(\zeta)\,d\zeta\,d\zeta = 0
\end{aligned}\ \right|
\begin{aligned}
w(z) &= w(z_0)\cos\omega\,(z - z_0) + \\
&+ \frac{1}{\omega}\left(\frac{dw}{dz}\right)_0 \sin\omega\,(z - z_0)\,.
\end{aligned} \tag{61}$$

In (61) heißen $w(z_0)$ und $\left(\dfrac{dw}{dz}\right)_0$ die vorgegebenen Anfangswerte der Integralgleichung. Diese legen hier den Funktionsverlauf im Punkte z_0 vollständig fest. Man kann auch andere Anfangswerte vorschreiben. Ist z. B. im Punkte z_0 die Ableitung und in z_1 der Funktionswert vorgegeben, so erhält man durch Integration von (59) zwischen z_1 und z

$$w(z) - w(z_1) - \left(\frac{dw}{dz}\right)_0 (z - z_1) + \omega^2\int\limits_{z_1}^{z}\int\limits_{z_0}^{z} w(\zeta)\,d\zeta\,d\zeta = 0\,.$$

Die zugehörige Lösung folgt sofort aus der ersten der Lösungsformen (54), wenn z_1 mit z_0 und z_2 mit z_1 vertauscht wird. Es ergibt sich

$$w = c_1\cos\omega\,(z - z_0) + c_2\sin\omega\,(z - z_1)\,, \quad \frac{dw}{dz} = -c_1\,\omega\sin\omega\,(z - z_0) + c_2\,\omega\cos\omega\,(z - z_1)$$

und damit für $z = z_0$ bzw. $z = z_1$

$$\left(\frac{dw}{dz}\right)_0 = c_2\,\omega\cos\omega\,(z_0 - z_1)\,, \quad w(z_1) = c_1\cos\omega\,(z_1 - z_0)\,.$$

Hieraus können c_1 und c_2 unmittelbar abgelesen werden, und es folgt in Zusammenfassung der Ergebnisse

$$w(z) - w(z_1) - \left(\frac{dw}{dz}\right)_0 (z-z_1) + \omega^2 \int\limits_{z_1}^{z}\int\limits_{z_0}^{z} w(\zeta)\, d\zeta\, d\zeta = 0, \left.\vphantom{\int}\right\}$$
$$w = w(z_1)\frac{\cos\omega\,(z-z_0)}{\cos\omega\,(z_1-z_0)} + \frac{1}{\omega}\left(\frac{dw}{dz}\right)_0 \frac{\sin\omega\,(z-z_1)}{\cos\omega\,(z_0-z_1)} \quad . \left.\vphantom{\int}\right\} \tag{62}$$

g) Zusammenhang mit der Differentialgleichung der harmonischen Schwingungen. Beispiel 2.

Die vorstehend behandelten Differential- und Integralgleichungen der Funktionen $\cos\omega z$ und $\sin\omega z$ werden auch als Differential- und Integralgleichungen der harmonischen Schwingungen bezeichnet. Es dürfte sich verlohnen, die verschiedenen Möglichkeiten der physikalischen Betrachtung dieser Schwingungen in Zusammenhang mit den Differential- und Integralgleichungen der Kreisfunktionen zu erörtern. Um hierfür ein technisches Anwendungsbeispiel vor Augen zu haben, sei an den aus Abb. 5 ersichtlichen Federpuffer an geknüpft, auf den zur Zeit $t=t_0$ eine Masse vom Gewichte G kg mit der Geschwindigkeit v_0 m sec^{-1} auftreffen möge. Bezeichnet $u(t)$ die Federzusammendrückung zur Zeit t und $P(u)$ die zu u gehörige Federspannkraft, so sei die Federcharakteristik in der Form

$$P(u) = c\,u$$

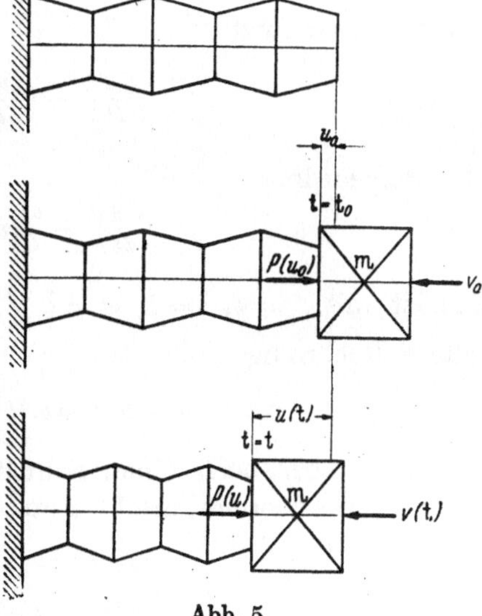

gegeben; c ist also diejenige Kraft in kg, welche die Feder um 1 m zusammendrücken würde. Das Vorspannmaß der Feder im Augenblick t_0 des Auftreffens der Masse sei $u(t_0)=u_0$.

Wird zunächst das Newtonsche Kraftgesetz: „Kraft gleich Masse mal Beschleunigung" zur Beschreibung des Bewegungsvorganges herangezogen, so ergibt sich unter Berücksichtigung des Umstandes, daß die auf die Masse wirkende Federkraft P dem Wegvektor u stets entgegengesetzt gerichtet ist,

$$- P(u) = m\,\frac{d^2 u}{dt^2} .$$

Abb. 5.

Wird hierin $P(u)$ der Federcharakteristik entsprechend eingesetzt und m durch $\frac{G}{g}$ ausgedrückt, so folgt

$$- c\,u = \frac{G}{g}\,\frac{d^2 u}{dt^2}$$

oder anders geschrieben

$$\frac{d^2 u}{dt^2} + \frac{g\,c}{G}\,u = 0 .$$

Dies ist die Gl. (54) für $w=u$, $z=t$ und $\omega = \sqrt{\dfrac{g\,c}{G}}$. Wird für u die zweite der Lösungsformen (54) zugrunde gelegt, so erhält man mit

$$u = C_1 \cos\omega\,(t-t_0) + C_2 \sin\omega\,(t-t_0), \qquad \frac{du}{dt} = v = - C_1\,\omega \sin\omega\,(t-t_0) + C_2\,\omega \cos\omega\,(t-t_0)$$

aus den Anfangsbedingungen zur Zeit $t=t_0$

$$u_0 = c_1, \quad v_0 = c_2\,\omega .$$

Damit lauten Bewegungsgesetz, Geschwindigkeitsgesetz und Federkraftgesetz

$$u = u_0 \cos\omega\,(t-t_0) + \frac{v_0}{\omega}\sin\omega\,(t-t_0), \left.\vphantom{\int}\right\}$$
$$v = - u_0\,\omega \sin\omega\,(t-t_0) + v_0 \cos\omega\,(t-t_0), \left.\vphantom{\int}\right\} \quad \omega = \sqrt{\frac{g\,c}{G}} .$$
$$P = c\,u_0 \cos\omega\,(t-t_0) + \frac{c\,v_0}{\omega}\sin\omega\,(t-t_0). \left.\vphantom{\int}\right\}$$

Eine zweite Möglichkeit zur Beschreibung des Bewegungsvorganges bietet die Energiegleichung. Sie besagt, daß die Zunahme an kinetischer Energie gleich der aufgewendeten Arbeit ist und lautet hier

$$\frac{m}{2} v^2 - \frac{m}{2} v_0^2 = \int\limits_{s_0}^{s} P\, ds.$$

Nun ist, da die Arbeit leistende bzw. Arbeit speichernde Kraft P zur Wegrichtung stets entgegengesetzt gerichtet ist,

$$P = + c u, \qquad ds = - d u.$$

Wird ferner für die Masse $\frac{G}{g}$ und für v und v_0 definitionsgemäß

$$v = \frac{du}{dt}, \qquad v_0 = \left(\frac{du}{dt}\right)_0$$

eingesetzt, so folgt

$$\left(\frac{du}{dt}\right)^2 - \left(\frac{du}{dt}\right)_0^2 = - \frac{2cg}{G} \int\limits_{u_0}^{u} u\, du = - \frac{cg}{G} (u^2 - u_0^2)$$

oder umgeordnet

$$\left(\frac{du}{dt}\right)^2 + \frac{cg}{G} u^2 - \left(\frac{du}{dt}\right)_0^2 - \frac{cg}{G} u_0^2 = 0.$$

Dies ist mit $w = u$, $z = t$, $\omega = \sqrt{\frac{cg}{G}}$ die Differentialgleichung (57) und man erhält daher ohne weitere Rechnung

$$u = u_0 \cos \omega (t - t_0) + \frac{v_0}{\omega} \sin \omega (t - t_0) \quad \text{mit} \quad \omega = \sqrt{\frac{cg}{G}}.$$

Man kann aber noch einen Schritt weiter gehen und die quadratische Differentialgleichung, ähnlich wie es oben im Anschluß an (55) allgemein geschehen ist, noch einmal integrieren und erhält dann gemäß

$$u(t) - u_0 - \int\limits_{t_0}^{t} \sqrt{\left(\frac{du}{dt}\right)_0^2 + \frac{cg}{G} \left[u_0^2 - u^2(\tau)\right]}\, d\tau = 0$$

die auf die vorliegenden Bezeichnungen umgeschriebenen Integralgleichung (56) mit der gleichen Lösung wie vorhin.

Eine dritte Möglichkeit zur Beschreibung des Bewegungsvorganges ergibt sich durch Heranziehung des Impulssatzes, der besagt, daß die Zunahme an Bewegungsgröße gleich dem aufgewendeten Impuls ist. Im vorliegenden Falle bedeutet dies

$$m v - m v_0 = - \int\limits_{t_0}^{t} P\, dt,$$

wobei das negative Vorzeichen auf der rechten Seite zum Ausdruck bringt, daß es sich bei der Federzusammendrückung nicht um einen aufgewendeten sondern um einen gespeicherten Impuls handelt. Nach Einsetzen von v, v_0, P und m ergibt sich

$$\frac{du}{dt} - \left(\frac{du}{dt}\right)_0 + \frac{cg}{G} \int\limits_{t_0}^{t} u(\tau)\, d\tau = 0$$

oder bei nochmaliger Integration zwischen t_0 und t

$$u(t) - u_0 - \left(\frac{du}{dt}\right)_0 (t - t_0) + \frac{cg}{G} \int\limits_{t_0}^{t} \int\limits_{t_0}^{t} u(\tau)\, d\tau\, d\tau = 0.$$

Dies ist die auf die vorliegenden Bezeichnungen umgeschriebene Integralgleichung (60), und man erhält auch hier wieder unmittelbar

$$u = u_0 \cos \omega (t - t_0) + \frac{v_0}{\omega} \sin \omega (t - t_0) \quad \text{mit} \quad \omega = \sqrt{\frac{cg}{G}}.$$

h) cosinus- und sinus-Funktion als Koordinaten des Einheitskreises. Funktionsverlauf im Reellen.

Für $\omega_0 z_0 = -\omega z$ liefert die erste der Gln (47)

$$\cos^2 \omega z + \sin^2 \omega z = 1. \tag{63}$$

Wird hierin $\omega = 1$ und

$$\xi = \cos z, \quad \eta = \sin z \tag{64}$$

gesetzt, so folgt

$$\xi^2 + \eta^2 = 1. \tag{65}$$

Im Falle reeller z-Werte und damit auch reeller ξ- und η-Werte stellt (65) die Gleichung des Einheitskreises im kartesischen Bezugssystem dar (Abb. 6). Der Parameter z ist in dieser Deutungsweise der Bogen des Einheitskreises zwischen der Abszissenachse und dem zu $\cos z$ und

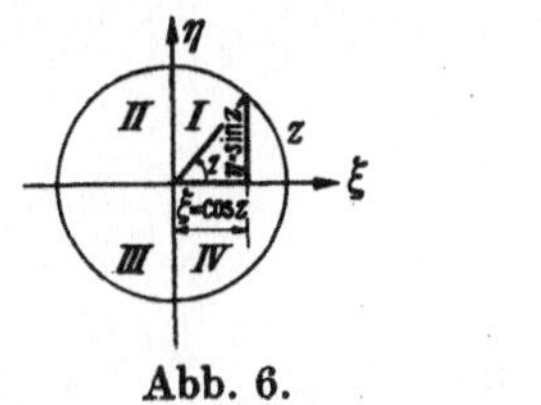

Abb. 6.

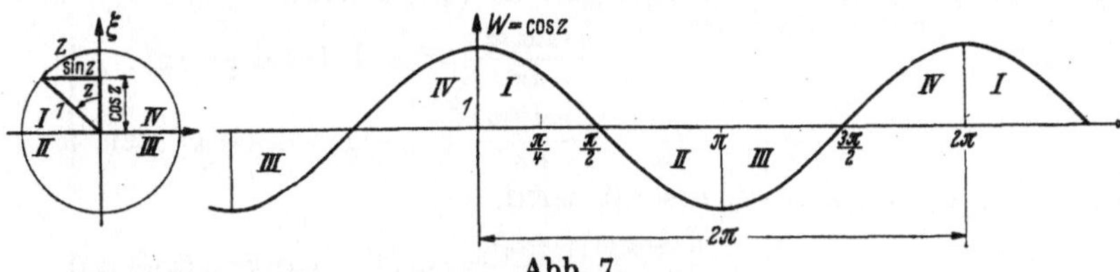

Abb. 7.

sin z gehörigen Radiusvektor, und zwar im Linkssinne positiv gemessen. Da z den Einheitskreis beliebig oft durchlaufen kann, ist es in keiner Weise beschränkt; jeder neue Kreisumlauf ergibt immer wieder

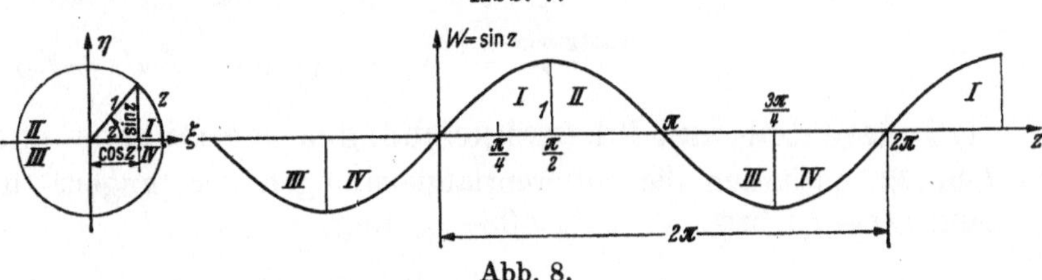

Abb. 8.

der das gleiche Bild für den Verlauf von $\cos z$ und $\sin z$. Dieses Verhalten der Kreisfunktionen wird als periodisch bezeichnet; da einem Kreisumlauf der Bogen $z = 2\pi$ entspricht, heißt dieser Wert die Periode oder Wellenlänge. Alle weiteren Eigenschaften der reellen Kreisfunktionen, wie Vorzeichenwechsel, Symmetrieverhalten usw., zeigt eine Auftragung von $\cos z$ und $\sin z$ im kartesischen Bezugssystem in Anlehnung an den Einheitskreis und seine Quadranten (Abb. 7 und 8).

i) tangens- und cotangens-Funktion. Definitionsgleichungen und Additionstheoreme.

Die Quotienten von $\cos \omega z$ und $\sin \omega z$ werden gemäß

$$\tan g\,\omega z = \frac{\sin \omega z}{\cos \omega z} = -\tan g\,(-\omega z), \quad \cot g\,\omega z = \frac{\cos \omega z}{\sin \omega z} = -\cot g\,(-\omega z), \quad \cot g\,\omega z = \frac{1}{\tan g\,\omega z} \tag{66}$$

als tangens- und cotangens-Funktion eingeführt. Aus (47) folgt für diese Funktionen das Additionstheorem

$$\tan g\,(\omega z + \omega_0 z_0) = \frac{\sin(\omega z + \omega_0 z_0)}{\cos(\omega z + \omega_0 z_0)} = \frac{\sin \omega z \cos \omega_0 z_0 + \cos \omega z \sin \omega_0 z_0}{\cos \omega z \cos \omega_0 z_0 - \sin \omega z \sin \omega_0 z_0},$$

$$\cot g\,(\omega z + \omega_0 z_0) = \frac{\cos(\omega z + \omega_0 z_0)}{\sin(\omega z + \omega_0 z_0)} = \frac{\cos \omega z \cos \omega_0 z_0 - \sin \omega z \sin \omega_0 z_0}{\sin \omega z \cos \omega_0 z_0 + \cos \omega z \sin \omega_0 z_0},$$

oder wenn im Zähler und Nenner durch $\cos \omega z \cos \omega_0 z_0$ bzw. $\sin \omega z \sin \omega_0 z_0$ dividiert wird,

$$\tan g\,(\omega z + \omega_0 z_0) = \frac{\tan g\,\omega z + \tan g\,\omega_0 z_0}{1 - \tan g\,\omega z \tan g\,\omega_0 z_0}, \quad \tan g\,\omega z = \frac{\tan g\,(\omega z + \omega_0 z_0) - \tan g\,\omega_0 z_0}{\tan g\,(\omega z + \omega_0 z_0) \tan g\,\omega_0 z_0 + 1},$$

$$\cot g\,(\omega z + \omega_0 z_0) = \frac{\cot g\,\omega z \cot g\,\omega_0 z_0 - 1}{\cot g\,\omega z + \cot g\,\omega_0 z_0}, \quad \cot g\,\omega z = \frac{\cot g\,(\omega z + \omega_0 z_0) \cot g\,\omega_0 z_0 + 1}{\cot g\,\omega_0 z_0 - \cot g\,(\omega z + \omega_0 z_0)}. \tag{67}$$

k) tangens- und cotangens-Funktion. Differential- und Integralformeln.

Die tangens- und cotangens-Funktion können gemäß

$$\tan g\,\omega z = -\frac{1}{\omega}\frac{d \ln \cos \omega z}{dz}, \quad \cot g\,\omega z = +\frac{1}{\omega}\frac{d \ln \sin \omega z}{dz} \tag{68}$$

auch als logarithmische Ableitungen der cosinus- bzw. sinus-Funktion dargestellt werden, wie man durch Ausdifferentiation nach der Kettenregel unter Berücksichtigung von (19) und (44) leicht bestätigt.

Durch Differentiation von (66) und Integration von (68) ergeben sich die Differential- bzw. Integralformeln

$$\frac{d\,\mathrm{tang}\,\omega z}{dz} = \frac{\omega}{\cos^2 \omega z}, \qquad \int \mathrm{tang}\,\omega z\,dz = -\frac{\ln \cos \omega z}{\omega}, \\[2mm] \frac{d\,\mathrm{cotg}\,\omega z}{dz} = \frac{-\omega}{\sin^2 \omega z}, \qquad \int \mathrm{cotg}\,\omega z\,dz = +\frac{\ln \sin \omega z}{\omega}. \tag{69}$$

Unter Heranziehung von (63) folgt

$$\frac{1}{\cos^2 \omega z} = \frac{\cos^2 \omega z + \sin^2 \omega z}{\cos^2 \omega z} = 1 + \mathrm{tang}^2\,\omega z, \\[2mm] \frac{1}{\sin^2 \omega z} = \frac{\cos^2 \omega z + \sin^2 \omega z}{\sin^2 \omega z} = 1 + \mathrm{cotg}^2\,\omega z. \tag{70}$$

Die Einführung dieser Beziehungen in (69) liefert

$$\frac{d\,\mathrm{tang}\,\omega z}{dz} = \omega\,(1 + \mathrm{tang}^2\,\omega z), \\[2mm] \frac{d\,\mathrm{cotg}\,\omega z}{dz} = -\omega\,(1 + \mathrm{cotg}^2\,\omega z). \tag{71}$$

oder wenn z durch $z - z_0$ ersetzt wird,

$$\frac{d\,\mathrm{tang}\,\omega(z - z_0)}{dz} = \omega\,(1 + \mathrm{tang}^2\,\omega(z - z_0)), \\[2mm] \frac{d\,\mathrm{cotg}\,\omega(z - z_0)}{dz} = -\omega\,(1 + \mathrm{cotg}^2\,\omega(z - z_0)). \tag{72}$$

l) Differential- und Integralgleichungen der tangens- und cotangens-Funktion.

Die Gln (72) enthalten die Differentialgleichungen der tangens- und cotangens-Funktion. Mit $w = \mathrm{tang}\,\omega(z - z_0)$ bzw. $w = \mathrm{cotg}\,\omega(z - z_0)$ folgt

$$\frac{dw}{dz} - \omega\,(1 + w^2) = 0 \qquad w = \mathrm{tang}\,\omega(z - z_0), \\[2mm] \frac{dw}{dz} + \omega\,(1 + w^2) = 0 \qquad w = \mathrm{cotg}\,\omega(z - z_0). \tag{73}$$

z_0 stellt in den Lösungen dieser Differentialgleichungen die Integrationskonstante dar.

Die Integration von (73) führt zu den Integralgleichungen

$$w(z) - \omega \int_{z_0}^{z} (1 + w^2(\zeta))\,d\zeta = 0 \ \text{ mit } w = +\,\mathrm{tang}\,\omega(z - z_0), \\[2mm] w(z) + \omega \int_{z_0}^{z} (1 + w^2(\zeta))\,d\zeta = 0 \ \text{ mit } w = -\,\mathrm{tang}\,\omega(z - z_0). \tag{74}$$

m) Potenzreihenentwicklung der tangens- und cotangens-Funktion.

Mit Hilfe von (73) lassen sich die höheren Ableitungen der tangens- und cotangens-Funktion leicht bilden. Man erhält

$$
\begin{aligned}
& w = \mathrm{tang}\,\omega(z - z_0) && w = \mathrm{cotg}\,\omega(z - z_0) \\[2mm]
& \frac{dw}{dz} = \omega\,(1 + w^2) && \frac{dw}{dz} = -\omega\,(1 + w^2) \\[2mm]
& \frac{d^2 w}{dz^2} = \omega \cdot 2w\,\frac{dw}{dz} = 2\omega^2 w\,(1 + w^2) && \frac{d^2 w}{dz^2} = 2\omega^2 w\,(1 + w^2) \\[2mm]
& \frac{d^3 w}{dz^3} = 2\omega^3\,(1 + 3w^2)(1 + w^2) && \frac{d^3 w}{dz^3} = -2\omega^3\,(1 + 3w^2)(1 + w^2) \\[2mm]
& \frac{d^4 w}{dz^4} = 8\omega^4 w\,(2 + 3w^2)(1 + w^2) && \frac{d^4 w}{dz^4} = 8\omega^4 w\,(2 + 3w^2)(1 + w^2) \\[2mm]
& \frac{d^5 w}{dz^5} = 8\omega^5\,(2 + 15w^2 + 15w^4)(1 + u^2) && \frac{d^5 w}{dz^5} = -8\omega^5\,(2 + 15w^2 + 15w^4)(1 + w^2) \\[2mm]
& \frac{d^6 w}{dz^6} = 16\omega^6 w\,(17 + 60w^2 + 45w^4)(1 + w^2) && \frac{d^6 w}{dz^6} = 16\omega^6 w\,(17 + 60w^2 + 15w^4)(1 + w^2) \\[2mm]
& \frac{d^7 w}{dz^7} = 16\omega^7\,(17 + 231w^2 + 525w^4 + && \frac{d^7 w}{dz^7} = -16\omega^7\,(17 + 231w^2 + 525w^4 + \\
& \qquad\quad + 315w^6)(1 + w^2) && \qquad\qquad\quad + 315w^6)(1 + w^2) \\
& \qquad\qquad \dots && \qquad\qquad\qquad \dots
\end{aligned}
\tag{75}
$$

Wird die Funktion $w = \tang \omega(z - z_0)$ an der Stelle $z = z_0$ entwickelt, wofür die Ableitungen unter Einsetzen von $w = 0$ aus (75) entnommen werden können, so folgt

$$\tang\left[\omega(z - z_0)\right] = \omega\frac{z - z_0}{1!} + 2\,\omega^3\frac{(z - z_0)^3}{3!} + 16\,\omega^5\frac{(z - z_0)^5}{5!} + 272\,\omega^7\frac{(z - z_0)^7}{7!} + \cdots$$

oder bei entsprechender Zusammenfassung

$$\tang\left[\omega(z - z_0)\right] = \left[\omega(z - z_0)\right] + \frac{1}{3}\left[\omega(z - z_0)\right]^3 + \frac{2}{15}\left[\omega(z - z_0)\right]^5 +$$
$$+ \frac{17}{315}\left[\omega(z - z_0)\right]^7 + \cdots \quad \text{für} \quad -\frac{\pi}{2} < \left|\omega(z - z_0)\right| < \frac{\pi}{2}. \tag{76}$$

Hieraus ergibt sich in Verbindung mit (66) für die cotangens-Funktion

$$\cotg\left[\omega(z - z_0)\right] = \frac{1}{\tang\left[\omega(z - z_0)\right]} = \frac{1}{\left[\omega(z - z_0)\right] + \frac{1}{3}\left[\omega(z - z_0)\right]^3 + \frac{2}{15}\left[\omega(z - z_0)\right]^5 + \frac{17}{315}\left[\omega(z - z_0)\right]^7 + \cdots}$$

oder nach Durchführung der Reihendivision

$$\cotg\left[\omega(z - z_0)\right] = \frac{1}{\left[\omega(z - z_0)\right]} - \frac{1}{3}\left[\omega(z - z_0)\right] - \frac{1}{45}\left[\omega(z - z_0)\right]^3 - \frac{2}{945}\left[\omega(z - z_0)\right]^5 -$$
$$- \frac{1}{4725}\left[\omega(z - z_0)\right]^7 - \cdots \quad \text{für} \quad 0 < \left|\omega(z - z_0)\right| < \pi. \tag{77}$$

n) Funktionsverlauf der tangens- und cotangens-Funktion im Reellen.

Für reelles Argument $z = x$ ist der Verlauf der Funktionen $\tang z$ und $\cotg z$ aus den Abb. 9 und 10 ersichtlich. Die Periode ist hier nicht $2\,\pi$ sondern π, da durch die Division von $\cos z$ und $\sin z$ deren Vorzeichenwechsel im dritten Quadranten wieder aufgehoben wird.

o) Funktionalbeziehungen zwischen den Kreisfunktionen.

Durch einfache algebraische Operationen ergeben sich aus den Gln (63), (66) und (70) die nachfolgenden gegenseitigen Beziehungen zwischen den Kreisfunktionen:

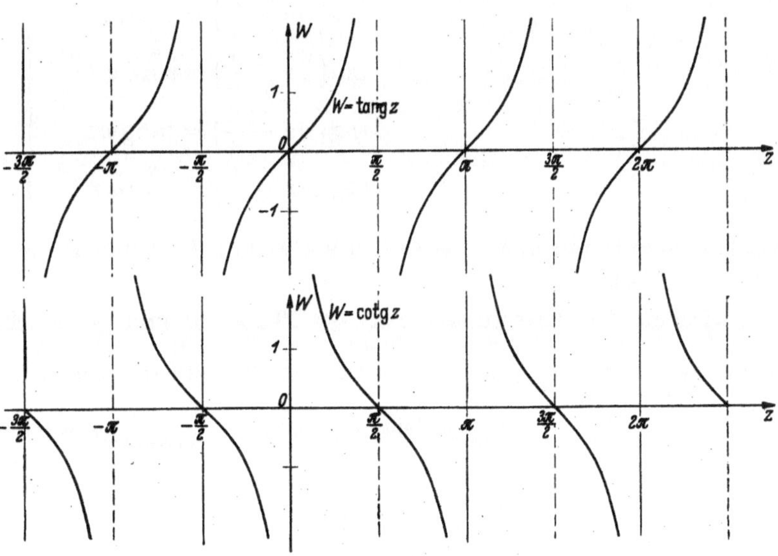

Abb. 9 und 10.

$$
\begin{aligned}
w = \sin\omega z \ , &\quad \sqrt{1 - w^2} = \cos\omega z, &\quad \frac{w}{\sqrt{1 - w^2}} = \tang\omega z, &\quad \frac{\sqrt{1 - w^2}}{w} = \cotg\omega z; \\[4pt]
w = \cos\omega z \ , &\quad \sqrt{1 - w^2} = \sin\omega z, &\quad \frac{\sqrt{1 - w^2}}{w} = \tang\omega z, &\quad \frac{w}{\sqrt{1 - w^2}} = \cotg\omega z; \\[4pt]
w = \tang\omega z, &\quad \frac{1}{w} = \cotg\omega z \ , &\quad \frac{w}{\sqrt{1 + w^2}} = \sin\omega z \ , &\quad \frac{1}{\sqrt{1 + w^2}} = \cos\omega z \ ; \\[4pt]
w = \cotg\omega z, &\quad \frac{1}{w} = \tang\omega z \ , &\quad \frac{1}{\sqrt{1 + w^2}} = \sin\omega z \ , &\quad \frac{w}{\sqrt{1 + w^2}} = \cos\omega z \ .
\end{aligned}
\tag{78}
$$

Weitere gegenseitige Beziehungen folgen aus (47) und (67) für $\omega = 1$ und $\omega_0 z_0 = \pm\,n\,\pi$ bzw. $\omega_0 z_0 = \pm\dfrac{2n + 1}{2}\,\pi$ oder auch unmittelbar durch Ablesen aus den Abb. 7 bis 10. Sie lauten

$$\cos z = (-1)^n \cos (n\pi + z) = (-1)^n \cos (n\pi - z)$$
$$= (-1)^n \sin \left(\frac{2n+1}{2}\pi + z\right) = (-1)^n \sin \left(\frac{2n+1}{2}\pi - z\right) \quad ,$$
$$\sin z = (-1)^n \sin (n\pi + z) = (-1)^{n+1} \sin (n\pi - z)$$
$$= (-1)^{n+1} \cos \left(\frac{2n+1}{2}\pi + z\right) = (-1)^n \cos \left(\frac{2n+1}{2}\pi - z\right).$$
$$(n = 0, 1, 2, \cdots) \quad (79)$$

$$\tan g\, z = \tan g\, (n\pi + z) = -\tan g\,(n\pi - z)$$
$$= -\cot g\left(\frac{2n+1}{2}\pi + z\right) = \cot g\left(\frac{2n+1}{2}\pi - z\right) \quad ,$$
$$\cot g\, z = \cot g\,(n\pi + z) = -\cot g\,(n\pi - z)$$
$$= -\tan g\left(\frac{2n+1}{2}\pi + z\right) = \tan g\left(\frac{2n+1}{2}\pi - z\right).$$
$$(n = 0, 1, 2, \cdots) \quad (80)$$

6. Die Kreisfunktionen mit der Phase $\frac{\pi}{4}$.

a) Definitionsgleichungen und Wechselbeziehungen.

Wird in (47) und (67) die Phase $\omega_0 z_0 = -\frac{\pi}{4}$ gesetzt, so entsteht eine für die Anwendung sehr wichtige Sonderklasse von Kreisfunktionen, die gemäß

$$\cos\left(\omega z - \frac{\pi}{4}\right) = \overset{*}{\cos}\,\omega z \quad ,$$
$$\sin\left(\omega z - \frac{\pi}{4}\right) = \overset{*}{\sin}\,\omega z \quad ,$$
$$\tan g\left(\omega z - \frac{\pi}{4}\right) = \overset{*}{\tan g}\,\omega z,$$
$$\cot g\left(\omega z - \frac{\pi}{4}\right) = \overset{*}{\cot g}\,\omega z \quad ,$$
$$(81)$$

bezeichnet werden sollen. Sie sind wie alle Kreisfunktionen Lösungen der Differentialgleichungen (54) bzw. (73).

Zwischen den Kreisfunktionen der Phasen 0 und $\frac{\pi}{4}$ bestehen nach (47), (51) und (67), in denen hier $\omega_0 z_0 = -\frac{\pi}{4}$ zu setzen ist die Transformationsgleichungen

$$\overset{*}{\cos}\,\omega z = \frac{\sin\omega z + \cos\omega z}{\sqrt{2}}, \qquad \cos\omega z = \frac{\overset{*}{\cos}\,\omega z - \overset{*}{\sin}\,\omega z}{\sqrt{2}},$$
$$\overset{*}{\sin}\,\omega z = \frac{\sin\omega z - \cos\omega z}{\sqrt{2}}, \qquad \sin\omega z = \frac{\overset{*}{\cos}\,\omega z + \overset{*}{\sin}\,\omega z}{\sqrt{2}}.$$
$$(82)$$

$$\overset{*}{\tan g}\,\omega z = \frac{\tan g\,\omega z - 1}{\tan g\,\omega z + 1}, \qquad \tan g\,\omega z = \frac{1 + \overset{*}{\tan g}\,\omega z}{1 - \overset{*}{\tan g}\,\omega z},$$
$$\overset{*}{\cot g}\,\omega z = \frac{1 + \cot g\,\omega z}{1 - \cot g\,\omega z}, \qquad \cot g\,\omega z = \frac{\overset{*}{\cot g}\,\omega z - 1}{\overset{*}{\cot g}\,\omega z + 1}.$$
$$(83)$$

Ferner folgt aus (63) bei Vertauschung von ωz mit $\omega z - \frac{\pi}{4}$

$$\overset{*}{\cos}{}^2\omega z + \overset{*}{\sin}{}^2\omega z = 1\,.$$
$$(84)$$

b) Differential- und Integralformeln.

Die Differential- und Integralformeln (44) und (69) können unmittelbar übernommen werden, da die Vertauschung von ωz mit $\omega z - \frac{\pi}{4}$ ohne Einfluß auf dz ist. Man erhält daher

$$\frac{d\overset{*}{\cos}\omega z}{dz}=-\omega\sin\omega z,\qquad \int\overset{*}{\cos}\omega z\,dz=+\frac{1}{\omega}\overset{*}{\sin}\omega z,$$

$$\frac{d\overset{*}{\sin}\omega z}{dz}=+\omega\overset{*}{\cos}\omega z,\qquad \int\overset{*}{\sin}\omega z\,dz=-\frac{1}{\omega}\overset{*}{\cos}\omega z. \tag{85}$$

$$\frac{d\,\overset{*}{\operatorname{tang}}\omega z}{dz}=\frac{\omega}{\overset{*}{\cos^2}\omega z}=\omega(1+\overset{*}{\operatorname{tang}}{}^2\omega z)\ ,\qquad \int\overset{*}{\operatorname{tang}}\omega z\,dz=-\frac{\ln\overset{*}{\cos}\omega z}{\omega},$$

$$\frac{d\,\overset{*}{\operatorname{cotg}}\omega z}{dz}=\frac{-\omega}{\overset{*}{\sin^2}\omega z}=-\omega(1+\overset{*}{\operatorname{cotg}}{}^2\omega z),\qquad \int\overset{*}{\operatorname{cotg}}\omega z\,dz=+\frac{\ln\overset{*}{\sin}\omega z}{\omega}. \tag{86}$$

Werden auf den linken Seiten dieser Gleichungen die Transformationen (82) und (83) berücksichtigt, so folgt

$$\frac{d(\sin\omega z+\cos\omega z)}{dz}=-\omega\sqrt{2}\,\overset{*}{\sin}\omega z,\qquad \int(\sin\omega z+\cos\omega z)\,dz=+\frac{\sqrt{2}}{\omega}\overset{*}{\sin}\omega z,$$

$$\frac{d(\sin\omega z-\cos\omega z)}{dz}=+\omega\sqrt{2}\,\overset{*}{\cos}\omega z,\qquad \int(\sin\omega z-\cos\omega z)\,dz=-\frac{\sqrt{2}}{\omega}\overset{*}{\cos}\omega z; \tag{87}$$

$$\frac{d}{dz}\left[\frac{\operatorname{tang}\omega z-1}{\operatorname{tang}\omega z+1}\right]=\frac{\omega}{\overset{*}{\cos^2}\omega z},\qquad \int\frac{\operatorname{tang}\omega z-1}{\operatorname{tang}\omega z+1}\,dz=-\frac{\ln\overset{*}{\cos}\omega z}{\omega},$$

$$\frac{d}{dz}\left[\frac{1+\operatorname{cotg}\omega z}{1-\operatorname{cotg}\omega z}\right]=\frac{-\omega}{\overset{*}{\sin^2}\omega z},\qquad \int\frac{1+\operatorname{cotg}\omega z}{1-\operatorname{cotg}\omega z}\,dz=+\frac{\ln\overset{*}{\sin}\omega z}{\omega}. \tag{88}$$

Umgekehrt ergibt sich, wenn auf den linken Seiten von (44) und (69) die Transformationen (82) und (83) berücksichtigt werden,

$$\frac{d(\overset{*}{\cos}\omega z-\overset{*}{\sin}\omega z)}{dz}=-\omega\sqrt{2}\,\sin\omega z,\qquad \int(\overset{*}{\cos}\omega z-\overset{*}{\sin}\omega z)\,dz=+\frac{\sqrt{2}}{\omega}\sin\omega z,$$

$$\frac{d(\overset{*}{\cos}\omega z+\overset{*}{\sin}\omega z)}{dz}=+\omega\sqrt{2}\,\cos\omega z,\qquad \int(\overset{*}{\cos}\omega z+\overset{*}{\sin}\omega z)\,dz=-\frac{\sqrt{2}}{\omega}\cos\omega z. \tag{89}$$

$$\frac{d}{dz}\left[\frac{1+\overset{*}{\operatorname{tang}}\omega z}{1-\overset{*}{\operatorname{tang}}\omega z}\right]=\frac{\omega}{\cos^2\omega z},\qquad \int\frac{1+\overset{*}{\operatorname{tang}}\omega z}{1-\overset{*}{\operatorname{tang}}\omega z}\,dz=-\frac{\ln\cos\omega z}{\omega},$$

$$\frac{d}{dz}\left[\frac{\overset{*}{\operatorname{cotg}}\omega z-1}{\overset{*}{\operatorname{cotg}}\omega z+1}\right]=\frac{-\omega}{\sin^2\omega z},\qquad \int\frac{\overset{*}{\operatorname{cotg}}\omega z-1}{\overset{*}{\operatorname{cotg}}\omega z+1}\,dz=+\frac{\ln\sin\omega z}{\omega}. \tag{90}$$

c) Potenzreihenentwicklungen.

Durch Einführung von (43) in (82) und durch Einsetzen von $\omega z_0=\frac{\pi}{4}$ in (76) und (77) folgen die Reihendarstellungen

$$\overset{*}{\cos}\omega z=\frac{1}{\sqrt{2}}\left[1+\omega z-\frac{(\omega z)^2}{2!}-\frac{(\omega z)^3}{3!}+\frac{(\omega z)^4}{4!}+\frac{(\omega z)^5}{5!}-\cdots\right]=\sum_0^\infty\frac{(-1)^n}{\sqrt{2}}\left[+\frac{(\omega z)^{2n}}{(2n)!}+\frac{(\omega z)^{2n+1}}{(2n+1)!}\right]\ ,$$

$$\overset{*}{\sin}\omega z=\frac{1}{\sqrt{2}}\left[-1+\omega z+\frac{(\omega z)^2}{2!}-\frac{(\omega z)^3}{3!}-\frac{(\omega z)^4}{4!}+\frac{(\omega z)^5}{5!}+\cdots\right]=\sum_0^\infty\frac{(-1)^n}{\sqrt{2}}\left[-\frac{(\omega z)^{2n}}{(2n)!}+\frac{(\omega z)^{2n+1}}{(2n+1)!}\right]. \tag{91}$$

$$\overset{*}{\operatorname{tang}}\omega z=\left(\omega z-\frac{\pi}{4}\right)+\frac{1}{3}\left(\omega z-\frac{\pi}{4}\right)^3+\frac{2}{15}\left(\omega z-\frac{\pi}{4}\right)^5+\frac{17}{315}\left(\omega z-\frac{\pi}{4}\right)^7+\cdots\ \text{für}-\frac{\pi}{2}<\left|\omega z-\frac{\pi}{4}\right|<\frac{\pi}{2},$$

$$\overset{*}{\operatorname{cotg}}\omega z=\frac{1}{\omega z-\frac{\pi}{4}}-\frac{1}{3}\left(\omega z-\frac{\pi}{4}\right)-\frac{1}{45}\left(\omega z-\frac{\pi}{4}\right)^3-\frac{2}{945}\left(\omega z-\frac{\pi}{4}\right)^5-\frac{1}{4725}\left(\omega z-\frac{\pi}{4}\right)^7-\cdots \tag{92}$$

$$\text{für } 0<\left|\omega z-\frac{\pi}{4}\right|<\pi.$$

d) Funktionalbeziehungen.

Durch Vertauschen von ωz mit $\omega z - \dfrac{\pi}{4}$ liefert (78), (79) und (80)

$$
\begin{aligned}
w &= \overset{*}{\sin}\omega z \;, & \sqrt{1-w^2} &= \overset{*}{\cos}\omega z, & \frac{w}{\sqrt{1-w^2}} &= \overset{*}{\operatorname{tang}}\omega z, & \frac{\sqrt{1-w^2}}{w} &= \overset{*}{\operatorname{cotg}}\omega z \;; \\
w &= \overset{*}{\cos}\omega z \;, & \sqrt{1-w^2} &= \overset{*}{\sin}\omega z, & \frac{\sqrt{1-w^2}}{w} &= \overset{*}{\operatorname{tang}}\omega z, & \frac{w}{\sqrt{1-w^2}} &= \overset{*}{\operatorname{cotg}}\omega z \;; \\
w &= \overset{*}{\operatorname{tang}}\omega z, & \frac{1}{w} &= \overset{*}{\operatorname{cotg}}\omega z \;, & \frac{w}{\sqrt{1+w^2}} &= \overset{*}{\sin}\omega z \;, & \frac{1}{\sqrt{1+w^2}} &= \overset{*}{\cos}\omega z \;; \\
w &= \overset{*}{\operatorname{cotg}}\omega z, & \frac{1}{w} &= \overset{*}{\operatorname{tang}}\omega z \;, & \frac{1}{\sqrt{1+w^2}} &= \overset{*}{\sin}\omega z \;, & \frac{w}{\sqrt{1+w^2}} &= \overset{*}{\cos}\omega z \;.
\end{aligned}
\tag{93}
$$

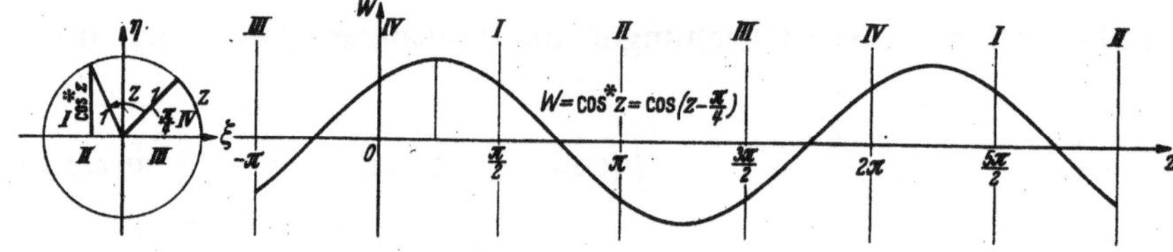

Abb. 11.

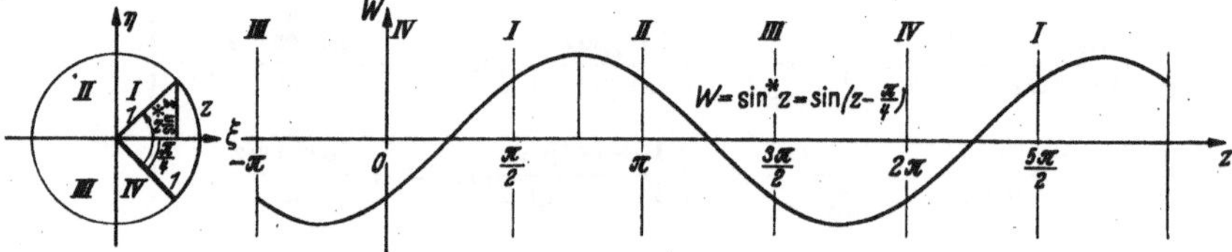

Abb. 12.

$$
\begin{aligned}
\overset{*}{\cos}z &= (-1)^n \overset{*}{\cos}(n\pi + z) = (-1)^n \overset{*}{\cos}\!\left(\frac{2n+1}{2}\pi - z\right) \\
&= (-1)^n \overset{*}{\sin}\!\left(\frac{2n+1}{2}\pi + z\right) = (-1)^{n+1}\overset{*}{\sin}(n\pi - z), \\
\overset{*}{\sin}z &= (-1)^n \overset{*}{\sin}(n\pi + z) = (-1)^{n+1}\overset{*}{\sin}\!\left(\frac{2n+1}{2}\pi - z\right) \\
&= (-)^{n+1}\overset{*}{\cos}\!\left(\frac{2n+1}{2}\pi + z\right) = (-1)^{n+1}\overset{*}{\cos}(n\pi - z).
\end{aligned}
\qquad (n = 0,1,2\cdots)
\tag{94}
$$

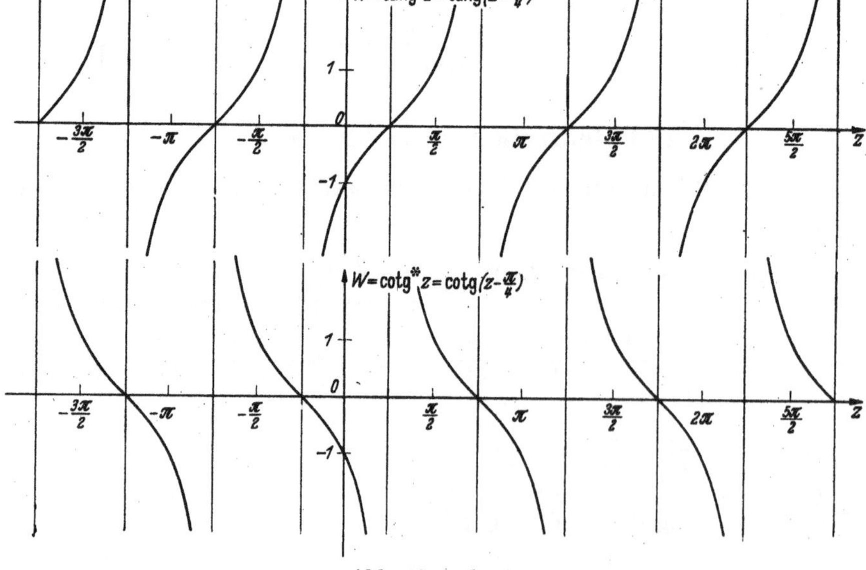

Abb. 13 und 14.

$$\overset{*}{\tan}g\,z = \overset{*}{\tan}g\,(n\pi + z) = -\overset{*}{\tan}g\left(\frac{2n+1}{2}\pi - z\right)$$

$$= -\overset{*}{\cot}g\left(\frac{2n+1}{2}\pi + z\right) = \overset{*}{\cot}g\,(n\pi - z)\,,$$

$$\overset{*}{\cot}g\,z = \overset{*}{\cot}g\,(n\pi + z) = -\overset{*}{\cot}g\left(\frac{2n+1}{2}\pi - z\right)$$

$$= -\overset{*}{\tan}g\left(\frac{2n+1}{2}\pi + z\right) = \overset{*}{\tan}g\,(n\pi - z)\,.$$

$$n = 0, 1, 2 \cdots \qquad (95)$$

Der Verlauf der Kreisfunktionen mit der Phase $\frac{\pi}{4}$ ist für reelles Argument z aus den Abb. 11 bis 14 ersichtlich.

7. Die Hyperbelfunktionen.

a) Definitionsgleichungen der Cosinus- und Sinus-Funktion. Potenzreihenentwicklungen.

Wird in den Gln (43) ω mit $i\omega$ vertauscht und die zweite der Gln (43) gleichzeitig mit $-i$ multipliziert, so ergeben sich die Potenzreihenentwicklungen

$$\cos i\omega z = 1 + \frac{(\omega z)^2}{2!} + \frac{(\omega z)^4}{4!} + \cdots, \qquad -i \sin i\omega z = \omega z + \frac{(\omega z)^3}{3!} + \frac{(\omega z)^5}{5!} + \cdots.$$

Diese definieren für den gesamten Bereich der komplexen Zahlenebene zwei analytische Funktionen, die gemäß

$$\begin{aligned}
\mathfrak{Cos}\,\omega z &= \cos i\omega z\,, & \cos i\omega z &= \mathfrak{Cos}\,\omega z \\
\mathfrak{Sin}\,\omega z &= -i\sin i\omega z\,, & \sin i\omega z &= i\,\mathfrak{Sin}\,\omega z
\end{aligned} \qquad (96)$$

als hyperbolische Cosinus- und Sinusfunktion eingeführt werden. Die Berücksichtigung dieser Bezeichnungen in den Ausgangsentwicklungen liefert

$$\begin{aligned}
\mathfrak{Cos}\,\omega z &= 1 + \frac{(\omega z)^2}{2!} + \frac{(\omega z)^4}{4!} + \cdots = \sum_{0}^{\infty} \frac{(\omega z)^{2n}}{(2n)!}\,, \\
\mathfrak{Sin}\,\omega z &= \omega z + \frac{(\omega z)^3}{3!} + \frac{(\omega z)^5}{5!} + \cdots = \sum_{0}^{\infty} \frac{(\omega z)^{2n+1}}{(2n+1)!}\,.
\end{aligned} \qquad (97)$$

b) Differential- und Integralformeln der Cosinus- und Sinus-Funktion.

Aus den Reihenentwicklungen (97) oder auch durch Umschreiben der Gln (44) folgen die Differential- und Integralformeln

$$\begin{aligned}
\frac{d\mathfrak{Cos}\,\omega z}{dz} &= \omega\,\mathfrak{Sin}\,\omega z\,, & \int \mathfrak{Cos}\,\omega z\,dz &= \frac{1}{\omega}\,\mathfrak{Sin}\,\omega z\,, \\
\frac{d\mathfrak{Sin}\,\omega z}{dz} &= \omega\,\mathfrak{Cos}\,\omega z\,, & \int \mathfrak{Sin}\,\omega z\,dz &= \frac{1}{\omega}\,\mathfrak{Cos}\,\omega z\,.
\end{aligned} \qquad (98)$$

c) Differential- und Integralgleichungen der Cosinus- und Sinus-Funktion.

Durch Vertauschen von ω mit $i\omega$ und von C_2 mit $-iC_2$ in (54) und (61) in Verbindung mit (96) erhält man für die Differential- und Integralgleichungen der Hyperbelfunktionen

$$\frac{d^2w}{dz^2} - \omega^2 w = 0, \qquad \begin{aligned}
w &= C_1 \mathfrak{Cos}\,\omega(z - z_1) + C_2 \mathfrak{Sin}\,\omega(z - z_2)\,, \\
w &= C_1 \mathfrak{Cos}\,\omega(z - z_0) + C_2 \mathfrak{Sin}\,\omega(z - z_0)\,, \\
w &= C_1 \mathfrak{Cos}\,\omega z + C_2 \mathfrak{Sin}\,\omega z\,, \\
w &= C\,\mathfrak{Cos}\,\omega(z - z_0) \quad \text{bzw.} \quad w = C\,\mathfrak{Sin}\,\omega(z - z_0)\,.
\end{aligned} \qquad (99)$$

$$w(z) - w(z_0) - \int_{z_0}^{z} \sqrt{\left(\frac{dw}{dz}\right)_0^2 - \omega^2\left[w^2(z_0) - w^2(\zeta)\right]}\,d\zeta = 0, \qquad (100)$$

$$w^2(z) - w^2(z_0) - 2\int_{z_0}^{z} w(\zeta)\sqrt{\left(\frac{dw}{dz}\right)_0^2 - \omega^2\left[w^2(z_0) - w^2(\zeta)\right]}\,d\zeta = 0,$$

$$w(z) = w(z_0)\,\mathfrak{Cos}\,\omega(z - z_0) + \frac{1}{\omega}\left(\frac{dw}{dz}\right)_0 \mathfrak{Sin}\,\omega(z - z_0).$$

$$w(z) - w(z_0) - \left(\frac{dw}{dz}\right)_0 (z - z_0) - \omega^2 \int_{z_0}^{z}\int_{z}^{z} w(\zeta)\,d\zeta\,d\zeta = 0.$$

Ferner liefert die Umschreibung von (57) und (62)

$$\left(\frac{dw}{dz}\right)^2 - \omega^2 w^2(z) - \left(\frac{dw}{dz}\right)_0^2 + \omega^2 w^2(z_0) = 0, \quad w(z) = w(z_0)\,\mathfrak{Cof}\,\omega(z-z_0) + \frac{1}{\omega}\left(\frac{dw}{dz}\right)_0 \mathfrak{Sin}\,\omega z - z_0). \tag{101}$$

$$\left.\begin{aligned}
& w(z) - w(z_1) - \left(\frac{dw}{dz}\right)_0 (z-z_1) - \omega^2 \int\limits_{z_1}^{z}\int\limits_{z_0}^{z} w(\zeta)\,d\zeta\,d\zeta = 0, \\[2mm]
& w(z) = w(z_1)\frac{\mathfrak{Cof}\,\omega(z-z_0)}{\mathfrak{Cof}\,\omega(z_1-z_0)} + \frac{1}{\omega}\left(\frac{dw}{dz}\right)_0 \frac{\mathfrak{Sin}\,\omega(z-z_1)}{\mathfrak{Cof}\,\omega(z_0-z_1)}.
\end{aligned}\right\} \tag{102}$$

d) Additionstheoreme der $\mathfrak{Cofinus}$- und $\mathfrak{Sinus}$-Funktion.

Durch Vertauschung von ω mit $i\omega$ und ω_0 mit $i\omega_0$ folgt aus (47), (48) und (51)

$$\left.\begin{aligned}
& \mathfrak{Cof}\,\omega z\,\mathfrak{Cof}\,\omega_0 z_0 + \mathfrak{Sin}\,\omega z\,\mathfrak{Sin}\,\omega_0 z_0 = \mathfrak{Cof}\,(\omega z + \omega_0 z_0), \\
& \mathfrak{Sin}\,\omega z\,\mathfrak{Cof}\,\omega_0 z_0 + \mathfrak{Cof}\,\omega z\,\mathfrak{Sin}\,\omega_0 z_0 = \mathfrak{Sin}\,(\omega z + \omega_0 z_0).
\end{aligned}\right\} \tag{103}$$

$$\left.\begin{aligned}
& \mathfrak{Cof}\,\omega z = \mathfrak{Cof}\,(\omega z \pm \omega_0 z_0)\,\mathfrak{Cof}\,\omega_0 z_0 \mp \mathfrak{Sin}\,(\omega z \pm \omega_0 z_0)\,\mathfrak{Sin}\,\omega_0 z_0, \\
& \mathfrak{Sin}\,\omega z = \mp\,\mathfrak{Cof}\,(\omega z \pm \omega_0 z_0)\,\mathfrak{Sin}\,\omega_0 z_0 + \mathfrak{Sin}\,(\omega z \pm \omega_0 z_0)\,\mathfrak{Cof}\,\omega_0 z_0.
\end{aligned}\right\} \tag{104}$$

$$\left.\begin{aligned}
& \mathfrak{Cof}\,(-\omega z) = \mathfrak{Cof}\,\omega z, \\
& \mathfrak{Sin}\,(-\omega z) = -\,\mathfrak{Sin}\,\omega z.
\end{aligned}\right\} \tag{105}$$

Mit $\omega = 1$ und $\omega_0 = \pm 1$ liefern (103) und (104) in Verbindung mit (105)

$$\left.\begin{aligned}
& \mathfrak{Cof}\,z\,\mathfrak{Cof}\,z_0 \pm \mathfrak{Sin}\,z\,\mathfrak{Sin}\,z_0 = \mathfrak{Cof}\,(z \pm z_0), \\
& \mathfrak{Sin}\,z\,\mathfrak{Cof}\,z_0 \pm \mathfrak{Cof}\,z\,\mathfrak{Sin}\,z_0 = \mathfrak{Sin}\,(z \pm z_0).
\end{aligned}\right\} \tag{106}$$

$$\left.\begin{aligned}
& \mathfrak{Cof}\,z = \mathfrak{Cof}\,(z \pm z_0)\,\mathfrak{Cof}\,z_0 \mp \mathfrak{Sin}\,(z \pm z_0)\,\mathfrak{Sin}\,z_0, \\
& \mathfrak{Sin}\,z = \mp\,\mathfrak{Sin}\,(z \pm z_0)\,\mathfrak{Sin}\,z_0 + \mathfrak{Sin}\,(z \pm z_0)\,\mathfrak{Cof}\,z_0.
\end{aligned}\right\} \tag{107}$$

e) $\mathfrak{Cofinus}$- und $\mathfrak{Sinus}$-Funktion als Koordinaten der Einheitshyperbel. Funktionsverlauf im Reellen.

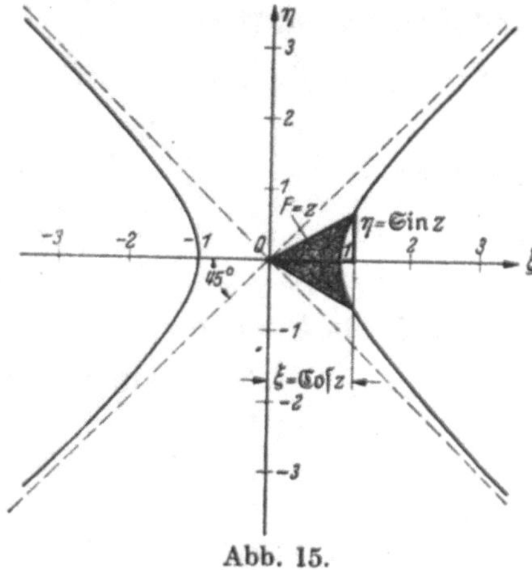

Abb. 15.

Mit ωi an Stelle von ω folgt aus (63) oder mit $\omega_0 z_0 = -\omega z$ aus (103)

$$\mathfrak{Cof}^2\,\omega z - \mathfrak{Sin}^2\,\omega z = 1. \tag{108}$$

Wird hierin $\omega = 1$ und

$$\xi = \mathfrak{Cof}\,z, \qquad \eta = \mathfrak{Sin}\,z \tag{109}$$

gesetzt, so folgt

$$\xi^2 - \eta^2 = 1. \tag{110}$$

Im Falle reeller z-Werte und damit auch reeller ξ- und η-Werte stellt (110) die Gleichung der Einheitshyperbel im kartesischen Bezugssystem dar (Abb. 15). Dem Parameter z entspricht hierbei der Flächeninhalt des Hyperbeldreiecks OPP', das in Abb. 15 schraffiert ist. Man erhält nämlich, wenn das Hyperbeldreieck nach den Methoden der Integralrechnung planimetriert wird,

$$F = \xi\eta - 2\int\limits_{1}^{\xi}\eta\,d\xi = \mathfrak{Cof}\,z\,\mathfrak{Sin}\,z - 2\int\limits_{1}^{\xi}\mathfrak{Sin}\,z\,d(\mathfrak{Cof}\,z) = \mathfrak{Cof}\,z\,\mathfrak{Sin}\,z - 2\int\limits_{0}^{z}\mathfrak{Sin}^2 z\,dz = z.$$

Dem Flächeninhalt z müssen für $\eta > 0$ positive Werte, für $\eta < 0$ negative Werte zugeordnet werden; den Übergang vermittelt der Hyperbelscheitel mit $z = \eta = 0$. Mit wachsendem z rückt die Hyperbel mehr und mehr an ihre Asymptoten heran. Da diese unter 45^0 liegen, folgt in Verbindung mit (105)

$$\lim_{z\to\infty}\mathfrak{Cof}\,z = \lim_{z\to\infty}\mathfrak{Sin}\,z, \qquad \lim_{z\to-\infty}\mathfrak{Cof}\,z = -\lim_{z\to-\infty}\mathfrak{Sin}\,z. \tag{111}$$

Einen Überblick über den Verlauf der Funktionen $\mathfrak{Cof}\,z$ und $\mathfrak{Sin}\,z$ für reelle z-Werte gibt Abb. 16.

f) Beispiel 3.

Einige Beispiele mögen auch hier wieder die Nützlichkeit der entwickelten Formeln erläutern. Zunächst sei nach der Durchhangskurve gefragt, die ein über zwei gleich hohe Rollen gelegtes und durch zwei gleich große Gewichte G vorgespanntes Kabel unter der Wirkung ihres Eigengewichtes erfährt (Abb. 17); der Drahtquerschnitt des Kabels sei F, das Raumgewicht γ und der Rollenabstand l. Wird das Kabel an der tiefsten Durchhangsstelle $(x=0)$ und an einer beliebigen Zwischenstelle $(x=x)$ durchschnitten, so wirken die Schnittkräfte als Seilzugkräfte jeweils tangential zur Kabelmittellinie; die waagerechte

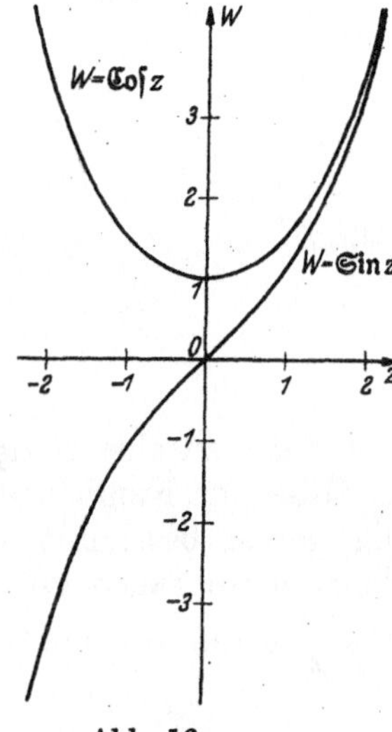

Abb. 16.

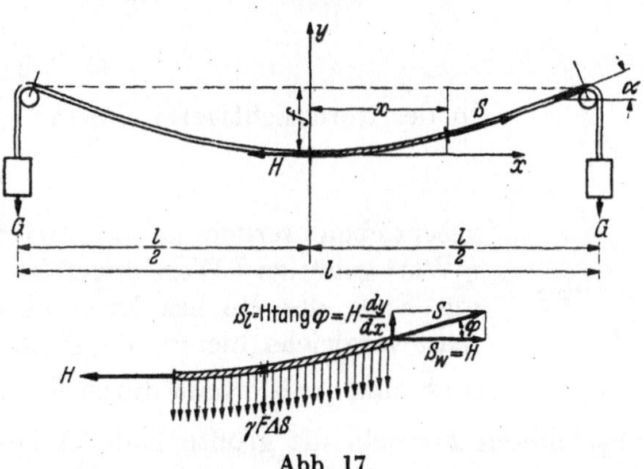

Abb. 17.

Schnittkraft an der tiefsten Durchhangsstelle sei H, die Schnittkraft an der beliebigen Zwischenstelle S. Wird S in ihre waagerechten und lotrechten Komponenten zerlegt, so folgt S_w aus Gleichgewichtsgründen zu H und damit S_l aus geometrischen Gründen zu $H\,\mathrm{tang}\,\varphi$ oder zu $H\dfrac{dy}{dx}$. Damit ergibt die Gleichgewichtsbedingung in lotrechter Richtung für das Kabelstück zwischen den Schnittstellen (Abb. 17)

$$H\frac{dy}{dx} - \int_0^S \gamma F\,ds = 0 \quad \text{oder} \quad \frac{dy}{dx} - \frac{\gamma F}{H}\int_0^x \sqrt{1+\left(\frac{dy}{dx}\right)^2}\,dx = 0.$$

Diese Integralgleichung entspricht der ersten der Integralgleichungen (100). Den Übergang vermitteln die Transformationen

$$z=x, \quad z_0=0, \quad w(z)=\frac{dy}{dx}, \quad w(z_0)=\left(\frac{dy}{dx}\right)_0=0, \quad \omega=\frac{\gamma F}{H}, \quad \left(\frac{dw}{dz}\right)_0=\left(\frac{d^2y}{dx^2}\right)_0=\omega=\frac{\gamma F}{H}.$$

Damit lautet die Lösung der Integralgleichung

$$\frac{dy}{dx}=\mathfrak{Sin}\frac{\gamma F x}{H}.$$

Hieraus folgt durch Integration zwischen x_0 und x

$$y-y_0=\int_{x_0}^x \mathfrak{Sin}\frac{\gamma F x}{H}\,dx = \frac{H}{\gamma F}\left[\mathfrak{Cof}\frac{\gamma F x}{H}-\mathfrak{Cof}\frac{\gamma F x_0}{H}\right]$$

und bei Berücksichtigung von $y_0=x_0=0$

$$y=\frac{H}{\gamma F}\left[\mathfrak{Cof}\frac{\gamma F x}{H}-1\right].$$

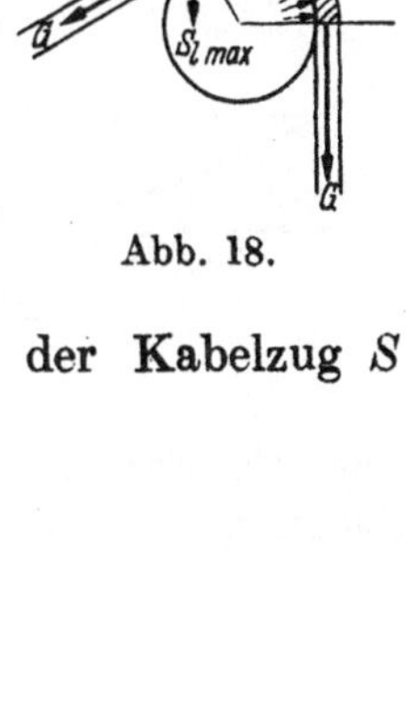

Abb. 18.

Es muß nun noch H durch G ausgedrückt werden. Wird das Kabel unmittelbar an der Rolle, d. h. an der Stelle $x=\dfrac{l}{2}$ durchschnitten gedacht, wo der Kabelzug S gleich dem Gewichte G ist, so ergibt sich (Abb. 18)

$$H=G\cos\alpha.$$

Nun ist nach (78) in Verbindung mit der Lösung der Integralgleichung und (108)

$$\cos\alpha = \frac{1}{\sqrt{1+\tan^2\alpha}} = \frac{1}{\sqrt{1+\left(\frac{dy}{dx}\right)^2_{x=\frac{l}{2}}}} = \frac{1}{\sqrt{1+\mathfrak{Sin}^2\frac{\gamma F l}{2H}}} = \frac{1}{\mathfrak{Cof}\frac{\gamma F l}{2H}}.$$

Wird dieses in der Ausgangsgleichung berücksichtigt, so folgt nach leichter Umformung

$$\frac{2H}{\gamma F l}\,\mathfrak{Cof}\,\frac{\gamma F l}{2H} = \frac{2G}{\gamma F l}.$$

Dies ist eine transzendente Gleichung für $\frac{\gamma F l}{2H}$ als Unbekannte, die mit

$$\xi = \frac{\gamma F l}{2H}, \qquad \eta = \frac{2G}{\gamma F l}$$

in der durchsichtigeren Form

$$\eta = \frac{\mathfrak{Cof}\,\xi}{\xi}$$

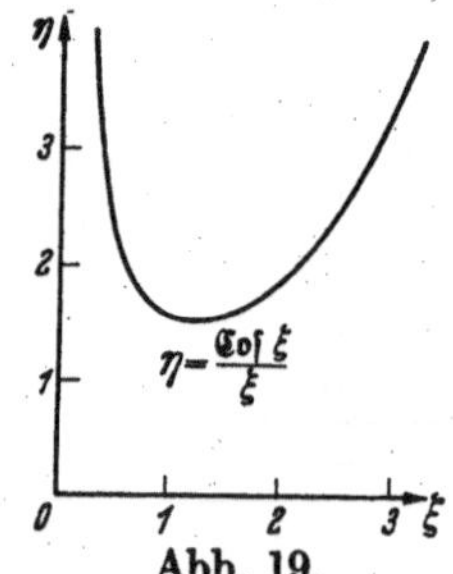

Abb. 19.

geschrieben werden kann. Aus Abb. 19 läßt sich der zu einem gegebenen η-Wert gehörige ξ-Wert ungefähr ablesen. Mit Hilfe der Funktionentafeln am Ende des Buches kann er dann beliebig genau bestimmt werden; man vergleiche hierzu die Rechnungsbeispiele zum Gebrauch der Tafeln.

Mit ξ ist auch H bekannt, und man erhält durch Einsetzen von $x = \frac{l}{2}$ in die aus der Integralgleichung abgeleiteten Formeln die größte Kabelsteigung

$$\tan\alpha = \mathfrak{Sin}\,\frac{\gamma F l}{2H} = \mathfrak{Sin}\,\xi$$

und den größten Durchhang (vgl. auch Abb. 17)

$$f = \frac{H}{\gamma F}\left[\mathfrak{Cof}\,\frac{\gamma F l}{2H}-1\right] = \frac{l}{2}\,\frac{\mathfrak{Cof}\,\xi-1}{\xi}.$$

Ferner folgt für die lotrechte Komponente des Kabelzuges $S^{\mathrm{max}} = G$ am Auflager

$$S_l^{\mathrm{max}} = H\tan\alpha = H\,\mathfrak{Sin}\,\frac{\gamma F l}{2H} = H\,\mathfrak{Sin}\,\xi.$$

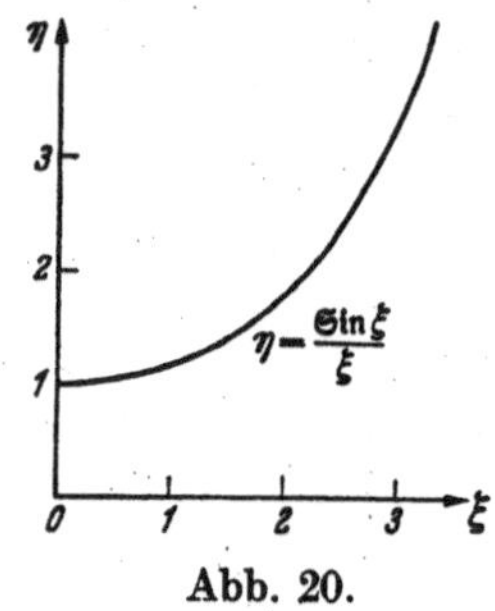

Abb. 20.

und hieraus das Kabelgewicht

$$G_0 = 2S_l^{\mathrm{max}} = 2H\,\mathfrak{Sin}\,\frac{\gamma F l}{2H} = 2H\,\mathfrak{Sin}\,\xi.$$

Damit ist auch die Länge L des Kabels zwischen den Rollen bekannt. Es ergibt sich

$$L = \frac{G_0}{\gamma F} = \frac{2H}{\gamma F}\,\mathfrak{Sin}\,\frac{\gamma F l}{2H} = l\,\frac{\mathfrak{Sin}\,\xi}{\xi}.$$

Der Verlauf der Funktion $\dfrac{\mathfrak{Sin}\,\xi}{\xi}$ ist aus Abb. 20 ersichtlich.

Ist das Kabel an den Enden nicht über Rollen gezogen, sondern fest gelagert (Abb. 21) und gleichzeitig der größte Seildurchhang f vorgegeben, so lautet die transzendente Gleichung

$$f = \frac{H}{\gamma F}\left[\mathfrak{Cof}\,\frac{\gamma F l}{2H}-1\right].$$

Sie schreibt sich mit

$$\xi = \frac{\gamma F l}{2H}, \qquad \eta = \frac{2f}{l}$$

in der durchsichtigeren Form

$$\eta = \frac{\mathfrak{Cof}\,\xi-1}{\xi},$$

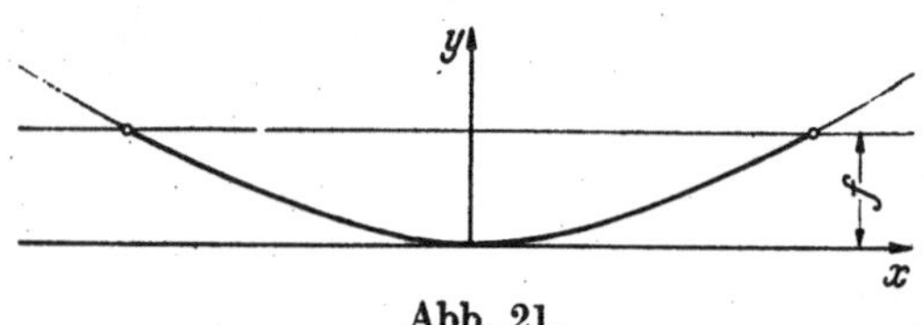

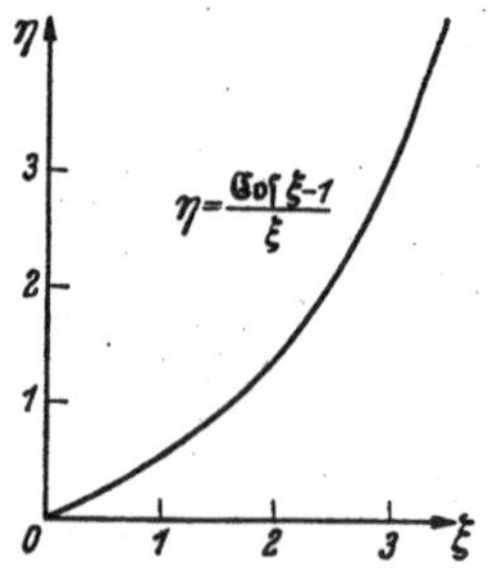

Abb. 21.

Abb. 22.

deren Verlauf in Abb. 22 zum Zwecke einer ungefähren Ablesung der gesuchten ξ-Werte aufgetragen wurde.

g) Beispiel 4.

Als weiteres Beispiel sei gemäß Abb. 23 ein hinterfülltes Brückengewölbe mit waagerechter Abdeckung betrachtet und nach derjenigen Gewölbeform gefragt, bei welcher die Gewölbemittellinie zur Drucklinie wird. Durchschneidet man das Gewölbe einmal im Scheitel ($x=0$) und einmal an einer beliebigen Zwischenstelle ($x=x$), so muß voraussetzungsgemäß die resultierende Schnittkraft in die Tangente der Gewölbemittellinie fallen. Wird als Gleichgewichtsbedingung eine Momentengleichung in bezug auf den Angriffspunkt der Schnittkraft an der Schnittstelle x gewählt und für die Auflast vorausgesetzt, daß die unterhalb der Gewölbemittellinie liegende Beton- oder Steinmasse durch eine entsprechende Aufhöhung der Abdeckung ausgeglichen ist (punktierte Linien in Abb. 23), so ergibt sich für einen Gewölbestreifen von 1,0 m Breite

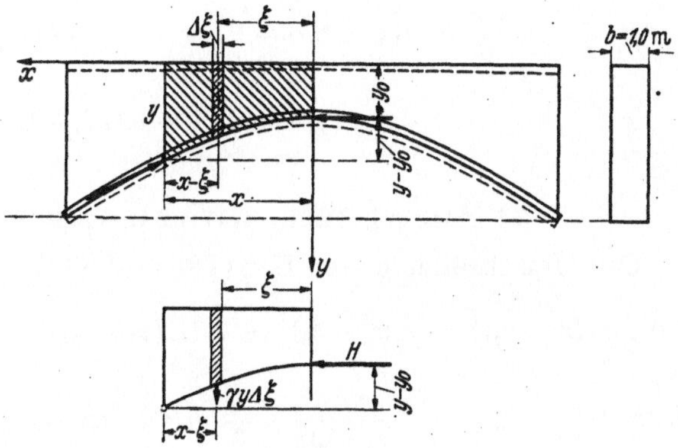

$$H\,(y-y_0)-\int_0^x \gamma\,y\,(x-\xi)\,d\xi = 0.$$

Eine erste Differentiation dieser Integralgleichung liefert

$$H\frac{dy}{dx}-\int_0^x \gamma\,y\,d\xi = 0,$$

eine zweite die Differentialgleichung

$$H\frac{d^2 y}{dx^2}-\gamma y = 0 \quad \text{oder} \quad \frac{d^2 y}{dx^2}-\frac{\gamma}{H}\,y = 0,$$

die mit den Transformationen

$$z=x, \qquad w=y, \qquad \omega=\sqrt{\frac{\gamma}{H}}$$

in (99) übergeht. Man erhält daher als Lösung, wenn auf die dritte der Lösungsformen (99) zurückgegriffen wird,

$$y = C_1 \operatorname{\mathfrak{Col}}\left(\sqrt{\frac{\gamma}{H}}\,x\right) + C_2 \operatorname{\mathfrak{Sin}}\left(\sqrt{\frac{\gamma}{H}}\,x\right).$$

Da nach Abb. 23 nur gerade Funktionen als Lösungsformen in Frage kommen, kann C_2 von vornherein gleich Null gesetzt werden. Für die verbleibende Konstante folgt aus der Bedingung $x=0,\ y=y_0$

$$C_1 = y_0.$$

Damit ergibt sich

$$y = y_0 \operatorname{\mathfrak{Col}}\left(\sqrt{\frac{\gamma}{H}}\,x\right).$$

Abb. 23.

h) Tangens- und Cotangens-Funktion. Definitionsgleichungen und Additionstheoreme.

Ähnlich wie bei den Kreisfunktionen werden die Quotienten von $\operatorname{\mathfrak{Col}}\omega z$ und $\operatorname{\mathfrak{Sin}}\omega z$ gemäß

$$\operatorname{\mathfrak{Tang}}\omega z = \frac{\operatorname{\mathfrak{Sin}}\omega z}{\operatorname{\mathfrak{Col}}\omega z} = -\operatorname{\mathfrak{Tang}}(-\omega z), \qquad \operatorname{\mathfrak{Cotg}}\omega z = \frac{\operatorname{\mathfrak{Col}}\omega z}{\operatorname{\mathfrak{Sin}}\omega z} = -\operatorname{\mathfrak{Cotg}}(-\omega z), \qquad \operatorname{\mathfrak{Cotg}}\omega z = \frac{1}{\operatorname{\mathfrak{Tang}}\omega z} \tag{112}$$

als hyperbolische Tangens- und Cotangens-Funktionen eingeführt. Durch Verbindung von (66), (96) und (112) ergeben sich die Transformationsgleichungen

$$\left.\begin{aligned}
\operatorname{\mathfrak{Tang}}\omega z &= -i\tan i\omega z, & \tan i\omega z &= +i\operatorname{\mathfrak{Tang}}\omega z, \\
\operatorname{\mathfrak{Cotg}}\omega z &= +i\cot i\omega z, & \cot i\omega z &= -i\operatorname{\mathfrak{Cotg}}\omega z\;.
\end{aligned}\right\} \tag{113}$$

Wird in (67) ω mit $i\omega$ und ω_0 mit $i\omega_0$ vertauscht, so folgt unter Berücksichtigung von (113)

$$\left.\begin{aligned}
\operatorname{\mathfrak{Tang}}(\omega z+\omega_0 z_0) &= \frac{\operatorname{\mathfrak{Tang}}\omega z+\operatorname{\mathfrak{Tang}}\omega_0 z_0}{1+\operatorname{\mathfrak{Tang}}\omega z\,\operatorname{\mathfrak{Tang}}\omega_0 z_0}, & \operatorname{\mathfrak{Tang}}\omega z &= \frac{\operatorname{\mathfrak{Tang}}(\omega z+\omega_0 z_0)-\operatorname{\mathfrak{Tang}}\omega_0 z_0}{1-\operatorname{\mathfrak{Tang}}(\omega z+\omega_0 z_0)\,\operatorname{\mathfrak{Tang}}\omega_0 z_0}, \\
\operatorname{\mathfrak{Cotg}}(\omega z+\omega_0 z_0) &= \frac{1+\operatorname{\mathfrak{Cotg}}\omega z\,\operatorname{\mathfrak{Cotg}}\omega_0 z_0}{\operatorname{\mathfrak{Cotg}}\omega z+\operatorname{\mathfrak{Cotg}}\omega_0 z_0}, & \operatorname{\mathfrak{Cotg}}\omega z &= \frac{-1+\operatorname{\mathfrak{Cotg}}(\omega z+\omega_0 z_0)\,\operatorname{\mathfrak{Cotg}}\omega_0 z_0}{\operatorname{\mathfrak{Cotg}}\omega_0 z_0-\operatorname{\mathfrak{Cotg}}(\omega z+\omega_0 z_0)}.
\end{aligned}\right\} \tag{114}$$

i) $\mathfrak{Tang}$- und $\mathfrak{Cotang}$-Funktion. Differential- und Integralbeziehungen.

In entsprechender Weise erhält man durch Umschreibung der Differential- und Integralformeln (69) und (71) sowie der Differentialgleichungen (73) und Integralgleichungen (74)

$$\frac{d\,\mathfrak{Tang}\,\omega z}{dz} = \frac{\omega}{\mathfrak{Cof}^2\,\omega z} = \omega(1 - \mathfrak{Tang}^2\,\omega z)\,, \qquad \int \mathfrak{Tang}\,\omega z\,dz = \frac{\ln \mathfrak{Cof}\,\omega z}{\omega}\,, \left.\vphantom{\begin{matrix}a\\b\end{matrix}}\right\}$$
$$\frac{d\,\mathfrak{Cotg}\,\omega z}{dz} = \frac{-\omega}{\mathfrak{Sin}^2\,\omega z} = \omega(1 - \mathfrak{Cotg}^2\,\omega z)\,, \qquad \int \mathfrak{Cotg}\,\omega z\,dz = \frac{\ln \mathfrak{Sin}\,\omega z}{\omega}\,. \tag{115}$$

$$\frac{dw}{dz} - \omega(1 - w^2) = 0\,, \qquad w = \mathfrak{Tang}\,\omega(z - z_0) \quad \text{bzw.} \quad w = \mathfrak{Cotg}\,\omega(z - z_0)\,. \tag{116}$$

$$w(z) - \omega\int\limits_{z_0}^{z}\left(1 - w^2(\zeta)\right)d\zeta = 0\,, \qquad w = \mathfrak{Tang}\,\omega(z - z_0)\,. \tag{117}$$

k) Potenzreihenentwicklung der $\mathfrak{Tang}$- und $\mathfrak{Cotang}$-Funktion.

Die Umschreibung der Gln (76) und (77) führt zu den Reihendarstellungen

$$\mathfrak{Tang}\left[\omega(z - z_0)\right] = \left[\omega(z - z_0)\right] - \frac{1}{3}\left[\omega(z - z_0)\right]^3 + \frac{2}{15}\left[\omega(z - z_0)\right]^5 - \frac{17}{315}\left[\omega(z - z_0)\right]^7 + \cdots. \tag{118}$$

$$\mathfrak{Cotg}\left[\omega(z - z_0)\right] = \frac{1}{\left[\omega(z - z_0)\right]} + \frac{1}{3}\left[\omega(z - z_0)\right] - \frac{1}{45}\left[\omega(z - z_0)\right]^3 + \frac{2}{945}\left[\omega(z - z_0)\right]^5 -$$
$$- \frac{1}{4725}\left[\omega(z - z_0)\right]^7 + \cdots. \tag{119}$$

l) Funktionsverlauf der $\mathfrak{Tang}$- und $\mathfrak{Cotang}$-Funktion.

Für reelles Argument ist der Verlauf der Funktionen $\mathfrak{Tang}\,z$ und $\mathfrak{Cotg}\,z$ aus Abb. 24 ersichtlich. Entsprechend dem durch (111) zum Ausdruck gebrachten Verhalten von $\mathfrak{Cof}\,z$ und $\mathfrak{Sin}\,z$ streben $\mathfrak{Tang}\,z$ und $\mathfrak{Cotg}\,z$ mit wachsendem Argument sehr rasch den asymptotischen Werten $+1$ bzw. -1 zu.

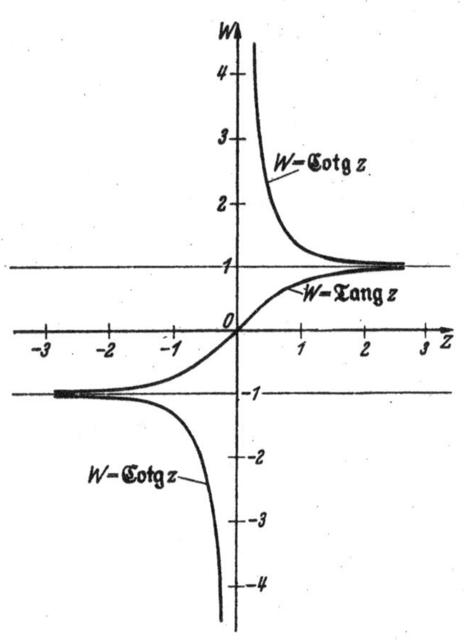

Abb. 24.

m) Beziehungen zwischen Hyperbel- und Exponentialfunktionen.

Nach (10) und (99) genügen die Exponentialfunktionen derselben Differentialgleichung wie die hyperbolischen Cosinus- und Sinusfunktionen. Es muß daher möglich sein, die einen durch die anderen auszudrücken. Der Vergleich der Reihendarstellungen (5) und (97) ergibt

$$e^{+\omega z} = \mathfrak{Cof}\,\omega z + \mathfrak{Sin}\,\omega z\,, \qquad \mathfrak{Cof}\,\omega z = \frac{1}{2}\left(e^{\omega z} + e^{-\omega z}\right)\,, \left.\vphantom{\begin{matrix}a\\b\end{matrix}}\right\}$$
$$e^{-\omega z} = \mathfrak{Cof}\,\omega z - \mathfrak{Sin}\,\omega z\,, \qquad \mathfrak{Sin}\,\omega z = \frac{1}{2}\left(e^{\omega z} - e^{-\omega z}\right)\,. \tag{120}$$

Aus (112) in Verbindung mit (120) folgt weiter

$$\mathfrak{Tang}\,\omega z = \frac{e^{\omega z} - e^{-\omega z}}{e^{\omega z} + e^{-\omega z}} = \frac{e^{2\omega z} - 1}{e^{2\omega z} + 1} = \frac{1 - e^{-2\omega z}}{1 + e^{-2\omega z}}\,, \left.\vphantom{\begin{matrix}a\\b\end{matrix}}\right\}$$
$$\mathfrak{Cotg}\,\omega z = \frac{e^{\omega z} + e^{-\omega z}}{e^{\omega z} - e^{-\omega z}} = \frac{e^{2\omega z} + 1}{e^{2\omega z} - 1} = \frac{1 + e^{-2\omega z}}{1 - e^{-2\omega z}}\,. \tag{121}$$

n) Periodenverhalten der Exponential- und Hyperbelfunktionen.

Wird in (45) $\omega z = 2n\pi$ gesetzt, wobei n eine positive ganze Zahl sein soll, so erhält man

$$e^{\pm 2n\pi i} = \cos 2n\pi \pm i\sin 2n\pi = 1 \qquad (n \text{ ganzzahlig})\,. \tag{122}$$

Damit liefert (13) für $\omega_0 z_0 = \pm 2n\pi i$

$$e^{\omega z} = e^{\omega z \pm 2n\pi i} \qquad (n \text{ ganzzahlig})\,. \tag{123}$$

In entsprechender Weise ergibt sich für negatives ω

$$e^{-\omega z} = e^{-\omega z \pm 2n\pi i} \qquad\qquad (n \text{ ganzzahlig}). \tag{124}$$

Werden diese Beziehungen in (120) und (121) berücksichtigt, so folgt weiter

$$\begin{aligned}
\mathfrak{Cof}\,\omega z &= \mathfrak{Cof}\,(\omega z \pm 2n\pi i)\,, & \mathfrak{Tang}\,\omega z &= \mathfrak{Tang}\,(\omega z \pm n\pi i)\,, \\
\mathfrak{Sin}\,\omega z &= \mathfrak{Sin}\,(\omega z \pm 2n\pi i)\,, & \mathfrak{Cotg}\,\omega z &= \mathfrak{Cotg}\,(\omega z \pm n\pi i)\,.
\end{aligned} \tag{125}$$

Exponential- und Hyperbelfunktionen sind hiernach periodisch mit der imaginären Periode $2\pi i$.

o) Beziehungen zwischen Hyperbel- und Kreisfunktionen.

Wird in (96) und (113) ω mit $i\omega$ vertauscht, so erhält man

$$\begin{aligned}
\mathfrak{Cof}\,i\omega z &= \cos\omega z\,, & \cos\omega z &= \mathfrak{Cof}\,i\omega z\,, \\
\mathfrak{Sin}\,i\omega z &= i\sin\omega z\,, & \sin\omega z &= -i\,\mathfrak{Sin}\,i\omega z\,.
\end{aligned} \tag{126}$$

$$\begin{aligned}
\mathfrak{Tang}\,i\omega z &= i\tan\omega z\,, & \tan\omega z &= -i\,\mathfrak{Tang}\,i\omega z\,, \\
\mathfrak{Cotg}\,i\omega z &= -i\cot\omega z\,, & \cot\omega z &= i\,\mathfrak{Cotg}\,i\omega z\,.
\end{aligned} \tag{127}$$

Ferner folgt durch Vertauschen von $\omega_0 z_0$ mit $i\omega_0 z_0$ in (103) und (114) in Verbindung mit (126) und (127)

$$\begin{aligned}
\mathfrak{Cof}\,(\omega z + i\omega_0 z_0) &= \mathfrak{Cof}\,\omega z\cos\omega_0 z_0 + i\,\mathfrak{Sin}\,\omega z\sin\omega_0 z_0\,, \\
\mathfrak{Sin}\,(\omega z + i\omega_0 z_0) &= \mathfrak{Sin}\,\omega z\cos\omega_0 z_0 + i\,\mathfrak{Cof}\,\omega z\sin\omega_0 z_0\,.
\end{aligned} \tag{128}$$

$$\mathfrak{Tang}\,(\omega z + i\omega_0 z_0) = \frac{\mathfrak{Tang}\,\omega z + i\tan\omega_0 z_0}{1 + i\,\mathfrak{Tang}\,\omega z\tan\omega_0 z_0}\,, \qquad \mathfrak{Cotg}\,(\omega z + i\omega_0 z_0) = \frac{1 - \mathfrak{Cotg}\,\omega z\cot\omega_0 z_0}{\mathfrak{Cotg}\,\omega z - i\cot\omega_0 z_0}\,. \tag{129}$$

p) Funktionalbeziehungen der Hyperbelfunktionen.

Durch einfache algebraische Operationen folgt in Verbindung mit (108) und (112)

$$\begin{aligned}
w &= \mathfrak{Sin}\,\omega z\,, & \sqrt{w^2+1} &= \mathfrak{Cof}\,\omega z\,, & \frac{w}{\sqrt{w^2+1}} &= \mathfrak{Tang}\,\omega z\,, & \frac{\sqrt{w^2+1}}{w} &= \mathfrak{Cotg}\,\omega z\,; \\[4pt]
w &= \mathfrak{Cof}\,\omega z\,, & \sqrt{w^2-1} &= \mathfrak{Sin}\,\omega z\,, & \frac{\sqrt{w^2-1}}{w} &= \mathfrak{Tang}\,\omega z\,, & \frac{w}{\sqrt{w^2-1}} &= \mathfrak{Cotg}\,\omega z\,; \\[4pt]
w &= \mathfrak{Tang}\,\omega z\,, & \frac{1}{w} &= \mathfrak{Cotg}\,\omega z\,, & \frac{w}{\sqrt{1-w^2}} &= \mathfrak{Sin}\,\omega z\,, & \frac{1}{\sqrt{1-w^2}} &= \mathfrak{Cof}\,\omega z\,; \\[4pt]
w &= \mathfrak{Cotg}\,\omega z\,, & \frac{1}{w} &= \mathfrak{Tang}\,\omega z\,, & \frac{1}{\sqrt{w^2-1}} &= \mathfrak{Sin}\,\omega z\,, & \frac{w}{\sqrt{w^2-1}} &= \mathfrak{Cof}\,\omega z\,.
\end{aligned} \tag{130}$$

Mit Hilfe von (128) und (129) ergeben sich die Transformationsgleichungen

$$\begin{aligned}
\mathfrak{Cof}\,z &= (-1)^n\,\mathfrak{Cof}\,(n\pi i + z) = (-1)^n\,\mathfrak{Cof}\,(n\pi i - z) \\
&= i(-1)^{n+1}\,\mathfrak{Sin}\left(\frac{2n+1}{2}\pi i + z\right) = i(-1)^{n+1}\,\mathfrak{Sin}\left(\frac{2n+1}{2}\pi i - z\right), \\
\mathfrak{Sin}\,z &= (-1)^n\,\mathfrak{Sin}\,(n\pi i + z) = (-1)^{n+1}\,\mathfrak{Sin}\,(n\pi i - z) \\
&= i(-1)^{n+1}\,\mathfrak{Cof}\left(\frac{2n+1}{2}\pi i + z\right) = i(-1)^n\,\mathfrak{Cof}\left(\frac{2n+1}{2}\pi i - z\right).
\end{aligned} \qquad (n=0,1,2\ldots) \tag{131}$$

$$\begin{aligned}
\mathfrak{Tang}\,z &= \mathfrak{Tang}\,(n\pi i + z) = -\mathfrak{Tang}\,(n\pi i - z) = \mathfrak{Cotg}\left(\frac{2n+1}{2}\pi i + z\right) \\
&= -\mathfrak{Cotg}\left(\frac{2n+1}{2}\pi i - z\right), \\
\mathfrak{Cotg}\,z &= \mathfrak{Cotg}\,(n\pi i + z) = -\mathfrak{Cotg}\,(n\pi i - z) = \mathfrak{Tang}\left(\frac{2n+1}{2}\pi i - z\right) \\
&= -\mathfrak{Tang}\left(\frac{2n+1}{2}\pi i - z\right).
\end{aligned} \qquad (n=0,1,2\ldots) \tag{132}$$

8. Die arcus-Funktionen und Area-Funktionen.

a) Definitionsgleichungen und Verlauf im Reellen.

Die Umkehrungen der Kreisfunktionen werden als arcus-Funktionen, diejenigen der Hyperbelfunktionen als Area-Funktionen bezeichnet. Ihre Definitionsgleichungen lauten

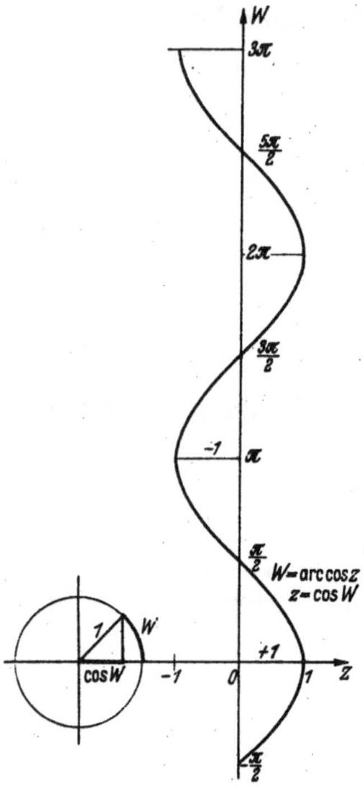

Abb. 25a.

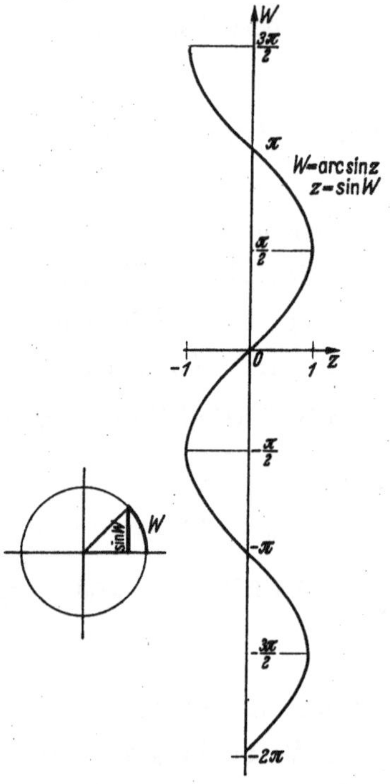

Abb. 25b.

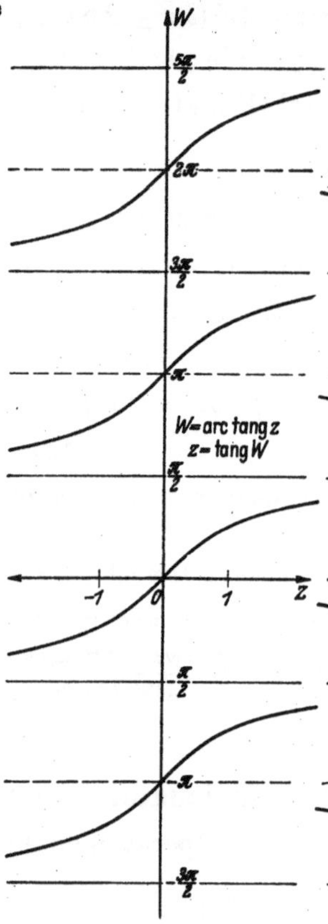

Abb. 26a.

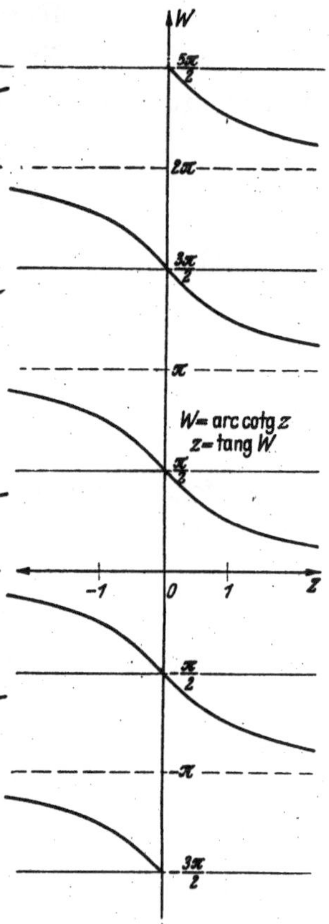

Abb. 26b.

$$\left.\begin{array}{ll} z = \cos w \;, & w = \arccos z \;, \\ z = \sin w \;, & w = \arcsin z \;, \\ z = \operatorname{tang} w \;, & w = \operatorname{arc\,tang} z \;, \\ z = \cot g\, w \;, & w = \operatorname{arc\,cotg} z \;, \end{array}\right\} \text{(arcus-Funktionen).} \qquad (133)$$

$$\left.\begin{array}{ll} z = \mathfrak{Cof}\, w \;, & w = \mathfrak{Ar\,Cof}\, z \;, \\ z = \mathfrak{Sin}\, w \;, & w = \mathfrak{Ar\,Sin}\, z \;, \\ z = \mathfrak{Tang}\, w \;, & w = \mathfrak{Ar\,Tang}\, z \;, \\ z = \mathfrak{Cotg}\, w \;, & w = \mathfrak{Ar\,Cotg}\, z \;, \end{array}\right\} \text{(Area-Funktionen).} \qquad (134)$$

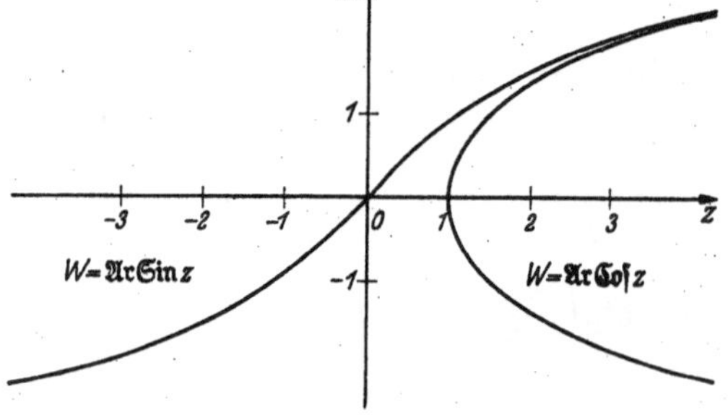

Abb. 27.

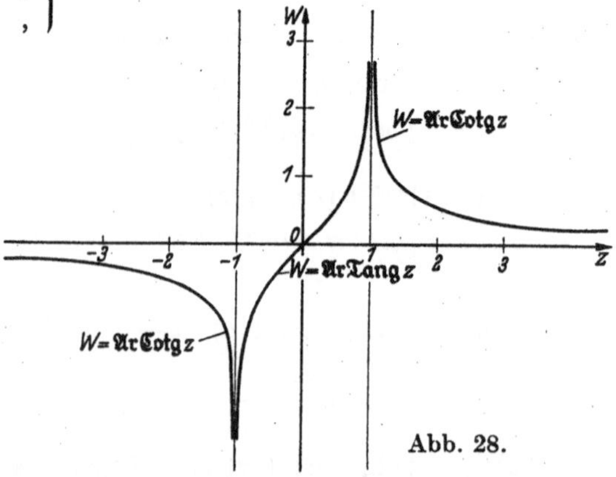

Abb. 28.

Für reelle Argumentwerte ergibt sich der aus Abb. 25 bis 28 ersichtliche Funktionsverlauf. Nach den Darlegungen unter Ziffer 5 bis 7 stellt w in diesem Falle den Bogen auf dem Einheitskreise bzw. den Flächeninhalt zwischen der Einheitshyperbel und ihren Asymptoten dar; hierauf gründen sich die Bezeichnungen arcus- bzw. Area-Funktionen.

Entsprechend dem periodischen Verhalten der Kreis- und Hyperbelfunktionen sind die arcus- und Area-Funktionen mehrdeutig. Für die Zwecke der Anwendung muß daher stets noch eine Bereichsbeschränkung hinzugefügt werden, z. B. $w = \arccos z$ für w zwischen 0 und π.

b) Differential- und Integralformeln.

Unter Heranziehung der Differentiationsformel

$$\frac{dw}{dz} = \frac{1}{\dfrac{dz}{dw}}$$

folgt in Verbindung mit den Differentiationsformeln der Kreis- und Hyperbelfunktionen aus (133) und (134)

$$\left.\begin{aligned}
\frac{d\,\arccos z}{dz} &= \frac{1}{\dfrac{d\cos w}{dw}} = \frac{1}{-\sin w} = -\frac{1}{\sqrt{1-\cos^2 w}} = -\frac{1}{\sqrt{1-z^2}}\,, \\[2ex]
\frac{d\,\arcsin z}{dz} &= \frac{1}{\dfrac{d\sin w}{dw}} = \frac{1}{\cos w} = +\frac{1}{\sqrt{1-\sin^2 w}} = +\frac{1}{\sqrt{1-z^2}}\,, \\[2ex]
\frac{d\,\arctan g\, z}{dz} &= \frac{1}{\dfrac{d\tan g\, w}{dw}} = \cos^2 w = +\frac{1}{1+\tan g^2 w} = +\frac{1}{1+z^2}\,, \\[2ex]
\frac{d\,\operatorname{arc\,cotg} z}{dz} &= \frac{1}{\dfrac{d\operatorname{cotg} w}{dw}} = -\sin^2 w = -\frac{1}{1+\operatorname{cotg}^2 w} = -\frac{1}{1+z^2}\,.
\end{aligned}\right\} \quad (135)$$

$$\left.\begin{aligned}
\frac{d\,\mathfrak{Ar\,Cof}\, z}{dz} &= \frac{1}{\dfrac{d\mathfrak{Cof}\, w}{dw}} = \frac{1}{\mathfrak{Sin}\, w} = \frac{1}{\sqrt{\mathfrak{Cof}^2 w - 1}} = \frac{1}{\sqrt{z^2-1}}\,, \\[2ex]
\frac{d\,\mathfrak{Ar\,Sin}\, z}{dz} &= \frac{1}{\dfrac{d\mathfrak{Sin}\, w}{dw}} = \frac{1}{\mathfrak{Cof}\, w} = \frac{1}{\sqrt{\mathfrak{Sin}^2 w + 1}} = \frac{1}{\sqrt{z^2+1}}\,, \\[2ex]
\frac{d\,\mathfrak{Ar\,Tang}\, z}{dz} &= \frac{1}{\dfrac{d\mathfrak{Tang}\, w}{dw}} = \mathfrak{Cof}^2 w = \frac{1}{1-\mathfrak{Tang}^2 w} = \frac{1}{1-z^2}\,, \\[2ex]
\frac{d\,\mathfrak{Ar\,Cotg}\, z}{dz} &= \frac{1}{\dfrac{d\mathfrak{Cotg}\, w}{dw}} = -\mathfrak{Sin}^2 w = \frac{1}{1-\mathfrak{Cotg}^2 w} = \frac{1}{1-z^2}\,.
\end{aligned}\right\} \quad (136)$$

Die Integration von (135) und (136) führt zu den Integraldarstellungen

$$\left.\begin{aligned}
\arccos z &= c - \int \frac{dz}{\sqrt{1-z^2}}\,, & \mathfrak{Ar\,Cof}\, z &= c + \int \frac{dz}{\sqrt{z^2-1}} & \\[1.5ex]
\arcsin z &= c + \int \frac{dz}{\sqrt{1-z^2}}\,, & \mathfrak{Ar\,Sin}\, z &= c + \int \frac{dz}{\sqrt{z^2-1}} & \\[1.5ex]
\arctan g\, z &= c + \int \frac{dz}{1+z^2}\,, & \mathfrak{Ar\,Tang}\, z &= c + \int \frac{dz}{1-z^2}\ (|z|<1)\,, \\[1.5ex]
\operatorname{arc\,cotg} z &= c - \int \frac{dz}{1+z^2}\,, & \mathfrak{Ar\,Cotg}\, z &= c + \int \frac{dz}{1-z^2}\ (|z|>1)\,.
\end{aligned}\right\} \quad (137)$$

Aus ihnen folgt

$$\arccos z + \arcsin z = \text{konst.}$$
$$\operatorname{arc\,cotg} z + \arctan g\, z = \text{konst.}$$

Wird die Bereichsbeschränkung so gewählt, daß für $z = 0$ die Funktionen $\arccos z$ und $\operatorname{arc\,cotg} z$

den Wert $\frac{\pi}{2}$ und arc sin z und arc tang z den Wert 0 annehmen, so ergibt sich in beiden Fällen die Konstante zu $\frac{\pi}{2}$ und man erhält

$$\left.\begin{aligned} \operatorname{arc\,cos} z &= \frac{\pi}{2} - \operatorname{arc\,sin} z \quad,\\ \operatorname{arc\,cotg} z &= \frac{\pi}{2} - \operatorname{arc\,tang} z\,. \end{aligned}\right\} \tag{138}$$

Durch partielle Integration unter Benutzung von (135) und (136) folgt für die unbestimmten Integrale der arcus- und Area-Funktionen

$$\left.\begin{aligned}
\int \operatorname{arc\,cos} z\,dz &= z\operatorname{arc\,cos} z + \int \frac{z}{\sqrt{1-z^2}}\,dz = z\operatorname{arc\,cos} z - \sqrt{1-z^2} \quad,\\
\int \operatorname{arc\,sin} z\,dz &= z\operatorname{arc\,sin} z - \int \frac{z}{\sqrt{1-z^2}}\,dz = z\operatorname{arc\,sin} z + \sqrt{1-z^2} \quad,\\
\int \operatorname{arc\,tang} z\,dz &= z\operatorname{arc\,tang} z - \int \frac{z}{1+z^2}\,dz = z\operatorname{arc\,tang} z - \ln\sqrt{1+z^2} \quad,\\
\int \operatorname{arc\,cotg} z\,dz &= z\operatorname{arc\,cotg} z + \int \frac{z}{1+z^2}\,dz = z\operatorname{arc\,cotg} z + \ln\sqrt{1+z^2} \quad.
\end{aligned}\right\} \tag{139}$$

$$\left.\begin{aligned}
\int \operatorname{Ar\,Co\mskip f} z\,dz &= z\operatorname{Ar\,Co\mskip f} z - \int \frac{z}{\sqrt{z^2-1}}\,dz = z\operatorname{Ar\,Co\mskip f} z - \sqrt{z^2-1} \quad,\\
\int \operatorname{Ar\,Sin} z\,dz &= z\operatorname{Ar\,Sin} z - \int \frac{z}{\sqrt{z^2+1}}\,dz = z\operatorname{Ar\,Sin} z - \sqrt{z^2+1} \quad,\\
\int \operatorname{Ar\,Tang} z\,dz &= z\operatorname{Ar\,Tang} z - \int \frac{z}{1-z^2}\,dz = z\operatorname{Ar\,Tang} z + \ln\sqrt{1-z^2} \quad,\\
\int \operatorname{Ar\,Cotg} z\,dz &= z\operatorname{Ar\,Cotg} z - \int \frac{z}{1-z^2}\,dz = z\operatorname{Ar\,Cotg} z + \ln\sqrt{z^2-1} \quad.
\end{aligned}\right\} \tag{140}$$

c) Zusammenhänge der Area-Funktionen mit der Logarithmusfunktion.

Aus dem durch (120) und (121) dargestellten Zusammenhang zwischen den Hyperbel- und Exponentialfunktionen ergibt sich ein entsprechender Zusammenhang zwischen den Area-Funktionen und der Logarithmusfunktion. Wird in (120) und (121) $\omega = 1$ gesetzt und z mit w vertauscht und gleichzeitig (121) noch nach $e^{\omega z}$ bzw. e^ω aufgelöst, so erhält man die Gleichungskette

$$e^w = \operatorname{Co\mskip f} w + \operatorname{Sin} w = \operatorname{Sin} w + \sqrt{\operatorname{Sin}^2 w + 1} = \operatorname{Co\mskip f} w + \sqrt{\operatorname{Co\mskip f}^2 w - 1} = \sqrt{\frac{1+\operatorname{Tang} w}{1-\operatorname{Tang} w}} = \sqrt{\frac{\operatorname{Cotg} w + 1}{\operatorname{Cotg} w - 1}}. \tag{141}$$

Hieraus folgt durch Umkehrung

$$\begin{aligned}
w &= \ln\left(\operatorname{Sin} w + \sqrt{\operatorname{Sin}^2 w + 1}\right) = \ln\left(\operatorname{Co\mskip f} w + \sqrt{\operatorname{Co\mskip f}^2 w - 1}\right)\\
&= \ln\sqrt{\frac{1+\operatorname{Tang} w}{1-\operatorname{Tang} w}} = \ln\sqrt{\frac{\operatorname{Cotg} w + 1}{\operatorname{Cotg} w - 1}}.
\end{aligned} \tag{142}$$

Setzt man hierin nun der Reihe nach

$$\operatorname{Sin} w = z\,, \qquad \operatorname{Co\mskip f} w = z\,, \qquad \operatorname{Tang} w = z, \qquad \operatorname{Cotg} w = z$$

und entsprechend

$$w = \operatorname{Ar\,Sin} z\,, \qquad w = \operatorname{Ar\,Co\mskip f} z\,, \qquad w = \operatorname{Ar\,Tang} z\,, \qquad w = \operatorname{Ar\,Cotg} z,$$

so ergibt sich

$$\left.\begin{aligned}
\operatorname{Ar\,Sin} z &= \ln\left(z + \sqrt{z^2+1}\right) \quad, & e^{\operatorname{Ar\,Sin} z} &= z + \sqrt{z^2+1} \quad,\\
\operatorname{Ar\,Co\mskip f} z &= \ln\left(z + \sqrt{z^2-1}\right) \quad, & e^{\operatorname{Ar\,Co\mskip f} z} &= z + \sqrt{z^2-1} \quad,\\
\operatorname{Ar\,Tang} z &= \ln\sqrt{\frac{1+z}{1-z}} \;\; (|z|<1), & e^{\operatorname{Ar\,Tang} z} &= \sqrt{\frac{1+z}{1-z}} \;\; (|z|<1)\,,\\
\operatorname{Ar\,Cotg} z &= \ln\sqrt{\frac{z+1}{z-1}} \;\; (|z|>1). & e^{\operatorname{Ar\,Cotg} z} &= \sqrt{\frac{z+1}{z-1}} \;\; (|z|>1)\,.
\end{aligned}\right\} \tag{143}$$

d) Darstellung einiger Logarithmusintegrale.

Die Einführung von (143) in (140) liefert

$$\left.\begin{aligned}
\int \ln\left(z + \sqrt{z^2 - 1}\right) dz &= z\,\mathfrak{Ar}\,\mathfrak{Cof}\,z - \sqrt{z^2 - 1} &,\\[4pt]
\int \ln\left(z + \sqrt{(z^2 + 1)}\right) dz &= z\,\mathfrak{Ar}\,\mathfrak{Sin}\,z - \sqrt{z^2 + 1} &,\\[4pt]
\int \ln\sqrt{\frac{1+z}{1-z}}\, dz &= z\,\mathfrak{Ar}\,\mathfrak{Tang}\,z + \ln\sqrt{1 - z^2} &(|z| < 1),\\[4pt]
\int \ln\sqrt{\frac{z+1}{z-1}}\, dz &= z\,\mathfrak{Ar}\,\mathfrak{Cotg}\,z + \ln\sqrt{z^2 - 1} &(|z| > 1).
\end{aligned}\right\} \quad (144)$$

e) Funktionalbeziehungen der arcus- und Area-Funktionen.

Mit den aus (78) und (130) für $\omega z \to w$ und $w \to z$ folgenden Gleichungsgruppen

$$\left.\begin{aligned}
\sin w = z, &\quad \cos w = \sqrt{1 - z^2}, &\quad \tan w = \frac{z}{\sqrt{1 - z^2}}, &\quad \cot w = \frac{\sqrt{1 - z^2}}{z},\\[4pt]
\cos w = z, &\quad \sin w = \sqrt{1 - z^2}, &\quad \tan w = \frac{\sqrt{1 - z^2}}{z}, &\quad \cot w = \frac{z}{\sqrt{1 - z^2}},\\[4pt]
\tan w = z, &\quad \cot w = \frac{1}{z}, &\quad \sin w = \frac{z}{\sqrt{1 + z^2}}, &\quad \cos w = \frac{1}{\sqrt{1 + z^2}},\\[4pt]
\cot w = z, &\quad \tan w = \frac{1}{z}, &\quad \sin w = \frac{1}{\sqrt{1 + z^2}}, &\quad \cos w = \frac{z}{\sqrt{1 + z^2}},
\end{aligned}\right\} \quad (145)$$

$$\left.\begin{aligned}
\mathfrak{Sin}\,w = z, &\quad \mathfrak{Cof}\,w = \sqrt{z^2 + 1}, &\quad \mathfrak{Tang}\,w = \frac{z}{\sqrt{z^2 + 1}}, &\quad \mathfrak{Cotg}\,w = \frac{\sqrt{z^2 + 1}}{z},\\[4pt]
\mathfrak{Cof}\,w = z, &\quad \mathfrak{Sin}\,w = \sqrt{z^2 - 1}, &\quad \mathfrak{Tang}\,w = \frac{\sqrt{z^2 - 1}}{z}, &\quad \mathfrak{Cotg}\,w = \frac{z}{\sqrt{z^2 - 1}},\\[4pt]
\mathfrak{Tang}\,w = z, &\quad \mathfrak{Cotg}\,w = \frac{1}{z}, &\quad \mathfrak{Sin}\,w = \frac{z}{\sqrt{1 - z^2}}, &\quad \mathfrak{Cof}\,w = \frac{1}{\sqrt{1 - z^2}},\\[4pt]
\mathfrak{Cotg}\,w = z, &\quad \mathfrak{Tang}\,w = \frac{1}{z}, &\quad \mathfrak{Sin}\,w = \frac{1}{\sqrt{z^2 - 1}}, &\quad \mathfrak{Cof}\,w = \frac{z}{\sqrt{z^2 - 1}},
\end{aligned}\right\} \quad (146)$$

ergeben sich für die arcus- und Area-Funktionen die Gleichungsketten

$$\left.\begin{aligned}
w &= \arcsin z = \arccos\sqrt{1 - z^2} = \operatorname{arc\,tang}\frac{z}{\sqrt{1 - z^2}} = \operatorname{arc\,cotg}\frac{\sqrt{1 - z^2}}{z},\\[4pt]
w &= \arccos z = \arcsin\sqrt{1 - z^2} = \operatorname{arc\,tang}\frac{\sqrt{1 - z^2}}{z} = \operatorname{arc\,cotg}\frac{z}{\sqrt{1 - z^2}},\\[4pt]
w &= \operatorname{arc\,tang} z = \operatorname{arc\,cotg}\frac{1}{z} = \arcsin\frac{z}{\sqrt{1 + z^2}} = \arccos\frac{1}{\sqrt{1 + z^2}},\\[4pt]
w &= \operatorname{arc\,cotg} z = \operatorname{arc\,tang}\frac{1}{z} = \arcsin\frac{1}{\sqrt{1 + z^2}} = \arccos\frac{z}{\sqrt{1 + z^2}},
\end{aligned}\right\} \quad (147)$$

$$\left.\begin{aligned}
w &= \mathfrak{Ar}\,\mathfrak{Sin}\,z = \mathfrak{Ar}\,\mathfrak{Cof}\sqrt{z^2 + 1} = \mathfrak{Ar}\,\mathfrak{Tang}\frac{z}{\sqrt{z^2 + 1}} = \mathfrak{Ar}\,\mathfrak{Cotg}\frac{\sqrt{z^2 + 1}}{z},\\[4pt]
w &= \mathfrak{Ar}\,\mathfrak{Cof}\,z = \mathfrak{Ar}\,\mathfrak{Sin}\sqrt{z^2 - 1} = \mathfrak{Ar}\,\mathfrak{Tang}\frac{\sqrt{z^2 - 1}}{z} = \mathfrak{Ar}\,\mathfrak{Cotg}\frac{z}{\sqrt{z^2 - 1}},\\[4pt]
w &= \mathfrak{Ar}\,\mathfrak{Tang}\,z = \mathfrak{Ar}\,\mathfrak{Cotg}\frac{1}{z} = \mathfrak{Ar}\,\mathfrak{Sin}\frac{z}{\sqrt{1 - z^2}} = \mathfrak{Ar}\,\mathfrak{Cof}\frac{1}{\sqrt{1 - z^2}},\\[4pt]
w &= \mathfrak{Ar}\,\mathfrak{Cotg}\,z = \mathfrak{Ar}\,\mathfrak{Tang}\frac{1}{z} = \mathfrak{Ar}\,\mathfrak{Sin}\frac{1}{\sqrt{z^2 - 1}} = \mathfrak{Ar}\,\mathfrak{Cof}\frac{z}{\sqrt{z^2 - 1}}.
\end{aligned}\right\} \quad (148)$$

Die vier arcus- und Area-Funktionen lassen sich somit durch rein algebraische Transformationen ineinander überführen.

f) Additionstheoreme der arcus- und Area-Funktionen.

Unter Heranziehung von (147) und (148) ergeben sich aus (47), (67), (103) und (114) die Additionstheoreme der arcus- und Area-Funktionen. Der Rechnungsgang möge am Beispiel der arc sin-Funktion erläutert werden. Zunächst liefert (47) mit $\omega z = \text{arc sin } u$ und $\omega_0 z_0 = \text{arc sin } v$

$$\sin(\text{arc sin } u + \text{arc sin } v) = \sin(\text{arc sin } u)\cos(\text{arc sin } v) + \cos(\text{arc sin } u)\sin(\text{arc sin } v).$$

Nun ist aber nach (145) und (147), wenn z durch u bzw. v ersetzt wird,

$$\sin(\text{arc sin } u) = u, \qquad \cos(\text{arc sin } u) = \cos(\text{arc cos }\sqrt{1-u^2}) = \sqrt{1-u^2},$$
$$\sin(\text{arc sin } v) = v, \qquad \cos(\text{arc sin } v) = \cos(\text{arc cos }\sqrt{1-v^2}) = \sqrt{1-v^2},$$

und man erhält

$$\sin(\text{arc sin } u + \text{arc sin } v) = u\sqrt{1-v^2} + v\sqrt{1-u^2},$$

oder auch

$$\text{arc sin } u + \text{arc sin } v = \text{arc sin}\left(u\sqrt{1-v^2} + v\sqrt{1-u^2}\right).$$

In ähnlichem Rechnungsgange ergeben sich die nachstehenden Formelgruppen:

$$\left.\begin{aligned}
\text{arc sin } u \pm \text{arc sin } v &= \text{arc sin}\left(u\sqrt{1-v^2} \pm v\sqrt{1-u^2}\right) = \text{arc cos}\left(\sqrt{(1-u^2)(1-v^2)} \mp uv\right) &,\\
\text{arc sin } u \pm \text{arc cos } v &= \text{arc sin}\left(uv \pm \sqrt{(1-u^2)(1-v^2)}\right) = \text{arc cos}\left(v\sqrt{1-u^2} \mp u\sqrt{1-v^2}\right) &,\\
\text{arc cos } u \pm \text{arc sin } v &= \text{arc sin}\left(\sqrt{(1-u^2)(1-v^2)} \pm uv\right) = \text{arc cos}\left(u\sqrt{1-v^2} \mp v\sqrt{1-u^2}\right) &,\\
\text{arc cos } u \pm \text{arc cos } v &= \pi - \text{arc sin}\left(v\sqrt{1-u^2} \pm u\sqrt{1-v^2}\right) = \text{arc cos}\left(uv \mp \sqrt{(1-u^2)(1-v^2)}\right) &,\\
\text{arc tang } u \pm \text{arc tang } v &= \text{arc tang }\frac{u\pm v}{1\mp uv} = \text{arc cotg }\frac{1\mp uv}{u\pm v} &,\\
\text{arc tang } u \pm \text{arc cotg } v &= \text{arc tang }\frac{uv\pm 1}{v\mp u} = \text{arc cotg }\frac{v\mp u}{uv\pm 1} &,\\
\text{arc cotg } u \pm \text{arc tang } v &= \text{arc tang }\frac{1\pm uv}{u\mp v} = \text{arc cotg }\frac{u\mp v}{1\pm uv} &,\\
\text{arc cotg } u \pm \text{arc cotg } v &= \text{arc tang }\frac{v\pm u}{uv\mp 1} = \text{arc cotg }\frac{uv\mp 1}{v\pm u} &.
\end{aligned}\right\} \quad (149)$$

$$\left.\begin{aligned}
\mathfrak{Ar}\,\mathfrak{Sin}\, u \pm \mathfrak{Ar}\,\mathfrak{Sin}\, v &= \mathfrak{Ar}\,\mathfrak{Sin}\left(u\sqrt{v^2+1} \pm v\sqrt{u^2+1}\right) = \mathfrak{Ar}\,\mathfrak{Cof}\left(\sqrt{(u^2+1)(v^2+1)} \pm uv\right) &,\\
\mathfrak{Ar}\,\mathfrak{Sin}\, u \pm \mathfrak{Ar}\,\mathfrak{Cof}\, v &= \mathfrak{Ar}\,\mathfrak{Sin}\left(uv \pm \sqrt{(u^2+1)(v^2-1)}\right) = \mathfrak{Ar}\,\mathfrak{Cof}\left(v\sqrt{u^2+1} \pm u\sqrt{v^2-1}\right) &,\\
\mathfrak{Ar}\,\mathfrak{Cof}\, u \pm \mathfrak{Ar}\,\mathfrak{Sin}\, v &= \mathfrak{Ar}\,\mathfrak{Sin}\left(\sqrt{u^2-1}\,(v^2+1) \pm uv\right) = \mathfrak{Ar}\,\mathfrak{Cof}\left(u\sqrt{v^2+1} \pm v\sqrt{u^2-1}\right) &,\\
\mathfrak{Ar}\,\mathfrak{Cof}\, u \pm \mathfrak{Ar}\,\mathfrak{Cof}\, v &= \mathfrak{Ar}\,\mathfrak{Sin}\left(v\sqrt{u^2-1} \pm u\sqrt{v^2-1}\right) = \mathfrak{Ar}\,\mathfrak{Cof}\left(uv \pm \sqrt{(u^2-1)(v^2-1)}\right) &;\\
\mathfrak{Ar}\,\mathfrak{Tang}\, u \pm \mathfrak{Ar}\,\mathfrak{Tang}\, v &= \mathfrak{Ar}\,\mathfrak{Tang}\,\frac{u\pm v}{1\pm uv} = \mathfrak{Ar}\,\mathfrak{Cotg}\,\frac{1\pm uv}{u\pm v} &,\\
\mathfrak{Ar}\,\mathfrak{Tang}\, u \pm \mathfrak{Ar}\,\mathfrak{Cotg}\, v &= \mathfrak{Ar}\,\mathfrak{Tang}\,\frac{uv\pm 1}{v\pm u} = \mathfrak{Ar}\,\mathfrak{Cotg}\,\frac{v\pm u}{uv\pm 1} &,\\
\mathfrak{Ar}\,\mathfrak{Cotg}\, u \pm \mathfrak{Ar}\,\mathfrak{Tang}\, v &= \mathfrak{Ar}\,\mathfrak{Tang}\,\frac{1\pm uv}{u\pm v} = \mathfrak{Ar}\,\mathfrak{Cotg}\,\frac{u\pm v}{1\pm uv} &,\\
\mathfrak{Ar}\,\mathfrak{Cotg}\, u \pm \mathfrak{Ar}\,\mathfrak{Cotg}\, v &= \mathfrak{Ar}\,\mathfrak{Tang}\,\frac{v\pm u}{uv\pm 1} = \mathfrak{Ar}\,\mathfrak{Cotg}\,\frac{uv\pm 1}{v\pm u} &.
\end{aligned}\right\} \quad (150)$$

Wird in (149) und (150) $v = u$ gesetzt, so ergibt sich für das obere Vorzeichen

$$\left.\begin{aligned}
\text{arc sin } u &= \frac{1}{2}\,\text{arc sin}\left(2u\sqrt{1-u^2}\right) = \frac{1}{2}\,\text{arc cos}(1-2u^2) &,\\
\text{arc cos } u &= \frac{\pi}{2} - \frac{1}{2}\,\text{arc sin}\left(2u\sqrt{1-u^2}\right) = \frac{1}{2}\,\text{arc cos}(2u^2-1) &,\\
\text{arc tang } u &= \frac{1}{2}\,\text{arc tang }\frac{2u}{1-u^2} = \frac{1}{2}\,\text{arc cotg }\frac{1-u^2}{2u} &,\\
\text{arc cotg } u &= \frac{1}{2}\,\text{arc tang }\frac{2u}{u^2-1} = \frac{1}{2}\,\text{arc cotg }\frac{u^2-1}{2u} &.
\end{aligned}\right\} \quad (151)$$

$$
\begin{aligned}
\mathfrak{Ar\,Sin}\,u &= \tfrac{1}{2}\,\mathfrak{Ar\,Sin}\,(2u\sqrt{u^2+1}) = \tfrac{1}{2}\,\mathfrak{Ar\,Cof}\,(2u^2+1) &&,\\[4pt]
\mathfrak{Ar\,Cof}\,u &= \tfrac{1}{2}\,\mathfrak{Ar\,Sin}\,(2u\sqrt{u^2-1}) = \tfrac{1}{2}\,\mathfrak{Ar\,Cof}\,(2u^2-1) &&,\\[4pt]
\mathfrak{Ar\,Tang}\,u &= \tfrac{1}{2}\,\mathfrak{Ar\,Tang}\,\frac{2u}{u^2+1} = \tfrac{1}{2}\,\mathfrak{Ar\,Cotg}\,\frac{u^2+1}{2u} && (u^2\le 1),\\[4pt]
\mathfrak{Ar\,Cotg}\,u &= \tfrac{1}{2}\,\mathfrak{Ar\,Tang}\,\frac{2u}{u^2+1} = \tfrac{1}{2}\,\mathfrak{Ar\,Cotg}\,\frac{u^2+1}{2u} && (u^2\ge 1).
\end{aligned}
\tag{152}
$$

Entsprechend der Mehrdeutigkeit der arcus- und Area-Funktionen gelten die Gln (149) bis (152) nur in Verbindung mit einer dem Werteverlauf Rechnung tragenden Bereichsabgrenzung. Für reelles Argument besitzen die Gln (150) und (152) unbeschränkte Gültigkeit.

g) Arc sinus und $\mathfrak{Ar\,Sinus}$-Funktion als hypergeometrische Reihen.

Es sei nun die Funktion

$$
w = \frac{\arcsin\sqrt{z}}{\sqrt{z}}
$$

betrachtet. Zunächst folgt für die erste und zweite Ableitung

$$
\frac{dw}{dz} = \frac{1}{2z\sqrt{1-z}} - \frac{\arcsin\sqrt{z}}{2z\sqrt{z}},\qquad
\frac{d^2w}{dz^2} = -\frac{3}{4z^2\sqrt{1-z}} + \frac{1}{4z(1-z)\sqrt{1-z}} + \frac{3\arcsin\sqrt{z}}{4z^2\sqrt{z}}.
$$

Führt man diese zusammen mit w in die Differentialgleichung

$$
\frac{d^2w}{dz^2} + \frac{2z-\tfrac{3}{2}}{z(z-1)}\frac{dw}{dz} + \frac{\tfrac{1}{4}w}{z(z-1)} = 0
\tag{153}
$$

ein, so wird sie identisch befriedigt. Die Ausgangsfunktion ist somit ein Partikularintegral dieser Differentialgleichung. Ein zweites Partikularintegral liefert die Funktion

$$
w = \frac{1}{\sqrt{z}},
$$

wie man durch Einsetzen sofort bestätigt. Zu (153) gehört daher die allgemeine Lösung

$$
\frac{d^2w}{dz^2} + \frac{2z-\tfrac{3}{2}}{z(z-1)}\frac{dw}{dz} + \frac{\tfrac{1}{4}w}{z(z-1)} = 0,\qquad
w = c_1\frac{\arcsin\sqrt{z}}{\sqrt{z}} + \frac{c_2}{\sqrt{z}}.
\tag{154}
$$

Setzt man in (3) $\alpha=\tfrac{1}{2}$, $\beta=\tfrac{1}{2}$, $\gamma=\tfrac{3}{2}$, so geht (3) in (153) über. Die Differentialgleichung (153) ist hiernach eine GAUSSsche Differentialgleichung, so daß die allgemeine Lösung auch in der Form

$$
\frac{d^2w}{dz^2} + \frac{2z-\tfrac{3}{2}}{z(z-1)}\frac{dw}{dz} + \frac{\tfrac{1}{4}w}{z(z-1)} = 0,\qquad
w = c_1 F(\tfrac{1}{2},\tfrac{1}{2},\tfrac{3}{2},z) + c_2 F(\tfrac{1}{2},\tfrac{1}{2},\tfrac{1}{2},1-z)
\tag{155}
$$

angesetzt werden kann, wobei $F(\tfrac{1}{2},\tfrac{1}{2},\tfrac{3}{2},z)$ und $F(\tfrac{1}{2},\tfrac{1}{2},\tfrac{1}{2},1-z)$ nach (2)[a] und (2)[b] die hypergeometrischen Reihen

$$
\begin{aligned}
F(\tfrac{1}{2},\tfrac{1}{2},\tfrac{3}{2},z) &= 1 + \frac{1}{2\cdot3}z + \frac{1\cdot3}{2\cdot4\cdot5}z^2 + \frac{1\cdot3\cdot5}{2\cdot4\cdot6\cdot7}z^3 + \frac{1\cdot3\cdot5\cdot7}{2\cdot4\cdot6\cdot8\cdot9}z^4 + \cdots\\[4pt]
F(\tfrac{1}{2},\tfrac{1}{2},\tfrac{1}{2},1-z) &= 1 + \frac{1}{2}(1-z) + \frac{1\cdot3}{2\cdot4}(1-z)^2 + \frac{1\cdot3\cdot5}{2\cdot4\cdot6}(1-z)^3 + \frac{1\cdot3\cdot5\cdot7}{5\cdot4\cdot6\cdot8}(1-z)^4 + \cdots
\end{aligned}
\tag{156}
$$

darstellen. Man erkennt nun sofort, daß die mit c_1 bzw. c_2 multiplizierten Partikularintegrale von (154) und (155) identisch gleich sein müssen, denn beide Lösungsformen gestatten eine Potenzreihenentwicklung an der Stelle $z=0$ bzw. $z=1$ und nehmen an diesen Entwicklungsstellen den Wert eins an. Ein Beweis dieser Behauptung ist lediglich für den arc sin-Ausdruck zu erbringen, der an der Stelle $z=0$ den unbestimmten Wert $0/0$ annimmt. Man erhält nach bekannten Methoden

$$
\lim_{z\to0}\frac{\arcsin\sqrt{z}}{\sqrt{z}} = \frac{\displaystyle\lim_{z\to0}\frac{d}{dz}(\arcsin\sqrt{z})}{\displaystyle\lim_{z\to0}\frac{d}{dz}(\sqrt{z})} = \frac{\displaystyle\lim_{z\to0}\frac{1}{2\sqrt{z}}\frac{1}{\sqrt{1-z^2}}}{\displaystyle\lim_{z\to0}\frac{1}{2\sqrt{z}}} = 1.
$$

Somit folgt durch Vergleich von (154) und (155) in Verbindung mit (156)

$$\frac{\arcsin\sqrt{z}}{\sqrt{z}}=F\left(\tfrac{1}{2},\tfrac{1}{2},\tfrac{3}{2},z\right)=1+\frac{1}{2\cdot 3}z+\frac{1\cdot 3}{2\cdot 4\cdot 5}z^2+\frac{1\cdot 3\cdot 5}{2\cdot 4\cdot 6\cdot 7}z^3+\frac{1\cdot 3\cdot 5\cdot 7}{2\cdot 4\cdot 6\cdot 8\cdot 9}z^4+\cdots. \tag{157}$$

In entsprechender Weise sei nun die Funktion

$$w=\frac{\mathfrak{Ar}\,\mathfrak{Sin}\,\sqrt{z}}{\sqrt{z}}$$

betrachtet, die zufolge ihrer Ableitungen

$$\frac{dw}{dz}=\frac{1}{2z\sqrt{1+z}}-\frac{\mathfrak{Ar}\,\mathfrak{Sin}\,\sqrt{z}}{2z\sqrt{z}}\,,\qquad \frac{d^2w}{dz^2}=-\frac{3}{4z^2\sqrt{1+z}}-\frac{1}{4z(1+z)\sqrt{1+z}}+\frac{3\,\mathfrak{Ar}\,\mathfrak{Sin}\,\sqrt{z}}{4z^2\sqrt{z}}$$

der Differentialgleichung

$$\frac{d^2w}{dz^2}+\frac{2z+\tfrac{3}{2}}{z(z+1)}\frac{dw}{dz}+\frac{\tfrac{1}{4}w}{z(z+1)}=0$$

genügt. Auch hier liefert die Funktion

$$w=\frac{1}{\sqrt{z}}$$

ein zweites Partikularintegral, womit sich die allgemeine Lösung in der Form

$$\frac{d^2w}{dz^2}+\frac{2z+\tfrac{3}{2}}{z(z+1)}\frac{dw}{dz}+\frac{\tfrac{1}{4}w}{z(z+1)}=0\,,\qquad w=c_1\frac{\mathfrak{Ar}\,\mathfrak{Sin}\,\sqrt{z}}{\sqrt{z}}+\frac{c_2}{\sqrt{z}} \tag{158}$$

darstellt. Nun läßt sich aber (158) sofort in (153) überführen, indem in dieser z mit $-z$ vertauscht wird. Demgemäß tritt jetzt an Stelle von (155)

$$\frac{d^2w}{dz^2}+\frac{2z+\tfrac{3}{2}}{z(z+1)}\frac{dw}{dz}+\frac{\tfrac{1}{4}w}{z(z+1)}=0\,,\qquad w=c_1F\left(\tfrac{1}{2},\tfrac{1}{2},\tfrac{3}{2},-z\right)+c_2F\left(\tfrac{1}{2},\tfrac{1}{2},\tfrac{1}{2}1,+z\right). \tag{159}$$

Durch Vergleich von (158) und (159) in Verbindung mit (156) ergibt sich

$$\frac{\mathfrak{Ar}\,\mathfrak{Sin}\,\sqrt{z}}{\sqrt{z}}=F\left(\tfrac{1}{2},\tfrac{1}{2},\tfrac{3}{2},-z\right)=1-\frac{1}{2\cdot 3}z+\frac{1\cdot 3}{2\cdot 4\cdot 5}z^2-\frac{1\cdot 3\cdot 5}{2\cdot 4\cdot 6\cdot 7}z^3+\frac{1\cdot 3\cdot 5\cdot 7}{2\cdot 4\cdot 6\cdot 8\cdot 9}z^4-\cdots. \tag{160}$$

h) Potenzreihendarstellungen von arc sinus- und $\mathfrak{Ar}\,\mathfrak{Sinus}$-Funktion.

Ersetzt man in (157) und (160) $\sqrt{z}$ durch z, so folgen die Potenzreihendarstellungen der arcussinus- und Areasinus-Funktion in der Form

$$\left.\begin{aligned}\arcsin z&=z+\frac{1}{2\cdot 3}z^3+\frac{1\cdot 3}{2\cdot 4\cdot 5}z^5+\frac{1\cdot 3\cdot 5}{2\cdot 4\cdot 6\cdot 7}z^7+\frac{1\cdot 3\cdot 5\cdot 7}{2\cdot 4\cdot 6\cdot 8\cdot 9}z^9+\cdots\,,\\[4pt] \mathfrak{Ar}\,\mathfrak{Sin}\,z&=z-\frac{1}{2\cdot 3}z^3+\frac{1\cdot 3}{2\cdot 4\cdot 5}z^5-\frac{1\cdot 3\cdot 5}{2\cdot 4\cdot 6\cdot 7}z^7+\frac{1\cdot 3\cdot 5\cdot 7}{2\cdot 4\cdot 6\cdot 8\cdot 9}z^9-\cdots\,,\end{aligned}\right\}\ (|z|<1) \tag{161}$$

i) Komplexe Transformationen zwischen arc sinus- und $\mathfrak{Ar}\,\mathfrak{Sinus}$-Funktion.

Aus (161) liest man unmittelbar die Richtigkeit der komplexen Transformationen

$$\arcsin iz=i\,\mathfrak{Ar}\,\mathfrak{Sin}\,z\,,\quad \mathfrak{Ar}\,\mathfrak{Sin}\,iz=i\arcsin z \tag{162}$$

ab.

k) $\mathfrak{Ar}\,\mathfrak{Tangens}$-und arc tangens-Funktion als hypergeometrische Reihen.

Weiterhin sei die Funktion

$$w=\frac{\mathfrak{Ar}\,\mathfrak{Tang}\,\sqrt{z}}{\sqrt{z}}$$

betrachtet, die zufolge ihrer Ableitungen

$$\frac{dw}{dz}=\frac{1}{2z(1-z)}-\frac{\mathfrak{Ar}\,\mathfrak{Tang}\,\sqrt{z}}{2z\sqrt{z}}\,,\qquad \frac{d^2w}{dz^2}=-\frac{3}{4z^2(1-z)}+\frac{1}{2z(1-z)^2}+\frac{3\,\mathfrak{Ar}\,\mathfrak{Tang}\,\sqrt{z}}{4z^2\sqrt{z}}$$

der Differentialgleichung

$$\frac{d^2w}{dz^2} + \frac{\frac{5}{2}z - \frac{3}{2}}{z(z-1)}\frac{dw}{dz} + \frac{\frac{1}{2}w}{z(z-1)} = 0$$

genügt. Die vollständige Lösung dieser Differentialgleichung lautet

$$\frac{d^2w}{dz^2} + \frac{\frac{5}{2}z - \frac{3}{2}}{z(z-1)}\frac{dw}{dz} + \frac{\frac{1}{2}w}{z(z-1)} = 0, \qquad w = c_1\frac{\mathfrak{Ar}\,\mathfrak{Tang}\sqrt{z}}{\sqrt{z}} + \frac{c_2}{\sqrt{z}}. \tag{163}$$

Setzt man in (3) $\alpha = \frac{1}{2}$, $\beta = 1$, $\gamma = \frac{3}{2}$, so geht (3) in (163) über, und man erhält eine zweite Lösungsdarstellung in der Form

$$\frac{d^2w}{dz^2} + \frac{\frac{5}{2}z - \frac{3}{2}}{z(z-1)}\frac{dw}{dz} + \frac{\frac{1}{2}w}{z(z-1)} = 0, \qquad w = c_1 F\left(\tfrac{1}{2}, 1, \tfrac{3}{2}, z\right) + c_2 F\left(\tfrac{1}{2}, 1, 1, 1-z\right), \tag{164}$$

mit den hypergeometrischen Funktionen

$$\left.\begin{aligned}
F\left(\tfrac{1}{2}, 1, \tfrac{3}{2}, z\right) &= 1 + \frac{z}{3} + \frac{z^2}{5} + \frac{z^3}{7} + \frac{z^4}{9} + \cdots. \\[2mm]
F\left(\tfrac{1}{2}, 1, 1, 1-z\right) &= 1 + \frac{1}{2}(1-z) + \frac{1\cdot 3}{2\cdot 4}(1-z)^2 + \frac{1\cdot 3\cdot 5}{2\cdot 4\cdot 6}(1-z)^3 + \frac{1\cdot 3\cdot 5\cdot 7}{2\cdot 4\cdot 6\cdot 8}(1-z)^4 + \cdots.
\end{aligned}\right\} \tag{165}$$

Durch Vergleich von (163) mit (164) in Verbindung mit (165) ergibt sich

$$\frac{\mathfrak{Ar}\,\mathfrak{Tang}\sqrt{z}}{\sqrt{z}} = F\left(\tfrac{1}{2}, 1, \tfrac{3}{2}, z\right) = 1 + \frac{z}{3} + \frac{z^2}{5} + \frac{z^3}{7} + \frac{z^4}{9} + \cdots. \tag{166}$$

Eine entsprechende Betrachtung im Anschluß an die Funktion

$$w = \frac{\operatorname{arc\,tang}\sqrt{z}}{\sqrt{z}}$$

liefert

$$\frac{d^2w}{dz^2} + \frac{\frac{5}{2}z + \frac{3}{2}}{z(z+1)}\frac{dw}{dz} + \frac{\frac{1}{2}w}{z(z+1)} = 0, \qquad w = c_1\frac{\operatorname{arc\,tang}\sqrt{z}}{\sqrt{z}} + \frac{c_2}{\sqrt{z}} \tag{167}$$

beziehungsweise

$$\frac{d^2w}{dz^2} + \frac{\frac{5}{2}z + \frac{3}{2}}{z(z+1)}\frac{dw}{dz} + \frac{\frac{1}{2}w}{z(z+1)} = 0, \qquad w = c_1 F\left(\tfrac{1}{2}, 1, \tfrac{3}{2}, -z\right) + c_2 F\left(\tfrac{1}{2}, 1, 1, 1+z\right). \tag{168}$$

Durch Vergleich beider Lösungsformen in Verbindung mit (165) folgt

$$\frac{\operatorname{arc\,tang}\sqrt{z}}{\sqrt{z}} = F\left(\tfrac{1}{2}, 1, \tfrac{3}{2}, -z\right) = 1 - \frac{z}{3} + \frac{z^2}{5} - \frac{z^3}{7} + \frac{z^4}{9} - \cdots \tag{169}$$

l) Potenzreihendarstellungen von arc tangens- und $\mathfrak{Ar}\,\mathfrak{Tangens}$-Funktion.

Wird in (166) und (169) $\sqrt{z}$ durch z ersetzt, so ergibt sich

$$\left.\begin{aligned}
\operatorname{arc\,tang} z &= z - \frac{z^3}{3} + \frac{z^5}{5} - \frac{z^7}{7} + \frac{z^9}{9} - \cdots, \\[2mm]
\mathfrak{Ar}\,\mathfrak{Tang}\, z &= z + \frac{z^3}{3} + \frac{z^5}{5} + \frac{z^7}{7} + \frac{z^9}{9} + \cdots.
\end{aligned}\right\} \quad (|z| < 1) \tag{170}$$

m) Komplexe Transformationen zwischen arc tangens- und $\mathfrak{Ar}\,\mathfrak{Tangens}$-Funktion.

Mit (170) bestätigt man die Richtigkeit der komplexen Transformationen

$$\operatorname{arc\,tang} iz = i\,\mathfrak{Ar}\,\mathfrak{Tang}\, z, \qquad \mathfrak{Ar}\,\mathfrak{Tang}\, iz = i\operatorname{arc\,tang} z. \tag{171}$$

n) Reihenentwicklungen und komplexe Transformationen für arc cotangens- und $\mathfrak{Ar}\,\mathfrak{Cotangens}$-Funktion.

In Verbindung mit den aus (147) und (148) folgenden Beziehungen

$$\operatorname{arc\,tang}\frac{1}{z} = \operatorname{arc\,cotg} z \quad \text{und} \quad \mathfrak{Ar}\,\mathfrak{Tang}\frac{1}{z} = \mathfrak{Ar}\,\mathfrak{Cotg}\, z$$

folgt aus (170)

$$\left.\begin{aligned}\operatorname{arc\,cotg} z &= \frac{1}{z} - \frac{1}{3\,z^3} + \frac{1}{5\,z^5} - \frac{1}{7\,z^7} + \cdots, \\ \operatorname{Ar\,Cotg} z &= \frac{1}{z} + \frac{1}{3\,z^3} + \frac{1}{5\,z^5} + \frac{1}{7\,z^7} + \cdots.\end{aligned}\right\} \quad (|z| > 1). \tag{172}$$

Hiermit bestätigt man die Richtigkeit der komplexen Transformationen

$$\operatorname{arc\,cotg} iz = -\,i\,\operatorname{Ar\,Cotg} z, \quad \operatorname{Ar\,Cotg} iz = -\,i\,\operatorname{arc\,cotg} z. \tag{173}$$

9. Die hyperbolische Amplitudenfunktion und ihre Umkehrung.

a) Definition der hyperbolischen Amplitudenfunktion.

Nach (135) folgt für den Differentialquotienten der Funktion $2\operatorname{arc\,tang} e^z$

$$\frac{d}{dz}(2\operatorname{arc\,tang} e^z) = \frac{2\,e^z}{1 + e^{2z}} = \frac{1}{\frac{1}{2}(e^z + e^{-z})} = \frac{1}{\operatorname{Cof} z}. \tag{174}$$

Hieraus ergibt sich

$$\int\limits_0^z \frac{d\zeta}{\operatorname{Cof}\zeta} = 2\operatorname{arc\,tang} e^z - 2\operatorname{arc\,tang} 1 = 2\operatorname{arc\,tang} e^z - \frac{\pi}{2}.$$

Dieses Integral wird gemäß

$$\operatorname{Amp} z = \int\limits_0^z \frac{d\zeta}{\operatorname{Cof}\zeta} = 2\operatorname{arc\,tang} e^z - \frac{\pi}{2} \qquad \frac{d\operatorname{Amp} z}{dz} = \frac{1}{\operatorname{Cof} z} \tag{175}$$

auch als hyperbolische Amplitudenfunktion bezeichnet.

b) Reelle Wechselbeziehungen zwischen Kreis- und Hyperbelfunktionen.

Die hyperbolische Amplitudenfunktion gestattet die Darstellung der Hyperbelfunktionen durch Kreisfunktionen. Wird zunächst $\operatorname{cotg}\operatorname{Amp} z$ betrachtet, so folgt bei Berücksichtigung von (80), (67) und (120)

$$\operatorname{cotg}\operatorname{Amp} z = -\operatorname{cotg}\left(\frac{\pi}{2} - 2\operatorname{arc\,tang} e^z\right) = -\operatorname{tang}(2\operatorname{arc\,tang} e^z)$$

$$= -\frac{2\operatorname{tang}\operatorname{arc\,tang} e^z}{1 - \operatorname{tang}^2\operatorname{arc\,tang} e^z} = -\frac{2\,e^z}{1 - e^{2z}} = \frac{1}{\operatorname{Sin} z}.$$

Hieraus ergeben sich in Verbindung mit (145) und (108) entsprechende Formeln für die übrigen Kreisfunktionen. Man erhält

$$\left.\begin{aligned} \sin\operatorname{Amp} z &= \operatorname{Tang} z, & \operatorname{Sin} z &= \operatorname{tang}\operatorname{Amp} z, \\ \cos\operatorname{Amp} z &= \frac{1}{\operatorname{Cof} z}, & \operatorname{Cof} z &= \frac{1}{\cos\operatorname{Amp} z}, \\ \operatorname{tang}\operatorname{Amp} z &= \operatorname{Sin} z, & \operatorname{Tang} z &= \sin\operatorname{Amp} z, \\ \operatorname{cotg}\operatorname{Amp} z &= \frac{1}{\operatorname{Sin} z}; & \operatorname{Cotg} z &= \frac{1}{\sin\operatorname{Amp} z}. \end{aligned}\right\} \tag{176}$$

c) Umkehrung der hyperbolischen Amplitudenfunktion.

Durch die Gleichungen

$$\operatorname{Amp} w = z, \qquad w = \operatorname{Ar\,Amp} z, \qquad \operatorname{Amp}\operatorname{Ar\,Amp} z = z \tag{177}$$

wird die Umkehrung der hyperbolischen Amplitudenfunktion definiert. Für diese folgt

$$\frac{dw}{dz} = \frac{1}{\dfrac{dz}{dw}} = \frac{1}{\dfrac{d\operatorname{Amp} w}{dz}} = \frac{1}{\dfrac{1}{\operatorname{Cof} w}} = \operatorname{Cof} w$$

oder bei Einsetzung von w und Berücksichtigung von (176)

$$\frac{d\operatorname{Ar\,Amp} z}{dz} = \operatorname{Cof}\operatorname{Ar\,Amp} z = \frac{1}{\cos\operatorname{Amp}\operatorname{Ar\,Amp} z} = \frac{1}{\cos z}.$$

Da gemäß (175) $\mathfrak{Amp}\,z$ für $z = 0$ den Wert Null annimmt, muß auch $\mathfrak{Ar}\,\mathfrak{Amp}\,(0)$ den Wert Null annehmen. Man erhält daher durch Integration

$$\mathfrak{Ar}\,\mathfrak{Amp}\,z = \int\limits_0^z \frac{d\zeta}{\cos\zeta}\,, \qquad \frac{d\,\mathfrak{Ar}\,\mathfrak{Amp}\,z}{dz} = \frac{1}{\cos z}\,. \tag{178}$$

Wird in (178) z mit $\frac{\pi}{2} - z$ vertauscht, so ergibt sich

$$\mathfrak{Ar}\,\mathfrak{Amp}\left(\frac{\pi}{2} - z\right) = \int\limits_0^{\frac{\pi}{2}-z} \frac{d\zeta}{\cos\zeta} = \int\limits_{\frac{\pi}{2}-z}^{0} \frac{d\left(\frac{\pi}{2}-\zeta\right)}{\sin\left(\frac{\pi}{2}-\zeta\right)} = \int\limits_z^{\frac{\pi}{2}} \frac{d\bar\zeta}{\sin\bar\zeta}\,, \qquad \frac{d\,\mathfrak{Ar}\,\mathfrak{Amp}\left(\frac{\pi}{2}-z\right)}{dz} = -\frac{1}{\sin z}\,. \tag{179}$$

Ferner folgt durch Vertauschen von z mit $\pi - z$

$$\mathfrak{Ar}\,\mathfrak{Amp}\,(\pi - z) = \int\limits_0^{\pi-z} \frac{d\zeta}{\cos\zeta} = \int\limits_0^{\pi-z} \frac{d(\pi-\zeta)}{\cos(\pi-\zeta)} = \int\limits_\pi^z \frac{d\bar\zeta}{\cos\bar\zeta} = \int\limits_\pi^0 \frac{d\bar\zeta}{\cos\bar\zeta} + \int\limits_0^z \frac{d\bar\zeta}{\cos\bar\zeta} = -\int\limits_0^\pi \frac{d\bar\zeta}{\cos\bar\zeta} + \mathfrak{Ar}\,\mathfrak{Amp}\,z\,.$$

Nun verschwindet aber das von 0 bis π erstreckte Integral angesichts der Polarsymmetrie von $\cos z$ in bezug auf $z = \frac{\pi}{2}$. Es verbleibt daher

$$\mathfrak{Ar}\,\mathfrak{Amp}\,(\pi - z) = \mathfrak{Ar}\,\mathfrak{Amp}\,z\,. \tag{180}$$

d) Potenzreihenentwicklung von Amplitudenfunktion und Umkehrfunktion.

Gemäß (175) und (178) können die höheren Ableitungen von $\mathfrak{Amp}\,z$ und $\mathfrak{Ar}\,\mathfrak{Amp}\,z$ sofort hingeschrieben werden. Mit ihnen erhält man die Maclaurin-Entwicklungen

$$\left.\begin{aligned} \mathfrak{Amp}\,z &= z - \frac{z^3}{6} + \frac{z^5}{24} - \frac{61\,z^7}{5040} + \cdots\,, \\ \mathfrak{Ar}\,\mathfrak{Amp}\,z &= z + \frac{z^3}{6} + \frac{z^5}{24} + \frac{61\,z^7}{5040} + \cdots\,. \end{aligned}\right\} \tag{181}$$

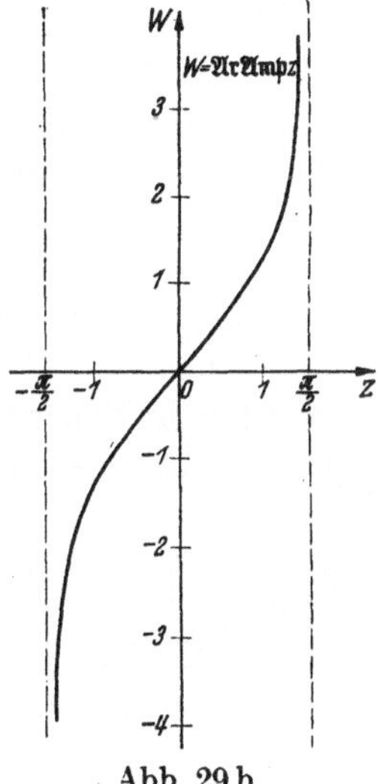

Abb. 29 a.

Vertauscht man in (181) z mit iz, so folgt

$$\left.\begin{aligned} \mathfrak{Amp}\,iz &= i\left[z + \frac{z^3}{6} + \frac{z^5}{24} + \frac{61\,z^7}{5040} + \cdots\right], \\ \mathfrak{Ar}\,\mathfrak{Amp}\,iz &= i\left[z - \frac{z^3}{6} + \frac{z^5}{24} - \frac{61\,z^7}{5040} + \cdots\right], \end{aligned}\right.$$

oder in Verbindung mit (181)

$$\mathfrak{Amp}\,iz = i\,\mathfrak{Ar}\,\mathfrak{Amp}\,z\,, \quad \mathfrak{Ar}\,\mathfrak{Amp}\,iz = i\,\mathfrak{Amp}\,z\,. \tag{182}$$

Aus Abb. 29 ist der Verlauf von $\mathfrak{Amp}\,z$ und $\mathfrak{Ar}\,\mathfrak{Amp}\,z$ für reelles Argument ersichtlich.

10. Trigonometrisch-exponentielle und hyperbolisch-exponentielle Produktfunktionen.

a) Definierende simultane Differential- und Integralgleichungen.

Wird in der zweiten der Differentialgleichungen (9) ω mit $\omega e^{i\alpha}$ vertauscht, so erhält man

$$\frac{dw}{dz} + \omega e^{i\alpha} w = 0\,, \qquad w = C e^{-\omega z e^{i\alpha}}\,.$$

Nun ist nach (45)

$$e^{i\alpha} = \cos\alpha + i\sin\alpha\,, \qquad e^{-\omega z e^{i\alpha}} = e^{-\omega z \cos\alpha}\left[\cos(\omega z \sin\alpha) - i\sin(\omega z \sin\alpha)\right].$$

Dies ergibt, wenn gleichzeitig gemäß

$$C = C_1 + i C_2$$

Abb. 29 b.

eine komplexe Aufspaltung der Integrationskonstanten vorgenommen wird,

$$\frac{dw}{dz} + \omega\,(\cos\alpha + i\sin\alpha)\,w = 0\,, \qquad w = (C_1 + iC_2)\,e^{-\omega z\cos\alpha}\big[\cos(\omega z\sin\alpha) - i\sin(\omega z\sin\alpha)\big]\,. \tag{183}$$

Wird in (183) w in Real- und Imaginärteil aufgespalten, so folgt

$$w = u + iv\,, \qquad \left.\begin{aligned} u &= C_1 e^{-\omega z\cos\alpha}\cos(\omega z\sin\alpha) + C_2 e^{-\omega z\cos\alpha}\sin(\omega z\sin\alpha) \,, \\ v &= -\,C_1 e^{-\omega z\cos\alpha}\sin(\omega z\sin\alpha) + C_2 e^{-\omega z\cos\alpha}\cos(\omega z\sin\alpha)\,. \end{aligned}\right\} \tag{184}$$

Geht man mit $w = u + iv$ in die Differentialgleichung hinein, so entsteht eine komplexe Identitätsgleichung, die sich den Real- und Imaginärteilen entsprechend in zwei Identitätsgleichungen aufspaltet. Da die letzteren wieder Differentialgleichungen sind, stellen u und v deren allgemeine Lösung dar. Man erhält

$$\left.\begin{aligned} \frac{du}{dz} + u\omega\cos\alpha - v\omega\sin\alpha &= 0\,, \\ \frac{dv}{dz} + v\omega\cos\alpha + u\omega\sin\alpha &= 0\,, \end{aligned}\right| \quad \left.\begin{aligned} u &= C_1 e^{-\omega z\cos\alpha}\cos(\omega z\sin\alpha) + C_2 e^{-\omega z\cos\alpha}\sin(\omega z\sin\alpha) \,, \\ v &= -\,C_1 e^{-\omega z\cos\alpha}\sin(\omega z\sin\alpha) + C_2 e^{-\omega z\cos\alpha}\cos(\omega z\sin\alpha)\,. \end{aligned}\right\} \tag{185}$$

Wird in (185) α mit $i\alpha$, u mit iu und C_1 mit iC_1 vertauscht, so ergibt sich weiter

$$\left.\begin{aligned} \frac{du}{dz} + u\omega\operatorname{\mathfrak{Cof}}\alpha - v\omega\operatorname{\mathfrak{Sin}}\alpha &= 0\,, \\ \frac{dv}{dz} + v\omega\operatorname{\mathfrak{Cof}}\alpha - u\omega\operatorname{\mathfrak{Sin}}\alpha &= 0\,, \end{aligned}\right| \quad \left.\begin{aligned} u &= C_1 e^{-\omega z\operatorname{\mathfrak{Cof}}\alpha}\operatorname{\mathfrak{Cof}}(\omega z\operatorname{\mathfrak{Sin}}\alpha) + C_2 e^{-\omega z\operatorname{\mathfrak{Cof}}\alpha}\operatorname{\mathfrak{Sin}}(\omega z\operatorname{\mathfrak{Sin}}\alpha)\,, \\ v &= C_1 e^{-\omega z\operatorname{\mathfrak{Cof}}\alpha}\operatorname{\mathfrak{Sin}}(\omega z\operatorname{\mathfrak{Sin}}\alpha) + C_2 e^{-\omega z\operatorname{\mathfrak{Cof}}\alpha}\operatorname{\mathfrak{Cof}}(\omega z\operatorname{\mathfrak{Sin}}\alpha)\,. \end{aligned}\right\} \tag{186}$$

Der Aufbau dieser simultanen Differentialgleichungen und ihrer Lösungen legt es nahe, an Stelle von ω und α neue Parameter gemäß

$$\begin{array}{lcl} \omega\cos\alpha = a\,, & & \omega\operatorname{\mathfrak{Cof}}\alpha = a \\ \omega\sin\alpha = b\,, & \text{bzw.} & \omega\operatorname{\mathfrak{Sin}}\alpha = b \end{array}$$

einzuführen. Mit ihnen lauten (185) und (186)

$$\left.\begin{aligned} \frac{du}{dz} + au - bv &= 0\,; \\ \frac{dv}{dz} + av + bu &= 0\,, \end{aligned}\right| \quad \left.\begin{aligned} u &= C_1 e^{-az}\cos bz + C_2 e^{-az}\sin bz \,, \\ v &= -\,C_1 e^{-az}\sin bz + C_2 e^{-az}\cos bz\,. \end{aligned}\right\} \tag{187}$$

$$\left.\begin{aligned} \frac{du}{dz} + au - bv &= 0\,, \\ \frac{dv}{dz} + av - bu &= 0\,, \end{aligned}\right| \quad \left.\begin{aligned} u &= C_1 e^{-az}\operatorname{\mathfrak{Cof}} bz + C_2 e^{-az}\operatorname{\mathfrak{Sin}} bz \,, \\ v &= C_1 e^{-az}\operatorname{\mathfrak{Sin}} bz + C_2 e^{-az}\operatorname{\mathfrak{Cof}} bz\,. \end{aligned}\right\} \tag{188}$$

Die Gln (187) können als die Differentialgleichungen der trigonometrisch-exponentiellen, die Gln (188) als diejenigen der hyperbolisch-exponentiellen Produktfunktionen bezeichnet werden.

b) Differential- und Integralformeln.

Werden in den ersten der Gln (187) und (188) $C_1 = 1$, $C_2 = 0$ bzw. $C_1 = 0$, $C_2 = 1$ gesetzt, so folgen die Differentialformeln

$$\left.\begin{aligned} \frac{d}{dz}\,(e^{-az}\cos bz) &= -\,e^{-az}\,(a\cos bz + b\sin bz)\,, \\ \frac{d}{dz}\,(e^{-az}\sin bz) &= -\,e^{-az}\,(a\sin bz - b\cos bz)\,, \\ \frac{d}{dz}\,(e^{-az}\operatorname{\mathfrak{Cof}} bz) &= -\,e^{-az}\,(a\operatorname{\mathfrak{Cof}} bz - b\operatorname{\mathfrak{Sin}} bz) \\ \frac{d}{dz}\,(e^{-az}\operatorname{\mathfrak{Sin}} bz) &= -\,e^{-az}\,(a\operatorname{\mathfrak{Sin}} bz - b\operatorname{\mathfrak{Cof}} bz)\,. \end{aligned}\right\} \tag{189}$$

Die entsprechenden Integralformeln ergeben sich mit $C_1 = \dfrac{1}{b}$, $C_2 = -\dfrac{1}{a}$ bzw. $C_1 = \dfrac{1}{a}$, $C_2 = \dfrac{1}{b}$ zu

$$\left.\begin{aligned}
\int e^{-az}\cos bz\,dz &= -\frac{e^{-az}(a\cos bz - b\sin bz)}{a^2 + b^2}\,, \\
\int e^{-az}\sin bz\,dz &= -\frac{e^{-az}(b\cos bz + a\sin bz)}{a^2 + b^2}\,, \\
\int e^{-az}\operatorname{\mathfrak{Cos}} bz\,dz &= -\frac{e^{-az}(a\operatorname{\mathfrak{Cos}} bz + b\operatorname{\mathfrak{Sin}} bz)}{a^2 - b^2}\,, \\
\int e^{-az}\operatorname{\mathfrak{Sin}} bz\,dz &= -\frac{e^{-az}(b\operatorname{\mathfrak{Cos}} bz + a\operatorname{\mathfrak{Sin}} bz)}{a^2 - b^2}\,.
\end{aligned}\right\} \tag{190}$$

c) Funktionsverlauf im Reellen.

Mit den Transformationen

$$z = \frac{\zeta}{b}\,, \quad a = \lambda b$$

nehmen die Gln (187) die Normalform

$$\left.\begin{aligned}
\frac{du}{d\zeta} + \lambda u - v &= 0\,, & u &= C_1 e^{-\lambda\zeta}\cos\zeta + C_2 e^{-\lambda\zeta}\sin\zeta\,, \\
\frac{dv}{d\zeta} + \lambda v + u &= 0\,, & v &= -C_1 e^{-\lambda\zeta}\sin\zeta + C_2 e^{-\lambda\zeta}\cos\zeta\,,
\end{aligned}\right\} \tag{191}$$

an. Werden die darin einander zugeordneten Funktionen gemäß

$$\xi = e^{-\lambda\zeta}\cos\zeta\,, \qquad \eta = e^{-\lambda\zeta}\sin\zeta \tag{192}$$

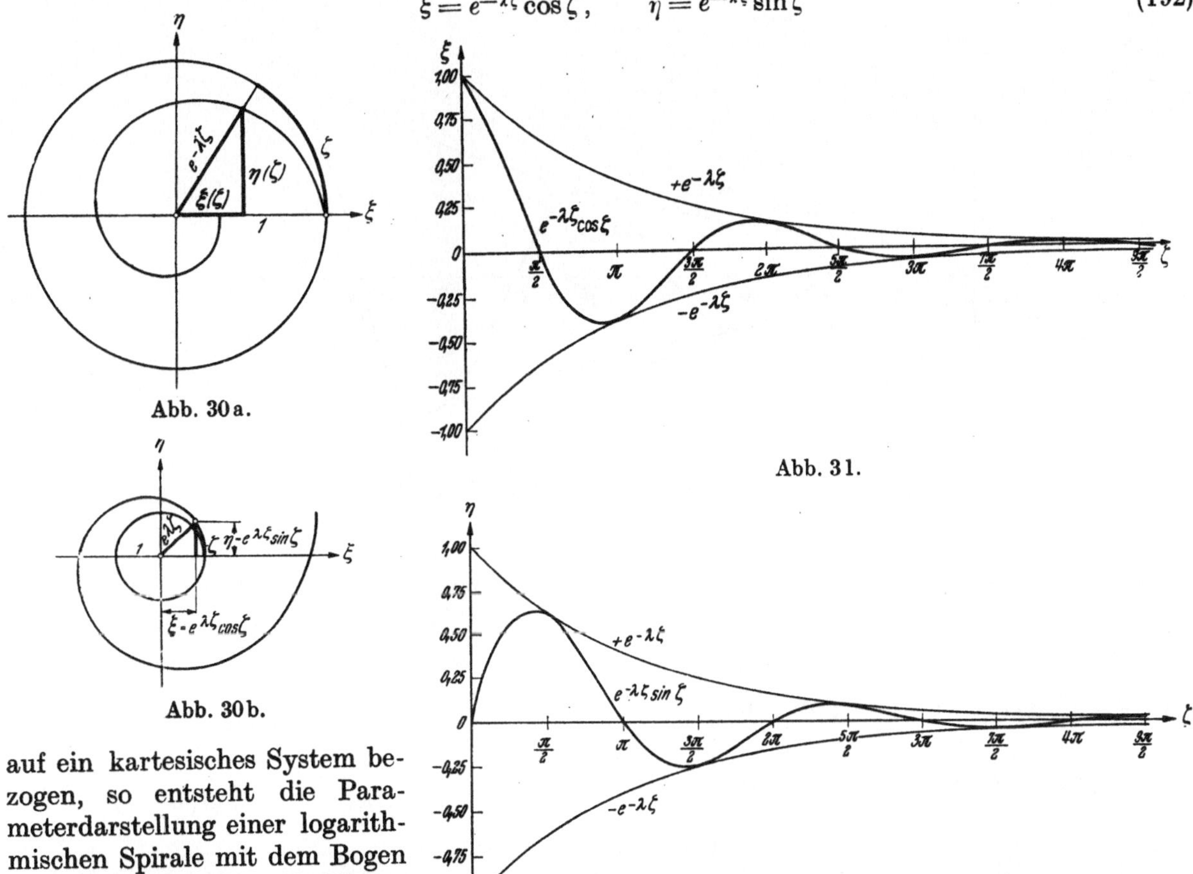

Abb. 30a.

Abb. 31.

Abb. 30b.

Abb. 32.

auf ein kartesisches System bezogen, so entsteht die Parameterdarstellung einer logarithmischen Spirale mit dem Bogen des Einheitskreises als Parameter. Im Falle $\lambda > 0$ heißt die Spirale eine Dämpfungsspirale (Abb. 30a), im Falle $\lambda < 0$ eine Aufschaukelungsspirale (Abb. 30b). Wird die Spirale als Polardiagramm aufgefaßt, so folgt der Radiusvektor zu

$$\varrho = \sqrt{\xi^2 + \eta^2} = e^{-\lambda\zeta}\,. \tag{193}$$

Diese Funktion wird für $\lambda > 0$ als Dämpfungsfunktion, für $\lambda < 0$ als Aufschaukelungsfunktion bezeichnet; sie ist im wesentlichen für den Verlauf der trigonometrisch-exponentiellen Produktfunktionen bestimmend, wie die Auftragungen von $\xi(\zeta)$ und $\eta(\zeta)$ in Abb. 31 bis 34 erkennen lassen.

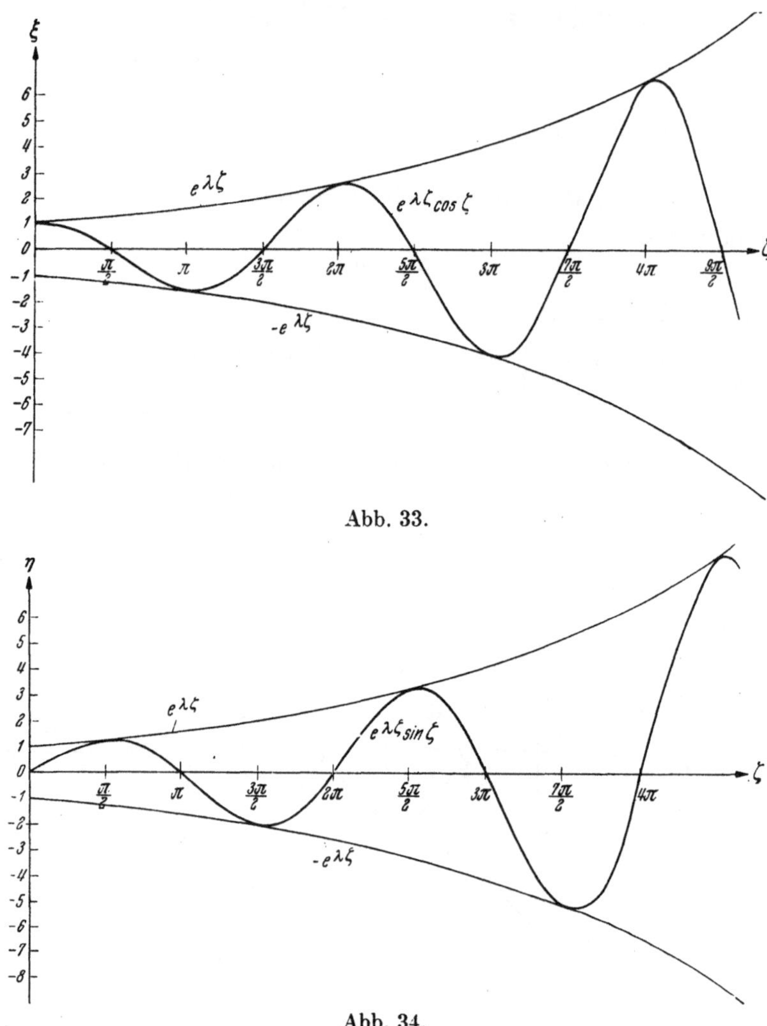

Abb. 33.

Abb. 34.

Durch Integration zwischen den Grenzen z_0 und z gehen die Differentialgleichungen (187) und (188) in Integralgleichungen über. Bei entsprechender Anpassung der Konstanten C_1 und C_2 erhält man

$$
\left.
\begin{aligned}
&u(z) - u(z_0) + a\!\int_{z_0}^{z}\! u(z)\,dz - b\!\int_{z_0}^{z}\! v(z)\,dz = 0\,, \\
&v(z) - v(z_0) + a\!\int_{z_0}^{z}\! z(v)\,dz + b\!\int_{z_0}^{z}\! u(z)\,dz = 0\,,
\end{aligned}
\;\right|
\left.
\begin{aligned}
u &= u(z_0)e^{-a(z-z_0)}\cos b\,(z-z_0) + \\
&\quad + v(z_0)e^{-a(z-z_0)}\sin b\,(z-z_0)\,, \\
v &= -u(z_0)e^{-a(z-z_0)}\sin b\,(z-z_0) + \\
&\quad + v(z_0)e^{-a(z-z_0)}\cos b\,(z-z_0)\,,
\end{aligned}
\;\right\}
(194)
$$

$$
\left.
\begin{aligned}
&u(z) - u(z_0) + a\!\int_{z_0}^{z}\! u(z)\,dz - b\!\int_{z_0}^{z}\! v(z)\,dz = 0\,, \\
&v(z) - v(z_0) + a\!\int_{z_0}^{z}\! v(z)\,dz - b\!\int_{z_0}^{z}\! u(z)\,dz = 0\,,
\end{aligned}
\;\right|
\left.
\begin{aligned}
u &= u(z_0)e^{-a(z-z_0)}\operatorname{\mathfrak{Cof}} b\,(z-z_0) + \\
&\quad + v(z_0)e^{-a(z-z_0)}\operatorname{\mathfrak{Sin}} b\,(z-z_0)\,, \\
v &= u(z_0)e^{-a(z-z_0)}\operatorname{\mathfrak{Sin}} b\,(z-z_0) + \\
&\quad + v(z_0)e^{-a(z-z_0)}\operatorname{\mathfrak{Cof}} b\,(z-z_0)\,,
\end{aligned}
\;\right\}
(195)
$$

Von der Richtigkeit dieser Beziehungen kann man sich durch Einsetzen von u und v unter Benutzung von (190) unmittelbar überzeugen.

d) Definierende Differentialgleichungen zweiter Ordnung.

In engem Zusammenhang mit den simultanen Differentialgeichungen (185) steht die lineare Differentialgleichung zweiter Ordnung

$$\frac{d}{dz}\left[\frac{dw}{dz}+\omega e^{\mp i\alpha}\,w\right]+\omega e^{\pm i\alpha}\left[\frac{dw}{dz}+\omega e^{\mp i\alpha}\,w\right]=0,$$

die beim Ausdifferenzieren bzw. Ausmultiplizieren in

$$\frac{d^2w}{dz^2}+\omega\,(e^{i\alpha}+e^{-i\alpha})\frac{dw}{dz}+\omega^2 w=0$$

und mit

$$e^{i\alpha}+e^{-i\alpha}=2\,\mathfrak{Cof}\,i\alpha=2\cos\alpha$$

in

$$\frac{d^2w}{dz^2}+2\,\omega\cos\alpha\,\frac{dw}{dz}+\omega^2 w=0$$

übergeht. Es handelt sich also trotz der scheinbar komplexen Ausgangsform um eine Differentialgleichung mit reellen Koeffizienten. Mit Hilfe der komplexen Ausgangsform erkennt man, daß die Lösungen der beiden Differentialgleichungen

$$\frac{dw}{dz}+\omega e^{-i\alpha}\,w=0$$

$$\frac{dw}{dz}+\omega e^{+i\alpha}\,w=0$$

Partikularintegrale der betrachteten Differentialgleichung darstellen. Werden diese in der Form (183) zugrunde gelegt, wobei $\pm i$ an Stelle von i zu setzen ist, so liefert die Überlagerung der Lösungen für $+i$ und $-i$ unter Einschaltung eines Faktors $\frac{1}{2}$

$$\frac{d^2w}{dz^2}+2\,\omega\cos\alpha\,\frac{dw}{dz}+\omega^2 w=0,\qquad w=\frac{1}{2}\,(C_1+iC_2)e^{-\omega z\cos\alpha}[\cos(\omega z\sin\alpha)-i\sin(\omega z\sin\alpha)]+$$

$$+\frac{1}{2}\,(C_1-iC_2)e^{-\omega z\cos\alpha}[\cos(\omega z\sin\alpha)+i\sin(\omega z\sin\alpha)]$$

oder ausmultipliziert und zusammengefaßt

$$\frac{d^2w}{dz^2}+2\,\omega\cos\alpha\,\frac{dw}{dz}+\omega^2 w=0,\qquad w=C_1 e^{-\omega z\cos\alpha}\cos(\omega z\sin\alpha)+C_2 e^{-\omega z\cos\alpha}\sin(\omega z\sin\alpha).\qquad(196)$$

Für $\alpha=0$ und $\alpha=\pi$ artet die Lösung aus, indem das erste Partikularintegral $e^{-\omega z}$ bzw. $e^{+\omega z}$ und das zweite Null wird. Um ein Ersatzintegral zu finden, führt man zweckmäßig an Stelle von C_2 die neue Konstante $\dfrac{C_2}{\omega\sin\alpha}$ ein, mit welcher das zweite Partikularintegral die Form

$$e^{-\omega z\cos\alpha}\frac{\sin(\omega z\sin\alpha)}{\omega\sin\alpha}=z\,e^{-\omega z\cos\alpha}\frac{\sin(\omega z\sin\alpha)}{\omega z\sin\alpha}$$

annimmt. Geht nun α nach 0 oder π, so nähert sich der Bruch mehr und mehr der Einheit und man erhält als Ersatzintegral $z\,e^{-\omega z}$ bzw. $z\,e^{+\omega z}$. In Zusammenfassung dieser Ergebnisse erhält man

$$\frac{d^2w}{dz^2}\pm 2\,\omega\,\frac{dw}{dz}+\omega^2 w=0,\qquad w=C_1 e^{\mp\omega z}+C_2 z\,e^{\mp\omega z}.\qquad(197)$$

Wird in (196) α mit $i\alpha$ und C_2 mit $-iC_2$ vertauscht, so folgt in Verbindung mit (96)

$$\frac{d^2w}{dz^2}+2\,\omega\,\mathfrak{Cof}\,\alpha\,\frac{dw}{dz}+\omega^2 w=0,\qquad w=C_1 e^{-\omega z\,\mathfrak{Cof}\,\alpha}\,\mathfrak{Cof}(\omega z\,\mathfrak{Sin}\,\alpha)+C_2 e^{-\omega z\,\mathfrak{Cof}\,\alpha}\,\mathfrak{Sin}(\omega z\,\mathfrak{Sin}\,\alpha).\qquad(198)$$

Dieses Integral läßt sich noch in durchsichtigerer Form schreiben, wenn C_1 mit C_1+C_2 und C_2 mit C_1-C_2 vertauscht und gleichzeitig (120) berücksichtigt wird. Man erhält dann

$$w=(C_1+C_2)e^{-\omega z\,\mathfrak{Cof}\,\alpha}\,\mathfrak{Cof}(\omega z\,\mathfrak{Sin}\,\alpha)+(C_1-C_2)e^{-\omega z\,\mathfrak{Cof}\,\alpha}\,\mathfrak{Sin}(\omega z\,\mathfrak{Sin}\,\alpha)$$

$$=C_1 e^{-\omega z(\mathfrak{Cof}\,\alpha-\mathfrak{Sin}\,\alpha)}+C_2 e^{-\omega z(\mathfrak{Cof}\,\alpha+\mathfrak{Sin}\,\alpha)}=C_1 e^{-\omega z e^{-\alpha}}+C_2 e^{-\omega z e^{+\alpha}}.$$

oder zusammengefaßt

$$\frac{d^2w}{dz^2}+2\,\omega\,\mathfrak{Cof}\,\alpha\,\frac{dw}{dz}+\omega^2 w=0,\qquad w=C_1 e^{-\omega z e^{-\alpha}}+C_2 e^{-\omega z e^{+\alpha}}.\qquad(199)$$

Wird in (196) ω mit $i\omega$ und α mit $i\alpha + \frac{\pi}{2}$ vertauscht, womit $\cos\alpha$ in $(-i\,\mathrm{Sin}\,\alpha)$ und $\sin\alpha$ in $\mathrm{Cos}\,\alpha$ übergeht, so ergibt sich bei ähnlicher Zusammenfassung der Lösung wie im vorigen Falle

$$\frac{d^2w}{dz^2} + 2\omega\,\mathrm{Sin}\,\alpha\,\frac{dw}{dz} - \omega^2 w = 0, \qquad w = C_1 e^{+\omega z e^{-\alpha}} + C_2 e^{-\omega z e^{+\alpha}}. \tag{200}$$

e) Lineare Differentialgleichung zweiter Ordnung mit konstanten Koeffizienten.

Mit den Gln (196), (197), (199) und (200) wird die lineare Differentialgleichung zweiter Ordnung mit konstanten Koeffizienten, etwa in der Form

$$\frac{d^2w}{dz^2} \pm a\frac{dw}{dz} \pm bw = 0 \quad (a \text{ und } b \text{ positive reelle Größen})$$

vollständig beherrscht. Werden ω und α jeweils durch a und b ausgedrückt, so ergeben sich die nachfolgenden Abgrenzungen und Lösungen:

$$\left.\begin{aligned}
&\frac{d^2w}{dz^2} + a\frac{dw}{dz} + bw = 0,\quad a < 2\sqrt{b},\quad w = C_1 e^{-\frac{a}{2}z}\cos\left(z\sqrt{b-\frac{a^2}{4}}\right) + C_2 e^{-\frac{a}{2}z}\sin\left(z\sqrt{b-\frac{a^2}{4}}\right),\\[4pt]
&\qquad\qquad\qquad a = 2\sqrt{b},\quad w = (C_1 + C_2 z)e^{-\frac{a}{2}z}\\[4pt]
&\qquad\qquad\qquad a > 2\sqrt{b},\quad w = C_1 e^{-\left(\frac{a}{2}+\sqrt{\frac{a^2}{4}-b}\right)z} + C_2 e^{-\left(\frac{a}{2}-\sqrt{\frac{a^2}{4}-b}\right)z}
\end{aligned}\right\} \tag{201}$$

$$\left.\begin{aligned}
&\frac{d^2w}{dz^2} - a\frac{dw}{dz} + bw = 0,\, a < 2\sqrt{b},\quad w = C_1 e^{+\frac{a}{2}z}\cos\left(z\sqrt{b-\frac{a^2}{4}}\right) + C_2 e^{+\frac{a}{2}z}\sin\left(z\sqrt{b-\frac{a^2}{4}}\right),\\[4pt]
&\qquad\qquad\qquad a = 2\sqrt{b},\quad w = (C_1 + C_2 z)e^{+\frac{a}{2}z}\\[4pt]
&\qquad\qquad\qquad a > 2\sqrt{b},\quad w = C_1 e^{\left(\frac{a}{2}-\sqrt{\frac{a^2}{4}-b}\right)z} + C_2 e^{\left(\frac{a}{2}+\sqrt{\frac{a^2}{4}-b}\right)z}
\end{aligned}\right\} \tag{202}$$

$$\left.\begin{aligned}
&\frac{d^2w}{dz^2} + a\frac{dw}{dz} - bw = 0,\qquad w = C_1 e^{-\left(\sqrt{\frac{a^2}{4}+b}+\frac{a}{2}\right)z} + C_2 e^{+\left(\sqrt{\frac{a^2}{4}+b}-\frac{a}{2}\right)z};\\[4pt]
&\frac{d^2w}{dz^2} - a\frac{dw}{dz} - bw = 0,\qquad w = C_1 e^{-\left(\sqrt{\frac{a^2}{4}+b}-\frac{a}{2}\right)z} + C_2 e^{+\left(\sqrt{\frac{a^2}{4}+b}+\frac{a}{2}\right)z}
\end{aligned}\right\} \tag{203}$$

Die Differentialgleichung (201) heißt Differentialgleichung der gedämpften Schwingungen bei linearem Widerstandsgesetz. Ihr Hauptanwendungsgebiet liegt in der Elektrotechnik, wo sie in der Form

$$\frac{d^2J}{dt^2} + \frac{R}{L}\frac{dJ}{dt} + \frac{1}{LK}J = 0$$

geschrieben wird, in der J die Stromstärke, R den Widerstand, L die Selbstinduktion und K die Kapazität bezeichnen (Abb. 35). Der Schwingungszustand für $a < 2\sqrt{b}$ ist eine echte Schwingung und die Partikularintegrale verlaufen gemäß Abb. 31 und 32. Die Schwingungszustände für $a = 2\sqrt{b}$ und $a > 2\sqrt{b}$ sind ausgeartete Schwingungen oder Kriechbewegungen. Je nach Größe und Vorzeichen der Konstanten erfolgt der Kriechvorgang unter Ausbildung eines Maximums oder monoton oder unter Ausbildung

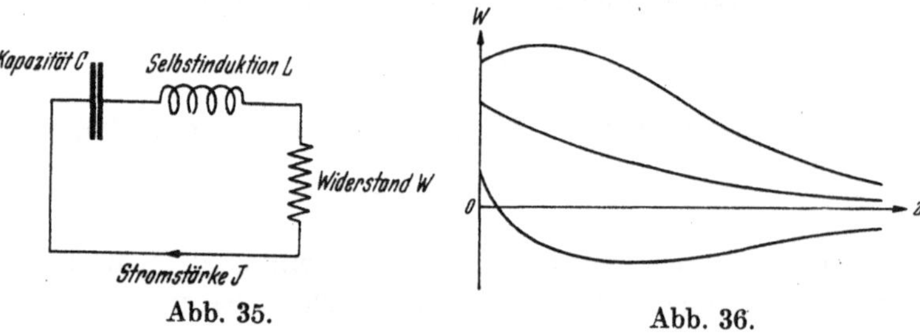

Abb. 35. Abb. 36.

eines Minimums (Abb. 36). Die Schwingungszustände für $a = 2\sqrt{b}$ werden auch als aperiodische Grenzfälle, diejenigen für $a > 2\sqrt{b}$ als aperiodische Schwingungen bezeichnet.

Die Differentialgleichung (202) heißt homogene Differentialgleichung der aufgeschaukelten Schwingungen bei linearem Aufschaukelungsgesetz. Für sich allein, d. h. ohne Hinzufügung einer

Störungsfunktion besitzt sie nur theoretisches Interesse, da eine Aufschaukelung nur in Verbindung mit ständiger Energiezufuhr denkbar ist. Der Schwingungszustand für $a < 2\sqrt{b}$ ist wieder eine echte Schwingung und die Partikularintegrale verlaufen gemäß Abb. 33 und 34. Den Fällen $a = 2\sqrt{b}$ und $a > 2\sqrt{b}$ entsprechen je nach Größe und Vorzeichen der Konstanten Aufschaukelungen oder Abschaukelungen, die entweder monoton oder unter Ausbildung eines Minimums oder Maximums verlaufen (Abb. 37).

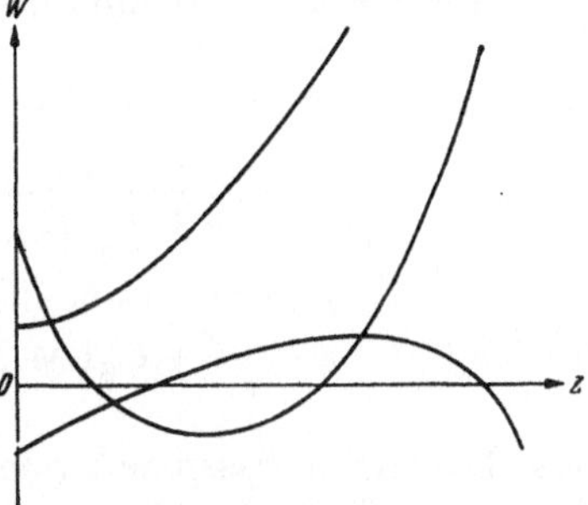

Abb. 37.

Die Differentialgleichungen (203) stellen je nach Größe und Vorzeichen der Konstanten Kriechvorgänge oder aperiodische Auf- oder Abschaukelungsvorgänge dar.

Auf ähnlichem Wege, wie es im Falle der Differentialgleichung (54) der harmonischen Schwingungen geschehen ist, lassen sich auch bei den gedämpften harmonischen Schwingungen verschiedene Lösungsformen darstellen. Die wichtigsten von ihnen sind nachfolgend zusammengestellt.

$$
\frac{d^2 w}{dz^2} \pm a\frac{dw}{dz} + bw = 0, \quad w = C_1 e^{\mp\frac{a}{2}(z-z_1)}\cos\left[(z-z_1)\sqrt{b-\frac{a^2}{4}}\right] + C_2 e^{\mp\frac{a}{2}(z-z_2)}\sin\left[(z-z_2)\sqrt{b-\frac{a^2}{4}}\right],
$$

$$
|a| < 2\sqrt{b} \qquad w = C_1 e^{\mp\frac{a}{2}(z-z_0)}\cos\left[(z-z_0)\sqrt{b-\frac{a^2}{4}}\right] + C_2 e^{\mp\frac{a}{2}(z-z_0)}\sin\left[(z-z_0)\sqrt{b-\frac{a^2}{4}}\right],
$$

$$
w = C_1 e^{\mp\frac{a}{2}z}\cos\left[(z-z_1)\sqrt{b-\frac{a^2}{4}}\right] + C_2 e^{\mp\frac{a}{2}z}\sin\left[(z-z_2)\sqrt{b-\frac{a^2}{4}}\right],
$$

$$
w = C_1 e^{\mp\frac{a}{2}z}\cos\left[(z-z_0)\sqrt{b-\frac{a^2}{4}}\right] + C_2 e^{\mp\frac{a}{2}z}\sin\left[(z-z_0)\sqrt{b-\frac{a^2}{4}}\right], \tag{204}
$$

$$
w = C_1 e^{\mp\frac{a}{2}z}\cos\left[z\sqrt{b-\frac{a^2}{4}}\right] + C_2 e^{\mp\frac{a}{2}z}\sin\left[z\sqrt{b-\frac{a^2}{4}}\right],
$$

$$
w = C e^{\mp\frac{a}{2}(z-z_0)}\cos\left[(z-z_0)\sqrt{b-\frac{a^2}{4}}\right] \text{ bzw. } w = C e^{\mp\frac{a}{2}(z-z_0)}\sin\left[(z-z_0)\sqrt{b-\frac{a^2}{4}}\right],
$$

$$
w = C e^{\mp\frac{a}{2}z}\cos\left[(z-z_0)\sqrt{b-\frac{a^2}{4}}\right] \text{ bzw. } w = C e^{\mp\frac{a}{2}z}\sin\left[(z-z_0)\sqrt{b-\frac{a^2}{4}}\right].
$$

Für die Kriech- und Aufschaukelungsvorgänge kann angesichts des einfacheren Aufbaus der Grundlösungen auf die Angabe weiterer Lösungsformen verzichtet werden.

11. Trigonometrisch-hyperbolische Produktfunktionen.

a) Definierende simultane Differentialgleichungen zweiter Ordnung.

Wird in (46) ω mit $\omega e^{i\alpha}$ vertauscht und $A = C_1 + iC_2$, $B = C_3 - iC_4$ gesetzt, so ergibt sich in Verbindung mit (45) und (128)

$$
\frac{d^2 w}{dz^2} + \omega^2 e^{2i\alpha} w = 0, \quad w = (C_1 + iC_2)\left[\cos(\omega z\cos\alpha)\mathfrak{Cof}(\omega z\sin\alpha) - i\sin(\omega z\cos\alpha)\mathfrak{Sin}(\omega z\sin\alpha)\right] +
$$
$$
+ (C_3 - iC_4)\left[\sin(\omega z\cos\alpha)\mathfrak{Cof}(\omega z\sin\alpha) + i\cos(\omega z\cos\alpha)\mathfrak{Sin}(\omega z\sin\alpha)\right]. \tag{205}
$$

Wird in (205) w in Real- und Imaginärteil aufgespalten, so folgt

$$
w = u + iv, \quad u = C_1\cos(\omega z\cos\alpha)\mathfrak{Cof}(\omega z\sin\alpha) + C_2\sin(\omega z\cos\alpha)\mathfrak{Sin}(\omega z\sin\alpha) +
$$
$$
+ C_3\sin(\omega z\cos\alpha)\mathfrak{Cof}(\omega z\sin\alpha) + C_4\cos(\omega z\cos\alpha)\mathfrak{Sin}(\omega z\sin\alpha),
$$
$$
v = -C_1\sin(\omega z\cos\alpha)\mathfrak{Sin}(\omega z\sin\alpha) + C_2\cos(\omega z\cos\alpha)\mathfrak{Cof}(\omega z\sin\alpha) + \tag{206}
$$
$$
+ C_3\cos(\omega z\cos\alpha)\mathfrak{Sin}(\omega z\sin\alpha) - C_4\sin(\omega z\cos\alpha)\mathfrak{Cof}(\omega z\sin\alpha).
$$

Geht man mit $w = u + iv$ in die Differentialgleichung (205) hinein und setzt man gemäß (45)

$$
e^{2i\alpha} = \cos 2\alpha + i\sin 2\alpha,
$$

so entsteht wieder eine komplexe Identitätsgleichung, die sich den Real- und Imaginärteilen entsprechend in zwei simultane Differentialgleichungen aufspaltet, als deren allgemeine Lösung u und v betrachtet werden können. Man erhält

$$\left. \begin{aligned} &\frac{d^2 u}{dz^2} + u\omega^2 \cos 2\alpha - v\omega^2 \sin 2\alpha = 0 \,, \\ &\frac{d^2 v}{dz^2} + v\omega^2 \cos 2\alpha + u\omega^2 \sin 2\alpha = 0 \,, \\ &\quad u = C_1 \cos(\omega z \cos\alpha)\,\mathfrak{Cof}(\omega z \sin\alpha) + C_2 \sin(\omega z \cos\alpha)\,\mathfrak{Sin}(\omega z \sin\alpha) + \\ &\qquad + C_3 \sin(\omega z \cos\alpha)\,\mathfrak{Cof}(\omega z \sin\alpha) + C_4 \cos(\omega z \cos\alpha)\,\mathfrak{Sin}(\omega z \sin\alpha) \,, \\ &\quad v = -C_1 \sin(\omega z \cos\alpha)\,\mathfrak{Sin}(\omega z \sin\alpha) + C_2 \cos(\omega z \cos\alpha)\,\mathfrak{Cof}(\omega z \sin\alpha) + \\ &\qquad + C_3 \cos(\omega z \cos\alpha)\,\mathfrak{Sin}(\omega z \sin\alpha) - C_4 \sin(\omega z \cos\alpha)\,\mathfrak{Cof}(\omega z \sin\alpha) \,. \end{aligned} \right\} \quad (207)$$

Diese Lösungen lassen sich noch allgemeiner gestalten, indem in jedes Partikularintegral noch eine Phasenverschiebung eingefügt wird. Dies ergibt

$$\left. \begin{aligned} &\frac{d^2 u}{dz^2} + u\omega^2 \cos 2\alpha - v\omega^2 \sin 2\alpha = 0 \,, \\ &\frac{d^2 v}{dz^2} + v\omega^2 \cos 2\alpha + u\omega^2 \sin 2\alpha = 0 \,, \\ &u = C_1 \cos[\omega(z-z_1)\cos\alpha]\,\mathfrak{Cof}[\omega(z-z_1)\sin\alpha] + C_2 \sin[\omega(z-z_2)\cos\alpha]\,\mathfrak{Sin}[\omega(z-z_2)\sin\alpha] + \\ &\quad + C_3 \sin[\omega(z-z_3)\cos\alpha]\,\mathfrak{Cof}[\omega(z-z_3)\sin\alpha] + C_4 \cos[\omega(z-z_4)\cos\alpha]\,\mathfrak{Sin}[\omega(z-z_4)\sin\alpha] \,, \\ &v = -C_1 \sin[\omega(z-z_1)\cos\alpha]\,\mathfrak{Sin}[\omega(z-z_1)\sin\alpha] + C_2 \cos[\omega(z-z_2)\cos\alpha]\,\mathfrak{Cof}[\omega(z-z_2)\sin\alpha] + \\ &\quad + C_3 \cos[\omega(z-z_3)\cos\alpha]\,\mathfrak{Sin}[\omega(z-z_3)\sin\alpha] - C_4 \sin[\omega(z-z_4)\cos\alpha]\,\mathfrak{Cof}[\omega(z-z_4)\sin\alpha] \,. \end{aligned} \right\} \quad (208)$$

Schließlich können durch Einführung neuer Konstanten auch noch die Hyperbelfunktionen gegen Exponentialfunktionen ausgetauscht werden. Dies liefert die dritte Lösungsform

$$\left. \begin{aligned} &\frac{d^2 u}{dz^2} + u\omega^2 \cos 2\alpha - v\omega^2 \sin 2\alpha = 0 \,, \\ &\frac{d^2 v}{dz^2} + v\omega^2 \cos 2\alpha + u\omega^2 \sin 2\alpha = 0 \,, \\ &u = C_1 e^{\omega(z-z_1)\sin\alpha}\cos[\omega(z-z_1)\cos\alpha] + C_2 e^{\omega(z-z_2)\sin\alpha}\sin[\omega(z-z_2)\cos\alpha] + \\ &\quad + C_3 e^{-\omega(z-z_3)\sin\alpha}\cos[\omega(z-z_3)\cos\alpha] + C_4 e^{-\omega(z-z_4)\sin\alpha}\sin[\omega(z-z_4)\cos\alpha] \,, \\ &v = -C_1 e^{\omega(z-z_1)\sin\alpha}\sin[\omega(z-z_1)\cos\alpha] + C_2 e^{\omega(z-z_2)\sin\alpha}\cos[\omega(z-z_2)\cos\alpha] + \\ &\quad + C_3 e^{-\omega(z-z_3)\sin\alpha}\sin[\omega(z-z_3)\cos\alpha] - C_4 e^{-\omega(z-z_4)\sin\alpha}\cos[\omega(z-z_4)\cos\alpha] \,. \end{aligned} \right\} \quad (209)$$

Mit den Gln (207) bis (209) werden die simultanen Differentialgleichungen

$$\left. \begin{aligned} &\frac{d^2 u}{dz^2} + au - bv = 0 \,, \\ &\frac{d^2 v}{dz^2} + av + bu = 0 \,, \end{aligned} \right\}$$

vollständig beherrscht. Die entsprechenden Transformationsgleichungen lauten

$$\left. \begin{aligned} &a = \omega^2 \cos 2\alpha \,, \quad a^2 + b^2 = \omega^4 \,, \quad \omega = \sqrt[4]{a^2 + b^2} \,, \quad \omega\cos\alpha = \sqrt{\tfrac{1}{2}\left(a + \sqrt{a^2 + b^2}\right)} \,, \\ &b = \omega^2 \sin 2\alpha \,, \quad \frac{b}{a} = \mathrm{tang}\, 2\alpha \,, \quad \alpha = \tfrac{1}{2}\,\mathrm{arc\,tang}\,\frac{b}{a} \,, \quad \omega\sin\alpha = \sqrt{\tfrac{1}{2}\left(-a + \sqrt{a^2 + b^2}\right)} \,. \end{aligned} \right\}$$

Hiermit erhält man unter Beschränkung auf die Lösungsformen (208) und (209)ʹ

$$\frac{d^2u}{dz^2} + au - bv = 0, \Bigg\}$$
$$\frac{d^2v}{dz^2} + av + bu = 0, \Bigg\}$$

$$u = C_1 \cos\!\left[(z-z_1)\sqrt{\tfrac{1}{2}(a+\sqrt{a^2+b^2})}\,\right]\mathfrak{Cof}\!\left[(z-z_1)\sqrt{\tfrac{1}{2}(-a+\sqrt{a^2+b^2})}\,\right] +$$
$$+ C_2 \sin\!\left[(z-z_2)\sqrt{\tfrac{1}{2}(a+\sqrt{a^2+b^2})}\,\right]\mathfrak{Sin}\!\left[(z-z_2)\sqrt{\tfrac{1}{2}(-a+\sqrt{a^2+b^2})}\,\right] -$$
$$+ C_3 \sin\!\left[(z-z_3)\sqrt{\tfrac{1}{2}(a+\sqrt{a^2+b^2})}\,\right]\mathfrak{Cof}\!\left[(z-z_3)\sqrt{\tfrac{1}{2}(-a+\sqrt{a^2+b^2})}\,\right] +$$
$$+ C_4 \cos\!\left[(z-z_4)\sqrt{\tfrac{1}{2}(a+\sqrt{a^2+b^2})}\,\right]\mathfrak{Sin}\!\left[(z-z_4)\sqrt{\tfrac{1}{2}(-a+\sqrt{a^2+b^2})}\,\right],$$
$$v = -C_1 \sin\!\left[(z-z_1)\sqrt{\tfrac{1}{2}(a+\sqrt{a^2+b^2})}\,\right]\mathfrak{Sin}\!\left[(z-z_1)\sqrt{\tfrac{1}{2}(-a+\sqrt{a^2+b^2})}\,\right] +$$
$$+ C_2 \cos\!\left[(z-z_2)\sqrt{\tfrac{1}{2}(a+\sqrt{a^2+b^2})}\,\right]\mathfrak{Cof}\!\left[(z-z_2)\sqrt{\tfrac{1}{2}(-a+\sqrt{a^2+b^2})}\,\right] +$$
$$+ C_3 \cos\!\left[(z-z_3)\sqrt{\tfrac{1}{2}(a+\sqrt{a^2+b^2})}\,\right]\mathfrak{Sin}\!\left[(z-z_3)\sqrt{\tfrac{1}{2}(-a+\sqrt{a^2+b^2})}\,\right] -$$
$$- C_4 \sin\!\left[(z-z_4)\sqrt{\tfrac{1}{2}(a+\sqrt{a^2+b^2})}\,\right]\mathfrak{Cof}\!\left[(z-z_4)\sqrt{\tfrac{1}{2}(-a+\sqrt{a^2+b^2})}\,\right],$$

oder in **Exponentialform**

$$u = C_1 e^{(z-z_1)\sqrt{\tfrac{1}{2}(-a+\sqrt{a^2+b^2})}} \cos\!\left[(z-z_1)\sqrt{\tfrac{1}{2}(a+\sqrt{a^2+b^2})}\,\right] +$$
$$+ C_2 e^{(z-z_2)\sqrt{\tfrac{1}{2}(-a+\sqrt{a^2+b^2})}} \sin\!\left[(z-z_2)\sqrt{\tfrac{1}{2}(a+\sqrt{a^2+b^2})}\,\right] +$$
$$+ C_3 e^{-(z-z_3)\sqrt{\tfrac{1}{2}(-a+\sqrt{a^2+b^2})}} \cos\!\left[(z-z_3)\sqrt{\tfrac{1}{2}(a+\sqrt{a^2+b^2})}\,\right] +$$
$$+ C_4 e^{-(z-z_4)\sqrt{\tfrac{1}{2}(-a+\sqrt{a^2+b^2})}} \sin\!\left[(z-z_4)\sqrt{\tfrac{1}{2}(a+\sqrt{a^2+b^2})}\,\right]$$
$$v = -C_1 e^{(z-z_1)\sqrt{\tfrac{1}{2}(-a+\sqrt{a^2+b^2})}} \sin\!\left[(z-z_1)\sqrt{\tfrac{1}{2}(a+\sqrt{a^2+b^2})}\,\right] +$$
$$+ C_2 e^{(z-z_2)\sqrt{\tfrac{1}{2}(-a+\sqrt{a^2+b^2})}} \cos\!\left[(z-z_2)\sqrt{\tfrac{1}{2}(a+\sqrt{a^2+b^2})}\,\right] +$$
$$+ C_3 e^{-(z-z_3)\sqrt{\tfrac{1}{2}(-a+\sqrt{a^2+b^2})}} \sin\!\left[(z-z_3)\sqrt{\tfrac{1}{2}(a+\sqrt{a^2+b^2})}\,\right] -$$
$$- C_4 e^{-(z-z_4)\sqrt{\tfrac{1}{2}(-a+\sqrt{a^2+b^2})}} \cos\!\left[(z-z_4)\sqrt{\tfrac{1}{2}(a+\sqrt{a^2+b^2})}\,\right]$$

$$(210)$$

Die simultanen Differentialgleichungen (210) können als die Differentialgleichungen der trigonometrisch-hyperbolischen Produktfunktionen bezeichnet werden.

b) Funktionsverlauf im Reellen.

Werden die Funktionen durch die Transformationen

$$z_1 = z_2 = z_3 = z_4 = z_c, \quad \zeta = (z-z_c)\sqrt{\tfrac{1}{2}(a+\sqrt{a^2+b^2})}, \quad \lambda = \sqrt{\frac{-a+\sqrt{a^2+b^2}}{+a+\sqrt{a^2+b^2}}} \qquad (211)$$

auf ihre Normalform umgeschrieben und gemäß

$$\xi_1 = \mathfrak{Cof}\,\lambda\zeta \cos\zeta, \quad \xi_2 = \mathfrak{Sin}\,\lambda\zeta \cos\zeta, \Big\}$$
$$\eta_1 = \mathfrak{Cof}\,\lambda\zeta \sin\zeta, \quad \eta_2 = \mathfrak{Sin}\,\lambda\zeta \sin\zeta, \Big\} \qquad (212)$$

in zwei Gruppen einander in einem kartesischen Bezugssystem zugeordnet, so ergeben sich die Parameterdarstellungen zweier Spiralen (Abb. 38ª uud 38ᵇ). Werden die Spiralen als Polardiagramme aufgefaßt, so folgen die Radiusvektoren zu

$$\varrho_1 = \sqrt{\xi_1^2 + \eta_1^2} = \operatorname{\mathfrak{Coj}}\lambda\zeta, \qquad \varrho_2 = \sqrt{\xi_2^2 + \eta_2^2} = \operatorname{\mathfrak{Sin}}\lambda\zeta. \tag{213}$$

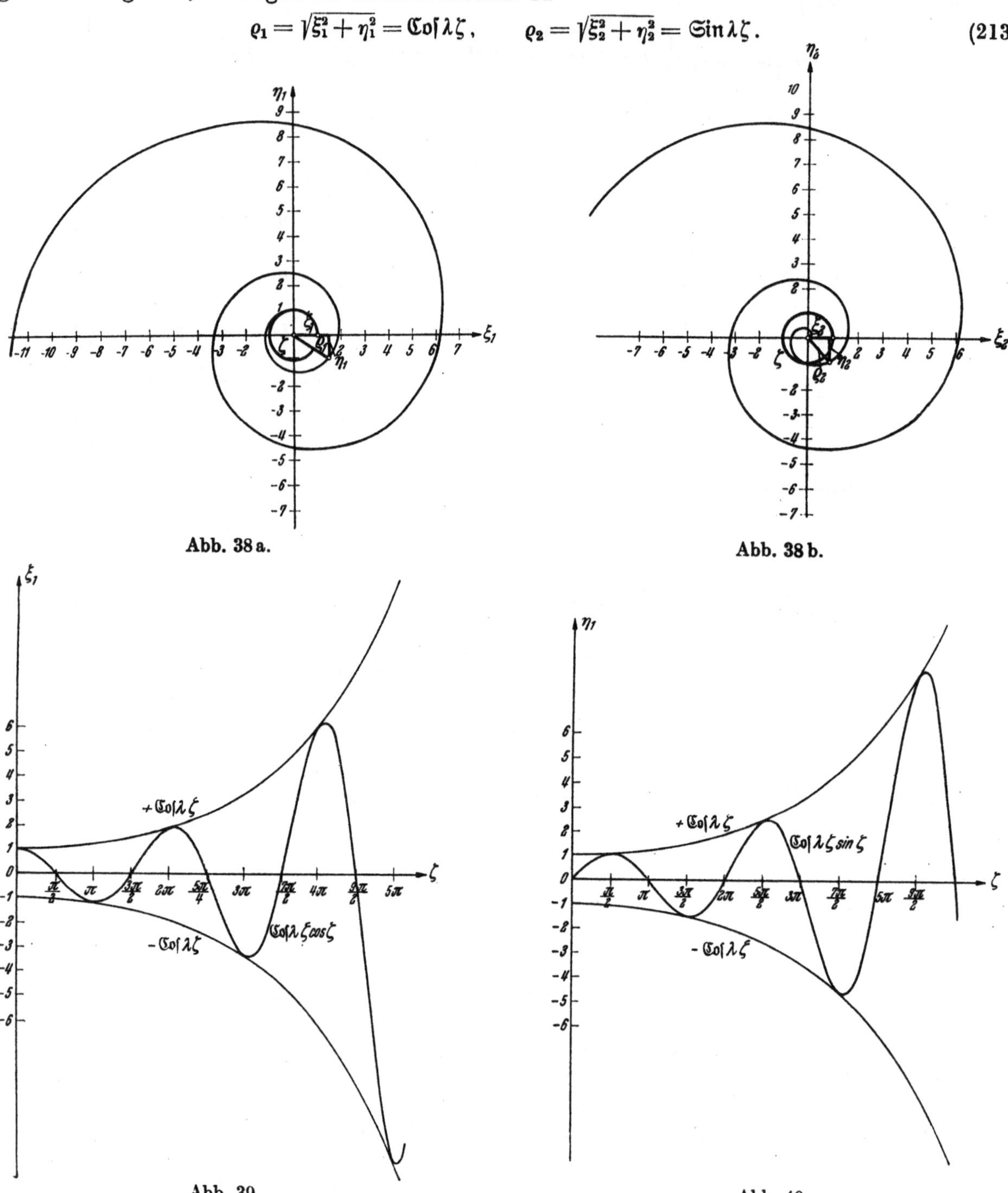

Abb. 38 a.   Abb. 38 b.

Abb. 39.   Abb. 40.

Der Verlauf der vier Funktionen $\xi_1(\zeta)$, $\eta_2(\zeta)$, $\xi_1(\zeta)$, $\eta_2(\zeta)$ ist aus Abb. 39 bis 42 ersichtlich.

c) Differential- und Integralformeln.

Die Differential- und Integralformeln der trigonometrisch-hyperbolischen Produktfunktionen lassen sich unmittelbar aus (189) und (190) herleiten, indem die entsprechenden Gleichungen unter Vertauschung von a mit $-a$ angesetzt und addiert bzw. subtrahiert werden. Berücksichtigt man hierbei gleichzeitig (120), so ergibt sich

$$\frac{d}{dz}\left(\mathfrak{Coj}\,az\cos bz\right)=a\,\mathfrak{Sin}\,az\cos bz-b\,\mathfrak{Coj}\,az\sin bz\,,$$

$$\frac{d}{dz}\left(\mathfrak{Coj}\,az\sin bz\right)=a\,\mathfrak{Sin}\,az\sin bz+b\,\mathfrak{Coj}\,az\cos bz\,,$$

$$\frac{d}{dz}\left(\mathfrak{Sin}\,az\cos bz\right)=a\,\mathfrak{Coj}\,az\cos bz-b\,\mathfrak{Sin}\,az\sin bz\,,$$

$$\frac{d}{dz}\left(\mathfrak{Sin}\,az\sin bz\right)=a\,\mathfrak{Coj}\,az\sin bz+b\,\mathfrak{Sin}\,az\cos bz\,.$$

$$(214)$$

$$\int\mathfrak{Coj}\,az\cos bz\,dz=\frac{a\,\mathfrak{Sin}\,az\cos bz+b\,\mathfrak{Coj}\,az\sin bz}{a^2+b^2}\,,$$

$$\int\mathfrak{Coj}\,az\sin bz\,dz=\frac{a\,\mathfrak{Sin}\,az\sin bz-b\,\mathfrak{Coj}\,az\cos bz}{a^2+b^2}\,,$$

$$\int\mathfrak{Sin}\,az\cos bz\,dz=\frac{a\,\mathfrak{Coj}\,az\cos bz+b\,\mathfrak{Sin}\,az\sin bz}{a^2+b^2}\,,$$

$$\int\mathfrak{Sin}\,az\sin bz\,dz=\frac{a\,\mathfrak{Coj}\,az\sin bz-b\,\mathfrak{Sin}\,az\cos bz}{a^2+b^2}\,.$$

$$(215)$$

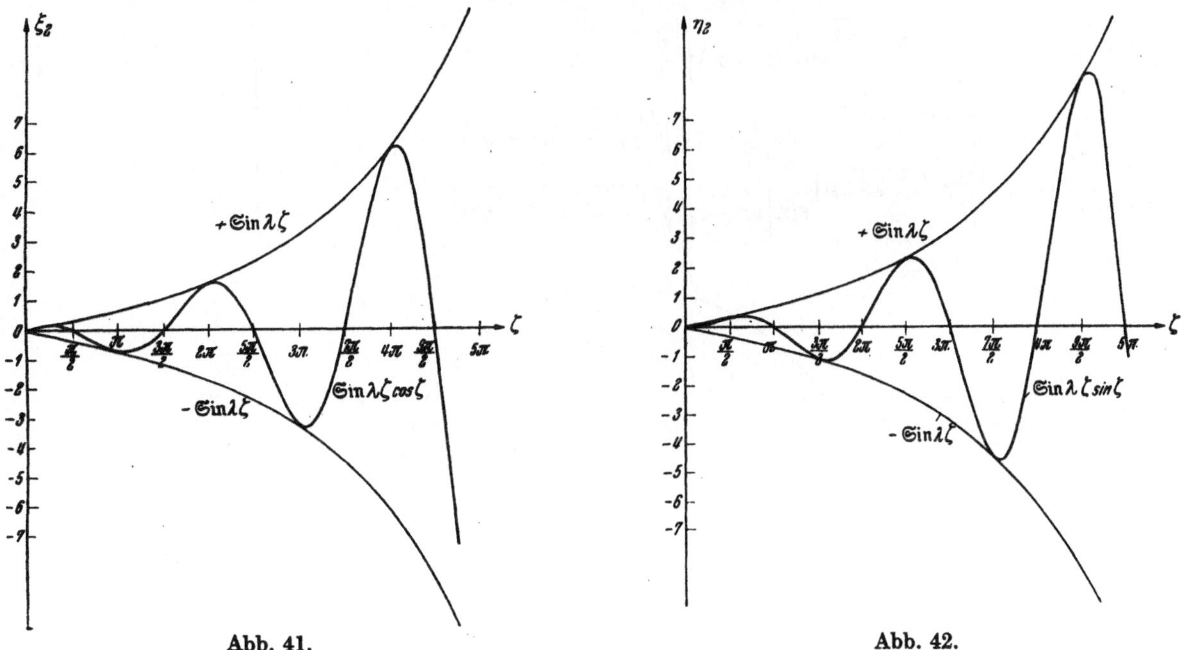

Abb. 41. Abb. 42.

d) Definierende Differentialgleichung vierter Ordnung.

Dén beiden simultanen Differentialgleichungen (210) entspricht eine einzige Differentialgleichung vierter Ordnung. Man könnte diese, ähnlich wie im Anschluß an (195), auch hier unabhängig von (210) durch Betrachtung der Differentialgleichung

$$\frac{d^2}{dz^2}\left[\frac{d^2w}{dz^2}+\omega^2e^{\mp 2i\alpha}w\right]+\omega^2e^{\pm 2i\alpha}\left[\frac{d^2w}{dz^2}+\omega^2e^{\mp 2i\alpha}w\right]=0$$

herleiten, in der die Lösungen der Ausgangsdifferentialgleichung (205) dieser Ziffer unmittelbar als Partikularintegrale erscheinen. Es ist jedoch bequemer und auch für die Bereichsabgrenzungen der Koeffizienten vorteilhafter, an die simultanen Differentialgleichungen anzuknüpfen.

Wird u nach der zweiten der Differentialgleichungen (210) durch v ausgedrückt und in die erste der Gln (210) eingeführt, so ergibt sich

$$\frac{d^4v}{dz^4}+2a\frac{d^2v}{dz^2}+(a^2+b^2)\,v=0\,.$$

Dieselbe Differentialgleichung ergibt sich für u. Durch Vertauschen von u und v mit w folgt in Verbindung mit (210)

$$\frac{d^4w}{dz^4} + 2a\frac{d^2w}{dz^2} + (a^2 + b^2)\,w = 0,$$

$$
\begin{aligned}
w = \; & C_1 \cos\left[(z-z_1)\sqrt{\tfrac{1}{2}(a+\sqrt{a^2+b^2})}\,\right]\mathfrak{Cof}\left[(z-z_1)\sqrt{\tfrac{1}{2}(-a+\sqrt{a^2+b^2})}\,\right] + \\
& + C_2 \sin\left[(z-z_2)\sqrt{\tfrac{1}{2}(a+\sqrt{a^2+b^2})}\,\right]\mathfrak{Sin}\left[(z-z_2)\sqrt{\tfrac{1}{2}(-a+\sqrt{a^2+b^2})}\,\right] + \\
& + C_3 \sin\left[(z-z_3)\sqrt{\tfrac{1}{2}(a+\sqrt{a^2+b^2})}\,\right]\mathfrak{Cof}\left[(z-z_3)\sqrt{\tfrac{1}{2}(-a+\sqrt{a^2+b^2})}\,\right] + \\
& + C_4 \cos\left[(z-z_4)\sqrt{\tfrac{1}{2}(a+\sqrt{a^2+b^2})}\,\right]\mathfrak{Sin}\left[(z-z_4)\sqrt{\tfrac{1}{2}(-a+\sqrt{a^2+b^2})}\,\right].
\end{aligned}
\tag{216}
$$

Ausgedrückt in Exponentialform lautet die Lösung (216)

$$\frac{d^4w}{dz^4} + 2a\frac{d^2w}{dz^2} + (a^2 + b^2)\,w = 0,$$

$$
\begin{aligned}
w = \; & C_1 e^{(z-z_1)\sqrt{\tfrac{1}{2}(-a+\sqrt{a^2+b^2})}}\cos\left[(z-z_1)\sqrt{\tfrac{1}{2}(a+\sqrt{a^2+b^2})}\,\right] + \\
& + C_2 e^{(z-z_2)\sqrt{\tfrac{1}{2}(-a+\sqrt{a^2+b^2})}}\sin\left[(z-z_2)\sqrt{\tfrac{1}{2}(a+\sqrt{a^2+b^2})}\,\right] + \\
& + C_3 e^{-(z-z_3)\sqrt{\tfrac{1}{2}(-a+\sqrt{a^2+b^2})}}\cos\left[(z-z_3)\sqrt{\tfrac{1}{2}(a+\sqrt{a^2+b^2})}\,\right] + \\
& + C_4 e^{-(z-z_4)\sqrt{\tfrac{1}{2}(-a+\sqrt{a^2+b^2})}}\sin\left[(z-z_4)\sqrt{\tfrac{1}{2}(a+\sqrt{a^2+b^2})}\,\right]
\end{aligned}
\tag{217}
$$

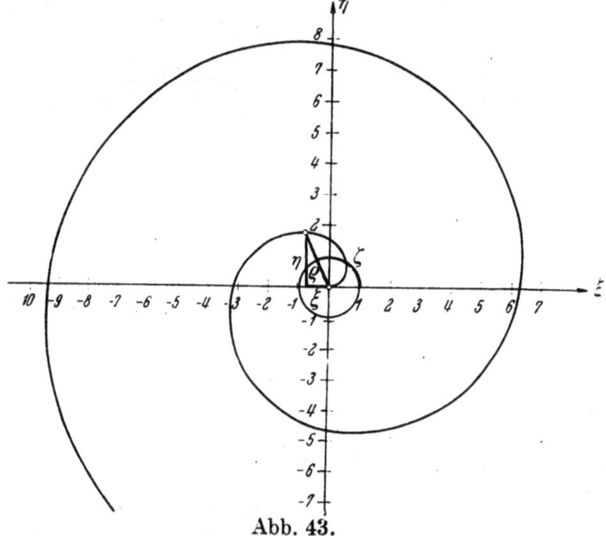

Abb. 43.

Für $b = 0$ arten die Lösungen aus, und zwar ergeben sich zwei Formen der Ausartung, je nachdem ob $a \gtrless 0$ ist. Die Ersatzlösungen lassen sich wieder durch Einführung neuer Konstanten ermitteln. In Anknüpfung an (216) erhält man

$$\frac{d^4w}{dz^4} + 2a\frac{d^2w}{dz^2} + a^2 w = 0,$$

$$
w = C_1 \cos\left[(z-z_1)\sqrt{a}\,\right] + C_2(z-z_2)\sin\left[(z-z_2)\sqrt{a}\,\right] + C_3 \sin\left[(z-z_3)\sqrt{a}\,\right] + C_4(z-z_4)\cos\left[(z-z_4)\sqrt{a}\,\right].
\tag{218}
$$

$$\frac{d^4w}{dz^4} - 2a\frac{d^2w}{dz^2} + a^2 w = 0,$$

$$
\begin{aligned}
w = \; & C_1 \mathfrak{Cof}\left[(z-z_1)\sqrt{a}\,\right] + C_2(z-z_2)\mathfrak{Sin}\left[(z-z_2)\sqrt{a}\,\right] + C_3 \mathfrak{Sin}\left[(z-z_3)\sqrt{a}\,\right] + \\
& + C_4(z-z_4)\mathfrak{Cof}\left[(z-z_4)\sqrt{a}\,\right].
\end{aligned}
\tag{219}
$$

Die in (218) auftretenden Produkte $(z - z_2) \sin\left[(z - z_2)\sqrt{a}\right]$ und $(z - z_4)\cos\left[(z - z_4)\sqrt{a}\right]$ beschreiben eine lineare Schwingungsaufschaukelung. Wird für diese $z\sqrt{a} = \zeta$ und $z_1 = z_4 = 0$ gesetzt und werden die damit entstehenden normierten Funktionen gemäß

$$\left.\begin{aligned} \xi &= \zeta \cos\zeta \\ \eta &= \zeta \sin\zeta \end{aligned}\right\} \qquad (220)$$

einander im kartesischen Bezugssystem zugeordnet, so ergibt sich eine archimedische Spirale mit dem Bogen des Einheitskreises als Parameter (Abb. 43). Wird die Spirale als Polardiagramm aufgefaßt, so folgt der Radiusvektor zu

$$\varrho = \sqrt{\xi^2 + \eta^2} = \zeta. \qquad (221)$$

Demgemäß sind die Aufschaukelungsfunktionen $\leftarrow$ Gerade unter 45^0. Aus Abb. 44 und 45 ist der Verlauf der Parameterfunktionen $\xi(\zeta)$ und $\eta(\zeta)$ ersichtlich. Die zugehörigen Ableitungen und Integrale lauten

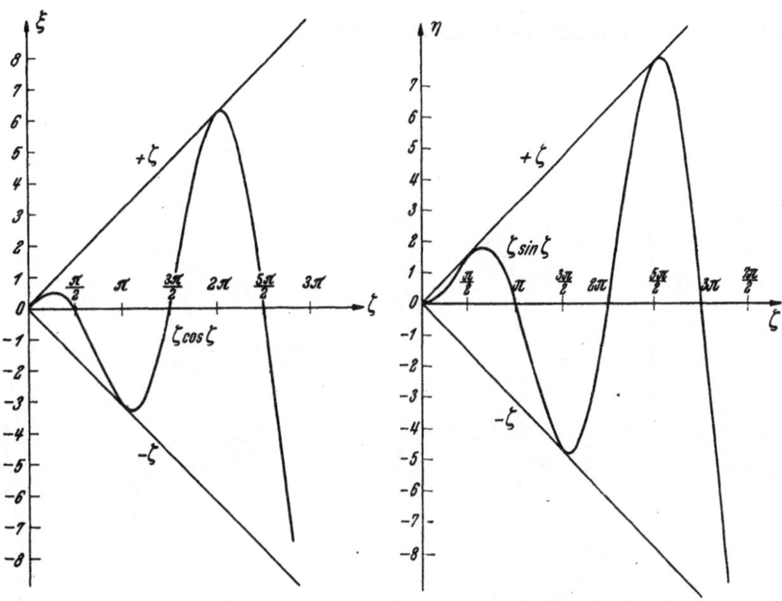

Abb. 44.   Abb. 45.

$$\left.\begin{aligned} \frac{d}{d\zeta}(\zeta\cos\zeta) &= \cos\zeta - \zeta\sin\zeta, & \int\zeta\cos\zeta\,d\zeta &= \cos\zeta + \zeta\sin\zeta, \\ \frac{d}{d\zeta}(\zeta\sin\zeta) &= \sin\zeta + \zeta\cos\zeta, & \int\zeta\sin\zeta\,d\zeta &= \sin\zeta - \zeta\cos\zeta. \end{aligned}\right\} \qquad (222)$$

In (219) stellen die Ersatzlösungen Aufschaukelungsfunktionen von der Normalform

$$\left.\begin{aligned} \xi &= \zeta \operatorname{\mathfrak{Cof}}\zeta \\ \eta &= \zeta \operatorname{\mathfrak{Sin}}\zeta \end{aligned}\right\} \qquad (223)$$

dar. Ihre Zuordnung im kartesischen Bezugssystem ist aus Abb. 46 und 47 ersichtlich. Für die zugehörigen Ableitungen und Integrale ergibt sich

$$\left.\begin{aligned} \frac{d}{d\zeta}(\zeta\operatorname{\mathfrak{Cof}}\zeta) &= \operatorname{\mathfrak{Cof}}\zeta + \zeta\operatorname{\mathfrak{Sin}}\zeta, & \int\zeta\operatorname{\mathfrak{Cof}}\zeta\,d\zeta &= -\operatorname{\mathfrak{Cof}}\zeta + \zeta\operatorname{\mathfrak{Sin}}\zeta, \\ \frac{d}{d\zeta}(\zeta\operatorname{\mathfrak{Sin}}\zeta) &= \operatorname{\mathfrak{Sin}}\zeta + \zeta\operatorname{\mathfrak{Cof}}\zeta, & \int\zeta\operatorname{\mathfrak{Sin}}\zeta\,d\zeta &= -\operatorname{\mathfrak{Sin}}\zeta + \zeta\operatorname{\mathfrak{Cof}}\zeta. \end{aligned}\right\} \qquad (224)$$

e) Trigonometrisch-hyperbolische und trigonometrisch-exponentielle Produktfunktionen vom Argument $\dfrac{z}{\sqrt{2}}$.

Von besonderer Bedeutung für die Anwendung sind die trigonometrisch-hyperbolischen und trigonometrisch-exponentiellen Produktfunktionen vom Argument $\dfrac{z}{\sqrt{2}}$. Wird in (210), (216) und (217) $a = 0$ und $b = 1$ gesetzt, so ergibt sich in trigonometrisch-hyperbolischer Lösungsform

$$\left.\begin{aligned} \frac{d^2 u}{dz^2} - v &= 0, \quad & u &= C_1\cos\frac{z - z_1}{\sqrt{2}}\operatorname{\mathfrak{Cof}}\frac{z - z_1}{\sqrt{2}} + C_2\sin\frac{z - z_2}{\sqrt{2}}\operatorname{\mathfrak{Sin}}\frac{z - z_2}{\sqrt{2}} + C_3\sin\frac{z - z_3}{\sqrt{2}}\operatorname{\mathfrak{Cof}}\frac{z - z_3}{\sqrt{2}} + \\ & & &\quad + C_4\cos\frac{z - z_4}{\sqrt{2}}\operatorname{\mathfrak{Sin}}\frac{z - z_4}{\sqrt{2}}, \\ \frac{d^2 v}{dz^2} + u &= 0, \quad & v &= -C_1\sin\frac{z - z_1}{\sqrt{2}}\operatorname{\mathfrak{Sin}}\frac{z - z_1}{\sqrt{2}} + C_2\cos\frac{z - z_2}{\sqrt{2}}\operatorname{\mathfrak{Cof}}\frac{z - z_2}{\sqrt{2}} + C_3\cos\frac{z - z_3}{\sqrt{2}}\operatorname{\mathfrak{Sin}}\frac{z - z_3}{\sqrt{2}} - \\ & & &\quad - C_4\sin\frac{z - z_4}{\sqrt{2}}\operatorname{\mathfrak{Cof}}\frac{z - z_4}{\sqrt{2}}, \end{aligned}\right\} \qquad (225)$$

$$\frac{d^4 w}{dz^4} + w = 0, \quad w = C_1 \cos\frac{z-z_1}{\sqrt{2}}\,\mathfrak{Cof}\,\frac{z-z_1}{\sqrt{2}} + C_2 \sin\frac{z-z_2}{\sqrt{2}}\,\mathfrak{Sin}\,\frac{z-z_2}{\sqrt{2}} + C_3 \sin\frac{z-z_3}{\sqrt{2}}\,\mathfrak{Cof}\,\frac{z-z_3}{\sqrt{2}} +$$
$$+ C_4 \cos\frac{z-z_4}{\sqrt{2}}\,\mathfrak{Sin}\,\frac{z-z_4}{\sqrt{2}}, \tag{226}$$

und in trigonometrisch-exponentieller Lösungsform

$$\frac{d^2 u}{dz^2} - v = 0, \quad \left| \; u = C_1 e^{\frac{z-z_1}{\sqrt{2}}}\cos\frac{z-z_1}{\sqrt{2}} + C_2 e^{\frac{z-z_2}{\sqrt{2}}}\sin\frac{z-z_2}{\sqrt{2}} + C_3 e^{-\frac{z-z_3}{\sqrt{2}}}\cos\frac{z-z_3}{\sqrt{2}} + \right.$$
$$+ C_4 e^{-\frac{z-z_4}{\sqrt{2}}}\sin\frac{z-z_4}{\sqrt{2}},$$
$$\frac{d^2 v}{dz^2} + u = 0, \quad \left| \; v = -C_1 e^{\frac{z-z_1}{\sqrt{2}}}\sin\frac{z-z_1}{\sqrt{2}} + C_2 e^{\frac{z-z_2}{\sqrt{2}}}\cos\frac{z-z_2}{\sqrt{2}} + C_3 e^{-\frac{z-z_3}{\sqrt{2}}}\sin\frac{z-z_3}{\sqrt{2}} - \right.$$
$$- C_4 e^{-\frac{z-z_4}{\sqrt{2}}}\cos\frac{z-z_4}{\sqrt{2}}. \tag{227}$$

$$\frac{d^4 w}{dz^4} + w = 0, \quad w = C_1 e^{\frac{z-z_1}{\sqrt{2}}}\cos\frac{z-z_1}{\sqrt{2}} + C_2 e^{\frac{z-z_2}{\sqrt{2}}}\sin\frac{z-z_2}{\sqrt{2}} + C_3 e^{-\frac{z-z_3}{\sqrt{2}}}\cos\frac{z-z_3}{\sqrt{2}} +$$
$$+ C_4 e^{-\frac{z-z_4}{\sqrt{2}}}\sin\frac{z-z_4}{\sqrt{2}}. \tag{228}$$

Die Gln (227) und (228) beschreiben unter anderem die durch gedämpfte harmonische Schwingungen darstellbaren Randabklingungsvorgänge, insbesondere auf den Gebieten der Elastizitätstheorie, der Wärmelehre und der Elektrotechnik. Die dabei gleichzeitig benötigten Ableitungen lassen sich unter Heranziehung der Kreisfunktionen mit der Phase $\frac{\pi}{4}$ in sehr durchsichtiger Weise darstellen. Beispielsweise folgt für w nach (228) in Verbindung mit Ziffer 6

$$w = C_1 e^{\frac{z-z_1}{\sqrt{2}}}\cos\frac{z-z_1}{\sqrt{2}} + C_2 e^{\frac{z-z_2}{\sqrt{2}}}\sin\frac{z-z_2}{\sqrt{2}} + C_3 e^{-\frac{z-z_3}{\sqrt{2}}}\cos\frac{z-z_3}{\sqrt{2}} + C_4 e^{-\frac{z-z_4}{\sqrt{2}}}\sin\frac{z-z_4}{\sqrt{2}},$$
$$\frac{dw}{dz} = -C_1 e^{\frac{z-z_1}{\sqrt{2}}}\overset{*}{\sin}\frac{z-z_1}{\sqrt{2}} + C_2 e^{\frac{z-z_2}{\sqrt{2}}}\overset{*}{\cos}\frac{z-z_2}{\sqrt{2}} - C_3 e^{-\frac{z-z_3}{\sqrt{2}}}\overset{*}{\cos}\frac{z-z_3}{\sqrt{2}} - C_4 e^{-\frac{z-z_4}{\sqrt{2}}}\overset{*}{\sin}\frac{z-z_4}{\sqrt{2}},$$
$$\frac{d^2 w}{dz^2} = -C_1 e^{\frac{z-z_1}{\sqrt{2}}}\sin\frac{z-z_1}{\sqrt{2}} + C_2 e^{\frac{z-z_2}{\sqrt{2}}}\cos\frac{z-z_2}{\sqrt{2}} + C_3 e^{-\frac{z-z_3}{\sqrt{2}}}\sin\frac{z-z_3}{\sqrt{2}} - C_4 e^{-\frac{z-z_4}{\sqrt{2}}}\cos\frac{z-z_4}{\sqrt{2}},$$
$$\frac{d^3 w}{dz^3} = -C_1 e^{\frac{z-z_1}{\sqrt{2}}}\overset{*}{\cos}\frac{z-z_1}{\sqrt{2}} - C_2 e^{\frac{z-z_2}{\sqrt{2}}}\overset{*}{\sin}\frac{z-z_2}{\sqrt{2}} - C_3 e^{-\frac{z-z_3}{\sqrt{2}}}\overset{*}{\sin}\frac{z-z_3}{\sqrt{2}} + C_4 e^{-\frac{z-z_4}{\sqrt{2}}}\overset{*}{\cos}\frac{z-z_4}{\sqrt{2}},$$
$$\frac{d^4 w}{dz^4} = -C_1 e^{\frac{z-z_1}{\sqrt{2}}}\cos\frac{z-z_1}{\sqrt{2}} - C_2 e^{\frac{z-z_2}{\sqrt{2}}}\sin\frac{z-z_2}{\sqrt{2}} - C_3 e^{-\frac{z-z_3}{\sqrt{2}}}\cos\frac{z-z_3}{\sqrt{2}} - C_4 e^{-\frac{z-z_4}{\sqrt{2}}}\sin\frac{z-z_4}{\sqrt{2}}. \tag{229}$$

f) Beispiel 5.

Es sei noch ein Beispiel aus der Elastizitätstheorie zur Erläuterung hinzugefügt, und zwar möge gemäß Abb. 46 eine Kreiszylinderschale unter drehsymmetrischer Randbiegungsbelastung ohne Längskräfte betrachtet werden. Wird aus einer solchen Schale ein quaderartiges Element von der Dicke h, der Länge $\varDelta x$ der Erzeugenden und der Länge $a\varDelta\varphi$ des Kreisbogens herausgeschnitten, so wirken auf das Element die aus Abb. 47 ersichtlichen Schnittkräfte und Momente. Die zugehörigen Gleichgewichtsbedingungen lauten

$$\left(Q + \frac{dQ}{dx}\varDelta x\right) a\,\varDelta\varphi - Q a\,\varDelta\varphi + h\,\sigma_\varphi\,\varDelta\varphi\,\varDelta x = 0 \quad , \quad \Big|$$
$$\left(M_x + \frac{dM_x}{dx}\varDelta x\right) a\,\varDelta\varphi - M_x a\,\varDelta\varphi - Q a\,\varDelta\varphi\,\varDelta x = 0 \;, \quad \Big|$$

oder nach Zusammenfassen und Division durch $a \Delta \varphi \Delta x$

$$\frac{dQ}{dx} + \frac{h}{a}\sigma_\varphi = 0 , \quad \left.\begin{array}{r} \\ \end{array}\right|$$
$$\frac{dM_x}{dx} - Q \;\;\;\; = 0 .$$

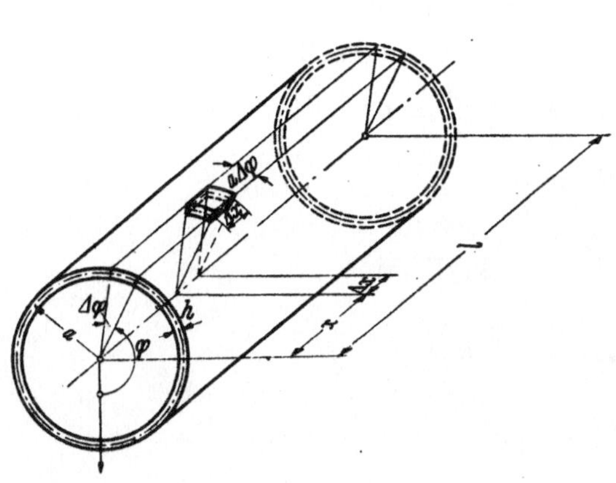

Abb. 46.

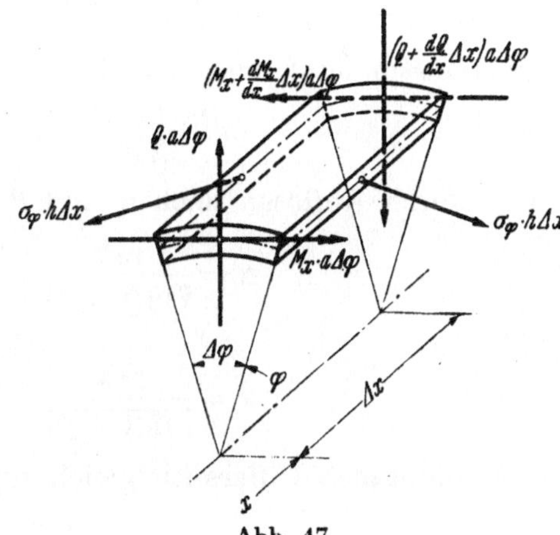

Abb. 47.

Aus der zweiten Gleichung folgt

$$Q = \frac{dM_x}{dx}$$

und damit aus der ersten

$$\frac{d^2 M_x}{dx^2} + \frac{h}{a}\sigma_\varphi = 0 .$$

Bezeichnet w die nach außen positiv gezählte Durchbiegung der Schale (Abb. 48), so ergibt sich unter Zugrundelegung kleiner Verformungen für Ringdehnung ε_φ, Längskrümmungsänderung k_x und Ringkrümmungsänderung k_φ

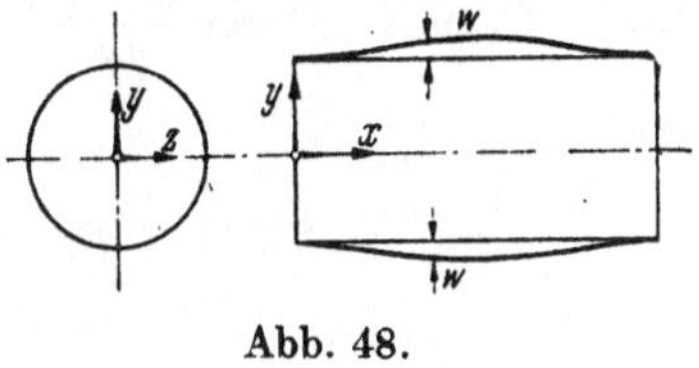

$$\varepsilon_\psi - \frac{w}{a} , \qquad k_x = \frac{d^2 w}{dx^2} , \qquad k_\varphi = 0 .$$

Abb. 48.

Andererseits liefert das erweiterte HOOKEsche Gesetz

$$\varepsilon_\varphi = \frac{\sigma_\varphi}{E} , \qquad k_x = \frac{M_x}{EJ} - \mu \frac{M_\varphi}{EJ} , \qquad k_\varphi = \frac{M_\varphi}{EJ} - \mu \frac{M_x}{EJ} . \qquad \left(\begin{array}{l} E = \text{Elastizitätsmodul,} \\ \mu = \text{Querkontraktionszahl} \end{array}\right)$$

Aus der Gleichsetzung der Verzerrungen folgt mit dem Trägheitsmoment $J = \dfrac{h^3}{12}$

$$\sigma_\varphi = \frac{E w}{a} , \qquad M_x = \frac{E h^3}{12(1 - \mu^2)} \frac{d^2 w}{dx^2} , \qquad M_\varphi = \mu M_x .$$

Wird die Gleichung für M_x in der Form

$$\frac{d^2 w}{dx^2} - \frac{12(1 - \mu^2)}{E h^3} M_x = 0$$

geschrieben und σ_φ in die aus den Gleichgewichtsbedingungen gefundene Beziehung zwischen M_x und σ_φ eingeführt, so ergibt sich das simultane Gleichungssystem

$$\frac{d^2 w}{dx^2} - \frac{12(1 - \mu^2)}{E h^3} M_x = 0 , \quad \left.\begin{array}{r} \\ \end{array}\right|$$
$$\frac{d^2 M_x}{dx^2} + \frac{E h}{a^2} w \;\;\;\; = 0 .$$

Um dieses in der Form (227) darzustellen, brauchen nur neue Unbekannte gemäß

$$x = \alpha \xi , \qquad M_x = \beta \bar{M}_x$$

eingeführt und die Koeffizienten α und β zweckentsprechend bestimmt zu werden. Die Umschreibung des Differentialgleichungssystems liefert zunächst

$$\frac{1}{\alpha^2}\frac{d^2 w}{d\xi^2}-\frac{12(1-\mu^2)}{Eh^3}\beta\,\overline{M}_x=0,\quad\left.\right\}\quad\text{oder}\quad\frac{d^2 w}{d\xi^2}-\frac{12(1-\mu^2)}{Eh^3}\beta\,\alpha^2\,\overline{M}_x=0,\quad\left.\right\}$$

$$\frac{\beta}{\alpha^2}\frac{d^2\overline{M}_x}{d\xi^2}+\frac{Eh}{a^2}w=0,\quad\left.\right\}\qquad\qquad\frac{d^2\overline{M}_x}{d\xi^2}+\frac{Eh}{a^2}\frac{\alpha^2}{\beta}w=0.\quad\left.\right\}$$

Um die Übereinstimmung mit (225) herbeizuführen, müssen die Bedingungsgleichungen

$$\frac{12(1-\mu^2)}{Eh^3}\beta\alpha^2=1\quad\text{und}\quad\frac{Eh}{a^2}\frac{\alpha^2}{\beta}=1$$

erfüllt sein. Durch Auflösen nach α und β erhält man

$$\alpha=\frac{\sqrt{ah}}{\sqrt[4]{12(1-\mu^2)}}\quad,\qquad\beta=\frac{Eh^2}{a\sqrt{12(1-\mu^2)}},$$

und damit

$$x=\frac{\sqrt{ah}}{\sqrt[4]{12(1-\mu^2)}}\xi,\qquad M_x=\frac{Eh^2}{a\sqrt{12(1-\mu^2)}}\,\overline{M}_x,$$

während die simultanen Differentialgleichungen die Form

$$\frac{d^2 w}{d\xi^2}-\overline{M}_x=0,\quad\left.\right\}$$

$$\frac{d^2\overline{M}_x}{d\xi^2}+w=0,\quad\left.\right\}$$

annehmen. Hieraus folgt in Verbindung mit (225) und (227)

$$w=C_1\cos\frac{\xi-\xi_1}{\sqrt2}\operatorname{\mathfrak{Cof}}\frac{\xi-\xi_1}{\sqrt2}+C_2\sin\frac{\xi-\xi_2}{\sqrt2}\operatorname{\mathfrak{Sin}}\frac{\xi-\xi_2}{\sqrt2}+C_3\sin\frac{\xi-\xi_3}{\sqrt2}\operatorname{\mathfrak{Cof}}\frac{\xi-\xi_3}{\sqrt2}+C_4\cos\frac{\xi-\xi_4}{\sqrt2}\operatorname{\mathfrak{Sin}}\frac{\xi-\xi_4}{\sqrt2}\quad,\quad\left.\right\}$$

$$M_x=-C_1\sin\frac{\xi-\xi_1}{\sqrt2}\operatorname{\mathfrak{Sin}}\frac{\xi-\xi_1}{\sqrt2}+C_2\cos\frac{\xi-\xi_2}{\sqrt2}\operatorname{\mathfrak{Cof}}\frac{\xi-\xi_2}{\sqrt2}+C_3\cos\frac{\xi-\xi_3}{\sqrt2}\operatorname{\mathfrak{Sin}}\frac{\xi-\xi_3}{\sqrt2}-C_4\sin\frac{\xi-\xi_4}{\sqrt2}\operatorname{\mathfrak{Cof}}\frac{\xi-\xi_4}{\sqrt2}\quad,\quad\left.\right\}$$

und

$$w=C_1 e^{\frac{\xi-\xi_1}{\sqrt2}}\cos\frac{\xi-\xi_1}{\sqrt2}+C_2 e^{\frac{\xi-\xi_2}{\sqrt2}}\sin\frac{\xi-\xi_2}{\sqrt2}+C_3 e^{-\frac{\xi-\xi_3}{\sqrt2}}\cos\frac{\xi-\xi_3}{\sqrt2}+C_4 e^{-\frac{\xi-\xi_4}{\sqrt2}}\sin\frac{\xi-\xi_4}{\sqrt2}\quad,\quad\left.\right\}$$

$$\overline{M}_x=-C_1 e^{\frac{\xi-\xi_1}{\sqrt2}}\sin\frac{\xi-\xi_1}{\sqrt2}+C_2 e^{\frac{\xi-\xi_2}{\sqrt2}}\cos\frac{\xi-\xi_2}{\sqrt2}+C_3 e^{-\frac{\xi-\xi_3}{\sqrt2}}\sin\frac{\xi-\xi_3}{\sqrt2}-C_4 e^{-\frac{\xi-\xi_4}{\sqrt2}}\cos\frac{\xi-\xi_4}{\sqrt2}.\quad\left.\right\}$$

Zu der gleichen Lösung kann man auch über (226) und (228) gelangen, indem in dem simultanen Ausgangssystem

$$\frac{d^2 w}{dx^2}-\frac{12(1-\mu^2)}{Eh^3}M_x=0,\quad\left.\right\}$$

$$\frac{d^2 M_x}{dx^2}+\frac{Eh}{a^2}w=0,\quad\left.\right\}$$

die erste Gleichung nach M_x aufgelöst und in die zweite eingeführt wird. Dies ergibt

$$\frac{Eh^3}{12(1-\mu^2)}\frac{d^4 w}{dx^4}+\frac{Eh}{a^2}w=0$$

oder auch

$$\frac{d^4 w}{dx^4}+\frac{12(1-\mu^2)}{a^2 h^2}w=0.$$

Damit der zweite Faktor eins wird, muß auch hier wieder

$$x=\frac{\sqrt{ah}}{\sqrt[4]{12(1-\mu^2)}}\xi$$

gesetzt werden. Damit folgt dann aus (226) bzw. (228) die gleiche Lösung für w wie vorhin, während M_x nach der ersten der simultanen Ausgangsgleichungen sich aus dem zweiten Differentialquotienten von w in Verbindung mit (229) ergibt.

Für die praktische Rechnung ist es meist bequemer, mit dem simultanen Gleichungssystem zu arbeiten, da dieses auf einen Schlag zwei der das Problem bestimmenden Größen liefert.

Die für die Festigkeitsuntersuchung maßgebenden Funktionen

$$w,\ \frac{dw}{dx},\ M_x,\ M_\varphi,\ Q = \frac{dM_x}{dx}$$

sind nachfolgend für die beiden Lösungsformen zusammengestellt.

$$w = C_1 \cos\frac{\xi-\xi_1}{\sqrt{2}}\,\mathfrak{Cof}\frac{\xi-\xi_2}{\sqrt{2}} + C_2 \sin\frac{\xi-\xi_2}{\sqrt{2}}\,\mathfrak{Sin}\frac{\xi-\xi_2}{\sqrt{2}} + C_3 \sin\frac{\xi-\xi_3}{\sqrt{2}}\,\mathfrak{Cof}\frac{\xi-\xi_3}{\sqrt{2}} + C_4 \cos\frac{\xi-\xi_4}{\sqrt{2}}\,\mathfrak{Sin}\frac{\xi-\xi_4}{\sqrt{2}} = \frac{\sigma_\varphi a}{E},$$

$$\frac{dw}{dx} = \frac{\sqrt[4]{3(1-\mu^2)}}{\sqrt{ah}}\left[C_1\left(\cos\frac{\xi-\xi_1}{\sqrt{2}}\,\mathfrak{Sin}\frac{\xi-\xi_1}{\sqrt{2}} - \sin\frac{\xi-\xi_1}{\sqrt{2}}\,\mathfrak{Cof}\frac{\zeta-\xi_1}{\sqrt{2}}\right) + C_2\left(\sin\frac{\xi-\xi_2}{\sqrt{2}}\,\mathfrak{Cof}\frac{\xi-\xi_2}{\sqrt{2}} + \cos\frac{\xi-\xi_2}{\sqrt{2}}\,\mathfrak{Sin}\frac{\xi-\xi_2}{\sqrt{2}}\right) + \right.$$

$$\left. + C_3\left(\sin\frac{\xi-\xi_3}{\sqrt{2}}\,\mathfrak{Sin}\frac{\xi-\xi_3}{\sqrt{2}} + \cos\frac{\xi-\xi_3}{\sqrt{2}}\,\mathfrak{Cof}\frac{\xi-\xi_3}{\sqrt{2}}\right) + C_4\left(\cos\frac{\xi-\xi_4}{\sqrt{2}}\,\mathfrak{Cof}\frac{\xi-\xi_4}{\sqrt{2}} - \sin\frac{\xi-\xi_4}{\sqrt{2}}\,\mathfrak{Sin}\frac{\xi-\xi_4}{\sqrt{2}}\right)\right],$$

$$M_x = \frac{Eh^2}{a\sqrt{12(1-\mu^2)}}\left[-C_1\sin\frac{\xi-\xi_1}{\sqrt{2}}\,\mathfrak{Sin}\frac{\xi-\xi_1}{\sqrt{2}} + C_2\cos\frac{\xi-\xi_2}{\sqrt{2}}\,\mathfrak{Cof}\frac{\xi-\xi_2}{\sqrt{2}} + C_3\cos\frac{\xi-\xi_3}{\sqrt{2}}\,\mathfrak{Sin}\frac{\xi-\xi_3}{\sqrt{2}} - \right.$$

$$\left. - C_4\sin\frac{\xi-\xi_4}{\sqrt{2}}\,\mathfrak{Cof}\frac{\xi-\xi_4}{\sqrt{2}}\right] = \frac{M_\varphi}{\mu},$$

$$Q_x = \frac{Eh\sqrt{h}}{2a\sqrt{a}\,\sqrt[4]{3(1-\mu^2)}}\left[-C_1\left(\sin\frac{\xi-\xi_1}{\sqrt{2}}\,\mathfrak{Cof}\frac{\xi-\xi_1}{\sqrt{2}} + \cos\frac{\xi-\xi_1}{\sqrt{2}}\,\mathfrak{Sin}\frac{\xi-\xi_1}{\sqrt{2}}\right) + C_2\left(\cos\frac{\xi-\xi_2}{\sqrt{2}}\,\mathfrak{Sin}\frac{\xi-\xi_2}{\sqrt{2}} - \right.\right.$$

$$\left. - \sin\frac{\xi-\xi_2}{\sqrt{2}}\,\mathfrak{Cof}\frac{\xi-\xi_2}{\sqrt{2}}\right) + C_3\left(\cos\frac{\xi-\xi_3}{\sqrt{2}}\,\mathfrak{Cof}\frac{\xi-\xi_3}{\sqrt{2}} - \sin\frac{\xi-\xi_3}{\sqrt{2}}\,\mathfrak{Sin}\frac{\xi-\xi_3}{\sqrt{2}}\right) -$$

$$\left. - C_4\left(\sin\frac{\xi-\xi_4}{\sqrt{2}}\,\mathfrak{Sin}\frac{\xi-\xi_4}{\sqrt{2}} + \cos\frac{\xi-\xi_4}{\sqrt{2}}\,\mathfrak{Cof}\frac{\xi-\xi_4}{\sqrt{2}}\right)\right].$$

$$w = C_1 e^{\frac{\xi-\xi_1}{\sqrt{2}}}\cos\frac{\zeta-\xi_1}{\sqrt{2}} + C_2 e^{\frac{\xi-\xi_2}{\sqrt{2}}}\sin\frac{\xi-\xi_2}{\sqrt{2}} + C_3 e^{-\frac{\xi-\xi_3}{\sqrt{2}}}\cos\frac{\xi-\xi_3}{\sqrt{2}} + C_4 e^{-\frac{\xi-\xi_4}{\sqrt{2}}}\sin\frac{\xi-\xi_4}{\sqrt{2}} = \frac{\sigma_\varphi a}{E},$$

$$\frac{dw}{dx} = \frac{\sqrt[4]{12(1-\mu^2)}}{\sqrt{ah}}\left[-C_1 e^{\frac{\xi-\xi_1}{\sqrt{2}}}\overset{*}{\sin}\frac{\xi-\xi_1}{\sqrt{2}} + C_2 e^{\frac{\xi-\xi_2}{\sqrt{2}}}\overset{*}{\cos}\frac{\xi-\xi_2}{\sqrt{2}} - C_3 e^{-\frac{\xi-\xi_3}{\sqrt{2}}}\overset{*}{\cos}\frac{\xi-\xi_3}{\sqrt{2}} - C_4 e^{-\frac{\xi-\xi_4}{\sqrt{2}}}\overset{*}{\sin}\frac{\xi-\xi_4}{\sqrt{2}}\right],$$

$$M_x = \frac{Eh^2}{a\sqrt{12(1-\mu^2)}}\left[-C_1 e^{\frac{\xi-\xi_1}{\sqrt{2}}}\sin\frac{\xi-\xi_1}{\sqrt{2}} + C_2 e^{\frac{\xi-\xi_2}{\sqrt{2}}}\cos\frac{\xi-\xi_2}{\sqrt{2}} + C_3 e^{-\frac{\xi-\xi_3}{\sqrt{2}}}\sin\frac{\xi-\xi_3}{\sqrt{2}} - C_4 e^{-\frac{\xi-\xi_4}{\sqrt{2}}}\cos\frac{\xi-\xi_4}{\sqrt{2}}\right] = \frac{M_\varphi}{\mu},$$

$$Q = \frac{Eh\sqrt{h}}{a\sqrt{a}\,\sqrt[4]{12(1-\mu^2)}}\left[-C_1 e^{\frac{\xi-\xi_1}{\sqrt{2}}}\overset{*}{\cos}\frac{\xi-\xi_1}{\sqrt{2}} - C_2 e^{\frac{\xi-\xi_2}{\sqrt{2}}}\overset{*}{\sin}\frac{\xi-\xi_2}{\sqrt{2}} - C_3 e^{-\frac{\xi-\xi_3}{\sqrt{2}}}\overset{*}{\sin}\frac{\xi-\xi_3}{\sqrt{2}} + C_4 e^{-\frac{\xi-\xi_4}{\sqrt{2}}}\overset{*}{\cos}\frac{\xi-\xi_4}{\sqrt{2}}\right].$$

g) Beispiel 6.

Es sei nun noch an zwei speziellen Problemen der Zylinderschale gezeigt, wie bald die eine, bald die andere der beiden Alternativlösungen die größeren Vorteile bietet. Zuerst sei gemäß Abb. 49 der zylindrische Teil eines Unterseebootdruckkörpers betrachtet, bei dem der Biegungszustand durch die Spantringe, die den Druckkörper gegen Ausbeulen aussteifen, ausgelöst wird. Denkt man sich die Spantringe vorübergehend entfernt, so würde die Schale unter der Wirkung der Ring- und Stirndrucke die Ring- und Längsspannungen

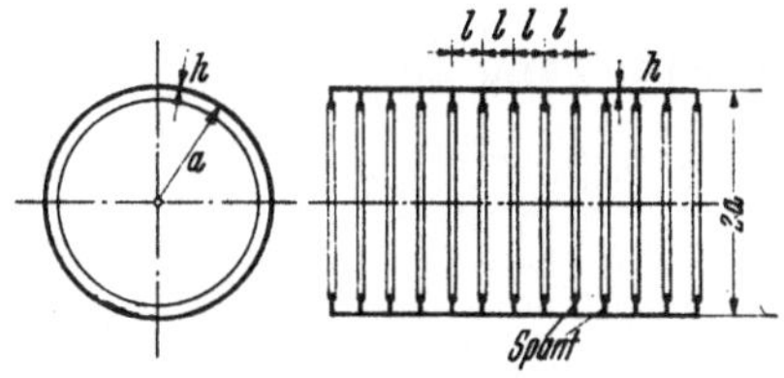

$$\sigma_\varphi^{(0)} = -\frac{pa}{h},\qquad \sigma_S^{(0)} = -\frac{pa}{2h}$$

und damit die Zusammendrückungen

$$w^{(0)} = a\,\varepsilon_\varphi = a\left(\frac{\sigma_\varphi^{(0)}}{E} - \mu\,\frac{\sigma_S^{(0)}}{E}\right) = -\frac{pa^2\left(1 - \frac{1}{2}\mu\right)}{hE}$$

Abb. 49.

erfahren. Diese sind nun an den Spantringen unmöglich. Die Folge ist ein Gegendruck seitens der Spante, der eine Verbiegung der Schale nach außen nach sich zieht (Abb. 50), und zwar dergestalt, daß jeweils über den Spanten und mittig zwischen den Spanten Symmetriepunkte der Biegelinie liegen. Die Untersuchung kann daher auf eines der Spantfelder von der Länge l beschränkt werden, wobei das Bezugssystem mittig zwischen die Spante gelegt sei.

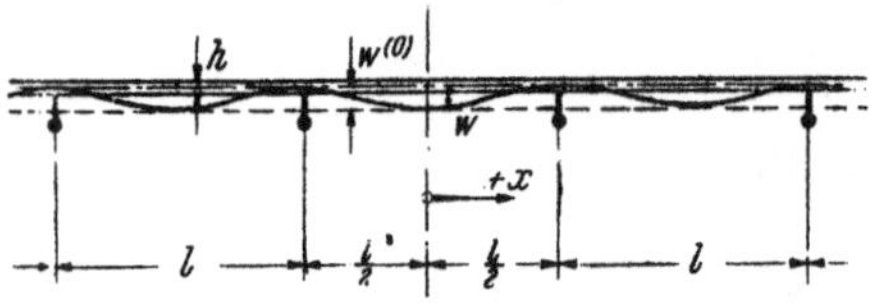

Bei einem Symmetriezustand, wie im vorliegenden Falle, ist stets die trigonometrisch-hyperbolische Lösungsform am Platze. Werden in Anpassung an das gewählte Bezugssystem die Phasen ξ_1, ξ_2, ξ_3, ξ_4 sämtlich null gesetzt und die mit C_3 und C_4 multiplizierten antimetrischen Partikularintegrale von vornherein durch Nullsetzen von C_3 und C_4 ausgeschaltet, so ergibt sich für die zusätzliche Verbiegung

Abb. 50.

$$w = C_1 \cos \frac{\xi}{\sqrt{2}}\, \mathfrak{Cof}\, \frac{\xi}{\sqrt{2}} + C_2 \sin \frac{\xi}{\sqrt{2}}\, \mathfrak{Sin}\, \frac{\xi}{\sqrt{2}} \quad , \qquad \text{mit} \qquad x = \frac{\sqrt{a\,h}}{\sqrt[4]{12\,(1-\mu^2)}}\,\xi \quad ,$$

$$\overline{M}_x = -\,C_1 \sin \frac{\xi}{\sqrt{2}}\, \mathfrak{Sin}\, \frac{\xi}{\sqrt{2}} + C_2 \cos \frac{\xi}{\sqrt{2}}\, \mathfrak{Cof}\, \frac{\xi}{\sqrt{2}}, \qquad\qquad M_x = \frac{E\,h^2}{a\,\sqrt{12\,(1-\mu^2)}}\,\overline{M}_x .$$

Nun entsprach dem vorhin beschriebenen $w^{(0)}$-Zustand, der auch als Membranzustand bezeichnet wird, eine überall gleiche Durchbiegung

$$w^{(0)} = -\,\frac{p\,a^2\left(1 - \frac{1}{2}\,\mu\right)}{h\,E}$$

Wird die elastische Nachgiebigkeit der Spanten, um das Problem nicht unnötig zu erschweren, unberücksichtigt gelassen, so muß über den Spanten

$$w^{(0)} + w = 0$$

sein. Gleichzeitig muß entsprechend dem geschilderten Symmetrieverhalten

$$\frac{dw}{dx} = 0 \quad \text{oder auch} \quad \frac{dw}{d\xi} = 0$$

sein. Dies sind die beiden Bedingungsgleichungen zur Bestimmung der Konstanten C_1 und C_2 Gemäß $x = \pm\,\frac{l}{2}$ ist über den Spanten

$$\xi = \pm\,\frac{l\,\sqrt[4]{12\,(1-\mu^2)}}{2\,\sqrt{a\,h}} = \xi_S$$

zu setzen. Demgemäß lauten die Bedingungsgleichungen

$$-\,\frac{p\,a^2\left(1 - \frac{1}{2}\,\mu\right)}{h\,E} + C_1 \cos \frac{\xi_S}{\sqrt{2}}\, \mathfrak{Cof}\, \frac{\xi_S}{\sqrt{2}} + C_2 \sin \frac{\xi_S}{\sqrt{2}}\, \mathfrak{Sin}\, \frac{\xi_S}{\sqrt{2}} = 0,$$

$$\frac{C_1}{\sqrt{2}}\left[\cos \frac{\xi_S}{\sqrt{2}}\, \mathfrak{Sin}\, \frac{\xi_S}{\sqrt{2}} - \sin \frac{\xi_S}{\sqrt{2}}\, \mathfrak{Cof}\, \frac{\xi_S}{\sqrt{2}}\right] + \frac{C_2}{\sqrt{2}}\left[\sin \frac{\xi_S}{\sqrt{2}}\, \mathfrak{Cof}\, \frac{\xi_S}{\sqrt{2}} + \cos \frac{\xi_S}{\sqrt{2}}\, \mathfrak{Sin}\, \frac{\xi_S}{\sqrt{2}}\right] = 0.$$

Die Auflösung liefert

$$C_{\frac{1}{2}} = \frac{p\,a^2\left(1 - \frac{1}{2}\,\mu\right)}{h\,E}\;\frac{\sin \frac{\xi_S}{\sqrt{2}}\, \mathfrak{Cof}\, \frac{\xi_S}{\sqrt{2}} \pm \mathfrak{Sin}\, \frac{\xi_S}{\sqrt{2}} \cos \frac{\xi_S}{\sqrt{2}}}{\sin \frac{\xi_S}{\sqrt{2}} \cos \frac{\xi_S}{\sqrt{2}} + \mathfrak{Sin}\, \frac{\xi_S}{\sqrt{2}}\, \mathfrak{Cof}\, \frac{\xi_S}{\sqrt{2}}}.$$

Werden diese Beziehungen zusammen mit

$$C_{\frac{3}{4}} = 0 \quad \text{und} \quad \xi_1 = \xi_2 = \xi_3 = \xi_4 = 0$$

in der oben allgemein für Zylinderschalen gegebenen Formelzusammenstellung berücksichtigt, so liegt der Biegungszustand eindeutig fest.

Die Überlagerung von Membran- und Biegungszustand liefert für Durchbiegung, Ringspannung, Biegungsmomente und Querkraft

$$w = -\frac{pa^2\left(1-\frac12\mu\right)}{hE}\left[1 - \frac{\left(\sin\frac{\xi_s}{\sqrt2}\operatorname{Cof}\frac{\xi_s}{\sqrt2}+\operatorname{Sin}\frac{\xi_s}{\sqrt2}\cos\frac{\xi_s}{\sqrt2}\right)\cos\frac{\xi}{\sqrt2}\operatorname{Cof}\frac{\xi}{\sqrt2}+\left(\sin\frac{\xi_s}{\sqrt2}\operatorname{Cof}\frac{\xi_s}{\sqrt2}-\operatorname{Sin}\frac{\xi_s}{\sqrt2}\cos\frac{\xi_s}{\sqrt2}\right)\sin\frac{\xi}{\sqrt2}\operatorname{Sin}\frac{\xi}{\sqrt2}}{\sin\frac{\xi_s}{\sqrt2}\cos\frac{\xi_s}{\sqrt2}+\operatorname{Sin}\frac{\xi_s}{\sqrt2}\operatorname{Cof}\frac{\xi_s}{\sqrt2}}\right],$$

$$\sigma_g = -\frac{pa}{h}\left[1 - \left(1-\frac12\mu\right)\frac{\left(\sin\frac{\xi_s}{\sqrt2}\operatorname{Cof}\frac{\xi_s}{\sqrt2}+\operatorname{Sin}\frac{\xi_s}{\sqrt2}\cos\frac{\xi_s}{\sqrt2}\right)\cos\frac{\xi}{\sqrt2}\operatorname{Cof}\frac{\xi}{\sqrt2}+\left(\sin\frac{\xi_s}{\sqrt2}\operatorname{Cof}\frac{\xi_s}{\sqrt2}-\operatorname{Sin}\frac{\xi_s}{\sqrt2}\cos\frac{\xi_s}{\sqrt2}\right)\sin\frac{\xi}{\sqrt2}\operatorname{Sin}\frac{\xi}{\sqrt2}}{\sin\frac{\xi_s}{\sqrt2}\cos\frac{\xi_s}{\sqrt2}+\operatorname{Sin}\frac{\xi_s}{\sqrt2}\operatorname{Cof}\frac{\xi_s}{\sqrt2}}\right],$$

$$M_x = \frac{pah\left(1-\frac12\mu\right)}{\sqrt{12(1-\mu^2)}}\cdot\frac{-\left(\sin\frac{\xi_\varrho}{\sqrt2}\operatorname{Cof}\frac{\xi_\varrho}{\sqrt2}+\operatorname{Sin}\frac{\xi_\varrho}{\sqrt2}\cos\frac{\xi_\varrho}{\sqrt2}\right)\sin\frac{\xi}{\sqrt2}\operatorname{Sin}\frac{\xi}{\sqrt2}+\left(\sin\frac{\xi_\varrho}{\sqrt2}\operatorname{Cof}\frac{\xi_\varrho}{\sqrt2}-\operatorname{Sin}\frac{\xi_s}{\sqrt2}\cos\frac{\xi_s}{\sqrt2}\right)\cos\frac{\xi}{\sqrt2}\operatorname{Cof}\frac{\xi}{\sqrt2}}{\sin\frac{\xi_s}{\sqrt2}\cos\frac{\xi_s}{\sqrt2}+\operatorname{Sin}\frac{\xi_s}{\sqrt2}\operatorname{Cof}\frac{\xi_s}{\sqrt2}},$$

$$M_g = \frac{pah\mu\left(1-\frac12\mu\right)}{\sqrt{12(1-\mu^2)}}\cdot\frac{-\left(\sin\frac{\xi_s}{\sqrt2}\operatorname{Cof}\frac{\xi_s}{\sqrt2}+\operatorname{Sin}\frac{\xi_s}{\sqrt2}\cos\frac{\xi_s}{\sqrt2}\right)\sin\frac{\xi}{\sqrt2}\operatorname{Sin}\frac{\xi}{\sqrt2}+\left(\sin\frac{\xi_s}{\sqrt2}\operatorname{Cof}\frac{\xi_s}{\sqrt2}-\operatorname{Sin}\frac{\xi_s}{\sqrt2}\cos\frac{\xi_s}{\sqrt2}\right)\cos\frac{\xi}{\sqrt2}\operatorname{Cof}\frac{\xi}{\sqrt2}}{\sin\frac{\xi_s}{\sqrt2}\cos\frac{\xi_s}{\sqrt2}+\operatorname{Sin}\frac{\xi_s}{\sqrt2}\operatorname{Cof}\frac{\xi_s}{\sqrt2}},$$

$$Q = \frac{p\sqrt{ah}\left(1-\frac12\mu\right)}{\sqrt[4]{3(1-\mu^2)}}\cdot\frac{-\sin\frac{\xi_s}{\sqrt2}\operatorname{Cof}\frac{\xi_s}{\sqrt2}\sin\frac{\xi}{\sqrt2}\operatorname{Cof}\frac{\xi}{\sqrt2}-\operatorname{Sin}\frac{\xi_s}{\sqrt2}\cos\frac{\xi_s}{\sqrt2}\operatorname{Sin}\frac{\xi}{\sqrt2}\cos\frac{\xi}{\sqrt2}}{\sin\frac{\xi_s}{\sqrt2}\cos\frac{\xi_s}{\sqrt2}+\operatorname{Sin}\frac{\xi_s}{\sqrt2}\operatorname{Cof}\frac{\xi_s}{\sqrt2}}.$$

Für die Zahlenwerte $a = 250$ cm, $l = 70$ cm, $h = 2,4$ cm, $p = 5$ kg/cm², $E = 2100\,000$ kg/cm², $\mu = 0.3$ ist der Verlauf dieser Funktionen aus Abb. 51 ersichtlich.

h) Beispiel 7.

Als zweites Beispiel sei ein länglicher Druckkessel mit eingespannten Enden betrachtet (Abb. 52). Ohne Berücksichtigung der Einspannung würde der Kessel sich unter dem konstanten Innendrucke p um das Maß

$$w^{(0)} = \frac{pa^2}{hE}$$

gleichmäßig weiten; die Verformungsbehinderung an den Enden erzeugt jedoch einen zusätzlichen Biegungszustand. Im Gegensatz zu dem vorigen Beispiel können sich hier die von den Rändern eingeleiteten Verbiegungen nicht überlagern, da die Länge des Kessels den sogenannten Randabklingungsbereich der Biegungsspannungen um ein Vielfaches übertrifft. Der Biegungszustand spaltet sich gewissermaßen in einen Biegungszustand am unte-

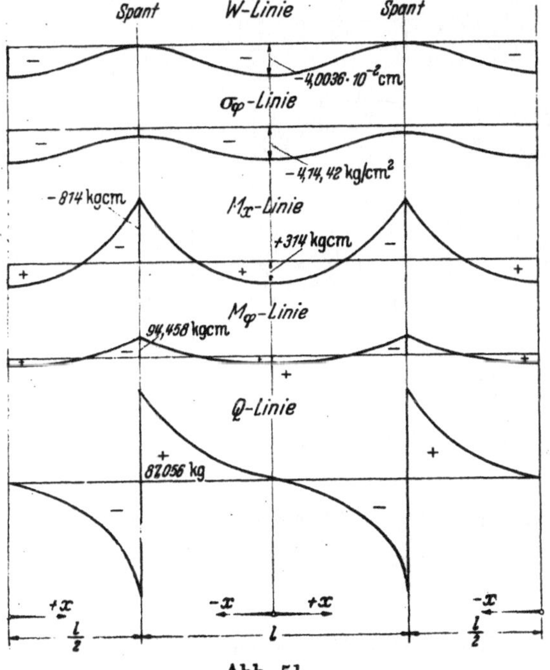

Abb. 51.

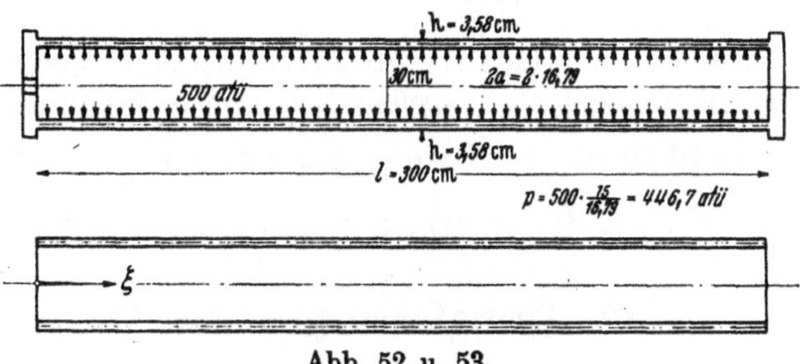

Abb. 52 u. 53.

ren und einen am oberen Rande; das dazwischen liegende Kesselstück bleibt gerade und erfährt die konstante Weitung $w^{(0)}$.

Nach den gegebenen Erläuterungen kann die Untersuchung auf einen der Ränder, beispielsweise auf den unteren, beschränkt werden; wird hierfür das Bezugssystem gemäß Abb. 53 gewählt, so können die Phasen ξ_1, ξ_2, ξ_3, ξ_4 sämtlich null gesetzt werden. Damit nun der geschilderte Randabklingungsvorgang eintreten kann, ist nur ein Lösungsansatz brauchbar, der mit wachsendem ξ nach null geht. Dieser Forderung entspricht der zweite der allgemeinen Lösungsansätze, wenn gemäß

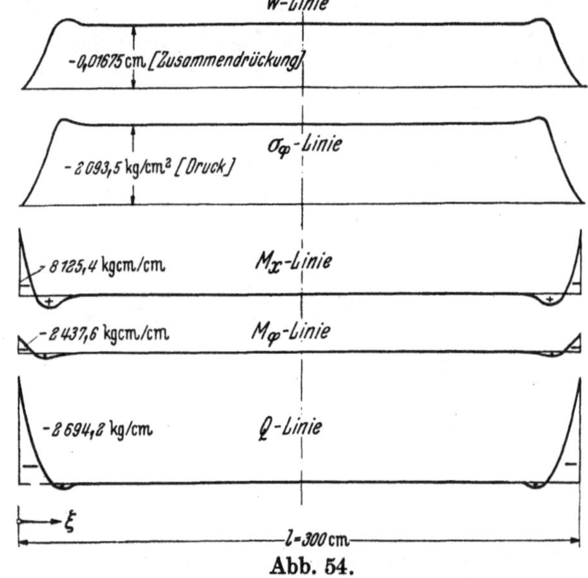

Abb. 54.

$$w = C_3\, e^{-\frac{\xi}{\sqrt 2}} \cos\frac{\xi}{\sqrt 2} + C_4\, e^{-\frac{\xi}{\sqrt 2}} \sin\frac{\xi}{\sqrt 2}$$

nur die mit C_3 und C_4 multiplizierten Partikularintegrale beibehalten werden.

Für die Bestimmung der Integrationskonstanten stehen hier ähnlich wie im vorigen Beispiele die Randbedingungen

$$w^{(0)} + w = 0,$$

$$\frac{dw}{dx} = 0 \quad \text{für} \quad x = 0 \quad \text{bzw.} \quad \xi = 0$$

zur Verfügung. Werden diese in die oben entwickelten allgemeinen Formeln eingeführt, so ergibt sich

$$\frac{pa^2}{hE} + C_3 = 0, \qquad - C_3 \overset{*}{\cos}(0) - C_4 \overset{*}{\sin}(0) = 0$$

oder aufgelöst

$$C_3 = -\frac{pa^2}{hE}, \qquad C_4 = -C_3 \overset{*}{\operatorname{cotg}}(0) = -C_3 \operatorname{cotg}\left(-\frac{\pi}{4}\right) = +C_3.$$

Damit liegt der zusätzliche Biegungszustand fest. Ähnlich wie im vorigen Beispiele folgt durch Überlagerung mit dem Membranzustand unter Beachtung von (82)

$$
\begin{aligned}
w &= \frac{pa^2}{hE}\left[1 - e^{-\frac{\xi}{\sqrt 2}}\left(\cos\frac{\xi}{\sqrt 2} + \sin\frac{\xi}{\sqrt 2}\right)\right] = \frac{pa^2\sqrt 2}{hE}\left[\frac{1}{\sqrt 2} + e^{-\frac{\xi}{\sqrt 2}} \overset{*}{\cos}\frac{\xi}{\sqrt 2}\right], \\[2mm]
\sigma_\varphi &= \frac{pa}{h}\left[1 - e^{-\frac{\xi}{\sqrt 2}}\left(\cos\frac{\xi}{\sqrt 2} + \sin\frac{\xi}{\sqrt 2}\right)\right] = \frac{pa\sqrt 2}{h}\left[\frac{1}{\sqrt 2} - e^{-\frac{\xi}{\sqrt 2}} \overset{*}{\cos}\frac{\xi}{\sqrt 2}\right], \\[2mm]
M_x &= \frac{pah}{\sqrt{12(1-\mu^2)}}\, e^{-\frac{\xi}{\sqrt 2}}\left(\cos\frac{\xi}{\sqrt 2} - \sin\frac{\xi}{\sqrt 2}\right) = -\frac{pah}{\sqrt{6(1-\mu^2)}}\, e^{-\frac{\xi}{\sqrt 2}} \overset{*}{\sin}\frac{\xi}{\sqrt 2}, \\[2mm]
M_\varphi &= \frac{pah\mu}{\sqrt{12(1-\mu^2)}}\, e^{-\frac{\xi}{\sqrt 2}}\left(\cos\frac{\xi}{\sqrt 2} - \sin\frac{\xi}{\sqrt 2}\right) = -\frac{pah\mu}{\sqrt{6(1-\mu^2)}}\, e^{-\frac{\xi}{\sqrt 2}} \overset{*}{\sin}\frac{\xi}{\sqrt 2}, \\[2mm]
Q_x &= \frac{p\sqrt{ah}}{\sqrt{12(1-\mu^2)}}\, e^{-\frac{\xi}{\sqrt 2}}\left(\overset{*}{\sin}\frac{\xi}{\sqrt 2} - \overset{*}{\cos}\frac{\xi}{\sqrt 2}\right) = -\frac{p\sqrt{ah}}{\sqrt{3(1-\mu^2)}}\, e^{-\frac{\xi}{\sqrt 2}} \cos\frac{\xi}{\sqrt 2}.
\end{aligned}
$$

In diesen Formeln tritt der große rechnerische Vorteil, den die Einführung der trigonometrischen Sternfunktionen bietet, anschaulich in Erscheinung. Für die Zahlenwerte

$$a = 16{,}79 \text{ cm}, \quad l = 300 \text{ cm}, \quad h = 3{,}58 \text{ cm}, \quad p = 446{,}7 \text{ kg/cm}^2, \quad E = 2\,100\,000 \text{ kg/cm}^2, \quad \mu = 0{,}3$$

ist der Verlauf der einzelnen Funktionen aus Abb. 54 ersichtlich.

12. Transformation der Differentialgleichungen von 11.

a) Simultane Differentialgleichungen zweiter Ordnung mit rein trigonometrischen Lösungen.

Wird in den Lösungsfunktionen (208) α mit $i\alpha$, u mit iu, C_1 mit $i(C_1 + C_2)$, C_2 mit $C_1 - C_2$, C_3 mit $i(C_3 + C_4)$, C_4 mit $-(C_3 - C_4)$ vertauscht und werden die Phasen z_1, z_2, z_3, z_4 vorübergehend sämtlich null gesetzt, so folgt, wenn gleichzeitig die Gleichung für u durch i dividiert wird,

$$u = (C_1 + C_2)\cos(\omega z\,\mathfrak{Cof}\,\alpha)\cos(\omega z\,\mathfrak{Sin}\,\alpha) + (C_1 - C_2)\sin(\omega z\,\mathfrak{Cof}\,\alpha)\sin(\omega z\,\mathfrak{Sin}\,\alpha) +$$
$$+ (C_3 + C_4)\sin(\omega z\,\mathfrak{Cof}\,\alpha)\cos(\omega z\,\mathfrak{Sin}\,\alpha) - (C_3 - C_4)\cos(\omega z\,\mathfrak{Cof}\,\alpha)\sin(\omega z\,\mathfrak{Sin}\,\alpha),$$
$$v = (C_1 + C_2)\sin(\omega z\,\mathfrak{Cof}\,\alpha)\sin(\omega z\,\mathfrak{Sin}\,\alpha) + (C_1 - C_2)\cos(\omega z\,\mathfrak{Cof}\,\alpha)\cos(\omega z\,\mathfrak{Sin}\,\alpha) -$$
$$- (C_3 + C_4)\cos(\omega z\,\mathfrak{Cof}\,\alpha)\sin(\omega z\,\mathfrak{Sin}\,\alpha) + (C_3 - C_4)\sin(\omega z\,\mathfrak{Cof}\,\alpha)\cos(\omega z\,\mathfrak{Sin}\,\alpha).$$

Die Zusammenfassung unter Berücksichtigung von (49) und (120) liefert

$$u = C_1\cos(\omega z e^{-\alpha}) + C_2\cos(\omega z e^{+\alpha}) + C_3\sin(\omega z e^{-\alpha}) + C_4\sin(\omega z e^{+\alpha}),$$
$$v = C_1\cos(\omega z e^{-\alpha}) - C_2\cos(\omega z e^{+\alpha}) + C_3\sin(\omega z e^{-\alpha}) - C_4\sin(\omega z e^{+\alpha}).$$

Werden hierin nun nachträglich wieder Phasen eingeschoben und wird die Transformation auch in den Differentialgleichungen (208) berücksichtigt, so erhält man

$$\begin{aligned}
&\frac{d^2u}{dz^2} + u\omega^2\,\mathfrak{Cof}\,2\alpha - v\omega^2\,\mathfrak{Sin}\,2\alpha = 0 ,\\[4pt]
&\frac{d^2v}{dz^2} + v\omega^2\,\mathfrak{Cof}\,2\alpha - u\omega^2\,\mathfrak{Sin}\,2\alpha = 0 ,\\[4pt]
&u = C_1\cos[\omega(z-z_1)e^{-\alpha}] + C_2\cos[\omega(z-z_2)e^{+\alpha}] + C_3\sin[\omega(z-z_3)e^{-\alpha}] + C_4\sin[\omega(z-z_4)e^{+\alpha}],\\[4pt]
&v = C_1\cos[\omega(z-z_1)e^{-\alpha}] - C_2\cos[\omega(z-z_2)e^{+\alpha}] + C_3\sin[\omega(z-z_3)e^{-\alpha}] - C_4\sin[\omega(z-z_4)e^{+\alpha}] .
\end{aligned} \tag{230}$$

Mit den Transformationen $\qquad \omega^2\,\mathfrak{Cof}\,2\alpha = a , \qquad \omega^2\,\mathfrak{Sin}\,2\alpha = -b$

und den daraus in Verbindung mit (108) und (143) folgenden Beziehungen

$$a^2 - b^2 = \omega^4 , \qquad \omega = \sqrt[4]{a^2 - b^2} , \qquad \frac{a}{b} = -\mathfrak{Cotg}\,2\alpha , \qquad \alpha = -\frac{1}{2}\,\mathfrak{Ar\,Cotg}\,\frac{a}{b} ,$$

$$e^{\alpha} = e^{-\frac{1}{2}\mathfrak{Ar\,Cotg}\frac{a}{b}} = \left(e^{+\mathfrak{Ar\,Cotg}\frac{a}{b}}\right)^{-\frac{1}{2}} = \left(\sqrt{\frac{a+b}{a-b}}\right)^{-\frac{1}{2}} = \sqrt[4]{\frac{a-b}{a+b}} , \qquad \omega e^{\alpha} = \sqrt{a-b} ,$$

$$e^{-\alpha} = e^{+\frac{1}{2}\mathfrak{Ar\,Cotg}\frac{a}{b}} = \left(e^{+\mathfrak{Ar\,Cotg}\frac{a}{b}}\right)^{+\frac{1}{2}} = \left(\sqrt{\frac{a+b}{a-b}}\right)^{+\frac{1}{2}} = \sqrt[4]{\frac{a+b}{a-b}} , \qquad \omega e^{-\alpha} = \sqrt{a+b} ,$$

geht (216) in

$$\begin{aligned}
&\frac{d^2u}{dz^2} + au + bv = 0 , \quad u = C_1\cos\left[(z-z_1)\sqrt{a+b}\right] + C_2\cos\left[(z-z_2)\sqrt{a-b}\right]\\
&\hspace{5.5cm} + C_3\sin\left[(z-z_3)\sqrt{a+b}\right] + C_4\sin\left[(z-z_4)\sqrt{a-b}\right],\\[4pt]
&\frac{d^2v}{dz^2} + av + bu = 0 , \quad v = C_1\cos\left[(z-z_1)\sqrt{a+b}\right] - C_2\cos\left[(z-z_2)\sqrt{a-b}\right]\\
&\hspace{5.5cm} + C_3\sin\left[(z-z_3)\sqrt{a+b}\right] - C_4\sin\left[(z-z_4)\sqrt{a-b}\right] ,
\end{aligned} \tag{231}$$

über. Die darin enthaltene Lösung gilt zunächst nur für $b < a$. Sie läßt sich aber in Verbindung mit (96) leicht auch auf $b > a$ umschreiben. Das gleiche gilt für negative a- oder b-Werte.

Im Falle $a = -b$ bzw. $a = +b$ artet (231) aus, indem die mit C_3 bzw. C_4 multiplizierten Partikularintegrale null werden. Um die Ersatzlösungen zu finden, werden ähnlich wie im Anschluß an (196) an Stelle von C_3 bzw. C_4 die neuen Konstanten

$$\frac{C_3}{\sqrt{a+b}} \qquad \text{bzw.} \qquad \frac{C_4}{\sqrt{a-b}}$$

eingeführt, mit denen die beiden Partikularintegrale die Formen

$$(z-z_3)\frac{\sin\left[(z-z_3)\sqrt{a+b}\right]}{(z-z_3)\sqrt{a+b}} \qquad \text{bzw.} \qquad (z-z_4)\frac{\sin\left[(z-z_4)\sqrt{a-b}\right]}{(z-z_4)\sqrt{a-b}}$$

annehmen, die beim Grenzübergange für $a \to -b$ bzw. $a \to b$ in

$$z - z_3 \quad \text{bzw.} \quad z - z_4 \hspace{4cm} \text{übergehen.}$$

b) Allgemeine Lösungen der simultanen Differentialgleichungen

$$\frac{d^2u}{dz^2} \pm au \pm bv = 0 , \qquad \frac{d^2v}{dz^2} \pm av \pm bu = 0 .$$

In Zusammenfassung der verschiedenen Fälle ergeben sich, teilweise unter Einführung neuer Konstanten, für die Lösungen der beiden simultanen Differentialgleichungen

$$\left.\begin{aligned}
&\frac{d^2u}{dz^2} \pm au \pm bv = 0\\[4pt]
&\frac{d^2v}{dz^2} \pm av \pm bu = 0
\end{aligned}\right\} \qquad (a \text{ und } b \text{ positive, reelle Größen})$$

die nachfolgenden Abgrenzungen:

$$\left.\begin{aligned}\frac{d^2u}{dz^2}+au+bv&=0,\\[1mm]\frac{d^2v}{dz^2}+av+bu&=0,\end{aligned}\right\}$$

$b<a$
$$\begin{aligned}u&=C_1\cos\left[(z-z_1)\sqrt{a+b}\right]+C_2\cos\left[(z-z_2)\sqrt{a-b}\right]+C_3\sin\left[(z-z_3)\sqrt{a+b}\right]+\\&\qquad\qquad+C_4\sin\left[(z-z_4)\sqrt{a-b}\right]\qquad,\\v&=C_1\cos\left[(z-z_1)\sqrt{a+b}\right]-C_2\cos\left[(z-z_2)\sqrt{a-b}\right]+C_3\sin\left[(z-z_3)\sqrt{a+b}\right]-\\&\qquad\qquad-C_4\sin\left[(z-z_4)\sqrt{a-b}\right]\qquad,\end{aligned}$$

$b=a$
$$\begin{aligned}u&=C_1\cos\left[(z-z_1)\sqrt{2a}\right]+C_2+C_3\sin\left[(z-z_3)\sqrt{2a}\right]+C_4z\,,\\v&=C_1\cos\left[(z-z_1)\sqrt{2a}\right]-C_2+C_3\sin\left[(z-z_3)\sqrt{2a}\right]-C_4z\,,\end{aligned}$$

$b>a$
$$\begin{aligned}u&=C_1\cos\left[(z-z_1)\sqrt{a+b}\right]+C_2\mathfrak{Cos}\left[(z-z_2)\sqrt{b-a}\right]+C_3\sin\left[(z-z_3)\sqrt{a+b}\right]+\\&\qquad\qquad+C_4\mathfrak{Sin}\left[(z-z_4)\sqrt{b-a}\right]\qquad,\\v&=C_1\cos\left[(z-z_1)\sqrt{a+b}\right]-C_2\mathfrak{Cos}\left[(z-z_2)\sqrt{b-a}\right]+C_3\sin\left[(z-z_3)\sqrt{a+b}\right]-\\&\qquad\qquad-C_4\mathfrak{Sin}\left[(z-z_4)\sqrt{b-a}\right]\end{aligned}$$

$$\tag{232}$$

$$\left.\begin{aligned}\frac{d^2u}{dz^2}-au+bv&=0,\\[1mm]\frac{d^2v}{dz^2}-av+bu&=0,\end{aligned}\right\}$$

$a<b$
$$\begin{aligned}u&=C_1\cos\left[(z-z_1)\sqrt{b-a}\right]+C_2\mathfrak{Cos}\left[(z-z_2)\sqrt{b+a}\right]+C_3\sin\left[(z-z_3)\sqrt{b-a}\right]+\\&\qquad\qquad+C_4\mathfrak{Sin}\left[(z-z_4)\sqrt{b+a}\right]\qquad,\\v&=C_1\cos\left[(z-z_1)\sqrt{b-a}\right]-C_2\mathfrak{Cos}\left[(z-z_2)\sqrt{b+a}\right]+C_3\sin\left[(z-z_3)\sqrt{b-a}\right]-\\&\qquad\qquad-C_4\mathfrak{Sin}\left[(z-z_4)\sqrt{b+a}\right]\qquad,\end{aligned}$$

$a=b$
$$\begin{aligned}u&=C_1+C_2\mathfrak{Cos}\left[(z-z_2)\sqrt{2a}\right]+C_3z+C_4\mathfrak{Sin}\left[(z-z_4)\sqrt{2a}\right]\,,\\v&=C_1-C_2\mathfrak{Cos}\left[(z-z_2)\sqrt{2a}\right]+C_3z-C_4\mathfrak{Sin}\left[(z-z_4)\sqrt{2a}\right]\,,\end{aligned}$$

$a>b$
$$\begin{aligned}u&=C_1\mathfrak{Cos}\left[(z-z_1)\sqrt{a-b}\right]+C_2\mathfrak{Cos}\left[(z-z_2)\sqrt{b+a}\right]+C_3\mathfrak{Sin}\left[(z-z_3)\sqrt{a-b}\right]+\\&\qquad\qquad+C_4\mathfrak{Sin}\left[(z-z_4)\sqrt{b+a}\right]\qquad,\\v&=C_1\mathfrak{Cos}\left[(z-z_1)\sqrt{a-b}\right]-C_2\mathfrak{Cos}\left[(z-z_2)\sqrt{b+a}\right]+C_3\mathfrak{Sin}\left[(z-z_3)\sqrt{a-b}\right]-\\&\qquad\qquad-C_4\mathfrak{Sin}\left[(z-z_4)\sqrt{b+a}\right]\end{aligned}$$

$$\tag{233}$$

$$\left.\begin{aligned}\frac{d^2u}{dz^2}+au-bv&=0,\\[1mm]\frac{d^2v}{dz^2}+av-bu&=0,\end{aligned}\right\}$$

$b<a$
$$\begin{aligned}u&=C_1\cos\left[(z-z_1)\sqrt{a-b}\right]+C_2\cos\left[(z-z_2)\sqrt{a+b}\right]+C_3\sin\left[(z-z_3)\sqrt{a-b}\right]+\\&\qquad\qquad+C_4\sin\left[(z-z_4)\sqrt{a+b}\right]\qquad,\\v&=C_1\cos\left[(z-z_1)\sqrt{a-b}\right]-C_2\cos\left[(z-z_2)\sqrt{a+b}\right]+C_3\sin\left[(z-z_3)\sqrt{a-b}\right]-\\&\qquad\qquad-C_4\sin\left[(z-z_4)\sqrt{a+b}\right]\qquad,\end{aligned}$$

$b=a$
$$\begin{aligned}u&=C_1+C_2\cos\left[(z-z_2)\sqrt{2a}\right]+C_3z+C_4\sin\left[(z-z_4)\sqrt{2a}\right]\,,\\v&=C_1-C_2\cos\left[(z-z_2)\sqrt{2a}\right]+C_3z-C_4\sin\left[(z-z_4)\sqrt{2a}\right]\,,\end{aligned}$$

$b>a$
$$\begin{aligned}u&=C_1\mathfrak{Cos}\left[(z-z_1)\sqrt{b-a}\right]+C_2\cos\left[(z-z_2)\sqrt{a+b}\right]+C_3\mathfrak{Sin}\left[(z-z_3)\sqrt{b-a}\right]+\\&\qquad\qquad+C_4\sin\left[(z-z_4)\sqrt{a+b}\right]\qquad,\\v&=C_1\mathfrak{Cos}\left[(z-z_2)\sqrt{b-a}\right]-C_2\cos\left[(z-z_2)\sqrt{a+b}\right]+C_3\mathfrak{Sin}\left[(z-z_3)\sqrt{b-a}\right]-\\&\qquad\qquad-C_4\sin\left[(z-z_4)\sqrt{a+b}\right]\end{aligned}$$

$$\tag{234}$$

$$\left. \begin{aligned} &\frac{d^2 u}{dz^2} - a\,u - b\,v = 0, \\ &\frac{d^2 v}{dz^2} - a\,v - b\,u = 0, \end{aligned} \right\}$$

$$\left. \begin{aligned} a < b \quad &\begin{aligned} u = {}& C_1 \mathfrak{Cof}\left[(z-z_1)\sqrt{b+a}\right] + C_2 \cos\left[(z-z_2)\sqrt{b-a}\right] + C_3 \mathfrak{Sin}\left[(z-z_3)\sqrt{b+a}\right] + \\ &+ C_4 \sin\left[(z-z_4)\sqrt{b-a}\right] \qquad , \end{aligned} \\[4pt] &\begin{aligned} v = {}& C_1 \mathfrak{Cof}\left[(z-z_1)\sqrt{b+a}\right] - C_2 \cos\left[(z-z_2)\sqrt{b-a}\right] + C_3 \mathfrak{Sin}\left[(z-z_3)\sqrt{b+a}\right] - \\ &- C_4 \sin\left[(z-z_4)\sqrt{b-a}\right] \qquad , \end{aligned} \\[8pt] a = b \quad &\begin{aligned} u &= C_1 \mathfrak{Cof}\left[(z-z_1)\sqrt{2a}\right] + C_2 + C_3 \mathfrak{Sin}\left[(z-z_3)\sqrt{2a}\right] + C_4 z, \\ v &= C_1 \mathfrak{Cof}\left[(z-z_1)\sqrt{2a}\right] - C_2 + C_3 \mathfrak{Sin}\left[(z-z_3)\sqrt{2a}\right] - C_4 z, \end{aligned} \\[8pt] a > b \quad &\begin{aligned} u = {}& C_1 \mathfrak{Cof}\left[(z-z_1)\sqrt{b+a}\right] + C_2 \mathfrak{Cof}\left[(z-z_2)\sqrt{a-b}\right] + C_3 \mathfrak{Sin}\left[(z-z_3)\sqrt{b+a}\right] + \\ &+ C_4 \mathfrak{Sin}\left[(z-z_4)\sqrt{a-b}\right] \qquad , \end{aligned} \\[4pt] &\begin{aligned} v = {}& C_1 \mathfrak{Cof}\left[(z-z_1)\sqrt{b+a}\right] - C_2 \mathfrak{Cof}\left(z-z_2\right)\sqrt{a-b} + C_3 \mathfrak{Sin}\left[(z-z_3)\sqrt{b+a}\right] - \\ &- C_4 \mathfrak{Sin}\left[(z-z_4)\sqrt{a-b}\right] \end{aligned} \end{aligned} \right\} \tag{235}$$

Die Differentialgleichungen (232) bis (235) stellen Sonderfälle der Differentialgleichungen der einfach gekoppelten harmonischen Schwingungen dar. Echte Schwingungen ergeben sich hierbei nur für $b < a$ und für positive Koeffizienten im zweiten Gliede, d. h. für positive Rückstellkräfte.

c) Allgemeine Lösung der Differentialgleichung $\dfrac{d^4 w}{dz^4} + 2a\,\dfrac{d^2 w}{dz^2} + (a^2 - b^2)\,w = 0$.

Ähnlich wie unter Ziffer 11 folgt aus den simultanen Differentialgleichungen (232) bis (235) die äquivalente Differentialgleichung vierter Ordnung

$$\frac{d^4 w}{dz^4} \pm 2a\,\frac{d^2 w}{dz^2} + (a^2 - b^2)\,w = 0.$$

Die zugehörigen Lösungen sind bereits in (232) bis (235) niedergelegt; es folgt daher

$$\left. \begin{aligned} &\frac{d^4 w}{dz^4} + 2a\,\frac{d^2 w}{dz^2} + (a^2 - b^2)\,w = 0, \\[4pt] b < a \quad &\begin{aligned} w = {}& C_1 \cos\left[(z-z_1)\sqrt{a+b}\right] + C_2 \cos\left[(z-z_2)\sqrt{a-b}\right] + C_3 \sin\left[(z-z_3)\sqrt{a+b}\right] + \\ &+ C_4 \sin\left[(z-z_4)\sqrt{a-b}\right] \qquad , \end{aligned} \\[4pt] b = a \quad &w = C_1 \cos\left[(z-z_1)\sqrt{2a}\right] + C_2 + C_3 \sin\left[(z-z_3)\sqrt{2a}\right] + C_4 z \quad , \\[4pt] b > a \quad &\begin{aligned} w = {}& C_1 \cos\left[(z-z_1)\sqrt{a+b}\right] + C_2 \mathfrak{Cof}\left[(z-z_2)\sqrt{b-a}\right] + C_3 \sin\left[(z-z_3)\sqrt{a+b}\right] + \\ &+ C_4 \mathfrak{Sin}\left[(z-z_4)\sqrt{b-a}\right] \qquad . \end{aligned} \end{aligned} \right\} \tag{236}$$

$$\left. \begin{aligned} &\frac{d^4 w}{dz^4} - 2a\,\frac{d^2 w}{dz^2} + (a^2 - b^2)\,w = 0, \\[4pt] b < a \quad &\begin{aligned} w = {}& C_1 \cos\left[(z-z_1)\sqrt{b-a}\right] + C_2 \mathfrak{Cof}\left[(z-z_2)\sqrt{a+b}\right] + C_3 \sin\left[(z-z_3)\sqrt{b-a}\right] + \\ &+ C_4 \mathfrak{Sin}\left[(z-z_4)\sqrt{a+b}\right] \qquad , \end{aligned} \\[4pt] b = a \quad &w = C_1 + C_2 \mathfrak{Cof}\left[(z-z_2)\sqrt{2a}\right] + C_3 z + C_4 \mathfrak{Sin}\left[(z-z_4)\sqrt{2a}\right] \quad , \\[4pt] b > a \quad &\begin{aligned} w = {}& C_1 \mathfrak{Cof}\left[(z-z_1)\sqrt{a-b}\right] + C_2 \mathfrak{Cof}\left[(z-z_2)\sqrt{a+b}\right] + C_3 \mathfrak{Sin}\left[(z-z_3)\sqrt{a-b}\right] + \\ &+ C_4 \mathfrak{Sin}\left[(z-z_4)\sqrt{a+b}\right] \end{aligned} \end{aligned} \right\} \tag{237}$$

d) Beispiel 8.

Um ein Beispiel anzuschließen, sei gemäß Abb. 55 ein Doppel-Pendelschwinger betrachtet, bei dem die Koppelung durch eine die Pendelstangen verbindende elastische Feder erfolgt. Die Länge beider Pendel sei l, das schwingende Gewicht G. Die Feder im Abstande a von der Aufhängung sei bei lotrechter Lage beider Pendel entspannt; ihre Charakteristik folge dem Gesetze

$$S = c\,u,$$

wobei S die Federspannkraft, u die Verlängerung bezeichnen soll. Bezogen auf eine lotrechte Lage beider Pendel seien φ_1 und φ_2 die Ausschlagwinkel, u_1 und u_2 die Wege der Federanschlußpunkte. Dann ergibt sich durch Anwendung des Drehmomentensatzes der Mechanik auf jeden der beiden Schwinger

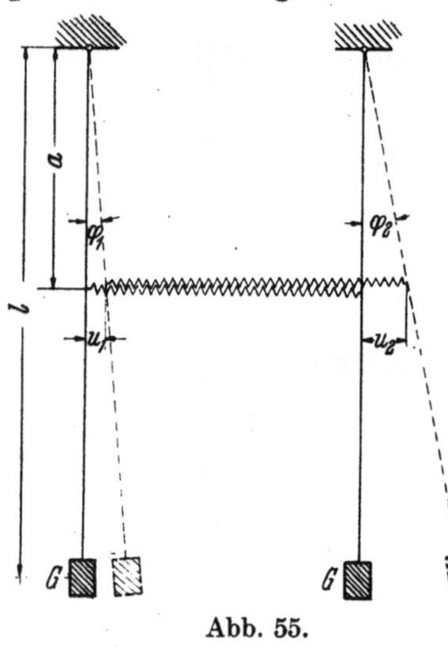

Abb. 55.

$$M_1 = -Gl\sin\varphi_1 - Sa = J\frac{d^2\varphi_1}{dt^2}\,,\quad \left.\right\}$$
$$M_2 = -Gl\sin\varphi_2 + Sa = J\frac{d^2\varphi_2}{dt^2}\,.\quad \left.\right\}$$

Hierin ist Federspannkraft S und Trägheitsmoment J gemäß

$$S = cu = c(u_1 - u_2)\,,\quad J = ml^2 = \frac{G}{g}l^2$$

einzusetzen. Wird gleichzeitig mit J^{-1} multipliziert und alles auf die rechte Seite gebracht, so folgt

$$\frac{d^2\varphi_1}{dt^2} + \frac{g}{l}\sin\varphi_1 + \frac{cga}{Gl^2}(u_1 - u_2) = 0\,,\quad \left.\right\}$$
$$\frac{d^2\varphi_2}{dt^2} + \frac{g}{l}\sin\varphi_2 + \frac{cga}{Gl^2}(u_2 - u_1) = 0\,.\quad \left.\right\}$$

Können die Ausschläge als klein zugrunde gelegt werden, so ist

$$\sin\varphi_1 = \sim\varphi_1\,,\quad u_1 = \sim a\varphi_1\,,\quad \left.\right\}$$
$$\sin\varphi_2 = \sim\varphi_2\,,\quad u_2 = \sim a\varphi_2\,,\quad \left.\right\}$$

und man erhält

$$\frac{d^2\varphi_1}{dt^2} + \frac{g}{l}\Big(1 + \frac{ca^2}{Gl^2}\Big)\varphi_1 - \frac{gca^2}{Gl^2}\varphi_2 = 0\,,\quad \left.\right\}$$
$$\frac{d^2\varphi_2}{dt^2} + \frac{g}{l}\Big(1 + \frac{ca^2}{Gl}\Big)\varphi_2 - \frac{gca^2}{Gl^2}\varphi_1 = 0\,.\quad \left.\right\}$$

Diese Differentialgleichungen sind von der Form (234), und zwar ist $b < a$. Demgemäß lautet die allgemeine Lösung

$$\varphi_1 = C_1\cos\Big[(t-t_1)\sqrt{\tfrac{g}{l}}\Big] + C_2\cos\Big[(t-t_2)\sqrt{\tfrac{g}{l}\Big(1+\tfrac{2ca^2}{Gl}\Big)}\Big] + C_3\sin\Big[(t-t_3)\sqrt{\tfrac{g}{l}}\Big] + \left.\right.$$
$$+\, C_4\sin\Big[(t-t_4)\sqrt{\tfrac{g}{l}\Big(1+\tfrac{2ca^2}{Gl}\Big)}\Big] \qquad\qquad ,\left.\right.$$
$$\varphi_2 = C_1\cos\Big[(t-t_1)\sqrt{\tfrac{g}{l}}\Big] - C_2\cos\Big[(t-t_2)\sqrt{\tfrac{g}{l}\Big(1+\tfrac{2ca^2}{Gl}\Big)}\Big] + C_3\sin\Big[(t-t_3)\sqrt{\tfrac{g}{l}}\Big] - \left.\right.$$
$$-\, C_4\sin\Big[(t-t_4)\sqrt{\tfrac{g}{l}\Big(1+\tfrac{2ca^2}{Gl}\Big)}\Big] \qquad\qquad .\left.\right.$$

Werden t_1 und t_2 nicht als vorgegebene Phasen, sondern als willkürliche Konstante aufgefaßt, so können C_3 und C_4 von vornherein null gesetzt werden. Damit verbleibt

$$\varphi_1 = C_1\cos\Big[(t-t_1)\sqrt{\tfrac{g}{l}}\Big] + C_2\cos\Big[(t-t_2)\sqrt{\tfrac{g}{l}\Big(1+\tfrac{2ca^2}{Gl}\Big)}\Big]\,,\quad \left.\right\}$$
$$\varphi_2 = C_1\cos\Big[(t-t_1)\sqrt{\tfrac{g}{l}}\Big] - C_2\cos\Big[(t-t_2)\sqrt{\tfrac{g}{l}\Big(1+\tfrac{2ca^2}{Gl}\Big)}\Big]\,.\quad \left.\right\}$$

Die Differentiation nach t liefert die Winkelgeschwindigkeiten

$$\omega_1 = -C_1\sqrt{\tfrac{g}{l}}\sin\Big[(t-t_1)\sqrt{\tfrac{g}{l}}\Big] - C_2\sqrt{\tfrac{g}{l}\Big(1+\tfrac{2ca^2}{Gl}\Big)}\sin\Big[(t-t_2)\sqrt{\tfrac{g}{l}\Big(1+\tfrac{2ca^2}{Gl}\Big)}\Big]\,,\quad \left.\right\}$$
$$\omega_2 = -C_1\sqrt{\tfrac{g}{l}}\sin\Big[(t-t_1)\sqrt{\tfrac{g}{l}}\Big] + C_2\sqrt{\tfrac{g}{l}\Big(1+\tfrac{2ca^2}{Gl}\Big)}\sin\Big[(t-t_2)\sqrt{\tfrac{g}{l}\Big(1+\tfrac{2ca^2}{Gl}\Big)}\Big]\,.\quad \left.\right\}$$

Die Integrationskonstanten folgen entsprechend den Anfangsbedingungen. Werden die Pendel zur Zeit $t = 0$ unter den Ausschlagwinkeln $\varphi_1 = \alpha$, $\varphi_2 = \beta$ losgelassen, so lauten die Anfangsbedingungen

$$\begin{aligned} \varphi_1 &= \alpha\,, & \omega_1 &= 0\,, \\ \varphi_2 &= \beta\,; & \omega_2 &= 0\,, \end{aligned} \qquad \text{für } t = 0\,.$$

Aus dem Verschwinden der Winkelgeschwindigkeiten für $t=0$ ergeben sich sofort die Phasen

$$t_1 = 0\,, \qquad t_2 = 0\,.$$

Damit lauten die φ-Bedingungen

$$\alpha = C_1 + C_2 \qquad \text{mit} \qquad C_1 = \frac{\alpha + \beta}{2}\,, \\ \beta = C_1 - C_2 \qquad\qquad C_2 = \frac{\alpha - \beta}{2}\,.$$

Die Einsetzung von t_1, t_2 und C_1, C_2 liefert die gesuchte Lösung in der Form

$$\varphi_1 = \frac{\alpha + \beta}{2}\cos\left(t\sqrt{\frac{g}{l}}\right) + \frac{\alpha - \beta}{2}\cos\left(t\sqrt{\frac{g}{l}\left(1 + \frac{2ca^2}{Gl}\right)}\right)\,, \\ \varphi_2 = \frac{\alpha + \beta}{2}\cos\left(t\sqrt{\frac{g}{l}}\right) - \frac{\alpha - \beta}{2}\cos\left(t\sqrt{\frac{g}{l}\left(1 + \frac{2ca^2}{Gl}\right)}\right)\,.$$

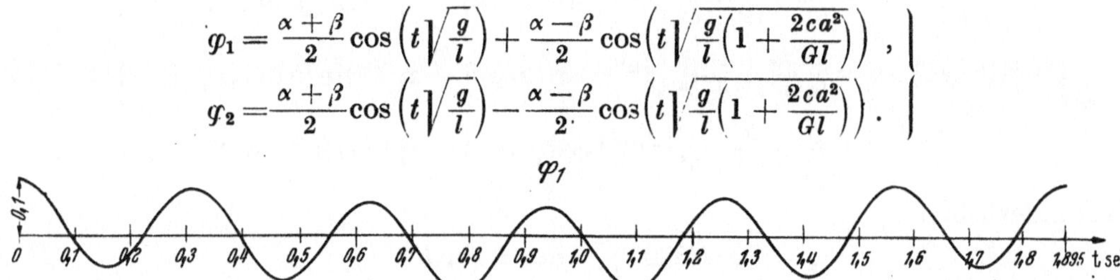

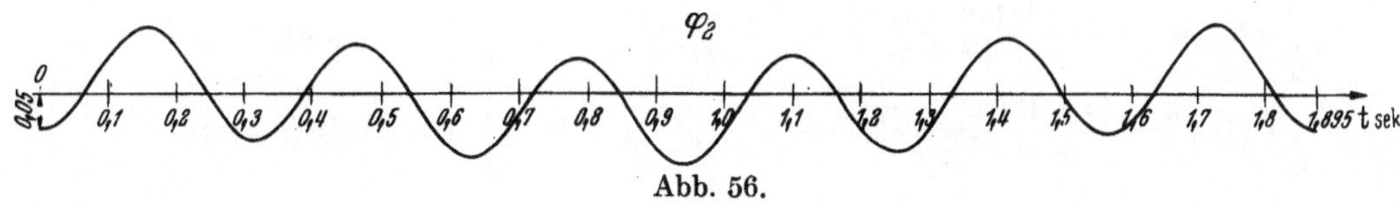

Abb. 56.

Für die Zahlenwerte $G = 10$ kg, $g = 981$ cm s^{-2}, $l = 80$ cm, $a = 50$ cm, $c = 0{,}5$ kg cm^{-2}, $\alpha = 0{,}10$, $\beta = -0{,}05$ ist der Schwingungsverlauf der beiden Grundschwingungen und der gekoppelten Schwingung aus Abb. 56 ersichtlich.

13. Durch Potenzfunktionen abgewandelte trigonometrisch-exponentielle Produktfunktionen.

Aus (31) liest man unmittelbar die Differentialgleichung

$$\frac{dw}{dz} - \frac{\lambda}{z}w = 0 \qquad \text{mit} \qquad w = Cz^\lambda$$

ab. Werden hierin λ und C gemäß

$$\lambda = a + bi\,, \qquad C = C_1 - iC_2$$

als komplex zugrunde gelegt und z^λ nach (30) und (45) in der Form

$$z^\lambda = e^{\lambda \ln z} = e^{(a+bi)\ln z} = e^{a\ln z}\big[\cos(b\ln z) + i\sin(b\ln z)\big] = z^a\big[\cos(b\ln z) + i\sin(b\ln z)\big]$$

dargestellt, so folgt

$$\frac{dw}{dz} - \frac{a + bi}{z}w = 0\,, \qquad w = z^a\big[C_1\cos(b\ln z) + C_2\sin(b\ln z)\big] + iz^a\big[C_1\sin(b\ln z) - C_2\cos(b\ln z)\big]\,.$$

Mit $w = u + iv$ ergibt sich hieraus nach dem bereits mehrfach beschriebenen Aufspaltungsverfahren das simultane Differentialgleichungssystem

$$\frac{du}{dz} - a\frac{u}{z} + b\frac{v}{z} = 0\,, \qquad u = C_1 z^a\cos(b\ln z) + C_2 z^a\sin(b\ln z)\,, \\ \frac{dv}{dz} - a\frac{v}{z} - b\frac{u}{z} = 0\,, \qquad v = C_1 z^a\sin(b\ln z) - C_2 z^a\cos(b\ln z)\,. \tag{238}$$

Wird die Integralformel (31) unter Einführung der bestimmten Grenzen z_0 und z in der Form der Integralgleichung

$$\int_{z_0}^{z}\zeta^\lambda\,d\zeta - \frac{z^{\lambda+1} - z_0^{\lambda+1}}{\lambda + 1} = 0$$

geschrieben und auch hier λ in der komplexen Form $\lambda = a + bi$ zugrundegelegt, so folgt

$$\int_{z_0}^{z} \zeta^a \left[\cos(b\ln\zeta) + i\sin(b\ln\zeta)\right] d\zeta = \frac{z^{a+1}\left[\cos(b\ln z) + i\sin(b\ln z)\right]}{a+1+ib} - \frac{z_0^{a+1}\left[\cos(b\ln z_0) + i\sin(b\ln z_0)\right]}{a+1+ib}$$

oder nach Erweiterung mit $a+1-ib$ und Aufspaltung nach Real- und Imaginärteilen

$$\left.\begin{aligned}
\int_{z_0}^{z} \zeta^a \cos(b\ln\zeta)\, d\zeta &= \frac{a+1}{(a+1)^2 + b^2}\left[z^{a+1}\cos(b\ln z) - z_0^{a+1}\cos(b\ln z_0)\right] + \\
&\quad + \frac{b}{(a+1)^2 + b^2}\left[z^{a+1}\sin(b\ln z) - z_0^{a+1}\sin(b\ln z_0)\right] \quad , \\
\int_{z_0}^{z} \zeta^a \sin(b\ln\zeta)\, d\zeta &= \frac{a+1}{(a+1)^2 + b^2}\left[z^{a+1}\sin(b\ln z) - z_0^{a+1}\sin(b\ln z_0)\right] - \\
&\quad - \frac{b}{(a+1)^2 + b^2}\left[z^{a+1}\cos(b\ln z) - z_0^{a+1}\cos(b\ln z_0)\right] \quad .
\end{aligned}\right\}$$

Mit den Veränderlichen

$$u = z^a \cos(b\ln z), \quad v = z^a \sin(b\ln z)$$

entspricht diesen Gleichungen das Integralgleichungssystem

$$\left.\begin{aligned}
\int_{z_0}^{z} u(\zeta)\, d\zeta - \frac{(a+1)(zu - z_0 u_0)}{(a+1)^2 + b^2} - \frac{b(zv - z_0 v_0)}{(a+1)^2 + b^2} &= 0, \\
\int_{z_0}^{z} v(\zeta)\, d\zeta - \frac{(a+1)(zv - z_0 v_0)}{(a+1)^2 + b^2} + \frac{b(zu - z_0 u_0)}{(a+1)^2 + b^2} &= 0,
\end{aligned}\right\}
\begin{aligned}
u &= z^a \cos(b\ln z), \\
v &= z^a \sin(b\ln z).
\end{aligned}
\qquad (239)$$

Durch (239) sind die unbestimmten Integrale der durch u und v dargestellten Funktionen unmittelbar gegeben. Da z_0 beim unbestimmten Integral willkürlich bleibt, kann es unbeschadet der Allgemeinheit zu null angenommen werden. Es folgt daher

$$\left.\begin{aligned}
\frac{d}{dz}\left[z^a \cos(b\ln z)\right] &= az^{a-1}\cos(b\ln z) - bz^{a-1}\sin(b\ln z), \\
\frac{d}{dz}\left[z^a \sin(b\ln z)\right] &= az^{a-1}\sin(b\ln z) + bz^{a-1}\cos(b\ln z).
\end{aligned}\right\} \qquad (240)$$

$$\left.\begin{aligned}
\int z^a \cos(b\ln z)\, dz &= \frac{a+1}{(a+1)^2 + b^2} z^{a+1}\cos(b\ln z) + \frac{b}{(a+1)^2 + b^2} z^{a+1}\sin(b\ln z), \\
\int z^a \sin(b\ln z)\, dz &= \frac{a+1}{(a+1)^2 + b^2} z^{a+1}\sin(b\ln z) - \frac{b}{(a+1)^2 + b^2} z^{a+1}\cos(b\ln z).
\end{aligned}\right\} \qquad (241)$$

Wird in (238) die zweite Gleichung nach u aufgelöst und in die erste eingeführt oder die erste Gleichung nach v aufgelöst und in die zweite eingeführt, so ergibt sich in beiden Fällen die gleiche Differentialgleichung zweiter Ordnung. Man erhält unter Vertauschung von u und v mit w

$$\frac{d^2 w}{dz^2} + \frac{1 - 2a}{z}\frac{dw}{dz} + \frac{a^2 + b^2}{z^2} w = 0, \quad w = C_1 z^a \cos(b\ln z) + C_2 z^a \sin(b\ln z). \qquad (242)$$

Diese Differentialgleichung ist dem simultanen System (238) äquivalent.

Nun sei in (242) der Parameter b gemäß

$$b = \omega e^{i\alpha} = \omega\cos\alpha + i\omega\sin\alpha, \qquad b^2 = \omega^2 e^{2i\alpha} = \omega^2\cos 2\alpha + i\omega^2\sin 2\alpha$$

als komplex zugrunde gelegt. Ferner seien C_1 und C_2 mit $C_1 + iC_2$ bzw. $C_3 - iC_4$ vertauscht. Dann folgt in Verbindung mit (128)

$$\left.\begin{aligned}
&\frac{d^2 w}{dz^2} + \frac{1 - 2a}{z}\frac{dw}{dz} + \frac{a^2 + \omega^2\cos 2\alpha + i\omega^2\sin 2\alpha}{z^2} w = 0, \\
&w = (C_1 + iC_2)\, z^a \left[\cos(\omega\cos\alpha\ln z)\, \mathfrak{Cof}(\omega\sin\alpha\ln z) - i\sin(\omega\cos\alpha\ln z)\, \mathfrak{Sin}(\omega\sin\alpha\ln z)\right] + \\
&\quad + (C_3 - iC_4)\, z^a \left[\sin(\omega\cos\alpha\ln z)\, \mathfrak{Cof}(\omega\sin\alpha\ln z) + i\cos(\omega\cos\alpha\ln z)\, \mathfrak{Sin}(\omega\sin\alpha\ln z)\right].
\end{aligned}\right\} \qquad (243)$$

Mit $w = u + iv$ **ergibt sich hieraus das simultane System**

$$
\left.
\begin{aligned}
&\frac{d^2 u}{dz^2} + \frac{1-2a}{z}\frac{du}{dz} + \frac{a^2 + \omega^2 \cos 2\alpha}{z^2} u - \frac{\omega^2 \sin 2\alpha}{z^2} v = 0, \\
&\frac{d^2 v}{dz^2} + \frac{1-2a}{z}\frac{dv}{dz} + \frac{a^2 + \omega^2 \cos 2\alpha}{z^2} v + \frac{\omega^2 \sin 2\alpha}{z^2} u = 0, \\
&u = C_1 z^a \cos(\omega \cos\alpha \ln z)\mathfrak{Cof}(\omega \sin\alpha \ln z) + C_2 z^a \sin(\omega \cos\alpha \ln z)\mathfrak{Sin}(\omega \sin\alpha \ln z) + \\
&\qquad + C_3 z^a \sin(\omega \cos\alpha \ln z)\mathfrak{Cof}(\omega \sin\alpha \ln z) + C_4 z^a \cos(\omega \cos\alpha \ln z)\mathfrak{Sin}(\omega \sin\alpha \ln z), \\
&v = -C_1 z^a \sin(\omega \cos\alpha \ln z)\mathfrak{Sin}(\omega \sin\alpha \ln z) + C_2 z^a \cos(\omega \cos\alpha \ln z)\mathfrak{Cof}(\omega \sin\alpha \ln z) + \\
&\qquad + C_3 z^a \cos(\omega \cos\alpha \ln z)\mathfrak{Sin}(\omega \sin\alpha \ln z) - C_4 z^a \sin(\omega \cos\alpha \ln z)\mathfrak{Cof}(\omega \sin\alpha \ln z).
\end{aligned}
\right\} \tag{244}
$$

In diesen Gleichungen lassen sich durch Einführung neuer Konstanten die Hyperbelfunktionen gegen Exponentialfunktionen austauschen. Wird dabei beachtet, daß

$$
e^{\omega \sin\alpha \ln z} = e^{\ln z^{\omega \sin\alpha}} = z^{\omega \sin\alpha}, \qquad e^{-\omega \sin\alpha \ln z} = z^{-\omega \sin\alpha}
$$

ist, so folgt unter gleichzeitiger Einschaltung trigonometrischer Phasen $z_1,\, z_2,\, z_3,\, z_4$

$$
\left.
\begin{aligned}
&\frac{d^2 u}{dz^2} + \frac{1-2a}{z}\frac{du}{dz} + \frac{a^2 + \omega^2 \cos 2\alpha}{z^2} u - \frac{\omega^2 \sin 2\alpha}{z^2} v = 0, \\
&\frac{d^2 v}{dz^2} + \frac{1-2a}{z}\frac{dv}{dz} + \frac{a^2 + \omega^2 \cos 2\alpha}{z^2} v + \frac{\omega^2 \sin 2\alpha}{z^2} u = 0, \\
&u = C_1 z^{a + \omega \sin\alpha} \cos\!\left(\omega \cos\alpha \ln \frac{z}{z_1}\right) + C_2 z^{a + \omega \sin\alpha} \sin\!\left(\omega \cos\alpha \ln \frac{z}{z_2}\right) + \\
&\qquad + C_3 z^{a - \omega \sin\alpha} \cos\!\left(\omega \cos\alpha \ln \frac{z}{z_3}\right) + C_4 z^{a - \omega \sin\alpha} \sin\!\left(\omega \cos\alpha \ln \frac{z}{z_4}\right), \\
&v = -C_1 z^{a + \omega \sin\alpha} \sin\!\left(\omega \cos\alpha \ln \frac{z}{z_1}\right) + C_2 z^{a + \omega \sin\alpha} \cos\!\left(\omega \cos\alpha \ln \frac{z}{z_2}\right) + \\
&\qquad + C_3 z^{a - \omega \sin\alpha} \sin\!\left(\omega \cos\alpha \ln \frac{z}{z_3}\right) - C_4 z^{a - \omega \sin\alpha} \cos\!\left(\omega \cos\alpha \ln \frac{z}{z_4}\right).
\end{aligned}
\right\} \tag{245}
$$

Für die Ableitungen und Integrale der in (245) auftretenden Lösungsfunktionen erhält man in Verbindung mit (240) und (241)

$$
\left.
\begin{aligned}
\frac{du}{dz} = {} & C_1 z^{a-1 + \omega \sin\alpha}\left[(a + \omega \sin\alpha)\cos\!\left(\omega \cos\alpha \ln \frac{z}{z_1}\right) - \omega \cos\alpha \sin\!\left(\omega \cos\alpha \ln \frac{z}{z_1}\right)\right] + \\
& + C_2 z^{a-1 + \omega \sin\alpha}\left[(a + \omega \sin\alpha)\sin\!\left(\omega \cos\alpha \ln \frac{z}{z_2}\right) + \omega \cos\alpha \cos\!\left(\omega \cos\alpha \ln \frac{z}{z_2}\right)\right] + \\
& + C_3 z^{a-1 - \omega \sin\alpha}\left[(a - \omega \sin\alpha)\cos\!\left(\omega \cos\alpha \ln \frac{z}{z_3}\right) - \omega \cos\alpha \sin\!\left(\omega \cos\alpha \ln \frac{z}{z_3}\right)\right] + \\
& + C_4 z^{a-1 - \omega \sin\alpha}\left[(a - \omega \sin\alpha)\cos\!\left(\omega \cos\alpha \ln \frac{z}{z_4}\right) + \omega \cos\alpha \cos\!\left(\omega \cos\alpha \ln \frac{z}{z_4}\right)\right].
\end{aligned}
\right\} \tag{246}
$$

$$
\left.
\begin{aligned}
\frac{dv}{dz} = {} & -C_1 z^{a-1 + \omega \sin\alpha}\left[(a + \omega \sin\alpha)\sin\!\left(\omega \cos\alpha \ln \frac{z}{z_1}\right) + \omega \cos\alpha \cos\!\left(\omega \cos\alpha \ln \frac{z}{z_1}\right)\right] + \\
& + C_2 z^{a-1 + \omega \sin\alpha}\left[(a + \omega \sin\alpha)\cos\!\left(\omega \cos\alpha \ln \frac{z}{z_2}\right) - \omega \cos\alpha \sin\!\left(\omega \cos\alpha \ln \frac{z}{z_2}\right)\right] + \\
& + C_3 z^{a-1 - \omega \sin\alpha}\left[(a - \omega \sin\alpha)\sin\!\left(\omega \cos\alpha \ln \frac{z}{z_3}\right) + \omega \cos\alpha \cos\!\left(\omega \cos\alpha \ln \frac{z}{z_3}\right)\right] - \\
& - C_4 z^{a-1 - \omega \sin\alpha}\left[(a - \omega \sin\alpha)\cos\!\left(\omega \cos\alpha \ln \frac{z}{z_4}\right) - \omega \cos\alpha \sin\!\left(\omega \cos\alpha \ln \frac{z}{z_4}\right)\right].
\end{aligned}
\right\} \tag{247}
$$

$$
\left.
\begin{aligned}
\int u\, dz = {} & C_1 z^{a+1 + \omega \sin\alpha}\,\frac{(a + 1 + \omega \sin\alpha)\cos\!\left(\omega \cos\alpha \ln \frac{z}{z_1}\right) + \omega \cos\alpha \sin\!\left(\omega \cos\alpha \ln \frac{z}{z_1}\right)}{(a + 1 + \omega \sin\alpha)^2 + (\omega \cos\alpha)^2} + \\
& + C_2 z^{a+1 + \omega \sin\alpha}\,\frac{(a + 1 + \omega \sin\alpha)\sin\!\left(\omega \cos\alpha \ln \frac{z}{z_2}\right) - \omega \cos\alpha \cos\!\left(\omega \cos\alpha \ln \frac{z}{z_2}\right)}{(a + 1 + \omega \sin\alpha)^2 + (\omega \cos\alpha)^2} + \\
& + C_3 z^{a+1 - \omega \sin\alpha}\,\frac{(a + 1 - \omega \sin\alpha)\cos\!\left(\omega \cos\alpha \ln \frac{z}{z_3}\right) + \omega \cos\alpha \sin\!\left(\omega \cos\alpha \ln \frac{z}{z_3}\right)}{(a + 1 - \omega \sin\alpha)^2 + (\omega \cos\alpha)^2} + \\
& + C_4 z^{a+1 - \omega \sin\alpha}\,\frac{(a + 1 - \omega \sin\alpha)\sin\!\left(\omega \cos\alpha \ln \frac{z}{z_4}\right) - \omega \sin\alpha \cos\!\left(\omega \cos\alpha \ln \frac{z}{z_4}\right)}{(a + 1 - \omega \sin\alpha)^2 + (\omega \cos\alpha)^2}.
\end{aligned}
\right\} \tag{248}
$$

$$\int v\,dz = - C_1 z^{a+1+\omega\sin\alpha}\,\frac{(a+1+\omega\sin\alpha)\sin\!\left(\omega\cos\alpha\ln\dfrac{z}{z_1}\right)-\omega\cos\alpha\cos\!\left(\omega\cos\alpha\ln\dfrac{z}{z_1}\right)}{(a+1+\omega\sin\alpha)^2+(\omega\cos\alpha)^2}+$$

$$+\,C_2 z^{a+1+\omega\sin\alpha}\,\frac{(a+1+\omega\sin\alpha)\cos\!\left(\omega\cos\alpha\ln\dfrac{z}{z_2}\right)+\omega\cos\alpha\sin\!\left(\omega\cos\alpha\ln\dfrac{z}{z_3}\right)}{(a+1+\omega\sin\alpha)^2+(\omega\cos\alpha)^2}+$$

$$+\,C_3 z^{a+1-\omega\sin\alpha}\,\frac{(a+1-\omega\sin\alpha)\sin\!\left(\omega\cos\alpha\ln\dfrac{z}{z_3}\right)-\omega\cos\alpha\cos\!\left(\omega\cos\alpha\ln\dfrac{z}{z_3}\right)}{(a+1-\omega\sin\alpha)^2+(\omega\cos\alpha)^2}-$$

$$-\,C_4 z^{a+1-\omega\sin\alpha}\,\frac{(a+1-\omega\sin\alpha)\cos\!\left(\omega\cos\alpha\ln\dfrac{z}{z_4}\right)+\omega\cos\alpha\sin\!\left(\omega\cos\alpha\ln\dfrac{z}{z_4}\right)}{(a+1-\omega\sin\alpha)^2+(\omega\cos\alpha)^2}\,. \tag{249}$$

Wird in (245) die zweite Gleichung nach u aufgelöst und in die erste eingeführt, so folgt eine Differentialgleichung vierter Ordnung für v; derselben Differentialgleichung genügt auch u. Unter Vertauschung von u und v mit w erhält man

$$\frac{d^4 w}{dz^4}+\frac{6-4a}{z}\frac{d^3 w}{dz^3}+\frac{7-12a+6a^2+2\omega^2\cos2\alpha}{z^2}\frac{d^2 w}{dz^2}+\frac{(1-2a)(1-2a+2a^2+2\omega^2\cos2\alpha)}{z^3}\frac{dw}{dz}+$$

$$+\frac{(a^2+\omega^2\cos2\alpha)^2+(\omega^2\sin2\alpha)^2}{z^4}\,w=0$$

$$w=C_1 z^{a+\omega\sin\alpha}\cos\!\left(\omega\cos\alpha\ln\frac{z}{z_1}\right)+C_2 z^{a+\omega\sin\alpha}\sin\!\left(\omega\cos\alpha\ln\frac{z}{z_2}\right)+$$

$$+\,C_3 z^{a-\omega\sin\alpha}\cos\!\left(\omega\cos\alpha\ln\frac{z}{z_3}\right)+C_4 z^{a-\omega\sin\alpha}\sin\!\left(\omega\cos\alpha\ln\frac{z}{z_4}\right). \tag{250}$$

Diese Differentialgleichung ist dem Systeme (245) äquivalent.

In den Fällen der Anwendung pflegt (245) gewöhnlich in der allgemeineren Form

$$\begin{aligned}\frac{d^2 u}{dz^2}+\frac{\lambda_1}{z}\frac{du}{dz}+\frac{\lambda_2}{z^2}u-\frac{\lambda_3}{z^2}v=0,\\[2mm]\frac{d^2 v}{dz^2}+\frac{\lambda_1}{z}\frac{dv}{dz}+\frac{\lambda_2}{z^2}v+\frac{\lambda_3}{z^2}u=0,\end{aligned} \tag{251}$$

gegeben zu sein. Den Übergang zu den in (245) bis (250) auftretenden Größen vermitteln dann die Transformationen

$$a=\frac{1-\lambda_1}{2},\quad \omega^2\cos2\alpha=\lambda_2-\left(\frac{1-\lambda_1}{2}\right)^2,\quad \omega^2\sin2\alpha=\lambda_3,\quad \omega=\sqrt[4]{\left[\lambda_2-\left(\frac{1-\lambda_1}{2}\right)^2\right]^2+\lambda_3^2},$$

$$\omega\sin\alpha=\sqrt{-\frac{1}{2}\left[\lambda_2-\left(\frac{1-\lambda_1}{2}\right)^2\right]+\frac{1}{2}\sqrt{\left[\lambda_2-\left(\frac{1-\lambda_1}{2}\right)^2\right]^2+\lambda_3^2}},$$

$$\omega\cos\alpha=\sqrt{+\frac{1}{2}\left[\lambda_2-\left(\frac{1-\lambda_1}{2}\right)^2\right]+\frac{1}{2}\sqrt{\left[\lambda_2-\left(\frac{1-\lambda_1}{2}\right)^2\right]^2+\lambda_3^2}}\,. \tag{252}$$

Beispiele für die Anwendung der Formeln dieser Ziffer finden sich insbesondere in der Elastizitätstheorie. So führen verschiedene Knickprobleme an Stäben mit veränderlicher Wandstärke auf (242), die Theorie der Kegel- und Kugelschalen mit linear zunehmender Wandstärke auf (245) bzw. (251).

14. Trigonometrisch-hyperbolische Algebra.

Es sollen unter dieser Ziffer eine Reihe für die Anwendung wichtiger Formeln gruppenweise zusammengestellt werden, die teils schon entwickelt wurden, teils durch einfache algebraische Operationen hergeleitet werden können.

a) Additions- und Produktformeln.

$$\begin{aligned}\cos(u\pm v)&=\cos u\cos v\mp\sin u\sin v, & \operatorname{Cof}(u\pm v)&=\operatorname{Cof}u\operatorname{Cof}v\pm\operatorname{Sin}u\operatorname{Sin}v,\\[1mm]\sin(u\pm v)&=\sin u\cos v\pm\cos u\sin v, & \operatorname{Sin}(u\pm v)&=\operatorname{Sin}u\operatorname{Cof}v\pm\operatorname{Cof}u\operatorname{Sin}v,\\[1mm]\tan g(u\pm v)&=\frac{\tan g\,u\pm\tan g\,v}{1\mp\tan g\,u\tan g\,v}, & \operatorname{Tang}(u\pm v)&=\frac{\operatorname{Tang}u\pm\operatorname{Tang}v}{1\pm\operatorname{Tang}u\operatorname{Tang}v},\\[1mm]\cot g(u\pm v)&=\frac{\pm\cot g\,u\cot g\,v-1}{\cot g\,u\pm\cot g\,v}, & \operatorname{Cotg}(u\pm v)&=\frac{\pm\operatorname{Cotg}u\operatorname{Cotg}v+1}{\operatorname{Cotg}u\pm\operatorname{Cotg}v}.\end{aligned} \tag{253}$$

$$\cos u + \cos v = 2\cos\frac{u+v}{2}\cos\frac{u-v}{2},$$
$$\cos u - \cos v = -2\sin\frac{u+v}{2}\sin\frac{u-v}{2},$$
$$\sin u + \sin v = 2\sin\frac{u+v}{2}\cos\frac{u-v}{2},$$
$$\sin u - \sin v = 2\cos\frac{u+v}{2}\sin\frac{u-v}{2},$$

$$\operatorname{Co\!\int} u + \operatorname{Co\!\int} v = 2\operatorname{Co\!\int}\frac{u+v}{2}\operatorname{Co\!\int}\frac{u-v}{2},$$
$$\operatorname{Co\!\int} u - \operatorname{Co\!\int} v = 2\operatorname{Sin}\frac{u+v}{2}\operatorname{Sin}\frac{u-v}{2},$$
$$\operatorname{Sin} u + \operatorname{Sin} v = 2\operatorname{Sin}\frac{u+v}{2}\operatorname{Co\!\int}\frac{u-v}{2},$$
$$\operatorname{Sin} u - \operatorname{Sin} v = 2\operatorname{Co\!\int}\frac{u+v}{2}\operatorname{Sin}\frac{u-v}{2},$$

$$\tag{254}$$

$$\operatorname{tang} u + \operatorname{tang} v = \frac{\sin(u+v)}{\cos u \cos v},$$
$$\operatorname{tang} u - \operatorname{tang} v = \frac{\sin(u-v)}{\cos u \cos v},$$
$$\operatorname{cotg} u + \operatorname{cotg} v = \frac{\sin(u+v)}{\sin u \sin v},$$
$$\operatorname{cotg} u - \operatorname{cotg} v = \frac{\sin(v-u)}{\sin u \sin v}$$

$$\operatorname{Tang} u + \operatorname{Tang} v = \frac{\operatorname{Sin}(u+v)}{\operatorname{Co\!\int} u \operatorname{Co\!\int} v},$$
$$\operatorname{Tang} u - \operatorname{Tang} v = \frac{\operatorname{Sin}(u-v)}{\operatorname{Co\!\int} u \operatorname{Co\!\int} v},$$
$$\operatorname{Cotg} u + \operatorname{Cotg} v = \frac{\operatorname{Sin}(u+v)}{\operatorname{Sin} u \operatorname{Sin} v},$$
$$\operatorname{Cotg} u - \operatorname{Cotg} v = \frac{\operatorname{Sin}(v-u)}{\operatorname{Sin} u \operatorname{Sin} v}.$$

$$\tag{255}$$

$$\cos(u+v) + \cos(u-v) = 2\cos u \cos v,$$
$$\cos(u+v) - \cos(u-v) = -2\sin u \sin v,$$
$$\sin(u+v) + \sin(u-v) = 2\sin u \cos v,$$
$$\sin(u+v) - \sin(u-v) = 2\cos u \sin v,$$

$$\operatorname{Co\!\int}(u+v) + \operatorname{Co\!\int}(u-v) = 2\operatorname{Co\!\int} u \operatorname{Co\!\int} v,$$
$$\operatorname{Co\!\int}(u+v) - \operatorname{Co\!\int}(u-v) = 2\operatorname{Sin} u \operatorname{Sin} v,$$
$$\operatorname{Sin}(u+v) + \operatorname{Sin}(u-v) = 2\operatorname{Sin} u \operatorname{Co\!\int} v,$$
$$\operatorname{Sin}(u+v) - \operatorname{Sin}(u-v) = 2\operatorname{Co\!\int} u \operatorname{Sin} v,$$

$$\tag{256}$$

$$\operatorname{tang}(u+v) + \operatorname{tang}(u-v) = \frac{2\operatorname{tang} u(1+\operatorname{tang}^2 v)}{1-\operatorname{tang}^2 u\,\operatorname{tang}^2 v},$$
$$\operatorname{tang}(u+v) - \operatorname{tang}(u-v) = \frac{2\operatorname{tang} v(1+\operatorname{tang}^2 u)}{1-\operatorname{tang}^2 u\,\operatorname{tang}^2 v},$$
$$\operatorname{cotg}(u+v) + \operatorname{cotg}(u-v) = \frac{2\operatorname{cotg} u(1+\operatorname{cotg}^2 v)}{\operatorname{cotg}^2 v-\operatorname{cotg}^2 u},$$
$$\operatorname{cotg}(u+v) - \operatorname{cotg}(u-v) = \frac{2\operatorname{cotg} v(1+\operatorname{cotg}^2 u)}{\operatorname{cotg}^2 u-\operatorname{cotg}^2 v},$$

$$\operatorname{Tang}(u+v) + \operatorname{Tang}(u-v) = \frac{2\operatorname{Tang} u(1-\operatorname{Tang}^2 v)}{1-\operatorname{Tang}^2 u\,\operatorname{Tang}^2 v},$$
$$\operatorname{Tang}(u+v) - \operatorname{Tang}(u-v) = \frac{2\operatorname{Tang} v(1-\operatorname{Tang}^2 u)}{1-\operatorname{Tang}^2 u\,\operatorname{Tang}^2 v},$$
$$\operatorname{Cotg}(u+v) + \operatorname{Cotg}(u-v) = \frac{2\operatorname{Cotg} u(\operatorname{Cotg}^2 v-1)}{\operatorname{Cotg}^2 v-\operatorname{Cotg}^2 u},$$
$$\operatorname{Cotg}(u+v) - \operatorname{Cotg}(u-v) = \frac{2\operatorname{Cotg} v(\operatorname{Cotg}^2 u-1)}{\operatorname{Cotg}^2 u-\operatorname{Cotg}^2 v},$$

$$\tag{257}$$

$$\operatorname{tang} u + \operatorname{cotg} v = \frac{\cos(u-v)}{\cos u \sin v},$$
$$\operatorname{tang} u - \operatorname{cotg} v = -\frac{\cos(u+v)}{\cos u \sin v},$$
$$\operatorname{cotg} u + \operatorname{tang} v = \frac{\cos(u-v)}{\sin u \cos v},$$
$$\operatorname{cotg} u - \operatorname{tang} v = \frac{\cos(u+v)}{\sin u \cos v}.$$

$$\operatorname{Tang} u + \operatorname{Cotg} v = \frac{\operatorname{Co\!\int}(u+v)}{\operatorname{Co\!\int} u \operatorname{Sin} v},$$
$$\operatorname{Tang} u - \operatorname{Cotg} v = -\frac{\operatorname{Co\!\int}(u-v)}{\operatorname{Co\!\int} u \operatorname{Sin} v},$$
$$\operatorname{Cotg} u + \operatorname{Tang} v = \frac{\operatorname{Co\!\int}(u+v)}{\operatorname{Co\!\int} v \operatorname{Sin} u},$$
$$\operatorname{Cotg} u - \operatorname{Tang} v = \frac{\operatorname{Co\!\int}(u-v)}{\operatorname{Co\!\int} v \operatorname{Sin} u}.$$

$$\tag{258}$$

$$\frac{\cos(u-v)}{\cos(u+v)} = \frac{1+\operatorname{tang} u\operatorname{tang} v}{1-\operatorname{tang} u\operatorname{tang} v} = \frac{\operatorname{cotg} u\operatorname{cotg} v+1}{\operatorname{cotg} u\operatorname{cotg} v-1},$$
$$\frac{\sin(u-v)}{\sin(u+r)} = \frac{\operatorname{tang} u-\operatorname{tang} v}{\operatorname{tang} u+\operatorname{tang} v} = \frac{\operatorname{cotg} v-\operatorname{cotg} u}{\operatorname{cotg} v+\operatorname{cotg} u},$$

$$\frac{\operatorname{Co\!\int}(u-v)}{\operatorname{Co\!\int}(u+v)} = \frac{1-\operatorname{Tang} u\operatorname{Tang} v}{1+\operatorname{Tang} u\operatorname{Tang} v} = \frac{\operatorname{Cotg} u\operatorname{Cotg} v-1}{\operatorname{Cotg} u\operatorname{Cotg} v+1},$$
$$\frac{\operatorname{Sin}(u-v)}{\operatorname{Sin}(u+v)} = \frac{\operatorname{Tang} u-\operatorname{Tang} v}{\operatorname{Tang} u+\operatorname{Tang} v} = \frac{\operatorname{Cotg} v-\operatorname{Cotg} u}{\operatorname{Cotg} v+\operatorname{Cotg} u},$$

$$\tag{259}$$

b) Funktionen des doppelten Arguments.

$$\cos 2u = \cos^2 u - \sin^2 u = 2\cos^2 u - 1$$
$$= 1 - 2\sin^2 u$$
$$= \frac{1-\operatorname{tang}^2 u}{1+\operatorname{tang}^2 u} = \frac{\operatorname{cotg}^2 u-1}{\operatorname{cotg}^2 u+1},$$
$$\sin 2u = 2\sin u \cos u = \frac{2\operatorname{tang} u}{1+\operatorname{tang}^2 u},$$
$$\operatorname{tang} 2u = \frac{2\operatorname{tang} u}{1-\operatorname{tang}^2 u} = \frac{2}{\operatorname{cotg} u - \operatorname{tang} u},$$
$$\operatorname{cotg} 2u = \frac{\operatorname{cotg}^2 u-1}{2\operatorname{cotg} u} = \frac{\operatorname{cotg} u - \operatorname{tang} u}{2},$$

$$\operatorname{Co\!\int} 2u = \operatorname{Co\!\int}^2 u + \operatorname{Sin}^2 u = 2\operatorname{Co\!\int}^2 u - 1$$
$$= 1 + 2\operatorname{Sin}^2 u$$
$$= \frac{1+\operatorname{Tang}^2 u}{1-\operatorname{Tang}^2 u} = \frac{\operatorname{Cotg}^2 u+1}{\operatorname{Cotg}^2 u-1},$$
$$\operatorname{Sin} 2u = 2\operatorname{Sin} u \operatorname{Co\!\int} u = \frac{2\operatorname{Tang} u}{1-\operatorname{Tang}^2 u},$$
$$\operatorname{Tang} 2u = \frac{2\operatorname{Tang} u}{1+\operatorname{Tang}^2 u} = \frac{2}{\operatorname{Cotg} u + \operatorname{Tang} u},$$
$$\operatorname{Cotg} 2u = \frac{\operatorname{Cotg}^2 u+1}{2\operatorname{Cotg} u} = \frac{\operatorname{Cotg} u + \operatorname{Tang} u}{2}.$$

$$\tag{260}$$

$$\operatorname{Co\!\int} 2u + \cos 2u = 2(\cos^2 u + \operatorname{Sin}^2 u) = 2(\operatorname{Co\!\int}^2 u - \sin^2 u),$$
$$\operatorname{Co\!\int} 2u - \cos 2u = 2(\sin^2 u + \operatorname{Sin}^2 u) = 2(\operatorname{Co\!\int}^2 u - \cos^2 u).$$

$$\tag{261}$$

$$\cos 2u + \cos 2v = 2\cos(u+v)\cos(u-v) = 2(\cos^2 u - \sin^2 v) = 2(\cos^2 v - \sin^2 u)\ ,$$
$$\cos 2u - \cos 2v = -2\sin(u+v)\sin(u-v) = 2(\cos^2 u - \cos^2 v) = 2(\sin^2 v - \sin^2 u)\ ,$$
$$\mathfrak{Cos}\,2u + \mathfrak{Cos}\,2v = 2\mathfrak{Cos}(u+v)\,\mathfrak{Cos}(u-v) = 2(\mathfrak{Cos}^2 u + \mathfrak{Sin}^2 v) = 2(\mathfrak{Cos}^2 v + \mathfrak{Sin}^2 u)\ ,$$
$$\mathfrak{Cos}\,2u - \mathfrak{Cos}\,2v = 2\mathfrak{Sin}(u+v)\,\mathfrak{Sin}(u-v) = 2(\mathfrak{Cos}^2 u - \mathfrak{Cos}^2 v) = 2(\mathfrak{Sin}^2 u - \mathfrak{Sin}^2 v)\ .$$

$$(262)$$

$$\sin 2u + \sin 2v = 2\sin(u+v)\cos(u-v) = \frac{2\tang u}{1+\tang^2 u} + \frac{2\tang v}{1+\tang^2 v}$$
$$= \frac{2(\tang u + \tang v)(1 + \tang u\,\tang v)}{(1+\tang^2 u)(1+\tang^2 v)}\ ,$$
$$\sin 2u - \sin 2v = 2\cos(u+v)\sin(u-v) = \frac{2\tang u}{1+\tang^2 u} - \frac{2\tang v}{1+\tang^2 v}$$
$$= \frac{2(\tang u - \tang v)(1 - \tang u\,\tang v)}{(1+\tang^2 u)(1+\tang^2 v)}\ ,$$
$$\mathfrak{Sin}\,2u + \mathfrak{Sin}\,2v = 2\mathfrak{Sin}(u+v)\,\mathfrak{Cos}(u-v) = \frac{2\,\mathfrak{Tang}\,u}{1-\mathfrak{Tang}^2 u} + \frac{2\,\mathfrak{Tang}\,v}{1-\mathfrak{Tang}^2 v}$$
$$= \frac{2(\mathfrak{Tang}\,u + \mathfrak{Tang}\,v)(1 - \mathfrak{Tang}\,u\,\mathfrak{Tang}\,v)}{(1-\mathfrak{Tang}^2 u)(1-\mathfrak{Tang}^2 v)}\ ,$$
$$\mathfrak{Sin}\,2u - \mathfrak{Sin}\,2v = 2\mathfrak{Cos}(u+v)\,\mathfrak{Sin}(u-v) = \frac{2\,\mathfrak{Tang}\,u}{1-\mathfrak{Tang}^2 u} - \frac{2\,\mathfrak{Tang}\,v}{1-\mathfrak{Tang}^2 v}$$
$$= \frac{2(\mathfrak{Tang}\,u - \mathfrak{Tang}\,v)(1 + \mathfrak{Tang}\,u\,\mathfrak{Tang}\,v)}{(1-\mathfrak{Tang}^2 u)(1-\mathfrak{Tang}^2 v)}\ .$$

$$(263)$$

c) Funktionen des dreifachen Arguments.

$$\cos 3u = \cos u\,(1 - 4\sin^2 u) \qquad\qquad \mathfrak{Cos}\,3u = \mathfrak{Cos}\,u\,(1 + 4\mathfrak{Sin}^2 u)$$
$$= \cos u\,(-3 + 4\cos^2 u)\,, \qquad\qquad = \mathfrak{Cos}\,u\,(-3 + 4\mathfrak{Cos}^2 u)\,,$$
$$\sin 3u = \sin u\,(-1 + 4\cos^2 u) \qquad\qquad \mathfrak{Sin}\,3u = \mathfrak{Sin}\,u\,(-1 + 4\mathfrak{Cos}^2 u)$$
$$= \sin u\,(3 - 4\sin^2 u)\,, \qquad\qquad = \mathfrak{Sin}\,u\,(3 + 4\mathfrak{Sin}^2 u)\,,$$
$$\tang 3u = \frac{\tang u\,(3 - \tang^2 u)}{1 - 3\tang^2 u}\,, \qquad\qquad \mathfrak{Tang}\,3u = \frac{\mathfrak{Tang}\,u\,(3 + \mathfrak{Tang}^2 u)}{1 + 3\mathfrak{Tang}^2 u}\,,$$
$$\cotg 3u = \frac{\cotg u\,(-3 + \cotg^2 u)}{-1 + 3\cotg^2 u}\,, \qquad\qquad \mathfrak{Cotg}\,3u = \frac{\mathfrak{Cotg}\,u\,(3 + \mathfrak{Cotg}^2 u)}{1 + 3\mathfrak{Cotg}^2 u}\,.$$

$$(264)$$

d) Funktionen des n-fachen Arguments.

$$e^{inu} = \cos nu + i\sin nu\,, \qquad e^{inu} = (e^{iu})^n = (\cos u + i\sin u)^n\ ,$$
$$\cos nu + i\sin nu = (\cos u + i\sin u)^n = \cos^n u + \binom{n}{1} i\cos^{n-1}u\sin u +$$
$$+ \binom{n}{2} i^2\cos^{n-2}u\sin^2 u + \cdots + \binom{n}{n} i^n\sin^n u\,,$$
$$\cos nu = \cos^n u - \binom{n}{2}\cos^{n-2}u\sin^2 u + \binom{n}{4}\cos^{n-4}u\sin^4 u - \cdots\ ,$$
$$\mathfrak{Cos}\,nu = \mathfrak{Cos}^n u + \binom{n}{2}\mathfrak{Cos}^{n-2}n\,\mathfrak{Sin}^2 u + \binom{n}{4}\mathfrak{Cos}^{n-4}u\,\mathfrak{Sin}^4 u + \cdots\ ,$$
$$\sin nu = \binom{n}{1}\cos^{n-1}u\sin u - \binom{n}{3}\cos^{n-3}u\sin^3 u + \binom{n}{5}\cos^{n-5}u\sin^5 u - \cdots\ ,$$
$$\mathfrak{Sin}\,nu = \binom{n}{1}\mathfrak{Cos}^{n-1}u\,\mathfrak{Sin}\,u + \binom{n}{3}\mathfrak{Cos}^{n-3}u\,\mathfrak{Sin}^3 u + \binom{n}{5}\mathfrak{Cos}^{n-5}u\,\mathfrak{Sin}^5 u + \cdots\ .$$

$$(265)$$

$$\cos u = \cos u \qquad\qquad\qquad \mathfrak{Cos}\,u = \mathfrak{Cos}\,u$$
$$\cos 2u = -1 + 2\cos^2 u \qquad\qquad \mathfrak{Cos}\,2u = -1 + 2\mathfrak{Cos}^2 u$$
$$\cos 3u = \cos u\,(-3 + 4\cos^2 u) \qquad \mathfrak{Cos}\,3u = \mathfrak{Cos}\,u\,(-3 + 4\mathfrak{Cos}^2 u)$$
$$\cos 4u = 1 - 8\cos^2 u + 8\cos^4 u \qquad \mathfrak{Cos}\,4u = 1 - 8\mathfrak{Cos}^2 u + 8\mathfrak{Cos}^4 u$$
$$\cos 5u = \cos u\,(5 - 20\cos^2 u + 16\cos^4 u)\,, \quad \mathfrak{Cos}\,5u = \mathfrak{Cos}\,u\,(5 - 20\mathfrak{Cos}^2 u + 16\mathfrak{Cos}^4 u)\,,$$
$$\cos 6u = -1 + 18\cos^2 u - 48\cos^4 u + 32\cos^6 u \qquad \mathfrak{Cos}\,6u = -1 + 18\mathfrak{Cos}^2 u - 48\mathfrak{Cos}^4 u + 32\mathfrak{Cos}^6 u$$
$$\cos 7u = \cos u\,(-7 + 56\cos^2 u - 112\cos^4 u + 64\cos^6 u)\,, \qquad \mathfrak{Cos}\,7u = \mathfrak{Cos}\,u\,(-7 + 56\mathfrak{Cos}^2 u - 112\mathfrak{Cos}^4 u + 64\mathfrak{Cos}^6 u)\,,$$
$$\cos 8u = 1 - 32\cos^2 u + 160\cos^4 u - 256\cos^6 u + 128\cos^8 u\,, \qquad \mathfrak{Cos}\,8u = 1 - 32\mathfrak{Cos}^2 u + 160\mathfrak{Cos}^4 u - 256\mathfrak{Cos}^6 u + 128\mathfrak{Cos}^8 u\,.$$

$$(266)$$

$$
\begin{aligned}
\sin u &= \sin u \\
\sin 2u &= \sin u \cos u \cdot 2 \\
\sin 3u &= \sin u\,(-1 + 4\cos^2 u) \\
\sin 4u &= \sin u \cos u\,(-4 + 8\cos^2 u) \\
\sin 5u &= \sin u\,(1 - 12\cos^2 u + 16\cos^4 u) \\
\sin 6u &= \sin u \cos u\,(6 - 32\cos^2 u + 32\cos^4 u) \\
\sin 7u &= \sin u\,(-1 + 24\cos^2 u - 80\cos^4 u + 64\cos^6 u) \\
\sin 8u &= \sin u \cos u\,(-8 + 80\cos^2 u - 192\cos^4 u + 128\cos^6 u)
\end{aligned}
$$

$$
\begin{aligned}
\mathfrak{Sin}\, u &= \mathfrak{Sin}\, u \\
\mathfrak{Sin}\, 2u &= \mathfrak{Sin}\, u\, \mathfrak{Cof}\, u \cdot 2 \\
\mathfrak{Sin}\, 3u &= \mathfrak{Sin}\, u\,(-1 + 4\mathfrak{Cof}^2 u) \\
\mathfrak{Sin}\, 4u &= \mathfrak{Sin}\, u\, \mathfrak{Cof}\, u\,(-4 + 8\mathfrak{Cof}^2 u) \\
\mathfrak{Sin}\, 5u &= \mathfrak{Sin}\, u\,(1 - 12\mathfrak{Cof}^2 u + 16\mathfrak{Cof}^4 u) \\
\mathfrak{Sin}\, 6u &= \mathfrak{Sin}\, u\, \mathfrak{Cof}\, u\,(6 - 32\mathfrak{Cof}^2 u + 32\mathfrak{Cof}^4 u) \\
\mathfrak{Sin}\, 7u &= \mathfrak{Sin}\, u\,(-1 + 24\mathfrak{Cof}^2 u - 80\mathfrak{Cof}^4 u + 64\mathfrak{Cof}^6 u) \\
\mathfrak{Sin}\, 8u &= \mathfrak{Sin}\, u\, \mathfrak{Cof}\, u\,(-8 + 80\mathfrak{Cof}^2 u - 192\mathfrak{Cof}^4 u + 128\mathfrak{Cof}^6 u)
\end{aligned}
\tag{267}
$$

$$
\begin{aligned}
\cos u &= \cos u \\
\cos^2 u &= \tfrac{1}{2} + \tfrac{1}{2}\cos 2u \\
\cos^3 u &= \tfrac{3}{4}\cos u + \tfrac{1}{4}\cos 3u \\
\cos^4 u &= \tfrac{3}{8} + \tfrac{1}{2}\cos 2u + \tfrac{1}{8}\cos 4u \\
\cos^5 u &= \tfrac{5}{8}\cos u + \tfrac{5}{16}\cos 3u + \tfrac{1}{16}\cos 5u \\
\cos^6 u &= \tfrac{5}{16} + \tfrac{15}{32}\cos 2u + \tfrac{3}{16}\cos 4u + \tfrac{1}{32}\cos 6u \\
\cos^7 u &= \tfrac{35}{64}\cos u + \tfrac{21}{64}\cos 3u + \tfrac{7}{64}\cos 5u + \tfrac{1}{64}\cos 7u \\
\cos^8 u &= \tfrac{35}{128} + \tfrac{7}{16}\cos 2u + \tfrac{7}{32}\cos 4u + \tfrac{1}{16}\cos 6u + \tfrac{1}{128}\cos 8u
\end{aligned}
$$

$$
\begin{aligned}
\mathfrak{Cof}\, u &= \mathfrak{Cof}\, u \\
\mathfrak{Cof}^2 u &= \tfrac{1}{2} + \tfrac{1}{2}\mathfrak{Cof}\, 2u \\
\mathfrak{Cof}^3 u &= \tfrac{3}{4}\mathfrak{Cof}\, u + \tfrac{1}{4}\mathfrak{Cof}\, 3u \\
\mathfrak{Cof}^4 u &= \tfrac{3}{8} + \tfrac{1}{2}\mathfrak{Cof}\, 2u + \tfrac{1}{8}\mathfrak{Cof}\, 4u \\
\mathfrak{Cof}^5 u &= \tfrac{5}{8}\mathfrak{Cof}\, u + \tfrac{5}{16}\mathfrak{Cof}\, 3u + \tfrac{1}{16}\mathfrak{Cof}\, 5u \\
\mathfrak{Cof}^6 u &= \tfrac{5}{16} + \tfrac{15}{32}\mathfrak{Cof}\, 2u + \tfrac{3}{16}\mathfrak{Cof}\, 4u + \tfrac{1}{32}\mathfrak{Cof}\, 6u \\
\mathfrak{Cof}^7 u &= \tfrac{35}{64}\mathfrak{Cof}\, u + \tfrac{21}{64}\mathfrak{Cof}\, 3u + \tfrac{7}{64}\mathfrak{Cof}\, 5u + \tfrac{1}{64}\mathfrak{Cof}\, 7u \\
\mathfrak{Cof}^8 u &= \tfrac{35}{128} + \tfrac{7}{16}\mathfrak{Cof}\, 2u + \tfrac{7}{32}\mathfrak{Cof}\, 4u + \tfrac{1}{16}\mathfrak{Cof}\, 6u + \tfrac{1}{128}\mathfrak{Cof}\, 8u
\end{aligned}
\tag{268}
$$

$$
\begin{aligned}
\sin u &= \sin u \\
\sin^2 u &= \tfrac{1}{2} - \tfrac{1}{2}\cos 2u \\
\sin^3 u &= \tfrac{3}{4}\sin u - \tfrac{1}{4}\sin 3u \\
\sin^4 u &= \tfrac{3}{8} - \tfrac{1}{2}\cos 2u + \tfrac{1}{8}\cos 4u \\
\sin^5 u &= \tfrac{5}{8}\sin u - \tfrac{5}{16}\sin 3u + \tfrac{1}{16}\sin 5u \\
\sin^6 u &= \tfrac{5}{16} - \tfrac{15}{32}\cos 2u + \tfrac{3}{16}\cos 4u - \tfrac{1}{32}\cos 6u \\
\sin^7 u &= \tfrac{35}{64}\sin u - \tfrac{21}{64}\sin 3u + \tfrac{7}{64}\sin 5u - \tfrac{1}{64}\sin 7u \\
\sin^8 u &= \tfrac{35}{128} - \tfrac{7}{16}\cos 2u + \tfrac{7}{32}\cos 4u - \tfrac{1}{16}\cos 6u + \tfrac{1}{128}\cos 8u
\end{aligned}
$$

$$
\begin{aligned}
\mathfrak{Sin}\, u &= \mathfrak{Sin}\, u \\
\mathfrak{Sin}^2 u &= -\tfrac{1}{2} + \tfrac{1}{2}\mathfrak{Cof}\, 2u \\
\mathfrak{Sin}^3 u &= -\tfrac{3}{4}\mathfrak{Sin}\, u + \tfrac{1}{4}\mathfrak{Sin}\, 3u \\
\mathfrak{Sin}^4 u &= \tfrac{3}{8} - \tfrac{1}{2}\mathfrak{Cof}\, 2u + \tfrac{1}{8}\mathfrak{Cof}\, 4u \\
\mathfrak{Sin}^5 u &= \tfrac{5}{8}\mathfrak{Sin}\, u - \tfrac{5}{16}\mathfrak{Sin}\, 3u + \tfrac{1}{16}\mathfrak{Sin}\, 5u \\
\mathfrak{Sin}^6 u &= -\tfrac{5}{16} + \tfrac{15}{32}\mathfrak{Cof}\, 2u - \tfrac{3}{16}\mathfrak{Cof}\, 4u + \tfrac{1}{32}\mathfrak{Cof}\, 6u \\
\mathfrak{Sin}^7 u &= -\tfrac{35}{64}\mathfrak{Sin}\, u + \tfrac{21}{64}\mathfrak{Sin}\, 3u - \tfrac{7}{64}\mathfrak{Sin}\, 5u + \tfrac{1}{64}\mathfrak{Sin}\, 7u \\
\mathfrak{Sin}^8 u &= \tfrac{35}{128} - \tfrac{7}{16}\mathfrak{Cof}\, 2u + \tfrac{7}{32}\mathfrak{Cof}\, 4u - \tfrac{1}{16}\mathfrak{Cof}\, 6u + \tfrac{1}{128}\mathfrak{Cof}\, 8u
\end{aligned}
\tag{269}
$$

e) Funktionen des halben Arguments.

$$\cos \frac{u}{2} = \sqrt{\frac{1}{2}\left(1+\cos u\right)} = \frac{\sin u}{\sqrt{2\left(1-\cos u\right)}} \quad , \qquad \mathfrak{Cof}\,\frac{u}{2} = \sqrt{\frac{1}{2}\left(\mathfrak{Cof}\,u + 1\right)} = \frac{\mathfrak{Sin}\,u}{\sqrt{2\left(\mathfrak{Cof}\,u - 1\right)}} \;,$$

$$\sin \frac{u}{2} = \sqrt{\frac{1}{2}\left(1-\cos u\right)} = \frac{\sin u}{\sqrt{2\left(1+\cos u\right)}} \quad , \qquad \mathfrak{Sin}\,\frac{u}{2} = \sqrt{\frac{1}{2}\left(\mathfrak{Cof}\,u - 1\right)} = \frac{\mathfrak{Sin}\,u}{\sqrt{2\left(\mathfrak{Cof}\,u + 1\right)}} \;,$$

$$\operatorname{tang} \frac{u}{2} = \sqrt{\frac{1-\cos u}{1+\cos u}} = \frac{\sin u}{1+\cos u} = \frac{1-\cos u}{\sin u}\;, \qquad \mathfrak{Tang}\,\frac{u}{2} = \sqrt{\frac{\mathfrak{Cof}\,u - 1}{\mathfrak{Cof}\,u + 1}} = \frac{\mathfrak{Sin}\,u}{\mathfrak{Cof}\,u + 1} = \frac{\mathfrak{Cof}\,u - 1}{\mathfrak{Sin}\,u}\;,$$

$$\operatorname{cotg} \frac{u}{2} = \sqrt{\frac{1+\cos u}{1-\cos u}} = \frac{1+\cos u}{\sin u} = \frac{\sin u}{1-\cos u}\;, \qquad \mathfrak{Cotg}\,\frac{u}{2} = \sqrt{\frac{\mathfrak{Cof}\,u + 1}{\mathfrak{Cof}\,u - 1}} = \frac{\mathfrak{Cof}\,u + 1}{\mathfrak{Sin}\,u} = \frac{\mathfrak{Sin}\,u}{\mathfrak{Cof}\,u - 1}\;. \tag{270}$$

$$\sin u = \frac{2\operatorname{tang}\frac{u}{2}}{1+\operatorname{tang}^2\frac{u}{2}} = \frac{2\operatorname{cotg}\frac{u}{2}}{\operatorname{cotg}^2\frac{u}{2}+1} \quad , \qquad \mathfrak{Sin}\,u = \frac{2\,\mathfrak{Tang}\,\frac{u}{2}}{1-\mathfrak{Tang}^2\frac{u}{2}} = \frac{2\,\mathfrak{Cotg}\,\frac{u}{2}}{\mathfrak{Cotg}^2\frac{u}{2}-1} \;,$$

$$\cos u = \frac{1-\operatorname{tang}^2\frac{u}{2}}{1+\operatorname{tang}^2\frac{u}{2}} = \frac{\operatorname{cotg}^2\frac{u}{2}-1}{\operatorname{cotg}^2\frac{u}{2}+1} \quad , \qquad \mathfrak{Cof}\,u = \frac{1+\mathfrak{Tang}^2\frac{u}{2}}{1-\mathfrak{Tang}^2\frac{u}{2}} = \frac{\mathfrak{Cotg}^2\frac{u}{2}+1}{\mathfrak{Cotg}^2\frac{u}{2}-1} \;,$$

$$\operatorname{tang} u = \frac{2\operatorname{tang}\frac{u}{2}}{1-\operatorname{tang}^2\frac{u}{2}} = \frac{2\operatorname{cotg}\frac{u}{2}}{\operatorname{cotg}^2\frac{u}{2}-1} \quad , \qquad \mathfrak{Tang}\,u = \frac{2\,\mathfrak{Tang}\,\frac{u}{2}}{1+\mathfrak{Tang}^2\frac{u}{2}} = \frac{2\,\mathfrak{Cotg}\,\frac{u}{2}}{\mathfrak{Cotg}^2\frac{u}{2}+1} \;,$$

$$\operatorname{cotg} u = \frac{1-\operatorname{tang}^2\frac{u}{2}}{2\operatorname{tang}\frac{u}{2}} = \frac{\operatorname{cotg}^2\frac{u}{2}-1}{2\operatorname{cotg}\frac{u}{2}} \quad . \qquad \mathfrak{Cotg}\,u = \frac{1+\mathfrak{Tang}^2\frac{u}{2}}{2\,\mathfrak{Tang}\,\frac{u}{2}} = \frac{\mathfrak{Cotg}^2\frac{u}{2}+1}{2\,\mathfrak{Cotg}\,\frac{u}{2}} \;. \tag{271}$$

Durch elementare und elementare transzendente Funktionen ausdrückbare Integrale.

1. Integrale der Klasse $\displaystyle\int \frac{(a+bz)^{\lambda}}{(c+dz)^{\lambda+1}}\,dz$.

a) Algebraische Integrale.

Wie man durch Differentiation leicht bestätigt, ergibt sich

$$
\left.
\begin{aligned}
\int \frac{(a+bz)^{\lambda-1}}{(c+dz)^{\lambda+1}}\,dz &= \frac{1}{\lambda(bc-ad)}\left(\frac{a+bz}{c+dz}\right)^{\lambda}, \\[2mm]
\int \frac{z^{\lambda-1}}{(1\pm z)^{\lambda+1}}\,dz &= \frac{1}{\lambda}\left(\frac{z}{1\pm z}\right)^{\lambda}, \\[2mm]
\int \frac{(1\pm z)^{\lambda-1}}{z^{\lambda+1}}\,dz &= -\frac{1}{\lambda}\left(\frac{1\pm z}{z}\right)^{\lambda}.
\end{aligned}
\right\}
\tag{1}
$$

Diese Integralformeln gelten für beliebige ganzzahlige, gebrochene oder irrationale Parameterwerte λ mit Ausnahme von $\lambda=0$.

In Anwendung auf die ganzzahligen Parameterwerte $\lambda=1,\,2,\,3,\,4,\,5$ erhält man

$$
\left.
\begin{aligned}
\int \frac{1}{(c+dz)^2}\,dz &= \frac{1}{(bc-ad)}\frac{a+bz}{c+dz}, &
\int \frac{1}{(1\pm z)^2}\,dz &= \frac{z}{1\pm z}, &
\int \frac{1}{z^2}\,dz &= -\frac{1\pm z}{z}, \\[2mm]
\int \frac{a+bz}{(c+dz)^3}\,dz &= \frac{1}{2(bc-ad)}\left(\frac{a+bz}{c+dz}\right)^2, &
\int \frac{z}{(1\pm z)^3}\,dz &= \frac{1}{2}\left(\frac{z}{1\pm z}\right)^2, &
\int \frac{1\pm z}{z^3}\,dz &= -\frac{1}{2}\left(\frac{1\pm z}{z}\right)^2, \\[2mm]
\int \frac{(a+bz)^2}{(c+dz)^4}\,dz &= \frac{1}{3(bc-ad)}\left(\frac{a+bz}{c+dz}\right)^3, &
\int \frac{z^2}{(1\pm z)^4}\,dz &= \frac{1}{3}\left(\frac{z}{1\pm z}\right)^3, &
\int \frac{(1\pm z)^2}{z^4}\,dz &= -\frac{1}{3}\left(\frac{1\pm z}{z}\right)^3, \\[2mm]
\int \frac{(a+bz)^3}{(c+dz)^5}\,dz &= \frac{1}{4(bc-ad)}\left(\frac{a+bz}{c+dz}\right)^4, &
\int \frac{z^3}{(1\pm z)^5}\,dz &= \frac{1}{4}\left(\frac{z}{1\pm z}\right)^4, &
\int \frac{(1\pm z)^3}{z^5}\,dz &= -\frac{1}{4}\left(\frac{1\pm z}{z}\right)^4, \\[2mm]
\int \frac{(a+bz)^4}{(c+dz)^6}\,dz &= \frac{1}{5(bc-ad)}\left(\frac{a+bz}{c+dz}\right)^5, &
\int \frac{z^4}{(1\pm z)^6}\,dz &= \frac{1}{5}\left(\frac{z}{1\pm z}\right)^5, &
\int \frac{(1\pm z)^4}{z^6}\,dz &= -\frac{1}{5}\left(\frac{1\pm z}{z}\right)^5.
\end{aligned}
\right\}
\tag{2}
$$

Ferner folgt für einige gebrochene Parameterwerte

$$
\left.
\begin{aligned}
\int \frac{dz}{\sqrt{(a+bz)(c+dz)^3}} &= \frac{2}{bc-ad}\sqrt{\frac{a+bz}{c+dz}}, &
\int \frac{dz}{(1\pm z)\sqrt{z(1\pm z)}} &= 2\sqrt{\frac{z}{1\pm z}}, &
\int \frac{dz}{z\sqrt{z(1\pm z)}} &= -2\sqrt{\frac{1\pm z}{z}}, \\[2mm]
\int \frac{\sqrt{a+bz}\,dz}{(c+dz)^2\sqrt{c+dz}} &= \frac{2}{3(bc-ad)}\left(\frac{a+bz}{c+dz}\right)^{\frac{3}{2}}, &
\int \frac{\sqrt{z}\,dz}{(1\pm z)^2\sqrt{1\pm z}} &= \frac{2}{3}\left(\frac{z}{1\pm z}\right)^{\frac{3}{2}}, &
\int \frac{\sqrt{1\pm z}\,dz}{z^2\sqrt{z}} &= -\frac{2}{3}\left(\frac{1\pm z}{z}\right)^{\frac{3}{2}}, \\[2mm]
\int \frac{(a+bz)\sqrt{a+bz}\,dz}{(c+dz)^3\sqrt{c+dz}} &= \frac{2}{5(bc-ad)}\left(\frac{a+bz}{c+dz}\right)^{\frac{5}{2}}, &
\int \frac{z\sqrt{z}\,dz}{(1\pm z)^3\sqrt{1\pm z}} &= \frac{2}{5}\left(\frac{z}{1\pm z}\right)^{\frac{5}{2}}, &
\int \frac{(1\pm z)\sqrt{1\pm z}\,dz}{z^3\sqrt{z}} &= -\frac{2}{5}\left(\frac{1\pm z}{z}\right)^{\frac{5}{2}}.
\end{aligned}
\right\}
\tag{3}
$$

$$
\left.
\begin{aligned}
\int \frac{dz}{\sqrt[3]{(a+bz)^2(c+dz)^4}} &= \frac{3}{bc-ad}\sqrt[3]{\frac{a+bz}{c+dz}}, &
\int \frac{dz}{\sqrt[3]{z^2(1\pm z)^4}} &= 3\sqrt[3]{\frac{z}{1\pm z}}, &
\int \frac{dz}{\sqrt[3]{z^4(1\pm z)^2}} &= -3\sqrt[3]{\frac{1\pm z}{z}}, \\[2mm]
\int \frac{dz}{\sqrt[3]{(a+bz)(c+dz)^5}} &= \frac{3}{2(bc-ad)}\sqrt[3]{\left(\frac{a+bz}{c+dz}\right)^2}, &
\int \frac{dz}{\sqrt[3]{z(1\pm z)^5}} &= \frac{3}{2}\sqrt[3]{\left(\frac{z}{1\pm z}\right)^2}, &
\int \frac{dz}{\sqrt[3]{z^5(1\pm z)}} &= -\frac{3}{2}\sqrt[3]{\left(\frac{1\pm z}{z}\right)^2}.
\end{aligned}
\right\}
\tag{4}
$$

$$
\left.
\begin{aligned}
\int \frac{dz}{\sqrt[4]{(a+bz)^3(c+dz)^5}} &= \frac{4}{bc-ad}\sqrt[4]{\frac{a+bz}{c+dz}}, &
\int \frac{dz}{\sqrt[4]{z^3(1\pm z)^5}} &= 4\sqrt[4]{\frac{z}{1\pm z}}, &
\int \frac{dz}{\sqrt[4]{z^5(1\pm z)^3}} &= -4\sqrt[4]{\frac{1\pm z}{z}}, \\[2mm]
\int \frac{dz}{\sqrt[4]{(a+bz)(c+dz)^7}} &= \frac{4}{3(bc-ad)}\sqrt[4]{\left(\frac{a+bz}{c+dz}\right)^3}, &
\int \frac{dz}{\sqrt[4]{z(1\pm z)^7}} &= \frac{4}{3}\sqrt[4]{\left(\frac{z}{1\pm z}\right)^3}, &
\int \frac{dz}{\sqrt[4]{z^7(1\pm z)}} &= -\frac{4}{3}\sqrt[4]{\left(\frac{1\pm z}{z}\right)^3}.
\end{aligned}
\right\}
\tag{5}
$$

b) Trigonometrische Integrale.

Werden in (1) die neuen Veränderlichen

$$z = \sin\zeta\,, \quad dz = \cos\zeta\, d\zeta \qquad \text{bzw.}\quad z = \cos\zeta\,, \qquad dz = -\sin\zeta\, d\zeta$$

eingeführt, so ergeben sich die trigonometrischen Darstellungen

$$
\left.
\begin{aligned}
&\int \frac{(a+b\sin\zeta)^{\lambda-1}\cos\zeta}{(c+d\sin\zeta)^{\lambda+1}}\, d\zeta = \frac{1}{\lambda(bc-ad)}\left(\frac{a+b\sin\zeta}{c+d\sin\zeta}\right)^{\lambda}\,, &&
\int \frac{(a+b\cos\zeta)^{\lambda-1}\sin\zeta}{(c+d\cos\zeta)^{\lambda+1}}\, d\zeta = \frac{1}{\lambda(ad-bc)}\left(\frac{a+b\cos\zeta}{c+d\cos\zeta}\right)^{\lambda}\,, \\[2mm]
&\int \frac{\sin^{\lambda-1}\zeta\,\cos\zeta}{(1\pm\sin\zeta)^{\lambda+1}}\, d\zeta = \frac{1}{\lambda}\left(\frac{\sin\zeta}{1\pm\sin\zeta}\right)^{\lambda} &&
\int \frac{\cos^{\lambda-1}\zeta\,\sin\zeta}{(1\pm\cos\zeta)^{\lambda+1}}\, d\zeta = -\frac{1}{\lambda}\left(\frac{\cos\zeta}{1\pm\cos\zeta}\right)^{\lambda}\,, \\[2mm]
&\int \frac{(1\pm\sin\zeta)^{\lambda-1}\cos\zeta}{\sin^{\lambda+1}\zeta}\, d\zeta = -\frac{1}{\lambda}\left(\frac{1\pm\sin\zeta}{\sin\zeta}\right)^{\lambda} &&
\int \frac{(1\pm\cos\zeta)^{\lambda-1}\sin\zeta}{\cos^{\lambda+1}\zeta}\, d\zeta = \frac{1}{\lambda}\left(\frac{1\pm\cos\zeta}{\cos\zeta}\right)^{\lambda}\,.
\end{aligned}
\right\} \quad (6)
$$

Hieraus folgt für die ganzzahligen Parameterwerte $\lambda = 1, 2, 3, 4, 5$

$$
\left.
\begin{aligned}
&\int \frac{\cos\zeta}{(c+d\sin\zeta)^2}\, d\zeta = \frac{1}{(bc-ad)}\frac{a+b\sin\zeta}{c+d\sin\zeta}\,, &&
\int \frac{\sin\zeta}{(c+d\cos\zeta)^2}\, d\zeta = \frac{1}{(ad-bc)}\frac{a+b\cos\zeta}{c+d\cos\zeta}\,, \\[2mm]
&\int \frac{(a+b\sin\zeta)\cos\zeta}{(c+d\sin\zeta)^3}\, d\zeta = \frac{1}{2(bc-ad)}\left(\frac{a+b\sin\zeta}{c+d\sin\zeta}\right)^2\,, &&
\int \frac{(a+b\cos\zeta)\sin\zeta}{(c+d\cos\zeta)^3}\, d\zeta = \frac{1}{2(ad-bc)}\left(\frac{a+b\cos\zeta}{c+d\cos\zeta}\right)^2\,, \\[2mm]
&\int \frac{(a+b\sin\zeta)^2\cos\zeta}{(c+d\sin\zeta)^4}\, d\zeta = \frac{1}{3(bc-ad)}\left(\frac{a+b\sin\zeta}{c+d\sin\zeta}\right)^3\,, &&
\int \frac{(a+b\cos\zeta)^2\sin\zeta}{(c+d\cos\zeta)^4}\, d\zeta = \frac{1}{3(ad-bc)}\left(\frac{a+b\cos\zeta}{c+d\cos\zeta}\right)^3\,, \\[2mm]
&\int \frac{(a+b\sin\zeta)^3\cos\zeta}{(c+d\sin\zeta)^5}\, d\zeta = \frac{1}{4(bc-ad)}\left(\frac{a+b\sin\zeta}{c+d\sin\zeta}\right)^4\,, &&
\int \frac{(a+b\cos\zeta)^3\sin\zeta}{(c+d\cos\zeta)^5}\, d\zeta = \frac{1}{4(ad-bc)}\left(\frac{a+b\cos\zeta}{c+d\cos\zeta}\right)^4\,, \\[2mm]
&\int \frac{(a+b\sin\zeta)^4\cos\zeta}{(c+d\sin\zeta)^6}\, d\zeta = \frac{1}{5(bc-ad)}\left(\frac{a+b\sin\zeta}{c+d\sin\zeta}\right)^5\,, &&
\int \frac{(a+b\cos\zeta)^4\sin\zeta}{(c+d\cos\zeta)^6}\, d\zeta = \frac{1}{5(ad-bc)}\left(\frac{a+b\cos\zeta}{c+d\cos\zeta}\right)^5\,.
\end{aligned}
\right\} \quad (7)
$$

$$
\left.
\begin{aligned}
&\int \frac{\cos\zeta}{(1\pm\sin\zeta)^2}\, d\zeta = \frac{\sin\zeta}{1\pm\sin\zeta}\,, &&
\int \frac{\sin\zeta}{(1\pm\cos\zeta)^2}\, d\zeta = -\frac{\cos\zeta}{1\pm\cos\zeta}\,, \\[2mm]
&\int \frac{\sin\zeta\cos\zeta}{(1\pm\sin\zeta)^3}\, d\zeta = \frac{1}{2}\left(\frac{\sin\zeta}{1\pm\sin\zeta}\right)^2\,, &&
\int \frac{\cos\zeta\sin\zeta}{(1\pm\cos\zeta)^3}\, d\zeta = -\frac{1}{2}\left(\frac{\cos\zeta}{1\pm\cos\zeta}\right)^2\,, \\[2mm]
&\int \frac{\sin^2\zeta\cos\zeta}{(1\pm\sin\zeta)^4}\, d\zeta = \frac{1}{3}\left(\frac{\sin\zeta}{1\pm\sin\zeta}\right)^3\,, &&
\int \frac{\cos^2\zeta\sin\zeta}{(1\pm\cos\zeta)^4}\, d\zeta = -\frac{1}{3}\left(\frac{\cos\zeta}{1\pm\cos\zeta}\right)^3\,, \\[2mm]
&\int \frac{\sin^3\zeta\cos\zeta}{(1\pm\sin\zeta)^5}\, d\zeta = \frac{1}{4}\left(\frac{\sin\zeta}{1\pm\sin\zeta}\right)^4\,, &&
\int \frac{\cos^3\zeta\sin\zeta}{(1\pm\cos\zeta)^5}\, d\zeta = -\frac{1}{4}\left(\frac{\cos\zeta}{1\pm\cos\zeta}\right)^4\,, \\[2mm]
&\int \frac{\sin^4\zeta\cos\zeta}{(1\pm\sin\zeta)^6}\, d\zeta = \frac{1}{5}\left(\frac{\sin\zeta}{1\pm\sin\zeta}\right)^5\,, &&
\int \frac{\cos^4\zeta\sin\zeta}{(1\pm\cos\zeta)^6}\, d\zeta = -\frac{1}{5}\left(\frac{\cos\zeta}{1\pm\cos\zeta}\right)^5\,,
\end{aligned}
\right\} \quad (8)
$$

$$
\left.
\begin{aligned}
&\int \frac{\cos\zeta}{\sin^2\zeta}\, d\zeta = -\frac{1\pm\sin\zeta}{\sin\zeta}\,, &&
\int \frac{\sin\zeta}{\cos^2\zeta}\, d\zeta = \frac{1\pm\cos\zeta}{\cos\zeta}\,, \\[2mm]
&\int \frac{(1\pm\sin\zeta)\cos\zeta}{\sin^3\zeta}\, d\zeta = -\frac{1}{2}\left(\frac{1\pm\sin\zeta}{\sin\zeta}\right)^2\,, &&
\int \frac{(1\pm\cos\zeta)\sin\zeta}{\cos^3\zeta}\, d\zeta = \frac{1}{2}\left(\frac{1\pm\cos\zeta}{\cos\zeta}\right)^2\,, \\[2mm]
&\int \frac{(1\pm\sin\zeta)^2\cos\zeta}{\sin^4\zeta}\, d\zeta = -\frac{1}{3}\left(\frac{1\pm\sin\zeta}{\sin\zeta}\right)^3\,, &&
\int \frac{(1\pm\cos\zeta)^2\sin\zeta}{\cos^4\zeta}\, d\zeta = \frac{1}{3}\left(\frac{1\pm\cos\zeta}{\cos\zeta}\right)^3\,, \\[2mm]
&\int \frac{(1\pm\sin\zeta)^3\cos\zeta}{\sin^5\zeta}\, d\zeta = -\frac{1}{4}\left(\frac{1\pm\sin\zeta}{\sin\zeta}\right)^4\,, &&
\int \frac{(1\pm\cos\zeta)^3\sin\zeta}{\cos^5\zeta}\, d\zeta = \frac{1}{4}\left(\frac{1\pm\cos\zeta}{\cos\zeta}\right)^4\,, \\[2mm]
&\int \frac{(1\pm\sin\zeta)^4\cos\zeta}{\sin^6\zeta}\, d\zeta = -\frac{1}{5}\left(\frac{1\pm\sin\zeta}{\sin\zeta}\right)^5\,. &&
\int \frac{(1\pm\cos\zeta)^4\sin\zeta}{\cos^6\zeta}\, d\zeta = \frac{1}{5}\left(\frac{1\pm\cos\zeta}{\cos\zeta}\right)^5\,.
\end{aligned}
\right\} \quad (9)
$$

Werden unter Zugrundelegung des unteren Vorzeichens in den beiden unteren der Gln (1) die neuen Veränderlichen

$$z = \sin^2\zeta\,, \qquad dz = 2\sin\zeta\cos\zeta\, d\zeta \qquad \text{bzw.}\quad z = \cos^2\zeta\,, \qquad dz = -2\cos\zeta\sin\zeta\, d\zeta$$

eingeführt, so erhält man

$$\int \frac{\sin^{2\lambda-1}\zeta}{\cos^{2\lambda+1}\zeta}\, d\zeta = \frac{1}{2\lambda}\,\mathrm{tang}^{2\lambda}\zeta\,, \qquad\qquad \int \frac{\cos^{2\lambda-1}\zeta}{\sin^{2\lambda+1}\zeta}\, d\zeta = -\frac{1}{2\lambda}\,\mathrm{cotg}^{2\lambda}\zeta\,. \tag{10}$$

Die Anwendung auf die ganzzahligen Parameterwerte $\lambda = 1, 2, 3, 4, 5$ **ergibt**

$$\left.\begin{aligned}
&\int \frac{\sin\zeta}{\cos^3\zeta}\,d\zeta = \frac{1}{2}\operatorname{tang}^2\zeta\;, && \int \frac{\cos\zeta}{\sin^3\zeta}\,d\zeta = -\frac{1}{2}\operatorname{cotg}^2\zeta\;,\\
&\int \frac{\sin^3\zeta}{\cos^5\zeta}\,d\zeta = \frac{1}{4}\operatorname{tang}^4\zeta\;, && \int \frac{\cos^3\zeta}{\sin^5\zeta}\,d\zeta = -\frac{1}{4}\operatorname{cotg}^4\zeta\;,\\
&\int \frac{\sin^5\zeta}{\cos^7\zeta}\,d\zeta = \frac{1}{6}\operatorname{tang}^6\zeta\;, && \int \frac{\cos^5\zeta}{\sin^7\zeta}\,d\zeta = -\frac{1}{6}\operatorname{cotg}^6\zeta\;,\\
&\int \frac{\sin^7\zeta}{\cos^9\zeta}\,d\zeta = \frac{1}{8}\operatorname{tang}^8\zeta\;, && \int \frac{\cos^7\zeta}{\sin^9\zeta}\,d\zeta = -\frac{1}{8}\operatorname{cotg}^8\zeta\;,\\
&\int \frac{\sin^9\zeta}{\cos^{11}\zeta}\,d\zeta = \frac{1}{10}\operatorname{tang}^{10}\zeta\,, && \int \frac{\cos^9\zeta}{\sin^{11}\zeta}\,d\zeta = -\frac{1}{10}\operatorname{cotg}^{10}\zeta\;.
\end{aligned}\right\} \quad (11)$$

die halbzahligen Parameterwerte $\lambda = \frac{1}{2}, \frac{3}{2}, \frac{5}{2}, \frac{7}{2}, \frac{9}{2}$ **liefern**

$$\left.\begin{aligned}
&\int \frac{1}{\cos^2\zeta}\,d\zeta = \operatorname{tang}\zeta\;, && \int \frac{1}{\sin^2\zeta}\,d\zeta = -\operatorname{cotg}\zeta\;,\\
&\int \frac{\sin^2\zeta}{\cos^4\zeta}\,d\zeta = \frac{1}{3}\operatorname{tang}^3\zeta\;, && \int \frac{\cos^2\zeta}{\sin^4\zeta}\,d\zeta = -\frac{1}{3}\operatorname{cotg}^3\zeta\;,\\
&\int \frac{\sin^4\zeta}{\cos^6\zeta}\,d\zeta = \frac{1}{5}\operatorname{tang}^5\zeta\;, && \int \frac{\cos^4\zeta}{\sin^6\zeta}\,d\zeta = -\frac{1}{5}\operatorname{cotg}^5\zeta\;,\\
&\int \frac{\sin^6\zeta}{\cos^8\zeta}\,d\zeta = \frac{1}{7}\operatorname{tang}^7\zeta\;, && \int \frac{\cos^6\zeta}{\sin^8\zeta}\,d\zeta = -\frac{1}{7}\operatorname{cotg}^7\zeta\;,\\
&\int \frac{\sin^8\zeta}{\cos^{10}\zeta}\,d\zeta = \frac{1}{9}\operatorname{tang}^9\zeta\;, && \int \frac{\cos^8\zeta}{\sin^{10}\zeta}\,d\zeta = -\frac{1}{9}\operatorname{cotg}^9\zeta\;.
\end{aligned}\right\} \quad (12)$$

Unter Zugrundelegung des oberen Vorzeichens folgt aus den unteren der Gln (1) für $z = \sin^2\zeta$ bzw. $z = \cos^2\zeta$

$$\left.\begin{aligned}
&\int \frac{\sin^{2\lambda-1}\zeta\,\cos\zeta}{(1+\sin^2\zeta)^{\lambda+1}}\,d\zeta = \frac{1}{2\lambda}\left(\frac{\sin^2\zeta}{1+\sin^2\zeta}\right)^{\lambda}\;, && \int \frac{\cos^{2\lambda-1}\zeta\,\sin\zeta}{(1+\cos^2\zeta)^{\lambda+1}}\,d\zeta = -\frac{1}{2\lambda}\left(\frac{\cos^2\zeta}{1+\cos^2\zeta}\right)^{\lambda}\;,\\
&\int \frac{(1+\sin^2\zeta)^{\lambda-1}\cos\zeta}{\sin^{2\lambda+1}\zeta}\,d\zeta = -\frac{1}{2\lambda}\left(\frac{1+\sin^2\zeta}{\sin^2\zeta}\right)^{\lambda}, && \int \frac{(1+\cos^2\zeta)^{\lambda-1}\sin\zeta}{\cos^{2\lambda+1}\zeta}\,d\zeta = \frac{1}{2\lambda}\left(\frac{1+\cos^2\zeta}{\cos^2\zeta}\right)^{\lambda}\;.
\end{aligned}\right\} \quad (13)$$

Die Anwendung auf die ganzzahligen Parameterwerte $\lambda = 1, 2, 3, 4, 5$ **ergibt**

$$\left.\begin{aligned}
&\int \frac{\sin\zeta\,\cos\zeta}{(1+\sin^2\zeta)^2}\,d\zeta = \frac{1}{2}\left(\frac{\sin^2\zeta}{1+\sin^2\zeta}\right), && \int \frac{\cos\zeta\,\sin\zeta}{(1+\cos^2\zeta)^2}\,d\zeta = -\frac{1}{2}\left(\frac{\cos^2\zeta}{1+\cos^2\zeta}\right),\\
&\int \frac{\sin^3\zeta\,\cos\zeta}{(1+\sin^2\zeta)^3}\,d\zeta = \frac{1}{4}\left(\frac{\sin^2\zeta}{1+\sin^2\zeta}\right)^2, && \int \frac{\cos^3\zeta\,\sin\zeta}{(1+\cos^2\zeta)^3}\,d\zeta = -\frac{1}{4}\left(\frac{\cos^2\zeta}{1+\cos^2\zeta}\right)^2,\\
&\int \frac{\sin^5\zeta\,\cos\zeta}{(1+\sin^2\zeta)^4}\,d\zeta = \frac{1}{6}\left(\frac{\sin^2\zeta}{1+\sin^2\zeta}\right)^3, && \int \frac{\cos^5\zeta\,\sin\zeta}{(1+\cos^2\zeta)^4}\,d\zeta = -\frac{1}{6}\left(\frac{\cos^2\zeta}{1+\cos^2\zeta}\right)^3,\\
&\int \frac{\sin^7\zeta\,\cos\zeta}{(1+\sin^2\zeta)^5}\,d\zeta = \frac{1}{8}\left(\frac{\sin^2\zeta}{1+\sin^2\zeta}\right)^4, && \int \frac{\cos^7\zeta\,\sin\zeta}{(1+\cos^2\zeta)^5}\,d\zeta = -\frac{1}{8}\left(\frac{\cos^2\zeta}{1+\cos^2\zeta}\right)^4,\\
&\int \frac{\sin^9\zeta\,\cos\zeta}{(1+\sin^2\zeta)^6}\,d\zeta = \frac{1}{10}\left(\frac{\sin^2\zeta}{1+\sin^2\zeta}\right)^5, && \int \frac{\cos^9\zeta\,\sin\zeta}{(1+\cos^2\zeta)^6}\,d\zeta = -\frac{1}{10}\left(\frac{\cos^2\zeta}{1+\cos^2\zeta}\right)^5.
\end{aligned}\right\} \quad (14)$$

$$\left.\begin{aligned}
&\int \frac{\cos\zeta}{\sin^3\zeta}\,d\zeta = -\frac{1}{2}\frac{1+\sin^2\zeta}{\sin^2\zeta}\;, && \int \frac{\sin\zeta}{\cos^3\zeta}\,d\zeta = \frac{1}{2}\frac{1+\cos^2\zeta}{\cos^2\zeta}\;,\\
&\int \frac{(1+\sin^2\zeta)\cos\zeta}{\sin^5\zeta}\,d\zeta = -\frac{1}{4}\left(\frac{1+\sin^2\zeta}{\sin^2\zeta}\right)^2, && \int \frac{(1+\cos^2\zeta)\sin\zeta}{\cos^5\zeta}\,d\zeta = \frac{1}{4}\left(\frac{1+\cos^2\zeta}{\cos^2\zeta}\right)^2,\\
&\int \frac{(1+\sin^2\zeta)^2\cos\zeta}{\sin^7\zeta}\,d\zeta = -\frac{1}{6}\left(\frac{1+\sin^2\zeta}{\sin^2\zeta}\right)^3, && \int \frac{(1+\cos^2\zeta)^2\sin\zeta}{\cos^7\zeta}\,d\zeta = \frac{1}{6}\left(\frac{1+\cos^2\zeta}{\cos^2\zeta}\right)^3,\\
&\int \frac{(1+\sin^2\zeta)^3\cos\zeta}{\sin^9\zeta}\,d\zeta = -\frac{1}{8}\left(\frac{1+\sin^2\zeta}{\sin^2\zeta}\right)^4, && \int \frac{(1+\cos^2\zeta)^3\sin\zeta}{\cos^9\zeta}\,d\zeta = \frac{1}{8}\left(\frac{1+\cos^2\zeta}{\cos^2\zeta}\right)^4,\\
&\int \frac{(1+\sin^2\zeta)^4\cos\zeta}{\sin^{11}\zeta}\,d\zeta = -\frac{1}{10}\left(\frac{1+\sin^2\zeta}{\sin^2\zeta}\right)^5, && \int \frac{(1+\cos^2\zeta)^4\sin\zeta}{\cos^{11}\zeta}\,d\zeta = \frac{1}{10}\left(\frac{1+\cos^2\zeta}{\cos^2\zeta}\right)^5.
\end{aligned}\right\} \quad (15)$$

Für $\lambda = \frac{1}{2}$ und $\lambda = -\frac{1}{2}$ erhält man

$$\int \frac{\cos\zeta}{(1+\sin^2\zeta)^{\frac{3}{2}}}\,d\zeta = \frac{\sin\zeta}{\sqrt{1+\sin^2\zeta}}\,, \qquad\qquad \int \frac{\sin\zeta}{(1+\cos^2\zeta)^{\frac{3}{2}}}\,d\zeta = -\frac{\cos\zeta}{\sqrt{1+\cos^2\zeta}}\,,$$

$$\int \frac{\cos\zeta}{\sin^2\zeta\sqrt{1+\sin^2\zeta}}\,d\zeta = -\frac{\sqrt{1+\sin^2\zeta}}{\sin\zeta}\,, \qquad\qquad \int \frac{\sin\zeta}{\cos^2\zeta\sqrt{1+\cos^2\zeta}}\,d\zeta = \frac{\sqrt{1+\cos^2\zeta}}{\cos\zeta}\,. \tag{16}$$

c) Hyperbolische Integrale.

Durch Vertauschen von ζ mit $i\zeta$ gehen die trigonometrischen Integrale in die entsprechenden hyperbolischen Integrale über. Man erhält, wenn in den sinus-Integralen gleichzeitig b und d mit $-ib$ und $-id$ vertauscht werden,

$$\int \frac{(a+b\operatorname{Sin}\zeta)^{\lambda-1}\operatorname{Cof}\zeta}{(c+d\operatorname{Sin}\zeta)^{\lambda+1}}\,d\zeta = \frac{1}{\lambda(bc-ad)}\left(\frac{a+b\operatorname{Sin}\zeta}{c+d\operatorname{Sin}\zeta}\right)^{\lambda}, \qquad \int \frac{(a+b\operatorname{Cof}\zeta)^{\lambda-1}\operatorname{Sin}\zeta}{(c+d\operatorname{Cof}\zeta)^{\lambda+1}}\,d\zeta = \frac{1}{\lambda(bc-ad)}\left(\frac{a+b\operatorname{Cof}\zeta}{c+d\operatorname{Cof}\zeta}\right)^{\lambda},$$

$$\int \frac{\operatorname{Sin}^{\lambda-1}\zeta\operatorname{Cof}\zeta}{(1\pm\operatorname{Sin}\zeta)^{\lambda+1}}\,d\zeta = \frac{1}{\lambda}\left(\frac{\operatorname{Sin}\zeta}{1\pm\operatorname{Sin}\zeta}\right)^{\lambda}, \qquad\qquad \int \frac{\operatorname{Cof}^{\lambda-1}\zeta\operatorname{Sin}\zeta}{(1\pm\operatorname{Cof}\zeta)^{\lambda+1}}\,d\zeta = \frac{1}{\lambda}\left(\frac{\operatorname{Cof}\zeta}{1\pm\operatorname{Cof}\zeta}\right)^{\lambda}, \tag{17}$$

$$\int \frac{(1\pm\operatorname{Sin}\zeta)^{\lambda-1}\operatorname{Cof}\zeta}{\operatorname{Sin}^{\lambda+1}\zeta}\,d\zeta = -\frac{1}{\lambda}\left(\frac{1\pm\operatorname{Sin}\zeta}{\operatorname{Sin}\zeta}\right)^{\lambda}, \qquad\qquad \int \frac{(1\pm\operatorname{Cof}\zeta)^{\lambda-1}\operatorname{Sin}\zeta}{\operatorname{Cof}^{\lambda+1}\zeta}\,d\zeta = -\frac{1}{\lambda}\left(\frac{1\pm\operatorname{Cof}\zeta}{\operatorname{Cof}\zeta}\right)^{\lambda}.$$

$$\int \frac{\operatorname{Cof}\zeta}{(c+d\operatorname{Sin}\zeta)^2}\,d\zeta = \frac{1}{(bc-ad)}\frac{a+b\operatorname{Sin}\zeta}{c+d\operatorname{Sin}\zeta}, \qquad\qquad \int \frac{\operatorname{Sin}\zeta}{(c+d\operatorname{Cof}\zeta)^2}\,d\zeta = \frac{1}{(bc-ad)}\frac{a+b\operatorname{Cof}\zeta}{c+d\operatorname{Cof}\zeta},$$

$$\int \frac{(a+b\operatorname{Sin}\zeta)\operatorname{Cof}\zeta}{(c+d\operatorname{Sin}\zeta)^3}\,d\zeta = \frac{1}{2(bc-ad)}\left(\frac{a+b\operatorname{Sin}\zeta}{c+d\operatorname{Sin}\zeta}\right)^2, \qquad \int \frac{(a+b\operatorname{Cof}\zeta)\operatorname{Sin}\zeta}{(c+d\operatorname{Cof}\zeta)^3}\,d\zeta = \frac{1}{2(bc-ad)}\left(\frac{a+b\operatorname{Cof}\zeta}{c+d\operatorname{Cof}\zeta}\right)^2,$$

$$\int \frac{(a+b\operatorname{Sin}\zeta)^2\operatorname{Cof}\zeta}{(c+d\operatorname{Sin}\zeta)^4}\,d\zeta = \frac{1}{3(bc-ad)}\left(\frac{a+b\operatorname{Sin}\zeta}{c+d\operatorname{Sin}\zeta}\right)^3, \qquad \int \frac{(a+b\operatorname{Cof}\zeta)^2\operatorname{Sin}\zeta}{(c+d\operatorname{Cof}\zeta)^4}\,d\zeta = \frac{1}{3(bc-ad)}\left(\frac{a+b\operatorname{Cof}\zeta}{c+d\operatorname{Cof}\zeta}\right)^3, \tag{18}$$

$$\int \frac{(a+b\operatorname{Sin}\zeta)^3\operatorname{Cof}\zeta}{(c+d\operatorname{Sin}\zeta)^5}\,d\zeta = \frac{1}{4(bc-ad)}\left(\frac{a+b\operatorname{Sin}\zeta}{c+d\operatorname{Sin}\zeta}\right)^4, \qquad \int \frac{(a+b\operatorname{Cof}\zeta)^3\operatorname{Sin}\zeta}{(c+d\operatorname{Cof}\zeta)^5}\,d\zeta = \frac{1}{4(bc-ad)}\left(\frac{a+b\operatorname{Cof}\zeta}{c+d\operatorname{Cof}\zeta}\right)^4,$$

$$\int \frac{(a+b\operatorname{Sin}\zeta)^4\operatorname{Cof}\zeta}{(c+d\operatorname{Sin}\zeta)^6}\,d\zeta = \frac{1}{5(bc-ad)}\left(\frac{a+b\operatorname{Sin}\zeta}{c+d\operatorname{Sin}\zeta}\right)^5, \qquad \int \frac{(a+b\operatorname{Cof}\zeta)^4\operatorname{Sin}\zeta}{(c+d\operatorname{Cof}\zeta)^6}\,d\zeta = \frac{1}{5(bc-ad)}\left(\frac{a+b\operatorname{Cof}\zeta}{c+d\operatorname{Cof}\zeta}\right)^5.$$

$$\int \frac{\operatorname{Cof}\zeta}{(1\pm\operatorname{Sin}\zeta)^2}\,d\zeta = \frac{\operatorname{Sin}\zeta}{1\pm\operatorname{Sin}\zeta}\,, \qquad\qquad \int \frac{\operatorname{Sin}\zeta}{(1\pm\operatorname{Cof}\zeta)^2}\,d\zeta = \frac{\operatorname{Cof}\zeta}{1\pm\operatorname{Cof}\zeta}\,,$$

$$\int \frac{\operatorname{Sin}\zeta\operatorname{Cof}\zeta}{(1\pm\operatorname{Sin}\zeta)^3}\,d\zeta = \frac{1}{2}\left(\frac{\operatorname{Sin}\zeta}{1\pm\operatorname{Sin}\zeta}\right)^2, \qquad\qquad \int \frac{\operatorname{Cof}\zeta\operatorname{Sin}\zeta}{(1\pm\operatorname{Cof}\zeta)^3}\,d\zeta = \frac{1}{2}\left(\frac{\operatorname{Cof}\zeta}{1\pm\operatorname{Cof}\zeta}\right)^2,$$

$$\int \frac{\operatorname{Sin}^2\zeta\operatorname{Cof}\zeta}{(1\pm\operatorname{Sin}\zeta)^4}\,d\zeta = \frac{1}{3}\left(\frac{\operatorname{Sin}\zeta}{1\pm\operatorname{Sin}\zeta}\right)^3, \qquad\qquad \int \frac{\operatorname{Cof}^2\zeta\operatorname{Sin}\zeta}{(1\pm\operatorname{Cof}\zeta)^4}\,d\zeta = \frac{1}{3}\left(\frac{\operatorname{Cof}\zeta}{1\pm\operatorname{Cof}\zeta}\right)^3, \tag{19}$$

$$\int \frac{\operatorname{Sin}^3\zeta\operatorname{Cof}\zeta}{(1\pm\operatorname{Sin}\zeta)^5}\,d\zeta = \frac{1}{4}\left(\frac{\operatorname{Sin}\zeta}{1\pm\operatorname{Sin}\zeta}\right)^4, \qquad\qquad \int \frac{\operatorname{Cof}^3\zeta\operatorname{Sin}\zeta}{(1\pm\operatorname{Cof}\zeta)^5}\,d\zeta = \frac{1}{4}\left(\frac{\operatorname{Cof}\zeta}{1\pm\operatorname{Cof}\zeta}\right)^4,$$

$$\int \frac{\operatorname{Sin}^4\zeta\operatorname{Cof}\zeta}{(1\pm\operatorname{Sin}\zeta)^6}\,d\zeta = \frac{1}{5}\left(\frac{\operatorname{Sin}\zeta}{1\pm\operatorname{Sin}\zeta}\right)^5, \qquad\qquad \int \frac{\operatorname{Cof}^4\zeta\operatorname{Sin}\zeta}{(1\pm\operatorname{Cof}\zeta)^6}\,d\zeta = \frac{1}{5}\left(\frac{\operatorname{Cof}\zeta}{1\pm\operatorname{Cof}\zeta}\right)^5.$$

$$\int \frac{\operatorname{Cof}\zeta}{\operatorname{Sin}^2\zeta}\,d\zeta = -\frac{1\pm\operatorname{Sin}\zeta}{\operatorname{Sin}\zeta}\,, \qquad\qquad \int \frac{\operatorname{Sin}\zeta}{\operatorname{Cof}^2\zeta}\,d\zeta = -\frac{1\pm\operatorname{Cof}\zeta}{\operatorname{Cof}\zeta}\,,$$

$$\int \frac{(1\pm\operatorname{Sin}\zeta)\operatorname{Cof}\zeta}{\operatorname{Sin}^3\zeta}\,d\zeta = -\frac{1}{2}\left(\frac{1\pm\operatorname{Sin}\zeta}{\operatorname{Sin}\zeta}\right)^2, \qquad\qquad \int \frac{(1\pm\operatorname{Cof}\zeta)\operatorname{Sin}\zeta}{\operatorname{Cof}^3\zeta}\,d\zeta = -\frac{1}{2}\left(\frac{1\pm\operatorname{Cof}\zeta}{\operatorname{Cof}\zeta}\right)^2,$$

$$\int \frac{(1\pm\operatorname{Sin}\zeta)^2\operatorname{Cof}\zeta}{\operatorname{Sin}^4\zeta}\,d\zeta = -\frac{1}{3}\left(\frac{1\pm\operatorname{Sin}\zeta}{\operatorname{Sin}\zeta}\right)^3, \qquad\qquad \int \frac{(1\pm\operatorname{Cof}\zeta)^2\operatorname{Sin}\zeta}{\operatorname{Cof}^4\zeta}\,d\zeta = -\frac{1}{3}\left(\frac{1\pm\operatorname{Cof}\zeta}{\operatorname{Cof}\zeta}\right)^3, \tag{20}$$

$$\int \frac{(1\pm\operatorname{Sin}\zeta)^3\operatorname{Cof}\zeta}{\operatorname{Sin}^5\zeta}\,d\zeta = -\frac{1}{4}\left(\frac{1\pm\operatorname{Sin}\zeta}{\operatorname{Sin}\zeta}\right)^4, \qquad\qquad \int \frac{(1\pm\operatorname{Cof}\zeta)^3\operatorname{Sin}\zeta}{\operatorname{Cof}^5\zeta}\,d\zeta = -\frac{1}{4}\left(\frac{1\pm\operatorname{Cof}\zeta}{\operatorname{Cof}\zeta}\right)^4,$$

$$\int \frac{(1\pm\operatorname{Sin}\zeta)^4\operatorname{Cof}\zeta}{\operatorname{Sin}^6\zeta}\,d\zeta = -\frac{1}{5}\left(\frac{1\pm\operatorname{Sin}\zeta}{\operatorname{Sin}\zeta}\right)^5, \qquad\qquad \int \frac{(1\pm\operatorname{Cof}\zeta)^4\operatorname{Sin}\zeta}{\operatorname{Cof}^6\zeta}\,d\zeta = -\frac{1}{5}\left(\frac{1\pm\operatorname{Cof}\zeta}{\operatorname{Cof}\zeta}\right)^5.$$

$$\int \frac{\operatorname{Sin}^{2\lambda-1}\zeta}{\operatorname{Cof}^{2\lambda+1}\zeta}\,d\zeta = \frac{1}{2\lambda}\operatorname{Tang}^{2\lambda}\zeta\,, \qquad\qquad \int \frac{\operatorname{Cof}^{2\lambda-1}\zeta}{\operatorname{Sin}^{2\lambda+1}\zeta}\,d\zeta = -\frac{1}{2\lambda}\operatorname{Cotg}^{2\lambda}\zeta\,. \tag{21}$$

$$\int \frac{\operatorname{Sin}\zeta}{\operatorname{Cos}^3\zeta}\,d\zeta = \frac{1}{2}\operatorname{Tang}^2\zeta, \qquad\qquad \int \frac{\operatorname{Cos}\zeta}{\operatorname{Sin}^3\zeta}\,d\zeta = -\frac{1}{2}\operatorname{Cotg}^2\zeta\,.$$

$$\int \frac{\operatorname{Sin}^3\zeta}{\operatorname{Cos}^5\zeta}\,d\zeta = \frac{1}{4}\operatorname{Tang}^4\zeta, \qquad\qquad \int \frac{\operatorname{Cos}^3\zeta}{\operatorname{Sin}^5\zeta}\,d\zeta = -\frac{1}{4}\operatorname{Cotg}^4\zeta\,,$$

$$\int \frac{\operatorname{Sin}^5\zeta}{\operatorname{Cos}^7\zeta}\,d\zeta = \frac{1}{6}\operatorname{Tang}^6\zeta, \qquad\qquad \int \frac{\operatorname{Cos}^5\zeta}{\operatorname{Sin}^7\zeta}\,d\zeta = -\frac{1}{6}\operatorname{Cotg}^6\zeta\,, \qquad (22)$$

$$\int \frac{\operatorname{Sin}^7\zeta}{\operatorname{Cos}^9\zeta}\,d\zeta = \frac{1}{8}\operatorname{Tang}^8\zeta, \qquad\qquad \int \frac{\operatorname{Cos}^7\zeta}{\operatorname{Sin}^9\zeta}\,d\zeta = -\frac{1}{8}\operatorname{Cotg}^8\zeta\,,$$

$$\int \frac{\operatorname{Sin}^9\zeta}{\operatorname{Cos}^{11}\zeta}\,d\zeta = \frac{1}{10}\operatorname{Tang}^{10}\zeta, \qquad\qquad \int \frac{\operatorname{Cos}^9\zeta}{\operatorname{Sin}^{11}\zeta}\,d\zeta = -\frac{1}{10}\operatorname{Cotg}^{10}\zeta\,.$$

$$\int \frac{1}{\operatorname{Cos}^2\zeta}\,d\zeta = \operatorname{Tang}\zeta, \qquad\qquad \int \frac{1}{\operatorname{Sin}^2\zeta}\,d\zeta = -\operatorname{Cotg}\zeta\,,$$

$$\int \frac{\operatorname{Sin}^2\zeta}{\operatorname{Cos}^4\zeta}\,d\zeta = \frac{1}{3}\operatorname{Tang}^3\zeta, \qquad\qquad \int \frac{\operatorname{Cos}^2\zeta}{\operatorname{Sin}^4\zeta}\,d\zeta = -\frac{1}{3}\operatorname{Cotg}^3\zeta,$$

$$\int \frac{\operatorname{Sin}^4\zeta}{\operatorname{Cos}^6\zeta}\,d\zeta = \frac{1}{5}\operatorname{Tang}^5\zeta, \qquad\qquad \int \frac{\operatorname{Cos}^4\zeta}{\operatorname{Sin}^6\zeta}\,d\zeta = -\frac{1}{5}\operatorname{Cotg}^5\zeta, \qquad (23)$$

$$\int \frac{\operatorname{Sin}^6\zeta}{\operatorname{Cos}^8\zeta}\,d\zeta = \frac{1}{7}\operatorname{Tang}^7\zeta, \qquad\qquad \int \frac{\operatorname{Cos}^6\zeta}{\operatorname{Sin}^8\zeta}\,d\zeta = -\frac{1}{7}\operatorname{Cotg}^7\zeta,$$

$$\int \frac{\operatorname{Sin}^8\zeta}{\operatorname{Cos}^{10}\zeta}\,d\zeta = \frac{1}{9}\operatorname{Tang}^9\zeta, \qquad\qquad \int \frac{\operatorname{Cos}^8\zeta}{\operatorname{Sin}^{10}\zeta}\,d\zeta = -\frac{1}{9}\operatorname{Cotg}^9\zeta\,.$$

$$\int \frac{\operatorname{Sin}^{2\lambda-1}\zeta\,\operatorname{Cos}\zeta}{(1-\operatorname{Sin}^2\zeta)^{\lambda+1}}\,d\zeta = \frac{1}{2\lambda}\left(\frac{\operatorname{Sin}^2\zeta}{1-\operatorname{Sin}^2\zeta}\right)^\lambda \qquad \int \frac{\operatorname{Cos}^{2\lambda-1}\zeta\,\operatorname{Sin}\zeta}{(1+\operatorname{Cos}^2\zeta)^{\lambda+1}}\,d\zeta = \frac{1}{2\lambda}\left(\frac{\operatorname{Cos}^2\zeta}{1+\operatorname{Cos}^2\zeta}\right)^\lambda,$$

$$\int \frac{(1-\operatorname{Sin}^2\zeta)^{\lambda-1}\operatorname{Cos}\zeta}{\operatorname{Sin}^{2\lambda+1}\zeta}\,d\zeta = -\frac{1}{2\lambda}\left(\frac{1-\operatorname{Sin}^2\zeta}{\operatorname{Sin}^2\zeta}\right)^\lambda, \qquad \int \frac{(1+\operatorname{Cos}^2\zeta)^{\lambda-1}\operatorname{Sin}\zeta}{\operatorname{Cos}^{2\lambda+1}\zeta}\,d\zeta = -\frac{1}{2\lambda}\left(\frac{1+\operatorname{Cos}^2\zeta}{\operatorname{Cos}^2\zeta}\right)^\lambda. \qquad (24)$$

$$\int \frac{\operatorname{Sin}\zeta\,\operatorname{Cos}\zeta}{(1-\operatorname{Sin}^2\zeta)^2}\,d\zeta = \frac{1}{2}\left(\frac{\operatorname{Sin}^2\zeta}{1-\operatorname{Sin}^2\zeta}\right), \qquad \int \frac{\operatorname{Cos}\zeta\,\operatorname{Sin}\zeta}{(1+\operatorname{Cos}^2\zeta)^2}\,d\zeta = \frac{1}{2}\left(\frac{\operatorname{Cos}^2\zeta}{1+\operatorname{Cos}^2\zeta}\right),$$

$$\int \frac{\operatorname{Sin}^3\zeta\,\operatorname{Cos}\zeta}{(1-\operatorname{Sin}^2\zeta)^3}\,d\zeta = \frac{1}{4}\left(\frac{\operatorname{Sin}^2\zeta}{1-\operatorname{Sin}^2\zeta}\right)^2, \qquad \int \frac{\operatorname{Cos}^3\zeta\,\operatorname{Sin}\zeta}{(1+\operatorname{Cos}^2\zeta)^3}\,d\zeta = \frac{1}{4}\left(\frac{\operatorname{Cos}^2\zeta}{1+\operatorname{Cos}^2\zeta}\right)^2,$$

$$\int \frac{\operatorname{Sin}^5\zeta\,\operatorname{Cos}\zeta}{(1-\operatorname{Sin}^2\zeta)^4}\,d\zeta = \frac{1}{6}\left(\frac{\operatorname{Sin}^2\zeta}{1-\operatorname{Sin}^2\zeta}\right)^3, \qquad \int \frac{\operatorname{Cos}^5\zeta\,\operatorname{Sin}\zeta}{(1+\operatorname{Cos}^2\zeta)^4}\,d\zeta = \frac{1}{6}\left(\frac{\operatorname{Cos}^2\zeta}{1+\operatorname{Cos}^2\zeta}\right)^3, \qquad (25)$$

$$\int \frac{\operatorname{Sin}^7\zeta\,\operatorname{Cos}\zeta}{(1-\operatorname{Sin}^2\zeta)^5}\,d\zeta = \frac{1}{8}\left(\frac{\operatorname{Sin}^2\zeta}{1-\operatorname{Sin}^2\zeta}\right)^4, \qquad \int \frac{\operatorname{Cos}^7\zeta\,\operatorname{Sin}\zeta}{(1+\operatorname{Cos}^2\zeta)^5}\,d\zeta = \frac{1}{8}\left(\frac{\operatorname{Cos}^2\zeta}{1+\operatorname{Cos}^2\zeta}\right)^4,$$

$$\int \frac{\operatorname{Sin}^9\zeta\,\operatorname{Cos}\zeta}{(1-\operatorname{Sin}^2\zeta)^6}\,d\zeta = \frac{1}{10}\left(\frac{\operatorname{Sin}^2\zeta}{1-\operatorname{Sin}^2\zeta}\right)^5, \qquad \int \frac{\operatorname{Cos}^9\zeta\,\operatorname{Sin}\zeta}{(1+\operatorname{Cos}^2\zeta)^6}\,d\zeta = \frac{1}{10}\left(\frac{\operatorname{Cos}^2\zeta}{1+\operatorname{Cos}^2\zeta}\right)^5.$$

$$\int \frac{\operatorname{Cos}\zeta}{\operatorname{Sin}^3\zeta}\,d\zeta = -\frac{1}{2}\frac{1-\operatorname{Sin}^2\zeta}{\operatorname{Sin}^2\zeta}, \qquad \int \frac{\operatorname{Sin}\zeta}{\operatorname{Cos}^3\zeta}\,d\zeta = -\frac{1}{2}\frac{1+\operatorname{Cos}^2\zeta}{\operatorname{Cos}^2\zeta},$$

$$\int \frac{(1-\operatorname{Sin}^2\zeta)\operatorname{Cos}\zeta}{\operatorname{Sin}^5\zeta}\,d\zeta = -\frac{1}{4}\left(\frac{1-\operatorname{Sin}^2\zeta}{\operatorname{Sin}^2\zeta}\right)^2, \qquad \int \frac{(1+\operatorname{Cos}^2\zeta)\operatorname{Sin}\zeta}{\operatorname{Cos}^5\zeta}\,d\zeta = -\frac{1}{4}\left(\frac{1+\operatorname{Cos}^2\zeta}{\operatorname{Cos}^2\zeta}\right)^2,$$

$$\int \frac{(1-\operatorname{Sin}^2\zeta)^2\operatorname{Cos}\zeta}{\operatorname{Sin}^7\zeta}\,d\zeta = -\frac{1}{6}\left(\frac{1-\operatorname{Sin}^2\zeta}{\operatorname{Sin}^2\zeta}\right)^3, \qquad \int \frac{(1+\operatorname{Cos}^2\zeta)^2\operatorname{Sin}\zeta}{\operatorname{Cos}^7\zeta}\,d\zeta = -\frac{1}{6}\left(\frac{1+\operatorname{Cos}^2\zeta}{\operatorname{Cos}^2\zeta}\right)^3, \qquad (26)$$

$$\int \frac{(1-\operatorname{Sin}^2\zeta)^3\operatorname{Cos}\zeta}{\operatorname{Sin}^9\zeta}\,d\zeta = -\frac{1}{8}\left(\frac{1-\operatorname{Sin}^2\zeta}{\operatorname{Sin}^2\zeta}\right)^4, \qquad \int \frac{(1+\operatorname{Cos}^2\zeta)^3\operatorname{Sin}\zeta}{\operatorname{Cos}^9\zeta}\,d\zeta = -\frac{1}{8}\left(\frac{1+\operatorname{Cos}^2\zeta}{\operatorname{Cos}^2\zeta}\right)^4,$$

$$\int \frac{(1-\operatorname{Sin}^2\zeta)^4\operatorname{Cos}\zeta}{\operatorname{Sin}^{11}\zeta}\,d\zeta = -\frac{1}{10}\left(\frac{1-\operatorname{Sin}^2\zeta}{\operatorname{Sin}^2\zeta}\right)^5, \qquad \int \frac{(1+\operatorname{Cos}^2\zeta)^4\operatorname{Sin}\zeta}{\operatorname{Cos}^{11}\zeta}\,d\zeta = -\frac{1}{10}\left(\frac{1+\operatorname{Cos}^2\zeta}{\operatorname{Cos}^2\zeta}\right)^5.$$

$$\int \frac{\operatorname{Cos}\zeta}{(1-\operatorname{Sin}^2\zeta)^{\frac{3}{2}}}\,d\zeta = \frac{\operatorname{Sin}\zeta}{\sqrt{1-\operatorname{Sin}^2\zeta}}, \qquad \int \frac{\operatorname{Sin}\zeta}{(1+\operatorname{Cos}^2\zeta)^{\frac{3}{2}}}\,d\zeta = \frac{\operatorname{Cos}\zeta}{\sqrt{1+\operatorname{Cos}^2\zeta}},$$

$$\int \frac{\operatorname{Cos}\zeta}{\operatorname{Sin}^2\zeta\sqrt{1-\operatorname{Sin}^2\zeta}}\,d\zeta = -\frac{\sqrt{1-\operatorname{Sin}^2\zeta}}{\operatorname{Sin}\zeta}, \qquad \int \frac{\operatorname{Sin}\zeta}{\operatorname{Cos}^2\zeta\sqrt{1+\operatorname{Cos}^2\zeta}}\,d\zeta = -\frac{\sqrt{1+\operatorname{Cos}^2\zeta}}{\operatorname{Cos}\zeta}. \qquad (27)$$

2. Integrale der Klasse $\int (a+bz)^\lambda (c+dz)^n\,dz$.

a) Algebraische Integrale.

λ sei eine beliebige ganze, gebrochene oder irrationale Zahl, n eine positive ganze Zahl. Dann ergibt sich

$$\int (a+bz)^\lambda (c+dz)^n\,dz = \int (a+bz)^\lambda \left(\frac{d}{b}\right)^n \left[\left(\frac{cb}{d}-a\right)+(a+bz)\right]^n dz$$

oder wenn eine neue Veränderliche

$$\zeta = \frac{a+bz}{\dfrac{cb}{d}-a}$$

substituiert wird,

$$\int (a+bz)^\lambda (c+dz)^n\,dz = \frac{d^n}{b^{n+1}}\left(\frac{cb}{d}-a\right)^{\lambda+n+1}\int \zeta^\lambda (1+\zeta)^n\,d\zeta .$$

Nun ist nach dem binomischen Satze

$$(1+\zeta)^n = 1 + \binom{n}{1}\zeta + \binom{n}{2}\zeta^2 + \cdots + \zeta^n \qquad \text{mit} \qquad \binom{n}{k} = \frac{n(n-1)(n-2)\cdots(n-(k-1))}{1\cdot 2\cdot 3\cdots k}$$

und damit

$$\int (a+bz)^\lambda (c+dz)^n\,dz = \frac{d^n}{b^{n+1}}\left(\frac{cb}{d}-a\right)^{\lambda+n+1}\int\left[\zeta^\lambda + \binom{n}{1}\zeta^{\lambda+1} + \binom{n}{2}\zeta^{\lambda+2} + \cdots + \zeta^{\lambda+n}\right]d\zeta$$

oder ausgewertet

$$\int (a+bz)^\lambda (c+dz)^n\,dz = \frac{d^n}{b^{n+1}}\left(\frac{cb}{d}-a\right)^{\lambda+n+1}\left[\frac{\zeta^{\lambda+1}}{\lambda+1} + \binom{n}{1}\frac{\zeta^{\lambda+2}}{\lambda+2} + \binom{n}{2}\frac{\zeta^{\lambda+3}}{\lambda+3} + \cdots + \frac{\zeta^{\lambda+n+1}}{\lambda+n+1}\right].$$

Für $\lambda = -1, -2, -3, \cdots -(n+1)$ artet die Lösung aus. In diesen Fällen ergibt sich

$$\int \frac{(c+dz)^n}{(a+bz)}\,dz = \frac{d^n}{b^{n+1}}\left(\frac{cb}{d}-a\right)^n\left[\ln\zeta + \binom{n}{1}\frac{\zeta}{1} + \binom{n}{2}\frac{\zeta^2}{2} + \cdots + \frac{\zeta^n}{n-1}\right] ,$$

$$\int \frac{(c+dz)^n}{(a+bz)^2}\,dz = \frac{d^n}{b^{n+1}}\left(\frac{cb}{d}-a\right)^{n-1}\left[-\frac{1}{\zeta} + \binom{n}{1}\ln\zeta + \binom{n}{2}\frac{\zeta}{1} + \binom{n}{3}\frac{\zeta^2}{2} + \cdots + \frac{\zeta^{n-1}}{n}\right] ,$$

$$\int \frac{(c+dz)^n}{(a+bz)^3}\,dz = \frac{d^n}{b^{n+1}}\left(\frac{cb}{d}-a\right)^{n-2}\left[-\frac{1}{2\zeta^2} - \binom{n}{1}\frac{1}{\zeta} + \binom{n}{2}\ln\zeta + \binom{n}{3}\frac{\zeta}{1} + \binom{n}{4}\frac{\zeta^2}{2} + \cdots + \frac{\zeta^{n-2}}{n-2}\right] ,$$

$$\int \frac{(c+dz)^n}{(a+bz)^4}\,dz = \frac{d^n}{b^{n+1}}\left(\frac{cb}{d}-a\right)^{n-3}\left[-\frac{1}{3\zeta^3} - \binom{n}{1}\frac{1}{2\zeta^2} - \binom{n}{2}\frac{1}{\zeta} + \binom{n}{3}\ln\zeta + \binom{n}{4}\frac{\zeta}{1} + \binom{n}{5}\frac{\zeta^2}{2} + \cdots + \frac{\zeta^{n-3}}{n-3}\right].$$

- -

$$\int \frac{(c+dz)^n}{(a+bz)^n}\,dz = \frac{d^n}{b^{n+1}}\left(\frac{cb}{d}-a\right)^1\left[-\frac{1}{(n-1)\zeta^{n-1}} - \binom{n}{1}\frac{1}{(n-2)\zeta^{n-2}} - \cdots - \binom{n}{n-2}\frac{1}{\zeta} + \binom{n}{n-1}\ln\zeta + \zeta\right] ,$$

$$\int \frac{(c+dz)^n}{(a+bz)^{n+1}}\,dz = \frac{d^n}{b^{n+1}}\left[-\frac{1}{n\zeta^n} - \binom{n}{1}\frac{1}{(n-1)\zeta^{n-1}} - \binom{n}{2}\frac{1}{(n-2)\zeta^{n-2}} - \cdots - \binom{n}{n-1}\frac{1}{\zeta} + \ln\zeta\right].$$

Wird in den Integralen ζ wieder in z rücktransformiert, so erhält man die sehr weitreichende Gruppe von Integralen

$$\int (a+bz)^\lambda (c+dz)^n\,dz = \frac{d^n}{b^{n+1}}\left[\frac{\left(\frac{cb}{d}-a\right)^n (a+bz)^{\lambda+1}}{\lambda+1} + \binom{n}{1}\frac{\left(\frac{cb}{d}-a\right)^{n-1}(a+bz)^{\lambda+2}}{\lambda+2} + \right.$$
$$\left. + \binom{n}{2}\frac{\left(\frac{cb}{d}-a\right)^{n-2}(a+bz)^{\lambda+3}}{\lambda+3} + \cdots + \frac{(a+bz)^{\lambda+n+1}}{\lambda+n+1}\right]. \qquad (\lambda \neq -1, -2, -3, \cdots -(n+1)) \tag{28}$$

$$\int \frac{(c+dz)^n}{a+bz}\,dz = \frac{d^n}{b^{n+1}}\left[\left(\frac{cb}{d}-a\right)^n \ln\left|\frac{a+bz}{\frac{cb}{d}-a}\right| + \binom{n}{1}\frac{\left(\frac{cb}{d}-a\right)^{n-1}(a+bz)}{1} + \right.$$
$$\left. + \binom{n}{2}\frac{\left(\frac{cb}{d}-a\right)^{n-2}(a+bz)^2}{2} + \cdots + \frac{(a+bz)^n}{n}\right] ,$$

$$\int \frac{(c+dz)^n}{(a+bz)^2}\,dz = \frac{d^n}{b^{n+1}}\left[-\frac{\left(\frac{cb}{d}-a\right)^n}{a+bz} + \binom{n}{1}\left(\frac{cb}{d}-a\right)^{n-1}\ln\left|\frac{a+bz}{\frac{cb}{d}-a}\right| + \binom{n}{2}\left(\frac{cb}{d}-a\right)^{n-2}\frac{a+bz}{1} + \right.$$
$$\left. + \binom{n}{3}\left(\frac{cb}{d}-a\right)^{n-3}\frac{(a+bz)^2}{2} + \cdots + \frac{(a+bz)^{n-1}}{n-1}\right] , \tag{29}$$

(29)

$$\int \frac{(c + dz)^n}{(a + bz)^3} dz = \frac{d^n}{b^{n+1}} \left[\frac{\left(\frac{cb}{d} - a\right)^n}{2(a + bz)^2} - \binom{n}{1} \frac{\left(\frac{cb}{d} - a\right)^{n-1}}{a + bz} + \binom{n}{2} \left(\frac{cb}{d} - a\right)^{n-2} \ln \left| \frac{a + bz}{\frac{cb}{d} - a} \right| + \right.$$

$$\left. + \binom{n}{3} \left(\frac{cb}{d} - a\right)^{n-3} \frac{a + bz}{1} + \binom{n}{4} \left(\frac{cb}{d} - a\right)^{n-4} \frac{(a + bz)^2}{2} + \cdots + \frac{(a + bz)^{n-2}}{n - 2} \right],$$

$$\int \frac{(c + dz)^n}{(a + bz)^4} dz = \frac{d^n}{b^{n+1}} \left[-\frac{\left(\frac{cb}{d} - a\right)^n}{3(a + bz)^3} - \binom{n}{1} \frac{\left(\frac{cb}{d} - a\right)^{n-1}}{2(a + bz)^2} - \binom{n}{2} \frac{\left(\frac{cb}{d} - a\right)^{n-2}}{a + bz} + \binom{n}{3} \left(\frac{cb}{d} - a\right)^{n-3} \ln \left| \frac{a + bz}{\frac{cb}{d} - a} \right| + \right.$$

$$\left. + \binom{n}{4} \left(\frac{cb}{d} - a\right)^{n-4} \frac{a + bz}{1} + \binom{n}{5} \left(\frac{cb}{d} - a\right)^{n-5} \frac{(a + bz)^2}{2} + \cdots + \frac{(a + bz)^{n-3}}{n - 3} \right],$$

$$\int \frac{(c + dz)^n}{(a + bz)^n} dz = \frac{d^n}{b^{n+1}} \left[-\frac{\left(\frac{cb}{d} - a\right)^n}{(n - 1)(a + bz)^{n-1}} - \binom{n}{1} \frac{\left(\frac{cb}{d} - a\right)^{n-1}}{(n - 2)(a + bz)^{n-2}} - \cdots - \binom{n}{n-2} \frac{\left(\frac{cb}{d} - a\right)^2}{a + bz} + \right.$$

$$\left. + \binom{n}{n-1} \left(\frac{cb}{d} - a\right) \ln \left| \frac{a + bz}{\frac{cb}{d} - a} \right| + (a + bz) \right]$$

$$\int \frac{(c + dz)^n}{(a + bz)^{n+1}} dz = \frac{d^n}{b^{n+1}} \left[-\frac{\left(\frac{cb}{d} - a\right)^n}{n(a + bz)^n} - \binom{n}{1} \frac{\left(\frac{cb}{d} - a\right)^{n-1}}{(n-1)(a + bz)^{n-1}} - \cdots - \binom{n}{n-1} \frac{\frac{cb}{d} - a}{a + bz} + \ln \left| \frac{a + bz}{\frac{cb}{d} - a} \right| \right].$$

Hieraus folgt für $a = 0,\ b = 1,\ c = 1,\ d = -1$:

$$\int z^\lambda (1 - z)^n dz = \frac{z^{\lambda+1}}{\lambda + 1} - \binom{n}{1} \frac{z^{\lambda+2}}{\lambda + 2} + \binom{n}{2} \frac{z^{\lambda+3}}{\lambda + 3} - \cdots + (-1)^n \frac{z^{\lambda+n+1}}{\lambda + n + 1} \tag{30}$$

$$(\lambda \neq -1, -2, -3, \cdots -(n + 1)).$$

$$\int \frac{(1 - z)^n}{z} dz = \ln|z| - \binom{n}{1} \frac{z}{1} + \binom{n}{2} \frac{z^2}{2} - \cdots + (-1)^n \frac{z^n}{n},$$

$$\int \frac{(1 - z)^n}{z^2} dz = -\frac{1}{z} - \binom{n}{1} \ln|z| + \binom{n}{2} \frac{z}{1} - \binom{n}{3} \frac{z^2}{2} + \cdots + (-1)^n \frac{z^{n-1}}{n - 1},$$

$$\int \frac{(1 - z)^n}{z^3} dz = -\frac{1}{2z^2} + \binom{n}{1} \frac{1}{z} + \binom{n}{2} \ln|z| - \binom{n}{3} \frac{z}{1} + \binom{n}{4} \frac{z^2}{2} - \cdots + (-1)^n \frac{z^{n-2}}{n - 2},$$

$$\int \frac{(1 - z)^n}{z^4} dz = -\frac{1}{3z^3} + \binom{n}{1} \frac{1}{2z^2} - \binom{n}{2} \frac{1}{z} - \binom{n}{3} \ln|z| + \binom{n}{4} \frac{z}{1} - \binom{n}{5} \frac{z^2}{2} + \cdots + (-1)^n \frac{z^{n-3}}{n - 3}, \tag{31}$$

$$\int \frac{(1 - z)^n}{z^n} dz = -\frac{1}{(n - 1)z^{n-1}} + \binom{n}{1} \frac{1}{(n - 2)z^{n-2}} - \binom{n}{2} \frac{1}{(n - 3)z^{n-3}} + \cdots + (-1)^{n-1} \binom{n}{n-2} \frac{1}{z} + $$

$$+ (-1)^{n-1} \binom{n}{n-1} \ln|z| + (-1)^n z,$$

$$\int \frac{(1 - z)^n}{z^{n+1}} dz = -\frac{1}{nz^n} + \binom{n}{1} \frac{1}{(n - 1)z^{n-1}} - \binom{n}{2} \frac{1}{(n - 2)z^{n-2}} + \cdots + (-1)^n \binom{n}{n-1} \frac{1}{z} + (-1)^n \ln|z|.$$

Ferner folgt für $a = 1,\ b = -1,\ c = 0,\ d = 1$:

$$\int (1 - z)^\lambda z^n dz = -\frac{(1 - z)^{\lambda+1}}{\lambda + 1} + \binom{n}{1} \frac{(1 - z)^{\lambda+2}}{\lambda + 2} - \binom{n}{2} \frac{(1 - z)^{\lambda+3}}{\lambda + 3} + \cdots +$$

$$+ (-1)^{n+1} \frac{(1 - z)^{\lambda+n+1}}{\lambda + n + 1} \qquad (\lambda \neq -1, -2, -3 \cdots -(n + 1)). \tag{32}$$

$$\int \frac{z^n}{1-z}\,dz = -\ln|1-z| + \binom{n}{1}\frac{1-z}{1} - \binom{n}{2}\frac{(1-z)^2}{2} + \cdots + (-1)^{n+1}\frac{(1-z)^n}{n} \quad,$$

$$\int \frac{z^n}{(1-z)^2}\,dz = \frac{1}{1-z} + \binom{n}{1}\ln|1-z| - \binom{n}{2}\frac{1-z}{1} + \binom{n}{3}\frac{(1-z)^2}{2} - \cdots + (-1)^{n+1}\frac{(1-z)^{n-1}}{n-1} \quad,$$

$$\int \frac{z^n}{(1-z)^3}\,dz = \frac{1}{2(1-z)^2} - \binom{n}{1}\frac{1}{1-z} - \binom{n}{2}\ln|1-z| + \binom{n}{3}\frac{1-z}{1} - \binom{n}{4}\frac{(1-z)^2}{2} + \cdots +$$
$$+ (-1)^{n+1}\frac{(1-z)^{n-2}}{n-2} \quad,$$

$$\int \frac{z^n}{(1-z)^4}\,dz = \frac{1}{3(1-z)^3} - \binom{n}{1}\frac{1}{2(1-z)^2} + \binom{n}{2}\frac{1}{1-z} + \binom{n}{3}\ln|1-z| - \binom{n}{4}\frac{1-z}{1} +$$
$$+ \binom{n}{5}\frac{(1-z)^2}{2} - \cdots + (-1)^{n+1}\frac{(1-z)^{n-3}}{n-3} \quad,$$

$$\left.\rule{0pt}{11em}\right\} \quad (33)$$

$$\int \frac{z^n}{(1-z)^n}\,dz = \frac{1}{(n-1)(1-z)^{n-1}} - \binom{n}{1}\frac{1}{(n-2)(1-z)^{n-2}} + \binom{n}{2}\frac{1}{(n-3)(1-z)^{n-3}} - \cdots +$$
$$+ (-1)^n \binom{n}{n-2}\frac{1}{1-z} + (-1)^n \binom{n}{n-1}\ln|1-z| + (-1)^{n+1}(1-z) \quad,$$

$$\int \frac{z^n}{(1-z)^{n+1}}\,dz = \frac{1}{n(1-z)^n} - \binom{n}{1}\frac{1}{(n-1)(1-z)^{n-1}} + \binom{n}{2}\frac{1}{(n-2)(1-z)^{n-2}} - \cdots +$$
$$+ (-1)^{n+1}\binom{n}{n-1}\frac{1}{(1-z)} + (-1)^{n+1}\ln|1-z| \quad.$$

Für $c=0$, $d=1$ und die Parameterwerte $n=0,1,2,3$ liefern die allgemeinen Formeln (28) und (29)

$$\int (a\pm bz)^\lambda\,dz = \pm \frac{(a\pm bz)^{\lambda+1}}{b(\lambda+1)} \quad, \qquad\qquad \int (az\pm b)^\lambda\,dz = \frac{(az\pm b)^{\lambda+1}}{a(\lambda+1)} \quad,$$

$$\int \frac{dz}{(a\pm bz)^\lambda} = \pm \frac{1}{b(1-\lambda)(a\pm bz)^{\lambda-1}} \quad, \qquad\qquad \int \frac{dz}{(az\pm b)^\lambda} = \frac{1}{a(1-\lambda)(az\pm b)^{\lambda-1}} \quad,$$

$$\int \frac{dz}{a\pm bz} = \pm \frac{1}{b}\ln\left|1\pm\frac{bz}{a}\right| \quad, \qquad\qquad \int \frac{dz}{az\pm b} = \frac{1}{a}\ln\left|1\pm\frac{az}{b}\right| \quad .$$

$$\left.\rule{0pt}{5em}\right\} \quad (34)$$

$$\int z(a\pm bz)^\lambda\,dz = -\frac{a(a\pm bz)^{\lambda+1}}{b^2(\lambda+1)} + \frac{(a\pm bz)^{\lambda+2}}{b^2(\lambda+2)} \quad, \qquad \int z(az\pm b)^\lambda\,dz = \mp\frac{b(az\pm b)^{\lambda+1}}{a^2(\lambda+1)} +$$
$$+ \frac{(az\pm b)^{\lambda+2}}{a^2(\lambda+2)} \quad,$$

$$\int \frac{z\,dz}{(a\pm bz)^\lambda} = -\frac{a}{b^2(1-\lambda)(a\pm bz)^{\lambda-1}} + \qquad\qquad \int \frac{z\,dz}{(az\pm b)^\lambda} = \mp\frac{b}{a^2(1-\lambda)(az\pm b)^{\lambda-1}} +$$
$$+ \frac{1}{b^2(2-\lambda)(a\pm bz)^{\lambda-2}} \quad, \qquad\qquad\qquad + \frac{1}{a^2(2-\lambda)(az\pm b)^{\lambda-2}} \quad,$$

$$\int \frac{z\,dz}{a\pm bz} = \frac{a}{b^2}\pm\frac{z}{b} - \frac{a}{b^2}\ln\left|1\pm\frac{bz}{a}\right| \quad, \qquad \int \frac{z\,dz}{az\pm b} = \pm\frac{b}{a^2}+\frac{z}{a}\mp\frac{b}{a^2}\ln\left|1\pm\frac{az}{b}\right| \quad,$$

$$\int \frac{z\,dz}{(a\pm bz)^2} = \frac{a}{b^2(a\pm bz)} + \frac{1}{b^2}\ln\left|1\pm\frac{bz}{a}\right| \quad, \qquad \int \frac{z\,dz}{(az\pm b)^2} = \pm\frac{b}{a^2(az\pm b)} + \frac{1}{a^2}\ln\left|1\pm\frac{az}{b}\right| \quad .$$

$$\left.\rule{0pt}{7em}\right\} \quad (35)$$

$$\int z^2(a+bz)^\lambda\,dz = \frac{a^2(a+bz)^{\lambda+1}}{b^3(\lambda+1)} - \frac{2a(a+bz)^{\lambda+2}}{b^3(\lambda+2)} + \frac{(a+bz)^{\lambda+3}}{b^3(\lambda+3)} \quad,$$

$$\int \frac{z^2\,dz}{(a+bz)^\lambda} = \frac{a^2}{b^3(1-\lambda)(a+bz)^{\lambda-1}} - \frac{2a}{b^3(2-\lambda)(a+bz)^{\lambda-2}} + \frac{1}{b^3(3-\lambda)(a+bz)^{\lambda-3}} \quad,$$

$$\int \frac{z^2\,dz}{a+bz} = -\frac{3a^2}{2b^3} - \frac{a}{b^2}z + \frac{z^2}{2b} + \frac{a^2}{b^3}\ln\left|1+\frac{bz}{a}\right| \quad,$$

$$\int \frac{z^2\,dz}{(a+bz)^2} = -\frac{a^2}{b^3(a+bz)} - \frac{2a}{b^3}\ln\left|1+\frac{bz}{a}\right| + \frac{a+bz}{b^3} \quad,$$

$$\int \frac{z^2\,dz}{+(abz)^3} = -\frac{a^2}{2b^3(a+bz)^2} + \frac{2a}{b^3(a+bz)} + \frac{1}{b^3}\ln\left|1+\frac{bz}{a}\right| \quad .$$

$$\left.\rule{0pt}{9em}\right\} \quad (36)$$

$$\int z^3 (a+bz)^\lambda \, dz = -\frac{a^3 (a+bz)^{\lambda+1}}{b^4(\lambda+1)} + \frac{3a^2 (a+bz)^{\lambda+2}}{b^4(\lambda+2)} - \frac{3a(a+bz)^{\lambda+3}}{b^4(\lambda+3)} + \frac{(a+bz)^{\lambda+4}}{b^4(\lambda+4)},$$

$$\int \frac{z^3 dz}{(a+bz)^\lambda} = -\frac{a^3}{b^4(1-\lambda)(a+bz)^{\lambda-1}} + \frac{3a^2}{b^4(2-\lambda)(a+bz)^{\lambda-2}} - \frac{3a}{b^4(3-\lambda)(a+bz)^{\lambda-3}} +$$
$$+ \frac{1}{b^4(4-\lambda)(a+bz)^{\lambda-4}}$$

$$\left.\begin{aligned}
&\int \frac{z^3 dz}{a+bz} = \frac{11a^3}{6b^4} + \frac{a^2}{b^3} z - \frac{a}{2b^2} z^2 + \frac{z^3}{3b} - \frac{a^3}{b^4} \ln\left|1+\frac{bz}{a}\right| &, \\[4pt]
&\int \frac{z^3 dz}{(a+bz)^2} = \frac{a^3}{b^4(a+bz)} + \frac{3a^2}{b^4} \ln\left|1+\frac{bz}{a}\right| - \frac{3a}{b^4}(a+bz) + \frac{(a+bz)^2}{2b^4} &, \\[4pt]
&\int \frac{z^3 dz}{(a+bz)^3} = \frac{a^3}{2b^4(a+bz)^2} - \frac{3a^2}{b^4(a+bz)} - \frac{3a}{b^4} \ln\left|1+\frac{bz}{a}\right| + \frac{a+bz}{b^4} &, \\[4pt]
&\int \frac{z^3 dz}{(a+bz)^4} = \frac{a^3}{3b^4(a+bz)^3} - \frac{3a^2}{2b^4(a+bz)^2} + \frac{3a}{b^4(a+bz)} + \frac{1}{b^4} \ln\left|1+\frac{bz}{a}\right| &.
\end{aligned}\right\} \quad (37)$$

Für $\lambda = \tfrac{1}{2}$ folgt aus (28)

$$\int (c+dz)^n \sqrt{a+bz}\, dz = \frac{2 d^n (a+bz)^{\frac{3}{2}}}{b^{n+1}} \left[\frac{1}{3}\left(\frac{cb}{d}-a\right)^n + \frac{1}{5}\binom{n}{1}\left(\frac{cb}{d}-a\right)^{n-1}(a+bz) + \right.$$
$$\left. + \frac{1}{7}\binom{n}{2}\left(\frac{cb}{d}-a\right)^{n-2}(a+bz)^2 + \cdots + \frac{1}{2n+3}(a+bz)^n \right| \qquad (38)$$

und in Anwendung auf $n = 0, 1, 2, 3, 4$

$$\left.\begin{aligned}
&\int \sqrt{a+bz}\, dz = \frac{2}{3b}(a+bz)^{\frac{3}{2}} &, \\[6pt]
&\int (c+dz)\sqrt{a+bz}\, dz = \frac{2d(a+bz)^{\frac{3}{2}}}{b^2}\left[\frac{1}{3}\left(\frac{cb}{d}-a\right) + \frac{1}{5}(a+bz)\right] &, \\[6pt]
&\int (c+dz)^2 \sqrt{a+bz}\, dz = \frac{2d^2(a+bz)^{\frac{3}{2}}}{b^3}\left[\frac{1}{3}\left(\frac{cb}{d}-a\right)^2 + \frac{2}{5}\left(\frac{cb}{d}-a\right)(a+bz) + \frac{1}{7}(a+bz)^2\right] &, \\[6pt]
&\int (c+dz)^3 \sqrt{a+bz}\, dz = \frac{2d^3(a+bz)^{\frac{3}{2}}}{b^4}\left[\frac{1}{3}\left(\frac{cb}{d}-a\right)^3 + \frac{3}{5}\left(\frac{cb}{d}-a\right)^2(a+bz) + \right. &\\
&\qquad\qquad\left. + \frac{3}{7}\left(\frac{cb}{d}-a\right)(a+bz)^2 + \frac{1}{9}(a+bz)^3\right] &, \\[6pt]
&\int (c+dz)^4 \sqrt{a+bz}\, dz = \frac{2d^4(a+bz)^{\frac{3}{2}}}{b^5}\left[\frac{1}{3}\left(\frac{cb}{d}-a\right)^4 + \frac{4}{5}\left(\frac{cb}{d}-a\right)^3(a+bz) + \right. &\\
&\qquad\qquad\left. + \frac{6}{7}\left(\frac{cb}{d}-a\right)^2(a+bz)^2 + \frac{4}{9}\left(\frac{cb}{d}-a\right)(a+bz)^3 + \frac{1}{11}(a+bz)^4\right] &.
\end{aligned}\right\} \quad (39)$$

Ferner folgt für $\lambda = -\tfrac{1}{2}$

$$\int \frac{(c+dz)^n}{\sqrt{a+bz}}\, dz = \frac{2 d^n \sqrt{a+bz}}{b^{n+1}}\left[\left(\frac{cb}{d}-a\right)^n + \frac{1}{3}\binom{n}{1}\left(\frac{cb}{d}-a\right)^{n-1}(a+bz) + \right.$$
$$\left. + \frac{1}{5}\binom{n}{2}\left(\frac{cb}{d}-a\right)^{n-2}(a+bz)^2 + \cdots + \frac{1}{2n+1}(a+bz)^n\right]. \qquad (40)$$

und in Anwendung auf $n = 0, 1, 2, 3, 4$

$$\left.\begin{aligned}
&\int \frac{dz}{\sqrt{a+bz}} = \frac{2}{b}\sqrt{a+bz} &, \\[6pt]
&\int \frac{c+dz}{\sqrt{a+bz}}\, dz = \frac{2d\sqrt{a+bz}}{b^2}\left[\left(\frac{cb}{d}-a\right) + \frac{a+bz}{3}\right] &, \\[6pt]
&\int \frac{(c+dz)^2}{\sqrt{a+bz}}\, dz = \frac{2d^2\sqrt{a+bz}}{b^3}\left[\left(\frac{cb}{d}-a\right)^2 + \frac{2}{3}\left(\frac{cb}{d}-a\right)(a+bz) + \frac{1}{5}(a+bz)^2\right] &, \\[6pt]
&\int \frac{(c+dz)^3}{\sqrt{a+bz}}\, dz = \frac{2d^3\sqrt{a+bz}}{b^4}\left[\left(\frac{cb}{d}-a\right)^3 + \left(\frac{cb}{d}-a\right)^2(a+bz) + \frac{3}{5}\left(\frac{cb}{d}-a\right)(a+bz)^2 + \frac{1}{7}(a+bz)^3\right] &, \\[6pt]
&\int \frac{(c+dz)^4}{\sqrt{a+bz}}\, dz = \frac{2d^4\sqrt{a+bz}}{b^5}\left[\left(\frac{cb}{d}-a\right)^4 + \frac{4}{3}\left(\frac{cb}{d}-a\right)^3(a+bz) + \frac{6}{5}\left(\frac{cb}{d}-a\right)^2(a+bz)^2 + \right. &\\
&\qquad\qquad\left. + \frac{4}{7}\left(\frac{cb}{d}-a\right)(a+bz)^3 + \frac{1}{9}(a+bz)^4\right] &.
\end{aligned}\right\} \quad (41)$$

Für $c=0$ und $d=1$ liefern (39) und (41)

$$\int \sqrt{a+bz}\,dz = \frac{2}{3\,b}\,(a+bz)^{\frac{3}{2}} \qquad\qquad ,$$

$$\int z\sqrt{a+bz}\,dz = \frac{2}{5\,b^2}\,(a+bz)^{\frac{3}{2}}\Big[-\frac{2}{3}\,a+bz\Big] \qquad ,$$

$$\int z^2\sqrt{a+bz}\,dz = \frac{2}{b^3}\,(a+bz)^{\frac{3}{2}}\Big[\frac{a^2}{3}-\frac{2\,a}{5}\,(a+bz)+\frac{1}{7}\,(a+bz)^2\Big] \qquad ,$$

$$\int z^3\sqrt{a+bz}\,dz = \frac{2}{b^4}\,(a+bz)^{\frac{3}{2}}\Big[-\frac{a^3}{3}+\frac{3\,a^2}{5}\,(a+bz)-\frac{3\,a}{7}\,(a+bz)^2+\frac{1}{9}\,(a+bz)^3\Big] \qquad ,$$

$$\int z^4\sqrt{a+bz}\,dz = \frac{2}{b^5}\,(a+bz)^{\frac{3}{2}}\Big[\frac{a^4}{3}-\frac{4\,a^3}{5}\,(a+bz)+\frac{6\,a^2}{7}\,(a+bz)^2-\frac{4\,a}{9}\,(a+bz)^3+\frac{1}{11}\,(a+bz)^4\Big].$$

$$\left.\begin{matrix}\end{matrix}\right\}\,(42)$$

$$\int \frac{dz}{\sqrt{a+bz}} = \frac{2}{b}\,\sqrt{a+bz} \qquad\qquad ,$$

$$\int \frac{z\,dz}{\sqrt{a+bz}} = \frac{2}{3\,b^2}\,\sqrt{a+bz}\,\Big[-2\,a+bz\Big] \qquad ,$$

$$\int \frac{z^2\,dz}{\sqrt{a+bz}} = \frac{2}{b^2}\,\sqrt{a+bz}\,\Big[a^2-\frac{2\,a}{3}\,(a+bz)+\frac{1}{5}\,(a+bz)^2\Big] \qquad ,$$

$$\int \frac{z^3\,dz}{\sqrt{a+bz}} = \frac{2}{b^4}\,\sqrt{a+bz}\,\Big[-a^3+a^2(a+bz)-\frac{3\,a}{5}\,(a+bz)^2+\frac{1}{7}\,(a+bz)^3\Big] \qquad ,$$

$$\int \frac{z^4\,dz}{\sqrt{a+bz}} = \frac{2}{b^5}\,\sqrt{a+bz}\,\Big[a^4-\frac{4\,a^3}{3}\,(a+bz)+\frac{6\,a^2}{5}\,(a+bz)^2-\frac{4\,a}{7}\,(a+bz)^3+\frac{1}{9}\,(a+bz)^4\Big].$$

$$\left.\begin{matrix}\end{matrix}\right\}\,(43)$$

Für $\lambda=\frac{3}{2}$ folgt aus (28)

$$\int (a+bz)^{\frac{3}{2}}(c+dz)^n\,dz = \frac{2\,d^n(a+bz)^{\frac{5}{2}}}{b^{n+1}}\Big[\frac{1}{5}\Big(\frac{cb}{d}-a\Big)^n+\frac{1}{7}\binom{n}{1}\Big(\frac{cb}{d}-a\Big)^{n-1}(a+bz)+$$
$$+\frac{1}{9}\binom{n}{2}\Big(\frac{cb}{d}-a\Big)^{n-2}(a+bz)^2+\cdots+\frac{1}{2n+5}\,(a+bz)^n\Big] \qquad\qquad (44)$$

und in Anwendung auf $n=0,\ 1,\ 2,\ 3,\ 4$

$$\int (a+bz)^{\frac{3}{2}}\,dz = \frac{2}{5\,b}\,(a+bz)^{\frac{5}{2}} \qquad ,$$

$$\int (c+dz)(a+bz)^{\frac{3}{2}}\,dz = \frac{2\,d}{b^2}\,(a+bz)^{\frac{5}{2}}\Big[\frac{1}{5}\Big(\frac{cb}{d}-a\Big)+\frac{1}{7}\,(a+bz)\Big] \qquad ,$$

$$\int (c+dz)^2(a+bz)^{\frac{3}{2}}\,dz = \frac{2\,d^2}{b^3}\,(a+bz)^{\frac{5}{2}}\Big[\frac{1}{5}\Big(\frac{cb}{d}-a\Big)^2+\frac{2}{7}\Big(\frac{cb}{d}-a\Big)(a+bz)+\frac{1}{9}\,(a+bz)^2\Big],$$

$$\int (c+dz)^3(a+bz)^{\frac{3}{2}}\,dz = \frac{2\,d^3}{b^4}\,(a+bz)^{\frac{5}{2}}\Big[\frac{1}{5}\Big(\frac{cb}{d}-a\Big)^3+\frac{3}{7}\Big(\frac{cb}{d}-a\Big)^2(a+bz)+$$
$$+\frac{3}{9}\Big(\frac{cb}{d}-a\Big)(a+bz)^2+\frac{1}{11}\,(a+bz)^3\Big] \qquad ,$$

$$\int (c+dz)^4(a+bz)^{\frac{3}{2}}\,dz = \frac{2\,d^4}{b^5}\,(a+bz)^{\frac{5}{2}}\Big[\frac{1}{5}\Big(\frac{cb}{d}-a\Big)^4+\frac{4}{7}\Big(\frac{cb}{d}-a\Big)^3(a+bz)+$$
$$+\frac{6}{9}\Big(\frac{cb}{d}-a\Big)^2(a+bz)^2+\frac{4}{11}\Big(\frac{cb}{d}-a\Big)(a+bz)^3+\frac{1}{13}\,(a+bz)^4\Big]\ .$$

$$\left.\begin{matrix}\end{matrix}\right\}\,(45)$$

Ferner folgt für $\lambda=-\frac{3}{2}$

$$\int \frac{(c+dz)^n}{(a+bz)^{\frac{3}{2}}}\,dz = \frac{2\,d^n}{b^{n+1}\sqrt{a+bz}}\Big[-\Big(\frac{cb}{d}-a\Big)^n+\binom{n}{1}\Big(\frac{cb}{d}-a\Big)^{n-1}(a+bz)+$$
$$+\frac{1}{3}\binom{n}{2}\Big(\frac{cb}{d}-a\Big)^{n-2}(a+bz)^2+\cdots+\frac{1}{2n-1}\,(a+bz)^n\Big] \qquad\qquad (46)$$

und in Anwendung auf $n=0,\ 1,\ 2,\ 3,\ 4$

$$\int \frac{dz}{(a+bz)^{\frac{3}{2}}} = -\frac{2}{b\sqrt{a+bz}} \qquad ,$$

$$\int \frac{(c+dz)\,dz}{(a+bz)^{\frac{3}{2}}} = \frac{2\,d}{b^2\sqrt{a+bz}}\Big[-\Big(\frac{cb}{d}-a\Big)+a+bz\Big] \qquad ,$$

$$\int \frac{(c+dz)^2\,dz}{(a+bz)^{\frac{3}{2}}} = \frac{2\,d^2}{b^3\sqrt{a+bz}}\Big[-\Big(\frac{cb}{d}-a\Big)^2+2\Big(\frac{cb}{d}-a\Big)(a+bz)+\frac{1}{3}\,(a+bz)^2\Big] \qquad ,$$

$$\left.\begin{matrix}\end{matrix}\right\}\,(47)$$

$$\int \frac{(c+dz)^3\,dz}{(a+bz)^{\frac{3}{2}}} = \frac{2d^3}{b^4\sqrt{a+bz}}\left[-\left(\frac{cb}{d}-a\right)^3 + 3\left(\frac{cb}{d}-a\right)^2(a+bz) + \left(\frac{cb}{d}-a\right)(a+bz)^2 + \frac{1}{5}(a+bz)^4\right],$$

$$\int \frac{(c+dz)^4\,dz}{(a+bz)^{\frac{3}{2}}} = \frac{2d^4}{b^5\sqrt{a+bz}}\left[-\left(\frac{cb}{d}-a\right)^4 + 4\left(\frac{cb}{d}-a\right)^3(a+bz) + 2\left(\frac{cb}{d}-a\right)^2(a+bz)^2 + \frac{4}{5}\left(\frac{cb}{d}-a\right)(a+bz)^3 + \frac{1}{7}(a+bz)^4\right]. \tag{47}$$

Für $\lambda=\frac{1}{3}$ folgt aus (28)

$$\int (c+dz)^n \sqrt[3]{a+bz}\,dz = \frac{3d^n(a+bz)^{\frac{4}{3}}}{b^{n+1}}\left[\frac{1}{4}\left(\frac{cb}{d}-a\right)^n + \frac{1}{7}\binom{n}{1}\left(\frac{cb}{d}-a\right)^{n-1}(a+bz) + \frac{1}{10}\binom{n}{2}\left(\frac{cb}{d}-a\right)^{n-2}(a+bz)^2 + \cdots + \frac{1}{3n+4}(a+bz)^n\right] \tag{48}$$

und in Anwendung auf $n=0,\,1,\,2,\,3,\,4$

$$\int \sqrt[3]{a+bz}\,dz = \frac{3}{4b}(a+bz)^{\frac{4}{3}},$$

$$\int (c+dz)\sqrt[3]{a+bz}\,dz = \frac{3d}{b^2}(a+bz)^{\frac{4}{3}}\left[\frac{1}{4}\left(\frac{cb}{d}-a\right) + \frac{1}{7}(a+bz)\right],$$

$$\int (c+dz)^2\sqrt[3]{a+bz}\,dz = \frac{3d^2}{b^3}(a+bz)^{\frac{4}{3}}\left[\frac{1}{4}\left(\frac{cb}{d}-a\right)^2 + \frac{2}{7}\left(\frac{cb}{d}-a\right)(a+bz) + \frac{1}{10}(a+bz)^2\right],$$

$$\int (c+dz)^3\sqrt[3]{a+bz}\,dz = \frac{3d^3}{b^4}(a+bz)^{\frac{4}{3}}\left[\frac{1}{4}\left(\frac{cb}{d}-a\right)^3 + \frac{3}{7}\left(\frac{cb}{d}-a\right)^2(a+bz) + \frac{3}{10}\left(\frac{cb}{d}-a\right)(a+bz)^2 + \frac{1}{13}(a+bz)^3\right],$$

$$\int (c+dz)^4\sqrt[3]{a+bz}\,dz = \frac{3d^4}{b^5}(a+bz)^{\frac{4}{3}}\left[\frac{1}{4}\left(\frac{cb}{d}-a\right)^4 + \frac{4}{7}\left(\frac{cb}{d}-a\right)^3(a+bz) + \frac{6}{10}\left(\frac{cb}{d}-a\right)^2(a+bz)^2 + \frac{4}{13}\left(\frac{cb}{d}-a\right)(a+bz)^3 + \frac{1}{16}(a+bz)^4\right]. \tag{49}$$

Ferner folgt für $\lambda=-\frac{1}{3}$

$$\int \frac{(c+dz)^n}{\sqrt[3]{a+bz}}\,dz = \frac{3d^n(a+bz)^{\frac{2}{3}}}{b^{n+1}}\left[\frac{1}{2}\left(\frac{cb}{d}-a\right)^n + \frac{1}{5}\binom{n}{1}\left(\frac{cb}{d}-a\right)^{n-1}(a+bz) + \frac{1}{8}\binom{n}{2}\left(\frac{cb}{d}-a\right)^{n-2}(a+bz)^2 + \cdots + \frac{1}{3n+2}(a+bz)^n\right] \tag{50}$$

und in Anwendung auf $n=0,\,1,\,2,\,3,\,4$

$$\int \frac{dz}{\sqrt[3]{a+bz}} = \frac{3}{2b}\sqrt[3]{(a+bz)^2},$$

$$\int \frac{(c+dz)}{\sqrt[3]{a+bz}}\,dz = \frac{3d}{b^2}\sqrt[3]{(a+bz)^2}\left[\frac{1}{2}\left(\frac{cb}{d}-a\right) + \frac{1}{5}(a+bz)\right],$$

$$\int \frac{(c+dz)^2}{\sqrt[3]{a+bz}}\,dz = \frac{3d^2}{b^3}\sqrt[3]{(a+bz)^2}\left[\frac{1}{2}\left(\frac{cb}{d}-a\right)^2 + \frac{2}{5}\left(\frac{cb}{d}-a\right)(a+bz) + \frac{1}{8}(a+bz)^2\right],$$

$$\int \frac{(c+dz)^3}{\sqrt[3]{a+bz}}\,dz = \frac{3d^3}{b^4}\sqrt[3]{(a+bz)^2}\left[\frac{1}{2}\left(\frac{cb}{d}-a\right)^3 + \frac{3}{5}\left(\frac{cb}{d}-a\right)^2(a+bz) + \frac{3}{8}\left(\frac{cb}{d}-a\right)(a+bz)^2 + \frac{1}{11}(a+bz)^3\right],$$

$$\int \frac{(c+dz)^4}{\sqrt[3]{a+bz}}\,dz = \frac{3d^4}{b^5}\sqrt[3]{(a+bz)^2}\left[\frac{1}{2}\left(\frac{cb}{d}-a\right)^4 + \frac{4}{5}\left(\frac{cb}{d}-a\right)^3(a+bz) + \frac{6}{8}\left(\frac{cb}{d}-a\right)^2(a+bz)^2 + \frac{4}{11}\left(\frac{cb}{d}-a\right)(a+bz)^3 + \frac{1}{14}(a+bz)^4\right]. \tag{51}$$

Es folgen nun Anwendungen von (31) und (33) auf $n=0,\,1,\,2,\,3,\,4$

$$\int \frac{dz}{z} = \ln|z| \qquad,\qquad \int \frac{dz}{1-z} = -\ln|1-z| \qquad,$$

$$\int \frac{1-z}{z}\,dz = \ln|z| - z \qquad,\qquad \int \frac{z}{1-z}\,dz = -\ln|1-z| + 1 - z \qquad, \tag{52}$$

$$\int \frac{(1-z)^2}{z}\,dz = \ln|z| - 2z + \frac{z^2}{2} \qquad,\qquad \int \frac{z^2}{1-z}\,dz = -\ln|1-z| + 2(1-z) - \frac{(1-z)^2}{2}\,.$$

$$\int \frac{(1-z)^3}{z}\,dz = \ln|z| - 3z + \frac{3z^2}{2} - \frac{z^3}{3} \qquad,\qquad \int \frac{z^3}{1-z}\,dz = -\ln|1-z| + 3(1-z) -$$
$$-\frac{3(1-z)^2}{2} + \frac{(1-z)^3}{3}\,,$$

$$\int \frac{(1-z)^4}{z}\,dz = \ln|z| - 4z + 3z^2 - \frac{4z^3}{3} + \frac{z^4}{4}\,, \qquad \int \frac{z^4}{1-z}\,dz = -\ln|1-z| + 4(1-z) -$$
$$-3(1-z)^2 + \frac{4(1-z)^3}{3} - \frac{(1-z)^4}{4}\,. \tag{52}$$

$$\int \frac{dz}{z^2} = -\frac{1}{z}\,. \qquad,\qquad \int \frac{dz}{(1-z)^2} = \frac{1}{1-z} \qquad,$$

$$\int \frac{1-z}{z^2}\,dz = -\frac{1}{z} - \ln|z| \qquad,\qquad \int \frac{z}{(1-z)^2}\,dz = \frac{1}{1-z} + \ln|1-z| \qquad,$$

$$\int \frac{(1-z)^2}{z^2}\,dz = -\frac{1}{z} - 2\ln|z| + z \qquad,\qquad \int \frac{z^2}{(1-z)^2}\,dz = \frac{1}{1-z} + 2\ln|1-z| - (1-z) \quad,$$

$$\int \frac{(1-z)^3}{z^2}\,dz = -\frac{1}{z} - 3\ln|z| + 3z - \frac{z^2}{2} \qquad,\qquad \int \frac{z^3}{(1-z)^2}\,dz = \frac{1}{1-z} + 3\ln|1-z| - 3(1-z) +$$
$$+ \frac{(1-z)^2}{2}\,, \tag{53}$$

$$\int \frac{(1-z)^4}{z^2}\,dz = -\frac{1}{z} - 4\ln|z| + 6z - 2z^2 + \frac{z^3}{3}\,, \qquad \int \frac{z^4}{(1-z)^2}\,dz = \frac{1}{1-z} + 4\ln|1-z| - 6(1-z) +$$
$$+ 2(1-z)^2 - \frac{(1-z)^3}{3}\,.$$

$$\int \frac{dz}{z^3} = -\frac{1}{2z^2} \qquad,\qquad \int \frac{dz}{(1-z)^3} = +\frac{1}{2(1-z)^2} \qquad,$$

$$\int \frac{1-z}{z^3}\,dz = -\frac{1}{2z^2} + \frac{1}{z} \qquad,\qquad \int \frac{z}{(1-z)^3}\,dz = \frac{1}{2(1-z)^2} - \frac{1}{1-z} \qquad,$$

$$\int \frac{(1-z)^2}{z^3}\,dz = -\frac{1}{2z^2} + \frac{2}{z} + \ln z \qquad,\qquad \int \frac{z^2}{(1-z)^3}\,dz = \frac{1}{2(1-z)^2} - \frac{2}{1-z} - \ln|1-z| \quad,$$

$$\int \frac{(1-z)^3}{z^3}\,dz = -\frac{1}{2z^2} + \frac{3}{z} + 3\ln z - z \qquad,\qquad \int \frac{z^3}{(1-z)^3}\,dz = \frac{1}{2(1-z)^2} - \frac{3}{1-z} - 3\ln|1-z| +$$
$$+ (1-z) \tag{54}$$

$$\int \frac{(1-z)^4}{z^3}\,dz = -\frac{1}{2z^2} + \frac{4}{z} + 6\ln z - 4z + \frac{z^2}{2}\,, \qquad \int \frac{z^4}{(1-z)^3}\,dz = \frac{1}{2(1-z)^2} - \frac{4}{1-z} - 6\ln|1-z| +$$
$$+ 4(1-z) - \frac{(1-z)^2}{2}\,.$$

$$\int \frac{dz}{z^4} = -\frac{1}{3z^3} \qquad,\qquad \int \frac{dz}{(1-z)^4} = +\frac{1}{3(1-z)^3} \qquad,$$

$$\int \frac{1-z}{z^4}\,dz = -\frac{1}{3z^3} + \frac{1}{2z^2} \qquad,\qquad \int \frac{z}{(1-z)^4}\,dz = \frac{1}{3(1-z)^3} - \frac{1}{2(1-z)^2} \qquad,$$

$$\int \frac{(1-z)^2}{z^4}\,dz = -\frac{1}{3z^3} + \frac{1}{z^2} - \frac{1}{z} \qquad,\qquad \int \frac{z^2}{(1-z)^4}\,dz = \frac{1}{3(1-z)^3} - \frac{1}{(1-z)^2} + \frac{1}{1-z} \qquad,$$

$$\int \frac{(1-z)^3}{z^4}\,dz = -\frac{1}{3z^3} + \frac{3}{2z^2} - \frac{3}{z} - \ln z \qquad,\qquad \int \frac{z^3}{(1-z)^4}\,dz = \frac{1}{3(1-z)^3} - \frac{3}{2(1-z)^2} + \frac{3}{1-z} +$$
$$+ \ln|1-z| \tag{55}$$

$$\int \frac{(1-z)^4}{z^4}\,dz = -\frac{1}{3z^3} + \frac{2}{z^2} - \frac{6}{z} - 4\ln z + z \quad,\qquad \int \frac{z^4}{(1-z)^4}\,dz = \frac{1}{3(1-z)^3} - \frac{2}{(1-z)^2} + \frac{6}{1-z} +$$
$$+ 4\ln|1-z| - (1-z)\,.$$

Schließlich folgt aus (30) und (32) für $\lambda = 0, 1, 2, 3, 4$ und $n = 0, 1, 2, 3, 4$

$$\int dz = z \qquad,$$

$$\int z\,dz = \frac{z^2}{2} \qquad,\qquad \int (1-z)\,dz = -\frac{(1-z)^2}{2} \qquad,$$

$$\int z(1-z)\,dz = \frac{z^2}{2} - \frac{z^3}{3} \qquad,\qquad \int (1-z)\,z\,dz = -\frac{(1-z)^2}{2} + \frac{(1-z)^3}{3} \qquad, \tag{56}$$

$$\int z(1-z)^2\, dz = \frac{z^2}{2} - \frac{2z^3}{3} + \frac{z^4}{4} \qquad , \qquad \int (1-z)\, z^2\, dz = -\frac{(1-z)^2}{2} + \frac{2(1-z)^3}{3} - \frac{(1-z)^4}{4} \,,$$

$$\int z(1-z)^3\, dz = \frac{z^2}{2} - z^3 + \frac{3z^4}{4} - \frac{z^5}{5} \qquad , \qquad \int (1-z)\, z^3\, dz = -\frac{(1-z)^2}{2} + (1-z)^3 - \frac{3(1-z)^4}{4} + \frac{(1-z)^5}{5} \,,$$

$$\int z(1-z)^4\, dz = \frac{z^2}{2} - \frac{4z^3}{3} + \frac{6z^4}{4} - \frac{4z^5}{5} + \frac{z^6}{6} \qquad , \qquad \int (1-z)\, z^4\, dz = -\frac{(1-z)^2}{2} + \frac{4(1-z)^3}{3} - \frac{6(1-z)^4}{4} + \frac{4(1-z)^5}{5} - \frac{(1-z)^6}{6} \,. \tag{56}$$

$$\int z^2\, dz = \frac{z^3}{3} \qquad , \qquad \int (1-z)^2\, dz = -\frac{(1-z)^3}{3} \,,$$

$$\int z^2(1-z)\, dz = \frac{z^3}{3} - \frac{z^4}{4} \qquad , \qquad \int (1-z)^2\, z\, dz = -\frac{(1-z)^3}{3} + \frac{(1-z)^4}{4} \,,$$

$$\int z^2(1-z)^2\, dz = \frac{z^3}{3} - \frac{z^4}{2} + \frac{z^5}{5} \qquad , \qquad \int (1-z)^2\, z^2\, dz = -\frac{(1-z)^3}{3} + \frac{(1-z)^4}{2} - \frac{(1-z)^5}{5} \,,$$

$$\int z^2(1-z)^3\, dz = \frac{z^3}{3} - \frac{3z^4}{4} + \frac{3z^5}{5} - \frac{z^6}{6} \qquad , \qquad \int (1-z)^2\, z^3\, dz = -\frac{(1-z)^3}{3} + \frac{3(1-z)^4}{4} - \frac{3(1-z)^5}{5} + \frac{(1-z)^6}{6} \,,$$

$$\int z^2(1-z)^4\, dz = \frac{z^3}{3} - z^4 + \frac{6z^5}{5} - \frac{2z^6}{3} + \frac{z^7}{7} \qquad , \qquad \int (1-z)^2\, z^4\, dz = -\frac{(1-z)^3}{3} + (1-z)^4 - \frac{6(1-z)^5}{5} + \frac{2(1-z)^6}{3} - \frac{(1-z)^7}{7} \,. \tag{57}$$

$$\int z^3\, dz = \frac{z^4}{4} \qquad , \qquad \int (1-z)^3\, dz = -\frac{(1-z)^4}{4} \,,$$

$$\int z^3(1-z)\, dz = \frac{z^4}{4} - \frac{z^5}{5} \qquad , \qquad \int (1-z)^3\, z\, dz = -\frac{(1-z)^4}{4} + \frac{(1-z)^5}{5} \,,$$

$$\int z^3(1-z)^2\, dz = \frac{z^4}{4} - \frac{2z^5}{5} + \frac{z^6}{6} \qquad , \qquad \int (1-z)^3\, z^2\, dz = -\frac{(1-z)^4}{4} + \frac{2(1-z)^5}{5} - \frac{(1-z)^6}{6} \,,$$

$$\int z^3(1-z)^3\, dz = \frac{z^4}{4} - \frac{3z^5}{5} + \frac{z^6}{2} - \frac{z^7}{7} \qquad , \qquad \int (1-z)^3\, z^3\, dz = -\frac{(1-z)^4}{4} + \frac{3(1-z)^5}{5} - \frac{(1-z)^6}{2} + \frac{(1-z)^7}{7} \,,$$

$$\int z^3(1-z)^4\, dz = \frac{z^4}{4} - \frac{4z^5}{5} + z^6 - \frac{4z^7}{7} + \frac{z^8}{8} \qquad , \qquad \int (1-z)^3\, z^4\, dz = -\frac{(1-z)^4}{4} + \frac{4(1-z)^5}{5} - (1-z)^6 + \frac{4(1-z)^7}{7} - \frac{(1-z)^8}{8} \,. \tag{58}$$

$$\int z^4\, dz = \frac{z^5}{5} \qquad , \qquad \int (1-z)^4\, dz = -\frac{(1-z)^5}{5} \,,$$

$$\int z^4(1-z)\, dz = \frac{z^5}{5} - \frac{z^6}{6} \qquad , \qquad \int (1-z)^4\, z\, dz = -\frac{(1-z)^5}{5} + \frac{(1-z)^6}{6} \,,$$

$$\int z^4(1-z)^2\, dz = \frac{z^5}{5} - \frac{z^6}{3} + \frac{z^7}{7} \qquad , \qquad \int (1-z)^4\, z^2\, dz = -\frac{(1-z)^5}{5} + \frac{(1-z)^6}{3} - \frac{(1-z)^7}{7} \,,$$

$$\int z^4(1-z)^3\, dz = \frac{z^5}{5} - \frac{z^6}{2} + \frac{3z^7}{7} - \frac{z^8}{8} \qquad , \qquad \int (1-z)^4\, z^3\, dz = -\frac{(1-z)^5}{5} + \frac{(1-z)^6}{2} - \frac{3(1-z)^7}{7} + \frac{(1-z)^8}{8} \,,$$

$$\int z^4(1-z)^4\, dz = \frac{z^5}{5} - \frac{2z^6}{3} + \frac{6z^7}{7} - \frac{z^8}{2} + \frac{z^9}{9} \qquad , \qquad \int (1-z)^4\, z^4\, dz = -\frac{(1-z)^5}{5} + \frac{2(1-z)^6}{3} - \frac{6(1-z)^7}{7} + \frac{(1-z)^8}{2} - \frac{(1-z)^9}{9} \,. \tag{59}$$

b) Trigonometrische Integrale.

Werden in (28) bis (37) die neuen Veränderlichen $\quad z = \sin\zeta, \qquad dz = \cos\zeta\, d\zeta$
bzw. $\quad z = \cos\zeta, \qquad dz = -\sin\zeta\, d\zeta \qquad$ eingeführt, so erhält man:

$$\int (a + b\sin\zeta)^\lambda (c + d\sin\zeta)^n \cos\zeta\, d\zeta = \frac{d^n}{b^{n+1}}\left[\frac{\left(\frac{cb}{d}-a\right)^n (a+b\sin\zeta)^{\lambda+1}}{\lambda+1} + \binom{n}{1}\frac{\left(\frac{cb}{d}-a\right)^{n-1}(a+b\sin\zeta)^{\lambda+2}}{\lambda+2} + \right.$$
$$\left. + \binom{n}{2}\frac{\left(\frac{cb}{d}-a\right)^{n-2}(a+b\sin\zeta)^{\lambda+3}}{\lambda+3} + \cdots + \frac{(a+b\sin\zeta)^{\lambda+n+1}}{\lambda+n+1}\right]. \quad (\lambda \neq -1, -2, -3, \cdots -(n+1)). \tag{60}$$

$$\int (a + b\cos\zeta)^\lambda (c + d\cos\zeta)^n \sin\zeta\, d\zeta = -\frac{d^n}{b^{n+1}}\left[\frac{\left(\frac{cb}{d}-a\right)^n (a+b\cos\zeta)^{\lambda+1}}{\lambda+1} + \binom{n}{1}\frac{\left(\frac{cb}{d}-a\right)^{n-1}(a+b\cos\zeta)^{\lambda+2}}{\lambda+2} + \right.$$
$$\left. + \binom{n}{2}\frac{\left(\frac{cb}{d}-a\right)^{n-2}(a+b\cos\zeta)^{\lambda+3}}{\lambda+3} + \cdots + \frac{(a+b\cos\zeta)^{\lambda+n+1}}{\lambda+n+1}\right]. \quad (\lambda \neq -1, -2, -3, \cdots -(n+1)). \tag{61}$$

$$\int \frac{(c+d\sin\zeta)^n \cos\zeta}{a+b\sin\zeta}\, d\zeta = \frac{d^n}{b^{n+1}}\left[\left(\frac{cb}{d}-a\right)^n \ln\left|\frac{a+b\sin\zeta}{\frac{cb}{d}-a}\right| + \binom{n}{1}\left(\frac{cb}{d}-a\right)^{n-1}\frac{(a+b\sin\zeta)}{1} + \right.$$
$$\left. + \binom{n}{2}\left(\frac{cb}{d}-a\right)^{n-2}\frac{(a+b\sin\zeta)^2}{2} + \cdots + \frac{(a+b\sin\zeta)^n}{n}\right],$$

$$\int \frac{(c+d\sin\zeta)^n \cos\zeta}{(a+b\sin\zeta)^2}\, d\zeta = \frac{d^n}{b^{n+1}}\left[-\frac{\left(\frac{cb}{d}-a\right)^n}{a+b\sin\zeta} + \binom{n}{1}\left(\frac{cb}{d}-a\right)^{n-1}\ln\left|\frac{a+b\sin\zeta}{\frac{cb}{d}-a}\right| + \binom{n}{2}\left(\frac{cb}{d}-a\right)^{n-2}\frac{a+b\sin\zeta}{1} + \right.$$
$$\left. + \binom{n}{3}\left(\frac{cb}{d}-a\right)^{n-3}\frac{(a+b\sin\zeta)^2}{2} + \cdots + \frac{(a+b\sin\zeta)^{n-1}}{n-1}\right],$$

$$\int \frac{(c+d\sin\zeta)^n \cos\zeta}{(a+b\sin\zeta)^3}\, d\zeta = \frac{d^n}{b^{n+1}}\left[-\frac{\left(\frac{cb}{d}-a\right)^n}{2(a+b\sin\zeta)^2} - \binom{n}{1}\frac{\left(\frac{cb}{d}-a\right)^{n-1}}{a+b\sin\zeta} + \binom{n}{2}\left(\frac{cb}{d}-a\right)^{n-2}\ln\left|\frac{a+b\sin\zeta}{\frac{cb}{d}-a}\right| + \right.$$
$$\left. + \binom{n}{3}\left(\frac{cb}{d}-a\right)^{n-3}\frac{a+b\sin\zeta}{1} + \binom{n}{4}\left(\frac{cb}{d}-a\right)^{n-4}\frac{(a+b\sin\zeta)^2}{2} + \cdots + \frac{(a+b\sin\zeta)^{n-2}}{n-2}\right],$$

$$\int \frac{(c+d\sin\zeta)^n \cos\zeta}{(a+b\sin\zeta)^4}\, d\zeta = \frac{d^n}{b^{n+1}}\left[-\frac{\left(\frac{cb}{d}-a\right)^n}{3(a+b\sin\zeta)^3} - \binom{n}{1}\frac{\left(\frac{cb}{d}-a\right)^{n-1}}{2(a+b\sin\zeta)^2} + \binom{n}{2}\frac{\left(\frac{cb}{d}-a\right)^{n-2}}{a+b\sin\zeta} + \right.$$
$$+ \binom{n}{3}\left(\frac{cb}{d}-a\right)^{n-3}\ln\left|\frac{a+b\sin\zeta}{\frac{cb}{d}-a}\right| + \binom{n}{4}\left(\frac{cb}{d}-a\right)^{n-4}\frac{a+b\sin\zeta}{1} +$$
$$\left. + \binom{n}{5}\left(\frac{cb}{d}-a\right)^{n-5}\frac{(a+b\sin\zeta)^2}{2} + \cdots + \frac{(a+b\sin\zeta)^{n-3}}{n-3}\right], \tag{6}$$

$$\int \frac{(c+d\sin\zeta)^n \cos\zeta}{(a+b\sin\zeta)^n}\, d\zeta = \frac{d^n}{b^{n+1}}\left[-\frac{\left(\frac{cb}{d}-a\right)^n}{(n-1)(a+b\sin\zeta)^{n-1}} - \binom{n}{1}\frac{\left(\frac{cb}{d}-a\right)^{n-1}}{(n-2)(a+b\sin\zeta)^{n-2}} - \cdots - \right.$$
$$\left. - \binom{n}{n-2}\frac{\left(\frac{cb}{d}-a\right)^2}{a+b\sin\zeta} + \binom{n}{n-1}\left(\frac{cb}{d}-a\right)\ln\left|\frac{a+b\sin\zeta}{\frac{cb}{d}-a}\right| + a+b\sin\zeta\right],$$

$$\int \frac{(c+d\sin\zeta)^n \cos\zeta}{(a+b\sin\zeta)^{n+1}}\, d\zeta = \frac{d^n}{b^{n+1}}\left[-\frac{\left(\frac{cb}{d}-a\right)^n}{n(a+b\sin\zeta)^n} - \binom{n}{1}\frac{\left(\frac{cb}{d}-a\right)^{n-1}}{(n-1)(a+b\sin\zeta)^{n-1}} - \cdots - \right.$$
$$\left. - \binom{n}{n-1}\frac{\frac{cb}{d}-a}{a+b\sin\zeta} + \ln\left|\frac{a+b\sin\zeta}{\frac{cb}{d}-a}\right|\right].$$

$$\int \frac{(c+d\cos\zeta)^n \sin\zeta}{a+b\cos\zeta}\, d\zeta = -\frac{d^n}{b^{n+1}}\left[\left(\frac{cb}{d}-a\right)^n \ln\left|\frac{a+b\cos\zeta}{\frac{cb}{d}-a}\right| + \binom{n}{1}\left(\frac{cb}{d}-a\right)^{n-1}\frac{a+b\cos\zeta}{1} + \right.$$
$$\left. + \binom{n}{2}\left(\frac{cb}{d}-a\right)^{n-2}\frac{(a+b\cos\zeta)^2}{2} + \cdots + \frac{(a+b\cos\zeta)^n}{n}\right],$$

$$\int \frac{(c+d\cos\zeta)^n \sin\zeta}{(a+b\cos\zeta)^2}\, d\zeta = -\frac{d^n}{b^{n+1}}\left[-\frac{\left(\frac{cb}{d}-a\right)^n}{a+b\cos\zeta} + \binom{n}{1}\left(\frac{cb}{d}-a\right)^{n-1}\ln\left|\frac{a+b\cos\zeta}{\frac{cb}{d}-a}\right| + \right.$$
$$\left. + \binom{n}{2}\left(\frac{cb}{d}-a\right)^{n-2}\frac{a+b\cos\zeta}{1} + \binom{n}{3}\left(\frac{cb}{d}-a\right)^{n-3}\frac{(a+b\cos\zeta)^2}{2} + \cdots + \frac{(a+b\cos\zeta)^{n-1}}{n-1}\right],$$

$$\int \frac{(c+d\cos\zeta)^n \sin\zeta}{(a+b\cos\zeta)^3}\, d\zeta = -\frac{d^n}{b^{n+1}}\left[-\frac{\left(\frac{cb}{d}-a\right)^n}{2(a+b\cos\zeta)^2} - \binom{n}{1}\frac{\left(\frac{cb}{d}-a\right)^{n-1}}{a+b\cos\zeta} + \binom{n}{2}\left(\frac{cb}{d}-a\right)^{n-2}\ln\left|\frac{a+b\cos\zeta}{\frac{cb}{d}-a}\right| + \right.$$
$$\left. + \binom{n}{3}\left(\frac{cb}{d}-a\right)^{n-3}\frac{a+b\cos\zeta}{1} + \binom{n}{4}\left(\frac{cb}{d}-a\right)^{n-4}\frac{(a+b\cos\zeta)^2}{2} + \cdots + \frac{(a+b\cos\zeta)^{n-2}}{n-2}\right],$$

$$\int \frac{(c+d\cos\zeta)^n \sin\zeta}{(a+b\cos\zeta)^4}\, d\zeta = -\frac{d^n}{b^{n+1}}\left[-\frac{\left(\frac{cb}{d}-a\right)^n}{3(a+b\cos\zeta)^3} - \binom{n}{1}\frac{\left(\frac{cb}{d}-a\right)^{n-1}}{2(a+b\cos\zeta)^2} - \binom{n}{2}\frac{\left(\frac{cb}{d}-a\right)^{n-2}}{a+b\cos\zeta} + \right.$$
$$+ \binom{n}{3}\left(\frac{cb}{d}-a\right)^{n-3}\ln\left|\frac{a+b\cos\zeta}{\frac{cb}{d}-a}\right| + \binom{n}{4}\left(\frac{cb}{d}-a\right)^{n-4}\frac{a+b\cos\zeta}{1} +$$
$$\left. + \binom{n}{5}\left(\frac{cb}{d}-a\right)^{n-5}\frac{(a+b\cos\zeta)^2}{2} + \cdots + \frac{(a+b\cos\zeta)^{n-3}}{n-3}\right]$$

$$\text{- -}$$

$$\int \frac{(c+d\cos\zeta)^n \sin\zeta}{(a+b\cos\zeta)^n}\, d\zeta = -\frac{d^n}{b^{n+1}}\left[-\frac{\left(\frac{cb}{d}-a\right)^n}{(n-1)(a+b\cos\zeta)^{n-1}} - \binom{n}{1}\frac{\left(\frac{cb}{d}-a\right)^{n-1}}{(n-2)(a+b\cos\zeta)^{n-2}} - \cdots - \right.$$
$$\left. - \binom{n}{n-2}\frac{\left(\frac{cb}{d}-a\right)^2}{a+b\cos\zeta} + \binom{n}{n-1}\left(\frac{cb}{d}-a\right)\ln\left|\frac{a+b\cos\zeta}{\frac{cb}{d}-a}\right| + a+b\cos\zeta\right],$$

$$\int \frac{(c+d\cos\zeta)^n \sin\zeta}{(a+b\cos\zeta)^{n+1}}\, d\zeta = -\frac{d^n}{b^{n+1}}\left[-\frac{\left(\frac{cb}{d}-a\right)^n}{n(a+b\cos\zeta)^n} - \binom{n}{1}\frac{\left(\frac{cb}{d}-a\right)^{n-1}}{(n-1)(a+b\cos\zeta)^{n-1}} - \cdots - \right.$$
$$\left. - \binom{n}{n-1}\frac{\frac{cb}{d}-a}{a+b\cos\zeta} + \ln\left|\frac{a+b\cos\zeta}{\frac{cb}{d}-a}\right|\right] \tag{63}$$

$$\int \sin^\lambda\zeta(1-\sin\zeta)^n\cos\zeta\, d\zeta = \frac{\sin^{\lambda+1}\zeta}{\lambda+1} - \binom{n}{1}\frac{\sin^{\lambda+2}\zeta}{\lambda+2} + \binom{n}{2}\frac{\sin^{\lambda+3}\zeta}{\lambda+3} - \cdots + (-1)^n\frac{\sin^{\lambda+n+1}\zeta}{\lambda+n+1},$$
$$\int \cos^\lambda\zeta(1-\cos\zeta)^n\sin\zeta\, d\zeta = -\frac{\cos^{\lambda+1}\zeta}{\lambda+1} + \binom{n}{1}\frac{\cos^{\lambda+2}\zeta}{\lambda+2} - \binom{n}{2}\frac{\cos^{\lambda+3}\zeta}{\lambda+3} + \cdots + (-1)^{n+1}\frac{\cos^{\lambda+n+1}\zeta}{\lambda+n+1}.$$

$$(\lambda \neq -1, -2, -3, \cdots -(n-1)) \tag{64}$$

$$\int \frac{(1-\sin\zeta)^n}{\sin\zeta}\cos\zeta\, d\zeta = \ln|\sin\zeta| - \binom{n}{1}\frac{\sin\zeta}{1} + \binom{n}{2}\frac{\sin^2\zeta}{2} - \cdots + (-1)^n\frac{\sin^n\zeta}{n},$$
$$\int \frac{(1-\sin\zeta)^n}{\sin^2\zeta}\cos\zeta\, d\zeta = -\frac{1}{\sin\zeta} - \binom{n}{1}\ln|\sin\zeta| + \binom{n}{2}\frac{\sin\zeta}{1} - \binom{n}{3}\frac{\sin^2\zeta}{2} + \cdots + (-1)^n\frac{\sin^{n-1}\zeta}{n-1},$$
$$\int \frac{(1-\sin\zeta)^n}{\sin^3\zeta}\cos\zeta\, d\zeta = -\frac{1}{2\sin^2\zeta} + \binom{n}{1}\frac{1}{\sin\zeta} + \binom{n}{2}\ln|\sin\zeta| - \binom{n}{3}\frac{\sin\zeta}{1} + \binom{n}{4}\frac{\sin^2\zeta}{2} - \cdots + (-1)^n\frac{\sin^{n-2}\zeta}{n-2}, \tag{65}$$

$$\int \frac{(1-\sin\zeta)^n}{\sin^4\zeta}\cos\zeta\,d\zeta = -\frac{1}{3\sin^3\zeta}+\binom{n}{1}\frac{1}{2\sin^2\zeta}-\binom{n}{2}\frac{1}{\sin\zeta}-\binom{n}{3}\ln|\sin\zeta|+\binom{n}{4}\frac{\sin\zeta}{1}-\binom{n}{5}\frac{\sin^2\zeta}{2}+\cdots+$$
$$+(-1)^n\frac{\sin^{n-3}\zeta}{n-3} \tag{65}$$

$$\int \frac{(1-\sin\zeta)^n}{\sin^n\zeta}\cos\zeta\,d\zeta = -\frac{1}{(n-1)\sin^{n-1}\zeta}+\binom{n}{1}\frac{1}{(n-2)\sin^{n-2}\zeta}-\binom{n}{2}\frac{1}{(n-3)\sin^{n-3}\zeta}+\cdots+$$
$$+(-1)^{n-1}\binom{n}{n-2}\frac{1}{\sin\zeta}+(-1)^{n-1}\binom{n}{n-1}\ln|\sin\zeta|+(-1)^n\sin\zeta$$

$$\int \frac{(1-\sin\zeta)^n}{\sin^{n+1}\zeta}\cos\zeta\,d\zeta = -\frac{1}{n\sin^n\zeta}+\binom{n}{1}\frac{1}{(n-1)\sin^{n-1}\zeta}-\binom{n}{2}\frac{1}{(n-2)\sin^{n-2}\zeta}+\cdots+$$
$$+(-1)^n\binom{n}{n-1}\frac{1}{\sin\zeta}+(-1)^n\ln|\sin\zeta|$$

$$\int \frac{(1-\cos\zeta)^n}{\cos\zeta}\sin\zeta\,d\zeta = -\ln|\cos\zeta|+\binom{n}{1}\frac{\cos\zeta}{1}-\binom{n}{2}\frac{\cos^2\zeta}{2}+\cdots+(-1)^{n+1}\frac{\cos^n\zeta}{n}$$

$$\int \frac{(1-\cos\zeta)^n}{\cos^2\zeta}\sin\zeta\,d\zeta = +\frac{1}{\cos\zeta}+\binom{n}{1}\ln|\cos\zeta|-\binom{n}{2}\frac{\cos\zeta}{1}+\binom{n}{3}\frac{\cos^2\zeta}{2}-\cdots+(-1)^{n+1}\frac{\cos^{n+1}\zeta}{n-1}$$

$$\int \frac{(1-\cos\zeta)^n}{\cos^3\zeta}\sin\zeta\,d\zeta = +\frac{1}{2\cos^2\zeta}-\binom{n}{1}\frac{1}{\cos\zeta}-\binom{n}{2}\ln|\cos\zeta|+\binom{n}{3}\frac{\cos\zeta}{1}-\binom{n}{4}\frac{\cos^2\zeta}{2}+\cdots+(-1)^{n+1}\frac{\cos^{n-2}\zeta}{n-2}$$

$$\int \frac{(1-\cos\zeta)^n}{\cos^4\zeta}\sin\zeta\,d\zeta = +\frac{1}{3\cos^3\zeta}-\binom{n}{1}\frac{1}{2\cos^2\zeta}+\binom{n}{2}\frac{1}{\cos\zeta}+\binom{n}{3}\ln|\cos\zeta|-\binom{n}{4}\frac{\cos\zeta}{1}+$$
$$+\binom{n}{5}\frac{\cos^2\zeta}{2}-\cdots+(-1)^{n+1}\frac{\cos^{n-3}\zeta}{n-3} \tag{66}$$

$$\int \frac{(1-\cos\zeta)^n}{\cos^n\zeta}\sin\zeta\,d\zeta = +\frac{1}{(n-1)\cos^{n-1}\zeta}-\binom{n}{1}\frac{1}{(n-2)\cos^{n-2}\zeta}+\binom{n}{2}\frac{1}{(n-3)\cos^{n-3}\zeta}-\cdots+$$
$$+(-1)^n\binom{n}{n-2}\frac{1}{\cos\zeta}+(-1)^n\binom{n}{n-1}\ln|\cos\zeta|+(-1)^{n+1}\cos\zeta$$

$$\int \frac{(1-\cos\zeta)^n}{\cos^{n+1}\zeta}\sin\zeta\,d\zeta = +\frac{1}{n\cos^n\zeta}-\binom{n}{1}\frac{1}{(n-1)\cos^{n-1}\zeta}+\binom{n}{2}\frac{1}{(n-2)\cos^{n-2}\zeta}-\cdots+$$
$$+(-1)^{n+1}\binom{n}{n-1}\frac{1}{\cos\zeta}+(-1)^{n+1}\ln|\cos\zeta|$$

$$\int (1-\sin\zeta)^\lambda\sin^n\zeta\cos\zeta\,d\zeta = -\frac{(1-\sin\zeta)^{\lambda+1}}{\lambda+1}+\binom{n}{1}\frac{(1-\sin\zeta)^{\lambda+2}}{\lambda+2}-\binom{n}{2}\frac{(1-\sin\zeta)^{\lambda+3}}{\lambda+3}+\cdots+$$
$$+(-1)^{n+1}\frac{(1-\sin\zeta)^{\lambda+n+1}}{\lambda+n+1},$$

$$\int (1-\cos\zeta)^\lambda\cos^n\zeta\sin\zeta\,d\zeta = +\frac{(1-\cos\zeta)^{\lambda+1}}{\lambda+1}-\binom{n}{1}\frac{(1-\cos\zeta)^{\lambda+2}}{\lambda+2}+\binom{n}{2}\frac{(1-\cos\zeta)^{\lambda+3}}{\lambda+3}-\cdots+$$
$$+(-1)^n\frac{(1-\cos\zeta)^{\lambda+n+1}}{\lambda+n+1}.$$

$$\left(\lambda \neq -1,-2,-3,\cdots-(n-1)\right) \tag{67}$$

$$\int \frac{\sin^n\zeta\cos\zeta}{1-\sin\zeta}\,d\zeta = -\ln|1-\sin\zeta|+\binom{n}{1}\frac{1-\sin\zeta}{1}-\binom{n}{2}\frac{(1-\sin\zeta)^2}{2}+\cdots+(-1)^{n+1}\frac{(1-\sin\zeta)^n}{n}$$

$$\int \frac{\sin^n\zeta\cos\zeta}{(1-\sin\zeta)^2}\,d\zeta = \frac{1}{1-\sin\zeta}+\binom{n}{1}\ln|1-\sin\zeta|-\binom{n}{2}\frac{1-\sin\zeta}{1}+\binom{n}{3}\frac{(1-\sin\zeta)^2}{2}-\cdots+$$
$$+(-1)^{n+1}\frac{(1-\sin\zeta)^{n-1}}{n-1}$$

$$\int \frac{\sin^n\zeta\cos\zeta}{(1-\sin\zeta)^3}\,d\zeta = \frac{1}{2(1-\sin\zeta)^2}-\binom{n}{1}\frac{1}{1-\sin\zeta}-\binom{n}{2}\ln|1-\sin\zeta|+\binom{n}{3}\frac{1-\sin\zeta}{1}-$$
$$-\binom{n}{4}\frac{(1-\sin\zeta)^2}{2}+\cdots+(-1)^{n+1}\frac{(1-\sin\zeta)^{n-2}}{n-2}$$

$$\int \frac{\sin^n\zeta\cos\zeta}{(1-\sin\zeta)^4}\,d\zeta = \frac{1}{3(1-\sin\zeta)^3}-\binom{n}{1}\frac{1}{2(1-\sin\zeta)^2}+\binom{n}{2}\frac{1}{1-\sin\zeta}+\binom{n}{3}\ln|1-\sin\zeta|-\binom{n}{4}\frac{1-\sin\zeta}{1}+$$
$$+\binom{n}{5}\frac{(1-\sin\zeta)^2}{2}-\cdots+(-1)^{n+1}\frac{(1-\sin\zeta)^{n-3}}{n-3} \tag{68}$$

$$\int \frac{\sin^n\zeta\cos\zeta}{(1-\sin\zeta)^n}\,d\zeta = \frac{1}{(n-1)(1-\sin\zeta)^{n-1}} - \binom{n}{1}\frac{1}{(n-2)(1-\sin\zeta)^{n-2}} + \binom{n}{2}\frac{1}{(n-3)(1-\sin\zeta)^{n-3}} - $$
$$ -\cdots + (-1)^n\binom{n}{n-2}\frac{1}{1-\sin\zeta} + (-1)^n\binom{n}{n-1}\ln|1-\sin\zeta| + $$
$$ + (-1)^{n+1}(1-\sin\zeta) $$

$$\int \frac{\sin^n\zeta\cos\zeta}{(1-\sin\zeta)^{n+1}}\,d\zeta = \frac{1}{n(1-\sin\zeta)^n} - \binom{n}{1}\frac{1}{(n-1)(1-\sin\zeta)^{n-1}} + \binom{n}{2}\frac{1}{(n-2)(1-\sin\zeta)^{n-2}} - \cdots + $$
$$ + (-1)^{n+1}\binom{n}{n-1}\frac{1}{1-\sin\zeta} + (-1)^{n+1}\ln|1-\sin\zeta| $$

$$\tag{68}$$

$$\int \frac{\cos^n\zeta\sin\zeta}{1-\cos\zeta}\,d\zeta = +\ln|1-\cos\zeta| - \binom{n}{1}\frac{1-\cos\zeta}{1} + \binom{n}{2}\frac{(1-\cos\zeta)^2}{2} - \cdots + (-1)^n\frac{(1-\cos\zeta)^n}{n}$$

$$\int \frac{\cos^n\zeta\sin\zeta}{(1-\cos\zeta)^2}\,d\zeta = -\frac{1}{1-\cos\zeta} - \binom{n}{1}\ln|1-\cos\zeta| + \binom{n}{2}\frac{1-\cos\zeta}{1} - \binom{n}{3}\frac{(1-\cos\zeta)^2}{2} + \cdots + $$
$$ + (-1)^n\frac{(1-\cos\zeta)^{n-1}}{n-1}$$

$$\int \frac{\cos^n\zeta\sin\zeta}{(1-\cos\zeta)^3}\,d\zeta = -\frac{1}{2(1-\cos\zeta)^2} + \binom{n}{1}\frac{1}{1-\cos\zeta} + \binom{n}{2}\ln|1-\cos\zeta| - \binom{n}{3}\frac{1-\cos\zeta}{1} + $$
$$ + \binom{n}{4}\frac{(1-\cos\zeta)^2}{2} + \cdots + (-1)^n\frac{(1-\cos\zeta)^{n-2}}{n-2}$$

$$\int \frac{\cos^n\zeta\sin\zeta}{(1-\cos\zeta)^4}\,d\zeta = -\frac{1}{3(1-\cos\zeta)^3} + \binom{n}{1}\frac{1}{2(1-\cos\zeta)^2} - \binom{n}{2}\frac{1}{1-\cos\zeta} - \binom{n}{3}\ln|1-\cos\zeta| + $$
$$ + \binom{n}{4}\frac{1-\cos\zeta}{1} - \binom{n}{5}\frac{(1-\cos\zeta)^2}{2} + \cdots + (-1)^n\frac{(1-\cos\zeta)^{n-3}}{n-3}$$

$$\tag{69}$$

$$\int \frac{\cos^n\zeta\sin\zeta}{(1-\cos\zeta)^n}\,d\zeta = -\frac{1}{(n-1)(1-\cos\zeta)^{n-1}} + \binom{n}{1}\frac{1}{(n-2)(1-\cos\zeta)^{n-2}} - \binom{n}{2}\frac{1}{(n-3)(1-\cos\zeta)^{n-3}} + $$
$$ + \cdots + (-1)^{n-1}\binom{n}{n-1}\frac{1}{1-\cos\zeta} + (-1)^{n-1}\binom{n}{n-1}\ln|1-\cos\zeta| + $$
$$ + (-1)^n(1-\cos\zeta) $$

$$\int \frac{\cos^n\zeta\sin\zeta}{(1-\cos\zeta)^{n+1}}\,d\zeta = -\frac{1}{n(1-\cos\zeta)^n} + \binom{n}{1}\frac{1}{(n-1)(1-\cos\zeta)^{n-1}} - \binom{n}{2}\frac{1}{(n-2)(1-\cos\zeta)^{n-2}} + $$
$$ + \cdots + (-1)^n\binom{n}{n-1}\frac{1}{1-\cos\zeta} + (-1)^n\ln|1-\cos\zeta| $$

$$\int (a+b\sin\zeta)^\lambda \cos\zeta\,d\zeta = \frac{(a+b\sin\zeta)^{\lambda+1}}{b(\lambda+1)} \quad , \quad \int (a+b\cos\zeta)^\lambda \sin\zeta\,d\zeta = -\frac{(a+b\cos\zeta)^{\lambda+1}}{b(\lambda+1)} $$

$$\int \frac{\cos\zeta}{(a+b\sin\zeta)^\lambda}\,d\zeta = \frac{1}{b(1-\lambda)(a+b\sin\zeta)^{\lambda-1}} \quad , \quad \int \frac{\sin\zeta}{(a+b\cos\zeta)^\lambda}\,d\zeta = \frac{1}{b(\lambda-1)(a+b\cos\zeta)^{\lambda-1}} $$

$$\int \frac{\cos\zeta}{a+b\sin\zeta}\,d\zeta = \frac{1}{b}\ln\left|1+\frac{b}{a}\sin\zeta\right| \quad , \quad \int \frac{\sin\zeta}{a+b\cos\zeta}\,d\zeta = -\frac{1}{b}\ln\left|1+\frac{b}{a}\cos\zeta\right| $$

$$\tag{70}$$

$$\int (a+b\sin\zeta)^\lambda \sin\zeta\cos\zeta\,d\zeta = -\frac{a(a+b\sin\zeta)^{\lambda+1}}{b^2(\lambda+1)} + \frac{(a+b\sin\zeta)^{\lambda+2}}{b^2(\lambda+2)} $$

$$\int \frac{\sin\zeta\cos\zeta}{(a+b\sin\zeta)^\lambda}\,d\zeta = -\frac{a}{b^2(1-\lambda)(a+b\sin\zeta)^{\lambda-1}} + \frac{1}{b^2(2-\lambda)(a+b\sin\zeta)^{\lambda-2}} $$

$$\int \frac{\sin\zeta\cos\zeta}{a+b\sin\zeta}\,d\zeta = \frac{a}{b^2} + \frac{\sin\zeta}{b} - \frac{a}{b^2}\ln\left|1+\frac{b}{a}\sin\zeta\right| $$

$$\int \frac{\sin\zeta\cos\zeta}{(a+b\sin\zeta)^2}\,d\zeta = \frac{a}{b^2(a+b\sin\zeta)} + \frac{1}{b^2}\ln\left|1+\frac{b}{a}\sin\zeta\right| $$

$$\tag{71}$$

$$\int (a+b\cos\zeta)^\lambda \cos\zeta\,\sin\zeta\,d\zeta = \frac{a(a+b\cos\zeta)^{\lambda+1}}{b^2(\lambda+1)} - \frac{(a+b\cos\zeta)^{\lambda+2}}{b^2(\lambda+2)} \qquad,$$

$$\int \frac{\cos\zeta\,\sin\zeta}{(a+b\cos\zeta)^\lambda}\,d\zeta = \frac{a}{b^2(1-\lambda)(a+b\cos\zeta)^{\lambda-1}} - \frac{1}{b^2(2-\lambda)(a+b\cos\zeta)^{\lambda-2}} \qquad,$$

$$\int \frac{\cos\zeta\,\sin\zeta}{a+b\cos\zeta}\,d\zeta = -\frac{a}{b^2} - \frac{\cos\zeta}{b} + \frac{a}{b^2}\ln\left|1+\frac{b}{a}\cos\zeta\right| \qquad,$$

$$\int \frac{\cos\zeta\,\sin\zeta}{(a+b\cos\zeta)^2}\,d\zeta = -\frac{a}{b^2(a+b\cos\zeta)} - \frac{1}{b^2}\ln\left|1+\frac{b}{a}\cos\zeta\right| \qquad.$$

$$\tag{72}$$

$$\int (a+b\sin\zeta)^\lambda \sin^2\zeta\,\cos\zeta\,d\zeta = \frac{a^2(a+b\sin\zeta)^{\lambda+1}}{b^3(\lambda+1)} - \frac{2a(a+b\sin\zeta)^{\lambda+2}}{b^3(\lambda+2)} + \frac{(a+b\sin\zeta)^{\lambda+3}}{b^3(\lambda+3)} \qquad,$$

$$\int \frac{\sin^2\zeta\,\cos\zeta}{(a+b\sin\zeta)^\lambda}\,d\zeta = \frac{a^2}{b^3(1-\lambda)(a+b\sin\zeta)^{\lambda-1}} - \frac{2a}{b^3(2-\lambda)(a+b\sin\zeta)^{\lambda-2}} + \frac{1}{b^3(3-\lambda)(a+b\sin\zeta)^{\lambda-3}} \qquad,$$

$$\int \frac{\sin^2\zeta\,\cos\zeta}{a+b\sin\zeta}\,d\zeta = -\frac{3a^2}{2b^3} - \frac{a}{b^2}\sin\zeta + \frac{\sin^2\zeta}{2b} + \frac{a^2}{b^3}\ln\left|1+\frac{b}{a}\sin\zeta\right| \qquad,$$

$$\int \frac{\sin^2\zeta\,\cos\zeta}{(a+b\sin\zeta)^2}\,d\zeta = -\frac{a^2}{b^3(a+b\sin\zeta)} - \frac{2a}{b^3}\ln\left|1+\frac{b}{a}\sin\zeta\right| + \frac{a+b\sin\zeta}{b^3} \qquad,$$

$$\int \frac{\sin^2\zeta\,\cos\zeta}{(a+b\sin\zeta)^3}\,d\zeta = -\frac{a^2}{2b^3(a+b\sin\zeta)^2} + \frac{2a}{b^3(a+b\sin\zeta)} + \frac{1}{b^3}\ln\left|1+\frac{b}{a}\sin\zeta\right| \qquad.$$

$$\tag{73}$$

$$\int (a+b\cos\zeta)^\lambda \cos^2\zeta\,\sin\zeta\,d\zeta = -\frac{a^2(a+b\cos\zeta)^{\lambda+1}}{b^3(\lambda+1)} + \frac{2a(a+b\cos\zeta)^{\lambda+2}}{b^3(\lambda+2)} - \frac{(a+b\cos\zeta)^{\lambda+3}}{b^3(\lambda+3)} \qquad,$$

$$\int \frac{\cos^2\zeta\,\sin\zeta}{(a+b\cos\zeta)^\lambda}\,d\zeta = -\frac{a^2}{b^3(1-\lambda)(a+b\cos\zeta)^{\lambda-1}} + \frac{2a}{b^3(2-\lambda)(a+b\cos\zeta)^{\lambda-2}} - \frac{1}{b^3(3-\lambda)(a+b\cos\zeta)^{\lambda-3}} \qquad,$$

$$\int \frac{\cos^2\zeta\,\sin\zeta}{a+b\cos\zeta}\,d\zeta = \frac{3a^2}{2b^3} + \frac{a}{b^2}\cos\zeta - \frac{\cos^2\zeta}{2b} - \frac{a^2}{b^3}\ln\left|1+\frac{b}{a}\cos\zeta\right| \qquad,$$

$$\int \frac{\cos^2\zeta\,\sin\zeta}{(a+b\cos\zeta)^2}\,d\zeta = \frac{a}{b^3(a+b\cos\zeta)} + \frac{2a}{b^3}\ln\left|1+\frac{b}{a}\cos\zeta\right| - \frac{a+b\cos\zeta}{b^3} \qquad,$$

$$\int \frac{\cos^2\zeta\,\sin\zeta}{(a+b\cos\zeta)^3}\,d\zeta = \frac{a^2}{2b^3(a+b\cos\zeta)^2} - \frac{2a}{b^3(a+b\cos\zeta)} - \frac{1}{b^3}\ln\left|1+\frac{b}{a}\cos\zeta\right| \qquad.$$

$$\tag{74}$$

$$\int (a+b\sin\zeta)^\lambda \sin^3\zeta\,\cos\zeta\,d\zeta = -\frac{a^3(a+b\sin\zeta)^{\lambda+1}}{b^4(\lambda+1)} + \frac{3a^2(a+b\sin\zeta)^{\lambda+2}}{b^4(\lambda+2)} - \frac{3a(a+b\sin\zeta)^{\lambda+3}}{b^4(\lambda+3)} + \frac{(a+b\sin\zeta)^{\lambda+4}}{b^4(\lambda+4)} \qquad,$$

$$\int \frac{\sin^3\zeta\,\cos\zeta}{(a+b\sin\zeta)^\lambda}\,d\zeta = -\frac{a^3}{b^4(1-\lambda)(a+b\sin\zeta)^{\lambda-1}} + \frac{3a^2}{b^4(2-\lambda)(a+b\sin\zeta)^{\lambda-2}} - \frac{3a}{b^4(3-\lambda)(a+b\sin\zeta)^{\lambda-3}} + \frac{1}{b^4(4-\lambda)(a+b\sin\zeta)^{\lambda-4}} \qquad,$$

$$\int \frac{\sin^3\zeta\,\cos\zeta}{a+b\sin\zeta}\,d\zeta = \frac{11a^3}{6b^4} + \frac{a^2}{b^3}\sin\zeta - \frac{a}{2b^2}\sin^2\zeta + \frac{\sin^3\zeta}{3b} - \frac{a^3}{b^4}\ln\left|1+\frac{b}{a}\sin\zeta\right| \qquad,$$

$$\int \frac{\sin^3\zeta\,\cos\zeta}{(a+b\sin\zeta)^2}\,d\zeta = \frac{a^3}{b^4(a+b\sin\zeta)} + \frac{3a^2}{b^4}\ln\left|1+\frac{b}{a}\sin\zeta\right| - \frac{3a}{b^4}(a+b\sin\zeta) + \frac{(a+b\sin\zeta)^2}{2b^4} \qquad,$$

$$\int \frac{\sin^3\zeta\,\cos\zeta}{(a+b\sin\zeta)^3}\,d\zeta = \frac{a^3}{2b^4(a+b\sin\zeta)^2} - \frac{3a^2}{b^4(a+b\sin\zeta)} - \frac{3a}{b^4}\ln\left|1+\frac{b}{a}\sin\zeta\right| + \frac{a+b\sin\zeta}{b^4} \qquad,$$

$$\int \frac{\sin^3\zeta\,\cos\zeta}{(a+b\sin\zeta)^4}\,d\zeta = \frac{a^3}{3b^4(a+b\sin\zeta)^3} - \frac{3a^2}{2b^4(a+b\sin\zeta)^2} + \frac{3a}{b^4(a+b\sin\zeta)} + \frac{1}{b^4}\ln\left|1+\frac{b}{a}\sin\zeta\right| \qquad.$$

$$\tag{75}$$

$$\int (a+b\cos\zeta)^\lambda \cos^3\zeta\,\sin\zeta\,d\zeta = \frac{a^3(a+b\cos\zeta)^{\lambda+1}}{b^4(\lambda+1)} - \frac{3a^2(a+b\cos\zeta)^{\lambda+2}}{b^4(\lambda+2)} + \frac{3a(a+b\cos\zeta)^{\lambda+3}}{b^4(\lambda+3)} - \frac{(a+b\cos\zeta)^{\lambda+4}}{b^4(\lambda+4)} \qquad,$$

$$\int \frac{\cos^3\zeta\,\sin\zeta}{(a+b\cos\zeta)^\lambda}\,d\zeta = \frac{a^3}{b^4(1-\lambda)(a+b\cos\zeta)^{\lambda-1}} - \frac{3a^2}{b^4(2-\lambda)(a+b\cos\zeta)^{\lambda-2}} + \frac{3a}{b^4(3-\lambda)(a+b\cos\zeta)^{\lambda-3}} - \frac{1}{b^4(4-\lambda)(a+b\cos\zeta)^{\lambda-4}} \qquad,$$

$$\tag{76}$$

$$\int \frac{\cos^3\zeta \sin\zeta}{a+b\cos\zeta}\, d\zeta = -\frac{11\, a^3}{6\, b^4} - \frac{a^2}{b^3}\cos\zeta + \frac{a}{2\, b^2}\cos^2\zeta - \frac{\cos^3\zeta}{3\, b} + \frac{a^3}{b^4}\ln\left| 1 + \frac{b}{a}\cos\zeta \right| \qquad (76)$$

$$\int \frac{\cos^3\zeta \sin\zeta}{(a+b\cos\zeta)^2}\, d\zeta = -\frac{a^3}{b^4(a+b\cos\zeta)} - \frac{3\, a^2}{b^4}\ln\left| 1 + \frac{b}{a}\cos\zeta \right| + \frac{3\, a}{b^4}(a+b\cos\zeta) - \frac{(a+b\cos\zeta)^2}{2\, b^4}$$

$$\int \frac{\cos^3\zeta \sin\zeta}{(a+b\cos\zeta)^3}\, d\zeta = -\frac{a^3}{2\, b^4(a+b\cos\zeta)^2} + \frac{3\, a^2}{b^4(a+b\cos\zeta)} + \frac{3\, a}{b^4}\ln\left| 1 + \frac{b}{a}\cos\zeta \right| - \frac{a+b\cos\zeta}{b^4}$$

$$\int \frac{\cos^3\zeta \sin\zeta}{(a+b\cos\zeta)^4}\, d\zeta = -\frac{a^3}{3\, b^4(a+b\cos\zeta)^3} + \frac{3\, a^2}{2\, b^4(a+b\cos\zeta)^2} - \frac{3\, a}{b^4(a+b\cos\zeta)} - \frac{1}{b^4}\ln\left| 1 + \frac{b}{a}\cos\zeta \right|.$$

$$\int (c+d\sin\zeta)^n \sqrt{a+b\sin\zeta}\,\cos\zeta\, d\zeta = \frac{2\, d^n(a+b\sin\zeta)^{\frac{3}{2}}}{b^{n+1}}\left[\frac{1}{3}\left(\frac{cb}{d}-a\right)^n + \frac{1}{5}\binom{n}{1}\left(\frac{cb}{d}-a\right)^{n-1}(a+b\sin\zeta) + \right.$$
$$\left. + \frac{1}{7}\binom{n}{2}\left(\frac{cb}{d}-a\right)^{n-2}(a+b\sin\zeta)^2 + \cdots + \frac{1}{2\, n+3}(a+b\sin\zeta)^n \right],$$

$$\int (c+d\cos\zeta)^n \sqrt{a+b\cos\zeta}\,\sin\zeta\, d\zeta = -\frac{2\, d^n(a+b\cos\zeta)^{\frac{3}{2}}}{b^{n+1}}\left[\frac{1}{3}\left(\frac{cb}{d}-a\right)^n + \frac{1}{5}\binom{n}{1}\left(\frac{cb}{d}-a\right)^{n-1}(a+b\cos\zeta) + \right.$$
$$\left. + \frac{1}{7}\binom{n}{2}\left(\frac{cb}{d}-a\right)^{n-2}(a+b\cos\zeta)^2 + \cdots + \frac{1}{2\, n+3}(a+b\cos\zeta)^n \right]. \qquad (77)$$

$$\int \frac{(c+d\sin\zeta)^n \cos\zeta}{\sqrt{a+b\sin\zeta}}\, d\zeta = \frac{2\, d^n\sqrt{a+b\sin\zeta}}{b^{n+1}}\left[\left(\frac{cb}{d}-a\right)^n + \frac{1}{3}\binom{n}{1}\left(\frac{cb}{d}-a\right)^{n-1}(a+b\sin\zeta) + \right.$$
$$\left. + \frac{1}{5}\binom{n}{2}\left(\frac{cb}{d}-a\right)^{n-2}(a+b\sin\zeta)^2 + \cdots + \frac{1}{2\, n+1}(a+b\sin\zeta)^n \right],$$

$$\int \frac{(c+d\cos\zeta)^n \sin\zeta}{\sqrt{a+b\cos\zeta}}\, d\zeta = -\frac{2\, d^n\sqrt{a+b\cos\zeta}}{b^{n+1}}\left[\left(\frac{cb}{d}-a\right)^n + \frac{1}{3}\binom{n}{1}\left(\frac{cb}{d}-a\right)^{n-1}(a+b\cos\zeta) + \right.$$
$$\left. + \frac{1}{5}\binom{n}{2}\left(\frac{cb}{d}-a\right)^{n-2}(a+b\cos\zeta)^2 + \cdots + \frac{1}{2\, n+1}(a+b\cos\zeta)^n \right]. \qquad (78)$$

$$\int \cos\zeta \sqrt{a+b\sin\zeta}\, d\zeta = \frac{2}{3\, b}(a+b\sin\zeta)^{\frac{3}{2}}$$

$$\int (c+d\sin\zeta)\cos\zeta \sqrt{a+b\sin\zeta}\, d\zeta = \frac{2\, d(a+b\sin\zeta)^{\frac{3}{2}}}{b^2}\left[\frac{1}{3}\left(\frac{cb}{d}-a\right) + \frac{1}{5}(a+b\sin\zeta) \right]$$

$$\int (c+d\sin\zeta)^2\cos\zeta \sqrt{a+b\sin\zeta}\, d\zeta = \frac{2\, d^2(a+b\sin\zeta)^{\frac{3}{2}}}{b^3}\left[\frac{1}{3}\left(\frac{cb}{d}-a\right)^2 + \frac{2}{5}\left(\frac{cb}{d}-a\right)(a+b\sin\zeta) + \right.$$
$$\left. + \frac{1}{7}(a+b\sin\zeta)^2 \right]$$

$$\int (c+d\sin\zeta)^3\cos\zeta \sqrt{a+b\sin\zeta}\, d\zeta = \frac{2\, d^3(a+b\sin\zeta)^{\frac{3}{2}}}{b^4}\left[\frac{1}{3}\left(\frac{cb}{d}-a\right)^3 + \frac{3}{5}\left(\frac{cb}{d}-a\right)^2(a+b\sin\zeta) + \right.$$
$$\left. + \frac{3}{7}\left(\frac{cb}{d}-a\right)(a+b\sin\zeta)^2 + \frac{1}{9}(a+b\sin\zeta)^3 \right],$$

$$\int (c+d\sin\zeta)^4\cos\zeta \sqrt{a+b\sin\zeta}\, d\zeta = \frac{2\, d^4(a+b\sin\zeta)^{\frac{3}{2}}}{b^5}\left[\frac{1}{3}\left(\frac{cb}{d}-a\right)^4 + \frac{4}{5}\left(\frac{cb}{d}-a\right)^3(a+b\sin\zeta) + \right.$$
$$+ \frac{6}{7}\left(\frac{cb}{d}-a\right)^2(a+b\sin\zeta)^2 + \frac{4}{9}\left(\frac{cb}{d}-a\right)(a+b\sin\zeta)^3 +$$
$$\left. + \frac{1}{11}(a+b\sin\zeta)^4 \right] \qquad (79)$$

$$\int \sin\zeta \sqrt{a+b\cos\zeta}\, d\zeta = -\frac{2}{3\, b}(a+b\cos\zeta)^{\frac{3}{2}}$$

$$\int (c+d\cos\zeta)\sin\zeta \sqrt{a+b\cos\zeta}\, d\zeta = -\frac{2\, d(a+b\cos\zeta)^{\frac{3}{2}}}{b^2}\left[\frac{1}{3}\left(\frac{cb}{d}-a\right) + \frac{1}{5}(a+b\cos\zeta) \right],$$

$$\int (c+d\cos\zeta)\sin\zeta \sqrt{a+b\cos\zeta}\, d\zeta = -\frac{2\, d^2(a+b\cos\zeta)^{\frac{3}{2}}}{b^3}\left[\frac{1}{3}\left(\frac{cb}{d}-a\right)^2 + \frac{2}{5}\left(\frac{cb}{d}-a\right)(a+b\cos\zeta) + \right.$$
$$\left. + \frac{1}{7}(a+b\cos\zeta)^2 \right],$$

$$\int (c+d\cos\zeta)^3\sin\zeta \sqrt{a+b\cos\zeta}\, d\zeta = -\frac{2\, d^3(a+b\cos\zeta)^{\frac{3}{2}}}{b^4}\left[\frac{1}{3}\left(\frac{cb}{d}-a\right)^3 + \frac{3}{5}\left(\frac{cb}{d}-a\right)^2(a+b\cos\zeta) + \right.$$
$$\left. + \frac{3}{7}\left(\frac{cb}{d}-a\right)(a+b\cos\zeta)^2 + \frac{1}{9}(a+b\cos\zeta)^3 \right], \qquad (80)$$

$$\int (c + d\cos\zeta)^4 \sin\zeta \sqrt{a + b\cos\zeta}\, d\zeta = - \frac{2\, d^4 (a + b\cos\zeta)^{\frac{3}{2}}}{b^5} \Big[\frac{1}{3}\Big(\frac{cb}{d} - a\Big)^4 + \frac{4}{5}\Big(\frac{cb}{d} - a\Big)^3 (a + b\cos\zeta) +$$
$$+ \frac{6}{7}\Big(\frac{cb}{d} - a\Big)^2 (a + b\cos\zeta)^2 + \frac{4}{9}\Big(\frac{cb}{d} - a\Big)(a + b\cos\zeta)^3 +$$
$$+ \frac{1}{11}(a + b\cos\zeta)^4 \Big] \tag{80}$$

$$\int \frac{\cos\zeta}{\sqrt{a + b\sin\zeta}}\, d\zeta = \frac{2}{b}\sqrt{a + b\sin\zeta}\ ,$$

$$\int \frac{c + d\sin\zeta}{\sqrt{a + b\sin\zeta}}\cos\zeta\, d\zeta = \frac{2\, d\sqrt{a + b\sin\zeta}}{b^2}\Big[\Big(\frac{cb}{d} - a\Big) + \frac{1}{3}(a + b\sin\zeta)\Big]\ ,$$

$$\int \frac{(c + d\sin\zeta)^2}{\sqrt{a + b\sin\zeta}}\cos\zeta\, d\zeta = \frac{2\, d^2\sqrt{a + b\sin\zeta}}{b^3}\Big[\Big(\frac{cb}{d} - a\Big)^2 + \frac{2}{3}\Big(\frac{cb}{d} - a\Big)(a + b\sin\zeta) + \frac{1}{5}(a + b\sin\zeta)^2\Big]\ ,$$

$$\int \frac{(c + d\sin\zeta)^3}{\sqrt{a + b\sin\zeta}}\cos\zeta\, d\zeta = \frac{2\, d^3\sqrt{a + b\sin\zeta}}{b^4}\Big[\Big(\frac{cb}{d} - a\Big)^3 + \Big(\frac{cb}{d} - a\Big)^2 (a + b\sin\zeta) +$$
$$+ \frac{3}{5}\Big(\frac{cb}{d} - a\Big)(a + b\sin\zeta)^2 + \frac{1}{7}(a + b\sin\zeta)^3\Big]\ , \tag{81}$$

$$\int \frac{(c + d\sin\zeta)^4}{\sqrt{a + b\sin\zeta}}\cos\zeta\, d\zeta = \frac{2\, d^4\sqrt{a + b\sin\zeta}}{b^5}\Big[\Big(\frac{cb}{d} - a\Big)^4 + \frac{4}{3}\Big(\frac{cb}{d} - a\Big)^3 (a + b\sin\zeta) +$$
$$+ \frac{6}{5}\Big(\frac{cb}{d} - a\Big)^2 (a + b\sin\zeta)^2 + \frac{4}{7}\Big(\frac{cb}{d} - a\Big)(a + b\sin\zeta)^3 + \frac{1}{9}(a + b\sin\zeta)^4\Big].$$

$$\int \frac{\sin\zeta}{\sqrt{a + b\cos\zeta}}\, d\zeta = - \frac{2}{b}\sqrt{a + b\cos\zeta}\ ,$$

$$\int \frac{c + d\cos\zeta}{\sqrt{a + b\cos\zeta}}\sin\zeta\, d\zeta = - \frac{2\, d\sqrt{a + b\cos\zeta}}{b^2}\Big[\Big(\frac{cb}{d} - a\Big) + \frac{1}{3}(a + b\cos\zeta)\Big]\ ,$$

$$\int \frac{(c + d\cos\zeta)^2}{\sqrt{a + b\cos\zeta}}\sin\zeta\, d\zeta = - \frac{2\, d^2\sqrt{a + b\cos\zeta}}{b^3}\Big[\Big(\frac{cb}{d} - a\Big)^2 + \frac{2}{3}\Big(\frac{cb}{d} - a\Big)(a + b\cos\zeta) + \frac{1}{5}(a + b\cos\zeta)^2\Big],$$

$$\int \frac{(c + d\cos\zeta)^3}{\sqrt{a + b\cos\zeta}}\sin\zeta\, d\zeta = - \frac{2\, d^3\sqrt{a + b\cos\zeta}}{b^4}\Big[\Big(\frac{cb}{d} - a\Big)^3 + \Big(\frac{cb}{d} - a\Big)^2 (a + b\cos\zeta) +$$
$$+ \frac{3}{5}\Big(\frac{cb}{d} - a\Big)(a + b\cos\zeta)^2 + \frac{1}{7}(a + b\cos\zeta)^3\Big]\ , \tag{82}$$

$$\int \frac{(c + d\cos\zeta)^4}{\sqrt{a + b\cos\zeta}}\sin\zeta\, d\zeta = - \frac{2\, d^4\sqrt{a + b\cos\zeta}}{b^5}\Big[\Big(\frac{cb}{d} - a\Big)^4 + \frac{4}{3}\Big(\frac{cb}{d} - a\Big)^3 (a + b\cos\zeta) +$$
$$+ \frac{6}{5}\Big(\frac{cb}{d} - a\Big)^2 (a + b\cos\zeta)^2 + \frac{4}{7}\Big(\frac{cb}{d} - a\Big)(a + b\cos\zeta)^3 + \frac{1}{9}(a + b\cos\zeta)^4\Big].$$

Für die neuen Veränderlichen

$$z = \sin^2\zeta, \qquad dz = 2\sin\zeta\cos\zeta\, d\zeta \quad \text{bzw.} \quad z = \cos^2\zeta, \qquad dz = - 2\cos\zeta\sin\zeta\, d\zeta$$

folgt aus (30) bis (33) und (52) bis (59)

$$\int \sin^{2\lambda+1}\zeta \cos^{2n+1}\zeta\, d\zeta = \frac{\sin^{2\lambda+2}\zeta}{2\lambda+2} - \binom{n}{1}\frac{\sin^{2\lambda+4}\zeta}{2\lambda+4} + \binom{n}{2}\frac{\sin^{2\lambda+6}\zeta}{2\lambda+6} - \cdots + (-1)^n \frac{\sin^{2\lambda+2n+2}\zeta}{2\lambda+2n+2}\ ,$$

$$\int \cos^{2\lambda+1}\zeta \sin^{2n+1}\zeta\, d\zeta = - \frac{\cos^{2\lambda+2}\zeta}{2\lambda+2} + \binom{n}{1}\frac{\cos^{2\lambda+4}\zeta}{2\lambda+4} - \binom{n}{2}\frac{\cos^{2\lambda+6}\zeta}{2\lambda+6} + \cdots + (-1)^{n+1}\frac{\cos^{2\lambda+2n+2}\zeta}{2\lambda+2n+2}.$$
$$\left. \right\} \quad {\scriptstyle (\lambda \neq -1, -2, -3, \cdots -(n+1))} \tag{83}$$

$$\int \frac{\cos^{2n+1}\zeta}{\sin\zeta}\, d\zeta = \ln|\sin\zeta| - \binom{n}{1}\frac{\sin^2\zeta}{2} + \binom{n}{2}\frac{\sin^4\zeta}{4} - \cdots + (-1)^n \frac{\sin^{2n}\zeta}{2n}\ ,$$

$$\int \frac{\cos^{2n+1}\zeta}{\sin^3\zeta}\, d\zeta = - \frac{1}{2\sin^2\zeta} - \binom{n}{1}\ln|\sin\zeta| + \binom{n}{2}\frac{\sin^2\zeta}{2} - \binom{n}{3}\frac{\sin^4\zeta}{4} + \cdots + (-1)^n \frac{\sin^{2n-2}\zeta}{2n-2}\ ,$$

$$\int \frac{\cos^{2n+1}\zeta}{\sin^5\zeta}\, d\zeta = - \frac{1}{4\sin^4\zeta} + \binom{n}{1}\frac{1}{2\sin^2\zeta} + \binom{n}{2}\ln|\sin\zeta| - \binom{n}{3}\frac{\sin^2\zeta}{2} + \binom{n}{4}\frac{\sin^4\zeta}{4} - \cdots + (-1)^n \frac{\sin^{2n-4}\zeta}{2n-4}\ ,$$

$$\int \frac{\cos^{2n+1}\zeta}{\sin^7\zeta}\, d\zeta = - \frac{1}{6\sin^6\zeta} + \binom{n}{1}\frac{1}{4\sin^4\zeta} - \binom{n}{2}\frac{1}{2\sin^2\zeta} - \binom{n}{3}\ln|\sin\zeta| + \binom{n}{4}\frac{\sin^2\zeta}{2} - \binom{n}{5}\frac{\sin^4\zeta}{4} + \cdots +$$
$$+ (-1)^n \frac{\sin^{2n-6}\zeta}{2n-6}\ , \tag{84}$$

$$\int \frac{\cos^{2n+1}\zeta}{\sin^{2n-1}\zeta}\,d\zeta = -\frac{1}{(2n-2)\sin^{2n-2}\zeta} + \binom{n}{1}\frac{1}{(2n-4)\sin^{2n-4}\zeta} - \binom{n}{2}\frac{1}{(2n-6)\sin^{2n-6}\zeta} + \cdots +$$
$$+\,(-1)^{n-1}\binom{n}{n-2}\frac{1}{2\sin^2\zeta} + (-1)^{n-1}\binom{n}{n-1}\ln|\sin\zeta| + (-1)^n\frac{\sin^2\zeta}{2}\,,$$

$$\int \frac{\cos^{2n+1}\zeta}{\sin^{2n+1}\zeta}\,d\zeta = \int \cot g^{2n+1}\zeta\,d\zeta = -\frac{1}{2n\sin^{2n}\zeta} + \binom{n}{1}\frac{1}{(2n-2)\sin^{2n-2}\zeta} - \binom{n}{2}\frac{1}{(2n-4)\sin^{2n-4}\zeta} + \cdots +$$
$$+\,(-1)^n\binom{n}{n-1}\frac{1}{2\sin^2\zeta} + (-1)^n\ln|\sin\zeta|\,. \tag{84}$$

$$\int \frac{\sin^{2n+1}\zeta}{\cos\zeta}\,d\zeta = -\ln|\cos\zeta| + \binom{n}{1}\frac{\cos^2\zeta}{2} - \binom{n}{2}\frac{\cos^4\zeta}{4} + \cdots + (-1)^{n+1}\frac{\cos^{2n}\zeta}{2n}\,,$$

$$\int \frac{\sin^{2n+1}\zeta}{\cos^3\zeta}\,d\zeta = \frac{1}{2\cos^2\zeta} + \binom{n}{1}\ln|\cos\zeta| - \binom{n}{2}\frac{\cos^2\zeta}{2} + \binom{n}{3}\frac{\cos^4\zeta}{4} - \cdots + (-1)^{n+1}\frac{\cos^{2n-2}\zeta}{2n-2}\,,$$

$$\int \frac{\sin^{2n+1}\zeta}{\cos^5\zeta}\,d\zeta = \frac{1}{4\cos^4\zeta} - \binom{n}{1}\frac{1}{2\cos^2\zeta} - \binom{n}{2}\ln|\cos\zeta| + \binom{n}{3}\frac{\cos^2\zeta}{2} - \binom{n}{4}\frac{\cos^4\zeta}{4} + \cdots +$$
$$+\,(-1)^{n+1}\frac{\cos^{2n-4}\zeta}{2n-4}\,,$$

$$\int \frac{\sin^{2n+1}\zeta}{\cos^7\zeta}\,d\zeta = \frac{1}{6\cos^6\zeta} - \binom{n}{1}\frac{1}{4\cos^4\zeta} + \binom{n}{2}\frac{1}{2\cos^2\zeta} + \binom{n}{3}\ln|\cos\zeta| - \binom{n}{4}\frac{\cos^2\zeta}{2} + \binom{n}{5}\frac{\cos^4\zeta}{4} -$$
$$-\cdots + (-1)^{n+1}\frac{\cos^{2n-6}\zeta}{2n-6}\,, \tag{85}$$

$$\int \frac{\sin^{2n+1}\zeta}{\cos^{2n-1}\zeta}\,d\zeta = \frac{1}{(2n-2)\cos^{2n-2}\zeta} - \binom{n}{1}\frac{1}{(2n-4)\cos^{2n-4}\zeta} + \binom{n}{2}\frac{1}{(2n-6)\cos^{2n-6}\zeta}$$
$$-\cdots + (-1)^n\binom{n}{n-2}\frac{1}{2\cos^2\zeta} + (-1)^n\binom{n}{n-1}\ln|\cos\zeta| + (-1)^{n+1}\frac{\cos^2\zeta}{2}\,,$$

$$\int \frac{\sin^{2n+1}\zeta}{\cos^{2n+1}\zeta}\,d\zeta = \int \tan g^{2n+1}\zeta\,d\zeta = \frac{1}{2n\cos^{2n}\zeta} - \binom{n}{1}\frac{1}{(2n-2)\cos^{2n-2}\zeta} + \binom{n}{2}\frac{1}{(2n-4)\cos^{2n-4}\zeta} -$$
$$-\cdots + (-1)^{n+1}\binom{n}{n-1}\frac{1}{2\cos^2\zeta} + (-1)^{n+1}\ln|\cos\zeta|\,.$$

$$\int \frac{\cos\zeta}{\sin\zeta}\,d\zeta = \ln|\sin\zeta|\,, \qquad \int \frac{\sin\zeta}{\cos\zeta}\,d\zeta = -\ln|\cos\zeta|\,,$$

$$\int \frac{\cos^3\zeta}{\sin\zeta}\,d\zeta = \ln|\sin\zeta| - \frac{\sin^2\zeta}{2}\,, \qquad \int \frac{\sin^3\zeta}{\cos\zeta}\,d\zeta = -\ln|\cos\zeta| + \frac{\cos^2\zeta}{2}\,,$$

$$\int \frac{\cos^5\zeta}{\sin\zeta}\,d\zeta = \ln|\sin\zeta| - \sin^2\zeta + \frac{\sin^4\zeta}{4}\,, \qquad \int \frac{\sin^5\zeta}{\cos\zeta}\,d\zeta = -\ln|\cos\zeta| + \cos^2\zeta - \frac{\cos^4\zeta}{4}\,,$$

$$\int \frac{\cos^7\zeta}{\sin\zeta}\,d\zeta = \ln|\sin\zeta| - \frac{3\sin^2\zeta}{2} + \frac{3\sin^4\zeta}{4} - \frac{\sin^6\zeta}{6}\,, \qquad \int \frac{\sin^7\zeta}{\cos\zeta}\,d\zeta = -\ln|\cos\zeta| + \frac{3\cos^2\zeta}{2} - \frac{3\cos^4\zeta}{4} + \frac{\cos^6\zeta}{6}\,,$$

$$\int \frac{\cos^9\zeta}{\sin\zeta}\,d\zeta = \ln|\sin\zeta| - 2\sin^2\zeta + \frac{3\sin^4\zeta}{2} - \frac{2\sin^6\zeta}{3} + \frac{\sin^8\zeta}{8}\,, \qquad \int \frac{\sin^9\zeta}{\cos\zeta}\,d\zeta = -\ln|\cos\zeta| + 2\cos^2\zeta - \frac{3\cos^4\zeta}{2} + \frac{2\cos^6\zeta}{3} - \frac{\cos^8\zeta}{8}\,. \tag{86}$$

$$\int \frac{\cos\zeta}{\sin^3\zeta}\,d\zeta = -\frac{1}{2\sin^2\zeta}\,, \qquad \int \frac{\sin\zeta}{\cos^3\zeta}\,d\zeta = \frac{1}{2\cos^2\zeta}\,,$$

$$\int \frac{\cos^3\zeta}{\sin^3\zeta}\,d\zeta = -\frac{1}{2\sin^2\zeta} - \ln|\sin\zeta|\,, \qquad \int \frac{\sin^3\zeta}{\cos^3\zeta}\,d\zeta = \frac{1}{2\cos^2\zeta} + \ln|\cos\zeta|\,,$$

$$\int \frac{\cos^5\zeta}{\sin^3\zeta}\,d\zeta = -\frac{1}{2\sin^2\zeta} - 2\ln|\sin\zeta| + \frac{\sin^2\zeta}{2}\,, \qquad \int \frac{\sin^5\zeta}{\cos^3\zeta}\,d\zeta = \frac{1}{2\cos^2\zeta} + 2\ln|\cos\zeta| - \frac{\cos^2\zeta}{2}\,,$$

$$\int \frac{\cos^7\zeta}{\sin^3\zeta}\,d\zeta = -\frac{1}{2\sin^2\zeta} - 3\ln|\sin\zeta| + \frac{3\sin^2\zeta}{2} - \frac{\sin^4\zeta}{4}\,, \qquad \int \frac{\sin^7\zeta}{\cos^3\zeta}\,d\zeta = \frac{1}{2\cos^2\zeta} + 3\ln|\cos\zeta| - \frac{3\cos^2\zeta}{2} + \frac{\cos^4\zeta}{4}\,,$$

$$\int \frac{\cos^9\zeta}{\sin^3\zeta}\,d\zeta = -\frac{1}{2\sin^2\zeta} - 4\ln|\sin\zeta| + 3\sin^2\zeta - \sin^4\zeta + \frac{\sin^6\zeta}{6}\,, \qquad \int \frac{\sin^9\zeta}{\cos^3\zeta}\,d\zeta = \frac{1}{2\cos^2\zeta} + 4\ln|\cos\zeta| - 3\cos^2\zeta + \cos^4\zeta - \frac{\cos^6\zeta}{6}\,. \tag{87}$$

$$\int \frac{\cos\zeta}{\sin^5\zeta}\,d\zeta = -\frac{1}{4\sin^4\zeta}\;,\qquad \int \frac{\sin\zeta}{\cos^5\zeta}\,d\zeta = \frac{1}{4\cos^4\zeta}\;,$$

$$\int \frac{\cos^3\zeta}{\sin^5\zeta}\,d\zeta = -\frac{1}{4\sin^4\zeta}+\frac{1}{2\sin^2\zeta}\;,\qquad \int \frac{\sin^3\zeta}{\cos^5\zeta}\,d\zeta = \frac{1}{4\cos^4\zeta}-\frac{1}{2\cos^2\zeta}\;,$$

$$\int \frac{\cos^5\zeta}{\sin^5\zeta}\,d\zeta = -\frac{1}{4\sin^4\zeta}+\frac{1}{\sin^2\zeta}+\ln|\sin\zeta|\;,\qquad \int \frac{\sin^5\zeta}{\cos^5\zeta}\,d\zeta = \frac{1}{4\cos^4\zeta}-\frac{1}{\cos^2\zeta}-\ln|\cos\zeta|\;,$$

$$\int \frac{\cos^7\zeta}{\sin^5\zeta}\,d\zeta = -\frac{1}{4\sin^4\zeta}+\frac{3}{2\sin^2\zeta}+3\ln|\sin\zeta|-\frac{\sin^2\zeta}{2}\;,\qquad \int \frac{\sin^7\zeta}{\cos^5\zeta}\,d\zeta = \frac{1}{4\cos^4\zeta}-\frac{3}{2\cos^2\zeta}-3\ln|\cos\zeta|+\frac{\cos^2\zeta}{2}\;,\qquad (88)$$

$$\int \frac{\cos^9\zeta}{\sin^5\zeta}\,d\zeta = -\frac{1}{4\sin^4\zeta}+\frac{2}{\sin^2\zeta}+6\ln|\sin\zeta|-2\sin^2\zeta+\frac{\sin^4\zeta}{4}\;,\qquad \int \frac{\sin^9\zeta}{\cos^5\zeta}\,d\zeta = \frac{1}{4\cos^4\zeta}-\frac{2}{\cos^2\zeta}-6\ln|\cos\zeta|+2\cos^2\zeta-\frac{\cos^4\zeta}{4}\;.$$

$$\int \frac{\cos\zeta}{\sin^7\zeta}\,d\zeta = -\frac{1}{6\sin^6\zeta}\;,\qquad \int \frac{\sin\zeta}{\cos^7\zeta}\,d\zeta = \frac{1}{6\cos^6\zeta}\;,$$

$$\int \frac{\cos^3\zeta}{\sin^7\zeta}\,d\zeta = -\frac{1}{6\sin^6\zeta}+\frac{1}{4\sin^4\zeta}\;,\qquad \int \frac{\sin^3\zeta}{\cos^7\zeta}\,d\zeta = \frac{1}{6\cos^6\zeta}-\frac{1}{4\cos^4\zeta}\;,$$

$$\int \frac{\cos^5\zeta}{\sin^7\zeta}\,d\zeta = -\frac{1}{6\sin^6\zeta}+\frac{1}{2\sin^4\zeta}-\frac{1}{2\sin^2\zeta}\;,\qquad \int \frac{\sin^5\zeta}{\cos^7\zeta}\,d\zeta = \frac{1}{6\cos^6\zeta}-\frac{1}{2\cos^4\zeta}+\frac{1}{2\cos^2\zeta}\;,$$

$$\int \frac{\cos^7\zeta}{\sin^7\zeta}\,d\zeta = -\frac{1}{6\sin^6\zeta}+\frac{3}{4\sin^4\zeta}-\frac{3}{2\sin^2\zeta}-\ln|\sin\zeta|\;,\qquad \int \frac{\sin^7\zeta}{\cos^7\zeta}\,d\zeta = \frac{1}{6\cos^6\zeta}-\frac{3}{4\cos^4\zeta}+\frac{3}{2\cos^2\zeta}+\ln|\cos\zeta|\;,\qquad (89)$$

$$\int \frac{\cos^9\zeta}{\sin^7\zeta}\,d\zeta = -\frac{1}{6\sin^6\zeta}+\frac{1}{\sin^4\zeta}-\frac{3}{\sin^2\zeta}-4\ln|\sin\zeta|+\frac{\sin^2\zeta}{2}\;,\qquad \int \frac{\sin^9\zeta}{\cos^7\zeta}\,d\zeta = \frac{1}{6\cos^6\zeta}-\frac{1}{\cos^4\zeta}+\frac{3}{\cos^2\zeta}+4\ln|\cos\zeta|-\frac{\cos^2\zeta}{2}\;.$$

$$\int \sin\zeta\cos\zeta\,d\zeta = \frac{\sin^2\zeta}{2}\;,\qquad \int \cos\zeta\sin\zeta\,d\zeta = -\frac{\cos^2\zeta}{2}\;,$$

$$\int \sin\zeta\cos^3\zeta\,d\zeta = \frac{\sin^2\zeta}{2}-\frac{\sin^4\zeta}{4}\;,\qquad \int \cos\zeta\sin^3\zeta\,d\zeta = -\frac{\cos^2\zeta}{2}+\frac{\cos^4\zeta}{4}\;,$$

$$\int \sin\zeta\cos^5\zeta\,d\zeta = \frac{\sin^2\zeta}{2}-\frac{\sin^4\zeta}{2}+\frac{\sin^6\zeta}{6}\;,\qquad \int \cos\zeta\sin^5\zeta\,d\zeta = -\frac{\cos^2\zeta}{2}+\frac{\cos^4\zeta}{2}-\frac{\cos^6\zeta}{6}\;,$$

$$\int \sin\zeta\cos^7\zeta\,d\zeta = \frac{\sin^2\zeta}{2}-\frac{3\sin^4\zeta}{4}+\frac{\sin^6\zeta}{2}-\frac{\sin^8\zeta}{8}\;,\qquad \int \cos\zeta\sin^7\zeta\,d\zeta = -\frac{\cos^2\zeta}{2}+\frac{3\cos^4\zeta}{4}-\frac{\cos^6\zeta}{2}+\frac{\cos^8\zeta}{8}\;,\qquad (90)$$

$$\int \sin\zeta\cos^9\zeta\,d\zeta = \frac{\sin^2\zeta}{2}-\sin^4\zeta+\sin^6\zeta-\frac{\sin^8\zeta}{2}+\frac{\sin^{10}\zeta}{10}\;,\qquad \int \cos\zeta\sin^9\zeta\,d\zeta = -\frac{\cos^2\zeta}{2}+\cos^4\zeta-\cos^6\zeta+\frac{\cos^8\zeta}{2}-\frac{\cos^{10}\zeta}{10}\;.$$

$$\int \sin^3\zeta\cos\zeta\,d\zeta = \frac{\sin^4\zeta}{4}\;,\qquad \int \cos^3\zeta\sin\zeta\,d\zeta = -\frac{\cos^4\zeta}{4}\;,$$

$$\int \sin^3\zeta\cos^3\zeta\,d\zeta = \frac{\sin^4\zeta}{4}-\frac{\sin^6\zeta}{6}\;,\qquad \int \cos^3\zeta\sin^3\zeta\,d\zeta = -\frac{\cos^4\zeta}{4}+\frac{\cos^6\zeta}{6}\;,$$

$$\int \sin^3\zeta\cos^5\zeta\,d\zeta = \frac{\sin^4\zeta}{4}-\frac{\sin^6\zeta}{3}+\frac{\sin^8\zeta}{8}\;,\qquad \int \cos^3\zeta\sin^5\zeta\,d\zeta = -\frac{\cos^4\zeta}{4}+\frac{\cos^6\zeta}{3}-\frac{\cos^8\zeta}{8}\;,$$

$$\int \sin^3\zeta\cos^7\zeta\,d\zeta = \frac{\sin^4\zeta}{4}-\frac{\sin^6\zeta}{2}+\frac{3\sin^8\zeta}{8}-\frac{\sin^{10}\zeta}{10}\;,\qquad \int \cos^3\zeta\sin^7\zeta\,d\zeta = -\frac{\cos^4\zeta}{4}+\frac{\cos^6\zeta}{2}-\frac{3\cos^8\zeta}{8}+\frac{\cos^{10}\zeta}{10}\;,\qquad (91)$$

$$\int \sin^3\zeta\cos^9\zeta\,d\zeta = \frac{\sin^4\zeta}{4}-\frac{2\sin^6\zeta}{3}+\frac{3\sin^8\zeta}{4}-\frac{2\sin^{10}\zeta}{5}+\frac{\sin^{12}\zeta}{12}\;,\qquad \int \cos^3\zeta\sin^9\zeta\,d\zeta = -\frac{\cos^4\zeta}{4}+\frac{2\cos^6\zeta}{3}-\frac{3\cos^8\zeta}{4}+\frac{2\cos^{10}\zeta}{5}-\frac{\cos^{12}\zeta}{12}\;.$$

$$\int \sin^5\zeta \cos\zeta \, d\zeta = \frac{\sin^6\zeta}{6} \qquad , \qquad \int \cos^5\zeta . \sin\zeta \, d\zeta = -\frac{\cos^6\zeta}{6} \qquad ,$$

$$\int \sin^5\zeta \cos^3\zeta \, d\zeta = \frac{\sin^6\zeta}{6} - \frac{\sin^8\zeta}{8} \qquad , \qquad \int \cos^5\zeta \sin^3\zeta \, d\zeta = -\frac{\cos^6\zeta}{6} + \frac{\cos^8\zeta}{8} \qquad ,$$

$$\int \sin^5\zeta \cos^5\zeta \, d\zeta = \frac{\sin^6\zeta}{6} - \frac{\sin^8\zeta}{4} + \frac{\sin^{10}\zeta}{10} \qquad , \qquad \int \cos^5\zeta \sin^5\zeta \, d\zeta = -\frac{\cos^6\zeta}{6} + \frac{\cos^8\zeta}{4} - \frac{\cos^{10}\zeta}{10} \qquad ,$$

$$\int \sin^5\zeta \cos^7\zeta \, d\zeta = \frac{\sin^6\zeta}{6} - \frac{3\sin^8\zeta}{8} + \frac{3\sin^{10}\zeta}{10} - \qquad \int \cos^5\zeta \sin^7\zeta \, d\zeta = -\frac{\cos^6\zeta}{6} + \frac{3\cos^8\zeta}{8} -$$
$$-\frac{\sin^{12}\zeta}{12} \qquad , \qquad\qquad -\frac{3\cos^{10}\zeta}{10} + \frac{\cos^{12}\zeta}{12} \qquad ,$$

$$\int \sin^5\zeta \cos^9\zeta \, d\zeta = \frac{\sin^6\zeta}{6} - \frac{\sin^8\zeta}{2} + \frac{3\sin^{10}\zeta}{5} - \qquad \int \cos^5\zeta \sin^9\zeta \, d\zeta = -\frac{\cos^6\zeta}{6} + \frac{\cos^8\zeta}{2} - \frac{3\cos^{10}\zeta}{5} +$$
$$-\frac{\sin^{12}\zeta}{3} + \frac{\sin^{14}\zeta}{14} \qquad , \qquad\qquad +\frac{\cos^{12}\zeta}{3} - \frac{\cos^{14}\zeta}{14} .$$

$$\left.\right\}\ (92)$$

$$\int \sin^7\zeta \cos\zeta \, d\zeta = \frac{\sin^8\zeta}{8} \qquad , \qquad \int \cos^7\zeta \sin\zeta \, d\zeta = -\frac{\cos^8\zeta}{8} \qquad ,$$

$$\int \sin^7\zeta \cos^3\zeta \, d\zeta = \frac{\sin^8\zeta}{8} - \frac{\sin^{10}\zeta}{10} \qquad , \qquad \int \cos^7\zeta \sin^3\zeta \, d\zeta = -\frac{\cos^8\zeta}{8} + \frac{\cos^{10}\zeta}{10} \qquad ,$$

$$\int \sin^7\zeta \cos^5\zeta \, d\zeta = \frac{\sin^8\zeta}{8} - \frac{\sin^{10}\zeta}{5} + \frac{\sin^{12}\zeta}{12} \qquad , \qquad \int \cos^7\zeta \sin^5\zeta \, d\zeta = -\frac{\cos^8\zeta}{8} + \frac{\cos^{10}\zeta}{5} - \frac{\cos^{12}\zeta}{12} \qquad ,$$

$$\int \sin^7\zeta \cos^7\zeta \, d\zeta = \frac{\sin^8\zeta}{8} - \frac{3\sin^{10}\zeta}{10} + \frac{\sin^{12}\zeta}{4} - \qquad \int \cos^7\zeta \sin^7\zeta \, d\zeta = -\frac{\cos^8\zeta}{8} + \frac{3\cos^{10}\zeta}{10} -$$
$$-\frac{\sin^{14}\zeta}{14} \qquad , \qquad\qquad -\frac{\cos^{12}\zeta}{4} + \frac{\cos^{14}\zeta}{14} \qquad ,$$

$$\int \sin^7\zeta \cos^9\zeta \, d\zeta = \frac{\sin^8\zeta}{8} - \frac{2\sin^{10}\zeta}{5} + \frac{\sin^{12}\zeta}{2} - \qquad \int \cos^7\zeta \sin^9\zeta \, d\zeta = -\frac{\cos^8\zeta}{8} + \frac{2\cos^{10}\zeta}{5} - \frac{\cos^{12}\zeta}{2} +$$
$$-\frac{2\sin^{14}\zeta}{7} + \frac{\sin^{16}\zeta}{16} . \qquad\qquad +\frac{2\cos^{14}\zeta}{7} - \frac{\cos^{16}\zeta}{16} .$$

$$\left.\right\}\ (93)$$

$$\int \sin^9\zeta \cos\zeta \, d\zeta = \frac{\sin^{10}\zeta}{10} \qquad , \qquad \int \cos^9\zeta \sin\zeta \, d\zeta = -\frac{\cos^{10}\zeta}{10} \qquad ,$$

$$\int \sin^9\zeta \cos^3\zeta \, d\zeta = \frac{\sin^{10}\zeta}{10} - \frac{\sin^{12}\zeta}{12} \qquad , \qquad \int \cos^9\zeta \sin^3\zeta \, d\zeta = -\frac{\cos^{10}\zeta}{10} + \frac{\cos^{12}\zeta}{12} \qquad ,$$

$$\int \sin^9\zeta \cos^5\zeta \, d\zeta = \frac{\sin^{10}\zeta}{10} - \frac{\sin^{12}\zeta}{6} + \frac{\sin^{14}\zeta}{14} , \qquad \int \cos^9\zeta \sin^5\zeta \, d\zeta = -\frac{\cos^{10}\zeta}{10} + \frac{\cos^{12}\zeta}{6} - \frac{\cos^{14}\zeta}{14} \qquad ,$$

$$\int \sin^9\zeta \cos^7\zeta \, d\zeta = \frac{\sin^{10}\zeta}{10} - \frac{\sin^{12}\zeta}{4} + \frac{3\sin^{14}\zeta}{14} - \qquad \int \cos^9\zeta \sin^7\zeta \, d\zeta = -\frac{\cos^{10}\zeta}{10} + \frac{\cos^{12}\zeta}{4} -$$
$$-\frac{\sin^{16}\zeta}{16} \qquad , \qquad\qquad -\frac{3\cos^{14}\zeta}{14} + \frac{\cos^{16}\zeta}{16} \qquad ,$$

$$\int \sin^9\zeta \cos^9\zeta \, d\zeta = \frac{\sin^{10}\zeta}{10} - \frac{\sin^{12}\zeta}{3} + \frac{3\sin^{14}\zeta}{7} - \qquad \int \cos^9\zeta \sin^9\zeta \, d\zeta = -\frac{\cos^{10}\zeta}{10} + \frac{\cos^{12}\zeta}{3} -$$
$$-\frac{\sin^{16}\zeta}{4} + \frac{\sin^{18}\zeta}{18} . \qquad\qquad -\frac{3\cos^{14}\zeta}{7} + \frac{\cos^{16}\zeta}{4} - \frac{\cos^{18}\zeta}{18} .$$

$$\left.\right\}\ (94)$$

$$\int \tan\zeta \, d\zeta = -\ln|\cos\zeta| \qquad , \qquad \int \cot\zeta \, d\zeta = \ln|\sin\zeta| \qquad ,$$

$$\int \tan^3\zeta \, d\zeta = \frac{1}{2\cos^2\zeta} + \ln|\cos\zeta| \qquad , \qquad \int \cot^3\zeta \, d\zeta = -\frac{1}{2\sin^2\zeta} - \ln|\sin\zeta| \qquad ,$$

$$\int \tan^5\zeta \, d\zeta = \frac{1}{4\cos^4\zeta} - \frac{1}{\cos^2\zeta} - \ln|\cos\zeta| \ , \qquad \int \cot^5\zeta \, d\zeta = -\frac{1}{4\sin^4\zeta} + \frac{1}{\sin^2\zeta} + \ln|\sin\zeta| \ ,$$

$$\int \tan^7\zeta \, d\zeta = \frac{1}{6\cos^6\zeta} - \frac{3}{4\cos^4\zeta} + \frac{3}{2\cos^2\zeta} + \qquad \int \cot^7\zeta \, d\zeta = -\frac{1}{6\sin^6\zeta} + \frac{3}{4\sin^4\zeta} - \frac{2}{2\sin^2\zeta} -$$
$$+\ln|\cos\zeta| \qquad\qquad -\ln|\sin\zeta| .$$

$$\left.\right\}\ (95)$$

c) Hyperbolische Integrale.

Vertauscht man ζ mit $i\zeta$ und in den sinus-Integralen b und d mit $-ib$ und $-id$, so ergeben sich die den Gln (60) bis (95) entsprechenden hyperbolischen Integrale. Man erhält u. a.

$$\int (a+b\,\mathfrak{Sin}\,\zeta)^\lambda (c+d\,\mathfrak{Sin}\,\zeta)^n \mathfrak{Cos}\,\zeta\,d\zeta = \frac{d^n}{b^{n+1}}\left[\frac{\left(\frac{cb}{d}-a\right)^n(a+b\,\mathfrak{Sin}\,\zeta)^{\lambda+1}}{\lambda+1} + \binom{n}{1}\frac{\left(\frac{cb}{d}-a\right)^{n-1}(a+b\,\mathfrak{Sin}\,\zeta)^{\lambda+2}}{\lambda+2} + \right.$$

$$\left. + \binom{n}{2}\frac{\left(\frac{cb}{d}-a\right)^{n-2}(a+b\,\mathfrak{Sin}\,\zeta)^{\lambda+3}}{\lambda+3} + \cdots + \frac{(a+b\,\mathfrak{Sin}\,\zeta)^{\lambda+n+1}}{\lambda+n+1}\right], \quad (\lambda \neq -1,\,-2,\,-3,\,\cdots -(n+1)). \tag{96}$$

$$\int (a+b\,\mathfrak{Cos}\,\zeta)^\lambda (c+d\,\mathfrak{Cos}\,\zeta)^n \mathfrak{Sin}\,\zeta\,d\zeta = \frac{d^n}{b^{n+1}}\left[\frac{\left(\frac{cb}{d}-a\right)^n(a+b\,\mathfrak{Cos}\,\zeta)^{\lambda+1}}{\lambda+1} + \binom{n}{1}\frac{\left(\frac{cb}{d}-a\right)^{n-1}(a+b\,\mathfrak{Cos}\,\zeta)^{\lambda+2}}{\lambda+2} + \right.$$

$$\left. + \binom{n}{2}\frac{\left(\frac{cb}{d}-a\right)^{n-2}(a+b\,\mathfrak{Cos}\,\zeta)^{\lambda+3}}{\lambda+3} + \cdots + \frac{(a+b\,\mathfrak{Cos}\,\zeta)^{\lambda+n+1}}{\lambda+n+1}\right], \quad (\lambda \neq -1,\,-2,\,-3,\,\cdots -(n+1)). \tag{97}$$

$$\int \frac{(c+d\,\mathfrak{Sin}\,\zeta)^n \mathfrak{Cos}\,\zeta}{a+b\,\mathfrak{Sin}\,\zeta}\,d\zeta = \frac{d^n}{b^{n+1}}\left[\left(\frac{cb}{d}-a\right)^n \ln\left|\frac{a+b\,\mathfrak{Sin}\,\zeta}{\frac{cb}{d}-a}\right| + \binom{n}{1}\left(\frac{cb}{d}-a\right)^{n-1}\frac{a+b\,\mathfrak{Sin}\,\zeta}{1} + \right.$$

$$\left. + \binom{n}{2}\left(\frac{cb}{d}-a\right)^{n-2}\frac{(a+b\,\mathfrak{Sin}\,\zeta)^2}{2} + \cdots + \frac{(a+b\,\mathfrak{Sin}\,\zeta)^n}{n}\right] \qquad ,$$

$$\int \frac{(c+d\,\mathfrak{Sin}\,\zeta)^n \mathfrak{Cos}\,\zeta}{(a+b\,\mathfrak{Sin}\,\zeta)^2}\,d\zeta = \frac{d^n}{b^{n+1}}\left[-\frac{\left(\frac{cb}{d}-a\right)^n}{a+b\,\mathfrak{Sin}\,\zeta} + \binom{n}{1}\left(\frac{cb}{d}-a\right)^{n-1}\ln\left|\frac{a+b\,\mathfrak{Sin}\,\zeta}{\frac{cb}{d}-a}\right| + \binom{n}{2}\left(\frac{cb}{d}-a\right)^{n-2}\frac{a+b\,\mathfrak{Sin}\,\zeta}{1} + \right.$$

$$\left. + \binom{n}{3}\left(\frac{cb}{d}-a\right)^{n-3}\frac{(a+b\,\mathfrak{Sin}\,\zeta)^2}{2} + \cdots + \frac{(a+b\,\mathfrak{Sin}\,\zeta)^{n-1}}{n-1}\right] \qquad ,$$

$$\int \frac{(c+d\,\mathfrak{Sin}\,\zeta)^n \mathfrak{Cos}\,\zeta}{(a+b\,\mathfrak{Sin}\,\zeta)^3}\,d\zeta = \frac{d^n}{b^{n+1}}\left[-\frac{\left(\frac{cb}{d}-a\right)^n}{2(a+b\,\mathfrak{Sin}\,\zeta)^2} - \binom{n}{1}\frac{\left(\frac{cb}{d}-a\right)^{n-1}}{a+b\,\mathfrak{Sin}\,\zeta} + \binom{n}{2}\left(\frac{cb}{d}-a\right)^{n-2}\ln\left|\frac{a+b\,\mathfrak{Sin}\,\zeta}{\frac{cb}{d}-a}\right| + \right.$$

$$\left. + \binom{n}{3}\left(\frac{cb}{d}-a\right)^{n-3}\frac{a+b\,\mathfrak{Sin}\,\zeta}{1} + \binom{n}{4}\left(\frac{cb}{d}-a\right)^{n-4}\frac{(a+b\,\mathfrak{Sin}\,\zeta)^2}{2} + \cdots + \right.$$

$$\left. + \frac{(a+b\,\mathfrak{Sin}\,\zeta)^{n-2}}{n-2}\right] \qquad ,$$

$$\int \frac{(c+d\,\mathfrak{Sin}\,\zeta)^n \mathfrak{Cos}\,\zeta}{(a+b\,\mathfrak{Sin}\,\zeta)^4}\,d\zeta = \frac{d^n}{b^{n+1}}\left[-\frac{\left(\frac{cb}{d}-a\right)^n}{3(a+b\,\mathfrak{Sin}\,\zeta)^3} - \binom{n}{1}\frac{\left(\frac{cb}{d}-a\right)^{n-1}}{2(a+b\,\mathfrak{Sin}\,\zeta)^2} - \binom{n}{2}\frac{\left(\frac{cb}{d}-a\right)^{n-2}}{a+b\,\mathfrak{Sin}\,\zeta} + \right.$$

$$\left. + \binom{n}{3}\left(\frac{cb}{d}-a\right)^{n-3}\ln\left|\frac{a+b\,\mathfrak{Sin}\,\zeta}{\frac{cb}{d}-a}\right| + \binom{n}{4}\left(\frac{cb}{d}-a\right)^{n-4}\frac{a+b\,\mathfrak{Sin}\,\zeta}{1} + \right.$$

$$\left. + \binom{n}{5}\left(\frac{cb}{d}-a\right)^{n-5}\frac{(a+b\,\mathfrak{Sin}\,\zeta)^2}{2} + \cdots + \frac{(a+b\,\mathfrak{Sin}\,\zeta)^{n-3}}{n-3}\right] \qquad ,$$

$$\int \frac{(c+d\,\mathfrak{Sin}\,\zeta)^n \mathfrak{Cos}\,\zeta}{(a+b\,\mathfrak{Sin}\,\zeta)^n}\,d\zeta = \frac{d^n}{b^{n+1}}\left[-\frac{\left(\frac{cb}{d}-a\right)^n}{(n-1)(a+b\,\mathfrak{Sin}\,\zeta)^{n-1}} - \binom{n}{1}\frac{\left(\frac{cb}{d}-a\right)^{n-1}}{(n-2)(a+b\,\mathfrak{Sin}\,\zeta)^{n-2}} - \cdots - \right.$$

$$\left. - \binom{n}{n-2}\frac{\left(\frac{cb}{d}-a\right)^2}{a+b\,\mathfrak{Sin}\,\zeta} + \binom{n}{n-1}\left(\frac{cb}{d}-a\right)\ln\left|\frac{a+b\,\mathfrak{Sin}\,\zeta}{\frac{cb}{d}-a}\right| a+b\,\mathfrak{Sin}\,\zeta\right],$$

$$\int \frac{(c+d\,\mathfrak{Sin}\,\zeta)^n \mathfrak{Cos}\,\zeta}{(a+b\,\mathfrak{Sin}\,\zeta)^{n+1}}\,d\zeta = \frac{d^n}{b^{n+1}}\left[-\frac{\left(\frac{cb}{d}-a\right)^n}{n(a+b\,\mathfrak{Sin}\,\zeta)^n} - \binom{n}{1}\frac{\left(\frac{cb}{d}-a\right)^{n-1}}{(n-1)(a+b\,\mathfrak{Sin}\,\zeta)^{n-1}} - \cdots - \right.$$

$$\left. - \binom{n}{n-1}\frac{\frac{cb}{d}-a}{a+b\,\mathfrak{Sin}\,\zeta} + \ln\left|\frac{a+b\,\mathfrak{Sin}\,\zeta}{\frac{cb}{d}-a}\right|\right]$$

$$\int\frac{(c+d\cos\zeta)^n\sin\zeta}{a+b\cos\zeta}\,d\zeta=\frac{d^n}{b^{n+1}}\left[\left(\frac{cb}{d}-a\right)^n\ln\left|\frac{a+b\cos\zeta}{\frac{cb}{d}-a}\right|+\binom{n}{1}\left(\frac{cb}{d}-a\right)^{n-1}\frac{a+b\cos\zeta}{1}+\right.$$
$$\left.+\binom{n}{2}\left(\frac{cb}{d}-a\right)^{n-2}\frac{(a+b\cos\zeta)^2}{2}+\cdots+\frac{(a+b\cos\zeta)^n}{n}\right],$$

$$\int\frac{(c+d\cos\zeta)^n\sin\zeta}{(a+b\cos\zeta)^2}\,d\zeta=\frac{d^n}{b^{n+1}}\left[-\frac{\left(\frac{cb}{d}-a\right)^n}{a+b\cos\zeta}+\binom{n}{1}\left(\frac{cb}{d}-a\right)^{n-1}\ln\left|\frac{a+b\cos\zeta}{\frac{cb}{d}-a}\right|+\binom{n}{2}\left(\frac{cb}{d}-a\right)^{n-2}\frac{a+b\cos\zeta}{1}+\right.$$
$$\left.+\binom{n}{3}\left(\frac{cb}{d}-a\right)^{n-3}\frac{(a+b\cos\zeta)^2}{2}+\cdots+\frac{(a+b\cos\zeta)^{n-1}}{n-1}\right],$$

$$\int\frac{(c+d\cos\zeta)^n\sin\zeta}{(a+b\cos\zeta)^3}\,d\zeta=\frac{d^n}{b^{n+1}}\left[-\frac{\left(\frac{cb}{d}-a\right)^n}{2(a+b\cos\zeta)^2}-\binom{n}{1}\frac{\left(\frac{cb}{d}-a\right)^{n-1}}{a+b\cos\zeta}+\binom{n}{2}\left(\frac{cb}{d}-a\right)^{n-2}\ln\left|\frac{a+b\cos\zeta}{\frac{cb}{d}-a}\right|+\right.$$
$$\left.+\binom{n}{3}\left(\frac{cb}{d}-a\right)^{n-3}\frac{a+b\cos\zeta}{1}+\binom{n}{4}\left(\frac{cb}{d}-a\right)^{n-4}\frac{(a+b\cos\zeta)^2}{2}+\cdots+\frac{(a+b\cos\zeta)^{n-2}}{n-2}\right],$$

$$\int\frac{(c+d\cos\zeta)^n\sin\zeta}{(a+b\cos\zeta)^4}\,d\zeta=\frac{d^n}{b^{n+1}}\left[-\frac{\left(\frac{cb}{d}-a\right)^n}{3(a+b\cos\zeta)^3}-\binom{n}{1}\frac{\left(\frac{cb}{d}-a\right)^{n-1}}{2(a+b\cos\zeta)^2}-\binom{n}{2}\frac{\left(\frac{cb}{d}-a\right)^{n-2}}{a+b\cos\zeta}+\right.$$
$$+\binom{n}{3}\left(\frac{cb}{d}-a\right)^{n-3}\ln\left|\frac{a+b\cos\zeta}{\frac{cb}{d}-a}\right|+\binom{n}{4}\left(\frac{cb}{d}-a\right)^{n-4}\frac{a+b\cos\zeta}{1}+$$
$$\left.+\binom{n}{5}\left(\frac{cb}{d}-a\right)^{n-5}\frac{(a+b\cos\zeta)^2}{2}+\cdots+\frac{(a+b\cos\zeta)^{n-3}}{n-3}\right],$$

$$\int\frac{(c+d\cos\zeta)^n\sin\zeta}{(a+b\cos\zeta)^n}\,d\zeta=\frac{d^n}{b^{n+1}}\left[-\frac{\left(\frac{cb}{d}-a\right)^n}{(n-1)(a+b\cos\zeta)^{n-1}}-\binom{n}{1}\frac{\left(\frac{cb}{d}-a\right)^{n-1}}{(n-2)(a+b\cos\zeta)^{n-2}}-\cdots-\right.$$
$$\left.-\binom{n}{n-2}\frac{\left(\frac{cb}{d}-a\right)^2}{a+b\cos\zeta}+\binom{n}{n-1}\left(\frac{cb}{d}-a\right)\ln\left|\frac{a+b\cos\zeta}{\frac{cb}{d}-a}\right|+a+b\cos\zeta\right],$$

$$\int\frac{(c+d\cos\zeta)^n\sin\zeta}{(a+b\cos\zeta)^{n+1}}\,d\zeta=\frac{d^n}{b^{n+1}}\left[-\frac{\left(\frac{cb}{d}-a\right)^n}{n(a+b\cos\zeta)^n}-\binom{n}{1}\frac{\left(\frac{cb}{d}-a\right)^{n-1}}{(n-1)(a+b\cos\zeta)^{n-1}}-\cdots-\right.$$
$$\left.-\binom{n}{n-1}\frac{\frac{cb}{d}-a}{a+b\cos\zeta}+\ln\left|\frac{a+b\cos\zeta}{\frac{cb}{d}-a}\right|\right].$$

$$(99)$$

$$\int(a+b\sin\zeta)^\lambda\cos\zeta\,d\zeta=\frac{(a+b\sin\zeta)^{\lambda+1}}{b(\lambda+1)},\qquad \int(a+b\cos\zeta)^\lambda\sin\zeta\,d\zeta=\frac{(a+b\cos\zeta)^{\lambda+1}}{b(\lambda+1)},$$
$$\int\frac{\cos\zeta}{(a+b\sin\zeta)^\lambda}\,d\zeta=\frac{1}{b(1-\lambda)(a+b\sin\zeta)^{\lambda-1}},\qquad \int\frac{\sin\zeta}{(a+b\cos\zeta)^\lambda}\,d\zeta=\frac{1}{b(1-\lambda)(a+b\cos\zeta)^{\lambda-1}},$$
$$\int\frac{\cos\zeta}{a+b\sin\zeta}\,d\zeta=\frac{1}{b}\ln\left|1+\frac{b}{a}\sin\zeta\right|,\qquad \int\frac{\sin\zeta}{a+b\cos\zeta}\,d\zeta=\frac{1}{b}\ln\left|1+\frac{b}{a}\cos\zeta\right|.$$

$$(100)$$

$$\int(a+b\sin\zeta)^\lambda\sin\zeta\cos\zeta\,d\zeta=-\frac{a(a+b\sin\zeta)^{\lambda+1}}{b^2(\lambda+1)}+\frac{(a+b\sin\zeta)^{\lambda+2}}{b^2(\lambda+2)},$$
$$\int\frac{\sin\zeta\cos\zeta}{(a+b\sin\zeta)^\lambda}\,d\zeta=-\frac{a}{b^2(1-\lambda)(a+b\sin\zeta)^{\lambda-1}}+\frac{1}{b^2(2-\lambda)(a+b\sin\zeta)^{\lambda-2}},$$
$$\int\frac{\sin\zeta\cos\zeta}{a+b\sin\zeta}\,d\zeta=\frac{a}{b^2}+\frac{\sin\zeta}{b}-\frac{a}{b^2}\ln\left|1+\frac{b}{a}\sin\zeta\right|,$$
$$\int\frac{\sin\zeta\cos\zeta}{(a+b\sin\zeta)^2}\,d\zeta=\frac{a}{b^2(a+b\sin\zeta)}+\frac{1}{b^2}\ln\left|1+\frac{b}{a}\sin\zeta\right|.$$

$$(101)$$

$$\int (a+b\operatorname{Cof}\zeta)^\lambda \operatorname{Cof}\zeta\,\operatorname{Sin}\zeta\,d\zeta = -\frac{a(a+b\operatorname{Cof}\zeta)^{\lambda+1}}{b^2(\lambda+1)} + \frac{(a+b\operatorname{Cof}\zeta)^{\lambda+2}}{b^2(\lambda+2)},$$

$$\int \frac{\operatorname{Cof}\zeta\,\operatorname{Sin}\zeta}{(a+b\operatorname{Cof}\zeta)^\lambda}\,d\zeta = -\frac{a}{b^2(1-\lambda)(a+b\operatorname{Cof}\zeta)^{\lambda-1}} + \frac{1}{b^2(2-\lambda)(a+b\operatorname{Cof}\zeta)^{\lambda-2}},$$

$$\int \frac{\operatorname{Cof}\zeta\,\operatorname{Sin}\zeta}{a+b\operatorname{Cof}\zeta}\,d\zeta = \frac{a}{b^2} + \frac{\operatorname{Cof}\zeta}{b} - \frac{a}{b^2}\ln\left|1+\frac{b}{a}\operatorname{Cof}\zeta\right|,$$

$$\int \frac{\operatorname{Cof}\zeta\,\operatorname{Sin}\zeta}{(a+b\operatorname{Cof}\zeta)^2}\,d\zeta = \frac{a}{b^2(a+b\operatorname{Cof}\zeta)} + \frac{1}{b^2}\ln\left|1+\frac{b}{a}\operatorname{Cof}\zeta\right|. \tag{102}$$

$$\int (a+b\operatorname{Sin}\zeta)^\lambda \operatorname{Sin}^2\zeta\,\operatorname{Cof}\zeta\,d\zeta = \frac{a^2(a+b\operatorname{Sin}\zeta)^{\lambda+1}}{b^3(\lambda+1)} - \frac{2a(a+b\operatorname{Sin}\zeta)^{\lambda+2}}{b^3(\lambda+2)} + \frac{(a+b\operatorname{Sin}\zeta)^{\lambda+3}}{b^3(\lambda+3)},$$

$$\int \frac{\operatorname{Sin}^2\zeta\,\operatorname{Cof}\zeta}{(a+b\operatorname{Sin}\zeta)^\lambda}\,d\zeta = \frac{a^2}{b^3(1-\lambda)(a+b\operatorname{Sin}\zeta)^{\lambda-1}} - \frac{2a}{b^3(2-\lambda)(a+b\operatorname{Sin}\zeta)^{\lambda-2}} + \frac{1}{b^3(3-\lambda)(a+b\operatorname{Sin}\zeta)^{\lambda-3}},$$

$$\int \frac{\operatorname{Sin}^2\zeta\,\operatorname{Cof}\zeta}{a+b\operatorname{Sin}\zeta}\,d\zeta = -\frac{3a^2}{2b^3} - \frac{a}{b^2}\operatorname{Sin}\zeta + \frac{\operatorname{Sin}^2\zeta}{2b} + \frac{a^2}{b^3}\ln\left|1+\frac{b}{a}\operatorname{Sin}\zeta\right|,$$

$$\int \frac{\operatorname{Sin}^2\zeta\,\operatorname{Cof}\zeta}{(a+b\operatorname{Sin}\zeta)^2}\,d\zeta = -\frac{a^2}{b^3(a+b\operatorname{Sin}\zeta)} - \frac{2a}{b^3}\ln\left|1+\frac{b}{a}\operatorname{Sin}\zeta\right| + \frac{a+b\operatorname{Sin}\zeta}{b^3},$$

$$\int \frac{\operatorname{Sin}^2\zeta\,\operatorname{Cof}\zeta}{(a+b\operatorname{Sin}\zeta)^3}\,d\zeta = -\frac{a^2}{2b^3(a+b\operatorname{Sin}\zeta)^2} + \frac{2a}{b^3(a+b\operatorname{Sin}\zeta)} + \frac{1}{b^3}\ln\left|1+\frac{b}{a}\operatorname{Sin}\zeta\right|. \tag{103}$$

$$\int (a+b\operatorname{Cof}\zeta)^\lambda \operatorname{Cof}^2\zeta\,\operatorname{Sin}\zeta\,d\zeta = \frac{a^2(a+b\operatorname{Cof}\zeta)^{\lambda+1}}{b^3(\lambda+1)} - \frac{2a(a+b\operatorname{Cof}\zeta)^{\lambda+2}}{b^3(\lambda+2)} + \frac{(a+b\operatorname{Cof}\zeta)^{\lambda+3}}{b^3(\lambda+3)},$$

$$\int \frac{\operatorname{Cof}^2\zeta\,\operatorname{Sin}\zeta}{(a+b\operatorname{Cof}\zeta)^\lambda}\,d\zeta = \frac{a^2}{b^3(1-\lambda)(a+b\operatorname{Cof}\zeta)^{\lambda-1}} - \frac{2a}{b^3(2-\lambda)(a+b\operatorname{Cof}\zeta)^{\lambda-2}} + \frac{1}{b^3(3-\lambda)(a+b\operatorname{Cof}\zeta)^{\lambda-3}},$$

$$\int \frac{\operatorname{Cof}^2\zeta\,\operatorname{Sin}\zeta}{a+b\operatorname{Cof}\zeta}\,d\zeta = -\frac{3a^2}{2b^3} - \frac{a}{b^2}\operatorname{Cof}\zeta + \frac{\operatorname{Cof}^2\zeta}{2b} + \frac{a^2}{b^3}\ln\left|1+\frac{b}{a}\operatorname{Cof}\zeta\right|,$$

$$\int \frac{\operatorname{Cof}^2\zeta\,\operatorname{Sin}\zeta}{(a+b\operatorname{Cof}\zeta)^2}\,d\zeta = -\frac{a^2}{b^3(a+b\operatorname{Cof}\zeta)} - \frac{2a}{b^3}\ln\left|1+\frac{b}{a}\operatorname{Cof}\zeta\right| + \frac{a+b\operatorname{Cof}\zeta}{b^3},$$

$$\int \frac{\operatorname{Cof}^2\zeta\,\operatorname{Sin}\zeta}{(a+b\operatorname{Cof}\zeta)^3}\,d\zeta = -\frac{a^2}{2b^3(a+b\operatorname{Cof}\zeta)^2} + \frac{2a}{b^3(a+b\operatorname{Cof}\zeta)} + \frac{1}{b^3}\ln\left|1+\frac{b}{a}\operatorname{Cof}\zeta\right|. \tag{104}$$

$$\int (a+b\operatorname{Sin}\zeta)^\lambda \operatorname{Sin}^3\zeta\,\operatorname{Cof}\zeta\,d\zeta = -\frac{a^3(a+b\operatorname{Sin}\zeta)^{\lambda+1}}{b^4(\lambda+1)} + \frac{3a^2(a+b\operatorname{Sin}\zeta)^{\lambda+2}}{b^4(\lambda+2)} - \frac{3a(a+b\operatorname{Sin}\zeta)^{\lambda+3}}{b^4(\lambda+3)} + \frac{(a+b\operatorname{Sin}\zeta)^{\lambda+4}}{b^4(\lambda+4)},$$

$$\int \frac{\operatorname{Sin}^3\zeta\,\operatorname{Cof}\zeta}{(a+b\operatorname{Sin}\zeta)^\lambda}\,d\zeta = -\frac{a^3}{b^4(1-\lambda)(a+b\operatorname{Sin}\zeta)^{\lambda-1}} + \frac{3a^2}{b^4(2-\lambda)(a+b\operatorname{Sin}\zeta)^{\lambda-2}} - \frac{3a}{b^4(3-\lambda)(a+b\operatorname{Sin}\zeta)^{\lambda-3}} + \frac{1}{b^4(4-\lambda)(a+b\operatorname{Sin}\zeta)^{\lambda-4}},$$

$$\int \frac{\operatorname{Sin}^3\zeta\,\operatorname{Cof}\zeta}{a+b\operatorname{Sin}\zeta}\,d\zeta = \frac{11a^3}{6b^4} + \frac{a^2}{b^3}\operatorname{Sin}\zeta - \frac{a}{2b^2}\operatorname{Sin}^2\zeta + \frac{\operatorname{Sin}^3\zeta}{3b} - \frac{a^3}{b^4}\ln\left|1+\frac{b}{a}\operatorname{Sin}\zeta\right|,$$

$$\int \frac{\operatorname{Sin}^3\zeta\,\operatorname{Cof}\zeta}{(a+b\operatorname{Sin}\zeta)^2}\,d\zeta = \frac{a^3}{b^4(a+b\operatorname{Sin}\zeta)} + \frac{3a^2}{b^4}\ln\left|1+\frac{b}{a}\operatorname{Sin}\zeta\right| - \frac{3a}{b^4}(a+b\operatorname{Sin}\zeta) + \frac{(a+b\operatorname{Sin}\zeta)^2}{2b^4},$$

$$\int \frac{\operatorname{Sin}^3\zeta\,\operatorname{Cof}\zeta}{(a+b\operatorname{Sin}\zeta)^3}\,d\zeta = \frac{a^3}{2b^4(a+b\operatorname{Sin}\zeta)^2} - \frac{3a^2}{b^4(a+b\operatorname{Sin}\zeta)} - \frac{3a}{b^4}\ln\left|1+\frac{b}{a}\operatorname{Sin}\zeta\right| + \frac{a+b\operatorname{Sin}\zeta}{b^4},$$

$$\int \frac{\operatorname{Sin}^3\zeta\,\operatorname{Cof}\zeta}{(a+b\operatorname{Sin}\zeta)^4}\,d\zeta = \frac{a^3}{3b^4(a+b\operatorname{Sin}\zeta)^3} - \frac{3a^2}{2b^4(a+b\operatorname{Sin}\zeta)^2} + \frac{3a}{b^4(a+b\operatorname{Sin}\zeta)} + \frac{1}{b^4}\ln\left|1+\frac{b}{a}\operatorname{Sin}\zeta\right|. \tag{105}$$

$$\int (a+b\operatorname{Cof}\zeta)^\lambda \operatorname{Cof}^3\zeta\,\operatorname{Sin}\zeta\,d\zeta = -\frac{a^3(a+b\operatorname{Cof}\zeta)^{\lambda+1}}{b^4(\lambda+1)} + \frac{3a^2(a+b\operatorname{Cof}\zeta)^{\lambda+2}}{b^4(\lambda+2)} - \frac{3a(a+b\operatorname{Cof}\zeta)^{\lambda+3}}{b^4(\lambda+3)} + \frac{(a+b\operatorname{Cof}\zeta)^{\lambda+4}}{b^4(\lambda+4)},$$

$$\int \frac{\operatorname{Cof}^3\zeta\,\operatorname{Sin}\zeta}{(a+b\operatorname{Cof}\zeta)^\lambda}\,d\zeta = -\frac{a^3}{b^4(1-\lambda)(a+b\operatorname{Cof}\zeta)^{\lambda-1}} + \frac{3a^2}{b^4(2-\lambda)(a+b\operatorname{Cof}\zeta)^{\lambda-2}} - \frac{3a}{b^4(3-\lambda)(a+b\operatorname{Cof}\zeta)^{\lambda-3}} + \frac{1}{b^4(4-\lambda)(a+b\operatorname{Cof}\zeta)^{\lambda-4}},$$

$$\int \frac{\operatorname{Cof}^3\zeta\,\operatorname{Sin}\zeta}{a+b\operatorname{Cof}\zeta}\,d\zeta = \frac{11a^3}{6b^4} + \frac{a^2}{b^3}\operatorname{Cof}\zeta - \frac{a}{2b^2}\operatorname{Cof}^2\zeta + \frac{\operatorname{Cof}^3\zeta}{3b} - \frac{a^3}{b^4}\ln\left|1+\frac{b}{a}\operatorname{Cof}\zeta\right|, \tag{106}$$

$$\int \frac{\operatorname{Cof}^3\zeta\,\operatorname{Sin}\zeta}{(a+b\operatorname{Cof}\zeta)^2}\,d\zeta = \frac{a^3}{b^4(a+b\operatorname{Cof}\zeta)} + \frac{3a^2}{b^4}\ln\left|1+\frac{b}{a}\operatorname{Cof}\zeta\right| - \frac{3a}{b^4}(a+b\operatorname{Cof}\zeta) + \frac{(a+b\operatorname{Cof}\zeta)^2}{2b^4},$$

$$\int \frac{\operatorname{Cof}^3\zeta\,\operatorname{Sin}\zeta}{(a+b\operatorname{Cof}\zeta)^3}\,d\zeta = \frac{a^3}{2b^4(a+b\operatorname{Cof}\zeta)^2} - \frac{3a^2}{b^4(a+b\operatorname{Cof}\zeta)} - \frac{3a}{b^4}\ln\left|1+\frac{b}{a}\operatorname{Cof}\zeta\right| + \frac{a+b\operatorname{Cof}\zeta}{b^4},$$

$$\int \frac{\operatorname{Cof}^3\zeta\,\operatorname{Sin}\zeta}{(a+b\operatorname{Cof}\zeta)^4}\,d\zeta = \frac{a^3}{3b^4(a+b\operatorname{Cof}\zeta)^3} - \frac{3a^2}{2b^4(a+b\operatorname{Cof}\zeta)^2} + \frac{3a}{b^4(a+b\operatorname{Cof}\zeta)} + \frac{1}{b^4}\ln\left|1+\frac{b}{a}\operatorname{Cof}\zeta\right|. \tag{106}$$

$$\int (c+d\operatorname{Sin}\zeta)^n \sqrt{a+b\operatorname{Sin}\zeta}\,\operatorname{Cof}\zeta\,d\zeta = \frac{2d^n(a+b\operatorname{Sin}\zeta)^{\frac{3}{2}}}{b^{n+1}}\left[\frac{1}{3}\left(\frac{cb}{d}-a\right)^n + \frac{1}{5}\binom{n}{1}\left(\frac{cb}{d}-a\right)^{n-1}(a+b\operatorname{Sin}\zeta) + \right.$$
$$\left. + \frac{1}{7}\binom{n}{2}\left(\frac{cb}{d}-a\right)^{n-2}(a+b\operatorname{Sin}\zeta)^2 + \cdots + \frac{1}{2n+3}(a+b\operatorname{Sin}\zeta)^n\right],$$

$$\int (c+d\operatorname{Cof}\zeta)^n \sqrt{a+b\operatorname{Cof}\zeta}\,\operatorname{Sin}\zeta\,d\zeta = \frac{2d^n(a+b\operatorname{Cof}\zeta)^{\frac{3}{2}}}{b^{n+1}}\left[\frac{1}{3}\left(\frac{cb}{d}-a\right)^n + \frac{1}{5}\binom{n}{1}\left(\frac{cb}{d}-a\right)^{n-1}(a+b\operatorname{Cof}\zeta) + \right.$$
$$\left. + \frac{1}{7}\binom{n}{2}\left(\frac{cb}{d}-a\right)^{n-2}(a+b\operatorname{Cof}\zeta)^2 + \cdots + \frac{1}{2n+3}(a+b\operatorname{Cof}\zeta)^n\right]. \tag{107}$$

$$\int \frac{(c+d\operatorname{Sin}\zeta)^n\operatorname{Cof}\zeta}{\sqrt{a+b\operatorname{Sin}\zeta}}\,d\zeta = \frac{2d^n\sqrt{a+b\operatorname{Sin}\zeta}}{b^{n+1}}\left[\left(\frac{cb}{d}-a\right)^n + \frac{1}{3}\binom{n}{1}\left(\frac{cb}{d}-a\right)^{n-1}(a+b\operatorname{Sin}\zeta) + \right.$$
$$\left. + \frac{1}{5}\binom{n}{2}\left(\frac{cb}{d}-a\right)^{n-2}(a+b\operatorname{Sin}\zeta)^2 + \cdots + \frac{1}{2n+1}(a+b\operatorname{Sin}\zeta)^n\right|,$$

$$\int \frac{(c+d\operatorname{Cof}\zeta)^n\operatorname{Sin}\zeta}{\sqrt{a+b\operatorname{Cof}\zeta}}\,d\zeta = \frac{2d^n\sqrt{a+b\operatorname{Cof}\zeta}}{b^{n+1}}\left[\left(\frac{cb}{d}-a\right)^n + \frac{1}{3}\binom{n}{1}\left(\frac{cb}{d}-a\right)^{n-1}(a+b\operatorname{Cof}\zeta) + \right.$$
$$\left. + \frac{1}{5}\binom{n}{2}\left(\frac{cb}{d}-a\right)^{n-2}(a+b\operatorname{Cof}\zeta)^2 + \cdots + \frac{1}{2n+1}(a+b\operatorname{Cof}\zeta)^n\right|. \tag{108}$$

$$\int \operatorname{Cof}\zeta\,\sqrt{a+b\operatorname{Sin}\zeta}\,d\zeta = \frac{2}{3b}(a+b\operatorname{Sin}\zeta)^{\frac{3}{2}},$$

$$\int (c+d\operatorname{Sin}\zeta)\operatorname{Cof}\zeta\,\sqrt{a+b\operatorname{Sin}\zeta}\,d\zeta = \frac{2d(a+b\operatorname{Sin}\zeta)^{\frac{3}{2}}}{b^2}\left[\frac{1}{3}\left(\frac{cb}{d}-a\right) + \frac{1}{5}(a+b\operatorname{Sin}\zeta)\right],$$

$$\int (c+d\operatorname{Sin}\zeta)^2\operatorname{Cof}\zeta\,\sqrt{a+b\operatorname{Sin}\zeta}\,d\zeta = \frac{2d^2(a+b\operatorname{Sin}\zeta)^{\frac{3}{2}}}{b^3}\left[\frac{1}{3}\left(\frac{cb}{d}-a\right)^2 + \frac{2}{5}\left(\frac{cb}{d}-a\right)(a+b\operatorname{Sin}\zeta) + \right.$$
$$\left. + \frac{1}{7}(a+b\operatorname{Sin}\zeta)^2\right],$$

$$\int (c+d\operatorname{Sin}\zeta)^3\operatorname{Cof}\zeta\,\sqrt{a+b\operatorname{Sin}\zeta}\,d\zeta = \frac{2d^3(a+b\operatorname{Sin}\zeta)^{\frac{3}{2}}}{b^4}\left[\frac{1}{3}\left(\frac{cb}{d}-a\right)^3 + \frac{3}{5}\left(\frac{cb}{d}-a\right)^2(a+b\operatorname{Sin}\zeta) + \right.$$
$$\left. + \frac{3}{7}\left(\frac{cb}{d}-a\right)(a+b\operatorname{Sin}\zeta)^2 + \frac{1}{9}(a+b\operatorname{Sin}\zeta]^3\right],$$

$$\int (c+d\operatorname{Sin}\zeta)^4\operatorname{Cof}\zeta\,\sqrt{a+b\operatorname{Sin}\zeta}\,d\zeta = \frac{2d^4(a+b\operatorname{Sin}\zeta)^{\frac{3}{2}}}{b^5}\left[\frac{1}{3}\left(\frac{cb}{d}-a\right)^4 + \frac{4}{5}\left(\frac{cb}{d}-a\right)^3(a+b\operatorname{Sin}\zeta) + \right.$$
$$\left. + \frac{6}{7}\left(\frac{cb}{d}-a\right)^2(a+b\operatorname{Sin}\zeta)^2 + \frac{4}{9}\left(\frac{cb}{d}-a\right)(a+b\operatorname{Sin}\zeta)^3 + \frac{1}{11}(a+b\operatorname{Sin}\zeta)^4\right]. \tag{109}$$

$$\int \operatorname{Sin}\zeta\,\sqrt{a+b\operatorname{Cof}\zeta}\,d\zeta = \frac{2}{3b}(a+b\operatorname{Cof}\zeta)^{\frac{3}{2}},$$

$$\int (c+d\operatorname{Cof}\zeta)\operatorname{Sin}\zeta\,\sqrt{a+b\operatorname{Cof}\zeta}\,d\zeta = \frac{2d(a+b\operatorname{Cof}\zeta)^{\frac{3}{2}}}{b^2}\left[\frac{1}{3}\left(\frac{cb}{d}-a\right) + \frac{1}{5}(a+b\operatorname{Cof}\zeta)\right],$$

$$\int (c+d\operatorname{Cof}\zeta)^2\operatorname{Sin}\zeta\,\sqrt{a+b\operatorname{Cof}\zeta}\,d\zeta = \frac{2d^2(a+b\operatorname{Cof}\zeta)^{\frac{3}{2}}}{b^3}\left[\frac{1}{3}\left(\frac{cb}{d}-a\right)^2 + \frac{2}{5}\left(\frac{cb}{d}-a\right)(a+b\operatorname{Cof}\zeta) + \right.$$
$$\left. + \frac{1}{7}(a+b\operatorname{Cof}\zeta)^2\right],$$

$$\int (c+d\operatorname{Cof}\zeta)^3\operatorname{Sin}\zeta\,\sqrt{a+b\operatorname{Cof}\zeta}\,d\zeta = \frac{2d^3(a+b\operatorname{Cof}\zeta)^{\frac{3}{2}}}{b^4}\left[\frac{1}{3}\left(\frac{cb}{d}-a\right)^3 + \frac{3}{5}\left(\frac{cb}{d}-a\right)^2(a+b\operatorname{Cof}\zeta) + \right.$$
$$\left. + \frac{3}{7}\left(\frac{cb}{d}-a\right)(a+b\operatorname{Cof}\zeta)^2 + \frac{1}{9}(a+b\operatorname{Cof}\zeta)^3\right],$$

$$\int (c+d\operatorname{Cof}\zeta)^4\operatorname{Sin}\zeta\,\sqrt{a+b\operatorname{Cof}\zeta}\,d\zeta = \frac{2d^4(a+b\operatorname{Cof}\zeta)^{\frac{3}{2}}}{b^5}\left[\frac{1}{3}\left(\frac{cb}{d}-a\right)^4 + \frac{4}{5}\left(\frac{cb}{d}-a\right)^3(a+b\operatorname{Cof}\zeta) + \right.$$
$$\left. + \frac{6}{7}\left(\frac{cb}{d}-a\right)^2(a+b\operatorname{Cof}\zeta)^2 + \frac{4}{9}\left(\frac{cb}{d}-a\right)(a+b\operatorname{Cof}\zeta)^3 + \right.$$
$$\left. + \frac{1}{11}(a+b\operatorname{Cof}\zeta)^4\right]. \tag{110}$$

$$\int \frac{\cos\zeta}{\sqrt{a+b\sin\zeta}}\,d\zeta = \frac{2}{b}\sqrt{a+b\sin\zeta}\,,$$

$$\int \frac{c+d\sin\zeta}{\sqrt{a+b\sin\zeta}}\,\cos\zeta\,d\zeta = \frac{2d\sqrt{a+b\sin\zeta}}{b^2}\left[\left(\frac{cb}{d}-a\right)+\frac{1}{3}(a+b\sin\zeta)\right]\,,$$

$$\int \frac{(c+d\sin\zeta)^2}{\sqrt{a+b\sin\zeta}}\,\cos\zeta\,d\zeta = \frac{2d^2\sqrt{a+b\sin\zeta}}{b^3}\left[\left(\frac{cb}{d}-a\right)^2+\frac{2}{3}\left(\frac{cb}{d}-a\right)(a+b\sin\zeta)+\frac{1}{5}(a+b\sin\zeta)^2\right],$$

$$\int \frac{(c+d\sin\zeta)^3}{\sqrt{a+b\sin\zeta}}\,\cos\zeta\,d\zeta = \frac{2d^3\sqrt{a+b\sin\zeta}}{b^4}\left[\left(\frac{cb}{d}-a\right)^3+\left(\frac{cb}{d}-a\right)^2(a+b\sin\zeta)+\right.$$
$$\left.+\frac{3}{5}\left(\frac{cb}{d}-a\right)(a+b\sin\zeta)^2+\frac{1}{7}(a+b\sin\zeta)^3\right]\,,$$

$$\int \frac{(c+d\sin\zeta)^4}{\sqrt{a+b\sin\zeta}}\,\cos\zeta\,d\zeta = \frac{2d^4\sqrt{a+b\sin\zeta}}{b^5}\left[\left(\frac{cb}{d}-a\right)^4+\frac{4}{3}\left(\frac{cb}{d}-a\right)^3(a+b\sin\zeta)+\right.$$
$$+\frac{6}{5}\left(\frac{cb}{d}-a\right)^2(a+b\sin\zeta)^2+\frac{4}{7}\left(\frac{cb}{d}-a\right)(a+b\sin\zeta)^3+$$
$$\left.+\frac{1}{9}(a+b\sin\zeta)^4\right]\,. \tag{111}$$

$$\int \frac{\sin\zeta}{\sqrt{a+b\cos\zeta}}\,d\zeta = \frac{2}{b}\sqrt{a+b\cos\zeta}\,,$$

$$\int \frac{c+d\cos\zeta}{\sqrt{a+b\cos\zeta}}\,\sin\zeta\,d\zeta = \frac{2d\sqrt{a+b\cos\zeta}}{b^2}\left[\left(\frac{cb}{d}-a\right)+\frac{1}{3}(a+b\cos\zeta)\right]\,,$$

$$\int \frac{(c+d\cos\zeta)^2}{\sqrt{a+b\cos\zeta}}\,\sin\zeta\,d\zeta = \frac{2d^2\sqrt{a+b\cos\zeta}}{b^3}\left[\left(\frac{cb}{d}-a\right)^2+\frac{2}{3}\left(\frac{cb}{d}-a\right)(a+b\cos\zeta)+\frac{1}{5}(a+b\cos\zeta)^2\right],$$

$$\int \frac{(c+d\cos\zeta)^3}{\sqrt{a+b\cos\zeta}}\,\sin\zeta\,d\zeta = \frac{2d^3\sqrt{a+b\cos\zeta}}{b^4}\left[\left(\frac{cb}{d}-a\right)^3+\left(\frac{cb}{d}-a\right)^2(a+b\cos\zeta)+\right.$$
$$\left.+\frac{3}{5}\left(\frac{cb}{d}-a\right)(a+b\cos\zeta)^2+\frac{1}{7}(a+b\cos\zeta)^3\right]\,,$$

$$\int \frac{(c+d\cos\zeta)^4}{\sqrt{a+b\cos\zeta}}\,\sin\zeta\,d\zeta = \frac{2d^4\sqrt{a+b\cos\zeta}}{b^5}\left[\left(\frac{cb}{d}-a\right)^4+\frac{4}{3}\left(\frac{cb}{d}-a\right)^3(a+b\cos\zeta)+\right.$$
$$+\frac{6}{5}\left(\frac{cb}{d}-a\right)^2(a+b\cos\zeta)^2+\frac{4}{7}\left(\frac{cb}{d}-a\right)(a+b\cos\zeta)^3+$$
$$\left.+\frac{1}{9}(a+b\cos\zeta)^4\right]\,. \tag{112}$$

$$\int \sin^{2\lambda+1}\zeta\,\cos^{2n+1}\zeta\,d\zeta = \frac{\sin^{2\lambda+2}\zeta}{2\lambda+2}+\binom{n}{1}\frac{\sin^{2\lambda+4}\zeta}{2\lambda+4}+\binom{n}{2}\frac{\sin^{2\lambda+6}\zeta}{2\lambda+6}+$$
$$+\cdots+\frac{\sin^{2\lambda+2n+2}\zeta}{2\lambda+2n+2}\,,$$

$$\int \cos^{2\lambda+1}\zeta\,\sin^{2n+1}\zeta\,d\zeta = (-1)^n\left[\frac{\cos^{2\lambda+2}\zeta}{2\lambda+2}-\binom{n}{1}\frac{\cos^{2\lambda+4}\zeta}{2\lambda+4}+\binom{n}{2}\frac{\cos^{2\lambda+6}\zeta}{2\lambda+6}-\right.$$
$$\left.-\cdots+(-1)^n\frac{\cos^{2\lambda+2n+2}\zeta}{2\lambda+2n+2}\right].$$

$$\left(\lambda \neq -1,\, -2,\, -3,\, \cdots -(n-1)\right) \tag{113}$$

$$\int \frac{\cos^{2n+1}\zeta}{\sin\zeta}\,d\zeta = \ln|\sin\zeta|+\binom{n}{1}\frac{\sin^2\zeta}{2}+\binom{n}{2}\frac{\sin^4\zeta}{4}+\cdots+\frac{\sin^{2n}\zeta}{2n}\,,$$

$$\int \frac{\cos^{2n+1}\zeta}{\sin^3\zeta}\,d\zeta = -\frac{1}{2\sin^2\zeta}+\binom{n}{1}\ln|\sin\zeta|+\binom{n}{2}\frac{\sin^2\zeta}{2}+\binom{n}{3}\frac{\sin^4\zeta}{4}+\cdots+\frac{\sin^{2n-2}\zeta}{2n-2}\,,$$

$$\int \frac{\cos^{2n+1}\zeta}{\sin^5\zeta}\,d\zeta = -\frac{1}{4\sin^4\zeta}-\binom{n}{1}\frac{1}{2\sin^2\zeta}+\binom{n}{2}\ln|\sin\zeta|+\binom{n}{3}\frac{\sin^2\zeta}{2}+\binom{n}{4}\frac{\sin^4\zeta}{4}+\cdots+\frac{\sin^{2n-4}\zeta}{2n-4}\,,$$

$$\int \frac{\cos^{2n+1}\zeta}{\sin^7\zeta}\,d\zeta = -\frac{1}{6\sin^6\zeta}-\binom{n}{1}\frac{1}{4\sin^4\zeta}-\binom{n}{2}\frac{1}{2\sin^2\zeta}+\binom{n}{3}\ln|\sin\zeta|+\binom{n}{4}\frac{\sin^2\zeta}{2}+\binom{n}{5}\frac{\sin^4\zeta}{4}+$$
$$+\cdots+\frac{\sin^{2n-6}\zeta}{2n-6}\,, \tag{114}$$

$$\int \frac{\operatorname{Cof}^{2n+1}\zeta}{\operatorname{Sin}^{2n-1}\zeta}\,d\zeta = -\frac{1}{(2n-2)\operatorname{Sin}^{2n-2}\zeta} - \binom{n}{1}\frac{1}{(2n-4)\operatorname{Sin}^{2n-4}\zeta} - \binom{n}{2}\frac{1}{(2n-6)\operatorname{Sin}^{2n-6}\zeta} -$$
$$- \cdots - \binom{n}{n-2}\frac{1}{2\operatorname{Sin}^2\zeta} + \binom{n}{n-1}\ln|\operatorname{Sin}\zeta| + \frac{\operatorname{Sin}^2\zeta}{2}\,,$$

$$\int \frac{\operatorname{Cof}^{2n+1}\zeta}{\operatorname{Sin}^{2n+1}\zeta}\,d\zeta = \int \operatorname{Cotg}^{2n+1}\zeta\,d\zeta = -\frac{1}{2n\operatorname{Sin}^{2n}\zeta} - \binom{n}{1}\frac{1}{(2n-2)\operatorname{Sin}^{2n-2}\zeta} - \binom{n}{2}\frac{1}{(2n-4)\operatorname{Sin}^{2n-4}\zeta} -$$
$$- \cdots - \binom{n}{n-1}\frac{1}{2\operatorname{Sin}^2\zeta} + \ln|\operatorname{Sin}\zeta|$$

$$\left.\qquad\right\}(114)$$

$$\int \frac{\operatorname{Sin}^{2n+1}\zeta}{\operatorname{Cof}\zeta}\,d\zeta = (-1)^n\left[\ln|\operatorname{Cof}\zeta| - \binom{n}{1}\frac{\operatorname{Cof}^2\zeta}{2} + \binom{n}{2}\frac{\operatorname{Cof}^4\zeta}{4} - \cdots + (-1)^n\frac{\operatorname{Cof}^{2n}\zeta}{2n}\right].$$

$$\int \frac{\operatorname{Sin}^{2n+1}\zeta}{\operatorname{Cof}^3\zeta}\,d\zeta = (-1)^n\left[-\frac{1}{2\operatorname{Cof}^2\zeta} - \binom{n}{1}\ln|\operatorname{Cof}\zeta| + \binom{n}{2}\frac{\operatorname{Cof}^2\zeta}{2} - \binom{n}{3}\frac{\operatorname{Cof}^4\zeta}{4} + \cdots + (-1)^n\frac{\operatorname{Cof}^{2n-2}\zeta}{2n-2}\right],$$

$$\int \frac{\operatorname{Sin}^{2n+1}\zeta}{\operatorname{Cof}^5\zeta}\,d\zeta = (-1)^n\left[-\frac{1}{4\operatorname{Cof}^4\zeta} + \binom{n}{1}\frac{1}{2\operatorname{Cof}^2\zeta} + \binom{n}{2}\ln|\operatorname{Cof}\zeta| - \binom{n}{3}\frac{\operatorname{Cof}^2\zeta}{2} + \binom{n}{4}\frac{\operatorname{Cof}^4\zeta}{4} -\right.$$
$$\left.- \cdots + (-1)^n\frac{\operatorname{Cof}^{2n-4}\zeta}{2n-4}\right],$$

$$\int \frac{\operatorname{Sin}^{2n+1}\zeta}{\operatorname{Cof}^7\zeta}\,d\zeta = (-1)^n\left[-\frac{1}{6\operatorname{Cof}^6\zeta} + \binom{n}{1}\frac{1}{4\operatorname{Cof}^4\zeta} - \binom{n}{2}\frac{1}{2\operatorname{Cof}^2\zeta} - \binom{n}{3}\ln|\operatorname{Cof}\zeta| + \binom{n}{4}\frac{\operatorname{Cof}^2\zeta}{2} -\right.$$
$$\left.- \binom{n}{5}\frac{\operatorname{Cof}^4\zeta}{4} + \cdots + (-1)^n\frac{\operatorname{Cof}^{2n-6}\zeta}{2n-6}\right],$$

$$\left.\qquad\right\}(115)$$

$$\int \frac{\operatorname{Sin}^{2n+1}\zeta}{\operatorname{Cof}^{2n-1}\zeta}\,d\zeta = (-1)^n\left[\frac{-1}{(2n-2)\operatorname{Cof}^{2n-2}\zeta} + \binom{n}{1}\frac{1}{(2n-4)\operatorname{Cof}^{2n-4}\zeta} - \binom{n}{2}\frac{1}{(2n-6)\operatorname{Cof}^{2n-6}\zeta} +\right.$$
$$\left.+ \cdots + (-1)^{n-1}\binom{n}{n-2}\frac{1}{2\operatorname{Cof}^2\zeta} + (-1)^{n-1}\binom{n}{n-1}\ln|\operatorname{Cof}\zeta| + (-1)^n\frac{\operatorname{Cof}^2\zeta}{2}\right],$$

$$\int \frac{\operatorname{Sin}^{2n+1}\zeta}{\operatorname{Cof}^{2n+1}\zeta}\,d\zeta = \int \operatorname{Tang}^{2n+1}\zeta\,d\zeta = (-1)^n\left[-\frac{1}{2n\operatorname{Cof}^{2n}\zeta} + \binom{n}{1}\frac{1}{(2n-2)\operatorname{Cof}^{2n-2}\zeta} -\right.$$
$$\left.- \binom{n}{2}\frac{1}{(2n-4)\operatorname{Cof}^{2n-4}\zeta} + \cdots + (-1)^n\binom{n}{n-1}\frac{1}{2\operatorname{Cof}^2\zeta} + (-1)^n\ln|\operatorname{Cof}\zeta|\right]$$

$$\int \frac{\operatorname{Cof}\zeta}{\operatorname{Sin}\zeta}\,d\zeta = \ln|\operatorname{Sin}\zeta| \qquad,\qquad \int \frac{\operatorname{Sin}\zeta}{\operatorname{Cof}\zeta}\,d\zeta = \ln|\operatorname{Cof}\zeta|\,,$$

$$\int \frac{\operatorname{Cof}^3\zeta}{\operatorname{Sin}\zeta}\,d\zeta = \ln|\operatorname{Sin}\zeta| + \frac{\operatorname{Sin}^2\zeta}{2} \qquad,\qquad \int \frac{\operatorname{Sin}^3\zeta}{\operatorname{Cof}\zeta}\,d\zeta = -\ln|\operatorname{Cof}\zeta| + \frac{\operatorname{Cof}^2\zeta}{2}\,,$$

$$\int \frac{\operatorname{Cof}^5\zeta}{\operatorname{Sin}\zeta}\,d\zeta = \ln|\operatorname{Sin}\zeta| + \operatorname{Sin}^2\zeta + \frac{\operatorname{Sin}^4\zeta}{4} \qquad,\qquad \int \frac{\operatorname{Sin}^5\zeta}{\operatorname{Cof}\zeta}\,d\zeta = \ln|\operatorname{Cof}\zeta| - \operatorname{Cof}^2\zeta + \frac{\operatorname{Cof}^4\zeta}{4}\,,$$

$$\int \frac{\operatorname{Cof}^7\zeta}{\operatorname{Sin}\zeta}\,d\zeta = \ln|\operatorname{Sin}\zeta| + \frac{3\operatorname{Sin}^2\zeta}{2} + \frac{3\operatorname{Sin}^4\zeta}{4} + \frac{\operatorname{Sin}^6\zeta}{6} \qquad,\qquad \int \frac{\operatorname{Sin}^7\zeta}{\operatorname{Cof}\zeta}\,d\zeta = -\ln|\operatorname{Cof}\zeta| + \frac{3\operatorname{Cof}^2\zeta}{2} - \frac{3\operatorname{Cof}^4\zeta}{4} + \frac{\operatorname{Cof}^6\zeta}{6}\,,$$

$$\int \frac{\operatorname{Cof}^9\zeta}{\operatorname{Sin}\zeta}\,d\zeta = \ln|\operatorname{Sin}\zeta| + 2\operatorname{Sin}^2\zeta + \frac{3\operatorname{Sin}^4\zeta}{2} + \frac{2\operatorname{Sin}^6\zeta}{3} + \frac{\operatorname{Sin}^8\zeta}{8} \qquad,\qquad \int \frac{\operatorname{Sin}^9\zeta}{\operatorname{Cof}\zeta}\,d\zeta = \ln|\operatorname{Cof}\zeta| - 2\operatorname{Cof}^2\zeta + \frac{3\operatorname{Cof}^4\zeta}{2} - \frac{2\operatorname{Cof}^6\zeta}{3} + \frac{\operatorname{Cof}^8\zeta}{8}\,.$$

$$\left.\qquad\right\}(116)$$

$$\int \frac{\operatorname{Cof}\zeta}{\operatorname{Sin}^3\zeta}\,d\zeta = -\frac{1}{2\operatorname{Sin}^2\zeta} \qquad,\qquad \int \frac{\operatorname{Sin}\zeta}{\operatorname{Cof}^3\zeta}\,d\zeta = -\frac{1}{2\operatorname{Cof}^2\zeta}\,,$$

$$\int \frac{\operatorname{Cof}^3\zeta}{\operatorname{Sin}^3\zeta}\,d\zeta = -\frac{1}{2\operatorname{Sin}^2\zeta} + \ln|\operatorname{Sin}\zeta| \qquad,\qquad \int \frac{\operatorname{Sin}^3\zeta}{\operatorname{Cof}^3\zeta}\,d\zeta = \frac{1}{2\operatorname{Cof}^2\zeta} + \ln|\operatorname{Cof}\zeta|\,,$$

$$\int \frac{\operatorname{Cof}^5\zeta}{\operatorname{Sin}^3\zeta}\,d\zeta = -\frac{1}{2\operatorname{Sin}^2\zeta} + 2\ln|\operatorname{Sin}\zeta| + \frac{\operatorname{Sin}^2\zeta}{2} \qquad,\qquad \int \frac{\operatorname{Sin}^5\zeta}{\operatorname{Cof}^3\zeta}\,d\zeta = -\frac{1}{2\operatorname{Cof}^2\zeta} - 2\ln|\operatorname{Cof}\zeta| + \frac{\operatorname{Cof}^2\zeta}{2}\,,$$

$$\int \frac{\operatorname{Cof}^7\zeta}{\operatorname{Sin}^3\zeta}\,d\zeta = -\frac{1}{2\operatorname{Sin}^2\zeta} + 3\ln|\operatorname{Sin}\zeta| + \frac{3\operatorname{Sin}^2\zeta}{2} + \frac{\operatorname{Sin}^4\zeta}{4} \qquad,\qquad \int \frac{\operatorname{Sin}^7\zeta}{\operatorname{Cof}^3\zeta}\,d\zeta = \frac{1}{2\operatorname{Cof}^2\zeta} + 3\ln|\operatorname{Cof}\zeta| - \frac{3\operatorname{Cof}^2\zeta}{2} + \frac{\operatorname{Cof}^4\zeta}{4}\,,$$

$$\int \frac{\operatorname{Cof}^9\zeta}{\operatorname{Sin}^3\zeta}\,d\zeta = -\frac{1}{2\operatorname{Sin}^2\zeta} + 4\ln|\operatorname{Sin}\zeta| + 3\operatorname{Sin}^2\zeta + \operatorname{Sin}^4\zeta + \frac{\operatorname{Sin}^6\zeta}{6} \qquad,\qquad \int \frac{\operatorname{Sin}^9\zeta}{\operatorname{Cof}^3\zeta}\,d\zeta = -\frac{1}{2\operatorname{Cof}^2\zeta} - 4\ln|\operatorname{Cof}\zeta| + 3\operatorname{Cof}^2\zeta - \operatorname{Cof}^4\zeta + \frac{\operatorname{Cof}^6\zeta}{6}\,.$$

$$\left.\qquad\right\}(117)$$

$$\int \frac{\operatorname{Cos}\zeta}{\operatorname{Sin}^5\zeta}\, d\zeta = -\frac{1}{4\operatorname{Sin}^4\zeta} \qquad,\qquad \int \frac{\operatorname{Sin}\zeta}{\operatorname{Cos}^5\zeta}\, d\zeta = -\frac{1}{4\operatorname{Cos}^4\zeta} \qquad,$$

$$\int \frac{\operatorname{Cos}^3\zeta}{\operatorname{Sin}^5\zeta}\, d\zeta = -\frac{1}{4\operatorname{Sin}^4\zeta} - \frac{1}{2\operatorname{Sin}^2\zeta} \qquad,\qquad \int \frac{\operatorname{Sin}^3\zeta}{\operatorname{Cos}^5\zeta}\, d\zeta = \frac{1}{4\operatorname{Cos}^4\zeta} - \frac{1}{2\operatorname{Cos}^2\zeta} \qquad,$$

$$\int \frac{\operatorname{Cos}^5\zeta}{\operatorname{Sin}^5\zeta}\, d\zeta = -\frac{1}{4\operatorname{Sin}^4\zeta} - \frac{1}{\operatorname{Sin}^2\zeta} + \ln|\operatorname{Sin}\zeta| \quad,\qquad \int \frac{\operatorname{Sin}^5\zeta}{\operatorname{Cos}^5\zeta}\, d\zeta = -\frac{1}{4\operatorname{Cos}^4\zeta} + \frac{1}{\operatorname{Cos}^2\zeta} + \ln|\operatorname{Cos}\zeta| \quad,$$

$$\int \frac{\operatorname{Cos}^7\zeta}{\operatorname{Sin}^5\zeta}\, d\zeta = -\frac{1}{4\operatorname{Sin}^4\zeta} - \frac{3}{2\operatorname{Sin}^2\zeta} + 3\ln|\operatorname{Sin}\zeta| + \frac{\operatorname{Sin}^2\zeta}{2} \qquad,$$
$$\int \frac{\operatorname{Sin}^7\zeta}{\operatorname{Cos}^5\zeta}\, d\zeta = \frac{1}{4\operatorname{Cos}^4\zeta} - \frac{3}{2\operatorname{Cos}^2\zeta} - 3\ln|\operatorname{Cos}\zeta| + \frac{\operatorname{Cos}^2\zeta}{2} \qquad,$$

$$\int \frac{\operatorname{Cos}^9\zeta}{\operatorname{Sin}^5\zeta}\, d\zeta = -\frac{1}{4\operatorname{Sin}^4\zeta} - \frac{2}{\operatorname{Sin}^2\zeta} + 6\ln|\operatorname{Sin}\zeta| + 2\operatorname{Sin}^2\zeta + \frac{\operatorname{Sin}^4\zeta}{4} \qquad,$$
$$\int \frac{\operatorname{Sin}^9\zeta}{\operatorname{Cos}^5\zeta}\, d\zeta = -\frac{1}{4\operatorname{Cos}^4\zeta} + \frac{2}{\operatorname{Cos}^2\zeta} + 6\ln|\operatorname{Cos}\zeta| - 2\operatorname{Cos}^2\zeta + \frac{\operatorname{Cos}^4\zeta}{4} \qquad. \tag{118}$$

$$\int \frac{\operatorname{Cos}\zeta}{\operatorname{Sin}^7\zeta}\, d\zeta = -\frac{1}{6\operatorname{Sin}^6\zeta} \qquad,\qquad \int \frac{\operatorname{Sin}\zeta}{\operatorname{Cos}^7\zeta}\, d\zeta = -\frac{1}{6\operatorname{Cos}^6\zeta} \qquad,$$

$$\int \frac{\operatorname{Cos}^3\zeta}{\operatorname{Sin}^7\zeta}\, d\zeta = -\frac{1}{6\operatorname{Sin}^6\zeta} - \frac{1}{4\operatorname{Sin}^4\zeta} \qquad,\qquad \int \frac{\operatorname{Sin}^3\zeta}{\operatorname{Cos}^7\zeta}\, d\zeta = \frac{1}{6\operatorname{Cos}^6\zeta} - \frac{1}{4\operatorname{Cos}^4\zeta} \qquad,$$

$$\int \frac{\operatorname{Cos}^5\zeta}{\operatorname{Sin}^7\zeta}\, d\zeta = -\frac{1}{6\operatorname{Sin}^6\zeta} - \frac{1}{2\operatorname{Sin}^4\zeta} - \frac{1}{2\operatorname{Sin}^2\zeta} \quad,\qquad \int \frac{\operatorname{Sin}^5\zeta}{\operatorname{Cos}^7\zeta}\, d\zeta = -\frac{1}{6\operatorname{Cos}^6\zeta} + \frac{1}{2\operatorname{Cos}^4\zeta} - \frac{1}{2\operatorname{Cos}^2\zeta} \quad,$$

$$\int \frac{\operatorname{Cos}^7\zeta}{\operatorname{Sin}^7\zeta}\, d\zeta = -\frac{1}{6\operatorname{Sin}^6\zeta} - \frac{3}{4\operatorname{Sin}^4\zeta} - \frac{3}{2\operatorname{Sin}^2\zeta} + \ln|\operatorname{Sin}\zeta| \qquad,$$
$$\int \frac{\operatorname{Sin}^7\zeta}{\operatorname{Cos}^7\zeta}\, d\zeta = \frac{1}{6\operatorname{Cos}^6\zeta} - \frac{3}{4\operatorname{Cos}^4\zeta} + \frac{3}{2\operatorname{Cos}^2\zeta} + \ln|\operatorname{Cos}\zeta| \qquad,$$

$$\int \frac{\operatorname{Cos}^9\zeta}{\operatorname{Sin}^7\zeta}\, d\zeta = -\frac{1}{6\operatorname{Sin}^6\zeta} - \frac{1}{\operatorname{Sin}^4\zeta} - \frac{3}{\operatorname{Sin}^2\zeta} + 4\ln|\operatorname{Sin}\zeta| + \frac{\operatorname{Sin}^2\zeta}{2} \qquad,$$
$$\int \frac{\operatorname{Sin}^9\zeta}{\operatorname{Cos}^7\zeta}\, d\zeta = -\frac{1}{6\operatorname{Cos}^6\zeta} + \frac{1}{\operatorname{Cos}^4\zeta} - \frac{3}{\operatorname{Cos}^2\zeta} - 4\ln|\operatorname{Cos}\zeta| + \frac{\operatorname{Cos}^2\zeta}{2} \qquad. \tag{119}$$

$$\int \operatorname{Sin}\zeta \operatorname{Cos}\zeta\, d\zeta = \frac{\operatorname{Sin}^2\zeta}{2} \qquad,\qquad \int \operatorname{Cos}\zeta \operatorname{Sin}\zeta\, d\zeta = \frac{\operatorname{Cos}^2\zeta}{2} \qquad,$$

$$\int \operatorname{Sin}\zeta \operatorname{Cos}^3\zeta\, d\zeta = \frac{\operatorname{Sin}^2\zeta}{2} + \frac{\operatorname{Sin}^4\zeta}{4} \qquad,\qquad \int \operatorname{Cos}\zeta \operatorname{Sin}^3\zeta\, d\zeta = -\frac{\operatorname{Cos}^2\zeta}{2} + \frac{\operatorname{Cos}^4\zeta}{4} \qquad,$$

$$\int \operatorname{Sin}\zeta \operatorname{Cos}^5\zeta\, d\zeta = \frac{\operatorname{Sin}^2\zeta}{2} + \frac{\operatorname{Sin}^4\zeta}{2} + \frac{\operatorname{Sin}^6\zeta}{6} \quad,\qquad \int \operatorname{Cos}\zeta \operatorname{Sin}^5\zeta\, d\zeta = \frac{\operatorname{Cos}^2\zeta}{2} - \frac{\operatorname{Cos}^4\zeta}{2} + \frac{\operatorname{Cos}^6\zeta}{6} \quad,$$

$$\int \operatorname{Sin}\zeta \operatorname{Cos}^7\zeta\, d\zeta = \frac{\operatorname{Sin}^2\zeta}{2} + \frac{3\operatorname{Sin}^4\zeta}{4} + \frac{\operatorname{Sin}^6\zeta}{2} + \frac{\operatorname{Sin}^8\zeta}{8} \qquad,$$
$$\int \operatorname{Cos}\zeta \operatorname{Sin}^7\zeta\, d\zeta = -\frac{\operatorname{Cos}^2\zeta}{2} + \frac{3\operatorname{Cos}^4\zeta}{4} - \frac{\operatorname{Cos}^6\zeta}{2} + \frac{\operatorname{Cos}^8\zeta}{8} \qquad,$$

$$\int \operatorname{Sin}\zeta \operatorname{Cos}^9\zeta\, d\zeta = \frac{\operatorname{Sin}^2\zeta}{2} + \operatorname{Sin}^4\zeta + \operatorname{Sin}^6\zeta + \frac{\operatorname{Sin}^8\zeta}{2} + \frac{\operatorname{Sin}^{10}\zeta}{10} \qquad,$$
$$\int \operatorname{Cos}\zeta \operatorname{Sin}^9\zeta\, d\zeta = \frac{\operatorname{Cos}^2\zeta}{2} - \operatorname{Cos}^4\zeta + \operatorname{Cos}^6\zeta - \frac{\operatorname{Cos}^8\zeta}{2} + \frac{\operatorname{Cos}^{10}\zeta}{10} \qquad. \tag{120}$$

$$\int \operatorname{Sin}^3\zeta \operatorname{Cos}\zeta\, d\zeta = \frac{\operatorname{Sin}^4\zeta}{4} \qquad,\qquad \int \operatorname{Cos}^3\zeta \operatorname{Sin}\zeta\, d\zeta = \frac{\operatorname{Cos}^4\zeta}{4} \qquad,$$

$$\int \operatorname{Sin}^3\zeta \operatorname{Cos}^3\zeta\, d\zeta = \frac{\operatorname{Sin}^4\zeta}{4} + \frac{\operatorname{Sin}^6\zeta}{6} \qquad,\qquad \int \operatorname{Cos}^3\zeta \operatorname{Sin}^3\zeta\, d\zeta = -\frac{\operatorname{Cos}^4\zeta}{4} + \frac{\operatorname{Cos}^6\zeta}{6} \qquad,$$

$$\int \operatorname{Sin}^3\zeta \operatorname{Cos}^5\zeta\, d\zeta = \frac{\operatorname{Sin}^4\zeta}{4} + \frac{\operatorname{Sin}^6\zeta}{3} + \frac{\operatorname{Sin}^8\zeta}{8} \quad,\qquad \int \operatorname{Cos}^3\zeta \operatorname{Sin}^5\zeta\, d\zeta = \frac{\operatorname{Cos}^4\zeta}{4} - \frac{\operatorname{Cos}^6\zeta}{3} + \frac{\operatorname{Cos}^8\zeta}{8} \quad,$$

$$\int \operatorname{Sin}^3\zeta \operatorname{Cos}^7\zeta\, d\zeta = \frac{\operatorname{Sin}^4\zeta}{4} + \frac{\operatorname{Sin}^6\zeta}{2} + \frac{3\operatorname{Sin}^8\zeta}{8} + \frac{\operatorname{Sin}^{10}\zeta}{10} \qquad,$$
$$\int \operatorname{Cos}^3\zeta \operatorname{Sin}^7\zeta\, d\zeta = -\frac{\operatorname{Cos}^4\zeta}{4} + \frac{\operatorname{Cos}^6\zeta}{2} - \frac{3\operatorname{Cos}^8\zeta}{8} + \frac{\operatorname{Cos}^{10}\zeta}{10} \qquad,$$

$$\int \operatorname{Sin}^3\zeta \operatorname{Cos}^9\zeta\, d\zeta = \frac{\operatorname{Sin}^4\zeta}{4} + \frac{2\operatorname{Sin}^6\zeta}{3} + \frac{3\operatorname{Sin}^8\zeta}{4} + \frac{2\operatorname{Sin}^{10}\zeta}{5} + \frac{\operatorname{Sin}^{12}\zeta}{12} \qquad,$$
$$\int \operatorname{Cos}^3\zeta \operatorname{Sin}^9\zeta\, d\zeta = \frac{\operatorname{Cos}^4\zeta}{4} - \frac{2\operatorname{Cos}^6\zeta}{3} + \frac{3\operatorname{Cos}^8\zeta}{4} - \frac{2\operatorname{Cos}^{10}\zeta}{5} + \frac{\operatorname{Cos}^{12}\zeta}{12} \qquad. \tag{121}$$

$$\int \operatorname{Sin}^5\zeta\, \operatorname{Cos}\zeta\, d\zeta = \frac{\operatorname{Sin}^6\zeta}{6}$$

$$\int \operatorname{Sin}^5\zeta\, \operatorname{Cos}^3\zeta\, d\zeta = \frac{\operatorname{Sin}^6\zeta}{6} + \frac{\operatorname{Sin}^8\zeta}{8}$$

$$\int \operatorname{Sin}^5\zeta\, \operatorname{Cos}^5\zeta\, d\zeta = \frac{\operatorname{Sin}^6\zeta}{6} + \frac{\operatorname{Sin}^8\zeta}{4} + \frac{\operatorname{Sin}^{10}\zeta}{10}$$

$$\int \operatorname{Sin}^5\zeta\, \operatorname{Cos}^7\zeta\, d\zeta = \frac{\operatorname{Sin}^6\zeta}{6} + \frac{3\operatorname{Sin}^8\zeta}{8} + \frac{3\operatorname{Sin}^{10}\zeta}{10} + \frac{\operatorname{Sin}^{12}\zeta}{12}$$

$$\int \operatorname{Sin}^5\zeta\, \operatorname{Cos}^9\zeta\, d\zeta = \frac{\operatorname{Sin}^6\zeta}{6} + \frac{\operatorname{Sin}^8\zeta}{2} + \frac{3\operatorname{Sin}^{10}\zeta}{5} + \frac{\operatorname{Sin}^{12}\zeta}{3} + \frac{\operatorname{Sin}^{14}\zeta}{14}$$

$$\int \operatorname{Cos}^5\zeta\, \operatorname{Sin}\zeta\, d\zeta = \frac{\operatorname{Cos}^6\zeta}{6}$$

$$\int \operatorname{Cos}^5\zeta\, \operatorname{Sin}^3\zeta\, d\zeta = -\frac{\operatorname{Cos}^6\zeta}{6} + \frac{\operatorname{Cos}^8\zeta}{8}$$

$$\int \operatorname{Cos}^5\zeta\, \operatorname{Sin}^5\zeta\, d\zeta = \frac{\operatorname{Cos}^6\zeta}{6} - \frac{\operatorname{Cos}^8\zeta}{4} + \frac{\operatorname{Cos}^{10}\zeta}{10}$$

$$\int \operatorname{Cos}^5\zeta\, \operatorname{Sin}^7\zeta\, d\zeta = -\frac{\operatorname{Cos}^6\zeta}{6} + \frac{3\operatorname{Cos}^8\zeta}{8} - \frac{3\operatorname{Cos}^{10}\zeta}{10} + \frac{\operatorname{Cos}^{12}\zeta}{12}$$

$$\int \operatorname{Cos}^5\zeta\, \operatorname{Sin}^9\zeta\, d\zeta = \frac{\operatorname{Cos}^6\zeta}{6} - \frac{\operatorname{Cos}^8\zeta}{2} + \frac{3\operatorname{Cos}^{10}\zeta}{5} - \frac{\operatorname{Cos}^{12}\zeta}{3} + \frac{\operatorname{Cos}^{14}\zeta}{14}$$

$$(122)$$

$$\int \operatorname{Sin}^7\zeta\, \operatorname{Cos}\zeta\, d\zeta = \frac{\operatorname{Sin}^8\zeta}{8}$$

$$\int \operatorname{Sin}^7\zeta\, \operatorname{Cos}^3\zeta\, d\zeta = \frac{\operatorname{Sin}^8\zeta}{8} + \frac{\operatorname{Sin}^{10}\zeta}{10}$$

$$\int \operatorname{Sin}^7\zeta\, \operatorname{Cos}^5\zeta\, d\zeta = \frac{\operatorname{Sin}^8\zeta}{8} + \frac{\operatorname{Sin}^{10}\zeta}{5} + \frac{\operatorname{Sin}^{12}\zeta}{12}$$

$$\int \operatorname{Sin}^7\zeta\, \operatorname{Cos}^7\zeta\, d\zeta = \frac{\operatorname{Sin}^8\zeta}{8} + \frac{3\operatorname{Sin}^{10}\zeta}{10} + \frac{\operatorname{Sin}^{12}\zeta}{4} + \frac{\operatorname{Sin}^{14}\zeta}{14}$$

$$\int \operatorname{Sin}^7\zeta\, \operatorname{Cos}^9\zeta\, d\zeta = \frac{\operatorname{Sin}^8\zeta}{8} + \frac{2\operatorname{Sin}^{10}\zeta}{5} + \frac{\operatorname{Sin}^{12}\zeta}{2} + \frac{2\operatorname{Sin}^{14}\zeta}{7} + \frac{\operatorname{Sin}^{16}\zeta}{16}$$

$$\int \operatorname{Cos}^7\zeta\, \operatorname{Sin}\zeta\, d\zeta = \frac{\operatorname{Cos}^8\zeta}{8}$$

$$\int \operatorname{Cos}^7\zeta\, \operatorname{Sin}^3\zeta\, d\zeta = -\frac{\operatorname{Cos}^8\zeta}{8} + \frac{\operatorname{Cos}^{10}\zeta}{10}$$

$$\int \operatorname{Cos}^7\zeta\, \operatorname{Sin}^5\zeta\, d\zeta = \frac{\operatorname{Cos}^8\zeta}{8} - \frac{\operatorname{Cos}^{10}\zeta}{5} + \frac{\operatorname{Cos}^{12}\zeta}{12}$$

$$\int \operatorname{Cos}^7\zeta\, \operatorname{Sin}^7\zeta\, d\zeta = \frac{\operatorname{Cos}^8\zeta}{8} + \frac{3\operatorname{Cos}^{10}\zeta}{10} - \frac{\operatorname{Cos}^{12}\zeta}{4} + \frac{\operatorname{Cos}^{14}\zeta}{14}$$

$$\int \operatorname{Cos}^7\zeta\, \operatorname{Sin}^9\zeta\, d\zeta = \frac{\operatorname{Cos}^8\zeta}{8} - \frac{2\operatorname{Cos}^{10}\zeta}{5} + \frac{\operatorname{Cos}^{12}\zeta}{2} - \frac{2\operatorname{Cos}^{14}\zeta}{7} + \frac{\operatorname{Cos}^{16}\zeta}{16}$$

$$(123)$$

$$\int \operatorname{Sin}^9\zeta\, \operatorname{Cos}\zeta\, d\zeta = \frac{\operatorname{Sin}^{10}\zeta}{10}$$

$$\int \operatorname{Sin}^9\zeta\, \operatorname{Cos}^3\zeta\, d\zeta = \frac{\operatorname{Sin}^{10}\zeta}{10} + \frac{\operatorname{Sin}^{12}\zeta}{12}$$

$$\int \operatorname{Sin}^9\zeta\, \operatorname{Cos}^5\zeta\, d\zeta = \frac{\operatorname{Sin}^{10}\zeta}{10} + \frac{\operatorname{Sin}^{12}\zeta}{6} + \frac{\operatorname{Sin}^{14}\zeta}{14}$$

$$\int \operatorname{Sin}^9\zeta\, \operatorname{Cos}^7\zeta\, d\zeta = \frac{\operatorname{Sin}^{10}\zeta}{10} + \frac{\operatorname{Sin}^{12}\zeta}{4} + \frac{3\operatorname{Sin}^{14}\zeta}{14} + \frac{\operatorname{Sin}^{16}\zeta}{16}$$

$$\int \operatorname{Sin}^9\zeta\, \operatorname{Cos}^9\zeta\, d\zeta = \frac{\operatorname{Sin}^{10}\zeta}{10} + \frac{\operatorname{Sin}^{12}\zeta}{3} + \frac{3\operatorname{Sin}^{14}\zeta}{7} + \frac{\operatorname{Sin}^{16}\zeta}{4} + \frac{\operatorname{Sin}^{18}\zeta}{18}$$

$$\int \operatorname{Cos}^9\zeta\, \operatorname{Sin}\zeta\, d\zeta = \frac{\operatorname{Cos}^{10}\zeta}{10}$$

$$\int \operatorname{Cos}^9\zeta\, \operatorname{Sin}^3\zeta\, d\zeta = -\frac{\operatorname{Cos}^{10}\zeta}{10} + \frac{\operatorname{Cos}^{12}\zeta}{12}$$

$$\int \operatorname{Cos}^9\zeta\, \operatorname{Sin}^5\zeta\, d\zeta = \frac{\operatorname{Cos}^{10}\zeta}{10} - \frac{\operatorname{Cos}^{12}\zeta}{6} + \frac{\operatorname{Cos}^{14}\zeta}{14}$$

$$\int \operatorname{Cos}^9\zeta\, \operatorname{Sin}^7\zeta\, d\zeta = -\frac{\operatorname{Cos}^{10}\zeta}{10} + \frac{\operatorname{Cos}^{12}\zeta}{4} - \frac{3\operatorname{Cos}^{14}\zeta}{14} + \frac{\operatorname{Cos}^{16}\zeta}{16}$$

$$\int \operatorname{Cos}^9\zeta\, \operatorname{Sin}^9\zeta\, d\zeta = \frac{\operatorname{Cos}^{10}\zeta}{10} - \frac{\operatorname{Cos}^{12}\zeta}{3} + \frac{3\operatorname{Cos}^{14}\zeta}{7} - \frac{\operatorname{Cos}^{16}\zeta}{4} + \frac{\operatorname{Cos}^{18}\zeta}{18}$$

$$(124)$$

$$\int \operatorname{Tang}\zeta\, d\zeta = \ln|\operatorname{Cos}\zeta|$$

$$\int \operatorname{Tang}^3\zeta\, d\zeta = \frac{1}{2\operatorname{Cos}^2\zeta} + \ln|\operatorname{Cos}\zeta|$$

$$\int \operatorname{Tang}^5\zeta\, d\zeta = -\frac{1}{4\operatorname{Cos}^4\zeta} + \frac{1}{\operatorname{Cos}^2\zeta} + \ln|\operatorname{Cos}\zeta|$$

$$\int \operatorname{Tang}^7\zeta\, d\zeta = \frac{1}{6\operatorname{Cos}^6\zeta} - \frac{3}{4\operatorname{Cos}^4\zeta} + \frac{3}{2\operatorname{Cos}^2\zeta} + \ln|\operatorname{Cos}\zeta|$$

$$\int \operatorname{Cotg}\zeta\, d\zeta = \ln|\operatorname{Sin}\zeta|$$

$$\int \operatorname{Cotg}^3\zeta\, d\zeta = -\frac{1}{2\operatorname{Sin}^2\zeta} + \ln|\operatorname{Sin}\zeta|$$

$$\int \operatorname{Cotg}^5\zeta\, d\zeta = -\frac{1}{4\operatorname{Sin}^4\zeta} - \frac{1}{\operatorname{Sin}^2\zeta} + \ln|\operatorname{Sin}\zeta|$$

$$\int \operatorname{Cotg}^7\zeta\, d\zeta = -\frac{1}{6\operatorname{Sin}^6\zeta} - \frac{3}{4\operatorname{Sin}^4\zeta} - \frac{3}{2\operatorname{Sin}^2\zeta} + \ln|\operatorname{Sin}\zeta|$$

$$(125)$$

3. Integrale der Klasse $\int \dfrac{dz}{(a+bz)^m\,(c+dz)^n}$.

a) Algebraische Integrale.

m und n seien positive ganze Zahlen größer als Null; dann lassen sich die Integrale der vorliegenden Klasse geschlossen darstellen. Wird vorübergehend die Substitution

$$\zeta = \frac{a+bz}{c+dz}, \qquad z = -\frac{a-c\zeta}{b-d\zeta}, \qquad a+bz = \frac{(bc-ad)\zeta}{b-d\zeta}, \qquad c+dz = \frac{bc-ad}{b-d\zeta}, \qquad dz = \frac{bc-ad}{(b-d\zeta)^2}\,d\zeta$$

eingeführt, so folgt zunächst

$$\int \frac{dz}{(a+bz)^m\,(c+dz)^n} = \int \frac{1}{(bc-ad)^{m+n-1}}\frac{(b-d\zeta)^{m+n-2}}{\zeta^m}\,d\zeta = \frac{(-d)^{m+n-2}}{(bc-ad)^{m+n-1}}\int \frac{\left(\zeta-\dfrac{b}{d}\right)^{m+n-2}}{\zeta^m}\,d\zeta\ .$$

Nun ist

$$\frac{(-d)^{m+n-2}}{(bc-ad)^{m+n-1}} = -\frac{1}{d}\frac{(-d)^{m+n-1}}{(bc-ad)^{m+n-1}} = -\frac{1}{d}\frac{1}{\left(a-\dfrac{bc}{d}\right)^{m+n-1}}\,,$$

$$\left(\zeta-\frac{b}{d}\right)^{m+n-2} = \zeta^{m+n-2} - \binom{m+n-2}{1}\frac{b}{d}\zeta^{m+n-3} + \binom{m+n-2}{2}\left(\frac{b}{d}\right)^2\zeta^{m+n-4} - \cdots +$$

$$+\,(-1)^{n-2}\binom{m+n-2}{n-2}\left(\frac{b}{d}\right)^{n-2}\zeta^m + (-1)^{n-1}\binom{m+n-2}{n-1}\left(\frac{b}{d}\right)^{n-1}\zeta^{m-1} +$$

$$+\cdots+(-1)^{m+n-3}\binom{m+n-2}{m+n-3}\left(\frac{b}{d}\right)^{m+n-3}\zeta + (-1)^{m+n-2}\left(\frac{b}{d}\right)^{m+n-2}\ .$$

Die Berücksichtigung dieser Beziehungen ergibt

$$\int \frac{dz}{(a+bz)^m\,(c+dz)^n} = -\frac{1}{d}\frac{1}{\left(a-\dfrac{bc}{d}\right)^{m+n-1}}\left[\frac{\zeta^{n-1}}{n-1} - \binom{m+n-2}{1}\frac{b}{d}\frac{\zeta^{n-2}}{n-2} + \binom{m+n-2}{2}\left(\frac{b}{d}\right)^2\frac{\zeta^{n-3}}{n-3} - \cdots +\right.$$

$$+\,(-1)^{n-2}\binom{m+n-2}{n-2}\left(\frac{b}{d}\right)^{n-2}\zeta + (-1)^{n-1}\binom{m+n-2}{n-1}\left(\frac{b}{d}\right)^{n-1}\ln|\zeta| + \cdots +$$

$$\left.+\,(-1)^{m+n-3}\binom{m+n-2}{m+n-3}\left(\frac{b}{d}\right)^{m+n-3}\frac{\zeta^{-m+2}}{-m+2} + (-1)^{m+n-2}\left(\frac{b}{d}\right)^{m+n-2}\frac{\zeta^{-m+1}}{-m+1}\right],$$

und, wenn schließlich noch auf z rücktransformiert wird,

$$\int \frac{dz}{(a+bz)^m\,(c+dz)^n} = -\frac{1}{d}\frac{1}{\left(a-\dfrac{bc}{d}\right)^{m+n-1}}\left[\frac{1}{n-1}\left(\frac{a+bz}{c+dz}\right)^{n-1} - \frac{1}{n-2}\binom{m+n-2}{1}\frac{b}{d}\left(\frac{a+bz}{c+dz}\right)^{n-2} +\right.$$

$$+\,\frac{1}{n-3}\binom{m+n-2}{2}\left(\frac{b}{d}\right)^2\left(\frac{a+bz}{c+dz}\right)^{n-3} - \cdots + (-1)^{n-2}\binom{m+n-2}{n-2}\left(\frac{b}{d}\right)^{n-2}\frac{a+bz}{c+dz} +$$

$$+\,(-1)^{n-1}\binom{m+n-2}{n-1}\left(\frac{b}{d}\right)^{n-1}\ln\left|\frac{a+bz}{c+dz}\right| + \cdots +$$

$$+\,(-1)^{m+n-3}\frac{1}{-m+2}\binom{m+n-2}{m+n-3}\left(\frac{b}{d}\right)^{m+n-3}\left(\frac{c+dz}{a+bz}\right)^{m-2} +$$

$$\left.+\,(-1)^{m+n-2}\frac{1}{-m+1}\left(\frac{b}{d}\right)^{m+n-2}\left(\frac{c+dz}{a+bz}\right)^{m-1}\right]\ . \tag{126}$$

Hieraus folgen u. a. die Sonderformeln

$$\left.\begin{aligned}
&\int \frac{dz}{(a+bz)(c+dz)} = \frac{1}{bc-ad}\ln\left|\frac{a+bz}{c+dz}\right| & , \\[4pt]
&\int \frac{dz}{(a+bz)(c+dz)^2} = -\frac{1}{d\left(a-\dfrac{bc}{d}\right)^2}\left[\frac{a+bz}{c+dz} - \frac{b}{d}\ln\left|\frac{a+bz}{c+dz}\right|\right] & , \\[8pt]
&\int \frac{dz}{(a+bz)(c+dz)^3} = -\frac{1}{d\left(a-\dfrac{bc}{d}\right)^3}\left[\frac{1}{2}\left(\frac{a+bz}{c+dz}\right)^2 - 2\frac{b}{d}\frac{a+bz}{c+dz} + \frac{b^2}{d^2}\ln\left|\frac{a+bz}{c+dz}\right|\right] & , \\[8pt]
&\int \frac{dz}{(a+bz)(c+dz)^4} = -\frac{1}{d\left(a-\dfrac{bc}{d}\right)^4}\left[\frac{1}{3}\left(\frac{a+bz}{c+dz}\right)^3 - \frac{3}{2}\frac{b}{d}\left(\frac{a+bz}{c+dz}\right)^2 + 3\frac{b^2}{d^2}\frac{a+bz}{c+dz} - \frac{b^3}{d^3}\ln\left|\frac{a+bz}{c+dz}\right|\right]\ .
\end{aligned}\right\} \tag{127}$$

$$\int \frac{dz}{(a+bz)^2 (c+dz)} = -\frac{1}{d\left(a-\dfrac{bc}{d}\right)^2}\left[\ln\left|\frac{a+bz}{c+dz}\right| + \frac{b}{d}\frac{c+dz}{a+bz}\right]$$

$$\int \frac{dz}{(a+bz)^2 (c+dz)^2} = -\frac{1}{d\left(a-\dfrac{bc}{d}\right)^3}\left[\frac{a+bz}{c+dz} - 2\frac{b}{d}\ln\left|\frac{a+bz}{c+dz}\right| - \frac{b^2}{d^2}\frac{c+dz}{a+bz}\right]$$

$$\int \frac{dz}{(a+bz)^2 (c+dz)^3} = -\frac{1}{d\left(a-\dfrac{bc}{d}\right)^4}\left[\frac{1}{2}\left(\frac{a+bz}{c+dz}\right)^2 - 3\frac{b}{d}\frac{a+bz}{c+dz} + 3\frac{b^2}{d^2}\ln\left|\frac{a+bz}{c+dz}\right| + \frac{b^3}{d^3}\frac{c+dz}{a+bz}\right]$$

$$\int \frac{dz}{(a+bz)^2 (c+dz)^4} = -\frac{1}{d\left(a-\dfrac{bc}{d}\right)^5}\left[\frac{1}{3}\left(\frac{a+bz}{c+dz}\right)^3 - 2\frac{b}{d}\left(\frac{a+bz}{c+dz}\right)^2 + 6\frac{b^2}{d^2}\frac{a+bz}{c+dz} - \right.$$
$$\left. - 4\frac{b^3}{d^3}\ln\left|\frac{a+bz}{c+dz}\right| - \frac{b^4}{d^4}\frac{c+dz}{a+bz}\right]$$

$$\qquad\qquad (128)$$

$$\int \frac{dz}{(a+bz)^3 (c+dz)} = -\frac{1}{d\left(a-\dfrac{bc}{d}\right)^3}\left[\ln\left|\frac{a+bz}{c+dz}\right| + 2\frac{b}{d}\frac{c+dz}{a+bz} - \frac{1}{2}\frac{b^2}{d^2}\left(\frac{c+dz}{a+bz}\right)^2\right]$$

$$\int \frac{dz}{(a+bz)^3 (c+dz)^2} = -\frac{1}{d\left(a-\dfrac{bc}{d}\right)^4}\left[\frac{a+bz}{c+dz} - 3\frac{b}{d}\ln\left|\frac{a+bz}{c+dz}\right| - 3\frac{b^2}{d^2}\frac{c+dz}{a+bz} + \frac{1}{2}\frac{b^3}{d^3}\left(\frac{c+dz}{a+bz}\right)^2\right]$$

$$\int \frac{dz}{(a+bz)^3 (c+dz)^3} = -\frac{1}{d\left(a-\dfrac{bc}{d}\right)^5}\left[\frac{1}{2}\left(\frac{a+bz}{c+dz}\right)^2 - 4\frac{b}{d}\frac{a+bz}{c+dz} + 6\frac{b^2}{d^2}\ln\left|\frac{a+bz}{c+dz}\right| + 4\frac{b^3}{d^3}\frac{c+dz}{a+bz} - \right.$$
$$\left. - \frac{1}{2}\frac{b^4}{d^4}\left(\frac{c+dz}{a+bz}\right)^2\right]$$

$$\qquad\qquad (129)$$

$$\int \frac{dz}{(a+bz)^3 (c+dz)^4} = -\frac{1}{d\left(a-\dfrac{bc}{d}\right)^6}\left[\frac{1}{3}\left(\frac{a+bz}{c+dz}\right)^3 - \frac{5}{2}\frac{b}{d}\left(\frac{a+bz}{c+dz}\right)^2 + 10\frac{b^2}{d^2}\frac{a+bz}{c+dz} - \right.$$
$$\left. - 10\frac{b^3}{d^3}\ln\left|\frac{a+bz}{c+dz}\right| - 5\frac{b^4}{d^4}\frac{c+dz}{a+bz} + \frac{1}{2}\frac{b^5}{d^5}\left(\frac{c+dz}{a+bz}\right)^2\right]$$

$$\int \frac{dz}{(a+bz)^4 (c+dz)} = -\frac{1}{d\left(a-\dfrac{bc}{d}\right)^4}\left[\ln\left|\frac{a+bz}{c+dz}\right| + 3\frac{b}{d}\frac{c+dz}{a+bz} - \frac{3}{2}\frac{b^2}{d^2}\left(\frac{c+dz}{a+bz}\right)^2 + \frac{1}{3}\frac{b^3}{d^3}\left(\frac{c+dz}{a+bz}\right)^3\right]$$

$$\int \frac{dz}{(a+bz)^4 (c+dz)^2} = -\frac{1}{d\left(a-\dfrac{bc}{d}\right)^5}\left[\frac{a+bz}{c+dz} - 4\frac{b}{d}\ln\left|\frac{a+bz}{c+dz}\right| - 6\frac{b^2}{d^2}\frac{c+dz}{a+bz} + 2\frac{b^3}{d^3}\left(\frac{c+dz}{a+bz}\right)^2 - \right.$$
$$\left. - \frac{1}{3}\frac{b^4}{d^4}\left(\frac{c+dz}{a+bz}\right)^3\right]$$

$$\int \frac{dz}{(a+bz)^4 (c+dz)^3} = -\frac{1}{d\left(a-\dfrac{bc}{d}\right)^6}\left[\frac{1}{2}\left(\frac{a+bz}{c+dz}\right)^2 - 5\frac{b}{d}\frac{a+bz}{c+dz} + 10\frac{b^2}{d^2}\ln\left|\frac{a+bz}{c+dz}\right| + 10\frac{b^3}{d^3}\frac{c+dz}{a+bz} - \right.$$
$$\left. - \frac{5}{2}\frac{b^4}{d^4}\left(\frac{c+dz}{a+bz}\right)^2 + \frac{1}{3}\frac{b^5}{d^5}\left(\frac{c+dz}{a+bz}\right)^3\right]$$

$$\qquad\qquad (130)$$

$$\int \frac{dz}{(a+bz)^4 (c+dz)^4} = -\frac{1}{d\left(a-\dfrac{bc}{d}\right)^7}\left[\frac{1}{3}\left(\frac{a+bz}{c+dz}\right)^3 - 3\frac{b}{d}\left(\frac{a+bz}{c+dz}\right)^2 + 15\frac{b^2}{d^2}\frac{a+bz}{c+dz} - 20\frac{b^3}{d^3}\ln\left|\frac{a+bz}{c+dz}\right| - \right.$$
$$\left. - 15\frac{b^4}{d^4}\frac{c+dz}{a+bz} + 3\frac{b^5}{d^5}\left(\frac{c+dz}{a+bz}\right)^2 - \frac{1}{3}\frac{b^6}{d^6}\left(\frac{c+dz}{a+bz}\right)^3\right]$$

Wird in (127) bis (130) $a=0$, $b=1$, $c=1$, $d=\pm 1$ gesetzt, so erhält man

$$\int \frac{dz}{z(1\pm z)} = \ln\left|\frac{z}{1\pm z}\right|$$

$$\int \frac{dz}{z(1\pm z)^2} = \mp\frac{z}{1\pm z} + \ln\left|\frac{z}{1\pm z}\right|$$

$$\int \frac{dz}{z(1\pm z)^3} = +\frac{1}{2}\left(\frac{z}{1\pm z}\right)^2 \mp 2\frac{z}{1\pm z} + \ln\left|\frac{z}{1\pm z}\right|$$

$$\int \frac{dz}{z(1\pm z)^4} = \mp\frac{1}{3}\left(\frac{z}{1\pm z}\right)^3 + \frac{3}{2}\left(\frac{z}{1\pm z}\right)^2 \mp 3\frac{z}{1\pm z} + \ln\left|\frac{z}{1\pm z}\right|$$

$$\qquad\qquad (131)$$

$$\int \frac{dz}{z^2(1\pm z)} = \mp \ln\left|\frac{z}{1\pm z}\right| - \frac{1\pm z}{z}$$

$$\int \frac{dz}{z^2(1\pm z)^2} = +\frac{z}{1\pm z} \mp 2\ln\left|\frac{z}{1\pm z}\right| - \frac{1\pm z}{z}$$

$$\int \frac{dz}{z^2(1\pm z)^3} = \mp \frac{1}{2}\left(\frac{z}{1\pm z}\right)^2 + 3\frac{z}{1\pm z} \mp 3\ln\left|\frac{z}{1\pm z}\right| - \frac{1\pm z}{z}$$

$$\int \frac{dz}{z^2(1\pm z)^4} = +\frac{1}{3}\left(\frac{z}{1\pm z}\right)^3 \mp 2\left(\frac{z}{1\pm z}\right)^2 + 6\frac{z}{1\pm z} \mp 4\ln\left|\frac{z}{1\pm z}\right| - \frac{1\pm z}{z}$$

$$\tag{132}$$

$$\int \frac{dz}{z^3(1\pm z)} = +\ln\left|\frac{z}{1\pm z}\right| \pm 2\frac{1\pm z}{z} - \frac{1}{2}\left(\frac{1\pm z}{z}\right)^2$$

$$\int \frac{dz}{z^3(1\pm z)^2} = \mp \frac{z}{1\pm z} + 3\ln\left|\frac{z}{1\pm z}\right| \pm 3\frac{1\pm z}{z} - \frac{1}{2}\left(\frac{1\pm z}{z}\right)^2$$

$$\int \frac{dz}{z^3(1\pm z)^3} = +\frac{1}{2}\left(\frac{z}{1\pm z}\right)^2 \mp 4\frac{z}{1\pm z} + 6\ln\left|\frac{z}{1\pm z}\right| \pm 4\frac{1\pm z}{z} - \frac{1}{2}\left(\frac{1\pm z}{z}\right)^2$$

$$\int \frac{dz}{z^3(1\pm z)^4} = \mp \frac{1}{3}\left(\frac{z}{1\pm z}\right)^3 + \frac{5}{2}\left(\frac{z}{1\pm z}\right)^2 \mp 10\frac{z}{1\pm z} + 10\ln\left|\frac{z}{1\pm z}\right| \pm 5\frac{1\pm z}{z} - \frac{1}{2}\left(\frac{1\pm z}{z}\right)^2$$

$$\tag{133}$$

$$\int \frac{dz}{z^4(1\pm z)} = \mp \ln\left|\frac{z}{1\pm z}\right| - 3\frac{1\pm z}{z} \pm \frac{3}{2}\left(\frac{1\pm z}{z}\right)^2 - \frac{1}{3}\left(\frac{1\pm z}{z}\right)^3$$

$$\int \frac{dz}{z^4(1\pm z)^2} = +\frac{z}{1\pm z} \mp 4\ln\left|\frac{z}{1\pm z}\right| - 6\frac{1\pm z}{z} \pm 2\left(\frac{1\pm z}{z}\right)^2 - \frac{1}{3}\left(\frac{1\pm z}{z}\right)^3$$

$$\int \frac{dz}{z^4(1\pm z)^3} = \mp \frac{1}{2}\left(\frac{z}{1\pm z}\right)^2 + 5\frac{z}{1\pm z} \mp 10\ln\frac{z}{1\pm z} - 10\frac{1\pm z}{z} \pm \frac{5}{2}\left(\frac{1\pm z}{z}\right)^2 - \frac{1}{3}\left(\frac{1\pm z}{z}\right)^3$$

$$\int \frac{dz}{z^4(1\pm z)^4} = +\frac{1}{3}\left(\frac{z}{1\pm z}\right)^3 \mp 3\left(\frac{z}{1\pm z}\right)^2 + 15\frac{z}{1\pm z} \mp 20\ln\left|\frac{z}{1\pm z}\right| - 15\frac{1\pm z}{z} \pm 3\left(\frac{1\pm z}{z}\right)^2 - \frac{1}{3}\left(\frac{1\pm z}{z}\right)^3$$

$$\tag{134}$$

b) Trigonometrische Integrale.

Mit den Substitutionen

$$z = \sin\zeta, \qquad dz = \cos\zeta\, d\zeta \qquad \text{bzw.} \qquad z = \cos\zeta, \qquad dz = -\sin\zeta\, d\zeta$$

lauten (127) bis (130)

$$\int \frac{\cos\zeta\, d\zeta}{(a+b\sin\zeta)(c+d\sin\zeta)} = \frac{1}{bc-ad}\ln\left|\frac{a+b\sin\zeta}{c+d\sin\zeta}\right|$$

$$\int \frac{\cos\zeta\, d\zeta}{(a+b\sin\zeta)(c+d\sin\zeta)^2} = -\frac{1}{d\left(a-\frac{bc}{d}\right)^2}\left[\frac{a+b\sin\zeta}{c+d\sin\zeta} - \frac{b}{d}\ln\left|\frac{a+b\sin\zeta}{c+d\sin\zeta}\right|\right]$$

$$\int \frac{\cos\zeta\, d\zeta}{(a+b\sin\zeta)(c+d\sin\zeta)^3} = -\frac{1}{d\left(a-\frac{bc}{d}\right)^3}\left[\frac{1}{2}\left(\frac{a+b\sin\zeta}{c+d\sin\zeta}\right)^2 - 2\frac{b}{d}\frac{a+b\sin\zeta}{c+d\sin\zeta} + \frac{b^2}{d^2}\ln\left|\frac{a+b\sin\zeta}{c+d\sin\zeta}\right|\right]$$

$$\int \frac{\cos\zeta\, d\zeta}{(a+b\sin\zeta)(c+d\sin\zeta)^4} = -\frac{1}{d\left(a-\frac{bc}{d}\right)^4}\left[\frac{1}{3}\left(\frac{a+b\sin\zeta}{c+d\sin\zeta}\right)^3 - \frac{3}{2}\frac{b}{d}\left(\frac{a+b\sin\zeta}{c+d\sin\zeta}\right)^2 + 3\frac{b^2}{d^2}\frac{a+b\sin\zeta}{c+d\sin\zeta} - \frac{b^3}{d^3}\ln\left|\frac{a+b\sin\zeta}{c+d\sin\zeta}\right|\right]$$

$$\tag{135}$$

$$\int \frac{\cos\zeta\, d\zeta}{(a+b\sin\zeta)^2(c+d\sin\zeta)} = -\frac{1}{d\left(a-\frac{bc}{d}\right)^2}\left[\ln\left|\frac{a+b\sin\zeta}{c+d\sin\zeta}\right| + \frac{b}{d}\frac{c+d\sin\zeta}{a+b\sin\zeta}\right]$$

$$\int \frac{\cos\zeta\, d\zeta}{(a+b\sin\zeta)^2(c+d\sin\zeta)^2} = -\frac{1}{d\left(a-\frac{bc}{d}\right)^3}\left[\frac{a+b\sin\zeta}{c+d\sin\zeta} - 2\frac{b}{d}\ln\left|\frac{a+b\sin\zeta}{c+d\sin\zeta}\right| - \frac{b^2}{d^2}\frac{c+d\sin\zeta}{a+b\sin\zeta}\right]$$

$$\int \frac{\cos\zeta\, d\zeta}{(a+b\sin\zeta)^2(c+d\sin\zeta)^3} = -\frac{1}{d\left(a-\frac{bc}{d}\right)^4}\left[\frac{1}{2}\left(\frac{a+b\sin\zeta}{c+d\sin\zeta}\right)^2 - 3\frac{b}{d}\frac{a+b\sin\zeta}{c+d\sin\zeta} + 3\frac{b^2}{d^2}\ln\left|\frac{a+b\sin\zeta}{c+d\sin\zeta}\right| + \frac{b^3}{d^3}\frac{c+d\sin\zeta}{a+b\sin\zeta}\right]$$

$$\tag{136}$$

$$\int \frac{\cos\zeta\,d\zeta}{(a+b\sin\zeta)^2(c+d\sin\zeta)^4} = -\frac{1}{d\left(a-\frac{bc}{d}\right)^5}\left[\frac{1}{3}\left(\frac{a+b\sin\zeta}{c+d\sin\zeta}\right)^3 - 2\frac{b}{d}\left(\frac{a+b\sin\zeta}{c+d\sin\zeta}\right)^2 + 6\frac{b^2}{d^2}\frac{a+b\sin\zeta}{c+d\sin\zeta} - \right.$$
$$\left. - 4\frac{b^3}{d^3}\ln\left|\frac{a+b\sin\zeta}{c+d\sin\zeta}\right| - \frac{b^4}{d^4}\frac{c+d\sin\zeta}{a+b\sin\zeta}\right] \qquad (136)$$

$$\int \frac{\cos\zeta\,d\zeta}{(a+b\sin\zeta)^3(c+d\sin\zeta)} = -\frac{1}{d\left(a-\frac{bc}{d}\right)^3}\left[\ln\left|\frac{a+b\sin\zeta}{c+d\sin\zeta}\right| + 2\frac{b}{d}\frac{c+d\sin\zeta}{a+b\sin\zeta} - \frac{1}{2}\frac{b^2}{d^2}\left(\frac{c+d\sin\zeta}{a+b\sin\zeta}\right)^2\right],$$

$$\int \frac{\cos\zeta\,d\zeta}{(a+b\sin\zeta)^3(c+d\sin\zeta)^2} = -\frac{1}{d\left(a-\frac{bc}{d}\right)^4}\left[\frac{a+b\sin\zeta}{c+d\sin\zeta} - 3\frac{b}{d}\ln\left|\frac{a+b\sin\zeta}{c+d\sin\zeta}\right| + 3\frac{b^2}{d^2}\frac{c+d\sin\zeta}{a+b\sin\zeta} + \right.$$
$$\left. + \frac{1}{2}\frac{b^3}{d^3}\left(\frac{c+d\sin\zeta}{a+b\sin\zeta}\right)^2\right]$$

$$\int \frac{\cos\zeta\,d\zeta}{(a+b\sin\zeta)^3(c+d\sin\zeta)^3} = -\frac{1}{d\left(a-\frac{bc}{d}\right)^5}\left[\frac{1}{2}\left(\frac{a+b\sin\zeta}{c+d\sin\zeta}\right)^2 - 4\frac{b}{d}\frac{a+b\sin\zeta}{c+d\sin\zeta} + 6\frac{b^2}{d^2}\ln\left|\frac{a+b\sin\zeta}{c+d\sin\zeta}\right| + \right.$$
$$\left. + 4\frac{b^3}{d^3}\frac{c+d\sin\zeta}{a+b\sin\zeta} - \frac{1}{2}\frac{b^4}{d^4}\left(\frac{c+d\sin\zeta}{a+b\sin\zeta}\right)^2\right] \qquad (137)$$

$$\int \frac{\cos\zeta\,d\zeta}{(a+b\sin\zeta)^3(c+d\sin\zeta)^4} = -\frac{1}{d\left(a-\frac{bc}{d}\right)^6}\left[\frac{1}{3}\left(\frac{a+b\sin\zeta}{c+d\sin\zeta}\right)^3 - \frac{5}{2}\frac{b}{d}\left(\frac{a+b\sin\zeta}{c+d\sin\zeta}\right)^2 + 10\frac{b^2}{d^2}\frac{a+b\sin\zeta}{c+d\sin\zeta} - \right.$$
$$\left. - 10\frac{b^3}{d^3}\ln\left|\frac{a+b\sin\zeta}{c+d\sin\zeta}\right| - 5\frac{b^4}{d^4}\frac{c+d\sin\zeta}{a+b\sin\zeta} + \frac{1}{2}\frac{b^5}{d^5}\left(\frac{c+d\sin\zeta}{a+b\sin\zeta}\right)^2\right]$$

$$\int \frac{\cos\zeta\,d\zeta}{(a+b\sin\zeta)^4(c+d\sin\zeta)} = -\frac{1}{d\left(a-\frac{bc}{d}\right)^4}\left[\ln\left|\frac{a+b\sin\zeta}{c+d\sin\zeta}\right| + 3\frac{b}{d}\frac{c+d\sin\zeta}{a+b\sin\zeta} - \frac{3}{2}\frac{b^2}{d^2}\left(\frac{c+d\sin\zeta}{a+b\sin\zeta}\right)^2 + \right.$$
$$\left. + \frac{1}{3}\frac{b^3}{d^3}\left(\frac{c+d\sin\zeta}{a+b\sin\zeta}\right)^3\right]$$

$$\int \frac{\cos\zeta\,d\zeta}{(a+b\sin\zeta)^4(c+d\sin\zeta)^2} = -\frac{1}{d\left(a-\frac{bc}{d}\right)^5}\left[\frac{a+b\sin\zeta}{c+d\sin\zeta} - 4\frac{b}{d}\ln\left|\frac{a+b\sin\zeta}{c+d\sin\zeta}\right| - 6\frac{b^2}{d^2}\frac{c+d\sin\zeta}{a+b\sin\zeta} + \right.$$
$$\left. + 2\frac{b^3}{d^3}\left(\frac{c+d\sin\zeta}{a+b\sin\zeta}\right)^2 - \frac{1}{3}\frac{b^4}{d^4}\left(\frac{c+d\sin\zeta}{a+b\sin\zeta}\right)^3\right]$$

$$\int \frac{\cos\zeta\,d\zeta}{(a+b\sin\zeta)^4(c+d\sin\zeta)^3} = -\frac{1}{d\left(a-\frac{bc}{d}\right)^6}\left[\frac{1}{2}\left(\frac{a+b\sin\zeta}{c+d\sin\zeta}\right)^2 - 5\frac{b}{d}\frac{a+b\sin\zeta}{c+d\sin\zeta} + 10\frac{b^2}{d^2}\ln\left|\frac{a+b\sin\zeta}{c+d\sin\zeta}\right| + \right.$$
$$\left. + 10\frac{b^3}{d^3}\frac{c+d\sin\zeta}{a+b\sin\zeta} - \frac{5}{2}\frac{b^4}{d^4}\left(\frac{c+d\sin\zeta}{a+b\sin\zeta}\right)^2 + \frac{1}{3}\frac{b^5}{d^5}\left(\frac{c+d\sin\zeta}{a+b\sin\zeta}\right)^3\right] \qquad (138)$$

$$\int \frac{\cos\zeta\,d\zeta}{(a+b\sin\zeta)^4(c+d\sin\zeta)^4} = -\frac{1}{d\left(a-\frac{bc}{d}\right)^7}\left[\frac{1}{3}\left(\frac{a+b\sin\zeta}{c+d\sin\zeta}\right)^3 - 3\frac{b}{d}\left(\frac{a+b\sin\zeta}{c+d\sin\zeta}\right)^2 + 15\frac{b^2}{d^2}\frac{a+b\sin\zeta}{c+d\sin\zeta} - \right.$$
$$\left. - 20\frac{b^3}{d^3}\ln\left|\frac{a+b\sin\zeta}{c+d\sin\zeta}\right| - 15\frac{b^4}{d^4}\frac{c+d\sin\zeta}{a+b\sin\zeta} + 3\frac{b^5}{d^5}\left(\frac{c+d\sin\zeta}{a+b\sin\zeta}\right)^2 - \frac{1}{3}\frac{b^6}{d^6}\left(\frac{c+d\sin\zeta}{a+b\sin\zeta}\right)^3\right]$$

$$\int \frac{\sin\zeta\,d\zeta}{(a+b\cos\zeta)(c+d\cos\zeta)} = \frac{1}{ad-bc}\ln\left|\frac{a+b\cos\zeta}{c+d\cos\zeta}\right|,$$

$$\int \frac{\sin\zeta\,d\zeta}{(a+b\cos\zeta)(c+d\cos\zeta)^2} = \frac{1}{d\left(a-\frac{bc}{d}\right)^2}\left[\frac{a+b\cos\zeta}{c+d\cos\zeta} - \frac{b}{d}\ln\left|\frac{a+b\cos\zeta}{c+d\cos\zeta}\right|\right],$$

$$\int \frac{\sin\zeta\,d\zeta}{(a+b\cos\zeta)(c+d\cos\zeta)^3} = \frac{1}{d\left(a-\frac{bc}{d}\right)^3}\left[\frac{1}{2}\left(\frac{a+b\cos\zeta}{c+d\cos\zeta}\right)^2 - 2\frac{b}{d}\frac{a+b\cos\zeta}{c+d\cos\zeta} + \frac{b^2}{d^2}\ln\left|\frac{a+b\cos\zeta}{c+d\cos\zeta}\right|\right], \qquad (139)$$

$$\int \frac{\sin\zeta\,d\zeta}{(a+b\cos\zeta)(c+d\cos\zeta)^4} = \frac{1}{d\left(a-\frac{bc}{d}\right)^4}\left[\frac{1}{3}\left(\frac{a+b\cos\zeta}{c+d\cos\zeta}\right)^3 - \frac{3}{2}\frac{b}{d}\left(\frac{a+b\cos\zeta}{c+d\cos\zeta}\right)^2 + 3\frac{b^2}{d^2}\frac{a+b\cos\zeta}{c+d\cos\zeta} - \right.$$
$$\left. - \frac{b^3}{d^3}\ln\left|\frac{a+b\cos\zeta}{c+d\cos\zeta}\right|\right]$$

$$\int \frac{\sin\zeta\, d\zeta}{(a+b\cos\zeta)^2(c+d\cos\zeta)} = \frac{1}{d\left(a-\dfrac{bc}{d}\right)^2}\left[\ln\left|\frac{a+b\cos\zeta}{c+d\cos\zeta}\right| + \frac{b}{d}\frac{c+d\cos\zeta}{a+b\cos\zeta}\right],$$

$$\int \frac{\sin\zeta\, d\zeta}{(a+b\cos\zeta)^2(c+d\cos\zeta)^2} = \frac{1}{d\left(a-\dfrac{bc}{d}\right)^3}\left[\frac{a+b\cos\zeta}{c+d\cos\zeta} - 2\frac{b}{d}\ln\left|\frac{a+b\cos\zeta}{c+d\cos\zeta}\right| - \frac{b^2}{d^2}\frac{c+d\cos\zeta}{a+b\cos\zeta}\right],$$

$$\int \frac{\sin\zeta\, d\zeta}{(a+b\cos\zeta)^2(c+d\cos\zeta)^3} = \frac{1}{d\left(a-\dfrac{bc}{d}\right)^4}\left[\frac{1}{2}\left(\frac{a+b\cos\zeta}{c+d\cos\zeta}\right)^2 - 3\frac{b}{d}\frac{a+b\cos\zeta}{c+d\cos\zeta} + 3\frac{b^2}{d^2}\ln\left|\frac{a+b\cos\zeta}{c+d\cos\zeta}\right| + \frac{b^3}{d^3}\frac{c+d\cos\zeta}{a+b\cos\zeta}\right],$$

$$\int \frac{\sin\zeta\, d\zeta}{(a+b\cos\zeta)^2(c+d\cos\zeta)^4} = \frac{1}{d\left(a-\dfrac{bc}{d}\right)^5}\left[\frac{1}{3}\left(\frac{a+b\cos\zeta}{c+d\cos\zeta}\right)^3 - 2\frac{b}{d}\left(\frac{a+b\cos\zeta}{c+d\cos\zeta}\right)^2 + 6\frac{b^2}{d^2}\frac{a+b\cos\zeta}{c+d\cos\zeta} - 4\frac{b^3}{d^3}\ln\left|\frac{a+b\cos\zeta}{c+d\cos\zeta}\right| - \frac{b^4}{d^4}\frac{c+d\cos\zeta}{a+b\cos\zeta}\right]$$

$$(140)$$

$$\int \frac{\sin\zeta\, d\zeta}{(a+b\cos\zeta)^3(c+d\cos\zeta)} = \frac{1}{d\left(a-\dfrac{bc}{d}\right)^3}\left[\ln\left|\frac{a+b\cos\zeta}{c+d\cos\zeta}\right| + 2\frac{b}{d}\frac{c+d\cos\zeta}{a+b\cos\zeta} - \frac{1}{2}\frac{b^2}{d^2}\left(\frac{c+d\cos\zeta}{a+b\cos\zeta}\right)^2\right],$$

$$\int \frac{\sin\zeta\, d\zeta}{(a+b\cos\zeta)^3(c+d\cos\zeta)^2} = \frac{1}{d\left(a-\dfrac{bc}{d}\right)^4}\left[\frac{a+b\cos\zeta}{c+d\cos\zeta} - 3\frac{b}{d}\ln\left|\frac{a+b\cos\zeta}{c+d\cos\zeta}\right| - 3\frac{b^2}{d^2}\frac{c+d\cos\zeta}{a+b\cos\zeta} + \frac{1}{2}\frac{b^3}{d^3}\left(\frac{c+d\cos\zeta}{a+b\cos\zeta}\right)^2\right],$$

$$\int \frac{\sin\zeta\, d\zeta}{(a+b\cos\zeta)^3(c+d\cos\zeta)^3} = \frac{1}{d\left(a-\dfrac{bc}{d}\right)^5}\left[\frac{1}{2}\left(\frac{a+b\cos\zeta}{c+d\cos\zeta}\right)^2 - 4\frac{b}{d}\frac{a+b\cos\zeta}{c+d\cos\zeta} + 6\frac{b^2}{d^2}\ln\left|\frac{a+b\cos\zeta}{c+d\cos\zeta}\right| + 4\frac{b^3}{d^3}\frac{c+d\cos\zeta}{a+b\cos\zeta} - \frac{1}{2}\frac{b^4}{d^4}\left(\frac{c+d\cos\zeta}{a+b\cos\zeta}\right)^2\right],$$

$$(141)$$

$$\int \frac{\sin\zeta\, d\zeta}{(a+b\cos\zeta)^3(c+d\cos\zeta)^4} = \frac{1}{d\left(a-\dfrac{bc}{d}\right)^6}\left[\frac{1}{3}\left(\frac{a+b\cos\zeta}{c+d\cos\zeta}\right)^3 - \frac{5}{2}\frac{b}{d}\left(\frac{a+b\cos\zeta}{c+d\cos\zeta}\right)^2 + 10\frac{b^2}{d^2}\frac{a+b\cos\zeta}{c+d\cos\zeta} - 10\frac{b^3}{d^3}\ln\left|\frac{a+b\cos\zeta}{c+d\cos\zeta}\right| - 5\frac{b^4}{d^4}\frac{c+d\cos\zeta}{a+b\cos\zeta} + \frac{1}{2}\frac{b^5}{d^5}\left(\frac{c+d\cos\zeta}{a+b\cos\zeta}\right)^2\right].$$

$$\int \frac{\sin\zeta\, d\zeta}{(a+b\cos\zeta)^4(c+d\cos\zeta)} = \frac{1}{d\left(a-\dfrac{bc}{d}\right)^4}\left[\ln\left|\frac{a+b\cos\zeta}{c+d\cos\zeta}\right| + 3\frac{b}{d}\frac{c+d\cos\zeta}{a+b\cos\zeta} - \frac{3}{2}\frac{b^2}{d^2}\left(\frac{c+d\cos\zeta}{a+b\cos\zeta}\right)^2 + \frac{1}{3}\frac{b^3}{d^3}\left(\frac{c+d\cos\zeta}{a+b\cos\zeta}\right)^3\right],$$

$$\int \frac{\sin\zeta\, d\zeta}{(a+b\cos\zeta)^4(c+d\cos\zeta)^2} = \frac{1}{d\left(a-\dfrac{bc}{d}\right)^5}\left[\frac{a+b\cos\zeta}{c+d\cos\zeta} - 4\frac{b}{d}\ln\left|\frac{a+b\cos\zeta}{c+d\cos\zeta}\right| - 6\frac{b^2}{d^2}\frac{c+d\cos\zeta}{a+b\cos\zeta} + 2\frac{b^3}{d^3}\left(\frac{c+d\cos\zeta}{a+b\cos\zeta}\right)^2 - \frac{1}{3}\frac{b^4}{d^4}\left(\frac{c+d\cos\zeta}{a+b\cos\zeta}\right)^3\right],$$

$$\int \frac{\sin\zeta\, d\zeta}{(a+b\cos\zeta)^4(c+d\cos\zeta)^3} = \frac{1}{d\left(a-\dfrac{bc}{d}\right)^6}\left[\frac{1}{2}\left(\frac{a+b\cos\zeta}{c+d\cos\zeta}\right)^2 - 5\frac{b}{d}\frac{a+b\cos\zeta}{c+d\cos\zeta} + 10\frac{b^2}{d^2}\ln\left|\frac{a+b\cos\zeta}{c+d\cos\zeta}\right| + 10\frac{b^3}{d^3}\frac{c+d\cos\zeta}{a+b\cos\zeta} - \frac{5}{2}\frac{b^4}{d^4}\left(\frac{c+d\cos\zeta}{a+b\cos\zeta}\right)^2 + \frac{1}{3}\frac{b^5}{d^5}\left(\frac{c+d\cos\zeta}{a+b\cos\zeta}\right)^3\right],$$

$$(142)$$

$$\int \frac{\sin\zeta\, d\zeta}{(a+b\cos\zeta)^4(c+d\cos\zeta)^4} = \frac{1}{d\left(a-\dfrac{bc}{d}\right)^7}\left[\frac{1}{3}\left(\frac{a+b\cos\zeta}{c+d\cos\zeta}\right)^3 - 3\frac{b}{d}\left(\frac{a+b\cos\zeta}{c+d\cos\zeta}\right)^2 + 15\frac{b^2}{d^2}\frac{a+b\cos\zeta}{c+d\cos\zeta} - 20\frac{b^3}{d^3}\ln\left|\frac{a+b\cos\zeta}{c+d\cos\zeta}\right| - 15\frac{b^4}{d^4}\frac{c+d\cos\zeta}{a+b\cos\zeta} + 3\frac{b^5}{d^5}\left(\frac{c+d\cos\zeta}{a+b\cos\zeta}\right)^2 - \frac{1}{3}\frac{b^6}{d^6}\left(\frac{c+d\cos\zeta}{a+b\cos\zeta}\right)^3\right]$$

Mit den Substitutionen

$$z = \sin^2\zeta, \qquad 1-z = \cos^2\zeta \qquad dz = 2\sin\zeta\cos\zeta \quad \text{bzw.} \quad z = \cos^2\zeta \qquad 1-z = \sin^2\zeta \qquad dz = -2\cos\zeta\sin\zeta$$

und unter Zugrundelegung des unteren Vorzeichens folgt aus (131) bis (134)

$$
\begin{aligned}
\int \frac{d\zeta}{\sin\zeta\cos\zeta} &= \ln|\mathrm{tang}\,\zeta| & \int \frac{d\zeta}{\cos\zeta\sin\zeta} &= -\ln|\mathrm{cotg}\,\zeta| \\[4pt]
\int \frac{d\zeta}{\sin\zeta\cos^3\zeta} &= \tfrac{1}{2}\mathrm{tang}^2\zeta + \ln|\mathrm{tang}\,\zeta| & \int \frac{d\zeta}{\cos\zeta\sin^3\zeta} &= -\tfrac{1}{2}\mathrm{cotg}^2\zeta - \ln|\mathrm{cotg}\,\zeta| \\[4pt]
\int \frac{d\zeta}{\sin\zeta\cos^5\zeta} &= \tfrac{1}{4}\mathrm{tang}^4\zeta + \mathrm{tang}^2\zeta + \ln|\mathrm{tang}\,\zeta|, & \int \frac{d\zeta}{\cos\zeta\sin^5\zeta} &= -\tfrac{1}{4}\mathrm{cotg}^4\zeta - \mathrm{cotg}^2\zeta - \\
& & &\quad - \ln|\mathrm{cotg}\,\zeta| \\[4pt]
\int \frac{d\zeta}{\sin\zeta\cos^7\zeta} &= \tfrac{1}{6}\mathrm{tang}^6\zeta + \tfrac{3}{4}\mathrm{tang}^4\zeta + & \int \frac{d\zeta}{\cos\zeta\sin^7\zeta} &= -\tfrac{1}{6}\mathrm{cotg}^6\zeta - \tfrac{3}{4}\mathrm{cotg}^4\zeta - \\
&\quad + \tfrac{3}{2}\mathrm{tang}^2\zeta + \ln|\mathrm{tang}\,\zeta|, & &\quad - \tfrac{3}{2}\mathrm{cotg}^2\zeta - \ln|\mathrm{cotg}\,\zeta|.
\end{aligned}
\tag{143}
$$

$$
\begin{aligned}
\int \frac{d\zeta}{\sin^3\zeta\cos\zeta} &= \ln|\mathrm{tang}\,\zeta| - \tfrac{1}{2}\mathrm{cotg}^2\zeta & \int \frac{d\zeta}{\cos^3\zeta\sin\zeta} &= -\ln|\mathrm{cotg}\,\zeta| + \tfrac{1}{2}\mathrm{tang}^2\zeta \\[4pt]
\int \frac{d\zeta}{\sin^3\zeta\cos^3\zeta} &= \tfrac{1}{2}\mathrm{tang}^2\zeta + 2\ln|\mathrm{tang}\,\zeta| - & \int \frac{d\zeta}{\cos^3\zeta\sin^3\zeta} &= -\tfrac{1}{2}\mathrm{cotg}^2\zeta - 2\ln|\mathrm{cotg}\,\zeta| + \\
&\quad - \tfrac{1}{2}\mathrm{cotg}^2\zeta, & &\quad + \tfrac{1}{2}\mathrm{tang}^2\zeta \\[4pt]
\int \frac{d\zeta}{\sin^3\zeta\cos^5\zeta} &= \tfrac{1}{4}\mathrm{tang}^4\zeta + \tfrac{3}{2}\mathrm{tang}^2\zeta + & \int \frac{d\zeta}{\cos^3\zeta\sin^5\zeta} &= -\tfrac{1}{4}\mathrm{cotg}^4\zeta - \tfrac{3}{2}\mathrm{cotg}^2\zeta - \\
&\quad + 3\ln|\mathrm{tang}\,\zeta| - \tfrac{1}{2}\mathrm{cotg}^2\zeta, & &\quad - 3\ln|\mathrm{cotg}\,\zeta| + \tfrac{1}{2}\mathrm{tang}^2\zeta, \\[4pt]
\int \frac{d\zeta}{\sin^3\zeta\cos^7\zeta} &= \tfrac{1}{6}\mathrm{tang}^6\zeta + \mathrm{tang}^4\zeta + 3\mathrm{tang}^2\zeta + & \int \frac{d\zeta}{\cos^3\zeta\sin^7\zeta} &= -\tfrac{1}{6}\mathrm{cotg}^6\zeta - \mathrm{cotg}^4\zeta - \\
&\quad + 4\ln|\mathrm{tang}\,\zeta| - \tfrac{1}{2}\mathrm{cotg}^2\zeta, & &\quad - 3\mathrm{cotg}^2\zeta - 4\ln|\mathrm{cotg}\,\zeta| + \\
& & &\quad + \tfrac{1}{2}\mathrm{tang}^2\zeta.
\end{aligned}
\tag{144}
$$

$$
\begin{aligned}
\int \frac{d\zeta}{\sin^5\zeta\cos\zeta} &= \ln|\mathrm{tang}\,\zeta| - \mathrm{cotg}^2\zeta - \tfrac{1}{4}\mathrm{cotg}^4\zeta, & \int \frac{d\zeta}{\cos^5\zeta\sin\zeta} &= -\ln|\mathrm{cotg}\,\zeta| + \mathrm{tang}^2\zeta + \\
& & &\quad + \tfrac{1}{4}\mathrm{tang}^4\zeta \\[4pt]
\int \frac{d\zeta}{\sin^5\zeta\cos^3\zeta} &= \tfrac{1}{2}\mathrm{tang}^2\zeta + 3\ln|\mathrm{tang}\,\zeta| - & \int \frac{d\zeta}{\cos^5\zeta\sin^3\zeta} &= -\tfrac{1}{2}\mathrm{cotg}^2\zeta - 3\ln|\mathrm{cotg}\,\zeta| + \\
&\quad - \tfrac{3}{2}\mathrm{cotg}^2\zeta - \tfrac{1}{4}\mathrm{cotg}^4\zeta, & &\quad + \tfrac{3}{2}\mathrm{tang}^2\zeta + \tfrac{1}{4}\mathrm{tang}^4\zeta, \\[4pt]
\int \frac{d\zeta}{\sin^5\zeta\cos^5\zeta} &= \tfrac{1}{4}\mathrm{tang}^4\zeta + 2\mathrm{tang}^2\zeta + & \int \frac{d\zeta}{\cos^5\zeta\sin^5\zeta} &= -\tfrac{1}{4}\mathrm{cotg}^4\zeta - 2\mathrm{cotg}^2\zeta - \\
&\quad + 6\ln|\mathrm{tang}\,\zeta| - 2\mathrm{cotg}^2\zeta - & &\quad - 6\ln|\mathrm{cotg}\,\zeta| + 2\mathrm{tang}^2\zeta + \\
&\quad - \tfrac{1}{4}\mathrm{cotg}^4\zeta, & &\quad + \tfrac{1}{4}\mathrm{tang}^4\zeta, \\[4pt]
\int \frac{d\zeta}{\sin^5\zeta\cos^7\zeta} &= \tfrac{1}{6}\mathrm{tang}^6\zeta + \tfrac{5}{4}\mathrm{tang}^4\zeta + & \int \frac{d\zeta}{\cos^5\zeta\sin^7\zeta} &= -\tfrac{1}{6}\mathrm{cotg}^6\zeta - \tfrac{5}{4}\mathrm{cotg}^4\zeta - \\
&\quad + 5\mathrm{tang}^2\zeta + 10\ln|\mathrm{tang}\,\zeta| - & &\quad - 5\mathrm{cotg}^2\zeta - 10\ln|\mathrm{cotg}\,\zeta| + \\
&\quad - \tfrac{5}{2}\mathrm{cotg}^2\zeta - \tfrac{1}{4}\mathrm{cotg}^4\zeta, & &\quad + \tfrac{5}{2}\mathrm{tang}^2\zeta + \tfrac{1}{4}\mathrm{tang}^4\zeta.
\end{aligned}
\tag{145}
$$

$$
\begin{aligned}
\int \frac{d\zeta}{\sin^7\zeta\cos\zeta} &= \ln|\mathrm{tang}\,\zeta| - \tfrac{3}{2}\mathrm{cotg}^2\zeta - & \int \frac{d\zeta}{\cos^7\zeta\sin\zeta} &= -\ln|\mathrm{cotg}\,\zeta| + \tfrac{3}{2}\mathrm{tang}^2\zeta + \\
&\quad - \tfrac{3}{4}\mathrm{cotg}^4\zeta - \tfrac{1}{6}\mathrm{cotg}^6\zeta, & &\quad + \tfrac{3}{4}\mathrm{tang}^4\zeta + \tfrac{1}{6}\mathrm{tang}^6\zeta, \\[4pt]
\int \frac{d\zeta}{\sin^7\zeta\cos^3\zeta} &= \tfrac{1}{2}\mathrm{tang}^2\zeta + 4\ln|\mathrm{tang}\,\zeta| - & \int \frac{d\zeta}{\cos^7\zeta\sin^3\zeta} &= -\tfrac{1}{2}\mathrm{cotg}^2\zeta - 4\ln|\mathrm{cotg}\,\zeta| + \\
&\quad - 3\mathrm{cotg}^2\zeta - \mathrm{cotg}^4\zeta - \tfrac{1}{6}\mathrm{cotg}^6\zeta, & &\quad + 3\mathrm{tang}^2\zeta + \mathrm{tang}^4\zeta + \\
& & &\quad + \tfrac{1}{6}\mathrm{tang}^6\zeta,
\end{aligned}
\tag{146}
$$

$$\int \frac{d\zeta}{\sin^7\zeta\,\cos^5\zeta} = \frac{1}{4}\operatorname{tang}^4\zeta + \frac{5}{2}\operatorname{tang}^2\zeta + 10\ln|\operatorname{tang}\zeta| - 5\operatorname{cotg}^2\zeta - \frac{5}{4}\operatorname{cotg}^4\zeta - \frac{1}{6}\operatorname{cotg}^6\zeta \; ,$$

$$\int \frac{d\zeta}{\cos^7\zeta\,\sin^5\zeta} = -\frac{1}{4}\operatorname{cotg}^4\zeta - \frac{5}{2}\operatorname{cotg}^2\zeta - 10\ln|\operatorname{cotg}\zeta| + 5\operatorname{tang}^2\zeta + \frac{5}{4}\operatorname{tang}^4\zeta + \frac{1}{6}\operatorname{tang}^6\zeta \; ,$$

$$\int \frac{d\zeta}{\sin^7\zeta\,\cos^7\zeta} = \frac{1}{6}\operatorname{tang}^6\zeta + \frac{3}{2}\operatorname{tang}^4\zeta + \frac{15}{2}\operatorname{tang}^2\zeta + 20\ln|\operatorname{tang}\zeta| - \frac{15}{2}\operatorname{cotg}^2\zeta - \frac{3}{2}\operatorname{cotg}^4\zeta - \frac{1}{6}\operatorname{cotg}^6\zeta \; ,$$

$$\int \frac{d\zeta}{\cos^7\zeta\,\sin^7\zeta} = -\frac{1}{6}\operatorname{cotg}^6\zeta - \frac{3}{2}\operatorname{cotg}^4\zeta - \frac{15}{2}\operatorname{cotg}^2\zeta - 20\ln|\operatorname{cotg}\zeta| + \frac{15}{2}\operatorname{tang}^2\zeta + \frac{3}{2}\operatorname{tang}^4\zeta + \frac{1}{6}\operatorname{tang}^6\zeta \; . \tag{146}$$

Mit den gleichen Substitutionen folgt bei Zugrundelegung des oberen Vorzeichens und unter Beschränkung auf (131)

$$\int \frac{\operatorname{cotg}\zeta\,d\zeta}{1+\sin^2\zeta} = \ln\sqrt{\frac{\sin^2\zeta}{1+\sin^2\zeta}} \; ,$$

$$\int \frac{\operatorname{tang}\zeta\,d\zeta}{1+\cos^2\zeta} = -\ln\sqrt{\frac{\cos^2\zeta}{1+\cos^2\zeta}} \; ,$$

$$\int \frac{\operatorname{cotg}\zeta\,d\zeta}{(1+\sin^2\zeta)^2} = -\frac{1}{2}\frac{\sin^2\zeta}{1+\sin^2\zeta} + \ln\sqrt{\frac{\sin^2\zeta}{1+\sin^2\zeta}} \; ,$$

$$\int \frac{\operatorname{tang}\zeta\,d\zeta}{(1+\cos^2\zeta)^2} = \frac{1}{2}\frac{\cos^2\zeta}{1+\cos^2\zeta} - \ln\sqrt{\frac{\cos^2\zeta}{1+\cos^2\zeta}} \; ,$$

$$\int \frac{\operatorname{cotg}\zeta\,d\zeta}{(1+\sin^2\zeta)^3} = \frac{1}{4}\frac{\sin^4\zeta}{(1+\sin^2\zeta)^2} - \frac{\sin^2\zeta}{1+\sin^2\zeta} + \ln\sqrt{\frac{\sin^2\zeta}{1+\sin^2\zeta}} \; ,$$

$$\int \frac{\operatorname{tang}\zeta\,d\zeta}{(1+\cos^2\zeta)^3} = -\frac{1}{4}\frac{\cos^4\zeta}{(1+\cos^2\zeta)^2} + \frac{\cos^2\zeta}{1+\cos^2\zeta} - \ln\sqrt{\frac{\cos^2\zeta}{1+\cos^2\zeta}} \; ,$$

$$\int \frac{\operatorname{cotg}\zeta\,d\zeta}{(1+\sin^2\zeta)^4} = -\frac{1}{6}\frac{\sin^6\zeta}{(1+\sin^2\zeta)^3} + \frac{3}{4}\frac{\sin^4\zeta}{(1+\sin^2\zeta)^2} - \frac{3}{2}\frac{\sin^2\zeta}{1+\sin^2\zeta} + \ln\sqrt{\frac{\sin^2\zeta}{1+\sin^2\zeta}} \; ,$$

$$\int \frac{\operatorname{tang}\zeta\,d\zeta}{(1+\cos^2\zeta)^4} = \frac{1}{6}\frac{\cos^6\zeta}{(1+\cos^2\zeta)^3} - \frac{3}{4}\frac{\cos^4\zeta}{(1+\cos^2\zeta)^2} + \frac{3}{2}\frac{\cos^2\zeta}{1+\cos^2\zeta} - \ln\sqrt{\frac{\cos^2\zeta}{1+\cos^2\zeta}} \; . \tag{147}$$

c) Hyperbolische Integrale.

Vertauscht man in (135) bis (147) ζ mit $i\zeta$ und in den sinus-Integralen b mit $-ib$ und d mit $-id$, so ergibt sich

$$\int \frac{\mathfrak{Cof}\,\zeta\,d\zeta}{(a+b\,\mathfrak{Sin}\,\zeta)(c+d\,\mathfrak{Sin}\,\zeta)} = \frac{1}{bc-ad}\ln\left|\frac{a+b\,\mathfrak{Sin}\,\zeta}{c+d\,\mathfrak{Sin}\,\zeta}\right| \; ,$$

$$\int \frac{\mathfrak{Cof}\,\zeta\,d\zeta}{(a+b\,\mathfrak{Sin}\,\zeta)(c+d\,\mathfrak{Sin}\,\zeta)^2} = \frac{-1}{d\left(a-\dfrac{bc}{d}\right)^2}\left[\frac{a+b\,\mathfrak{Sin}\,\zeta}{c+d\,\mathfrak{Sin}\,\zeta} - \frac{b}{d}\ln\left|\frac{a+b\,\mathfrak{Sin}\,\zeta}{c+d\,\mathfrak{Sin}\,\zeta}\right|\right] \; ,$$

$$\int \frac{\mathfrak{Cof}\,\zeta\,d\zeta}{(a+b\,\mathfrak{Sin}\,\zeta)(c+d\,\mathfrak{Sin}\,\zeta)^3} = \frac{-1}{d\left(a-\dfrac{bc}{d}\right)^3}\left[\frac{1}{2}\left(\frac{a+b\,\mathfrak{Sin}\,\zeta}{c+d\,\mathfrak{Sin}\,\zeta}\right)^2 - 2\frac{b}{d}\frac{a+b\,\mathfrak{Sin}\,\zeta}{c+d\,\mathfrak{Sin}\,\zeta} + \frac{b^2}{d^2}\ln\left|\frac{a+b\,\mathfrak{Sin}\,\zeta}{c+d\,\mathfrak{Sin}\,\zeta}\right|\right] \; ,$$

$$\int \frac{\mathfrak{Cof}\,\zeta\,d\zeta}{(a+b\,\mathfrak{Sin}\,\zeta)(c+d\,\mathfrak{Sin}\,\zeta)^4} = \frac{-1}{d\left(a-\dfrac{bc}{d}\right)^4}\left[\frac{1}{3}\left(\frac{a+b\,\mathfrak{Sin}\,\zeta}{c+d\,\mathfrak{Sin}\,\zeta}\right)^3 - \frac{3}{2}\frac{b}{d}\left(\frac{a+b\,\mathfrak{Sin}\,\zeta}{c+d\,\mathfrak{Sin}\,\zeta}\right)^2 + 3\frac{b^2}{d^2}\frac{a+b\,\mathfrak{Sin}\,\zeta}{c+d\,\mathfrak{Sin}\,\zeta} - \frac{b^3}{d^3}\ln\left|\frac{a+b\,\mathfrak{Sin}\,\zeta}{c+d\,\mathfrak{Sin}\,\zeta}\right|\right] \; . \tag{148}$$

$$\int \frac{\mathfrak{Cof}\,\zeta\,d\zeta}{(a+b\,\mathfrak{Sin}\,\zeta)^2(c+d\,\mathfrak{Sin}\,\zeta)} = \frac{-1}{d\left(a-\dfrac{bc}{d}\right)^2}\left[\ln\left|\frac{a+b\,\mathfrak{Sin}\,\zeta}{c+d\,\mathfrak{Sin}\,\zeta}\right| + \frac{b}{d}\frac{c+d\,\mathfrak{Sin}\,\zeta}{a+b\,\mathfrak{Sin}\,\zeta}\right] \; ,$$

$$\int \frac{\mathfrak{Cof}\,\zeta\,d\zeta}{(a+b\,\mathfrak{Sin}\,\zeta)^2(c+d\,\mathfrak{Sin}\,\zeta)^2} = \frac{-1}{d\left(a-\dfrac{bc}{d}\right)^3}\left[\frac{a+b\,\mathfrak{Sin}\,\zeta}{c+d\,\mathfrak{Sin}\,\zeta} - 2\frac{b}{d}\ln\left|\frac{a+b\,\mathfrak{Sin}\,\zeta}{c+d\,\mathfrak{Sin}\,\zeta}\right| - \frac{b^2}{d^2}\frac{c+d\,\mathfrak{Sin}\,\zeta}{a+b\,\mathfrak{Sin}\,\zeta}\right] \; ,$$

$$\int \frac{\mathfrak{Cof}\,\zeta\,d\zeta}{(a+b\,\mathfrak{Sin}\,\zeta)^2(c+d\,\mathfrak{Sin}\,\zeta)^3} = \frac{-1}{d\left(a-\dfrac{bc}{d}\right)^4}\left[\frac{1}{2}\left(\frac{a+b\,\mathfrak{Sin}\,\zeta}{c+d\,\mathfrak{Sin}\,\zeta}\right)^2 - 3\frac{b}{d}\frac{a+b\,\mathfrak{Sin}\,\zeta}{c+d\,\mathfrak{Sin}\,\zeta} + 3\frac{b^2}{d^2}\ln\left|\frac{a+b\,\mathfrak{Sin}\,\zeta}{c+d\,\mathfrak{Sin}\,\zeta}\right| + \frac{b^3}{d^3}\frac{c+d\,\mathfrak{Sin}\,\zeta}{a+b\,\mathfrak{Sin}\,\zeta}\right] \; . \tag{149}$$

$$\int \frac{\operatorname{Cos}\zeta\,d\zeta}{(a+b\operatorname{Sin}\zeta)^2 (c+d\operatorname{Sin}\zeta)^4} = \frac{-1}{d\left(a-\dfrac{bc}{d}\right)^5}\left[\frac{1}{3}\left(\frac{a+b\operatorname{Sin}\zeta}{c+d\operatorname{Sin}\zeta}\right)^3 - 2\frac{b}{d}\left(\frac{a+b\operatorname{Sin}\zeta}{c+d\operatorname{Sin}\zeta}\right)^2 + 6\frac{b^2}{d^2}\frac{a+b\operatorname{Sin}\zeta}{c+d\operatorname{Sin}\zeta} - \right.$$
$$\left. - 4\frac{b^3}{d^3}\ln\left|\frac{a+b\operatorname{Sin}\zeta}{c+d\operatorname{Sin}\zeta}\right| - \frac{b^4}{d^4}\frac{c+d\operatorname{Sin}\zeta}{a+b\operatorname{Sin}\zeta}\right] \tag{149}$$

$$\int \frac{\operatorname{Cos}\zeta\,d\zeta}{(a+b\operatorname{Sin}\zeta)^3 (c+d\operatorname{Sin}\zeta)} = \frac{-1}{d\left(a-\dfrac{bc}{d}\right)^3}\left[\ln\left|\frac{a+b\operatorname{Sin}\zeta}{c+d\operatorname{Sin}\zeta}\right| + 2\frac{b}{d}\frac{c+d\operatorname{Sin}\zeta}{a+b\operatorname{Sin}\zeta} - \frac{1}{2}\frac{b^2}{d^2}\left(\frac{c+d\operatorname{Sin}\zeta}{a+b\operatorname{Sin}\zeta}\right)^2\right],$$

$$\int \frac{\operatorname{Cos}\zeta\,d\zeta}{(a+b\operatorname{Sin}\zeta)^3 (c+d\operatorname{Sin}\zeta)^2} = \frac{-1}{d\left(a-\dfrac{bc}{d}\right)^4}\left[\frac{a+b\operatorname{Sin}\zeta}{c+d\operatorname{Sin}\zeta} - 3\frac{b}{d}\ln\left|\frac{a+b\operatorname{Sin}\zeta}{c+d\operatorname{Sin}\zeta}\right| - 3\frac{b^2}{d^2}\frac{c+d\operatorname{Sin}\zeta}{a+b\operatorname{Sin}\zeta} + \right.$$
$$\left. + \frac{1}{2}\frac{b^3}{d^3}\left(\frac{a+d\operatorname{Sin}\zeta}{c+b\operatorname{Sin}\zeta}\right)^2\right],$$

$$\int \frac{\operatorname{Cos}\zeta\,d\zeta}{(a+b\operatorname{Sin}\zeta)^3 (c+d\operatorname{Sin}\zeta)^3} = \frac{-1}{d\left(a-\dfrac{bc}{d}\right)^5}\left[\frac{1}{2}\left(\frac{a+b\operatorname{Sin}\zeta}{c+d\operatorname{Sin}\zeta}\right)^2 - 4\frac{b}{d}\frac{a+b\operatorname{Sin}\zeta}{c+d\operatorname{Sin}\zeta} + 6\frac{b^2}{d^2}\ln\left|\frac{a+b\operatorname{Sin}\zeta}{c+d\operatorname{Sin}\zeta}\right| + \right.$$
$$\left. + 4\frac{b^3}{d^3}\frac{c+d\operatorname{Sin}\zeta}{a+b\operatorname{Sin}\zeta} - \frac{1}{2}\frac{b^4}{d^4}\left(\frac{c+d\operatorname{Sin}\zeta}{a+b\operatorname{Sin}\zeta}\right)^2\right], \tag{150}$$

$$\int \frac{\operatorname{Cos}\zeta\,d\zeta}{(a+b\operatorname{Sin}\zeta)^3 (c+d\operatorname{Sin}\zeta)^4} = \frac{-1}{d\left(a-\dfrac{bc}{d}\right)^6}\left[\frac{1}{3}\left(\frac{a+b\operatorname{Sin}\zeta}{c+d\operatorname{Sin}\zeta}\right)^3 - \frac{5}{2}\frac{b}{d}\left(\frac{a+b\operatorname{Sin}\zeta}{c+d\operatorname{Sin}\zeta}\right)^2 + 10\frac{b^2}{d^2}\frac{a+b\operatorname{Sin}\zeta}{c+d\operatorname{Sin}\zeta} - \right.$$
$$\left. - 10\frac{b^3}{d^3}\ln\left|\frac{a+b\operatorname{Sin}\zeta}{c+d\operatorname{Sin}\zeta}\right| - 5\frac{b^4}{d^4}\frac{c+d\operatorname{Sin}\zeta}{a+b\operatorname{Sin}\zeta} + \frac{1}{2}\frac{b^5}{d^5}\left(\frac{c+d\operatorname{Sin}\zeta}{a+b\operatorname{Sin}\zeta}\right)^2\right].$$

$$\int \frac{\operatorname{Cos}\zeta\,d\zeta}{(a+b\operatorname{Sin}\zeta)^4 (c+d\operatorname{Sin}\zeta)} = \frac{-1}{d\left(a-\dfrac{bc}{d}\right)^4}\left[\ln\left|\frac{a+b\operatorname{Sin}\zeta}{c+d\operatorname{Sin}\zeta}\right| + 3\frac{b}{d}\frac{c+d\operatorname{Sin}\zeta}{a+b\operatorname{Sin}\zeta} - \frac{3}{2}\frac{b^2}{d^2}\left(\frac{c+d\operatorname{Sin}\zeta}{a+b\operatorname{Sin}\zeta}\right)^2 + \right.$$
$$\left. + \frac{1}{3}\frac{b^3}{d^3}\left(\frac{c+d\operatorname{Sin}\zeta}{a+b\operatorname{Sin}\zeta}\right)^3\right],$$

$$\int \frac{\operatorname{Cos}\zeta\,d\zeta}{(a+b\operatorname{Sin}\zeta)^4 (c+d\operatorname{Sin}\zeta)^2} = \frac{-1}{d\left(a-\dfrac{bc}{d}\right)^5}\left[\frac{a+b\operatorname{Sin}\zeta}{c+d\operatorname{Sin}\zeta} - 4\frac{b}{d}\ln\left|\frac{a+b\operatorname{Sin}\zeta}{c+d\operatorname{Sin}\zeta}\right| - 6\frac{b^2}{d^2}\frac{c+d\operatorname{Sin}\zeta}{a+b\operatorname{Sin}\zeta} + \right.$$
$$\left. + 2\frac{b^3}{d^3}\left(\frac{c+d\operatorname{Sin}\zeta}{a+b\operatorname{Sin}\zeta}\right)^2 - \frac{1}{3}\frac{b^4}{d^4}\left(\frac{c+d\operatorname{Sin}\zeta}{a+b\operatorname{Sin}\zeta}\right)^3\right],$$

$$\int \frac{\operatorname{Cos}\zeta\,d\zeta}{(a+b\operatorname{Sin}\zeta)^4 (c+d\operatorname{Sin}\zeta)^3} = \frac{-1}{d\left(a-\dfrac{bc}{d}\right)^6}\left[\frac{1}{2}\left(\frac{a+b\operatorname{Sin}\zeta}{c+d\operatorname{Sin}\zeta}\right)^2 - 5\frac{b}{d}\frac{a+b\operatorname{Sin}\zeta}{c+d\operatorname{Sin}\zeta} + 10\frac{b^2}{d^2}\ln\left|\frac{a+b\operatorname{Sin}\zeta}{c+d\operatorname{Sin}\zeta}\right| + \right.$$
$$\left. + 10\frac{b^3}{d^3}\frac{c+d\operatorname{Sin}\zeta}{a+b\operatorname{Sin}\zeta} - \frac{5}{2}\frac{b^4}{d^4}\left(\frac{c+d\operatorname{Sin}\zeta}{a+b\operatorname{Sin}\zeta}\right)^2 + \frac{1}{3}\frac{b^5}{d^5}\left(\frac{c+d\operatorname{Sin}\zeta}{a+b\operatorname{Sin}\zeta}\right)^3\right], \tag{151}$$

$$\int \frac{\operatorname{Cos}\zeta\,d\zeta}{(a+b\operatorname{Sin}\zeta)^4 (c+d\operatorname{Sin}\zeta)^4} = \frac{-1}{d\left(a-\dfrac{bc}{d}\right)^7}\left[\frac{1}{3}\left(\frac{a+b\operatorname{Sin}\zeta}{c+d\operatorname{Sin}\zeta}\right)^3 - 3\frac{b}{d}\left(\frac{a+b\operatorname{Sin}\zeta}{c+d\operatorname{Sin}\zeta}\right)^2 + 15\frac{b^2}{d^2}\frac{a+b\operatorname{Sin}\zeta}{c+d\operatorname{Sin}\zeta} - \right.$$
$$\left. - 20\frac{b^3}{d^3}\ln\left|\frac{a+b\operatorname{Sin}\zeta}{c+d\operatorname{Sin}\zeta}\right| - 15\frac{b^4}{d^4}\frac{c+d\operatorname{Sin}\zeta}{a+b\operatorname{Sin}\zeta} + 3\frac{b^5}{d^5}\left(\frac{c+d\operatorname{Sin}\zeta}{a+b\operatorname{Sin}\zeta}\right)^2 - \right.$$
$$\left. - \frac{1}{3}\frac{b^6}{d^6}\left(\frac{c+d\operatorname{Sin}\zeta}{a+b\operatorname{Sin}\zeta}\right)^3\right].$$

$$\int \frac{\operatorname{Sin}\zeta\,d\zeta}{(a+b\operatorname{Cos}\zeta)(c+d\operatorname{Cos}\zeta)} = \frac{-1}{ad-bc}\ln\left|\frac{a+b\operatorname{Cos}\zeta}{c+d\operatorname{Cos}\zeta}\right|.$$

$$\int \frac{\operatorname{Sin}\zeta\,d\zeta}{(a+b\operatorname{Cos}\zeta)(c+d\operatorname{Cos}\zeta)^2} = \frac{-1}{d\left(a-\dfrac{bc}{d}\right)^2}\left[\frac{a+b\operatorname{Cos}\zeta}{c+d\operatorname{Cos}\zeta} - \frac{b}{d}\ln\left|\frac{a+b\operatorname{Cos}\zeta}{c+d\operatorname{Cos}\zeta}\right|\right],$$

$$\int \frac{\operatorname{Sin}\zeta\,d\zeta}{(a+b\operatorname{Cos}\zeta)(c+d\operatorname{Cos}\zeta)^3} = \frac{-1}{d\left(a-\dfrac{bc}{d}\right)^3}\left[\frac{1}{2}\left(\frac{a+b\operatorname{Cos}\zeta}{c+d\operatorname{Cos}\zeta}\right)^2 - 2\frac{b}{d}\frac{a+b\operatorname{Cos}\zeta}{c+d\operatorname{Cos}\zeta} + \frac{b^2}{d^2}\ln\left|\frac{a+b\operatorname{Cos}\zeta}{c+d\operatorname{Cos}\zeta}\right|\right], \tag{152}$$

$$\int \frac{\operatorname{Sin}\zeta\,d\zeta}{(a+b\operatorname{Cos}\zeta)(c+d\operatorname{Cos}\zeta)^4} = \frac{-1}{d\left(a-\dfrac{bc}{d}\right)^4}\left[\frac{1}{3}\left(\frac{a+b\operatorname{Cos}\zeta}{c+d\operatorname{Cos}\zeta}\right)^3 - \frac{3}{2}\frac{b}{d}\left(\frac{a+b\operatorname{Cos}\zeta}{c+d\operatorname{Cos}\zeta}\right)^2 + 3\frac{b^2}{d^2}\frac{a+b\operatorname{Cos}\zeta}{c+d\operatorname{Cos}\zeta} - \right.$$
$$\left. - \frac{b^3}{d^3}\ln\left|\frac{a+b\operatorname{Cos}\zeta}{c+d\operatorname{Cos}\zeta}\right|\right].$$

$$\int \frac{\operatorname{Sin}\zeta\, d\zeta}{(a+b\operatorname{Cos}\zeta)^2(c+d\operatorname{Cos}\zeta)} = \frac{-1}{d\left(a-\frac{bc}{d}\right)^2}\left[\ln\left|\frac{a+b\operatorname{Cos}\zeta}{c+d\operatorname{Cos}\zeta}\right| + \frac{b}{d}\frac{c+d\operatorname{Cos}\zeta}{a+b\operatorname{Cos}\zeta}\right],$$

$$\int \frac{\operatorname{Sin}\zeta\, d\zeta}{(a+b\operatorname{Cos}\zeta)^2(c+d\operatorname{Cos}\zeta)^2} = \frac{-1}{d\left(a-\frac{bc}{d}\right)^3}\left[\frac{a+b\operatorname{Cos}\zeta}{c+d\operatorname{Cos}\zeta} - 2\frac{b}{d}\ln\left|\frac{a+b\operatorname{Cos}\zeta}{c+d\operatorname{Cos}\zeta}\right| - \frac{b^2}{d^2}\frac{c+d\operatorname{Cos}\zeta}{a+b\operatorname{Cos}\zeta}\right],$$

$$\int \frac{\operatorname{Sin}\zeta\, d\zeta}{(a+b\operatorname{Cos}\zeta)^2(c+d\operatorname{Cos}\zeta)^3} = \frac{-1}{d\left(a-\frac{bc}{d}\right)^4}\left[\frac{1}{2}\left(\frac{a+b\operatorname{Cos}\zeta}{c+d\operatorname{Cos}\zeta}\right)^2 - 3\frac{b}{d}\frac{a+b\operatorname{Cos}\zeta}{c+d\operatorname{Cos}\zeta} + 3\frac{b^2}{d^2}\ln\left|\frac{a+b\operatorname{Cos}\zeta}{c+d\operatorname{Cos}\zeta}\right| + \frac{b^3}{d^3}\frac{c+d\operatorname{Cos}\zeta}{a+b\operatorname{Cos}\zeta}\right],$$

$$\int \frac{\operatorname{Sin}\zeta\, d\zeta}{(a+b\operatorname{Cos}\zeta)^2(c+d\operatorname{Cos}\zeta)^4} = \frac{-1}{d\left(a-\frac{bc}{d}\right)^5}\left[\frac{1}{3}\left(\frac{a+b\operatorname{Cos}\zeta}{c+d\operatorname{Cos}\zeta}\right)^3 - 2\frac{b}{d}\left(\frac{a+b\operatorname{Cos}\zeta}{c+d\operatorname{Cos}\zeta}\right)^2 + 6\frac{b^2}{d^2}\frac{a+b\operatorname{Cos}\zeta}{c+d\operatorname{Cos}\zeta} - 4\frac{b^3}{d^3}\ln\left|\frac{a+b\operatorname{Cos}\zeta}{c+d\operatorname{Cos}\zeta}\right| - \frac{b^4}{d^4}\frac{c+d\operatorname{Cos}\zeta}{a+b\operatorname{Cos}\zeta}\right].$$

$$\tag{153}$$

$$\int \frac{\operatorname{Sin}\zeta\, d\zeta}{(a+b\operatorname{Cos}\zeta)^3(c+d\operatorname{Cos}\zeta)} = \frac{-1}{d\left(a-\frac{bc}{d}\right)^3}\left[\ln\left|\frac{a+b\operatorname{Cos}\zeta}{c+d\operatorname{Cos}\zeta}\right| + 2\frac{b}{d}\frac{c+d\operatorname{Cos}\zeta}{a+b\operatorname{Cos}\zeta} - \frac{1}{2}\frac{b^2}{d^2}\left(\frac{c+d\operatorname{Cos}\zeta}{a+b\operatorname{Cos}\zeta}\right)^2\right],$$

$$\int \frac{\operatorname{Sin}\zeta\, d\zeta}{(a+b\operatorname{Cos}\zeta)^3(c+d\operatorname{Cos}\zeta)^2} = \frac{-1}{d\left(a-\frac{bc}{d}\right)^4}\left[\frac{a+b\operatorname{Cos}\zeta}{c+d\operatorname{Cos}\zeta} - 3\frac{b}{d}\ln\left|\frac{a+b\operatorname{Cos}\zeta}{c+d\operatorname{Cos}\zeta}\right| - 3\frac{b^2}{d^2}\frac{c+d\operatorname{Cos}\zeta}{a+b\operatorname{Cos}\zeta} + \frac{1}{2}\frac{b^3}{d^3}\left(\frac{c+d\operatorname{Cos}\zeta}{a+b\operatorname{Cos}\zeta}\right)^2\right],$$

$$\int \frac{\operatorname{Sin}\zeta\, d\zeta}{(a+b\operatorname{Cos}\zeta)^3(c+d\operatorname{Cos}\zeta)^3} = \frac{-1}{d\left(a-\frac{bc}{d}\right)^5}\left[\frac{1}{2}\left(\frac{a+b\operatorname{Cos}\zeta}{c+d\operatorname{Cos}\zeta}\right)^2 - 4\frac{b}{d}\frac{a+b\operatorname{Cos}\zeta}{c+d\operatorname{Cos}\zeta} + 6\frac{b^2}{d^2}\ln\left|\frac{a+b\operatorname{Cos}\zeta}{c+d\operatorname{Cos}\zeta}\right| + 4\frac{b^3}{d^3}\frac{c+d\operatorname{Cos}\zeta}{a+b\operatorname{Cos}\zeta} - \frac{1}{2}\frac{b^4}{d^4}\left(\frac{c+d\operatorname{Cos}\zeta}{a+b\operatorname{Cos}\zeta}\right)^2\right],$$

$$\int \frac{\operatorname{Sin}\zeta\, d\zeta}{(a+b\operatorname{Cos}\zeta)^3(c+d\operatorname{Cos}\zeta)^4} = \frac{-1}{d\left(a-\frac{bc}{d}\right)^6}\left[\frac{1}{3}\left(\frac{a+b\operatorname{Cos}\zeta}{c+d\operatorname{Cos}\zeta}\right)^3 - \frac{5}{2}\frac{b}{d}\left(\frac{a+b\operatorname{Cos}\zeta}{c+d\operatorname{Cos}\zeta}\right)^2 + 10\frac{b^2}{d^2}\frac{a+b\operatorname{Cos}\zeta}{c+d\operatorname{Cos}\zeta} - 10\frac{b^3}{d^3}\ln\left|\frac{a+b\operatorname{Cos}\zeta}{c+d\operatorname{Cos}\zeta}\right| - 5\frac{b^4}{d^4}\frac{c+d\operatorname{Cos}\zeta}{a+b\operatorname{Cos}\zeta} + \frac{1}{2}\frac{b^5}{d^5}\left(\frac{c+d\operatorname{Cos}\zeta}{a+b\operatorname{Cos}\zeta}\right)^2\right].$$

$$\tag{154}$$

$$\int \frac{\operatorname{Sin}\zeta\, d\zeta}{(a+b\operatorname{Cos}\zeta)^4(c+d\operatorname{Cos}\zeta)} = \frac{-1}{d\left(a-\frac{bc}{d}\right)^4}\left[\ln\left|\frac{a+b\operatorname{Cos}\zeta}{c+d\operatorname{Cos}\zeta}\right| + 3\frac{b}{d}\frac{c+d\operatorname{Cos}\zeta}{a+b\operatorname{Cos}\zeta} - \frac{3}{2}\frac{b^2}{d^2}\left(\frac{c+d\operatorname{Cos}\zeta}{a+b\operatorname{Cos}\zeta}\right)^2 + \frac{1}{3}\frac{b^3}{d^3}\left(\frac{c+d\operatorname{Cos}\zeta}{a+b\operatorname{Cos}\zeta}\right)^3\right],$$

$$\int \frac{\operatorname{Sin}\zeta\, d\zeta}{(a+b\operatorname{Cos}\zeta)^4(c+d\operatorname{Cos}\zeta)^2} = \frac{-1}{d\left(a-\frac{bc}{d}\right)^5}\left[\frac{a+b\operatorname{Cos}\zeta}{c+d\operatorname{Cos}\zeta} - 4\frac{b}{d}\ln\left|\frac{a+b\operatorname{Cos}\zeta}{c+d\operatorname{Cos}\zeta}\right| - 6\frac{b^2}{d^2}\frac{c+d\operatorname{Cos}\zeta}{a+b\operatorname{Cos}\zeta} + 2\frac{b^3}{d^3}\left(\frac{c+d\operatorname{Cos}\zeta}{a+b\operatorname{Cos}\zeta}\right)^2 - \frac{1}{3}\frac{b^4}{d^4}\left(\frac{c+d\operatorname{Cos}\zeta}{a+b\operatorname{Cos}\zeta}\right)^3\right],$$

$$\int \frac{\operatorname{Sin}\zeta\, d\zeta}{(a+b\operatorname{Cos}\zeta)^4(c+d\operatorname{Cos}\zeta)^3} = \frac{-1}{d\left(a-\frac{bc}{d}\right)^6}\left[\frac{1}{2}\left(\frac{a+b\operatorname{Cos}\zeta}{c+d\operatorname{Cos}\zeta}\right)^2 - 5\frac{b}{d}\frac{a+b\operatorname{Cos}\zeta}{c+d\operatorname{Cos}\zeta} + 10\frac{b^2}{d^2}\ln\left|\frac{a+b\operatorname{Cos}\zeta}{c+d\operatorname{Cos}\zeta}\right| + 10\frac{b^3}{d^3}\frac{c+d\operatorname{Cos}\zeta}{a+b\operatorname{Cos}\zeta} - \frac{5}{2}\frac{b^4}{d^4}\left(\frac{c+d\operatorname{Cos}\zeta}{a+b\operatorname{Cos}\zeta}\right)^2 + \frac{1}{3}\frac{b^5}{d^5}\left(\frac{c+d\operatorname{Cos}\zeta}{a+b\operatorname{Cos}\zeta}\right)^3\right],$$

$$\int \frac{\operatorname{Sin}\zeta\, d\zeta}{(a+b\operatorname{Cos}\zeta)^4(c+d\operatorname{Cos}\zeta)^4} = \frac{-1}{d\left(a-\frac{bc}{d}\right)^7}\left[\frac{1}{3}\left(\frac{a+b\operatorname{Cos}\zeta}{c+d\operatorname{Cos}\zeta}\right)^3 - 3\frac{b}{d}\left(\frac{a+b\operatorname{Cos}\zeta}{c+d\operatorname{Cos}\zeta}\right)^2 + 15\frac{b^2}{d^2}\frac{a+b\operatorname{Cos}\zeta}{c+d\operatorname{Cos}\zeta} - 20\frac{b^3}{d^3}\ln\left|\frac{a+b\operatorname{Cos}\zeta}{c+d\operatorname{Cos}\zeta}\right| - 15\frac{b^4}{d^4}\frac{c+d\operatorname{Cos}\zeta}{a+b\operatorname{Cos}\zeta} + 3\frac{b^5}{d^5}\left(\frac{c+d\operatorname{Cos}\zeta}{a+b\operatorname{Cos}\zeta}\right)^2 - \frac{1}{3}\frac{b^6}{d^6}\left(\frac{c+d\operatorname{Cos}\zeta}{a+b\operatorname{Cos}\zeta}\right)^3\right].$$

$$\tag{155}$$

$$\int \frac{d\zeta}{\operatorname{Sin}\zeta\,\operatorname{Cos}\zeta} = \ln|\operatorname{Tang}\zeta| \qquad\qquad , \qquad \int \frac{d\zeta}{\operatorname{Cos}\zeta\,\operatorname{Sin}\zeta} = -\ln|\operatorname{Cotg}\zeta| \qquad\qquad ,$$

$$\int \frac{d\zeta}{\operatorname{Sin}\zeta\,\operatorname{Cos}^2\zeta} = -\tfrac{1}{2}\operatorname{Tang}^2\zeta + \ln|\operatorname{Tang}\zeta| \quad , \quad \int \frac{d\zeta}{\operatorname{Cos}\zeta\,\operatorname{Sin}^3\zeta} = -\tfrac{1}{2}\operatorname{Cotg}^2\zeta + \ln|\operatorname{Cotg}\zeta| \quad ,$$

$$\int \frac{d\zeta}{\operatorname{Sin}\zeta\,\operatorname{Cos}^5\zeta} = \tfrac{1}{4}\operatorname{Tang}^4\zeta - \operatorname{Tang}^2\zeta + \ln|\operatorname{Tang}\zeta| \;,\quad \int \frac{d\zeta}{\operatorname{Cos}\zeta\,\operatorname{Sin}^5\zeta} = -\tfrac{1}{4}\operatorname{Cotg}^4\zeta + \operatorname{Cotg}^2\zeta -$$
$$\hspace{9cm} -\ln|\operatorname{Cotg}\zeta| \qquad ,$$

$$\int \frac{d\zeta}{\operatorname{Sin}\zeta\,\operatorname{Cos}^7\zeta} = -\tfrac{1}{6}\operatorname{Tang}^6\zeta + \tfrac{3}{4}\operatorname{Tang}^4\zeta - \qquad\quad \int \frac{d\zeta}{\operatorname{Cos}\zeta\,\operatorname{Sin}^7\zeta} = -\tfrac{1}{6}\operatorname{Cotg}^6\zeta + \tfrac{3}{4}\operatorname{Cotg}^4\zeta -$$
$$\hspace{1.5cm} -\tfrac{3}{2}\operatorname{Tang}^2\zeta + \ln|\operatorname{Tang}\zeta| \qquad , \hspace{2.2cm} -\tfrac{3}{2}\operatorname{Cotg}^2\zeta + \ln|\operatorname{Cotg}\zeta| \qquad . \tag{156}$$

$$\int \frac{d\zeta}{\operatorname{Sin}^3\zeta\,\operatorname{Cos}\zeta} = -\ln\operatorname{Tang}\zeta - \tfrac{1}{2}\operatorname{Cotg}^2\zeta \qquad , \quad \int \frac{d\zeta}{\operatorname{Cos}^3\zeta\,\operatorname{Sin}\zeta} = -\ln|\operatorname{Cotg}\zeta| - \tfrac{1}{2}\operatorname{Tang}^2\zeta \quad ,$$

$$\int \frac{d\zeta}{\operatorname{Sin}^3\zeta\,\operatorname{Cos}^3\zeta} = \tfrac{1}{2}\operatorname{Tang}^2\zeta - 2\ln|\operatorname{Tang}\zeta| - \qquad \int \frac{d\zeta}{\operatorname{Cos}^3\zeta\,\operatorname{Sin}^3\zeta} = -\tfrac{1}{2}\operatorname{Cotg}^2\zeta + 2\ln|\operatorname{Cotg}\zeta| +$$
$$\hspace{1.5cm} -\tfrac{1}{2}\operatorname{Cotg}^2\zeta \qquad , \hspace{4cm} +\tfrac{1}{2}\operatorname{Tang}^2\zeta \qquad ,$$

$$\int \frac{d\zeta}{\operatorname{Sin}^3\zeta\,\operatorname{Cos}^5\zeta} = -\tfrac{1}{4}\operatorname{Tang}^4\zeta + \tfrac{3}{2}\operatorname{Tang}^2\zeta - \qquad \int \frac{d\zeta}{\operatorname{Cos}^3\zeta\,\operatorname{Sin}^5\zeta} = -\tfrac{1}{4}\operatorname{Cotg}^4\zeta + \tfrac{3}{2}\operatorname{Cotg}^2\zeta -$$
$$\hspace{1.5cm} -3\ln|\operatorname{Tang}\zeta| - \tfrac{1}{2}\operatorname{Cotg}^2\zeta \quad , \hspace{2cm} -3\ln|\operatorname{Cotg}\zeta| - \tfrac{1}{2}\operatorname{Tang}^2\zeta \quad , \tag{157}$$

$$\int \frac{d\zeta}{\operatorname{Sin}^3\zeta\,\operatorname{Cos}^7\zeta} = \tfrac{1}{6}\operatorname{Tang}^6\zeta - \operatorname{Tang}^4\zeta + 3\operatorname{Tang}^2\zeta - \quad \int \frac{d\zeta}{\operatorname{Cos}^3\zeta\,\operatorname{Sin}^7\zeta} = -\tfrac{1}{6}\operatorname{Cotg}^6\zeta + \operatorname{Cotg}^4\zeta -$$
$$\hspace{1.5cm} -4\ln|\operatorname{Tang}\zeta| - \tfrac{1}{2}\operatorname{Cotg}^2\zeta \quad , \hspace{1.5cm} -3\operatorname{Cotg}^2\zeta + 4\ln|\operatorname{Cotg}\zeta| +$$
$$\hspace{9.5cm} +\tfrac{1}{2}\operatorname{Tang}^2\zeta \qquad .$$

$$\int \frac{d\zeta}{\operatorname{Sin}^5\zeta\,\operatorname{Cos}\zeta} = \ln|\operatorname{Tang}\zeta| + \operatorname{Cotg}^2\zeta - \tfrac{1}{4}\operatorname{Cotg}^4\zeta \;, \quad \int \frac{d\zeta}{\operatorname{Cos}^5\zeta\,\operatorname{Sin}\zeta} = -\ln|\operatorname{Cotg}\zeta| - \operatorname{Tang}^2\zeta +$$
$$\hspace{9.5cm} +\tfrac{1}{4}\operatorname{Tang}^4\zeta \qquad ,$$

$$\int \frac{d\zeta}{\operatorname{Sin}^5\zeta\,\operatorname{Cos}^3\zeta} = -\tfrac{1}{2}\operatorname{Tang}^2\zeta + 3\ln|\operatorname{Tang}\zeta| + \quad \int \frac{d\zeta}{\operatorname{Cos}^5\zeta\,\operatorname{Sin}^3\zeta} = -\tfrac{1}{2}\operatorname{Cotg}^2\zeta + 3\ln|\operatorname{Cotg}\zeta| +$$
$$\hspace{1.5cm} +\tfrac{3}{2}\operatorname{Cotg}^2\zeta - \tfrac{1}{4}\operatorname{Cotg}^4\zeta \quad , \hspace{1.5cm} +\tfrac{3}{2}\operatorname{Tang}^2\zeta - \tfrac{1}{4}\operatorname{Tang}^4\zeta \quad ,$$

$$\int \frac{d\zeta}{\operatorname{Sin}^5\zeta\,\operatorname{Cos}^5\zeta} = \tfrac{1}{4}\operatorname{Tang}^4\zeta - 2\operatorname{Tang}^2\zeta + \qquad\quad \int \frac{d\zeta}{\operatorname{Cos}^5\zeta\,\operatorname{Sin}^5\zeta} = -\tfrac{1}{4}\operatorname{Cotg}^4\zeta + 2\operatorname{Cotg}^2\zeta - \tag{158}$$
$$\hspace{1.5cm} +6\ln|\operatorname{Tang}\zeta| + 2\operatorname{Cotg}^2\zeta - \hspace{2cm} -6\ln|\operatorname{Cotg}\zeta| - 2\operatorname{Tang}^2\zeta +$$
$$\hspace{1.5cm} -\tfrac{1}{4}\operatorname{Cotg}^4\zeta \qquad , \hspace{4.5cm} +\tfrac{1}{4}\operatorname{Tang}^4\zeta \qquad ,$$

$$\int \frac{d\zeta}{\operatorname{Sin}^5\zeta\,\operatorname{Cos}^7\zeta} = -\tfrac{1}{6}\operatorname{Tang}^6\zeta + \tfrac{5}{4}\operatorname{Tang}^4\zeta - \quad \int \frac{d\zeta}{\operatorname{Cos}^5\zeta\,\operatorname{Sin}^7\zeta} = -\tfrac{1}{6}\operatorname{Cotg}^6\zeta + \tfrac{5}{4}\operatorname{Cotg}^4\zeta -$$
$$\hspace{1.5cm} -5\operatorname{Tang}^2\zeta + 10\ln|\operatorname{Tang}\zeta| + \hspace{1.5cm} -5\operatorname{Cotg}^2\zeta + 10\ln|\operatorname{Cotg}\zeta| +$$
$$\hspace{1.5cm} +\tfrac{5}{2}\operatorname{Cotg}^2\zeta - \tfrac{1}{4}\operatorname{Cotg}^4\zeta \quad , \hspace{1.5cm} +\tfrac{5}{2}\operatorname{Tang}^2\zeta - \tfrac{1}{4}\operatorname{Tang}^4\zeta \quad .$$

$$\int \frac{d\zeta}{\operatorname{Sin}^7\zeta\,\operatorname{Cos}\zeta} = -\ln|\operatorname{Tang}\zeta| - \tfrac{3}{2}\operatorname{Cotg}^2\zeta + \quad \int \frac{d\zeta}{\operatorname{Cos}^7\zeta\,\operatorname{Sin}\zeta} = -\ln|\operatorname{Cotg}\zeta| - \tfrac{3}{2}\operatorname{Tang}^2\zeta +$$
$$\hspace{1.5cm} +\tfrac{3}{4}\operatorname{Cotg}^4\zeta - \tfrac{1}{6}\operatorname{Cotg}^6\zeta \quad , \hspace{1.5cm} +\tfrac{3}{4}\operatorname{Tang}^4\zeta - \tfrac{1}{6}\operatorname{Tang}^6\zeta \quad ,$$

$$\int \frac{d\zeta}{\operatorname{Sin}^7\zeta\,\operatorname{Cos}^3\zeta} = \tfrac{1}{2}\operatorname{Tang}^2\zeta - 4\ln|\operatorname{Tang}\zeta| - \quad \int \frac{d\zeta}{\operatorname{Cos}^7\zeta\,\operatorname{Sin}^3\zeta} = -\tfrac{1}{2}\operatorname{Cotg}^2\zeta + 4\ln|\operatorname{Cotg}\zeta| +$$
$$\hspace{1.5cm} -3\operatorname{Cotg}^2\zeta + \operatorname{Cotg}^4\zeta - \hspace{2cm} +3\operatorname{Tang}^2\zeta - \operatorname{Tang}^4\zeta +$$
$$\hspace{1.5cm} -\tfrac{1}{6}\operatorname{Cotg}^6\zeta \hspace{4.5cm} +\tfrac{1}{6}\operatorname{Tang}^6\zeta \qquad , \tag{159}$$

$$\int \frac{d\zeta}{\operatorname{Sin}^7\zeta\, \operatorname{Cos}^5\zeta} = -\frac{1}{4}\operatorname{Tang}^4\zeta + \frac{5}{2}\operatorname{Tang}^2\zeta - 10\ln|\operatorname{Tang}\zeta| - 5\operatorname{Cotg}^2\zeta + \frac{5}{4}\operatorname{Cotg}^4\zeta - \frac{1}{6}\operatorname{Cotg}^6\zeta,$$

$$\int \frac{d\zeta}{\operatorname{Cos}^7\zeta\, \operatorname{Sin}^5\zeta} = -\frac{1}{4}\operatorname{Cotg}^4\zeta + \frac{5}{2}\operatorname{Cotg}^2\zeta - 10\ln|\operatorname{Cotg}\zeta| - 5\operatorname{Tang}^2\zeta + \frac{5}{4}\operatorname{Tang}^4\zeta - \frac{1}{6}\operatorname{Tang}^6\zeta,$$

$$\int \frac{d\zeta}{\operatorname{Sin}^7\zeta\, \operatorname{Cos}^7\zeta} = \frac{1}{6}\operatorname{Tang}^6\zeta - \frac{3}{2}\operatorname{Tang}^4\zeta + \frac{15}{2}\operatorname{Tang}^2\zeta - 20\ln|\operatorname{Tang}\zeta| - \frac{15}{2}\operatorname{Cotg}^2\zeta + \frac{3}{2}\operatorname{Cotg}^4\zeta - \frac{1}{6}\operatorname{Cotg}^6\zeta.$$

$$\int \frac{d\zeta}{\operatorname{Cos}^7\zeta\, \operatorname{Sin}^7\zeta} = -\frac{1}{6}\operatorname{Cotg}^6\zeta + \frac{3}{2}\operatorname{Cotg}^4\zeta - \frac{15}{2}\operatorname{Cotg}^2\zeta + 20\ln|\operatorname{Cotg}\zeta| + \frac{15}{2}\operatorname{Tang}^2\zeta - \frac{3}{2}\operatorname{Tang}^4\zeta + \frac{1}{6}\operatorname{Tang}^6\zeta.$$

$$\tag{159}$$

$$\int \frac{\operatorname{Cotg}\zeta\, d\zeta}{1-\operatorname{Sin}^2\zeta} = \ln\sqrt{\frac{\operatorname{Sin}^2\zeta}{1-\operatorname{Sin}^2\zeta}},$$

$$\int \frac{\operatorname{Tang}\zeta\, d\zeta}{1+\operatorname{Cos}^2\zeta} = \ln\sqrt{\frac{\operatorname{Cos}^2\zeta}{1+\operatorname{Cos}^2\zeta}},$$

$$\int \frac{\operatorname{Cotg}\zeta\, d\zeta}{(1-\operatorname{Sin}^2\zeta)^2} = \frac{1}{2}\frac{\operatorname{Sin}^2\zeta}{1-\operatorname{Sin}^2\zeta} + \ln\sqrt{\frac{\operatorname{Sin}^2\zeta}{1-\operatorname{Sin}^2\zeta}},$$

$$\int \frac{\operatorname{Tang}\zeta\, d\zeta}{(1+\operatorname{Cos}^2\zeta)} = -\frac{1}{2}\frac{\operatorname{Cos}^2\zeta}{1+\operatorname{Cos}^2\zeta} + \ln\sqrt{\frac{\operatorname{Cos}^2\zeta}{1+\operatorname{Cos}^2\zeta}},$$

$$\int \frac{\operatorname{Cotg}\zeta\, d\zeta}{(1-\operatorname{Sin}^2\zeta)^3} = \frac{1}{4}\frac{\operatorname{Sin}^4\zeta}{(1-\operatorname{Sin}^2\zeta)^2} + \frac{\operatorname{Sin}^2\zeta}{1-\operatorname{Sin}^2\zeta} + \ln\sqrt{\frac{\operatorname{Sin}^2\zeta}{1-\operatorname{Sin}^2\zeta}},$$

$$\int \frac{\operatorname{Tang}\zeta\, d\zeta}{(1+\operatorname{Cos}^2\zeta)^3} = \frac{1}{4}\frac{\operatorname{Cos}^4\zeta}{(1+\operatorname{Cos}^2\zeta)^2} - \frac{\operatorname{Cos}^2\zeta}{1+\operatorname{Cos}^2\zeta} + \ln\sqrt{\frac{\operatorname{Cos}^2\zeta}{1+\operatorname{Cos}^2\zeta}},$$

$$\int \frac{\operatorname{Cotg}\zeta\, d\zeta}{(1-\operatorname{Sin}^2\zeta)^4} = \frac{1}{6}\frac{\operatorname{Sin}^6\zeta}{(1-\operatorname{Sin}^2\zeta)^3} + \frac{3}{4}\frac{\operatorname{Sin}^4\zeta}{(1-\operatorname{Sin}^2\zeta)^2} + \frac{3}{2}\frac{\operatorname{Sin}^2\zeta}{1-\operatorname{Sin}^2\zeta} + \ln\sqrt{\frac{\operatorname{Sin}^2\zeta}{1-\operatorname{Sin}^2\zeta}},$$

$$\int \frac{\operatorname{Tang}\zeta\, d\zeta}{(1+\operatorname{Cos}^2\zeta)^4} = -\frac{1}{6}\frac{\operatorname{Cos}^6\zeta}{(1+\operatorname{Cos}^2\zeta)^3} + \frac{3}{4}\frac{\operatorname{Cos}^4\zeta}{(1+\operatorname{Cos}^2\zeta)^2} - \frac{3}{2}\frac{\operatorname{Cos}^2\zeta}{1+\operatorname{Cos}^2\zeta} + \ln\sqrt{\frac{\operatorname{Cos}^2\zeta}{1+\operatorname{Cos}^2\zeta}}.$$

$$\tag{160}$$

4. Integrale der Klasse $\displaystyle\int \frac{A_{m+n}z^{m+n} + A_{m+n-1}z^{m+n-1} + \cdots + A_1 z + A_0}{z^m + B_{m-1}z^{m-1} + \cdots + B_1 z + B_0}\, dz.$

m und n seien ganze positive Zahlen. Dann kann zunächst durchdividiert werden und man erhält

$$\int \frac{A_{m+n}z^{m+n} + A_{m+n-1}z^{m+n-1} + \cdots + A_1 z + A_0}{z^m + B_{m-1}z^{m-1} + \cdots + B_1 z + B_0}\, dz = \int\left[c_n z^n + c_{n-1}z^{n-1} + \cdots c_1 z + c_0 + \frac{D_{m-1}z^{m-1} + D_{m-2}z^{m-2} + \cdots D_1 z + D_0}{z^m + B_{m-1}z^{m-1} + \cdots + B_1 z + B_0}\right] dz$$

oder integriert

$$\int \frac{A_{m+n}z^{m+n} + A_{m+n-1}z^{m+n-1} + \cdots + A_1 z + A_0}{z^m + B_{m-1}z^{m-1} + \cdots + B_1 z + B_0}\, dz = \frac{c_n z^{n+1}}{n+1} + \frac{c_{n-1}z^n}{n} + \cdots + \frac{c_1 z^2}{2} + c_0 z + \int \frac{D_{m-1}z^{m-1} + D_{m-2}z^{m-2} + \cdots + D_1 z + D_0}{z^m + B_{m-1}z^{m-1} + \cdots + B_1 z + B_0}\, dz.$$

$$\tag{161}$$

Wird die Gleichung

$$z^m + B_{m-1}z^{m-1} + \cdots + B_1 z + B_0 = 0$$

aufgelöst und sind

$$z = a_1,\ z = a_2,\ \ldots z = a_m$$

die m Wurzelwerte, so ist

$$z^m + B_{m-1}z^{m-1} + \cdots + B_1 z + B_0 = (z-a_1)(z-a_2)\cdots(z-a_m),$$

und es folgt

$$\int \frac{D_{m-1}z^{m-1} + D_{m-2}z^{m-2} + \cdots + D_1 z + D_0}{z^m + B_{m-1}z^{m-1} + \cdots + B_1 z + B_0}\, dz = \int \frac{D_{m-1}z^{m-1} + D_{m-2}z^{m-2} + \cdots + D_1 z + D_0}{(z-a_1)(z-a_2)\cdots(z-a_m)}\, dz.$$

Nun ergibt das Verfahren der Partialbruchzerlegung

$$\int \frac{D_{m-1}z^{m-1} + D_{m-2}z^{m-2} + \cdots + D_1 z + D_0}{z^m + B_{m-1}z^{m-1} + \cdots + B_1 z + B_0}\, dz = \int\left[\frac{b_1}{z-a_1} + \frac{b_2}{z-a_2} + \cdots + \frac{b_m}{z-a_m}\right] dz,$$

Integrale der Kla
$$\int \frac{A_{m+n}\,z^{m+n} + A_{m+n-1}\,z^{m+n-1} + \cdots + A_1 z + A_0}{z^m + B_{m-1}\,z^{m-1} + \cdots + B_1 z + B_0}\,dz\,.$$

wobei die Koeffizienten b_1, ... der Identitätsgleichung

$$\frac{D_{m-1}\,z^{m-1} + D_{m-2}\,z^{m-2} + \cdots +}{(z-a_1)(z-a_2)\cdots(z-}$$
$$= \frac{b_1\left[(z-a_2)(z-a_3)\cdots(z-a_1)(z-a_3)\cdots(z-a_m)\right] + \cdots + b_m\left[(z-a_1)(z-a_2)\cdots(z-a_{m-1})\right]}{(z-a_1)(z-a_2)\cdots(z-a_m)}$$

zu bestimmen sind. Sie ... durch Einführen von $z=a_1$, $z=a_2$, ... $z=a_m$ in die Identitätsgleichung zu

$$b_1 = \frac{D_{m-1}\,a_1^{m-1} + D_{m-2}\,a_1^{m-2} + \cdots + D_1 a_1 + D_0}{(a_1-a_2)(a_1-a_3)\cdots(a_1-a_m)}\,,$$
$$b_2 = \frac{D_{m-1}\,a_2^{m-1} + D_{m-2}\,a_2^{m-2} + \cdots + D_1 a_2 + D_0}{(a_2-a_1)(a_2-a_3)\cdots(a_2-a_m)}\,,$$
$$\text{------------------------------------}$$
$$b_m = \frac{D_{m-1}\,a_m^{m-1} + D_{m-2}\,a_m^{m-2} + \cdots + D_1 a_m + D_0}{(a_m-a_1)(a_m-a_2)\cdots(a_m-a_{m-1})}\,.$$

Die Auswertung des durch Partialbruchzerlegung aufgespaltenen Integrals ergibt

$$\int \frac{D_{m-1}\,z^{m-1} + D_{m-2}\,z^{m-2} + \cdots + D_1 z + D_0}{(z-a_1)(z-a_2)\cdots(z-a_m)}\,dz = b_1 \ln|z-a_1| + b_2 \ln|z-a_2| + \cdots + b_n \ln|z-a_m|\,. \tag{162}$$

Die in (162) auftretenden Wurzelwerte a_m können reell oder komplex sein. Im letzteren Falle müssen sie immer paarweise komplex sein. a_1 und a_2 seien gemäß

$$a_1 = \alpha_1 + i\alpha_2\,, \qquad a_2 = \alpha_1 - i\alpha_2$$

ein solches Paar komplexer Wurzeln. Dann müssen auch die zugehörigen Koeffizienten b_1 und b_2 konjugiert komplex sein, etwa gemäß

$$b_1 = \beta_1 - i\beta_2\,, \qquad b_2 = \beta_1 + i\beta_2\,,$$

und man erhält

$$b_1 \ln|z-a_1| + b_2 \ln|z-a_2| = (\beta_1 - i\beta_2)\ln|(z-\alpha_1) - i\alpha_2| + (\beta_1 + i\beta_2)\ln|(z-\alpha_1) + i\alpha_2|\,.$$

Nun ist nach der Theorie der komplexen Zahlen

$$(z-\alpha_1) - i\alpha_2 = r\,e^{-i\varphi} = \sqrt{(z-\alpha_1)^2 + \alpha_2^2}\;e^{-\,i\,\mathrm{arc\,cotg}\,\frac{z-\alpha_1}{\alpha_2}}$$
$$(z-\alpha_1) + i\alpha_2 = r\,e^{+i\varphi} = \sqrt{(z-\alpha_1)^2 + \alpha_2^2}\;e^{+\,i\,\mathrm{arc\,cotg}\,\frac{z-\alpha_1}{\alpha_2}}$$

und damit

$$\ln|(z-\alpha_1) - i\alpha_2| = \ln\sqrt{(z-\alpha_1)^2 + \alpha_2^2} - i\,\mathrm{arc\,cotg}\,\frac{z-\alpha_1}{\alpha_2}$$
$$\ln|(z-\alpha_1) + i\alpha_2| = \ln\sqrt{(z-\alpha_1)^2 + \alpha_2^2} + i\,\mathrm{arc\,cotg}\,\frac{z-\alpha_1}{\alpha_2}\,.$$

Die Berücksichtigung dieser Ausdrücke ergibt

$$b_1 \ln|z-a_1| + b_2 \ln|z-a_2| = 2\beta_1 \ln\sqrt{(z-\alpha_1)^2 + \alpha_2^2} - 2\beta_2\,\mathrm{arc\,cotg}\,\frac{z-\alpha_1}{\alpha_2}\,.$$

In Anwendung auf ein einziges Paar komplexer Wurzelwerte folgt mit $m=2$

$$(z-a_1)(z-a_2) = (z-\alpha_1 - i\alpha_2)(z-\alpha_1 + i\alpha_2) = (z-\alpha_1)^2 + \alpha_2^2$$
$$a_1 - a_2 = 2i\alpha_2\,,$$
$$b_1 = \beta_1 - i\beta_2 = \frac{D_1 a_1 + D_0}{a_1 - a_2} = \frac{(D_1\alpha_1 + D_0) + iD_1\alpha_2}{2i\alpha_2} = \frac{D_1}{2} - i\left(\frac{D_1\alpha_1}{2\alpha_2} + \frac{D_0}{2\alpha_2}\right),\ \beta_1 = \frac{D_1}{2},\ \beta_2 = \frac{D_1\alpha_1}{2\alpha_2} + \frac{D_0}{2\alpha_2}\,,$$
$$b_2 = \beta_1 + i\beta_2 = \frac{D_1 a_2 + D_0}{a_2 - a_1} = \frac{(D_1\alpha_1 + D_0) - iD_1\alpha_2}{-2i\alpha_2} = \frac{D_1}{2} + i\left(\frac{D_1\alpha_1}{2\alpha_2} + \frac{D_0}{2\alpha_2}\right),\ \beta_1 = \frac{D_1}{2},\ \beta_2 = \frac{D_1\alpha_1}{2\alpha_2} + \frac{D_0}{2\alpha_2}\,,$$

und damit

$$\int \frac{D_1 z + D_0}{(z-\alpha_1)^2 + \alpha_2^2}\,dz = D_1 \ln\sqrt{(z-\alpha_1)^2 + \alpha_2^2} - \left(\frac{D_1\alpha_1}{\alpha_2} + \frac{D_0}{\alpha_2}\right)\mathrm{arc\,cotg}\,\frac{z-\alpha_1}{\alpha_2}\,. \tag{163}$$

Im Hinblick auf die Funktionalgleichung

$$\operatorname{arc\,cotg}\frac{z-\alpha_1}{\alpha_2} = \frac{\pi}{2} - \operatorname{arc\,tang}\frac{z-\alpha_1}{\alpha_2}$$

und die noch hinzufügbare willkürliche Integrationskonstante kann (163) auch in der Form

$$\int\frac{D_1 z + D_0}{(z-\alpha_1)^2+\alpha_2^2}\,dz = D_1\ln\sqrt{(z-\alpha_1)^2+\alpha_2^2} + \left(\frac{D_1\alpha_1}{\alpha_2}+\frac{D_0}{\alpha_2}\right)\operatorname{arc\,tang}\frac{z-\alpha_1}{\alpha_2} \tag{164}$$

geschrieben werden. Insbesondere folgt für $D_1 = 0$, $D_0 = 1$ und $D_1 = 1$, $D_0 = 0$

$$\left.\begin{aligned}
\int\frac{dz}{(z-\alpha_1)^2+\alpha_2^2} &= \frac{1}{\alpha_2}\operatorname{arc\,tang}\frac{z-\alpha_1}{\alpha_2}\\[2mm]
\int\frac{z\,dz}{(z-\alpha_1)^2+\alpha_2^2} &= \ln\sqrt{(z-\alpha_1)^2+\alpha_2^2}+\frac{\alpha_1}{\alpha_2}\operatorname{arc\,tang}\frac{z-\alpha_1}{\alpha_2}
\end{aligned}\right\} \tag{165}$$

In Verbindung mit (161) und (165) ergibt sich

$$\left.\begin{aligned}
\int\frac{z^2\,dz}{(z-\alpha_1)^2+\alpha_2^2} &= z + 2\alpha_1\ln\sqrt{(z-\alpha_1)^2+\alpha_2^2}+\frac{\alpha_1^2-\alpha_2^2}{\alpha_2}\operatorname{arc\,tang}\frac{z-\alpha_1}{\alpha_2}\\[2mm]
\int\frac{z^3\,dz}{(z-\alpha_1)^2+\alpha_2^2} &= \frac{z^2}{2}+2\alpha_1 z+(3\alpha_1^2-\alpha_2^2)\ln\sqrt{(z-\alpha_1)^2+\alpha_2^2}+\frac{\alpha_1(\alpha_1^2-3\alpha_2^2)}{\alpha_2}\operatorname{arc\,tang}\frac{z-\alpha_1}{\alpha_2}\\[2mm]
\int\frac{z^4\,dz}{(z-\alpha_1)^2+\alpha_2^2} &= \frac{z^3}{3}+\alpha_1 z^2+(3\alpha_1^2-\alpha_2^2)z+4\alpha_1(\alpha_1^2-\alpha_2^2)\ln\sqrt{(z-\alpha_1)^2+\alpha_2^2}+\\
&\quad +\frac{\alpha_1^2(\alpha_1^2-6\alpha_2^2)+\alpha_2^4}{\alpha_2}\operatorname{arc\,tang}\frac{z-\alpha_1}{\alpha_2}
\end{aligned}\right\} \tag{166}$$

Durch Differentiation gemäß

$$\frac{d}{dz}\left[\frac{z-\alpha_1}{2n\,\alpha_2^2\,[(z-\alpha_1)^2+\alpha_2^2]^n}\right] = \frac{1}{2n\,\alpha_2^2\,[(z-\alpha_1)^2+\alpha_2^2]^n} - \frac{(z-\alpha_1)^2}{\alpha_2^2\,[(z-\alpha_1)^2+\alpha_2^2]^{n+1}} = \frac{1-2n}{2n\,\alpha_2^2\,[(z-\alpha_1)^2+\alpha_2^2]^n} + \frac{1}{[(z-\alpha_1)^2+\alpha_2^2]^{n+1}}$$

bestätigt sich die Richtigkeit der Rekursionsformel

$$\int\frac{dz}{[(z-\alpha_1)^2+\alpha_2^2]^{n+1}} = \frac{z-\alpha_1}{2n\,\alpha_2^2\,[(z-\alpha_1)^2+\alpha_2^2]^n} + \frac{2n-1}{2n\,\alpha_2^2}\int\frac{dz}{[(z-\alpha_1)^2+\alpha_2^2]^n} \tag{167}$$

Hieraus folgt in Verbindung mit (165)

$$\left.\begin{aligned}
\int\frac{dz}{[(z-\alpha_1)^2+\alpha_2^2]^2} &= \frac{z-\alpha_1}{2\alpha_2^2\,[(z-\alpha_1)^2+\alpha_2^2]} + \frac{1}{2\alpha_2^3}\operatorname{arc\,tang}\frac{z-\alpha_1}{\alpha_2}\\[2mm]
\int\frac{dz}{[(z-\alpha_1)^2+\alpha_2^2]^3} &= \frac{z-\alpha_1}{4\alpha_2^2\,[(z-\alpha_1)^2+\alpha_2^2]^2} + \frac{3(z-\alpha_1)}{8\alpha_2^4\,[(z-\alpha_1)^2+\alpha_2^2]} + \frac{3}{8\alpha_2^5}\operatorname{arc\,tang}\frac{z-\alpha_1}{\alpha_2}\\[2mm]
\int\frac{dz}{[(z-\alpha_1)^2+\alpha_2^2]^4} &= \frac{z-\alpha_1}{6\alpha_2^2\,[(z-\alpha_1)^2+\alpha_2^2]^3} + \frac{5(z-\alpha_1)}{24\alpha_2^4\,[(z-\alpha_1)^2+\alpha_2^2]^2} + \frac{5(z-\alpha_1)}{16\alpha_2^6\,[(z-\alpha_1)^2+\alpha_2^2]} +\\
&\quad +\frac{5}{16\alpha_2^7}\operatorname{arc\,tang}\frac{z-\alpha_1}{\alpha_2}
\end{aligned}\right\} \tag{168}$$

Ferner ergibt sich aus

$$\frac{d}{dz}\left[\frac{1}{2n\,[(z-\alpha_1)^2+\alpha_2^2]^n}\right] = -\frac{z-\alpha_1}{[(z-\alpha_1)^2+\alpha_2^2]^{n+1}}$$

die Rekursionsformel

$$\int\frac{z\,dz}{[(z-\alpha_1)^2+\alpha_2^2]^{n+1}} = -\frac{1}{2n\,[(z-\alpha_1)^2+\alpha_2^2]^n} + \alpha_1\int\frac{dz}{[(z-\alpha_1)^2+\alpha_2^2]^{n+1}},$$

oder bei Berücksichtigung von (167)

$$\int\frac{z\,dz}{[(z-\alpha_1)^2+\alpha_2^2]^{n+1}} = \frac{\alpha_1(z-\alpha_1)-\alpha_2^2}{2n\,\alpha_2^2\,[(z-\alpha_1)^2+\alpha_2^2]^n} + \frac{(2n-1)\alpha_1}{2n\,\alpha_2^2}\int\frac{dz}{[(z-\alpha_1)^2+\alpha_2^2]^n} \tag{169}$$

Diese liefert in Verbindung mit (165) und (168)

$$\left.\begin{aligned}
\int \frac{z\,dz}{[(z-\alpha_1)^2+\alpha_2^2]^2} &= \frac{\alpha_1(z-\alpha_1)-\alpha_2^2}{2\alpha_2^2[(z-\alpha_1)^2+\alpha_2^2]} + \frac{\alpha_1}{2\alpha_2^3}\operatorname{arc\,tang}\frac{z-\alpha_1}{\alpha_2} \\[2mm]
\int \frac{z\,dz}{[(z-\alpha_1)^2+\alpha_2^2]^3} &= \frac{\alpha_1(z-\alpha_1)-\alpha_2^2}{4\alpha_2^2[(z-\alpha_1)^2+\alpha_2^2]^2} + \frac{3\alpha_1(z-\alpha_1)}{8\alpha_2^4[(z-\alpha_1)^2+\alpha_2^2]} + \frac{3\alpha_1}{8\alpha_2^5}\operatorname{arc\,tang}\frac{z-\alpha_1}{\alpha_2} \\[2mm]
\int \frac{z\,dz}{[(z-\alpha_1)^2+\alpha_2^2]^4} &= \frac{\alpha_1(z-\alpha_1)-\alpha_2^2}{6\alpha_2^2[(z-\alpha_1)^2+\alpha_2^2]^3} + \frac{5\alpha_1(z-\alpha_1)}{24\alpha_2^4[(z-\alpha_1)^2+\alpha_2^2]^2} + \frac{5\alpha_1(z-\alpha_1)}{16\alpha_2^6[(z-\alpha_1)^2+\alpha_2^2]} + \\[1mm]
&\quad + \frac{5\alpha_1}{16\alpha_2^7}\operatorname{arc\,tang}\frac{z-\alpha_1}{\alpha_2}
\end{aligned}\right\} \quad (170)$$

Weiter folgt aus

$$\frac{d}{dz}\left[\frac{z-\alpha_1}{2n[(z-\alpha_1)^2+\alpha_2^2]^n}\right] = \frac{1}{2n[(z-\alpha_1)^2+\alpha_2^2]^n} - \frac{(z-\alpha_1)^2}{[(z-\alpha_1)^2+\alpha_2^2]^{n+1}} = \frac{1}{2n[(z-\alpha_1)^2+\alpha_2^2]^n} - \frac{z^2-2z\alpha_1+\alpha_1^2}{[(z-\alpha_1)^2+\alpha_2^2]^{n+1}}$$

die Rekursionsformel

$$\int \frac{z^2\,dz}{[(z-\alpha_1)^2+\alpha_2^2]^{n+1}} = -\frac{z-\alpha_1}{2n[(z-\alpha_1)^2+\alpha_2^2]^n} + \frac{1}{2n}\int \frac{dz}{[(z-\alpha_1)^2+\alpha_2^2]^n} + 2\alpha_1\int \frac{z\,dz}{[(z-\alpha_1)^2+\alpha_2^2]^{n+1}} - \alpha_1^2\int \frac{dz}{[(z-\alpha_1)^2+\alpha_2^2]^{n+1}},$$

die bei Berücksichtigung von (167) und (169) die Form

$$\int \frac{z^2\,dz}{[(z-\alpha_1)^2+\alpha_2^2]^{n+1}} = \frac{(\alpha_1^2-\alpha_2^2)(z-\alpha_1)-2\alpha_1\alpha_2^2}{2n\,\alpha_2^2[(z-\alpha_1)^2+\alpha_2^2]^n} + \frac{(2n-1)\alpha_1^2+\alpha_2^2}{2n\,\alpha_2^2}\int \frac{dz}{[(z-\alpha_1)^2+\alpha_2^2]^n} \qquad (171)$$

annimmt. Hieraus erhält man in Verbindung mit (165) und (168)

$$\left.\begin{aligned}
\int \frac{z^2\,dz}{[(z-\alpha_1)^2+\alpha_2^2]^2} &= \frac{(\alpha_1^2-\alpha_2^2)(z-\alpha_1)-2\alpha_1\alpha_2^2}{2\alpha_2^2[(z-\alpha_1)^2+\alpha_2^2]} + \frac{\alpha_1^2+\alpha_2^2}{2\alpha_2^3}\operatorname{arc\,tang}\frac{z-\alpha_1}{\alpha_2} \\[2mm]
\int \frac{z^2\,dz}{[(z-\alpha_1)^2+\alpha_2^2]^3} &= \frac{(\alpha_1^2-\alpha_2^2)(z-\alpha_1)-2\alpha_1\alpha_2^2}{4\alpha_2^2[(z-\alpha_1)^2+\alpha_2^2]^2} + \frac{(3\alpha_1^2+\alpha_2^2)(z-\alpha_1)}{8\alpha_2^4[(z-\alpha_1)^2+\alpha_2^2]} + \frac{3\alpha_1^2+\alpha_2^2}{8\alpha_2^5}\operatorname{arc\,tang}\frac{z-\alpha_1}{\alpha_2} \\[2mm]
\int \frac{z^2\,dz}{[(z-\alpha_1)^2+\alpha_2^2]^4} &= \frac{(\alpha_1^2-\alpha_2^2)(z-\alpha_1)-2\alpha_1\alpha_2^2}{6\alpha_2^2[(z-\alpha_1)^2+\alpha_2^2]^3} + \frac{(5\alpha_1^2+\alpha_2^2)(z-\alpha_1)}{24\alpha_2^4[(z-\alpha_1)^2+\alpha_2^2]^2} + \frac{(5\alpha_1^2+\alpha_2^2)(z-\alpha_1)}{16\alpha_2^6[(z-\alpha_1)^2+\alpha_2^2]} + \\[1mm]
&\quad + \frac{5\alpha_1^2+\alpha_2^2}{16\alpha_2^7}\operatorname{arc\,tang}\frac{z-\alpha_1}{\alpha_2}
\end{aligned}\right\} \quad (172)$$

Weiter folgt aus

$$\frac{d}{dz}\left[\frac{\alpha_2^2}{2n[(z-\alpha_1)^2+\alpha_2^2]^n} - \frac{1}{2(n-1[(z-\alpha_1)^2+\alpha_2^2]^{n-1}}\right] = \frac{(z-\alpha_1)^3}{[(z-\alpha_1)^2+\alpha_2^2]^{n-1}} = \frac{z^3-3z^2\alpha_1+3z\alpha_1^2-\alpha_1^3}{[(z-\alpha_1)^2+\alpha_2^2]^{n+1}}$$

die Rekursionsformel

$$\int \frac{z^3\,dz}{[(z-\alpha_1)^2+\alpha_2^2]^{n+1}} = \frac{\alpha_2^2}{2n[(z-\alpha_1)^2+\alpha_2^2]^n} - \frac{1}{2(n-1)[(z-\alpha_1)^2+\alpha_2^2]^{n-1}} + \int \frac{3\alpha_1 z^2-3\alpha_1^2 z+\alpha_1^3}{[(z-\alpha_1)^2+\alpha_2^2]^{n+1}}\,dz$$

oder bei Berücksichtigung von (167), (169) und (171)

$$\left.\begin{aligned}
\int \frac{z^3\,dz}{[(z-\alpha_1)^2+\alpha_2^2]^{n+1}} &= -\frac{1}{2(n-1)[(z-\alpha_1)^2+\alpha_2^2]^{n-1}} + \frac{\alpha_1(\alpha_1^2-3\alpha_2^2)(z-\alpha_1)+\alpha_2^2(\alpha_2^2-3\alpha_1^2)}{2n\,\alpha_2^2[(z-\alpha_1)^2+\alpha_2^2]^n} + \\[1mm]
&\quad + \frac{3\alpha_1\alpha_2^2+(2n-1)\alpha_1^3}{2n\,\alpha_2^2}\int \frac{dz}{[(z-\alpha_1)^2+\alpha_2^2]^n}
\end{aligned}\right. \qquad (173)$$

In Verbindung mit (168) ergibt sich

$$\left.\begin{aligned}
\int \frac{z^3\,dz}{[(z-\alpha_1)^2+\alpha_2^2]^3} &= \frac{\alpha_1(\alpha_1^2-3\alpha_2^2)(z-\alpha_1)+\alpha_2^2(\alpha_2^2-3\alpha_1^2)}{4\alpha_2^2[(z-\alpha_1)^2+\alpha_2^2]^2} + \frac{3\alpha_1(\alpha_1^2+\alpha_2^2)(z-\alpha_1)-4\alpha_2^4}{8\alpha_2^4[(z-\alpha_1)^2+\alpha_2^2]} + \\[1mm]
&\quad + \frac{3\alpha_1(\alpha_1^2+\alpha_2^2)}{8\alpha_2^5}\operatorname{arc\,tang}\frac{z-\alpha_1}{\alpha_2} \\[3mm]
\int \frac{z^3\,dz}{[(z-\alpha_1)^2+\alpha_2^2]^4} &= \frac{\alpha_1(\alpha_1^2-3\alpha_2^2)(z-\alpha_1)+\alpha_2^2(\alpha_2^2-3\alpha_1^2)}{6\alpha_2^2[(z-\alpha_1)^2+\alpha_2^2]^3} + \frac{\alpha_1(5\alpha_1^2+3\alpha_2^2)(z-\alpha_1)-6\alpha_2^4}{24\alpha_2^4[(z-\alpha_1)^2+\alpha_2^2]^2} + \\[1mm]
&\quad + \frac{\alpha_1(5\alpha_1^2+3\alpha_2^2)(z-\alpha_1)}{16\alpha_2^6[(z-\alpha_1)^2+\alpha_2^2]} + \frac{\alpha_1(5\alpha_1^2+3\alpha_2^2)}{16\alpha_2^7}\operatorname{arc\,tang}\frac{z-\alpha_1}{\alpha_2}
\end{aligned}\right\} \quad (174)$$

Im Falle $n=1$ artet (173) aus; hierfür folgt

$$\int\frac{z^3\,dz}{[(z-\alpha_1)^2+\alpha_2^2]^2}=\frac{\alpha_1(\alpha_1^2-3\alpha_2^2)(z-\alpha_1)-\alpha_2^2(3\alpha_1^2-\alpha_2^2)}{2\alpha_2^2[(z-\alpha_1)^2+\alpha_2^2]}+\ln\sqrt{(z-\alpha_1)^2+\alpha_2^2}+\frac{\alpha_1(\alpha_1^2+3\alpha_2^2)}{2\alpha_2^3}\operatorname{arc\,tang}\frac{z-\alpha_1}{\alpha_2}\tag{175}$$

Weiter ergibt sich aus

$$\frac{d}{dz}\left[\frac{(z-\alpha_1)^3}{[(z-\alpha_1)^2+\alpha_2^2]^n}\right]=\frac{3(z-\alpha_1)^2}{[(z-\alpha_1)^2+\alpha_2^2]^n}-\frac{2n(z-\alpha_1)^4}{[(z-\alpha_1)^2+\alpha_2^2]^{n+1}}=(3-2n)\frac{(z-\alpha_1)^4}{[(z-\alpha_1)^2+\alpha_2^2]^{n+1}}+\frac{3\alpha_2^2(z-\alpha_1)^2}{[(z-\alpha_1)^2+\alpha_2^2]^{n+1}}$$

die Rekursionsformel

$$\int\frac{(z-\alpha_1)^4}{[(z-\alpha_1)^2+\alpha_2^2]^{n+1}}dz=-\frac{(z-\alpha_1)^3}{(2n-3)[(z-\alpha_1)^2+\alpha_2^2]^n}+\frac{3\alpha_2^2}{2n-3}\int\frac{(z-\alpha_1)^2\,dz}{[(z-\alpha_1)^2+\alpha_2^2]^{n+1}}$$

und nach Ausmultiplikation von $(z-\alpha_1)^4$ und $(z-\alpha_1)^2$

$$\int\frac{z^4\,dz}{[(z-\alpha_1)^2+\alpha_2^2]^{n+1}}=-\frac{(z-\alpha_1)^3}{(2n-3)[(z-\alpha_1)^2+\alpha_2^2]^n}+\int\frac{4\alpha_1(2n-3)z^3+(3\alpha_2^2-6\alpha_1^2(2n-3))z^2+(4\alpha_1^3(2n-3)-6\alpha_1\alpha_2^2)z+(3\alpha_1^2\alpha_2^2-\alpha_1^4(2n-3))}{(2n-3)[(z-\alpha_1)^2+\alpha_2^2]^{n+1}}dz\ .$$

Wird das Integral auf der rechten Seite durch Heranziehung von (167), (169), (171) und (173) weiterbehandelt, so erhält man

$$\int\frac{z^4\,dz}{[(z-\alpha_1)^2+\alpha_2^2]^{n+1}}=-\frac{2(n-1)(z-\alpha_1)+4\alpha_1(2n-3)}{2(n-1)(2n-3)[(z-\alpha_1)^2+\alpha_2^2]^{n-1}}+\frac{(\alpha_1^4-6\alpha_1^2\alpha_2^2+\alpha_2^4)(z-\alpha_1)+4\alpha_1\alpha_2^2(\alpha_2^2-\alpha_1^2)}{2n\alpha_2^2[(z-\alpha_1)^2+\alpha_2^2]^n}+\frac{3\alpha_2^4+(2n-3)(6\alpha_1^2\alpha_2^2+\alpha_1^4(2n-1))}{2n(2n-3)\alpha_2^2}\int\frac{dz}{[(z-\alpha_1)^2+\alpha_2^2]^n}\ .\tag{176}$$

Hieraus folgt in Verbindung mit (168)

$$\int\frac{z^4\,dz}{[(z-\alpha_1)^2+\alpha_2^2]^3}=\frac{(\alpha_1^4-6\alpha_1^2\alpha_2^2+\alpha_2^4)(z-\alpha_1)+4\alpha_1\alpha_2^2(\alpha_2^2-\alpha_1^2)}{4\alpha_2^2[(z-\alpha_1)^2+\alpha_2^2]^2}+\frac{(3\alpha_1^4+6\alpha_1^2\alpha_2^2-5\alpha_2^4)(z-\alpha_1)-16\alpha_1\alpha_2^4}{8\alpha_2^4[(z-\alpha_1)^2+\alpha_2^2]}+\frac{3(\alpha_1^2+\alpha_2^2)^2}{8\alpha_2^5}\operatorname{arc\,tang}\frac{z-\alpha_1}{\alpha_2}$$

$$\int\frac{z^4\,dz}{[(z-\alpha_1)^2+\alpha_2^2]^4}=\frac{(\alpha_1^4-6\alpha_1^2\alpha_2^2+\alpha_2^4)(z-\alpha_1)+4\alpha_1\alpha_2^2(\alpha_2^2-\alpha_1^2)}{6\alpha_2^2[(z-\alpha_1)^2+\alpha_2^2]^3}+\frac{(5\alpha_1^4+6\alpha_1^2\alpha_2^2-7\alpha_2^4)(z-\alpha_1)-24\alpha_1\alpha_2^4}{24\alpha_2^4[(z-\alpha_1)^2+\alpha_2^2]^2}+\frac{(5\alpha_1^4+6\alpha_1^2\alpha_2^2+\alpha_2^4)(z-\alpha_1)}{16\alpha_2^6[(z-\alpha_1)^2+\alpha_2^2]}+\frac{5\alpha_1^4+6\alpha_1^2\alpha_2^2+\alpha_2^4}{16\alpha_2^7}\operatorname{arc\,tang}\frac{z-\alpha_1}{\alpha_2}\tag{177}$$

Auch (176) artet für $n=1$ aus. In diesem Falle ergibt sich

$$\int\frac{z^4\,dz}{[(z-\alpha_1)^2+\alpha_2^2]^2}=+\frac{(\alpha_1^4-6\alpha_1^2\alpha_2^2+\alpha_2^4)(z-\alpha_1)+4\alpha_1\alpha_2^2(\alpha_2^2-\alpha_1^2)}{2\alpha_2^2[(z-\alpha_1)^2+\alpha_2^2]}+(z-\alpha_1)+4\alpha_1\ln\sqrt{(z-\alpha_1)^2+\alpha_2^2}+\frac{\alpha_1^4+6\alpha_1^2\alpha_2^2-3\alpha_2^4}{2\alpha_2^3}\operatorname{arc\,tang}\frac{z-\alpha_1}{\alpha_2}\ .\tag{178}$$

Eine Gegengruppe von Integralformeln folgt aus (164) bis (178) durch Vertauschen von α_2 mit $i\alpha_2$. Man erhält auf diesem Wege

$$\int\frac{D_1z+D_0}{(z-\alpha_1)^2-\alpha_2^2}dz=D_1\ln\sqrt{|(z-\alpha_1)^2-\alpha_2^2|}-\left(\frac{D_1\alpha_1}{\alpha_2}+\frac{D_0}{\alpha_2}\right)\operatorname{Ar\,Tang}\frac{z-\alpha_1}{\alpha_2}\ .\tag{179}$$

$$\int\frac{dz}{(z-\alpha_1)^2-\alpha_2^2}=-\frac{1}{\alpha_2}\operatorname{Ar\,Tang}\frac{z-\alpha_1}{\alpha_2},$$

$$\int\frac{z\,dz}{(z-\alpha_1)^2-\alpha_2^2}=\ln\sqrt{|(z-\alpha_1)^2-\alpha_2^2|}-\frac{\alpha_1}{\alpha_2}\operatorname{Ar\,Tang}\frac{z-\alpha_1}{\alpha_2},$$

$$\int\frac{z^2\,dz}{(z-\alpha_1)^2-\alpha_2^2}=z+2\alpha_1\ln\sqrt{|(z-\alpha_1)^2-\alpha_2^2|}-\frac{\alpha_1^2+\alpha_2^2}{\alpha_2}\operatorname{Ar\,Tang}\frac{z-\alpha_1}{\alpha_2},$$

$$\int\frac{z^3\,dz}{(z-\alpha_1)^2-\alpha_2^2}=\frac{z^2}{2}+2\alpha_1 z+(3\alpha_1^2+\alpha_2^2)\ln\sqrt{|(z-\alpha_1)^2-\alpha_2^2|}-\frac{\alpha_1(\alpha_1^2+3\alpha_2^2)}{\alpha_2}\operatorname{Ar\,Tang}\frac{z-\alpha_1}{\alpha_2},$$

$$\int\frac{z^4\,dz}{(z-\alpha_1)^2-\alpha_2^2}=\frac{z^3}{3}+\alpha_1 z^2+(3\alpha_1^2+\alpha_2^2)z+4\alpha_1(x_1^2+\alpha_2^2)\ln\sqrt{|(z-\alpha_1)^2-\alpha_2^2|}-\frac{\alpha_1^2(\alpha_1^2+6\alpha_2^2)+\alpha_2^4}{\alpha_2}\operatorname{Ar\,Tang}\frac{z-\alpha_1}{\alpha_2}\ .\tag{180}$$

$$\int \frac{dz}{[(z-\alpha_1)^2-\alpha_2^2]^{n+1}} = -\frac{z-\alpha_1}{2n\alpha_2^2[(z-\alpha_1)^2-\alpha_2^2]^n} - \frac{2n-1}{2n\alpha_2^2}\int\frac{dz}{[(z-\alpha_1)^2-\alpha_2^2]^n},$$

$$\int \frac{dz}{[(z-\alpha_1)^2-\alpha_2^2]^2} = -\frac{z-\alpha_1}{2\alpha_2^2[(z-\alpha_1)^2-\alpha_2^2]} + \frac{1}{2\alpha_2^3}\operatorname{Ar\,Tang}\frac{z-\alpha_1}{\alpha_2},$$

$$\int \frac{dz}{[(z-\alpha_1)^2-\alpha_2^2]^3} = -\frac{z-\alpha_1}{4\alpha_2^2[(z-\alpha_1)^2-\alpha_2^2]^2} + \frac{3(z-\alpha_1)}{8\alpha_2^4[(z-\alpha_1)^2-\alpha_2^2]} - \frac{3}{8\alpha_2^5}\operatorname{Ar\,Tang}\frac{z-\alpha_1}{\alpha_2},$$

$$\int \frac{dz}{[(z-\alpha_1)^2-\alpha_2^2]^4} = -\frac{z-\alpha_1}{6\alpha_2^2[(z-\alpha_1)^2-\alpha_2^2]^3} + \frac{5(z-\alpha_1)}{24\alpha_2^4[(z-\alpha_1)^2-\alpha_2^2]^2} - \frac{5(z-\alpha_1)}{16\alpha_2^6[(z-\alpha_1)^2-\alpha_2^2]} +$$
$$+ \frac{5}{16\alpha_2^7}\operatorname{Ar\,Tang}\frac{z-\alpha_1}{\alpha_2}.$$

    (181)

$$\int \frac{z\,dz}{[(z-\alpha_1)^2-\alpha_2^2]^{n+1}} = -\frac{\alpha_1(z-\alpha_1)+\alpha_2^2}{2n\alpha_2^2[(z-\alpha_1)^2-\alpha_2^2]^n} - \frac{(2n-1)\alpha_1}{2n\alpha_2^2}\int\frac{dz}{[(z-\alpha_1)^2-\alpha_2^2]^n}.$$

$$\int \frac{z\,dz}{[(z-\alpha_1)^2-\alpha_2^2]^2} = -\frac{\alpha_1(z-\alpha_1)+\alpha_2^2}{2\alpha_2^2[(z-\alpha_1)^2-\alpha_2^2]} + \frac{\alpha_1}{2\alpha_2^3}\operatorname{Ar\,Tang}\frac{z-\alpha_1}{\alpha_2},$$

$$\int \frac{z\,dz}{[(z-\alpha_1)^2-\alpha_2^2]^3} = -\frac{\alpha_1(z-\alpha_1)+\alpha_2^2}{4\alpha_2^2[(z-\alpha_1)^2-\alpha_2^2]^2} + \frac{3\alpha_1(z-\alpha_1)}{8\alpha_2^4[(z-\alpha_1)^2-\alpha_2^2]} - \frac{3\alpha_1}{8\alpha_2^5}\operatorname{Ar\,Tang}\frac{z-\alpha_1}{\alpha_2},$$

$$\int \frac{z\,dz}{[(z-\alpha_1)^2-\alpha_2^2]^4} = -\frac{\alpha_1(z-\alpha_1)+\alpha_2^2}{6\alpha_2^2[(z-\alpha_1)^2-\alpha_2^2]^3} + \frac{5\alpha_1(z-\alpha_1)}{24\alpha_2^4[(z-\alpha_1)^2-\alpha_2^2]^2} - \frac{5\alpha_1(z-\alpha_1)}{16\alpha_2^6[(z-\alpha_1)^2-\alpha_2^2]} +$$
$$+ \frac{5\alpha_1}{16\alpha_2^7}\operatorname{Ar\,Tang}\frac{z-\alpha_1}{\alpha_2}.$$

    (182)

$$\int \frac{z^2\,dz}{[(z-\alpha_1)^2-\alpha_2^2]^{n+1}} = -\frac{(\alpha_1^2+\alpha_2^2)(z-\alpha_1)+2\alpha_1\alpha_2^2}{2n\alpha_2^2[(z-\alpha_1)^2-\alpha_2^2]^n} - \frac{(2n-1)\alpha_1^2-\alpha_2^2}{2n\alpha_2^2}\int\frac{dz}{[(z-\alpha_1)^2-\alpha_2^2]^n},$$

$$\int \frac{z^2\,dz}{[(z-\alpha_1)^2-\alpha_2^2]^2} = -\frac{(\alpha_1^2+\alpha_2^2)(z-\alpha_1)+2\alpha_1\alpha_2^2}{2\alpha_2^2[(z-\alpha_1)^2-\alpha_2^2]} + \frac{\alpha_1^2-\alpha_2^2}{2\alpha_2^3}\operatorname{Ar\,Tang}\frac{z-\alpha_1}{\alpha_2},$$

$$\int \frac{z^2\,dz}{[(z-\alpha_1)^2-\alpha_2^2]^3} = -\frac{(\alpha_1^2+\alpha_2^2)(z-\alpha_1)+2\alpha_1\alpha_2^2}{4\alpha_2^2[(z-\alpha_1)^2-\alpha_2^2]^2} + \frac{(3\alpha_1^2-\alpha_2^2)(z-\alpha_1)}{8\alpha_2^4[(z-\alpha_1)^2-\alpha_2^2]} - \frac{3\alpha_1^2-\alpha_2^2}{8\alpha_2^5}\operatorname{Ar\,Tang}\frac{z-\alpha_1}{\alpha_2},$$

$$\int \frac{z^2\,dz}{[(z-\alpha_1)^2-\alpha_2^2]^4} = -\frac{(\alpha_1^2+\alpha_2^2)(z-\alpha_1)+2\alpha_1\alpha_2^2}{6\alpha_2^2[(z-\alpha_1)^2-\alpha_2^2]^3} + \frac{(5\alpha_1^2-\alpha_2^2)(z-\alpha_1)}{24\alpha_2^4[(z-\alpha_1)^2-\alpha_2^2]^2} - \frac{(5\alpha_1^2-\alpha_2^2)(z-\alpha_1)}{16\alpha_2^6[(z-\alpha_1)^2-\alpha_2^2]} +$$
$$+ \frac{5\alpha_1^2-\alpha_2^2}{16\alpha_2^7}\operatorname{Ar\,Tang}\frac{z-\alpha_1}{\alpha_2}.$$

    (183)

$$\int \frac{z^3\,dz}{[(z-\alpha_1)^2-\alpha_2^2]^{n+1}} = -\frac{1}{2(n-1)[(z-\alpha_1)^2-\alpha_2^2]^{n-1}} - \frac{\alpha_1(\alpha_1^2+3\alpha_2^2)(z-\alpha_1)+\alpha_2^2(\alpha_2^2+3\alpha_1^2)}{2n\alpha_2^2[(z-\alpha_1)^2-\alpha_2^2]^n} +$$
$$+ \frac{3\alpha_1\alpha_2^2-(2n-1)\alpha_1^3}{2n\alpha_2^2}\int\frac{dz}{[(z-\alpha_1)^2-\alpha_2^2]^n},$$

$$\int \frac{z^3\,dz}{[(z-\alpha_1)^2-\alpha_2^2]^2} = -\frac{\alpha_1(\alpha_1^2+3\alpha_2^2)(z-\alpha_1)+\alpha_2^2(3\alpha_1^2+\alpha_2^2)}{2\alpha_2^2[(z-\alpha_1)^2-\alpha_2^2]} + \ln\sqrt{|(z-\alpha_1)^2-\alpha_2^2|} +$$
$$+ \frac{\alpha_1(\alpha_1^2-3\alpha_2^2)}{2\alpha_2^3}\operatorname{Ar\,Tang}\frac{z-\alpha_1}{\alpha_2},$$

$$\int \frac{z^3\,dz}{[(z-\alpha_1)^2-\alpha_2^2]^3} = -\frac{\alpha_1(\alpha_1^2+3\alpha_2^2)(z-\alpha_1)+\alpha_2^2(3\alpha_1^2+\alpha_2^2)}{4\alpha_2^2[(z-\alpha_1)^2-\alpha_2^2]^2} + \frac{3\alpha_1(\alpha_1^2-\alpha_2^2)(z-\alpha_1)-4\alpha_2^4}{8\alpha_2^4[(z-\alpha_1)^2-\alpha_2^2]} -$$
$$- \frac{3\alpha_1(\alpha_1^2-\alpha_2^2)}{8\alpha_2^5}\operatorname{Ar\,Tang}\frac{z-\alpha_1}{\alpha_2},$$

$$\int \frac{z^3\,dz}{[(z-\alpha_1)^2-\alpha_2^2]^4} = -\frac{\alpha_1(\alpha_1^2+3\alpha_2^2)(z-\alpha_1)+\alpha_2^2(3\alpha_1^2+\alpha_2^2)}{6\alpha_2^2[(z-\alpha_1)^2-\alpha_2^2]^3} + \frac{\alpha_1(5\alpha_1^2-3\alpha_2^2)(z-\alpha_1)-6\alpha_2^4}{24\alpha_2^4[(z-\alpha_1)^2-\alpha_2^2]^2} -$$
$$- \frac{\alpha_1(5\alpha_1^2-3\alpha_2^2)(z-\alpha_1)}{16\alpha_2^6[(z-\alpha_1)^2-\alpha_2^2]} + \frac{\alpha_1(5\alpha_1^2-3\alpha_2^2)}{16\alpha_2^7}\operatorname{Ar\,Tang}\frac{z-\alpha_1}{\alpha_2}.$$

    (184)

$$\int \frac{z^4\,dz}{[(z-\alpha_1)^2-\alpha_2^2]^{n+1}} = -\frac{2(n-1)(z-\alpha_1)+4\alpha_1(2n-3)}{2(n-1)(2n-3)[(z-\alpha_1)^2-\alpha_2^2]^{n-1}} - \frac{(\alpha_1^4+6\alpha_1^2\alpha_2^2+\alpha_2^4)(z-\alpha_1)+4\alpha_1\alpha_2^2(\alpha_1^2+\alpha_2^2)}{2n\alpha_2^2[(z-\alpha_1)^2-\alpha_2^2]^n} -$$
$$- \frac{3\alpha_2^4+(2n-3)(\alpha_1^4(2n-1)-6\alpha_1^2\alpha_2^2)}{2n(2n-3)\alpha_2^2}\int\frac{dz}{[(z-\alpha_1)^2-\alpha_2^2]^n},$$

$$\int \frac{z^4\,dz}{[(z-\alpha_1)^2-\alpha_2^2]^2} = -\frac{(\alpha_1^4+6\alpha_1^2\alpha_2^2+\alpha_2^4)(z-\alpha_1)+4\alpha_1\alpha_2^2(\alpha_1^2+\alpha_2^2)}{2\alpha_2^2[(z-\alpha_1)^2-\alpha_2^2]} + (z-\alpha_1)+4\alpha_1\ln\sqrt{|(z-\alpha_1)^2-\alpha_2^2|} +$$
$$+ \frac{\alpha_1^4-6\alpha_1^2\alpha_2^2-3\alpha_2^4}{2\alpha_2^3}\operatorname{Ar\,Tang}\frac{z-\alpha_1}{\alpha_2},$$

    (185)

$$\int \frac{z^4\,dz}{[(z-\alpha_1)^2-\alpha_2^2]^3} = -\frac{(\alpha_1^4+6\alpha_1^2\alpha_2^2+\alpha_2^4)(z-\alpha_1)+4\alpha_1\alpha_2^2(\alpha_1^2+\alpha_2^2)}{4\alpha_2^2[(z-\alpha_1)^2-\alpha_2^2]^2} + \frac{(3\alpha_1^4-6\alpha_1^2\alpha_2^2-5\alpha_2^4)(z-\alpha_1)-16\alpha_1\alpha_2^4}{8\alpha_2^4[(z-\alpha_1)^2-\alpha_2^2]} -$$
$$-\frac{3(\alpha_1^2-\alpha_2^2)^2}{8\alpha_2^5}\,\mathrm{Ar\ Tang}\,\frac{z-\alpha_1}{\alpha_2}\,,$$

$$\int \frac{z^4\,dz}{[(z-\alpha_1)^2-\alpha_2^2]^4} = -\frac{(\alpha_1^4+6\alpha_1^2\alpha_2^2+\alpha_2^4)(z-\alpha_1)+4\alpha_1\alpha_2^2(\alpha_1^2+\alpha_2^2)}{6\alpha_2^2[(z-\alpha_1)^2-\alpha_2^2]^3} + \frac{(5\alpha_1^4-6\alpha_1^2\alpha_2^2-7\alpha_2^4)(z-\alpha_1)-24\alpha_1\alpha_2^4}{24\alpha_2^4[(z-\alpha_1)^2-\alpha_2^2]^2} -$$
$$-\frac{(5\alpha_1^4-6\alpha_1^2\alpha_2^2+\alpha_2^4)(z-\alpha_1)}{16\alpha_2^6[(z-\alpha_1)^2-\alpha_2^2]} + \frac{5\alpha_1^4-6\alpha_1^2\alpha_2^2+\alpha_2^4}{16\alpha_2^7}\,\mathrm{Ar\ Tang}\,\frac{z-\alpha_1}{\alpha_2}\,.$$

(185)

Für $\alpha_1=0$ und $\alpha_2=a$ folgt aus (164) bis (185)

$$\int \frac{D_1 z+D_0}{z^2+a^2}\,dz = D_1\ln\sqrt{z^2+a^2} + \frac{D_0}{a}\arctan\frac{z}{a}\,, \qquad \int \frac{D_1 z+D_0}{z^2-a^2}\,dz = D_1\ln\sqrt{|z^2-a^2|} - \frac{D_0}{a}\,\mathrm{Ar\ Tang}\,\frac{z}{a}\,, \qquad (186)$$

$$\int \frac{dz}{z^2+a^2} = \frac{1}{a}\arctan\frac{z}{a} \qquad , \qquad \int \frac{dz}{z^2-a^2} = -\frac{1}{a}\,\mathrm{Ar\ Tang}\,\frac{z}{a} \qquad ,$$

$$\int \frac{z\,dz}{z^2+a^2} = \ln\sqrt{z^2+a^2} \qquad , \qquad \int \frac{z\,dz}{z^2-a^2} = \ln\sqrt{|z^2-a^2|} \qquad ,$$

$$\int \frac{z^2\,dz}{z^2+a^2} = z-a\arctan\frac{z}{a} \qquad , \qquad \int \frac{z^2\,dz}{z^2-a^2} = z-a\,\mathrm{Ar\ Tang}\,\frac{z}{a} \qquad , \qquad (187)$$

$$\int \frac{z^3\,dz}{z^2+a^2} = \frac{z^2}{2}-a^2\ln\sqrt{z^2+a^2} \qquad , \qquad \int \frac{z^3\,dz}{z^2-a^2} = \frac{z^2}{2}+a^2\ln\sqrt{|z^2-a^2|} \qquad ,$$

$$\int \frac{z^4\,dz}{z^2+a^2} = \frac{z^3}{3}-a^2 z+a^3\arctan\frac{z}{a} \qquad , \qquad \int \frac{z^4\,dz}{z^2-a^2} = \frac{z^3}{3}+a^2 z-a^3\,\mathrm{Ar\ Tang}\,\frac{z}{a}$$

$$\int \frac{dz}{(z^2+a^2)^2} = \frac{z}{2a^2(z^2+a^2)}+\frac{1}{2a^3}\arctan\frac{z}{a} \qquad , \qquad \int \frac{dz}{(z^2-a^2)^2} = -\frac{z}{2a^2(z^2-a^2)}+\frac{1}{2a^3}\,\mathrm{Ar\ Tang}\,\frac{z}{a}\,,$$

$$\int \frac{z\,dz}{(z^2+a^2)^2} = -\frac{1}{2(z^2+a^2)} \qquad , \qquad \int \frac{z\,dz}{(z^2-a^2)^2} = -\frac{1}{2(z^2-a^2)} \qquad ,$$

$$\int \frac{z^2\,dz}{(z^2+a^2)^2} = -\frac{z}{2(z^2+a^2)}+\frac{1}{2a}\arctan\frac{z}{a} \qquad , \qquad \int \frac{z^2\,dz}{(z^2-a^2)^2} = -\frac{z}{2(z^2-a^2)}-\frac{1}{2a}\,\mathrm{Ar\ Tang}\,\frac{z}{a} \qquad , \qquad (188)$$

$$\int \frac{z^3\,dz}{(z^2+a^2)^2} = \frac{a^2}{2(z^2+a^2)}+\ln\sqrt{z^2+a^2} \qquad , \qquad \int \frac{z^3\,dz}{(z^2-a^2)^2} = -\frac{a^2}{2(z^2-a^2)}+\ln\sqrt{|z^2-a^2|} \qquad ,$$

$$\int \frac{z^4\,dz}{(z^2+a^2)^2} = \frac{a^2 z}{2(z^2+a^2)}+z-\frac{3a}{2}\arctan\frac{z}{a} \qquad , \qquad \int \frac{z^3\,dz}{(z^2-a^2)^2} = -\frac{a^2 z}{2(z^2-a^2)}+z-\frac{3a}{2}\,\mathrm{Ar\ Tang}\,\frac{z}{a}\,.$$

$$\int \frac{dz}{(z^2+a^2)^3} = \frac{z}{4a^2(z^2+a^2)^2}+\frac{3z}{8a^4(z^2+a^2)}+\frac{3}{8a^5}\arctan\frac{z}{a} \qquad , \qquad \int \frac{dz}{(z^2-a^2)^3} = -\frac{z}{4a^2(z^2-a^2)^2}+\frac{3z}{8a^4(z^2-a^2)}-\frac{3}{8a^5}\,\mathrm{Ar\ Tang}\,\frac{z}{a} \qquad ,$$

$$\int \frac{z\,dz}{(z^2+a^2)^3} = -\frac{1}{4(z^2+a^2)^2} \qquad , \qquad \int \frac{z\,dz}{(z^2-a^2)^3} = -\frac{1}{4(z^2-a^2)^2} \qquad ,$$

$$\int \frac{z^2\,dz}{(z^2+a^2)^3} = -\frac{z}{4(z^2+a^2)^2}+\frac{z}{8a^2(z^2+a^2)}+\frac{1}{8a^3}\arctan\frac{z}{a} \qquad , \qquad \int \frac{z^2\,dz}{(z^2-a^2)^3} = -\frac{z}{4(z^2-a^2)^2}-\frac{z}{8a^2(z^2-a^2)}+\frac{1}{8a^3}\,\mathrm{Ar\ Tang}\,\frac{z}{a} \qquad , \qquad (189)$$

$$\int \frac{z^3\,dz}{(z^2+a^2)^3} = \frac{a^2}{4(z^2+a^2)^2}-\frac{1}{2(z^2+a^2)} \qquad , \qquad \int \frac{z^3\,dz}{(z^2-a^2)^3} = -\frac{a^2}{4(z^2-a^2)^2}-\frac{1}{2(z^2-a^2)} \qquad ,$$

$$\int \frac{z^4\,dz}{(z^2+a^2)^3} = \frac{a^2 z}{4(z^2+a^2)^2}-\frac{5z}{8(z^2+a^2)}+\frac{3}{8a}\arctan\frac{z}{a} \qquad , \qquad \int \frac{z^4\,dz}{(z^2-a^2)^3} = -\frac{a^2 z}{4(z^2-a^2)^2}-\frac{5z}{8(z^2-a^2)}-\frac{3}{8a}\,\mathrm{Ar\ Tang}\,\frac{z}{a} \qquad ,$$

$$\int \frac{dz}{(z^2+a^2)^4} = \frac{z}{6a^2(z^2+a^2)^3}+\frac{5z}{24a^4(z^2+a^2)^2}+\frac{5z}{16a^6(z^2+a^2)}+\frac{5}{16a^7}\arctan\frac{z}{a}\,, \qquad \int \frac{dz}{(z^2-a^2)^4} = -\frac{z}{6a^2(z^2-a^2)^3}+\frac{5z}{24a^4(z^2-a^2)^2}-\frac{5z}{16a^6(z^2-a^2)}+\frac{5}{16a^7}\,\mathrm{Ar\ Tang}\,\frac{z}{a}\,,$$

$$\int \frac{z\,dz}{(z^2+a^2)^4} = -\frac{1}{6(z^2+a^2)^3} \qquad , \qquad \int \frac{z\,dz}{(z^2-a^2)^4} = -\frac{1}{6(z^2-a^2)^3} \qquad , \qquad (190)$$

$$(190)\qquad
\begin{aligned}
\int\frac{z^2\,dz}{(z^2+a^2)^4} &= -\frac{z}{6(z^2+a^2)^3}+\frac{z}{24a^2(z^2+a^2)^2}+\frac{z}{16a^4(z^2+a^2)}+\frac{1}{16a^5}\operatorname{arc\,tang}\frac{z}{a}, \\[4pt]
\int\frac{z^3\,dz}{(z^2+a^2)^4} &= \frac{a^2}{6(z^2+a^2)^3}-\frac{1}{4(z^2+a^2)^2}, \\[4pt]
\int\frac{z^4\,dz}{(z^2+a^2)^4} &= \frac{a^2z}{6(z^2+a^2)^3}-\frac{7z}{24(z^2+a^2)^2}+\frac{z}{16a^2(z^2+a^2)}+\frac{1}{16a^3}\operatorname{arc\,tang}\frac{z}{a},
\end{aligned}$$

$$
\begin{aligned}
\int\frac{z^2\,dz}{(z^2-a^2)^4} &= -\frac{z}{6(z^2-a^2)^3}-\frac{z}{24a^2(z^2-a^2)^2}+\frac{z}{16a^4(z^2-a^2)}-\frac{1}{16a^5}\operatorname{Ar\,Tang}\frac{z}{a}, \\[4pt]
\int\frac{z^3\,dz}{(z^2-a^2)^4} &= -\frac{a^2}{6(z^2-a^2)^3}-\frac{1}{4(z^2-a^2)^2}, \\[4pt]
\int\frac{z^4\,dz}{(z^2-a^2)^4} &= -\frac{a^2z}{6(z^2-a^2)^3}-\frac{7z}{24(z^2-a^2)^2}-\frac{z}{16a^2(z^2-a^2)}+\frac{1}{16a^3}\operatorname{Ar\,Tang}\frac{z}{a}.
\end{aligned}$$

Für $\alpha_1=a$, $\alpha_2=\sqrt{b-a^2}$ bzw. $\alpha_1=a$, $\alpha_2=\sqrt{a^2-b}$ folgt aus (164) bis (178) bzw. (179) bis (185)

$$(191)\qquad
\begin{aligned}
\int\frac{D_1 z+D_0}{z^2-2az+b}\,dz &= D_1\ln\sqrt{|z^2-2az+b|}+\left(\frac{D_1 a}{\sqrt{b-a^2}}+\frac{D_0}{\sqrt{b-a^2}}\right)\operatorname{arc\,tang}\frac{z-a}{\sqrt{b-a^2}} \quad \text{für } b>a^2, \\[6pt]
\int\frac{D_1 z+D_0}{z^2-2az+b}\,dz &= D_1\ln\sqrt{|z^2-2az+b|}-\left(\frac{D_1 a}{\sqrt{a^2-b}}+\frac{D_0}{\sqrt{a^2-b}}\right)\operatorname{Ar\,Tang}\frac{z-a}{\sqrt{a^2-b}} \quad \text{für } b<a^2.
\end{aligned}$$

$(192)^{a}$ für $b>a^2$:

$$
\begin{aligned}
\int\frac{dz}{z^2-2az+b} &= \frac{1}{\sqrt{b-a^2}}\operatorname{arc\,tang}\frac{z-a}{\sqrt{b-a^2}}, \\[6pt]
\int\frac{z\,dz}{z^2-2az+b} &= \ln\sqrt{|z^2-2az+b|}+\frac{a}{\sqrt{b-a^2}}\operatorname{arc\,tang}\frac{z-a}{\sqrt{b-a^2}}, \\[6pt]
\int\frac{z^2\,dz}{z^2-2az+b} &= z+2a\ln\sqrt{|z^2-2az+b|}+\frac{2a^2-b}{\sqrt{b-a^2}}\operatorname{arc\,tang}\frac{z-a}{\sqrt{b-a^2}}, \\[6pt]
\int\frac{z^3\,dz}{z^2-2az+b} &= \frac{z^2}{2}+2az+(4a^2-b)\ln\sqrt{|z^2-2az+b|}+\frac{a(4a^2-3b)}{\sqrt{b-a^2}}\operatorname{arc\,tang}\frac{z-a}{\sqrt{b-a^2}}, \\[6pt]
\int\frac{z^4\,dz}{z^2-2az+b} &= \frac{z^3}{3}+az^2+(4a^2-b)z+4a(2a^2-b)\ln\sqrt{|z^2-2az+b|} \\
&\quad +\frac{a^2(7a^2-6b)+(b-a^2)^2}{\sqrt{b-a^2}}\operatorname{arc\,tang}\frac{z-a}{\sqrt{b-a^2}}.
\end{aligned}$$

$(192)^{b}$ für $b<a^2$:

$$
\begin{aligned}
\int\frac{dz}{z^2-2az+b} &= -\frac{1}{\sqrt{a^2-b}}\operatorname{Ar\,Tang}\frac{z-a}{\sqrt{a^2-b}}, \\[6pt]
\int\frac{z\,dz}{z^2-2az+b} &= \ln\sqrt{|z^2-2az+b|}-\frac{a}{\sqrt{a^2-b}}\operatorname{Ar\,Tang}\frac{z-a}{\sqrt{a^2-b}}, \\[6pt]
\int\frac{z^2\,dz}{z^2-2az+b} &= z+2a\ln\sqrt{|z^2-2az+b|}-\frac{2a^2-b}{\sqrt{a^2-b}}\operatorname{Ar\,Tang}\frac{z-a}{\sqrt{a^2-b}}, \\[6pt]
\int\frac{z^3\,dz}{z^2-2az+b} &= \frac{z^2}{2}+2az+(4a^2-b)\ln\sqrt{|z^2-2az+b|}-\frac{a(4a^2-3b)}{\sqrt{a^2-b}}\operatorname{Ar\,Tang}\frac{z-a}{\sqrt{a^2-b}}, \\[6pt]
\int\frac{z^4\,dz}{z^2-2az+b} &= \frac{z^3}{3}+az^2+(4a^2-b)z+4a(2a^2-b)\ln\sqrt{|z^2-2az+b|} \\
&\quad -\frac{a^2(7a^2-6b)+(a^2-b)^2}{\sqrt{a^2-b}}\operatorname{Ar\,Tang}\frac{z-a}{\sqrt{a^2-b}}.
\end{aligned}$$

$(193)^{a}$ für $b>a^2$:

$$
\begin{aligned}
\int\frac{dz}{(z^2-2az+b)^2} &= \frac{(z-a)}{2(b-a^2)(z^2-2az+b)}+\frac{1}{2(b-a^2)^{3/2}}\operatorname{arc\,tang}\frac{z-a}{\sqrt{b-a^2}}, \\[6pt]
\int\frac{z\,dz}{(z^2-2az+b)^2} &= \frac{az-b}{2(b-a^2)(z^2-2az+b)}+\frac{a}{2(b-a^2)^{3/2}}\operatorname{arc\,tang}\frac{z-a}{\sqrt{b-a^2}}, \\[6pt]
\int\frac{z^2\,dz}{(z^2-2az+b)^2} &= \frac{(2a^2-b)(z-a)-2a(b-a^2)}{2(b-a^2)(z^2-2az+b)}+\frac{b}{2(b-a^2)^{3/2}}\operatorname{arc\,tang}\frac{z-a}{\sqrt{b-a^2}}, \\[6pt]
\int\frac{z^3\,dz}{(z^2-2az+b)^2} &= \frac{a(4a^2-3b)(z-a)-(b-a^2)(4a^2-b)}{2(b-a^2)(z^2-2az+b)}+\ln\sqrt{|z^2-2az+b|} \\
&\quad +\frac{a(3b-2a^2)}{2(b-a^2)^{3/2}}\operatorname{arc\,tang}\frac{z-a}{\sqrt{b-a^2}}, \\[6pt]
\int\frac{z^4\,dz}{(z^2-2az+b)^2} &= +\frac{[a^4-6a^2(b-a^2)+(b-a^2)^2](z-a)+4a(b-a^2)(b-2a^2)}{2(b-a^2)(z^2-2az+b)}+(z-a) \\
&\quad +4a\ln\sqrt{|z^2-2az+b|}+\frac{a^4+6a^2(b-a^2)-3(b-a^2)^2}{2(b-a^2)^{3/2}}\operatorname{arc\,tang}\frac{z-a}{\sqrt{b-a^2}}.
\end{aligned}$$

$$\int \frac{dz}{(z^2-2az+b)^2} = -\frac{z-a}{2(a^2-b)(z^2-2az+b)} + \frac{1}{2(a^2-b)^{\frac{3}{2}}} \,\mathrm{Ar\,Tang}\, \frac{z-a}{\sqrt{a^2-b}}$$

$$\int \frac{z\,dz}{(z^2-2az+b)^2} = -\frac{az-b}{2(a^2-b)(z^2-2az+b)} + \frac{a}{2(a^2-b)^{\frac{3}{2}}} \,\mathrm{Ar\,Tang}\, \frac{z-a}{\sqrt{a^2-b}}$$

$$\int \frac{z^2\,dz}{(z^2-2az+b)^2} = -\frac{(2a^2-b)(z-a)+2a(a^2-b)}{2(a^2-b)(z^2-2az+b)} + \frac{b}{2(a^2-b)^{\frac{3}{2}}} \,\mathrm{Ar\,Tang}\, \frac{z-a}{\sqrt{a^2-b}}$$

$$\int \frac{z^3\,dz}{(z^2-2az+b)^2} = -\frac{a(4a^2-3b)(z-a)+(a^2-b)(4a^2-b)}{2(a^2-b)(z^2-2az+b)} + \ln\sqrt{|z^2-2az+b|} +$$
$$+ \frac{a(3b-2a^2)}{2(a^2-b)^{\frac{3}{2}}} \,\mathrm{Ar\,Tang}\, \frac{z-a}{\sqrt{a^2-b}}$$

$$\int \frac{z^4\,dz}{(z^2-2az+b)^2} = -\frac{[a^4+6a^2(a^2-b)+(a^2-b)^2](z-a)+4a(a^2-b)(2a^2-b)}{2(a^2-b)(z^2-2az+b)} + (z-a) +$$
$$+ 4a\ln\sqrt{|z^2-2az+b|} + \frac{a^4-6a^2(a^2-b)-3(a^2-b)^2}{2(a^2-b)^{\frac{3}{2}}} \,\mathrm{Ar\,Tang}\, \frac{z-a}{\sqrt{a^2-b}}$$

$$(193)^b \qquad \text{für } b < a^2$$

$$\int \frac{dz}{(z^2-2az+b)^3} = \frac{z-a}{4(b-a^2)(z^2-2az+b)^2} + \frac{3(z-a)}{8(b-a^2)^2(z^2-2az+b)} + \frac{3}{8(b-a^2)^{\frac{5}{2}}} \arctan \frac{z-a}{\sqrt{b-a^2}}$$

$$\int \frac{z\,dz}{(z^2-2az+b)^3} = \frac{az-b}{4(b-a^2)(z^2-2az+b)^2} + \frac{3a(z-a)}{8(b-a^2)^2(z^2-2az+b)} + \frac{3a}{8(b-a^2)^{\frac{5}{2}}} \arctan \frac{z-a}{\sqrt{b-a^2}}$$

$$\int \frac{z^2\,dz}{(z^2-2az+b)^3} = \frac{(2a^2-b)(z-a)-2a(b-a^2)}{4(b-a^2)(z^2-2az+b)^2} + \frac{(2a^2+b)(z-a)}{8(b-a^2)^2(z^2-2az+b)} +$$
$$+ \frac{2a^2+b}{8(b-a^2)^{\frac{5}{2}}} \arctan \frac{z-a}{\sqrt{b-a^2}}$$

$$\int \frac{z^3\,dz}{(z^2-2az+b)^3} = \frac{a(4a^2-3b)(z-a)+(b-a^2)(b-4a^2)}{4(b-a^2)(z^2-2az+b)^2} + \frac{3ab(z-a)-4(b-a^2)^2}{8(b-a^2)^2(z^2-2az+b)} +$$
$$+ \frac{3ab}{8(b-a^2)^{\frac{5}{2}}} \arctan \frac{z-a}{\sqrt{b-a^2}}$$

$$\int \frac{z^4\,dz}{(z^2-2az+b)^3} = \frac{[a^4-6a^2(b-a^2)+(b-a^2)^2](z-a)+4a(b-a^2)(b-2a^2)}{4(b-a^2)(z^2-2az+b)^2} +$$
$$+ \frac{[3a^4+6a^2(b-a^2)-5(b-a^2)^2](z-a)-16a(b-a^2)^2}{8(b-a^2)^2(z^2-2az+b)} + \frac{3b^2}{8(b-a^2)^{\frac{5}{2}}} \arctan \frac{z-a}{\sqrt{b-a^2}}$$

$$(194)^a \qquad \text{für } b > a^2$$

$$\int \frac{dz}{(z^2-2az+b)^3} = -\frac{z-a}{4(a^2-b)(z^2-2az+b)^2} + \frac{3(z-a)}{8(a^2-b)^2(z^2-2az+b)} - \frac{3}{8(a^2-b)^{\frac{5}{2}}} \,\mathrm{Ar\,Tang}\, \frac{z-a}{\sqrt{a^2-b}}$$

$$\int \frac{z\,dz}{(z^2-2az+b)^3} = -\frac{az-b}{4(a^2-b)(z^2-2az+b)^2} + \frac{3a(z-a)}{8(a^2-b)^2(z^2-2az+b)} - \frac{3a}{8(a^2-b)^{\frac{5}{2}}} \,\mathrm{Ar\,Tang}\, \frac{z-a}{\sqrt{a^2-b}}$$

$$\int \frac{z^2\,dz}{(z^2-2az+b)^3} = -\frac{(2a^2-b)(z-a)+2a(a^2-b)}{4(a^2-b)(z^2-2az+b)^2} + \frac{(2a^2+b)(z-a)}{8(a^2-b)^2(z^2-2az+b)} -$$
$$- \frac{2a^2+b}{8(a^2-b)^{\frac{5}{2}}} \,\mathrm{Ar\,Tang}\, \frac{z-a}{\sqrt{a^2-b}}$$

$$\int \frac{z^3\,dz}{(z^2-2az+b)^3} = -\frac{a(4a^2-3b)(z-a)+(a^2-b)(4a^2-b)}{4(a^2-b)(z^2-2az+b)^2} + \frac{3ab(z-a)-4(a^2-b)^2}{8(a^2-b)^2(z^2-2az+b)} -$$
$$- \frac{3ab}{8(a^2-b)^{\frac{5}{2}}} \,\mathrm{Ar\,Tang}\, \frac{z-a}{\sqrt{a^2-b}}$$

$$\int \frac{z^4\,dz}{(z^2-2az+b)^3} = -\frac{[a^4+6a^2(a^2-b)+(a^2-b)^2](z-a)+4a(a^2-b)(2a^2-b)}{4(a^2-b)(z^2-2az+b)^2} +$$
$$+ \frac{[3a^4-6a^2(a^2-b)-5(a^2-b)^2](z-a)-16a(a^2-b)^2}{8(a^2-b)^2(z^2-2az+b)} - \frac{3b^2}{8(a^2-b)^{\frac{5}{2}}} \,\mathrm{Ar\,Tang}\, \frac{z-a}{\sqrt{a^2-b}}$$

$$(194)^b \qquad \text{für } b < a^2$$

$$\int \frac{dz}{(z^2-2az+b)^4} = \frac{z-a}{6(b-a^2)(z^2-2az+b)^3} + \frac{5(z-a)}{24(b-a^2)^2(z^2-2az+b)^2} + \frac{5(z-a)}{16(b-a^2)^3(z^2-2az+b)} +$$
$$+ \frac{5}{16(b-a^2)^{\frac{7}{2}}} \operatorname{arc\,tang} \frac{z-a}{\sqrt{b-a^2}} \quad,$$

$$\int \frac{z\,dz}{(z^2-2az+b)^4} = \frac{az-b}{6(b-a^2)(z^2-2az+b)^3} + \frac{5a(z-a)}{24(b-a^2)^2(z^2-2az+b)^2} + \frac{5a(z-a)}{16(b-a^2)^3(z^2-2az+b)} +$$
$$+ \frac{5a}{16(b-a^2)^{\frac{7}{2}}} \operatorname{arc\,tang} \frac{z-a}{\sqrt{b-a^2}} \quad,$$

$$\int \frac{z^2\,dz}{(z^2-2az+b)^4} = \frac{(2a^2-b)(z-a)-2a(b-a^2)}{6(b-a^2)(z^2-2az+b)^3} + \frac{(4a^2+b)(z-a)}{24(b-a^2)^2(z^2-2az+b)^2} + \frac{(4a^2+b)(z-a)}{16(b-a^2)^3(z^2-2az+b)} +$$
$$+ \frac{4a^2+b}{16(b-a^2)^{\frac{7}{2}}} \operatorname{arc\,tang} \frac{z-a}{\sqrt{b-a^2}} \quad,$$

$$\int \frac{z^3\,dz}{(z^2-2az+b)^4} = \frac{a(4a^2-3b)(z-a)+(b-a^2)(b-4a^2)}{6(b-a^2)(z^2-2az+b)^3} + \frac{a(2a^2+3b)(z-a)-6(b-a^2)^2}{24(b-a^2)^2(z^2-2az+b)^2} +$$
$$+ \frac{a(2a^2+3b)(z-a)}{16(b-a^2)^3(z^2-2az+b)} + \frac{a(2a^2+3b)}{16(b-a^2)^{\frac{7}{2}}} \operatorname{arc\,tang} \frac{z-a}{\sqrt{b-a^2}} \quad,$$

$$\int \frac{z^4\,dz}{(z^2-2az+b)^4} = \frac{[a^4-6a^2(b-a^2)+(b-a^2)^2](z-a)+4a(b-a^2)(b-2a^2)}{6(b-a^2)(z^2-2az+b)^3} +$$
$$+ \frac{[5a^4+6a^2(b-a^2)-7(b-a^2)^2](z-a)-24a(b-a^2)^2}{24(b-a^2)^2(z^2-2az+b)^2} +$$
$$+ \frac{[5a^4+6a^2(b-a^2)+(b-a^2)^2](z-a)}{16(b-a^2)^3(z^2-2az+b)} + \frac{5a^4+6a^2(b-a^2)+(b-a^2)^2}{16(b-a^2)^{\frac{7}{2}}} \operatorname{arc\,tang} \frac{z-a}{\sqrt{b-a^2}} \quad.$$

$$\left.\right\}\ (195)^a \quad \text{für } b > a^2$$

$$\int \frac{dz}{(z^2-2az+b)^4} = -\frac{z-a}{6(a^2-b)(z^2-2az+b)^3} + \frac{5(z-a)}{24(a^2-b)^2(z^2-2az+b)^2} - \frac{5(z-a)}{16(a^2-b)^3(z^2-2az+b)} +$$
$$+ \frac{5}{16(a^2-b)^{\frac{7}{2}}} \operatorname{Ar\,Tang} \frac{z-a}{\sqrt{a^2-b}} \quad,$$

$$\int \frac{z\,dz}{(z^2-2az+b)^4} = -\frac{az-b}{6(a^2-b)(z^2-2az+b)^3} + \frac{5a(z-a)}{24(a^2-b)^2(z^2-2az+b)^2} - \frac{5a(z-a)}{16(a^2-b)^3(z^2-2az+b)} +$$
$$+ \frac{5a}{16(a^2-b)^{\frac{7}{2}}} \operatorname{Ar\,Tang} \frac{z-a}{\sqrt{a^2-b}} \quad,$$

$$\int \frac{z^2\,dz}{(z^2-2az+b)^4} = -\frac{(2a^2-b)(z-a)+2a(a^2-b)}{6(a^2-b)(z^2-2az+b)^3} + \frac{(4a^2+b)(z-a)}{24(a^2-b)^2(z^2-2az+b)^2} -$$
$$- \frac{(4a^2+b)(z-a)}{16(a^2-b)^3(z^2-2az+b)} + \frac{4a^2+b}{16(a^2-b)^{\frac{7}{2}}} \operatorname{Ar\,Tang} \frac{z-a}{\sqrt{a^2-b}} \quad,$$

$$\int \frac{z^3\,dz}{(z^2-2az+b)^4} = -\frac{a(4a^2-3b)(z-a)+(a^2-b)(4a^2-b)}{6(a^2-b)(z^2-2az+b)^3} + \frac{a(2a^2+3b)(z-a)-6(a^2-b)^2}{24(a^2-b)^2(z^2-2az+b)^2} -$$
$$- \frac{a(2a^2+3b)(z-a)}{16(a^2-b)^3(z^2-2az+b)} + \frac{a(2a^2+3b)}{16(a^2-b)^{\frac{7}{2}}} \operatorname{Ar\,Tang} \frac{z-a}{\sqrt{a-b^2}} \quad,$$

$$\int \frac{z^4\,dz}{(z^2-2az+b)^4} = -\frac{[a^4+6a^2(a^2-b)+(a^2-b)^2](z-a)+4a(a^2-b)(2a^2-b)}{6(a^2-b)(z^2-2az+b)^3} +$$
$$+ \frac{[5a^4-6a^2(a^2-b)-7(a^2-b)^2](z-a)-24a(a^2-b)^2}{24(a^2-b)^2(z^2-2az+b)^2} -$$
$$- \frac{[5a^4-6a^2(a^2-b)+(a^2-b)^2](z-a)}{16(a^2-b)^3(z^2-2az+b)} + \frac{5a^4-6a^2(a^2-b)+(a^2-b)^2}{16(a^2-b)^{\frac{7}{2}}} \operatorname{Ar\,Tang} \frac{z-a}{\sqrt{a^2-b}} \quad.$$

$$\left.\right\}\ (195)^b \quad \text{für } b < a^2$$

Weitere Integrale lassen sich leicht mit Hilfe der nachstehenden Rekursionsformeln darstellen:

$$\int \frac{z^m\,dz}{(z^2-2az-b)^n} = -\frac{z^{m-1}}{(2n-m-1)(z^2-2az+b)^{n-1}} + \frac{b(m-1)}{2n-m-1}\int\frac{z^{m-2}\,dz}{(z^2-2az+b)^n} +$$
$$+ \frac{2a(n-m)}{2n-m-1}\int\frac{z^{m-1}\,dz}{(z^2-2az+b)^n} \qquad (m \neq 2n-1) \quad,$$

$$\int \frac{z^{2n-1}\,dz}{(z^2-2az+b)^n} = \int\frac{z^{2n-3}\,dz}{(z^2-2az+b)^{n-1}} - b\int\frac{z^{2n-3}\,dz}{(z^2-2az+b)^n} + 2a\int\frac{z^{2n-2}\,dz}{(z^2-2az+b)^n} \quad (m = 2n-1) \,..$$

$$\left.\right\}\ (196)$$

$$\int\frac{dz}{(z^2-2az+b)^n}=\frac{z-a}{2(n-1)(b-a^2)(z^2-2az+b)^{n-1}}+\frac{2n-3}{2(n-1)(b-a^2)}\int\frac{dz}{(z^2-2az+b)^{n-1}},$$
$$\int\frac{z\,dz}{(z^2-2az+b)^n}=\frac{az-b}{2(n-1)(b-a^2)(z^2-2az+b)^{n-1}}+\frac{a(2n-3)}{2(n-1)(b-a^2)}\int\frac{dz}{(z^2-2az+b)^{n-1}}.$$
$$(n>1)\qquad(197)$$

Als weiterer Sonderfall von (162) sei nun der Fall dreier Wurzelwerte a_1, a_2, a_3 betrachtet, von denen zwei komplex sein mögen, so daß a_1, a_2, a_3 in der Form

$$a_1=\alpha_1+i\alpha_2,\quad a_2=\alpha_1-i\alpha_2,\quad a_3=\alpha_3$$

zugrunde gelegt werden können. Dann liefern die allgemeinen Formeln für die Koeffizienten b_1, b_2, b_3 der Partialbruchzerlegung nach einigen Rechnungen

$$b_1=\beta_1\mp i\beta_2=\frac{D_2a_1^2+D_1a_1+D_0}{(a_1-a_2)(a_2-a_3)}=\frac{D_2\alpha_2(\alpha_1^2+\alpha_2^2-2\alpha_1\alpha_3)-D_1\alpha_2\alpha_3-D_0\alpha_2}{2\alpha_2[(\alpha_1-\alpha_3)^2+\alpha_2^2]}\mp$$
$$\mp i\frac{D_2[\alpha_1(\alpha_1^2+\alpha_2^2)-\alpha_3(\alpha_1^2-\alpha_2^2)]+D_1(\alpha_1^2+\alpha_2^2-\alpha_1\alpha_3)+D_0(\alpha_1-\alpha_3)}{2\alpha_2[(\alpha_1-\alpha_3)^2+\alpha_2^2]}$$
$$b_3=\frac{D_2a_3^2+D_1a_3+D_0}{(a_3-a_1)(a_3-a_2)}=\frac{D_2a_3^2+D_1a_3+D_0}{(\alpha_1-\alpha_3)^2+\alpha_2^2}$$

Weiter folgt ähnlich wie früher

$$b_1\ln|z-a_1|+b_2\ln|z-a_2|+b_3\ln|z-a_3|=2\beta_1\ln\sqrt{(z-\alpha_1)^2+\alpha_2^2}-2\beta_2\,\text{arc cotg}\,\frac{z-\alpha_1}{\alpha_2}+b_3\ln|z-\alpha_3|.$$

Die Berücksichtigung dieser Werte in dem allgemeinen Integral ergibt unter gleichzeitiger Einführung der arc tang-Funktion

$$\int\frac{D_2z^2+D_1z+D_0}{[(z-\alpha_1)^2+\alpha_2^2](z-\alpha_3)}dz=\frac{D_2(\alpha_1^2+\alpha_2^2-2\alpha_1\alpha_3)-D_1\alpha_3-D_0}{(\alpha_1-\alpha_3)^2+\alpha_2^2}\ln\sqrt{(z-\alpha_1)^2+\alpha_2^2}+\frac{D_2\alpha_3^2+D_1\alpha_3+D_0}{(\alpha_1-\alpha_3)^2+\alpha_2^2}\ln|z-\alpha_3|+$$
$$+\frac{D_2[\alpha_1(\alpha_1^2+\alpha_2^2)-\alpha_3(\alpha_1^2-\alpha_2^2)]+D_1(\alpha_1^2+\alpha_2^2-\alpha_1\alpha_3)+D_0(\alpha_1-\alpha_3)}{\alpha_2[(\alpha_1-\alpha_3)^2+\alpha_2^2]}\,\text{arc tang}\,\frac{z-\alpha_1}{\alpha_2}.\qquad(198)$$

Entsprechend folgt bei Vertauschung von α_2 mit $i\alpha_2$

$$\int\frac{D_2z^2+D_1z+D_0}{[(z-\alpha_1)^2-\alpha_2^2](z-\alpha_3)}dz=\frac{D_2(\alpha_1^2-\alpha_2^2-2\alpha_1\alpha_3)-D_1\alpha_3-D_0}{(\alpha_1-\alpha_3)^2-\alpha_2^2}\ln\sqrt{|(z-\alpha_1)^2-\alpha_2^2|}+\frac{D_2\alpha_3^2+D_1\alpha_3+D_0}{(\alpha_1-\alpha_3)^2-\alpha_2^2}\ln|z-\alpha_3|-$$
$$-\frac{D_2[\alpha_1(\alpha_1^2-\alpha_2^2)-\alpha_3(\alpha_1^2+\alpha_2^2)]+D_1(\alpha_1^2-\alpha_2^2-\alpha_1\alpha_3)+D_0(\alpha_1-\alpha_3)}{\alpha_2[(\alpha_1-\alpha_3)^2-\alpha_2^2]}\,\mathfrak{Ar}\,\mathfrak{Tang}\,\frac{z-\alpha_1}{\alpha_2}.\qquad(199)$$

Weiterhin erhält man mit $\alpha_1=a$, $\alpha_2=\sqrt{b-a^2}$, $\alpha_3=c$ bzw. $\alpha_1=a$, $\alpha_2=\sqrt{a^2-b}$, $\alpha_3=c$

$$\int\frac{D_2z^2+D_1z+D_0}{(z^2-2az+b)(z-c)}dz=\frac{D_2(b-2ac)-D_1c-D_0}{b-2ac+c^2}\ln\sqrt{|z^2-2az+b|}+\frac{D_2c^2+D_1c+D_0}{b-2ac+c^2}\ln|z-c|+$$
$$+\frac{D_2[ab-c(2a^2-b)]+D_1(b-ac)+D_0(a-c)}{(b-2ac+c^2)\sqrt{b-a^2}}\,\text{arc tang}\,\frac{z-a}{\sqrt{b-a^2}}\quad\text{für }b>a^2,$$
$$\int\frac{D_2z^2+D_1z+D_0}{(z^2-2az+b)(z-c)}dz=\frac{D_2(b-2ac)-D_1c-D_0}{b-2ac+c^2}\ln\sqrt{|z^2-2az+b|}+\frac{D_2c^2+D_1c+D_0}{b-2ac+c^2}\ln|z-c|-$$
$$-\frac{D_2[ab-c(2a^2-b)]+D_1(b-ac)+D_0(a-c)}{(b-2ac+c^2)\sqrt{a^2-b}}\,\mathfrak{Ar}\,\mathfrak{Tang}\,\frac{z-a}{\sqrt{a^2-b}}\quad\text{für }b>a^2.\qquad(200)$$

Für den Sonderfall $\alpha_1=0$, $\alpha_2=a$, $\alpha_3=0$ ergibt sich

$$\int\frac{D_2z^2+D_1z+D_0}{z(z^2+a^2)}dz=\left(D_2-\frac{D_0}{a^2}\right)\ln\sqrt{z^2+a^2}+\frac{D_0}{a^2}\ln|z|+\frac{D_1}{a}\,\text{arc tang}\,\frac{z}{a},$$
$$\int\frac{D_2z^2+D_1z+D_0}{z(z^2+a^2)}dz=\left(D_2+\frac{D_0}{a^2}\right)\ln\sqrt{z^2-a^2}-\frac{D_0}{a^2}\ln|z|-\frac{D_1}{a}\,\mathfrak{Ar}\,\mathfrak{Tang}\,\frac{z}{a}.,\qquad(201)$$

und insbesondere bei $D_1=D_2=0$, $D_0=1$

$$\int\frac{dz}{z(z^2+a^2)}=\frac{1}{a^2}\ln\left|\frac{z}{\sqrt{z^2+a^2}}\right|,\qquad\qquad\int\frac{dz}{z(z^2-a^2)}=-\frac{1}{a^2}\ln\left|\frac{z}{\sqrt{|z^2-a^2|}}\right|.\qquad(202)$$

Ähnlich wie im Anschluß an (166) lassen sich auch hier Rekursionsformeln gewinnen, aus denen sich Formeln für Integrale der Form

$$\int\frac{z^p\,dz}{(z^2-2az+b)^m(z-c)^n}$$

ableiten lassen. Um nicht zu weitläufig zu werden, sollen von dieser Klasse lediglich zwei spezielle Rekursionsformeln und einige Integrale mitgeteilt werden. Die beiden Rekursionsformeln lauten

$$\left.\begin{aligned}
\int \frac{dz}{z^m(z^2-2az+b)^n} &= -\frac{1}{(m-1)\,b\,z^{m-1}(z^2-2az+b)^{n-1}} - \frac{2n+m-3}{(m-1)\,b}\int \frac{dz}{z^{m-2}(z^2-2az+b)^n} + \\
&\quad + \frac{2a(n+m-2)}{(m-1)\,b}\int \frac{dz}{z^{m-1}(z^2-2az+b)^n} \qquad (m>1),\\[2ex]
\int \frac{dz}{z(z^2-2az+b)^n} &= \frac{1}{2b(n-1)(z^2-2az+b)^{n-1}} + \frac{a}{b}\int \frac{dz}{(z^2-2az+b)^n} + \frac{1}{b}\int \frac{dz}{z(z^2-2az+b)^{n-1}} \qquad (m=1).
\end{aligned}\right\} \quad (203)$$

Die Auswertung erfolgt zweckmäßig in Verbindung mit (192) bis (197). Wird $a=0$ gesetzt und b mit a^2 bzw. $-a^2$ vertauscht, so folgt aus (203) nach einigen Rechnungen

$$\left.\begin{aligned}
\int \frac{dz}{z^2(z^2+a^2)} &= -\frac{1}{a^2 z}-\frac{1}{a^3}\,\text{arc tang}\,\frac{z}{a} &,\qquad & \int \frac{dz}{z^2(z^2-a^2)} = \frac{1}{a^2 z}-\frac{1}{a^3}\,\operatorname{Ar\,Tang}\frac{z}{a} &,\\[1.5ex]
\int \frac{dz}{z^3(z^2-a^2)} &= -\frac{1}{2a^2 z^2}-\frac{1}{a^4}\ln\left|\frac{z}{\sqrt{z^2+a^2}}\right| &,\qquad & \int \frac{dz}{z^3(z^2-a^2)} = \frac{1}{2a^2 z^2}-\frac{1}{a^4}\ln\left|\frac{z}{\sqrt{|z^2-a^2|}}\right| &,\\[1.5ex]
\int \frac{dz}{z^4(z^2+a^2)} &= -\frac{1}{3a^2 z^3}+\frac{1}{a^4 z}+\frac{1}{a^5}\,\text{arc tang}\,\frac{z}{a}, &\qquad & \int \frac{dz}{z^4(z^2-a^2)} = \frac{1}{3a^2 z^3}+\frac{1}{a^4 z}-\frac{1}{a^5}\,\operatorname{Ar\,Tang}\frac{z}{a} & .
\end{aligned}\right\} \quad (204)$$

$$\left.\begin{aligned}
\int \frac{dz}{z(z^2+a^2)^2} &= \frac{1}{2a^2(z^2+a^2)}+\frac{1}{a^4}\ln\left|\frac{z}{\sqrt{z^2+a^2}}\right|, &\qquad & \int \frac{dz}{z(z^2-a^2)^2} = -\frac{1}{2a^2(z^2-a^2)}+\frac{1}{a^4}\ln\left|\frac{z}{\sqrt{|z^2-a^2|}}\right|,\\[1.5ex]
\int \frac{dz}{z^2(z^2+a^2)^2} &= -\frac{1}{a^4 z}-\frac{z}{2a^4(z^2+a^2)}- &\qquad & \int \frac{dz}{z^2(z^2-a^2)^2} = -\frac{1}{a^4 z}-\frac{z}{2a^4(z^2-a^2)}+\\
&\quad -\frac{3}{2a^5}\,\text{arc tang}\,\frac{z}{a} &\qquad & \qquad\qquad +\frac{3}{2a^5}\operatorname{Ar\,Tang}\frac{z}{a} &,\\[1.5ex]
\int \frac{dz}{z^3(z^2+a^2)^2} &= -\frac{1}{2a^4 z^2}-\frac{1}{2a^4(z^2+a^2)}- &\qquad & \int \frac{dz}{z^3(z^2-a^2)^2} = -\frac{1}{2a^4 z^2}-\frac{1}{2a^4(z^2-a^2)}+\\
&\quad -\frac{2}{a^6}\ln\left|\frac{z}{\sqrt{z^2+a^2}}\right| &\qquad & \qquad\qquad +\frac{2}{a^6}\ln\left|\frac{z}{\sqrt{|z^2-a^2|}}\right| &,\\[1.5ex]
\int \frac{dz}{z^4(z^2+a^2)^2} &= -\frac{1}{3a^4 z^3}+\frac{2}{a^6 z}+\frac{z}{2a^6(z^2+a^2)}+ &\qquad & \int \frac{dz}{z^4(z^2-a^2)^2} = -\frac{1}{3a^4 z^3}-\frac{2}{a^6 z}-\frac{z}{2a^6(z^2-a^2)}+\\
&\quad +\frac{5}{2a^7}\,\text{arc tang}\,\frac{z}{a} &\qquad & \qquad\qquad +\frac{5}{2a^7}\operatorname{Ar\,Tang}\frac{z}{a} & .
\end{aligned}\right\} \quad (205)$$

Wird in (198) $\alpha_1=-\dfrac{a}{2}$, $\alpha_2=\sqrt{\dfrac{3a^2}{4}}$, $\alpha_3=a$ bzw. $\alpha_1=+\dfrac{a}{2}$, $\alpha_2=\sqrt{\dfrac{3a^2}{4}}$, $\alpha_3=-a$ gesetzt, so erhält man die Integralformeln

$$\left.\begin{aligned}
\int \frac{D_2 z^2+D_1 z+D_0}{z^3-a^3}\,dz &= \left(\frac{2}{3}D_2-\frac{D_1}{3a}-\frac{D_0}{3a^2}\right)\ln\sqrt{z^2+az+a^2}+\left(\frac{1}{3}D_2+\frac{D_1}{3a}+\frac{D_0}{3a^2}\right)\ln|z-a|+\\
&\quad +\left(\frac{D_1}{a\sqrt{3}}-\frac{D_0}{a^2\sqrt{3}}\right)\text{arc tang}\,\frac{z+\dfrac{a}{2}}{\dfrac{a}{2}\sqrt{3}},\\[2ex]
\int \frac{D_2 z^2+D_1 z+D_0}{z^3+a^3}\,dz &= \left(\frac{2}{3}D_2+\frac{D_1}{3a}-\frac{D_0}{3a^2}\right)\ln\sqrt{z^2+az+a^2}+\left(\frac{1}{3}D_2-\frac{D_1}{3a}+\frac{D_0}{3a^2}\right)\ln|z+a|+\\
&\quad +\left(\frac{D_1}{a\sqrt{3}}+\frac{D_0}{a^2\sqrt{3}}\right)\text{arc tang}\,\frac{z-\dfrac{a}{2}}{\dfrac{a}{2}\sqrt{3}}
\end{aligned}\right\} \quad (206)$$

Hieraus folgen die Sonderformeln

$$\left.\begin{aligned}
\int \frac{dz}{z^3-a^3} &= \frac{1}{3a^2}\ln\frac{|z-a|}{\sqrt{z^2+az+a^2}}- &\qquad & \int \frac{dz}{z^3+a^3} = \frac{1}{3a^2}\ln\frac{|z+a|}{\sqrt{z^2-az+a^2}}+\\
&\quad -\frac{1}{a^2\sqrt{3}}\,\text{arc tang}\,\frac{2z+a}{a\sqrt{3}}, &\qquad & \qquad +\frac{1}{a^2\sqrt{3}}\,\text{arc tang}\,\frac{2z-a}{a\sqrt{3}},
\end{aligned}\right\} \quad (207)$$

$$\int \frac{z\,dz}{z^3-a^3} = \frac{1}{3a}\ln\frac{|z-a|}{\sqrt{z^2+az+a^2}} + \frac{1}{a\sqrt{3}}\operatorname{arc\,tang}\frac{2z+a}{a\sqrt{3}}\,,$$

$$\int \frac{z\,dz}{z^3+a^3} = -\frac{1}{3a}\ln\frac{|z+a|}{\sqrt{z^2-az+a^2}} + \frac{1}{a\sqrt{3}}\operatorname{arc\,tang}\frac{2z-a}{a\sqrt{3}}\,,$$

$$\int \frac{z^2\,dz}{z^3-a^3} = \frac{1}{3}\ln|z^3-a^3| \qquad , \qquad \int \frac{z^2\,dz}{z^3+a^3} = \frac{1}{3}\ln|z^3+a^3| \qquad . \tag{207}$$

Weitere Integralformeln in Verbindung mit der Funktion $z^3 \mp a^3$ im Nenner sind nachfolgend zusammengestellt.

$$\int \frac{dz}{z(z^3-a^3)} = \frac{1}{3a^3}\ln\left|1-\frac{a^3}{z^3}\right| \qquad , \qquad \int \frac{dz}{z(z^3+a^3)} = -\frac{1}{3a^3}\ln\left|1+\frac{a^3}{z^3}\right| \qquad ,$$

$$\int \frac{dz}{z^2(z^3-a^3)} = \frac{1}{a^3 z} + \frac{1}{3a^4}\ln\frac{|z-a|}{\sqrt{z^2+az+a^2}} + \frac{1}{a^4\sqrt{3}}\operatorname{arc\,tang}\frac{2z+a}{a\sqrt{3}}\,,$$

$$\int \frac{dz}{z^2(z^3+a^3)} = -\frac{1}{a^3 z} + \frac{1}{3a^4}\ln\frac{|z+a|}{\sqrt{z^2-az+a^2}} - \frac{1}{a^4\sqrt{3}}\operatorname{arc\,tang}\frac{2z-a}{a\sqrt{3}}\,,$$

$$\int \frac{dz}{z^3(z^3-a^3)} = \frac{1}{2a^3 z^2} + \frac{1}{3a^5}\ln\frac{|z-a|}{\sqrt{z^2+az+a_2}} - \frac{1}{a^5\sqrt{3}}\operatorname{arc\,tang}\frac{2z+a}{a\sqrt{3}}\,,$$

$$\int \frac{dz}{z^3(z^3+a^3)} = -\frac{1}{2a^3 z^2} - \frac{1}{3a^5}\ln\frac{|z+a|}{\sqrt{z^2-az+a^2}} - \frac{1}{a^5\sqrt{3}}\operatorname{arc\,tang}\frac{2z-a}{a\sqrt{3}}\,,$$

$$\int \frac{dz}{z^4(z^3-a^3)} = \frac{1}{3a^3 z^3} + \frac{1}{3a^6}\ln\left|1-\frac{a^3}{z^3}\right| \qquad , \qquad \int \frac{dz}{z^4(z^3+a^3)} = -\frac{1}{3a^3 z^3} + \frac{1}{3a^6}\ln\left|1+\frac{a^3}{z^3}\right| . \tag{208}$$

$$\int \frac{dz}{(z^3-a^3)^2} = -\frac{z}{3a^3(z^3-a^3)} - \frac{2}{9a^5}\ln\frac{|z-a|}{\sqrt{z^2+az+a^2}} + \frac{2}{3a^5\sqrt{3}}\operatorname{arc\,tang}\frac{2z+a}{a\sqrt{3}}\,,$$

$$\int \frac{dz}{(z^3+a^3)^2} = \frac{z}{3a^3(z^3+a^3)} + \frac{2}{9a^5}\ln\frac{|z+a|}{\sqrt{z^2-az+a^2}} + \frac{2}{3a^5\sqrt{3}}\operatorname{arc\,tang}\frac{2z-a}{a\sqrt{3}}\,,$$

$$\int \frac{z\,dz}{(z^3-a^3)^2} = -\frac{z^2}{3a^3(z^3-a^3)} - \frac{1}{9a^4}\ln\frac{|z-a|}{\sqrt{z^2+az+a^2}} - \frac{1}{3a^4\sqrt{3}}\operatorname{arc\,tang}\frac{2z+a}{a\sqrt{3}}\,,$$

$$\int \frac{z\,dz}{(z^3+a^3)^2} = \frac{z^2}{3a^3(z^3+a^3)} - \frac{1}{9a^4}\ln\frac{|z+a|}{\sqrt{z^2-az+a^2}} + \frac{1}{3a^4\sqrt{3}}\operatorname{arc\,tang}\frac{2z-a}{a\sqrt{3}}\,,$$

$$\int \frac{z^2\,dz}{(z^3-a^3)^2} = -\frac{1}{3(z^3-a^3)} \qquad , \qquad \int \frac{z^2\,dz}{(z^3+a^3)^2} = -\frac{1}{3(z^3+a^3)} \qquad , \tag{209}$$

$$\int \frac{z^3\,dz}{(z^3-a^3)^2} = -\frac{z}{3(z^3-a^3)} + \frac{1}{9a^2}\ln\frac{|z-a|}{\sqrt{z^2+az+a^2}} - \frac{1}{3a^2\sqrt{3}}\operatorname{arc\,tang}\frac{2z+a}{a\sqrt{3}}\,,$$

$$\int \frac{z^3\,dz}{(z^3+a^3)^2} = -\frac{z}{3(z^3+a^3)} + \frac{1}{9a^2}\ln\frac{|z+a|}{\sqrt{z^2-az+a^2}} + \frac{1}{3a^2\sqrt{3}}\operatorname{arc\,tang}\frac{2z-a}{a\sqrt{3}}\,,$$

$$\int \frac{z^4\,dz}{(z^3-a^3)^2} = -\frac{z^2}{3(z^3-a^3)} + \frac{2}{9a}\ln\frac{|z-a|}{\sqrt{z^2+az+a^2}} + \frac{2}{3a\sqrt{3}}\operatorname{arc\,tang}\frac{2z+a}{a\sqrt{3}}\,,$$

$$\int \frac{z^4\,dz}{(z^3+a^3)^2} = -\frac{z^2}{3(z^3+a^3)} - \frac{2}{9a}\ln\frac{|z+a|}{\sqrt{z^2-az+a^2}} + \frac{2}{3a\sqrt{3}}\operatorname{arc\,tang}\frac{2z-a}{a\sqrt{3}} .$$

$$\int \frac{dz}{z(z^3-a^3)^2} = -\frac{1}{3a^3(z^3-a^3)} - \frac{1}{3a^6}\ln\left|1-\frac{a^3}{z^3}\right| ,$$

$$\int \frac{dz}{z(z^3+a^3)^2} = \frac{1}{3a^3(z^3+a^3)} - \frac{1}{3a^6}\ln\left|1+\frac{a^3}{z^3}\right| ,$$

$$\int \frac{dz}{z^2(z^3-a^3)^2} = -\frac{1}{a^6 z} - \frac{z^2}{3a^6(z^3-a^3)} - \frac{4}{9a^7}\ln\frac{|z-a|}{\sqrt{z^2+az+a^2}} - \frac{4}{3a^7\sqrt{3}}\operatorname{arc\,tang}\frac{2z+a}{a\sqrt{3}} \quad ,$$

$$\int \frac{dz}{z^2(z^3+a^3)^2} = -\frac{1}{a^6 z} - \frac{z^2}{3a^6(z^3+a^3)} + \frac{4}{3a^7}\ln\frac{|z+a|}{\sqrt{z^2-az+a^2}} - \frac{4}{3a^7\sqrt{3}}\operatorname{arc\,tang}\frac{2z-a}{a\sqrt{3}} . \tag{210}$$

Schließlich sei noch der Fall von vier Wurzelwerten betrachtet, von denen zwei komplex und zwei reell sein sollen, etwa gemäß

$$a_1 = \alpha_1 + i\alpha_2,\quad a_2 = \alpha_1 - i\alpha_2,\quad a_3 = \alpha_3,\quad a_4 = \alpha_4 .$$

s folgt zunächst für die Koeffizienten der Partialbruchzerlegung

$$= \beta_1 \mp i\beta_2 = \frac{D_3 a_1^3 + D_2 a_1^2 + D_1 a_1 + D_0}{(a_1 - a_2)(a_1 - a_3)(a_1 - a_4)} =$$

$$= \frac{[(\alpha_1-\alpha_3)(\alpha_1-\alpha_4)-\alpha_2^2][D_3(3\alpha_1^2-\alpha_2^2)+2D_2\alpha_1+D_1]-(2\alpha_1-\alpha_3-\alpha_4)[D_3\alpha_1(\alpha_1^2-3\alpha_2^2)+D_2(\alpha_1^2-\alpha_2^2)+D_1\alpha_1+D_0]}{2[(\alpha_1-\alpha_3)^2+\alpha_2^2][(\alpha_1-\alpha_4)^2+\alpha_2^2]} \mp$$

$$\mp i\,\frac{\alpha_2^2(2\alpha_1-\alpha_3-\alpha_4)[D_3(3\alpha_1^2-\alpha_2^2)+2D_2\alpha_1+D_1]+[(\alpha_1-\alpha_3)(\alpha_1-\alpha_4)-\alpha_2^2][D_3\alpha_1(\alpha_1^2-3\alpha_2^2)+D_2(\alpha_1^2-\alpha_2^2)+D_1\alpha_1+D_0]}{2\alpha_2[(\alpha_1-\alpha_3)^2+\alpha_2^2][(\alpha_1-\alpha_4)^2+\alpha_2^2]}\,,$$

$$b_3 = \frac{D_3 a_3^3 + D_2 a_3^2 + D_1 a_3 + D_0}{(a_3-a_1)(a_3-a_2)(a_3-a_4)} = \frac{D_3\alpha_3^3 + D_2\alpha_3^2 + D_1\alpha_3 + D_0}{[(\alpha_1-\alpha_3)^2+\alpha_2^2](\alpha_3-\alpha_4)}\,,$$

$$b_4 = \frac{D_3 a_4^3 + D_2 a_4^2 + D_1 a_4 + D_0}{(a_4-a_1)(a_4-a_2)(a_4-a_3)} = -\frac{D_3\alpha_4^3 + D_2\alpha_4^2 + D_1\alpha_4 + D_0}{[(\alpha_1-\alpha_4)^2+\alpha_2^2](\alpha_3-\alpha_4)}\,.$$

Hiermit ergibt sich

$$\frac{D_3 z^3 + D_2 z^2 + D_1 z + D_0}{[(z-\alpha_1)^2+\alpha_2^2](z-\alpha_3)(z-\alpha_4)}\,dz =$$

$$\frac{[(\alpha_1-\alpha_3)(\alpha_1-\alpha_4)-\alpha_2^2][D_3(3\alpha_1^2-\alpha_2^2)+2D_2\alpha_1+D_1]-(2\alpha_1-\alpha_3-\alpha_4)[D_3\alpha_1(\alpha_1^2-3\alpha_2^2)+D_2(\alpha_1^2-\alpha_2^2)+D_1\alpha_1+D_0]}{[(\alpha_1-\alpha_3)^2+\alpha_2^2][(\alpha_1-\alpha_4)^2+\alpha_2^2]}\ln\sqrt{(z-\alpha_1)^2+\alpha_2^2} +$$

$$\frac{\alpha_2^2(2\alpha_1-\alpha_3-\alpha_4)[D_3(3\alpha_1^2-\alpha_2^2)+2D_2\alpha_1+D_1]+[(\alpha_1-\alpha_3)(\alpha_1-\alpha_4)-\alpha_2^2][D_3\alpha_1(\alpha_1^2-3\alpha_2^2)+D_2(\alpha_1^2-\alpha_2^2)+D_1\alpha_1+D_0]}{\alpha_2[(\alpha_1-\alpha_3)^2+\alpha_2^2][(\alpha_1-\alpha_4)^2+\alpha_2^2]}\,\text{arc tang}\,\frac{z-\alpha_1}{\alpha_2} +$$

$$\frac{D_3\alpha_3^3+D_2\alpha_3^2+D_1\alpha_3+D_0}{[(\alpha_1-\alpha_3)^2+\alpha_2^2](\alpha_3-\alpha_4)}\ln|z-\alpha_3| - \frac{D_3\alpha_4^3+D_2\alpha_4^2+D_1\alpha_4+D_0}{[(\alpha_1-\alpha_4)^2+\alpha_2^2](\alpha_3-\alpha_4)}\ln|z-\alpha_4| \tag{211}$$

Die Vertauschung von α_2 mit $i\alpha_2$ liefert die Gegenformel

$$\frac{D_3 z^3 + D_2 z^2 + D_1 z + D_0}{[(z-\alpha_1)^2-\alpha_2^2](z-\alpha_3)(z-\alpha_4)}\,dz =$$

$$\frac{[(\alpha_1-\alpha_3)(\alpha_1-\alpha_4)+\alpha_2^2][D_3(3\alpha_1^2+\alpha_2^2)+2D_2\alpha_1+D_1]-(2\alpha_1-\alpha_3-\alpha_4)[D_3\alpha_1(\alpha_1^2+3\alpha_2^2)+D_2(\alpha_1^2+\alpha_2^2)+D_1\alpha_1+D_0]}{[(\alpha_1-\alpha_3)^2-\alpha_2^2][(\alpha_1-\alpha_4)^2-\alpha_2^2]}\ln\sqrt{|(z-\alpha_1)^2-\alpha_2^2|} +$$

$$\frac{\alpha_2^2(2\alpha_1-\alpha_3-\alpha_4)[D_3(3\alpha_1^2+\alpha_2^2)+2D_2\alpha_1+D_1]+[(\alpha_1-\alpha_3)(\alpha_1-\alpha_4)+\alpha_2^2][D_3\alpha_1(\alpha_1^2+3\alpha_2^2)+D_2(\alpha_1^2+\alpha_2^2)+D_1\alpha_1+D_0]}{\alpha_2[(\alpha_1-\alpha_3)^2-\alpha_2^2][(\alpha_1-\alpha_4)^2-\alpha_2^2]}\,\mathfrak{Ar\,Tang}\,\frac{z-\alpha_1}{\alpha_2} +$$

$$\frac{D_3\alpha_3^3+D_2\alpha_3^2+D_1\alpha_3+D_0}{[(\alpha_1-\alpha_3)^2-\alpha_2^2](\alpha_3-\alpha_4)}\ln|z-\alpha_3| - \frac{D_3\alpha_4^3+D_2\alpha_4^2+D_1\alpha_4+D_0}{[(\alpha_1-\alpha_4)^2-\alpha_2^2](\alpha_3-\alpha_4)}\ln|z-\alpha_4|\ . \tag{212}$$

Mit $\alpha_1 = a,\ \alpha_2 = \sqrt{b-a^2},\ \alpha_3 = c,\ \alpha_4 = d$ bzw. $\alpha_1 = a,\ \alpha_2 = \sqrt{a^2-b},\ \alpha_3 = c,\ \alpha_4 = d$ folgt aus (211) bzw. (212)

$$\left.\begin{aligned}
&\frac{D_3 z^3 + D_2 z^2 + D_1 z + D_0}{(z^2-2az+b)(z-c)(z-d)}\,dz = \\[4pt]
&\frac{[a^2-b+(a-c)(a-d)][D_3(4a^2-b)+2D_2a+D_1]-(2a-c-d)[D_3a(4a^2-3b)+D_2(2a^2-b)+D_1a+D_0]}{(b-2ac+c^2)(b-2ad+d^2)}\ln\sqrt{|z^2-2az+b|} \\[4pt]
&\frac{(b-a^2)(2a-c-d)[D_3(4a^2-b)+2D_2a+D_1]+[a^2-b+(a-c)(a-d)][D_3a(4a^2-3b)+D_2(2a^2-b)+D_1a+D_0]}{(b-2ac+c^2)(b-2ad+d^2)\sqrt{b-a^2}}\,\text{arc tang}\,\frac{z-a}{\sqrt{b-a^2}} \\[4pt]
&\frac{D_3c^3+D_2c^2+D_1c+D_0}{(b-2ac+c^2)(c-d)}\ln|z-c| - \frac{D_3d^3+D_2d^2+D_1d+D_0}{(b-2ad+d^2)(c-d)}\ln|z-d| \qquad \text{für } b \rangle a^2 \quad, \\[10pt]
&\frac{D_3 z^3 + D_2 z^2 \mp D_1 z + D_0}{(z^2-2az+b)(z-c)(z-d)}\,dz = \\[4pt]
&\frac{[a^2-b+(a-c)(a-d)][D_3(4a^2-b)+2D_2a+D_1]-(2a-c-d)[D_3a(4a^2-3b)+D_2(2a^2-b)+D_1a+D_0]}{(b-2ac+c^2)(b-2ad+d^2)}\ln\sqrt{|z^2-2az+b|} \\[4pt]
&\frac{(a^2-b)(2a-c-d)[D_3(4a^2-b)+2D_2a+D_1]+[a^2-b+(a-c)(a-d)][D_3a(4a^2-3b)+D_2(2a^2-b)+D_1a+D_0]}{(b-2ac+c^2)(b-2ad+d^2)\sqrt{a^2-b}}\,\mathfrak{Ar\,Tang}\,\frac{z-a}{\sqrt{a^2-b}} \\[4pt]
&\frac{D_3c^3+D_2c^2+D_1c+D_0}{(b-2ac+c^2)(c-d)}\ln|z-c| - \frac{D_3d^3+D_2d^2+D_1d+D_0}{(b-2ad+d^2)(c-d)}\ln|z-d| \qquad \text{für } b \langle a^2 \quad.
\end{aligned}\right\} \tag{213}$$

Wird in der oberen der Gln (213) $a = 0$ gesetzt und b mit a^2, c mit a und d mit $-a$ vertauscht, so erhält man

$$\frac{D_3 z^3 + D_2 z^2 + D_1 z + D_0}{z^4 - a^4}\,dz = \left(\frac{1}{2}D_3 - \frac{D_1}{2a^2}\right)\ln\sqrt{z^2+a^2} + \left(\frac{D_2}{2a} - \frac{D_0}{2a^3}\right)\text{arc tang}\,\frac{z}{a} +$$

$$+ \left(\frac{1}{4}D_3 + \frac{1}{4}\frac{D_2}{a} + \frac{1}{4}\frac{D_1}{a^2} + \frac{1}{4}\frac{D_0}{a^3}\right)\ln|z-a| + \left(\frac{1}{4}D_3 - \frac{1}{4}\frac{D_2}{a} + \frac{1}{4}\frac{D_1}{a^2} - \frac{1}{4}\frac{D_0}{a^3}\right)\ln|z+a|\ . \tag{214}$$

Hieraus folgen die Sonderformeln

$$\begin{aligned}
\int \frac{dz}{z^4 - a^4} &= -\frac{1}{2a^3}\operatorname{arc\,tang}\frac{z}{a} - \frac{1}{4a^3}\ln\left|\frac{z+a}{z-a}\right| = -\frac{1}{2a^3}\left|\operatorname{arc\,tang}\frac{z}{a} + \operatorname{Ar\,Tang}\frac{z}{a}\right| \, , \\[4pt]
\int \frac{z\,dz}{z^4 - a^4} &= -\frac{1}{4a^2}\ln\left|\frac{z^2+a^2}{z^2-a^2}\right| = -\frac{1}{2a^2}\operatorname{Ar\,Tang}\frac{z^2}{a^2} \, , \\[4pt]
\int \frac{z^2\,dz}{z^4 - a^4} &= \frac{1}{2a}\operatorname{arc\,tang}\frac{z}{a} - \frac{1}{4a}\ln\left|\frac{z+a}{z-a}\right| = \frac{1}{2a}\left|\operatorname{arc\,tang}\frac{z}{a} - \operatorname{Ar\,Tang}\frac{z}{a}\right| \, , \\[4pt]
\int \frac{z^3\,dz}{z^4 - a^4} &= \frac{1}{4}\ln\left|z^4 - a^4\right| \, .
\end{aligned} \tag{215}$$

Wird hierin a mit $a\sqrt{i}$ vertauscht, so ergibt sich nach einigen Rechnungen

$$\begin{aligned}
\int \frac{dz}{z^4 + a^4} &= \frac{1}{4a^3\sqrt{2}}\ln\frac{\left(z+\frac{a}{\sqrt{2}}\right)^2 + \left(\frac{a}{\sqrt{2}}\right)^2}{\left(z-\frac{a}{\sqrt{2}}\right)^2 + \left(\frac{a}{\sqrt{2}}\right)^2} - \frac{1}{2a^3\sqrt{2}}\operatorname{arc\,tang}\frac{az\sqrt{2}}{z^2 - a^2} \, , \\[4pt]
\int \frac{z\,dz}{z^4 + a^4} &= \frac{1}{2a^2}\operatorname{arc\,tang}\frac{z^2}{a^2} \, , \\[4pt]
\int \frac{z^2\,dz}{z^4 + a^4} &= -\frac{1}{4a\sqrt{2}}\ln\frac{\left(z+\frac{a}{\sqrt{2}}\right)^2 + \left(\frac{a}{\sqrt{2}}\right)^2}{\left(z-\frac{a}{\sqrt{2}}\right)^2 + \left(\frac{a}{\sqrt{2}}\right)^2} - \frac{1}{2a\sqrt{2}}\operatorname{arc\,tang}\frac{az\sqrt{2}}{z^2 - a^2} \, , \\[4pt]
\int \frac{z^3\,dz}{z^4 + a^4} &= -\frac{1}{4}\ln\left|z^4 + a^4\right| \, .
\end{aligned} \tag{216}$$

Zum Schluß seien noch einige Worte der Behandlung von Doppel- und mehrfachen Wurzeln in (162) gewidmet. Für die wichtigsten Fälle dieser Art, nämlich die komplexen, sind die Integralformeln im Vorhergehenden bereits mitgeteilt worden, so daß die Betrachtung hier auf das Reelle beschränkt werden kann. Um nicht zu weitläufig werden zu müssen, sei der Grenzübergang nicht allgemein sondern am Beispiele einer Doppelwurzel und an Hand des Integrales

$$\int \frac{D_3 z^3 + D_2 z^2 + D_1 z + D_0}{(z-a_1)^2 (z-a_3)(z-a_4)}\, dz$$

vorgeführt. Bei mehrfachen Wurzeln ist der Grenzübergang sinngemäß vorzunehmen. Zunächst sei a_2 nicht gleich a_1 sondern gemäß

$$a_2 = a_1 - \varepsilon$$

um einen kleinen Betrag von a_1 verschieden. Dann lautet das Integral

$$\int \frac{D_3 z^3 + D_2 z^2 + D_1 z + D_0}{(z-a_1)(z-a_1+\varepsilon)(z-a_3)(z-a_4)}\, dz = b_1 \ln|z-a_1| + b_2 \ln|z-a_1+\varepsilon| + b_3 \ln|z-a_3| + b_4 \ln|z-a_4| .$$

Für die b-Werte liefern die allgemeinen Formeln

$$\begin{aligned}
b_1 &= \frac{D_3 a_1^3 + D_2 a_1^2 + D_1 a_1 + D_0}{\varepsilon (a_1 - a_3)(a_1 - a_4)} \\[6pt]
b_2 &= \frac{D_3 (a_1-\varepsilon)^3 + D_2 (a_1-\varepsilon)^2 + D_1 (a_1-\varepsilon) + D_0}{-\varepsilon (a_1 - \varepsilon - a_3)(a_1 - \varepsilon - a_4)} = -\frac{D_3 a_1^3 + D_2 a_1^2 + D_1 a_1 + D_0}{\varepsilon (a_1 - a_3)(a_1 - a_4)} + \frac{3 D_3 a_1^2 + 2 D_2 a_1 + D_1}{(a_1 - a_3)(a_1 - a_4)} + \varepsilon[\cdots] \, , \\[6pt]
b_3 &= \frac{D_3 a_3^3 + D_2 a_3^2 + D_1 a_3 + D_0}{(a_1 - a_3)^2 (a_3 - a_4)} + \varepsilon[\cdots] \\[6pt]
b_4 &= \frac{D_3 a_4^3 + D_2 a_4^2 + D_1 a_4 + D_0}{(a_1 - a_4)^2 (a_4 - a_3)} + \varepsilon[\cdots]
\end{aligned}$$

Ferner folgt

$$\ln|z - a_1 + \varepsilon| = \ln|z - a_1| + \frac{\varepsilon}{z - a_1} + \varepsilon^2[\cdots]$$

Werden diese Beziehungen in der Ausgangsgleichung berücksichtigt und nach Zusammenfassung die Grenzübergänge für $\varepsilon \to 0$ vollzogen, so ergibt sich

$$\int \frac{D_3 z^3 + D_2 z^2 + D_1 z + D_0}{(z-a_1)^2 (z-a_3)(z-a_4)}\,dz = \frac{3D_3 a_1^2 + 2D_2 a_1 + D_1}{(a_1 - a_3)(a_1 - a_4)}\ln|z - a_1| - \frac{D_3 a_1^3 + D_2 a_1^2 + D_1 a_1 + D_0}{(a_1 - a_3)(a_1 - a_4)}\frac{1}{z-a_1} + \qquad (217)$$

$$+ \frac{D_3 a_3^3 + D_2 a_3^2 + D_1 a_3 + D_0}{(a_1 - a_3)^2 (a_3 - a_4)}\ln|z - a_3| - \frac{D_3 a_4^3 + D_2 a_4^2 + D_1 a_4 + D_0}{(a_1 - a_4)^2 (a_3 - a_4)}\ln|z - a_4| .$$

Weiter erhält man

$$\int \frac{D_2 z^2 + D_1 z + D_0}{(z-a_1)^2 (z-a_3)}\,dz = \frac{2D_2 a_1 + D_1}{a_1 - a_3}\ln|z-a_1| - \frac{D_2 a_1^2 + D_1 a_1 + D_0}{(a_1 - a_3)}\cdot\frac{1}{z-a_1} + \frac{D_2 a_3^2 + D_1 a_3 + D_0}{(a_1 - a_3)^2}\ln|z-a_3| , \qquad (218)$$

$$\int \frac{D_1 z + D_0}{(z-a)^2}\,dz = D_1 \ln|z-a_1| - \frac{D_1 a_1 + D_0}{z-a_1} . \qquad (219)$$

5. Integrale der Klasse $\displaystyle\int \frac{A_n z^n + A_{n-1} z^{n-1} + \cdots + A_1 z + A_0}{B_m z^m + B_{m-1} z^{m-1} + \cdots + B_1 z + B_0}\frac{dz}{\sqrt{z^2 - 2az + b}}$.

a) Algebraische Integrale.

Es sei zunächst $b - a^2 > 0$ vorausgesetzt. Dann lassen sich die Integrale der vorliegenden Klasse rational machen und damit auf diejenigen der vorigen Klasse zurückführen, wenn man sich der Transformation

$$z - a = \sqrt{b - a^2}\,\mathfrak{Sin}\,t = \sqrt{b - a^2}\,\frac{2\,\mathfrak{Sin}\frac{t}{2}\,\mathfrak{Cof}\frac{t}{2}}{\mathfrak{Cof}^2\frac{t}{2} - \mathfrak{Sin}^2\frac{t}{2}} = \sqrt{b - a^2}\,\frac{2\,\mathfrak{Tang}\frac{t}{2}}{1 - \mathfrak{Tang}^2\frac{t}{2}}$$

bedient. Diese liefert

$$\sqrt{z^2 - 2az + b} = \sqrt{(z-a)^2 + (b-a^2)} = \sqrt{b-a^2}\,\sqrt{\mathfrak{Sin}^2 t + 1} = \sqrt{b-a^2}\,\mathfrak{Cof}\,t$$

$$= \sqrt{b-a^2}\,\frac{\mathfrak{Cof}^2\frac{t}{2} + \mathfrak{Sin}^2\frac{t}{2}}{\mathfrak{Cof}^2\frac{t}{2} - \mathfrak{Sin}^2\frac{t}{2}} = \sqrt{b-a^2}\,\frac{1 + \mathfrak{Tang}^2\frac{t}{2}}{1 - \mathfrak{Tang}^2\frac{t}{2}} ,$$

$$dz = 2\sqrt{b-a^2}\,\frac{1 + \mathfrak{Tang}^2\frac{t}{2}}{\left(1 - \mathfrak{Tang}^2\frac{t}{2}\right)^2}\,d\left(\mathfrak{Tang}\frac{t}{2}\right) .$$

Wird zur Abkürzung $\mathfrak{Tang}\frac{t}{2} = u$ gesetzt, d. h. z gemäß

$$z = a + \sqrt{b-a^2}\,\frac{2u}{1-u^2} \qquad (b > a^2) \qquad (220)$$

durch eine neue Veränderliche dargestellt, so erhält man

$$\int \frac{A_n z^n + A_{n-1} z^{n-1} + \cdots + A_1 z + A_0}{B_m z^m + B_{m-1} z^{m-1} + \cdots + B_1 z + B_0}\frac{dz}{\sqrt{z^2 - 2az + b}} = \int \frac{A_n\left(a + \dfrac{2u\sqrt{b-a^2}}{1-u^2}\right)^n + A_{n-1}\left(a + \dfrac{2u\sqrt{b-a^2}}{1-u^2}\right)^{n-1} + \cdots + A_0}{B_m\left(a + \dfrac{2u\sqrt{b-a^2}}{1-u^2}\right)^m + B_{m-1}\left(a + \dfrac{2u\sqrt{b-a^2}}{1-u^2}\right)^{m-1} + \cdots + B_0}\frac{2\,du}{1-u^2} . \quad (221)$$

Im Falle $b - a^2 < 0$ bedient man sich der Transformation

$$z - a = \sqrt{a^2 - b}\,\mathfrak{Cof}\,t = \sqrt{a^2 - b}\,\frac{\mathfrak{Cof}^2\frac{t}{2} + \mathfrak{Sin}^2\frac{t}{2}}{\mathfrak{Cof}^2\frac{t}{2} - \mathfrak{Sin}^2\frac{t}{2}} = \sqrt{a^2 - b}\,\frac{1 + \mathfrak{Tang}^2\frac{t}{2}}{1 - \mathfrak{Tang}^2\frac{t}{2}} .$$

Sie ergibt

$$\sqrt{z^2 - 2az + b} = \sqrt{(z-a)^2 - (a^2 - b)} = \sqrt{a^2 - b}\,\sqrt{\mathfrak{Cof}^2 t - 1} = \sqrt{a^2 - b}\,\mathfrak{Sin}\,t$$

$$= \sqrt{a^2 - b}\,\frac{2\,\mathfrak{Sin}\,\dfrac{t}{2}\,\mathfrak{Cof}\,\dfrac{t}{2}}{\mathfrak{Cof}^2\dfrac{t}{2} - \mathfrak{Sin}^2\dfrac{t}{2}} = \sqrt{a^2 - b}\,\frac{2\,\mathfrak{Tang}\,\dfrac{t}{2}}{1 - \mathfrak{Tang}^2\dfrac{t}{2}},$$

$$dz = \sqrt{a^2 - b}\,\frac{4\,\mathfrak{Tang}\,\dfrac{t}{2}}{\left(1 - \mathfrak{Tang}^2\dfrac{t}{2}\right)^2}\,d\left(\mathfrak{Tang}\,\frac{t}{2}\right).$$

Wird auch hier wieder $\mathfrak{Tang}\,t = u$ gesetzt, d. h. z in der Form

$$z = a + \sqrt{a^2 - b}\,\frac{1 + u^2}{1 - u^2} \qquad (b < a^2) \tag{222}$$

dargestellt, so folgt

$$\int \frac{A_n z^n + A_{n-1} z^{n-1} + \cdots + A_1 z + A_0}{B_m z^m + B_{m-1} z^{m-1} + \cdots + B_1 z + B_0}\,\frac{dz}{\sqrt{z^2 - 2az + b}} = \int \frac{A_n\left(a + \dfrac{(1+u^2)\sqrt{a^2-b}}{1-u^2}\right)^n + A_{n-1}\left(a + \dfrac{(1+u^2)\sqrt{a^2-b}}{1-u^2}\right)^{n-1} + \cdots + A_0}{B_m\left(a + \dfrac{(1+u^2)\sqrt{a^2-b}}{1-u^2}\right)^m + A_{m-1}\left(a + \dfrac{(1+u^2)\sqrt{a^2-b}}{1-u^2}\right)^{m-1} + \cdots + B_0}\,\frac{2\,du}{1 - u^2}. \tag{2}$$

Eine besondere Behandlung verlangen im Falle $b - a^2 < 0$ noch diejenigen Integrale, bei denen sämtliche B-Konstanten rein imaginär sind bzw. der Integrand mit -1 multipliziert ist. In diesem Falle hat man

$$z - a = \sqrt{a^2 - b}\cos t = \sqrt{a^2 - b}\,\frac{\cos^2\dfrac{t}{2} - \sin^2\dfrac{t}{2}}{\cos^2\dfrac{t}{2} + \sin^2\dfrac{t}{2}} = \sqrt{a^2 - b}\,\frac{1 - \tan^2\dfrac{t}{2}}{1 + \tan^2\dfrac{t}{2}}$$

zu setzen und erhält

$$\sqrt{-(z^2 - 2az + b)} = \sqrt{(a^2 - b) - (z-a)^2} = \sqrt{a^2 - b}\,\sqrt{1 - \cos^2 t} = \sqrt{a^2 - b}\,\sin t$$

$$= \sqrt{a^2 - b}\,\frac{2\sin\dfrac{t}{2}\cos\dfrac{t}{2}}{\cos^2\dfrac{t}{2} + \sin^2\dfrac{t}{2}} = \sqrt{a^2 - b}\,\frac{2\tan\dfrac{t}{2}}{1 + \tan^2\dfrac{t}{2}}.$$

$$dz = \sqrt{a^2 - b}\,\frac{-4\tan\dfrac{t}{2}}{\left(1 + \tan^2\dfrac{t}{2}\right)^2}\,d\left(\tan\frac{t}{2}\right).$$

Mit $\tan t = u$ und demgemäß

$$z = a + \sqrt{a^2 - b}\,\frac{1 - u^2}{1 + u^2} \tag{224}$$

folgt

$$\int \frac{A_n z^n + A_{n-1} z^{n-1} + \cdots + A_1 z + A_0}{B_m z^m + B_{m-1} z^{m-1} + \cdots + B_1 z + B_0}\,\frac{dz}{\sqrt{-z^2 + 2az - b}} = \int \frac{A_n\left(a + \dfrac{(1-u^2)\sqrt{a^2-b}}{1+u^2}\right)^n + A_{n-1}\left(a + \dfrac{(1-u^2)\sqrt{a^2-b}}{1+u^2}\right)^{n-1} + \cdots + A_0}{B_m\left(a + \dfrac{(1-u^2)\sqrt{a^2-b}}{1+u^2}\right)^m + B_{m-1}\left(a + \dfrac{(1-u^2)\sqrt{a^2-b}}{1+u^2}\right)^{m-1} + \cdots + B_0}\,\frac{-2\,du}{1 + u^2}. \tag{22}$$

Es folgt nun eine Zusammenstellung der wichtigsten Integrale der vorliegenden Klasse, die mit Hilfe der unter Ziffer 4 mitgeteilten Integrale und unter Heranziehung der Funktionalbeziehungen zwischen den arcus- und Area-Funktionen leicht dargestellt werden können.

$$\left.\begin{aligned}
\int \frac{dz}{\sqrt{z^2 - 2az + b}} &= \mathfrak{Ar\,Sin}\,\frac{z-a}{\sqrt{b - a^2}} && (b > a^2) &,\\[2ex]
\int \frac{dz}{\sqrt{z^2 - 2az + b}} &= \mathfrak{Ar\,Cof}\,\frac{z-a}{\sqrt{a^2 - b}} && (b < a^2) &,\\[2ex]
\int \frac{dz}{\sqrt{-z^2 + 2az - b}} &= -\arccos\frac{z-a}{\sqrt{a^2 - b}} && (b < a^2).
\end{aligned}\right\} \tag{226}$$

$$\int \frac{z\,dz}{\sqrt{z^2 - 2az + b}} = \sqrt{z^2 - 2az + b} + a\,\mathfrak{Ar\,Sin}\,\frac{z-a}{\sqrt{b-a^2}} \qquad (b > a^2)\quad,$$

$$\int \frac{z\,dz}{\sqrt{z^2 - 2az + b}} = \sqrt{z^2 - 2az + b} + a\,\mathfrak{Ar\,Cof}\,\frac{z-a}{\sqrt{a^2-b}} \qquad (b < a^2)\quad, \qquad \Bigg\} (227)$$

$$\int \frac{z\,dz}{\sqrt{-z^2 + 2az - b}} = -\sqrt{-z^2 + 2az - b} - a\,\mathrm{arc\,cos}\,\frac{z-a}{\sqrt{a^2-b}} \quad (b < a^2)\quad.$$

$$\int \frac{dz}{z\sqrt{z^2 - 2az + b}} = -\sqrt{\frac{1}{b}}\,\mathfrak{Ar\,Sin}\,\frac{b-az}{z\sqrt{b-a^2}} \qquad (b > a^2),$$

$$\int \frac{dz}{z\sqrt{z^2 - 2az + b}} = -\sqrt{\frac{1}{b}}\,\mathfrak{Ar\,Cof}\,\frac{b-az}{z\sqrt{a^2-b}} \qquad (b < a^2), \qquad \Bigg\} (228)$$

$$\int \frac{dz}{z\sqrt{-z^2 + 2az - b}} = +\sqrt{\frac{1}{b}}\,\mathrm{arc\,cos}\,\frac{b-az}{z\sqrt{a^2-b}} \qquad (b < a^2).$$

$$\int \sqrt{z^2 - 2az + b}\,dz = \frac{z-a}{2}\sqrt{z^2 - 2az + b} + \frac{b-a^2}{2}\,\mathfrak{Ar\,Sin}\,\frac{z-a}{\sqrt{b-a^2}} \qquad (b > a^2),$$

$$\int \sqrt{z^2 - 2az + b}\,dz = \frac{z-a}{2}\sqrt{z^2 - 2az + b} + \frac{b-a^2}{2}\,\mathfrak{Ar\,Cof}\,\frac{z-a}{\sqrt{a^2-b}} \qquad (b < a^2), \quad \Big\} (229)$$

$$\int \sqrt{-z^2 + 2az - b}\,dz = \frac{z-a}{2}\sqrt{-z^2 + 2az - b} + \frac{b-a^2}{2}\,\mathrm{arc\,cos}\,\frac{z-a}{\sqrt{a^2-b}} \qquad (b < a^2).$$

$$\int \frac{dz}{\sqrt{z^2 + a^2}} = \mathfrak{Ar\,Sin}\,\frac{z}{a} \qquad,\qquad \int \frac{dz}{\sqrt{z^2 - a^2}} = \mathfrak{Ar\,Cof}\,\frac{z}{a} \qquad,$$

$$\int \frac{z\,dz}{\sqrt{z^2 + a^2}} = \sqrt{z^2 + a^2} \qquad,\qquad \int \frac{z\,dz}{\sqrt{z^2 - a^2}} = \sqrt{z^2 - a^2} \qquad,$$

$$\int \frac{z^2\,dz}{\sqrt{z^2 + a^2}} = \frac{z}{2}\sqrt{z^2 + a^2} - \frac{a^2}{2}\,\mathfrak{Ar\,Sin}\,\frac{z}{a} \quad,\quad \int \frac{z^2\,dz}{\sqrt{z^2 - a^2}} = \frac{z}{2}\sqrt{z^2 - a^2} + \frac{a^2}{2}\,\mathfrak{Ar\,Cof}\,\frac{z}{a} \quad,\ \Bigg\} (230)$$

$$\int \frac{z^3\,dz}{\sqrt{z^2 + a^2}} = \frac{z^2 - 2a^2}{3}\sqrt{z^2 + a^2}\cdot \quad,\quad \int \frac{z^3\,dz}{\sqrt{z^2 - a^2}} = \frac{z^2 + 2a^2}{3}\sqrt{z^2 - a^2} \quad,$$

$$\int \frac{z^4\,dz}{\sqrt{z^2 + a^2}} = \frac{z(2z^2 - 3a^2)}{8}\sqrt{z^2 + a^2} + \frac{3a^4}{8}\,\mathfrak{Ar\,Sin}\,\frac{z}{a}, \quad \int \frac{z^4\,dz}{\sqrt{z^2 - a^2}} = \frac{z(2z^2 + 3a^2)}{8}\sqrt{z^2 - a^2} + \frac{3a^4}{8}\,\mathfrak{Ar\,Cof}\,\frac{z}{a}.$$

$$\int \frac{dz}{\sqrt{a^2 - z^2}} = \mathrm{arc\,sin}\,\frac{z}{a} \qquad,$$

$$\int \frac{z\,dz}{\sqrt{a^2 - z^2}} = -\sqrt{a^2 - z^2} \qquad,$$

$$\int \frac{z^2\,dz}{\sqrt{a^2 - z^2}} = -\frac{z}{2}\sqrt{a^2 - z^2} + \frac{a^2}{2}\,\mathrm{arc\,sin}\,\frac{z}{a} \qquad,\qquad \Big\} (231)$$

$$\int \frac{z^3\,dz}{\sqrt{a^2 - z^2}} = \frac{z^2 - 2a^2}{3}\sqrt{a^2 - z^2} \qquad,$$

$$\int \frac{z^4\,dz}{\sqrt{a^2 - z^2}} = -\frac{z(2z^2 + 3a^2)}{8}\sqrt{a^2 - z^2} + \frac{3a^4}{8}\,\mathrm{arc\,sin}\,\frac{z}{a}.$$

$$\int \frac{dz}{z\sqrt{z^2 + a^2}} = -\frac{1}{a}\,\mathfrak{Ar\,Sin}\,\frac{a}{z} \quad,\quad \int \frac{dz}{z\sqrt{z^2 - a^2}} = \frac{1}{a}\,\mathrm{arc\,cos}\,\frac{a}{z} \quad,$$

$$\int \frac{dz}{z^2\sqrt{z^2 + a^2}} = -\frac{\sqrt{z^2 + a^2}}{a^2 z} \quad,\quad \int \frac{dz}{z^2\sqrt{z^2 - a^2}} = \frac{\sqrt{z^2 - a^2}}{a^2 z} \quad,\ \Bigg\} (232)$$

$$\int \frac{dz}{z^3\sqrt{z^2 + a^2}} = -\frac{\sqrt{z^2 + a^2}}{2a^2 z^2} + \frac{1}{2a^3}\,\mathfrak{Ar\,Sin}\,\frac{a}{z}, \quad \int \frac{dz}{z^3\sqrt{z^2 - a^2}} = \frac{\sqrt{z^2 - a^2}}{2a^2 z^2} + \frac{1}{2a^3}\,\mathrm{arc\,cos}\,\frac{a}{z},$$

$$\int \frac{dz}{z^4\sqrt{z^2 + a^2}} = \frac{2z^2 - a^2}{3a^4 z^3}\sqrt{z^2 + a^2} \quad,\quad \int \frac{dz}{z^4\sqrt{z^2 - a^2}} = \frac{2z^2 + a^2}{3a^4 z^3}\sqrt{z^2 - a^2} \quad.$$

$$\int \frac{dz}{z\sqrt{a^2-z^2}} = -\frac{1}{a}\,\mathfrak{Ar\,Cof}\,\frac{a}{z} \qquad ,$$

$$\int \frac{dz}{z^2\sqrt{a^2-z^2}} = -\frac{\sqrt{a^2-z^2}}{a^2 z} \qquad ,$$

$$\int \frac{dz}{z^3\sqrt{a^2-z^2}} = -\frac{\sqrt{a^2-z^2}}{2a^2 z^2} - \frac{1}{2a^3}\,\mathfrak{Ar\,Cof}\,\frac{a}{z} \;,$$

$$\int \frac{dz}{z^4\sqrt{a^2-z^2}} = -\frac{2z^2+a^2}{3a^4 z^3}\sqrt{a^2-z^2}$$

$$\left.\right\} (233)$$

$$\int \sqrt{z^2+a^2}\,dz = \frac{z}{2}\sqrt{z^2+a^2} + \frac{a^2}{2}\,\mathfrak{Ar\,Sin}\,\frac{z}{a} \quad , \qquad \int \sqrt{z^2-a^2}\,dz = \frac{z}{2}\sqrt{z^2-a^2} - \frac{a^2}{2}\,\mathfrak{Ar\,Cof}\,\frac{z}{a} \quad ,$$

$$\int z\sqrt{z^2+a^2}\,dz = \frac{(z^2+a^2)\sqrt{z^2+a^2}}{3} \quad , \qquad \int z\sqrt{z^2-a^2}\,dz = \frac{(z^2-a^2)\sqrt{z^2-a^2}}{3} \quad ,$$

$$\int z^2\sqrt{z^2+a^2}\,dz = \frac{z(2z^2+a^2)}{8}\sqrt{z^2+a^2} - \frac{a^4}{8}\,\mathfrak{Ar\,Sin}\,\frac{z}{a}, \qquad \int z^2\sqrt{z^2-a^2}\,dz = \frac{z(2z^2-a^2)}{8}\sqrt{z^2-a^2} - \frac{a^4}{8}\,\mathfrak{Ar\,Cof}\,\frac{z}{a},$$

$$\int z^3\sqrt{z^2+a^2}\,dz = \frac{3z^2-2a^2}{15}(z^2+a^2)\sqrt{(z^2+a^2)} \quad , \qquad \int z^3\sqrt{z^2-a^2}\,dz = \frac{3z^2+2a^2}{15}(z^2-a^2)\sqrt{z^2-a^2} \quad ,$$

$$\int z^4\sqrt{z^2+a^2}\,dz = \frac{8z^4+2a^2z^2-3a^4}{48}z\sqrt{z^2+a^2} + \qquad \int z^4\sqrt{z^2-a^2}\,dz = \frac{8z^4-2a^2z^2-3a^4}{48}z\sqrt{z^2-a^2} -$$

$$+\frac{a^6}{16}\,\mathfrak{Ar\,Sin}\,\frac{z}{a} \qquad , \qquad\qquad\qquad -\frac{a^6}{16}\,\mathfrak{Ar\,Cof}\,\frac{z}{a} \qquad .$$

$$\left.\right\} ($$

$$\int \sqrt{a^2-z^2}\,dz = \frac{z}{2}\sqrt{a^2-z^2} + \frac{a^2}{2}\,\mathrm{arc}\,\sin\frac{z}{a} \qquad ,$$

$$\int z\sqrt{a^2-z^2}\,dz = -\frac{(a^2-z^2)\sqrt{a^2-z^2}}{3} \qquad ,$$

$$\int z^2\sqrt{a^2-z^2}\,dz = \frac{z(2z^2-a^2)}{8}\sqrt{a^2-z^2} + \frac{a^4}{8}\,\mathrm{arc}\,\sin\frac{z}{a} \qquad ,$$

$$\int z^3\sqrt{a^2-z^2}\,dz = -\frac{3z^2+2a^2}{15}(a^2-z^2)\sqrt{a^2-z^2} \qquad ,$$

$$\int z^4\sqrt{a^2-z^2}\,dz = \frac{8z^4-2a^2z^2-3a^4}{48}z\sqrt{a^2-z^2} + \frac{a}{16}\,\mathrm{arc}\,\sin\frac{z}{a} \; .$$

$$\left.\right\} (235)$$

$$\int \frac{\sqrt{z^2+a^2}}{z}\,dz = \sqrt{z^2+a^2} - a\,\mathfrak{Ar\,Sin}\,\frac{a}{z} \quad , \qquad \int \frac{\sqrt{z^2-a^2}}{z}\,dz = \sqrt{z^2-a^2} - a\,\mathrm{arc}\,\cos\frac{a}{z} \quad ,$$

$$\int \frac{\sqrt{z^2+a^2}}{z^2}\,dz = -\frac{\sqrt{z^2+a^2}}{z} + \mathfrak{Ar\,Sin}\,\frac{z}{a} \quad , \qquad \int \frac{\sqrt{z^2-a^2}}{z^2}\,dz = -\frac{\sqrt{z^2-a^2}}{z} + \mathfrak{Ar\,Cof}\,\frac{z}{a} \quad ,$$

$$\int \frac{\sqrt{z^2+a^2}}{z^3}\,dz = -\frac{\sqrt{z^2+a^2}}{2z^2} - \frac{1}{2a}\,\mathfrak{Ar\,Sin}\,\frac{a}{z}, \qquad \int \frac{\sqrt{z^2-a^2}}{z^3}\,dz = -\frac{\sqrt{z^2-a^2}}{2z^2} + \frac{1}{2a}\,\mathrm{arc}\,\cos\frac{a}{z}, $$

$$\int \frac{\sqrt{z^2+a^2}}{z^4}\,dz = -\frac{(z^2+a^2)\sqrt{z^2+a^2}}{3a^2 z^3} \quad , \qquad \int \frac{\sqrt{z^2-a^2}}{z^4}\,dz = \frac{(z^2-a^2)\sqrt{z^2-a^2}}{3a^2 z^3}$$

$$\left.\right\} (236)$$

$$\int \frac{\sqrt{a^2-z^2}}{z}\,dz = \sqrt{a^2-z^2} - a\,\mathfrak{Ar\,Cof}\,\frac{a}{z} \qquad ,$$

$$\int \frac{\sqrt{a^2-z^2}}{z^2}\,dz = -\frac{\sqrt{a^2-z^2}}{z} - \mathrm{arc}\,\sin\frac{z}{a} \qquad ,$$

$$\int \frac{\sqrt{a^2-z^2}}{z^3}\,dz = -\frac{\sqrt{a^2-z^2}}{2z^2} + \frac{1}{2a}\,\mathfrak{Ar\,Cof}\,\frac{a}{z}, $$

$$\int \frac{\sqrt{a^2-z^2}}{z^4}\,dz = -\frac{(a^2-z^2)\sqrt{a^2-z^2}}{3a^2 z^3} \qquad .$$

$$\left.\right\} (237)$$

$$\int\frac{dz}{(z^2+a^2)^{3/2}}=\frac{1}{a^2}\frac{z}{\sqrt{z^2+a^2}}\;,\qquad \int\frac{dz}{(z^2-a^2)^{3/2}}=-\frac{1}{a^2}\frac{z}{\sqrt{z^2-a^2}}\;,$$

$$\int\frac{z\,dz}{(z^2+a^2)^{3/2}}=-\frac{1}{\sqrt{z^2+a^2}}\;,\qquad \int\frac{z\,dz}{(z^2-a^2)^{3/2}}=-\frac{1}{\sqrt{z^2-a^2}}\;,$$

$$\int\frac{z^2\,dz}{(z^2+a^2)^{3/2}}=-\frac{z}{\sqrt{z^2+a^2}}+\operatorname{Ar\,Sin}\frac{z}{a}\;,\qquad \int\frac{z^2\,dz}{(z^2-a^2)^{3/2}}=-\frac{z}{\sqrt{z^2-a^2}}+\operatorname{Ar\,Cos}\frac{z}{a}\;,$$

$$\int\frac{z^3\,dz}{(z^2+a^2)^{3/2}}=\sqrt{z^2+a^2}+\frac{a^2}{\sqrt{z^2+a^2}}\;,\qquad \int\frac{z^3\,dz}{(z^2-a^2)^{3/2}}=\sqrt{z^2-a^2}-\frac{a^2}{\sqrt{z^2-a^2}}\;,$$

$$\int\frac{z^4\,dz}{(z^2+a^2)^{3/2}}=\frac{z(z^2+3a^2)}{2\sqrt{z^2+a^2}}-\frac{3a^2}{2}\operatorname{Ar\,Sin}\frac{z}{a}\;,\qquad \int\frac{z^4\,dz}{(z^2-a^2)^{3/2}}=\frac{z(z^2-3a^2)}{2\sqrt{z^2-a^2}}+\frac{3a^2}{2}\operatorname{Ar\,Cos}\frac{z}{a}\;. \tag{238}$$

$$\int\frac{dz}{(a^2-z^2)^{3/2}}=\frac{1}{a^2}\frac{z}{\sqrt{a^2-z^2}}\;,$$

$$\int\frac{z\,dz}{(a^2-z^2)^{3/2}}=\frac{1}{\sqrt{a^2-z^2}}\;,$$

$$\int\frac{z^2\,dz}{(a^2-z^2)^{3/2}}=\frac{z}{\sqrt{a^2-z^2}}-\arcsin\frac{z}{a}\;,$$

$$\int\frac{z^3\,dz}{(a^2-z^2)^{3/2}}=\sqrt{a^2-z^2}+\frac{a^2}{\sqrt{a^2-z^2}}\;,$$

$$\int\frac{z^4\,dz}{(a^2-z^2)^{3/2}}=\frac{z(3a^2-z^2)}{2\sqrt{a^2-z^2}}-\frac{3a^2}{2}\arcsin\frac{z}{a}\;. \tag{239}$$

$$\int\frac{dz}{z(z^2+a^2)^{3/2}}=\frac{1}{a^2\sqrt{z^2+a^2}}-\frac{1}{a^3}\operatorname{Ar\,Sin}\frac{a}{z}\;,\qquad \int\frac{dz}{z(z^2-a^2)^{3/2}}=-\frac{1}{a^2\sqrt{z^2-a^2}}-\frac{1}{a^3}\arccos\frac{a}{z}\;,$$

$$\int\frac{dz}{z^2(z^2+a^2)^{3/2}}=-\frac{1}{a^4}\left(\frac{\sqrt{z^2+a^2}}{z}+\frac{z}{\sqrt{z^2+a^2}}\right)\;,\qquad \int\frac{dz}{z^2(z^2-a^2)^{3/2}}=-\frac{1}{a^4}\left(\frac{\sqrt{z^2-a^2}}{z}+\frac{z}{\sqrt{z^2-a^2}}\right)\;,$$

$$\int\frac{dz}{z^3(z^2+a^2)^{3/2}}=-\frac{a^2+3z^2}{2a^4z^2\sqrt{z^2+a^2}}+\frac{3}{2a^5}\operatorname{Ar\,Sin}\frac{a}{z}\;,\qquad \int\frac{dz}{z^3(z^2-a^2)^{3/2}}=\frac{a^2-3z^2}{2a^4z^2\sqrt{z^2-a^2}}-\frac{3}{2a^5}\arccos\frac{a}{z}\;,$$

$$\int\frac{dz}{z^4(z^2+a^2)^{3/2}}=\frac{8z^4+4a^2z^2-a^4}{3a^6z^3\sqrt{z^2+a^2}}\;.\qquad \int\frac{dz}{z^4(z^2-a^2)^{3/2}}=-\frac{8z^4-4a^2z^2-a^4}{3a^6z^3\sqrt{z^2-a^2}}\;. \tag{240}$$

$$\int\frac{dz}{z(a^2-z^2)^{3/2}}=\frac{1}{a^2\sqrt{a^2-z^2}}-\frac{1}{a^3}\operatorname{Ar\,Cos}\frac{a}{z}\;,$$

$$\int\frac{dz}{z^2(a^2-z^2)^{3/2}}=-\frac{1}{a^4}\left(\frac{\sqrt{a^2-z^2}}{z}-\frac{z}{\sqrt{a^2-z^2}}\right)\;,$$

$$\int\frac{dz}{z^3(a^2-z^2)^{3/2}}=-\frac{a^2-3z^2}{2a^4z^2\sqrt{a^2-z^2}}-\frac{3}{2a^5}\operatorname{Ar\,Cos}\frac{a}{z}\;,$$

$$\int\frac{dz}{z^4(a^2-z^2)^{3/2}}=\frac{8z^4-4a^2z^2-a^4}{3a^6z^3\sqrt{a^2-z^2}}\;, \tag{241}$$

$$\int(z^2+a^2)^{3/2}dz=\frac{2z^2+5a^2}{8}z\sqrt{z^2+a^2}+\frac{3a^4}{8}\operatorname{Ar\,Sin}\frac{z}{a}\;,\qquad \int(z^2-a^2)^{3/2}dz=\frac{2z^2-5a^2}{8}z\sqrt{z^2-a^2}+\frac{3a^4}{8}\operatorname{Ar\,Cos}\frac{z}{a}\;,$$

$$\int z(z^2+a^2)^{3/2}dz=\frac{(z^2+a^2)^2\sqrt{z^2+a^2}}{5}\;,\qquad \int z(z^2-a^2)^{3/2}dz=\frac{(z^2-a^2)^2\sqrt{z^2-a^2}}{5}\;,$$

$$\int z^2(z^2+a^2)^{3/2}dz=\frac{8z^4+14a^2z^2+3a^4}{48}z\sqrt{z^2+a^2}-\frac{a^6}{16}\operatorname{Ar\,Sin}\frac{z}{a}\;,\qquad \int z^2(z^2-a^2)^{3/2}dz=\frac{8z^4-14z^2a^2+3a^4}{48}z\sqrt{z^2-a^2}+\frac{a^6}{16}\operatorname{Ar\,Cos}\frac{z}{a}\;,$$

$$\int z^3(z^2+a^2)^{3/2}dz=\frac{(5z^2-2a^2)(z^2+a^2)^2}{35}\sqrt{z^2+a^2}\;,\qquad \int z^3(z^2-a^2)^{3/2}dz=\frac{(5z^2+2a^2)(z^2-a^2)^2}{35}\sqrt{z^2-a^2}\;,$$

$$\int z^4(z^2+a^2)^{3/2}dz=\frac{16z^6+24a^2z^4+2a^4z^2-3a^6}{128}z\sqrt{z^2+a^2}+\frac{3a^8}{128}\operatorname{Ar\,Sin}\frac{z}{a}\;,\qquad \int z^4(z^2-a^2)^{3/2}dz=\frac{16z^6-24a^2z^4+2a^4z^2+3a^6}{128}z\sqrt{z^2-a^2}+\frac{3a^8}{128}\operatorname{Ar\,Cos}\frac{z}{a}\;. \tag{242}$$

$$\int (a^2 - z^2)^{3/2}\, dz = -\frac{2z^2 - 5a^2}{8}\, z\sqrt{a^2 - z^2} + \frac{3a^4}{8}\arcsin\frac{z}{a}$$

$$\int z\,(a^2 - z^2)^{3/2}\, dz = -\frac{(a^2-z^2)^2\sqrt{a^2-z^2}}{5}$$

$$\int z^2\,(a^2-z^2)^{3/2}\,dz = -\frac{8z^4 - 14a^2z^2 + 3a^4}{48}\, z\sqrt{a^2-z^2} + \frac{a^6}{16}\arcsin\frac{z}{a} \qquad (243)$$

$$\int z^3\,(a^2-z^2)^{3/2}\,dz = -\frac{(5z^2+2a^2)(a^2-z^2)^2}{35}\sqrt{a^2-z^2}$$

$$\int z^4\,(a^2-z^2)^{3/2}\,dz = -\frac{16z^6 - 24a^2z^4 + 2a^4z^2 + 3a^6}{128}\, z\sqrt{a^2-z^2} + \frac{3a^8}{128}\arcsin\frac{z}{a}$$

$$\int\frac{(z^2+a^2)^{3/2}}{z}\,dz = \frac{z^2+4a^2}{3}\sqrt{z^2+a^2} - a^3\,\mathfrak{Ar\,Sin}\frac{a}{z}\,, \qquad \int\frac{(z^2-a^2)^{3/2}}{z}\,dz = \frac{z^2-4a^2}{3}\sqrt{z^2-a^2} + a^3\arccos\frac{a}{z}\,,$$

$$\int\frac{(z^2+a^2)^{3/2}}{z^2}\,dz = \frac{z^2-2a^2}{2z}\sqrt{z^2+a^2} + \frac{3a^2}{2}\,\mathfrak{Ar\,Sin}\frac{z}{a}\,, \qquad \int\frac{(z^2-a^2)^{3/2}}{z^2}\,dz = \frac{z^2+2a^2}{2z}\sqrt{z^2-a^2} - \frac{3a^2}{2}\,\mathfrak{Ar\,Coſ}\frac{z}{a}\,, \qquad (244)$$

$$\int\frac{(z^2+a^2)^{3/2}}{z^3}\,dz = \frac{2z^2-a^2}{2z^2}\sqrt{z^2+a^2} - \frac{3a}{2}\,\mathfrak{Ar\,Sin}\frac{a}{z}\,, \qquad \int\frac{(z^2-a^2)^{3/2}}{z^3}\,dz = \frac{2z^2+a^2}{2z^2}\sqrt{z^2-a^2} - \frac{3a}{2}\arccos\frac{a}{z}\,,$$

$$\int\frac{(z^2+a^2)^{3/2}}{z^4}\,dz = -\frac{4z^2+a^2}{3z^3}\sqrt{z^2+a^2} + \mathfrak{Ar\,Sin}\frac{z}{a}\,, \qquad \int\frac{(z^2-a^2)^{3/2}}{z^4}\,dz = -\frac{4z^2-a^2}{3z^3}\sqrt{z^2-a^2} + \mathfrak{Ar\,Coſ}\frac{z}{a}\,.$$

$$\int\frac{(a^2-z^2)^{3/2}}{z}\,dz = -\frac{z^2-4a^2}{3}\sqrt{a^2-z^2} - a^3\,\mathfrak{Ar\,Coſ}\frac{a}{z}\,,$$

$$\int\frac{(a^2-z^2)^{3/2}}{z^2}\,dz = -\frac{z^2+2a^2}{2z}\sqrt{a^2-z^2} - \frac{3a^2}{2}\arcsin\frac{z}{a}\,, \qquad (245)$$

$$\int\frac{(a^2-z^2)^{3/2}}{z^3}\,dz = -\frac{2z^2+a^2}{2z^2}\sqrt{a^2-z^2} + \frac{3a}{2}\,\mathfrak{Ar\,Coſ}\frac{a}{z}\,,$$

$$\int\frac{(a^2-z^2)^{3/2}}{z^4}\,dz = \frac{4z^2-a^2}{3z^3}\sqrt{a^2-z^2} + \arcsin\frac{z}{a}\,.$$

b) Trigonometrische Integrale.

Wird in den $a^2 - z^2$ enthaltenden Integralen von a) die Substitution

$$z = a\sin\zeta \qquad \text{bzw.} \qquad z = a\cos\zeta$$

eingeführt, so schreiben sich die betreffenden algebraischen Integrale in trigonometrische Integrale um. Für diese lassen sich auf dem Wege über die partielle Integration sehr bequeme Rekursionsformeln herleiten. Wird $a = 1$ gesetzt, so ergibt sich, klassenweise geordnet und unter Voranstellung der Rekursionsformeln

$$\int\sin^m\zeta\,d\zeta = -\frac{\sin^{m-1}\zeta\cos\zeta}{m} + \frac{m-1}{m}\int\sin^{m-2}\zeta\,d\zeta\,, \qquad \int\cos^m\zeta\,d\zeta = \frac{\cos^{m-1}\zeta\sin\zeta}{m} + \frac{m-1}{m}\int\cos^{m-2}\zeta\,d\zeta\,,$$

$$\int\sin\zeta\,d\zeta = -\cos\zeta \qquad , \qquad \int\cos\zeta\,d\zeta = \sin\zeta \qquad ,$$

$$\int\sin^2\zeta\,d\zeta = -\frac{\sin\zeta\cos\zeta}{2} + \frac{\zeta}{2} \qquad , \qquad \int\cos^2\zeta\,d\zeta = \frac{\cos\zeta\sin\zeta}{2} + \frac{\zeta}{2} \qquad ,$$

$$\int\sin^3\zeta\,d\zeta = -\frac{\sin^2\zeta\cos\zeta}{3} - \frac{2}{3}\cos\zeta \qquad , \qquad \int\cos^3\zeta\,d\zeta = \frac{\cos^2\zeta\sin\zeta}{3} + \frac{2}{3}\sin\zeta \qquad ,$$

$$\int\sin^4\zeta\,d\zeta = -\frac{\sin^3\zeta\cos\zeta}{4} - \frac{3\sin\zeta\cos\zeta}{8} + \frac{3\zeta}{8} \qquad , \qquad \int\cos^4\zeta\,d\zeta = \frac{\cos^3\zeta\sin\zeta}{4} + \frac{3\cos\zeta\sin\zeta}{8} + \frac{3\zeta}{8} \qquad ,$$

$$\int\sin^5\zeta\,d\zeta = -\frac{\sin^4\zeta\cos\zeta}{5} - \frac{4\sin^2\zeta\cos\zeta}{15} - \frac{8}{15}\cos\zeta \qquad , \qquad \int\cos^5\zeta\,d\zeta = \frac{\cos^4\zeta\sin\zeta}{5} + \frac{4\cos^2\zeta\sin\zeta}{15} + \frac{8}{15}\sin\zeta \qquad ,$$

$$\int\sin^6\zeta\,d\zeta = -\frac{\sin^5\zeta\cos\zeta}{6} - \frac{5\sin^3\zeta\cos\zeta}{24} - \frac{15\sin\zeta\cos\zeta}{48} + \frac{15\zeta}{48} \qquad , \qquad \int\cos^6\zeta\,d\zeta = \frac{\cos^5\zeta\sin\zeta}{6} + \frac{5\cos^3\zeta\sin\zeta}{24} + \frac{15\cos\zeta\sin\zeta}{48} + \frac{15\zeta}{48} \qquad . \qquad (246)$$

$$\int \sin^7 \zeta\, d\zeta = -\frac{\sin^6 \zeta \cos \zeta}{7} - \frac{6 \sin^4 \zeta \cos \zeta}{35} - \frac{24 \sin^2 \zeta \cos \zeta}{105} - \frac{48}{105} \cos \zeta \ ,$$

$$\int \cos^7 \zeta\, d\zeta = \frac{\cos^6 \zeta \sin \zeta}{7} + \frac{6 \cos^4 \zeta \sin \zeta}{35} + \frac{24 \cos^2 \zeta \sin \zeta}{105} + \frac{48}{105} \sin \zeta \ ,$$

$$\int \sin^8 \zeta\, d\zeta = -\frac{\sin^7 \zeta \cos \zeta}{8} - \frac{7 \sin^5 \zeta \cos \zeta}{48} - \frac{35 \sin^3 \zeta \cos \zeta}{192} - \frac{105 \sin \zeta \cos \zeta}{384} + \frac{105 \zeta}{384} \ ,$$

$$\int \cos^8 \zeta\, d\zeta = \frac{\cos^7 \zeta \sin \zeta}{8} + \frac{7 \cos^5 \zeta \sin \zeta}{48} + \frac{35 \cos^3 \zeta \sin \zeta}{192} + \frac{105 \cos \zeta \sin \zeta}{384} + \frac{105 \zeta}{384} \ . \tag{246}$$

Durch unmittelbare Integration der Gln (268) und (269) des ersten Teils, in denen u durch ζ ersetzt zu denken ist, folgt für die Integrale von (246) die Paralleldarstellung

$$\int \sin \zeta\, d\zeta = -\cos \zeta \ , \qquad \int \cos \zeta\, d\zeta = \sin \zeta \ ,$$

$$\int \sin^2 \zeta\, d\zeta = \frac{\zeta}{2} - \frac{\sin 2\zeta}{4} \ , \qquad \int \cos^2 \zeta\, d\zeta = \frac{\zeta}{2} + \frac{\sin 2\zeta}{4} \ ,$$

$$\int \sin^3 \zeta\, d\zeta = -\frac{3 \cos \zeta}{4} + \frac{\cos 3\zeta}{12} \ , \qquad \int \cos^3 \zeta\, d\zeta = \frac{3 \sin \zeta}{4} + \frac{\sin 3\zeta}{12} \ ,$$

$$\int \sin^4 \zeta\, d\zeta = \frac{3\zeta}{8} - \frac{\sin 2\zeta}{4} + \frac{\sin 4\zeta}{32} \ , \qquad \int \cos^4 \zeta\, d\zeta = \frac{3\zeta}{8} + \frac{\sin 2\zeta}{4} + \frac{\sin 4\zeta}{32} \ ,$$

$$\int \sin^5 \zeta\, d\zeta = -\frac{5 \cos \zeta}{8} + \frac{5 \cos 3\zeta}{48} - \frac{\cos 5\zeta}{80} \ , \qquad \int \cos^5 \zeta\, d\zeta = \frac{5 \sin \zeta}{8} + \frac{5 \sin 3\zeta}{48} + \frac{\sin 5\zeta}{80} \ ,$$

$$\int \sin^6 \zeta\, d\zeta = \frac{5\zeta}{16} - \frac{15 \sin 2\zeta}{64} + \frac{3 \sin 4\zeta}{64} - \frac{\sin 6\zeta}{192} \ , \qquad \int \cos^6 \zeta\, d\zeta = \frac{5\zeta}{16} + \frac{15 \sin 2\zeta}{64} + \frac{3 \sin 4\zeta}{64} + \frac{\sin 6\zeta}{192} \ ,$$

$$\int \sin^7 \zeta\, d\zeta = -\frac{35 \cos \zeta}{64} + \frac{21 \cos 3\zeta}{192} - \frac{7 \cos 5\zeta}{320} + \frac{\cos 7\zeta}{448} \ ,$$

$$\int \cos^7 \zeta\, d\zeta = \frac{35 \sin \zeta}{64} + \frac{21 \sin 3\zeta}{192} + \frac{7 \sin 5\zeta}{320} + \frac{\sin 7\zeta}{448} \ ,$$

$$\int \sin^8 \zeta\, d\zeta = \frac{35\zeta}{128} - \frac{7 \sin 2\zeta}{32} + \frac{7 \sin 4\zeta}{128} - \frac{\sin 6\zeta}{96} + \frac{\sin 8\zeta}{1024} \ ,$$

$$\int \cos^8 \zeta\, d\zeta = \frac{35\zeta}{128} + \frac{7 \sin 2\zeta}{32} + \frac{7 \sin 4\zeta}{128} + \frac{\sin 6\zeta}{96} + \frac{\sin 8\zeta}{1024} \ . \tag{247}$$

$$\int \frac{d\zeta}{\sin^m \zeta} = -\frac{\cos \zeta}{(m-1)\sin^{m-1} \zeta} + \frac{m-2}{m-1} \int \frac{d\zeta}{\sin^{m-2} \zeta} \ , \qquad \int \frac{d\zeta}{\cos^m \zeta} = \frac{\sin \zeta}{(m-1)\cos^{m-1} \zeta} + \frac{m-2}{m-1} \int \frac{d\zeta}{\cos^{m-2} \zeta} \ ,$$

$$\int \frac{d\zeta}{\sin \zeta} = -\operatorname{Ar\,Tang} \cos \zeta \ \text{ bzw.} \qquad \int \frac{d\zeta}{\cos \zeta} = \operatorname{Ar\,Tang} \sin \zeta \ \text{ bzw.}$$

$$= -\operatorname{Ar\,Amp}\left(\frac{\pi}{2} - \zeta\right) \ , \qquad = \operatorname{Ar\,Amp} \zeta \ ,$$

$$\int \frac{d\zeta}{\sin^2 \zeta} = -\cotg \zeta \ , \qquad \int \frac{d\zeta}{\cos^2 \zeta} = \tang \zeta \ ,$$

$$\int \frac{d\zeta}{\sin^3 \zeta} = -\frac{\cotg \zeta}{2 \sin \zeta} - \frac{1}{2} \operatorname{Ar\,Amp}\left(\frac{\pi}{2} - \zeta\right) \ , \qquad \int \frac{d\zeta}{\cos^3 \zeta} = \frac{\tang \zeta}{2 \cos \zeta} + \frac{1}{2} \operatorname{Ar\,Amp} \zeta \ ,$$

$$\int \frac{d\zeta}{\sin^4 \zeta} = -\frac{\cotg^3 \zeta}{3} - \cotg \zeta \ , \qquad \int \frac{d\zeta}{\cos^4 \zeta} = \frac{\tang^3 \zeta}{3} + \tang \zeta \ ,$$

$$\int \frac{d\zeta}{\sin^5 \zeta} = -\frac{\cotg \zeta}{4 \sin^3 \zeta} - \frac{3 \cotg \zeta}{8 \sin \zeta} - \frac{3}{8} \operatorname{Ar\,Amp}\left(\frac{\pi}{2} - \zeta\right) \ , \qquad \int \frac{d\zeta}{\cos^5 \zeta} = \frac{\tang \zeta}{4 \cos^3 \zeta} + \frac{3 \tang \zeta}{8 \cos \zeta} + \frac{3}{8} \operatorname{Ar\,Amp} \zeta \ ,$$

$$\int \frac{d\zeta}{\sin^6 \zeta} = -\frac{\cotg \zeta}{5 \sin^4 \zeta} - \frac{4 \cotg \zeta}{15 \sin^2 \zeta} - \frac{8}{15} \cotg \zeta \ , \qquad \int \frac{d\zeta}{\cos^6 \zeta} = \frac{\tang \zeta}{5 \cos^4 \zeta} + \frac{4 \tang \zeta}{15 \cos^2 \zeta} + \frac{8}{15} \tang \zeta \ ,$$

$$\int \frac{d\zeta}{\sin^7 \zeta} = -\frac{\cotg \zeta}{6 \sin^5 \zeta} - \frac{5 \cotg \zeta}{24 \sin^3 \zeta} - \frac{5 \cotg \zeta}{16 \sin \zeta} - \frac{5}{16} \operatorname{Ar\,Amp}\left(\frac{\pi}{2} - \zeta\right) \ ,$$

$$\int \frac{d\zeta}{\cos^7 \zeta} = \frac{\tang \zeta}{6 \cos^5 \zeta} + \frac{5 \tang \zeta}{24 \cos^3 \zeta} + \frac{5 \tang \zeta}{16 \cos \zeta} + \frac{5}{16} \operatorname{Ar\,Amp} \zeta \ ,$$

$$\int \frac{d\zeta}{\sin^8 \zeta} = -\frac{\cotg \zeta}{7 \sin^6 \zeta} - \frac{6 \cotg \zeta}{35 \sin^4 \zeta} - \frac{8 \cotg \zeta}{35 \sin^2 \zeta} - \frac{16}{35} \cotg \zeta \ ,$$

$$\int \frac{d\zeta}{\cos^8 \zeta} = \frac{\tang \zeta}{7 \cos^6 \zeta} + \frac{6 \tang \zeta}{35 \cos^4 \zeta} + \frac{8 \tang \zeta}{35 \cos^2 \zeta} + \frac{16}{35} \tang \zeta \ . \tag{248}$$

$$\int \frac{d\zeta}{\sin^m \zeta \cos \zeta} = -\frac{1}{(m-1)\sin^{m-1}\zeta} + \int \frac{d\zeta}{\sin^{m-2}\zeta \cos \zeta}, \qquad \int \frac{d\zeta}{\cos^m \zeta \sin \zeta} = \frac{1}{(m-1)\cos^{m-1}\zeta} + \int \frac{d\zeta}{\cos^{m-2}\zeta \sin \zeta},$$

$$\int \frac{d\zeta}{\sin \zeta \cos \zeta} = -\operatorname{Ar\,Amp}\left(\frac{\pi}{2} - 2\zeta\right), \qquad \int \frac{d\zeta}{\cos \zeta \sin \zeta} = -\operatorname{Ar\,Amp}\left(\frac{\pi}{2} - 2\zeta\right),$$

$$\int \frac{d\zeta}{\sin^2 \zeta \cos \zeta} = -\frac{1}{\sin \zeta} + \operatorname{Ar\,Amp}\zeta, \qquad \int \frac{d\zeta}{\cos^2 \zeta \sin \zeta} = \frac{1}{\cos \zeta} - \operatorname{Ar\,Amp}\left(\frac{\pi}{2} - \zeta\right),$$

$$\int \frac{d\zeta}{\sin^3 \zeta \cos \zeta} = -\frac{1}{2\sin^2\zeta} - \operatorname{Ar\,Amp}\left(\frac{\pi}{2} - 2\zeta\right), \qquad \int \frac{d\zeta}{\cos^3 \zeta \sin \zeta} = \frac{1}{2\cos^2\zeta} - \operatorname{Ar\,Amp}\left(\frac{\pi}{2} - 2\zeta\right),$$

$$\int \frac{d\zeta}{\sin^4 \zeta \cos \zeta} = -\frac{1}{3\sin^3\zeta} - \frac{1}{\sin \zeta} + \operatorname{Ar\,Amp}\zeta, \qquad \int \frac{d\zeta}{\cos^4 \zeta \sin \zeta} = \frac{1}{3\cos^3\zeta} + \frac{1}{\cos \zeta} - \operatorname{Ar\,Amp}\left(\frac{\pi}{2} - \zeta\right),$$

$$\int \frac{d\zeta}{\sin^5 \zeta \cos \zeta} = -\frac{1}{4\sin^4\zeta} - \frac{1}{2\sin^2\zeta} - \operatorname{Ar\,Amp}\left(\frac{\pi}{2} - 2\zeta\right), \qquad \int \frac{d\zeta}{\cos^5 \zeta \sin \zeta} = \frac{1}{4\cos^4\zeta} + \frac{1}{2\cos^2\zeta} - \operatorname{Ar\,Amp}\left(\frac{\pi}{2} - 2\zeta\right),$$

$$\int \frac{d\zeta}{\sin^6 \zeta \cos \zeta} = -\frac{1}{5\sin^5\zeta} - \frac{1}{3\sin^3\zeta} - \frac{1}{\sin \zeta} + \operatorname{Ar\,Amp}\zeta, \qquad \int \frac{d\zeta}{\cos^6 \zeta \sin \zeta} = \frac{1}{5\cos^5\zeta} + \frac{1}{3\cos^3\zeta} + \frac{1}{\cos \zeta} - \operatorname{Ar\,Amp}\left(\frac{\pi}{2} - \zeta\right),$$

$$\int \frac{d\zeta}{\sin^7 \zeta \cos \zeta} = -\frac{1}{6\sin^6\zeta} - \frac{1}{4\sin^4\zeta} - \frac{1}{2\sin^2\zeta} - \operatorname{Ar\,Amp}\left(\frac{\pi}{2} - 2\zeta\right), \qquad \int \frac{d\zeta}{\cos^7 \zeta \sin \zeta} = \frac{1}{6\cos^6\zeta} + \frac{1}{4\cos^4\zeta} + \frac{1}{2\cos^2\zeta} - \operatorname{Ar\,Amp}\left(\frac{\pi}{2} - 2\zeta\right),$$

$$\int \frac{d\zeta}{\sin^8 \zeta \cos \zeta} = -\frac{1}{7\sin^7\zeta} - \frac{1}{5\sin^5\zeta} - \frac{1}{3\sin^3\zeta} - \frac{1}{\sin \zeta} + \operatorname{Ar\,Amp}\zeta, \qquad \int \frac{d\zeta}{\cos^8 \zeta \sin \zeta} = \frac{1}{7\cos^7\zeta} + \frac{1}{5\cos^5\zeta} + \frac{1}{3\cos^3\zeta} + \frac{1}{\cos \zeta} - \operatorname{Ar\,Amp}\left(\frac{\pi}{2} - \zeta\right). \tag{249}$$

$$\int \frac{d\zeta}{\sin^m \zeta \cos^2 \zeta} = -\frac{1}{(m-1)\sin^{m-1}\zeta \cos \zeta} + \frac{m}{m-1}\int \frac{d\zeta}{\sin^{m-2}\zeta \cos^2 \zeta}, \qquad \int \frac{d\zeta}{\cos^m \zeta \sin^2 \zeta} = \frac{1}{(m-1)\cos^{m-1}\zeta \sin \zeta} + \frac{m}{m-1}\int \frac{d\zeta}{\cos^{m-2}\zeta \sin^2 \zeta},$$

$$\int \frac{d\zeta}{\sin \zeta \cos^2 \zeta} = \frac{1}{\cos \zeta} - \operatorname{Ar\,Amp}\left(\frac{\pi}{2} - \zeta\right), \qquad \int \frac{d\zeta}{\cos \zeta \sin^2 \zeta} = -\frac{1}{\sin \zeta} + \operatorname{Ar\,Amp}\zeta,$$

$$\int \frac{d\zeta}{\sin^2 \zeta \cos^2 \zeta} = -2\operatorname{cotg}2\zeta, \qquad \int \frac{d\zeta}{\cos^2 \zeta \sin^2 \zeta} = -2\operatorname{cotg}2\zeta,$$

$$\int \frac{d\zeta}{\sin^3 \zeta \cos^2 \zeta} = -\frac{1}{2\sin^2\zeta \cos \zeta} + \frac{3}{2\cos \zeta} - \frac{3}{2}\operatorname{Ar\,Amp}\left(\frac{\pi}{2} - \zeta\right), \qquad \int \frac{d\zeta}{\cos^3 \zeta \sin^2 \zeta} = \frac{1}{2\cos^2\zeta \sin \zeta} - \frac{3}{2\sin \zeta} + \frac{3}{2}\operatorname{Ar\,Amp}\zeta,$$

$$\int \frac{d\zeta}{\sin^4 \zeta \cos^2 \zeta} = -\frac{1}{3\sin^3\zeta \cos \zeta} - \frac{8}{3}\operatorname{cotg}2\zeta, \qquad \int \frac{d\zeta}{\cos^4 \zeta \sin^2 \zeta} = \frac{1}{3\cos^3\zeta \sin \zeta} - \frac{8}{3}\operatorname{cotg}2\zeta,$$

$$\int \frac{d\zeta}{\sin^5 \zeta \cos^2 \zeta} = -\frac{1}{4\sin^4\zeta \cos \zeta} - \frac{5}{8\sin^2\zeta \cos \zeta} + \frac{15}{8\cos \zeta} - \frac{15}{8}\operatorname{Ar\,Amp}\left(\frac{\pi}{2} - \zeta\right), \qquad \int \frac{d\zeta}{\cos^5 \zeta \sin^2 \zeta} = \frac{1}{4\cos^4\zeta \sin \zeta} + \frac{5}{8\cos^2\zeta \sin \zeta} - \frac{15}{8\sin \zeta} + \frac{15}{8}\operatorname{Ar\,Amp}\zeta,$$

$$\int \frac{d\zeta}{\sin^6 \zeta \cos^2 \zeta} = -\frac{1}{5\sin^5\zeta \cos \zeta} - \frac{2}{5\sin^3\zeta \cos \zeta} - \frac{16}{5}\operatorname{cotg}2\zeta, \qquad \int \frac{d\zeta}{\cos^6 \zeta \sin^2 \zeta} = \frac{1}{5\cos^5\zeta \sin \zeta} + \frac{2}{5\cos^3\zeta \sin \zeta} - \frac{16}{5}\operatorname{cotg}2\zeta,$$

$$\int \frac{d\zeta}{\sin^7 \zeta \cos^2 \zeta} = -\frac{1}{6\sin^6\zeta \cos \zeta} - \frac{7}{24\sin^4\zeta \cos \zeta} - \frac{35}{48\sin^2\zeta \cos \zeta} + \frac{35}{16\cos \zeta} - \frac{35}{16}\operatorname{Ar\,Amp}\left(\frac{\pi}{2} - \zeta\right), \qquad \int \frac{d\zeta}{\cos^7 \zeta \sin^2 \zeta} = \frac{1}{6\cos^6\zeta \sin \zeta} + \frac{7}{24\cos^4\zeta \sin \zeta} + \frac{35}{48\cos^2\zeta \sin \zeta} - \frac{35}{16\sin \zeta} + \frac{35}{16}\operatorname{Ar\,Amp}\zeta,$$

$$\int \frac{d\zeta}{\sin^8 \zeta \cos^2 \zeta} = -\frac{1}{7\sin^7\zeta \cos \zeta} - \frac{8}{35\sin^5\zeta \cos \zeta} - \frac{16}{35\sin^3\zeta \cos \zeta} - \frac{128}{35}\operatorname{cotg}2\zeta, \qquad \int \frac{d\zeta}{\cos^8 \zeta \sin^2 \zeta} = \frac{1}{7\cos^7\zeta \sin \zeta} + \frac{8}{35\cos^5\zeta \sin \zeta} + \frac{16}{35\cos^3\zeta \sin \zeta} - \frac{128}{35}\operatorname{cotg}2\zeta. \tag{250}$$

$$\int \frac{d\zeta}{\sin^m \zeta \cos^3 \zeta} = -\frac{1}{(m-1)\sin^{m-1}\zeta \cos^2 \zeta} + \frac{m+1}{m-1}\int \frac{d\zeta}{\sin^{m-2}\zeta \cos^3 \zeta},$$

$$\int \frac{d\zeta}{\cos^m \zeta \sin^3 \zeta} = \frac{1}{(m-1)\cos^{m-1}\zeta \sin^2 \zeta} + \frac{m+1}{m-1}\int \frac{d\zeta}{\cos^{m-2}\zeta \sin^3 \zeta},$$

$$\int \frac{d\zeta}{\sin^3 \zeta \cos^3 \zeta} = -\frac{2\operatorname{cotg} 2\zeta}{\sin 2\zeta} - 2\,\mathfrak{Ar\,Amp}\left(\frac{\pi}{2} - 2\zeta\right),$$

$$\int \frac{d\zeta}{\cos^3 \zeta \sin^3 \zeta} = -\frac{2\operatorname{cotg} 2\zeta}{\sin 2\zeta} - 2\,\mathfrak{Ar\,Amp}\left(\frac{\pi}{2} - 2\zeta\right),$$

$$\int \frac{d\zeta}{\sin^4 \zeta \cos^3 \zeta} = -\frac{1}{3\sin^3\zeta \cos^2\zeta} + \frac{5}{6\sin\zeta \cos^2\zeta} - \frac{5}{2\sin\zeta} + \frac{5}{2}\mathfrak{Ar\,Amp}\,\zeta,$$

$$\int \frac{d\zeta}{\cos^4 \zeta \sin^3 \zeta} = \frac{1}{3\cos^3\zeta \sin^2\zeta} - \frac{5}{6\cos\zeta \sin^2\zeta} + \frac{5}{2\cos\zeta} - \frac{5}{2}\mathfrak{Ar\,Amp}\left(\frac{\pi}{2}-\zeta\right),$$

$$\int \frac{d\zeta}{\sin^5 \zeta \cos^3 \zeta} = -\frac{1}{4\sin^4\zeta\cos^2\zeta} - \frac{3\operatorname{cotg} 2\zeta}{\sin 2\zeta} - 3\,\mathfrak{Ar\,Amp}\left(\frac{\pi}{2} - 2\zeta\right),$$

$$\int \frac{d\zeta}{\cos^5 \zeta \sin^3 \zeta} = \frac{1}{4\cos^4\zeta\sin^2\zeta} - \frac{3\operatorname{cotg} 2\zeta}{\sin 2\zeta} - 3\,\mathfrak{Ar\,Amp}\left(\frac{\pi}{2} - 2\zeta\right). \qquad (251)$$

$$\int \frac{d\zeta}{\sin^m \zeta \cos^4 \zeta} = -\frac{1}{(m-1)\sin^{m-1}\zeta \cos^3 \zeta} + \frac{m+2}{m-1}\int \frac{d\zeta}{\sin^{m-2}\zeta \cos^4 \zeta},$$

$$\int \frac{d\zeta}{\cos^m \zeta \sin^4 \zeta} = \frac{1}{(m-1)\cos^{m-1}\zeta \sin^3 \zeta} + \frac{m+2}{m-1}\int \frac{d\zeta}{\cos^{m-2}\zeta \sin^4 \zeta},$$

$$\int \frac{d\zeta}{\sin^4 \zeta \cos^4 \zeta} = -\frac{8\operatorname{cotg}^3 2\zeta}{3} - 8\operatorname{cotg} 2\zeta,$$

$$\int \frac{d\zeta}{\cos^4 \zeta \sin^4 \zeta} = -\frac{8\operatorname{cotg}^3 2\zeta}{3} - 8\operatorname{cotg} 2\zeta,$$

$$\int \frac{d\zeta}{\sin^5 \zeta \cos^4 \zeta} = -\frac{1}{4\sin^4\zeta\cos^3\zeta} + \frac{7}{12\sin^2\zeta\cos^3\zeta} - \frac{35}{24\sin^2\zeta\cos\zeta} + \frac{35}{8\cos\zeta} - \frac{35}{8}\mathfrak{Ar\,Amp}\left(\frac{\pi}{2}-\zeta\right),$$

$$\int \frac{d\zeta}{\cos^5 \zeta \sin^4 \zeta} = \frac{1}{4\cos^4\zeta\sin^3\zeta} - \frac{7}{12\cos^2\zeta\sin^3\zeta} + \frac{35}{24\cos^2\zeta\sin\zeta} - \frac{35}{8\sin\zeta} + \frac{35}{8}\mathfrak{Ar\,Amp}\,\zeta. \qquad (252)$$

$$\int \frac{d\zeta}{\sin^m \zeta \cos^n \zeta} = -\frac{1}{(m-1)\sin^{m-1}\zeta \cos^{n-1} \zeta} + \frac{m+n-2}{m-1}\int \frac{d\zeta}{\sin^{m-2}\zeta \cos^n \zeta},$$

$$\int \frac{d\zeta}{\cos^m \zeta \sin^n \zeta} = \frac{1}{(m-1)\cos^{m-1}\zeta \sin^{n-1} \zeta} + \frac{m+n-2}{m-1}\int \frac{d\zeta}{\cos^{m-2}\zeta \sin^n \zeta}, \qquad (253)$$

$$\int \frac{\sin^m \zeta}{\cos\zeta}\, d\zeta = -\frac{\sin^{m-1}\zeta}{m-1} + \int \frac{\sin^{m-2}\zeta}{\cos\zeta}\, d\zeta \quad (m>1),$$

$$\int \frac{\cos^m \zeta}{\sin\zeta}\, d\zeta = \frac{\cos^{m-1}\zeta}{m-1} + \int \frac{\cos^{m-2}\zeta}{\sin\zeta}\, d\zeta \quad (m>1),$$

$$\int \frac{\sin^2 \zeta}{\cos\zeta}\, d\zeta = -\sin\zeta + \mathfrak{Ar\,Amp}\,\zeta$$

$$\int \frac{\cos^2 \zeta}{\sin\zeta}\, d\zeta = \cos\zeta - \mathfrak{Ar\,Amp}\left(\frac{\pi}{2}-\zeta\right)$$

$$\int \frac{\sin^4 \zeta}{\cos\zeta}\, d\zeta = -\frac{\sin^3\zeta}{3} - \sin\zeta + \mathfrak{Ar\,Amp}\,\zeta$$

$$\int \frac{\cos^4 \zeta}{\sin\zeta}\, d\zeta = \frac{\cos^3\zeta}{3} + \cos\zeta - \mathfrak{Ar\,Amp}\left(\frac{\pi}{2}-\zeta\right),$$

$$\int \frac{\sin^6 \zeta}{\cos\zeta}\, d\zeta = -\frac{\sin^5\zeta}{5} - \frac{\sin^3\zeta}{3} - \sin\zeta + \mathfrak{Ar\,Amp}\,\zeta,$$

$$\int \frac{\cos^6 \zeta}{\sin\zeta}\, d\zeta = \frac{\cos^5\zeta}{5} + \frac{\cos^3\zeta}{3} + \cos\zeta - \mathfrak{Ar\,Amp}\left(\frac{\pi}{2}-\zeta\right),$$

$$\int \frac{\sin^8 \zeta}{\cos\zeta}\, d\zeta = -\frac{\sin^7\zeta}{7} - \frac{\sin^5\zeta}{5} - \frac{\sin^3\zeta}{3} - \sin\zeta + \mathfrak{Ar\,Amp}\,\zeta,$$

$$\int \frac{\cos^8 \zeta}{\sin\zeta}\, d\zeta = \frac{\cos^7\zeta}{7} + \frac{\cos^5\zeta}{5} + \frac{\cos^3\zeta}{3} + \cos\zeta - \mathfrak{Ar\,Amp}\left(\frac{\pi}{2}-\zeta\right). \qquad (254)$$

[Für die ungeraden Potenzen vgl. (86)].

$$\int \frac{\sin^m \zeta}{\cos^2\zeta}\, d\zeta = -\frac{\sin^{m-1}\zeta}{(m-2)\cos\zeta} + \frac{m-1}{m-2}\int \frac{\sin^{m-2}\zeta}{\cos^2\zeta}\, d\zeta,$$

$$\int \frac{\cos^m \zeta}{\sin^2\zeta}\, d\zeta = -\frac{\cos^{m-1}\zeta}{(m-2)\sin\zeta} + \frac{m-1}{m-2}\int \frac{\cos^{m-2}\zeta}{\sin^2\zeta}\, d\zeta,$$

$$\int \frac{\sin\zeta}{\cos^2\zeta}\, d\zeta = \frac{1}{\cos\zeta}$$

$$\int \frac{\cos\zeta}{\sin^2\zeta}\, d\zeta = -\frac{1}{\sin\zeta}$$

$$\int \frac{\sin^2\zeta}{\cos^2\zeta}\, d\zeta = -\zeta + \operatorname{tang}\zeta$$

$$\int \frac{\cos^2\zeta}{\sin^2\zeta}\, d\zeta = -\zeta - \operatorname{cotg}\zeta$$

$$\int \frac{\sin^3\zeta}{\cos^2\zeta}\, d\zeta = \cos\zeta + \frac{1}{\cos\zeta}$$

$$\int \frac{\cos^3\zeta}{\sin^2\zeta}\, d\zeta = -\sin\zeta - \frac{1}{\sin\zeta}$$

$$\int \frac{\sin^4\zeta}{\cos^2\zeta}\, d\zeta = -\frac{\sin^3\zeta}{2\cos\zeta} - \frac{3}{2}\zeta + \frac{3}{2}\operatorname{tang}\zeta,$$

$$\int \frac{\cos^4\zeta}{\sin^2\zeta}\, d\zeta = \frac{\cos^3\zeta}{2\sin\zeta} - \frac{3}{2}\zeta - \frac{3}{2}\operatorname{cotg}\zeta. \qquad (255)$$

$$\int\frac{\sin^5\zeta}{\cos^2\zeta}\,d\zeta = -\frac{\sin^4\zeta}{3\cos\zeta}+\frac{4}{3}\cos\zeta+\frac{4}{3\cos\zeta} \quad , \qquad \int\frac{\cos^5\zeta}{\sin^2\zeta}\,d\zeta = \frac{\cos^4\zeta}{3\sin\zeta}-\frac{4}{3}\sin\zeta-\frac{4}{3\sin\zeta} \quad ,$$

$$\int\frac{\sin^6\zeta}{\cos^2\zeta}\,d\zeta = -\frac{\sin^5\zeta}{4\cos\zeta}-\frac{5\sin^3\zeta}{8\cos\zeta}-\frac{15}{8}\zeta+\frac{15}{8}\tang\zeta \quad , \qquad \int\frac{\cos^6\zeta}{\sin^2\zeta}\,d\zeta = \frac{\cos^5\zeta}{4\sin\zeta}+\frac{5\cos^3\zeta}{8\sin\zeta}-\frac{15}{8}\zeta-\frac{15}{8}\cotg\zeta \quad ,$$

$$\int\frac{\sin^7\zeta}{\cos^2\zeta}\,d\zeta = -\frac{\sin^6\zeta}{5\cos\zeta}-\frac{2\sin^4\zeta}{5\cos\zeta}+\frac{8}{5}\cos\zeta+\frac{8}{5\cos\zeta} \quad , \qquad \int\frac{\cos^7\zeta}{\sin^2\zeta}\,d\zeta = \frac{\cos^6\zeta}{5\sin\zeta}+\frac{2\cos^4\zeta}{5\sin\zeta}-\frac{8}{5}\sin\zeta-\frac{8}{5\sin\zeta} \quad ,$$

$$\int\frac{\sin^8\zeta}{\cos^2\zeta}\,d\zeta = -\frac{\sin^7\zeta}{6\cos\zeta}-\frac{7\sin^5\zeta}{24\cos\zeta}-\frac{35\sin^3\zeta}{48\cos\zeta}- \qquad \int\frac{\cos^8\zeta}{\sin^2\zeta}\,d\zeta = \frac{\cos^7\zeta}{6\sin\zeta}+\frac{7\cos^5\zeta}{24\sin\zeta}+\frac{35\cos^3\zeta}{48\sin\zeta}-\frac{105}{48}\zeta-$$

$$-\frac{105}{48}\zeta+\frac{105}{48}\tang\zeta \qquad , \qquad\qquad -\frac{105}{48}\cotg\zeta \qquad .$$

$$\left.\begin{aligned}&\end{aligned}\right\}\ (255)$$

$$\int\frac{\sin^m\zeta}{\cos^3\zeta}\,d\zeta = -\frac{\sin^{m-1}\zeta}{(m-3)\cos^2\zeta}+\frac{m-1}{m-3}\int\frac{\sin^{m-2}\zeta}{\cos^3\zeta}\,d\zeta \quad , \qquad \int\frac{\cos^m\zeta}{\sin^3\zeta}\,d\zeta = \frac{\cos^{m-1}\zeta}{(m-3)\sin^2\zeta}+\frac{m-1}{m-3}\int\frac{\cos^{m-2}\zeta}{\sin^3\zeta}\,d\zeta \quad ,$$

$$\int\frac{\sin^2\zeta}{\cos^3\zeta}\,d\zeta = \frac{\sin\zeta}{2\cos^2\zeta}-\frac{1}{2}\,\mathfrak{Ar\,Amp}\,\zeta \quad , \qquad \int\frac{\cos^2\zeta}{\sin^3\zeta}\,d\zeta = -\frac{\cos\zeta}{2\sin^2\zeta}+\frac{1}{2}\,\mathfrak{Ar\,Amp}\left(\frac{\pi}{2}-\zeta\right) \quad ,$$

$$\int\frac{\sin^4\zeta}{\cos^3\zeta}\,d\zeta = -\frac{\sin^3\zeta}{\cos^2\zeta}+\frac{3\sin\zeta}{2\cos^2\zeta}-\frac{3}{2}\,\mathfrak{Ar\,Amp}\,\zeta \quad , \qquad \int\frac{\cos^4\zeta}{\sin^3\zeta}\,d\zeta = \frac{\cos^3\zeta}{\sin^2\zeta}-\frac{3\cos\zeta}{2\sin^2\zeta}+\frac{3}{2}\,\mathfrak{Ar\,Amp}\left(\frac{\pi}{2}-\zeta\right) \quad ,$$

$$\int\frac{\sin^6\zeta}{\cos^3\zeta}\,d\zeta = -\frac{\sin^5\zeta}{3\cos^2\zeta}-\frac{5\sin^3\zeta}{3\cos^2\zeta}+\frac{5\sin\zeta}{2\cos^2\zeta}- \qquad \int\frac{\cos^6\zeta}{\sin^3\zeta}\,d\zeta = \frac{\cos^5\zeta}{3\sin^2\zeta}+\frac{5\cos^3\zeta}{3\sin^2\zeta}-\frac{5\cos\zeta}{2\sin^2\zeta}+$$

$$-\frac{5}{2}\,\mathfrak{Ar\,Amp}\,\zeta \qquad , \qquad\qquad +\frac{5}{2}\,\mathfrak{Ar\,Amp}\left(\frac{\pi}{2}-\zeta\right) \qquad ,$$

$$\int\frac{\sin^8\zeta}{\cos^3\zeta}\,d\zeta = \frac{\sin^7\zeta}{5\cos^2\zeta}-\frac{7\sin^5\zeta}{15\cos^2\zeta}-\frac{7\sin^3\zeta}{3\cos^2\zeta}+ \qquad \int\frac{\cos^8\zeta}{\sin^3\zeta}\,d\zeta = \frac{\cos^7\zeta}{5\sin^2\zeta}+\frac{7\cos^5\zeta}{15\sin^2\zeta}+\frac{7\cos^3\zeta}{3\sin^2\zeta}-$$

$$+\frac{7\sin\zeta}{2\cos^2\zeta}-\frac{7}{2}\,\mathfrak{Ar\,Amp}\,\zeta \qquad , \qquad -\frac{7\cos\zeta}{2\sin^2\zeta}+\frac{7}{2}\,\mathfrak{Ar\,Amp}\left(\frac{\pi}{2}-\zeta\right) \qquad .$$

$$\left.\begin{aligned}&\end{aligned}\right\}\ (256)$$

[Für die ungeraden Potenzen vgl. (87).]

$$\int\frac{\sin^m\zeta}{\cos^4\zeta}\,d\zeta = -\frac{\sin^{m-1}\zeta}{(m-4)\cos^3\zeta}+\frac{m-1}{m-4}\int\frac{\sin^{m-2}\zeta}{\cos^4\zeta}\,d\zeta \quad , \qquad \int\frac{\cos^m\zeta}{\sin^4\zeta}\,d\zeta = \frac{\cos^{m-1}\zeta}{(m-4)\sin^3\zeta}+\frac{m-1}{m-4}\int\frac{\cos^{m-2}\zeta}{\sin^4\zeta}\,d\zeta \quad ,$$

$$\int\frac{\sin\zeta}{\cos^4\zeta}\,d\zeta = \frac{1}{3\cos^3\zeta} \quad , \qquad \int\frac{\cos\zeta}{\sin^4\zeta}\,d\zeta = -\frac{1}{3\sin^3\zeta} \quad ,$$

$$\int\frac{\sin^2\zeta}{\cos^4\zeta}\,d\zeta = \frac{1}{3}\tang^3\zeta \quad , \qquad \int\frac{\cos^2\zeta}{\sin^4\zeta}\,d\zeta = -\frac{1}{3}\cotg^3\zeta \quad ,$$

$$\int\frac{\sin^3\zeta}{\cos^4\zeta}\,d\zeta = -\frac{1}{\cos\zeta}+\frac{1}{3\cos^3\zeta} \quad , \qquad \int\frac{\cos^3\zeta}{\sin^4\zeta}\,d\zeta = \frac{1}{\sin\zeta}-\frac{1}{3\sin^3\zeta} \quad ,$$

$$\int\frac{\sin^4\zeta}{\cos^4\zeta}\,d\zeta = \zeta-\tang\zeta+\frac{1}{3}\tang^3\zeta \quad , \qquad \int\frac{\cos^4\zeta}{\sin^4\zeta}\,d\zeta = \zeta+\cotg\zeta-\frac{1}{3}\cotg^3\zeta \quad .$$

$$\left.\begin{aligned}&\end{aligned}\right\}\ (257)$$

$$\int\frac{\sin^m\zeta}{\cos^n\zeta}\,d\zeta = -\frac{\sin^{m-1}\zeta}{(m-n)\cos^{n-1}\zeta}+ \qquad \int\frac{\cos^m\zeta}{\sin^n\zeta}\,d\zeta = \frac{\cos^{m-1}\zeta}{(m-n)\sin^{n-1}\zeta}+$$

$$+\frac{m-1}{m-n}\int\frac{\sin^{m-2}\zeta\,d\zeta}{\cos^n\zeta} \quad (m\neq n), \qquad +\frac{m-1}{m-n}\int\frac{\cos^{m-2}\zeta\,d\zeta}{\sin^n\zeta} \quad (m\neq n),$$

$$\int\frac{\sin^m\zeta}{\cos^n\zeta}\,d\zeta = \frac{\sin^{m+1}\zeta}{(n-1)\cos^{n-1}\zeta}- \qquad \int\frac{\cos^m\zeta}{\sin^n\zeta}\,d\zeta = -\frac{\cos^{m+1}\zeta}{(n-1)\sin^{n-1}\zeta}-$$

$$-\frac{m-n+2}{n-1}\int\frac{\sin^m\zeta\,d\zeta}{\cos^{n-2}\zeta} \quad (n\neq 1), \qquad -\frac{m-n+2}{n-1}\int\frac{\cos^m\,d\zeta}{\sin^{n-2}\zeta} \quad (n\neq 1),$$

$$\int\frac{\sin^m\zeta}{\cos^n\zeta}\,d\zeta = \frac{\sin^{m-1}\zeta}{(n-1)\cos^{n-1}\zeta}- \qquad \int\frac{\cos^m\zeta}{\sin^n\zeta}\,d\zeta = -\frac{\cos^{m-1}\zeta}{(n-1)\sin^{n-1}\zeta}-$$

$$-\frac{m-1}{n-1}\int\frac{\sin^{m-2}\zeta\,d\zeta}{\cos^{n-2}\zeta} \quad (n\neq 1), \qquad -\frac{m-1}{n-1}\int\frac{\cos^{m-2}\,d\zeta}{\sin^{n-2}\zeta} \quad (n\neq 1).$$

$$\left.\begin{aligned}&\end{aligned}\right\}\ (258)$$

$$\int\frac{\sin\zeta}{\cos^n\zeta}\,d\zeta = \frac{1}{n-1}\frac{1}{\cos^{n-1}\zeta} \qquad (n\neq 1), \qquad \int\frac{\cos\zeta}{\sin^n\zeta}\,d\zeta = -\frac{1}{n-1}\frac{1}{\sin^{n-1}\zeta} \qquad (n\neq 1). \quad (259)$$

$$\int\sin^m\zeta\cos\zeta\,d\zeta = \frac{\sin^{m+1}\zeta}{m+1} \quad , \qquad \int\cos^m\zeta\sin\zeta\,d\zeta = -\frac{\cos^{m+1}\zeta}{m+1} \qquad (260)$$

$$\int \sin^m\zeta \cos^2\zeta\, d\zeta = -\frac{\sin^{m-1}\zeta \cos^3\zeta}{m+2} + \frac{m-1}{m+2}\int \sin^{m-2}\zeta \cos^2\zeta\, d\zeta,$$

$$\int \sin\zeta \cos^2\zeta\, d\zeta = -\frac{\cos^3\zeta}{3},$$

$$\int \sin^2\zeta \cos^2\zeta\, d\zeta = \frac{\zeta}{8} - \frac{\sin 4\zeta}{32},$$

$$\int \sin^3\zeta \cos^2\zeta\, d\zeta = -\frac{\sin^2\zeta \cos^3\zeta}{5} - \frac{2\cos^3\zeta}{15},$$

$$\int \sin^4\zeta \cos^2\zeta\, d\zeta = -\frac{\sin^3 2\zeta}{48} + \frac{\zeta}{16} - \frac{\sin 4\zeta}{64},$$

$$\int \sin^5\zeta \cos^2\zeta\, d\zeta = -\frac{\sin^4\zeta \cos^3\zeta}{7} - \frac{4\sin^2\zeta \cos^3\zeta}{35} - \frac{8\cos^3\zeta}{105},$$

$$\int \sin^6\zeta \cos^2\zeta\, d\zeta = -\frac{\sin^5\zeta \cos^3\zeta}{8} - \frac{5\sin^3 2\zeta}{384} + \frac{5\zeta}{128} - \frac{5\sin 4\zeta}{512},$$

$$\int \sin^7\zeta \cos^2\zeta\, d\zeta = -\frac{\sin^6\zeta \cos^3\zeta}{9} - \frac{2\sin^4\zeta \cos^3\zeta}{21} - \frac{8\sin^2\zeta \cos^3\zeta}{105} - \frac{16\cos^3\zeta}{315},$$

$$\int \sin^8\zeta \cos^2\zeta\, d\zeta = -\frac{\sin^7\zeta \cos^3\zeta}{10} - \frac{7\sin^5\zeta \cos^3\zeta}{80} - \frac{7\sin^3 2\zeta}{768} + \frac{7\zeta}{256} - \frac{7\sin 4\zeta}{1024},$$

$$\int \cos^m\zeta \sin^2\zeta\, d\zeta = \frac{\cos^{m-1}\zeta \sin^3\zeta}{m+2} + \frac{m-1}{m+2}\int \cos^{m-2}\zeta \sin^2\zeta\, d\zeta,$$

$$\int \cos\zeta \sin^2\zeta\, d\zeta = \frac{\sin^3\zeta}{3},$$

$$\int \cos^2\zeta \sin^2\zeta\, d\zeta = \frac{\zeta}{8} - \frac{\sin 4\zeta}{32},$$

$$\int \cos^3\zeta \sin^2\zeta\, d\zeta = \frac{\cos^2\zeta \sin^3\zeta}{5} + \frac{2\sin^3\zeta}{15},$$

$$\int \cos^4\zeta \sin^2\zeta\, d\zeta = \frac{\sin^3 2\zeta}{48} + \frac{\zeta}{16} - \frac{\sin 4\zeta}{64},$$

$$\int \cos^5\zeta \sin^2\zeta\, d\zeta = \frac{\cos^4\zeta \sin^3\zeta}{7} + \frac{4\cos\zeta \sin^3\zeta}{35} + \frac{8\sin^3\zeta}{105},$$

$$\int \cos^6\zeta \sin^2\zeta\, d\zeta = \frac{\cos^5\zeta \sin^3\zeta}{8} + \frac{5\sin^3 2\zeta}{384} + \frac{5\zeta}{128} - \frac{5\sin 4\zeta}{512},$$

$$\int \cos^7\zeta \sin^2\zeta\, d\zeta = \frac{\cos^6\zeta \sin^3\zeta}{9} + \frac{2\cos^4\zeta \sin^3\zeta}{21} + \frac{8\cos^2\zeta \sin^3\zeta}{105} + \frac{16\sin^3\zeta}{315},$$

$$\int \cos^8\zeta \sin^2\zeta\, d\zeta = \frac{\cos^7\zeta \sin^3\zeta}{10} + \frac{7\cos^5\zeta \sin^3\zeta}{80} + \frac{7\sin^3 2\zeta}{768} + \frac{7\zeta}{256} - \frac{7\sin 4\zeta}{1024}.$$

$$\tag{261}$$

$$\int \sin^m\zeta \cos^3\zeta\, d\zeta = -\frac{\sin^{m-1}\zeta \cos^4\zeta}{m+3} + \frac{m-1}{m+3}\int \sin^{m-2}\zeta \cos^3\zeta\, d\zeta,$$

$$\int \sin^2\zeta \cos^3\zeta\, d\zeta = \frac{\sin^3\zeta \cos^2\zeta}{5} + \frac{2\sin^3\zeta}{15},$$

$$\int \sin^4\zeta \cos^3\zeta\, d\zeta = -\frac{\sin^3\zeta \cos^4\zeta}{7} + \frac{3\sin^3\zeta \cos^2\zeta}{35} + \frac{2\sin^3\zeta}{35},$$

$$\int \sin^6\zeta \cos^3\zeta\, d\zeta = -\frac{\sin^5\zeta \cos^4\zeta}{9} - \frac{5\sin^3\zeta \cos^4\zeta}{63} + \frac{\sin^3\zeta \cos^2\zeta}{21} + \frac{2\sin^3\zeta}{63},$$

$$\int \cos^m\zeta \sin^3\zeta\, d\zeta = \frac{\cos^{m-1}\zeta \sin^4\zeta}{m+3} + \frac{m-1}{m+3}\int \cos^{m-2}\zeta \sin^3\zeta\, d\zeta,$$

$$\int \cos^2\zeta \sin^3\zeta\, d\zeta = -\frac{\cos^3\zeta \sin^2\zeta}{5} - \frac{2\cos^3\zeta}{15},$$

$$\int \cos^4\zeta \sin^3\zeta\, d\zeta = \frac{\cos^3\zeta \sin^4\zeta}{7} - \frac{3\cos^3\zeta \sin^2\zeta}{35} - \frac{2\cos^3\zeta}{35},$$

$$\int \cos^6\zeta \sin^3\zeta\, d\zeta = \frac{\cos^5\zeta \sin^4\zeta}{9} + \frac{5\cos^3\zeta \sin^4\zeta}{63} - \frac{\cos^3\zeta \sin^2\zeta}{21} - \frac{2\cos^3\zeta}{63}.$$

$$\tag{262}$$

[Für die ungeraden Potenzen vgl. (91.]

$$\int \sin^m\zeta \cos^4\zeta\, d\zeta = -\frac{\sin^{m-1}\zeta \cos^5\zeta}{m+4} + \frac{m-1}{m+4}\int \sin^{m-2}\zeta \cos^4\zeta\, d\zeta,$$

$$\int \sin^4\zeta \cos^4\zeta\, d\zeta = \frac{3\zeta}{128} - \frac{\sin 4\zeta}{128} + \frac{\sin 8\zeta}{1024},$$

$$\int \sin^5\zeta \cos^4\zeta\, d\zeta = -\frac{\sin^4\zeta \cos^5\zeta}{9} + \frac{4\cos^3\zeta \sin^4\zeta}{63} - \frac{4\cos^3\zeta \sin^2\zeta}{105} - \frac{8\cos^3\zeta}{315},$$

$$\int \sin^6\zeta \cos^4\zeta\, d\zeta = -\frac{\sin^5 2\zeta}{320} - \frac{3\zeta}{256} - \frac{\sin 4\zeta}{256} + \frac{\sin 8\zeta}{2048},$$

$$\int \cos^m\zeta \sin^4\zeta\, d\zeta = \frac{\cos^{m-1}\zeta \sin^5\zeta}{m+4} + \frac{m-1}{m+4}\int \cos^{m-2}\zeta \sin^4\zeta\, d\zeta,$$

$$\int \cos^4\zeta \sin^4\zeta\, d\zeta = \frac{3\zeta}{128} - \frac{\sin 4\zeta}{128} + \frac{\sin 8\zeta}{1024},$$

$$\int \cos^5\zeta \sin^4\zeta\, d\zeta = \frac{\cos^4\zeta \sin^5\zeta}{9} - \frac{4\sin^3\zeta \cos^4\zeta}{63} + \frac{4\sin^3\zeta \cos^2\zeta}{105} + \frac{8\sin^3\zeta}{315},$$

$$\int \cos^6\zeta \sin^4\zeta\, d\zeta = \frac{\sin^5 2\zeta}{320} + \frac{3\zeta}{256} - \frac{\sin 4\zeta}{256} + \frac{\sin 8\zeta}{2048}.$$

$$\tag{263}$$

$$\int \sin^m\zeta \cos^n\zeta\, d\zeta = -\frac{\sin^{m-1}\zeta \cos^{n+1}\zeta}{m+n} + \qquad \int \cos^m\zeta \sin^n\zeta\, d\zeta = \frac{\cos^{m-1}\zeta \sin^{n+1}\zeta}{m+n} +$$
$$+\frac{m-1}{m+n}\int \sin^{m-2}\zeta\cos^n\zeta\, d\zeta, \qquad\qquad +\frac{m-1}{m+n}\int \cos^{m-2}\zeta\sin^n\zeta\, d\zeta. \tag{264}$$

$$\int \operatorname{tang}^n\zeta\, d\zeta = \frac{\operatorname{tang}^{n-1}\zeta}{n-1} - \int \operatorname{tang}^{n-2}\zeta\, d\zeta \quad,\qquad \int \operatorname{cotg}^n\zeta\, d\zeta = -\frac{\operatorname{cotg}^{n-1}\zeta}{n-1} - \int \operatorname{cotg}^{n-2}\zeta\, d\zeta \quad,$$

$$\int \operatorname{tang}^2\zeta\, d\zeta = \operatorname{tang}\zeta - \zeta \quad,\qquad\qquad \int \operatorname{cotg}^2\zeta\, d\zeta = -\operatorname{cotg}\zeta - \zeta \quad,$$

$$\int \operatorname{tang}^4\zeta\, d\zeta = \frac{\operatorname{tang}^3\zeta}{3} - \operatorname{tang}\zeta + \zeta \quad,\qquad \int \operatorname{cotg}^4\zeta\, d\zeta = -\frac{\operatorname{cotg}^3\zeta}{3} + \operatorname{cotg}\zeta + \zeta \quad,$$

$$\int \operatorname{tang}^6\zeta\, d\zeta = \frac{\operatorname{tang}^5\zeta}{5} - \frac{\operatorname{tang}^3\zeta}{3} + \operatorname{tang}\zeta - \zeta \quad,\qquad \int \operatorname{cotg}^6\zeta\, d\zeta = -\frac{\operatorname{cotg}^5\zeta}{5} + \frac{\operatorname{cotg}^3\zeta}{3} - \operatorname{cotg}\zeta - \zeta,$$

$$\int \operatorname{tang}^8\zeta\, d\zeta = \frac{\operatorname{tang}^7\zeta}{7} - \frac{\operatorname{tang}^5\zeta}{5} + \frac{\operatorname{tang}^3\zeta}{3} - \qquad \int \operatorname{cotg}^8\zeta\, d\zeta = -\frac{\operatorname{cotg}^7\zeta}{7} + \frac{\operatorname{cotg}^5\zeta}{5} - \frac{\operatorname{cotg}^3\zeta}{3} +$$
$$- \operatorname{tang}\zeta + \zeta \qquad\qquad\qquad + \operatorname{cotg}\zeta + \zeta \ . \tag{265}$$

[Für die ungeraden Potenzen vgl. (95).]

c) Hyperbolische Integrale.

Durch Vertauschen von ζ mit $i\zeta$ lassen sich die unter β) aufgeführten trigonometrischen Integrale unmittelbar in hyperbolische Integrale umschreiben. Man erhält:

$$\int \operatorname{Sin}^m\zeta\, d\zeta = \frac{\operatorname{Sin}^{m-1}\zeta\,\operatorname{Cof}\zeta}{m} - \qquad\qquad \int \operatorname{Cof}^m\zeta\, d\zeta = \frac{\operatorname{Cof}^{m-1}\zeta\,\operatorname{Sin}\zeta}{m} +$$
$$- \frac{m-1}{m}\int \operatorname{Sin}^{m-2}\zeta\, d\zeta \quad,\qquad\qquad + \frac{m-1}{m}\int \operatorname{Cof}^{m-2}\zeta\, d\zeta \quad,$$

$$\int \operatorname{Sin}\zeta\, d\zeta = \operatorname{Cof}\zeta \quad,\qquad\qquad \int \operatorname{Cof}\zeta\, d\zeta = \operatorname{Sin}\zeta \quad,$$

$$\int \operatorname{Sin}^2\zeta\, d\zeta = \frac{\operatorname{Sin}\zeta\,\operatorname{Cof}\zeta}{2} - \frac{\zeta}{2} \quad,\qquad \int \operatorname{Cof}^2\zeta\, d\zeta = \frac{\operatorname{Cof}\zeta\,\operatorname{Sin}\zeta}{2} + \frac{\zeta}{2} \quad,$$

$$\int \operatorname{Sin}^3\zeta\, d\zeta = \frac{\operatorname{Sin}^2\zeta\,\operatorname{Cof}\zeta}{3} - \frac{2}{3}\operatorname{Cof}\zeta \quad,\qquad \int \operatorname{Cof}^3\zeta\, d\zeta = \frac{\operatorname{Cof}^2\zeta\,\operatorname{Sin}\zeta}{3} + \frac{2}{3}\operatorname{Sin}\zeta \quad,$$

$$\int \operatorname{Sin}^4\zeta\, d\zeta = \frac{\operatorname{Sin}^3\zeta\,\operatorname{Cof}\zeta}{4} - \frac{3\operatorname{Sin}\zeta\,\operatorname{Cof}\zeta}{8} + \frac{3\zeta}{8} \quad,\qquad \int \operatorname{Cof}^4\zeta\, d\zeta = \frac{\operatorname{Cof}^3\zeta\,\operatorname{Sin}\zeta}{4} + \frac{3\operatorname{Cof}\zeta\,\operatorname{Sin}\zeta}{8} + \frac{3\zeta}{8} \quad,$$

$$\int \operatorname{Sin}^5\zeta\, d\zeta = \frac{\operatorname{Sin}^4\zeta\,\operatorname{Cof}\zeta}{5} - \frac{4\operatorname{Sin}^2\zeta\,\operatorname{Cof}\zeta}{15} + \qquad \int \operatorname{Cof}^5\zeta\, d\zeta = \frac{\operatorname{Cof}^4\zeta\,\operatorname{Sin}\zeta}{5} + \frac{4\operatorname{Cof}^2\zeta\,\operatorname{Sin}\zeta}{15} +$$
$$+ \frac{8}{15}\operatorname{Cof}\zeta \quad,\qquad\qquad + \frac{8}{15}\operatorname{Sin}\zeta \quad,$$

$$\int \operatorname{Sin}^6\zeta\, d\zeta = \frac{\operatorname{Sin}^5\zeta\,\operatorname{Cof}\zeta}{6} - \frac{5\operatorname{Sin}^3\zeta\,\operatorname{Cof}\zeta}{24} + \qquad \int \operatorname{Cof}^6\zeta\, d\zeta = \frac{\operatorname{Cof}^5\zeta\,\operatorname{Sin}\zeta}{6} + \frac{5\operatorname{Cof}^3\zeta\,\operatorname{Sin}\zeta}{24} +$$
$$+ \frac{15\operatorname{Sin}\zeta\,\operatorname{Cof}\zeta}{48} - \frac{15\zeta}{48} \quad,\qquad + \frac{15\operatorname{Cof}\zeta\,\operatorname{Sin}\zeta}{48} + \frac{15\zeta}{48} \quad,$$

$$\int \operatorname{Sin}^7\zeta\, d\zeta = \frac{\operatorname{Sin}^6\zeta\,\operatorname{Cof}\zeta}{7} - \frac{6\operatorname{Sin}^4\zeta\,\operatorname{Cof}\zeta}{35} + \qquad \int \operatorname{Cof}^7\zeta\, d\zeta = \frac{\operatorname{Cof}^6\zeta\,\operatorname{Sin}\zeta}{7} + \frac{6\operatorname{Cof}^4\zeta\,\operatorname{Sin}\zeta}{35} +$$
$$+ \frac{24\operatorname{Sin}^2\zeta\,\operatorname{Cof}\zeta}{105} - \frac{48}{105}\operatorname{Cof}\zeta \quad,\qquad + \frac{24\operatorname{Cof}^2\zeta\,\operatorname{Sin}\zeta}{105} + \frac{48}{105}\operatorname{Sin}\zeta \quad,$$

$$\int \operatorname{Sin}^8\zeta\, d\zeta = \frac{\operatorname{Sin}^7\zeta\,\operatorname{Cof}\zeta}{8} - \frac{7\operatorname{Sin}^5\zeta\,\operatorname{Cof}\zeta}{48} + \qquad \int \operatorname{Cof}^8\zeta\, d\zeta = \frac{\operatorname{Cof}^7\zeta\,\operatorname{Sin}\zeta}{8} + \frac{7\operatorname{Cof}^5\zeta\,\operatorname{Sin}\zeta}{48} +$$
$$+ \frac{35\operatorname{Sin}^3\zeta\,\operatorname{Cof}\zeta}{192} - \frac{105\operatorname{Sin}\zeta\,\operatorname{Cof}\zeta}{384} + \qquad + \frac{35\operatorname{Cof}^3\zeta\,\operatorname{Sin}\zeta}{192} + \frac{105\operatorname{Cof}\zeta\,\operatorname{Sin}\zeta}{384} +$$
$$+ \frac{105\zeta}{384} \quad,\qquad\qquad + \frac{105\zeta}{384} \ . \tag{266}$$

$$\int \operatorname{Sin}\zeta\, d\zeta = \operatorname{Cof}\zeta \quad,\qquad\qquad \int \operatorname{Cof}\zeta\, d\zeta = \operatorname{Sin}\zeta \quad,$$

$$\int \operatorname{Sin}^2\zeta\, d\zeta = -\frac{\zeta}{2} + \frac{\operatorname{Sin}2\zeta}{4} \quad,\qquad \int \operatorname{Cof}^2\zeta\, d\zeta = \frac{\zeta}{2} + \frac{\operatorname{Sin}2\zeta}{4} \quad, \tag{267}$$

$$\int \operatorname{Sin}^3\zeta\, d\zeta = -\frac{3\operatorname{Cos}\zeta}{4} + \frac{\operatorname{Cos}3\zeta}{12}, \qquad \int \operatorname{Cos}^3\zeta\, d\zeta = \frac{3\operatorname{Sin}\zeta}{4} + \frac{\operatorname{Sin}3\zeta}{12},$$

$$\int \operatorname{Sin}^4\zeta\, d\zeta = \frac{3\zeta}{8} - \frac{\operatorname{Sin}2\zeta}{4} + \frac{\operatorname{Sin}4\zeta}{32}, \qquad \int \operatorname{Cos}^4\zeta\, d\zeta = \frac{3\zeta}{8} + \frac{\operatorname{Sin}2\zeta}{4} + \frac{\operatorname{Sin}4\zeta}{32},$$

$$\int \operatorname{Sin}^5\zeta\, d\zeta = \frac{5\operatorname{Cos}\zeta}{8} - \frac{5\operatorname{Cos}3\zeta}{48} + \frac{\operatorname{Cos}5\zeta}{80}, \qquad \int \operatorname{Cos}^5\zeta\, d\zeta = \frac{5\operatorname{Sin}\zeta}{8} + \frac{5\operatorname{Sin}3\zeta}{48} + \frac{\operatorname{Sin}5\zeta}{80},$$

$$\int \operatorname{Sin}^6\zeta\, d\zeta = -\frac{5\zeta}{16} + \frac{15\operatorname{Sin}2\zeta}{64} - \frac{3\operatorname{Sin}4\zeta}{64} + \frac{\operatorname{Sin}6\zeta}{192}, \qquad \int \operatorname{Cos}^6\zeta\, d\zeta = \frac{5\zeta}{16} + \frac{15\operatorname{Sin}2\zeta}{64} + \frac{3\operatorname{Sin}4\zeta}{64} + \frac{\operatorname{Sin}6\zeta}{192},$$

$$\int \operatorname{Sin}^7\zeta\, d\zeta = -\frac{35\operatorname{Cos}\zeta}{64} + \frac{21\operatorname{Cos}3\zeta}{192} - \frac{7\operatorname{Cos}5\zeta}{320} + \frac{\operatorname{Cos}7\zeta}{448}, \qquad \int \operatorname{Cos}^7\zeta\, d\zeta = \frac{35\operatorname{Sin}\zeta}{64} + \frac{21\operatorname{Sin}3\zeta}{192} + \frac{7\operatorname{Sin}5\zeta}{320} + \frac{\operatorname{Sin}7\zeta}{448},$$

$$\int \operatorname{Sin}^8\zeta\, d\zeta = \frac{35\zeta}{128} - \frac{7\operatorname{Sin}2\zeta}{32} + \frac{7\operatorname{Sin}4\zeta}{128} - \frac{\operatorname{Sin}6\zeta}{96} + \frac{\operatorname{Sin}8\zeta}{1024}, \qquad \int \operatorname{Cos}^8\zeta\, d\zeta = \frac{35\zeta}{128} + \frac{7\operatorname{Sin}2\zeta}{32} + \frac{7\operatorname{Sin}4\zeta}{128} + \frac{\operatorname{Sin}6\zeta}{96} + \frac{\operatorname{Sin}8\zeta}{1024}. \tag{267}$$

$$\int \frac{d\zeta}{\operatorname{Sin}^m\zeta} = -\frac{\operatorname{Cos}\zeta}{(m-1)\operatorname{Sin}^{m-1}\zeta} - \frac{m-2}{m-1}\int\frac{d\zeta}{\operatorname{Sin}^{m-2}\zeta}, \qquad \int \frac{d\zeta}{\operatorname{Cos}^m\zeta} = \frac{\operatorname{Sin}\zeta}{(m-1)\operatorname{Cos}^{m-1}\zeta} + \frac{m-2}{m-1}\int\frac{d\zeta}{\operatorname{Cos}^{m-2}\zeta},$$

$$\int \frac{d\zeta}{\operatorname{Sin}\zeta} = \ln\operatorname{Tang}\frac{\zeta}{2}, \qquad \int \frac{d\zeta}{\operatorname{Cos}\zeta} = \operatorname{Amp}\zeta,$$

$$\int \frac{d\zeta}{\operatorname{Sin}^2\zeta} = -\operatorname{Cotg}\zeta, \qquad \int \frac{d\zeta}{\operatorname{Cos}^2\zeta} = \operatorname{Tang}\zeta,$$

$$\int \frac{d\zeta}{\operatorname{Sin}^3\zeta} = -\frac{\operatorname{Cotg}\zeta}{2\operatorname{Sin}\zeta} - \frac{1}{2}\ln\operatorname{Tang}\frac{\zeta}{2}, \qquad \int \frac{d\zeta}{\operatorname{Cos}^3\zeta} = \frac{\operatorname{Tang}\zeta}{2\operatorname{Cos}\zeta} + \frac{1}{2}\operatorname{Amp}\zeta,$$

$$\int \frac{d\zeta}{\operatorname{Sin}^4\zeta} = -\frac{\operatorname{Cotg}^3\zeta}{3} + \operatorname{Cotg}\zeta, \qquad \int \frac{d\zeta}{\operatorname{Cos}^4\zeta} = -\frac{\operatorname{Tang}^3\zeta}{3} + \operatorname{Tang}\zeta,$$

$$\int \frac{d\zeta}{\operatorname{Sin}^5\zeta} = -\frac{\operatorname{Cotg}\zeta}{4\operatorname{Sin}^3\zeta} + \frac{3\operatorname{Cotg}\zeta}{8\operatorname{Sin}\zeta} + \frac{3}{8}\ln\operatorname{Tang}\frac{\zeta}{2}, \qquad \int \frac{d\zeta}{\operatorname{Cos}^5\zeta} = \frac{\operatorname{Tang}\zeta}{4\operatorname{Cos}^3\zeta} + \frac{3\operatorname{Tang}\zeta}{8\operatorname{Cos}\zeta} + \frac{3}{8}\operatorname{Amp}\zeta,$$

$$\int \frac{d\zeta}{\operatorname{Sin}^6\zeta} = -\frac{\operatorname{Cotg}\zeta}{5\operatorname{Sin}^4\zeta} + \frac{4\operatorname{Cotg}\zeta}{15\operatorname{Sin}^2\zeta} - \frac{8}{15}\operatorname{Cotg}\zeta, \qquad \int \frac{d\zeta}{\operatorname{Cos}^6\zeta} = \frac{\operatorname{Tang}\zeta}{5\operatorname{Cos}^4\zeta} + \frac{4\operatorname{Tang}\zeta}{15\operatorname{Cos}^2\zeta} + \frac{8}{15}\operatorname{Tang}\zeta,$$

$$\int \frac{d\zeta}{\operatorname{Sin}^7\zeta} = -\frac{\operatorname{Cotg}\zeta}{6\operatorname{Sin}^5\zeta} + \frac{5\operatorname{Cotg}\zeta}{24\operatorname{Sin}^3\zeta} - \frac{5\operatorname{Cotg}\zeta}{16\operatorname{Sin}\zeta} - \frac{5}{16}\ln\operatorname{Tang}\frac{\zeta}{2}, \qquad \int \frac{d\zeta}{\operatorname{Cos}^7\zeta} = \frac{\operatorname{Tang}\zeta}{6\operatorname{Cos}^5\zeta} + \frac{5\operatorname{Tang}\zeta}{24\operatorname{Cos}^3\zeta} + \frac{5\operatorname{Tang}\zeta}{16\operatorname{Cos}\zeta} + \frac{5}{16}\operatorname{Amp}\zeta,$$

$$\int \frac{d\zeta}{\operatorname{Sin}^8\zeta} = -\frac{\operatorname{Cotg}\zeta}{7\operatorname{Sin}^6\zeta} + \frac{6\operatorname{Cotg}\zeta}{35\operatorname{Sin}^4\zeta} - \frac{8\operatorname{Cotg}\zeta}{35\operatorname{Sin}^2\zeta} + \frac{48}{105}\operatorname{Cotg}\zeta, \qquad \int \frac{d\zeta}{\operatorname{Cos}^8\zeta} = \frac{\operatorname{Tang}\zeta}{7\operatorname{Cos}^6\zeta} + \frac{6\operatorname{Tang}\zeta}{35\operatorname{Cos}^4\zeta} + \frac{8\operatorname{Tang}\zeta}{35\operatorname{Cos}^2\zeta} + \frac{48}{105}\operatorname{Tang}\zeta. \tag{268}$$

$$\int \frac{d\zeta}{\operatorname{Sin}^m\zeta\,\operatorname{Cos}\zeta} = -\frac{1}{(m-1)\operatorname{Sin}^{m-1}\zeta} - \int\frac{d\zeta}{\operatorname{Sin}^{m-2}\zeta\,\operatorname{Cos}\zeta}, \qquad \int \frac{d\zeta}{\operatorname{Cos}^m\zeta\,\operatorname{Sin}\zeta} = \frac{1}{(m-1)\operatorname{Cos}^{m-1}\zeta} + \int\frac{d\zeta}{\operatorname{Cos}^{m-2}\zeta\,\operatorname{Sin}\zeta},$$

$$\int \frac{d\zeta}{\operatorname{Sin}\zeta\,\operatorname{Cos}\zeta} = \ln\operatorname{Tang}\zeta, \qquad \int \frac{d\zeta}{\operatorname{Cos}\zeta\,\operatorname{Sin}\zeta} = \ln\operatorname{Tang}\zeta,$$

$$\int \frac{d\zeta}{\operatorname{Sin}^2\zeta\,\operatorname{Cos}\zeta} = -\frac{1}{\operatorname{Sin}\zeta} - \operatorname{Amp}\zeta, \qquad \int \frac{d\zeta}{\operatorname{Cos}^2\zeta\,\operatorname{Sin}\zeta} = \frac{1}{\operatorname{Cos}\zeta} + \ln\operatorname{Tang}\frac{\zeta}{2},$$

$$\int \frac{d\zeta}{\operatorname{Sin}^3\zeta\,\operatorname{Cos}\zeta} = -\frac{1}{2\operatorname{Sin}^2\zeta} - \ln\operatorname{tang}\zeta, \qquad \int \frac{d\zeta}{\operatorname{Cos}^3\zeta\,\operatorname{Sin}\zeta} = \frac{1}{2\operatorname{Cos}^2\zeta} + \ln\operatorname{Tang}\zeta,$$

$$\int \frac{d\zeta}{\operatorname{Sin}^4\zeta\,\operatorname{Cos}\zeta} = -\frac{1}{3\operatorname{Sin}^3\zeta} + \frac{1}{\operatorname{Sin}\zeta} + \operatorname{Amp}\zeta, \qquad \int \frac{d\zeta}{\operatorname{Cos}^4\zeta\,\operatorname{Sin}\zeta} = \frac{1}{3\operatorname{Cos}^3\zeta} + \frac{1}{\operatorname{Cos}\zeta} + \ln\operatorname{Tang}\frac{\zeta}{2},$$

$$\int \frac{d\zeta}{\operatorname{Sin}^5\zeta\,\operatorname{Cos}\zeta} = -\frac{1}{4\operatorname{Sin}^4\zeta} + \frac{1}{2\operatorname{Sin}^2\zeta} + \ln\operatorname{tang}\zeta, \qquad \int \frac{d\zeta}{\operatorname{Cos}^5\zeta\,\operatorname{Sin}\zeta} = \frac{1}{4\operatorname{Cos}^4\zeta} + \frac{1}{2\operatorname{Cos}^2\zeta} + \ln\operatorname{Tang}\zeta. \tag{269}$$

$$\int \frac{d\zeta}{\operatorname{Sin}^6\zeta\,\operatorname{Cos}\zeta} = -\frac{1}{5\operatorname{Sin}^5\zeta} + \frac{1}{3\operatorname{Sin}^3\zeta} - \frac{1}{\operatorname{Sin}\zeta} - \operatorname{Amp}\zeta,$$

$$\int \frac{d\zeta}{\operatorname{Cos}^6\zeta\,\operatorname{Sin}\zeta} = \frac{1}{5\operatorname{Cos}^5\zeta} + \frac{1}{3\operatorname{Cos}^3\zeta} + \frac{1}{\operatorname{Cos}\zeta} + \ln\operatorname{Tang}\frac{\zeta}{2},$$

$$\int \frac{d\zeta}{\operatorname{Sin}^7\zeta\,\operatorname{Cos}\zeta} = -\frac{1}{6\operatorname{Sin}^6\zeta} + \frac{1}{4\operatorname{Sin}^4\zeta} - \frac{1}{2\operatorname{Sin}^2\zeta} - \ln\tan\zeta,$$

$$\int \frac{d\zeta}{\operatorname{Cos}^7\zeta\,\operatorname{Sin}\zeta} = \frac{1}{6\operatorname{Cos}^6\zeta} + \frac{1}{4\operatorname{Cos}^4\zeta} + \frac{1}{2\operatorname{Cos}^2\zeta} + \ln\operatorname{Tang}\zeta,$$

$$\int \frac{d\zeta}{\operatorname{Sin}^8\zeta\,\operatorname{Cos}\zeta} = -\frac{1}{7\operatorname{Sin}^7\zeta} + \frac{1}{5\operatorname{Sin}^5\zeta} - \frac{1}{3\operatorname{Sin}^3\zeta} + \frac{1}{\operatorname{Sin}\zeta} + \operatorname{Amp}\zeta,$$

$$\int \frac{d\zeta}{\operatorname{Cos}^8\zeta\,\operatorname{Sin}\zeta} = \frac{1}{7\operatorname{Cos}^7\zeta} + \frac{1}{5\operatorname{Cos}^5\zeta} + \frac{1}{3\operatorname{Cos}^3\zeta} + \frac{1}{\operatorname{Cos}\zeta} + \ln\operatorname{Tang}\frac{\zeta}{2}. \tag{269}$$

$$\int \frac{d\zeta}{\operatorname{Sin}^m\zeta\,\operatorname{Cos}^2\zeta} = -\frac{1}{(m-1)\operatorname{Sin}^{m-1}\zeta\operatorname{Cos}\zeta} - \frac{m}{m-1}\int \frac{d\zeta}{\operatorname{Sin}^{m-2}\zeta\operatorname{Cos}^2\zeta},$$

$$\int \frac{d\zeta}{\operatorname{Cos}^m\zeta\,\operatorname{Sin}^2\zeta} = \frac{1}{(m-1)\operatorname{Cos}^{m-1}\zeta\operatorname{Sin}\zeta} + \frac{m}{m-1}\int \frac{d\zeta}{\operatorname{Cos}^{m-2}\zeta\operatorname{Sin}^2\zeta},$$

$$\int \frac{d\zeta}{\operatorname{Sin}\zeta\,\operatorname{Cos}^2\zeta} = \frac{1}{\operatorname{Cos}\zeta} + \ln\operatorname{Tang}\frac{\zeta}{2},$$

$$\int \frac{d\zeta}{\operatorname{Cos}\zeta\,\operatorname{Sin}^2\zeta} = -\frac{1}{\operatorname{Sin}\zeta} - \operatorname{Amp}\zeta,$$

$$\int \frac{d\zeta}{\operatorname{Sin}^2\zeta\,\operatorname{Cos}^2\zeta} = -2\operatorname{Cotg}2\zeta,$$

$$\int \frac{d\zeta}{\operatorname{Cos}^2\zeta\,\operatorname{Sin}^2\zeta} = -2\operatorname{Cotg}2\zeta,$$

$$\int \frac{d\zeta}{\operatorname{Sin}^3\zeta\,\operatorname{Cos}^2\zeta} = -\frac{1}{2\operatorname{Sin}^2\zeta\operatorname{Cos}\zeta} - \frac{3}{2\operatorname{Cos}\zeta} - \frac{3}{2}\ln\operatorname{Tang}\frac{\zeta}{2},$$

$$\int \frac{d\zeta}{\operatorname{Cos}^3\zeta\,\operatorname{Sin}^2\zeta} = \frac{1}{2\operatorname{Cos}^2\zeta\operatorname{Sin}\zeta} - \frac{3}{2\operatorname{Sin}\zeta} - \frac{3}{2}\operatorname{Amp}\zeta,$$

$$\int \frac{d\zeta}{\operatorname{Sin}^4\zeta\,\operatorname{Cos}^2\zeta} = -\frac{1}{3\operatorname{Sin}^3\zeta\operatorname{Cos}\zeta} + \frac{8}{3}\operatorname{Cotg}2\zeta,$$

$$\int \frac{d\zeta}{\operatorname{Cos}^4\zeta\,\operatorname{Sin}^2\zeta} = \frac{1}{3\operatorname{Cos}^3\zeta\operatorname{Sin}\zeta} - \frac{8}{3}\operatorname{Cotg}2\zeta,$$

$$\int \frac{d\zeta}{\operatorname{Sin}^5\zeta\,\operatorname{Cos}^2\zeta} = -\frac{1}{4\operatorname{Sin}^4\zeta\operatorname{Cos}\zeta} + \frac{5}{8\operatorname{Sin}^2\zeta\operatorname{Cos}\zeta} + \frac{15}{8\operatorname{Cos}\zeta} + \frac{15}{8}\ln\operatorname{Tang}\frac{\zeta}{2},$$

$$\int \frac{d\zeta}{\operatorname{Cos}^5\zeta\,\operatorname{Sin}^2\zeta} = \frac{1}{4\operatorname{Cos}^4\zeta\operatorname{Sin}\zeta} + \frac{5}{8\operatorname{Cos}^2\zeta\operatorname{Sin}\zeta} - \frac{15}{8\operatorname{Sin}\zeta} - \frac{15}{8}\operatorname{Amp}\zeta, \tag{270}$$

$$\int \frac{d\zeta}{\operatorname{Sin}^6\zeta\,\operatorname{Cos}^2\zeta} = -\frac{1}{5\operatorname{Sin}^5\zeta\operatorname{Cos}\zeta} + \frac{2}{5\operatorname{Sin}^3\zeta\operatorname{Cos}\zeta} - \frac{16}{5}\operatorname{Cotg}2\zeta,$$

$$\int \frac{d\zeta}{\operatorname{Cos}^6\zeta\,\operatorname{Sin}^2\zeta} = \frac{1}{5\operatorname{Cos}^5\zeta\operatorname{Sin}\zeta} + \frac{2}{5\operatorname{Cos}^3\zeta\operatorname{Sin}\zeta} - \frac{16}{5}\operatorname{Cotg}2\zeta,$$

$$\int \frac{d\zeta}{\operatorname{Sin}^7\zeta\,\operatorname{Cos}^2\zeta} = -\frac{1}{6\operatorname{Sin}^6\zeta\operatorname{Cos}\zeta} + \frac{7}{24\operatorname{Sin}^4\zeta\operatorname{Cos}\zeta} - \frac{35}{48\operatorname{Sin}^2\zeta\operatorname{Cos}\zeta} - \frac{105}{48\operatorname{Cos}\zeta} - \frac{105}{48}\ln\operatorname{Tang}\frac{\zeta}{2},$$

$$\int \frac{d\zeta}{\operatorname{Cos}^7\zeta\,\operatorname{Sin}^2\zeta} = \frac{1}{6\operatorname{Cos}^6\zeta\operatorname{Sin}\zeta} + \frac{7}{24\operatorname{Cos}^4\zeta\operatorname{Sin}\zeta} + \frac{35}{48\operatorname{Cos}^2\zeta\operatorname{Sin}\zeta} - \frac{105}{48\operatorname{Sin}\zeta} - \frac{105}{48}\operatorname{Amp}\zeta,$$

$$\int \frac{d\zeta}{\operatorname{Sin}^8\zeta\,\operatorname{Cos}^2\zeta} = -\frac{1}{7\operatorname{Sin}^7\zeta\operatorname{Cos}\zeta} + \frac{8}{35\operatorname{Sin}^5\zeta\operatorname{Cos}\zeta} - \frac{16}{35\operatorname{Sin}^3\zeta\operatorname{Cos}\zeta} + \frac{128}{35}\operatorname{Cotg}2\zeta,$$

$$\int \frac{d\zeta}{\operatorname{Cos}^8\zeta\,\operatorname{Sin}^2\zeta} = \frac{1}{7\operatorname{Cos}^7\zeta\operatorname{Sin}\zeta} + \frac{8}{35\operatorname{Cos}^5\zeta\operatorname{Sin}\zeta} + \frac{16}{35\operatorname{Cos}^3\zeta\operatorname{Sin}\zeta} + \frac{128}{35}\operatorname{Cotg}2\zeta.$$

$$\int \frac{d\zeta}{\operatorname{Sin}^m\zeta\,\operatorname{Cos}^3\zeta} = -\frac{1}{(m-1)\operatorname{Sin}^{m-1}\zeta\operatorname{Cos}^2\zeta} - \frac{m+1}{m-1}\int \frac{d\zeta}{\operatorname{Sin}^{m-2}\zeta\operatorname{Cos}^3\zeta},$$

$$\int \frac{d\zeta}{\operatorname{Cos}^m\zeta\,\operatorname{Sin}^3\zeta} = \frac{1}{(m-1)\operatorname{Cos}^{m-1}\zeta\operatorname{Sin}^2\zeta} + \frac{m+1}{m-1}\int \frac{d\zeta}{\operatorname{Cos}^{m-2}\zeta\operatorname{Sin}^3\zeta},$$

$$\int \frac{d\zeta}{\operatorname{Sin}^3\zeta\,\operatorname{Cos}^3\zeta} = -\frac{2\operatorname{Cotg}2\zeta}{\operatorname{Sin}2\zeta} - 2\ln\operatorname{Tang}\zeta,$$

$$\int \frac{d\zeta}{\operatorname{Cos}^3\zeta\,\operatorname{Sin}^3\zeta} = \frac{2\operatorname{Cotg}2\zeta}{\operatorname{Sin}2\zeta} - 2\ln\operatorname{Tang}\zeta, \tag{271}$$

$$\int \frac{d\zeta}{\operatorname{Sin}^4\zeta\,\operatorname{Cos}^3\zeta} = -\frac{1}{3\operatorname{Sin}^3\zeta\operatorname{Cos}^2\zeta} - \frac{5}{6\operatorname{Sin}\zeta\operatorname{Cos}^2\zeta} + \frac{5}{2\operatorname{Sin}\zeta} + \frac{5}{2}\operatorname{Amp}\zeta,$$

$$\int \frac{d\zeta}{\operatorname{Cos}^4\zeta\,\operatorname{Sin}^3\zeta} = \frac{1}{3\operatorname{Cos}^3\zeta\operatorname{Sin}^2\zeta} - \frac{5}{6\operatorname{Cos}\zeta\operatorname{Sin}^2\zeta} - \frac{5}{2\operatorname{Cos}\zeta} - \frac{5}{2}\ln\operatorname{Tang}\frac{\zeta}{2},$$

$$\int \frac{d\zeta}{\operatorname{Sin}^5\zeta\,\operatorname{Cos}^3\zeta} = -\frac{1}{4\operatorname{Sin}^4\zeta\operatorname{Cos}^2\zeta} + \frac{3\operatorname{Cotg}2\zeta}{\operatorname{Sin}2\zeta} + 3\ln\operatorname{Tang}\zeta,$$

$$\int \frac{d\zeta}{\operatorname{Cos}^5\zeta\,\operatorname{Sin}^3\zeta} = \frac{1}{4\operatorname{Cos}^4\zeta\operatorname{Sin}^2\zeta} - \frac{3\operatorname{Cotg}2\zeta}{\operatorname{Sin}2\zeta} - 3\ln\operatorname{Tang}\zeta.$$

$$\int\frac{d\zeta}{\mathfrak{Sin}^m\zeta\,\mathfrak{Cos}^4\zeta}=-\frac{1}{(m-1)\,\mathfrak{Sin}^{m-1}\zeta\,\mathfrak{Cos}^3\zeta}-\frac{m+2}{m-1}\int\frac{d\zeta}{\mathfrak{Sin}^{m-2}\zeta\,\mathfrak{Cos}^4\zeta},$$

$$\int\frac{d\zeta}{\mathfrak{Cos}^m\zeta\,\mathfrak{Sin}^4\zeta}=\frac{1}{(m-1)\,\mathfrak{Cos}^{m-1}\zeta\,\mathfrak{Sin}^3\zeta}+\frac{m+2}{m-1}\int\frac{d\zeta}{\mathfrak{Cos}^{m-2}\zeta\,\mathfrak{Sin}^4\zeta},$$

$$\int\frac{d\zeta}{\mathfrak{Sin}^4\zeta\,\mathfrak{Cos}^4\zeta}=-\frac{8\,\mathfrak{Cotg}^3 2\zeta}{3}+8\,\mathfrak{Cotg}\,2\zeta,$$

$$\int\frac{d\zeta}{\mathfrak{Cos}^4\zeta\,\mathfrak{Sin}^4\zeta}=-\frac{8\,\mathfrak{Cotg}^3 2\zeta}{3}+8\,\mathfrak{Cotg}\,2\zeta,$$

$$\int\frac{d\zeta}{\mathfrak{Sin}^5\zeta\,\mathfrak{Cos}^4\zeta}=-\frac{1}{4\,\mathfrak{Sin}^4\zeta\,\mathfrak{Cos}^3\zeta}-\frac{7}{12\,\mathfrak{Sin}^2\zeta\,\mathfrak{Cos}^3\zeta}+\frac{35}{24\,\mathfrak{Sin}^2\zeta\,\mathfrak{Cos}\zeta}+\frac{35}{8\,\mathfrak{Cos}\zeta}+\frac{35}{8}\ln\mathfrak{Tang}\frac{\zeta}{2},$$

$$\int\frac{d\zeta}{\mathfrak{Cos}^5\zeta\,\mathfrak{Sin}^4\zeta}=\frac{1}{4\,\mathfrak{Cos}^4\zeta\,\mathfrak{Sin}^3\zeta}-\frac{7}{12\,\mathfrak{Cos}^2\zeta\,\mathfrak{Sin}^3\zeta}-\frac{35}{24\,\mathfrak{Cos}^2\zeta\,\mathfrak{Sin}\zeta}+\frac{35}{8\,\mathfrak{Sin}\zeta}+\frac{35}{8}\,\mathfrak{Amp}\,\zeta,\tag{272}$$

$$\int\frac{d\zeta}{\mathfrak{Sin}^m\zeta\,\mathfrak{Cos}^n\zeta}=-\frac{1}{(m-1)\,\mathfrak{Sin}^{m-1}\zeta\,\mathfrak{Cos}^{n-1}\zeta}-\frac{m+n-2}{m-1}\int\frac{d\zeta}{\mathfrak{Sin}^{m-2}\zeta\,\mathfrak{Cos}^n\zeta},$$

$$\int\frac{d\zeta}{\mathfrak{Cos}^m\zeta\,\mathfrak{Sin}^n\zeta}=\frac{1}{(m-1)\,\mathfrak{Cos}^{m-1}\zeta\,\mathfrak{Sin}^{n-1}\zeta}+\frac{m+n-2}{m-1}\int\frac{d\zeta}{\mathfrak{Cos}^{m-2}\zeta\,\mathfrak{Sin}^n\zeta}.\tag{273}$$

$$\int\frac{\mathfrak{Sin}^m\zeta}{\mathfrak{Cos}\zeta}\,d\zeta=\frac{\mathfrak{Sin}^{m-1}\zeta}{m-1}-\int\frac{\mathfrak{Sin}^{m-2}\zeta}{\mathfrak{Cos}\zeta}\,d\zeta\ (m>1),$$

$$\int\frac{\mathfrak{Cos}^m\zeta}{\mathfrak{Sin}\zeta}\,d\zeta=\frac{\mathfrak{Cos}^{m-1}\zeta}{m-1}+\int\frac{\mathfrak{Cos}^{m-2}\zeta}{\mathfrak{Sin}\zeta}\,d\zeta\ (m>1),$$

$$\int\frac{\mathfrak{Sin}^2\zeta}{\mathfrak{Cos}\zeta}\,d\zeta=\mathfrak{Sin}\zeta-\mathfrak{Amp}\,\zeta,$$

$$\int\frac{\mathfrak{Cos}^2\zeta}{\mathfrak{Sin}\zeta}\,d\zeta=\mathfrak{Cos}\zeta+\ln\mathfrak{Tang}\frac{\zeta}{2},$$

$$\int\frac{\mathfrak{Sin}^4\zeta}{\mathfrak{Cos}\zeta}\,d\zeta=\frac{\mathfrak{Sin}^3\zeta}{3}-\mathfrak{Sin}\zeta+\mathfrak{Amp}\,\zeta,$$

$$\int\frac{\mathfrak{Cos}^4\zeta}{\mathfrak{Sin}\zeta}\,d\zeta=\frac{\mathfrak{Cos}^3\zeta}{3}+\mathfrak{Cos}\zeta+\ln\mathfrak{Tang}\frac{\zeta}{2},$$

$$\int\frac{\mathfrak{Sin}^6\zeta}{\mathfrak{Cos}\zeta}\,d\zeta=\frac{\mathfrak{Sin}^5\zeta}{5}-\frac{\mathfrak{Sin}^3\zeta}{3}+\mathfrak{Sin}\zeta-\mathfrak{Amp}\,\zeta,$$

$$\int\frac{\mathfrak{Cos}^6\zeta}{\mathfrak{Sin}\zeta}\,d\zeta=\frac{\mathfrak{Cos}^5\zeta}{5}+\frac{\mathfrak{Cos}^3\zeta}{3}+\mathfrak{Cos}\zeta+\ln\mathfrak{Tang}\frac{\zeta}{2},$$

$$\int\frac{\mathfrak{Sin}^8\zeta}{\mathfrak{Cos}\zeta}\,d\zeta=\frac{\mathfrak{Sin}^7\zeta}{7}-\frac{\mathfrak{Sin}^5\zeta}{5}+\frac{\mathfrak{Sin}^3\zeta}{3}-\mathfrak{Sin}\zeta+\mathfrak{Amp}\,\zeta,$$

$$\int\frac{\mathfrak{Cos}^8\zeta}{\mathfrak{Sin}\zeta}\,d\zeta=\frac{\mathfrak{Cos}^7\zeta}{7}+\frac{\mathfrak{Cos}^5\zeta}{5}+\frac{\mathfrak{Cos}^3\zeta}{3}+\mathfrak{Cos}\zeta+\ln\mathfrak{Tang}\frac{\zeta}{2}.\tag{274}$$

[Für die ungeraden Potenzen vgl. (116).]

$$\int\frac{\mathfrak{Sin}^m\zeta}{\mathfrak{Cos}^2\zeta}\,d\zeta=\frac{\mathfrak{Sin}^{m-1}\zeta}{(m-2)\,\mathfrak{Cos}\zeta}-\frac{m-1}{m-2}\int\frac{\mathfrak{Sin}^{m-2}\zeta}{\mathfrak{Cos}^2\zeta}\,d\zeta,$$

$$\int\frac{\mathfrak{Cos}^m\zeta}{\mathfrak{Sin}^2\zeta}\,d\zeta=\frac{\mathfrak{Cos}^{m-1}\zeta}{(m-2)\,\mathfrak{Sin}\zeta}+\frac{m-1}{m-2}\int\frac{\mathfrak{Cos}^{m-2}\zeta}{\mathfrak{Sin}^2\zeta}\,d\zeta,$$

$$\int\frac{\mathfrak{Sin}\zeta}{\mathfrak{Cos}^2\zeta}\,d\zeta=-\frac{1}{\mathfrak{Cos}\zeta},$$

$$\int\frac{\mathfrak{Cos}\zeta}{\mathfrak{Sin}^2\zeta}\,d\zeta=-\frac{1}{\mathfrak{Sin}\zeta},$$

$$\int\frac{\mathfrak{Sin}^2\zeta}{\mathfrak{Cos}^2\zeta}\,d\zeta=\zeta-\mathfrak{Tang}\zeta,$$

$$\int\frac{\mathfrak{Cos}^2\zeta}{\mathfrak{Sin}^2\zeta}\,d\zeta=\zeta-\mathfrak{Cotg}\zeta,$$

$$\int\frac{\mathfrak{Sin}^3\zeta}{\mathfrak{Cos}^2\zeta}\,d\zeta=\mathfrak{Cos}\zeta+\frac{1}{\mathfrak{Cos}\zeta},$$

$$\int\frac{\mathfrak{Cos}^3\zeta}{\mathfrak{Sin}^2\zeta}\,d\zeta=\mathfrak{Sin}\zeta-\frac{1}{\mathfrak{Sin}\zeta},$$

$$\int\frac{\mathfrak{Sin}^4\zeta}{\mathfrak{Cos}^2\zeta}\,d\zeta=\frac{\mathfrak{Sin}^3\zeta}{2\,\mathfrak{Cos}\zeta}-\frac{3}{2}\zeta+\frac{3}{2}\,\mathfrak{Tang}\zeta,$$

$$\int\frac{\mathfrak{Cos}^4\zeta}{\mathfrak{Sin}^2\zeta}\,d\zeta=\frac{\mathfrak{Cos}^3\zeta}{2\,\mathfrak{Sin}\zeta}+\frac{3}{2}\zeta-\frac{3}{2}\,\mathfrak{Cotg}\zeta,$$

$$\int\frac{\mathfrak{Sin}^5\zeta}{\mathfrak{Cos}^2\zeta}\,d\zeta=\frac{\mathfrak{Sin}^4\zeta}{3\,\mathfrak{Cos}\zeta}+\frac{4}{3}\,\mathfrak{Cos}\zeta-\frac{4}{3\,\mathfrak{Cos}\zeta},$$

$$\int\frac{\mathfrak{Cos}^5\zeta}{\mathfrak{Sin}^2\zeta}\,d\zeta=\frac{\mathfrak{Cos}^4\zeta}{3\,\mathfrak{Sin}\zeta}+\frac{4}{3}\,\mathfrak{Sin}\zeta-\frac{4}{3\,\mathfrak{Sin}\zeta},$$

$$\int\frac{\mathfrak{Sin}^6\zeta}{\mathfrak{Cos}^2\zeta}\,d\zeta=\frac{\mathfrak{Sin}^5\zeta}{4\,\mathfrak{Cos}\zeta}+\frac{5\,\mathfrak{Sin}^3\zeta}{8\,\mathfrak{Cos}\zeta}+\frac{15}{8}\zeta-\frac{15}{8}\,\mathfrak{Tang}\zeta,$$

$$\int\frac{\mathfrak{Cos}^6\zeta}{\mathfrak{Sin}^2\zeta}\,d\zeta=\frac{\mathfrak{Cos}^5\zeta}{4\,\mathfrak{Sin}\zeta}+\frac{5\,\mathfrak{Cos}^3\zeta}{8\,\mathfrak{Sin}\zeta}+\frac{15}{8}\zeta-\frac{15}{8}\,\mathfrak{Cotg}\zeta,$$

$$\int\frac{\mathfrak{Sin}^7\zeta}{\mathfrak{Cos}^2\zeta}\,d\zeta=\frac{\mathfrak{Sin}^6\zeta}{5\,\mathfrak{Cos}\zeta}-\frac{2\,\mathfrak{Sin}^4\zeta}{5\,\mathfrak{Cos}\zeta}+\frac{8}{5}\,\mathfrak{Cos}\zeta+\frac{8}{5\,\mathfrak{Cos}\zeta},$$

$$\int\frac{\mathfrak{Cos}^7\zeta}{\mathfrak{Sin}^2\zeta}\,d\zeta=\frac{\mathfrak{Cos}^6\zeta}{5\,\mathfrak{Sin}\zeta}+\frac{2\,\mathfrak{Cos}^4\zeta}{5\,\mathfrak{Sin}\zeta}+\frac{8}{5}\,\mathfrak{Sin}\zeta-\frac{8}{5\,\mathfrak{Sin}\zeta},$$

$$\int\frac{\mathfrak{Sin}^8\zeta}{\mathfrak{Cos}^2\zeta}\,d\zeta=\frac{\mathfrak{Sin}^7\zeta}{6\,\mathfrak{Cos}\zeta}-\frac{7\,\mathfrak{Sin}^5\zeta}{24\,\mathfrak{Cos}\zeta}+\frac{35\,\mathfrak{Sin}^3\zeta}{48\,\mathfrak{Cos}\zeta}-\frac{105}{48}\zeta+\frac{105}{48}\,\mathfrak{Tang}\zeta,$$

$$\int\frac{\mathfrak{Cos}^8\zeta}{\mathfrak{Sin}^2\zeta}\,d\zeta=\frac{\mathfrak{Cos}^7\zeta}{6\,\mathfrak{Sin}\zeta}+\frac{7\,\mathfrak{Cos}^5\zeta}{24\,\mathfrak{Sin}\zeta}+\frac{35\,\mathfrak{Cos}^3\zeta}{48\,\mathfrak{Sin}\zeta}+\frac{105}{48}\zeta-\frac{105}{48}\,\mathfrak{Cotg}\zeta.\tag{275}$$

$$\int\frac{\operatorname{Sin}^m\zeta}{\operatorname{Cos}^3\zeta}d\zeta=\frac{\operatorname{Sin}^{m-1}\zeta}{(m-3)\operatorname{Cos}^2\zeta}-\frac{m-1}{m-3}\int\frac{\operatorname{Sin}^{m-2}\zeta}{\operatorname{Cos}^3\zeta}d\zeta,\qquad\int\frac{\operatorname{Cos}^m\zeta}{\operatorname{Sin}^3\zeta}d\zeta=\frac{\operatorname{Cos}^{m-1}\zeta}{(m-3)\operatorname{Sin}^2\zeta}+\frac{m-1}{m-3}\int\frac{\operatorname{Cos}^{m-2}\zeta}{\operatorname{Sin}^3\zeta}d\zeta,$$

$$\int\frac{\operatorname{Sin}^2\zeta}{\operatorname{Cos}^3\zeta}d\zeta=-\frac{\operatorname{Sin}\zeta}{2\operatorname{Cos}^2\zeta}-\frac12\operatorname{Amp}\zeta,\qquad\int\frac{\operatorname{Cos}^2\zeta}{\operatorname{Sin}^3\zeta}d\zeta=-\frac{\operatorname{Cos}\zeta}{2\operatorname{Sin}^2\zeta}+\frac12\ln\operatorname{Tang}\frac{\zeta}{2},$$

$$\int\frac{\operatorname{Sin}^4\zeta}{\operatorname{Cos}^3\zeta}d\zeta=\frac{\operatorname{Sin}^3\zeta}{\operatorname{Cos}^2\zeta}+\frac{3\operatorname{Sin}\zeta}{2\operatorname{Cos}^2\zeta}-\frac32\operatorname{Amp}\zeta,\qquad\int\frac{\operatorname{Cos}^4\zeta}{\operatorname{Sin}^3\zeta}d\zeta=\frac{\operatorname{Cos}^3\zeta}{\operatorname{Sin}^2\zeta}-\frac{3\operatorname{Cos}\zeta}{2\operatorname{Sin}^2\zeta}+\frac32\ln\operatorname{Tang}\frac{\zeta}{2},$$

$$\int\frac{\operatorname{Sin}^6\zeta}{\operatorname{Cos}^3\zeta}d\zeta=\frac{\operatorname{Sin}^5\zeta}{3\operatorname{Cos}^2\zeta}-\frac{5\operatorname{Sin}^3\zeta}{3\operatorname{Cos}^2\zeta}-\frac{5\operatorname{Sin}\zeta}{2\operatorname{Cos}^2\zeta}+\frac52\operatorname{Amp}\zeta,\qquad\int\frac{\operatorname{Cos}^6\zeta}{\operatorname{Sin}^3\zeta}d\zeta=\frac{\operatorname{Cos}^5\zeta}{3\operatorname{Sin}^2\zeta}+\frac{5\operatorname{Cos}^3\zeta}{3\operatorname{Sin}^2\zeta}-\frac{5\operatorname{Cos}\zeta}{2\operatorname{Sin}^2\zeta}+\frac52\ln\operatorname{Tang}\frac{\zeta}{2},$$

$$\int\frac{\operatorname{Sin}^8\zeta}{\operatorname{Cos}^3\zeta}d\zeta=\frac{\operatorname{Sin}^7\zeta}{5\operatorname{Cos}^2\zeta}-\frac{7\operatorname{Sin}^5\zeta}{15\operatorname{Cos}^2\zeta}+\frac{7\operatorname{Sin}^3\zeta}{3\operatorname{Cos}^2\zeta}+\frac{7\operatorname{Sin}\zeta}{2\operatorname{Cos}^2\zeta}-\frac72\operatorname{Amp}\zeta,\qquad\int\frac{\operatorname{Cos}^8\zeta}{\operatorname{Sin}^3\zeta}d\zeta=\frac{\operatorname{Cos}^7\zeta}{5\operatorname{Sin}^2\zeta}+\frac{7\operatorname{Cos}^5\zeta}{15\operatorname{Sin}^2\zeta}+\frac{7\operatorname{Cos}^3\zeta}{3\operatorname{Sin}^3\zeta}-\frac{7\operatorname{Cos}\zeta}{2\operatorname{Sin}^3\zeta}+\frac72\ln\operatorname{Tang}\frac{\zeta}{2}.\qquad(276)$$

[Für die ungeraden Potenzen vgl. (117).]

$$\int\frac{\operatorname{Sin}^m\zeta}{\operatorname{Cos}^4\zeta}d\zeta=\frac{\operatorname{Sin}^{m-1}\zeta}{(m-4)\operatorname{Cos}^3\zeta}-\frac{m-1}{m-4}\int\frac{\operatorname{Sin}^{m-2}\zeta}{\operatorname{Cos}^4\zeta}d\zeta,\qquad\int\frac{\operatorname{Cos}^m\zeta}{\operatorname{Sin}^4\zeta}d\zeta=\frac{\operatorname{Cos}^{m-1}\zeta}{(m-4)\operatorname{Sin}^3\zeta}+\frac{m-1}{m-4}\int\frac{\operatorname{Cos}^{m-2}\zeta}{\operatorname{Sin}^4\zeta}d\zeta,$$

$$\int\frac{\operatorname{Sin}\zeta}{\operatorname{Cos}^4\zeta}d\zeta=-\frac{1}{3\operatorname{Cos}^3\zeta},\qquad\int\frac{\operatorname{Cos}\zeta}{\operatorname{Sin}^4\zeta}d\zeta=-\frac{1}{3\operatorname{Sin}^3\zeta},$$

$$\int\frac{\operatorname{Sin}^2\zeta}{\operatorname{Cos}^4\zeta}d\zeta=\frac13\operatorname{Tang}^3\zeta,\qquad\int\frac{\operatorname{Cos}^2\zeta}{\operatorname{Sin}^4\zeta}d\zeta=-\frac13\operatorname{Cotg}^3\zeta,\qquad(277)$$

$$\int\frac{\operatorname{Sin}^3\zeta}{\operatorname{Cos}^4\zeta}d\zeta=-\frac{1}{\operatorname{Cos}\zeta}+\frac{1}{3\operatorname{Cos}^3\zeta},\qquad\int\frac{\operatorname{Cos}^3\zeta}{\operatorname{Sin}^4\zeta}d\zeta=-\frac{1}{\operatorname{Sin}\zeta}-\frac{1}{3\operatorname{Sin}^3\zeta},$$

$$\int\frac{\operatorname{Sin}^4\zeta}{\operatorname{Cos}^4\zeta}d\zeta=\zeta-\operatorname{Tang}\zeta-\frac13\operatorname{Tang}^3\zeta,\qquad\int\frac{\operatorname{Cos}^4\zeta}{\operatorname{Sin}^4\zeta}d\zeta=+\zeta-\operatorname{Cotg}\zeta-\frac13\operatorname{Cotg}^3\zeta.$$

$$\int\frac{\operatorname{Sin}^m\zeta}{\operatorname{Cos}^n\zeta}d\zeta=\frac{\operatorname{Sin}^{m-1}\zeta}{(m-n)\operatorname{Cos}^{n-1}\zeta}-\frac{m-1}{m-n}\int\frac{\operatorname{Sin}^{m-2}\zeta\,d\zeta}{\operatorname{Cos}^n\zeta}\quad(m\neq n),\qquad\int\frac{\operatorname{Cos}^m\zeta}{\operatorname{Sin}^n\zeta}d\zeta=\frac{\operatorname{Cos}^{m-1}\zeta}{(m-n)\operatorname{Sin}^{n-1}\zeta}+\frac{m-1}{m-n}\int\frac{\operatorname{Cos}^{m-2}\zeta\,d\zeta}{\operatorname{Sin}^n\zeta}\quad(m\neq n),$$

$$\int\frac{\operatorname{Sin}^m\zeta}{\operatorname{Cos}^n\zeta}d\zeta=\frac{\operatorname{Sin}^{m+1}\zeta}{(n-1)\operatorname{Cos}^{n-1}\zeta}-\frac{m-n+2}{n-1}\int\frac{\operatorname{Sin}^m\zeta\,d\zeta}{\operatorname{Cos}^{n-2}\zeta}\quad(n\neq1),\qquad\int\frac{\operatorname{Cos}^m\zeta}{\operatorname{Sin}^n\zeta}d\zeta=-\frac{\operatorname{Cos}^{m+1}\zeta}{(n-1)\operatorname{Sin}^{n-1}\zeta}+\frac{m-n+2}{n-1}\int\frac{\operatorname{Cos}^m\zeta\,d\zeta}{\operatorname{Sin}^{m-2}\zeta}\quad(n\neq1),\qquad(278)$$

$$\int\frac{\operatorname{Sin}^m\zeta}{\operatorname{Cos}^n\zeta}d\zeta=-\frac{\operatorname{Sin}^{m-1}\zeta}{(n-1)\operatorname{Cos}^{n-1}\zeta}+\frac{m-1}{n-1}\int\frac{\operatorname{Sin}^{m-2}\zeta\,d\zeta}{\operatorname{Cos}^{n-2}\zeta}\quad(n\neq1),\qquad\int\frac{\operatorname{Cos}^m\zeta}{\operatorname{Sin}^n\zeta}d\zeta=-\frac{\operatorname{Cos}^{m-1}\zeta}{(n-1)\operatorname{Sin}^{n-1}\zeta}+\frac{m-1}{n-1}\int\frac{\operatorname{Cos}^{m-2}\zeta\,d\zeta}{\operatorname{Sin}^{n-2}\zeta}\quad(n\neq1).$$

$$\int\frac{\operatorname{Sin}\zeta}{\operatorname{Cos}^n\zeta}d\zeta=-\frac{1}{n-1}\frac{1}{\operatorname{Cos}^{n-1}\zeta}\quad(n\neq1),\qquad\int\frac{\operatorname{Cos}\zeta}{\operatorname{Sin}^n\zeta}d\zeta=-\frac{1}{n-1}\frac{1}{\operatorname{Sin}^{n-1}\zeta}\quad(n\neq1),\qquad(279)$$

$$\int\operatorname{Sin}^m\zeta\operatorname{Cos}\zeta\,d\zeta=\frac{\operatorname{Sin}^{m+1}\zeta}{m+1},\qquad\int\operatorname{Cos}^m\zeta\operatorname{Sin}\zeta\,d\zeta=\frac{\operatorname{Cos}^{m+1}\zeta}{m+1}.\qquad(280)$$

$$\int\operatorname{Sin}^m\zeta\operatorname{Cos}^2\zeta\,d\zeta=\frac{\operatorname{Sin}^{m-1}\zeta\operatorname{Cos}^3\zeta}{m+2}-\frac{m-1}{m+2}\int\operatorname{Sin}^{m-2}\zeta\operatorname{Cos}^2\zeta\,d\zeta,\qquad\int\operatorname{Cos}^m\zeta\operatorname{Sin}^2\zeta\,d\zeta=\frac{\operatorname{Cos}^{m-1}\zeta\operatorname{Sin}^3\zeta}{m+2}+\frac{m-1}{m+2}\int\operatorname{Cos}^{m-2}\zeta\operatorname{Sin}^2\zeta\,d\zeta,$$

$$\int\operatorname{Sin}\zeta\operatorname{Cos}^2\zeta\,d\zeta=\frac{\operatorname{Cos}^3\zeta}{3},\qquad\int\operatorname{Cos}\zeta\operatorname{Sin}^2\zeta\,d\zeta=\frac{\operatorname{Sin}^3\zeta}{3},$$

$$\int\operatorname{Sin}^2\zeta\operatorname{Cos}^2\zeta\,d\zeta=-\frac{\zeta}{8}+\frac{\operatorname{Sin}4\zeta}{32},\qquad\int\operatorname{Cos}^2\zeta\operatorname{Sin}^2\zeta\,d\zeta=-\frac{\zeta}{8}+\frac{\operatorname{Sin}4\zeta}{32},$$

$$\int\operatorname{Sin}^3\zeta\operatorname{Cos}^2\zeta\,d\zeta=\frac{\operatorname{Sin}^2\zeta\operatorname{Cos}^3\zeta}{5}-\frac{2\operatorname{Cos}^3\zeta}{15},\qquad\int\operatorname{Cos}^3\zeta\operatorname{Sin}^2\zeta\,d\zeta=\frac{\operatorname{Cos}^2\zeta\operatorname{Sin}^3\zeta}{5}+\frac{2\operatorname{Sin}^3\zeta}{15},$$

$$\int\operatorname{Sin}^4\zeta\operatorname{Cos}^2\zeta\,d\zeta=\frac{\operatorname{Sin}^3 2\zeta}{48}+\frac{\zeta}{16}-\frac{\operatorname{Sin}4\zeta}{64},\qquad\int\operatorname{Cos}^4\zeta\operatorname{Sin}^2\zeta\,d\zeta=\frac{\operatorname{Sin}^3 2\zeta}{48}-\frac{\zeta}{16}+\frac{\operatorname{Sin}4\zeta}{64}.\qquad(281)$$

$$\int \operatorname{Sin}^5\zeta\operatorname{Cos}^2\zeta\,d\zeta = \frac{\operatorname{Sin}^4\zeta\operatorname{Cos}^3\zeta}{7} - \frac{4\operatorname{Sin}^2\zeta\operatorname{Cos}^3\zeta}{35} + \frac{8\operatorname{Cos}^3\zeta}{105},$$

$$\int \operatorname{Cos}^5\zeta\operatorname{Sin}^2\zeta\,d\zeta = \frac{\operatorname{Cos}^4\zeta\operatorname{Sin}^3\zeta}{7} + \frac{4\operatorname{Cos}^2\zeta\operatorname{Sin}^3\zeta}{35} + \frac{8\operatorname{Sin}^3\zeta}{105},$$

$$\int \operatorname{Sin}^6\zeta\operatorname{Cos}^2\zeta\,d\zeta = \frac{\operatorname{Sin}^5\zeta\operatorname{Cos}^3\zeta}{8} - \frac{5\operatorname{Sin}^3 2\zeta}{384} - \frac{5\zeta}{128} + \frac{5\operatorname{Sin}4\zeta}{512},$$

$$\int \operatorname{Cos}^6\zeta\operatorname{Sin}^2\zeta\,d\zeta = \frac{\operatorname{Cos}^5\zeta\operatorname{Sin}^3\zeta}{8} + \frac{5\operatorname{Sin}^3 2\zeta}{384} - \frac{5\zeta}{128} + \frac{5\operatorname{Sin}4\zeta}{512},$$

$$\int \operatorname{Sin}^7\zeta\operatorname{Cos}^2\zeta\,d\zeta = \frac{\operatorname{Sin}^6\zeta\operatorname{Cos}^3\zeta}{9} - \frac{2\operatorname{Sin}^4\zeta\operatorname{Cos}^3\zeta}{21} + \frac{8\operatorname{Sin}^2\zeta\operatorname{Cos}^3\zeta}{105} - \frac{16\operatorname{Cos}^3\zeta}{315},$$

$$\int \operatorname{Cos}^7\zeta\operatorname{Sin}^2\zeta\,d\zeta = \frac{\operatorname{Cos}^6\zeta\operatorname{Sin}^3\zeta}{9} + \frac{2\operatorname{Cos}^4\zeta\operatorname{Sin}^3\zeta}{21} + \frac{8\operatorname{Cos}^2\zeta\operatorname{Sin}^3\zeta}{105} + \frac{16\operatorname{Sin}^3\zeta}{315},$$

$$\int \operatorname{Sin}^8\zeta\operatorname{Cos}^2\zeta\,d\zeta = \frac{\operatorname{Sin}^7\zeta\operatorname{Cos}^3\zeta}{10} - \frac{7\operatorname{Sin}^5\zeta\operatorname{Cos}^3\zeta}{80} + \frac{7\operatorname{Sin}^3 2\zeta}{768} + \frac{7\zeta}{256} - \frac{7\operatorname{Sin}4\zeta}{1024},$$

$$\int \operatorname{Cos}^8\zeta\operatorname{Sin}^2\zeta\,d\zeta = \frac{\operatorname{Cos}^7\zeta\operatorname{Sin}^3\zeta}{10} + \frac{7\operatorname{Cos}^5\zeta\operatorname{Sin}^3\zeta}{80} + \frac{7\operatorname{Sin}^3 2\zeta}{768} - \frac{7\zeta}{256} + \frac{7\operatorname{Sin}4\zeta}{1024}. \tag{281}$$

$$\int \operatorname{Sin}^m\zeta\operatorname{Cos}^3\zeta\,d\zeta = \frac{\operatorname{Sin}^{m-1}\zeta\operatorname{Cos}^4\zeta}{m+3} - \frac{m-1}{m+3}\int\operatorname{Sin}^{m-2}\zeta\operatorname{Cos}^3\zeta\,d\zeta,$$

$$\int \operatorname{Cos}^m\zeta\operatorname{Sin}^3\zeta\,d\zeta = \frac{\operatorname{Cos}^{m-1}\zeta\operatorname{Sin}^4\zeta}{m+3} + \frac{m-1}{m+3}\int\operatorname{Cos}^{m-2}\zeta\operatorname{Sin}^3\zeta\,d\zeta,$$

$$\int \operatorname{Sin}^2\zeta\operatorname{Cos}^3\zeta\,d\zeta = \frac{\operatorname{Sin}^3\zeta\operatorname{Cos}^2\zeta}{5} + \frac{2\operatorname{Sin}^3\zeta}{15},$$

$$\int \operatorname{Cos}^2\zeta\operatorname{Sin}^3\zeta\,d\zeta = \frac{\operatorname{Cos}^3\zeta\operatorname{Sin}^2\zeta}{5} - \frac{2\operatorname{Cos}^3\zeta}{15},$$

$$\int \operatorname{Sin}^4\zeta\operatorname{Cos}^3\zeta\,d\zeta = \frac{\operatorname{Sin}^3\zeta\operatorname{Cos}^4\zeta}{7} - \frac{3\operatorname{Sin}^3\zeta\operatorname{Cos}^2\zeta}{35} - \frac{2\operatorname{Sin}^3\zeta}{35},$$

$$\int \operatorname{Cos}^4\zeta\operatorname{Sin}^3\zeta\,d\zeta = \frac{\operatorname{Cos}^3\zeta\operatorname{Sin}^4\zeta}{7} + \frac{3\operatorname{Cos}^3\zeta\operatorname{Sin}^2\zeta}{35} - \frac{2\operatorname{Cos}^3\zeta}{35},$$

$$\int \operatorname{Sin}^6\zeta\operatorname{Cos}^3\zeta\,d\zeta = \frac{\operatorname{Sin}^5\zeta\operatorname{Cos}^4\zeta}{9} - \frac{5\operatorname{Sin}^3\zeta\operatorname{Cos}^4\zeta}{63} - \frac{\operatorname{Sin}^3\zeta\operatorname{Cos}^2\zeta}{21} + \frac{2\operatorname{Sin}^3\zeta}{63},$$

$$\int \operatorname{Cos}^6\zeta\operatorname{Sin}^3\zeta\,d\zeta = \frac{\operatorname{Cos}^5\zeta\operatorname{Sin}^4\zeta}{9} + \frac{5\operatorname{Cos}^3\zeta\operatorname{Sin}^4\zeta}{63} + \frac{\operatorname{Cos}^3\zeta\operatorname{Sin}^2\zeta}{21} - \frac{2\operatorname{Cos}^3\zeta}{63}. \tag{282}$$

[Für die ungeraden Potenzen vgl. (121).]

$$\int \operatorname{Sin}^m\zeta\operatorname{Cos}^4\zeta\,d\zeta = \frac{\operatorname{Sin}^{m-1}\zeta\operatorname{Cos}^5\zeta}{m+4} - \frac{m-1}{m+4}\int\operatorname{Sin}^{m-2}\zeta\operatorname{Cos}^4\zeta\,d\zeta,$$

$$\int \operatorname{Cos}^m\zeta\operatorname{Sin}^4\zeta\,d\zeta = \frac{\operatorname{Cos}^{m-1}\zeta\operatorname{Sin}^5\zeta}{m+4} + \frac{m-1}{m+4}\int\operatorname{Cos}^{m-2}\zeta\operatorname{Sin}^4\zeta\,d\zeta,$$

$$\int \operatorname{Sin}^4\zeta\operatorname{Cos}^4\zeta\,d\zeta = \frac{3\zeta}{128} - \frac{\operatorname{Sin}4\zeta}{128} + \frac{\operatorname{Sin}8\zeta}{1024},$$

$$\int \operatorname{Cos}^4\zeta\operatorname{Sin}^4\zeta\,d\zeta = \frac{3\zeta}{128} - \frac{\operatorname{Sin}4\zeta}{128} + \frac{\operatorname{Sin}8\zeta}{1024},$$

$$\int \operatorname{Sin}^5\zeta\operatorname{Cos}^4\zeta\,d\zeta = \frac{\operatorname{Sin}^4\zeta\operatorname{Cos}^5\zeta}{9} - \frac{4\operatorname{Cos}^3\zeta\operatorname{Sin}^4\zeta}{63} - \frac{4\operatorname{Cos}^3\zeta\operatorname{Sin}^2\zeta}{105} + \frac{8\operatorname{Cos}^3\zeta}{315},$$

$$\int \operatorname{Cos}^5\zeta\operatorname{Sin}^4\zeta\,d\zeta = \frac{\operatorname{Cos}^4\zeta\operatorname{Sin}^5\zeta}{9} + \frac{4\operatorname{Sin}^3\zeta\operatorname{Cos}^4\zeta}{63} - \frac{4\operatorname{Sin}^3\zeta\operatorname{Cos}^2\zeta}{105} - \frac{8\operatorname{Sin}^3\zeta}{315},$$

$$\int \operatorname{Sin}^6\zeta\operatorname{Cos}^4\zeta\,d\zeta = \frac{\operatorname{Sin}^5 2\zeta}{320} + \frac{3\zeta}{256} + \frac{\operatorname{Sin}4\zeta}{256} - \frac{\operatorname{Sin}8\zeta}{2048},$$

$$\int \operatorname{Cos}^6\zeta\operatorname{Sin}^4\zeta\,d\zeta = \frac{\operatorname{Sin}^5 2\zeta}{320} + \frac{3\zeta}{256} - \frac{\operatorname{Sin}4\zeta}{256} + \frac{\operatorname{Sin}8\zeta}{2048}. \tag{283}$$

$$\int \operatorname{Sin}^m\zeta\operatorname{Cos}^n\zeta\,d\zeta = \frac{\operatorname{Sin}^{m-1}\zeta\operatorname{Cos}^{n-1}\zeta}{m+n} - \frac{m-1}{m+n}\int\operatorname{Sin}^{m-2}\zeta\operatorname{Cos}^n\zeta\,d\zeta,$$

$$\int \operatorname{Cos}^m\zeta\operatorname{Sin}^n\zeta\,d\zeta = \frac{\operatorname{Cos}^{m-1}\zeta\operatorname{Sin}^{n+1}\zeta}{m+n} + \frac{m-1}{m+4}\int\operatorname{Cos}^{n-2}\zeta\operatorname{Sin}^n\zeta\,d\zeta. \tag{284}$$

$$\int \mathfrak{Tang}^n \zeta \, d\zeta = -\frac{\mathfrak{Tang}^{n-1}\zeta}{n-1} + \int \mathfrak{Tang}^{n-2}\zeta \, d\zeta \,, \qquad \int \mathfrak{Cotg}^n \zeta \, d\zeta = -\frac{\mathfrak{Cotg}^{n-1}\zeta}{n-1} + \int \mathfrak{Cotg}^{n-2}\zeta \, d\zeta \;,$$

$$\int \mathfrak{Tang}^2 \zeta \, d\zeta = -\mathfrak{Tang}\zeta + \zeta \qquad\qquad , \qquad \int \mathfrak{Cotg}^2 \zeta \, d\zeta = -\mathfrak{Cotg}\zeta + \zeta \qquad\qquad ,$$

$$\int \mathfrak{Tang}^4 \zeta \, d\zeta = -\frac{\mathfrak{Tang}^3\zeta}{3} - \mathfrak{Tang}\zeta + \zeta \qquad , \qquad \int \mathfrak{Cotg}^4 \zeta \, d\zeta = -\frac{\mathfrak{Cotg}^3\zeta}{3} - \mathfrak{Cotg}\zeta + \zeta \qquad ,$$

$$\int \mathfrak{Tang}^6 \zeta \, d\zeta = -\frac{\mathfrak{Tang}^5\zeta}{5} - \frac{\mathfrak{Tang}^3\zeta}{3} - \mathfrak{Tang}\zeta + \zeta \,, \quad \int \mathfrak{Cotg}^6 \zeta \, d\zeta = -\frac{\mathfrak{Cotg}^5\zeta}{5} - \frac{\mathfrak{Cotg}^3\zeta}{3} - \mathfrak{Cotg}\zeta + \zeta \,,$$

$$\int \mathfrak{Tang}^8 \zeta \, d\zeta = -\frac{\mathfrak{Tang}^7\zeta}{7} - \frac{\mathfrak{Tang}^5\zeta}{5} - \frac{\mathfrak{Tang}^3\zeta}{3} - \qquad \int \mathfrak{Cotg}^8 \zeta \, d\zeta = -\frac{\mathfrak{Cotg}^7\zeta}{7} - \frac{\mathfrak{Cotg}^5\zeta}{5} - \frac{\mathfrak{Cotg}^3\zeta}{3} -$$

$$-\mathfrak{Tang}\zeta + \zeta \qquad\qquad\qquad\qquad -\mathfrak{Cotg}\zeta + \zeta$$

$$\left.\right\} (285)$$

[Für die ungeraden Potenzen vgl. (125).]

6. Integrale der Klasse $\int z^n T(z)\,dz$.

Ist $T(z)$ eine elementare transzendente Funktion, so folgt durch partielle Integration

$$\int z^n T(z)\,dz = z^n \int T(z)\,dz - \int n z^{n-1} \int T(z)\,dz\,dz \;,$$
$$\int z^n T(z)\,dz = \frac{z^{n+1}}{n+1}\, T(z) - \int \frac{z^{n+1}}{n+1}\frac{d\,T(z)}{dz}\,dz \qquad\qquad \left.\right\} (286)$$

Durch einmalige oder mehrmalige Anwendung der Gln (286) und unter Zugrundelegung ganzzahliger n-Werte lassen sich zahlreiche Integrale geschlossen darstellen. Man gelangt auf diesem Wege auch zu wichtigen Rekursionsformeln, die eine unmittelbare Erledigung ganzer Integralgruppen ermöglichen.

a) Exponentialintegrale.

Durch Anwendung der ersten der Gln (286) auf $T(z) = e^{\omega z}$ folgt

$$\int z^n e^{\omega z}\,dz = \frac{z^n e^{\omega z}}{\omega} - \frac{n}{\omega}\int z^{n-1} e^{\omega z}\,dz \;,$$
$$\int z^n e^{\omega z}\,dz = e^{\omega z}\left[\frac{z^n}{\omega} - \frac{n z^{n-1}}{\omega^2} + \frac{[n(n-1)]z^{n-2}}{\omega^3} - \frac{[n(n-1)(n-2)]z^{n-3}}{\omega^4} + \cdots + (-1)^{n-1}\frac{[n(n-1)\ldots 2]z}{\omega^n} + \right.$$
$$\left. + (-1)^n \frac{[n(n-1)\ldots 2\cdot 1]}{\omega^{n+1}}\right] \;. \qquad\qquad (287)$$

$$\int e^{\omega z}\,dz = \frac{1}{\omega}\, e^{\omega z} \qquad\qquad , \qquad \int e^{\pm z}\,dz = \pm\, e^z \qquad\qquad ,$$

$$\int z e^{\omega z}\,dz = e^{\omega z}\left(\frac{z}{\omega} - \frac{1}{\omega^2}\right) \qquad\qquad , \qquad \int z e^{\pm z}\,dz = e^z(\pm z - 1) \qquad\qquad ,$$

$$\int z^2 e^{\omega z}\,dz = e^{\omega z}\left(\frac{z^2}{\omega} - \frac{2z}{\omega^2} + \frac{2}{\omega^3}\right) \qquad , \qquad \int z^2 e^{\pm z}\,dz = e^z(\pm z^2 - 2z \pm 2) \qquad ,$$

$$\int z^3 e^{\omega z}\,dz = e^{\omega z}\left(\frac{z^3}{\omega} - \frac{3z^2}{\omega^2} + \frac{6z}{\omega^3} - \frac{6}{\omega^4}\right) \;, \quad \int z^3 e^{\pm z}\,dz = e^z(\pm z^3 - 3z^2 \pm 6z - 6) \;,$$

$$\int z^4 e^{\omega z}\,dz = e^{\omega z}\left(\frac{z^4}{\omega} - \frac{4z^3}{\omega^2} + \frac{12z^2}{\omega^3} - \frac{24z}{\omega^4} + \frac{24}{\omega^5}\right), \quad \int z^4 e^{\pm z}\,dz = e^z(\pm z^4 - 4z^3 \pm 12z^2 - 24z \pm 24) \;.$$

$$\left.\right\} (288)$$

Das Integral

$$\int \frac{e^{\omega z}}{z}\,dz = E\,i\,(\omega z)$$

ist nicht in geschlossener Form darstellbar. Durch Reihenentwicklung gemäß Gl. (5) des ersten Teiles und gliedweise Integration folgt

$$\int \frac{e^{\omega z}}{z}\,dz = E\,i\,(\omega z) = \ln|\omega z| + \frac{\omega z}{1!} + \frac{(\omega z)^2}{2(2!)} + \frac{(\omega z)^3}{3(3!)} + \cdots + \frac{(\omega z)^n}{n(n!)} + \cdots \;. \qquad (289)$$

Mit Hilfe von $Ei(\omega z)$ ergibt sich durch Anwendung der zweiten der Gln (286) für $n \to -n$

$$\left.\begin{aligned}
\int\frac{e^{\omega z}}{z^n}\,dz &= -\frac{e^{\omega z}}{(n-1)z^{n-1}} + \frac{\omega}{n-1}\int\frac{e^{\omega z}}{z^{n-1}}\,dz \quad , \\[2mm]
\int\frac{e^{\omega z}}{z^n}\,dz &= -\frac{e^{\omega z}}{(n-1)z^{n-1}} - \frac{\omega e^{\omega z}}{[(n-1)(n-2)]z^{n-2}} - \cdots - \frac{\omega^{n-3}e^{\omega z}}{[(n-1)(n-2)\ldots 2]z^2} - \frac{\omega^{n-2}e^{\omega z}}{[(n-1)(n-2)\ldots 2\cdot 1]z} + \\[2mm]
&\quad + \frac{\omega^{n-1}Ei(\omega z)}{[(n-1)(n-2)\ldots 2\cdot 1]} \quad .
\end{aligned}\right\} \quad (290)$$

$$\left.\begin{aligned}
\int\frac{e^{\omega z}}{z}\,dz &= Ei(\omega z) & , && \int\frac{e^{\pm z}}{z}\,dz &= Ei(\pm z) & , \\[2mm]
\int\frac{e^{\omega z}}{z^2}\,dz &= -\frac{e^{\omega z}}{z} + \omega\,Ei(\omega z) & , && \int\frac{e^{\pm z}}{z^2}\,dz &= -\frac{e^{\pm z}}{z} \pm Ei(\pm z) & , \\[2mm]
\int\frac{e^{\omega z}}{z^3}\,dz &= -\frac{e^{\omega z}}{2z^2} - \frac{\omega e^{\omega z}}{2z} + \frac{\omega^2}{2}Ei(\omega z) & , && \int\frac{e^{\pm z}}{z^3}\,dz &= -\frac{e^{\pm z}}{2z^2}(1\pm z) + \frac{1}{2}Ei(\pm z) & , \\[2mm]
\int\frac{e^{\omega z}}{z^4}\,dz &= -\frac{e^{\omega z}}{3z^3} - \frac{\omega e^{\omega z}}{6z^2} - \frac{\omega^2 e^{\omega z}}{6z} + \frac{\omega^3}{6}Ei(\omega z) & , && \int\frac{e^{\pm z}}{z^4}\,dz &= -\frac{e^{\pm z}}{6z^3}(2\pm z + z^2) \pm \frac{1}{6}Ei(\pm z)
\end{aligned}\right\} \quad (291)$$

Für reelles Argument ist der Verlauf von $Ei(z)$ und $Ei(-z)$ aus Abb. 57 und 58 ersichtlich.

b) Trigonometrische Integrale.

Wird in (287) bis (291) $\omega = i$ gesetzt und e^{iz} gemäß

$$e^{iz} = \cos z + i\sin z$$

zerlegt, so erhält man bei Trennung nach Real- und Imaginärteil die Integrale für $\sin z$ und $\cos z$. Sie lauten

$$\left.\begin{aligned}
&\int z^n\cos z\,dz = z^n\sin z - n\int z^{n-1}\sin z\,dz, \qquad\qquad \int z^n\sin z\,dz = -z^n\cos z + n\int z^{n-1}\cos z\,dz, \\[2mm]
&\int z^n\cos z\,dz = \Big[z^n - [n(n-1)]z^{n-2} + [n(n-1)(n-2)(n-3)]z^{n-4} - \cdots + \\
&\qquad\qquad + (-1)^{\frac{n}{2}}[n(n-1)\ldots 2\cdot 1]\Big]\sin z + \Big[nz^{n-1} - [n(n-1)(n-2)]z^{n-3} + \cdots + \\
&\qquad\qquad + (-1)^{\frac{n}{2}-1}[n(n-1)\ldots 2]z\Big]\cos z \qquad\qquad\qquad \text{(für gerades } n), \\[2mm]
&\int z^n\cos z\,dz = \Big[z^n - [n(n-1)]z^{n-2} + [n(n-1)(n-2)(n-3)]z^{n-4} - \cdots + \\
&\qquad\qquad + (-1)^{\frac{n-1}{2}}[n(n-1)\ldots 2]z\Big]\sin z + \Big[nz^{n-1} - [n(n-1)(n-2)]z^{n-3} + \cdots + \\
&\qquad\qquad + (-1)^{\frac{n-1}{2}}[n(n-1)\ldots 2\cdot 1]\Big]\cos z \qquad\qquad\qquad \text{(für ungerades } n), \\[2mm]
&\int z^n\sin z\,dz = -\Big[z^n - [n(n-1)]z^{n-2} + [n(n-1)(n-2)(n-3)]z^{n-4} - \cdots + \\
&\qquad\qquad + (-1)^{\frac{n}{2}}[n(n-1)\ldots 2\cdot 1]\Big]\cos z + \Big[nz^{n-1} - [n(n-1)(n-2)]z^{n-3} + \cdots + \\
&\qquad\qquad + (-1)^{\frac{n}{2}-1}[n(n-1)\ldots 2]z\Big]\sin z \qquad\qquad\qquad \text{(für gerades } n), \\[2mm]
&\int z^n\sin z\,dz = -\Big[z^n - [n(n-1)]z^{n-2} + [n(n-1)(n-2)(n-3)]z^{n-4} - \cdots + \\
&\qquad\qquad + (-1)^{\frac{n-1}{2}}[n(n-1)\ldots 2]z\Big]\cos z + \Big[nz^{n-1} - [n(n-1)(n-2)]z^{n-3} + \cdots + \\
&\qquad\qquad + (-1)^{\frac{n-1}{2}}[n(n-1)\ldots 2\cdot 1]\Big]\sin z \qquad\qquad\qquad \text{(für ungerades } n).
\end{aligned}\right\} \quad (292)$$

$$\left.\begin{aligned}
\int\cos z\,dz &= \sin z & , && \int\sin z\,dz &= -\cos z & , \\[1mm]
\int z\cos z\,dz &= z\sin z + \cos z & , && \int z\sin z\,dz &= -z\cos z + \sin z & , \\[1mm]
\int z^2\cos z\,dz &= (z^2-2)\sin z + 2z\cos z & , && \int z^2\sin z\,dz &= -(z^2-2)\cos z + 2z\sin z & , \\[1mm]
\int z^3\cos z\,dz &= (z^3-6z)\sin z + (3z^2-6)\cos z & , && \int z^3\sin z\,dz &= -(z^3-6z)\cos z + (3z^2-6)\sin z, \\[1mm]
\int z^4\cos z\,dz &= (z^4-12z^2+24)\sin z + & && \int z^4\sin z\,dz &= -(z^4-12z^2+24)\cos z + \\
&\quad + (4z^3-24z)\cos z & , && &\quad + (4z^3-24z)\sin z & .
\end{aligned}\right\} \quad (293)$$

$$\int \frac{\cos z}{z}\,dz = Ci(z) = \ln|z| - \frac{z^2}{2\,(2!)} + \frac{z^4}{4\,(4!)} - \frac{z^6}{6\,(6!)} + \cdots , \left.\vphantom{\frac{z^3}{3}}\right\}$$
$$\int \frac{\sin z}{z}\,dz = Si(z) = z - \frac{z^3}{3\,(3!)} + \frac{z^5}{5\,(5!)} - \frac{z^7}{7\,(7!)} + \cdots . \qquad (294)$$

$$\int \frac{\cos z}{z^n}\,dz = -\frac{\cos z}{(n-1)z^{n-1}} - \frac{1}{n-1}\int \frac{\sin z}{z^{n-1}}\,dz , \qquad \int \frac{\sin z}{z^n}\,dz = -\frac{\sin z}{(n-1)z^{n-1}} + \frac{1}{n-1}\int \frac{\cos z}{z^{n-1}}\,dz$$

$$\int \frac{\cos z}{z^n}\,dz = -\left[\frac{1}{(n-1)z^{n-1}} - \frac{1}{[(n-1)(n-2)(n-3)]z^{n-3}} + \cdots + (-1)^{\frac{n}{2}-1}\frac{1}{[(n-1)(n-2)\ldots 2.1]z}\right]\cos z +$$
$$+ \left[\frac{1}{(n-1)(n-2)z^{n-2}} - \frac{1}{[(n-1)(n-2)(n-3)(n-4)]z^{n-4}} + \cdots +\right.$$
$$+ (-1)^{\frac{n}{2}}\frac{1}{[(n-1)(n-2)\ldots 2]z^2}\bigg]\sin z + (-1)^{\frac{n}{2}}\frac{Si(z)}{[(n-1)(n-2)\ldots 2.1]} \qquad \text{(für gerades } n),$$

$$\int \frac{\cos z}{z^n}\,dz = -\left[\frac{1}{(n-1)z^{n-1}} - \frac{1}{[(n-1)(n-2)(n-3)]z^{n-3}} + \cdots + (-1)^{\frac{n+1}{2}}\frac{1}{[(n-1)(n-2)\ldots 2]z^2}\right]\cos z +$$
$$+ (-1)^{\frac{n-1}{2}}\frac{Ci(z)}{[(n-1)(n-2)\ldots 2.1]} + \left[\frac{1}{(n-1)(n-2)z^{n-2}} -\right. \qquad \text{(für ungerades } n)$$
$$- \frac{1}{[(n-1)(n-2)(n-3)(n-4)]z^{n-4}} + \cdots + (-1)^{\frac{n+1}{2}}\frac{1}{[(n-1)(n-2)\ldots 2.1]z}\bigg]\sin z \qquad , \left.\vphantom{\int}\right\} (29$$

$$\int \frac{\sin z}{z^n}\,dz = -\left[\frac{1}{(n-1)z^{n-1}} - \frac{1}{[(n-1)(n-2)(n-3)]z^{n-3}} + \cdots + (-1)^{\frac{n}{2}-1}\frac{1}{[(n-1)(n-2)\ldots 2.1]z}\right]\sin z -$$
$$- \left[\frac{1}{(n-1)(n-2)z^{n-2}} - \frac{1}{[(n-1)(n-2)(n-3)(n-4)]z^{n-4}} + \cdots +\right.$$
$$+ (-1)^{\frac{n}{2}}\frac{1}{[(n-1)(n-2)\ldots 2]z^2}\bigg]\cos z + (-1)^{\frac{n}{2}-1}\frac{Ci(z)}{[(n-1)(n-2)\ldots 2.1]} \qquad \text{(für gerades } n),$$

$$\int \frac{\sin z}{z^n}\,dz = -\left[\frac{1}{(n-1)z^{n-1}} - \frac{1}{[(n-1)(n-2)(n-3)]z^{n-3}} + \cdots + (-1)^{\frac{n+1}{2}}\frac{1}{[(n-1)(n-2)\ldots 2]z^2}\right]\sin z +$$
$$+ (-1)^{\frac{n-1}{2}}\frac{Si(z)}{[(n-1)(n-2)\ldots 2.1]} - \left[\frac{1}{(n-1)(n-2)z^{n-2}} -\right. \qquad \text{(für ungerades } n)$$
$$- \frac{1}{[(n-1)(n-2)(n-3)(n-4)]z^{n-4}} + \cdots + (-1)^{\frac{n+1}{2}}\frac{1}{[(n-1)(n-2)\ldots 2.1]z}\bigg]\cos z .$$

$$\int \frac{\cos z}{z}\,dz = Ci(z) \qquad\qquad , \qquad \int \frac{\sin z}{z}\,dz = Si(z) \qquad\qquad ,$$
$$\int \frac{\cos z}{z^2}\,dz = -\frac{\cos z}{z} - Si(z) \qquad , \qquad \int \frac{\sin z}{z^2}\,dz = -\frac{\sin z}{z} + Ci(z) \qquad ,$$
$$\int \frac{\cos z}{z^3}\,dz = -\frac{\cos z}{2z^2} + \frac{\sin z}{2z} - \frac{1}{2}Ci(z) \qquad , \qquad \int \frac{\sin z}{z^3}\,dz = -\frac{\sin z}{2z^2} - \frac{\cos z}{2z} - \frac{1}{2}Si(z) \qquad , \left.\vphantom{\int}\right\} (296)$$
$$\int \frac{\cos z}{z^4}\,dz = -\left(\frac{1}{3z^3} - \frac{1}{6z}\right)\cos z + \frac{\sin z}{6z^2} + \frac{1}{6}Si(z), \qquad \int \frac{\sin z}{z^4}\,dz = -\left(\frac{1}{3z^3} - \frac{1}{6z}\right)\sin z - \frac{\cos z}{6z^2} - \frac{1}{6}Ci(z).$$

Für reelles Argument ist der Verlauf von $Si(z)$ und $Ci(z)$ aus Abb. 61 und 62 ersichtlich. Durch Verbindung von (292) bis (296) mit (247) lassen sich auch Integrale der Gruppen

$$\int \frac{\cos^m z}{z^n}\,dz, \qquad \int z^n \cos^m z\,dz, \qquad \int \frac{\sin^m z}{z^n}\,dz, \qquad \int z^n \sin^m z\,dz$$

darstellen, worauf einzugehen hier jedoch zu weit führen würde.

c) Hyperbolische Integrale.

Durch Vertauschen von z mit iz in den Formeln unter β) folgen die entsprechenden hyperbolischen Integrale. Man erhält

$$\int z^n \operatorname{Cof} z\, dz = z^n \operatorname{Sin} z - n \int z^{n-1} \operatorname{Sin} z\, dz, \qquad \int z^n \operatorname{Sin} z\, dz = z^n \operatorname{Cof} z - n \int z^{n-1} \operatorname{Cof} z\, dz$$

$\int z^n \operatorname{Cof} z\, dz = \big[z^n + [n(n-1)] z^{n-2} + [n(n-1)(n-2)(n-3)] z^{n-4} + \cdots + [n(n-1)\ldots 2\cdot 1]\big] \operatorname{Sin} z - \big[n z^{n-1} + [n(n-1)(n-2)] z^{n-3} + \cdots + [n(n-1)\ldots 2] z \big] \operatorname{Cof} z$ (für gerades n),

$\int z^n \operatorname{Cof} z\, dz = \big[z^n + [n(n-1)] z^{n-2} + [n(n-1)(n-2)(n-3)] z^{n-4} + \cdots + [n(n-1)\ldots 2] z \big] \operatorname{Sin} z - \big[n z^{n-1} + [n(n-1)(n-2)] z^{n-3} + \cdots + [n(n-1)\ldots 2\cdot 1]\big] \operatorname{Cof} z$ (für ungerades n),

$\int z^n \operatorname{Sin} z\, dz = \big[z^n + [n(n-1)] z^{n-2} + [n(n-1)(n-2)(n-3)] z^{n-4} + \cdots + [n(n-1)\ldots 2\cdot 1]\big] \operatorname{Cof} z - \big[n z^{n-1} + [n(n-1)(n-2)] z^{n-3} + \cdots + [n(n-1)\ldots 2] z \big] \operatorname{Sin} z$ (für gerades n),

$\int z^n \operatorname{Sin} z\, dz = \big[z^n + [n(n-1)] z^{n-2} + [n(n-1)(n-2)(n-3)] z^{n-4} + \cdots + [n(n-1)\ldots 2] z \big] \operatorname{Cof} z - \big[n z^{n-1} + [n(n-1)(n-2)] z^{n-3} + \cdots + [n(n-1)\ldots 2\cdot 1]\big] \operatorname{Sin} z$ (für ungerades n). $\qquad$ (297)

$\int \operatorname{Cof} z\, dz = \operatorname{Sin} z$, $\qquad \int \operatorname{Sin} z\, dz = \operatorname{Cof} z$,

$\int z \operatorname{Cof} z\, dz = z \operatorname{Sin} z - \operatorname{Cof} z$, $\qquad \int z \operatorname{Sin} z\, dz = z \operatorname{Cof} z - \operatorname{Sin} z$,

$\int z^2 \operatorname{Cof} z\, dz = (z^2 + 2) \operatorname{Sin} z - 2z \operatorname{Cof} z$, $\qquad \int z^2 \operatorname{Sin} z\, dz = (z^2 + 2) \operatorname{Cof} z - 2z \operatorname{Sin} z$,

$\int z^3 \operatorname{Cof} z\, dz = (z^3 + 6z) \operatorname{Sin} z - (3z^2 + 6) \operatorname{Cof} z$, $\qquad \int z^3 \operatorname{Sin} z\, dz = (z^3 + 6z) \operatorname{Cof} z - (3z^2 + 6) \operatorname{Sin} z$,

$\int z^4 \operatorname{Cof} z\, dz = (z^4 + 12 z^2 + 24) \operatorname{Sin} z - (4 z^3 + 24 z) \operatorname{Cof} z$, $\qquad \int z^4 \operatorname{Sin} z\, dz = (z^4 + 12 z^2 + 24) \operatorname{Cof} z - (4 z^3 + 24 z) \operatorname{Sin} z$. $\qquad$ (298)

$$\int \frac{\operatorname{Cof} z}{z}\, dz = \operatorname{Ci}(z) = \ln|z| + \frac{z^2}{2\,(2!)} + \frac{z^4}{4\,(4!)} + \frac{z^6}{6\,(6!)} + \cdots,$$
$$\int \frac{\operatorname{Sin} z}{z}\, dz = \operatorname{Si}(z) = z + \frac{z^3}{3\,(3!)} + \frac{z^5}{5\,(5!)} + \frac{z^7}{7\,(7!)} + \cdots. \qquad (299)$$

$\int \frac{\operatorname{Cof} z}{z^n}\, dz = -\frac{\operatorname{Cof} z}{(n-1) z^{n-1}} + \frac{1}{n-1} \int \frac{\operatorname{Sin} z}{z^{n-1}}\, dz$, $\qquad \int \frac{\operatorname{Sin} z}{z^n}\, dz = -\frac{\operatorname{Sin} z}{(n-1) z^{n-1}} + \frac{1}{n-1} \int \frac{\operatorname{Cof} z}{z^{n-1}}\, dz$,

$\int \frac{\operatorname{Cof} z}{z^n}\, dz = -\Big[\frac{1}{(n-1) z^{n-1}} + \frac{1}{[(n-1)(n-2)(n-3)] z^{n-3}} + \cdots + \frac{1}{[(n-1)(n-2)\ldots 2\cdot 1] z} \Big] \operatorname{Cof} z - \Big[\frac{1}{(n-1)(n-2) z^{n-2}} + \frac{1}{[(n-1)(n-2)(n-3)(n-4)] z^{n-4}} + \cdots + \frac{1}{[(n-1)(n-2)\ldots 2] z^2} \Big] \operatorname{Sin} z + \frac{\operatorname{Si}(z)}{[(n-1)(n-2)\ldots 2\cdot 1]}$ (für gerades n),

$\int \frac{\operatorname{Cof} z}{z^n}\, dz = -\Big[\frac{1}{(n-1) z^{n-1}} + \frac{1}{[(n-1)(n-2)(n-3)] z^{n-3}} + \cdots + \frac{1}{[(n-1)(n-2)\ldots 2] z^2} \Big] \operatorname{Cof} z + \frac{\operatorname{Ci}(z)}{[(n-1)(n-2)\ldots 2\cdot 1]} - \Big[\frac{1}{(n-1)(n-2) z^{n-2}} + \frac{1}{[(n-1)(n-2)(n-3)(n-4)] z^{n-4}} + \cdots + \frac{1}{[(n-1)(n-2)\ldots 2\cdot 1] z} \Big] \operatorname{Sin} z$ (für ungerades n),

$\int \frac{\operatorname{Sin} z}{z^n}\, dz = -\Big[\frac{1}{(n-1) z^{n-1}} + \frac{1}{[(n-1)(n-2)(n-3) z^{n-3}} + \cdots + \frac{1}{[(n-1)(n-2)\ldots 2\cdot 1] z} \Big] \operatorname{Sin} z - \Big[\frac{1}{(n-1)(n-2) z^{n-2}} + \frac{1}{[(n-1)(n-2)(n-3)(n-4)] z^{n-4}} + \cdots + \frac{1}{[(n-1)(n-2)\ldots 2] z^2} \Big] \operatorname{Cof} z + \frac{\operatorname{Ci}(z)}{[(n-1)(n-2)\ldots 2\cdot 1]}$ (für gerades n),

$\int \frac{\operatorname{Sin} z}{z^n}\, dz = -\Big[\frac{1}{(n-1) z^{n-1}} + \frac{1}{[(n-1)(n-2)(n-3) z^{n-3}} + \cdots + \frac{1}{[(n-1)(n-2)\ldots 2] z^2} \Big] \operatorname{Sin} z + \frac{\operatorname{Si}(z)}{[(n-1)(n-2)\ldots 2\cdot 1]} - \Big[\frac{1}{(n-1)(n-2) z^{n-2}} + \frac{1}{[(n-1)(n-2)(n-3)(n-4)] z^{n-4}} + \cdots + \frac{1}{[(n-1)(n-2)\ldots 2\cdot 1] z} \Big] \operatorname{Cof} z$ (für ungerades n). $\qquad$ (300)

$$\left.\begin{array}{ll}
\displaystyle\int\frac{\mathfrak{Cos}\,z}{z}\,dz=\mathfrak{Ci}\,(z) & \quad , \qquad \displaystyle\int\frac{\mathfrak{Sin}\,z}{z}\,dz=\mathfrak{Si}\,(z) \qquad , \\[2ex]
\displaystyle\int\frac{\mathfrak{Cos}\,z}{z^2}\,dz=-\frac{\mathfrak{Cos}\,z}{z}+\mathfrak{Si}\,(z) & \quad , \qquad \displaystyle\int\frac{\mathfrak{Sin}\,z}{z^2}\,dz=-\frac{\mathfrak{Sin}\,z}{z}+\mathfrak{Ci}\,(z) \qquad , \\[2ex]
\displaystyle\int\frac{\mathfrak{Cos}\,z}{z^3}\,dz=-\frac{\mathfrak{Cos}\,z}{2z^2}-\frac{\mathfrak{Sin}\,z}{2z}+\frac{1}{2}\mathfrak{Ci}\,(z)\;; & \quad \displaystyle\int\frac{\mathfrak{Sin}\,z}{z^3}\,dz=-\frac{\mathfrak{Sin}\,z}{2z^2}-\frac{\mathfrak{Cos}\,z}{2z}+\frac{1}{2}\mathfrak{Si}\,(z), \\[2ex]
\displaystyle\int\frac{\mathfrak{Cos}\,z}{z^4}\,dz=-\Big(\frac{1}{3z^3}+\frac{1}{6z}\Big)\mathfrak{Cos}\,z- & \quad \displaystyle\int\frac{\mathfrak{Sin}\,z}{z^4}\,dz=-\Big(\frac{1}{3z^3}+\frac{1}{6z}\Big)\mathfrak{Sin}\,z- \\[2ex]
\qquad -\dfrac{\mathfrak{Sin}\,z}{6z^2}+\dfrac{1}{6}\,\mathfrak{Si}\,(z) \qquad , & \qquad\qquad -\dfrac{\mathfrak{Cos}\,z}{6z^2}+\dfrac{1}{6}\,\mathfrak{Ci}\,(z)
\end{array}\right\} \quad (301)$$

Für reelles Argument ist der Verlauf der Funktionen $\mathfrak{Si}\,(z)$ und $\mathfrak{Ci}\,(z)$ aus Abb. 59 und 60 ersichtlich.

Durch Verbindung von (297) bis (301) mit (267) lassen sich auch Integrale der Gruppen

$$\int\frac{\mathfrak{Cos}^m z}{z^n}\,dz,\qquad \int z^n\,\mathfrak{Cos}^m z\,dz,\qquad \int\frac{\mathfrak{Sin}^m z}{z^n}\,dz,\qquad \int z^n\,\mathfrak{Sin}^m z\,dz$$

darstellen, worauf einzugehen hier wieder zu weit führen würde.

d) Logarithmische Integrale.

Für $T(z)=\ln|z|$ folgt durch Anwendung der zweiten der Gln (286) im Falle $n\neq-1$ und durch unmittelbare Integration im Falle $n=-1$

$$\left.\begin{array}{l}
\displaystyle\int z^n\ln|z|\,dz=\frac{z^{n+1}\ln|z|}{n+1}-\frac{z^{n+1}}{(n+1)^2} \qquad , \\[2ex]
\displaystyle\int\frac{\ln|z|}{z}\,dz=\int\ln|z|\,d(\ln|z|)=\frac{(\ln z)^2}{2} \qquad , \\[2ex]
\displaystyle\int\frac{\ln|z|}{z^n}\,dz=-\frac{\ln|z|}{(n-1)z^{n-1}}-\frac{1}{(n-1)^2 z^{n-1}}
\end{array}\right\} \quad (302)$$

$$\left.\begin{array}{ll}
\displaystyle\int\ln|z|\,dz=z\ln|z|-z & \quad , \qquad \displaystyle\int\ln|z|\,dz=z\ln|z|-z \qquad , \\[2ex]
\displaystyle\int z\ln|z|\,dz=\frac{z^2}{2}\ln|z|-\frac{z^2}{4} & \quad , \qquad \displaystyle\int\frac{\ln|z|}{z}\,dz=\frac{1}{2}(\ln|z|)^2 \qquad , \\[2ex]
\displaystyle\int z^2\ln|z|\,dz=\frac{z^3}{3}\ln|z|-\frac{z^3}{9} & \quad , \qquad \displaystyle\int\frac{\ln|z|}{z^2}\,dz=-\frac{\ln|z|}{z}-\frac{1}{z} \qquad , \\[2ex]
\displaystyle\int z^3\ln|z|\,dz=\frac{z^4}{4}\ln|z|-\frac{z^4}{16} & \quad , \qquad \displaystyle\int\frac{\ln|z|}{z^3}\,dz=-\frac{\ln|z|}{2z^2}-\frac{1}{4z^2} \qquad , \\[2ex]
\displaystyle\int z^4\ln|z|\,dz=\frac{z^5}{5}\ln|z|-\frac{z^5}{25} & \quad , \qquad \displaystyle\int\frac{\ln|z|}{z^4}\,dz=-\frac{\ln|z|}{3z^3}-\frac{1}{9z^3}
\end{array}\right\} \quad (303)$$

Entsprechend ergibt sich für $T(z)=(\ln|z|)^2$ in Verbindung mit (302)

$$\left.\begin{array}{l}
\displaystyle\int z^n(\ln|z|)^2\,dz=\frac{z^{n+1}(\ln|z|)^2}{n+1}-\frac{2z^{n+1}\ln|z|}{(n+1)^2}+\frac{2z^{n+1}}{(n+1)^3} \qquad , \\[2ex]
\displaystyle\int\frac{(\ln|z|)^2}{z}\,dz=\frac{(\ln|z|)^3}{3} \qquad , \\[2ex]
\displaystyle\int\frac{(\ln|z|)^2}{z^n}\,dz=-\frac{(\ln|z|)^2}{(n-1)z^{n-1}}-\frac{2\ln|z|}{(n-1)^2 z^{n-1}}-\frac{2}{(n-1)^3 z^{n-1}}
\end{array}\right\} \quad (304)$$

$$\left.\begin{array}{ll}
\displaystyle\int(\ln|z|)^2\,dz=z(\ln|z|)^2-2z\ln|z|+2z & , \quad \displaystyle\int(\ln|z|)^2\,dz=z(\ln|z|)^2-2z\ln|z|+2z \quad , \\[2ex]
\displaystyle\int z(\ln|z|)^2\,dz=\frac{1}{2}z^2(\ln|z|)^2-\frac{1}{2}z^2\ln|z|+\frac{1}{4}z^2 & , \quad \displaystyle\int\frac{(\ln|z|)^2}{z}\,dz=\frac{(\ln|z|)^3}{3} \quad , \\[2ex]
\displaystyle\int z^2(\ln|z|)^2\,dz=\frac{1}{3}z^3(\ln|z|)^2-\frac{2}{9}z^3\ln|z|+\frac{2}{27}z^3 & , \quad \displaystyle\int\frac{(\ln|z|)^2}{z^2}\,dz=-\frac{(\ln|z|)^2}{z}-\frac{2\ln|z|}{z}-\frac{2}{z} \quad , \\[2ex]
\displaystyle\int z^3(\ln|z|)^2\,dz=\frac{1}{4}z^4(\ln|z|)^2-\frac{1}{8}z^4\ln|z|+\frac{1}{32}z^4 & , \quad \displaystyle\int\frac{(\ln|z|)^2}{z^3}\,dz=-\frac{(\ln|z|)^2}{2z^2}-\frac{\ln|z|}{2z^2}-\frac{1}{4z^2} \quad , \\[2ex]
\displaystyle\int z^4(\ln|z|)^2\,dz=\frac{1}{5}z^5(\ln|z|)^2-\frac{2}{25}z^5\ln|z|+\frac{2}{125}z^5 & , \quad \displaystyle\int\frac{(\ln|z|)^2}{z^4}\,dz=-\frac{(\ln|z|)^2}{3z^3}-\frac{2\ln|z|}{9z^3}-\frac{2}{27z^3}
\end{array}\right\} \quad (305)$$

Für $T(z)=(\ln|z|)^m$ liefert die zweite der Gln (286) die Rekursionsformeln

$$
\left.
\begin{aligned}
&\int z^n (\ln|z|)^m \, dz = \frac{z^{n+1}(\ln|z|)^m}{n+1} - \frac{m}{n+1}\int z^n (\ln|z|)^{m-1} \, dz \quad, \\[2mm]
&\int \frac{(\ln|z|)^m}{z}\, dz = \frac{(\ln|z|)^{m+1}}{m+1} \quad, \\[2mm]
&\int \frac{(\ln|z|)^m}{z^n}\, dz = -\frac{(\ln|z|)^m}{(n-1)z^{n-1}} + \frac{m}{n-1}\int \frac{(\ln|z|)^{m-1}}{z^n}\, dz \quad,
\end{aligned}
\right\}
\tag{306}
$$

Für $T(z)=\ln|a-bz|$ erhält man zunächst aus $(286)^2$

$$
\int z^n \ln|a-bz|\, dz = \frac{z^{n+1}\ln|a-bz|}{n+1} + \frac{b}{n+1}\int \frac{z^{n+1}}{a-bz}\, dz
$$

Nun ist bei Zugrundelegung ganzzahliger positiver n-Werte

$$
\frac{z^{n+1}}{a-bz} = \frac{1}{b^{n+1}}\frac{[a-(a-bz)]^{n+1}}{a-bz} = \frac{1}{b^{n+1}}\left[\frac{a^{n+1}}{a-bz} - \binom{n+1}{1}a^n + \binom{n+1}{2}a^{n-1}(a-bz) - \cdots + (-1)^{n+1}(a-bz)^n\right].
$$

Damit folgt

$$
\begin{aligned}
\int z^n \ln|a-bz|\, dz = \frac{1}{(n+1)b^{n+1}}\Big[&((bz)^{n+1}-a^{n+1})\ln|a-bz| + \binom{n+1}{1}a^n(a-bz) - \\
&-\binom{n+1}{2}\frac{a^{n-1}}{2}(a-bz)^2 + \cdots + (-1)^n \frac{1}{n+1}(a-bz)^{n+1}\Big]
\end{aligned}
\tag{307}
$$

$$
\left.
\begin{aligned}
&\int \ln|a-bz|\, dz = -\frac{1}{b}(a-bz)\ln|a-bz| + \frac{a-bz}{b} \quad, \\[2mm]
&\int z\ln|a-bz|\, dz = \frac{1}{2b^2}\Big[(b^2z^2-a^2)\ln|a-bz| + 2a(a-bz) - \frac{1}{2}(a-bz)^2\Big] \quad, \\[2mm]
&\int z^2\ln|a-bz|\, dz = \frac{1}{3b^3}\Big[(b^3z^3-a^3)\ln|a-bz| + 3a^2(a-bz) - \frac{3a}{2}(a-bz)^2 + \frac{1}{3}(a-bz)^3\Big] \quad, \\[2mm]
&\int z^3\ln|a-bz|\, dz = \frac{1}{4b^4}\Big[(b^4z^4-a^4)\ln|a-bz| + 4a^3(a-bz) - 3a^2(a-bz)^2 + \frac{4a}{3}(a-bz)^3 - \\
&\hspace{4cm} -\frac{1}{4}(a-bz)^4\Big] \quad, \\[2mm]
&\int z^4\ln|a-bz|\, dz = \frac{1}{5b^5}\Big[(b^5z^5-a^5)\ln|a-bz| + 5a^4(a-bz) - 5a^3(a-bz)^2 + \frac{10a^2}{3}(a-bz)^3 - \\
&\hspace{4cm} -\frac{5a}{4}(a-bz)^4 + \frac{1}{5}(a-bz)^5\Big]
\end{aligned}
\right\}
\tag{308}
$$

Durch Vertauschen von z mit $\frac{a-z}{b}$ und entsprechend $a-bz$ mit z ergibt sich aus (307) und (308)

$$
\begin{aligned}
\int\left(\frac{a-z}{b}\right)^n \ln z \, dz = -\frac{1}{(n+1)b^n}\Big[&((a-z)^{n+1}-a^{n+1})\ln|z| + \binom{n+1}{1}a^n z - \binom{n+1}{2}\frac{a^{n-1}}{2}z^2 + \cdots + \\
&+ (-1)^n \frac{z^{n+1}}{n+1}\Big].
\end{aligned}
\tag{309}
$$

$$
\left.
\begin{aligned}
&\int \ln z\, dz = z\ln z - z \quad, \\[2mm]
&\int\left(\frac{a-z}{b}\right)\ln z\, dz = -\frac{1}{2b}\Big[((a-z)^2-a^2)\ln|z| + 2az - \frac{z^2}{2}\Big] \quad, \\[2mm]
&\int\left(\frac{a-z}{b}\right)^2 \ln z\, dz = -\frac{1}{3b^2}\Big[((a-z)^3-a^3)\ln|z| + 3a^2 z - \frac{3a}{2}z^2 + \frac{1}{3}z^3\Big] \quad, \\[2mm]
&\int\left(\frac{a-z}{b}\right)^3 \ln z\, dz = -\frac{1}{4b^3}\Big[((a-z)^4-a^4)\ln|z| + 4a^3 z - 3a^2 z^2 + \frac{4a}{3}z^3 - \frac{z^4}{4}\Big] \quad, \\[2mm]
&\int\left(\frac{a-z}{b}\right)^4 \ln z\, dz = -\frac{1}{5b^4}\Big[((a-z)^5-a^5)\ln|z| + 5a^4 z - 5a^3 z^2 + \frac{10a^2}{3}z^3 - \frac{5a}{4}z^4 + \frac{z^5}{5}\Big]
\end{aligned}
\right\}
\tag{310}
$$

Für die drei transzendenten Funktionen

$$
T(z) = \ln|z^2-a^2|, \qquad T(z) = \ln|z^2+a^2|, \qquad T(z) = \ln\left|\frac{z+a}{z-a}\right|
$$

werden die Integrale dieser Klasse mit Ausnahme von $n=-1$ durch $(286)^2$ auf Integrale der unter Ziffer 4 behandelten Klasse zurückgeführt. Man erhält zunächst allgemein, getrennt für positives und negatives n,

$$\left.\begin{aligned}
\int z^n \ln|z^2-a^2|\,dz &= \frac{z^{n+1}\ln|z^2-a^2|}{n+1} - \frac{2}{n+1}\int \frac{z^{n+2}}{z^2-a^2}\,dz, \\
\int \frac{\ln|z^2-a^2|}{z^n}\,dz &= -\frac{\ln|z^2-a^2|}{(n-1)z^{n-1}} + \frac{2}{n-1}\int \frac{dz}{z^{n-2}(z^2-a^2)}\ .
\end{aligned}\right\} \tag{311}$$

$$\left.\begin{aligned}
\int z^n \ln|z^2+a^2|\,dz &= \frac{z^{n+1}\ln|z^2+a^2|}{n+1} - \frac{2}{n+1}\int \frac{z^{n+2}}{z^2+a^2}\,dz, \\
\int \frac{\ln|z^2+a^2|}{z^n}\,dz &= -\frac{\ln|z^2+a^2|}{(n-1)z^{n-1}} + \frac{2}{n-1}\int \frac{dz}{z^{n-2}(z^2+a^2)}\ .
\end{aligned}\right\} \tag{312}$$

$$\left.\begin{aligned}
\int z^n \ln\left|\frac{z+a}{z-a}\right|\,dz &= \frac{z^{n+1}\ln\left|\frac{z+a}{z-a}\right|}{n+1} + \frac{2a}{n+1}\int \frac{z^{n+1}}{z^2-a^2}\,dz, \\
\int \frac{\ln\left|\frac{z+a}{z-a}\right|}{z^n}\,dz &= -\frac{\ln\left|\frac{z+a}{z-a}\right|}{(n-1)z^{n-1}} - \frac{2a}{n-1}\int \frac{dz}{z^{n-1}(z^2-a^2)}\ .
\end{aligned}\right\} \tag{313}$$

In Anwendung auf $n=0,\ 1,\ 2,\ 3,\ 4$ folgt:

$$\left.\begin{aligned}
\int \ln|z^2-a^2|\,dz &= z\ln|z^2-a^2| + a\ln\left|\frac{z+a}{z-a}\right| - 2z & , \\
\int z\ln|z^2-a^2|\,dz &= \frac{z^2-a^2}{2}\ln|z^2-a^2| - \frac{z^2}{2} & , \\
\int z^2\ln|z^2-a^2|\,dz &= \frac{z^3}{3}\ln|z^2-a^2| + \frac{a^3}{3}\ln\left|\frac{z+a}{z-a}\right| - \frac{2z^3}{9} - \frac{2za^2}{3} & , \\
\int z^3\ln|z^2-a^2|\,dz &= \frac{z^4-a^4}{4}\ln|z^2-a^2| - \frac{z^4}{8} - \frac{z^2a^2}{4} & , \\
\int z^4\ln|z^2-a^2|\,dz &= \frac{z^5}{5}\ln|z^2-a^2| + \frac{a^5}{5}\ln\left|\frac{z+a}{z-a}\right| - \frac{2z^5}{25} - \frac{2z^3a^2}{15} - \frac{2za^4}{5} & .
\end{aligned}\right\} \tag{314}$$

$$\left.\begin{aligned}
\int \ln|z^2+a^2|\,dz &= z\ln|z^2+a^2| + 2a\,\text{arc tang}\,\frac{z}{a} - 2z & , \\
\int z\ln|z^2+a^2|\,dz &= \frac{z^2+a^2}{2}\ln|z^2+a^2| - \frac{z^2}{2} & , \\
\int z^2\ln|z^2+a^2|\,dz &= \frac{z^3}{3}\ln|z^2+a^2| - \frac{2a^3}{3}\,\text{arc tang}\,\frac{z}{a} - \frac{2z^3}{9} + \frac{2za^2}{3} & , \\
\int z^3\ln|z^2+a^2|\,dz &= \frac{z^4-a^4}{4}\ln|z^2+a^2| - \frac{z^4}{8} + \frac{z^2a^2}{4} & , \\
\int z^4\ln|z^2+a^2|\,dz &= \frac{z^5}{5}\ln|z^2+a^2| + \frac{2a^5}{5}\,\text{arc tang}\,\frac{z}{a} - \frac{2z^5}{25} + \frac{2z^3a^2}{15} - \frac{2za^4}{5} & .
\end{aligned}\right\} \tag{315}$$

$$\left.\begin{aligned}
\int \ln\left|\frac{z+a}{z-a}\right|\,dz &= z\ln\left|\frac{z+a}{z-a}\right| + a\ln|z^2-a^2| & , \\
\int z\ln\left|\frac{z+a}{z-a}\right|\,dz &= \frac{z^2-a^2}{2}\ln\left|\frac{z+a}{z-a}\right| + az & , \\
\int z^2\ln\left|\frac{z+a}{z-a}\right|\,dz &= \frac{z^3}{3}\ln\left|\frac{z+a}{z-a}\right| + \frac{a^3}{3}\ln|z^2-a^2| + \frac{z^2a}{3} & , \\
\int z^3\ln\left|\frac{z+a}{z-a}\right|\,dz &= \frac{z^4-a^4}{4}\ln\left|\frac{z+a}{z-a}\right| + \frac{z^3a}{6} + \frac{za^3}{2} & , \\
\int z^4\ln\left|\frac{z+a}{z-a}\right|\,dz &= \frac{z^5}{5}\ln\left|\frac{z+a}{z-a}\right| + \frac{a^5}{5}\ln|z^2-a^2| + \frac{z^4a}{10} + \frac{z^2a^3}{5} & .
\end{aligned}\right\} \tag{316}$$

$$\left.\begin{aligned}
\int \frac{\ln|z^2-a^2|}{z^2}\,dz &= -\frac{\ln|z^2-a^2|}{z} - \frac{1}{a}\ln\left|\frac{z+a}{z-a}\right| & , \\
\int \frac{\ln|z^2-a^2|}{z^3}\,dz &= -\frac{\ln|z^2-a^2|}{2z^2} + \frac{1}{2a^2}\ln\left|1-\frac{a^2}{z^2}\right| & , \\
\int \frac{\ln|z^2-a^2|}{z^4}\,dz &= -\frac{\ln|z^2-a^2|}{3z^3} + \frac{2}{3a^2z} - \frac{1}{3a^3}\ln\left|\frac{z+a}{z-a}\right| & .
\end{aligned}\right\} \tag{317}$$

$$\left.\begin{aligned}
\int\frac{\ln|z^2+a^2|}{z^2}\,dz &= -\frac{\ln|z^2+a^2|}{z}+\frac{2}{a}\operatorname{arc\,tang}\frac{z}{a} &,\\[2mm]
\int\frac{\ln|z^2+a^2|}{z^3}\,dz &= -\frac{\ln|z^2+a^2|}{2z^2}-\frac{1}{2a^2}\ln\left|1+\frac{a^2}{z^2}\right| &,\\[2mm]
\int\frac{\ln|z^2+a^2|}{z^4}\,dz &= -\frac{\ln|z^2+a^2|}{3z^3}-\frac{2}{3a^2z}-\frac{2}{3a^3}\operatorname{arc\,tang}\frac{z}{a} &.
\end{aligned}\right\} \quad (318)$$

$$\left.\begin{aligned}
\int\frac{\ln\left|\dfrac{z+a}{z-a}\right|}{z^2}\,dz &= -\frac{\ln\left|\dfrac{z+a}{z-a}\right|}{z}-\frac{1}{a}\ln\left|1-\frac{a^2}{z^2}\right| &,\\[4mm]
\int\frac{\ln\left|\dfrac{z+a}{z-a}\right|}{z^3}\,dz &= -\frac{\ln\left|\dfrac{z+a}{z-a}\right|}{2z^2}-\frac{1}{az}+\frac{1}{2a^2}\ln\left|\frac{z+a}{z-a}\right| &,\\[4mm]
\int\frac{\ln\left|\dfrac{z+a}{z-a}\right|}{z^4}\,dz &= -\frac{\ln\left|\dfrac{z+a}{z-a}\right|}{3z^3}-\frac{1}{3az^2}-\frac{1}{3a^3}\ln\left|1-\frac{a^2}{z^2}\right| &.
\end{aligned}\right\} \quad (319)$$

Für die beiden transzendenten Funktionen $\ln|z+\sqrt{z^2-a^2}|$ und $\ln|z+\sqrt{z^2+a^2}|$ werden die Integrale dieser Klasse mit Ausnahme von $n=-1$ durch $(286)^2$ auf Integrale der unter Ziffer 5 behandelten Klasse zurückgeführt. Es ergibt sich:

$$\left.\begin{aligned}
\int z^n\ln|z+\sqrt{z^2-a^2}|\,dz &= \frac{z^{n+1}\ln|z+\sqrt{z^2-a^2}|}{n+1}-\frac{1}{n+1}\int\frac{z^{n+1}}{\sqrt{z^2-a^2}}\,dz,\\[2mm]
\int\frac{\ln|z+\sqrt{z^2-a^2}|}{z^n}\,dz &= -\frac{\ln|z+\sqrt{z^2-a^2}|}{(n-1)z^{n-1}}+\frac{1}{n-1}\int\frac{dz}{z^{n-1}\sqrt{z^2-a^2}} &,
\end{aligned}\right\} \quad (320)$$

$$\left.\begin{aligned}
\int z^n\ln|z+\sqrt{z^2+a^2}|\,dz &= \frac{z^{n+1}\ln|z+\sqrt{z^2+a^2}|}{n+1}-\frac{1}{n+1}\int\frac{z^{n+1}}{\sqrt{z^2+a^2}}\,dz,\\[2mm]
\int\frac{\ln|z+\sqrt{z^2+a^2}|}{z^n}\,dz &= -\frac{\ln|z+\sqrt{z^2+a^2}|}{(n-1)z^{n-1}}+\frac{1}{n-1}\int\frac{dz}{z^{n-1}\sqrt{z^2+a^2}} &.
\end{aligned}\right\} \quad (321)$$

In Anwendung auf $n=0,\,1,\,2,\,3,\,4$ folgt:

$$\left.\begin{aligned}
\int\ln|z+\sqrt{z^2-a^2}|\,dz &= z\ln|z+\sqrt{z^2-a^2}|-\sqrt{z^2-a^2} &,\\[2mm]
\int z\ln|z+\sqrt{z^2-a^2}|\,dz &= \frac{2z^2-a^2}{4}\ln|z+\sqrt{z^2-a^2}|-\frac{z}{4}\sqrt{z^2-a^2} &,^*\\[2mm]
\int z^2\ln|z+\sqrt{z^2-a^2}|\,dz &= \frac{z^3}{3}\ln|z+\sqrt{z^2-a^2}|-\frac{z^2+2a^2}{9}\sqrt{z^2-a^2} &,\\[2mm]
\int z^3\ln|z+\sqrt{z^2-a^2}|\,dz &= \frac{8z^4-3a^4}{32}\ln|z+\sqrt{z^2-a^2}|-\frac{2z^2+3a^2}{32}z\sqrt{z^2-a^2} &,\\[2mm]
\int z^4\ln|z+\sqrt{z^2-a^2}|\,dz &= \frac{z^5}{5}\ln|z+\sqrt{z^2-a^2}|-\frac{3z^4+4a^2z^2+8a^4}{75}\sqrt{z^2-a^2} &.
\end{aligned}\right\} \quad (322)$$

$$\left.\begin{aligned}
\int\ln|z+\sqrt{z^2+a^2}|\,dz &= z\ln|z+\sqrt{z^2+a^2}|-\sqrt{z^2+a^2} &,\\[2mm]
\int z\ln|z+\sqrt{z^2+a^2}|\,dz &= \frac{2z^2+a^2}{4}\ln|z+\sqrt{z^2+a^2}|-\frac{z}{4}\sqrt{z^2+a^2} &,\\[2mm]
\int z^2\ln|z+\sqrt{z^2+a^2}|\,dz &= \frac{z^3}{3}\ln|z+\sqrt{z^2+a^2}|-\frac{z^2-2a^2}{9}\sqrt{z^2+a^2} &,\\[2mm]
\int z^3\ln|z+\sqrt{z^2+a^2}|\,dz &= \frac{8z^4-3a^4}{32}\ln|z+\sqrt{z^2+a^2}|-\frac{2z^2-3a^2}{32}z\sqrt{z^2+a^2} &,\\[2mm]
\int z^4\ln|z+\sqrt{z^2+a^2}|\,dz &= \frac{z^5}{5}\ln|z+\sqrt{z^2+a^2}|-\frac{3z^4-4a^2z^2+8a^4}{75}\sqrt{z^2+a^2} &.
\end{aligned}\right\} \quad (323)$$

---

* $-\ln a$ ist in die Integrationskonstante hineingenommen.

$$\int \frac{\ln\left|z+\sqrt{z^2-a^2}\right|}{z^2}\,dz = -\,\frac{\ln\left|z+\sqrt{z^2-a^2}\right|}{z} + \frac{1}{a}\,\text{arc cos}\,\frac{a}{z} \qquad ,$$

$$\int \frac{\ln\left|z+\sqrt{z^2-a^2}\right|}{z^3}\,dz = -\,\frac{\ln\left|z+\sqrt{z^2-a^2}\right|}{2z^2} + \frac{\sqrt{z^2-a^2}}{2a^2 z}\,. \qquad \left.\begin{array}{c}\\[4ex]\\[4ex]\\\end{array}\right\} \quad (324)$$

$$\int \frac{\ln\left|z+\sqrt{z^2-a^2}\right|}{z^4}\,dz = -\,\frac{\ln\left|z+\sqrt{z^2-a^2}\right|}{3z^3} + \frac{\sqrt{z^2-a^2}}{6a^2 z^2} + \frac{1}{6a^3}\,\text{arc cos}\,\frac{a}{z} \qquad .$$

$$\int \frac{\ln\left|z+\sqrt{z^2+a^2}\right|}{z^2}\,dz = -\,\frac{\ln\left|z+\sqrt{z^2+a^2}\right|}{z} - \frac{1}{a}\,\operatorname{Ar\,Sin}\frac{a}{z} \qquad ,$$

$$\int \frac{\ln\left|z+\sqrt{z^2+a^2}\right|}{z^3}\,dz = -\,\frac{\ln\left|z+\sqrt{z^2+a^2}\right|}{2z^2} - \frac{\sqrt{z^2+a^2}}{2a^2 z} \qquad , \qquad \left.\begin{array}{c}\\[4ex]\\[4ex]\\\end{array}\right\} \quad (325)$$

$$\int \frac{\ln\left|z+\sqrt{z^2+a^2}\right|}{z^4}\,dz = -\,\frac{\ln\left|z+\sqrt{z^2+a^2}\right|}{3z^3} - \frac{\sqrt{z^2+a^2}}{6a^2 z^2} + \frac{1}{6a^3}\,\operatorname{Ar\,Sin}\frac{a}{z} \qquad .$$

e) Area-Integrale.

Mit Hilfe der aus den Gln (143) des ersten Teiles ablesbaren Beziehungen

$$\operatorname{Ar\,Sin}\frac{z}{a} = \ln\left(z+\sqrt{z^2+a^2}\right) - \ln a\,, \qquad\qquad \operatorname{Ar\,Cos}\frac{z}{a} = \ln\left(z+\sqrt{z^2-a^2}\right) - \ln a$$

$$\operatorname{Ar\,Tang}\frac{z}{a} = \frac{1}{2}\ln\frac{a+z}{a-z} \qquad (z<a)\,, \qquad\qquad \operatorname{Ar\,Cotg}\frac{z}{a} = \frac{1}{2}\ln\frac{z+a}{z-a} \qquad (z>a)$$

lassen sich die Area-Integrale dieser Klasse unmittelbar durch die Logarithmus-Integrale der Gln (313), (316), (319) (320) bis (325) darstellen. Man erhält:

$$\int z^n \operatorname{Ar\,Sin}\frac{z}{a}\,dz = \frac{z^{n+1}\operatorname{Ar\,Sin}\frac{z}{a}}{n+1} - \frac{1}{n+1}\int \frac{z^{n+1}}{\sqrt{z^2+a^2}}\,dz \qquad ,$$

$$\int \frac{\operatorname{Ar\,Sin}\frac{z}{a}}{z^n}\,dz = -\,\frac{\operatorname{Ar\,Sin}\frac{z}{a}}{(n-1)z^{n-1}} + \frac{1}{n-1}\int \frac{dz}{z^{n-1}\sqrt{z^2+a^2}} \qquad , \qquad \left.\begin{array}{c}\\[4ex]\\\end{array}\right\} \quad (326)$$

$$\int z^n \operatorname{Ar\,Cos}\frac{z}{a}\,dz = \frac{z^{n+1}\operatorname{Ar\,Cos}\frac{z}{a}}{n+1} - \frac{1}{n+1}\int \frac{z^{n+1}}{\sqrt{z^2-a^2}}\,dz \qquad ,$$

$$\int \frac{\operatorname{Ar\,Cos}\frac{z}{a}}{z^n}\,dz = -\,\frac{\operatorname{Ar\,Cos}\frac{z}{a}}{(n-1)z^{n-1}} + \frac{1}{n-1}\int \frac{dz}{z^{n-1}\sqrt{z^2-a^2}} \qquad \left.\begin{array}{c}\\[4ex]\\\end{array}\right\} \quad (327)$$

$$\int z^n \operatorname{Ar\,Tang}\frac{z}{a}\,dz = \frac{z^{n+1}\operatorname{Ar\,Tang}\frac{z}{a}}{n+1} + \frac{a}{n+1}\int \frac{z^{n+1}}{z^2-a^2}\,dz ,$$

$$\int \frac{\operatorname{Ar\,Tang}\frac{z}{a}}{z^n}\,dz = -\,\frac{\operatorname{Ar\,Tang}\frac{z}{a}}{(n-1)z^{n-1}} - \frac{a}{n-1}\int \frac{dz}{z^{n-1}(z^2-a^2)} \qquad . \qquad \left.\begin{array}{c}\\[4ex]\\\end{array}\right\} \quad (328)$$

$$\int z^n \operatorname{Ar\,Cotg}\frac{z}{a}\,dz = \frac{z^{n+1}\operatorname{Ar\,Cotg}\frac{z}{a}}{n+1} + \frac{a}{n+1}\int \frac{z^{n+1}}{z^2-a^2}\,dz \qquad ,$$

$$\int \frac{\operatorname{Ar\,Cotg}\frac{z}{a}}{z^n}\,dz = -\,\frac{\operatorname{Ar\,Cotg}\frac{z}{a}}{(n-1)z^{n-1}} - \frac{a}{n-1}\int \frac{dz}{z^{n-1}(z^2-a^2)} \qquad \left.\begin{array}{c}\\[4ex]\\\end{array}\right\} \quad (329)$$

$$\int \operatorname{Ar\,Sin}\frac{z}{a}\,dz = z\operatorname{Ar\,Sin}\frac{z}{a} - \sqrt{z^2+a^2} \qquad ,$$

$$\int z\operatorname{Ar\,Sin}\frac{z}{a}\,dz = \frac{2z^2+a^2}{4}\operatorname{Ar\,Sin}\frac{z}{a} - \frac{z}{4}\sqrt{z^2+a^2} \qquad ,$$

$$\int z^2\operatorname{Ar\,Sin}\frac{z}{a}\,dz = \frac{z^3}{3}\operatorname{Ar\,Sin}\frac{z}{a} - \frac{z^2-2a^2}{9}\sqrt{z^2+a^2} \qquad , \qquad \left.\begin{array}{c}\\[3ex]\\[3ex]\\[3ex]\\[3ex]\\\end{array}\right\} \quad (330)$$

$$\int z^3\operatorname{Ar\,Sin}\frac{z}{a}\,dz = \frac{8z^4-3a^4}{32}\operatorname{Ar\,Sin}\frac{z}{a} - \frac{2z^2-3a^2}{32}z\sqrt{z^2+a^2} ,$$

$$\int z^4\operatorname{Ar\,Sin}\frac{z}{a}\,dz = \frac{z^5}{5}\operatorname{Ar\,Sin}\frac{z}{a} - \frac{3z^4-4a^2z^2+8a^4}{75}\sqrt{z^2+a^2} .$$

$$\int \operatorname{Ar\,Cof} \frac{z}{a}\, dz = z \operatorname{Ar\,Cof} \frac{z}{a} - \sqrt{z^2-a^2} \qquad,$$

$$\int z \operatorname{Ar\,Cof} \frac{z}{a}\, dz = \frac{2z^2-a^2}{4} \operatorname{Ar\,Cof} \frac{z}{a} - \frac{z}{4}\sqrt{z^2-a^2} \qquad,$$

$$\int z^2 \operatorname{Ar\,Cof} \frac{z}{a}\, dz = \frac{z^3}{3} \operatorname{Ar\,Cof} \frac{z}{a} - \frac{z^2+2a^2}{9}\sqrt{z^2-a^2} \qquad,$$

$$\int z^3 \operatorname{Ar\,Cof} \frac{z}{a}\, dz = \frac{8z^4-3a^4}{32} \operatorname{Ar\,Cof} \frac{z}{a} - \frac{2z^2+3a^2}{32} z\sqrt{z^2-a^2} \qquad,$$

$$\int z^4 \operatorname{Ar\,Cof} \frac{z}{a}\, dz = \frac{z^5}{5} \operatorname{Ar\,Cof} \frac{z}{a} - \frac{3z^4+4a^2z^2+8a^4}{75}\sqrt{z^2-a^2} \qquad. \tag{331}$$

$$\int \operatorname{Ar\,Tang} \frac{z}{a}\, dz = z \operatorname{Ar\,Tang} \frac{z}{a} + a\ln\sqrt{a^2-z^2} \qquad,$$

$$\int z \operatorname{Ar\,Tang} \frac{z}{a}\, dz = \frac{z^2-a^2}{2} \operatorname{Ar\,Tang} \frac{z}{a} + \frac{az}{2} \qquad,$$

$$\int z^2 \operatorname{Ar\,Tang} \frac{z}{a}\, dz = \frac{z^3}{3} \operatorname{Ar\,Tang} \frac{z}{a} + \frac{a^3}{3}\ln\sqrt{a^2-z^2} + \frac{z^2a}{6} \qquad,$$

$$\int z^3 \operatorname{Ar\,Tang} \frac{z}{a}\, dz = \frac{z^4-a^4}{4} \operatorname{Ar\,Tang} \frac{z}{a} + \frac{z^3a}{12} + \frac{za^3}{4} \qquad,$$

$$\int z^4 \operatorname{Ar\,Tang} \frac{z}{a}\, dz = \frac{z^5}{5} \operatorname{Ar\,Tang} \frac{z}{a} + \frac{a^5}{5}\ln\sqrt{a^2-z^2} + \frac{z^4a}{20} + \frac{z^2a^3}{10} \qquad. \tag{332}$$

$$(z < a)$$

$$\int \operatorname{Ar\,Cotg} \frac{z}{a}\, dz = z \operatorname{Ar\,Cotg} \frac{z}{a} + a\ln\sqrt{z^2-a^2} \qquad,$$

$$\int z \operatorname{Ar\,Cotg} \frac{z}{a}\, dz = \frac{z^2-a^2}{2} \operatorname{Ar\,Cotg} \frac{z}{a} + \frac{az}{2} \qquad,$$

$$\int z^2 \operatorname{Ar\,Cotg} \frac{z}{a}\, dz = \frac{z^3}{3} \operatorname{Ar\,Cotg} \frac{z}{a} + \frac{a^3}{3}\ln\sqrt{z^2-a^2} + \frac{z^2a}{6} \qquad,$$

$$\int z^3 \operatorname{Ar\,Cotg} \frac{z}{a}\, dz = \frac{z^4-a^4}{4} \operatorname{Ar\,Cotg} \frac{z}{a} + \frac{z^3a}{12} + \frac{za^3}{4} \qquad,$$

$$\int z^4 \operatorname{Ar\,Cotg} \frac{z}{a}\, dz = \frac{z^5}{5} \operatorname{Ar\,Cotg} \frac{z}{a} + \frac{a^5}{5}\ln\sqrt{z^2-a^2} + \frac{z^4a}{20} + \frac{z^2a^3}{10} \qquad. \tag{333}$$

$$(z > a)$$

$$\int \frac{\operatorname{Ar\,Sin} \dfrac{z}{a}}{z^2}\, dz = - \frac{\operatorname{Ar\,Sin} \dfrac{z}{a}}{z} - \frac{1}{a}\operatorname{Ar\,Sin} \frac{a}{z} \qquad,$$

$$\int \frac{\operatorname{Ar\,Sin} \dfrac{z}{a}}{z^3}\, dz = - \frac{\operatorname{Ar\,Sin} \dfrac{z}{a}}{2z^2} - \frac{\sqrt{z^2+a^2}}{2a^2z} \qquad,$$

$$\int \frac{\operatorname{Ar\,Sin} \dfrac{z}{a}}{z^4}\, dz = - \frac{\operatorname{Ar\,Sin} \dfrac{z}{a}}{3z^3} - \frac{\sqrt{z^2+a^2}}{6a^2z^2} + \frac{1}{6a^3}\operatorname{Ar\,Sin} \frac{a}{z} \qquad. \tag{334}$$

$$\int \frac{\operatorname{Ar\,Cof} \dfrac{z}{a}}{z^2}\, dz = - \frac{\operatorname{Ar\,Cof} \dfrac{z}{a}}{z} + \frac{1}{a}\arccos \frac{a}{z} \qquad,$$

$$\int \frac{\operatorname{Ar\,Cof} \dfrac{z}{a}}{z^3}\, dz = - \frac{\operatorname{Ar\,Cof} \dfrac{z}{a}}{2z^2} + \frac{\sqrt{z^2-a^2}}{2a^2z} \qquad,$$

$$\int \frac{\operatorname{Ar\,Cof} \dfrac{z}{a}}{z^4}\, dz = - \frac{\operatorname{Ar\,Cof} \dfrac{z}{a}}{3z^3} + \frac{\sqrt{z^2-a^2}}{6a^2z^2} + \frac{1}{6a^3}\arccos \frac{a}{z} \qquad. \tag{335}$$

$$\int \frac{\operatorname{Ar\,Tang} \dfrac{z}{a}}{z^2}\, dz = - \frac{\operatorname{Ar\,Tang} \dfrac{z}{a}}{z} - \frac{1}{a}\ln\sqrt{\frac{a^2}{z^2}-1} \qquad,$$

$$\int \frac{\operatorname{Ar\,Tang} \dfrac{z}{a}}{z^3}\, dz = - \frac{1}{2}\left(\frac{1}{z^2}-\frac{1}{a^2}\right)\operatorname{Ar\,Tang} \frac{z}{a} - \frac{1}{2az} \qquad,$$

$$\int \frac{\operatorname{Ar\,Tang} \dfrac{z}{a}}{z^4}\, dz = - \frac{\operatorname{Ar\,Tang} \dfrac{z}{a}}{3z^3} - \frac{1}{6az^2} - \frac{1}{3a^3}\ln\sqrt{\frac{a^2}{z^2}-1} \qquad. \tag{336}$$

$$\int \frac{\operatorname{Ar\,Cotg}\frac{z}{a}}{z^2}\,dz = -\frac{\operatorname{Ar\,Cotg}\frac{z}{a}}{z} - \frac{1}{a}\ln\sqrt{1-\frac{a^2}{z^2}} \qquad ,$$

$$\int \frac{\operatorname{Ar\,Cotg}\frac{z}{a}}{z^3}\,dz = -\frac{1}{2}\left(\frac{1}{z^2}-\frac{1}{a^2}\right)\operatorname{Ar\,Cotg}\frac{z}{a} - \frac{1}{2\,a\,z} \qquad ,$$

$$\int \frac{\operatorname{Ar\,Cotg}\frac{z}{a}}{z^4}\,dz = -\frac{\operatorname{Ar\,Cotg}\frac{z}{a}}{3z^3} - \frac{1}{6\,a\,z^2} - \frac{1}{3\,a^3}\ln\sqrt{1-\frac{a^2}{z^2}} \ .$$

$$(337)$$

Im Falle $n=1$, für den die allgemeinen Formeln versagen, ergeben sich die Reihendarstellungen

$$\int \frac{\operatorname{Ar\,Sin}\frac{z}{a}}{z}\,dz = \frac{z}{a} - \frac{1}{2\cdot 3^2}\frac{z^3}{a^3} + \frac{1\cdot 3}{2\cdot 4\cdot 5^2}\frac{z^5}{a^5} - \frac{1\cdot 3\cdot 5}{2\cdot 4\cdot 6\cdot 7^2}\frac{z^7}{a^7} + \cdots \qquad (z<a) ,$$

$$\int \frac{\operatorname{Ar\,Sin}\frac{z}{a}}{z}\,dz = \frac{1}{2}\left(\ln\frac{2z}{a}\right)^2 - \frac{1}{2^3}\frac{a^2}{z^2} + \frac{1\cdot 3}{2\cdot 4^3}\frac{a^4}{z^4} - \frac{1\cdot 3\cdot 5}{2\cdot 4\cdot 6^3}\frac{a^6}{z^6} + \cdots \qquad (z>a) .$$

$$(338)$$

$$\int \frac{\operatorname{Ar\,Cof}\frac{z}{a}}{z}\,dz = \frac{1}{2}\left(\ln\frac{2z}{a}\right)^2 + \frac{1}{2^3}\frac{a^2}{z^2} + \frac{1\cdot 3}{2\cdot 4^3}\frac{a^4}{z^4} + \frac{1\cdot 3\cdot 5}{2\cdot 4\cdot 6^3}\frac{a^6}{z^6} + \cdots .$$

$$(339)$$

$$\int \frac{\operatorname{Ar\,Tang}\frac{z}{a}}{z}\,dz = \frac{z}{a} + \frac{1}{9}\frac{z^3}{a^3} + \frac{1}{25}\frac{z^5}{a^5} + \frac{1}{49}\frac{z^7}{a^7} + \cdots .$$

$$(340)$$

$$\int \frac{\operatorname{Ar\,Cotg}\frac{z}{a}}{z}\,dz = -\frac{a}{z} - \frac{1}{9}\frac{a^3}{z^3} - \frac{1}{25}\frac{a^5}{z^5} - \frac{1}{49}\frac{a^7}{z^7} + \cdots .$$

$$(341)$$

f) Arcus-Integrale.

Wird in (326) z mit iz vertauscht, so folgt

$$\int z^n \arcsin\frac{z}{a}\,dz = \frac{z^{n+1}\arcsin\frac{z}{a}}{n+1} - \frac{1}{n+1}\int\frac{z^{n+1}}{\sqrt{a^2-z^2}}\,dz ,$$

$$\int \frac{\arcsin\frac{z}{a}}{z^n}\,dz = -\frac{\arcsin\frac{z}{a}}{(n-1)z^{n-1}} + \frac{1}{n-1}\int\frac{dz}{z^{n-1}\sqrt{a^2-z^2}}$$

$$(342)$$

Ersetzt man hierin gemäß

$$\arcsin\frac{z}{a} = \frac{\pi}{2} - \arccos\frac{z}{a}$$

die arcus-sinus-Funktion durch die arcus-cosinus-Funktion, so erhält man für die letztere

$$\int z^n \arccos\frac{z}{a}\,dz = \frac{z^{n+1}\arccos\frac{z}{a}}{n+1} + \frac{1}{n+1}\int\frac{z^{n+1}}{\sqrt{a^2-z^2}}\,dz ,$$

$$\int \frac{\arccos\frac{z}{a}}{z^n}\,dz = -\frac{\arccos\frac{z}{a}}{(n-1)z^{n-1}} - \frac{1}{n-1}\int\frac{dz}{z^{n-1}\sqrt{a^2-z^2}} \ .$$

$$(343)$$

Wird in (328) und (329) z mit iz vertauscht, so ergibt sich

$$\int z^n \arctan\frac{z}{a}\,dz = \frac{z^{n+1}\arctan\frac{z}{a}}{n+1} - \frac{a}{n+1}\int\frac{z^{n+1}}{z^2+a^2}\,dz ,$$

$$\int \frac{\arctan\frac{z}{a}}{z^n}\,dz = -\frac{\arctan\frac{z}{a}}{(n-1)z^{n-1}} + \frac{a}{n-1}\int\frac{dz}{z^{(n-1)}(z^2+a^2)}$$

$$(344)$$

$$\int z^n \operatorname{arc\,cotg} \frac{z}{a}\, dz = \frac{z^{n+1} \operatorname{arc\,cotg} \dfrac{z}{a}}{n+1} + \frac{a}{n+1} \int \frac{z^{n+1}}{z^2+a^2}\, dz,$$

$$\int \frac{\operatorname{arc\,cotg} \dfrac{z}{a}}{z^n}\, dz = -\frac{\operatorname{arc\,cotg} \dfrac{z}{a}}{(n-1)\, z^{n-1}} - \frac{a}{n-1} \int \frac{dz}{z^{n-1}(z^2+a^2)}\ . \tag{345}$$

Für $n = 0,\ 1,\ 2,\ 3,\ 4$ folgt aus (342) bis (345)

$$\int \operatorname{arc\,sin} \frac{z}{a}\, dz = z \operatorname{arc\,sin} \frac{z}{a} + \sqrt{a^2 - z^2} \ ,$$

$$\int z \operatorname{arc\,sin} \frac{z}{a}\, dz = \frac{2z^2 - a^2}{4} \operatorname{arc\,sin} \frac{z}{a} + \frac{z}{4} \sqrt{a^2 - z^2} \ ,$$

$$\int z^2 \operatorname{arc\,sin} \frac{z}{a}\, dz = \frac{z^3}{3} \operatorname{arc\,sin} \frac{z}{a} + \frac{z^2 + 2a^2}{9} \sqrt{a^2 - z^2} \ , \tag{346}$$

$$\int z^3 \operatorname{arc\,sin} \frac{z}{a}\, dz = \frac{8z^4 - 3a^4}{32} \operatorname{arc\,sin} \frac{z}{a} + \frac{2z^2 + 3a^2}{32} z \sqrt{a^2 - z^2} \ ,$$

$$\int z^4 \operatorname{arc\,sin} \frac{z}{a}\, dz = \frac{z^5}{5} \operatorname{arc\,sin} \frac{z}{a} + \frac{3z^4 + 4a^2 z^2 + 8a^4}{75} \sqrt{a^2 - z^2} \ .$$

$$\int \operatorname{arc\,cos} \frac{z}{a}\, dz = z \operatorname{arc\,cos} \frac{z}{a} - \sqrt{a^2 - z^2} \ ,$$

$$\int z \operatorname{arc\,cos} \frac{z}{a}\, dz = \frac{2z^2 - a^2}{4} \operatorname{arc\,cos} \frac{z}{a} - \frac{z}{4} \sqrt{a^2 - z^2} \ ,$$

$$\int z^2 \operatorname{arc\,cos} \frac{z}{a}\, dz = \frac{z^3}{3} \operatorname{arc\,cos} \frac{z}{a} - \frac{z^2 + 2a^2}{9} \sqrt{a^2 - z^2} \ , \tag{347}$$

$$\int z^3 \operatorname{arc\,cos} \frac{z}{a}\, dz = \frac{8z^4 - 3a^4}{32} \operatorname{arc\,cos} \frac{z}{a} - \frac{2z^2 + 3a^2}{32} z \sqrt{a^2 - z^2} \ ,$$

$$\int z^4 \operatorname{arc\,cos} \frac{z}{a}\, dz = \frac{z^5}{5} \operatorname{arc\,cos} \frac{z}{a} - \frac{3z^4 + 4a^2 z^2 + 8a^4}{75} \sqrt{a^2 - z^2} \ .$$

$$\int \operatorname{arc\,tang} \frac{z}{a}\, dz = z \operatorname{arc\,tang} \frac{z}{a} - a \ln \sqrt{z^2 + a^2} \ ,$$

$$\int z \operatorname{arc\,tang} \frac{z}{a}\, dz = \frac{z^2 + a^2}{2} \operatorname{arc\,tang} \frac{z}{a} - \frac{az}{2} \ ,$$

$$\int z^2 \operatorname{arc\,tang} \frac{z}{a}\, dz = \frac{z^3}{3} \operatorname{arc\,tang} \frac{z}{a} + \frac{a^3}{3} \ln \sqrt{z^2 + a^2} - \frac{z^2 a}{6} \ , \tag{348}$$

$$\int z^3 \operatorname{arc\,tang} \frac{z}{a}\, dz = \frac{z^4 - a^4}{4} \operatorname{arc\,tang} \frac{z}{a} - \frac{z^3 a}{12} + \frac{z a^3}{4} \ ,$$

$$\int z^4 \operatorname{arc\,tang} \frac{z}{a}\, dz = \frac{z^5}{5} \operatorname{arc\,tang} \frac{z}{a} - \frac{a^5}{5} \ln \sqrt{z^2 + a^2} - \frac{z^4 a}{20} + \frac{z^2 a^3}{10} \ .$$

$$\int \operatorname{arc\,cotg} \frac{z}{a}\, dz = z \operatorname{arc\,cotg} \frac{z}{a} + a \ln \sqrt{z^2 + a^2} \ ,$$

$$\int z \operatorname{arc\,cotg} \frac{z}{a}\, dz = \frac{z^2 + a^2}{2} \operatorname{arc\,cotg} \frac{z}{a} + \frac{az}{2} \ ,$$

$$\int z^2 \operatorname{arc\,cotg} \frac{z}{a}\, dz = \frac{z^3}{3} \operatorname{arc\,cotg} \frac{z}{a} - \frac{a^3}{3} \ln \sqrt{z^2 + a^2} + \frac{z^2 a}{6} \ , \tag{349}$$

$$\int z^3 \operatorname{arc\,cotg} \frac{z}{a}\, dz = \frac{z^4 - a^4}{4} \operatorname{arc\,cotg} \frac{z}{a} + \frac{z^3 a}{12} - \frac{z a^3}{4} \ ,$$

$$\int z^4 \operatorname{arc\,cotg} \frac{z}{a}\, dz = \frac{z^5}{5} \operatorname{arc\,cotg} \frac{z}{a} + \frac{a^5}{5} \ln \sqrt{z^2 + a^2} + \frac{z^4 a}{20} - \frac{z^2 a^3}{10} \ .$$

$$\int \frac{\arcsin \frac{z}{a}}{z^2}\, dz = -\frac{\arcsin \frac{z}{a}}{z} - \frac{1}{a} \operatorname{Ar\, Cof} \frac{a}{z} \qquad ,$$

$$\int \frac{\arcsin \frac{z}{a}}{z^3}\, dz = -\frac{\arcsin \frac{z}{a}}{2 z^2} - \frac{\sqrt{a^2 - z^2}}{2 a^2 z} \qquad , \tag{350}$$

$$\int \frac{\arcsin \frac{z}{a}}{z^4}\, dz = -\frac{\arcsin \frac{z}{a}}{3 z^3} - \frac{\sqrt{a^2 - z^2}}{6 a^2 z^2} - \frac{1}{6 a^3} \operatorname{Ar\, Cof} \frac{a}{z} \, .$$

$$\int \frac{\arccos \frac{z}{a}}{z^2}\, dz = -\frac{\arccos \frac{z}{a}}{z} + \frac{1}{a} \operatorname{Ar\, Cof} \frac{a}{z} \qquad ,$$

$$\int \frac{\arccos \frac{z}{a}}{z^3}\, dz = -\frac{\arccos \frac{z}{a}}{2 z^2} + \frac{\sqrt{a^2 - z^2}}{2 a^2 z} \qquad , \tag{351}$$

$$\int \frac{\arccos \frac{z}{a}}{z^4}\, dz = -\frac{\arccos \frac{z}{a}}{6 z^3} + \frac{\sqrt{a^2 - z^2}}{6 a^2 z^2} + \frac{1}{6 a^3} \operatorname{Ar\, Cof} \frac{a}{z} \, .$$

$$\int \frac{\arctan \frac{z}{a}}{z^2}\, dz = -\frac{\arctan \frac{z}{a}}{z} - \frac{1}{a} \ln \sqrt{\frac{a^2}{z^2} + 1} \qquad ,$$

$$\int \frac{\arctan \frac{z}{a}}{z^3}\, dz = -\frac{1}{2}\left(\frac{1}{z^2} + \frac{1}{a^2}\right) \arctan \frac{z}{a} - \frac{1}{2 a z} \qquad , \tag{352}$$

$$\int \frac{\arctan \frac{z}{a}}{z^4}\, dz = -\frac{\arctan \frac{z}{a}}{3 z^3} - \frac{1}{6 a z^2} + \frac{1}{3 a^3} \ln \sqrt{\frac{a^2}{z^2} + 1} \, .$$

$$\int \frac{\operatorname{arc\,cotg} \frac{z}{a}}{z^2}\, dz = -\frac{\operatorname{arc\,cotg} \frac{z}{a}}{z} + \frac{1}{a} \ln \sqrt{\frac{a^2}{z^2} + 1} \qquad ,$$

$$\int \frac{\operatorname{arc\,cotg} \frac{z}{a}}{z^3}\, dz = -\frac{1}{2}\left(\frac{1}{z^2} + \frac{1}{a^2}\right) \operatorname{arc\,cotg} \frac{z}{a} + \frac{1}{2 a z} \qquad , \tag{353}$$

$$\int \frac{\operatorname{arc\,cotg} \frac{z}{a}}{z^4}\, dz = -\frac{\operatorname{arc\,cotg} \frac{z}{a}}{3 z^3} + \frac{1}{6 a z^2} - \frac{1}{3 a^3} \ln \sqrt{\frac{a^2}{z^2} + 1} \, .$$

Im Falle $n = 1$, für den die allgemeinen Formeln versagen, ergeben sich die Reihendarstellungen

$$\int \frac{\arcsin \frac{z}{a}}{z}\, dz = \frac{z}{a} + \frac{1}{2 \cdot 3^2}\frac{z^3}{a^3} + \frac{1 \cdot 3}{2 \cdot 4 \cdot 5^2}\frac{z^5}{a^5} + \frac{1 \cdot 3 \cdot 5}{2 \cdot 4 \cdot 6 \cdot 7^2}\frac{z^7}{a^7} + \cdots \qquad (z < a) \, . \tag{354}$$

$$\int \frac{\arccos \frac{z}{a}}{z}\, dz = \int \frac{\frac{\pi}{2} - \arcsin \frac{z}{a}}{z}\, dz = \frac{\pi}{2} \ln |z| - \frac{z}{a} - \frac{1}{2 \cdot 3^2}\frac{z^3}{a^3} - \frac{1 \cdot 3}{2 \cdot 4 \cdot 5^2}\frac{z^5}{a^5} - \frac{1 \cdot 3 \cdot 5}{2 \cdot 4 \cdot 6 \cdot 7^2}\frac{z^7}{a^7} - \cdots \quad (z < a) \, . \tag{355}$$

$$\int \frac{\arctan \frac{z}{a}}{z}\, dz = \frac{z}{a} - \frac{1}{9}\frac{z^3}{a^3} + \frac{1}{25}\frac{z^5}{a^5} - \frac{1}{49}\frac{z^7}{a^7} + \cdots \qquad (z < a) \, ,$$

$$\int \frac{\arctan \frac{z}{a}}{z}\, dz = \frac{\pi}{2} \ln |z| + \frac{a}{z} - \frac{1}{9}\frac{a^3}{z^3} + \frac{1}{25}\frac{a^5}{z^5} - \frac{1}{49}\frac{a^7}{z^7} + \cdots \qquad (z > a) \, . \tag{356}$$

$$\int \frac{\operatorname{arc\,cotg} \frac{z}{a}}{z}\, dz = \int \frac{\frac{\pi}{2} - \arctan \frac{z}{a}}{z}\, dz = \frac{\pi}{2} \ln |z| - \frac{z}{a} + \frac{1}{9}\frac{z^3}{a^3} - \frac{1}{25}\frac{z^5}{a^5} + \frac{1}{49}\frac{z^7}{a^7} - \cdots \qquad (z < a) \, ,$$

$$\int \frac{\operatorname{arc\,cotg} \frac{z}{a}}{z}\, dz = \int \frac{\frac{\pi}{2} - \arctan \frac{z}{a}}{z}\, dz = -\frac{a}{z} + \frac{1}{9}\frac{a^3}{z^3} - \frac{1}{25}\frac{a^5}{z^5} + \frac{1}{49}\frac{a^7}{z^7} - \cdots \qquad (z > a) \, . \tag{357}$$

7. Sonderintegrale.

Abschließend sollen hier noch einige Integrale zusammengestellt werden, deren Zusammenstellung in **Klassen** sich nicht lohnt. Ein Teil dieser Integrale ist bereits zerstreut im ersten Abschnitt enthalten.

$$\int e^{+az}\cos bz\,dz = +\frac{e^{+az}(a\cos bz + b\sin bz)}{a^2+b^2}, \qquad \int e^{-az}\cos bz\,dz = -\frac{e^{-az}(a\cos bz - b\sin bz)}{a^2+b^2},$$

$$\int e^{+az}\sin bz\,dz = -\frac{e^{+az}(b\cos bz - a\sin bz)}{a^2+b^2}, \qquad \int e^{-az}\sin bz\,dz = -\frac{e^{-az}(b\cos bz + a\sin bz)}{a^2+b^2},$$

$$\int e^{+az}\operatorname{Cof} bz\,dz = +\frac{e^{+az}(a\operatorname{Cof} bz - b\operatorname{Sin} bz)}{a^2-b^2}, \qquad \int e^{-az}\operatorname{Cof} bz\,dz = -\frac{e^{-az}(a\operatorname{Cof} bz + b\operatorname{Sin} bz)}{a^2-b^2},$$

$$\int e^{+az}\operatorname{Sin} bz\,dz = -\frac{e^{+az}(b\operatorname{Cof} bz - a\operatorname{Sin} bz)}{a^2-b^2}, \qquad \int e^{-az}\operatorname{Sin} bz\,dz = -\frac{e^{-az}(b\operatorname{Cof} bz + a\operatorname{Sin} bz)}{a^2-b^2}. \qquad (358)$$

$$\int \operatorname{Cof} az\cos bz\,dz = \frac{a\operatorname{Sin} az\cos bz + b\operatorname{Cof} az\sin bz}{a^2+b^2},$$

$$\int \operatorname{Cof} az\sin bz\,dz = \frac{a\operatorname{Sin} az\sin bz - b\operatorname{Cof} az\cos bz}{a^2+b^2},$$

$$\int \operatorname{Sin} az\cos bz\,dz = \frac{a\operatorname{Cof} az\cos bz + b\operatorname{Sin} az\sin bz}{a^2+b^2},$$

$$\int \operatorname{Sin} az\sin bz\,dz = \frac{a\operatorname{Cof} az\sin bz - b\operatorname{Sin} az\cos bz}{a^2+b^2}. \qquad (359)$$

$$\int z^a\cos(b\ln z)\,dz = \frac{z^{a+1}[(a+1)\cos(b\ln z) + b\sin(b\ln z)]}{(a+1)^2+b^2},$$

$$\int z^a\sin(b\ln z)\,dz = \frac{z^{a+1}[(a+1)\sin(b\ln z) - b\cos(b\ln z)]}{(a+1)^2+b^2} \qquad (360)$$

$$\int \cos\ln z\,dz = \frac{z}{2}(\cos\ln z + \sin\ln z) = \frac{z}{\sqrt{2}}\,\overset{*}{\cos}\ln z,$$

$$\int \sin\ln z\,dz = \frac{z}{2}(\sin\ln z - \cos\ln z) = \frac{z}{\sqrt{2}}\,\overset{*}{\sin}\ln z. \qquad (361)$$

$$\int e^{az}\cos^n z\,dz = \frac{e^{az}\cos^{n-1}z}{a^2+n^2}(a\cos z + n\sin z) + \frac{n(n-1)}{a^2+n^2}\int e^{az}\cos^{n-2}z\,dz,$$

$$\int e^{az}\cos z\,dz = \frac{e^{az}}{a^2+1}(a\cos z + \sin z)$$

$$\int e^{az}\cos^2 z\,dz = \frac{e^{az}}{a^2+4}\left(a\cos^2 z + 2\cos z\sin z + \frac{2}{a}\right).$$

$$\int e^{az}\cos^3 z\,dz = \frac{e^{az}}{a^2+9}\left(a\cos^3 z + 3\cos^2 z\sin z + \frac{6}{a^2+1}(a\cos z + \sin z)\right),$$

$$\int e^{az}\cos^4 z\,dz = \frac{e^{az}}{a^2+16}\left(a\cos^4 z + 4\cos^3 z\sin z + \frac{12}{a^2+4}\left(a\cos^2 z + 2\cos z\sin z + \frac{2}{a}\right)\right). \qquad (362)$$

$$\int e^{az}\sin^n z\,dz = \frac{e^{az}\sin^{n-1}z}{a^2+n^2}(a\sin z - n\cos z) + \frac{n(n-1)}{a^2+n^2}\int e^{az}\sin^{n-2}z\,dz,$$

$$\int e^{az}\sin z\,dz = \frac{e^{az}}{a^2+1}(a\sin z - \cos z),$$

$$\int e^{az}\sin^2 z\,dz = \frac{e^{az}}{a^2+4}\left(a\sin^2 z - 2\sin z\cos z + \frac{2}{a}\right),$$

$$\int e^{az}\sin^3 z\,dz = \frac{e^{az}}{a^2+9}\left(a\sin^3 z - 3\sin^2 z\cos z + \frac{6}{a^2+1}(a\sin z - \cos z)\right),$$

$$\int e^{az}\sin^4 z\,dz = \frac{e^{az}}{a^2+16}\left(a\sin^4 z - 4\sin^3 z\cos z + \frac{12}{a^2+4}\left(a\sin^2 z - 2\sin z\cos z + \frac{2}{a}\right)\right). \qquad (363)$$

$$\int \frac{dz}{be^{az}+c} = \frac{z}{c} - \frac{\ln|be^{az}+c|}{ac}. \qquad (364)$$

$$\int \frac{ze^{az}}{(az+1)^2}\,dz = \frac{e^{az}}{a^2(az+1)}. \qquad (365)$$

$$\int e^{az}\ln z\, dz = \frac{1}{a}\, e^{az}\ln z - \frac{1}{a}\, \mathfrak{E}\mathfrak{i}\,(az). \tag{366}$$

$$\left.\begin{aligned}
&\int \frac{dz}{(\cos z + \sin z)} = \frac{\ln\left|\tang\left(\frac{z}{2}+\frac{\pi}{8}\right)\right|}{\sqrt{2}} \quad, &&\int \frac{dz}{(\cos z - \sin z)} = -\frac{\ln\left|\tang\left(\frac{z}{2}-\frac{\pi}{8}\right)\right|}{\sqrt{2}} \quad, \\[2mm]
&\int \frac{dz}{(\cos z + \sin z)^2} = \frac{1}{2}\,\overset{*}{\tang}\,(z) \quad, &&\int \frac{dz}{(\cos z - \sin z)^2} = -\frac{1}{2}\,\overset{*}{\cotg}\,(z) \quad, \\[2mm]
&\int \frac{dz}{1+(\cos z + \sin z)} = \ln\left|1+\tang\frac{z}{2}\right|, &&\int \frac{dz}{1+(\cos z - \sin z)} = -\ln\left|1-\tang\frac{z}{2}\right|.
\end{aligned}\right\} \tag{367}$$

$$\left.\begin{aligned}
&\int \frac{\sin z\, dz}{\cos z + \sin z} = \int \frac{\tang z\, dz}{1+\tang z} = \int \frac{dz}{\cotg z + 1} = \frac{z}{2} - \frac{1}{2}\ln|\cos z + \sin z| \quad, \\[2mm]
&\int \frac{\sin z\, dz}{\cos z - \sin z} = \int \frac{\tang z\, dz}{1-\tang z} = \int \frac{dz}{\cotg z - 1} = -\frac{z}{2} - \frac{1}{2}\ln|\cos z - \sin z|, \\[2mm]
&\int \frac{\cos z\, dz}{\cos z + \sin z} = \int \frac{dz}{1+\tang z} = \int \frac{\cotg z\, dz}{\cotg z + 1} = \frac{z}{2} + \frac{1}{2}\ln|\cos z + \sin z| \quad, \\[2mm]
&\int \frac{\cos z\, dz}{\cos z - \sin z} = \int \frac{dz}{1-\tang z} = \int \frac{\cotg z\, dz}{\cotg z - 1} = \frac{z}{2} - \frac{1}{2}\ln|\cos z - \sin z| \quad.
\end{aligned}\right\} \tag{368}$$

$$\left.\begin{aligned}
&\int \frac{1-\tang az}{1+\tang az}\, dz = \int \frac{\cotg az - 1}{\cotg az + 1}\, dz = \frac{\ln\left|\overset{*}{\cos} az\right|}{a} \quad, \\[2mm]
&\int \frac{1+\tang az}{1-\tang az}\, dz = \int \frac{\cotg az + 1}{\cotg az - 1}\, dz = -\frac{\ln\left|\overset{*}{\sin} az\right|}{a} \quad.
\end{aligned}\right\} \tag{369}$$

Funktionstafeln der elementaren Transzendenten.

Eine mathematische Funktion wird für den Praktiker erst dann von Bedeutung, wenn sie ihm durch eine unmittelbar brauchbare Funktionentafel erschlossen ist. Da an meinem Lehrstuhle häufig umfangreiche Rechnungen mit elementaren und höheren Transzendenten durchgeführt werden, so konnte alles Erdenkliche geschehen, um die Tafeln auf die verschiedensten Bedürfnisse der Anwendung abzustellen.

1. Grundtafel der elementaren transzendenten Funktionen.

Die Tafel enthält für die reellen Argumente $x = 0{,}000$ bis $1{,}000$ mit $0{,}001$ Intervall und für die reellen Argumente $2\pi x = 0{,}00000$ bis $6{,}2832$ mit $0{,}00628$ bzw. $0{,}0063$ Intervall fünf- bzw. sechsstellige Werte der Funktionen

$$\ln 2\pi x,\ e^{2\pi x},\ e^{-2\pi x},\ \mathfrak{Sin}\, 2\pi x,\ \mathfrak{Cof}\, 2\pi x,\ \mathfrak{Tang}\, 2\pi x,\ \mathfrak{Cotg}\, 2\pi x,\ \mathfrak{Amp}\, 2\pi x,$$

$$\sin 2\pi x,\ \cos 2\pi x,\ \tan g\, 2\pi x,\ \cot g\, 2\pi x,\ \overset{*}{\sin}\, 2\pi x,\ \overset{*}{\cos}\, 2\pi x,\ \overset{*}{\tan g}\, 2\pi x,\ \overset{*}{\cot g}\, 2\pi x.$$

Tafelintervall und Stellenzahl der Funktionswerte sind derart einander angepaßt, daß eine lineare Interpolation zwischen den Funktionswerten möglich ist; eine Ausnahme bilden hier lediglich gewisse kleine Bereiche der Funktionen $\ln 2\pi x$, $\tan g\, 2\pi x$, $\cot g\, 2\pi x$, in denen man sich teils mit der Produktformel der Logarithmusfunktion, teils unter Zurückgehen auf die sinus- und cosinus-Funktionen helfen kann.

Durch die in die Tafeln eingeführte doppelte Argumentskala können außer den eben aufgeführten Funktionswerten unmittelbar auch die fünf- bzw. sechsstelligen Werte der Funktionen

$$\ln u,\ e^{u},\ e^{-u},\ \mathfrak{Sin}\, u,\ \mathfrak{Cof}\, u,\ \mathfrak{Tang}\, u,\ \mathfrak{Cotg}\, u,\ \mathfrak{Amp}\, u,$$

$$\sin u,\ \cos u,\ \tan g\, u,\ \cot g\, u,\ \overset{*}{\sin}\, u,\ \overset{*}{\cos}\, u,\ \overset{*}{\tan g}\, u,\ \overset{*}{\cot g}\, u,$$

abgelesen werden, wenn man für $2\pi x$ das Argumentzeichen u gesetzt denkt. Die hierfür notwendige Interpolation in beiden Skalen — Argument- und Funktionsskala — geht vermöge der in der Tafel verzeichneten ersten Differenzen fast genau so schnell wie im ersten Falle der x-Skala mit $0{,}001$ Intervall.

Die doppelte Argumentskala bietet in Verbindung mit den ersten Differenzen die weitere Möglichkeit, die Umkehrfunktionen unmittelbar abzulesen. An der $2\pi x = u$ Skala erhält man die fünfstelligen Werte der Funktionen

$$e^{-u},\ e^{+u},\ \ln u,\ \mathfrak{Ar\, Sin}\, u,\ \mathfrak{Ar\, Cof}\, u,\ \mathfrak{Ar\, Tang}\, u,\ \mathfrak{Ar\, Cotg}\, u,\ \mathfrak{Ar\, Amp}\, u,$$

$$\arcsin u,\ \arccos u,\ \arctan g\, u,\ \text{arc cotg}\, u,\ \overset{*}{\arcsin}\, u,\ \overset{*}{\arccos}\, u,\ \overset{*}{\arctan g}\, u,\ \overset{*}{\text{arc cotg}}\, u.$$

An der x-Skala ergeben sich die $\dfrac{1}{2\pi}$-fachen Werte dieser Funktionen, d. h. die fünfstelligen Werte der Funktionen

$$\frac{e^{-u}}{2\pi},\ \frac{e^{+u}}{2\pi},\ \frac{\ln u}{2\pi},\ \frac{\mathfrak{Ar\, Sin}\, u}{2\pi},\ \frac{\mathfrak{Ar\, Cof}\, u}{2\pi},\ \frac{\mathfrak{Ar\, Tang}\, u}{2\pi},\ \frac{\mathfrak{Ar\, Cotg}\, u}{2\pi},\ \frac{\mathfrak{Ar\, Amp}\, u}{2\pi},$$

$$\frac{\arcsin u}{2\pi},\ \frac{\arccos u}{2\pi},\ \frac{\arctan g\, u}{2\pi},\ \frac{\text{arc cotg}\, u}{2\pi},\ \frac{\overset{*}{\arcsin}\, u}{2\pi},\ \frac{\overset{*}{\arccos}\, u}{2\pi},\ \frac{\overset{*}{\arctan g}\, u}{2\pi},\ \frac{\overset{*}{\text{arc cotg}}\, u}{2\pi}.$$

Mit dem Argument $x = 1,000$ bzw. $u = 2\pi x = 6,2832$ ist der Bereich der Tafel gerade so weit ausgedehnt worden, bis die Funktionen $\mathfrak{Tang}\, 2\pi x$ und $\mathfrak{Cotg}\, 2\pi x$ die konstanten Werte

$$\mathfrak{Tang}\, 2\pi x = \sim 1\,, \qquad \mathfrak{Cotg}\, 2\pi x = \sim 1 \qquad\qquad \text{(für } x > 1)$$

annehmen. Gleichzeitig werden die Funktionen $\mathfrak{Sin}\, 2\pi x$ und $\mathfrak{Cof}\, 2\pi x$ im Rahmen der fünfstelligen Genauigkeit einander gleich, so daß sie für größere Argumentwerte gemäß

$$\mathfrak{Sin}\, 2\pi x = \sim \mathfrak{Cof}\, 2\pi x = \sim \frac{1}{2}\, e^{2\pi x} \qquad\qquad \text{(für } x > 1)$$

unmittelbar auf die Exponentialfunktion zurückgeführt werden können. Diese aber kann aus einer zweiten Tafel der Exponential- und Kreisfunktionen für Argumentwerte bis $x = 10$ und $2\pi x = 62,83$ abgelesen werden.

Für die Kreisfunktionen umspannt der Argumentbereich von $x = 0$ bis $x = 1$ gerade eine volle Periode. Für größere Argumentwerte kann man sich entweder der Grundtafel bedienen, indem jeweils ein solches Vielfaches von 2π bzw. ein solches ganzzahliges x abgezogen wird, daß der verbleibende Rest in den Bereich der Tafel fällt, oder man kann unmittelbar auf die eben erwähnte zweite Tafel zurückgreifen.

Vermöge der Transformation

$$a^{\lambda} = e^{\lambda \ln a}$$

können aus der Grundtafel auch die Werte von Potenzfunktionen ermittelt werden.

Die Grundtafel läßt sich auch mit Vorteil zur Auflösung transzendenter Gleichungen heranziehen, wie am Beispiel erläutert werden wird.

2. Tafel der Exponential- und Kreisfunktionen.

Für manche technische Anwendungsgebiete, insbesondere in der Elastizitätstheorie, benötigt man sehr große Argumentbereiche der elementaren transzendenten Funktionen. Solchen Zwecken dient eine nach ähnlichen Grundsätzen wie die Grundtafel aufgebaute Sondertafel der Exponential- und Kreisfunktionen. Es ist hier lediglich in der zweiten Skala nicht $2\pi x$ sondern $\dfrac{\pi x}{2}$ als Argument gewählt, um eine besonders bequeme Durchrechnung der auf elementare Transzendente führenden Eigenwertprobleme zu ermöglichen. Entsprechend ihrem Charakter als Ergänzungstafel zur Grundtafel konnte die zweite Tafel auf die vier Funktionen

$$e^{\frac{\pi x}{2}}\,,\ e^{-\frac{\pi x}{2}}\,,\ \sin\frac{\pi x}{2}\,,\ \cos\frac{\pi x}{2}$$

beschränkt werden. In Verbindung mit der zweiten Skala kann auch eine unmittelbare Ablesung der Funktionen

$$e^{u},\ e^{-u},\ \sin u,\ \cos u,$$

erfolgen, wobei hier sinngemäß $\dfrac{\pi x}{2} = u$ gesetzt ist. Ähnlich wie bei der Grundtafel können ferner die zu den Ausgangsfunktionen gehörigen Umkehrfunktionen abgelesen werden, und zwar in der zweiten Skala in der Form

$$\ln u,\ \arcsin u,\ \arccos u,$$

während die erste Skala die Funktionen

$$\frac{2}{\pi}\ln u,\ \frac{2}{\pi}\arcsin u,\ \frac{2}{\pi}\arccos u$$

liefert

Die außerordentlich weitgehende Ausdehnung der Tafel auf Argumente bis $u = \dfrac{\pi x}{2} = 62,8319$ dürfte auch den anspruchvollsten technischen Anforderungen genügen. Leider mußte dabei aus raumtechnischen Gründen auf die Angabe der ersten Differenzen verzichtet werden, wodurch die Interpolation etwas mehr Rechenarbeit verlangt wie bei der Grundtafel. Die sehr enge Intervallteilung der Tafel dürfte jedoch insofern einen Ausgleich herbeiführen, als ein praktisches Bedürfnis zur Interpolation nur in den seltensten Fällen bestehen wird.

3. Tafel der Funktionen Ei (x), Ei (-x), $\mathfrak{Si}$ (x), $\mathfrak{Ci}$ (x), Si (x), Ci (x).

Wie der zweite Abschnitt, Ziffer 6, erkennen läßt, führen zahlreiche für die Anwendung wichtige Integrale auf die Funktionen

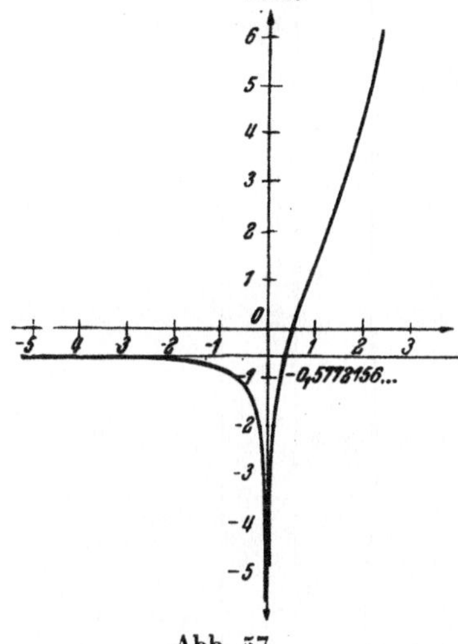

$$\mathrm{Ei}(x) = \ln|x| + \frac{x}{1!} + \frac{x^2}{2\,(2!)} + \frac{x^3}{3\,(3!)} + \frac{x^4}{4\,(4!)} + \cdots \, ,$$

$$\mathrm{Ei}(-x) = \ln|x| - \frac{x}{1!} + \frac{x^2}{2\,(2!)} - \frac{x^3}{3\,(3!)} + \frac{x^4}{4\,(4!)} - \cdots \, ,$$

$$\mathfrak{Si}(x) = x + \frac{x^3}{3\,(3!)} + \frac{x^5}{5\,(5!)} + \frac{x^7}{7\,(7!)} + \cdots \, ,$$

$$\mathfrak{Ci}(x) = \ln|x| + \frac{x^2}{2\,(2!)} + \frac{x^4}{4\,(4!)} + \frac{x^6}{6\,(6!)} + \cdots \, ,$$

$$\mathrm{Si}(x) = x - \frac{x^3}{3\,(3!)} + \frac{x^5}{5\,(5!)} - \frac{x^7}{7\,(7!)} + \cdots \, ,$$

$$\mathrm{Ci}(x) = \ln|x| - \frac{x^2}{2\,(2!)} + \frac{x^4}{4\,(4!)} - \frac{x^6}{6\,(6!)} + \cdots \, .$$

Demgemäß wurde eine drei- bzw. vierstellige Tafel dieser Funktionen in diesen Band mit hineingenommen. Nach dem in den Abb. 57 bis 62 niedergelegten Verlauf der Funktionen genügt für praktische Zwecke ein Argumentbereich von $x = 0{,}00$ bis $x = 5{,}00$. Die Intervallteilung von 0,01 gestattet im allgemeinen eine lineare Interpolation.

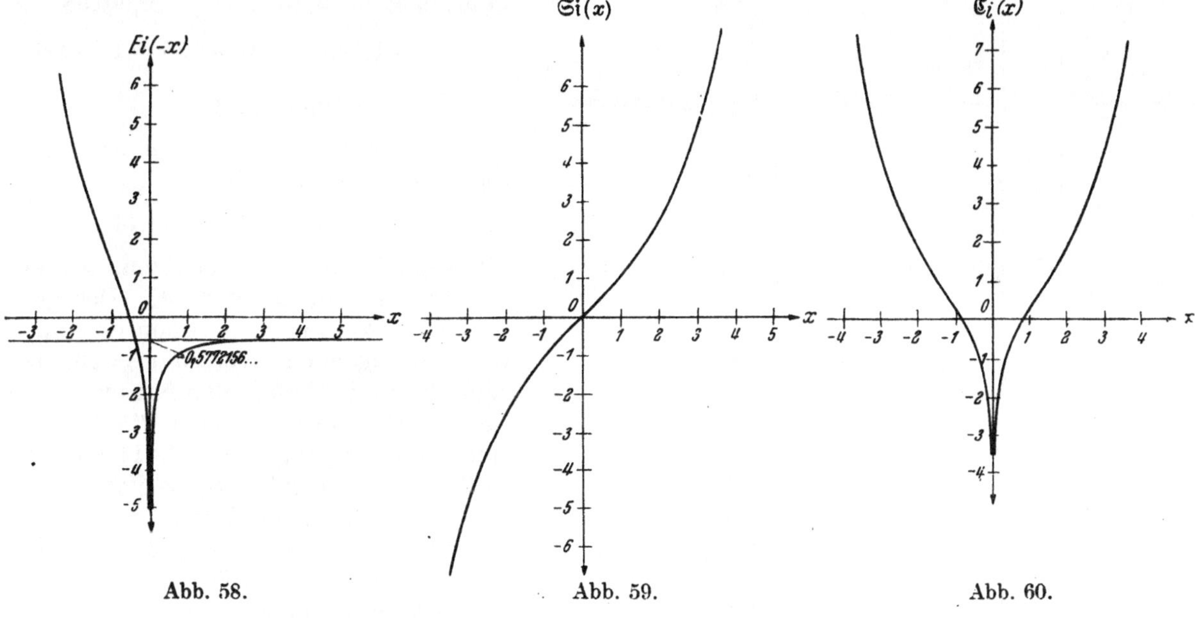

4. Beispiele zur Anwendung der Tafeln.

Beispiel 9.

Gesucht ln 0,7824 π. Hierfür ist die Grundtafel zu benutzen. Setzt man

$$\ln 0{,}7824\,\pi = \ln 0{,}3912 \cdot 2\,\pi \, ,$$

so hat man ln $2\pi x$ an der Stelle $x = 0{,}3912$ zu entnehmen. Bei linearer Interpolation ergibt sich unter Benutzung der in der Tafel enthaltenen ersten Differenzen

$$\ln 0{,}3912 \cdot 2\,\pi = 0{,}89882 + 0{,}20 \cdot 0{,}00256 = 0{,}89882 + 0{,}00051 = 0{,}89933 \, .$$

Somit folgt

$$\ln 0{,}7824\,\pi = 0{,}89933 \, .$$

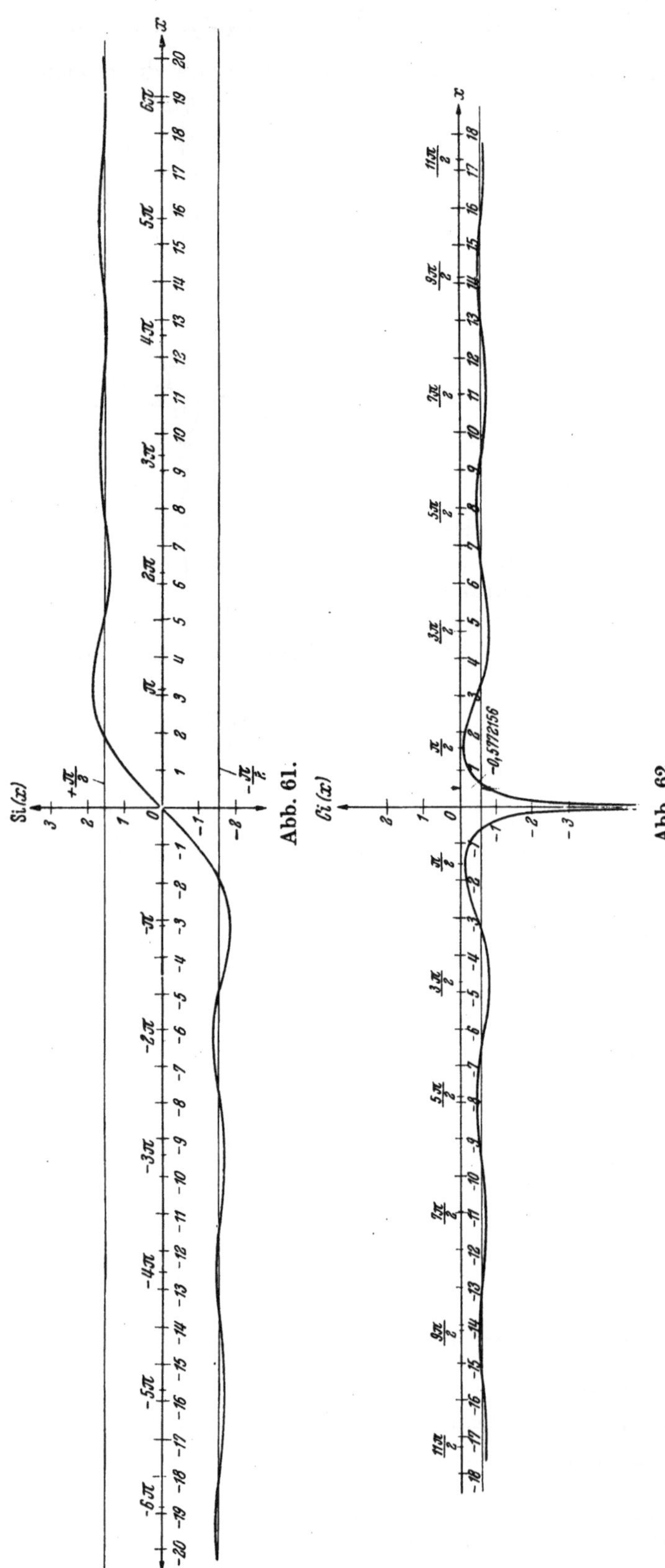

Abb. 61.

Abb. 62.

Beispiel 10.

Gesucht ln 3,156. Hierfür ist ebenfalls die Grundtafel zu benutzen, und zwar hat man $2\pi x = u = 3{,}156$ zu setzen. Dieses u liegt zwischen den aufeinanderfolgenden Werten $u = 3{,}1542$ $u = 3{,}1604$ der Tafel. Man bildet nun zunächst die Differenz von $u = 3{,}1542$ mit dem gegebenen $u = 3{,}1560$ und setzt sie ins Verhältnis zu der aus der Tafel ablesbaren Differenz zwischen $u = 3{,}1542$ und $u = 3{,}1604$. Dies ergibt $\frac{18}{62} = 0{,}290$.

Wird dieses Verhältnis mit der ebenfalls aus der Tafel ablesbaren Differenz der zu $u = 3{,}1542$ und $u = 3{,}1604$ gehörigen ln-Werte multipliziert, so erhält man den Unterschied zwischen dem ln-Wert an der gesuchten Stelle und demjenigen der Tafel an der Stelle $u = 3{,}1542$. Somit folgt

$$\ln 3{,}156 = \ln 3{,}1542 + \frac{18}{62} \cdot 0{,}00198$$

$$= 1{,}14873 + 0{,}00058 = 1{,}14931.$$

Beispiel 11.

Gesucht ln 33,14. Hierfür hat man die Grundtafel gemäß

$$e^u = 33{,}14, \quad u = \ln 33{,}14$$

als Umkehrtafel zu benutzen, wobei wieder $2\pi x = u$ gesetzt ist. Der gegebene e^u-Wert liegt zwischen den aufeinanderfolgenden Werten $e^u = 33{,}107$ und $33{,}315$ der Tafel. Man hat nun wieder die Differenz zwischen $e^u = 33{,}107$ und dem Ausgangswerte $33{,}14$ zu der Differenz der Tafelwerte ins Verhältnis zu setzen und dieses Verhältnis mit der Tafeldifferenz der zu $e^u = 33{,}107$ und $33{,}315$ gehörigen u-Werte $u = 3{,}4997$ und $3{,}5060$ zu multiplizieren, um den Unterschied des gesuchten u-Wertes gegenüber $u = 3{,}4997$ zu erhalten. Auf diesem Wege folgt

$$\ln 33{,}14 = 3{,}4997 + \frac{33}{208} \cdot 0{,}0063$$

$$= 3{,}4997 + 0{,}0010 = 3{,}5007.$$

Beispiel 12.

Gesucht $e^{3{,}284\,\pi}$. Der Rechnungsgang ist der gleiche wie im neunten Beispiel, nur muß hier die zweite Tafel benutzt werden.

Setzt man

$$e^{3{,}284\,\pi} = e^{6{,}568\frac{\pi}{2}},$$

so ist $e^{\frac{\pi}{2}x}$ an der Stelle $x = 6{,}568$ aufzusuchen. Wird die erste Differenz zwischen den zu $x = 6{,}56$ und $x = 6{,}57$ gehörigen Funktionswerten gebildet, so ergibt sich

$$e^{6{,}568\frac{\pi}{2}} = 2{,}9864 \cdot 10^4 + 0{,}8 \cdot 0{,}0473 \cdot 10^4 = 2{,}9864 \cdot 10^4 + 0{,}0378 \cdot 10^4 = 3{,}0242 \cdot 10^4.$$

Beispiel 13.

Gesucht $e^{53{,}19}$. Der Rechnungsgang ist der gleiche wie im zehnten Beispiel, nur muß auch hier die zweite Tafel benutzt werden. Mit $\frac{\pi x}{2} = u$ liegt der gegebene u-Wert zwischen den Tafel-u-Werten 53,1872 und 53,2029. Demgemäß folgt das Differenzenverhältnis zu

$$\frac{53{,}1900 - 53{,}1872}{53{,}2029 - 53{,}1872} = \frac{0{,}0028}{0{,}0157}.$$

Ferner ergibt sich für die Differenz der zu $u = 53{,}1872$ und $53{,}2029$ gehörigen Exponentialfunktionen der Wert

$$(1{,}2756 - 1{,}2557) \cdot 10^{23} = 0{,}0199 \cdot 10^{23}.$$

Man erhält daher

$$e^{53{,}19} = \left(1{.}2557 + \frac{28}{157} \cdot 0{,}0199\right) 10^{23} = 1{,}2593 \cdot 10^{23}.$$

Beispiel 14.

Gesucht $0{,}375^{4{,}42}$. Zunächst folgt durch Umschreibung

$$0{,}375^{4{,}42} = e^{4{,}42 \ln 0{,}375}.$$

Für die Bildung von $\ln 0{,}375$ ist der Rechnungsgang der gleiche wie im zehnten Beispiel. Man erhält mit Hilfe der Grundtafel

$$\ln 0{,}375 = -0{,}99234 + \frac{429}{628} 0{,}01680 = -0{,}99234 + 0{,}01148 = -0{,}98086,$$

und damit

$$0{,}375^{4{,}42} = e^{-4{,}42 \cdot 0{,}98086} = e^{-4{,}3354}.$$

Für die Darstellung der Exponentialfunktion geht man ähnlich wie in Beispiel 13 vor; nur kann hier die bequemere Grundtafel benutzt werden. Es ergibt sich

$$e^{-4{,}3354} = 0{,}0131.$$

Das Ergebnis lautet somit

$$0{,}375^{4{,}42} = 0{,}0131.$$

Beispiel 15.

Gesucht $\ln \tan 0{,}327\,\pi$. Für die tang-Funktion liefert die Grundtafel ähnlich wie im neunten Beispiel

$$\tan 0{,}327\,\pi = \tan 0{,}1635 \cdot 2\,\pi = 1{,}64342 + 0{,}5 \cdot 0{,}02350 = 1{,}65517.$$

Damit folgt

$$\ln \tan 0{,}327\,\pi = \ln 1{,}65517.$$

Durch abermalige Benutzung der Grundtafel erhält man ähnlich wie im zweiten Beispiele

$$\ln 1{,}65517 = 0{,}50228 + \frac{27}{63} \cdot 0{,}00379 = 0{,}50228 + 0{,}00162 = 0{,}50390.$$

Demgemäß ergibt sich

$$\ln \tan 0{,}327\,\pi = 0{,}50390.$$

Beispiel 16.

Gesucht $e^{12{,}35\,\pi} \cos 3{,}79\,\pi$. Für beide Funktionen ist die zweite Tafel zu benutzen. Man erhält

$$e^{12{,}35\,\pi} = e^{24{,}70\frac{\pi}{2}} = 7{,}0802 \cdot 10^{16},$$

$$\cos 3{,}79\,\pi = \cos 7{,}58\,\frac{\pi}{2} = +0{,}79016,$$

und damit

$$e^{12{,}35\,\pi} \cos 3{,}79\,\pi = 7{,}0802 \cdot 10^{16} \cdot 0{,}79016 = 5{,}5945 \cdot 10^{16}.$$

Beispiel 17.

Gesucht $e^{-11,85} \sin 9,84$. Auch hier ist für beide Funktionen die zweite Tafel zu benutzen. Der Rechnungsgang ist ähnlich wie in Beispiel 13. Es ergibt sich

$$e^{-11,85} = 7,1829 \cdot 10^{-6} - \frac{62}{157}\, 0,0119 \cdot 10^{-6} = (7,1829 - 0,0047)\, 10^{-6} = 7,1782 \cdot 10^{-6},$$

$$\sin 9,84 = -\, 0,39715 - \frac{68}{157}\, 0,01436 = -\, 0,39715 - 0,00622 = -\, 0,40337,$$

und damit

$$e^{-11,85} \sin 9,84 = -\, 7,1782 \cdot 10^{-6} \cdot 0,40337 = -\, 2,8955 \cdot 10^{-6}.$$

Beispiel 18.

Gesucht $\frac{1}{2\pi}$ arc cotg 2,136. Hierfür ist die Grundtafel als Umkehrtafel zu benutzen, und zwar hat die Ablesung des gesuchten Funktionswertes nach den Ausführungen unter Ziffer 1 in der ersten Argumentskala zu erfolgen. Die Rechnung liefert

$$\frac{1}{2\pi} \text{ arc cotg } 2,136 = 0,069 + \frac{2380}{3509} \cdot 0,001 = 0,069 + 0,00068 = 0,06968.$$

Beispiel 19.

Gesucht $\mathfrak{Ar\,Sin}\ 13,74$. Auch hier ist die Grundtafel als Umkehrtafel zu benutzen, nur muß jetzt in der zweiten Argumentskala abgelesen werden. Man erhält

$$\mathfrak{Ar\,Sin}\ 13,74 = 3,3112 + \frac{49}{87} \cdot 0,0063 = 3,3112 + 0,0035 = 3,3147.$$

Beispiel 20.

Gesucht arc cos $\mathfrak{Ar\,Tang}\ 0,57162$. Hier ist die Grundtafel zweimal als Umkehrtafel zu benutzen, und zwar hat die Ablesung beide Male in der zweiten Argumentskala zu erfolgen. Zunächst folgt

$$\mathfrak{Ar\,Tang}\ 0,57162 = 0,64717 + \frac{185}{422} \cdot 0,00628 = 0,64717 + 0,00276 = 0,64993$$

und damit

$$\text{arc cos } \mathfrak{Ar\,Tang}\ 0,57162 = \text{arc cos } 0,64993 = 0,86080 + \frac{190}{477} \cdot 0,00628 = 0,86080 + 0,00250 = 0,86330.$$

Beispiel 21.

Gesucht $\mathfrak{Ar\,Amp}\ \overset{*}{\text{tang}}\ 0,111\pi$. Hier ist die Grundtafel einmal direkt und einmal als Umkehrtafel zu benutzen. Es ergibt sich

$$\overset{*}{\text{tang}}\ 0,111\,\pi = \overset{*}{\text{tang}}\ 0,0555 \cdot 2\pi = -\, 0,47056 + 0,5 \cdot 0,00764 = -\, 0,47056 + 0,00382 = -\, 0,46674$$

und damit

$$\mathfrak{Ar\,Amp}\ \overset{*}{\text{tang}}\ 0,111\,\pi = -\, \mathfrak{Ar\,Amp}\ 0,46674 = -\, 0,48381 - \frac{8}{57}\, 0,00628$$

$$= -\, 0,48381 - 0,00088 = -\, 0,48469.$$

Beispiel 22.

Gesucht Lösung der transzendenten Gleichung $\frac{\mathfrak{Cof}\,\xi}{\xi} = 1,72$. Zur Lösung dieser auf S. 24 in Erscheinung getretenen transzendenten Gleichung ist die Grundtafel für $\xi = 2\pi x$ zu benutzen. Man verfolgt an Hand der Tafel mit dem Auge und unter Durchdividieren im Kopfe den Quotienten $\frac{\mathfrak{Cof}\,\xi}{\xi}$, mit $\xi = 0$ beginnend, und gelangt bei $x = 0,120$ etwa in den Bereich des vorgegebenen Zahlenwertes. Die genaue Rechnung liefert

$$\text{für } x = 0,120 \quad \text{und} \quad \xi = 0,75398: \frac{\mathfrak{Cof}\,\xi}{\xi} = \frac{1,2980}{0,75398} = 1,722,$$

$$\text{für } x = 0,121 \quad \text{und} \quad \xi = 0,76027: \frac{\mathfrak{Cof}\,\xi}{\xi} = \frac{1,3032}{0,76027} = 1,714.$$

Der gesuchte ξ-Wert wird hierdurch ein klein wenig größer als 0,75398. Es folgt durch lineare Interpolation

$$\frac{\mathfrak{Col}\,\xi}{\xi} = 1{,}72, \text{ für } \xi = 0{,}75398 + \frac{1{,}722 - 1{,}720}{1{,}722 - 1{,}714} \cdot 0{,}00629 = 0{,}7556 \, .$$

Beispiel 23.

Gesucht eine der Funktionen Ei (x), Ei (x), $\mathfrak{C}\,\mathbf{i}\,(x)$, $\mathfrak{S}\,\mathbf{i}\,(x)$, Ci (x), Si (x). Die Funktionswerte können unmittelbar für das gegebene x aus der dritten Tafel entnommen werden. Rechnungsgang und Interpolationsverfahren sind gleich dem des neunten Beispiels.

Beispiel 24.

Es folgt nun die Auswertung einiger bestimmter Integrale, und zwar sei mit dem Integral

$$\int_0^1 \frac{z^2\,dz}{(z+1)^2 + \frac{1}{4}}$$

begonnen. Die Auflösung lautet nach (166) des zweiten Abschnittes mit $\alpha_1 = -1$ und $\alpha_2 = \frac{1}{2}$

$$z - 2\ln\sqrt{(z+1)^2 + \frac{1}{4}} + \frac{3}{2}\arctan 2\,(z+1)\,\Big|_0^1 \, .$$

Nach Einführung der Grenzen ergibt sich

$$\int_0^1 \frac{z^2\,dz}{(z+1)^2 + \frac{1}{4}} = 1 - 0 - 2\ln\sqrt{4{,}25} + 2\ln\sqrt{1{,}25} + \frac{3}{2}\arctan 4 - \frac{3}{2}\arctan 2 \, .$$

Entsprechend dem in Beispiel 10 geschilderten Verfahren erhält man aus der Grundtafel

$$2\ln\sqrt{4{,}25} = \ln 4{,}25 = 1{,}44632 + \frac{26}{63} \cdot 0{,}00147 = 1{,}44632 + 0{,}00061 = 1{,}44693$$

$$2\ln\sqrt{1{,}25} = \ln 1{,}25 = 0{,}21841 + \frac{59}{63} \cdot 0{,}00505 = 0{,}21841 + 0{,}00473 = 0{,}22314 \, .$$

Der Funktionswert des Ausdruckes $\frac{3}{2}\arctan 4$ wird im umgekehrten Ableseverfahren in der zweiten Spalte der Grundtafel aufgefunden

$$\frac{3}{2}\arctan 4 = \frac{3}{2}\Big(1{,}3258 + \frac{1{,}11}{109{,}48} \cdot 0{,}0062\Big) = \frac{3}{2}(1{,}3258 + 0{,}0001) = 1{,}98885 \, .$$

Ebenso verfährt man bei

$$\frac{3}{2}\arctan 2 = \frac{3}{2}\Big(1{,}1058 + \frac{651}{3163} \cdot 0{,}0063\Big) = \frac{3}{2}(1{,}1058 + 0{,}0013) = 1{,}66065 \, .$$

Die Lösung des Integrals lautet daher

$$\int_0^1 \frac{z^2\,dz}{(z+1)^2 + \frac{1}{4}} = 1 - 0 - 1{,}44693 + 0{,}22314 + 1{,}98885 - 1{,}66065 = 0{,}10441 \, .$$

Beispiel 25.

$$\int_{\frac{1}{2}}^{\frac{\pi}{4}} \frac{d\zeta}{\cos\zeta\,\sin^3\zeta} = -\frac{1}{2}\cot g^2\,\zeta - \ln|\cot g\,\zeta|\,\Big|_{\frac{1}{2}}^{\frac{\pi}{4}} \qquad\qquad \text{[vergl. (143)]}$$

Nach Berücksichtigung der Grenzen des Integrals ergibt sich

$$-\frac{1}{2}\cot g^2\,\frac{\pi}{4} + \frac{1}{2}\cot g^2\,\frac{1}{2} - \ln\Big|\cot g\,\frac{\pi}{4}\Big| + \ln\Big|\cot g\,\frac{1}{2}\Big| \, .$$

Wird $\operatorname{cotg}\frac{\pi}{4}$ nicht von vornherein gleich 1 gesetzt, sondern aus der Grundtafel entnommen, so folgt

$$\frac{1}{2}\operatorname{cotg}^2\frac{\pi}{4}=\frac{1}{2}\operatorname{cotg}^2 0{,}125\cdot 2\pi\,.$$

Wir suchen in der x-Spalte 0,125 auf und lesen $\operatorname{cotg} 0{,}125\cdot 2\pi=1{,}0000$ ab. Somit ist

$$\frac{1}{2}\operatorname{cotg}^2 0{,}125\cdot 2\pi=0{,}500\,.$$

Ähnlich erfolgt die Ablesung für $\operatorname{cotg} 0{,}5$. Der Argumentwert muß jedoch in der zweiten Tafelspalte aufgesucht werden

$$\frac{1}{2}\operatorname{cotg}^2 0{,}5=\frac{1}{2}\Big(\operatorname{cotg} 0{,}49637-\frac{363}{628}\cdot 0{,}02737\Big)^2=\frac{1}{2}\big(1{,}84638-0{,}01582\big)^2=1{,}67548\,.$$

Nun sind noch die mit dem Logarithmus behafteten Glieder auszurechnen.

$$\ln\Big|\operatorname{cotg}\frac{\pi}{4}\Big|=\ln\Big|\operatorname{cotg} 0{,}125\cdot 2\pi\Big|=\ln 1\,.$$

Obwohl man weiß, daß $\ln 1=0$ ist, soll zum Zwecke der Erläuterung die Tafel benutzt werden. Danach wird

$$\ln 1=\ln 0{,}99903+\frac{9{,}7}{63}\cdot 0{,}00626=-0{,}00097+0{,}00098=0{,}00001=\sim 0\,.$$

Als letzter Wert ist noch

$$\ln\big|\operatorname{cotg} 0{,}5\big|=\ln 1{,}83056$$

zu bestimmen. Auf dem gleichen Wege wie eben ergibt sich

$$\ln 1{,}83056=\ln 1{,}8284+\frac{21{,}6}{63}\cdot 0{,}00344=0{,}60344+0{,}00118=0{,}60462\,.$$

Damit wird

$$\int_{\frac{1}{2}}^{\frac{\pi}{4}}\frac{d\zeta}{\cos\zeta\sin^3\zeta}=-0{,}5000+1{,}67548-0+0{,}60462=1{,}78010\,.$$

Beispiel 26.

$$\int_{\frac{\pi}{6}}^{\frac{\pi}{3}}\frac{d\zeta}{\cos^3\zeta\sin^3\zeta}=-\frac{2\operatorname{cotg} 2\zeta}{\sin 2\zeta}-2\,\mathfrak{Ar}\,\mathfrak{Amp}\Big(\frac{\pi}{2}-2\zeta\Big)\Big|_{\frac{\pi}{6}}^{\frac{\pi}{3}}\qquad\text{[vgl. (251)]}$$

Nach Einführung der Grenzen ergibt sich

$$-\frac{2\operatorname{cotg} 2\frac{\pi}{3}}{\sin\frac{2\pi}{3}}+\frac{2\operatorname{cotg} 2\frac{\pi}{6}}{\sin\frac{2\pi}{6}}+2\,\mathfrak{Ar}\,\mathfrak{Amp}\frac{\pi}{6}+2\,\mathfrak{Ar}\,\mathfrak{Amp}\frac{\pi}{6}\,.$$

Das Argument in der Spalte $2\pi x$ der Grundtafel aufgesucht, liefert

$$2\operatorname{cotg} 0{,}33333\cdot 2\pi=2(-0{,}57457-0{,}33\cdot 0{,}00838)=-1{,}15472$$

$$\sin\frac{2\pi}{3}=\sin 0{,}3333\cdot 2\pi=0{,}86707-0{,}33\cdot 0{,}00315=0{,}86602\,.$$

oder einfacher $\qquad\sin\dfrac{2\pi}{3}=\dfrac{1}{2}\sqrt 3=0{,}86602\,.$

Damit wird der erste Quotient, im Einklang mit dem direkt folgenden Zahlenwerte $\frac{4}{3}$,

$$-\frac{2\operatorname{cotg} 2\frac{\pi}{3}}{\sin\frac{2\pi}{3}}=\frac{1{,}15416}{0{,}86602}=1{,}33333\,.$$

Die Ermittlung des zweiten Ausdrucks erfolgt in ähnlicher Weise .

$$2\operatorname{cotg} 0{,}16667\cdot 2\pi=2(0{,}58295-0{,}67\cdot 0{,}00838)=1{,}15472$$

$$\sin\frac{2\pi}{6}=\sin 0{,}16667\cdot 2\pi=0{,}86392+0{,}67\cdot 0{,}00315=0{,}86602$$

oder einfacher $\qquad \sin\dfrac{2\pi}{6} = \dfrac{1}{2}\sqrt{3} = 0{,}86602$.

Der zweite Quotient ergibt sich daher zu

$$\frac{2\cot g\, 2\,\dfrac{\pi}{6}}{\sin\dfrac{2\pi}{6}} = \frac{1{,}15472}{0{,}86602} = 1{,}33333 .$$

Die beiden gleichen $\mathfrak{Ar}\,\mathfrak{Amp}$ Ausdrücke sind als Umkehrfunktionen aus der Grundtafel abzulesen. Es folgt zunächst

$$2\,\mathfrak{Ar}\,\mathfrak{Amp}\,\frac{\pi}{6} = 2\,\mathfrak{Ar}\,\mathfrak{Amp}\,0{,}52360 .$$

Man sucht den Wert 0,52360 in der Spalte „$\mathfrak{Amp}\,2\,\pi\,x$" auf und findet in der Spalte „$2\,\pi\,x$" den gesuchten Funktionswert. Die Ablösung liefert

$$2\,\mathfrak{Ar}\,\mathfrak{Amp}\,\frac{\pi}{6} = 2\left(0{,}54664 + \frac{23}{55}\cdot 0{,}00628\right) = 1{,}0985$$

Mit diesen Einzelergebnissen wird dann

$$\int_{\frac{\pi}{6}}^{\frac{\pi}{3}} \frac{d\zeta}{\cos^3\zeta\,\sin^3\zeta} = 1{,}33333 + 1{,}33333 + 1{,}0985 + 1{,}0985 = 4{,}8637 .$$

Beispiel 27.

$$\int_{\frac{1}{4}}^{\frac{1}{2}} \frac{1 + \tan g\, 2\,z}{1 - \tan g\, 2\,z}\, dz = -\frac{\ln\,|\overset{*}{\sin}\, 2\,z|}{2}\Big|_{\frac{1}{4}}^{\frac{1}{2}} . \qquad\qquad [\text{vgl. (369)}]$$

Nach Einführung der Grenzen erhält man

$$-\frac{1}{2}\left[\ln\,|\overset{*}{\sin}\,1| - \ln\,\Big|\overset{*}{\sin}\,\frac{1}{2}\Big|\right] .$$

Zunächst liefert die Grundtafel für den Argumentenwert 0,99903 in der Spalte „$2\,\pi\,x$" den Funktionswert $\overset{*}{\sin}\,0{,}99903 = 0{,}21201$. Dazu kommt noch der Anteil der Differenz, so daß sich für das Argument 1 der Wert

$$\overset{*}{\sin}\,1 = 0{,}21201 + \frac{9{,}7}{63}\cdot 0{,}00613 = 0{,}21295$$

errechnet. Für das Aufschlagen des Logarithmus folgt in ähnlicher Weise

$$\ln 0{,}21295 = -1{,}57335 + \frac{560}{628}\cdot 0{,}02984 = -1{,}54674 .$$

Der entsprechende Rechnungsgang für das zweite Glied ergibt

$$\overset{*}{\sin}\,0{,}5 = \Big|-0{,}28502 + \frac{363}{628}\,0{,}00603\Big| = 0{,}28153$$

$$\ln 0{,}28153 = -1{,}28569 + \frac{507}{628}\cdot 0{,}02246 = -1{,}26756 .$$

Damit erhält man

$$\int_{\frac{1}{4}}^{\frac{1}{2}} \frac{1 + \tan g\, 2\,z}{1 - \tan g\, 2\,z}\, dz = -\frac{1}{2}\big[-1{,}54674 + 1{,}26756\big] = 0{,}13959 .$$

Beispiel 28.

$$\int_{1}^{\frac{3}{2}} \cos\ln z\, dz = \Big|\frac{z}{\sqrt{2}}\,\overset{*}{\cos}\ln z\Big|_{1}^{\frac{3}{2}} \qquad\qquad [\text{vgl. (361)}]$$

Mit Berücksichtigung der Grenzen ergibt sich

$$\frac{1}{\sqrt{2}}\left[\frac{3}{2}\overset{*}{\cos}\ln\frac{3}{2}-\overset{*}{\cos}\ln 1\right].$$

Da das Aufsuchen der Werte in den vorhergehenden Beispielen eingehend erläutert wurde, so möge hier die zahlenmäßige Durchrechnung genügen. Man erhält

$$\ln 1{,}5 = 0{,}40239 + \frac{46}{63}\cdot 0{,}00420 = 0{,}40546$$

$$\overset{*}{\cos} 0{,}40546 = 0{,}92745 + \frac{334}{629}\cdot 0{,}00233 = 0{,}92869$$

$$\frac{3}{2}\overset{*}{\cos}\ln 1{,}5 = 1{,}39304$$

$$\ln 1 = 0; \qquad \overset{*}{\cos} 0 = 0{,}70711.$$

Damit wird

$$\int\limits_{1}^{\frac{3}{2}}\cos\ln z\,dz = 0{,}70711\,(1{,}39304 - 0{,}70711) = 0{,}48503.$$

Beispiel 29.

$$\int\limits_{1}^{\frac{3}{2}} e^{az}\ln z\,dz = \frac{1}{a}\,e^{az}\ln z - \frac{1}{a}\,E\,i\,(az)\;\Big|_{1}^{\frac{3}{2}} \qquad\qquad \left[\textbf{vgl. (366)}\right]$$

Für $a = 1$ ergibt sich unter Einführung der Grenzen

$$e^{\frac{3}{2}}\ln\frac{3}{2} - e^{1}\ln 1 - E\,i\left(\frac{3}{2}\right) + \dot{E}\,i\,(1).$$

Die Argumente der Exponentialfunktion und des Logarithmus sucht man in der zweiten Spalte auf und erhält für das erste Glied

$$e^{1{,}5} = 4{,}4611 + \frac{46}{63}\cdot 0{,}0281 = 4{,}4816$$

$$\ln 1{,}5 = 0{,}40239 + \frac{46}{63}\,0{,}00420 = 0{,}40546.$$

Das Produkt aus beiden Funktionen ist dann

$$e^{1{,}5}\ln 1{,}5 = 4{,}4816\cdot 0{,}40546 = 1{,}81711.$$

Für das zweite Glied $e^{1}\ln 1$ wird keine Tafel benötigt, da mit $\ln 1 = 0$ der Gesamtwert null wird. Die beiden $E\,i$-Funktionen lassen sich unmittelbar aus der Zahlentafel 3 entnehmen.

$$E\,i\left(\frac{3}{2}\right) = 2{,}724; \qquad\qquad E\,i\,(1) = 1{,}318.$$

Damit folgt

$$\int\limits_{1}^{\frac{3}{2}} e^{z}\ln z\,dz = 1{,}81711 - 0 - 2{,}724 + 1{,}318 = 0{,}411.$$

Beispiel 30.

Die letzten Beispiele sollen noch den Nutzen der Hilfstafeln auf S. 258 für die Berechnung von Exponentialfunktionen bzw. Hyperbelfunktionen, insbesondere für **große Argumente** erläutern.

Gesucht sei der Funktionswert von $e^{2{,}125\,\cdot\,2\pi}$. Wir spalten den **Exponenten** zunächst in das Produkt $e^{2{,}000\,\cdot\,2\pi}\cdot e^{0{,}125\,\cdot\,2\pi}$ auf und entnehmen den ersten Wert der Tafel b auf S. 258, den zweiten aus der Grundtafel.

$$e^{2{,}000\,\cdot\,2\pi} = 286\,751{,}3131\,; \qquad\qquad e^{0{,}125\,\cdot\,2\pi} = 2{,}1933.$$

Demzufolge wird

$$e^{2,125 \cdot 2\pi} = 286\,751{,}3131 \cdot 2{,}1933 = 628\,931 \,.$$

Wir können aber auch die Tafel 2 mit dem Argument $\dfrac{\pi z}{2}$ benutzen. Sie liefert

$$e^{2,125 \cdot 2\pi} = e^{8,50 \cdot \frac{\pi}{2}} = 6{,}2893 \cdot 10^5 \,.$$

Eine dritte Möglichkeit besteht darin, das Produkt des Exponenten vorher auszurechnen, um dann das Argument in der Spalte „$\dfrac{\pi x}{2}$" einzusetzen. Dies ergibt ebenfalls

$$e^{2,125 \cdot 2\pi} = e^{13,3518} = 6{,}2893 \cdot 10^5 \,.$$

Beispiel 31.

Gesucht sei der Funktionswert von $\mathfrak{Cof}\,21{,}5122$. Der Ausdruck läßt sich nicht ohne weiteres aus der Tafel entnehmen. Man wird ihn zunächst in Exponentialdarstellung umschreiben

$$\mathfrak{Cof}\,21{,}5122 = \frac{1}{2}\left(e^{21,5122} + e^{-21,5122}\right) = \frac{1}{2}\,e^{21,5122} \,.$$

Den Potenzexponenten spalten wir so auf, daß die Funktionswerte aus den Tafeln abzulesen sind, etwa gemäß

$$e^{21,5122} = e^{21 + 0,5122} = e^{21} \cdot e^{0.5122} \,.$$

Die Tafel c auf S. 258 liefert $e^{21} = 13\,188\,15\,734{,}4832$

und die Grundtafel

$$e^{0,5122} = 1{,}6635 + \frac{326}{628} \cdot 0{,}0105 = 1{,}6690 \,.$$

Damit folgt

$$e^{21,5122} = 13\,188\,15\,734{,}4832 \cdot 1{,}6690 = 22011\,03460{,}85246 \,.$$

Es lohnt nicht, diese Zahlen alle hinzuschreiben, da die Grundtafel ja nur eine Genauigkeit von fünf Ziffern garantiert. Im Rahmen der vorliegenden Genauigkeit ergibt sich

$$e^{21,5122} = 22011 \cdot 10^5 \,.$$

Anders ist es, wenn der Potenzexponent eine ganze Zahl ist. Dann erlauben die Tafeln auf Seite 258 eine große Genauigkeit. Somit folgt

$$\mathfrak{Cof}\,21{,}5122 = \frac{1}{2} \cdot 22011 \cdot 10^5 = 11005 \cdot 10^5 \,.$$

5. Zahlenwerte der Tafel 1.

x	$2\pi x$	$\ln 2\pi x$	$e^{2\pi x}$	$e^{-2\pi x}$	$\mathfrak{Sin}\,2\pi x$	$\mathfrak{Cof}\,2\pi x$	$\mathfrak{Tang}\,2\pi x$	$\mathfrak{Cotg}\,2\pi x$	$\mathfrak{Amp}\,2\pi x$
0,000	0,0000 $_{628}$	$-\ \infty$	1,0000 $_{63}$	1,0000 $_{63}$	0,0000 $_{628}$	1,0000 $_{0}$	0,00000 $_{628}$	∞	0,0000 $_{63}$
0 001	0,00628 $_{629}$	$-5,07040$ $_{69395}$	1,0063 $_{63}$	0,9937 $_{63}$	0,00628 $_{629}$	1,0000 $_{1}$	0,00628 $_{629}$	159,2357	0,0063 $_{63}$
0,002	0,01257 $_{628}$	$-4,37645$ $_{40520}$	1,0126 $_{64}$	0,9875 $_{62}$	0,01257 $_{628}$	1,0001 $_{1}$	0,01257 $_{628}$	79,5545	0,0126 $_{62}$
0,003	0,01885 $_{628}$	$-3,97125$ $_{28755}$	1,0190 $_{64}$	0,9814 $_{61}$	0,01885 $_{628}$	1,0002 $_{1}$	0,01885 $_{627}$	53,0504	0,0188 $_{63}$
0,004	0,02513 $_{629}$	$-3,68370$ $_{22338}$	1,0254 $_{65}$	0,9752 $_{62}$	0,02513 $_{629}$	1,0003 $_{2}$	0,02512 $_{629}$	39,8089	0,0251 $_{63}$
0,005	0,03142 $_{628}$	$-3,46032$ $_{18222}$	1,0319 $_{65}$	0,9691 $_{61}$	0,03142 $_{630}$	1,0005 $_{2}$	0,03141 $_{627}$	31,8370	0,0314 $_{63}$
0,006	0,03770 $_{628}$	$-3,27810$ $_{15407}$	1,0384 $_{66}$	0,9630 $_{60}$	0,03772 $_{628}$	1,0007 $_{3}$	0,03768 $_{627}$	26,5393	0,0377 $_{63}$
0,007	0,04398 $_{629}$	$-3,12403$ $_{13368}$	1,0450 $_{66}$	0,9570 $_{61}$	0,04400 $_{629}$	1,0010 $_{3}$	0,04395 $_{628}$	22,7531	0,0440 $_{63}$
0,008	0,05027 $_{628}$	$-2,99035$ $_{11771}$	1,0516 $_{66}$	0,9509 $_{58}$	0,05029 $_{629}$	1,0013 $_{4}$	0,05023 $_{626}$	19,9084	0,0503 $_{62}$
0,009	0,05655 $_{628}$	$-2,87264$ $_{10531}$	1,0582 $_{66}$	0,9451 $_{60}$	0,05658 $_{629}$	1,0017 $_{3}$	0,05649 $_{626}$	17,7023	0,0565 $_{63}$
0,010	0,06283 $_{629}$	$-2,76733$ $_{9541}$	1,0648 $_{68}$	0,9391 $_{59}$	0,06287 $_{630}$	1,0020 $_{4}$	0,06275 $_{626}$	15,9363	0,0628 $_{63}$
0,011	0,06912 $_{628}$	$-2,67192$ $_{8697}$	1,0716 $_{67}$	0,9332 $_{58}$	0,06917 $_{630}$	1,0024 $_{5}$	0,06901 $_{625}$	14,4907	0,0691 $_{63}$
0,012	0,07540 $_{628}$	$-2,58495$ $_{8000}$	1,0783 $_{68}$	0,9274 $_{58}$	0,07547 $_{629}$	1,0029 $_{5}$	0,07526 $_{624}$	13,2873	0,0754 $_{62}$
0,013	0,08168 $_{629}$	$-2,50495$ $_{7419}$	1,0851 $_{69}$	0,9216 $_{58}$	0,08176 $_{632}$	1,0034 $_{5}$	0,08150 $_{624}$	12,2699	0,0816 $_{62}$
0,014	0,08797 $_{628}$	$-2,43076$ $_{6895}$	1,0920 $_{68}$	0,9158 $_{57}$	0,08808 $_{631}$	1,0039 $_{5}$	0,08774 $_{623}$	11,3973 $_{8726}$	0,0878 $_{63}$
0,015	0,09425 $_{628}$	$-2,36181$ $_{6451}$	1,0988 $_{70}$	0,9101 $_{57}$	0,09439 $_{631}$	1,0044 $_{7}$	0,09397 $_{623}$	10,6417 $_{7556}$	0,0941 $_{62}$
0,016	0,10053 $_{628}$	$-2,29730$ $_{6059}$	1,1058 $_{69}$	0,9044 $_{56}$	0,10070 $_{631}$	1,0051 $_{7}$	0,10020 $_{620}$	9,9800 $_{5815}$	0,1003 $_{62}$
0,017	0,10681 $_{629}$	$-2,23671$ $_{5722}$	1,1127 $_{70}$	0,8988 $_{57}$	0,10701 $_{633}$	1,0058 $_{6}$	0,10640 $_{622}$	9,3985 $_{5191}$	0,1065 $_{63}$
0,018	0,11310 $_{628}$	$-2,17949$ $_{5404}$	1,1197 $_{71}$	0,8931 $_{56}$	0,11334 $_{632}$	1,0064 $_{8}$	0,11262 $_{620}$	8,8794 $_{4633}$	0,1128 $_{62}$
0,019	0,11938 $_{628}$	$-2,12545$ $_{5127}$	1,1268 $_{71}$	0,8875 $_{56}$	0,11966 $_{634}$	1,0072 $_{7}$	0,11882 $_{619}$	8,4161 $_{4167}$	0,1190 $_{62}$
0,020	0,12566 $_{629}$	$-2,07418$ $_{4884}$	1,1339 $_{72}$	0,8819 $_{56}$	0,12600 $_{633}$	1,0079 $_{8}$	0,12501 $_{620}$	7,9994 $_{3780}$	0,1252 $_{63}$
0,021	0,13195 $_{628}$	$-2,02534$ $_{4650}$	1,1411 $_{71}$	0,8763 $_{54}$	0,13233 $_{634}$	1,0087 $_{9}$	0,13121 $_{615}$	7,6214 $_{3413}$	0,1315 $_{62}$
0,022	0,13823 $_{628}$	$-1,97884$ $_{4443}$	1,1482 $_{73}$	0,8709 $_{54}$	0,13867 $_{634}$	1,0096 $_{9}$	0,13736 $_{615}$	7,2801 $_{3119}$	0,1377 $_{62}$
0,023	0,14451 $_{629}$	$-1,93441$ $_{4261}$	1,1555 $_{73}$	0,8655 $_{54}$	0,14501 $_{636}$	1,0105 $_{10}$	0,14351 $_{616}$	6,9682 $_{2868}$	0,1439 $_{63}$
0,024	0,15080 $_{628}$	$-1,89180$ $_{4080}$	1,1628 $_{73}$	0,8601 $_{55}$	0,15137 $_{635}$	1,0115 $_{9}$	0,14967 $_{613}$	6,6814 $_{2629}$	0,1502 $_{62}$
0,025	0,15708 $_{628}$	$-1,85100$ $_{3920}$	1,1701 $_{74}$	0,8546 $_{53}$	0,15772 $_{637}$	1,0124 $_{10}$	0,15580 $_{612}$	6,4185 $_{2426}$	0,1564 $_{62}$
0,026	0,16336 $_{629}$	$-1,81180$ $_{3778}$	1,1775 $_{74}$	0,8493 $_{53}$	0,16409 $_{638}$	1,0134 $_{11}$	0,16192 $_{613}$	6,1759 $_{2253}$	0,1626 $_{63}$
0,027	0,16965 $_{628}$	$-1,77402$ $_{3635}$	1,1849 $_{75}$	0,8440 $_{53}$	0,17047 $_{637}$	1,0145 $_{11}$	0,16805 $_{611}$	5,9506 $_{2088}$	0,1689 $_{62}$
0,028	0,17593 $_{628}$	$-1,73767$ $_{3507}$	1,1924 $_{75}$	0,8387 $_{52}$	0,17684 $_{638}$	1,0156 $_{11}$	0,17416 $_{607}$	5,7418 $_{1933}$	0,1751 $_{62}$
0,029	0,18221 $_{629}$	$-1,70260$ $_{3394}$	1,1999 $_{75}$	0,8335 $_{53}$	0,18322 $_{639}$	1,0167 $_{11}$	0,18023 $_{607}$	5,5485 $_{1808}$	0,1813 $_{62}$
0,030	0,18850 $_{628}$	$-1,66866$ $_{3277}$	1,2074 $_{76}$	0,8282 $_{52}$	0,18961 $_{640}$	1,0178 $_{12}$	0,18630 $_{607}$	5,3677 $_{1694}$	0,1875 $_{61}$
0,031	0,19478 $_{628}$	$-1,63589$ $_{3173}$	1,2150 $_{77}$	0,8230 $_{51}$	0,19601 $_{641}$	1,0190 $_{13}$	0,19237 $_{603}$	5,1983 $_{1580}$	0,1936 $_{61}$
0,032	0,20106 $_{629}$	$-1,60416$ $_{3081}$	1,2227 $_{77}$	0,8179 $_{52}$	0,20242 $_{643}$	1,0203 $_{13}$	0,19840 $_{603}$	5,0403 $_{1487}$	0,1997 $_{62}$
0,033	0,20735 $_{628}$	$-1,57335$ $_{2984}$	1,2304 $_{78}$	0,8127 $_{51}$	0,20885 $_{641}$	1,0216 $_{13}$	0,20443 $_{602}$	4,8916 $_{1399}$	0,2059 $_{62}$
0,034	0,21363 $_{628}$	$-1,54351$ $_{2897}$	1,2382 $_{78}$	0,8076 $_{50}$	0,21526 $_{643}$	1,0229 $_{14}$	0,21045 $_{600}$	4,7517 $_{1317}$	0,2121 $_{61}$
0,035	0,21991 $_{628}$	$-1,51454$ $_{2816}$	1,2460 $_{78}$	0,8026 $_{50}$	0,22169 $_{643}$	1,0243 $_{14}$	0,21645 $_{597}$	4,6200 $_{1240}$	0,2182 $_{61}$
0,036	0,22619 $_{629}$	$-1,48638$ $_{2743}$	1,2538 $_{79}$	0,7976 $_{50}$	0,22812 $_{646}$	1,0257 $_{15}$	0,22242 $_{596}$	4,4960 $_{1173}$	0,2243 $_{61}$
0,037	0,23248 $_{628}$	$-1,45895$ $_{2665}$	1,2617 $_{80}$	0,7926 $_{50}$	0,23458 $_{646}$	1,0272 $_{15}$	0,22838 $_{596}$	4,3787 $_{1104}$	0,2304 $_{62}$
0,038	0,23876 $_{628}$	$-1,43230$ $_{2596}$	1,2697 $_{80}$	0,7876 $_{49}$	0,24104 $_{646}$	1,0287 $_{15}$	0,23434 $_{591}$	4,2683 $_{1060}$	0,2366 $_{61}$
0,039	0,24504 $_{629}$	$-1,40634$ $_{2535}$	1,2777 $_{80}$	0,7827 $_{49}$	0,24750 $_{648}$	1,0302 $_{15}$	0,24025 $_{591}$	4,1623 $_{999}$	0,2427 $_{60}$
0,040	0,25133 $_{628}$	$-1,38099$ $_{2468}$	1,2857 $_{81}$	0,7778 $_{49}$	0,25398 $_{649}$	1,0317 $_{17}$	0,24616 $_{589}$	4,0624 $_{949}$	0,2487 $_{61}$
0,041	0,25761 $_{628}$	$-1,35631$ $_{2408}$	1,2938 $_{82}$	0,7729 $_{49}$	0,26047 $_{649}$	1,0334 $_{16}$	0,25205 $_{589}$	3,9675 $_{906}$	0,2548 $_{61}$
0,042	0,26389 $_{629}$	$-1,33223$ $_{2356}$	1,3020 $_{82}$	0,7680 $_{48}$	0,26696 $_{652}$	1,0350 $_{17}$	0,25794 $_{586}$	3,8769 $_{861}$	0,2609 $_{60}$
0,043	0,27018 $_{628}$	$-1,30867$ $_{2298}$	1,3102 $_{83}$	0,7632 $_{48}$	0,27348 $_{652}$	1,0367 $_{18}$	0,26380 $_{584}$	3,7908 $_{822}$	0,2669 $_{61}$
0,044	0,27646 $_{628}$	$-1,28569$ $_{2246}$	1,3185 $_{83}$	0,7584 $_{47}$	0,28000 $_{653}$	1,0385 $_{17}$	0,26964 $_{580}$	3,7086 $_{780}$	0,2730 $_{60}$
0,045	0,28274 $_{629}$	$-1,26323$ $_{2200}$	1,3268 $_{83}$	0,7537 $_{47}$	0,28653 $_{654}$	1,0402 $_{18}$	0,27544 $_{580}$	3,6306 $_{749}$	0,2790 $_{61}$
0,046	0,28903 $_{628}$	$-1,24123$ $_{2150}$	1,3351 $_{84}$	0,7490 $_{47}$	0,29307 $_{655}$	1,0420 $_{19}$	0,28124 $_{577}$	3,5557 $_{715}$	0,2851 $_{60}$
0,047	0,29531 $_{628}$	$-1,21973$ $_{2104}$	1,3435 $_{85}$	0,7443 $_{47}$	0,29962 $_{657}$	1,0439 $_{19}$	0,28701 $_{576}$	3,4842 $_{685}$	0,2911 $_{61}$
0,048	0,30159 $_{629}$	$-1,19869$ $_{2064}$	1,3520 $_{85}$	0,7396 $_{46}$	0,30619 $_{658}$	1,0458 $_{20}$	0,29277 $_{574}$	3,4157 $_{657}$	0,2972 $_{60}$
0,049	0,30788 $_{628}$	$-1,17805$ $_{2019}$	1,3605 $_{86}$	0,7350 $_{46}$	0,31277 $_{658}$	1,0478 $_{20}$	0,29851 $_{570}$	3,3500 $_{628}$	0,3032 $_{60}$
0,050	0,31416 $_{628}$	$-1,15786$ $_{1980}$	1,3691 $_{86}$	0,7304 $_{46}$	0,31935 $_{660}$	1,0498 $_{20}$	0,30421 $_{570}$	3,2872 $_{605}$	0,3091 $_{60}$

x	$2\pi x$	$\sin 2\pi x$	$\cos 2\pi x$	$\operatorname{tang} 2\pi x$	$\operatorname{cotg} 2\pi x$	$\sin^* 2\pi x$	$\cos^* 2\pi x$	$\operatorname{tang}^* 2\pi x$	$\operatorname{cotg}^* 2\pi x$
0,000	$0{,}0000_{628}$	$0{,}00000_{628}$	$1{,}00000_{2}$	$0{,}00000_{628}$	∞	$-0{,}70711_{446}$	$0{,}70711_{443}$	$-1{,}00000_{1249}$	$-1{,}00000_{1265}$
0,001	$0{,}00628_{629}$	$0{,}00628_{629}$	$0{,}99998_{6}$	$0{,}00628_{629}$	$159{,}23248$	$-0{,}70265_{448}$	$0{,}71154_{440}$	$-0{,}98751_{1233}$	$-1{,}01265_{1280}$
0,002	$0{,}01257_{628}$	$0{,}01257_{628}$	$0{,}99992_{10}$	$0{,}01257_{628}$	$79{,}54813$	$-0{,}69817_{452}$	$0{,}71594_{437}$	$-0{,}97518_{1219}$	$-1{,}02545_{1298}$
0,003	$0{,}01885_{628}$	$0{,}01885_{628}$	$0{,}99982_{14}$	$0{,}01885_{629}$	$53{,}04085$	$-0{,}69365_{454}$	$0{,}72031_{434}$	$-0{,}96299_{1203}$	$-1{,}03843_{1314}$
0,004	$0{,}02513_{629}$	$0{,}02513_{628}$	$0{,}99968_{17}$	$0{,}02514_{629}$	$39{,}78034$	$-0{,}68911_{456}$	$0{,}72465_{432}$	$-0{,}95096_{1190}$	$-1{,}05157_{1332}$
0,005	$0{,}03142_{628}$	$0{,}03141_{628}$	$0{,}99951_{22}$	$0{,}03143_{629}$	$31{,}82139$	$-0{,}68455_{460}$	$0{,}72897_{429}$	$-0{,}93906_{1176}$	$-1{,}06489_{1351}$
0,006	$0{,}03770_{628}$	$0{,}03769_{628}$	$0{,}99929_{26}$	$0{,}03772_{629}$	$26{,}51340$	$-0{,}67995_{462}$	$0{,}73326_{425}$	$-0{,}92730_{1161}$	$-1{,}07840_{1367}$
0,007	$0{,}04398_{629}$	$0{,}04397_{627}$	$0{,}99903_{29}$	$0{,}04401_{629}$	$22{,}72072$	$-0{,}67533_{464}$	$0{,}73751_{423}$	$-0{,}91569_{1148}$	$-1{,}09207_{1387}$
0,008	$0{,}05027_{628}$	$0{,}05024_{628}$	$0{,}99874_{34}$	$0{,}05030_{631}$	$19{,}87938$	$-0{,}67069_{468}$	$0{,}74174_{420}$	$-0{,}90421_{1136}$	$-1{,}10594_{1407}$
0,009	$0{,}05655_{628}$	$0{,}05652_{627}$	$0{,}99840_{37}$	$0{,}05661_{630}$	$17{,}66454$	$-0{,}66601_{470}$	$0{,}74594_{417}$	$-0{,}89285_{1123}$	$-1{,}12001_{1427}$
0,010	$0{,}06283_{629}$	$0{,}06279_{627}$	$0{,}99803_{42}$	$0{,}06291_{632}$	$15{,}89473$	$-0{,}66131_{472}$	$0{,}75011_{414}$	$-0{,}88162_{1110}$	$-1{,}13428_{1446}$
0,011	$0{,}06912_{628}$	$0{,}06906_{627}$	$0{,}99761_{45}$	$0{,}06923_{631}$	$14{,}44555$	$-0{,}65659_{476}$	$0{,}75425_{411}$	$-0{,}87052_{1099}$	$-1{,}14874_{1469}$
0,012	$0{,}07540_{628}$	$0{,}07533_{626}$	$0{,}99716_{49}$	$0{,}07554_{632}$	$13{,}23722$	$-0{,}65183_{477}$	$0{,}75836_{408}$	$-0{,}85953_{1086}$	$-1{,}16343_{1488}$
0,013	$0{,}08168_{629}$	$0{,}08159_{626}$	$0{,}99667_{54}$	$0{,}08186_{633}$	$12{,}21559$	$-0{,}64706_{481}$	$0{,}76244_{405}$	$-0{,}84867_{1076}$	$-1{,}17831_{1513}$
0,014	$0{,}08797_{628}$	$0{,}08785_{626}$	$0{,}99613_{57}$	$0{,}08819_{634}$	$11{,}33899$	$-0{,}64225_{481}$	$0{,}76649_{402}$	$-0{,}83791_{1064}$	$-1{,}19344_{1535}$
0,015	$0{,}09425_{628}$	$0{,}09411_{625}$	$0{,}99556_{61}$	$0{,}09453_{634}$	$10{,}57868$	$-0{,}63742_{485}$	$0{,}77051_{399}$	$-0{,}82727_{1052}$	$-1{,}20879_{1558}$
0,016	$0{,}10053_{628}$	$0{,}10036_{625}$	$0{,}99495_{65}$	$0{,}10087_{635}$	$9{,}91381$	$-0{,}63257_{488}$	$0{,}77450_{396}$	$-0{,}81675_{1043}$	$-1{,}22437_{1583}$
0,017	$0{,}10681_{629}$	$0{,}10661_{625}$	$0{,}99430_{69}$	$0{,}10722_{635}$	$9{,}32652$	$-0{,}62769_{490}$	$0{,}77846_{393}$	$-0{,}80632_{1031}$	$-1{,}24020_{1607}$
0,018	$0{,}11310_{628}$	$0{,}11286_{625}$	$0{,}99361_{73}$	$0{,}11359_{637}$	$8{,}80392$	$-0{,}62279_{493}$	$0{,}78234_{390}$	$-0{,}79601_{1022}$	$-1{,}25627_{1633}$
0,019	$0{,}11938_{628}$	$0{,}11910_{624}$	$0{,}99288_{77}$	$0{,}11995_{636}$	$8{,}33652$	$-0{,}61786_{495}$	$0{,}78629_{387}$	$-0{,}78579_{1011}$	$-1{,}27260_{1659}$
0,020	$0{,}12566_{629}$	$0{,}12533_{623}$	$0{,}99211_{80}$	$0{,}12633_{638}$	$7{,}91598$	$-0{,}61291_{498}$	$0{,}79016_{383}$	$-0{,}77568_{1002}$	$-1{,}28919_{1686}$
0,021	$0{,}13195_{628}$	$0{,}13156_{623}$	$0{,}99131_{85}$	$0{,}13271_{641}$	$7{,}53504$	$-0{,}60793_{500}$	$0{,}79399_{380}$	$-0{,}76566_{991}$	$-1{,}30605_{1714}$
0,022	$0{,}13823_{628}$	$0{,}13779_{622}$	$0{,}99046_{88}$	$0{,}13912_{641}$	$7{,}18818$	$-0{,}60293_{503}$	$0{,}79779_{378}$	$-0{,}75575_{984}$	$-1{,}32319_{1745}$
0,023	$0{,}14451_{629}$	$0{,}14401_{622}$	$0{,}98958_{93}$	$0{,}14553_{642}$	$6{,}87161$	$-0{,}59790_{503}$	$0{,}80157_{374}$	$-0{,}74591_{972}$	$-1{,}34064_{1771}$
0,024	$0{,}15080_{628}$	$0{,}15023_{620}$	$0{,}98865_{96}$	$0{,}15195_{643}$	$6{,}58091$	$-0{,}59286_{507}$	$0{,}80531_{371}$	$-0{,}73619_{964}$	$-1{,}35835_{1803}$
0,025	$0{,}15708_{628}$	$0{,}15643_{621}$	$0{,}98769_{100}$	$0{,}15838_{645}$	$6{,}31394$	$-0{,}58779_{510}$	$0{,}80902_{367}$	$-0{,}72655_{956}$	$-1{,}37638_{1834}$
0,026	$0{,}16336_{629}$	$0{,}16264_{619}$	$0{,}98669_{105}$	$0{,}16483_{646}$	$6{,}06671$	$-0{,}58269_{512}$	$0{,}81269_{365}$	$-0{,}71699_{948}$	$-1{,}39472_{1868}$
0,027	$0{,}16965_{628}$	$0{,}16883_{619}$	$0{,}98564_{108}$	$0{,}17129_{647}$	$5{,}83806$	$-0{,}57757_{514}$	$0{,}81634_{361}$	$-0{,}70751_{938}$	$-1{,}41340_{1900}$
0,028	$0{,}17593_{628}$	$0{,}17502_{619}$	$0{,}98456_{111}$	$0{,}17776_{650}$	$5{,}62541$	$-0{,}57243_{516}$	$0{,}81995_{358}$	$-0{,}69813_{930}$	$-1{,}43240_{1934}$
0,029	$0{,}18221_{629}$	$0{,}18121_{617}$	$0{,}98345_{116}$	$0{,}18426_{650}$	$5{,}42713$	$-0{,}56727_{519}$	$0{,}82353_{355}$	$-0{,}68883_{923}$	$-1{,}45174_{1972}$
0,030	$0{,}18850_{628}$	$0{,}18738_{617}$	$0{,}98229_{120}$	$0{,}19076_{652}$	$5{,}24224$	$-0{,}56208_{520}$	$0{,}82708_{352}$	$-0{,}67960_{914}$	$-1{,}47146_{2006}$
0,031	$0{,}19478_{628}$	$0{,}19355_{616}$	$0{,}98109_{123}$	$0{,}19728_{653}$	$5{,}06892$	$-0{,}55688_{523}$	$0{,}83060_{348}$	$-0{,}67046_{907}$	$-1{,}49152_{2045}$
0,032	$0{,}20106_{629}$	$0{,}19971_{615}$	$0{,}97986_{128}$	$0{,}20381_{656}$	$4{,}90641$	$-0{,}55165_{526}$	$0{,}83408_{345}$	$-0{,}66139_{901}$	$-1{,}51197_{2087}$
0,033	$0{,}20735_{628}$	$0{,}20586_{615}$	$0{,}97858_{131}$	$0{,}21037_{657}$	$4{,}75362$	$-0{,}54639_{527}$	$0{,}83753_{341}$	$-0{,}65238_{891}$	$-1{,}53284_{2123}$
0,034	$0{,}21363_{628}$	$0{,}21201_{613}$	$0{,}97727_{135}$	$0{,}21694_{658}$	$4{,}60955$	$-0{,}54112_{529}$	$0{,}84094_{339}$	$-0{,}64347_{885}$	$-1{,}55407_{2167}$
0,035	$0{,}21991_{628}$	$0{,}21814_{613}$	$0{,}97592_{139}$	$0{,}22352_{661}$	$4{,}47382$	$-0{,}53583_{532}$	$0{,}84433_{335}$	$-0{,}63462_{878}$	$-1{,}57574_{2212}$
0,036	$0{,}22619_{629}$	$0{,}22427_{612}$	$0{,}97453_{143}$	$0{,}23013_{663}$	$4{,}34534$	$-0{,}53051_{534}$	$0{,}84768_{331}$	$-0{,}62584_{871}$	$-1{,}59786_{2255}$
0,037	$0{,}23248_{628}$	$0{,}23039_{611}$	$0{,}97310_{147}$	$0{,}23676_{665}$	$4{,}22371$	$-0{,}52517_{535}$	$0{,}85099_{329}$	$-0{,}61713_{864}$	$-1{,}62041_{2301}$
0,038	$0{,}23876_{628}$	$0{,}23650_{610}$	$0{,}97163_{150}$	$0{,}24341_{666}$	$4{,}10837$	$-0{,}51982_{538}$	$0{,}85428_{325}$	$-0{,}60849_{858}$	$-1{,}64342_{2350}$
0,039	$0{,}24504_{629}$	$0{,}24260_{609}$	$0{,}97013_{155}$	$0{,}25007_{669}$	$3{,}99889$	$-0{,}51444_{540}$	$0{,}85753_{321}$	$-0{,}59991_{851}$	$-1{,}66692_{2399}$
0,040	$0{,}25133_{628}$	$0{,}24869_{608}$	$0{,}96858_{158}$	$0{,}25676_{670}$	$3{,}89473_{9915}$	$-0{,}50904_{542}$	$0{,}86074_{318}$	$-0{,}59140_{845}$	$-1{,}69091_{2451}$
0,041	$0{,}25761_{628}$	$0{,}25477_{607}$	$0{,}96700_{162}$	$0{,}26346_{673}$	$3{,}79558_{9454}$	$-0{,}50362_{543}$	$0{,}86392_{315}$	$-0{,}58295_{838}$	$-1{,}71542_{2502}$
0,042	$0{,}26389_{629}$	$0{,}26084_{606}$	$0{,}96538_{166}$	$0{,}27019_{676}$	$3{,}70104_{9025}$	$-0{,}49819_{546}$	$0{,}86707_{311}$	$-0{,}57457_{833}$	$-1{,}74044_{2560}$
0,043	$0{,}27018_{628}$	$0{,}26690_{605}$	$0{,}96372_{169}$	$0{,}27695_{677}$	$3{,}61079_{8623}$	$-0{,}49273_{548}$	$0{,}87018_{308}$	$-0{,}56624_{827}$	$-1{,}76604_{2618}$
0,044	$0{,}27646_{628}$	$0{,}27295_{604}$	$0{,}96203_{174}$	$0{,}28372_{681}$	$3{,}52456_{8254}$	$-0{,}48725_{550}$	$0{,}87326_{305}$	$-0{,}55797_{822}$	$-1{,}79222_{2679}$
0,045	$0{,}28274_{629}$	$0{,}27899_{603}$	$0{,}96029_{177}$	$0{,}29053_{682}$	$3{,}44202_{7903}$	$-0{,}48175_{551}$	$0{,}87631_{301}$	$-0{,}54975_{815}$	$-1{,}81901_{2737}$
0,046	$0{,}28903_{628}$	$0{,}28502_{602}$	$0{,}95852_{181}$	$0{,}29735_{686}$	$3{,}36299_{7578}$	$-0{,}47624_{554}$	$0{,}87932_{297}$	$-0{,}54160_{810}$	$-1{,}84638_{2804}$
0,047	$0{,}29531_{628}$	$0{,}29104_{600}$	$0{,}95671_{185}$	$0{,}30421_{687}$	$3{,}28721_{7263}$	$-0{,}47070_{555}$	$0{,}88229_{294}$	$-0{,}53350_{804}$	$-1{,}87442_{2869}$
0,048	$0{,}30159_{629}$	$0{,}29704_{600}$	$0{,}95486_{188}$	$0{,}31108_{691}$	$3{,}21458_{6985}$	$-0{,}46515_{557}$	$0{,}88523_{291}$	$-0{,}52546_{800}$	$-1{,}90311_{2939}$
0,049	$0{,}30788_{628}$	$0{,}30304_{598}$	$0{,}95298_{192}$	$0{,}31799_{693}$	$3{,}14473_{6707}$	$-0{,}45958_{559}$	$0{,}88814_{287}$	$-0{,}51746_{794}$	$-1{,}93250_{3012}$
0,050	$0{,}31416_{628}$	$0{,}30902_{597}$	$0{,}95106_{196}$	$0{,}32492_{696}$	$3{,}07766_{6455}$	$-0{,}45399_{561}$	$0{,}89101_{283}$	$-0{,}50952_{789}$	$-1{,}96262_{3087}$

x	$2\pi x$	$\ln 2\pi x$	$e^{2\pi x}$	$e^{-2\pi x}$	$\mathfrak{Sin}\,2\pi x$	$\mathfrak{Cof}\,2\pi x$	$\mathfrak{Tang}\,2\pi x$	$\mathfrak{Cotg}\,2\pi x$	$\mathfrak{Amp}\,2\pi x$
0,050	$0{,}31416_{628}$	$-1{,}15786_{1980}$	$1{,}3691_{86}$	$0{,}7304_{46}$	$0{,}31935_{660}$	$1{,}0498_{20}$	$0{,}30421_{570}$	$3{,}2872_{605}$	$0{,}3091_{60}$
0,051	$0{,}32044_{629}$	$-1{,}13806_{1944}$	$1{,}3777_{87}$	$0{,}7258_{45}$	$0{,}32595_{663}$	$1{,}0518_{21}$	$0{,}30991_{567}$	$3{,}2267_{580}$	$0{,}3151_{60}$
0,052	$0{,}32673_{628}$	$-1{,}11862_{1903}$	$1{,}3864_{88}$	$0{,}7213_{45}$	$0{,}33258_{662}$	$1{,}0539_{21}$	$0{,}31558_{564}$	$3{,}1687_{556}$	$0{,}3211_{59}$
0,053	$0{,}33301_{628}$	$-1{,}09959_{1869}$	$1{,}3952_{88}$	$0{,}7168_{45}$	$0{,}33920_{663}$	$1{,}0560_{22}$	$0{,}32122_{562}$	$3{,}1131_{535}$	$0{,}3270_{60}$
0,054	$0{,}33929_{629}$	$-1{,}08090_{1837}$	$1{,}4040_{88}$	$0{,}7123_{45}$	$0{,}34583_{667}$	$1{,}0582_{21}$	$0{,}32684_{561}$	$3{,}0596_{516}$	$0{,}3330_{59}$
0,055	$0{,}34558_{628}$	$-1{,}06253_{1801}$	$1{,}4128_{89}$	$0{,}7078_{44}$	$0{,}35250_{666}$	$1{,}0603_{22}$	$0{,}33245_{557}$	$3{,}0080_{496}$	$0{,}3389_{59}$
0,056	$0{,}35186_{628}$	$-1{,}04452_{1769}$	$1{,}4217_{90}$	$0{,}7034_{44}$	$0{,}35916_{668}$	$1{,}0625_{23}$	$0{,}33802_{555}$	$2{,}9584_{478}$	$0{,}3448_{59}$
0,057	$0{,}35814_{628}$	$-1{,}02683_{1738}$	$1{,}4307_{90}$	$0{,}6990_{44}$	$0{,}36584_{670}$	$1{,}0648_{24}$	$0{,}34357_{553}$	$2{,}9106_{461}$	$0{,}3507_{58}$
0,058	$0{,}36442_{629}$	$-1{,}00945_{1711}$	$1{,}4397_{91}$	$0{,}6946_{44}$	$0{,}37254_{672}$	$1{,}0672_{24}$	$0{,}34910_{551}$	$2{,}8645_{446}$	$0{,}3565_{59}$
0,059	$0{,}37071_{628}$	$-0{,}99234_{1680}$	$1{,}4488_{91}$	$0{,}6902_{43}$	$0{,}37926_{672}$	$1{,}0695_{23}$	$0{,}35461_{548}$	$2{,}8199_{428}$	$0{,}3624_{59}$
0,060	$0{,}37699_{628}$	$-0{,}97554_{1652}$	$1{,}4579_{92}$	$0{,}6859_{43}$	$0{,}38599_{673}$	$1{,}0719_{25}$	$0{,}36009_{545}$	$2{,}7771_{415}$	$0{,}3683_{59}$
0,061	$0{,}38327_{629}$	$-0{,}95902_{1628}$	$1{,}4671_{92}$	$0{,}6816_{42}$	$0{,}39272_{677}$	$1{,}0744_{25}$	$0{,}36554_{545}$	$2{,}7356_{401}$	$0{,}3742_{59}$
0,062	$0{,}38956_{628}$	$-0{,}94274_{1599}$	$1{,}4763_{93}$	$0{,}6774_{43}$	$0{,}39949_{677}$	$1{,}0769_{25}$	$0{,}37099_{539}$	$2{,}6955_{387}$	$0{,}3801_{58}$
0,063	$0{,}39584_{628}$	$-0{,}92675_{1574}$	$1{,}4856_{94}$	$0{,}6731_{42}$	$0{,}40626_{679}$	$1{,}0794_{26}$	$0{,}37638_{538}$	$2{,}6568_{374}$	$0{,}3859_{58}$
0,064	$0{,}40212_{629}$	$-0{,}91101_{1552}$	$1{,}4950_{94}$	$0{,}6689_{42}$	$0{,}41305_{681}$	$1{,}0820_{26}$	$0{,}38176_{536}$	$2{,}6194_{362}$	$0{,}3917_{58}$
0,065	$0{,}40841_{628}$	$-0{,}89549_{1526}$	$1{,}5044_{95}$	$0{,}6647_{42}$	$0{,}41986_{682}$	$1{,}0846_{26}$	$0{,}38712_{532}$	$2{,}5832_{351}$	$0{,}3975_{57}$
0,066	$0{,}41469_{628}$	$-0{,}88023_{1503}$	$1{,}5139_{95}$	$0{,}6605_{41}$	$0{,}42668_{684}$	$1{,}0872_{27}$	$0{,}39244_{530}$	$2{,}5481_{339}$	$0{,}4032_{58}$
0,067	$0{,}42097_{629}$	$-0{,}86520_{1484}$	$1{,}5234_{97}$	$0{,}6564_{41}$	$0{,}43352_{686}$	$1{,}0899_{28}$	$0{,}39774_{530}$	$2{,}5142_{330}$	$0{,}4090_{58}$
0,066	$0{,}42726_{628}$	$-0{,}85036_{1459}$	$1{,}5331_{96}$	$0{,}6523_{41}$	$0{,}44038_{687}$	$1{,}0927_{28}$	$0{,}40303_{529}$	$2{,}4812_{319}$	$0{,}4148_{57}$
0,069	$0{,}43354_{628}$	$-0{,}83577_{1438}$	$1{,}5427_{97}$	$0{,}6482_{40}$	$0{,}44725_{689}$	$1{,}0955_{28}$	$0{,}40828_{525}$	$2{,}4493_{309}$	$0{,}4205_{57}$
0,070	$0{,}43982_{629}$	$-0{,}82139_{1420}$	$1{,}5524_{98}$	$0{,}6442_{41}$	$0{,}45414_{692}$	$1{,}0983_{29}$	$0{,}41350_{520}$	$2{,}4184_{301}$	$0{,}4262_{56}$
0,071	$0{,}44611_{628}$	$-0{,}80719_{1398}$	$1{,}5622_{99}$	$0{,}6401_{40}$	$0{,}46106_{692}$	$1{,}1012_{29}$	$0{,}41870_{516}$	$2{,}3883_{290}$	$0{,}4318_{57}$
0,072	$0{,}45239_{628}$	$-0{,}79321_{1378}$	$1{,}5721_{99}$	$0{,}6361_{40}$	$0{,}46798_{695}$	$1{,}1041_{30}$	$0{,}42386_{514}$	$2{,}3593_{283}$	$0{,}4375_{57}$
0,073	$0{,}45867_{629}$	$-0{,}77943_{1363}$	$1{,}5820_{100}$	$0{,}6321_{39}$	$0{,}47493_{697}$	$1{,}1071_{30}$	$0{,}42900_{513}$	$2{,}3310_{275}$	$0{,}4432_{57}$
0,074	$0{,}46496_{628}$	$-0{,}76580_{1341}$	$1{,}5920_{100}$	$0{,}6282_{40}$	$0{,}48190_{698}$	$1{,}1101_{30}$	$0{,}43413_{507}$	$2{,}3035_{266}$	$0{,}4489_{57}$
0,075	$0{,}47124_{628}$	$-0{,}75239_{1324}$	$1{,}6020_{101}$	$0{,}6242_{39}$	$0{,}48888_{700}$	$1{,}1131_{31}$	$0{,}43920_{506}$	$2{,}2769_{260}$	$0{,}4546_{56}$
0,076	$0{,}47752_{629}$	$-0{,}73915_{1309}$	$1{,}6121_{101}$	$0{,}6203_{39}$	$0{,}49588_{703}$	$1{,}1162_{31}$	$0{,}44426_{503}$	$2{,}2509_{252}$	$0{,}4602_{57}$
0,077	$0{,}48381_{628}$	$-0{,}72606_{1289}$	$1{,}6222_{103}$	$0{,}6164_{38}$	$0{,}50291_{704}$	$1{,}1193_{33}$	$0{,}44929_{500}$	$2{,}2257_{245}$	$0{,}4659_{57}$
0,078	$0{,}49009_{628}$	$-0{,}71317_{1273}$	$1{,}6325_{102}$	$0{,}6126_{39}$	$0{,}50995_{706}$	$1{,}1226_{31}$	$0{,}45429_{497}$	$2{,}2012_{238}$	$0{,}4716_{56}$
0,079	$0{,}49637_{328}$	$-0{,}70044_{1258}$	$1{,}6427_{104}$	$0{,}6087_{38}$	$0{,}51701_{708}$	$1{,}1257_{33}$	$0{,}45926_{494}$	$2{,}1774_{232}$	$0{,}4772_{56}$
0,080	$0{,}50265_{629}$	$-0{,}68786_{1243}$	$1{,}6531_{104}$	$0{,}6049_{38}$	$0{,}52409_{711}$	$1{,}1290_{33}$	$0{,}46420_{492}$	$2{,}1542_{226}$	$0{,}4828_{55}$
0,081	$0{,}50894_{628}$	$-0{,}67543_{1227}$	$1{,}6635_{105}$	$0{,}6011_{37}$	$0{,}53120_{712}$	$1{,}1323_{34}$	$0{,}46912_{486}$	$2{,}1316_{219}$	$0{,}4883_{55}$
0,082	$0{,}51522_{628}$	$-0{,}66316_{1211}$	$1{,}6740_{106}$	$0{,}5974_{38}$	$0{,}53832_{714}$	$1{,}1357_{34}$	$0{,}47400_{486}$	$2{,}1097_{214}$	$0{,}4938_{56}$
0,083	$0{,}52150_{629}$	$-0{,}65105_{1199}$	$1{,}6846_{106}$	$0{,}5936_{37}$	$0{,}54546_{718}$	$1{,}1391_{35}$	$0{,}47886_{483}$	$2{,}0883_{209}$	$0{,}4994_{55}$
0,084	$0{,}52779_{628}$	$-0{,}63906_{1183}$	$1{,}6952_{107}$	$0{,}5899_{37}$	$0{,}55264_{718}$	$1{,}1426_{34}$	$0{,}48369_{479}$	$2{,}0674_{202}$	$0{,}5049_{55}$
0,085	$0{,}53407_{628}$	$-0{,}62723_{1169}$	$1{,}7059_{107}$	$0{,}5862_{37}$	$0{,}55982_{722}$	$1{,}1460_{36}$	$0{,}48848_{477}$	$2{,}0472_{199}$	$0{,}5104_{54}$
0,086	$0{,}54035_{629}$	$-0{,}61554_{1157}$	$1{,}7166_{108}$	$0{,}5825_{36}$	$0{,}56704_{724}$	$1{,}1496_{36}$	$0{,}49325_{474}$	$2{,}0273_{192}$	$0{,}5158_{55}$
0,087	$0{,}54664_{628}$	$-0{,}60397_{1143}$	$1{,}7274_{109}$	$0{,}5789_{36}$	$0{,}57428_{725}$	$1{,}1532_{36}$	$0{,}49799_{473}$	$2{,}0081_{189}$	$0{,}5213_{55}$
0,088	$0{,}55292_{628}$	$-0{,}59254_{1129}$	$1{,}7383_{110}$	$0{,}5753_{36}$	$0{,}58153_{727}$	$1{,}1568_{37}$	$0{,}50272_{467}$	$1{,}9892_{183}$	$0{,}5268_{54}$
0,089	$0{,}55920_{629}$	$-0{,}58125_{1119}$	$1{,}7493_{110}$	$0{,}5717_{36}$	$0{,}58880_{731}$	$1{,}1605_{37}$	$0{,}50739_{465}$	$1{,}9709_{179}$	$0{,}5322_{54}$
0,090	$0{,}56549_{628}$	$-0{,}57006_{1104}$	$1{,}7603_{111}$	$0{,}5681_{36}$	$0{,}59611_{733}$	$1{,}1642_{38}$	$0{,}51204_{461}$	$1{,}9530_{175}$	$0{,}5376_{54}$
0,091	$0{,}57177_{628}$	$-0{,}55902_{1092}$	$1{,}7714_{112}$	$0{,}5645_{35}$	$0{,}60344_{735}$	$1{,}1680_{38}$	$0{,}51665_{460}$	$1{,}9355_{171}$	$0{,}5430_{53}$
0,092	$0{,}57805_{629}$	$-0{,}54810_{1083}$	$1{,}7826_{112}$	$0{,}5610_{35}$	$0{,}61079_{738}$	$1{,}1718_{39}$	$0{,}52125_{456}$	$1{,}9184_{166}$	$0{,}5483_{53}$
0,093	$0{,}58434_{628}$	$-0{,}53727_{1069}$	$1{,}7938_{113}$	$0{,}5575_{35}$	$0{,}61817_{740}$	$1{,}1757_{39}$	$0{,}52581_{454}$	$1{,}9018_{163}$	$0{,}5536_{53}$
0,094	$0{,}59062_{628}$	$-0{,}52658_{1057}$	$1{,}8051_{114}$	$0{,}5540_{35}$	$0{,}62557_{742}$	$1{,}1796_{39}$	$0{,}53035_{449}$	$1{,}8855_{158}$	$0{,}5589_{53}$
0,095	$0{,}59690_{629}$	$-0{,}51601_{1049}$	$1{,}8165_{114}$	$0{,}5505_{34}$	$0{,}63299_{745}$	$1{,}1835_{40}$	$0{,}53484_{447}$	$1{,}8697_{155}$	$0{,}5642_{53}$
0,096	$0{,}60319_{628}$	$-0{,}50552_{1035}$	$1{,}8279_{116}$	$0{,}5471_{35}$	$0{,}64044_{747}$	$1{,}1875_{41}$	$0{,}53931_{444}$	$1{,}8542_{151}$	$0{,}5695_{53}$
0,097	$0{,}60947_{628}$	$-0{,}49517_{1025}$	$1{,}8395_{115}$	$0{,}5436_{34}$	$0{,}64791_{750}$	$1{,}1916_{40}$	$0{,}54375_{441}$	$1{,}8391_{148}$	$0{,}5748_{53}$
0,098	$0{,}61575_{629}$	$-0{,}48492_{1027}$	$1{,}8510_{117}$	$0{,}5402_{34}$	$0{,}65541_{753}$	$1{,}1956_{42}$	$0{,}54816_{439}$	$1{,}8243_{145}$	$0{,}5801_{52}$
0,099	$0{,}62204_{628}$	$-0{,}47475_{1004}$	$1{,}8627_{118}$	$0{,}5368_{33}$	$0{,}66294_{754}$	$1{,}1998_{42}$	$0{,}55255_{434}$	$1{,}8098_{141}$	$0{,}5853_{53}$
0,100	$0{,}62832_{628}$	$-0{,}46471_{995}$	$1{,}8745_{118}$	$0{,}5335_{34}$	$0{,}67048_{76}$	$1{,}2040_{42}$	$0{,}55689_{432}$	$1{,}7957_{138}$	$0{,}5906_{52}$

x	$2\pi x$	$\sin 2\pi x$	$\cos 2\pi x$	$\operatorname{tang} 2\pi x$	$\operatorname{cotg} 2\pi x$	$\sin^* 2\pi x$	$\cos^* 2\pi x$	$\operatorname{tang}^* 2\pi x$	$\operatorname{cotg}^* 2\pi x$
0,050	$0{,}31416_{628}$	$0{,}30902_{597}$	$0{,}95106_{196}$	$0{,}32492_{696}$	$3{,}07766_{6455}$	$-0{,}45399_{561}$	$0{,}89101_{283}$	$-0{,}50952_{789}$	$-1{,}96262_{3087}$
0,051	$0{,}32044_{629}$	$0{,}31499_{595}$	$0{,}94910_{200}$	$0{,}33188_{699}$	$3{,}01311_{6209}$	$-0{,}44838_{562}$	$0{,}89384_{280}$	$-0{,}50163_{783}$	$-1{,}99349_{3163}$
0,052	$0{,}32673_{628}$	$0{,}32094_{595}$	$0{,}94710_{204}$	$0{,}33887_{702}$	$2{,}95102_{5996}$	$-0{,}44276_{564}$	$0{,}89664_{277}$	$-0{,}49380_{779}$	$-2{,}02512_{3246}$
0,053	$0{,}33301_{628}$	$0{,}32689_{593}$	$0{,}94506_{207}$	$0{,}34589_{705}$	$2{,}89106_{5773}$	$-0{,}43712_{566}$	$0{,}89941_{272}$	$-0{,}48601_{774}$	$-2{,}05758_{3330}$
0,054	$0{,}33929_{629}$	$0{,}33282_{592}$	$0{,}94299_{211}$	$0{,}35294_{708}$	$2{,}83333_{5574}$	$-0{,}43146_{568}$	$0{,}90213_{270}$	$-0{,}47827_{771}$	$-2{,}09088_{3423}$
0,055	$0{,}34558_{628}$	$0{,}33874_{590}$	$0{,}94088_{215}$	$0{,}36002_{711}$	$2{,}77759_{5379}$	$-0{,}42578_{569}$	$0{,}90483_{265}$	$-0{,}47056_{764}$	$-2{,}12511_{3509}$
0,056	$0{,}35186_{628}$	$0{,}34464_{589}$	$0{,}93873_{218}$	$0{,}36713_{715}$	$2{,}72380_{5199}$	$-0{,}42009_{571}$	$0{,}90748_{263}$	$-0{,}46292_{761}$	$-2{,}16020_{3612}$
0,057	$0{,}35814_{628}$	$0{,}35053_{588}$	$0{,}93655_{222}$	$0{,}37428_{718}$	$2{,}67181_{5031}$	$-0{,}41438_{573}$	$0{,}91011_{258}$	$-0{,}45531_{757}$	$-2{,}19632_{3711}$
0,058	$0{,}36442_{629}$	$0{,}35641_{587}$	$0{,}93433_{226}$	$0{,}38146_{722}$	$2{,}62150_{4871}$	$-0{,}40865_{574}$	$0{,}91269_{255}$	$-0{,}44774_{752}$	$-2{,}23343_{3814}$
0,059	$0{,}37071_{628}$	$0{,}36228_{584}$	$0{,}93207_{229}$	$0{,}38868_{724}$	$2{,}57279_{4704}$	$-0{,}40291_{576}$	$0{,}91524_{251}$	$-0{,}44022_{748}$	$-2{,}27157_{3927}$
0,060	$0{,}37699_{628}$	$0{,}36812_{584}$	$0{,}92978_{233}$	$0{,}39592_{729}$	$2{,}52575_{4567}$	$-0{,}39715_{578}$	$0{,}91775_{248}$	$-0{,}43274_{744}$	$-2{,}31084_{4046}$
0,061	$0{,}38327_{629}$	$0{,}37396_{582}$	$0{,}92745_{237}$	$0{,}40321_{733}$	$2{,}48008_{4425}$	$-0{,}39137_{579}$	$0{,}92023_{244}$	$-0{,}42530_{740}$	$-2{,}35130_{4164}$
0,062	$0{,}38956_{628}$	$0{,}37978_{580}$	$0{,}92508_{241}$	$0{,}41054_{736}$	$2{,}43583_{4289}$	$-0{,}38558_{580}$	$0{,}92267_{241}$	$-0{,}41790_{736}$	$-2{,}39294_{4289}$
0,063	$0{,}39584_{628}$	$0{,}38558_{579}$	$0{,}92267_{244}$	$0{,}41790_{740}$	$2{,}39294_{4164}$	$-0{,}37978_{582}$	$0{,}92508_{237}$	$-0{,}41054_{733}$	$-2{,}43583_{4425}$
0,064	$0{,}40212_{629}$	$0{,}39137_{578}$	$0{,}92023_{248}$	$0{,}42530_{744}$	$2{,}35130_{4046}$	$-0{,}37396_{584}$	$0{,}92745_{233}$	$-0{,}40321_{729}$	$-2{,}48008_{4567}$
0,065	$0{,}40841_{628}$	$0{,}39715_{576}$	$0{,}91775_{251}$	$0{,}43274_{748}$	$2{,}31084_{3927}$	$-0{,}36812_{584}$	$0{,}92978_{229}$	$-0{,}39592_{724}$	$-2{,}52575_{4704}$
0,066	$0{,}41469_{628}$	$0{,}40291_{574}$	$0{,}91524_{255}$	$0{,}44022_{752}$	$2{,}27157_{3814}$	$-0{,}36228_{587}$	$0{,}93207_{226}$	$-0{,}38868_{722}$	$-2{,}57279_{4871}$
0,067	$0{,}42097_{629}$	$0{,}40865_{573}$	$0{,}91269_{258}$	$0{,}44774_{757}$	$2{,}23343_{3711}$	$-0{,}35641_{588}$	$0{,}93433_{222}$	$-0{,}38146_{718}$	$-2{,}62150_{5031}$
0,068	$0{,}42726_{628}$	$0{,}41438_{571}$	$0{,}91011_{263}$	$0{,}45531_{761}$	$2{,}19632_{3612}$	$-0{,}35053_{589}$	$0{,}93655_{218}$	$-0{,}37428_{715}$	$-2{,}67181_{5199}$
0,069	$0{,}43354_{628}$	$0{,}42009_{569}$	$0{,}90748_{265}$	$0{,}46292_{764}$	$2{,}16020_{3509}$	$-0{,}34464_{590}$	$0{,}93873_{215}$	$-0{,}36713_{711}$	$-2{,}72380_{5379}$
0,070	$0{,}43982_{629}$	$0{,}42578_{568}$	$0{,}90483_{270}$	$0{,}47056_{771}$	$2{,}12511_{3423}$	$-0{,}33874_{592}$	$0{,}94088_{211}$	$-0{,}36002_{708}$	$-2{,}77759_{5574}$
0,071	$0{,}44611_{628}$	$0{,}43146_{566}$	$0{,}90213_{272}$	$0{,}47827_{774}$	$2{,}09088_{3330}$	$-0{,}33282_{593}$	$0{,}94299_{207}$	$-0{,}35294_{705}$	$-2{,}83333_{5773}$
0,072	$0{,}45239_{628}$	$0{,}43712_{564}$	$0{,}89941_{277}$	$0{,}48601_{779}$	$2{,}05758_{3246}$	$-0{,}32689_{595}$	$0{,}94506_{204}$	$-0{,}34589_{702}$	$-2{,}89106_{5996}$
0,073	$0{,}45867_{629}$	$0{,}44276_{562}$	$0{,}89664_{280}$	$0{,}49380_{783}$	$2{,}02512_{3163}$	$-0{,}32094_{595}$	$0{,}94710_{200}$	$-0{,}33887_{699}$	$-2{,}95102_{6209}$
0,074	$0{,}46496_{628}$	$0{,}44838_{561}$	$0{,}89384_{283}$	$0{,}50163_{789}$	$1{,}99349_{3087}$	$-0{,}31499_{597}$	$0{,}94910_{196}$	$-0{,}33188_{696}$	$-3{,}01311_{6455}$
0,075	$0{,}47124_{628}$	$0{,}45399_{559}$	$0{,}89101_{287}$	$0{,}50952_{794}$	$1{,}96262_{3012}$	$-0{,}30902_{598}$	$0{,}95106_{192}$	$-0{,}32492_{693}$	$-3{,}07766_{6707}$
0,076	$0{,}47752_{629}$	$0{,}45958_{557}$	$0{,}88814_{291}$	$0{,}51746_{800}$	$1{,}93250_{2939}$	$-0{,}30304_{600}$	$0{,}95298_{188}$	$-0{,}31799_{691}$	$-3{,}14473_{6985}$
0,077	$0{,}48381_{628}$	$0{,}46515_{555}$	$0{,}88523_{294}$	$0{,}52546_{804}$	$1{,}90311_{2869}$	$-0{,}29704_{600}$	$0{,}95486_{185}$	$-0{,}31108_{687}$	$-3{,}21458_{7263}$
0,078	$0{,}49009_{628}$	$0{,}47070_{554}$	$0{,}88229_{297}$	$0{,}53350_{810}$	$1{,}87442_{2804}$	$-0{,}29104_{602}$	$0{,}95671_{181}$	$-0{,}30421_{686}$	$-3{,}28721_{7578}$
0,079	$0{,}49637_{628}$	$0{,}47624_{551}$	$0{,}87932_{301}$	$0{,}54160_{815}$	$1{,}84638_{2737}$	$-0{,}28502_{603}$	$0{,}95852_{177}$	$-0{,}29735_{682}$	$-3{,}36299_{7903}$
0,080	$0{,}50265_{629}$	$0{,}48175_{550}$	$0{,}87631_{305}$	$0{,}54975_{822}$	$1{,}81901_{2679}$	$-0{,}27899_{604}$	$0{,}96029_{174}$	$-0{,}29053_{681}$	$-3{,}44202_{8254}$
0,081	$0{,}50894_{628}$	$0{,}48725_{548}$	$0{,}87326_{308}$	$0{,}55797_{827}$	$1{,}79222_{2618}$	$-0{,}27295_{605}$	$0{,}96203_{169}$	$-0{,}28372_{677}$	$-3{,}52456_{8623}$
0,082	$0{,}51522_{628}$	$0{,}49273_{546}$	$0{,}87018_{311}$	$0{,}56624_{833}$	$1{,}76604_{2560}$	$-0{,}26690_{606}$	$0{,}96372_{166}$	$-0{,}27695_{676}$	$-3{,}61079_{9025}$
0,083	$0{,}52150_{629}$	$0{,}49819_{543}$	$0{,}86707_{315}$	$0{,}57457_{838}$	$1{,}74044_{2502}$	$-0{,}26084_{607}$	$0{,}96538_{162}$	$-0{,}27019_{673}$	$-3{,}70104_{9454}$
0,084	$0{,}52779_{628}$	$0{,}50362_{542}$	$0{,}86392_{318}$	$0{,}58295_{845}$	$1{,}71542_{2451}$	$-0{,}25477_{608}$	$0{,}96700_{158}$	$-0{,}26346_{670}$	$-3{,}79558_{9915}$
0,085	$0{,}53407_{628}$	$0{,}50904_{540}$	$0{,}86074_{321}$	$0{,}59140_{851}$	$1{,}69091_{2399}$	$-0{,}24869_{609}$	$0{,}96858_{155}$	$-0{,}25676_{669}$	$-3{,}89473$
0,086	$0{,}54035_{629}$	$0{,}51444_{538}$	$0{,}85753_{325}$	$0{,}59991_{858}$	$1{,}66692_{2350}$	$-0{,}24260_{610}$	$0{,}97013_{150}$	$-0{,}25007_{666}$	$-3{,}99889$
0,087	$0{,}54664_{628}$	$0{,}51982_{535}$	$0{,}85428_{329}$	$0{,}60849_{864}$	$1{,}64342_{2301}$	$-0{,}23650_{611}$	$0{,}07163_{147}$	$0{,}24341_{665}$	$-4{,}10837$
0,088	$0{,}55292_{628}$	$0{,}52517_{534}$	$0{,}85099_{331}$	$0{,}61713_{871}$	$1{,}62041_{2255}$	$-0{,}23039_{612}$	$0{,}97310_{143}$	$-0{,}23676_{663}$	$-4{,}22371$
0,089	$0{,}55920_{629}$	$0{,}53051_{532}$	$0{,}84768_{335}$	$0{,}62584_{878}$	$1{,}59786_{2212}$	$-0{,}22427_{613}$	$0{,}97453_{139}$	$-0{,}23013_{661}$	$-4{,}34534$
0,090	$0{,}56549_{628}$	$0{,}53583_{529}$	$0{,}84433_{339}$	$0{,}63462_{885}$	$1{,}57574_{2167}$	$-0{,}21814_{613}$	$0{,}97592_{135}$	$-0{,}22352_{658}$	$-4{,}47382$
0,091	$0{,}57177_{628}$	$0{,}54112_{527}$	$0{,}84094_{341}$	$0{,}64347_{891}$	$1{,}55407_{2123}$	$-0{,}21201_{615}$	$0{,}97727_{131}$	$-0{,}21694_{657}$	$-4{,}60955$
0,092	$0{,}57805_{629}$	$0{,}54639_{526}$	$0{,}83753_{345}$	$0{,}65238_{901}$	$1{,}53284_{2087}$	$-0{,}20586_{615}$	$0{,}97858_{128}$	$-0{,}21037_{656}$	$-4{,}75362$
0,093	$0{,}58434_{628}$	$0{,}55165_{523}$	$0{,}83408_{348}$	$0{,}66139_{907}$	$1{,}51197_{2045}$	$-0{,}19971_{616}$	$0{,}97986_{123}$	$-0{,}20381_{653}$	$-4{,}90641$
0,094	$0{,}59062_{628}$	$0{,}55688_{520}$	$0{,}83060_{352}$	$0{,}67046_{914}$	$1{,}49152_{2006}$	$-0{,}19355_{617}$	$0{,}98109_{120}$	$-0{,}19728_{652}$	$-5{,}06892$
0,095	$0{,}59690_{629}$	$0{,}56208_{519}$	$0{,}82708_{355}$	$0{,}67960_{923}$	$1{,}47146_{1972}$	$-0{,}18738_{617}$	$0{,}98229_{116}$	$-0{,}19076_{650}$	$-5{,}24224$
0,096	$0{,}60319_{628}$	$0{,}56727_{516}$	$0{,}82353_{358}$	$0{,}68883_{930}$	$1{,}45174_{1934}$	$-0{,}18121_{619}$	$0{,}98345_{111}$	$-0{,}18426_{650}$	$-5{,}42713$
0,097	$0{,}60947_{628}$	$0{,}57243_{514}$	$0{,}81995_{361}$	$0{,}69813_{938}$	$1{,}43240_{1900}$	$-0{,}17502_{619}$	$0{,}98456_{108}$	$-0{,}17776_{647}$	$-5{,}62541$
0,098	$0{,}61575_{629}$	$0{,}57757_{512}$	$0{,}81634_{365}$	$0{,}70751_{948}$	$1{,}41340_{1868}$	$-0{,}16883_{619}$	$0{,}98564_{105}$	$-0{,}17129_{646}$	$-5{,}83806$
0,099	$0{,}62204_{628}$	$0{,}58269_{510}$	$0{,}81269_{367}$	$0{,}71699_{956}$	$1{,}39472_{1834}$	$-0{,}16264_{621}$	$0{,}98669_{100}$	$-0{,}16483_{645}$	$-6{,}06671$
0,100	$0{,}62832_{628}$	$0{,}58779_{507}$	$0{,}80902_{371}$	$0{,}72655_{964}$	$1{,}37638_{1803}$	$-0{,}15643_{620}$	$0{,}98769_{96}$	$-0{,}15838_{643}$	$-6{,}31394$

x	$2\pi x$	$\ln 2\pi x$	$e^{2\pi x}$	$e^{-2\pi x}$	$\mathfrak{Sin}\,2\pi x$	$\mathfrak{Cof}\,2\pi x$	$\mathfrak{Tang}\,2\pi x$	$\mathfrak{Cotg}\,2\pi x$	$\mathfrak{Amp}\,2\pi x$
0,100	0,62832 $_{628}$	−0,46471 $_{995}$	1,8745 $_{118}$	0,5335 $_{34}$	0,67048 $_{76}$	1,2040 $_{42}$	0,55689 $_{432}$	1,7957 $_{138}$	0,5906 $_{52}$
0,101	0,63460 $_{628}$	−0,45476 $_{985}$	1,8863 $_{119}$	0,5301 $_{33}$	0,6781 $_{76}$	1,2082 $_{43}$	0,56121 $_{430}$	1,7819 $_{136}$	0,5958 $_{52}$
0,102	0,64088 $_{629}$	−0,44491 $_{976}$	1,8982 $_{119}$	0,5268 $_{33}$	0,6857 $_{76}$	1,2125 $_{43}$	0,56551 $_{426}$	1,7683 $_{132}$	0,6010 $_{52}$
0,103	0,64717 $_{628}$	−0,43515 $_{966}$	1,9101 $_{121}$	0,5235 $_{33}$	0,6933 $_{77}$	1,2168 $_{44}$	0,56977 $_{422}$	1,7551 $_{129}$	0,6062 $_{52}$
0,104	0,65345 $_{628}$	−0,42549 $_{956}$	1,9222 $_{121}$	0,5202 $_{32}$	0,7010 $_{76}$	1,2212 $_{44}$	0,57399 $_{420}$	1,7422 $_{127}$	0,6114 $_{51}$
0,105	0,65973 $_{629}$	−0,41593 $_{949}$	1,9343 $_{122}$	0,5170 $_{33}$	0,7086 $_{78}$	1,2256 $_{45}$	0,57819 $_{416}$	1,7295 $_{123}$	0,6165 $_{51}$
0,106	0,66602 $_{628}$	−0,40644 $_{939}$	1,9465 $_{122}$	0,5137 $_{32}$	0,7164 $_{77}$	1,2301 $_{45}$	0,58235 $_{414}$	1,7172 $_{121}$	0,6216 $_{51}$
0,107	0,67230 $_{628}$	−0,39705 $_{930}$	1,9587 $_{124}$	0,5105 $_{32}$	0,7241 $_{78}$	1,2346 $_{46}$	0,58649 $_{411}$	1,7051 $_{119}$	0,6267 $_{51}$
0,108	0,67858 $_{629}$	−0,38775 $_{922}$	1,9711 $_{124}$	0,5073 $_{31}$	0,7319 $_{78}$	1,2392 $_{47}$	0,59060 $_{408}$	1,6932 $_{116}$	0,6318 $_{50}$
0,109	0,68487 $_{628}$	−0,37853 $_{913}$	1,9835 $_{125}$	0,5042 $_{32}$	0,7397 $_{78}$	1,2439 $_{46}$	0,59468 $_{404}$	1,6816 $_{114}$	0,6368 $_{50}$
0,110	0,69115 $_{628}$	−0,36940 $_{905}$	1,9960 $_{126}$	0,5010 $_{31}$	0,7475 $_{79}$	1,2485 $_{48}$	0,59872 $_{401}$	1,6702 $_{111}$	0,6418 $_{51}$
0,111	0,69743 $_{629}$	−0,36035 $_{897}$	2,0086 $_{127}$	0,4979 $_{32}$	0,7554 $_{79}$	1,2533 $_{47}$	0,60273 $_{399}$	1,6591 $_{109}$	0,6469 $_{50}$
0,112	0,70372 $_{628}$	−0,35138 $_{889}$	2,0213 $_{127}$	0,4947 $_{31}$	0,7633 $_{79}$	1,2580 $_{48}$	0,60672 $_{396}$	1,6482 $_{107}$	0,6519 $_{50}$
0,113	0,71000 $_{628}$	−0,34249 $_{881}$	2,0340 $_{128}$	0,4916 $_{30}$	0,7712 $_{79}$	1,2628 $_{49}$	0,61068 $_{392}$	1,6375 $_{104}$	0,6569 $_{49}$
0,114	0,71628 $_{629}$	−0,33368 $_{874}$	2,0468 $_{129}$	0,4886 $_{31}$	0,7791 $_{80}$	1,2677 $_{49}$	0,61460 $_{390}$	1,6271 $_{103}$	0,6618 $_{49}$
0,115	0,72257 $_{628}$	−0,32494 $_{865}$	2,0597 $_{130}$	0,4855 $_{30}$	0,7871 $_{80}$	1,2726 $_{50}$	0,61850 $_{386}$	1,6168 $_{100}$	0,6667 $_{49}$
0,116	0,72885 $_{628}$	−0,31629 $_{858}$	2,0727 $_{130}$	0,4825 $_{30}$	0,7951 $_{80}$	1,2776 $_{50}$	0,62236 $_{383}$	1,6068 $_{98}$	0,6716 $_{49}$
0,117	0,73513 $_{629}$	−0,30771 $_{852}$	2,0857 $_{132}$	0,4795 $_{31}$	0,8031 $_{82}$	1,2826 $_{51}$	0,62619 $_{381}$	1,5970 $_{97}$	0,6765 $_{49}$
0,118	0,74142 $_{628}$	−0,29919 $_{844}$	2,0989 $_{132}$	0,4764 $_{29}$	0,8113 $_{80}$	1,2877 $_{51}$	0,63000 $_{378}$	1,5873 $_{95}$	0,6814 $_{49}$
0,119	0,74770 $_{628}$	−0,29075 $_{836}$	2,1121 $_{133}$	0,4735 $_{30}$	0,8193 $_{82}$	1,2928 $_{52}$	0,63378 $_{374}$	1,5778 $_{92}$	0,6863 $_{49}$
0,120	0,75398 $_{629}$	−0,28239 $_{831}$	2,1254 $_{135}$	0,4705 $_{30}$	0,8275 $_{82}$	1,2980 $_{52}$	0,63752 $_{372}$	1,5686 $_{91}$	0,6912 $_{48}$
0,121	0,76027 $_{628}$	−0,27408 $_{822}$	2,1389 $_{134}$	0,4675 $_{29}$	0,8357 $_{82}$	1,3032 $_{53}$	0,64124 $_{368}$	1,5595 $_{89}$	0,6960 $_{49}$
0,122	0,76655 $_{628}$	−0,26586 $_{816}$	2,1523 $_{136}$	0,4646 $_{29}$	0,8439 $_{82}$	1,3085 $_{53}$	0,64492 $_{365}$	1,5506 $_{88}$	0,7009 $_{48}$
0,123	0,77283 $_{628}$	−0,25770 $_{810}$	2,1659 $_{137}$	0,4617 $_{29}$	0,8521 $_{83}$	1,3138 $_{54}$	0,64857 $_{362}$	1,5418 $_{85}$	0,7057 $_{48}$
0,124	0,77911 $_{629}$	−0,24960 $_{804}$	2,1796 $_{137}$	0,4588 $_{29}$	0,8604 $_{83}$	1,3192 $_{54}$	0,65219 $_{361}$	1,5333 $_{84}$	0,7105 $_{47}$
0,125	0,78540 $_{628}$	−0,24156 $_{796}$	2,1933 $_{138}$	0,4559 $_{28}$	0,8687 $_{83}$	1,3246 $_{55}$	0,65580 $_{357}$	1,5249 $_{83}$	0,7152 $_{47}$
0,126	0,79168 $_{628}$	−0,23360 $_{790}$	2,2071 $_{139}$	0,4531 $_{29}$	0,8770 $_{84}$	1,3301 $_{55}$	0,65937 $_{353}$	1,5166 $_{81}$	0,7199 $_{47}$
0,127	0,79796 $_{629}$	−0,22570 $_{785}$	2,2210 $_{140}$	0,4502 $_{28}$	0,8854 $_{84}$	1,3356 $_{56}$	0,66290 $_{351}$	1,5085 $_{79}$	0,7246 $_{47}$
0,128	0,80425 $_{628}$	−0,21785 $_{778}$	2,2350 $_{141}$	0,4474 $_{28}$	0,8938 $_{85}$	1,3412 $_{57}$	0,66641 $_{347}$	1,5006 $_{78}$	0,7293 $_{47}$
0,129	0,81053 $_{628}$	−0,21007 $_{772}$	2,2491 $_{142}$	0,4446 $_{28}$	0,9023 $_{84}$	1,3469 $_{57}$	0,66988 $_{346}$	1,4928 $_{77}$	0,7340 $_{47}$
0,130	0,81681 $_{629}$	−0,20235 $_{767}$	2,2633 $_{142}$	0,4418 $_{27}$	0,9107 $_{85}$	1,3526 $_{57}$	0,67334 $_{341}$	1,4851 $_{74}$	0,7387 $_{46}$
0,131	0,82310 $_{628}$	−0,19468 $_{760}$	2,2775 $_{144}$	0,4391 $_{28}$	0,9192 $_{86}$	1,3583 $_{58}$	0,67675 $_{340}$	1,4777 $_{74}$	0,7433 $_{46}$
0,132	0,82938 $_{628}$	−0,18708 $_{755}$	2,2919 $_{145}$	0,4363 $_{27}$	0,9278 $_{86}$	1,3641 $_{59}$	0,68015 $_{335}$	1,4703 $_{72}$	0,7479 $_{46}$
0,133	0,83566 $_{629}$	−0,17953 $_{749}$	2,3064 $_{145}$	0,4336 $_{27}$	0,9364 $_{86}$	1,3700 $_{59}$	0,68350 $_{334}$	1,4631 $_{72}$	0,7525 $_{46}$
0,134	0,84195 $_{628}$	−0,17204 $_{744}$	2,3209 $_{146}$	0,4309 $_{27}$	0,9450 $_{87}$	1,3759 $_{59}$	0,68684 $_{330}$	1,4559 $_{70}$	0,7571 $_{45}$
0,135	0,84823 $_{628}$	−0,16460 $_{737}$	2,3355 $_{147}$	0,4282 $_{27}$	0,9537 $_{87}$	1,3818 $_{61}$	0,69014 $_{327}$	1,4489 $_{68}$	0,7616 $_{45}$
0,136	0,85451 $_{629}$	−0,15723 $_{734}$	2,3502 $_{148}$	0,4255 $_{27}$	0,9624 $_{87}$	1,3879 $_{60}$	0,69341 $_{326}$	1,4421 $_{67}$	0,7661 $_{45}$
0,137	0,86080 $_{628}$	−0,14989 $_{727}$	2,3650 $_{149}$	0,4228 $_{26}$	0,9711 $_{88}$	1,3939 $_{62}$	0,69667 $_{322}$	1,4354 $_{66}$	0,7706 $_{45}$
0,138	0,86708 $_{628}$	−0,14262 $_{721}$	2,3799 $_{150}$	0,4202 $_{26}$	0,9799 $_{88}$	1,4001 $_{62}$	0,69989 $_{319}$	1,4288 $_{65}$	0,7751 $_{45}$
0,139	0,87336 $_{629}$	−0,13541 $_{718}$	2,3949 $_{151}$	0,4176 $_{27}$	0,9887 $_{89}$	1,4063 $_{62}$	0,70308 $_{317}$	1,4223 $_{64}$	0,7796 $_{45}$
0,140	0,87965 $_{628}$	−0,12823 $_{711}$	2,4100 $_{152}$	0,4149 $_{26}$	0,9976 $_{89}$	1,4125 $_{63}$	0,70625 $_{313}$	1,4159 $_{62}$	0,7841 $_{44}$
0,141	0,88593 $_{628}$	−0,12112 $_{707}$	2,4252 $_{153}$	0,4123 $_{25}$	1,0065 $_{89}$	1,4188 $_{64}$	0,70938 $_{310}$	1,4097 $_{62}$	0,7885 $_{44}$
0,142	0,89221 $_{629}$	−0,11405 $_{702}$	2,4405 $_{154}$	0,4098 $_{26}$	1,0154 $_{90}$	1,4252 $_{64}$	0,71248 $_{308}$	1,4035 $_{60}$	0,7929 $_{44}$
0,143	0,89850 $_{628}$	−0,10703 $_{697}$	2,4559 $_{155}$	0,4072 $_{26}$	1,0244 $_{90}$	1,4316 $_{64}$	0,71556 $_{306}$	1,3975 $_{59}$	0,7973 $_{44}$
0,144	0,90478 $_{628}$	−0,10006 $_{691}$	2,4714 $_{156}$	0,4046 $_{25}$	1,0334 $_{90}$	1,4380 $_{65}$	0,71862 $_{302}$	1,3916 $_{59}$	0,8017 $_{44}$
0,145	0,91106 $_{629}$	−0,09315 $_{688}$	2,4870 $_{156}$	0,4021 $_{25}$	1,0424 $_{91}$	1,4445 $_{66}$	0,72164 $_{301}$	1,3857 $_{57}$	0,8061 $_{43}$
0,146	0,91735 $_{628}$	−0,08627 $_{683}$	2,5026 $_{158}$	0,3996 $_{25}$	1,0515 $_{92}$	1,4511 $_{67}$	0,72465 $_{296}$	1,3800 $_{56}$	0,8104 $_{43}$
0,147	0,92363 $_{628}$	−0,07944 $_{677}$	2,5184 $_{159}$	0,3971 $_{26}$	1,0607 $_{92}$	1,4578 $_{66}$	0,72761 $_{295}$	1,3744 $_{56}$	0,8147 $_{43}$
0,148	0,92991 $_{628}$	−0,07267 $_{673}$	2,5343 $_{160}$	0,3945 $_{24}$	1,0699 $_{92}$	1,4644 $_{68}$	0,73056 $_{291}$	1,3688 $_{54}$	0,8190 $_{44}$
0,149	0,93619 $_{629}$	−0,06594 $_{670}$	2,5503 $_{160}$	0,3921 $_{24}$	1,0791 $_{92}$	1,4712 $_{68}$	0,73347 $_{291}$	1,3634 $_{54}$	0,8234 $_{44}$
0,150	0,94248 $_{628}$	−0,05924 $_{664}$	2,5663 $_{162}$	0,3897 $_{25}$	1,0883 $_{94}$	1,4780 $_{69}$	0,73636 $_{286}$	1,3580 $_{52}$	0,8277 $_{42}$

x	$2\pi x$	$\sin 2\pi x$	$\cos 2\pi x$	tang $2\pi x$	cotg $2\pi x$	$\sin^* 2\pi x$	$\cos^* 2\pi x$	tang* $2\pi x$	cotg* $2\pi x$
0,100	$0{,}62832_{628}$	$0{,}58779_{507}$	$0{,}80902_{371}$	$0{,}72655_{964}$	$1{,}37638_{1803}$	$-0{,}15643_{620}$	$0{,}98769_{96}$	$-0{,}15838_{643}$	$-\ 6{,}31394$
0,101	$0{,}63460_{628}$	$0{,}59286_{504}$	$0{,}80531_{374}$	$0{,}73619_{972}$	$1{,}35835_{1771}$	$-0{,}15023_{622}$	$0{,}98865_{93}$	$-0{,}15195_{642}$	$-\ 6{,}58091$
0,102	$0{,}64088_{629}$	$0{,}59790_{503}$	$0{,}80157_{378}$	$0{,}74591_{984}$	$1{,}34064_{1745}$	$-0{,}14401_{622}$	$0{,}98958_{88}$	$-0{,}14553_{641}$	$-\ 6{,}87161$
0,103	$0{,}64717_{628}$	$0{,}60293_{500}$	$0{,}79779_{380}$	$0{,}75575_{991}$	$1{,}32319_{1714}$	$-0{,}13779_{623}$	$0{,}99046_{85}$	$-0{,}13912_{641}$	$-\ 7{,}18818$
0,104	$0{,}65345_{628}$	$0{,}60793_{498}$	$0{,}79399_{383}$	$0{,}76566_{1002}$	$1{,}30605_{1686}$	$-0{,}13156_{623}$	$0{,}99131_{80}$	$-0{,}13271_{638}$	$-\ 7{,}53504$
0,105	$0{,}65973_{629}$	$0{,}61291_{495}$	$0{,}79016_{387}$	$0{,}77568_{1011}$	$1{,}28919_{1659}$	$-0{,}12533_{623}$	$0{,}99211_{77}$	$-0{,}12633_{638}$	$-\ 7{,}91598$
0,106	$0{,}66602_{628}$	$0{,}61786_{493}$	$0{,}78629_{390}$	$0{,}78579_{1022}$	$1{,}27260_{1633}$	$-0{,}11910_{624}$	$0{,}99288_{73}$	$-0{,}11995_{636}$	$-\ 8{,}33652$
0,107	$0{,}67230_{628}$	$0{,}62279_{490}$	$0{,}78239_{393}$	$0{,}79601_{1031}$	$1{,}25627_{1607}$	$-0{,}11286_{625}$	$0{,}99361_{69}$	$-6{,}11359_{636}$	$-\ 8{,}80392$
0,108	$0{,}67858_{629}$	$0{,}62769_{488}$	$0{,}77846_{396}$	$0{,}80632_{1043}$	$1{,}24020_{1583}$	$-0{,}10661_{625}$	$0{,}99430_{65}$	$-0{,}10722_{635}$	$-\ 9{,}32652$
0,109	$0{,}68487_{628}$	$0{,}63257_{485}$	$0{,}77450_{399}$	$0{,}81675_{1052}$	$1{,}22437_{1558}$	$-0{,}10036_{625}$	$0{,}99495_{61}$	$-0{,}10087_{635}$	$-\ 9{,}91381$
0,110	$0{,}69115_{628}$	$0{,}63742_{483}$	$0{,}77051_{402}$	$0{,}82727_{1064}$	$1{,}20879_{1535}$	$-0{,}09411_{626}$	$0{,}99556_{57}$	$-0{,}09453_{634}$	$-10{,}57868$
0,111	$0{,}69743_{629}$	$0{,}64225_{481}$	$0{,}76649_{405}$	$0{,}83791_{1076}$	$1{,}19344_{1513}$	$-0{,}08785_{626}$	$0{,}99613_{54}$	$-0{,}08819_{633}$	$-11{,}33899$
0,112	$0{,}70372_{628}$	$0{,}64706_{477}$	$0{,}76244_{408}$	$0{,}84867_{1086}$	$1{,}17831_{1488}$	$-0{,}08159_{626}$	$0{,}99667_{49}$	$-0{,}08186_{632}$	$-12{,}21559$
0,113	$0{,}71000_{628}$	$0{,}65183_{476}$	$0{,}75836_{411}$	$0{,}85953_{1099}$	$1{,}16343_{1469}$	$-0{,}07533_{627}$	$0{,}99716_{45}$	$-0{,}07554_{632}$	$-13{,}23722$
0,114	$0{,}71628_{629}$	$0{,}65659_{472}$	$0{,}75425_{414}$	$0{,}87052_{1110}$	$1{,}14874_{1446}$	$-0{,}06906_{627}$	$0{,}99761_{42}$	$-0{,}06923_{632}$	$-14{,}44555$
0,115	$0{,}72257_{628}$	$0{,}66131_{470}$	$0{,}75011_{417}$	$0{,}88162_{1123}$	$1{,}13428_{1427}$	$-0{,}06279_{627}$	$0{,}99803_{37}$	$-0{,}06291_{630}$	$-15{,}89473$
0,116	$0{,}72885_{628}$	$0{,}66601_{468}$	$0{,}74594_{420}$	$0{,}89285_{1136}$	$1{,}12001_{1407}$	$-0{,}05652_{628}$	$0{,}99840_{34}$	$-0{,}05661_{631}$	$-17{,}66454$
0,117	$0{,}73513_{629}$	$0{,}67069_{464}$	$0{,}74174_{423}$	$0{,}90421_{1148}$	$1{,}10594_{1387}$	$-0{,}05024_{627}$	$0{,}99874_{29}$	$-0{,}05030_{629}$	$-19{,}87938$
0,118	$0{,}74142_{628}$	$0{,}67533_{462}$	$0{,}73751_{425}$	$0{,}91569_{1161}$	$1{,}09207_{1367}$	$-0{,}04397_{628}$	$0{,}99903_{26}$	$-0{,}04401_{629}$	$-22{,}72072$
0,119	$0{,}74770_{628}$	$0{,}67995_{460}$	$0{,}73326_{429}$	$0{,}92730_{1176}$	$1{,}07840_{1351}$	$-0{,}03769_{628}$	$0{,}99929_{22}$	$-0{,}03772_{629}$	$-26{,}51340$
0,120	$0{,}75398_{629}$	$0{,}68455_{456}$	$0{,}72897_{432}$	$0{,}93906_{1190}$	$1{,}06489_{1332}$	$-0{,}03141_{628}$	$0{,}99951_{17}$	$-0{,}03143_{629}$	$-31{,}82139$
0,121	$0{,}76027_{628}$	$0{,}68911_{454}$	$0{,}72465_{434}$	$0{,}95096_{1203}$	$1{,}05157_{1314}$	$-0{,}02513_{628}$	$0{,}99968_{14}$	$-0{,}02514_{629}$	$-39{,}78034$
0,122	$0{,}76655_{628}$	$0{,}69365_{452}$	$0{,}72031_{437}$	$0{,}96299_{1219}$	$1{,}03843_{1298}$	$-0{,}01885_{628}$	$0{,}99982_{10}$	$-0{,}01885_{628}$	$-53{,}04085$
0,123	$0{,}77283_{628}$	$0{,}69817_{452}$	$0{,}71594_{437}$	$0{,}97518_{1233}$	$1{,}02545_{1280}$	$-0{,}01257_{628}$	$0{,}99992_{6}$	$-0{,}01257_{629}$	$-79{,}54813$
0,124	$0{,}77911_{629}$	$0{,}70265_{446}$	$0{,}71154_{440}$	$0{,}98751_{1249}$	$1{,}01265_{1265}$	$-0{,}00628_{628}$	$0{,}99998_{2}$	$-0{,}00628_{628}$	$-159{,}23248$
0,125	$0{,}78540_{628}$	$0{,}70711_{443}$	$0{,}70711_{446}$	$1{,}00000_{1265}$	$1{,}00000_{1249}$	$\mp 0{,}00000_{628}$	$1{,}00000_{2}$	$\mp 0{,}00000_{628}$	$\mp\ \infty$
0,126	$0{,}79168_{628}$	$0{,}71154_{440}$	$0{,}70265_{448}$	$1{,}01265_{1280}$	$0{,}98751_{1233}$	$0{,}00628_{629}$	$0{,}99998_{6}$	$0{,}00628_{629}$	$159{,}23248$
0,127	$0{,}79796_{629}$	$0{,}71594_{437}$	$0{,}69817_{452}$	$1{,}02545_{1298}$	$0{,}97518_{1219}$	$0{,}01257_{628}$	$0{,}99992_{10}$	$0{,}01257_{628}$	$79{,}54813$
0,128	$0{,}80425_{628}$	$0{,}72031_{434}$	$0{,}69365_{454}$	$1{,}03843_{1314}$	$0{,}96299_{1203}$	$0{,}01885_{628}$	$0{,}99982_{14}$	$0{,}01885_{629}$	$53{,}04085$
0,129	$0{,}81053_{628}$	$0{,}72465_{432}$	$0{,}68911_{456}$	$1{,}05157_{1332}$	$0{,}95096_{1190}$	$0{,}02513_{628}$	$0{,}99968_{17}$	$0{,}02514_{629}$	$39{,}78034$
0,130	$0{,}81681_{629}$	$0{,}72897_{429}$	$0{,}68455_{460}$	$1{,}06489_{1351}$	$0{,}93906_{1176}$	$0{,}03141_{628}$	$0{,}99951_{22}$	$0{,}03143_{629}$	$31{,}82139$
0,131	$0{,}82310_{628}$	$0{,}73326_{425}$	$0{,}67995_{462}$	$1{,}07840_{1367}$	$0{,}92730_{1161}$	$0{,}03769_{628}$	$0{,}99929_{26}$	$0{,}03772_{629}$	$26{,}51340$
0,132	$0{,}82938_{628}$	$0{,}73751_{423}$	$0{,}67533_{464}$	$1{,}09207_{1387}$	$0{,}91569_{1148}$	$0{,}04397_{627}$	$0{,}99903_{29}$	$0{,}04401_{629}$	$22{,}72072$
0,133	$0{,}83566_{629}$	$0{,}74174_{420}$	$0{,}67069_{468}$	$1{,}10594_{1407}$	$0{,}90421_{1136}$	$0{,}05024_{628}$	$0{,}99874_{34}$	$0{,}05030_{631}$	$19{,}87938$
0,134	$0{,}84195_{628}$	$0{,}74594_{417}$	$0{,}66601_{470}$	$1{,}12001_{1427}$	$0{,}89285_{1123}$	$0{,}05652_{627}$	$0{,}99840_{37}$	$0{,}05661_{630}$	$17{,}66454$
0,135	$0{,}84823_{628}$	$0{,}75011_{414}$	$0{,}66131_{472}$	$1{,}13428_{1446}$	$0{,}88162_{1110}$	$0{,}06279_{627}$	$0{,}99803_{42}$	$0{,}06291_{632}$	$15{,}89473$
0,136	$0{,}85451_{629}$	$0{,}75425_{411}$	$0{,}65659_{476}$	$1{,}14874_{1469}$	$0{,}87052_{1099}$	$0{,}06906_{627}$	$0{,}99761_{45}$	$0{,}06923_{631}$	$14{,}44555$
0,137	$0{,}86080_{628}$	$0{,}75836_{408}$	$0{,}65183_{477}$	$1{,}16343_{1488}$	$0{,}85953_{1086}$	$0{,}07533_{626}$	$0{,}99716_{49}$	$0{,}07554_{632}$	$13{,}23722$
0,138	$0{,}86708_{628}$	$0{,}76244_{405}$	$0{,}64706_{481}$	$1{,}17831_{1513}$	$0{,}84867_{1076}$	$0{,}08159_{626}$	$0{,}99667_{54}$	$0{,}08186_{633}$	$12{,}21559$
0,139	$0{,}87336_{629}$	$0{,}76649_{402}$	$0{,}64225_{483}$	$1{,}19344_{1535}$	$0{,}83791_{1064}$	$0{,}08785_{626}$	$0{,}99613_{57}$	$0{,}08819_{634}$	$11{,}33899$
0,140	$0{,}87965_{628}$	$0{,}77051_{399}$	$0{,}63742_{485}$	$1{,}20879_{1558}$	$0{,}82727_{1052}$	$0{,}09411_{625}$	$0{,}99556_{61}$	$0{,}09453_{634}$	$10{,}57868$
0,141	$0{,}88593_{628}$	$0{,}77450_{396}$	$0{,}63257_{488}$	$1{,}22437_{1583}$	$0{,}81675_{1043}$	$0{,}10036_{625}$	$0{,}99495_{65}$	$0{,}10087_{635}$	$9{,}91381$
0,142	$0{,}89221_{629}$	$0{,}77846_{393}$	$0{,}62769_{490}$	$1{,}24020_{1607}$	$0{,}80632_{1031}$	$0{,}10661_{625}$	$0{,}99430_{69}$	$0{,}10722_{637}$	$9{,}32652$
0,143	$0{,}89850_{628}$	$0{,}78239_{390}$	$0{,}62279_{493}$	$1{,}25627_{1633}$	$0{,}79601_{1022}$	$0{,}11286_{624}$	$0{,}99361_{73}$	$0{,}11359_{636}$	$8{,}80392$
0,144	$0{,}90478_{628}$	$0{,}78629_{387}$	$0{,}61786_{495}$	$1{,}27260_{1659}$	$0{,}78579_{1011}$	$0{,}11910_{623}$	$0{,}99288_{77}$	$0{,}11995_{638}$	$8{,}33652$
0,145	$0{,}91106_{629}$	$0{,}79016_{383}$	$0{,}61291_{498}$	$1{,}28919_{1686}$	$0{,}77568_{1002}$	$0{,}12533_{623}$	$0{,}99211_{80}$	$0{,}12633_{638}$	$7{,}91598$
0,146	$0{,}91735_{628}$	$0{,}79399_{380}$	$0{,}60793_{500}$	$1{,}30605_{1714}$	$0{,}76566_{991}$	$0{,}13156_{623}$	$0{,}99131_{85}$	$0{,}13271_{641}$	$7{,}53504$
0,147	$0{,}92363_{628}$	$0{,}79779_{378}$	$0{,}60293_{503}$	$1{,}32319_{1745}$	$0{,}75575_{984}$	$0{,}13779_{622}$	$0{,}99046_{88}$	$0{,}13912_{641}$	$7{,}18818$
0,148	$0{,}92991_{628}$	$0{,}80157_{374}$	$0{,}59790_{504}$	$1{,}34064_{1771}$	$0{,}74591_{972}$	$0{,}14401_{622}$	$0{,}98958_{93}$	$0{,}14553_{642}$	$6{,}87161$
0,149	$0{,}93619_{629}$	$0{,}80531_{371}$	$0{,}59286_{507}$	$1{,}35835_{1803}$	$0{,}73619_{964}$	$0{,}15023_{620}$	$0{,}98865_{96}$	$0{,}15195_{643}$	$6{,}58091$
0,150	$0{,}94248_{628}$	$0{,}80902_{367}$	$0{,}58779_{510}$	$1{,}37638_{1834}$	$0{,}72655_{956}$	$0{,}15643_{621}$	$0{,}98769_{100}$	$0{,}15838_{645}$	$6{,}31394$

x	$2\pi x$	$\ln 2\pi x$	$e^{2\pi x}$	$e^{-2\pi x}$	Sin $2\pi x$	Cos $2\pi x$	Tang $2\pi x$	Cotg $2\pi x$	Amp $2\pi x$
0,150	$0{,}94248_{628}$	$-0{,}05924_{664}$	$2{,}5663_{162}$	$0{,}3897_{25}$	$1{,}0883_{94}$	$1{,}4780_{69}$	$0{,}73636_{286}$	$1{,}3580_{52}$	$0{,}8277_{42}$
0,151	$0{,}94876_{628}$	$-0{,}05260_{660}$	$2{,}5825_{163}$	$0{,}3872_{24}$	$1{,}0977_{93}$	$1{,}4849_{69}$	$0{,}73922_{284}$	$1{,}3528_{52}$	$0{,}8319_{42}$
0,152	$0{,}95504_{629}$	$-0{,}04600_{656}$	$2{,}5988_{164}$	$0{,}3848_{24}$	$1{,}1070_{94}$	$1{,}4918_{70}$	$0{,}74206_{281}$	$1{,}3476_{51}$	$0{,}8361_{41}$
0,153	$0{,}96133_{628}$	$-0{,}03944_{651}$	$2{,}6152_{164}$	$0{,}3824_{24}$	$1{,}1164_{94}$	$1{,}4988_{70}$	$0{,}74487_{278}$	$1{,}3425_{50}$	$0{,}8402_{42}$
0,154	$0{,}96761_{628}$	$-0{,}03293_{647}$	$2{,}6316_{166}$	$0{,}3800_{24}$	$1{,}1258_{95}$	$1{,}5058_{71}$	$0{,}74765_{276}$	$1{,}3375_{49}$	$0{,}8444_{42}$
0,155	$0{,}97389_{629}$	$-0{,}02646_{644}$	$2{,}6482_{167}$	$0{,}3776_{24}$	$1{,}1353_{96}$	$1{,}5129_{72}$	$0{,}75041_{274}$	$1{,}3326_{48}$	$0{,}8486_{42}$
0,156	$0{,}98018_{628}$	$-0{,}02002_{639}$	$2{,}6649_{168}$	$0{,}3752_{23}$	$1{,}1449_{95}$	$1{,}5201_{72}$	$0{,}75315_{270}$	$1{,}3278_{48}$	$0{,}8528_{41}$
0,157	$0{,}98646_{628}$	$-0{,}01363_{634}$	$2{,}6817_{169}$	$0{,}3729_{23}$	$1{,}1544_{96}$	$1{,}5273_{73}$	$0{,}75585_{267}$	$1{,}3230_{47}$	$0{,}8569_{41}$
0,158	$0{,}99274_{629}$	$-0{,}00729_{632}$	$2{,}6986_{170}$	$0{,}3706_{24}$	$1{,}1640_{97}$	$1{,}5346_{73}$	$0{,}75852_{266}$	$1{,}3183_{46}$	$0{,}8610_{41}$
0,159	$0{,}99903_{63}$	$-0{,}00097_{626}$	$2{,}7156_{172}$	$0{,}3682_{23}$	$1{,}1737_{97}$	$1{,}5419_{74}$	$0{,}76118_{264}$	$1{,}3137_{45}$	$0{,}8651_{41}$
0,160	$1{,}0053_{63}$	$+0{,}00529_{622}$	$2{,}7328_{172}$	$0{,}3659_{23}$	$1{,}1834_{98}$	$1{,}5493_{75}$	$0{,}76382_{260}$	$1{,}3092_{44}$	$0{,}8692_{40}$
0,161	$1{,}0116_{63}$	$0{,}01151_{618}$	$2{,}7500_{173}$	$0{,}3636_{22}$	$1{,}1932_{98}$	$1{,}5568_{76}$	$0{,}76642_{258}$	$1{,}3048_{44}$	$0{,}8732_{40}$
0,162	$1{,}0179_{63}$	$0{,}01769_{615}$	$2{,}7673_{174}$	$0{,}3614_{23}$	$1{,}2030_{98}$	$1{,}5644_{75}$	$0{,}76900_{255}$	$1{,}3004_{43}$	$0{,}8772_{40}$
0,163	$1{,}0242_{62}$	$0{,}02384_{611}$	$2{,}7847_{176}$	$0{,}3591_{23}$	$1{,}2128_{99}$	$1{,}5719_{77}$	$0{,}77155_{254}$	$1{,}2961_{43}$	$0{,}8812_{40}$
0,164	$1{,}0304_{63}$	$0{,}02995_{609}$	$2{,}8023_{177}$	$0{,}3568_{22}$	$1{,}2227_{100}$	$1{,}5796_{76}$	$0{,}77409_{250}$	$1{,}2918_{41}$	$0{,}8852_{40}$
0,165	$1{,}0367_{63}$	$0{,}03604_{606}$	$2{,}8200_{177}$	$0{,}3546_{22}$	$1{,}2327_{100}$	$1{,}5872_{79}$	$0{,}77659_{248}$	$1{,}2877_{41}$	$0{,}8892_{40}$
0,166	$1{,}0430_{63}$	$0{,}04210_{602}$	$2{,}8377_{179}$	$0{,}3524_{22}$	$1{,}2427_{100}$	$1{,}5951_{78}$	$0{,}77907_{246}$	$1{,}2836_{41}$	$0{,}8932_{39}$
0,167	$1{,}0493_{63}$	$0{,}04812_{599}$	$2{,}8556_{180}$	$0{,}3502_{22}$	$1{,}2527_{101}$	$1{,}6029_{79}$	$0{,}78153_{244}$	$1{,}2795_{39}$	$0{,}8971_{39}$
0,168	$1{,}0556_{63}$	$0{,}05411_{595}$	$2{,}8736_{181}$	$0{,}3480_{22}$	$1{,}2628_{102}$	$1{,}6108_{80}$	$0{,}78397_{241}$	$1{,}2756_{40}$	$0{,}9010_{39}$
0,169	$1{,}0619_{62}$	$0{,}06006_{591}$	$2{,}8917_{183}$	$0{,}3458_{22}$	$1{,}2730_{102}$	$1{,}6188_{80}$	$0{,}78638_{238}$	$1{,}2716_{38}$	$0{,}9049_{39}$
0,170	$1{,}0681_{63}$	$0{,}06597_{587}$	$2{,}9100_{183}$	$0{,}3436_{21}$	$1{,}2832_{102}$	$1{,}6268_{81}$	$0{,}78876_{236}$	$1{,}2678_{38}$	$0{,}9088_{38}$
0,171	$1{,}0744_{63}$	$0{,}07184_{583}$	$2{,}9283_{185}$	$0{,}3415_{21}$	$1{,}2934_{103}$	$1{,}6349_{82}$	$0{,}79112_{234}$	$1{,}2640_{37}$	$0{,}9126_{38}$
0,172	$1{,}0807_{63}$	$0{,}07767_{580}$	$2{,}9468_{185}$	$0{,}3394_{22}$	$1{,}3037_{103}$	$1{,}6431_{82}$	$0{,}79346_{232}$	$1{,}2603_{37}$	$0{,}9164_{39}$
0,173	$1{,}0870_{63}$	$0{,}08347_{576}$	$2{,}9653_{187}$	$0{,}3372_{21}$	$1{,}3140_{105}$	$1{,}6513_{83}$	$0{,}79578_{229}$	$1{,}2566_{36}$	$0{,}9203_{38}$
0,174	$1{,}0933_{63}$	$0{,}08923_{572}$	$2{,}9840_{188}$	$0{,}3351_{21}$	$1{,}3245_{104}$	$1{,}6596_{83}$	$0{,}79807_{227}$	$1{,}2530_{35}$	$0{,}9241_{38}$
0,175	$1{,}0996_{62}$	$0{,}09495_{568}$	$3{,}0028_{190}$	$0{,}3330_{21}$	$1{,}3349_{106}$	$1{,}6679_{85}$	$0{,}80034_{225}$	$1{,}2495_{35}$	$0{,}9279_{37}$
0,176	$1{,}1058_{63}$	$0{,}10063_{565}$	$3{,}0218_{190}$	$0{,}3309_{20}$	$1{,}3455_{105}$	$1{,}6764_{85}$	$0{,}80259_{223}$	$1{,}2460_{35}$	$0{,}9316_{37}$
0,177	$1{,}1121_{63}$	$0{,}10628_{563}$	$3{,}0408_{192}$	$0{,}3289_{21}$	$1{,}3560_{106}$	$1{,}6849_{85}$	$0{,}80482_{219}$	$1{,}2425_{34}$	$0{,}9353_{37}$
0,178	$1{,}1184_{63}$	$0{,}11191_{561}$	$3{,}0600_{193}$	$0{,}3268_{21}$	$1{,}3666_{107}$	$1{,}6934_{86}$	$0{,}80701_{219}$	$1{,}2391_{33}$	$0{,}9390_{36}$
0,179	$1{,}1247_{63}$	$0{,}11752_{558}$	$3{,}0793_{194}$	$0{,}3247_{20}$	$1{,}3773_{107}$	$1{,}7020_{87}$	$0{,}80920_{216}$	$1{,}2358_{33}$	$0{,}9426_{37}$
0,180	$1{,}1310_{63}$	$0{,}12310_{555}$	$3{,}0987_{195}$	$0{,}3227_{20}$	$1{,}3880_{108}$	$1{,}7107_{88}$	$0{,}81136_{213}$	$1{,}2325_{32}$	$0{,}9463_{37}$
0,181	$1{,}1373_{62}$	$0{,}12865_{551}$	$3{,}1182_{197}$	$0{,}3207_{20}$	$1{,}3988_{108}$	$1{,}7195_{88}$	$0{,}81349_{211}$	$1{,}2293_{32}$	$0{,}9500_{37}$
0,182	$1{,}1435_{63}$	$0{,}13416_{548}$	$3{,}1379_{197}$	$0{,}3187_{20}$	$1{,}4096_{109}$	$1{,}7283_{89}$	$0{,}81560_{209}$	$1{,}2261_{31}$	$0{,}9537_{37}$
0,783	$1{,}1498_{63}$	$0{,}13964_{545}$	$3{,}1576_{199}$	$0{,}3167_{20}$	$1{,}4205_{109}$	$1{,}7372_{89}$	$0{,}81769_{208}$	$1{,}2230_{31}$	$0{,}9574_{36}$
0,184	$1{,}1561_{63}$	$0{,}14509_{541}$	$3{,}1775_{201}$	$0{,}3147_{20}$	$1{,}4314_{110}$	$1{,}7461_{90}$	$0{,}81977_{204}$	$1{,}2199_{31}$	$0{,}9610_{36}$
0,185	$1{,}1624_{63}$	$0{,}15050_{539}$	$3{,}1976_{201}$	$0{,}3127_{19}$	$1{,}4424_{109}$	$1{,}7551_{92}$	$0{,}82181_{203}$	$1{,}2168_{30}$	$0{,}9646_{35}$
0,186	$1{,}1687_{63}$	$0{,}15589_{536}$	$3{,}2177_{203}$	$0{,}3108_{20}$	$1{,}4535_{111}$	$1{,}7643_{91}$	$0{,}82384_{201}$	$1{,}2138_{29}$	$0{,}9681_{36}$
0,187	$1{,}1750_{62}$	$0{,}16125_{533}$	$3{,}2380_{204}$	$0{,}3088_{19}$	$1{,}4646_{112}$	$1{,}7734_{93}$	$0{,}82585_{199}$	$1{,}2109_{29}$	$0{,}9717_{25}$
0,188	$1{,}1812_{63}$	$0{,}16658_{530}$	$3{,}2584_{205}$	$0{,}3069_{19}$	$1{,}4758_{112}$	$1{,}7827_{93}$	$0{,}82784_{197}$	$1{,}2080_{29}$	$0{,}9752_{35}$
0,189	$1{,}1875_{63}$	$0{,}17188_{527}$	$3{,}2789_{207}$	$0{,}3050_{19}$	$1{,}4870_{113}$	$1{,}7920_{93}$	$0{,}82981_{195}$	$1{,}2051_{28}$	$0{,}9787_{35}$
0,190	$1{,}1938_{63}$	$0{,}17715_{525}$	$3{,}2996_{208}$	$0{,}3031_{19}$	$1{,}4983_{113}$	$1{,}8013_{95}$	$0{,}83176_{192}$	$1{,}2023_{28}$	$0{,}9822_{35}$
0,191	$1{,}2001_{63}$	$0{,}18240_{523}$	$3{,}3204_{209}$	$0{,}3012_{19}$	$1{,}5096_{114}$	$1{,}8108_{95}$	$0{,}83368_{191}$	$1{,}1995_{27}$	$0{,}9857_{34}$
0,192	$1{,}2064_{63}$	$0{,}18763_{520}$	$3{,}3413_{211}$	$0{,}2993_{19}$	$1{,}5210_{115}$	$1{,}8203_{96}$	$0{,}83559_{189}$	$1{,}1968_{27}$	$0{,}9891_{35}$
0,193	$1{,}2127_{62}$	$0{,}19283_{517}$	$3{,}3624_{212}$	$0{,}2974_{19}$	$1{,}5325_{116}$	$1{,}8299_{97}$	$0{,}83748_{185}$	$1{,}1941_{27}$	$0{,}9926_{34}$
0,194	$1{,}2189_{63}$	$0{,}19800_{514}$	$3{,}3836_{213}$	$0{,}2955_{18}$	$1{,}5441_{115}$	$1{,}8396_{97}$	$0{,}83933_{185}$	$1{,}1914_{26}$	$0{,}9960_{34}$
0,195	$1{,}2252_{63}$	$0{,}20314_{511}$	$3{,}4049_{215}$	$0{,}2937_{18}$	$1{,}5556_{117}$	$1{,}8493_{99}$	$0{,}84118_{184}$	$1{,}1888_{26}$	$0{,}9994_{34}$
0,196	$1{,}2315_{63}$	$0{,}20825_{509}$	$3{,}4264_{216}$	$0{,}2919_{19}$	$1{,}5673_{117}$	$1{,}8592_{98}$	$0{,}84302_{181}$	$1{,}1862_{25}$	$1{,}0028_{34}$
0,197	$1{,}2378_{63}$	$0{,}21334_{507}$	$3{,}4480_{217}$	$0{,}2900_{18}$	$1{,}5790_{118}$	$1{,}8690_{100}$	$0{,}84483_{178}$	$1{,}1837_{25}$	$1{,}0062_{34}$
0,198	$1{,}2441_{63}$	$0{,}21841_{505}$	$3{,}4697_{219}$	$0{,}2882_{18}$	$1{,}5908_{118}$	$1{,}8790_{100}$	$0{,}84661_{177}$	$1{,}1812_{25}$	$1{,}0096_{34}$
0,199	$1{,}2504_{62}$	$0{,}22346_{502}$	$3{,}4916_{220}$	$0{,}2864_{18}$	$1{,}6026_{119}$	$1{,}8890_{101}$	$0{,}84838_{176}$	$1{,}1787_{24}$	$1{,}0130_{33}$
0,200	$1{,}2566_{63}$	$0{,}22848_{499}$	$3{,}5136_{221}$	$0{,}2846_{18}$	$1{,}6145_{120}$	$1{,}8991_{102}$	$0{,}85014_{173}$	$1{,}1763_{24}$	$1{,}0163_{33}$

x	$2\pi x$	$\sin 2\pi x$	$\cos 2\pi x$	$\operatorname{tang} 2\pi x$	$\operatorname{cotg} 2\pi x$	$\sin^{*} 2\pi x$	$\cos^{*} 2\pi x$	$\operatorname{tang}^{*} 2\pi x$	$\operatorname{cotg}^{*} 2\pi x$
0,150	0,94248$_{628}$	0,80902$_{367}$	0,58779$_{510}$	1,37638$_{1834}$	0,72655$_{956}$	0,15643$_{621}$	0,98769$_{100}$	0,15838$_{645}$	6,31394
0,151	0,94876$_{628}$	0,81269$_{365}$	0,58269$_{512}$	1,39472$_{1868}$	0,71699$_{948}$	0,16264$_{619}$	0,98669$_{105}$	0,16483$_{646}$	6,06671
0,152	0,95504$_{629}$	0,81634$_{361}$	0,57757$_{514}$	1,41340$_{1900}$	0,70751$_{938}$	0,16883$_{619}$	0,98564$_{108}$	0,17129$_{647}$	5,83806
0,153	0,96133$_{628}$	0,81995$_{358}$	0,57243$_{516}$	1,43240$_{1934}$	0,69813$_{930}$	0,17502$_{619}$	0,98456$_{111}$	0,17776$_{650}$	5,62541
0,154	0,96761$_{628}$	0,82353$_{355}$	0,56727$_{519}$	1,45174$_{1972}$	0,68883$_{923}$	0,18121$_{617}$	0,98345$_{116}$	0,18426$_{650}$	5,42713
0,155	0,97389$_{629}$	0,82708$_{352}$	0,56208$_{520}$	1,47146$_{2006}$	0,67960$_{914}$	0,18738$_{617}$	0,98229$_{120}$	0,19076$_{652}$	5,24224
0,156	0,98018$_{628}$	0,83060$_{348}$	0,55688$_{523}$	1,49152$_{2045}$	0,67046$_{907}$	0,19355$_{616}$	0,98109$_{123}$	0,19728$_{653}$	5,06892
0,157	0,98646$_{628}$	0,83408$_{345}$	0,55165$_{526}$	1,51197$_{2087}$	0,66139$_{901}$	0,19971$_{615}$	0,97986$_{128}$	0,20381$_{656}$	4,90641
0,158	0,99274$_{629}$	0,83753$_{341}$	0,54639$_{527}$	1,53284$_{2123}$	0,65238$_{891}$	0,20586$_{615}$	0,97858$_{131}$	0,21037$_{657}$	4,75362
0,159	0,99903$_{63}$	0,84094$_{339}$	0,54112$_{529}$	1,55407$_{2167}$	0,64347$_{885}$	0,21201$_{613}$	0,97727$_{135}$	0,21694$_{658}$	4,60955
0,160	1,0053$_{63}$	0,84433$_{335}$	0,53583$_{532}$	1,57574$_{2212}$	0,63462$_{878}$	0,21814$_{613}$	0,97592$_{139}$	0,22352$_{661}$	4,47382
0,161	1,0116$_{63}$	0,84768$_{331}$	0,53051$_{534}$	1,59786$_{2255}$	0,62584$_{871}$	0,22427$_{612}$	0,97453$_{143}$	0,23013$_{663}$	4,34534
0,162	1,0179$_{63}$	0,85099$_{329}$	0,52517$_{535}$	1,62041$_{2301}$	0,61713$_{864}$	0,23039$_{611}$	0,97310$_{147}$	0,23676$_{665}$	4,22371
0,163	1,0242$_{62}$	0,85428$_{325}$	0,51982$_{538}$	1,64342$_{2350}$	0,60849$_{858}$	0,23650$_{610}$	0,97163$_{150}$	0,24341$_{666}$	4,10837
0,164	1,0304$_{63}$	0,85753$_{321}$	0,51444$_{540}$	1,66692$_{2399}$	0,59991$_{851}$	0,24260$_{609}$	0,97013$_{155}$	0,25007$_{669}$	3,99889
0,165	1,0367$_{63}$	0,86074$_{318}$	0,50904$_{542}$	1,69091$_{2451}$	0,59140$_{845}$	0,24869$_{608}$	0,96858$_{158}$	0,25676$_{670}$	3,89473$_{9915}$
0,166	1,0430$_{63}$	0,86392$_{315}$	0,50362$_{543}$	1,71542$_{2502}$	0,58295$_{838}$	0,25477$_{607}$	0,96700$_{162}$	0,26346$_{673}$	3,79558$_{9454}$
0,167	1,0493$_{63}$	0,86707$_{311}$	0,49819$_{546}$	1,74044$_{2560}$	0,57457$_{833}$	0,26084$_{606}$	0,96538$_{166}$	0,27019$_{676}$	3,70104$_{9025}$
0,168	1,0556$_{63}$	0,87018$_{308}$	0,49273$_{548}$	1,76604$_{2618}$	0,56624$_{827}$	0,26690$_{605}$	0,96372$_{169}$	0,27695$_{677}$	3,61079$_{8623}$
0,169	1,0619$_{62}$	0,87326$_{305}$	0,48725$_{550}$	1,79222$_{2679}$	0,55797$_{822}$	0,27295$_{604}$	0,96203$_{174}$	0,28372$_{681}$	3,52456$_{8254}$
0,170	1,0681$_{63}$	0,87631$_{301}$	0,48175$_{551}$	1,81901$_{2737}$	0,54975$_{815}$	0,27899$_{603}$	0,96029$_{177}$	0,29053$_{682}$	3,44202$_{7903}$
0,171	1,0744$_{63}$	0,87932$_{297}$	0,47624$_{554}$	1,84638$_{2804}$	0,54160$_{810}$	0,28502$_{602}$	0,95852$_{181}$	0,29735$_{686}$	3,36299$_{7578}$
0,172	1,0807$_{63}$	0,88229$_{294}$	0,47070$_{555}$	1,87442$_{2869}$	0,53350$_{804}$	0,29104$_{600}$	0,95671$_{185}$	0,30421$_{686}$	3,28721$_{7263}$
0,173	1,0870$_{63}$	0,88523$_{291}$	0,46515$_{557}$	1,90311$_{2939}$	0,52546$_{800}$	0,29704$_{600}$	0,95486$_{188}$	0,31108$_{687}$	3,21458$_{6985}$
0,174	1,0933$_{63}$	0,88814$_{287}$	0,45958$_{559}$	1,93250$_{3012}$	0,51746$_{794}$	0,30304$_{598}$	0,95298$_{192}$	0,31799$_{691}$	3,14473$_{6707}$
0,175	1,0996$_{62}$	0,89101$_{283}$	0,45399$_{561}$	1,96262$_{3087}$	0,50952$_{789}$	0,30902$_{597}$	0,95106$_{196}$	0,32492$_{693}$	3,07766$_{6455}$
0,176	1,1058$_{63}$	0,89384$_{280}$	0,44838$_{562}$	1,99349$_{3163}$	0,50163$_{783}$	0,31499$_{595}$	0,94910$_{200}$	0,33188$_{696}$	3,01311$_{6209}$
0,177	1,1121$_{63}$	0,89664$_{277}$	0,44276$_{564}$	2,02512$_{3246}$	0,49380$_{779}$	0,32094$_{595}$	0,94710$_{204}$	0,33887$_{699}$	2,95102$_{5996}$
0,178	1,1184$_{63}$	0,89941$_{272}$	0,43712$_{566}$	2,05758$_{3330}$	0,48601$_{774}$	0,32689$_{593}$	0,94506$_{207}$	0,34589$_{702}$	2,89106$_{5773}$
0,179	1,1247$_{63}$	0,90213$_{270}$	0,43146$_{568}$	2,09088$_{3423}$	0,47827$_{771}$	0,33282$_{592}$	0,94299$_{211}$	0,35294$_{705}$	2,83333$_{5574}$
0,180	1,1310$_{63}$	0,90483$_{265}$	0,42578$_{569}$	2,12511$_{3509}$	0,47056$_{764}$	0,33874$_{590}$	0,94088$_{215}$	0,36002$_{708}$	2,77759$_{5379}$
0,181	1,1373$_{62}$	0,90748$_{263}$	0,42009$_{571}$	2,16020$_{3612}$	0,46292$_{761}$	0,34464$_{589}$	0,93873$_{218}$	0,36713$_{715}$	2,72380$_{5199}$
0,182	1,1435$_{63}$	0,91011$_{258}$	0,41438$_{573}$	2,19632$_{3711}$	0,45531$_{757}$	0,35053$_{588}$	0,93655$_{222}$	0,37428$_{718}$	2,67181$_{5031}$
0,183	1,1498$_{63}$	0,91269$_{255}$	0,40865$_{574}$	2,23343$_{3814}$	0,44774$_{752}$	0,35641$_{587}$	0,93433$_{226}$	0,38146$_{722}$	2,62150$_{4871}$
0,184	1,1561$_{63}$	0,91524$_{251}$	0,40291$_{576}$	2,27157$_{3927}$	0,44022$_{748}$	0,36228$_{584}$	0,93207$_{229}$	0,38868$_{724}$	2,57279$_{4704}$
0,185	1,1624$_{63}$	0,91775$_{248}$	0,39715$_{578}$	2,31084$_{4046}$	0,43274$_{744}$	0,36812$_{584}$	0,92978$_{233}$	0,39592$_{729}$	2,52575$_{4567}$
0,186	1,1687$_{63}$	0,92023$_{244}$	0,39137$_{579}$	2,35130$_{4164}$	0,42530$_{740}$	0,37396$_{582}$	0,92745$_{237}$	0,40321$_{733}$	2,48008$_{4425}$
0,187	1,1750$_{62}$	0,92267$_{241}$	0,38558$_{580}$	2,39294$_{4289}$	0,41790$_{736}$	0,37978$_{580}$	0,92508$_{241}$	0,41054$_{736}$	2,43583$_{4289}$
0,188	1,1812$_{63}$	0,92508$_{237}$	0,37978$_{582}$	2,43583$_{4425}$	0,41054$_{733}$	0,38558$_{579}$	0,92267$_{244}$	0,41790$_{740}$	2,39294$_{4164}$
0,189	1,1875$_{63}$	0,92745$_{233}$	0,37396$_{584}$	2,48008$_{4567}$	0,40321$_{729}$	0,39137$_{578}$	0,92023$_{248}$	0,42530$_{744}$	2,35130$_{4046}$
0,190	1,1938$_{63}$	0,92978$_{229}$	0,36812$_{584}$	2,52575$_{4704}$	0,39592$_{724}$	0,39715$_{576}$	0,91775$_{251}$	0,43274$_{748}$	2,31084$_{3927}$
0,191	1,2001$_{63}$	0,93207$_{226}$	0,36228$_{587}$	2,57279$_{4871}$	0,38868$_{722}$	0,40291$_{574}$	0,91524$_{255}$	0,44022$_{752}$	2,27157$_{3814}$
0,192	1,2064$_{63}$	0,93433$_{222}$	0,35641$_{588}$	2,62150$_{5031}$	0,38146$_{718}$	0,40865$_{573}$	0,91269$_{258}$	0,44774$_{757}$	2,23343$_{3711}$
0,193	1,2127$_{62}$	0,93655$_{218}$	0,35053$_{589}$	2,67181$_{5199}$	0,37428$_{715}$	0,41438$_{571}$	0,91011$_{263}$	0,45531$_{761}$	2,19632$_{3612}$
0,194	1,2189$_{63}$	0,93873$_{215}$	0,34464$_{590}$	2,72380$_{5379}$	0,36713$_{711}$	0,42009$_{569}$	0,90748$_{265}$	0,46292$_{764}$	2,16020$_{3509}$
0,195	1,2252$_{63}$	0,94088$_{211}$	0,33874$_{592}$	2,77759$_{5574}$	0,36002$_{708}$	0,42578$_{568}$	0,90483$_{270}$	0,47056$_{771}$	2,12511$_{3423}$
0,196	1,2315$_{63}$	0,94299$_{207}$	0,33282$_{593}$	2,83333$_{5773}$	0,35294$_{705}$	0,43146$_{566}$	0,90213$_{272}$	0,47827$_{774}$	2,09088$_{3330}$
0,197	1,2378$_{63}$	0,94506$_{204}$	0,32689$_{595}$	2,89106$_{5996}$	0,34589$_{702}$	0,43712$_{564}$	0,89941$_{277}$	0,48601$_{779}$	2,05758$_{3246}$
0,198	1,2441$_{63}$	0,94710$_{200}$	0,32094$_{595}$	2,95102$_{6209}$	0,33887$_{699}$	0,44276$_{562}$	0,89664$_{280}$	0,49380$_{783}$	2,02512$_{3163}$
0,199	1,2504$_{62}$	0,94910$_{196}$	0,31499$_{597}$	3,01311$_{6455}$	0,33188$_{696}$	0,44838$_{561}$	0,89384$_{283}$	0,50163$_{789}$	1,99349$_{3087}$
0,200	1,2566$_{63}$	0,95106$_{192}$	0,30902$_{598}$	3,07766$_{6707}$	0,32492$_{693}$	0,45399$_{559}$	0,89101$_{287}$	0,50952$_{794}$	1,96262$_{3012}$

Funktionstafeln der elementaren Transzendenten.

x	$2\pi x$	$\ln 2\pi x$	$e^{2\pi x}$	$e^{-2\pi x}$	$\mathfrak{Sin}\,2\pi x$	$\mathfrak{Coſ}\,2\pi x$	$\mathfrak{Tang}\,2\pi x$	$\mathfrak{Cotg}\,2\pi x$	$\mathfrak{Amp}\,2\pi x$
0,200	$1{,}2566_{63}$	$0{,}22848_{499}$	$3{,}5136_{221}$	$0{,}2846_{18}$	$1{,}6145_{120}$	$1{,}8991_{102}$	$0{,}85014_{173}$	$1{,}1763_{24}$	$1{,}0163_{33}$
0,201	$1{,}2629_{63}$	$0{,}23347_{496}$	$3{,}5357_{223}$	$0{,}2828_{17}$	$1{,}6265_{120}$	$1{,}9093_{103}$	$0{,}85187_{172}$	$1{,}1739_{24}$	$1{,}0196_{32}$
0,202	$1{,}2692_{63}$	$0{,}23843_{493}$	$3{,}5580_{224}$	$0{,}2811_{18}$	$1{,}6385_{121}$	$1{,}9196_{103}$	$0{,}85359_{169}$	$1{,}1715_{23}$	$1{,}0228_{32}$
0,203	$1{,}2755_{63}$	$0{,}24336_{491}$	$3{,}5804_{226}$	$0{,}2793_{18}$	$1{,}6506_{122}$	$1{,}9299_{104}$	$0{,}85528_{168}$	$1{,}1692_{23}$	$1{,}0260_{33}$
0,204	$1{,}2818_{63}$	$0{,}24827_{488}$	$3{,}6030_{227}$	$0{,}2775_{17}$	$1{,}6628_{122}$	$1{,}9403_{105}$	$0{,}85696_{166}$	$1{,}1669_{22}$	$1{,}0293_{33}$
0,205	$1{,}2881_{62}$	$0{,}25315_{486}$	$3{,}6257_{229}$	$0{,}2758_{17}$	$1{,}6750_{123}$	$1{,}9508_{106}$	$0{,}85862_{164}$	$1{,}1647_{22}$	$1{,}0326_{32}$
0,206	$1{,}2943_{63}$	$0{,}25801_{484}$	$3{,}6486_{230}$	$0{,}2741_{17}$	$1{,}6873_{123}$	$1{,}9614_{106}$	$0{,}86026_{162}$	$1{,}1625_{22}$	$1{,}0358_{32}$
0,207	$1{,}3006_{63}$	$0{,}26285_{482}$	$3{,}6716_{231}$	$0{,}2724_{17}$	$1{,}6996_{124}$	$1{,}9720_{107}$	$0{,}86188_{162}$	$1{,}1603_{22}$	$1{,}0390_{32}$
0,208	$1{,}3069_{63}$	$0{,}26767_{480}$	$3{,}6947_{233}$	$0{,}2707_{17}$	$1{,}7120_{125}$	$1{,}9827_{108}$	$0{,}86350_{158}$	$1{,}1581_{21}$	$1{,}0422_{32}$
0,209	$1{,}3132_{63}$	$0{,}27247_{478}$	$3{,}7180_{234}$	$0{,}2690_{17}$	$1{,}7245_{126}$	$1{,}9935_{109}$	$0{,}86508_{158}$	$1{,}1560_{21}$	$1{,}0454_{31}$
0,210	$1{,}3195_{63}$	$0{,}27725_{476}$	$3{,}7414_{236}$	$0{,}2673_{17}$	$1{,}7371_{126}$	$2{,}0044_{109}$	$0{,}86666_{155}$	$1{,}1539_{21}$	$1{,}0485_{31}$
0,211	$1{,}3258_{62}$	$0{,}28201_{473}$	$3{,}7650_{238}$	$0{,}2656_{17}$	$1{,}7497_{128}$	$2{,}0153_{111}$	$0{,}86821_{154}$	$1{,}1518_{20}$	$1{,}0516_{31}$
0,212	$1{,}3320_{63}$	$0{,}28674_{470}$	$3{,}7888_{238}$	$0{,}2639_{16}$	$1{,}7625_{127}$	$2{,}0264_{111}$	$0{,}86975_{152}$	$1{,}1498_{20}$	$1{,}0547_{31}$
0,213	$1{,}3383_{63}$	$0{,}29144_{468}$	$3{,}8126_{241}$	$0{,}2623_{17}$	$1{,}7752_{129}$	$2{,}0375_{112}$	$0{,}87127_{151}$	$1{,}1478_{20}$	$1{,}0578_{30}$
0,214	$1{,}3446_{63}$	$0{,}29612_{466}$	$3{,}8367_{241}$	$0{,}2606_{16}$	$1{,}7881_{128}$	$2{,}0487_{112}$	$0{,}87278_{148}$	$1{,}1458_{20}$	$1{,}0608_{31}$
0,215	$1{,}3509_{63}$	$0{,}30078_{464}$	$3{,}8608_{244}$	$0{,}2590_{16}$	$1{,}8009_{130}$	$2{,}0599_{114}$	$0{,}87426_{148}$	$1{,}1438_{19}$	$1{,}0639_{30}$
0,216	$1{,}3572_{63}$	$0{,}30542_{462}$	$3{,}8852_{244}$	$0{,}2574_{16}$	$1{,}8139_{130}$	$2{,}0713_{114}$	$0{,}87574_{146}$	$1{,}1419_{19}$	$1{,}0669_{30}$
0,217	$1{,}3635_{62}$	$0{,}31004_{459}$	$3{,}9096_{247}$	$0{,}2558_{16}$	$1{,}8269_{132}$	$2{,}0827_{115}$	$0{,}87720_{143}$	$1{,}1400_{19}$	$1{,}0699_{30}$
0,218	$1{,}3697_{63}$	$0{,}31463_{457}$	$3{,}9343_{248}$	$0{,}2542_{16}$	$1{,}8401_{132}$	$2{,}0942_{117}$	$0{,}87863_{142}$	$1{,}1381_{18}$	$1{,}0730_{31}$
0,219	$1{,}3760_{63}$	$0{,}31920_{455}$	$3{,}9591_{250}$	$0{,}2526_{16}$	$1{,}8533_{132}$	$2{,}1059_{116}$	$0{,}88005_{142}$	$1{,}1363_{18}$	$1{,}0760_{30}$
0,220	$1{,}3823_{63}$	$0{,}32375_{453}$	$3{,}9841_{251}$	$0{,}2510_{16}$	$1{,}8665_{134}$	$2{,}1175_{118}$	$0{,}88147_{139}$	$1{,}1345_{18}$	$1{,}0790_{30}$
0,221	$1{,}3886_{63}$	$0{,}32828_{451}$	$4{,}0092_{252}$	$0{,}2494_{15}$	$1{,}8799_{134}$	$2{,}1293_{119}$	$0{,}88286_{138}$	$1{,}1327_{18}$	$1{,}0820_{29}$
0,222	$1{,}3949_{63}$	$0{,}33279_{449}$	$4{,}0344_{254}$	$0{,}2479_{16}$	$1{,}8933_{135}$	$2{,}1412_{119}$	$0{,}88424_{138}$	$1{,}1309_{17}$	$1{,}0849_{29}$
0,223	$1{,}4012_{62}$	$0{,}33728_{447}$	$4{,}0598_{257}$	$0{,}2463_{15}$	$1{,}9068_{136}$	$2{,}1531_{121}$	$0{,}88560_{136}$	$1{,}1292_{17}$	$1{,}0878_{29}$
0,224	$1{,}4074_{63}$	$0{,}34175_{445}$	$4{,}0855_{257}$	$0{,}2448_{16}$	$1{,}9204_{136}$	$2{,}1652_{120}$	$0{,}88695_{135}$	$1{,}1275_{17}$	$1{,}0907_{29}$
0,225	$1{,}4137_{63}$	$0{,}34620_{443}$	$4{,}1112_{259}$	$0{,}2432_{15}$	$1{,}9340_{137}$	$2{,}1772_{122}$	$0{,}88828_{133}$	$1{,}1258_{17}$	$1{,}0936_{29}$
0,226	$1{,}4200_{63}$	$0{,}35063_{442}$	$4{,}1371_{261}$	$0{,}2417_{15}$	$1{,}9477_{138}$	$2{,}1894_{123}$	$0{,}88960_{130}$	$1{,}1241_{16}$	$1{,}0965_{28}$
0,227	$1{,}4263_{63}$	$0{,}35505_{440}$	$4{,}1632_{262}$	$0{,}2402_{15}$	$1{,}9615_{139}$	$2{,}2017_{124}$	$0{,}89090_{129}$	$1{,}1225_{17}$	$1{,}0993_{28}$
0,228	$1{,}4326_{62}$	$0{,}35945_{438}$	$4{,}1894_{264}$	$0{,}2387_{15}$	$1{,}9754_{139}$	$2{,}2141_{124}$	$0{,}89219_{129}$	$1{,}1208_{16}$	$1{,}1022_{29}$
0,229	$1{,}4388_{63}$	$0{,}36383_{436}$	$4{,}2158_{266}$	$0{,}2372_{15}$	$1{,}9893_{141}$	$2{,}2265_{126}$	$0{,}89346_{127}$	$1{,}1192_{15}$	$1{,}1051_{29}$
0,230	$1{,}4451_{63}$	$0{,}36819_{434}$	$4{,}2424_{268}$	$0{,}2357_{15}$	$2{,}0034_{141}$	$2{,}2391_{126}$	$0{,}89473_{124}$	$1{,}1177_{16}$	$1{,}1079_{28}$
0,231	$1{,}4514_{63}$	$0{,}37253_{432}$	$4{,}2692_{269}$	$0{,}2342_{14}$	$2{,}0175_{142}$	$2{,}2517_{128}$	$0{,}89597_{123}$	$1{,}1161_{15}$	$1{,}1107_{27}$
0,232	$1{,}4577_{63}$	$0{,}37685_{430}$	$4{,}2961_{271}$	$0{,}2328_{15}$	$2{,}0317_{143}$	$2{,}2645_{128}$	$0{,}89720_{123}$	$1{,}1146_{15}$	$1{,}1134_{27}$
0,233	$1{,}4640_{63}$	$0{,}38115_{428}$	$4{,}3232_{272}$	$0{,}2313_{14}$	$2{,}0460_{143}$	$2{,}2773_{129}$	$0{,}89842_{122}$	$1{,}1131_{15}$	$1{,}1162_{28}$
0,234	$1{,}4703_{62}$	$0{,}38543_{426}$	$4{,}3504_{274}$	$0{,}2299_{14}$	$2{,}0603_{144}$	$2{,}2902_{129}$	$0{,}89963_{121}$	$1{,}1116_{15}$	$1{,}1189_{27}$
0,235	$1{,}4765_{63}$	$0{,}38969_{425}$	$4{,}3778_{276}$	$0{,}2284_{14}$	$2{,}0747_{145}$	$2{,}3031_{131}$	$0{,}90082_{117}$	$1{,}1101_{14}$	$1{,}1217_{27}$
0,236	$1{,}4828_{63}$	$0{,}39394_{423}$	$4{,}4054_{278}$	$0{,}2270_{14}$	$2{,}0892_{146}$	$2{,}3162_{132}$	$0{,}90199_{117}$	$1{,}1087_{15}$	$1{,}1244_{26}$
0,237	$1{,}4891_{63}$	$0{,}39817_{422}$	$4{,}4332_{279}$	$0{,}2256_{14}$	$2{,}1038_{147}$	$2{,}3294_{133}$	$0{,}90316_{115}$	$1{,}1072_{14}$	$1{,}1270_{26}$
0,238	$1{,}4954_{63}$	$0{,}40239_{420}$	$4{,}4611_{281}$	$0{,}2242_{14}$	$2{,}1185_{147}$	$2{,}3427_{133}$	$0{,}90431_{114}$	$1{,}1058_{14}$	$1{,}1297_{27}$
0,239	$1{,}5017_{63}$	$0{,}40659_{418}$	$4{,}4892_{283}$	$0{,}2228_{14}$	$2{,}1332_{149}$	$2{,}3560_{134}$	$0{,}90545_{112}$	$1{,}1044_{14}$	$1{,}1324_{27}$
0,240	$1{,}5080_{62}$	$0{,}41077_{416}$	$4{,}5175_{285}$	$0{,}2214_{14}$	$2{,}1481_{149}$	$2{,}3694_{136}$	$0{,}90657_{112}$	$1{,}1030_{13}$	$1{,}1351_{26}$
0,241	$1{,}5142_{63}$	$0{,}41490_{414}$	$5{,}5460_{286}$	$0{,}2200_{14}$	$2{,}1630_{150}$	$2{,}3830_{136}$	$0{,}90769_{110}$	$1{,}1017_{13}$	$1{,}1377_{26}$
0,242	$1{,}5205_{63}$	$0{,}41904_{414}$	$4{,}5746_{289}$	$0{,}2186_{14}$	$2{,}1780_{152}$	$2{,}3966_{138}$	$0{,}90879_{109}$	$1{,}1004_{14}$	$1{,}1403_{26}$
0,243	$1{,}5268_{63}$	$0{,}42318_{411}$	$4{,}6035_{290}$	$0{,}2172_{13}$	$2{,}1932_{151}$	$2{,}4104_{138}$	$0{,}90988_{108}$	$1{,}0990_{13}$	$1{,}1429_{25}$
0,244	$1{,}5331_{63}$	$0{,}42729_{409}$	$4{,}6325_{292}$	$0{,}2159_{14}$	$2{,}2083_{153}$	$2{,}4242_{139}$	$0{,}91096_{105}$	$1{,}0977_{12}$	$1{,}1454_{26}$
0,245	$1{,}5394_{63}$	$0{,}43138_{407}$	$4{,}6617_{294}$	$0{,}2145_{13}$	$2{,}2236_{154}$	$2{,}4381_{141}$	$0{,}91201_{106}$	$1{,}0965_{13}$	$1{,}1480_{26}$
0,246	$1{,}5457_{62}$	$0{,}43545_{405}$	$4{,}6911_{296}$	$0{,}2132_{14}$	$2{,}2390_{155}$	$2{,}4522_{141}$	$0{,}91307_{103}$	$1{,}0952_{12}$	$1{,}1506_{26}$
0,247	$1{,}5519_{63}$	$0{,}43950_{403}$	$4{,}7207_{297}$	$0{,}2118_{13}$	$2{,}2545_{155}$	$2{,}4663_{142}$	$0{,}91410_{101}$	$1\,0940_{13}$	$1{,}1532_{26}$
0,248	$1{,}5582_{63}$	$0{,}44353_{404}$	$4{,}7504_{300}$	$0{,}2105_{13}$	$2{,}2700_{156}$	$2{,}4805_{143}$	$0{,}91514_{101}$	$1{,}0927_{12}$	$1{,}1558_{25}$
0,249	$1{,}5645_{63}$	$6{,}44757_{402}$	$4{,}7804_{301}$	$0{,}2092_{13}$	$2{,}2856_{157}$	$2{,}4948_{144}$	$0{,}91615_{100}$	$1{,}0915_{12}$	$1{,}1583_{25}$
0,250	$1{,}5708_{63}$	$0{,}45159_{400}$	$4{,}8105_{303}$	$0{,}2079_{13}$	$2{,}3013_{158}$	$2{,}5092_{145}$	$0{,}91715_{99}$	$1{,}0903_{11}$	$1{,}1608_{25}$

x	$2\pi x$	$\sin 2\pi x$	$\cos 2\pi x$	$\operatorname{tang} 2\pi x$	$\operatorname{cotg} 2\pi x$	$\sin^{*} 2\pi x$	$\cos^{*} 2\pi x$	$\operatorname{tang}^{*} 2\pi x$	$\operatorname{cotg}^{*} 2\pi x$
,200	1,2566$_{63}$	0,95106$_{192}$	0,30902$_{598}$	3,07766$_{6707}$	0,32492$_{693}$	0,45399$_{559}$	0,89101$_{287}$	0,50952$_{794}$	1,96262$_{3012}$
,201	1,2629$_{63}$	0,95298$_{188}$	0,30304$_{600}$	3,14473$_{6985}$	0,31799$_{691}$	0,45958$_{557}$	0,88814$_{291}$	0,51746$_{800}$	1,93250$_{2939}$
,202	1,2692$_{63}$	0,95486$_{185}$	0,29704$_{600}$	3,21458$_{7263}$	0,31108$_{687}$	0,46515$_{555}$	0,88523$_{294}$	0,52546$_{804}$	1,90311$_{2869}$
,203	1,2755$_{63}$	0,95671$_{181}$	0,29104$_{600}$	3,28721$_{7578}$	0,30421$_{686}$	0,47070$_{554}$	0,88229$_{297}$	0,53350$_{810}$	1,87442$_{2804}$
,204	1,2818$_{63}$	0,95852$_{177}$	0,28502$_{603}$	3,36299$_{7903}$	0,29735$_{682}$	0,47624$_{551}$	0,87932$_{301}$	0,54160$_{815}$	1,84638$_{2737}$
,205	1,2881$_{62}$	0,96029$_{174}$	0,27899$_{604}$	3,44202$_{8254}$	0,29053$_{681}$	0,48175$_{550}$	0,87631$_{305}$	0,54975$_{822}$	1,81901$_{2679}$
,206	1,2943$_{63}$	0,96203$_{169}$	0,27295$_{605}$	3,52456$_{8623}$	0,28372$_{677}$	0,48725$_{548}$	0,87326$_{308}$	0,55797$_{827}$	1,79222$_{2618}$
,207	1,3006$_{63}$	0,96372$_{166}$	0,26690$_{606}$	3,61079$_{9025}$	0,27695$_{676}$	0,49273$_{546}$	0,87018$_{311}$	0,56624$_{833}$	1,76604$_{2560}$
,208	1,3069$_{63}$	0,96538$_{162}$	0,26084$_{607}$	3,70104$_{9454}$	0,27019$_{673}$	0,49819$_{543}$	0,86707$_{315}$	0,57457$_{838}$	1,74044$_{2502}$
,209	1,3132$_{63}$	0,96700$_{158}$	0,25477$_{608}$	3,79558$_{9915}$	0,26346$_{670}$	0,50362$_{542}$	0,86392$_{318}$	0,58295$_{845}$	1,71542$_{2451}$
,210	1,3195$_{63}$	0,96858$_{155}$	0,24869$_{609}$	3,89473	0,25676$_{669}$	0,50904$_{540}$	0,86074$_{321}$	0,59140$_{851}$	1,69091$_{2399}$
,211	1,3258$_{62}$	0,97013$_{150}$	0,24260$_{610}$	3,99889	0,25007$_{666}$	0,51444$_{538}$	0,85753$_{325}$	0,59991$_{858}$	1,66692$_{2350}$
,212	1,3320$_{62}$	0,97163$_{147}$	0,23650$_{611}$	4,10837	0,24341$_{665}$	0,51982$_{535}$	0,85428$_{329}$	0,60849$_{864}$	1,64342$_{2301}$
,213	1,3383$_{63}$	0,97310$_{143}$	0,23039$_{612}$	4,22371	0,23676$_{663}$	0,52517$_{534}$	0,85099$_{331}$	0,61713$_{871}$	1,62041$_{2255}$
,214	1,3446$_{63}$	0,97453$_{139}$	0,22427$_{613}$	4,34534	0,23013$_{661}$	0,53051$_{532}$	0,84768$_{335}$	0,62584$_{878}$	1,59786$_{2212}$
,215	1,3509$_{63}$	0,97592$_{135}$	0,21814$_{613}$	4,47382	0,22352$_{658}$	0,53583$_{529}$	0,84433$_{339}$	0,63462$_{885}$	1,57574$_{2167}$
,216	1,3572$_{63}$	0,97727$_{131}$	0,21201$_{615}$	4,60955	0,21694$_{657}$	0,54112$_{527}$	0,84094$_{341}$	0,64347$_{891}$	1,55407$_{2123}$
,217	1,3635$_{62}$	0,97858$_{128}$	0,20586$_{615}$	4,75362	0,21037$_{656}$	0,54639$_{526}$	0,83753$_{345}$	0,65238$_{901}$	1,53284$_{2087}$
,218	1,3697$_{63}$	0,97986$_{123}$	0,19971$_{616}$	4,90641	0,20381$_{653}$	0,55165$_{523}$	0,83408$_{348}$	0,66139$_{907}$	1,51197$_{2045}$
,219	1,3760$_{63}$	0,98109$_{120}$	0,19355$_{617}$	5,06892	0,19728$_{652}$	0,55688$_{520}$	0,83060$_{352}$	0,67046$_{914}$	1,49152$_{2006}$
,220	1,3823$_{63}$	0,98229$_{116}$	0,18738$_{617}$	5,24224	0,19076$_{650}$	0,56208$_{519}$	0,82708$_{355}$	0,67960$_{923}$	1,47146$_{1972}$
,221	1,3886$_{63}$	0,98345$_{111}$	0,18121$_{619}$	5,42713	0,18426$_{650}$	0,56727$_{516}$	0,82353$_{358}$	0,68883$_{930}$	1,45174$_{1934}$
,222	1,3949$_{63}$	0,98456$_{108}$	0,17502$_{619}$	5,62541	0,17776$_{647}$	0,57243$_{514}$	0,81995$_{361}$	0,69813$_{938}$	1,43240$_{1900}$
,223	1,4012$_{62}$	0,98564$_{105}$	0,16883$_{619}$	5,83806	0,17129$_{646}$	0,57757$_{512}$	0,81634$_{365}$	0,70751$_{948}$	1,41340$_{1868}$
,224	1,4074$_{63}$	0,98669$_{100}$	0,16264$_{621}$	6,06671	0,16483$_{645}$	0,58269$_{510}$	0,81269$_{367}$	0,71699$_{956}$	1,39472$_{1834}$
,225	1,4137$_{63}$	0,98769$_{96}$	0,15643$_{620}$	6,31394	0,15838$_{643}$	0,58779$_{507}$	0,80902$_{371}$	0,72655$_{964}$	1,37638$_{1803}$
,226	1,4200$_{63}$	0,98865$_{93}$	0,15023$_{622}$	6,58091	0,15195$_{642}$	0,59286$_{504}$	0,80531$_{374}$	0,73619$_{972}$	1,35835$_{1771}$
,227	1,4263$_{63}$	0,98958$_{88}$	0,14401$_{622}$	6,87161	0,14553$_{641}$	0,59790$_{503}$	0,80157$_{378}$	0,74591$_{984}$	1,34064$_{1745}$
,228	1,4326$_{62}$	0,99046$_{85}$	0,13779$_{623}$	7,18818	0,13912$_{641}$	0,60293$_{500}$	0,79779$_{380}$	0,75575$_{991}$	1,32319$_{1714}$
,229	1,4388$_{63}$	0,99131$_{80}$	0,13156$_{623}$	7,53504	0,13271$_{638}$	0,60793$_{498}$	0,79399$_{383}$	0,76566$_{1002}$	1,30605$_{1686}$
,230	1,4451$_{63}$	0,99211$_{77}$	0,12533$_{623}$	7,91598	0,12633$_{638}$	0,61291$_{495}$	0,79016$_{387}$	0,77568$_{1011}$	1,28919$_{1659}$
,231	1,4514$_{63}$	0,99288$_{73}$	0,11910$_{624}$	8,33652	0,11995$_{636}$	0,61786$_{493}$	0,78629$_{390}$	0,78579$_{1022}$	1,27260$_{1633}$
,232	1,4577$_{63}$	0,99361$_{69}$	0,11286$_{625}$	8,80392	0,11359$_{637}$	0,62279$_{490}$	0,78239$_{393}$	0,79601$_{1031}$	1,25627$_{1607}$
,233	1,4640$_{63}$	0,99430$_{65}$	0,10661$_{625}$	9,32652	0,10722$_{635}$	0,62769$_{488}$	0,77846$_{396}$	0,80632$_{1043}$	1,24020$_{1583}$
,234	1,4703$_{62}$	0,99495$_{61}$	0,10036$_{625}$	9,91381	0,10087$_{634}$	0,63257$_{485}$	0,77450$_{399}$	0,81675$_{1052}$	1,22437$_{1558}$
,235	1,4765$_{63}$	0,99556$_{57}$	0,09411$_{626}$	10,57868	0,09453$_{634}$	0,63742$_{483}$	0,77051$_{402}$	0,82727$_{1064}$	1,20879$_{1535}$
,236	1,4828$_{63}$	0,99613$_{54}$	0,08785$_{626}$	11,33899	0,08819$_{633}$	0,64225$_{481}$	0,76649$_{405}$	0,83791$_{1076}$	1,19344$_{1513}$
,237	1,4891$_{63}$	0,99667$_{49}$	0,08159$_{626}$	12,21559	0,08186$_{632}$	0,64706$_{477}$	0,76244$_{408}$	0,84867$_{1086}$	1,17831$_{1488}$
,238	1,4954$_{63}$	0,99716$_{45}$	0,07533$_{627}$	13,23722	0,07554$_{631}$	0,65183$_{476}$	0,75836$_{411}$	0,85953$_{1099}$	1,16343$_{1469}$
,239	1,5017$_{63}$	0,99761$_{42}$	0,06906$_{627}$	14,44555	0,06923$_{632}$	0,65659$_{472}$	0,75425$_{414}$	0,87052$_{1110}$	1,14874$_{1446}$
,240	1,5080$_{62}$	0,99803$_{37}$	0,06279$_{627}$	15,89473	0,06291$_{630}$	0,66131$_{470}$	0,75011$_{417}$	0,88162$_{1123}$	1,13428$_{1427}$
,241	1,5142$_{63}$	0,99840$_{34}$	0,05652$_{628}$	17,66454	0,05661$_{631}$	0,66601$_{468}$	0,74594$_{420}$	0,89285$_{1136}$	1,12001$_{1407}$
,242	1,5205$_{63}$	0,99874$_{29}$	0,05024$_{627}$	19,87938	0,05030$_{629}$	0,67069$_{464}$	0,74174$_{423}$	0,90421$_{1148}$	1,10594$_{1387}$
,243	1,5268$_{63}$	0,99903$_{26}$	0,04397$_{628}$	22,72072	0,04401$_{629}$	0,67533$_{462}$	0,73751$_{425}$	0,91569$_{1161}$	1,09207$_{1367}$
,244	1,5331$_{63}$	0,99929$_{22}$	0,03769$_{628}$	26,51340	0,03772$_{629}$	0,67995$_{460}$	0,73326$_{429}$	0,92730$_{1176}$	1,07840$_{1351}$
,245	1,5394$_{63}$	0,99951$_{17}$	0,03141$_{628}$	31,82139	0,03143$_{629}$	0,68455$_{456}$	0,72897$_{432}$	0,93906$_{1190}$	1,06489$_{1332}$
,246	1,5457$_{62}$	0,99968$_{14}$	0,02513$_{628}$	39,78034	0,02514$_{629}$	0,68911$_{454}$	0,72465$_{434}$	0,95096$_{1203}$	1,05157$_{1314}$
,247	1,5519$_{63}$	0,99982$_{10}$	0,01885$_{628}$	53,04085	0,01885$_{628}$	0,69365$_{452}$	0,72031$_{437}$	0,96299$_{1219}$	1,03843$_{1298}$
,248	1,5582$_{63}$	0,99992$_{6}$	0,01257$_{629}$	79,54813	0,01257$_{628}$	0,69817$_{448}$	0,71594$_{440}$	0,97518$_{1233}$	1,02545$_{1280}$
,249	1,5645$_{63}$	0,99998$_{2}$	0,00628$_{628}$	159,23248	0,00628$_{629}$	0,70265$_{446}$	0,71154$_{443}$	0,98751$_{1249}$	1,01265$_{1265}$
,250	1,5708$_{63}$	1,00000$_{2}$	$\pm$0,00000$_{628}$	$\pm\infty$	$\pm$0,00000$_{628}$	0,70711$_{443}$	0,70711$_{446}$	1,00000$_{1265}$	1,00000$_{1249}$

x	$2\pi x$	$\ln 2\pi x$	$e^{2\pi x}$	$e^{-2\pi x}$	$\mathrm{Sin}\,2\pi x$	$\mathrm{Cos}\,2\pi x$	$\mathrm{Tang}\,2\pi x$	$\mathrm{Cotg}\,2\pi x$	$\mathrm{Amp}\,2\pi x$
0,250	$1,5708_{63}$	$0,45159_{400}$	$4,8105_{303}$	$0,2079_{13}$	$2,3013_{158}$	$2,5092_{145}$	$0,91715_{99}$	$1,0903_{11}$	$1,1608_{25}$
0,251	$1,5771_{63}$	$0,45559_{397}$	$4,8408_{305}$	$0,2066_{13}$	$2,3171_{159}$	$2,5237_{146}$	$0,91814_{99}$	$1,0892_{12}$	$1,1633_{25}$
0,252	$1,5834_{62}$	$0,45956_{395}$	$4,8713_{307}$	$0,2053_{13}$	$2,3330_{160}$	$2,5383_{147}$	$0,91913_{97}$	$1,0880_{12}$	$1,1658_{24}$
0,253	$1,5896_{63}$	$0,46351_{394}$	$4,9020_{309}$	$0,2040_{13}$	$2,3490_{161}$	$2,5530_{148}$	$0,92010_{95}$	$1,0868_{11}$	$1,1682_{25}$
0,254	$1,5959_{63}$	$0,46745_{393}$	$4,9329_{311}$	$0,2027_{12}$	$2,3651_{162}$	$2,5678_{149}$	$0,92105_{95}$	$1,0857_{11}$	$1,1707_{25}$
0,255	$1,6022_{63}$	$0,47138_{392}$	$4,9640_{313}$	$0,2015_{13}$	$2,3813_{163}$	$2,5827_{151}$	$0,92200_{94}$	$1,0846_{11}$	$1,1732_{24}$
0,256	$1,6085_{63}$	$0,47530_{390}$	$4,9953_{315}$	$0,2002_{13}$	$2,3976_{164}$	$2,5978_{151}$	$0,92294_{93}$	$1,0835_{11}$	$1,1756_{24}$
0,257	$1,6148_{63}$	$0,47920_{388}$	$5,0268_{316}$	$0,1989_{12}$	$2,4140_{164}$	$2,6129_{152}$	$0,92387_{91}$	$1,0824_{11}$	$1,1780_{25}$
0,258	$1,6211_{62}$	$0,48308_{386}$	$5,0584_{320}$	$0,1977_{13}$	$2,4304_{166}$	$2,6281_{153}$	$0,92478_{90}$	$1,0813_{10}$	$1,1805_{24}$
0,259	$1,6273_{63}$	$0,48694_{385}$	$5,0904_{321}$	$0,1964_{12}$	$2,4470_{166}$	$2,6434_{154}$	$0,92568_{90}$	$1,0803_{10}$	$1,1829_{23}$
0,260	$1,6336_{63}$	$0,49079_{385}$	$5,1225_{322}$	$0,1952_{12}$	$2,4636_{168}$	$2,6588_{156}$	$0,92658_{88}$	$1,0793_{11}$	$1,1852_{23}$
0,261	$1,6399_{63}$	$0,49464_{383}$	$5,1547_{325}$	$0,1940_{12}$	$2,4804_{168}$	$2,6744_{156}$	$0,92746_{88}$	$1,0782_{10}$	$1,1875_{23}$
0,262	$1,6462_{63}$	$0,49847_{381}$	$5,1872_{327}$	$0,1928_{12}$	$2,4972_{170}$	$2,6900_{158}$	$0,92834_{86}$	$1,0772_{10}$	$1,1898_{23}$
0,263	$1,6525_{63}$	$0,50228_{379}$	$5,2199_{329}$	$0,1916_{12}$	$2,5142_{170}$	$2,7058_{158}$	$0,92920_{86}$	$1,0762_{10}$	$1,1921_{23}$
0,264	$1,6588_{62}$	$0,50607_{377}$	$5,2528_{331}$	$0,1904_{12}$	$2,5312_{172}$	$2,7216_{159}$	$0,93006_{84}$	$1,0752_{10}$	$1,1944_{23}$
0,265	$1,6650_{63}$	$0,50984_{377}$	$5,2859_{333}$	$0,1892_{12}$	$2,5484_{172}$	$2,7375_{159}$	$0,93090_{82}$	$1,0742_{9}$	$1,1967_{23}$
0,266	$1,6713_{63}$	$0,51361_{376}$	$5,3192_{335}$	$0,1880_{12}$	$2,5656_{174}$	$2,7536_{162}$	$0,93172_{83}$	$1,0733_{10}$	$1,1990_{23}$
0,267	$1,6776_{63}$	$0,51737_{374}$	$5,3527_{338}$	$0,1868_{12}$	$2,5830_{175}$	$2,7698_{163}$	$0,93255_{81}$	$1,0723_{9}$	$1,2013_{23}$
0,268	$1,6839_{63}$	$0,52111_{373}$	$5,3865_{339}$	$0,1856_{11}$	$2,6005_{175}$	$2,7861_{164}$	$0,93336_{81}$	$1,0714_{9}$	$1,2036_{23}$
0,269	$1,6902_{63}$	$0,52484_{371}$	$5,4204_{342}$	$0,1845_{12}$	$2,6180_{176}$	$2,8025_{165}$	$0,93417_{80}$	$1,0705_{9}$	$1,2059_{22}$
0,270	$1,6965_{62}$	$0,52855_{369}$	$5,4546_{344}$	$0,1833_{11}$	$2,6356_{178}$	$2,8190_{166}$	$0,93497_{79}$	$1,0696_{9}$	$1,2081_{22}$
0,271	$1,7027_{63}$	$0,53224_{367}$	$5,4890_{346}$	$0,1822_{12}$	$2,6534_{179}$	$2,8356_{167}$	$0,93576_{76}$	$1,0687_{9}$	$1,2103_{22}$
0,272	$1,7090_{63}$	$0,53591_{368}$	$5,5236_{348}$	$0,1810_{11}$	$2,6713_{180}$	$2,8523_{169}$	$0,93652_{78}$	$1,0678_{9}$	$1,2125_{22}$
0,273	$1,7153_{63}$	$0,53959_{367}$	$5,5584_{351}$	$0,1799_{11}$	$2,6893_{181}$	$2,8692_{170}$	$0,93730_{75}$	$1,0669_{9}$	$1,2147_{22}$
0,274	$1,7216_{63}$	$0,54326_{365}$	$5,5935_{352}$	$0,1788_{11}$	$2,7074_{181}$	$2,8862_{170}$	$0,93805_{76}$	$1,0660_{8}$	$1,2169_{22}$
0,275	$1,7279_{63}$	$0,54691_{363}$	$5,6287_{354}$	$0,1777_{11}$	$2,7255_{183}$	$2,9032_{172}$	$0,93881_{74}$	$1,0652_{9}$	$1,2191_{22}$
0,276	$1,7342_{62}$	$0,55054_{361}$	$5,6641_{358}$	$0,1766_{12}$	$2,7438_{185}$	$2,9204_{173}$	$0,93955_{73}$	$1,0643_{8}$	$1,2213_{21}$
0,277	$1,7404_{63}$	$0,55415_{359}$	$5,6999_{359}$	$0,1754_{11}$	$2,7623_{185}$	$2,9377_{174}$	$0,94028_{73}$	$1,0635_{8}$	$1,2234_{21}$
0,278	$1,7467_{63}$	$0,55774_{359}$	$5,7358_{361}$	$0,1743_{10}$	$2,7808_{185}$	$2,9551_{175}$	$0,94101_{71}$	$1,0627_{8}$	$1,2255_{21}$
0,279	$1,7530_{63}$	$0,56133_{359}$	$5,7719_{364}$	$0,1733_{11}$	$2,7993_{188}$	$2,9726_{176}$	$0,94172_{70}$	$1,0619_{8}$	$1,2276_{21}$
0,280	$1,7593_{63}$	$0,56492_{357}$	$5,8083_{366}$	$0,1722_{11}$	$2,8181_{188}$	$2,9902_{178}$	$0,94242_{70}$	$1,0611_{8}$	$1,2297_{21}$
0,281	$1,7656_{63}$	$0,56849_{355}$	$5,8449_{369}$	$0,1711_{11}$	$2,8369_{190}$	$3,0080_{179}$	$0,94312_{70}$	$1,0603_{8}$	$1,2318_{21}$
0,282	$1,7719_{62}$	$0,57204_{353}$	$5,8818_{370}$	$0,1700_{10}$	$2,8559_{190}$	$3,0259_{180}$	$0,94382_{68}$	$1,0595_{7}$	$1,2339_{21}$
0,283	$1,7781_{63}$	$0,57557_{352}$	$5,9188_{374}$	$0,1690_{11}$	$2,8749_{193}$	$3,0439_{182}$	$0,94450_{67}$	$1,0588_{8}$	$1,2360_{21}$
0,284	$1,7844_{63}$	$0,57909_{352}$	$5,9562_{375}$	$0,1679_{11}$	$2,8942_{192}$	$3,0621_{182}$	$0,94517_{67}$	$1,0580_{7}$	$1,2381_{20}$
0,285	$1,7907_{63}$	$0,58261_{351}$	$5,9937_{377}$	$0,1668_{10}$	$2,9134_{194}$	$3,0803_{183}$	$0,94584_{65}$	$1,0573_{8}$	$1,2401_{21}$
0,286	$1,7970_{63}$	$0,58612_{349}$	$6,0314_{381}$	$0,1658_{10}$	$2,9328_{196}$	$3,0986_{186}$	$0,94649_{66}$	$1,0565_{7}$	$1,2422_{20}$
0,287	$1,8033_{63}$	$0,58961_{347}$	$6,0695_{382}$	$0,1648_{11}$	$2,9524_{196}$	$3,1172_{185}$	$0,94715_{64}$	$1,0558_{7}$	$1,2442_{20}$
0,288	$1,8096_{62}$	$0,59308_{346}$	$6,1077_{385}$	$0,1637_{10}$	$2,9720_{198}$	$3,1357_{188}$	$0,94779_{64}$	$1,0551_{7}$	$1,2462_{20}$
0,289	$1,8158_{63}$	$0,59654_{345}$	$6,1462_{388}$	$0,1627_{10}$	$2,9918_{198}$	$3,1545_{188}$	$0,94843_{62}$	$1,0544_{7}$	$1,2482_{20}$
0,290	$1,8221_{63}$	$0,59999_{345}$	$6,1850_{390}$	$0,1617_{10}$	$3,0116_{201}$	$3,1733_{191}$	$0,94905_{62}$	$1,0537_{7}$	$1,2502_{19}$
0,291	$1,8284_{63}$	$0,60344_{344}$	$6,2240_{392}$	$0,1607_{10}$	$3,0317_{201}$	$3,1924_{190}$	$0,94967_{62}$	$1,0530_{7}$	$1,2521_{20}$
0,292	$1,8347_{63}$	$0,60688_{342}$	$6,2632_{395}$	$0,1597_{10}$	$3,0518_{202}$	$3,2114_{193}$	$0,95029_{61}$	$1,0523_{7}$	$1,2541_{20}$
0,293	$1,8410_{63}$	$0,61030_{340}$	$6,3027_{397}$	$0,1587_{10}$	$3,0720_{204}$	$3,2307_{194}$	$0,95090_{58}$	$1,0516_{6}$	$1,2561_{20}$
0,294	$1,8473_{62}$	$0,61370_{339}$	$6,3424_{400}$	$0,1577_{10}$	$3,0924_{204}$	$3,2501_{194}$	$0,95148_{60}$	$1,0510_{7}$	$1,2581_{19}$
0,295	$1,8535_{63}$	$0,61709_{338}$	$6,3824_{402}$	$0,1567_{10}$	$3,1128_{207}$	$3,2695_{197}$	$0,95208_{59}$	$1,0503_{6}$	$1,2600_{18}$
0,296	$1,8598_{63}$	$0,62047_{338}$	$6,4226_{405}$	$0,1557_{10}$	$3,1335_{207}$	$3,2892_{197}$	$0,95267_{57}$	$1,0497_{6}$	$1,2618_{19}$
0,297	$1,8661_{63}$	$0,62385_{337}$	$6,4631_{407}$	$0,1547_{9}$	$3,1542_{208}$	$3,3089_{199}$	$0,95324_{58}$	$1,0491_{7}$	$1,2637_{19}$
0,298	$1,8724_{63}$	$0,62722_{335}$	$6,5038_{410}$	$0,1538_{10}$	$3,1750_{210}$	$3,3288_{200}$	$0,95382_{56}$	$1,0484_{6}$	$1,2656_{19}$
0,299	$1,8787_{63}$	$0,63057_{333}$	$6,5448_{413}$	$0,1528_{10}$	$3,1960_{211}$	$3,3488_{201}$	$0,95438_{56}$	$1,0478_{6}$	$1,2675_{19}$
0,300	$1,8850_{62}$	$0,63390_{332}$	$6,5861_{414}$	$0,1518_{9}$	$3,2171_{212}$	$3,3689_{203}$	$0,95494_{54}$	$1,0472_{6}$	$1,2694_{18}$

x	$2\pi x$	$\sin 2\pi x$	$\cos 2\pi x$	$\operatorname{tang} 2\pi x$	$\operatorname{cotg} 2\pi x$	$\sin^* 2\pi x$	$\cos^* 2\pi x$	$\operatorname{tang}^* 2\pi x$	$\operatorname{cotg}^* 2\pi x$
0,250	1,5708$_{63}$	1,00000$_{2}$	±0,00000$_{628}$	± ∞	±0,00000$_{628}$	0,70711$_{443}$	0,70711$_{446}$	1,00000$_{1265}$	1,00000$_{1249}$
0,251	1,5771$_{63}$	0,99998$_{6}$	−0,00628$_{629}$	−159,23248	−0,00628$_{629}$	0,71154$_{440}$	0,70265$_{448}$	1,01265$_{1280}$	0,98751$_{1233}$
0,252	1,5834$_{62}$	0,99992$_{10}$	−0,01257$_{628}$	−79,54813	−0,01257$_{628}$	0,71594$_{437}$	0,69817$_{452}$	1,02545$_{1298}$	0,97518$_{1219}$
0,253	1,5896$_{63}$	0,99982$_{14}$	−0,01885$_{628}$	−53,04085	−0,01885$_{629}$	0,72031$_{434}$	0,69365$_{454}$	1,03843$_{1314}$	0,96299$_{1203}$
0,254	1,5959$_{63}$	0,99968$_{17}$	−0,02513$_{628}$	−39,78034	−0,02514$_{629}$	0,72465$_{432}$	0,68911$_{456}$	1,05157$_{1332}$	0,95096$_{1190}$
0,255	1,6022$_{63}$	0,99951$_{22}$	−0,03141$_{628}$	−31,82139	−0,03143$_{629}$	0,72897$_{429}$	0,68455$_{460}$	1,06489$_{1351}$	0,93906$_{1176}$
0,256	1,6085$_{63}$	0,99929$_{26}$	−0,03769$_{628}$	−26,51340	−0,03772$_{629}$	0,73326$_{425}$	0,67995$_{462}$	1,07840$_{1367}$	0,92730$_{1161}$
0,257	1,6148$_{63}$	0,99903$_{29}$	−0,04397$_{627}$	−22,72072	−0,04401$_{629}$	0,73751$_{423}$	0,67533$_{464}$	1,09207$_{1387}$	0,91569$_{1148}$
0,258	1,6211$_{62}$	0,99874$_{34}$	−0,05024$_{628}$	−19,87938	−0,05030$_{631}$	0,74174$_{420}$	0,67069$_{468}$	1,10594$_{1407}$	0,90421$_{1136}$
0,259	1,6273$_{63}$	0,99840$_{37}$	−0,05652$_{627}$	−17,66454	−0,05661$_{630}$	0,74594$_{417}$	0,66601$_{470}$	1,12001$_{1427}$	0,89285$_{1123}$
0,260	1,6336$_{63}$	0,99803$_{42}$	−0,06279$_{627}$	−15,89473	−0,06291$_{632}$	0,75011$_{414}$	0,66131$_{472}$	1,13428$_{1446}$	0,88162$_{1110}$
0,261	1,6399$_{63}$	0,99761$_{45}$	−0,06906$_{627}$	−14,44555	−0,06923$_{631}$	0,75425$_{411}$	0,65659$_{476}$	1,14874$_{1469}$	0,87052$_{1099}$
0,262	1,6462$_{63}$	0,99716$_{49}$	−0,07533$_{626}$	−13,23722	−0,07554$_{632}$	0,75836$_{408}$	0,65183$_{477}$	1,16343$_{1488}$	0,85953$_{1086}$
0,263	1,6525$_{63}$	0,99667$_{54}$	−0,08159$_{626}$	−12,21559	−0,08186$_{633}$	0,76244$_{405}$	0,64706$_{481}$	1,17831$_{1513}$	0,84867$_{1076}$
0,264	1,6588$_{62}$	0,99613$_{57}$	−0,08785$_{626}$	−11,33899	−0,08819$_{634}$	0,76649$_{402}$	0,64225$_{483}$	1,19344$_{1535}$	0,83791$_{1064}$
0,265	1,6650$_{63}$	0,99556$_{61}$	−0,09411$_{625}$	−10,57868	−0,09453$_{634}$	0,77051$_{399}$	0,63742$_{485}$	1,20879$_{1558}$	0,82727$_{1052}$
0,266	1,6713$_{63}$	0,99495$_{65}$	−0,10036$_{625}$	− 9,91381	−0,10087$_{635}$	0,77450$_{396}$	0,63257$_{488}$	1,22437$_{1583}$	0,81675$_{1043}$
0,267	1,6776$_{63}$	0,99430$_{69}$	−0,10661$_{625}$	− 9,32652	−0,10722$_{637}$	0,77846$_{393}$	0,62769$_{490}$	1,24020$_{1607}$	0,80632$_{1031}$
0,268	1,6839$_{63}$	0,99361$_{73}$	−0,11286$_{624}$	− 8,80392	−0,11359$_{636}$	0,78239$_{390}$	0,62279$_{493}$	1,25627$_{1633}$	0,79601$_{1022}$
0,269	1,6902$_{63}$	0,99288$_{77}$	−0,11910$_{623}$	− 8,33652	−0,11995$_{638}$	0,78629$_{387}$	0,61786$_{495}$	1,27260$_{1659}$	0,78579$_{1011}$
0,270	1,6965$_{62}$	0,99211$_{80}$	−0,12533$_{623}$	− 7,91598	−0,12633$_{638}$	0,79016$_{383}$	0,61291$_{498}$	1,28919$_{1686}$	0,77568$_{1002}$
0,271	1,7027$_{63}$	0,99131$_{85}$	−0,13156$_{623}$	− 7,53504	−0,13271$_{641}$	0,79399$_{380}$	0,60793$_{500}$	1,30605$_{1714}$	0,76566$_{991}$
0,272	1,7090$_{63}$	0,99046$_{88}$	−0,13779$_{622}$	− 7,18818	−0,13912$_{641}$	0,79779$_{378}$	0,60293$_{503}$	1,32319$_{1745}$	0,75575$_{984}$
0,273	1,7153$_{63}$	0,98958$_{93}$	−0,14401$_{622}$	− 6,87161	−0,14553$_{642}$	0,80157$_{374}$	0,59790$_{504}$	1,34064$_{1771}$	0,74591$_{972}$
0,274	1,7216$_{63}$	0,98865$_{96}$	−0,15023$_{620}$	− 6,58091	−0,15195$_{642}$	0,80531$_{371}$	0,59286$_{507}$	1,35835$_{1803}$	0,73619$_{964}$
0,275	1,7279$_{63}$	0,98769$_{100}$	−0,15643$_{621}$	− 6,31394	−0,15838$_{643}$	0,80902$_{367}$	0,58779$_{510}$	1,37638$_{1834}$	0,72655$_{956}$
0,276	1,7342$_{62}$	0,98669$_{105}$	−0,16264$_{619}$	− 6,06671	−0,16483$_{646}$	0,81269$_{365}$	0,58269$_{512}$	1,39472$_{1868}$	0,71699$_{948}$
0,277	1,7404$_{63}$	0,98564$_{108}$	−0,16883$_{619}$	− 5,83806	−0,17129$_{647}$	0,81634$_{361}$	0,57757$_{514}$	1,41340$_{1900}$	0,70751$_{938}$
0,278	1,7467$_{63}$	0,98456$_{111}$	−0,17502$_{619}$	− 5,62541	−0,17776$_{650}$	0,81995$_{358}$	0,57243$_{516}$	1,43240$_{1934}$	0,69813$_{930}$
0,279	1,7530$_{63}$	0,98345$_{116}$	−0,18121$_{617}$	− 5,42713	−0,18426$_{650}$	0,82353$_{355}$	0,56727$_{519}$	1,45174$_{1972}$	0,68883$_{923}$
0,280	1,7593$_{63}$	0,98229$_{120}$	−0,18738$_{617}$	− 5,24224	−0,19076$_{652}$	0,82708$_{352}$	0,56208$_{520}$	1,47146$_{2006}$	0,67960$_{914}$
0,281	1,7656$_{63}$	0,98109$_{123}$	−0,19355$_{616}$	− 5,06892	−0,19728$_{653}$	0,83060$_{348}$	0,55688$_{523}$	1,49152$_{2045}$	0,67046$_{907}$
0,282	1,7719$_{62}$	0,97986$_{128}$	−0,19971$_{615}$	− 4,90641	−0,20381$_{656}$	0,83408$_{345}$	0,55165$_{526}$	1,51197$_{2087}$	0,66139$_{901}$
0,283	1,7781$_{63}$	0,97858$_{131}$	−0,20586$_{615}$	− 4,75362	−0,21037$_{657}$	0,83753$_{341}$	0,54639$_{527}$	1,53284$_{2123}$	0,65238$_{891}$
0,284	1,7844$_{63}$	0,97727$_{135}$	−0,21201$_{613}$	− 4,60955	−0,21694$_{658}$	0,84094$_{339}$	0,54112$_{529}$	1,55407$_{2167}$	0,64347$_{885}$
0,285	1,7907$_{63}$	0,97592$_{139}$	−0,21814$_{613}$	− 4,47382	−0,22352$_{661}$	0,84433$_{335}$	0,53583$_{532}$	1,57574$_{2212}$	0,63462$_{878}$
0,286	1,7970$_{63}$	0,97453$_{143}$	−0,22427$_{612}$	− 4,34534	−0,23013$_{663}$	0,84768$_{331}$	0,53051$_{534}$	1,59786$_{2255}$	0,62584$_{871}$
0,287	1,8033$_{63}$	0,97310$_{147}$	−0,23039$_{611}$	− 4,22371	−0,23676$_{665}$	0,85099$_{329}$	0,52517$_{535}$	1,62041$_{2301}$	0,61713$_{864}$
0,288	1,8096$_{62}$	0,97163$_{150}$	−0,23650$_{610}$	− 4,10837	−0,24341$_{666}$	0,85428$_{325}$	0,51982$_{538}$	1,64342$_{2350}$	0,60849$_{858}$
0,289	1,8158$_{63}$	0,97013$_{155}$	−0,24260$_{609}$	− 3,99889	−0,25007$_{669}$	0,85753$_{321}$	0,51444$_{540}$	1,66692$_{2399}$	0,59991$_{851}$
0,290	1,8221$_{63}$	0,96858$_{158}$	−0,24869$_{608}$	− 3,89473$_{9915}$	−0,25676$_{670}$	0,86074$_{318}$	0,50904$_{542}$	1,69091$_{2451}$	0,59140$_{845}$
0,291	1,8284$_{63}$	0,96700$_{162}$	−0,25477$_{607}$	− 3,79558$_{9454}$	−0,26346$_{673}$	0,86393$_{315}$	0,50362$_{543}$	1,71542$_{2502}$	0,58295$_{838}$
0,292	1,8347$_{63}$	0,96538$_{166}$	−0,26084$_{606}$	− 3,70104$_{9025}$	−0,27019$_{676}$	0,86707$_{311}$	0,49819$_{546}$	1,74044$_{2560}$	0,57457$_{833}$
0,293	1,8410$_{63}$	0,96372$_{169}$	−0,26690$_{605}$	− 3,61079$_{8623}$	−0,27695$_{677}$	0,87018$_{308}$	0,49273$_{548}$	1,76604$_{2618}$	0,56624$_{827}$
0,294	1,8473$_{62}$	0,96203$_{174}$	−0,27295$_{604}$	− 3,52456$_{8254}$	−0,28372$_{681}$	0,87326$_{305}$	0,48725$_{550}$	1,79222$_{2679}$	0,55797$_{822}$
0,295	1,8535$_{63}$	0,96029$_{177}$	−0,27899$_{603}$	− 3,44202$_{7903}$	−0,29053$_{682}$	0,87631$_{301}$	0,48175$_{551}$	1,81901$_{2737}$	0,54975$_{815}$
0,296	1,8598$_{63}$	0,95852$_{181}$	−0,28502$_{602}$	− 3,36299$_{7578}$	−0,29735$_{686}$	0,87932$_{297}$	0,47624$_{554}$	1,84638$_{2804}$	0,54160$_{810}$
0,297	1,8661$_{63}$	0,95671$_{185}$	−0,29104$_{600}$	− 3,28721$_{7263}$	−0,30421$_{687}$	0,88229$_{294}$	0,47070$_{555}$	1,87442$_{2869}$	0,53350$_{804}$
0,298	1,8724$_{63}$	0,95486$_{188}$	−0,29704$_{600}$	− 3,21458$_{6985}$	−0,31108$_{691}$	0,88523$_{291}$	0,46515$_{557}$	1,90311$_{2939}$	0,52546$_{800}$
0,299	1,8787$_{63}$	0,95298$_{192}$	−0,30304$_{598}$	− 3,14473$_{6707}$	−0,31799$_{693}$	0,88814$_{287}$	0,45958$_{559}$	1,93250$_{3012}$	0,51746$_{794}$
0,300	1,8850$_{62}$	0,95106$_{196}$	−0,30902$_{597}$	− 3,07766$_{6455}$	−0,32492$_{696}$	0,89101$_{283}$	0,45399$_{561}$	1,96262$_{3087}$	0,50952$_{789}$

x	$2\pi x$	$\ln 2\pi x$	$e^{2\pi x}$	$e^{-2\pi x}$	$\mathfrak{Sin}\,2\pi x$	$\mathfrak{Cof}\,2\pi x$	$\mathfrak{Tang}\,2\pi x$	$\mathfrak{Cotg}\,2\pi x$	$\mathfrak{Amp}\,2\pi x$
0,300	$1{,}8850_{62}$	$0{,}63390_{332}$	$6{,}5861_{414}$	$0{,}1518_{9}$	$3{,}2171_{212}$	$3{,}3689_{203}$	$0{,}95494_{54}$	$1{,}0472_{6}$	$1{,}2694_{18}$
0,301	$1{,}8912_{63}$	$0{,}63722_{332}$	$6{,}6275_{419}$	$0{,}1509_{10}$	$3{,}2383_{215}$	$3{,}3892_{205}$	$0{,}95548_{55}$	$1{,}0466_{6}$	$1{,}2712_{19}$
0,302	$1{,}8975_{63}$	$0{,}64054_{331}$	$6{,}6694_{420}$	$0{,}1499_{9}$	$3{,}2598_{214}$	$3{,}4097_{205}$	$0{,}95603_{53}$	$1{,}0460_{6}$	$1{,}2731_{18}$
0,303	$1{,}9038_{63}$	$0{,}64385_{331}$	$6{,}7114_{423}$	$0{,}1490_{9}$	$3{,}2812_{216}$	$3{,}4302_{207}$	$0{,}95656_{54}$	$1{,}0454_{6}$	$1{,}2749_{18}$
0,304	$1{,}9101_{63}$	$0{,}64716_{329}$	$5{,}7537_{426}$	$0{,}1481_{10}$	$3{,}3028_{218}$	$3{,}4509_{208}$	$0{,}95710_{52}$	$1{,}0448_{6}$	$1{,}2767_{19}$
0,305	$1{,}9164_{63}$	$0{,}65045_{327}$	$6{,}7963_{429}$	$0{,}1471_{9}$	$3{,}3246_{219}$	$3{,}4717_{210}$	$0{,}95762_{51}$	$1{,}0442_{5}$	$1{,}2786_{18}$
0,306	$1{,}9227_{62}$	$0{,}65372_{324}$	$6{,}8392_{430}$	$0{,}1462_{9}$	$3{,}3465_{220}$	$3{,}4927_{211}$	$0{,}95813_{52}$	$1{,}0437_{6}$	$1{,}2804_{18}$
0,307	$1{,}9289_{63}$	$0{,}65696_{325}$	$6{,}8822_{434}$	$0{,}1453_{9}$	$3{,}3685_{221}$	$3{,}5138_{212}$	$0{,}95865_{51}$	$1{,}0431_{5}$	$1{,}2822_{18}$
0,308	$1{,}9352_{63}$	$0{,}66021_{325}$	$6{,}9256_{436}$	$0{,}1444_{9}$	$3{,}3906_{223}$	$3{,}5350_{214}$	$0{,}95916_{49}$	$1{,}0426_{5}$	$1{,}2840_{18}$
0,309	$1{,}9415_{63}$	$0{,}66346_{324}$	$6{,}9692_{440}$	$0{,}1435_{9}$	$3{,}4129_{224}$	$3{,}5564_{215}$	$0{,}95965_{50}$	$1{,}0421_{6}$	$1{,}2858_{18}$
0,310	$1{,}9478_{63}$	$0{,}66670_{322}$	$7{,}0132_{442}$	$0{,}1426_{9}$	$3{,}4353_{226}$	$3{,}5779_{217}$	$0{,}96015_{49}$	$1{,}0415_{5}$	$1{,}2876_{17}$
0,311	$1{,}9541_{63}$	$0{,}66992_{321}$	$7{,}0574_{444}$	$0{,}1417_{9}$	$3{,}4579_{226}$	$3{,}5996_{217}$	$0{,}96064_{48}$	$1{,}0410_{5}$	$1{,}2893_{17}$
0,312	$1{,}9604_{62}$	$0{,}67313_{319}$	$7{,}1018_{447}$	$0{,}1408_{9}$	$3{,}4805_{228}$	$3{,}6213_{219}$	$0{,}96112_{48}$	$1{,}0405_{6}$	$1{,}2910_{18}$
0,313	$1{,}9666_{63}$	$0{,}67632_{319}$	$7{,}1465_{448}$	$0{,}1399_{9}$	$3{,}5033_{231}$	$3{,}6432_{222}$	$0{,}96160_{47}$	$1{,}0399_{5}$	$1{,}2928_{17}$
0,314	$1{,}9729_{63}$	$0{,}67951_{318}$	$7{,}1917_{453}$	$0{,}1390_{8}$	$3{,}5264_{230}$	$3{,}6654_{222}$	$0{,}96207_{46}$	$1{,}0394_{5}$	$1{,}2945_{17}$
0,315	$1{,}9792_{63}$	$0{,}68269_{318}$	$7{,}2370_{456}$	$0{,}1382_{9}$	$3{,}5494_{233}$	$3{,}6876_{224}$	$0{,}96253_{46}$	$1{,}0389_{5}$	$1{,}2962_{17}$
0,316	$1{,}9855_{63}$	$0{,}68587_{316}$	$7{,}2826_{458}$	$0{,}1373_{8}$	$3{,}5727_{233}$	$3{,}7100_{225}$	$0{,}96299_{46}$	$1{,}0384_{5}$	$1{,}2979_{16}$
0,317	$1{,}9918_{63}$	$0{,}68903_{315}$	$7{,}3284_{463}$	$0{,}1365_{9}$	$3{,}5960_{236}$	$3{,}7325_{227}$	$0{,}96345_{44}$	$1{,}0379_{4}$	$1{,}2995_{17}$
0,318	$1{,}9981_{62}$	$0{,}69218_{313}$	$7{,}3747_{465}$	$0{,}1356_{9}$	$3{,}6196_{237}$	$3{,}7552_{228}$	$0{,}96389_{44}$	$1{,}0375_{5}$	$1{,}3012_{16}$
0,319	$2{,}0043_{63}$	$0{,}69531_{312}$	$7{,}4212_{467}$	$0{,}1347_{8}$	$3{,}6433_{237}$	$3{,}7780_{229}$	$0{,}96433_{44}$	$1{,}0370_{5}$	$1{,}3028_{17}$
0,320	$2{,}0106_{63}$	$0{,}69843_{313}$	$7{,}4679_{471}$	$0{,}1339_{8}$	$3{,}6670_{240}$	$3{,}8009_{232}$	$0{,}96477_{43}$	$1{,}0365_{4}$	$1{,}3045_{16}$
0,321	$2{,}0169_{63}$	$0{,}70156_{312}$	$7{,}5150_{474}$	$0{,}1331_{9}$	$3{,}6910_{241}$	$3{,}8241_{232}$	$0{,}96520_{43}$	$1{,}0361_{5}$	$1{,}3061_{17}$
0,322	$2{,}0232_{63}$	$0{,}70468_{310}$	$7{,}5624_{476}$	$0{,}1322_{8}$	$3{,}7151_{242}$	$3{,}8473_{234}$	$0{,}96563_{42}$	$1{,}0356_{5}$	$1{,}3078_{16}$
0,323	$2{,}0295_{63}$	$0{,}70778_{309}$	$7{,}6100_{480}$	$0{,}1314_{8}$	$3{,}7393_{244}$	$3{,}8707_{236}$	$0{,}96605_{42}$	$1{,}0351_{4}$	$1{,}3094_{17}$
0,324	$2{,}0358_{62}$	$0{,}71087_{307}$	$7{,}6580_{483}$	$0{,}1306_{8}$	$3{,}7637_{246}$	$3{,}8943_{238}$	$0{,}96647_{41}$	$1{,}0347_{4}$	$1{,}3111_{16}$
0,325	$2{,}0420_{63}$	$0{,}71394_{307}$	$7{,}7063_{485}$	$0{,}1298_{8}$	$3{,}7883_{246}$	$3{,}9181_{238}$	$0{,}96688_{41}$	$1{,}0343_{5}$	$1{,}3127_{16}$
0,326	$2{,}0483_{63}$	$0{,}71701_{307}$	$7{,}7548_{490}$	$0{,}1290_{9}$	$3{,}8129_{250}$	$3{,}9419_{241}$	$0{,}96729_{40}$	$1{,}0338_{4}$	$1{,}3143_{16}$
0,327	$2{,}0546_{63}$	$0{,}72008_{306}$	$7{,}8038_{491}$	$0{,}1281_{8}$	$3{,}8379_{250}$	$3{,}9660_{241}$	$0{,}96769_{40}$	$1{,}0334_{4}$	$1{,}3159_{15}$
0,328	$2{,}0609_{63}$	$0{,}72314_{305}$	$7{,}8529_{495}$	$0{,}1273_{8}$	$3{,}8628_{252}$	$3{,}9901_{241}$	$0{,}96809_{39}$	$1{,}0330_{4}$	$1{,}3174_{16}$
0,329	$2{,}0672_{63}$	$0{,}72619_{303}$	$7{,}9024_{498}$	$0{,}1265_{7}$	$3{,}8880_{252}$	$4{,}0145_{244}$	$0{,}96848_{39}$	$1{,}0326_{4}$	$1{,}3190_{16}$
0,330	$2{,}0735_{62}$	$0{,}72922_{302}$	$7{,}9522_{501}$	$0{,}1258_{8}$	$3{,}9132_{255}$	$4{,}0390_{247}$	$0{,}96887_{38}$	$1{,}0322_{4}$	$1{,}3206_{15}$
0,331	$2{,}0797_{63}$	$0{,}73224_{301}$	$8{,}0023_{505}$	$0{,}1250_{8}$	$3{,}9387_{256}$	$4{,}0637_{248}$	$0{,}96925_{38}$	$1{,}0317_{4}$	$1{,}3221_{15}$
0,332	$2{,}0860_{63}$	$0{,}73525_{302}$	$8{,}0528_{508}$	$0{,}1242_{8}$	$3{,}9643_{258}$	$4{,}0885_{250}$	$0{,}96963_{37}$	$1{,}0313_{4}$	$1{,}3236_{15}$
0,333	$2{,}0923_{63}$	$0{,}73827_{300}$	$8{,}1036_{510}$	$0{,}1234_{8}$	$3{,}9901_{259}$	$4{,}1135_{250}$	$0{,}97000_{37}$	$1{,}0309_{4}$	$1{,}3251_{16}$
0,334	$2{,}0986_{63}$	$0{,}74127_{300}$	$8{,}1546_{514}$	$0{,}1226_{7}$	$4{,}0160_{259}$	$4{,}1386_{251}$	$0{,}97037_{36}$	$1{,}0305_{4}$	$1{,}3267_{15}$
0,335	$2{,}1049_{63}$	$0{,}74427_{298}$	$8{,}2060_{517}$	$0{,}1219_{8}$	$4{,}0421_{261}$	$4{,}1640_{254}$	$0{,}97073_{36}$	$1{,}0301_{4}$	$1{,}3282_{15}$
0,336	$2{,}1112_{62}$	$0{,}74725_{296}$	$8{,}2577_{521}$	$0{,}1211_{8}$	$4{,}0683_{265}$	$4{,}1894_{257}$	$0{,}97109_{36}$	$1{,}0297_{3}$	$1{,}3297_{15}$
0,337	$2{,}1174_{63}$	$0{,}75021_{295}$	$8{,}3098_{523}$	$0{,}1203_{7}$	$4{,}0948_{265}$	$4{,}2151_{258}$	$0{,}97145_{35}$	$1{,}0294_{3}$	$1{,}3312_{15}$
0,338	$2{,}1237_{63}$	$0{,}75316_{296}$	$8{,}3621_{527}$	$0{,}1196_{8}$	$4{,}1213_{267}$	$4{,}2409_{259}$	$0{,}97180_{35}$	$1{,}0290_{3}$	$1{,}3327_{15}$
0,339	$2{,}1300_{63}$	$0{,}75612_{296}$	$8{,}4148_{531}$	$0{,}1188_{7}$	$4{,}1480_{269}$	$4{,}2668_{262}$	$0{,}97215_{35}$	$1{,}0287_{4}$	$1{,}3342_{14}$
0,340	$2{,}1363_{63}$	$0{,}75906_{294}$	$8{,}4679_{534}$	$0{,}1181_{7}$	$4{,}1749_{271}$	$4{,}2930_{264}$	$0{,}97250_{33}$	$1{,}0283_{4}$	$1{,}3356_{15}$
0,341	$2{,}1426_{62}$	$0{,}76200_{292}$	$8{,}5213_{537}$	$0{,}1174_{8}$	$4{,}2020_{272}$	$4{,}3194_{264}$	$0{,}97283_{33}$	$1{,}0279_{3}$	$1{,}3371_{14}$
0,342	$2{,}1488_{63}$	$0{,}76492_{292}$	$8{,}5750_{541}$	$0{,}1166_{7}$	$4{,}2292_{274}$	$4{,}3458_{267}$	$0{,}97316_{34}$	$1{,}0276_{4}$	$1{,}3385_{15}$
0,343	$2{,}1551_{63}$	$0{,}76784_{292}$	$8{,}6291_{543}$	$0{,}1159_{7}$	$4{,}2566_{275}$	$4{,}3725_{268}$	$0{,}97350_{32}$	$1{,}0272_{3}$	$1{,}3400_{15}$
0,344	$2{,}1614_{63}$	$0{,}77076_{291}$	$8{,}6834_{548}$	$0{,}1152_{8}$	$4{,}2841_{278}$	$4{,}3993_{270}$	$0{,}97382_{33}$	$1{,}0269_{4}$	$1{,}3415_{14}$
0,345	$2{,}1677_{63}$	$0{,}77367_{290}$	$8{,}7382_{551}$	$0{,}1144_{7}$	$4{,}3119_{279}$	$4{,}4263_{272}$	$0{,}97415_{31}$	$1{,}0265_{3}$	$1{,}3429_{14}$
0,346	$2{,}1740_{63}$	$0{,}77657_{288}$	$8{,}7933_{554}$	$0{,}1137_{7}$	$4{,}3398_{281}$	$4{,}4535_{274}$	$0{,}97446_{32}$	$1{,}0262_{3}$	$1{,}3443_{14}$
0,347	$2{,}1803_{62}$	$0{,}77945_{286}$	$8{,}8487_{557}$	$0{,}1130_{7}$	$4{,}3679_{283}$	$4{,}4809_{275}$	$0{,}97478_{31}$	$1{,}0259_{3}$	$1{,}3457_{14}$
0,348	$2{,}1865_{63}$	$0{,}78231_{287}$	$8{,}9044_{562}$	$0{,}1123_{7}$	$4{,}3962_{283}$	$4{,}5084_{277}$	$0{,}97509_{31}$	$1{,}0256_{4}$	$1{,}3471_{14}$
0,349	$2{,}1928_{63}$	$0{,}78518_{287}$	$8{,}9606_{564}$	$0{,}1116_{7}$	$4{,}4245_{286}$	$4{,}5361_{279}$	$0{,}97540_{30}$	$1{,}0252_{3}$	$1{,}3485_{14}$
0,350	$2{,}1991_{63}$	$0{,}78805_{286}$	$9{,}0170_{568}$	$0{,}1109_{7}$	$4{,}4531_{287}$	$4{,}5640_{280}$	$0{,}97570_{30}$	$1{,}0249_{3}$	$1{,}3499_{14}$

x	$2\pi x$	$\sin 2\pi x$	$\cos 2\pi x$	$\operatorname{tang} 2\pi x$	$\operatorname{cotg} 2\pi x$	$\sin^* 2\pi x$	$\cos^* 2\pi x$	$\operatorname{tang}^* 2\pi x$	$\operatorname{cotg}^* 2\pi x$
0,300	$1{,}8850_{62}$	$0{,}95106_{196}$	$-0{,}30902_{597}$	$-3{,}07766_{6455}$	$-0{,}32492_{696}$	$0{,}89101_{283}$	$0{,}45399_{561}$	$1{,}96262_{3087}$	$0{,}50952_{789}$
0,301	$1{,}8912_{63}$	$0{,}94910_{200}$	$-0{,}31499_{595}$	$-3{,}01311_{6209}$	$-0{,}33188_{699}$	$0{,}89384_{280}$	$0{,}44838_{562}$	$1{,}99349_{3163}$	$0{,}50163_{783}$
0,302	$1{,}8975_{63}$	$0{,}94710_{204}$	$-0{,}32094_{595}$	$-2{,}95102_{5996}$	$-0{,}33887_{699}$	$0{,}89664_{280}$	$0{,}44276_{562}$	$2{,}02512_{3246}$	$0{,}49380_{779}$
0,303	$1{,}9038_{63}$	$0{,}94506_{207}$	$-0{,}32689_{593}$	$-2{,}89106_{5773}$	$-0{,}34589_{702}$	$0{,}89941_{277}$	$0{,}43712_{564}$	$2{,}05758_{3330}$	$0{,}48601_{774}$
0,304	$1{,}9101_{63}$	$0{,}94299_{211}$	$-0{,}33282_{592}$	$-2{,}83333_{5574}$	$-0{,}35294_{705}$	$0{,}90213_{272}$	$0{,}43146_{566}$	$2{,}09088_{3423}$	$0{,}47827_{771}$
0,305	$1{,}9164_{63}$	$0{,}94088_{215}$	$-0{,}33874_{590}$	$-2{,}77759_{5379}$	$-0{,}36002_{708}$	$0{,}90483_{265}$	$0{,}42578_{569}$	$2{,}12511_{3509}$	$0{,}47056_{764}$
0,306	$1{,}9227_{62}$	$0{,}93873_{218}$	$-0{,}34464_{589}$	$-2{,}72380_{5199}$	$-0{,}36713_{715}$	$0{,}90748_{263}$	$0{,}42009_{571}$	$2{,}16020_{3612}$	$0{,}46292_{761}$
0,307	$1{,}9289_{63}$	$0{,}93655_{222}$	$-0{,}35053_{588}$	$-2{,}67181_{5031}$	$-0{,}37428_{718}$	$0{,}91011_{258}$	$0{,}41438_{573}$	$2{,}19632_{3711}$	$0{,}45531_{757}$
0,308	$1{,}9352_{63}$	$0{,}93433_{226}$	$-0{,}35641_{587}$	$-2{,}62150_{4871}$	$-0{,}38146_{722}$	$0{,}91269_{255}$	$0{,}40865_{573}$	$2{,}23343_{3814}$	$0{,}44774_{752}$
0,309	$1{,}9415_{63}$	$0{,}93207_{229}$	$-0{,}36228_{584}$	$-2{,}57279_{4704}$	$-0{,}38868_{724}$	$0{,}91524_{251}$	$0{,}40291_{574}$	$2{,}27157_{3927}$	$0{,}44022_{748}$
0,310	$1{,}9478_{63}$	$0{,}92978_{233}$	$-0{,}36812_{584}$	$-2{,}52575_{4567}$	$-0{,}39592_{729}$	$0{,}91775_{248}$	$0{,}39715_{576}$	$2{,}31084_{4046}$	$0{,}43274_{744}$
0,311	$1{,}9541_{63}$	$0{,}92745_{237}$	$-0{,}37396_{582}$	$-2{,}48008_{4425}$	$-0{,}40321_{733}$	$0{,}92023_{244}$	$0{,}39137_{579}$	$2{,}35130_{4164}$	$0{,}42530_{740}$
0,312	$1{,}9604_{62}$	$0{,}92508_{241}$	$-0{,}37978_{580}$	$-2{,}43583_{4289}$	$-0{,}41054_{736}$	$0{,}92267_{244}$	$0{,}38558_{579}$	$2{,}39294_{4164}$	$0{,}41790_{740}$
0,313	$1{,}9666_{63}$	$0{,}92267_{241}$	$-0{,}38558_{580}$	$-2{,}39294_{4289}$	$-0{,}41790_{736}$	$0{,}92508_{241}$	$0{,}37978_{580}$	$2{,}43583_{4289}$	$0{,}41054_{736}$
0,314	$1{,}9729_{63}$	$0{,}92023_{244}$	$-0{,}39137_{579}$	$-2{,}35130_{4164}$	$-0{,}42530_{740}$	$0{,}92745_{237}$	$0{,}37396_{582}$	$2{,}48008_{4425}$	$0{,}40321_{733}$
0,315	$1{,}9792_{63}$	$0{,}91775_{251}$	$-0{,}39715_{576}$	$-2{,}31084_{3927}$	$-0{,}43274_{744}$	$0{,}92978_{233}$	$0{,}36812_{584}$	$2{,}52575_{4704}$	$0{,}39592_{724}$
0,316	$1{,}9855_{63}$	$0{,}91524_{255}$	$-0{,}40291_{574}$	$-2{,}27157_{3814}$	$-0{,}44022_{752}$	$0{,}93207_{226}$	$0{,}36228_{587}$	$2{,}57279_{4871}$	$0{,}38868_{722}$
0,317	$1{,}9918_{63}$	$0{,}91269_{258}$	$-0{,}40865_{573}$	$-2{,}23343_{3711}$	$-0{,}44774_{757}$	$0{,}93433_{222}$	$0{,}35641_{588}$	$2{,}62150_{5031}$	$0{,}38146_{718}$
0,318	$1{,}9981_{62}$	$0{,}91011_{263}$	$-0{,}41438_{571}$	$-2{,}19632_{3612}$	$-0{,}45531_{761}$	$0{,}93655_{218}$	$0{,}35053_{588}$	$2{,}67181_{5199}$	$0{,}37428_{715}$
0,319	$2{,}0043_{63}$	$0{,}90748_{265}$	$-0{,}42009_{569}$	$-2{,}16020_{3612}$	$-0{,}46292_{761}$	$0{,}93873_{215}$	$0{,}34464_{589}$	$2{,}72380_{5379}$	$0{,}36713_{711}$
0,320	$2{,}0106_{63}$	$0{,}90483_{270}$	$-0{,}42578_{568}$	$-2{,}12511_{3423}$	$-0{,}47056_{771}$	$0{,}94088_{211}$	$0{,}33874_{592}$	$2{,}77759_{5574}$	$0{,}36002_{708}$
0,321	$2{,}0169_{63}$	$0{,}90213_{272}$	$-0{,}43146_{566}$	$-2{,}09088_{3330}$	$-0{,}47827_{774}$	$0{,}94299_{207}$	$0{,}33282_{593}$	$2{,}83333_{5773}$	$0{,}35294_{705}$
0,322	$2{,}0232_{63}$	$0{,}89941_{277}$	$-0{,}43712_{564}$	$-2{,}05758_{3246}$	$-0{,}48601_{779}$	$0{,}94506_{204}$	$0{,}32689_{593}$	$2{,}89106_{5996}$	$0{,}34589_{702}$
0,323	$2{,}0295_{63}$	$0{,}89664_{280}$	$-0{,}44276_{562}$	$-2{,}02512_{3163}$	$-0{,}49380_{783}$	$0{,}94710_{200}$	$0{,}32094_{595}$	$2{,}95102_{6209}$	$0{,}33887_{699}$
0,324	$2{,}0358_{62}$	$0{,}89384_{283}$	$-0{,}44838_{561}$	$-1{,}99349_{3087}$	$-0{,}50163_{789}$	$0{,}94910_{196}$	$0{,}31499_{597}$	$3{,}01311_{6455}$	$0{,}33188_{696}$
0,325	$2{,}0420_{63}$	$0{,}89101_{287}$	$-0{,}45399_{559}$	$-1{,}96262_{3012}$	$-0{,}50952_{794}$	$0{,}95106_{192}$	$0{,}30902_{598}$	$3{,}07766_{6707}$	$0{,}32492_{693}$
0,326	$2{,}0483_{63}$	$0{,}88814_{291}$	$-0{,}45958_{557}$	$-1{,}93250_{2939}$	$-0{,}51746_{800}$	$0{,}95298_{188}$	$0{,}30304_{600}$	$3{,}14473_{6985}$	$0{,}31799_{691}$
0,327	$2{,}0546_{63}$	$0{,}88523_{294}$	$-0{,}46515_{555}$	$-1{,}90311_{2869}$	$-0{,}52546_{804}$	$0{,}95486_{185}$	$0{,}29704_{600}$	$3{,}21458_{7263}$	$0{,}31108_{687}$
0,328	$2{,}0609_{63}$	$0{,}88229_{297}$	$-0{,}47070_{554}$	$-1{,}87442_{2804}$	$-0{,}53350_{810}$	$0{,}95671_{181}$	$0{,}29104_{602}$	$3{,}28721_{7578}$	$0{,}30421_{686}$
0,329	$2{,}0672_{63}$	$0{,}87932_{301}$	$-0{,}47624_{551}$	$-1{,}84638_{2737}$	$-0{,}54160_{815}$	$0{,}95852_{177}$	$0{,}28502_{603}$	$3{,}36299_{7903}$	$0{,}29735_{682}$
0,330	$2{,}0735_{62}$	$0{,}87631_{305}$	$-0{,}48175_{550}$	$-1{,}81901_{2679}$	$-0{,}54975_{822}$	$0{,}96029_{174}$	$0{,}27899_{604}$	$3{,}44202_{8254}$	$0{,}29053_{681}$
0,331	$2{,}0797_{63}$	$0{,}87326_{308}$	$-0{,}48725_{548}$	$-1{,}79222_{2618}$	$-0{,}55797_{827}$	$0{,}96203_{169}$	$0{,}27295_{605}$	$3{,}52456_{8623}$	$0{,}28372_{677}$
0,332	$2{,}0860_{63}$	$0{,}87018_{311}$	$-0{,}49273_{546}$	$-1{,}76604_{2560}$	$-0{,}56624_{833}$	$0{,}96372_{166}$	$0{,}26690_{606}$	$3{,}61079_{9025}$	$0{,}27695_{676}$
0,333	$2{,}0923_{63}$	$0{,}86707_{315}$	$-0{,}49819_{543}$	$-1{,}74044_{2502}$	$-0{,}57457_{838}$	$0{,}96538_{162}$	$0{,}26084_{607}$	$3{,}70104_{9454}$	$0{,}27019_{673}$
0,334	$2{,}0986_{63}$	$0{,}86392_{318}$	$-0{,}50362_{542}$	$-1{,}71542_{2451}$	$-0{,}58295_{845}$	$0{,}96700_{158}$	$0{,}25477_{608}$	$3{,}79558_{9915}$	$0{,}26346_{670}$
0,335	$2{,}1049_{63}$	$0{,}86074_{321}$	$-0{,}50904_{540}$	$-1{,}69091_{2399}$	$-0{,}59140_{851}$	$0{,}96858_{155}$	$0{,}24869_{609}$	$3{,}89473$	$0{,}25676_{669}$
0,336	$2{,}1112_{62}$	$0{,}85753_{325}$	$-0{,}51444_{538}$	$-1{,}66692_{2350}$	$-0{,}59991_{858}$	$0{,}97013_{150}$	$0{,}24260_{610}$	$3{,}99889$	$0{,}25007_{666}$
0,337	$2{,}1174_{63}$	$0{,}85428_{329}$	$-0{,}51982_{535}$	$-1{,}64342_{2301}$	$-0{,}60849_{864}$	$0{,}97163_{147}$	$0{,}23650_{611}$	$4{,}10837$	$0{,}24341_{665}$
0,338	$2{,}1237_{63}$	$0{,}85099_{331}$	$-0{,}52517_{534}$	$-1{,}62041_{2255}$	$-0{,}61713_{871}$	$0{,}97310_{143}$	$0{,}23039_{613}$	$4{,}22371$	$0{,}23676_{663}$
0,339	$2{,}1300_{63}$	$0{,}84768_{335}$	$-0{,}53051_{532}$	$-1{,}59786_{2212}$	$-0{,}62584_{878}$	$0{,}97453_{139}$	$0{,}22427_{613}$	$4{,}34534$	$0{,}23013_{661}$
0,340	$2{,}1363_{63}$	$0{,}84433_{339}$	$-0{,}53583_{529}$	$-1{,}57574_{2167}$	$-0{,}63462_{885}$	$0{,}97592_{135}$	$0{,}21814_{613}$	$4{,}47382$	$0{,}22352_{658}$
0,341	$2{,}1426_{62}$	$0{,}84094_{341}$	$-0{,}54112_{527}$	$-1{,}55407_{2123}$	$-0{,}64347_{891}$	$0{,}97727_{131}$	$0{,}21201_{615}$	$4{,}60955$	$0{,}21694_{657}$
0,342	$2{,}1488_{63}$	$0{,}83753_{345}$	$-0{,}54639_{526}$	$-1{,}53284_{2087}$	$-0{,}65238_{901}$	$0{,}97858_{128}$	$0{,}20586_{615}$	$4{,}75362$	$0{,}21037_{656}$
0,343	$2{,}1551_{63}$	$0{,}83408_{348}$	$-0{,}55165_{523}$	$-1{,}51197_{2045}$	$-0{,}66139_{907}$	$0{,}97986_{123}$	$0{,}19971_{616}$	$4{,}90641$	$0{,}20381_{653}$
0,344	$2{,}1614_{63}$	$0{,}83060_{352}$	$-0{,}55688_{520}$	$-1{,}49152_{2006}$	$-0{,}67046_{914}$	$0{,}98109_{120}$	$0{,}19355_{617}$	$5{,}06892$	$0{,}19728_{652}$
0,345	$2{,}1677_{63}$	$0{,}82708_{355}$	$-0{,}56208_{519}$	$-1{,}47146_{1972}$	$-0{,}67960_{923}$	$0{,}98229_{116}$	$0{,}18738_{619}$	$5{,}24224$	$0{,}19076_{650}$
0,346	$2{,}1740_{63}$	$0{,}82353_{358}$	$-0{,}56727_{516}$	$-1{,}45174_{1934}$	$-0{,}68883_{930}$	$0{,}98345_{111}$	$0{,}18121_{619}$	$5{,}42713$	$0{,}18426_{650}$
0,347	$2{,}1803_{62}$	$0{,}81995_{361}$	$-0{,}57243_{514}$	$-1{,}43240_{1900}$	$-0{,}69813_{938}$	$0{,}98456_{108}$	$0{,}17502_{619}$	$5{,}62541$	$0{,}17776_{647}$
0,348	$2{,}1865_{63}$	$0{,}81634_{365}$	$-0{,}57757_{512}$	$-1{,}41340_{1868}$	$-0{,}70751_{948}$	$0{,}98564_{105}$	$0{,}16883_{619}$	$5{,}83806$	$0{,}17129_{646}$
0,349	$2{,}1928_{63}$	$0{,}81269_{367}$	$-0{,}58269_{510}$	$-1{,}39472_{1834}$	$-0{,}71699_{956}$	$0{,}98669_{100}$	$0{,}16264_{621}$	$6{,}06671$	$0{,}16483_{645}$
0,350	$2{,}1991_{63}$	$0{,}80902_{371}$	$-0{,}58779_{507}$	$-1{,}37638_{1803}$	$-0{,}72655_{964}$	$0{,}98769_{96}$	$0{,}15643_{620}$	$6{,}31394$	$0{,}15838_{643}$

 Funktionstafeln der elementaren Transzendenten.

x	$2\pi x$	$\ln 2\pi x$	$e^{2\pi x}$	$e^{-2\pi x}$	$\mathrm{Sin}\,2\pi x$	$\mathrm{Cos}\,2\pi x$	$\mathrm{Tang}\,2\pi x$	$\mathrm{Cotg}\,2\pi x$	$\mathrm{Amp}\,2\pi x$
0,350	$2{,}1991_{63}$	$0{,}78805_{286}$	$9{,}0170_{568}$	$0{,}1109_{7}$	$4{,}4531_{287}$	$4{,}5640_{280}$	$0{,}97570_{30}$	$1{,}0249_{3}$	$1{,}3499_{14}$
0,351	$2{,}2054_{63}$	$0{,}79091_{285}$	$9{,}0738_{573}$	$0{,}1102_{7}$	$4{,}4818_{290}$	$4{,}5920_{283}$	$0{,}97600_{30}$	$1{,}0246_{3}$	$1{,}3513_{13}$
0,352	$2{,}2117_{63}$	$0{,}79376_{284}$	$9{,}1311_{575}$	$0{,}1095_{7}$	$4{,}5108_{291}$	$4{,}6203_{284}$	$0{,}97630_{29}$	$1{,}0243_{3}$	$1{,}3526_{14}$
0,353	$2{,}2180_{62}$	$0{,}79660_{282}$	$9{,}1886_{579}$	$0{,}1088_{7}$	$4{,}5399_{293}$	$4{,}6487_{286}$	$0{,}97659_{29}$	$1{,}0240_{3}$	$1{,}3540_{13}$
0,354	$2{,}2242_{63}$	$0{,}79942_{281}$	$9{,}2465_{583}$	$0{,}1081_{6}$	$4{,}5692_{295}$	$4{,}6773_{288}$	$0{,}97688_{28}$	$1{,}0237_{3}$	$1{,}3553_{14}$
0,355	$2{,}2305_{63}$	$0{,}80223_{282}$	$9{,}3048_{587}$	$0{,}1075_{7}$	$4{,}5987_{297}$	$4{,}7061_{291}$	$0{,}97716_{29}$	$1{,}0234_{3}$	$1{,}3567_{13}$
0,356	$2{,}2368_{63}$	$0{,}80505_{281}$	$9{,}3635_{589}$	$0{,}1068_{7}$	$4{,}6284_{298}$	$4{,}7352_{291}$	$0{,}97745_{27}$	$1{,}0231_{3}$	$1{,}3580_{13}$
0,357	$2{,}2431_{63}$	$0{,}80786_{280}$	$9{,}4224_{594}$	$0{,}1061_{6}$	$4{,}6582_{300}$	$4{,}7643_{294}$	$0{,}97772_{28}$	$1{,}0228_{3}$	$1{,}3593_{13}$
0,358	$2{,}2494_{63}$	$0{,}81066_{279}$	$9{,}4818_{598}$	$0{,}1055_{7}$	$4{,}6882_{302}$	$4{,}7937_{295}$	$0{,}97800_{27}$	$1{,}0225_{3}$	$1{,}3606_{14}$
0,359	$2{,}2557_{62}$	$0{,}81345_{277}$	$9{,}5416_{602}$	$0{,}1048_{7}$	$4{,}7184_{304}$	$4{,}8232_{298}$	$0{,}97827_{27}$	$1{,}0222_{3}$	$1{,}3620_{13}$
0,360	$2{,}2619_{63}$	$0{,}81622_{277}$	$9{,}6018_{604}$	$0{,}1041_{6}$	$4{,}7488_{306}$	$4{,}8530_{299}$	$0{,}97854_{26}$	$1{,}0219_{2}$	$1{,}3633_{13}$
0,361	$2{,}2682_{63}$	$0{,}81899_{277}$	$9{,}6622_{610}$	$0{,}1035_{7}$	$4{,}7794_{308}$	$4{,}8829_{301}$	$0{,}97880_{27}$	$1{,}0217_{3}$	$1{,}3646_{12}$
0,362	$2{,}2745_{63}$	$0{,}82176_{277}$	$9{,}7232_{613}$	$0{,}1028_{7}$	$4{,}8102_{310}$	$4{,}9130_{304}$	$0{,}97907_{25}$	$1{,}0214_{3}$	$1{,}3658_{13}$
0,363	$2{,}2808_{63}$	$0{,}82453_{276}$	$9{,}7845_{616}$	$0{,}1022_{6}$	$4{,}8412_{311}$	$4{,}9434_{305}$	$0{,}97932_{26}$	$1{,}0211_{3}$	$1{,}3671_{12}$
0,364	$2{,}2871_{63}$	$0{,}82729_{274}$	$9{,}8461_{621}$	$0{,}1016_{6}$	$4{,}8723_{313}$	$4{,}9739_{307}$	$0{,}97958_{26}$	$1{,}0208_{2}$	$1{,}3683_{13}$
0,365	$2{,}2934_{62}$	$0{,}83003_{272}$	$9{,}9082_{624}$	$0{,}1009_{6}$	$4{,}9036_{316}$	$5{,}0046_{309}$	$0{,}97984_{24}$	$1{,}0206_{3}$	$1{,}3696_{12}$
0,366	$2{,}2996_{63}$	$0{,}83275_{272}$	$9{,}9706_{62}$	$0{,}1003_{6}$	$4{,}9352_{317}$	$5{,}0355_{311}$	$0{,}98008_{25}$	$1{,}0203_{3}$	$1{,}3708_{13}$
0,367	$2{,}3059_{63}$	$0{,}83547_{273}$	$10{,}033_{64}$	$0{,}0997_{6}$	$4{,}9669_{320}$	$5{,}0666_{313}$	$0{,}98033_{24}$	$1{,}0200_{2}$	$1{,}3721_{12}$
0,368	$2{,}3122_{63}$	$0{,}83820_{272}$	$10{,}097_{63}$	$0{,}0990_{7}$	$4{,}9989_{321}$	$5{,}0979_{315}$	$0{,}98057_{24}$	$1{,}0198_{2}$	$1{,}3733_{13}$
0,369	$2{,}3185_{63}$	$0{,}84092_{272}$	$10{,}160_{64}$	$0{,}0984_{6}$	$5{,}0310_{323}$	$5{,}1294_{317}$	$0{,}98081_{24}$	$1{,}0196_{3}$	$1{,}3746_{13}$
0,370	$2{,}3248_{63}$	$0{,}84364_{269}$	$10{,}224_{65}$	$0{,}0978_{6}$	$5{,}0633_{326}$	$5{,}1611_{320}$	$0{,}98105_{23}$	$1{,}0193_{2}$	$1{,}3759_{12}$
0,371	$2{,}3311_{62}$	$0{,}84633_{268}$	$10{,}289_{65}$	$0{,}0972_{6}$	$5{,}0959_{327}$	$5{,}1931_{321}$	$0{,}98128_{23}$	$1{,}0191_{3}$	$1{,}3771_{12}$
0,372	$2{,}3373_{63}$	$0{,}84901_{268}$	$10{,}354_{65}$	$0{,}0966_{6}$	$5{,}1286_{329}$	$5{,}2252_{323}$	$0{,}98151_{23}$	$1{,}0188_{2}$	$1{,}3783_{12}$
0,373	$2{,}3436_{63}$	$0{,}85169_{268}$	$10{,}419_{66}$	$0{,}0960_{6}$	$5{,}1615_{332}$	$5{,}2575_{325}$	$0{,}98174_{23}$	$1{,}0186_{2}$	$1{,}3795_{11}$
0,374	$2{,}3499_{63}$	$0{,}85437_{268}$	$10{,}485_{66}$	$0{,}0954_{6}$	$5{,}1947_{333}$	$5{,}2900_{328}$	$0{,}98197_{23}$	$1{,}0184_{3}$	$1{,}3806_{12}$
0,375	$2{,}3562_{63}$	$0{,}85705_{267}$	$10{,}551_{66}$	$0{,}0948_{6}$	$5{,}2280_{335}$	$5{,}3228_{329}$	$0{,}98220_{22}$	$1{,}0181_{2}$	$1{,}3818_{12}$
0,376	$2{,}3625_{63}$	$0{,}85972_{265}$	$10{,}617_{67}$	$0{,}0942_{6}$	$5{,}2615_{338}$	$5{,}3557_{332}$	$0{,}98242_{21}$	$1{,}0179_{2}$	$1{,}3830_{12}$
0,377	$2{,}3688_{62}$	$0{,}86237_{264}$	$10{,}684_{68}$	$0{,}0936_{6}$	$5{,}2953_{340}$	$5{,}3889_{334}$	$0{,}98263_{22}$	$1{,}0177_{3}$	$1{,}3842_{11}$
0,378	$2{,}3750_{63}$	$0{,}85501_{264}$	$10{,}752_{67}$	$0{,}0930_{6}$	$5{,}3293_{341}$	$5{,}4223_{335}$	$0{,}98285_{21}$	$1{,}0174_{2}$	$1{,}3853_{12}$
0,379	$2{,}3813_{63}$	$0{,}86765_{264}$	$10{,}819_{68}$	$0{,}0924_{6}$	$5{,}3634_{344}$	$5{,}4558_{338}$	$0{,}98306_{21}$	$1{,}0172_{2}$	$1{,}3865_{11}$
0,380	$2{,}3876_{63}$	$0{,}87029_{264}$	$10{,}887_{69}$	$0{,}0918_{5}$	$5{,}3978_{346}$	$5{,}4896_{341}$	$0{,}98327_{21}$	$1{,}0170_{2}$	$1{,}3876_{11}$
0,381	$2{,}3939_{63}$	$0{,}87293_{262}$	$10{,}956_{69}$	$0{,}0913_{6}$	$5{,}4324_{348}$	$5{,}5237_{342}$	$0{,}98348_{20}$	$1{,}0168_{2}$	$1{,}3887_{12}$
0,382	$2{,}4002_{63}$	$0{,}87555_{261}$	$11{,}025_{70}$	$0{,}0907_{6}$	$5{,}4672_{351}$	$5{,}5579_{344}$	$0{,}98368_{20}$	$1{,}0166_{2}$	$1{,}3899_{12}$
0,383	$2{,}4065_{62}$	$0{,}87816_{260}$	$11{,}095_{70}$	$0{,}0901_{5}$	$5{,}5023_{352}$	$5{,}5923_{348}$	$0{,}98388_{20}$	$1{,}0164_{2}$	$1{,}3911_{12}$
0,384	$2{,}4127_{63}$	$0{,}88076_{260}$	$11{,}165_{70}$	$0{,}0896_{6}$	$5{,}5375_{355}$	$5{,}6271_{349}$	$0{,}98408_{20}$	$1{,}0162_{2}$	$1{,}3922_{11}$
0,385	$2{,}4190_{63}$	$0{,}88336_{260}$	$11{,}235_{71}$	$0{,}0890_{6}$	$5{,}5730_{356}$	$5{,}6620_{350}$	$0{,}98428_{19}$	$1{,}0160_{2}$	$1{,}3933_{11}$
0,386	$2{,}4253_{63}$	$0{,}88596_{259}$	$11{,}306_{71}$	$0{,}0884_{5}$	$5{,}6086_{360}$	$5{,}6970_{355}$	$0{,}98447_{20}$	$1{,}0158_{2}$	$1{,}3944_{11}$
0,387	$2{,}4316_{63}$	$0{,}88855_{259}$	$11{,}377_{72}$	$0{,}0879_{6}$	$5{,}6446_{361}$	$5{,}7325_{355}$	$0{,}98467_{19}$	$1{,}0156_{2}$	$1{,}3955_{10}$
0,388	$2{,}4379_{63}$	$0{,}89114_{257}$	$11{,}449_{72}$	$0{,}0873_{5}$	$5{,}6807_{363}$	$5{,}7680_{359}$	$0{,}98486_{19}$	$1{,}0154_{2}$	$1{,}3965_{10}$
0,389	$2{,}4442_{62}$	$0{,}89371_{255}$	$11{,}521_{72}$	$0{,}0868_{5}$	$5{,}7170_{366}$	$5{,}8039_{360}$	$0{,}98505_{18}$	$1{,}0152_{2}$	$1{,}3975_{11}$
0,390	$2{,}4504_{63}$	$0{,}89626_{256}$	$11{,}593_{74}$	$0{,}0863_{6}$	$5{,}7536_{368}$	$5{,}8399_{362}$	$0{,}98523_{18}$	$1{,}0150_{2}$	$1{,}3986_{11}$
0,391	$2{,}4567_{63}$	$0{,}89882_{256}$	$11{,}667_{73}$	$0{,}0857_{5}$	$5{,}7904_{370}$	$5{,}8761_{365}$	$0{,}98541_{18}$	$1{,}0148_{2}$	$1{,}3997_{11}$
0,392	$2{,}4630_{63}$	$0{,}90138_{256}$	$11{,}740_{74}$	$0{,}0852_{6}$	$5{,}8274_{374}$	$5{,}9126_{368}$	$0{,}98559_{18}$	$1{,}0146_{2}$	$1{,}4008_{10}$
0,393	$2{,}4693_{63}$	$0{,}90394_{254}$	$11{,}814_{75}$	$0{,}0846_{5}$	$5{,}8648_{374}$	$5{,}9494_{369}$	$0{,}98577_{18}$	$1{,}0144_{2}$	$1{,}4018_{11}$
0,394	$2{,}4756_{63}$	$0{,}90648_{254}$	$11{,}889_{74}$	$0{,}0841_{5}$	$5{,}9022_{377}$	$5{,}9863_{372}$	$0{,}98595_{18}$	$1{,}0142_{2}$	$1{,}4029_{11}$
0,395	$2{,}4819_{62}$	$0{,}90902_{252}$	$11{,}963_{76}$	$0{,}0836_{5}$	$5{,}9399_{380}$	$6{,}0235_{375}$	$0{,}98613_{16}$	$1{,}0140_{1}$	$1{,}4040_{11}$
0,396	$2{,}4881_{63}$	$0{,}91154_{251}$	$12{,}039_{76}$	$0{,}0831_{6}$	$5{,}9779_{382}$	$6{,}0610_{377}$	$0{,}98629_{17}$	$1{,}0139_{2}$	$1{,}4051_{10}$
0,397	$2{,}4944_{63}$	$0{,}91405_{252}$	$12{,}115_{76}$	$0{,}0825_{5}$	$5{,}0161_{385}$	$6{,}0987_{378}$	$0{,}98646_{17}$	$1{,}0137_{2}$	$1{,}4061_{10}$
0,398	$2{,}5007_{63}$	$0{,}91657_{252}$	$12{,}191_{77}$	$0{,}0820_{5}$	$6{,}0546_{387}$	$6{,}1365_{382}$	$0{,}98663_{17}$	$1{,}0135_{1}$	$1{,}4071_{10}$
0,399	$2{,}5070_{63}$	$0{,}91909_{251}$	$12{,}268_{77}$	$0{,}0815_{5}$	$6{,}0933_{388}$	$6{,}1747_{384}$	$0{,}98680_{17}$	$1{,}0134_{2}$	$1{,}4081_{10}$
0,400	$2{,}5133_{63}$	$0{,}92160_{249}$	$12{,}345_{78}$	$0{,}0810_{5}$	$6{,}1321_{392}$	$6{,}2131_{387}$	$0{,}98697_{15}$	$1{,}0132_{2}$	$1{,}4091_{10}$

x	$2\pi x$	$\sin 2\pi x$	$\cos 2\pi x$	$\operatorname{tang} 2\pi x$	$\operatorname{cotg} 2\pi x$	$\sin^{*} 2\pi x$	$\cos^{*} 2\pi x$	$\operatorname{tang}^{*} 2\pi x$	$\operatorname{cotg}^{*} 2\pi x$
0,350	$2{,}1991_{63}$	$0{,}80902_{371}$	$-0{,}58779_{507}$	$-1{,}37638_{1803}$	$-0{,}72655_{964}$	$0{,}98769_{96}$	$0{,}15643_{620}$	$6{,}31394$	$0{,}15838_{643}$
0,351	$2{,}2054_{63}$	$0{,}80531_{374}$	$-0{,}59286_{504}$	$-1{,}35835_{1771}$	$-0{,}73619_{972}$	$0{,}98865_{93}$	$0{,}15023_{622}$	$6{,}58091$	$0{,}15195_{642}$
0,352	$2{,}2117_{63}$	$0{,}80157_{378}$	$-0{,}59790_{503}$	$-1{,}34064_{1745}$	$-0{,}74591_{984}$	$0{,}98958_{88}$	$0{,}14401_{622}$	$6{,}87161$	$0{,}14553_{641}$
0,353	$2{,}2180_{62}$	$0{,}79779_{380}$	$-0{,}60293_{500}$	$-1{,}32319_{1714}$	$-0{,}75575_{991}$	$0{,}99046_{85}$	$0{,}13779_{623}$	$7{,}18818$	$0{,}13912_{641}$
0,354	$2{,}2242_{63}$	$0{,}79399_{383}$	$-0{,}60793_{498}$	$-1{,}30605_{1686}$	$-0{,}76566_{1002}$	$0{,}99131_{80}$	$0{,}13156_{623}$	$7{,}53504$	$0{,}13271_{638}$
0,355	$2{,}2305_{63}$	$0{,}79016_{387}$	$-0{,}61291_{495}$	$-1{,}28919_{1659}$	$-0{,}77568_{1011}$	$0{,}99211_{77}$	$0{,}12533_{623}$	$7{,}91598$	$0{,}12633_{638}$
0,356	$2{,}2368_{63}$	$0{,}78629_{390}$	$-0{,}61786_{493}$	$-1{,}27260_{1633}$	$-0{,}78579_{1022}$	$0{,}99288_{73}$	$0{,}11910_{624}$	$8{,}33652$	$0{,}11995_{636}$
0,357	$2{,}2431_{63}$	$0{,}78239_{393}$	$-0{,}62279_{490}$	$-1{,}25627_{1607}$	$-0{,}79601_{1031}$	$0{,}99361_{69}$	$0{,}11286_{625}$	$8{,}80392$	$6{,}11359_{637}$
0,358	$2{,}2494_{63}$	$0{,}77846_{396}$	$-0{,}62769_{488}$	$-1{,}24020_{1583}$	$-0{,}80632_{1043}$	$0{,}99430_{65}$	$0{,}10661_{625}$	$9{,}32652$	$0{,}10722_{635}$
0,359	$2{,}2557_{62}$	$0{,}77450_{399}$	$-0{,}63257_{485}$	$-1{,}22437_{1558}$	$-0{,}81675_{1052}$	$0{,}99495_{61}$	$0{,}10036_{625}$	$9{,}91381$	$0{,}10087_{634}$
0,360	$2{,}2619_{63}$	$0{,}77051_{402}$	$-0{,}63742_{483}$	$-1{,}20879_{1535}$	$-0{,}82727_{1064}$	$0{,}99556_{57}$	$0{,}09411_{626}$	$10{,}57868$	$0{,}09453_{634}$
0,361	$2{,}2682_{63}$	$0{,}76649_{405}$	$-0{,}64225_{481}$	$-1{,}19344_{1513}$	$-0{,}83791_{1076}$	$0{,}99613_{54}$	$0{,}08785_{626}$	$11{,}33899$	$0{,}08819_{633}$
0,362	$2{,}2745_{63}$	$0{,}76244_{408}$	$-0{,}64706_{477}$	$-1{,}17831_{1488}$	$-0{,}84867_{1086}$	$0{,}99667_{49}$	$0{,}08159_{626}$	$12{,}21559$	$0{,}08186_{632}$
0,363	$2{,}2808_{63}$	$0{,}75836_{411}$	$-0{,}65183_{477}$	$-1{,}16343_{1469}$	$-0{,}85953_{1099}$	$0{,}99716_{45}$	$0{,}07533_{627}$	$13{,}23722$	$0{,}07554_{631}$
0,364	$2{,}2871_{63}$	$0{,}75425_{414}$	$-0{,}65659_{476}$	$-1{,}14874_{1446}$	$-0{,}87052_{1110}$	$0{,}99761_{42}$	$0{,}06906_{627}$	$14{,}44555$	$0{,}06923_{632}$
0,365	$2{,}2934_{62}$	$0{,}75011_{417}$	$-0{,}66131_{472}$	$-1{,}13428_{1427}$	$-0{,}88162_{1123}$	$0{,}99803_{37}$	$0{,}06279_{627}$	$15{,}89473$	$0{,}06291_{630}$
0,366	$2{,}2996_{63}$	$0{,}74594_{420}$	$-0{,}66601_{468}$	$-1{,}12001_{1407}$	$-0{,}89285_{1136}$	$0{,}99840_{34}$	$0{,}05652_{628}$	$17{,}66454$	$0{,}05661_{631}$
0,367	$2{,}3059_{63}$	$0{,}74174_{423}$	$-0{,}67069_{464}$	$-1{,}10594_{1387}$	$-0{,}90421_{1148}$	$0{,}99874_{29}$	$0{,}05024_{627}$	$19{,}87938$	$0{,}05030_{631}$
0,368	$2{,}3122_{63}$	$0{,}73751_{425}$	$-0{,}67533_{462}$	$-1{,}09207_{1367}$	$-0{,}91569_{1161}$	$0{,}99903_{26}$	$0{,}04397_{628}$	$22{,}72072$	$0{,}04401_{629}$
0,369	$2{,}3185_{63}$	$0{,}73326_{429}$	$-0{,}67995_{460}$	$-1{,}07840_{1351}$	$-0{,}92730_{1176}$	$0{,}99929_{22}$	$0{,}03769_{628}$	$26{,}51340$	$0{,}03772_{629}$
0,370	$2{,}3248_{63}$	$0{,}72897_{432}$	$-0{,}68455_{456}$	$-1{,}06489_{1332}$	$-0{,}93906_{1190}$	$0{,}99951_{17}$	$0{,}03141_{628}$	$31{,}82139$	$0{,}03143_{629}$
0,371	$2{,}3311_{62}$	$0{,}72465_{434}$	$-0{,}68911_{454}$	$-1{,}05157_{1314}$	$-0{,}95096_{1203}$	$0{,}99968_{14}$	$0{,}02513_{628}$	$39{,}78034$	$0{,}02514_{629}$
0,372	$2{,}3373_{63}$	$0{,}72031_{437}$	$-0{,}69365_{452}$	$-1{,}03843_{1298}$	$-0{,}96299_{1219}$	$0{,}99982_{10}$	$0{,}01885_{628}$	$53{,}04085$	$0{,}01885_{628}$
0,373	$2{,}3436_{63}$	$0{,}71594_{440}$	$-0{,}69817_{448}$	$-1{,}02545_{1280}$	$-0{,}97518_{1233}$	$0{,}99992_{6}$	$0{,}01257_{629}$	$79{,}54813$	$0{,}01257_{629}$
0,374	$2{,}3499_{63}$	$0{,}71154_{443}$	$-0{,}70265_{446}$	$-1{,}01265_{1265}$	$-0{,}98751_{1249}$	$0{,}99998_{2}$	$0{,}00628_{628}$	$159{,}23248$	$0{,}00628_{628}$
0,375	$2{,}3562_{63}$	$0{,}70711_{446}$	$-0{,}70711_{443}$	$-1{,}00000_{1249}$	$-1{,}00000_{1265}$	$1{,}00000_{2}$	$0{,}00000_{628}$	$\pm\infty$	$\pm0{,}00000_{628}$
0,376	$2{,}3625_{63}$	$0{,}70265_{448}$	$-0{,}71154_{440}$	$-0{,}98751_{1233}$	$-1{,}01265_{1280}$	$0{,}99998_{6}$	$-0{,}00628_{629}$	$-159{,}23248$	$-0{,}00628_{629}$
0,377	$2{,}3688_{62}$	$9{,}69817_{452}$	$-0{,}71594_{437}$	$-0{,}97518_{1219}$	$-1{,}02545_{1298}$	$0{,}99992_{10}$	$-0{,}01257_{628}$	$-79{,}54813$	$-0{,}01257_{628}$
0,378	$2{,}3750_{63}$	$0{,}69365_{454}$	$-0{,}72031_{434}$	$-0{,}96299_{1203}$	$-1{,}03843_{1314}$	$0{,}99982_{14}$	$-0{,}01885_{628}$	$-53{,}04085$	$-0{,}01885_{629}$
0,379	$2{,}3813_{63}$	$0{,}68911_{456}$	$-0{,}72465_{432}$	$-0{,}95096_{1190}$	$-1{,}05157_{1332}$	$0{,}99968_{17}$	$-0{,}02513_{628}$	$-39{,}78034$	$-0{,}02514_{629}$
0,380	$2{,}3876_{63}$	$0{,}68455_{460}$	$-0{,}72897_{429}$	$-0{,}93906_{1176}$	$-1{,}06489_{1351}$	$0{,}99951_{22}$	$-0{,}03141_{628}$	$-31{,}82139$	$-0{,}03143_{629}$
0,381	$2{,}3939_{63}$	$0{,}67995_{462}$	$-0{,}73326_{425}$	$-0{,}92730_{1161}$	$-1{,}07840_{1367}$	$0{,}99929_{26}$	$-0{,}03769_{628}$	$-26{,}51340$	$-0{,}03772_{629}$
0,382	$2{,}4002_{63}$	$0{,}67533_{464}$	$-0{,}73751_{423}$	$-0{,}91569_{1148}$	$-1{,}09207_{1387}$	$0{,}99903_{29}$	$-0{,}04397_{627}$	$-22{,}72072$	$-0{,}04401_{629}$
0,383	$2{,}4065_{62}$	$0{,}67069_{468}$	$-0{,}74174_{420}$	$-0{,}90421_{1136}$	$-1{,}10594_{1407}$	$0{,}99874_{34}$	$-0{,}05024_{628}$	$-19{,}87938$	$-0{,}05030_{631}$
0,384	$2{,}4127_{63}$	$0{,}66601_{470}$	$-0{,}74594_{417}$	$-0{,}89285_{1123}$	$-1{,}12001_{1427}$	$0{,}99840_{37}$	$-0{,}05652_{627}$	$-17{,}66454$	$-0{,}05661_{630}$
0,385	$2{,}4190_{63}$	$0{,}66131_{472}$	$-0{,}75011_{414}$	$-0{,}88162_{1110}$	$-1{,}13428_{1446}$	$0{,}99803_{42}$	$-0{,}06279_{628}$	$-15{,}89473$	$-0{,}06291_{632}$
0,386	$2{,}4253_{63}$	$0{,}65659_{476}$	$-0{,}75425_{411}$	$-0{,}87052_{1099}$	$-1{,}14874_{1469}$	$0{,}99761_{45}$	$-0{,}06906_{627}$	$-14{,}44555$	$-0{,}06923_{631}$
0,387	$2{,}4316_{63}$	$0{,}65183_{477}$	$-0{,}75836_{408}$	$-0{,}85953_{1086}$	$-1{,}16343_{1488}$	$0{,}99716_{49}$	$-0{,}07533_{626}$	$-13{,}23722$	$-0{,}07554_{632}$
0,388	$2{,}4379_{63}$	$0{,}64706_{481}$	$-0{,}76244_{405}$	$-0{,}84867_{1076}$	$-1{,}17831_{1513}$	$0{,}99667_{54}$	$-0{,}08159_{626}$	$-12{,}21559$	$-0{,}08186_{633}$
0,389	$2{,}4442_{62}$	$0{,}64225_{483}$	$-0{,}76649_{402}$	$-0{,}83791_{1064}$	$-1{,}19344_{1535}$	$0{,}99613_{57}$	$-0{,}08785_{626}$	$-11{,}33899$	$-0{,}08819_{634}$
0,390	$2{,}4504_{63}$	$0{,}63742_{485}$	$-0{,}77051_{399}$	$-0{,}82727_{1052}$	$-1{,}20879_{1558}$	$0{,}99556_{61}$	$-0{,}09411_{625}$	$-10{,}57868$	$-0{,}09453_{634}$
0,391	$2{,}4567_{63}$	$0{,}63257_{488}$	$-0{,}77450_{396}$	$-0{,}81675_{1043}$	$-1{,}22437_{1583}$	$0{,}99495_{65}$	$-0{,}10036_{625}$	$-\ 9{,}91381$	$-0{,}10087_{635}$
0,392	$2{,}4630_{63}$	$0{,}62769_{490}$	$-0{,}77846_{393}$	$-0{,}80632_{1031}$	$-1{,}24020_{1607}$	$0{,}99430_{69}$	$-0{,}10661_{625}$	$-\ 7{,}32652$	$-0{,}10722_{637}$
0,393	$2{,}4693_{63}$	$0{,}62279_{493}$	$-0{,}78239_{390}$	$-0{,}79601_{1022}$	$-1{,}25627_{1633}$	$0{,}99361_{73}$	$-0{,}11286_{624}$	$-\ 8{,}80392$	$-0{,}11359_{636}$
0,394	$2{,}4756_{63}$	$0{,}61786_{495}$	$-0{,}78629_{387}$	$-0{,}78579_{1011}$	$-1{,}27260_{1659}$	$0{,}99288_{77}$	$-0{,}11910_{623}$	$-\ 8{,}33652$	$-0{,}11995_{638}$
0,395	$2{,}4819_{62}$	$0{,}61291_{498}$	$-0{,}79016_{383}$	$-0{,}77568_{1002}$	$-1{,}28919_{1686}$	$0{,}99211_{80}$	$-0{,}12533_{623}$	$-\ 7{,}91598$	$-0{,}12633_{638}$
0,396	$2{,}4881_{63}$	$0{,}60793_{500}$	$-0{,}79399_{380}$	$-0{,}76566_{991}$	$-1{,}30605_{1714}$	$0{,}99131_{85}$	$-0{,}13156_{623}$	$-\ 7{,}53504$	$-0{,}13271_{641}$
0,397	$2{,}4944_{63}$	$0{,}60293_{503}$	$-0{,}79779_{378}$	$-0{,}75575_{984}$	$-1{,}32319_{1745}$	$0{,}99046_{88}$	$-0{,}13779_{622}$	$-\ 7{,}18818$	$-0{,}13912_{641}$
0,398	$2{,}5007_{63}$	$0{,}59790_{504}$	$-0{,}80157_{374}$	$-0{,}74591_{972}$	$-1{,}34064_{1771}$	$0{,}98958_{93}$	$-0{,}14401_{622}$	$-\ 6{,}87161$	$-0{,}14553_{642}$
0,399	$2{,}5070_{63}$	$0{,}59286_{507}$	$-0{,}80531_{371}$	$-0{,}73619_{964}$	$-1{,}35835_{1803}$	$0{,}98865_{96}$	$-0{,}15023_{620}$	$-\ 6{,}58091$	$-0{,}15195_{643}$
0,400	$2{,}5133_{63}$	$0{,}58779_{510}$	$-0{,}80902_{367}$	$-0{,}72655_{956}$	$-1{,}37638_{1834}$	$0{,}98769_{100}$	$-0{,}15643_{621}$	$-\ 6{,}31394$	$-0{,}15838_{645}$

x	$2\pi x$	$\ln 2\pi x$	$e^{2\pi x}$	$e^{-2\pi x}$	Sin $2\pi x$	Coſ $2\pi x$	Tang $2\pi x$	Cotg $2\pi x$	Amp $2\pi x$
0,400	2,5133 $_{63}$	0,92160 $_{249}$	12,345 $_{78}$	0,0810 $_{5}$	6,1321 $_{392}$	6,2131 $_{387}$	0,98697 $_{15}$	1,0132 $_{2}$	1,4091 $_{10}$
0,401	2,5196 $_{62}$	0,92409 $_{248}$	12,423 $_{78}$	0,0805 $_{5}$	6,1713 $_{394}$	6,2518 $_{389}$	0,98712 $_{16}$	1,0130 $_{1}$	1,4101 $_{10}$
0,402	2,5258 $_{63}$	0,92657 $_{248}$	12,501 $_{79}$	0,0800 $_{5}$	6,2107 $_{397}$	6,2907 $_{392}$	0,98728 $_{16}$	1,0129 $_{2}$	1,4111 $_{10}$
0,403	2,5321 $_{63}$	0,92905 $_{249}$	12,580 $_{79}$	0,0795 $_{5}$	6,2504 $_{399}$	6,3299 $_{394}$	0,98744 $_{16}$	1,0127 $_{1}$	1,4121 $_{10}$
0,404	2,5384 $_{63}$	0,93154 $_{247}$	12,659 $_{80}$	0,0790 $_{5}$	6,2903 $_{401}$	6,3693 $_{396}$	0,98760 $_{15}$	1,0126 $_{2}$	1,4131 $_{10}$
0,405	2,5447 $_{63}$	0,93401 $_{248}$	12,739 $_{81}$	0,0785 $_{5}$	6,3304 $_{405}$	6,4089 $_{400}$	0,98775 $_{15}$	1,0124 $_{2}$	1,4141 $_{10}$
0,406	2,5510 $_{63}$	0,93649 $_{245}$	12,820 $_{80}$	0,0780 $_{5}$	6,3709 $_{405}$	6,4489 $_{400}$	0,98790 $_{16}$	1,0122 $_{1}$	1,4151 $_{10}$
0,407	2,5573 $_{62}$	0,93894 $_{245}$	12,900 $_{82}$	0,0775 $_{5}$	6,4114 $_{410}$	6,4889 $_{405}$	0,98806 $_{14}$	1,0121 $_{2}$	1,4161 $_{10}$
0,408	2,5635 $_{63}$	0,94139 $_{244}$	12,982 $_{82}$	0,0770 $_{5}$	6,4524 $_{411}$	6,5294 $_{406}$	0,98820 $_{15}$	1,0119 $_{1}$	1,4171 $_{10}$
0,409	2,5698 $_{63}$	0,94383 $_{245}$	13,064 $_{82}$	0,0765 $_{4}$	6,4935 $_{414}$	6,5700 $_{410}$	0,98835 $_{14}$	1,0118 $_{2}$	1,4181 $_{9}$
0,410	2,5761 $_{63}$	0,94628 $_{244}$	13,146 $_{83}$	0,0761 $_{5}$	6,5349 $_{417}$	6,6110 $_{412}$	0,98849 $_{15}$	1,0116 $_{1}$	1,4190 $_{9}$
0,411	2,5824 $_{63}$	0,94872 $_{244}$	13,229 $_{83}$	0,0756 $_{5}$	6,5766 $_{419}$	6,6522 $_{414}$	0,98864 $_{13}$	1,0115 $_{1}$	1,4199 $_{10}$
0,412	2,5887 $_{63}$	0,95116 $_{242}$	13,312 $_{84}$	0,0751 $_{5}$	6,6185 $_{422}$	6,6936 $_{417}$	0,98877 $_{15}$	1,0114 $_{2}$	1,4209 $_{9}$
0,413	2,5950 $_{62}$	0,95358 $_{240}$	13,396 $_{85}$	0,0746 $_{4}$	6,6607 $_{425}$	6,7353 $_{421}$	0,98892 $_{14}$	1,0112 $_{1}$	1,4218 $_{9}$
0,414	2,6012 $_{63}$	0,95598 $_{241}$	13,481 $_{84}$	0,0742 $_{5}$	6,7032 $_{426}$	6,7774 $_{422}$	0,98906 $_{13}$	1,0111 $_{1}$	1,4227 $_{9}$
0,415	2,6075 $_{63}$	0,95839 $_{242}$	13,565 $_{86}$	0,0737 $_{4}$	6,7458 $_{430}$	6,8196 $_{425}$	0,98919 $_{13}$	1,0110 $_{2}$	1,4236 $_{9}$
0,416	2,6138 $_{63}$	0,96081 $_{240}$	13,651 $_{86}$	0,0733 $_{5}$	6,7888 $_{433}$	6,8621 $_{428}$	0,98932 $_{14}$	1,0108 $_{1}$	1,4245 $_{9}$
0,417	2,6201 $_{63}$	0,96321 $_{241}$	13,737 $_{87}$	0,0728 $_{5}$	6,8321 $_{435}$	6,9049 $_{430}$	0,98946 $_{13}$	1,0107 $_{2}$	1,4254 $_{9}$
0,418	2,6264 $_{63}$	0,96562 $_{238}$	13,824 $_{87}$	0,0723 $_{4}$	6,8756 $_{438}$	6,9479 $_{434}$	0,98959 $_{12}$	1,0105 $_{1}$	1,4263 $_{9}$
0,419	2,6327 $_{62}$	0,96800 $_{237}$	13,911 $_{87}$	0,0719 $_{5}$	6,9194 $_{440}$	6,9913 $_{436}$	0,98971 $_{14}$	1,0104 $_{1}$	1,4272 $_{9}$
0,420	2,6389 $_{63}$	0,97037 $_{238}$	13,998 $_{89}$	0,0714 $_{4}$	6,9634 $_{444}$	7,0349 $_{439}$	0,98985 $_{12}$	1,0103 $_{2}$	1,4281 $_{9}$
0,421	2,6452 $_{63}$	0,97275 $_{238}$	14,087 $_{88}$	0,0710 $_{5}$	7,0078 $_{447}$	7,0788 $_{442}$	0,98997 $_{13}$	1,0101 $_{1}$	1,4290 $_{9}$
0,422	2,6515 $_{63}$	0,97513 $_{237}$	14,175 $_{90}$	0,0705 $_{4}$	7,0525 $_{448}$	7,1230 $_{444}$	0,99010 $_{12}$	1,0100 $_{1}$	1,4299 $_{9}$
0,423	2,6578 $_{63}$	0,97750 $_{237}$	14,265 $_{90}$	0,0701 $_{4}$	7,0973 $_{452}$	7,1674 $_{448}$	0,99022 $_{12}$	1,0099 $_{1}$	1,4308 $_{9}$
0,424	2,6641 $_{63}$	0,97987 $_{235}$	14,355 $_{90}$	0,0697 $_{5}$	7,1425 $_{454}$	7,2122 $_{450}$	0,99034 $_{12}$	1,0098 $_{2}$	1,4317 $_{9}$
0,425	2,6704 $_{62}$	0,98222 $_{234}$	14,445 $_{91}$	0,0692 $_{4}$	7,1879 $_{458}$	7,2572 $_{453}$	0,99046 $_{12}$	1,0096 $_{1}$	1,4326 $_{8}$
0,426	2,6766 $_{63}$	0,98456 $_{234}$	14,536 $_{92}$	0,0688 $_{4}$	7,2337 $_{460}$	7,3025 $_{456}$	0,99058 $_{12}$	1,0095 $_{1}$	1,4334 $_{9}$
0,427	2,6829 $_{63}$	0,98690 $_{235}$	14,628 $_{92}$	0,0684 $_{5}$	7,2797 $_{463}$	7,3481 $_{458}$	0,99070 $_{11}$	1,0094 $_{1}$	1,4343 $_{8}$
0,428	2,6892 $_{63}$	0,98925 $_{234}$	14,720 $_{93}$	0,0679 $_{4}$	7,3260 $_{466}$	7,3939 $_{462}$	0,99081 $_{12}$	1,0093 $_{1}$	1,4351 $_{9}$
0,429	2,6955 $_{63}$	0,99159 $_{234}$	14,813 $_{93}$	0,0675 $_{4}$	7,3726 $_{469}$	7,4401 $_{465}$	0,99093 $_{11}$	1,0092 $_{2}$	1,4360 $_{8}$
0,430	2,7018 $_{63}$	0,99392 $_{232}$	14,906 $_{94}$	0,0671 $_{4}$	7,4195 $_{472}$	7,4866 $_{468}$	0,99104 $_{11}$	1,0090 $_{1}$	1,4368 $_{8}$
0,431	2,7081 $_{62}$	0,99624 $_{231}$	15,000 $_{95}$	0,0667 $_{5}$	7,4667 $_{475}$	7,5334 $_{470}$	0,99115 $_{11}$	1,0089 $_{1}$	1,4376 $_{8}$
0,432	2,7143 $_{63}$	0,99855 $_{230}$	15,095 $_{95}$	0,0662 $_{4}$	7,5142 $_{479}$	7,5804 $_{475}$	0,99126 $_{11}$	1,0088 $_{1}$	1,4384 $_{9}$
0,433	2,7206 $_{63}$	1,00085 $_{232}$	15,190 $_{95}$	0,0658 $_{4}$	7,5621 $_{479}$	7,6279 $_{476}$	0,99137 $_{11}$	1,0087 $_{1}$	1,4393 $_{8}$
0,434	2,7269 $_{63}$	1,00317 $_{231}$	15,285 $_{97}$	0,0654 $_{4}$	7,6101 $_{480}$	7,6755 $_{479}$	0,99147 $_{10}$	1,0086 $_{1}$	1,4401 $_{8}$
0,435	2,7332 $_{63}$	1,00548 $_{230}$	15,382 $_{97}$	0,0650 $_{4}$	7,6584 $_{483}$	7,7234 $_{483}$	0,99158 $_{11}$	1,0085 $_{1}$	1,4409 $_{8}$
0,436	2,7395 $_{63}$	1,00778 $_{228}$	15,479 $_{97}$	0,0646 $_{4}$	7,7070 $_{491}$	7,7717 $_{486}$	0,99169 $_{10}$	1,0084 $_{1}$	1,4417 $_{8}$
0,437	2,7458 $_{62}$	1,01006 $_{228}$	15,576 $_{98}$	0,0642 $_{4}$	7,7561 $_{492}$	7,8203 $_{488}$	0,99179 $_{10}$	1,0083 $_{1}$	1,4425 $_{9}$
0,438	2,7520 $_{63}$	1,01234 $_{228}$	15,674 $_{99}$	0,0638 $_{4}$	7,8053 $_{496}$	7,8691 $_{492}$	0,99189 $_{11}$	1,0082 $_{1}$	1,4434 $_{8}$
0,439	2,7583 $_{63}$	1,01462 $_{228}$	15,773 $_{100}$	0,0634 $_{4}$	7,8549 $_{500}$	7,9183 $_{496}$	0,99200 $_{9}$	1,0081 $_{1}$	1,4442 $_{8}$
0,440	2,7646 $_{63}$	1,01690 $_{227}$	15,873 $_{100}$	0,0630 $_{4}$	7,9049 $_{502}$	7,9679 $_{498}$	0,99209 $_{10}$	1,0080 $_{1}$	1,4450 $_{8}$
0,441	2,7709 $_{63}$	1,01917 $_{228}$	15,973 $_{100}$	0,0626 $_{4}$	7,9551 $_{505}$	8,0177 $_{501}$	0,99219 $_{10}$	1,0079 $_{1}$	1,4458 $_{7}$
0,442	2,7772 $_{63}$	1,02145 $_{225}$	16,073 $_{102}$	0,0622 $_{4}$	8,0056 $_{509}$	8,0678 $_{505}$	0,99229 $_{10}$	1,0078 $_{1}$	1,4465 $_{8}$
0,443	2,7835 $_{62}$	1,02370 $_{225}$	16,175 $_{102}$	0,0618 $_{4}$	8,0565 $_{509}$	8,1183 $_{509}$	0,99239 $_{9}$	1,0077 $_{1}$	1,4473 $_{8}$
0,444	2,7897 $_{63}$	1,02595 $_{225}$	16,277 $_{102}$	0,0614 $_{3}$	8,1077 $_{514}$	8,1692 $_{510}$	0,99248 $_{9}$	1,0076 $_{1}$	1,4481 $_{8}$
0,445	2,7960 $_{63}$	1,02819 $_{225}$	16,379 $_{104}$	0,0611 $_{4}$	8,1591 $_{519}$	8,2202 $_{515}$	0,99257 $_{10}$	1,0075 $_{1}$	1,4489 $_{8}$
0,446	2,8023 $_{63}$	1,03044 $_{225}$	16,483 $_{103}$	0,0607 $_{4}$	8,2110 $_{521}$	8,2717 $_{517}$	0,99267 $_{9}$	1,0074 $_{1}$	1,4497 $_{7}$
0,447	2,8086 $_{63}$	1,03269 $_{224}$	16,586 $_{105}$	0,0603 $_{4}$	8,2631 $_{524}$	8,3234 $_{520}$	0,99276 $_{8}$	1,0073 $_{1}$	1,4504 $_{7}$
0,448	2,8149 $_{63}$	1,03493 $_{222}$	16,691 $_{105}$	0,0599 $_{4}$	8,3155 $_{529}$	8,3754 $_{525}$	0,99284 $_{9}$	1,0072 $_{1}$	1,4511 $_{8}$
0,449	2,8212 $_{62}$	1,03715 $_{222}$	16,796 $_{106}$	0,0595 $_{3}$	8,3684 $_{530}$	8,4279 $_{527}$	0,99293 $_{10}$	1,0071 $_{1}$	1,4519 $_{8}$
0,450	2,8274 $_{63}$	1,03937 $_{222}$	16,902 $_{107}$	0,0592 $_{4}$	8,4214 $_{535}$	8,4806 $_{531}$	0,99303 $_{8}$	1,0070 $_{1}$	1,4527 $_{8}$

x	$2\pi x$	$\sin 2\pi x$	$\cos 2\pi x$	$\operatorname{tang} 2\pi x$	$\operatorname{cotg} 2\pi x$	$\sin^{*} 2\pi x$	$\cos^{*} 2\pi x$	$\operatorname{tang}^{*} 2\pi x$	$\operatorname{cotg}^{*} 2\pi x$
0,400	$2{,}5133_{63}$	$0{,}58779_{510}$	$-0{,}80902_{367}$	$-0{,}72655_{956}$	$-1{,}37638_{1834}$	$0{,}98769_{100}$	$-0{,}15643_{621}$	$-6{,}31394$	$-0{,}15838_{645}$
0,401	$2{,}5196_{62}$	$0{,}58269_{512}$	$-0{,}81269_{365}$	$-0{,}71699_{948}$	$-1{,}39472_{1868}$	$0{,}98669_{105}$	$-0{,}16264_{619}$	$-6{,}06671$	$-0{,}16483_{646}$
0,402	$2{,}5258_{63}$	$0{,}57757_{514}$	$-0{,}81634_{361}$	$-0{,}70751_{938}$	$-1{,}41340_{1900}$	$0{,}98564_{108}$	$-0{,}16883_{619}$	$-5{,}83806$	$-0{,}17129_{647}$
0,403	$2{,}5321_{63}$	$0{,}57243_{516}$	$-0{,}81995_{358}$	$-0{,}69813_{930}$	$-1{,}43240_{1934}$	$0{,}98456_{111}$	$-0{,}17502_{619}$	$-5{,}62541$	$-0{,}17776_{650}$
0,404	$2{,}5384_{63}$	$0{,}56727_{519}$	$-0{,}82353_{355}$	$-0{,}68883_{923}$	$-1{,}45174_{1972}$	$0{,}98345_{116}$	$-0{,}18121_{617}$	$-5{,}42713$	$-0{,}18426_{650}$
0,405	$2{,}5447_{63}$	$0{,}56208_{520}$	$-0{,}82708_{352}$	$-0{,}67960_{914}$	$-1{,}47146_{2006}$	$0{,}98229_{120}$	$-0{,}18738_{617}$	$-5{,}24224$	$-0{,}19076_{652}$
0,406	$2{,}5510_{63}$	$0{,}55688_{523}$	$-0{,}83060_{348}$	$-0{,}67046_{907}$	$-1{,}49152_{2045}$	$0{,}98109_{123}$	$-0{,}19355_{616}$	$-5{,}06892$	$-0{,}19728_{653}$
0,407	$2{,}5573_{62}$	$0{,}55165_{526}$	$-0{,}83408_{345}$	$-0{,}66139_{901}$	$-1{,}51197_{2087}$	$0{,}97986_{128}$	$-0{,}19971_{615}$	$-4{,}90641$	$-0{,}20381_{656}$
0,408	$2{,}5635_{63}$	$0{,}54639_{527}$	$-0{,}83753_{341}$	$-0{,}65238_{891}$	$-1{,}53284_{2123}$	$0{,}97858_{131}$	$-0{,}20586_{615}$	$-4{,}75362$	$-0{,}21037_{657}$
0,409	$2{,}5698_{63}$	$0{,}54112_{529}$	$-0{,}84094_{339}$	$-0{,}64347_{885}$	$-1{,}55407_{2167}$	$0{,}97727_{135}$	$-0{,}21201_{613}$	$-4{,}60955$	$-0{,}21694_{658}$
0,410	$2{,}5761_{63}$	$0{,}53583_{532}$	$-0{,}84433_{335}$	$-0{,}63462_{878}$	$-1{,}57574_{2212}$	$0{,}97592_{139}$	$-0{,}21814_{613}$	$-4{,}47382$	$-0{,}22352_{661}$
0,411	$2{,}5824_{63}$	$0{,}53051_{534}$	$-0{,}84768_{331}$	$-0{,}62584_{871}$	$-1{,}59786_{2255}$	$0{,}97453_{143}$	$-0{,}22427_{613}$	$-4{,}34534$	$-0{,}23013_{663}$
0,412	$2{,}5887_{63}$	$0{,}52517_{535}$	$-0{,}85099_{329}$	$-0{,}61713_{864}$	$-1{,}62041_{2301}$	$0{,}97310_{147}$	$-0{,}23039_{611}$	$-4{,}22371$	$-0{,}23676_{665}$
0,413	$2{,}5950_{62}$	$0{,}51982_{538}$	$-0{,}85428_{325}$	$-0{,}60849_{858}$	$-1{,}64342_{2301}$	$0{,}97163_{150}$	$-0{,}23650_{610}$	$-4{,}10837$	$-0{,}24341_{666}$
0,414	$2{,}6012_{63}$	$0{,}51444_{540}$	$-0{,}85753_{321}$	$-0{,}59991_{851}$	$-1{,}66692_{2350}$	$0{,}97013_{155}$	$-0{,}24260_{609}$	$-3{,}99889$	$-0{,}25007_{669}$
0,415	$2{,}6075_{63}$	$0{,}50904_{542}$	$-0{,}86074_{318}$	$-0{,}59140_{845}$	$-1{,}69091_{2451}$	$0{,}96858_{158}$	$-0{,}24869_{608}$	$-3{,}89473_{9915}$	$-0{,}25676_{670}$
0,416	$2{,}6138_{63}$	$0{,}50362_{543}$	$-0{,}86392_{315}$	$-0{,}58295_{838}$	$-1{,}71542_{2502}$	$0{,}96700_{162}$	$-0{,}25477_{607}$	$-3{,}79558_{9454}$	$-0{,}26346_{673}$
0,417	$2{,}6201_{63}$	$0{,}49819_{546}$	$-0{,}86707_{311}$	$-0{,}57457_{833}$	$-1{,}74044_{2560}$	$0{,}96538_{166}$	$-0{,}26084_{606}$	$-3{,}70104_{9025}$	$-0{,}27019_{676}$
0,418	$2{,}6264_{63}$	$0{,}49273_{548}$	$-0{,}87018_{308}$	$-0{,}56624_{827}$	$-1{,}76604_{2618}$	$0{,}96372_{169}$	$-0{,}26690_{605}$	$-3{,}61079_{8623}$	$-0{,}27695_{677}$
0,419	$2{,}6327_{62}$	$0{,}48725_{550}$	$-0{,}87326_{305}$	$-0{,}55797_{822}$	$-1{,}79222_{2679}$	$0{,}96203_{174}$	$-0{,}27295_{604}$	$-3{,}52456_{8254}$	$-0{,}28372_{681}$
0,420	$2{,}6389_{63}$	$0{,}48175_{551}$	$-0{,}87631_{301}$	$-0{,}54975_{815}$	$-1{,}81901_{2737}$	$0{,}96029_{177}$	$-0{,}27899_{603}$	$-3{,}44202_{7903}$	$-0{,}29053_{682}$
0,421	$2{,}6452_{63}$	$0{,}47624_{554}$	$-0{,}87932_{297}$	$-0{,}54160_{810}$	$-1{,}84638_{2804}$	$0{,}95852_{181}$	$-0{,}28502_{602}$	$-3{,}36299_{7578}$	$-0{,}29735_{686}$
0,422	$2{,}6515_{63}$	$0{,}47070_{555}$	$-0{,}88229_{294}$	$-0{,}53350_{804}$	$-1{,}87442_{2869}$	$0{,}95671_{185}$	$-0{,}29104_{600}$	$-3{,}28721_{7263}$	$-0{,}30421_{687}$
0,423	$2{,}6578_{63}$	$0{,}46515_{557}$	$-0{,}88523_{291}$	$-0{,}52546_{800}$	$-1{,}90311_{2939}$	$0{,}95486_{188}$	$-0{,}29704_{600}$	$-3{,}21458_{6985}$	$-0{,}31108_{691}$
0,424	$2{,}6641_{63}$	$0{,}45958_{559}$	$-0{,}88814_{287}$	$-0{,}51746_{794}$	$-1{,}93250_{3012}$	$0{,}95298_{192}$	$-0{,}30304_{598}$	$-3{,}14473_{6707}$	$-0{,}31799_{693}$
0,425	$2{,}6704_{62}$	$0{,}45399_{561}$	$-0{,}89101_{283}$	$-0{,}50952_{789}$	$-1{,}96262_{3087}$	$0{,}95106_{196}$	$-0{,}30902_{597}$	$-3{,}07766_{6455}$	$-0{,}32492_{696}$
0,426	$2{,}6766_{63}$	$0{,}44838_{562}$	$-0{,}89384_{280}$	$-0{,}50163_{783}$	$-1{,}99349_{3163}$	$0{,}94910_{200}$	$-0{,}31499_{595}$	$-3{,}01311_{6209}$	$-0{,}33188_{699}$
0,427	$2{,}6829_{63}$	$0{,}44276_{564}$	$-0{,}89664_{277}$	$-0{,}49380_{779}$	$-2{,}02512_{3246}$	$0{,}94710_{204}$	$-0{,}32094_{595}$	$-2{,}95102_{5996}$	$-0{,}33887_{702}$
0,428	$2{,}6892_{63}$	$0{,}43712_{566}$	$-0{,}89941_{272}$	$-0{,}48601_{774}$	$-2{,}05758_{3330}$	$0{,}94506_{207}$	$-0{,}32689_{593}$	$-2{,}89106_{5773}$	$-0{,}34589_{705}$
0,429	$2{,}6955_{63}$	$0{,}43146_{568}$	$-0{,}90213_{270}$	$-0{,}47827_{771}$	$-2{,}09088_{3423}$	$0{,}94299_{211}$	$-0{,}33282_{592}$	$-2{,}83333_{5574}$	$-0{,}35294_{708}$
0,430	$2{,}7018_{63}$	$0{,}42578_{569}$	$-0{,}90483_{265}$	$-0{,}47056_{764}$	$-2{,}12511_{3509}$	$0{,}94088_{215}$	$-0{,}33874_{590}$	$-2{,}77759_{5379}$	$-0{,}36002_{711}$
0,431	$2{,}7081_{62}$	$0{,}42009_{571}$	$-0{,}90748_{263}$	$-0{,}46292_{761}$	$-2{,}16020_{3612}$	$0{,}93873_{218}$	$-0{,}34464_{589}$	$-2{,}72380_{5199}$	$-0{,}36713_{715}$
0,432	$2{,}7143_{63}$	$0{,}41438_{573}$	$-0{,}91011_{258}$	$-0{,}45531_{757}$	$-2{,}19632_{3711}$	$0{,}93655_{222}$	$-0{,}35053_{588}$	$-2{,}67181_{5031}$	$-0{,}37428_{718}$
0,433	$2{,}7206_{63}$	$0{,}40865_{574}$	$-0{,}91269_{255}$	$-0{,}44774_{752}$	$-2{,}23343_{3814}$	$0{,}93433_{226}$	$-0{,}35641_{587}$	$-2{,}62150_{4871}$	$-0{,}38146_{722}$
0,434	$2{,}7269_{63}$	$0{,}40291_{576}$	$-0{,}91524_{251}$	$-0{,}44022_{748}$	$-2{,}27157_{3927}$	$0{,}93207_{229}$	$-0{,}36228_{584}$	$-2{,}57279_{4704}$	$-0{,}38868_{724}$
0,435	$2{,}7332_{63}$	$0{,}39715_{578}$	$-0{,}91775_{248}$	$-0{,}43274_{744}$	$-2{,}31084_{4046}$	$0{,}92978_{233}$	$-0{,}36812_{584}$	$-2{,}52575_{4567}$	$-0{,}39592_{729}$
0,436	$2{,}7395_{63}$	$0{,}39137_{579}$	$-0{,}92023_{244}$	$-0{,}42530_{740}$	$-2{,}35130_{4164}$	$0{,}92745_{237}$	$-0{,}37396_{582}$	$-2{,}48008_{4425}$	$-0{,}40321_{733}$
0,437	$2{,}7458_{62}$	$0{,}38558_{580}$	$-0{,}92267_{241}$	$-0{,}41790_{736}$	$-2{,}39294_{4289}$	$0{,}92508_{241}$	$-0{,}37978_{580}$	$-2{,}43583_{4289}$	$-0{,}41054_{736}$
0,438	$2{,}7520_{63}$	$0{,}37978_{582}$	$-0{,}92508_{237}$	$-0{,}41054_{733}$	$-2{,}43583_{4425}$	$0{,}92267_{244}$	$-0{,}38558_{579}$	$-2{,}39294_{4164}$	$-0{,}41790_{740}$
0,439	$2{,}7583_{63}$	$0{,}37396_{584}$	$-0{,}92745_{233}$	$-0{,}40321_{729}$	$-2{,}48008_{4567}$	$0{,}92023_{248}$	$-0{,}39137_{578}$	$-2{,}35130_{4046}$	$-0{,}42530_{744}$
0,440	$2{,}7646_{63}$	$0{,}36812_{584}$	$-0{,}92978_{229}$	$-0{,}39592_{724}$	$-2{,}52575_{4704}$	$0{,}91775_{251}$	$-0{,}39715_{576}$	$-2{,}31084_{3927}$	$-0{,}43274_{748}$
0,441	$2{,}7709_{63}$	$0{,}36228_{587}$	$-0{,}93207_{226}$	$-0{,}38868_{722}$	$-2{,}57279_{4871}$	$0{,}91524_{255}$	$-0{,}40291_{574}$	$-2{,}27157_{3814}$	$-0{,}44022_{752}$
0,442	$2{,}7772_{63}$	$0{,}35641_{588}$	$-0{,}93433_{222}$	$-0{,}38146_{718}$	$-2{,}62150_{5031}$	$0{,}91269_{258}$	$-0{,}40865_{573}$	$-2{,}23343_{3711}$	$-0{,}44774_{757}$
0,443	$2{,}7835_{62}$	$0{,}35053_{589}$	$-0{,}93655_{218}$	$-0{,}37428_{715}$	$-2{,}67181_{5199}$	$0{,}91011_{263}$	$-0{,}41438_{571}$	$-2{,}19632_{3612}$	$-0{,}45531_{761}$
0,444	$2{,}7897_{63}$	$0{,}34464_{590}$	$-0{,}93873_{215}$	$-0{,}36713_{711}$	$-2{,}72380_{5379}$	$0{,}90748_{265}$	$-0{,}42009_{569}$	$-2{,}16020_{3509}$	$-0{,}46292_{764}$
0,445	$2{,}7960_{63}$	$0{,}33874_{592}$	$-0{,}94088_{211}$	$-0{,}36002_{708}$	$-2{,}77759_{5574}$	$0{,}90483_{270}$	$-0{,}42578_{568}$	$-2{,}12511_{3423}$	$-0{,}47056_{771}$
0,446	$2{,}8023_{63}$	$0{,}33282_{593}$	$-0{,}94299_{207}$	$-0{,}35294_{705}$	$-2{,}83333_{5773}$	$0{,}90213_{272}$	$-0{,}43146_{566}$	$-2{,}09088_{3330}$	$-0{,}47827_{774}$
0,447	$2{,}8086_{63}$	$0{,}32689_{595}$	$-0{,}94506_{204}$	$-0{,}34589_{702}$	$-2{,}89106_{5996}$	$0{,}89941_{277}$	$-0{,}43712_{564}$	$-2{,}05758_{3246}$	$-0{,}48601_{779}$
0,448	$2{,}8149_{63}$	$0{,}32094_{595}$	$-0{,}94710_{200}$	$-0{,}33887_{699}$	$-2{,}95102_{6209}$	$0{,}89664_{280}$	$-0{,}44276_{562}$	$-2{,}02512_{3163}$	$-0{,}49380_{783}$
0,449	$2{,}8212_{62}$	$0{,}31499_{597}$	$-0{,}94910_{196}$	$-0{,}33188_{696}$	$-3{,}01311_{6455}$	$0{,}89384_{283}$	$-0{,}44838_{561}$	$-1{,}99349_{3087}$	$-0{,}50163_{789}$
0,450	$2{,}8274_{63}$	$0{,}30902_{598}$	$-0{,}95106_{196}$	$-0{,}32492_{693}$	$-3{,}07766_{6707}$	$0{,}89101_{287}$	$-0{,}45399_{559}$	$-1{,}96262_{3012}$	$-0{,}50952_{794}$

x	$2\pi x$	$\ln 2\pi x$	$e^{2\pi x}$	$e^{-2\pi x}$	$\mathfrak{Sin}\,2\pi x$	$\mathfrak{Co\int}\,2\pi x$	$\mathfrak{Tang}\,2\pi x$	$\mathfrak{Cotg}\,2\pi x$	$\mathfrak{Amp}\,2\pi x$
0,450	2,8274$_{63}$	1,03937$_{222}$	16,902$_{107}$	0,0592$_{4}$	8,4214$_{535}$	8,4806$_{531}$	0,99303$_{8}$	1,0070$_{1}$	1,4527$_{8}$
0,451	2,8337$_{63}$	1,04159$_{222}$	17,009$_{107}$	0,0588$_{4}$	8,4749$_{538}$	8,5337$_{534}$	0,99311$_{9}$	1,0069$_{1}$	1,4535$_{7}$
0,452	2,8400$_{63}$	1,04381$_{221}$	17,116$_{108}$	0,0584$_{4}$	8,5287$_{541}$	8,5871$_{538}$	0,99320$_{8}$	1,0068$_{1}$	1,4542$_{7}$
0,453	2,8463$_{63}$	1,04602$_{220}$	17,224$_{108}$	0,0581$_{3}$	8,5828$_{545}$	8,6409$_{541}$	0,99328$_{9}$	1,0068$_{0}$	1,4549$_{7}$
0,454	2,8526$_{62}$	1,04822$_{219}$	17,332$_{109}$	0,0577$_{4}$	8,6373$_{548}$	8,6950$_{544}$	0,99337$_{8}$	1,0067$_{1}$	1,4556$_{7}$
0,455	2,8588$_{63}$	1,05041$_{220}$	17,441$_{110}$	0,0573$_{3}$	8,6921$_{551}$	8,7494$_{548}$	0,99345$_{8}$	1,0066$_{1}$	1,4563$_{7}$
0,456	2,8651$_{63}$	1,05261$_{219}$	17,551$_{111}$	0,0570$_{4}$	8,7472$_{555}$	8,8042$_{551}$	0,99353$_{8}$	1,0065$_{1}$	1,4570$_{7}$
0,457	2,8714$_{63}$	1,05480$_{219}$	17,662$_{111}$	0,0566$_{3}$	8,8027$_{558}$	8,8593$_{555}$	0,99361$_{8}$	1,0064$_{0}$	1,4577$_{7}$
0,458	2,8777$_{63}$	1,05699$_{219}$	17,773$_{112}$	0,0563$_{4}$	8,8585$_{563}$	8,9148$_{559}$	0,99369$_{8}$	1,0064$_{1}$	1,4584$_{7}$
0,459	2,8840$_{63}$	1,05918$_{217}$	17,885$_{113}$	0,0559$_{3}$	8,9148$_{565}$	8,9707$_{561}$	0,99377$_{7}$	1,0063$_{1}$	1,4591$_{7}$
0,460	2,8903$_{62}$	1,06135$_{217}$	17,998$_{113}$	0,0556$_{4}$	8,9713$_{569}$	9,0268$_{566}$	0,99384$_{7}$	1,0062$_{1}$	1,4598$_{6}$
0,461	2,8965$_{63}$	1,06352$_{216}$	18,111$_{115}$	0,0552$_{3}$	9,0282$_{572}$	9,0834$_{569}$	0,99391$_{8}$	1,0061$_{1}$	1,4604$_{7}$
0,462	2,9028$_{63}$	1,06568$_{217}$	18,226$_{115}$	0,0549$_{3}$	9,0854$_{576}$	9,1403$_{572}$	0,99399$_{8}$	1,0060$_{0}$	1,4611$_{7}$
0,463	2,9091$_{63}$	1,06785$_{216}$	18,341$_{115}$	0,0545$_{4}$	9,1430$_{580}$	9,1975$_{577}$	0,99407$_{7}$	1,0060$_{1}$	1,4618$_{7}$
0,464	2,9154$_{63}$	1,07001$_{216}$	18,456$_{116}$	0,0542$_{3}$	9,2010$_{583}$	9,2552$_{580}$	0,99414$_{8}$	1,0059$_{1}$	1,4625$_{7}$
0,465	2,9217$_{63}$	1,07217$_{214}$	18,572$_{118}$	0,0538$_{3}$	9,2593$_{587}$	9,3132$_{583}$	0,99422$_{7}$	1,0058$_{1}$	1,4632$_{6}$
0,466	2,9280$_{62}$	1,07431$_{214}$	18,690$_{117}$	0,0535$_{3}$	9,3180$_{591}$	9,3715$_{588}$	0,99429$_{7}$	1,0057$_{0}$	1,4638$_{7}$
0,467	2,9342$_{63}$	1,07645$_{214}$	18,807$_{119}$	0,0532$_{4}$	9,3771$_{595}$	9,4303$_{591}$	0,99436$_{8}$	1,0057$_{1}$	1,4645$_{7}$
0,468	2,9405$_{63}$	1,07858$_{213}$	18,926$_{119}$	0,0528$_{3}$	9,4366$_{598}$	9,4894$_{595}$	0,99444$_{6}$	1,0056$_{1}$	1,4652$_{7}$
0,469	2,9468$_{63}$	1,08072$_{214}$	19,045$_{120}$	0,0525$_{3}$	9,4964$_{601}$	9,5489$_{598}$	0,99450$_{7}$	1,0055$_{0}$	1,4659$_{6}$
0,470	2,9531$_{63}$	1,08286$_{213}$	19,165$_{121}$	0,0522$_{3}$	9,5565$_{606}$	9,6087$_{603}$	0,99457$_{6}$	1,0055$_{1}$	1,4665$_{6}$
0,471	2,9594$_{63}$	1,08499$_{212}$	19,286$_{122}$	0,0519$_{4}$	9,6171$_{609}$	9,6690$_{606}$	0,99463$_{7}$	1,0054$_{1}$	1,4671$_{7}$
0,472	2,9657$_{62}$	1,08711$_{210}$	19,408$_{122}$	0,0515$_{3}$	9,6780$_{613}$	9,7296$_{609}$	0,99470$_{7}$	1,0053$_{0}$	1,4678$_{7}$
0,473	2,9719$_{63}$	1,08921$_{211}$	19,530$_{123}$	0,0512$_{3}$	9,7393$_{618}$	9,7905$_{615}$	0,99477$_{6}$	1,0053$_{1}$	1,4685$_{7}$
0,474	2,9782$_{63}$	1,09132$_{211}$	19,653$_{124}$	0,0509$_{3}$	9,8011$_{621}$	9,8520$_{617}$	0,99483$_{7}$	1,0052$_{1}$	1,4692$_{6}$
0,475	2,9845$_{63}$	1,09343$_{211}$	19,777$_{124}$	0,0506$_{4}$	9,8632$_{625}$	9,9137$_{622}$	0,99490$_{7}$	1,0051$_{0}$	1,4698$_{6}$
0,476	2,9908$_{63}$	1,09554$_{211}$	19,901$_{126}$	0,0502$_{3}$	9,9257$_{629}$	9,9759$_{63}$	0,99497$_{6}$	1,0051$_{1}$	1,4704$_{7}$
0,477	2,9971$_{63}$	1,09765$_{209}$	20,027$_{126}$	0,0499$_{3}$	9,9886$_{632}$	10,039$_{62}$	0,99503$_{5}$	1,0050$_{1}$	1,4711$_{6}$
0,478	3,0034$_{62}$	1,09974$_{208}$	20,153$_{127}$	0,0496$_{3}$	10,0518$_{637}$	10,101$_{64}$	0,99508$_{6}$	1,0049$_{0}$	1,4717$_{6}$
0,479	3,0096$_{63}$	1,10182$_{208}$	20,280$_{128}$	0,0493$_{3}$	10,1155$_{64}$	10,165$_{64}$	0,99514$_{6}$	1,0049$_{1}$	1,4723$_{6}$
0,480	3,0159$_{63}$	1,10390$_{209}$	20,408$_{129}$	0,0490$_{3}$	10,180$_{64}$	10,229$_{64}$	0,99520$_{7}$	1,0048$_{0}$	1,4729$_{6}$
0,481	3,0222$_{63}$	1,10599$_{208}$	20,537$_{129}$	0,0487$_{3}$	10,244$_{65}$	10,293$_{64}$	0,99527$_{6}$	1,0048$_{1}$	1,4735$_{6}$
0,482	3,0285$_{63}$	1,10807$_{208}$	20,666$_{130}$	0,0484$_{3}$	10,309$_{65}$	10,357$_{65}$	0,99533$_{6}$	1,0047$_{1}$	1,4741$_{6}$
0,483	3,0348$_{63}$	1,11015$_{206}$	20,796$_{131}$	0,0481$_{3}$	10,374$_{66}$	10,422$_{66}$	0,99539$_{5}$	1,0046$_{0}$	1,4747$_{6}$
0,484	3,0411$_{62}$	1,11221$_{206}$	20,927$_{132}$	0,0478$_{3}$	10,440$_{66}$	10,488$_{65}$	0,99544$_{5}$	1,0046$_{1}$	1,4753$_{6}$
0,485	3,0473$_{63}$	1,11427$_{205}$	21,059$_{133}$	0,0475$_{3}$	10,506$_{66}$	10,553$_{67}$	0,99549$_{6}$	1,0045$_{0}$	1,4759$_{6}$
0,486	3,0536$_{63}$	1,11632$_{207}$	21,192$_{134}$	0,0472$_{3}$	10,572$_{67}$	10,620$_{66}$	0,99555$_{5}$	1,0045$_{1}$	1,4765$_{5}$
0,487	3,0599$_{63}$	1,11839$_{205}$	21,326$_{134}$	0,0469$_{3}$	10,639$_{68}$	10,686$_{67}$	0,99560$_{6}$	1,0044$_{0}$	1,4770$_{6}$
0,488	3,0662$_{63}$	1,12044$_{205}$	21,460$_{135}$	0,0466$_{3}$	10,707$_{68}$	10,753$_{68}$	0,99566$_{6}$	1,0044$_{1}$	1,4776$_{5}$
0,489	3,0725$_{63}$	1,12249$_{204}$	21,595$_{136}$	0,0463$_{3}$	10,775$_{68}$	10,821$_{68}$	0,99572$_{5}$	1,0043$_{1}$	1,4781$_{5}$
0,490	3,0788$_{62}$	1,12453$_{203}$	21,731$_{137}$	0,0460$_{3}$	10,843$_{68}$	10,889$_{68}$	0,99577$_{5}$	1,0042$_{1}$	1,4787$_{6}$
0,491	3,0850$_{63}$	1,12656$_{203}$	21,868$_{138}$	0,0457$_{3}$	10,911$_{69}$	10,957$_{69}$	0,99582$_{6}$	1,0042$_{1}$	1,4793$_{6}$
0,492	3,0913$_{63}$	1,12859$_{204}$	22,006$_{139}$	0,0454$_{2}$	10,980$_{70}$	11,026$_{69}$	0,99588$_{5}$	1,0041$_{0}$	1,4799$_{6}$
0,493	3,0976$_{63}$	1,13063$_{203}$	22,145$_{140}$	0,0452$_{3}$	11,050$_{70}$	11,095$_{70}$	0,99593$_{5}$	1,0041$_{1}$	1,4805$_{6}$
0,494	3,1039$_{63}$	1,13266$_{203}$	22,285$_{140}$	0,0449$_{3}$	11,120$_{70}$	11,165$_{70}$	0,99598$_{5}$	1,0040$_{0}$	1,4811$_{6}$
0,495	3,1102$_{63}$	1,13469$_{201}$	22,425$_{141}$	0,0446$_{3}$	11,190$_{71}$	11,235$_{70}$	0,99603$_{5}$	1,0040$_{1}$	1,4817$_{5}$
0,496	3,1165$_{62}$	1,13670$_{201}$	22,566$_{143}$	0,0443$_{3}$	11,261$_{71}$	11,305$_{71}$	0,99608$_{5}$	1,0039$_{0}$	1,4822$_{5}$
0,497	3,1227$_{63}$	1,13871$_{201}$	22,709$_{143}$	0,0440$_{2}$	11,332$_{72}$	11,376$_{72}$	0,99613$_{5}$	1,0039$_{1}$	1,4828$_{5}$
0,498	3,1290$_{63}$	1,14072$_{201}$	22,852$_{144}$	0,0438$_{3}$	11,404$_{72}$	11,448$_{72}$	0,99618$_{4}$	1,0038$_{1}$	1,4833$_{5}$
0,499	3,1353$_{63}$	1,14273$_{200}$	22,996$_{145}$	0,0435$_{3}$	11,476$_{73}$	11,520$_{72}$	0,99622$_{5}$	1,0038$_{0}$	1,4839$_{6}$
0,500	3,1416$_{63}$	1,14473$_{201}$	23,141$_{145}$	0,0432$_{3}$	11,549$_{73}$	11,592$_{73}$	0,99627$_{5}$	1,0037$_{0}$	1,4844$_{5}$

x	$2\pi x$	$\sin 2\pi x$	$\cos 2\pi x$	$\text{tang}\, 2\pi x$	$\text{cotg}\, 2\pi x$	$\sin^* 2\pi x$	$\cos^* 2\pi x$	$\text{tang}^* 2\pi x$	$\text{cotg}^* 2\pi x$
,450	$2,8274_{63}$	$0,30902_{598}$	$-0,95106_{196}$	$-0,32492_{693}$	$-3,07766_{6707}$	$0,89101_{287}$	$-0,45399_{559}$	$-1,96262_{3012}$	$-0,50952_{794}$
,451	$2,8337_{63}$	$0,30304_{600}$	$-0,95298_{188}$	$-0,31799_{691}$	$-3,14473_{6985}$	$0,88814_{291}$	$-0,45958_{557}$	$-1,93250_{2939}$	$-0,51746_{800}$
,452	$2,8400_{63}$	$0,29704_{600}$	$-0,95486_{185}$	$-0,31108_{687}$	$-3,21458_{7263}$	$0,88523_{294}$	$-0,46515_{555}$	$-1,90311_{2869}$	$-0,52546_{804}$
,453	$2,8463_{63}$	$0,29104_{602}$	$-0,95671_{181}$	$-0,30421_{686}$	$-3,28721_{7578}$	$0,88229_{297}$	$-0,47070_{554}$	$-1,87442_{2804}$	$-0,53350_{810}$
,454	$2,8526_{62}$	$0,28502_{603}$	$-0,95852_{177}$	$-0,29735_{682}$	$-3,36299_{7903}$	$0,87932_{301}$	$-0,47624_{551}$	$-1,84638_{2737}$	$-0,54160_{815}$
,455	$2,8588_{63}$	$0,27899_{604}$	$-0,96029_{174}$	$-0,29053_{681}$	$-3,44202_{8254}$	$0,87631_{305}$	$-0,48175_{550}$	$-1,81901_{2679}$	$-0,54975_{822}$
,456	$2,8651_{63}$	$0,27295_{605}$	$-0,96203_{169}$	$-0,28372_{677}$	$-3,52456_{8623}$	$0,87326_{308}$	$-0,48725_{548}$	$-1,79222_{2618}$	$-0,55797_{827}$
,457	$2,8714_{63}$	$0,26690_{606}$	$-0,96372_{166}$	$-0,27695_{676}$	$-3,61079_{9025}$	$0,87018_{311}$	$-0,49273_{546}$	$-1,76604_{2560}$	$-0,56624_{833}$
,458	$2,8777_{63}$	$0,26084_{607}$	$-0,96538_{162}$	$-0,27019_{673}$	$-3,70104_{9454}$	$0,86707_{315}$	$-0,49819_{543}$	$-1,74044_{2502}$	$-0,57457_{838}$
,459	$2,8840_{63}$	$0,25477_{608}$	$-0,96700_{158}$	$-0,26346_{670}$	$-3,79558_{9915}$	$0,86392_{318}$	$-0,50362_{542}$	$-1,71542_{2451}$	$-0,58295_{845}$
,460	$2,8903_{62}$	$0,24869_{609}$	$-0,96858_{155}$	$-0,25676_{669}$	$-3,89473$	$0,86074_{321}$	$-0,50904_{540}$	$-1,69091_{2399}$	$-0,59140_{851}$
,461	$2,8965_{63}$	$0,24260_{610}$	$-0,97013_{150}$	$-0,25007_{666}$	$-3,99889$	$0,85753_{325}$	$-0,51444_{538}$	$-1,66692_{2350}$	$-0,59991_{858}$
,462	$2,9028_{63}$	$0,23650_{611}$	$-0,97163_{147}$	$-0,24341_{665}$	$-4,10837$	$0,85428_{329}$	$-0,51982_{535}$	$-1,64342_{2301}$	$-0,60849_{864}$
,463	$2,9091_{63}$	$0,23039_{612}$	$-0,97310_{143}$	$-0,23676_{663}$	$-4,22371$	$0,85099_{331}$	$-0,52517_{534}$	$-1,62041_{2255}$	$-0,61713_{871}$
,464	$2,9154_{63}$	$0,22427_{613}$	$-0,97453_{139}$	$-0,23013_{661}$	$-4,34534$	$0,84768_{335}$	$-0,53051_{532}$	$-1,59786_{2212}$	$-0,62584_{878}$
,465	$2,9217_{63}$	$0,21814_{613}$	$-0,97592_{135}$	$-0,22352_{658}$	$-4,47382$	$0,84433_{333}$	$-0,53583_{529}$	$-1,57574_{2167}$	$-0,63462_{885}$
,466	$2,9280_{62}$	$0,21201_{615}$	$-0,97727_{131}$	$-0,21694_{657}$	$-4,60955$	$0,84094_{341}$	$-0,54112_{527}$	$-1,55407_{2123}$	$-0,64347_{891}$
,467	$2,9342_{63}$	$0,20586_{615}$	$-0,97858_{128}$	$-0,21037_{656}$	$-4,75362$	$0,83753_{345}$	$-0,54639_{526}$	$-1,53284_{2087}$	$-0,65238_{901}$
,468	$2,9405_{63}$	$0,19971_{616}$	$-0,97986_{123}$	$-0,20381_{653}$	$-4,90641$	$0,83408_{348}$	$-0,55165_{523}$	$-1,51197_{2045}$	$-0,66139_{907}$
,469	$2,9468_{63}$	$0,19355_{617}$	$-0,98109_{120}$	$-0,19728_{652}$	$-5,06892$	$0,83060_{352}$	$-0,55688_{520}$	$-1,49152_{2006}$	$-0,67046_{914}$
,470	$2,9531_{63}$	$0,18738_{617}$	$-0,98229_{116}$	$-0,19076_{650}$	$-5,24224$	$0,82708_{355}$	$-0,56208_{519}$	$-1,47146_{1972}$	$-0,67960_{923}$
,471	$2,9594_{63}$	$0,18121_{619}$	$-0,98345_{111}$	$-0,18426_{650}$	$-5,42713$	$0,82353_{358}$	$-0,56727_{516}$	$-1,45174_{1934}$	$-0,68883_{930}$
,472	$2,9657_{62}$	$0,17502_{619}$	$-0,98456_{108}$	$-0,17776_{647}$	$-5,62541$	$0,81995_{361}$	$-0,57243_{514}$	$-1,43240_{1900}$	$-0,69813_{938}$
,473	$2,9719_{63}$	$0,16883_{619}$	$-0,98564_{105}$	$-0,17129_{646}$	$-5,83806$	$0,81634_{365}$	$-0,57757_{512}$	$-1,41340_{1868}$	$-0,70751_{948}$
,474	$2,9782_{63}$	$0,16264_{621}$	$-0,98669_{100}$	$-0,16483_{645}$	$-6,06671$	$0,81269_{367}$	$-0,58269_{510}$	$-1,39472_{1834}$	$-0,71699_{956}$
,475	$2,9845_{63}$	$0,15643_{620}$	$-0,98769_{96}$	$-0,15838_{643}$	$-6,31394$	$0,80902_{371}$	$-0,58779_{507}$	$-1,37638_{1803}$	$-0,72655_{964}$
,476	$2,9908_{63}$	$0,15023_{622}$	$-0,98865_{93}$	$-0,15195_{642}$	$-6,58091$	$0,80531_{374}$	$-0,59286_{504}$	$-1,35835_{1771}$	$-0,73619_{972}$
,477	$2,9971_{63}$	$0,14401_{622}$	$-0,98958_{88}$	$-0,14553_{641}$	$-6,87161$	$0,80157_{378}$	$-0,59790_{503}$	$-1,34064_{1745}$	$-0,74591_{984}$
,478	$3,0034_{62}$	$0,13779_{623}$	$-0,99046_{85}$	$-0,13912_{641}$	$-7,18818$	$0,79779_{380}$	$-0,60293_{500}$	$-1,32319_{1714}$	$-0,75575_{991}$
,479	$3,0096_{63}$	$0,13156_{623}$	$-0,99131_{80}$	$-0,13271_{638}$	$-7,53504$	$0,79399_{383}$	$-0,60793_{498}$	$-1,30605_{1686}$	$-0,76566_{1002}$
,480	$3,0159_{63}$	$0,12533_{623}$	$-0,99211_{77}$	$-0,12633_{638}$	$-7,91598$	$0,79016_{387}$	$-0,61291_{495}$	$-1,28919_{1659}$	$-0,77568_{1011}$
,481	$3,0222_{63}$	$0,11910_{624}$	$-0,99288_{73}$	$-0,11995_{636}$	$-8,33652$	$0,78629_{390}$	$-0,61786_{493}$	$-1,27260_{1633}$	$-0,78579_{1022}$
,482	$3,0285_{63}$	$0,11286_{625}$	$-0,99361_{69}$	$-0,11359_{637}$	$-8,80392$	$0,78239_{393}$	$-0,62279_{490}$	$-1,25627_{1607}$	$-0,79601_{1031}$
,483	$3,0348_{63}$	$0,10661_{625}$	$-0,99430_{65}$	$-0,10722_{635}$	$-9,32652$	$0,77846_{396}$	$-0,62769_{488}$	$-1,24020_{1583}$	$-0,80632_{1043}$
0,484	$3,0411_{62}$	$0,10036_{625}$	$-0,99495_{61}$	$-0,10087_{634}$	$-9,91381$	$0,77450_{399}$	$-0,63257_{485}$	$-1,22437_{1558}$	$-0,81675_{1052}$
0,485	$3,0473_{63}$	$0,09411_{626}$	$-0,99556_{57}$	$-0,09453_{634}$	$-10,57868$	$0,77051_{402}$	$-0,63742_{483}$	$-1,20879_{1535}$	$-0,82727_{1064}$
0,486	$3,0536_{63}$	$0,08785_{626}$	$-0,99613_{54}$	$-0,08819_{633}$	$-11,33899$	$0,76649_{405}$	$-0,64225_{481}$	$-1,19344_{1513}$	$-0,83791_{1076}$
0,487	$3,0599_{63}$	$0,08159_{626}$	$-0,99667_{49}$	$-0,08186_{632}$	$-12,21559$	$0,76244_{408}$	$-0,64706_{477}$	$-1,17831_{1488}$	$-0,84867_{1086}$
0,488	$3,0662_{63}$	$0,07533_{626}$	$-0,99716_{45}$	$-0,07554_{631}$	$-13,23722$	$0,75836_{411}$	$-0,65183_{476}$	$-1,16343_{1469}$	$-0,85953_{1099}$
0,489	$3,0725_{63}$	$0,06906_{627}$	$-0,99761_{42}$	$-0,06923_{632}$	$-14,44555$	$0,75425_{414}$	$-0,65659_{472}$	$-1,14874_{1446}$	$-0,87052_{1110}$
0,490	$3,0788_{62}$	$0,06279_{627}$	$-0,99803_{37}$	$-0,06291_{630}$	$-15,89473$	$0,75011_{417}$	$-0,66131_{470}$	$-1,13428_{1427}$	$-0,88162_{1123}$
0,491	$3,0850_{63}$	$0,05652_{628}$	$-0,99840_{34}$	$-0,05661_{631}$	$-17,66454$	$0,74594_{420}$	$-0,66601_{468}$	$-1,12001_{1407}$	$-0,89285_{1136}$
0,492	$3,0913_{63}$	$0,05024_{627}$	$-0,99874_{29}$	$-0,05030_{629}$	$-19,87938$	$0,74174_{423}$	$-0,67069_{464}$	$-1,10594_{1387}$	$-0,90421_{1148}$
0,493	$3,0976_{63}$	$0,04397_{628}$	$-0,99903_{26}$	$-0,04401_{629}$	$-22,72072$	$0,73751_{425}$	$-0,67533_{462}$	$-1,09207_{1367}$	$-0,91569_{1161}$
0,494	$3,1039_{63}$	$0,03769_{628}$	$-0,99929_{22}$	$-0,03772_{629}$	$-26,51340$	$0,73326_{429}$	$-0,67995_{460}$	$-1,07840_{1351}$	$-0,92730_{1176}$
0,495	$3,1102_{63}$	$0,03141_{628}$	$-0,99951_{17}$	$-0,03143_{629}$	$-31,82139$	$0,72897_{432}$	$-0,68455_{456}$	$-1,06489_{1332}$	$-0,93906_{1190}$
0,496	$3,1165_{62}$	$0,02513_{628}$	$-0,99968_{14}$	$-0,02514_{629}$	$-39,78034$	$0,72465_{434}$	$-0,68911_{454}$	$-1,05157_{1314}$	$-0,95096_{1203}$
0,497	$3,1227_{63}$	$0,01885_{628}$	$-0,99982_{10}$	$-0,01885_{628}$	$-53,04085$	$0,72031_{437}$	$-0,69365_{452}$	$-1,03843_{1298}$	$-0,96299_{1219}$
0,498	$3,1290_{63}$	$0,01257_{629}$	$-0,99992_{6}$	$-0,01257_{629}$	$-79,54813$	$0,71594_{440}$	$-0,69817_{448}$	$-1,02545_{1280}$	$-0,97518_{1233}$
0,499	$3,1353_{63}$	$0,00628_{628}$	$-0,99998_{2}$	$-0,00628_{628}$	$-159,23248$	$0,71154_{443}$	$-0,70265_{446}$	$-1,01265_{1265}$	$-0,98751_{1249}$
0,500	$3,1416_{63}$	$\pm 0,00000_{628}$	$-1,00000_{2}$	$\mp 0,00000_{628}$	$\mp\ \infty$	$0,70711_{446}$	$-0,70711_{443}$	$-1,00000_{1249}$	$-1,00000_{1265}$

x	$2\pi x$	$\ln 2\pi x$	$e^{2\pi x}$	$e^{-2\pi x}$	Sin $2\pi x$	Coſ $2\pi x$	Tang $2\pi x$	Cotg $2\pi x$	Amp $2\pi x$
0,500	3,1416 $_{63}$	1,14473 $_{201}$	23,141 $_{145}$	0,0432 $_{3}$	11,549 $_{73}$	11,592 $_{73}$	0,99627 $_{5}$	1,0037 $_{0}$	1,4844 $_{5}$
0,501	3,1479 $_{63}$	1,14674 $_{199}$	23,286 $_{147}$	0,0429 $_{2}$	11,622 $_{73}$	11,665 $_{73}$	0,99632 $_{4}$	1,0037 $_{0}$	1,4849 $_{6}$
0,502	3,1542 $_{62}$	1,14873 $_{198}$	23,433 $_{148}$	0,0427 $_{3}$	11,695 $_{74}$	11,738 $_{74}$	0,99636 $_{4}$	1,0037 $_{1}$	1,4855 $_{5}$
0,503	3,1604 $_{63}$	1,15071 $_{198}$	23,581 $_{149}$	0,0424 $_{3}$	11,769 $_{75}$	11,812 $_{74}$	0,99640 $_{5}$	1,0036 $_{0}$	1,4860 $_{5}$
0,504	3,1667 $_{63}$	1,15269 $_{199}$	23,730 $_{149}$	0,0421 $_{2}$	11,844 $_{75}$	11,886 $_{75}$	0,99645 $_{5}$	1,0036 $_{1}$	1,4865 $_{6}$
0,505	3,1730 $_{63}$	1,15468 $_{198}$	23,879 $_{151}$	0,0419 $_{3}$	11,919 $_{75}$	11,961 $_{75}$	0,99650 $_{4}$	1,0035 $_{0}$	1,4871 $_{5}$
0,506	3,1793 $_{63}$	1,15666 $_{198}$	24,030 $_{151}$	0,0416 $_{2}$	11,994 $_{76}$	12,036 $_{75}$	0,99654 $_{4}$	1,0035 $_{1}$	1,4876 $_{6}$
0,507	3,1856 $_{63}$	1,15864 $_{197}$	24,181 $_{153}$	0,0414 $_{3}$	12,070 $_{76}$	12,111 $_{76}$	0,99658 $_{4}$	1,0034 $_{0}$	1,4882 $_{5}$
0,508	3,1919 $_{62}$	1,16061 $_{196}$	24,334 $_{153}$	0,0411 $_{3}$	12,146 $_{77}$	12,187 $_{77}$	0,99662 $_{5}$	1,0034 $_{1}$	1,4887 $_{5}$
0,509	3,1981 $_{63}$	1,16257 $_{196}$	24,487 $_{154}$	0,0408 $_{2}$	12,223 $_{77}$	12,264 $_{77}$	0,99667 $_{4}$	1,0033 $_{0}$	1,4892 $_{5}$
0,510	3,2044 $_{63}$	1,16453 $_{196}$	24,641 $_{156}$	0,0406 $_{3}$	12,300 $_{78}$	12,341 $_{78}$	0,99671 $_{4}$	1,0033 $_{0}$	1,4897 $_{5}$
0,511	3,2107 $_{63}$	1,16649 $_{196}$	24,797 $_{156}$	0,0403 $_{2}$	12,378 $_{78}$	12,419 $_{78}$	0,99675 $_{4}$	1,0033 $_{1}$	1,4902 $_{5}$
0,512	3,2170 $_{63}$	1,16845 $_{196}$	24,953 $_{157}$	0,0401 $_{3}$	12,456 $_{79}$	12,497 $_{78}$	0,99679 $_{4}$	1,0032 $_{0}$	1,4907 $_{5}$
0,513	3,2233 $_{63}$	1,17041 $_{194}$	25,110 $_{159}$	0,0398 $_{2}$	12,535 $_{80}$	12,575 $_{79}$	0,99683 $_{4}$	1,0032 $_{1}$	1,4912 $_{5}$
0,514	3,2296 $_{62}$	1,17235 $_{194}$	25,269 $_{159}$	0,0396 $_{3}$	12,615 $_{79}$	12,654 $_{80}$	0,99687 $_{4}$	1,0031 $_{0}$	1,4917 $_{5}$
0,515	3,2358 $_{63}$	1,17429 $_{193}$	25,428 $_{160}$	0,0393 $_{2}$	12,694 $_{80}$	12,734 $_{80}$	0,99691 $_{4}$	1,0031 $_{0}$	1,4922 $_{5}$
0,516	3,2421 $_{63}$	1,17622 $_{195}$	25,588 $_{161}$	0,0391 $_{3}$	12,774 $_{81}$	12,814 $_{80}$	0,99695 $_{4}$	1,0031 $_{1}$	1,4927 $_{5}$
0,517	3,2484 $_{63}$	1,17817 $_{193}$	25,749 $_{163}$	0,0388 $_{2}$	12,855 $_{82}$	12,894 $_{81}$	0,99699 $_{3}$	1,0030 $_{0}$	1,4932 $_{5}$
0,518	3,2547 $_{63}$	1,18010 $_{194}$	25,912 $_{163}$	0,0386 $_{2}$	12,937 $_{81}$	12,975 $_{82}$	0,99702 $_{4}$	1,0030 $_{1}$	1,4937 $_{4}$
0,519	3,2610 $_{63}$	1,18204 $_{192}$	26,075 $_{164}$	0,0384 $_{3}$	13,018 $_{83}$	13,057 $_{82}$	0,99706 $_{4}$	1,0029 $_{0}$	1,4941 $_{5}$
0,520	3,2673 $_{62}$	1,18396 $_{191}$	26,239 $_{166}$	0,0381 $_{2}$	13,101 $_{82}$	13,139 $_{82}$	0,99710 $_{4}$	1,0029 $_{0}$	1,4946 $_{5}$
0,521	3,2735 $_{63}$	1,18587 $_{192}$	26,405 $_{166}$	0,0379 $_{3}$	13,183 $_{84}$	13,221 $_{83}$	0,99714 $_{3}$	1,0029 $_{1}$	1,4951 $_{5}$
0,522	3,2798 $_{63}$	1,18779 $_{191}$	26,571 $_{167}$	0,0376 $_{2}$	13,267 $_{84}$	13,304 $_{84}$	0,99717 $_{3}$	1,0028 $_{0}$	1,4956 $_{4}$
0,523	3,2861 $_{63}$	1,18970 $_{192}$	26,738 $_{169}$	0,0374 $_{2}$	13,351 $_{84}$	13,388 $_{84}$	0,99720 $_{4}$	1,0028 $_{0}$	1,4960 $_{5}$
0,524	3,2924 $_{63}$	1,19162 $_{191}$	26,907 $_{170}$	0,0372 $_{3}$	13,435 $_{85}$	13,472 $_{85}$	0,99724 $_{4}$	1,0028 $_{1}$	1,4965 $_{5}$
0,525	3,2987 $_{63}$	1,19353 $_{190}$	27,077 $_{170}$	0,0369 $_{2}$	13,520 $_{85}$	13,557 $_{85}$	0,99728 $_{3}$	1,0027 $_{0}$	1,4970 $_{4}$
0,526	3,3050 $_{62}$	1,19543 $_{189}$	27,247 $_{172}$	0,0367 $_{2}$	13,605 $_{86}$	13,642 $_{86}$	0,99731 $_{4}$	1,0027 $_{0}$	1,4974 $_{4}$
0,527	3,3112 $_{63}$	1,19732 $_{189}$	27,419 $_{173}$	0,0365 $_{3}$	13,691 $_{87}$	13,728 $_{86}$	0,99735 $_{3}$	1,0027 $_{1}$	1,4978 $_{4}$
0,528	3,3175 $_{63}$	1,19921 $_{190}$	27,592 $_{174}$	0,0362 $_{2}$	13,778 $_{87}$	13,814 $_{87}$	0,99738 $_{3}$	1,0026 $_{0}$	1,4982 $_{5}$
0,529	3,3238 $_{63}$	1,20111 $_{189}$	27,766 $_{175}$	0,0360 $_{2}$	13,865 $_{88}$	13,901 $_{87}$	0,99741 $_{3}$	1,0026 $_{0}$	1,4987 $_{5}$
0,530	3,3301 $_{63}$	1,20300 $_{189}$	27,941 $_{176}$	0,0358 $_{2}$	13,953 $_{88}$	13,988 $_{88}$	0,99744 $_{3}$	1,0026 $_{1}$	1,4992 $_{4}$
0,531	3,3364 $_{63}$	1,20489 $_{188}$	28,117 $_{177}$	0,0356 $_{3}$	14,041 $_{88}$	14,076 $_{89}$	0,99747 $_{3}$	1,0025 $_{0}$	1,4996 $_{4}$
0,532	3,3427 $_{62}$	1,20677 $_{187}$	28,294 $_{179}$	0,0353 $_{2}$	14,129 $_{90}$	14,165 $_{89}$	0,99750 $_{3}$	1,0025 $_{0}$	1,5000 $_{4}$
0,533	3,3489 $_{63}$	1,20864 $_{187}$	28,473 $_{179}$	0,0351 $_{2}$	14,219 $_{90}$	14,254 $_{89}$	0,99753 $_{3}$	1,0025 $_{1}$	1,5004 $_{5}$
0,534	3,3552 $_{63}$	1,21051 $_{188}$	28,652 $_{181}$	0,0349 $_{2}$	14,309 $_{90}$	14,343 $_{91}$	0,99756 $_{4}$	1,0024 $_{0}$	1,5009 $_{5}$
0,535	3,3615 $_{63}$	1,21239 $_{187}$	28,833 $_{181}$	0,0347 $_{2}$	14,399 $_{91}$	14,434 $_{90}$	0,99760 $_{3}$	1,0024 $_{0}$	1,5014 $_{4}$
0,536	3,3678 $_{63}$	1,21426 $_{187}$	29,014 $_{183}$	0,0345 $_{2}$	14,490 $_{91}$	14,524 $_{92}$	0,99763 $_{3}$	1,0024 $_{1}$	1,5018 $_{4}$
0,537	3,3741 $_{63}$	1,21613 $_{186}$	29,197 $_{184}$	0,0343 $_{3}$	14,581 $_{93}$	14,616 $_{92}$	0,99766 $_{2}$	1,0023 $_{0}$	1,5022 $_{4}$
0,538	3,3804 $_{62}$	1,21799 $_{185}$	29,381 $_{185}$	0,0340 $_{2}$	14,674 $_{92}$	14,708 $_{92}$	0,99768 $_{3}$	1,0023 $_{0}$	1,5026 $_{5}$
0,539	3,3866 $_{63}$	1,21984 $_{185}$	29,566 $_{187}$	0,0338 $_{2}$	14,766 $_{94}$	14,800 $_{93}$	0,99771 $_{3}$	1,0023 $_{0}$	1,5031 $_{4}$
0,540	3,3929 $_{63}$	1,22169 $_{185}$	29,753 $_{187}$	0,0336 $_{2}$	14,860 $_{93}$	14,893 $_{94}$	0,99774 $_{3}$	1,0023 $_{1}$	1,5035 $_{4}$
0,541	3,3992 $_{63}$	1,22354 $_{185}$	29,940 $_{189}$	0,0334 $_{2}$	14,953 $_{95}$	14,987 $_{94}$	0,99777 $_{3}$	1,0022 $_{0}$	1,5039 $_{5}$
0,542	3,4055 $_{63}$	1,22539 $_{185}$	30,129 $_{190}$	0,0332 $_{2}$	15,048 $_{95}$	15,081 $_{95}$	0,99780 $_{3}$	1,0022 $_{0}$	1,5044 $_{4}$
0,543	3,4118 $_{63}$	1,22724 $_{184}$	30,319 $_{191}$	0,0330 $_{2}$	15,143 $_{96}$	15,176 $_{95}$	0,99783 $_{3}$	1,0022 $_{1}$	1,5048 $_{4}$
0,544	3,4181 $_{62}$	1,22908 $_{183}$	30,510 $_{192}$	0,0328 $_{2}$	15,239 $_{96}$	15,271 $_{96}$	0,99786 $_{2}$	1,0021 $_{0}$	1,5052 $_{4}$
0,545	3,4243 $_{63}$	1,23091 $_{183}$	30,702 $_{194}$	0,0326 $_{2}$	15,335 $_{97}$	15,367 $_{97}$	0,99788 $_{2}$	1,0021 $_{0}$	1,5056 $_{4}$
0,546	3,4306 $_{63}$	1,23274 $_{183}$	30,896 $_{195}$	0,0324 $_{2}$	15,432 $_{97}$	15,464 $_{97}$	0,99790 $_{3}$	1,0021 $_{0}$	1,5060 $_{4}$
0,547	3,4369 $_{63}$	1,23457 $_{183}$	31,091 $_{195}$	0,0322 $_{2}$	15,529 $_{98}$	15,561 $_{98}$	0,99793 $_{3}$	1,0021 $_{1}$	1,5064 $_{4}$
0,548	3,4432 $_{63}$	1,23640 $_{183}$	31,286 $_{198}$	0,0320 $_{2}$	15,627 $_{99}$	15,659 $_{99}$	0,99796 $_{3}$	1,0020 $_{0}$	1,5068 $_{4}$
0,549	3,4495 $_{63}$	1,23823 $_{182}$	31,484 $_{198}$	0,0318 $_{2}$	15,726 $_{99}$	15,758 $_{99}$	0,99799 $_{2}$	1,0020 $_{0}$	1,5072 $_{4}$
0,550	3,4558 $_{62}$	1,24005 $_{181}$	31,682 $_{200}$	0,0316 $_{2}$	15,825 $_{100}$	15,857 $_{100}$	0,99801 $_{3}$	1,0020 $_{0}$	1,5076 $_{4}$

x	$2\pi x$	$\sin 2\pi x$	$\cos 2\pi x$	$\operatorname{tang} 2\pi x$	$\operatorname{cotg} 2\pi x$	$\sin^* 2\pi x$	$\cos^* 2\pi x$	$\operatorname{tang}^* 2\pi x$	$\operatorname{cotg}^* 2\pi x$
,500	$3{,}1416_{63}$	$\pm0{,}00000_{628}$	$-1{,}00000_{2}$	$\mp0{,}00000_{628}$	$\mp\ \infty$	$0{,}70711_{446}$	$-0{,}70711_{443}$	$-1{,}00000_{1249}$	$-1{,}00000_{1265}$
,501	$3{,}1479_{63}$	$-0{,}00628_{629}$	$-0{,}99998_{6}$	$+0{,}00628_{629}$	$159{,}23248$	$0{,}70265_{448}$	$-0{,}71154_{440}$	$-0{,}98751_{1233}$	$-1{,}01265_{1280}$
,502	$3{,}1542_{62}$	$-0{,}01257_{628}$	$-0{,}99992_{10}$	$0{,}01257_{628}$	$79{,}54813$	$0{,}69817_{452}$	$-0{,}71594_{437}$	$-0{,}97518_{1219}$	$-1{,}02545_{1298}$
,503	$3{,}1604_{63}$	$-0{,}01885_{628}$	$-0{,}99982_{14}$	$0{,}01885_{629}$	$53{,}04085$	$0{,}69365_{454}$	$-0{,}72031_{434}$	$-0{,}96299_{1203}$	$-1{,}03843_{1314}$
,504	$3{,}1667_{63}$	$-0{,}02513_{628}$	$-0{,}99968_{17}$	$0{,}02514_{629}$	$39{,}78034$	$0{,}68911_{456}$	$-0{,}72465_{432}$	$-0{,}95096_{1190}$	$-1{,}05157_{1332}$
,505	$3{,}1730_{63}$	$-0{,}03141_{628}$	$-0{,}99951_{22}$	$0{,}03143_{629}$	$31{,}82139$	$0{,}68455_{460}$	$-0{,}72897_{429}$	$-0{,}93906_{1176}$	$-1{,}06489_{1351}$
,506	$3{,}1793_{63}$	$-0{,}03769_{628}$	$-0{,}99929_{26}$	$0{,}03772_{629}$	$26{,}51340$	$0{,}67995_{462}$	$-0{,}73326_{425}$	$-0{,}92730_{1161}$	$-1{,}07840_{1367}$
507	$3{,}1856_{63}$	$-0{,}04397_{627}$	$-0{,}99903_{29}$	$0{,}04401_{629}$	$22{,}72072$	$0{,}67533_{464}$	$-0{,}73751_{423}$	$-0{,}91569_{1148}$	$-1{,}09207_{1387}$
508	$3{,}1919_{62}$	$-0{,}05024_{628}$	$-0{,}99874_{34}$	$0{,}05030_{631}$	$19{,}87938$	$0{,}67069_{468}$	$-0{,}74174_{420}$	$-0{,}90421_{1136}$	$-1{,}10594_{1407}$
509	$3{,}1981_{63}$	$-0{,}05652_{627}$	$-0{,}99840_{37}$	$0{,}05661_{630}$	$17{,}66454$	$0{,}66601_{470}$	$-0{,}74594_{417}$	$-0{,}89285_{1123}$	$-1{,}12001_{1427}$
510	$3{,}2044_{63}$	$-0{,}06279_{627}$	$-0{,}99803_{42}$	$0{,}06291_{632}$	$15{,}89473$	$0{,}66131_{472}$	$-0{,}75011_{414}$	$-0{,}88162_{1110}$	$-1{,}13428_{1446}$
,511	$3{,}2107_{63}$	$-0{,}06906_{627}$	$-0{,}99761_{45}$	$0{,}06923_{631}$	$14{,}44555$	$0{,}65659_{476}$	$-0{,}75425_{411}$	$-0{,}87052_{1099}$	$-1{,}14874_{1469}$
512	$3{,}2170_{63}$	$-0{,}07533_{626}$	$-0{,}99716_{49}$	$0{,}07554_{632}$	$13{,}23722$	$0{,}65183_{477}$	$-0{,}75836_{408}$	$-0{,}85953_{1086}$	$-1{,}16343_{1488}$
513	$3{,}2233_{63}$	$-0{,}08159_{626}$	$-0{,}99667_{54}$	$0{,}08186_{633}$	$12{,}21559$	$0{,}64706_{481}$	$-0{,}76244_{405}$	$-0{,}84867_{1076}$	$-1{,}17831_{1513}$
514	$3{,}2296_{62}$	$-0{,}08785_{626}$	$-0{,}99613_{57}$	$0{,}08819_{634}$	$11{,}33899$	$0{,}64225_{483}$	$-0{,}76649_{402}$	$-0{,}83791_{1064}$	$-1{,}19344_{1535}$
515	$3{,}2358_{63}$	$-0{,}09411_{625}$	$-0{,}99556_{61}$	$0{,}09453_{634}$	$10{,}57868$	$0{,}63742_{485}$	$-0{,}77051_{399}$	$-0{,}82727_{1052}$	$-1{,}20879_{1558}$
516	$3{,}2421_{63}$	$-0{,}10036_{625}$	$-0{,}99495_{65}$	$0{,}10087_{635}$	$9{,}91381$	$0{,}63257_{488}$	$-0{,}77450_{396}$	$-0{,}81675_{1043}$	$-1{,}22437_{1583}$
517	$3{,}2484_{63}$	$-0{,}10661_{625}$	$-0{,}99430_{69}$	$0{,}10722_{637}$	$9{,}32652$	$0{,}62769_{490}$	$-0{,}77846_{393}$	$-0{,}80632_{1031}$	$-1{,}24020_{1607}$
518	$3{,}2547_{63}$	$-0{,}11286_{624}$	$-0{,}99361_{73}$	$0{,}11359_{636}$	$8{,}80392$	$0{,}62279_{493}$	$-0{,}78239_{390}$	$-0{,}79601_{1022}$	$-1{,}25627_{1633}$
519	$3{,}2610_{63}$	$-0{,}11910_{623}$	$-0{,}99288_{77}$	$0{,}11995_{638}$	$8{,}33652$	$0{,}61786_{495}$	$-0{,}78629_{387}$	$-0{,}78579_{1011}$	$-1{,}27260_{1659}$
520	$3{,}2673_{62}$	$-0{,}12533_{623}$	$-0{,}99211_{80}$	$0{,}12633_{638}$	$7{,}91598$	$0{,}61291_{498}$	$-0{,}79016_{383}$	$-0{,}77568_{1002}$	$-1{,}28919_{1686}$
521	$3{,}2735_{63}$	$-0{,}13156_{623}$	$-0{,}99131_{85}$	$0{,}13271_{641}$	$7{,}53504$	$0{,}60793_{500}$	$-0{,}79399_{380}$	$-0{,}76566_{991}$	$-1{,}30605_{1714}$
522	$3{,}2798_{63}$	$-0{,}13779_{622}$	$-0{,}99046_{88}$	$0{,}13912_{641}$	$7{,}18818$	$0{,}60293_{503}$	$-0{,}79779_{378}$	$-0{,}75575_{984}$	$-1{,}32319_{1745}$
523	$3{,}2861_{63}$	$-0{,}14401_{622}$	$-0{,}98958_{93}$	$0{,}14553_{642}$	$6{,}87161$	$0{,}59790_{504}$	$-0{,}80157_{374}$	$-0{,}74591_{972}$	$-1{,}34064_{1771}$
524	$3{,}2924_{63}$	$-0{,}15023_{620}$	$-0{,}98865_{96}$	$0{,}15195_{643}$	$6{,}58091$	$0{,}59286_{507}$	$-0{,}80531_{371}$	$-0{,}73619_{964}$	$-1{,}35835_{1803}$
525	$3{,}2987_{63}$	$-0{,}15643_{621}$	$-0{,}98769_{100}$	$0{,}15838_{645}$	$6{,}31394$	$0{,}58779_{510}$	$-0{,}80902_{367}$	$-0{,}72655_{956}$	$-1{,}37638_{1834}$
526	$3{,}3050_{62}$	$-0{,}16264_{619}$	$-0{,}98669_{105}$	$0{,}16483_{646}$	$6{,}06671$	$0{,}58269_{512}$	$-0{,}81269_{365}$	$-0{,}71699_{948}$	$-1{,}39472_{1868}$
527	$3{,}3112_{63}$	$-0{,}16883_{619}$	$-0{,}98564_{108}$	$0{,}17129_{647}$	$5{,}83806$	$0{,}57757_{514}$	$-0{,}81634_{361}$	$-0{,}70751_{938}$	$-1{,}41340_{1900}$
528	$3{,}3175_{63}$	$-0{,}17502_{619}$	$-0{,}98456_{111}$	$0{,}17776_{650}$	$5{,}62541$	$0{,}57243_{516}$	$-0{,}81995_{358}$	$-0{,}69813_{930}$	$-1{,}43240_{1934}$
529	$3{,}3238_{63}$	$-0{,}18121_{617}$	$-0{,}98345_{116}$	$0{,}18426_{650}$	$5{,}42713$	$0{,}56727_{519}$	$-0{,}82353_{355}$	$-0{,}68883_{923}$	$-1{,}45174_{1972}$
530	$3{,}3301_{63}$	$-0{,}18738_{617}$	$-0{,}98229_{120}$	$0{,}19076_{652}$	$5{,}24224$	$0{,}56208_{520}$	$-0{,}82708_{352}$	$-0{,}67960_{914}$	$-1{,}47146_{2006}$
531	$3{,}3364_{63}$	$-0{,}19355_{616}$	$-0{,}98109_{123}$	$0{,}19728_{653}$	$5{,}06892$	$0{,}55688_{523}$	$-0{,}83060_{348}$	$-0{,}67046_{907}$	$-1{,}49152_{2045}$
532	$3{,}3427_{62}$	$-0{,}19971_{615}$	$-0{,}97986_{128}$	$0{,}20381_{656}$	$4{,}90641$	$0{,}55165_{526}$	$-0{,}83408_{345}$	$-0{,}66139_{901}$	$-1{,}51197_{2087}$
533	$3{,}3489_{63}$	$-0{,}20586_{615}$	$-0{,}97858_{131}$	$0{,}21037_{657}$	$4{,}75362$	$0{,}54639_{527}$	$-0{,}83753_{341}$	$-0{,}65238_{891}$	$-1{,}53284_{2123}$
534	$3{,}3552_{63}$	$-0{,}21201_{613}$	$-0{,}97727_{135}$	$0{,}21694_{658}$	$4{,}60955$	$0{,}54112_{529}$	$-0{,}84094_{339}$	$-0{,}64347_{885}$	$-1{,}55407_{2167}$
535	$3{,}3615_{63}$	$-0{,}21814_{613}$	$-0{,}97592_{139}$	$0{,}22352_{661}$	$4{,}47382$	$0{,}53583_{532}$	$-0{,}84433_{335}$	$-0{,}63462_{878}$	$-1{,}57574_{2212}$
536	$3{,}3678_{63}$	$-0{,}22427_{612}$	$-0{,}97453_{143}$	$0{,}23013_{663}$	$4{,}34534$	$0{,}53051_{534}$	$-0{,}84768_{331}$	$-0{,}62584_{871}$	$-1{,}59780_{2255}$
537	$3{,}3741_{63}$	$-0{,}23039_{611}$	$-0{,}97310_{147}$	$0{,}23676_{665}$	$4{,}22371$	$0{,}52517_{535}$	$-0{,}85099_{329}$	$-0{,}61713_{864}$	$-1{,}62041_{2301}$
538	$3{,}3804_{62}$	$-0{,}23650_{610}$	$-0{,}97163_{150}$	$0{,}24341_{666}$	$4{,}10837$	$0{,}51982_{538}$	$-0{,}85428_{325}$	$-0{,}60849_{858}$	$-1{,}64342_{2350}$
539	$3{,}3866_{63}$	$-0{,}24260_{609}$	$-0{,}97013_{155}$	$0{,}25007_{669}$	$3{,}99889$	$0{,}51444_{540}$	$-0{,}85753_{321}$	$-0{,}59991_{851}$	$-1{,}66692_{2399}$
540	$3{,}3929_{63}$	$-0{,}24869_{608}$	$-0{,}96858_{158}$	$0{,}25676_{670}$	$3{,}89473_{9915}$	$0{,}50904_{542}$	$-0{,}86074_{318}$	$-0{,}59140_{845}$	$-1{,}69091_{2451}$
541	$3{,}3992_{63}$	$-0{,}25477_{609}$	$-0{,}96700_{162}$	$0{,}26346_{673}$	$3{,}79558_{9454}$	$0{,}50362_{543}$	$-0{,}86392_{315}$	$-0{,}58295_{838}$	$-1{,}71542_{2502}$
542	$3{,}4055_{63}$	$-0{,}26084_{606}$	$-0{,}96538_{166}$	$0{,}27019_{676}$	$3{,}70104_{9025}$	$0{,}49819_{546}$	$-0{,}86707_{311}$	$-0{,}57457_{833}$	$-1{,}74044_{2560}$
543	$3{,}4118_{63}$	$-0{,}26690_{605}$	$-0{,}96372_{169}$	$0{,}27695_{677}$	$3{,}61079_{8623}$	$0{,}49273_{548}$	$-0{,}87018_{308}$	$-0{,}56624_{827}$	$-1{,}76604_{2618}$
544	$3{,}4181_{62}$	$-0{,}27295_{604}$	$-0{,}96203_{174}$	$0{,}28372_{681}$	$3{,}52456_{8254}$	$0{,}48725_{550}$	$-0{,}87326_{305}$	$-0{,}55797_{822}$	$-1{,}79222_{2679}$
545	$3{,}4243_{63}$	$-0{,}27899_{603}$	$-0{,}96029_{177}$	$0{,}29053_{682}$	$3{,}44202_{7903}$	$0{,}48175_{551}$	$-0{,}87631_{301}$	$-0{,}54975_{815}$	$-1{,}81901_{2737}$
546	$3{,}4306_{63}$	$-0{,}28502_{602}$	$-0{,}95852_{181}$	$0{,}29735_{686}$	$3{,}36299_{7578}$	$0{,}47624_{554}$	$-0{,}87932_{297}$	$-0{,}54160_{810}$	$-1{,}84638_{2804}$
547	$3{,}4369_{63}$	$-0{,}29104_{600}$	$-0{,}95671_{185}$	$0{,}30421_{687}$	$3{,}28721_{7263}$	$0{,}47070_{555}$	$-0{,}88229_{294}$	$-0{,}53350_{804}$	$-1{,}87442_{2869}$
548	$3{,}4432_{63}$	$-0{,}29704_{600}$	$-0{,}95486_{188}$	$0{,}31108_{691}$	$3{,}21458_{6985}$	$0{,}46515_{557}$	$-0{,}88523_{291}$	$-0{,}52546_{800}$	$-1{,}90311_{2939}$
549	$3{,}4495_{63}$	$-0{,}30304_{598}$	$-0{,}95298_{192}$	$0{,}31799_{691}$	$3{,}14473_{6707}$	$0{,}45958_{559}$	$-0{,}88814_{287}$	$-0{,}51746_{794}$	$-1{,}93250_{3012}$
550	$3{,}4558_{62}$	$-0{,}30902_{597}$	$-0{,}95106_{196}$	$0{,}32492_{696}$	$3{,}07766_{6455}$	$0{,}45399_{561}$	$-0{,}89101_{283}$	$-0{,}50952_{789}$	$-1{,}96262_{3087}$

x	$2\pi x$	$\ln 2\pi x$	$e^{2\pi x}$	$e^{-2\pi x}$	$\mathrm{Sin}\,2\pi x$	$\mathrm{Cos}\,2\pi x$	$\mathrm{Tang}\,2\pi x$	$\mathrm{Cotg}\,2\pi x$	$\mathrm{Amp}\,2\pi x$
0,550	3,4558 $_{62}$	1,24005 $_{181}$	31,682 $_{200}$	0,0316 $_{2}$	15,825 $_{100}$	15,857 $_{100}$	0,99801 $_{3}$	1,0020 $_{0}$	1,5076 $_{4}$
0,551	3,4620 $_{63}$	1,24186 $_{181}$	31,882 $_{201}$	0,0314 $_{2}$	15,925 $_{101}$	15,957 $_{100}$	0,99804 $_{2}$	1,0020 $_{1}$	1,5080 $_{4}$
0,552	3,4683 $_{63}$	1,24367 $_{181}$	32,083 $_{202}$	0,0312 $_{2}$	16,026 $_{101}$	16,057 $_{101}$	0,99806 $_{3}$	1,0019 $_{0}$	1,5084 $_{4}$
0,553	3,4746 $_{63}$	1,24548 $_{181}$	32,285 $_{203}$	0,0310 $_{2}$	16,127 $_{102}$	16,158 $_{102}$	0,99809 $_{2}$	1,0019 $_{0}$	1,5088 $_{4}$
0,554	3,4809 $_{63}$	1,24729 $_{181}$	32,488 $_{205}$	0,0308 $_{2}$	16,229 $_{102}$	16,260 $_{102}$	0,99811 $_{2}$	1,0019 $_{0}$	1,5092 $_{4}$
0,555	3,4872 $_{63}$	1,24910 $_{180}$	32,693 $_{206}$	0,0306 $_{2}$	16,331 $_{103}$	16,362 $_{103}$	0,99813 $_{2}$	1,0019 $_{0}$	1,5096 $_{4}$
0,556	3,4935 $_{62}$	1,25090 $_{179}$	32,899 $_{208}$	0,0304 $_{2}$	16,434 $_{104}$	16,465 $_{103}$	0,99815 $_{2}$	1,0019 $_{1}$	1,5100 $_{4}$
0,557	3,4997 $_{63}$	1,25269 $_{179}$	33,107 $_{208}$	0,0302 $_{2}$	16,538 $_{105}$	16,568 $_{105}$	0,99817 $_{3}$	1,0018 $_{0}$	1,5104 $_{4}$
0,558	3,5060 $_{63}$	1,25448 $_{179}$	33,315 $_{210}$	0,0300 $_{2}$	16,643 $_{105}$	16,673 $_{105}$	0,99820 $_{2}$	1,0018 $_{0}$	1,5108 $_{4}$
0,559	3,5123 $_{63}$	1,25627 $_{180}$	33,525 $_{212}$	0,0298 $_{2}$	16,748 $_{106}$	16,778 $_{105}$	0,99822 $_{2}$	1,0018 $_{0}$	1,5112 $_{4}$
0,560	3,5186 $_{63}$	1,25807 $_{178}$	33,737 $_{212}$	0,0296 $_{1}$	16,854 $_{106}$	16,883 $_{106}$	0,99824 $_{2}$	1,0018 $_{1}$	1,5116 $_{4}$
0,561	3,5249 $_{63}$	1,25985 $_{178}$	33,949 $_{214}$	0,0295 $_{2}$	16,960 $_{107}$	16,989 $_{107}$	0,99826 $_{2}$	1,0017 $_{0}$	1,5120 $_{4}$
0,562	3,5312 $_{62}$	1,26163 $_{177}$	34,163 $_{216}$	0,0293 $_{2}$	17,067 $_{108}$	17,096 $_{108}$	0,99828 $_{2}$	1,0017 $_{0}$	1,5124 $_{4}$
0,563	3,5374 $_{63}$	1,26340 $_{177}$	34,379 $_{216}$	0,0291 $_{2}$	17,175 $_{108}$	17,204 $_{108}$	0,99830 $_{3}$	1,0017 $_{0}$	1,5128 $_{4}$
0,564	3,5437 $_{63}$	1,26517 $_{178}$	34,595 $_{218}$	0,0289 $_{2}$	17,283 $_{109}$	17,312 $_{109}$	0,99833 $_{2}$	1,0017 $_{0}$	1,5132 $_{3}$
0,565	3,5500 $_{63}$	1,26695 $_{177}$	34,813 $_{220}$	0,0287 $_{2}$	17,392 $_{110}$	17,421 $_{110}$	0,99835 $_{2}$	1,0017 $_{1}$	1,5135 $_{3}$
0,566	3,5563 $_{63}$	1,26872 $_{176}$	35,033 $_{220}$	0,0285 $_{1}$	17,502 $_{111}$	17,531 $_{110}$	0,99837 $_{2}$	1,0016 $_{0}$	1,5138 $_{3}$
0,567	3,5626 $_{62}$	1,27048 $_{176}$	35,253 $_{223}$	0,0284 $_{2}$	17,613 $_{111}$	17,641 $_{111}$	0,99839 $_{2}$	1,0016 $_{0}$	1,5141 $_{3}$
0,568	3,5688 $_{63}$	1,27224 $_{176}$	35,476 $_{223}$	0,0282 $_{2}$	17,724 $_{112}$	17,752 $_{112}$	0,99841 $_{2}$	1,0016 $_{0}$	1,5144 $_{4}$
0,569	3,5751 $_{63}$	1,27400 $_{176}$	35,699 $_{225}$	0,0280 $_{2}$	17,836 $_{112}$	17,864 $_{112}$	0,99843 $_{2}$	1,0016 $_{0}$	1,5148 $_{4}$
0,570	3,5814 $_{63}$	1,27576 $_{175}$	35,924 $_{227}$	0,0278 $_{1}$	17,948 $_{114}$	17,976 $_{113}$	0,99845 $_{2}$	1,0016 $_{1}$	1,5152 $_{3}$
0,571	3,5877 $_{63}$	1,27751 $_{176}$	36,151 $_{228}$	0,0277 $_{2}$	18,062 $_{114}$	18,089 $_{114}$	0,99847 $_{2}$	1,0015 $_{0}$	1,5155 $_{4}$
0,572	3,5940 $_{63}$	1,27927 $_{174}$	36,379 $_{229}$	0,0275 $_{2}$	18,176 $_{114}$	18,203 $_{115}$	0,99849 $_{1}$	1,0015 $_{0}$	1,5159 $_{4}$
0,573	3,6003 $_{62}$	1,28101 $_{174}$	36,608 $_{231}$	0,0273 $_{2}$	18,290 $_{116}$	18,318 $_{115}$	0,99850 $_{2}$	1,0015 $_{0}$	1,5163 $_{3}$
0,574	3,6065 $_{63}$	1,28275 $_{174}$	36,839 $_{232}$	0,0271 $_{1}$	18,406 $_{116}$	18,433 $_{116}$	0,99852 $_{2}$	1,0015 $_{0}$	1,5166 $_{3}$
0,575	3,6128 $_{63}$	1,28449 $_{174}$	37,071 $_{233}$	0,0270 $_{2}$	18,522 $_{117}$	18,549 $_{117}$	0,99854 $_{2}$	1,0015 $_{1}$	1,5169 $_{3}$
0,576	3,6191 $_{63}$	1,28623 $_{174}$	37,304 $_{236}$	0,0268 $_{2}$	18,639 $_{118}$	18,666 $_{117}$	0,99856 $_{2}$	1,0014 $_{0}$	1,5172 $_{3}$
0,577	3,6254 $_{63}$	1,28797 $_{173}$	37,540 $_{236}$	0,0266 $_{1}$	18,757 $_{118}$	18,783 $_{118}$	0,99858 $_{2}$	1,0014 $_{0}$	1,5175 $_{4}$
0,578	3,6317 $_{63}$	1,28970 $_{173}$	37,776 $_{238}$	0,0265 $_{2}$	18,875 $_{119}$	18,901 $_{119}$	0,99860 $_{2}$	1,0014 $_{0}$	1,5179 $_{3}$
0,579	3,6380 $_{62}$	1,29143 $_{172}$	38,014 $_{240}$	0,0263 $_{2}$	18,994 $_{120}$	19,020 $_{120}$	0,99862 $_{2}$	1,0014 $_{0}$	1,5182 $_{3}$
0,580	3,6442 $_{63}$	1,29315 $_{172}$	38,254 $_{241}$	0,0261 $_{1}$	19,114 $_{121}$	19,140 $_{121}$	0,99864 $_{1}$	1,0014 $_{0}$	1,5185 $_{3}$
0,581	3,6505 $_{63}$	1,29487 $_{172}$	38,495 $_{243}$	0,0260 $_{2}$	19,235 $_{121}$	19,261 $_{121}$	0,99865 $_{2}$	1,0014 $_{1}$	1,5188 $_{4}$
0,582	3,6568 $_{63}$	1,29659 $_{172}$	38,738 $_{244}$	0,0258 $_{1}$	19,356 $_{122}$	19,382 $_{122}$	0,99867 $_{2}$	1,0013 $_{0}$	1,5192 $_{4}$
0,583	3,6631 $_{63}$	1,29831 $_{172}$	38,982 $_{246}$	0,0257 $_{2}$	19,478 $_{123}$	19,504 $_{123}$	0,99869 $_{1}$	1,0013 $_{0}$	1,5196 $_{3}$
0,584	3,6694 $_{63}$	1,30003 $_{172}$	39,228 $_{247}$	0,0255 $_{2}$	19,601 $_{124}$	19,627 $_{123}$	0,99870 $_{1}$	1,0013 $_{0}$	1,5199 $_{3}$
0,585	3,6757 $_{62}$	1,30175 $_{170}$	39,475 $_{248}$	0,0253 $_{1}$	19,725 $_{124}$	19,750 $_{124}$	0,99871 $_{2}$	1,0013 $_{0}$	1,5202 $_{3}$
0,586	3,6819 $_{63}$	1,30345 $_{170}$	39,723 $_{251}$	0,0252 $_{2}$	19,849 $_{126}$	19,874 $_{126}$	0,99873 $_{2}$	1,0013 $_{0}$	1,5205 $_{3}$
0,587	3,6882 $_{63}$	1,30515 $_{170}$	39,974 $_{252}$	0,0250 $_{1}$	19,975 $_{126}$	20,000 $_{125}$	0,99875 $_{1}$	1,0013 $_{1}$	1,5208 $_{4}$
0,588	3,6945 $_{63}$	1,30685 $_{170}$	40,226 $_{253}$	0,0249 $_{2}$	20,101 $_{126}$	20,125 $_{127}$	0,99876 $_{2}$	1,0012 $_{0}$	1,5212 $_{3}$
0,589	3,7008 $_{63}$	1,30855 $_{170}$	40,479 $_{256}$	0,0247 $_{2}$	20,227 $_{128}$	20,252 $_{128}$	0,99878 $_{2}$	1,0012 $_{0}$	1,5215 $_{3}$
0,590	3,7071 $_{63}$	1,31025 $_{169}$	40,735 $_{256}$	0,0245 $_{1}$	20,355 $_{129}$	20,380 $_{128}$	0,99880 $_{1}$	1,0012 $_{0}$	1,5218 $_{3}$
0,591	3,7134 $_{62}$	1,31194 $_{169}$	40,991 $_{259}$	0,0244 $_{2}$	20,484 $_{129}$	20,508 $_{129}$	0,99881 $_{1}$	1,0012 $_{0}$	1,5221 $_{3}$
0,592	3,7196 $_{63}$	1,31363 $_{168}$	41,250 $_{260}$	0,0242 $_{1}$	20,613 $_{130}$	20,637 $_{130}$	0,99882 $_{2}$	1,0012 $_{0}$	1,5224 $_{3}$
0,593	3,7259 $_{63}$	1,31531 $_{169}$	41,510 $_{261}$	0,0241 $_{2}$	20,743 $_{131}$	20,767 $_{131}$	0,99884 $_{2}$	1,0012 $_{1}$	1,5227 $_{3}$
0,594	3,7322 $_{63}$	1,31700 $_{169}$	41,771 $_{264}$	0,0239 $_{1}$	20,874 $_{131}$	20,898 $_{131}$	0,99886 $_{1}$	1,0011 $_{0}$	1,5230 $_{3}$
0,595	3,7385 $_{63}$	1,31869 $_{168}$	42,035 $_{265}$	0,0238 $_{2}$	21,005 $_{133}$	21,029 $_{133}$	0,99887 $_{1}$	1,0011 $_{0}$	1,5233 $_{3}$
0,596	3,7448 $_{63}$	1,32037 $_{167}$	42,300 $_{266}$	0,0236 $_{1}$	21,138 $_{133}$	21,162 $_{133}$	0,99888 $_{1}$	1,0011 $_{0}$	1,5236 $_{3}$
0,597	3,7511 $_{62}$	1,32204 $_{167}$	42,566 $_{268}$	0,0235 $_{2}$	21,271 $_{135}$	21,295 $_{134}$	0,99889 $_{2}$	1,0011 $_{0}$	1,5239 $_{3}$
0,598	3,7573 $_{63}$	1,32371 $_{167}$	42,834 $_{271}$	0,0233 $_{1}$	21,406 $_{135}$	21,429 $_{135}$	0,99891 $_{2}$	1,0011 $_{0}$	1,5242 $_{3}$
0,599	3,7636 $_{63}$	1,32538 $_{167}$	43,105 $_{271}$	0,0232 $_{1}$	21,541 $_{136}$	21,564 $_{136}$	0,99893 $_{1}$	1,0011 $_{0}$	1,5245 $_{3}$
0,600	3,7699 $_{63}$	1,32705 $_{167}$	43,376 $_{273}$	0,0231 $_{2}$	21,677 $_{136}$	21,700 $_{136}$	0,99894 $_{1}$	1,0011 $_{0}$	1,5248 $_{3}$

x	$2\pi x$	$\sin 2\pi x$	$\cos 2\pi x$	$\tan 2\pi x$	$\cot 2\pi x$	$\sin^* 2\pi x$	$\cos^* 2\pi x$	$\tan^* 2\pi x$	$\cot^* 2\pi x$
0,550	$3{,}4558_{62}$	$-0{,}30902_{597}$	$-0{,}95106_{196}$	$0{,}32492_{696}$	$3{,}07766_{6455}$	$0{,}45399_{561}$	$-0{,}89101_{283}$	$-0{,}50952_{789}$	$-1{,}96262_{3087}$
0,551	$3{,}4620_{63}$	$-0{,}31499_{595}$	$-0{,}94910_{200}$	$0{,}33188_{699}$	$3{,}01311_{6209}$	$0{,}44838_{562}$	$-0{,}89384_{280}$	$-0{,}50163_{783}$	$-1{,}99349_{3163}$
0,552	$3{,}4683_{63}$	$-0{,}32094_{595}$	$-0{,}94710_{204}$	$0{,}33887_{702}$	$2{,}95102_{5996}$	$0{,}44276_{564}$	$-0{,}89664_{277}$	$-0{,}49380_{779}$	$-2{,}02512_{3246}$
0,553	$3{,}4746_{63}$	$-0{,}32689_{593}$	$-0{,}94506_{207}$	$0{,}34589_{705}$	$2{,}89106_{5773}$	$0{,}43712_{566}$	$-0{,}89941_{272}$	$-0{,}48601_{774}$	$-2{,}05758_{3330}$
0,554	$3{,}4809_{63}$	$-0{,}33282_{592}$	$-0{,}94299_{211}$	$0{,}35294_{708}$	$2{,}83333_{5574}$	$0{,}43146_{568}$	$-0{,}90213_{270}$	$-0{,}47827_{771}$	$-2{,}09088_{3423}$
0,555	$3{,}4872_{63}$	$-0{,}33874_{590}$	$-0{,}94088_{215}$	$0{,}36002_{711}$	$2{,}77759_{5379}$	$0{,}42578_{569}$	$-0{,}90483_{265}$	$-0{,}47056_{764}$	$-2{,}12511_{3509}$
0,556	$3{,}4935_{62}$	$-0{,}34464_{589}$	$-0{,}93873_{218}$	$0{,}36713_{715}$	$2{,}72380_{5199}$	$0{,}42009_{571}$	$-0{,}90748_{263}$	$-0{,}46292_{761}$	$-2{,}16020_{3612}$
0,557	$3{,}4997_{63}$	$-0{,}35053_{588}$	$-0{,}93655_{222}$	$0{,}37428_{718}$	$2{,}67181_{5031}$	$0{,}41438_{573}$	$-0{,}91011_{258}$	$-0{,}45531_{757}$	$-2{,}19632_{3711}$
0,558	$3{,}5060_{63}$	$-0{,}35641_{587}$	$-0{,}93433_{226}$	$0{,}38146_{722}$	$2{,}62150_{4871}$	$0{,}40865_{574}$	$-0{,}91269_{255}$	$-0{,}44774_{752}$	$-2{,}23343_{3814}$
0,559	$3{,}5123_{63}$	$-0{,}36228_{584}$	$-0{,}93207_{229}$	$0{,}38868_{724}$	$2{,}57279_{4704}$	$0{,}40291_{576}$	$-0{,}91524_{252}$	$-0{,}44022_{748}$	$-2{,}27157_{3927}$
0,560	$3{,}5186_{63}$	$-0{,}36812_{584}$	$-0{,}92978_{233}$	$0{,}39592_{729}$	$2{,}52575_{4567}$	$0{,}39715_{578}$	$-0{,}91775_{248}$	$-0{,}43274_{744}$	$-2{,}31084_{4046}$
0,561	$3{,}5249_{63}$	$-0{,}37396_{582}$	$-0{,}92745_{237}$	$0{,}40321_{733}$	$2{,}48008_{4425}$	$0{,}39137_{579}$	$-0{,}92023_{244}$	$-0{,}42530_{740}$	$-2{,}35130_{4164}$
0,562	$3{,}5312_{62}$	$-0{,}37978_{580}$	$-0{,}92508_{241}$	$0{,}41054_{736}$	$2{,}43583_{4289}$	$0{,}38558_{580}$	$-0{,}92267_{241}$	$-0{,}41790_{736}$	$-2{,}39294_{4289}$
0,563	$3{,}5374_{63}$	$-0{,}38558_{580}$	$-0{,}92267_{244}$	$0{,}41790_{740}$	$2{,}39294_{4164}$	$0{,}37978_{582}$	$-0{,}92508_{237}$	$-0{,}41054_{733}$	$-2{,}43583_{4425}$
0,564	$3{,}5437_{63}$	$-0{,}39137_{579}$	$-0{,}92023_{248}$	$0{,}42530_{744}$	$2{,}35130_{4046}$	$0{,}37396_{582}$	$-0{,}92745_{237}$	$-0{,}40321_{729}$	$-2{,}48008_{4567}$
0,565	$3{,}5500_{63}$	$-0{,}39715_{576}$	$-0{,}91775_{251}$	$0{,}43274_{748}$	$2{,}31084_{3927}$	$0{,}36812_{584}$	$-0{,}92978_{233}$	$-0{,}39592_{724}$	$-2{,}52575_{4704}$
0,566	$3{,}5563_{63}$	$-0{,}40291_{574}$	$-0{,}91524_{255}$	$0{,}44022_{752}$	$2{,}27157_{3814}$	$0{,}36228_{587}$	$-0{,}93207_{226}$	$-0{,}38868_{722}$	$-2{,}57279_{4871}$
0,567	$3{,}5626_{62}$	$-0{,}40865_{573}$	$-0{,}91269_{258}$	$0{,}44774_{757}$	$2{,}23343_{3711}$	$0{,}35641_{587}$	$-0{,}93433_{222}$	$-0{,}38146_{718}$	$-2{,}62150_{5031}$
0,568	$3{,}5688_{63}$	$-0{,}41438_{571}$	$-0{,}91011_{263}$	$0{,}45531_{761}$	$2{,}19632_{3612}$	$0{,}35053_{588}$	$-0{,}93655_{218}$	$-0{,}37428_{715}$	$-2{,}67181_{5199}$
0,569	$3{,}5751_{63}$	$-0{,}42009_{569}$	$-0{,}90748_{265}$	$0{,}46292_{764}$	$2{,}16020_{3509}$	$0{,}34464_{589}$	$-0{,}93873_{215}$	$-0{,}36713_{711}$	$-2{,}72380_{5379}$
0,570	$3{,}5814_{63}$	$-0{,}42578_{568}$	$-0{,}90483_{270}$	$0{,}47056_{771}$	$2{,}12511_{3423}$	$0{,}33874_{592}$	$-0{,}94088_{211}$	$-0{,}36002_{708}$	$-2{,}77759_{5574}$
0,571	$3{,}5877_{63}$	$-0{,}43146_{566}$	$-0{,}90213_{272}$	$0{,}47827_{774}$	$2{,}09088_{3330}$	$0{,}33282_{593}$	$-0{,}94299_{207}$	$-0{,}35294_{705}$	$-2{,}83333_{5773}$
0,572	$3{,}5940_{63}$	$-0{,}43712_{564}$	$-0{,}89941_{277}$	$0{,}48601_{779}$	$2{,}05758_{3246}$	$0{,}32689_{593}$	$-0{,}94506_{204}$	$-0{,}34589_{702}$	$-2{,}89106_{5996}$
0,573	$3{,}6003_{62}$	$-0{,}44276_{562}$	$-0{,}89664_{280}$	$0{,}49380_{783}$	$2{,}02512_{3163}$	$0{,}32094_{595}$	$-0{,}94710_{200}$	$-0{,}33887_{699}$	$-2{,}95102_{6209}$
0,574	$3{,}6065_{63}$	$-0{,}44838_{561}$	$-0{,}89384_{283}$	$0{,}50163_{789}$	$1{,}99349_{3087}$	$0{,}31499_{595}$	$-0{,}94910_{196}$	$-0{,}33188_{696}$	$-3{,}01311_{6455}$
0,575	$3{,}6128_{63}$	$-0{,}45399_{559}$	$-0{,}89101_{287}$	$0{,}50952_{794}$	$1{,}96262_{3012}$	$0{,}30902_{597}$	$-0{,}95106_{192}$	$-0{,}32492_{693}$	$-3{,}07766_{6707}$
0,576	$3{,}6191_{63}$	$-0{,}45958_{557}$	$-0{,}88814_{291}$	$0{,}51746_{800}$	$1{,}93250_{2939}$	$0{,}30304_{600}$	$-0{,}95298_{188}$	$-0{,}31799_{691}$	$-3{,}14473_{6985}$
0,577	$3{,}6254_{63}$	$-0{,}46515_{555}$	$-0{,}88523_{294}$	$0{,}52546_{804}$	$1{,}90311_{2869}$	$0{,}29704_{600}$	$-0{,}95486_{185}$	$-0{,}31108_{687}$	$-3{,}21458_{7263}$
0,578	$3{,}6317_{63}$	$-0{,}47070_{554}$	$-0{,}88229_{297}$	$0{,}53350_{810}$	$1{,}87442_{2804}$	$0{,}29104_{600}$	$-0{,}95671_{185}$	$-0{,}30421_{686}$	$-3{,}28721_{7578}$
0,579	$3{,}6380_{62}$	$-0{,}47624_{551}$	$-0{,}87932_{301}$	$0{,}54160_{815}$	$1{,}84638_{2737}$	$0{,}28502_{602}$	$-0{,}95852_{181}$	$-0{,}29735_{682}$	$-3{,}36299_{7903}$
0,580	$3{,}6442_{63}$	$-0{,}48175_{550}$	$-0{,}87631_{305}$	$0{,}54975_{822}$	$1{,}81901_{2679}$	$0{,}27899_{603}$	$-0{,}96029_{177}$	$-0{,}29053_{681}$	$-3{,}44202_{8254}$
0,581	$3{,}6505_{63}$	$-0{,}48725_{548}$	$-0{,}87326_{308}$	$0{,}55797_{827}$	$1{,}79222_{2618}$	$0{,}27295_{605}$	$-0{,}96203_{169}$	$-0{,}28372_{677}$	$-3{,}52456_{8623}$
0,582	$3{,}6568_{63}$	$-0{,}49273_{546}$	$-0{,}87018_{311}$	$0{,}56624_{833}$	$1{,}76604_{2560}$	$0{,}26690_{605}$	$-0{,}96372_{166}$	$-0{,}27695_{676}$	$-3{,}61079_{9025}$
0,583	$3{,}6631_{63}$	$-0{,}49819_{543}$	$-0{,}86707_{315}$	$0{,}57457_{838}$	$1{,}74044_{2502}$	$0{,}26084_{606}$	$-0{,}96538_{162}$	$-0{,}27019_{673}$	$-3{,}70104_{9454}$
0,584	$3{,}6694_{63}$	$-0{,}50362_{542}$	$-0{,}86392_{318}$	$0{,}58295_{845}$	$1{,}71542_{2451}$	$0{,}25477_{607}$	$-0{,}96700_{158}$	$-0{,}26346_{670}$	$-3{,}79558_{9915}$
0,585	$3{,}6757_{62}$	$-0{,}50904_{540}$	$-0{,}86074_{321}$	$0{,}59140_{851}$	$1{,}69091_{2399}$	$0{,}24869_{608}$	$-0{,}96858_{155}$	$-0{,}25676_{669}$	$-3{,}89473$
0,586	$3{,}6819_{63}$	$-0{,}51444_{538}$	$-0{,}85753_{325}$	$0{,}59991_{858}$	$1{,}66692_{2350}$	$0{,}24260_{610}$	$-0{,}97013_{150}$	$-0{,}25007_{666}$	$-3{,}99889$
0,587	$3{,}6882_{63}$	$-0{,}51982_{535}$	$-0{,}85428_{329}$	$0{,}60849_{864}$	$1{,}64342_{2301}$	$0{,}23650_{611}$	$-0{,}97163_{147}$	$-0{,}24341_{665}$	$-4{,}10837$
0,588	$3{,}6945_{63}$	$-0{,}52517_{534}$	$-0{,}85099_{331}$	$0{,}61713_{871}$	$1{,}62041_{2255}$	$0{,}23039_{611}$	$-0{,}97310_{143}$	$-0{,}23676_{663}$	$-4{,}22371$
0,589	$3{,}7008_{63}$	$-0{,}53051_{532}$	$-0{,}84768_{335}$	$0{,}62584_{878}$	$1{,}59786_{2212}$	$0{,}22427_{612}$	$-0{,}97453_{139}$	$-0{,}23013_{661}$	$-4{,}34534$
0,590	$3{,}7071_{63}$	$-0{,}53583_{529}$	$-0{,}84433_{339}$	$0{,}63462_{885}$	$1{,}57574_{2167}$	$0{,}21814_{613}$	$-0{,}97592_{135}$	$-0{,}22352_{658}$	$-4{,}47382$
0,591	$3{,}7134_{62}$	$-0{,}54112_{527}$	$-0{,}84094_{341}$	$0{,}64347_{891}$	$1{,}55407_{2123}$	$0{,}21201_{615}$	$-0{,}97727_{131}$	$-0{,}21694_{657}$	$-4{,}60955$
0,592	$3{,}7196_{63}$	$-0{,}54639_{526}$	$-0{,}83753_{345}$	$0{,}65238_{901}$	$1{,}53284_{2087}$	$0{,}20586_{615}$	$-0{,}97858_{128}$	$-0{,}21037_{656}$	$-4{,}75362$
0,593	$3{,}7259_{63}$	$-0{,}55165_{523}$	$-0{,}83408_{348}$	$0{,}66139_{907}$	$1{,}51197_{2045}$	$0{,}19971_{616}$	$-0{,}97986_{123}$	$-0{,}20381_{653}$	$-4{,}90641$
0,594	$3{,}7322_{63}$	$-0{,}55688_{520}$	$-0{,}83060_{352}$	$0{,}67046_{914}$	$1{,}49152_{2006}$	$0{,}19355_{617}$	$-0{,}98109_{120}$	$-0{,}19728_{652}$	$-5{,}06892$
0,595	$3{,}7385_{63}$	$-0{,}56208_{519}$	$-0{,}82708_{355}$	$0{,}67960_{923}$	$1{,}47146_{1972}$	$0{,}18738_{617}$	$-0{,}98229_{116}$	$-0{,}19076_{650}$	$-5{,}24224$
0,596	$3{,}7448_{63}$	$-0{,}56727_{516}$	$-0{,}82353_{358}$	$0{,}68883_{930}$	$1{,}45174_{1934}$	$0{,}18121_{619}$	$-0{,}98345_{111}$	$-0{,}18426_{650}$	$-5{,}42713$
0,597	$3{,}7511_{62}$	$-0{,}57243_{514}$	$-0{,}81995_{361}$	$0{,}69813_{938}$	$1{,}43240_{1900}$	$0{,}17502_{619}$	$-0{,}98456_{108}$	$-0{,}17776_{647}$	$-5{,}62541$
0,598	$3{,}7573_{63}$	$-0{,}57757_{512}$	$-0{,}81634_{365}$	$0{,}70751_{948}$	$1{,}41340_{1868}$	$0{,}16883_{619}$	$-0{,}98564_{105}$	$-0{,}17129_{646}$	$-5{,}83806$
0,599	$3{,}7636_{63}$	$-0{,}58269_{510}$	$-0{,}81269_{367}$	$0{,}71699_{956}$	$1{,}39472_{1834}$	$0{,}16264_{621}$	$-0{,}98669_{100}$	$-0{,}16483_{645}$	$-6{,}06671$
0,600	$3{,}7699_{63}$	$-0{,}58779_{507}$	$-0{,}80902_{371}$	$0{,}72655_{964}$	$1{,}37638_{1803}$	$0{,}15643_{620}$	$-0{,}98769_{96}$	$-0{,}15838_{643}$	$-6{,}31394$

Funktionstafeln der elementaren Transzendenten.

x	$2\pi x$	$\ln 2\pi x$	$e^{2\pi x}$	$e^{-2\pi x}$	$\mathfrak{Sin}\,2\pi x$	$\mathfrak{Cof}\,2\pi x$	$\mathfrak{Tang}\,2\pi x$	$\mathfrak{Cotg}\,2\pi x$	$\mathfrak{Amp}\,2\pi x$
0,600	3,7699 $_{63}$	1,32705 $_{167}$	43,376 $_{273}$	0,0231 $_2$	21,677 $_{136}$	21,700 $_{136}$	0,99894 $_1$	1,0011 $_0$	1,5248 $_3$
0,601	3,7762 $_{63}$	1,32872 $_{167}$	43,649 $_{276}$	0,0229 $_1$	21,813 $_{138}$	21,836 $_{138}$	0,99895 $_2$	1,0011 $_1$	1,5251 $_3$
0,602	3,7825 $_{63}$	1,33039 $_{166}$	43,925 $_{277}$	0,0228 $_2$	21,951 $_{139}$	21,974 $_{138}$	0,99897 $_1$	1,0010 $_0$	1,5254 $_3$
0,603	3,7888 $_{62}$	1,33205 $_{164}$	44,202 $_{278}$	0,0226 $_1$	22,090 $_{139}$	22,112 $_{139}$	0,99898 $_1$	1,0010 $_0$	1,5256 $_2$
0,604	3,7950 $_{63}$	1,33369 $_{166}$	44,480 $_{281}$	0,0225 $_2$	22,229 $_{140}$	22,251 $_{140}$	0,99899 $_1$	1,0010 $_0$	1,5259 $_3$
0,605	3,8013 $_{63}$	1,33535 $_{165}$	44,761 $_{282}$	0,0223 $_1$	22,369 $_{142}$	22,391 $_{142}$	0,99900 $_1$	1,0010 $_0$	1,5262 $_3$
0,606	3,8076 $_{63}$	1,33700 $_{166}$	45,043 $_{283}$	0,0222 $_1$	22,511 $_{141}$	22,533 $_{141}$	0,99901 $_2$	1,0010 $_0$	1,5265 $_2$
0,607	3,8139 $_{63}$	1,33866 $_{165}$	45,326 $_{286}$	0,0221 $_2$	22,652 $_{143}$	22,674 $_{143}$	0,99903 $_1$	1,0010 $_0$	1,5267 $_3$
0,608	3,8202 $_{63}$	1,34031 $_{163}$	45,612 $_{288}$	0,0219 $_1$	22,795 $_{144}$	22,817 $_{144}$	0,99904 $_1$	1,0010 $_0$	1,5270 $_3$
0,609	3,8265 $_{62}$	1,34194 $_{164}$	45,900 $_{289}$	0,0218 $_1$	22,939 $_{145}$	22,961 $_{144}$	0,99905 $_2$	1,0010 $_1$	1,5273 $_3$
0,610	3,8327 $_{63}$	1,34358 $_{164}$	46,189 $_{291}$	0,0217 $_2$	23,084 $_{145}$	23,105 $_{146}$	0,99907 $_1$	1,0009 $_0$	1,5276 $_2$
0,611	3,8390 $_{63}$	1,34522 $_{163}$	46,480 $_{293}$	0,0215 $_1$	23,229 $_{147}$	23,251 $_{146}$	0,99908 $_1$	1,0009 $_0$	1,5278 $_3$
0,612	3,8453 $_{63}$	1,34685 $_{164}$	46,773 $_{295}$	0,0214 $_2$	23,376 $_{147}$	23,397 $_{147}$	0,99909 $_1$	1,0009 $_0$	1,5281 $_3$
0,613	3,8516 $_{63}$	1,34849 $_{164}$	47,068 $_{297}$	0,0212 $_1$	23,523 $_{149}$	23,544 $_{149}$	0,99910 $_1$	1,0009 $_0$	1,5284 $_2$
0,614	3,8579 $_{63}$	1,35013 $_{162}$	47,365 $_{298}$	0,0211 $_1$	23,672 $_{149}$	23,693 $_{149}$	0,99911 $_1$	1,0009 $_0$	1,5286 $_3$
0,615	3,8642 $_{62}$	1,35175 $_{162}$	47,663 $_{300}$	0,0210 $_2$	23,821 $_{150}$	23,842 $_{150}$	0,99912 $_1$	1,0009 $_0$	1,5289 $_3$
0,616	3,8704 $_{63}$	1,35337 $_{162}$	47,963 $_{302}$	0,0208 $_1$	23,971 $_{151}$	23,992 $_{151}$	0,99913 $_1$	1,0009 $_0$	1,5292 $_2$
0,617	3,8767 $_{63}$	1,35499 $_{162}$	48,265 $_{305}$	0,0207 $_1$	24,122 $_{153}$	24,143 $_{152}$	0,99914 $_1$	1,0009 $_0$	1,5294 $_2$
0,618	3,8830 $_{63}$	1,35661 $_{162}$	48,570 $_{306}$	0,0206 $_1$	24,275 $_{153}$	24,295 $_{153}$	0,99915 $_1$	1,0009 $_1$	1,5296 $_2$
0,619	3,8893 $_{63}$	1,35823 $_{162}$	48,876 $_{308}$	0,0205 $_2$	24,428 $_{154}$	24,448 $_{154}$	0,99916 $_1$	1,0008 $_0$	1,5298 $_3$
0,620	3,8956 $_{63}$	1,35985 $_{161}$	49,184 $_{310}$	0,0203 $_1$	24,582 $_{155}$	24,602 $_{155}$	0,99917 $_1$	1,0008 $_0$	1,5301 $_3$
0,621	3,9019 $_{62}$	1,36146 $_{160}$	49,494 $_{312}$	0,0202 $_1$	24,737 $_{156}$	24,757 $_{156}$	0,99918 $_1$	1,0008 $_0$	1,5304 $_2$
0,622	3,9081 $_{63}$	1,36306 $_{161}$	49,806 $_{314}$	0,0201 $_1$	24,893 $_{157}$	24,913 $_{157}$	0,99919 $_1$	1,0008 $_0$	1,5306 $_3$
0,623	3,9144 $_{63}$	1,36467 $_{160}$	50,120 $_{316}$	0,0200 $_1$	25,050 $_{158}$	25,070 $_{158}$	0,99920 $_1$	1,0008 $_0$	1,5309 $_2$
0,624	3,9207 $_{63}$	1,36627 $_{161}$	50,436 $_{318}$	0,0198 $_2$	25,208 $_{159}$	25,228 $_{159}$	0,99921 $_1$	1,0008 $_0$	1,5311 $_3$
0,625	3,9270 $_{63}$	1,36788 $_{160}$	50,754 $_{320}$	0,0197 $_1$	25,367 $_{160}$	25,387 $_{160}$	0,99922 $_1$	1,0008 $_0$	1,5314 $_3$
0,626	3,9333 $_{63}$	1,36948 $_{160}$	51,074 $_{322}$	0,0196 $_1$	25,527 $_{161}$	25,547 $_{161}$	0,99923 $_1$	1,0008 $_0$	1,5317 $_2$
0,627	3,9396 $_{62}$	1,37108 $_{158}$	51,396 $_{324}$	0,0195 $_2$	25,688 $_{162}$	25,708 $_{162}$	0,99924 $_1$	1,0008 $_0$	1,5319 $_3$
0,628	3,9458 $_{63}$	1,37266 $_{159}$	51,720 $_{326}$	0,0193 $_1$	25,850 $_{163}$	25,870 $_{162}$	0,99925 $_1$	1,0008 $_1$	1,5322 $_2$
0,629	3,9521 $_{63}$	1,37425 $_{159}$	52,046 $_{328}$	0,0192 $_1$	26,013 $_{164}$	26,032 $_{164}$	0,99926 $_1$	1,0007 $_0$	1,5324 $_2$
0,630	3,9584 $_{63}$	1,37584 $_{159}$	52,374 $_{330}$	0,0191 $_1$	26,177 $_{166}$	26,196 $_{166}$	0,99927 $_1$	1,0007 $_0$	1,5326 $_2$
0,631	3,9647 $_{63}$	1,37743 $_{159}$	52,704 $_{332}$	0,0190 $_1$	26,343 $_{166}$	26,362 $_{165}$	0,99928 $_1$	1,0007 $_0$	1,5328 $_3$
0,632	3,9710 $_{63}$	1,37902 $_{158}$	53,036 $_{335}$	0,0189 $_2$	26,509 $_{167}$	26,527 $_{168}$	0,99929 $_1$	1,0007 $_0$	1,5331 $_2$
0,633	3,9773 $_{62}$	1,38060 $_{157}$	53,371 $_{336}$	0,0187 $_1$	26,676 $_{168}$	26,695 $_{168}$	0,99930 $_1$	1,0007 $_0$	1,5333 $_3$
0,634	3,9835 $_{63}$	1,38217 $_{157}$	53,707 $_{338}$	0,0186 $_1$	26,844 $_{169}$	26,863 $_{169}$	0,99931 $_1$	1,0007 $_0$	1,5336 $_2$
0,635	3,9898 $_{63}$	1,38374 $_{158}$	54,045 $_{341}$	0,0185 $_1$	27,013 $_{171}$	27,032 $_{170}$	0,99932 $_1$	1,0007 $_0$	1,5338 $_2$
0,636	3,9961 $_{63}$	1,38532 $_{158}$	54,386 $_{343}$	0,0184 $_1$	27,184 $_{171}$	27,202 $_{172}$	0,99933 $_0$	1,0007 $_0$	1,5340 $_2$
0,637	4,0024 $_{63}$	1,38690 $_{157}$	54,729 $_{345}$	0,0183 $_1$	27,355 $_{173}$	27,374 $_{172}$	0,99933 $_1$	1,0007 $_0$	1,5342 $_3$
0,638	4,0087 $_{63}$	1,38847 $_{156}$	55,074 $_{347}$	0,0182 $_2$	27,528 $_{173}$	27,546 $_{173}$	0,99934 $_1$	1,0007 $_0$	1,5345 $_2$
0,639	4,0150 $_{62}$	1,39003 $_{156}$	55,421 $_{349}$	0,0180 $_1$	27,701 $_{175}$	27,719 $_{175}$	0,99935 $_1$	1,0007 $_1$	1,5347 $_2$
0,640	4,0212 $_{63}$	1,39159 $_{156}$	55,770 $_{352}$	0,0179 $_1$	27,876 $_{176}$	27,894 $_{176}$	0,99936 $_1$	1,0006 $_0$	1,5349 $_2$
0,641	4,0275 $_{63}$	1,39315 $_{156}$	56,122 $_{353}$	0,0178 $_1$	28,052 $_{177}$	28,070 $_{176}$	0,99937 $_0$	1,0006 $_0$	1,5351 $_2$
0,642	4,0338 $_{63}$	1,39471 $_{156}$	56,475 $_{357}$	0,0177 $_1$	28,229 $_{178}$	28,246 $_{179}$	0,99937 $_1$	1,0006 $_0$	1,5353 $_3$
0,643	4,0401 $_{63}$	1,39627 $_{156}$	56,832 $_{358}$	0,0176 $_1$	28,407 $_{179}$	28,425 $_{179}$	0,99938 $_1$	1,0006 $_0$	1,5356 $_2$
0,644	4,0464 $_{63}$	1,39783 $_{155}$	57,190 $_{360}$	0,0175 $_1$	28,586 $_{180}$	28,604 $_{180}$	0,99939 $_0$	1,0006 $_0$	1,5358 $_3$
0,645	4,0527 $_{62}$	1,39938 $_{155}$	57,550 $_{363}$	0,0174 $_1$	28,766 $_{182}$	28,784 $_{181}$	0,99939 $_1$	1,0006 $_0$	1,5361 $_2$
0,646	4,0589 $_{63}$	1,40093 $_{154}$	57,913 $_{365}$	0,0173 $_1$	28,948 $_{182}$	28,965 $_{183}$	0,99940 $_1$	1,0006 $_0$	1,5363 $_3$
0,647	4,0652 $_{63}$	1,40247 $_{154}$	58,278 $_{367}$	0,0172 $_1$	29,130 $_{184}$	29,148 $_{183}$	0,99941 $_1$	1,0006 $_0$	1,5366 $_2$
0,648	4,0715 $_{63}$	1,40401 $_{155}$	58,645 $_{370}$	0,0171 $_2$	29,314 $_{185}$	29,331 $_{185}$	0,99942 $_1$	1,0006 $_0$	1,5368 $_2$
0,649	4,0778 $_{63}$	1,40556 $_{154}$	59,015 $_{372}$	0,0169 $_1$	29,499 $_{186}$	29,516 $_{186}$	0,99943 $_0$	1,0006 $_0$	1,5370 $_2$
0,650	4,0841 $_{63}$	1,40710 $_{154}$	59,387 $_{374}$	0,0168 $_1$	29,685 $_{187}$	29,702 $_{187}$	0,99943 $_1$	1,0006 $_0$	1,5372 $_2$

x	$2\pi x$	$\sin 2\pi x$	$\cos 2\pi x$	$\operatorname{tang} 2\pi x$	$\operatorname{cotg} 2\pi x$	$\sin^{*} 2\pi x$	$\cos^{*} 2\pi x$	$\operatorname{tang}^{*} 2\pi x$	$\operatorname{cotg}^{*} 2\pi x$
,600	$3{,}7699_{63}$	$-0{,}58779_{507}$	$-0{,}80902_{371}$	$0{,}72655_{964}$	$1{,}37638_{1803}$	$0{,}15643_{620}$	$-0{,}98769_{96}$	$-0{,}15838_{643}$	$-\;6{,}31394$
,601	$3{,}7762_{63}$	$-0{,}59286_{504}$	$-0{,}80531_{374}$	$0{,}73619_{972}$	$1{,}35835_{1771}$	$0{,}15023_{622}$	$-0{,}98865_{93}$	$-0{,}15195_{642}$	$-\;6{,}58091$
,602	$3{,}7825_{63}$	$-0{,}59790_{503}$	$-0{,}80157_{378}$	$0{,}74591_{984}$	$1{,}34064_{1745}$	$0{,}14401_{622}$	$-0{,}98958_{88}$	$-0{,}14553_{641}$	$-\;6{,}87161$
,603	$3{,}7888_{62}$	$-0{,}60293_{500}$	$-0{,}79779_{380}$	$0{,}75575_{991}$	$1{,}32319_{1714}$	$0{,}13779_{623}$	$-0{,}99046_{85}$	$-0{,}13912_{641}$	$-\;7{,}18818$
,604	$3{,}7950_{63}$	$-0{,}60793_{498}$	$-0{,}79399_{383}$	$0{,}76566_{1002}$	$1{,}30605_{1686}$	$0{,}13156_{623}$	$-0{,}99131_{80}$	$-0{,}13271_{638}$	$-\;7{,}53504$
,605	$3{,}8013_{63}$	$-0{,}61291_{495}$	$-0{,}79016_{387}$	$0{,}77568_{1011}$	$1{,}28919_{1659}$	$0{,}12533_{623}$	$-0{,}99211_{77}$	$-0{,}12633_{638}$	$-\;7{,}91598$
,606	$3{,}8076_{63}$	$-0{,}61786_{493}$	$-0{,}78629_{390}$	$0{,}78579_{1022}$	$1{,}27260_{1633}$	$0{,}11910_{624}$	$-0{,}99288_{73}$	$-0{,}11995_{636}$	$-\;8{,}33652$
,607	$3{,}8139_{63}$	$-0{,}62279_{490}$	$-0{,}78239_{393}$	$0{,}79601_{1031}$	$1{,}25627_{1607}$	$0{,}11286_{625}$	$-0{,}99361_{69}$	$-0{,}11359_{637}$	$-\;8{,}80392$
,608	$3{,}8202_{63}$	$-0{,}62769_{488}$	$-0{,}77846_{396}$	$0{,}80632_{1043}$	$1{,}24020_{1583}$	$0{,}10661_{625}$	$-0{,}99430_{65}$	$-0{,}10722_{635}$	$-\;9{,}32652$
,609	$3{,}8265_{62}$	$-0{,}63257_{485}$	$-0{,}77450_{399}$	$0{,}81675_{1052}$	$1{,}22437_{1558}$	$0{,}10036_{625}$	$-0{,}99495_{61}$	$-0{,}10087_{634}$	$-\;9{,}91381$
,610	$3{,}8327_{63}$	$-0{,}63742_{483}$	$-0{,}77051_{402}$	$0{,}82727_{1064}$	$1{,}20879_{1535}$	$0{,}09411_{626}$	$-0{,}99556_{57}$	$-0{,}09453_{634}$	$-10{,}57868$
,611	$3{,}8390_{63}$	$-0{,}64225_{481}$	$-0{,}76649_{405}$	$0{,}83791_{1076}$	$1{,}19344_{1513}$	$0{,}08785_{626}$	$-0{,}99613_{54}$	$-0{,}08819_{633}$	$-11{,}33899$
,612	$3{,}8453_{63}$	$-0{,}64706_{477}$	$-0{,}76244_{408}$	$0{,}84867_{1086}$	$1{,}17831_{1488}$	$0{,}08159_{626}$	$-0{,}99667_{49}$	$-0{,}08186_{632}$	$-12{,}21559$
,613	$3{,}8516_{63}$	$-0{,}65183_{476}$	$-0{,}75836_{411}$	$0{,}85953_{1099}$	$1{,}16343_{1469}$	$0{,}07533_{627}$	$-0{,}99716_{45}$	$-0{,}07554_{632}$	$-13{,}23722$
,614	$3{,}8579_{63}$	$-0{,}65659_{472}$	$-0{,}75425_{414}$	$0{,}87052_{1110}$	$1{,}14874_{1446}$	$0{,}06906_{627}$	$-0{,}99761_{42}$	$-0{,}06923_{631}$	$-14{,}44555$
,615	$3{,}8642_{62}$	$-0{,}66131_{470}$	$-0{,}75011_{417}$	$0{,}88162_{1123}$	$1{,}13428_{1427}$	$0{,}06279_{627}$	$-0{,}99803_{37}$	$-0{,}06291_{630}$	$-15{,}89473$
,616	$3{,}8704_{63}$	$-0{,}66601_{468}$	$-0{,}74594_{420}$	$0{,}89285_{1136}$	$1{,}12001_{1407}$	$0{,}05652_{628}$	$-0{,}99840_{34}$	$-0{,}05661_{631}$	$-17{,}66454$
,617	$3{,}8767_{63}$	$-0{,}67069_{464}$	$-0{,}74174_{423}$	$0{,}90421_{1148}$	$1{,}10594_{1387}$	$0{,}05024_{627}$	$-0{,}99874_{29}$	$-0{,}05030_{629}$	$-19{,}87938$
,618	$3{,}8830_{63}$	$-0{,}67533_{462}$	$-0{,}73751_{425}$	$0{,}91569_{1161}$	$1{,}09207_{1367}$	$0{,}04397_{628}$	$-0{,}99903_{26}$	$-0{,}04401_{629}$	$-22{,}72072$
,619	$3{,}8893_{63}$	$-0{,}67995_{460}$	$-0{,}73326_{429}$	$0{,}92730_{1176}$	$1{,}07840_{1351}$	$0{,}03769_{628}$	$-0{,}99929_{22}$	$-0{,}03772_{629}$	$-26{,}51340$
,620	$3{,}8956_{63}$	$-0{,}68455_{456}$	$-0{,}72897_{432}$	$0{,}93906_{1190}$	$1{,}06489_{1332}$	$0{,}03141_{628}$	$-0{,}99951_{17}$	$-0{,}03143_{629}$	$-31{,}82139$
,621	$3{,}9019_{62}$	$-0{,}68911_{454}$	$-0{,}72465_{434}$	$0{,}95096_{1203}$	$1{,}05157_{1314}$	$0{,}02513_{628}$	$-0{,}99968_{14}$	$-0{,}02514_{629}$	$-39{,}78034$
,622	$3{,}9081_{63}$	$-0{,}69365_{452}$	$-0{,}72031_{437}$	$0{,}96299_{1219}$	$1{,}03843_{1298}$	$0{,}01885_{628}$	$-0{,}99982_{10}$	$-0{,}01885_{628}$	$-53{,}04085$
,623	$3{,}9144_{63}$	$-0{,}69817_{448}$	$-0{,}71594_{440}$	$0{,}97518_{1233}$	$1{,}02545_{1280}$	$0{,}01257_{629}$	$-0{,}99992_{6}$	$-0{,}01257_{629}$	$-79{,}54813$
,624	$3{,}9207_{63}$	$-0{,}70265_{446}$	$-0{,}71154_{443}$	$0{,}98751_{1249}$	$1{,}01265_{1265}$	$0{,}00628_{628}$	$-0{,}99998_{2}$	$-0{,}00628_{628}$	$-159{,}23248$
,625	$3{,}9270_{63}$	$-0{,}70711_{443}$	$-0{,}70711_{446}$	$1{,}00000_{1265}$	$1{,}00000_{1249}$	$\mp0{,}00000_{628}$	$-1{,}00000_{2}$	$\mp0{,}00000_{628}$	$\mp\infty$
,626	$3{,}9333_{63}$	$-0{,}71154_{440}$	$-0{,}70265_{448}$	$1{,}01265_{1280}$	$0{,}98751_{1233}$	$-0{,}00628_{629}$	$-0{,}99998_{6}$	$+0{,}00628_{629}$	$159{,}23248$
,627	$3{,}9396_{62}$	$-0{,}71594_{437}$	$-0{,}69817_{452}$	$1{,}02545_{1298}$	$0{,}97518_{1219}$	$-0{,}01257_{628}$	$-0{,}99992_{10}$	$0{,}01257_{628}$	$79{,}54813$
,628	$3{,}0458_{63}$	$-0{,}72031_{434}$	$-0{,}60365_{454}$	$1{,}03843_{1314}$	$0{,}96299_{1203}$	$-0{,}01885_{628}$	$-0{,}99982_{14}$	$0{,}01885_{629}$	$53{,}04085$
,629	$3{,}9521_{63}$	$-0{,}72465_{432}$	$-0{,}68911_{456}$	$1{,}05157_{1332}$	$0{,}95096_{1190}$	$-0{,}02513_{628}$	$-0{,}99968_{17}$	$0{,}02514_{629}$	$39{,}78034$
,630	$3{,}9584_{63}$	$-0{,}72897_{429}$	$-0{,}68455_{460}$	$1{,}06489_{1351}$	$0{,}93906_{1176}$	$-0{,}03141_{628}$	$-0{,}99951_{22}$	$0{,}03143_{629}$	$31{,}82139$
,631	$3{,}9647_{63}$	$-0{,}73326_{425}$	$-0{,}67995_{462}$	$1{,}07840_{1367}$	$0{,}92730_{1161}$	$-0{,}03769_{628}$	$-0{,}99929_{26}$	$0{,}03772_{629}$	$26{,}51340$
,632	$3{,}9710_{63}$	$-0{,}73751_{423}$	$-0{,}67533_{464}$	$1{,}09207_{1387}$	$0{,}91569_{1148}$	$-0{,}04397_{627}$	$-0{,}99903_{29}$	$0{,}04401_{629}$	$22{,}72072$
,633	$3{,}9773_{62}$	$-0{,}74174_{420}$	$-0{,}67069_{468}$	$1{,}10594_{1407}$	$0{,}90421_{1136}$	$-0{,}05024_{628}$	$-0{,}99874_{34}$	$0{,}05030_{631}$	$19{,}87938$
,634	$3{,}9835_{63}$	$-0{,}74594_{417}$	$-0{,}66601_{470}$	$1{,}12001_{1427}$	$0{,}89285_{1123}$	$-0{,}05652_{627}$	$-0{,}99840_{37}$	$0{,}05661_{630}$	$17{,}66454$
,635	$3{,}9898_{63}$	$-0{,}75011_{414}$	$-0{,}66131_{472}$	$1{,}13428_{1446}$	$0{,}88162_{1110}$	$-0{,}06279_{627}$	$-0{,}99803_{42}$	$0{,}06291_{632}$	$15{,}89473$
,636	$3{,}9961_{63}$	$-0{,}75425_{411}$	$-0{,}65659_{476}$	$1{,}14874_{1469}$	$0{,}87052_{1099}$	$-0{,}00906_{627}$	$-0{,}99761_{45}$	$0{,}06923_{631}$	$14{,}44555$
,637	$4{,}0024_{63}$	$-0{,}75836_{408}$	$-0{,}65183_{477}$	$1{,}16343_{1488}$	$0{,}85953_{1086}$	$-0{,}07533_{626}$	$-0{,}99716_{49}$	$0{,}07554_{632}$	$13{,}23722$
,638	$4{,}0087_{63}$	$-0{,}76244_{405}$	$-0{,}64706_{481}$	$1{,}17831_{1513}$	$0{,}84867_{1076}$	$-0{,}08159_{626}$	$-0{,}99667_{54}$	$0{,}08186_{633}$	$12{,}21559$
,639	$4{,}0150_{62}$	$-0{,}76649_{402}$	$-0{,}64225_{483}$	$1{,}19344_{1535}$	$0{,}83791_{1064}$	$-0{,}08785_{626}$	$-0{,}99613_{57}$	$0{,}08819_{634}$	$11{,}33899$
,640	$4{,}0212_{63}$	$-0{,}77051_{399}$	$-0{,}63742_{485}$	$1{,}20879_{1558}$	$0{,}82727_{1052}$	$-0{,}09411_{625}$	$-0{,}99556_{61}$	$0{,}09453_{634}$	$10{,}57868$
,641	$4{,}0275_{63}$	$-0{,}77450_{396}$	$-0{,}63257_{488}$	$1{,}22437_{1583}$	$0{,}81675_{1043}$	$-0{,}10036_{625}$	$-0{,}99495_{65}$	$0{,}10087_{635}$	$9{,}91381$
,642	$4{,}0338_{63}$	$-0{,}77846_{393}$	$-0{,}62769_{490}$	$1{,}24020_{1607}$	$0{,}80632_{1031}$	$-0{,}10661_{625}$	$-0{,}99430_{69}$	$0{,}10722_{637}$	$9{,}32652$
,643	$4{,}0401_{63}$	$-0{,}78239_{390}$	$-0{,}62279_{493}$	$1{,}25627_{1633}$	$0{,}79601_{1022}$	$-0{,}11286_{624}$	$-0{,}99361_{73}$	$0{,}11359_{636}$	$8{,}80392$
,644	$4{,}0464_{63}$	$-0{,}78629_{387}$	$-0{,}61786_{495}$	$1{,}27260_{1659}$	$0{,}78579_{1011}$	$-0{,}11910_{624}$	$-0{,}99288_{77}$	$0{,}11995_{638}$	$8{,}33652$
,645	$4{,}0527_{62}$	$-0{,}79016_{383}$	$-0{,}61291_{498}$	$1{,}28919_{1686}$	$0{,}77568_{1002}$	$-0{,}12533_{623}$	$-0{,}99211_{80}$	$0{,}12633_{638}$	$7{,}91598$
,646	$4{,}0589_{63}$	$-0{,}79399_{380}$	$-0{,}60793_{500}$	$1{,}30605_{1714}$	$0{,}76566_{991}$	$-0{,}13156_{623}$	$-0{,}99131_{85}$	$0{,}13271_{641}$	$7{,}53504$
,647	$4{,}0652_{63}$	$-0{,}79779_{378}$	$-0{,}60293_{503}$	$1{,}32319_{1745}$	$0{,}75575_{984}$	$-0{,}13779_{622}$	$-0{,}99046_{88}$	$0{,}13912_{641}$	$7{,}18818$
,648	$4{,}0715_{63}$	$-0{,}80157_{374}$	$-0{,}59790_{504}$	$1{,}34064_{1771}$	$0{,}74591_{972}$	$-0{,}14401_{622}$	$-0{,}98958_{93}$	$0{,}14553_{642}$	$6{,}87161$
,649	$4{,}0778_{63}$	$-0{,}80531_{371}$	$-0{,}59286_{507}$	$1{,}35835_{1803}$	$0{,}73619_{964}$	$-0{,}15023_{620}$	$-0{,}98865_{96}$	$0{,}15195_{642}$	$6{,}58091$
0,650	$4{,}0841_{63}$	$-0{,}80902_{367}$	$-0{,}58779_{510}$	$1{,}37638_{1834}$	$0{,}72655_{956}$	$-0{,}15643_{621}$	$-0{,}98769_{100}$	$0{,}15838_{645}$	$6{,}31394$

x	$2\pi x$	$\ln 2\pi x$	$e^{2\pi x}$	$e^{-2\pi x}$	Sin $2\pi x$	Cos $2\pi x$	Tang $2\pi x$	Cotg $2\pi x$	Amp $2\pi x$
0,650	4,0841 $_{63}$	1,40710 $_{154}$	59,387 $_{374}$	0,0168 $_{1}$	29,685 $_{187}$	29,702 $_{187}$	0,99943 $_{1}$	1,0006 $_{0}$	1,5372 $_{2}$
0,651	4,0904 $_{62}$	1,40864 $_{153}$	59,761 $_{377}$	0,0167 $_{1}$	29,872 $_{189}$	29,889 $_{188}$	0,99944 $_{1}$	1,0006 $_{0}$	1,5374 $_{2}$
0,652	4,0966 $_{63}$	1,41017 $_{153}$	60,138 $_{379}$	0,0166 $_{1}$	30,061 $_{189}$	30,077 $_{190}$	0,99945 $_{1}$	1,0006 $_{0}$	1,5376 $_{2}$
0,653	4,1029 $_{63}$	1,41170 $_{153}$	60,517 $_{381}$	0,0165 $_{1}$	30,250 $_{189}$	30,267 $_{190}$	0,99945 $_{0}$	1,0006 $_{0}$	1,5378 $_{2}$
0,654	4,1092 $_{63}$	1,41323 $_{153}$	60,898 $_{384}$	0,0164 $_{1}$	30,441 $_{192}$	30,457 $_{192}$	0,99946 $_{1}$	1,0005 $_{1}$	1,5380 $_{2}$
0,655	4,1155 $_{63}$	1,41476 $_{153}$	61,282 $_{386}$	0,0163 $_{1}$	30,633 $_{193}$	30,649 $_{193}$	0,99947 $_{0}$	1,0005 $_{0}$	1,5382 $_{2}$
0,656	4,1218 $_{63}$	1,41629 $_{152}$	61,668 $_{389}$	0,0162 $_{1}$	30,826 $_{194}$	30,842 $_{194}$	0,99947 $_{1}$	1,0005 $_{0}$	1,5384 $_{2}$
0,657	4,1281 $_{62}$	1,41781 $_{152}$	62,057 $_{391}$	0,0161 $_{1}$	31,020 $_{196}$	31,036 $_{196}$	0,99948 $_{0}$	1,0005 $_{0}$	1,5386 $_{2}$
0,658	4,1343 $_{63}$	1,41331 $_{151}$	62,448 $_{394}$	0,0160 $_{1}$	31,216 $_{197}$	31,232 $_{197}$	0,99948 $_{0}$	1,0005 $_{0}$	1,5388 $_{2}$
0,659	4,1406 $_{63}$	1,42084 $_{152}$	62,842 $_{396}$	0,0159 $_{1}$	31,413 $_{198}$	31,429 $_{198}$	0,99949 $_{1}$	1,0005 $_{0}$	1,5390 $_{2}$
0,660	4,1469 $_{63}$	1,42236 $_{152}$	63,238 $_{398}$	0,0158 $_{1}$	31,611 $_{199}$	31,627 $_{199}$	0,99950 $_{0}$	1,0005 $_{0}$	1,5392 $_{2}$
0,661	4,1532 $_{63}$	1,42388 $_{152}$	63,636 $_{402}$	0,0157 $_{1}$	31,810 $_{201}$	31,826 $_{201}$	0,99950 $_{1}$	1,0005 $_{0}$	1,5394 $_{2}$
0,662	4,1595 $_{63}$	1,42540 $_{151}$	64,038 $_{403}$	0,0156 $_{1}$	32,011 $_{201}$	32,027 $_{201}$	0,99951 $_{1}$	1,0005 $_{0}$	1,5396 $_{2}$
0,663	4,1658 $_{62}$	1,42691 $_{149}$	64,441 $_{406}$	0,0155 $_{1}$	32,213 $_{202}$	32,228 $_{201}$	0,99952 $_{1}$	1,0005 $_{0}$	1,5398 $_{2}$
0,664	4,1720 $_{63}$	1,42840 $_{151}$	64,847 $_{409}$	0,0154 $_{1}$	32,416 $_{203}$	32,431 $_{203}$	0,99952 $_{0}$	1,0005 $_{0}$	1,5400 $_{2}$
0,665	4,1783 $_{63}$	1,42991 $_{150}$	65,256 $_{411}$	0,0153 $_{1}$	32,620 $_{204}$	32,636 $_{205}$	0,99953 $_{1}$	1,0005 $_{0}$	1,5402 $_{2}$
0,666	4,1846 $_{63}$	1,43141 $_{151}$	65,667 $_{414}$	0,0152 $_{1}$	32,826 $_{207}$	32,841 $_{207}$	0,99953 $_{1}$	1,0005 $_{0}$	1,5404 $_{2}$
0,667	4,1909 $_{63}$	1,43292 $_{150}$	66,081 $_{417}$	0,0151 $_{1}$	33,033 $_{209}$	33,048 $_{209}$	0,99954 $_{1}$	1,0005 $_{0}$	1,5406 $_{2}$
0,668	4,1972 $_{63}$	1,43442 $_{149}$	66,498 $_{419}$	0,0150 $_{1}$	33,242 $_{209}$	33,257 $_{209}$	0,99955 $_{0}$	1,0005 $_{0}$	1,5408 $_{2}$
0,669	4,2035 $_{62}$	1,43591 $_{149}$	66,917 $_{422}$	0,0149 $_{0}$	33,451 $_{211}$	33,466 $_{211}$	0,99955 $_{1}$	1,0005 $_{1}$	1,5410 $_{2}$
0,670	4,2097 $_{63}$	1,43740 $_{149}$	67,339 $_{424}$	0,0149 $_{1}$	33,662 $_{212}$	33,677 $_{212}$	0,99956 $_{1}$	1,0004 $_{0}$	1,5412 $_{2}$
0,671	4,2160 $_{63}$	1,43889 $_{149}$	67,763 $_{427}$	0,0148 $_{1}$	33,874 $_{214}$	33,889 $_{213}$	0,99957 $_{0}$	1,0004 $_{0}$	1,5414 $_{1}$
0,672	4,2223 $_{63}$	1,44038 $_{149}$	68,190 $_{430}$	0,0147 $_{1}$	34,088 $_{215}$	34,102 $_{215}$	0,99957 $_{1}$	1,0004 $_{0}$	1,5415 $_{2}$
0,673	4,2286 $_{63}$	1,44187 $_{149}$	68,620 $_{433}$	0,0146 $_{1}$	34,303 $_{216}$	34,317 $_{217}$	0,99958 $_{0}$	1,0004 $_{0}$	1,5417 $_{2}$
0,674	4,2349 $_{63}$	1,44336 $_{148}$	69,053 $_{435}$	0,0145 $_{1}$	34,519 $_{218}$	34,534 $_{217}$	0,99958 $_{0}$	1,0004 $_{0}$	1,5419 $_{2}$
0,675	4,2412 $_{62}$	1,44484 $_{148}$	69,488 $_{437}$	0,0144 $_{1}$	34,737 $_{219}$	34,751 $_{219}$	0,99958 $_{1}$	1,0004 $_{0}$	1,5421 $_{1}$
0,676	4,2474 $_{63}$	1,44632 $_{147}$	69,925 $_{442}$	0,0143 $_{1}$	34,956 $_{220}$	34,970 $_{221}$	0,99959 $_{0}$	1,0004 $_{0}$	1,5422 $_{2}$
0,677	4,2537 $_{63}$	1,44779 $_{148}$	70,367 $_{443}$	0,0142 $_{1}$	35,176 $_{222}$	35,191 $_{221}$	0,99959 $_{1}$	1,0004 $_{0}$	1,5424 $_{1}$
0,678	4,2600 $_{63}$	1,44927 $_{148}$	70,810 $_{446}$	0,0141 $_{1}$	35,398 $_{223}$	35,412 $_{223}$	0,99960 $_{1}$	1,0004 $_{0}$	1,5425 $_{1}$
0,679	4,2663 $_{63}$	1,45075 $_{147}$	71,256 $_{449}$	0,0140 $_{1}$	35,621 $_{225}$	35,635 $_{225}$	0,99961 $_{0}$	1,0004 $_{0}$	1,5427 $_{2}$
0,680	4,2726 $_{62}$	1,45222 $_{147}$	71,705 $_{452}$	0,0139 $_{0}$	35,846 $_{226}$	35,860 $_{226}$	0,99961 $_{1}$	1,0004 $_{0}$	1,5429 $_{2}$
0,681	4,2788 $_{63}$	1,45369 $_{146}$	72,157 $_{455}$	0,0139 $_{1}$	36,072 $_{227}$	36,086 $_{227}$	0,99962 $_{0}$	1,0004 $_{0}$	1,5431 $_{1}$
0,682	4,2851 $_{63}$	1,45515 $_{147}$	72,612 $_{458}$	0,0138 $_{1}$	36,299 $_{229}$	36,313 $_{229}$	0,99962 $_{0}$	1,0004 $_{0}$	1,5433 $_{2}$
0,683	4,2914 $_{63}$	1,45662 $_{146}$	73,070 $_{461}$	0,0137 $_{1}$	36,528 $_{230}$	36,542 $_{230}$	0,99962 $_{0}$	1,0004 $_{0}$	1,5435 $_{1}$
0,684	4,2977 $_{63}$	1,45808 $_{147}$	73,531 $_{463}$	0,0136 $_{1}$	36,758 $_{232}$	36,772 $_{232}$	0,99962 $_{1}$	1,0004 $_{0}$	1,5436 $_{2}$
0,685	4,3040 $_{63}$	1,45955 $_{146}$	73,994 $_{466}$	0,0135 $_{1}$	36,990 $_{233}$	37,004 $_{233}$	0,99963 $_{1}$	1,0004 $_{0}$	1,5438 $_{1}$
0,686	4,3103 $_{62}$	1,46101 $_{144}$	74,460 $_{470}$	0,0134 $_{1}$	37,223 $_{235}$	37,237 $_{235}$	0,99964 $_{0}$	1,0004 $_{0}$	1,5439 $_{2}$
0,687	4,3165 $_{63}$	1,46245 $_{146}$	74,930 $_{472}$	0,0133 $_{0}$	37,458 $_{236}$	37,472 $_{236}$	0,99964 $_{1}$	1,0004 $_{1}$	1,5441 $_{1}$
0,688	4,3228 $_{63}$	1,46391 $_{145}$	75,402 $_{475}$	0,0133 $_{1}$	37,694 $_{238}$	37,708 $_{237}$	0,99965 $_{1}$	1,0003 $_{1}$	1,5442 $_{2}$
0,689	4,3291 $_{63}$	1,46536 $_{146}$	75,877 $_{478}$	0,0132 $_{1}$	37,932 $_{239}$	37,945 $_{239}$	0,99966 $_{0}$	1,0003 $_{0}$	1,5444 $_{2}$
0,690	4,3354 $_{63}$	1,46682 $_{145}$	76,355 $_{482}$	0,0131 $_{1}$	38,171 $_{241}$	38,184 $_{241}$	0,99966 $_{0}$	1,0003 $_{0}$	1,5446 $_{1}$
0,691	4,3417 $_{63}$	1,46827 $_{144}$	76,837 $_{484}$	0,0130 $_{1}$	38,412 $_{242}$	38,425 $_{242}$	0,99966 $_{1}$	1,0003 $_{0}$	1,5447 $_{2}$
0,692	4,3480 $_{62}$	1,46971 $_{144}$	77,321 $_{488}$	0,0129 $_{0}$	38,654 $_{244}$	38,667 $_{244}$	0,99967 $_{0}$	1,0003 $_{0}$	1,5449 $_{1}$
0,693	4,3542 $_{63}$	1,47115 $_{144}$	77,809 $_{490}$	0,0129 $_{0}$	38,898 $_{245}$	38,911 $_{245}$	0,99967 $_{0}$	1,0003 $_{0}$	1,5450 $_{1}$
0,694	4,3605 $_{63}$	1,47259 $_{144}$	78,299 $_{493}$	0,0128 $_{1}$	39,143 $_{247}$	39,156 $_{246}$	0,99967 $_{0}$	1,0003 $_{0}$	1,5452 $_{1}$
0,695	4,3668 $_{63}$	1,47403 $_{145}$	78,792 $_{497}$	0,0127 $_{1}$	39,390 $_{248}$	39,402 $_{249}$	0,99967 $_{1}$	1,0003 $_{0}$	1,5453 $_{2}$
0,696	4,3731 $_{63}$	1,47548 $_{144}$	79,289 $_{500}$	0,0126 $_{1}$	39,638 $_{250}$	39,651 $_{250}$	0,99968 $_{1}$	1,0003 $_{0}$	1,5455 $_{2}$
0,697	4,3794 $_{63}$	1,47692 $_{143}$	79,789 $_{502}$	0,0125 $_{0}$	39,888 $_{251}$	39,901 $_{251}$	0,99969 $_{0}$	1,0003 $_{0}$	1,5457 $_{1}$
0,698	4,3857 $_{62}$	1,47835 $_{141}$	80,291 $_{507}$	0,0125 $_{0}$	40,139 $_{254}$	40,152 $_{253}$	0,99969 $_{0}$	1,0003 $_{0}$	1,5458 $_{1}$
0,699	4,3919 $_{63}$	1,47976 $_{144}$	80,798 $_{509}$	0,0124 $_{1}$	40,393 $_{254}$	40,405 $_{255}$	0,99969 $_{0}$	1,0003 $_{0}$	1,5460 $_{2}$
0,700	4,3982 $_{63}$	1,48120 $_{143}$	81,307 $_{512}$	0,0123 $_{1}$	40,647 $_{256}$	40,660 $_{256}$	0,99969 $_{1}$	1,0003 $_{0}$	1,5461 $_{2}$

x	$2\pi x$	$\sin 2\pi x$	$\cos 2\pi x$	$\operatorname{tang} 2\pi x$	$\operatorname{cotg} 2\pi x$	$\sin^{*} 2\pi x$	$\cos^{*} 2\pi x$	$\operatorname{tang}^{*} 2\pi x$	$\operatorname{cotg}^{*} 2\pi x$
0,650	$4{,}0841_{63}$	$-0{,}80902_{367}$	$-0{,}58779_{510}$	$1{,}37638_{1834}$	$0{,}72655_{956}$	$-0{,}15643_{621}$	$-0{,}98769_{100}$	$0{,}15838_{645}$	$6{,}31394$
0,651	$4{,}0904_{62}$	$-0{,}81269_{365}$	$-0{,}58269_{512}$	$1{,}39472_{1868}$	$0{,}71699_{948}$	$-0{,}16264_{619}$	$-0{,}98669_{105}$	$0{,}16483_{646}$	$6{,}06671$
0,652	$4{,}0966_{63}$	$-0{,}81634_{361}$	$-0{,}57757_{514}$	$1{,}41340_{1900}$	$0{,}70751_{938}$	$-0{,}16883_{619}$	$-0{,}98564_{108}$	$0{,}17129_{647}$	$5{,}83806$
0,653	$4{,}1029_{63}$	$-0{,}81995_{358}$	$-0{,}57243_{516}$	$1{,}43240_{1934}$	$0{,}69813_{930}$	$-0{,}17502_{619}$	$-0{,}98456_{111}$	$0{,}17776_{650}$	$5{,}62541$
0,654	$4{,}1092_{63}$	$-0{,}82353_{355}$	$-0{,}56727_{519}$	$1{,}45174_{1972}$	$0{,}68883_{923}$	$-0{,}18121_{617}$	$-0{,}98345_{116}$	$0{,}18426_{650}$	$5{,}42713$
0,655	$4{,}1155_{63}$	$-0{,}82708_{352}$	$-0{,}56208_{520}$	$1{,}47146_{2006}$	$0{,}67960_{914}$	$-0{,}18738_{617}$	$-0{,}98229_{120}$	$0{,}19076_{652}$	$5{,}24224$
0,656	$4{,}1218_{63}$	$-0{,}83060_{348}$	$-0{,}55688_{523}$	$1{,}49152_{2045}$	$0{,}67046_{907}$	$-0{,}19355_{616}$	$-0{,}98109_{123}$	$0{,}19728_{653}$	$5{,}06892$
0,657	$4{,}1281_{62}$	$-0{,}83408_{345}$	$-0{,}55165_{526}$	$1{,}51197_{2087}$	$0{,}66139_{901}$	$-0{,}19971_{615}$	$-0{,}97986_{128}$	$0{,}20381_{656}$	$4{,}90641$
0,658	$4{,}1343_{63}$	$-0{,}83753_{341}$	$-0{,}54639_{527}$	$1{,}53284_{2123}$	$0{,}65238_{891}$	$-0{,}20586_{615}$	$-0{,}97858_{131}$	$0{,}21037_{657}$	$4{,}75362$
0,659	$4{,}1406_{63}$	$-0{,}84094_{339}$	$-0{,}54112_{529}$	$1{,}55407_{2167}$	$0{,}64347_{885}$	$-0{,}21201_{613}$	$-0{,}97727_{135}$	$0{,}21694_{658}$	$4{,}60955$
0,660	$4{,}1469_{63}$	$-0{,}84433_{335}$	$-0{,}53583_{532}$	$1{,}57574_{2212}$	$0{,}63462_{878}$	$-0{,}21814_{613}$	$-0{,}97592_{139}$	$0{,}22352_{661}$	$4{,}47382$
0,661	$4{,}1532_{63}$	$-0{,}84768_{331}$	$-0{,}53051_{534}$	$1{,}59786_{2255}$	$0{,}62584_{871}$	$-0{,}22427_{612}$	$-0{,}97453_{143}$	$0{,}23013_{663}$	$4{,}34534$
0,662	$4{,}1595_{63}$	$-0{,}85099_{329}$	$-0{,}52517_{535}$	$1{,}62041_{2301}$	$0{,}61713_{864}$	$-0{,}23039_{611}$	$-0{,}97310_{147}$	$0{,}23676_{665}$	$4{,}22371$
0,663	$4{,}1658_{62}$	$-0{,}85428_{325}$	$-0{,}51982_{538}$	$1{,}64342_{2350}$	$0{,}60849_{858}$	$-0{,}23650_{610}$	$-0{,}97163_{150}$	$0{,}24341_{666}$	$4{,}10837$
0,664	$4{,}1720_{63}$	$-0{,}85753_{321}$	$-0{,}51444_{540}$	$1{,}66692_{2399}$	$0{,}59991_{851}$	$-0{,}24260_{609}$	$-0{,}97013_{155}$	$0{,}25007_{689}$	$3{,}99889$
0,665	$4{,}1783_{63}$	$-0{,}86074_{318}$	$-0{,}50904_{542}$	$1{,}69091_{2451}$	$0{,}59140_{845}$	$-0{,}24869_{608}$	$-0{,}96858_{158}$	$0{,}25676_{670}$	$3{,}89473_{9915}$
0,666	$4{,}1846_{63}$	$-0{,}86392_{315}$	$-0{,}50362_{543}$	$1{,}71542_{2502}$	$0{,}58295_{838}$	$-0{,}25477_{607}$	$-0{,}96700_{162}$	$0{,}26346_{673}$	$3{,}79558_{9454}$
0,667	$4{,}1909_{63}$	$-0{,}86707_{311}$	$-0{,}49819_{546}$	$1{,}74044_{2560}$	$0{,}57457_{833}$	$-0{,}26084_{606}$	$-0{,}96538_{166}$	$0{,}27019_{676}$	$3{,}70104_{9025}$
0,668	$4{,}1972_{63}$	$-0{,}87018_{308}$	$-0{,}49273_{548}$	$1{,}76604_{2618}$	$0{,}56624_{827}$	$-0{,}26690_{605}$	$-0{,}96372_{169}$	$0{,}27695_{677}$	$3{,}61079_{8623}$
0,669	$4{,}2035_{62}$	$-0{,}87326_{305}$	$-0{,}48725_{550}$	$1{,}79222_{2679}$	$0{,}55797_{822}$	$-0{,}27295_{604}$	$-0{,}96203_{174}$	$0{,}28372_{681}$	$3{,}52456_{8254}$
0,670	$4{,}2097_{63}$	$-0{,}87631_{301}$	$-0{,}48175_{551}$	$1{,}81901_{2737}$	$0{,}54975_{815}$	$-0{,}27899_{603}$	$-0{,}96029_{177}$	$0{,}29053_{682}$	$3{,}44202_{7903}$
0,671	$4{,}2160_{63}$	$-0{,}87932_{297}$	$-0{,}47624_{554}$	$1{,}84638_{2804}$	$0{,}54160_{810}$	$-0{,}28502_{602}$	$-0{,}95852_{181}$	$0{,}29735_{686}$	$3{,}36299_{7578}$
0,672	$4{,}2223_{63}$	$-0{,}88229_{294}$	$-0{,}47070_{555}$	$1{,}87442_{2869}$	$0{,}53350_{804}$	$-0{,}29104_{600}$	$-0{,}95671_{185}$	$0{,}30421_{687}$	$3{,}28721_{7263}$
0,673	$4{,}2286_{63}$	$-0{,}88523_{291}$	$-0{,}46515_{557}$	$1{,}90311_{2939}$	$0{,}52546_{800}$	$-0{,}29704_{600}$	$-0{,}95486_{188}$	$0{,}31108_{691}$	$3{,}21458_{6985}$
0,674	$4{,}2349_{63}$	$-0{,}88814_{287}$	$-0{,}45958_{559}$	$1{,}93250_{3012}$	$0{,}51746_{794}$	$-0{,}30304_{598}$	$-0{,}95298_{192}$	$0{,}31799_{693}$	$3{,}14473_{6707}$
0,675	$4{,}2412_{62}$	$-0{,}89101_{283}$	$-0{,}45399_{561}$	$1{,}96262_{3087}$	$0{,}50952_{789}$	$-0{,}30902_{597}$	$-0{,}95106_{196}$	$0{,}32492_{696}$	$3{,}07766_{6455}$
0,676	$4{,}2474_{63}$	$-0{,}89384_{280}$	$-0{,}44838_{562}$	$1{,}99349_{3163}$	$0{,}50163_{783}$	$-0{,}31499_{595}$	$-0{,}94910_{200}$	$0{,}33188_{699}$	$3{,}01311_{6209}$
0,677	$4{,}2537_{63}$	$-0{,}89664_{277}$	$-0{,}44276_{564}$	$2{,}02512_{3246}$	$0{,}49380_{779}$	$-0{,}32094_{595}$	$-0{,}94710_{204}$	$0{,}33887_{702}$	$2{,}95102_{5996}$
0,678	$4{,}2600_{63}$	$-0{,}89941_{272}$	$-0{,}43712_{566}$	$2{,}05758_{3330}$	$0{,}48601_{774}$	$-0{,}32689_{593}$	$-0{,}94506_{207}$	$0{,}34589_{705}$	$2{,}89106_{5773}$
0,679	$4{,}2663_{63}$	$-0{,}90213_{270}$	$-0{,}43146_{568}$	$2{,}09088_{3423}$	$0{,}47827_{771}$	$-0{,}33282_{592}$	$-0{,}94299_{211}$	$0{,}35294_{708}$	$2{,}83333_{5574}$
0,680	$4{,}2726_{62}$	$-0{,}90483_{265}$	$-0{,}42578_{569}$	$2{,}12511_{3509}$	$0{,}47056_{764}$	$-0{,}33874_{590}$	$-0{,}94088_{215}$	$0{,}36002_{711}$	$2{,}77759_{5379}$
0,681	$4{,}2788_{63}$	$-0{,}90748_{263}$	$-0{,}42009_{571}$	$2{,}16020_{3612}$	$0{,}46292_{761}$	$-0{,}34464_{589}$	$-0{,}93873_{218}$	$0{,}36713_{715}$	$2{,}72380_{5199}$
0,682	$4{,}2851_{63}$	$-0{,}91011_{258}$	$-0{,}41438_{573}$	$2{,}19632_{3711}$	$0{,}45531_{757}$	$-0{,}35053_{588}$	$-0{,}93655_{222}$	$0{,}37428_{718}$	$2{,}67181_{5031}$
0,683	$4{,}2914_{63}$	$-0{,}91269_{255}$	$-0{,}40865_{574}$	$2{,}23343_{3814}$	$0{,}44774_{752}$	$-0{,}35641_{587}$	$-0{,}93433_{226}$	$0{,}38146_{722}$	$2{,}62150_{4871}$
0,684	$4{,}2977_{63}$	$-0{,}91524_{251}$	$-0{,}40291_{576}$	$2{,}27157_{3927}$	$0{,}44022_{748}$	$-0{,}36228_{584}$	$-0{,}93207_{229}$	$0{,}38868_{724}$	$2{,}57279_{4704}$
0,685	$4{,}3040_{63}$	$-0{,}91775_{248}$	$-0{,}39715_{578}$	$2{,}31084_{4046}$	$0{,}43274_{744}$	$-0{,}36812_{584}$	$-0{,}92978_{233}$	$0{,}39592_{729}$	$2{,}52575_{4567}$
0,686	$4{,}3103_{62}$	$-0{,}92023_{244}$	$-0{,}39137_{579}$	$2{,}35130_{4164}$	$0{,}42530_{740}$	$-0{,}37396_{582}$	$-0{,}92745_{237}$	$0{,}40321_{733}$	$2{,}48008_{4425}$
0,687	$4{,}3165_{63}$	$-0{,}92267_{241}$	$-0{,}38558_{580}$	$2{,}39294_{4289}$	$0{,}41790_{736}$	$-0{,}37978_{580}$	$-0{,}92508_{241}$	$0{,}41054_{736}$	$2{,}43583_{4289}$
0,688	$4{,}3228_{63}$	$-0{,}92508_{237}$	$-0{,}37978_{582}$	$2{,}43583_{4425}$	$0{,}41054_{733}$	$-0{,}38558_{579}$	$-0{,}92267_{244}$	$0{,}41790_{740}$	$2{,}39294_{4164}$
0,689	$4{,}3291_{63}$	$-0{,}92745_{233}$	$-0{,}37396_{584}$	$2{,}48008_{4567}$	$0{,}40321_{729}$	$-0{,}39137_{578}$	$-0{,}92023_{248}$	$0{,}42530_{744}$	$2{,}35130_{4046}$
0,690	$4{,}3354_{63}$	$-0{,}92978_{229}$	$-0{,}36812_{584}$	$2{,}52575_{4704}$	$0{,}39592_{724}$	$-0{,}39715_{576}$	$-0{,}91775_{251}$	$0{,}43274_{748}$	$2{,}31084_{3927}$
0,691	$4{,}3417_{63}$	$-0{,}93207_{226}$	$-0{,}36228_{587}$	$2{,}57279_{4871}$	$0{,}38868_{722}$	$-0{,}40291_{574}$	$-0{,}91524_{255}$	$0{,}44022_{752}$	$2{,}27157_{3814}$
0,692	$4{,}3480_{62}$	$-0{,}93433_{222}$	$-0{,}35641_{588}$	$2{,}62150_{5031}$	$0{,}38146_{718}$	$-0{,}40865_{573}$	$-0{,}91269_{258}$	$0{,}44774_{757}$	$2{,}23343_{3711}$
0,693	$4{,}3542_{63}$	$-0{,}93655_{218}$	$-0{,}35053_{589}$	$2{,}67181_{5199}$	$0{,}37428_{715}$	$-0{,}41438_{571}$	$-0{,}91011_{263}$	$0{,}45531_{761}$	$2{,}19632_{3612}$
0,694	$4{,}3605_{63}$	$-0{,}93873_{215}$	$-0{,}34464_{590}$	$2{,}72380_{5379}$	$0{,}36713_{711}$	$-0{,}42009_{569}$	$-0{,}90748_{265}$	$0{,}46292_{764}$	$2{,}16020_{3509}$
0,695	$4{,}3668_{63}$	$-0{,}94088_{211}$	$-0{,}33874_{592}$	$2{,}77759_{5574}$	$0{,}36002_{708}$	$-0{,}42578_{568}$	$-0{,}90483_{270}$	$0{,}47056_{771}$	$2{,}12511_{3423}$
0,696	$4{,}3731_{63}$	$-0{,}94299_{207}$	$-0{,}33282_{593}$	$2{,}83333_{5773}$	$0{,}35294_{705}$	$-0{,}43146_{566}$	$-0{,}90213_{272}$	$0{,}47827_{774}$	$2{,}09088_{3330}$
0,697	$4{,}3794_{63}$	$-0{,}94506_{204}$	$-0{,}32689_{595}$	$2{,}89106_{5996}$	$0{,}34589_{702}$	$-0{,}43712_{564}$	$-0{,}89941_{277}$	$0{,}48601_{779}$	$2{,}05758_{3246}$
0,698	$4{,}3857_{62}$	$-0{,}94710_{200}$	$-0{,}32094_{595}$	$2{,}95102_{6209}$	$0{,}33887_{699}$	$-0{,}44276_{562}$	$-0{,}89664_{280}$	$0{,}49380_{783}$	$2{,}02512_{3163}$
0,699	$4{,}3919_{63}$	$-0{,}94910_{196}$	$-0{,}31499_{597}$	$3{,}01311_{6455}$	$0{,}33188_{696}$	$-0{,}44838_{561}$	$-0{,}89384_{283}$	$0{,}50163_{789}$	$1{,}99349_{3087}$
0,700	$4{,}3982_{63}$	$-0{,}95106_{192}$	$-0{,}30902_{598}$	$3{,}07766_{6707}$	$0{,}32492_{693}$	$-0{,}45399_{559}$	$-0{,}89101_{287}$	$0{,}50952_{794}$	$1{,}96262_{3012}$

x	$2\pi x$	$\ln 2\pi x$	$e^{2\pi x}$	$e^{-2\pi x}$	$\mathfrak{Sin}\,2\pi x$	$\mathfrak{Cos}\,2\pi x$	$\mathfrak{Tang}\,2\pi x$	$\mathfrak{Cotg}\,2\pi x$	$\mathfrak{Amp}\,2\pi x$
0,700	$4{,}3982_{63}$	$1{,}48120_{143}$	$81{,}307_{512}$	$0{,}0123_{1}$	$40{,}647_{256}$	$40{,}660_{256}$	$0{,}99969_{1}$	$1{,}0003_{0}$	$1{,}5461_{2}$
0,701	$4{,}4045_{63}$	$1{,}48263_{143}$	$81{,}819_{516}$	$0{,}0122_{1}$	$40{,}903_{259}$	$40{,}916_{258}$	$0{,}99970_{0}$	$1{,}0003_{0}$	$1{,}5463_{1}$
0,702	$4{,}4108_{63}$	$1{,}48406_{143}$	$82{,}335_{519}$	$0{,}0121_{0}$	$41{,}162_{259}$	$41{,}174_{259}$	$0{,}99970_{0}$	$1{,}0003_{0}$	$1{,}5464_{2}$
0,703	$4{,}4171_{63}$	$1{,}48549_{142}$	$82{,}854_{522}$	$0{,}0121_{1}$	$41{,}421_{261}$	$41{,}433_{261}$	$0{,}99970_{1}$	$1{,}0003_{0}$	$1{,}5466_{2}$
0,704	$4{,}4234_{62}$	$1{,}48691_{140}$	$83{,}376_{526}$	$0{,}0120_{1}$	$41{,}682_{263}$	$41{,}694_{263}$	$0{,}99971_{1}$	$1{,}0003_{0}$	$1{,}5468_{1}$
0,705	$4{,}4296_{63}$	$1{,}48831_{142}$	$83{,}902_{529}$	$0{,}0119_{1}$	$41{,}945_{265}$	$41{,}957_{265}$	$0{,}99972_{0}$	$1{,}0003_{0}$	$1{,}5469_{2}$
0,706	$4{,}4359_{63}$	$1{,}48973_{142}$	$84{,}431_{532}$	$0{,}0118_{0}$	$42{,}210_{265}$	$42{,}222_{265}$	$0{,}99972_{0}$	$1{,}0003_{0}$	$1{,}5471_{1}$
0,707	$4{,}4422_{63}$	$1{,}49115_{142}$	$84{,}963_{536}$	$0{,}0118_{1}$	$42{,}475_{268}$	$42{,}487_{268}$	$0{,}99972_{0}$	$1{,}0003_{0}$	$1{,}5472_{2}$
0,708	$4{,}4485_{63}$	$1{,}49257_{142}$	$85{,}499_{538}$	$0{,}0117_{1}$	$42{,}743_{270}$	$42{,}755_{269}$	$0{,}99972_{1}$	$1{,}0003_{0}$	$1{,}5474_{1}$
0,709	$4{,}4548_{63}$	$1{,}49399_{141}$	$86{,}037_{542}$	$0{,}0116_{0}$	$43{,}013_{271}$	$43{,}024_{272}$	$0{,}99973_{0}$	$1{,}0003_{0}$	$1{,}5475_{2}$
0,710	$4{,}4611_{62}$	$1{,}49540_{139}$	$86{,}579_{546}$	$0{,}0116_{1}$	$43{,}284_{273}$	$43{,}296_{272}$	$0{,}99973_{0}$	$1{,}0003_{0}$	$1{,}5477_{2}$
0,711	$4{,}4673_{63}$	$1{,}49679_{141}$	$87{,}125_{549}$	$0{,}0115_{1}$	$43{,}557_{274}$	$43{,}568_{275}$	$0{,}99973_{1}$	$1{,}0003_{0}$	$1{,}5479_{1}$
0,712	$4{,}4736_{63}$	$1{,}49820_{140}$	$87{,}674_{552}$	$0{,}0114_{1}$	$43{,}831_{276}$	$43{,}843_{276}$	$0{,}99974_{0}$	$1{,}0003_{0}$	$1{,}5480_{1}$
0,713	$4{,}4799_{63}$	$1{,}49960_{141}$	$88{,}226_{557}$	$0{,}0113_{0}$	$44{,}107_{279}$	$44{,}119_{278}$	$0{,}99974_{0}$	$1{,}0003_{0}$	$1{,}5481_{1}$
0,714	$4{,}4862_{63}$	$1{,}50101_{140}$	$88{,}783_{560}$	$0{,}0113_{1}$	$44{,}386_{280}$	$44{,}397_{280}$	$0{,}99974_{1}$	$1{,}0003_{0}$	$1{,}5482_{1}$
0,715	$4{,}4925_{63}$	$1{,}50241_{140}$	$89{,}343_{562}$	$0{,}0112_{1}$	$44{,}666_{281}$	$44{,}677_{281}$	$0{,}99975_{0}$	$1{,}0003_{0}$	$1{,}5483_{2}$
0,716	$4{,}4988_{62}$	$1{,}50381_{138}$	$89{,}905_{566}$	$0{,}0111_{0}$	$44{,}947_{283}$	$44{,}958_{283}$	$0{,}99975_{0}$	$1{,}0003_{0}$	$1{,}5485_{1}$
0,717	$4{,}5050_{63}$	$1{,}50519_{140}$	$90{,}471_{572}$	$0{,}0111_{1}$	$45{,}230_{286}$	$45{,}241_{286}$	$0{,}99975_{1}$	$1{,}0003_{1}$	$1{,}5486_{2}$
0,718	$4{,}5113_{63}$	$1{,}50659_{139}$	$91{,}043_{573}$	$0{,}0110_{1}$	$45{,}516_{287}$	$45{,}527_{287}$	$0{,}99976_{0}$	$1{,}0002_{1}$	$1{,}5488_{2}$
0,719	$4{,}5176_{63}$	$1{,}50798_{140}$	$91{,}616_{578}$	$0{,}0109_{1}$	$45{,}803_{289}$	$45{,}814_{288}$	$0{,}99976_{0}$	$1{,}0002_{0}$	$1{,}5490_{1}$
0,720	$4{,}5239_{63}$	$1{,}50938_{139}$	$92{,}194_{581}$	$0{,}0108_{0}$	$46{,}092_{290}$	$46{,}102_{291}$	$0{,}99976_{1}$	$1{,}0002_{0}$	$1{,}5491_{1}$
0,721	$4{,}5302_{63}$	$1{,}51077_{139}$	$92{,}775_{585}$	$0{,}0108_{1}$	$46{,}382_{293}$	$46{,}393_{292}$	$0{,}99977_{0}$	$1{,}0002_{0}$	$1{,}5492_{1}$
0,722	$4{,}5365_{62}$	$1{,}51215_{138}$	$93{,}360_{588}$	$0{,}0107_{1}$	$46{,}675_{294}$	$46{,}685_{294}$	$0{,}99977_{0}$	$1{,}0002_{0}$	$1{,}5493_{1}$
0,723	$4{,}5427_{63}$	$1{,}51353_{138}$	$93{,}948_{593}$	$0{,}0106_{0}$	$46{,}969_{296}$	$46{,}979_{297}$	$0{,}99977_{0}$	$1{,}0002_{0}$	$1{,}5494_{2}$
0,724	$4{,}5490_{63}$	$1{,}51491_{138}$	$94{,}541_{595}$	$0{,}0106_{1}$	$47{,}265_{298}$	$47{,}276_{297}$	$0{,}99977_{1}$	$1{,}0002_{0}$	$1{,}5496_{1}$
0,725	$4{,}5553_{63}$	$1{,}51629_{139}$	$95{,}136_{600}$	$0{,}0105_{1}$	$47{,}563_{300}$	$47{,}573_{300}$	$0{,}99978_{0}$	$1{,}0002_{0}$	$1{,}5497_{2}$
0,726	$4{,}5616_{63}$	$1{,}51768_{138}$	$95{,}736_{604}$	$0{,}0104_{0}$	$47{,}863_{302}$	$47{,}873_{302}$	$0{,}99978_{0}$	$1{,}0002_{0}$	$1{,}5499_{1}$
0,727	$4{,}5679_{63}$	$1{,}51906_{137}$	$96{,}340_{607}$	$0{,}0104_{1}$	$48{,}165_{303}$	$48{,}175_{303}$	$0{,}99978_{1}$	$1{,}0002_{0}$	$1{,}5500_{1}$
0,728	$4{,}5742_{62}$	$1{,}52043_{136}$	$96{,}947_{610}$	$0{,}0103_{0}$	$48{,}468_{306}$	$48{,}478_{306}$	$0{,}99979_{0}$	$1{,}0002_{0}$	$1{,}5501_{1}$
0,729	$4{,}5804_{63}$	$1{,}52179_{137}$	$97{,}557_{615}$	$0{,}0103_{1}$	$48{,}774_{307}$	$48{,}784_{307}$	$0{,}99979_{0}$	$1{,}0002_{0}$	$1{,}5502_{2}$
0,730	$4{,}5867_{63}$	$1{,}52316_{138}$	$98{,}172_{619}$	$0{,}0102_{1}$	$49{,}081_{310}$	$49{,}091_{310}$	$0{,}99979_{0}$	$1{,}0002_{0}$	$1{,}5504_{1}$
0,731	$4{,}5930_{63}$	$1{,}52454_{137}$	$98{,}791_{623}$	$0{,}0101_{0}$	$49{,}391_{311}$	$49{,}401_{311}$	$0{,}99979_{0}$	$1{,}0002_{0}$	$1{,}5505_{1}$
0,732	$4{,}5993_{63}$	$1{,}52591_{137}$	$99{,}414_{63}$	$0{,}0101_{1}$	$49{,}702_{314}$	$49{,}712_{314}$	$0{,}99979_{1}$	$1{,}0002_{0}$	$1{,}5506_{1}$
0,733	$4{,}6056_{63}$	$1{,}52728_{136}$	$100{,}04_{63}$	$0{,}0100_{1}$	$50{,}016_{315}$	$50{,}026_{315}$	$0{,}99980_{0}$	$1{,}0002_{0}$	$1{,}5507_{1}$
0,734	$4{,}6119_{62}$	$1{,}52864_{135}$	$100{,}67_{64}$	$0{,}0099_{0}$	$50{,}331_{317}$	$50{,}341_{317}$	$0{,}99980_{0}$	$1{,}0002_{0}$	$1{,}5508_{2}$
0,735	$4{,}6181_{63}$	$1{,}52999_{136}$	$101{,}31_{63}$	$0{,}0099_{1}$	$50{,}648_{319}$	$50{,}658_{319}$	$0{,}99980_{1}$	$1{,}0002_{0}$	$1{,}5510_{2}$
0,736	$4{,}6244_{63}$	$1{,}53135_{136}$	$101{,}94_{65}$	$0{,}0098_{1}$	$50{,}967_{322}$	$50{,}977_{321}$	$0{,}99981_{0}$	$1{,}0002_{0}$	$1{,}5512_{1}$
0,737	$4{,}6307_{63}$	$1{,}53271_{136}$	$102{,}59_{64}$	$0{,}0097_{0}$	$51{,}289_{323}$	$51{,}298_{323}$	$0{,}99981_{0}$	$1{,}0002_{0}$	$1{,}5513_{1}$
0,738	$4{,}6370_{63}$	$1{,}53407_{136}$	$103{,}23_{65}$	$0{,}0097_{1}$	$51{,}612_{325}$	$51{,}621_{326}$	$0{,}99981_{0}$	$1{,}0002_{0}$	$1{,}5514_{1}$
0,739	$4{,}6433_{63}$	$1{,}53543_{135}$	$103{,}88_{66}$	$0{,}0096_{0}$	$51{,}937_{328}$	$51{,}947_{327}$	$0{,}99981_{0}$	$1{,}0002_{0}$	$1{,}5515_{1}$
0,740	$4{,}6496_{62}$	$1{,}53678_{134}$	$104{,}54_{66}$	$0{,}0096_{1}$	$52{,}265_{329}$	$52{,}274_{330}$	$0{,}99981_{1}$	$1{,}0002_{0}$	$1{,}5516_{2}$
0,741	$4{,}6558_{63}$	$1{,}53812_{135}$	$105{,}20_{66}$	$0{,}0095_{0}$	$52{,}594_{331}$	$52{,}604_{331}$	$0{,}99982_{0}$	$1{,}0002_{0}$	$1{,}5518_{1}$
0,742	$4{,}6621_{63}$	$1{,}53947_{135}$	$105{,}86_{67}$	$0{,}0095_{1}$	$52{,}925_{334}$	$52{,}935_{334}$	$0{,}99982_{0}$	$1{,}0002_{0}$	$1{,}5519_{1}$
0,743	$4{,}6684_{63}$	$1{,}54082_{135}$	$106{,}53_{67}$	$0{,}0094_{1}$	$53{,}259_{336}$	$53{,}269_{335}$	$0{,}99982_{0}$	$1{,}0002_{0}$	$1{,}5520_{1}$
0,744	$4{,}6747_{63}$	$1{,}54217_{134}$	$107{,}20_{67}$	$0{,}0093_{0}$	$53{,}595_{338}$	$53{,}604_{338}$	$0{,}99982_{1}$	$1{,}0002_{0}$	$1{,}5521_{2}$
0,745	$4{,}6810_{63}$	$1{,}54351_{134}$	$107{,}87_{69}$	$0{,}0093_{1}$	$53{,}933_{340}$	$53{,}942_{340}$	$0{,}99983_{0}$	$1{,}0002_{0}$	$1{,}5523_{1}$
0,746	$4{,}6873_{62}$	$1{,}54485_{134}$	$108{,}56_{68}$	$0{,}0092_{0}$	$54{,}273_{342}$	$54{,}282_{342}$	$0{,}99983_{0}$	$1{,}0002_{0}$	$1{,}5524_{1}$
0,747	$4{,}6935_{63}$	$1{,}54619_{133}$	$109{,}24_{69}$	$0{,}0092_{1}$	$54{,}615_{344}$	$54{,}624_{344}$	$0{,}99983_{0}$	$1{,}0002_{0}$	$1{,}5525_{1}$
0,748	$4{,}6998_{63}$	$1{,}54752_{134}$	$109{,}93_{69}$	$0{,}0091_{1}$	$54{,}959_{347}$	$54{,}968_{347}$	$0{,}99983_{0}$	$1{,}0002_{0}$	$1{,}5526_{1}$
0,749	$4{,}7061_{63}$	$1{,}54886_{134}$	$110{,}62_{70}$	$0{,}0090_{0}$	$55{,}306_{348}$	$55{,}315_{348}$	$0{,}99983_{1}$	$1{,}0002_{0}$	$1{,}5527_{2}$
0,750	$4{,}7124_{63}$	$1{,}55020_{134}$	$111{,}32_{70}$	$0{,}0090_{1}$	$55{,}654_{351}$	$55{,}663_{351}$	$0{,}99984_{0}$	$1{,}0002_{0}$	$1{,}5529_{1}$

x	$2\pi x$	$\sin 2\pi x$	$\cos 2\pi x$	$\operatorname{tang} 2\pi x$	$\operatorname{cotg} 2\pi x$	$\sin^* 2\pi x$	$\cos^* 2\pi x$	$\operatorname{tang}^* 2\pi x$	$\operatorname{cotg}^* 2\pi x$
0,700	$4{,}3982_{63}$	$-0{,}95106_{192}$	$-0{,}30902_{598}$	$3{,}07766_{6707}$	$0{,}32492_{693}$	$-0{,}45399_{559}$	$-0{,}89101_{287}$	$0{,}50952_{794}$	$1{,}96262_{3012}$
0,701	$4{,}4045_{63}$	$-0{,}95298_{188}$	$-0{,}30304_{600}$	$3{,}14473_{6985}$	$0{,}31799_{691}$	$-0{,}45958_{557}$	$-0{,}88814_{291}$	$0{,}51746_{800}$	$1{,}93250_{2939}$
0,702	$4{,}4108_{63}$	$-0{,}95486_{185}$	$-0{,}29704_{600}$	$3{,}21458_{7263}$	$0{,}31108_{687}$	$-0{,}46515_{555}$	$-0{,}88523_{294}$	$0{,}52546_{804}$	$1{,}90311_{2869}$
0,703	$4{,}4171_{63}$	$-0{,}95671_{181}$	$-0{,}29104_{602}$	$3{,}28721_{7578}$	$0{,}30421_{686}$	$-0{,}47070_{554}$	$-0{,}88229_{297}$	$0{,}53350_{810}$	$1{,}87442_{2804}$
0,704	$4{,}4234_{62}$	$-0{,}95852_{177}$	$-0{,}28502_{603}$	$3{,}36299_{7903}$	$0{,}29735_{682}$	$-0{,}47624_{551}$	$-0{,}87932_{301}$	$0{,}54160_{815}$	$1{,}84638_{2737}$
0,705	$4{,}4296_{63}$	$-0{,}96029_{174}$	$-0{,}27899_{604}$	$3{,}44202_{8254}$	$0{,}29053_{681}$	$-0{,}48175_{550}$	$-0{,}87631_{305}$	$0{,}54975_{822}$	$1{,}81901_{2679}$
0,706	$4{,}4359_{63}$	$-0{,}96203_{169}$	$-0{,}27295_{605}$	$3{,}52456_{8623}$	$0{,}28372_{677}$	$-0{,}48725_{548}$	$-0{,}87326_{308}$	$0{,}55797_{827}$	$1{,}79222_{2618}$
0,707	$4{,}4422_{63}$	$-0{,}96372_{166}$	$-0{,}26690_{606}$	$3{,}61079_{9025}$	$0{,}27695_{676}$	$-0{,}49273_{546}$	$-0{,}87018_{311}$	$0{,}56624_{833}$	$1{,}76604_{2560}$
0,708	$4{,}4485_{63}$	$-0{,}96538_{162}$	$-0{,}26084_{607}$	$3{,}70104_{9454}$	$0{,}27019_{673}$	$-0{,}49819_{543}$	$-0{,}86707_{315}$	$0{,}57457_{838}$	$1{,}74044_{2502}$
0,709	$4{,}4548_{63}$	$-0{,}96700_{158}$	$-0{,}25477_{608}$	$3{,}79558_{9915}$	$0{,}26346_{670}$	$-0{,}50362_{542}$	$-0{,}86392_{318}$	$0{,}58295_{845}$	$1{,}71542_{2451}$
0,710	$4{,}4611_{62}$	$-0{,}96858_{155}$	$-0{,}24869_{609}$	$3{,}89473$	$0{,}25676_{669}$	$-0{,}50904_{540}$	$-0{,}86074_{321}$	$0{,}59140_{851}$	$1{,}69091_{2399}$
0,711	$4{,}4673_{63}$	$-0{,}97013_{150}$	$-0{,}24260_{610}$	$3{,}99889$	$0{,}25007_{666}$	$-0{,}51444_{538}$	$-0{,}85753_{325}$	$0{,}59991_{858}$	$1{,}66692_{2350}$
0,712	$4{,}4736_{63}$	$-0{,}97163_{147}$	$-0{,}23650_{611}$	$4{,}10837$	$0{,}24341_{665}$	$-0{,}51982_{535}$	$-0{,}85428_{329}$	$0{,}60849_{864}$	$1{,}64342_{2301}$
0,713	$4{,}4799_{63}$	$-0{,}97310_{143}$	$-0{,}23039_{612}$	$4{,}22371$	$0{,}23676_{663}$	$-0{,}52517_{534}$	$-0{,}85099_{331}$	$0{,}61713_{871}$	$1{,}62041_{2255}$
0,714	$4{,}4862_{63}$	$-0{,}97453_{139}$	$-0{,}22427_{613}$	$4{,}34534$	$0{,}23013_{661}$	$-0{,}53051_{532}$	$-0{,}84768_{335}$	$0{,}62584_{878}$	$1{,}59786_{2212}$
0,715	$4{,}4925_{63}$	$-0{,}97592_{135}$	$-0{,}21814_{613}$	$4{,}47382$	$0{,}22352_{658}$	$-0{,}53583_{529}$	$-0{,}84433_{339}$	$0{,}63462_{885}$	$1{,}57574_{2167}$
0,716	$4{,}4988_{62}$	$-0{,}97727_{131}$	$-0{,}21201_{615}$	$4{,}60955$	$0{,}21694_{657}$	$-0{,}54112_{527}$	$-0{,}84094_{341}$	$0{,}64347_{891}$	$1{,}55407_{2123}$
0,717	$4{,}5050_{63}$	$-0{,}97858_{128}$	$-0{,}20586_{615}$	$4{,}75362$	$0{,}21037_{656}$	$-0{,}54639_{526}$	$-0{,}83753_{345}$	$0{,}65238_{901}$	$1{,}53284_{2087}$
0,718	$4{,}5113_{63}$	$-0{,}97986_{123}$	$-0{,}19971_{616}$	$4{,}90641$	$0{,}20381_{653}$	$-0{,}55165_{523}$	$-0{,}83408_{348}$	$0{,}66139_{907}$	$1{,}51197_{2045}$
0,719	$4{,}5176_{63}$	$-0{,}98109_{120}$	$-0{,}19355_{617}$	$5{,}06892$	$0{,}19728_{652}$	$-0{,}55688_{520}$	$-0{,}83060_{352}$	$0{,}67046_{914}$	$1{,}49152_{2006}$
0,720	$4{,}5239_{63}$	$-0{,}98229_{116}$	$-0{,}18738_{617}$	$5{,}24224$	$0{,}19076_{650}$	$-0{,}56208_{519}$	$-0{,}82708_{355}$	$0{,}67960_{923}$	$1{,}47146_{1972}$
0,721	$4{,}5302_{63}$	$-0{,}98345_{111}$	$-0{,}18121_{619}$	$5{,}42713$	$0{,}18426_{650}$	$-0{,}56727_{516}$	$-0{,}82353_{358}$	$0{,}68883_{930}$	$1{,}45174_{1934}$
0,722	$4{,}5365_{62}$	$-0{,}98456_{108}$	$-0{,}17502_{619}$	$5{,}62541$	$0{,}17776_{647}$	$-0{,}57243_{514}$	$-0{,}81995_{361}$	$0{,}69813_{938}$	$1{,}43240_{1900}$
0,723	$4{,}5427_{63}$	$-0{,}98564_{105}$	$-0{,}16883_{619}$	$5{,}83806$	$0{,}17129_{646}$	$-0{,}57757_{512}$	$-0{,}81634_{365}$	$0{,}70751_{948}$	$1{,}41340_{1868}$
0,724	$4{,}5490_{63}$	$-0{,}98669_{100}$	$-0{,}16264_{621}$	$6{,}06671$	$0{,}16483_{645}$	$-0{,}58269_{510}$	$-0{,}81269_{367}$	$0{,}71699_{956}$	$1{,}39472_{1834}$
0,725	$4{,}5553_{63}$	$-0{,}98769_{96}$	$-0{,}15643_{620}$	$6{,}31394$	$0{,}15838_{643}$	$-0{,}58779_{507}$	$-0{,}80902_{371}$	$0{,}72655_{964}$	$1{,}37638_{1803}$
0,726	$4{,}5616_{63}$	$-0{,}98865_{93}$	$-0{,}15023_{622}$	$6{,}58091$	$0{,}15195_{642}$	$-0{,}59286_{504}$	$-0{,}80531_{374}$	$0{,}73619_{972}$	$1{,}35835_{1771}$
0,727	$4{,}5679_{63}$	$-0{,}98958_{88}$	$-0{,}14401_{622}$	$6{,}87161$	$0{,}14553_{641}$	$-0{,}59790_{503}$	$-0{,}80157_{378}$	$0{,}74591_{984}$	$1{,}34064_{1745}$
0,728	$4{,}5742_{62}$	$-0{,}99046_{85}$	$-0{,}13779_{623}$	$7{,}18818$	$0{,}13912_{641}$	$-0{,}60293_{500}$	$-0{,}79779_{380}$	$0{,}75575_{991}$	$1{,}32319_{1714}$
0,729	$4{,}5804_{63}$	$-0{,}99131_{80}$	$-0{,}13156_{623}$	$7{,}53504$	$0{,}13271_{638}$	$-0{,}60793_{498}$	$-0{,}79399_{383}$	$0{,}76566_{1002}$	$1{,}30605_{1686}$
0,730	$4{,}5867_{63}$	$-0{,}99211_{77}$	$-0{,}12533_{623}$	$7{,}91598$	$0{,}12633_{638}$	$-0{,}61291_{495}$	$-0{,}79016_{387}$	$0{,}77568_{1011}$	$1{,}28919_{1659}$
0,731	$4{,}5930_{63}$	$-0{,}99288_{73}$	$-0{,}11910_{624}$	$8{,}33652$	$0{,}11995_{636}$	$-0{,}61786_{493}$	$-0{,}78629_{390}$	$0{,}78579_{1022}$	$1{,}27260_{1633}$
0,732	$4{,}5993_{63}$	$-0{,}99361_{69}$	$-0{,}11286_{625}$	$8{,}80392$	$0{,}11359_{637}$	$-0{,}62279_{490}$	$-0{,}78239_{393}$	$0{,}79601_{1031}$	$1{,}25627_{1607}$
0,733	$4{,}6056_{63}$	$-0{,}99430_{65}$	$-0{,}10661_{625}$	$9{,}32652$	$0{,}10722_{635}$	$-0{,}62769_{488}$	$-0{,}77846_{396}$	$0{,}80632_{1043}$	$1{,}24020_{1583}$
0,734	$4{,}6119_{62}$	$-0{,}99495_{61}$	$-0{,}10036_{625}$	$9{,}91381$	$0{,}10087_{634}$	$-0{,}63257_{485}$	$-0{,}77450_{399}$	$0{,}81675_{1052}$	$1{,}22437_{1558}$
0,735	$4{,}6181_{63}$	$-0{,}99556_{57}$	$-0{,}09411_{626}$	$10{,}57868$	$0{,}09453_{634}$	$-0{,}63742_{483}$	$-0{,}77051_{402}$	$0{,}82727_{1064}$	$1{,}20879_{1535}$
0,736	$4{,}6244_{63}$	$-0{,}99613_{54}$	$-0{,}08785_{626}$	$11{,}33899$	$0{,}08810_{633}$	$-0{,}64225_{481}$	$-0{,}76649_{405}$	$0{,}83791_{1076}$	$1{,}19344_{1513}$
0,737	$4{,}6307_{63}$	$-0{,}99667_{49}$	$-0{,}08159_{626}$	$12{,}21559$	$0{,}08186_{632}$	$-0{,}64706_{477}$	$-0{,}76244_{408}$	$0{,}84867_{1086}$	$1{,}17831_{1488}$
0,738	$4{,}6370_{63}$	$-0{,}99716_{45}$	$-0{,}07533_{627}$	$13{,}23722$	$0{,}07554_{631}$	$-0{,}65183_{476}$	$-0{,}75836_{411}$	$0{,}85953_{1099}$	$1{,}16343_{1469}$
0,739	$4{,}6433_{63}$	$-0{,}99761_{42}$	$-0{,}06906_{627}$	$14{,}44555$	$0{,}06923_{632}$	$-0{,}65659_{472}$	$-0{,}75425_{414}$	$0{,}87052_{1110}$	$1{,}14874_{1446}$
0,740	$4{,}6496_{62}$	$-0{,}99803_{37}$	$-0{,}06279_{627}$	$15{,}89473$	$0{,}06291_{630}$	$-0{,}66131_{470}$	$-0{,}75011_{417}$	$0{,}88162_{1123}$	$1{,}13428_{1427}$
0,741	$4{,}6558_{63}$	$-0{,}99840_{34}$	$-0{,}05652_{628}$	$17{,}66454$	$0{,}05661_{631}$	$-0{,}66601_{468}$	$-0{,}74594_{420}$	$0{,}89285_{1136}$	$1{,}12001_{1407}$
0,742	$4{,}6621_{63}$	$-0{,}99874_{29}$	$-0{,}05024_{627}$	$19{,}87938$	$0{,}05030_{629}$	$-0{,}67069_{464}$	$-0{,}74174_{423}$	$0{,}90421_{1148}$	$1{,}10594_{1387}$
0,743	$4{,}6684_{63}$	$-0{,}99903_{26}$	$-0{,}04397_{628}$	$22{,}72072$	$0{,}04401_{629}$	$-0{,}67533_{462}$	$-0{,}73751_{425}$	$0{,}91569_{1161}$	$1{,}09207_{1367}$
0,744	$4{,}6747_{63}$	$-0{,}99929_{22}$	$-0{,}03769_{628}$	$26{,}51340$	$0{,}03772_{629}$	$-0{,}67995_{460}$	$-0{,}73326_{429}$	$0{,}92730_{1176}$	$1{,}07840_{1351}$
0,745	$4{,}6810_{63}$	$-0{,}99951_{17}$	$-0{,}03141_{628}$	$31{,}82139$	$0{,}03143_{629}$	$-0{,}68455_{456}$	$-0{,}72897_{432}$	$0{,}93906_{1190}$	$1{,}06489_{1332}$
0,746	$4{,}6873_{62}$	$-0{,}99968_{14}$	$-0{,}02513_{628}$	$39{,}78034$	$0{,}02514_{629}$	$-0{,}68911_{454}$	$-0{,}72465_{434}$	$0{,}95096_{1203}$	$1{,}05157_{1314}$
0,747	$4{,}6935_{63}$	$-0{,}99982_{10}$	$-0{,}01885_{628}$	$53{,}04085$	$0{,}01885_{628}$	$-0{,}69365_{452}$	$-0{,}72031_{437}$	$0{,}96299_{1219}$	$1{,}03843_{1298}$
0,748	$4{,}6998_{63}$	$-0{,}99992_{6}$	$-0{,}01257_{629}$	$79{,}54813$	$0{,}01257_{629}$	$-0{,}69817_{448}$	$-0{,}71594_{440}$	$0{,}97518_{1233}$	$1{,}02545_{1280}$
0,749	$4{,}7061_{63}$	$-0{,}99998_{2}$	$-0{,}00628_{628}$	$159{,}23248$	$0{,}00628_{629}$	$-0{,}70265_{446}$	$-0{,}71154_{443}$	$0{,}98751_{1249}$	$1{,}01265_{1265}$
0,750	$4{,}7124_{63}$	$-1{,}00000_{2}$	$\mp0{,}00000_{628}$	$\pm\infty$	$\mp0{,}00000_{628}$	$-0{,}70711_{443}$	$-0{,}70711_{446}$	$1{,}00000_{1265}$	$1{,}00000_{1249}$

x	$2\pi x$	$\ln 2\pi x$	$e^{2\pi x}$	$e^{-2\pi x}$	$\mathrm{Sin}\,2\pi x$	$\mathrm{Cos}\,2\pi x$	$\mathrm{Tang}\,2\pi x$	$\mathrm{Cotg}\,2\pi x$	$\mathrm{Amp}\,2\pi x$
0,750	$4{,}7124_{63}$	$1{,}55020_{134}$	$111{,}32_{70}$	$0{,}0090_{1}$	$55{,}654_{351}$	$55{,}663_{351}$	$0{,}99984_{0}$	$1{,}0002_{0}$	$1{,}5529_{1}$
0,751	$4{,}7187_{63}$	$1{,}55154_{133}$	$112{,}02_{71}$	$0{,}0089_{0}$	$56{,}005_{354}$	$56{,}014_{353}$	$0{,}99984_{0}$	$1{,}0002_{0}$	$1{,}5530_{1}$
0,752	$4{,}7250_{63}$	$1{,}55287_{133}$	$112{,}73_{71}$	$0{,}0089_{1}$	$56{,}359_{355}$	$56{,}367_{355}$	$0{,}99984_{0}$	$1{,}0002_{0}$	$1{,}5531_{1}$
0,753	$4{,}7313_{62}$	$1{,}55420_{131}$	$113{,}44_{71}$	$0{,}0088_{0}$	$56{,}714_{357}$	$56{,}722_{358}$	$0{,}99984_{0}$	$1{,}0002_{0}$	$1{,}5532_{1}$
0,754	$4{,}7375_{63}$	$1{,}55551_{133}$	$114{,}15_{72}$	$0{,}0088_{1}$	$57{,}071_{360}$	$57{,}080_{360}$	$0{,}99984_{1}$	$1{,}0002_{0}$	$1{,}5533_{1}$
0,755	$4{,}7438_{63}$	$1{,}55684_{133}$	$114{,}87_{72}$	$0{,}0087_{0}$	$57{,}431_{362}$	$57{,}440_{362}$	$0{,}99985_{0}$	$1{,}0002_{0}$	$1{,}5534_{1}$
0,756	$4{,}7501_{63}$	$1{,}55817_{132}$	$115{,}59_{73}$	$0{,}0087_{1}$	$57{,}793_{364}$	$57{,}802_{364}$	$0{,}99985_{0}$	$1{,}0002_{0}$	$1{,}5535_{1}$
0,757	$4{,}7564_{63}$	$1{,}55949_{133}$	$116{,}32_{74}$	$0{,}0086_{1}$	$58{,}157_{367}$	$58{,}166_{366}$	$0{,}99985_{0}$	$1{,}0002_{0}$	$1{,}5536_{1}$
0,758	$4{,}7627_{63}$	$1{,}56082_{132}$	$117{,}06_{73}$	$0{,}0085_{0}$	$58{,}524_{369}$	$58{,}532_{369}$	$0{,}99985_{0}$	$1{,}0002_{0}$	$1{,}5537_{1}$
0,759	$4{,}7690_{62}$	$1{,}56214_{130}$	$117{,}79_{75}$	$0{,}0085_{1}$	$58{,}893_{371}$	$58{,}901_{371}$	$0{,}99985_{1}$	$1{,}0002_{1}$	$1{,}5538_{1}$
0,760	$4{,}7752_{63}$	$1{,}56344_{132}$	$118{,}54_{74}$	$0{,}0084_{0}$	$59{,}264_{373}$	$59{,}272_{374}$	$0{,}99986_{0}$	$1{,}0001_{0}$	$1{,}5539_{1}$
0,761	$4{,}7815_{63}$	$1{,}56476_{131}$	$119{,}28_{76}$	$0{,}0084_{1}$	$59{,}637_{377}$	$59{,}646_{376}$	$0{,}99986_{0}$	$1{,}0001_{0}$	$1{,}5540_{1}$
0,762	$4{,}7878_{63}$	$1{,}56607_{132}$	$120{,}04_{75}$	$0{,}0083_{0}$	$60{,}014_{377}$	$60{,}022_{376}$	$0{,}99986_{0}$	$1{,}0001_{0}$	$1{,}5541_{1}$
0,763	$4{,}7941_{63}$	$1{,}56739_{131}$	$120{,}79_{76}$	$0{,}0083_{1}$	$60{,}392_{378}$	$60{,}400_{378}$	$0{,}99986_{0}$	$1{,}0001_{0}$	$1{,}5542_{1}$
0,764	$4{,}8004_{63}$	$1{,}56870_{130}$	$121{,}55_{77}$	$0{,}0082_{0}$	$60{,}772_{384}$	$60{,}781_{383}$	$0{,}99986_{0}$	$1{,}0001_{0}$	$1{,}5543_{1}$
0,765	$4{,}8067_{62}$	$1{,}57000_{131}$	$122{,}32_{77}$	$0{,}0082_{1}$	$61{,}156_{385}$	$61{,}164_{385}$	$0{,}99986_{1}$	$1{,}0001_{0}$	$1{,}5544_{1}$
0,766	$4{,}8129_{63}$	$1{,}57131_{130}$	$123{,}09_{78}$	$0{,}0081_{0}$	$61{,}541_{388}$	$61{,}549_{388}$	$0{,}99987_{0}$	$1{,}0001_{0}$	$1{,}5545_{1}$
0,767	$4{,}8192_{63}$	$1{,}57261_{131}$	$123{,}87_{78}$	$0{,}0081_{1}$	$61{,}929_{391}$	$61{,}937_{391}$	$0{,}99987_{0}$	$1{,}0001_{0}$	$1{,}5546_{1}$
0,768	$4{,}8255_{63}$	$1{,}57392_{130}$	$124{,}65_{78}$	$0{,}0080_{0}$	$62{,}320_{392}$	$62{,}328_{392}$	$0{,}99987_{0}$	$1{,}0001_{0}$	$1{,}5547_{1}$
0,769	$4{,}8318_{63}$	$1{,}57522_{131}$	$125{,}43_{79}$	$0{,}0080_{1}$	$62{,}712_{396}$	$62{,}720_{396}$	$0{,}99987_{0}$	$1{,}0001_{0}$	$1{,}5548_{1}$
0,770	$4{,}8381_{63}$	$1{,}57653_{130}$	$126{,}22_{80}$	$0{,}0079_{0}$	$63{,}108_{398}$	$63{,}116_{398}$	$0{,}99987_{0}$	$1{,}0001_{0}$	$1{,}5549_{1}$
0,771	$4{,}8444_{62}$	$1{,}57783_{128}$	$127{,}02_{80}$	$0{,}0079_{1}$	$63{,}506_{400}$	$63{,}514_{400}$	$0{,}99987_{1}$	$1{,}0001_{0}$	$1{,}5550_{1}$
0,772	$4{,}8506_{63}$	$1{,}57911_{129}$	$127{,}82_{80}$	$0{,}0078_{0}$	$63{,}906_{403}$	$63{,}914_{402}$	$0{,}99988_{0}$	$1{,}0001_{0}$	$1{,}5551_{1}$
0,773	$4{,}8569_{63}$	$1{,}58040_{130}$	$128{,}62_{82}$	$0{,}0078_{1}$	$64{,}309_{405}$	$64{,}316_{406}$	$0{,}99988_{0}$	$1{,}0001_{0}$	$1{,}5552_{1}$
0,774	$4{,}8632_{63}$	$1{,}58170_{129}$	$129{,}44_{81}$	$0{,}0077_{0}$	$64{,}714_{408}$	$64{,}722_{408}$	$0{,}99988_{0}$	$1{,}0001_{0}$	$1{,}5553_{1}$
0,775	$4{,}8695_{63}$	$1{,}58299_{130}$	$130{,}25_{82}$	$0{,}0077_{1}$	$65{,}122_{410}$	$65{,}130_{410}$	$0{,}99988_{0}$	$1{,}0001_{0}$	$1{,}5554_{1}$
0,776	$4{,}8758_{63}$	$1{,}58429_{129}$	$131{,}07_{83}$	$0{,}0076_{0}$	$65{,}532_{414}$	$65{,}540_{414}$	$0{,}99988_{0}$	$1{,}0001_{0}$	$1{,}5555_{1}$
0,777	$4{,}8821_{62}$	$1{,}58558_{127}$	$131{,}90_{83}$	$0{,}0076_{1}$	$65{,}946_{415}$	$65{,}954_{415}$	$0{,}99988_{0}$	$1{,}0001_{0}$	$1{,}5556_{0}$
0,778	$4{,}8883_{63}$	$1{,}58685_{129}$	$132{,}73_{84}$	$0{,}0075_{0}$	$66{,}361_{419}$	$66{,}369_{418}$	$0{,}99988_{1}$	$1{,}0001_{0}$	$1{,}5556_{1}$
0,779	$4{,}8946_{63}$	$1{,}58814_{128}$	$133{,}57_{84}$	$0{,}0075_{1}$	$66{,}780_{421}$	$66{,}787_{421}$	$0{,}99989_{0}$	$1{,}0001_{0}$	$1{,}5557_{1}$
0,780	$4{,}9009_{63}$	$1{,}58942_{129}$	$134{,}41_{85}$	$0{,}0074_{0}$	$67{,}201_{423}$	$67{,}208_{424}$	$0{,}99989_{0}$	$1{,}0001_{0}$	$1{,}5558_{1}$
0,781	$4{,}9072_{63}$	$1{,}59071_{128}$	$135{,}26_{85}$	$0{,}0074_{1}$	$67{,}624_{426}$	$67{,}632_{426}$	$0{,}99989_{0}$	$1{,}0001_{0}$	$1{,}5559_{1}$
0,782	$4{,}9135_{63}$	$1{,}59199_{128}$	$136{,}11_{86}$	$0{,}0073_{0}$	$68{,}050_{429}$	$68{,}058_{428}$	$0{,}99989_{0}$	$1{,}0001_{0}$	$1{,}5560_{1}$
0,783	$4{,}9198_{62}$	$1{,}59327_{126}$	$136{,}97_{86}$	$0{,}0073_{0}$	$68{,}479_{432}$	$68{,}486_{433}$	$0{,}99989_{0}$	$1{,}0001_{0}$	$1{,}5561_{1}$
0,784	$4{,}9260_{63}$	$1{,}59453_{128}$	$137{,}83_{87}$	$0{,}0073_{1}$	$68{,}911_{435}$	$68{,}919_{434}$	$0{,}99989_{1}$	$1{,}0001_{0}$	$1{,}5562_{1}$
0,785	$4{,}9323_{63}$	$1{,}59581_{128}$	$138{,}70_{87}$	$0{,}0072_{0}$	$69{,}346_{436}$	$69{,}353_{437}$	$0{,}99990_{0}$	$1{,}0001_{0}$	$1{,}5563_{1}$
0,786	$4{,}9386_{63}$	$1{,}59709_{127}$	$139{,}57_{88}$	$0{,}0072_{1}$	$69{,}782_{441}$	$69{,}790_{440}$	$0{,}99990_{0}$	$1{,}0001_{0}$	$1{,}5564_{1}$
0,787	$4{,}9449_{63}$	$1{,}59836_{127}$	$140{,}45_{89}$	$0{,}0071_{0}$	$70{,}223_{442}$	$70{,}230_{442}$	$0{,}99990_{0}$	$1{,}0001_{0}$	$1{,}5565_{1}$
0,788	$4{,}9512_{62}$	$1{,}59963_{125}$	$141{,}34_{89}$	$0{,}0071_{1}$	$70{,}665_{445}$	$70{,}672_{445}$	$0{,}99990_{0}$	$1{,}0001_{0}$	$1{,}5566_{1}$
0,789	$4{,}9574_{63}$	$1{,}60088_{127}$	$142{,}23_{89}$	$0{,}0070_{0}$	$71{,}110_{449}$	$71{,}117_{449}$	$0{,}99990_{0}$	$1{,}0001_{0}$	$1{,}5567_{0}$
0,790	$4{,}9637_{63}$	$1{,}60215_{127}$	$143{,}12_{91}$	$0{,}0070_{1}$	$71{,}559_{451}$	$71{,}566_{451}$	$0{,}99990_{0}$	$1{,}0001_{0}$	$1{,}5567_{1}$
0,791	$4{,}9700_{63}$	$1{,}60342_{127}$	$144{,}03_{90}$	$0{,}0069_{0}$	$72{,}010_{454}$	$72{,}017_{454}$	$0{,}99990_{0}$	$1{,}0001_{0}$	$1{,}5568_{1}$
0,792	$4{,}9763_{63}$	$1{,}60469_{127}$	$144{,}93_{92}$	$0{,}0069_{0}$	$72{,}464_{457}$	$72{,}471_{457}$	$0{,}99990_{1}$	$1{,}0001_{0}$	$1{,}5569_{1}$
0,793	$4{,}9826_{63}$	$1{,}60596_{126}$	$145{,}85_{92}$	$0{,}0069_{1}$	$72{,}921_{459}$	$72{,}928_{459}$	$0{,}99991_{0}$	$1{,}0001_{0}$	$1{,}5570_{1}$
0,794	$4{,}9889_{62}$	$1{,}60722_{124}$	$146{,}77_{92}$	$0{,}0068_{0}$	$73{,}380_{463}$	$73{,}387_{463}$	$0{,}99991_{0}$	$1{,}0001_{0}$	$1{,}5571_{1}$
0,795	$4{,}9951_{63}$	$1{,}60846_{126}$	$147{,}69_{93}$	$0{,}0068_{1}$	$73{,}843_{466}$	$73{,}850_{465}$	$0{,}99991_{0}$	$1{,}0001_{0}$	$1{,}5572_{1}$
0,796	$5{,}0014_{63}$	$1{,}60972_{126}$	$148{,}62_{94}$	$0{,}0067_{0}$	$74{,}309_{468}$	$74{,}315_{469}$	$0{,}99991_{0}$	$1{,}0001_{0}$	$1{,}5573_{0}$
0,797	$5{,}0077_{63}$	$1{,}61098_{126}$	$149{,}56_{94}$	$0{,}0067_{1}$	$74{,}777_{471}$	$74{,}784_{471}$	$0{,}99991_{0}$	$1{,}0001_{0}$	$1{,}5573_{0}$
0,798	$5{,}0140_{63}$	$1{,}61224_{125}$	$150{,}50_{95}$	$0{,}0066_{1}$	$75{,}248_{475}$	$75{,}255_{474}$	$0{,}99991_{0}$	$1{,}0001_{0}$	$1{,}5574_{1}$
0,799	$5{,}0203_{63}$	$1{,}61349_{125}$	$151{,}45_{96}$	$0{,}0066_{1}$	$75{,}723_{477}$	$75{,}729_{477}$	$0{,}99991_{0}$	$1{,}0001_{0}$	$1{,}5575_{1}$
0,800	$5{,}0266_{62}$	$1{,}61474_{125}$	$152{,}41_{96}$	$0{,}0065_{0}$	$76{,}200_{480}$	$76{,}206_{480}$	$0{,}99991_{0}$	$1{,}0001_{0}$	$1{,}5576_{1}$

x	$2\pi x$	$\sin 2\pi x$	$\cos 2\pi x$	$\operatorname{tang} 2\pi x$	$\cotg 2\pi x$	$\sin^* 2\pi x$	$\cos^* 2\pi x$	$\operatorname{tang}^* 2\pi x$	$\cotg^* 2\pi x$
,750	$4{,}7124_{63}$	$-1{,}00000\;_2$	$\mp 0{,}00000_{628}$	$\pm\;\infty$	$\pm 0{,}00000_{628}$	$-0{,}70711_{443}$	$-0{,}70711_{446}$	$1{,}00000_{1265}$	$1{,}00000_{1249}$
,751	$4{,}7187_{63}$	$-0{,}99998\;_6$	$0{,}00628_{629}$	$-159{,}23248$	$-0{,}00628_{629}$	$-0{,}71154_{440}$	$-0{,}70265_{448}$	$1{,}01265_{1280}$	$0{,}98751_{1233}$
,752	$4{,}7250_{63}$	$-0{,}99992_{10}$	$0{,}01257_{628}$	$-79{,}54813$	$-0{,}01257_{628}$	$-0{,}71594_{437}$	$-0{,}69817_{452}$	$1{,}02545_{1298}$	$0{,}97518_{1219}$
,753	$4{,}7313_{62}$	$-0{,}99982_{14}$	$0{,}01885_{628}$	$-53{,}04085$	$-0{,}01885_{629}$	$-0{,}72031_{434}$	$-0{,}69365_{454}$	$1{,}03843_{1314}$	$0{,}96299_{1203}$
,754	$4{,}7375_{63}$	$-0{,}99968_{17}$	$0{,}02513_{628}$	$-39{,}78034$	$-0{,}02514_{629}$	$-0{,}72465_{432}$	$-0{,}68911_{456}$	$1{,}05157_{1332}$	$0{,}95096_{1190}$
,755	$4{,}7438_{63}$	$-0{,}99951_{22}$	$0{,}03141_{628}$	$-31{,}82139$	$-0{,}03143_{629}$	$-0{,}72897_{429}$	$-0{,}68455_{460}$	$1{,}06489_{1351}$	$0{,}93906_{1176}$
,756	$4{,}7501_{63}$	$-0{,}99929_{26}$	$0{,}03769_{628}$	$-26{,}51340$	$-0{,}03772_{629}$	$-0{,}73326_{425}$	$-0{,}67995_{462}$	$1{,}07840_{1367}$	$0{,}92730_{1161}$
,757	$4{,}7564_{63}$	$-0{,}99903_{29}$	$0{,}04397_{627}$	$-22{,}72072$	$-0{,}04401_{629}$	$-0{,}73751_{423}$	$-0{,}67533_{464}$	$1{,}09207_{1387}$	$0{,}91569_{1148}$
,758	$4{,}7627_{63}$	$-0{,}99874_{34}$	$0{,}05024_{628}$	$-19{,}87938$	$-0{,}05030_{631}$	$-0{,}74174_{420}$	$-0{,}67069_{468}$	$1{,}10594_{1407}$	$0{,}90421_{1136}$
,759	$4{,}7690_{62}$	$-0{,}99840_{37}$	$0{,}05652_{627}$	$-17{,}66454$	$-0{,}05661_{630}$	$-0{,}74594_{417}$	$-0{,}66601_{470}$	$1{,}12001_{1427}$	$0{,}89285_{1123}$
,760	$4{,}7752_{63}$	$-0{,}99803_{42}$	$0{,}06279_{627}$	$-15{,}89473$	$-0{,}06291_{632}$	$-0{,}75011_{414}$	$-0{,}66131_{472}$	$1{,}13428_{1446}$	$0{,}88162_{1110}$
,761	$4{,}7815_{63}$	$-0{,}99761_{45}$	$0{,}06906_{627}$	$-14{,}44555$	$-0{,}06923_{631}$	$-0{,}75425_{411}$	$-0{,}65659_{476}$	$1{,}14874_{1469}$	$0{,}87052_{1099}$
,762	$4{,}7878_{63}$	$-0{,}99716_{49}$	$0{,}07533_{626}$	$-13{,}23722$	$-0{,}07554_{632}$	$-0{,}75836_{408}$	$-0{,}65183_{477}$	$1{,}16343_{1488}$	$0{,}85953_{1086}$
,763	$4{,}7941_{63}$	$-0{,}99667_{54}$	$0{,}08159_{626}$	$-12{,}21559$	$-0{,}08186_{633}$	$-0{,}76244_{405}$	$-0{,}64706_{481}$	$1{,}17831_{1513}$	$0{,}84867_{1076}$
,764	$4{,}8004_{63}$	$-0{,}99613_{57}$	$0{,}08785_{626}$	$-11{,}33899$	$-0{,}08819_{634}$	$-0{,}76649_{402}$	$-0{,}64225_{483}$	$1{,}19344_{1535}$	$0{,}83791_{1064}$
,765	$4{,}8067_{62}$	$-0{,}99556_{61}$	$0{,}09411_{625}$	$-10{,}57868$	$-0{,}09453_{634}$	$-0{,}77051_{399}$	$-0{,}63742_{485}$	$1{,}20879_{1558}$	$0{,}82727_{1052}$
,766	$4{,}8129_{63}$	$-0{,}99495_{65}$	$0{,}10036_{625}$	$-9{,}91381$	$-0{,}10087_{635}$	$-0{,}77450_{396}$	$-0{,}63257_{488}$	$1{,}22437_{1583}$	$0{,}81675_{1043}$
,767	$4{,}8192_{63}$	$-0{,}99430_{69}$	$0{,}10661_{625}$	$-9{,}32652$	$-0{,}10722_{637}$	$-0{,}77846_{393}$	$-0{,}62769_{490}$	$1{,}24020_{1607}$	$0{,}80632_{1031}$
,768	$4{,}8255_{63}$	$-0{,}99361_{73}$	$0{,}11286_{625}$	$-8{,}80392$	$-0{,}11359_{636}$	$-0{,}78239_{390}$	$-0{,}62279_{493}$	$1{,}25627_{1633}$	$0{,}79601_{1022}$
,769	$4{,}8318_{63}$	$-0{,}99288_{77}$	$0{,}11910_{624}$	$-8{,}33652$	$-0{,}11995_{636}$	$-0{,}78629_{387}$	$-0{,}61786_{495}$	$1{,}27260_{1659}$	$0{,}78579_{1011}$
,770	$4{,}8381_{63}$	$-0{,}99211_{80}$	$0{,}12533_{623}$	$-7{,}91598$	$-0{,}12633_{638}$	$-0{,}79016_{383}$	$-0{,}61291_{498}$	$1{,}28919_{1686}$	$0{,}77568_{1002}$
,771	$4{,}8444_{62}$	$-0{,}99131_{85}$	$0{,}13156_{623}$	$-7{,}53504$	$-0{,}13271_{641}$	$-0{,}79399_{380}$	$-0{,}60793_{500}$	$1{,}30605_{1714}$	$0{,}76566_{991}$
,772	$4{,}8506_{63}$	$-0{,}99046_{88}$	$0{,}13779_{622}$	$-7{,}18818$	$-0{,}13912_{641}$	$-0{,}79779_{378}$	$-0{,}60293_{503}$	$1{,}32319_{1745}$	$0{,}75575_{984}$
,773	$4{,}8569_{63}$	$-0{,}98958_{93}$	$0{,}14401_{622}$	$-6{,}87161$	$-0{,}14553_{642}$	$-0{,}80157_{374}$	$-0{,}59790_{504}$	$1{,}34064_{1771}$	$0{,}74591_{972}$
,774	$4{,}8632_{63}$	$-0{,}98865_{96}$	$0{,}15023_{620}$	$-6{,}58091$	$-0{,}15195_{643}$	$-0{,}80531_{371}$	$-0{,}59286_{507}$	$1{,}35835_{1803}$	$0{,}73619_{964}$
,775	$4{,}8695_{63}$	$-0{,}98769_{100}$	$0{,}15643_{621}$	$-6{,}31394$	$-0{,}15838_{645}$	$-0{,}80902_{367}$	$-0{,}58779_{510}$	$1{,}37638_{1834}$	$0{,}72655_{956}$
,776	$4{,}8758_{63}$	$-0{,}98669_{105}$	$0{,}16264_{619}$	$-6{,}06671$	$-0{,}16483_{646}$	$-0{,}81269_{365}$	$-0{,}58269_{512}$	$1{,}39472_{1868}$	$0{,}71699_{948}$
,777	$4{,}8821_{62}$	$-0{,}88564_{108}$	$0{,}16883_{619}$	$-5{,}83806$	$-0{,}17129_{647}$	$-0{,}81634_{361}$	$-0{,}57757_{514}$	$1{,}41340_{1900}$	$0{,}70751_{938}$
,778	$4{,}8883_{63}$	$-0{,}98456_{111}$	$0{,}17502_{619}$	$-5{,}62541$	$-0{,}17776_{650}$	$-0{,}81995_{358}$	$-0{,}57243_{516}$	$1{,}43240_{1934}$	$0{,}69813_{930}$
,779	$4{,}8946_{63}$	$-0{,}98345_{116}$	$0{,}18121_{617}$	$-5{,}42713$	$-0{,}18426_{650}$	$-0{,}82353_{355}$	$-0{,}56727_{519}$	$1{,}45174_{1972}$	$0{,}68883_{923}$
,780	$4{,}9009_{63}$	$-0{,}98229_{120}$	$0{,}18738_{617}$	$-5{,}24224$	$-0{,}19076_{652}$	$-0{,}82708_{352}$	$-0{,}56208_{520}$	$1{,}47146_{2006}$	$0{,}67960_{914}$
,781	$4{,}9072_{63}$	$-0{,}98109_{123}$	$0{,}19355_{616}$	$-5{,}06892$	$-0{,}19728_{653}$	$-0{,}83060_{348}$	$-0{,}55688_{523}$	$1{,}49152_{2045}$	$0{,}67046_{907}$
,782	$4{,}9135_{63}$	$-0{,}97986_{128}$	$0{,}19971_{615}$	$-4{,}90641$	$-0{,}20381_{656}$	$-0{,}83408_{345}$	$-0{,}55165_{526}$	$1{,}51197_{2087}$	$0{,}66139_{901}$
,783	$4{,}9198_{62}$	$-0{,}97858_{131}$	$0{,}20586_{615}$	$-4{,}75362$	$-0{,}21037_{657}$	$-0{,}83753_{341}$	$-0{,}54639_{527}$	$1{,}53284_{2123}$	$0{,}65238_{891}$
,784	$4{,}9260_{63}$	$-0{,}97727_{135}$	$0{,}21201_{613}$	$-4{,}60955$	$-0{,}21694_{658}$	$-0{,}84094_{339}$	$-0{,}54112_{529}$	$1{,}55407_{2167}$	$0{,}64347_{885}$
,785	$4{,}9323_{63}$	$-0{,}97592_{139}$	$0{,}21814_{613}$	$-4{,}47382$	$-0{,}22352_{661}$	$-0{,}84433_{335}$	$-0{,}53583_{532}$	$1{,}57574_{2212}$	$0{,}63462_{878}$
,786	$4{,}9386_{63}$	$-0{,}97453_{143}$	$0{,}22427_{612}$	$-4{,}34534$	$-0{,}23013_{663}$	$-0{,}84768_{331}$	$-0{,}53051_{534}$	$1{,}59786_{2255}$	$0{,}62584_{871}$
,787	$4{,}9449_{63}$	$-0{,}97310_{147}$	$0{,}23039_{611}$	$-4{,}22371$	$-0{,}23676_{665}$	$-0{,}85099_{329}$	$-0{,}52517_{535}$	$1{,}62041_{2301}$	$0{,}61713_{864}$
,788	$4{,}9512_{62}$	$-0{,}97163_{150}$	$0{,}23650_{610}$	$-4{,}10837$	$-0{,}24341_{666}$	$-0{,}85428_{325}$	$-0{,}51982_{538}$	$1{,}64342_{2350}$	$0{,}60849_{858}$
,789	$4{,}9574_{63}$	$-0{,}97013_{155}$	$0{,}24260_{609}$	$-3{,}99889$	$-0{,}25007_{669}$	$-0{,}85753_{321}$	$-0{,}51444_{540}$	$1{,}66692_{2399}$	$0{,}59991_{851}$
,790	$4{,}9637_{63}$	$-0{,}96858_{158}$	$0{,}24869_{608}$	$-3{,}89473_{9915}$	$-0{,}25676_{670}$	$-0{,}86074_{318}$	$-0{,}50904_{542}$	$1{,}69091_{2451}$	$0{,}59140_{845}$
,791	$4{,}9700_{63}$	$-0{,}96700_{162}$	$0{,}25477_{607}$	$-3{,}79558_{9454}$	$-0{,}26346_{673}$	$-0{,}86392_{315}$	$-0{,}50362_{543}$	$1{,}71542_{2502}$	$0{,}58295_{838}$
,792	$4{,}9763_{63}$	$-0{,}96538_{166}$	$0{,}26084_{606}$	$-3{,}70104_{9025}$	$-0{,}27019_{676}$	$-0{,}86707_{311}$	$-0{,}49819_{546}$	$1{,}74044_{2560}$	$0{,}57457_{833}$
,793	$4{,}9826_{63}$	$-0{,}96372_{169}$	$0{,}26690_{605}$	$-3{,}61079_{8623}$	$-0{,}27695_{677}$	$-0{,}87018_{308}$	$-0{,}49273_{548}$	$1{,}76604_{2618}$	$0{,}56624_{827}$
,794	$4{,}9889_{62}$	$-0{,}96203_{174}$	$0{,}27295_{604}$	$-3{,}52456_{8254}$	$-0{,}28372_{681}$	$-0{,}87326_{305}$	$-0{,}48725_{550}$	$1{,}79222_{2679}$	$0{,}55797_{822}$
,795	$4{,}9951_{63}$	$-0{,}96029_{177}$	$0{,}27899_{603}$	$-3{,}44202_{7903}$	$-0{,}29053_{682}$	$-0{,}87631_{301}$	$-0{,}48175_{551}$	$1{,}81901_{2727}$	$0{,}54975_{815}$
,796	$5{,}0014_{63}$	$-0{,}95852_{181}$	$0{,}28502_{602}$	$-3{,}36299_{7578}$	$-0{,}29735_{686}$	$-0{,}87932_{297}$	$-0{,}47624_{554}$	$1{,}84638_{2804}$	$0{,}54160_{810}$
,797	$5{,}0077_{63}$	$-0{,}95671_{185}$	$0{,}29104_{600}$	$-3{,}28721_{7263}$	$-0{,}30421_{687}$	$-0{,}88229_{294}$	$-0{,}47070_{555}$	$1{,}87442_{2869}$	$0{,}53350_{804}$
,798	$5{,}0140_{63}$	$-0{,}95486_{188}$	$0{,}29704_{600}$	$-3{,}21458_{6985}$	$-0{,}31108_{691}$	$-0{,}88523_{291}$	$-0{,}46515_{557}$	$1{,}90311_{2939}$	$0{,}52546_{800}$
,799	$5{,}0203_{63}$	$-0{,}95298_{192}$	$0{,}30304_{598}$	$-3{,}14473_{6707}$	$-0{,}31799_{693}$	$-0{,}88814_{287}$	$-0{,}45958_{559}$	$1{,}93250_{3012}$	$0{,}51746_{794}$
,800	$5{,}0266_{62}$	$-0{,}95106_{196}$	$0{,}30902_{597}$	$-3{,}07766_{6455}$	$-0{,}32492_{696}$	$-0{,}89101_{283}$	$-0{,}45399_{561}$	$1{,}96262_{3087}$	$0{,}50952_{789}$

x	$2\pi x^{s}$	$\ln 2\pi x$	$e^{2\pi x}$	$e^{-2\pi x}$	$\mathfrak{Sin}\,2\pi x$	$\mathfrak{Cos}\,2\pi x$	$\mathfrak{Tang}\,2\pi x$	$\mathfrak{Cotg}\,2\pi x$	$\mathfrak{Amp}\,2\pi x$
0,800	$5{,}0266_{62}$	$1{,}61474_{125}$	$152{,}41_{96}$	$0{,}0065_{0}$	$76{,}200_{480}$	$76{,}206_{480}$	$0{,}99991_{0}$	$1{,}0001_{0}$	$1{,}5576_{1}$
0,801	$5{,}0328_{63}$	$1{,}61599_{124}$	$153{,}37_{96}$	$0{,}0065_{0}$	$76{,}680_{484}$	$76{,}686_{484}$	$0{,}99991_{0}$	$1{,}0001_{0}$	$1{,}5577_{1}$
0,802	$5{,}0391_{63}$	$1{,}61723_{125}$	$154{,}33_{98}$	$0{,}0065_{1}$	$77{,}164_{486}$	$77{,}170_{486}$	$0{,}99991_{1}$	$1{,}0001_{0}$	$1{,}5578_{1}$
0,803	$5{,}0454_{63}$	$1{,}61848_{125}$	$155{,}31_{97}$	$0{,}0064_{0}$	$77{,}650_{489}$	$77{,}656_{489}$	$0{,}99992_{1}$	$1{,}0001_{0}$	$1{,}5579_{1}$
0,804	$5{,}0517_{63}$	$1{,}61973_{124}$	$156{,}28_{99}$	$0{,}0064_{0}$	$78{,}139_{493}$	$78{,}145_{493}$	$0{,}99992_{0}$	$1{,}0001_{0}$	$1{,}5580_{1}$
0,805	$5{,}0580_{63}$	$1{,}62097_{124}$	$157{,}27_{99}$	$0{,}0064_{1}$	$78{,}632_{496}$	$78{,}638_{497}$	$0{,}99992_{0}$	$1{,}0001_{0}$	$1{,}5581_{0}$
0,806	$5{,}0643_{62}$	$1{,}62221_{124}$	$158{,}26_{1,00}$	$0{,}0063_{0}$	$79{,}128_{498}$	$79{,}135_{497}$	$0{,}99992_{0}$	$1{,}0001_{0}$	$1{,}5581_{1}$
0,807	$5{,}0705_{63}$	$1{,}62345_{123}$	$159{,}26_{1,00}$	$0{,}0063_{1}$	$79{,}626_{503}$	$79{,}632_{503}$	$0{,}99992_{0}$	$1{,}0001_{0}$	$1{,}5582_{1}$
0,808	$5{,}0768_{63}$	$1{,}62468_{124}$	$160{,}26_{1,01}$	$0{,}0062_{0}$	$80{,}129_{504}$	$80{,}135_{505}$	$0{,}99992_{0}$	$1{,}0001_{0}$	$1{,}5583_{1}$
0,809	$5{,}0831_{63}$	$1{,}62592_{124}$	$161{,}27_{1,02}$	$0{,}0062_{0}$	$80{,}633_{509}$	$80{,}640_{508}$	$0{,}99992_{0}$	$1{,}0001_{0}$	$1{,}5584_{0}$
0,810	$5{,}0894_{63}$	$1{,}62716_{124}$	$162{,}29_{1,02}$	$0{,}0062_{1}$	$81{,}142_{511}$	$81{,}148_{511}$	$0{,}99992_{0}$	$1{,}0001_{0}$	$1{,}5584_{1}$
0,811	$5{,}0957_{63}$	$1{,}62840_{124}$	$163{,}31_{1,03}$	$0{,}0061_{0}$	$81{,}653_{515}$	$81{,}659_{515}$	$0{,}99992_{1}$	$1{,}0001_{0}$	$1{,}5585_{1}$
0,812	$5{,}1020_{62}$	$1{,}62964_{121}$	$164{,}34_{1,04}$	$0{,}0061_{1}$	$82{,}168_{517}$	$82{,}174_{517}$	$0{,}99993_{0}$	$1{,}0001_{0}$	$1{,}5586_{1}$
0,813	$5{,}1082_{63}$	$1{,}63085_{123}$	$165{,}38_{1,04}$	$0{,}0060_{0}$	$82{,}685_{517}$	$82{,}691_{517}$	$0{,}99993_{0}$	$1{,}0001_{0}$	$1{,}5587_{1}$
0,814	$5{,}1145_{63}$	$1{,}63208_{123}$	$166{,}42_{1,05}$	$0{,}0060_{0}$	$83{,}207_{522}$	$83{,}213_{522}$	$0{,}99993_{0}$	$1{,}0001_{0}$	$1{,}5588_{1}$
0,815	$5{,}1208_{63}$	$1{,}63331_{123}$	$167{,}47_{1,05}$	$0{,}0060_{1}$	$83{,}731_{524}$	$83{,}737_{524}$	$0{,}99993_{0}$	$1{,}0001_{0}$	$1{,}5589_{0}$
0,816	$5{,}1271_{63}$	$1{,}63454_{123}$	$168{,}52_{1,06}$	$0{,}0059_{0}$	$84{,}259_{530}$	$84{,}265_{530}$	$0{,}99993_{0}$	$1{,}0001_{0}$	$1{,}5589_{1}$
0,817	$5{,}1334_{63}$	$1{,}63577_{122}$	$169{,}58_{1,08}$	$0{,}0059_{0}$	$84{,}789_{530}$	$84{,}795_{536}$	$0{,}99993_{0}$	$1{,}0001_{0}$	$1{,}5590_{1}$
0,818	$5{,}1397_{62}$	$1{,}63699_{122}$	$170{,}66_{1,07}$	$0{,}0059_{1}$	$85{,}325_{536}$	$85{,}331_{536}$	$0{,}99993_{0}$	$1{,}0001_{0}$	$1{,}5591_{1}$
0,819	$5{,}1459_{63}$	$1{,}63821_{122}$	$171{,}73_{1,08}$	$0{,}0058_{0}$	$85{,}863_{538}$	$85{,}868_{537}$	$0{,}99993_{0}$	$1{,}0001_{0}$	$1{,}5592_{0}$
0,820	$5{,}1522_{63}$	$1{,}63943_{122}$	$172{,}81_{1,09}$	$0{,}0058_{0}$	$86{,}404_{541}$	$86{,}410_{542}$	$0{,}99993_{0}$	$1{,}0001_{0}$	$1{,}5592_{1}$
0,821	$5{,}1585_{63}$	$1{,}64065_{122}$	$173{,}90_{1,10}$	$0{,}0058_{1}$	$86{,}949_{548}$	$86{,}954_{548}$	$0{,}99993_{0}$	$1{,}0001_{0}$	$1{,}5593_{1}$
0,822	$5{,}1648_{63}$	$1{,}64187_{122}$	$175{,}00_{1,10}$	$0{,}0057_{0}$	$87{,}497_{551}$	$87{,}502_{551}$	$0{,}99993_{1}$	$1{,}0001_{0}$	$1{,}5594_{1}$
0,823	$5{,}1711_{63}$	$1{,}64309_{121}$	$176{,}10_{1,11}$	$0{,}0057_{1}$	$88{,}048_{555}$	$88{,}053_{556}$	$0{,}99994_{1}$	$1{,}0001_{0}$	$1{,}5595_{0}$
0,824	$5{,}1774_{62}$	$1{,}64430_{121}$	$177{,}21_{1,12}$	$0{,}0056_{0}$	$88{,}603_{559}$	$88{,}609_{558}$	$0{,}99994_{0}$	$1{,}0001_{0}$	$1{,}5595_{1}$
0,825	$5{,}1836_{63}$	$1{,}64551_{121}$	$178{,}33_{1,12}$	$0{,}0056_{0}$	$89{,}162_{561}$	$89{,}167_{562}$	$0{,}99994_{0}$	$1{,}0001_{0}$	$1{,}5596_{1}$
0,826	$5{,}1899_{63}$	$1{,}64672_{121}$	$179{,}45_{1,13}$	$0{,}0056_{1}$	$89{,}723_{566}$	$89{,}729_{566}$	$0{,}99994_{0}$	$1{,}0001_{0}$	$1{,}5597_{1}$
0,827	$5{,}1962_{63}$	$1{,}64793_{121}$	$180{,}58_{1,14}$	$0{,}0055_{0}$	$90{,}289_{569}$	$90{,}295_{569}$	$0{,}99994_{0}$	$1{,}0001_{0}$	$1{,}5598_{1}$
0,828	$5{,}2025_{63}$	$1{,}64914_{121}$	$181{,}72_{1,15}$	$0{,}0055_{0}$	$90{,}858_{573}$	$90{,}864_{572}$	$0{,}99994_{0}$	$1{,}0001_{0}$	$1{,}5599_{1}$
0,829	$5{,}2088_{63}$	$1{,}65035_{121}$	$182{,}87_{1,15}$	$0{,}0055_{1}$	$91{,}431_{576}$	$91{,}436_{577}$	$0{,}99994_{0}$	$1{,}0001_{0}$	$1{,}5600_{0}$
0,830	$5{,}2151_{62}$	$1{,}65156_{119}$	$184{,}02_{1,16}$	$0{,}0054_{0}$	$92{,}007_{580}$	$92{,}013_{580}$	$0{,}99994_{0}$	$1{,}0001_{0}$	$1{,}5600_{0}$
0,831	$5{,}2213_{63}$	$1{,}65275_{121}$	$185{,}18_{1,17}$	$0{,}0054_{0}$	$92{,}587_{584}$	$92{,}593_{583}$	$0{,}99994_{0}$	$1{,}0001_{0}$	$1{,}5600_{1}$
0,832	$5{,}2276_{63}$	$1{,}65396_{120}$	$186{,}35_{1,17}$	$0{,}0054_{1}$	$93{,}171_{588}$	$93{,}176_{589}$	$0{,}99994_{0}$	$1{,}0001_{0}$	$1{,}5601_{1}$
0,833	$5{,}2339_{63}$	$1{,}65516_{120}$	$187{,}52_{1,18}$	$0{,}0053_{0}$	$93{,}759_{590}$	$93{,}765_{590}$	$0{,}99994_{0}$	$1{,}0001_{0}$	$1{,}5602_{1}$
0,834	$5{,}2402_{63}$	$1{,}65636_{120}$	$188{,}70_{1,19}$	$0{,}0053_{0}$	$94{,}349_{595}$	$94{,}355_{594}$	$0{,}99994_{0}$	$1{,}0001_{0}$	$1{,}5603_{1}$
0,835	$5{,}2465_{63}$	$1{,}65756_{120}$	$189{,}89_{1,20}$	$0{,}0053_{1}$	$94{,}944_{598}$	$94{,}949_{598}$	$0{,}99994_{0}$	$1{,}0001_{0}$	$1{,}5603_{0}$
0,836	$5{,}2528_{62}$	$1{,}65876_{118}$	$191{,}09_{1,20}$	$0{,}0052_{0}$	$95{,}542_{603}$	$95{,}547_{603}$	$0{,}99994_{1}$	$1{,}0001_{0}$	$1{,}5603_{1}$
0,837	$5{,}2590_{63}$	$1{,}65994_{120}$	$192{,}29_{1,22}$	$0{,}0052_{0}$	$96{,}145_{605}$	$96{,}150_{606}$	$0{,}99995_{0}$	$1{,}0001_{0}$	$1{,}5604_{1}$
0,838	$5{,}2653_{63}$	$1{,}66114_{120}$	$193{,}51_{1,21}$	$0{,}0052_{1}$	$96{,}750_{610}$	$96{,}756_{609}$	$0{,}99995_{0}$	$1{,}0001_{0}$	$1{,}5605_{1}$
0,839	$5{,}2716_{63}$	$1{,}66234_{120}$	$194{,}72_{1,23}$	$0{,}0051_{0}$	$97{,}360_{614}$	$97{,}365_{614}$	$0{,}99995_{0}$	$1{,}0001_{0}$	$1{,}5606_{1}$
0,840	$5{,}2779_{63}$	$1{,}66353_{119}$	$195{,}95_{1,24}$	$0{,}0051_{0}$	$97{,}974_{618}$	$97{,}979_{618}$	$0{,}99995_{0}$	$1{,}0001_{0}$	$1{,}5606_{0}$
0,841	$5{,}2842_{63}$	$1{,}66472_{119}$	$197{,}19_{1,24}$	$0{,}0051_{1}$	$98{,}592_{621}$	$98{,}597_{621}$	$0{,}99995_{0}$	$1{,}0001_{0}$	$1{,}5606_{1}$
0,842	$5{,}2905_{62}$	$1{,}66591_{119}$	$198{,}43_{1,25}$	$0{,}0050_{0}$	$99{,}213_{626}$	$99{,}218_{626}$	$0{,}99995_{0}$	$1{,}0001_{0}$	$1{,}5607_{1}$
0,843	$5{,}2967_{63}$	$1{,}66710_{118}$	$199{,}68_{1,26}$	$0{,}0050_{0}$	$99{,}839_{63}$	$99{,}844_{63}$	$0{,}99995_{0}$	$1{,}0001_{0}$	$1{,}5608_{1}$
0,844	$5{,}3030_{63}$	$1{,}66828_{118}$	$200{,}94_{1,27}$	$0{,}0050_{1}$	$100{,}47_{63}$	$100{,}47_{64}$	$0{,}99995_{0}$	$1{,}0001_{0}$	$1{,}5609_{0}$
0,845	$5{,}3093_{63}$	$1{,}66946_{119}$	$202{,}21_{1,27}$	$0{,}0049_{0}$	$101{,}10_{64}$	$101{,}11_{63}$	$0{,}99995_{0}$	$1{,}0001_{0}$	$1{,}5609_{0}$
0,846	$5{,}3156_{63}$	$1{,}67065_{118}$	$203{,}48_{1,28}$	$0{,}0049_{0}$	$101{,}74_{64}$	$101{,}74_{64}$	$0{,}99995_{0}$	$1{,}0001_{0}$	$1{,}5609_{1}$
0,847	$5{,}3219_{63}$	$1{,}67183_{118}$	$204{,}76_{1,29}$	$0{,}0049_{0}$	$102{,}38_{64}$	$102{,}38_{65}$	$0{,}99995_{0}$	$1{,}0001_{0}$	$1{,}5610_{1}$
0,848	$5{,}3282_{62}$	$1{,}67301_{118}$	$206{,}05_{1,30}$	$0{,}0049_{1}$	$103{,}02_{65}$	$103{,}03_{65}$	$0{,}99995_{0}$	$1{,}0001_{0}$	$1{,}5611_{1}$
0,849	$5{,}3344_{63}$	$1{,}67419_{117}$	$207{,}35_{1,31}$	$0{,}0048_{0}$	$103{,}67_{66}$	$103{,}68_{65}$	$0{,}99995_{0}$	$1{,}0001_{0}$	$1{,}5612_{1}$
0,850	$5{,}3407_{63}$	$1{,}67536_{118}$	$208{,}66_{1,31}$	$0{,}0048_{0}$	$104{,}33_{66}$	$104{,}33_{66}$	$0{,}99995_{0}$	$1{,}0001_{0}$	$1{,}5612_{0}$

x	$2\pi x$	$\sin 2\pi x$	$\cos 2\pi x$	$\operatorname{tang} 2\pi x$	$\operatorname{cotg} 2\pi x$	$\sin^{*} 2\pi x$	$\cos^{*} 2\pi x$	$\operatorname{tang}^{*} 2\pi x$	$\operatorname{cotg}^{*} 2\pi x$
0,800	$5{,}0266_{62}$	$-0{,}95106_{196}$	$0{,}30902_{597}$	$-3{,}07766_{6455}$	$-0{,}32492_{696}$	$-0{,}89101_{283}$	$-0{,}45399_{561}$	$1{,}96262_{3087}$	$0{,}50952_{789}$
0,801	$5{,}0328_{63}$	$-0{,}94910_{200}$	$0{,}31499_{595}$	$-3{,}01311_{6209}$	$-0{,}33188_{699}$	$-0{,}89384_{280}$	$-0{,}44838_{562}$	$1{,}99349_{3163}$	$0{,}50163_{783}$
0,802	$5{,}0391_{63}$	$-0{,}94710_{204}$	$0{,}32094_{595}$	$-2{,}95102_{5996}$	$-0{,}33887_{702}$	$-0{,}89664_{277}$	$-0{,}44276_{564}$	$2{,}02512_{3246}$	$0{,}49380_{779}$
0,803	$5{,}0454_{63}$	$-0{,}94506_{207}$	$0{,}32689_{593}$	$-2{,}89106_{5773}$	$-0{,}34589_{705}$	$-0{,}89941_{272}$	$-0{,}43712_{566}$	$2{,}05758_{3330}$	$0{,}48601_{774}$
0,804	$5{,}0517_{63}$	$-0{,}94299_{211}$	$0{,}33282_{592}$	$-2{,}83333_{5574}$	$-0{,}35294_{708}$	$-0{,}90213_{270}$	$-0{,}43146_{568}$	$2{,}09088_{3423}$	$0{,}47827_{771}$
0,805	$5{,}0580_{63}$	$-0{,}94088_{215}$	$0{,}33874_{590}$	$-2{,}77759_{5379}$	$-0{,}36002_{711}$	$-0{,}90483_{265}$	$-0{,}42578_{569}$	$2{,}12511_{3509}$	$0{,}47056_{764}$
0,806	$5{,}0643_{62}$	$-0{,}93873_{218}$	$0{,}34464_{589}$	$-2{,}72380_{5199}$	$-0{,}36713_{715}$	$-0{,}90748_{263}$	$-0{,}42009_{571}$	$2{,}16020_{3612}$	$0{,}46292_{761}$
0,807	$5{,}0705_{63}$	$-0{,}93655_{222}$	$0{,}35053_{588}$	$-2{,}67181_{5031}$	$-0{,}37428_{718}$	$-0{,}91011_{258}$	$-0{,}41438_{573}$	$2{,}19632_{3711}$	$0{,}45531_{757}$
0,808	$5{,}0768_{63}$	$-0{,}93433_{226}$	$0{,}35641_{587}$	$-2{,}62150_{4871}$	$-0{,}38146_{722}$	$-0{,}91269_{255}$	$-0{,}40865_{574}$	$2{,}23343_{3814}$	$0{,}44774_{752}$
0,809	$5{,}0831_{63}$	$-0{,}93207_{229}$	$0{,}36228_{584}$	$-2{,}57279_{4704}$	$-0{,}38868_{724}$	$-0{,}91524_{251}$	$-0{,}40291_{576}$	$2{,}27157_{3927}$	$0{,}44022_{748}$
0,810	$5{,}0894_{63}$	$-0{,}92978_{233}$	$0{,}36812_{584}$	$-2{,}52575_{4567}$	$-0{,}39592_{729}$	$-0{,}91775_{248}$	$-0{,}39715_{578}$	$2{,}31084_{4046}$	$0{,}43274_{744}$
0,811	$5{,}0957_{63}$	$-0{,}92745_{237}$	$0{,}37396_{582}$	$-2{,}48008_{4425}$	$-0{,}40321_{733}$	$-0{,}92023_{244}$	$-0{,}39137_{579}$	$2{,}35130_{4164}$	$0{,}42530_{740}$
0,812	$5{,}1020_{62}$	$-0{,}92508_{241}$	$0{,}37978_{580}$	$-2{,}43583_{4289}$	$-0{,}41054_{736}$	$-0{,}92267_{241}$	$-0{,}38558_{580}$	$2{,}39294_{4289}$	$0{,}41790_{736}$
0,813	$5{,}1082_{63}$	$-0{,}92267_{244}$	$0{,}38558_{580}$	$-2{,}39294_{4289}$	$-0{,}41790_{740}$	$-0{,}92508_{237}$	$-0{,}37978_{582}$	$2{,}43583_{4425}$	$0{,}41054_{733}$
0,814	$5{,}1145_{63}$	$-0{,}92023_{248}$	$0{,}39137_{579}$	$-2{,}35130_{4164}$	$-0{,}42530_{744}$	$-0{,}92745_{233}$	$-0{,}37396_{584}$	$2{,}48008_{4567}$	$0{,}40321_{729}$
0,815	$5{,}1208_{63}$	$-0{,}91775_{251}$	$0{,}39715_{576}$	$-2{,}31084_{3927}$	$-0{,}43274_{748}$	$-0{,}92978_{229}$	$-0{,}36812_{584}$	$2{,}52575_{4704}$	$0{,}39592_{724}$
0,816	$5{,}1271_{63}$	$-0{,}91524_{255}$	$0{,}40291_{574}$	$-2{,}27157_{3814}$	$-0{,}44022_{752}$	$-0{,}93207_{226}$	$-0{,}36228_{587}$	$2{,}57279_{4871}$	$0{,}38868_{722}$
0,817	$5{,}1334_{63}$	$-0{,}91269_{258}$	$0{,}40865_{573}$	$-2{,}23343_{3711}$	$-0{,}44774_{757}$	$-0{,}93433_{222}$	$-0{,}35641_{588}$	$2{,}62150_{5031}$	$0{,}38146_{718}$
0,818	$5{,}1397_{62}$	$-0{,}91011_{263}$	$0{,}41438_{571}$	$-2{,}19632_{3612}$	$-0{,}45531_{761}$	$-0{,}93655_{218}$	$-0{,}35053_{589}$	$2{,}67181_{5199}$	$0{,}37428_{715}$
0,819	$5{,}1459_{63}$	$-0{,}90748_{265}$	$0{,}42009_{569}$	$-2{,}16020_{3509}$	$-0{,}46292_{764}$	$-0{,}93873_{215}$	$-0{,}34464_{590}$	$2{,}72380_{5379}$	$0{,}36713_{711}$
0,820	$5{,}1522_{63}$	$-0{,}90483_{270}$	$0{,}42578_{568}$	$-2{,}12511_{3423}$	$-0{,}47056_{771}$	$-0{,}94088_{211}$	$-0{,}33874_{592}$	$2{,}77759_{5574}$	$0{,}36002_{708}$
0,821	$5{,}1585_{63}$	$-0{,}90213_{272}$	$0{,}43146_{566}$	$-2{,}09088_{3330}$	$-0{,}47827_{774}$	$-0{,}94299_{207}$	$-0{,}33282_{593}$	$2{,}83333_{5773}$	$0{,}35294_{705}$
0,822	$5{,}1648_{63}$	$-0{,}89941_{277}$	$0{,}43712_{564}$	$-2{,}05758_{3246}$	$-0{,}48601_{779}$	$-0{,}94506_{204}$	$-0{,}32689_{595}$	$2{,}89106_{5996}$	$0{,}34589_{702}$
0,823	$5{,}1711_{63}$	$-0{,}89664_{280}$	$0{,}44276_{562}$	$-2{,}02512_{3163}$	$-0{,}49380_{783}$	$-0{,}94710_{200}$	$-0{,}32094_{595}$	$2{,}95102_{6209}$	$0{,}33887_{699}$
0,824	$5{,}1774_{62}$	$-0{,}89384_{283}$	$0{,}44838_{561}$	$-1{,}99349_{3087}$	$-0{,}50163_{789}$	$-0{,}94910_{196}$	$-0{,}31499_{597}$	$3{,}01311_{6455}$	$0{,}33188_{696}$
0,825	$5{,}1836_{63}$	$-0{,}89101_{287}$	$0{,}45399_{559}$	$-1{,}96262_{3012}$	$-0{,}50952_{794}$	$-0{,}95106_{192}$	$-0{,}30902_{598}$	$3{,}07766_{6707}$	$0{,}32492_{693}$
0,826	$5{,}1899_{63}$	$-0{,}88814_{291}$	$0{,}45958_{557}$	$-1{,}93250_{2939}$	$-0{,}51746_{800}$	$-0{,}95298_{188}$	$-0{,}30304_{600}$	$3{,}14473_{6985}$	$0{,}31799_{691}$
0,827	$5{,}1962_{63}$	$-0{,}88523_{294}$	$0{,}46515_{555}$	$-1{,}90311_{2869}$	$-0{,}52546_{804}$	$-0{,}95486_{185}$	$-0{,}29704_{600}$	$3{,}21458_{7263}$	$0{,}31108_{687}$
0,828	$5{,}2025_{63}$	$-0{,}88229_{297}$	$0{,}47070_{554}$	$-1{,}87442_{2804}$	$-0{,}53350_{810}$	$-0{,}95671_{181}$	$-0{,}29104_{602}$	$3{,}28721_{7578}$	$0{,}30421_{686}$
0,829	$5{,}2088_{63}$	$-0{,}87932_{301}$	$0{,}47624_{551}$	$-1{,}84638_{2737}$	$-0{,}54160_{815}$	$-0{,}95852_{177}$	$-0{,}28502_{603}$	$3{,}36299_{7903}$	$0{,}29735_{682}$
0,830	$5{,}2151_{62}$	$-0{,}87631_{305}$	$0{,}48175_{550}$	$-1{,}81901_{2679}$	$-0{,}54975_{822}$	$-0{,}96029_{174}$	$-0{,}27899_{604}$	$3{,}44202_{8254}$	$0{,}29053_{681}$
0,831	$5{,}2213_{63}$	$-0{,}87326_{308}$	$0{,}48725_{548}$	$-1{,}79222_{2618}$	$-0{,}55797_{827}$	$-0{,}96203_{169}$	$-0{,}27295_{605}$	$3{,}52456_{8623}$	$0{,}28372_{677}$
0,832	$5{,}2276_{63}$	$-0{,}87018_{311}$	$0{,}49273_{546}$	$-1{,}76604_{2560}$	$-0{,}56624_{833}$	$-0{,}96372_{166}$	$-0{,}26690_{606}$	$3{,}61079_{9025}$	$0{,}27695_{676}$
0,833	$5{,}2339_{63}$	$-0{,}86707_{315}$	$0{,}49819_{543}$	$-1{,}74044_{2502}$	$-0{,}57457_{838}$	$-0{,}96538_{162}$	$-0{,}26084_{607}$	$3{,}70104_{9454}$	$0{,}27019_{673}$
0,834	$5{,}2402_{63}$	$-0{,}86392_{318}$	$0{,}50362_{542}$	$-1{,}71542_{2451}$	$-0{,}58295_{845}$	$-0{,}96700_{158}$	$-0{,}25477_{608}$	$3{,}79558_{9915}$	$0{,}26346_{670}$
0,835	$5{,}2465_{63}$	$-0{,}86074_{321}$	$0{,}50904_{540}$	$-1{,}69091_{2399}$	$-0{,}59140_{851}$	$-0{,}96858_{155}$	$-0{,}24869_{609}$	$3{,}89473$	$0{,}25676_{669}$
0,836	$5{,}2528_{62}$	$-0{,}85753_{325}$	$0{,}51444_{538}$	$-1{,}66692_{2350}$	$-0{,}59991_{858}$	$-0{,}97013_{150}$	$-0{,}24260_{610}$	$3{,}99889$	$0{,}25007_{666}$
0,837	$5{,}2590_{63}$	$-0{,}85428_{329}$	$0{,}51982_{535}$	$-1{,}64342_{2301}$	$-0{,}60849_{864}$	$-0{,}97163_{147}$	$-0{,}23650_{611}$	$4{,}10837$	$0{,}24341_{665}$
0,838	$5{,}2653_{63}$	$-0{,}85099_{331}$	$0{,}52517_{534}$	$-1{,}62041_{2255}$	$-0{,}61713_{871}$	$-0{,}97310_{143}$	$-0{,}23039_{612}$	$4{,}22371$	$0{,}23676_{663}$
0,839	$5{,}2716_{63}$	$-0{,}84768_{335}$	$0{,}53051_{532}$	$-1{,}59786_{2212}$	$-0{,}62584_{878}$	$-0{,}97453_{139}$	$-0{,}22427_{613}$	$4{,}34534$	$0{,}23013_{661}$
0,840	$5{,}2779_{63}$	$-0{,}84433_{339}$	$0{,}53583_{529}$	$-1{,}57574_{2167}$	$-0{,}63462_{885}$	$-0{,}97592_{135}$	$-0{,}21814_{613}$	$4{,}47382$	$0{,}22352_{658}$
0,841	$5{,}2842_{63}$	$-0{,}84094_{341}$	$0{,}54112_{527}$	$-1{,}55407_{2123}$	$-0{,}64347_{891}$	$-0{,}97727_{131}$	$-0{,}21201_{615}$	$4{,}60955$	$0{,}21694_{657}$
0,842	$5{,}2905_{62}$	$-0{,}83753_{345}$	$0{,}54639_{526}$	$-1{,}53284_{2087}$	$-0{,}65238_{901}$	$-0{,}97858_{128}$	$-0{,}20586_{615}$	$4{,}75362$	$0{,}21037_{656}$
0,843	$5{,}2967_{63}$	$-0{,}83408_{348}$	$0{,}55165_{523}$	$-1{,}51197_{2045}$	$-0{,}66139_{907}$	$-0{,}97986_{123}$	$-0{,}19971_{616}$	$4{,}90641$	$0{,}20381_{653}$
0,844	$5{,}3030_{63}$	$-0{,}83060_{352}$	$0{,}55688_{520}$	$-1{,}49152_{2006}$	$-0{,}67046_{914}$	$-0{,}98109_{120}$	$-0{,}19355_{617}$	$5{,}06892$	$0{,}19728_{652}$
0,845	$5{,}3093_{63}$	$-0{,}82708_{355}$	$0{,}56208_{519}$	$-1{,}47146_{1972}$	$-0{,}67960_{923}$	$-0{,}98229_{116}$	$-0{,}18738_{617}$	$5{,}24224$	$0{,}19076_{650}$
0,846	$5{,}3156_{63}$	$-0{,}82353_{358}$	$0{,}56727_{516}$	$-1{,}45174_{1934}$	$-0{,}68883_{930}$	$-0{,}98345_{111}$	$-0{,}18121_{619}$	$5{,}42713$	$0{,}18426_{650}$
0,847	$5{,}3219_{63}$	$-0{,}81995_{361}$	$0{,}57243_{514}$	$-1{,}43240_{1900}$	$-0{,}69813_{938}$	$-0{,}98456_{108}$	$-0{,}17502_{619}$	$5{,}62541$	$0{,}17776_{647}$
0,848	$5{,}3282_{62}$	$-0{,}81634_{365}$	$0{,}57757_{512}$	$-1{,}41340_{1868}$	$-0{,}70751_{948}$	$-0{,}98564_{105}$	$-0{,}16883_{619}$	$5{,}83806$	$0{,}17129_{646}$
0,849	$5{,}3344_{63}$	$-0{,}81269_{367}$	$0{,}58269_{510}$	$-1{,}39472_{1834}$	$-0{,}71699_{956}$	$-0{,}98669_{100}$	$-0{,}16264_{621}$	$6{,}06671$	$0{,}16483_{645}$
0,850	$5{,}3407_{63}$	$-0{,}80902_{371}$	$0{,}58779_{507}$	$-1{,}37638_{1803}$	$-0{,}72655_{964}$	$-0{,}98769_{96}$	$-0{,}15643_{620}$	$6{,}31394$	$0{,}15838_{643}$

x	$2\pi x$	$\ln 2\pi x$	$e^{2\pi x}$	$e^{-2\pi x}$	$\mathrm{Sin}\,2\pi x$	$\mathrm{Coſ}\,2\pi x$	$\mathrm{Tang}\,2\pi x$	$\mathrm{Cotg}\,2\pi x$	$\mathrm{Amp}\,2\pi x$
0,850	5,3407 $_{63}$	1,67536 $_{118}$	208,66 $_{1,31}$	0,0048 $_{0}$	104,33 $_{66}$	104,33 $_{66}$	0,99995 $_{0}$	1,0001 $_{0}$	1,5612 $_{1}$
0,851	5,3470 $_{63}$	1,67654 $_{118}$	209,97 $_{1,33}$	0,0048 $_{0}$	104,99 $_{66}$	104,99 $_{66}$	0,99995 $_{0}$	1,0001 $_{0}$	1,5613 $_{1}$
0,852	5,3533 $_{63}$	1,67772 $_{117}$	211,30 $_{1,33}$	0,0047 $_{1}$	105,65 $_{66}$	105,65 $_{67}$	0,99995 $_{1}$	1,0001 $_{1}$	1,5614 $_{0}$
0,853	5,3596 $_{63}$	1,67889 $_{117}$	212,63 $_{1,34}$	0,0047 $_{0}$	106,31 $_{67}$	106,32 $_{67}$	0,99996 $_{0}$	1,0000 $_{0}$	1,5614 $_{0}$
0,854	5,3659 $_{62}$	1,68006 $_{117}$	213,97 $_{1,35}$	0,0047 $_{1}$	106,98 $_{68}$	106,99 $_{67}$	0,99996 $_{0}$	1,0000 $_{0}$	1,5614 $_{1}$
0,855	5,3721 $_{63}$	1,68123 $_{116}$	215,32 $_{1,36}$	0,0046 $_{0}$	107,66 $_{68}$	107,66 $_{68}$	0,99996 $_{0}$	1,0000 $_{0}$	1,5615 $_{1}$
0,856	5,3784 $_{63}$	1,68239 $_{118}$	216,68 $_{1,36}$	0,0046 $_{0}$	108,34 $_{68}$	108,34 $_{68}$	0,99996 $_{0}$	1,0000 $_{0}$	1,5616 $_{1}$
0,857	5,3847 $_{63}$	1,68357 $_{116}$	218,04 $_{1,38}$	0,0046 $_{0}$	109,02 $_{69}$	109,02 $_{70}$	0,99996 $_{0}$	1,0000 $_{0}$	1,5617 $_{0}$
0,858	5,3910 $_{63}$	1,68473 $_{117}$	219,42 $_{1,38}$	0,0046 $_{1}$	109,71 $_{69}$	109,72 $_{68}$	0,99996 $_{0}$	1,0000 $_{0}$	1,5617 $_{0}$
6,859	5,3973 $_{63}$	1,68590 $_{117}$	220,80 $_{1,39}$	0,0045 $_{0}$	110,40 $_{69}$	110,40 $_{70}$	0,99996 $_{0}$	1,0000 $_{0}$	1,5617 $_{1}$
0,860	5,4036 $_{62}$	1,68707 $_{115}$	222,19 $_{1,40}$	0,0045 $_{0}$	111,09 $_{70}$	111,10 $_{70}$	0,99996 $_{0}$	1,0000 $_{0}$	1,5618 $_{0}$
0,861	5,4098 $_{63}$	1,68822 $_{116}$	223,59 $_{1,41}$	0,0045 $_{1}$	111,79 $_{71}$	111,80 $_{70}$	0,99996 $_{0}$	1,0000 $_{0}$	1,5618 $_{1}$
0,862	5,4161 $_{63}$	1,68938 $_{116}$	225,00 $_{1,42}$	0,0044 $_{0}$	112,50 $_{71}$	112,50 $_{71}$	0,99996 $_{0}$	1,0000 $_{0}$	1,5619 $_{1}$
0,863	5,4224 $_{63}$	1,69054 $_{116}$	226,42 $_{1,43}$	0,0044 $_{0}$	113,21 $_{71}$	113,21 $_{71}$	0,99996 $_{0}$	1,0000 $_{0}$	1,5620 $_{0}$
0,864	5,4287 $_{63}$	1,69170 $_{116}$	227,85 $_{1,43}$	0,0044 $_{0}$	113,92 $_{72}$	113,92 $_{72}$	0,99996 $_{0}$	1,0000 $_{0}$	1,5620 $_{1}$
0,865	5,4350 $_{63}$	1,69286 $_{116}$	229,28 $_{1,45}$	0,0044 $_{1}$	114,64 $_{73}$	114,64 $_{73}$	0,99996 $_{0}$	1,0000 $_{0}$	1,5621 $_{1}$
0,866	5,4413 $_{62}$	1,69402 $_{114}$	230,73 $_{1,45}$	0,0043 $_{0}$	115,37 $_{72}$	115,37 $_{72}$	0,99996 $_{0}$	1,0000 $_{0}$	1,5622 $_{0}$
0,867	5,4475 $_{63}$	1,69516 $_{116}$	232,18 $_{1,47}$	0,0043 $_{0}$	116,09 $_{74}$	116,09 $_{74}$	0,99996 $_{0}$	1,0000 $_{0}$	1,5622 $_{0}$
0,868	5,4538 $_{63}$	1,69632 $_{115}$	233,65 $_{1,47}$	0,0043 $_{0}$	116,83 $_{73}$	116,83 $_{73}$	0,99996 $_{0}$	1,0000 $_{0}$	1,5622 $_{1}$
0,869	5,4601 $_{63}$	1,69747 $_{115}$	235,12 $_{1,48}$	0,0043 $_{1}$	117,56 $_{74}$	117,56 $_{74}$	0,99996 $_{0}$	1,0000 $_{0}$	1,5623 $_{1}$
0,870	5,4664 $_{63}$	1,69862 $_{116}$	236,60 $_{1,49}$	0,0042 $_{0}$	118,30 $_{74}$	118,30 $_{75}$	0,99996 $_{0}$	1,0000 $_{0}$	1,5624 $_{1}$
0,871	5,4727 $_{63}$	1,69978 $_{115}$	238,09 $_{1,50}$	0,0042 $_{0}$	119,04 $_{75}$	119,05 $_{75}$	0,99996 $_{0}$	1,0000 $_{0}$	1,5625 $_{0}$
0,872	5,4790 $_{62}$	1,70093 $_{113}$	239,59 $_{1,51}$	0,0042 $_{1}$	119,79 $_{76}$	119,80 $_{75}$	0,99996 $_{1}$	1,0000 $_{0}$	1,5625 $_{0}$
0,873	5,4852 $_{63}$	1,70206 $_{115}$	241,10 $_{1,52}$	0,0041 $_{0}$	120,55 $_{76}$	120,55 $_{76}$	0,99997 $_{0}$	1,0000 $_{0}$	1,5625 $_{0}$
0,874	5,4915 $_{63}$	1,70321 $_{114}$	242,62 $_{1,53}$	0,0041 $_{0}$	121,31 $_{76}$	121,31 $_{77}$	0,99997 $_{0}$	1,0000 $_{0}$	1,5626 $_{1}$
0,875	5,4978 $_{63}$	1,70435 $_{115}$	244,15 $_{1,54}$	0,0041 $_{0}$	122,07 $_{77}$	122,08 $_{77}$	0,99997 $_{0}$	1,0000 $_{0}$	1,5626 $_{1}$
0,876	5,5041 $_{63}$	1,70550 $_{114}$	245,69 $_{1,55}$	0,0041 $_{1}$	122,84 $_{78}$	122,85 $_{77}$	0,99997 $_{0}$	1,0000 $_{0}$	1,5627 $_{1}$
0,877	5,5104 $_{63}$	1,70664 $_{114}$	247,24 $_{1,56}$	0,0040 $_{0}$	123,62 $_{78}$	123,62 $_{78}$	0,99997 $_{0}$	1,0000 $_{0}$	1,5628 $_{0}$
0,878	5,5167 $_{62}$	1,70778 $_{113}$	248,80 $_{1,56}$	0,0040 $_{0}$	124,40 $_{78}$	124,40 $_{78}$	0,99997 $_{0}$	1,0000 $_{0}$	1,5628 $_{0}$
0,879	5,5229 $_{63}$	1,70891 $_{114}$	250,36 $_{1,58}$	0,0040 $_{0}$	125,18 $_{79}$	125,18 $_{79}$	0,99997 $_{0}$	1,0000 $_{0}$	1,5628 $_{0}$
0,880	5,5292 $_{63}$	1,71005 $_{114}$	251,94 $_{1,59}$	0,0040 $_{1}$	125,97 $_{79}$	125,97 $_{80}$	0,99997 $_{0}$	1,0000 $_{0}$	1,5628 $_{1}$
0,881	5,5355 $_{63}$	1,71119 $_{113}$	253,53 $_{1,60}$	0,0039 $_{0}$	126,76 $_{80}$	126,77 $_{80}$	0,99997 $_{0}$	1,0000 $_{0}$	1,5629 $_{0}$
0,882	5,5418 $_{63}$	1,71232 $_{114}$	255,13 $_{1,61}$	0,0039 $_{0}$	127,56 $_{81}$	127,57 $_{80}$	0,99997 $_{0}$	1,0000 $_{0}$	1,5629 $_{1}$
0,883	5,5481 $_{63}$	1,71346 $_{113}$	256,74 $_{1,62}$	0,0039 $_{0}$	128,37 $_{81}$	128,37 $_{81}$	0,99997 $_{0}$	1,0000 $_{0}$	1,5630 $_{1}$
0,884	5,5544 $_{62}$	1,71459 $_{112}$	258,36 $_{1,62}$	0,0039 $_{1}$	129,18 $_{81}$	129,18 $_{81}$	0,99997 $_{0}$	1,0000 $_{0}$	1,5631 $_{0}$
0,885	5,5606 $_{63}$	1,71571 $_{113}$	259,98 $_{1,64}$	0,0038 $_{0}$	129,99 $_{82}$	129,99 $_{82}$	0,99997 $_{0}$	1,0000 $_{0}$	1,5631 $_{0}$
0,886	5,5669 $_{63}$	1,71684 $_{113}$	261,62 $_{1,65}$	0,0038 $_{0}$	130,81 $_{83}$	130,81 $_{83}$	0,99997 $_{0}$	1,0000 $_{0}$	1,5631 $_{1}$
0,887	5,5732 $_{63}$	1,71797 $_{113}$	263,27 $_{1,66}$	0,0038 $_{0}$	131,64 $_{83}$	131,64 $_{83}$	0,99997 $_{0}$	1,0000 $_{0}$	1,5632 $_{1}$
0,888	5,5795 $_{63}$	1,71910 $_{113}$	264,93 $_{1,67}$	0,0038 $_{0}$	132,47 $_{83}$	132,47 $_{83}$	0,99997 $_{0}$	1,0000 $_{0}$	1,5633 $_{0}$
0,889	5,5858 $_{63}$	1,72023 $_{113}$	266,60 $_{1,68}$	0,0038 $_{1}$	133,30 $_{84}$	133,30 $_{84}$	0,99997 $_{0}$	1,0000 $_{0}$	1,5633 $_{0}$
0,890	5,5921 $_{62}$	1,72136 $_{111}$	268,28 $_{1,69}$	0,0037 $_{0}$	134,14 $_{85}$	134,14 $_{85}$	0,99997 $_{0}$	1,0000 $_{0}$	1,5633 $_{0}$
0,891	5,5983 $_{63}$	1,72247 $_{112}$	269,97 $_{1,70}$	0,0037 $_{0}$	134,99 $_{85}$	134,99 $_{85}$	0,99997 $_{0}$	1,0000 $_{0}$	1,5633 $_{1}$
0,892	5,6046 $_{63}$	1,72359 $_{112}$	271,67 $_{1,72}$	0,0037 $_{0}$	135,84 $_{86}$	135,84 $_{86}$	0,99997 $_{0}$	1,0000 $_{0}$	1,5634 $_{0}$
0,893	5,6109 $_{63}$	1,72471 $_{113}$	273,39 $_{1,72}$	0,0037 $_{1}$	136,70 $_{86}$	136,70 $_{86}$	0,99997 $_{0}$	1,0000 $_{0}$	1,5634 $_{1}$
0,894	5,6172 $_{63}$	1,72584 $_{112}$	275,11 $_{1,73}$	0,0036 $_{0}$	137,56 $_{86}$	137,56 $_{86}$	0,99997 $_{0}$	1,0000 $_{0}$	1,5635 $_{1}$
0,895	5,6235 $_{63}$	1,72696 $_{112}$	276,84 $_{1,75}$	0,0036 $_{0}$	138,42 $_{88}$	138,42 $_{88}$	0,99997 $_{0}$	1,0000 $_{0}$	1,5636 $_{0}$
0,896	5,6298 $_{62}$	1,72808 $_{110}$	278,59 $_{1,75}$	0,0036 $_{0}$	139,30 $_{87}$	139,30 $_{87}$	0,99997 $_{0}$	1,0000 $_{0}$	1,5636 $_{0}$
0,897	5,6360 $_{63}$	1,72918 $_{112}$	280,34 $_{1,77}$	0,0036 $_{0}$	140,17 $_{89}$	140,17 $_{89}$	0,99997 $_{0}$	1,0000 $_{0}$	1,5636 $_{0}$
0,898	5,6423 $_{63}$	1,73030 $_{111}$	282,11 $_{1,78}$	0,0036 $_{1}$	141,06 $_{89}$	141,06 $_{89}$	0,99997 $_{0}$	1,0000 $_{0}$	1,5636 $_{1}$
0,899	5,6486 $_{63}$	1,73141 $_{112}$	283,89 $_{1,79}$	0,0035 $_{0}$	141,95 $_{89}$	141,95 $_{89}$	0,99997 $_{0}$	1,0000 $_{0}$	1,5637 $_{0}$
0,900	5,6549 $_{63}$	1,73253 $_{110}$	285,68 $_{1,80}$	0,0035 $_{0}$	142,84 $_{90}$	142,84 $_{90}$	0,99998 $_{0}$	1,0000 $_{0}$	1,5637 $_{1}$

x	$2\pi x$	$\sin 2\pi x$	$\cos 2\pi x$	$\text{tang}\, 2\pi x$	$\text{cotg}\, 2\pi x$	$\sin^* 2\pi x$	$\cos^* 2\pi x$	$\text{tang}^* 2\pi x$	$\text{cotg}^* 2\pi x$
350	5,3407$_{63}$	−0,80902$_{371}$	0,58779$_{507}$	−1,37638$_{1803}$	−0,72655$_{964}$	−0,98769$_{96}$	−0,15643$_{620}$	6,31394	0,15838$_{643}$
351	5,3470$_{63}$	−0,80531$_{374}$	0,59286$_{504}$	−1,35835$_{1771}$	−0,73619$_{972}$	−0,98865$_{93}$	−0,15023$_{622}$	6,58091	0,15195$_{642}$
352	5,3533$_{63}$	−0,80157$_{378}$	0,59790$_{503}$	−1,34064$_{1745}$	−0,74591$_{984}$	−0,98958$_{88}$	−0,14401$_{622}$	6,87161	0,14553$_{641}$
353	5,3596$_{63}$	−0,79779$_{380}$	0,60293$_{500}$	−1,32319$_{1714}$	−0,75575$_{991}$	−0,99046$_{85}$	−0,13779$_{623}$	7,18818	0,13912$_{641}$
354	5,3659$_{62}$	−0,79399$_{383}$	0,60793$_{498}$	−1,30605$_{1686}$	−0,76566$_{1002}$	−0,99131$_{80}$	−0,13156$_{623}$	7,53504	0,13271$_{641}$
355	5,3721$_{63}$	−0,79016$_{387}$	0,61291$_{495}$	−1,28919$_{1659}$	−0,77568$_{1011}$	−0,99211$_{77}$	−0,12533$_{623}$	7,91598	0,12633$_{638}$
356	5,3784$_{63}$	−0,78629$_{390}$	0,61786$_{493}$	−1,27260$_{1633}$	−0,78579$_{1022}$	−0,99288$_{73}$	−0,11910$_{624}$	8,33652	0,11995$_{636}$
357	5,3847$_{63}$	−0,78239$_{393}$	0,62279$_{490}$	−1,25627$_{1607}$	−0,79601$_{1031}$	−0,99361$_{69}$	−0,11286$_{625}$	8,80392	0,11359$_{637}$
358	5,3910$_{63}$	−0,77846$_{396}$	0,62769$_{488}$	−1,24020$_{1583}$	−0,80632$_{1043}$	−0,99430$_{65}$	−0,10661$_{625}$	9,32652	0,10722$_{635}$
359	5,3973$_{63}$	−0,77450$_{399}$	0,63257$_{485}$	−1,22437$_{1558}$	−0,81675$_{1052}$	−0,99495$_{61}$	−0,10036$_{625}$	9,91381	0,10087$_{634}$
360	5,4036$_{62}$	−0,77051$_{402}$	0,63742$_{483}$	−1,20879$_{1535}$	−0,82727$_{1064}$	−0,99556$_{57}$	−0,09411$_{626}$	10,57868	0,09453$_{634}$
861	5,4098$_{63}$	−0,76649$_{405}$	0,64225$_{481}$	−1,19344$_{1513}$	−0,83791$_{1076}$	−0,99613$_{54}$	−0,08785$_{626}$	11,33899	0,08819$_{633}$
862	5,4161$_{63}$	−0,76244$_{408}$	0,64706$_{477}$	−1,17831$_{1488}$	−0,84867$_{1086}$	−0,99667$_{49}$	−0,08159$_{626}$	12,21559	0,08186$_{632}$
863	5,4224$_{63}$	−0,75836$_{411}$	0,65183$_{476}$	−1,16343$_{1469}$	−0,85953$_{1099}$	−0,99716$_{45}$	−0,07533$_{627}$	13,23722	0,07554$_{631}$
864	5,4287$_{63}$	−0,75425$_{414}$	0,65659$_{472}$	−1,14874$_{1446}$	−0,87052$_{1110}$	−0,99761$_{42}$	−0,06906$_{627}$	14,44555	0,06923$_{632}$
865	5,4350$_{63}$	−0,75011$_{417}$	0,66131$_{470}$	−1,13428$_{1427}$	−0,88162$_{1123}$	−0,99803$_{37}$	−0,06279$_{627}$	15,89473	0,06291$_{630}$
866	5,4413$_{62}$	−0,74594$_{420}$	0,66601$_{468}$	−1,12001$_{1407}$	−0,89285$_{1136}$	−0,99840$_{34}$	−0,05652$_{628}$	17,66454	0,05661$_{631}$
867	5,4475$_{63}$	−0,74174$_{423}$	0,67069$_{464}$	−1,10594$_{1387}$	−0,90421$_{1148}$	−0,99874$_{29}$	−0,05024$_{627}$	19,87938	0,05030$_{629}$
868	5,4538$_{63}$	−0,73751$_{425}$	0,67533$_{462}$	−1,09207$_{1367}$	−0,91569$_{1161}$	−0,99903$_{26}$	−0,04397$_{628}$	22,72072	0,04401$_{629}$
869	5,4601$_{63}$	−0,73326$_{429}$	0,67995$_{460}$	−1,07840$_{1351}$	−0,92730$_{1176}$	−0,99929$_{22}$	−0,03769$_{628}$	26,51340	0,03772$_{629}$
870	5,4664$_{63}$	−0,72897$_{432}$	0,68455$_{456}$	−1,06489$_{1332}$	−0,93906$_{1190}$	−0,99951$_{17}$	−0,03141$_{628}$	31,82139	0,03143$_{629}$
871	5,4727$_{63}$	−0,72465$_{434}$	0,68911$_{454}$	−1,05157$_{1314}$	−0,95096$_{1203}$	−0,99968$_{14}$	−0,02513$_{628}$	39,78034	0,02514$_{629}$
872	5,4790$_{62}$	−0,72031$_{437}$	0,69365$_{452}$	−1,03843$_{1298}$	−0,96299$_{1219}$	−0,99982$_{10}$	−0,01885$_{628}$	53,04085	0,01885$_{628}$
873	5,4852$_{63}$	−0,71594$_{440}$	0,69817$_{448}$	−1,02545$_{1280}$	−0,97518$_{1233}$	−0,99992$_{6}$	−0,01257$_{629}$	79,54813	0,01257$_{629}$
874	5,4915$_{63}$	−0,71154$_{443}$	0,70265$_{446}$	−1,01265$_{1265}$	−0,98751$_{1249}$	−0,99998$_{2}$	−0,00628$_{628}$	159,23248	0,00628$_{628}$
875	5,4978$_{63}$	−0,70711$_{446}$	0,70711$_{443}$	−1,00000$_{1249}$	−1,00000$_{1265}$	−1,00000$_{2}$	∓0,00000$_{628}$	± ∞	±0,00000$_{628}$
876	5,5041$_{63}$	−0,70265$_{448}$	0,71154$_{440}$	−0,98751$_{1233}$	−1,01265$_{1280}$	−0,99998$_{6}$	0,00628$_{629}$	−159,23248	−0,00628$_{629}$
877	5,5104$_{63}$	−0,69817$_{452}$	0,71594$_{437}$	−0,97518$_{1219}$	−1,02545$_{1298}$	−0,99992$_{10}$	0,01257$_{628}$	−79,54813	−0,01257$_{628}$
878	5,5167$_{62}$	−0,69365$_{454}$	0,72031$_{434}$	−0,96299$_{1203}$	−1,03843$_{1314}$	−0,99982$_{14}$	0,01885$_{628}$	−53,04085	−0,01885$_{629}$
879	5,5229$_{63}$	−0,68911$_{456}$	0,72465$_{432}$	−0,95096$_{1190}$	−1,05157$_{1332}$	−0,99968$_{17}$	0,02513$_{628}$	−39,78034	−0,02514$_{629}$
880	5,5292$_{63}$	−0,68455$_{460}$	0,72897$_{429}$	−0,93906$_{1176}$	−1,06489$_{1351}$	−0,99951$_{22}$	0,03141$_{628}$	−31,82139	−0,03143$_{629}$
881	5,5355$_{63}$	−0,67995$_{462}$	0,73326$_{425}$	−0,92730$_{1161}$	−1,07840$_{1367}$	−0,99929$_{26}$	0,03769$_{628}$	−26,51340	−0,03772$_{629}$
882	5,5418$_{63}$	−0,67533$_{464}$	0,73751$_{423}$	−0,91569$_{1148}$	−1,09207$_{1387}$	−0,99903$_{29}$	0,04397$_{628}$	−22,72072	−0,04401$_{629}$
883	5,5481$_{63}$	−0,67069$_{468}$	0,74174$_{420}$	−0,90421$_{1136}$	−1,10594$_{1407}$	−0,99874$_{34}$	0,05024$_{627}$	−19,87938	−0,05030$_{631}$
884	5,5544$_{62}$	−0,66601$_{470}$	0,74594$_{417}$	−0,89285$_{1123}$	−1,12001$_{1427}$	−0,99840$_{37}$	0,05652$_{628}$	−17,66454	−0,05661$_{630}$
885	5,5606$_{63}$	−0,66131$_{472}$	0,75011$_{414}$	−0,88162$_{1110}$	−1,13428$_{1446}$	−0,99803$_{42}$	0,06279$_{627}$	−15,89473	−0,06291$_{632}$
886	5,5669$_{63}$	−0,65659$_{476}$	0,75425$_{411}$	−0,87052$_{1099}$	−1,14874$_{1469}$	−0,99761$_{45}$	0,06906$_{627}$	−14,44555	−0,06923$_{631}$
887	5,5732$_{63}$	−0,65183$_{477}$	0,75836$_{408}$	−0,85953$_{1086}$	−1,16343$_{1488}$	−0,99716$_{49}$	0,07533$_{626}$	−13,23722	−0,07554$_{632}$
888	5,5795$_{63}$	−0,64706$_{481}$	0,76244$_{405}$	−0,84867$_{1076}$	−1,17831$_{1513}$	−0,99667$_{54}$	0,08159$_{626}$	−12,21559	−0,08186$_{633}$
889	5,5858$_{63}$	−0,64225$_{483}$	0,76649$_{402}$	−0,83791$_{1064}$	−1,19344$_{1535}$	−0,99613$_{57}$	0,08785$_{626}$	−11,33899	−0,08819$_{634}$
890	5,5921$_{62}$	−0,63742$_{485}$	0,77051$_{399}$	−0,82727$_{1052}$	−1,20879$_{1558}$	−0,99556$_{61}$	0,09411$_{625}$	−10,57868	−0,09453$_{634}$
891	5,5983$_{63}$	−0,63257$_{488}$	0,77450$_{396}$	−0,81675$_{1043}$	−1,22437$_{1583}$	−0,99495$_{65}$	0,10036$_{625}$	− 9,91381	−0,10087$_{635}$
892	5,6046$_{63}$	−0,62769$_{490}$	0,77846$_{393}$	−0,80632$_{1031}$	−1,24020$_{1607}$	−0,99430$_{69}$	0,10661$_{625}$	− 9,32652	−0,10722$_{637}$
893	5,6109$_{63}$	−0,62279$_{493}$	0,78239$_{390}$	−0,79601$_{1022}$	−1,25627$_{1633}$	−0,99361$_{73}$	0,11286$_{624}$	− 8,80392	−0,11359$_{636}$
894	5,6172$_{63}$	−0,61786$_{495}$	0,78629$_{387}$	−0,78579$_{1011}$	−1,27260$_{1659}$	−0,99288$_{77}$	0,11910$_{623}$	− 8,33652	−0,11995$_{638}$
895	5,6235$_{63}$	−0,61291$_{498}$	0,79016$_{383}$	−0,77568$_{1002}$	−1,28919$_{1686}$	−0,99211$_{80}$	0,12533$_{623}$	− 7,91598	−0,12633$_{638}$
896	5,6298$_{62}$	−0,60793$_{500}$	0,79399$_{380}$	−0,76566$_{991}$	−1,30605$_{1714}$	−0,99131$_{85}$	0,13156$_{623}$	− 7,53504	−0,13271$_{641}$
897	5,6360$_{63}$	−0,60293$_{503}$	0,79779$_{378}$	−0,75575$_{984}$	−1,32319$_{1745}$	−0,99046$_{88}$	0,13779$_{622}$	− 7,18818	−0,13912$_{641}$
898	5,6423$_{63}$	−0,59790$_{504}$	0,80157$_{374}$	−0,74591$_{972}$	−1,34064$_{1771}$	−0,98958$_{93}$	0,14401$_{622}$	− 6,87161	−0,14553$_{642}$
899	5,6486$_{63}$	−0,59286$_{507}$	0,80531$_{371}$	−0,73619$_{964}$	−1,35835$_{1803}$	−0,98865$_{96}$	0,15023$_{620}$	− 6,58091	−0,15195$_{643}$
900	5,6549$_{63}$	−0,58779$_{510}$	0,80902$_{367}$	−0,72655$_{956}$	−1,37638$_{1834}$	−0,98769$_{100}$	0,15643$_{621}$	− 6,31394	−0,15838$_{645}$

x	$2\pi x$	$\ln 2\pi x$	$e^{2\pi x}$	$e^{-2\pi x}$	$\mathfrak{Sin}\,2\pi x$	$\mathfrak{Cof}\,2\pi x$	$\mathfrak{Tang}\,2\pi x$	$\mathfrak{Cotg}\,2\pi x$	$\mathfrak{Amp}\,2\pi x$
0,900	5,6549 $_{63}$	1,73253 $_{110}$	285,68 $_{1,80}$	0,0035 $_{0}$	142,84 $_{90}$	142,84 $_{90}$	0,99998 $_{0}$	1,0000 $_{0}$	1,5637 $_{1}$
0,901	5,6612 $_{62}$	1,73363 $_{111}$	287,48 $_{1,81}$	0,0035 $_{0}$	143,74 $_{90}$	143,74 $_{91}$	0,99998 $_{0}$	1,0000 $_{0}$	1,5638 $_{1}$
0,902	5,6674 $_{63}$	1,73474 $_{111}$	289,29 $_{1,82}$	0,0035 $_{1}$	144,64 $_{91}$	144,65 $_{91}$	0,99998 $_{0}$	1,0000 $_{0}$	1,5639 $_{0}$
0,903	5,6737 $_{63}$	1,73585 $_{110}$	291,11 $_{1,84}$	0,0034 $_{0}$	145,55 $_{92}$	145,56 $_{92}$	0,99998 $_{0}$	1,0000 $_{0}$	1,5639 $_{0}$
0,904	5,6800 $_{63}$	1,73695 $_{111}$	292,95 $_{1,85}$	0,0034 $_{0}$	146,47 $_{93}$	146,48 $_{92}$	0,99998 $_{0}$	1,0000 $_{0}$	1,5639 $_{0}$
0,905	5,6863 $_{63}$	1,73806 $_{111}$	294,80 $_{1,86}$	0,0034 $_{0}$	147,40 $_{93}$	147,40 $_{93}$	0,99998 $_{0}$	1,0000 $_{0}$	1,5639 $_{1}$
0,906	5,6926 $_{63}$	1,73917 $_{110}$	296,66 $_{1,86}$	0,0034 $_{0}$	148,33 $_{93}$	148,33 $_{93}$	0,99998 $_{0}$	1,0000 $_{0}$	1,5640 $_{0}$
0,907	5,6989 $_{62}$	1,74027 $_{110}$	298,52 $_{1,89}$	0,0034 $_{1}$	149,26 $_{94}$	149,26 $_{95}$	0,99998 $_{0}$	1,0000 $_{0}$	1,5640 $_{1}$
0,908	5,7051 $_{63}$	1,74137 $_{110}$	300,41 $_{1,89}$	0,0033 $_{0}$	150,20 $_{95}$	150,21 $_{94}$	0,99998 $_{0}$	1,0000 $_{0}$	1,5641 $_{1}$
0,909	5,7114 $_{63}$	1,74247 $_{110}$	302,30 $_{1,90}$	0,0033 $_{0}$	151,15 $_{95}$	151,15 $_{95}$	0,99998 $_{0}$	1,0000 $_{0}$	1,5642 $_{0}$
0,910	5,7177 $_{63}$	1,74357 $_{110}$	304,20 $_{1,92}$	0,0033 $_{0}$	152,10 $_{96}$	152,10 $_{96}$	0,99998 $_{0}$	1,0000 $_{0}$	1,5642 $_{0}$
0,911	5,7240 $_{63}$	1,74467 $_{110}$	306,12 $_{1,93}$	0,0033 $_{1}$	153,06 $_{96}$	153,06 $_{97}$	0,99998 $_{0}$	1,0000 $_{0}$	1,5642 $_{1}$
0,912	5,7303 $_{63}$	1,74577 $_{110}$	308,05 $_{1,94}$	0,0032 $_{0}$	154,02 $_{97}$	154,03 $_{97}$	0,99998 $_{0}$	1,0000 $_{0}$	1,5643 $_{1}$
0,913	5,7366 $_{62}$	1,74687 $_{108}$	309,99 $_{1,96}$	0,0032 $_{0}$	154,99 $_{98}$	155,00 $_{98}$	0,99998 $_{0}$	1,0000 $_{0}$	1,5644 $_{0}$
0,914	5,7428 $_{63}$	1,74795 $_{110}$	311,95 $_{1,96}$	0,0032 $_{0}$	155,97 $_{98}$	155,98 $_{98}$	0,99998 $_{0}$	1,0000 $_{0}$	1,5644 $_{0}$
0,915	5,7491 $_{63}$	1,74905 $_{109}$	313,91 $_{1,98}$	0,0032 $_{0}$	156,95 $_{99}$	156,96 $_{99}$	0,99998 $_{0}$	1,0000 $_{0}$	1,5644 $_{0}$
0,916	5,7554 $_{63}$	1,75014 $_{110}$	315,89 $_{1,99}$	0,0032 $_{1}$	157,94 $_{1,00}$	157,95 $_{99}$	0,99998 $_{0}$	1,0000 $_{0}$	1,5644 $_{1}$
0,917	5,7617 $_{63}$	1,75124 $_{109}$	317,88 $_{2,01}$	0,0031 $_{0}$	158,94 $_{1,00}$	158,94 $_{1,01}$	0,99998 $_{0}$	1,0000 $_{0}$	1,5645 $_{0}$
0,918	5,7680 $_{63}$	1,75233 $_{109}$	319,89 $_{2,01}$	0,0031 $_{0}$	159,94 $_{1,01}$	159,95 $_{1,00}$	0,99998 $_{0}$	1,0000 $_{0}$	1,5645 $_{1}$
0,919	5,7743 $_{62}$	1,75342 $_{107}$	321,90 $_{2,03}$	0,0031 $_{0}$	160,95 $_{1,01}$	160,95 $_{1,02}$	0,99998 $_{0}$	1,0000 $_{0}$	1,5646 $_{1}$
0,920	5,7805 $_{63}$	1,75449 $_{109}$	323,93 $_{2,04}$	0,0031 $_{0}$	161,96 $_{1,02}$	161,97 $_{1,02}$	0,99998 $_{0}$	1,0000 $_{0}$	1,5647 $_{0}$
0,921	5,7868 $_{63}$	1,75558 $_{109}$	325,97 $_{2,06}$	0,0031 $_{1}$	162,98 $_{1,03}$	162,99 $_{1,03}$	0,99998 $_{0}$	1,0000 $_{0}$	1,5647 $_{0}$
0,922	5,7931 $_{63}$	1,75667 $_{109}$	328,03 $_{2,06}$	0,0030 $_{1}$	164,01 $_{1,03}$	164,02 $_{1,03}$	0,99998 $_{0}$	1,0000 $_{0}$	1,5647 $_{0}$
0,923	5,7994 $_{63}$	1,75776 $_{108}$	330,09 $_{2,09}$	0,0030 $_{0}$	165,04 $_{1,05}$	165,05 $_{1,04}$	0,99998 $_{0}$	1,0000 $_{0}$	1,5647 $_{0}$
0,924	5,8057 $_{63}$	1,75884 $_{109}$	332,18 $_{2,09}$	0,0030 $_{0}$	166,09 $_{1,04}$	166,09 $_{1,05}$	0,99998 $_{0}$	1,0000 $_{0}$	1,5648 $_{1}$
0,925	5,8120 $_{63}$	1,75993 $_{108}$	334,27 $_{2,11}$	0,0030 $_{0}$	167,13 $_{1,04}$	167,14 $_{1,05}$	0,99998 $_{0}$	1,0000 $_{0}$	1,5648 $_{0}$
0,926	5,8183 $_{62}$	1,76101 $_{107}$	336,38 $_{2,12}$	0,0030 $_{0}$	168,19 $_{1,06}$	168,19 $_{1,06}$	0,99998 $_{0}$	1,0000 $_{0}$	1,5648 $_{1}$
0,927	5,8245 $_{63}$	1,76208 $_{108}$	338,50 $_{2,13}$	0,0030 $_{1}$	169,25 $_{1,06}$	169,25 $_{1,07}$	0,99998 $_{0}$	1,0000 $_{0}$	1,5649 $_{1}$
0,928	5,8308 $_{63}$	1,76316 $_{108}$	340,63 $_{2,15}$	0,0029 $_{0}$	170,31 $_{1,08}$	170,32 $_{1,07}$	0,99998 $_{0}$	1,0000 $_{0}$	1,5650 $_{0}$
0,929	5,8371 $_{63}$	1,76424 $_{108}$	342,78 $_{2,16}$	0,0029 $_{0}$	171,39 $_{1,08}$	171,39 $_{1,08}$	0,99998 $_{0}$	1,0000 $_{0}$	1,5650 $_{0}$
0,930	5,8434 $_{63}$	1,76532 $_{107}$	344,94 $_{2,17}$	0,0029 $_{0}$	172,47 $_{1,08}$	172,47 $_{1,09}$	0,99998 $_{0}$	1,0000 $_{0}$	1,5650 $_{0}$
0,931	5,8497 $_{62}$	1,76639 $_{106}$	347,11 $_{2,19}$	0,0029 $_{0}$	173,55 $_{1,10}$	173,56 $_{1,09}$	0,99998 $_{0}$	1,0000 $_{0}$	1,5650 $_{0}$
0,932	5,8559 $_{63}$	1,76745 $_{108}$	349,30 $_{2,21}$	0,0029 $_{0}$	174,65 $_{1,10}$	174,65 $_{1,11}$	0,99998 $_{0}$	1,0000 $_{0}$	1,5650 $_{1}$
0,933	5,8622 $_{63}$	1,76853 $_{107}$	351,51 $_{2,21}$	0,0028 $_{1}$	175,75 $_{1,10}$	175,76 $_{1,10}$	0,99998 $_{0}$	1,0000 $_{0}$	1,5651 $_{0}$
0,934	5,8685 $_{63}$	1,76960 $_{108}$	353,72 $_{2,23}$	0,0028 $_{0}$	176,86 $_{1,11}$	176,86 $_{1,12}$	0,99998 $_{0}$	1,0000 $_{0}$	1,5651 $_{0}$
0,935	5,8748 $_{63}$	1,77068 $_{107}$	355,95 $_{2,24}$	0,0028 $_{0}$	177,97 $_{1,12}$	177,98 $_{1,12}$	0,99998 $_{0}$	1,0000 $_{0}$	1,5651 $_{0}$
0,936	5,8811 $_{63}$	1,77175 $_{107}$	358,19 $_{2,26}$	0,0028 $_{0}$	179,09 $_{1,13}$	179,10 $_{1,13}$	0,99998 $_{0}$	1,0000 $_{0}$	1,5651 $_{1}$
0,937	5,8874 $_{62}$	1,77282 $_{105}$	360,45 $_{2,27}$	0,0028 $_{0}$	180,22 $_{1,14}$	180,23 $_{1,13}$	0,99998 $_{0}$	1,0000 $_{0}$	1,5652 $_{1}$
0,938	5,8936 $_{63}$	1,77387 $_{107}$	362,72 $_{2,28}$	0,0028 $_{0}$	181,36 $_{1,14}$	181,36 $_{1,14}$	0,99998 $_{0}$	1,0000 $_{0}$	1,5653 $_{0}$
0,939	5,8999 $_{63}$	1,77494 $_{107}$	365,00 $_{2,31}$	0,0027 $_{1}$	182,50 $_{1,15}$	182,50 $_{1,16}$	0,99998 $_{0}$	1,0000 $_{0}$	1,5653 $_{0}$
0,940	5,9062 $_{63}$	1,77601 $_{106}$	367,31 $_{2,31}$	0,0027 $_{0}$	183,65 $_{1,16}$	183,66 $_{1,15}$	0,99999 $_{0}$	1,0000 $_{0}$	1,5653 $_{0}$
0,941	5,9125 $_{63}$	1,77707 $_{107}$	369,62 $_{2,33}$	0,0027 $_{0}$	184,81 $_{1,16}$	184,81 $_{1,17}$	0,99999 $_{0}$	1,0000 $_{0}$	1,5653 $_{1}$
0,942	5,9188 $_{63}$	1,77814 $_{106}$	371,95 $_{2,33}$	0,0027 $_{0}$	185,97 $_{1,18}$	185,98 $_{1,17}$	0,99999 $_{0}$	1,0000 $_{0}$	1,5654 $_{1}$
0,943	5,9251 $_{62}$	1,77920 $_{105}$	374,30 $_{2,35}$	0,0027 $_{0}$	187,15 $_{1,17}$	187,15 $_{1,18}$	0,99999 $_{0}$	1,0000 $_{0}$	1,5655 $_{0}$
0,944	5,9313 $_{63}$	1,78025 $_{106}$	376,65 $_{2,35}$	0,0027 $_{1}$	188,32 $_{1,17}$	188,33 $_{1,18}$	0,99999 $_{0}$	1,0000 $_{0}$	1,5655 $_{0}$
0,945	5,9376 $_{63}$	1,78131 $_{106}$	379,03 $_{2,38}$	0,0026 $_{1}$	189,51 $_{1,20}$	189,52 $_{1,19}$	0,99999 $_{0}$	1,0000 $_{0}$	1,5655 $_{0}$
0,946	5,9439 $_{63}$	1,78237 $_{106}$	381,42 $_{2,40}$	0,0026 $_{0}$	190,71 $_{1,20}$	190,71 $_{1,20}$	0,99999 $_{0}$	1,0000 $_{0}$	1,5655 $_{0}$
0,947	5,9502 $_{63}$	1,78343 $_{106}$	383,82 $_{2,42}$	0,0026 $_{0}$	191,91 $_{1,21}$	191,91 $_{1,21}$	0,99999 $_{0}$	1,0000 $_{0}$	1,5655 $_{0}$
0,948	5,9565 $_{63}$	1,78449 $_{105}$	386,24 $_{2,44}$	0,0026 $_{0}$	193,12 $_{1,21}$	193,12 $_{1,22}$	0,99999 $_{0}$	1,0000 $_{0}$	1,5656 $_{1}$
0,949	5,9628 $_{62}$	1,78554 $_{104}$	388,68 $_{2,44}$	0,0026 $_{0}$	194,34 $_{1,22}$	194,34 $_{1,22}$	0,99999 $_{0}$	1,0000 $_{0}$	1,5656 $_{0}$
0,950	5,9690 $_{63}$	1,78658 $_{106}$	391,12 $_{2,47}$	0,0026 $_{1}$	195,56 $_{1,23}$	195,56 $_{1,24}$	0,99999 $_{0}$	1,0000 $_{0}$	1,5656 $_{0}$

x	$2\pi x$	$\sin 2\pi x$	$\cos 2\pi x$	$\tan 2\pi x$	$\cot 2\pi x$	$\sin^* 2\pi x$	$\cos^* 2\pi x$	$\tan^* 2\pi x$	$\cot^* 2\pi x$
,900	$5{,}6549_{63}$	$-0{,}58779_{510}$	$0{,}80902_{367}$	$-0{,}72655_{956}$	$-1{,}37638_{1834}$	$-0{,}98769_{100}$	$0{,}15643_{621}$	$-6{,}31394$	$-0{,}15838_{645}$
,901	$5{,}6612_{62}$	$-0{,}58269_{512}$	$0{,}81269_{365}$	$-0{,}71699_{948}$	$-1{,}39472_{1868}$	$-0{,}98669_{105}$	$0{,}16264_{619}$	$-6{,}06671$	$-0{,}16483_{646}$
,902	$5{,}6674_{63}$	$-0{,}57757_{514}$	$0{,}81634_{361}$	$-0{,}70751_{938}$	$-1{,}41340_{1900}$	$-0{,}98564_{108}$	$0{,}16883_{619}$	$-5{,}83806$	$-0{,}17129_{647}$
,903	$5{,}6737_{63}$	$-0{,}57243_{516}$	$0{,}81995_{358}$	$-0{,}69813_{930}$	$-1{,}43240_{1934}$	$-0{,}98456_{111}$	$0{,}17502_{619}$	$-5{,}62541$	$-0{,}17776_{650}$
,904	$5{,}6800_{63}$	$-0{,}56727_{519}$	$0{,}82353_{355}$	$-0{,}68883_{923}$	$-1{,}45174_{1972}$	$-0{,}98345_{116}$	$0{,}18121_{617}$	$-5{,}42713$	$-0{,}18426_{650}$
,905	$5{,}6863_{63}$	$-0{,}56208_{520}$	$0{,}82708_{352}$	$-0{,}67960_{914}$	$-1{,}47146_{2006}$	$-0{,}98229_{120}$	$0{,}18738_{617}$	$-5{,}24224 \cdot$	$-0{,}19076_{652}$
,906	$5{,}6926_{63}$	$-0{,}55688_{523}$	$0{,}83060_{348}$	$-0{,}67046_{907}$	$-1{,}49152_{2045}$	$-0{,}98109_{123}$	$0{,}19355_{616}$	$-5{,}06892$	$-0{,}19728_{653}$
,907	$5{,}6989_{62}$	$-0{,}55165_{526}$	$0{,}83408_{345}$	$-0{,}66139_{901}$	$-1{,}51197_{2087}$	$-0{,}97986_{128}$	$0{,}19971_{615}$	$-4{,}90641$	$-0{,}20381_{656}$
,908	$5{,}7051_{63}$	$-0{,}54639_{527}$	$0{,}83753_{341}$	$-0{,}65238_{891}$	$-1{,}53284_{2123}$	$-0{,}97858_{131}$	$0{,}20586_{615}$	$-4{,}75362$	$-0{,}21037_{657}$
,909	$5{,}7114_{63}$	$-0{,}54112_{529}$	$0{,}84094_{339}$	$-0{,}64347_{885}$	$-1{,}55407_{2167}$	$-0{,}97727_{135}$	$0{,}21201_{613}$	$-4{,}60955$	$-0{,}21694_{658}$
,910	$5{,}7177_{63}$	$-0{,}53583_{532}$	$0{,}84433_{335}$	$-0{,}63462_{878}$	$-1{,}57574_{2212}$	$-0{,}97592_{139}$	$0{,}21814_{613}$	$-4{,}47382$	$-0{,}22352_{661}$
,911	$5{,}7240_{63}$	$-0{,}53051_{534}$	$0{,}84768_{331}$	$-0{,}62584_{871}$	$-1{,}59786_{2255}$	$-0{,}97453_{143}$	$0{,}22427_{612}$	$-4{,}34534$	$-0{,}23013_{663}$
,912	$5{,}7303_{63}$	$-0{,}52517_{535}$	$0{,}85099_{329}$	$-0{,}61713_{864}$	$-1{,}62041_{2301}$	$-0{,}97310_{147}$	$0{,}23039_{611}$	$-4{,}22371$	$-0{,}23676_{665}$
,913	$5{,}7366_{62}$	$-0{,}51982_{538}$	$0{,}85428_{325}$	$-0{,}60849_{858}$	$-1{,}64342_{2350}$	$-0{,}97163_{150}$	$0{,}23650_{610}$	$-4{,}10837$	$-0{,}24341_{666}$
,914	$5{,}7428_{63}$	$-0{,}51444_{540}$	$0{,}85753_{321}$	$-0{,}59991_{851}$	$-1{,}66692_{2399}$	$-0{,}97013_{155}$	$0{,}24260_{609}$	$-3{,}99889$	$-0{,}25007_{669}$
,915	$5{,}7491_{63}$	$-0{,}50904_{542}$	$0{,}86074_{318}$	$-0{,}59140_{845}$	$-1{,}69091_{2451}$	$-0{,}96858_{158}$	$0{,}24869_{608}$	$-3{,}89473_{9915}$	$-0{,}25676_{670}$
,916	$5{,}7554_{63}$	$-0{,}50362_{543}$	$0{,}86392_{315}$	$-0{,}58295_{838}$	$-1{,}71542_{2502}$	$-0{,}96700_{162}$	$0{,}25477_{607}$	$-3{,}79558_{9454}$	$-0{,}26346_{673}$
,917	$5{,}7617_{63}$	$-0{,}49819_{546}$	$0{,}86707_{311}$	$-0{,}57457_{833}$	$-1{,}74044_{2560}$	$-0{,}96538_{166}$	$0{,}26084_{606}$	$-3{,}70104_{9025}$	$-0{,}27019_{676}$
,918	$5{,}7680_{63}$	$-0{,}49273_{548}$	$0{,}87018_{308}$	$-0{,}56624_{827}$	$-1{,}76604_{2618}$	$-0{,}96372_{169}$	$0{,}26690_{605}$	$-3{,}61079_{8623}$	$-0{,}27695_{677}$
,919	$5{,}7743_{62}$	$-0{,}48725_{550}$	$0{,}87326_{305}$	$-0{,}55797_{822}$	$-1{,}79222_{2679}$	$-0{,}96203_{174}$	$0{,}27295_{604}$	$-3{,}52456_{8254}$	$-0{,}28372_{681}$
,920	$5{,}7805_{63}$	$-0{,}48175_{551}$	$0{,}87631_{301}$	$-0{,}54975_{815}$	$-1{,}81901_{2737}$	$-0{,}96029_{177}$	$0{,}27899_{603}$	$-3{,}44202_{7903}$	$-0{,}29053_{682}$
,921	$5{,}7868_{63}$	$-0{,}47624_{554}$	$0{,}87932_{297}$	$-0{,}54160_{810}$	$-1{,}84638_{2804}$	$-0{,}95852_{181}$	$0{,}28502_{602}$	$-3{,}36299_{7578}$	$-0{,}29735_{686}$
,922	$5{,}7931_{63}$	$-0{,}47070_{555}$	$0{,}88229_{294}$	$-0{,}53350_{804}$	$-1{,}87442_{2869}$	$-0{,}95671_{185}$	$0{,}29104_{600}$	$-3{,}28721_{7263}$	$-0{,}30421_{687}$
,923	$5{,}7994_{63}$	$-0{,}46515_{557}$	$0{,}88523_{291}$	$-0{,}52546_{800}$	$-1{,}90311_{2939}$	$-0{,}95486_{188}$	$0{,}29704_{600}$	$-3{,}21458_{6985}$	$-0{,}31108_{691}$
,924	$5{,}8057_{63}$	$-0{,}45958_{559}$	$0{,}88814_{287}$	$-0{,}51746_{794}$	$-1{,}93250_{3012}$	$-0{,}95298_{192}$	$0{,}30304_{598}$	$-3{,}14473_{6707}$	$-0{,}31799_{693}$
,925	$5{,}8120_{63}$	$-0{,}45399_{561}$	$0{,}89101_{283}$	$-0{,}50952_{789}$	$-1{,}96262_{3087}$	$-0{,}95106_{196}$	$0{,}30902_{597}$	$-3{,}07766_{6455}$	$-0{,}32492_{696}$
,926	$5{,}8183_{62}$	$-0{,}44838_{562}$	$0{,}89384_{280}$	$-0{,}50163_{783}$	$-1{,}99349_{3163}$	$-0{,}94910_{200}$	$0{,}31499_{595}$	$-3{,}01311_{6209}$	$-0{,}33188_{699}$
,927	$5{,}8245_{63}$	$-0{,}44276_{564}$	$0{,}89664_{277}$	$-0{,}49380_{779}$	$-2{,}02512_{3246}$	$-0{,}94710_{204}$	$0{,}32094_{595}$	$-2{,}95102_{5996}$	$-0{,}33887_{702}$
,928	$5{,}8308_{63}$	$-0{,}43712_{566}$	$0{,}89941_{272}$	$-0{,}48601_{774}$	$-2{,}05758_{3330}$	$-0{,}94506_{207}$	$0{,}32689_{593}$	$-2{,}89106_{5773}$	$-0{,}34589_{705}$
,929	$5{,}8371_{63}$	$-0{,}43146_{568}$	$0{,}90213_{270}$	$-0{,}47827_{771}$	$-2{,}09088_{3423}$	$-0{,}94299_{211}$	$0{,}33282_{592}$	$-2{,}83333_{5574}$	$-0{,}35294_{708}$
,930	$5{,}8434_{63}$	$-0{,}42578_{569}$	$0{,}90483_{265}$	$-0{,}47056_{764}$	$-2{,}12511_{3509}$	$-0{,}94088_{215}$	$0{,}33874_{590}$	$-2{,}77759_{5379}$	$-0{,}36002_{711}$
,931	$5{,}8497_{62}$	$-0{,}42009_{571}$	$0{,}90748_{263}$	$-0{,}46292_{761}$	$-2{,}16020_{3612}$	$-0{,}93873_{218}$	$0{,}34464_{589}$	$-2{,}72380_{5199}$	$-0{,}36713_{715}$
,932	$5{,}8559_{63}$	$-0{,}41438_{573}$	$0{,}91011_{258}$	$-0{,}45531_{757}$	$-2{,}19632_{3711}$	$-0{,}93655_{222}$	$0{,}35053_{588}$	$-2{,}67181_{5031}$	$-0{,}37428_{718}$
,933	$5{,}8622_{63}$	$-0{,}40865_{574}$	$0{,}91269_{255}$	$-0{,}44774_{752}$	$-2{,}23343_{3814}$	$-0{,}93433_{226}$	$0{,}35641_{587}$	$-2{,}62150_{4871}$	$-0{,}38146_{722}$
,934	$5{,}8685_{63}$	$-0{,}40291_{576}$	$0{,}91524_{251}$	$-0{,}44022_{748}$	$-2{,}27157_{3927}$	$-0{,}93207_{229}$	$0{,}36228_{584}$	$-2{,}57279_{4704}$	$-0{,}38868_{724}$
,935	$5{,}8748_{63}$	$-0{,}39715_{578}$	$0{,}91775_{248}$	$-0{,}43274_{744}$	$-2{,}31084_{4046}$	$-0{,}92978_{233}$	$0{,}36812_{584}$	$-2{,}52575_{4567}$	$-0{,}39592_{729}$
,936	$5{,}8811_{63}$	$-0{,}39137_{579}$	$0{,}92023_{244}$	$-0{,}42530_{740}$	$-2{,}35130_{4164}$	$-0{,}92745_{237}$	$0{,}37396_{582}$	$-2{,}48008_{4425}$	$-0{,}40321_{733}$
,937	$5{,}8874_{62}$	$-0{,}38558_{580}$	$0{,}92261_{241}$	$-0{,}41790_{736}$	$-2{,}39294_{4289}$	$-0{,}92508_{241}$	$0{,}37978_{580}$	$-2{,}43583_{4289}$	$-0{,}41054_{736}$
,938	$5{,}8936_{63}$	$-0{,}37978_{582}$	$0{,}92508_{237}$	$-0{,}41054_{733}$	$-2{,}43583_{4425}$	$-0{,}92267_{244}$	$0{,}38558_{579}$	$-2{,}39294_{4164}$	$-0{,}41790_{740}$
,939	$5{,}8999_{63}$	$-0{,}37396_{584}$	$0{,}92745_{233}$	$-0{,}40321_{729}$	$-2{,}48008_{4567}$	$-0{,}92023_{248}$	$0{,}39137_{578}$	$-2{,}35130_{4046}$	$-0{,}42530_{744}$
,940	$5{,}9062_{63}$	$-0{,}36812_{584}$	$0{,}92978_{229}$	$-0{,}39592_{724}$	$-2{,}52575_{4704}$	$-0{,}91775_{251}$	$0{,}39715_{576}$	$-2{,}31084_{3927}$	$-0{,}43274_{748}$
,941	$5{,}9125_{63}$	$-0{,}36228_{587}$	$0{,}93207_{226}$	$-0{,}38868_{722}$	$-2{,}57279_{4871}$	$-0{,}91524_{255}$	$0{,}40291_{574}$	$-2{,}27157_{3814}$	$-0{,}44022_{752}$
,942	$5{,}9188_{63}$	$-0{,}35641_{588}$	$0{,}93433_{222}$	$-0{,}38146_{718}$	$-2{,}62150_{5031}$	$-0{,}91269_{258}$	$0{,}40865_{573}$	$-2{,}23343_{3711}$	$0{,}44774_{757}$
,943	$5{,}9251_{63}$	$-0{,}35053_{589}$	$0{,}93655_{218}$	$-0{,}37428_{715}$	$-2{,}67181_{5199}$	$-0{,}91011_{263}$	$0{,}41438_{571}$	$-2{,}19632_{3612}$	$-0{,}45531_{761}$
,944	$5{,}9313_{62}$	$-0{,}34464_{590}$	$0{,}93873_{215}$	$-0{,}36713_{711}$	$-2{,}72380_{5379}$	$-0{,}90748_{265}$	$0{,}42009_{569}$	$-2{,}16020_{3509}$	$-0{,}46292_{764}$
,945	$5{,}9376_{63}$	$-0{,}33874_{592}$	$0{,}94088_{211}$	$-0{,}36002_{708}$	$-2{,}77759_{5574}$	$-0{,}90483_{270}$	$0{,}42578_{568}$	$-2{,}12511_{3423}$	$-0{,}47056_{771}$
,946	$5{,}9439_{63}$	$-0{,}33282_{593}$	$0{,}94299_{207}$	$-0{,}35294_{705}$	$-2{,}83333_{5773}$	$-0{,}90213_{272}$	$0{,}43146_{566}$	$-2{,}09088_{3330}$	$-0{,}47827_{774}$
,947	$5{,}9502_{63}$	$-0{,}32689_{595}$	$0{,}94506_{204}$	$-0{,}34589_{702}$	$-2{,}89106_{5996}$	$-0{,}89941_{277}$	$0{,}43712_{564}$	$-2{,}05758_{3246}$	$-0{,}48601_{779}$
,948	$5{,}9565_{63}$	$-0{,}32094_{595}$	$0{,}94710_{200}$	$-0{,}33887_{699}$	$-2{,}95102_{6209}$	$-0{,}89664_{280}$	$0{,}44276_{562}$	$-2{,}02512_{3163}$	$-0{,}49380_{783}$
,949	$5{,}9628_{62}$	$-0{,}31499_{597}$	$0{,}94910_{196}$	$-0{,}33188_{696}$	$-3{,}01311_{6455}$	$-0{,}89384_{283}$	$0{,}44838_{561}$	$-1{,}99349_{3087}$	$-0{,}50163_{789}$
,950	$5{,}9690_{63}$	$-0{,}30902_{598}$	$0{,}95106_{192}$	$-0{,}32492_{693}$	$-3{,}07766_{6707}$	$-0{,}89101_{287}$	$0{,}45399_{559}$	$-1{,}96262_{3012}$	$-0{,}50952_{794}$

x	$2\pi x$	$\ln 2\pi x$	$e^{2\pi x}$	$e^{-2\pi x}$	$\mathrm{Sin}\,2\pi x$	$\mathrm{Co\int}\,2\pi x$	$\mathrm{Tang}\,2\pi x$	$\mathrm{Cotg}\,2\pi x$	$\mathrm{Amp}\,2\pi x$
0,950	$5{,}9690_{63}$	$1{,}78658_{106}$	$391{,}12_{2{,}47}$	$0{,}0026_{1}$	$195{,}56_{1{,}23}$	$195{,}56_{1{,}24}$	$0{,}99999_{0}$	$1{,}0000_{0}$	$1{,}5656_{0}$
0,951	$5{,}9753_{63}$	$1{,}78764_{105}$	$393{,}59_{2{,}48}$	$0{,}0025_{0}$	$196{,}79_{1{,}24}$	$196{,}80_{1{,}24}$	$0{,}99999_{0}$	$1{,}0000_{0}$	$1{,}5656_{1}$
0,952	$5{,}9816_{63}$	$1{,}78869_{105}$	$396{,}07_{2{,}50}$	$0{,}0025_{0}$	$198{,}03_{1{,}25}$	$198{,}04_{1{,}25}$	$0{,}99999_{0}$	$1{,}0000_{0}$	$1{,}5657_{1}$
0,953	$5{,}9879_{63}$	$1{,}78974_{106}$	$398{,}57_{2{,}51}$	$0{,}0025_{0}$	$199{,}28_{1{,}26}$	$199{,}29_{1{,}25}$	$0{,}99999_{0}$	$1{,}0000_{0}$	$1{,}5658_{0}$
0,954	$5{,}9942_{63}$	$1{,}79080_{105}$	$401{,}08_{2{,}53}$	$0{,}0025_{0}$	$200{,}54_{1{,}26}$	$200{,}54_{1{,}27}$	$0{,}99999_{0}$	$1{,}0000_{0}$	$1{,}5658_{0}$
0,955	$6{,}0005_{62}$	$1{,}79185_{103}$	$403{,}61_{2{,}54}$	$0{,}0025_{0}$	$201{,}80_{1{,}27}$	$201{,}81_{1{,}27}$	$0{,}99999_{0}$	$1{,}0000_{0}$	$1{,}5658_{0}$
0,956	$6{,}0067_{63}$	$1{,}79288_{105}$	$406{,}15_{2{,}56}$	$0{,}0025_{1}$	$203{,}07_{1{,}28}$	$203{,}08_{1{,}28}$	$0{,}99999_{0}$	$1{,}0000_{0}$	$1{,}5658_{0}$
0,957	$6{,}0130_{63}$	$1{,}79393_{105}$	$408{,}71_{2{,}58}$	$0{,}0024_{0}$	$204{,}35_{1{,}29}$	$204{,}36_{1{,}29}$	$0{,}99999_{0}$	$1{,}0000_{0}$	$1{,}5658_{1}$
0,958	$6{,}0193_{63}$	$1{,}79498_{104}$	$411{,}29_{2{,}59}$	$0{,}0024_{0}$	$205{,}64_{1{,}30}$	$205{,}65_{1{,}29}$	$0{,}99999_{0}$	$1{,}0000_{0}$	$1{,}5659_{0}$
0,959	$6{,}0256_{63}$	$1{,}79602_{104}$	$413{,}88_{2{,}61}$	$0{,}0024_{0}$	$206{,}94_{1{,}30}$	$206{,}94_{1{,}31}$	$0{,}99999_{0}$	$1{,}0000_{0}$	$1{,}5659_{0}$
0,960	$6{,}0319_{63}$	$1{,}79707_{104}$	$416{,}49_{2{,}62}$	$0{,}0024_{0}$	$208{,}24_{1{,}31}$	$208{,}25_{1{,}31}$	$0{,}99999_{0}$	$1{,}0000_{0}$	$1{,}5659_{0}$
0,961	$6{,}0382_{62}$	$1{,}79811_{103}$	$419{,}11_{2{,}65}$	$0{,}0024_{0}$	$209{,}55_{1{,}33}$	$209{,}56_{1{,}32}$	$0{,}99999$	$1{,}0000_{0}$	$1{,}5659_{1}$
0,962	$6{,}0444_{63}$	$1{,}79914_{104}$	$421{,}76_{2{,}65}$	$0{,}0024_{0}$	$210{,}88_{1{,}32}$	$210{,}88_{1{,}33}$	$0{,}99999_{0}$	$1{,}0000_{0}$	$1{,}5660_{1}$
0,963	$6{,}0507_{63}$	$1{,}80018_{104}$	$424{,}41_{2{,}68}$	$0{,}0024_{1}$	$212{,}20_{1{,}34}$	$212{,}21_{1{,}33}$	$0{,}99999_{0}$	$1{,}0000_{0}$	$1{,}5661_{0}$
0,964	$6{,}0570_{63}$	$1{,}80122_{104}$	$427{,}09_{2{,}69}$	$0{,}0023_{0}$	$213{,}54_{1{,}35}$	$213{,}55_{1{,}34}$	$0{,}99999_{0}$	$1{,}0000_{0}$	$1{,}5661_{0}$
0,965	$6{,}0633_{63}$	$1{,}80226_{104}$	$429{,}78_{2{,}71}$	$0{,}0023_{0}$	$214{,}89_{1{,}35}$	$214{,}89_{1{,}36}$	$0{,}99999_{0}$	$1{,}0000_{0}$	$1{,}5661_{0}$
0,966	$6{,}0696_{63}$	$1{,}80330_{103}$	$432{,}49_{2{,}72}$	$0{,}0023_{0}$	$216{,}24_{1{,}36}$	$216{,}25_{1{,}36}$	$0{,}99999_{0}$	$1{,}0000_{0}$	$1{,}5661_{0}$
0,967	$6{,}0759_{62}$	$1{,}80433_{102}$	$435{,}21_{2{,}75}$	$0{,}0023_{0}$	$217{,}60_{1{,}38}$	$217{,}61_{1{,}37}$	$0{,}99999_{0}$	$1{,}0000_{0}$	$1{,}5661_{1}$
0,968	$6{,}0821_{63}$	$1{,}80535_{104}$	$437{,}96_{2{,}76}$	$0{,}0023_{0}$	$218{,}98_{1{,}38}$	$218{,}98_{1{,}38}$	$0{,}99999_{0}$	$1{,}0000_{0}$	$1{,}5662_{0}$
0,969	$6{,}0884_{63}$	$1{,}80639_{103}$	$440{,}72_{2{,}78}$	$0{,}0023_{0}$	$220{,}36_{1{,}39}$	$220{,}36_{1{,}38}$	$0{,}99999_{0}$	$1{,}0000_{0}$	$1{,}5662_{0}$
0,970	$6{,}0947_{63}$	$1{,}80742_{104}$	$443{,}50_{2{,}79}$	$0{,}0023_{1}$	$221{,}75_{1{,}39}$	$221{,}75_{1{,}40}$	$0{,}99999_{0}$	$1{,}0000_{0}$	$1{,}5662_{0}$
0,971	$6{,}1010_{63}$	$1{,}80846_{103}$	$446{,}29_{2{,}82}$	$0{,}0022_{0}$	$223{,}14_{1{,}41}$	$223{,}15_{1{,}41}$	$0{,}99999_{0}$	$1{,}0000_{0}$	$1{,}5662_{1}$
0,972	$6{,}1073_{63}$	$1{,}80949_{103}$	$449{,}11_{2{,}82}$	$0{,}0022_{0}$	$224{,}55_{1{,}41}$	$224{,}56_{1{,}41}$	$0{,}99999_{0}$	$1{,}0000_{0}$	$1{,}5663_{1}$
0,973	$6{,}1136_{62}$	$1{,}81052_{101}$	$451{,}93_{2{,}86}$	$0{,}0022_{0}$	$225{,}96_{1{,}43}$	$225{,}97_{1{,}41}$	$0{,}99999_{0}$	$1{,}0000_{0}$	$1{,}5664_{0}$
0,974	$6{,}1198_{63}$	$1{,}81153_{103}$	$454{,}79_{2{,}86}$	$0{,}0022_{0}$	$227{,}39_{1{,}43}$	$227{,}40_{1{,}43}$	$0{,}99999_{0}$	$1{,}0000_{0}$	$1{,}5664_{0}$
0,975	$6{,}1261_{63}$	$1{,}81256_{103}$	$457{,}65_{2{,}88}$	$0{,}0022_{0}$	$228{,}82_{1{,}44}$	$228{,}83_{1{,}43}$	$0{,}99999_{0}$	$1{,}0000_{0}$	$1{,}5664_{0}$
0,976	$6{,}1324_{63}$	$1{,}81359_{103}$	$460{,}53_{2{,}91}$	$0{,}0022_{0}$	$230{,}26_{1{,}46}$	$230{,}27_{1{,}45}$	$0{,}99999_{0}$	$1{,}0000_{0}$	$1{,}5664_{0}$
0,977	$6{,}1387_{63}$	$1{,}81462_{102}$	$463{,}44_{2{,}92}$	$0{,}0022_{1}$	$231{,}72_{1{,}46}$	$231{,}72_{1{,}46}$	$0{,}99999_{0}$	$1{,}0000_{0}$	$1{,}5664_{1}$
0,978	$6{,}1450_{62}$	$1{,}81564_{101}$	$466{,}36_{2{,}94}$	$0{,}0021_{0}$	$233{,}18_{1{,}47}$	$233{,}18_{1{,}47}$	$0{,}99999_{0}$	$1{,}0000_{0}$	$1{,}5665_{1}$
0,979	$6{,}1512_{63}$	$1{,}81665_{102}$	$469{,}30_{2{,}96}$	$0{,}0021_{0}$	$234{,}65_{1{,}48}$	$234{,}65_{1{,}48}$	$0{,}99999_{0}$	$1{,}0000_{0}$	$1{,}5666_{0}$
0,980	$6{,}1575_{63}$	$1{,}81767_{103}$	$472{,}26_{2{,}97}$	$0{,}0021_{0}$	$236{,}13_{1{,}48}$	$236{,}13_{1{,}49}$	$0{,}99999_{0}$	$1{,}0000_{0}$	$1{,}5666_{0}$
0,981	$6{,}1638_{63}$	$1{,}81870_{102}$	$475{,}23_{3{,}00}$	$0{,}0021_{0}$	$237{,}61_{1{,}50}$	$237{,}62_{1{,}50}$	$0{,}99999_{0}$	$1{,}0000_{0}$	$1{,}5666_{0}$
0,982	$6{,}1701_{63}$	$1{,}81972_{102}$	$478{,}23_{3{,}01}$	$0{,}0021_{0}$	$239{,}11_{1{,}51}$	$239{,}12_{1{,}50}$	$0{,}99999_{0}$	$1{,}0000_{0}$	$1{,}5666_{0}$
0,983	$6{,}1764_{63}$	$1{,}82074_{102}$	$481{,}24_{3{,}04}$	$0{,}0021_{0}$	$240{,}62_{1{,}52}$	$240{,}62_{1{,}52}$	$0{,}99999_{0}$	$1{,}0000_{0}$	$1{,}5666_{0}$
0,984	$6{,}1827_{62}$	$1{,}82176_{100}$	$484{,}28_{3{,}05}$	$0{,}0021_{0}$	$242{,}14_{1{,}52}$	$242{,}14_{1{,}53}$	$0{,}99999_{0}$	$1{,}0000_{0}$	$1{,}5666_{1}$
0,985	$6{,}1889_{63}$	$1{,}82276_{102}$	$487{,}33_{3{,}07}$	$0{,}0021_{1}$	$243{,}66_{1{,}54}$	$243{,}67_{1{,}53}$	$0{,}99999_{0}$	$1{,}0000_{0}$	$1{,}5667_{0}$
0,986	$6{,}1952_{63}$	$1{,}82378_{101}$	$490{,}40_{3{,}09}$	$0{,}0020_{0}$	$245{,}20_{1{,}54}$	$245{,}20_{1{,}55}$	$0{,}99999_{0}$	$1{,}0000_{0}$	$1{,}5667_{0}$
0,987	$6{,}2015_{63}$	$1{,}82479_{102}$	$493{,}49_{3{,}11}$	$0{,}0020_{0}$	$246{,}74_{1{,}56}$	$246{,}75_{1{,}55}$	$0{,}99999_{0}$	$1{,}0000_{0}$	$1{,}5667_{0}$
0,988	$6{,}2078_{63}$	$1{,}82581_{101}$	$496{,}60_{3{,}13}$	$0{,}0020_{0}$	$248{,}30_{1{,}56}$	$248{,}30_{1{,}57}$	$0{,}99999_{0}$	$1{,}0000_{0}$	$1{,}5667_{0}$
0,989	$6{,}2141_{63}$	$1{,}82682_{101}$	$499{,}73_{3{,}15}$	$0{,}0020_{0}$	$249{,}86_{1{,}58}$	$249{,}87_{1{,}57}$	$0{,}99999_{0}$	$1{,}0000_{0}$	$1{,}5667_{1}$
0,990	$6{,}2204_{62}$	$1{,}82783_{101}$	$502{,}88_{3{,}17}$	$0{,}0020_{0}$	$251{,}44_{1{,}58}$	$251{,}44_{1{,}59}$	$0{,}99999_{0}$	$1{,}0000_{0}$	$1{,}5668_{1}$
0,991	$6{,}2266_{63}$	$1{,}82884_{101}$	$506{,}05_{3{,}19}$	$0{,}0020_{0}$	$253{,}02_{1{,}60}$	$253{,}03_{1{,}59}$	$0{,}99999_{0}$	$1{,}0000$	$1{,}5669_{0}$
0,992	$6{,}2329_{63}$	$1{,}82985_{101}$	$509{,}24_{3{,}21}$	$0{,}0020_{0}$	$254{,}62_{1{,}60}$	$254{,}62_{1{,}61}$	$0{,}99999_{0}$	$1{,}0000_{0}$	$1{,}5669_{0}$
0,993	$6{,}2392_{63}$	$1{,}83086_{101}$	$512{,}45_{3{,}23}$	$0{,}0020_{1}$	$256{,}22_{1{,}62}$	$256{,}23_{1{,}61}$	$0{,}99999_{0}$	$1{,}0000_{0}$	$1{,}5669_{0}$
0,994	$6{,}2455_{63}$	$1{,}83187_{100}$	$515{,}68_{3{,}25}$	$0{,}0019_{0}$	$257{,}84_{1{,}62}$	$257{,}84_{1{,}63}$	$0{,}99999_{0}$	$1{,}0000_{0}$	$1{,}5669_{0}$
0,995	$6{,}2518_{63}$	$1{,}83287_{101}$	$518{,}93_{3{,}27}$	$0{,}0019_{0}$	$259{,}46_{1{,}64}$	$259{,}47_{1{,}63}$	$0{,}99999_{0}$	$1{,}0000_{0}$	$1{,}5669_{0}$
0,996	$6{,}2581_{62}$	$1{,}83388_{99}$	$522{,}20_{3{,}29}$	$0{,}0019_{0}$	$261{,}10_{1{,}64}$	$261{,}10_{1{,}65}$	$0{,}99999_{0}$	$1{,}0000_{0}$	$1{,}5669_{1}$
0,997	$6{,}2643_{63}$	$1{,}83487_{101}$	$525{,}49_{3{,}31}$	$0{,}0019_{0}$	$262{,}74_{1{,}66}$	$262{,}75_{1{,}65}$	$0{,}99999_{0}$	$1{,}0000_{0}$	$1{,}5670_{0}$
0,998	$6{,}2706_{63}$	$1{,}83588_{100}$	$528{,}80_{3{,}34}$	$0{,}0019_{0}$	$264{,}40_{1{,}67}$	$264{,}40_{1{,}67}$	$0{,}99999_{0}$	$1{,}0000_{0}$	$1{,}5670_{0}$
0,999	$6{,}2769_{63}$	$1{,}83688_{100}$	$532{,}14_{3{,}35}$	$0{,}0019_{0}$	$266{,}07_{1{,}67}$	$266{,}07_{1{,}67}$	$0{,}99999_{0}$	$1{,}0000_{0}$	$1{,}5670_{0}$
1,000	$6{,}2832$	$1{,}83788$	$535{,}49$	$0{,}0019$	$267{,}74$	$267{,}75_{1{,}68}$	$0{,}99999$	$1{,}0000$	$1{,}5670$

x	$2\pi x$	$\sin 2\pi x$	$\cos 2\pi x$	$\operatorname{tang} 2\pi x$	$\operatorname{cotg} 2\pi x$	$\sin^* 2\pi x$	$\cos^* 2\pi x$	$\operatorname{tang}^* 2\pi x$	$\operatorname{ctg}^* 2\pi x$
0,950	$5{,}9690_{63}$	$-0{,}30902_{598}$	$0{,}95106_{192}$	$-0{,}32492_{693}$	$-\,3{,}07766_{6707}$	$-0{,}89101_{287}$	$0{,}45399_{559}$	$-1{,}96262_{3012}$	$-0{,}50952_{794}$
0,951	$5{,}9753_{63}$	$-0{,}30304_{600}$	$0{,}95298_{188}$	$-0{,}31799_{691}$	$-\,3{,}14473_{6985}$	$-0{,}88814_{291}$	$0{,}45958_{557}$	$-1{,}93250_{2939}$	$-0{,}51746_{800}$
0,952	$5{,}9816_{63}$	$-0{,}29704_{600}$	$0{,}95486_{185}$	$-0{,}31108_{687}$	$-\,3{,}21458_{7263}$	$-0{,}88523_{294}$	$0{,}46515_{555}$	$-1{,}90311_{2869}$	$-0{,}52546_{804}$
0,953	$5{,}9879_{63}$	$-0{,}29104_{602}$	$0{,}95671_{181}$	$-0{,}30421_{686}$	$-\,3{,}28721_{7578}$	$-0{,}88229_{297}$	$0{,}47070_{554}$	$-1{,}87442_{2804}$	$-0{,}53350_{810}$
0,954	$5{,}9942_{63}$	$-0{,}28502_{603}$	$0{,}95852_{177}$	$-0{,}29735_{682}$	$-\,3{,}36299_{7903}$	$-0{,}87932_{301}$	$0{,}47624_{551}$	$-1{,}84638_{2737}$	$-0{,}54160_{815}$
0,955	$6{,}0005_{62}$	$-0{,}27899_{604}$	$0{,}96029_{174}$	$-0{,}29053_{681}$	$-\,3{,}44202_{8254}$	$-0{,}87631_{305}$	$0{,}48175_{550}$	$-1{,}81901_{2679}$	$-0{,}54975_{822}$
0,956	$6{,}0067_{63}$	$-0{,}27295_{605}$	$0{,}96203_{169}$	$-0{,}28372_{677}$	$-\,3{,}52456_{8623}$	$-0{,}87326_{308}$	$0{,}48725_{548}$	$-1{,}79222_{2618}$	$-0{,}55797_{827}$
0,957	$6{,}0130_{63}$	$-0{,}26690_{606}$	$0{,}96372_{166}$	$-0{,}27695_{676}$	$-\,3{,}61079_{9025}$	$-0{,}87018_{311}$	$0{,}49273_{546}$	$-1{,}76604_{2560}$	$-0{,}56624_{833}$
0,958	$6{,}0193_{63}$	$-0{,}26084_{607}$	$0{,}96538_{162}$	$-0{,}27019_{673}$	$-\,3{,}70104_{9454}$	$-0{,}86707_{315}$	$0{,}49819_{543}$	$-1{,}74044_{2502}$	$-0{,}57457_{838}$
0,959	$6{,}0256_{63}$	$-0{,}25477_{608}$	$0{,}96700_{158}$	$-0{,}26346_{670}$	$-\,3{,}79558_{9915}$	$-0{,}86392_{318}$	$0{,}50362_{542}$	$-1{,}71542_{2451}$	$-0{,}58295_{845}$
0,960	$6{,}0319_{63}$	$-0{,}24869_{609}$	$0{,}96858_{155}$	$-0{,}25676_{669}$	$-\,3{,}89473$	$-0{,}86074_{321}$	$0{,}50904_{540}$	$-1{,}69091_{2399}$	$-0{,}59140_{851}$
0,961	$6{,}0382_{62}$	$-0{,}24260_{610}$	$0{,}97013_{150}$	$-0{,}25007_{666}$	$-\,3{,}99889$	$-0{,}85753_{325}$	$0{,}51444_{538}$	$-1{,}66692_{2350}$	$-0{,}59991_{858}$
0,962	$6{,}0444_{63}$	$-0{,}23650_{611}$	$0{,}97163_{147}$	$-0{,}24341_{665}$	$-\,4{,}10837$	$-0{,}85428_{329}$	$0{,}51982_{535}$	$-1{,}64342_{2301}$	$-0{,}60849_{864}$
0,963	$6{,}0507_{63}$	$-0{,}23039_{612}$	$0{,}97310_{143}$	$-0{,}23676_{663}$	$-\,4{,}22371$	$-0{,}85099_{331}$	$0{,}52517_{534}$	$-1{,}62041_{2255}$	$-0{,}61713_{871}$
0,964	$6{,}0570_{63}$	$-0{,}22427_{613}$	$0{,}97453_{139}$	$-0{,}23013_{661}$	$-\,4{,}34534$	$-0{,}84768_{335}$	$0{,}53051_{532}$	$-1{,}59786_{2212}$	$-0{,}62584_{878}$
0,965	$6{,}0633_{63}$	$-0{,}21814_{613}$	$0{,}97592_{135}$	$-0{,}22352_{658}$	$-\,4{,}47382$	$-0{,}84433_{339}$	$0{,}53583_{529}$	$-1{,}57574_{2167}$	$-0{,}63462_{885}$
0,966	$6{,}0696_{63}$	$-0{,}21201_{615}$	$0{,}97727_{131}$	$-0{,}21694_{657}$	$-\,4{,}60955$	$-0{,}84094_{341}$	$0{,}54112_{527}$	$-1{,}55407_{2123}$	$-0{,}64347_{891}$
0,967	$6{,}0759_{62}$	$-0{,}20586_{615}$	$0{,}97858_{128}$	$-0{,}21037_{656}$	$-\,4{,}75362$	$-0{,}83753_{345}$	$0{,}54639_{526}$	$-1{,}53284_{2087}$	$-0{,}65238_{901}$
0,968	$6{,}0821_{63}$	$-0{,}19971_{616}$	$0{,}97986_{123}$	$-0{,}20381_{653}$	$-\,4{,}90641$	$-0{,}83408_{348}$	$0{,}55165_{523}$	$-1{,}51197_{2045}$	$-0{,}66139_{907}$
0,969	$6{,}0884_{63}$	$-0{,}19355_{617}$	$0{,}98109_{120}$	$-0{,}19728_{652}$	$-\,5{,}06892$	$-0{,}83060_{352}$	$0{,}55688_{520}$	$-1{,}49152_{2006}$	$-0{,}67046_{914}$
0,970	$6{,}0947_{63}$	$-0{,}18738_{617}$	$0{,}98229_{116}$	$-0{,}19076_{650}$	$-\,5{,}24224$	$-0{,}82708_{355}$	$0{,}56208_{519}$	$-1{,}47146_{1972}$	$-0{,}67960_{923}$
0,971	$6{,}1010_{63}$	$-0{,}18121_{619}$	$0{,}98345_{111}$	$-0{,}18426_{650}$	$-\,5{,}42713$	$-0{,}82353_{358}$	$0{,}56727_{516}$	$-1{,}45174_{1934}$	$-0{,}68883_{930}$
0,972	$6{,}1073_{63}$	$-0{,}17502_{619}$	$0{,}98456_{108}$	$-0{,}17776_{647}$	$-\,5{,}62541$	$-0{,}81995_{361}$	$0{,}57243_{514}$	$-1{,}43240_{1900}$	$-0{,}69813_{938}$
0,973	$6{,}1136_{62}$	$-0{,}16883_{619}$	$0{,}98564_{105}$	$-0{,}17129_{646}$	$-\,5{,}83806$	$-0{,}81634_{365}$	$0{,}57757_{512}$	$-1{,}41340_{1868}$	$-0{,}70751_{948}$
0,974	$6{,}1198_{63}$	$-0{,}16264_{621}$	$0{,}98669_{100}$	$-0{,}16483_{645}$	$-\,6{,}06671$	$-0{,}81269_{367}$	$0{,}58269_{510}$	$-1{,}39472_{1834}$	$-0{,}71699_{956}$
0,975	$6{,}1261_{63}$	$-0{,}15643_{620}$	$0{,}98769_{96}$	$-0{,}15838_{643}$	$-\,6{,}31394$	$-0{,}80902_{371}$	$0{,}58779_{507}$	$-1{,}37638_{1803}$	$-0{,}72655_{964}$
0,976	$6{,}1324_{63}$	$-0{,}15023_{622}$	$0{,}98865_{93}$	$-0{,}15195_{642}$	$-\,6{,}58091$	$-0{,}80531_{374}$	$0{,}59286_{504}$	$-1{,}35835_{1771}$	$-0{,}73619_{972}$
0,977	$6{,}1387_{63}$	$-0{,}14401_{622}$	$0{,}98958_{88}$	$-0{,}14553_{641}$	$-\,6{,}87161$	$-0{,}80157_{378}$	$0{,}59790_{503}$	$-1{,}34064_{1745}$	$-0{,}74591_{984}$
0,978	$6{,}1450_{62}$	$-0{,}13779_{623}$	$0{,}99046_{85}$	$-0{,}13912_{641}$	$-\,7{,}18818$	$-0{,}79779_{380}$	$0{,}60293_{500}$	$-1{,}32319_{1714}$	$-0{,}75575_{991}$
0,979	$6{,}1512_{63}$	$-0{,}13156_{623}$	$0{,}99131_{80}$	$-0{,}13271_{638}$	$-\,7{,}53504$	$-0{,}79399_{383}$	$0{,}60793_{498}$	$-1{,}30605_{1686}$	$-0{,}76566_{1002}$
0,980	$6{,}1575_{63}$	$-0{,}12533_{623}$	$0{,}99211_{77}$	$-0{,}12633_{638}$	$-\,7{,}91598$	$-0{,}79016_{387}$	$0{,}61291_{495}$	$-1{,}28919_{1659}$	$-0{,}77568_{1011}$
0,981	$6{,}1638_{63}$	$-0{,}11910_{624}$	$0{,}99288_{73}$	$-0{,}11995_{636}$	$-\,8{,}33652$	$-0{,}78629_{390}$	$0{,}61786_{493}$	$-1{,}27260_{1633}$	$-0{,}78579_{1022}$
0,982	$6{,}1701_{63}$	$-0{,}11286_{625}$	$0{,}99361_{69}$	$-0{,}11359_{637}$	$-\,8{,}80392$	$-0{,}78239_{393}$	$0{,}62279_{490}$	$-1{,}25627_{1607}$	$-0{,}79601_{1031}$
0,983	$6{,}1764_{63}$	$-0{,}10661_{625}$	$0{,}99430_{65}$	$-0{,}10722_{635}$	$-\,9{,}32652$	$-0{,}77846_{396}$	$0{,}62769_{488}$	$-1{,}24020_{1583}$	$-0{,}80632_{1043}$
0,984	$6{,}1827_{62}$	$-0{,}10036_{625}$	$0{,}99495_{61}$	$-0{,}10087_{634}$	$-\,9{,}91381$	$-0{,}77450_{399}$	$0{,}63257_{485}$	$-1{,}22437_{1558}$	$-0{,}81675_{1052}$
0,985	$6{,}1889_{63}$	$-0{,}09411_{626}$	$0{,}99556_{57}$	$-0{,}09453_{634}$	$-10{,}57868$	$-0{,}77051_{402}$	$0{,}63742_{483}$	$-1{,}20879_{1535}$	$-0{,}82727_{1064}$
0,986	$6{,}1952_{63}$	$-0{,}08785_{626}$	$0{,}99613_{54}$	$-0{,}08819_{633}$	$-11{,}33899$	$-0{,}76649_{405}$	$0{,}64225_{481}$	$-1{,}19344_{1513}$	$-0{,}83791_{1076}$
0,987	$6{,}2015_{63}$	$-0{,}08159_{626}$	$0{,}99667_{49}$	$-0{,}08186_{632}$	$-12{,}21559$	$-0{,}76244_{408}$	$0{,}64706_{477}$	$-1{,}17831_{1488}$	$-0{,}84867_{1086}$
0,988	$6{,}2078_{63}$	$-0{,}07533_{627}$	$0{,}99716_{45}$	$-0{,}07554_{631}$	$-13{,}23722$	$-0{,}75836_{411}$	$0{,}65183_{476}$	$-1{,}16343_{1469}$	$-0{,}85953_{1099}$
0,989	$6{,}2141_{63}$	$-0{,}06906_{627}$	$0{,}99761_{42}$	$-0{,}06923_{632}$	$-14{,}44555$	$-0{,}75425_{414}$	$0{,}65659_{472}$	$-1{,}14874_{1446}$	$-0{,}87052_{1110}$
0,990	$6{,}2204_{62}$	$-0{,}06279_{627}$	$0{,}99803_{37}$	$-0{,}06291_{630}$	$-15{,}89473$	$-0{,}75011_{417}$	$0{,}66131_{470}$	$-1{,}13428_{1427}$	$-0{,}88162_{1123}$
0,991	$6{,}2266_{63}$	$-0{,}05652_{628}$	$0{,}99840_{34}$	$-0{,}05661_{631}$	$-17{,}66454$	$-0{,}74594_{420}$	$0{,}66601_{468}$	$-1{,}12001_{1407}$	$-0{,}89285_{1136}$
0,992	$6{,}2329_{63}$	$-0{,}05024_{627}$	$0{,}99874_{29}$	$-0{,}05030_{629}$	$-19{,}87938$	$-0{,}74174_{423}$	$0{,}67069_{464}$	$-1{,}10594_{1387}$	$-0{,}90421_{1148}$
0,993	$6{,}2392_{63}$	$-0{,}04397_{628}$	$0{,}99903_{26}$	$-0{,}04401_{629}$	$-22{,}72072$	$-0{,}73751_{425}$	$0{,}67533_{462}$	$-1{,}09207_{1367}$	$-0{,}91569_{1161}$
0,994	$6{,}2455_{63}$	$-0{,}03769_{628}$	$0{,}99929_{22}$	$-0{,}03772_{629}$	$-26{,}51340$	$-0{,}73326_{429}$	$0{,}67995_{460}$	$-1{,}07840_{1351}$	$-0{,}92730_{1176}$
0,995	$6{,}2518_{63}$	$-0{,}03141_{628}$	$0{,}99951_{17}$	$-0{,}03143_{629}$	$-31{,}82139$	$-0{,}72897_{432}$	$0{,}68455_{456}$	$-1{,}06489_{1332}$	$-0{,}93906_{1190}$
0,996	$6{,}2581_{62}$	$-0{,}02513_{628}$	$0{,}99968_{14}$	$-0{,}02514_{629}$	$-39{,}78034$	$-0{,}72465_{434}$	$0{,}68911_{454}$	$-1{,}05157_{1314}$	$-0{,}95096_{1203}$
0,997	$6{,}2643_{63}$	$-0{,}01885_{628}$	$0{,}99982_{10}$	$-0{,}01885_{628}$	$-53{,}04085$	$-0{,}72031_{437}$	$0{,}69365_{452}$	$-1{,}03843_{1298}$	$-0{,}96299_{1219}$
0,998	$6{,}2706_{63}$	$-0{,}01257_{629}$	$0{,}99992_{6}$	$-0{,}01257_{629}$	$-79{,}54813$	$-0{,}71594_{440}$	$0{,}69817_{448}$	$-1{,}02545_{1280}$	$-0{,}97518_{1233}$
0,999	$6{,}2769_{63}$	$-0{,}00628_{628}$	$0{,}99998_{2}$	$-0{,}00628_{628}$	$-159{,}23248$	$-0{,}71154_{443}$	$0{,}70265_{446}$	$-1{,}01265_{1265}$	$-0{,}98751_{1249}$
1,000	$6{,}2832_{63}$	$\pm 0{,}00000_{628}$	$1{,}00000$	$-0{,}00000_{628}$	∞	$-0{,}70711$	$0{,}70711$	$-1{,}00000$	$-1{,}00000$

6. Zahlenwerte der Tafel 2.

x	$\dfrac{\pi x}{2}$	$e^{\frac{\pi x}{2}}$	$e^{-\frac{\pi x}{2}}$	$\sin\dfrac{\pi x}{2}$	$\cos\dfrac{\pi x}{2}$	x	$\dfrac{\pi x}{2}$	$e^{\frac{\pi x}{2}}$	$e^{-\frac{\pi x}{2}}$	$\sin\dfrac{\pi x}{2}$	$\cos\dfrac{\pi x}{2}$
0,00	0,0000	1,0000	1,0000	0,00000	1,00000	0,50	0,7854	2,1933	$4,5594\cdot10^{-1}$	0,70711	0,70711
0,01	0,0157	1,0158	$9,8441\cdot10^{-1}$	0,01571	0,99988	0,51	0,8011	2,2280	4,4884	0,71813	0,69591
0,02	0,0314	1,0319	9,6907	0,03141	0,99951	0,52	0,8168	2,2633	4,4184	0,72897	0,68455
0,03	0,0471	1,0482	9,5397	0,04711	0,99889	0,53	0,8325	2,2991	4,3495	0,73963	0,67301
0,04	0,0628	1,0648	9,3910	0,06279	0,99803	0,54	0,8482	2,3355	4,2817	0,75011	0,66131
0,05	0,0785	1,0817	9,2447	0,07846	0,99692	0,55	0,8639	2,3724	4,2150	0,76041	0,64945
0,06	0,0942	1,0988	9,1006	0,09411	0,99556	0,56	0,8797	2,4100	4,1493	0,77051	0,63742
0,07	0,1100	1,1162	8,9587	0,10973	0,99396	0,57	0,8954	2,4482	4,0847	0,78043	0,62524
0,08	0,1257	1,1339	8,8191	0,12533	0,99211	0,58	0,9111	2,4870	4,0210	0,79016	0,61291
0,09	0,1414	1,1519	8,6817	0,14090	0,99002	0,59	0,9268	2,5263	3,9583	0,79968	0,60042
0,10	0,1571	1,1701	8,5464	0,15643	0,98769	0,60	0,9425	2,5663	3,8966	0,80902	0,58779
0,11	0,1728	1,1886	8,4132	0,17193	0,98511	0,61	0,9582	2,6069	3,8359	0,81815	0,57501
0,12	0,1885	1,2074	8,2820	0,18738	0,98229	0,62	0,9739	2,6482	3,7761	0,82708	0,56208
0,13	0,2042	1,2266	8,1530	0,20279	0,97922	0,63	0,9896	2,6902	3,7172	0,83581	0,54902
0,14	0,2199	1,2460	8,0259	0,21814	0,97592	0,64	1,0053	2,7328	3,6593	0,84433	0,53583
0,15	0,2356	1,2657	7,9008	0,23345	0,97237	0,65	1,0210	2,7761	3,6022	0,85264	0,52250
0,16	0,2513	1,2857	7,7777	0,24869	0,96858	0,66	1,0367	2,8200	3,5461	0,86074	0,50904
0,17	0,2670	1,3061	7,6565	0,26387	0,96456	0,67	1,0524	2,8647	3,4909	0,86863	0,49546
0,18	0,2827	1,3268	7,5371	0,27899	0,96029	0,68	1,0681	2,9100	3,4365	0,87631	0,48175
0,19	0,2985	1,3478	7,4196	0,29404	0,95579	0,69	1,0838	2,9560	3,3829	0,88377	0,46792
0,20	0,3142	1,3691	7,3040	0,30902	0,95106	0,70	1,0996	3,0028	3,3302	0,89101	0,45399
0,21	0,3299	1,3908	7,1902	0,32392	0,94609	0,71	1,1153	3,0504	3,2783	0,89803	0,43994
0,22	0,3456	1,4128	7,0781	0,33874	0,94088	0,72	1,1310	3,0987	3,2272	0,90483	0,42578
0,23	0,3613	1,4352	6,9678	0,35347	0,93544	0,73	1,1467	3,1478	3,1769	0,91140	0,41151
0,24	0,3770	1,4579	6,8592	0,36812	0,92978	0,74	1,1624	3,1976	3,1274	0,91775	0,39715
0,25	0,3927	1,4810	6,7523	0,38268	0,92388	0,75	1,1781	3,2482	3,0787	0,92388	0,38268
0,26	0,4084	1,5044	6,6471	0,39715	0,91775	0,76	1,1938	3,2996	3,0307	0,92978	0,36812
0,27	0,4241	1,5282	6,5435	0,41151	0,91140	0,77	1,2095	3,3518	2,9834	0,93544	0,35347
0,28	0,4398	1,5524	6,4415	0,42578	0,90483	0,78	1,2252	3,4049	2,9369	0,94088	0,33874
0,29	0,4555	1,5770	6,3411	0,43994	0,89803	0,79	1,2409	3,4588	0,8911	0,94609	0,32392
0,30	0,4712	1,6020	6,2423	0,45399	0,89101	0,80	1,2566	3,5136	2,8461	0,95106	0,30902
0,31	0,4870	1,6273	6,1450	0,46792	0,88377	0,81	1,2723	3,5692	2,8018	0,95579	0,29404
0,32	0,5027	1,6531	6,0492	0,48175	0,87631	0,82	1,2881	3,6257	2,7581	0,96029	0,27899
0,33	0,5184	1,6793	5,9549	0,49546	0,86863	0,83	1,3038	3,6831	2,7151	0,96456	0,26387
0,34	0,5341	1,7059	5,8621	0,50904	0,86074	0,84	1,3195	3,7414	2,6728	0,96858	0,24869
0,35	0,5498	1,7329	5,7707	0,52250	0,85264	0,85	1,3352	3,8006	2,6311	0,97237	0,23345
0,36	0,5655	1,7603	5,6808	0,53583	0,84433	0,86	1,3509	3,8608	2,5901	0,97592	0,21814
0,37	0,5812	1,7882	5,5923	0,54902	0,83581	0,87	1,3666	3,9220	2,5497	0,97922	0,20279
0,38	0,5969	1,8165	5,5051	0,56208	0,82708	0,88	1,3823	3,9841	2,5100	0,98229	0,18738
0,39	0,6126	1,8453	5,4193	0,57501	0,81815	0,89	1,3980	4,0471	2,4709	0,98511	0,17193
0,40	0,6283	1,8745	5,3349	0,58779	0,80902	0,90	1,4137	4,1112	2,4324	0,98769	0,15643
0,41	0,6440	1,9042	5,2518	0,60042	0,79968	0,91	1,4294	4,1763	2,3944	0,99002	0,14090
0,42	0,6597	1,9343	5,1699	0,61291	0,79016	0,92	1,4451	4,2424	2,3571	0,99211	0,12533
0,43	0,6754	1,9649	5,0893	0,62524	0,78043	0,93	1,4608	4,3096	2,3204	0,99396	0,10973
0,44	0,6912	1,9960	5,0100	0,63742	0,77051	0,94	1,4765	4,3778	2,2842	0,99556	0,09411
0,45	0,7069	2,0276	4,9319	0,64945	0,76041	0,95	1,4923	4,4471	2,2486	0,99692	0,07846
0,46	0,7226	2,0597	4,8550	0,66131	0,75011	0,96	1,5080	4,5175	2,2136	0,99803	0,06279
0,47	0,7383	2,0923	4,7793	0,67301	0,73963	0,97	1,5237	4,5890	2,1791	0,99889	0,04711
0,48	0,7540	2,1254	4,7048	0,68455	0,72897	0,98	1,5394	4,6617	2,1451	0,99951	0,03141
0,49	0,7697	2,1591	4,6315	0,69591	0,71813	0,99	1,5551	4,7355	2,1117	0,99988	0,01571
0,50	0,7854	2,1933	$4,5594\cdot10^{-1}$	0,70711	0,70711	1,00	1,5708	4,8105	$2,0788\cdot10^{-1}$	1,00000	$\pm0,00000$

x	$\dfrac{\pi x}{2}$	$e^{\frac{\pi x}{2}}$	$e^{-\frac{\pi x}{2}}$	$\sin\dfrac{\pi x}{2}$	$\cos\dfrac{\pi x}{2}$	x	$\dfrac{\pi x}{2}$	$e^{\frac{\pi x}{2}}$	$e^{-\frac{\pi x}{2}}$	$\sin\dfrac{\pi x}{2}$	$\cos\dfrac{\pi x}{2}$
1,00	1,5708	4,8105	$2,0788\cdot10^{-1}$	1,00000	$\pm0,00000$	1,50	2,3562	$1,0551\cdot10^{1}$	$9,4780\cdot10^{-2}$	0,70711	$-0,70711$
1,01	1,5865	4,8866	2,0464	0,99988	$-0,01571$	1,51	2,3719	1,0718	9,3303	0,69591	$-0,71813$
1,02	1,6022	4,9640	2,0145	0,99951	$-0,03141$	1,52	2,3876	1,0887	9,1849	0,68455	$-0,72897$
1,03	1,6179	5,0426	1,9831	0,99889	$-0,04711$	1,53	2,4033	1,1060	9,0417	0,67301	$-0,73963$
1,04	1,6336	5,1224	1,9522	0,99803	$-0,06279$	1,54	2,4190	1,1235	8,9008	0,66131	$-0,75011$
1,05	1,6493	5,2035	1,9218	0,99692	$-0,07846$	1,55	2,4347	1,1413	8,7621	0,64945	$-0,76041$
1,06	1,6650	5,2859	1,8918	0,99556	$-0,09411$	1,56	2,4504	1,1593	8,6255	0,63742	$-0,77051$
1,07	1,6808	5,3696	1,8623	0,99396	$-0,10973$	1,57	2,4662	1,1777	8,4911	0,62524	$-0,78043$
1,08	1,6965	5,4546	1,8333	0,99211	$-0,12533$	1,58	2,4819	1,1963	8,3588	0,61291	$-0,79016$
1,09	1,7122	5,5410	1,8047	0,99002	$-0,14090$	1,59	2,4976	1,2153	8,2286	0,60042	$-0,79968$
1,10	1,7279	5,6287	1,7766	0,98769	$-0,15643$	1,60	2,5133	1,2345	8,1003	0,58779	$-0,80902$
1,11	1,7436	5,7178	1,7489	0,98511	$-0,17193$	1,61	2,5290	1,2540	7,9740	0,57501	$-0,81815$
1,12	1,7593	5,8083	1,7217	0,98229	$-0,18738$	1,62	2,5447	1,2739	7,8497	0,56208	$-0,82708$
1,13	1,7750	5,9003	1,6948	0,97922	$-0,20279$	1,63	2,5604	1,2941	7,7274	0,54902	$-0,83581$
1,14	1,7907	5,9937	1,6684	0,97592	$-0,21814$	1,64	2,5761	1,3146	7,6070	0,53583	$-0,84433$
1,15	1,8064	6,0886	1,6424	0,97237	$-0,23345$	1,65	2,5918	1,3354	7,4884	0,52250	$-0,85264$
1,16	1,8221	6,1850	1,6168	0,96858	$-0,24869$	1,66	2,6075	1,3565	7,3717	0,50904	$-0,86074$
1,17	1,8378	6,2829	1,5916	0,96456	$-0,26387$	1,67	2,6232	1,3780	7,2568	0,49546	$-0,86863$
1,18	1,8535	6,3824	1,5668	0,96029	$-0,27899$	1,68	2,6389	1,3998	7,1437	0,48175	$-0,87631$
1,19	1,8692	6,4834	1,5424	0,95579	$-0,29404$	1,69	2,6546	1,4220	7,0324	0,46792	$-0,88377$
1,20	1,8850	6,5861	1,5184	0,95106	$-0,30902$	1,70	2,6704	1,4445	6,9228	0,45399	$-0,89101$
1,21	1,9007	6,6904	1,4947	0,94609	$-0,32392$	1,71	2,6861	1,4674	6,8149	0,43994	$-0,89803$
1,22	1,9164	6,7963	1,4714	0,94088	$-0,33874$	1,72	2,7018	1,4906	6,7087	0,42578	$-0,90483$
1,23	1,9321	6,9039	1,4485	0,93544	$-0,35347$	1,73	2,7175	1,5142	6,6041	0,41151	$-0,91140$
1,24	1,9478	7,0132	1,4259	0,92978	$-0,36812$	1,74	2,7332	1,5382	6,5012	0,39715	$-0,91775$
1,25	1,9635	7,1242	1,4037	0,92388	$-0,38268$	1,75	2,7489	1,5626	6,3999	0,38268	$-0,92388$
1,26	1,9792	7,2370	1,3818	0,91775	$-0,39715$	1,76	2,7646	1,5873	6,3001	0,36812	$-0,92978$
1,27	1,9949	7,3515	1,3603	0,91140	$-0,41151$	1,77	2,7803	1,6124	6,2019	0,35347	$-0,93544$
1,28	2,0106	7,4679	1,3391	0,90483	$-0,42578$	1,78	2,7960	1,6379	6,1053	0,33874	$-0,94088$
1,29	2,0263	7,5862	1,3182	0,89803	$-0,43994$	1,79	2,8117	1,6638	6,0102	0,32392	$-0,94609$
1,30	2,0420	7,7063	1,2976	0,89101	$-0,45399$	1,80	2,8274	1,6902	5,9165	0,30902	$-0,95106$
1,31	2,0577	7,8283	1,2774	0,88377	$-0,46792$	1,81	2,8431	1,7169	5,8243	0,29404	$-0,95579$
1,32	2,0735	7,9522	1,2575	0,87631	$-0,48175$	1,82	2,8588	1,7441	5,7335	0,27899	$-0,96029$
1,33	2,0892	8,0781	1,2379	0,86863	$-0,49546$	1,83	2,8746	1,7717	5,6442	0,26387	$-0,96456$
1,34	2,1049	8,2060	1,2186	0,86074	$-0,50904$	1,84	2,8903	1,7998	5,5562	0,24869	$-0,96858$
1,35	2,1206	8,3359	1,1996	0,85264	$-0,52250$	1,85	2,9060	1,8283	5,4696	0,23345	$-0,97237$
1,36	2,1363	8,4679	1,1809	0,84433	$-0,53583$	1,86	2,9217	1,8572	5,3843	0,21814	$-0,97592$
1,37	2,1520	8,6020	1,1625	0,83581	$-0,54902$	1,87	2,9374	1,8866	5,3004	0,20279	$-0,97922$
1,38	2,1677	8,7382	1,1444	0,82708	$-0,56208$	1,88	2,9531	1,9165	5,2178	0,18738	$-0,98229$
1,39	2,1834	8,8765	1,1266	0,81815	$-0,57501$	1,89	2,9688	1,9469	5,1365	0,17193	$-0,98511$
1,40	2,1991	1,0170	1,1090	0,80902	$-0,58779$	1,90	2,9845	1,9777	5,0564	0,15643	$-0,98769$
1,41	2,2148	9,1598	1,0917	0,79968	$-0,60042$	1,91	3,0002	2,0090	4,9776	0,14090	$-0,99002$
1,42	2,2305	9,3048	1,0747	0,79016	$-0,61291$	1,92	3,0159	2,0408	4,9000	0,12533	$-0,99211$
1,43	2,2462	9,4521	1,0580	0,78043	$-0,62524$	1,93	3,0316	2,0731	4,8237	0,10973	$-0,99396$
1,44	2,2619	9,6018	1,0415	0,77051	$-0,63742$	1,94	3,0473	2,1059	4,7485	0,09411	$-0,99556$
1,45	2,2777	9,7538	1,0253	0,76041	$-0,64945$	1,95	3,0631	2,1392	4,6745	0,07846	$-0,99692$
1,46	2,2934	9,9082	$1,0093\cdot10^{-1}$	0,75011	$-0,66131$	1,96	3,0788	2,1731	4,6016	0,06279	$-0,99803$
1,47	2,3091	$1,0065\cdot10^{1}$	$9,9354\cdot10^{-2}$	0,73963	$-0,67301$	1,97	3,0945	2,2075	4,5299	0,04711	$-0,99889$
1,48	2,3248	$1,0224\cdot10^{1}$	9,7805	0,72897	$-0,68455$	1,98	3,1102	2,2425	4,4593	0,03141	$-0,99951$
1,49	2,3405	$1,0386\cdot10^{1}$	9,6281	0,71813	$-0,69591$	1,99	3,1259	2,2780	4,3898	0,01571	$-0,99988$
1,50	2,3562	$1,0551\cdot10^{1}$	$9,4780\cdot10^{-2}$	0,70711	$-0,70711$	2,00	3,1416	$2,3141\cdot10^{1}$	$4,3214\cdot10^{-2}$	$\pm0,00000$	$-1,00000$

x	$\dfrac{\pi x}{2}$	$e^{\frac{\pi x}{2}}$	$e^{-\frac{\pi x}{2}}$	$\sin\dfrac{\pi x}{2}$	$\cos\dfrac{\pi x}{2}$	x	$\dfrac{\pi x}{2}$	$e^{\frac{\pi x}{2}}$	$e^{-\frac{\pi x}{2}}$	$\sin\dfrac{\pi x}{2}$	$\cos\dfrac{\pi x}{2}$
2,00	3,1416	$2,3141\cdot10^1$	$4,3214\cdot10^{-2}$	$\pm0,00000$	$-1,00000$	2,50	3,9270	$5,0754\cdot10^1$	$1,9703\cdot10^{-2}$	$-0,70711$	$-0,70711$
2,01	3,1573	2,3507	4,2540	$-0,01571$	$-0,99988$	2,51	3,9427	5,1558	1,9396	$-0,71813$	$-0,69591$
2,02	3,1730	2,3879	4,1877	$-0,03141$	$-0,99951$	2,52	3,9584	5,2374	1,9094	$-0,72897$	$-0,68455$
2,03	3,1887	2,4257	4,1224	$-0,04711$	$-0,99889$	2,53	3,9741	5,3203	1,8796	$-0,73963$	$-0,67301$
2,04	3,2044	2,4641	4,0582	$-0,06279$	$-0,99803$	2,54	3,9898	5,4045	1,8503	$-0,75011$	$-0,66131$
2,05	3,2201	2,5032	3,9950	$-0,07846$	$-0,99692$	2,55	4,0055	5,4901	1,8215	$-0,76041$	$-0,64945$
2,06	3,2358	2,5428	3,9327	$-0,09411$	$-0,99556$	2,56	4,0212	5,5770	1,7931	$-0,77051$	$-0,63742$
2,07	3,2515	2,5830	3,8714	$-0,10973$	$-0,99396$	2,57	4,0369	5,6653	1,7651	$-0,78043$	$-0,62524$
2,08	3,2673	2,6239	3,8111	$-0,12533$	$-0,99211$	2,58	4,0527	5,7550	1,7376	$-0,79016$	$-0,61291$
2,09	3,2830	2,6655	3,7517	$-0,14090$	$-0,99002$	2,59	4,0684	5,8461	1,7105	$-0,79968$	$-0,60042$
2,10	3,2987	2,7077	3,6932	$-0,15643$	$-0,98769$	2,60	4,0841	5,9387	1,6839	$-0,80902$	$-0,58779$
2,11	3,3144	2,7506	3,6357	$-0,17193$	$-0,98511$	2,61	4,0998	6,0327	1,6576	$0,81815$	$-0,57501$
2,12	3,3301	2,7941	3,5790	$-0,18738$	$-0,98229$	2,62	4,1155	6,1282	1,6318	$-0,82708$	$-0,56208$
2,13	3,3458	2,8383	3,5232	$-0,20279$	$-0,97922$	2,63	4,1312	6,2252	1,6063	$-0,83581$	$-0,54902$
2,14	3,3615	2,8833	3,4683	$-0,21814$	$-0,97592$	2,64	4,1469	6,3238	1,5813	$-0,84433$	$-0,53583$
2,15	3,3772	2,9289	3,4142	$-0,23345$	$-0,97237$	2,65	4,1626	6,4239	1,5567	$-0,85264$	$-0,52250$
2,16	3,3929	2,9753	3,3610	$-0,24869$	$-0,96858$	2,66	4,1783	6,5256	1,5324	$-0,86074$	$-0,50904$
2,17	3,4086	3,0224	3,3086	$-0,26387$	$-0,96456$	2,67	4,1940	6,6289	1,5085	$-0,86863$	$-0,49546$
2,18	3,4243	3,0702	3,2571	$-0,27899$	$-0,96029$	2,68	4,2097	6,7339	1,4850	$-0,87631$	$-0,48175$
2,19	3,4400	3,1188	3,2064	$-0,29404$	$-0,95579$	2,69	4,2254	6,8405	1,4619	$-0,88377$	$-0,46792$
2,20	3,4558	3,1682	3,1564	$-0,30902$	$-0,95106$	2,70	4,2412	6,9488	1,4391	$-0,89101$	$-0,45399$
2,21	3,4715	3,2183	3,1072	$-0,32392,$	$-0,94609$	2,71	4,2569	7,0588	1,4167	$-0,89803$	$-0,43994$
2,22	3,4872	3,2693	3,0587	$-0,33874$	$-0,94088$	2,72	4,2726	7,1705	1,3946	$-0,90483$	$-0,42578$
2,23	3,5029	3,3211	3,0110	$-0,35347$	$-0,93544$	2,73	4,2883	7,2841	1,3729	$-0,91140$	$-0,41151$
2,24	3,5186	3,3737	2,9641	$-0,36812$	$-0,92978$	2,74	4,3040	7,3994	1,3515	$-0,91775$	$-0,39715$
2,25	3,5343	3,4271	2,9180	$-0,38268$	$-0,92388$	2,75	4,3197	7,5165	1,3304	$-0,92388$	$-0,38268$
2,26	3,5500	3,4813	2,8725	$-0,39715$	$-0,91775$	2,76	4,3354	7,6355	1,3097	$-0,92978$	$-0,36812$
2,27	3,5657	3,5364	2,8277	$-0,41151$	$-0,91140$	2,77	4,3511	7,7564	1,2893	$-0,93544$	$-0,35347$
2,28	3,5814	3,5924	2,7836	$-0,42578$	$-0,90483$	2,78	4,3668	7,8792	1,2692	$-0,94088$	$-0,33874$
2,29	3,5971	3,6493	2,7402	$-0,43994$	$-0,89803$	2,79	4,3825	8,0040	1,2494	$-0,94609$	$-0,32392$
2,30	3,6128	3,7071	2,6975	$-0,45399$	$-0,89101$	2,80	4,3982	8,1307	1,2299	$-0,95106$	$-0,30902$
2,31	3,6285	3,7658	2,6555	$-0,46792$	$-0,88377$	2,81	4,4139	8,2594	1,2108	$-0,95579$	$-0,29404$
2,32	3,6442	3,8254	2,6141	$-0,48175$	$-0,87631$	2,82	4,4296	8,3902	1,1919	$-0,96029$	$-0,27899$
2,33	3,6600	3,8860	2,5734	$-0,49546$	$-0,86863$	2,83	4,4454	8,5230	1,1733	$-0,96456$	$-0,26387$
2,34	3,6757	3,9475	2,5333	$-0,50904$	$-0,86074$	2,84	4,4611	8,6579	1,1550	$-0,96858$	$-0,24869$
2,35	3,6914	4,0100	2,4938	$-0,52250$	$-0,85264$	2,85	4,4768	8,7950	1,1370	$-0,97237$	$-0,23345$
2,36	3,7071	4,0735	2,4549	$-0,53583$	$-0,84433$	2,86	4,4925	8,9343	1,1193	$-0,97592$	$-0,21814$
2,37	3,7228	4,1380	2,4167	$-0,54902$	$-0,83581$	2,87	4,5082	9,0757	1,1019	$-0,97922$	$-0,20279$
2,38	3,7385	4,2035	2,3790	$-0,56208$	$-0,82708$	2,88	4,5239	9,2194	1,0847	$-0,98229$	$-0,18738$
2,39	3,7542	4,2700	2,3419	$-0,57501$	$-0,81815$	2,89	4,5396	9,3653	1,0678	$-0,98511$	$-0,17193$
2,40	3,7699	4,3376	2,3054	$-0,58779$	$-0,80902$	2,90	4,5553	9,5136	1,0511	$-0,98769$	$-0,15643$
2,41	3,7856	4,4063	2,2695	$-0,60042$	$-0,79968$	2,91	4,5710	9,6642	1,0347	$-0,99002$	$-0,14090$
2,42	3,8013	4,4761	2,2341	$-0,61291$	$-0,79016$	2,92	4,5867	9,8172	1,0186	$-0,99211$	$-0,12533$
2,43	3,8170	4,5469	2,1993	$-0,62524$	$-0,78043$	2,93	4,6024	$9,9727\cdot10^1$	$1,0027\cdot10^{-2}$	$-0,99396$	$-0,10973$
2,44	3,8327	4,6189	2,1650	$-0,63742$	$-0,77051$	2,94	4,6181	$1,0131\cdot10^2$	$9,8711\cdot10^{-3}$	$-0,99556$	$-0,09411$
2,45	3,8485	4,6920	2,1313	$-0,64945$	$-0,76041$	2,95	4,6338	1,0291	9,7173	$-0,99692$	$-0,07846$
2,46	3,8642	4,7663	2,0981	$-0,66131$	$-0,75011$	2,96	4,6496	1,0454	9,5658	$-0,99803$	$-0,06279$
2,47	3,8799	4,8417	2,0654	$-0,67301$	$-0,73963$	2,97	4,6653	1,0519	9,4168	$-0,99889$	$-0,04711$
2,48	3,8956	4,9184	2,0332	$-0,68455$	$-0,72897$	2,98	4,6810	1,0787	9,2700	$-0,99951$	$-0,03141$
2,49	3,9113	4,9963	2,0015	$-0,69591$	$-0,71813$	2,99	4,6967	1,0958	9,1255	$-0,99988$	$-0,01571$
2,50	3,9270	$5,0754\cdot10^1$	$1,9703\cdot10^{-2}$	$-0,70711$	$-0,70711$	3,00	4,7124	$1,1132\cdot10^2$	$8,9833\cdot10^{-3}$	$-1,00000$	$\mp0,00000$

x	$\dfrac{\pi x}{2}$	$e^{\frac{\pi x}{2}}$	$e^{-\frac{\pi x}{2}}$	$\sin\dfrac{\pi x}{2}$	$\cos\dfrac{\pi x}{2}$	x	$\dfrac{\pi x}{2}$	$e^{\frac{\pi x}{2}}$	$e^{-\frac{\pi x}{2}}$	$\sin\dfrac{\pi x}{2}$	$\cos\dfrac{\pi x}{2}$
3,00	4,7124	$1,1132\cdot10^2$	$8,9833\cdot10^{-3}$	$-1,00000$	$\mp0,00000$	3,50	5,4978	$2,4415\cdot10^2$	$4,0958\cdot10^{-3}$	$-0,70711$	0,70711
3,01	4,7281	1,1308	8,8433	$-0,99988$	0,01571	3,51	5,5135	2,4801	4,0320	$-0,69591$	0,71813
3,02	4,7438	1,1487	8,7055	$-0,99951$	0,03141	3,52	5,5292	2,5194	3,9692	$-0,68455$	0,72897
3,03	4,7595	1,1669	8,5698	$-0,99889$	0,04711	3,53	5,5449	2,5593	3,9073	$-0,67301$	0,73963
3,04	4,7752	1,1854	8,4362	$-0,99803$	0,06279	3,54	5,5606	2,5998	3,8464	$-0,66131$	0,75011
3,05	4,7909	1,2042	8,3047	$-0,99692$	0,07846	3,55	5,5763	2,6410	3,7864	$-0,64945$	0,76041
3,06	4,8066	1,2232	8,1753	$-0,99556$	0,09411	3,56	5,5920	2,6828	3,7274	$-0,63742$	0,77051
3,07	4,8223	1,2425	8,0479	$-0,99396$	0,10973	3,57	5,6077	2,7253	3,6694	$-0,62524$	0,78043
3,08	4,8381	1,2622	7,9225	$-0,99211$	0,12533	3,58	5,6235	2,7684	3,6122	$-0,61291$	0,79016
3,09	4,8538	1,2822	7,7990	$-0,99002$	0,14090	3,59	5,6392	2,8123	3,5558	$-0,60042$	0,79968
3,10	4,8695	1,3025	7,6774	$-0,98769$	0,15643	3,60	5,6549	2,8568	3,5004	$-0,58779$	0,80902
3,11	4,8852	1,3231	7,5578	$-0,98511$	0,17193	3,61	5,6706	2,9021	3,4459	$-0,57501$	0,81815
3,12	4,9009	1,3441	7,4400	$-0,98229$	0,18738	3,62	5,6863	2,9480	3,3922	$-0,56208$	0,82708
3,13	4,9166	1,3654	7,3241	$-0,97922$	0,20279	3,63	5,7020	2,9946	3,3393	$-0,54902$	0,83581
3,14	4,9323	1,3870	7,2099	$-0,97592$	0,21814	3,64	5,7177	3,0420	3,2873	$-0,53583$	0,84433
3,15	4,9480	1,4089	7,0975	$-0,97237$	0,23345	3,65	5,7334	3,0902	3,2361	$-0,52250$	0,85264
3,16	4,9637	1,4312	6,9869	$-0,96858$	0,24869	3,66	5,7491	3,1391	3,1856	$-0,50904$	0,86074
3,17	4,9794	1,4539	6,8780	$-0,96456$	0,26387	3,67	5,7648	3,1888	3,1360	$-0,49546$	0,86863
3,18	4,9951	1,4769	6,7708	$-0,96029$	0,27899	3,68	5,7805	3,2393	3,0871	$-0,48175$	0,87631
3,19	5,0108	1,5003	6,6653	$-0,95579$	0,29404	3,69	5,7962	3,2906	3,0390	$-0,46792$	0,88377
3,20	5,0265	1,5241	6,5614	$-0,95106$	0,30902	3,70	5,8119	3,3427	2,9916	$-0,45399$	0,89101
3,21	5,0423	1,5482	6,4592	$-0,94609$	0,32392	3,71	5,8276	3,3956	2,9450	$-0,43994$	0,89803
3,22	5,0580	1,5727	6,3585	$-0,94088$	0,33874	3,72	5,8434	3,4494	2,8991	$-0,42578$	0,90483
3,23	5,0737	1,5976	6,2594	$-0,93544$	0,35347	3,73	5,8591	3,5040	2,8539	$-0,41151$	0,91140
3,24	5,0894	1,6229	6,1618	$-0,92978$	0,36812	3,74	5,8748	3,5595	2,8094	$-0,39715$	0,91775
3,25	5,1051	1,6486	6,0658	$-0,92388$	0,38268	3,75	5,8905	3,6159	2,7656	$-0,38268$	0,92388
3,26	5,1208	1,6747	5,9713	$-0,91775$	0,39715	3,76	5,9062	3,6731	2,7225	$-0,36812$	0,92978
3,27	5,1365	1,7012	5,8782	$-0,91140$	0,41151	3,77	5,9219	3,7312	2,6801	$-0,35347$	0,93544
3,28	5,1522	1,7281	5,7866	$-0,90483$	0,42578	3,78	5,9376	3,7903	2,6383	$-0,33874$	0,94088
3,29	5,1679	1,7555	5,6964	$-0,89803$	0,43994	3,79	5,9533	3,8503	2,5972	$-0,32392$	0,94609
3,30	5,1836	1,7833	5,6076	$-0,89101$	0,45399	3,80	5,9690	3,9112	2,5567	$-0,30902$	0,95106
3,31	5,1993	1,8115	5,5202	$-0,88377$	0,46792	3,81	5,9847	3,9732	2,5169	$-0,29404$	0,95579
3,32	5,2150	1,8402	5,4342	$-0,87631$	0,48175	3,82	6,0004	4,0361	2,4777	$-0,27899$	0,96029
3,33	5,2307	1,8693	5,3495	$-0,86863$	0,49546	3,83	6,0162	4,1000	2,4390	$-0,26387$	0,96456
3,34	5,2465	1,8989	5,2661	$-0,86074$	0,50904	3,84	6,0319	4,1649	2,4010	$-0,24869$	0,96858
3,35	5,2622	1,9290	5,1841	$-0,85264$	0,52250	3,85	6,0476	4,2308	2,3636	$-0,23345$	0,97237
3,36	5,2779	1,9595	5,1033	$-0,84433$	0,53583	3,86	6,0633	4,2978	2,3268	$-0,21814$	0,97592
3,37	5,2936	1,9906	5,0237	$-0,83581$	0,54902	3,87	6,0790	4,3659	2,2905	$-0,20279$	0,97922
3,38	5,3093	2,0221	4,9454	$-0,82708$	0,56208	3,88	6,0947	4,4350	2,2548	$-0,18738$	0,98229
3,39	5,3250	2,0541	4,8684	$-0,81815$	0,57501	3,89	6,1104	4,5052	2,2197	$-0,17193$	0,98511
3,40	5,3407	2,0866	4,7925	$-0,80902$	0,58779	3,90	6,1261	4,5765	2,1851	$-0,15643$	0,98769
3,41	5,3564	2,1196	4,7178	$-0,79968$	0,60042	3,91	6,1418	4,6490	2,1510	$-0,14090$	0,99002
3,42	5,3721	2,1532	4,6443	$-0,79016$	0,61291	3,92	6,1575	4,7226	2,1175	$-0,12533$	0,99211
3,43	5,3878	2,1873	4,5719	$-0,78043$	0,62524	3,93	6,1732	4,7974	2,0845	$-0,10973$	0,99396
3,44	5,4035	2,2219	4,5006	$-0,77051$	0,63742	3,94	6,1889	4,8733	2,0520	$-0,09411$	0,99556
3,45	5,4193	2,2571	4,4305	$-0,76041$	0,64945	3,95	6,2047	4,9504	2,0200	$-0,07846$	0,99692
3,46	5,4350	2,2928	4,3614	$-0,75011$	0,66131	3,96	6,2204	5,0288	1,9885	$-0,06279$	0,99803
3,47	5,4507	2,3291	4,2934	$-0,73963$	0,67301	3,97	6,2361	5,1084	1,9575	$-0,04711$	0,99889
3,48	5,4664	2,3660	4,2265	$-0,72897$	0,68455	3,98	6,2518	5,1893	1,9270	$-0,03141$	0,99951
3,49	5,4821	2,4035	4,1606	$-0,71813$	0,69591	3,99	6,2675	5,2714	1,8970	$-0,01571$	0,99988
3,50	5,4978	$2,4415\cdot10^2$	$4,0958\cdot10^{-3}$	$-0,70711$	0,70711	4,00	6,2832	$5,3549\cdot10^2$	$1,8674\cdot10^{-3}$	$\mp0,00000$	1,00000

x	$\dfrac{\pi x}{2}$	$e^{\frac{\pi x}{2}}$	$e^{-\frac{\pi x}{2}}$	$\sin\dfrac{\pi x}{2}$	$\cos\dfrac{\pi x}{2}$	x	$\dfrac{\pi x}{2}$	$e^{\frac{\pi x}{2}}$	$e^{-\frac{\pi x}{2}}$	$\sin\dfrac{\pi x}{2}$	$\cos\dfrac{\pi x}{2}$
4,00	6,2832	$5{,}3549\cdot10^2$	$1{,}8674\cdot10^{-3}$	$\mp0{,}00000$	1,00000	4,50	7,0686	$1{,}1745\cdot10^3$	$8{,}5144\cdot10^{-4}$	0,70711	0,70711
4,01	6,2989	5,4397	1,8383	0,01571	0,99988	4,51	7,0843	1,1931	8,3817	0,71813	0,69591
4,02	6,3146	5,5258	1,8097	0,03141	0,99951	4,52	7,1000	1,2120	8,2511	0,72897	0,68455
4,03	6,3303	5,6133	1,7815	0,04711	0,99889	4,53	7,1157	1,2311	8,1225	0,73963	0,67301
4,04	6,3460	5,7022	1,7537	0,06279	0,99803	4,54	7,1314	1,2506	7,9959	0,75011	0,66131
4,05	6,3617	5,7925	1,7264	0,07846	0,99692	4,55	7,1471	1,2705	7,8713	0,76041	0,64945
4,06	6,3774	5,8842	1,6995	0,09411	0,99556	4,56	7,1628	1,2906	7,7486	0,77051	0,63742
4,07	6,3931	5,9773	1,6730	0,10973	0,99396	4,57	7,1787	1,3110	7,6278	0,78043	0,62524
4,08	6,4088	6,0719	1,6469	0,12533	0,99211	4,58	7,1942	1,3317	7,5089	0,79016	0,61291
4,09	6,4245	6,1680	1,6213	0,14090	0,99002	4,59	7,2099	1,3528	7,3919	0,79968	0,60042
4,10	6,4403	6,2657	1,5960	0,15643	0,98769	4,60	7,2257	1,3742	7,2767	0,80902	0,58779
4,11	6,4560	6,3649	1,5711	0,17193	0,98511	4,61	7,2414	1,3960	7,1633	0,81815	0,57501
4,12	6,4717	6,4657	1,5466	0,18738	0,98229	4,62	7,2571	1,4181	7,0516	0,82708	0,56208
4,13	6,4874	6,5680	1,5225	0,20279	0,97922	4,63	7,2728	1,4406	6,9418	0,83581	0,54902
4,14	6,5031	6,6720	1,4988	0,21814	0,97592	4,64	7,2885	1,4634	6,8336	0,84433	0,53583
4,15	6,5188	6,7777	1,4754	0,23345	0,97237	4,65	7,3042	1,4866	6,7271	0,85264	0,52250
4,16	6,5345	6,8850	1,4524	0,24869	0,96858	4,66	7,3199	1,5101	6,6222	0,86074	0,50904
4,17	6,5502	6,8940	1,4298	0,26387	0,96456	4,67	7,3356	1,5340	6,5190	0,86863	0,49546
4,18	6,5659	7,1047	1,4075	0,27899	0,96029	4,68	7,3513	1,5583	6,4174	0,87631	0,48175
4,19	6,5816	7,2172	1,3856	0,29404	0,95579	4,69	7,3670	1,5830	6,3174	0,88377	0,46792
4,20	6,5973	7,3315	1,3640	0,30902	0,95106	4,70	7,3827	1,6080	6,2189	0,89101	0,45399
4,21	6,6130	7,4475	1,3427	0,32392	0,94609	4,71	7,3984	1,6334	6,1220	0,89803	0,43994
4,22	6,6288	7,5654	1,3218	0,33874	0,94088	4,72	7,4142	1,6593	6,0266	0,90483	0,42578
4,23	6,6445	7,6852	1,3012	0,35347	0,93544	4,73	7,4299	1,6856	5,9327	0,91140	0,41151
4,24	6,6602	7,8069	1,2809	0,36812	0,92978	4,74	7,4456	1,7123	5,8402	0,91775	0,39715
4,25	6,6759	7,9305	1,2609	0,38268	0,92388	4,75	7,4613	1,7394	5,7492	0,92388	0,38268
4,26	6,6916	8,0560	1,2413	0,39715	0,91775	4,76	7,4770	1,7669	5,6596	0,92978	0,36812
4,27	6,7073	8,1835	1,2220	0,41151	0,91140	4,77	7,4927	1,7949	5,5714	0,93544	0,35347
4,28	6,7230	8,3131	1,2029	0,42578	0,90483	4,78	7,5084	1,8233	5,4845	0,94088	0,33874
4,29	6,7387	8,4448	1,1841	0,43994	0,89803	4,79	7,5241	1,8522	5,3990	0,94609	0,32392
4,30	6,7544	8,5785	1,1657	0,45399	0,89101	4,80	7,5398	1,8815	5,3149	0,95106	0,30902
4,31	6,7701	8,7142	1,1476	0,46792	0,88377	4,81	7,5555	1,9113	5,2321	0,95579	0,29404
4,32	6,7858	8,8522	1,1297	0,48175	0,87631	4,82	7,5712	1,9415	5,1505	0,96029	0,27899
4,33	6,8015	8,9924	1,1121	0,49546	0,86863	4,83	7,5869	1,9723	5,0702	0,96456	0,26387
4,34	6,8173	9,1348	1,0947	0,50904	0,86074	4,84	7,6027	2,0035	4,9912	0,96858	0,24869
4,35	6,8330	9,2794	1,0777	0,52250	0,85264	4,85	7,6184	2,0352	4,9135	0,97237	0,23345
4,36	6,8487	9,4263	1,0609	0,53583	0,84433	4,86	7,6341	2,0674	4,8369	0,97592	0,21814
4,37	6,8644	9,5755	1,0443	0,54902	0,83581	4,87	7,6498	2,1001	4,7615	0,97922	0,20279
4,38	6,8801	9,7271	1,0281	0,56208	0,82708	4,88	7,6655	2,1334	4,6873	0,98229	0,18738
4,39	6,8958	$9{,}8811\cdot10^2$	$1{,}0120\cdot10^{-3}$	0,57501	0,81815	4,89	7,6812	2,1672	4,6142	0,98511	0,17193
4,40	6,9115	$1{,}0038\cdot10^3$	$9{,}9626\cdot10^{-4}$	0,58779	0,80902	4,90	7,6969	2,2015	4,5423	0,98769	0,15643
4,41	6,9272	1,0197	9,8074	0,60042	0,79968	4,91	7,7126	2,2364	4,4715	0,99002	0,14090
4,42	6,9429	1,0358	9,6545	0,61291	0,79016	4,92	7,7283	2,2718	4,4018	0,99211	0,12533
4,43	6,9586	1,0522	9,5040	0,62524	0,78043	4,93	7,7440	2,3078	4,3332	0,99396	0,10973
4,44	6,9743	1,0688	9,3559	0,63742	0,77051	4,94	7,7597	2,3443	4,2657	0,99556	0,09411
4,45	6,9900	1,0858	9,2101	0,64945	0,76041	4,95	7,7754	2,3814	4,1992	0,99692	0,07846
4,46	7,0058	1,1030	9,0665	0,66131	0,75011	4,96	7,7911	2,4191	4,1338	0,99803	0,06279
4,47	7,0215	1,1205	8,9252	0,67301	0,73963	4,97	7,8068	2,4574	4,0694	0,99889	0,04711
4,48	7,0372	1,1382	8,7861	0,68455	0,72897	4,98	7,8226	2,4963	4,0059	0,99951	0,03141
4,49	7,0529	1,1562	8,6492	0,69591	0,71813	4,99	7,8383	2,5359	3,9435	0,99988	0,01571
4,50	7,0686	$1{,}1745\cdot10^3$	$8{,}5144\cdot10^{-4}$	0,70711	0,70711	5,00	7,8540	$2{,}5760\cdot10^3$	$3{,}8820\cdot10^{-4}$	1,00000	$\pm0{,}00000$

x	$\dfrac{\pi x}{2}$	$e^{\frac{\pi x}{2}}$	$e^{-\frac{\pi x}{2}}$	$\sin\dfrac{\pi x}{2}$	$\cos\dfrac{\pi x}{2}$	x	$\dfrac{\pi x}{2}$	$e^{\frac{\pi x}{2}}$	$e^{-\frac{\pi x}{2}}$	$\sin\dfrac{\pi x}{2}$	$\cos\dfrac{\pi x}{2}$
5,00	7,8540	$2{,}5760\cdot10^3$	$3{,}8820\cdot10^{-4}$	1,00000	$\pm$0,00000	5,50	8,6394	$5{,}6498\cdot10^3$	$1{,}7700\cdot10^{-4}$	0,70711	$-$0,70711
5,01	7,8697	2,6168	3,8215	0,99988	$-$0,01571	5,51	8,6551	5,7392	1,7424	0,69591	$-$0,71813
5,02	7,8854	2,6582	3,7620	0,99951	$-$0,03141	5,52	8,6708	5,8301	1,7152	0,68455	$-$0,72897
5,03	7,9011	2,7003	3,7033	0,99889	$-$0,04711	5,53	8,6865	5,9224	1,6885	0,67301	$-$0,73963
5,04	7,9168	2,7430	3,6456	0,99803	$-$0,06279	5,54	8,7022	6,0162	1,6622	0,66131	$-$0,75011
5,05	7,9325	2,7865	3,5888	0,99692	$-$0,07846	5,55	8,7179	6,1114	1,6363	0,64945	$-$0,76041
5,06	7,9482	2,8306	3,5329	0,99556	$-$0,09411	5,56	8,7336	6,2082	1,6108	0,63742	$-$0,77051
5,07	7,9639	2,8754	3,4778	0,99396	$-$0,10973	5,57	8,7493	6,3065	1,5857	0,62524	$-$0,78043
5,08	7,9796	2,9209	3,4236	0,99211	$-$0,12533	5,58	8,7650	6,4063	1,5610	0,61291	$-$0,79016
5,09	7,9953	2,9671	3,3702	0,99002	$-$0,14090	5,59	8,7807	6,5077	1,5367	0,60042	$-$0,79968
5,10	8,0111	3,0141	3,3177	0,98769	$-$0,15643	5,60	8,7965	6,6108	1,5127	0,58779	$-$0,80902
5,11	8,0268	3,0618	3,2660	0,98511	$-$0,17193	5,61	8,8122	6,7155	1,4891	0,57501	$-$0,81815
5,12	8,0425	3,1103	3,2151	0,98229	$-$0,18738	5,62	8,8279	6,8218	1,4659	0,56208	$-$0,82708
5,13	8,0582	3,1596	3,1650	0,97922	$-$0,20279	5,63	8,8436	6,9298	1,4431	0,54902	$-$0,83581
5,14	8,0739	3,2096	3,1157	0,97592	$-$0,21814	5,64	8,8593	7,0395	1,4206	0,53583	$-$0,84433
5,15	8,0896	3,2604	3,0671	0,97237	$-$0,23345	5,65	8,8750	7,1510	1,3984	0,52250	$-$0,85264
5,16	8,1053	3,3120	3,0193	0,96858	$-$0,24869	5,66	8,8907	7,2642	1,3766	0,50904	$-$0,86074
5,17	8,1210	3,3644	2,9722	0,96456	$-$0,26387	5,67	8,9064	7,3792	1,3551	0,49546	$-$0,86863
5,18	8,1367	3,4177	2,9259	0,96029	$-$0,27899	5,68	8,9221	7,4960	1,3340	0,48175	$-$0,87631
5,19	8,1524	3,4718	2,8803	0,95579	$-$0,29404	5,69	8,9378	7,6146	1,3132	0,46792	$-$0,88377
5,20	8,1681	3,5268	2,8354	0,95106	$-$0,30902	5,70	8,9535	7,7352	1,2928	0,45399	$-$0,89101
5,21	8,1838	3,5826	2,7913	0,94609	$-$0,32392	5,71	8,9692	7,8577	1,2726	0,43994	$-$0,89803
5,22	8,1996	3,6393	2,7478	0,94088	$-$0,33874	5,72	8,9850	7,9821	1,2528	0,42578	$-$0,90483
5,23	8,2153	3,6970	2,7050	0,93544	$-$0,35347	5,73	9,0007	8,1084	1,2333	0,41151	$-$0,91140
5,24	8,2310	3,7555	2,6628	0,92978	$-$0,36812	5,74	9,0164	8,2368	1,2141	0,39715	$-$0,91775
5,25	8,2467	3,8149	2,6213	0,92388	$-$0,38268	5,75	9,0321	8,3672	1,1952	0,38268	$-$0,92388
5,26	8,2624	3,8753	2,5804	0,91775	$-$0,39715	5,76	9,0478	8,4997	1,1765	0,36812	$-$0,92978
5,27	8,2781	3,9367	2,5402	0,91140	$-$0,41151	5,77	9,0635	8,6343	1,1581	0,35347	$-$0,93544
5,28	8,2938	3,9990	2,5006	0,90483	$-$0,42578	5,78	9,0792	8,7710	1,1401	0,33874	$-$0,94088
5,29	8,3095	4,0623	2,4617	0,89803	$-$0,43994	5,79	9,0949	8,9098	1,1224	0,32392	$-$0,94609
5,30	8,3252	4,1266	2,4233	0,89101	$-$0,45399	5,80	9,1106	9,0509	1,1049	0,30902	$-$0,95106
5,31	8,3409	4,1919	2,3855	0,88377	$-$0,46792	5,81	9,1263	9,1941	1,0877	0,29404	$-$0,95579
5,32	8,3566	4,2583	2,3483	0,87631	$-$0,48175	5,82	9,1420	9,3397	1,0707	0,27899	$-$0,96029
5,33	8,3724	4,3258	2,3117	0,86863	$-$0,49546	5,83	9,1577	9,4876	1,0540	0,26387	$-$0,96456
5,34	8,3881	4,3943	2,2757	0,86074	$-$0,50904	5,84	9,1735	9,6378	1,0376	0,24869	$-$0,96858
5,35	8,4038	4,4638	2,2402	0,85264	$-$0,52250	5,85	9,1892	9,7904	1,0214	0,23345	$-$0,97237
5,36	8,4195	4,5345	2,2053	0,84433	$-$0,53583	5,86	9,2049	$9{,}9454\cdot10^3$	$1{,}0055\cdot10^{-4}$	0,21814	$-$0,97592
5,37	8,4352	4,6063	2,1709	0,83581	$-$0,54902	5,87	9,2206	$1{,}0103\cdot10^4$	$9{,}8982\cdot10^{-5}$	0,20279	$-$0,97922
5,38	8,4509	4,6792	2,1371	0,82708	$-$0,56208	5,88	9,2363	1,0263	9,7489	0,18738	$-$0,98229
5,39	8,4666	4,7533	2,1038	0,81815	$-$0,57501	5,89	9,2520	1,0425	9,5921	0,17193	$-$0,98511
5,40	8,4823	4,8285	2,0710	0,80902	$-$0,58779	5,90	9,2677	1,0590	9,4426	0,15643	$-$0,98769
5,41	8,4980	4,9049	2,0388	0,79968	$-$0,60042	5,91	9,2834	1,0758	9,2954	0,14090	$-$0,99002
5,42	8,5137	4,9826	2,0070	0,79016	$-$0,61291	5,92	9,2991	1,0928	9,1505	0,12533	$-$0,99211
5,43	8,5294	5,0615	1,9757	0,78043	$-$0,62524	5,93	9,3148	1,1101	9,0079	0,10973	$-$0,99396
5,44	8,5451	5,1417	1,9449	0,77051	$-$0,63742	5,94	9,3305	1,1277	8,8675	0,09411	$-$0,99556
5,45	8,5608	5,2231	1,9145	0,76041	$-$0,64945	5,95	9,3462	1,1456	8,7293	0,07846	$-$0,99692
5,46	8,5765	5,3058	1,8847	0,75011	$-$0,66131	5,96	9,3619	1,1637	8,5933	0,06279	$-$0,99803
5,47	8,5922	5,3898	1,8554	0,73963	$-$0,67301	5,97	9,3776	1,1821	8,4594	0,04711	$-$0,99889
5,48	8,6080	5,4751	1,8265	0,72897	$-$0,68455	5,98	9,3934	1,2008	8,3275	0,03141	$-$0,99951
5,49	8,6237	5,5618	1,7980	0,71813	$-$0,69591	5,99	9,4091	1,2199	8,1978	0,01571	$-$0,99988
5,50	8,6394	$5{,}6498\cdot10^3$	$1{,}7700\cdot10^{-4}$	0,70711	$-$0,70711	6,00	9,4248	$1{,}2392\cdot10^4$	$8{,}0700\cdot10^{-5}$	$\pm$0,00000	$-$1,00000

x	$\dfrac{\pi x}{2}$	$e^{\frac{\pi x}{2}}$	$e^{-\frac{\pi x}{2}}$	$\sin\dfrac{\pi x}{2}$	$\cos\dfrac{\pi x}{2}$	x	$\dfrac{\pi x}{2}$	$e^{\frac{\pi x}{2}}$	$e^{-\frac{\pi x}{2}}$	$\sin\dfrac{\pi x}{2}$	$\cos\dfrac{\pi x}{2}$
6,00	9,4248	$1,2392\cdot10^4$	$8,0700\cdot10^{-5}$	$\pm0,00000$	$-1,00000$	6,50	10,2102	$2,7178\cdot10^4$	$3,6794\cdot10^{-5}$	$-0,70711$	$-0,70711$
6,01	9,4405	1,2588	7,9442	$-0,01571$	$-0,99988$	6,51	10,2259	2,7609	3,6221	$-0,71813$	$-0,69591$
6,02	9,4562	1,2787	7,8204	$-0,03141$	$-0,99951$	6,52	10,2416	2,8046	3,5656	$-0,72897$	$-0,68455$
6,03	9,4719	1,2989	7,6985	$-0,04711$	$-0,99889$	6,53	10,2573	2,8490	3,5100	$-0,73963$	$-0,67301$
6,04	9,4876	1,3195	7,5785	$-0,06279$	$-0,99803$	6,54	10,2730	2,8941	3,4553	$-0,75011$	$-0,66131$
6,05	9,5033	1,3404	7,4604	$-0,07846$	$-0,99692$	6,55	10,2887	2,9399	3,4015	$-0,76041$	$-0,64945$
6,06	9,5190	1,3616	7,3441	$-0,09411$	$-0,99556$	6,56	10,3045	2,9864	3,3485	$-0,77051$	$-0,63742$
6,07	9,5347	1,3832	7,2297	$-0,10973$	$-0,99396$	6,57	10,3202	3,0337	3,2963	$-0,78043$	$-0,62524$
6,08	9,5504	1,4051	7,1170	$-0,12533$	$-0,99211$	6,58	10,3359	3,0818	3,2449	$-0,79016$	$-0,61291$
6,09	9,5661	1,4273	7,0061	$-0,14090$	$-0,99002$	6,59	10,3516	3,1306	3,1943	$-0,79968$	$-0,60042$
6,10	9,5819	1,4499	6,8969	$-0,15643$	$-0,98769$	6,60	10,3673	3,1801	3,1445	$-0,80902$	$-0,58779$
6,11	9,5976	1,4729	6,7894	$-0,17193$	$-0,98511$	6,61	10,3830	3,2305	3,0955	$-0,81815$	$-0,57501$
6,12	9,6133	1,4962	6,6836	$-0,18738$	$-0,98229$	6,62	10,3987	3,2816	3,0473	$-0,82708$	$-0,56208$
6,13	9,6290	1,5199	6,5795	$-0,20279$	$-0,97922$	6,63	10,4144	3,3335	2,9998	$-0,83581$	$-0,54902$
6,14	9,6447	1,5440	6,4769	$-0,21814$	$-0,97592$	6,64	10,4301	3,3863	2,9530	$-0,84433$	$-0,53583$
6,15	9,6604	1,5684	6,3759	$-0,23345$	$-0,97237$	6,65	10,4458	3,4399	2,9070	$-0,85264$	$-0,52250$
6,16	9,6761	1,5932	6,2765	$-0,24869$	$-0,96858$	6,66	10,4615	3,4944	2,8617	$-0,86074$	$-0,50904$
6,17	9,6918	1,6185	6,1787	$-0,26387$	$-0,96456$	6,67	10,4772	3,5497	2,8171	$-0,86863$	$-0,49546$
6,18	9,7075	1,6441	6,0824	$-0,27899$	$-0,96029$	6,68	10,4929	3,6059	2,7732	$-0,87631$	$-0,48175$
6,19	9,7233	1,6702	5,9876	$-0,29404$	$-0,95579$	6,69	10,5086	3,6630	2,7300	$-0,88377$	$-0,46792$
6,20	9,7389	1,6966	5,8943	$-0,30902$	$-0,95106$	6,70	10,5244	3,7210	2,6874	$-0,89101$	$-0,45399$
6,21	9,7546	1,7234	5,8024	$-0,32392$	$-0,94609$	6,71	10,5401	3,7799	2,6455	$-0,89803$	$-0,43994$
6,22	9,7704	1,7507	5,7120	$-0,33874$	$-0,94088$	6,72	10,5558	3,8398	2,6043	$-0,90483$	$-0,42578$
6,23	9,7861	1,7784	5,6230	$-0,35347$	$-0,93544$	6,73	10,5715	3,9006	2,5637	$-0,91140$	$-0,41151$
6,24	9,8018	1,8066	5,5354	$-0,36812$	$-0,92978$	6,74	10,5872	3,9623	2,5238	$-0,91775$	$-0,39715$
6,25	9,8175	1,8352	5,4491	$-0,38268$	$-0,92388$	6,75	10,6029	4,0251	2,4844	$-0,92388$	$-0,38268$
6,26	9,8332	1,8642	5,3642	$-0,39715$	$-0,91775$	6,76	10,6186	4,0888	2,4457	$-0,92978$	$-0,36812$
6,27	9,8489	1,8937	5,2806	$-0,41151$	$-0,91140$	6,77	10,6343	4,1535	2,4076	$-0,93544$	$-0,35347$
6,28	9,8646	1,9237	5,1983	$-0,42578$	$-0,90483$	6,78	10,6500	4,2193	2,3701	$-0,94088$	$-0,33874$
6,29	9,8803	1,9542	5,1173	$-0,43994$	$-0,89803$	6,79	10,6657	4,2861	2,3332	$-0,94609$	$-0,32392$
6,30	9,8960	1,9851	5,0375	$-0,45399$	$-0,89101$	6,80	10,6814	4,3539	2,2968	$-0,95106$	$-0,30902$
6,31	9,9117	2,0166	4,9590	$-0,46792$	$-0,88377$	6,81	10,6971	4,4229	2,2610	$-0,95579$	$-0,29404$
6,32	9,9274	2,0485	4,8817	$-0,48175$	$-0,87631$	6,82	10,7129	4,4929	2,2258	$-0,96029$	$-0,27899$
6,33	9,9431	2,0809	4,8056	$-0,49546$	$-0,86863$	6,83	10,7286	4,5640	2,1911	$-0,96456$	$-0,26387$
6,34	9,9588	2,1138	4,7307	$-0,50904$	$-0,86074$	6,84	10,7443	4,6363	2,1569	$-0,96858$	$-0,24869$
6,35	9,9745	2,1473	4,6570	$-0,52250$	$-0,85264$	6,85	10,7600	4,7097	2,1233	$-0,97237$	$-0,23345$
6,36	9,9903	2,1813	4,5844	$-0,53583$	$-0,84433$	6,86	10,7757	4,7842	2,0902	$-0,97592$	$-0,21814$
6,37	10,0060	2,2158	4,5129	$-0,54902$	$-0,83581$	6,87	10,7914	4,8599	2,0577	$-0,97922$	$-0,20279$
6,38	10,0217	2,2509	4,4426	$-0,56208$	$-0,82708$	6,88	10,8071	4,9369	2,0256	$-0,98229$	$-0,18738$
6,39	10,0374	2,2866	4,3734	$-0,57501$	$-0,81815$	6,89	10,8228	5,0151	1,9940	$-0,98511$	$-0,17193$
6,40	10,0531	2,3228	4,3052	$-0,58779$	$-0,80902$	6,90	10,8385	5,0945	1,9629	$-0,98769$	$-0,15643$
6,41	10,0688	2,3596	4,2381	$-0,60042$	$-0,79968$	6,91	10,8542	5,1752	1,9323	$-0,99002$	$-0,14090$
6,42	10,0845	2,3969	4,1721	$-0,61291$	$-0,79016$	6,92	10,8699	5,2571	1,9022	$-0,99211$	$-0,12533$
6,43	10,1002	2,4349	4,1070	$-0,62524$	$-0,78043$	6,93	10,8856	5,3403	1,8726	$-0,99396$	$-0,10973$
6,44	10,1160	2,4734	4,0430	$-0,63742$	$-0,77051$	6,94	10,9014	5,4248	1,8434	$-0,99556$	$-0,09411$
6,45	10,1317	2,5125	3,9800	$-0,64945$	$-0,76041$	6,95	10,9171	5,5107	1,8147	$-0,99692$	$-0,07846$
6,46	10,1474	2,5523	3,9180	$-0,66131$	$-0,75011$	6,96	10,9328	5,5980	1,7864	$-0,99803$	$-0,06279$
6,47	10,1631	2,5927	3,8569	$-0,67301$	$-0,73963$	6,97	10,9485	5,6866	1,7585	$-0,99889$	$-0,04711$
6,48	10,1788	2,6338	3,7968	$-0,68455$	$-0,72897$	6,98	10,9642	5,7766	1,7311	$-0,99951$	$-0,03141$
6,49	10,1945	2,6755	3,7376	$-0,69591$	$-0,71813$	6,99	10,9799	5,8681	1,7041	$-0,99988$	$-0,01571$
6,50	10,2102	$2,7178\cdot10^4$	$3,6794\cdot10^{-5}$	$-0,70711$	$-0,70711$	7,00	10,9956	$5,9610\cdot10^4$	$1,6776\cdot10^{-5}$	$-1,00000$	$\mp0,00000$

x	$\dfrac{\pi x}{2}$	$e^{\frac{\pi x}{2}}$	$e^{-\frac{\pi x}{2}}$	$\sin\dfrac{\pi x}{2}$	$\cos\dfrac{\pi x}{2}$	x	$\dfrac{\pi x}{2}$	$e^{\frac{\pi x}{2}}$	$e^{-\frac{\pi x}{2}}$	$\sin\dfrac{\pi x}{2}$	$\cos\dfrac{\pi x}{2}$
7,00	10,9956	$5,9610\cdot10^4$	$1,6776\cdot10^{-5}$	$-1,00000$	$\mp0,00000$	7,50	11,7810	$1,3074\cdot10^5$	$7,6487\cdot10^{-6}$	$-0,70711$	0,70711
7,01	11,0113	6,0553	1,6515	$-0,99988$	0,01571	7,51	11,7967	1,3281	7,5295	$-0,69591$	0,71813
7,02	11,0270	6,1512	1,6257	$-0,99951$	0,03141	7,52	11,8124	1,3491	7,4122	$-0,68455$	0,72897
7,03	11,0427	6,2486	1,6003	$-0,99889$	0,04711	7,53	11,8281	1,3705	7,2966	$-0,67301$	0,73963
7,04	11,0584	6,3475	1,5754	$-0,99803$	0,06279	7,54	11,8438	1,3922	7,1829	$-0,66131$	0,75011
7,05	11,0741	6,4480	1,5509	$-0,99692$	0,07846	7,55	11,8595	1,4142	7,0710	$-0,64945$	0,76041
7,06	11,0898	6,5501	1,5267	$-0,99556$	0,09411	7,56	11,8753	1,4366	6,9608	$-0,63742$	0,77051
7,07	11,1056	6,6538	1,5029	$-0,99396$	0,10973	7,57	11,8910	1,4594	6,8523	$-0,62524$	0,78043
7,08	11,1213	6,7592	1,4795	$-0,99211$	0,12533	7,58	11,9067	1,4825	6,7455	$-0,61291$	0,79016
7,09	11,1370	6,8662	1,4564	$-0,99002$	0,14090	7,59	11,9224	1,5060	6,6404	$-0,60042$	0,79968
7,10	11,1527	6,9749	1,4337	$-0,98769$	0,15643	7,60	11,9381	1,5298	6,5369	$-0,58779$	0,80902
7,11	11,1684	7,0853	1,4114	$-0,98511$	0,17193	7,61	11,9538	1,5540	6,4350	$-0,57501$	0,81815
7,12	11,1841	7,1975	1,3894	$-0,98229$	0,18738	7,62	11,9695	1,5786	6,3347	$-0,56208$	0,82708
7,13	11,1998	7,3114	1,3677	$-0,97922$	0,20279	7,63	11,9852	1,6036	6,2360	$-0,54902$	0,83581
7,14	11,2155	7,4272	1,3464	$-0,97592$	0,21814	7,64	12,0009	1,6290	6,1388	$-0,53583$	0,84433
7,15	11,2312	7,5448	1,3254	$-0,97237$	0,23345	7,65	12,0166	1,6548	6,0431	$-0,52250$	0,85264
7,16	11,2469	7,6642	1,3048	$-0,96858$	0,24869	7,66	12,0323	1,6810	5,9489	$-0,50904$	0,86074
7,17	11,2626	7,7855	1,2844	$-0,96456$	0,26387	7,67	12,0480	1,7076	5,8562	$-0,49546$	0,86863
7,18	11,2783	7,9088	1,2644	$-0,96029$	0,27899	7,68	12,0637	1,7346	5,7649	$-0,48175$	0,87631
7,19	11,2941	8,0340	1,2447	$-0,95579$	0,29404	7,69	12,0794	1,7621	5,6750	$-0,46792$	0,88377
7,20	11,3098	8,1612	1,2253	$-0,95106$	0,30902	7,70	12,0952	1,7900	5,5866	$-0,45399$	0,89101
7,21	11,3255	8,2904	1,2062	$-0,94609$	0,32392	7,71	12,1109	1,8183	5,4996	$-0,43994$	0,89803
7,22	11,3412	8,4217	1,1874	$-0,94088$	0,33874	7,72	12,1266	1,8471	5,4139	$-0,42578$	0,90483
7,23	11,3569	8,5550	1,1689	$-0,93544$	0,35347	7,73	12,1423	1,8764	5,3295	$-0,41151$	0,91140
7,24	11,3726	8,6905	1,1507	$-0,92978$	0,36812	7,74	12,1580	1,9061	5,2464	$-0,39715$	0,91775
7,25	11,3883	8,8280	1,1328	$-0,92388$	0,38268	7,75	12,1737	1,9363	5,1647	$-0,38268$	0,92388
7,26	11,4040	8,9678	1,1151	$-0,91775$	0,39715	7,76	12,1894	1,9669	5,0842	$-0,36812$	0,92978
7,27	11,4197	9,1098	1,0977	$-0,91140$	0,41151	7,77	12,2051	1,9981	5,0049	$-0,35347$	0,93544
7,28	11,4354	9,2540	1,0806	$-0,90483$	0,42578	7,78	12,2208	2,0297	4,9269	$-0,33874$	0,94088
7,29	11,4511	9,4005	1,0638	$-0,89803$	0,43994	7,79	12,2365	2,0618	4,8501	$-0,32392$	0,94609
7,30	11,4668	9,5493	1,0472	$-0,89101$	0,45399	7,80	12,2522	2,0944	4,7745	$-0,30902$	0,95106
7,31	11,4826	9,7005	1,0309	$-0,88377$	0,46792	7,81	12,2679	2,1276	4,7001	$-0,29404$	0,95579
7,32	11,4983	$9,8541\cdot10^4$	$1,0148\cdot10^{-5}$	$-0,87631$	0,48175	7,82	12,2837	2,1613	4,6269	$-0,27899$	0,96029
7,33	11,5140	$1,0010\cdot10^5$	$9,9899\cdot10^{-6}$	$-0,86863$	0,49546	7,83	12,2994	2,1955	4,5548	$-0,26387$	0,96456
7,34	11,5297	1,0169	9,8342	$-0,86074$	0,50904	7,84	12,3151	2,2303	4,4838	$-0,24869$	0,96858
7,35	11,5454	1,0330	9,6809	$-0,85264$	0,52250	7,85	12,3308	2,2656	4,4139	$-0,23345$	0,97237
7,36	11,5611	1,0493	9,5300	$-0,84433$	0,53583	7,86	12,3465	2,3014	4,3451	$-0,21814$	0,97592
7,37	11,5768	1,0659	9,3815	$-0,83581$	0,54902	7,87	12,3622	2,3379	4,2774	$-0,20279$	0,97922
7,38	11,5925	1,0828	9,2353	$-0,82708$	0,56208	7,88	12,3779	2,3749	4,2107	$-0,18738$	0,98229
7,39	11,6082	1,1000	9,0914	$-0,81815$	0,57501	7,89	12,3936	2,4125	4,1451	$-0,17193$	0,98511
7,40	11,6239	1,1174	8,9497	$-0,80902$	0,58779	7,90	12,4093	2,4507	4,0805	$-0,15643$	0,98769
7,41	11,6396	1,1351	8,8102	$-0,79968$	0,60042	7,91	12,4250	2,4895	4,0169	$-0,14090$	0,99002
7,42	11,6553	1,1530	8,6729	$-0,79016$	0,61291	7,92	12,4407	2,5289	3,9543	$-0,12533$	0,99211
7,43	11,6710	1,1713	8,5378	$-0,78043$	0,62524	7,93	12,4564	2,5689	3,8927	$-0,10973$	0,99396
7,44	11,6868	1,1898	8,4047	$-0,77051$	0,63742	7,94	12,4721	2,6096	3,8320	$-0,09411$	0,99556
7,45	11,7025	1,2087	8,2737	$-0,76041$	0,64945	7,95	12,4879	2,6509	3,7723	$-0,07846$	0,99692
7,46	11,7182	1,2278	8,1447	$-0,75011$	0,66131	7,96	12,5036	2,6929	3,7135	$-0,06279$	0,99803
7,47	11,7339	1,2473	8,0178	$-0,73963$	0,67301	7,97	12,5193	2,7355	3,6556	$-0,04711$	0,99889
7,48	11,7496	1,2670	7,8928	$-0,72897$	0,68455	7,98	12,5350	2,7788	3,5986	$-0,03141$	0,99951
7,49	11,7653	1,2870	7,7698	$-0,71813$	0,69591	7,99	12,5507	2,8228	3,5425	$-0,01571$	0,99988
7,50	11,7810	$1,3074\cdot10^5$	$7,6487\cdot10^{-6}$	$-0,70711$	0,70711	8,00	12,5664	$2,8675\cdot10^5$	$3,4873\cdot10^{-6}$	$\mp0,00000$	1,00000

x	$\dfrac{\pi x}{2}$	$e^{\frac{\pi x}{2}}$	$e^{-\frac{\pi x}{2}}$	$\sin\dfrac{\pi x}{2}$	$\cos\dfrac{\pi x}{2}$	x	$\dfrac{\pi x}{2}$	$e^{\frac{\pi x}{2}}$	$e^{-\frac{\pi x}{2}}$	$\sin\dfrac{\pi x}{2}$	$\cos\dfrac{\pi x}{2}$
8,00	12,5664	$2,8675\cdot10^5$	$3,4873\cdot10^{-6}$	$\mp0,00000$	1,00000	8,50	13,3518	$6,2893\cdot10^5$	$1,5900\cdot10^{-6}$	0,70711	0,70711
8,01	12,5821	2,9129	3,4330	0,01571	0,99988	8,51	13,3675	6,3889	1,5652	0,71813	0,69591
8,02	12,5978	2,9590	3,3795	0,03141	0,99951	8,52	13,3832	6,4900	1,5408	0,72897	0,68455
8,03	12,6135	3,0059	3,3268	0,04711	0,99889	8,53	13,3989	6,5928	1,5168	0,73963	0,67301
8,04	12,6292	3,0535	3,2750	0,06279	0,99803	8,54	13,4146	6,6971	1,4932	0,75011	0,66131
8,05	12,6449	3,1018	3,2240	0,07846	0,99692	8,55	13,4303	6,8031	1,4699	0,76041	0,64945
8,06	12,6606	3,1509	3,1737	0,09411	0,99556	8,56	13,4461	6,9108	1,4470	0,77051	0,63742
8,07	12,6764	3,2008	3,1242	0,10973	0,99396	8,57	13,4618	7,0202	1,4244	0,78043	0,62524
8,08	12,6921	3,2515	3,0755	0,12533	0,99211	8,58	13,4775	7,1314	1,4022	0,79016	0,61291
8,09	12,7078	3,3029	3,0276	0,14090	0,99002	8,59	13,4932	7,2443	1,3804	0,79968	0,60042
8,10	12,7235	3,3552	2,9804	0,15643	0,98769	8,60	13,5089	7,3590	1.3589	0,80902	0,58779
8,11	12,7392	3,4083	2,9339	0,17193	0,98511	8,61	13,5246	7,4755	1,3377	0,81815	0,57501
8,12	12,7549	3,4623	2,8882	0,18738	0,98229	8,62	13,5403	7,5939	1,3169	0,82708	0,56208
8,13	12,7706	3,5171	2,8432	0,20279	0,97922	8,63	13,5560	7,7141	1,2963	0,83581	0,54902
8,14	12,7863	3,5728	2,7989	0,21814	0,97592	8,64	13,5717	7,8362	1,2761	0,84433	0,53583
8,15	12,8020	3,6293	2,7552	0,23345	0,97237	8,65	13,5874	7,9603	1,2563	0,85264	0,52250
8,16	12,8177	3,6868	2,7123	0,24869	0,96858	8,66	13,6031	8,0863	1,2367	0,86074	0,50904
8,17	12,8334	3,7452	2,6701	0,26387	0,96456	8,67	13,6188	8,2143	1,2174	0,86863	0,49546
8,18	12,8491	3,8045	2,6285	0,27899	0,96029	8,68	13,6345	8,3444	1,1984	0,87631	0,48175
8,19	12,8649	3,8647	2,5875	0,29404	0,95579	8,69	13,6502	8,4765	1,1797	0,88377	0,46792
8,20	12,8806	3,9259	2,5472	0,30902	0,95106	8,70	13,6660	8,6107	1,1613	0,89101	0,45399
8,21	12,8963	3,9881	2,5075	0,32392	0,94609	8,71	13,6817	8,7470	1,1432	0,89803	0,43994
8,22	12,9120	4,0512	2,4684	0,33874	0,94088	8,72	13,6974	8,8855	1,1254	0,90483	0,42578
8,23	12,9277	4,1153	2,4299	0,35347	0,93544	8,73	13,7131	9,0262	1,1079	0,91140	0,41151
8,24	12,9434	4,1805	2,3920	0,36812	0,92978	8,74	13,7288	9,1691	1,0906	0,91775	0,39715
8,25	12,9591	4,2467	2,3548	0,38268	0,92388	8,75	13,7445	9,3142	1,0736	0,92388	0,38268
8,26	12,9748	4,3139	2,3181	0,39715	0,91775	8,76	13,7602	9,4617	1,0569	0,92978	0,36812
8,27	12,9905	4,3822	2,2820	0,41151	0,91140	8,77	13,7759	9,6114	1,0404	0,93544	0,35347
8,28	13,0062	4,4516	2,2464	0,42578	0,90483	8,78	13,7916	4,7636	1,0242	0,94088	0,33874
8,29	13,0219	4,5221	2,2114	0,43994	0,89803	8,79	13,8073	$9,9182\cdot10^5$	$1,0083\cdot10^{-6}$	0,94609	0,32392
8,30	13,0376	4,5937	2,1769	0,45399	0,89101	8,80	13,8230	$1,0075\cdot10^6$	$9,9253\cdot10^{-7}$	0,95106	0,30902
8,31	13,0534	4,6664	2,1430	0,46792	0,88377	8,81	13,8387	1,0235	9,7706	0,95579	0,29404
8,32	13,0691	4,7403	2,1096	0,48175	0,87631	8,82	13,8545	1,0397	9,6183	0,96029	0,27899
8,33	13,0848	4,8154	2,0767	0,49546	0,86863	8,83	13,8702	1,0562	9,4685	0,96456	0,26387
8,34	13,1005	4,8916	2,0443	0,50904	0,86074	8,84	13,8859	1,0729	9,3209	0,96858	0,24869
8,35	13,1162	4,9690	2,0125	0,52250	0,85264	8,85	13,9016	1,0899	9,1756	0,97237	0,23345
8,36	13,1319	5,0477	1,9811	0,53583	0,84433	8,86	13,9173	1,1071	9,0326	0,97592	0,21814
8,37	13,1476	5,1276	1,9502	0,54902	0,83581	8,87	13,9330	1,1246	8,8918	0,97922	0,20279
8,38	13,1633	5,2088	1,9198	0,56208	0,82708	8,88	13,9487	1,1424	8,7532	0,98229	0,18738
8,39	13,1790	5,2912	1,8899	0,57501	0,81815	8,89	13,9644	1,1605	8,6168	0,98511	0,17193
8,40	13,1947	5,3750	1,8605	0,58779	0,80902	8,90	13,9801	1,1789	8,4825	0,98769	0,15643
8,41	13,2104	5,4601	1,8315	0,60042	0,79968	8,91	13,9958	1,1976	8,3503	0,99002	0,14090
8,42	13,2261	5,5466	1,8029	0,61291	0,79016	8,92	14,0115	1,2165	8,2202	0,99211	0,12533
8,43	13,2418	5,6344	1,7748	0,62524	0,78043	8,93	14,0272	1,2357	8,0921	0,99396	0,10973
8,44	13,2576	5,7236	1,7472	0,63742	0,77051	8,94	14,0430	1,2553	7,9660	0,99556	0,09411
8,45	13,2733	5,8142	1,7199	0,64945	0,76041	8,95	14,0587	1,2752	7,8418	0,99692	0,07846
8,46	13,2890	5,9063	1,6931	0,66131	0,75011	8,96	14,0744	1,2954	7,7196	0,99803	0,06279
8,47	13,3047	5,9997	1,6668	0,67301	0,73963	8,97	14,0901	1,3159	7,5993	0,99889	0,04711
8,48	13,3204	6,0947	1,6408	0,68455	0,72897	8,98	14,1058	1,3367	7,4808	0,99951	0,03141
8,49	13,3361	6,1912	1,6152	0,69591	0,71813	8,99	14,1215	1,3579	7,3643	0,99988	0,01571
8,50	13,3518	$6,2893\cdot10^5$	$1,5900\cdot10^{-6}$	0,70711	0,70711	9,00	14,1372	$1,3794\cdot10^6$	$7,2495\cdot10^{-7}$	1,00000	$\pm0,00000$

x	$\dfrac{\pi x}{2}$	$e^{\frac{\pi x}{2}}$	$e^{-\frac{\pi x}{2}}$	$\sin\dfrac{\pi x}{2}$	$\cos\dfrac{\pi x}{2}$	x	$\dfrac{\pi x}{2}$	$e^{\frac{\pi x}{2}}$	$e^{-\frac{\pi x}{2}}$	$\sin\dfrac{\pi x}{2}$	$\cos\dfrac{\pi x}{2}$
9,00	14,1372	$1,3794\cdot10^6$	$7,2495\cdot10^{-7}$	1,00000	$\pm0,00000$	9,50	14,9226	$3,0254\cdot10^6$	$3,3053\cdot10^{-7}$	0,70711	$-0,70711$
9,01	14,1529	1,4012	7,1365	0,99988	$-0,01571$	9,51	14,9383	3,0743	3,2538	0,69591	$-0,71813$
9,02	14,1686	1,4234	7,0253	0,99951	$-0,03141$	9,52	14,9540	3,1220	3,2031	0,68455	$-0,72897$
9,03	14,1843	1,4459	6,9158	0,99889	$-0,04711$	9,53	14,9697	3,1714	3,1532	0,67301	$-0,73963$
9,04	14,2000	1,4688	6,8080	0,99803	$-0,06279$	9,54	14,9854	3,2216	3,1040	0,66131	$-0,75011$
9,05	14,2157	1,4921	6,7019	0,99692	$-0,07846$	9,55	15,0011	3,2726	3,0556	0,64945	$-0,76041$
9,06	14,2314	1,5157	6,5974	0,99556	$-0,09411$	9,56	15,0169	3,3244	3,0080	0,63742	$-0,77051$
9,07	14,2472	1,5397	6,4946	0,99396	$-0,10973$	9,57	15,0326	3,3770	2,9611	0,62524	$-0,78043$
9,08	14,2629	1,5641	6,3934	0,99211	$-0,12533$	9,58	15,0483	3,4305	2,9150	0,61291	$-0,79016$
9,09	14,2786	1,5889	6,2938	0,99002	$-0,14090$	9,59	15,0640	3,4848	2,8695	0,60042	$-0,79968$
9,10	14,2943	1,6140	6,1957	0,98769	$-0,15643$	9,60	15,0797	3,5400	2,8248	0,58779	$-0,80902$
9,11	14,3100	1,6395	6,0991	0,98511	$-0,17193$	9,61	15,0954	3,5961	2,7808	0,57501	$-0,81815$
9,12	14,3257	1,6655	6,0040	0,98229	$-0,18738$	9,62	15,1111	3,6530	2,7375	0,56208	$-0,82708$
9,13	14,3414	1,6919	5,9105	0,97922	$-0,20279$	9,63	15,1268	3,7108	2,6948	0,54902	$-0,83581$
9,14	14,3571	1,7187	5,8184	0,97592	$-0,21814$	9,64	15,1425	3,7696	2,6528	0,53583	$-0,84433$
9,15	14,3728	1,7459	5,7277	0,97237	$-0,23345$	9,65	15,1582	3,8293	2,6115	0,52250	$-0,85264$
9,16	14,3885	1,7736	5,6384	0,96858	$-0,24869$	9,66	15,1739	3,8899	2,5708	0,50904	$-0,86074$
9,17	14,4042	1,8017	5,5505	0,96456	$-0,26387$	9,67	15,1896	3,9515	2,5307	0,49546	$-0,86863$
9,18	14,4199	1,8302	5,4640	0,96029	$-0,27899$	9,68	15,2053	4,0140	2,4913	0,48175	$-0,87631$
9,19	14,4357	1,8592	5,3788	0,95579	$-0,29404$	9,69	15,2210	4,0776	2,4524	0,46792	$-0,88377$
9,20	14,4514	1,8886	5,2950	0,95106	$-0,30902$	9,70	15,2368	4,1421	2,4142	0,45399	$-0,89101$
9,21	14,4671	1,9185	5,2125	0,94609	$-0,32392$	9,71	15,2525	4,2077	2,3765	0,43994	$-0,89803$
9,22	14,4828	1,9488	5,1313	0,94088	$-0,33874$	9,72	15,2682	4,2743	2,3395	0,42578	$-0,90483$
9,23	14,4985	1,9797	5,0513	0,93544	$-0,35347$	9,73	15,2839	4,3420	2,3031	0,41151	$-0,91140$
9,24	14,5142	2,0110	4,9726	0,92978	$-0,36812$	9,74	15,2996	4,4108	2,2672	0,39715	$-0,91775$
9,25	14,5299	2,0429	4,8951	0,92388	$-0,38266$	9,75	15,3153	4,4806	2,2319	0,38268	$-0,92388$
9,26	14,5456	2,0752	4,8188	0,91775	$-0,39715$	9,76	15,3310	4,5515	2,1971	0,36812	$-0,92978$
9,27	14,5613	2,1080	4,7437	0,91140	$-0,41151$	9,77	15,3467	4,6236	2,1628	0,35347	$-0,93544$
9,28	14,5770	2,1414	4,6698	0,90483	$-0,42578$	9,78	15,3624	4,6968	2,1291	0,33874	$-0,94088$
9,29	14,5927	2,1753	4,5970	0,89803	$-0,43994$	9,79	15,3781	4,7712	2,0959	0,32392	$-0,94609$
9,30	14,6084	2,2098	4,5253	0,89101	$-0,45399$	9,80	15,3938	4,8467	2,0633	0,30902	$-0,95106$
9,31	14,6242	2,2448	4,4548	0,88377	$-0,46792$	9,81	15,4095	4,9234	2,0312	0,29404	$-0,95579$
9,32	14,6399	2,2803	4,3854	0,87631	$-0,48175$	9,82	15,4253	5,0014	1,9995	0,27899	$-0,96029$
9,33	14,6556	2,3164	4,3170	0,86863	$-0,49546$	9,83	15,4410	5,0806	1,9683	0,26387	$-0,96456$
9,34	14,6713	2,3531	4,2497	0,86074	$-0,50904$	9,84	15,4567	5,1610	1,9376	0,24869	$-0,96858$
9,35	14,6870	2,3904	4,1835	0,85264	$-0,52250$	9,85	15,4724	5,2427	1,9074	0,23345	$-0,97237$
9,36	14,7027	2,4282	4,1183	0,84433	$-0,53583$	9,86	15,4881	5,3257	1,8777	0,21814	$-0,97592$
9,37	14,7184	2,4667	4,0541	0,83581	$-0,54902$	9,87	15,5038	5,4100	1,8484	0,20279	$-0,97922$
9,38	14,7341	2,5057	3,9909	0,82708	$-0,56208$	9,88	15,5195	5,4957	1,8196	0,18738	$-0,98229$
9,39	14,7498	2,5453	3,9287	0,81815	$-0,57501$	9,89	15,5352	5,5826	1,7912	0,17193	$-0,98511$
9,40	14,7655	2,5856	3,8675	0,80902	$-0,58779$	9,90	15,5509	5,6710	1,7633	0,15643	$-0,98769$
9,41	14,7812	2,6266	3,8072	0,79968	$-0,60042$	9,91	15,5666	5,7608	1,7358	0,14090	$-0,99002$
9,42	14,7969	2,6682	3,7479	0,79016	$-0,61291$	9,92	15,5823	5,8520	1,7088	0,12533	$-0,99211$
9,43	14,8126	2,7104	3,6895	0,78043	$-0,62524$	9,93	15,5980	5,9447	1,6822	0,10973	$-0,99396$
9,44	14,8284	2,7533	3,6320	0,77051	$-0,63742$	9,94	15,6138	6,0388	1,6560	0,09411	$-0,99556$
9,45	14,8441	2,7969	3,5754	0,76041	$-0,64945$	9,95	15,6295	6,1344	1,6301	0,07846	$-0,99692$
9,46	14,8598	2,8412	3,5197	0,75011	$-0,66131$	9,96	15,6452	6,2315	1,6047	0,06279	$-0,99803$
9,47	14,8755	2,8862	3,4648	0,73963	$-0,67301$	9,97	15,6609	6,3302	1,5797	0,04711	$-0,99889$
9,48	14,8912	2,9319	3,4108	0,72897	$-0,68455$	9,98	15,6766	6,4304	1,5551	0,03141	$-0,99951$
9,49	14,9069	2,9783	3,3576	0,71813	$-0,69591$	9,99	15,6923	6,5322	1,5309	0,01571	$-0,99988$
9,50	14,9226	$3,0254\cdot10^6$	$3,3053\cdot10^{-7}$	0,70711	$-0,70711$	10,00	15,7080	$6,6556\cdot10^6$	$1,5070\cdot10^{-7}$	$\pm0,00000$	$-1,00000$

x	$\dfrac{\pi x}{2}$	$e^{\frac{\pi x}{2}}$	$e^{-\frac{\pi x}{2}}$	$\sin\dfrac{\pi x}{2}$	$\cos\dfrac{\pi x}{2}$	x	$\dfrac{\pi x}{2}$	$e^{\frac{\pi x}{2}}$	$e^{-\frac{\pi x}{2}}$	$\sin\dfrac{\pi x}{2}$	$\cos\dfrac{\pi x}{2}$
10,00	15,7080	$6,6356\cdot10^6$	$1,5070\cdot10^{-7}$	$\pm0,00000$	$-1,00000$	10,50	16,4934	$1,4554\cdot10^7$	$6,8711\cdot10^{-8}$	$-0,70711$	$-0,70711$
10,01	15,7237	6,7407	1,4835	$-0,01571$	$-0,99988$	10,51	16,5091	1,4784	6,7640	$-0,71813$	$-0,69591$
10,02	15,7394	6,8474	1,4604	$-0,03141$	$-0,99951$	10,52	16,5248	1,5018	6,6586	$-0,72897$	$-0,68455$
10,03	15,7551	6,9558	1,4376	$-0,04711$	$-0,99889$	10,53	16,5405	1,5246	6,5548	$-0,73963$	$-0,67301$
10,04	15,7708	7,0659	1,4152	$-0,06279$	$-0,99803$	10,54	16,5562	1,5498	6,4526	$-0,75011$	$-0,66131$
10,05	15,7865	7,1778	1,3932	$-0,07846$	$-0,99692$	10,55	16,5719	1,5743	6,3521	$-0,76041$	$-0,64945$
10,06	15,8022	7,2914	1,3715	$-0,09411$	$-0,99556$	10,56	16,5876	1,5992	6,2531	$-0,77051$	$-0,63742$
10,07	15,8180	7,4068	1,3501	$-0,10973$	$-0,99396$	10,57	16,6034	1,6246	6,1556	$-0,78043$	$-0,62524$
10,08	15,8337	7,5241	1,3291	$-0,12533$	$-0,99211$	10,58	16,6191	1,6503	6,0597	$-0,79016$	$-0,61291$
10,09	15,8494	7,6433	1,3084	$-0,14090$	$-0,99002$	10,59	16,6348	1,6764	5,9653	$-0,79968$	$-0,60042$
10,10	15,8651	7,7643	1,2880	$-0,15643$	$-0,98769$	10,60	16,6505	1,7029	5,8723	$-0,80902$	$-0,58779$
10,11	15,8808	7,8872	1,2679	$-0,17193$	$-0,98511$	10,61	16,6662	1,7299	5,7808	$-0,81815$	$-0,57501$
10,12	15,8965	8,0121	1,2481	$-0,18738$	$-0,98229$	10,62	16,6819	1,7573	5,6907	$-0,82708$	$-0,56208$
10,13	15,9122	8,1389	1,2286	$-0,20279$	$-0,97922$	10,63	16,6976	1,7851	5,6020	$-0,83581$	$-0,54902$
10,14	15,9279	8,2678	1,2095	$-0,21814$	$-0,97592$	10,64	16,7133	1,8134	5,5147	$-0,84433$	$-0,53583$
10,15	15,9436	8,3986	1,1906	$-0,23345$	$-0,97237$	10,65	16,7290	1,8421	5,4287	$-0,85264$	$-0,52250$
10,16	15,9593	8,5316	1,1721	$-0,24869$	$-0,96858$	10,66	16,7447	1,8712	5,3441	$-0,86074$	$-0,50904$
10,17	15,9750	8,6667	1,1539	$-0,26387$	$-0,96456$	10,67	16,7604	1,9008	5,2608	$-0,86863$	$-0,49546$
10,18	15,9907	8,8039	1,1359	$-0,27899$	$-0,96029$	10,68	16,7761	1,9309	5,1788	$-0,87631$	$-0,48175$
10,19	16,0065	8,9433	1,1181	$-0,29404$	$-0,95579$	10,69	16,7918	1,9615	5,0981	$-0,88377$	$-0,46792$
10,20	16,0222	9,0849	1,1007	$-0,30902$	$-0,95106$	10,70	16,8076	1,9926	5,0187	$-0,89101$	$-0,45399$
10,21	16,0379	9,2287	1,0836	$-0,32392$	$-0,94609$	10,71	16,8233	2,0242	4,9404	$-0,89803$	$-0,43994$
10,22	16,0536	9,3748	1,0667	$-0,33874$	$-0,94088$	10,72	16,8390	2,0562	4,8634	$-0,90483$	$-0,42578$
10,23	16,0693	9,5232	1,0501	$-0,35347$	$-0,93544$	10,73	16,8547	2,0887	4,7876	$-0,91140$	$-0,41151$
10,24	16,0850	9,6740	1,0337	$-0,36812$	$-0,92978$	10,74	16,8704	2,1218	4,7130	$-0,91775$	$-0,39715$
10,25	16,1007	9,8272	1,0176	$-0,38268$	$-0,92388$	10,75	16,8861	2,1554	4,6396	$-0,92388$	$-0,38268$
10,26	16,1164	$9,9828\cdot10^6$	$1,0017\cdot10^{-7}$	$-0,39715$	$-0,91775$	10,76	16,9018	2,1895	4,5673	$-0,92978$	$-0,36812$
10,27	16,1321	$1,0141\cdot10^7$	$9,8612\cdot10^{-8}$	$-0,41151$	$-0,91140$	10,77	16,9175	2,2242	4,4961	$-0,93544$	$-0,35347$
10,28	16,1478	1,0301	9,7075	$-0,42578$	$-0,90483$	10,78	16,9332	2,2594	4,4260	$-0,94088$	$-0,33874$
10,29	16,1635	1,0464	9,5562	$-0,43994$	$-0,89803$	10,79	16,9489	2,2952	4,3570	$-0,94609$	$-0,32392$
10,30	16,1792	1,0630	9,4072	$-0,45399$	$-0,89101$	10,80	16,9646	2,3315	4,2891	$-0,95106$	$-0,30902$
10,31	16,1950	1,0798	9,2606	$-0,46792$	$-0,88377$	10,81	16,9803	2,3684	4,2223	$-0,95579$	$-0,29404$
10,32	16,2107	1,0969	9,1163	$-0,48175$	$-0,87631$	10,82	16,9961	2,4059	4,1565	$-0,96029$	$-0,27899$
10,33	16,2264	1,1143	8,9742	$-0,49546$	$-0,86863$	10,83	17,0118	2,4440	4,0917	$-0,96456$	$-0,26387$
10,34	16,2421	1,1319	8,8343	$-0,50904$	$-0,86074$	10,84	17,0275	2,4827	4,0279	$-0,96858$	$-0,24869$
10,35	16,2578	1,1499	8,6966	$-0,52250$	$-0,85264$	10,85	17,0432	2,5220	3,9651	$-0,97237$	$-0,23345$
10,36	16,2735	1,1681	8,5611	$-0,53583$	$-0,84433$	10,86	17,0589	2,5619	3,9033	$-0,97592$	$-0,21814$
10,37	16,2892	1,1866	8,4277	$-0,54902$	$-0,83581$	10,87	17,0746	2,6025	3,8425	$-0,97922$	$-0,20279$
10,38	16,3049	1,2054	8,2963	$-0,56208$	$-0,82708$	10,88	17,0903	2,6437	3,7826	$-0,98229$	$-0,18738$
10,39	16,3206	1,2244	8,1671	$-0,57501$	$-0,81815$	10,89	17,1060	2,6855	3,7236	$-0,98511$	$-0,17193$
10,40	16,3363	1,2438	8,0398	$-0,58779$	$-0,80902$	10,90	17,1217	2,7280	3,6656	$-0,98769$	$-0,15643$
10,41	16,3520	1,2635	7,9145	$-0,60042$	$-0,79968$	10,91	17,1374	2,7712	3,6085	$-0,99002$	$-0,14090$
10,42	16,3677	1,2835	7,7911	$-0,61291$	$-0,79016$	10,92	17,1531	2,8151	3,5523	$-0,99211$	$-0,12533$
10,43	16,3834	1,3039	7,6697	$-0,62524$	$-0,78043$	10,93	17,1688	2,8597	3,4969	$-0,99396$	$-0,10973$
10,44	16,3992	1,3245	7,5502	$-0,63742$	$-0,77051$	10,94	17,1846	2,9050	3,4424	$-0,99556$	$-0,09411$
10,45	16,4149	1,3454	7,4325	$-0,64945$	$-0,76041$	10,95	17,2003	2,9510	3,3887	$-0,99692$	$-0,07846$
10,46	16,4306	1,3667	7,3166	$-0,66131$	$-0,75011$	10,96	17,2160	2,9977	3,3359	$-0,99803$	$-0,06279$
10,47	16,4463	1,3884	7,2026	$-0,67301$	$-0,73963$	10,97	17,2317	3,0451	3,2840	$-0,99889$	$-0,04711$
10,48	16,4620	1,4104	7,0904	$-0,68455$	$-0,72897$	10,98	17,2474	3,0933	3,2328	$-0,99951$	$-0,03141$
10,49	16,4777	1,4327	6,9799	$-0,69591$	$-0,71813$	10,99	17,2631	3,1423	3,1824	$-0,99988$	$-0,01571$
10,50	16,4934	$1,4554\cdot10^7$	$6,8711\cdot10^{-8}$	$-0,70711$	$-0,70711$	11,00	17,2788	$3,1921\cdot10^7$	$3,1328\cdot10^{-8}$	$-1,00000$	$\mp0,00000$

x	$\frac{\pi x}{2}$	$e^{\frac{\pi x}{2}}$	$e^{-\frac{\pi x}{2}}$	$\sin\frac{\pi x}{2}$	$\cos\frac{\pi x}{2}$	x	$\frac{\pi x}{2}$	$e^{\frac{\pi x}{2}}$	$e^{-\frac{\pi x}{2}}$	$\sin\frac{\pi x}{2}$	$\cos\frac{\pi x}{2}$
11,00	17,2788	$3,1921\cdot10^7$	$3,1328\cdot10^{-8}$	$-1,00000$	$\mp0,00000$	11,50	18,0642	$7,0011\cdot10^7$	$1,4284\cdot10^{-8}$	$-0,70711$	0,70711
11,01	17,2945	3,2426	3,0840	$-0,99988$	0,01571	11,51	18,0799	7,1119	1,4061	$-0,69591$	0,71813
11,02	17,3102	3,2939	3,0359	$-0,99951$	0,03141	11,52	18,0956	7,2245	1,3842	$-0,68455$	0,72897
11,03	17,3259	3,3460	2,9886	$-0,99889$	0,04711	11,53	18,1113	7,3389	1,3626	$-0,67301$	0,73963
11,04	17,3416	3,3990	2,9420	$-0,99803$	0,06279	11,54	18,1270	7,4551	1,3414	$-0,66131$	0,75011
11,05	17,3573	3,4528	2,8961	$-0,99692$	0,07846	11,55	18,1427	7,5731	1,3205	$-0,64945$	0,76041
11,06	17,3730	3,5075	2,8510	$-0,99556$	0,09411	11,56	18,1584	7,6930	1,2999	$-0,63742$	0,77051
11,07	17,3888	3,5631	2,8065	$-0,99396$	0,10973	11,57	18,1742	7,8148	1,2796	$-0,62524$	0,78043
11,08	17,4045	3,6195	2,7628	$-0,99211$	0,12533	11,58	18,1899	7,9385	1,2597	$-0,61291$	0,79016
11,09	17,4202	3,6768	2,7198	$-0,99002$	0,14090	11,59	18,2056	8,0642	1,2400	$-0,60042$	0,79968
11,10	17,4359	3,7350	2,6774	$-0,98769$	0,15643	11,60	18,2213	8,1919	1,2207	$-0,58779$	0,80902
11,11	17,4516	3,7941	2,6357	$-0,98511$	0,17193	11,61	18,2370	8,3216	1,2017	$-0,57501$	0,81815
11,12	17,4673	3,8542	2,5946	$-0,98229$	0,18738	11,62	18,2527	8,4533	1,1830	$-0,56208$	0,82708
11,13	17,4830	3,9152	2,5541	$-0,97922$	0,20279	11,63	18,2684	8,5871	1,1646	$-0,54902$	0,83581
11,14	17,4987	3,9772	2,5143	$-0,97592$	0,21814	11,64	18,2841	8,7231	1,1464	$-0,53583$	0,84433
11,15	17,5144	4,0401	2,4752	$-0,97237$	0,23345	11,65	18,2998	8,8612	1,1285	$-0,52250$	0,85264
11,16	17,5301	4,1041	2,4366	$-0,96858$	0,24869	11,66	18,3155	9,0015	1,1109	$-0,50904$	0,86074
11,17	17,5458	4,1691	2,3986	$-0,96456$	0,26387	11,67	18,3312	9,1440	1,0936	$-0,49546$	0,86863
11,18	17,5615	4,2351	2,3612	$-0,96029$	0,27899	11,68	18,3469	9,2888	1,0766	$-0,48175$	0,87631
11,19	17,5773	4,3022	2,3244	$-0,95579$	0,29404	11,69	18,3626	9,4358	1,0598	$-0,46792$	0,88377
11,20	17,5930	4,3703	2,2882	$-0,95106$	0,30902	11,70	18,3784	9,5852	1,0433	$-0,45399$	0,89101
11,21	17,6087	4,4394	2,2525	$-0,94609$	0,32392	11,71	18,3941	9,7369	1,0270	$-0,43994$	0,89803
11,22	17,6244	4,5097	2,2174	$-0,94088$	0,33874	11,72	18,4098	$9,8911\cdot10^7$	$1,0110\cdot10^{-8}$	$-0,42578$	0,90483
11,23	17,6401	4,5811	2,1828	$-0,93544$	0,35347	11,73	18,4255	$1,0048\cdot10^8$	$9,9525\cdot10^{-9}$	$-0,41151$	0,91140
11,24	17,6558	4,6537	2,1488	$-0,92978$	0,36812	11,74	18,4412	1,0207	9,7974	$-0,39715$	0,91775
11,25	17,6715	4,7274	2,1153	$-0,92388$	0,38268	11,75	18,4569	1,0369	9,6447	$-0,38268$	0,92388
11,26	17,6872	4,8022	2,0824	$-0,91775$	0,39715	11,76	18,4726	1,0533	9,4944	$-0,36812$	0,92978
11,27	17,7029	4,8782	2,0499	$-0,91140$	0,41151	11,77	18,4883	1,0700	9,3465	$-0,35347$	0,93544
11,28	17,7186	4,9554	2,0180	$-0,90483$	0,42578	11,78	18,5040	1,0869	9,2008	$-0,33874$	0,94088
11,29	17,7343	5,0339	1,9866	$-0,89803$	0,43994	11,79	18,5197	1,1041	9,0574	$-0,32392$	0,94609
11,30	17,7500	5,1136	1,9556	$-0,89101$	0,45399	11,80	18,5354	1,1216	8,9162	$-0,30902$	0,95106
11,31	17,7658	5,1946	1,9251	$-0,88377$	0,46792	11,81	18,5511	1,1393	8,7772	$-0,29404$	0,95579
11,32	17,7815	5,2768	1,8951	$-0,87631$	0,48175	11,82	18,5669	1,1573	8,6404	$-0,27899$	0,96029
11,33	17,7972	5,3603	1,8656	$-0,86863$	0,49546	11,83	18,5826	1,1757	8,5058	$-0,26387$	0,96456
11,34	17,8129	5,4452	1,8365	$-0,86074$	0,50904	11,84	18,5983	1,1943	8,3732	$-0,24869$	0,96858
11,35	17,8286	5,5314	1,8079	$-0,85264$	0,52250	11,85	18,6140	1,2132	8,2427	$-0,23345$	0,97237
11,36	17,8443	5,6190	1,7797	$-0,84433$	0,53583	11,86	18,6297	1,2324	8,1142	$-0,21814$	0,97592
11,37	17,8600	5,7079	1,7519	$-0,83581$	0,54902	11,87	18,6454	1,2519	7,9878	$-0,20279$	0,97922
11,38	17,8757	5,7983	1,7246	$-0,82708$	0,56208	11,88	18,6611	1,2717	7,8633	$-0,18738$	0,98229
11,39	17,8914	5,8901	1,6977	$-0,81815$	0,57501	11,89	18,6768	1,2918	7,7408	$-0,17193$	0,98511
11,40	17,9071	5,9834	1,6713	$-0,80902$	0,58779	11,90	18,6925	1,3123	7,6201	$-0,15643$	0,98769
11,41	17,9228	6,0781	1,6452	$-0,79968$	0,60042	11,91	18,7082	1,3331	7,6013	$-0,14090$	0,99002
11,42	17,9385	6,1743	1,6196	$-0,79016$	0,61291	11,92	18,7239	1,3542	7,3844	$-0,12533$	0,99211
11,43	17,9542	6,2721	1,5943	$-0,78043$	0,62524	11,93	18,7396	1,3756	7,2694	$-0,10973$	0,99396
11,44	17,9700	6,3714	1,5695	$-0,77051$	0,63742	11,94	18,7554	1,3974	7,1561	$-0,09411$	0,99556
11,45	17,9857	6,4722	1,5451	$-0,76041$	0,64945	11,95	18,7711	1,4195	7,0445	$-0,07846$	0,99692
11,46	18,0014	6,5747	1,5210	$-0,75011$	0,66131	11,96	18,7868	1,4420	6,9347	$-0,06279$	0,99803
11,47	18,0171	6,6788	1,4972	$-0,73963$	0,67301	11,97	18,8025	1,4648	6,8267	$-0,04711$	0,99889
11,48	18,0328	6,7845	1,4739	$-0,72897$	0,68455	11,98	18,8182	1,4880	6,7203	$-0,03141$	0,99951
11,49	18,0485	6,8920	1,4510	$-0,71813$	0,69591	11,99	18,8339	1,5116	6,6155	$-0,01571$	0,99988
11,50	18,0642	$7,0011\cdot10^7$	$1,4284\cdot10^{-8}$	$-0,70711$	0,70711	12,00	18,8496	$1,5355\cdot10^8$	$6,5124\cdot10^{-9}$	$\mp0,00000$	1,00000

x	$\dfrac{\pi x}{2}$	$e^{\frac{\pi x}{2}}$	$e^{-\frac{\pi x}{2}}$	$\sin\dfrac{\pi x}{2}$	$\cos\dfrac{\pi x}{2}$	x	$\dfrac{\pi x}{2}$	$e^{\frac{\pi x}{2}}$	$e^{-\frac{\pi x}{2}}$	$\sin\dfrac{\pi x}{2}$	$\cos\dfrac{\pi x}{2}$
12,00	18,8496	$1,5355\cdot10^8$	$6,5124\cdot10^{-9}$	$\mp0,00000$	1,00000	12,50	19,6350	$3,3678\cdot10^8$	$2,9693\cdot10^{-9}$	0,70711	0,70711
12,01	18,8653	1,5598	6,4109	0,01571	0,99988	12,51	19,6507	3,4211	2,9230	0,71813	0,69591
12,02	18,8810	1,5845	6,3110	0,03141	0,99951	12,52	19,6664	3,4753	2,8774	0,72897	0,68455
12,03	18,8967	1,6096	6,2126	0,04711	0,99889	12,53	19,6821	3,5303	2,8325	0,73963	0,67301
12,04	18,9124	1,6351	6,1158	0,06279	0,99803	12,54	19,6978	3,5862	2,7884	0,75011	0,66131
12,05	18,9281	1,6610	6,0205	0,07846	0,99692	12,55	19,7135	3,6430	2,7450	0,76041	0,64945
12,06	18,9438	1,6873	5,9267	0,09411	0,99556	12,56	19,7292	3,7007	2,7022	0,77051	0,63742
12,07	18,9596	1,7140	5,8343	0,10973	0,99396	12,57	19,7450	3,7593	2,6601	0,78043	0,62524
12,08	18,9753	1,7411	5,7434	0,12533	0,99211	12,58	19,7607	3,8188	2,6186	0,79016	0,61291
12,09	18,9910	1,7687	5,6538	0,14090	0,99002	12,59	19,7764	3,8793	2,5778	0,79968	0,60042
12,10	19,0067	1,7967	5,5657	0,15643	0,98769	12,60	19,7921	3,9407	2,5376	0,80902	0,58779
12,11	19,0224	1,8251	5,4790	0,17193	0,98511	12,61	17,8078	4,0030	2,4980	0,81815	0,57501
12,12	19,0381	1,8540	5,3936	0,18738	0,98229	12,62	19,8235	4,0664	2,4591	0,82708	0,56208
12,13	19,0538	1,8834	5,3096	0,20279	0,97922	12,63	19,8392	4,1308	2,4208	0,83581	0,54902
12,14	19,0695	1,9132	5,2268	0,21814	0,97592	12,64	19,8549	4,1962	2,3831	0,84433	0,53583
12,15	19,0852	1,9435	5,1453	0,23345	0,97237	12,65	19,8706	4,2626	2,3460	0,85264	0,52250
12,16	19,1009	1,9743	5,0651	0,24869	0,96858	12,66	19,8863	4,3301	2,3094	0,86074	0,50904
12,17	19,1166	2,0056	4,9862	0,26387	0,96456	12,67	19,9020	4,3987	2,2734	0,86863	0,49546
12,18	19,1323	2,0373	4,9085	0,27899	0,96029	12,68	19,9177	4,4683	2,2380	0,87631	0,48175
12,19	19,1481	2,0695	4,8320	0,29404	0,95579	12,69	19,9334	4,5390	2,2031	0,88377	0,46792
12,20	19,1638	2,1023	4,7567	0,30902	0,95106	12,70	19,9492	4,6109	2,1688	0,89101	0,45399
12,21	19,1795	2,1356	4,6826	0,32392	0,94609	12,71	19,9649	4,6839	2,1350	0,89803	0,43994
12,22	19,1952	2,1694	4,6096	0,33874	0,94088	12,72	19,9806	4,7581	2,1017	0,90483	0,42578
12,23	19,2109	2,2037	4,5377	0,35347	0,93544	12,73	19,9963	4,8335	2,0689	0,91140	0,41151
12,24	19,2266	2,2386	4,4670	0,36812	0,92978	12,74	20,0120	4,9100	2,0367	0,91775	0,39715
12,25	19,2423	2,2741	4,3974	0,38268	0,92388	12,75	20,0277	4,9877	2,0049	0,92388	0,38268
12,26	19,2580	2,3101	4,3289	0,39715	0,91775	12,76	20,0434	5,0667	1,9737	0,92978	0,36812
12,27	19,2737	2,3467	4,2614	0,41151	0,91140	12,77	20,0591	5,1469	1,9430	0,93544	0,35347
12,28	19,2894	2,3838	4,1950	0,42578	0,90483	12,78	20,0748	5,2284	1,9127	0,94088	0,33874
12,29	19,3051	2,4216	4,1296	0,43994	0,89803	12,79	20,0905	5,3111	1,8829	0,94609	0,32392
12,30	19,3208	2,4599	4,0652	0,45399	0,89101	12,80	20,1062	5,3952	1,8535	0,95106	0,30902
12,31	19,3366	2,4988	4,0019	0,46792	0,88377	12,81	20,1219	5,4806	1,8246	0,95579	0,29404
12,32	19,3523	2,5384	3,9395	0,48175	0,87631	12,82	20,1377	5,5674	1,7962	0,96029	0,27899
12,33	19,3680	2,5786	3,8781	0,49546	0,86863	12,83	20,1534	5,6556	1,7682	0,96456	0,26387
12,34	19,3837	2,6194	3,8177	0,50904	0,86074	12,84	20,1691	5,7451	1,7406	0,96858	0,24869
12,35	19,3994	2,6609	3,7582	0,52250	0,85264	12,85	20,1848	5,8360	1,7135	0,97237	0,23345
12,36	19,4151	2,7030	3,6996	0,53583	0,84433	12,86	20,2005	5,9284	1,6868	0,97592	0,21814
12,37	19,4308	2,7458	3,6420	0,54902	0,83581	12,87	20,2162	6,0222	1,6605	0,97922	0,20279
12,38	19,4465	2,7893	3,5852	0,56208	0,82708	12,88	20,2319	6,1176	1,6346	0,98229	0,18738
12,39	19,4622	2,8335	3,5293	0,57501	0,81815	12,89	20,2476	6,2145	1,6092	0,98511	0,17193
12,40	19,4779	2,8783	3,4743	0,58779	0,80902	12,90	20,2633	6,3129	1,5841	0,98769	0,15643
12,41	19,4936	2,9238	3,4201	0,60042	0,79968	12,91	20,2790	6,4129	1,5594	0,99002	0,14090
12,42	19,5093	2,9701	3,3668	0,61291	0,79016	12,92	20,2947	6,5144	1,5351	0,99211	0,12533
12,43	19,5250	3,0171	3,3143	0,62524	0,78043	12,93	20,3104	6,6175	1,5112	0,99396	0,10973
12,44	19,5408	3,0649	3,2627	0,63742	0,77051	12,94	20,3262	6,7223	1,4876	0,99556	0,09411
12,45	19,5565	3,1134	3,2119	0,64945	0,76041	12,95	20,3419	6,8287	1,4644	0,99692	0,07846
12,46	19,5722	3,1627	3,1618	0,66131	0,75011	12,96	20,3576	6,9368	1,4416	0,99803	0,06279
12,47	19,5879	3,2128	3,1125	0,67301	0,73963	12,97	20,3733	7,0466	1,4191	0,99889	0,04711
12,48	19,6036	3,2637	3,0640	0,68455	0,72897	12,98	20,3890	7,1582	1,3970	0,99951	0,03141
12,49	19,6193	3,3153	3,0163	0,69591	0,71813	12,99	20,4047	7,2715	1,3752	0,99988	0,01571
12,50	19,6350	$3,3678\cdot10^8$	$2,9693\cdot10^{-9}$	0,70711	0,70711	13,00	20,4204	$7,3866\cdot10^8$	$1,3538\cdot10^{-9}$	1,00000	$\mp0,00000$

x	$\dfrac{\pi x}{2}$	$e^{\frac{\pi x}{2}}$	$e^{-\frac{\pi x}{2}}$	$\sin\dfrac{\pi x}{2}$	$\cos\dfrac{\pi x}{2}$	x	$\dfrac{\pi x}{2}$	$e^{\frac{\pi x}{2}}$	$e^{-\frac{\pi x}{2}}$	$\sin\dfrac{\pi x}{2}$	$\cos\dfrac{\pi x}{2}$
13,00	20,4204	$7,3866\cdot10^8$	$1,3538\cdot10^{-9}$	1,00000	$\pm0,00000$	13,50	21,2058	$1,6201\cdot10^9$	$6,1725\cdot10^{-10}$	0,70711	$-0,70711$
13,01	20,4361	7,5036	1,3327	0,99988	$-0,01571$	13,51	21,2215	1,6457	6,0763	0,69591	$-0,71813$
13,02	20,4518	7,6224	1,3119	0,99951	$-0,03141$	13,52	21,2372	1,6718	5,9816	0,68455	$-0,72897$
13,03	20,4675	7,7430	1,2915	0,99889	$-0,04711$	13,53	21,2529	1,6983	5,8884	0,67301	$-0,73963$
13,04	20,4832	7,8656	1,2714	0,99803	$-0,06279$	13,54	21,2686	1,7252	5,7966	0,66131	$-0,75011$
13,05	20,4989	7,9902	1,2515	0,99692	$-0,07846$	13,55	21,2843	1,7525	5,7062	0,64945	$-0,76041$
13,06	20,5146	8,1167	1,2320	0,99556	$-0,09411$	13,56	21,3000	1,7802	5,6173	0,63742	$-0,77051$
13,07	20,5304	8,2452	1,2128	0,99396	$-0,10973$	13,57	21,3158	1,8084	5,5298	0,62524	$-0,78043$
13,08	20,5461	8,3757	1,1939	0,99211	$-0,12533$	13,58	21,3315	1,8370	5,4436	0,61291	$-0,79016$
13,09	20,5618	8,5083	1,1753	0,99002	$-0,14090$	13,59	21,3472	1,8661	5,3587	0,60042	$-0,79968$
13,10	20,5775	8,6430	1,1570	0,98769	$-0,15643$	13,60	21,3629	1,8957	5,2752	0,58779	$-0,80902$
13,11	20,5932	8,7799	1,1390	0,98511	$-0,17193$	13,61	21,3786	1,9257	5,1930	0,57501	$-0,81815$
13,12	20,6089	8,9189	1,1212	0,98229	$-0,18738$	13,62	21,3943	1,9562	5,1121	0,56208	$-0,82708$
13,13	20,6246	9,0601	1,1037	0,97922	$-0,20279$	13,63	21,4100	1,9872	5,0324	0,54902	$-0,83581$
13,14	20,6403	9,2035	1,0865	0,97592	$-0,21814$	13,64	21,4257	2,0186	4,9540	0,53583	$-0,84433$
13,15	20,6560	9,3492	1,0696	0,97237	$-0,23345$	13,65	21,4414	2,0505	4,8768	0,52250	$-0,85264$
13,16	20,6717	9,4972	1,0529	0,96858	$-0,24869$	13,66	21,4571	2,0830	4,8008	0,50904	$-0,86074$
13,17	20,6874	9,6475	1,0365	0,96456	$-0,26387$	13,67	21,4728	2,1160	4,7260	0,49546	$-0,86863$
13,18	20,7031	9,8003	1,0204	0,96029	$-0,27899$	13,68	21,4885	2,1495	4,6523	0,48175	$-0,87631$
13,19	20,7189	$9,9555\cdot10^8$	$1,0045\cdot10^{-9}$	0,95579	$-0,29404$	13,69	21,5042	2,1835	4,5798	0,46792	$-0,88377$
13,20	20,7346	$1,0113\cdot10^9$	$9,8882\cdot10^{-10}$	0,95106	$-0,30902$	13,70	21,5200	2,2181	4,5084	0,45399	$-0,89101$
13,21	20,7503	1,0273	9,7341	0,94609	$-0,32392$	13,71	21,5357	2,2532	4,4382	0,43994	$-0,89803$
13,22	20,7660	1,0436	9,5824	0,94088	$-0,33874$	13,72	21,5514	2,2889	4,3690	0,42578	$-0,90483$
13,23	20,7817	1,0601	9,4330	0,93544	$-0,35347$	13,73	21,5671	2,3251	4,3009	0,41151	$-0,91140$
13,24	20,7974	1,0769	9,2860	0,92978	$-0,36812$	13,74	21,5828	2,3619	4,2338	0,39715	$-0,91775$
13,25	20,8131	1,0940	9,1413	0,92388	$-0,38268$	13,75	21,5985	2,3993	4,1678	0,38268	$-0,92388$
13,26	20,8288	1,1113	8,9988	0,91775	$-0,39715$	13,76	21,6142	2,4373	4,1029	0,36812	$-0,92978$
13,27	20,8445	1,1289	8,8586	0,91140	$-0,41151$	13,77	21,6299	2,4759	4,0390	0,35347	$-0,93544$
13,28	20,8602	1,1467	8,7205	0,90483	$-0,42578$	13,78	21,6456	2,5151	3,9760	0,33874	$-0,94088$
13,29	20,8759	1,1649	8,5846	0,89803	$-0,43994$	13,79	21,6613	2,5549	3,9140	0,32392	$-0,94609$
13,30	20,8916	1,1833	8,4508	0,89101	$-0,45399$	13,80	21,6770	2,5954	3,8530	0,30902	$-0,95106$
13,31	20,9074	1,2021	8,3191	0,88377	$-0,46792$	13,81	21,6927	2,6365	3,7930	0,29404	$-0,95579$
13,32	20,9231	1,2211	8,1894	0,87631	$-0,48175$	13,82	21,7085	2,6782	3,7339	0,27899	$-0,96029$
13,33	20,9388	1,2405	8,0618	0,86863	$-0,49546$	13,83	21,7242	2,7206	3,6757	0,26387	$-0,96456$
13,34	20,9545	1,2601	7,9361	0,86074	$-0,50904$	13,84	21,7399	2,7637	3,6184	0,24869	$-0,96858$
13,35	20,9702	1,2800	7,8125	0,85264	$-0,52250$	13,85	21,7556	2,8075	3,5620	0,23345	$-0,97237$
13,36	20,9859	1,3003	7,6907	0,84433	$-0,53583$	13,86	21,7713	2,8519	3,5065	0,21814	$-0,97592$
13,37	21,0016	1,3209	7,5708	0,83581	$-0,54902$	13,87	21,7870	2,8970	3,4518	0,20279	$-0,97922$
13,38	21,0173	1,3418	7,4528	0,82708	$-0,56208$	13,88	21,8027	2,9429	3,3980	0,18738	$-0,98229$
13,39	21,0330	1,3630	7,3366	0,81815	$-0,57501$	13,89	21,8184	2,9895	3,3450	0,17193	$-0,98511$
13,40	21,0487	1,3846	7,2223	0,80902	$-0,58779$	13,90	21,8341	3,0368	3,2929	0,15643	$-0,98769$
13,41	21,0644	1,4065	7,1098	0,79968	$-0,60042$	13,91	21,8498	3,0849	3,2416	0,14090	$-0,99002$
13,42	21,0801	1,4288	6,9990	0,79016	$-0,61291$	13,92	21,8655	3,1337	3,1911	0,12533	$-0,99211$
13,43	21,0958	1,4514	6,8899	0,78043	$-0,62524$	13,93	21,8812	3,1833	3,1414	0,10973	$-0,99396$
13,44	21,1116	1,4744	6,7825	0,77051	$-0,63742$	13,94	21,8970	3,2337	3,0924	0,09411	$-0,99556$
13,45	21,1273	1,4977	6,6768	0,76041	$-0,64945$	13,95	21,9127	3,2849	3,0442	0,07846	$-0,99692$
13,46	21,1430	1,5214	6,5728	0,75011	$-0,66131$	13,96	21,9284	3,3369	2,9968	0,06279	$-0,99803$
13,47	21,1587	1,5455	6,4704	0,73963	$-0,67301$	13,97	21,9441	3,3897	2,9501	0,04711	$-0,99889$
13,48	21,1744	1,5700	6,3695	0,72897	$-0,68455$	13,98	21,9598	3,4434	2,9041	0,03141	$-0,99951$
13,49	21,1901	1,5949	6,2702	0,71813	$-0,69591$	13,99	21,9755	3,4979	2,8589	0,01571	$-0,99988$
13,50	21,2058	$1,6201\cdot10^9$	$6,1725\cdot10^{-10}$	0,70711	$-0,70711$	14,00	21,9912	$3,5533\cdot10^9$	$2,8143\cdot10^{-10}$	$\pm0,00000$	$-1,00000$

x	$\dfrac{\pi x}{2}$	$e^{\frac{\pi x}{2}}$	$e^{-\frac{\pi x}{2}}$	$\sin\dfrac{\pi x}{2}$	$\cos\dfrac{\pi x}{2}$	x	$\dfrac{\pi x}{2}$	$e^{\frac{\pi x}{2}}$	$e^{-\frac{\pi x}{2}}$	$\sin\dfrac{\pi x}{2}$	$\cos\dfrac{\pi x}{2}$
14,00	21,9912	$3,5533\cdot10^9$	$2,8143\cdot10^{-10}$	$\pm0,00000$	$-1,00000$	14,50	22,7766	$7,7934\cdot10^9$	$1,2831\cdot10^{-10}$	$-0,70711$	$-0,70711$
14,01	22,0069	3,6096	2,7704	$-0,01571$	$-0,99988$	14,51	22,7923	7,9168	1,2632	$-0,71813$	$-0,69591$
14,02	22,0226	3,6667	2,7272	$-0,03141$	$-0,99951$	14,52	22,8080	8,0422	1,2435	$-0,72897$	$-0,68455$
14,03	22,0383	3,7247	2,6847	$-0,04711$	$-0,99889$	14,53	22,8237	8,1695	1,2241	$-0,73963$	$-0,67301$
14,04	22,0540	3,7837	2,6429	$-0,06279$	$-0,99803$	14,54	22,8394	8,2988	1,2050	$-0,75011$	$-0,66131$
14,05	22,0697	3,8436	2,6017	$-0,07846$	$-0,99692$	14,55	22,8551	8,4302	1,1862	$-0,76041$	$-0,64945$
14,06	22,0854	3,9045	2,5612	$-0,09411$	$-0,99556$	14,56	22,8708	8,5637	1,1677	$-0,77051$	$-0,63742$
14,07	22,1012	3,9663	2,5212	$-0,10973$	$-0,99396$	14,57	22,8866	8,6993	1,1495	$-0,78043$	$-0,62524$
14,08	22,1169	4,0291	2,4819	$-0,12533$	$-0,99211$	14,58	22,9023	8,8370	1,1316	$-0,79016$	$-0,61291$
14,09	22,1326	4,0929	2,4433	$-0,14090$	$-0,99002$	14,59	22,9180	8,9769	1,1140	$-0,79968$	$-0,60042$
14,10	22,1483	4,1577	2,4052	$-0,15643$	$-0,98769$	14,60	22,9337	9,1190	1,0966	$-0,80902$	$-0,58779$
14,11	22,1640	4,2235	2,3677	$-0,17193$	$-0,98511$	14,61	22,9494	9,2633	1,0795	$-0,81815$	$-0,57501$
14,12	22,1797	4,2904	2,3308	$-0,18738$	$-0,98229$	14,62	22,9651	9,4100	1,0627	$-0,82708$	$-0,56208$
14,13	22,1954	4,3583	2,2945	$-0,20279$	$-0,97922$	14,63	22,9808	9,5590	1,0461	$-0,83581$	$-0,54902$
14,14	22,2111	4,4273	2,2587	$-0,21814$	$-0,97592$	14,64	22,9965	9,7104	1,0298	$-0,84433$	$-0,53583$
14,15	22,2268	4,4974	2,2235	$-0,23345$	$-0,97237$	14,65	23,0122	$9,8641\cdot10^9$	$1,0138\cdot10^{-10}$	$-0,85264$	$-0,52250$
14,16	22,2425	4,5686	2,1889	$-0,24869$	$-0,96858$	14,66	23,0279	$1,0020\cdot10^{10}$	$9,9798\cdot10^{-11}$	$-0,86074$	$-0,50904$
14,17	22,2582	4,6409	2,1548	$-0,26387$	$-0,96456$	14,67	23,0436	1,0179	9,8242	$-0,86863$	$-0,49546$
14,18	22,2739	4,7144	2,1212	$-0,27899$	$-0,96029$	14,68	23,0593	1,0340	9,6711	$-0,87631$	$-0,48175$
14,19	22,2897	4,7891	2,0881	$-0,29404$	$-0,95579$	14,69	23,0750	1,0504	9,5204	$-0,88377$	$-0,46792$
14,20	22,3054	4,8649	2,0556	$-0,30902$	$-0,95106$	14,70	23,0908	1,0670	9,3720	$-0,89101$	$-0,45399$
14,21	22,3211	4,9419	2,0235	$-0,32392$	$-0,94609$	14,71	23,1065	1,0839	9,2260	$-0,89803$	$-0,43994$
14,22	22,3368	5,0201	1,9920	$-0,33874$	$-0,94088$	14,72	23,1222	1,1011	9,0822	$-0,90483$	$-0,42578$
14,23	22,3525	5,0996	1,9610	$-0,35347$	$-0,93544$	14,73	23,1379	1,1185	8,9407	$-0,91140$	$-0,41151$
14,24	22,3682	5,1804	1,9304	$-0,36812$	$-0,92978$	14,74	23,1536	1,1362	8,8013	$-0,91775$	$-0,39715$
14,25	22,3839	5,2624	1,9003	$-0,38268$	$-0,92388$	14,75	23,1693	1,1542	8,6641	$-0,92388$	$-0,38268$
14,26	22,3996	5,3457	1,8707	$-0,39715$	$-0,91775$	14,76	23,1850	1,1725	8,5291	$-0,92978$	$-0,36812$
14,27	22,4153	5,4303	1,8415	$-0,41151$	$-0,91140$	14,77	23,2007	1,1911	8,3962	$-0,93544$	$-0,35347$
14,28	22,4310	5,5163	1,8128	$-0,42578$	$-0,90483$	14,78	23,2164	1,2099	8,2653	$-0,94088$	$-0,33874$
14,29	22,4467	5,6036	1,7846	$-0,43994$	$-0,89803$	14,79	23,2321	1,2291	8,1365	$-0,94609$	$-0,32392$
14,30	22,4624	5,6923	1,7568	$-0,45399$	$-0,89101$	14,80	23,2478	1,2485	8,0097	$-0,95106$	$-0,30902$
14,31	22,4782	5,7824	1,7294	$-0,46792$	$-0,88377$	14,81	23,2635	1,2682	7,8849	$-0,95579$	$-0,29404$
14,32	22,4939	5,8740	1,7024	$-0,48175$	$-0,87631$	14,82	23,2793	1,2883	7,7620	$-0,96029$	$-0,27899$
14,33	22,5096	5,9670	1,6759	$-0,49546$	$-0,86863$	14,83	23,2950	1,3088	7,6410	$-0,96456$	$-0,26387$
14,34	22,5253	6,0615	1,6498	$-0,50904$	$-0,86074$	14,84	23,3107	1,3295	7,5219	$-0,96858$	$-0,24869$
14,35	22,5410	6,1574	1,6240	$-0,52250$	$-0,85264$	14,85	23,3264	1,3505	7,4047	$-0,97237$	$-0,23345$
14,36	22,5567	6,2549	1,5987	$-0,53583$	$-0,84433$	14,86	23,3421	1,3719	7,2893	$-0,97592$	$-0,21814$
14,37	22,5724	6,3540	1,5738	$-0,54902$	$-0,83581$	14,87	23,3578	1,3936	7,1757	$-0,97922$	$-0,20279$
14,38	22,5881	6,4546	1,5493	$-0,56208$	$-0,82708$	14,88	23,3735	1,4157	7,0638	$-0,98229$	$-0,18738$
14,39	22,6038	6,5567	1,5252	$-0,57501$	$-0,81815$	14,89	23,3892	1,4381	6,9538	$-0,98511$	$-0,17193$
14,40	22,6195	6,6605	1,5014	$-0,58779$	$-0,80902$	14,90	23,4049	1,4608	6,8454	$-0,98769$	$-0,15643$
14,41	22,6352	6,7660	1,4779	$-0,60042$	$-0,79968$	14,91	23,4206	1,4840	6,7387	$-0,99002$	$-0,14090$
14,42	22,6509	6,8731	1,4549	$-0,61291$	$-0,79016$	14,92	23,4363	1,5075	6,6336	$-0,99211$	$-0,12533$
14,43	22,6666	6,9819	1,4323	$-0,62524$	$-0,78043$	14,93	23,4520	1,5314	6,5303	$-0,99396$	$-0,10973$
14,44	22,6824	7,0925	1,4100	$-0,63742$	$-0,77051$	14,94	23,4678	1,5556	6,4285	$-0,99556$	$-0,09411$
14,45	22,6981	7,2047	1,3880	$-0,64945$	$-0,76041$	14,95	23,4835	1,5802	6,3283	$-0,99692$	$-0,07846$
14,46	22,7138	7,3188	1,3663	$-0,66131$	$-0,75011$	14,96	23,4992	1,6052	6,2297	$-0,99803$	$-0,06279$
14,47	22,7295	7,4347	1,3450	$-0,67301$	$-0,73963$	14,97	23,5149	1,6307	6,1326	$-0,99889$	$-0,04711$
14,48	22,7452	7,5524	1,3241	$-0,68455$	$-0,72897$	14,98	23,5306	1,6565	6,0370	$-0,99951$	$-0,03141$
14,49	22,7609	7,6719	1,3034	$-0,69591$	$-0,71813$	14,99	23,5463	1,6827	5,9429	$-0,99988$	$-0,01571$
14,50	22,7766	$7,7934\cdot10^9$	$1,2831\cdot10^{-10}$	$-0,70711$	$-0,70711$	15,00	23,5620	$1,7093\cdot10^{10}$	$5,8503\cdot10^{-11}$	$-1,00000$	$\mp0,00000$

x	$\dfrac{\pi x}{2}$	$e^{\frac{\pi x}{2}}$	$e^{-\frac{\pi x}{2}}$	$\sin\dfrac{\pi x}{2}$	$\cos\dfrac{\pi x}{2}$	x	$\dfrac{\pi x}{2}$	$e^{\frac{\pi x}{2}}$	$e^{-\frac{\pi x}{2}}$	$\sin\dfrac{\pi x}{2}$	$\cos\dfrac{\pi x}{2}$
15,00	23,5620	$1,7093\cdot10^{10}$	$5,8503\cdot10^{-11}$	$-1,00000$	$\mp0,00000$	15,50	24,3474	$3,7490\cdot10^{10}$	$2,6674\cdot10^{-11}$	$-0,70711$	0,70711
15,01	23,5777	1,7364	5,7592	$-0,99988$	0,01571	15,51	24,3631	3,8084	2,6258	$-0,69591$	0,71813
15,02	23,5934	1,7639	5,6694	$-0,99951$	0,03141	15,52	24,3788	3,8687	2,5849	$-0,68455$	0,72897
15,03	23,6091	1,7918	5,5810	$-0,99889$	0,04711	15,53	24,3945	3,9299	2,5446	$-0,67301$	0,73963
15,04	23,6248	1,8202	5,4940	$-0,99803$	0,06279	15,54	24,4102	3,9921	2,5049	$-0,66131$	0,75011
15,05	23,6405	1,8490	5,4084	$-0,99692$	0,07846	15,55	24,4259	4,0553	2,4659	$-0,64945$	0,76041
15,06	23,6562	1,8783	5,3241	$-0,99556$	0,09411	15,56	24,4416	4,1195	2,4275	$-0,63742$	0,77051
15,07	23,6720	1,9080	5,2411	$-0,99396$	0,10973	15,57	24,4574	4,1847	2,3897	$-0,62524$	0,78043
15,08	23,6877	1,9382	5,1594	$-0,99211$	0,12533	15,58	24,4731	4,2510	2,3524	$-0,61291$	0,79016
15,09	23,7034	1,9689	5,0790	$-0,99002$	0,14090	15,59	24,4888	4,3183	2,3157	$-0,60042$	0,79968
15,10	23,7191	2,0001	4,9999	$-0,98769$	0,15643	15,60	24,5045	4,3867	2,2796	$-0,58779$	0,80902
15,11	23,7348	2,0317	4,9219	$-0,98511$	0,17193	15,61	24,5202	4,4562	2,2441	$-0,57501$	0,81815
15,12	23,7505	2,0639	4,8452	$-0,98229$	0,18738	15,62	24,5359	4,5267	2,2092	$-0,56208$	0,82708
15,13	23,7662	2,0966	4,7697	$-0,97922$	0,20279	15,63	24,5516	4,5983	2,1747	$-0,54902$	0,83581
15,14	23,7819	2,1298	4,6954	$-0,97592$	0,21814	15,64	24,5673	4,6711	2,1408	$-0,53583$	0,84433
15,15	23,7976	2,1635	4,6222	$-0,97237$	0,23345	15,65	24,5830	4,7451	2,1074	$-0,52250$	0,85264
15,16	23,8133	2,1977	4,5502	$-0,96858$	0,24869	15,66	24,5987	4,8202	2,0746	$-0,50904$	0,86074
15,17	23,8290	2,2325	4,4792	$-0,96456$	0,26387	15,67	24,6144	4,8966	2,0422	$-0,49546$	0,86863
15,18	23,8447	2,2679	4,4094	$-0,96029$	0,27899	15,68	24,6301	4,9741	2,0104	$-0,48175$	0,87631
15,19	23,8605	2,3038	4,3407	$-0,95579$	0,29404	15,69	24,6458	5,0528	1,9791	$-0,46792$	0,88377
15,20	23,8762	2,3402	4,2731	$-0,95106$	0,30902	15,70	24,6616	5,1328	1,9483	$-0,45399$	0,89101
15,21	23,8919	2,3773	4,2065	$-0,94609$	0,32392	15,71	24,6773	5,2141	1,9179	$-0,43994$	0,89803
15,22	23,9076	2,4149	4,1409	$-0,94088$	0,33874	15,72	24,6930	5,2966	1,8880	$-0,42578$	0,90483
15,23	23,9233	2,4532	4,0763	$-0,93544$	0,35347	15,73	24,7087	5,3804	1,8586	$-0,41151$	0,91140
15,24	23,9390	2,4920	4,0128	$-0,92978$	0,36812	15,74	24,7244	5,4656	1,8296	$-0,39715$	0,91775
15,25	23,9547	2,5314	3,9503	$-0,92388$	0,38268	15,75	24,7401	5,5522	1,8011	$-0,38268$	0,92388
15,26	23,9704	2,5715	3,8887	$-0,91775$	0,39715	15,76	24,7558	5,6401	1,7730	$-0,36812$	0,92978
15,27	23,9861	2,6122	3,8281	$-0,91140$	0,41151	15,77	24,7715	5,7294	1,7454	$-0,35347$	0,93544
15,28	24,0018	2,6536	3,7685	$-0,90483$	0,42578	15,78	24,7872	5,8201	1,7182	$-0,33874$	0,94088
15,29	24,0175	2,6956	3,7097	$-0,89803$	0,43994	15,79	24,8029	5,9122	1,6914	$-0,32392$	0,94609
15,30	24,0332	2,7383	3,6519	$-0,89101$	0,45399	15,80	24,8186	6,0058	1,6651	$-0,30902$	0,95106
15,31	24,0490	2,7817	3,5950	$-0,88377$	0,46792	15,81	24,8343	6,1009	1,6391	$-0,29404$	0,95579
15,32	24,0647	2,8257	3,5390	$-0,87631$	0,48175	15,82	24,8501	6,1975	1,6136	$-0,27899$	0,96029
15,33	24,0804	2,8705	3,4838	$-0,86863$	0,49546	15,83	24,8658	6,2956	1,5885	$-0,26387$	0,96456
15,34	24,0961	2,9159	3,4295	$-0,86074$	0,50904	15,84	24,8815	6,3953	1,5637	$-0,24869$	0,96858
15,35	24,1118	2,9620	3,3761	$-0,85264$	0,52250	15,85	24,8972	6,4965	1,5393	$-0,23345$	0,97237
15,36	24,1275	3,0089	3,3235	$-0,84433$	0,53583	15,86	24,9129	6,5994	1,5153	$-0,21814$	0,97592
15,37	24,1432	3,0565	3,2717	$-0,83581$	0,54902	15,87	24,9286	6,7039	1,4917	$-0,20279$	0,97922
15,38	24,1589	3,1049	3,2207	$-0,82708$	0,56208	15,88	24,9443	6,8100	1,4684	$-0,18738$	0,98229
15,39	24,1746	3,1541	3,1705	$-0,81815$	0,57501	15,89	24,9600	6,9178	1,4455	$-0,17193$	0,98511
15,40	24,1903	3,2040	3,1211	$-0,80902$	0,58779	15,90	24,9757	7,0274	1,4230	$-0,15643$	0,98769
15,41	24,2060	3,2548	3,0724	$-0,79968$	0,60042	15,91	24,9914	7,1386	1,4008	$-0,14090$	0,99002
15,42	24,2217	3,3063	3,0245	$-0,79016$	0,61291	15,92	25,0071	7,2516	1,3790	$-0,12533$	0,99211
15,43	24,2374	3,3586	2,9774	$-0,78043$	0,62524	15,93	25,0228	7,3664	1,3575	$-0,10973$	0,99396
15,44	24,2532	3,4118	2,9310	$-0,77051$	0,63742	15,94	25,0385	7,4831	1,3364	$-0,09411$	0,99556
15,45	24,2689	3,4658	2,8853	$-0,76041$	0,64945	15,95	25,0542	7,6016	1,3155	$-0,07846$	0,99692
15,46	24,2846	3,5207	2,8403	$-0,75011$	0,66131	15,96	25,0699	7,7219	1,2950	$-0,06279$	0,99803
15,47	24,3003	3,5765	2,7961	$-0,73963$	0,67301	15,97	25,0856	7,8441	1,2748	$-0,04711$	0,99889
15,48	24,3160	3,6331	2,7525	$-0,72897$	0,68455	15,98	25,1013	7,9683	1,2550	$-0,03141$	0,99951
15,49	24,3317	3,6906	2,7096	$-0,71813$	0,69591	15,99	25,1170	8,0944	1,2355	$-0,01571$	0,99988
15,50	24,3474	$3,7490\cdot10^{10}$	$2,6674\cdot10^{-11}$	$-0,70711$	0,70711	16,00	25,1327	$8,2226\cdot10^{10}$	$1,2162\cdot10^{-11}$	$\mp0,00000$	1,00000

x	$\frac{\pi x}{2}$	$e^{\frac{\pi x}{2}}$	$e^{-\frac{\pi x}{2}}$	$\sin\frac{\pi x}{2}$	$\cos\frac{\pi x}{2}$	x	$\frac{\pi x}{2}$	$e^{\frac{\pi x}{2}}$	$e^{-\frac{\pi x}{2}}$	$\sin\frac{\pi x}{2}$	$\cos\frac{\pi x}{2}$
16,00	25,1327	$8,2226\cdot10^{10}$	$1,2162\cdot10^{-11}$	$\mp$0,00000	1,00000	16,50	25,9181	$1,8035\cdot10^{11}$	$5,5449\cdot10^{-12}$	0,70711	0,70711
16,01	25,1484	8,3528	1,1972	0,01571	0,99988	16,51	25,9338	1,8320	5,4585	0,71813	0,69591
16,02	25,1641	8,4851	1,1785	0,03141	0,99951	16,52	25,9495	1,8610	5,3734	0,72897	0,68455
16,03	25,1798	8,6194	1,1602	0,04711	0,99889	16,53	25,9652	1,8905	5,2896	0,73963	0,67301
16,04	25,1955	8,7559	1,1421	0,06279	0,99803	16,54	25,9809	1,9204	5,2072	0,75011	0,66131
16,05	25,2112	8,8945	1,1243	0,07846	0,99692	16,55	25,9966	1,9508	5,1261	0,76041	0,64945
16,06	25,2269	9,0353	1,1068	0,09411	0,99556	16,56	26,0123	1,9817	5,0462	0,77051	0,63742
16,07	25,2427	9,1784	1,0895	0,10973	0,99396	16,57	26,0281	2,0130	4,9675	0,78043	0,62524
16,08	25,2584	9,3237	1,0725	0,12533	0,99211	16,58	26,0438	2,0449	4,8901	0,79016	0,61291
16,09	25,2741	9,4713	1,0558	0,14090	0,99002	16,59	26,0595	2,0773	4,8139	0,79968	0,60042
16,10	25,2898	9,6212	1,0394	0,15643	0,98769	16,60	26,0752	2,1102	4,7389	0,80902	0,58779
16,11	25,3055	9,7735	1,0232	0,17193	0,98511	16,61	26,0909	2,1436	4,6650	0,81815	0,57501
16,12	25,3212	$9,9283\cdot10^{10}$	$1,0072\cdot10^{-11}$	0,18738	0,98229	16,62	26,1066	2,1775	4,5923	0,82708	0,56208
16,13	25,3369	$1,0085\cdot10^{11}$	$9,9153\cdot10^{-12}$	0,20279	0,97922	16,63	26,1223	2,2120	4,5207	0,83581	0,54902
16,14	25,3526	1,0245	9,7607	0,21814	0,97592	16,64	26,1380	2,2470	4,4503	0,84433	0,53583
16,15	25,3683	1,0407	9,6086	0,23345	0,97237	16,65	26,1537	2,2826	4,3810	0,85264	0,52250
16,16	25,3840	1,0572	9,4589	0,24869	0,96858	16,66	26,1694	2,3188	4,3127	0,86074	0,50904
16,17	25,3997	1,0740	9,3115	0,26387	0,96456	16,67	26,1851	2,3555	4,2455	0,86863	0,49546
16,18	25,4154	1,0910	9,1663	0,27899	0,96029	16,68	26,2008	2,3928	4,1793	0,87631	0,48175
16,19	25,4312	1,1083	9,0234	0,29404	0,95579	16,69	26,2165	2,4306	4,1141	0,88377	0,46792
16,20	25,4469	1,1258	8,8828	0,30902	0,95106	16,70	26,2323	2,4691	4,0500	0,89101	0,45399
16,21	25,4626	1,1436	8,7444	0,32392	0,94609	16,71	26,2480	2,5082	3,9869	0,89803	0,43994
16,22	25,4783	1,1617	8,6081	0,33874	0,94088	16,72	26,2637	2,5479	3,9248	0,90483	0,42578
16,23	25,4940	1,1801	8,4740	0,35347	0,93544	16,73	26,2794	2,5882	3,8636	0,91140	0,41151
16,24	25,5097	1,1988	8,3419	0,36812	0,92978	16,74	26,2951	2,6292	3,8034	0,91775	0,39715
16,25	25,5254	1,2177	8,2119	0,38268	0,92388	16,75	26,3108	2,6709	3,7441	0,92388	0,38268
16,26	25,5411	1,2370	8,0839	0,39715	0,91775	16,76	26,3265	2,7132	3,6858	0,92978	0,36812
16,27	25,5568	1,2566	7,9579	0,41151	0,91140	16,77	26,3422	2,7561	3,6284	0,93544	0,35347
16,28	25,5725	1,2765	7,8339	0,42578	0,90483	16,78	26,3579	2,7997	3,5718	0,94088	0,33874
16,29	25,5882	1,2967	7,7118	0,43994	0,89803	16,79	26,3736	2,8441	3,5161	0,94609	0,32392
16,30	25,6039	1,3172	7,5916	0,45399	0,89101	16,80	26,3893	2,8891	3,4613	0,95106	0,30902
16,31	25,6197	1,3381	7,4733	0,46792	0,88377	16,81	26,4050	2,9348	3,4074	0,95579	0,29404
16,32	25,6354	1,3593	7,3568	0,48175	0,87631	16,82	26,4208	2,9813	3,3543	0,96029	0,27899
16,33	25,6511	1,3808	7,2422	0,49546	0,86863	16,83	26,4365	3,0285	3,3020	0,96456	0,26387
16,34	25,6668	1,4027	7,1293	0,50904	0,86074	16,84	26,4522	3,0764	3,2505	0,96858	0,24869
16,35	25,6825	1,4249	7,0182	0,52250	0,85264	16,85	26,4679	3,1251	3,1999	0,97237	0,23345
16,36	25,6982	1,4474	6,9088	0,53583	0,84433	16,86	26,4836	3,1746	3,1500	0,97592	0,21814
16,37	25,7139	1,4703	6,8011	0,54902	0,83581	16,87	26,4993	3,2248	3,1009	0,97922	0,20279
16,38	25,7296	1,4936	6,6951	0,56208	0,82708	16,88	26,5150	3,2759	3,0526	0,98229	0,18738
16,39	25,7453	1,5173	6,5908	0,57501	0,81815	16,89	26,5307	3,3278	3,0050	0,98511	0,17193
16,40	25,7610	1,5413	6,4881	0,58779	0,80902	16,90	26,5464	3,3805	2,9582	0,98769	0,15643
16,41	25,7767	1,5657	6,3870	0,60042	0,79968	16,91	26,5621	3,4340	2,9121	0,99002	0,14090
16,42	25,7924	1,5905	6,2874	0,61291	0,79016	16,92	26,5778	3,4884	2,8667	0,99211	0,12533
16,43	25,8081	1,6156	6,1894	0,62524	0,78043	16,93	26,5935	3,5436	2,8220	0,99396	0,10973
16,44	25,8239	1,6412	6,0929	0,63742	0,77051	16,94	26,6093	3,5997	2,7780	0,99556	0,09411
16,45	25,8396	1,6672	5,9980	0,64945	0,76041	16,95	26,6250	3,6567	2,7347	0,99692	0,07846
16,46	25,8553	1,6936	5,9045	0,66131	0,75011	16,96	26,6407	3,7146	2,6921	0,99803	0,06279
16,47	25,8710	1,7204	5,8125	0,67301	0,73963	16,97	26,6564	3,7734	2,6501	0,99889	0,04711
16,48	25,8867	1,7477	5,7219	0,68455	0,72897	16,98	26,6721	3,8331	2,6088	0,99951	0,03141
16,49	25,9024	1,7754	5,6327	0,69591	0,71813	16,99	26,6878	3,8938	2,5681	0,99988	0,01571
16,50	25,9181	$1,8035\cdot10^{11}$	$5,5449\cdot10^{-12}$	0,70711	0,70711	17,00	26,7035	$3,9555\cdot10^{11}$	$2,5281\cdot10^{-12}$	1,00000	$\pm$0,00000

x	$\dfrac{\pi x}{2}$	$e^{\frac{\pi x}{2}}$	$e^{-\frac{\pi x}{2}}$	$\sin\dfrac{\pi x}{2}$	$\cos\dfrac{\pi x}{2}$	x	$\dfrac{\pi x}{2}$	$e^{\frac{\pi x}{2}}$	$e^{-\frac{\pi x}{2}}$	$\sin\dfrac{\pi x}{2}$	$\cos\dfrac{\pi x}{2}$
17,00	26,7035	$3{,}9555\cdot10^{11}$	$2{,}5281\cdot10^{-12}$	1,00000	±0,00000	17,50	27,4889	$8{,}6755\cdot10^{11}$	$1{,}1527\cdot10^{-12}$	0,70711	−0,70711
17,01	26,7192	4,0181	2,4888	0,99988	+0,01571	17,51	27,5046	8,8129	1,1347	0,69591	−0,71813
17,02	26,7349	4,0817	2,4500	0,99951	−0,03141	17,52	27,5203	8,9524	1,1170	0,68455	−0,72897
17,03	26,7506	4,1463	2,4118	0,99889	−0,04711	17,53	27,5360	9,0941	1,0996	0,67301	−0,73963
17,04	26,7663	4,2120	2,3742	0,99803	−0,06279	17,54	27,5517	9,2381	1,0825	0,66131	−0,75011
17,05	26,7820	4,2787	2,3372	0,99692	−0,07846	17,55	27,5674	9,3843	1,0656	0,64945	−0,76041
17,06	26,7977	4,3464	2,3008	0,99556	−0,09411	17,56	27,5831	9,5329	1,0490	0,63742	−0,77051
17,07	26,8135	4,4152	2,2649	0,99396	−0,10973	17,57	27,5989	9,6838	1,0327	0,62524	−0,78043
17,08	26,8292	4,4851	2,2296	0,99211	−0,12533	17,58	27,6146	9,8371	1,0166	0,61291	−0,79016
17,09	26,8449	4,5561	2,1948	0,99002	−0,14090	17,59	27,6303	$9{,}9929\cdot10^{11}$	$1{,}0007\cdot10^{-12}$	0,60042	−0,79968
17,10	26,8606	4,6283	2,1606	0,98769	−0,15643	17,60	27,6460	$1{,}0151\cdot10^{12}$	$9{,}8512\cdot10^{-13}$	0,58779	−0,80902
17,11	26,8763	4,7016	2,1269	0,98511	−0,17193	17,61	27,6617	1,0312	9,6977	0,57501	−0,81815
17,12	26,8920	4,7760	2,0938	0,98229	−0,18738	17,62	27,6774	1,0475	9,5465	0,56208	−0,82708
17,13	26,9077	4,8516	2,0612	0,97922	−0,20279	17,63	27,6931	1,0641	9,3978	0,54902	−0,83581
17,14	26,9234	4,9284	2,0291	0,97592	−0,21814	17,64	27,7088	1,0809	9,2513	0,53583	−0,84433
17,15	26,9391	5,0064	1,9974	0,97237	−0,23345	17,65	27,7245	1,0980	9,1071	0,52250	−0,85264
17,16	26,9548	5,0857	1,9663	0,96858	−0,24869	17,66	27,7402	1,1154	8,9651	0,50904	−0,86074
17,17	26,9705	5,1662	1,9357	0,96456	−0,26387	17,67	27,7559	1,1331	8,8254	0,49546	−0,86863
17,18	26,9862	5,2480	1,9055	0,96029	−0,27899	17,68	27,7716	1,1510	8,6879	0,48175	−0,87631
17,19	27,0020	5,3311	1,8758	0,95579	−0,29404	17,69	27,7873	1,1693	8,5525	0,46792	−0,88377
17,20	27,0177	5,4155	1,8466	0,95106	−0,30902	17,70	27,8031	1,1878	8,4192	0,45399	−0,89101
17,21	27,0334	5,5012	1,8178	0,94609	−0,32392	17,71	27,8188	1,2066	8,2880	0,43994	−0,89803
17,22	27,0491	5,5883	1,7895	0,94088	−0,33874	17,72	27,8345	1,2257	8,1588	0,42578	−0,90483
17,23	27,0648	5,6768	1,7616	0,93544	−0,35347	17,73	27,8502	1,2451	8,0317	0,41151	−0,91140
17,24	27,0805	5,7667	1,7341	0,92978	−0,36812	17,74	27,8659	1,2648	7,9065	0,39715	−0,91775
17,25	27,0962	5,8580	1,7071	0,92388	−0,38268	17,75	27,8816	1,2849	7,7832	0,38268	−0,92388
17,26	27,1119	5,9507	1,6805	0,91775	−0,39715	17,76	27,8973	1,3052	7,6619	0,36812	−0,92978
17,27	27,1276	6,0449	1,6543	0,91140	−0,41151	17,77	27,9130	1,3258	7,5425	0,35347	−0,93544
17,28	27,1433	6,1406	1,6285	0,90483	−0,42578	17,78	27,9287	1,3468	7,4250	0,33874	−0,94088
17,29	27,1590	6,2378	1,6031	0,89803	−0,43994	17,79	27,9444	1,3681	7,3092	0,32392	−0,94609
17,30	27,1747	6,3366	1,5781	0,89101	−0,45399	17,80	27,9601	1,3898	7,1953	0,30902	−0,95106
17,31	27,1905	6,4369	1,5535	0,88377	−0,46792	17,81	27,9758	1,4118	7,0832	0,29404	−0,95579
17,32	27,2062	6,5388	1,5293	0,87631	−0,48175	17,82	27,9916	1,4341	6,9728	0,27899	−0,96029
17,33	27,2219	6,6423	1,5055	0,86863	−0,49546	17,83	28,0073	1,4568	6,8641	0,26387	−0,96456
17,34	27,2376	6,7475	1,4820	0,86074	−0,50904	17,84	28,0230	1,4799	6,7571	0,24869	−0,96858
17,35	27,2533	6,8544	1,4589	0,85264	−0,52250	17,85	28,0387	1,5033	6,6519	0,23345	−0,97237
17,36	27,2690	6,9629	1,4362	0,84433	−0,53583	17,86	28,0544	1,5271	6,5482	0,21814	−0,97592
17,37	27,2847	7,0731	1,4138	0,83581	−0,54902	17,87	28,0701	1,5513	6,4461	0,20279	−0,97922
17,38	27,3004	7,1851	1,3918	0,82708	−0,56208	17,88	28,0858	1,5759	6,3456	0,18738	−0,98229
17,39	27,3161	7,2988	1,3701	0,81815	−0,57501	17,89	28,1015	1,6009	6,2467	0,17193	−0,98511
17,40	27,3318	7,4144	1,3487	0,80902	−0,58779	17,90	28,1172	1,6262	6,1494	0,15643	−0,98769
17,41	27,3475	7,5318	1,3277	0,79968	−0,60042	17,91	28,1329	1,6520	6,0536	0,14090	−0,99002
17,42	27,3632	7,6510	1,3070	0,79016	−0,61291	17,92	28,1486	1,6781	5,9592	0,12533	−0,99211
17,43	27,3789	7,7721	1,2866	0,78043	−0,62524	17,93	28,1643	1,7046	5,8663	0,10973	−0,99396
17,44	27,3947	7,8952	1,2666	0,77051	−0,63742	17,94	28,1801	1,7316	5,7749	0,09411	−0,99556
17,45	27,4104	8,0202	1,2468	0,76041	−0,64945	17,95	28,1958	1,7590	5,6849	0,07846	−0,99692
17,46	27,4261	8,1472	1,2214	0,75011	−0,66131	17,96	28,2115	1,7869	5,5963	0,06279	−0,99803
17,47	27,4418	8,2762	1,2083	0,73963	−0,67301	17,97	28,2272	1,8152	5,5091	0,04711	−0,99889
17,48	27,4575	8,4072	1,1895	0,72897	−0,68455	17,98	28,2429	1,8439	5,4232	0,03141	−0,99951
17,49	27,4732	8,5403	1,1710	0,71813	−0,69591	17,99	28,2586	1,8731	5,3387	0,01571	−0,99988
17,50	27,4889	$8{,}6755\cdot10^{11}$	$1{,}1527\cdot10^{-12}$	0,70711	−0,70711	18,00	28,2743	$1{,}9028\cdot10^{12}$	$5{,}2555\cdot10^{-13}$	±0,00000	−1,00000

x	$\dfrac{\pi x}{2}$	$e^{\frac{\pi x}{2}}$	$e^{-\frac{\pi x}{2}}$	$\sin\dfrac{\pi x}{2}$	$\cos\dfrac{\pi x}{2}$	x	$\dfrac{\pi x}{2}$	$e^{\frac{\pi x}{2}}$	$e^{-\frac{\pi x}{2}}$	$\sin\dfrac{\pi x}{2}$	$\cos\dfrac{\pi x}{2}$
18,00	28,2743	$1{,}9028\cdot10^{12}$	$5{,}2555\cdot10^{-13}$	$\pm0{,}00000$	$-1{,}00000$	18,50	29,0597	$4{,}1733\cdot10^{12}$	$2{,}3962\cdot10^{-13}$	$-0{,}70711$	$-0{,}70711$
18,01	28,2900	1,9329	5,1736	$-0{,}01571$	$-0{,}99988$	18,51	29,0754	4,2394	2,3589	$-0{,}71813$	$-0{,}69591$
18,02	28,3057	1,9635	5,0929	$-0{,}03141$	$-0{,}99951$	18,52	29,0911	4,3065	2,3221	$-0{,}72897$	$-0{,}68455$
18,03	28,3214	1,9946	5,0135	$-0{,}04711$	$-0{,}99889$	18,53	29,1068	4,3747	2,2859	$-0{,}73963$	$-0{,}67301$
18,04	28,3371	2,0262	4,9354	$-0{,}06279$	$-0{,}99803$	18,54	29,1265	4,4440	2,2503	$-0{,}75011$	$-0{,}66131$
18,05	28,3528	2,0582	4,8585	$-0{,}07846$	$-0{,}99692$	18,55	29,1382	4,5143	2,2152	$-0{,}76041$	$-0{,}64945$
18,06	28,3685	2,0908	4,7828	$-0{,}09411$	$-0{,}99556$	18,56	29,1539	4,5858	2,1807	$-0{,}77051$	$-0{,}63742$
18,07	28,3843	2,1240	4,7083	$-0{,}10973$	$-0{,}99396$	18,57	29,1697	4,6584	2,1467	$-0{,}78043$	$-0{,}62524$
18,08	28,4000	2,1576	4,6349	$-0{,}12533$	$-0{,}99211$	18,58	29,1854	4,7321	2,1132	$-0{,}79016$	$-0{,}61291$
18,09	28,4157	2,1917	4,5626	$-0{,}14090$	$-0{,}99002$	18,59	29,2011	4,8071	2,0803	$-0{,}79968$	$-0{,}60042$
18,10	28,4314	2,2264	4,4915	$-0{,}15643$	$-0{,}98769$	18,60	29,2168	4,8832	2,0479	$-0{,}80902$	$-0{,}58779$
18,11	28,4471	2,2617	4,4215	$-0{,}17193$	$-0{,}98511$	18,61	29,2325	4,9605	2,0159	$-0{,}81815$	$-0{,}57501$
18,12	28,4628	2,2975	4,3526	$-0{,}18738$	$-0{,}98229$	18,62	29,2482	5,0390	1,9845	$-0{,}82708$	$-0{,}56208$
18,13	28,4785	2,3339	4,2848	$-0{,}20279$	$-0{,}97922$	18,63	29,2639	5,1188	1,9535	$-0{,}83581$	$-0{,}54902$
18,14	28,4942	2,3708	4,2180	$-0{,}21814$	$-0{,}97592$	18,64	29,2796	5,1998	1,9231	$-0{,}84433$	$-0{,}53583$
18,15	28,5099	2,4084	4,1522	$-0{,}23345$	$-0{,}97237$	18,65	29,2953	5,2822	1,8932	$-0{,}85264$	$-0{,}52250$
18,16	28,5256	2,4465	4,0875	$-0{,}24869$	$-0{,}96858$	18,66	29,3110	5,3658	1,8637	$-0{,}86074$	$-0{,}50904$
18,17	28,5413	2,4852	4,0238	$-0{,}26387$	$-0{,}96456$	18,67	29,3267	5,4507	1,8346	$-0{,}86863$	$-0{,}49546$
18,18	28,5570	2,5245	3,9611	$-0{,}27899$	$-0{,}96029$	18,68	29,3424	5,5370	1,8060	$-0{,}87631$	$-0{,}48175$
18,19	28,5728	2,5645	3,8994	$-0{,}29404$	$-0{,}95579$	18,69	29,3581	5,6246	1,7779	$-0{,}88377$	$-0{,}46792$
18,20	28,5885	2,6051	3,8386	$-0{,}30902$	$-0{,}95106$	18,70	29,3739	5,7137	1,7502	$-0{,}89101$	$-0{,}45399$
18,21	28,6042	2,6463	3,7788	$-0{,}32392$	$-0{,}94609$	18,71	29,3896	5,8042	1,7229	$-0{,}89803$	$-0{,}43994$
18,22	28,6199	2,6882	3,7199	$-0{,}33874$	$-0{,}94088$	18,72	29,4053	5,8961	1,6960	$-0{,}90483$	$-0{,}42578$
18,23	28,6356	2,7308	3,6620	$-0{,}35347$	$-0{,}93544$	18,73	29,4210	5,9894	1,6696	$-0{,}91140$	$-0{,}41151$
18,24	28,6513	2,7740	3,6049	$-0{,}36812$	$-0{,}92978$	18,74	29,4367	6,0842	1,6436	$-0{,}91775$	$-0{,}39715$
18,25	28,6670	2,8180	3,5487	$-0{,}38268$	$-0{,}92388$	18,75	29,4524	6,1805	1,6180	$-0{,}92388$	$-0{,}38268$
18,26	28,6827	2,8626	3,4934	$-0{,}39715$	$-0{,}91775$	18,76	29,4681	6,2784	1,5928	$-0{,}92978$	$-0{,}36812$
18,27	28,6984	2,9079	3,4389	$-0{,}41151$	$-0{,}91140$	18,77	29,4838	6,3778	1,5679	$-0{,}93544$	$-0{,}35347$
18,28	28,7141	2,9539	3,3853	$-0{,}42578$	$-0{,}90483$	18,78	29,4995	6,4788	1,5435	$-0{,}94088$	$-0{,}33874$
18,29	28,7298	3,0007	3,3325	$-0{,}43994$	$-0{,}89803$	18,79	29,5152	6,5814	1,5195	$-0{,}94609$	$-0{,}32392$
18,30	28,7455	3,0482	3,2806	$-0{,}45399$	$-0{,}89101$	18,80	29,5309	6,6856	1,4958	$-0{,}95106$	$-0{,}30902$
18,31	28,7613	3,0965	3,2295	$-0{,}46792$	$-0{,}88377$	18,81	29,5466	6,7914	1,4725	$-0{,}95579$	$-0{,}29404$
18,32	28,7770	3,1455	3,1792	$-0{,}48175$	$-0{,}87631$	18,82	29,5624	6,8989	1,4495	$-0{,}96029$	$-0{,}27899$
18,33	28,7927	3,1953	3,1296	$-0{,}49546$	$-0{,}86863$	18,83	29,5781	7,0081	1,4269	$-0{,}96456$	$-0{,}26387$
18,34	28,8084	3,2459	3,0808	$-0{,}50904$	$-0{,}86074$	18,84	29,5938	7,1191	1,4047	$-0{,}96858$	$-0{,}24869$
18,35	28,8241	3,2973	3,0328	$-0{,}52250$	$-0{,}85264$	18,85	29,6095	7,2318	1,3828	$-0{,}97237$	$-0{,}23345$
18,36	28,8398	3,3495	2,9856	$-0{,}53583$	$-0{,}84433$	18,86	29,6252	7,3463	1,3612	$-0{,}97592$	$-0{,}21814$
18,37	28,8555	3,4025	2,9390	$-0{,}54902$	$-0{,}83581$	18,87	29,6409	7,4626	1,3400	$-0{,}97922$	$-0{,}20279$
18,38	28,8712	3,4564	2,8932	$-0{,}56208$	$-0{,}82708$	18,88	29,6566	7,5808	1,3191	$-0{,}98229$	$-0{,}18738$
18,39	28,8869	3,5111	2,8481	$-0{,}57501$	$-0{,}81815$	18,89	29,6723	7,7008	1,2985	$-0{,}98511$	$-0{,}17193$
18,40	28,9026	3,5667	2,8037	$-0{,}58779$	$-0{,}80902$	18,90	29,6880	7,8227	1,2783	$-0{,}98769$	$-0{,}15643$
18,41	28,9183	3,6231	2,7600	$-0{,}60042$	$-0{,}79968$	18,91	29,7037	7,9466	1,2584	$-0{,}99002$	$-0{,}14090$
18,42	28,9340	3,6805	2,7170	$-0{,}61291$	$-0{,}79016$	18,92	29,7194	8,0724	1,2388	$-0{,}99211$	$-0{,}12533$
18,43	28,9497	3,7388	2,6747	$-0{,}62524$	$-0{,}78043$	18,93	29,7351	8,2002	1,2195	$-0{,}99396$	$-0{,}10973$
18,44	28,9655	3,7980	2,6330	$-0{,}63742$	$-0{,}77051$	18,94	29,7509	8,3300	1,2005	$-0{,}99556$	$-0{,}09411$
18,45	28,9812	3,8581	2,5920	$-0{,}64945$	$-0{,}76041$	18,95	29,7666	8,4618	1,1818	$-0{,}99692$	$-0{,}07846$
18,46	28,9969	3,9192	2,5516	$-0{,}66131$	$-0{,}75011$	18,96	29,7823	8,5958	1,1634	$-0{,}99803$	$-0{,}06279$
18,47	29,0126	3,9813	2,5118	$-0{,}67301$	$-0{,}73963$	18,97	29,7980	8,7319	1,1453	$-0{,}99889$	$-0{,}04711$
18,48	29,0283	4,0443	2,4726	$-0{,}68455$	$-0{,}72897$	18,98	29,8137	8,8702	1,1274	$-0{,}99951$	$-0{,}03141$
18,49	29,0440	4,1083	2,4341	$-0{,}69591$	$-0{,}71813$	18,99	29,8294	9,0106	1,1098	$-0{,}99988$	$-0{,}01571$
18,50	29,0597	$4{,}1733\cdot10^{12}$	$2{,}3962\cdot10^{-13}$	$-0{,}70711$	$-0{,}70711$	19,00	29,8451	$9{,}1533\cdot10^{12}$	$1{,}0925\cdot10^{-13}$	$-1{,}00000$	$\mp0{,}00000$

x	$\frac{\pi x}{2}$	$e^{\frac{\pi x}{2}}$	$e^{-\frac{\pi x}{2}}$	$\sin\frac{\pi x}{2}$	$\cos\frac{\pi x}{2}$	x	$\frac{\pi x}{2}$	$e^{\frac{\pi x}{2}}$	$e^{-\frac{\pi x}{2}}$	$\sin\frac{\pi x}{2}$	$\cos\frac{\pi x}{2}$
19,00	29,8451	$9{,}1533\cdot10^{12}$	$1{,}0925\cdot10^{-13}$	−1,00000	∓0,00000	19,50	30,6305	$2{,}0076\cdot10^{13}$	$4{,}9812\cdot10^{-14}$	−0,70711	0,70711
19,01	29,8608	9,2982	1,0755	−0,99988	0,01571	19,51	30,6462	2,0393	4,9035	−0,69591	0,71813
19,02	29,8765	9,4454	1,0587	−0,99951	0,03141	19,52	30,6629	2,0716	4,8271	−0,68455	0,72897
19,03	29,8922	9,5949	1,0422	−0,99889	0,04711	19,53	30,6776	2,1044	4,7519	−0,67301	0,73963
19,04	29,9079	9,7468	1,0260	−0,99803	0,06279	19,54	30,6933	2,1378	4,6778	−0,66131	0,75011
19,05	29,9236	$9{,}9011\cdot10^{12}$	$1{,}0100\cdot10^{-13}$	−0,99692	0,07846	19,55	30,7090	2,1716	4,6049	−0,64945	0,76041
19,06	29,9393	$1{,}0058\cdot10^{13}$	$9{,}9424\cdot10^{-14}$	−0,99556	0,09411	19,56	30,7247	2,2060	4,5331	−0,63742	0,77051
19,07	29,9551	1,0217	9,7875	−0,99396	0,10973	19,57	30,7405	2,2409	4,4624	−0,62524	0,78043
19,08	29,9708	1,0379	9,6350	−0,99211	0,12533	19,58	30,7562	2,2764	4,3929	−0,61291	0,79016
19,09	29,9865	1,0543	9,4848	−0,99002	0,14090	19,59	30,7719	2,3124	4,3245	−0,60042	0,79968
19,10	30,0022	1,0710	9,3370	−0,98769	0,15643	19,60	30,7876	2,3490	4,2571	−0,58779	0,80902
19,11	30,0179	1,0880	9,1915	−0,98511	0,17193	19,61	30,8033	2,3862	4,1907	−0,57501	0,81815
19,12	30,0336	1,1052	9,0482	−0,98229	0,18738	19,62	30,8190	2,4240	4,1254	−0,56208	0,82708
19,13	30,0493	1,1227	8,9072	−0,97922	0,20279	19,63	30,8347	2,4624	4,0611	−0,54902	0,83581
19,14	30,0650	1,1405	8,7684	−0,97592	0,21814	19,64	30,8504	2,5014	3,9978	−0,53583	0,84433
19,15	30,0807	1,1586	8,6317	−0,97237	0,23345	19,65	30,8661	2,5410	3,9355	−0,52250	0,85264
19,16	30,0964	1,1769	8,4972	−0,96858	0,24869	19,66	30,8818	2,5812	3,8742	−0,50904	0,86074
19,17	30,1121	1,1955	8,3648	−0,96456	0,26387	19,67	30,8975	2,6221	3,8138	−0,49546	0,86863
19,18	30,1278	1,2144	8,2344	−0,96029	0,27899	19,68	30,9132	2,6636	3,7544	−0,48175	0,87631
19,19	30,1436	1,2337	8,1061	−0,95579	0,29404	19,69	30,9289	2,7058	3,6959	−0,46792	0,88377
19,20	30,1593	1,2532	7,9797	−0,95106	0,30902	19,70	30,9447	2,7486	3,6383	−0,45399	0,89101
19,21	30,1750	1,2731	7,8553	−0,94609	0,32392	19,71	30,9604	2,7921	3,5815	−0,43994	0,89803
19,22	30,1907	1,2932	7,7329	−0,94088	0,33874	19,72	30,9761	2,8363	3,5257	−0,42578	0,90483
19,23	30,2064	1,3136	7,6123	−0,93544	0,35347	19,73	30,9918	2,8812	3,4708	−0,41151	0,91140
19,24	30,2221	1,3344	7,4938	−0,92978	0,36812	19,74	31,0075	2,9268	3,4167	−0,39715	0,91775
19,25	30,2378	1,3555	7,3770	−0,92388	0,38268	19,75	31,0232	2,9731	3,3634	−0,38268	0,92388
19,26	30,2535	1,3770	7,2620	−0,91775	0,39715	19,76	31,0389	3,0202	3,3110	−0,36812	0,92978
19,27	30,2692	1,3988	7,1488	−0,91140	0,41151	19,77	31,0546	3,0680	3,2594	−0,35347	0,93544
19,28	30,2849	1,4210	7,0374	−0,90483	0,42578	19,78	31,0703	3,1166	3,2086	−0,33874	0,94088
19,29	30,3006	1,4435	6,9277	−0,89803	0,43994	19,79	31,0860	3,1660	3,1586	−0,32392	0,94609
19,30	30,3163	1,4663	6,8197	−0,89101	0,45399	19,80	31,1017	3,2161	3,1094	−0,30902	0,95106
19,31	30,3321	1,4895	6,7134	−0,88377	0,46792	19,81	31,1174	3,2670	3,0609	−0,29404	0,95579
19,32	30,3478	1,5131	6,6088	−0,87631	0,48175	19,82	31,1332	3,3187	3,0132	−0,27899	0,96029
19,33	30,3635	1,5371	6,5058	−0,86863	0,49546	19,83	31,1489	3,3712	2,9662	−0,26387	0,96456
19,34	30,3792	1,5614	6,4044	−0,86074	0,50904	19,84	31,1646	3,4246	2,9200	−0,24869	0,96858
19,35	30,3949	1,5862	6,3046	−0,85264	0,52250	19,85	31,1803	3,4788	2,8745	−0,23345	0,97237
19,36	30,4106	1,6113	6,2064	−0,84433	0,53583	19,86	31,1960	3,5339	2,8297	−0,21814	0,97592
19,37	30,4263	1,6368	6,1096	−0,83581	0,54902	19,87	31,2117	3,5899	2,7856	−0,20279	0,97922
19,38	30,4420	1,6627	6,0144	−0,82708	0,56208	19,88	31,2274	3,6467	2,7422	−0,18738	0,98229
19,39	30,4577	1,6890	5,9207	−0,81815	0,57501	19,89	31,2431	3,7044	2,6995	−0,17193	0,98511
19,40	30,4734	1,7157	5,8284	−0,80902	0,58779	19,90	31,2588	3,7631	2,6574	−0,15643	0,98769
19,41	30,4891	1,7429	5,7375	−0,79968	0,60042	19,91	31,2745	3,8227	2,6160	−0,14090	0,99002
19,42	30,5048	1,7705	5,6481	−0,79016	0,61291	19,92	31,2902	3,8832	2,5752	−0,12533	0,99211
19,43	30,5205	1,7985	5,5601	−0,78043	0,62524	19,93	31,3059	3,9447	2,5351	−0,10973	0,99396
19,44	30,5363	1,8270	5,4735	−0,77051	0,63742	19,94	31,3217	4,0071	2,4956	−0,09411	0,99556
19,45	30,5520	1,8559	5,3882	−0,76041	0,64945	19,95	31,3374	4,0705	2,4567	−0,07846	0,99692
19,46	30,5677	1,8853	5,3042	−0,75011	0,66131	19,96	31,3531	4,1350	2,4184	−0,06279	0,99803
19,47	30,5834	1,9152	5,2215	−0,73963	0,67301	19,97	31,3688	4,2005	2,3807	−0,04711	0,99889
19,48	30,5991	1,9455	5,1401	−0,72897	0,68455	19,98	31,3845	4,2670	2,3436	−0,03141	0,99951
19,49	30,6148	1,9763	5,0600	−0,71813	0,69591	19,99	31,4002	4,3346	2,3071	−0,01571	0,99988
19,50	30,6305	$2{,}0076\cdot10^{13}$	$4{,}9812\cdot10^{-14}$	−0,70711	0,70711	20,00	31,4159	$4{,}4032\cdot10^{13}$	$2{,}2711\cdot10^{-14}$	∓0,00000	1,00000

x	$\dfrac{\pi x}{2}$	$e^{\frac{\pi x}{2}}$	$e^{-\frac{\pi x}{2}}$	$\sin\dfrac{\pi x}{2}$	$\cos\dfrac{\pi x}{2}$	x	$\dfrac{\pi x}{2}$	$e^{\frac{\pi x}{2}}$	$e^{-\frac{\pi x}{2}}$	$\sin\dfrac{\pi x}{2}$	$\cos\dfrac{\pi x}{2}$
20,00	31,4159	$4,4032\cdot10^{13}$	$2,2711\cdot10^{-14}$	$\mp0,00000$	1,00000	20,50	32,2013	$9,6573\cdot10^{13}$	$1,0355\cdot10^{-14}$	0,70711	0,70711
20,01	31,4316	4,4729	2,2357	0,01571	0,99988	20,51	32,2170	9,8102	1,0194	0,71813	0,69591
20,02	31,4473	4,5437	2,2009	0,03141	0,99951	20,52	32,2327	$9,9656\cdot10^{13}$	$1,0035\cdot10^{-14}$	0,72897	0,68455
20,03	31,4630	4,6156	2,1666	0,04711	0,99889	20,53	32,2484	$1,0123\cdot10^{14}$	$9,8782\cdot10^{-15}$	0,73963	0,67301
20,04	31,4787	4,6887	2,1328	0,06279	0,99803	20,54	32,2641	1,0284	9,7242	0,75011	0,66131
20,05	31,4944	4,7629	2,0995	0,07846	0,99692	20,55	32,2798	1,0447	9,5727	0,76041	0,64945
20,06	31,5101	4,8383	2,0668	0,09411	0,99556	20,56	32,2955	1,0612	9,4235	0,77051	0,63742
20,07	31,5259	4,9149	2,0346	0,10973	0,99396	20,57	32,3113	1,0780	9,2766	0,78043	0,62524
20,08	31,5416	4,9927	2,0029	0,12533	0,99211	20,58	32,3270	1,0950	9,1320	0,79016	0,61291
20,09	31,5573	5,0718	1,9717	0,14090	0,99002	20,59	32,3427	1,1124	8,9897	0,79968	0,60042
20,10	31,5730	5,1521	1,9410	0,15643	0,98769	20,60	32,3584	1,1300	8,8496	0,80902	0,58779
20,11	31,5887	5,2336	1,9107	0,17193	0,98511	20,61	32,3741	1,1479	8,7117	0,81815	0,57501
20,12	31,6044	5,3165	1,8809	0,18738	0,98229	20,62	32,3898	1,1661	8,5759	0,82708	0,56208
20,13	31,6201	5,4007	1,8516	0,20279	0,97922	20,63	32,4055	1,1846	8,4423	0,83581	0,54902
20,14	31,6358	5,4862	1,8228	0,21814	0,97592	20,64	32,4212	1,2033	8,3107	0,84433	0,53583
20,15	31,6515	5,5731	1,7944	0,23345	0,97237	20,65	32,4369	1,2224	8,1811	0,85264	0,52250
20,16	31,6672	5,6613	1,7664	0,24869	0,96858	20,66	32,4526	1,2417	8,0536	0,86074	0,50904
20,17	31,6829	5,7509	1,7389	0,26387	0,96456	20,67	32,4683	1,2613	7,9281	0,86863	0,49546
20,18	31,6986	5,8419	1,7118	0,27899	0,96029	20,68	32,4840	1,2813	7,8046	0,87631	0,48175
20,19	31,7144	5,9344	1,6851	0,29404	0,95579	20,69	32,4997	1,3016	7,6830	0,88377	0,46792
20,20	31,7301	6,0284	1,6588	0,30902	0,95106	20,70	32,5155	1,3222	7,5632	0,89101	0,45399
20,21	31,7458	6,1238	1,6329	0,32392	0,94609	20,71	32,5312	1,3431	7,4453	0,89803	0,43994
20,22	31,7615	6,2208	1,6075	0,33874	0,94088	20,72	32,5469	1,3644	7,3293	0,90483	0,42578
20,23	31,7772	6,3193	1,5825	0,35347	0,93544	20,73	32,5626	1,3860	7,2151	0,91140	0,41151
20,24	31,7929	6,4193	1,5578	0,36812	0,92978	20,74	32,5783	1,4079	7,1026	0,91775	0,39715
20,25	31,8086	6,5209	1,5335	0,38268	0,92388	20,75	32,5940	1,4302	6,9919	0,92388	0,38268
20,26	31,8243	6,6242	1,5096	0,39715	0,91775	20,76	32,6097	1,4529	6,8829	0,92978	0,36812
20,27	31,8400	6,7291	1,4861	0,41151	0,91140	20,77	32,6254	1,4759	6,7757	0,93544	0,35347
20,28	31,8557	6,8356	1,4629	0,42578	0,90483	20,78	32,6411	1,4992	6,6701	0,94088	0,33874
20,29	31,8714	6,9438	1,4401	0,43994	0,89803	20,79	32,6568	1,5230	6,5661	0,94609	0,32392
20,30	31,8871	7,0537	1,4177	0,45399	0,89101	20,80	32,6725	1,5471	6,4638	0,95106	0,30902
20,31	31,9029	7,1654	1,3956	0,46792	0,88377	20,81	32,6882	1,5716	6,3631	0,95579	0,29404
20,32	31,9186	7,2789	1,3738	0,48175	0,87631	20,82	32,7040	1,5965	6,2639	0,96029	0,27899
20,33	31,9343	7,3941	1,3524	0,49546	0,86863	20,83	32,7197	1,6217	6,1662	0,96456	0,26387
20,34	31,9500	7,5112	1,3314	0,50904	0,86074	20,84	32,7354	1,6474	6,0701	0,96858	0,24869
20,35	31,9657	7,6301	1,3106	0,52250	0,85264	20,85	32,7511	1,6735	5,9755	0,97237	0,23345
20,36	31,9814	7,7509	1,2902	0,53583	0,84433	20,86	32,7668	1,7000	5,8824	0,97592	0,21814
20,37	31,9971	7,8736	1,2701	0,54902	0,83581	20,87	32,7825	1,7269	5,7907	0,97922	0,20279
20,38	32,0128	7,9983	1,2503	0,56208	0,82708	20,88	32,7982	1,7542	5,7005	0,98229	0,18738
20,39	32,0285	8,1249	1,2308	0,57501	0,81815	20,89	32,8139	1,7820	5,6117	0,98511	0,17193
20,40	32,0442	8,2535	1,2116	0,58779	0,80902	20,90	32,8296	1,8102	5,5242	0,98769	0,15643
20,41	32,0599	8,3842	1,1927	0,60042	0,79968	20,91	32,8453	1,8389	5,4381	0,99002	0,14090
20,42	32,0756	8,5169	1,1741	0,61291	0,79016	20,92	32,8610	1,8680	5,3533	0,99211	0,12533
20,43	32,0913	8,6517	1,1558	0,62524	0,78043	20,93	32,8767	1,8976	5,2699	0,99396	0,10973
20,44	32,1070	8,7887	1,1378	0,63742	0,77051	20,94	32,8925	1,9276	5,1878	0,99556	0,09411
20,45	32,1228	8,9278	1,1201	0,64945	0,76041	20,95	32,9082	1,9581	5,1069	0,99692	0,07846
20,46	32,1385	9,0692	1,1026	0,66131	0,75011	20,96	32,9239	1,9891	5,0273	0,99803	0,06279
20,47	32,1542	9,2128	1,0854	0,67301	0,73963	20,97	32,9396	2,0206	4,9489	0,99889	0,04711
20,48	32,1699	9,3587	1,0685	0,68455	0,72897	20,98	32,9553	2,0526	4,8718	0,99951	0,03141
20,49	32,1856	9,5068	1,0519	0,69591	0,71813	20,99	32,9710	2,0851	4,7959	0,99988	0,01571
20,50	32,2013	$9,6573\cdot10^{13}$	$1,0355\cdot10^{-14}$	0,70711	0,70711	21,00	32,9867	$2,1181\cdot10^{14}$	$4,7212\cdot10^{-15}$	1,00000	$\pm0,00000$

x	$\frac{\pi x}{2}$	$e^{\frac{\pi x}{2}}$	$e^{-\frac{\pi x}{2}}$	$\sin\frac{\pi x}{2}$	$\cos\frac{\pi x}{2}$	x	$\frac{\pi x}{2}$	$e^{\frac{\pi x}{2}}$	$e^{-\frac{\pi x}{2}}$	$\sin\frac{\pi x}{2}$	$\cos\frac{\pi x}{2}$
21,00	32,9867	$2,1181\cdot10^{14}$	$4,7212\cdot10^{-15}$	1,00000	±0,00000	21,50	33,7721	$4,6456\cdot10^{14}$	$2,1526\cdot10^{-15}$	0,70711	−0,70711
21,01	33,0024	2,1516	4,6476	0,99988	−0,01571	21,51	33,7878	4,7192	2,1190	0,69591	−0,71813
21,02	33,0181	2,1857	4,5751	0,99951	−0,03141	21,52	33,8035	4,7939	2,0860	0,68455	−0,72897
21,03	33,0338	2,2203	4,5038	0,99889	−0,04711	21,53	33,8192	4,8698	2,0535	0,67301	−0,73963
21,04	33,0495	2,2555	4,4336	0,99803	−0,06279	21,54	33,8349	4,9469	2,0215	0,66131	−0,75011
21,05	33,0652	2,2912	4,3645	0,99692	−0,07846	21,55	33,8506	5,0252	1,9899	0,64945	−0,76041
21,06	33,0809	2,3275	4,2965	0,99556	−0,09411	21,56	33,8663	5,1048	1,9589	0,63742	−0,77051
21,07	33,0967	2,3643	4,2295	0,99396	−0,10973	21,57	33,8821	5,1856	1,9284	0,62524	−0,78043
21,08	33,1124	2,4017	4,1636	0,99211	−0,12533	21,58	33,8978	5,2677	1,8984	0,61291	−0,79016
21,09	33,1281	2,4398	4,0988	0,99002	−0,14090	21,59	33,9135	5,3511	1,8688	0,60042	−0,79968
21,10	33,1438	2,4784	4,0349	0,98769	−0,15643	21,60	33,9292	5,4358	1,8397	0,58779	−0,80902
21,11	33,1595	2,5176	3,9720	0,98511	−0,17193	21,61	33,9449	5,5219	1,8110	0,57501	−0,81815
21,12	33,1752	2,5575	3,9101	0,98229	−0,18738	21,62	33,9606	5,6093	1,7828	0,56208	−0,82708
21,13	33,1909	2,5980	3,8492	0,97922	−0,20279	21,63	33,9763	5,6981	1,7550	0,54902	−0,83581
21,14	33,2066	2,6391	3,7892	0,97592	−0,21814	21,64	33,9920	5,7883	1,7276	0,53583	−0,84433
21,15	33,2223	2,6809	3,7301	0,97237	−0,23345	21,65	34,0077	5,8799	1,7007	0,52250	−0,85264
21,16	33,2380	2,7233	3,6720	0,96858	−0,24869	21,66	34,0234	5,9730	1,6742	0,50904	−0,86074
21,17	33,2537	2,7665	3,6148	0,96456	−0,26387	21,67	34,0391	6,0676	1,6481	0,49546	−0,86863
21,18	33,2694	2,8103	3,5584	0,96029	−0,27899	21,68	34,0548	6,1637	1,6224	0,48175	−0,87631
21,19	33,2852	2,8547	3,5029	0,95579	−0,29404	21,69	34,0705	6,2613	1,5971	0,46792	−0,88377
21,20	33,3009	2,8999	3,4483	0,95106	−0,30902	21,70	34,0863	6,3604	1,5722	0,45399	−0,89101
21,21	33,3166	2,9458	3,3946	0,94609	−0,32392	21,71	34,1020	6,4611	1,5477	0,43994	−0,89803
21,22	33,3323	2,9925	3,3417	0,94088	−0,33874	21,72	34,1177	6,5634	1,5236	0,42578	−0,90483
21,23	33,3480	3,0399	3,2896	0,93544	−0,35347	21,73	34,1334	6,6673	1,4999	0,41151	−0,91140
21,24	33,3637	3,0880	3,2383	0,92978	−0,36812	21,74	34,1491	6,7728	1,4765	0,39715	−0,91775
21,25	33,3794	3,1369	3,1879	0,92388	−0,38268	21,75	34,1648	6,8801	1,4535	0,38268	−0,92388
21,26	33,3951	3,1865	3,1382	0,91775	−0,39715	21,76	34,1805	6,9890	1,4308	0,36812	−0,92978
21,27	33,4108	3,2369	3,0893	0,91140	−0,41151	21,77	34,1962	7,0996	1,4085	0,35347	−0,93544
21,28	33,4265	3,2882	3,0411	0,90483	−0,42578	21,78	34,2119	7,2120	1,3866	0,33874	−0,94088
21,29	33,4422	3,3403	2,9937	0,89803	−0,43994	21,79	34,2276	7,3262	1,3650	0,32392	−0,94609
21,30	33,4579	3,3932	2,9471	0,89101	−0,45399	21,80	34,2433	7,4422	1,3437	0,30902	−0,95106
21,31	33,4737	3,4469	2,9011	0,88377	−0,46792	21,81	34,2590	7,5600	1,3227	0,29404	−0,95579
21,32	33,4894	3,5015	2,8559	0,87631	−0,48175	21,82	34,2748	7,6797	1,3021	0,27899	−0,96029
21,33	33,5051	3,5569	2,8114	0,86863	−0,49546	21,83	34,2905	7,8013	1,2819	0,26387	−0,96456
21,34	33,5208	3,6132	2,7676	0,86074	−0,50904	21,84	34,3062	7,9248	1,2619	0,24869	−0,96858
21,35	33,5365	3,6704	2,7245	0,85264	−0,52250	21,85	34,3219	8,0502	1,2422	0,23345	−0,97237
21,36	33,5522	3,7285	2,6820	0,84433	−0,53583	21,86	34,3376	8,1777	1,2228	0,21814	−0,97592
21,37	33,5679	3,7875	2,6402	0,83581	−0,54902	21,87	34,3533	8,3072	1,2037	0,20279	−0,97922
21,38	33,5836	3,8475	2,5991	0,82708	−0,56208	21,88	34,3690	8,4387	1,1850	0,18738	−0,98229
21,39	33,5993	3,9084	2,5586	0,81815	−0,57501	21,89	34,3847	8,5723	1,1766	0,17193	−0,98511
21,40	33,6150	3,9703	2,5187	0,80902	−0,58779	21,90	34,4004	8,7081	1,1484	0,15643	−0,98769
21,41	33,6307	4,0331	2,4794	0,79968	−0,60042	21,91	34,4161	8,8459	1,1304	0,14090	−0,99002
21,42	33,6464	4,0970	2,4408	0,79016	−0,61291	21,92	34,4318	8,9860	1,1128	0,12533	−0,99211
21,43	33,6621	4,1619	2,4028	0,78043	−0,62524	21,93	34,4475	9,1283	1,0955	0,10973	−0,99396
21,44	33,6779	4,2278	2,3653	0,77051	−0,63742	21,94	34,4633	9,2728	1,0784	0,09411	−0,99556
21,45	33,6936	4,2947	2,3284	0,76041	−0,64945	21,95	34,4790	9,4196	1,0616	0,07846	−0,99692
21,46	33,7093	4,3627	2,2921	0,75011	−0,66131	21,96	34,4947	9,5687	1,0451	0,06279	−0,99803
21,47	33,7250	4,4318	2,2564	0,73963	−0,67301	21,97	34,5104	9,7202	1,0288	0,04711	−0,99889
21,48	33,7407	4,5020	2,2213	0,72897	−0,68455	21,98	34,5261	$9,8741\cdot10^{14}$	$1,0128\cdot10^{-15}$	0,03141	−0,99951
21,49	33,7564	4,5732	2,1867	0,71813	−0,69591	21,99	34,5418	$1,0030\cdot10^{15}$	$9,9697\cdot10^{-16}$	0,01571	−0,99988
21,50	33,7721	$4,6456\cdot10^{14}$	$2,1526\cdot10^{-15}$	0,70711	−0,70711	22,00	34,5575	$1,0189\cdot10^{15}$	$9,8143\cdot10^{-16}$	±0,00000	−1,00000

x	$\dfrac{\pi x}{2}$	$e^{\frac{\pi x}{2}}$	$e^{-\frac{\pi x}{2}}$	$\sin\dfrac{\pi x}{2}$	$\cos\dfrac{\pi x}{2}$	x	$\dfrac{\pi x}{2}$	$e^{\frac{\pi x}{2}}$	$e^{-\frac{\pi x}{2}}$	$\sin\dfrac{\pi x}{2}$	$\cos\dfrac{\pi x}{2}$
22,00	34,5575	$1{,}0189\cdot10^{15}$	$9{,}8143\cdot10^{-16}$	±0,00000	−1,00000	22,50	35,3429	$2{,}2348\cdot10^{15}$	$4{,}4747\cdot10^{-16}$	−0,70711	−0,70711
22,01	34,5732	1,0350	9,6614	−0,01571	−0,99988	22,51	35,3586	2,2702	4,4050	−0,71813	−0,69591
22,02	34,5889	1,0514	9,5108	−0,03141	−0,99951	22,52	35,3743	2,3061	4,3363	−0,72897	−0,68455
22,03	34,6046	1,0681	9,3625	−0,04711	−0,99889	22,53	35,3900	2,3426	4,2687	−0,73963	−0,67301
22,04	34,6203	1,0850	9,2166	−0,06279	−0,99803	22,54	35,4057	2,3797	4,2022	−0,75011	−0,66131
22,05	34,6360	1,1022	9,0730	−0,07846	−0,99692	22,55	35,4214	2,4173	4,1367	−0,76041	−0,64945
22,06	34,6517	1,1196	8,9316	−0,09411	−0,99556	22,56	35,4371	2,4556	4,0722	−0,77051	−0,63742
22,07	34,6675	1,1374	8,7924	−0,10973	−0,99396	22,57	35,4529	2,4945	4,0088	−0,78043	−0,62524
22,08	34,6832	1,1554	8,6553	−0,12533	−0,99211	22,58	35,4686	2,5340	3,9463	−0,79016	−0,61291
22,09	34,6989	1,1736	8,5205	−0,14090	−0,99002	22,59	35,4843	2,5741	3,8848	−0,79968	−0,60042
22,10	34,7146	1,1922	8,3877	−0,15643	−0,98769	22,60	35,5000	2,6149	3,8243	−0,80902	−0,58779
22,11	34,7303	1,2111	8,2569	−0,17193	−0,98511	22,61	35,5157	2,6563	3,7647	−0,81815	−0,57501
22,12	34,7460	1,2303	8,1282	−0,18738	−0,98229	22,62	35,5314	2,6983	3,7060	−0,82708	−0,56208
22,13	34,7617	1,2497	8,0016	−0,20279	−0,97922	22,63	35,5471	2,7411	3,6483	−0,83581	−0,54902
22,14	34,7774	1,2695	7,8769	−0,21814	−0,97592	22,64	35,5628	2,7845	3,5914	−0,84433	−0,53583
22,15	34,7931	1,2897	7,7542	−0,23345	−0,97237	22,65	35,5785	2,8285	3,5354	−0,85264	−0,52250
22,16	34,8088	1,3101	7,6333	−0,24869	−0,96858	22,66	35,5942	2,8733	3,4803	−0,86074	−0,50904
22,17	34,8245	1,3308	7,5143	−0,26387	−0,96456	22,67	35,6099	2,9188	3,4261	−0,86863	−0,49546
22,18	34,8402	1,3519	7,3972	−0,27899	−0,96029	22,68	35,6256	2,9650	3,3727	−0,87631	−0,48175
22,19	34,8560	1,3733	7,2819	−0,29404	−0,95579	22,69	35,6413	3,0119	3,3201	−0,88377	−0,46792
22,20	34,8717	1,3950	7,1684	−0,30902	−0,95106	22,70	35,6571	3,0596	3,2683	−0,89101	−0,45399
22,21	34,8874	1,4171	7,0567	−0,32392	−0,94609	22,71	35,6728	3,1081	3,2174	−0,89803	−0,43994
22,22	34,9031	1,4395	6,9467	−0,33874	−0,94088	22,72	35,6885	3,1573	3,1673	−0,90483	−0,42578
22,23	34,9188	1,4623	6,8385	−0,35347	−0,93544	22,73	35,7042	3,2073	3,1179	−0,91140	−0,41151
22,24	34,9345	1,4855	6,7319	−0,36812	−0,92978	22,74	35,7199	3,2581	3,0693	−0,91775	−0,39715
22,25	34,9502	1,5090	6,6269	−0,38268	−0,92388	22,75	35,7356	3,3096	3,0215	−0,92388	−0,38268
22,26	34,9659	1,5329	6,5236	−0,39715	−0,91775	22,76	35,7513	3,3620	2,9744	−0,92978	−0,36812
22,27	34,9816	1,5572	6,4219	−0,41151	−0,91140	22,77	35,7670	3,4152	2,9280	−0,93544	−0,35347
22,28	34,9973	1,5818	6,3219	−0,42578	−0,90483	22,78	35,7827	3,4693	2,8824	−0,94088	−0,33874
22,29	35,0130	1,6069	6,2234	−0,43994	−0,89803	22,79	35,7984	3,5243	2,8374	−0,94609	−0,32392
22,30	35,0287	1,6323	6,1264	−0,45399	−0,89101	22,80	35,8141	3,5801	2,7932	−0,95106	−0,30902
22,31	35,0444	1,6581	6,0309	−0,46792	−0,88377	22,81	35,8298	3,6367	2,7497	−0,95579	−0,29404
22,32	35,0601	1,6844	5,9369	−0,48175	−0,87631	22,82	35,8456	3,6943	2,7069	−0,96029	−0,27899
22,33	35,0758	1,7110	5,8444	−0,49546	−0,86863	22,83	35,8613	3,7528	2,6647	−0,96456	−0,26387
22,34	35,0915	1,7381	5,7533	−0,50904	−0,86074	22,84	35,8770	3,8122	2,6231	−0,96858	−0,24869
22,35	35,1072	1,7656	5,6636	−0,52250	−0,85264	22,85	35,8927	3,8726	2,5822	−0,97237	−0,23345
22,36	35,1229	1,7936	5,5753	−0,53583	−0,84433	22,86	35,9084	3,9339	2,5420	−0,97592	−0,21814
22,37	35,1387	1,8220	5,4884	−0,54902	−0,83581	22,87	35,9241	3,9961	2,5024	−0,97922	−0,20279
22,38	35,1544	1,8509	5,4029	−0,56208	−0,82708	22,88	35,9398	4,0594	2,4634	−0,98229	−0,18738
22,39	35,1701	1,8802	5,3187	−0,57501	−0,81815	22,89	35,9555	4,1237	2,4250	−0,98511	−0,17193
22,40	35,1858	1,9099	5,2358	−0,58779	−0,80902	22,90	35,9712	4,1890	2,3872	−0,98769	−0,15643
22,41	35,2015	1,9402	5,1542	−0,60042	−0,79968	22,91	35,9869	4,2553	2,3500	−0,99002	−0,14090
22,42	35,2172	1,9709	5,0739	−0,61291	−0,79016	22,92	36,0026	4,3227	2,3134	−0,99211	−0,12533
22,43	35,2329	2,0021	4,9948	−0,62524	−0,78043	22,93	36,0183	4,3911	2,2773	−0,99396	−0,10973
22,44	35,2487	2,0338	4,9170	−0,63742	−0,77051	22,94	36,0341	4,4606	2,2418	−0,99556	−0,09411
22,45	35,2644	2,0660	4,8404	−0,64945	−0,76041	22,95	36,0498	4,5312	2,2069	−0,99692	−0,07846
22,46	35,2801	2,0987	4,7649	−0,66131	−0,75011	22,96	36,0655	4,6030	2,1725	−0,99803	−0,06279
22,47	35,2958	2,1319	4,6906	−0,67301	−0,73963	22,97	36,0812	4,6759	2,1386	−0,99889	−0,04711
22,48	35,3115	2,1657	4,6175	−0,68455	−0,72897	22,98	36,0969	4,7499	2,1053	−0,99951	−0,03141
22,49	35,3272	2,2000	4,5455	−0,69591	−0,71813	22,99	36,1126	4,8251	2,0725	−0,99988	−0,01571
22,50	35,3429	$2{,}2348\cdot10^{15}$	$4{,}4747\cdot10^{-16}$	−0,70711	−0,70711	23,00	36,1283	$4{,}9015\cdot10^{15}$	$2{,}0402\cdot10^{-16}$	−1,00000	∓0,00000

x	$\dfrac{\pi x}{2}$	$e^{\frac{\pi x}{2}}$	$e^{-\frac{\pi x}{2}}$	$\sin\dfrac{\pi x}{2}$	$\cos\dfrac{\pi x}{2}$	x	$\dfrac{\pi x}{2}$	$e^{\frac{\pi x}{2}}$	$e^{-\frac{\pi x}{2}}$	$\sin\dfrac{\pi x}{2}$	$\cos\dfrac{\pi x}{2}$
23,00	36,1283	$4,9015\cdot10^{15}$	$2,0402\cdot10^{-16}$	$-1,00000$	$\mp0,00000$	23,50	36,9137	$1,0750\cdot10^{16}$	$9,3020\cdot10^{-17}$	$-0,70711$	0,70711
23,01	36,1440	4,9791	2,0084	$-0,99988$	0,01571	23,51	36,9294	1,0920	9,1570	$-0,69591$	0,71813
23,02	36,1597	5,0579	1,9771	$-0,99951$	0,03141	23,52	36,9451	1,1093	9,0143	$-0,68455$	0,72897
23,03	36,1754	5,1380	1,9463	$-0,99889$	0,04711	23,53	36,9608	1,1269	8,8739	$-0,67301$	0,73963
23,04	36,1911	5,2193	1,9160	$-0,99803$	0,06279	23,54	36,9765	1,1447	8,7356	$-0,66131$	0,75011
23,05	36,2068	5,3019	1,8861	$-0,99692$	0,07846	23,55	36,9922	1,1629	8,6994	$-0,64945$	0,76041
23,06	36,2225	5,3859	1,8567	$-0,99556$	0,09411	23,56	37,0079	1,1813	8,4654	$-0,63742$	0,77051
23,07	36,2383	5,4712	1,8278	$-0,99396$	0,10973	23,57	37,0237	1,2000	8,3335	$-0,62524$	0,78043
23,08	36,2540	5,5578	1,7993	$-0,99211$	0,12533	23,58	37,0394	1,2190	8,2036	$-0,61291$	0,79016
23,09	36,2697	5,6458	1,7712	$-0,99002$	0,14090	23,59	37,0551	1,2383	8,0758	$-0,60042$	0,79968
23,10	36,2854	5,7352	1,7436	$-0,98769$	0,15643	23,60	37,0708	1,2579	7,9499	$-0,58779$	0,80902
23,11	36,3011	5,8260	1,7164	$-0,98511$	0,17193	23,61	37,0865	1,2778	7,8260	$-0,57501$	0,81815
23,12	36,3168	5,9182	1,6897	$-0,98229$	0,18738	23,62	37,1022	1,2980	7,7040	$-0,56208$	0,82708
23,13	36,3325	6,0119	1,6633	$-0,97922$	0,20279	23,63	37,1179	1,3186	7,5839	$-0,54902$	0,83581
23,14	36,3482	6,1071	1,6374	$-0,97592$	0,21814	23,64	37,1336	1,3395	7,4657	$-0,53583$	0,84433
23,15	36,3639	6,2038	1,6119	$-0,97237$	0,23345	23,65	37,1493	1,3607	7,3493	$-0,52250$	0,85264
23,16	36,3796	6,3020	1,5868	$-0,96858$	0,24869	23,66	37,1650	1,3822	7,2348	$-0,50904$	0,86074
23,17	36,3953	6,4017	1,5620	$-0,96456$	0,26387	23,67	37,1807	1,4041	7,1221	$-0,49546$	0,86863
23,18	36,4110	6,5031	1,5377	$-0,96029$	0,27899	23,68	37,1964	1,4263	7,0111	$-0,48175$	0,87631
23,19	36,4268	6,6061	1,5138	$-0,95579$	0,29404	23,69	37,2121	1,4489	6,9018	$-0,46792$	0,88377
23,20	36,4425	6,7107	1,4902	$-0,95106$	0,30902	23,70	37,2279	1,4718	6,7942	$-0,45399$	0,89101
23,21	36,4582	6,8169	1,4670	$-0,94609$	0,32392	23,71	37,2436	1,4951	6,6883	$-0,43994$	0,89803
23,22	36,4739	6,9248	1,4441	$-0,94088$	0,33874	23,72	37,2593	1,5188	6,5841	$-0,42578$	0,90483
23,23	36,4896	7,0344	1,4216	$-0,93544$	0,35347	23,73	37,2750	1,5429	6,4815	$-0,41151$	0,91140
23,24	36,5053	7,1458	1,3994	$-0,92978$	0,36812	23,74	37,2907	1,5673	6,3805	$-0,39715$	0,91775
23,25	36,5210	7,2590	1,3776	$-0,92388$	0,38268	23,75	37,3064	1,5921	6,2810	$-0,38268$	0,92388
23,26	36,5367	7,3739	1,3561	$-0,91775$	0,39715	23,76	37,3221	1,6173	6,1831	$-0,36812$	0,92978
23,27	36,5524	7,4906	1,3350	$-0,91140$	0,41151	23,77	37,3378	1,6429	6,0868	$-0,35347$	0,93544
23,28	36,5681	7,6092	1,3142	$-0,90483$	0,42578	23,78	37,3535	1,6689	5,9919	$-0,33874$	0,94088
23,29	36,5838	7,7297	1,2937	$-0,89803$	0,43994	23,79	37,3692	1,6954	5,8985	$-0,32392$	0,94609
23,30	36,5995	7,8521	1,2735	$-0,89101$	0,45399	23,80	37,3849	1,7222	5,8066	$-0,30902$	0,95106
23,31	36,6153	7,9764	1,2537	$-0,88377$	0,46792	23,81	37,4006	1,7494	5,7161	$-0,29404$	0,95579
23,32	36,6310	8,1027	1,2342	$-0,87631$	0,48175	23,82	37,4164	1,7771	5,6270	$-0,27899$	0,96029
23,33	36,6467	8,2310	1,2149	$-0,86863$	0,49546	23,83	37,4321	1,8053	5,5393	$-0,26387$	0,96456
23,34	36,6624	8,3613	1,1960	$-0,86074$	0,50904	23,84	37,4478	1,8339	5,4530	$-0,24869$	0,96858
23,35	36,6781	8,4936	1,1773	$-0,85264$	0,52250	23,85	37,4635	1,8629	5,3680	$-0,23345$	0,97237
23,36	36,6938	8,6281	1,1590	$-0,84433$	0,53583	23,86	37,4792	1,8924	5,2843	$-0,21814$	0,97592
23,37	36,7095	8,7647	1,1410	$-0,83581$	0,54902	23,87	37,4949	1,9224	5,2020	$-0,20279$	0,97922
23,38	36,7252	8,9035	1,1232	$-0,82708$	0,56208	23,88	37,5106	1,9528	5,1209	$-0,18738$	0,98229
23,39	36,7409	9,0444	1,1056	$-0,81815$	0,57501	23,89	37,5263	1,9837	5,0411	$-0,17193$	0,98511
23,40	36,7566	9,1876	1,0884	$-0,80902$	0,58779	23,90	37,5420	2,0151	4,9625	$-0,15643$	0,98769
23,41	36,7723	9,3330	1,0715	$-0,79968$	0,60042	23,91	37,5577	2,0470	4,8851	$-0,14090$	0,99002
23,42	36,7880	9,4808	1,0548	$-0,79016$	0,61291	23,92	37,5734	2,0794	4,8090	$-0,12533$	0,99211
23,43	36,8037	9,6309	1,0383	$-0,78043$	0,62524	23,93	37,5891	2,1123	4,7341	$-0,10973$	0,99396
23,44	36,8195	9,7834	1,0221	$-0,77051$	0,63742	23,94	37,6049	2,1458	4,6603	$-0,09411$	0,99556
23,45	36,8352	$9,9383\cdot10^{15}$	$1,0062\cdot10^{-16}$	$-0,76041$	0,64945	23,95	37,6206	2,1798	4,5877	$-0,07846$	0,99692
23,46	36,8509	$1,0096\cdot10^{16}$	$9,9052\cdot10^{-17}$	$-0,75011$	0,66131	23,96	37,6363	2,2143	4,5162	$-0,06279$	0,99803
23,47	36,8666	1,0256	9,7509	$-0,73963$	0,67301	23,97	37,6520	2,2493	4,4458	$-0,04711$	0,99889
23,48	36,8823	1,0418	9,5989	$-0,72897$	0,68455	23,98	37,6677	2,2849	4,3765	$-0,03141$	0,99951
23,49	36,8980	1,0583	9,4493	$-0,71813$	0,69591	23,99	37,6834	2,3211	4,3083	$-0,01571$	0,99988
23,50	36,9137	$1,0750\cdot10^{16}$	$9,3020\cdot10^{-17}$	$-0,70711$	0,70711	24,00	37,6991	$2,3579\cdot10^{16}$	$4,2412\cdot10^{-17}$	$\mp0,00000$	1,00000

x	$\dfrac{\pi x}{2}$	$e^{\frac{\pi x}{2}}$	$e^{-\frac{\pi x}{2}}$	$\sin\dfrac{\pi x}{2}$	$\cos\dfrac{\pi x}{2}$	x	$\dfrac{\pi x}{2}$	$e^{\frac{\pi x}{2}}$	$e^{-\frac{\pi x}{2}}$	$\sin\dfrac{\pi x}{2}$	$\cos\dfrac{\pi x}{2}$
24,00	37,6991	$2,3579\cdot10^{16}$	$4,2412\cdot10^{-17}$	$\mp$0,00000	1,00000	24,50	38,4845	$5,1714\cdot10^{16}$	$1,9337\cdot10^{-17}$	0,70711	0,70711
24,01	37,7148	2,3952	4,1751	0,01571	0,99988	24,51	38,5002	5,2533	1,9036	0,71813	0,69591
24,02	37,7305	2,4331	4,1100	0,03141	0,99951	24,52	38,5159	5,3365	1,8739	0,72897	0,68455
24,03	37,7462	2,4717	4,0460	0,04711	0,99889	24,53	38,5316	5,4210	1,8447	0,73963	0,67301
24,04	37,7619	2,5108	3,9829	0,06279	0,99803	24,54	38,5473	5,5068	1,8159	0,75011	0,66131
24,05	37,7776	2,5505	3,9208	0,07846	0,99692	24,55	38,5630	5,5939	1,7876	0,76041	0,64945
24,06	37,7933	2,5909	3,8597	0,09411	0,99556	24,56	38,5787	5,6825	1,7598	0,77051	0,63742
24,07	37,8091	2,6319	3,7995	0,10973	0,99396	24,57	38,5945	5,7725	1,7324	0,78043	0,62524
24,08	37,8248	2,6736	3,7403	0,12533	0,99211	24,58	38,6102	5,8639	1,7054	0,79016	0,61291
24,09	37,8405	2,7159	3,6820	0,14090	0,99002	24,59	38,6259	5,9567	1,6788	0,79968	0,60042
24,10	37,8562	2,7589	3,6246	0,15643	0,98769	24,60	38,6416	6,0510	1,6526	0,80902	0,58779
24,11	37,8719	2,8025	3,5681	0,17193	0,98511	24,61	38,6573	6,1468	1,6268	0,81815	0,57501
24,12	37,8876	2,8469	3,5125	0,18738	0,98229	24,62	38,6730	6,2441	1,6015	0,82708	0,56208
24,13	37,9033	2,8920	3,4578	0,20279	0,97922	24,63	38,6887	6,3430	1,5766	0,83581	0,54902
24,14	37,9190	2,9378	3,4039	0,21814	0,97592	24,64	38,7044	6,4434	1,5520	0,84433	0,53583
24,15	37,9347	2,9843	3,3508	0,23345	0,97237	24,65	38,7201	6,5454	1,5278	0,85264	0,52250
24,16	37,9504	3,0316	3,2986	0,24869	0,96858	24,66	38,7358	6,6491	1,5040	0,86074	0,50904
24,17	37,9661	3,0796	3,2472	0,26387	0,96456	24,67	38,7515	6,7544	1,4806	0,86863	0,49546
24,18	37,9818	3,1283	3,1966	0,27899	0,96029	24,68	38,7672	6,8613	1,4575	0,87631	0,48175
24,19	37,9976	3,1779	3,1468	0,29404	0,95579	24,69	38,7829	6,9699	1,4348	0,88377	0,46792
24,20	38,0133	3,2282	3,0977	0,30902	0,95106	24,70	38,7987	7,0802	1,4124	0,89101	0,45399
24,21	38,0290	3,2793	3,0494	0,32392	0,94609	24,71	38,8144	7,1923	1,3904	0,89803	0,43994
24,22	38,0447	3,3312	3,0019	0,33874	0,94088	24,72	38,8301	7,3062	1,3687	0,90483	0,42578
24,23	38,0604	3,3839	2,9551	0,35347	0,93544	24,73	38,8458	7,4219	1,3474	0,91140	0,41151
24,24	38,0761	3,4375	2,9091	0,36812	0,92978	24,74	38,8615	7,5394	1,3264	0,91775	0,39715
24,25	38,0918	3,4919	2,8637	0,38268	0,92388	24,75	38,8772	7,6587	1,3057	0,92388	0,38268
24,26	38,1075	3,5472	2,8191	0,39715	0,91775	24,76	38,8929	7,7800	1,2853	0,92978	0,36812
24,27	38,1232	3,6034	2,7752	0,41151	0,91140	24,77	38,9086	7,9032	1,2653	0,93544	0,35347
24,28	38,1389	3,6604	2,7319	0,42578	0,90483	24,78	38,9243	8,0283	1,2456	0,94088	0,33874
24,29	38,1546	3,7183	2,6893	0,43994	0,89803	24,79	38,9400	8,1554	1,2262	0,94609	0,32392
24,30	38,1703	3,7772	2,6474	0,45399	0,89101	24,80	38,9557	8,2845	1,2071	0,95106	0,30902
24,31	38,1861	3,8370	2,6062	0,46792	0,88377	24,81	38,9714	8,4157	1,1882	0,95579	0,29404
24,32	38,2018	3,8978	2,5656	0,48175	0,87631	24,82	38,9872	8,5489	1,1697	0,96029	0,27899
24,33	38,2175	3,9595	2,5256	0,49546	0,86863	24,83	39,0029	8,6842	1,1515	0,96456	0,26387
24,34	38,2332	4,0222	2,4862	0,50904	0,86074	24,84	39,0186	8,8217	1,1336	0,96858	0,24869
24,35	38,2489	4,0858	2,4474	0,52250	0,85264	24,85	39,0343	8,9614	1,1159	0,97237	0,23345
24,36	38,2646	4,1505	2,4093	0,53583	0,84433	24,86	39,0500	9,1033	1,0985	0,97592	0,21814
24,37	38,2903	4,2162	2,3718	0,54902	0,83581	24,87	39,0657	9,2474	1,0814	0,97922	0,20279
24,38	38,2860	4,2830	2,3348	0,56208	0,82708	24,88	39,0814	9,3938	1,0645	0,98229	0,18738
24,39	38,3117	4,3508	2,2984	0,57501	0,81815	24,89	39,0971	9,5425	1,0479	0,98511	0,17193
24,40	38,3274	4,4197	2,2626	0,58779	0,80902	24,90	39,1128	9,6936	1,0316	0,98769	0,15643
24,41	38,3431	4,4896	2,2273	0,60042	0,79968	24,91	39,1285	$9,8471\cdot10^{16}$	$1,0155\cdot10^{-17}$	0,99002	0,14090
24,42	38,3588	4,5607	2,1926	0,61291	0,79016	24,92	39,1442	$1,0003\cdot10^{17}$	$9,9970\cdot10^{-18}$	0,99211	0,12533
24,43	38,3745	4,6330	2,1584	0,62524	0,78043	24,93	39,1599	1,0161	9,8412	0,99396	0,10973
24,44	38,3903	4,7063	2,1248	0,63742	0,77051	24,94	39,1757	1,0322	9,6878	0,99556	0,09411
24,45	38,4060	4,7808	2,0917	0,64945	0,76041	24,95	39,1914	1,0486	9,5368	0,99692	0,07846
24,46	38,4217	4,8565	2,0591	0,65131	0,75011	24,96	39,2071	1,0652	9,3882	0,99803	0,06279
24,47	38,4374	4,9334	2,0270	0,67301	0,73963	24,97	39,2228	1,0821	9,2419	0,99889	0,04711
24,48	38,4531	5,0115	1,9954	0,68455	0,72897	24,98	39,2385	1,0992	9,0979	0,99951	0,03141
24,49	38,4688	5,0908	1,9643	0,69591	0,71813	24,99	39,2542	1,1166	8,9561	0,99988	0,01571
24,50	38,4845	$5,1714\cdot10^{16}$	$1,9337\cdot10^{-17}$	0,70711	0,70711	25,00	39,2699	$1,1342\cdot10^{17}$	$8,8165\cdot10^{-18}$	1,00000	$\pm$0,00000

x	$\frac{\pi x}{2}$	$e^{\frac{\pi x}{2}}$	$e^{-\frac{\pi x}{2}}$	$\sin\frac{\pi x}{2}$	$\cos\frac{\pi x}{2}$	x	$\frac{\pi x}{2}$	$e^{\frac{\pi x}{2}}$	$e^{-\frac{\pi x}{2}}$	$\sin\frac{\pi x}{2}$	$\cos\frac{\pi x}{2}$
25,00	39,2699	$1{,}1342\cdot10^{17}$	$8{,}6165\cdot10^{-18}$	1,00000	±0,00000	25,50	40,0553	$2{,}4877\cdot10^{17}$	$4{,}0198\cdot10^{-18}$	0,70711	-0,70711
25,01	39,2856	1,1522	8,6791	0,99988	-0,01571	25,51	40,0710	2,5271	3,9572	0,69591	-0,71813
25,02	39,3013	1,1704	8,5438	0,99951	-0,03141	25,52	40,0867	2,5671	3,8955	0,68455	-0,72897
25,03	39,3170	1,1890	8,4107	0,99889	-0,04711	25,53	40,1024	2,6077	3,8348	0,67301	-0,73963
25,04	39,3327	1,2078	8,2796	0,99803	-0,06279	25,54	40,1181	2,6490	3,7750	0,66131	-0,75011
25,05	39,3484	1,2269	8,1505	0,99692	-0,07846	25,55	40,1338	2,6910	3,7161	0,64945	-0,76041
25,06	39,3641	1,2463	8,0235	0,99556	-0,09411	25,56	40,1495	2,7336	3,6582	0,63742	-0,77051
25,07	39,3799	1,2660	7,8985	0,99396	-0,10973	25,57	40,1653	2,7769	3,6012	0,62524	-0,78043
25,08	39,3956	1,2861	7,7754	0,99211	-0,12533	25,58	40,1810	2,8208	3,5451	0,61291	-0,79016
25,09	39,4113	1,3065	7,6542	0,99002	-0,14090	25,59	40,1967	2,8654	3,4898	0,60042	-0,79968
25,10	39,4270	1,3272	7,5349	0,98769	-0,15643	25,60	40,2124	2,9108	3,4354	0,58779	-0,80902
25,11	39,4427	1,3482	7,4175	0,98511	-0,17193	25,61	40,2281	2,9569	3,3819	0,57501	-0,81815
25,12	39,4584	1,3695	7,3019	0,98229	-0,18738	25,62	40,2438	3,0037	3,3292	0,56208	-0,82708
25,13	39,4741	1,3912	7,1881	0,97922	-0,20279	25,63	40,2595	3,0513	3,2773	0,54902	-0,83581
25,14	39,4898	1,4132	7,0760	0,97592	-0,21814	25,64	40,2752	3,0996	3,2262	0,53583	-0,84433
25,15	39,5055	1,4356	6,9658	0,97237	-0,23345	25,65	40,2909	3,1487	3,1759	0,52250	-0,85264
25,16	39,5212	1,4583	6,8572	0,96858	-0,24869	25,66	40,3066	3,1985	3,1264	0,50904	-0,86074
25,17	39,5369	1,4814	6,7503	0,96456	-0,26387	25,67	40,3223	3,2492	3,0777	0,49546	-0,86863
25,18	39,5526	1,5049	6,6451	0,96029	-0,27899	25,68	40,3380	3,3006	3,0298	0,48175	-0,87631
25,19	39,5684	1,5287	6,5416	0,95579	-0,29404	25,69	40,3537	3,3528	2,9826	0,46792	-0,88377
25,20	39,5841	1,5529	6,4396	0,95106	-0,30902	25,70	40,3695	3,4059	2,9361	0,45399	-0,89101
25,21	39,5998	1,5775	6,3392	0,94609	-0,32392	25,71	40,3852	3,4598	2,8903	0,43994	-0,89803
25,22	39,6155	1,6025	6,2404	0,94088	-0,33874	25,72	40,4009	3,5146	2,8452	0,42578	-0,90483
25,23	39,6312	1,6278	6,1431	0,93544	-0,35347	25,73	40,4166	3,5703	2,8009	0,41151	-0,91140
25,24	39,6469	1,6536	6,0474	0,92978	-0,36812	25,74	40,4323	3,6268	2,7573	0,39715	-0,91775
25,25	39,6626	1,6798	5,9532	0,92388	-0,38268	25,75	40,4480	3,6842	2,7143	0,38268	-0,92388
25,26	39,6783	1,7064	5,8604	0,91775	-0,39715	25,76	40,4637	3,7425	2,6720	0,36812	-0,92978
25,27	39,6940	1,7334	5,7690	0,91140	-0,41151	25,77	40,4794	3,8018	2,6303	0,35347	-0,93544
25,28	39,7097	1,7608	5,6791	0,90483	-0,42578	25,78	40,4951	3,8620	2,5893	0,33874	-0,94088
25,29	39,7254	1,7887	5,5906	0,89803	-0,43994	25,79	40,5108	3,9232	2,5490	0,32392	-0,94609
25,30	39,7411	1,8170	5,5035	0,89101	-0,45399	25,80	40,5265	3,9852	2,5093	0,30902	-0,95106
25,31	39,7569	1,8458	5,4177	0,88377	-0,46792	25,81	40,5422	4,0483	2,4702	0,29404	-0,95579
25,32	39,7726	1,8750	5,3333	0,87631	-0,48175	25,82	40,5580	4,1124	2,4317	0,27899	-0,96029
25,33	39,7883	1,9047	5,2501	0,86863	-0,49546	25,83	40,5737	4,1775	2,3937	0,26387	-0,96456
25,34	39,8040	1,9349	5,1683	0,86074	-0,50904	25,84	40,5894	4,2437	2,3564	0,24869	-0,96858
25,35	39,8197	1,9655	5,0878	0,85264	-0,52250	25,85	40,6051	4,3109	2,3197	0,23345	-0,97237
25,36	39,8354	1,9966	5,0085	0,84433	-0,53583	25,86	40,6208	4,3791	2,2836	0,21814	-0,97592
25,37	39,8511	2,0282	4,9304	0,83581	-0,54902	25,87	40,6365	4,4485	2,2480	0,20279	-0,97922
25,38	39,8668	2,0603	4,8536	0,82708	-0,56208	25,88	40,6522	4,5189	2,2129	0,18738	-0,98229
25,39	39,8825	2,0930	4,7780	0,81815	-0,57501	25,89	40,6679	4,5904	2,1784	0,17193	-0,98511
25,40	39,8982	2,1261	4,7035	0,80902	-0,58779	25,90	40,6836	4,6631	2,1445	0,15643	-0,98769
25,41	39,9139	2,1597	4,6302	0,79968	-0,60042	25,91	40,6993	4,7369	2,1111	0,14090	-0,99002
25,42	39,9296	2,1939	4,5580	0,79016	-0,61291	25,92	40,7150	4,8119	2,0782	0,12533	-0,99211
25,43	39,9453	2,2287	4,4870	0,78043	-0,62524	25,93	40,7307	4,8881	2,0458	0,10973	-0,99396
25,44	39,9611	2,2640	4,4171	0,77051	-0,63742	25,94	40,7465	4,9655	2,0139	0,09411	-0,99556
25,45	39,9768	2,2998	4,3482	0,76041	-0,64945	25,95	40,7622	5,0441	1,9825	0,07846	-0,99692
25,46	39,9925	2,3362	4,2804	0,75011	-0,66131	25,96	40,7779	5,1240	1,9516	0,06279	-0,99803
25,47	40,0082	2,3732	4,2137	0,73963	-0,67301	25,97	40,7936	5,2051	1,9212	0,04711	-0,99889
25,48	40,0239	2,4108	4,1481	0,72897	-0,68455	25,98	40,8093	5,2875	1,8913	0,03141	-0,99951
25,49	40,0396	2,4489	4,0834	0,71813	-0,69591	25,99	40,8250	5,3712	1,8618	0,01571	-0,99988
25,50	40,0553	$2{,}4877\cdot10^{17}$	$4{,}0198\cdot10^{-18}$	0,70711	-0,70711	26,00	40,8407	$5{,}4562\cdot10^{17}$	$1{,}8328\cdot10^{-18}$	±0,00000	-1,00000

x	$\dfrac{\pi x}{2}$	$e^{\frac{\pi x}{2}}$	$e^{-\frac{\pi x}{2}}$	$\sin\dfrac{\pi x}{2}$	$\cos\dfrac{\pi x}{2}$	x	$\dfrac{\pi x}{2}$	$e^{\frac{\pi x}{2}}$	$e^{-\frac{\pi x}{2}}$	$\sin\dfrac{\pi x}{2}$	$\cos\dfrac{\pi x}{2}$
26,00	40,8407	$5{,}4562\cdot10^{17}$	$1{,}8328\cdot10^{-18}$	$\pm0{,}00000$	$-1{,}00000$	26,50	41,6261	$1{,}1967\cdot10^{18}$	$8{,}3563\cdot10^{-19}$	$-0{,}70711$	$-0{,}70711$
26,01	40,8564	5,5426	1,8042	$-0{,}01571$	$-0{,}99988$	26,51	41,6418	1,2157	8,2260	$-0{,}71813$	$-0{,}69591$
26,02	40,8721	5,6304	1,7761	$-0{,}03141$	$-0{,}99951$	26,52	41,6575	1,2349	8,0978	$-0{,}72897$	$-0{,}68455$
26,03	40,8878	5,7195	1,7484	$-0{,}04711$	$-0{,}99889$	26,53	41,6732	1,2544	7,9716	$-0{,}73963$	$-0{,}67301$
26,04	40,9035	5,8101	1,7212	$-0{,}06279$	$-0{,}99803$	26,54	41,6889	1,2743	7,8474	$-0{,}75011$	$-0{,}66131$
26,05	40,9192	5,9021	1,6943	$-0{,}07846$	$-0{,}99692$	26,55	41,7046	1,2945	7,7251	$-0{,}76041$	$-0{,}64945$
26,06	40,9349	5,9955	1,6679	$-0{,}09411$	$-0{,}99556$	26,56	41,7203	1,3150	7,6047	$-0{,}77051$	$-0{,}63742$
26,07	40,9507	6,0904	1,6419	$-0{,}10973$	$-0{,}99396$	26,57	41,7361	1,3358	7,4862	$-0{,}78043$	$-0{,}62524$
26,08	40,9664	6,1868	1,6163	$-0{,}12533$	$-0{,}99211$	26,58	41,7518	1,3569	7,3695	$-0{,}79016$	$-0{,}61291$
26,09	40,9821	6,2848	1,5911	$-0{,}14090$	$-0{,}99002$	26,59	41,7675	1,3784	7,2547	$-0{,}79968$	$-0{,}60042$
26,10	40,9978	6,3843	1,5663	$-0{,}15643$	$-0{,}98769$	26,60	41,7832	1,4002	7,1416	$-0{,}80902$	$-0{,}58779$
26,11	41,0135	6,4853	1,5419	$-0{,}17193$	$-0{,}98511$	26,61	41,7989	1,4224	7,0303	$-0{,}81815$	$-0{,}57501$
26,12	41,0292	6,5880	1,5179	$-0{,}18738$	$-0{,}98229$	26,62	41,8146	1,4449	6,9207	$-0{,}82708$	$-0{,}56208$
26,13	41,0449	6,6923	1,4943	$-0{,}20279$	$-0{,}97922$	26,63	41,8303	1,4678	6,8129	$-0{,}83581$	$-0{,}54902$
26,14	41,0606	6,7983	1,4710	$-0{,}21814$	$-0{,}97592$	26,64	41,8460	1,4911	6,7067	$-0{,}84433$	$-0{,}53583$
26,15	41,0763	6,8059	1,4481	$-0{,}23345$	$-0{,}97237$	26,65	41,8617	1,5147	6,6021	$-0{,}85264$	$-0{,}52250$
26,16	41,0920	7,0152	1,4255	$-0{,}24869$	$-0{,}96858$	26,66	41,8774	1,5386	6,4992	$-0{,}86074$	$-0{,}50904$
26,17	41,1077	7,1263	1,4033	$-0{,}26387$	$-0{,}96456$	26,67	41,8931	1,5630	6,3979	$-0{,}86863$	$-0{,}49546$
26,18	41,1234	7,2391	1,3814	$-0{,}27899$	$-0{,}96029$	26,68	41,9088	1,5877	6,2982	$-0{,}87631$	$-0{,}48175$
26,19	41,1392	7,3537	1,3599	$-0{,}29404$	$-0{,}95579$	26,69	41,9245	1,6129	6,2000	$-0{,}88377$	$-0{,}46792$
26,20	41,1549	7,4702	1,3387	$-0{,}30902$	$-0{,}95106$	26,70	41,9403	1,6384	6,1034	$-0{,}89101$	$-0{,}45399$
26,21	41,1706	7,5885	1,3178	$-0{,}32392$	$-0{,}94609$	26,71	41,9560	1,6643	6,0083	$-0{,}89803$	$-0{,}43994$
26,22	41,1863	7,7086	1,2973	$-0{,}33874$	$-0{,}94088$	26,72	41,9717	1,6907	5,9147	$-0{,}90483$	$-0{,}42578$
26,23	41,2020	7,7306	1,2770	$-0{,}35347$	$-0{,}93544$	26,73	41,9874	1,7175	5,8225	$-0{,}91140$	$-0{,}41151$
26,24	41,2177	7,9546	1,2571	$-0{,}36812$	$-0{,}92978$	26,74	42,0031	1,7447	5,7318	$-0{,}91775$	$-0{,}39715$
26,25	41,2334	8,0806	1,2376	$-0{,}38268$	$-0{,}92388$	26,75	42,0188	1,7723	5,6425	$-0{,}92388$	$-0{,}38268$
26,26	41,2491	8,2085	1,2183	$-0{,}39715$	$-0{,}91775$	26,76	42,0345	1,8003	5,5545	$-0{,}92978$	$-0{,}36812$
26,27	41,2648	8,3384	1,1993	$-0{,}41151$	$-0{,}91140$	26,77	42,0502	1,8288	5,4679	$-0{,}93544$	$-0{,}35347$
26,28	41,2805	8,4704	1,1806	$-0{,}42578$	$-0{,}90483$	26,78	42,0659	1,8578	5,3827	$-0{,}94088$	$-0{,}33874$
26,29	41,2962	8,6045	1,1622	$-0{,}43994$	$-0{,}89803$	26,79	42,0816	1,8872	5,2988	$-0{,}94609$	$-0{,}32392$
26,30	41,3119	8,7408	1,1441	$-0{,}45399$	$-0{,}89101$	26,80	42,0973	1,9171	5,2162	$-0{,}95106$	$-0{,}30902$
26,31	41,3277	8,8791	1,1263	$-0{,}46792$	$-0{,}88377$	26,81	42,1130	1,9475	5,1349	$-0{,}95579$	$-0{,}29404$
26,32	41,3434	9,0197	1,1087	$-0{,}48175$	$-0{,}87631$	26,82	42,1288	1,9783	5,0549	$-0{,}96029$	$-0{,}27899$
26,33	41,3591	9,1625	1,0914	$-0{,}49546$	$-0{,}86863$	26,83	42,1445	2,0096	4,9761	$-0{,}96456$	$-0{,}26387$
26,34	41,3748	9,3076	1,0744	$-0{,}50904$	$-0{,}86074$	26,84	42,1602	2,0414	4,8986	$-0{,}96858$	$-0{,}24869$
26,35	41,3905	9,4549	1,0577	$-0{,}52250$	$-0{,}85264$	26,85	42,1759	2,0738	4,8223	$-0{,}97237$	$-0{,}23345$
26,36	41,4062	9,6046	1,0412	$-0{,}53583$	$-0{,}84433$	26,86	42,1916	2,1066	4,7471	$-0{,}97592$	$-0{,}21814$
26,37	41,4219	9,7567	1,0249	$-0{,}54902$	$-0{,}83581$	26,87	42,2073	2,1399	4,6731	$-0{,}97922$	$-0{,}20279$
26,38	41,4376	$9{,}9112\cdot10^{17}$	$1{,}0090\cdot10^{-18}$	$-0{,}56208$	$-0{,}82708$	26,88	42,2230	2,1738	4,6003	$-0{,}98229$	$-0{,}18738$
26,39	41,4533	$1{,}0068\cdot10^{18}$	$9{,}9324\cdot10^{-19}$	$-0{,}57501$	$-0{,}81815$	26,89	42,2387	2,2082	4,5286	$-0{,}98511$	$-0{,}17193$
26,40	41,4690	1,0227	9,7776	$-0{,}58779$	$-0{,}80902$	26,90	42,2544	2,2431	4,4580	$-0{,}98769$	$-0{,}15643$
26,41	41,4847	1,0389	9,6252	$-0{,}60042$	$-0{,}79968$	26,91	42,2701	2,2787	4,3885	$-0{,}99002$	$-0{,}14090$
26,42	41,5004	1,0554	9,4752	$-0{,}61291$	$-0{,}79016$	26,92	42,2858	2,3148	4,3201	$-0{,}99211$	$-0{,}12533$
26,43	41,5161	1,0721	9,3276	$-0{,}62524$	$-0{,}78043$	26,93	42,3015	2,3514	4,2528	$-0{,}99396$	$-0{,}10973$
26,44	41,5319	1,0891	9,1822	$-0{,}63742$	$-0{,}77051$	26,94	42,3173	2,3886	4,1865	$-0{,}99556$	$-0{,}09411$
26,45	41,5476	1,1063	9,0391	$-0{,}64945$	$-0{,}76041$	26,95	42,3330	2,4265	4,1212	$-0{,}99692$	$-0{,}07846$
26,46	41,5633	1,1238	8,8982	$-0{,}66131$	$-0{,}75011$	26,96	42,3487	2,4649	4,0570	$-0{,}99803$	$-0{,}06279$
26,47	41,5790	1,1416	8,7595	$-0{,}67301$	$-0{,}73963$	26,97	42,3644	2,5039	3,9938	$-0{,}99889$	$-0{,}04711$
26,48	41,5947	1,1597	8,6230	$-0{,}68455$	$-0{,}72897$	26,98	42,3801	2,5435	3,9315	$-0{,}99951$	$-0{,}03141$
26,49	41,6104	1,1781	8,4886	$-0{,}69591$	$-0{,}71813$	26,99	42,3958	2,5838	3,8702	$-0{,}99988$	$-0{,}01571$
26,50	41,6261	$1{,}1967\cdot10^{18}$	$8{,}3563\cdot10^{-19}$	$-0{,}70711$	$-0{,}70711$	27,00	42,4115	$2{,}6247\cdot10^{18}$	$3{,}8099\cdot10^{-19}$	$-1{,}00000$	$\mp0{,}00000$

x	$\frac{\pi x}{2}$	$e^{\frac{\pi x}{2}}$	$e^{-\frac{\pi x}{2}}$	$\sin\frac{\pi x}{2}$	$\cos\frac{\pi x}{2}$	x	$\frac{\pi x}{2}$	$e^{\frac{\pi x}{2}}$	$e^{-\frac{\pi x}{2}}$	$\sin\frac{\pi x}{2}$	$\cos\frac{\pi x}{2}$
27,00	42,4115	$2{,}6247\cdot10^{18}$	$3{,}8099\cdot10^{-19}$	$-1{,}00000$	$\mp0{,}00000$	27,50	43,1969	$5{,}7567\cdot10^{18}$	$1{,}7371\cdot10^{-19}$	$-0{,}70711$	0,70711
27,01	42,4272	2,6663	3,7505	$-0{,}99988$	0,01571	27,51	43,2126	5,8478	1,7100	$-0{,}69591$	0,71813
27,02	42,4429	2,7085	3,6921	$-0{,}99951$	0,03141	27,52	43,2283	5,9404	1,6834	$-0{,}68455$	0,72897
27,03	42,4586	2,7514	3,6345	$-0{,}99889$	0,04711	27,53	43,2440	6,0344	1,6571	$-0{,}67301$	0,73963
27,04	42,4743	2,7949	3,5779	$-0{,}99803$	0,06279	27,54	43,2597	6,1300	1,6313	$-0{,}66131$	0,75011
27,05	42,4900	2,8391	3,5222	$-0{,}99692$	0,07846	27,55	43,2754	6,2271	1,6059	$-0{,}64945$	0,76041
27,06	42,5057	2,8841	3,4673	$-0{,}99556$	0,09411	27,56	43,2911	6,3257	1,5809	$-0{,}63742$	0,77051
27,07	42,5215	2,9298	3,4132	$-0{,}99396$	0,10973	27,57	43,3069	6,4258	1,5563	$-0{,}62524$	0,78043
27,08	42,5372	2,9762	3,3600	$-0{,}99211$	0,12533	27,58	43,3226	6,5275	1,5320	$-0{,}61291$	0,79016
27,09	42,5529	3,0233	3,3076	$-0{,}99002$	0,14090	27,59	43,3383	6,6309	1,5081	$-0{,}60042$	0,79968
27,10	42,5686	3,0711	3,2561	$-0{,}98769$	0,15643	27,60	43,3540	6,7359	1,4846	$-0{,}58779$	0,80902
27,11	42,5843	3,1198	3,2054	$-0{,}98511$	0,17193	27,61	43,3697	6,8425	1,4615	$-0{,}57501$	0,81815
27,12	42,6000	3,1692	3,1554	$-0{,}98229$	0,18738	27,62	43,3854	6,9508	1,4387	$-0{,}56208$	0,82708
27,13	42,6157	3,2193	3,1062	$-0{,}97922$	0,20279	27,63	43,4011	7,0609	1,4163	$-0{,}54902$	0,83581
27,14	42,6314	3,2703	3,0578	$-0{,}97592$	0,21814	27,64	43,4168	7,1727	1,3942	$-0{,}53583$	0,84433
27,15	42,6471	3,3221	3,0102	$-0{,}97237$	0,23345	27,65	43,4325	7,2862	1,3725	$-0{,}52250$	0,85264
27,16	42,6628	3,3747	2,9633	$-0{,}96858$	0,24869	27,66	43,4482	7,4016	1,3511	$-0{,}50904$	0,86074
27,17	42,6785	3,4281	2,9171	$-0{,}96456$	0,26387	27,67	43,4639	7,5188	1,3300	$-0{,}49546$	0,86863
27,18	42,6942	3,4824	2,8716	$-0{,}96029$	0,27899	27,68	43,4796	7,6378	1,3093	$-0{,}48175$	0,87631
27,19	42,7100	3,5375	2,8269	$-0{,}95579$	0,29404	27,69	43,4953	7,7587	1,2889	$-0{,}46792$	0,88377
27,20	42,7257	3,5935	2,7828	$-0{,}95106$	0,30902	27,70	43,5111	7,8816	1,2688	$-0{,}45399$	0,89101
27,21	42,7414	3,6504	2,7394	$-0{,}94609$	0,32392	27,71	43,5268	8,0063	1,2490	$-0{,}43994$	0,89803
27,22	42,7571	3,7082	2,6967	$-0{,}94088$	0,33874	27,72	43,5425	8,1331	1,2295	$-0{,}42578$	0,90483
27,23	42,7728	3,7669	2,6547	$-0{,}93544$	0,35347	27,73	43,5582	8,2619	1,2103	$-0{,}41151$	0,91140
27,24	42,7885	3,8265	2,6133	$-0{,}92978$	0,36812	27,74	43,5739	8,3927	1,1915	$-0{,}39715$	0,91775
27,25	42,8042	3,8871	2,5726	$-0{,}92388$	0,38268	27,75	43,5896	8,5255	1,1730	$-0{,}38268$	0,92388
27,26	42,8199	3,9487	2,5325	$-0{,}91775$	0,39715	27,76	43,6053	8,6605	1,1547	$-0{,}36812$	0,92978
27,27	42,8356	4,0112	2,4930	$-0{,}91140$	0,41151	27,77	43,6210	8,7976	1,1366	$-0{,}35347$	0,93544
27,28	42,8513	4,0747	2,4542	$-0{,}90483$	0,42578	27,78	43,6367	8,9369	1,1189	$-0{,}33874$	0,94088
27,29	42,8670	4,1392	2,4160	$-0{,}89803$	0,43994	27,79	43,6524	9,0784	1,1015	$-0{,}32392$	0,94609
27,30	42,8827	4,2047	2,3783	$-0{,}89101$	0,45399	27,80	43,6681	9,2221	1,0843	$-0{,}30902$	0,95106
27,31	42,8985	4,2713	2,3412	$-0{,}88377$	0,46792	27,81	43,6838	9,3681	1,0674	$-0{,}29404$	0,95579
27,32	42,9142	4,3389	2,3047	$-0{,}87631$	0,48175	27,82	43,6996	9,5165	1,0508	$-0{,}27899$	0,96029
27,33	42,9299	4,4076	2,2688	$-0{,}86863$	0,49546	27,83	43,7153	9,6671	1,0344	$-0{,}26387$	0,96456
27,34	42,9456	4,4774	2,2334	$-0{,}86074$	0,50904	27,84	43,7310	9,8202	1,0183	$-0{,}24869$	0,96858
27,35	42,9613	4,5483	2,1986	$-0{,}85264$	0,52250	27,85	43,7467	$9{,}9757\cdot10^{18}$	$1{,}0024\cdot10^{-19}$	$-0{,}23345$	0,97237
27,36	42,9770	4,6203	2,1644	$-0{,}84433$	0,53583	27,86	43,7624	$1{,}0134\cdot10^{19}$	$9{,}8682\cdot10^{-20}$	$-0{,}21814$	0,97592
27,37	42,9927	4,6934	2,1306	$-0{,}83581$	0,54902	27,87	43,7781	1,0294	9,7144	$-0{,}20279$	0,97922
27,38	43,0084	4,7677	2,0974	$-0{,}82708$	0,56208	27,88	43,7938	1,0457	9,5630	$-0{,}18738$	0,98229
27,39	43,0241	4,8432	2,0648	$-0{,}81815$	0,57501	27,89	43,8095	1,0623	9,4139	$-0{,}17193$	0,98511
27,40	43,0398	4,9199	2,0326	$-0{,}80902$	0,58779	27,90	43,8252	1,0791	9,2672	$-0{,}15643$	0,98769
27,41	43,0555	4,9978	2,0009	$-0{,}79968$	0,60042	27,91	43,8409	1,0962	9,1228	$-0{,}14090$	0,99002
27,42	43,0712	5,0769	1,9697	$-0{,}79016$	0,61291	27,92	43,8566	1,1135	8,9806	$-0{,}12533$	0,99211
27,43	43,0869	5,1573	1,9390	$-0{,}78043$	0,62524	27,93	43,8723	1,1311	8,8407	$-0{,}10973$	0,99396
27,44	43,1027	5,2389	1,9088	$-0{,}77051$	0,63742	27,94	43,8881	1,1490	8,7029	$-0{,}09411$	0,99556
27,45	43,1184	5,3218	1,8790	$-0{,}76041$	0,64945	27,95	43,9038	1,1672	8,5672	$-0{,}07846$	0,99692
27,46	43,1341	5,4061	1,8497	$-0{,}75011$	0,66131	27,96	43,9195	1,1857	8,4337	$-0{,}06279$	0,99803
27,47	43,1498	5,4917	1,8209	$-0{,}73963$	0,67301	27,97	43,9352	1,2045	8,3023	$-0{,}04711$	0,99889
27,48	43,1655	5,5787	1,7925	$-0{,}72897$	0,68455	27,98	43,9509	1,2236	8,1729	$-0{,}03141$	0,99951
27,49	43,1812	5,6670	1,7646	$-0{,}71813$	0,69591	27,99	43,9666	1,2429	8,0455	$-0{,}01571$	0,99988
27,50	43,1969	$5{,}7567\cdot10^{18}$	$1{,}7371\cdot10^{-19}$	$-0{,}70711$	0,70711	28,00	43,9823	$1{,}2626\cdot10^{19}$	$7{,}9201\cdot10^{-20}$	$\mp0{,}00000$	1,00000

x	$\dfrac{\pi x}{2}$	$e^{\frac{\pi x}{2}}$	$e^{-\frac{\pi x}{2}}$	$\sin\dfrac{\pi x}{2}$	$\cos\dfrac{\pi x}{2}$	x	$\dfrac{\pi x}{2}$	$e^{\frac{\pi x}{2}}$	$e^{-\frac{\pi x}{2}}$	$\sin\dfrac{\pi x}{2}$	$\cos\dfrac{\pi x}{2}$
28,00	43,9823	$1,2626\cdot10^{19}$	$7,9201\cdot10^{-20}$	$\mp0,00000$	1,00000	28,50	44,7677	$2,7693\cdot10^{19}$	$3,6111\cdot10^{-20}$	0,70711	0,70711
28,01	43,9980	1,2826	7,7967	0,01571	0,99988	28,51	44,7834	2,8131	3,5548	0,71813	0,69591
28,02	44,0137	1,3029	7,6752	0,03141	0,99951	28,52	44,7991	2,8576	3,4994	0,72897	0,68455
28,03	44,0294	1,3235	7,5556	0,04711	0,99889	28,53	44,8148	2,9028	3,4449	0,73963	0,67301
28,04	44,0451	1,3445	7,4378	0,06279	0,99803	28,54	44,8305	2,9488	3,3912	0,75011	0,66131
28,05	44,0608	1,3658	7,3219	0,07846	0,99692	28,55	44,8462	2,9955	3,3383	0,76041	0,64945
28,06	44,0765	1,3874	7,2078	0,09411	0,99556	28,56	44,8619	3,0429	3,2863	0,77051	0,63742
28,07	44,0923	1,4094	7,0954	0,10973	0,99396	28,57	44,8777	3,0911	3,2351	0,78043	0,62524
28,08	44,1080	1,4317	6,9848	0,12533	0,99211	28,58	44,8934	3,1401	3,1847	0,79016	0,61291
28,09	44,1237	1,4544	6,8760	0,14090	0,99002	28,59	44,9091	3,1898	3,1351	0,79968	0,60042
28,10	44,1394	1,4774	6,7688	0,15643	0,98769	28,60	44,9248	3,2403	3,0862	0,80902	0,58779
28,11	44,1551	1,5008	6,6633	0,17193	0,98511	28,61	44,9405	3,2916	3,0381	0,81815	0,57501
28,12	44,1708	1,5245	6,5595	0,18738	0,98229	28,62	44,9562	3,3437	2,9907	0,82708	0,56208
28,13	44,1865	1,5487	6,4573	0,20279	0,97922	28,63	44,9719	3,3966	2,9441	0,83581	0,54902
28,14	44,2022	1,5732	6,3566	0,21814	0,97592	28,64	44,9876	3,4504	2,8982	0,84433	0,53583
28,15	44,2179	1,5981	6,2575	0,23345	0,97237	28,65	45,0033	3,5050	2,8531	0,85264	0,52250
28,16	44,2336	1,6234	6,1600	0,24869	0,96858	28,66	45,0190	3,5605	2,8086	0,86074	0,50904
28,17	44,2493	1,6491	6,0640	0,26387	0,96456	28,67	45,0347	3,6169	2,7648	0,86863	0,49546
28,18	44,2650	1,6752	5,9695	0,27899	0,96029	28,68	45,0504	3,6742	2,7217	0,87631	0,48175
28,19	44,2808	1,7017	5,8765	0,29404	0,95579	28,69	45,0661	3,7323	2,6793	0,88377	0,46792
28,20	44,2965	1,7286	5,7849	0,30902	0,95106	28,70	45,0819	3,7914	2,6375	0,89101	0,45399
28,21	44,3122	1,7560	5,6948	0,32392	0,94609	28,71	45,0976	3,8514	2,5964	0,89803	0,43994
28,22	44,3279	1,7838	5,6060	0,33874	0,94088	28,72	45,1133	3,9124	2,5560	0,90483	0,42578
28,23	44,3436	1,8120	5,5186	0,35347	0,93544	28,73	45,1290	3,9744	2,5161	0,91140	0,41151
28,24	44,3593	1,8407	5,4326	0,36812	0,92978	28,74	45,1447	4,0373	2,4769	0,91775	0,39715
28,25	44,3750	1,8699	5,3480	0,38268	0,92388	28,75	45,1604	4,1012	2,4383	0,92388	0,38268
28,26	44,3907	1,8995	5,2646	0,39715	0,91775	28,76	45,1761	4,1661	2,4003	0,92978	0,36812
28,27	44,4064	1,9296	5,1825	0,41151	0,91140	28,77	45,1918	4,2321	2,3629	0,93544	0,35347
28,28	44,4221	1,9601	5,1017	0,42578	0,90483	28,78	45,2075	4,2991	2,3261	0,94088	0,33874
28,29	44,4378	1,9912	5,0222	0,43994	0,89803	28,79	45,2222	4,3672	2,2898	0,94609	0,32392
28,30	44,4535	2,0227	4,9440	0,45399	0,89101	28,80	45,2389	4,4363	2,2541	0,95106	0,30902
28,31	44,4693	2,0547	4,8670	0,46792	0,88377	28,81	45,2546	4,5065	2,2190	0,95579	0,29404
28,32	44,4850	2,0872	4,7911	0,48175	0,87631	28,82	45,2704	4,5779	2,1844	0,96029	0,27899
28,33	44,5007	2,1202	4,7164	0,49546	0,86863	28,83	45,2861	4,6504	2,1504	0,96456	0,26387
28,34	44,5164	2,1538	4,6429	0,50904	0,86074	28,84	45,3018	4,7240	2,1169	0,96858	0,24869
28,35	44,5321	2,1879	4,5705	0,52250	0,85264	28,85	45,3175	4,7987	2,0839	0,97237	0,23345
28,36	44,5478	2,2226	4,4993	0,53583	0,84433	28,86	45,3332	4,8747	2,0514	0,97592	0,21814
28,37	44,5635	2,2578	4,4291	0,54902	0,83581	28,87	45,3489	4,9519	2,0194	0,97922	0,20279
28,38	44,5792	2,2935	4,3601	0,56208	0,82708	28,88	45,3646	5,0303	1,9879	0,98229	0,18738
28,39	44,5949	2,3298	4,2922	0,57501	0,81815	28,89	45,3803	5,1099	1,9570	0,98511	0,17193
28,40	44,6106	2,3667	4,2253	0,58779	0,80902	28,90	45,3960	5,1908	1,9265	0,98769	0,15643
28,41	44,6263	2,4041	4,1594	0,60042	0,79968	28,91	45,4117	5,2730	1,8965	0,99002	0,14090
28,42	44,6420	2,4422	4,0946	0,61291	0,79016	28,92	45,4274	5,3565	1,8669	0,99211	0,12533
28,43	44,6577	2,4809	4,0308	0,62524	0,78043	28,93	45,4431	5,4413	1,8378	0,99396	0,10973
28,44	44,6735	2,5202	3,9680	0,63742	0,77051	28,94	45,4589	5,5275	1,8091	0,99556	0,09411
28,45	44,6892	2,5601	3,9061	0,64945	0,76041	28,95	45,4746	5,6150	1,7809	0,99692	0,07846
28,46	44,7049	2,6006	3,8452	0,66131	0,75011	28,96	45,4903	5,7039	1,7532	0,99803	0,06279
28,47	44,7206	2,6418	3,7853	0,67301	0,73963	28,97	45,5060	5,7942	1,7259	0,99889	0,04711
28,48	44,7363	2,6836	3,7263	0,68455	0,72897	28,98	45,5217	5,8859	1,6990	0,99951	0,03141
28,49	44,7520	2,7261	3,6683	0,69591	0,71813	28,99	45,5374	5,9791	1,6725	0,99988	0,01571
28,50	44,7677	$2,7693\cdot10^{19}$	$3,6111\cdot10^{-20}$	0,70711	0,70711	29,00	45,5531	$6,0738\cdot10^{19}$	$1,6464\cdot10^{-20}$	1,00000	$\pm0,00000$

x	$\dfrac{\pi x}{2}$	$e^{\frac{\pi x}{2}}$	$e^{-\frac{\pi x}{2}}$	$\sin\dfrac{\pi x}{2}$	$\cos\dfrac{\pi x}{2}$	x	$\dfrac{\pi x}{2}$	$e^{\frac{\pi x}{2}}$	$e^{-\frac{\pi x}{2}}$	$\sin\dfrac{\pi x}{2}$	$\cos\dfrac{\pi x}{2}$
29,00	45,5531	$6{,}0738\cdot10^{19}$	$1{,}6464\cdot10^{-20}$	1,00000	±0,00000	29,50	46,3385	$1{,}3321\cdot10^{20}$	$7{,}5067\cdot10^{-21}$	0,70711	−0,70711
29,01	45,5688	6,1699	1,6207	0,99988	−0,01571	29,51	46,3542	1,3533	7,3897	0,69591	−0,71813
29,02	45,5845	6,2676	1,5955	0,99951	−0,03141	29,52	46,3699	1,3747	7,2745	0,68455	−0,72897
29,03	45,6002	6,3668	1,5707	0,99889	−0,04711	29,53	46,3856	1,3964	7,1611	0,67301	−0,73963
29,04	45,6159	6,4676	1,5462	0,99803	−0,06279	29,54	46,4013	1,4185	7,0495	0,66131	−0,75011
29,05	45,6316	6,5700	1,5220	0,99692	−0,07846	29,55	46,4170	1,4410	6,9397	0,64945	−0,76041
29,06	45,6473	6,6740	1,4983	0,99556	−0,09411	29,56	46,4327	1,4638	6,8315	0,63742	−0,77051
29,07	45,6631	6,7797	1,4750	0,99396	−0,10973	29,57	46,4485	1,4870	6,7250	0,62524	−0,78043
29,08	45,6788	6,8870	1,4520	0,99211	−0,12533	29,58	46,4642	1,5105	6,6202	0,61291	−0,79016
29,09	45,6945	6,9960	1,4294	0,99002	−0,14090	29,59	46,4799	1,5344	6,5171	0,60042	−0,79968
29,10	45,7102	7,1068	1,4071	0,98769	−0,15643	29,60	46,4956	1,5587	6,4155	0,58779	−0,80902
29,11	45,7259	7,2193	1,3852	0,98511	−0,17193	29,61	46,5113	1,5834	6,3155	0,57501	−0,81815
29,12	45,7416	7,3336	1,3636	0,98229	−0,18738	29,62	46,5270	1,6085	6,2171	0,56208	−0,82708
29,13	45,7573	7,4497	1,3423	0,97922	−0,20279	29,63	46,5427	1,6339	6,1202	0,54902	−0,83581
29,14	45,7730	7,5677	1,3214	0,97592	−0,21814	29,64	46,5584	1,6598	6,0248	0,53583	−0,84433
29,15	45,7887	7,6875	1,3008	0,97237	−0,23345	29,65	46,5741	1,6861	5,9309	0,52250	−0,85264
29,16	45,8044	7,8092	1,2805	0,96858	−0,24869	29,66	46,5898	1,7128	5,8385	0,50904	−0,86074
29,17	45,8201	7,9328	1,2605	0,96456	−0,26387	29,67	46,6055	1,7399	5,7475	0,49546	−0,86863
29,18	45,8358	8,0584	1,2409	0,96029	−0,27899	29,68	46,6212	1,7674	5,6579	0,48175	−0,87631
29,19	45,8516	8,1860	1,2216	0,95579	−0,29404	29,69	46,6369	1,7954	5,5697	0,46792	−0,88377
29,20	45,8673	8,3156	1,2026	0,95106	−0,30902	29,70	46,6527	1,8238	5,4829	0,45399	−0,89101
29,21	45,8830	8,4472	1,1839	0,94609	−0,32392	29,71	46,6684	1,8527	5,3974	0,43994	−0,89803
29,22	45,8987	8,5810	1,1654	0,94088	−0,33874	29,72	46,6841	1,8821	5,3133	0,42578	−0,90483
29,23	45,9144	8,7169	1,1472	0,93544	−0,35347	29,73	46,6998	1,9119	5,2305	0,41151	−0,91140
29,24	45,9301	8,8549	1,1293	0,92978	−0,36812	29,74	46,7155	1,9421	5,1490	0,39715	−0,91775
29,25	45,9458	8,9951	1,1117	0,92388	−0,38268	29,75	46,7312	1,9729	5,0688	0,38268	−0,92388
29,26	45,9615	9,1375	1,0944	0,91775	−0,39715	29,76	46,7469	2,0041	4,9898	0,36812	−0,92978
29,27	45,9772	9,2821	1,0773	0,91140	−0,41151	29,77	46,7626	2,0359	4,9120	0,35347	−0,93544
29,28	45,9929	9,4291	1,0605	0,90483	−0,42578	29,78	46,7783	2,0681	4,8354	0,33874	−0,94088
29,29	46,0086	9,5784	1,0440	0,89803	−0,43994	29,79	46,7940	2,1008	4,7601	0,32392	−0,94609
29,30	46,0243	9,7300	1,0277	0,89101	−0,45399	29,80	46,8097	2,1341	4,6859	0,30902	−0,95106
29,31	46,0401	$9{,}8840\cdot10^{19}$	$1{,}0117\cdot10^{-20}$	0,88377	−0,46792	29,81	46,8254	2,1679	4,6129	0,29404	−0,95579
29,32	46,0558	$1{,}0041\cdot10^{20}$	$9{,}9596\cdot10^{-21}$	0,87631	−0,48175	29,82	46,8412	2,2022	4,5410	0,27899	−0,96029
29,33	46,0715	1,0200	9,8044	0,86863	−0,49546	29,83	46,8569	2,2371	4,4702	0,26387	−0,96456
29,34	46,0872	1,0361	9,6516	0,86074	−0,50904	29,84	46,8726	2,2725	4,4005	0,24869	−0,96858
29,35	46,1029	1,0525	9,5012	0,85264	−0,52250	29,85	46,8883	2,3085	4,3319	0,23345	−0,97237
29,36	46,1186	1,0692	9,3531	0,84433	−0,53583	29,86	46,9040	2,3450	4,2644	0,21814	−0,97592
29,37	46,1343	1,0861	9,2073	0,83581	−0,54902	29,87	46,9197	2,3821	4,1979	0,20279	−0,97922
29,38	46,1500	1,1033	9,0638	0,82708	−0,56208	29,88	46,9354	2,4198	4,1325	0,18738	−0,98229
29,39	46,1657	1,1208	8,9226	0,81815	−0,57501	29,89	46,9511	2,4581	4,0681	0,17193	−0,98511
29,40	46,1814	1,1385	8,7835	0,80902	−0,58779	29,90	46,9668	2,4970	4,0047	0,15643	−0,98769
29,41	46,1971	1,1565	8,6466	0,79968	−0,60042	29,91	46,9825	2,5365	3,9423	0,14090	−0,99002
29,42	46,2128	1,1748	8,5118	0,79016	−0,61291	29,92	46,9982	2,5767	3,8809	0,12533	−0,99211
29,43	46,2285	1,1934	8,3792	0,78043	−0,62524	29,93	47,0139	2,6175	3,8204	0,10973	−0,99396
29,44	46,2443	1,2123	8,2486	0,77051	−0,63742	29,94	47,0297	2,6590	3,7609	0,09411	−0,99556
29,45	46,2600	1,2315	8,1201	0,76041	−0,64945	29,95	47,0454	2,7011	3,7022	0,07846	−0,99692
29,46	46,2757	1,2510	7,9935	0,75011	−0,66131	29,96	47,0611	2,7438	3,6445	0,06279	−0,99803
29,47	46,2914	1,2708	7,8689	0,73963	−0,67301	29,97	47,0768	2,7873	3,5877	0,04711	−0,99889
29,48	46,3071	1,2909	7,7463	0,72897	−0,68455	29,98	47,0925	2,8314	3,5318	0,03141	−0,99951
29,49	46,3228	1,3113	7,6256	0,71813	−0,69591	29,99	47,1082	2,8763	3,4768	0,01571	−0,99988
29,50	46,3385	$1{,}3321\cdot10^{20}$	$7{,}5067\cdot10^{-21}$	0,70711	−0,70711	30,00	47,1239	$2{,}9218\cdot10^{20}$	$3{,}4226\cdot10^{-21}$	±0,00000	−1,00000

Funktionstafeln der elementaren Transzendenten.

x	$\frac{\pi x}{2}$	$e^{\frac{\pi x}{2}}$	$e^{-\frac{\pi x}{2}}$	$\sin\frac{\pi x}{2}$	$\cos\frac{\pi x}{2}$	x	$\frac{\pi x}{2}$	$e^{\frac{\pi x}{2}}$	$e^{-\frac{\pi x}{2}}$	$\sin\frac{\pi x}{2}$	$\cos\frac{\pi x}{2}$
30,00	47,1239	$2{,}9218\cdot10^{20}$	$3{,}4226\cdot10^{-21}$	±0,00000	−1,00000	30,50	47,9093	$6{,}4082\cdot10^{20}$	$1{,}5605\cdot10^{-21}$	−0,70711	−0,70711
30,01	47,1396	2,9680	3,3692	−0,01571	−0,99988	30,51	47,9250	6,5097	1,5361	−0,71813	−0,69591
30,02	47,1553	3,0150	3,3167	−0,03141	−0,99951	30,52	47,9407	6,6128	1,5122	−0,72897	−0,68455
30,03	47,1710	3,0627	3,2651	−0,04711	−0,99889	30,53	47,9564	6,7175	1,4887	−0,73963	−0,67301
30,04	47,1867	3,1112	3,2142	−0,06279	−0,99803	30,54	47,9721	6,8238	1,4655	−0,75011	−0,66131
30,05	47,2024	3,1605	3,1641	−0,07846	−0,99692	30,55	47,9878	6,9318	1,4426	−0,76041	−0,64945
30,06	47,2181	3,2105	3,1148	−0,09411	−0,99556	30,56	48,0035	7,0416	1,4201	−0,77051	−0,63742
30,07	47,2339	3,2614	3,0662	−0,10973	−0,99396	30,57	48,0193	7,1531	1,3980	−0,78043	−0,62524
30,08	47,2496	3,3130	3,0184	−0,12533	−0,99211	30,58	48,0350	7,2663	1,3762	−0,79016	−0,61291
30,09	47,2653	3,3654	2,9714	−0,14090	−0,99002	30,59	48,0507	7,3813	1,3547	−0,79968	−0,60042
30,10	47,2810	3,4187	2,9251	−0,15643	−0,98769	30,60	48,0664	7,4982	1,3336	−0,80902	−0,58779
30,11	47,2967	3,4728	2,8795	−0,17193	−0,98511	30,61	48,0821	7,6169	1,3128	−0,81815	−0,57501
30,12	47,3124	3,5278	2,8346	−0,18738	−0,98229	30,62	48,0978	7,7375	1,2924	−0,82708	−0,56208
30,13	47,3281	3,5837	2,7904	−0,20279	−0,97922	30,63	48,1135	7,8600	1,2722	−0,83581	−0,54902
30,14	47,3438	3,6404	2,7469	−0,21814	−0,97592	30,64	48,1292	7,9845	1,2524	−0,84433	−0,53583
30,15	47,3595	3,6980	2,7041	−0,23345	−0,97237	30,65	48,1449	8,1109	1,2329	−0,85264	−0,52250
30,16	47,3752	3,7566	2,6620	−0,24869	−0,96858	30,66	48,1606	8,2393	1,2137	−0,86074	−0,50904
30,17	47,3909	3,8161	2,6205	−0,26387	−0,96456	30,67	48,1763	8,3697	1,1948	−0,86863	−0,49546
30,18	47,4066	3,8765	2,5797	−0,27899	−0,96029	30,68	48,1920	8,5022	1,1762	−0,87631	−0,48175
30,19	47,4224	3,9379	2,5395	−0,29404	−0,95579	30,69	48,2077	8,6368	1,1579	−0,88377	−0,46792
30,20	47,4381	4,0002	2,4999	−0,30902	−0,95106	30,70	48,2235	8,7736	1,1398	−0,89101	−0,45399
30,21	47,4538	4,0635	2,4610	−0,32392	−0,94609	30,71	48,2392	8,9125	1,1220	−0,89803	−0,43994
30,22	47,4695	4,1279	2,4226	−0,33874	−0,94088	30,72	48,2549	9,0536	1,1045	−0,90483	−0,42578
30,23	47,4852	4,1932	2,3848	−0,35347	−0,93544	30,73	48,2706	9,1969	1,0873	−0,91140	−0,41151
30,24	47,5009	4,2596	2,3476	−0,36812	−0,92978	30,74	48,2863	9,3425	1,0704	−0,91775	−0,39715
30,25	47,5166	4,3271	2,3110	−0,38268	−0,92388	30,75	48,3020	9,4904	1,0537	−0,92388	−0,38268
30,26	47,5323	4,3956	2,2750	−0,39715	−0,91775	30,76	48,3177	9,6407	1,0373	−0,92978	−0,36812
30,27	47,5480	4,4651	2,2396	−0,41151	−0,91140	30,77	48,3334	9,7933	1,0211	−0,93544	−0,35347
30,28	47,5637	4,5358	2,2047	−0,42578	−0,90483	30,78	48,3491	$9{,}9484\cdot10^{20}$	$1{,}0052\cdot10^{-21}$	−0,94088	−0,33874
30,29	47,5794	4,6076	2,1703	−0,43994	−0,89803	30,79	48,3648	$1{,}0106\cdot10^{21}$	$9{,}8952\cdot10^{-22}$	−0,94609	−0,32392
30,30	47,5951	4,6806	2,1365	−0,45399	−0,89101	30,80	48,3805	1,0266	9,7410	−0,95106	−0,30902
30,31	47,6109	4,7547	2,1032	−0,46792	−0,88377	30,81	48,3962	1,0429	9,5892	−0,95579	−0,29404
30,32	47,6266	4,8300	2,0704	−0,48175	−0,87631	30,82	48,4120	1,0594	9,4397	−0,96029	−0,27899
30,33	47,6423	4,9064	2,0382	−0,49546	−0,86863	30,83	48,4277	1,0762	9,2926	−0,96456	−0,26387
30,34	47,6580	4,9841	2,0064	−0,50904	−0,86074	30,84	48,4434	1,0932	9,1478	−0,96858	−0,24869
30,35	47,6737	5,0630	1,9751	−0,52250	−0,85264	30,85	48,4591	1,1105	9,0053	−0,97237	−0,23345
30,36	47,6894	5,1432	1,9443	−0,53583	−0,84433	30,86	48,4748	1,1280	8,8649	−0,97592	−0,21814
30,37	47,7051	5,2246	1,9140	−0,54902	−0,83581	30,87	48,4905	1,1459	8,7267	−0,97922	−0,20279
30,38	47,7208	5,3073	1,8842	−0,56208	−0,82708	30,88	48,5062	1,1640	8,5907	−0,98229	−0,18738
30,39	47,7365	5,3913	1,8548	−0,57501	−0,81815	30,89	48,5219	1,1825	8,4568	−0,98511	−0,17193
30,40	47,7522	5,4767	1,8259	−0,58779	−0,80902	30,90	48,5376	1,2012	8,3250	−0,98769	−0,15643
30,41	47,7679	5,5634	1,7974	−0,60042	−0,79968	30,91	48,5534	1,2202	8,1952	−0,99002	−0,14090
30,42	47,7836	5,6515	1,7694	−0,61291	−0,79016	30,92	48,5690	1,2395	8,0675	−0,99211	−0,12533
30,43	47,7993	5,7410	1,7418	−0,62524	−0,78043	30,93	48,5847	1,2592	7,9418	−0,99396	−0,10973
30,44	47,8151	5,8319	1,7147	−0,63742	−0,77051	30,94	48,6005	1,2791	7,8180	−0,99556	−0,09411
30,45	47,8308	5,9242	1,6880	−0,64945	−0,76041	30,95	48,6162	1,2993	7,6962	−0,99692	−0,07846
30,46	47,8465	6,0180	1,6617	−0,66131	−0,75011	30,96	48,6319	1,3199	7,5763	−0,99803	−0,06279
30,47	47,8622	6,1133	1,6358	−0,67301	−0,73963	30,97	48,6476	1,3408	7,4582	−0,99889	−0,04711
30,48	47,8779	6,2101	1,6103	−0,68455	−0,72897	30,98	48,6633	1,3620	7,3419	−0,99951	−0,03141
30,49	47,8936	6,3083	1,5852	−0,69591	−0,71813	30,99	48,6790	1,3836	7,2275	−0,99988	−0,01571
30,50	47,9093	$6{,}4082\cdot10^{20}$	$1{,}5605\cdot10^{-21}$	−0,70711	−0,70711	31,00	48,6947	$1{,}4055\cdot10^{21}$	$7{,}1149\cdot10^{-22}$	−1,00000	∓0,00000

x	$\dfrac{\pi x}{2}$	$e^{\frac{\pi x}{2}}$	$e^{-\frac{\pi x}{2}}$	$\sin\dfrac{\pi x}{2}$	$\cos\dfrac{\pi x}{2}$	x	$\dfrac{\pi x}{2}$	$e^{\frac{\pi x}{2}}$	$e^{-\frac{\pi x}{2}}$	$\sin\dfrac{\pi x}{2}$	$\cos\dfrac{\pi x}{2}$
31,00	48,6947	$1,4055\cdot10^{21}$	$7,1149\cdot10^{-22}$	$-1,00000$	$\mp0,00000$	31,50	49,4801	$3,0827\cdot10^{21}$	$3,2439\cdot10^{-22}$	$-0,70711$	0,70711
31,01	48,7104	1,4278	7,0040	$-0,99988$	0,01571	31,51	49,4958	3,1315	3,1934	$-0,69591$	0,71813
31,02	48,7261	1,4504	6,8948	$-0,99951$	0,03141	31,52	49,5115	3,1811	3,1436	$-0,68455$	0,72897
31,03	48,7418	1,4734	6,7874	$-0,99889$	0,04711	31,53	49,5272	3,2315	3,0946	$-0,67301$	0,73963
31,04	48,7575	1,4967	6,6816	$-0,99803$	0,06279	31,54	49,5429	3,2826	3,0464	$-0,66131$	0,75011
31,05	48,7732	1,5204	6,5774	$-0,99692$	0,07846	31,55	49,5586	3,3345	2,9989	$-0,64945$	0,76041
31,06	48,7889	1,5444	6,4749	$-0,99556$	0,09411	31,56	49,5743	3,3873	2,9522	$-0,63742$	0,77051
31,07	48,8047	1,5689	6,3741	$-0,99396$	0,10973	31,57	49,5901	3,4409	2,9062	$-0,62524$	0,78043
31,08	48,8204	1,5937	6,2747	$-0,99211$	0,12533	31,58	49,6058	3,4954	2,8609	$-0,61291$	0,79016
31,09	48,8361	1,6190	6,1769	$-0,99002$	0,14090	31,59	49,6215	3,5508	2,8163	$-0,60042$	0,79968
31,10	48,8518	1,6446	6,0806	$-0,98769$	0,15643	31,60	49,6372	3,6070	2,7724	$-0,58779$	0,80902
31,11	48,8675	1,6707	5,9859	$-0,98511$	0,17193	31,61	49,6529	3,6641	2,7292	$-0,57501$	0,81815
31,12	48,8832	1,6971	5,8926	$-0,98229$	0,18738	31,62	49,6686	3,7221	2,6866	$-0,56208$	0,82708
31,13	48,8989	1,7239	5,8007	$-0,97922$	0,20279	31,63	49,6843	3,7810	2,6447	$-0,54902$	0,83581
31,14	48,9146	1,7512	5,7103	$-0,97592$	0,21814	31,64	49,7000	3,8409	2,6035	$-0,53583$	0,84433
31,15	48,9303	1,7789	5,6213	$-0,97237$	0,23345	31,65	49,7157	3,9017	2,5629	$-0,52250$	0,85264
31,16	48,9460	1,8071	5,5337	$-0,96858$	0,24869	31,66	49,7314	3,9635	2,5230	$-0,50904$	0,86074
31,17	48,9617	1,8357	5,4475	$-0,96456$	0,26387	31,67	49,7471	4,0263	2,4837	$-0,49546$	0,86863
31,18	48,9774	1,8648	5,3626	$-0,96029$	0,27899	31,68	49,7628	4,0900	2,4450	$-0,48175$	0,87631
31,19	48,9932	1,8943	5,2790	$-0,95579$	0,29404	31,69	49,7785	4,1547	2,4069	$-0,46792$	0,88377
31,20	49,0089	1,9243	5,1967	$-0,95106$	0,30902	31,70	49,7943	4,2205	2,3694	$-0,45399$	0,89101
31,21	49,0246	1,9548	5,1157	$-0,94609$	0,32392	31,71	49,8100	4,2873	2,3325	$-0,43994$	0,89803
31,22	49,0403	1,9857	5,0360	$-0,94088$	0,33874	31,72	49,8257	4,3552	2,2961	$-0,42578$	0,90483
31,23	49,0560	2,0172	4,9575	$-0,93544$	0,35347	31,73	49,8414	4,4242	2,2603	$-0,41151$	0,91140
31,24	49,0717	2,0491	4,8802	$-0,92978$	0,36812	31,74	49,8571	4,4942	2,2251	$-0,39715$	0,91775
31,25	49,0874	2,0815	4,8042	$-0,92388$	0,38268	31,75	49,8728	4,5653	2,1904	$-0,38268$	0,92388
31,26	49,1031	2,1145	4,7293	$-0,91775$	0,39715	31,76	49,8885	4,6376	2,1563	$-0,36812$	0,92978
31,27	49,1188	2,1480	4,6556	$-0,91140$	0,41151	31,77	49,9042	4,7110	2,1227	$-0,35347$	0,93544
31,28	49,1345	2,1820	4,5830	$-0,90483$	0,42578	31,78	49,9199	4,7856	2,0896	$-0,33874$	0,94088
31,29	49,1502	2,2165	4,5116	$-0,89803$	0,43994	31,79	49,9356	4,8614	2,0571	$-0,32392$	0,94609
31,30	49,1659	2,2516	4,4413	$-0,89101$	0,45399	31,80	49,9513	4,9384	2,0250	$-0,30902$	0,95106
31,31	49,1817	2,2873	4,3721	$-0,88377$	0,46792	31,81	49,9670	5,0166	1,9934	$-0,29404$	0,95579
31,32	49,1974	2,3235	4,3039	$-0,87631$	0,48175	31,82	49,9828	5,0960	1,9623	$-0,27899$	0,96029
31,33	49,2131	2,3603	4,2368	$-0,86863$	0,49546	31,83	49,9985	5,1767	1,9317	$-0,26387$	0,96456
31,34	49,2288	2,3976	4,1708	$-0,86074$	0,50904	31,84	50,0142	5,2586	1,9016	$-0,24869$	0,96858
31,35	49,2445	2,4355	4,1058	$-0,85264$	0,52250	31,85	50,0299	5,3418	1,8720	$-0,23345$	0,97237
31,36	49,2602	2,4741	4,0418	$-0,84433$	0,53583	31,86	50,0456	5,4264	1,8428	$-0,21814$	0,97592
31,37	49,2759	2,5133	3,9788	$-0,83581$	0,54902	31,87	50,0613	5,5123	1,8141	$-0,20279$	0,97922
31,38	49,2916	2,5531	3,9168	$-0,82708$	0,56208	31,88	50,0770	5,5996	1,7858	$-0,18738$	0,98229
31,39	49,3073	2,5935	3,8558	$-0,81815$	0,57501	31,89	50,0927	5,6882	1,7580	$-0,17193$	0,98511
31,40	49,3230	2,6346	3,7957	$-0,80902$	0,58779	31,90	50,1084	5,7783	1,7306	$-0,15643$	0,98769
31,41	49,3387	2,6763	3,7365	$-0,79968$	0,60042	31,91	50,1241	5,8698	1,7036	$-0,14090$	0,99002
31,42	49,3544	2,7186	3,6783	$-0,79016$	0,61291	31,92	50,1398	5,9628	1,6771	$-0,12533$	0,99211
31,43	49,3701	2,7617	3,6209	$-0,78043$	0,62524	31,93	50,1555	6,0571	1,6509	$-0,10973$	0,99396
31,44	49,3859	2,8054	3,5645	$-0,77051$	0,63742	31,94	50,1713	6,1530	1,6252	$-0,09411$	0,99556
31,45	49,4016	2,8498	3,5090	$-0,76041$	0,64945	31,95	50,1870	6,2504	1,5998	$-0,07846$	0,99692
31,46	49,4173	2,8949	3,4543	$-0,75011$	0,66131	31,96	50,2027	6,3494	1,5749	$-0,06279$	0,99803
31,47	49,4330	2,9407	3,4005	$-0,73963$	0,67301	31,97	50,2184	6,4500	1,5504	$-0,04711$	0,99889
31,48	49,4487	2,9873	3,3475	$-0,72897$	0,68455	31,98	50,2341	6,5521	1,5262	$-0,03141$	0,99951
31,49	49,4644	3,0346	3,2953	$-0,71813$	0,69591	31,99	50,2498	6,6558	1,5024	$-0,01571$	0,99988
31,50	49,4801	$3,0827\cdot10^{21}$	$3,2439\cdot10^{-22}$	$-0,70711$	0,70711	32,00	50,2655	$6,7612\cdot10^{21}$	$1,4790\cdot10^{-22}$	$\mp0,00000$	1,00000

240   Funktionstafeln der elementaren Transzendenten.

x	$\frac{\pi x}{2}$	$e^{\frac{\pi x}{2}}$	$e^{-\frac{\pi x}{2}}$	$\sin\frac{\pi x}{2}$	$\cos\frac{\pi x}{2}$	x	$\frac{\pi x}{2}$	$e^{\frac{\pi x}{2}}$	$e^{-\frac{\pi x}{2}}$	$\sin\frac{\pi x}{2}$	$\cos\frac{\pi x}{2}$
32,00	50,2655	$6{,}7612\cdot10^{21}$	$1{,}4790\cdot10^{-22}$	$\mp$0,00000	1,00000	32,50	51,0509	$1{,}4829\cdot10^{22}$	$6{,}7435\cdot10^{-23}$	0,70711	0,70711
32,01	50,2812	6,8682	1,4560	0,01571	0,99988	32,51	51,0666	1,5064	6,6384	0,71813	0,69591
32,02	50,2969	6,9769	1,4333	0,03141	0,99951	32,52	51,0823	1,5302	6,5349	0,72897	0,68455
32,03	50,3126	7,0874	1,4110	0,04711	0,99889	32,53	51,0980	1,5545	6,4331	0,73963	0,67301
32,04	50,3283	7,1996	1,3890	0,06279	0,99803	32,54	51,1137	1,5791	6,3328	0,75011	0,66131
32,05	50,3440	7,3136	1,3673	0,07846	0,99692	32,55	51,1294	1,6041	6,2341	0,76041	0,64945
32,06	50,3597	7,4294	1,3460	0,09411	0,99556	32,56	51,1452	1,6295	6,1369	0,77051	0,63742
32,07	50,3755	7,5470	1,3250	0,10973	0,99396	32,57	51,1609	1,6553	6,0413	0,78043	0,62524
32,08	50,3912	7,6665	1,3044	0,12533	0,99211	32,58	51,1766	1,6815	5,9472	0,79016	0,61291
32,09	50,4069	7,7879	1,2840	0,14090	0,99002	32,59	51,1923	1,7081	5,8545	0,79968	0,60042
32,10	50,4226	7,9112	1,2640	0,15643	0,98769	32,60	51,2080	1,7351	5,7632	0,80902	0,58779
32,11	50,4383	8,0364	1,2443	0,17193	0,98511	32,61	51,2237	1,7626	5,6734	0,81815	0,57501
32,12	50,4540	8,1636	1,2249	0,18738	0,98229	32,62	51,2394	1,7905	5,5850	0,82708	0,56208
32,13	50,4697	8,2929	1,2059	0,20279	0,97922	32,63	51,2551	1,8189	5,4980	0,83581	0,54902
32,14	50,4854	8,4242	1,1871	0,21814	0,97592	32,64	51,2708	1,8477	5,4123	0,84433	0,53583
32,15	50,5011	8,5575	1,1685	0,23345	0,97237	32,65	51,2865	1,8769	5,3279	0,85264	0,52250
32,16	50,5168	8,6930	1,1503	0,24869	0,96858	32,66	51,3022	1,9066	5,2449	0,86074	0,50904
32,17	50,5325	8,8307	1,1324	0,26387	0,96456	32,67	51,3179	1,9368	5,1632	0,86863	0,49546
32,18	50,5482	8,9705	1,1148	0,27899	0,96029	32,68	51,3336	1,9675	5,0827	0,87631	0,48175
32,19	50,5640	9,1125	1,0974	0,29404	0,95579	32,69	51,3493	1,9987	5,0035	0,88377	0,46792
32,20	50,5797	9,2568	1,0803	0,30902	0,95106	32,70	51,3651	2,0303	4,9255	0,89101	0,45399
32,21	50,5954	9,4033	1,0635	0,32392	0,94609	32,71	51,3808	2,0625	4,8487	0,89803	0,43994
32,22	50,6111	9,5522	1,0469	0,33874	0,94088	32,72	51,3965	2,0951	4,7731	0,90483	0,42578
32,23	50,6268	9,7034	1,0306	0,35347	0,93544	32,73	51,4122	2,1282	4,6987	0,91140	0,41151
32,24	50,6425	$9{,}8570\cdot10^{21}$	$1{,}0145\cdot10^{-22}$	0,36812	0,92978	32,74	51,4279	2,1619	4,6255	0,91775	0,39715
32,25	50,6582	$1{,}0013\cdot10^{22}$	$9{,}9869\cdot10^{-23}$	0,38268	0,92388	32,75	51,4436	2,1961	4,5534	0,92388	0,38268
32,26	50,6739	1,0172	9,8313	0,39715	0,91775	32,76	51,4593	2,2309	4,4824	0,92978	0,36812
32,27	50,6896	1,0333	9,6781	0,41151	0,91140	32,77	51,4750	2,2662	4,4126	0,93544	0,35347
32,28	50,7053	1,0496	9,5272	0,42578	0,90483	32,78	51,4907	2,3021	4,3438	0,94088	0,33874
32,29	50,7210	1,0662	9,3787	0,43994	0,89803	32,79	51,5064	2,3386	4,2761	0,94609	0,32392
32,30	50,7367	1,0831	9,2325	0,45399	0,89101	32,80	51,5221	2,3756	4,2095	0,95106	0,30902
32,31	50,7525	1,1003	9,0886	0,46792	0,88377	32,81	51,5378	2,4132	4,1439	0,95579	0,29404
32,32	50,7682	1,1177	8,9470	0,48175	0,87631	32,82	51,5536	2,4514	4,0793	0,96029	0,27899
32,33	50,7839	1,1354	8,8076	0,49546	0,86863	32,83	51,5693	2,4902	4,0157	0,96456	0,26387
32,34	50,7996	1,1534	8,6703	0,50904	0,86074	32,84	51,5850	2,5296	3,9531	0,96858	0,24869
32,35	50,8153	1,1717	8,5351	0,52250	0,85264	32,85	51,6007	2,5697	3,8915	0,97237	0,23345
32,36	50,8310	1,1902	8,4021	0,53583	0,84433	32,86	51,6164	2,6104	3,8309	0,97592	0,21814
32,37	50,8467	1,2091	8,2712	0,54902	0,83581	32,87	51,6321	2,6517	3,7712	0,97922	0,20279
32,38	50,8624	1,2282	8,1423	0,56208	0,82708	32,88	51,6478	2,6937	3,7124	0,98229	0,18738
32,39	50,8781	1,2477	8,0154	0,57501	0,81815	32,89	51,6635	2,7364	3,6546	0,98511	0,17193
32,40	50,8938	1,2674	7,8905	0,58779	0,80902	32,90	51,6792	2,7797	3,5976	0,98769	0,15643
32,41	50,9095	1,2874	7,7675	0,60042	0,79968	32,91	51,6949	2,8237	3,5415	0,99002	0,14090
32,42	50,9252	1,3078	7,6464	0,61291	0,79016	32,92	51,7106	2,8684	3,4863	0,99211	0,12533
32,43	50,9409	1,3285	7,5272	0,62524	0,78043	32,93	51,7263	2,9138	3,4320	0,99396	0,10973
32,44	50,9567	1,3495	7,4099	0,63742	0,77051	32,94	51,7421	2,9599	3,3785	0,99556	0,09411
32,45	50,9724	1,3709	7,2945	0,64945	0,76041	32,95	51,7578	3,0068	3,3258	0,99692	0,07846
32,46	50,9881	1,3926	7,1808	0,66131	0,75011	32,96	51,7735	3,0544	3,2740	0,99803	0,06279
32,47	51,0038	1,4147	7,0689	0,67301	0,73963	32,97	51,7892	3,1028	3,2229	0,99889	0,04711
32,48	51,0195	1,4371	6,9587	0,68455	0,72897	32,98	51,8049	3,1519	3,1727	0,99951	0,03141
32,49	51,0352	1,4598	6,8503	0,69591	0,71813	32,99	51,8206	3,2017	3,1233	0,99988	0,01571
32,50	51,0509	$1{,}4829\cdot10^{22}$	$6{,}7435\cdot10^{-23}$	0,70711	0,70711	33,00	51,8363	$3{,}2524\cdot10^{22}$	$3{,}0746\cdot10^{-23}$	1,00000	$\pm$0,00000

x	$\dfrac{\pi x}{2}$	$e^{\frac{\pi x}{2}}$	$e^{-\frac{\pi x}{2}}$	$\sin\dfrac{\pi x}{2}$	$\cos\dfrac{\pi x}{2}$	x	$\dfrac{\pi x}{2}$	$e^{\frac{\pi x}{2}}$	$e^{-\frac{\pi x}{2}}$	$\sin\dfrac{\pi x}{2}$	$\cos\dfrac{\pi x}{2}$
33,00	51,8363	$3,2524\cdot10^{22}$	$3,0746\cdot10^{-23}$	1,00000	$\pm$0,00000	33,50	52,6217	$7,1335\cdot10^{22}$	$1,4018\cdot10^{-23}$	0,70711	$-$0,70711
33,01	51,8520	3,3039	3,0267	0,99988	$-$0,01571	33,51	52,6374	7,2465	1,3799	0,69591	$-$0,71813
33,02	51,8677	3,3562	2,9795	0,99951	$-$0,03141	33,52	52,6531	7,3612	1,3584	0,68455	$-$0,72897
33,03	51,8834	3,4094	2,9331	0,99889	$-$0,04711	33,53	52,6688	7,4777	1,3373	0,67301	$-$0,73963
33,04	51,8991	3,4634	2,8874	0,99803	$-$0,06279	33,54	52,6845	7,5961	1,3165	0,66131	$-$0,75011
33,05	51,9148	3,5182	2,8424	0,99692	$-$0,07846	33,55	52,7002	7,7163	1,2959	0,64945	$-$0,76041
33,06	51,9305	3,5739	2,7981	0,99556	$-$0,09411	33,56	52,7160	7,8385	1,2757	0,63742	$-$0,77051
33,07	51,9463	3,6304	2,7544	0,99396	$-$0,10973	33,57	52,7317	7,9626	1,2558	0,62524	$-$0,78043
33,08	51,9620	3,6879	2,7115	0,99211	$-$0,12533	33,58	52,7474	8,0887	1,2363	0,61291	$-$0,79016
33,09	51,9777	3,7463	2,6693	0,99002	$-$0,14090	33,59	52,7631	8,2168	1,2171	0,60042	$-$0,79968
33,10	51,9934	3,8056	2,6277	0,98769	$-$0,15643	33,60	52,7788	8,3469	1,1981	0,58779	$-$0,80902
33,11	52,0091	3,8659	2,5867	0,98511	$-$0,17193	33,61	52,7945	8,4790	1,1794	0,57501	$-$0,81815
33,12	52,0248	3,9271	2,5464	0,98229	$-$0,18738	33,62	52,8102	8,6132	1,1610	0,56208	$-$0,82708
33,13	52,0405	3,9892	2,5067	0,97922	$-$0,20279	33,63	52,8259	8,7496	1,1429	0,54902	$-$0,83581
33,14	52,0562	4,0524	2,4676	0,97592	$-$0,21814	33,64	52,8416	8,8881	1,1251	0,53583	$-$0,84433
33,15	52,0719	4,1166	2,4291	0,97237	$-$0,23345	33,65	52,8573	9,0288	1,1076	0,52250	$-$0,85264
33,16	52,0876	4,1818	2,3913	0,96858	$-$0,24869	33,66	52,8730	9,1718	1,0903	0,50904	$-$0,86074
33,17	52,1033	4,2480	2,3541	0,96456	$-$0,26387	33,67	52,8887	9,3170	1,0733	0,49546	$-$0,86863
33,18	52,1190	4,3152	2,3174	0,96029	$-$0,27899	33,68	52,9044	9,4645	1,0566	0,48175	$-$0,87631
33,19	52,1348	4,3835	2,2813	0,95579	$-$0,29404	33,69	52,9201	9,6143	1,0401	0,46792	$-$0,88377
33,20	52,1505	4,4529	2,2457	0,95106	$-$0,30902	33,70	52,9359	9,7665	1,0239	0,45399	$-$0,89101
33,21	52,1662	4,5235	2,2107	0,94609	$-$0,32392	33,71	52,9516	$9,9212\cdot10^{22}$	$1,0080\cdot10^{-23}$	0,43994	$-$0,89803
33,22	52,1819	4,5951	2,1763	0,94088	$-$0,33874	33,72	52,9673	$1,0078\cdot10^{23}$	$9,9224\cdot10^{-24}$	0,42578	$-$0,90483
33,23	52,1976	4,6678	2,1423	0,93544	$-$0,35347	33,73	52,9830	1,0238	9,7677	0,41151	$-$0,91140
33,24	52,2133	4,7417	2,1089	0,92978	$-$0,36812	33,74	52,9987	1,0400	9,6154	0,39715	$-$0,91775
33,25	52,2290	4,8167	2,0760	0,92388	$-$0,38268	33,75	53,0144	1,0565	9,4656	0,38268	$-$0,92388
33,26	52,2447	4,8930	2,0437	0,91775	$-$0,39715	33,76	53,0301	1,0732	9,3181	0,36812	$-$0,92978
33,27	52,2604	4,9705	2,0118	0,91140	$-$0,41151	33,77	53,0458	1,0902	9,1729	0,35347	$-$0,93544
33,28	52,2761	5,0492	1,9805	0,90483	$-$0,42578	33,78	53,0615	1,1074	9,0299	0,33874	$-$0,94088
33,29	52,2918	5,1291	1,9497	0,89803	$-$0,43994	33,79	53,0772	1,1250	8,8891	0,32392	$-$0,94609
33,30	52,3075	5,2103	1,9193	0,89101	$-$0,45399	33,80	53,0929	1,1428	8,7506	0,30902	$-$0,95106
33,31	52,3233	5,2928	1,8894	0,88377	$-$0,46792	33,81	53,1086	1,1608	8,6143	0,29404	$-$0,95579
33,32	52,3390	5,3766	1,8599	0,87631	$-$0,48175	33,82	53,1244	1,1792	8,4801	0,27899	$-$0,96029
33,33	52,3547	5,4617	1,8309	0,86863	$-$0,49546	33,83	53,1401	1,1979	8,3479	0,26387	$-$0,96456
33,34	52,3704	5,5482	1,8024	0,86074	$-$0,50904	33,84	53,1558	1,2169	8,2178	0,24869	$-$0,96858
33,35	52,3861	5,6361	1,7743	0,85264	$-$0,52250	33,85	53,1715	1,2361	8,0897	0,23345	$-$0,97237
33,36	52,4018	5,7253	1,7466	0,84433	$-$0,53583	33,86	53,1872	1,2557	7,9636	0,21814	$-$0,97592
33,37	52,4175	5,8159	1,7194	0,83581	$-$0,54902	33,87	53,2029	1,2756	7,8394	0,20279	$-$0,97922
33,38	52,4332	5,9080	1,6926	0,82708	$-$0,56208	33,88	53,2186	1,2958	7,7172	0,18738	$-$0,98229
33,39	52,4489	6,0016	1,6663	0,81815	$-$0,57501	33,89	53,2343	1,3163	7,5969	0,17193	$-$0,98511
33,40	52,4646	6,0966	1,6403	0,80902	$-$0,58779	33,90	53,2500	1,3371	7,4785	0,15643	$-$0,98769
33,41	52,4803	6,1931	1,6147	0,79968	$-$0,60042	33,91	53,2657	1,3583	7,3620	0,14090	$-$0,99002
33,42	52,4960	6,2911	1,5895	0,79016	$-$0,61291	33,92	53,2814	1,3798	7,2473	0,12533	$-$0,99211
33,43	52,5117	6,3907	1,5648	0,78043	$-$0,62524	33,93	53,2971	1,4017	7,1344	0,10973	$-$0,99396
33,44	52,5275	6,4919	1,5404	0,77051	$-$0,63742	33,94	53,3129	1,4239	7,0232	0,09411	$-$0,99556
33,45	52,5432	6,5947	1,5163	0,76041	$-$0,64945	33,95	53,3286	1,4464	6,9138	0,07846	$-$0,99692
33,46	52,5589	6,6991	1,4927	0,75011	$-$0,66131	33,96	53,3443	1,4693	6,8060	0,06279	$-$0,99803
33,47	52,5746	6,7052	1,4695	0,73963	$-$0,67301	33,97	53,3600	1,4926	6,6999	0,04711	$-$0,99889
33,48	52,5903	6,9129	1,4466	0,72897	$-$0,68455	33,98	53,3757	1,5162	6,5955	0,03141	$-$0,99951
33,49	52,6060	7,0223	1,4240	0,71813	$-$0,69591	33,99	53,3914	1,5402	6,4927	0,01571	$-$0,99988
33,50	52,6217	$7,1335\cdot10^{22}$	$1,4018\cdot10^{-23}$	0,70711	$-$0,70711	34,00	53,4071	$1,5646\cdot10^{23}$	$6,3915\cdot10^{-24}$	$\pm$0,00000	$-$1,00000

x	$\dfrac{\pi x}{2}$	$e^{\frac{\pi x}{2}}$	$e^{-\frac{\pi x}{2}}$	$\sin\dfrac{\pi x}{2}$	$\cos\dfrac{\pi x}{2}$	x	$\dfrac{\pi x}{2}$	$e^{\frac{\pi x}{2}}$	$e^{-\frac{\pi x}{2}}$	$\sin\dfrac{\pi x}{2}$	$\cos\dfrac{\pi x}{2}$
34,00	53,4071	$1,5646 \cdot 10^{23}$	$6,3915 \cdot 10^{-24}$	$\pm 0,00000$	$-1,00000$	34,50	54,1925	$3,4316 \cdot 10^{23}$	$2,9141 \cdot 10^{-24}$	$-0,70711$	$-0,70711$
34,01	53,4228	1,5894	6,2919	$-0,01571$	$-0,99988$	34,51	54,2082	3,4859	2,8687	$-0,71813$	$-0,69591$
34,02	53,4385	1,6145	6,1938	$-0,03141$	$-0,99951$	34,52	54,2239	3,5411	2,8240	$-0,72897$	$-0,68455$
34,03	53,4542	1,6400	6,0972	$-0,04711$	$-0,99889$	34,53	54,2396	3,5972	2,7800	$-0,73963$	$-0,67301$
34,04	53,4699	1,6660	6,0022	$-0,06279$	$-0,99803$	34,54	54,2553	3,6541	2,7367	$-0,75011$	$-0,66131$
34,05	53,4856	1,6924	5,9087	$-0,07846$	$-0,99692$	34,55	54,2710	3,7119	2,6940	$-0,76041$	$-0,64945$
34,06	53,5013	1,7192	5,8166	$-0,09411$	$-0,99556$	34,56	54,2868	3,7707	2,6520	$-0,77051$	$-0,63742$
34,07	53,5171	1,7464	5,7259	$-0,10973$	$-0,99396$	34,57	54,3025	3,8304	2,6107	$-0,78043$	$-0,62524$
34,08	53,5328	1,7741	5,6367	$-0,12533$	$-0,99211$	34,58	54,3182	3,8911	2,5700	$-0,79016$	$-0,61291$
34,09	53,5485	1,8022	5,5489	$-0,14090$	$-0,99002$	34,59	54,3339	3,9526	2,5299	$-0,79968$	$-0,60042$
34,10	53,5642	1,8307	5,4624	$-0,15643$	$-0,98769$	34,60	54,3496	4,0152	2,4905	$-0,80902$	$-0,58779$
34,11	53,5799	1,8597	5,3773	$-0,17193$	$-0,98511$	34,61	54,3653	4,0788	2,4517	$-0,81815$	$-0,57501$
34,12	53,5956	1,8891	5,2935	$-0,18738$	$-0,98229$	34,62	54,3810	4,1434	2,4135	$-0,82708$	$-0,56208$
34,13	53,6113	1,9190	5,2109	$-0,20279$	$-0,97922$	34,63	54,3967	4,2090	2,3758	$-0,83581$	$-0,54902$
34,14	53,6270	1,9494	5,1297	$-0,21814$	$-0,97592$	34,64	54,4124	4,2756	2,3388	$-0,84433$	$-0,53583$
34,15	53,6427	1,9803	5,0498	$-0,23345$	$-0,97237$	34,65	54,4281	4,3433	2,3024	$-0,85264$	$-0,52250$
34,16	53,6584	2,0116	4,9711	$-0,24869$	$-0,96858$	34,66	54,4438	4,4121	2,2665	$-0,86074$	$-0,50904$
34,17	53,6741	2,0434	4,8936	$-0,26387$	$-0,96456$	34,67	54,4595	4,4819	2,2312	$-0,86863$	$-0,49546$
34,18	53,6898	2,0758	4,8173	$-0,27899$	$-0,96029$	34,68	54,4752	4,5529	2,1964	$-0,87631$	$-0,48175$
34,19	53,7056	2,1087	4,7423	$-0,29404$	$-0,95579$	34,69	54,4909	4,6250	2,1622	$-0,88377$	$-0,46792$
34,20	53,7213	2,1421	4,6684	$-0,30902$	$-0,95106$	34,70	54,5067	4,6982	2,1285	$-0,89101$	$-0,45399$
34,21	53,7370	2,1760	4,5956	$-0,32392$	$-0,94609$	34,71	54,5224	4,7726	2,0953	$-0,89803$	$-0,43994$
34,22	53,7527	2,2104	4,5240	$-0,33874$	$-0,94088$	34,72	54,5381	4,8481	2,0627	$-0,90483$	$-0,42578$
34,23	53,7684	2,2454	4,4535	$-0,35347$	$-0,93544$	34,73	54,5538	4,9248	2,0306	$-0,91140$	$-0,41151$
34,24	53,7841	2,2810	4,3841	$-0,36812$	$-0,92978$	34,74	54,5695	5,0028	1,9989	$-0,91775$	$-0,39715$
34,25	53,7998	2,3171	4,3158	$-0,38268$	$-0,92388$	34,75	54,5852	5,0820	1,9677	$-0,92388$	$-0,38268$
34,26	53,8155	2,3538	4,2485	$-0,39715$	$-0,91775$	34,76	54,6009	5,1625	1,9370	$-0,92978$	$-0,36812$
34,27	53,8312	2,3911	4,1823	$-0,41151$	$-0,91140$	34,77	54,6166	5,2443	1,9068	$-0,93544$	$-0,35347$
34,28	53,8469	2,4289	4,1171	$-0,42578$	$-0,90483$	34,78	54,6323	5,3273	1,8771	$-0,94088$	$-0,33874$
34,29	53,8626	2,4673	4,0530	$-0,43994$	$-0,89803$	34,79	54,6480	5,4116	1,8479	$-0,94609$	$-0,32392$
34,30	53,8783	2,5064	3,9898	$-0,45399$	$-0,89101$	34,80	54,6637	5,4973	1,8191	$-0,95106$	$-0,30902$
34,31	53,8941	2,5461	3,9275	$-0,46792$	$-0,88377$	34,81	54,6794	5,5843	1,7907	$-0,95579$	$-0,29404$
34,32	53,9098	2,5864	3,8663	$-0,48175$	$-0,87631$	34,82	54,6952	5,6727	1,7628	$-0,96029$	$-0,27899$
34,33	53,9255	2,6274	3,8061	$-0,49546$	$-0,86863$	34,83	54,7109	5,7625	1,7353	$-0,96456$	$-0,26387$
34,34	53,9412	2,6690	3,7468	$-0,50904$	$-0,86074$	34,84	54,7266	5,8538	1,7083	$-0,96858$	$-0,24869$
34,35	53,9569	2,7112	3,6884	$-0,52250$	$-0,85264$	34,85	54,7423	5,9465	1,6817	$-0,97237$	$-0,23345$
34,36	53,9726	2,7541	3,6309	$-0,53583$	$-0,84433$	34,86	54,7580	6,0406	1,6555	$-0,97592$	$-0,21814$
34,37	53,9883	2,7977	3,5743	$-0,54902$	$-0,83581$	34,87	54,7737	6,1362	1,6297	$-0,97922$	$-0,20279$
34,38	54,0040	2,8420	3,5186	$-0,56208$	$-0,82708$	34,88	54,7894	6,2334	1,6043	$-0,98229$	$-0,18738$
34,39	54,0197	2,8870	3,4638	$-0,57501$	$-0,81815$	34,89	54,8051	6,3321	1,5793	$-0,98511$	$-0,17193$
34,40	54,0354	2,9327	3,4098	$-0,58779$	$-0,80902$	34,90	54,8208	6,4323	1,5547	$-0,98769$	$-0,15643$
34,41	54,0511	2,9791	3,3566	$-0,60042$	$-0,79968$	34,91	54,8365	6,5341	1,5305	$-0,99002$	$-0,14090$
34,42	54,0668	3,0263	3,3043	$-0,61291$	$-0,79016$	34,92	54,8522	6,6376	1,5066	$-0,99211$	$-0,12533$
34,43	54,0825	3,0742	3,2528	$-0,62524$	$-0,78043$	34,93	54,8679	6,7427	1,4831	$-0,99396$	$-0,10973$
34,44	54,0983	3,1229	3,2021	$-0,63742$	$-0,77051$	34,94	54,8837	6,8494	1,4600	$-0,99556$	$-0,09411$
34,45	54,1140	3,1724	3,1522	$-0,64945$	$-0,76041$	34,95	54,8994	6,9578	1,4372	$-0,99692$	$-0,07846$
34,46	54,1297	3,2226	3,1031	$-0,66131$	$-0,75011$	34,96	54,9151	7,0680	1,4148	$-0,99803$	$-0,06279$
34,47	54,1454	3,2736	3,0547	$-0,67301$	$-0,73963$	34,97	54,9308	7,1790	1,3928	$-0,99889$	$-0,04711$
34,48	54,1611	3,3254	3,0071	$-0,68455$	$-0,72897$	34,98	54,9465	7,2936	1,3711	$-0,99951$	$-0,03141$
34,49	54,1768	3,3781	2,9602	$-0,69591$	$-0,71813$	34,99	54,9622	7,4091	1,3497	$-0,99988$	$-0,01551$
34,50	54,1925	$3,4316 \cdot 10^{23}$	$2,9141 \cdot 10^{-24}$	$-0,70711$	$-0,70711$	35,00	54,9779	$7,5264 \cdot 10^{23}$	$1,3287 \cdot 10^{-24}$	$-1,00000$	$\mp 0,00000$

x	$\frac{\pi x}{2}$	$e^{\frac{\pi x}{2}}$	$e^{-\frac{\pi x}{2}}$	$\sin\frac{\pi x}{2}$	$\cos\frac{\pi x}{2}$	x	$\frac{\pi x}{2}$	$e^{\frac{\pi x}{2}}$	$e^{-\frac{\pi x}{2}}$	$\sin\frac{\pi x}{2}$	$\cos\frac{\pi x}{2}$
35,00	54,9779	$7{,}5264\cdot10^{23}$	$1{,}3287\cdot10^{-24}$	$-1{,}00000$	$\mp0{,}00000$	35,50	55,7633	$1{,}6507\cdot10^{24}$	$6{,}0579\cdot10^{-25}$	$-0{,}70711$	0,70711
35,01	54,9936	7,6455	1,3080	$-0{,}99988$	0,01571	35,51	55,7790	1,6768	5,9635	$-0{,}69591$	0,71813
35,02	55,0093	7,7666	1,2876	$-0{,}99951$	0,03141	35,52	55,7947	1,7034	5,8705	$-0{,}68455$	0,72897
35,03	55,0250	7,8896	1,2675	$-0{,}99889$	0,04711	35,53	55,8104	1,7304	5,7790	$-0{,}67301$	0,73963
35,04	55,0407	8,0145	1,2477	$-0{,}99803$	0,06279	35,54	55,8261	1,7578	5,6889	$-0{,}66131$	0,75011
35,05	55,0564	8,1413	1,2283	$-0{,}99692$	0,07846	35,55	55,8418	1,7856	5,6003	$-0{,}64945$	0,76041
35,06	55,0721	8,2702	1,2092	$-0{,}99556$	0,09411	35,56	55,8576	1,8139	5,5130	$-0{,}63742$	0,77051
35,07	55,0879	8,4012	1,1904	$-0{,}99396$	0,10973	35,57	55,8733	1,8426	5,4271	$-0{,}62524$	0,78043
35,08	55,1036	8,5342	1,1718	$-0{,}99211$	0,12533	35,58	55,8890	1,8718	5,3425	$-0{,}61291$	0,79016
35,09	55,1193	8,6693	1,1535	$-0{,}99002$	0,14090	35,59	55,9047	1,9014	5,2593	$-0{,}60042$	0,79968
35,10	55,1350	8,8065	1,1355	$-0{,}98769$	0,15643	35,60	55,9204	1,9315	5,1773	$-0{,}58779$	0,80902
35,11	55,1507	8,9459	1,1178	$-0{,}98511$	0,17193	35,61	55,9361	1,9621	5,0966	$-0{,}57501$	0,81815
35,12	55,1664	9,0876	1,1004	$-0{,}98229$	0,18738	35,62	55,9518	1,9932	5,0172	$-0{,}56208$	0,82708
35,13	55,1821	9,2314	1,0833	$-0{,}97922$	0,20279	35,63	55,9675	2,0248	4,9390	$-0{,}54902$	0,83581
35,14	55,1978	9,3776	1,0664	$-0{,}97592$	0,21814	35,64	55,9832	2,0568	4,8620	$-0{,}53583$	0,84433
35,15	55,2135	9,5261	1,0498	$-0{,}97237$	0,23345	35,65	55,9989	2,0893	4,7862	$-0{,}52250$	0,85264
35,16	55,2292	9,6769	1,0334	$-0{,}96858$	0,24869	35,66	56,0146	2,1224	4,7116	$-0{,}50904$	0,86074
35,17	55,2449	9,8301	1,0173	$-0{,}96456$	0,26387	35,67	56,0303	2,1561	4,6382	$-0{,}49546$	0,86863
35,18	55,2606	$9{,}9857\cdot10^{23}$	$1{,}0014\cdot10^{-24}$	$-0{,}96029$	0,27899	35,68	56,0460	2,1902	4,5659	$-0{,}48175$	0,87631
35,19	55,2764	$1{,}0144\cdot10^{24}$	$9{,}8583\cdot10^{-25}$	$-0{,}95579$	0,29404	35,69	56,0617	2,2248	4,4948	$-0{,}46792$	0,88377
35,20	55,2921	1,0304	9,7046	$-0{,}95106$	0,30902	35,70	56,0775	2,2600	4,4247	$-0{,}45399$	0,89101
35,21	55,3078	1,0467	9,5533	$-0{,}94609$	0,32392	35,71	56,0932	2,2958	4,3557	$-0{,}43994$	0,89803
35,22	55,3235	1,0633	9,4044	$-0{,}94088$	0,33874	35,72	56,1089	2,3322	4,2878	$-0{,}42578$	0,90483
35,23	55,3392	1,0802	9,2579	$-0{,}93544$	0,35347	35,73	56,1246	2,3691	4,2210	$-0{,}41151$	0,91140
35,24	55,3549	1,0973	9,1136	$-0{,}92978$	0,36812	35,74	56,1403	2,4066	4,1552	$-0{,}39715$	0,91775
35,25	55,3706	1,1147	8,9715	$-0{,}92388$	0,38268	35,75	56,1560	2,4447	4,0904	$-0{,}38268$	0,92388
35,26	55,3863	1,1323	8,8317	$-0{,}91775$	0,39715	35,76	56,1717	2,4834	4,0267	$-0{,}36812$	0,92978
35,27	55,4020	1,1502	8,6941	$-0{,}91140$	0,41151	35,77	56,1874	2,5227	3,9640	$-0{,}35347$	0,93544
35,28	55,4177	1,1684	8,5586	$-0{,}90483$	0,42578	35,78	56,2031	2,5627	3,9022	$-0{,}33874$	0,94088
35,29	55,4334	1,1869	8,4252	$-0{,}89803$	0,43994	35,79	56,2188	2,6033	3,8414	$-0{,}32392$	0,94609
35,30	55,4491	1,2057	8,2939	$-0{,}89101$	0,45399	35,80	56,2345	2,6445	3,7815	$-0{,}30902$	0,95106
35,31	55,4649	1,2248	8,1647	$-0{,}88377$	0,46792	35,81	56,2502	2,6864	3,7225	$-0{,}29404$	0,95579
35,32	55,4806	1,2442	8,0374	$-0{,}87631$	0,48175	35,82	56,2660	2,7289	3,6645	$-0{,}27899$	0,96029
35,33	55,4963	1,2639	7,9121	$-0{,}86863$	0,49546	35,83	56,2817	2,7720	3,6074	$-0{,}26387$	0,96456
35,34	55,5120	1,2839	7,7888	$-0{,}86074$	0,50904	35,84	56,2974	2,8159	3,5512	$-0{,}24869$	0,96858
35,35	55,5277	1,3042	7,6674	$-0{,}85264$	0,52250	35,85	56,3131	2,8605	3,4959	$-0{,}23345$	0,97237
35,36	55,5434	1,3249	7,5479	$-0{,}84433$	0,53583	35,86	56,3288	2,9058	3,4414	$-0{,}21814$	0,97592
35,37	55,5591	1,3459	7,4303	$-0{,}83581$	0,54902	35,87	56,3445	2,9518	3,3877	$-0{,}20279$	0,97922
35,38	55,5748	1,3672	7,3145	$-0{,}82708$	0,56208	35,88	56,3602	2,9986	3,3349	$-0{,}18738$	0,98229
35,39	55,5905	1,3888	7,2005	$-0{,}81815$	0,57501	35,89	56,3759	3,0461	3,2830	$-0{,}17193$	0,98511
35,40	55,6062	1,4108	7,0882	$-0{,}80902$	0,58779	35,90	56,3916	3,0943	3,2318	$-0{,}15643$	0,98769
35,41	55,6219	1,4331	6,9777	$-0{,}79968$	0,60042	35,91	56,4073	3,1433	3,1814	$-0{,}14090$	0,99002
35,42	55,6376	1,4558	6,8690	$-0{,}79016$	0,61291	35,92	56,4230	3,1930	3,1318	$-0{,}12533$	0,99211
35,43	55,6533	1,4789	6,7620	$-0{,}78043$	0,62524	35,93	56,4387	3,2435	3,0830	$-0{,}10973$	0,99396
35,44	55,6691	1,5023	6,6566	$-0{,}77051$	0,63742	35,94	56,4545	3,2949	3,0350	$-0{,}09411$	0,99556
35,45	55,6848	1,5261	6,5528	$-0{,}76041$	0,64945	35,95	56,4702	3,3471	2,9877	$-0{,}07846$	0,99692
35,46	55,7005	1,5502	6,4507	$-0{,}75011$	0,66131	35,96	56,4859	3,4001	2,9411	$-0{,}06279$	0,99803
35,47	55,7162	1,5748	6,3502	$-0{,}73963$	0,67301	35,97	56,5016	3,4539	2,8953	$-0{,}04711$	0,99889
35,48	55,7319	1,5997	6,2512	$-0{,}72897$	0,68455	35,98	56,5173	3,5086	2,8502	$-0{,}03141$	0,99951
35,49	55,7476	1,6250	6,1538	$-0{,}71813$	0,69591	35,99	56,5330	3,5641	2,8057	$-0{,}01571$	0,99988
35,50	55,7633	$1{,}6507\cdot10^{24}$	$6{,}0579\cdot10^{-25}$	$-0{,}70711$	0,70711	36,00	56,5487	$3{,}6205\cdot10^{24}$	$2{,}7620\cdot10^{-25}$	$\mp0{,}00000$	1,00000

x	$\dfrac{\pi x}{2}$	$e^{\frac{\pi x}{2}}$	$e^{-\frac{\pi x}{2}}$	$\sin\dfrac{\pi x}{2}$	$\cos\dfrac{\pi x}{2}$	x	$\dfrac{\pi x}{2}$	$e^{\frac{\pi x}{2}}$	$e^{-\frac{\pi x}{2}}$	$\sin\dfrac{\pi x}{2}$	$\cos\dfrac{\pi x}{2}$
36,00	56,5487	$3{,}6205\cdot10^{24}$	$2{,}7620\cdot10^{-25}$	$\mp 0{,}00000$	1,00000	36,50	57,3341	$7{,}9409\cdot10^{24}$	$1{,}2593\cdot10^{-25}$	0,70711	0,70711
36,01	56,5644	3,6779	2,7190	0,01571	0,99988	36,51	57,3498	8,0666	1,2397	0,71813	0,69591
36,02	56,5801	3,7361	2,6766	0,03141	0,99951	36,52	57,3655	8,1943	1,2204	0,72897	0,68455
36,03	56,5958	3,7952	2,6349	0,04711	0,99889	36,53	57,3812	8,3240	1,2013	0,73963	0,67301
36,04	56,6115	3,8553	2,5938	0,06279	0,99803	36,54	57,3969	8,4558	1,1826	0,75011	0,66131
36,05	56,6272	3,9164	2,5534	0,07846	0,99692	36,55	57,4126	8,5897	1,1641	0,76041	0,64945
36,06	56,6429	3,9784	2,5136	0,09411	0,99556	36,56	57,4284	8,7257	1,1460	0,77051	0,63742
36,07	56,6587	4,0413	2,4745	0,10973	0,99396	36,57	57,4441	8,8639	1,1282	0,78043	0,62524
36,08	56,6744	4,1053	2,4359	0,12533	0,99211	36,58	57,4598	9,0042	1,1106	0,79016	0,61291
36,09	56,6901	4,1703	2,3979	0,14090	0,99002	36,59	57,4755	9,1467	1,0932	0,79968	0,60042
36,10	56,7058	4,2364	2,3605	0,15643	0,98769	36,60	57,4912	9,2915	1,0762	0,80902	0,58779
36,11	56,7215	4,3035	2,3237	0,17193	0,98511	36,61	57,5069	9,4386	1,0595	0,81815	0,57501
36,12	56,7372	4,3716	2,2875	0,18738	0,98229	36,62	57,5226	9,5881	1,0430	0,82708	0,56208
36,13	56,7529	4,4408	2,2519	0,20279	0,97922	36,63	57,5383	9,7399	1,0267	0,83581	0,54902
36,14	56,7686	4,5111	2,2168	0,21814	0,97592	36,64	57,5540	$9{,}8941\cdot10^{24}$	$1{,}0107\cdot10^{-25}$	0,84433	0,53583
36,15	56,7843	4,5825	2,1822	0,23345	0,97237	36,65	57,5697	$1{,}0051\cdot10^{25}$	$9{,}9495\cdot10^{-26}$	0,85264	0,52250
36,16	56,8000	4,6551	2,1482	0,24869	0,96858	36,66	57,5854	1,0210	9,7945	0,86074	0,50904
36,17	56,8157	4,7288	2,1147	0,26387	0,96456	36,67	57,6011	1,0372	9,6419	0,86863	0,49546
36,18	56,8314	4,8036	2,0818	0,27899	0,96029	36,68	57,6168	1,0536	9,4916	0,87631	0,48175
36,19	56,8472	4,8797	2,0493	0,29404	0,95579	36,69	57,6325	1,0703	9,3437	0,88377	0,46792
36,20	56,8629	4,9569	2,0174	0,30902	0,95106	36,70	57,6483	1,0872	9,1980	0,89101	0,45399
36,21	56,8786	5,0354	1,9860	0,32392	0,94609	36,71	57,6640	1,1044	9,0546	0,89803	0,43994
36,22	56,8943	5,1151	1,9550	0,33874	0,94088	36,72	57,6797	1,1219	8,9135	0,90483	0,42578
36,23	56,9100	5,1960	1,9245	0,35347	0,93544	36,73	57,6954	1,1397	8,7746	0,91140	0,41151
36,24	56,9257	5,2783	1,8945	0,36812	0,92978	36,74	57,7111	1,1577	8,6379	0,91775	0,39715
36,25	56,9414	5,3619	1,8650	0,38268	0,92388	36,75	57,7268	1,1760	8,5033	0,92388	0,38268
36,26	56,9571	5,4468	1,8359	0,39715	0,91775	36,76	57,7425	1,1946	8,3707	0,92978	0,36812
36,27	56,9728	5,5331	1,8073	0,41151	0,91140	36,77	57,7582	1,2136	8,2402	0,93544	0,35347
36,28	56,9885	5,6207	1,7792	0,42578	0,90483	36,78	57,7739	1,2328	8,1118	0,94088	0,33874
36,29	57,0042	5,7096	1,7514	0,43994	0,89803	36,79	57,7896	1,2523	7,9854	0,94609	0,32392
36,30	57,0199	5,8000	1,7241	0,45399	0,89101	36,80	57,8053	1,2721	7,8610	0,95106	0,30902
36,31	57,0357	5,8918	1,6972	0,46792	0,88377	36,81	57,8210	1,2922	7,7384	0,95579	0,29404
36,32	57,0514	5,9851	1,6708	0,48175	0,87631	36,82	57,8368	1,3127	7,6178	0,96029	0,27899
36,33	57,0671	6,0799	1,6447	0,49546	0,86863	36,83	57,8525	1,3335	7,4991	0,96456	0,26387
36,34	57,0828	6,1762	1,6191	0,50904	0,86074	36,84	57,8682	1,3546	7,3822	0,96858	0,24869
36,35	57,0985	6,2740	1,5939	0,52250	0,85264	36,85	57,8839	1,3760	7,2672	0,97237	0,23345
36,36	57,1142	6,3733	1,5691	0,53583	0,84433	36,86	57,8996	1,3978	7,1539	0,97592	0,21814
36,37	57,1299	6,4742	1,5446	0,54902	0,83581	36,87	57,9153	1,4199	7,0424	0,97922	0,20279
36,38	57,1456	6,5767	1,5205	0,56208	0,82708	36,88	57,9310	1,4424	6,9327	0,98229	0,18738
36,39	57,1613	6,6808	1,4968	0,57501	0,81815	36,89	57,9467	1,4653	6,8247	0,98511	0,17193
36,40	57,1770	6,7866	1,4735	0,58779	0,80902	36,90	57,9624	1,4885	6,7183	0,98769	0,15643
36,41	57,1927	6,8940	1,4505	0,60042	0,79968	36,91	57,9781	1,5121	6,6136	0,99002	0,14090
36,42	57,2084	7,0031	1,4279	0,61291	0,79016	36,92	57,9938	1,5360	6,5105	0,99211	0,12533
36,43	57,2241	7,1140	1,4057	0,62524	0,78043	36,93	58,0095	1,5603	6,4090	0,99396	0,10973
36,44	57,2399	7,2267	1,3838	0,63742	0,77051	36,94	58,0253	1,5850	6,3091	0,99556	0,09411
36,45	57,2556	7,3411	1,3622	0,64945	0,76041	36,95	58,0410	1,6101	6,2108	0,99692	0,07846
36,46	57,2713	7,4573	1,3410	0,66131	0,75011	36,96	58,0567	1,6356	6,1140	0,99803	0,06279
36,47	57,2870	7,5754	1,3201	0,67301	0,73963	36,97	58,0724	1,6615	6,0187	0,99889	0,04711
36,48	57,3027	7,6953	1,2995	0,68455	0,72897	36,98	58,0881	1,6878	5,9249	0,99951	0,03141
36,49	57,3184	7,8171	1,2792	0,69591	0,71813	36,99	58,1038	1,7146	5,8326	0,99988	0,01571
36,50	57,3341	$7{,}9409\cdot10^{24}$	$1{,}2593\cdot10^{-25}$	0,70711	0,70711	37,00	58,1195	$1{,}7417\cdot10^{25}$	$5{,}7417\cdot10^{-26}$	1,00000	$\pm 0{,}00000$

x	$\dfrac{\pi x}{2}$	$e^{\frac{\pi x}{2}}$	$e^{-\frac{\pi x}{2}}$	$\sin\dfrac{\pi x}{2}$	$\cos\dfrac{\pi x}{2}$	x	$\dfrac{\pi x}{2}$	$e^{\frac{\pi x}{2}}$	$e^{-\frac{\pi x}{2}}$	$\sin\dfrac{\pi x}{2}$	$\cos\dfrac{\pi x}{2}$
37,00	58,1195	$1{,}7417\cdot10^{25}$	$5{,}7417\cdot10^{-26}$	1,00000	±0,00000	37,50	58,9049	$3{,}8199\cdot10^{25}$	$2{,}6178\cdot10^{-26}$	0,70711	−0,70711
37,01	58,1352	1,7692	5,6522	0,99988	−0,01571	37,51	58,9206	3,8804	2,5770	0,69591	−0,71813
37,02	58,1509	1,7972	5,5641	0,99951	−0,03141	37,52	58,9363	3,9419	2,5369	0,68455	−0,72897
37,03	58,1666	1,8257	5,4774	0,99889	−0,04711	37,53	58,9520	4,0043	2,4973	0,67301	−0,73963
37,04	58,1823	1,8546	5,3920	0,99803	−0,06279	37,54	58,9677	4,0677	2,4584	0,66131	−0,75011
37,05	58,1980	1,8840	5,3079	0,99692	−0,07846	37,55	58,9834	4,1321	2,4201	0,64945	−0,76041
37,06	58,2137	1,9138	5,2252	0,99556	−0,09411	37,56	58,9992	4,1975	2,3824	0,63742	−0,77051
37,07	58,2295	1,9441	5,1438	0,99396	−0,10973	37,57	59,0149	4,2639	2,3453	0,62524	−0,78043
37,08	58,2452	1,9749	5,0636	0,99211	−0,12533	37,58	59,0306	4,3314	2,3087	0,61291	−0,79016
37,09	58,2609	2,0062	4,9847	0,99002	−0,14090	37,59	59,0463	4,4000	2,2727	0,60042	−0,79968
37,10	58,2766	2,0379	4,9070	0,98769	−0,15643	37,60	59,0620	4,4697	2,2373	0,58779	−0,80902
37,11	58,2923	2,0701	4,8306	0,98511	−0,17193	37,61	59,0777	4,5404	2,2024	0,57501	−0,81815
37,12	58,3080	2,1029	4,7553	0,98229	−0,18738	37,62	59,0934	4,6123	2,1681	0,56208	−0,82708
37,13	58,3237	2,1362	4,6812	0,97922	−0,20279	37,63	59,1091	4,6853	2,1343	0,54902	−0,83581
37,14	58,3394	2,1700	4,6082	0,97592	−0,21814	37,64	59,1248	4,7595	2,1011	0,53583	−0,84433
37,15	58,3551	2,2044	4,5364	0,97237	−0,23345	37,65	59,1405	4,8348	2,0683	0,52250	−0,85264
37,16	58,3708	2,2393	4,4657	0,96858	−0,24869	37,66	59,1562	4,9114	2,0361	0,50904	−0,86074
37,17	58,3865	2,2748	4,3961	0,96456	−0,26387	37,67	59,1719	4,9892	2,0043	0,49546	−0,86863
37,18	58,4022	2,3108	4,3276	0,96029	−0,27899	37,68	59,1876	5,0682	1,9731	0,48175	−0,87631
37,19	58,4180	2,3474	4,2601	0,95579	−0,29404	37,69	59,2033	5,1484	1,9424	0,46792	−0,88377
37,20	58,4337	2,3845	4,1937	0,95106	−0,30902	37,70	59,2191	5,2299	1,9121	0,45399	−0,89101
37,21	58,4494	2,4223	4,1283	0,94609	−0,32392	37,71	59,2348	5,3127	1,8823	0,43994	−0,89803
37,22	58,4651	2,4606	4,0640	0,94088	−0,33874	37,72	59,2505	5,3968	1,8529	0,42578	−0,90483
37,23	58,4808	2,4995	4,0007	0,93544	−0,35347	37,73	59,2662	5,4823	1,8240	0,41151	−0,91140
37,24	58,4965	2,5391	3,9383	0,92978	−0,36812	37,74	59,2819	5,5691	1,7956	0,39715	−0,91775
37,25	58,5122	2,5793	3,8769	0,92388	−0,38268	37,75	59,2976	5,6572	1,7676	0,38268	−0,92388
37,26	58,5279	2,6202	3,8165	0,91775	−0,39715	37,76	59,3133	5,7468	1,7401	0,36812	−0,92978
37,27	58,5436	2,6617	3,7570	0,91140	−0,41151	37,77	59,3290	5,8378	1,7130	0,35347	−0,93544
37,28	58,5593	2,7038	3,6985	0,90483	−0,42578	37,78	59,3447	5,9302	1,6863	0,33874	−0,94088
37,29	58,5750	2,7466	3,6408	0,89803	−0,43994	37,79	59,3604	6,0241	1,6600	0,32392	−0,94609
37,30	58,5907	2,7901	3,5841	0,89101	−0,45399	37,80	59,3761	6,1195	1,6341	0,30902	−0,95106
37,31	58,6065	2,8342	3,5283	0,88377	−0,46792	37,81	59,3918	6,2164	1,6087	0,29404	−0,95579
37,32	58,6222	2,8791	3,4733	0,87631	−0,48175	37,82	59,4076	6,3148	1,5836	0,27899	−0,96029
37,33	58,6379	2,9247	3,4191	0,86863	−0,49546	37,83	59,4233	6,4147	1,5589	0,26387	−0,96456
37,34	58,6536	2,9710	3,3658	0,86074	−0,50904	37,84	59,4390	6,5163	1,5346	0,24869	−0,96858
37,35	58,6693	3,0180	3,3133	0,85264	−0,52250	37,85	59,4547	6,6195	1,5107	0,23345	−0,97237
37,36	58,6850	3,0658	3,2617	0,84433	−0,53583	37,86	59,4704	6,7243	1,4872	0,21814	−0,97592
37,37	58,7007	3,1144	3,2109	0,83581	−0,54902	37,87	59,4861	6,8308	1,4640	0,20279	−4,97922
37,38	58,7164	3,1637	3,1609	0,82708	−0,56208	37,88	59,5018	6,9389	1,4412	0,18738	−0,98229
37,39	58,7321	3,2138	3,1116	0,81815	−0,57501	37,89	59,5175	7,0487	1,4187	0,17193	−0,98511
37,40	58,7478	3,2647	3,0631	0,80902	−0,58779	37,90	59,5332	7,1603	1,3966	0,15643	−0,98769
37,41	58,7635	3,3164	3,0154	0,79968	−0,60042	37,91	59,5489	7,2736	1,3748	0,14090	−0,99002
37,42	58,7792	3,3689	2,9684	0,79016	−0,61291	37,92	59,5646	7,3888	1,3534	0,12533	−0,99211
37,43	58,7949	3,4222	2,9221	0,78043	−0,62524	37,93	59,5803	7,5058	1,3323	0,10973	−0,99396
37,44	58,8107	3,4764	2,8766	0,77051	−0,63742	37,94	59,5961	7,6246	1,3115	0,09411	−0,99556
37,45	58,8264	3,5314	2,8318	0,76041	−0,64945	37,95	59,6118	7,7453	1,2911	0,07846	−0,99692
37,46	58,8421	3,5873	2,7876	0,75011	−0,66131	37,96	59,6275	7,8680	1,2710	0,06279	−0,99803
37,47	58,8578	3,6441	2,7442	0,73963	−0,67301	37,97	59,6432	7,9926	1,2512	0,04711	−0,99889
37,48	58,8735	3,7018	2,7014	0,72897	−0,68455	37,98	59,6589	8,1191	1,2317	0,03141	−0,99951
37,49	58,8892	3,7604	2,6593	0,71813	−0,69591	37,99	59,6746	8,2476	1,2125	0,01571	−0,99988
37,50	58,9049	$3{,}8199\cdot10^{25}$	$2{,}6178\cdot10^{-26}$	0,70711	−0,70711	38,00	59,6903	$8{,}3782\cdot10^{25}$	$1{,}1936\cdot10^{-26}$	±0,00000	−1,00000

x	$\dfrac{\pi x}{2}$	$e^{\frac{\pi x}{2}}$	$e^{-\frac{\pi x}{2}}$	$\sin\dfrac{\pi x}{2}$	$\cos\dfrac{\pi x}{2}$	x	$\dfrac{\pi x}{2}$	$e^{\frac{\pi x}{2}}$	$e^{-\frac{\pi x}{2}}$	$\sin\dfrac{\pi x}{2}$	$\cos\dfrac{\pi x}{2}$
38,00	59,6903	$8{,}3782\cdot10^{25}$	$1{,}1936\cdot10^{-26}$	$\pm0{,}00000$	$-1{,}00000$	38,50	60,4757	$1{,}8376\cdot10^{26}$	$5{,}4420\cdot10^{-27}$	$-0{,}70711$	$-0{,}70711$
38,01	59,7060	8,5108	1,1750	$-0{,}01571$	$-0{,}99988$	38,51	60,4914	1,8667	5,3571	$-0{,}71813$	$-0{,}69591$
38,02	59,7217	8,6456	1,1567	$-0{,}03141$	$-0{,}99951$	38,52	60,5071	1,8962	5,2736	$-0{,}72897$	$-0{,}68455$
38,03	59,7374	8,7825	1,1387	$-0{,}04711$	$-0{,}99889$	38,53	60,5228	1,9262	5,1914	$-0{,}73963$	$-0{,}67301$
38,04	59,7531	8,9215	1,1209	$-0{,}06279$	$-0{,}99803$	38,54	60,5385	1,9567	5,1105	$-0{,}75011$	$-0{,}66131$
38,05	59,7688	9,0627	1,1034	$-0{,}07846$	$-0{,}99692$	38,55	60,5542	1,9877	5,0309	$-0{,}76041$	$-0{,}64945$
38,06	59,7845	9,2062	1,0862	$-0{,}09411$	$-0{,}99556$	38,56	60,5700	2,0192	4,9525	$-0{,}77051$	$-0{,}63742$
38,07	59,8003	9,3520	1,0693	$-0{,}10973$	$-0{,}99396$	38,57	60,5857	2,0511	4,8753	$-0{,}78043$	$-0{,}62524$
38,08	59,8160	9,5001	1,0526	$-0{,}12533$	$-0{,}99211$	38,58	60,6014	2,0836	4,7993	$-0{,}79016$	$-0{,}61291$
38,09	59,8317	9,6504	1,0362	$-0{,}14090$	$-0{,}99002$	38,59	60,6171	2,1166	4,7245	$-0{,}79968$	$-0{,}60042$
38,10	59,8474	9,8032	1,0201	$-0{,}15643$	$-0{,}98769$	38,60	60,6328	2,1501	4,6509	$-0{,}80902$	$-0{,}58779$
38,11	59,8631	$9{,}9584\cdot10^{25}$	$1{,}0042\cdot10^{-26}$	$-0{,}17193$	$-0{,}98511$	38,61	60,6485	2,1841	4,5784	$-0{,}81815$	$-0{,}57501$
38,12	59,8788	$1{,}0116\cdot10^{26}$	$9{,}8852\cdot10^{-27}$	$-0{,}18738$	$-0{,}98229$	38,62	60,6642	2,2187	4,5071	$-0{,}82708$	$-0{,}56208$
38,13	59,8945	1,0276	9,7312	$-0{,}20279$	$-0{,}97922$	38,63	60,6799	2,2539	4,4369	$-0{,}83581$	$-0{,}54902$
38,14	59,9102	1,0439	9,5795	$-0{,}21814$	$-0{,}97592$	38,64	60,6956	2,2896	4,3677	$-0{,}84433$	$-0{,}53583$
38,15	59,9259	1,0604	9,4302	$-0{,}23345$	$-0{,}97237$	38,65	60,7113	2,3258	4,2996	$-0{,}85264$	$-0{,}52250$
38,16	59,9416	1,0772	9,2832	$-0{,}24869$	$-0{,}96858$	38,66	60,7270	2,3626	4,2326	$-0{,}86074$	$-0{,}50904$
38,17	59,9573	1,0943	9,1385	$-0{,}26387$	$-0{,}96456$	38,67	60,7427	2,4000	4,1666	$-0{,}86863$	$-0{,}49546$
38,18	59,9730	1,1116	8,9961	$-0{,}27899$	$-0{,}96029$	38,68	60,7584	2,4380	4,1017	$-0{,}87631$	$-0{,}48175$
38,19	59,9888	1,1292	8,8559	$-0{,}29404$	$-0{,}95579$	38,69	60,7741	2,4766	4,0377	$-0{,}88377$	$-0{,}46792$
38,20	60,0045	1,1471	8,7179	$-0{,}30902$	$-0{,}95106$	38,70	60,7899	2,5158	3,9748	$-0{,}89101$	$-0{,}45399$
38,21	60,0202	1,1653	8,5821	$-0{,}32392$	$-0{,}94609$	38,71	60,8056	2,5556	3,9129	$-0{,}89803$	$-0{,}43994$
38,22	60,0359	1,1837	8,4483	$-0{,}33874$	$-0{,}94088$	38,72	60,8213	2,5961	3,8519	$-0{,}90483$	$-0{,}42578$
38,23	60,0516	1,2025	8,3166	$-0{,}35347$	$-0{,}93544$	38,73	60,8370	2,6372	3,7919	$-0{,}91140$	$-0{,}41151$
38,24	60,0673	1,2215	8,1870	$-0{,}36812$	$-0{,}92978$	38,74	60,8527	2,6790	3,7328	$-0{,}91775$	$-0{,}39715$
38,25	60,0830	1,2408	8,0594	$-0{,}38268$	$-0{,}92388$	38,75	60,8684	2,7214	3,6746	$-0{,}92388$	$-0{,}38268$
38,26	60,0987	1,2604	7,9338	$-0{,}39715$	$-0{,}91775$	38,76	60,8841	2,7645	3,6173	$-0{,}92978$	$-0{,}36812$
38,27	60,1144	1,2804	7,8101	$-0{,}41151$	$-0{,}91140$	38,77	60,8998	2,8082	3,5609	$-0{,}93544$	$-0{,}35347$
38,28	60,1301	1,3007	7,6884	$-0{,}42578$	$-0{,}90483$	38,78	60,9155	2,8527	3,5054	$-0{,}94088$	$-0{,}33874$
38,29	60,1458	1,3213	7,5686	$-0{,}43994$	$-0{,}89803$	38,79	60,9312	2,8979	3,4508	$-0{,}94609$	$-0{,}32392$
38,30	60,1615	1,3422	7,4506	$-0{,}45399$	$-0{,}89101$	38,80	60,9469	2,9438	3,3970	$-0{,}95106$	$-0{,}30902$
38,31	60,1773	1,3634	7,3345	$-0{,}46792$	$-0{,}88377$	38,81	60,9626	2,9904	3,3441	$-0{,}95579$	$-0{,}29404$
38,32	60,1930	1,3850	7,2202	$-0{,}48175$	$-0{,}87631$	38,82	60,9784	3,0377	3,2920	$-0{,}96029$	$-0{,}27899$
38,33	60,2087	1,4069	7,1077	$-0{,}49546$	$-0{,}86863$	38,83	60,9941	3,0858	3,2406	$-0{,}96456$	$-0{,}26387$
38,34	60,2244	1,4292	6,9969	$-0{,}50904$	$-0{,}86074$	38,84	61,0098	3,1346	3,1901	$-0{,}96858$	$-0{,}24869$
38,35	60,2401	1,4518	6,8879	$-0{,}52250$	$-0{,}85264$	38,85	61,0255	3,1843	3,1404	$-0{,}97237$	$-0{,}23345$
38,36	60,2558	1,4748	6,7805	$-0{,}53583$	$-0{,}84433$	38,86	61,0412	3,2347	3,0915	$-0{,}97592$	$-0{,}21814$
38,37	60,2715	1,4982	6,6748	$-0{,}54902$	$-0{,}83581$	38,87	61,0569	3,2859	3,0433	$-0{,}97922$	$-0{,}20279$
38,38	60,2872	1,5219	6,5708	$-0{,}56208$	$-0{,}82708$	38,88	61,0726	3,3379	2,9959	$-0{,}98229$	$-0{,}18738$
38,39	60,3029	1,5460	6,4684	$-0{,}57501$	$-0{,}81815$	38,89	61,0883	3,3908	2,9492	$-0{,}98511$	$-0{,}17193$
38,40	60,3186	1,5705	6,3676	$-0{,}58779$	$-0{,}80902$	38,90	61,1040	3,4445	2,9032	$-0{,}98769$	$-0{,}15643$
38,41	60,3343	1,5954	6,2683	$-0{,}60042$	$-0{,}79968$	38,91	61,1197	3,4990	2,8579	$-0{,}99002$	$-0{,}14090$
38,42	60,3500	1,6206	6,1706	$-0{,}61291$	$-0{,}79016$	38,92	61,1354	3,5544	2,8134	$-0{,}99211$	$-0{,}12533$
38,43	66,3657	1,6462	6,0745	$-0{,}62524$	$-0{,}78043$	38,93	61,1511	3,6106	2,7696	$-0{,}99396$	$-0{,}10973$
38,44	60,3815	1,6723	5,9798	$-0{,}63742$	$-0{,}77051$	38,94	61,1669	3,6678	2,7264	$-0{,}99556$	$-0{,}09411$
38,45	60,3972	1,6988	5,8866	$-0{,}64945$	$-0{,}76041$	38,95	61,1826	3,7259	2,6839	$-0{,}99692$	$-0{,}07846$
38,46	60,4129	1,7257	5,7949	$-0{,}66131$	$-0{,}75011$	38,96	61,1983	3,7849	2,6421	$-0{,}99803$	$-0{,}06279$
38,47	60,4286	1,7530	5,7045	$-0{,}67301$	$-0{,}73963$	38,97	61,2140	3,8448	2,6009	$-0{,}99889$	$-0{,}04711$
38,48	60,4443	1,7807	5,6156	$-0{,}68455$	$-0{,}72897$	38,98	61,2297	3,9057	2,5604	$-0{,}99951$	$-0{,}03141$
38,49	60,4600	1,8089	5,5281	$-0{,}69591$	$-0{,}71813$	38,99	61,2454	3,9675	2,5205	$-0{,}99988$	$-0{,}01571$
38,50	60,4757	$1{,}8376\cdot10^{26}$	$5{,}4420\cdot10^{-27}$	$-0{,}70711$	$-0{,}70711$	39,00	61,2611	$4{,}0303\cdot10^{26}$	$2{,}4812\cdot10^{-27}$	$-1{,}00000$	$\mp0{,}00000$

x	$\frac{\pi x}{2}$	$e^{\frac{\pi x}{2}}$	$e^{-\frac{\pi x}{2}}$	$\sin\frac{\pi x}{2}$	$\cos\frac{\pi x}{2}$	x	$\frac{\pi x}{2}$	$e^{\frac{\pi x}{2}}$	$e^{-\frac{\pi x}{2}}$	$\sin\frac{\pi x}{2}$	$\cos\frac{\pi x}{2}$
39,00	61,2611	$4{,}0303\cdot10^{26}$	$2{,}4812\cdot10^{-27}$	−1,00000	∓0,00000	39,50	62,0465	$8{,}8396\cdot10^{26}$	$1{,}1313\cdot10^{-27}$	−0,70711	0,70711
39,01	61,2768	4,0941	2,4426	−0,99988	0,01571	39,51	62,0622	8,9795	1,1137	−0,69591	0,71813
39,02	61,2925	4,1589	2,4045	−0,99951	0,03141	39,52	62,0779	9,1217	1,0963	−0,68455	0,72897
39,03	61,3082	4,2248	2,3670	−0,99889	0,04711	39,53	62,0936	9,2661	1,0792	−0,67301	0,73963
39,04	61,3239	4,2917	2,3301	−0,99803	0,06279	39,54	62,1093	9,4128	1,0624	−0,66131	0,75011
39,05	61,3396	4,3596	2,2938	−0,99692	0,07846	39,55	62,1250	9,5618	1,0458	−0,64945	0,76041
39,06	61,3553	4,4286	2,2580	−0,99556	0,09411	39,56	62,1408	9,7132	1,0295	−0,63742	0,77051
39,07	61,3711	4,4988	2,2228	−0,99396	0,10973	39,57	62,1565	$9{,}8670\cdot10^{26}$	$1{,}0135\cdot10^{-27}$	−0,62524	0,78043
39,08	61,3868	4,5700	2,1882	−0,99211	0,12533	39,58	62,1722	$1{,}0023\cdot10^{27}$	$9{,}9768\cdot10^{-28}$	−0,61291	0,79016
39,09	61,4025	4,6423	2,1541	−0,99002	0,14090	39,59	62,1879	1,0182	9,8214	−0,60042	0,79968
39,10	61,4182	4,7158	2,1205	−0,98769	0,15643	39,60	62,2036	1,0343	9,6683	−0,58779	0,80902
39,11	61,4339	4,7905	2,0874	−0,98511	0,17193	39,61	62,2193	1,0507	9,5176	−0,57501	0,81815
39,12	61,4496	4,8663	2,0549	−0,98229	0,18738	39,62	62,2350	1,0673	9,3692	−0,56208	0,82708
39,13	61,4653	4,9433	2,0229	−0,97922	0,20279	39,63	62,2507	1,0842	9,2232	−0,54902	0,83581
39,14	61,4810	5,0216	1,9914	−0,97592	0,21814	39,64	62,2664	1,1014	9,0795	−0,53583	0,84433
39,15	61,4967	5,1011	1,9604	−0,97237	0,23345	39,65	62,2821	1,1188	8,9380	−0,52250	0,85264
39,16	61,5124	5,1819	1,9298	−0,96858	0,24869	39,66	62,2978	1,1365	8,7987	−0,50904	0,86074
39,17	61,5281	5,2640	1,8997	−0,96456	0,26387	39,67	62,3135	1,1545	8,6615	−0,49546	0,86863
39,18	61,5438	5,3473	1,8701	−0,96029	0,27899	39,68	62,3292	1,1728	8,5265	−0,48175	0,87631
39,19	61,5596	5,4319	1,8410	−0,95579	0,29404	39,69	62,3449	1,1913	8,3936	−0,46792	0,88377
39,20	61,5753	5,5179	1,8123	−0,95106	0,30902	39,70	62,3607	1,2102	8,2628	−0,45399	0,89101
39,21	61,5910	5,6052	1,7840	−0,94609	0,32392	39,71	62,3764	1,2294	8,1341	−0,43994	0,89803
39,22	61,6067	5,6940	1,7562	−0,94088	0,33874	39,72	62,3921	1,2489	8,0073	−0,42578	0,90483
39,23	61,6224	5,7842	1,7288	−0,93544	0,35347	39,73	62,4078	1,2686	7,8825	−0,41151	0,91140
39,24	61,6381	5,8758	1,7019	−0,92978	0,36812	39,74	62,4235	1,2887	7,7596	−0,39715	0,91775
39,25	61,6538	5,9688	1,6754	−0,92388	0,38268	39,75	62,4392	1,3091	7,6387	−0,38268	0,92388
39,26	61,6695	6,0633	1,6493	−0,91775	0,39715	39,76	62,4549	1,3298	7,5197	−0,36812	0,92978
39,27	61,6852	6,1593	1,6236	−0,91140	0,41151	39,77	62,4706	1,3509	7,4025	−0,35347	0,93544
39,28	61,7009	6,2568	1,5983	−0,90483	0,42578	39,78	62,4863	1,3723	7,2871	−0,33874	0,94088
39,29	61,7166	6,3559	1,5733	−0,89803	0,43994	39,79	62,5020	1,3940	7,1735	−0,32392	0,94609
39,30	61,7323	6,4565	1,5488	−0,89101	0,45399	39,80	62,5177	1,4161	7,0617	−0,30902	0,95106
39,31	61,7481	6,5587	1,5247	−0,88377	0,46792	39,81	62,5334	1,4385	6,9516	−0,29404	0,95579
39,32	61,7638	6,6625	1,5009	−0,87631	0,48175	39,82	62,5492	1,4613	6,8433	−0,27899	0,96029
39,33	61,7795	6,7680	1,4775	−0,86863	0,49546	39,83	62,5649	1,4844	6,7367	−0,26387	0,96456
39,34	61,7952	6,8752	1,4545	−0,86074	0,50904	39,84	62,5806	1,5079	6,6317	−0,24869	0,96858
39,35	61,8109	6,9840	1,4318	−0,85264	0,52250	39,85	62,5963	1,5318	6,5284	−0,23345	0,97237
39,36	61,8266	7,0946	1,4095	−0,84433	0,53583	39,86	62,6120	1,5560	6,4266	−0,21814	0,97592
39,37	61,8423	7,2069	1,3875	−0,83581	0,54902	39,87	62,6277	1,5807	6,3264	−0,20279	0,97922
39,38	61,8580	7,3210	1,3659	−0,82708	0,56208	39,88	62,6434	1,6057	6,2278	−0,18738	0,98229
39,39	61,8737	7,4369	1,3446	−0,81815	0,57501	39,89	62,6591	1,6311	6,1308	−0,17193	0,98511
39,40	61,8894	7,5546	1,3237	−0,80902	0,58779	39,90	62,6748	1,6569	6,0352	−0,15643	0,98769
39,41	61,9051	7,6743	1,3031	−0,79968	0,60042	39,91	62,6905	1,6831	5,9411	−0,14090	0,99002
39,42	61,9208	7,7958	1,2828	−0,79016	0,61291	39,92	62,7062	1,7098	5,8485	−0,12533	0,99211
39,43	61,9365	7,9191	1,2628	−0,78043	0,62524	39,93	62,7219	1,7369	5,7574	−0,10973	0,99396
39,44	61,9523	8,0445	1,2431	−0,77051	0,63742	39,94	62,7377	1,7644	5,6677	−0,09411	0,99556
39,45	61,9680	8,1719	1,2237	−0,76041	0,64945	39,95	62,7534	1,7923	5,5794	−0,07846	0,99692
39,46	61,9837	8,3013	1,2046	−0,75011	0,66131	39,96	62,7691	1,8207	5,4924	−0,06279	0,99803
39,47	61,9994	8,4327	1,1859	−0,73963	0,67301	39,97	62,7848	1,8495	5,4068	−0,04711	0,99889
39,48	62,0151	8,5662	1,1674	−0,72897	0,68455	39,98	62,8005	1,8788	5,3225	−0,03141	0,99951
39,49	62,0308	8,7018	1,1492	−0,71813	0,69591	39,99	62,8162	1,9086	5,2395	−0,01571	0,99988
39,50	62,0465	$8{,}8396\cdot10^{26}$	$1{,}1313\cdot10^{-27}$	−0,70711	0,70711	40,00	62,8319	$1{,}9388\cdot10^{27}$	$5{,}1579\cdot10^{-28}$	−0,00000	1,00000

7. Zahlenwerte der Tafel 3.

x	$Ei(x)$		$Ei(-x)$		$\mathfrak{S}i(x)$		$\mathfrak{C}i(x)$		$Si(x)$		$Ci(x)$	
0,00	$-\infty$		$-\infty$		0,0000	100	$-\infty$		0,0000	100	$-\infty$	
0,01	$-4,595$	703	$-4,615$	683	0,0100	100	$-4,605$	693	0,0100	100	$-4,605$	693
0,02	$-3,892$	416	$-3,932$	396	0,0200	100	$-3,912$	406	0,0200	100	$-3,912$	405
0,03	$-3,476$	297	$-3,536$	277	0,0300	100	$-3,506$	287	0,0300	100	$-3,507$	288
0,04	$-3,179$	234	$-3,259$	214	0,0400	100	$-3,219$	224	0,0400	100	$-3,219$	223
0,05	$-2,945$	192	$-3,045$	172	0,0500	100	$-2,995$	182	0,0500	100	$-2,996$	182
0,06	$-2,753$	165	$-2,873$	145	0,0600	100	$-2,813$	155	0,0600	100	$-2,814$	153
0,07	$-2,588$	144	$-2,728$	124	0,0700	100	$-2,658$	134	0,0700	100	$-2,661$	134
0,08	$-2,444$	128	$-2,604$	108	0,0800	100	$-2,524$	118	0,0800	100	$-2,527$	117
0,09	$-2,316$	116	$-2,496$	96	0,0900	101	$-2,406$	106	0,0900	99	$-2,410$	105
0,10	$-2,200$	106	$-2,400$	86	0,1001	100	$-2,300$	96	0,0999	100	$-2,305$	95
0,11	$-2,094$	97	$-2,314$	77	0,1101	100	$-2,204$	87	0,1099	100	$-2,210$	86
0,12	$-1,997$	91	$-2,237$	71	0,1201	101	$-2,117$	81	0,1199	100	$-2,124$	80
0,13	$-1,906$	85	$-2,166$	65	0,1302	100	$-2,036$	75	0,1299	99	$-2,044$	73
0,14	$-1,821$	80	$-2,101$	59	0,1402	100	$-1,961$	69	0,1398	100	$-1,971$	68
0,15	$-1,741$	75	$-2,042$	56	0,1502	100	$-1,892$	66	0,1498	100	$-1,903$	64
0,16	$-1,666$	72	$-1,986$	51	0,1602	101	$-1,826$	61	0,1598	99	$-1,839$	60
0,17	$-1,594$	68	$-1,935$	48	0,1703	100	$-1,765$	58	0,1697	100	$-1,779$	56
0,18	$-1,526$	65	$-1,887$	45	0,1803	101	$-1,707$	55	0,1797	99	$-1,723$	53
0,19	$-1,461$	62	$-1,842$	42	0,1904	100	$-1,652$	53	0,1896	100	$-1,670$	51
0,20	$-1,399$	60	$-1,800$	40	0,2004	101	$-1,599$	49	0,1996	99	$-1,619$	47
0,21	$-1,339$	58	$-1,760$	37	0,2105	101	$-1,550$	48	0,1995	99	$-1,572$	46
0,22	$-1,281$	55	$-1,723$	36	0,2206	101	$-1,502$	45	0,2194	99	$-1,526$	43
0,23	$-1,226$	54	$-1,687$	34	0,2307	101	$-1,457$	44	0,2293	99	$-1,483$	41
0,24	$-1,172$	52	$-1,653$	31	0,2408	101	$-1,413$	42	0,2392	99	$-1,442$	40
0,25	$-1,120$	51	$-1,622$	31	0,2509	101	$-1,371$	41	0,2491	99	$-1,402$	38
0,26	$-1,069$	49	$-1,591$	29	0,2610	101	$-1,330$	39	0,2590	99	$-1,364$	36
0,27	$-0,020$	48	$-1,562$	27	0,2711	101	$-1,291$	37	0,2689	99	$-1,328$	35
0,28	$-0,972$	47	$-1,535$	27	0,2812	102	$-1,254$	37	0,2788	98	$-1,293$	34
0,29	$-,0,925$	45	$-1,508$	25	0,2914	101	$-1,217$	35	0,2886	99	$-1,259$	33
0,30	$-0,880$	45	$-1,483$	24	0,3015	102	$-1,182$	35	0,2985	98	$-1,226$	31
0,31	$-0,835$	43	$-1,459$	23	0,3117	101	$-1,147$	33	0,3083	99	$-1,195$	30
0,32	$-0,792$	43	$-1,436$	23	0,3218	102	$-1,114$	33	0,3182	98	$-1,165$	29
0,33	$-0,749$	41	$-1,413$	21	0,3320	102	$-1,081$	31	0,3280	98	$-1,136$	28
0,34	$-0,708$	41	$-1,392$	21	0,3422	102	$-1,050$	31	0,3378	98	$-1,108$	28
0,35	$-0,667$	41	$-1,371$	19	0,3524	102	$-1,019$	30	0,3476	98	$-1,080$	26
0,36	$-0,626$	39	$-1,352$	19	0,3626	102	$-0,989$	29	0,3574	98	$-1,054$	26
0,37	$-0,587$	39	$-1,333$	19	0,3728	102	$-0,960$	29	0,3672	98	$-1,028$	24
0,38	$-0,548$	38	$-1,314$	17	0,3830	103	$-0,931$	27	0,3770	97	$-1,004$	250
0,39	$-0,510$	38	$-1,297$	17	0,3933	103	$-0,904$	28	0,3867	97	$-0,9794$	235
0,40	$-0,472$	37	$-1,280$	17	0,4036	102	$-0,876$	27	0,3964	98	$-0,9559$	227
0,41	$-0,435$	36	$-1,263$	16	0,4138	103	$-0,849$	26	0,4062	97	$-0,9332$	220
0,42	$-0,399$	36	$-1,247$	15	0,4241	103	$-0,823$	25	0,4159	97	$-0,9112$	215
0,43	$-0,363$	36	$-1,232$	15	0,4344	103	$-0,798$	26	0,4256	97	$-0,8897$	208
0,44	$-0,327$	35	$-1,217$	14	0,4447	104	$-0,772$	24	0,4353	96	$-0,8689$	203
0,45	$-0,292$	34	$-1,203$	14	0,4551	103	$-0,748$	24	0,4449	97	$-0,8486$	198
0,46	$-0,258$	34	$-1,189$	14	0,4654	104	$-0,724$	25	0,4546	96	$-0,8288$	192
0,47	$-0,224$	34	$-1,175$	13	0,4758	104	$-0,699$	23	0,4642	96	$-0,8096$	187
0,48	$-0,190$	34	$-1,162$	13	0,4862	103	$-0,676$	23	0,4738	97	$-0,7909$	182
0,49	$-0,156$	33	$-1,149$	12	0,4965	105	$-0,653$	23	0,4835	95	$-0,7727$	176
0,50	$-0,123$		$-1,137$		0,5070		$-0,630$		0,4930		$-0,7551$	

x	$Ei(x)$		$Ei(-x)$		$\mathfrak{S}i(x)$		$\mathfrak{C}i(x)$		$Si(x)$		$Ci(x)$	
0,50	− 0,123	33	− 1,137	12	0,5070	104	− 0,630	22	0,4930	96	− 0,7551	174
0,51	− 0,090	32	− 1,125	12	0,5174	104	− 0,608	22	0,5026	96	− 0,7377	169
0,52	− 0,058	32	− 1,113	11	0,5278	105	− 0,586	22	0,5122	95	− 0,7208	165
0,53	− 0,026	20	− 1,102	11	0,5383	105	− 0,564	21	0,5217	95	− 0,7043	161
0,54	0,006	32	− 1,091	10	0,5488	105	− 0,543	21	0,5312	95	− 0,6882	157
0,55	0,038	32	− 1,081	11	0,5593	104	− 0,522	22	0,5407	96	− 0,6725	153
0,56	0,070	31	− 1,070	10	0,5697	106	− 0,500	20	0,5503	94	− 0,6572	149
0,57	0,101	31	− 1,060	10	0,5803	105	− 0,480	21	0,5597	95	− 0,6423	146
0,58	0,132	31	− 1,050	10	0,5908	106	− 0,459	19	0,5692	94	− 0,6277	143
0,59	0,162	30	− 1,041	9	0,6014	106	− 0,440	20	0,5786	94	− 0,6134	139
0,60	0,193	31	− 1,032	9	0,6120	107	− 0,420	20	0,5880	95	− 0,5995	136
0,61	0,223	30	− 1,023	9	0,6227	106	− 0,400	19	0,5975	94	− 0,5859	133
0,62	0,253	30	− 1,014	9	0,6333	107	− 0,381	20	0,6069	93	− 0,5726	130
0,63	0,283	30	− 1,005	8	0,6440	108	− 0,361	19	0,6162	94	− 0,5596	126
0,64	0,313	30	− 0,997	8	0,6548	107	− 0,342	18	0,6256	93	− 0,5470	124
0,65	0,342	30	− 0,989	8	0,6655	108	− 0,324	19	0,6349	93	− 0,5346	121
0,66	0,372	29	− 0,981	8	0,6763	106	− 0,305	19	0,6442	93	− 0,5225	119
0,67	0,401	29	− 0,973	7	0,6869	104	− 0,286	18	0,6535	92	− 0,5106	115
0,68	0,430	29	− 0,966	8	0,6973	113	− 0,268	18	0,6627	93	− 0,4991	113
0,69	0,459	29	− 0,958	7	0,7086	108	− 0,250	18	0,6720	92	− 0,4878	111
0,70	0,488	28	− 0,951	7	0,7194	108	− 0,232	18	0,6812	92	− 0,4767	108
0,71	0,516	29	− 0,944	7	0,7302	109	− 0,214	18	0,6904	93	− 0,4659	106
0,72	0,545	29	− 0,937	7	0,7411	110	− 0,196	18	0,6997	92	− 0,4553	103
0,73	0,574	28	− 0,930	6	0,7521	109	− 0,178	17	0,7089	91	− 0,4450	101
0,74	0,602	28	− 0,924	7	0,7630	110	− 0,161	17	0,7180	90	− 0,4349	98
0,75	0,630	28	− 0,917	6	0,7740	110	− 0,144	17	0,7270	92	− 0,4251	97
0,76	0,658	28	− 0,911	6	0,7850	110	− 0,127	17	0,7362	90	− 0,4154	94
0,77	0,686	28	− 0,905	6	0,7960	110	− 0,110	17	0,7452	90	− 0,4060	93
0,78	0,714	28	− 0,899	5	0,8070	111	− 0,093	17	0,7542	90	− 0,3967	90
0,79	0,742	28	− 0,894	6	0,8181	111	− 0,076	17	0,7632	90	− 0,3877	88
0,80	0,770	28	− 0,888	6	0,8292	110	− 0,059	17	0,7722	90	− 0,3789	86
0,81	0,798	28	− 0,882	5	0,8402	112	− 0,042	16	0,7812	90	− 0,3703	84
0,82	0,826	27	− 0,877	5	0,8514	112	− 0,026	16	0,7902	88	− 0,3619	82
0,83	0,853	28	− 0,872	6	0,8626	112	− 0,010	17	0,7990	88	− 0,3537	81
0,84	0,881	28	− 0,866	5	0,8738	113	0,007	17	0,8078	89	− 0,3456	78
0,85	0,909	27	− 0,861	5	0,8851	112	0,024	16	0,8167	88	− 0,3378	77
0,86	0,936	28	− 0,856	5	0,8963	114	0,040	17	0,8255	88	− 0,3301	75
0,87	0,964	27	− 0,851	4	0,9077	112	0,057	15	0,8343	88	− 0,3226	73
0,88	0,991	27	− 0,847	5	0,9189	113	0,072	16	0,8431	87	− 0,3153	72
0,89	1,018	28	− 0,842	5	0,9302	115	0,088	17	0,8518	87	− 0,3081	70
0,90	1,046	27	− 0,837	4	0,9417		0,105	15	0,8605	86	− 0,3011	68
0,91	1,073	27	− 0,833	4	0,9531	114	0,120	16	0,8691	87	− 0,2943	67
0,92	1,100	28	− 0,829	5	0,9645	115	0,136	16	0,8778	87	− 0,2876	65
0,93	1,128	27	− 0,824	4	0,9760	114	0,152	16	0,8865	85	− 0,2811	63
0,94	1,155	27	− 0,820	4	0,9874	116	0,168	15	0,8950	86	− 0,2748	62
0,95	1,182	27	− 0,816	4	0,9990	120	0,183	16	0,9036	86	− 0,2686	61
0,96	1,209	27	− 0,812	4	1,011	11	0,199	15	0,9122	84	− 0,2625	59
0,97	1,236	28	− 0,808	4	1,022	12	0,214	16	0,9206	86	− 0,2566	57
0,98	1,264	27	− 0,804	4	1,034	12	0,230	16	0,9292	85	− 0,2509	56
0,99	1,291	27	− 0,800	3	1,046	12	0,246	15	0,9377	83	− 0,2453	55
1,00	1,318		− 0,797		1,058		0,261		0,9460		− 0,2398	

x	$Ei(x)$		$Ei(-x)$		$\mathfrak{Si}(x)$		$\mathfrak{Ci}(x)$		$Si(x)$		$Ci(x)$	
1,00	1,318	27	− 0,797	4	1,058	12	0,261	15	0,9460	85	− 0,2398	52
1,01	1,345	27	− 0,793	4	1,070	12	0,276	15	0,9545	84	− 0,2346	51
1,02	1,372	28	− 0,789	4	1,082	11	0,291	16	0,9629	83	− 0,2295	50
1,03	1,400	27	− 0,785	3	1,093	12	0,307	15	0,9712	84	− 0,2245	50
1,04	1,427	27	− 0,782	3	1,105	12	0,322	15	0,9796	81	− 0,2195	49
1,05	1,454	27	− 0,779	3	1,117	12	0,337	15	0,9877	84	− 0,2146	47
1,06	1,481	27	− 0,776	3	1,129	12	0,352	16	0,9961	79	− 0,2099	46
1,07	1,508	28	− 0,773	4	1,141	12	0,368	15	1,004	7	− 0,2053	45
1,08	1,536	27	− 0,769	3	1,153	12	0,383	16	1,013	8	− 0,2008	43
1,09	1,563	27	− 0,766	3	1,165	12	0,399	15	1,021	8	− 0,1965	42
1,10	1,590	27	− 0,763	3	1,177	12	0,414	15	1,029	8	− 0,1923	41
1,11	1,617	28	− 0,760	3	1,189	12	0,429	15	1,037	8	− 0,1882	39
1,12	1,645	27	− 0,757	2	1,201	13	0,444	15	1,045	8	− 0,1843	38
1,13	1,672	28	− 0,755	3	1,214	12	0,459	15	1,053	8	− 0,1805	37
1,14	1,700	27	− 0,752	3	1,226	12	0,474	15	1,061	8	− 0,1768	36
1,15	1,727	28	− 0,749	3	1,238	12	0,489	15	1,069	8	− 0,1732	35
1,16	1,755	27	− 0,746	3	1,250	13	0,504	15	1,077	8	− 0,1697	34
1,17	1,782	28	− 0,743	3	1,263	12	0,519	16	1,085	7	− 0,1663	33
1,18	1,810	27	− 0,740	2	1,275	13	0,535	15	1,092	8	− 0,1630	32
1,19	1,837	28	− 0,738	2	1,288	12	0,550	15	1,100	8	− 0,1598	31
1,20	1,865	28	− 0,736	3	1,300	13	0,565	15	1,108	8	− 0,1567	30
1,21	1,893	28	− 0,733	3	1,313	13	0,580	15	1,116	7	− 0,1537	29
1,22	1,921	27	− 0,730	2	1,326	12	0,595	15	1,123	8	− 0,1508	27
1,23	1,948	28	− 0,728	2	1,338	13	0,610	15	1,131	7	− 0,1481	26
1,24	1,976	28	− 0,726	2	1,351	13	0,625	15	1,138	8	− 0,1455	25
1,25	2,004	28	− 0,724	3	1,364	13	0,640	15	1,146	8	− 0,1430	25
1,26	2,032	28	− 0,721	2	1,377	13	0,655	15	1,154	7	− 0,1405	24
1,27	2,060	28	− 0,719	2	1,390	13	0,670	16	1,161	8	− 0,1381	23
1,28	2,088	28	− 0,717	2	1,403	13	0,686	15	1,169	7	− 0,1358	22
1,29	2,116	28	− 0,715	2	1,416	13	0,701	15	1,176	8	− 0,1396	21
1,30	2,144	28	− 0,713	2	1,429	13	0,716	15	1,184	7	− 0,1315	21
1,31	2,172	29	− 0,711	2	1,442	13	0,731	15	1,191	8	− 0,1294	20
1,32	2,201	28	− 0,709	2	1,455	13	0,746	16	1,199	7	− 0,1274	18
1,33	2,229	29	− 0,707	2	1,468	13	0,762	14	1,206	8	− 0,1256	17
1,34	2,258	28	− 0,705	2	1,481	13	0,776	16	1,214	7	− 0,1239	17
1,35	2,286	29	− 0,703	2	1,494	14	0,792	15	1,221	7	− 0,1222	16
1,36	2,315	29	− 0,701	2	1,508	13	0,807	15	1,228	7	− 0,1206	15
1,37	2,344	28	− 0,699	2	1,521	14	0,822	16	1,235	7	− 0,1191	14
1,38	2,372	29	− 0,697	2	1,535	13	0,838	15	1,242	7	− 0,1177	13
1,39	2,401	29	− 0,695	2	1,548	14	0,853	15	1,249	7	− 0,1164	12
1,40	2,430	29	− 0,693	2	1,562	14	0,868	15	1,256	7	− 0,1152	12
1,41	2,459	29	− 0,691	2	1,576	13	0,883	15	1,263	7	− 0,1140	11
1,42	2,488	30	− 0,689	2	1,589	14	0,898	16	1,270	7	− 0,1129	10
1,43	2,518	29	− 0,687	1	1,603	13	0,914	16	1,277	7	− 0,1119	9
1,44	2,547	29	− 0,686	1	1,616	14	0,930	15	1,284	7	− 0,1110	9
1,45	2,576	30	− 0,685	2	1,630	14	0,945	16	1,291	7	− 0,1101	8
1,46	2,606	29	− 0,683	1	1,644	14	0,961	16	1,298	7	− 0,1093	7
1,47	2,635	30	− 0,682	2	1,658	15	0,977	15	1,305	6	− 0,1086	7
1,48	2,665	29	− 0,680	1	1,673	14	0,992	16	1,311	7	− 0,1079	6
1,49	2,694	30	− 0,679	2	1,687	14	1,008	16	1,318	7	− 0,1073	5
1,50	2,724		− 0,677		1,701		1,024		1,325		− 0,1068	

x	$Ei(x)$	Δ	$Ei(-x)$	Δ	$\mathfrak{S}i(x)$	Δ	$\mathfrak{C}i(x)$	Δ	$Si(x)$	Δ	$Ci(x)$	Δ
1,50	2,724	30	− 0,677	2	1,701	14	1,024	15	1,325	7	− 0,1068	4
1,51	2,754	30	− 0,675	1	1,715	14	1,039	16	1,332	6	− 0,1064	4
1,52	2,784	31	− 0,674	2	1,729	14	1,055	15	1,338	7	− 0,1060	3
1,53	2,815	30	− 0,672	1	1,743	14	1,070	16	1,345	6	− 0,1057	2
1,54	2,845	30	− 0,671	1	1,757	15	1,086	16	1,351	7	− 0,1055	1
1,55	2,875	30	− 0,670	2	1,772	15	1,102	16	1,358	6	− 0,1054	1
1,56	2,905	31	− 0,668	1	1,787	14	1,118	16	1,364	6	− 0,1053	0
1,57	2,936	30	− 0,667	1	1,801	15	1,134	16	1,370	7	− 0,1053	0
1,58	2,966	31	− 0,666	1	1,816	15	1,150	16	1,377	6	− 0,1053	1
1,59	2,997	31	− 0,665	1	1,831	15	1,166	16	1,383	6	− 0,1054	1
1,60	3,028	31	− 0,664	2	1,846	15	1,182	16	1,389	6	− 0,1055	2
1,61	3,059	31	− 0,662	1	1,861	15	1,198	16	1,395	6	− 0,1057	2
1,62	3,090	31	− 0,661	2	1,876	15	1,214	16	1,401	6	− 0,1059	3
1,63	3,121	31	− 0,659	1	1,891	15	1,230	17	1,407	6	− 0,1062	5
1,64	3,152	32	− 0,658	1	1,906	15	1,247	16	1,413	7	− 0,1067	5
1,65	3,184	32	− 0,657	1	1,921	15	1,263	16	1,420	6	− 0,1072	5
1,66	3,216	32	− 0,656	1	1,936	15	1,279	17	1,426	6	− 0,1077	6
1,67	3,248	32	− 0,655	1	1,951	16	1,296	16	1,432	6	− 0,1083	6
1,68	3,280	32	− 0,654	1	1,967	15	1,312	17	1,438	6	−− 0,1089	6
1,69	3,312	32	− 0,653	1	1,982	16	1,329	17	1,444	6	− 0,1095	7
1,70	3,344	32	− 0,652	1	1,998	16	1,346	17	1,450	6	− 0,1102	7
1,71	3,376	33	− 0,651	1	2,014	16	1,363	17	1,456	5	− 0,1109	8
1,72	3,409	32	− 0,650	1	2,030	15	1,380	16	1,461	6	− 0,1117	9
1,73	3,441	33	− 0,649	1	2,045	16	1,396	17	1,467	5	− 0,1126	10
1,74	3,474	32	− 0,648	1	2,061	16	1,413	17	1,472	6	− 0,1136	11
1,75	3,506	33	− 0,647	1	2,077	16	1,430	17	1,478	6	− 0,1147	10
1,76	3,539	34	− 0,646	1	2,093	16	1,447	16	1,484	5	− 0,1157	11
1,77	3,573	33	− 0,645	1	2,109	16	1,463	17	1,489	6	− 0,1168	11
1,78	3,606	34	− 0,644	1	2,125	16	1,480	17	1,495	5	− 0,1179	12
1,79	3,640	33	− 0,643	1	2,141	16	1,497	18	1,500	6	− 0,1191	13
1,80	3,673	34	− 0,642	1	2,157	16	1,515	17	1,506	5	− 0,1204	13
1,81	3,707	34	− 0,641	1	2,173	16	1,532	17	1,511	5	− 0,1217	13
1,82	3,741	34	− 0,640	1	2,189	17	1,549	18	1,516	6	− 0,1230	14
1,83	3,775	34	− 0,639	1	2,206	17	1,567	18	1,522	5	− 0,1244	15
1,84	3,809	34	− 0,638	0	2,223	17	1,585	18	1,527	6	− 0,1259	15
1,85	3,843	34	− 0,638	1	2,240	17	1,603	18	1,533	5	− 0,1274	15
1,86	3,877	35	− 0,637	1	2,257	17	1,621	18	1,538	5	− 0,1289	15
1,87	3,912	35	− 0,636	1	2,274	17	1,639	17	1,543	5	− 0,1304	16
1,88	3,947	35	− 0,635	0	2,291	17	1,656	18	1,548	5	− 0,1320	16
1,89	3,982	35	− 0,635	1	2,308	17	1,674	18	1,553	5	− 0,1336	17
1,90	4,017	35	− 0,634	1	2,325	17	1,692	18	1,558	5	− 0,1353	17
1,91	4,042	35	− 0,633	1	2,342	17	1,710	18	1,563	5	− 0,1370	17
1,92	4,077	36	− 0,632	1	2,359	17	1,728	18	1,568	4	− 0,1387	18
1,93	4,113	35	− 0,631	0	2,376	18	1,746	18	1,572	5	− 0,1405	19
1,94	4,148	36	− 0,631	1	2,394	18	1,764	19	1,577	5	−− 0,1424	19
1,95	4,194	36	− 0,630	1	2,412	18	1,783	18	1,582	5	− 0,1443	19
1,96	4,230	37	− 0,629	1	2,430	18	1,801	18	1,587	4	− 0,1462	20
1,97	4,267	36	− 0,628	0	2,448	18	1,819	19	1,591	5	− 0,1482	20
1,98	4,303	37	− 0,628	1	2,466	18	1,838	19	1,596	4	− 0,1502	20
1,99	4,340	37	− 0,627	1	2,484	18	1,857	19	1,600	5	− 0,1522	20
2,00	4,377		− 0,626		2,502		1,876		1,605		−− 0,1542	

x	$Ei(x)$		$Ei(-x)$		$\mathfrak{S}i(x)$		$\mathfrak{C}i(x)$		$Si(x)$		$Ci(x)$	
2,00	4,377	37	− 0,626	1	2,502	18	1,876	19	1,605	5	− 0,1542	21
2,01	4,414	37	− 0,625	1	2,520	18	1,895	19	1,610	4	− 0,1563	22
2,02	4,451	37	− 0,624	0	2,538	20	1,914	19	1,614	4	− 0,1585	22
2,03	4,488	38	− 0,624	1	2,558	18	1,933	19	1,618	5	− 0,1607	22
2,04	4,526	38	− 0,623	0	2,576	18	1,952	19	1,623	5	− 0,1629	22
2,05	4,564	38	− 0,623	1	2,594	19	1,971	19	1,628	4	− 0,1651	22
2,06	4,602	38	− 0,622	0	2,613	19	1,990	19	1,632	4	− 0,1673	23
2,07	4,640	38	− 0,622	1	2,632	18	2,009	20	1,636	5	− 0,1696	23
2,08	4,678	39	− 0,621	1	2,650	19	2,029	19	1,641	4	− 0,1719	24
2,09	4,717	39	− 0,620	1	2,669	19	2,048	20	1,645	4	− 0,1743	24
2,10	4,756	39	− 0,619	0	2,688	19	2,068	20	1,649	4	− 0,1767	24
2,11	4,795	39	− 0,619	0	2,707	19	2,088	20	1,653	4	− 0,1791	24
2,12	4,834	39	− 0,619	1	2,726	20	2,108	20	1,657	4	− 0,1815	25
2,13	4,873	40	− 0,618	0	2,746	20	2,128	20	1,661	4	− 0,1840	25
2,14	4,913	40	− 0,618	1	2,766	19	2,148	20	1,665	4	− 0,1865	26
2,15	4,953	40	− 0,617	1	2,785	20	2,168	20	1,669	4	− 0,1891	26
2,16	4,993	40	− 0,616	0	2,805	20	2,188	21	1,673	4	− 0,1917	26
2,17	5,033	40	− 0,616	1	2,825	20	2,209	20	1,677	4	− 0,1943	26
2,18	5,073	41	− 0,615	0	2,845	20	2,229	21	1,681	3	− 0,1969	26
2,19	5,114	41	− 0,615	1	2,865	20	2,250	21	1,684	4	− 0,1995	26
2,20	5,155	41	− 0,614	0	2,885	20	2,271	21	1,688	3	− 0,2021	27
2,21	5,196	41	− 0,614	1	2,905	21	2,292	21	1,691	4	− 0,2048	27
2,22	5,237	42	− 0,613	0	2,926	20	2,313	21	1,695	3	− 0,2075	27
2,23	5,279	42	− 0,613	1	2,946	21	2,334	21	1,698	4	− 0,2102	28
2,24	5,321	42	− 0,612	0	2,967	21	2,355	21	1,702	3	− 0,2130	28
2,25	5,363	42	− 0,612	1	2,988	21	2,376	21	1,705	3	− 0,2158	28
2,26	5,405	43	− 0,611	0	3,009	21	2,397	22	1,708	4	− 0,2186	28
2,27	5,448	43	− 0,611	0	3,030	21	2,419	21	1,712	3	− 0,2214	28
2,28	5,491	43	− 0,611	1	3,051	21	2,440	22	1,715	4	− 0,2242	29
2,29	5,534	43	− 0,610	0	3,072	22	2,462	22	1,719	3	− 0,2271	29
2,30	5,577	44	− 0,610	1	3,094	21	2,484	22	1,722	3	− 0,2300	29
2,31	5,621	44	− 0,609	0	3,115	22	2,506	22	1,725	3	− 0,2329	29
2,32	5,665	44	− 0,609	1	3,137	22	2,528	23	1,728	4	− 0,2358	29
2,33	5,709	44	− 0,608	0	3,159	22	2,551	22	1,732	3	− 0,2387	30
2,34	5,753	44	− 0,608	0	3,181	22	2,573	22	1,735	3	− 0,2417	31
2,35	5,797	45	− 0,608	1	3,203	22	2,595	22	1,738	3	− 0,2448	30
2,36	5,842	45	− 0,607	0	3,225	22	2,617	23	1,741	3	− 0,2478	30
2,37	5,887	45	− 0,607	1	0,247	23	2,640	23	1,744	3	− 0,2508	30
2,38	5,932	46	− 0,606	0	3,270	22	2,663	23	1,747	3	− 0,2538	30
2,39	5,978	46	− 0,606	0	3,292	23	2,686	23	1,750	3	− 0,2568	31
2,40	6,024	46	− 0,606	1	3,315	23	2,709	25	1,753	3	− 0,2599	31
2,41	6,070	46	− 0 605	0	3,338	23	2,734	23	1,756	2	− 0,2630	31
2,42	6,116	46	− 0,605	0	3,361	23	2,757	23	1,758	3	− 0,2661	31
2,43	6,162	47	− 0,605	1	3,384	23	2,780	23	1,761	2	− 0,2692	31
2,44	6,209	47	− 0,604	0	3,407	23	2,803	23	1,763	3	− 0,2723	32
2,45	6,256	48	− 0,604	1	3,430	23	2,826	24	1,766	2	− 0,2755	31
2,46	6,304	48	− 0,603	0	3,453	24	2,850	24	1,768	3	− 0,2786	32
2,47	6,352	48	− 0,603	0	3,477	24	2,874	24	1,771	3	− 0,2818	32
2,48	6,400	48	− 0,603	1	3,501	24	2,898	24	1,774	2	− 0,2850	31
2,49	6,448	49	− 0,602	0	3,525	24	2,922	25	1,776	3	− 0,2881	32
2,50	6,497		− 0,602		3,549		2,947		1,779		− 0,2913	

x	$Ei(x)$		$Ei(-x)$		$\mathfrak{S}i(x)$		$\mathfrak{C}i(x)$		$Si(x)$		$Ci(x)$	
2,50	6,497	49	− 0,602	0	3,549	24	2,947	25	1,779	2	− 0,2913	32
2,51	6,546	49	− 0,602	1	3,573	24	2,972	25	1,781	2	− 0,2945	32
2,52	6,595	49	− 0,601	0	3,597	25	2,997	25	1,783	2	− 0,2977	33
2,53	6,644	49	− 0,601	0	3,622	24	3,022	25	1,785	2	− 0,3010	32
2,54	6,694	50	− 0,601	0	3,646	24	3,047	25	1,787	3	− 0,3042	33
2,55	6,744	50	− 0,601	1	3,671	25	3,072	25	1,790	2	− 0,3075	32
		51				25						
3,56	6,795	51	− 0,600	1	3,696	26	3,097	26	1,792	2	− 0,3107	33
2,57	6,846	51	− 0,599	0	3,722	25	3,123	25	1,794	2	− 0,3140	33
2,58	6,897	51	− 0,599	0	3,747	26	3,148	26	1,796	2	− 0,3173	33
2,59	6,948	51	− 0,599	0	3,773	26	3,174	26	1,798	2	− 0,3206	33
2,60	6,999	52	− 0,599	0	3,799	26	3,200	26	1,800	2	− 0,3239	33
2,61	7,051	52	− 0,599	0	3,825	26	3,226	26	1,802	2	− 0,3272	33
2,62	7,103	53	− 0,599	1	3,851	26	3,252	27	1,804	2	− 0,3305	33
2,63	7,156	53	− 0,598	0	3,877	26	3,279	26	1,806	2	− 0,3338	33
2,64	7,209	53	− 0,598	0	3,903	27	3,305	27	1,808	2	− 0,3371	33
2,65	7,262	53	− 0,598	0	3,930	27	3,332	27	1,810	1	− 0,3404	33
2,66	7,315	54	− 0,598	1	3,957	27	3,359	27	1,811	2	− 0,3437	33
2,67	7,369	54	− 0,597	0	3,984	27	3,386	27	1,813	1	− 0,3470	34
2,68	7,423	55	− 0,597	0	4,011	27	3,413	27	1,814	2	− 0,3504	33
2,69	7,478	55	− 0,597	1	4,038	27	3,440	28	1,816	2	− 0,3537	34
2,70	7,533	55	− 0,596	0	4,065	27	3,468	28	1,818	1	− 0,3571	33
2,71	7,588	56	− 0,596	0	4,092	28	3,496	28	1,819	2	− 0,3604	34
2,72	7,644	56	− 0,596	0	4,120	28	3,524	28	1,821	1	− 0,3638	33
2,73	7,700	56	− 0,596	1	4,148	28	3,552	28	1,822	2	− 0,3671	34
2,74	7,756	57	− 0,595	0	4,176	28	3,580	29	1,824	2	− 0,3705	34
2,75	7,813	57	− 0,595	0	4,204	28	3,609	29	1,826	1	− 0,3739	33
2,76	7,870	57	− 0,595	0	4,232	29	3,638	29	1,827	1	− 0,3772	34
2,77	7,927	58	− 0,595	0	4,261	29	3,667	29	1,828	1	− 0,3806	33
2,78	7,985	58	− 0,595	1	4,290	29	3,696	29	1,829	1	− 0,3839	34
2,79	8,043	59	− 0,594	0	4,319	29	3,725	29	1,830	2	− 0,3873	34
2,80	8,102	59	− 0,594	0	4,348	29	3,754	30	1,832	1	− 0,3907	33
2,81	8,161	59	− 0,594	0	4,377	30	3,784	30	1,833	1	− 0,3940	34
2,82	8,220	60	− 0,594	1	4,407	30	3,814	30	1,834	2	− 0,3974	33
2,83	8,280	60	− 0,593	0	4,437	30	3,844	30	1,836	1	− 0,4007	34
2,84	8,340	60	− 0,593	0	4,467	30	3,874	30	1,837	1	− 0,4041	34
2,85	8,400	61	− 0,593	0	4,497	30	3,904	30	1,838	1	− 0,4075	33
2,86	8,461	61	− 0,593	0	4,527	31	3,934	31	1,839	1	− 0,4108	34
2,87	8,522	62	− 0,593	1	4,558	30	3,965	31	1,840	1	− 0,4142	33
2,88	8,584	62	− 0,592	0	4,588	31	3,996	31	1,841	0	− 0,4175	34
2,89	8,646	63	− 0,592	0	4,619	31	4,027	31	1,841	1	− 0,4209	34
2,90	8,709	63	− 0,592	0	4,650	31	4,058	32	1,842	0	− 0,4243	33
2,91	8,772	63	− 0,592	0	4,681	32	4,090	32	1,842	1	− 0,4276	34
2,92	8,835	64	− 0,592	1	4,713	32	4,122	32	1,843	1	− 0,4310	33
2,93	8,899	64	− 0,591	0	4,745	32	4,154	32	1,844	1	− 0,4343	33
2,94	8,963	64	− 0,591	0	4,777	32	4,186	32	1,845	1	− 0,4376	34
2,95	9,027	66	− 0,591	0	4,809	32	4,218	33	1,846	1	− 0,4410	33
2,96	9,093	65	− 0,591	0	4,841	33	4,251	33	1,847	0	− 0,4443	34
2,97	9,158	66	− 0,591	0	4,874	33	4,284	33	1,847	1	− 0,4477	33
2,98	9,224	66	− 0,591	1	4,907	33	4,317	33	1,848	0	− 0,4510	33
2,99	9,290	67	− 0,590	0	4,940	33	4,350	33	1,848	1	− 0,4543	33
3,00	9,357		− 0,590		4,973		4,383		1,849		− 0,4576	

x	$Ei(x)$		$Ei(-x)$		$\mathfrak{Si}(x)$		$\mathfrak{Ci}(x)$		$Si(x)$		$Ci(x)$	
3,00	9,357	67	−0,590	0	4,973	34	4,383	34	1,849	0	−0,4576	33
3,01	9,424	68	−0,590	1	5,007	34	4,417	34	1,849	0	−0,4609	33
3,02	9,492	68	−0,589	0	5,041	34	4,451	34	1,849	0	−0,4642	33
3,03	9,560	68	−0,589	0	5,075	34	4,485	34	1,849	1	−0,4675	33
3,04	9,638	69	−0,589	0	5,109	34	4,519	35	1,850	1	−0,4708	32
3,05	9,697	69	−0,589	0	5,143	35	4,554	35	1,851	0	−0,4740	33
3,06	9,766	70	−0,589	0	5,178	35	4,589	35	1,851	0	−0,4773	33
3,07	9,836	70	−0,589	0	5,213	35	4,624	35	1,851	0	−0,4806	32
3,08	9,906	71	−0,589	0	5,248	35	4,659	35	1,851	0	−0,4838	32
3,09	9,977	73	−0,589	0	5,283	36	4,694	36	1,851	1	−0,4870	32
3,10	10,05	7	−0,589	0	5,319	36	4,730	36	1,852	0	−0,4902	31
3,11	10,12	7	−0,589	1	5,355	36	4,766	37	1,852	0	−0,4933	34
3,12	10,19	7	−0,588	0	5,391	37	4,803	36	1,852	0	−0,4967	32
3,13	10,26	8	−0,588	0	5,428	36	4,839	37	1,852	0	−0,4999	32
3,14	10,34	7	−0,588	0	5,464	37	4,876	37	1,852	0	−0,5031	32
3,15	10,41	7	−0,588	0	5,501	37	4,913	37	1,852	0	−0,5063	32
3,16	10,48	8	−0,588	0	5,538	38	4,950	38	1,852	0	−0,5095	31
3,17	10,56	7	−0,588	0	5,576	37	4,988	37	1,852	0	−0,5126	31
3,18	10,63	8	−0,588	1	5,613	38	5,025	38	1,852	0	−0,5157	31
3,19	10,71	8	−0,587	0	5,651	38	5,063	38	1,852	1	−0,5188	32
3,20	10,79	8	−0,587	0	5,689	38	5,101	38	1,851	0	−0,5220	31
3,21	10,87	7	−0,587	0	5,727	39	5,140	39	1,851	0	−0,5251	31
3,22	10,94	8	−0,587	0	5,766	39	5,179	39	1,851	0	−0,5282	31
3,23	11,02	8	−0,587	0	5,805	39	5,218	39	1,851	1	−0,5313	31
3,24	11,10	8	−0,587	0	5,844	39	5,257	40	1,850	0	−0,5344	31
3,25	11,18	8	−0,587	0	5,883	40	5,297	40	1,850	1	−0,5375	30
3,26	11,26	8	−0,587	1	5,923	40	5,337	40	1,849	0	−0,5405	30
3,27	11,34	8	−0,586	0	5,963	41	5,377	41	1,849	0	−0,5435	30
3,28	11,42	8	−0,586	0	6,004	40	5,418	40	1,849	0	−0,5465	30
3,29	11,50	8	−0,586	0	6,044	41	5,458	41	1,849	1	−0,5495	30
3,30	11,58	9	−0,586	0	6,085	41	5,499	41	1,848	0	−0,5525	30
3,31	11,67	8	−0,586	0	6,126	42	5,540	42	1,848	1	−0,5555	30
3,32	11,75	8	−0,586	0	6,168	42	5,582	42	1,847	1	−0,5585	30
3,33	11,83	9	−0,586	0	6,210	42	5,624	42	1,846	0	−0,5615	29
3,34	11,92	8	−0,586	0	6,252	42	5,666	42	1,846	1	−0,5644	29
3,35	12,00	9	−0,586	0	6,294	43	5,708	43	1,845	0	−0,5673	29
3,36	12,09	8	−0,586	1	6,337	43	5,751	43	1,845	1	−0,5702	29
3,37	12,17	9	−0,585	0	6,380	43	5,794	44	1,844	1	−0,5731	29
3,38	12,26	9	−0,585	0	6,423	43	5,838	43	1,843	0	−0,5760	29
3,39	12,35	8	−0,585	0	6,466	44	5,881	44	1,843	1	−0,5789	28
3,40	12,43	9	−0,585	0	6,510	44	5,925	44	1,842	1	−0,5817	28
3,41	12,52	9	−0,585	0	6,554	45	5,969	45	1,841	1	−0,5845	28
3,42	12,61	10	−0,585	0	6,599	45	6,014	45	1,840	1	−0,5873	28
3,43	12,71	9	−0,585	0	6,644	45	6,059	45	1,839	0	−0,5901	28
3,44	12,80	8	−0,585	0	6,689	45	6,104	45	1,839	1	−0,5929	28
3,45	12,88	9	−0,585	0	6,734	46	6,149	46	1,838	1	−0,5957	28
3,46	12,97	9	−0,585	1	6,780	46	6,195	47	1,837	1	−0,5985	27
3,47	13,06	10	−0,584	0	6,826	47	6,242	46	1,836	1	−0,6012	27
3,48	13,16	9	−0,584	0	6,873	46	6,288	47	1,835	1	−0,6039	27
3,49	13,25	10	−0,584	0	6,919	47	6,335	47	1,834	1	−0,6066	27
3,50	13,35		−0,584		6,966		6,382		1,833		−0,6093	

x	$Ei(x)$		$Ei(-x)$		$\mathfrak{Si}(x)$		$\mathfrak{Ci}(x)$		$Si(x)$		$Ci(x)$	
3,50	13,35	9	− 0,584	0	6,966	48	6,382	48	1,833	1	− 0,6093	27
3,51	13,44	10	− 0,584	0	7,014	48	6,430	48	1,832	1	− 0,6120	27
3,52	13,54	10	− 0,584	0	7,062	48	6,478	48	1,831	1	− 0,6147	27
3,53	13,64	9	− 0,584	0	7,110	48	6,526	48	1,830	1	− 0,6174	26
3,54	13,73	10	− 0,584	0	7,158	49	6,574	49	1,829	1	− 0,6200	26
3,55	13,83	10	− 0,584	0	7,207	49	6,623	50	1,828	1	− 0,6226	26
3,56	13,93	10	− 0,584	0	7,256	50	6,673	50	1,827	1	− 0,6252	25
3,57	14,03	10	− 0,584	0	7,306	50	6,723	50	1,826	2	− 0,6277	25
3,58	14,13	10	− 0,584	1	7,356	50	6,773	50	1,824	1	− 0,6302	25
3,59	14,23	10	− 0,583	0	7,406	50	6,823	50	1,823	1	− 0,6327	25
3,60	14,33	10	− 0,583	0	7,456	51	6,873	51	1,822	1	− 0,6352	25
3,61	14,43	11	− 0,583	0	6,507	52	6,924	52	1,821	1	− 0,6377	25
3,62	14,54	10	− 0,583	0	7,559	52	6,976	52	1,820	2	− 0,6402	24
3,63	14,64	10	− 0,583	0	7,611	52	7,028	52	1,818	1	− 0,6426	24
3,64	14,74	11	− 0,583	0	7,663	52	7,080	52	1,817	1	− 0,6450	24
3,65	14,85	10	− 0,583	0	7,715	53	7,132	53	1,816	1	− 0,6474	24
3,66	14,95	11	− 0,583	0	7,768	54	7,185	54	1,815	2	− 0,6498	24
3,67	15,06	11	− 0,583	0	7,822	53	7,239	53	1,813	1	− 0,6522	23
3,68	15,17	11	− 0,583	0	7,875	54	7,292	54	1,812	2	− 0,6545	23
3,69	15,28	10	− 0,583	0	7,929	54	7,346	54	1,810	1	− 0,6568	23
3,70	15,38	11	− 0,583	0	7,983	55	7,400	55	1,809	2	− 0,6591	23
3,71	15,49	11	− 0,583	1	8,038	56	7,455	56	1,807	1	− 0,6614	23
3,72	15,60	11	− 0,582	0	8,094	55	7,511	56	1,806	2	− 0,6637	22
3,73	15,71	11	− 0,582	0	8,149	56	7,567	56	1,804	1	− 0,6659	22
3,74	15,82	11	− 0,582	0	8,205	56	7,623	56	1,803	2	− 0,6681	22
3,75	15,93	12	− 0,582	0	8,261	57	7,679	57	1,801	2	− 0,6703	22
3,76	16,05	12	− 0,582	0	8,318	58	7,736	58	1,799	1	− 0,6725	22
3,77	16,17	11	− 0,582	0	8,376	58	7,794	58	1,798	2	− 0,6747	21
3,78	16,28	12	− 0,582	0	8,434	58	7,852	58	1,796	1	− 0,6768	21
3,79	16,40	12	− 0,582	0	8,492	58	7,910	58	1,795	2	− 0,6789	21
3,80	16,52	12	− 0,582	0	8,550	59	7,968	59	1,793	2	− 0,6810	21
3,81	16,64	12	− 0,582	0	8,609	60	8,027	60	1,791	1	− 0,6831	20
3,82	16,76	12	− 0,582	0	8,669	60	8,087	60	1,790	2	− 0,6851	20
3,83	16,88	11	− 0,582	0	8,729	60	8,147	60	1,788	1	− 0,6871	20
3,84	16,99	13	− 0,582	0	8,789	60	8,207	60	1,787	2	− 0,6891	20
3,85	17,12	12	− 0,582	0	8,849	62	8,267	61	1,785	2	− 0,6911	20
3,86	17,24	13	− 0,582	0	8,911	62	8,329	62	1,783	1	− 0,6931	19
3,87	17,37	12	− 0,582	0	8,973	62	8,391	63	1,782	2	− 0,6950	19
3,88	17,49	12	− 0,582	0	9,035	62	8,454	62	1,780	1	− 0,6969	19
3,89	17,61	13	− 0,582	0	9,097	63	8,516	63	1,779	2	− 0,6988	19
3,90	17,74	13	− 0,582	1	9,160	64	8,579	64	1,777	2	− 0,7007	19
3,91	17,87	12	− 0,581	0	9,224	64	8,643	64	1,775	2	− 0,7026	18
3,92	17,99	14	− 0,581	0	9,288	65	8,707	65	1,773	1	− 0,7044	18
3,93	18,13	12	− 0,581	0	9,353	64	8,772	64	1,772	2	− 0,7062	18
3,94	18,25	13	− 0,581	0	9,417	65	8,836	65	1,770	2	− 0,7080	18
3,95	18,38	14	− 0,581	0	9,482	67	8,901	67	1,768	2	− 0,7098	18
3,96	18,52	13	− 0,581	0	9,549	67	8,968	67	1,766	2	− 0,7116	17
3,97	18,65	14	− 0,581	0	9,616	67	9,035	67	1,764	2	− 0,7133	17
3,98	18,79	13	− 0,581	0	9,683	67	9,102	67	1,762	2	− 0,7150	16
3,99	18,92	13	− 0,581	0	9,750	67	9,169	67	1,760	2	− 0,7166	16
4,00	19,05		− 0,581		9,817		9,236		1,758		− 0,7182	

Funktionstafeln der elementaren Transzendenten.

x	$Ei(x)$	Δ	$Ei(-x)$	Δ	$\mathfrak{S}i(x)$	Δ	$\mathfrak{C}i(x)$	Δ	$Si(x)$	Δ	$Ci(x)$	Δ
4,00	19,05	14	−0,581	0	9,817	69	9,236	69	1,758	2	−0,7182	16
4,01	19,19	14	−0,581	0	9,886	70	9,305	70	1,756	2	−0,7198	16
4,02	19,33	14	−0,581	0	9,956	64	9,375	69	1,754	2	−0,7214	16
4,03	19,47	14	−0,581	0	10,02	8	9,444	70	1,752	2	−0,7230	16
4,04	19,61	14	−0,581	0	10,10	7	9,514	70	1,750	1	−0,7246	15
4,05	19,75	14	−0,581	0	10,17	7	9,584	72	1,749	2	−0,7261	15
4,06	19,89	14	−0,581	0	10,24	7	9,656	72	1,747	2	−0,7276	16
4,07	20,03	15	−0,581	0	10,31	7	9,728	72	1,745	2	−0,7292	14
4,08	20,18	14	−0,581	0	10,38	7	9,800	72	1,743	2	−0,7306	14
4,09	20,32	15	−0,581	0	10,45	8	9,872	73	1,741	2	−0,7320	14
4,10	20,47	15	−0,581	1	10,53	7	9,945	75	1,739	2	−0,7334	14
4,11	20,62	15	−0,580	0	10,60	8	10,02	8	1,737	2	−0,7348	14
4,12	20,77	15	−0,580	0	10,68	7	10,10	7	1,735	2	−0,7362	13
4,13	20,92	15	−0,580	0	10,75	8	10,17	8	1,733	2	−0,7375	13
4,14	21,07	15	−0,580	0	10,83	7	10,25	7	1,731	2	−0,7388	13
4,15	21,22	15	−0,580	0	10,90	8	10,32	8	1,729	2	−0,7401	13
4,16	21,37	16	−0,580	0	10,98	8	10,40	8	1,727	2	−0,7414	12
4,17	21,53	15	−0,580	0	11,06	7	10,48	7	1,725	3	−0,7426	12
4,18	21,68	16	−0,580	0	11,13	8	10,55	8	1,722	2	−0,7438	12
4,19	21,84	16	−0,580	0	11,21	8	10,63	8	1,720	2	−0,7450	12
4,20	22,00	16	−0,580	0	11,29	8	10,71	8	1,718	2	−0,7462	11
4,21	22,16	16	−0,580	0	11,37	8	10,79	8	1,716	2	−0,7473	11
4,22	22,32	16	−0,580	0	11,45	8	10,87	8	1,714	2	−0,7484	11
4,23	22,48	16	−0,580	0	11,53	8	10,95	8	1,712	2	−0,7495	11
4,24	22,64	17	−0,580	0	11,61	8	11,03	8	1,710	2	−0,7506	11
4,25	22,81	16	−0,580	1	11,69	9	11,11	9	1,708	2	−0,7517	10
4,26	22,97	17	−0,579	0	11,78	8	11,20	8	1,706	2	−0,7527	10
4,27	23,14	17	−0,579	0	11,86	9	11,28	9	1,704	3	−0,7537	10
4,28	23,31	17	−0,579	0	11,95	8	11,37	8	1,701	2	−0,7547	10
4,29	23,48	17	−0,579	0	12,03	9	11,45	9	1,699	2	−0,7557	10
4,30	23,65	17	−0,579	0	12,12	8	11,54	8	1,697	2	−0,7567	9
4,31	23,82	17	−0,579	0	12,20	9	11,62	9	1,695	2	−0,7576	9
4,32	23,99	18	−0,579	0	12,29	9	11,71	9	1,693	2	−0,7585	9
4,33	24,17	17	−0,579	0	12,38	8	11,80	8	1,691	2	−0,7594	9
4,34	24,34	18	−0,579	0	12,46	9	11,88	9	1,689	2	−0,7603	8
4,35	24,52	18	−0,579	0	12,55	9	11,97	9	1,687	2	−0,7611	8
4,36	24,70	18	−0,579	0	12,64	9	12,06	9	1,685	2	−0,7619	8
4,37	24,88	18	−0,579	0	12,73	9	12,15	9	1,683	3	−0,7627	8
4,38	25,06	18	−0,579	0	12,82	10	12,24	10	1,680	2	−0,7635	7
4,39	25,24	19	−0,579	0	12,92	9	12,34	9	1,678	2	−0,7642	7
4,40	25,43	18	−0,579	0	13,01	9	12,43	9	1,676	2	−0,7649	7
4,41	25,61	19	−0,579	0	13,10	9	12,52	9	1,674	2	−0,7656	7
4,42	25,80	19	−0,579	0	13,19	10	12,61	10	1,672	3	− 0,7663	6
4,43	25,99	19	−0,579	0	13,29	9	12,71	9	1,669	2	−0,7669	6
4,44	26,18	19	−0,579	0	13,38	10	12,80	10	1,667	2	−0,7675	6
4,45	26,37	19	−0,579	0	13,48	10	12,90	9	1,665	2	−0,7681	6
4,46	26,56	20	−0,579	0	13,58	9	12,99	10	1,663	2	−0,7687	5
4,47	26,76	20	−0,579	0	13,67	10	13,09	10	1,661	3	−0,7692	5
4,48	26,96	20	−0,579	0	13,77	10	13,19	10	1,658	2	−0,7697	5
4,49	27,16	20	−0,579	0	13,87	10	13,29	10	1,656	2	−0,7702	5
4,50	27,36		−0,579		13,97		13,39		1,654		−0,7707	

x	Ei	Δ	$Ei(-x)$	Δ	$\mathfrak{Si}(x)$	Δ	$\mathfrak{Ci}(x)$	Δ	$Si(x)$	Δ	$Ci(x)$	Δ
4,50	27,36	20	− 0,579	0	13,97	10	13,39	10	1,654	2	− 0,7707	5
4,51	27,56	21	− 0,579	0	14,07	10	13,49	10	1,652	2	− 0,7712	4
4,52	27,77	20	− 0,579	0	14,17	10	13,59	10	1,650	3	− 0,7716	4
4,53	27,97	21	− 0,579	0	14,27	10	13,69	10	1,647	2	− 0,7720	4
4,54	28,18	20	− 0,579	0	14,37	11	13,79	11	1,645	2	− 0,7724	3
4,55	28,38	21	− 0,579	0	14,48	10	13,90	11	1,643	2	− 0,7727	3
4,56	28,59	21	− 0,579	0	14,58	11	14,01	10	1,641	3	− 0,7730	3
4,57	28,80	21	− 0,579	0	14,69	10	14,11	10	1,638	2	− 0,7733	3
4,58	29,01	22	− 0,579	0	14,79	11	14,21	11	1,636	2	− 0,7736	3
4,59	29,23	21	− 0,579	0	14,90	11	14,32	11	1,634	2	− 0,7739	3
4,60	29,44	22	− 0,579	0	15,01	11	14,43	11	1,632	2	− 0,7742	2
4,61	29,66	22	− 0,579	0	15,12	11	14,54	11	1,630	2	− 0,7744	2
4,62	29,88	22	− 0,579	0	15,23	11	14,65	11	1,628	2	− 0,7746	2
4,63	30,10	22	− 0,579	0	15,34	11	14,76	11	1,626	2	− 0,7748	2
4,64	30,32	22	− 0,579	0	15,45	11	14,87	11	1,624	2	− 0,7750	2
4,65	30,54	23	− 0,579	0	15,56	11	14,98	11	1,622	2	− 0,7752	1
4,66	30,77	23	− 0,579	0	15,67	11	15,09	11	1,620	2	− 0,7753	1
4,67	31,00	23	− 0,579	0	15,78	12	15,20	12	1,618	3	− 0,7754	1
4,68	31,23	23	− 0,579	0	15,90	11	15,32	11	1,615	2	− 0,7755	1
4,69	31,46	23	− 0,579	0	16,01	12	15,43	12	1,613	2	− 0,7756	0
4,70	31,69	23	− 0,579	0	16,13	12	15,55	12	1,611	3	− 0,7756	0
4,71	31,92	24	− 0,579	0	16,25	12	15,67	12	1,608	2	− 0,7756	0
4,72	32,16	24	− 0,579	0	16,37	12	15,79	12	1,606	2	− 0,7756	0
4,73	32,40	24	− 0,579	0	16,49	12	15,91	12	1,604	2	− 0,7756	1
4,74	32,64	24	− 0,579	0	16,61	12	16,03	12	1,602	2	− 0,7755	0
4,75	32,88	24	− 0,579	0	16,73	12	16,15	12	1,600	2	− 0,7755	1
4,76	33,12	25	− 0,579	0	16,85	12	16,27	12	1,598	2	− 0,7754	1
4,77	33,37	25	− 0,579	0	16,97	13	16,39	13	1,596	2	− 0,7753	1
4,78	33,62	25	− 0,579	0	17,10	12	16,52	12	1,594	2	− 0,7752	2
4,79	33,87	25	− 0,579	0	17,22	13	16,64	13	1,592	2	− 0,7750	2
4,80	34,12	25	− 0,579	0	17,35	12	16,77	13	1,590	2	− 0,7748	2
4,81	34,37	26	− 0,579	0	17,47	13	16,90	13	1,588	2	− 0,7746	2
4,82	34,63	26	− 0,579	0	17,60	13	17,03	13	1,586	2	− 0,7744	2
4,83	34,89	26	− 0,579	0	17,73	13	17,16	13	1,584	2	− 0,7742	2
4,84	35,15	26	− 0,579	0	17,86	13	17,29	13	1,582	2	− 0,7740	3
4,85	35,41	27	− 0,579	0	17,99	13	17,42	13	1,580	2	− 0,7737	3
4,86	35,68	27	− 0,579	0	18,12	14	17,55	13	1,578	2	− 0,7734	3
4,87	35,95	27	− 0,579	0	18,26	13	17,68	14	1,576	2	− 0,7731	3
4,88	36,22	27	− 0,579	0	18,39	14	17,82	13	1,574	2	− 0,7728	4
4,89	36,49	27	− 0,579	0	18,53	14	17,95	14	1,572	2	− 0,7724	4
4,90	36,76	27	− 0,579	1	18,67	14	18,09	14	1,570	2	− 0,7720	4
4,91	37,03	28	− 0,578	0	18,81	14	18,23	14	1,568	2	− 0,7716	4
4,92	37,31	28	− 0,578	0	18,95	14	18,37	14	1,566	2	− 0,7712	4
4,93	37,59	28	− 0,578	0	19,09	14	18,51	14	1,564	2	− 0,7708	4
4,94	37,87	28	− 0,578	0	19,23	14	18,65	14	1,562	2	− 0,7704	5
4,95	38,15	29	− 0,578	0	19,37	14	18,79	14	1,560	2	− 0,7699	5
4,96	38,44	29	− 0,578	0	19,51	14	18,93	14	1,558	2	− 0,7694	5
4,97	38,73	29	− 0,578	0	19,65	15	19,07	15	1,556	2	− 0,7689	5
4,98	39,02	29	− 0,578	0	19,80	14	19,22	14	1,554	2	− 0,7684	6
4,99	39,31	30	− 0,578	0	19,94	15	19,36	15	1,552	2	− 0,7678	6
5,00	39,61		− 0,578		20,09		19,51		1,550		− 0,7672	

8. Hilfstafeln der Exponential- und Kreisfunktionen.

a

x	$\dfrac{\pi x}{2}$	$e^{\frac{\pi x}{2}}$	$e^{-\frac{\pi x}{2}}$	$\sin \dfrac{\pi x}{2}$	$\cos \dfrac{\pi x}{2}$
0,001	0,00157	1,0016	$9,9843 \cdot 10^{-1}$	0,00157	1,00000
0,002	0,00314	1,0031	$9,9687 \cdot 10^{-1}$	0,00314	1,00000
0,003	0,00471	1,0047	$9,9531 \cdot 10^{-1}$	0,00471	0,99999
0,004	0,00628	1,0063	$9,9375 \cdot 10^{-1}$	0,00628	0,99998
0,005	0,00785	1,0079	$9,9218 \cdot 10^{-1}$	0,00785	0,99997
0,006	0,00942	1,0095	$9,9063 \cdot 10^{-1}$	0,00942	0,99996
0,007	0,01100	1,0111	$9,8906 \cdot 10^{-1}$	0,01100	0,99994
0,008	0,01257	1,0126	$9,8752 \cdot 10^{-1}$	0,01257	0,99992
0,009	0,01414	1,0142	$9,8596 \cdot 10^{-1}$	0,01414	0,99990
0,010	0,01571	1,0158	$9,8441 \cdot 10^{-1}$	0,01571	0,99988

b

x	$2x\pi$	$e^{2\pi x}$	$e^{-2\pi x}$
0	0	1	1
1	6,28319	535,49165 55248	$18,67442\ 69709 \cdot 10^{-4}$
2	12,56637	2 86751,31313 6	$34,87342\ 23277 \cdot 10^{-7}$
3	18,84956	1535 52935,395	$65,12411\ 92443 \cdot 10^{-10}$
4	25,13274	8 22263 15585,4	$0,12161\ 55627 \cdot 10^{-10}$
5	31,41593	$44\ 03150\ 58605 \cdot 10^{2}$	$0,00022\ 71101 \cdot 10^{-10}$
6	37,69911	$23\ 57850\ 39685 \cdot 10^{5}$	$0,00000\ 04241 \cdot 10^{-10}$
7	43,98230	$12\ 62609\ 21249 \cdot 10^{8}$	$0,00000\ 00007 \cdot 10^{-10}$
8	50,26548	$67\ 61166\ 97477 \cdot 10^{10}$	$0,00000\ 00000 \cdot 10^{-10}$
9	56,54867	$36\ 20548\ 49659 \cdot 10^{13}$	$0,00000\ 00000 \cdot 10^{-10}$
10	62,83185	$19\ 38773\ 50834 \cdot 10^{16}$	$0,00000\ 00000 \cdot 10^{-10}$

c

x	e^{x}	e^{-x}
1	2,71828	$36787,94412 \cdot 10^{-5}$
2	7,38906	13533,52832
3	20,08554	4978,70684
4	54,59815	1831,56389
5	148,41316	673,79470
6	403,42879	247,87522
7	1096,63316	91,18820
8	2980,95799	33,54626
9	8103,08393	12,34098
10	22026,46579	$4,53999 \cdot 10^{-5}$
11	59874,14172	$1,67017 \cdot 10^{-5}$
12	1 62754,79142	$6,14421 \cdot 10^{-6}$
13	4 42413,39201	$2,26033 \cdot 10^{-6}$
14	12 02604,28416	$8,31529 \cdot 10^{-7}$
15	32 69017,37247	$3,05902 \cdot 10^{-7}$
16	88 86110,52051	$1,12535 \cdot 10^{-7}$
17	241 54952,75358	$4,13994 \cdot 10^{-8}$
18	656 59969,13733	$1,52300 \cdot 10^{-8}$
19	1784 82300,96319	$5,60280 \cdot 10^{-9}$
20	4851 65195,40979	$2,06115 \cdot 10^{-9}$

(Fortsetzung von S. 258)

x	e^x	e^{-x}
21	13188 15734,48321	$7,58256 \cdot 10^{-10}$
22	35849 12846,13159	2,78947
23	97448 03446,24890	1,02619
24	2 64891 22129,84347	0,37751
25	7 20048 99337,38587	0,13888
26	19 57296 09428,83876	0,05109
27	53 20482 40601,79862	0,01880
28	144 62570 64291,47517	0,00691
29	393 13342 97144,04207	0,00254
30	1068 64745 81524,46215	0,00094
31	2904 88496 65247,42523	0,00034
32	7896 29601 82680,69516	0,00013
33	21464 35797 85916,06462	0,00005
34	58346 17425 27454,88140	0,00002
35	1 58601 34523 13430,72813	0,00001
36	4 31123 15471 15195,22711	0,00000
37	11 71914 23728 02611,30877	0,00000
38	31 85593 17571 13756,22033	0,00000
39	86 59340 04239 93746,95361	0,00000
40	235 38526 68370 19985,40790	0,00000
41	639 84349 35300 54949,22266	0,00000
42	1739 27494 15205 01047,39468	0,00000
43	4727 83946 82293 46561,47446	0,00000
44	12851 60011 43593 08275,80930	0,00000
45	34934 27105 74850 95348,03480	0,00000
46	94961 19420 60244 88745,13365	0,00000
47	2 58131 28861 90067 39623,28580	0,00000
48	7 01673 59120 97631 73865,47160	0,00000
49	19 07346 57249 50996 90525,09984	0,00000
50	51 84705 52858 70724 64087,45332	$0,00000 \cdot 10^{-10}$

9. Tafeln ganzer oder gebrochener Vielfacher von π bzw. $\dfrac{1}{\pi}$.

x	$\dfrac{\pi x}{4}$	$\dfrac{\pi x}{3}$	$\dfrac{\pi x}{2}$	$\dfrac{2\pi x}{3}$	$\dfrac{3\pi x}{4}$	πx	$\dfrac{5\pi x}{4}$	$\dfrac{4\pi x}{3}$	$\dfrac{3\pi x}{2}$	$\dfrac{7\pi x}{4}$	$2\pi x$
1	0,78540	1,04720	1,57080	2,09440	2,35619	3,14159	3,92699	4,18879	4,71239	5,49779	6,28319
2	1,57080	2,09440	3,14159	4,18879	4,71239	6,28319	7,85398	8,37758	9,42478	10,99557	12,56637
3	2,35619	3,14159	4,71239	6,28319	7,06858	9,42478	11,78097	12,56637	14,13717	16,49336	18,84956
4	3,14159	4,18879	6,28319	8,37758	9,42478	12,56637	15,70796	16,75516	18,84956	21,99115	25,13274
5	3,92699	5,23599	7,85398	10,47198	11,78097	15,70796	19,63495	20,94395	23,56194	27,48894	31,41593
6	4,71239	6,28319	9,42478	12,56637	14,13717	18,84956	23,56194	25,13274	28,27433	32,98672	37,69911
7	5,49779	7,33038	10,99557	14,66077	16,49336	21,99115	27,48893	29,32153	32,98672	38,48451	43,98230
8	6,28319	8,37758	12,56637	16,75516	18,84956	25,13274	31,41593	33,51032	37,69911	43,98230	50,26548
9	7,06858	9,42478	14,13717	18,84956	21,20575	28,27433	35,34292	37,69911	42,41150	49,48008	56,54867
10	7,85398	10,47198	15,70796	20,94395	23,56194	31,41593	39,26990	41,88790	47,12389	54,97787	62,83185
11	8,63938	11,51917	17,27876	23,03835	25,91814	34,55752	43,19689	46,07669	51,83628	60,47566	69,11504
12	9,42478	12,56637	18,84956	25,13274	28,27433	37,69911	47,12389	50,26548	56,54867	65,97344	75,39822
13	10,21018	13,61357	20,42035	27,22714	30,63053	40,84070	51,05087	54,45427	61,26106	71,47123	81,68141
14	10,99557	14,66077	21,99115	29,32153	32,98672	43,98230	54,97787	58,64306	65,97344	76,96902	87,96459
15	11,78097	15,70796	23,56194	31,41593	35,34292	47,12389	58,90485	62,83185	70,68583	82,46681	94,24778
16	12,56637	16,75516	25,13274	33,51032	37,69911	50,26548	62,83185	67,02064	75,39822	87,96459	100,53096
17	13,35177	17,80236	26,70353	35,60472	40,05530	53,40708	66,75883	71,20943	80,11061	93,46238	106,81415
18	14,13717	18,84956	28,27433	37,69911	42,41150	56,54867	70,68583	75,39822	84,82300	98,96017	113,09734
19	14,92257	19,89675	29,84512	39,79351	44,76769	59,69026	74,61283	79,58701	89,53539	104,45795	119,38052
20	15,70796	20,94395	31,41593	41,88790	47,12389	62,83185	78,53982	83,77580	94,24778	109,95574	125,66371

x	$\dfrac{x}{4\pi}$	$\dfrac{x}{3\pi}$	$\dfrac{x}{2\pi}$	$\dfrac{2x}{3\pi}$	$\dfrac{3x}{4\pi}$	$\dfrac{x}{\pi}$	$\dfrac{5x}{4\pi}$	$\dfrac{4x}{3\pi}$	$\dfrac{3x}{2\pi}$	$\dfrac{7x}{4\pi}$	$\dfrac{2x}{\pi}$
1	0,07958	0,10610	0,15916	0,21221	0,23873	0,31831	0,39789	0,42441	0,47746	0,55704	0,63662
2	0,15916	0,21221	0,31831	0,42441	0,47746	0,63662	0,79578	0,84883	0,95493	1,11408	1,27324
3	0,23873	0,31831	0,47746	0,63662	0,71620	0,95493	1,19366	1,27324	1,43239	1,67113	1,90986
4	0,31831	0,42441	0,63662	0,84883	0,95493	1,27324	1,59155	1,69765	1,90986	2,22817	2,54648
5	0,39789	0,53052	0,79578	1,06103	1,19366	1,59155	1,98944	2,12207	2,38732	2,78521	3,18310
6	0,47746	0,63662	0,95493	1,27324	1,43239	1,90986	2,38732	2,54648	2,86479	3,34225	3,81972
7	0,55704	0,74272	1,11408	1,48545	1,67113	2,22817	2,78521	2,97089	3,34225	3,89930	4,45634
8	0,63662	0,84883	1,27324	1,69765	1,90986	2,54648	3,18310	3,39530	3,81972	4,45634	5,09296
9	0,71620	0,95493	1,43239	1,90986	2,14859	2,86479	3,58099	3,81972	4,29718	5,01338	5,72958
10	0,79578	1,06103	1,59155	2,12207	2,38732	3,18310	3,97887	4,24413	4,77465	5,57042	6,36620

10. Tafeln häufig vorkommender Fakultäten.

m	$m!$	$1/m!$
2	2	0,5
3	6	0,166 666 7
4	24	0,041 666 7
5	120	0,008 333 3
6	720	0,001 388 9
7	5 040	0,000 198 4
8	40 320	0,000 024 80
9	362 880	0,000 002 756
10	3 628 800	0,000 000 275 6

$$\frac{m!}{(m-n)!}$$

m \ n	1	2	3	4	5	6	7	8	9	10
1	1									
2	2	2								
3	3	6	6							
4	4	12	24	24						
5	5	20	60	120	120					
6	6	30	120	360	720	720				
7	7	42	210	840	2 520	5 040	5 040			
8	8	56	336	1680	6 720	20 160	40 320	40 320		
9	9	72	504	3024	15 120	60 480	181 440	362 880	362 880	
10	10	90	720	5040	30 240	151 200	604 800	1 814 400	3 628 800	3 628 800

11. Tafel der Binomialkoeffizienten.

n	$\binom{n}{0}$	$\binom{n}{1}$	$\binom{n}{2}$	$\binom{n}{3}$	$\binom{n}{4}$	$\binom{n}{5}$	$\binom{n}{6}$	$\binom{n}{7}$	$\binom{n}{8}$	$\binom{n}{9}$	$\binom{n}{10}$	$\binom{n}{11}$	$\binom{n}{12}$	$\binom{n}{13}$	$\binom{n}{14}$	$\binom{n}{15}$
1	1	1														
2	1	2	1													
3	1	3	3	1												
4	1	4	6	4	1											
5	1	5	10	10	5	1										
6	1	6	15	20	15	6	1									
7	1	7	21	35	35	21	7	1								
8	1	8	28	56	70	56	28	8	1							
9	1	9	36	84	126	126	84	36	9	1						
10	1	10	45	120	210	252	210	120	45	10	1					
11	1	11	55	165	330	462	462	330	165	55	11	1				
12	1	12	66	220	495	792	924	792	495	220	66	12	1			
13	1	13	78	286	715	1287	1716	1716	1287	715	286	78	13	1		
14	1	14	91	364	1001	2002	3003	3432	3003	2002	1001	364	91	14	1	
15	1	15	105	455	1365	3003	5005	6435	6435	5005	3003	1365	455	105	15	1

12. Häufig vorkommende Zahlenwerte.

$\sqrt{2} = 1{,}41421\ 35624$ $1/\sqrt{2} = 0{,}70710\ 67812$ $\dfrac{\pi}{2} = 1{,}57079\ 63268$ $1/\dfrac{\pi}{2} = 0{,}63661\ 97724$

$\sqrt{3} = 1{,}73205\ 08076$ $1/\sqrt{3} = 0{,}57735\ 02692$ $\pi = 3{,}14159\ 26536$ $1/\pi = 0{,}31830\ 98862$

$\sqrt{5} = 2{,}23606\ 79775$ $1/\sqrt{5} = 0{,}44721\ 35955$ $\pi^2 = 9{,}86960\ 44011$ $1/\pi^2 = 0{,}10132\ 11836$

$\sqrt{6} = 2{,}44948\ 97428$ $1/\sqrt{6} = 0{,}40824\ 82905$ $\pi^3 = 31{,}00627\ 66803$ $1/\pi^3 = 0{,}03225\ 15344$

$\sqrt{7} = 2{,}64575\ 13111$ $1/\sqrt{7} = 0{,}37796\ 44730$ $\pi^4 = 97{,}40909\ 10340$ $1/\pi^4 = 0{,}01026\ 59822$

$\sqrt{10} = 3{,}16227\ 76602$ $\sqrt[3]{2} = 1{,}25992\ 10499$ $\pi^5 = 306{,}01968\ 47853$ $1/\pi^5 = 0{,}00326\ 77636$

$\sqrt[3]{10} = 2{,}15443\ 46900$ $\sqrt[3]{100} = 4{,}64158\ 88336$ $\sqrt{2\pi} = 2{,}50662\ 82746$ $1/\sqrt{2\pi} = 0{,}39894\ 22804$

$\sqrt[4]{10} = 1{,}77827\ 94100$ $\sqrt[8]{10} = 1{,}33352\ 14322$ $\sqrt{\pi} = 1{,}77245\ 38509$ $1/\sqrt{\pi} = 0{,}56418\ 95835$

$\log_e \pi = 1{,}14472\ 98858 = \ln \pi$ $\log_{10} \pi = 0{,}49714\ 98727$ $\sqrt{\dfrac{\pi}{2}} = 1{,}25331\ 41373$ $1/\sqrt{\dfrac{\pi}{2}} = 0{,}79788\ 45608$

$M = \log_{10} e = 0{,}43429\ 44819$ $\dfrac{1}{M} = \log_e 10 = 2{,}30258\ 50930$ $\sqrt[3]{\pi} = 1{,}46459\ 18876$ $1/\sqrt[3]{\pi} = 0{,}68278\ 40633$

$e = 2{,}71828\ 18285$ $\dfrac{1}{e} = 0{,}36787\ 94412$ $e^{2\pi} = 535{,}49165\ 55248$ $e^{-2\pi} = 0{,}00186\ 74427$

$e^2 = 7{,}38905\ 60989$ $\dfrac{1}{e^2} = 0{,}13533\ 52832$ $e^{\pi} = 23{,}14069\ 26328$ $e^{-\pi} = 0{,}04321\ 39183$

$\sqrt{e} = 1{,}64872\ 12707$ $\dfrac{1}{\sqrt{e}} = 0{,}60653\ 06597$ $e^{\frac{\pi}{2}} = 4{,}81047\ 73810$ $e^{-\frac{\pi}{2}} = 0{,}20787\ 95764$

$1 = \text{arc}\ 57^0\ 17'\ 44''{,}80625$ oder $57^0{,}29577\ 95131$ $e^{\frac{\pi}{4}} = 2{,}19328\ 00507$ $e^{-\frac{\pi}{4}} = 0{,}45593\ 81278$

$\text{arc}\ 1^0 = 0{,}01745\ 32925$ $\text{arc}\ 1' = 0{,}00029\ 08882$ $\text{arc}\ 1'' = 0{,}00000\ 48481$

Springer-Verlag OHG, Berlin / Göttingen / Heidelberg

Anwendungen im Bereich der partiellen Differentialgleichungen und Integralgleichungen.

Erstes Kapitel.
Örtlich periodische Wärmeausgleich-, Wärmeentwicklungs- und Diffusionsvorgänge.

1. Die harmonische Analyse.

Bezeichnet u einen mit der Zeit t veränderlichen Schwingungsausschlag, so ergibt sich im Falle harmonischer Schwingungen ein periodischer Schwingungsverlauf (Abb. 63), dessen Schwingungsdauer T gemäß

$$T = \frac{2\pi}{\omega} \qquad (370)$$

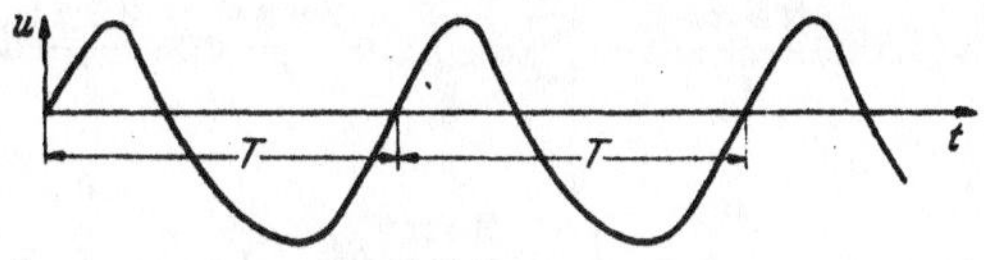

durch die Kreisfrequenz ω gegeben ist. Bei solchen Schwingungen liegt sehr häufig die Aufgabe vor, den Schwingungsausschlag in der Form

Abb. 63.

$$u(\omega t) = \sum_1^\infty A_n \sin n\omega t + \sum_1^\infty B_n \cos n\omega t + B_0 \qquad (371)$$

darzustellen, d. h. ihn harmonisch zu analysieren. Wie schon DIRICHLET gezeigt hat, ist die durch (371) dargestellte trigonometrische Entwicklung für beliebige kontinuierliche oder diskontinuierliche periodische Funktionen $u(t)$ konvergent. Wird die Entwicklung an einer Stelle m abgebrochen, so stellt die Differenzfunktion

$$u(\omega t) - \sum_1^m A_n \sin n\omega t - \sum_1^m B_n \cos n\omega t - B_0 = \Delta(t)$$

die der Approximation entsprechende Fehlerfunktion dar. Erhebt man $\Delta(t)$ ins Quadrat, so entsteht eine an jeder Stelle positive Funktion, deren Integral über der Periodenstrecke

$$\int_0^T \Delta^2(t)\,dt$$

einen Maßstab für die Güte der Approximation darstellt. Dieses Integral ist nun, wie $\Delta(t)$ selbst, eine Funktion der A_n, B_n und B_0. Nach der Methode der Fehlerquadrate wird die Approximation daher am besten ausfallen, wenn die A_n, B_n und B_0 so bestimmt werden, daß das Fehlerintegral zu einem Minimum wird.

$$\int_0^T \Delta^2(t)\,dt = \int_0^T \left[u(\omega t) - \sum_1^m A_n \sin n\omega t - \sum_1^m B_n \cos \omega t - B_0 \right]^2 dt = \text{Minimum} \ . \qquad (372)$$

Damit ist die Aufgabe der Bestimmung der A_n, B_n, B_0 auf ein Variationsproblem zurückgeführt und es folgt

$$\frac{\partial}{\partial A_n} \int_0^T \Delta^2(t)\,dt = 0 \ , \qquad \frac{\partial}{\partial B_n} \int_0^T \Delta^2(t)\,dt = 0 \qquad \text{für } n = 0, 1, 2, \ldots m \ . \qquad (373)$$

17*

Die Durchführung der Differentiationen liefert gerade $2\,m+1$ Gleichungen für die $2\,m+1$ Koeffizienten. Sie lauten

$$\left.\begin{aligned}
&\int_0^T\left[u(\omega t)-\sum_1^m A_n\sin n\,\omega\,t-\sum_1^m B_n\cos n\,\omega\,t-B_0\right]\sin\bar n\,\omega\,t\,dt=0 \quad\text{für }\bar n=1,2,3,\ldots m\,,\\
&\int_0^T\left[u(\omega t)-\sum_1^m A_n\sin n\,\omega\,t-\sum_1^m B_n\cos n\,\omega\,t-B_0\right]\cos\bar n\,\omega\,t\,dt=0 \quad\text{für }\bar n=1,2,3,\ldots m\,,\\
&\int_0^T\left[u(\omega t)-\sum_1^m A_n\sin n\,\omega\,t-\sum_1^m B_n\cos n\,\omega\,t-B_0\right]dt=0
\end{aligned}\right\}\ (374)$$

Wird hierin ω gemäß (370) durch T ersetzt und werden gleichzeitig die Integrale aufgespalten, so erhält man

$$\left.\begin{aligned}
&\int_0^T u(t)\sin\frac{2\bar n\pi t}{T}\,dt-\sum_1^m A_n\int_0^T\sin\frac{2n\pi t}{T}\sin\frac{2\bar n\pi t}{T}\,dt-\sum_1^m B_n\int_0^T\cos\frac{2n\pi t}{T}\sin\frac{2\bar n\pi t}{T}\,dt-B_0\int_0^T\sin\frac{2\bar n\pi t}{T}\,dt=0\,,\\
&\int_0^T u(t)\cos\frac{2\bar n\pi t}{T}\,dt-\sum_1^m A_n\int_0^T\sin\frac{2n\pi t}{T}\cos\frac{2\bar n\pi t}{T}\,dt-\sum_1^m B_n\int_0^T\cos\frac{2n\pi t}{T}\cos\frac{2\bar n\pi t}{T}\,dt-B_0\int_0^T\cos\frac{2\bar n\pi t}{T}\,dt=0\,,\\
&\int_0^T u(t)\,dt-\sum_1^m A_n\int_0^T\sin\frac{2n\pi t}{T}\,dt-\sum_1^m B_n\int_0^T\cos\frac{2n\pi t}{T}\,dt-B_0\int_0^T dt=0 \qquad(\bar n=1,2,3,\ldots m)\,.
\end{aligned}\right\}\ (375)$$

Nun ist

$$\int_0^T\sin\frac{2n\pi t}{T}\sin\frac{2\bar n\pi t}{T}\,dt=-\frac{1}{2}\int_0^T\cos\frac{2(n+\bar n)\pi t}{T}\,dt+\frac{1}{2}\int_0^T\cos\frac{2(n-\bar n)\pi t}{T}\,dt$$

$$=-\frac{T}{2}\frac{\sin 2(n+\bar n)\pi}{2(n+\bar n)\pi}+\frac{T}{2}\frac{\sin 2(n-\bar n)\pi}{2(n-\bar n)}=0\ \text{für }\bar n\neq n\,,\qquad=\frac{T}{2}\ \text{für }\bar n=n\,,$$

und entsprechend

$$\int_0^T\cos\frac{2n\pi t}{T}\sin\frac{2\bar n\pi t}{T}\,dt=-\frac{T}{2}\frac{\cos 2(n+\bar n)\pi-1}{2(n+\bar n)\pi}+\frac{T}{2}\frac{\cos 2(n-\bar n)\pi-1}{2(n-\bar n)\pi}=0$$

$$\int_0^T\sin\frac{2n\pi t}{T}\cos\frac{2\bar n\pi t}{T}\,dt=-\frac{T}{2}\frac{\cos 2(n+\bar n)\pi-1}{2(n+\bar n)\pi}-\frac{T}{2}\frac{\cos 2(n-\bar n)\pi-1}{2(n-\bar n)\pi}=0$$

$$\int_0^T\cos\frac{2n\pi t}{T}\cos\frac{2\bar n\pi t}{T}\,dt=+\frac{T}{2}\frac{\sin 2(n+\bar n)\pi}{2(n+\bar n)\pi}+\frac{T}{2}\frac{\sin 2(n-\bar n)\pi}{2(n-\bar n)\pi}=0\ \text{für }\bar n\neq n\,,\qquad=\frac{T}{2}\ \text{für }\bar n=n\,.$$

Ferner folgt

$$\int_0^T\sin\frac{2\bar n\pi t}{T}\,dt=0\,,\qquad\int_0^T\cos\frac{2\bar n\pi t}{T}\,dt=0\,,\qquad\int_0^T dt=T\,.$$

Die Einführung dieser Integralwerte in (375) liefert

$$\int_0^T u(t)\sin\frac{2n\pi t}{T}\,dt-\frac{A_n\,T}{2}=0 \qquad \text{oder}\qquad A_n=\frac{2}{T}\int_0^T u(t)\sin\frac{2n\pi t}{T}\,dt ,$$

$$\int_0^T u(t)\cos\frac{2n\pi t}{T}\,dt-\frac{B_n\,T}{2}=0 \qquad \text{oder}\qquad B_n=\frac{2}{T}\int_0^T u(t)\cos\frac{2n\pi t}{T}\,dt ,$$

$$\int_0^T u(t)\,dt-B_o\,T=0 \qquad \text{oder}\qquad B_o=\frac{1}{T}\int_0^T u(t)\,dt .$$

$$(376)$$

Nach (376) sind A_n, B_n und B_o unabhängig von der Stelle m, an welcher die Entwicklung abgebrochen gedacht wurde, und damit gleich den Koeffizienten der bis ins Unendliche fortgesetzten Reihe. Die vorübergehend eingeführte Begrenzungszahl m kann daher unterdrückt werden und man erhält

$$u(t)=\frac{1}{T}\int_0^T u(t)\,dt+\frac{2}{T}\sum_1^\infty{}_n\sin\frac{2n\pi t}{T}\int_0^T u(t)\sin\frac{2n\pi t}{T}\,dt+\frac{2}{T}\sum_1^\infty{}_n\cos\frac{2n\pi t}{T}\int_0^T u(t)\cos\frac{2n\pi t}{T}\,dt . \qquad (377)$$

Beispiel 32. Für den periodischen Bewegungsvorgang des Schlittens einer Werkzeugmaschine ist der zeitliche Verlauf der Beschleunigung durch das Diagramm von Abb. 64 gegeben. Wie sieht das harmonisch analysierte Weg-Zeit-Diagramm aus?

Die Rechnung wird am einfachsten, wenn zunächst das vorgegebene Beschleunigungs-Zeit-Diagramm harmonisch analysiert wird und aus diesem durch zweimalige Integration das Weg-Zeit-Diagramm entwickelt wird. Für die $b(t)$-Analyse ist die diskontinuierliche Funktion von

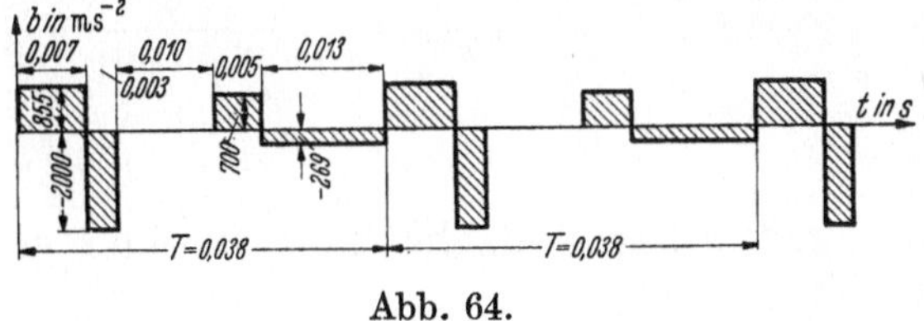

Abb. 64.

Abb. 64 als $u(t)$ in (377) einzuführen. Hierbei zerfällt, entsprechend der Aufteilung der Schwingungsdauer, jedes Integral in fünf Teilintegrale, von denen eines zufolge des Verschwindens des Integranden null wird. Mit den Zahlenwerten der Abb. 64 erhält man

$$\int_0^T b(t)\sin\frac{2n\pi t}{T}\,dt=\int_0^{0,007}855\sin\frac{2n\pi t}{0,038}\,dt-\int_{0,007}^{0,010}2000\sin\frac{2n\pi t}{0,038}\,dt+\int_{0,020}^{0,025}700\sin\frac{2n\pi t}{0,038}\,dt-\int_{0,025}^{0,038}269\sin\frac{2n\pi t}{0,038}\,dt ,$$

$$\int_0^T b(t)\cos\frac{2n\pi t}{T}\,dt=\int_0^{0,007}855\cos\frac{2n\pi t}{0,038}\,dt-\int_{0,007}^{0,010}2000\cos\frac{2n\pi t}{0,038}\,dt+\int_{0,020}^{0,025}700\cos\frac{2n\pi t}{0,038}\,dt-\int_{0,025}^{0,038}269\cos\frac{2n\pi t}{0,038}\,dt ,$$

$$\int_0^T b(t)\,dt=855\cdot0,007-2000\cdot0,003+700\cdot0,005-269\cdot0,013 .$$

Die Auswertung der Integrale liefert

$$\int_0^T b(t)\sin\frac{2n\pi t}{T}\,dt=\frac{0,038}{2n\pi}[1127-2858\cos0,369\,n\pi+2000\cos0,527\,n\pi+700\cos1,054\,n\pi-$$
$$-969\cos1,316\,n\pi]$$

$$\int_0^T b(t)\cos\frac{2n\pi t}{T}\,dt=\frac{0,038}{2n\pi}[2858\sin0,369\,n\pi-2000\sin0,527\,n\pi-700\sin1,054\,n\pi+969\sin1,316\,n\pi]$$

$$\int_0^T b(t)\,dt=0,000 .$$

Bei Einführung dieser Integralwerte in (377) lautet die harmonische Analyse des $b(t)$-Diagramms

$$b(t) = \sum_{1}^{\infty} \frac{1127 - 2858 \cos 0{,}369\, n\,\pi + 2000 \cos 0{,}527\, n\,\pi + 700 \cos 1{,}054\, n\,\pi - 969 \cos 1{,}316\, n\,\pi}{n\,\pi} \sin \frac{2\,n\,\pi\,t}{T} +$$

$$+ \sum_{1}^{\infty} \frac{2858 \sin 0{,}369\, n\,\pi - 2000 \sin 0{,}527\, n\,\pi - 700 \sin 1{,}054\, n\,\pi + 969 \sin 1{,}316\, n\,\pi}{n\,\pi} \cos \frac{2\,n\,\pi\,t}{T} \;.$$

Durch zweimalige Integration folgt hieraus für das gesuchte Weg-Zeit-Diagramm

$$s(t) = \sum_{1}^{\infty} \frac{1127 - 2858 \cos 0{,}369\, n\,\pi + 2000 \cos 0{,}527\, n\,\pi + 700 \cos 1{,}054\, n\,\pi - 969 \cos 1{,}316\, n\,\pi}{-\,4\,n^3\,\pi^3/0{,}038^2} \sin \frac{2\,n\,\pi\,t}{T} +$$

$$+ \sum_{1}^{\infty} \frac{2858 \sin 0{,}369\, n\,\pi - 2000 \sin 0{,}527\, n\,\pi - 700 \sin 1{,}054\, n\,\pi + 969 \sin 1{,}316\, n\,\pi}{-\,4\,n^3\,\pi^3/0{,}038^2} \cos \frac{2\,n\,\pi\,t}{T} \;.$$

Da die Amplituden der Oberschwingungen mit $1/n^3$ zurückgehen, ist die Grundschwingung ($n = 1$) für den Schwingungscharakter ausschlaggebend. Für diese erhält man

$$s_1(t) = 0{,}00401 \sin \frac{2\,\pi\,t}{T} + 0{,}00080 \cos \frac{2\,\pi\,t}{T} \;\text{ in m} \;.$$

Die zugehörige Amplitude ist

$$s_1^{\max} = \sqrt{0{,}00401^2 + 0{,}00080^2} = 0{,}00409\ \text{m} = 4{,}09\ \text{mm} \;.$$

2. Die harmonische Analyse einer eindimensionalen punktförmigen Singularität.

Unter einer linearen punktförmigen Singularität versteht man eine ausgeartete gleichmäßige Verteilung einer Wirkungsgröße (Auslenkung, Belastung, Temperatur, elektrische Ladung), wie sie aus Abb. 65 ersichtlich ist. In demselben Maße, wie die Wirkungsstrecke Δz zusammenschrumpft, soll die Wirkungsintensität $W/\Delta z$ zunehmen. Dadurch bleibt das Wirkungsquantum

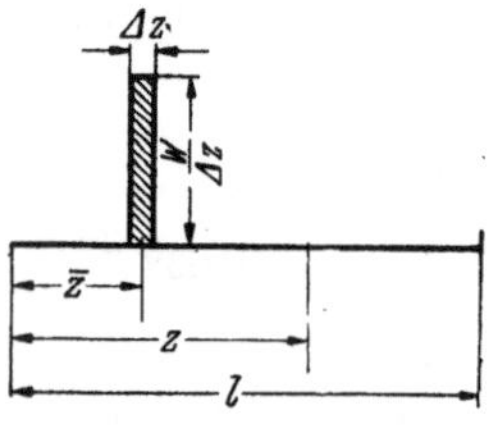

$$W = \frac{W}{\Delta z} \cdot \Delta z = \lim_{\Delta z \to 0} \frac{W}{\Delta z} \cdot \Delta z \tag{378}$$

konstant, wie klein Δz auch werden möge. Dem Grenzfalle $\Delta z = 0$ entspricht dann die punktförmige Singularität W an der Stelle $\bar z$ der Geradenstrecke l.

Abb. 65.

Betrachtet man nun l als eine Periodenstrecke, d. h. denkt man sich den Wirkungszustand von Abb. 65 nach links und rechts periodisch fortgesetzt, was offenbar an dem Zustand von Abb. 65 nichts ändert, so kann (377) sinngemäß Anwendung finden. Man erhält

$$\left\{ 0, \lim_{\Delta z \to 0} \frac{W}{\Delta z}, 0 \right\} = \lim_{\Delta z \to 0} \left[\frac{1}{l} \int_{\bar z - \frac{1}{2}\Delta z}^{\bar z + \frac{1}{2}\Delta z} \frac{W}{\Delta z}\, d\zeta + \frac{2}{l} \sum_{1}^{\infty} \sin \frac{2\,n\,\pi\,z}{l} \int_{\bar z - \frac{1}{2}\Delta z}^{z + \frac{1}{2}\Delta z} \frac{W}{\Delta z} \sin \frac{2\,n\,\pi\,\zeta}{l}\, d\zeta + \frac{2}{l} \sum_{1}^{\infty} \cos \frac{2\,n\,\pi\,z}{l} \int_{\bar z - \frac{1}{2}\Delta z}^{\bar z + \frac{1}{2}\Delta z} \frac{W}{\Delta z} \cos \frac{2\,n\,\pi\,\zeta}{l}\, d\zeta \right] \;.$$

Nun ist

$$\lim_{\Delta z \to 0} \int_{\bar z - \frac{1}{2}\Delta z}^{\bar z + \frac{1}{2}\Delta z} \frac{W}{\Delta z}\, d\zeta = \lim_{\Delta z \to 0} \frac{W}{\Delta z} \left[\bar z + \frac{1}{2}\Delta z - \bar z + \frac{1}{2}\Delta z \right] = W \;,$$

$$\lim_{\Delta z \to 0} \int_{\bar{z}-\frac{1}{2}\Delta z}^{\bar{z}+\frac{1}{2}\Delta z} \frac{W}{\Delta z} \sin \frac{2n\pi\zeta}{l}\, d\zeta = \lim_{\Delta z \to 0} \frac{W}{\Delta z}\frac{l}{2n\pi}\left[\cos\frac{2n\pi\left(\bar{z}-\frac{1}{2}\Delta z\right)}{l} - \cos\frac{2n\pi\left(\bar{z}+\frac{1}{2}\Delta z\right)}{l}\right]$$

$$= \frac{Wl}{2n\pi}\lim_{\Delta z \to 0}\frac{2\sin\dfrac{2n\pi\bar{z}}{l}\sin\dfrac{n\pi\Delta z}{l}}{\Delta z} = W\lim_{\Delta z \to 0}\sin\frac{2n\pi\bar{z}}{l}\frac{\sin\dfrac{n\pi\Delta z}{l}}{\dfrac{n\pi\Delta z}{l}} = W\sin\frac{2n\pi\bar{z}}{l}\,,$$

$$\lim_{\Delta z \to 0} \int_{\bar{z}-\frac{1}{2}\Delta z}^{z+\frac{1}{2}\Delta z} \frac{W}{\Delta z} \cos \frac{2n\pi\zeta}{l}\, d\zeta = \lim_{\Delta z \to 0} \frac{W}{\Delta z}\frac{l}{2n\pi}\left[\sin\frac{2n\pi\left(\bar{z}+\frac{1}{2}\Delta z\right)}{l} - \sin\frac{2n\pi\left(\bar{z}-\frac{1}{2}\Delta z\right)}{l}\right]$$

$$= \frac{Wl}{2n\pi}\lim_{\Delta z \to 0}\frac{2\cos\dfrac{2n\pi\bar{z}}{l}\sin\dfrac{n\pi\Delta z}{l}}{\Delta z} = W\lim_{\Delta z \to 0}\cos\frac{2n\pi\bar{z}}{l}\frac{\sin\dfrac{n\pi\Delta z}{l}}{\dfrac{n\pi\Delta z}{l}} = W\cos\frac{2n\pi\bar{z}}{l}\quad.$$

Damit erhält man für die Darstellung einer punktförmigen Singularität

$$\left\{0\,,\quad \lim_{\Delta z \to 0}\frac{W}{\Delta z}\,,\quad 0\right\} = \frac{2W}{l}\left[\frac{1}{2} + \sum_{1}^{\infty}{}_n \sin\frac{2n\pi z}{l}\sin\frac{2n\pi\bar{z}}{l} + \sum_{1}^{\infty}{}_n \cos\frac{2n\pi z}{l}\cos\frac{2n\pi\bar{z}}{l}\right]\,. \quad (379)$$

Bei entsprechender Umformung kann man hierfür auch

$$\left\{0\,,\quad \lim_{\Delta z \to 0}\frac{W}{\Delta z}\,,\quad 0\right\} = \frac{W}{l}\left[1 + 2\sum_{1}^{\infty}{}_n \cos\frac{2n\pi(z-\bar{z})}{l}\right] \quad (380)$$

schreiben.

3. Die harmonische Analyse einer zweidimensionalen punktförmigen Singularität.

Es sei nun gemäß Abb. 66 eine zweidimensionale punktförmige Singularität betrachtet, die an der Stelle $\bar{x}, \bar{y}$ durch Zusammenschrumpfung des Wirkungsbereiches $\Delta x\,\Delta y$ bei konstant bleibendem Wirkungsquantum

$$W = \frac{W}{\Delta x\,\Delta y}\cdot\Delta x\,\Delta y = \lim_{\substack{\Delta x \to 0 \\ \Delta y \to 0}}\frac{W}{\Delta x\,\Delta y}\cdot\Delta x\,\Delta y \quad (381)$$

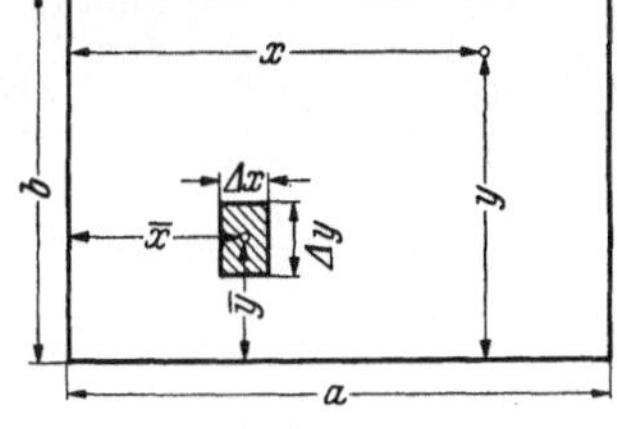
Abb. 66.

entstehen möge. Werden a und b als Periodenstrecken, bzw. die Fläche $a\,b$ als Periodenbereich angesehen, so lassen sich die Betrachtungen von Ziffer 2 nacheinander auf die x- und y-Richtung anwenden. Dabei ergibt sich

$$\left\{0\,,\quad \lim_{\substack{\Delta x \to 0 \\ \Delta y \to 0}}\frac{W}{\Delta x\,\Delta y}\,,\quad 0\right\} = \frac{4W}{a\,b}\left[\frac{1}{2} + \sum_{1}^{\infty}{}_n \sin\frac{2n\pi x}{l}\sin\frac{2n\pi\bar{x}}{l} + \sum_{1}^{\infty}{}_n \cos\frac{2n\pi x}{l}\cos\frac{2n\pi\bar{x}}{l}\right]\cdot$$
$$\cdot\left[\frac{1}{2} + \sum_{1}^{\infty}{}_m \sin\frac{2m\pi y}{l}\sin\frac{2m\pi\bar{y}}{l} + \sum_{1}^{\infty}{}_m \cos\frac{2m\pi y}{l}\cos\frac{2m\pi\bar{y}}{l}\right] \quad (382)$$

bzw.

$$\left\{0\,,\quad \lim_{\substack{\Delta x \to 0 \\ \Delta y \to 0}}\frac{W}{\Delta x\,\Delta y}\,,\quad 0\right\} = \frac{W}{a\,b}\left[1 + 2\sum_{1}^{\infty}{}_n \cos\frac{2n\pi(x-\bar{x})}{l}\right]\left[1 + 2\sum_{1}^{\infty}{}_m \cos\frac{2m\pi(y-\bar{y})}{l}\right]\cdot \quad (383)$$

Die Formeln lassen sich leicht auf periodische Parallelogrammbereiche erweitern, indem an Stelle des algebraischen Produktes $a\,b$ das skalare Produkt

$$\mathfrak{a}\,\mathfrak{b} = a\,b\cos\varepsilon \quad (384)$$

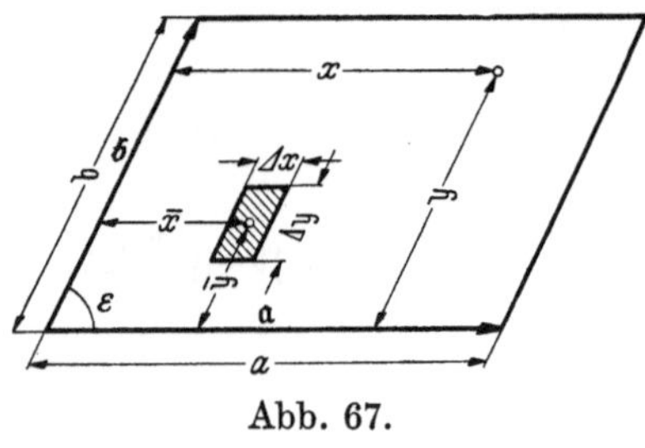

Abb. 67.

der Kantenvektoren $\mathfrak{a}$, $\mathfrak{b}$ eingeführt wird. Dann lautet z. B. (383) für den Parallelogrammbereich (Abb. 67)

$$\left\{0\,,\quad \lim_{\substack{\varDelta\mathfrak{x}\to 0\\ \varDelta\mathfrak{y}\to 0}}\frac{W}{\varDelta\mathfrak{x}\,\varDelta\mathfrak{y}}\,,\quad 0\right\}=$$

$$=\frac{W}{\mathfrak{a}\,\mathfrak{b}}\left[1+2\sum_{1}^{\infty}{}_{n}\cos\frac{2\,n\,\pi\,(x-\breve{x})}{l}\right]\left[1+2\sum_{1}^{\infty}{}_{m}\cos\frac{2\,m\,\pi\,(y-\overline{y})}{l}\right]\,.\quad(385)$$

4. Die harmonische Analyse einer dreidimensionalen punktförmigen Singularität.

Die Erweiterung der Formeln auf eine dreidimensionale punktförmige Singularität mit dem konstanten Wirkungsquantum

$$W=\frac{W}{\varDelta x\,\varDelta y\,\varDelta z}\cdot\varDelta x\,\varDelta y\,\varDelta z=\lim_{\substack{\varDelta x\to 0\\ \varDelta y\to 0\\ \varDelta z\to 0}}\frac{W}{\varDelta x\,\varDelta y\,\varDelta z}\cdot\varDelta x\,\varDelta y\,\varDelta z\qquad(386)$$

in einem quaderigen Periodenraum mit den Kantenlängen a, b, l ergibt

$$\left.\begin{aligned}&\left\{0\,,\quad \lim_{\substack{\varDelta x\to 0\\ \varDelta y\to 0\\ \varDelta z\to 0}}\frac{W}{\varDelta x\,\varDelta y\,\varDelta z}\,,\quad 0\right\}=\\ &=\frac{W}{a\,b\,l}\left[1+2\sum_{1}^{\infty}{}_{n}\cos\frac{2\,n\,\pi\,(x-\overline{x})}{a}\right]\left[1+2\sum_{1}^{\infty}{}_{m}\cos\frac{2\,m\,\pi\,(y-\overline{y})}{b}\right]\left[1+2\sum_{1}^{\infty}{}_{k}\cos\frac{2\,k\,\pi\,(z-\overline{z})}{l}\right]\,.\end{aligned}\right\}\quad(387)$$

Ist der Periodenraum nicht quaderig sondern parallelepipedisch, so tritt an Stelle des algebraischen Produktes $a\,b\,c$ das Spatprodukt $\mathfrak{a}\,\mathfrak{b}\,\mathfrak{c}$ der drei Kantenvektoren $\mathfrak{a}$, $\mathfrak{b}$, $\mathfrak{c}$, das den Rauminhalt des Periodenkörpers darstellt. Man erhält dann

$$\left.\begin{aligned}&\left\{0\,,\quad \lim_{\substack{\varDelta\mathfrak{x}\to 0\\ \varDelta\mathfrak{y}\to 0\\ \varDelta\mathfrak{z}\to 0}}\frac{W}{\varDelta\mathfrak{x}\,\varDelta\mathfrak{y}\,\varDelta\mathfrak{z}}\,,\quad 0\right\}=\\ &=\frac{W}{\mathfrak{a}\,\mathfrak{b}\,\mathfrak{l}}\left[1+2\sum_{1}^{\infty}{}_{n}\cos\frac{2\,n\,\pi\,(x-\overline{x})}{a}\right]\left[1+2\sum_{1}^{\infty}{}_{m}\cos\frac{2\,m\,\pi\,(y-\overline{y})}{b}\right]\left[1+2\sum_{1}^{\infty}{}_{k}\cos\frac{2\,k\,\pi\,(z-\overline{z})}{l}\right]\,.\end{aligned}\right\}\quad(388)$$

5. Die örtlich periodischen Greenschen Funktionen der homogenen Wärmeleitungsgleichung.

In Anwendung auf spezielle Probleme müssen die in Ziffer 2 bis 4 dargestellten Funktionen zu Greenschen oder Einflußfunktionen erweitert werden. Es sollen hier zunächst die örtlich periodischen Greenschen Funktionen der homogenen Wärmeleitungsgleichung betrachtet werden. Diese lautet, wenn ϑ die Temperatur, c die spezifische Wärme, γ das spezifische Gewicht und λ die Wärmeleitfähigkeit bezeichnen,

$$\frac{\partial^2\vartheta}{\partial x^2}+\frac{\partial^2\vartheta}{\partial y^2}+\frac{\partial^2\vartheta}{\partial z^2}-\frac{c\,\gamma}{\lambda}\frac{\partial\vartheta}{\partial t}=0\,.\qquad(389)$$

Ihrem homogenen Charakter entsprechend gestattet (389) nur die Behandlung wärmeentwicklungsfreier Vorgänge wie Wärmeausgleicherscheinungen oder dergleichen. Die Greensche Funktion beschreibt in diesem Falle den Wärmeausgleich im Gefolge einer singulären Temperatursteigerung in einem Punkte $\overline{x}$, $\overline{y}$, $\overline{z}$. Wird sie mit $G_1\,(x,\,y,\,z,\,\overline{x},\,\overline{y},\,\overline{z},\,t)$ bezeichnet, so ist ihr Wert an der Stelle $t=0$ durch (387) gegeben:

$$G_1\,(x,\,y,\,z,\,\overline{x},\,\overline{y},\,\overline{z},\,0)=\frac{8\,W}{a\,b\,l}\left[\frac{1}{2}+\sum_{1}^{\infty}{}_{n}\cos\frac{2\,n\,\pi\,(x-\overline{x})}{a}\right]\left[\frac{1}{2}+\sum_{1}^{\infty}{}_{m}\cos\frac{2\,m\,\pi\,(y-\overline{y})}{b}\right]\left[\frac{1}{2}+\sum_{1}^{\infty}{}_{k}\cos\frac{2\,k\,\pi\,(z-\overline{z})}{l}\right]\,.\quad(390)$$

Hieraus läßt sich die allgemeine GREENsche Funktion leicht entwickeln, indem jedes Summenglied mit einer Exponentialfunktion $e^{-\alpha_n t}$ bzw. $e^{-\alpha_m t}$ bzw. $e^{-\alpha_k t}$ multipliziert wird, wobei die α_n, α_m, α_k so zu bestimmen sind, daß (389) identisch befriedigt wird. Man erhält zunächst

$$= G_1 = \frac{8\,W}{a\,b\,l}\left[\frac{1}{2} + \sum_n^\infty e^{-a_n t}\cos\frac{2n\pi(x-\overline{x})}{a}\right]\left[\frac{1}{2} + \sum_m^\infty e^{-a_m t}\cos\frac{2m\pi(y-\overline{y})}{b}\right]\left[\frac{1}{2} + \sum_k^\infty e^{-a_k t}\cos\frac{2k\pi(z-\overline{z})}{l}\right],$$

$$x = -\frac{8\,W}{a\,b\,l}\sum_n^\infty \frac{4n^2\pi^2}{a^2}\,e^{-a_n t}\cos\frac{2n\pi(x-\overline{x})}{a}\left[\frac{1}{2} + \sum_m^\infty e^{-a_m t}\cos\frac{2m\pi(y-\overline{y})}{b}\right]\left[\frac{1}{2} + \sum_k^\infty e^{-a_k t}\cos\frac{2k\pi(z-\overline{z})}{l}\right],$$

$$y = -\frac{8\,W}{a\,b\,l}\left[\frac{1}{2} + \sum_n^\infty e^{-a_n t}\cos\frac{2n\pi(x-\overline{x})}{a}\right]\sum_m^\infty \frac{4m^2\pi^2}{b^2}\,e^{-a_m t}\cos\frac{2m\pi(y-\overline{y})}{b}\left[\frac{1}{2} + \sum_k^\infty e^{-a_k t}\cos\frac{2k\pi(z-\overline{z})}{l}\right],$$

$$z = -\frac{8\,W}{a\,b\,l}\left[\frac{1}{2} + \sum_n^\infty e^{-a_n t}\cos\frac{2n\pi(x-\overline{x})}{a}\right]\left[\frac{1}{2} + \sum_m^\infty e^{-a_m t}\cos\frac{2m\pi(y-\overline{y})}{b}\right]\sum_k^\infty \frac{4k^2\pi^2}{l^2}\,e^{-a_k t}\cos\frac{2k\pi(z-\overline{z})}{l},$$

$$= -\frac{8\,W}{a\,b\,l}\sum_n^\infty \alpha_n\,e^{-a_n t}\cos\frac{2n\pi(x-\overline{x})}{a}\left[\frac{1}{2} + \sum_m^\infty e^{-a_m t}\cos\frac{2m\pi(y-\overline{y})}{b}\right]\left[\frac{1}{2} + \sum_k^\infty e^{-a_k t}\cos\frac{2k\pi(z-\overline{z})}{l}\right] -$$

$$-\frac{8\,W}{a\,b\,l}\left[\frac{1}{2} + \sum_n^\infty e^{-a_n t}\cos\frac{2n\pi(x-\overline{x})}{a}\right]\sum_m^\infty \alpha_m\,e^{-a_m t}\cos\frac{2m\pi(y-\overline{y})}{b}\left[\frac{1}{2} + \sum_k^\infty e^{-a_k t}\cos\frac{2k\pi(z-\overline{z})}{l}\right] -$$

$$-\frac{8\,W}{a\,b\,l}\left[\frac{1}{2} + \sum_n^\infty e^{-a_n t}\cos\frac{2n\pi(x-\overline{x})}{a}\right]\left[\frac{1}{2} + \sum_m^\infty e^{-a_m t}\cos\frac{2m\pi(y-\overline{y})}{b}\right]\sum_k^\infty \alpha_k\,e^{-a_k t}\cos\frac{2k\pi(z-\overline{z})}{l}.$$

Werden diese Differentialquotienten in (389) eingeführt, so erkennt man, daß eine identische Befriedigung möglich ist, wenn

$$\frac{4n^2\pi^2}{a^2} = \frac{c\,\gamma}{\lambda}\,\alpha_n, \qquad \frac{4m^2\pi^2}{b^2} = \frac{c\,\gamma}{\lambda}\,\alpha_m, \qquad \frac{4k^2\pi^2}{l^2} = \frac{c\,\gamma}{\lambda}\,\alpha_k \tag{391}$$

gesetzt wird. Damit lautet die GREENsche Funktion

$$\left.\begin{aligned} G_1(x,y,z,\overline{x},\overline{y},\overline{z},t) &= \frac{W}{a\,b\,l}\left[1 + 2\sum_n^\infty e^{-a_n t}\cos\frac{2n\pi(x-\overline{x})}{a}\right]\left[1 + 2\sum_m^\infty e^{-a_m t}\cos\frac{2m\pi(y-\overline{y})}{b}\right]\cdot\\ &\quad \cdot\left[1 + 2\sum_k^\infty e^{-a_k t}\cos\frac{2k\pi(z-\overline{z})}{l}\right]. \end{aligned}\right\} \tag{392}$$

Mit Rücksicht auf die weiteren Betrachtungen sollen an Stelle von α_n, α_m und α_k die von n, m, k unabhängigen Parameter

$$\mu_a = \frac{4\pi\lambda}{c\,\gamma\,a^2}, \qquad \mu_b = \frac{4\pi\lambda}{c\,\gamma\,b^2}, \qquad \mu_l = \frac{4\pi\lambda}{c\,\gamma\,l^2} \tag{393}$$

eingeführt werden. Mit ihnen erhält man mit k als gemeinsamer Zählzahl

$$\left.\begin{aligned} G_1(x,y,z,\overline{x},\overline{y},\overline{z},t) &= \frac{W}{a\,b\,l}\left[1 + 2\sum_k^\infty e^{-k^2\pi\mu_a t}\cos\frac{2k\pi(x-\overline{x})}{a}\right]\cdot\\ &\quad \cdot\left[1 + 2\sum_k^\infty e^{-k^2\pi\mu_b t}\cos\frac{2k\pi(y-\overline{y})}{b}\right]\left[1 + 2\sum_k^\infty e^{-k^2\pi\mu_l t}\cos\frac{2k\pi(z-\overline{z})}{l}\right]. \end{aligned}\right\} \tag{394}$$

Die entsprechenden zwei- und eindimensionalen GREENschen Funktionen lauten

$$G_1(x,y,\overline{x},\overline{y},t) = \frac{W}{a\,b}\left[1 + 2\sum_k^\infty e^{-k^2\pi\mu_a t}\cos\frac{2k\pi(x-\overline{x})}{a}\right]\left[1 + 2\sum_k^\infty e^{-k^2\pi\mu_b t}\cos\frac{2k\pi(y-\overline{y})}{b}\right]. \tag{395}$$

$$G_1(z,\overline{z},t) = \frac{W}{l}\left[1 + 2\sum_k^\infty e^{-k^2\pi\mu_l t}\cos\frac{2k\pi(z-\overline{z})}{l}\right] \tag{396}$$

Die Konvergenz der in (394) bis (396) auftretenden Reihendarstellungen folgt unmittelbar aus der Konvergenz der FOURIER-Entwicklungen von Ziffer 2 bis 4, da die letzteren Majoranten der hier auftretenden Entwicklungen sind.

6. Zusammenhang der G_1-Funktionen mit den JAKOBISchen Thetafunktionen.
Die Funktion $F(\mu t_0, \zeta)$.

Wie im zweiten Bande, der den Theta- und elliptischen Funktionen gewidmet ist, näher erläutert werden wird, sind die in (394) bis (396) auftretenden eckigen Klammern mit der dritten der von JAKOBI eingeführten vier Thetafunktionen identisch. Mit den Bezeichnungen

$$\begin{aligned}
\vartheta_3\left(\mu_a t, \ \frac{x}{a}\right) &= 1 + 2\sum_1^\infty {}_k e^{-k^2\pi\mu_a t}\cos 2k\pi\frac{x}{a} = F_0\left(\mu_a t, \ \frac{x}{a}\right), \\
\vartheta_3\left(\mu_b t, \ \frac{y}{b}\right) &= 1 + 2\sum_1^\infty {}_k e^{-k^2\pi\mu_b t}\cos 2k\pi\frac{y}{b} = F_0\left(\mu_b t, \ \frac{y}{b}\right), \\
\vartheta_3\left(\mu_l t, \ \frac{z}{l}\right) &= 1 + 2\sum_1^\infty {}_k e^{-k^2\pi\mu_l t}\cos 2k\pi\frac{z}{l} = F_0\left(\mu_l t, \ \frac{z}{c}\right),
\end{aligned} \qquad (397)$$

lauten die drei GREENschen Funktionen

$$\begin{aligned}
G_1(x,y,z,\overline{x},\overline{y},\overline{z},t) &= \frac{W}{abl}F_0\left(\mu_a t, \ \frac{x-\overline{x}}{a}\right)F_0\left(\mu_b t, \ \frac{y-\overline{y}}{b}\right)F_0\left(\mu_l t, \ \frac{z-\overline{z}}{l}\right), \\
G_1(x,y,\overline{x},\overline{y},t) &= \frac{W}{ab}F_0\left(\mu_a t, \ \frac{x-\overline{x}}{a}\right)F_0\left(\mu_b t, \ \frac{y-\overline{y}}{b}\right), \\
G_1(z,\overline{z},t) &= \frac{W}{l}F_0\left(\mu_l t, \ \frac{z-\overline{z}}{l}\right).
\end{aligned} \qquad (398)$$

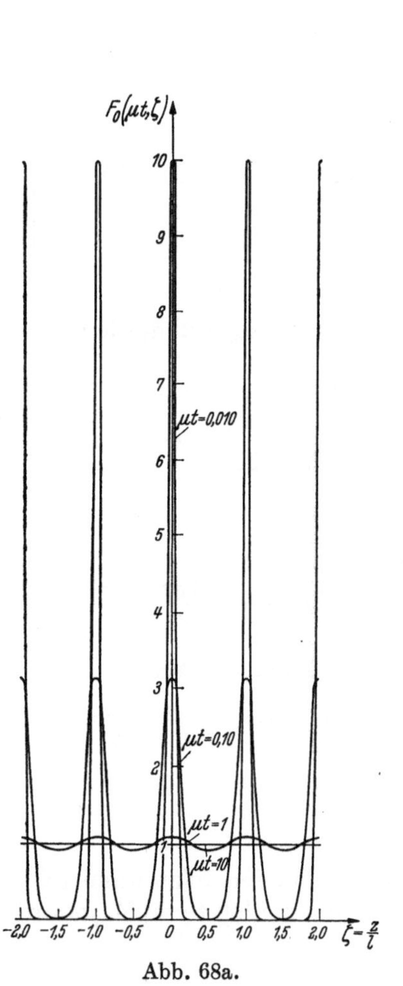

Abb. 68a.

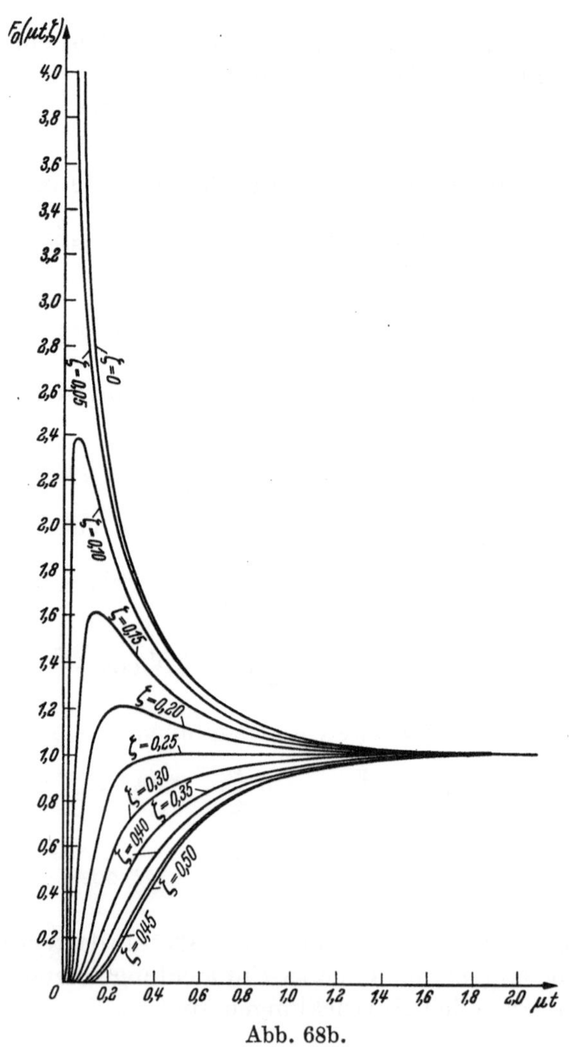

Abb. 68b.

Im zweiten Bande sind umfangreiche Tafeln der Theta-Funktionen enthalten. Für die hier interessierende Funktion ϑ_3 bzw.

$$F_0(\mu t, \zeta) = 1 + 2 \sum_1^\infty {}_k\, e^{-k^2 \pi \mu t} \cos 2\,k\,\pi\,\zeta \tag{399}$$

zeigen die Abb. 68^a und 68^b den allgemeinen Verlauf. Außerdem können für denjenigen Parameterbereich, in welchem die Reihenentwicklung (399) schlecht konvergiert, die Funktionswerte aus der Funktionstafel (S. 268 und 269) entnommen werden.

Durch die in (398) auftretenden Abszissenverschiebungen um $\overline{x}, \overline{y}, \overline{z}$ bzw. $\overline{x}, \overline{y}$ bzw. $\overline{z}$ werden die Thetafunktionen von Abb. 68 mit ihren Singularitäten jeweils an die Wärmeentwicklungsstellen verschoben. Die Maßstabsfaktoren, durch welche die Thetafunktionen bzw. die zwei- und dreifachen Produkte von Thetafunktionen zu singulären Temperaturfeldern werden, stellen gerade den auf den Periodenbereich gleichmäßig verteilten Wärmeinhalt der Quelle dar.

7. Wärmeentwicklungsfreie örtlich periodische Temperaturfelder.
(Wärmeausgleichfelder.)

Bei vorgegebener GREENscher Funktion (Einflußfunktion) können die Felder in bekannter Weise aus den vorgegebenen Verteilfunktionen — im vorliegenden Falle der Ausgangstemperaturverteilung — als Integrale dargestellt werden. Ist die Ausgangstemperaturverteilung $\vartheta_0(\overline{x}, \overline{y}, \overline{z})$ bzw. $\vartheta_0(\overline{x}, \overline{y})$ bzw. $\vartheta_0(\overline{z})$ und wird in infinitesimaler Schreibweise

$$W = \vartheta_0(\overline{x}, \overline{y}, \overline{z})\, d\overline{x}\, d\overline{y}\, d\overline{z}$$

bzw.

$$= \vartheta_0(\overline{x}, \overline{y})\, d\overline{x}\, d\overline{y}$$

bzw.

$$= \vartheta_0(\overline{z})\, d\overline{z}$$

gesetzt, so liefert die Integration über den Periodenbereich

$$\left.
\begin{aligned}
\vartheta(x, y, z, t) &= \int_0^a \int_0^b \int_0^l \vartheta_0(\overline{x}, \overline{y}, \overline{z})\, \overline{G}_1(x, y, z, \overline{x}, \overline{y}, \overline{z}, t)\, d\overline{x}\, d\overline{y}\, d\overline{z}\,, \\[2mm]
\vartheta(x, y, t) &= \int_0^a \int_0^b \vartheta_0(\overline{x}, \overline{y})\, \overline{G}_1(x\ y, \overline{x}, \overline{y}, t)\, d\overline{x}, d\overline{y} \,, \\[2mm]
\vartheta(z, t) &= \int_0^l \vartheta_0(\overline{z})\, \overline{G}_1(z, \overline{z}, t)\, d\overline{z} \,,
\end{aligned}
\right\} \quad \text{mit } \overline{G}_1 = \frac{G_1}{W}\,. \tag{400}$$

oder bei Einführung der GREENschen Funktionen in der Form (398)

$$\left.
\begin{aligned}
\vartheta(x, y, z, t) &= \frac{1}{a\,b\,l} \int_0^a \int_0^b \int_0^l \vartheta_0(\overline{x}, \overline{y}, \overline{z})\, F_0\!\left(\mu_a t, \frac{x-\overline{x}}{a}\right) F_0\!\left(\mu_b t, \frac{y-\overline{y}}{b}\right) F_0\!\left(\mu_l t, \frac{z-\overline{z}}{l}\right) d\overline{x}\, d\overline{y}\, d\overline{z}\,, \\[2mm]
\vartheta(x, y, t) &= \frac{1}{a\,b} \int_0^a \int_0^b \vartheta_0(\overline{x}, \overline{y})\, F_0\!\left(\mu_a t, \frac{x-\overline{x}}{a}\right) F_0\!\left(\mu_b t, \frac{y-\overline{y}}{b}\right) d\overline{x}\, d\overline{y}\,, \\[2mm]
\vartheta(z, t) &= \frac{1}{l} \int_0^l \vartheta_0(\overline{z})\, F_0\!\left(\mu_l t, \frac{z-\overline{z}}{l}\right) d\overline{z}\,.
\end{aligned}
\right\} \tag{400^a}$$

$$F_0(\mu t, \zeta) = 1 + 2 \sum_1^\infty {}_k\, e^{-k^2 \pi \mu t} \cos 2\,k\,\pi\,\zeta$$

$\zeta = \dfrac{z}{l}$	$\mu t = 0$	0,010	0,020	0,030	0,040	0,050	0,100	0,150	0,200	0,250
0,00	∞	10,00000	7,07107	5,77350	5,00000	4,47214	3,16228	2,58199	2,23607	2,00003
0,01	0	9,69072	6,96086	5,71336	4,96088	4,44412	3,15236	2,57659	2,23256	1,99750
0,02	0	8,91911	6,64045	5,53666	4,84536	4,36114	3,12279	2,56045	2,22206	1,98999
0,03	0	7,53713	6,13886	5,25422	4,65877	4,22626	3,07412	2,53378	2,20468	1,97753
0,04	0	6,04923	5,49965	4,88284	4,40956	4,04441	3,00725	2,49690	2,18057	1,96021
0,05	0	4,55938	4,77461	4,44367	4,10862	3,82205	2,92342	2,45027	2,14997	1,93818
0,06	0	3,22719	4,01696	3,96017	3,76857	3,56681	2,82412	2,39447	2,11313	1,91158
0,07	0	2,14514	3,27501	3,45614	3,40278	3,28705	2,71110	2,33015	2,07043	1,88061
0,08	0	1,33906	2,58753	2,95374	3,02461	2,99140	2,58631	2,25809	2,02221	1,84551
0,09	0	0,78497	1,98113	2,47205	2,64657	2,68835	2,45180	2,17910	1,96893	1,80652
0,10	0	0,43214	1,46993	2,02604	2,27969	2,38583	2,30974	2,09409	1,91103	1,76390
0,11	0	0,22341	1,05691	1,62608	1,93306	2,09091	2,16227	2,00399	1,84903	1,71798
0,12	0	0,10847	0,73643	1,27802	1,61360	1,80957	2,01155	1,90974	1,78342	1,66907
0,13	0	0,04945	0,49726	0,98365	1,32593	1,54652	1,85960	1,81232	1,71474	1,61748
0,14	0	0,02118	0,32538	0,74139	1,07257	1,30521	1,70837	1,71268	1,64354	1,56356
0,15	0	0,00851	0,20633	0,54721	0,85410	1,08779	1,55961	1,61175	1,57037	1,50766
0,16	0	0,00321	0,12679	0,39552	0,66953	0,89527	1,41488	1,51043	1,49574	1,45013
0,17	0	0,00114	0,07550	0,27996	0,51666	0,72762	1,27554	1,40956	1,42019	1,39129
0,18	0	0,00038	0,04357	0,19405	0,39249	0,58398	1,14273	1,30994	1,34423	1,33152
0,19	0	0,00012	0,02437	0,13172	0,29351	0,46284	1,01733	1,21226	1,26835	1,27114
0,20	0	0,00004	0,01320	0,08755	0,21607	0,36225	0,90001	1,11718	1,19301	1,21049
0,21	0	0,00001	0,00693	0,05699	0,15658	0,27999	0,79124	1,02525	1,11864	1,14988
0,22	0	0,00000	0,00353	0,03633	0,11171	0,21370	0,69126	0,93695	1,04561	1,08961
0,23	0	0,00000	0,00174	0,02268	0,07845	0,16107	0,60013	0,85269	0,97430	1,02995
0,24	0	0,00000	0,00083	0,01386	0,05423	0,11988	0,51775	0,77276	0,90504	0,97120
0,25	0	0,00000	0,00039	0,00830	0,03691	0,08811	0,44388	0,69739	0,83808	0,91358
0,26	0	0,00000	0,00017	0,00486	0,02473	0,06396	0,37817	0,62675	0,77367	0,85732
0,27	0	0,00000	0,00008	0,00279	0,01631	0,04584	0,32016	0,56091	0,71202	0,80263
0,28	0	0,00000	0,00003	0,00157	0,01059	0,03245	0,26936	0,49990	0,65325	0,74969
0,29	0	0,00000	0,00001	0,00086	0,00677	0,02268	0,22520	0,44367	0,59752	0,69866
0,30	0	0,00000	0,00001	0,00047	0,00426	0,01565	0,18710	0,39213	0,54491	0,64967
0,31	0	0,00000	0,00000	0,00025	0,00264	0,01067	0,15447	0,34514	0,49547	0,60286
0,32	0	0,00000	0,00000	0,00013	0,00161	0,00718	0,12673	0,30253	0,44920	0,55830
0,33	0	0,00000	0,00000	0,00006	0,00096	0,00477	0,10332	0,26410	0,40613	0,51609
0,34	0	0,00000	0,00000	0,00003	0,00057	0,00313	0,08371	0,22961	0,36620	0,47627
0,35	0	0,00000	0,00000	0,00002	0,00033	0,00203	0,06740	0,19885	0,32937	0,43892
0,36	0	0,00000	0,00000	0,00001	0,00019	0,00130	0,05393	0,17154	0,29558	0,40404
0,37	0	0,00000	0,00000	0,00000	0,00011	0,00082	0,04288	0,14744	0,26474	0,37166
0,38	0	0,00000	0,00000	0,00000	0,00006	0,00051	0,03389	0,12629	0,23676	0,34177
0,39	0	0,00000	0,00000	0,00000	0,00003	0,00032	0,02662	0,10784	0,21153	0,31440
0,40	0	0,00000	0,00000	0,00000	0,00002	0,00019	0,02079	0,09187	0,18895	0,28950
0,41	0	0,00000	0,00000	0,00000	0,00001	0,00012	0,01614	0,07813	0,16891	0,26708
0,42	0	0,00000	0,00000	0,00000	0,00000	0,00007	0,01248	0,06644	0,15133	0,24711
0,43	0	0,00000	0,00000	0,00000	0,00000	0,00004	0,00961	0,05658	0,13608	0,22957
0,44	0	0,00000	0,00000	0,00000	0,00000	0,00002	0,00739	0,04840	0,12307	0,21442
0,45	0	0,00000	0,00000	0,00000	0,00000	0,00001	0,00570	0,04173	0,11221	0,20166
0,46	0	0,00000	0,00000	0,00000	0,00000	0,00001	0,00443	0,03646	0,10345	0,19127
0,47	0	0,00000	0,00000	0,00000	0,00000	0,00000	0,00353	0,03247	0,09670	0,18319
0,48	0	0,00000	0,00000	0,00000	0,00000	0,00000	0,00292	0,02968	0,09192	0,17745
0,49	0	0,00000	0,00000	0,00000	0,00000	0,00000	0,00257	0,02803	0,08905	0,17400
0,50	0	0,00000	0,00000	0,00000	0,00000	0,00000	0,00246	0,02748	0,08811	0,17285

$$F_0\,(\mu\,t,\,\zeta) = 1 + 2\sum_1^\infty{}_k\, e^{-k^2\,\pi\,\mu\,t}\,\cos 2\,k\,\pi\,\zeta$$

$\zeta = \dfrac{z}{l}$	$\mu\,t = 0{,}250$	$0{,}500$	$0{,}750$	$1{,}000$	$1{,}250$	$1{,}500$	$2{,}000$	$2{,}500$	$4{,}000$
0,00	2,00003	1,41950	1,18972	1,08644	1,03941	1,01792	1,00373	1,00078	1,00000
0,01	1,99750	1,41864	1,18935	1,08626	1,03933	1,01789	1,00373	1,00077	1,00000
0,02	1,98999	1,41610	1,18822	1,08575	1,03910	1,01779	1,00371	1,00077	1,00000
0,03	1,97753	1,41188	1,18635	1,08490	1,03871	1,01761	1,00367	1,00076	1,00000
0,04	1,96021	1,40598	1,18375	1,08372	1,03817	1,01736	1,00362	1,00075	1,00000
0,05	1,93818	1,39844	1,18041	1,08220	1,03748	1,01705	1,00355	1,00074	1,00000
0,06	1,91158	1,38928	1,17637	1,08036	1,03664	1,01666	1,00347	1,00072	1,00000
0,07	1,88061	1,37858	1,17162	1,07821	1,03566	1,01622	1,00338	1,00070	1,00000
0,08	1,84551	1,36634	1,16620	1,07574	1,03453	1,01570	1,00327	1,00068	1,00000
0,09	1,80652	1,35264	1,16012	1,07298	1,03327	1,01513	1,00315	1,00066	1,00000
0,10	1,76390	1,33752	1,15341	1,06992	1,03188	1,01450	1,00302	1,00063	1,00000
0,11	1,71798	1,32104	1,14609	1,06660	1,03036	1,01381	1,00288	1,00060	1,00000
0,12	1,66907	1,30332	1,13819	1,06300	1,02873	1,01307	1,00272	1,00057	1,00000
0,13	1,61748	1,28436	1,12975	1,05916	1,02698	1,01227	1,00256	1,00053	1,00000
0,14	1,56356	1,26432	1,12080	1,05509	1,02512	1,01143	1,00238	1,00049	1,00000
0,15	1,50766	1,24322	1,11137	1,05080	1,02316	1,01054	1,00220	1,00046	1,00000
0,16	1,45013	1,22118	1,10150	1,04631	1,02111	1,00960	1,00200	1,00042	1,00000
0,17	1,39129	1,19830	1,09123	1,04163	1,01898	1,00864	1,00180	1,00037	1,00000
0,18	1,33152	1,17464	1,08061	1,03680	1,01678	1,00764	1,00159	1,00033	1,00000
0,19	1,27114	1,15032	1,06966	1,03181	1,01451	1,00660	1,00137	1,00029	1,00000
0,20	1,21049	1,12546	1,05845	1,02670	1,01218	1,00554	1,00115	1,00024	1,00000
0,21	1,14988	1,10012	1,04700	1,02149	1,00980	1,00446	1,00093	1,00019	1,00000
0,22	1,08961	1,07442	1,03537	1,01619	1,00738	1,00336	1,00070	1,00015	1,00000
0,23	1,02995	1,04848	1,02360	1,01083	1,00494	1,00225	1,00047	1,00010	1,00000
0,24	0,97120	1,02240	1,01174	1,00542	1,00247	1,00113	1,00023	1,00005	1,00000
0,25	0,91358	0,99626	0,99984	0,99999	1,00000	1,00000	1,00000	1,00000	1,00000
0,26	0,85732	0,97020	0,98794	0,99457	0,99753	0,99887	0,99977	0,99995	1,00000
0,27	0,80263	0,94428	0,97609	0,98916	0,99506	0,99775	0,99953	0,99990	1,00000
0,28	0,74969	0,91862	0,96433	0,98380	0,99262	0,99664	0,99930	0,99985	1,00000
0,29	0,69866	0,89332	0,95272	0,97850	0,99020	0,99554	0,99907	0,99981	1,00000
0,30	0,64967	0,86850	0,94129	0,97329	0,98782	0,99446	0,99885	0,99976	1,00000
0,31	0,60286	0,84424	0,93010	0,96818	0,98549	0,99340	0,99863	0,99971	1,00000
0,32	0,55830	0,82060	0,91919	0,96320	0,98322	0,99236	0,99841	0,99967	1,00000
0,33	0,51609	0,79770	0,90859	0,95836	0,98102	0,99136	0,99820	0,99963	1,00000
0,34	0,47627	0,77562	0,89836	0,95369	0,97889	0,99040	0,99800	0,99958	1,00000
0,35	0,43892	0,75446	0,88853	0,94920	0,97684	0,98946	0,99780	0,99954	1,00000
0,36	0,40404	0,73428	0,87914	0,94491	0,97488	0,98857	0,99762	0,99951	1,00000
0,37	0,37166	0,71516	0,87023	0,94084	0,97302	0,98773	0,99744	0,99947	1,00000
0,38	0,34177	0,69716	0,86183	0,93700	0,97127	0,98693	0,99728	0,99943	1,00000
0,39	0,31440	0,68036	0,85397	0,93341	0,96964	0,98619	0,99712	0,99940	1,00000
0,40	0,28950	0,66480	0,84669	0,93008	0,96812	0,98550	0,99698	0,99937	1,00000
0,41	0,26708	0,65056	0,84002	0,92703	0,96673	0,98487	0,99685	0,99934	1,00000
0,42	0,24711	0,63766	0,83397	0,92427	0,96547	0,98430	0,99673	0,99932	1,00000
0,43	0,22957	0,62618	0,82858	0,92180	0,96434	0,98378	0,99662	0,99930	1,00000
0,44	0,21442	0,61616	0,82387	0,91965	0,96336	0,98334	0,99653	0,99928	1,00000
0,45	0,20166	0,60760	0,81985	0,91781	0,96252	0,98295	0,99645	0,99926	1,00000
0,46	0,19127	0,60058	0,81654	0,91629	0,96183	0,98264	0,99638	0,99925	1,00000
0,47	0,18319	0,59508	0,81395	0,91511	0,96129	0,98239	0,99633	0,99924	1,00000
0,48	0,17745	0,59114	0,81209	0,91426	0,96090	0,98221	0,99629	0,99923	1,00000
0,49	0,17400	0,58876	0,81097	0,91375	0,96067	0,98211	0,99627	0,99923	1,00000
0,50	0,17285	0,58798	0,81060	0,91358	0,96059	0,98208	0,99627	0,99922	1,00000

$\mu\,t > 4: F_0\,(\mu'\,t,\,\zeta) = 1$.

$$\textbf{8. Die Funktion } F_1\left(\mu\,t,\zeta\right)=\sum_1^\infty \frac{e^{-k^2\pi\mu t}}{k\,\pi}\sin 2\,k\,\pi\,\zeta\,.$$

Für die Untersuchungen der nächsten Ziffer und für spätere Untersuchungen der Konzentrationsfelder homogener Diffusionsvorgänge wird die Funktion

$$F_1\left(\mu\,t,\zeta\right)=\sum_1^\infty \frac{e^{-k^2\pi\mu t}}{k\,\pi}\sin 2\,k\,\pi\,\zeta \tag{401}$$

benötigt. Wie aus (399) unmittelbar abgeleitet werden kann, stellt $F_1\left(\mu\,t,\zeta\right)$ das Integral

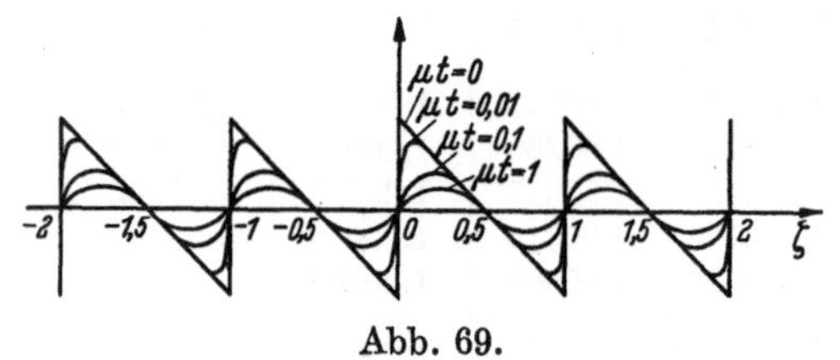

Abb. 69.

$$F_1\left(\mu\,t,\zeta\right)=\int_0^\zeta \left[F_0\left(\mu\,t,\zeta\right)-1\right]d\zeta \tag{401a}$$

dar. Sie ist daher mit dem Integral der JAKOBIschen ϑ_3-Funktion, die mit $F_0(\mu\,t,\zeta)$ identisch ist, nahe verwandt. Aus der nachfolgenden Funktionentafel können ihre Werte für den Argumentbereich $0\leq\zeta\leq\frac{1}{2}$ unmittelbar entnommen werden. Die Periodenlänge ist $\zeta=1$, wie im Falle von $F_0\left(\mu\,t,\zeta\right)$. Über das Periodenverhalten und die Parameterabhängigkeit gibt Abb. 69 Auskunft. Für $\mu\,t>2,8$ ist die Funktion praktisch überall null. Bemerkenswert ist der sägeblattförmige Verlauf für $\mu\,t=0$.

9. Örtlich periodische Temperaturfelder mit bereichsweise konstanter Ausgangstemperatur.

Ist die Ausgangstemperatur in dem Bereich

$$x_1\leq\overline{x}\leq x_2\,,\qquad y_1\leq\overline{y}\leq y_2\,,\qquad z_1\leq\overline{z}\leq z_2$$

konstant, so zieht sich $\vartheta_0(\overline{x},\overline{y},\overline{z})$ in (400)a vor die Integrale und man erhält

$$\left.\begin{aligned}
\vartheta\left(x,y,z,t\right)&=\frac{\vartheta_0}{a\,b\,l}\int_{x_1}^{x_2}F_0\left(\mu_a\,t,\frac{x-\overline{x}}{a}\right)d\overline{x}\int_{y_1}^{y_2}F_0\left(\mu_b\,t,\frac{y-\overline{y}}{b}\right)d\overline{y}\int_{z_1}^{z_2}F_0\left(\mu_l\,t,\frac{z-\overline{z}}{l}\right)d\overline{z}\,,\\[2mm]
\vartheta\left(x,y,t\right)&=\frac{\vartheta_0}{a\,b}\int_{x_1}^{x_2}F_0\left(\mu_a\,t,\frac{x-\overline{x}}{a}\right)d\overline{x}\int_{y_1}^{y_2}F_0\left(\mu_b\,t,\frac{y-\overline{y}}{b}\right)d\,y\\[2mm]
\vartheta\left(z,t\right)&=\frac{\vartheta_0}{l}\int_{z_1}^{z_2}F_0\left(\mu_l\,t,\frac{z-\overline{z}}{l}\right)d\overline{z}
\end{aligned}\right\} \tag{402}$$

Werden die Integrale mit Hilfe von (401)a ausgewertet, so folgt

$$\left.\begin{aligned}
\vartheta\left(x,y,z,t\right)&=\vartheta_0\left[\frac{x_2-x_1}{a}+F_1\left(\mu_a\,t,\frac{x-x_1}{a}\right)-F_1\left(\mu_a\,t,\frac{x-x_2}{a}\right)\right]\left[\frac{y_2-y_1}{b}+F_1\left(\mu_b\,t,\frac{y-y_1}{b}\right)-F_1\left(\mu_b\,t,\frac{y-y_2}{b}\right)\right]\cdot\\
&\qquad\cdot\left[\frac{z_2-z_1}{l}+F_1\left(\mu_l\,t,\frac{z-z_1}{l}\right)-F_1\left(\mu_l\,t,\frac{z-z_2}{l}\right)\right],\\[2mm]
\vartheta\left(x,y,t\right)&=\vartheta_0\left[\frac{x_2-x_1}{a}+F_1\left(\mu_a\,t,\frac{x-x_1}{a}\right)-F_1\left(\mu_a\,t,\frac{x-x_2}{a}\right)\right]\left[\frac{y_2-y_1}{b}+F_1\left(\mu_b\,t,\frac{y-y_1}{b}\right)-F_1\left(\mu_b\,t,\frac{y-y_2}{b}\right)\right],\\[2mm]
\vartheta\left(z,t\right)&=\vartheta_0\left[\frac{z_2-z_1}{l}+F_1\left(\mu_l\,t,\frac{z-z_1}{l}\right)-F_1\left(\mu_l\,t,\frac{z-z_2}{l}\right)\right]
\end{aligned}\right\} \tag{402a}$$

Nach (402)a sind örtlich periodische Temperaturfelder bei bereichsweise konstanter Ausgangstemperatur in allen drei Dimensionen geschlossen darstellbar.

$$F_1(\mu t, \zeta) = \sum_1^\infty k\, \frac{e^{-k^2 \pi \mu t}}{k\,\pi}\, \sin 2\,k\,\pi\,\zeta$$

$\zeta=\dfrac{z}{l}$	$\mu t=0$	0,010	0,020	0,030	0,040	0,050	0,100	0,150	0,200	0,250	0,300	0,350	0,400	0,450	0,500
0,00	0,0000	0000	0000	0000	0000	0000	0000	0000	0000	0000	0000	0000	0000	0000	0000
0,01	0,4900	0890	0603	0475	0399	0346	0216	0158	0124	0100	0083	0069	0058	0049	0042
0,02	0,4800	1719	1185	0939	0790	0687	0430	0315	0246	0199	0165	0138	0116	0098	0083
0,03	0,4700	2440	1725	1379	1165	1017	0640	0470	0367	0297	0246	0206	0173	0147	0125
0,04	0,4600	3020	2208	1787	1519	1331	0844	0621	0487	0394	0326	0273	0230	0195	0166
0,05	0,4500	3450	2623	2153	1846	1624	1041	0769	0603	0489	0405	0339	0286	0242	0206
0,06	0,4400	3737	2962	2474	2140	1894	1228	0911	0717	0581	0482	0404	0340	0289	0245
0,07	0,4300	3903	3226	2745	2398	2137	1405	1047	0826	0670	0556	0467	0393	0334	0284
0,08	0,4200	3975	3419	2965	2620	2351	1570	1177	0931	0756	0628	0527	0444	0378	0321
0,09	0,4100	3980	3547	3136	2803	2535	1722	1299	1030	0839	0698	0586	0494	0420	0357
0,10	0,4000	3939	3618	3261	2950	2689	1860	1413	1124	0918	0764	0642	0542	0461	0392
0,11	0,3900	3871	3644	3343	3060	2812	1984	1517	1212	0993	0827	0696	0587	0499	0425
0,12	0,3800	3787	3633	3388	3137	2907	2092	1613	1294	1062	0886	0746	0630	0536	0456
0,13	0,3700	3694	3594	3400	3184	2975	2186	1699	1369	1126	0941	0793	0670	0570	0486
0,14	0,3600	3598	3535	3386	3203	3017	2264	1776	1437	1185	0992	0836	0707	0602	0513
0,15	0,3500	3499	3461	3350	3199	3037	2328	1842	1498	1239	1038	0877	0741	0632	0539
0,16	0,3400	3400	3377	3297	3175	3036	2376	1898	1551	1288	1081	0914	0773	0659	0561
0,17	0,3300	3300	3287	3231	3134	3017	2411	1944	1597	1330	1118	0946	0801	0683	0582
0,18	0,3200	3200	3193	3154	3080	2982	2432	1980	1635	1366	1151	0975	0826	0705	0601
0,19	0,3100	3100	3096	3070	3014	2934	2440	2006	1666	1396	1179	1000	0848	0724	0617
0,20	0,3000	3000	2998	2981	2939	2875	2436	2022	1689	1421	1202	1020	0867	0740	0631
0,21	0,2900	2900	2899	2888	2858	2807	2420	2029	1704	1438	1219	1037	0882	0753	0642
0,22	0,2800	2800	2800	2793	2771	2732	2394	2028	1712	1451	1232	1049	0894	0762	0651
0,23	0,2700	2700	2700	2696	2680	2650	2359	2017	1713	1457	1240	1057	0901	0769	0657
0,24	0,2600	2600	2600	2597	2587	2564	2314	1998	1707	1457	1242	1061	0905	0773	0660
0,25	0,2500	2500	2500	2499	2491	2475	2262	1972	1694	1451	1241	1061	0905	0774	0661
0,26	0,2400	2400	2400	2399	2394	2382	2203	1938	1675	1439	1236	1056	0903	0772	0660
0,27	0,2300	2300	2300	2300	2296	2288	2138	1897	1649	1423	1222	1047	0896	0767	0656
0,28	0,2200	2200	2200	2200	2198	2192	2068	1850	1617	1400	1205	1035	0886	0758	0648
0,29	0,2100	2100	2100	2100	2099	2094	1992	1797	1580	1372	1184	1019	0872	0747	0639
0,30	0,2000	2000	2000	2000	1999	1996	1913	1739	1537	1340	1158	0998	0855	0733	0627
0,31	0,1900	1900	1900	1900	1899	1897	1830	1676	1489	1302	1128	0974	0835	0716	0613
0,32	0,1800	1800	1800	1800	1800	1798	1744	1608	1436	1260	1094	0945	0811	0696	0596
0,33	0,1700	1700	1700	1700	1700	1699	1655	1537	1379	1214	1056	0913	0784	0673	0577
0,34	0,1600	1600	1600	1600	1600	1599	1565	1461	1318	1163	1015	0878	0755	0648	0556
0,35	0,1500	1500	1500	1500	1500	1500	1472	1383	1253	1109	0969	0840	0722	0621	0533
0,36	0,1400	1400	1400	1400	1400	1400	1378	1301	1184	1050	0919	0798	0687	0591	0507
0,37	0,1300	1300	1300	1300	1300	1300	1283	1217	1112	0989	0867	0754	0650	0559	0480
0,38	0,1200	1200	1200	1200	1200	1200	1187	1131	1037	0925	0813	0707	0610	0525	0450
0,39	0,1100	1100	1100	1100	1100	1100	1090	1042	0959	0858	0755	0657	0567	0488	0419
0,40	0,1000	1000	1000	1000	1000	1000	0992	0952	0879	0788	0694	0606	0523	0450	0386
0,41	0,0900	0900	0900	0900	0900	0900	0894	0861	0797	0715	0631	0551	0476	0410	0352
0,42	0,0800	0800	0800	0800	0800	0800	0796	0768	0713	0640	0566	0494	0428	0368	0316
0,43	0,0700	0700	0700	0700	0700	0700	0697	0674	0627	0565	0500	0437	0378	0325	0279
0,44	0,0600	0600	0600	0600	0600	0600	0598	0579	0540	0487	0432	0377	0326	0281	0241
0,45	0,0500	0500	0500	0500	0500	0500	0498	0484	0452	0408	0362	0316	0273	0236	0202
0,46	0,0400	0400	0400	0400	0400	0400	0399	0388	0363	0328	0291	0254	0220	0190	0163
0,47	0,0300	0300	0300	0300	0300	0300	0299	0291	0274	0247	0219	0191	0166	0143	0123
0,48	0,0200	0200	0200	0200	0200	0200	0199	0194	0182	0165	0146	0128	0111	0096	0082
0,49	0,0100	0100	0100	0100	0100	0100	0099	0097	0091	0083	0073	0064	0056	0048	0041
0,50	0,0000	0000	0000	0000	0000	0000	0000	0000	0000	0000	0000	0000	0000	0000	0000

$$F_1(\mu t\ \zeta) = \sum_1^\infty{}_k \frac{e^{-k^2\pi\mu t}}{k\pi}\sin 2k\pi\zeta$$

$\zeta=\dfrac{z}{l}$	$\mu t=0{,}500$	0,600	0,700	0,800	0,900	1,000	1,200	1,400	1,600	1,800	2,000	2,400	2,800
0,00	0,0000	0000	0000	0000	0000	0000	0000	0000	0000	0000	0000	0000	0000
0,01	0,0042	0031	0022	0016	0012	0009	0005	0002	0001	0001	0000	0000	0000
0,02	0,0083	0061	0044	0032	0024	0017	0009	0005	0003	0001	0001	0000	0000
0,03	0,0125	0091	0066	0048	0035	0026	0014	0007	0004	0002	0001	0000	0000
0,04	0,0166	0121	0088	0064	0047	0034	0018	0010	0005	0003	0001	0000	0000
0,05	0,0206	0150	0109	0080	0058	0042	0023	0012	0006	0003	0002	0001	0000
0,06	0,0245	0179	0130	0095	0069	0051	0027	0014	0007	0004	0002	0001	0000
0,07	0,0284	0207	0150	0110	0080	0058	0031	0017	0009	0004	0003	0001	0000
0,08	0,0321	0233	0170	0124	0091	0066	0035	0019	0010	0005	0003	0001	0000
0,09	0,0357	0260	0189	0138	0101	0074	0039	0021	0011	0006	0003	0001	0000
0,10	0,0392	0285	0207	0152	0111	0081	0043	0023	0012	0007	0004	0001	0000
0,11	0,0425	0309	0225	0164	0120	0088	0047	0025	0013	0007	0004	0001	0000
0,12	0,0456	0332	0241	0176	0129	0094	0050	0027	0014	0008	0004	0001	0000
0,13	0,0486	0353	0257	0188	0137	0100	0053	0029	0015	0008	0004	0001	0000
0,14	0,0513	0373	0272	0199	0145	0106	0056	0030	0016	0009	0005	0001	0000
0,15	0,0539	0392	0286	0209	0152	0111	0059	0032	0017	0009	0005	0001	0000
0,16	0,0561	0409	0298	0218	0159	0116	0062	0033	0018	0009	0005	0001	0000
0,17	0,0582	0424	0309	0226	0165	0120	0064	0034	0018	0010	0005	0001	0000
0,18	0,0601	0437	0319	0233	0170	0124	0066	0035	0019	0011	0005	0002	0000
0,19	0,0617	0449	0328	0240	0175	0128	0068	0036	0019	0011	0006	0002	0000
0,20	0,0631	0460	0335	0245	0179	0131	0070	0037	0020	0011	0006	0002	0000
0,21	0,0642	0469	0342	0250	0182	0133	0071	0038	0020	0011	0006	0002	0000
0,22	0,0651	0475	0347	0253	0185	0135	0072	0038	0021	0011	0006	0002	0000
0,23	0,0657	0479	0350	0256	0187	0136	0073	0039	0021	0011	0006	0002	0000
0,24	0,0660	0483	0352	0257	0188	0137	0073	0039	0021	0011	0006	0002	0000
0,25	0,0661	0483	0353	0258	0189	0137	0073	0039	0021	0011	0006	0002	0000
0,26	0,0660	0482	0352	0257	0188	0137	0073	0039	0021	0011	0006	0002	0000
0,27	0,0656	0479	0350	0256	0187	0136	0073	0039	0021	0011	0006	0002	0000
0,28	0,0648	0474	0347	0253	0185	0135	0072	0038	0021	0011	0006	0002	0000
0,29	0,0639	0468	0342	0250	0182	0133	0071	0038	0020	0011	0006	0002	0000
0,30	0,0627	0459	0335	0245	0179	0131	0070	0037	0020	0011	0006	0002	0000
0,31	0,0613	0449	0328	0240	0175	0128	0068	0036	0019	0011	0006	0002	0000
0,32	0,0596	0436	0319	0233	0170	0124	0066	0035	0019	0011	0005	0002	0000
0,33	0,0577	0423	0309	0226	0165	0120	0064	0034	0018	0010	0005	0001	0000
0,34	0,0556	0407	0298	0218	0159	0116	0062	0033	0018	0009	0005	0001	0000
0,35	0,0533	0390	0286	0209	0152	0111	0059	0032	0017	0009	0005	0001	0000
0,36	0,0507	0372	0272	0199	0145	0106	0056	0030	0016	0009	0005	0001	0000
0,37	0,0480	0352	0257	0188	0137	0100	0053	0029	0015	0008	0004	0001	0000
0,38	0,0450	0330	0241	0176	0129	0094	0050	0027	0014	0008	0004	0001	0000
0,39	0,0419	0307	0225	0164	0120	0088	0047	0025	0013	0007	0004	0001	0000
0,40	0,0386	0283	0207	0152	0111	0081	0043	0023	0012	0007	0004	0001	0000
0,41	0,0352	0258	0189	0138	0101	0074	0039	0021	0011	0006	0003	0001	0000
0,42	0,0316	0232	0170	0124	0091	0066	0035	0019	0010	0005	0003	0001	0000
0,43	0,0279	0206	0150	0110	0080	0058	0031	0017	0009	0004	0003	0001	0000
0,44	0,0241	0178	0130	0095	0069	0051	0027	0014	0007	0004	0002	0001	0000
0,45	0,0202	0149	0109	0080	0058	0042	0023	0012	0006	0003	0002	0001	0000
0,46	0,0163	0120	0088	0064	0047	0034	0018	0010	0005	0003	0001	0000	0000
0,47	0,0123	0091	0066	0048	0035	0026	0014	0007	0004	0002	0001	0000	0000
0,48	0,0082	0061	0044	0032	0024	0017	0009	0005	0003	0001	0001	0000	0000
0,49	0,0041	0031	0022	0016	0012	0009	0005	0002	0001	0001	0000	0000	0000
0,50	0,0000	0000	0000	0000	0000	0000	0000	0000	0000	0000	0000	0000	0000

Für $\mu t > 2{,}8 : F_1(\mu t,\zeta) = 0$.

Beispiel 33. Ein $l = 1,0$ m langer Kupferring mit der Wärmeleitfähigkeit

$$\lambda = 0,0938 \ \text{kcal m}^{-1}\,{}^0\text{C}^{-1}\,\text{s}^{-1} ,$$

der spezifischen Wärme 0,0928 kcal kg^{-1} ^{0}C^{-1} und dem spezifischen Gewicht 8930 kg m^{-3} ist in zwei diametral einander gegenüberliegenden Punkten vorübergehend gegen Wärmedurchgang isoliert, so daß die eine Ringhälfte auf eine konstante Temperatur $\vartheta_0 = 400^0$ C gebracht werden kann, während die andere Ringhälfte ihre Ausgangstemperatur $\vartheta_0 = 0$ ^{0}C beibehält. Wie erfolgt der Wärmeaustausch zwischen den beiden Ringhälften, wenn die Isolierungen plötzlich beseitigt werden und wie wird insbesondere der am weitesten von dem beheizten Ringteil abliegende Punkt aufgeheizt?

Es liegt hier ein Anwendungsfall für die dritte der Gln (402)^a vor. Aus den vorgegebenen Zahlenwerten folgt in Verbindung mit den Bezeichnungen von Abb. 70

$$\vartheta_0 = 400 \ {}^0\text{C} , \qquad l = 1,0 \ \text{m} , \qquad z_1 = 0 , \qquad z_2 = \tfrac{1}{2}\, l = 0,5 \ \text{m} ,$$

$$\mu_l = \frac{4\,\pi\,\lambda}{c\,\gamma\,l^2} = \frac{4\,\pi \cdot 0,0938}{0,0928 \cdot 8930 \cdot 1,0^2} = 0,00142 \ \text{s}^{-1} .$$

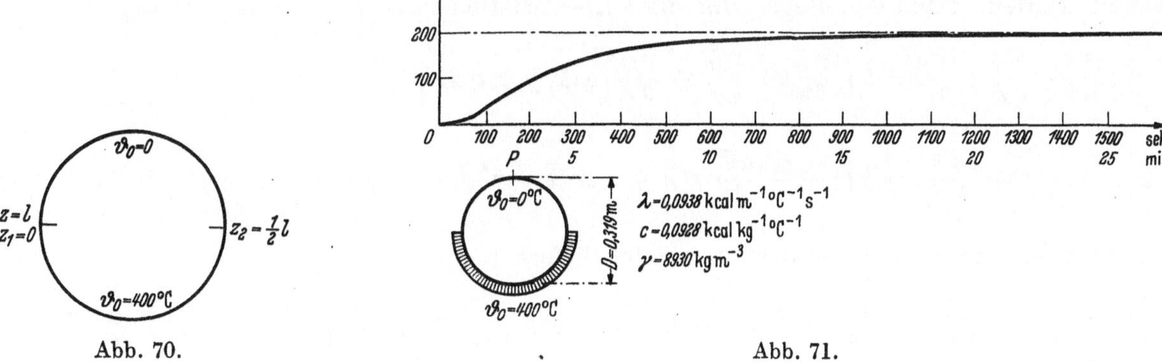

Abb. 70.   Abb. 71.

Damit ergibt sich für das gesuchte Temperaturfeld

$$\vartheta\,(z,\,t) = 400\,[0,500 + F_1\,(0,00142\,t\,,\ \zeta) - F_1\,(0,00142\,t\,,\ \zeta - \tfrac{1}{2})] \qquad \left(\zeta = \frac{z}{l}\,, \qquad t \ \text{in s}\right).$$

Der am weitesten von dem beheizten Ringteil abliegende Punkt ist der Punkt mit der Abszisse $z = \tfrac{3}{4}\,l$. Hierfür folgt in Verbindung mit Abb. 69

$$\vartheta\,(\tfrac{3}{4}\,l,\,t) = 400\,[0,500 - 2\,F_1\,(0,00142\,t\,,\ \tfrac{1}{4})] .$$

Wird diese Formel mit Hilfe der Tafel für die F_1-Funktion ausgewertet, so ergibt sich der aus Abb. 71 ersichtliche Temperaturverlauf.

10. Örtlich periodische Temperaturfelder bei singulärer Wärmeentwicklung.

Bei Wärmeentwicklung tritt an die Stelle der homogenen Wärmeleitungsgleichung (389) die inhomogene Differentialgleichung

$$\frac{\partial^2\vartheta}{\partial x^2} + \frac{\partial^2\vartheta}{\partial y^2} + \frac{\partial^2\vartheta}{\partial z^2} - \frac{c\,\gamma}{\lambda}\,\frac{\partial\vartheta}{\partial t} + \frac{q\,(x,\,y,\,z,\,t)}{\lambda} = 0 . \tag{403}$$

In dieser sei nun die örtlich periodische Wärmeentwicklungsfunktion q singulär, d. h. sie bestehe aus einer periodischen Wärme- oder Kältequellenkette. Nach Ziffer 5 und Gl. (398) stellte $\mathcal{F}_1\,(x,\,y,\,z,\,\bar{x},\,\bar{y},\,\bar{z},\,t)$ das aus einer momentanen Wärmeentwicklung in $\bar{x},\,\bar{y},\,\bar{z}$ herrührende Temperaturfeld dar. Würde der Zeitpunkt $t = 0$ der momentanen Wärmeentwicklung nach $t = \bar{t}$ verlegt, so würde das zugehörige Temperaturfeld durch $G_1\,(x,\,y,\,z,\,\bar{x},\,\bar{y},\,\bar{z},\,t - \bar{t})$ beschrieben werden.

Das Maß der momentanen Wärmeentwicklung fand seinen Niederschlag in der Einführung von W entsprechend

$$G_1\left(x, y, z, \overline{x}, \overline{y}, \overline{z},\ t - \overline{t}\right) = W\,\overline{G}_1\left(x, y, z, \overline{x}, \overline{y}, \overline{z},\ t - \overline{t}\right)\ . \qquad (404)$$

Bei der hier betrachteten zeitlich veränderlichen momentanen Wärmeentwicklung muß W proportional $q(\overline{t})$ und proportional $d\overline{t}$ sein. Somit folgt, wenn k einen Proportionalitätsfaktor bezeichnet,

$$W = k\,q\left(\overline{x}, \overline{y}, \overline{z}, \overline{t}\right) d\overline{t}\ , \qquad (405)$$

$$G_1\left(x, y, z, \overline{x}, \overline{y}, \overline{z}, t - \overline{t}\right) = k\,\overline{G}_1\left(x, y, z, \overline{x}, \overline{y}, \overline{z}, t - \overline{t}\right) q\left(\overline{x}, \overline{y}, \overline{z}, \overline{t}\right) d\overline{t}\ . \qquad (406)$$

Die Integration der momentanen singulären Wärmeentwicklungen über die Wirkungsdauer liefert damit das Temperaturfeld

$$\vartheta\left(x, y, z, t\right) = k \int\limits_0^t \overline{G}_1\left(x, y, z, \overline{x}, \overline{y}, \overline{z}, t - \overline{t}\right) q\left(\overline{x}, \overline{y}, \overline{z}, \overline{t}\right) d\overline{t}\ . \qquad (407)$$

Die Richtigkeit dieser formal aus der Anschauung entwickelten Darstellung muß nun durch Einführung von (407) in (403) bestätigt werden. Dabei kann gleichzeitig der Proportionalitätsfaktor k bestimmt werden. Nach den Regeln für die Differentiation bestimmter Integrale folgt

$$\frac{\partial^2 \vartheta}{\partial x^2} + \frac{\partial^2 \vartheta}{\partial y^2} + \frac{\partial^2 \vartheta}{\partial z^2} = k \int\limits_0^t \left[\frac{\partial^2 \overline{G}_1}{\partial x^2} + \frac{\partial^2 \overline{G}_1}{\partial y^2} + \frac{\partial^2 \overline{G}_1}{\partial z^2}\right] q\left(\overline{x}, \overline{y}, \overline{z}, \overline{t}\right) d\overline{t}\ ,$$

$$-\frac{c\,\gamma}{\lambda}\frac{\partial \vartheta}{\partial t} = k \int\limits_0^t \left(-\frac{c\,\gamma}{\lambda}\right)\frac{\partial \overline{G}_1}{\partial t} q\left(\overline{x}, \overline{y}, \overline{z}, \overline{t}\right) d\overline{t} - k\frac{c\,\gamma}{\lambda}\overline{G}_1\left(x, y, z, x, \overline{y}, \overline{z}, 0\right) q\left(\overline{x}, y, \overline{z}, t\right)\ .$$

Die Berücksichtigung dieser Ausdrücke in (403 liefert

$$k \int\limits_0^t \left[\frac{\partial^2 \overline{G}_1}{\partial x_2} + \frac{\partial^2 \overline{G}_1}{\partial y^2} + \frac{\partial^2 \overline{G}_1}{\partial z^2} - \frac{c\,\gamma}{\lambda}\frac{\partial \overline{G}_1}{\partial t}\right] q\left(\overline{x}, \overline{y}, \overline{z}, \overline{t}\right) d\overline{t} - k\frac{c\,\gamma}{\lambda}\overline{G}_1\left(x, y, z, \overline{x}, \overline{y}\,\overline{z}, 0\right) q\left(\overline{x}, \overline{y}, \overline{z}, t\right) + \frac{q\left(x, y, z, t\right)}{\lambda} \overset{!}{=} 0\ .$$

Nun ist $\overline{G}_1$ ein Integral der homogenen Wärmeleitungsgleichung. Damit verschwinden eckige Klammer und Integral identisch. Die GREENsche Funktion $\overline{G}_1$, die an der Stelle $t = 0$ zu bilden ist, nimmt, wie man durch Nullsetzen von t in (394) erkennt, den Wert von (387) an und verschwindet damit überall identisch mit Ausnahme der Stelle $\overline{x}, \overline{y}, \overline{z}$, wo sie den Wert $\lim \dfrac{1}{\Delta x \Delta y \Delta z}$ annimmt. Die Wärmeentwicklungsfunktion $q(x, y, z, t)$ verschwindet aber, entsprechend der zugrunde gelegten Singularität, ebenfalls überall identisch mit Ausnahme der Stelle $\overline{x}, \overline{y}, \overline{z}$. Somit ist die inhomogene Wärmeleitungsgleichung identisch erfüllt, wenn die beiden letzten Glieder auch an der Singularitätsstelle miteinander übereinstimmen. Die entsprechende Bedingungsgleichung lautet

$$-k\frac{c\,\gamma}{\lambda}\lim\frac{1}{\Delta x \Delta y \Delta z} q\left(\overline{x}, \overline{y}, \overline{z}\ t\right) + \frac{q\left(\overline{x}, \overline{y}, \overline{z}, t\right)}{\lambda} = 0 \qquad \text{oder} \qquad -k\,c\,\gamma\lim\frac{1}{\Delta x \Delta y \Delta z} + 1 = 0\ .$$

Hieraus folgt

$$k = \frac{\lim \Delta x \Delta y \Delta z}{c\,\gamma}\ . \qquad (408)$$

Wird dieser k-Wert noch in (407 eingeführt, so erhält man schließlich

$$\vartheta\left(x, y, z\ t\right) = \frac{1}{c\,\gamma} \int\limits_0^t \overline{G}_1\left(x, y, z, \overline{x}, \overline{y}, \overline{z}, t - \overline{t}\right) \left[q\left(\overline{x}, \overline{y}, \overline{z}, \overline{t}\right) \lim \Delta x \Delta y \Delta z\right] d\overline{t}\ . \qquad (409)$$

Hierin ist nun der eckige Klammerwert die sekundliche Wärmeentwicklung

$$Q\left(\overline{x}, \overline{y}, \overline{z}, \overline{t}\right) = q\left(\overline{x}, \overline{y}, \overline{z}\ t\right) \lim \Delta x \Delta y \Delta z \qquad (410)$$

$$F_2(\mu t, \zeta) = \frac{\mu t}{4\pi} + \sum_1^\infty {}_k (-1)^k \frac{1 - e^{-k^2 \pi \mu t}}{2\pi^2 k^2} \cos 2 k \pi \zeta .$$

$\zeta = \dfrac{z}{l}$	$\mu t = 0{,}000$	0,010	0,020	0,030	0,040	0,050	0,100	0,150	0,200	0,250	0,300	0,350	0,400	0,450	0,500
0,00	0,0000	0000	0000	0000	0000	0000	0000	0000	0001	0007	0017	0029	0044	0064	0086
0,01	0,0000	0000	0000	0000	0000	0000	0000	0000	0002	0008	0018	0030	0045	0065	0087
0,02	0,0000	0000	0000	0000	0000	0000	0000	0000	0002	0008	0018	0030	0046	0066	0088
0,03	0,0000	0000	0000	0000	0000	0000	0000	0000	0003	0009	0019	0031	0047	0067	0090
0,04	0,0000	0000	0000	0000	0000	0000	0000	0000	0003	0009	0020	0032	0048	0069	0091
0,05	0,0000	0000	0000	0000	0000	0000	0000	0000	0004	0010	0021	0034	0050	0072	0094
0,06	0,0000	0000	0000	0000	0000	0000	0000	0000	0004	0011	0022	0036	0052	0074	0098
0,07	0,0000	0000	0000	0000	0000	0000	0000	0001	0005	0012	0024	0039	0055	0078	0102
0,08	0,0000	0000	0000	0000	0000	0000	0000	0001	0005	0013	0026	0042	0059	0082	0106
0,09	0,0000	0000	0000	0000	0000	0000	0000	0002	0006	0015	0029	0045	0063	0087	0111
0,10	0,0000	0000	0000	0000	0000	0000	0000	0003	0007	0017	0031	0048	0067	0092	0117
0,11	0,0000	0000	0000	0000	0000	0000	0000	0004	0009	0020	0035	0053	0073	0098	0124
0,12	0,0000	0000	0000	0000	0000	0000	0000	0004	0010	0022	0038	0058	0079	0104	0130
0,13	0,0000	0000	0000	0000	0000	0000	0000	0005	0012	0025	0042	0063	0085	0111	0138
0,14	0,0000	0000	0000	0000	0000	0000	0000	0005	0014	0028	0046	0068	0091	0118	0147
0,15	0,0000	0000	0000	0000	0000	0000	0000	0006	0017	0032	0051	0075	0098	0127	0156
0,16	0,0000	0000	0000	0000	0000	0000	0000	0008	0019	0036	0057	0081	0107	0136	0166
0,17	0,0000	0000	0000	0000	0000	0000	0000	0009	0021	0040	0063	0088	0116	0145	0176
0,18	0,0000	0000	0000	0000	0000	0000	0001	0011	0025	0045	0070	0097	0125	0156	0188
0,19	0,0000	0000	0000	0000	0000	0000	0002	0014	0030	0052	0078	0107	0136	0168	0201
0,20	0,0000	0000	0000	0000	0000	0000	0003	0016	0034	0058	0085	0116	0147	0179	0214
0,21	0,0000	0000	0000	0000	0000	0000	0004	0019	0039	0065	0094	0126	0159	0192	0228
0,22	0,0000	0000	0000	0000	0000	0000	0005	0022	0044	0072	0104	0137	0171	0206	0243
0,23	0,0000	0000	0000	0000	0000	0000	0007	0026	0051	0080	0115	0150	0185	0222	0259
0,24	0,0000	0000	0000	0000	0000	0000	0009	0030	0057	0090	0126	0163	0199	0237	0276
0,25	0,0000	0000	0000	0000	0000	0001	0011	0034	0064	0100	0137	0176	0214	0253	0293
0,26	0,0000	0000	0000	0000	0000	0001	0014	0040	0073	0111	0150	0191	0231	0271	0312
0,27	0,0000	0000	0000	0000	0001	0002	0018	0047	0083	0123	0165	0207	0249	0290	0332
0,28	0,0000	0000	0000	0000	0001	0002	0022	0054	0093	0136	0180	0224	0267	0310	0353
0,29	0,0000	0000	0000	0000	0001	0003	0026	0063	0105	0150	0196	0242	0287	0331	0375
0,30	0,0000	0000	0000	0000	0002	0004	0030	0072	0117	0165	0213	0261	0307	0353	0398
0,31	0,0000	0000	0000	0001	0003	0006	0036	0082	0131	0182	0232	0282	0329	0376	0423
0,32	0,0000	0000	0000	0001	0004	0008	0044	0093	0146	0199	0252	0303	0352	0400	0448
0,33	0,0000	0000	0000	0002	0005	0010	0052	0106	0163	0219	0273	0326	0377	0426	0475
0,34	0,0000	0000	0000	0003	0007	0013	0062	0119	0180	0239	0295	0350	0402	0452	0502
0,35	0,0000	0000	0001	0004	0010	0017	0073	0136	0200	0261	0319	0376	0429	0480	0530
0,36	0,0000	0000	0001	0005	0013	0022	0085	0154	0220	0284	0344	0402	0457	0510	0561
0,37	0,0000	0000	0002	0008	0018	0029	0100	0173	0242	0309	0372	0431	0487	0541	0593
0,38	0,0000	0000	0003	0011	0023	0037	0115	0194	0266	0336	0400	0461	0518	0572	0626
0,39	0,0000	0001	0005	0017	0031	0047	0134	0217	0292	0364	0430	0493	0551	0606	0660
0,40	0,0000	0001	0008	0023	0040	0059	0154	0241	0320	0393	0461	0525	0584	0641	0695
0,41	0,0000	0002	0013	0032	0052	0073	0177	0269	0350	0425	0495	0559	0620	0677	0732
0,42	0,0000	0003	0020	0042	0066	0090	0201	0298	0382	0459	0529	0595	0656	0714	0770
0,43	0,0000	0007	0029	0056	0084	0111	0229	0329	0416	0495	0566	0633	0695	0754	0810
0,44	0,0000	0011	0041	0073	0104	0133	0259	0363	0451	0532	0604	0672	0734	0794	0851
0,45	0,0000	0020	0058	0095	0129	0161	0293	0399	0489	0571	0644	0713	0776	0836	0894
0,46	0,0000	0033	0079	0120	0157	0191	0328	0437	0529	0612	0686	0755	0819	0879	0937
0,47	0,0000	0052	0106	0152	0191	0226	0368	0479	0572	0655	0730	0800	0864	0925	0982
0,48	0,0000	0078	0139	0187	0228	0265	0410	0522	0616	0700	0775	0846	0909	0971	1028
0,49	0,0000	0114	0179	0229	0271	0308	0455	0568	0663	0747	0822	0893	0957	1019	1076
0,50	0,0000	0159	0225	0276	0318	0356	0503	0617	0711	0796	0871	0942	1006	1068	1126

$$F_2(\mu t, \zeta) = \frac{\mu t}{4\pi} + \sum_{k=1}^{\infty} (-1)^k \frac{1 - e^{-k^2\pi\mu t}}{2\pi^2 k^2} \cos 2k\mu\zeta .$$

$\zeta = \dfrac{z}{l}$	$\mu t = 0{,}500$	0,600	0,700	0,800	0,900	1,000	1,200	1,400	1,600	1,800	2,000
0,00	0,0086	0138	0196	0261	0329	0401	0550	0703	0860	1017	1176
0,01	0,0087	0139	0197	0262	0330	0402	0551	0704	0861	1018	1177
0,02	0,0088	0140	0198	0263	0331	0403	0552	0705	0862	1019	1178
0,03	0,0090	0142	0200	0265	0333	0405	0554	0707	0864	1022	1181
0,04	0,0091	0144	0203	0268	0336	0408	0557	0710	0867	1025	1184
0,05	0,0094	0147	0207	0272	0340	0413	0561	0716	0872	1030	1189
0,06	0,0098	0151	0210	0276	0345	0418	0566	0720	0877	1036	1194
0,07	0,0102	0156	0215	0282	0351	0424	0572	0726	0883	1043	1201
0,08	0,0106	0160	0221	0288	0357	0430	0580	0734	0891	1050	1208
0,09	0,0111	0166	0228	0296	0365	0438	0589	0743	0900	1059	1217
0,10	0,0117	0173	0235	0303	0373	0447	0598	0753	0911	1068	1226
0,11	0,0124	0181	0244	0312	0383	0457	0608	0763	0922	1078	1237
0,12	0,0130	0189	0253	0322	0393	0467	0619	0774	0933	1089	1248
0,13	0,0138	0199	0263	0333	0404	0478	0630	0786	0945	1102	1261
0,14	0,0147	0209	0274	0344	0416	0491	0643	0800	0958	1115	1274
0,15	0,0156	0219	0286	0357	0429	0505	0657	0815	0973	1130	1288
0,16	0,0166	0230	0298	0370	0443	0519	0672	0830	0987	1145	1303
0,17	0,0176	0242	0311	0384	0457	0534	0688	0845	1003	1161	1319
0,18	0,0188	0256	0326	0399	0474	0550	0705	0862	1021	1178	1337
0,19	0,0201	0270	0342	0416	0491	0567	0723	0880	1039	1197	1356
0,20	0,0214	0285	0358	0433	0508	0586	0742	0900	1058	1216	1375
0,21	0,0228	0301	0375	0451	0527	0605	0762	0920	1078	1237	1396
0,22	0,0243	0318	0393	0470	0547	0625	0783	0941	1099	1258	1417
0,23	0,0259	0336	0412	0490	0568	0647	0805	0963	1122	1280	1440
0,24	0,0276	0354	0432	0511	0589	0668	0827	0986	1145	1303	1463
0,25	0,0293	0373	0452	0532	0611	0691	0850	1009	1168	1327	1487
0,26	0,0312	0394	0474	0555	0635	0716	0875	1034	1194	1353	1513
0,27	0,0332	0416	0498	0580	0660	0741	0901	1061	1220	1380	1540
0,28	0,0353	0438	0521	0604	0685	0767	0928	1087	1247	1406	1567
0,29	0,0375	0463	0547	0631	0713	0795	0956	1115	1275	1435	1596
0,30	0,0398	0487	0573	0657	0740	0822	0984	1144	1304	1464	1625
0,31	0,0423	0514	0600	0686	0769	0852	1014	1175	1335	1495	1656
0,32	0,0448	0540	0628	0715	0798	0882	1045	1206	1366	1526	1687
0,33	0,0475	0569	0658	0745	0830	0913	1077	1238	1398	1558	1720
0,34	0,0502	0598	0688	0776	0861	0945	1109	1271	1431	1591	1753
0,35	0,0530	0629	0720	0809	0895	0979	1144	1306	1465	1626	1788
0,36	0,0561	0660	0752	0842	0928	1014	1178	1341	1500	1661	1823
0,37	0,0593	0693	0787	0877	0964	1049	1215	1378	1537	1698	1860
0,38	0,0626	0727	0821	0912	0999	1085	1252	1415	1574	1735	1897
0,39	0,0660	0763	0858	0949	1037	1122	1289	1453	1613	1773	1936
0,40	0,0695	0799	0895	0987	1075	1160	1329	1492	1653	1812	1975
0,41	0,0732	0837	0934	1026	1115	1201	1369	1583	1693	1853	2015
0,42	0,0770	0876	0973	1066	1155	1242	1409	1574	1734	1894	2056
0,43	0,0810	0916	1014	1108	1197	1284	1452	1616	1778	1937	2099
0,44	0,0851	0957	1056	1150	1239	1327	1496	1659	1821	1980	2142
0,45	0,0894	1001	1099	1194	1284	1370	1540	1704	1866	2026	2187
0,46	0,0937	1044	1142	1238	1328	1415	1585	1749	1911	2071	2232
0,47	0,0982	1090	1189	1285	1374	1462	1631	1796	1958	2118	2279
0,48	0,1028	1137	1236	1331	1421	1509	1678	1843	2005	2165	2326
0,49	0,1076	1185	1285	1380	1470	1558	1727	1892	2054	2214	2375
0,50	0,1126	1234	1334	1429	1519	1607	1776	1941	2103	2263	2424

Für $\mu t > 2$: $F_2(\mu t, \zeta) = \dfrac{\mu t}{4\pi} + \dfrac{1}{2}\left(\zeta^2 - \dfrac{1}{12}\right)$ $\left(0 \leqq \zeta \leqq \dfrac{1}{2}\right)$.

der Wärme- oder Kältequelle. Wird das Temperaturfeld von (409) als Greensche Funktion $G_2(x, y, z, \overline{x}, \overline{y}, \overline{z}, t)$ bezeichnet, so ergibt sich bei Berücksichtigung von (410)

$$G_2\,(x, y, z, x, \overline{y}, \overline{z}, t)=\frac{1}{c\,\gamma}\int_0^t \overline{G}_1\,(x, y, z, \overline{x}, \overline{y}, \overline{z}, t-\overline{t})\,Q\,(\overline{x}, \overline{y}, \overline{z}, \overline{t})\,d\,\overline{t}\ . \tag{411}$$

Wird die Greensche Funktion $\overline{G}_1$ gemäß (394) eingesetzt und die analoge Betrachtung auch im zwei- und eindimensionalen Falle durchgeführt, so erhält man

$$\begin{aligned}
G_2\,(x, y, z, \overline{x}, \overline{y}, \overline{z}, t)&=\frac{1}{a\,b\,l\,c\,\gamma}\int_0^t\Big[1+2\sum_1^\infty k\,e^{-k^2\pi\mu_a(t-\overline{t})}\cos\frac{2k\pi(x-\overline{x})}{a}\Big]\cdot\\
&\quad\cdot\Big[1+2\sum_1^\infty k\,e^{-k^2\pi\mu_b(t-\overline{t})}\cos\frac{2k\pi(y-\overline{y})}{b}\Big]\Big[1+2\sum_1^\infty k\,e^{-k^2\pi\mu_l(t-\overline{t})}\cos\frac{2k\pi(z-\overline{z})}{l}\Big]Q\,(\overline{x}, \overline{y}, \overline{z}, \overline{t})\,d\,\overline{t}\ ,\\[4pt]
G_2\,(x, y, \overline{x}, \overline{y}, t)&=\frac{1}{a\,b\,c\,\gamma}\int_0^t\Big[1+2\sum_1^\infty k\,e^{-k^2\pi\mu_a(t-\overline{t})}\cos\frac{2k\pi(x-\overline{x})}{a}\Big]\cdot\\
&\quad\cdot\Big[1+2\sum_1^\infty k\,e^{-k^2\pi\mu_b(t-\overline{t})}\cos\frac{2k\pi(y-\overline{y})}{b}\Big]Q\,(\overline{x}, \overline{y}, \overline{t})\,d\,\overline{t}\ ,\\[4pt]
G_2\,(z, \overline{z}, t)&=\frac{1}{l\,c\,\gamma}\int_0^t\Big[1+2\sum_1^\infty k\,e^{-k^2\pi\mu_l(t-\overline{t})}\cos\frac{2k\pi(z-\overline{z})}{l}\Big]Q\,(\overline{z}, \overline{t})\,d\,\overline{t}\ .
\end{aligned} \tag{412}$$

In der Darstellungsweise durch F_0-Funktionen gemäß (399) lauten die Greenschen Funktionen

$$\begin{aligned}
(x, y, z, \overline{x}, \overline{y}, \overline{z}, t)&=\frac{1}{a\,b\,l\,\gamma}\int_0^t F_0\Big(\mu_a\,(t-\overline{t}), \frac{x-\overline{x}}{a}\Big)F_0\Big(\mu_b\,(t-\overline{t}), \frac{y-\overline{y}}{b}\Big)F_0\Big(\mu_l\,(t-\overline{t}), \frac{z-\overline{z}}{l}\Big)Q\,(\overline{x}, \overline{y}, \overline{z}, \overline{t})\,d\,\overline{t}\ ,\\[4pt]
G_2\,(x, y, \overline{x}, \overline{y}, t)&=\frac{1}{a\,b\,c\,\gamma}\int_0^t F_0\Big(\mu_a\,(t-\overline{t}), \frac{x-\overline{x}}{a}\Big)F_0\Big(\mu_b\,(t-\overline{t}), \frac{y-\overline{y}}{b}\Big)Q\,(\overline{x}, \overline{y}, \overline{t})\,d\,\overline{t}\ ,\\[4pt]
G_2\,(z, \overline{z}, t)&=\frac{1}{l\,c\,\gamma}\int_0^t F_0\Big(\mu_l\,(t-\overline{t}), \frac{z-\overline{z}}{l}\Big)Q\,(\overline{z}, \overline{t})\,d\,\overline{t}
\end{aligned} \tag{413}$$

In (412) und (413) sind die μ_a, μ_b, μ_l durch (393) gegeben. Die singuläre Wärmeentwicklung Q ist im zweidimensionalen Falle pro cm Plattendicke und im eindimensionalen Falle pro cm² Querschnitt zu beziehen.

11. Die Funktion $F_2\,(\mu\,t, \zeta)=\dfrac{\mu\,t}{4\,\pi}+\sum_1^\infty k\,(-1)^k\dfrac{1-e^{-k^2\pi\mu t}}{2\,\pi^2\,k^2}\cos 2\,k\,\pi\,\zeta$.

Für zahlreiche Anwendungen der in der vorigen Ziffer entwickelten Greenschen Funktionen benötigt man die hier mit $F_2(\mu\,t, \zeta)$ bezeichnete Funktion

$$F_2\,(\mu\,t, \zeta)=\frac{\mu\,t}{4\,\pi}+\sum_1^\infty k\,(-1)^k\frac{1-e^{-k^2\pi\mu t}}{2\,\pi^2\,k^2}\cos 2\,k\,\pi\,\zeta\ . \tag{414}$$

Wie man unmittelbar erkennt, handelt es sich um eine periodische Funktion mit der Periode $\zeta=1$, deren grundsätzlicher Verlauf für einen festgehaltenen Zeitpunkt aus Abb. 72ª ersichtlich ist. Nach Abb. 72ª kann die Untersuchung der Abhängigkeit von $\mu\,t$ auf den ζ-Bereich

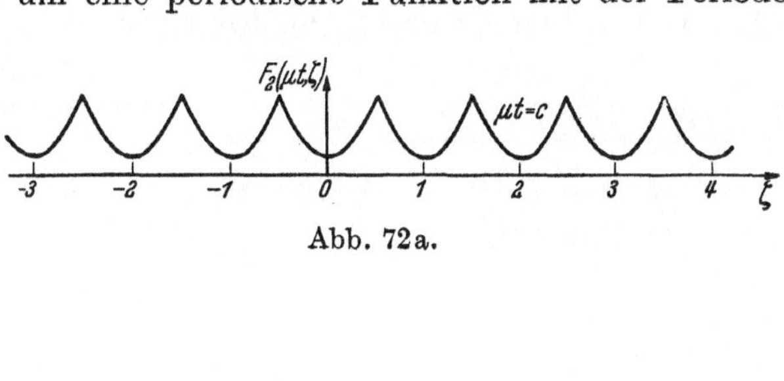

$$0\leq\zeta\leq\tfrac{1}{2}$$

Abb. 72a.

beschränkt werden. Innerhalb dieses Bereiches kann die numerische Darstellung der F_2-Funktion sehr erleichtert werden, wenn man ihre engen Beziehungen zu den zweifachen Integralen der JAKOBISchen Funktionen berücksichtigt, wie im zweiten Bande der Praktischen Funktionenlehre näher erörtert werden wird. Auf dieser Grundlage haben wir die anschließend mitgeteilte Funktionentafel entwickelt, die für die Bedürfnisse der Anwendung im allgemeinen ausreichen wird. Abb. 72[b] zeigt den Funktionsverlauf in Abhängigkeit von ζ mit μt als Parameter. Durch die Spitzen an der Stelle $\zeta = \frac{1}{2}$ ist die Singularität deutlich ausgeprägt. Von $\mu t = 2{,}0$ ab sind die e-Funktionen in (414) gegenüber der Einheit praktisch bedeutungslos, d. h. die Summenfunktion hängt dann nur noch von ζ ab und man erhält

$$F_2(\mu t, \zeta) = \frac{\mu t}{4\pi} + \sum_1^\infty \frac{(-1)^k}{2\pi^2 k^2} \cos 2k\pi\zeta \qquad (\mu t > 2) \ . \quad (415)$$

Nun ist nach der FOURIER-Analyse

$$\sum_1^\infty \frac{(-1)^k}{2\pi^2 k^2} \cos 2k\pi\zeta = \frac{1}{2}\left(\zeta^2 - \frac{1}{12}\right) \quad \left(0 \le \zeta \le \frac{1}{2}\right) . \quad (416)$$

Damit ergibt sich die geschlossene Darstellung

$$F_2(\mu t, \zeta) = \frac{\mu t}{4\pi} + \frac{1}{2}\left(\zeta^2 - \frac{1}{12}\right) \quad \left(\mu t > 2, \ 0 \le \zeta \le \frac{1}{2}\right) . \quad (417)$$

Hiernach ändern von $\mu t = 2$ ab die Kurven ihre Gestalt nicht mehr; sie sind entsprechend dem μt-Wert nur auf eine andere Grundordinate bezogen. Dieser quasistationäre Charakter des Funktionsverlaufes zeigt sich auch in dem partiellen Differentialquotienten nach der Zeit

$$\frac{\partial F_1}{\partial t} = \frac{\mu}{4\pi} \qquad (\mu t > 2) , \quad (418)$$

der dann an jeder Stelle und in jedem Zeitpunkt einen konstanten Wert annimmt.

Aus der beigegebenen Funktionentafel können die Funktionswerte mit vierstelliger Genauigkeit entnommen werden. Da eine Berechnung der Funktionswerte aus der definierenden Reihendarstellung (414) außerordentlich mühsam ist, erfolgte sie über die Integrale der Thetafunktionen, worauf im zweiten Bande näher eingegangen werden wird.

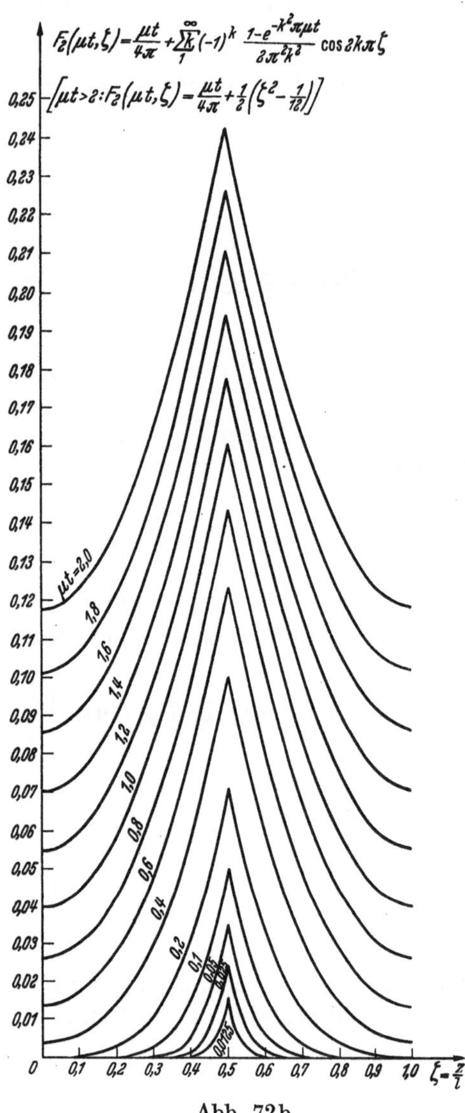

Abb. 72b.

12. Örtlich periodische Temperaturfelder bei zeitlich konstanter singulärer Wärmeentwicklung.

Es sei nun gemäß Abb. 73 ein lineares örtlich periodisches Temperaturfeld unter zeitlich unveränderlicher Wärmeentwicklung betrachtet. In diesem Falle ist in der dritten der Gln (412) $Q(\bar{z}\,t) = Q(\bar{z})$ zu setzen, wobei Q ableitungsgemäß die pro Querschnittseinheit einströmende Wärmemenge, also QF die an den singulären Stellen insgesamt einströmende Wärmemenge ist. Somit erhält man

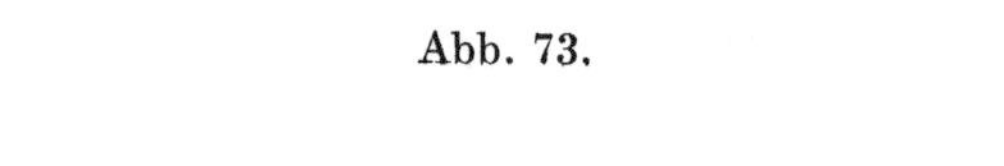

Abb. 73.

$$\vartheta(z\,t) = \frac{Q(\bar{z})}{l\,c\,\gamma} \int_0^t \left[1 + 2\sum_1^\infty k\, e^{-k^2\pi\mu_l(t-\bar{t})} \cos\frac{2k\pi(z-\bar{z})}{l} \right] d\bar{t}$$

oder integriert

$$(\vartheta\, z, t) = \frac{Q\,(\overline{z})}{l\,c\,\gamma}\left[t + \frac{2}{\pi\,\mu_l}\sum_{1}^{\infty}{}^{\!k}\frac{1 - e^{-k^2\,\pi\,\mu\,t}}{k^2}\cos\frac{2\,k\,\pi\,(z - \overline{z})}{l}\right].$$

Nun kann

$$\cos\frac{2\,k\,\pi\,(z - \overline{z})}{l} = [-1]^k\cos\frac{2\,k\,\pi\,(z - \overline{z}) + \frac{1}{2}\,l)}{l}$$

gesetzt werden. Werden ferner die dimensionslosen Parameter bzw. Veränderlichen

$$\frac{4\,\pi\,\lambda}{c\,\gamma\,l^2} = \mu,\qquad \frac{z}{l} = \zeta,\qquad \frac{\overline{z}}{l} = \overline{\zeta} \tag{419}$$

eingeführt, so folgt

$$\vartheta\,(z, t) = \frac{Q\,(\overline{z})\,l}{\lambda}\left[\frac{\mu\,t}{4\,\pi} + \sum_{1}^{\infty}{}^{\!k}(-1)^k\frac{1 - e^{-k^2\,\pi\,\mu\,t}}{2\,\pi^2\,k^2}\cos 2\,k\,\pi\left(\zeta - \overline{\zeta} + \frac{1}{2}\right)\right]. \tag{420}$$

Unter Bezugnahme auf die in der vorigen Ziffer definierte Funktion $F_2(\mu\,t, \zeta)$ erhält man schließlich

$$\vartheta\,(z, t) = \frac{Q\,(\overline{z})\,l}{\lambda}F_2\left(\mu\,t, \zeta - \overline{\zeta} + \frac{1}{2}\right)\qquad \text{mit}\qquad \zeta = \frac{z}{l},\ \overline{\zeta} = \frac{\overline{z}}{l}. \tag{421}$$

In dem Sonderfalle symmetrisch angeordneter Wärmequellen (Abb. 74) ist $\overline{\zeta} = \frac{1}{2}$ und es ergibt sich

$$\vartheta\,(z, t) = \frac{Q\,l}{\lambda}F_2\,(\mu\,t, \zeta)\qquad \text{(Symmetrisch liegende Wärmequellen)}. \tag{422}$$

In diesem Falle ist bis auf den Maßstabsfaktor $\frac{Q\,l}{\lambda}$ die Temperaturverteilung unmittelbar aus Abb. 72[b] ersichtlich.

Das zu Abb. 74 gehörige Temperaturfeld entspricht u. a. auch dem Temperaturfeld, das sich beim Zusammenschweißen zweier gleich langer Stäbe einstellt (Abb. 75), wenn man die Gesamtlänge beider Stäbe mit l bezeichnet. An den beiden freien Enden ist der Wärmedurchgang unterbrochen, was einer Spiegelung des Temperaturfeldes in den Endpunkten entspricht. Setzt man an den gespiegelten Endpunkten die Spiegelungen laufend fort, so gelangt man zu der periodischen Quellenverteilung von Abb. 74, so daß das Temperaturfeld zu Abb. 75 einem der Periodenfelder von Abb. 75 entspricht. Dementsprechend liefert Abb. 72 unmittelbar das Temperaturfeld in zwei zusammengeschweißten gleich langen Stäben. Sind die zusammenzuschweißenden Stäbe sehr lang — wie z. B. im Falle von Straßenbahnschienen —, so wird μ und damit auch $\mu\,t$ klein und der Endzustand wird etwa durch eine zu $\mu\,t = 0{,}1$ gehörende Kurve dargestellt. Sind die Stäbe kurz, so kann man bis in den quasistationären Bereich $(\mu\,t > 2)$ gelangen.

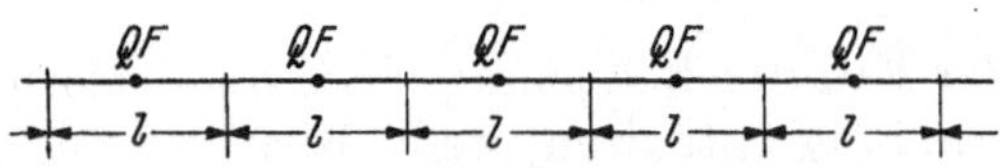

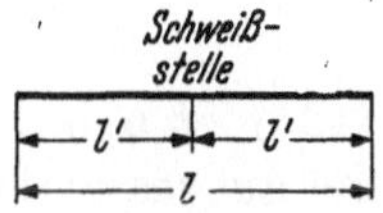

Ein ebenfalls bemerkenswerter Anwendungsfall von Abb. 74 ist der zusammengeschweißte Ringstab (Abb. 76), bei welchem der periodische Charakter durch die Kreisform unmittelbar gegeben ist. Um Gl. (422) auf diesen Fall direkt anwenden zu können, muß die Kreisbogenlänge gleich l gesetzt und der Schweißstelle der Wert $z = \frac{1}{2}\,l$ zugeordnet werden.

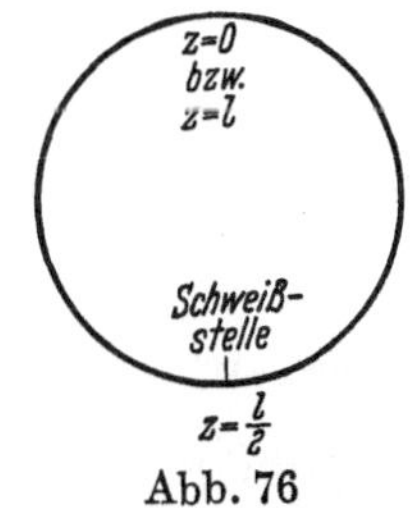

Abb. 76

Wird das Temperaturfeld betrachtet, das sich beim Zusammenschweißen zweier ungleich langer Stäbe einstellt (Abb. 77), so muß dem Quellenfeld von Abb. 73 noch ein an der Stelle $z = 0$ gespiegeltes Feld überlagert werden (Abb. 78), damit der Wärmedurchgang an den Endpunkten und in der Mitte jedes Periodenfeldes unterbrochen ist. Die Periodenfeldlänge l ergibt sich damit zu $2\,l_1 + 2\,l_2$, wenn l_1 und l_2 die Längen der ungleich langen Stäbe bezeichnen.

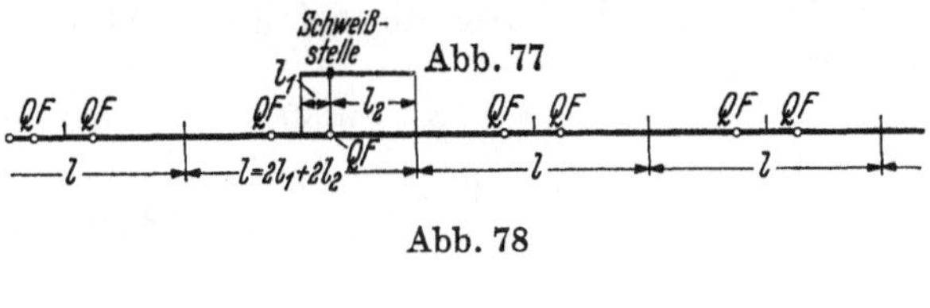

Abb. 77

Abb. 78

Wird in (421) einmal $\bar{\zeta} = \frac{1}{2} + \frac{l_1}{l}$ und einmal $\bar{\zeta} = \frac{1}{2} - \frac{l_1}{l}$ gesetzt, so liefert die Superposition beider Temperaturfelder für das zu Abb. 77 gehörige Temperaturfeld

$$\vartheta(\zeta\ t) = \frac{Q\,l}{l}\left[F_2\left(\mu\,t,\ \zeta - \frac{l_1}{l}\right) + F_2\left(\mu\,t,\ \zeta + \frac{l_1}{l}\right)\right] \qquad \text{mit} \qquad \zeta = \frac{z}{l}\,, \qquad l = 2\,(l_1 + l_2)\,. \tag{423}$$

Durch (422) wird auch gleichzeitig der Fall der Aufheizung einer unendlich ausgedehnt gedachten Platte durch äquidistant angeordnete Heizbleche erledigt (Abb. 79), wobei dann Q die je m² Heizblech zugeführte Wärmemenge bezeichnet.

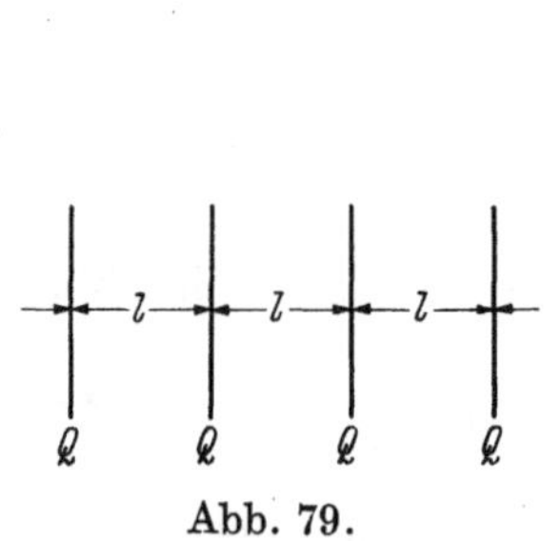

Abb. 79.

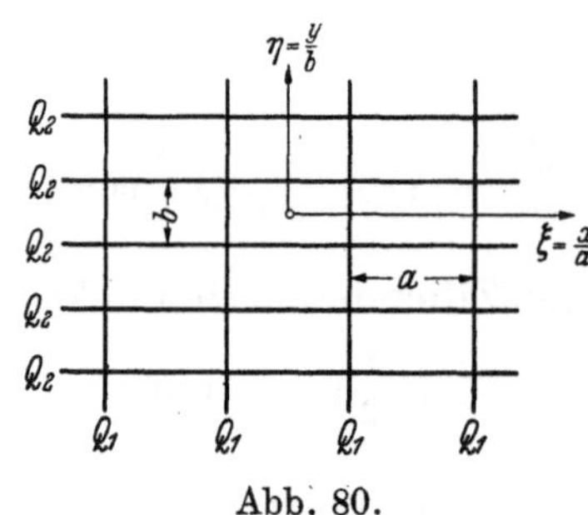

Abb. 80.

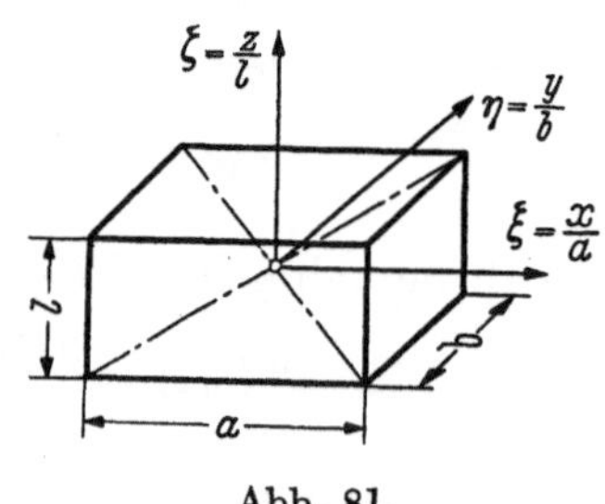

Abb. 81.

Wird die eben betrachtete Platte durch zwei äquidistante Heizblechsysteme beheizt, so ergibt sich das resultierende Temperaturfeld durch Superposition. Für den Fall der Abb. 80 erhält man beispielsweise

$$\vartheta(\xi, \eta, t) = \frac{Q_1 a}{\lambda} F_2\left[\mu_a t, \xi\right] + \frac{Q_2 b}{\lambda} F_2\left[\mu_b t, \eta\right]\,. \tag{424}$$

Die Erweiterung auf eine Körperbeheizung durch drei äquidistante Heizblechsysteme liefert

$$\vartheta(\xi, \eta\ \zeta, t) = \frac{Q_1 a}{\lambda} F_2(\mu_a t, \xi) + \frac{Q_2 b}{\lambda} F_2(\mu_b t, \eta) + \frac{Q_3 l}{\lambda} F_2(\mu_l t, \zeta)\,. \tag{425}$$

In (425) ist u. a. auch der Fall der Beheizung eines quaderförmigen Körpers durch die als Heizfläche ausgestattete Berandung enthalten, wenn berücksichtigt wird, daß hierbei jeweils nur die Hälfte der in (425) zugrunde gelegten Wärmemengen in den Kasten hineinfließt. Ist daher Q die je m² Randfläche einströmende Wärme, so folgt

$$Q_1 = Q_2 = Q_3 = 2\,Q$$

und man erhält (Abb. 81)

$$\vartheta(\xi, \eta\ \zeta\ t) = \frac{2Q}{\lambda}\left[a\,F_2(\mu_a t\ \xi) + b\,F_2(\mu_b t\ \eta) + l\,F_2(\mu_l t\ \zeta)\right]\,. \tag{426}$$

In (424) bis (426) ist entsprechend den verschiedenen Kantenlängen an Stelle von μ nach (393)

$$\mu_a = \frac{4\,\pi\,\lambda}{c\,\gamma\,a^2}\,, \qquad \mu_b = \frac{4\,\pi\,\lambda}{c\,\gamma\,b^2}\,, \qquad \mu_l = \frac{4\,\pi\,\lambda}{c\,\gamma\,l^2} \tag{427}$$

zu setzen.

Beispiel 34. Einem Kunstharzblock von 0,30 m Länge, 0,30 m Breite und 2,00 m Höhe wird eine gleichmäßig über den Umfang verteilte stündliche Wärmemenge von 5000 kcal/m² zugeführt. Wie groß ist die Temperatur in Blockmitte nach einer Aufheizungsdauer von 1, 2 und 3 Stunden, wenn die Wärmeleitzahl $\lambda = 0{,}65$ kcal h^{-1} m^{-1} °C^{-1}, die spezifische Wärme $c = 0{,}28$ kcal kg^{-1} °C^{-1} und das Raumgewicht $\gamma = 1800$ kg m^{-3} ist?

Es liegt hier ein Anwendungsfall von Abb. 81 und Gl. (426) vor. Aus den gemachten Angaben folgt zunächst

$$a = 0{,}30 \text{ m}\,, \qquad b = 0{,}30 \text{ m}\,, \qquad l = 2{,}00 \text{ m}\,.$$

$$\mu_a = \mu_b = \frac{4\,\pi \cdot 0{,}65}{0{,}28 \cdot 1800 \cdot 0{,}30^3} = 0{,}180\,\text{h}^{-1}\,, \qquad \mu_l = \frac{4\,\pi \cdot 0{,}65}{0{,}28 \cdot 1800 \cdot 2{,}00^2} = 0{,}00405\,\text{h}^{-1}\,.$$

Damit erhält man für das Temperaturfeld

$$\vartheta\,(\xi,\,\eta,\,\zeta,\,t) = 4615\,F_2\,(0{,}180 \cdot t,\,\xi) + 4615\,F_2\,(0{,}180 \cdot t,\,\eta) + 30770\,F_2\,(0{,}00405 \cdot t,\,\zeta)\;.$$

In der Blockmitte, wo die Aufheizung am langsamsten erfolgt, ist nach Abb. 81 $\xi = \eta = \zeta = 0$
Man findet daher nach 1, 2 und 3 Stunden

$$\vartheta\,(0,0,0,1) = 9230\,F_2\,(0{,}180,\,0) + 30770\,F_2\,(0{,}00405,\,0)\;,$$

$$\vartheta\,(0,0,0,2) = 9230\,F_2\,(0{,}360,\,0) + 30770\,F_2\,(0{,}00810,\,0)\;,$$

$$\vartheta\,(0,0,0,3) = 9230\,F_2\,(0{,}540,\,0) + 30770\,F_2\,(0{,}01215,\,0)\;.$$

Die Zahlentafel für F_2 liefert

$$F_2\,(0{,}180,\,0) = 0{,}0001\;,\qquad F_2\,(0{,}360,\,0) = 0{,}0032\;,\qquad F_2\,(0{,}540,\,0) = 0{,}0111\;.$$

Die zu μ_l gehörigen F_2-Funktionen sind praktisch null. Damit erhält man

$$\text{nach 1 Stunde}\;:\;\vartheta_m = 9230 \cdot 0{,}0001 + 30770 \cdot 0{,}00000 = 0{,}9\,{}^{\circ}\mathrm{C}\;,$$

$$\text{nach 2 Stunden}:\;\vartheta_m = 9230 \cdot 0{,}0032 + 30770 \cdot 0{,}00000 = 29{,}5\,{}^{\circ}\mathrm{C}\;,$$

$$\text{nach 3 Stunden}:\;\vartheta_m = 9230 \cdot 0{,}0111 + 30770 \cdot 0{,}00000 = 102{}^{\circ}\mathrm{C}\;.$$

13. Örtlich periodische Temperaturfelder mit örtlich verteilter Wärmeentwicklung.

Bei bekannter GREENscher Funktion kann der Übergang von der örtlich singulären zur örtlich verteilten Wärmeentwicklung unmittelbar vollzogen werden. Betrachtet man das Temperaturfeld (409) gemäß

$$d\vartheta = \frac{1}{c\,\gamma}\int\limits_0^t \overline{G}_1\,(x,\,y,\,z,\,\overline{x},\,\overline{y},\,\overline{z},\,t-\overline{t})\,q\,(\overline{x},\,\overline{y},\,\overline{z},\,\overline{t})\,d\overline{x}\,d\overline{y}\,d\overline{z}\,d\overline{t}$$

als den infinitesimalen Beitrag der im Raumelement $d\overline{x}\,d\overline{y}\,d\overline{z}$ stattfindenden Wärmeentwicklung, so ergibt sich das zu der gesamten Wärmeentwicklung gehörige Temperaturfeld als das dreifache Integral über einem der Periodenbereiche. Somit folgt

$$\vartheta\,(x,\,y,\,z,\,t) = \frac{1}{c\,\gamma}\int\limits_0^a\int\limits_0^b\int\limits_0^l\int\limits_0^t \overline{G}_1\,(x,\,y,\,z,\,\overline{x},\,\overline{y},\,\overline{z},\,t-t)\,q\,(\overline{x},\,\overline{y},\,\overline{z},\,\overline{t})\,d\overline{x}\,d\overline{y}\,d\overline{z}\,d\overline{t}\;. \tag{428}$$

Entsprechende Formeln erhält man im zwei- und eindimensionalen Falle. Wird $\overline{G}_1$ gemäß (394) eingesetzt, so ergibt sich in Analogie zu (412)

$$\left.\begin{aligned}
(x\,y\,z\,t) &= \frac{1}{a\,b\,l\,c\,\gamma}\int\limits_0^a\int\limits_0^b\int\limits_0^l\int\limits_0^t \left[1 + 2\sum_1^{\infty}{}_k\,e^{-k^2\pi\mu_a(t-\overline{t})}\cos\frac{2\,k\,\pi\,(x-\overline{x})}{a}\right]\left[1 + 2\sum_1^{\infty}{}_k\,e^{-k^2\pi\mu_b(t-\overline{t})}\cos\frac{2\,k\,\pi\,(y-\overline{y})}{b}\right]\cdot \\[2mm]
&\qquad \cdot\left[1 + 2\sum_1^{\infty}{}_k\,e^{-k^2\pi\mu_l(t-\overline{t})}\cos\frac{2\,k\,\pi\,(z-\overline{z})}{l}\right] q\,(\overline{x},\,\overline{y},\,\overline{z},\,\overline{t})\,d\overline{x}\,d\overline{y}\,d\overline{z}\,d\overline{t} \\[4mm]
\vartheta\,(x,\,y,\,t) &= \frac{1}{a\,b\,c\,\gamma}\int\limits_0^a\int\limits_0^b\int\limits_0^t \left[1 + 2\sum_1^{\infty}{}_k\,e^{-k^2\pi\mu_a(t-\overline{t})}\frac{2\,k\,\pi\,(x-\overline{x})}{a}\right]\cdot \\[2mm]
&\qquad \cdot\left[1 + 2\sum_1^{\infty}{}_k\,e^{-k^2\pi\mu_b(t-\overline{t})}\cos\frac{2\,k\,\pi\,(y-\overline{y})}{b}\right] q\,(\overline{x},\,\overline{y},\,t)\,d\overline{x}\,d\overline{y}\,d\overline{t} \\[4mm]
\vartheta\,(z,\,t) &= \frac{1}{l\,c\,\gamma}\int\limits_0^l\int\limits_0^t \left[1 + 2\sum_1^{\infty}{}_k\,e^{-k^2\pi\mu_l(t-\overline{t})}\cos\frac{2\,k\,\pi\,(z-\overline{z})}{l}\right] q\,(\overline{z},\,\overline{t})\,d\overline{z}\,d\overline{t}
\end{aligned}\right\} \tag{429}$$

$$F_3(\mu t, \zeta) = \sum_1^\infty k \frac{1 - e^{-k^2 \pi \mu t}}{\frac{1}{2} k^3 \pi^3} \sin 2 k \pi \zeta \ .$$

$\zeta = \dfrac{z}{l}$	$\mu t =$ 0,0000	0,0025	0,0050	0,0075	0,0100	0,0125	0,0250	0,0375	0,0500	0,0625	0,0750	0,0875	0,1000	0,1125	0,1250
0,00	0,0000	0000	0000	0000	0000	0000	0000	0000	0000	0000	0000	0000	0000	0000	0000
0,01	0,0000	0003	0006	0007	0008	0010	0015	0019	0021	0024	0026	0028	0030	0032	0033
0,02	0,0000	0005	0010	0013	0016	0019	0028	0036	0042	0047	0051	0055	0058	0062	0065
0,03	0,0000	0007	0013	0017	0022	0026	0041	0050	0060	0067	0073	0079	0084	0090	0094
0,04	0,0000	0007	0014	0019	0024	0029	0047	0060	0072	0082	0092	0099	0106	0113	0118
0,05	0,0000	0007	0014	0020	0026	0033	0052	0070	0084	0096	0107	0116	0126	0133	0140
0,06	0,0000	0007	0014	0021	0028	0034	0056	0076	0093	0107	0119	0131	0139	0150	0159
0,07	0,0000	0007	0013	0021	0028	0034	0058	0081	0100	0116	0129	0141	0153	0164	0175
0,08	0,0000	0007	0013	0021	0028	0034	0061	0085	0105	0123	0138	0152	0166	0177	0188
0,09	0,0000	0007	0013	0020	0027	0033	0063	0087	0109	0128	0145	0160	0175	0188	0200
0,10	0,0000	0006	0013	0019	0026	0032	0062	0086	0110	0130	0148	0165	0180	0194	0208
0,11	0,0000	0006	0012	0018	0025	0031	0060	0086	0110	0131	0151	0167	0184	0200	0214
0,12	0,0000	0006	0012	0018	0025	0031	0059	0086	0110	0132	0153	0170	0188	0204	0219
0,13	0,0000	0006	0012	0018	0024	0030	0058	0085	0110	0132	0154	0172	0191	0207	0223
0,14	0,0000	0006	0012	0017	0023	0029	0057	0084	0108	0132	0153	0172	0192	0209	0226
0,15	0,0000	0006	0011	0017	0023	0028	0056	0082	0106	0130	0152	0172	0192	0210	0226
0,16	0,0000	0006	0011	0017	0022	0027	0055	0080	0104	0129	0151	0171	0192	0210	0226
0,17	0,0000	0005	0011	0016	0022	0026	0053	0078	0102	0126	0149	0169	0190	0208	0225
0,18	0,0000	0005	0011	0016	0021	0026	0051	0076	0100	0123	0145	0166	0186	0205	0223
0,19	0,0000	0005	0010	0015	0020	0025	0049	0074	0098	0120	0141	0163	0182	0202	0220
0,20	0,0000	0005	0010	0015	0019	0025	0048	0072	0095	0117	0138	0159	0179	0198	0217
0,21	0,0000	0005	0010	0014	0019	0024	0047	0070	0092	0114	0135	0156	0175	0194	0213
0,22	0,0000	0005	0009	0014	0018	0023	0045	0067	0088	0111	0131	0152	0171	0190	0208
0,23	0,0000	0004	0009	0013	0018	0022	0043	0065	0085	0107	0127	0147	0166	0185	0202
0,24	0,0000	0004	0008	0013	0017	0021	0041	0062	0082	0103	0122	0142	0161	0179	0196
0,25	0,0000	0004	0008	0012	0016	0020	0040	0060	0080	0099	0118	0137	0155	0173	0190
0,26	0,0000	0004	0008	0012	0016	0020	0038	0058	0077	0095	0114	0132	0150	0167	0184
0,27	0,0000	0003	0007	0011	0015	0019	0036	0055	0073	0091	0109	0127	0144	0161	0176
0,28	0,0000	0003	0007	0010	0014	0018	0035	0053	0069	0087	0105	0121	0138	0154	0170
0,29	0,0000	0003	0006	0010	0013	0017	0033	0050	0066	0084	0100	0116	0132	0148	0163
0,30	0,0000	0003	0006	0010	0012	0016	0032	0048	0064	0080	0096	0111	0126	0142	0156
0,31	0,0000	0003	0006	0009	0012	0015	0030	0046	0061	0076	0091	0106	0120	0134	0150
0,32	0,0000	0003	0006	0008	0011	0015	0029	0043	0058	0072	0086	0101	0114	0127	0141
0,33	0,0000	0003	0005	0008	0011	0014	0027	0041	0054	0068	0082	0095	0107	0121	0133
0,34	0,0000	0002	0005	0007	0010	0014	0025	0038	0052	0064	0077	0089	0101	0113	0125
0,35	0,0000	0002	0005	0007	0010	0013	0024	0036	0048	0060	0072	0084	0095	0106	0117
0,36	0,0000	0002	0004	0007	0009	0012	0023	0034	0045	0056	0067	0078	0089	0100	0110
0,37	0,0000	0002	0004	0006	0008	0011	0022	0031	0042	0052	0062	0074	0083	0093	0103
0,38	0,0000	0002	0004	0006	0008	0010	0020	0029	0039	0048	0057	0068	0077	0086	0095
0,39	0,0000	0002	0003	0005	0007	0010	0018	0026	0036	0044	0053	0062	0070	0078	0087
0,40	0,0000	0002	0003	0005	0007	0009	0016	0024	0032	0040	0048	0056	0064	0072	0080
0,41	0,0000	0001	0003	0004	0006	0009	0014	0021	0028	0035	0043	0050	0057	0064	0071
0,42	0,0000	0001	0002	0003	0005	0008	0012	0018	0025	0031	0038	0044	0050	0056	0062
0,43	0,0000	0001	0002	0003	0004	0007	0011	0016	0023	0027	0033	0039	0044	0050	0055
0,44	0,0000	0001	0002	0003	0004	0006	0009	0014	0019	0023	0029	0033	0038	0043	0048
0,45	0,0000	0001	0002	0002	0003	0005	0008	0012	0016	0020	0024	0028	0032	0036	0040
0,46	0,0000	0001	0002	0002	0003	0004	0007	0010	0014	0016	0019	0022	0026	0029	0032
0,47	0,0000	0001	0002	0002	0003	0004	0005	0008	0010	0012	0014	0017	0019	0022	0024
0,48	0,0000	0001	0001	0002	0003	0003	0004	0006	0007	0008	0010	0011	0013	0014	0016
0,49	0,0000	0000	0001	0001	0002	0002	0002	0003	0004	0004	0005	0006	0006	0007	0008
0,50	0,0000	0000	0000	0000	0000	0000	0000	0000	0000	0000	0000	0000	0000	0000	0000

$$F_3(\mu t, \zeta) = \sum_1^\infty {}_k \frac{1 - e^{-k^2 \pi \mu t}}{\frac{1}{2} k^3 \pi^3} \sin 2 k \pi \zeta .$$

$\zeta = \dfrac{z}{l}$	$\mu t=0{,}1250$	0,1500	0,1750	0,2000	0,2250	0,2500	0,3000	0,3500	0,4000	0,4500	0,5000	0,6000	0,7000	0,8000	0,9000
0,00	0,0000	0000	0000	0000	0000	0000	0000	0000	0000	0000	0000	0000	0000	0000	0000
0,01	0,0033	0036	0038	0040	0042	0044	0046	0049	0051	0052	0054	0056	0058	0059	0060
0,02	0,0065	0071	0076	0080	0084	0087	0092	0097	0101	0104	0107	0112	0115	0117	0119
0,03	0,0094	0102	0109	0115	0121	0126	0134	0142	0148	0153	0157	0164	0169	0172	0175
0,04	0,0118	0129	0139	0147	0154	0160	0171	0182	0190	0196	0202	0211	0217	0222	0225
0,05	0,0140	0154	0165	0176	0185	0193	0207	0218	0228	0237	0244	0255	0263	0269	0273
0,06	0,0159	0174	0187	0199	0210	0220	0237	0250	0262	0272	0281	0294	0304	0311	0316
0,07	0,0175	0193	0208	0222	0234	0245	0265	0280	0294	0305	0315	0330	0342	0350	0356
0,08	0,0188	0209	0226	0241	0255	0268	0290	0308	0324	0337	0347	0365	0378	0387	0394
0,09	0,0200	0222	0242	0259	0275	0288	0312	0333	0350	0364	0376	0395	0410	0420	0428
0,10	0,0208	0232	0254	0273	0289	0305	0331	0353	0372	0388	0401	0422	0438	0449	0458
0,11	0,0214	0241	0263	0283	0300	0317	0346	0370	0390	0407	0421	0445	0461	0474	0483
0,12	0,0219	0247	0271	0293	0310	0328	0359	0385	0406	0425	0441	0466	0484	0497	0507
0,13	0,0223	0252	0277	0301	0321	0340	0372	0399	0422	0442	0458	0486	0506	0520	0530
0,14	0,0226	0255	0282	0307	0328	0348	0382	0411	0436	0456	0474	0502	0522	0537	0547
0,15	0,0226	0257	0286	0311	0333	0354	0390	0420	0445	0466	0484	0514	0535	0551	0563
0,16	0,0226	0258	0286	0312	0337	0358	0395	0426	0453	0476	0494	0525	0548	0564	0576
0,17	0,0225	0258	0287	0313	0339	0361	0399	0432	0459	0482	0503	0534	0557	0574	0587
0,18	0,0223	0256	0286	0313	0338	0361	0402	0434	0463	0487	0508	0540	0564	0582	0595
0,19	0,0220	0253	0283	0311	0336	0360	0401	0435	0465	0489	0510	0544	0569	0587	0599
0,20	0,0217	0250	0281	0308	0334	0358	0400	0434	0464	0489	0510	0545	0570	0588	0602
0,21	0,0213	0247	0277	0305	0331	0355	0397	0432	0462	0488	0510	0545	0570	0589	0603
0,22	0,0208	0242	0272	0301	0326	0351	0394	0430	0460	0486	0508	0544	0570	0589	0603
0,23	0,0202	0236	0266	0295	0321	0345	0388	0425	0456	0482	0505	0541	0567	0586	0600
0,24	0,0196	0228	0259	0288	0314	0338	0381	0417	0448	0475	0498	0535	0561	0580	0594
0,25	0,0190	0223	0253	0281	0307	0331	0373	0410	0441	0468	0491	0527	0553	0573	0587
0,26	0,0184	0216	0246	0273	0298	0322	0365	0401	0432	0459	0482	0519	0545	0564	0578
0,27	0,0176	0208	0237	0265	0290	0312	0355	0391	0422	0448	0471	0507	0533	0552	0566
0,28	0,0170	0201	0228	0255	0279	0303	0345	0380	0410	0436	0458	0494	0520	0539	0553
0,29	0,0163	0193	0219	0244	0269	0292	0333	0366	0396	0422	0444	0479	0504	0523	0537
0,30	0,0156	0184	0211	0236	0260	0281	0321	0353	0384	0409	0430	0465	0490	0508	0522
0,31	0,0150	0175	0202	0227	0249	0271	0310	0341	0371	0395	0416	0450	0475	0493	0505
0,32	0,0141	0167	0192	0216	0238	0260	0298	0328	0356	0380	0401	0433	0457	0475	0487
0,33	0,0133	0158	0182	0205	0227	0247	0283	0313	0339	0362	0383	0414	0437	0454	0467
0,34	0,0125	0149	0171	0192	0213	0233	0267	0296	0322	0345	0364	0394	0417	0433	0445
0,35	0,0117	0140	0162	0182	0202	0220	0253	0281	0305	0326	0344	0374	0395	0411	0423
0,36	0,0110	0131	0152	0171	0190	0207	0238	0265	0288	0308	0326	0354	0374	0389	0399
0,37	0,0103	0122	0141	0159	0177	0192	0222	0247	0268	0288	0305	0332	0352	0366	0375
0,38	0,0095	0113	0131	0147	0163	0177	0205	0229	0249	0268	0284	0309	0327	0340	0350
0,39	0,0087	0104	0121	0135	0150	0163	0190	0212	0230	0247	0261	0285	0301	0314	0324
0,40	0,0080	0095	0110	0124	0138	0151	0175	0195	0211	0227	0240	0261	0277	0288	0298
0,41	0,0071	0085	0099	0112	0124	0135	0157	0176	0191	0205	0217	0236	0251	0261	0269
0,42	0,0062	0074	0087	0099	0109	0119	0139	0156	0170	0183	0193	0211	0224	0233	0240
0,43	0,0055	0066	0077	0086	0097	0105	0123	0137	0149	0160	0170	0185	0197	0205	0211
0,44	0,0048	0057	0066	0074	0082	0091	0106	0118	0128	0138	0147	0160	0170	0177	0182
0,45	0,0040	0047	0054	0063	0069	0076	0088	0099	0108	0116	0124	0134	0143	0148	0152
0,46	0,0032	0038	0045	0051	0056	0061	0070	0080	0088	0093	0100	0109	0115	0120	0123
0,47	0,0024	0029	0034	0038	0043	0046	0053	0060	0066	0071	0075	0082	0087	0091	0093
0,48	0,0016	0020	0023	0025	0028	0031	0035	0040	0045	0048	0051	0056	0059	0061	0063
0,49	0,0008	0010	0012	0013	0014	0016	0018	0020	0023	0024	0026	0028	0030	0031	0032
0,50	0,0000	0000	0000	0000	0000	0000	0000	0000	0000	0000	0000	0000	0000	0000	0000

$$F_3(\mu t,\zeta)=\sum_1^\infty{}_k\frac{1-e^{-k^2\pi\mu t}}{\frac{1}{2}k^3\pi^3}\sin 2k\pi\zeta\;.$$

$\zeta=\dfrac{z}{l}$	μt $=0{,}900$	1,000	1,250	1,500	1,750	2,000	2,250	2,500
0,00	0,0000	0000	0000	0000	0000	0000	0000	0000
0,01	0,0060	0061	0062	0063	0063	0063	0063	0063
0,02	0,0119	0120	0122	0123	0124	0124	0124	0124
0,03	0,0175	0177	0179	0181	0181	0182	0182	0182
0,04	0,0225	0228	0232	0233	0234	0235	0235	0235
0,05	0,0273	0276	0281	0283	0284	0285	0285	0285
0,06	0,0316	0320	0326	0329	0330	0331	0331	0331
0,07	0,0356	0361	0367	0370	0372	0373	0373	0373
0,08	0,0394	0399	0406	0410	0412	0413	0413	0413
0,09	0,0428	0433	0442	0446	0448	0449	0449	0449
0,10	0,0458	0463	0472	0477	0479	0480	0480	0480
0,11	0,0483	0489	0500	0505	0507	0508	0509	0509
0,12	0,0507	0514	0525	0531	0533	0534	0535	0535
0,13	0,0530	0537	0548	0554	0556	0557	0558	0558
0,14	0,0547	0554	0567	0573	0576	0577	0578	0578
0,15	0,0563	0571	0584	0590	0593	0594	0595	0595
0,16	0,0576	0584	0598	0605	0608	0609	0610	0610
0,17	0,0587	0595	0609	0616	0619	0620	0621	0621
0,18	0,0595	0604	0618	0625	0628	0629	0630	0630
0,19	0,0599	0609	0624	0631	0634	0635	0636	0636
0,20	0,0602	0612	0627	0634	0637	0639	0640	0640
0,21	0,0603	0613	0629	0636	0639	0641	0642	0642
0,22	0,0603	0613	0628	0635	0638	0640	0641	0641
0,23	0,0600	0610	0625	0632	0635	0637	0638	0638
0,24	0,0594	0604	0619	0626	0629	0631	0632	0632
0,25	0,0587	0597	0612	0619	0623	0624	0625	0625
0,26	0,0578	0588	0603	0610	0613	0615	0616	0616
0,27	0,0566	0576	0591	0598	0601	0603	0604	0604
0,28	0,0553	0563	0578	0585	0588	0590	0591	0591
0,29	0,0537	0547	0563	0570	0573	0575	0576	0576
0,30	0,0522	0532	0547	0554	0557	0559	0560	0560
0,31	0,0505	0515	0530	0537	0540	0541	0542	0542
0,32	0,0487	0496	0510	0517	0520	0521	0522	0522
0,33	0,0467	0475	0489	0496	0499	0500	0501	0501
0,34	0,0445	0453	0467	0474	0477	0478	0479	0479
0,35	0,0423	0431	0444	0450	0453	0454	0455	0455
0,36	0,0399	0407	0419	0425	0428	0429	0430	0430
0,37	0,0375	0383	0394	0400	0402	0403	0404	0404
0,38	0,0350	0357	0368	0374	0376	0377	0378	0378
0,39	0,0324	0330	0341	0346	0348	0349	0350	0350
0,40	0,0298	0303	0312	0317	0319	0320	0320	0320
0,41	0,0269	0274	0283	0287	0289	0290	0290	0290
0,42	0,0240	0245	0252	0256	0258	0259	0259	0259
0,43	0,0211	0216	0222	0225	0227	0228	0228	0228
0,44	0,0182	0186	0192	0195	0196	0197	0197	0197
0,45	0,0152	0156	0161	0163	0164	0165	0165	0165
0,46	0,0123	0126	0130	0131	0132	0133	0133	0133
0,47	0,0093	0095	0098	0099	0099	0100	0100	0100
0,48	0,0063	0065	0066	0067	0068	0068	0068	0068
0,49	0,0032	0033	0034	0034	0034	0034	0034	0034
0,50	0,0000	0000	0000	0000	0000	0000	0000	0000

$$\text{Für } \mu t>2{,}5:\; F_3(\mu t,\zeta)=\tfrac{2}{3}\zeta(1-\zeta)(1-2\zeta)\;.$$

In der Darstellungsweise durch Thetafunktionen erhält man

$$\vartheta(x,y,z,t)=\frac{1}{ab\,lc\gamma}\int_0^a\int_0^b\int_0^l\int_0^t F_0\Big(\mu_a(t-\bar t),\frac{x-\bar x}{a}\Big)\cdot$$

$$\cdot F_0\Big(\mu_b(t-\bar t),\frac{y-\bar y}{b}\Big)F_0\Big(\mu_l(t-\bar t),\frac{z-\bar z}{l}\Big)\cdot$$

$$\cdot q(\bar x,\bar y,\bar z,\bar t)\,d\bar x\,d\bar y\,d\bar z\,d\bar t\;,$$

$$\vartheta(x,y,t)=\frac{1}{abc\gamma}\int_0^a\int_0^b\int_0^t F_0\Big(\mu_a(t-\bar t),\frac{x-\bar x}{a}\Big)\cdot$$

$$\cdot F_0\Big(\mu_b(t-\bar t),\frac{y-\bar y}{b}\Big)q(\bar x,\bar y,\bar t)\,d\bar x\,d\bar y\,d\bar t\;,$$

$$\vartheta(z,t)=\frac{1}{lc\gamma}\int_0^l\int_0^t F_0\Big(\mu_l(t-\bar t),\frac{z-\bar z}{l}\Big)q(\bar z,\bar t)\,d\bar z\,dt\;.$$

$$\left.\rule{0pt}{9em}\right\}\;(430)$$

Die Wärmeentwicklung q ist im zweidimensionalen Falle pro cm Plattendicke und im eindimensionalen Falle pro cm² Querschnitt zu beziehen.

14. Die Funktion
$$F_3(\mu t,\zeta)=\sum_1^\infty{}_k\frac{1-e^{-k^2\pi\mu t}}{\frac{1}{2}k^3\pi^3}\sin 2k\pi\zeta\;.$$

Für die Untersuchungen der nächsten Ziffer ist die Funktion

$$F_3(\mu t,\zeta)=\sum_1^\infty{}_k\frac{1-e^{-k^2\pi\mu t}}{\frac{1}{2}k^3\pi^3}\sin 2k\pi\zeta \quad (431)$$

von allgemeinerer Bedeutung. Sie ist eine periodische Funktion mit der Periode $\zeta=1$. Wie Abb. 82 erkennen läßt, sind ihre Werte durch die des Halbperiodenbereiches

$$0\le\zeta\le\tfrac{1}{2}$$

numerisch festgelegt. Demgemäß ist die zugehörige Funktionentafel auf den Halbperiodenbereich beschränkt worden. In Abhängigkeit von μt ist der Funktionsverlauf aus Abb. 83 ersichtlich. Auch die Funktion $F_3(\mu t,\zeta)$ ist durch dreifache Integrale JAKOBIscher Thetafunktionen geschlossen darstellbar, wie im zweiten Bande näher erläutert werden wird. Hierdurch ist die Berechnung der Funktionentafel, insbesondere für kleine μt-Werte, sehr erleichtert worden. Von $\mu t=2{,}5$ ab

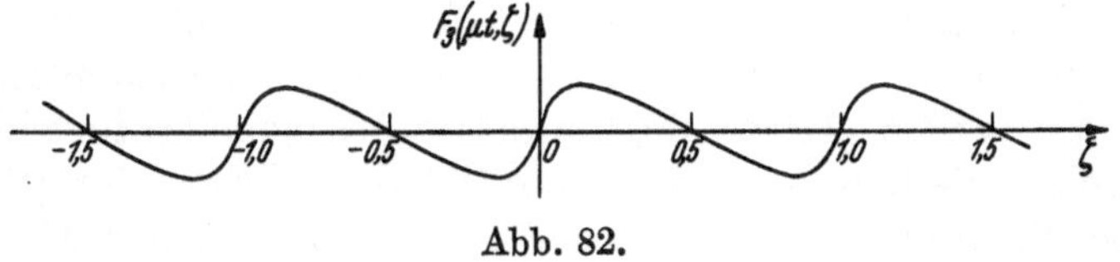

Abb. 82.

sind die Exponentialfunktionen in (431) praktisch ohne Einfluß. In diesem Falle läßt sich die Reihensumme durch algebraische Funktionen darstellen, und zwar ergibt sich

$$F_3(\mu t, \zeta) = \tfrac{2}{3}\,\zeta\,(1-\zeta)\,(1-2\,\zeta) \quad\left.\right\} \atop (\mu t > 2,5\,, \qquad 0 \leq \zeta \leq \tfrac{1}{2})\,. \quad\left.\right\} \tag{432}$$

15. Örtlich periodische Temperaturfelder mit zeitlich konstanter und streckenweise örtlich konstanter Wärmeentwicklung.

Gemäß Abb. 84 sei nun ein lineares örtlich periodisches Temperaturfeld mit zeitlich konstanter und streckenweise örtlich konstanter Wärmeentwicklung betrachtet. Im Grund-

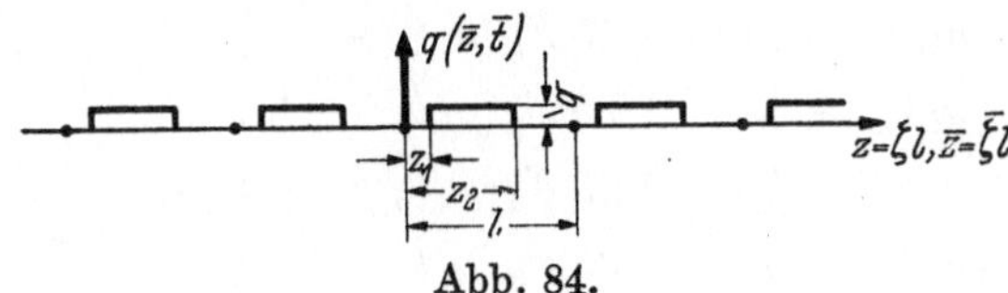

Abb. 84.

periodenfeld seien Anfangs- und Endpunkt der Wärmeentwicklungsstrecke durch die Abszissen z_1 und z_2 festgelegt. q sei die konstante Wärmeentwicklung pro Längeneinheit und Querschnittseinheit des Stabes. Dann folgt durch Integration der dritten der Gln (429)

$$\vartheta(z, t) = \frac{q}{l\,c\,\gamma} \int_{z_1}^{z_2}\int_0^t \left[1 + 2\sum_1^\infty e^{-k^2\pi\mu_l t}\cos\frac{2\,k\,\pi\,(z-\bar{z})}{l}\,d\bar{z}\,d\bar{t}\right]$$

$$= \frac{q}{l\,c\,\gamma}\left[(z_2-z_1)\,t + 2\sum_1^\infty \frac{1-e^{-k^2\pi\mu_l t}}{k^2\pi\mu_l}\,\frac{l}{2\,k\,\pi}\left(\sin\frac{2\,k\,\pi\,(z-z_1)}{l} - \sin\frac{2\,k\,\pi\,(z-z_2)}{l}\right)\right]$$

oder bei Einführung der F_3-Funktion von (431)

$$\vartheta(z, t) = \frac{q}{c\,\gamma}\left[(\zeta_2-\zeta_1)\,t + \frac{\pi}{2\,\mu_l}F_3(\mu_l t, \zeta-\zeta_1) - \frac{\pi}{2\,\mu_l}F_3(\mu_l t, \zeta-\zeta_2)\right]. \tag{433}$$

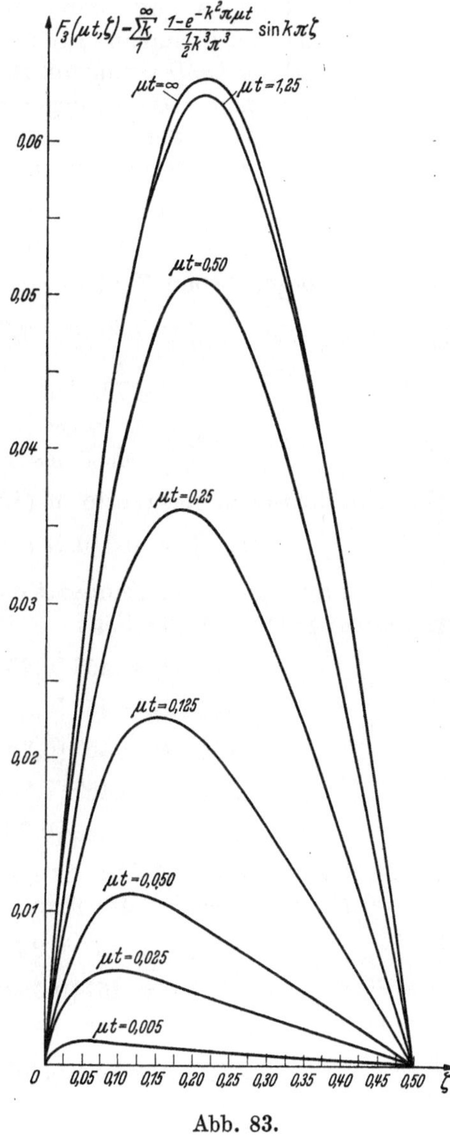

Abb. 83.

Beispiel 35. Ein langes stählernes Rohr von 20 cm Durchmesser mit der Wärmeleitfähigkeit $\lambda = 34,7$ kcal m^{-1}°C^{-1} h^{-1} der spezifischen Wärme $c = 0,114$ kcal kg^{-1}°C^{-1} und dem spezifischen Gewicht $\gamma = 7680$ kg m^{-3} unterliegt längs eines achsenparallelen Schlitzes, dessen Breite einem Zentriwinkel von 90° entspricht, einer zeitlich und örtlich konstanten Wärmestrahlung, deren Intensität q, bezogen auf den m³ Rohrmaterial, $400\,000$ kcal m^{-3}h^{-1} beträgt. Wie gestaltet sich der Temperaturverlauf im Rohr für Zeitintervalle von 12 Minuten an den in Abb. 85 markierten Erzeugenden entsprechend den Werten $\zeta = 0$, $\zeta = \tfrac{1}{8}$, $\zeta = \tfrac{1}{4}$, $\zeta = \tfrac{3}{8}$ und $\zeta = \tfrac{1}{2}$?

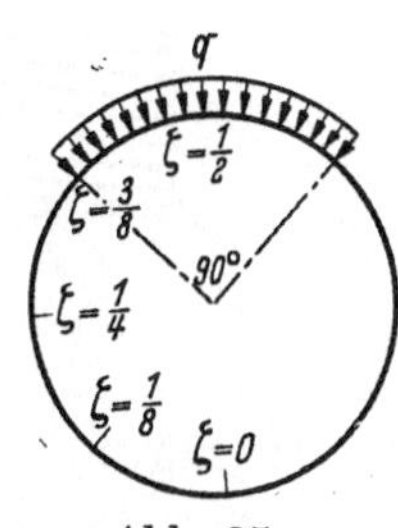

Abb. 85.

Da das Rohr als lang vorausgesetzt wurde, kann das Temperaturfeld mit hinreichender Genauigkeit als linear zugrunde gelegt werden. Ferner ist in einem Rohr, wenn als Periodenlänge der Rohrumfang $l = D\pi$ eingeführt wird, der örtlich periodische Charakter des Temperaturfeldes von selbst gegeben. Das vorliegende Problem stellt daher einen unmittelbaren Anwendungsfall von (433) dar. Wird dem Mittelpunkte des Strahlungsbereiches gemäß Abb. 85 ein Zentriwinkel von 180° zugeordnet, so gehören zum Anfangs- und Endpunkte des Strahlungsbereiches die ζ-Werte

$$\zeta_1 = \frac{\pi - \frac{1}{4}\pi}{2\pi} = \frac{3}{8}\ , \qquad \zeta_2 = \frac{\pi + \frac{1}{4}\pi}{2\pi} = \frac{5}{8}\ , \qquad \zeta_2 - \zeta_1 = \frac{1}{4}\ .$$

Aus den vorgegebenen Zahlenwerten errechnet sich zunächst:

$$l = 0,20\ \pi = 0,63\ \mathrm{m}\ ,$$

$$\mu_l = \frac{4\pi\lambda}{c\gamma l^2} = \frac{4\pi \cdot 34,7}{0,114 \cdot 7680 \cdot 0,63^2} = 1,25\ \mathrm{h}^{-1}\ , \qquad \frac{\pi}{2\mu_l} = 1,25\ ,$$

$$\frac{q}{c\gamma} = \frac{400\,000}{0,114 \cdot 7680} = 457^0\,\mathrm{C}\,\mathrm{h}^{-1}\ .$$

Die Einführung dieser Werte in (433) ergibt

$$\vartheta(\zeta,\ t) = 457\,[0,25\,t + 1,25\,F_3(\mu_l t,\ \ \zeta - \tfrac{3}{8}) - 1,25\,F_3(\mu_l t,\ \ \zeta - \tfrac{5}{8})]\ .$$

Es ist nun nach dem Temperaturverlauf an den in Abb. 85 markierten Punkten gefragt. Durch Einführung der ζ-Werte folgt

$$\vartheta(0,\ t) = 457\,[0,25\,t + 1,25\,F_3(\mu_l t,\ -\tfrac{3}{8}) - 1,25\,F_3(\mu_l t,\ -\tfrac{5}{8})]\ ,$$

$$\vartheta(\tfrac{1}{8},\ t) = 457\,[0,25\,t + 1,25\,F_3(\mu_l t,\ -\tfrac{1}{4}) - 1,25\,F_3(\mu_l t,\ -\tfrac{1}{2})]\ ,$$

$$\vartheta(\tfrac{1}{4},\ t) = 457\,[0,25\,t + 1,25\,F_3(\mu_l t,\ -\tfrac{1}{8}) - 1,25\,F_3(\mu_l t,\ -\tfrac{3}{8})]\ ,$$

$$\vartheta(\tfrac{3}{8},\ t) = 457\,[0,25\,t + 1,25\,F_3(\mu_l t,\ \ \ 0) - 1,25\,F_3(\mu_l t,\ -\tfrac{1}{4})]\ ,$$

$$\vartheta(\tfrac{1}{2},\ t) = 457\,[0,25\,t + 1,25\,F_3(\mu_l t,\ \ \ \tfrac{1}{8}) - 1,25\,F_3(\mu_l t,\ -\tfrac{1}{8})]\ .$$

Unter Bezugnahme auf Abb. 82 können die hier auftretenden F_3-Funktionen für negative Argumentwerte durch solche des Argumentbereiches $0 \leq \zeta \leq {}^1\!/_2$ ausgedrückt werden. Dies ergibt

$$\vartheta(0,\ t) = 457\,[0,25\,t - 2,50\,F_3(\mu_l t,\ \tfrac{3}{8})]\ ,$$

$$\vartheta(\tfrac{1}{8},\ t) = 457\,[0,25\,t - 1,25\,F_3(\mu_l t,\ \tfrac{1}{4})]\ ,$$

$$\vartheta(\tfrac{1}{4},\ t) = 457\,[0,25\,t - 1,25\,F_3(\mu_l t,\ \tfrac{1}{8}) + 1,25\,F_3(\mu_l t,\ \tfrac{3}{8})]\ ,$$

$$\vartheta(\tfrac{3}{8},\ t) = 457\,[0,25\,t - 1,25\,F_3(\mu_l t,\ \tfrac{1}{4})]\ ,$$

$$\vartheta(\tfrac{1}{2},\ t) = 457\,[0,25\,t - 1,25\,F_3(\mu_l t,\ \tfrac{1}{8})]\ .$$

Den Zeitintervallen von 12 Minuten entspricht ein $\varDelta t$ von 0,20 h und ein $\varDelta\mu t$ von $1,25 \cdot 0,20 = 0,250$. Die Funktionswerte von F_3 können der beigefügten Tafel unmittelbar entnommen werden. Für eine Strahlungseinwirkung von zwei Stunden errechnet sich der nachfolgend zusammengestellte Temperaturverlauf.

t in Min	t in h	$\eta\,t$	$\zeta = 0$ (0°)	$\zeta = \tfrac{1}{8}$ (45°)	$\zeta = \tfrac{1}{4}$ (90°)	$\zeta = \tfrac{3}{8}$ (135°)	$\zeta = \tfrac{1}{2}$ (180°)
0	0	0	0°	0°	0°	0°	0°
12	0,20	0,25	2°	4°	14°	42°	61°
24	0,40	0,50	12°	18°	37°	74°	97°
36	0,60	0,75	29°	36°	60°	101°	126°
48	0,80	1,00	49°	57°	82°	126°	151°
60	1,00	1,25	71°	79°	105°	149°	175°
72	1,20	1,50	93°	102°	128°	172°	199°
84	1,40	1,75	115°	124°	151°	196°	222°
96	1,60	2,00	138°	147°	174°	218°	245°
108	1,80	2,25	161°	170°	197°	242°	268°
120	2,00	2,50	183°	193°	220°	264°	291°

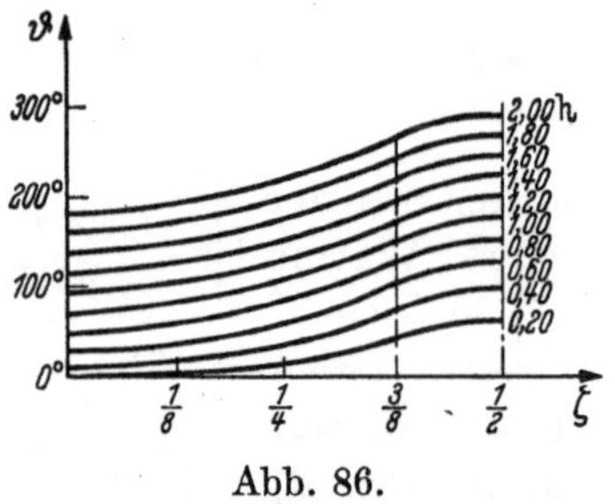

Abb. 86.

Die Auftragung der Zahlenwerte liefert den aus Abb. 86 ersichtlichen Temperaturverlauf in einer der beiden Rohrhälften.

16. Örtlich periodische Konzentrationsfelder bei Diffusionsvorgängen.

Die in den vorhergehenden Ziffern behandelten Wärmeleitungsvorgänge sind eng verwandt mit den Vorgängen bei der Diffusion von Metallen in Metalle, von Flüssigkeiten in Flüssigkeiten, von festen Stoffen in Lösungsmitteln, von Gasen in Gasen und dergleichen, vorausgesetzt daß die sogenannte Diffusionskonstante von der Konzentration bzw. vom Partialdruck unabhängig ist. Unter Beschränkung auf homogene Diffusionsvorgänge genügt das Konzentrationsfeld der Differentialgleichung

$$\frac{\partial^2 c}{\partial x^2} + \frac{\partial^2 c}{\partial y^2} + \frac{\partial^2 c}{\partial z^2} - \frac{1}{D}\frac{\partial c}{\partial t} = 0 \ . \tag{434}$$

Hierin bezeichnet D die Diffusionskonstante, die in cm²/Tag ausgedrückt wird. Bei der Diffusion von Gasen in Gase tritt an die Stelle der Konzentration c der Partialdruck p

$$\frac{\partial^2 p}{\partial x^2} + \frac{\partial^2 p}{\partial y^2} + \frac{\partial^2 p}{\partial z^3} - \frac{1}{D}\frac{\partial p}{\partial t} = 0 \ . \tag{435}$$

Die Diffusionskonstante D ändert sich mit der Temperatur gemäß

$$D = D_0\, e^{-\frac{Q}{RT}} \ , \tag{436}$$

wobei Q die sogenannte Aktivierungsenergie, R die Gaskonstante und T die absolute Temperatur bezeichnen. Da im Falle von Gasen p und T voneinander abhängig sind, kann die Diffusionsgleichung (435) nur auf Gase konstanter Temperatur angewendet werden.

Der Vergleich von (434) mit (389) zeigt, daß sich die Formeln für die Konzentrationsfelder aus denen für die Temperaturfelder ergeben, wenn $\lambda/c\gamma$ mit D vertauscht wird. Eine solche formale Umschreibung führt aber nicht überall zu physikalisch realisierbaren Feldern. Schon die GREENschen Funktionen (394) bis (396) oder (398) entbehren der physikalischen Realisierbarkeit, da definitionsgemäß ihr Wert an der singulären Stelle unendlich groß wird. Während dies für die Temperatur keine Einschränkung bedeutete, ist eine Konzentration größer als 1 bzw. größer als 100% undenkbar. Die Grundlage für die Darstellung örtlich periodischer Konzentrationsfelder bilden die Gln (400)ᵃ. Wird in diesen ϑ mit der Konzentration c, ϑ_0 mit der Ausgangskonzentration c_0 vertauscht, so folgt

$$c(x,\,y,\,z,\,t) = \frac{1}{abl}\int_0^a\int_0^b\int_0^l c_0(\overline{x},\,\overline{y},\,\overline{z})F_0\Big(\mu_a t,\,\frac{x-\overline{x}}{a}\Big)F_0\Big(\mu_b t,\,\frac{y-\overline{y}}{b}\Big)F_0\Big(\mu_l t,\,\frac{z-\overline{z}}{l}\Big)d\overline{x}\,d\overline{y}\,d\overline{z}\,,$$

$$c(x,\,y,\,t) = \frac{1}{ab}\int_0^a\int_0^b c_0(\overline{x},\,\overline{y})F_0\Big(\mu_a t,\,\frac{x-\overline{x}}{a}\Big)F_0\Big(\mu_b t,\,\frac{y-\overline{y}}{b}\Big)d\overline{x}\,d\overline{y} \tag{437}$$

$$c(z,\,t) = \frac{1}{l}\int_0^l c_0(\overline{z})F_0\Big(\mu_l t,\,\frac{z-\overline{z}}{l}\Big)d\overline{z}$$

Wird in (393) $\lambda/c\gamma$ mit D vertauscht, so folgt für die μ-Werte

$$\mu_a = \frac{4\pi D}{a^2}\,,\qquad \mu_b = \frac{4\pi D}{b^2}\,,\qquad \mu_l = \frac{4\pi D}{l^2}\ . \tag{438}$$

Im Falle diffundierender Gase ist c durch den Partialdruck p und c_0 durch den Ausgangspartialdruck p_0 zu ersetzen. Dann erhält man

$$p(x,\,y,\,z,\,t) = \frac{1}{abl}\int_0^a\int_0^b\int_0^l p_0(\overline{x},\,\overline{y},\,\overline{z})F_0\Big(\mu_a t,\,\frac{x-\overline{x}}{a}\Big)F_0\Big(\mu_b t,\,\frac{y-\overline{y}}{b}\Big)F_0\Big(\mu_l t,\,\frac{z-z}{l}\Big)d\overline{x}\,d\overline{y}\,d\overline{z}\,,$$

$$p(x,\,y,\,t) = \frac{1}{ab}\int_0^a\int_0^b p_0(\overline{x},\,\overline{y})F_0\Big(\mu_a t,\,\frac{x-\overline{x}}{a}\Big)F_0\Big(\mu_b t,\,\frac{y-\overline{y}}{b}\Big)d\overline{x}\,d\overline{y} \tag{439}$$

$$p(z,\,t) = \frac{1}{l}\int_0^l p_0(\overline{z})F_0\Big(\mu_l t,\,\frac{z-\overline{z}}{l}\Big)d\overline{z}$$

Bei örtlich periodischer Diffusionserscheinung liegt fast stets der Fall einer bereichsweise konstanten Ausgangskonzentration bzw. eines bereichsweise konstanten Ausgangspartialdruckes vor. Demgemäß sind die Ausführungen unter Ziffer 9 für Diffusionsvorgänge von besonderer Wichtigkeit. Die Umschreibung der Gln (402)[a] ergibt

$$
\begin{aligned}
\underset{(p)}{c}(x, y, z, t) &= \underset{(p_0)}{c_0}\left[\frac{x_2-x_1}{a}+F_1\left(\mu_a t, \frac{x-x_1}{a}\right)-F_1\left(\mu_a t, \frac{x-x_2}{a}\right)\right]\left[\frac{y_2-y_1}{b}+F_1\left(\mu_b t, \frac{y-y_1}{b}\right)-F_1\left(\mu_b t, \frac{y-y_2}{b}\right)\right] \cdot \\
&\qquad\qquad \cdot\left[\frac{z_2-z_1}{l}+F_1\left(\mu_l t, \frac{z-z_1}{l}\right)-F_1\left(\mu_l t, \frac{z-z_2}{l}\right)\right] , \\
\underset{(p)}{c}(x, y, t) &= \underset{(p_0)}{c_0}\left[\frac{x_2-x_1}{a}+F_1\left(\mu_a t, \frac{x-x_1}{a}\right)-F_1\left(\mu_a t, \frac{x-x_2}{a}\right)\right]\left[\frac{y_2-y_1}{b}+F_1\left(\mu_b t, \frac{y-y_1}{b}\right)-F_1\left(\mu_b t, \frac{y-y_2}{b}\right)\right], \\
\underset{(p)}{c}(z, t) &= \underset{(p_0)}{c_0}\left[\frac{z_2-z_1}{l}+F_1\left(\mu_l t, \frac{z-z_1}{l}\right)-F_1\left(\mu_l t, \frac{z-z_2}{l}\right)\right]
\end{aligned}
\qquad (440)
$$

Beispiel 36. In einem mit Luft erfüllten Raum von 6 m Höhe, 12 m Breite und 20 m Länge befindet sich in der Mitte ein würfelförmiges Gefäß von 1 m Kantenlänge, das mit Ammoniakgas gefüllt ist. Der Ausgangspartialdruck im Luft- und Ammoniakraum beträgt 1 ata. Mit welcher Partialdruckverteilung diffundiert das Ammoniakgas in den Raum, wenn sämtliche Gefäßwände gleichzeitig freigelegt werden? Wie verläuft insbesondere der Partialdruck des Ammoniakgases im Raummittelpunkt? Der Diffusionskoeffizient von Ammoniakgas in Luft beträgt $0{,}198\ \mathrm{cm^2 s^{-1}} = 1{,}71\ \mathrm{m^2 Tag^{-1}}$.

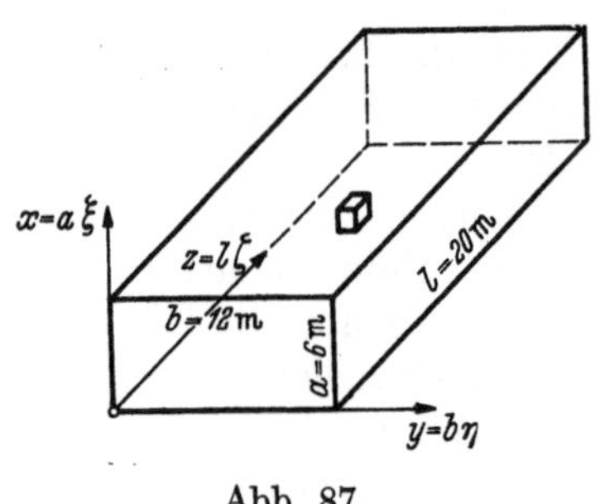

Abb. 87.

Denkt man sich den gesamten Raum in lauter Räume der vorgegebenen Art aufgeteilt, so entsteht ein örtlich dreifach periodisches Partialdruckfeld, in welchem aus Symmetriegründen längs der Periodenebenen die gleichen Bedingungen vorherrschen wie an den Rändern des vorgegebenen Raumes. Die Gln (440) können daher mit

$$
a = 6\,\mathrm{m}, \quad b = 12\,\mathrm{m}, \quad l = 20\,\mathrm{m}, \quad p_0 = 1\,\mathrm{ata}, \quad
\begin{aligned}
x_1 &= 2{,}5\,\mathrm{m}, & y_1 &= 5{,}5\,\mathrm{m}, & z_1 &= 9{,}5\,\mathrm{m} \\
x_2 &= 3{,}5\,\mathrm{m}, & y_2 &= 6{,}5\,\mathrm{m}, & z_2 &= 10{,}5\,\mathrm{m}
\end{aligned}
$$

unmittelbar Anwendung finden (Abb. 87). Für die μ-Werte folgt nach (438)

$$
\mu_a = \frac{4\pi \cdot 1{,}71}{6^2} = 0{,}597\ \mathrm{Tag^{-1}}, \qquad
\mu_b = \frac{4\pi \cdot 1{,}71}{12^2} = 0{,}149\ \mathrm{Tag^{-1}}, \qquad
\mu_l = \frac{4\pi \cdot 1{,}71}{20^2} = 0{,}054\ \mathrm{Tag^{-1}}.
$$

Damit liefert die erste der Gln (440), wenn gemäß Abb. 87 gleichzeitig dimensionslose Veränderliche eingeführt werden,

$$
\begin{aligned}
p(\xi, \eta, \zeta, t) = &\left[0{,}1667 + F_1(0{,}597\,t,\ \xi - 0{,}4167) - F_1(0{,}597\,t,\ \xi - 0{,}5833)\right] \cdot \\
&\cdot\left[0{,}0833 + F_1(0{,}149\,t,\ \eta - 0{,}4583) - F_1(0{,}149\,t,\ \eta - 0{,}5417)\right] \cdot \\
&\cdot\left[0{,}0500 + F_1(0{,}054\,t,\ \zeta - 0{,}4750) - F_1(0{,}054\,t,\ \zeta - 0{,}5250)\right] .
\end{aligned}
$$

Im Mittelpunkte des betrachteten Raumes ist $\xi = \eta = \zeta = \tfrac{1}{2}$. Man erhält daher an dieser Stelle für den Partialdruck des Ammoniakgases

$$
\begin{aligned}
p(\tfrac{1}{2}, \tfrac{1}{2}, \tfrac{1}{2}, t) = &\left[0{,}1667 + F_1(0{,}597\,t,\ 0{,}0833) - F_1(0{,}597\,t,\ -0{,}0833)\right] \cdot \\
&\cdot\left[0{,}0833 + F_1(0{,}149\,t,\ 0{,}0417) - F_1(0{,}149\,t,\ -0{,}0417)\right] \cdot \\
&\cdot\left[0{,}0500 + F_1(0{,}054\,t,\ 0{,}0250) - F_1(0{,}054\,t,\ -0{,}0250)\right] .
\end{aligned}
$$

Wird hierin der Periodencharakter der F_1-Funktion gemäß Abb. 69 berücksichtigt, so folgt schließlich

$$
\begin{aligned}
p(\tfrac{1}{2}, \tfrac{1}{2}, \tfrac{1}{2}, t) \\
= [0{,}1667 &+ 2F_1(0{,}597\,t,\ 0{,}0833)][0{,}0833 + 2F_1(0{,}149\,t,\ 0{,}0417)][0{,}0500 + 2F_1(0{,}054\,t,\ 0{,}0250)] .
\end{aligned}
$$

Ableitungsgemäß ist in den vorstehenden Formeln die Zeit in Tagen einzusetzen. Mit Hilfe der für die Funktion $F_1(\mu\,t, \zeta)$ mitgeteilten Zahlentafel kann der gesuchte Partialdruckverlauf im

Raummittelpunkt leicht ermittelt werden. Man erhält beispielsweise für die Zeitenfolge $t=0$, $t=0{,}05$, $t=0{,}5$, $t=5$, $t=50$ Tage:

$$t=0 \quad : p=[0{,}1667+2\cdot0{,}4167][0{,}0833+2\cdot0{,}4583][0{,}0500+2\cdot0{,}4750]=1{,}000\cdot1{,}000\cdot1{,}000=1{,}000 \ \text{ata} ,$$

$$t=0{,}05 : p=[0{,}1667+2\cdot0{,}3022][0{,}0833+2\cdot0{,}340\ ][0{,}0500+2\cdot0{,}390\ ]=0{,}771\cdot0{,}763\cdot0{,}830=0{,}488 \ \text{ata} ,$$

$$t=0{,}5 \quad : p=[0{,}1667+2\cdot0{,}0651][0{,}0833+2\cdot0{,}105\ ][0{,}0500+2\cdot0{,}129\ ]=0{,}297\cdot0{,}293\cdot0{,}308=0{,}0268 \ \text{ata} ,$$

$$t=5 \quad : p=[0{,}1667+2\cdot0{,}0000][0{,}0833+2\cdot0{,}0079][0{,}0500+2\cdot0{,}0225]=0{,}167\cdot0{,}099\cdot0{,}095=0{,}0016 \ \text{ata} ,$$

$$t=50 \quad : p=[0{,}1667+2\cdot0{,}0000][0{,}0833+2\cdot0{,}0000][0{,}0500+2\cdot0{,}0225]=0{,}167\cdot0{,}083\cdot0{,}050=0{,}0007 \ \text{ata} .$$

Beispiel 37. Wie ändert sich die Partialdruckverteilung für die Verhältnisse des vorigen Beispiels, wenn der Ammoniakgasbehälter nicht in der Mitte des Luftraumes, sondern in einem Punkte mit den Koordinaten $\overset{*}{x}$, $\overset{*}{y}$, $\overset{*}{z}$ angeordnet ist?

In diesem Falle fehlen die Symmetrieverhältnisse, um den vorgegebenen Raum als Periodenbereich in einem örtlich dreifach periodischen Partialdruckfelde ansehen zu können. Man kann sich hier aber in ähnlicher Weise helfen wie im Falle von Abb. 78, wenn das dort für den eindimensionalen Fall angewendete Spiegelungsverfahren auf den dreidimensionalen Fall ausgedehnt wird. Es entsteht dann aus dem Ausgangsraum durch dreifache Spiegelung ein 8mal so großer und 8 Ammoniakgasbehälter enthaltender erweiterter Raum, der nunmehr als Grundperiodenraum eines örtlich dreifach periodischen Partialdruckfeldes angesehen werden kann, wie in Abb. 88 schematisch angedeutet ist. In diesem dreifach periodischen Felde stimmen die Bedingungen längs der Begrenzungsflächen des Ausgangsraumes mit dessen Randbedingungen überein.

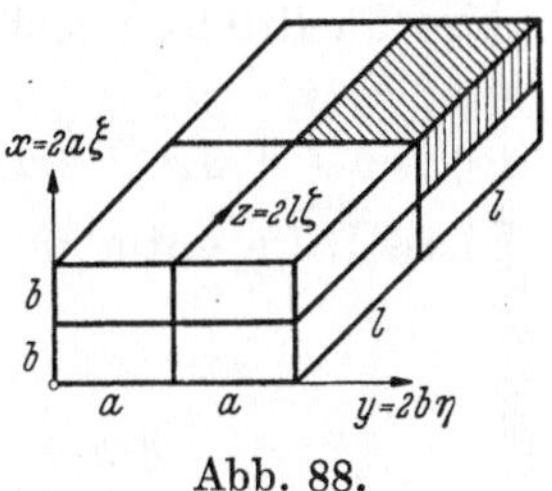

Abb. 88.

Entsprechend den Abmessungen des Erweiterungsraumes sind die Periodenlängen $2a$ bzw. $2b$ bzw. $2l$. Die Koordinaten der Mittelpunkte der acht Ammoniakgasbehälter sind:

$$\overset{*}{x}, \overset{*}{y}, \overset{*}{z} \ \text{bzw.} \ (2a-\overset{*}{x}), \overset{*}{y}, \overset{*}{z} \ \text{bzw.} \ \overset{*}{x}, (2b-\overset{*}{y}), \overset{*}{z} \ \text{bzw.} \ (2a-\overset{*}{x}), (2b-\overset{*}{y}), \overset{*}{z} \ \text{bzw.}$$

$$\overset{*}{x}, \overset{*}{y}, 2l-\overset{*}{z} \ \text{bzw.} \ \overset{*}{x}(2b-\overset{*}{y})(2l-\overset{*}{z}) \ \text{bzw.} \ (2a-\overset{*}{x})\overset{*}{y}, (2l-\overset{*}{z}) \ \text{bzw.} \ (2a-\overset{*}{x}), (2b-\overset{*}{y}), (2l-\overset{*}{z}).$$

Die zugehörigen x_1, x_2- bzw. y_1, y_2- bzw. z_1, z_2-Werte ergeben sich durch Verminderung bzw. Vermehrung der Mittelpunktskoordinaten um 0,50, entsprechend der Größe des Ammoniakgasbehälters. Es muß nun für den Ausgangsbehälter und die 7 gespiegelten Behälter das Partialdruckfeld nach (440) angesetzt und das Gesamtfeld durch Superposition ermittelt werden. So ergibt sich, wenn die Superposition durch das Summenzeichen symbolisch angedeutet wird,

$$p(x,y,z,t) = \sum_{1}^{8} \left[\frac{x_2-x_1}{2a} + F_1\left(\mu_a t, \frac{x-x_1}{2a}\right) - F_1\left(\mu_a t, \frac{x-x_2}{2a}\right)\right]\cdot$$

$$\cdot\left[\frac{y_2-y_1}{2b} + F_1\left(\mu_b t, \frac{y-y_1}{2b}\right) - F_1\left(\mu_b t, \frac{y-y_2}{2b}\right)\right]\left[\frac{z_2-z_1}{2l} + F_1\left(\mu_l t, \frac{z-z_1}{2l}\right) - F_1\left(\mu_l t, \frac{z-z_2}{2l}\right)\right]$$

mit

$$\mu_a = \frac{4\pi D}{4a^2} , \qquad \mu_b = \frac{4\pi D}{4b^2} , \qquad \mu_l = \frac{4\pi D}{4l^2} .$$

Um nun das Partialdruckfeld für den Ausgangsraum zu erhalten, kann irgendeiner der 8 Teilräume des Grundperiodenraumes ausgewählt werden (Abb. 88).

Zweites Kapitel.

Biegungsschwingungen homogener Balken und Platten.

17. Deutung von Balken- und Plattenschwingungen als Wärmeleitungserscheinungen für imaginäre Temperaturleitzahl.

Bezeichnet W die Durchbiegung eines Balkens mit dem Raumgewicht γ, dem konstant vorausgesetzten Querschnitt F, dem Trägheitsmoment J und der Belastung p, so lautet die Differentialgleichung der Biegungsschwingungen (g Schwerbeschleunigung, E Elastizitätsmodul)

$$\frac{\partial^4 W}{\partial z^4} + \frac{\gamma F}{g E J}\frac{\partial^2 W}{\partial t^2} = \frac{p(z,t)}{E J} . \tag{441}$$

Das zweidimensionale Gegenstück hierzu ist die Differentialgleichung der Plattenbiegungsschwingungen (h konstante Plattendicke, μ Reziprokwert der POISSONschen Konstanten)

$$\frac{\partial^4 W}{\partial x^4} + 2 \frac{\partial^4 W}{\partial x^2 \partial y^2} + \frac{\partial^4 W}{\partial y^4} + \frac{12\,(1-\mu^2)\,\gamma}{E\,g\,h^2} \frac{\partial^2 W}{\partial t^2} = \frac{12\,(1-\mu^2)}{E\,h^3}\, p\,(x,\,y,\,t)\;. \tag{442}$$

Wir wollen nun zunächst zeigen, daß diese beiden Differentialgleichungen sehr nahe mit der Wärmeleitungsgleichung (403) verwandt sind. Durch Differentiation von (403) nach t folgt

$$\left(\frac{\partial^2}{\partial x^2} + \frac{\partial^2}{\partial y^2} + \frac{\partial^2}{\partial z^2}\right) \frac{\partial \vartheta}{\partial t} - \frac{c\gamma}{\lambda} \frac{\partial^2 \vartheta}{\partial t^2} + \frac{1}{\lambda} \frac{\partial q}{\partial t} = 0\;. \tag{443}$$

Andererseits liefert (403) selbst
$$\frac{\partial \vartheta}{\partial t} = \frac{\lambda}{c\gamma}\left(\frac{\partial^2 \vartheta}{\partial x^2} + \frac{\partial^2 \vartheta}{\partial y^2} + \frac{\partial^2 \vartheta}{\partial z^2}\right) + \frac{q}{c\gamma}\;. \tag{444}$$

Die Einsetzung dieses Differentialquotienten in (443) ergibt

$$\left(\frac{\partial^2}{\partial x^2} + \frac{\partial^2}{\partial y^2} + \frac{\partial^2}{\partial z^2}\right)\left(\frac{\partial^2 \vartheta}{\partial x^2} + \frac{\partial^2 \vartheta}{\partial y^2} + \frac{\partial^2 \vartheta}{\partial z^2}\right) - \left(\frac{c\gamma}{\lambda}\right)^2 \frac{\partial^2 \vartheta}{\partial t^2} = -\frac{c\gamma}{\lambda}\frac{\partial}{\partial t}\frac{q}{\lambda} - \left(\frac{\partial^2}{\partial x^2} + \frac{\partial^2}{\partial y^2} + \frac{\partial^2}{\partial z^2}\right)\frac{q}{\lambda}\;, \tag{445}$$

oder ausdifferenziert

$$\frac{\partial^4 \vartheta}{\partial x^4} + \frac{\partial^4 \vartheta}{\partial y^4} + \frac{\partial^4 \vartheta}{\partial z^4} + 2\frac{\partial^4 \vartheta}{\partial x^2 \partial y^2} + 2\frac{\partial^4 \vartheta}{\partial y^2 \partial z^2} + 2\frac{\partial^4 \vartheta}{\partial z^2 \partial x^2} - \left(\frac{c\gamma}{\lambda}\right)^2 \frac{\partial^2 \vartheta}{dt^2} = -\frac{c\gamma}{\lambda}\frac{\partial}{\partial t}\frac{q}{\lambda} - \left(\frac{\partial^2}{dx^2} + \frac{\partial^2}{\partial y^2} + \frac{\partial^2}{\partial z^2}\right)\frac{q}{\lambda}\;. \tag{446}$$

Diese Differentialgleichung reduziert sich im ein- und zweidimensionalen Falle auf

$$\frac{\partial^4 \vartheta}{\partial z^4} - \left(\frac{c\gamma}{\lambda}\right)^2 \frac{\partial^2 \vartheta}{\partial t^2} = -\frac{c\gamma}{\lambda}\frac{\partial}{\partial t}\frac{q}{\lambda} - \frac{\partial^2}{\partial z^2}\frac{q}{\lambda}\;, \tag{447}$$

$$\frac{\partial^4 \vartheta}{\partial x^4} + 2\frac{\partial^4 \vartheta}{\partial x^2 \partial y^2} + \frac{\partial^4 \vartheta}{\partial y^4} - \left(\frac{c\gamma}{\lambda}\right)^2 \frac{\partial^2 \vartheta}{\partial t^2} = -\frac{c\gamma}{\lambda}\frac{\partial}{\partial t}\frac{q}{\lambda} - \left(\frac{\partial^2}{\partial x^2} + \frac{\partial^2}{\partial y^2}\right)\frac{q}{\lambda}\;. \tag{448}$$

Vergleicht man nun diese beiden Differentialgleichungen mit (441) und (442), so ergibt sich in der Form völlige Übereinstimmung, wenn in den beiden Fällen

$$\vartheta = W\;, \qquad \frac{\lambda}{c\gamma} = i\sqrt{\frac{g\,E\,J}{\gamma\,F}}\;, \qquad\qquad -\frac{c\gamma}{\lambda}\frac{\partial}{\partial t}\frac{q}{\lambda} - \frac{\partial^2}{\partial z^2}\frac{q}{\lambda} = \frac{p}{E\,J} \tag{449}$$

$$\vartheta = W\;, \qquad \frac{\lambda}{c\gamma} = i\sqrt{\frac{E\,g\,h^2}{12\,(1-\mu^2)\,\gamma}}\;, \qquad -\frac{c\gamma}{\lambda}\frac{\partial}{\partial t}\frac{q}{\lambda} - \left(\frac{\partial^2}{\partial x^2} + \frac{\partial^2}{\partial y^2}\right)\frac{q}{\lambda} = \frac{12\,(1-\mu^2)\,p}{E\,h^3} \tag{450}$$

gesetzt wird. Hiernach können die Balken- und Plattenschwingungen als Wärmeleitungserscheinungen mit imaginärer Temperaturleitzahl $\dfrac{\lambda}{c\,\gamma}$ gedeutet werden.

Im Falle homogener Biegungsschwingungen, d. h. von Biegungsschwingungen ohne eine Belastung p, verschwindet nach (449) und (450) die Wärmeentwicklungsfunktion q und die Biegungsschwingungen können dann als Wärmeausgleichvorgänge mit imaginärer Temperaturleitzahl betrachtet werden. Für die diese Vorgänge beherrschenden Kennzahlen folgt durch Verbindung von (393) und (449) bzw. (450)

$$\mu_l = \frac{4\,\pi}{l^2}\sqrt{\frac{g\,E\,J}{\gamma\,F}}\,i = \frac{\omega_l}{\pi}\,i \qquad \text{(Balkenschwingungen)} \tag{451}$$

$$\mu_a = \frac{4\,\pi}{a^2}\sqrt{\frac{E\,g\,h^2}{12\,(1-\mu^2)\,\gamma}}\,i = \frac{\omega_a}{\pi}\,i\;, \qquad \mu_b = \frac{4\,\pi}{b^2}\sqrt{\frac{E\,g\,h^2}{12\,(1-\mu^2)\,\gamma}}\,i = \frac{\omega_b}{\pi}\,i \qquad \text{(Plattenschwingungen)}\;. \tag{452}$$

18. Homogene örtlich periodische Balkenschwingungen. Schwingungen des Balkens auf zwei Stützen.

Wird in der dritten der Gln (400)ª die Ausgangstemperatur $\vartheta_0\,(\bar{z})$ durch die örtlich periodische Ausgangsdurchbiegung $W_0(\bar{z})$ ersetzt und werden F_0 und μ_l nach (399) und (451) eingeführt, so folgt für l als Periodenlänge und mit $\zeta = z/l$

$$W\,(\zeta,\,t) = \int_0^1 W_0\,(\bar{\zeta})\,F_0\,(\mu_l\,t,\,\zeta - \bar{\zeta})\,d\bar{\zeta} = \int_0^1 W_0\,(\bar{\zeta})\left[1 + 2\sum_1^\infty{}^k e^{-k^2 \omega_l i\,t}\cos 2\,k\,\pi\,(\zeta - \bar{\zeta})\right]d\bar{\zeta}$$

$$= \int_0^1 W_0(\bar{\zeta})\left[1 + 2\sum_1^\infty{}^k \cos k^2 \omega_l t \cos 2\,k\,\pi\,(\zeta - \bar{\zeta})\right]d\bar{\zeta} - i\int_0^1 W_0(\bar{\zeta})\cdot 2\sum_1^\infty{}^k \sin k^2 \omega\,t \cos 2\,k\,\pi\,(\zeta - \bar{\zeta})\,d\bar{\zeta}\;.$$

Da komplexen Durchbiegungen keine physikalische Bedeutung zukommt, erhält man bei Beschränkung auf die Realteile

$$W(\zeta,\,t) = \int\limits_0^1 W_0(\overline{\zeta})\Big[1 + 2\sum_1^\infty{}_k \cos k^2\,\omega_l\,t \cos 2\,k\,\pi\,(\zeta-\overline{\zeta})\Big]\,d\overline{\zeta} \tag{453}$$

mit

$$\omega_l = \frac{4\,\pi^2}{l^2}\sqrt{\frac{g\,E\,J}{\gamma\,F}}\;. \tag{454}$$

Aus (453) folgt für das Geschwindigkeitsfeld

$$\frac{\partial W}{\partial t} = -\int\limits_0^1 2\,\omega_l\,W_0(\overline{\zeta})\sum_1^\infty{}_k k^2 \sin k^2\,\omega_l\,t \cos 2\,k\,\pi\,(\zeta-\overline{\zeta})\,d\overline{\zeta}\;, \tag{455}$$

und für die Ausgangsgeschwindigkeit

$$\Big(\frac{\partial W}{\partial t}\Big)_{t=0} = 0\;. \tag{456}$$

Hiernach entspricht $W_0(\zeta)$ der größten Auslenkung aus der Ruhelage oder der Schwingungslage mit einem Maximum an potentieller und einem Minimum an kinetischer Energie.

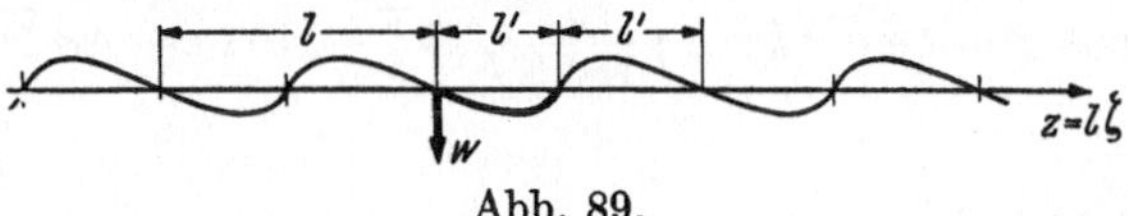

Abb. 89.

Wie Abb. 89 erkennen läßt, kann bei Heranziehung des Prinzips der antimetrischen Spiegelung auch der Schwingungszustand des Balkens auf zwei Stützen auf (453) zurückgeführt werden. Die Periodenlänge l ist in diesem Falle gleich der doppelten Balkenlänge l'

$$l = 2\,l'\;. \tag{457}$$

Aus dem antimetrischen Charakter der Biegelinie im Grundperiodenbereich folgt unmittelbar

$$\int\limits_0^1 W_0(\overline{\zeta})\,d\overline{\zeta} = 0\;,$$

$$\int\limits_0^1 2\,W_0(\overline{\zeta})\cos 2\,k\,\pi\,(\zeta-\overline{\zeta})\,d\overline{\zeta} = \int\limits_0^1 2\,W_0(\overline{\zeta})\cos 2\,k\,\pi\,\zeta \cos 2\,k\,\pi\,\overline{\zeta}\,d\overline{\zeta} + \int\limits_0^1 2\,W_0(\overline{\zeta})\sin 2\,k\,\pi\,\zeta \sin 2\,k\,\pi\,\overline{\zeta}\,d\overline{\zeta}$$

$$= \int\limits_0^{1/2} 4\,W_0(\overline{\zeta})\sin 2\,k\,\pi\,\zeta \sin 2\,k\,\pi\,\overline{\zeta}\,d\overline{\zeta}\;.$$

Damit erhält man

$$W(\zeta,\,t) = 4\sum_1^\infty{}_k \cos k^2\,\omega_l\,t \sin 2\,k\,\pi\,\zeta\int\limits_0^{1/2} W_0(\overline{\zeta})\sin 2\,k\,\pi\,\overline{\zeta}\,d\overline{\zeta} \quad \text{mit} \quad \zeta = \frac{z}{2\,l'},\quad \omega_l = \frac{\pi^2}{l'^2}\sqrt{\frac{g\,E\,J}{\gamma\,F}}\;. \tag{458}$$

Wird in (458) ein bestimmter Punkt des Balkens, also ein fester ζ-Wert, zugrunde gelegt, so erscheinen die Schwingungsausschläge hier in harmonisch analysierter Form (siehe Ziffer 1). Vergleicht man die hier sich ergebende Fourier-Entwicklung mit der allgemeinen

$$\sum_1^\infty{}_n A_n \sin n\,\omega\,t + \sum_1^\infty{}_n B_n \cos n\,\omega\,t + B_0$$

von (371), so tritt nur ein Teil der im allgemeinen möglichen Schwingungsformen bei der homogenen Biegungsschwingung eines Balkens in Erscheinung. Diesen ausgezeichneten Schwingungsformen entsprechen die n-Werte

$$n = 1,\,4,\,9,\,16,\,25,\,\ldots$$

bzw. die Kreisfrequenzen

$$n\,\omega = \omega_l,\,4\,\omega_l,\,9\,\omega_l,\,16\,\omega_l,\,25\,\omega_l,\,\ldots\;.$$

Da $W_0(\overline{\zeta})$ eine völlig willkürliche Ausgangsdurchbiegung war, so sind die ausgezeichneten $n\,\omega$-Werte nur durch die Art des Systems bedingt. Sie werden daher in sehr treffender Weise als „Eigenfrequenzen" bezeichnet.

Beispiel 38. Ein unter der Dreieckbelastung eines Flüssigkeitsdruckes stehender Balken (Abb. 90) wird durch plötzliches Absenken der Flüssigkeit in Schwingungen versetzt. Wie gestaltet sich der Schwingungszustand, wenn die größte Auslenkung um die statische Ruhelage dem Gesetze

$$W_0(z) = \frac{p\,l'^4}{360\,E\,J}\left[7\,\frac{z}{l'} - 10\,\frac{z^3}{l'^3} + 3\,\frac{z^5}{l'^5}\right]$$

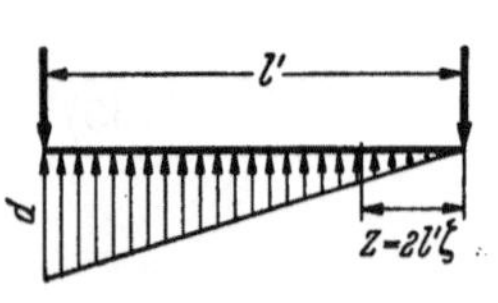

Abb. 90.

folgt?

Mit der dimensionslosen Veränderlichen $\zeta = \dfrac{z}{2\,l'}$ lautet $W_0(z)$

$$W_0(\zeta) = \frac{p\,l'^4}{360\,E\,J}\left[14\,\zeta - 80\,\zeta^3 + 96\,\zeta^5\right] = \frac{p\,l'^4}{180\,E\,J}\left[7\,\zeta - 40\,\zeta^3 + 48\,\zeta^5\right].$$

Damit ergibt sich nach (458)

$$W(\zeta,\,t) = 4\sum_1^\infty{}_k \cos k^2\,\omega_l\,t \sin 2\,k\,\pi\,\zeta \int_0^{1/2} \frac{p\,l'^4}{180\,E\,J}\left[7\,\overline{\zeta} - 40\,\overline{\zeta}^3 + 48\,\overline{\zeta}^5\right]\sin 2\,k\,\pi\,\overline{\zeta}\,d\overline{\zeta}.$$

Wird eine neue Veränderliche

$$u = 2\,k\,\pi\,\overline{\zeta}$$

substituiert, so folgt

$$W(\zeta,\,t) = 4\sum_1^\infty{}_k \cos k^2\,\omega_l\,t \sin 2\,k\,\pi\,\zeta \int_0^{k\pi} \frac{p\,l'^4}{180\,E\,J}\left[\frac{7}{(2\,k\,\pi)^2}\,u - \frac{40}{(2\,k\,\pi)^4}\,u^3 + \frac{48}{(2\,k\,\pi)^6}\,u^5\right]\sin u\,d u.$$

Nun ergibt sich nach Formel (293) und (292)

$$\int_0^{\pi k} u\sin u\,d u = -\,k\,\pi\,(-1)^k$$

$$\int_0^{\pi k} u^3\sin u\,d u = -\,k\,\pi\,(k^2\,\pi^2 - 6)\,(-1)^k$$

$$\int_0^{k\pi} u^5\sin u\,d u = -\,k\,\pi\,(k^4\,\pi^4 - 20\,k^2\,\pi^2 + 120)\,(-1)^k.$$

Bei Berücksichtigung dieser Integralwerte erhält man

$$W(\zeta,\,t) = \frac{2\,p\,l'^4}{E\,J\,\pi^5}\sum_1^\infty{}_k \frac{\cos k^2\,\omega_l\,t \sin 2\,k\,\pi\,\zeta}{k^5}\,(-1)^{k+1}$$

oder

$$W(\zeta,\,t) = \frac{2\,p\,l'^4}{E\,J\,\pi^5}\left[\cos \omega_l\,t \sin 2\,\pi\,\zeta - \frac{1}{32}\cos 4\,\omega_l\,t \sin 4\,\pi\,\zeta + \frac{1}{243}\cos 9\,\omega_l\,t \sin 6\,\pi\,\zeta - \ldots\right]$$

mit der Schwingungsdauer

$$T = \frac{2\,\pi}{\omega_l} = \frac{2}{\pi}\,l'^2\sqrt{\frac{\gamma\,F}{g\,E\,J}}.$$

19. Homogene örtlich periodische Plattenschwingungen.
Schwingungen der frei gelagerten Rechtecksplatte.

Wird in der zweiten der Gln (400)[a] die Ausgangstemperatur $\vartheta_0(\overline{x}, \overline{y})$ durch die örtlich periodische Ausgangsdurchbiegung $W_0(\overline{x}, \overline{y})$ ersetzt und werden F_0 und μ_a, μ_b nach (399) und (452) eingeführt, so folgt für a und b als Periodenlängen und mit

$$\xi = \frac{x}{a}, \qquad \eta = \frac{y}{b}$$

$$W(\xi, \eta, t) = \int_0^1\!\!\int_0^1 W_0(\overline{\xi}, \overline{\eta})\, F_0(\mu_a t,\ \xi - \overline{\xi})\, F_0(\mu_b t,\ \eta - \overline{\eta})\, d\overline{\xi}\, d\overline{\eta}$$

$$= \int_0^1\!\!\int_0^1 W_0(\overline{\xi}, \overline{\eta})\left[1 + 2\sum_1^\infty {}^k e^{-k^2 \omega_a i t} \cos 2k\pi(\xi - \overline{\xi})\right]\left[1 + 2\sum_1^\infty {}^k e^{-k^2 \omega_b i t} \cos 2k\pi(\eta - \overline{\eta})\right] d\overline{\xi}\, d\overline{\eta}$$

$$= \int_0^1\!\!\int_0^1 W_0(\overline{\xi}, \overline{\eta})\left[1 + 2\sum_1^\infty {}^k \cos k^2 \omega_a t \cos 2k\pi(\xi - \overline{\xi})\right]\left[1 + 2\sum_1^\infty {}^k \cos k^2 \omega_b t \cos 2k\pi(\eta - \overline{\eta})\right] d\overline{\xi}\, d\overline{\eta} \,-$$

$$-\int_0^1\!\!\int_0^1 W_0(\overline{\xi}, \overline{\eta})\left[2\sum_1^\infty {}^k \sin k^2 \omega_a t \cos 2k\pi(\xi - \overline{\xi})\right]\left[2\sum_1^\infty {}^k \sin k^2 \omega_b t \cos 2k\pi(\eta - \overline{\eta})\right] d\overline{\xi}\, d\overline{\eta} \,+$$

$$+ i\int_0^1\!\!\int_0^1 W_0(\overline{\xi}, \overline{\eta})\left[1 + 2\sum_1^\infty {}^k \cos k^2 \omega_a t \cos 2k\pi(\xi - \overline{\xi})\right]\left[2\sum_1^\infty {}^k \sin k^2 \omega_b t \cos 2k\pi(\eta - \overline{\eta})\right] d\overline{\xi}\, d\overline{\eta} \,+$$

$$+ i\int_0^1\!\!\int_0^1 W_0(\overline{\xi}, \overline{\eta})\left[2\sum_1^\infty {}^k \sin k^2 \omega_a t \cos 2k\pi(\xi - \overline{\xi})\right]\left[1 + 2\sum_1^\infty {}^k \cos k^2 \omega_b t \cos 2k\pi(\eta - \overline{\eta})\right] d\overline{\xi}\, d\overline{\eta} \,.$$

Unter Beschränkung auf reelle Biegungsfelder erhält man hieraus

$$\left.\begin{aligned}
,\ \eta, t) &= \int_0^1\!\!\int_0^1 W_0(\overline{\xi}, \overline{\eta})\left[1 + 2\sum_1^\infty {}^k \cos k^2 \omega_a t \cos 2k\pi(\xi - \overline{\xi})\right]\left[1 + 2\sum_1^\infty {}^k \cos k^2 \omega_b t \cos 2k\pi(\eta - \overline{\eta})\right] d\overline{\xi}\, d\overline{\eta} \,- \\
&\quad - \int_0^1\!\!\int_0^1 W_0(\overline{\xi}, \overline{\eta})\left[2\sum_1^\infty {}^k \sin k^2 \omega_a t \cos 2k\pi(\xi - \overline{\xi})\right]\left[2\sum_1^\infty {}^k \sin k^2 \omega_b t \cos 2k\pi(\eta - \overline{\eta})\right] d\overline{\xi}\, d\overline{\eta} \,.
\end{aligned}\right\} \quad (459)$$

Bildet man hieraus durch partielle Ableitung nach t das Geschwindigkeitsfeld, so zeigt sich, ähnlich wie in der vorigen Ziffer, daß die Ausgangsgeschwindigkeit verschwindet und $W_0(\xi, \eta)$ der größten Auslenkung aus der Ruhelage entspricht.

Wird für eine frei gelagerte Rechtecksplatte mit den Kantenlängen $a' = \dfrac{a}{2}$, $b' = \dfrac{b}{2}$ das Prinzip der antimetrischen Spiegelung von Abb. 89 auf beide Achsenrichtungen übertragen, so können mit

$$a = 2a', \qquad b = 2b' \qquad\qquad (460)$$

die Biegungsfelder der frei gelagerten Rechtecksplatte unmittelbar nach (459) dargestellt werden. In analogem Rechnungsgange wie für (458) folgt

$$\left.\begin{aligned}
,\ \eta, t) &= 16\int_0^{1/2}\!\!\int_0^{1/2} W_0(\overline{\xi}, \overline{\eta})\sum_1^\infty {}^k \cos k^2 \omega_a t \sin 2k\pi\xi \sin 2k\pi\overline{\xi}\sum_1^\infty {}^k \cos k^2 \omega_b t \sin 2k\pi\eta \sin 2k\pi\overline{\eta}\, d\overline{\xi}\, d\overline{\eta} \,- \\
&\quad - 16\int_0^{1/2}\!\!\int_0^{1/2} W_0(\overline{\xi}, \overline{\eta})\sum_1^\infty {}^k \sin k^2 \omega_a t \sin 2k\pi\xi \sin 2k\pi\overline{\xi}\sum_1^\infty {}^k \sin k^2 \omega_b t \sin 2k\pi\eta \sin 2k\pi\overline{\eta}\, d\overline{\xi}\, d\overline{\eta}
\end{aligned}\right\} \quad (461)^a$$

mit

$$\xi = \frac{x}{2a'}, \qquad \eta = \frac{y}{2b'}, \qquad \omega_a = \frac{\pi^2}{a'^2}\sqrt{\frac{E g h^2}{12(1 - \mu^2)\gamma}}, \qquad \omega_b = \frac{\pi^2}{b'^2}\sqrt{\frac{E g h^2}{12(1 - \mu^2)\gamma}}. \qquad (461)^b$$

20. Örtlich periodische Balkenbiegungsschwingungen aus dem Ruhezustand unter zeitlich veränderlichen, aber örtlich bereichsweise konstanten oder linear veränderlichen Belastungen.

Die Untersuchungen der beiden letzten Ziffern galten den Schwingungen ohne äußere Belastungen, den sogenannten Eigenschwingungen. Es sollen nun örtlich periodische Schwingungen aus dem Ruhezustand betrachtet werden, die naturgemäß nur unter zeitlich veränderlichen Belastungen möglich sind. In Anpassung an die in der Anwendung meist vorliegenden Verhältnisse können die Betrachtungen auf bereichsweise konstante oder linear veränderliche Belastungen beschränkt werden. Eine Ausartung der bereichsweise konstanten Last stellt die Einzellast dar.

Im Falle einer bereichsweise konstanten oder linear verteilten Belastung kann in (449) der zweite partielle Differentialquotient von q/λ nach z unterdrückt werden, womit die Substitutionsgleichung die vereinfachte Form

$$ -\frac{c\,\gamma}{\lambda}\frac{d}{dt}\frac{q}{\lambda} = \frac{p}{EJ} $$

annimmt. Die Integration ergibt

$$ q = -\frac{\lambda^2}{c\,\gamma\,EJ}\int\limits_{t_c}^{t} p\,dt \qquad \text{(Örtlich konstante oder lineare Belastungen).} \tag{462} $$

Geht man hiermit in die dritte der Gln (429) hinein, so folgt mit (449) und $z = \zeta l$

$$ W = \frac{g}{\gamma F}\int\limits_0^1\int\limits_0^t\left[1 + 2\sum_1^\infty k\,e^{-k^2\pi\mu_l(t-\bar{t})}\cos 2\,k\,\pi\,(\zeta - \bar{\zeta})\right]\int\limits_{t_c}^{\bar{t}} p\,dt\,d\bar{\zeta}\,d\bar{t}\,. $$

Hiernach verschwindet W für $t = 0$ identisch. Zu einem Ruhezustand als Ausgangszustand gehört aber nicht nur das identische Verschwinden der Durchbiegung, sondern auch dasjenige der Geschwindigkeit, d. h. von $\frac{dW}{dt}$. Aus W ergibt sich

$$ \frac{dW}{dt} = \frac{g}{\gamma F}\int\limits_0^1\int\limits_0^t\frac{\partial}{\partial t}\left\{\left[1 + 2\sum_1^\infty k\,e^{-k^2\pi\mu_l(t-\bar{t})}\cos 2\,k\,\pi\,(\zeta - \bar{\zeta})\right]\int\limits_{t_c}^{\bar{t}} p\,dt\right\}d\bar{\zeta}\,d\bar{t}\; + $$

$$ +\;\frac{g}{\gamma F}\int\limits_0^1\left[1 + 2\sum_1^\infty k\cos 2\,k\,\pi\,(\zeta - \bar{\zeta})\right]\int\limits_{t_c}^{t} p\,dt\,d\bar{\zeta}\,. $$

Dieser Differentialquotient verschwindet offenbar für $t = 0$ identisch, wenn $t_c = 0$ gesetzt wird. Damit folgt, wenn dem komplexen Charakter der e-Funktion noch durch Realteilbildung Rechnung getragen wird,

$$ W = \frac{g}{\gamma F}\,\Re_e\int\limits_0^1\int\limits_0^t\left[1 + 2\sum_1^\infty k\,e^{-k^2\pi\mu_l(t-\bar{t})}\cos 2\,k\,\pi\,(\zeta - \bar{\zeta})\right]\int\limits_0^{\bar{t}} p\,dt\,d\bar{\zeta}\,d\bar{t}\,. \tag{463} $$

21. Balkenschwingungen durch Explosionsstöße.

Eine Explosion erzeugt gewöhnlich steil ansteigende Gasdrucke, die nach Erreichen eines Maximalwertes wieder asymptotisch auf null zurückgehen. Das Ganze vollzieht sich in sehr kurzer Zeit. Der zeitliche Druckverlauf der Explosion kann im allgemeinen in befriedigender Weise durch das Gesetz

$$ p\,(t) = 4\,p_{\max}\left[e^{-\frac{2\pi t}{T_0}} - e^{-\frac{4\pi t}{T_0}}\right] \tag{464} $$

wiedergegeben werden, dessen Druckverlauf aus Abb. 91 ersichtlich ist. In (464) stellt T_0 die Explosionsdauer im praktischen Sinne dar. Für den Höchstdruck folgt durch Nullsetzung des Differentialquotienten

$$\frac{\partial p}{\partial t} = 0 = -\frac{8\,\pi\,p_{\max}}{T_0}\,e^{-\frac{2\pi t}{T_0}}\left[1 - 2\,e^{-\frac{2\pi t}{T_0}}\right] \quad \text{oder} \quad e^{-\frac{2\pi t}{T_0}} = \frac{1}{2} \quad \text{oder} \quad t = 0{,}110\,T_0. \tag{465}$$

Wird dieser Wert in (464) eingeführt, so folgt $p = p_{\max}$, d. h. $p_{\max}$ stellt, wie schon durch die Bezeichnung zum Ausdruck gebracht wurde, den Höchstwert des Gasdruckes dar.

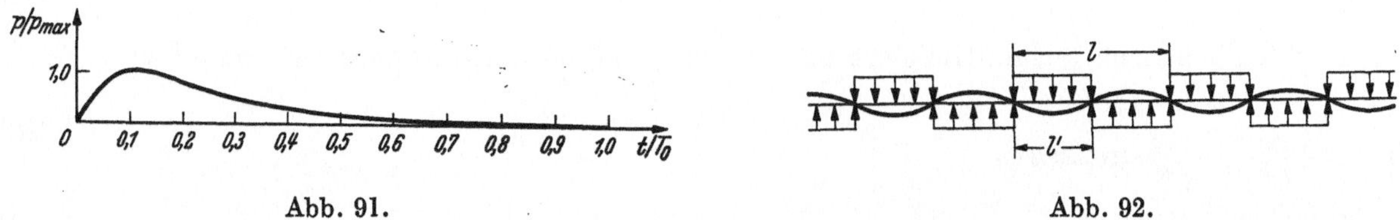

Abb. 91.   Abb. 92.

Da der Gasdruck auch noch im Falle einer Explosion als örtlich konstant vorausgesetzt werden kann, liegt das Schwingungsproblem eines Balkens auf zwei Stützen unter örtlich konstanter, aber zeitlich veränderlicher Belastung gemäß

$$p(z, t) = 4\,p_{\max}\left[e^{-\frac{2\pi t}{T_0}} - e^{-\frac{4\pi t}{T_0}}\right] \tag{466}$$

vor. Wird die Balkenlänge wieder mit $l' = \frac{1}{2}\,l$ bezeichnet und das Prinzip der antimetrischen Spiegelung herangezogen, so ist das vorliegende Schwingungsproblem mit dem örtlich periodischen Schwingungsproblem von Abb. 92 identisch und stellt damit einen Anwendungsfall von (463) dar.

Wird die Belastungsfunktion (466) in (463) eingeführt, und zwar für $0 \le \zeta \le \frac{1}{2}$ mit positivem und für $\frac{1}{2} \le \zeta \le 1$ mit negativem Vorzeichen, so folgt

$$W = \frac{4\,g\,p_{\max}}{\gamma\,F}\,\Re_e\int_0^{1/2}\!\!\int_0^{t}\left[1 + 2\sum_1^\infty{}^{k}\,e^{-k^2\pi\mu_l(t-\bar t)}\cos 2\,k\,\pi\,(\zeta - \bar\zeta)\right]\int_0^{\bar t}\left[e^{-\frac{2\pi t}{T_0}} - e^{-\frac{4\pi t}{T_0}}\right]dt\,d\bar\zeta\,d\bar t\,-$$

$$-\,\frac{4\,g\,p_{\max}}{\gamma\,F}\,\Re_e\int_{1/2}^{1}\!\!\int_0^{t}\left[1 + 2\sum_1^\infty{}^{k}\,e^{-k^2\pi\mu_l(t-\bar t)}\cos 2\,k\,\pi\,(\zeta - \bar\zeta)\right]\int_0^{\bar t}\left[e^{-\frac{2\pi t}{T_0}} - e^{-\frac{4\pi t}{T_0}}\right]dt\,d\bar\zeta\,d\bar t.$$

Werden die Integrale nach $\bar\zeta$ ausgewertet, so zeigt sich, daß in den Reihensummen die zu geraden k-Werten gehörigen Glieder sich jeweils aufheben, während die zu ungeraden k-Werten gehörigen gleich groß werden. Es ergibt sich, wenn gleichzeitig das Integral nach t ausgewertet wird,

$$W = -\frac{8\,g\,p_{\max}\,T_0}{\gamma\,F\,\pi^2}\,\Re_e\sum_{1,3,5}^\infty{}^{k}\,\frac{1}{k}\,\sin(2\,k\,\pi\,\zeta)\,e^{-k^2\pi\mu_l t}\int_0^{t}\left[e^{\left(k^2\pi\mu_l - \frac{2\pi}{T_0}\right)\bar t} - \frac{1}{2}\,e^{\left(k^2\pi\mu_l - \frac{4\pi}{T_0}\right)\bar t} - \frac{1}{2}\,e^{k^2\pi\mu_l\bar t}\right]d\bar t$$

oder integriert

$$W = -\frac{8\,g\,p_{\max}\,T_0}{\gamma\,F\,\pi^2}\,\Re_e\sum_{1,3,5}^\infty{}^{k}\,\frac{1}{k}\,\sin(2\,k\,\pi\,\zeta)\,e^{-k^2\pi\mu_l t}\left[\frac{e^{\left(k^2\pi\mu_l - \frac{2\pi}{T_0}\right)t} - 1}{k^2\pi\mu_l - \frac{2\pi}{T_0}} - \frac{1}{2}\frac{e^{\left(k^2\pi\mu_l - \frac{4\pi}{T_0}\right)t} - 1}{k^2\pi\mu_l - \frac{4\pi}{T_0}} - \frac{1}{2}\frac{e^{k^2\pi\mu_l t} - 1}{k^2\pi\mu_l}\right].$$

Wird hierin nun (451) berücksichtigt, so erhält man

$$W = \frac{8\,g\,p_{\max}\,T_0}{\gamma\,F\,\pi^2}\,\Re_e\sum_{1,3,5}^\infty{}^{k}\,\frac{1}{k}\,\sin(2\,k\,\pi\,\zeta)\,e^{-k^2\omega_l it}\left[\frac{1 - e^{\left(k^2\omega_l i - \frac{2\pi}{T_0}\right)t}}{k^2\omega_l i - \frac{2\pi}{T_0}} - \frac{1}{2}\frac{1 - e^{\left(k^2\omega_l i - \frac{4\pi}{T_0}\right)t}}{k^2\omega_l i - \frac{4\pi}{T_0}} - \frac{1}{2}\frac{1 - e^{k^2\omega_l it}}{k^2\omega_l i}\right],$$

oder aufgespalten

$$W = \frac{8\,g\,p_{\max}\,T_0}{\gamma\,F\,\pi^2}\,\Re_e\sum_{1,3,5}^{\infty}\frac{1}{k}\sin 2\,k\,\pi\,\zeta\,(\cos k^2\,\omega_l t - i\sin k^2\,\omega_l t)\left[\frac{\left(k^2\,\omega_l\,i + \dfrac{2\,\pi}{T_0}\right)\left(1 - e^{-\frac{2\,\pi\,t}{T_0}}\cos k^2\,\omega_l t - i\,e^{-\frac{2\,\pi\,t}{T_0}}\sin k^2\,\omega_l t\right)}{-\left(k^4\,\omega_l^2 + \dfrac{4\,\pi^2}{T_0^2}\right)}\right.$$

$$\left. -\frac{1}{2}\frac{\left(k^2\,\omega_l\,i + \dfrac{4\,\pi}{T_0}\right)\left(1 - e^{-\frac{4\,\pi\,t}{T_0}}\cos k^2\,\omega_l t - i\,e^{-\frac{4\,\pi\,t}{T_0}}\sin k^2\,\omega_l t\right)}{-\left(k^4\,\omega_l^2 + \dfrac{16\,\pi^2}{T_0^2}\right)} - \frac{1}{2}\frac{1 - \cos k^2\,\omega_l t - i\sin k^2\,\omega_l t}{k^2\,\omega_l\,i}\right].$$

Wird schließlich noch ausmultipliziert und die Realteilbildung durchgeführt, so folgt

$$W = \frac{8\,g\,p_{\max}\,T_0}{\gamma\,F\,\pi^2}\sum_{1,3,5}^{\infty}k\sin 2\,k\,\pi\,\zeta\,\cdot$$

$$\cdot\left[\frac{\dfrac{2\,\pi}{T_0}\left(e^{-\frac{2\,\pi\,t}{T_0}} - \cos k^2\,\omega_l t\right) - k^2\,\omega_l\sin k^2\,\omega_l t}{k\left(k^4\,\omega_l^2 + \dfrac{4\,\pi^2}{T_0^2}\right)} - \frac{\dfrac{4\,\pi}{T_0}\left(e^{-\frac{4\,\pi\,t}{T_0}} - \cos k^2\,\omega_l t\right) - k^2\,\omega_l\sin k^2\,\omega_l t}{2\,k\left(k^4\,\omega_l^2 + \dfrac{16\,\pi^2}{T_0^2}\right)} + \frac{\sin k^2\,\omega_l t}{2\,k^3\,\omega_l}\right]\cdot \quad (467)$$

Nun ist

$$\frac{\sin k^2\,\omega_l t}{2\,k^3\,\omega_l} = \frac{k^4\,\omega_l^2 + \dfrac{4\,\pi^2}{T_0^2}}{k^2\,\omega_l}\,\frac{\sin k^2\,\omega_l t}{k\left(k^4\,\omega_l^2 + \dfrac{4\,\pi^2}{T_0^2}\right)} - \frac{k^4\,\omega_l^2 + \dfrac{16\,\pi^2}{T_0^2}}{k^2\,\omega_l^2}\,\frac{\sin k^2\,\omega_l t}{2\,k\left(k^4\,\omega_l^2 + \dfrac{16\,\pi^2}{T_0^2}\right)}.$$

Wird diese Aufspaltung in (467) berücksichtigt, so ergibt sich

$$W = \frac{8\,g\,p_{\max}\,T_0}{\gamma\,F\,\pi^2}\sum_{1,3,5}^{\infty}k\sin 2\,k\,\pi\,\zeta\,\cdot$$

$$\cdot\left[\frac{\dfrac{2\,\pi}{T_0}\left(e^{-\frac{2\,\pi\,t}{T_0}} - \cos k^2\,\omega_l t\right) + \dfrac{4\,\pi^2}{k^2\,\omega_l\,T_0^2}\sin k^2\,\omega_l t}{k\left(k^4\,\omega_l^2 + \dfrac{4\,\pi^2}{T_0^2}\right)} - \frac{\dfrac{4\,\pi}{T_0}\left(e^{-\frac{4\,\pi\,t}{T_0}} - \cos k^2\,\omega_l t\right) + \dfrac{16\,\pi^2}{k^2\,\omega_l\,T_0^2}\sin k^2\,\omega_l t}{2\,k\left(k^4\,\omega_l^2 + \dfrac{16\,\pi^2}{T_0^2}\right)}\right]\cdot \quad (468)$$

Dieses Ergebnis läßt sich noch durchsichtiger gestalten, wenn die Eigenschwingungsdauer

$$T_e = \frac{2\,\pi}{\omega_l} \quad (469)$$

eingeführt wird. Bei gleichzeitiger Beachtung von (454) und mit $l = 2\,l'$ erhält man

$$W = \frac{16\,p_{\max}\,l'^4}{E\,J\,\pi^5}\sum_{1,3,5}^{\infty}k\sin 2\,k\,\pi\,\zeta\,\cdot$$

$$\cdot\left[\frac{e^{-\frac{2\,\pi\,t}{T_0}} - \cos k^2\cdot 2\,\pi\,\dfrac{t}{T_e} + \dfrac{1}{k^2}\dfrac{T_e}{T_0}\sin k^2\cdot 2\,\pi\,\dfrac{t}{T_e}}{k^5\left(1 + \dfrac{1}{k^4}\left(\dfrac{T_e}{T_0}\right)^2\right)} - \frac{e^{-\frac{4\,\pi\,t}{T_0}} - \cos k^2\cdot 2\,\pi\,\dfrac{t}{T_e} + \dfrac{2}{k^2}\dfrac{T_e}{T_0}\sin k^2\cdot 2\,\pi\,\dfrac{t}{T_e}}{k^5\left(1 + \dfrac{4}{k^4}\left(\dfrac{T_e}{T_0}\right)^2\right)}\right]\cdot \quad (470)$$

Entsprechend der Formel

$$M = -\,E\,J\,\frac{\partial^2 W}{\partial z^2} = -\,\frac{E\,J}{4\,l'^2}\,\frac{\partial^2 W}{\partial \zeta^2} \quad (471)$$

folgt aus (470) für das Biegungsmoment

$$M = \frac{16\,p_{\max}\,l'^2}{\pi^3}\sum_{1,3,5}^{\infty}{}_k \sin 2\,k\,\pi\,\zeta \cdot$$

$$\cdot \left[\frac{e^{-\frac{2\pi t}{T_0}} - \cos k^2\cdot 2\,\pi\,\frac{t}{T_e} + \frac{1}{k^2}\frac{T_e}{T_0}\sin k^2\cdot 2\,\pi\,\frac{t}{T_e}}{k^5\left(1 + \frac{1}{k^4}\left(\frac{T_e}{T_0}\right)^2\right)} - \frac{e^{-\frac{4\pi t}{T_0}} - \cos k^2\cdot 2\,\pi\,\frac{t}{T_e} + \frac{2}{k^2}\frac{T_e}{T_0}\sin k^2\cdot 2\,\pi\,\frac{t}{T_e}}{k^5\left(1 + \frac{4}{k^4}\left(\frac{T_e}{T_0}\right)^2\right)}\right]\cdot \tag{472}$$

In (470) und (472) wird der Verlauf der Schwingung maßgebend durch die Kenngröße T_e/T_0 beeinflußt. Ist die Explosionsdauer groß im Vergleich zur Eigenschwingungsdauer, d. h. T_e/T_0 klein gegenüber 1, so werden in den Zählern und Nennern von (470) und (472) die letzten Glieder praktisch bedeutungslos, während die cos-Glieder sich herausheben. Damit verbleibt

$$W = \frac{16\,p_{\max}\,l'^4}{E\,J\,\pi^5}\left(e^{-\frac{2\pi t}{T_0}} - e^{-\frac{4\pi t}{T_0}}\right)\sum_{1,3,5}^{\infty}{}_k \frac{\sin 2\,k\,\pi\,\zeta}{k^5}\;,$$

$$M = \frac{16\,p_{\max}\,l'^2}{\pi^3}\left(e^{-\frac{2\pi t}{T_0}} - e^{-\frac{4\pi t}{T_0}}\right)\sum_{1,3,5}^{\infty}{}_k \frac{\sin 2\,k\,\pi\,\zeta}{k^3}\;. \qquad \left(\frac{T_e}{T_0}\text{ klein gegenüber } 1\right). \tag{473}$$

Nun bestehen die Fourier-Entwicklungen

$$\sum_{1,3,5}^{\infty}{}_k \frac{\sin 2\,k\,\pi\,\zeta}{k} = \frac{\pi}{4}\;,$$

$$\sum_{1,3,5}^{\infty}{}_k \frac{\sin 2\,k\,\pi\,\zeta}{k^3} = \frac{\pi^3}{4}\,\zeta\,(1 - 2\,\zeta)\;, \qquad \left(0 \leq \zeta \leq \tfrac{1}{2}\right). \tag{474}$$

$$\sum_{1,3,5}^{\infty}{}_k \frac{\sin 2\,k\,\pi\,\zeta}{k^5} = \frac{\pi^5}{48}\,\zeta\,(1 - 2\,\zeta)\,[1 + 2\,\zeta\,(1 - 2\,\zeta)]\;.$$

Werden diese zusammen mit (466) in (473) berücksichtigt, so folgt mit $\zeta = \frac{z}{2\,l'}$

$$W = \frac{p\,(t)\,l'^4}{24\,E\,J}\frac{z}{l'}\left(1 - \frac{z}{l'}\right)\left[1 + \frac{z}{l'}\left(1 - \frac{z}{l'}\right)\right]\;, \quad M = \frac{p\,(t)\,l'^2}{2}\frac{z}{l'}\left(1 - \frac{z}{l'}\right)\;. \quad \left(\frac{T_e}{T_0}\text{ klein gegenüber } 1\right), \tag{475}$$

wie beim Rechnen nach der gewöhnlichen Balkentheorie.

Ist die Explosionsdauer klein im Vergleich zur Eigenschwingungsdauer, d. h. T_e/T_0 groß gegenüber 1, so kann in den Zählern und Nennern von (470) und (472) alles bis auf die letzten Glieder gestrichen werden und es verbleibt

$$W = \frac{8\,p_{\max}\,l'^4}{E\,J\,\pi^5}\frac{T_0}{T_e}\sum_{1,3,5}^{\infty}{}_k \frac{1}{k^3}\sin 2\,k\,\pi\,\zeta \sin k^2\cdot 2\,\pi\,\frac{t}{T_e}\;,$$

$$M = \frac{8\,p_{\max}\,l'^2}{\pi^3}\frac{T_0}{T_e}\sum_{1,3,5}^{\infty}{}_k \frac{1}{k}\sin 2\,k\,\pi\,\zeta \sin k^2\cdot 2\,\pi\,\frac{t}{T_e}\;. \qquad \left(\frac{T_e}{T_0}\text{ groß gegenüber } 1\right). \tag{476}$$

Für die größten Durchbiegungen bzw. Momente folgt für $t = \frac{T_e}{4}\,,\;\frac{3\,T_e}{4}\,,\;\frac{5\,T_e}{4}\,,\;\ldots$ und bei Beachtung von (474)

$$W_{\substack{\max\\\min}} = \pm\,\frac{p_{\max}\,l'^4}{E\,J\,\pi^2}\frac{T_0}{T_e}\frac{z}{l'}\left(1 - \frac{z}{l'}\right)\;, \qquad M_{\substack{\max\\\min}} = \pm\,\frac{2\,p_{\max}\,l'^2}{\pi^2}\frac{T_0}{T_e}\;. \qquad \left(\frac{T_e}{T_0}\text{ groß gegenüber } 1\right). \tag{477}$$

Aus (476) und (477) folgt das bemerkenswerte Ergebnis, daß für Explosionszeiten, die klein gegenüber der Eigenschwingungsdauer sind, die Durchbiegungen und Momente proportional mit T_0 nach Null gehen. Die Ausartung des Momentenverlaufs in eine Konstante, die für die Grenzlagen der größten Ausschläge nach (477) in Erscheinung tritt, läßt ihren wahren Charakter erst in Verbindung mit der örtlich periodischen Betrachtung dieses Problems erkennen, insbesondere in dem Umschlagen des Momentes an den Auflagern (Abb. 93).

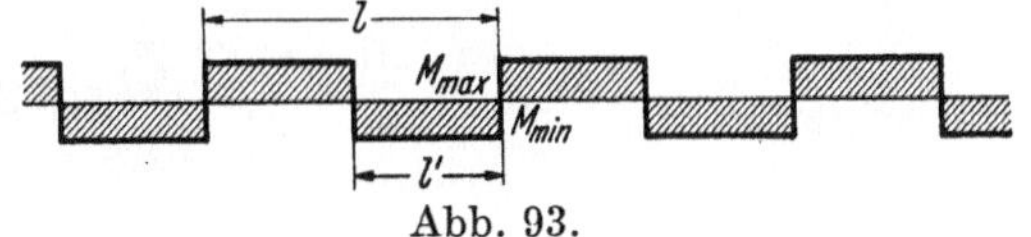

Abb. 93.

22. Balkenschwingungen unter periodischen Explosionsstößen.

Finden die Explosionsstöße in periodischer Folge statt, wie z. B. bei Verbrennungskraftmaschinen, Rüttlern oder Stampfern, so kann von einem Belastungsgesetz in der Form der FOURIER-Entwicklung

$$p(t) = p_1 \sin 2\pi \frac{t}{T_0} + p_2 \sin 4\pi \frac{t}{T_0} + p_3 \sin 6\pi \frac{t}{T_0} + \cdots + p_n \sin 2 n\pi \frac{t}{T_0} + \cdots = \sum_1^\infty p_n \sin 2 n\pi \frac{t}{T_0} \qquad (478)$$

ausgegangen werden. Hierbei sind die Beiwerte $p_1, p_2, p_3, \cdots p_n \cdots$ aus dem vorgegebenen Explosionsdiagramm (Abb. 94) nach den Methoden der FOURIER-Analyse gemäß Ziffer 1 zu bestimmen. Durch sinngemäße Anwendung von (377) folgt

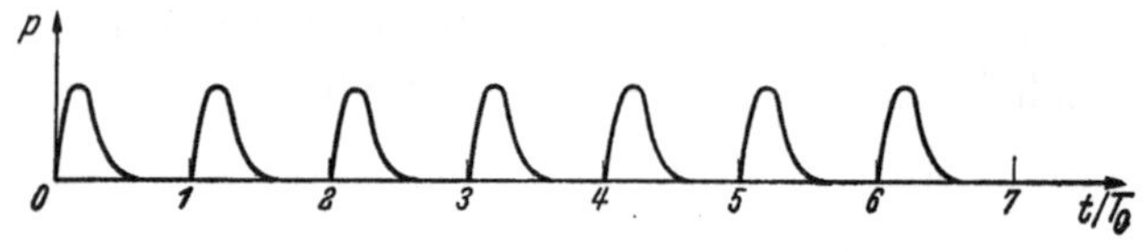

$$p_n = \frac{2}{T_0} \int_0^{T_0} p(t) \sin 2 n\pi \frac{t}{T_0}\, dt \,. \qquad (479)$$

Abb. 94.

In Abhängigkeit vom Ort ist die Belastungsverteilung die gleiche wie in Abb. 92.

Die Darstellung der zu (478) gehörigen Balkenschwingungen läßt sich mit den Entwicklungen der vorigen Ziffer leicht durchführen, wenn das trigonometrische Belastungsgesetz auf eine exponentielle Form umgeschrieben wird. Durch sinngemäße Anwendung der letzten der Gln (120) für imaginäre z-Werte folgt

$$p(t) = \sum_1^\infty p_n \sin 2 n\pi \frac{t}{T_0} = \sum_1^\infty \frac{p_n}{2i}\left[e^{2 n\pi \frac{t}{T_0} i} - e^{-2 n\pi \frac{t}{T_0} i} \right] \,. \qquad (480)$$

Vergleicht man eines der Summenglieder dieses Ansatzes mit (466), so lauten die Transformationsgleichungen

$$4\, p_{\max} \to \frac{p_n}{2i} \,, \qquad -\frac{2\pi t}{T_0} \to \frac{2 n\pi t}{T_0} i \,, \qquad -\frac{4\pi t}{T_0} \to -\frac{2 n\pi t}{T_0} i \,.$$

Wird der Rechnungsgang der vorigen Ziffer mit den transformierten Größen wiederholt, so erhält man an Stelle von (470)

$$W = \sum_1^\infty \frac{2 p_n\, l'^4}{E J \pi^5 i} \sum_{1,3,5}^\infty \sin 2 k\pi \zeta \cdot$$

$$\cdot \left[\frac{e^{\frac{2 n\pi t}{T_0} i} - \cos k^2 \cdot 2\pi \frac{t}{T_e} - \frac{ni}{k^2}\frac{T_e}{T_0} \sin k^2 \cdot 2\pi \frac{t}{T_e}}{k^5\left(1 - \frac{n^2}{k^4}\left(\frac{T_e}{T_0}\right)^2\right)} - \frac{e^{-\frac{2 n\pi t}{T_0} i} - \cos k^2 \cdot 2\pi \frac{t}{T_e} + \frac{ni}{k^2}\frac{T_e}{T_0} \sin k^2 \cdot 2\pi \frac{t}{T_e}}{k^5\left(1 - \frac{n^2}{k^4}\left(\frac{T_e}{T_0}\right)^2\right)} \right] \right\} \qquad (481)$$

Werden die komplexen Funktionen nach Real- und Imaginärteilen aufgespalten, so folgt nach entsprechender Zusammenfassung

$$W = \sum_1^\infty \frac{4 p_n\, l'^4}{E J \pi^5} \sum_{1,3,5}^\infty \sin 2 k\pi \zeta\, \frac{\sin \frac{2 n\pi t}{T_0} - \frac{n}{k^2}\frac{T_e}{T_0} \sin k^2 \cdot 2\pi \frac{t}{T_e}}{k^5\left(1 - \frac{n^2}{k^4}\left(\frac{T_e}{T_0}\right)^2\right)} \,. \qquad (482)$$

Nach (471) ergibt sich hieraus das Biegungsmoment

$$M = \sum_1^\infty \frac{4 p_n\, l'^2}{\pi^3} \sum_{1,3,5}^\infty \sin 2 k\pi \zeta\, \frac{\sin \frac{2 n\pi t}{T_0} - \frac{n}{k^2}\frac{T_e}{T_0} \sin k^2 \cdot 2\pi \frac{t}{T_e}}{k^3\left(1 - \frac{n^2}{k^4}\left(\frac{T_e}{T_0}\right)^2\right)} \,. \qquad (483)$$

ın ähnlichem Rechnungsgange wie in der vorigen Ziffer erhält man für sehr große und sehr kleine Γ_0-Werte

$$W = \frac{p\,(t)\,l'^4}{24\,E\,J}\,\frac{z}{l'}\left(1 - \frac{z}{l'}\right)\left[1 + \frac{z}{l'}\left(1 - \frac{z}{l'}\right)\right]\,, \quad M = \frac{p\,(t)\,l'^2}{2}\,\frac{z}{l'}\left(1 - \frac{z}{l'}\right)\cdot\quad\left(\frac{T_e}{T_0}\text{ klein gegenüber } 1\right) \quad (484)$$

ınd

$$W = \frac{4\,\sum\limits_{1}^{\infty}{}_n\,\dfrac{p_n}{n}\,l'^4}{E\,J\,\pi^5}\,\frac{T_0}{T_e}\sum\limits_{1,3,5}^{\infty}{}_k\,\frac{1}{k^3}\,\sin 2\,k\,\pi\,\zeta\,\sin k^2\cdot 2\,\pi\,\frac{t}{T_e}\,,$$

$$M = \frac{4\,\sum\limits_{1}^{\infty}{}_n\,\dfrac{p_n}{n}\,l'^2}{\pi^3}\,\frac{T_0}{T}\sum\limits_{1,3,5}^{\infty}{}_k\,\frac{1}{k}\,\sin 2\,k\,\pi\,\zeta\,\sin k^2\cdot 2\,\pi\,\frac{t}{T_e}\,. \qquad \left(\frac{T_e}{T_0}\text{ groß gegenüber } 1\right). \quad (485)$$

Ferner folgt für $t = \dfrac{T_e}{4}\,,\ \dfrac{3\,T_e}{4}\,,\ \dfrac{5\,T_e}{4}\,,\ \dots$

$$W_{\substack{\max\\\min}} = \pm\frac{\sum\limits_{1}^{\infty}{}_,\dfrac{p_n}{n}\,l'^4}{2\,E\,J\,\pi^2}\,\frac{T_0}{T_e}\,\frac{z}{l'}\left(1 - \frac{z}{l'}\right)\,, \qquad M_{\substack{\max\\\min}} = \pm\frac{\sum\limits_{1}^{\infty}{}_n\,\dfrac{p_n}{n}\,l'^2}{\pi^2}\,\frac{T_0}{T_e}\cdot \qquad \left(\frac{T_e}{T_0}\text{ groß gegenüber } 1\right). \quad (486)$$

Für diejenigen Explosionszeiten, für welche einer der Nenner in (482) und (483) verschwindet, werden Auslenkung und Biegungsmoment unendlich groß. Aus der Resonanzbedingung

$$1 - \frac{n^2}{k^4}\left(\frac{T_e}{T_0}\right)^2 = 0$$

folgen die Resonanzzeiten

$$T_0 = \frac{n}{k^2}\,T_e \qquad \text{für } n = 1\,,\,2\,,\,3\,,\,\dots\,, \qquad k = 1\,,\,2\,,\,3\,,\,\dots\,. \qquad \text{(Resonanz)}\,. \quad (487)$$

23. Balkenschwingungen unter örtlich eng begrenzten Schlagbeanspruchungen.
(Einzelschläge und periodische Schläge.)

Während in den beiden vorhergehenden Ziffern schlagartige Beanspruchungen betrachtet wurden, die gleichmäßig über den Balken verteilt waren, so sollen jetzt örtlich eng begrenzte, quasi singuläre Schlagwirkungen untersucht werden. Der zeitliche Verlauf der Stoßkraft kann ähnlich wie in Ziffer 21 und in Abb. 91 in der Form

$$P\,(t) = 4\,P_{\max}\left(e^{-\frac{2\,\pi\,t}{T_0}} - e^{-\frac{4\,\pi\,t}{T_0}}\right) \quad (488)$$

zugrunde gelegt werden, wobei T_0 sinngemäß die Schlagdauer bezeichnet. Die Eingliederung des Problems in den allgemeinen örtlich periodischen Rahmen verlangt wieder eine unendliche Folge antimetrischer Spiegelungen, womit sich das aus Abb. 95 ersichtliche Schwingungssystem ergibt.

Auf Grund der entwickelten Analogien zwischen den Biegungsschwingungsfeldern und den Temperaturfeldern und zwischen der Belastung und der Wärmeentwicklung braucht im vorliegenden Falle einer singulären Last nur an das Problem der singulären Wärmeentwicklung angeknüpft zu werden,

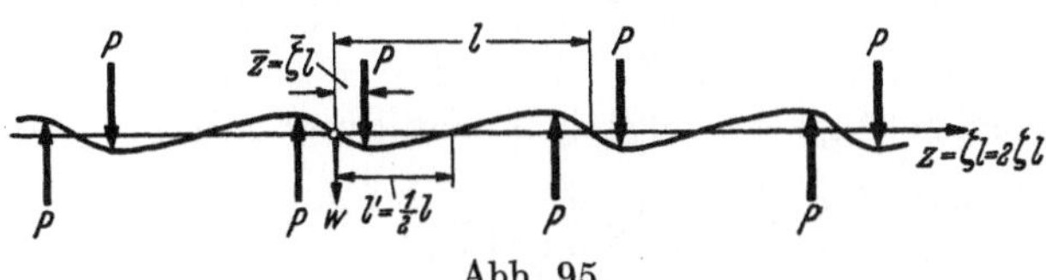

Abb. 95.

dessen Lösung im eindimensionalen Falle durch die dritte der Gln (412) gegeben ist. Verglichen mit der in Ziffer 20 zum Ausgangspunkt genommenen Gl. (429)[3] fällt im singulären

Falle die Integration nach $\bar{z}$ fort und Q tritt an Stelle von q. Für die Einzellast im Punkte $\bar{\zeta}$ tritt dahen an Stelle von (463)

$$W_1 = \frac{g}{\gamma F l} \Re_e \int_0^t \left[1 + 2 \sum_1^\infty{}_{\!k}\, e^{-k^2 \pi \mu_l (t-\bar{t})} \cos 2\,k\,\pi\,(\zeta - \bar{\zeta}) \right] \int_0^{\bar{t}} P\,dt\,d\bar{t}\ .$$

Für die zweite im Periodenfeld stehende Last ist $\bar{\zeta}$ durch $1 - \bar{\zeta}$ zu ersetzen und das Vorzeichen von P zu vertauschen. Man erhält daher

$$W_2 = \frac{-g}{\gamma F l} \Re_e \int_0^t \left[1 + 2 \sum_1^\infty{}_{\!k}\, e^{-k^2 \pi \mu_l (t-\bar{t})} \cos 2\,k\,\pi\,(\zeta + \bar{\zeta}) \right] \int_0^{\bar{t}} P\,dt\,d\bar{t}\ .$$

Die Überlagerung beider Teilzustände liefert

$$W = \frac{4\,g}{\gamma F l} \Re_e \int_0^t \sum_1^\infty{}_{\!k}\, e^{-k^2 \pi \mu_l (t-\bar{t})} \sin 2\,k\,\pi\,\zeta \sin 2\,k\,\pi\,\bar{\zeta} \int_0^{\bar{t}} P\,dt\,d\bar{t}\ .$$

Der weitere Rechnungsgang ist vollständig der gleiche wie in Ziffer 21. So ergibt sich

$$W = \frac{8\,P_{\max}\,l'^3}{E\,J\,\pi^4} \sum_1^\infty{}_{\!k} \sin 2\,k\,\pi\,\zeta \sin 2\,k\,\pi\,\bar{\zeta} \cdot$$

$$\cdot \left[\frac{e^{-\frac{2\pi t}{T_0}} - \cos k^2 \cdot 2\,\pi\,\frac{t}{T_e} + \frac{1}{k^2}\frac{T_e}{T_0}\sin k^2 \cdot 2\,\pi\,\frac{t}{T_e}}{k^4\left(1 + \frac{1}{k^4}\left(\frac{T_e}{T_0}\right)^2\right)} - \frac{e^{-\frac{4\pi t}{T_0}} - \cos k^2 \cdot 2\,\pi\,\frac{t}{T_e} + \frac{2}{k^2}\frac{T_e}{T_0}\sin k^2 \cdot 2\,\pi\,\frac{t}{T_e}}{k^4\left(1 + \frac{4}{k^4}\left(\frac{T_e}{T_0}\right)^2\right)} \right] \cdot \tag{489}$$

In Verbindung mit (471) folgt hieraus für das Biegungsmoment

$$M = \frac{8\,P_{\max}\,l'}{\pi^2} \sum_{1.}^\infty{}_{\!k} \sin 2\,k\,\pi\,\zeta \sin 2\,k\,\pi\,\bar{\zeta} \cdot$$

$$\cdot \left[\frac{e^{-\frac{2\pi t}{T_0}} - \cos k^2 \cdot 2\,\pi\,\frac{t}{T_e} + \frac{1}{k^2}\frac{T_e}{T_0}\sin k^2 \cdot 2\,\pi\,\frac{t}{T_e}}{k^4\left(1 + \frac{1}{k^4}\left(\frac{T_e}{T_0}\right)^2\right)} - \frac{e^{-\frac{4\pi t}{T_0}} - \cos k^2 \cdot 2\,\pi\,\frac{t}{T_e} + \frac{2}{k^2}\frac{T_e}{T_0}\sin k^2 \cdot 2\,\pi\,\frac{t}{T_e}}{k^4\left(1 + \frac{4}{k^4}\left(\frac{T_e}{T_0}\right)^2\right)} \right] \cdot \tag{490}$$

Ist die Kenngröße T_e/T_0 klein gegenüber 1, so können in den eckigen Klammern von (489) und (490) die gleichen Vernachlässigungen wie in Ziffer 21 vorgenommen werden. Werden ferner die FOURIER-Entwicklungen

$$\sum_1^\infty{}_{\!k} \frac{\sin 2\,k\,\pi\,\zeta \sin 2\,k\,\pi\,\bar{\zeta}}{k^4} = \begin{cases} \dfrac{2\,\pi^4}{3}\,\zeta\,(1 - 2\,\bar{\zeta})\,(\bar{\zeta} - \bar{\zeta}^2 - \zeta^2) & \text{für} \quad 0 \leq \zeta \leq \bar{\zeta} \\[2mm] \dfrac{2\,\pi^4}{3}\,\bar{\zeta}\,(1 - 2\,\zeta)\,(\zeta - \zeta^2 - \bar{\zeta}^2) & \text{für} \quad \bar{\zeta} \leq \zeta \leq \tfrac{1}{2} \end{cases}$$

$$\sum_1^\infty{}_{\!k} \frac{\sin 2\,k\,\pi\,\zeta \sin 2\,k\,\pi\,\bar{\zeta}}{k^2} = \begin{cases} \pi^2\,\zeta\,(1 - 2\,\bar{\zeta}) & \text{für} \quad 0 \leq \zeta \leq \bar{\zeta} \\[2mm] \pi^2\,\bar{\zeta}\,(1 - 2\,\zeta) & \text{für} \quad \bar{\zeta} \leq \zeta \leq \tfrac{1}{2} \end{cases} \tag{491}$$

berücksichtigt, so folgt in Verbindung mit (488) und mit $\zeta = \dfrac{z}{l} = \dfrac{z}{2\,l'}$

$$\left. \begin{aligned} W &= \frac{P(t)\,l'^3}{6\,E\,J}\,\frac{z}{l'}\left(1 - \frac{\bar{z}}{l'}\right)\left[2\,\frac{\bar{z}}{l'} - \left(\frac{\bar{z}}{l'}\right)^2 - \left(\frac{z}{l}\right)^2\right], \quad M = P(t)\,z\left(1 - \frac{\bar{z}}{l'}\right) \quad \text{für} \quad 0 \leq z \leq \bar{z}\ , \\ W &= \frac{P(t)\,l'^3}{6\,E\,J}\,\frac{\bar{z}}{l'}\left(1 - \frac{z}{l'}\right)\left[2\,\frac{z}{l'} - \left(\frac{z}{l'}\right)^2 - \left(\frac{\bar{z}}{l}\right)^2\right], \quad M = P(t)\,\bar{z}\left(1 - \frac{z}{l'}\right) \quad \text{für} \quad \bar{z} \leq z \leq l'\ , \end{aligned} \right\} \ \ \frac{T_e}{T_0} \ll 1, \tag{492}$$

wie in der gewöhnlichen Balkentheorie.

Ist die Kenngröße T_e/T_0 groß gegenüber 1, so erhält man mit den gleichen Unterdrückungen wie in Ziffer 21

$$\left.\begin{aligned}W &= \frac{4\,P_{\max}\,l'^3}{E\,J\,\pi^4}\frac{T_0}{T_e}\sum_{1}^{\infty}{}_k\frac{1}{k^2}\sin 2\,k\,\pi\,\zeta\,\sin 2\,k\,\pi\,\overline{\zeta}\,\sin k^2\cdot 2\,\pi\,\frac{t}{T_e}\ ,\\[2mm] M &= \frac{4\,P_{\max}\,l'}{\pi^2}\frac{T_0}{T_e}\sum_{1}^{\infty}{}_k\sin 2\,k\,\pi\,\zeta\,\sin 2\,k\,\pi\,\overline{\zeta}\,\sin k^2\cdot 2\,\pi\,\frac{t}{T_e}\ .\end{aligned}\right\}\quad \frac{T_e}{T_0}\gg 1\ .\qquad(493)$$

Für die größten Schwingungsausschläge, die sich wieder in den Zeitpunkten $t=\dfrac{T_e}{4},\dfrac{3\,T_e}{4},\dfrac{5\,T_e}{4},\cdots$ ergeben, folgt

$$\left.\begin{aligned}W_{\substack{\max\\\min}} &= \pm\frac{4\,P_{\max}\,l'^3}{E\,J\,\pi^4}\frac{T_0}{T_e}\sum_{1}^{\infty}{}_k\frac{1}{k^2}\sin 2\,k\,\pi\,\zeta\,\sin 2\,k\,\pi\,\overline{\zeta}\ ,\\[2mm] M_{\substack{\max\\\min}} &= \pm\frac{4\,P_{\max}\,l'}{\pi^2}\frac{T_0}{T_e}\sum_{1}^{\infty}{}_k\sin 2\,k\,\pi\,\zeta\,\sin 2\,k\,\pi\,\overline{\zeta}\ .\end{aligned}\right\}\quad \frac{T_e}{T_0}\gg 1\ .\qquad(494)$$

Die FOURIER-Summe für $W_{\substack{\max\\\min}}$ liefert die zweite der Gln (491), während diejenige für $M_{\substack{\max\\\min}}$ sich als Differenz der FOURIER-Entwicklungen

$$\sum_{1}^{\infty}{}_k\sin 2\,k\,\pi\,\zeta\,\sin 2\,k\,\pi\,\overline{\zeta}=\frac{1}{4}\left[1+2\sum_{1}^{\infty}{}_k\cos 2\,k\,\pi\,(\zeta-\overline{\zeta})\right]-\frac{1}{4}\left[1+2\sum_{1}^{\infty}{}_k\cos 2\,k\,\pi\,(\zeta-(1-\overline{\zeta}))\right]\quad(495)$$

darstellen läßt, wie man durch Zusammenfassen sofort erkennt. Nach (380) stellt das erste Glied eine singuläre Einzelwirkung an der Stelle $\overline{\zeta}$ von der Größe

$$\frac{l}{4\,W}\lim_{\varDelta z\to 0}\frac{W}{\varDelta z}=\frac{1}{4}\lim_{\varDelta\varsigma\to 0}\frac{1}{\varDelta\zeta}=\infty\ ,$$

das zweite eine ebensolche an der Stelle $1-\zeta$ dar. Damit läßt sich (494) auch in der Form

$$\left.\begin{aligned}W_{\substack{\max\\\min}} &= \pm\frac{2\,P_{\max}\,l'^3}{E\,J\,\pi^2}\frac{T_0}{T_e}\frac{z}{l'}\left(1-\frac{z}{l'}\right)\quad\text{für}\quad 0\leq z\leq\overline{z},\quad M_{\substack{\max\\\min}}=0\quad\text{für}\quad z\neq\overline{z}\quad \frac{T_e}{T_0}\gg 1\\[2mm] W_{\substack{\max\\\min}} &= \pm\frac{2\,P_{\max}\,l'^3}{E\,J\,\pi^2}\frac{T_0}{T_e}\frac{\overline{z}}{l'}\left(1-\frac{z}{l'}\right)\quad\text{für}\quad \overline{z}\leq z\leq l',\quad M_{\substack{\max\\\min}}=\pm\frac{P_{\max}\,l'}{\pi^2}\frac{T_0}{T_e}\lim_{\varDelta\varsigma\to 0}\frac{1}{\varDelta\zeta}\quad\text{für}\quad z=\overline{z},\end{aligned}\right\}\quad(496)$$

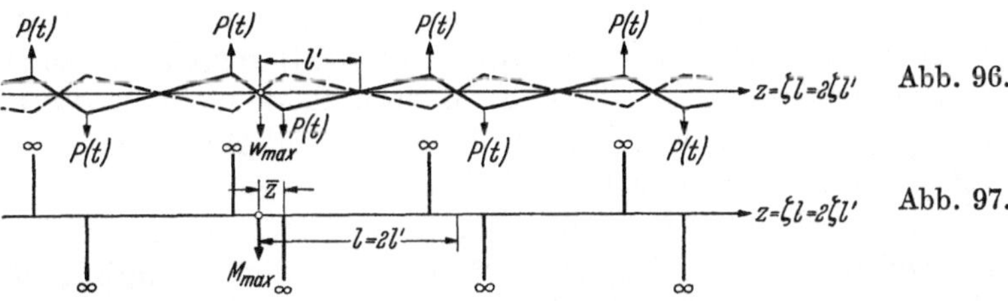

darstellen. Sie zeigt, daß die Biegelinie des Balkens ein Dreieck mit der Spitze unter der Last ist, während die Momentenlinie überall null ist, die Laststelle ausgenommen, an der sie unendlich groß wird. Der Verlauf von $W_{\substack{\max\\\min}}$ und $M_{\substack{\max\\\min}}$ wird besonders anschaulich, wenn er im Rahmen des örtlich periodischen Systems betrachtet wird (Abb. 96 und Abb. 97).

Ist die örtlich eng begrenzte Schlagbeanspruchung periodisch, etwa in der Form

$$P(t)=\sum_{1}^{\infty}{}_n P_n\sin 2\,n\,\pi\,\frac{t}{T}\qquad\text{mit}\qquad P_n=\frac{2}{T_0}\int_{0}^{T_0}P(t)\sin 2\,n\,\pi\,\frac{t}{T_0}\,dt\ ,\qquad(497)$$

so gelangt man in völlig analogem Rechnungsgange zu Ziffer 22 aus den vorstehend entwickelten Formeln über das Komplexe zu den nachfolgenden Ergebnissen.

$$
\left.
\begin{aligned}
W &= \sum_{1}^{\infty}{}_{n} \frac{2\,P_n\,l'^3}{E\,J\,\pi^4} \sum_{1}^{\infty}{}_{k} \sin 2\,k\,\pi\,\zeta \, \sin 2\,k\,\pi\,\overline{\zeta} \; \frac{\sin 2\,n\,\pi\,\dfrac{t}{T_0} - \dfrac{n}{k^2}\dfrac{T_e}{T_0}\sin k^2 \cdot 2\,\pi\,\dfrac{t}{T_e}}{k^4\left[1 - \dfrac{n^2}{k^4}\left(\dfrac{T_e}{T_0}\right)^2\right]}\,, \\[4ex]
M &= \sum_{1}^{\infty}{}_{n} \frac{2\,P_n\,l'}{\pi^2} \sum_{1}^{\infty}{}_{k} \sin 2\,k\,\pi\,\zeta \, \sin 2\,k\,\pi\,\overline{\zeta} \; \frac{\sin 2\,n\,\pi\,\dfrac{t}{T_0} - \dfrac{n}{k^2}\dfrac{T_e}{T_0}\sin k^2 \cdot 2\,\pi\,\dfrac{t}{T_e}}{k^4\left[1 - \dfrac{n^2}{k^4}\left(\dfrac{T_e}{T_0}\right)^2\right]}\,,
\end{aligned}
\right\}
\tag{498}
$$

mit den Resonanzlagen

$$
T_0 = \frac{n}{m^2}\,T_e \quad \text{für} \quad n = 1,\,2,\,3,\,\ldots \quad \text{und} \quad m = 1,\,2,\,3\ldots. \quad (\text{Resonanz})\,. \tag{499}
$$

Für kleine und große Schlagdauern lassen sich aus (498) wieder Sonderformeln entwickeln. Diese stimmen für $T_e/T_0 \ll 1$ vollständig mit (492) überein. Im Falle $T_e/T_0 \gg 1$ ist in (493) bis (496)

$$
p_{\max} = \frac{1}{2}\sum_{1}^{\infty}{}_{n} \frac{p_n}{n} \tag{500}
$$

zu setzen.

24. Balken unter hochfrequenten Stoßbeanspruchungen.

Die Untersuchungen in Ziffer 23 erlauben einen tiefen Einblick in die Auswirkung hochfrequenter Stoßbeanspruchungen, d. h. von Stoßbeanspruchungen, deren Frequenz beträchtlich höher liegt als die Eigenfrequenz der Grundschwingung des Systems. Die Einführung solcher hochfrequenter Stoßbeanspruchungen in der Technik hat teilweise geradezu revolutionierende Folgen gehabt, so z. B. in der Betontechnik, wo durch die Anwendung von Hochfrequenz-Innenrüttlern mit 8000 Schwingungen pro Minute und mehr bei gleicher Zementdosierung Festigkeitssteigerungen bis auf das Doppelte erzielt werden konnten. Sande verhalten sich unter hochfrequenten Stoßbeanspruchungen praktisch wie Flüssigkeiten. Andere durchschlagende Auswirkungen hochfrequenter Stoßbeanspruchungen sind auf dem Gebiete der Reibung festgestellt worden, die dadurch beträchtlich herabgesetzt werden kann.

Die Gln (493) bis (496) zeigen die Auswirkung eines sehr kurzzeitigen singulären Stoßes auf einen freigelagerten Balken und in Verbindung mit (500) zeigen sie gleichzeitig die Auswirkung einer hochfrequenten Stoßfolge. Nach Abb. 96 verhält sich ein in dieser Weise beanspruchter Balken wie ein gespanntes Seil, was bei der Biegungssteifigkeit dieses Systems notwendig dazu führen muß, daß an den Laststellen unendlich große Biegungsmomente auftreten (Abb. 97).

Eine singuläre Stoßwirkung, wie sie in Abb. 95 zugrunde gelegt wurde, ist praktisch natürlich nicht realisierbar und die unendlich großen Momente treten deshalb auch niemals auf. Aber es verdient bemerkt zu werden, daß es in der Balkentheorie allgemein üblich ist, mit Einzellasten zu rechnen. Dieses Verfahren ist also im Falle hochfrequenter Stoßbelastungen nicht mehr anwendbar.

Nach (496) und Abb. 96 ist die Biegelinie für den größten Ausschlag ein Seileck mit der Spitze unter der Last. Ist H der Horizontalschub des Seiles, so liefert die Seilstatik für die Belastung von Abb. 96

$$
\left.
\begin{aligned}
W &= \frac{P_{\max}}{H}\,z\left(1 - \frac{\overline{z}}{l'}\right) \quad \text{für} \quad 0 \leq z \leq \overline{z}\,, \\[2ex]
W &= \frac{P_{\max}}{H}\,\overline{z}\left(1 - \frac{z}{l'}\right) \quad \text{für} \quad \overline{z} \leq z \leq l'\,.
\end{aligned}
\right\}
\quad (\text{Seil unter Einzellast})\,. \tag{501}
$$

Der Vergleich von (501) mit (496) liefert

$$H = \frac{E J \pi^2}{2 \, l'^2} \frac{T_e}{T_0} \cdot \qquad\qquad \left(\frac{T_e}{T_0} \gg 1\right). \qquad (502)$$

Mit Hilfe von (502) können die Ergebnisse der Seiltheorie unmittelbar auf die hochfrequenten Stoßschwingungen übertragen werden. (Bezüglich der Seiltheorie vgl. z.B. F. Tölke, Baustatik, Heidelberg 1949.)

Wird eine örtlich verteilte Stoßbelastung betrachtet, so tritt an Stelle von $P_{\max}$ jetzt $p_{\max}(\bar{z})$ (Abb. 98). Hierfür liefert die Seiltheorie

$$W = \left(1 - \frac{z}{l'}\right)\frac{l'}{H}\int\limits_0^z p_{\max}(\bar{z})\,\frac{\bar{z}}{l'}\,d\bar{z} + \frac{z}{l'}\frac{l'}{H}\int\limits_z^{l'} p_{\max}(\bar{z})\left(1 - \frac{\bar{z}}{l}\right)d\bar{z}$$

oder, wenn H gemäß (502) eingesetzt wird,

$$W = \frac{2\,l'^3}{E J \pi^2}\left[\left(1 - \frac{z}{l'}\right)\int\limits_0^z p_{\max}(\bar{z})\,\frac{\bar{z}}{l'}\,d\bar{z} + \frac{z}{l'}\int\limits_z^{l'} p_{\max}(\bar{z})\left(1 - \frac{\bar{z}}{l'}\right)d\bar{z}\right]. \qquad \left(\frac{T_e}{T_0} \gg 1\right). \qquad (503)$$

Nach der Seiltheorie besteht zwischen Durchbiegung und Belastung die Differentialgleichung

$$\frac{d^2 W}{dz^2} = -\frac{p_{\max}}{H} = -p_{\max}\frac{2\,l'^2}{E J \pi^2}\frac{T_0}{T_e} \cdot \qquad (504)$$

Andererseits liefert (471)

$$\frac{d^2 W}{dz^2} = -\frac{M_{\max}}{E J} \cdot \qquad (505)$$

Aus der Gleichsetzung folgt

$$M_{\max} = \frac{2\,p_{\max}\,l'^2}{\pi^2}\frac{T_0}{T_e} \cdot \qquad\qquad \left(\frac{T_e}{T_0} \gg 1\right). \qquad (506)$$

Dieses wichtige Ergebnis hätte man formal auch unmittelbar aus der letzten der Gln (496) ablesen können, indem $P_{\max}$ gemäß

$$P_{\max} = p_{\max}\,dz = 2\,l'\,p_{\max}\,d\zeta = 2\,l'\,p_{\max}\lim_{\Delta\zeta\to 0}\Delta\zeta \qquad (507)$$

eingesetzt worden wäre.

Ableitungsgemäß entsprach Gl. (506) dem Fall eines einmaligen kurzzeitigen Stoßes von der Maximalintensität $p_{\max}(z)$. Handelt es sich nun um eine periodische Stoßbelastung, deren zeitlicher Verlauf durch (497) gegeben ist, so erhält man durch Einführen von (500) in (506)

$$M_{\max} = \frac{\sum\limits_n^\infty \dfrac{p_n}{n}\,l'^2}{\pi^2}\frac{T_0}{T_e} \cdot \qquad\qquad \left(\frac{T_e}{T_0} \gg 1\right). \qquad (508)$$

Nach (506) und (508) ist das Biegungsmoment aus einer hochfrequenten Stoßbeanspruchung der örtlichen maximalen Belastungsintensität direkt und dem Frequenzverhältnis $\dfrac{\omega_0}{\omega_e} = \dfrac{T_e}{T_0}$ umgekehrt proportional. Bei hochfrequenten Stoßbeanspruchungen sind also im Gegensatz zu normalen Biegungsbeanspruchungen Lastkonzentrierungen besonders gefährlich. Andererseits lassen sich auch sehr große Belastungen festigkeitsmäßig spielend meistern, wenn nur die Frequenz entsprechend hoch ist.

Da es bei einer hochfrequenten Stoßbeanspruchung nur auf die örtliche maximale Belastungsintensität ankommt, müssen die Formeln (506) und (508) mit denen einer gleichmäßig verteilten Belastung formal übereinstimmen. Wie der Vergleich von (506) mit (477) und von (508) mit (486) zeigt, ist dies auch der Fall.

Beispiel 39. Ein 5,0 m langer Doppel-T-Träger NP 30 aus Stahl ($\gamma = 0{,}00765$ kg/cm³, $F = 69{,}1$ cm², $J = 9800$ cm⁴, $W = 653$ cm³, $E = 2\,100\,000$ kg/cm²) steht unter einer gleichmäßig verteilten Stoßbelastung, deren zeitlicher Verlauf gemäß (478) harmonisch analysiert ist und die Druckamplituden $p_1 = 50$ kg/cm², $p_2 = 10$ kg/cm², $p_3 = 2$ kg/cm², $p_4 = p_5 = \cdots = 0$ sowie die Schwingungsdauer $T_0 = {}^1/_{300}$ s aufweist. Wie groß ist das Maximalmoment und wie groß ist die maximale Wechselbeanspruchung, die nach der Formel $\sigma = M_{\max}/W$ zu berechnen ist ($W =$ Widerstandsmoment)?

Es muß zunächst die Eigenschwingungsdauer T_e berechnet werden. Nach (469) und (454) folgt mit $l = 2l'$ und $l' = 500$ cm

$$T_e = \frac{2\pi}{\omega_l} = \frac{l^2}{2\pi}\sqrt{\frac{\gamma F}{g\,E\,J}} = \frac{2\,l'^2}{\pi}\sqrt{\frac{\gamma F}{g\,E\,J}} = \frac{2\cdot 500^2}{\pi}\sqrt{\frac{0{,}00765\cdot 69{,}1}{981\cdot 2\,100\,000\cdot 9800}} = 0{,}0257\ \text{s}\ .$$

Damit ergibt sich $\dfrac{T_0}{T_e} = \dfrac{1}{300\cdot 0{,}0257} = \dfrac{1}{7{,}71} = 0{,}130$. Für den zugehörigen $\dfrac{T_e}{T_0}$-Wert von $7{,}71$ können die Voraussetzungen für die Anwendung von (508) als gegeben angesehen werden. Somit erhält man

$$M_{\max} = \frac{\left(\frac{50}{1} + \frac{10}{2} + \frac{2}{3}\right)500^2}{\pi^2}\cdot 0{,}130 = 183\,000\ \text{cmkg}\ .$$

Hieraus errechnet sich eine Wechselbeanspruchung von

$$\sigma = \frac{183\,000}{653} = 280\ \text{kg/cm}^2\ .$$

25. Biegeschwingungszustand des Balkens unter wandernder Last.

Es sollen nun Biegungsschwingungen unter wandernden Einzellasten betrachtet werden, die bei den Schwingungen von Brücken und Kranen eine große Rolle spielen. Entsprechend dem Superpositionsgesetz kann die Betrachtung hier auf eine einzige Last beschränkt werden, die mit der konstanten Geschwindigkeit v vom einen Auflager aus über den Träger rollen möge. Wie die Belastungsanordnung von Abb. 99 erkennen läßt, kann der schwingende Einzelbalken nach dem Prinzip der antimetrischen Spiegelung so fortgesetzt werden, daß ein örtlich periodisches System

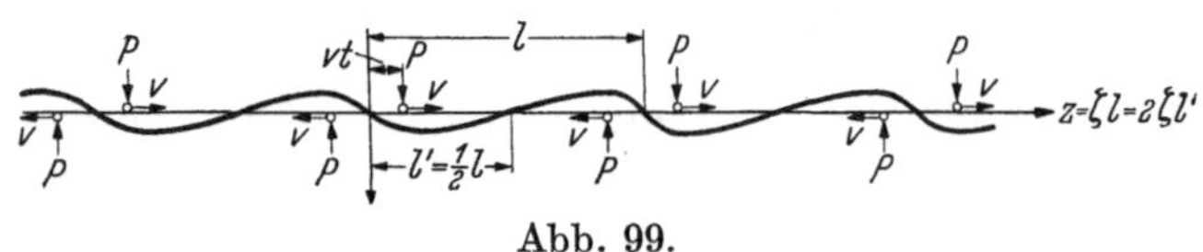

Abb. 99.

entsteht. Im Periodenfelde von der Länge $l = 2\,l'$ stehen dann jeweils zwei Einzellasten, eine an der Stelle $\bar{z} = v\bar{t}$ und eine an der Stelle $\bar{z} = l - v\bar{t}$. Dieser Schwingungsfall unterscheidet sich von dem in Ziffer 23 betrachteten nur dadurch, daß in W_1 und W_2 die singuläre Abszisse $\bar{\zeta}$ durch

$$\overline{\zeta} = \frac{\bar{z}}{l} = \frac{v\,t}{l}$$

zu ersetzen ist. Außerdem ist hier P keine Funktion von t, sondern eine Konstante. Damit erhält man, zunächst getrennt für die beiden Einzellasten des Periodenfeldes,

$$W_1 = \frac{g}{\gamma F l}\,\Re_e \int_0^t \left[1 + 2\sum_1^\infty{}^k e^{-k^2\pi\mu_l\,(t-\bar{t})}\cos 2\,k\,\pi\left(\zeta - \frac{v\bar{t}}{l}\right)\right] P\int_0^{\bar{t}} dt\,d\bar{t}\ ,$$

$$W_2 = \frac{-g}{\gamma F l}\,\Re_e \int_0^t \left[1 + 2\sum_1^\infty{}^k e^{-k^2\pi\mu_l\,(t-\bar{t})}\cos 2\,k\,\pi\left(\zeta + \frac{v\bar{t}}{l}\right)\right] P\int_0^{\bar{t}} dt\,d\bar{t}\ ,$$

und dann nach dem Superpositionsgesetze überlagert

$$W = \frac{4g}{\gamma F l}\,\Re_e \int_0^t \left[\sum_1^\infty{}^k e^{-k^2\pi\mu_l\,(t-\bar{t})}\sin 2\,k\pi\,\zeta\,\sin 2k\pi\,\frac{v\bar{t}}{l}\right] P\bar{t}\,d\bar{t} = \frac{4g\,P}{\gamma F l}\sum_1^\infty{}^k \sin 2\,k\pi\,\zeta \int_0^t \left[\cos k^2\pi\mu_l\,(t-\bar{t})\sin 2\,k\pi\frac{v\bar{t}}{l}\right]\bar{t}\,d\bar{t}\ .$$

Bei Heranziehung des Additionstheorems der trigonometrischen Funktionen folgt

$$W = \frac{2\,P\,g}{l\,\gamma\,F} \sum_1^\infty k \, \sin 2\,k\,\pi\,\zeta \int_0^t \left[\sin\left(k^2\,\omega_l\,t + \left(2\,k\,\pi\,\frac{v}{l} - k^2\,\omega_l\right)\bar t\right) - \sin\left(k^2\,\omega_l\,t - \left(2\,k\,\pi\,\frac{v}{l} + k^2\,\omega_l\right)\bar t\right)\right]\bar t\,d\bar t$$

oder integriert

$$W = \frac{2\,P\,g}{l\,\gamma\,F} \sum_1^\infty k\,\sin 2\,k\,\pi\,\zeta\cdot$$

$$\cdot\left[\sin k^2\,\omega_l\,t\left[\frac{t\sin\left(2\,k\,\pi\,\frac{v}{l}-k^2\,\omega_l\right)t}{2\,k\,\pi\,\frac{v}{l}-k^2\,\omega_l} - \frac{1-\cos\left(2\,k\,\pi\,\frac{v}{l}-k^2\,\omega_l\right)t}{\left(2\,k\,\pi\,\frac{v}{l}-k^2\,\omega_l\right)^2} - \frac{t\sin\left(2\,k\,\pi\,\frac{v}{l}+k^2\,\omega_l\right)t}{2\,k\,\pi\,\frac{v}{l}+k^2\,\omega_l} + \frac{1-\cos\left(2\,k\,\pi\,\frac{v}{l}+k^2\,\omega_l\right)t}{\left(2\,k\,\pi\,\frac{v}{l}+k^2\,\omega_l\right)^2}\right] + \right.$$

$$\left. + \cos k^2\,\omega_l\,t\left[-\frac{t\cos\left(2\,k\,\pi\,\frac{v}{l}-k^2\,\omega_l\right)t}{2\,k\,\pi\,\frac{v}{l}-k^2\,\omega_l} + \frac{\sin\left(2\,k\,\pi\,\frac{v}{l}-k^2\,\omega_l\right)t}{\left(2\,k\,\pi\,\frac{v}{l}-k^2\,\omega_l\right)^2} - \frac{t\cos\left(2\,k\,\pi\,\frac{v}{l}+k^2\,\omega_l\right)t}{2\,k\,\pi\,\frac{v}{l}+k^2\,\omega_l} + \frac{\sin\left(2\,k\,\pi\,\frac{v}{l}+k^2\,\omega_l\right)t}{\left(2\,k\,\pi\,\frac{v}{l}+k^2\,\omega_l\right)^2}\right]\right]\cdot$$

Diese Formel läßt sich nach Ausmultiplizieren noch zusammenfassen zu

$$W = \frac{2\,P\,g}{l\,\gamma\,F} \sum_1^\infty k\,\sin 2\,k\,\pi\,\zeta\left[-\frac{t\cos 2\,k\,\pi\,\frac{v}{l}\,t}{2\,k\,\pi\,\frac{v}{l}-k^2\,\omega_l} + \frac{\sin 2\,k\,\pi\,\frac{v}{l}\,t - \sin k^2\,\omega_l\,t}{\left(2\,k\,\pi\,\frac{v}{l}-k^2\,\omega_l\right)^2} - \frac{t\cos 2\,k\,\pi\,\frac{v}{l}\,t}{2\,k\,\pi\,\frac{v}{l}+k^2\,\omega_l} + \frac{\sin 2\,k\,\pi\,\frac{v}{l}\,t + \sin k^2\,\omega_l\,t}{\left(2\,k\,\pi\,\frac{v}{l}+k^2\,\omega_l\right)^2}\right] \quad (509)$$

oder auch in der Form

$$W = \frac{2\,P\,g}{l\,\gamma\,F} \sum_1^\infty k\,\sin 2\,k\,\pi\,\zeta\left[-\frac{4\,k\,\pi\,\frac{v}{l}\,t\cos 2\,k\,\pi\,\frac{v}{l}\,t}{4\,k^2\,\pi^2\,\frac{v^2}{l^2} - k^4\,\omega_l^2} + \frac{\sin 2\,k\,\pi\,\frac{v}{l}\,t - \sin k^2\,\omega_l\,t}{\left(2\,k\,\pi\,\frac{v}{l}-k^2\,\omega_l\right)^2} + \frac{\sin 2\,k\,\pi\,\frac{v}{l}\,t + \sin k^2\,\omega_l\,t}{\left(2\,k\,\pi\,\frac{v}{l}+k^2\,\omega_l\right)^2}\right] \quad (510)$$

schreiben.

Aus (509) oder (510) folgt die Existenz einer kritischen Fahrzeuggeschwindigkeit, d. h. einer Geschwindigkeit v, für welche die Durchbiegungen über alle Grenzen wachsen. Für diesen Resonanzfall ergibt sich durch Nullsetzen des ersten Nenners in (509) in Verbindung mit (454)

$$v = \frac{k\,l\,\omega_l}{2\,\pi} = \frac{2\,\pi\,k}{l}\sqrt{\frac{g\,E\,J}{\gamma\,F}} = \frac{\pi\,k}{l'}\sqrt{\frac{g\,E\,J}{\gamma\,F}} \qquad (k = 1, 2, 3, \ldots)\,. \qquad (511)$$

Drittes Kapitel.

Stoßerscheinungen in hydraulischen Leitungen.

26. Die hydraulischen Stöße in Rohrleitungen.

Fließt durch eine Rohrleitung vom Querschnitt F eine zeitlich veränderliche Flüssigkeitsmenge Q in m³/s und bezeichnet H die dann zeitlich ebenfalls veränderliche Energiehöhenfunktion

$$H = \frac{p}{\gamma} - y + \frac{c^2}{2\,g}\,, \qquad (512)$$

in der p den örtlich und zeitlich veränderlichen Flüssigkeitsdruck, $c = \frac{Q}{F}$ die örtlich und zeitlich veränderliche Fließgeschwindigkeit, y die auf einen festen Ausgangshorizont bezogene örtlich veränderliche Rohrleitungsordinate und γ das spezifische Flüssigkeitsgewicht bezeichnen, so sind Q und H durch das folgende lineare, partielle, simultane Gleichungssystem miteinander verbunden:

$$\frac{\partial H}{\partial s} + \frac{1}{g\,F}\frac{\partial Q}{\partial t} = 0\,, \qquad \frac{\partial Q}{\partial s} + \frac{g\,F}{a^2}\frac{\partial H}{\partial t} = 0\,. \qquad (513)$$

Hierin stellt s die Bogenlänge längs der Rohrleitung und a die Schallgeschwindigkeit

$$a = \sqrt{\dfrac{\dfrac{g}{\gamma}\,E_{\mathrm{fl}}}{1 + \dfrac{E_{\mathrm{fl}}}{E_{\mathrm{Rohr}}}\dfrac{D}{h}}} \qquad (514)$$

dar, die nach (514) außer von $\dfrac{g}{\gamma}E_{\mathrm{fl}}$ noch vom Verhältnis des Elastizitätsmoduls der Flüssigkeit und des Rohres und vom Verhältnis von Rohrdurchmesser D und Rohrwandstärke h abhängt.

Wird die zweite der Differentialgleichungen (513) partiell nach s differenziert, die erste mit $-\dfrac{g\,F}{a^2}$ multipliziert und dann partiell nach t differenziert, so folgt durch Addition der so entstehenden Differentialgleichungen

$$\frac{\partial^2 Q}{\partial s^2} - \frac{1}{a^2}\frac{\partial^2 Q}{\partial t^2} = 0 \ . \qquad (515)$$

Auf ähnlichem Wege erhält man für H

$$\frac{\partial^2 H}{\partial s^2} - \frac{1}{a^2}\frac{\partial^2 H}{\partial t^2} = 0 \ , \qquad (516)$$

d. h. Wassermenge und Energiehöhe genügen ein und derselben partiellen Differentialgleichung zweiter Ordnung.

27. Der Stoß beim momentanen Absperren des Durchflusses. (Joukowski-Stoß.)

Wird in einer Rohrleitung, z. B. in einer solchen zwischen zwei Ausgleichbehältern gemäß Abb. 100, der Rohrschieber am unteren Ausgleichbehälter momentan geschlossen, so entsteht der größte in einer Rohrleitung mögliche Stoß der sogenannte Joukowski-Stoß. Die Wassermengen-

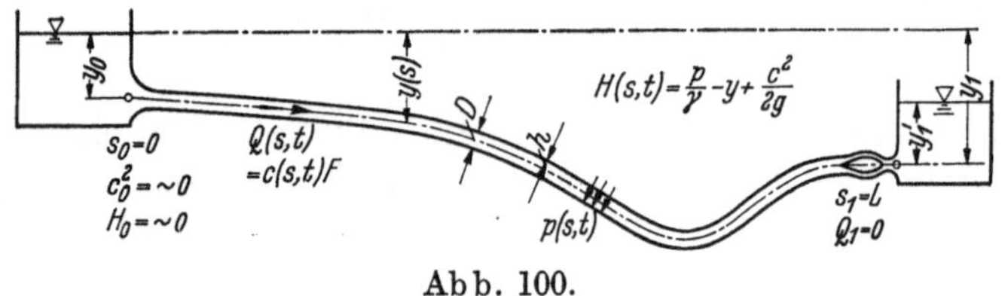

Abb. 100.

und Energiehöhen-Pulsation bei diesem Vorgang ist eine der bemerkenswertesten und lehrreichsten Erscheinungen zum Verständnis der hydraulischen Stöße.

Bevor auf die Integration der Gln (531) im vorliegenden Falle eingegangen werden kann, müssen zunächst die Rand- und Anfangsbedingungen geklärt werden. Am oberen Behälter, in welchem die Strömung beginnt, kann die Wasserspiegelschwankung während des Stoßvorganges im allgemeinen vernachlässigt, d. h. p_0 konstant zugrunde gelegt werden. Die Einlauftrompete wird aus strömungstechnischen Gründen so groß gewählt, daß die Einlaufgeschwindigkeit c_0 klein wird und damit c_0^2 als vernachlässigbar klein angesehen werden kann. Damit wird die Energiehöhenfunktion H an der Stelle $s = 0$ während des ganzen Zeitablaufes konstant. Wird auch noch der Bezugshorizont in den Wasserspiegel des oberen Behälters gelegt, so wird $p_0 = \gamma\,y_0$ und damit

$$H(0,\,t) = 0 \ . \qquad (517)$$

Am unteren Behälter bleibt, nachdem der Rohrschieber momentan geschlossen wurde, jeder Durchfluß gesperrt, d. h. es ist

$$Q(L,\,t) = 0 \ . \qquad (518)$$

Damit liegen die Randbedingungen fest. In Verbindung mit (513) folgt gleichzeitig aus (517) und (518)

$$\text{für}\quad s = 0:\quad \frac{\partial H}{\partial t} = 0\ ,\quad \frac{\partial Q}{\partial s} = 0\ ,\quad \text{für}\quad s = L:\quad \frac{\partial Q}{\partial t} = 0\ ,\quad \frac{\partial H}{\partial s} = 0\ . \qquad (519)$$

Zu Beginn des Stoßvorganges, d. h. nach Absperren des Rohrschiebers, ist die Durchflußwassermenge Q überall konstant bis auf die Schieberstelle $s = L$, wo $Q = 0$ ist. Die Energiehöhe H ist ebenfalls überall konstant, und zwar $H = 0$ bis auf die Schieberstelle $s = L$, wo der Wert aber zunächst noch nicht angegeben werden kann. Damit ergeben sich die aus Abb. 101 ersichtlichen Anfangsbedingungen.

Nach dem Prinzip der analytischen Fortsetzung können die Funktionen von Abb. 101 beliebig nach beiden Seiten fortgesetzt werden, wenn nur dabei die Differentialbeziehungen (519) an den beiden Randpunkten beachtet werden. Diese sind aber gerade so beschaffen, daß die aus Abb. 102 ersichtliche analytische Fortsetzung in Form einer periodischen Funktion zugrunde gelegt werden kann.

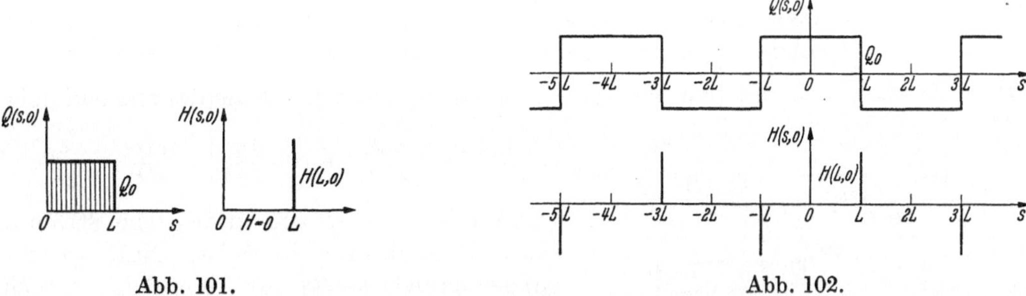

Abb. 101.　　　　　　　　　　　　　　　Abb. 102.

Nach Abb. 102 läßt sich $Q(s, 0)$ als cosinus-Reihe mit der Periodenlänge $4L$ darstellen, d. h. bei Anwendung von (377) auf $Q(s, 0)$ bleibt nur die letzte Summe übrig. Das Integral über den Periodenbereich $T = 4L$ läßt sich auch als vierfaches Integral über den Viertelperiodenbereich darstellen. Damit folgt

$$Q(s, 0) = \frac{2}{L} \sum_{1}^{\infty} \cos \frac{n\pi s}{2L} \int_0^L Q_0 \cos \frac{n\pi t}{2L} dt = \sum_{1}^{\infty} \frac{4Q_0}{n\pi} \sin \frac{n\pi}{2} \cos \frac{n\pi s}{2L} = \sum_{1,3,5}^{\infty} \frac{4Q_0}{n\pi} (-1)^{\frac{n-1}{2}} \cos \frac{n\pi s}{2L} . \quad (520)$$

Aus dieser Anfangsdarstellung läßt sich nun die allgemeine Darstellung für $Q(s, t)$ mit Hilfe von (515) leicht gewinnen, da dieser Differentialgleichung Funktionen von der Art

$$A_n \cos \frac{n\pi a t}{2L} \cos \frac{n\pi s}{2L} \quad \text{bzw.} \quad B_n \sin \frac{n\pi a t}{2L} \cos \frac{n\pi s}{2L}$$

allgemein genügen, wie man durch Einsetzen unmittelbar bestätigt. Von diesen beiden Funktionsgruppen ist nun aber nur die erste in Einklang mit (520) zu bringen. Werden die Reihenglieder von (520) bzw. mit $\cos \frac{n\pi a t}{2L}$ multipliziert, so folgt

$$Q(s, t) = \sum_{1,3,5}^{\infty} \frac{4Q_0}{n\pi} (-1)^{\frac{n-1}{2}} \cos \frac{n\pi a t}{2L} \cos \frac{n\pi s}{2L} \quad (521)$$

im Einklang mit (515) und (520). In Verbindung mit (513) ergibt sich hieraus für die Energiehöhe

$$H(s, t) = \sum_{1,3,5}^{\infty} \frac{4Q_0 a}{gF n\pi} (-1)^{\frac{n-1}{2}} \sin \frac{n\pi a t}{2L} \sin \frac{n\pi s}{2L} . \quad (522)$$

Nun ist nach dem Additionstheorem der trigonometrischen Funktionen

$$\cos \frac{n\pi a t}{2L} \cos \frac{n\pi s}{2L} = \frac{1}{2} \cos \frac{n\pi(s - a t)}{2L} + \frac{1}{2} \cos \frac{n\pi(s + a t)}{2L} ,$$

$$\sin \frac{n\pi a t}{2L} \sin \frac{n\pi s}{2L} = \frac{1}{2} \cos \frac{n\pi(s - a t)}{2L} - \frac{1}{2} \cos \frac{n\pi(s + a t)}{2L} .$$

Die Berücksichtigung dieser Formeln in (520) und (521) liefert

$$\left. \begin{aligned} Q(s, t) &= \frac{1}{2} \sum_{1,3,5}^{\infty} \frac{4Q_0}{n\pi} (-1)^{\frac{n-1}{2}} \cos \frac{n\pi(s - a t)}{2L} + \frac{1}{2} \sum_{1,3,5}^{\infty} \frac{4Q_0}{n\pi} (-1)^{\frac{n-1}{2}} \cos \frac{n\pi(s + a t)}{2L} , \\ H(s, t) &= \frac{a}{2gF} \sum_{1,3,5}^{\infty} \frac{4Q_0}{n\pi} (-1)^{\frac{n-1}{2}} \cos \frac{n\pi(s - a t)}{2L} - \frac{a}{2gF} \sum_{1,3,5}^{\infty} \frac{4Q_0}{n\pi} (-1)^{\frac{n-1}{2}} \cos \frac{n\pi(s + a t)}{2L} . \end{aligned} \right\} \quad (523)$$

Werden hierin nun noch die Summen durch die Ausgangsdarstellung ausgedrückt, indem s mit $s-at$ bzw. $s+at$ vertauscht wird, so erhält man schließlich

$$\left.\begin{aligned} Q(s, t) &= \tfrac{1}{2}Q(s-at, 0) + \tfrac{1}{2}Q(s+at, 0) \\ H(s, t) &= \frac{a}{2gF}Q(s-at, 0) - \frac{a}{2gF}Q(s+at, 0) \end{aligned}\right\} \qquad (524)$$

Diese außerordentlich durchsichtigen Formeln gestatten eine unmittelbare Darstellung der gesuchten Funktionen aus dem Ausgangsdiagramm (520), indem dieses linear mit der Zeit nach links bzw. rechts zu verschieben und dann zu superponieren bzw. zu subtrahieren ist. Im Falle von $H(s, t)$ ist hierbei noch mit dem Faktor $\dfrac{a}{gF}$ zu multiplizieren. Dementsprechend folgt

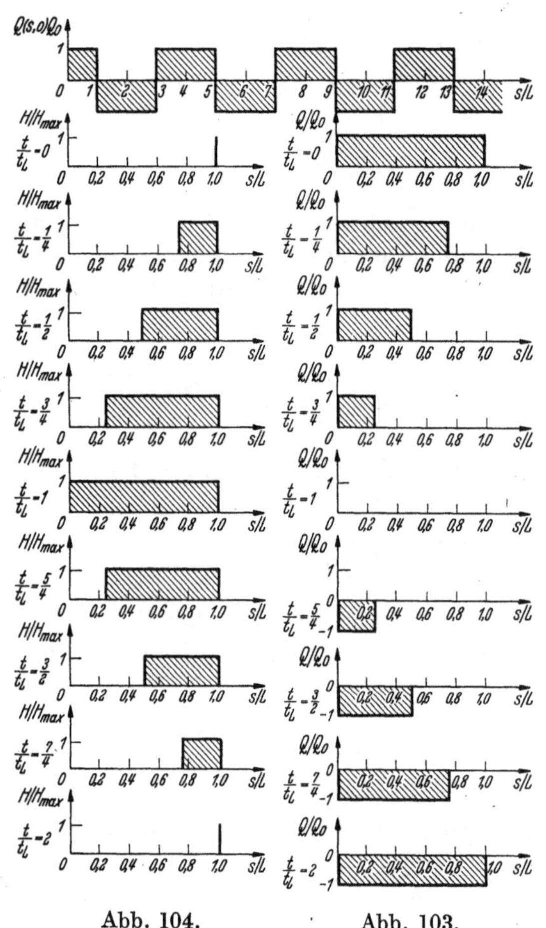

Abb. 104.   Abb. 103.

$$H^{\max} = \left|\frac{aQ_0}{2gF}\right| + \left|-\frac{aQ_0}{2gF}\right| = \frac{aQ_0}{gF} = \frac{ac_0}{g}, \qquad (525)$$

wenn mit $c = Q_0/F$ die anfängliche Strömungsgeschwindigkeit bezeichnet ist. Nun war die Ausgangsenergiehöhe $H(s, 0) = 0$ und damit nach (512)

$$p(s, 0) = \gamma y + \frac{c_0^2 \gamma}{2g}. \qquad (526)$$

Entsprechend folgt aus (525) und (512)

$$p^{\max}(s) = \gamma y + \gamma H_{\max} = \gamma y + \frac{ac_0\gamma}{g}, \qquad (527)$$

da nach (524) die größte Energiehöhe in dem Falle auftritt, wo

$$Q(s+at, 0) = -Q(s-at, 0)$$

ist. Dann aber wird $Q(s, t)$ gerade null und damit auch $c = 0$, so daß in (512) $c^2/2g$ gerade verschwindet. Die Verbindung von (526) und (527) liefert

$$p^{\max}(s) = p(s, 0) + \frac{ac_0\gamma}{g}\left(1 - \frac{1}{2}\frac{c_0}{a}\right). \qquad (528)$$

Da das zweite Glied in der runden Klammer praktisch bedeutungslos ist, verbleibt für die maximale Drucksteigerung aus der hydraulischen Stoßwirkung

$$p_{dyn}^{\max} = \frac{ac_0\gamma}{g} = \frac{aQ_0\gamma}{gF}. \qquad (529)$$

Die Schallgeschwindigkeit a stellt nach (524) gleichzeitig die Fortpflanzungsgeschwindigkeit dar, mit der die Verschiebung des Ausgangsdiagrammes nach links bzw. rechts erfolgt. Diese sich mit a fortpflanzenden Verschiebungen des Ausgangsdiagramms werden auch als Wellenausbreitungen bezeichnet. Das Ergebnis ist somit durch die Überlagerung zweier Wellenausbreitungen gekennzeichnet, von denen die eine vom unteren Becken zum oberen und die andere vom oberen Becken zum unteren erfolgt. Die Zeit, welche die Wellenausbreitung vom einen Becken zum anderen benötigt, heißt die Wellenlaufzeit und folgt aus

$$L - at_L = 0$$

zu

$$t_L = \frac{L}{a}. \qquad (530)$$

Werden Q und H nach (524) einmal in Abhängigkeit von $\dfrac{s}{L}$ mit $\dfrac{t}{t_L}$ als Parameter und einmal in

Abhängigkeit von $\frac{t}{t_L}$ mit $\frac{s}{L}$ als Parameter aufgetragen, so ergibt sich der aus Abb. 103 bis 106 ersichtliche Verlauf. Er liefert ein ungemein eindrucksvolles Bild der singulären hydraulischen Stoßerscheinung. Nach Abb. 105 und 106 ist die Schwingungsdauer einer Pulsation gleich der vierfachen Laufzeit. Druckstöße und Sogstöße folgen einander in harmonischem Wechsel.

Beispiel 40. Eine Druckrohrleitung aus Stahl ($E_{\text{Rohr}} = 2\,100\,000$ kg/cm²) besitzt einen Durchmesser von $D = 80$ cm und eine Wandstärke von 3 cm. Welche zusätzliche Drucksteigerung würde in der Leitung entstehen, wenn das mit $c_0 = 800$ cm/s durch die Leitung fließende Wasser momentan abgesperrt würde ($\gamma = 0,001$ kg/cm², $E_{\text{fl}} = 20\,700$ kg/cm², $g = 981$ cm/s²)?

Nach (529) ist die zusätzliche Drucksteigerung gegeben durch

$$p_{dyn}^{max} = \frac{a\, c_0\, \gamma}{g}\,.$$

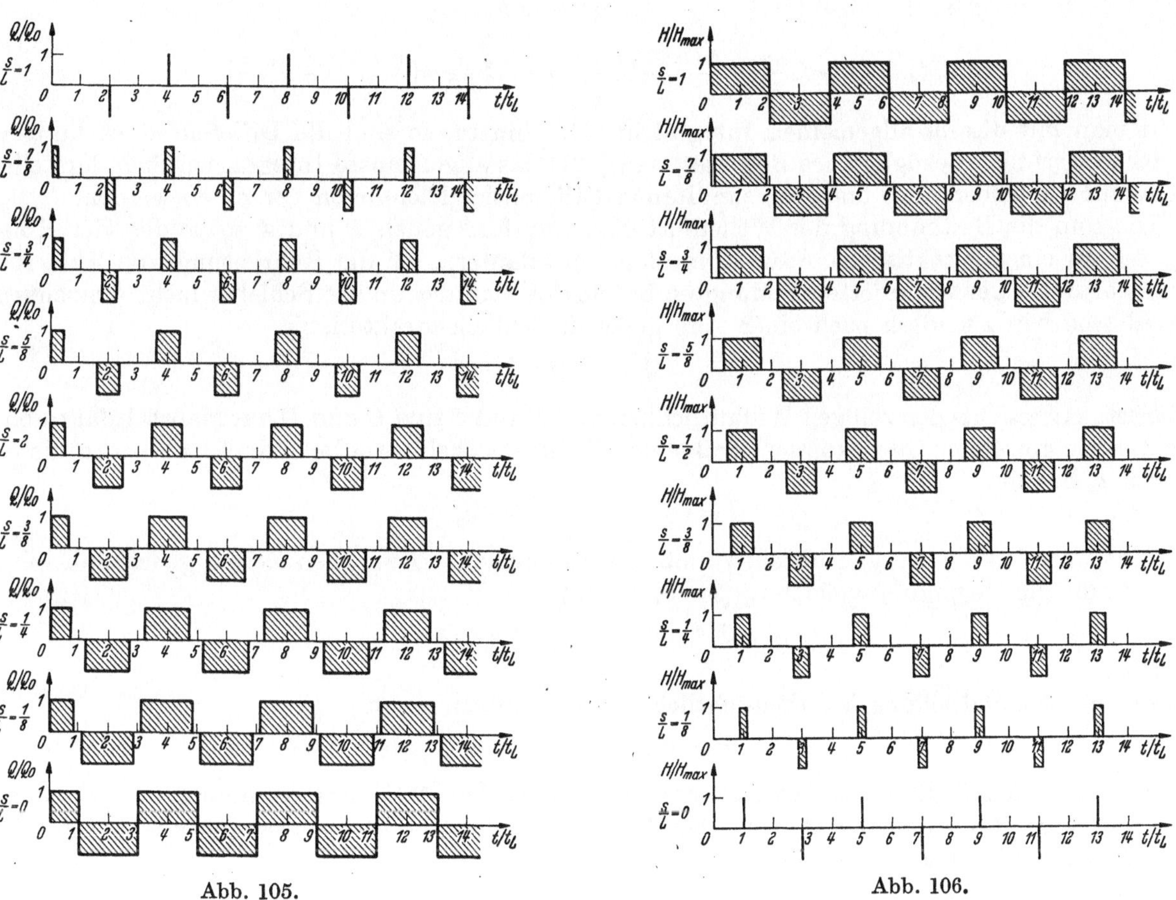

Abb. 105.   Abb. 106.

Hierin ist alles vorgegeben bis auf die Schallgeschwindigkeit a. Nach (514) errechnet sich

$$a = \sqrt{\frac{\frac{981}{0,001}\,20\,700}{1 + \frac{20\,700}{2\,100\,000}\,\frac{80}{3}}} = \sqrt{\frac{20\,300\,000\,000}{1 + 0,263}} = 127\,000 \text{ cm/s}\,.$$

Damit erhält man

$$p_{dyn}^{max} = \frac{127\,000 \cdot 800 \cdot 0,001}{981} = 103 \text{ kg/cm}^2 = 103\,\text{at}\,.$$

28. Integration der Differentialgleichungen mit Hilfe von Wellenfortpflanzungsfunktionen.

Die Behandlung des singulären Falles von Ziffer 27 hatte gezeigt, daß die Lösung in sehr einfacher Weise durch zwei Wellenausbreitungsvorgänge ausgedrückt werden kann. Dieses Ergebnis, das in dem Charakteristikenverfahren für ein System linearer simultaner Differentialgleichungen erster Ordnung begründet liegt, läßt sich verallgemeinern, indem das allgemeine Integral von (513) durch zwei noch völlig willkürliche Wellenfortpflanzungsfunktionen mit $s-at$ bzw $s+at$ als Veränderlichen dargestellt wird. Man kann auch irgendeine lineare Kombination dieser Veränderlichen, z. B. $\frac{s-at}{K_1} + K_3$ und $\frac{s+at}{K_2} + K_4$ verwenden. Es erweist sich vom Standpunkt der Anwendung als besonders zweckmäßig, $K_1 = -K_2 = -L$, $K_3 = K_4 = -1$ zu setzen. Dann liefert die formale Verallgemeinerung von (524)

$$Q(s, t) = A + C\,\Psi\left(\frac{-s+at}{L} - 1\right) + D\,\Phi\left(\frac{s+at}{L} - 1\right) \qquad ,$$
$$H(s, t) = B + C\frac{a}{gF}\,\Psi\left(\frac{-s+at}{L} - 1\right) - D\frac{a}{gF}\,\Phi\left(\frac{s+at}{L} - 1\right) . \qquad (531)$$

Geht man mit diesem allgemeinen Integral in (513) hinein, so sind die Differentialgleichungen in der Tat erfüllt. Bezüglich des Beweises, daß (531) das allgemeinste Integral wirklich darstellt, möge auf die Theorie der linearen, simultanen Differentialgleichungen verwiesen werden.

Um nun die Bestimmung der Wellenfortpflanzungsfunktionen Ψ und Φ sowie der vier Konstanten an einem praktischen Anwendungsfalle zu erläutern, sei die Rohrleitung von Abb. 100 nunmehr unter der veränderten Bedingung betrachtet, daß der untere Schieber nicht momentan geschlossen wird, sondern nach einer vorgegebenen Schließcharakteristik

$$Q_1 = Q_1(t)$$

arbeitet. Angesichts der völligen Willkürlichkeit von Ψ und Φ sind C und D nur Maßstabsfaktoren, die z. B. so gewählt werden können, daß Φ und Ψ dimensionslos werden. Nach (524) wird dieser Zweck z. B. mit

$$C = Q_0 , \qquad D = -Q_0$$

erreicht. Am oberen Ausgleichbecken muß die Energiehöhe H zu allen Zeiten gleich null sein. Dies ergibt die Bedingungsgleichung ($s=0$, $H=0$)

$$0 = B + \frac{Q_0 a}{gF}\,\Psi\left(\frac{at}{L} - 1\right) + \frac{Q_0 a}{gF}\,\Phi\left(\frac{at}{L} - 1\right) .$$

Diese Funktionalgleichung ist offensichtlich nur zu erfüllen, wenn

$$B = 0 , \qquad \Psi = -\Phi$$

gesetzt wird. Zu Beginn des Schließvorganges soll wieder stationäre Strömung vorherrschen, also für $t=0$: $H=0$ und $Q=Q_0$ sein. Die Einführung dieser Werte zusammen mit den vorher getroffenen Festlegungen in (531) ergibt

$$Q_0 = A - Q_0\,\Phi\left(-\frac{s}{L} - 1\right) - Q_0\,\Phi\left(\frac{s}{L} - 1\right) ,$$
$$0 = \quad -Q_0\,\Phi\left(-\frac{s}{L} - 1\right) + Q_0\,\Phi\left(\frac{s}{L} - 1\right) .$$

Da s/L zwischen Null und Eins liegt, so treten in diesen Bedingungsgleichungen nur Argumentwerte ≤ 0 auf. Sie werden dementsprechend befriedigt durch

$$A = Q_0 , \qquad \Phi(\tau) = 0 \qquad \text{für} \qquad \tau \leq 0 .$$

Werden alle bisher getroffenen Festlegungen in (531) berücksichtigt, so folgt

$$Q(s, t) = Q_0\left[1 - \Phi\left(\frac{-s+at}{L} - 1\right) - \Phi\left(\frac{s+at}{L} - 1\right)\right] , \qquad$$
$$H(s, t) = \frac{Q_0 a}{gF}\left[-\Phi\left(\frac{-s+at}{L} - 1\right) + \Phi\left(\frac{s+at}{L} - 1\right)\right] , \qquad \text{(mit } \Phi(\tau) = 0 \quad \text{für} \quad \tau \leq 0). \quad (532)$$

Die einzige noch unbefriedigte Bedingungsgleichung der Schieber-Schließcharakteristik $Q_1 = Q_1(t)$ legt schließlich auch die Wellenfortpflanzungsfunktion Φ fest. Mit $s = l$ und $Q = Q_1$ liefert die erste der Gln (532)

$$\frac{Q_1(t)}{Q_0} = 1 - \Phi\left(\frac{a\,t}{L} - 2\right) - \Phi\left(\frac{a\,t}{L}\right) \qquad \text{(mit } \Phi(\tau) = 0 \quad \text{für} \quad \tau \leq 0\text{)} . \tag{533}$$

Diese Funktionalgleichung läßt sich nun, mit $t = 0$ beginnend, zugweise auflösen. In dem Zeitintervall

$$0 \leq t \leq 2\,t_L \qquad \left(t_L = \frac{L}{a}\right)$$

verschwindet wegen $\tau \leq 0$ die vordere der beiden Φ-Funktionen und man erhält

$$\Phi\left(\frac{a\,t}{L}\right) = 1 - \frac{Q_1(t)}{Q_0} \qquad (0 \leq t \leq 2\,t_L). \tag{534}$$

Wegen (534) ist für das Zeitintervall

$$2\,t_L \leq t \leq 4\,t_L$$

die vordere der beiden Φ-Funktionen von (533) bekannt und es folgt

$$\Phi\left(\frac{a\,t}{L}\right) = 1 - \frac{Q_1(t)}{Q_0} - \left(1 - \frac{Q_1(t - 2\,t_L)}{Q_0}\right) = -\frac{Q_1(t) - Q_1(t - 2\,t_L)}{Q_0} \qquad (2\,t_L \leq t \leq 4\,t_L) . \tag{535}$$

Für das nächste Doppellaufzeitintervall ergibt sich entsprechend

$$\Phi\left(\frac{a\,t}{L}\right) = 1 - \frac{Q_1(t)}{Q_0} + \frac{Q_1(t - 2\,t_L) - Q_1(t - 4\,t_L)}{Q_0} = 1 - \frac{Q_1(t) - Q_1(t - 2\,t_L) + Q_1(t - 4\,t_L)}{Q_0} \qquad (4\,t_L \leq 1 \leq 6\,t_L) \tag{536}$$

und so fort, bis der Zeitpunkt t_s des völligen Verschlusses der Leitung erreicht ist. Von nun an ist $1 - \frac{Q_1(t)}{Q_0}$ beständig gleich eins und es bildet sich eine periodische Pulsation mit der vierfachen Laufzeit als Schwingungsdauer aus, ähnlich wie im Falle von Ziffer 27. Die sukzessive Berechnung dieser Pulsation von t_s ab erfolgt mit den gleichen Stufen wie bisher.

29. Die Pulsationen in einer Rohrleitung bei linearer Wassermengendrosselung.

Um den in der vorigen Ziffer beschriebenen Rechnungsgang in allen Einzelheiten verfolgen zu können, möge der wichtige Anwendungsfall einer linearen Wassermengendrosselung betrachtet werden. In diesem Falle ist (Abb. 107)

$$Q_1(t) = Q_0\left(1 - \frac{t}{t_s}\right), \qquad \frac{Q_1(t)}{Q_0} = 1 - \frac{t}{t_s}, \qquad 1 - \frac{Q_1(t)}{Q_0} = \frac{t}{t_s} . \tag{537}$$

Geht man mit (537) in (534) bis (536) hinein, so folgt

$$\left.\begin{aligned}
\Phi\left(\frac{a\,t}{L}\right) &= \frac{t}{t_s} & (0 \leq t \leq 2\,t_L) & \quad, \\[2ex]
\Phi\left(\frac{a\,t}{L}\right) &= 2\,\frac{t_L}{t_s} & (2\,t_L \leq t \leq 4\,t_L) & \quad, \\[2ex]
\Phi\left(\frac{a\,t}{L}\right) &= \frac{t}{t_s} - 2\,\frac{t_L}{t_s} & (4\,t_L \leq t \leq 6\,t_L) & \quad, \\[2ex]
\Phi\left(\frac{a\,t}{L}\right) &= 4\,\frac{t_L}{t_s} & (6\,t_L \leq t \leq 8\,t_L) & \quad, \\[2ex]
-\;-\;-\;&-\;-\;-\;-\;-\;-\;-\;-\;-\;- \\[1ex]
\Phi\left(\frac{a\,t}{L}\right) &= 2\,n\,\frac{t_L}{t_s} & ((4\,n - 2)\,t_L \leq t \leq 4\,n\,t_L) & \quad, \\[2ex]
\Phi\left(\frac{a\,t}{L}\right) &= \frac{t}{t_s} - 2\,n\,\frac{t_L}{t_s} & (4\,n\,t_L \leq t \leq (4\,n + 2)\,t_L) & \quad, \\[1ex]
-\;-\;&-\;-\;-\;-\;-\;-\;-\;-\;-\;-\;.
\end{aligned}\right\} \quad (t \leq t_s) . \tag{538}$$

Für $t \geq t_s$ liefert (533) in Verbindung mit $\dfrac{Q_1(t)}{Q_0} = 0$

$$\Phi\left(\frac{a\,t}{L}\right) = 1 - \Phi\left(\frac{a\,t}{L} - 2\right) \qquad (t \geq t_s) \,. \tag{539}$$

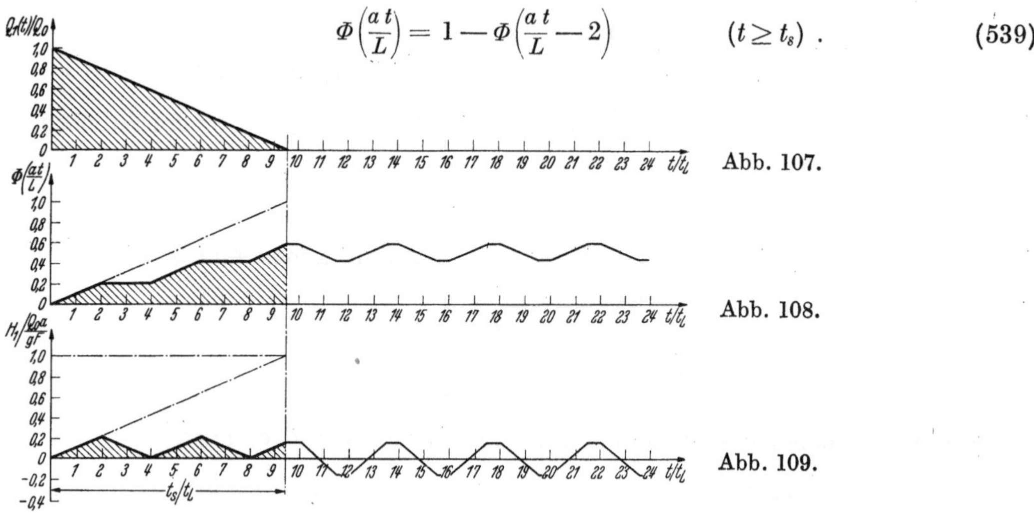

Abb. 107.

Abb. 108.

Abb. 109.

Mit dem durch (538) und (539) bestimmten Φ-Verlauf ist auch Q und H nach (532) bekannt. Da die größten Stoßwirkungen immer am Schieber auftreten, ist das praktische Interesse in erster Linie auf die H-Werte für $s = L$ gerichtet ($H = H_1$). Abb. 108 und 109 zeigen z. B. den Verlauf von Φ und H_1 für $t_s = 9{,}5\,t_L$. Nach Abb. 109 treten die in den Rohrleitungen so gefürchteten Sogstöße mit ihrer Gefahr der Vakuumbildung erst nach völligem Schließen der Leitung in Erscheinung. Ähnlich wie in Ziffer 27 ergibt sich auch hier für den dynamischen Zusatzdruck

$$p_{dyn} = \gamma H \,. \tag{540}$$

30. Maximale und minimale Pulsationen.

Für den Betrieb einer hydraulischen Maschinenanlage sowie für Wasserwerks- und Kraftwerksleitungen werden insbesondere die maximalen und minimalen Pulsationsstöße benötigt. Von der Schließzeit her gesehen, können bei der hydraulischen Pulsation die vier aus Abb. 110 bis Abb. 113 ersichtlichen Fälle auftreten. Abb. 110, die mit Abb. 109 identisch ist, zeigt den Fall $(4\,n + 1)\,T_L < t_s < (4\,n + 2)\,T_L$, Abb. 111 den Fall $t_s = (4\,n + 2)\,T_L$, Abb. 112 den Fall $(4\,n - 1)\,T_L < t_s < 4\,n\,T_L$, Abb. 113 den Fall $t_s = 4\,n\,T_L$. Wie die Abbildungen klar erkennen lassen, ergeben sich zwei Extremallagen der Pulsation, und zwar für

$$\left.\begin{aligned} t_s &= (4\,n + 2)\,T_L && \text{maximale Pulsationen} \\ t_s &= 4\,n\,T_L && \text{minimale, d. h. hier gar keine Pulsationen .} \end{aligned}\right\} \tag{541}$$

Die hydraulischen Pulsationen können durch geeignete Wahl der Schließzeit des Schiebers völlig zum Verschwinden gebracht werden. Da während des Schließvorganges selbst (in den Abbildungen durch Rasterung hervorgehoben) nur Druckstöße auftreten, treten die so gefürchteten Sogstöße dann überhaupt nicht in Erscheinung.

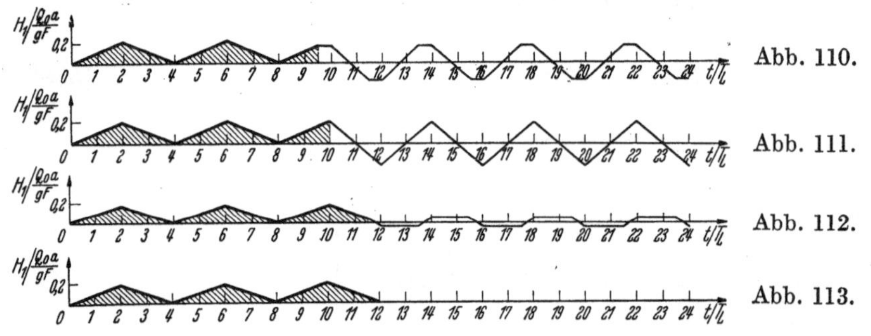

Abb. 110.

Abb. 111.

Abb. 112.

Abb. 113.

31. Verlauf der größten Druckstöße und der größten Sogstöße in Abhängigkeit von der Schließzeit.

Nach Abb. 110 bis 113 treten die größten Druckstöße während des Schließvorganges auf, und zwar jeweils bei geraden Vielfachen von T_L. Um die größten Druckstöße zu erhalten, kann daher $t = 2\,T_L$ gesetzt werden. Hierfür liefert (534) und Abb. 107

$$\Phi\left(\frac{a\,t_L}{L}\right) = \Phi(2) = 1 - \frac{Q_1(2)}{Q_0} = \frac{2\,t_L}{t_s}\,.$$

Dieser Φ-Wert ist, wie der Vergleich von Abb. 108 und 109 zeigt, mit $H^{\max}\Big/\dfrac{Q_0\,a}{g\,F}$ identisch. Somit

folgt
$$H^{\max} = \frac{Q_0\,a}{g\,F}\,\frac{2\,t_L}{t_s}\,, \qquad p^{\max} = \frac{Q_0\,a\,\gamma}{g\,F}\,\frac{2\,t_L}{t_s}\,. \tag{542}$$

Für $t_s = 2\,t_L$ nimmt (542), wie der Vergleich mit (525) bzw. (529) zeigt, $H^{\max}$ bzw. $p^{\max}$ bereits den Wert des JOUKOWSKI-Stoßes, d. h. den Wert für ein momentanes Absperren der Leitung an. Dementsprechend verläuft das erste Stück der $H^{\max}(t_s)$-Kurve nicht gemäß (542) sondern waagerecht (Abb. 114).

Für die in einer hydraulischen Leitung auftretenden maximalen Druckstöße ist es somit völlig gleichgültig, ob die Leitung momentan abgesperrt wird, oder ob die Schließzeit sich in dem Bereiche $0 \leq t_s \leq 2\,T^L$ bewegt. In beiden Fällen ergibt sich der größte hydraulisch mögliche Stoß

$$H^{\max}_{\max} = \frac{Q_0\,a}{g\,F} = \frac{c_0\,a}{g}\,, \qquad p^{\max}_{\max} = \frac{Q_0\,a\,\gamma}{g\,F} = \frac{c_0\,a\,\gamma}{g}\,. \tag{543}$$

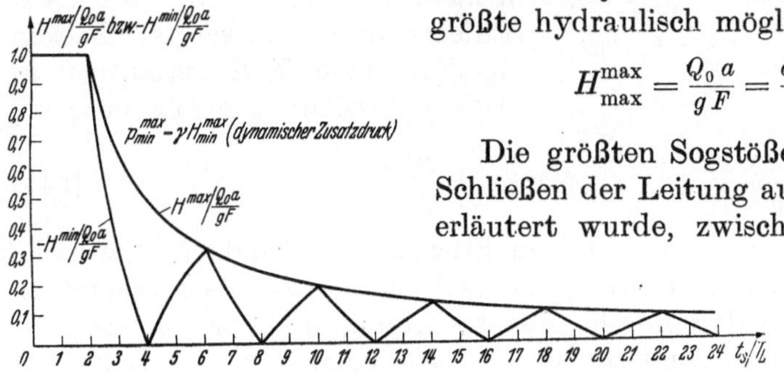

Die größten Sogstöße treten nach Abb. 110 bis 113 nach dem Schließen der Leitung auf und schwanken, wie bereits in Ziffer 30 erläutert wurde, zwischen ihren Größtwerten, die jeweils mit Punkten der $H^{\max}(t_s)$-Kurve zusammenfallen, und dem Werte Null. So entsteht die aus Abb. 114 ersichtliche Zackenlinie.

Abb. 114.

Beispiel 41. Wie groß müßte bei der Druckrohrleitung von Beispiel 40 unter Voraussetzung einer zeitlich linearen Wassermengendrosselung die Schließzeit sein, damit der maximale Druckstoß nicht über den Wert von 5 at hinausgeht? Bei welchen Schließzeiten könnten Sogstöße völlig vermieden werden? Die Länge der Leitung ist 2000 m.

Durch Verbindung von (542) und (543) folgt

$$p^{\max} = p^{\max}_{\max}\,\frac{2\,t_L}{t_s}\,.$$

Nun war nach Beispiel 40: $p^{\max}_{\max} = 103$ at. Ferner ist nach (530) und Beispiel 40

$$t_L = \frac{L}{a} = \frac{200\,000}{127\,000} = 1{,}57\ \text{s}\,.$$

Damit folgt für $p^{\max} = 5$ at

$$t_s = p^{\max}_{\max}\,\frac{2\,t_L}{p^{\max}} = 103 \cdot \frac{2 \cdot 1{,}57}{5} = 65\ \text{s}\,.$$

Rohrleitungen müssen somit langsam geschlossen werden, wenn die Druckstöße sich in erträglichen Grenzen halten sollen.

Die zweite Frage nach den Schließzeiten, bei denen Sogstöße völlig vermieden werden, beantwortet sich unmittelbar mit (541). Man erhält

$$t_s = 4\,n\,t_L = 4\,n \cdot 1{,}57 = 6{,}28\,n$$

in Sekunden. Wird für n der Reihe nach $n = 1, 2, 3, \ldots$ eingesetzt, so ergibt sich

$$t_s = 6{,}28\ \text{s}\,, \qquad 12{,}56\ \text{s}\,, \qquad 18{,}84\ \text{s}\,, \qquad 25{,}12\ \text{s}\,, \qquad 31{,}40\ \text{s}\,, \ldots\,.$$

32. Verlauf der Pulsationen in Abhängigkeit von Ort und Zeit.

Die Betrachtungen der vorhergehenden Ziffern waren in erster Linie auf die maximalen Druck-

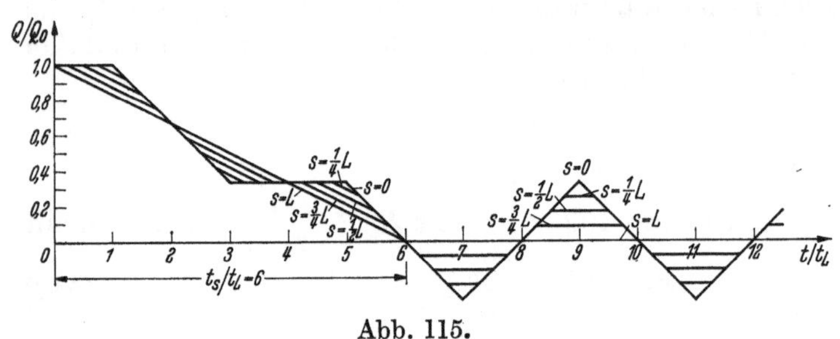

Abb. 115.

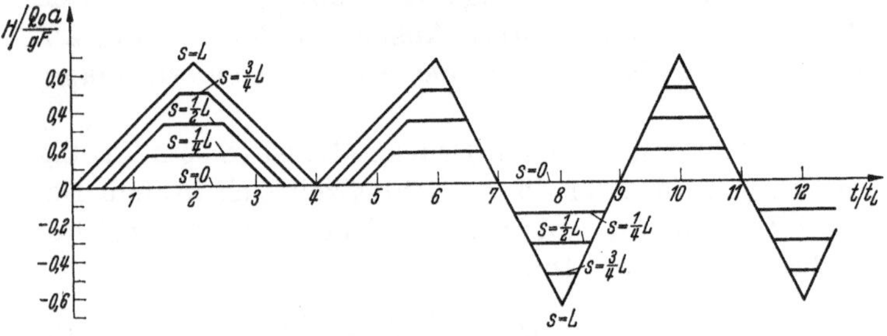

Abb. 116.

und Sogstöße abgestellt, die jeweils am Absperrorgan ($s = L$) in Erscheinung treten. Es soll nunmehr auch die Abhängigkeit von s noch mitbetrachtet werden. Werden (538) und (539) in (532) eingeführt und wird der für die Stoßbeurteilung gewöhnlich maßgebende Fall der maximalen Pulsationen ($t_s = (4\,n + 2)\,t_L$) zugrunde gelegt, so ergibt sich z. B. für $t_s/t_L = 6$ der aus Abb. 115 und 116 ersichtliche Verlauf der Flüssigkeitsmengen- und Druckschwankungen. Die hier wieder insbesondere interessierenden maximalen Druck- bzw. Sogstöße nehmen nach Abb. 116 linear vom Schieber zum oberen Ausgleichbecken ab. Wird dieser Tatbestand noch in (542) berücksichtigt, so folgt mit (530)

$$H^{\max}(s) = \frac{Q_0\,a}{g\,F}\frac{2\,t_L}{t_s}\frac{s}{L} = \frac{2\,Q_0\,s}{g\,F\,t_s}\,, \qquad p^{\max}(s) = \frac{2Q_0\,\gamma\,s}{g\,F\,t_s}\,. \tag{544}$$

Beispiel 42. Eine gemäß Abb. 117 aus drei geradlinigen Stücken bestehende hydraulische Leitung wird mit einer Geschwindigkeit von $c_0 = 4$ m/s durchströmt. Wie groß ist die dynamische Beanspruchung in Prozenten der statischen, wenn die Wassermenge in 25 s linear auf Null gedrosselt wird?

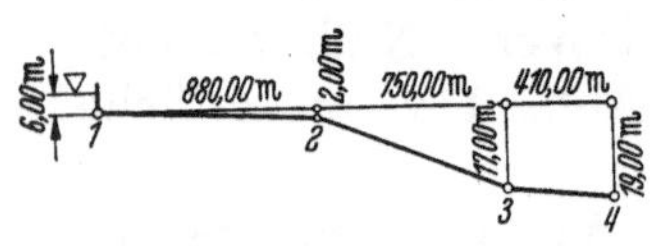

Abb. 117.

Wird die Untersuchung auf die Punkte 1 bis 4 von Abb. 117 beschränkt, so erhält man zunächst für die statischen Drucke ($\gamma = 1{,}0$ t/m³)

$$p_1^{\text{stat}} = 6\,\text{t/m}^2\,, \qquad p_2^{\text{stat}} = 8\,\text{t/m}^2\,, \qquad p_3^{\text{stat}} = 23\,\text{t/m}^2\,, \qquad p_4^{\text{stat}} = 25\,\text{t/m}^2\,.$$

Die dynamischen Drucke errechnen sich nach der zweiten der Gln (544). Mit

$$Q_0/F = c_0 = 4\,\text{m/s}\,, \qquad t_s = 25\,\text{s}\,, \qquad g = 9{,}81\,\text{m/s}^2\,, \qquad \gamma = 1\,\text{t/m}^3 \qquad \text{und}$$

$$s_1 = 0\,\text{m}\,, \qquad s_2 = 880\,\text{m}\,, \qquad s_3 = 1630\,\text{m}\,, \qquad s_4 = 2040\,\text{m} \qquad \text{folgt}$$

$$p_1^{dyn} = 0\,\text{t/m}^2\,, \qquad p_2^{dyn} = 28\,\text{t/m}^2\,, \qquad p_3^{dyn} = 52\,\text{t/m}^2\,, \qquad p_4^{dyn} = 65\,\text{t/m}^2\,.$$

Daraus errechnet sich

$$\frac{p_1^{dyn}}{p_1^{\text{stat}}}\cdot 100 = 0\,^0\!/_0\,, \qquad \frac{p_2^{dyn}}{p_2^{\text{stat}}}\cdot 100 = 350\,^0\!/_0\,, \qquad \frac{p_3^{dyn}}{p_3^{\text{stat}}}\cdot 100 = 230\,^0\!/_0\,, \qquad \frac{p_4^{dyn}}{p_4^{\text{stat}}} = 260\,^0\!/_0\,.$$

Hiernach ergeben sich ganz beträchtliche dynamische Zusatzbeanspruchungen in hydraulischen Leitungen. Ihre Nichtberücksichtigung oder unvollständige Berücksichtigung bildet die Ursache der im öffentlichen Leben so zahlreichen Rohrbrüche. Wie das Beispiel erkennen läßt, sind die dynamischen Drucksteigerungen in flachen Strecken unter geringem statischen Druck (untere Hälfte von Strang 1—2) besonders groß. Ist die Schließzeit nicht gerade ein Vierfaches der Laufzeit, so treten während der Pulsation Sogstöße von gleicher Größe wie die Druckstöße in Erscheinung. Ihnen kann man in Fällen wie im vorliegenden nur durch Belüftungsventile begegnen, welche die sonst unvermeidbare Hohlraumbildung verhindern. Auch bezüglich der Sogstöße sind flache Rohrstrecken unter geringen statischen Drucken besonders gefährdet.

33. Integration der simultanen Differentialgleichungen bei veränderlichem Rohrquerschnitt und veränderlicher Schallgeschwindigkeit.

In den bisherigen Betrachtungen dieses Kapitels war stillschweigend vorausgesetzt worden, daß Rohrquerschnitt F und Schallgeschwindigkeit a Konstante sind. In der Anwendung ist das nun aber keineswegs immer der Fall. Es fragt sich dann, wie sich die Lösung von (513) auf dieser allgemeineren Grundlage gestaltet.

Wird an Stelle von s eine Laufzeitfunktion

$$T = \int_0^s \frac{ds}{a(s)} \tag{545a}$$

als unabhängige Veränderliche eingeführt, so lassen sich die Gln (513) zunächst auf die Form

$$\left.\begin{aligned} \frac{\partial H}{\partial T} + \frac{a}{gF}\frac{\partial Q}{\partial t} &= 0 \\[2mm] \frac{\partial Q}{\partial T} + \frac{gF}{a}\frac{\partial H}{\partial t} &= 0 \end{aligned}\right\} \qquad (a = a(s), \qquad F = F(s)) \tag{545b}$$

bringen. Unter Benutzung zweier Wellenfortpflanzungsfunktionen wie in Ziffer 28 lautet die quasi-strenge Lösung von (545)

$$\left.\begin{aligned} Q(T,t) &= A + C\sqrt{\frac{gF}{a}}\sqrt{\frac{a_0}{gF_0}}\,\Psi\!\left(\frac{-T+t}{T_L}-1\right) + D\sqrt{\frac{gF}{a}}\sqrt{\frac{a_0}{gF_0}}\,\Phi\!\left(\frac{T+t}{T_L}-1\right), \\[2mm] H(T,t) &= B + C\sqrt{\frac{a}{gF}}\sqrt{\frac{a_0}{gF_0}}\,\Psi\!\left(\frac{-T+t}{T_L}-1\right) - D\sqrt{\frac{a}{gF}}\sqrt{\frac{a_0}{gF_0}}\,\Phi\!\left(\frac{T+t}{T_L}-1\right). \end{aligned}\right\} \tag{546}$$

Hierin ist T_L der zu $s = L$ gehörige T-Wert, während $\sqrt{\dfrac{a_0}{gF_0}}$ als konstanter Faktor hinzugesetzt wurde, um die beiden Wellenfortpflanzungsfunktionen dimensionsmäßig in Analogie zu denen von (531) zu bringen. Wird (546) in (545) eingeführt, so sind die Differentialgleichungen in den ersten Differentialquotienten identisch erfüllt. Die verbleibenden linearen Funktionen sind gegenüber den Differentialquotienten vernachlässigbar klein, so daß die Lösung als quasi-streng angesehen werden kann.

Die quasi-strenge Integration simultaner Differentialgleichungen von der Form (545) ist wohl erstmals von Evangelisti [*)] gezeigt worden. Mit ihr verlangen die hydraulischen Stoßprobleme bei veränderlichem F und a keinen besonderen Rechenaufwand.

Viertes Kapitel.

Wasserspiegellage und Wassersprung in offenen Gerinnen.

34. Die Wasserspiegellage in offenen Gerinnen (Kanälen und Flüssen).

Betrachtet man die Geschwindigkeitsverteilung in dem Querschnitt eines offenen Gerinnes (Kanales oder Flusses) in Beziehung zur Wasserspiegellage, so lehrt die Erfahrung, daß man nur einen sehr geringen Fehler begeht, wenn man einen konstanten Mittelwert der Geschwindigkeit zugrunde legt und die Strömung als eindimensional im Sinne der Eulerschen Stromfadentheorie betrachtet. Da es in diesem Falle gleichgültig ist, welchen der parallelen ideellen Stromfäden man betrachtet, kann man insbesondere auch einen an der Oberfläche liegenden Stromfaden heraus- greifen und gelangt dabei zu einer Integralgleichung für die Wasserspiegellage. Da an der Ober- fläche der Flüssigkeitsdruck gleich Null ist, lautet die Bernouillische Energiegleichung unter Be-

---

*) Evangelisti, G. Sul calcolo del colpo d'ariete nelle condotte forzate a caratteristiche variabili. Energia Elettrica 1939.

zugnahme auf einen passend gewählten Ausgangspunkt mit der Ordinate y_0 und der Geschwindigkeit v_0 unter Einschluß von Energieverlusten durch Reibung

$$H = \frac{v_0^2}{2g} + y_0 = \frac{v^2}{2g} + y + V \ . \tag{547}$$

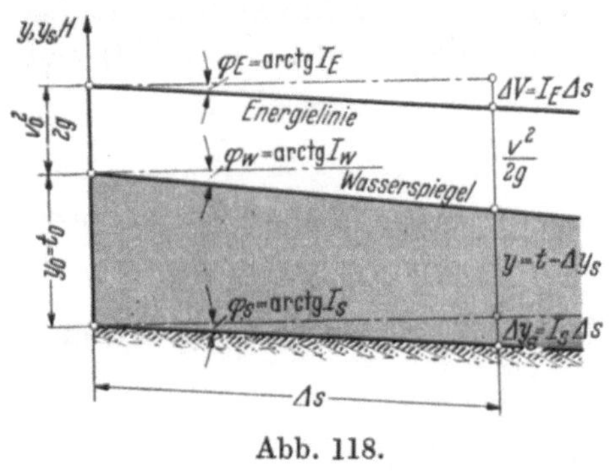

Abb. 118.

Nun ist, da φ_E, φ_W und φ_s sehr kleine Winkel sind, nach Abb. 118

$$\Delta V = J_E \Delta s \ , \qquad \Delta y_s = J_s \Delta s \ ,$$

$$V = \int_0^s J_E \, ds \ , \qquad y_s = \int_0^s J_s \, ds \ ,$$

$$y_0 = t_0 \ , \qquad y = t - y_s = t - \int_0^s J_s \, ds \ ,$$

und damit

$$H = \frac{v_0^2}{2g} + t_0 = \frac{v^2}{2g} + t + \int_0^s (J_E - J_s)\, ds \ . \tag{548}$$

In dem wichtigen Anwendungsfalle des rechteckigen Gerinnes ist, wenn Q die als konstant vorausgesetzte Wassermenge und b die Kanalbreite bezeichnet,

$$v_0 = \frac{Q}{F_0} = \frac{Q}{b\, t_0}, \qquad v = \frac{Q}{F} = \frac{Q}{b\, t} \ . \tag{549}$$

Damit lautet (548)

$$\frac{Q^2}{2g\, b^2\, t_0^2} + t_0 = \frac{Q^2}{2g\, b^2\, t^2} + t + \int_0^s (J_E - J_s)\, ds \qquad \text{(Rechteckiges Gerinne)} \ . \tag{550}$$

Mit den dimensionslosen Veränderlichen

$$\frac{t}{b} = \eta \ , \qquad \frac{s}{b} = \xi \tag{551}$$

und mit der Kenngröße

$$\frac{Q^2}{2g\, b^5} = \varkappa \tag{552}$$

erhält man an Stelle von (550)

$$\frac{\varkappa}{\eta_0^2} + \eta_0 = \frac{\varkappa}{\eta^2} + \eta + \int_0^\xi (J_E - J_s)\, d\xi = \frac{H}{b} \tag{553}$$

(Rechteckiges Gerinne).

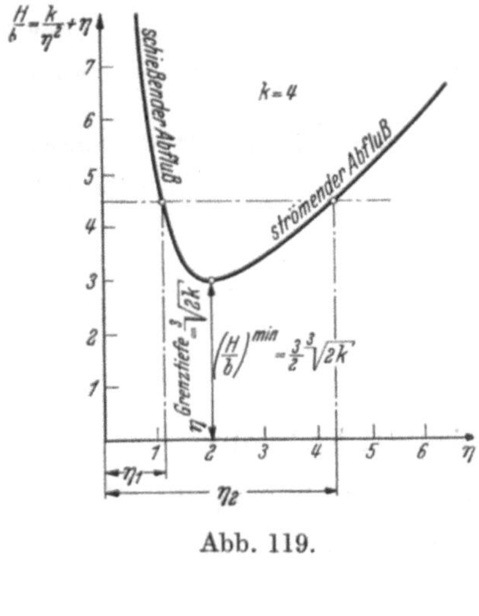

Abb. 119.

Eine besondere Stellung nimmt hier der Fall ein, in welchem der Energieverlust, ausgedrückt durch das Gefälle der Energielinie, beständig durch ein entsprechendes Sohlengefälle wett gemacht wird, d. h. der Fall eines konstant bleibenden Energieinhaltes. Dann ist

$$\frac{\varkappa}{\eta_0^2} + \eta_0 = \frac{\varkappa}{\eta^2} + \eta = \frac{H}{b} \qquad \text{(Rechteckiges Gerinne mit konstant bleibendem Energieinhalt)}. \tag{554}$$

Fragt man, welche η-Werte bei gegebenem η_0 bzw. H/b nach (554) einander zugeordnet sind, so zeigt sich, daß sich im Bereich der allein möglichen positiven Wassertiefen bzw. η-Werte immer eine zweifache Zuordnung ergibt, etwa wie es Abb. 119 für den Parameterwert $\varkappa = 4$ erkennen läßt. Mit abnehmendem H/b rücken die beiden η-Werte immer näher aneinander und fallen schließlich bei der „theoretischen Grenztiefe" in einen Punkt zusammen. Ein weiteres Absinken von H/b

ist physikalisch unmöglich, da es zu imaginären Wassertiefen führen würde. Für die Grenztiefe folgt aus $\frac{d}{d\eta}\left(\frac{H}{b}\right) = 0$:

$$\frac{d}{d\eta}\left(\frac{H}{b}\right) = 0 = -\frac{2\varkappa}{\eta^3} + 1 \; ; \qquad \eta = \sqrt[3]{2\varkappa} \; ; \qquad \left(\frac{H}{b}\right)_{\min} = \frac{3}{2}\sqrt[3]{2\varkappa} \; . \tag{555}$$

Nach (548) gehört zu der kleineren Wassertiefe die größere Geschwindigkeit. Dementsprechend wird ein Abfluß mit $\eta < \sqrt[3]{2\varkappa}$ als schießend, ein solcher mit $\eta > \sqrt[3]{2\varkappa}$ als strömend bezeichnet.

Nach dieser Zwischenbetrachtung zur Herausstellung der „theoretischen Grenztiefe" sowie der Begriffe „Schießen und Strömen" soll an die allgemeine Gleichung (553) wieder angeknüpft werden. In dieser stellt das Sohlengefälle J_s eine vorgegebene Größe dar, während das Energieliniengefälle J_E eine Funktion der Geschwindigkeit ist. Die am häufigsten zugrunde gelegte Abhängigkeit ist die von A. DE CHÉZY in der Form

$$J_E = \frac{v^2}{c^2 R} \, , \tag{556}$$

in der c einen Rauhigkeitsbeiwert und R den sogenannten Profilradius $R = F/U$, d. h. den Quotienten aus der Querschnittsfläche der schießenden oder strömenden Flüssigkeit und dem von dieser benetzten Kanalumfang darstellt. Es ist vorteilhaft, c unter Hereinnahme der Schwerbeschleunigung gemäß

$$c^2 = g\,\bar{c}^2 \tag{557}$$

durch einen dimensionslosen Rauhigkeitsbeiwert $\bar{c}$ auszudrücken, mit dem dann

$$J_E = \frac{v^2}{\bar{c}^2 g R} \tag{558}$$

wird. Der Profilradius R ändert sich nur wenig, so daß er als konstant betrachtet werden kann, während $v = Q/F = Q/b\,t = Q/b^2\eta$ ist. Damit folgt

$$J_E = \frac{Q^2}{\bar{c}^2 g R\, b^4 \eta^2} = \frac{Q^2}{2 g b^5} \cdot \frac{2 b}{\bar{c}^2 R} \cdot \frac{1}{\eta^2} = \frac{\varkappa\,\lambda}{\eta^2} \, , \tag{559}$$

wenn außer $\varkappa$ nach (552) noch ein Rauhigkeitsparameter

$$\lambda = \frac{2 b}{\bar{c}^2 R} \tag{560}$$

eingeführt wird. Bei Berücksichtigung von (558) geht (553) in die Integralgleichung der Wasserspiegellage

$$\frac{\varkappa}{\eta_0^2} + \eta_0 = \frac{\varkappa}{\eta^2} + \eta + \int\limits_0^\xi \left(\frac{\varkappa\,\lambda}{\eta^2} - J_s\right) d\xi \qquad \text{(Rechteckiges Gerinne)} \tag{561}$$

über. Für anders geformte Gerinne ergeben sich verwandte, auf dem gleichen Wege ableitbare Integralgleichungen.

Wird (561) nach ξ differenziert und nach $d\xi/d\eta$ aufgelöst, so folgt

$$\frac{d\xi}{d\eta} = \frac{1 - \dfrac{2\varkappa}{\eta^3}}{J_s - \dfrac{\varkappa\,\lambda}{\eta^2}} = \frac{1}{J_s}\left[1 + \frac{\eta\,\dfrac{\varkappa\,\lambda}{J_s} - 2\varkappa}{\eta\left(\eta - \sqrt{\dfrac{\varkappa\,\lambda}{J_s}}\right)\left(\eta + \sqrt{\dfrac{\varkappa\,\lambda}{J_s}}\right)}\right] .$$

Hieraus ergibt sich durch Integration zwischen 0 und ξ bzw. η_0 und η

$$\xi = \frac{\eta - \eta_0}{J_s} + \frac{1}{J_s}\int\limits_{\eta_0}^{\eta} \frac{\eta\,\dfrac{\varkappa\,\lambda}{J_s} - 2\varkappa}{\eta\left(\eta - \sqrt{\dfrac{\varkappa\,\lambda}{J_s}}\right)\left(\eta + \sqrt{\dfrac{\varkappa\,\lambda}{J_s}}\right)} \, d\eta \; .$$

Wird das auftretende Integral nach den Methoden der Partialbruchzerlegung integriert (siehe S. 110 ff.), so erhält man

$$\xi = \frac{\eta - \eta_0}{J_s} + \frac{1}{\lambda} \ln \frac{\eta^2 \left(\eta_0^2 - \dfrac{\varkappa \lambda}{J_s}\right)}{\eta_0^2 \left(\eta^2 - \dfrac{\varkappa \lambda}{J_s}\right)} - \frac{1}{2 J_s} \sqrt{\frac{\varkappa \lambda}{J_s}} \ln \frac{\left(\eta + \sqrt{\dfrac{\varkappa \lambda}{J_s}}\right)\left(\eta_0 - \sqrt{\dfrac{\varkappa \lambda}{J_s}}\right)}{\left(\eta - \sqrt{\dfrac{\varkappa \lambda}{J_s}}\right)\left(\eta_0 + \sqrt{\dfrac{\varkappa \lambda}{J_s}}\right)} \qquad \text{(für } J_s > 0) . \qquad (562)$$

Im Falle eines negativen Sohlengefälles wird $\sqrt{\dfrac{\varkappa \lambda}{J_s}}$ imaginär. Da die Lösung auch in diesem Falle reell bleiben muß, braucht das dritte Glied nur über das Komplexe entsprechend umgewandelt zu werden. Man erhält

$$\sqrt{\frac{\varkappa \lambda}{J_s}} \ln \frac{\left(\eta + \sqrt{\dfrac{\varkappa \lambda}{J_s}}\right)\left(\eta_0 - \sqrt{\dfrac{\varkappa \lambda}{J_s}}\right)}{\left(\eta - \sqrt{\dfrac{\varkappa \lambda}{J_s}}\right)\left(\eta_0 + \sqrt{\dfrac{\varkappa \lambda}{J_s}}\right)} = - i \sqrt{\frac{\varkappa \lambda}{-J_s}} \ln \frac{\left(\eta - i\sqrt{\dfrac{\varkappa \lambda}{-J_s}}\right)\left(\eta_0 + i\sqrt{\dfrac{\varkappa \lambda}{-J_s}}\right)}{\left(\eta + i\sqrt{\dfrac{\varkappa \lambda}{-J_s}}\right)\left(\eta_0 - i\sqrt{\dfrac{\varkappa \lambda}{-J_s}}\right)} = - i \sqrt{\frac{\varkappa \lambda}{-J_s}} \ln \frac{\left(\eta \eta_0 + \dfrac{\varkappa \lambda}{-J_s}\right) + (\eta - \eta_0)\sqrt{\dfrac{\varkappa \lambda}{-J_s}}\, i}{\left(\eta \eta_0 + \dfrac{\varkappa \lambda}{-J_s}\right) - (\eta - \eta_0)\sqrt{\dfrac{\varkappa \lambda}{-J_s}}\, i} .$$

Nun ist

$$\ln \left[\left(\eta \eta_0 + \frac{\varkappa \lambda}{-J_s}\right) \pm (\eta - \eta_0)\sqrt{\frac{\varkappa \lambda}{-J_s}}\, i\right] = \ln \sqrt{\left(\eta \eta_0 + \frac{\varkappa \lambda}{-J_s}\right)^2 + (\eta - \eta_0)^2 \frac{\varkappa \lambda}{-J_s}} \pm i \arctan \frac{(\eta - \eta_0)\sqrt{\dfrac{\varkappa \lambda}{-J_s}}}{\eta \eta_0 + \dfrac{\varkappa \lambda}{-J_s}}$$

und damit

$$\sqrt{\frac{\varkappa \lambda}{J_s}} \ln \frac{\left(\eta + \sqrt{\dfrac{\varkappa \lambda}{J_s}}\right)\left(\eta_0 - \sqrt{\dfrac{\varkappa \lambda}{J_s}}\right)}{\left(\eta - \sqrt{\dfrac{\varkappa \lambda}{-J_s}}\right)\left(\eta_0 + \sqrt{\dfrac{\varkappa \lambda}{J_s}}\right)} = 2 \sqrt{\frac{\varkappa \lambda}{-J_s}} \arctan \frac{(\eta - \eta_0)\sqrt{\dfrac{\varkappa \lambda}{-J_s}}}{\eta \eta_0 + \dfrac{\varkappa \lambda}{-J_s}} . \qquad (563)$$

Wird (563) in (562) berücksichtigt, so folgt für $J_s < 0$

$$\xi = \frac{\eta_0 - \eta}{-J_s} + \frac{1}{\lambda} \ln \frac{\eta^2 \left(\eta_0^2 + \dfrac{\varkappa \lambda}{-J_s}\right)}{\eta_0^2 \left(\eta^2 + \dfrac{\varkappa \lambda}{-J_s}\right)} + \frac{1}{-J_s} \sqrt{\frac{\varkappa \lambda}{-J_s}} \arctan \frac{(\eta_0 - \eta)\sqrt{\dfrac{\varkappa \lambda}{-J_s}}}{\eta \eta_0 + \dfrac{\varkappa \lambda}{-J_s}} \qquad \text{(für } J_s < 0) . \qquad (564)$$

Beispiel 43. In einem rechteckigen Kanalbett von 20 m Breite und 0,222% Sohlenneigung strömt bei einem mittleren Verlustbeiwert von $\bar{c} = 18{,}98$ und einem mittleren Profilradius von $R = 5$ m eine Wassermenge von 600 m³/s. Wie ändern sich die Strömungs- und Wasserspiegelverhältnisse, wenn in den Kanal eine 0,5 m hohe und 40 m lange Grundschwelle eingebaut wird? (Kronenbreite der Schwelle 20 m.)

In Verbindung mit Abb. 120 ergibt sich für die fünf Gefällstrecken:

$$J_{s_1} = + 0{,}00222, \quad J_{s_2} = - 0{,}047747, \quad J_{s_3} = + 0{,}00222, \quad J_{s_4} = + 0{,}052226, \quad J_{s_5} = + 0{,}00222 .$$

Dementsprechend gilt für die Gefällstrecken 1, 3, 4, 5 die Gl. (562) und für die Gefällstrecke 2 die Gl. (564).

Für die beiden Parameter und die theoretische Grenztiefe errechnet man

$$\varkappa = \frac{Q^2}{2 g b^5} = \frac{600^2}{2 \cdot 9{,}81 \cdot 20^5} = 0{,}0057339 ; \quad \lambda = \frac{2 b}{\bar{c}^2 R} = \frac{2 \cdot 20}{18{,}98^2 \cdot 5} = 0{,}0222 ; \quad \eta^{\text{Grenztiefe}} = \sqrt[3]{2 \varkappa} = 0{,}22551 .$$

Im vorliegenden Falle ist es von vornherein klar, daß ein Übergang von der strömenden in die schießende Bewegung stattfinden muß, und zwar im Bezugspunkte des in Abb. 120 gewählten Koordinatensystems, in welchem der trapezförmige Abfall der Grundschwelle beginnt. Ein solcher

Übergang vom Strömen zum Schießen ist aber nach Abb. 119 nur bei der theoretischen Grenztiefe möglich. Diese das Rückgrat der Wasserspiegellagenberechnung bildende Wassertiefe ergibt sich zu

$$t_0 = b\,\eta^{\text{Grenztiefe}} = 20 \cdot 0{,}22551 = 4{,}51015 \text{ m} .$$

Der weitere Rechnungsgang ist mit (562) und (564) leicht zu bewerkstelligen. Zunächst gilt beiderseits vom Koordinatenursprung die Gl. (562), da beide Gefälle positiv sind; η_0 ist 0,22551. Ferner weiß man aus strömungstechnischen Überlegungen, daß η nach links wachsen, nach rechts fallen muß. So kann man ξ als Funktion von η punktweise darstellen und aus der zugehörigen Kurve die zu $\xi = -\frac{20}{20} = -1{,}00$ und $\xi = +\frac{10}{20} = 0{,}50$ gehörigen Endordinaten der beiden Gefällbereiche ermitteln, die dann für die sich anschließenden beiden Gefällstufen die η_0-Werte darstellen. Für die linke Anschlußstrecke gilt (564), für die rechte (562). Werden die so ermittelten η-Werte noch mit der Kanalbreite b multipliziert und aufgetragen, so ergibt sich der aus Abb. 120 ersichtliche Verlauf.

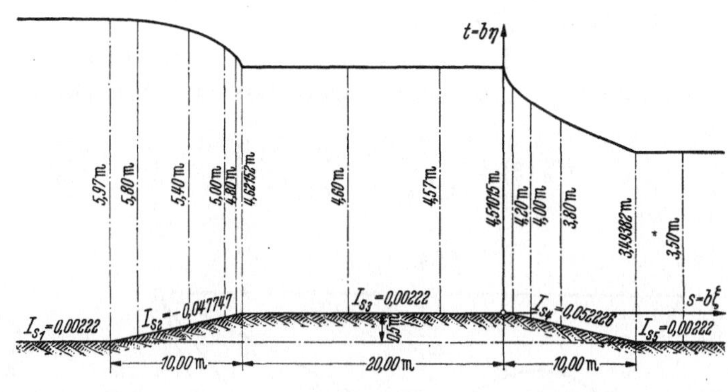

Abb. 120.

Die Strömungsverhältnisse errechnen sich aus den Wassertiefen nach der Formel

$$v = \frac{Q}{F} = \frac{Q}{b\,t} = \frac{600}{20\,t} = \frac{30}{t} .$$

So findet man am Eintrittspunkt in die Schräge $v = \frac{30}{5{,}97} = \sim 5 \text{ m/s}$, in der Mitte der Schwelle $v = \frac{30}{4{,}60} = \sim 6{,}5 \text{ m/s}$ und am Austrittspunkt aus der Schräge $v = \frac{30}{3{,}49} = \sim 8{,}6 \text{ m/s}$.

35. Der Wassersprung in offenen Gerinnen.

Die in Ziffer 34 entwickelten Formeln erlauben, wie Beispiel 43 erkennen läßt, die Berechnung der Wasserspiegellage in strömendem Wasser, in schießendem Wasser und beim Übergang von strömendem zu schießendem Wasser. Sie versagen dagegen, wenn schießendes Wasser in den strömenden Zustand übergeführt werden soll. Der Grund hierfür liegt in der starken Energievernichtung, die mit diesem Vorgang verbunden ist und die einen plötzlichen Übergang der schießenden in die strömende Wasserspiegellage in Gestalt des sogenannten Wassersprunges herbeiführt (Abb. 121). Zur Beherrschung von Stoßproblemen dieser Art bieten sich in der Mechanik der Impulssatz und die Kontinuitätsgleichung. Diese lauten unter Bezugnahme auf Abb. 118

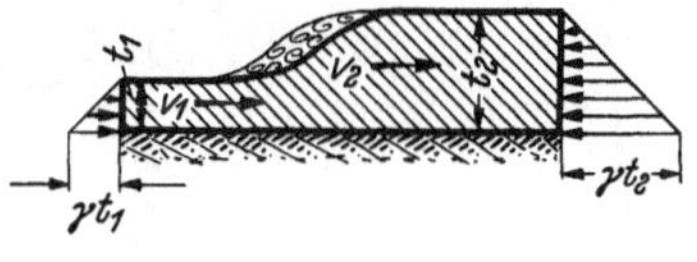

Abb. 121.

$$\frac{Q\,\gamma}{g}(v_1 - v_2) = P = b\left[\frac{\gamma\,t_2^2}{2} - \frac{\gamma\,t_1^2}{2}\right], \qquad Q = b\,t_1\,v_1 = b\,t_2\,v_2 . \tag{565}$$

Werden v_1 und v_2 mit Hilfe von (565)[2] durch Q ausgedrückt und in (565)[1] eingeführt, so entsteht eine Gleichung zwischen t_1 und t_2. Ihre Auflösung nach t_2 liefert

$$t_2 = -\frac{t_1}{2} + \sqrt{\frac{t_1^2}{4} + \frac{2\,Q}{g\,b^2\,t_1}} . \tag{566}$$

Fünftes Kapitel.

Membrane unter Querbelastung.

36. Die zonalen Kugelfunktionen und Kugelanalyse.

Das polare Gegenstück zu der in Kapitel 1 behandelten harmonischen Analyse periodischer Funktionen ist die Analyse einer zwischen $\xi = -1$ und $\xi = +1$ definierten Funktion $f(\xi)$ durch zonale Kugelfunktionen.

Die zonalen Kugelfunktionen sind elementare transzendente Funktionen einer Veränderlichen ξ und eines ganzzahligen Parameters m. Ihre Definitionsgleichung lautet

$$P_m(\xi) = \frac{1}{2^m\, m!}\, \frac{d^m[(\xi^2-1)^m]}{(d\xi)^m} \qquad (-1 \leq \xi \leq +1, \qquad m = 1, 2, 3, \ldots). \tag{567}$$

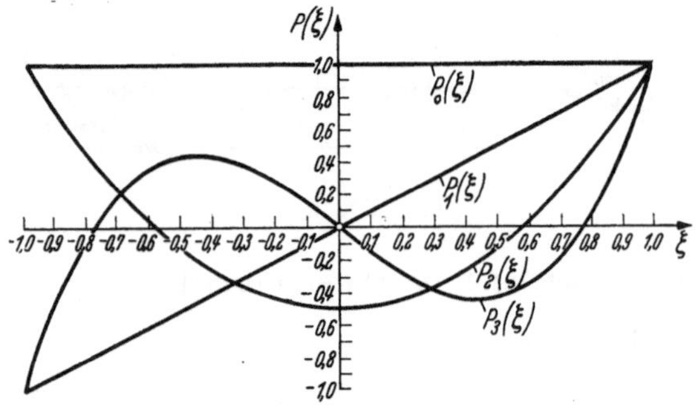

Abb. 122.

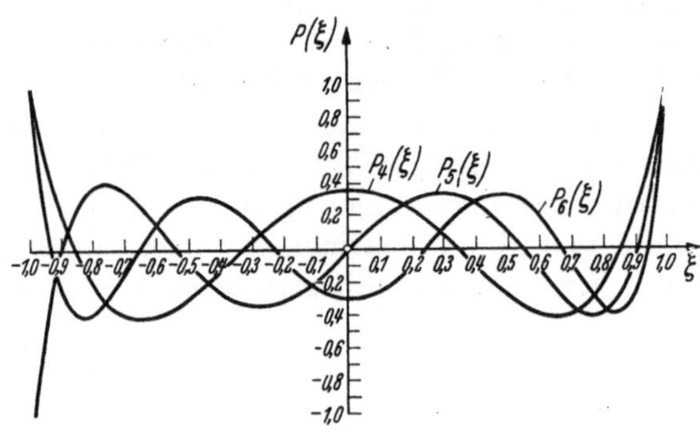

Abb. 123.

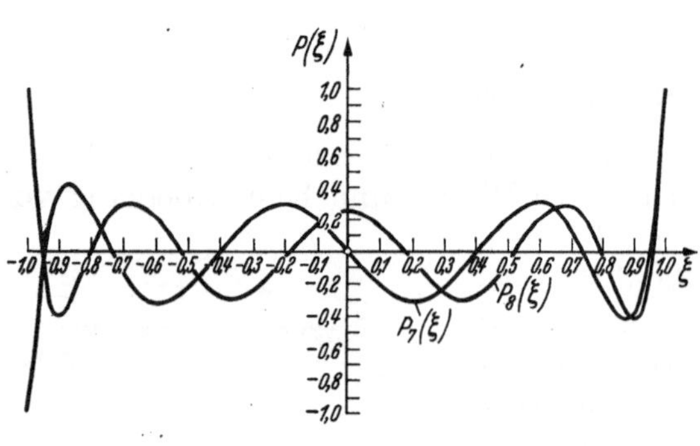

Abb. 124.

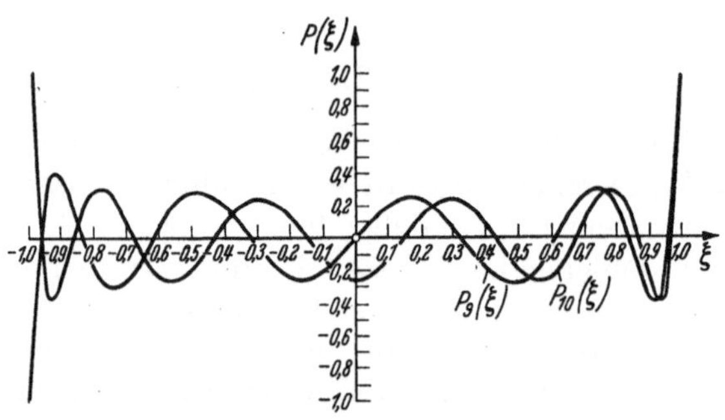

Abb. 125.

$(\xi^2-1)^m$ ist eine ganze rationale Funktion $2\,m^{\text{ten}}$ Grades und daher $P_m(\xi)$ eine solche m^{ten} Grades. Der Index m, der auch die Ordnung heißt, bestimmt somit den Grad der durch die Kugelfunktion dargestellten ganzen rationalen Funktion. Nach dem binomischen Satze ist

$$(\xi^2-1)^m = \xi^{2m} - \binom{m}{1}\xi^{2m-2} + \binom{m}{2}\xi^{2m-4} - \cdots + (-1)^n \binom{m}{n}\xi^{2m-2n} + \cdots + (-1)^m.$$

Hieraus folgt durch m-fache Differentiation und Einführung in (567)

$$P_m(\xi) = \frac{(2m)!}{2^m\, m!\, m!}\, \xi^m - \frac{\binom{m}{1}(2m-2)!}{2^m\, m!\, (m-2)!}\, \xi^{m-2} + \cdots + (-1)^n \frac{\binom{m}{n}(2m-2n)!}{2^m\, m!\, (m-2n)!}\, \xi^{m-2n} + \cdots. \tag{568}$$

Die Entwicklung (568) ist solange fortzusetzen, bis ein in ξ lineares oder konstantes Glied erscheint; im Falle ungerader Ordnungen ist das letzte Glied in ξ linear, im Falle gerader Ordnungen konstant.

Die ersten 10 Kugelfunktionen lauten

$$
\begin{aligned}
P_0\,(\xi) &= 1 &&,\\
P_1\,(\xi) &= \xi &&,\\
P_2\,(\xi) &= \tfrac{1}{2}\,(3\,\xi^2 - 1) &&,\\
P_3\,(\xi) &= \tfrac{1}{2}\,(5\,\xi^3 - 3\xi) &&,\\
P_4\,(\xi) &= \tfrac{1}{8}\,(35\,\xi^4 - 30\,\xi^2 + 3) &&,\\
P_5\,(\xi) &= \tfrac{1}{8}\,(63\,\xi^5 - 70\,\xi^3 + 15\,\xi) &&,\\
P_6\,(\xi) &= \tfrac{1}{16}\,(231\,\xi^6 - 315\,\xi^4 + 105\,\xi^2 - 5) &&,\\
P_7\,(\xi) &= \tfrac{1}{16}\,(429\,\xi^7 - 693\,\xi^5 + 315\,\xi^3 - 35\,\xi) &&,\\
P_8\,(\xi) &= \tfrac{1}{128}\,(6435\,\xi^8 - 12012\,\xi^6 + 6930\,\xi^4 - 1260\,\xi^2 + 35) &&,\\
P_9\,(\xi) &= \tfrac{1}{128}\,(12155\,\xi^9 - 25740\,\xi^7 + 18018\,\xi^5 - 4620\,\xi^3 + 315\,\xi) &&,\\
P_{10}(\xi) &= \tfrac{1}{256}\,(46189\,\xi^{10} - 109395\,\xi^8 + 90090\,\xi^6 - 30030\,\xi^4 + 3465\,\xi^2 - 63)\,. &&
\end{aligned}
\tag{569}
$$

Aus Abb. 122 bis 125 ist der Verlauf der ersten 10 Kugelfunktionen ersichtlich. Aus der Funktionentafel 1 des fünften Abschnitts können die ersten 10 Kugelfunktionen mit 0,001 Intervallteilung unmittelbar entnommen werden.

Für die Ableitungen erhält man

$$
\begin{aligned}
\frac{dP_0(\xi)}{d\xi} &= 0 &&,\\[4pt]
\frac{dP_1(\xi)}{d\xi} &= 1 &&,\\[4pt]
\frac{dP_2(\xi)}{d\xi} &= 3\,\xi &&,\\[4pt]
\frac{dP_3(\xi)}{d\xi} &= \frac{3}{2}\,(5\,\xi^2 - 3) &&,\\[4pt]
\frac{dP_4(\xi)}{d\xi} &= \frac{5}{2}\,(7\,\xi^3 - 3\,\xi) &&,\\[4pt]
\frac{dP_5(\xi)}{d\xi} &= \frac{15}{8}\,(21\,\xi^4 - 14\,\xi^2 + 1) &&,\\[4pt]
\frac{dP_6(\xi)}{d\xi} &= \frac{21}{8}\,(33\,\xi^5 - 30\,\xi^3 + 5\,\xi) &&,\\[4pt]
\frac{dP_7(\xi)}{d\xi} &= \frac{7}{16}\,(429\,\xi^6 - 495\,\xi^4 + 135\,\xi^2) &&,\\[4pt]
\frac{dP_8(\xi)}{d\xi} &= \frac{1}{16}\,(6435\,\xi^7 - 9009\,\xi^5 + 3465\,\xi^3 - 315\,\xi) &&,\\[4pt]
\frac{dP_9(\xi)}{d\xi} &= \frac{1}{128}\,(109395\,\xi^8 - 180180\,\xi^6 + 90090\,\xi^4 - 13860\,\xi^2 + 315) &&,\\[4pt]
\frac{dP_{10}(\xi)}{d\xi} &= \frac{1}{128}\,(230945\,\xi^9 - 437580\,\xi^7 + 270270\,\xi^5 - 60060\,\xi^3 + 3465\,\xi)\,. &&
\end{aligned}
\tag{570}
$$

Die Ableitungen der dritten, vierten, fünften und sechsten Kugelfunktion können, ebenfalls mit 0,001 Intervallteilung aus der Zahlentafel 2 des fünften Abschnittes abgelesen werden.

Werden die von Null aus genommenen Integrale gemäß

$$
P_{m,1}(\xi) = \int_0^\xi P_m(\xi)\,d\xi\,, \qquad
P_{m,2}(\xi) = \int_0^\xi\!\int_0^\xi P_m(\xi)\,d\xi\,d\xi\,, \qquad
P_{m,3}(\xi) = \int_0^\xi\!\int_0^\xi\!\int_0^\xi P_m(\xi)\,d\xi\,d\xi\,d\xi\,.
$$
$$
P_{m,4}(\xi) = \int_0^\xi\!\int_0^\xi\!\int_0^\xi\!\int_0^\xi P_m(\xi)\,d\xi\,d\xi\,d\xi\,d\xi\,, \;\ldots
\tag{571}
$$

bezeichnet, so folgt für die Kugelfunktionen bis zur sechsten Ordnung

$$
\begin{aligned}
P_{0,1}(\xi) &= \xi & , && P_{0,2}(\xi) &= \tfrac{1}{2}\xi^2 & ,\\
P_{1,1}(\xi) &= \tfrac{1}{2}\xi^2 & , && P_{1,2}(\xi) &= \tfrac{1}{6}\xi^3 & ,\\
P_{2,1}(\xi) &= \tfrac{1}{2}(\xi^3-\xi) & , && P_{2,2}(\xi) &= \tfrac{1}{8}(\xi^4-2\xi^2) & ,\\
P_{3,1}(\xi) &= \tfrac{1}{8}(5\xi^4-6\xi^2) & , && P_{3,2}(\xi) &= \tfrac{1}{8}(\xi^5-2\xi^3) & ,\\
P_{4,1}(\xi) &= \tfrac{1}{8}(7\xi^5-10\xi^3+3\xi) & , && P_{4,2}(\xi) &= \tfrac{1}{48}(7\xi^6-15\xi^4+9\xi^2) & ,\\
P_{5,1}(\xi) &= \tfrac{1}{16}(21\xi^6-35\xi^4+15\xi^2) & , && P_{5,2}(\xi) &= \tfrac{1}{16}(3\xi^7-7\xi^5+5\xi^3) & ,\\
P_{6,1}(\xi) &= \tfrac{1}{16}(33\xi^7-63\xi^5+35\xi^3-5\xi) & ; && P_{6,2}(\xi) &= \tfrac{1}{128}(33\xi^8-84\xi^6+70\xi^4-20\xi^2) & ;\\
P_{0,3}(\xi) &= \tfrac{1}{6}\xi^3 & , && P_{0,4}(\xi) &= \tfrac{1}{24}\xi^4 & ,\\
P_{1,3}(\xi) &= \tfrac{1}{24}\xi^4 & , && P_{1,4}(\xi) &= \tfrac{1}{120}\xi^5 & .\\
P_{2,3}(\xi) &= \tfrac{1}{120}(3\xi^5-10\xi^3) & , && P_{2,4}(\xi) &= \tfrac{1}{240}(\xi^6-5\xi^4) & ,\\
P_{3,3}(\xi) &= \tfrac{1}{48}(\xi^6-3\xi^4) & , && P_{3,4}(\xi) &= \tfrac{1}{1680}(5\xi^7-21\xi^5) & ,\\
P_{4,3}(\xi) &= \tfrac{1}{48}(\xi^7-3\xi^5+3\xi^3) & , && P_{4,4}(\xi) &= \tfrac{1}{384}(\xi^8-4\xi^6+6\xi^4) & ,\\
P_{5,3}(\xi) &= \tfrac{1}{384}(9\xi^8-28\xi^6+30\xi^4) & , && P_{5,4}(\xi) &= \tfrac{1}{384}(\xi^9-4\xi^7+6\xi^5) & ,\\
P_{6,3}(\xi) &= \tfrac{1}{384}(11\xi^9-36\xi^7+42\xi^5-20\xi^3) & ,. && P_{6,4}(\xi) &= \tfrac{1}{3840}(11\xi^{10}-45\xi^8+70\xi^6-50\xi^4) & .
\end{aligned} \tag{572}
$$

Der Verlauf dieser Funktionen ist aus Abb. 126 bis 129 ersichtlich. Für die ersten, zweiten und dritten Integrale können die Zahlenwerte mit 0,001 Intervallteilung aus der Zahlentafel 3 des fünften Abschnittes entnommen werden.

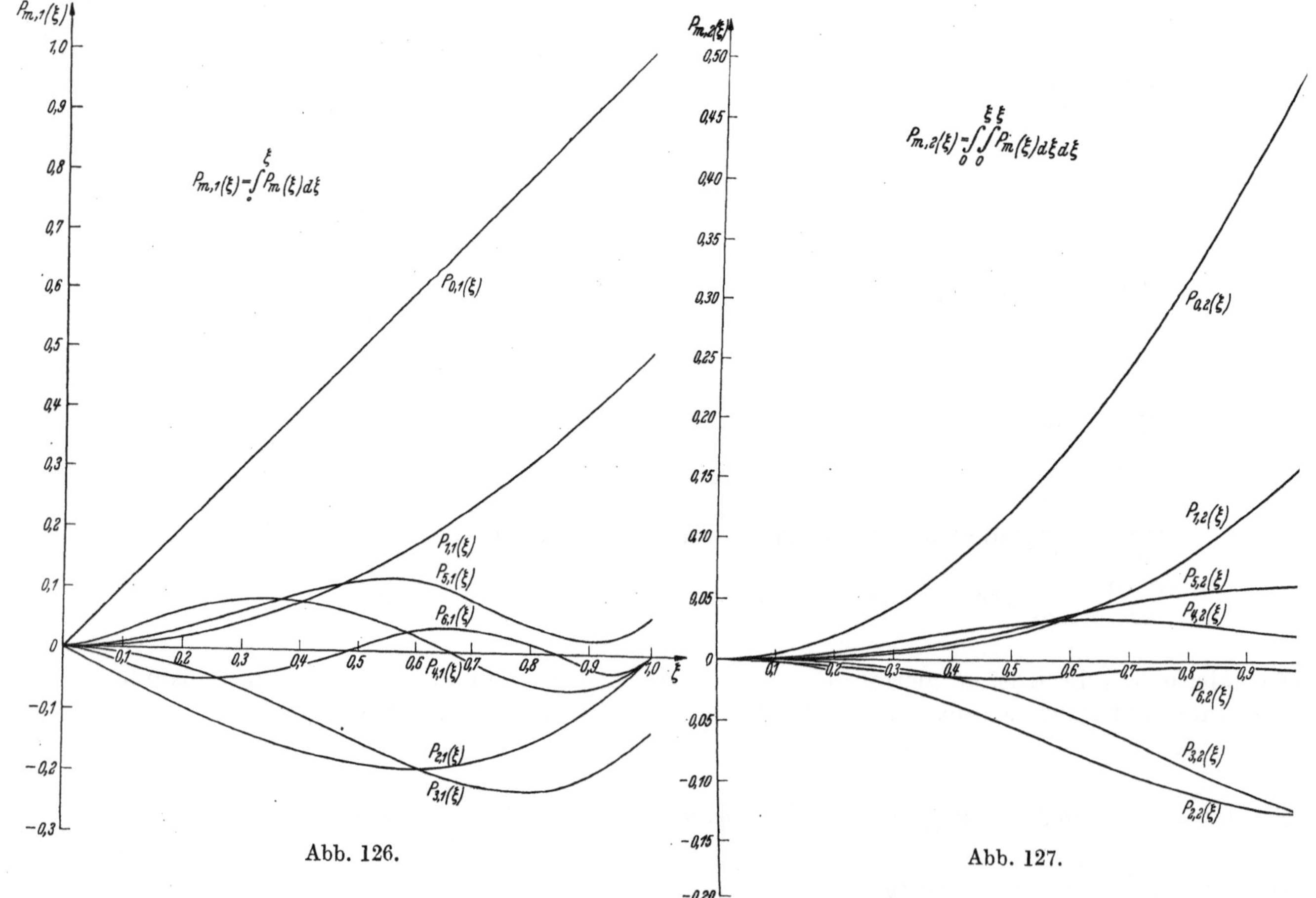

Abb. 126.   Abb. 127.

Zwischen den Kugelfunktionen dreier aufeinander folgender Ordnungen besteht eine lineare Beziehung. Bildet man $P_{m+1}(\xi)$ und $P_{m-1}(\xi)$, indem in (568) m mit $m+1$ bzw. $m-1$ vertauscht wird, so ergibt sich

$$n+1)\,P_{m+1}(\xi)=\frac{(2m+2)!}{2^{m+1}m!\,(m+1)!}\xi^{n+1}-\frac{\binom{m+1}{1}(2m)!}{2^{m+1}m!\,(m-1)!}\xi^{n-1}+\cdots+(-1)^n\frac{\binom{m+1}{n}(2m-2n+2)!}{2^{m+1}m!\,(m-2n+1)!}\xi^{m-2n+1}+\cdots\;,$$

$$2m+1)\,\xi\,P_m(\xi)=-\frac{(2m+1)!}{2^m m!\,m!}\xi^{m+1}+\frac{\binom{m}{1}(2m+1)(2m-2)!}{2^m m!\,(m-2)!}\xi^{n-1}+\cdots-(-1)^n\frac{\binom{m}{n}(2m+1)(2m-2n)!}{2^m m!\,(m-2n)!}\xi^{m-2n+1}+\cdots\;,$$

$$m\,P_{m-1}(\xi)=+\frac{m(2m-2)!}{2^{m-1}(m-1)!\,(m-1)!}\xi^{m-1}-\cdots-(-1)^n\frac{\binom{m-1}{n-1}m(2m-2n)!}{2^{m-1}(m-1)!\,(m-2n+1)!}\xi^{m-2n+1}+\cdots\;.$$

Die Überlagerung dieser drei Funktionen liefert bei entsprechender Zusammenfassung der gleichartigen Potenzen

$$(m+1)\,P_{m+1}(\xi)-(2m+1)\,\xi\,P_m(\xi)+m\,P_{m-1}(\xi)=0\;. \tag{573}$$

Die Kugelfunktionen stellen daher die Lösung eines Systems dreigliedriger Differenzengleichungen mit nicht linearen, in bestimmter Weise vorgeschriebenen Koeffizienten dar.

Zwischen den Kugelfunktionen zweier aufeinander folgender Ordnungen bestehen lineare Differentialbeziehungen, die sich ähnlich wie bei (573) bestätigen lassen. Die wichtigsten dieser Beziehungen lauten

$$\frac{dP_{m+1}}{d\xi}=\xi\,\frac{dP_m}{d\xi}+(m+1)\,P_m(\xi)\;,\qquad\qquad \frac{dP_{m-1}}{d\xi}=\xi\,\frac{dP_m}{d\xi}-m\,P_m(\xi)\;. \tag{574}$$

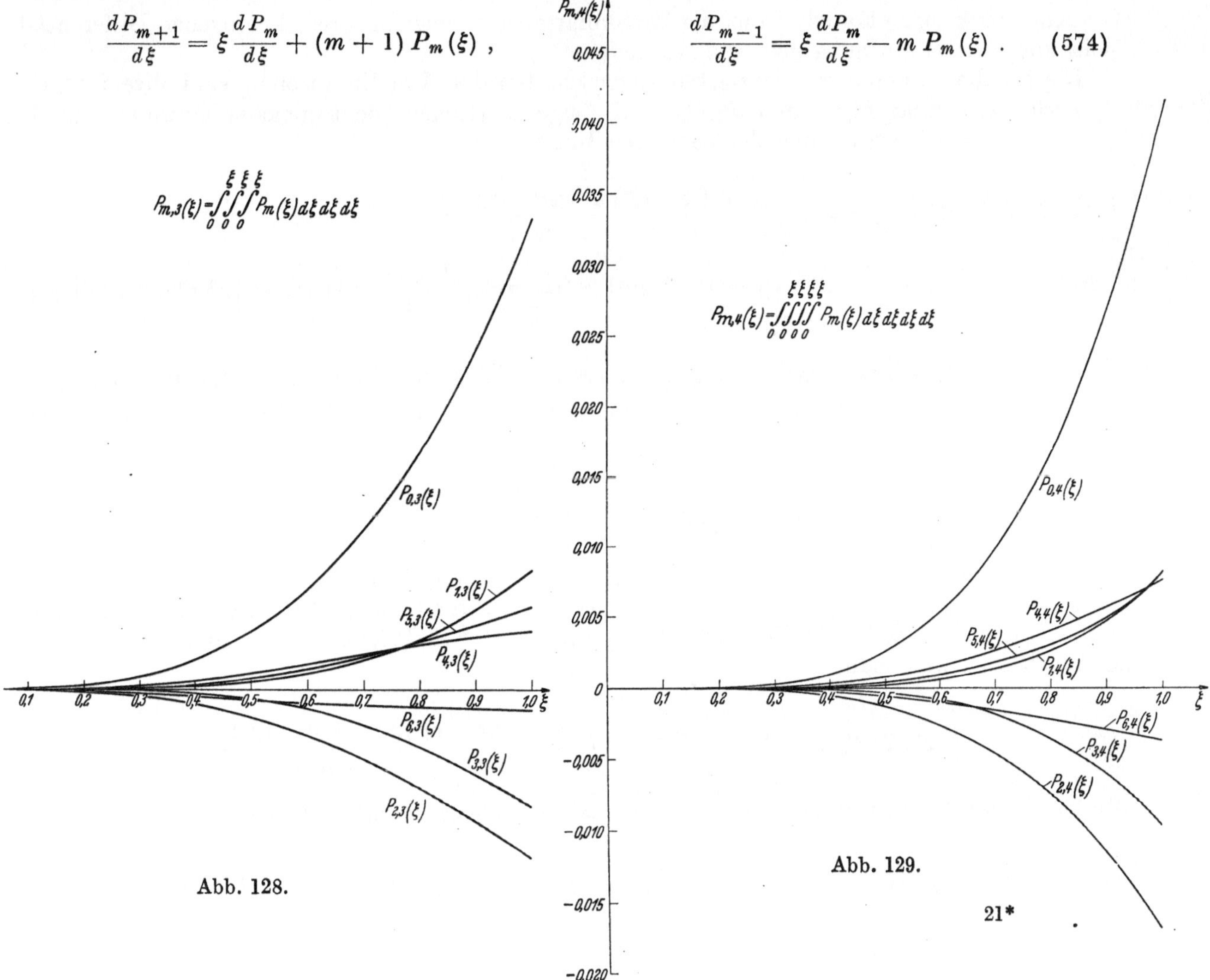

Abb. 128.

Abb. 129.

Der Differentialquotient $\dfrac{dP_{m+1}}{d\xi}$ kann noch auf eine zweite Weise durch $P_m(\xi)$ ausgedrückt werden. Im Anschluß an (567) folgt

$$\frac{dP_{m+1}}{d\xi} = \frac{1}{2^{m+1}(m+1)!}\frac{d^{m+2}\left[(\xi^2-1)^{m+1}\right]}{(d\xi)^{m+2}} = \frac{1}{2^{m+1}(m+1)!}\frac{d^{m+2}\left[(\xi^2-1)^{m}(\xi^2-1)\right]}{(d\xi)^{m+2}}$$

$$= \frac{1}{2^{m+1}(m+1)!}\frac{d^{m+2}\left[(\xi^2-1)^{m}\right]}{(d\xi)^{m+2}}(\xi^2-1) + \frac{\binom{m+2}{1}}{2^{m+1}(m+1)!}\frac{d^{m+1}\left[(\xi^2-1)^{m}\right]}{(d\xi)^{m+1}}2\xi + \frac{\binom{m+2}{2}}{2^{m+1}(m+1)!}\frac{d^{m}\left[(\xi^2-1)^{m}\right]}{(d\xi)^{m}}.$$

Nach (567) läßt sich hierin der erste Differentialquotient als zweite Ableitung von P_m nach ξ, der zweite als erste Ableitung von P_m nach ξ und der dritte durch P_m selbst ausdrücken. Nach entsprechender Zusammenfassung ergibt sich

$$\frac{dP_{m+1}}{d\xi} = \frac{\xi^2-1}{2(m+1)}\frac{d^2P_m}{d\xi^2} + \frac{m+2}{m+1}\xi\frac{dP_m}{d\xi} + \frac{m+2}{2}P_m(\xi). \tag{575}$$

Führt man diesen Differentialquotienten in die erste der Gln (574) ein, so folgt

$$\frac{\xi^2-1}{2(m+1)}\frac{d^2P_m}{d\xi^2} + \frac{m+2}{m+1}\xi\frac{dP_m}{d\xi} + \frac{m+2}{2}P_m(\xi) = \xi\frac{dP_m}{d\xi} + (m+1)P_m(\xi)$$

oder zusammengefaßt

$$\frac{d^2P_m}{d\xi^2} + \frac{2\xi}{\xi^2-1}\frac{dP_m}{d\xi} - \frac{m(m+1)}{\xi^2-1}P_m(\xi) = 0. \tag{576}$$

Die Kugelfunktionen können daher als Partikularintegral einer linearen, homogenen Differentialgleichung zweiter Ordnung gedeutet werden.

Die für die Anwendung wichtigsten Eigenschaften der Kugelfunktionen sind ihre Integraleigenschaften. Sind $P_m(\xi)$ und $P_{\overline{m}}(\xi)$ zwei Kugelfunktionen nicht gleicher Ordnung und ist $m > \overline{m}$, so ist bei Anwendung der partiellen Integration

$$\int\limits_{-1}^{+1}P_m(\xi)\,P_{\overline{m}}(\xi)\,d\xi = \frac{1}{2^{m+\overline{m}}(m!)^2}\int\limits_{-1}^{+1}\frac{d^{m}\left[(\xi^2-1)^{m}\right]}{(d\xi)^{m}}\frac{d^{\overline{m}}\left[(\xi^2-1)^{\overline{m}}\right]}{(d\xi)^{\overline{m}}}\,d\xi$$

$$= \frac{1}{2^{m+\overline{m}}(m!)^2}\left\{\left[\frac{d^{m-1}\left[(\xi^2-1)^{m}\right]}{(d\xi)^{m-1}}\frac{d^{\overline{m}}\left[(\xi^2-1)^{\overline{m}}\right]}{(d\xi)^{\overline{m}}}\right]_{-1}^{+1} - \int\limits_{-1}^{+1}\frac{d^{m-1}\left[(\xi^2-1)^{m}\right]}{(d\xi)^{m-1}}\frac{d^{\overline{m}+1}\left[(\xi^2-1)^{\overline{m}}\right]}{(d\xi)^{\overline{m}+1}}\,d\xi\right\}.$$

Nun muß die $(m-1)^{\text{te}}$ Ableitung von $(\xi^2-1)^{m}$ nach ξ als Faktor (ξ^2-1) enthalten und demgemäß das erste Glied in der geschweiften Klammer an den beiden Grenzen verschwinden. Somit verbleibt

$$\int\limits_{-1}^{+1}P_m(\xi)\,P_{\overline{m}}(\xi)\,d\xi = \frac{-1}{2^{m+\overline{m}}(m!)^2}\int\limits_{-1}^{+1}\frac{d^{m-1}\left[(\xi^2-1)^{m}\right]}{(d\xi)^{m-1}}\frac{d^{\overline{m}+1}\left[(\xi^2-1)^{\overline{m}}\right]}{(d\xi)^{\overline{m}+1}}\,d\xi.$$

Integriert man nochmals partiell, so ergibt sich wieder eine geschweifte Klammer, in welcher das erste Glied die $(m-2)^{\text{te}}$ Ableitung von $(\xi^2-1)^{m}$ als Faktor besitzt. Dieses Glied verschwindet ähnlich wie vorhin, da bei der Differentiation jetzt $(\xi^2-1)^2$ als Faktor in Erscheinung tritt. Dementsprechend erhält man

$$\int\limits_{-1}^{+1}P_m(\xi)\,P_{\overline{m}}(\xi)\,d\xi = \frac{(-1)^2}{2^{m+\overline{m}}(m!)^2}\int\limits_{-1}^{+1}\frac{d^{m-2}\left[(\xi^2-1)^{m}\right]}{(d\xi)^{m-2}}\frac{d^{\overline{m}+2}\left[(\xi^2-1)^{\overline{m}}\right]}{(d\xi)^{\overline{m}+2}}\,d\xi.$$

Wird in dieser Weise fortgefahren, so folgt nach $\overline{m}$-maliger partieller Integration

$$\int\limits_{-1}^{+1}P_m(\xi)\,P_{\overline{m}}(\xi)\,d\xi = \frac{(-1)^{m}}{2^{m+\overline{m}}(m!)^2}\int\limits_{-1}^{+1}\frac{d^{m-\overline{m}}\left[(\xi^2-1)^{m}\right]}{(d\xi)^{m-\overline{m}}}\frac{d^{m+}\left[(\xi^2-1)^{\overline{m}}\right]}{(d\xi)^{m+m}}\,d\xi.$$

Der zweite Faktor unter dem Integral stellt jetzt die $2\,\overline{m}^{\text{te}}$ Ableitung eines Polynoms $2\,\overline{m}^{\text{ten}}$ Grades dar und ist daher $(2\,\overline{m})!$ Somit ergibt sich

$$\int\limits_{-1}^{+1} P_m(\xi)\,P_{\overline{m}}(\xi)\,d\xi = \frac{(-1)^{\overline{m}}\,(2\,\overline{m})!}{2^{m+\overline{m}}\,(m!)^2} \int\limits_{-1}^{+1} \frac{d^{m-\overline{m}}\,[(\xi^2-1)^m]}{(d\xi)^{m-\overline{m}}}\,d\xi = \frac{(-1)^{\overline{m}}\,(2\,\overline{m})!}{2^{m+\overline{m}}\,(m!)^2}\left[\frac{d^{m-\overline{m}-1}\,[(\xi^2-1)^m]}{(d\xi)^{m-\overline{m}-1}}\right]_{-1}^{+1}.$$

Nun war $m > \overline{m}$ vorausgesetzt worden. Andererseits sind m und $\overline{m}$ ganzzahlig. Demgemäß muß $m - \overline{m} - 1$ eine der Zahlen $0, 1, 2, \cdots m-1$ sein. Ist $m - \overline{m} - 1 = 0$ so, wird die eckige Klammer gleich $(\xi^2-1)^m$, so daß sie an beiden Grenzen verschwindet. Ist $m-\overline{m}-1$ eine der Zahlen $1, 2, \cdots m-1$, so tritt in der Ableitung $(\xi^2-1)^{m-1}$, $(\xi^2-1)^{m-2}$, $\cdots (\xi^2-1)^1$ als Faktor auf, was ebenfalls ein Verschwinden der eckigen Klammer an den Grenzen nach sich zieht. Es folgt daher in jedem Falle

$$\int\limits_{-1}^{+1} P_m(\xi)\,P_{\overline{m}}(\xi)\,d\xi = 0 \qquad \text{für}\quad m \neq \overline{m}\,, \tag{577}$$

d. h. die Kugelfunktionen sind orthogonale Funktionen.

Ist $\overline{m} = m$, so erhält man nach m-maliger partieller Integration

$$\int\limits_{-1}^{+1} P_m^2(\xi)\,d\xi = \frac{(-1)^m\,(2\,m)!}{2^{2\,m}\,(m!)^2} \int\limits_{-1}^{+1} (\xi^2-1)^m\,d\xi\,. \tag{578}$$

Wird nun weiter partiell integriert, so folgt

$$\int\limits_{-1}^{+1} P_m^2(\xi)\,d\xi = \frac{(-1)^m\,(2\,m)!}{2^{2\,m}\,(m!)^2}\left\{\left[\xi\,(\xi^2-1)^m\right]_{-1}^{+1} - \int\limits_{-1}^{+1} m\,(\xi^2-1)^{m-1}\,2\,\xi^2\,d\xi\right\}$$

$$= \frac{(-1)^{m+1}\,(2\,m)!}{2^{2\,m}\,(m!)^2} \int\limits_{-1}^{+1} \left[2\,m\,(\xi^2-1)^m + 2\,m\,(\xi^2-1)^{m-1}\right]d\xi$$

oder mit (578)

$$\int\limits_{-1}^{+1} P_m^2(\xi)\,d\xi = -2\,m \int\limits_{-1}^{+1} P_m^2(\xi)\,d\xi + \frac{(-1)^{m+1}\,2\,m\,(2\,m)!}{2^{2\,m}\,(m!)^2} \int\limits_{-1}^{+1} (\xi^2-1)^{m-1}\,d\xi$$

oder zusammengefaßt

$$\int\limits_{-1}^{+1} P_m^2(\xi)\,d\xi = \frac{(-1)^{m+1}\,(2\,m)!}{2^{2\,m}\,(m!)^2}\,\frac{2\,m}{2\,m+1} \int\limits_{-1}^{+1} (\xi^2-1)^{m-1}\,d\xi\,.$$

Wird dieses partielle Integrationsverfahren fortgesetzt, so ergibt sich schließlich

$$\int\limits_{-1}^{+1} P_m^2(\xi)\,d\xi = \frac{(-1)^{2\,m}\,(2\,m)!}{2^{2\,m}\,(m!)^2}\,\frac{2\,m}{2\,m+1}\,\frac{2\,m-2}{2\,m-1}\,\frac{2\,m-4}{2\,m-3}\cdots\frac{2}{3} \int\limits_{-1}^{+1} d\xi = \frac{(2\,m)!}{2^{2m-1}\,(m!)^2}\,\frac{2^m\,m\,(m-1)\,(m-2)\cdots 2\cdot 1}{(2\,m+1)\,(2\,m-1)\,(2\,m-3)\cdots 3}\,.$$

Nun ist

$$m\,(m-1)\,(m-2)\cdots 2\cdot 1 = m!$$

$$(2\,m+1)\,(2\,m-1)\,(2\,m-3)\cdots 3 = (2\,m+1)\,\frac{2\,m\,(2\,m-1)\,2\,m-2)\,(2\,m-3)\cdots 3\cdot 2\cdot 1}{2\,m\,(2\,m-2)\,(2\,m-4)\cdots 2\cdot 1} = (2\,m+1)\,\frac{(2\,m)!}{2^m\,m!}$$

und damit

$$\int\limits_{-1}^{+1} P_m^2(\xi)\,d\xi = \frac{2}{2\,m+1}\,. \tag{579}$$

Die Gln (577) und (579) haben die Veranlassung gegeben, eine der harmonischen Analyse völlig analoge Kugelanalyse aufzubauen. Denkt man sich eine zwischen $\xi=-1$ und $\xi=+1$ willkürlich vorgegebene Funktion $f(\xi)$ gemäß

$$f(\xi) = A_0\,P_0(\xi) + A_1\,P_1(\xi) + A_2\,P_2(\xi) + \cdots + A_m\,P_m(\xi) + \cdots \qquad (-1 \leq \xi \leq +1) \tag{580}$$

nach zonalen Kugelfunktionen entwickelt, so lassen sich die Koeffizienten einer solchen Entwicklung mit Hilfe von (577) und (579) sofort bestimmen. Wird (580) auf beiden Seiten mit $P_m(\xi)$ multipliziert und zwischen -1 und $+1$ integriert, so folgt

$$\int\limits_{-1}^{+1} f(\xi)\, P_m(\xi)\, d\xi = A_0 \int\limits_{-1}^{+1} P_0(\xi)\, P_m(\xi)\, d\xi + A_1 \int\limits_{-1}^{+1} P_1(\xi)\, P_m(\xi)\, d\xi + A_2 \int\limits_{-1}^{+1} P_2(\xi)\, P_m(\xi)\, d\xi + \cdots +$$

$$+ A_m \int\limits_{-1}^{+1} P_m^2(\xi)\, d\xi + \cdots .$$

Von den auf der rechten Seite stehenden Integralen verschwinden nach (577) alle bis auf dasjenige von A_m. Wird dieses gemäß (579) ausgedrückt, so erhält man

$$A_m = (m + \tfrac{1}{2}) \int\limits_{-1}^{+1} f(\xi)\, P_m(\xi)\, d\xi \tag{581}$$

und damit

$$f(\xi) = \sum_{0}^{\infty} m\, (m + \tfrac{1}{2})\, P_m(\xi) \int\limits_{-1}^{+1} f(\xi)\, P_m(\xi)\, d\xi \qquad (-1 \leq \xi \leq +1) . \tag{582}$$

Diese Entwicklung ist, wie hier nicht näher erläutert werden soll, für eine beliebige kontinuierliche oder diskontinuierliche Funktion $f(\xi)$ zwischen $\xi = -1$ und $+1$ konvergent.

37. Die straff gespannte Membran in Polarkoordinaten.

Wird, ähnlich wie eine Seifenhaut unter der Wirkung der Oberflächenspannung, eine ebene Membran längs ihrer gesamten Berandung einer konstanten und jeweils normal zur Randlinie wirkenden Vorspannkraft S pro Längeneinheit ausgesetzt (Abb. 130) und ist, unter Zugrundelegung von Polarkoordinaten, $p(r, \varphi)$ eine irgendwie vorgegebene und auf die Flächeneinheit bezogene Belastung, so lautet die Differentialgleichung für die Durchbiegung w der Membran

$$\frac{\partial^2 w}{\partial r^2} + \frac{1}{r} \frac{\partial w}{\partial r} + \frac{1}{r^2} \frac{\partial^2 w}{\partial \varphi^2} = - \frac{p(r, \varphi)}{S} . \tag{583}$$

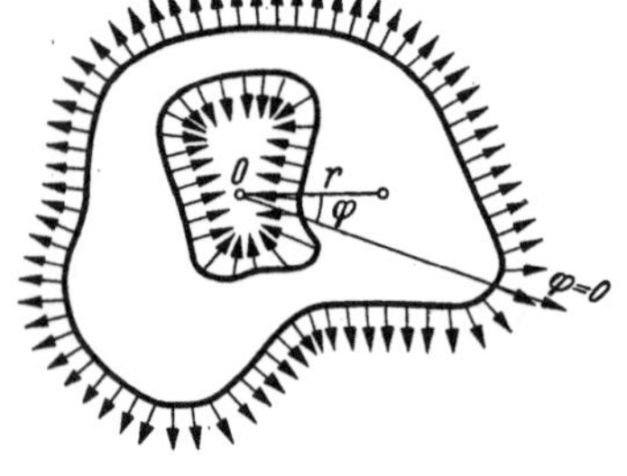

Abb. 130.

Wird zunächst eine Belastung außer Betracht gelassen, d. h. die homogene Differentialgleichung

$$\frac{\partial^2 w}{\partial r^2} + \frac{1}{r} \frac{\partial w}{\partial r} + \frac{1}{r^2} \frac{\partial^2 w}{\partial \varphi^2} = 0 \tag{584}$$

betrachtet, so läßt sich die allgemeine Lösung in Reihenform leicht darstellen, indem man von einer harmonischen Analyse der Durchbiegungsfunktion in der Form

$$w_h = \sum_{0}^{\infty} n\, [F_{n,1}(r) \cos n\varphi + F_{n,2}(r) \sin n\varphi] \tag{585}$$

ausgeht, in welcher die Koeffizienten jetzt keine Konstanten, sondern Funktionen von r sind und welche mit (584) verträglich ist, wenn $F_{n,1}(r)$ und $F_{n,2}(r)$ in geeigneter Weise bestimmt werden. Die Einführung von (585) in (584) liefert nach entsprechender Zusammenfassung

$$\sum_{0}^{\infty} n \left[\left(\frac{d^2 F_{n,1}}{dr^2} + \frac{1}{r} \frac{dF_{n,1}}{dr} - \frac{n^2}{r^2} F_{n,1}(r) \right) \cos n\varphi + \left(\frac{d^2 F_{n,2}}{dr^2} + \frac{1}{r} \frac{dF_{n,2}}{dr} - \frac{n^2}{r^2} F_{n,2}(r) \right) \sin n\varphi \right] \equiv 0 .$$

Diese Identität wird offenbar für jeden n-Wert erfüllt, wenn $F_{n,1}$ und $F_{n,2}$ Lösungen der Differentialgleichung

$$\frac{d^2 F_n}{dr^2} + \frac{1}{r} \frac{dF_n}{dr} - \frac{n^2}{r^2} F_n(r) = 0 \tag{586}$$

sind. Die allgemeine Lösung dieser Differentialgleichung lautet

$$\left.\begin{aligned} F_n &= c_{1,n}\, r^n + c_{2,n}\, r^{-n} \qquad \text{für } n \neq 0 \ , \\ F_0 &= c_{1,0} + c_{2,0} \ln r \end{aligned}\right\} \tag{587}$$

Die Einführung dieser Funktionswerte in (585) ergibt, wenn c im Falle von $F_{n,1}$ durch a und in demjenigen von $F_{n,2}$ durch b ersetzt wird,

$$w_h = a_{1,0} + a_{2,0} \ln r + \sum_1^\infty \left[(a_{1,n}\, r^n + a_{2,n}\, r^{-n}) \cos n\varphi + (b_{1,n}\, r^n + b_{2,n}\, r^{-n}) \sin n\varphi\right] \ . \tag{588}$$

Damit ist die homogene Lösung von (585) in allgemeinster Form dargestellt.

Die in Abb. 130 gezeichnete Membran besitzt einen Innen- und einen Außenrand und der Bezugspunkt fällt aus der Membran heraus. Infolgedessen ist es ohne Bedeutung, daß die mit dem Index 2 behafteten Glieder für $r = 0$ unendlich groß werden. In dem Falle, wo nur ein Außenrand vorhanden ist, müssen

$$\left.\begin{aligned} a_{2,0} &= a_{2,1} = a_{2,2} = \cdots = a_{2,n} = \cdots = 0 \\ b_{2,0} &= b_{2,1} = b_{2,2} = \cdots = b_{2,n} = \cdots = 0 \end{aligned}\right\} \quad \text{(Kein Innenrand)} \tag{589}$$

sein, wenn die Lösung auch noch für $r = 0$ endlich bleiben soll. Demgemäß folgt

$$w_h = a + \sum_1^\infty (a_n\, r^n \cos n\varphi + b_\lambda\, r^n \sin n\varphi) \qquad \text{(Membran ohne Innenrand)}. \tag{590}$$

38. Die achsensymmetrisch belastete Kreisring- oder Kreismembran.

Im Sonderfalle einer achsensymmetrischen Belastung bei kreisförmigen Rändern zieht sich die homogene Lösung von (588) auf ihre ersten beiden Glieder zusammen:

$$w_h = a_1 + a_2 \ln r \ . \tag{591}$$

Hierzu tritt nun noch ein Partikularintegral von Gl. (583), die im achsensymmetrischen Falle die Form

$$\frac{d^2 w}{dr^2} + \frac{1}{r}\frac{dw}{dr} = -\frac{p(r)}{S} \tag{592}$$

annimmt. Unter Zuhilfenahme der Kugelanalyse läßt sich ein Partikularintegral von (592) für beliebig vorgegebene Belastung leicht angeben. Da der Bereich der Kugelfunktionen sich von $\xi = -1$ bis $\xi = +1$ erstreckt, muß zunächst eine entsprechende Transformation von r in ξ vorgenommen werden. Sie lautet

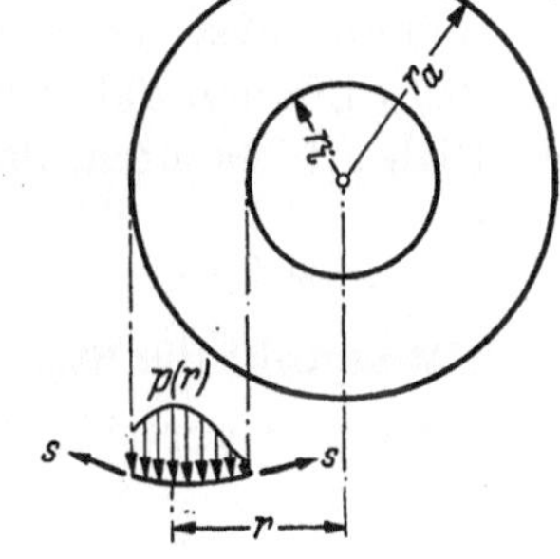
Abb. 131.

$$\xi = -\frac{r_a - r}{r_a - r_i} + \frac{r - r_i}{r_a - r_i} = \frac{2\,r - (r_a + r_i)}{r_a - r_i} \ , \qquad r = \tfrac{1}{2}(r_a + r_i) + \tfrac{1}{2}(r_a - r_i)\,\xi \ . \tag{593}$$

Mit dieser Transformation kann $p(r)$ in $p(\xi)$ umtransformiert werden, so daß man durch Anwendung von (582)

$$p(\xi) = \sum_0^\infty (m + \tfrac{1}{2}) P_m(\xi) \int_{-1}^{+1} p(\xi) P_m(\xi)\, d\xi \tag{594}$$

erhält. Mit Hilfe von (569) kann diese Entwicklung nach Kugelfunktionen in eine solche nach Potenzen von ξ und mit Hilfe von (593) in eine solche nach Potenzen von r/r_a umgeschrieben werden, so daß man schließlich $p(r)$ in der Form

$$p(r) = \sum_0^\infty p_n \left(\frac{r}{r_a}\right)^n \tag{595}$$

erhält. Dieses Verfahren erscheint auf den ersten Blick umständlich, ist aber in Wirklichkeit der rationellste Weg, um eine z. B. empirisch gegebene Funktion $p(r)$ auf die Form (595) zu bringen. Mit (595) lautet (592)

$$\frac{d^2 w}{dr^2} + \frac{1}{r}\frac{dw}{dr} = -\sum_0^n \frac{p_n}{S}\left(\frac{r}{r_a}\right)^n . \qquad (596)$$

Dieser Differentialgleichung sieht man ein Partikularintegral in der Form

$$w_p = \sum_0^n c_n \left(\frac{r}{r_a}\right)^{n+2} \qquad (597)$$

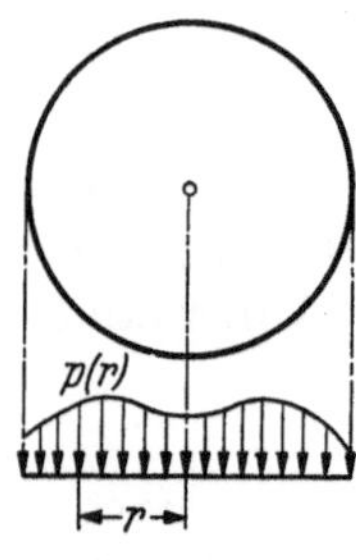

unmittelbar an. Die Einführung von (597) in (596) liefert

$$\sum_0^n \left[\frac{c_n}{r_a^2}\left((n+2)(n+1)+(n+2)\right) + \frac{p_n}{S}\right]\left(\frac{r}{r_a}\right)^n \equiv 0 .$$

Diese Identität ist erfüllt, wenn die eckige Klammer verschwindet. Somit folgt

$$c_n = -\frac{p_n r_a^2}{(n+2)^2 S} . \qquad (598)$$

Abb. 132.

Mit (598) lautet (597)

$$w_p = -\frac{r_a^2}{S}\sum_0^n \frac{p_n}{(n+2)^2}\left(\frac{r}{r_a}\right)^{n+2} . \qquad (599)$$

Durch Überlagerung der homogenen Lösung (591) mit dem Partikularintegral (599) ergibt sich schließlich die allgemeine Lösung

$$w = a_1 + a_2 \ln\frac{r}{r_a} - \frac{r_a^2}{S}\sum_0^n \frac{p_n}{(n+2)^2}\left(\frac{r}{r_a}\right)^{n+2} . \qquad (600)$$

In (600) ist die homogene Lösung auch in dimensionsloser Form eingeführt worden, was strenggenommen neue Bezeichnungen der Integrationskonstanten notwendig gemacht hätte.

Wie aus (593) ersichtlich ist, ist der Fall $r_i = 0$ in den Formeln mit enthalten. Die Gln (593) bis (600) können daher auch auf den Fall einer Kreismembran Anwendung finden. Es ist dabei lediglich zu beachten, daß a_2 entsprechend dem fehlenden Innenrand gleich Null gesetzt werden muß.

Bei einer Kreismembran liegt häufig der in Abb. 132 dargestellte Fall vor, daß die Belastung im Mittelpunkt die Steigung $\frac{dp}{dr} = 0$ aufweist. In solchen Fällen ist die Transformationsgleichung (593) weniger vorteilhaft und wird zweckmäßig durch

$$\xi = \frac{r}{r_a}, \qquad r = r_a \xi \qquad (601)$$

ersetzt, bei welchem der Abszissenbereich von $\xi = -1$ bis $\xi = +1$ auch negative r-Werte mit einschließt. Diese sind mit Polarkoordinaten nur verträglich, wenn wie im vorliegenden Falle alle Funktionen quadratisch in r werden.

Beispiel 44. Eine mit $s = 100$ kg/cm vorgespannte Kreismenbran von 2 m Durchmesser trägt eine achsensymmetrisch verteilte Belastung, deren Größe durch Druckmessung in 11 äquidistanten Punkten zwischen Mittelpunkt und Außenrand festgestellt wurde. Hierbei ergeben sich die nachfolgenden Werte:

$\frac{r}{r_a}$	0,0	0,1	0,2	0,3	0,4	0,5	0,6	0,7	0,8	0,9	1,0
p in atü	—0,100	—0,100	—0,098	—0,092	—0,075	—0,040	+0,022	+0,119	+0,256	+0,429	+0,623

Wie sieht die Durchbiegung der Membran an den Meßstellen aus?

Wie die Meßwerte erkennen lassen, besitzt die Belastungskurve im Mittelpunkt eine waagerechte Tangente. Es liegt also der Fall von Abb. 132 vor, so daß für die Entwicklung nach Kugelfunktionen von (601) ausgegangen werden kann. Mit Rücksicht auf die Symmetrieachse ist in (594) das von -1 bis $+1$ erstreckte Integral gleich dem zweifachen von 0 bis 1 erstreckten Integral. Außerdem fallen alle ungeraden Summenglieder heraus. Somit folgt

$$p(\xi) = \sum_{0,2,4} m\,(2\,m+1)\,P_m(\xi) \int_0^1 p(\xi)\,P_m(\xi)\,d\xi \;. \tag{602}$$

Im Hinblick darauf, daß die Druckverteilung für äquidistante Punkte vorgegeben ist, empfiehlt es sich, die Integrale nach der Simpsonschen Formel auszuwerten, die im vorliegenden Falle mit $\varDelta \xi = 0,1$ und 11 gegebenen Funktionswerten die Form

$$\int_0^1 p(\xi)\,P_m(\xi)\,d\xi = \tfrac{1}{30}\,[p_0\,P_{m,0} + 4\,p_1\,P_{m,1} + 2\,p_2\,P_{m,2} + 4\,p_3\,P_{m,3} + 2\,p_4\,P_{m,4} + 4\,p_5\,P_{m,5} +$$
$$+\, 2\,p_6\,P_{m,6} + 4\,p_7\,P_{m,7} + 2\,p_8\,P_{m,8} + 4\,p_9\,P_{m,9} + p_{10}\,P_{m,10}]$$

annimmt. Da eine Folge von Integralen zu berechnen ist, für welche sich lediglich die Kugelfunktionen ändern, werden die Multiplikationen mit 2 bzw. 4 zweckmäßig vorher durchgeführt. Setzt man

$$\int_0^1 p(\xi)\,P_m(\xi)\,d\xi = \tfrac{1}{30}\,[p_0'\,P_{m,0} + p_1'\,P_{m,1} + p_2'\,P_{m,2} + p_3'\,P_{m,3} + \cdots + p_{10}'\,P_{m,10}] \;,$$

so ergibt sich aus den gegebenen p-Werten für p':

$\xi = \dfrac{r}{r_a}$	0,0	0,1	0,2	0,3	0,4	0,5	0,6	0,7	0,8	0,9	1,0
p' in atü	$-0,100$	$-0,400$	$-0,196$	$-0,368$	$-0,150$	$-0,160$	$+0,044$	$+0,476$	$+0,512$	$+1,716$	$+0,623$

Die sukzessive Auswertung, die unten noch erläutert werden wird, zeigt, daß die Entwicklung hier nach dem Gliede mit $P_6(\xi)$ abgebrochen werden kann. Es werden daher die Funktionswerte für die nullte, zweite, vierte und sechste Kugelfunktion benötigt. Mit Tafel 1 des sechsten Abschnitts ergibt sich:

ξ	$P_0(\xi)$	$P_2(\xi)$	$P_4(\xi)$	$P_6(\xi)$		ξ	$p'\,P_0(\xi)$	$p'\,P_2(\xi)$	$p'\,P_4(\xi)$	$p'\,P_6(\xi)$
0,0	1,000	$-0,500$	$+0,375$	$-0,312$		0,0	$-0,100$	$+0,050$	$-0,038$	$+0,031$
0,1	1,000	$-0,485$	$+0,338$	$-0,249$		0,1	$-0,400$	$+0,194$	$-0,135$	$+0,100$
0,2	1,000	$-0,440$	$+0,232$	$-0,081$		0,2	$-0,196$	$+0,086$	$-0,045$	$+0,016$
0,3	1,000	$-0,365$	$+0,073$	$+0,129$		0,3	$-0,368$	$+0,134$	$-0,027$	$-0,047$
0,4	1,000	$-0,260$	$-0,113$	$+0,293$		0,4	$-0,150$	$+0,039$	$+0,017$	$-0,044$
0,5	1,000	$-0,125$	$-0,289$	$+0,323$		0,5	$-0,160$	$+0,020$	$+0,046$	$-0,052$
0,6	1,000	$+0,040$	$-0,408$	$+0,172$		0,6	$+0,044$	$+0,002$	$-0,018$	$+0,008$
0,7	1,000	$+0,235$	$-0,412$	$-0,125$		0,7	$+0,476$	$+0,112$	$-0,196$	$-0,059$
0,8	1,000	$+0,460$	$-0,233$	$-0,392$		0,8	$+0,512$	$+0,235$	$-0,119$	$-0,201$
0,9	1,000	$+0,715$	$+0,208$	$-0,241$		0,9	$+1,716$	$+1,227$	$+0,357$	$-0,413$
1,0	1,000	$+1,000$	$+1,000$	$+1,000$		1,0	$+0,623$	$+0,623$	$+0,623$	$+0,623$

Werden die Kolonnen der rechten Tabelle summiert und durch 30 dividiert, so folgt

$$\int_0^1 p(\xi)\,P_0(\xi)\,d\xi = 0{,}0666 \;, \qquad \int_0^1 p(\xi)\,P_2(\xi)\,d\xi = 0{,}0907 \;, \qquad \int_0^1 p(\xi)\,P_4(\xi)\,d\xi = 0{,}0155 \;,$$

$$\int_0^1 p(\xi)\,P_6(\xi)\,d\xi = -\,0{,}0013 \;.$$

Nach (602) müssen diese Integralwerte noch mit $2\,m+1$ multipliziert werden, um die Beiwerte der Kugelfunktionen zu erhalten. Es errechnet sich

$$(2\cdot 0+1)\int_0^1 p(\xi)\,P_0(\xi)\,d\xi = +\,0{,}067 \;, \qquad (2\cdot 2+1)\int_0^1 p(\xi)\,P_2(\xi)\,d\xi = +\,0{,}454 \;,$$

$$(2\cdot 4+1)\int_0^1 p(\xi)\,P_4(\xi)\,d\xi = +\,0{,}140 \;, \qquad (2\cdot 6+1)\int_0^1 p(\xi)\,P_6(\xi)\,d\xi = -\,0{,}017 \;.$$

Damit lautet die Entwicklung von $p(\xi)$ nach Kugelfunktionen

$$p(\xi) = 0{,}067\,P_0(\xi) + 0{,}454\,P_2(\xi) + 0{,}140\,P_4(\xi) - 0{,}017\,P_6(\xi) + \cdots .$$

Es erhebt sich nun die wichtige Frage, bis zu welchem Gliede die Entwicklung fortgesetzt werden muß. Zu diesem Zwecke betrachtet man die Funktionsfolge

$$p_0(\xi) = 0{,}067\,P_0(\xi)$$
$$p_2(\xi) = 0{,}067\,P_0(\xi) + 0{,}454\,P_2(\xi)$$
$$p_4(\xi) = 0{,}067\,P_0(\xi) + 0{,}454\,P_2(\xi) + 0{,}140\,P_4(\xi)$$
$$p_6(\xi) = 0{,}067\,P_0(\xi) + 0{,}454\,P_2(\xi) + 0{,}140\,P_4(\xi) - 0{,}017\,P_6(\xi)$$

und vergleicht an den Meßstellen ihre Werte mit den vorgegebenen Meßwerten. Die zugehörige Rechnung wird zweckmäßig wieder in Tabellenform durchgeführt. Man erhält:

ξ	0,0	0,1	0,2	0,3	0,4	0,5	0,6	0,7	0,8	0,9	1,0
$p_0(\xi)$	+0,067	+0,067	+0,067	+0,067	+0,067	+0,067	+0,067	+0,067	+0,067	+0,067	+0,067
$0{,}454\,P_2(\xi)$	−0,227	−0,220	−0,200	−0,166	−0,118	−0,057	+0,018	+0,107	+0,209	+0,325	+0,454
$p_2(\xi)$	−0,160	−0,153	−0,133	−0,099	−0,051	+0,010	+0,085	+0,174	+0,276	+0,392	+0,521
$0{,}140\,P_4(\xi)$	+0,052	+0,047	+0,032	+0,010	−0,016	−0,040	−0,057	−0,058	−0,033	+0,029	+0,140
$p_4(\xi)$	−0,108	−0,106	−0,101	−0,089	−0,067	−0,030	+0,028	+0,116	+0,243	+0,421	+0,661
$-0{,}017\,P_6(\xi)$	+0,005	+0,004	+0,001	−0,002	−0,005	−0,005	−0,003	+0,002	+0,007	+0,004	−0,017
$p_6(\xi)$	−0,103	−0,102	−0,100	−0,091	−0,072	−0,035	+0,025	+0,118	+0,250	+0,425	+0,644
$p(\xi)$	−0,100	−0,100	−0,098	−0,092	−0,075	−0,040	+0,022	+0,119	+0,256	+0,429	+0,623

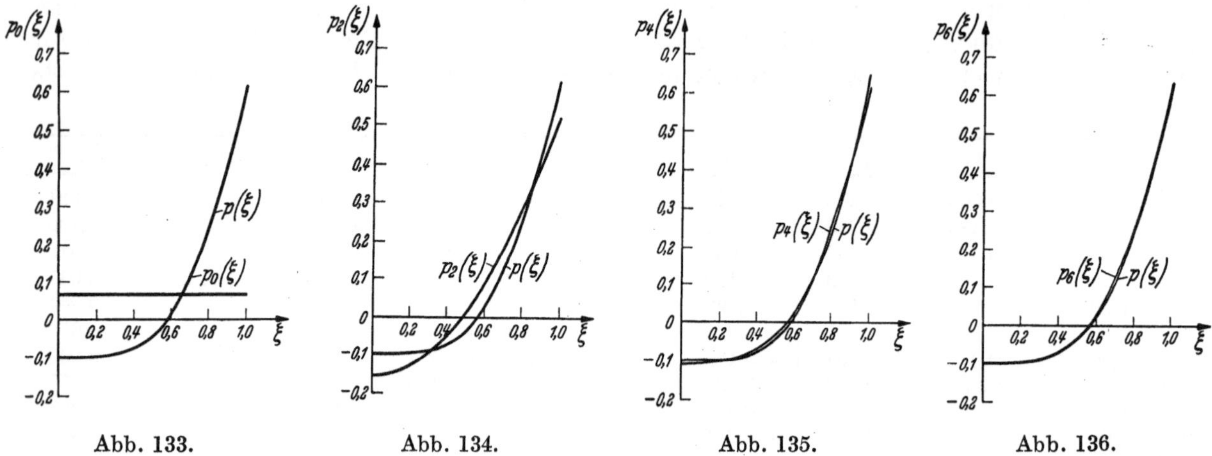

Abb. 133. Abb. 134. Abb. 135. Abb. 136.

In den Abb. 133 bis 136 sind die Funktionen $p_0(\xi)$, $p_2(\xi)$, $p_4(\xi)$, $p_6(\xi)$ aufgetragen und mit der aus den Meßwerten sich ergebenden $p(\xi)$-Kurve verglichen worden. Hieraus, sowie auch unmittelbar aus der vorstehenden Tabelle, ergibt sich, daß die Übereinstimmung schon bei $p_4(\xi)$ befriedigend und bei $p_6(\xi)$ vorzüglich ist. Wäre die Übereinstimmung weniger gut gewesen, so hätte man noch $P_8(\xi)$ und gegebenenfalls noch $P_{10}(\xi)$ heranziehen müssen. Hierfür hätte aber die Intervallteilung für $\Delta\xi$ auf 0,05 herabgesetzt werden müssen, da sonst die Simpsonsche Formel zur Darstellung der Integrale nicht ausgereicht haben würde.

In Fortführung des allgemeinen Rechnungsganges muß nun die Entwicklung nach Kugelfunktionen in ein Polynom rücktransformiert werden. In Verbindung mit (569) folgt

$$p(\xi) = 0{,}067 + \frac{0{,}454}{2}(3\,\xi^2 - 1) + \frac{0{,}140}{8}(35\,\xi^4 - 30\,\xi^2 + 3) - \frac{0{,}017}{16}(231\,\xi^6 - 315\,\xi^4 + 105\,\xi^2 - 5)$$

oder ausgewertet

$$p(\xi) = -0{,}103 + 0{,}044\,\xi^2 + 0{,}948\,\xi^4 - 0{,}245\,\xi^6 = -0{,}103 + 0{,}044\left(\frac{r}{r_a}\right)^2 + 0{,}948\left(\frac{r}{r_a}\right)^4 - 0{,}245\left(\frac{r}{r_a}\right)^6 .$$

Damit nehmen die in (600) auftretenden p_n-Konstanten die Werte

$$p_0 = -0,103 , \qquad p_1 = 0 , \qquad p_2 = +0,044 , \qquad p_3 = 0 , \qquad p_4 = 0,948 ,$$
$$p_5 = 0 , \qquad p_6 = -0,245 , \qquad p_7 = p_8 = \cdots = 0$$

an. Da außerdem bei einer Kreisplatte $a_2 = 0$ sein muß, erhält man

$$w = a_1 - \frac{r_a^2}{S}\left[-\frac{0,103}{4}\left(\frac{r}{r_a}\right)^2 + \frac{0,044}{16}\left(\frac{r}{r_a}\right)^4 + \frac{0,948}{36}\left(\frac{r}{r_a}\right)^6 - \frac{0,245}{64}\left(\frac{r}{r_a}\right)^8 \right]$$

oder ausgewertet

$$w = a_1 - \frac{r_a^2}{S}\left[-0,0258\left(\frac{r}{r_a}\right)^2 + 0,0027\left(\frac{r}{r_a}\right)^4 + 0,0263\left(\frac{r}{r_a}\right)^6 - 0,0038\left(\frac{r}{r_a}\right)^8 \right] .$$

Die verbliebene Integrationskonstante a_1 ergibt sich aus der Randbedingung: $w = 0$ für $r = r_a$ zu

$$a_1 = -0,0006\,\frac{r_a^2}{S} .$$

Damit folgt schließlich

$$w = \frac{r_a^2}{S}\left[-0,0006 + 0,0258\left(\frac{r}{r_a}\right)^2 - 0,0027\left(\frac{r}{r_a}\right)^4 - 0,0263\left(\frac{r}{r_a}\right)^6 + 0,0038\left(\frac{r}{r_a}\right)^8 \right] .$$

Für r_a^2/S errechnet sich aus den vorgegebenen Zahlenwerten

$$r_a^2/S = 40\,000/100 = 400\ \mathrm{cm^3/kg} .$$

Wird das Ergebnis zahlenmäßig ausgewertet, so folgt

$\dfrac{r}{r_a}$	0,0	0,1	0,2	0,3	0,4	0,5	0,6	0,7	0,8	0,9	1,0
w in cm	−0,24	−0,12	+0,16	+0,68	+1,32	+2,12	+2,88	+3,44	+3,40	+2,44	+0,00

39. Integralgleichungen der achsensymmetrisch belasteten Kreis- und Kreisringmembran.

Die in Ziffer 38 entwickelten Formeln, deren Grundlage die Aufspaltung der Belastung nach Kugelfunktionen bildete, verdienen insbesondere dann angewendet zu werden, wenn die Belastung empirisch oder punktweise auf Grund von Messungen gegeben ist und wenn es sich darum handelt, hieraus eine formelmäßige Darstellung der Durchbiegungsfläche zu gewinnen, was z. B. bei Membranen für Meßgeräte sehr wichtig ist. Kommt es in solchen Fällen nur darauf an, ein graphisches oder numerisches Bild der Biegungsfläche zu bekommen, oder ist die Belastung von vornherein analytisch gegeben, so gelangt man über eine Integralgleichung schneller zum Ziele.

Gemäß Abb. 137 sei zunächst eine Kreismembran betrachtet, die im Abstande $\bar{r}$ vom Mittelpunkt eine sogenannte Ringschneidenlast P trägt, d. h. eine Last P, die sich gleichmäßig über einen Kreisbogen von der Länge $2\,r\pi$ verteilt. Durch eine solche Ringsingularität wird die Membranfläche in zwei unbelastete Teilflächen zerlegt, nämlich eine außenliegende Kreisringmembran und eine innenliegende

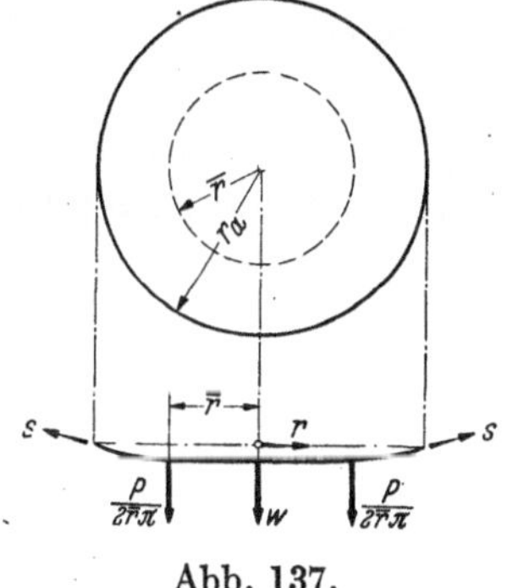

Abb. 137.

Kreismembran. Für die Durchbiegungsfläche gilt daher in beiden Fällen (591) z. B. in der Form

$$w = a_1 + a_2\ln\frac{r}{\bar{r}} \quad \text{für} \quad 0 \le r \le \bar{r} , \qquad w = b_1 + b_2\ln\frac{r}{\bar{r}} \quad \text{für} \quad \bar{r} \le r \le r_a . \qquad (603)$$

Da für die innere Teilmembran die Durchbiegung im Mittelpunkte $r = 0$ endlich bleiben muß, folgt

$$a_2 = 0 , \qquad w = a_1 \quad \text{für} \quad 0 \le r \le \bar{r} ,$$

d. h. die innere Kreismembran bleibt eine ebene Fläche und wird nur um das Maß a_1 der Durchbiegung längs des Schneidenringes gesenkt. Da für $r = \bar{r}$ der Logarithmus in (603) verschwindet, muß daher

$$b_1 = a_1 , \qquad w = a_1 + b_2\ln\frac{r}{\bar{r}} \quad \text{für} \quad \bar{r} \le r \le r_a$$

sein. Zur Bestimmung der beiden noch verbliebenen Konstanten stehen eine Randbedingung — $w = 0$ für $r = r_a$ — und eine statische Bedingung zur Verfügung. Die Summe aller Vertikalkomponenten von S längs des Umfanges $2 r_a \pi$ des Außenkreises muß gleich der Ringschneidenlast P sein. Dies ergibt (Abb. 137 und 138)

$$S \sin \varphi_a = \sim S \tan \varphi_a = - S \frac{dw}{dr}_{(r=r_a)} = \frac{P}{2 r_a \pi} \qquad \text{oder} \qquad S \frac{b_2}{r_a} = \frac{-P}{2 r_a \pi} \qquad \text{oder} \qquad b_2 = \frac{-P}{2 \pi S} \; .$$

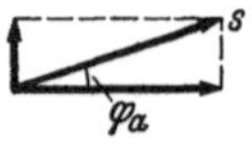

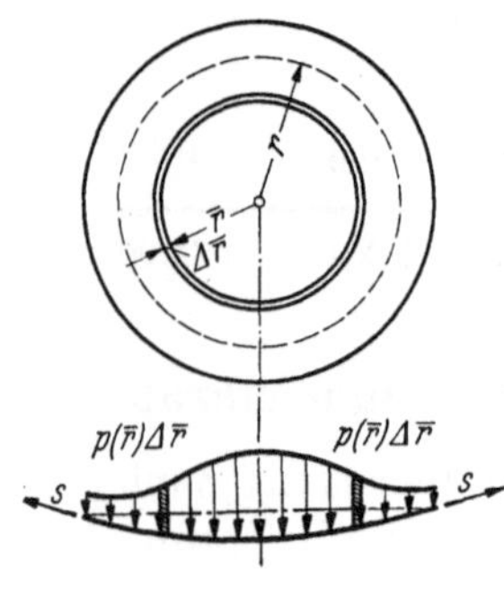
Abb. 138.

Damit ist b_2 bekannt und es folgt aus $w = 0$ für $r = r_a$

$$0 = a_1 - \frac{P}{2 \pi S} \ln \frac{r_a}{\bar r} \qquad \text{oder} \qquad a_1 = + \frac{P}{2 \pi S} \ln \frac{r_a}{\bar r} \; .$$

Die Einführung von a_1 und b_2 liefert bei entsprechender Zusammenfassung

$$w = \frac{P}{2 \pi S} \ln \frac{r_a}{\bar r} \qquad \text{für} \qquad 0 \le r \le \bar r \; , \qquad\qquad w = \frac{P}{2 \pi S} \ln \frac{r_a}{r} \qquad \text{für} \qquad \bar r \le r \le r_a \; . \quad (604)$$

Es sei nun eine verteilte achsensymmetrische Belastung $p(\bar r)$ zugrunde gelegt. Zerlegt man diese in ein kontinuierliches Band von Ringschneidelasten

$$P_{\bar r} = p(\bar r) \, 2 \, \bar r \, \pi \, \varDelta \bar r \; ,$$

wie in Abb. 139 angedeutet, so erhält man für einen hier vorübergehend festgedachten Halbmesser r

$$w(r) = \int_0^r \frac{p(\bar r) \, 2 \, \bar r \, \pi}{2 \pi S} \ln \frac{r_a}{r} \, d\bar r + \int_r^{r_a} \frac{p(\bar r) \, 2 \, \bar r \, \pi}{2 \pi S} \ln \frac{r_a}{\bar r} \, d\bar r \; ,$$

indem man die Einzelwirkungen der elementaren Ringschneidenlasten nach (604) ermittelt und summiert bzw. beim Übergang zur Grenze integriert. Dabei ist für $0 \le \bar r \le r_a$ die Formel für den Außenbereich und für $r \le \bar r \le r_a$ diejenige für den Innenbereich zugrunde zu legen und das Integral entsprechend aufzuspalten. Bei entsprechender Zusammenfassung unter den Integralen folgt

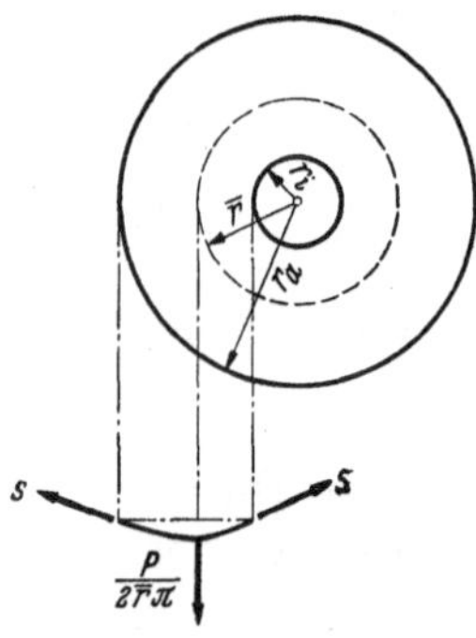
Abb. 139.

$$w(r) = \frac{1}{S} \ln \frac{r_a}{r} \int_0^r \bar r \, p(\bar r) \, d\bar r + \frac{1}{S} \int_r^{r_a} \bar r \, p(\bar r) \ln \frac{r_a}{\bar r} \, d\bar r \; . \qquad (605)$$

Diese rein aus der technischen Gefühlsanschauung entwickelte Formel bedarf natürlich noch der Bestätigung, indem $w(r)$ in die Differentialgleichung (592) eingesetzt wird. Man erhält aus (605)

$$\left. \begin{aligned} \frac{dw}{dr} &= - \frac{1}{S r} \int_0^r \bar r \, p(r) \, d\bar r + \frac{1}{S} \left(\ln \frac{r_a}{r} \right) r \, p(r) - \frac{1}{S} \left(\ln \frac{r_a}{r} \right) r \, p(r) = - \frac{1}{S r} \int_0^r \bar r \, p(\bar r) \, d\bar r \; , \\[2ex] \frac{d^2 w}{dr^2} &= + \frac{1}{S r^2} \int_0^r \bar r \, p(\bar r) \, d\bar r - \frac{p(r)}{S} \qquad\qquad\qquad\qquad\qquad . \end{aligned} \right\} \quad (606)$$

Die Einführung dieser Differentialquotienten in (592) liefert in der Tat

$$\frac{d^2 w}{dr^2} + \frac{1}{r} \frac{dw}{dr} = - \frac{p(r)}{S} \; .$$

In dem allgemeineren Falle einer Ringschneidenlast P auf einer Ringmembran (Abb. 140) bilden auch wieder die Gln. (603) den Ausgangspunkt der Betrachtung.

Abb. 140.

$$\left. \begin{aligned} w &= a_1 + a_2 \ln \frac{r}{\bar r} \qquad \text{für} \qquad r_i \le r \le \bar r \; , \\[1.5ex] w &= b_1 + b_2 \ln \frac{r}{\bar r} \qquad \text{für} \qquad \bar r \le r \le r_a \; . \end{aligned} \right\} \quad (607)$$

Von den Bedingungsgleichungen für die vier Konstanten sind wieder drei geometrisch und eine statisch. Die drei geometrischen Bedingungsgleichungen lauten

$$w = 0 \quad \text{für} \quad r = r_i\,, \qquad w = 0 \quad \text{für} \quad r = r_a\,, \qquad w_i = w_a \quad \text{für} \quad r = \bar{r}$$

Die statische Bedingungsgleichung unterscheidet sich dadurch von dem vorher betrachteten Falle, daß die Ringschneidenlast sich jetzt nicht nur am Außenrand sondern auch am Innenrand abgesetzt. Demgemäß ergibt sich

$$2\,r_a\,\pi\,S\sin\varphi_a + 2\,r_i\,\pi\,S\sin\varphi_i = P \qquad \text{oder} \qquad -2\,r_a\,\pi\,S\frac{dw}{dr}\bigg|_{(r=r_a)} + 2\,r_i\,\pi\,S\frac{dw}{dr}\bigg|_{(r=r_i)} = P\,.$$

Werden die vier Konstanten den vier Bedingungsgleichungen entsprechend bestimmt, so erhält man nach ihrer Einführung in (607)

$$w = \frac{P}{2\,\pi\,S}\,\frac{\ln\dfrac{\bar{r}}{r_a}\ln\dfrac{r}{r_i}}{\ln\dfrac{r_i}{r_a}} \quad \text{für} \quad r_i \leq r \leq \bar{r}\,, \qquad w = \frac{P}{2\,\pi\,S}\,\frac{\ln\dfrac{r}{r_a}\ln\dfrac{\bar{r}}{r_i}}{\ln\dfrac{r_i}{r_a}} \quad \text{für} \quad \bar{r} \leq r \leq r_a\,. \quad (608)$$

Ist die Belastung eine achsensymmetrisch verteilte, so ergibt sich mit Hilfe von (608) die Integralgleichung

$$w = \frac{1}{S}\,\frac{\ln\dfrac{r}{r_a}}{\ln\dfrac{r_i}{r_a}}\int_{r_i}^{r}\bar{r}\,p(\bar{r})\ln\frac{\bar{r}}{r_i}\,d\bar{r} + \frac{1}{S}\,\frac{\ln\dfrac{r}{r_i}}{\ln\dfrac{r_i}{r_a}}\int_{r}^{r_a}\bar{r}\,p(\bar{r})\ln\frac{\bar{r}}{r_a}\,d\bar{r}\,. \quad (609)$$

Beispiel 45. Wie gestaltet sich die Durchbiegung einer Kreisringmembran unter konstanter Belastung und wie verteilt sich die Last auf den Innen- und Außenrand?

Wird in (609) $p(r) = p$ gesetzt, so folgt

$$w = \frac{p}{S}\,\frac{\ln\dfrac{r}{r_a}}{\ln\dfrac{r_i}{r_a}}\int_{r_i}^{r}\bar{r}\ln\frac{\bar{r}}{r_i}\,d\bar{r} + \frac{p}{S}\,\frac{\ln\dfrac{r}{r_i}}{\ln\dfrac{r_i}{r_a}}\int_{r}^{r_a}\bar{r}\ln\frac{\bar{r}}{r_a}\,dr$$

oder integriert

$$w = \frac{p}{4\,S}\,\frac{(r^2 - r_i^2)\ln\dfrac{r}{r_a} + (r_a^2 - r^2)\ln\dfrac{r}{r_i}}{\ln\dfrac{r_a}{r_i}}\,. \quad (610)$$

Für die an den Rändern sich absetzende Last erhält man

$$P_i = 2\,r_i\,\pi\,\frac{dw}{dr}\bigg|_{(r=r_i)}S\,, \qquad P_a = 2\,r_a\,\pi\left(-\frac{dw}{dr}\right)_{(r=r_a)}S\,. \quad (611)$$

Es muß daher zunächst $\dfrac{dw}{dr}$ gebildet werden. Aus (610) folgt

$$\frac{dw}{dr} = \frac{p\,r}{4\,S}\,\frac{\dfrac{r_a^2 - r_i^2}{r^2} - 2\ln\dfrac{r_a}{r_i}}{\ln\dfrac{r_a}{r_i}}\,, \qquad \frac{dw}{dr}\bigg|_{(r=r_i)} = \frac{p\,r_i}{4\,S}\,\frac{\dfrac{r_a^2}{r_i^2} - 1 - 2\ln\dfrac{r_a}{r_i}}{\ln\dfrac{r_a}{r_i}}\,, \qquad \frac{dw}{dr}\bigg|_{(r=r_a)} = \frac{p\,r_a}{4\,S}\,\frac{-\dfrac{r_i^2}{r_a^2} + 1 - 2\ln\dfrac{r_a}{r_i}}{\ln\dfrac{r_a}{r_i}}\,. \quad (612)$$

Die Einführung von (612) in (611) liefert

$$P_i = \frac{p\,\pi}{2}\left[-2\,r_i^2 + \frac{r_a^2 - r_i^2}{\ln\dfrac{r_a}{r_i}}\right]\,, \qquad P_a = \frac{p\,\pi}{2}\left[2\,r_a^2 - \frac{r_a^2 - r_i^2}{\ln\dfrac{r_a}{r_i}}\right]\,. \quad (613)$$

40. Die Kreismembran unter einer Einzellast im Mittelpunkt.

Läßt man in (604) den Halbmesser $\bar{r}$ nach Null gehen, so artet die Ringschneidenlast in eine Einzellast im Membranmittelpunkt aus. Die erste der Gln (604) verliert dann ihre Bedeutung und es verbleibt

$$w = \frac{P}{2\pi S}\ln\frac{r_a}{r}\,. \tag{614}$$

Die Funktion $\ln r_a/r$ steigt von ihrem Wert Null am Rande zum Membranmittelpunkt hin monoton an, bis sie für $r=0$ selbst unendlich groß wird. Wie Abb. 141 zeigt, setzt der Anstieg nach Unend-

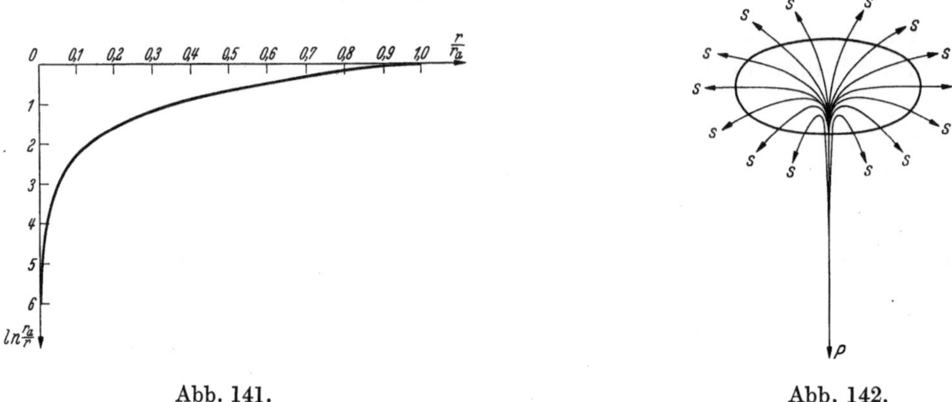

Abb. 141.   Abb. 142.

lich erst in der allernächsten Umgebung des Punktes $r=0$ ein. Hierdurch nimmt die Membrandurchbiegung die eigentümliche Form eines zu einer ganz feinen Nadelspitze ausgezogenen Kelches an (Abb. 142).

41. Die Kreismembran unter einer konzentrierten Last im Mittelpunkt.

Einzellasten, wie sie in Ziffer 40 betrachtet wurden, sind eine theoretische Abstraktion. In der Anwendung treten sie stets als über einen sehr schmalen Bereich verteilte konzentrierte Belastungen auf. Abb. 143 zeigt z. B. die Verhältnisse für eine konzentrierte Last im Mittelpunkt einer Kreismembran. Das entscheidende Merkmal der Lastkonzentration ist hier

$$r_k \ll r_a\,.$$

Der hier vorliegende Belastungsfall läßt sich unmittelbar mit Hilfe der Integralgleichung (605) erledigen. Für

$$p(\bar{r}) = \frac{P}{r_k^2\,\pi}\quad\text{für}\quad 0 \leq \bar{r} \leq r_k\,, \qquad p(\bar{r}) = 0 \quad\text{für}\quad r_k \leq \bar{r} \leq r_a \qquad \text{folgt}$$

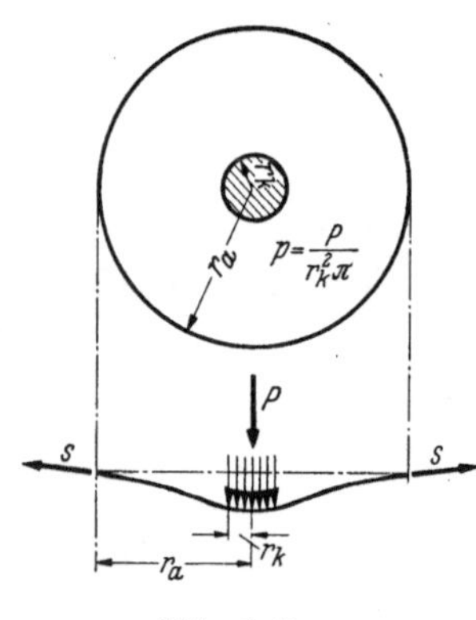

Abb. 143.

$$w = \frac{1}{S}\ln\frac{r_a}{r}\int_0^r \bar{r}\,\frac{P}{r_k^2\,\pi}\,d\bar{r} + \frac{1}{S}\int_r^{r_k}\bar{r}\,\frac{P}{r_k^2\,\pi}\ln\frac{r_a}{\bar{r}}\,d\bar{r} \quad \text{für}\quad 0 \leq r \leq r_k\,,$$

$$w = \frac{1}{S}\ln\frac{r_a}{r}\int_0^{r_k}\bar{r}\,\frac{P}{r_k^2\,\pi}\,d\bar{r} \qquad\qquad \text{für}\quad r_k \leq r \leq r_a\,.$$

Nach Auswertung der Integrale ergibt sich

$$w = \frac{P}{2\pi S}\left[\ln\frac{r_a}{r_k} + \frac{1}{2}\left(1 - \frac{r^2}{r_k^2}\right)\right] \quad \text{für}\quad 0 \leq r \leq r_k\,.$$

$$w = \frac{P}{2\pi S}\ln\frac{r_a}{r} \qquad\qquad\qquad \text{für}\quad r_k \leq r \leq r_a\,.$$

$$\tag{615}$$

Vergleicht man die untere dieser Gleichungen mit (614), so zeigt sich, daß außerhalb des Konzentrationsbereiches es für die Durchbiegung gleichgültig ist, ob die Last als Einzellast oder als konzentrierte Last zugrunde gelegt wird.

Die Gln (615) enthalten auch den Fall einer über die ganze Membran gleichmäßig verteilten Last. Mit $r_k = r_a$ und $P = p r_a^2 \pi$ folgt

$$w = \frac{p r_a^2}{4 S}\left(1 - \frac{r^2}{r_a^2}\right) \qquad \text{(Kreismembran unter gleichmäßig verteilter Last)}. \qquad (616)$$

42. Membrane unter gleichmäßig verteilten Lasten.

Nach (616) ist
$$w = \frac{p r_a^2}{4 S}\left(1 - \frac{r^2}{r_a^2}\right)$$

ein Partikularintegral von (583) unter gleichmäßig verteilter Last. Die Überlagerung dieses Partikularintegrals mit der homogenen Lösung (588) liefert die allgemeine Lösung für die Durchbiegung einer Membran unter gleichmäßig verteilter Last. Werden die hierin auftretenden Konstanten zusammengefaßt, so folgt

$$w = -\frac{p r^2}{4 S} + a_{1,0} + a_{2,0} \ln r + \sum_1^\infty \left[(a_{1,n} r^n + a_{2,n} r^{-n})\cos n\varphi + (b_{1,n} r^n + b_{2,n} r^{-n})\sin n\varphi\right]. \qquad (617)$$

In den folgenden Ziffern soll nun mit Hilfe von (617) die Lösung für eine Reihe nicht achsensymmetrischer Fälle dargestellt werden. In den achsensymmetrischen Fällen der Kreismembran und der Kreisringmembran liegt die Lösung bereits in (616) und (610) vor.

43. Die gleichmäßig belastete Membran mit elliptischem Rand.

Die Gleichung eines elliptischen Randes lautet in Polarkoordinaten (Abb. 144)

$$1 = \frac{x^2}{a^2} + \frac{y^2}{b^2} = \frac{r^2}{a^2}\cos^2\varphi + \frac{r^2}{b^2}\sin^2\varphi = \frac{a^2+b^2}{2 a^2 b^2} r^2 - \frac{a^2-b^2}{2 a^2 b^2} r^2 \cos 2\varphi$$

oder auch, unter Einführung einer willkürlichen Konstanten k

$$\left[\frac{a^2+b^2}{2 a^2 b^2} r^2 - 1 - \frac{a^2-b^2}{2 a^2 b^2} r^2 \cos 2\varphi\right] k = 0 . \qquad (618)$$

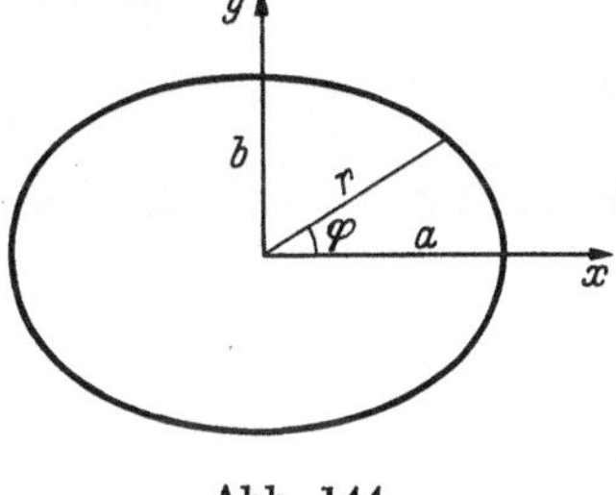

Abb. 144.

Vergleicht man (618) mit (617), so läßt sich w längs eines elliptischen Randes leicht zum Verschwinden bringen, wenn man w in der Form

$$w = -\frac{p r^2}{4 S} + a_{1,0} + a_{1,2} r^2 \cos 2\varphi \qquad (619)$$

ansetzt. Für $w = 0$ liefert der Vergleich von (618) und (619)

$$\frac{a^2+b^2}{2 a^2 b^2} k = -\frac{p}{4 S} , \qquad -k = a_{1,0} , \qquad -k \frac{a^2-b^2}{2 a^2 b^2} = a_{1,2} .$$

Die Auflösung liefert
$$k = -\frac{p a^2 b^2}{2 (a^2+b^2) S} , \qquad a_{1,0} = +\frac{p a^2 b^2}{2 (a^2+b^2) S} , \qquad a_{1,2} = +\frac{p (a^2-b^2)}{4 (a^2+b^2) S}$$

und damit
$$w = \frac{p}{4 S}\left[-r^2 + \frac{2 a^2 b^2}{a^2+b^2} + \frac{a^2-b^2}{a^2+b^2} r^2 \cos 2\varphi\right] . \qquad (620)$$

44. Die gleichmäßig belastete Membran mit gleichseitigem Dreiecksrand.

Werden in (617) alle Beiwerte mit Ausnahme von $a_{1,2}$ und $a_{1,3}$ gleich Null gesetzt und werden diesen die Werte

$$a_{1,2} = +\frac{p}{2 S} , \qquad a_{1,3} = -\frac{p}{4 S a}$$

zugeordnet, so ergibt sich die Biegungsfläche

$$w = -\frac{p}{4 S}\left(r^2 - 2 r^2 \cos 2\varphi + \frac{r^3}{a}\cos 3\varphi\right) \qquad (621)$$

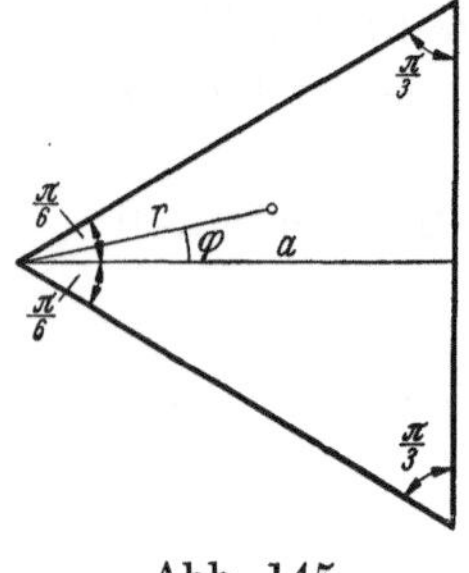

Abb. 145.

einer gleichmäßig belasteten, längs eines gleichseitigen Dreiecksrandes aufliegenden Membran (Abb. 145). Für die beiden zu $\varphi = \pm\,\pi/6$ gehörigen Dreiecksränder erkennt man dies sofort, da dann $\cos 2\varphi = \frac{1}{2}$ und $\cos 3\varphi = 0$ wird, während für die dritte Dreiecksseite, deren Gleichung $r = \dfrac{a}{\cos\varphi}$ ist,

$$\frac{r^3}{a}\cos 3\varphi = r^2\frac{\cos 3\varphi}{\cos\varphi} = r^2\,(1 - 4\sin^2\varphi) = r^2\,(1 - 2 + 2\cos 2\varphi)$$

$$= -\,r^2 + 2\,r^2\cos 2\varphi$$

wird, deren Einführung in (621) ebenfalls w zum Verschwinden bringt.

45. Die gleichmäßig belastete quadratische Membran.

Bei der gleichmäßig belasteten quadratischen Membran können mit Rücksicht auf die vier Symmetrieachsen nur Glieder mit $\cos 4\,\varphi$, $\cos 8\,\varphi$, $\cos 12\,\varphi$ usf. auftreten, so daß (617) hier in der Form

$$w = \frac{p}{4\,S}\left(-\,r^2 + a_0 + a_4\,r^4\cos 4\,\varphi + a_8\,r^8\cos 8\,\varphi + a_{12}\,r^{12}\cos 12\,\varphi + \cdots\right)$$

zugrunde gelegt werden kann. Die Beiwerte werden hier zweckmäßig in der Weise bestimmt, daß die Randbedingung in passend gewählten Punkten erfüllt wird. Bei den vorliegenden Symmetrieverhältnissen reichen hier 16 Randpunkte völlig aus. Bei gleichmäßiger Verteilung über den Rand ergibt sich das aus Abb. 146 ersichtliche Bild, das in jedem der acht Oktanten drei Punkte aufweist. Im Grundoktanten entsprechen ihnen die Koordinaten

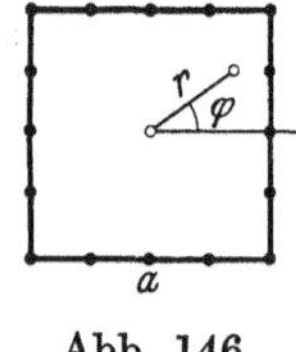

Abb. 146.

$$r = \frac{1}{2}\,a\,, \qquad \varphi = 0 \quad \text{bzw.} \quad r = \frac{1}{3}\,\sqrt{3}\,a\,, \qquad \varphi = \frac{\pi}{6} \quad \text{bzw.} \quad r = \frac{1}{2}\,\sqrt{2}\,a\,, \qquad \varphi = \frac{\pi}{4}\,.$$

Entsprechend den drei Punkten können im Ausgangsansatz nur a_0, a_4 und a_8 Berücksichtigung finden. Gleichzeitig empfiehlt es sich, die runde Klammer dimensionslos umzuschreiben. So erhält man

$$w = \frac{p\,a^2}{4\,S}\left(-\,\frac{r^2}{a^2} + A_0 + A_4\,\frac{r^4}{a^4}\cos 4\,\varphi + A_8\,\frac{r^8}{a^8}\cos 8\,\varphi\right)\,. \tag{622}$$

Wird für die bezeichneten Randpunkte $w = 0$ gesetzt, so ergeben sich die Bedingungsgleichungen

$$\left.\begin{aligned} -\tfrac{1}{4} + A_0 + \tfrac{1}{16}A_4 + \tfrac{1}{256}A_8 &= 0\,,\\ -\tfrac{1}{3} + A_0 - \tfrac{1}{18}A_4 - \tfrac{1}{162}A_8 &= 0\,,\\ -\tfrac{1}{2} + A_0 - \tfrac{1}{4}A_4 + \tfrac{1}{16}A_8 &= 0\,. \end{aligned}\right\} \tag{623}$$

Die Auflösung liefert

$$A_0 = +\frac{246}{835}\,, \qquad A_4 = -\frac{614}{835}\,, \qquad A_8 = +\frac{288}{835}\,. \tag{624}$$

Damit erhält man

$$w = \frac{p\,a^2}{4\,S}\left(-\,\frac{r^2}{a^2} + \frac{246}{835} - \frac{614}{835}\frac{r^4}{a^4}\cos 4\,\varphi + \frac{288}{835}\frac{r^8}{a^8}\cos 8\,\varphi\right)\,. \tag{625}$$

46. Die gleichmäßig belastete Halbkreismembran.

Die gleichmäßig belastete Halbkreismembran (Abb. 147) läßt sich auch als Teil einer Vollkreismembran ansehen (Abb. 148), wenn die eine Hälfte mit p, die andere mit $-\,p$ belastet wird. Wegen des antimetrischen Charakters der Belastung muß dann längs der Antimetrieachse die Durchbiegung null sein, so daß sich der Zustand von Abb. 147 von selbst einstellt.

Wird für den Belastungsfall von Abb. 148 p in Abhängigkeit von φ aufgetragen, so ergibt sich bei fortgesetztem Winkelumlauf der aus Abb. 149 ersichtliche periodische Funktionsverlauf. Die harmonische Analyse gemäß (377) ergibt

$$p(\varphi) = \frac{4\,p}{\pi}\sum_{1,3,5}^{\infty}\frac{\sin n\,\varphi}{n} \tag{626}$$

Damit lautet (583)

$$\frac{\partial^2 w}{\partial r^2} + \frac{1}{r}\frac{\partial w}{\partial r} + \frac{1}{r^2}\frac{\partial^2 w}{\partial \varphi^2} = -\frac{4p}{\pi S}\sum_{1,3,5}^{\infty} \frac{\sin n\varphi}{n}\,. \tag{627}$$

Ein Partikularintegral dieser Differentialgleichung läßt sich sofort angeben, indem

$$w_p = \frac{4p}{\pi S} r^2 \sum_{1,3,5}^{\infty} c_n \sin n\varphi$$

gesetzt wird. Die Einführung dieses Ansatzes in die Differentialgleichung liefert

$$\frac{4p}{\pi S} r^2 \sum_{1,3,5}^{\infty}\left[(4-n^2)\,c_n + \frac{1}{n}\right]\sin n\varphi = 0\,.$$

Diese Identitätsgleichung ist erfüllt, wenn die eckige Klammer verschwindet. Somit folgt

$$c_n = \frac{1}{n\,(n^2-4)}\,, \qquad w_p = \frac{4p\,r^2}{\pi S}\sum_{1,3,5}^{\infty}\frac{\sin n\varphi}{n\,(n^2-4)}\,. \tag{628}$$

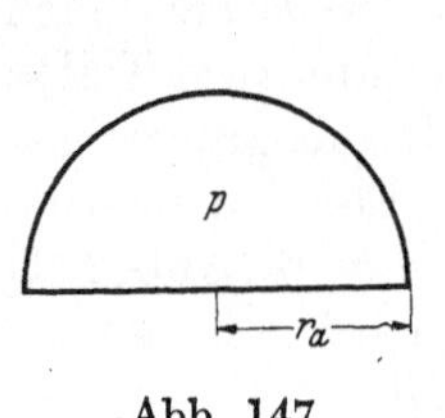

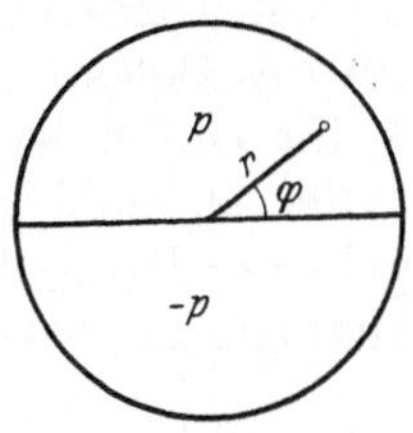

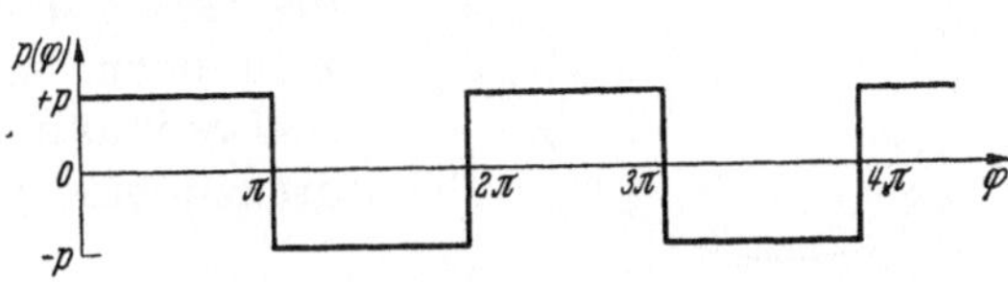

Abb. 147.   Abb. 148.   Abb. 149.

Von der homogenen Lösung (588) ist im Hinblick auf den antimetrischen Charakter des Problems nur der antimetrische Teil und von diesem, da der Punkt $r = 0$ innerhalb der Membran liegt, nur der mit dem Index 1 behaftete Teil brauchbar. Daher verbleibt

$$w_h = \sum_{1,3,5}^{\infty} b_{1,n}\, r^n \sin n\varphi \qquad \text{bzw.} \qquad w_h = \frac{4p}{\pi S}\sum_{1,3,5}^{\infty} B_n\, r^n \sin n\varphi\,. \tag{629}$$

In (629) sind die geraden n-Werte von vornherein unterdrückt, da ihnen nach dem Aufbau von (628) keine Bedeutung zufällt. Die Überlagerung von (628) und (629) liefert

$$w = \frac{4p}{\pi S}\sum_{1,3,5}^{\infty}\left[\frac{r^2}{n\,(n^2-4)} + B_n\, r^n\right]\sin n\varphi\,. \tag{630}$$

Längs des Kreisumfanges muß w nun verschwinden. Dies ergibt

$$\frac{r_a^2}{n\,(n^2-4)} + B_n\, r_a^n = 0 \qquad \text{oder} \qquad B_n = -\frac{r_a^{2-n}}{n\,(n^2-4)} = -\frac{1}{n\,(n^2-4)\,r_a^{n-2}}\,. \tag{631}$$

Durch Einführung von (631) in (630) folgt schließlich

$$w = \frac{4p}{\pi S}\sum_{1,3,5}^{\infty}\frac{r^2 - r_a^2\left(\dfrac{r}{r_a}\right)^n}{n\,(n^2-4)}\sin n\varphi\,. \tag{632}$$

47. Die Kreismembran unter exzentrischen Einzellasten und Lastkonzentrierungen.

Steht eine Kreismembran unter der Wirkung einer exzentrischen Einzellast (Abb. 150), so gelangt man unter Verwendung von Bipolarkoordinaten — was herzuleiten hier aber zu weit führen würde — zu der Durchbiegungsfunktion

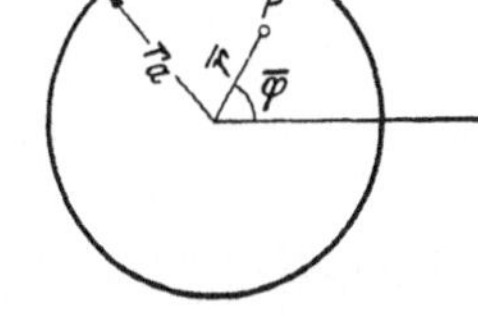

$$w = \frac{P}{2\pi S}\ln\sqrt{\frac{r^2\,\bar r^2 - 2r_a^2\, r\,\bar r\cos(\varphi - \bar\varphi) + r_a^4}{(r^2 + \bar r^2 - 2r\,\bar r\cos(\varphi - \bar\varphi))\,r_a^2}}\,. \tag{633}$$

Abb. 150.

Läßt man in (633) $r \to \bar{r}$ und $\varphi \to \bar{\varphi}$ gehen, so verschwindet der Nenner unter der Wurzel und die Durchbiegung geht in ähnlicher Weise nach Unendlich wie im Falle einer zentrischen Einzellast, denn es folgt

$$w = \lim_{(r-\bar{r}) \to 0} \frac{P}{2\pi S} \ln \sqrt{\frac{(r_a^2 - \bar{r}^2)^2}{(r-\bar{r})^2 \, r_a^2}} = \lim_{(r-\bar{r}) \to 0} \frac{P}{2\pi S} \ln \frac{r_a \left(1 - \dfrac{\bar{r}^2}{r_a^2}\right)}{r - \bar{r}} \tag{634}$$

in Analogie zu (614) für $r \to 0$.

Setzt man in (633) $r = r_a$, so kann im Zähler unter der Wurzel r_a^2 abgespalten werden, wonach ersichtlich wird, daß die Wurzel 1 und damit $w = 0$ wird. Wird (633) in (584) eingeführt, so wird die Differentialgleichung identisch erfüllt. Wird nun die Einzellast wieder durch die in Wirklichkeit vorhandene Lastkonzentrierung mit

$$r_k \ll r_a$$

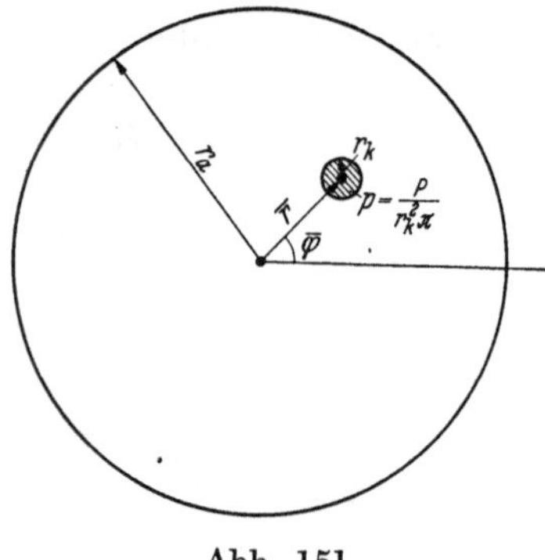

Abb. 151.

ersetzt, so herrscht ähnlich wie bei der zentrischen Lastkonzentrierung außerhalb des Belastungsbereiches eine Durchbiegung gemäß (633) vor. Innerhalb des Belastungsbereiches setzt sich nach der ersten der Gln (615) die Durchbiegung wieder aus zwei Teilen zusammen, nämlich aus der Durchbiegung des Lastbegrenzungskreises und der darübergelegten Paraboloidfläche. Für den Lastbegrenzungskreis folgt in Analogie zu (634) mit $|r - \bar{r}| = r_k$ (Abb. 151)

$$w = \frac{P}{2\pi S} \ln \frac{r_a \left(1 - \dfrac{\bar{r}^2}{r_a^2}\right)}{r_k} = \frac{p \, r_k^2}{2 S} \ln \frac{r_a \left(1 - \dfrac{\bar{r}^2}{r_a^2}\right)}{r_k} \, ,$$

während der paraboloidische Anteil von (615) im Lastzentrum $(r = 0)$

$$w = \frac{P}{4\pi S} = \frac{p \, r_k^2 \pi}{4 \pi S} = \frac{p \, r_k^2}{4 S}$$

liefert. Durch Überlagerung beider Durchbiegungsanteile folgt

$$w = \frac{P}{2\pi S} \left[\frac{1}{2} + \ln \frac{r_a \left(1 - \dfrac{\bar{r}^2}{r_a^2}\right)}{r_k} \right] = \frac{p \, r_k^2}{4 S} \left[\frac{1}{2} + \ln \frac{r_a \left(1 - \dfrac{\bar{r}^2}{r_a^2}\right)}{r_k} \right] \quad \text{(Lastzentrum)}. \tag{635}$$

Beispiel 46. Eine mit $S = 1$ kg/cm gespannte Kreismembran von 3 m Durchmesser trägt in 1 m Abstand vom Mittelpunkt eine konzentrierte Last von 20 kg, die auf eine Kreisfläche vom Halbmesser $r_k = 0{,}1$ m gleichmäßig verteilt ist. Wie groß ist die Durchbiegung im Lastzentrum?
Nach (635) errechnet sich

$$w = \frac{20}{2\pi \cdot 1} \left[\frac{1}{2} + \ln \frac{1{,}50 \left(1 - \dfrac{1}{2{,}25}\right)}{0{,}1} \right] = 3{,}18 \, [0{,}500 + 2{,}121] = 8{,}34 \text{ cm}.$$

Beispiel 47. Wie groß würde bei der Membran des vorigen Beispiels die Durchbiegung im Lastzentrum werden, wenn die Last nicht gleichmäßig über die Kreisfläche von $r_k = 0{,}1$ m verteilt sein, sondern als ringförmige Schneidenlast konzentriert längs des Kreises mit $r_k = 0{,}1$ m angreifen würde?

In diesem Falle ist, ähnlich wie bei dem Belastungsfall von Abb. 137, die Durchbiegungsfläche innerhalb der Schneidenlast eben. Infolgedessen fällt in (635) der Durchbiegungsanteil von der Paraboloidfläche heraus und es verbleibt

$$w = \frac{P}{2\pi S} \ln \frac{r_a \left(1 - \dfrac{\bar{r}^2}{r_a^2}\right)}{r_k} \quad \text{(Lastzentrum, konzentrierte Ringschneidenlast).} \tag{636}$$

Bei Einsetzung der Zahlenwerte erhält man

$$w = 3{,}18 \cdot 2{,}121 = 6{,}75 \text{ cm}.$$

48. Die straff gespannte Membran in kartesischen Koordinaten.

In kartesischen Koordinaten x, y lautet die Differentialgleichung für die Durchbiegung der straff gespannten Membran

$$\frac{\partial^2 w}{\partial x^2} + \frac{\partial^2 w}{\partial y^2} = -\frac{p(x,y)}{S} \, . \tag{637}$$

Auf ähnlichem Wege wie im Falle der Polarkoordinaten gelangt man auch hier zu allgemeinen Lösungen der homogenen Differentialgleichung, so z. B. in den Formen

$$w_h = \sum_n^\infty \left[A_n \sin \lambda_n(x+a) \operatorname{\mathfrak{Cof}} \lambda_n(y+b) + B_n \cos \lambda_n(x+a) \operatorname{\mathfrak{Sin}} \lambda_n(y+b) + \right. \\ \left. + C_n \cos \lambda_n(x+a) \operatorname{\mathfrak{Cof}} \lambda_n(y+b) + D_n \sin \lambda_n(x+a) \operatorname{\mathfrak{Sin}} \lambda_n(y+b) \right] \tag{638}$$

und

$$w_h = \sum_n^\infty A_n e^{\lambda_n(x+a)} \cos \lambda_n(y+b) + B_n e^{\lambda_n(x+a)} \sin \lambda_n(y+b) + \\ + C_n e^{-\lambda_n(x+a)} \cos \lambda_n(y+b) + D_n e^{-\lambda_n(x+a)} \sin \lambda_n(y+b) \right] \, , \tag{639}$$

in denen die A_n, B_n, C_n, D_n, λ_n, a, b noch völlig willkürlich sind.

49. Greensche Funktion und Integralgleichung der Rechtecksmembran.

Gemäß Abb. 152 sei nun eine straff gespannte Membran mit rechteckigem Rand unter einer Schneidenlast $P(x, \bar{y})$ betrachtet, durch welche die Membran in zwei lastfreie Bereiche $-\dfrac{\lambda l}{2} \le y \le \bar{y}$ und $\bar{y} \le y \le +\dfrac{\lambda l}{2}$ zerlegt wird, deren Durchbiegungsflächen in der Form (638) angesetzt werden können, wenn

$$a = \frac{l}{2} \, , \qquad \lambda_n = \frac{n\pi}{l} \tag{640}$$

gewählt wird. Nun soll w für $x = \pm \dfrac{l}{2}$ verschwinden. Betrachtet man daraufhin die vier Summenglieder von (638), so zeigt sich, daß die beiden Glieder mit $\sin \lambda_n(x+a)$ dieser Bedingung entsprechen. Bei Nullsetzen von B_n und C_n und bei Berücksichtigung von (640) ergibt sich somit

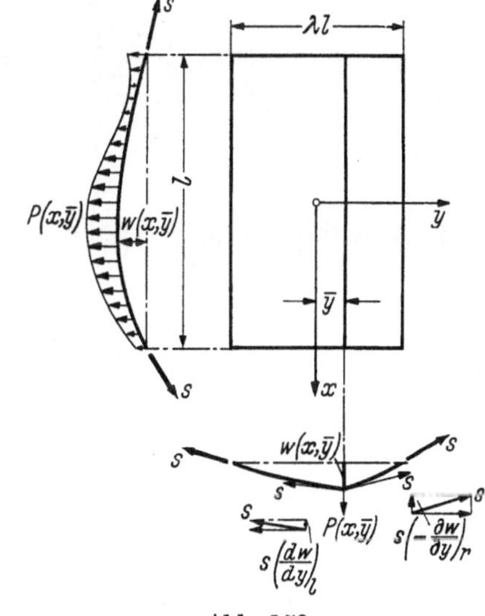

Abb. 152.

$$w = \sum_n^\infty \left[A_n \sin \frac{n\pi}{l}\left(x + \frac{l}{2}\right) \operatorname{\mathfrak{Cof}} \frac{n\pi}{l}(\bar{y}+b) + \right. \\ \left. + D_n \sin \frac{n\pi}{l}\left(x + \frac{l}{2}\right) \operatorname{\mathfrak{Sin}} \frac{n\pi}{l}(y+b) \right] \, .$$

Außerdem verschwindet w noch für jeden der beiden Teilbereiche längs eines dritten Randes, und zwar im Bereiche $-\dfrac{\lambda l}{2} \le y \le \bar{y}$ für $y = -\dfrac{\lambda l}{2}$ und im Bereiche $\bar{y} \le y \le +\dfrac{\lambda l}{2}$ für $y = +\dfrac{\lambda l}{2}$. Da von den beiden Hyperbelfunktionen nur der Sinus verschwinden, und zwar nur für das Argument Null, muß auch A_n noch Null gesetzt werden, während b für die beiden Bereiche gleich $+\dfrac{\lambda l}{2}$ bzw. $-\dfrac{\lambda l}{2}$ gesetzt werden muß. Damit lauten die den Randbedingungen an drei Rändern genügenden Ausgangsdarstellungen

$$w = \sum_n^\infty D_{1,n} \sin \frac{n\pi}{l}\left(x + \frac{l}{2}\right) \operatorname{\mathfrak{Sin}} \frac{n\pi}{l}\left(y + \frac{\lambda l}{2}\right) \qquad \text{für} \qquad -\frac{\lambda l}{2} \le y \le \bar{y} \quad ,$$

$$w = \sum_n^\infty D_{2,n} \sin \frac{n\pi}{l}\left(x + \frac{l}{2}\right) \operatorname{\mathfrak{Sin}} \frac{n\pi}{l}\left(y - \frac{\lambda l}{2}\right) \qquad \text{für} \qquad \bar{y} \le y \le +\frac{\lambda l}{2} \, . \tag{641}$$

Die vierte Randlinie ist die beiden Bereichen gemeinsame Randlinie mit der Schneidenlast. Die hier vorhandenen geometrischen und statischen Verhältnisse sind in Abb. 152 stark verzerrt dargestellt, verzerrt insofern, als in Wirklichkeit die Durchbiegungen so klein sind, daß die Bögen der Tangentenwinkel den Differentialquotienten gleich gesetzt werden können; nur bei dieser Voraussetzung entspricht die Beschriftung der Wirklichkeit. Zunächst müssen für $y = \overline{y}$ beide Durchbiegungsformeln den gleichen Wert liefern, d. h. es muß ihre Differenz verschwinden. Dies ergibt

$$0 = \sum_{1}^{\infty} \sin \frac{n\pi}{l}\left(x + \frac{l}{2}\right)\left[D_{1,n}\,\mathfrak{Sin}\,\frac{n\pi}{l}\left(\overline{y} + \frac{\lambda l}{2}\right) - D_{2,n}\,\mathfrak{Sin}\,\frac{n\pi}{l}\left(\overline{y} - \frac{\lambda l}{2}\right)\right] = 0 \ . \tag{642}$$

Ferner müssen für jeden Punkt der Schneidenlinie die Vertikalkomponenten der beiden von links und von rechts wirkenden Spannkräfte S mit der Last ein Gleichgewichtssystem bilden. Hieraus folgt

$$S\left(\frac{dw}{dy}\right)_l + S\left(-\frac{dw}{dy}\right)_r = P(x, \overline{y}) \ .$$

Das negative Vorzeichen des zweiten Differentialquotienten trägt der Tatsache Rechnung, daß bei den in Abb. 152 zugrunde gelegten Verhältnissen die Differentialquotienten links und rechts von der Schneide verschiedenes Vorzeichen aufweisen. Werden die Ableitungen nach (641) gebildet, so erhält man für $y = \overline{y}$

$$\sum_{1}^{\infty} \frac{n\pi}{l}\sin\frac{n\pi}{l}\left(x + \frac{l}{2}\right)\left[D_{1,n}\,\mathfrak{Cof}\,\frac{n\pi}{l}\left(\overline{y} + \frac{\lambda l}{2}\right) - D_{2,n}\,\mathfrak{Cof}\,\frac{n\pi}{l}\left(\overline{y} - \frac{\lambda l}{2}\right)\right] = \frac{P(x, \overline{y})}{S} \ . \tag{643}$$

Nach dem Prinzip der analytischen Fortsetzung kann man sich nun $P(x, \overline{y})$ durch eine unendliche Folge antimetrischer Spiegelungen fortgesetzt denken (Abb. 153).

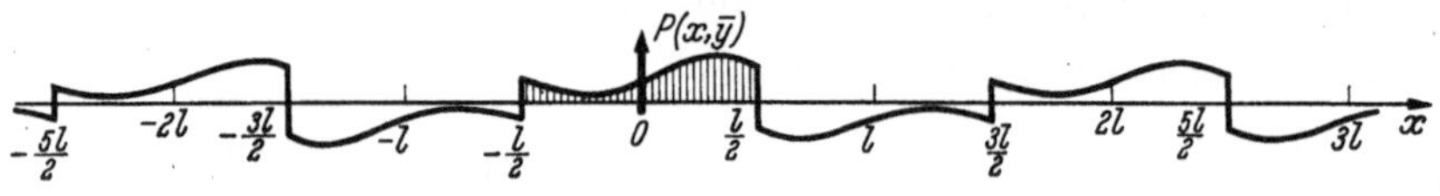

Abb. 153.

Man kann dann $P(x, \overline{y})$ als Fourier-Entwicklung ansetzen und findet mit (377)

$$P(x, \overline{y}) = \sum_{1}^{\infty} \sin\frac{n\pi}{l}\left(x + \frac{l}{2}\right)\int_{-\frac{1}{2}l}^{+\frac{1}{2}l}\frac{2}{l}\,P(x, \overline{y})\sin\frac{n\pi}{l}\left(x + \frac{l}{2}\right)dx \ . \tag{644}$$

Mit (644) lautet (643)

$$\sum_{1}^{\infty} \frac{n\pi}{l}\sin\frac{n\pi}{l}\left(x + \frac{l}{2}\right)\left[D_{1,n}\,\mathfrak{Cof}\,\frac{n\pi}{l}\left(\overline{y} + \frac{\lambda l}{2}\right) - D_{2,n}\,\mathfrak{Cof}\,\frac{n\pi}{l}\left(\overline{y} - \frac{\lambda l}{2}\right) - \frac{2}{n\pi S}\int_{-\frac{1}{2}l}^{+\frac{1}{2}l}P(x, \overline{y})\sin\frac{n\pi}{l}\left(x + \frac{l}{2}\right)dx\right] = 0 \ . \tag{645}$$

Die Gln (642) und (645) lassen sich nur befriedigen, wenn in jedem Summenglied die eckige Klammer verschwindet. Dies ergibt

$$D_{1,n}\,\mathfrak{Sin}\,\frac{n\pi}{l}\left(\overline{y} + \frac{\lambda l}{2}\right) - D_{2,n}\,\mathfrak{Sin}\,\frac{n\pi}{l}\left(\overline{y} - \frac{\lambda l}{2}\right) = 0$$

$$D_{1,n}\,\mathfrak{Cof}\,\frac{n\pi}{l}\left(\overline{y} + \frac{\lambda l}{2}\right) - D_{2,n}\,\mathfrak{Cof}\,\frac{n\pi}{l}\left(\overline{y} - \frac{\lambda l}{2}\right) = \frac{2}{n\pi S}\int_{-\frac{1}{2}l}^{+\frac{1}{2}l}P(x, \overline{y})\sin\frac{n\pi}{l}\left(x + \frac{l}{2}\right)dx \ . \tag{646}$$

Die Auflösung liefert

$$D_{\substack{1,n \\ 2,n}} = -\frac{2}{n\pi S}\frac{\mathfrak{Sin}\,\frac{n\pi}{l}\left(\overline{y} \mp \frac{\lambda l}{2}\right)}{\mathfrak{Sin}\,n\pi\lambda}\int_{-\frac{1}{2}l}^{+\frac{1}{2}l}P(x, \overline{y})\sin\frac{n\pi}{l}\left(x + \frac{l}{2}\right)dx \tag{647}$$

und damit nach (641) für die Streifenlast

$$
\left.
\begin{aligned}
w &= -\frac{2}{\pi S}\sum_{1}^{\infty} \frac{\mathfrak{Sin}\,\frac{n\pi}{l}\left(\overline{y}-\frac{\lambda l}{2}\right)}{n\,\mathfrak{Sin}\,n\pi\lambda}\sin\frac{n\pi}{l}\left(x+\frac{l}{2}\right)\mathfrak{Sin}\frac{n\pi}{l}\left(y+\frac{\lambda l}{2}\right)\int_{-\frac{1}{2}l}^{+\frac{1}{2}l} P(x,\overline{y})\sin\frac{n\pi}{l}\left(x+\frac{l}{2}\right)dx \\[2pt]
&\hspace{8cm}\text{für}\qquad -\frac{\lambda l}{2}\le y\le \overline{y}\,, \\[10pt]
w &= -\frac{2}{\pi S}\sum_{1}^{\infty} \frac{\mathfrak{Sin}\,\frac{n\pi}{l}\left(\overline{y}+\frac{\lambda l}{2}\right)}{n\,\mathfrak{Sin}\,n\pi\lambda}\sin\frac{n\pi}{l}\left(x+\frac{l}{2}\right)\mathfrak{Sin}\frac{n\pi}{l}\left(y-\frac{\lambda l}{2}\right)\int_{-\frac{1}{2}l}^{+\frac{1}{2}l} P(x,\overline{y})\sin\frac{n\pi}{l}\left(x+\frac{l}{2}\right)dx \\[2pt]
&\hspace{8cm}\text{für}\qquad \overline{y}\le y\le +\frac{\lambda l}{2}\,.
\end{aligned}
\right\} \quad (648)
$$

Die Streifenlast soll nun gemäß Abb. 154 zur Einzellast zusammenschrumpfen. Dann liefert der Grenzübergang für das in (648) verbliebene Integral

$$
\int_{-\frac{1}{2}l}^{+\frac{1}{2}l} P(x,\overline{y})\sin\frac{n\pi}{l}\left(x+\frac{l}{2}\right)dx = \lim_{\Delta x\to 0}\int_{\overline{x}}^{\overline{x}+\Delta x}\frac{P}{\Delta x}\sin\frac{n\pi}{l}\left(x+\frac{l}{2}\right)dx
$$

$$
\overset{\text{für }x=\overline{x}}{=}\ \frac{d}{dx}\int P\sin\frac{n\pi}{l}\left(x+\frac{l}{2}\right)dx
$$

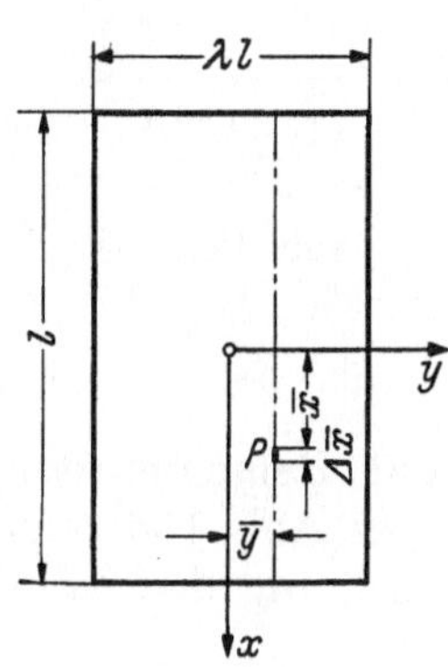

Abb. 154.

und damit

$$
\int_{-\frac{1}{2}l}^{+\frac{1}{2}l} P(x,\overline{y})\sin\frac{n\pi}{l}\left(x+\frac{l}{2}\right)dx = P\sin\frac{n\pi}{l}\left(\overline{x}+\frac{l}{2}\right).
$$

Wird dieser Integralwert in (648) berücksichtigt, so folgt für die Einzellast

$$
\left.
\begin{aligned}
w &= -\frac{2P}{\pi S}\sum_{1}^{\infty} n\,\frac{\sin\frac{n\pi}{l}\left(x+\frac{l}{2}\right)\sin\frac{n\pi}{l}\left(\overline{x}+\frac{l}{2}\right)\mathfrak{Sin}\frac{n\pi}{l}\left(y+\frac{\lambda l}{2}\right)\mathfrak{Sin}\frac{n\pi}{l}\left(\overline{y}-\frac{\lambda l}{2}\right)}{n\,\mathfrak{Sin}\,n\pi\lambda} \quad\text{für}\quad -\frac{\lambda l}{2}\le y\le\overline{y}\,, \\[8pt]
w &= -\frac{2P}{\pi S}\sum_{1}^{\infty} n\,\frac{\sin\frac{n\pi}{l}\left(x+\frac{l}{2}\right)\sin\frac{n\pi}{l}\left(\overline{x}+\frac{l}{2}\right)\mathfrak{Sin}\frac{n\pi}{l}\left(y-\frac{\lambda l}{2}\right)\mathfrak{Sin}\frac{n\pi}{l}\left(\overline{y}+\frac{\lambda l}{2}\right)}{n\,\mathfrak{Sin}\,n\pi\lambda} \quad\text{für}\quad \overline{y}\le y\le +\frac{\lambda l}{2}\,.
\end{aligned}
\right\} \quad (649)
$$

Mit der Kenntnis der GREENschen Funktion der Durchbiegung kann die Lösung für eine verteilte Belastung $p(\overline{x},\overline{y})$ unmittelbar hingeschrieben werden, indem man $P = p(\overline{x},\overline{y})\,d\overline{x}\,d\overline{y}$ setzt und das Doppelintegral über dem Rechtecksbereich ansetzt. Entsprechend der Bereichsaufspaltung für die GREENsche Funktion muß auch das Doppelintegral in der $\overline{y}$-Richtung an der Stelle y aufgespalten werden. So gelangt man zu der Integralgleichung des straff gespannten Rechtecksgewebes in der Form

$$
\left.
\begin{aligned}
w(x,y) &= -\frac{2}{\pi S}\sum_{1}^{\infty} n\,\frac{\sin\frac{n\pi}{l}\left(x+\frac{l}{2}\right)\mathfrak{Sin}\frac{n\pi}{l}\left(y-\frac{\lambda l}{2}\right)}{n\,\mathfrak{Sin}\,n\pi\lambda}\int_{-\frac{l}{2}}^{+\frac{l}{2}}\int_{-\frac{\lambda l}{2}}^{y} p(\overline{x},\overline{y})\sin\frac{n\pi}{l}\left(\overline{x}+\frac{l}{2}\right)\mathfrak{Sin}\frac{n\pi}{l}\left(\overline{y}+\frac{\lambda l}{2}\right)d\overline{x}\,d\overline{y}\, - \\[10pt]
&\ -\frac{2}{\pi S}\sum_{1}^{\infty} n\,\frac{\sin\frac{n\pi}{l}\left(x+\frac{l}{2}\right)\mathfrak{Sin}\frac{n\pi}{l}\left(y+\frac{\lambda l}{2}\right)}{n\,\mathfrak{Sin}\,n\pi\lambda}\int_{-\frac{l}{2}}^{+\frac{l}{2}}\int_{y}^{+\frac{l\lambda}{2}} p(\overline{x},\overline{y})\sin\frac{n\pi}{l}\left(\overline{x}+\frac{l}{2}\right)\mathfrak{Sin}\frac{n\pi}{l}\left(\overline{y}-\frac{\lambda l}{2}\right)d\overline{x}\,d\overline{y}\,.
\end{aligned}
\right\} \quad (650)
$$

Beispiel 48. Eine mit $S = 1$ kg/cm gespannte Rechtecksmembran von 3 m Länge und 2 m Breite trägt gemäß Abb. 155 in den Viertelpunkten konzentrierte Lasten von je 15 kg. Wie groß ist der Durchhang in Gewebemitte?

Aus Symmetriegründen muß jede der vier konzentrierten Lasten den gleichen Beitrag zu der Durchbiegung in Membranmitte liefern. Demgemäß ergibt sich w_m als der vierfache Wert der Durchbiegung aus der im ersten Quadranten stehenden Last. Für diese ist $\bar{x} = \dfrac{l}{4}$, $\bar{y} = \dfrac{\lambda l}{4}$, $x = 0$, $y = 0$. Damit folgt aus (649)

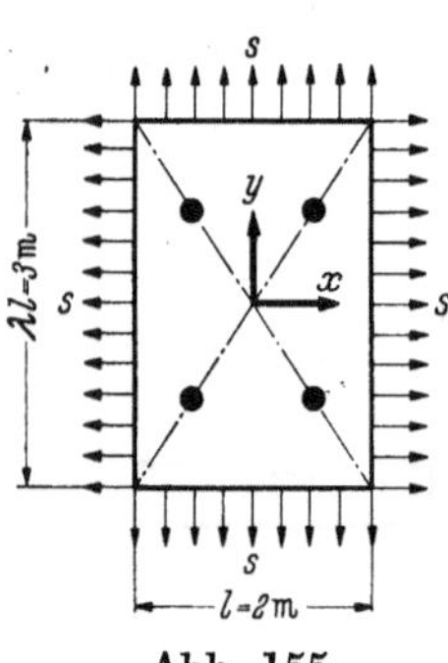

Abb. 155.

$$w_m = \frac{8\,P}{\pi\,S}\sum_1^\infty {}_n\ \frac{\sin\dfrac{3\,n\,\pi}{4}\ \operatorname{Sin}\dfrac{n\,\pi\,\lambda}{4}\ \sin\dfrac{n\,\pi}{2}\ \operatorname{Sin}\dfrac{n\,\pi\,\lambda}{2}}{n\ \operatorname{Sin} n\,\pi\,\lambda}\ .$$

Nun verschwindet $\sin\dfrac{n\,\pi}{2}$ für gerade n-Werte. Ferner ist

$$\operatorname{Sin} n\,\pi\,\lambda = 2\,\operatorname{Sin}\frac{n\,\pi\,\lambda}{2}\,\operatorname{Cof}\frac{n\,\pi\,\lambda}{2} \qquad\text{und}\qquad \sin\frac{3\,n\,\pi}{4} = (\pm)\frac{1}{\sqrt{2}}\ .$$

Damit erhält man

$$w_m = \frac{4\,P}{\pi\,S\,\sqrt{2}}\left[\frac{\operatorname{Sin}\dfrac{\pi\,\lambda}{4}}{\operatorname{Cof}\dfrac{\pi\,\lambda}{2}} - \frac{1}{3}\frac{\operatorname{Sin}\dfrac{3\,\pi\,\lambda}{4}}{\operatorname{Cof}\dfrac{3\,\pi\,\lambda}{2}} - \frac{1}{5}\frac{\operatorname{Sin}\dfrac{5\,\pi\,\lambda}{4}}{\operatorname{Cof}\dfrac{5\,\pi\,\lambda}{2}} + \frac{1}{7}\frac{\operatorname{Sin}\dfrac{7\,\pi\,\lambda}{4}}{\operatorname{Cof}\dfrac{7\,\pi\,\lambda}{2}} + \frac{1}{9}\frac{\operatorname{Sin}\dfrac{9\,\pi\,\lambda}{4}}{\operatorname{Cof}\dfrac{9\,\pi\,\lambda}{2}} - \cdots\right].$$

Da die Reihe um so schneller konvergiert, je größer λ ist, wird man die Verhältnisse stets so wählen, wie es Abb. 155 zeigt. Die Länge l geht bemerkenswerterweise in das Ergebnis nicht ein. Bei Einsetzung der Zahlenwerte $P = 15\,\mathrm{kg}$, $S = 1\,\mathrm{kg/cm}$ und $\lambda = 1{,}5$ ergibt sich

$$w_m = 13{,}5\left[\frac{\operatorname{Sin} 0{,}375\,\pi}{\operatorname{Cof} 0{,}750\,\pi} - \frac{1}{3}\frac{\operatorname{Sin} 1{,}125\,\pi}{\operatorname{Cof} 2{,}250\,\pi} - \frac{1}{5}\frac{\operatorname{Sin} 1{,}875\,\pi}{\operatorname{Cof} 3{,}750\,\pi} + \cdots\right]$$

oder

$$w_m = 13{,}5\,(0{,}276 - 0{,}029 - 0{,}003 + \cdots) = 3{,}3\ \mathrm{cm}\ .$$

50. Die gleichmäßig belastete Rechtecksmembran.

Wird in (650) $p(\bar{x}, \bar{y}) = p$ gesetzt, so folgt

$$w(x,y) = -\frac{2\,p}{\pi\,S}\sum_1^\infty {}_n\ \frac{\sin\dfrac{n\,\pi}{l}\Big(x+\dfrac{l}{2}\Big)\operatorname{Sin}\dfrac{n\,\pi}{l}\Big(y-\dfrac{\lambda\,l}{2}\Big)}{n\ \operatorname{Sin} n\,\pi\,\lambda}\int_{-\frac{l}{2}}^{+\frac{l}{2}}\int_{-\frac{\lambda l}{2}}^{y}\sin\frac{n\,\pi}{l}\Big(\bar{x}+\frac{l}{2}\Big)\operatorname{Sin}\frac{n\,\pi}{l}\Big(\bar{y}+\frac{\lambda\,l}{2}\Big)\,d\bar{x}\,d\bar{y}\ -$$

$$-\frac{2\,p}{\pi\,S}\sum_1^\infty {}_n\ \frac{\sin\dfrac{n\,\pi}{l}\Big(x+\dfrac{l}{2}\Big)\operatorname{Sin}\dfrac{n\,\pi}{l}\Big(y+\dfrac{\lambda\,l}{2}\Big)}{n\ \operatorname{Sin} n\,\pi\,\lambda}\int_{-\frac{l}{2}}^{+\frac{l}{2}}\int_{y}^{+\frac{\lambda l}{2}}\sin\frac{n\,\pi}{l}\Big(\bar{x}+\frac{l}{2}\Big)\operatorname{Sin}\frac{n\,\pi}{l}\Big(\bar{y}-\frac{\lambda\,l}{2}\Big)\,d\bar{x}\,d\bar{y}\ .$$

Nun ist

$$\int_{-\frac{l}{2}}^{+\frac{l}{2}}\int_{-\frac{\lambda l}{2}}^{y}\sin\frac{n\,\pi}{l}\Big(\bar{x}+\frac{l}{2}\Big)\operatorname{Sin}\frac{n\,\pi}{l}\Big(y+\frac{\lambda\,l}{2}\Big)\,d\bar{x}\,d\bar{y} = \frac{l^2}{n^2\,\pi^2}(1-\cos n\,\pi)\Big(\operatorname{Cof}\frac{n\,\pi}{l}\Big(y+\frac{\lambda\,l}{2}\Big)-1\Big),$$

$$\int_{-\frac{l}{2}}^{+\frac{l}{2}}\int_{y}^{+\frac{\lambda l}{2}}\sin\frac{n\,\pi}{l}\Big(\bar{x}+\frac{l}{2}\Big)\operatorname{Sin}\frac{n\,\pi}{l}\Big(\bar{y}-\frac{\lambda\,l}{2}\Big)\,d\bar{x}\,d\bar{y} = \frac{l^2}{n^2\,\pi^2}(1-\cos n\,\pi)\Big(1-\operatorname{Cof}\frac{n\,\pi}{l}\Big(y-\frac{\lambda\,l}{2}\Big)\Big).$$

Der hierin auftretende Klammerwert $(1-\cos n\pi)$ wird für ungerade n-Werte gleich 2 und für gerade n-Werte gleich Null. Somit ergibt sich

$$w(x,y) = -\frac{4\,p\,l^2}{\pi^3 S}\sum_{1,3,5}^{\infty}\!{}^{n}\,\frac{\sin\dfrac{n\pi}{l}\left(x+\dfrac{l}{2}\right)}{n^3\,\mathfrak{Sin}\,n\pi\lambda}\left[\mathfrak{Sin}\frac{n\pi}{l}\left(y-\frac{\lambda l}{2}\right)\left(-1+\mathfrak{Cof}\frac{n\pi}{l}\left(y+\frac{\lambda l}{2}\right)\right)+\mathfrak{Sin}\frac{n\pi}{l}\left(y+\frac{\lambda l}{2}\right)\left(1-\mathfrak{Cof}\frac{n\pi}{l}\left(y-\frac{\lambda l}{2}\right)\right)\right].$$

Wird innerhalb der eckigen Klammer ausmultipliziert und aufgespalten, so folgt

$$[\ ] = -\mathfrak{Sin}\,n\pi\lambda + 2\,\mathfrak{Cof}\frac{n\pi y}{l}\,\mathfrak{Sin}\frac{n\pi\lambda}{l}\ .$$

Damit erhält man

$$w(x,y) = \frac{4\,p\,l^2}{\pi^3 S}\left[\sum_{1,3,5}^{\infty}\!{}^{n}\,\frac{1}{n^3}\sin\frac{n\pi}{l}\left(x+\frac{l}{2}\right) - \sum_{1,3,5}^{\infty}\!{}^{n}\,\frac{1}{n^3}\sin\frac{n\pi}{l}\left(x+\frac{l}{2}\right)\frac{2\,\mathfrak{Cof}\dfrac{n\pi y}{l}\,\mathfrak{Sin}\dfrac{n\pi\lambda}{l}}{\mathfrak{Sin}\,n\pi\lambda}\right].$$

Nun ist

$$\sum_{1,3,5}^{\infty}\!{}^{n}\,\frac{1}{n^3}\sin\frac{n\pi}{l}\left(x+\frac{l}{2}\right) = \sum_{1,3,5}^{\infty}\!{}^{n}\,\frac{(-1)^{\frac{n-1}{2}}}{n^3}\cos\frac{n\pi x}{l} = \frac{\pi^3}{32}\left(1-4\,\frac{x^2}{l^2}\right) \qquad \text{für} \qquad -\tfrac{1}{2}l \leq x \leq +\tfrac{1}{2}l\ ,$$

$$\mathfrak{Sin}\,n\pi\lambda = 2\,\mathfrak{Sin}\frac{n\pi\lambda}{2}\,\mathfrak{Cof}\frac{n\pi\lambda}{2}\ .$$

Damit ergibt sich schließlich

$$w(x,y) = \frac{p\,l^2}{8\,S}\left[1 - 4\,\frac{x^2}{l^2} - \frac{32}{\pi^3}\sum_{1,3,5}^{\infty}\!{}^{n}\,\frac{(-1)^{\frac{n-1}{2}}}{n^3}\cos\frac{n\pi x}{l}\,\frac{\mathfrak{Cof}\dfrac{n\pi y}{l}}{\mathfrak{Cof}\dfrac{n\pi\lambda}{2}}\right].\tag{651}$$

Wird die lange Rechtecksseite parallel zur y-Achse gelegt, so daß $\lambda \geq 1$ wird, so konvergiert die durch (651) dargestellte Entwicklung sehr schnell.

<h2 style="text-align:center">Sechstes Kapitel.</h2>

Ebene Grundwasser- und Sickerströmungen.

51. Das Darcysche Gesetz.

Kaum eine zweite partielle Differentialgleichung der theoretischen Physik findet so viele Parallelen in der Erscheinungswelt der Natur als die Differentialgleichung der gespannten Membran. Eine dieser Parallelerscheinungen bilden die ebenen Grundwasser- und Sickerströmungen, wie sie sich in jedem porösen Medium einstellen, wenn dieses mit Flüssigkeiten unter Druck in Berührung kommt. Dabei darf der Begriff „poröses Medium" keineswegs eng gefaßt werden. Bekanntlich läßt sich Quecksilber bequem durch stählerne Panzerplatten treiben, wenn der angewandte Druck nur groß genug ist. Bei einem solchen Sickervorgang stellen dann stählerne Panzerplatten ein poröses Medium dar.

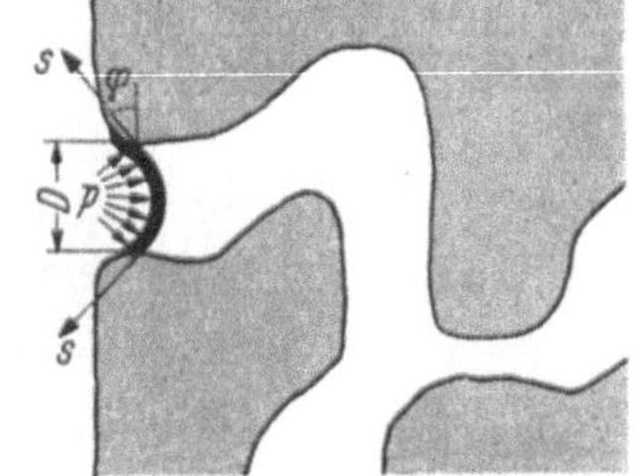

Abb. 156.

Die Zusammenhänge zwischen Druck, Porendurchmesser und Oberflächenspannung der durchsickernden Flüssigkeit, die bestehen müssen, damit ein Sickervorgang zustande kommen kann, lassen sich nach der Membrantheorie leicht angeben, denn der Rand einer Flüssigkeit wird bekanntlich durch eine molekulare Grenzschicht gebildet, in welcher das Kräftespiel durch die in allen Richtungen gleich große Oberflächenspannkraft beherrscht wird, wie im Falle einer Membran.

Wird gemäß Abb. 156 eine Pore an der Außenfläche des porösen Körpers näher betrachtet, so wird die Flüssigkeit (z. B. Wasser) den Porenumfang benetzen, eine Haut bilden und versuchen, mit Hilfe ihrer Oberflächenspannung S dem Druck p zu widerstehen und damit ihren Eintritt in das Porenlabyrinth verhindern. Wird der Porenquerschnitt der Einfachheit halber als kreisförmig zugrunde gelegt, so liefert die Betrachtung des Gleichgewichts in Richtung der Porenachse

$$p\frac{D^2\pi}{4} = D\pi S \sin\varphi \qquad \text{oder} \qquad \frac{pD}{4S} = \sin\varphi \ .$$

Bei $\varphi = \pi/2$ muß die Oberflächenhaut zerreißen und es folgt für den Eintritt der Flüssigkeit in das Porenlabyrinth

$$\frac{pD}{4S} \geq 1 \ .$$

Für die Begrenzung Wasser-Luft ist $S = 7{,}65 \cdot 10^{-5}\,\text{kg/cm}$. Ist D beispielsweise $^1/_{10000}\,\text{mm} = 10^{-5}\text{cm}$, so errechnet sich

$$p = \frac{4 \cdot 7{,}65 \cdot 10^{-5}}{10^{-5}} = \sim 30\,\text{at}$$

als der Druck, bei dem der Eintritt der Flüssigkeit in das Porenlabyrinth erfolgt.

Durchströmt die Flüssigkeit das Porenlabyrinth eines porösen Körpers unter konstanten äußeren Druckverhältnissen, so stellt sich nach einiger Zeit ein stationärer Zustand ein, der durch das Filtergesetz von DARCY

$$\mathfrak{v} = -\,k\,\text{grad}\left(\frac{p}{\gamma} + z\right) \tag{652}$$

beherrscht wird. Dieses besagt nach (652), daß der Geschwindigkeitsfaktor $\mathfrak{v}$ an jeder Stelle des durchströmten Raumes auf den sogenannten Äquipiezometralflächen

$$\frac{p(x,y,z)}{\gamma} + z = \text{constans}$$

senkrecht steht. Hierbei ist vorausgesetzt, daß die z-Richtung der Schwererichtung parallel, aber entgegengesetzt gerichtet ist. Entsprechend der mathematischen Definition des Gradienten kann an Stelle von (652) auch die Komponentendarstellung

$$v_x = -\,k\frac{\partial}{\partial x}\left(\frac{p}{\gamma} + z\right), \qquad v_y = -\,k\frac{\partial}{\partial y}\left(\frac{p}{\gamma} + z\right), \qquad v_z = -\,k\frac{\partial}{\partial z}\left(\frac{p}{\gamma} + z\right) \tag{652[1]}$$

treten, die erkennen läßt, daß grad $(p/\gamma + z)$ hier eine dimensionslose Größe ist. Dementsprechend besitzt k die Dimension einer Geschwindigkeit, die in der Technik als „spezifische Durchlässigkeit" des porösen Körpers bezeichnet wird.

Wie für jede Strömung, so gilt auch für eine Sickerströmung die Kontinuitätsgleichung der Hydromechanik. Unter Zugrundelegung des Idealbildes einer inkompressiblen Flüssigkeit lautet die Kontinuitätsgleichung

$$\frac{\partial v_x}{\partial x} + \frac{\partial v_y}{\partial y} + \frac{\partial v_z}{\partial z} = q(x,y,z) \ . \tag{653}$$

Hierin stellt $q(x,y,z)$ das pro Raumeinheit quellenförmig entstandene Flüssigkeitsvolumen dar. Wird (652)[1] in (653) berücksichtigt, so nimmt die Kontinuitätsgleichung die Form

$$\frac{\partial^2}{\partial x^2}\left(\frac{p}{\gamma} + z\right) + \frac{\partial^2}{\partial y^2}\left(\frac{p}{\gamma} + z\right) + \frac{\partial^2}{\partial z^2}\left(\frac{p}{\gamma} + z\right) = -\frac{q(x,y,z)}{k} \tag{653[1]}$$

einer partiellen Differentialgleichung für die piezometrische Höhe $\frac{p}{\gamma} + z$ an.

Kann die Strömung als ebene Strömung betrachtet werden, so fällt eine der Koordinaten heraus und es verbleibt

$$\frac{\partial^2}{\partial x^2}\left(\frac{p}{\gamma} + z\right) + \frac{\partial^2}{\partial y^2}\left(\frac{p}{\gamma} + z\right) = -\frac{q(x,y)}{k} \qquad \text{(für Ebenen senkrecht zur Schwererichtung) ,}$$

$$\frac{\partial^2}{d x^2}\left(\frac{p}{\gamma} + z\right) + \frac{\partial^2}{\partial z^2}\left(\frac{p}{\gamma} + z\right) = -\frac{q(x,z)}{k} \qquad \text{(für Ebenen parallel zur Schwererichtung) .} \tag{654}$$

Vergleicht man diese Differentialgleichungen mit der Differentialgleichung (637) der gespannten Membran, so herrscht formale Übereinstimmung. Der Membrandurchbiegung w entspricht die piezometrische Höhe $p/\gamma + z$, der Belastung p die quellenförmig entstehende Flüssigkeitsmenge q und der Membranspannkraft S die spezifische Durchlässigkeit k.

Im Falle von Polarkoordinaten tritt an Stelle von (654) und (652)[1]

$$\left.\begin{aligned}\frac{\partial^2}{\partial r^2}\left(\frac{p}{\gamma}+z\right)+\frac{1}{r}\frac{\partial}{\partial r}\left(\frac{p}{\gamma}+z\right)+\frac{1}{r^2}\frac{\partial^2}{\partial\varphi^2}\left(\frac{p}{\gamma}+z\right)=-\frac{q\,(r,\varphi)}{k}\,,\\[2mm]v_r=-k\frac{\partial}{\partial r}\left(\frac{p}{\gamma}+z\right)\,,\qquad\qquad v_\varphi=-\frac{k}{r}\frac{\partial}{\partial\varphi}\left(\frac{p}{\gamma}+z\right).\end{aligned}\right\}\quad(655)$$

52. Sickerströmung zwischen zwei konzentrischen Kreisberandungen.

Es sei nun zunächst gemäß Abb. 157 eine horizontale Sickerströmung zwischen zwei konzentrischen Kreisen betrachtet, auf denen die Drücke p_a und p_i vorgegeben sind. Dann liefert (614) mit $w = p/\gamma + z$, $P = -Q$ und $S = k$ die gesuchte Lösung, wenn entsprechend dem am Außenrande herrschenden Druck noch ein konstantes $w_a = p_a/\gamma + z$ überlagert wird. Das negative Vorzeichen von Q rührt daher, daß entsprechend der zugrunde gelegten Strömungsrichtung im Mittelpunkt eine Senke wirkend zu denken ist. So erhält man

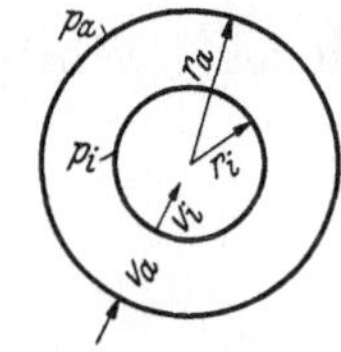

$$\frac{p}{\gamma}+z=\frac{p_a}{\gamma}+z-\frac{Q}{2\pi k}\ln\frac{r_a}{r}\qquad\text{oder}\qquad\frac{p}{\gamma}=\frac{p_a}{\gamma}-\frac{Q}{2\pi k}\ln\frac{r_a}{r}\,.\qquad(656)$$

Abb. 157.

Hieraus folgt für $r = r_i$

$$\frac{p_i}{\gamma}=\frac{p_a}{\gamma}-\frac{Q}{2\pi k}\ln\frac{r_a}{r_i}$$

und damit die hindurchsickernde Gesamtflüssigkeitsmenge zu

$$Q=\frac{2\pi k\,(p_a-p_i)}{\gamma\ln\dfrac{r_a}{r_i}}\,.\qquad(657)$$

Für die Geschwindigkeit ergibt sich nach (655)

$$v=v_r=-\frac{Q}{2\pi r}\,.\qquad(658)$$

Das Vorzeichen ist negativ, entsprechend der Pfeilrichtung von Abb. 157. Für die Eintritts- und Austrittsgeschwindigkeit folgt

$$v_a=-\frac{Q}{2\pi r_a}\,.\qquad v_i=-\frac{Q}{2\pi r_i}\,.$$

53. Sickerströmung in einem Rechtecksbereich bei konstantem Überdruck längs einer der Kanten.

Gemäß Abb. 158 sei nun eine quellenfreie Sickerströmung betrachtet, die dadurch ausgelöst wird, daß von den vier Kanten eines Rechtecksbereiches drei druckfrei sind, während die vierte einen konstanten Überdruck aufweist. Für Probleme dieser Art können unmittelbar die Gln (638) und (639) übernommen werden, in denen sinngemäß w mit $p/\gamma + z$ zu vertauschen ist. Hier ist schon durch die Koordinatenbezeichnung in Abb. 158 angedeutet worden, daß es sich um eine Strömung in waagerechter Ebene handeln soll, für welche $z = 0$ gesetzt werden kann.

Ähnlich wie in Ziffer 49 muß aus den allgemeinen Lösungen von (638) und (639) eine solche Grundlösung herausgesucht werden,

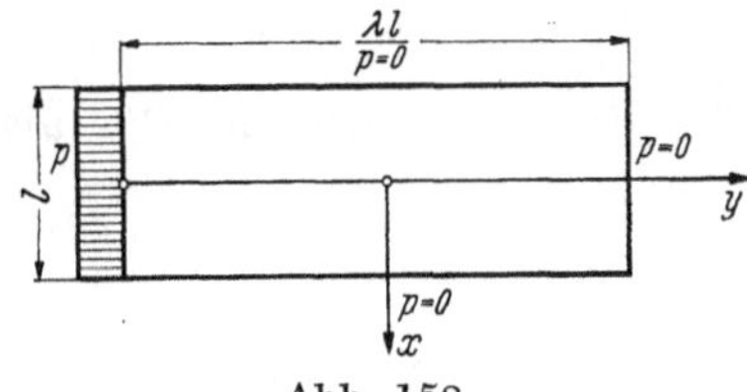

Abb. 158.

bei welcher w bzw. p längs dreier Randlinien verschwindet. Werden die Bezeichnungen von Abb. 158 auf diejenigen von Abb. 152 abgestimmt, so liefert die zweite der Gln (641) unmittelbar

$$\frac{p(x,y)}{\gamma} = \sum_1^\infty{}_n D_n \sin\frac{n\pi}{l}\Big(x+\frac{l}{2}\Big)\,\mathfrak{Sin}\,\frac{n\pi}{l}\Big(y-\frac{\lambda l}{2}\Big)\,. \tag{659}$$

Hierin sind nun die D_n so zu bestimmen, daß für $y=-\dfrac{\lambda l}{2}$ auf der vierten Rechtecksseite gerade konstanter Druck herrscht. Nach dem Prinzip der analytischen Fortsetzung läßt sich die konstante Druckverteilung als Teilstück der periodischen Druckverteilung von Abb. 159 ansehen, für welche die harmonische Analyse gemäß (377)

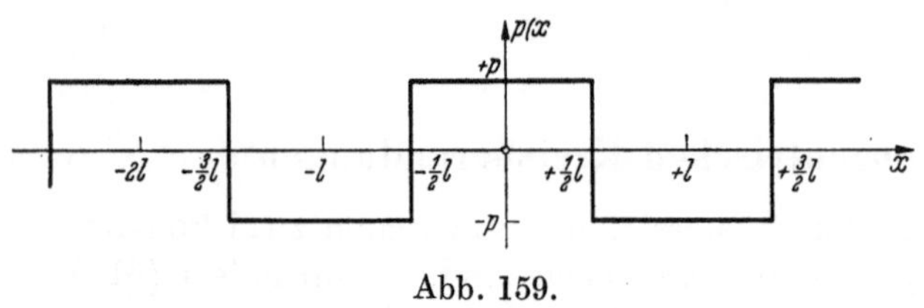

Abb. 159.

$$p(x) = \frac{4p}{\pi}\sum_{1,3,5}^\infty{}_n \frac{\sin\dfrac{n\pi}{l}\Big(x+\dfrac{l}{2}\Big)}{n}$$

liefert. Wird $p(x)$ in (659) für $y=-\dfrac{\lambda l}{2}$ eingeführt, so folgt

$$\frac{4p}{\gamma\pi}\sum_{1,3,5}^\infty{}_n \frac{\sin\dfrac{n\pi}{l}\Big(x+\dfrac{l}{2}\Big)}{n} \equiv -\sum_1^\infty{}_n D_n \sin\frac{n\pi}{l}\Big(x+\frac{l}{2}\Big)\,\mathfrak{Sin}\,n\pi\lambda\,.$$

Der Identitätsvergleich ergibt

$$D_2 = D_4 = D_6 = \cdots = 0\,, \qquad D_n = \frac{-4p}{\gamma\pi n\,\mathfrak{Sin}\,n\pi\lambda}\,.$$

Damit lautet (659)

$$\frac{p(xy)}{\gamma} = \frac{-4p}{\gamma\pi}\sum_{1,3,5}^\infty{}_n \frac{\sin\dfrac{n\pi}{l}\Big(x+\dfrac{l}{2}\Big)\,\mathfrak{Sin}\,\dfrac{n\pi}{l}\Big(y-\dfrac{\lambda l}{2}\Big)}{n\,\mathfrak{Sin}\,n\pi\lambda}\,. \tag{660}$$

Für die Geschwindigkeitskomponenten nach (652)[1] folgt hieraus

$$\left.\begin{aligned}
v_x &= +\frac{4pk}{\gamma l}\sum_{1,3,5}^\infty{}_n \frac{\cos\dfrac{n\pi}{l}\Big(x+\dfrac{l}{2}\Big)\,\mathfrak{Sin}\,\dfrac{n\pi}{l}\Big(y-\dfrac{\lambda l}{2}\Big)}{\mathfrak{Sin}\,n\pi\lambda}\,,\\[2mm]
v_y &= +\frac{4pk}{\gamma l}\sum_{1,3,5}^\infty{}_n \frac{\sin\dfrac{n\pi}{l}\Big(x+\dfrac{l}{2}\Big)\,\mathfrak{Cof}\,\dfrac{n\pi}{l}\Big(y-\dfrac{\lambda l}{2}\Big)}{\mathfrak{Sin}\,n\pi\lambda}\,,
\end{aligned}\right\} \qquad v=\sqrt{v_x^2+v_y^2}\,. \tag{661}$$

Die nähere Betrachtung dieser Reihenentwicklungen zeigt, daß sie überall konvergieren, nur nicht in den Ecken $x=-\dfrac{l}{2}$, $y=-\dfrac{\lambda l}{2}$ und $x=+\dfrac{l}{2}$, $y=-\dfrac{\lambda l}{2}$. Da an diesen beiden Ecken ein lokaler Drucksprung von p auf 0 stattfindet, muß die Geschwindigkeit hier unendlich groß werden. Die Integration von v_y längs der Eintrittskante $y=-\dfrac{\lambda l}{2}$ ergibt

$$Q = \int_{-\frac{l}{2}\;(y=-\frac{\lambda l}{2})}^{+\frac{l}{2}} v_y\,dx = \frac{8pk}{\gamma\pi}\sum_{1,3,5}^\infty{}_n \frac{\mathfrak{Cotg}\,n\pi\lambda}{n}\,. \tag{662}$$

Da $\mathfrak{Cotg}\,n\pi\lambda$ stets größer als 1 ist, ist

$$Q > \frac{8pk}{\gamma\pi}\sum_{1,3,5}^\infty{}_n \frac{1}{n} = \frac{4pk}{\gamma\pi}\ln_{\varepsilon\to0}\frac{\varepsilon+1}{\varepsilon-1} = \infty\,.$$

Die durchsickernde Wassermenge wird daher unendlich groß.

In der Anwendung bleibt die Sickerwassermenge dadurch stets endlich, daß an den Ecken Dichtungskörper eingebaut werden, längs deren ein stetiger Abfall des Druckgefälles stattfindet (Abb. 160).

Die hier gefundene Darstellungsform der Lösung als FOURIERsche Reihenentwicklung in der x-Richtung bot sich vom Standpunkt der Randbedingungen als die naütrliche dar, da die reelle Periode der trigonometrischen Funktionen die Randbedingungen $p = 0$ für $x = \pm\, l/2$ mit ein und derselben Funktion zu befriedigen gestattet. Solche theoretisch bequem herleitbare Lösungsformen brauchen aber vom Standpunkt der praktischen Rechnung keineswegs bequem zu sein. Im vorliegenden Falle verlangt z. B. die Berechnung der Geschwindigkeiten nach (661) sehr viel Zahlenaufwand.

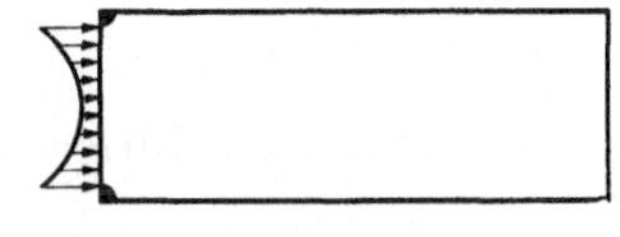

Abb. 160.

Bei Lösungen in Form von Reihenentwicklungen, die in der einen Achsenrichtung trigonometrisch, in der anderen hyperbolisch sind, gelangt man oft dadurch zu erheblich vorteilhafteren Entwicklungen, daß man eine ganze rationale Funktion als Teillösung mit einflechtet. Bei Behandlung der Differentialgleichung der elastischen Platten in Kapitel 9 werden die großen Vorteile dieses Verfahrens besonders anschaulich in Erscheinung treten. Hier bietet sich als Teillösung in Gestalt einer ganzen rationalen Funktion die lineare Lösungsfunktion des querdurchströmten unendlich langen Streifens (Abb. 161), für die sich

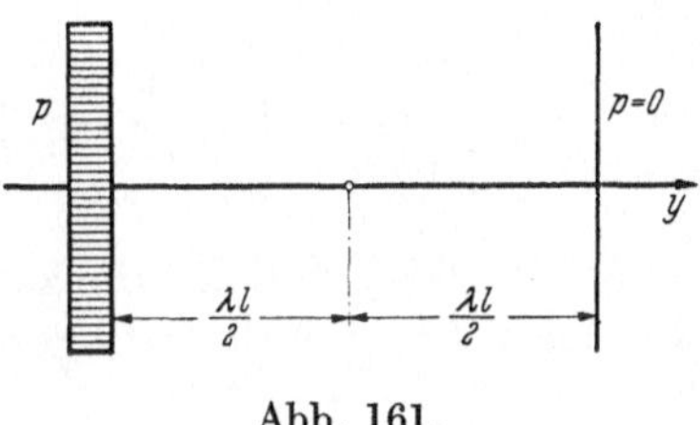

Abb. 161.

$$\frac{p\,(x,\,y)}{\gamma} = \frac{p}{\gamma\,2}\Big(1 - \frac{2\,y}{\lambda\,l}\Big)$$

ergibt. Bei Überlagerung dieser, die Randbedingungen für $y = -\dfrac{l\,\lambda}{2}$ und $y = +\dfrac{l\,\lambda}{2}$ befriedigenden Teillösung kann nun ein Reihenansatz gewählt werden, der im Gegensatz zu dem vorhergehenden in der y-Richtung trigonometrisch und in der x-Richtung hyperbolisch ist. Er lautet, wenn gleichzeitig den Symmetrieverhältnissen Rechnung getragen wird (Abb. 158)

$$\frac{p\,(x,\,y)}{\gamma} = \frac{p}{2\,\gamma}\Big(1 - \frac{2\,y}{\lambda\,l}\Big) + \sum_{1}^{\infty}{}^{n}\, C_n \sin\frac{n\,\pi}{\lambda\,l}\Big(y + \frac{\lambda\,l}{2}\Big)\mathfrak{Col}\frac{n\,\pi}{\lambda\,l}\,x\;. \tag{663}$$

Um nun mit diesem Ansatz auch noch die Befriedigung der Randbedingungen $p = 0$ für $x = \pm\tfrac{1}{2}\,l$ zu erzwingen, müssen die C_n so bestimmt werden, daß

$$0 = \frac{p}{2\,\gamma}\Big(1 - \frac{2\,y}{\lambda\,l}\Big) + \sum_{1}^{\infty}{}^{n}\, C_n \sin\frac{n\,\pi}{\lambda\,l}\Big(y + \frac{\lambda\,l}{2}\Big)\mathfrak{Col}\frac{n\,\pi}{2\,\lambda}$$

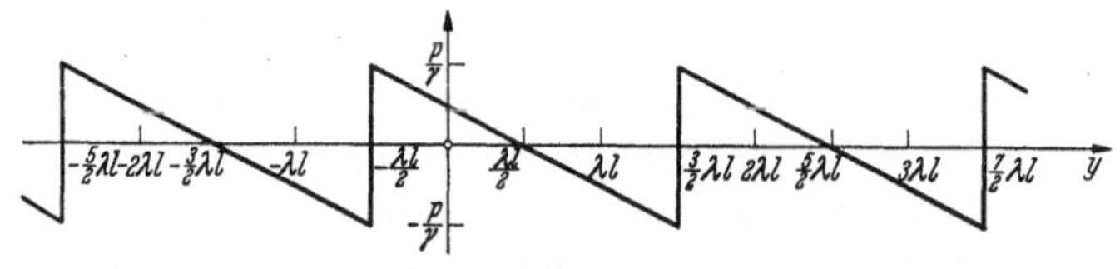

Abb. 162.

wird. Zu diesem Zwecke muß die ganze rationale Teillösung als Teil einer der sinus-Reihe entsprechenden FOURIER-Entwicklung betrachtet werden (Abb. 162). Die Anwendung von (377) liefert

$$\frac{p}{\gamma}\Big(1 - \frac{2\,y}{\lambda\,l}\Big) = \frac{p}{\gamma}\sum_{1}^{\infty}{}^{n}\,\frac{2}{n\,\pi}\sin\frac{n\,\pi}{\lambda\,l}\Big(y + \frac{\lambda\,l}{2}\Big) \qquad \text{für} \qquad -\frac{\lambda\,l}{2} \leqq y \leqq \frac{3\,\lambda\,l}{2}\;. \tag{664}$$

Damit lautet die Identitätsgleichung

$$\sum_{1}^{\infty}{}^{n}\,\Big[\frac{2\,p}{\gamma\,n\,\pi} + C_n\,\mathfrak{Col}\frac{n\,\pi}{2\,\lambda}\Big]\sin\frac{n\,\pi}{\lambda\,l}\Big(y + \frac{\lambda\,l}{2}\Big) \equiv 0\;,$$

woraus

$$C_n = -\frac{2\,p}{\gamma\,n\,\pi\,\operatorname{Cof}\dfrac{n\,\pi}{2\,\lambda}} \qquad\qquad (665)$$

folgt. Bei Einführung von (665) in (663) erhält man

$$\frac{p\,(x,y)}{\gamma} = \frac{p}{\gamma}\left[\frac{1}{2} - \frac{y}{\lambda\,l} - \frac{2}{\pi}\sum_1^\infty \frac{1}{n}\sin\frac{n\,\pi}{\lambda\,l}\left(y + \frac{\lambda\,l}{2}\right)\frac{\operatorname{Cof}\dfrac{n\,\pi}{\lambda\,l}\,x}{\operatorname{Cof}\dfrac{n\,\pi}{2\,\lambda}}\right]. \qquad (666)$$

Hieraus ergibt sich durch Differentiation

$$v_x = +\frac{2\,p\,k}{\gamma\,\lambda\,l}\sum_1^\infty \sin\frac{n\,\pi}{\lambda\,l}\left(y + \frac{\lambda\,l}{2}\right)\frac{\operatorname{Sin}\dfrac{n\,\pi}{\lambda\,l}\,x}{\operatorname{Cof}\dfrac{n\,\pi}{2\,\lambda}}\;,$$

$$v_y = +\frac{2\,p\,k}{\gamma\,\lambda\,l}\left[-\frac{1}{2} + \sum_1^\infty \cos\frac{n\,\pi}{\lambda\,l}\left(y + \frac{\lambda\,l}{2}\right)\frac{\operatorname{Cof}\dfrac{n\,\pi}{\lambda\,l}\,x}{\operatorname{Cof}\dfrac{n\,\pi}{2\,\lambda}}\right]\;, \qquad v = \sqrt{v_x^2 + v_y^2}\;. \qquad (667)$$

Die Gln (667) sind für die zahlenmäßige Berechnung der Geschwindigkeiten meist viel bequemer. So folgt für die Eintrittsgeschwindigkeit

$$\left.v_y\right|_{\left(y=-\frac{\lambda\,l}{2}\right)} = \frac{2\,p\,k}{\gamma\,\lambda\,l}\left[-\frac{1}{2} + \sum_1^\infty \frac{\operatorname{Cof}\dfrac{n\,\pi}{\lambda\,l}\,x}{\operatorname{Cof}\dfrac{n\,\pi}{2\,\lambda}}\right]. \qquad (668)$$

Beispiel 49. Führt man durch eine gerade Gewichtsstaumauer waagerechte Schnitte, so entsprechen den einzelnen Blöcken Rechtecke, die durch wenige mm breite, mit Luft erfüllte Fugen voneinander getrennt sind. Um ein Abfließen des gestauten Wassers durch die Fugenspalte zu unterbinden, werden die Fugen an der Wasserseite durch gewellte Kupferbleche verschlossen. Nichtsdestoweniger findet von der unter Druck stehenden Wasserseite aus durch den unter dem Mikroskop porösen Beton eine Sickerströmung zu den druckfreien Fugenspalten statt. Die praktische Bedeutung dieser Sickerströmung liegt weniger in dem nur geringen Stauwasserverlust als vielmehr in der beträchtlichen Druckabsenkung, die sich bei dem Wasser in den kapillaren Hohlräumen einstellt. Wie groß ist diese Druckabsenkung an der Sohle einer 30 m dicken und hier unter einem Wasserdruck von 4 atü stehenden Staumauer, wenn der Fugenabstand 15 m beträgt? Wie groß ist die Eintrittsgeschwindigkeit des Wassers in die Porenräume in Blockmitte bei einer spezifischen Durchlässigkeit des Betons von $k = 2{,}0 \cdot 10^{-9}$ m/s?

Nach Abb. 163 und Abb. 158 ist in Verbindurg mit den Angaben

$$l = 15\,\text{m}\,, \quad \lambda\,l = 30\,\text{m}\,, \quad \lambda = 2\,, \quad p = 4\,\text{atü} = 40\,\text{t/m}^2\,, \quad \gamma = 1\,\text{t/m}^3\,, \quad k = 2{,}0 \cdot 10^{-9}\,\text{m/s}\,.$$

Ohne Vorhandensein der Fugen würde die Druckverteilung durch (662) gegeben, d. h. dreieckig sein, mit Vorhandensein der Fugen errechnet sie sich nach (659) oder (666). Wird die Zahlenrechnung für die Punkte eines quadratischen Maschennetzes von 3,75 m Maschenlänge durchgeführt, so ergibt sich das nachfolgende Bild (Klammerwerte ohne Berücksichtigung der Fugen):

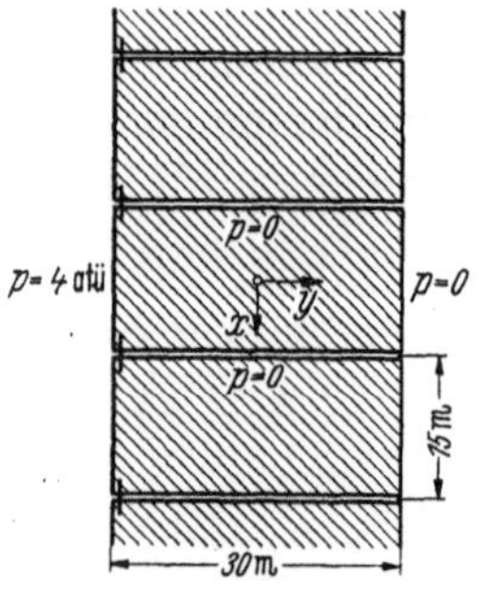

p in t/m² .

x	$y = -15{,}00$	$y = -11{,}25$	$y = -7{,}50$	$y = 0$	$y = +7{,}50$	$y + 15{,}00$
0	40 (40)	23,6 (35,0)	12,9 (30,0)	3,4 (20,0)	0,9 (10,0)	0,0 (0,0)
± 3,75	40 (40)	19,6 (35,0)	9,8 (30,0)	2,5 (20,0)	0,6 (10,0)	0,0 (0,0)
± 7,50	40/0 (40)	0 (35,0)	0 (30,0)	0 (20,0)	0 (10,0)	0 (0,0)

Abb. 163.

Werden die Punkte gleichen Druckes im Querschnittsprofil miteinander verbunden (Abb. 164), so sind diese Kurven wegen $\gamma = 1$ und $z = 0$ gleichzeitig die Kurven gleicher piezometrischer Höhe. Senkrecht zu diesen Kurven verlaufen nach der Definition des Gradienten die Stromlinien (in der Abbildung punktiert).

Für die Eintrittsgeschwindigkeit des Wassers in Blockmitte liefert (668) in Verbindung mit den Zahlenwerten

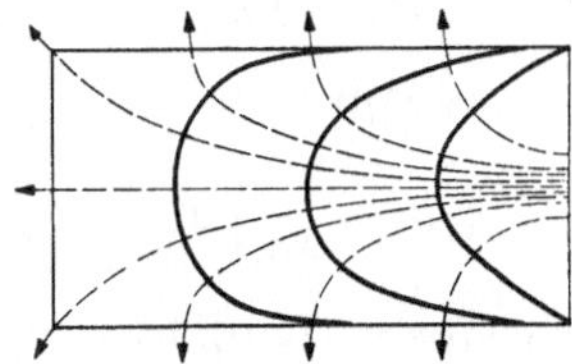

$$v = \frac{2\,p\,k}{\gamma\,\lambda\,l}\left[-\frac{1}{2} + \sum_1^\infty {}^n \frac{1}{\mathfrak{Cof}\dfrac{n\pi}{2\lambda}}\right] = 53{,}3 \cdot 10^{-9}\left[-\frac{1}{2} + \sum_1^\infty {}^n \frac{1}{\mathfrak{Cof}\dfrac{n\pi}{4}}\right] \; .$$

Abb. 164.

Nun ist:

$$\mathfrak{Cof}\,\frac{\pi}{4} = \mathfrak{Cof}\,0{,}125 \cdot 2\,\pi = 1{,}3246\;, \qquad \mathfrak{Cof}\,\frac{\pi}{2} = 2{,}5092\;, \qquad \mathfrak{Cof}\,\frac{3\pi}{4} = 5{,}3228\;, \qquad \mathfrak{Cof}\,\pi = 11{,}592\;,$$

$$\mathfrak{Cof}\,\frac{5\pi}{4} = 25{,}387 \qquad , \qquad \mathfrak{Cof}\,\frac{6\pi}{4} = 55{,}663\;, \qquad \mathfrak{Cof}\,\frac{7\pi}{4} = 122{,}08\;, \qquad \mathfrak{Cof}\,2\,\pi = 267{,}75$$

und damit

$$v = 53{,}3 \cdot 10^{-9}\,[-0{,}500 + 0{,}755 + 0{,}399 + 0{,}188 + 0{,}086 + 0{,}039 + 0{,}018 + 0{,}008 + 0{,}004 + \text{Rest}$$
$$= \sim 0{,}010] = 48 \cdot 10^{-9}\;\text{m/s}\;.$$

Siebentes Kapitel.

Stationäre Temperaturfelder.

54. Die stationäre Wärmeleitungsgleichung.

Wird in (403) die Temperatur ϑ als unabhängig von der Zeit zugrunde gelegt, so geht die allgemeine Wärmeleitungsgleichung in die stationäre Form

$$\frac{\partial^2\vartheta}{\partial x^2} + \frac{\partial^2\vartheta}{\partial y^2} + \frac{\partial^2\vartheta}{\partial z^2} = -\frac{q\,(x,\,y,\,z)}{\lambda} \tag{669}$$

über. Diese Differentialgleichung stimmt mit Gl. (657) für die Sickerströmungen vollständig überein. Der piezometrischen Höhe entspricht die Temperatur, der Flüssigkeitsquelle bzw. Senke eine Wärmequelle bzw. Senke und der spezifischen Durchlässigkeit die Wärmeleitzahl.

Im Falle eines zweidimensionalen Wärmeleitungsvorganges zieht sich (669) auf

$$\frac{\partial^2\vartheta}{\partial x^2} + \frac{\partial^2\vartheta}{\partial y^2} = -\frac{q\,(x,\,y)}{\lambda} \tag{670}$$

zusammen. Dann kann ϑ als Durchbiegung einer Membran, q als deren Belastung und λ als deren Spannkraft gedeutet werden. In Polarkoordinaten lautet (670)

$$\frac{\partial^2\vartheta}{\partial r^2} + \frac{1}{r}\frac{\partial\vartheta}{\partial r} + \frac{1}{r^2}\frac{\partial^2\vartheta}{\partial\varphi^2} = -\frac{q\,(r,\,\varphi)}{\lambda}\;. \tag{671}$$

55. Die Abführung einer homogenen zweidimensionalen Wärmeentwicklung durch äquidistante Kältequellen.

Gemäß Abb. 165 sei ein Körper betrachtet, der eine homogene Aufheizung von der Intensität q erfährt, die durch äquidistante Kühlrohre stationär abgeführt wird. Aus Symmetriegründen folgt dann, daß längs des in Abb. 165 abgegrenzten quadratischen Bereiches $\partial\vartheta/\partial x$ bzw. $\partial\vartheta/\partial y$ verschwinden muß. Dieses recht schwierig erscheinende Problem läßt sich nach den in Kapitel 5 entwickelten Verfahren in Polarkoordinaten leicht lösen.

Ähnlich wie in Ziffer 45 muß auch hier die Lösungsfunktion vier Symmetrieachsen aufweisen, so daß der gleiche Ausgangsansatz wie dort verwendet

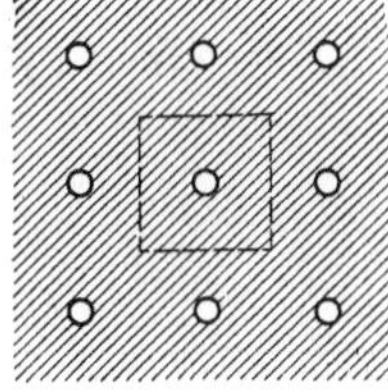

Abb. 165.

werden kann, wenn noch durch Hinzufügen von (614) der Wärmesenke $(P = -Q)$ an der Stelle $r = 0$ Rechnung getragen wird. Damit lautet der Ausgangsansatz

$$\vartheta = \frac{-Q}{2\pi\lambda}\ln\frac{r_a}{r} + \frac{q}{4\lambda}\left(-r^2 + a_0 + a_4 r^4 \cos 4\varphi + a_8 r^8 \cos 8\varphi + a_{12} r^{12} \cos 12\varphi + \cdots\right).$$

Dieser läßt sich mit $r_a = a$ auch in der dimensionslosen Form

$$\vartheta = \frac{-Q}{2\pi\lambda}\ln\frac{a}{r} + \frac{9 a^2}{4\lambda}\left(-\frac{r^2}{a^2} + A_0 + A_4 \frac{r^4}{a^4}\cos 4\varphi + A_8 \frac{r^8}{a^8}\cos 8\varphi + A_{12}\frac{r^{12}}{a^{12}}\cos 12\varphi + \cdots\right)$$

schreiben. Nun folgt zunächst aus dem stationären Charakter des Temperaturfeldes

$$Q = 4 a^2 q, \qquad q = \frac{Q}{4 a^2}. \tag{672}$$

Ferner stellt $\frac{q a^2}{4\lambda} A_0$ einen das spezielle Problem nicht berührenden Temperaturbezugshorizont ϑ_0 dar. Wird dieses noch berücksichtigt, so lautet der Ausgangsansatz

$$\vartheta = \vartheta_0 - \frac{Q}{\lambda}\left[\frac{1}{2\pi}\ln\frac{a}{r} + \frac{1}{16}\frac{r^2}{a^2} - B_4 \frac{r^4}{a^4}\cos 4\varphi - B_8 \frac{r^8}{a^8}\cos 8\varphi - B_{12}\frac{r^{12}}{a^{12}}\cos 12\varphi - \cdots\right]. \tag{673}$$

Ähnlich wie in Ziffer 45 genügt es auch hier völlig, wenn die Randbedingung in 16 äquidistanten Punkten des Randes erfüllt ist, was bei den vier vorhandenen Symmetrieachsen zu drei Bedingungsgleichungen führt. Der Ansatz enthält daher nur die hingeschriebenen Glieder. Für die drei Punkte des Oktanten zwischen $\varphi = 0^0$ und $\varphi = 45^0$ lauten die Randbedingungen (Abb. 166)

$$\frac{\partial\vartheta}{\partial x} = 0 \qquad \text{oder} \qquad \frac{\partial\vartheta}{\partial r}\frac{\partial r}{\partial x} + \frac{\partial\vartheta}{\partial\varphi}\frac{\partial\varphi}{\partial x} = 0.$$

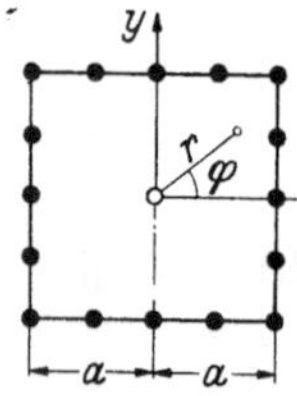

Nun ist

$$r = \sqrt{x^2 + y^2}, \qquad\qquad \varphi = \operatorname{arc\,tang}\frac{y}{x},$$

$$\frac{\partial r}{\partial x} = \frac{x}{\sqrt{x^2 + y^2}} = \cos\varphi, \qquad \frac{\partial\varphi}{\partial x} = \frac{\dfrac{-y}{x^2}}{1 + \left(\dfrac{y}{x}\right)^2} = -\frac{\sin\varphi}{r}.$$

Abb. 166.

Damit erhält man

$$\frac{\partial\vartheta}{\partial r}\cos\varphi - \frac{1}{r}\frac{\partial\vartheta}{\partial\varphi}\sin\varphi = 0 \qquad (\text{Randlinie } x = a). \tag{674}$$

Die Einführung von (673) in (674) liefert, wenn $-Q/\lambda$ als Faktor von vornherein gestrichen wird,

$$-\frac{1}{2\pi r}\cos\varphi + \frac{1}{8}\frac{r}{a^2}\cos\varphi - 4 B_4 \frac{r^3}{a^4}(\cos 4\varphi \cos\varphi + \sin 4\varphi \sin\varphi) - 8 B_8 \frac{r^7}{a^8}(\cos 8\varphi \cos\varphi + \sin 8\varphi \sin\varphi) -$$

$$- 12 B_{12}\frac{r^{11}}{a^{12}}(\cos 12\varphi \cos\varphi + \sin 12\varphi \sin\varphi) = 0$$

oder zusammengefaßt

$$\left(-\frac{1}{8\pi} + \frac{1}{32}\left(\frac{r}{a}\right)^2\right)\cos\varphi - B_4\left(\frac{r}{a}\right)^4\cos 3\varphi - 2 B_8\left(\frac{r}{a}\right)^8\cos 7\varphi - 3 B_{12}\left(\frac{r}{a}\right)^{12}\cos 11\varphi = 0. \tag{675}$$

Diese Bedingungsgleichung soll nun für die Wertepaare $r = a$, $\varphi = 0$ und $r = \frac{2 a}{\sqrt{3}}$, $\varphi = \frac{\pi}{6}$ und $r = a\sqrt{2}$, $\varphi = \frac{\pi}{4}$ erfüllt sein. Dies ergibt

$$\left(-\frac{1}{8\pi} + \frac{1}{32}\right) - B_4 - 2 B_8 - 3 B_{12} = 0$$

$$\left(-\frac{1}{8\pi} + \frac{1}{24}\right)\frac{1}{2}\sqrt{3} + \frac{512}{81} B_8 \cdot \frac{1}{2}\sqrt{3} - \frac{4096}{243} B_{12}\cdot\frac{1}{2}\sqrt{3} = 0$$

$$\left(-\frac{1}{8\pi} + \frac{1}{16}\right)\frac{1}{2}\sqrt{2} + 4 B_4 \cdot \frac{1}{2}\sqrt{2} - 32 B_8 \cdot \frac{1}{2}\sqrt{2} + 192 B_{12}\cdot\frac{1}{2}\sqrt{2} = 0$$

oder gekürzt

$$B_4 + 2 B_8 + 3 B_{12} = - \frac{1}{8\pi} + \frac{1}{32} \, , \\[4pt]
- \frac{512}{81} B_8 + \frac{4096}{243} B_{12} = - \frac{1}{8\pi} + \frac{1}{24} \, , \\[4pt]
4 B_4 - 32 B_8 + 192 B_{12} = - \frac{1}{8\pi} + \frac{1}{16} \cdot$$

Die Auflösung liefert

$$B_4 = - 0{,}00784 \, , \qquad B_8 = - 0{,}00033 \, , \qquad B_{12} = - 0{,}00001 \, . \tag{676}$$

Damit lautet das Temperaturfeld

$$\vartheta = \vartheta_0 - \frac{Q}{\lambda}\left[\frac{1}{2\pi}\ln\frac{a}{r} + \frac{1}{16}\frac{r^2}{a^2} + 0{,}00784\,\frac{r^4}{a^4}\cos 4\,\varphi + 0{,}00033\,\frac{r^8}{a^8}\cos 8\,\varphi + 0{,}00001\,\frac{r^{12}}{a^{12}}\cos 12\,\varphi\right] \, . \tag{677}$$

Der monotone und sehr starke Abfall der Koeffizienten bestätigt, daß die Reihenentwicklung bis zum Gliede mit $\cos 12\,\varphi$ völlig ausreichend ist.

Beispiel 50. Ein 30 m hoher Betonblock mit quadratischem Querschnitt (15 m · 15 m) entwickelt in den ersten Tagen seiner Erhärtung infolge der chemischen Reaktion des Zementes eine Wärmemenge von $q = 30$ kcal/m³h, die durch ein quadratmaschiges Netz vertikaler Kühlrohre von 125 mm Durchmesser in 2 m Abstand laufend abgeführt wird. Die Temperatur des Kühlmittels ist so tief gewählt, daß unter Berücksichtigung des Wärmeüberganges die Betontemperatur an der Kühlrohrwandung 0^0 C beträgt. Die Wärmeleitzahl des Betons ist $\lambda = 1{,}5$ kcal/mh^{0}C. Wie verläuft die Temperatur in der Ebene der stärksten Kühlung ($\varphi = 0$) und der schwächsten Kühlung ($\varphi = 45^0$)?

Aus dem Maschenabstand von 2 m folgt $a = 1$ m.

Damit liefert (672) $\qquad Q = 4 \cdot 30 = 120\,\text{kcal/m h} \, .$

Für $r = r_i = 0{,}0625$ m und

$$\frac{r_i}{a} = \frac{0{,}0625}{1} = 0{,}0625$$

sind alle Glieder in (677) bedeutungslos bis auf ϑ_0 und das logarithmische Glied. Da für $r = r_i$ die Temperatur verschwinden soll, folgt

$$\vartheta_0 = \frac{Q}{\lambda}\frac{1}{2\pi}\ln\frac{a}{r_i} = \frac{120}{1{,}5}\frac{1}{2\pi}\ln 16 \qquad \text{oder} \qquad \vartheta_0 = 35{,}3^0\,\text{C} \, .$$

Damit liegt das Temperaturfeld von (677) fest. Für $\varphi = 0$ und $\varphi = \pi/4$ ergibt sich der aus Abb. 167 ersichtliche Verlauf. Es ist bemerkenswert, daß die Kühlwirkung auf der Diagonalen nur wenig schwächer als diejenige auf der kürzesten Verbindungslinie der Kühlrohre ist.

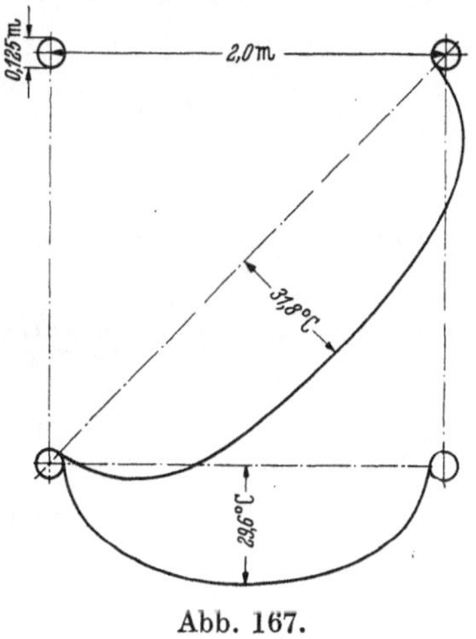

Abb. 167.

Achtes Kapitel.

Die Torsion homogener Stäbe.

56. Die Grundgleichungen der Stabtorsion.

Wird ein homogener Stab mit konstantem Querschnitt, dessen Berandung gemäß Abb. 168 in der Form

$$F(x, y) = 0 \tag{678}$$

gegeben ist, wobei $F(x, y)$ gleichzeitig der Differentialgleichung

$$\frac{\partial^2 F}{\partial x^2} + \frac{\partial^2 F}{\partial y^2} = - 2\,c\,G \tag{679}$$

genügt, durch ein Torsionsmoment M_D beansprucht, so sind die hierdurch erzeugten Torsionsspannungskomponenten τ_{zx} und τ_{zy} gegeben durch

$$\tau_{zx} = -\frac{\partial F}{\partial y}, \qquad \tau_{zy} = +\frac{\partial F}{\partial x}. \tag{680}$$

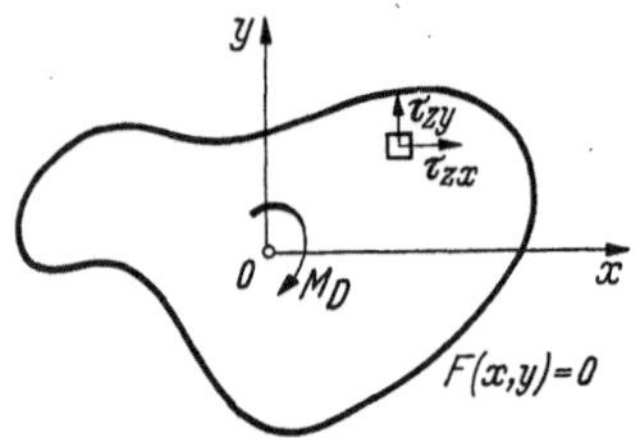

Abb. 168.

Für das Torsionsmoment M_D folgt aus dem Verdrehungsgleichgewicht der äußeren und inneren Kraftwirkungen die Integralbeziehung

$$M_D = \int\!\!\int \left(\tau_{zx}\, y - \tau_{zy}\, x\right) dz\, dy = -\int\!\!\int \left(\frac{\partial F}{\partial x}\, x + \frac{\partial F}{\partial y}\, y\right) dx\, dy, \tag{681}$$

aus welcher in Verbindung mit (679) der Verdrehungswinkel c, den der Stab bei gegebenem Gleitmodul G pro Längeneinheit erfährt, berechnet werden kann.

Wie der Vergleich von (679) mit (637) in Verbindung mit (678) zeigt, kann die Spannungsfunktion F als Durchbiegung einer längs des Randes $F(x, y) = 0$ aufliegenden Membran gedeutet werden, welche die konstante Belastung $2\,cGS$ trägt.

Umgeschrieben auf Polarkoordinaten lauten (678) und (679)

$$\frac{\partial^2 F}{\partial r^2} + \frac{1}{r}\frac{\partial F}{\partial r} + \frac{1}{r^2}\frac{\partial^2 F}{\partial \varphi^2} = -2\,cG, \qquad F(r, \varphi) = 0 \;\text{Querschnittsberandung}. \tag{682}$$

57. Die Torsion des rechteckigen Stabes.

Die Umschreibung von (651) auf die Bezeichnungen von Ziffer 56 liefert

$$F(x.\,y) = \frac{2\,cG\,l^2}{8}\left[1 - 4\frac{x^2}{l^2} - \frac{32}{\pi^3}\sum_{\substack{n\\1,3,5}}^{\infty}\frac{(-1)^{\frac{n-1}{2}}}{n^3}\cos\frac{n\pi x}{l}\frac{\mathfrak{Cof}\frac{n\pi y}{l}}{\mathfrak{Cof}\frac{n\pi \lambda}{2}}\right]. \tag{683}$$

Nach (680) folgen hieraus die Torsionsspannungskomponenten

$$\left.\begin{aligned}
\tau_{zx} &= \frac{8\,cG\,l}{\pi^2}\sum_{\substack{n\\1,3,5}}^{\infty}\frac{(-1)^{\frac{n-1}{2}}}{n^2}\cos\frac{n\pi x}{l}\frac{\mathfrak{Sin}\frac{n\pi y}{l}}{\mathfrak{Cof}\frac{n\pi \lambda}{2}}, \\[2ex]
\tau_{zy} &= -2\,cG\,x + \frac{8\,cG\,l}{\pi^2}\sum_{\substack{n\\1,3,5}}^{\infty}\frac{(-1)^{\frac{n-1}{2}}}{n^2}\sin\frac{n\pi x}{l}\frac{\mathfrak{Cof}\frac{n\pi y}{l}}{\mathfrak{Cof}\frac{n\pi \lambda}{2}}.
\end{aligned}\right\} \tag{684}$$

Die Einführung dieser Werte in (681) ergibt

$$M_D = \int_{-\frac{1}{2}l}^{+\frac{1}{2}l}\int_{-\frac{\lambda}{2}l}^{+\frac{\lambda}{2}l} 2\,cG\,x^2\, dz\, dy + \int_{-\frac{1}{2}l}^{+\frac{1}{2}l}\int_{-\frac{\lambda}{2}l}^{+\frac{\lambda}{2}l} \frac{8\,cG\,l}{\pi^2}\sum_{\substack{n\\1,3,5}}^{\infty}\frac{(-1)^{\frac{n-1}{2}}}{n^2}\frac{y\cos\frac{n\pi x}{l}\mathfrak{Sin}\frac{n\pi y}{l} - x\sin\frac{n\pi x}{l}\mathfrak{Cof}\frac{n\pi y}{l}}{\mathfrak{Cof}\frac{n\pi \lambda}{2}}\, dx\, dy.$$

Nun ist

$$\int_{-\frac{1}{2}l}^{+\frac{1}{2}l}\cos\frac{n\pi x}{l}\, dx = \frac{l}{n\pi}\cdot 2\sin\frac{n\pi}{2} = \frac{2\,l}{n\pi}(-1)^{\frac{n-1}{2}},$$

$$\int_{-\frac{\lambda}{2}l}^{+\frac{\lambda}{2}l} y\,\mathfrak{Sin}\frac{n\pi y}{l}\, dy = \frac{l^2}{n^2\pi^2}\left[\frac{n\pi y}{l}\mathfrak{Cof}\frac{n\pi y}{l} - \mathfrak{Sin}\frac{n\pi y}{l}\right]_{-\frac{\lambda}{2}l}^{+\frac{\lambda}{2}l} = \frac{l^2\lambda}{n\pi}\mathfrak{Cof}\frac{n\pi \lambda}{2} - \frac{2\,l^2}{n^2\pi^2}\mathfrak{Sin}\frac{n\pi \lambda}{2},$$

$$\int\limits_{-\frac{1}{2}l}^{+\frac{1}{2}l} x \sin \frac{n\pi x}{l}\, dx = \frac{l^2}{n^2\pi^2}\left[-\frac{n\pi x}{l}\cos\frac{n\pi x}{l} + \sin\frac{n\pi x}{l}\right]_{-\frac{1}{2}l}^{+\frac{1}{2}l} = -\frac{l}{n\pi}\cos\frac{n\pi}{2} + \frac{2\,l^2}{n^2\pi^2}\sin\frac{n\pi}{2} = \frac{2\,l^2}{n^2\pi^2}(-1)^{\frac{n-1}{2}},$$

$$\int\limits_{-\frac{\lambda}{2}l}^{+\frac{\lambda}{2}l} \mathfrak{Cof}\,\frac{n\pi y}{l}\, dy = \frac{l}{n\pi}\cdot 2\,\mathfrak{Sin}\,\frac{n\pi\lambda}{2}$$

Damit erhält man

$$M_D = \frac{c\,G\,\lambda\,l^4}{6} + \frac{16\,c\,G\,\lambda\,l^4}{\pi^4}\sum_{\substack{n\\1,3,5}}^{\infty}\frac{1}{n^4} - \frac{64\,c\,G\,l^4}{\pi^5}\sum_{\substack{n\\1,3,5}}^{\infty}\frac{1}{n^5}\,\mathrm{Tang}\,\frac{n\pi\lambda}{2}\ .$$

Nun ist

$$\sum_{\substack{n\\1,3,5}}^{\infty}\frac{1}{n^4} = \sum_{\substack{n\\1}}^{\infty}\frac{1}{n^4} - \frac{1}{2^4}\sum_{\substack{n\\1}}^{\infty}\frac{1}{n^4} = \frac{15}{16}\sum_{\substack{n\\1}}^{\infty}\frac{1}{n^4} = \frac{\pi^4}{96}\ .$$

Damit folgt

$$M_D = \frac{c\,G\,\lambda\,l^4}{3} - \frac{64\,c\,G\,\lambda\,l^4}{\pi^5}\sum_{\substack{n\\1,3,5}}^{\infty}\frac{1}{n^5}\,\mathrm{Tang}\,\frac{n\pi\lambda}{2}\ . \tag{685}$$

Durch Auflösen nach c erhält man für den Verdrehungswinkel

$$c = \frac{\dfrac{M_D}{G\,l^4}}{\dfrac{\lambda}{3} - \dfrac{64}{\pi^5}\displaystyle\sum_{\substack{n\\1,3,5}}^{\infty}\frac{1}{n^5}\,\mathrm{Tang}\,\frac{n\pi\lambda}{2}}\ . \tag{686}$$

Neuntes Kapitel.

Querbelastete elastische Platten.

58. Die Grundgleichungen der Plattentheorie.

Eine querbelastete Platte (Abb. 169) unterscheidet sich von der in Kapitel 6 behandelten querbelasteten Membran im wesentlichen dadurch, daß die Lastübertragung zu den Auflagern nicht mit Hilfe von Vorspannkräften S sondern durch den Biegungswiderstand der Platte

$$\overline{E}\,J = \frac{E}{1-\mu^2}\frac{h^3}{12} \tag{687}$$

erfolgt. In (687) bezeichnet E den sogenannten Elastizitätsmodul, μ die Querkontraktionszahl (Reziprokwert der Poissonschen Konstanten) und h die Plattenstärke. Wird die Durchbiegung wie in Kapitel 6 mit w bezeichnet und ist der Biegungswiderstand für alle Punkte der Plattenmittelfläche gleich groß, so ist die Querbelastung mit der Durchbiegung durch die Differentialgleichung vierter Ordnung

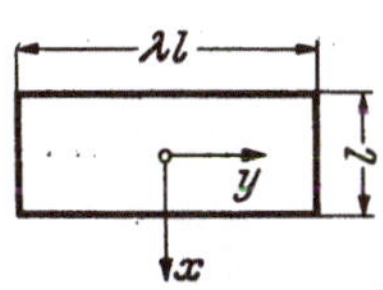

Abb. 169.

$$\frac{\partial^4 w}{\partial x^4} + \frac{\partial^4 w}{\partial y^4} + 2\frac{\partial^4 w}{\partial x^2\partial y^2} = \frac{p(x,y)}{\overline{E}\,J} \qquad \text{oder auch} \qquad \left(\frac{\partial^2}{\partial x^2}+\frac{\partial^2}{\partial y^2}\right)\left(\frac{\partial^2 w}{\partial x^2}+\frac{\partial^2 w}{\partial y^2}\right) = \frac{p(x,y)}{\overline{E}\,J} \tag{688}$$

verbunden. Die für die Spannungsberechnung maßgebenden Biegungsmomente b_x und b_y, Torsionsmomente b_{xy} und Querkräfte q_x und q_y sind dabei durch die folgenden Ableitungen von w gegeben:

$$\left.\begin{aligned}
b_x &= -\overline{E}\,J\left(\frac{\partial^2 w}{\partial x^2}+\mu\frac{\partial^2 w}{\partial y^2}\right)\ , & b_y &= -\overline{E}\,J\left(\frac{\partial^2 w}{\partial y^2}+\mu\frac{\partial^2 w}{\partial x^2}\right)\ , & b_{xy} &= -\overline{E}\,J(1-\mu)\frac{\partial^2 w}{\partial x\,\partial y}\ ,\\[2mm]
q_x &= -\overline{E}\,J\frac{\partial}{\partial x}\left[\frac{\partial^2 w}{\partial x^2}+\frac{\partial^2 w}{\partial y^2}\right]\ , & q_y &= -\overline{E}\,J\frac{\partial}{\partial y}\left[\frac{\partial^2 w}{\partial x^2}+\frac{\partial^2 w}{\partial y^2}\right]\ .
\end{aligned}\right\} \tag{689}$$

Die Gln (688) und (689) enthalten die Grundgleichungen der Plattentheorie in kartesischen Koordinaten. Die Umschreibung auf Polarkoordinaten liefert

$$\left(\frac{\partial^2}{\partial r^2} + \frac{1}{r}\frac{\partial}{\partial r} + \frac{1}{r^2}\frac{\partial^2}{\partial \varphi^2}\right)\left(\frac{\partial^2 w}{\partial r^2} + \frac{1}{r}\frac{\partial w}{\partial r} + \frac{1}{r^2}\frac{\partial^2 w}{\partial \varphi^2}\right) = \frac{p(r,\varphi)}{\overline{E}J} \tag{690}$$

und

$$
\begin{aligned}
b_r &= -\overline{E}J\left[\frac{\partial^2 w}{\partial r^2} + \mu\left(\frac{1}{r}\frac{\partial w}{\partial r} + \frac{1}{r^2}\frac{\partial^2 w}{\partial \varphi^2}\right)\right], & b_\varphi &= -\overline{E}J\left[\mu\frac{\partial^2 w}{\partial r^2} + \left(\frac{1}{r}\frac{\partial w}{\partial r} + \frac{1}{r^2}\frac{\partial^2 w}{\partial \varphi^2}\right)\right], \\
b_{r\varphi} &= -\overline{E}J(1-\mu)\frac{\partial}{\partial r}\left(\frac{1}{r}\frac{\partial w}{\partial \varphi}\right), \\
q_r &= -\overline{E}J\frac{\partial}{\partial r}\left(\frac{\partial^2 w}{\partial r^2} + \frac{1}{r}\frac{\partial w}{\partial r} + \frac{1}{r^2}\frac{\partial^2 w}{\partial \varphi^2}\right), & q_\varphi &= -\overline{E}J\frac{1}{r}\frac{\partial}{\partial \varphi}\left(\frac{\partial^2 w}{\partial r^2} + \frac{1}{r}\frac{\partial w}{\partial r} + \frac{1}{r^2}\frac{\partial^2 w}{\partial \varphi^2}\right).
\end{aligned}
\tag{691}
$$

Man kann nun die Behandlung eines Plattenproblems auf zwei hintereinandergeschaltete Membranprobleme zurückführen, wenn man sich des Begriffes der Momentensumme

$$M = \frac{b_x + b_y}{1+\mu} = \frac{b_r + b_\varphi}{1+\mu} \tag{692}$$

bedient. Werden b_x und b_y bzw. b_r und b_φ nach (689) bzw. (691) in (692) eingeführt, so ergibt sich die erste Membrangleichung. Wird dann diese in (688) bzw. (690) berücksichtigt, so folgt die zweite Membrangleichung. Das Ergebnis der Aufspaltung lautet

$$
\left.
\begin{aligned}
\frac{\partial^2 w}{\partial x^2} + \frac{\partial^2 w}{\partial y^2} &= -\frac{M(x,y)}{\overline{E}J}, \\
\frac{\partial^2 M}{\partial x^2} + \frac{\partial^2 M}{\partial y^2} &= -p(x,y),
\end{aligned}
\right\}
\quad \text{bzw.} \quad
\left.
\begin{aligned}
\frac{\partial^2 w}{\partial r^2} + \frac{1}{r}\frac{\partial w}{\partial r} + \frac{1}{r^2}\frac{\partial^2 w}{\partial \varphi^2} &= -\frac{M(r,\varphi)}{\overline{E}J}, \\
\frac{\partial^2 M}{\partial r^2} + \frac{1}{r}\frac{\partial M}{\partial r} + \frac{1}{r^2}\frac{\partial^2 M}{\partial \varphi^2} &= -p(r,\varphi).
\end{aligned}
\right\}
\tag{693}
$$

Nach diesen Gleichungen ist w der Durchhang einer vorgespannten Membran, die mit $\dfrac{M(x,y)}{\overline{E}J}S$ belastet ist, M der Durchhang einer ebensolchen Membran, die mit $p(x,y)S$ belastet ist. Da $p(x,y)$ im allgemeinen gegeben ist, muß zunächst M aus der unteren Membrangleichung berechnet werden und dann w für das nunmehr bekannte M aus der oberen.

59. GREENsche Funktion und Integralgleichung der freigelagerten Rechtecksplatte.

Die Lösung der Plattengleichung durch zwei hintereinandergeschaltete Membrangleichungen gestaltet sich besonders einfach, wenn wie im Falle der freigelagerten Rechtecksplatte die Randbedingungen für M und w die gleichen sind. In diesem Falle lauten nämlich die Randbedingungen

$$w = 0 \quad \text{und} \quad b_x = 0 \quad \text{für} \quad x = \pm\frac{1}{2}l \quad \text{und} \quad w = 0,\, b_y = 0 \quad \text{für} \quad y = \pm\frac{\lambda}{2}l. \tag{694}$$

Nun folgt aber aus dem Verschwinden von w auch

$$\frac{\partial^2 w}{\partial y^2} = 0 \quad \text{für} \quad x = \pm\frac{1}{2}l \quad \text{und} \quad \frac{\partial^2 w}{\partial x^2} = 0 \quad \text{für} \quad y = \pm\frac{\lambda}{2}l. \tag{695}$$

Damit und nach (689) lauten dann die Randbedingungsgleichungen für $b_x = 0$ bzw. $b_y = 0$

$$\frac{\partial^2 w}{\partial x^2} + \mu\frac{\partial^2 w}{\partial y^2} = \frac{\partial^2 w}{\partial x^2} = 0 \quad \text{für} \quad x = \pm\frac{1}{2}l \quad \text{und} \quad \frac{\partial^2 w}{\partial y^2} + \mu\frac{\partial^2 w}{\partial x^2} = \frac{\partial^2 w}{\partial y^2} = 0 \quad \text{für} \quad y = \pm\frac{\lambda}{2}l. \tag{696}$$

Die Verbindung von (694) bis (696) liefert

$$w = 0, \quad \frac{\partial^2 w}{\partial x^2} = 0, \quad \frac{\partial^2 w}{\partial y^2} = 0 \quad \text{für alle Randpunkte}. \tag{697}$$

Wird (697) in der ersten der Gln (693) berücksichtigt, so folgt auch

$$w = 0, \quad M = 0 \quad \text{für alle Randpunkte}, \tag{698}$$

d. h. bei der freigelagerten Rechtecksplatte sind in der Tat die Randbedingungen bei beiden hintereinandergeschalteten Membranproblemen die gleichen.

Besteht die Belastung gemäß Abb. 170 in einer Einzellast an der Stelle $\overline{x}, \overline{y}$, so folgt aus (649), wenn w mit M und P mit PS vertauscht wird,

$$
\begin{aligned}
M &= -\frac{2P}{\pi}\sum_n^\infty \frac{\sin\frac{n\pi}{l}\left(x+\frac{l}{2}\right)\sin\frac{n\pi}{l}\left(\overline{x}+\frac{l}{2}\right)\operatorname{Sin}\frac{n\pi}{l}\left(y+\frac{\lambda l}{2}\right)\operatorname{Sin}\frac{n\pi}{l}\left(\overline{y}-\frac{\lambda l}{2}\right)}{n\operatorname{Sin}n\pi\lambda} \quad \text{für} \quad -\frac{\lambda l}{2}\leq y\leq\overline{y}\ , \\[2ex]
M &= -\frac{2P}{\pi}\sum_n^\infty \frac{\sin\frac{n\pi}{l}\left(x+\frac{l}{2}\right)\sin\frac{n\pi}{l}\left(\overline{x}+\frac{l}{2}\right)\operatorname{Sin}\frac{n\pi}{l}\left(y-\frac{\lambda l}{2}\right)\operatorname{Sin}\frac{n\pi}{l}\left(\overline{y}+\frac{\lambda l}{2}\right)}{n\operatorname{Sin}n\pi\lambda} \quad \text{für} \quad \overline{y}\leq y\leq+\frac{\lambda l}{2}\ .
\end{aligned}
\tag{699}
$$

Wird nun M nach (699) durch die Biegungssteifigkeit $\overline{E}J$ dividiert und im Sinne der ersten der Gln (693) als verteilte Belastung einer Membran aufgefaßt, so folgt

$$
\begin{aligned}
\frac{\partial^2 w}{\partial x^2}+\frac{\partial^2 w}{\partial y^2} &= \frac{2P}{\pi\overline{E}J}\sum_n^\infty \frac{\sin\frac{n\pi}{l}\left(x+\frac{l}{2}\right)\sin\frac{n\pi}{l}\left(\overline{x}+\frac{l}{2}\right)\operatorname{Sin}\frac{n\pi}{l}\left(y+\frac{\lambda l}{2}\right)\operatorname{Sin}\frac{n\pi}{l}\left(\overline{y}-\frac{\lambda l}{2}\right)}{n\operatorname{Sin}n\pi\lambda} \quad \text{für} \quad -\frac{\lambda l}{2}\leq y\leq\overline{y}\ , \\[2ex]
\frac{\partial^2 w}{\partial x^2}+\frac{\partial^2 w}{\partial y^2} &= \frac{2P}{\pi\overline{E}J}\sum_n^\infty \frac{\sin\frac{n\pi}{l}\left(x+\frac{l}{2}\right)\sin\frac{n\pi}{l}\left(\overline{x}+\frac{l}{2}\right)\operatorname{Sin}\frac{n\pi}{l}\left(y-\frac{\lambda l}{2}\right)\operatorname{Sin}\frac{n\pi}{l}\left(\overline{y}+\frac{\lambda l}{2}\right)}{n\operatorname{Sin}n\pi\lambda} \quad \text{für} \quad \overline{y}\leq y\leq+\frac{\lambda l}{2}\ .
\end{aligned}
\tag{700}
$$

Es muß nun ein solches Integral von (700) gesucht werden, das mit den Randbedingungen im Einklang steht und das an der Übergangsstelle $y=\overline{y}$ die Stetigkeit von w und $\frac{\partial w}{\partial y}$ gewährleistet. Im Hinblick darauf, daß M und w den gleichen Rand- und Übergangsbedingungen genügen, läßt sich das Integral hier wie folgt ansetzen:

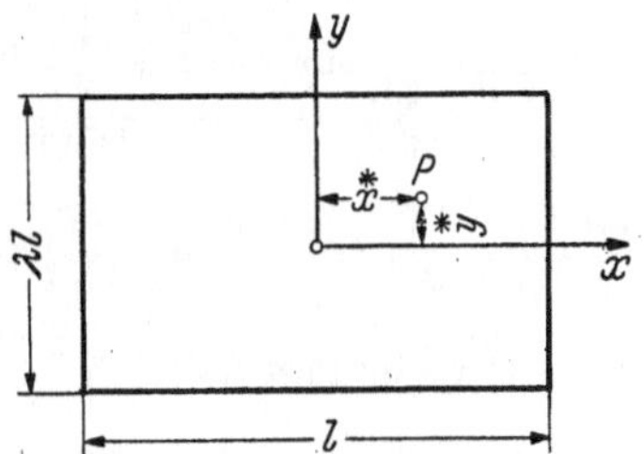

Abb. 170.

$$
\begin{aligned}
w ={}& \frac{2P}{\pi\overline{E}J}\sum_n^\infty \frac{\sin\frac{n\pi}{l}\left(x+\frac{l}{2}\right)\sin\frac{n\pi}{l}\left(\overline{x}+\frac{l}{2}\right)}{n\operatorname{Sin}n\pi\lambda}\cdot \\
&\cdot\left[A_n\left(\left(y+\frac{\lambda l}{2}\right)\operatorname{Cof}\frac{n\pi}{l}\left(y+\frac{\lambda l}{2}\right)\operatorname{Sin}\frac{n\pi}{l}\left(\overline{y}-\frac{\lambda l}{2}\right)+\left(\overline{y}-\frac{\lambda l}{2}\right)\operatorname{Sin}\frac{n\pi}{l}\left(y+\frac{\lambda l}{2}\right)\operatorname{Cof}\frac{n\pi}{l}\left(\overline{y}-\frac{\lambda l}{2}\right)\right)+\right. \\
&\left.+B_n\operatorname{Sin}\frac{n\pi}{l}\left(y+\frac{\lambda l}{2}\right)\operatorname{Sin}\frac{n\pi}{l}\left(\overline{y}-\frac{\lambda l}{2}\right)\right] \quad \text{für} \quad -\frac{\lambda l}{2}\leq y\leq\overline{y}\ , \\[2ex]
w ={}& \frac{2P}{\pi\overline{E}J}\sum_n^\infty \frac{\sin\frac{n\pi}{l}\left(x+\frac{l}{2}\right)\sin\frac{n\pi}{l}\left(\overline{x}+\frac{l}{2}\right)}{n\operatorname{Sin}n\pi\lambda}\cdot \\
&\cdot\left[A_n\left(\left(y-\frac{\lambda l}{2}\right)\operatorname{Cof}\frac{n\pi}{l}\left(y-\frac{\lambda l}{2}\right)\operatorname{Sin}\frac{n\pi}{l}\left(\overline{y}+\frac{\lambda l}{2}\right)+\left(\overline{y}+\frac{\lambda l}{2}\right)\operatorname{Sin}\frac{n\pi}{l}\left(y-\frac{\lambda l}{2}\right)\operatorname{Cof}\frac{n\pi}{l}\left(\overline{y}+\frac{\lambda l}{2}\right)\right)+\right. \\
&\left.+B_n\operatorname{Sin}\frac{n\pi}{l}\left(y-\frac{\lambda l}{2}\right)\operatorname{Sin}\frac{n\pi}{l}\left(\overline{y}+\frac{\lambda l}{2}\right)\right] \quad \text{für} \quad \overline{y}\leq y\leq+\frac{\lambda l}{2}\ .
\end{aligned}
\tag{701}
$$

Die nähere Betrachtung der eckigen Klammern zeigt, daß die Randbedingungen (694) erfüllt sind. Wegen des symmetrischen Aufbaues in y und $\overline{y}$ ist auch die Übergangsbedingung für w längs der Linie $y=\overline{y}$ erfüllt. Die Übergangsbedingung für $\partial w/\partial y$ dagegen muß durch Aufeinanderabstimmen von A_n und B_n befriedigt werden. Werden die eckigen Klammern nach y differenziert und für $y=\overline{y}$ gleichgesetzt, so erhält man

$$
\begin{aligned}
&A_n\left[\frac{n\pi}{l}\left(\overline{y}+\frac{\lambda l}{2}\right)\operatorname{Sin}\frac{n\pi}{l}\left(\overline{y}+\frac{\lambda l}{2}\right)\operatorname{Sin}\frac{n\pi}{l}\left(\overline{y}-\frac{\lambda l}{2}\right)+\operatorname{Cof}\frac{n\pi}{l}\left(\overline{y}+\frac{\lambda l}{2}\right)\operatorname{Sin}\frac{n\pi}{l}\left(\overline{y}-\frac{\lambda l}{2}\right)+\right. \\
&\qquad\left.+\frac{n\pi}{l}\left(\overline{y}-\frac{\lambda l}{2}\right)\operatorname{Cof}\frac{n\pi}{l}\left(\overline{y}+\frac{\lambda l}{2}\right)\operatorname{Cof}\frac{n\pi}{l}\left(\overline{y}-\frac{\lambda l}{2}\right)\right] \\
&\quad+B_n\frac{n\pi}{l}\operatorname{Cof}\frac{n\pi}{l}\left(\overline{y}+\frac{\lambda l}{2}\right)\operatorname{Sin}\frac{n\pi}{l}\left(\overline{y}-\frac{\lambda l}{2}\right)=B_n\frac{n\pi}{l}\operatorname{Cof}\frac{n\pi}{l}\left(\overline{y}-\frac{\lambda l}{2}\right)\operatorname{Sin}\frac{n\pi}{l}\left(\overline{y}+\frac{\lambda l}{2}\right)+ \\
&\quad+A_n\left[\frac{n\pi}{l}\left(\overline{y}-\frac{\lambda l}{2}\right)\operatorname{Sin}\frac{n\pi}{l}\left(\overline{y}-\frac{\lambda l}{2}\right)\operatorname{Sin}\frac{n\pi}{l}\left(\overline{y}+\frac{\lambda l}{2}\right)+\operatorname{Cof}\frac{n\pi}{l}\left(\overline{y}-\frac{\lambda l}{2}\right)\operatorname{Sin}\frac{n\pi}{l}\left(\overline{y}+\frac{\lambda l}{2}\right)+\right. \\
&\qquad\left.+\frac{n\pi}{l}\left(\overline{y}+\frac{\lambda l}{2}\right)\operatorname{Cof}\frac{n\pi}{l}\left(\overline{y}-\frac{\lambda l}{2}\right)\operatorname{Cof}\frac{n\pi}{l}\left(\overline{y}+\frac{\lambda l}{2}\right)\right].
\end{aligned}
$$

Hieraus folgt nach entsprechender Zusammenfassung

$$A_n\left[-n\pi\lambda\,\operatorname{Cof}n\pi\lambda-\operatorname{Sin}n\pi\lambda\right]=B_n\frac{n\pi}{l}\operatorname{Sin}n\pi\lambda$$

oder
$$B_n=-\frac{l}{n\pi}\left[1+n\pi\lambda\,\operatorname{Cotg}n\pi\lambda\right]A_n. \tag{702}$$

Damit sind sämtliche Rand- und Übergangsbedingungen erfüllt. Es muß nun noch gezeigt werden, daß auch die Differentialgleichung erfüllt ist. Wird (701) in (700) eingeführt, so ergibt sich links die gleiche Summe wie rechts, wenn $\qquad A_n=\dfrac{l}{2n\pi}\qquad$ (703)

gesetzt wird. Die Einführung von (702) und (703) in (701) liefert

$$w=\frac{Pl^2}{\pi^3\overline{E}J}\sum_{\substack{n\\1}}^{\infty}\frac{\sin\frac{n\pi}{l}\left(x+\frac{l}{2}\right)\sin\frac{n\pi}{l}\left(\overline{x}+\frac{l}{2}\right)}{n^3\,\operatorname{Sin}n\pi\lambda}\cdot$$

$$\cdot\left[\frac{n\pi}{l}\left(y+\frac{\lambda l}{2}\right)\operatorname{Cof}\frac{n\pi}{l}\left(y+\frac{\lambda l}{2}\right)\operatorname{Sin}\frac{n\pi}{l}\left(\overline{y}-\frac{\lambda l}{2}\right)+\frac{n\pi}{l}\left(\overline{y}-\frac{\lambda l}{2}\right)\operatorname{Sin}\frac{n\pi}{l}\left(y+\frac{\lambda l}{2}\right)\operatorname{Cof}\frac{n\pi}{l}\left(\overline{y}-\frac{\lambda l}{2}\right)-\right.$$

$$\left.-\left(1+n\pi\lambda\,\operatorname{Cotg}n\pi\lambda\right)\operatorname{Sin}\frac{n\pi}{l}\left(y+\frac{\lambda l}{2}\right)\operatorname{Sin}\frac{n\pi}{l}\left(\overline{y}-\frac{\lambda l}{2}\right)\right]\qquad\left(\text{für } -\frac{\lambda l}{2}\leq y\leq\overline{y}\right),$$

$$w=\frac{Pl^2}{\pi^3\overline{E}J}\sum_{\substack{n\\1}}^{\infty}\frac{\sin\frac{n\pi}{l}\left(x+\frac{l}{2}\right)\sin\frac{n\pi}{l}\left(\overline{x}+\frac{l}{2}\right)}{n^3\,\operatorname{Sin}n\pi\lambda}\cdot$$

$$\cdot\left[\frac{n\pi}{l}\left(y-\frac{\lambda l}{2}\right)\operatorname{Cof}\frac{n\pi}{l}\left(y-\frac{\lambda l}{2}\right)\operatorname{Sin}\frac{n\pi}{l}\left(\overline{y}+\frac{\lambda l}{2}\right)+\frac{n\pi}{l}\left(\overline{y}+\frac{\lambda l}{2}\right)\operatorname{Sin}\frac{n\pi}{l}\left(y-\frac{\lambda l}{2}\right)\operatorname{Cof}\frac{n\pi}{l}\left(\overline{y}+\frac{\lambda l}{2}\right)-\right.$$

$$\left.-\left(1+n\pi\lambda\,\operatorname{Cotg}n\pi\lambda\right)\operatorname{Sin}\frac{n\pi}{l}\left(y-\frac{\lambda l}{2}\right)\operatorname{Sin}\frac{n\pi}{l}\left(\overline{y}+\frac{\lambda l}{2}\right)\right]\qquad\left(\text{für }\overline{y}\leq y\leq+\frac{\lambda l}{2}\right). \tag{704}$$

Aus dieser Greenschen Funktion folgt die Durchbiegung für eine verteilte Belastung $p(\overline{x},\overline{y})$, indem man $P=p(\overline{x},\overline{y})\,d\overline{x}\,d\overline{y}$ setzt und das Doppelintegral über den Rechtecksbereich ansetzt, wobei entsprechend der Bereichsaufspaltung für die Greensche Funktion auch das Doppelintegral aufzuspalten ist. So ergibt sich

$$w=\frac{l^2}{\pi^3\overline{E}J}\sum_{\substack{n\\1}}^{\infty}\frac{\sin\frac{n\pi}{l}\left(x+\frac{l}{2}\right)}{n^3\,\operatorname{Sin}n\pi\lambda}\cdot$$

$$\cdot\left[\left(\frac{n\pi}{l}\left(y-\frac{\lambda l}{2}\right)\operatorname{Cof}\frac{n\pi}{l}\left(y-\frac{\lambda l}{2}\right)-\left(1+n\pi\lambda\,\operatorname{Cotg}n\pi\lambda\right)\operatorname{Sin}\frac{n\pi}{l}\left(y-\frac{\lambda l}{2}\right)\right)\cdot\right.$$

$$\cdot\int_{-\frac{l}{2}}^{+\frac{l}{2}}\int_{-\frac{\lambda l}{2}}^{y}\sin\frac{n\pi}{l}\left(\overline{x}+\frac{l}{2}\right)\operatorname{Sin}\frac{n\pi}{l}\left(\overline{y}+\frac{\lambda l}{2}\right)p(\overline{x},\overline{y},)\,d\overline{x},d\overline{y}+$$

$$+\left(\frac{n\pi}{l}\left(y+\frac{\lambda l}{2}\right)\operatorname{Cof}\frac{n\pi}{l}\left(y+\frac{\lambda l}{2}\right)-\left(1+n\pi\lambda\,\operatorname{Cotg}n\pi\lambda\right)\operatorname{Sin}\frac{n\pi}{l}\left(y+\frac{\lambda l}{2}\right)\right)\cdot$$

$$\cdot\int_{-\frac{l}{2}}^{+\frac{l}{2}}\int_{y}^{+\frac{\lambda l}{2}}\sin\frac{n\pi}{l}\left(\overline{x}+\frac{l}{2}\right)\operatorname{Sin}\frac{n\pi}{l}\left(\overline{y}-\frac{\lambda l}{2}\right)p(\overline{x},\overline{y})\,d\overline{x}\,d\overline{y}+$$

$$+\frac{n\pi}{l}\operatorname{Sin}\frac{n\pi}{l}\left(y-\frac{\lambda l}{2}\right)\int_{-\frac{l}{2}}^{+\frac{l}{2}}\int_{-\frac{\lambda l}{2}}^{y}\sin\frac{n\pi}{l}\left(\overline{x}+\frac{l}{2}\right)\left(\overline{y}+\frac{\lambda l}{2}\right)\operatorname{Cof}\frac{n\pi}{l}\left(\overline{y}+\frac{\lambda l}{2}\right)p(\overline{x},\overline{y})\,d\overline{x}\,d\overline{y}+$$

$$+\frac{n\pi}{l}\operatorname{Sin}\frac{n\pi}{l}\left(y+\frac{\lambda l}{2}\right)\int_{-\frac{l}{2}}^{+\frac{l}{2}}\int_{y}^{+\frac{\lambda l}{2}}\sin\frac{n\pi}{l}\left(\overline{x}+\frac{l}{2}\right)\left(\overline{y}-\frac{\lambda l}{2}\right)\operatorname{Cof}\frac{n\pi}{l}\left(\overline{y}-\frac{\lambda l}{2}\right)p(\overline{x}\,\overline{y})\,d\overline{x}\,d\overline{y}\right]. \tag{705}$$

Durch Umschreibung von (650) folgt für die Momentensumme

$$M=-\frac{2}{\pi}\sum_1^\infty{}^n\frac{\sin\frac{n\pi}{l}\left(x+\frac{l}{2}\right)}{n\,\mathfrak{Sin}\,n\pi\lambda}\left[\mathfrak{Sin}\frac{n\pi}{l}\left(y-\frac{\lambda l}{2}\right)\int_{-\frac{l}{2}}^{+\frac{l}{2}}\int_{-\frac{\lambda l}{2}}^{y}\sin\frac{n\pi}{l}\left(\overline{x}+\frac{l}{2}\right)\mathfrak{Sin}\frac{n\pi}{l}\left(\overline{y}+\frac{\lambda l}{2}\right)p(\overline{x},\overline{y})\,d\overline{x}\,d\overline{y}+\right.$$
$$\left.+\mathfrak{Sin}\frac{n\pi}{l}\left(y+\frac{\lambda l}{2}\right)\int_{-\frac{l}{2}}^{+\frac{l}{2}}\int_{y}^{\frac{\lambda l}{2}}\sin\frac{n\pi}{l}\left(\overline{x}+\frac{l}{2}\right)\mathfrak{Sin}\frac{n\pi}{l}\left(\overline{y}-\frac{\lambda l}{2}\right)p(\overline{x},\overline{y})\,d\overline{x}\,d\overline{y}\right].\qquad(706)$$

60. Die frei gelagerte Rechtecksplatte unter konstanter Belastung.

Wird in (705) $p(x,y)=p=\text{const.}$ gesetzt und werden die Doppelintegrale ausgewertet, so erhält man

$$w(x,y)=\frac{4\,p\,l^4}{E\,J\,\pi^5}\sum_{1,3,5}^\infty{}^n\frac{1}{n^5}\sin\frac{n\pi}{l}\left(x+\frac{l}{2}\right)\left[1-\frac{\mathfrak{Cof}\dfrac{n\pi y}{l}}{\mathfrak{Cof}\dfrac{1}{2}n\pi\lambda}\left(1+\frac{n\pi\lambda}{4}\mathfrak{Tang}\frac{n\pi\lambda}{2}-\frac{n\pi y}{2\,l}\mathfrak{Tang}\frac{n\pi y}{l}\right)\right].\quad(707)$$

Nun ist
$$\sum_{1,3,5}^\infty{}^n\frac{1}{n^5}\sin\frac{n\pi}{l}\left(x+\frac{l}{2}\right)=\frac{\pi^5}{1536}\left(1-\frac{4\,x^2}{l^2}\right)\left(5-\frac{4\,x^2}{l^2}\right).\qquad(708)$$

Hiermit ergibt sich die stärker konvergente Darstellungsform

$$(x,y)=\frac{p\,l^4}{E\,J}\left[\frac{1}{384}\left(1-\frac{4\,x^2}{l^2}\right)\left(5-\frac{4\,x^2}{l^2}\right)-\sum_{1,3,5}^\infty{}^n\frac{\sin\frac{n\pi}{l}\left(x+\frac{l}{2}\right)}{n^4\,\pi^4}\frac{\mathfrak{Cof}\dfrac{n\pi y}{l}}{\mathfrak{Cof}\dfrac{1}{2}n\pi\lambda}\left(\frac{4}{n\pi}+\lambda\mathfrak{Tang}\frac{n\pi\lambda}{2}-\frac{2\,y}{l}\mathfrak{Tang}\frac{n\pi y}{l}\right)\right].\quad(709)$$

Aus dieser folgt durch Differentiation gemäß (693)

$$M(x,y)=p\,l^2\left[\frac{1}{8}\left(1-\frac{4\,x^2}{l^2}\right)-\sum_{1,3,5}^\infty{}^n\frac{4}{n^3\,\pi^3}\sin\frac{n\pi}{l}\left(x+\frac{l}{2}\right)\frac{\mathfrak{Cof}\dfrac{n\pi y}{l}}{\mathfrak{Cof}\dfrac{1}{2}n\pi\lambda}\right].\qquad(710)$$

Für die Biegungsmomente, Torsionsmomente und Querkräfte erhält man in Verbindung mit (689)

$$_x(x,y)=p\,l^2\left[\frac{1}{8}\left(1-\frac{4\,x^2}{l^2}\right)-\sum_{1,3,5}^\infty{}^n\frac{\sin\frac{n\pi}{l}\left(x+\frac{l}{2}\right)}{n^2\,\pi^2}\frac{\mathfrak{Cof}\dfrac{n\pi y}{l}}{\mathfrak{Cof}\dfrac{1}{2}n\pi\lambda}\left[\frac{4}{n\pi}+\lambda(1-\mu)\mathfrak{Tang}\frac{n\pi\lambda}{2}-\frac{2\,y(1-\mu)}{l}\mathfrak{Tang}\frac{n\pi y}{l}\right]\right],$$

$$_y(x,y)=p\,l^2\left[\frac{\mu}{8}\left(1-\frac{4\,x^2}{l^2}\right)-\sum_{1,3,5}^\infty{}^n\frac{\sin\frac{n\pi}{l}\left(x+\frac{l}{2}\right)}{n^2\,\pi^2}\frac{\mathfrak{Cof}\dfrac{n\pi y}{l}}{\mathfrak{Cof}\dfrac{1}{2}n\pi\lambda}\left[\frac{4\,\mu}{n\pi}-\lambda(1-\mu)\mathfrak{Tang}\frac{n\pi\lambda}{2}+\frac{2\,y(1-\mu)}{l}\mathfrak{Tang}\frac{n\pi y}{l}\right]\right],$$

$$_y(x,y)=p\,l^2(1-\mu)\sum_{1,3,5}^\infty{}^n\frac{\cos\frac{n\pi}{l}\left(x+\frac{l}{2}\right)\mathfrak{Sin}\dfrac{n\pi y}{l}}{n^3\,\pi^3\,\mathfrak{Cof}\dfrac{1}{2}n\pi\lambda}\left[2+n\pi\lambda\mathfrak{Tang}\frac{1}{2}n\pi\lambda-\frac{2\,n\pi y}{l}\mathfrak{Cotg}\frac{n\pi y}{l}\right],$$

$$_x(x,y)=-p\,l\left[\frac{x}{l}+\sum_{1,3,5}^\infty{}^n\frac{4\cos\frac{n\pi}{l}\left(x+\frac{l}{2}\right)}{n^2\,\pi^2}\frac{\mathfrak{Cof}\dfrac{n\pi y}{l}}{\mathfrak{Cof}\dfrac{1}{2}n\pi\lambda}\right],$$

$$_y(x,y)=-p\,l\sum_{1,3,5}^\infty{}^n\frac{4\sin\frac{n\pi}{l}\left(x+\frac{l}{2}\right)}{n^2\,\pi^2}\frac{\mathfrak{Sin}\dfrac{n\pi y}{l}}{\mathfrak{Cof}\dfrac{1}{2}n\pi\lambda}.$$

$$(711)$$

Alle hier auftretenden Reihenentwicklungen konvergieren sehr schnell, wenn $\lambda>1$ gewählt wird, d. h. wenn l die kleinere Seitenlänge des Rechtecks darstellt.

61. Die frei gelagerte Rechtecksplatte bei linear veränderlicher Belastung.

Ist die Belastung·linear veränderlich, etwa in der Form

$$p(\overline{x}, \overline{y}) = p_0\left[1 + \alpha\,\frac{\overline{x}}{l} + \frac{\beta}{\lambda}\,\frac{\overline{y}}{l}\right] \tag{712}$$

so folgt aus (705) und (706) nach Auswertung der Doppelintegrale

$$
\begin{aligned}
w(x, y) = {}&\frac{4\,p_0\,l^4}{E\,J\,\pi^5}\cdot \\
&\cdot\left[\sum_{1}^{\infty}{}_n \frac{1}{n^5}\sin\frac{n\pi}{l}\left(x+\frac{l}{2}\right)\left[1-\frac{\operatorname{Cof}\dfrac{n\pi y}{l}}{\operatorname{Cof}\dfrac{1}{2}n\pi\lambda}\left(1+\frac{n\pi\lambda}{4}\operatorname{Tang}\frac{n\pi\lambda}{2}-\frac{n\pi y}{2l}\operatorname{Tang}\frac{n\pi y}{l}\right)\right]\left[\frac{1-(-1)^n}{2}-\frac{\alpha}{2}\frac{1+(-1)^n}{2}\right] - \right.\\
&\left. -\frac{\beta\lambda^4}{2}\sum_{2,4,6}^{\infty}{}_n\frac{1}{n^5}\sin\frac{n\pi}{l}\left(\frac{y}{\lambda}+\frac{l}{2}\right)\left[1-\frac{\operatorname{Cof}\dfrac{n\pi x}{\lambda l}}{\operatorname{Cof}\dfrac{1}{2}n\pi\dfrac{1}{\lambda}}\left(1+\frac{n\pi}{4\lambda}\operatorname{Tang}\frac{n\pi}{2\lambda}-\frac{n\pi x}{2l\lambda}\operatorname{Tang}\frac{n\pi x}{l\lambda}\right)\right]\right].
\end{aligned} \tag{713}
$$

$$
\begin{aligned}
M(x, y) = {}&\frac{4\,p_0\,l^2}{\pi^3}\left[\sum_{1}^{\infty}{}_n\frac{1}{n^3}\sin\frac{n\pi}{l}\left(x+\frac{l}{2}\right)\left[1-\frac{\operatorname{Cof}\dfrac{n\pi y}{l}}{\operatorname{Cof}\dfrac{1}{2}n\pi\lambda}\right]\left[\frac{1-(-1)^n}{2}-\frac{\alpha}{2}\frac{1+(-1)^n}{2}\right] - \right.\\
&\left. -\frac{\beta\lambda^2}{2}\sum_{2,4,6}^{\infty}{}_n\frac{1}{n^3}\sin\frac{n\pi}{l}\left(\frac{y}{\lambda}+\frac{l}{2}\right)\left[1-\frac{\operatorname{Cof}\dfrac{n\pi x}{\lambda l}}{\operatorname{Cof}\dfrac{1}{2}\dfrac{n\pi}{\lambda}}\right]\right].
\end{aligned} \tag{714}
$$

62. Die allgemeine Lösungsfunktion in Polarkoordinaten.

Wird in (588) w mit M vertauscht, so lautet die Lösung der homogenen Differentialgleichung für die Momentensumme ($p(r, \varphi) = 0$ in (693)) in Polarkoordinaten

$$M_h = a_{1,0} + a_{2,0}\ln r + \sum_{1}^{\infty}{}_n\left[(a_{1,n}r^n + a_{2,n}r^{-n})\cos n\varphi + (b_{1,n}r^n + b_{2,n}r^{-n})\sin n\varphi\right]. \tag{715}$$

Wird diese Lösungsfunktion in die dritte der Gln (693) eingeführt, so muß die allgemeine homogene Lösungsfunktion für w der Differentialgleichung

$$\frac{\partial^2 w}{\partial r^2} + \frac{1}{r}\frac{\partial w}{\partial r} + \frac{1}{r^2}\frac{\partial^2 w}{\partial \varphi^2} = -\frac{1}{E\,J}\left[a_{1,0} + a_{2,0}\ln r + \sum_{1}^{\infty}{}_n\left[(a_{1,n}r^n + a_{2,n}r^{-n})\cos n\varphi + (b_{1,n}r^n + b_{2,n}r^{-n})\sin n\varphi\right]\right]$$

genügen. Das allgemeinste Integral lautet

$$
\begin{aligned}
w_h = {}&-\frac{1}{E\,J}\left[\left(\frac{1}{4}a_{1,0}r^2 + \frac{1}{4}a_{2,0}(-r^2+r^2\ln r)+a_{3,0}+a_{4,0}\ln r\right) + \left(\frac{1}{8}a_{1,1}r^3 + \frac{1}{2}a_{2,1}r\ln r + a_{3,1}r + a_{4,1}\frac{1}{r}\right)\cos\varphi + \right.\\
&+\left(\frac{1}{8}b_{1,1}r^3 + \frac{1}{2}b_{2,1}r\ln r + b_{3,1}r + b_{4,1}\frac{1}{r}\right)\sin\varphi + \sum_{2}^{\infty}{}_n\left(\frac{a_{1,n}}{4(n+1)}r^{n+2} - \frac{a_{2,n}}{4(n-1)}r^{-n+2} + a_{3,n}r^n + a_{4,n}r^{-n}\right)\cos n\varphi + \\
&\left. +\sum_{2}^{\infty}{}_n\left(\frac{b_{1,n}}{4n(n+1)}r^{n+2} + \frac{b_{2,n}}{4n(n-1)}r^{-n+2} + b_{3,n}r^n + b_{4,n}r^{-n}\right)\sin n\varphi\right].
\end{aligned} \tag{716}
$$

Hierzu tritt dann noch ein der Belastungsfunktion entsprechendes Partikularintegral von (690). Im Falle einer konstanten Belastung lautet ein solches Partikularintegral

$$w_p = \frac{p\,r^4}{64\,\overline{E}\,J} \qquad \text{(konstante Belastung)}. \tag{717}$$

63. Die quadratische Pilzdecke auf beliebig vielen Stützen.

Unter Pilzdecken versteht man in der Technik Platten konstanter Dicke, die sich auf Säulen oder Stehbolzen mit pilzartigen Köpfen (Abb. 171 und 172) absetzen. Die Zahl der Säulen oder Stehbolzen pflegt im allgemeinen groß und die Netzteilung quadratisch zu sein. Demgemäß kann

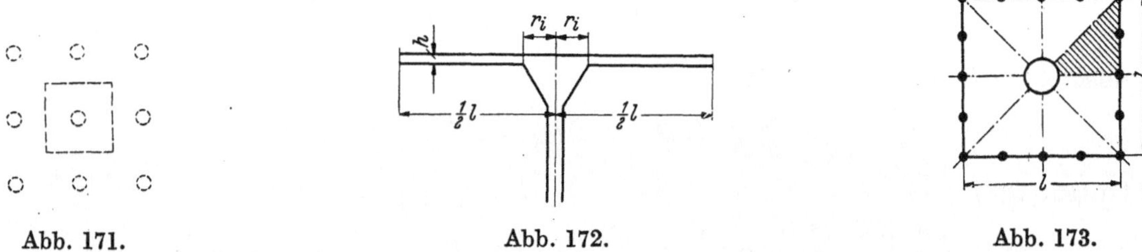

Abb. 171.   Abb. 172.   Abb. 173.

die Betrachtung auf das in Abb. 171 gestrichelte Quadrat beschränkt werden. Wird nun eine konstante Belastung der Platte vorausgesetzt, so muß ähnlich wie bei dem stationären Temperaturfeld von Ziffer 55 die Biegungsfläche senkrecht zum Rand waagerecht verlaufen. Für den in Abb. 173 schraffierten Oktanten, auf den aus Symmetriegründen die Betrachtung beschränkt werden kann, heißt dies in Analogie zu (674), daß

$$\frac{\partial w}{\partial x} = \frac{\partial w}{\partial r} \cos \varphi - \frac{1}{r} \frac{\partial w}{\partial \varphi} \sin \varphi = 0 \qquad \text{für} \qquad 0 \leq \varphi \leq \frac{\pi}{4} \tag{718}$$

sein muß. Eine entsprechende Bedingungsgleichung

$$\frac{\partial M}{\partial x} = \frac{\partial M}{\partial r} \cos \varphi - \frac{1}{r} \frac{\partial M}{\partial \varphi} \sin \varphi = 0 \qquad \text{für} \qquad 0 \leq \varphi \leq \frac{\pi}{4} \tag{719}$$

muß auch für die Momentensumme bestehen. An den praktisch starren Säulenköpfen ist

$$w = 0 \qquad \text{und} \qquad \frac{\partial w}{\partial r} = 0 \qquad \text{für} \qquad r = r_i \, . \tag{720}$$

Ist, wie hier vorausgesetzt, r_i klein gegenüber l, so ist der Spannungs- und Durchbiegungszustand für $r = r_i$ praktisch achsensymmetrisch. Demgemäß können in (716) von vornherein

$$a_{2,1} = a_{4,1} = \cdots = a_{2,n} = a_{4,n} = \cdots = 0 \qquad \text{und} \qquad b_{2,1} = b_{4,1} = \cdots = b_{2,n} = b_{4,n} = \cdots = 0$$

gesetzt werden. Ferner fallen wegen der vier Symmetrieachsen ähnlich wie in Ziffer 55 alle Glieder mit $\sin \varphi$ und $\sin n\varphi$ heraus, während diejenigen mit $\cos \varphi$ und $\cos n\varphi$ sich auf den Viererzyklus $\cos 4\varphi$, $\cos 8\varphi$, $\cos 12\varphi$, $\cdots$ zusammenziehen. Damit verbleibt bei Überlagerung von (716) und (717)

$$\begin{aligned}
w = \frac{p\,r^4}{64\,\overline{E}\,J} - \frac{1}{\overline{E}\,J} \Bigg[&\left(\frac{1}{4} a_{1,0}\,r^2 + \frac{1}{4} a_{2,0}\,(-r^2 + r^2 \ln r) + a_{3,0} + a_{4,0} \ln r \right) + \left(\frac{a_{1,4}}{20} r^6 + a_{3,4}\,r^4 \right) \cos 4\varphi + \\
&+ \left(\frac{a_{1,8}}{36} r^{10} + a_{3,8}\,r^8 \right) \cos 8\varphi + \left(\frac{a_{1,12}}{52} r^{14} + a_{3,12}\,r^{12} \right) \cos 12\varphi + \cdots + \left(\frac{a_{1,4n}}{4(4n+1)} r^{4n+2} + a_{3,4n}\,r^{4n} \right) \cos 4n\varphi \Bigg] .
\end{aligned} \tag{721}$$

Für die weitere Behandlung empfiehlt sich zunächst die Einführung einer dimensionslosen Veränderlichen

$$\varrho = \frac{2r}{l} \, , \qquad r = \frac{1}{2} \varrho\, l \, . \tag{722}$$

Mit ihr kann (721) unter Einführung neuer Konstanten auch in der Form

$$w = \frac{p\,l^4}{16\,\overline{E}\,J} \Bigg[\frac{\varrho^4}{64} + A_0 + B_0 \ln \frac{\varrho}{\varrho_i} + C_0\,\varrho^2 + D_0\,\varrho^2 \ln \frac{\varrho}{\varrho_i} + \sum_1^\infty \left(A_n\,\varrho^{4n} + \frac{C_n}{16\,n\,(4n+1)} \varrho^{4n+2} \right) \cos 4n\varphi \Bigg] \tag{723}$$

angesetzt werden, die für die Rechnung wesentlich bequemer ist, da die Logarithmen am Innenrand ($r = r_i$ bzw. $\varrho = \varrho_i$) verschwinden und C_n noch mit $\frac{1}{4n}$ verbunden ist.

Nun müssen nach (720) w und $\partial w/\partial \varrho$ für $\varrho = \varrho_i$ Null werden. Da, wie bereits bemerkt, ϱ_i^{4n} und ϱ_i^{4n+2} vernachlässigbar klein werden, kann für diese Randbedingungen das Summenglied von vornherein unterdrückt werden und es folgt

$$\left.\begin{aligned}
\frac{\varrho_i^4}{64} + A_0 + C_0\,\varrho_i^2 &= 0 \\[2mm]
\frac{\varrho_i^3}{16} + \frac{B_0}{\varrho_i} + 2\,C_0\,\varrho_i + D_0\,\varrho_i &= 0\,.
\end{aligned}\right\}$$

Die Auflösung nach A_0 und C_0 liefert

$$A_0 = \frac{\varrho_i^4}{64} + \frac{B_0}{2} + \frac{D_0}{2}\,\varrho_i^2\,, \qquad C_0 = -\frac{\varrho_i^2}{32} - \frac{B_0}{2\varrho_i^2} - \frac{D_0}{2}\,. \tag{724}$$

Damit lautet (723)

$$\left.\begin{aligned}
w = \frac{p\,l^4}{16\,E\,J}\Bigg[&\frac{(\varrho^2 - \varrho_i^2)^2}{64} + B_0\left(\frac{1}{2}\left(1 - \frac{\varrho^2}{\varrho_i^2}\right) + \ln\frac{\varrho}{\varrho_i}\right) + D_0\left(\frac{1}{2}\,(\varrho_i^2 - \varrho^2) + \varrho^2\ln\frac{\varrho}{\varrho_i}\right) + \\
&+ \sum_1^\infty n\left(A_n\,\varrho^{4n} + \frac{C_n}{16\,n\,(4n+1)}\,\varrho^{4n+2}\right)\cos 4\,n\,\varphi\Bigg]\,.
\end{aligned}\right\} \tag{725}$$

In Verbindung mit (693) und (722) folgt hieraus für die Momentensumme

$$M = -\frac{p\,l^2}{4}\left[\frac{2\varrho^2 - \varrho_i^2}{8} - \frac{2\,B_0}{\varrho_i^2} + 2\,D_0\left(1 + 2\ln\frac{\varrho}{\varrho_i}\right) + \sum_1^\infty n\,\frac{C_n}{4\,n}\,\varrho^{4n}\cos 4\,n\,\varphi\right]\,. \tag{726}$$

Die verbliebenen Konstanten müssen nun so bestimmt werden, daß die Randbedingungsgleichungen (718) und (719) für $r = \frac{1}{2}\,\varrho\,a$ erfüllt sind. Werden die Differentialquotienten mit Hilfe von (725) und (726) gebildet, so lauten die Bedingungsgleichungen (719) und (718)

$$\frac{1}{2}\,\varrho^2\cos\varphi + 4\,D_0\cos\varphi + \sum_1^\infty n\,C_n\,\varrho^{4n}\cos(4\,n - 1)\,\varphi = 0\,, \qquad \left(0 \leq \varphi \leq \frac{\pi}{4}\right)$$

$$\left.\begin{aligned}
\frac{\varrho^2 - \varrho_i^2}{16}\cos\varphi &+ B_0\left(\frac{1}{\varrho^2} - \frac{1}{\varrho_i^2}\right)\cos\varphi + D_0\ln\frac{\varrho^2}{\varrho_i^2}\cos\varphi + \sum_1^\infty n\,A_n\cdot 4\,n\,\varrho^{4n-2}\cos(4\,n-1)\,\varphi + \\
&+ \sum_1^\infty n\,\frac{C_n}{16\,n\,(4\,n+1)}\,\varrho^{4n}\,[(4\,n+2)\cos 4\,n\,\varphi\cos\varphi + 4\,n\sin 4\,n\,\varphi\sin\varphi] = 0\,.
\end{aligned}\right\} \tag{727}$$

Es ist nun völlig ausreichend, wenn die Bedingungsgleichungen (719) und (718) in 24 äquidistanten Punkten (Abb. 173) erfüllt sind, d. h. wenn die Gln (727) an den Stellen

$$\varphi = 0,\ \varrho = 1 \qquad \text{und} \qquad \varphi = \frac{\pi}{6},\ \varrho = \frac{2}{3}\,\sqrt{3} \qquad \text{und} \qquad \varphi = \frac{\pi}{4},\ \varrho = \sqrt{2}$$

erfüllt werden. In diesem Falle können die Summen nach dem zweiten Gliede abgebrochen werden. Für die erste der Gln (727) lauten die Bedingungsgleichungen

$$\left.\begin{aligned}
\frac{1}{2} + 4\,D_0 + C_1 + C_2 &= 0\,, \\[1mm]
\frac{2}{3} + 4\,D_0 \qquad\quad - \frac{256}{81}\,C_2 &= 0\,, \\[1mm]
1 + 4\,D_0 - 4\,C_1 + 16\,C_2 &= 0\,,
\end{aligned}\right\} \qquad \text{mit } D_0 = -\frac{231}{1450}\,,\quad C_1 = \frac{1113}{8700}\,,\quad C_2 = \frac{27}{2900} \tag{728}$$

Unter Berücksichtigung dieser Gruppe von Konstanten lauten die Bedingungsgleichungen aus der zweiten der Gln (727)

$$\left.\begin{aligned}
\frac{1 - \varrho_i^2}{16} + B_0\left(1 - \frac{1}{\varrho_i^2}\right) - \frac{231}{1450}\ln\frac{1}{\varrho_i^2} + 4\,A_1 + \frac{3}{40}\cdot\frac{1113}{8700} + 8\,A_2 \quad + \frac{5}{144}\cdot\frac{27}{2900} &= 0\,, \\[1mm]
\frac{4 - 3\,\varrho_i^2}{48} + B_0\left(\frac{3}{4} - \frac{1}{\varrho_i^2}\right) - \frac{231}{1450}\ln\frac{4}{3\,\varrho_i^2} \qquad\qquad - \frac{1}{45}\cdot\frac{1113}{8700} - \frac{512}{27}\,A_2 - \frac{8}{81}\cdot\frac{27}{2900} &= 0\,, \\[1mm]
\frac{2 - \varrho_i^2}{16} + B_0\left(\frac{1}{2} - \frac{1}{\varrho_i^2}\right) - \frac{231}{1450}\ln\frac{2}{\varrho_i^2} - 8\,A_1 - \frac{3}{10}\cdot\frac{1113}{8700} + 64\,A_2 + \frac{5}{9}\cdot\frac{27}{2900} &= 0\,.
\end{aligned}\right\}$$

Die Auflösung liefert

$$B_0 = \frac{0,03720 - \dfrac{1}{16}\varrho_i^2 + \dfrac{462}{1450}\ln\varrho_i}{\dfrac{1}{\varrho_i^2} - \dfrac{725}{924}}\,, \qquad A_1 = -\,0,00844 - \frac{53}{1056}\,B_0\,, \qquad A_2 = -\,0,00018 - \frac{9}{4928}\,B_0\,. \tag{729}$$

Werden (728) und (729) in (725) und (726) berücksichtigt, so folgt

$$w = \frac{p\,l^4}{16\,\bar{E}\,J}\left[\frac{(\varrho^2 - \varrho_i^2)^2}{64} + B_0\left(\frac{1}{2}\left(1 - \frac{\varrho^2}{\varrho_i^2}\right) + \ln\frac{\varrho}{\varrho_i}\right) - \frac{231}{1450}\left(\frac{1}{2}\,(\varrho_i^2 - \varrho^2) + \varrho^2\ln\frac{\varrho}{\varrho_i}\right) -\right.$$
$$\left. -\left(\left(0,00844 + \frac{53}{1056}\,B_0\right)\varrho^4 - \frac{1113}{696000}\,\varrho^6\right)\cos 4\,\varphi - \left(\left(0,00018 + \frac{9}{4928}\,B_0\right)\varrho^8 - \frac{3}{92800}\,\varrho^{10}\right)\cos 8\,\varphi\right], \tag{730}$$

$$M = -\frac{p\,l^2}{4}\left[\frac{2\,\varrho^2 - \varrho_i^2}{8} - \frac{2\,B_0}{\varrho_i^2} - \frac{231}{725}\left(1 + 2\ln\frac{\varrho}{\varrho_i}\right) + \frac{1113}{34800}\,\varrho^4\cos 4\,\varphi + \frac{27}{23200}\,\varrho^8\cos 8\,\varphi\right]. \tag{731}$$

Dieser Anwendungsfall zeigt, daß sich auch verhältnismäßig verwickelte technische Probleme durch elementare Transzendente beherrschen lassen, wenn die approximativen Ansätze in geeigneter Form gewählt werden. Die aus (730) und 731) nach (691) berechneten Biegungsmomente sind beispielsweise auf $1^0/_{00}$ genau, wie der Vergleich mit den strengen Formeln, zu denen man mit Hilfe der Jakobischen Funktionen gelangt, erkennen läßt.

64. Die Kreisringplatte und Kreisplatte unter konstanter Belastung.

Wird in (723) die Summe gleich Null gesetzt, so wird die Durchbiegungsfunktion achsensymmetrisch, was offenbar dem Fall der Kreisringplatte entspricht (Abb. 174).

Mit $l = 2\,r_a$ wird

$$\varrho = \frac{r}{r_a}\,, \qquad \varrho_i = \frac{r}{r_i} \tag{732}$$

und man erhält

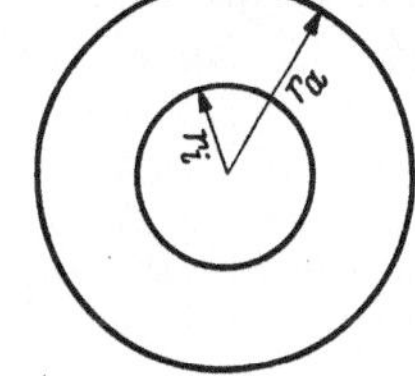

Abb. 174.

$$w = \frac{p\,r_a^4}{\bar{E}\,J}\left[\frac{\varrho^4}{64} + A_0 + B_0\ln\frac{\varrho}{\varrho_i} + C_0\,\varrho^2 + D_0\,\varrho^2\ln\frac{\varrho}{\varrho_i}\right]. \tag{733}$$

Die zugehörigen Biegungsmomente folgen aus (691), wenn alle Differentialquotienten nach φ unterdrückt werden, zu

$$b_r = -\frac{\bar{E}\,J}{r_a^2}\left(\frac{d^2w}{d\varrho^2} + \frac{\mu}{\varrho}\frac{dw}{d\varrho}\right), \qquad b_\varphi = -\frac{\bar{E}\,J}{r_a^2}\left(\mu\frac{d^2w}{d\varrho^2} + \frac{1}{\varrho}\frac{dw}{d\varrho}\right). \tag{734}$$

Ist die Platte am Innenrande eingespannt, so entnimmt man unmittelbar aus (725)

$$w = \frac{p\,r_a^4}{\bar{E}\,J}\left[\frac{(\varrho^2 - \varrho_i^2)^2}{64} + B_0\left(\frac{1}{2}\left(1 - \frac{\varrho^2}{\varrho_i^2}\right) + \ln\frac{\varrho}{\varrho_i}\right) + D_0\left(\frac{1}{2}\,(\varrho^2 - \varrho_i^2) + \varrho^2\ln\frac{\varrho}{\varrho_i}\right)\right] \quad \begin{array}{l}\text{(Am Innenrande einge-}\\ \text{spannte Kreisringplatte).}\end{array} \tag{735}$$

Ist die Platte auch noch am Außenrande eingespannt, so folgt aus

$$w = 0 \quad \text{und} \quad dw/d\varrho = 0 \quad \text{für} \quad r = r_a \quad \text{bzw.} \quad \varrho = \varrho_a:$$

$$0 = \frac{(\varrho_a^2 - \varrho_i^2)^2}{64} + B_0\left(\frac{1}{2}\left(1 - \frac{\varrho_a^2}{\varrho_i^2}\right) + \ln\frac{\varrho_a}{\varrho_i}\right) + D_0\left(\frac{1}{2}\,(\varrho_a^2 - \varrho_i^2) + \varrho_a^2\ln\frac{\varrho_a}{\varrho_i}\right).$$

$$0 = \frac{4\,\varrho_a\,(\varrho_a^2 - \varrho_i^2)}{64} + B_0\left(-\frac{\varrho_a}{\varrho_i^2} + \frac{1}{\varrho_a}\right) + D_0\left(2\,\varrho_a + 2\,\varrho_a\ln\frac{\varrho_a}{\varrho_i}\right).$$

Die Auflösung liefert

$$B_0 = \frac{\dfrac{\varrho_a^4 - \varrho_i^4}{32}\ln\dfrac{\varrho_a}{\varrho_i}}{-\dfrac{1}{2}\dfrac{\varrho_a^4 - \varrho_i^4}{\varrho_i^2\,\varrho_a^2} + 2\left(1 + \ln\dfrac{\varrho_a}{\varrho_i}\right)\ln\dfrac{\varrho_a}{\varrho_i}}\,, \qquad D_0 = \frac{\dfrac{\varrho_a^2 - \varrho_i^2}{64}\left[\dfrac{\varrho_a^4 - \varrho_i^4}{\varrho_a^2\,\varrho_i^2} - 4\ln\dfrac{\varrho_a}{\varrho_i}\right]}{-\dfrac{1}{2}\dfrac{\varrho_a^4 - \varrho_i^4}{\varrho_i^2\,\varrho_a^2} + 2\left(1 + \ln\dfrac{\varrho_a}{\varrho_i}\right)\ln\dfrac{\varrho_a}{\varrho_i}}\,.$$

Damit erhält man für die an beiden Rändern eingespannte Kreisringplatte

$$w = \frac{p\,r_a^4\,(\varrho_a^2 - \varrho_i^2)}{64\,\overline{E}\,J} \cdot$$
$$\cdot \left[\frac{(\varrho^2 - \varrho_i^2)^2}{\varrho_a^2 - \varrho_i^2} + \frac{2\,(\varrho_a^2 + \varrho_i^2)\ln\frac{\varrho_a}{\varrho_i}\left[\frac{1}{2}\left(1 - \frac{\varrho^2}{\varrho_i^2}\right) + \ln\frac{\varrho}{\varrho_i}\right] + \left[\frac{\varrho_a^4 - \varrho_i^4}{\varrho_a^2\,\varrho_i^2} - 4\ln\frac{\varrho_a}{\varrho_i}\right]\left[\frac{1}{2}(\varrho^2 - \varrho_i^2) + \varrho^2\ln\frac{\varrho}{\varrho_i}\right]}{-\frac{1}{2}\frac{\varrho_a^4 - \varrho_i^4}{\varrho_i^2\,\varrho_a^2} + 2\left(1 + \ln\frac{\varrho_a}{\varrho_i}\right)\ln\frac{\varrho_a}{\varrho_i}} \right] \cdot \qquad (736)$$

Im Falle einer ungelochten Kreisplatte müssen die beiden logarithmischen Glieder in (733) verschwinden und es verbleibt

$$w = \frac{p\,r_a^4}{\overline{E}\,J}\left[\frac{\varrho^4}{64} + A_0 + C_0\,\varrho^2\right] \qquad \text{(Kreisplatte)}. \qquad (737)$$

Im Falle einer eingespannten Kreisplatte muß w und $dw/d\varrho$ für $\varrho = \varrho_a$ verschwinden. Hierfür folgt unmittelbar

$$w = \frac{p\,r_a^4}{64\,\overline{E}\,J}\,(\varrho_a^2 - \varrho^2)^2 \qquad \text{(Eingespannte Kreisplatte)}. \qquad (738)$$

65. Die Kreisplatte unter einer Einzellast in Plattenmitte.

Da dieser Lastfall achsensymmetrisch ist, so muß er in (733) mit enthalten sein. Zunächst verschwindet wegen der fehlenden gleichmäßig verteilten Belastung das Glied mit ϱ^4. Ferner muß, da die Durchbiegung auch unter der an der Stelle $\varrho = 0$ stehenden Einzellast endlich bleiben muß, B_0 verschwinden. Damit ergibt sich

$$w = a_0 + c_0\,\varrho^2 + d_0\,\varrho^2\ln\varrho .$$

Hieraus erhält man nach (693) für die Momentensumme

$$M = -\frac{\overline{E}\,J}{r_a^2}\left(\frac{d^2w}{d\varrho^2} + \frac{1}{\varrho}\frac{dw}{d\varrho}\right) = -\frac{\overline{E}\,J}{r_a^2}\left(4\,c_0 + 4\,d_0\,(1 + \ln\varrho)\right) .$$

In dieser Lösung muß aber die aus $(615)^2$ folgende singuläre Lösung

$$M = \frac{P}{2\,\pi}\ln\frac{1}{\varrho} = -\frac{P}{2\,\pi}\ln\varrho$$

enthalten sein. Daraus folgt

$$\frac{\overline{E}\,J}{r_a^2}\,4\,d_0 = \frac{P}{2\,\pi} \qquad \text{oder} \qquad d_0 = \frac{P\,r_a^2}{8\,\pi\,\overline{E}\,J} .$$

a_0 und c_0 bleiben willkürlich und sind den Randbedingungen für $\varrho = \varrho_a$ entsprechend zu bestimmen. Somit ergibt sich

$$w = a_0 + c_0\,\varrho^2 + \frac{P\,r_a^2}{8\,\pi\,\overline{E}\,J}\,\varrho^2\ln\varrho . \qquad \text{(Kreisplatte unter Einzellast)}. \qquad (739)$$

Im Falle einer eingespannten Kreisplatte folgt mit $w = 0$ und $dw/d\varrho = 0$ für $\varrho = \varrho_a$

$$w = \frac{P\,r_a^2}{8\,\pi\,\overline{E}\,J}\left[\frac{1}{2}(\varrho_a^2 - \varrho^2) + \varrho^2\ln\frac{\varrho}{\varrho_a}\right] \qquad \text{(Eingespannte Kreisplatte mit Einzellast)}. \qquad (740)$$

66. Die eingespannte elliptische Platte unter konstanter Belastung.

Zuweilen folgen elementare Lösungen ganz von selbst. Ein Beispiel hierfür ist die eingespannte elliptische Platte unter konstanter Belastung. Für konstantes p ist nach (688) jedes Polynom vierten Grades eine Lösung, wenn in den Gliedern vierten Grades eine Konstante so festgelegt wird, wie es der Größe von p entspricht. Unter diesen Polynomen befindet sich auch das Quadrat

$$w = C\left[\frac{x^2}{a^2} + \frac{y^2}{b^2} - 1\right]^2 .$$

Die Einführung dieses Ansatzes in (688) liefert

$$C\left[\frac{24}{a^2} + \frac{24}{b^2} + \frac{8}{a^2 b^2}\right] = \frac{p}{\overline{E}J} \qquad \text{mit} \qquad C = \frac{p\,a^2\,b^2}{8\left(1 + 3\dfrac{a^2}{b^2} + 3\dfrac{b^2}{a^2}\right)\overline{E}J} .$$

Damit folgt

$$w = \frac{p\,a^2\,b^2}{8\left(1 + 3\dfrac{a^2}{b^2} + 3\dfrac{b^2}{a^2}\right)\overline{E}J}\left[\frac{x^2}{a^2} + \frac{y^2}{b^2} - 1\right]^2 . \tag{741}$$

Da die eckige Klammer die Gleichung einer Ellipse darstellt, so verschwindet nach (741) für diese Ellipse

$$w = 0 , \qquad \frac{\partial w}{\partial x} = 0 , \qquad \frac{\partial w}{\partial y} = 0 .$$

Durch (741) wird daher die Durchbiegungsfunktion einer eingespannten elliptischen Platte unter konstanter Belastung dargestellt.

Fünfter Abschnitt.

Summierung von Reihenentwicklungen.

1. Die geometrische Reihe.

$$a + aq + aq^2 + \cdots + aq^\nu + \cdots = \frac{a}{1-q} \qquad \text{für} \qquad |q| < 1 . \tag{742}$$

$$
\left.
\begin{aligned}
1 + \frac{1}{2} + \frac{1}{4} + \frac{1}{8} + \frac{1}{16} + \cdots = 2 , &\qquad 1 - \frac{1}{2} + \frac{1}{4} - \frac{1}{8} + \frac{1}{16} - \cdots = \frac{2}{3} , \\[2mm]
1 + \frac{1}{3} + \frac{1}{9} + \frac{1}{27} + \frac{1}{81} + \cdots = \frac{3}{2} , &\qquad 1 - \frac{1}{3} + \frac{1}{9} - \frac{1}{27} + \frac{1}{81} - \cdots = \frac{3}{4} , \\[2mm]
1 + \frac{1}{4} + \frac{1}{16} + \frac{1}{64} + \frac{1}{256} + \cdots = \frac{4}{3} , &\qquad 1 - \frac{1}{4} + \frac{1}{16} - \frac{1}{64} + \frac{1}{256} - \cdots = \frac{4}{5} .
\end{aligned}
\right\} \tag{743}
$$

$$
\left.
\begin{aligned}
1 + \frac{1}{2^2} + \frac{1}{2^4} + \frac{1}{2^6} + \frac{1}{2^8} + \cdots = \frac{4}{3} , &\qquad 1 - \frac{1}{2^2} + \frac{1}{2^4} - \frac{1}{2^6} + \frac{1}{2^8} - \cdots = \frac{4}{5} , \\[2mm]
1 + \frac{1}{3^2} + \frac{1}{3^4} + \frac{1}{3^6} + \frac{1}{3^8} + \cdots = \frac{9}{8} , &\qquad 1 - \frac{1}{3^2} + \frac{1}{3^4} - \frac{1}{3^6} + \frac{1}{3^8} - \cdots = \frac{9}{10} , \\[2mm]
1 + \frac{1}{4^2} + \frac{1}{4^4} + \frac{1}{4^6} + \frac{1}{4^8} + \cdots = \frac{16}{15} , &\qquad 1 - \frac{1}{4^2} + \frac{1}{4^4} - \frac{1}{4^6} + \frac{1}{4^9} - \cdots = \frac{16}{17} .
\end{aligned}
\right\} \tag{744}
$$

2. Die harmonischen Reihen.

$$
\left.
\begin{aligned}
\frac{1}{1^n} + \frac{1}{2^n} + \frac{1}{3^n} + \frac{1}{4^n} + \cdots &= S_n , \\[2mm]
\frac{1}{1^n} - \frac{1}{2^n} + \frac{1}{3^n} - \frac{1}{4^n} + \cdots &= \left(1 - \frac{1}{2^{n-1}}\right) S_n , \\[2mm]
\frac{1}{1^n} + \frac{1}{3^n} + \frac{1}{5^n} + \frac{1}{7^n} + \cdots &= \left(1 - \frac{1}{2^n}\right) S_n , \\[2mm]
\frac{1}{2^n} + \frac{1}{4^n} + \frac{1}{6^n} + \frac{1}{8^n} + \cdots &= \frac{1}{2^n} S_n , \\[2mm]
\frac{1}{2^n} - \frac{1}{4^n} + \frac{1}{6^n} - \frac{1}{8^n} + \cdots &= \frac{1}{2^n}\left(1 - \frac{1}{2^{n-1}}\right) S_n .
\end{aligned}
\right\} \qquad (n \neq 1) . \tag{745}
$$

$$\frac{1}{1^n} - \frac{1}{3^n} + \frac{1}{5^n} - \frac{1}{7^n} + \cdots = T_n \tag{746}$$

Die S_{2n} lassen sich geschlossen durch die Bernouillischen Zahlen B_{2n}, die T_{2n+1} geschlossen durch die Eulerschen Zahlen E_{2n+1} darstellen. Für diese Zahlen gelten die folgenden Rekursionsformeln:

$$E_{2n+1} - \frac{2n(2n-1)}{2!} E_{2n-1} + \frac{2n(2n-1)(2n-2)(2n-3)}{4!} E_{2n-3} - \cdots + (-1)^n = 0 . \tag{747}$$

$$
\left.
\begin{aligned}
\frac{2^{2n}(2^{2n}-1)}{2n} B_{2n} = (2n-1) E_{2n-1} &- \frac{(2n-1)(2n-2)(2n-3)}{3!} E_{2n-3} + \\[2mm]
&+ \frac{(2n-1)(2n-2)(2n-3)(2n-4)(2n-5)}{5!} E_{2n-5} - \cdots + (-1)^{n-1} .
\end{aligned}
\right\} \tag{748}
$$

Im einzelnen ergibt sich

$$\left.\begin{array}{l} E_1 = 1 \; , \; B_2 = \frac{1}{6} \quad , \; E_3 = 1 \; , \; B_4 = \frac{1}{30} \quad , \; E_5 = 5 \; , \; B_6 = \frac{1}{42} \quad , \; E_7 = 61 \; , \\[2mm] B_8 = \frac{1}{30} \; , \; E_9 = 1385 \; , \; B_{10} = \frac{5}{66} \; , \; E_{11} = 50521 \; , \; B_{12} = \frac{691}{2730} \; , \; E_{13} = 2702765 \; , \; B_{14} = \frac{7}{6} \; . \end{array}\right\} \quad (749)$$

Die Entwicklung (119) der $\mathfrak{Cotg}$-Funktion lautet mit den Bernouillischen Zahlen

$$\mathfrak{Cotg}\, x = \frac{1}{x} + \frac{B_2}{2!}\, x - \frac{B_4}{4!}\, x^3 + \frac{B_6}{6!}\, x^5 - \frac{B_8}{8!}\, x^7 + \cdots . \qquad (750)$$

Die Formeln für S_{2n} und T_{2n+1} lauten:

$$S_{2n} = \frac{1}{1^{2n}} + \frac{1}{2^{2n}} + \frac{1}{3^{2n}} + \frac{1}{4^{2n}} + \cdots = \frac{\frac{1}{2}(2\pi)^{2n}}{(2n)!}\, B_{2n} \; . \qquad (751)$$

$$T_{2n+1} = \frac{1}{1^{2n+1}} - \frac{1}{3^{2n+1}} + \frac{1}{5^{2n+1}} - \frac{1}{7^{2n+1}} + \cdots = \frac{\frac{1}{2}\left(\frac{\pi}{2}\right)^{2n+1}}{(2n)!}\, E_{2n+1} \; . \qquad (752)$$

Für die ersten zehn n-Werte lauten die S_n und T_n

$$\left.\begin{array}{ll} S_1 = \infty & , \quad T_1 = \frac{\pi}{4} \quad , \\[2mm] S_2 = \frac{\pi^2}{6} & , \quad T_2 = 0{,}9159656 \; , \\[2mm] S_3 = 1{,}2020569 \; , & T_3 = \frac{\pi^3}{32} \quad , \\[2mm] S_4 = \frac{\pi^4}{90} & , \quad T_4 = 0{,}9889446 \; , \\[2mm] S_5 = 1{,}0369278 \; , & T_5 = \frac{5\,\pi^5}{1536} \quad , \\[2mm] S_6 = \frac{\pi^6}{945} & , \quad T_6 = 0{,}9986852 \; , \\[2mm] S_7 = 1{,}0083493 \; , & T_7 = \frac{61\,\pi^7}{184320} \quad , \\[2mm] S_8 = \frac{\pi^8}{9450} & , \quad T_8 = 0{,}9998500 \; , \\[2mm] S_9 = 1{,}0020084 \; , & T_9 = \frac{277\,\pi^9}{8257536} \quad , \\[2mm] S_{10} = \frac{\pi^{10}}{93555} & , \quad T_{10} = 0{,}9999831 \; . \end{array}\right\} \qquad (753)$$

Im Falle $n = 1$ ergibt sich für die zweite und fünfte der Entwicklungen (745)

$$\left.\begin{array}{l} 1 - \frac{1}{2} + \frac{1}{3} - \frac{1}{4} + \cdots = \ln 2 \quad , \\[2mm] \frac{1}{2} - \frac{1}{4} + \frac{1}{6} - \frac{1}{8} + \cdots = \frac{1}{2} \ln 2 \; , \end{array}\right\} \qquad (754)$$

Diese Summierungen folgen als Sonderformeln aus den Entwicklungen der nächsten Ziffer.

3. Die Reihe $\sum\limits_1^\infty \dfrac{1}{n}\cos\dfrac{n\pi x}{l}$ und die Reihe $\sum\limits_1^\infty \dfrac{1}{n}\sin\dfrac{n\pi x}{l}$.

Betrachtet man die Funktion

$$-\ln\left(1 - e^{\,i\frac{\pi x}{l}}\right)\,,$$

so liefert einerseits die Aufspaltung in Real- und Imaginärteil

$$-\ln\left(1 - e^{\,i\frac{\pi x}{l}}\right) = -\ln\left(1 - \cos\frac{\pi x}{l} - i\sin\frac{\pi x}{l}\right) = -\ln\left[\sqrt{\left(1 - \cos\frac{\pi x}{l}\right)^2 + \sin^2\frac{\pi x}{l}}\; e^{\,-i\,\mathrm{arc\,tang}\;\dfrac{\sin\frac{\pi x}{l}}{1 - \cos\frac{\pi x}{l}}}\right] \tag{755}$$

oder

$$-\ln\left(1 - e^{\,i\frac{\pi x}{l}}\right) = -\frac{1}{2}\ln 2\left(1 - \cos\frac{\pi x}{l}\right) + i\,\mathrm{arc\,tang\,cotg}\,\frac{\pi x}{2l} = -\frac{1}{2}\ln 2\left(1 - \cos\frac{\pi x}{l}\right) + i\,\frac{\pi}{2}\left(1 - \frac{x}{l}\right). \tag{756}$$

Andererseits folgt aus (23) in Verbindung mit (45)

$$-\ln\left(1 - e^{\,i\frac{\pi x}{l}}\right) = \sum\limits_1^\infty \frac{1}{n}\,e^{\,i\frac{n\pi x}{l}} = \sum\limits_1^\infty \frac{1}{n}\cos\frac{n\pi x}{l} + i\sum\limits_1^\infty \frac{1}{n}\sin\frac{n\pi x}{l}\,. \tag{757}$$

Der Vergleich von (756) und (757) liefert

$$\sum\limits_1^\infty \frac{1}{n}\cos\frac{n\pi x}{l} = -\frac{1}{2}\ln\left(2\left(1 - \cos\frac{\pi x}{l}\right)\right) \qquad (0 \le x \le 2\,l)\,. \tag{758}$$

$$\sum\limits_1^\infty \frac{1}{n}\sin\frac{n\pi x}{l} = +\frac{\pi}{2}\left(1 - \frac{x}{l}\right) \qquad (0 \le x \le 2\,l)\,. \tag{759}$$

Die Reihe (758) nimmt für $x = 0$ den Wert $S_1 = \frac{1}{2}\ln(2\cdot 0) = \infty$ an, während sich für $x = l$ und $x = l/2$ die bereits in (754) vorweggenommenen Summierungen ergeben.

Aus (759) erhält man durch Koordinatenverschiebung um $x = l$ eine trigonometrische Entwicklung für x/l und aus denen für x/l und $1 - x/l$ solche für 1 und $1 - 2x/l$. Die zu diesen vier Grundentwicklungen gehörigen FOURIER-Diagramme zeigen Abb. 175 bis 178.

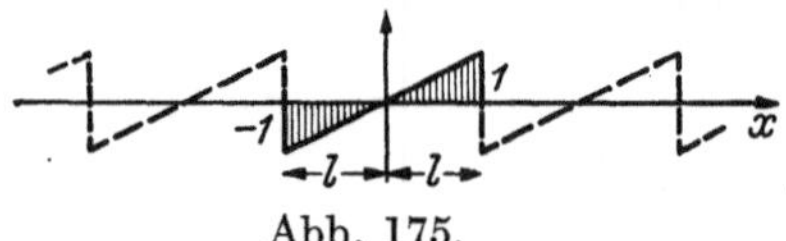

Abb. 175.

Abb. 176.

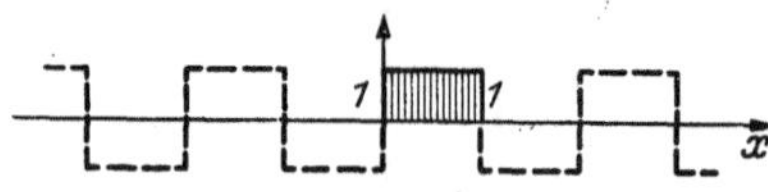

Abb. 177.

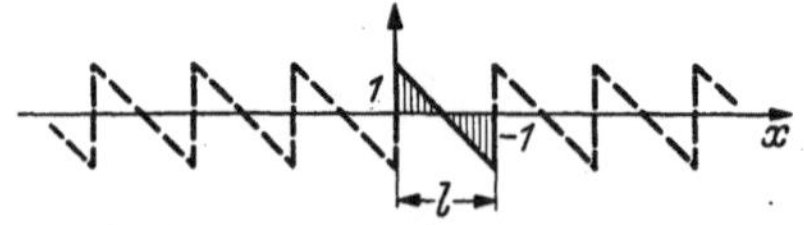

Abb. 178.

$$\frac{x}{l} = 2\sum\limits_1^\infty \frac{(-1)^{n-1}}{n\pi}\sin\frac{n\pi x}{l} \qquad (-l \le x \le +l)\,. \tag{760}$$

$$1 - \frac{x}{l} = 2\sum\limits_1^\infty \frac{1}{n\pi}\sin\frac{n\pi x}{l} \qquad (0 \le x \le 2\,l)\,. \tag{761}$$

$$1 = 4\sum\limits_{1,3,5}^\infty \frac{1}{n\pi}\sin\frac{n\pi x}{l} \qquad (0 \le x \le l)\,. \tag{762}$$

$$1 - \frac{2x}{l} = 4\sum\limits_{2,4,6}^\infty \frac{1}{n\pi}\sin\frac{n\pi x}{l} \qquad (0 \le x \le l)\,. \tag{763}$$

Durch Vertauschen von x/l mit $x/l + \frac{1}{2}$ folgen hieraus die weiteren Formelsätze

$$\frac{1}{2} + \frac{x}{l} = 2 \sum_{1}^{\infty n} \frac{(-1)^{n-1}}{n\pi} \sin n\pi \left(\frac{x}{l} + \frac{1}{2}\right) \qquad \left(-\frac{3l}{2} \leq x \leq \frac{l}{2}\right). \tag{764}$$

$$\frac{1}{2} - \frac{x}{l} = 2 \sum_{1}^{\infty n} \frac{1}{n\pi} \sin n\pi \left(\frac{x}{l} + \frac{1}{2}\right) \qquad \left(-\frac{l}{2} \leq x \leq \frac{3l}{2}\right). \tag{765}$$

$$1 = 4 \sum_{1,3,5}^{\infty n} \frac{1}{n\pi} \sin n\pi \left(\frac{x}{l} + \frac{1}{2}\right) \qquad \left(-\frac{l}{2} \leq x \leq \frac{l}{2}\right). \tag{766}$$

$$-\frac{2x}{l} = 4 \sum_{2,4,6}^{\infty n} \frac{1}{n\pi} \sin n\pi \left(\frac{x}{l} + \frac{1}{2}\right) \qquad \left(-\frac{l}{2} \leq x \leq \frac{l}{2}\right). \tag{767}$$

4. Summierung trigonometrischer Reihen durch ganze rationale Funktionen.

Werden die Gln (760) bis (767) sukzessive integriert, so ergibt sich eine unendlich ausgedehnte Folge trigonometrischer Reihen, die durch ganze rationale Funktionen summiert sind. Für den Aufbau einer solchen Folge erscheinen die Gln (766) und (767) besonders zweckmäßig, da ihre Integration zu einer Aufteilung in gerade und ungerade Polynome führt.

Die Integration von (766) und (767) nach x/l liefert

$$A_0 + \frac{x}{l} = -4 \sum_{1,3,5}^{\infty n} \frac{1}{n^2 \pi^2} \cos n\pi \left(\frac{x}{l} + \frac{1}{2}\right), \qquad A_1 - \frac{x^2}{l^2} = -4 \sum_{2,4,6}^{\infty n} \frac{1}{n^2 \pi^2} \cos n\pi \left(\frac{x}{l} + \frac{1}{2}\right).$$

Da für $x/l = 0$ die rechte Seite der ersten Gleichung verschwindet, wird $A_0 = 0$. In der zweiten Gleichung liefert $x/l = 0$

$$A_1 = \frac{4}{\pi^2} \sum_{2,4,6}^{\infty n} \frac{(-1)^{n-1}}{n^2}.$$

Wird in der letzten der Gln (745) $n = 2$ gesetzt, so folgt mit (753)

$$\sum_{2,4,6}^{\infty n} \frac{(-1)^{n-1}}{n^2} = \frac{1}{2^2}\left(1 - \frac{1}{2}\right) S_2 = \frac{\pi^2}{48} \qquad \text{und damit} \qquad A_1 = \frac{1}{12}.$$

Bei Einsetzen der gefundenen Konstantenwerte ergibt sich

$$\frac{x}{l} = -4 \sum_{1,3,5}^{\infty n} \frac{1}{n^2 \pi^2} \cos n\pi \left(\frac{x}{l} + \frac{1}{2}\right), \quad \frac{1}{12} - \frac{x^2}{l^2} = -4 \sum_{2,4,6}^{\infty n} \frac{1}{n^2 \pi^2} \cos n\pi \left(\frac{x}{l} + \frac{1}{2}\right), \quad \left(-\frac{l}{2} \leq x \leq \frac{l}{2}\right). \tag{768}$$

Wird nun wiederum nach x/l integriert, so erhält man

$$A_2 + \frac{1}{2}\frac{x^2}{l^2} = -4 \sum_{1,3,5}^{\infty n} \frac{1}{n^3 \pi^3} \sin n\pi \left(\frac{x}{l} + \frac{1}{2}\right), \qquad A_3 - \frac{1}{3}\frac{x^3}{l^3} = -4 \sum_{2,4,6}^{\infty n} \frac{1}{n^3 \pi^3} \sin n\pi \left(\frac{x}{l} + \frac{1}{2}\right).$$

Wird $x/l = 0$ gesetzt, so folgt

$$A_2 = -\frac{4}{\pi^3} \sum_{1,3,5}^{\infty n} \frac{(-1)^{n-1}}{n^3} = -\frac{4}{\pi^3} T_3 = -\frac{1}{8}, \qquad A_3 = 0$$

und damit

$$-\frac{1}{8} + \frac{1}{2}\frac{x^2}{l^2} = -4 \sum_{1,3,5}^{\infty n} \frac{1}{n^3 \pi^3} \sin n\pi \left(\frac{x}{l} + \frac{1}{2}\right), \quad +\frac{1}{3}\frac{x^3}{l^3} = +4 \sum_{2,4,6}^{\infty n} \frac{1}{n^3 \pi^3} \sin n\pi \left(\frac{x}{l} + \frac{1}{2}\right), \quad \left(-\frac{l}{2} \leq x \leq \frac{l}{2}\right). \tag{769}$$

Fährt man in dieser Weise fort, so wird immer die eine Integrationskonstante Null, während die andere abwechselnd durch eine BERNOUILLISCHE Zahl oder eine EULERSCHE Zahl ausgedrückt ist. Werden die Gln (768) bzw. (769) addiert bzw. subtrahiert, so folgen die den Gln (764) und (765) entsprechenden Gleichungen. Wird dann noch eine Koordinatenverschiebung um $x/l = \frac{1}{2}$

vorgenommen, so ergibt sich das den Gln (760) bis (763) entsprechende System. Für die ersten vier Integrationen sind die Formelsätze nachfolgend zusammengestellt.

$$\sum_{1}^{\infty}{}_{n} \frac{(-1)^{n-1}}{n^2 \pi^2} \cos \frac{n \pi x}{l} = \frac{1}{12}\left(1 - 3 \frac{x^2}{l^2}\right) \qquad (-l \le x \le l) \quad . \tag{770}$$

$$\sum_{1}^{\infty}{}_{n} \frac{1}{n^2 \pi^2} \cos \frac{n \pi x}{l} = \frac{1}{12}\left(2 - 6 \frac{x}{l} + 3 \frac{x^2}{l^2}\right) \qquad (0 \le x \le 2\,l) \;. \tag{771}$$

$$\sum_{1,3,5}^{\infty}{}_{n} \frac{1}{n^2 \pi^2} \cos \frac{n \pi x}{l} = \frac{1}{8}\left(1 - \frac{2\,x}{l}\right) \qquad (0 \le x \le l) \quad . \tag{772}$$

$$\sum_{2,4,6}^{\infty}{}_{n} \frac{1}{n^2 \pi^2} \cos \frac{n \pi x}{l} = \frac{1}{24}\left(1 - 6 \frac{x}{l} + 6 \frac{x^2}{l^2}\right) \qquad (0 \le x \le l) \quad . \tag{773}$$

$$\sum_{1}^{\infty}{}_{n} \frac{(-1)^{n-1}}{n^2 \pi^2} \cos n \pi\left(\frac{x}{l} + \frac{1}{2}\right) = \frac{1}{48}\left(1 - 12 \frac{x}{l} - 12 \frac{x^2}{l^2}\right) \qquad \left(-\frac{3\,l}{2} \le x \le \frac{l}{2}\right). \tag{774}$$

$$\sum_{1}^{\infty}{}_{n} \frac{1}{n^2 \pi^2} \cos n \pi\left(\frac{x}{l} + \frac{1}{2}\right) = \frac{1}{48}\left(-1 - 12 \frac{x}{l} + 12 \frac{x^2}{l^2}\right) \qquad \left(-\frac{l}{2} \le x \le \frac{3\,l}{2}\right). \tag{775}$$

$$\sum_{1,3,5}^{\infty}{}_{n} \frac{1}{n^2 \pi^2} \cos n \pi\left(\frac{x}{l} + \frac{1}{2}\right) = -\frac{1}{4} \frac{x}{l} \qquad \left(-\frac{l}{2} \le x \le \frac{l}{2}\right). \tag{776}$$

$$\sum_{2,4,6}^{\infty}{}_{n} \frac{1}{n^2 \pi^2} \cos n \pi\left(\frac{x}{l} + \frac{1}{2}\right) = -\frac{1}{48}\left(1 - 12 \frac{x^2}{l^2}\right) \qquad \left(-\frac{l}{2} \le x \le \frac{l}{2}\right). \tag{777}$$

$$\sum_{1}^{\infty}{}_{n} \frac{(-1)^{n-1}}{n^3 \pi^3} \sin \frac{n \pi x}{l} = \frac{1}{12} \frac{x}{l}\left(1 - \frac{x}{l}\right)\left(1 + \frac{x}{l}\right) \qquad (-l \le x \le l) \quad . \tag{778}$$

$$\sum_{1}^{\infty}{}_{n} \frac{1}{n^3 \pi^3} \sin \frac{n \pi x}{l} = \frac{1}{12} \frac{x}{l}\left(1 - \frac{x}{l}\right)\left(2 - \frac{x}{l}\right) \qquad (0 \le x \le 2\,l). \tag{779}$$

$$\sum_{1,3,5}^{\infty}{}_{n} \frac{1}{n^3 \pi^3} \sin \frac{n \pi x}{l} = \frac{1}{8} \frac{x}{l}\left(1 - \frac{x}{l}\right) \qquad (0 \le x \le l) \quad . \tag{780}$$

$$\sum_{2,4,6}^{\infty}{}_{n} \frac{1}{n^3 \pi^3} \sin \frac{n \pi x}{l} = \frac{1}{24} \frac{x}{l}\left(1 - \frac{x}{l}\right)\left(1 - \frac{2\,x}{l}\right) \qquad (0 \le x \le l) \quad . \tag{781}$$

$$\sum_{1}^{\infty}{}_{n} \frac{(-1)^{n-1}}{n^3 \pi^3} \sin n \pi\left(\frac{x}{l} + \frac{1}{2}\right) = \frac{1}{12}\left(\frac{1}{4} - \frac{x^2}{l^2}\right)\left(\frac{3}{2} + \frac{x}{l}\right) \qquad \left(-\frac{3\,l}{2} \le x \le \frac{l}{2}\right). \tag{782}$$

$$\sum_{1}^{\infty}{}_{n} \frac{1}{n^3 \pi^3} \sin n \pi\left(\frac{x}{l} + \frac{1}{2}\right) = \frac{1}{12}\left(\frac{1}{4} - \frac{x^2}{l^2}\right)\left(\frac{3}{2} - \frac{x}{l}\right) \qquad \left(-\frac{l}{2} \le x \le \frac{3\,l}{2}\right). \tag{783}$$

$$\sum_{1,3,5}^{\infty}{}_{n} \frac{1}{n^3 \pi^3} \sin n \pi\left(\frac{x}{l} + \frac{1}{2}\right) = \frac{1}{8}\left(\frac{1}{4} - \frac{x^2}{l^2}\right) \qquad \left(-\frac{l}{2} \le x \le \frac{l}{2}\right). \tag{784}$$

$$\sum_{2,4,6}^{\infty}{}_{n} \frac{1}{n^3 \pi^3} \sin n \pi\left(\frac{x}{l} + \frac{1}{2}\right) = -\frac{1}{12}\left(\frac{1}{4} - \frac{x^2}{l^2}\right)\frac{x}{l} \qquad \left(-\frac{l}{2} \le x \le \frac{l}{2}\right). \tag{785}$$

$$\sum_{1}^{\infty}{}_{n} \frac{(-1)^{n-1}}{n^4 \pi^4} \cos \frac{n \pi x}{l} = \frac{1}{720}\left(7 - 30 \frac{x^2}{l^2} + 15 \frac{x^4}{l^4}\right) \qquad (-l \le x \le l) \quad . \tag{786}$$

$$\sum_{1}^{\infty}{}_{n} \frac{1}{n^4 \pi^4} \cos \frac{n \pi x}{l} = \frac{1}{720}\left(8 - 60 \frac{x^2}{l^2} + 60 \frac{x^3}{l^3} - 15 \frac{x^4}{l^4}\right) \qquad (0 \le x \le 2\,l) \,. \tag{787}$$

$$\sum_{1,3,5}^{\infty}{}_{n} \frac{1}{n^4 \pi^4} \cos \frac{n \pi x}{l} = \frac{1}{96}\left(1 - 6 \frac{x^2}{l^2} + 4 \frac{x^3}{l^3}\right) \qquad (0 \le x \le l) \quad . \tag{788}$$

$$\sum_{2,4,6}^{\infty}{}_{n} \frac{1}{n^4 \pi^4} \cos \frac{n \pi x}{l} = \frac{1}{1440}\left(1 + 30 \frac{x^2}{l^2} + 60 \frac{x^3}{l^3} - 30 \frac{x^4}{l^4}\right) \qquad (0 \le x \le l) \quad . \tag{789}$$

$$\sum_{1}^{\infty n} \frac{(-1)^{n-1}}{n^4 \pi^4} \cos n\pi\left(\frac{x}{l}+\frac{1}{2}\right) = \frac{1}{720}\left(\frac{7}{16}-\frac{45}{2}\frac{x}{l}-\frac{15}{2}\frac{x^2}{l^2}+30\frac{x^3}{l^3}+15\frac{x^4}{l^4}\right) \qquad \left(-\frac{3l}{2}\leq x\leq\frac{l}{2}\right) \quad . \quad (790)$$

$$\sum_{1}^{\infty n} \frac{1}{n^4 \pi^4} \cos n\pi\left(\frac{x}{l}+\frac{1}{2}\right) = \frac{1}{720}\left(-\frac{7}{16}-\frac{45}{2}\frac{x}{l}+\frac{15}{2}\frac{x^2}{l^2}+30\frac{x^3}{l^3}-15\frac{x^4}{l^4}\right)\cdot \qquad \left(-\frac{l}{2}\leq x\leq\frac{3l}{2}\right) \quad . \quad (791)$$

$$\sum_{1,3,5}^{\infty n} \frac{1}{n^4 \pi^4} \cos n\pi\left(\frac{x}{l}+\frac{1}{2}\right) = \frac{1}{96}\frac{x}{l}\left(-3+4\frac{x^2}{l^2}\right) \qquad \left(-\frac{l}{2}\leq x\leq\frac{l}{2}\right) \quad . \quad (792)$$

$$\sum_{2,4,6}^{\infty n} \frac{1}{n^4 \pi^4} \cos n\pi\left(\frac{x}{l}+\frac{1}{2}\right) = -\frac{1}{720}\left(\frac{7}{16}-\frac{15}{2}\frac{x^2}{l^2}+15\frac{x^4}{l^4}\right) \qquad \left(-\frac{l}{2}\leq x\leq\frac{l}{2}\right) \quad . \quad (793)$$

$$\sum_{1}^{\infty n} \frac{(-1)^{n-1}}{n^5 \pi^5} \sin\frac{n\pi x}{l} = \frac{1}{720}\frac{x}{l}\left(1-\frac{x}{l}\right)\left(1+\frac{x}{l}\right)\left(7-3\frac{x^2}{l^2}\right) \qquad (-l\leq x\leq+l). \quad (794)$$

$$\sum_{1}^{\infty n} \frac{1}{n^5 \pi^5} \sin\frac{n\pi x}{l} = \frac{1}{720}\frac{x}{l}\left(1-\frac{x}{l}\right)\left(2-\frac{x}{l}\right)\left(4+6\frac{x}{l}-3\frac{x^2}{l^2}\right) \qquad (0\leq x\leq 2l) \quad . \quad (795)$$

$$\sum_{1,3,5}^{\infty n} \frac{1}{n^5 \pi^5} \sin\frac{n\pi x}{l} = \frac{1}{96}\frac{x}{l}\left(1-\frac{x}{l}\right)\left(1+\frac{x}{l}-\frac{x^2}{l^2}\right) \qquad (0\leq x\leq l) \quad . \quad (796)$$

$$\sum_{2,4,6}^{\infty n} \frac{1}{n^5 \pi^5} \sin\frac{n\pi x}{l} = \frac{1}{1440}\frac{x}{l}\left(1-\frac{x}{l}\right)\left(1-2\frac{x}{l}\right)\left(1+3\frac{x}{l}-3\frac{x^2}{l^2}\right) \qquad (0\leq x\leq l) \quad . \quad (797)$$

$$\sum_{1}^{\infty n} \frac{(-1)^{n-1}}{n^5 \pi^5} \sin n\pi\left(\frac{x}{l}+\frac{1}{2}\right) = \frac{1}{720}\left(\frac{1}{4}-\frac{x^2}{l^2}\right)\left(\frac{3}{2}+\frac{x}{l}\right)\left(\frac{25}{4}-3\frac{x}{l}-3\frac{x^2}{l^2}\right) \qquad \left(-\frac{3l}{2}\leq x\leq\frac{l}{2}\right) \quad . \quad (798)$$

$$\sum_{1}^{\infty n} \frac{1}{n^5 \pi^5} \sin n\pi\left(\frac{x}{l}+\frac{1}{2}\right) = \frac{1}{720}\left(\frac{1}{4}-\frac{x^2}{l^2}\right)\left(\frac{3}{2}-\frac{x}{l}\right)\left(\frac{25}{4}+3\frac{x}{l}-3\frac{x^2}{l^2}\right) \qquad \left(-\frac{l}{2}\leq x\leq\frac{3l}{2}\right) \quad . \quad (799)$$

$$\sum_{1,3,5}^{\infty n} \frac{1}{n^5 \pi^5} \sin n\pi\left(\frac{x}{l}+\frac{1}{2}\right) = \frac{1}{96}\left(\frac{1}{4}-\frac{x^2}{l^2}\right)\left(\frac{5}{4}-\frac{x^2}{l^2}\right) \qquad \left(-\frac{l}{2}\leq x\leq\frac{l}{2}\right) \quad . \quad (800)$$

$$\sum_{2,4,6}^{\infty n} \frac{1}{n^5 \pi^5} \sin n\pi\left(\frac{x}{l}+\frac{1}{2}\right) = -\frac{1}{720}\left(\frac{1}{4}-\frac{x^2}{l^2}\right)\frac{x}{l}\left(\frac{7}{4}-3\frac{x^2}{l^2}\right) \qquad \left(-\frac{l}{2}\leq x\leq\frac{l}{2}\right) \quad . \quad (801)$$

5. Summierung trigonometrischer Reihen durch transzendente Funktionen.

In Ziffer 4 war die Funktion $-\ln\left(1-e^{i\frac{\pi x}{l}}\right)$ betrachtet worden. Für die allgemeine Funktion

$$-\ln\left(1-u\,e^{i\frac{\pi x}{l}}\right)$$

ergibt sich in entsprechender Weise

$$-\ln\left(1-u\,e^{i\frac{\pi x}{l}}\right) = -\frac{1}{2}\ln\left(1-2u\cos\frac{\pi x}{l}+u^2\right)+i\arctan\frac{u\sin\frac{\pi x}{l}}{1-u\cos\frac{\pi x}{l}}-\sum_{1}^{\infty n}\frac{u^n}{n}\cos\frac{n\pi x}{l}+i\sum_{1}^{\infty n}\frac{u^n}{n}\sin\frac{n\pi x}{l} .$$

Hieraus folgt

$$\sum_{1}^{\infty n}\frac{u^n}{n}\cos\frac{n\pi x}{l} = -\frac{1}{2}\ln\left(1-2u\cos\frac{\pi x}{l}+u^2\right) . \qquad (|u|<1) . \qquad (802)$$

$$\sum_{1}^{\infty n}\frac{u^n}{n}\sin\frac{n\pi x}{l} = \arctan\frac{u\sin\frac{\pi x}{l}}{1-u\cos\frac{\pi x}{l}} , \qquad (|u|<1) . \qquad (803)$$

Im Sonderfalle $u = x$ erhält man

$$\sum_{1}^{\infty n}\frac{x^n}{n}\cos\frac{n\pi x}{l} = -\frac{1}{2}\ln\left(1-2x\cos\frac{\pi x}{l}+x^2\right) , \qquad (|x|<1) . \qquad (804)$$

$$\sum_{1}^{\infty n}\frac{x^n}{n}\sin\frac{n\pi x}{l} = \arctan\frac{x\sin\frac{\pi x}{l}}{1-x\cos\frac{\pi x}{l}} , \qquad (|x|<1) . \qquad (805)$$

Im Sonderfalle $u = \cos\dfrac{\pi x}{l}$ folgt

$$\sum_1^\infty \frac{1}{n}\cos^n\frac{\pi x}{l}\cos\frac{n\pi x}{l} = -\ln\sin\frac{\pi x}{l} \quad , \qquad (0 \le x \le l) \ . \tag{806}$$

$$\sum_1^\infty \frac{1}{n}\cos^n\frac{\pi x}{l}\sin\frac{n\pi x}{l} = \frac{\pi}{2}\left(1-\frac{2x}{l}\right) \quad , \qquad (0 \le x \le l) \ . \tag{807}$$

Im Sonderfalle $u = e^{\frac{\pi y}{l}}$ ergibt sich

$$\sum_1^\infty \frac{1}{n}e^{\frac{n\pi y}{l}}\cos\frac{n\pi x}{l} = -\frac{1}{2}\ln\left(1-2e^{\frac{\pi y}{l}}\cos\frac{\pi x}{l}+e^{\frac{2\pi y}{l}}\right), \qquad \left(e^{\frac{\pi y}{l}}<1\right)\ . \tag{808}$$

$$\sum_1^\infty \frac{1}{n}e^{\frac{n\pi y}{l}}\sin\frac{n\pi x}{l} = \text{arc tang}\frac{e^{\frac{\pi y}{l}}\sin\frac{\pi x}{l}}{1-e^{\frac{\pi y}{l}}\cos\frac{\pi x}{l}} \quad , \qquad \left(e^{\frac{\pi y}{l}}<1\right)\ . \tag{809}$$

Die Differentiation von (802) und (803) nach $\dfrac{\pi x}{l}$ liefert

$$\sum_1^\infty u^n\sin\frac{n\pi x}{l} = \frac{u\sin\frac{\pi x}{l}}{1-2u\cos\frac{\pi x}{l}+u^2} \quad , \qquad (\,|u|<1)\ . \tag{810}$$

$$\sum_0^\infty u^n\cos\frac{n\pi x}{l} = \frac{1-u\cos\frac{\pi x}{l}}{1-2u\cos\frac{\pi x}{l}+u^2} \quad , \qquad (\,|u|<1)\ . \tag{811}$$

Im Sonderfalle $u = x$ folgt

$$\sum_1^\infty x^n\sin\frac{n\pi x}{l} = \frac{x\sin\frac{\pi x}{l}}{1-2x\cos\frac{\pi x}{l}+x^2} \quad , \qquad (|x|<1)\ . \tag{812}$$

$$\sum_0^\infty x^n\cos\frac{n\pi x}{l} = \frac{1-x\cos\frac{\pi x}{l}}{1-2x\cos\frac{\pi x}{l}+x^2} \quad , \qquad (|x|<1)\ . \tag{813}$$

Im Sonderfalle $u = \cos\dfrac{\pi x}{l}$ erhält man

$$\sum_1^\infty \cos^n\frac{\pi x}{l}\sin\frac{n\pi x}{l} = \cot g\frac{\pi x}{l} \quad , \qquad \left(\left|\cos\frac{\pi x}{l}\right|<1\right)\ . \tag{814}$$

$$\sum_0^\infty \cos^n\frac{\pi x}{l}\cos\frac{n\pi x}{l} = 1 \qquad , \qquad \left(\left|\cos\frac{\pi x}{l}\right|<1\right)\ . \tag{815}$$

Im Sonderfalle $u = e^{\frac{\pi y}{l}}$ ergibt sich

$$\sum_1^\infty e^{\frac{n\pi y}{l}}\sin\frac{n\pi x}{l} = \frac{e^{\frac{\pi y}{l}}\sin\frac{\pi x}{l}}{1-2e^{\frac{\pi y}{l}}\cos\frac{\pi x}{l}+e^{\frac{2\pi y}{l}}} \quad , \qquad \left(e^{\frac{n\pi y}{l}}<1\right)\cdot \ .$$

$$\sum_0^\infty e^{\frac{n\pi y}{l}}\cos\frac{n\pi x}{l} = \frac{1-e^{\frac{\pi y}{l}}\cos\frac{\pi x}{l}}{1-2e^{\frac{\pi y}{l}}\cos\frac{\pi x}{l}+e^{\frac{2\pi y}{l}}} \quad , \qquad \left(e^{\frac{n\pi y}{l}}<1\right)\cdot$$

Wird die Ausgangsentwicklung

$$-\ln\left(1 - u\,e^{i\frac{\pi x}{l}}\right) = \sum_{1}^{\infty} \frac{u^n}{n} \cos\frac{n\pi x}{l} + i \sum_{1}^{\infty} \frac{u^n}{n} \sin\frac{n\pi x}{l} \tag{816}$$

nach u integriert, so folgt bei Integration zwischen $u = 0$ und u

$$\int_{0}^{u} -\ln\left(1 - u\,e^{i\frac{\pi x}{l}}\right) du = \int_{1}^{1 - u e^{i\frac{\pi x}{l}}} e^{-i\frac{\pi x}{l}} \ln t\,dt = e^{-i\frac{\pi x}{l}}\left(1 - u\,e^{i\frac{\pi x}{l}}\right)\ln\left(1 - u\,e^{i\frac{\pi x}{l}}\right) +$$

$$+ u = \sum_{1}^{\infty} \frac{u^{n+1}}{n(n+1)} \cos\frac{n\pi x}{l} + i \sum_{1}^{\infty} \frac{u^{n+1}}{n(n+1)} \sin\frac{n\pi x}{l}$$

oder aufgespalten

$$\left[\cos\frac{\pi x}{l} - i\sin\frac{\pi x}{l} - u\right]\left[\frac{1}{2}\ln\left(1 - 2u\cos\frac{\pi x}{l} + u^2\right) - i\,\text{arc tang}\,\frac{u\sin\frac{\pi x}{l}}{1 - u\cos\frac{\pi x}{l}}\right] +$$

$$+ u = \sum_{1}^{\infty} \frac{u^{n+1}}{n(n+1)} \cos\frac{n\pi x}{l} + i \sum_{1}^{\infty} \frac{u^{n+1}}{n(n+1)} \sin\frac{n\pi x}{l}\,.$$

Hieraus ergibt sich

$$\sum_{1}^{\infty} \frac{u^{n+1}}{n(n+1)} \cos\frac{n\pi x}{l} = u - \frac{1}{2}\left(u - \cos\frac{\pi x}{l}\right)\ln\left(1 - 2u\cos\frac{\pi x}{l} + u^2\right) - \sin\frac{\pi x}{l}\,\text{arc tang}\,\frac{u\sin\frac{\pi x}{l}}{1 - u\cos\frac{\pi x}{l}}\,, \tag{817}$$

$$\left(|u| \leq 1\right).$$

$$\sum_{1}^{\infty} \frac{u^{n+1}}{n(n+1)} \sin\frac{n\pi x}{l} = \left(u - \cos\frac{\pi x}{l}\right)\text{arc tang}\,\frac{u\sin\frac{\pi x}{l}}{1 - u\cos\frac{\pi x}{l}} - \frac{1}{2}\sin\frac{\pi x}{l}\ln\left(1 - 2u\cos\frac{\pi x}{l} + u^2\right) \tag{818}$$

Für $u = 1$ liefern diese Entwicklungen

$$\sum_{1}^{\infty} \frac{1}{n(n+1)} \cos\frac{n\pi x}{l} = 1 - \sin^2\frac{\pi x}{2l}\ln 4\sin^2\frac{\pi x}{2l} - \frac{\pi}{2}\left(1 - \frac{x}{l}\right)\sin\frac{\pi x}{l}\,, \qquad (0 \leq x \leq 2l)\,. \tag{819}$$

$$\sum_{1}^{\infty} \frac{1}{n(n+1)} \sin\frac{n\pi x}{l} = \pi\left(1 - \frac{x}{l}\right)\sin^2\frac{\pi x}{2l} - \frac{1}{2}\sin\frac{\pi x}{l}\ln 4\sin^2\frac{\pi x}{l}\,, \qquad (0 \leq x \leq 2l)\,. \tag{820}$$

Für $x = 0$ folgt aus (819)

$$\sum_{1}^{\infty} \frac{1}{n(n+1)} = \frac{1}{1\cdot 2} + \frac{1}{2\cdot 3} + \frac{1}{3\cdot 4} + \frac{1}{4\cdot 5} + \frac{1}{5\cdot 6} + \cdots = 1\,. \tag{821}$$

Für $x = l$ erhält man

$$\sum_{1}^{\infty} \frac{(-1)^n}{n(n+1)} = -\frac{1}{1\cdot 2} + \frac{1}{2\cdot 3} - \frac{1}{3\cdot 4} + \frac{1}{4\cdot 5} - \frac{1}{5\cdot 6} + \cdots = 1 - \ln 4\,. \tag{822}$$

Wird die halbe Differenz dieser beiden Reihen gebildet, so ergibt sich

$$\sum_{1,3,5}^{\infty} \frac{1}{n(n+1)} = \frac{1}{1\cdot 2} + \frac{1}{3\cdot 4} + \frac{1}{5\cdot 6} + \frac{1}{7\cdot 8} + \frac{1}{9\cdot 10} + \cdots = \ln 2\,. \tag{823}$$

Ferner folgt für die halbe Summe

$$\sum_{2,4,6}^{\infty} \frac{1}{n(n+1)} = \frac{1}{2\cdot 3} + \frac{1}{4\cdot 5} + \frac{1}{6\cdot 7} + \frac{1}{8\cdot 9} + \frac{1}{10\cdot 11} + \cdots = \frac{1}{2} - \ln 2\,. \tag{824}$$

Die Ausgangsentwicklung (816) läßt sich beliebig oft geschlossen integrieren. In der nächsten Stufe erhält man

$$\int\limits_0^u \int\limits_0^u -\ln\left(1 - u\,e^{i\frac{\pi x}{l}}\right) du = -\,e^{-2\,i\frac{\pi x}{l}} \int\limits_1^{1-u e^{i\frac{\pi x}{l}}} t\ln t\,dt + \frac{u^2}{2} = \sum_1^\infty{}^n \frac{u^{n+2}}{n\,(n+1)\,(n+2)} \cos\frac{n\,\pi\,x}{l} + i\sum_1^\infty{}^n \frac{u^{n+2}}{n\,(n+1)\,(n+2)} \sin\frac{n\,\pi\,x}{l}$$

oder

$$-e^{-2\,i\frac{\pi x}{l}} \cdot \frac{1}{2}\left(1 - u\,e^{i\frac{\pi x}{l}}\right)^2 \ln\left(1 - u\,e^{i\frac{\pi x}{l}}\right) + e^{-2\,i\frac{\pi x}{l}} \cdot \frac{1}{4}\left(1 - u\,e^{i\frac{\pi x}{l}}\right)^2 - e^{-2\,i\frac{\pi x}{l}} \cdot \frac{1}{4} + \frac{u^2}{2} = \sum_1^\infty{}^n \cdots + i\sum_1^\infty{}^n \cdots$$

oder

$$\left(-\frac{1}{2}\,e^{-2\,i\frac{\pi x}{l}} + u\,e^{-i\frac{\pi x}{l}} - \frac{1}{2}\,u^2\right)\ln\left(1 - u\,e^{i\frac{\pi x}{l}}\right) - \frac{1}{2}\,u\,e^{-i\frac{\pi x}{l}} + \frac{3}{4}\,u^2 = \sum_1^\infty{}^n \cdots + i\sum_1^\infty{}^n \cdots .$$

Die Aufspaltung nach Real- und Imaginärteilen liefert

$$\sum_1^\infty{}^n \frac{u^{n+2}\cos\frac{n\,\pi\,x}{l}}{n\,(n+1)\,(n+2)} = \frac{3}{4}\,u^2 - \frac{1}{2}\,u\cos\frac{\pi x}{l} - \frac{1}{4}\left(u^2 - 2\,u\cos\frac{\pi x}{l} + \cos\frac{2\,\pi x}{l}\right)\ln\left(1 - 2\,u\cos\frac{\pi x}{l} + u^2\right) - \\ -\frac{1}{2}\left(2\,u\sin\frac{\pi x}{l} - \sin\frac{2\,\pi x}{l}\right)\operatorname{arc\,tang}\frac{u\sin\frac{\pi x}{l}}{1 - u\cos\frac{\pi x}{l}}, \qquad (|\,u\,|\leq 1)\,. \tag{825}$$

$$\sum_1^\infty{}^n \frac{u^{n+2}\sin\frac{n\,\pi\,x}{l}}{n\,(n+1)\,(n+2)} = \frac{1}{2}\,u\sin\frac{\pi x}{l} + \frac{1}{2}\left(u^2 - 2\,u\cos\frac{\pi x}{l} + \cos\frac{2\,\pi x}{l}\right)\operatorname{arc\,tang}\frac{u\sin\frac{\pi x}{l}}{1 - u\cos\frac{\pi x}{l}} - \\ -\frac{1}{4}\left(2\,u\sin\frac{\pi x}{l} - \sin\frac{2\,\pi x}{l}\right)\ln\left(1 - 2\,u\cos\frac{\pi x}{l} + u^2\right), \qquad (|\,u\,|\leq 1)\,. \tag{826}$$

Im Sonderfalle $u = 1$ folgt

$$\sum_1^\infty{}^n \frac{\cos\frac{n\,\pi\,x}{l}}{n\,(n+1)\,(n+2)} = \frac{3}{4} - \frac{1}{2}\cos\frac{\pi x}{l} + \cos\frac{\pi x}{l}\sin^2\frac{\pi x}{2\,l}\ln 4\sin^2\frac{\pi x}{2\,l} - \pi\left(1 - \frac{x}{l}\right)\sin\frac{\pi x}{l}\sin^2\frac{\pi x}{2\,l}, \tag{827}$$

$$(0 \leq x \leq 2\,l)\,.$$

$$\sum_1^\infty{}^n \frac{\sin\frac{n\,\pi\,x}{l}}{n\,(n+1)\,(n+2)} = \frac{1}{2}\sin\frac{\pi x}{l} - \pi\left(1 - \frac{x}{l}\right)\cos\frac{\pi x}{l}\sin^2\frac{\pi x}{2\,l} - \sin\frac{\pi x}{l}\sin^2\frac{\pi x}{2\,l}\ln 4\sin^2\frac{\pi x}{2\,l}\,. \tag{828}$$

Aus (827) erhält man für $x = 0$ und $x = l$

$$\sum_1^\infty{}^n \frac{1}{n\,(n+1)\,(n+2)} = \frac{1}{1\cdot 2\cdot 3} + \frac{1}{2\cdot 3\cdot 4} + \frac{1}{3\cdot 4\cdot 5} + \cdots = \frac{1}{4} \qquad . \tag{829}$$

$$\sum_1^\infty{}^n \frac{(-1)^n}{n\,(n+1)\,(n+2)} = -\frac{1}{1\cdot 2\cdot 3} + \frac{1}{2\cdot 3\cdot 4} - \frac{1}{3\cdot 4\cdot 5} + \cdots = \frac{5}{4} - \ln 4\,. \tag{830}$$

Für die halbe Differenz und die halbe Summe dieser Reihen ergibt sich

$$\sum_{1,3,5}^\infty{}^n \frac{1}{n\,(n+1)\,(n+2)} = \frac{1}{1\cdot 2\cdot 3} + \frac{1}{3\cdot 4\cdot 5} + \frac{1}{5\cdot 6\cdot 7} + \cdots = -\frac{1}{2} + \ln 2\,. \tag{831}$$

$$\sum_{2,4,6}^\infty{}^n \frac{1}{n\,(n+1)(n+2)} = \frac{1}{2\cdot 3\cdot 4} + \frac{1}{4\cdot 5\cdot 6} + \frac{1}{6\cdot 7\cdot 8} + \cdots = +\frac{3}{4} - \ln 2\,. \tag{832}$$

Sechster Abschnitt.

Tafel der Kugelfunktion sowie ihrer Abteilungen und Integrale.

x	P_0	P_1	P_2	P_3	P_4	P_5	P_6	P_7	P_8	P_9	P_{10}
± 0,000	+ 1,0000	± 0,0000	− 0,5000	∓ 0,0000	+ 0,3750	± 0,0000	− 0,3125	∓ 0,0000	+ 0,2734	± 0,0000	− 0,2461
± 0,001	+ 1,0000	± 0,0010	− 0,5000	∓ 0,0015	+ 0,3750	± 0,0019	− 0,3125	∓ 0,0022	+ 0,2734	± 0,0025	− 0,2460
± 0,002	+ 1,0000	± 0,0020	− 0,5000	∓ 0,0030	+ 0,3750	± 0,0037	− 0,3124	∓ 0,0044	+ 0,2733	± 0,0049	− 0,2460
± 0,003	+ 1,0000	± 0,0030	− 0,5000	∓ 0,0045	+ 0,3750	± 0,0056	− 0,3124	∓ 0,0066	+ 0,2733	± 0,0074	− 0,2459
± 0,004	+ 1,0000	± 0,0040	− 0,5000	∓ 0,0060	+ 0,3749	± 0,0075	− 0,3124	∓ 0,0087	+ 0,2732	± 0,0098	− 0,2458
± 0,005	+ 1,0000	± 0,0050	− 0,5000	∓ 0,0075	+ 0,3749	± 0,0094	− 0,3123	∓ 0,0109	+ 0,2732	± 0,0123	− 0,2458
± 0,006	+ 1,0000	± 0,0060	− 0,4999	∓ 0,0090	+ 0,3749	± 0,0113	− 0,3123	∓ 0,0131	+ 0,2730	± 0,0148	− 0,2456
± 0,007	+ 1,0000	± 0,0070	− 0,4999	∓ 0,0105	+ 0,3748	± 0,0131	− 0,3122	∓ 0,0153	+ 0,2729	± 0,0172	− 0,2454
± 0,008	+ 1,0000	± 0,0080	− 0,4999	∓ 0,0120	+ 0,3747	± 0,0150	− 0,3121	∓ 0,0175	+ 0,2727	± 0,0197	− 0,2452
± 0,009	+ 1,0000	± 0,0090	− 0,4999	∓ 0,0135	+ 0,3747	± 0,0169	− 0,3120	∓ 0,0197	+ 0,2726	± 0,0221	− 0,2449
± 0,010	+ 1,0000	± 0,0100	− 0,4999	∓ 0,0150	+ 0,3746	± 0,0187	− 0,3118	∓ 0,0219	+ 0,2725	± 0,0246	− 0,2447
± 0,011	+ 1,0000	± 0,0110	− 0,4998	∓ 0,0165	+ 0,3745	± 0,0206	− 0,3117	∓ 0,0240	+ 0,2722	± 0,0270	− 0,2443
± 0,012	+ 1,0000	± 0,0120	− 0,4998	∓ 0,0180	+ 0,3744	± 0,0225	− 0,3115	∓ 0,0262	+ 0,2720	± 0,0295	− 0,2438
± 0,013	+ 1,0000	± 0,0130	− 0,4997	∓ 0,0195	+ 0,3744	± 0,0244	− 0,3114	∓ 0,0284	+ 0,2717	± 0,0319	− 0,2433
± 0,014	+ 1,0000	± 0,0140	− 0,4997	∓ 0,0210	+ 0,3743	± 0,0262	− 0,3112	∓ 0,0306	+ 0,2715	± 0,0343	− 0,2429
± 0,015	+ 1,0000	± 0,0150	− 0,4997	∓ 0,0225	+ 0,3742	± 0,0281	− 0,3110	∓ 0,0328	+ 0,2712	± 0,0368	− 0,2424
± 0,016	+ 1,0000	± 0,0160	− 0,4996	∓ 0,0240	+ 0,3740	± 0,0300	− 0,3108	∓ 0,0349	+ 0,2709	± 0,0392	− 0,2421
± 0,017	+ 1,0000	± 0,0170	− 0,4996	∓ 0,0255	+ 0,3739	± 0,0319	− 0,3106	∓ 0,0371	+ 0,2705	± 0,0417	− 0,2417
± 0,018	+ 1,0000	± 0,0180	− 0,4995	∓ 0,0270	+ 0,3738	± 0,0337	− 0,3103	∓ 0,0393	+ 0,2702	± 0,0440	− 0,2414
± 0,019	+ 1,0000	± 0,0190	− 0,4995	∓ 0,0285	+ 0,3736	± 0,0355	− 0,3101	∓ 0,0414	+ 0,2699	± 0,0465	− 0,2410
± 0,020	+ 1,0000	± 0,0200	− 0,4994	∓ 0,0300	+ 0,3735	± 0,0374	− 0,3099	∓ 0,0436	+ 0,2695	± 0,0489	− 0,2407
± 0,021	+ 1,0000	± 0,0210	− 0,4993	∓ 0,0315	+ 0,3733	± 0,0393	− 0,3096	∓ 0,0458	+ 0,2691	± 0,0513	− 0,2401
± 0,022	+ 1,0000	± 0,0220	− 0,4993	∓ 0,0330	+ 0,3732	± 0,0412	− 0,3093	∓ 0,0479	+ 0,2686	± 0,0537	− 0,2395
± 0,023	+ 1,0000	± 0,0230	− 0,4992	∓ 0,0345	+ 0,3730	± 0,0430	− 0,3090	∓ 0,0501	+ 0,2682	± 0,0561	− 0,2389
± 0,024	+ 1,0000	± 0,0240	− 0,4991	∓ 0,0360	+ 0,3728	± 0,0449	− 0,3087	∓ 0,0522	+ 0,2678	± 0,0586	− 0,2383
± 0,025	+ 1,0000	± 0,0250	− 0,4991	∓ 0,0375	+ 0,3727	± 0,0467	− 0,3084	∓ 0,0544	+ 0,2673	± 0,0609	− 0,2377
± 0,026	+ 1,0000	± 0,0260	− 0,4990	∓ 0,0390	+ 0,3725	± 0,0486	− 0,3080	∓ 0,0565	+ 0,2668	± 0,0633	− 0,2369
± 0,027	+ 1,0000	± 0,0270	− 0,4989	∓ 0,0405	+ 0,3722	± 0,0504	− 0,3077	∓ 0,0587	+ 0,2662	± 0,0657	− 0,2362
± 0,028	+ 1,0000	± 0,0280	− 0,4988	+ 0,0419	+ 0,3720	± 0,0523	− 0,3073	∓ 0,0608	+ 0,2657	± 0,0681	− 0,2355
± 0,029	+ 1,0000	± 0,0290	− 0,4987	∓ 0,0434	+ 0,3718	± 0,0542	− 0,3069	∓ 0,0630	+ 0,2652	± 0,0705	− 0,2348
± 0,030	+ 1,0000	± 0,0300	− 0,4987	∓ 0,0449	+ 0,3716	± 0,0560	− 0,3066	∓ 0,0651	+ 0,2646	± 0,0729	− 0,2340
± 0,031	+ 1,0000	± 0,0310	− 0,4986	∓ 0,0464	+ 0,3714	± 0,0579	− 0,3062	∓ 0,0672	+ 0,2640	± 0,0752	− 0,2332
± 0,032	+ 1,0000	± 0,0320	− 0,4985	∓ 0,0479	+ 0,3711	± 0,0597	− 0,3058	∓ 0,0694	+ 0,2634	± 0,0776	− 0,2323
± 0,033	+ 1,0000	± 0,0330	− 0,4984	∓ 0,0494	+ 0,3709	± 0,0615	− 0,3054	∓ 0,0715	+ 0,2627	± 0,0799	− 0,2314
± 0,034	+ 1,0000	± 0,0340	− 0,4983	∓ 0,050	+ 0,3707	± 0,0634	− 0,3049	∓ 0,0736	+ 0,2621	± 0,0823	− 0,2306
± 0,035	+ 1,0000	± 0,0350	− 0,4982	∓ 0,052	+ 0,3704	± 0,0653	− 0,3045	∓ 0,0757	+ 0,2615	± 0,0846	− 0,2297
± 0,036	+ 1,0000	± 0,0360	− 0,4981	∓ 0,0539	+ 0,3701	± 0,0671	− 0,3040	∓ 0,0778	+ 0,2607	± 0,0869	− 0,2287
± 0,037	+ 1,0000	± 0,0370	− 0,4979	∓ 0,0554	+ 0,3699	± 0,0689	− 0,3035	∓ 0,0799	+ 0,2600	± 0,0892	− 0,2277
± 0,038	+ 1,0000	± 0,0380	− 0,4978	∓ 0,0569	+ 0,3696	± 0,0708	− 0,3030	∓ 0,0820	+ 0,2593	± 0,0916	− 0,2267
± 0,039	+ 1,0000	± 0,0390	− 0,4977	∓ 0,0585	+ 0,3693	± 0,0726	− 0,3025	∓ 0,0841	+ 0,2586	± 0,0939	− 0,2257
± 0,040	+ 1,0000	± 0,0400	− 0,4976	∓ 0,0598	+ 0,3690	± 0,0744	− 0,3020	∓ 0,0862	+ 0,2578	± 0,0961	− 0,2247
± 0,041	+ 1,0000	± 0,0410	− 0,4975	∓ 0,0613	+ 0,3686	± 0,0763	− 0,3015	∓ 0,0883	+ 0,2570	± 0,0984	− 0,2236
± 0,042	+ 1,0000	± 0,0420	− 0,4973	∓ 0,0628	+ 0,3683	± 0,0781	− 0,3009	∓ 0,0904	+ 0,2562	± 0,1007	− 0,2225
± 0,043	+ 1,0000	± 0,0430	− 0,4972	∓ 0,0643	+ 0,3680	± 0,0799	− 0,3004	∓ 0,0925	+ 0,2554	± 0,1030	− 0,2214
± 0,044	+ 1,0000	± 0,0440	− 0,4971	∓ 0,0658	+ 0,3677	± 0,0817	− 0,2999	∓ 0,0946	+ 0,2546	± 0,1052	− 0,2203
± 0,045	+ 1,0000	± 0,0450	− 0,4970	∓ 0,0673	+ 0,3674	± 0,0836	− 0,2993	∓ 0,0967	+ 0,2537	± 0,1075	− 0,2192

x	P_0	P_1	P_2	P_3	P_4	P_5	P_6	P_7	P_8	P_9	P_{10}
± 0,045	+ 1,0000	± 0,0450	− 0,4970	∓ 0,0673	+ 0,3674	± 0,0836	− 0,2993	∓ 0,0967	+ 0,2537	± 0,1075	− 0,2192
± 0,046	+ 1,0000	± 0,0460	− 0,4968	∓ 0,0688	+ 0,3671	± 0,0854	− 0,2987	∓ 0,0987	+ 0,2528	± 0,1097	− 0,2180
± 0,047	+ 1,0000	± 0,0470	− 0,4967	∓ 0,0702	+ 0,3667	± 0,0872	− 0,2981	∓ 0,1008	+ 0,2519	± 0,1119	− 0,2167
± 0,048	+ 1,0000	± 0,0480	− 0,4965	∓ 0,0717	+ 0,3664	± 0,0890	− 0,2975	∓ 0,1028	+ 0,2510	± 0,1141	− 0,2155
± 0,049	+ 1,0000	± 0,0490	− 0,4964	∓ 0,0732	+ 0,3660	± 0,0908	− 0,2968	∓ 0,1049	+ 0,2501	± 0,1164	− 0,2143
± 0,050	+ 1,0000	± 0,0500	− 0,4963	∓ 0,0747	+ 0,3657	± 0,0927	− 0,2962	∓ 0,1070	+ 0,2492	± 0,1186	− 0,2130
± 0,051	+ 1,0000	± 0,0510	− 0,4961	∓ 0,0762	+ 0,3653	± 0,0945	− 0,2956	∓ 0,1090	+ 0,2482	± 0,1208	− 0,2117
± 0,052	+ 1,0000	± 0,0520	− 0,4959	∓ 0,0777	+ 0,3649	± 0,0963	− 0,2949	∓ 0,1110	+ 0,2472	± 0,1229	− 0,2104
± 0,053	+ 1,0000	± 0,0530	− 0,4958	∓ 0,0791	+ 0,3645	± 0,0981	− 0,2942	∓ 0,1130	+ 0,2462	± 0,1251	− 0,2090
± 0,054	+ 1,0000	± 0,0540	− 0,4956	∓ 0,0806	+ 0,3641	± 0,0999	− 0,2935	∓ 0,1150	+ 0,2452	± 0,1272	− 0,2076
± 0,055	+ 1,0000	± 0,0550	− 0,4955	∓ 0,0821	+ 0,3637	± 0,1017	− 0,2928	∓ 0,1171	+ 0,2442	± 0,1294	− 0,2063
± 0,056	+ 1,0000	± 0,0560	− 0,4953	∓ 0,0836	+ 0,3633	± 0,1035	− 0,2921	∓ 0,1191	+ 0,2431	± 0,1315	− 0,2048
± 0,057	+ 1,0000	± 0,0570	− 0,4951	∓ 0,0850	+ 0,3628	± 0,1053	− 0,2914	∓ 0,1211	+ 0,2420	± 0,1336	− 0,2033
± 0,058	+ 1,0000	± 0,0580	− 0,4949	∓ 0,0865	+ 0,3624	± 0,1071	− 0,2906	∓ 0,1231	+ 0,2409	± 0,1358	− 0,2018
± 0,059	+ 1,0000	± 0,0590	− 0,4948	∓ 0,0880	+ 0,3620	± 0,1088	− 0,2899	∓ 0,1250	+ 0,2398	± 0,1379	− 0,2004
± 0,060	+ 1,0000	± 0,0600	− 0,4946	∓ 0,0895	+ 0,3616	± 0,1106	− 0,2891	∓ 0,1270	+ 0,2387	± 0,1400	− 0,1989
± 0,061	+ 1,0000	± 0,0610	− 0,4944	∓ 0,0909	+ 0,3611	± 0,1124	− 0,2883	∓ 0,1290	+ 0,2375	± 0,1420	− 0,1973
± 0,062	+ 1,0000	± 0,0620	− 0,4942	∓ 0,0924	+ 0,3606	± 0,1142	− 0,2875	∓ 0,1310	+ 0,2363	± 0,1441	− 0,1957
± 0,063	+ 1,0000	± 0,0630	− 0,4940	∓ 0,0939	+ 0,3602	± 0,1159	− 0,2867	∓ 0,1329	+ 0,2352	± 0,1461	− 0,1941
± 0,064	+ 1,0000	± 0,0640	− 0,4933	∓ 0,0953	+ 0,3597	± 0,1177	− 0,2859	∓ 0,1349	+ 0,2340	± 0,1482	− 0,1926
± 0,065	+ 1,0000	± 0,0650	− 0,4937	∓ 0,0968	+ 0,3592	± 0,1195	− 0,2851	∓ 0,1368	+ 0,2328	± 0,1502	− 0,1910
± 0,066	+ 1,0000	± 0,0660	− 0,4935	∓ 0,0983	+ 0,3587	± 0,1212	− 0,2843	∓ 0,1388	+ 0,2316	± 0,1522	− 0,1893
± 0,067	+ 1,0000	± 0,0670	− 0,4933	∓ 0,0997	+ 0,3582	± 0,1230	− 0,2834	∓ 0,1407	+ 0,2303	± 0,1542	− 0,1876
± 0,068	+ 1,0000	± 0,0680	− 0,4931	∓ 0,1012	+ 0,3577	± 0,1248	− 0,2825	∓ 0,1426	+ 0,2290	± 0,1562	− 0,1859
± 0,069	+ 1,0000	± 0,0690	− 0,4929	∓ 0,1027	+ 0,3572	± 0,1265	− 0,2817	∓ 0,1445	+ 0,2278	± 0,1581	− 0,1842
± 0,070	+ 1,0000	± 0,0700	− 0,4927	∓ 0,1041	+ 0,3567	± 0,1283	− 0,2808	∓ 0,1464	+ 0,2265	± 0,1601	− 0,1826
± 0,071	+ 1,0000	± 0,0710	− 0,4924	∓ 0,1056	+ 0,3562	± 0,1300	− 0,2799	∓ 0,1483	+ 0,2251	± 0,1620	− 0,1808
± 0,072	+ 1,0000	± 0,0720	− 0,4922	∓ 0,1071	+ 0,3557	± 0,1317	− 0,2790	∓ 0,1502	+ 0,2238	± 0,1639	− 0,1790
± 0,073	+ 1,0000	± 0,0730	− 0,4920	∓ 0,1085	+ 0,3551	± 0,1335	− 0,2781	∓ 0,1521	+ 0,2224	± 0,1658	− 0,1772
± 0,074	+ 1,0000	± 0,0740	− 0,4918	∓ 0,1099	+ 0,3546	± 0,1353	− 0,2771	∓ 0,1540	+ 0,2211	± 0,1677	− 0,1754
± 0,075	+ 1,0000	± 0,0750	− 0,4916	∓ 0,1114	+ 0,3540	± 0,1370	− 0,2762	∓ 0,1559	+ 0,2198	± 0,1696	− 0,1736
± 0,076	+ 1,0000	± 0,0760	− 0,4913	∓ 0,1129	+ 0,3535	± 0,1387	− 0,2752	∓ 0,1577	+ 0,2183	± 0,1715	− 0,1717
± 0,077	+ 1,0000	± 0,0770	− 0,4911	∓ 0,1144	+ 0,3529	± 0,1404	− 0,2742	∓ 0,1596	+ 0,2169	± 0,1733	− 0,1698
± 0,078	+ 1,0000	± 0,0780	− 0,4909	∓ 0,1158	+ 0,3523	± 0,1421	− 0,2733	∓ 0,1614	+ 0,2155	± 0,1752	− 0,1680
± 0,079	+ 1,0000	± 0,0790	− 0,4906	∓ 0,1173	+ 0,3518	± 0,1438	− 0,2723	∓ 0,1632	+ 0,2141	± 0,1770	− 0,1661
± 0,080	+ 1,0000	± 0,0800	− 0,4904	∓ 0,1187	+ 0,3512	± 0,1456	− 0,2713	∓ 0,1651	+ 0,2126	± 0,1789	− 0,1642
± 0,081	+ 1,0000	± 0,0810	− 0,4902	∓ 0,1202	+ 0,3506	± 0,1473	− 0,2703	∓ 0,1669	+ 0,2111	± 0,1806	− 0,1622
± 0,082	+ 1,0000	± 0,0820	− 0,4899	∓ 0,1216	+ 0,3500	± 0,1490	− 0,2692	∓ 0,1687	+ 0,2096	± 0,1824	− 0,1602
± 0,083	+ 1,0000	± 0,0830	− 0,4897	∓ 0,1231	+ 0,3494	± 0,1507	− 0,2682	∓ 0,1705	+ 0,2081	± 0,1841	− 0,1583
± 0,084	+ 1,0000	± 0,0840	− 0,4894	∓ 0,1245	+ 0,3488	± 0,1524	− 0,2672	∓ 0,1723	+ 0,2066	± 0,1859	− 0,1563
± 0,085	+ 1,0000	± 0,0850	− 0,4892	∓ 0,1260	+ 0,3482	± 0,1540	− 0,2661	∓ 0,1740	+ 0,2051	± 0,1876	− 0,1543
± 0,086	+ 1,0000	± 0,0860	− 0,4889	∓ 0,1274	+ 0,3476	± 0,1557	− 0,2650	∓ 0,1758	+ 0,2035	± 0,1893	− 0,1522
± 0,087	+ 1,0000	± 0,0870	− 0,4886	∓ 0,1289	+ 0,3470	± 0,1574	− 0,2639	∓ 0,1776	+ 0,2020	± 0,1910	− 0,1502
± 0,088	+ 1,0000	± 0,0880	− 0,4884	∓ 0,1303	+ 0,3463	± 0,1591	− 0,2628	∓ 0,1793	+ 0,2004	± 0,1927	− 0,1481
± 0,089	+ 1,0000	± 0,0890	− 0,4881	∓ 0,1317	+ 0,3456	± 0,1608	− 0,2617	∓ 0,1811	+ 0,1989	± 0,1943	− 0,1460
± 0,090	+ 1,0000	± 0,0900	− 0,4879	∓ 0,1332	+ 0,3449	± 0,1624	− 0,2606	∓ 0,1828	+ 0,1972	± 0,1960	− 0,1440
± 0,091	+ 1,0000	± 0,0910	− 0,4876	∓ 0,1346	+ 0,3443	± 0,1641	− 0,2595	∓ 0,1845	+ 0,1956	± 0,1976	− 0,1418
± 0,092	+ 1,0000	± 0,0920	− 0,4873	∓ 0,1361	+ 0,3437	± 0,1657	− 0,2584	∓ 0,1862	+ 0,1939	± 0,1992	− 0,1397
± 0,093	+ 1,0000	± 0,0930	− 0,4870	∓ 0,1375	+ 0,3430	± 0,1674	− 0,2572	∓ 0,1879	+ 0,1924	± 0,2008	− 0,1375
± 0,094	+ 1,0000	± 0,0940	− 0,4867	∓ 0,1389	+ 0,3423	± 0,1690	− 0,2560	∓ 0,1895	+ 0,1906	± 0,2024	− 0,1354
± 0,095	+ 1,0000	± 0,0950	− 0,4865	∓ 0,1404	+ 0,3415	± 0,1707	− 0,2549	∓ 0,1912	+ 0,1890	± 0,2040	− 0,1333
± 0,096	+ 1,0000	± 0,0960	− 0,4862	∓ 0,1418	+ 0,3408	± 0,1723	− 0,2537	∓ 0,1928	+ 0,1872	± 0,2055	− 0,1311
± 0,097	+ 1,0000	± 0,0970	− 0,4859	∓ 0,1432	+ 0,3401	± 0,1740	− 0,2525	∓ 0,1945	+ 0,1855	± 0,2070	− 0,1289
± 0,098	+ 1,0000	± 0,0980	− 0,4856	∓ 0,1447	+ 0,3394	± 0,1756	− 0,2513	∓ 0,1962	+ 0,1838	± 0,2084	− 0,1267
± 0,099	1,0000	± 0,0990	− 0,4853	∓ 0,1461	+ 0,3386	± 0,1772	− 0,2500	∓ 0,1978	+ 0,1820	± 0,2099	− 0,1244
± 0,100	+ 1,0000	± 0,1000	− 4,4850	∓ 0,1475	+ 0,3379	± 0,1788	− 0,2488	∓ 0,1995	+ 0,1803	± 0,2114	− 0,1221
± 0,101	+ 1,0000	± 0,1010	− 0,4847	∓ 0,1489	+ 0,3372	± 0,1803	− 0,2476	∓ 0,2011	+ 0,1785	± 0,2128	− 0,1198
± 0,102	+ 1,0000	± 0,1020	− 0,4844	∓ 0,1503	+ 0,3365	± 0,1818	− 0,2463	∓ 0,2027	+ 0,1768	± 0,2142	− 0,1176
± 0,103	+ 1,0000	± 0,1030	− 0,4841	∓ 0,1518	+ 0,3357	± 0,1833	− 0,2451	∓ 0,2043	+ 0,1750	± 0,2156	− 0,1153
± 0,104	+ 1,0000	± 0,1040	− 0,4838	∓ 0,1532	+ 0,3350	± 0,1850	− 0,2438	∓ 0,2058	+ 0,1732	± 0,2170	− 0,1129
± 0,105	+ 1,0000	± 0,1050	− 0,4835	∓ 0,1546	+ 0,3342	± 0,1866	− 0,2425	∓ 0,2074	+ 0,1714	± 0,2184	− 0,1107

x	P_0	P_1	P_2	P_3	P_4	P_5	P_6	P_7	P_8	P_9	P_{10}
± 0,105	+ 1,0000	± 0,1050	− 0,4835	∓ 0,1546	+ 0,3342	± 0,1866	− 0,2425	∓ 0,2074	+ 0,1714	± 0,2184	− 0,1307
± 0,106	+ 1,0000	± 0,1060	− 0,4831	∓ 0,1560	+ 0,3334	± 0,1883	− 0,2412	∓ 0,2090	+ 0,1695	± 0,2197	− 0,1083
± 0,107	+ 1,0000	± 0,1070	− 0,4828	∓ 0,1574	+ 0,3226	± 0,1897	− 0,2399	∓ 0,2105	+ 0,1677	± 0,2210	− 0,1059
± 0,108	+ 1,0000	± 0,1080	− 0,4825	∓ 0,1589	+ 0,3319	± 0,1915	− 0,2386	∓ 0,2120	+ 0,1658	± 0,2223	− 0,1036
± 0,109	+ 1,0000	± 0,1090	− 0,4822	∓ 0,1603	+ 0,3311	± 0,1931	− 0,2373	∓ 0,2136	+ 0,1639	± 0,2236	− 0,1012
± 0,110	+ 1,0000	± 0,1100	− 0,4819	∓ 0,1617	+ 0,3303	± 0,1947	− 0,2360	∓ 0,2151	+ 0,1621	± 0,2249	− 0,0989
± 0,111	+ 1,0000	± 0,1110	− 0,4815	∓ 0,1631	+ 0,3295	± 0,1963	− 0,2346	∓ 0,2166	+ 0,1602	± 0,2261	− 0,0965
± 0,112	+ 1,0000	± 0,1120	− 0,4812	∓ 0,1645	+ 0,3286	± 0,1978	− 0,2332	∓ 0,2181	+ 0,1583	± 0,2273	− 0,0940
± 0,113	+ 1,0000	± 0,1130	− 0,4808	∓ 0,1659	+ 0,3278	± 0,1994	− 0,2319	∓ 0,2195	+ 0,1564	± 0,2285	− 0,0916
± 0,114	+ 1,0000	± 0,1140	− 0,4805	∓ 0,1673	+ 0,3270	± 0,2009	− 0,2305	∓ 0,2210	+ 0,1544	± 0,2297	− 0,0892
± 0,115	+ 1,0000	± 0,1150	− 0,4802	∓ 0,1687	+ 0,3262	± 0,2025	− 0,2291	∓ 0,2225	+ 0,1525	± 0,2309	− 0,0868
± 0,116	+ 1,0000	± 0,1160	− 0,4798	∓ 0,1701	+ 0,3253	± 0,2040	− 0,2277	∓ 0,2239	+ 0,1506	± 0,2320	− 0,0843
± 0,117	+ 1,0000	± 0,1170	− 0,4795	∓ 0,1715	+ 0,3245	± 0,2055	− 0,2263	∓ 0,2253	+ 0,1486	± 0,2331	− 0,0818
± 0,118	+ 1,0000	± 0,1180	− 0,4791	∓ 0,1729	+ 0,3236	± 0,2070	− 0,2248	∓ 0,2267	+ 0,1466	± 0,2342	− 0,0793
± 0,119	+ 1,0000	± 0,1190	− 0,4788	∓ 0,1744	+ 0,3228	± 0,2086	− 0,2235	∓ 0,2281	+ 0,1446	± 0,2353	− 0,0769
± 0,120	+ 1,0000	± 0,1200	− 0,4784	∓ 0,1757	+ 0,3219	± 0,2101	− 0,2220	∓ 0,2296	+ 0,1426	± 0,2364	− 0,0745
± 0,121	+ 1,0000	± 0,1210	− 0,4780	∓ 0,1771	+ 0,3210	± 0,2116	− 0,2206	∓ 0,2309	+ 0,1406	± 0,2374	− 0,0720
± 0,122	+ 1,0000	± 0,1220	− 0,4777	∓ 0,1785	+ 0,3202	± 0,2131	− 0,2192	∓ 0,2323	+ 0,1386	± 0,2384	− 0,0695
± 0,123	+ 1,0000	± 0,1230	− 0,4773	∓ 0,1799	+ 0,3193	± 0,2146	− 0,2177	∓ 0,2336	+ 0,1366	± 0,2393	− 0,0669
± 0,124	+ 1,0000	± 0,1240	− 0,4769	∓ 0,1812	+ 0,3184	± 0,2160	− 0,2162	∓ 0,2350	+ 0,1345	± 0,2403	− 0,0644
± 0,125	+ 1,0000	± 0,1250	− 0,4766	∓ 0,1826	+ 0,3175	± 0,2175	− 0,2147	∓ 0,2363	+ 0,1325	± 0,2413	− 0,0619
± 0,126	+ 1,0000	± 0,1260	− 0,4762	∓ 0,1840	+ 0,3166	± 0,2190	− 0,2132	∓ 0,2376	+ 0,1304	± 0,2422	− 0,0594
± 0,127	+ 1,0000	± 0,1270	− 0,4758	∓ 0,1854	+ 0,3156	± 0,2205	− 0,2117	∓ 0,2389	+ 0,1283	± 0,2431	− 0,0568
± 0,128	+ 1,0000	± 0,1280	− 0,4754	∓ 0,1868	+ 0,3147	± 0,2219	− 0,2102	∓ 0,2402	+ 0,1263	± 0,2440	− 0,0543
± 0,129	+ 1,0000	± 0,1290	− 0,4750	∓ 0,1881	+ 0,3138	± 0,2234	− 0,2087	∓ 0,2414	+ 0,1242	± 0,2448	− 0,0517
± 0,130	+ 1,0000	± 0,1300	− 0,4747	∓ 0,1895	+ 0,3129	± 0,2248	− 0,2072	∓ 0,2427	+ 0,1221	± 0,2457	− 0,0492
± 0,131	+ 1,0000	± 0,1310	− 0,4743	∓ 0,1909	+ 0,3119	± 0,2262	− 0,2057	∓ 0,2439	+ 0,1200	± 0,2465	− 0,0466
± 0,132	+ 1,0000	± 0,1320	− 0,4739	∓ 0,1923	+ 0,3110	± 0,2277	− 0,2041	∓ 0,2452	+ 0,1179	± 0,2473	− 0,0440
± 0,133	+ 1,0000	± 0,1330	− 0,4735	∓ 0,1936	+ 0,3100	± 0,2292	− 0,2026	∓ 0,2464	+ 0,1157	± 0,2480	− 0,0415
± 0,134	+ 1,0000	± 0,1340	− 0,4731	∓ 0,1950	+ 0,3091	± 0,2306	− 0,2009	∓ 0,2476	+ 0,1136	± 0,2488	− 0,0389
± 0,135	+ 1,0000	± 0,1350	− 0,4727	∓ 0,1964	+ 0,3081	± 0,2320	− 0,1994	∓ 0,2488	+ 0,1115	± 0,2496	− 0,0363
± 0,136	+ 1,0000	± 0,1360	− 0,4723	∓ 0,1977	+ 0,3071	± 0,2333	− 0,1978	∓ 0,2499	+ 0,1093	± 0,2503	− 0,0337
± 0,137	+ 1,0000	± 0,1370	− 0,4719	∓ 0,1991	+ 0,3062	± 0,2347	− 0,1962	∓ 0,2511	+ 0,1071	± 0,2509	− 0,0311
± 0,138	+ 1,0000	± 0,1380	− 0,4714	∓ 0,2004	+ 0,3052	± 0,2361	− 0,1946	∓ 0,2522	+ 0,1050	± 0,2516	− 0,0285
± 0,139	+ 1,0000	± 0,1390	− 0,4710	∓ 0,2018	+ 0,3042	± 0,2375	− 0,1929	∓ 0,2534	+ 0,1028	± 0,2522	− 0,0259
± 0,140	+ 1,0000	± 0,1400	− 0,4706	∓ 0,2031	+ 0,3032	± 0,2389	− 0,1913	∓ 0,2545	+ 0,1006	± 0,2529	− 0,0233
± 0,141	+ 1,0000	± 0,1410	− 0,4702	∓ 0,2045	+ 0,3022	± 0,2403	− 0,1897	∓ 0,2556	+ 0,0984	± 0,2534	− 0,0207
± 0,142	+ 1,0000	± 0,1420	− 0,4698	∓ 0,2058	+ 0,3011	± 0,2416	− 0,1880	∓ 0,2567	+ 0,0962	± 0,2539	− 0,0180
± 0,143	+ 1,0000	± 0,1430	− 0,4693	∓ 0,2072	+ 0,3001	± 0,2430	− 0,1864	∓ 0,2578	+ 0,0940	± 0,2545	− 0,0154
± 0,144	+ 1,0000	± 0,1440	− 0,4689	∓ 0,2085	+ 0,2991	± 0,2444	− 0,1847	∓ 0,2589	+ 0,0918	± 0,2550	− 0,0128
± 0,145	+ 1,0000	± 0,1450	− 0,4685	∓ 0,2099	+ 0,2981	± 0,2457	− 0,1831	∓ 0,2599	+ 0,0896	± 0,2556	− 0,0102
± 0,146	+ 1,0000	± 0,1460	− 0,4680	∓ 0,2112	+ 0,2970	± 0,2470	− 0,1814	∓ 0,2609	+ 0,0873	± 0,2560	− 0,0076
± 0,147	+ 1,0000	± 0,1470	− 0,4676	∓ 0,2125	+ 0,2960	± 0,2484	− 0,1797	∓ 0,2620	+ 0,0851	± 0,2564	− 0,0049
± 0 148	+ 1,0000	± 0,1480	− 0,4672	∓ 0,2138	+ 0,2949	± 0,2497	− 0,1780	∓ 0,2630	+ 0,0828	± 0,2568	− 0,0023
± 0,149	+ 1,0000	± 0,1490	− 0,4667	∓ 0,2152	+ 0,2939	± 0,2510	− 0,1763	∓ 0,2640	+ 0,0806	± 0,2573	+ 0,0003
± 0,150	+ 1,0000	± 0,1500	− 0,4663	∓ 0,2166	+ 0,2928	± 0,2523	− 0,1747	∓ 0,2649	+ 0,0783	± 0,2577	+ 0,0030
± 0,151	+ 1,0000	± 0,1510	− 0,4658	∓ 0,2179	+ 0,2918	± 0,2536	− 0,1729	∓ 0,2659	+ 0,0760	± 0,2580	+ 0,0056
± 0,152	+ 1,0000	± 0,1520	− 0,4653	∓ 0,2192	+ 0,2907	± 0,2549	− 0,1712	∓ 0,2668	+ 0,0738	± 0,2583	+ 0,0082
± 0,153	+ 1,0000	± 0,1530	− 0,4649	∓ 0,2205	+ 0,2896	± 0,2562	− 0,1695	∓ 0,2677	+ 0,0715	± 0,2586	+ 0,0109
± 0,154	+ 1,0000	± 0,1540	− 0,4644	∓ 0,2219	+ 0,2858	± 0,2575	− 0,1677	∓ 0,2686	+ 0,0692	± 0,2589	+ 0,0136
± 0,155	+ 1,0000	± 0,1550	− 0,4640	∓ 0,2232	+ 0,2874	± 0,2587	− 0,1660	∓ 0,2696	+ 0,0669	± 0,2592	+ 0,0161
± 0,156	+ 1,0000	± 0,1560	− 0,4635	∓ 0,2245	+ 0,2863	± 0,2600	− 0,1642	∓ 0,2704	+ 0,0646	± 0,2594	+ 0,0188
± 0,157	+ 1,0000	± 0,1570	− 0,4630	∓ 0,2258	+ 0,2852	± 0,2612	− 0,1625	∓ 0,2712	+ 0,0623	± 0,2596	+ 0,0214
± 0,158	+ 1,0000	± 0,1580	− 0,4625	∓ 0,2271	+ 0,2841	± 0,2625	− 0,1607	∓ 0,2720	+ 0,0600	± 0,2598	+ 0,0240
± 0,159	+ 1,0000	± 0,1590	− 0,4620	∓ 0,2285	+ 0,2830	± 0,2637	− 0,1589	∓ 0,2729	+ 0,0577	± 0,2600	+ 0,0266
± 0,160	+ 1,0000	± 0,1600	− 0,4616	∓ 0,2298	+ 0,2819	± 0,2650	− 0,1572	∓ 0,2738	+ 0,0554	± 0,2601	+ 0,0293
± 0,161	+ 1,0000	± 0,1610	− 0,4611	∓ 0,2311	+ 0,2807	± 0,2662	− 0,1554	∓ 0,2746	+ 0,0530	± 0,2602	+ 0,0319
± 0,162	+ 1,0000	± 0,1620	− 0,4606	∓ 0,2324	+ 0,2796	± 0,2674	− 0,1536	∓ 0,2754	+ 0,0507	± 0,2603	+ 0,0345
± 0,163	+ 1,0000	± 0,1630	− 0,4601	∓ 0,2337	+ 0,2785	± 0,2686	− 0,1518	∓ 0,2762	+ 0,0484	± 0,2604	+ 0,0371
± 0,164	+ 1,0000	± 0,1640	− 0,4597	∓ 0,2350	+ 0,2773	± 0,2698	− 0,1500	∓ 0,2769	+ 0,0461	± 0,2604	+ 0,0397
± 0,165	+ 1,0000	± 0,1650	− 0,4592	∓ 0,2363	+ 0,2762	± 0,2710	− 0,1481	∓ 0,2777	+ 0,0437	± 0,2605	+ 0,0423

x	P_0	P_1	P_2	P_3	P_4	P_5	P_6	P_7	P_8	P_9	P_{10}
± 0,165	+ 1,0000	± 0,1650	− 0,4592	∓ 0,2363	+ 0,2762	± 0,2710	− 0,1481	∓ 0,2777	+ 0,0437	± 0,2605	+ 0,0423
± 0,166	+ 1,0000	± 0,1660	− 0,4587	∓ 0,2376	+ 0,2750	± 0,2722	− 0,1463	∓ 0,2784	+ 0,0414	± 0,2605	+ 0,0449
± 0,167	+ 1,0000	± 0,1670	− 0,4582	∓ 0,2389	+ 0,2738	± 0,2734	− 0,1445	∓ 0,2791	+ 0,0390	± 0,2604	+ 0,0475
± 0,168	+ 1,0000	± 0,1680	− 0,4577	∓ 0,2401	+ 0,2726	± 0,2746	− 0,1426	∓ 0,2798	+ 0,0367	± 0,2604	+ 0,0501
± 0,169	+ 1,0000	± 0,1690	− 0,4572	∓ 0,2414	+ 0,2715	± 0,2757	− 0,1408	∓ 0,2805	+ 0,0343	± 0,2603	+ 0,0527
± 0,170	+ 1,0000	± 0,1700	− 0,4567	∓ 0,2427	+ 0,2703	± 0,2769	− 0,1389	∓ 0,2812	+ 0,0319	± 0,2602	+ 0,0553
± 0,171	+ 1,0000	± 0,1710	− 0,4561	∓ 0,2440	+ 0,2690	± 0,2780	− 0,1371	∓ 0,2818	+ 0,0296	± 0,2601	+ 0,0579
± 0,172	+ 1,0000	± 0,1720	− 0,4556	∓ 0,2453	+ 0,2679	± 0,2791	− 0,1352	∓ 0,2824	+ 0,0272	± 0,2599	+ 0,0604
± 0,173	+ 1,0000	± 0,1730	− 0,4551	∓ 0,2465	+ 0,2667	± 0,2803	− 0,1333	∓ 0,2830	+ 0,0248	± 0,2597	+ 0,0630
± 0,174	+ 1,0000	± 0,1740	− 0,4546	∓ 0,2478	+ 0,2655	± 0,2814	− 0,1315	∓ 0,2837	+ 0,0225	± 0,2595	+ 0,0656
± 0,175	+ 1,0000	± 0,1750	− 0,4541	∓ 0,2491	+ 0,2643	± 0,2825	− 0,1296	∓ 0,2843	+ 0,0201	± 0,2593	+ 0,0681
± 0,176	+ 1,0000	± 0,1760	− 0,4535	∓ 0,2504	+ 0,2630	± 0,2836	− 0,1277	∓ 0,2848	+ 0,0177	± 0,2590	+ 0,0707
± 0,177	+ 1,0000	± 0,1770	− 0,4530	∓ 0,2516	+ 0,2618	± 0,2847	− 0,1258	∓ 0,2854	+ 0,0153	± 0,2588	+ 0,0732
± 0,178	+ 1,0000	± 0,1780	− 0,4525	∓ 0,2529	+ 0,2606	± 0,2858	− 0,1239	∓ 0,2859	+ 0,0130	± 0,2585	+ 0,0758
± 0,179	+ 1,0000	± 0,1790	− 0,4519	∓ 0,2542	+ 0,2593	± 0,2869	− 0,1220	∓ 0,2864	+ 0,0106	± 0,2582	+ 0,0783
± 0,180	+ 1,0000	± 0,1800	− 0,4514	∓ 0,2554	+ 0,2581	± 0,2880	− 0,1201	∓ 0,2870	+ 0,0082	± 0,2579	+ 0,0808
± 0,181	+ 1,0000	± 0,1810	− 0,4509	∓ 0,2567	+ 0,2568	± 0,2890	− 0,1181	∓ 0,2874	+ 0,0058	± 0,2574	+ 0,0833
± 0,182	+ 1,0000	± 0,1820	− 0,4503	∓ 0,2579	+ 0,2556	± 0,2900	− 0,1162	∓ 0,2879	+ 0,0034	± 0,2570	+ 0,0858
± 0,183	+ 1,0000	± 0,1830	− 0,4498	∓ 0,2592	+ 0,2543	± 0,2911	− 0,1143	∓ 0,2883	+ 0,0010	± 0,2566	+ 0,0883
± 0,184	+ 1,0000	± 0,1840	− 0,4492	∓ 0,2604	+ 0,2531	± 0,2921	− 0,1123	∓ 0,2888	− 0,0014	± 0,2562	+ 0,0908
± 0,185	+ 1,0000	± 0,1850	− 0,4487	∓ 0,2617	+ 0,2518	± 0,2932	− 0,1104	∓ 0,2892	− 0,0037	± 0,2558	+ 0,0934
± 0,186	+ 1,0000	± 0,1860	− 0,4481	∓ 0,2629	+ 0,2505	± 0,2942	− 0,1084	∓ 0,2896	− 0,0061	± 0,2553	+ 0,0958
± 0,187	+ 1,0000	± 0,1870	− 0,4476	∓ 0,2642	+ 0,2492	± 0,2952	− 0,1065	∓ 0,2900	− 0,0085	± 0,2547	+ 0,0983
± 0,188	+ 1,0000	± 0,1880	− 0,4470	∓ 0,2654	+ 0,2479	± 0,2962	− 0,1045	∓ 0,2903	− 0,0109	± 0,2542	+ 0,1007
± 0,189	+ 1,0000	± 0,1890	− 0,4464	∓ 0,2666	+ 0,2466	± 0,2972	− 0,1026	∓ 0,2907	− 0,0133	± 0,2536	+ 0,1031
± 0,190	+ 1,0000	± 0,1900	− 0,4459	∓ 0,2679	+ 0,2453	± 0,2982	− 0,1006	∓ 0,2911	− 0,0157	± 0,2531	+ 0,1055
± 0,191	+ 1,0000	± 0,1910	− 0,4453	∓ 0,2691	+ 0,2440	± 0,2991	− 0,0986	∓ 0,2914	− 0,0181	± 0,2524	+ 0,1079
± 0,192	+ 1,0000	± 0,1920	− 0,4447	∓ 0,2703	+ 0,2427	± 0,3001	− 0,0966	∓ 0,2917	− 0,0205	± 0,2518	+ 0,1103
± 0,193	+ 1,0000	± 0,1930	− 0,4441	∓ 0,2716	+ 0,2414	± 0,3010	− 0,0946	∓ 0,2919	− 0,0229	± 0,2511	+ 0,1127
± 0,194	+ 1,0000	± 0,1940	− 0,4435	∓ 0,2728	+ 0,2401	± 0,3019	− 0,0926	∓ 0,2922	− 0,0253	± 0,2505	+ 0,1151
± 0,195	+ 1,0000	± 0,1950	− 0,4430	∓ 0,2740	+ 0,2387	± 0,3029	− 0,0906	∓ 0,2925	− 0,0276	± 0,2498	+ 0,1174
± 0,196	+ 1,0000	± 0,1960	− 0,4424	∓ 0,2752	+ 0,2374	± 0,3038	− 0,0886	∓ 0,2927	− 0,0300	± 0,2491	+ 0,1198
± 0,197	+ 1,0000	± 0,1970	− 0,4418	∓ 0,2764	+ 0,2360	± 0,3047	− 0,0866	∓ 0,2929	− 0,0324	± 0,2483	+ 0,1221
± 0,198	+ 1,0000	± 0,1980	− 0,4412	∓ 0,2776	+ 0,2347	± 0,3057	− 0,0846	∓ 0,2931	− 0,0348	± 0,2475	+ 0,1244
± 0,199	+ 1,0000	± 0,1990	− 0,4406	∓ 0,2788	+ 0,2334	± 0,3066	− 0,0826	∓ 0,2933	− 0,0372	± 0,2467	+ 0,1268
± 0,200	+ 1,0000	± 0,2000	− 0,4400	∓ 0,2800	+ 0,2320	± 0,3075	− 0,0806	∓ 0,2935	− 0,0396	± 0,2460	+ 0,1291
± 0,201	+ 1,0000	± 0,2010	− 0,4394	∓ 0,2812	+ 0,2306	± 0,3084	− 0,0786	∓ 0,2936	− 0,0419	± 0,2452	+ 0,1313
± 0,202	+ 1,0000	± 0,2020	− 0,4388	∓ 0,2824	+ 0,2293	± 0,3093	− 0,0765	∓ 0,2938	− 0,0443	± 0,2442	+ 0,1336
± 0,203	+ 1,0000	± 0,2030	− 0,4382	∓ 0,2836	+ 0,2279	± 0,3101	− 0,0745	∓ 0,2939	− 0,0467	± 0,2433	+ 0,1359
± 0,204	+ 1,0000	± 0,2040	− 0,4376	∓ 0,2848	+ 0,2265	± 0,3110	− 0,0725	∓ 0,2940	− 0,0491	± 0,2424	+ 0,1381
± 0,205	+ 1,0000	± 0,2050	− 0,4370	∓ 0,2860	+ 0,2251	± 0,3119	− 0,0704	∓ 0,2941	− 0,0514	± 0,2415	+ 0,1404
± 0,206	+ 1,0000	± 0,2060	− 0,4363	∓ 0,2872	+ 0,2237	± 0,3127	− 0,0684	∓ 0,2942	− 0,0538	± 0,2405	+ 0,1426
± 0,207	+ 1,0000	± 0,2070	− 0,4357	∓ 0,2883	+ 0,2223	± 0,3135	− 0,0663	∓ 0,2942	− 0,0562	± 0,2395	+ 0,1447
± 0,208	+ 1,0000	± 0,2080	− 0,4351	∓ 0,2895	+ 0,2209	± 0,3143	− 0,0643	∓ 0,2943	− 0,0585	± 0,2385	+ 0,1469
± 0,209	+ 1,0000	± 0,2090	− 0,4345	∓ 0,2907	+ 0,2195	± 0,3151	− 0,0622	∓ 0,2943	− 0,0609	± 0,2375	+ 0,1491
± 0,210	+ 1,0000	± 0,2100	− 0,4339	∓ 0,2919	+ 0,2181	± 0,3159	− 0,0601	∓ 0,2943	− 0,0632	± 0,2365	+ 0,1513
± 0,211	+ 1,0000	± 0,2110	− 0,4332	∓ 0,2930	+ 0,2167	± 0,3167	− 0,0581	∓ 0,2942	− 0,0656	± 0,2354	+ 0,1534
± 0,212	+ 1,0000	± 0,2120	− 0,4326	∓ 0,2942	+ 0,2153	± 0,3175	− 0,0560	∓ 0,2942	− 0,0679	± 0,2342	+ 0,1555
± 0,213	+ 1,0000	± 0,2130	− 0,4319	∓ 0,2953	+ 0,2139	± 0,3182	− 0,0539	∓ 0,2941	− 0,0703	± 0,2331	+ 0,1576
± 0,214	+ 1,0000	± 0,2140	− 0,4313	∓ 0,2965	+ 0,2124	± 0,3190	− 0,0519	∓ 0,2940	− 0,0726	± 0,2320	+ 0,1597
± 0,215	+ 1,0000	± 0,2150	− 0,4307	∓ 0,2977	+ 0,2110	± 0,3198	− 0,0498	∓ 0,2940	− 0,0750	± 0,2309	+ 0,1618
± 0,216	+ 1,0000	± 0,2160	− 0,4300	∓ 0,2988	+ 0,2096	± 0,3205	− 0,0477	∓ 0,2938	− 0,0773	± 0,2297	+ 0,1638
± 0,217	+ 1,0000	± 0,2170	− 0,4294	∓ 0,3000	+ 0,2081	± 0,3212	− 0,0456	∓ 0,2937	− 0,0796	± 0,2284	+ 0,1658
± 0,218	+ 1,0000	± 0,2180	− 0,4287	∓ 0,3011	+ 0,2067	± 0,3220	− 0,0435	∓ 0,2936	− 0,0819	± 0,2272	+ 0,1678
± 0,219	+ 1,0000	± 0,2190	− 0,4280	∓ 0,3022	+ 0,2052	± 0,3227	− 0,0415	∓ 0,2934	− 0,0842	± 0,2260	+ 0,1698
± 0,220	+ 1,0000	± 0,2200	− 0,4274	∓ 0,3034	+ 0,2038	± 0,3234	− 0,0394	∓ 0,2933	− 0,0865	± 0,2247	+ 0,1718

x	P_0	P_1	P_2	P_3	P_4	P_5	P_6	P_7	P_8	P_9	P_{10}
± 0,220	+ 1,0000	± 0,2200	− 0,4274	∓ 0,3034	+ 0,2038	± 0,3234	− 0,0394	∓ 0,2933	− 0,0865	± 0,2247	+ 0,1718
± 0,221	+ 1,0000	± 0,2210	− 0,4267	∓ 0,3045	+ 0,2023	± 0,3241	− 0,0373	∓ 0,2931	− 0,0888	± 0,2234	+ 0,1737
± 0,222	+ 1,0000	± 0,2220	− 0,4261	∓ 0,3056	+ 0,2008	± 0,3248	− 0,0352	∓ 0,2928	− 0,0911	± 0,2221	+ 0,1756
± 0,223	+ 1,0000	± 0,2230	− 0,4254	∓ 0,3068	+ 0,1993	± 0,3254	− 0,0331	∓ 0,2926	− 0,0934	± 0,2207	+ 0,1776
± 0,224	+ 1,0000	± 0,2240	− 0,4247	∓ 0,3079	+ 0,1979	± 0,3261	− 0,0310	∓ 0,2924	− 0,0957	± 0,2194	+ 0,1795
± 0,225	+ 1,0000	± 0,2250	− 0,4241	∓ 0,3090	+ 0,1964	± 0,3268	− 0,0289	∓ 0,2921	− 0,0980	± 0,2180	+ 0,1814
± 0,226	+ 1,0000	± 0,2260	− 0,4234	∓ 0,3101	+ 0,1949	± 0,3274	− 0,0268	∓ 0,2918	− 0,1003	± 0,2166	+ 0,1832
± 0,227	+ 1,0000	± 0,2270	− 0,4227	∓ 0,3113	+ 0,1934	± 0,3280	− 0,0246	∓ 0,2915	− 0,1025	± 0,2151	+ 0,1850
± 0,228	+ 1,0000	± 0,2280	− 0,4220	∓ 0,3124	+ 0,1919	± 0,3286	− 0,0225	∓ 0,2912	− 0,1048	± 0,2137	+ 0,1869
± 0,229	+ 1,0000	± 0,2290	− 0,4213	∓ 0,3135	+ 0,1904	± 0,3293	− 0,0204	∓ 0,2909	− 0,1070	± 0,2122	+ 0,1887
± 0,230	+ 1,0000	± 0,2300	− 0,4207	∓ 0,3146	+ 0,1889	± 0,3299	− 0,0183	∓ 0,2906	− 0,1093	± 0,2108	+ 0,1905
± 0,231	+ 1,0000	± 0,2310	− 0,4200	∓ 0,3157	+ 0,1874	± 0,3304	− 0,0162	∓ 0,2902	− 0,1115	± 0,2093	+ 0,1922
± 0,232	+ 1,0000	± 0,2320	− 0,4193	∓ 0,3168	+ 0,1858	± 0,3310	− 0,0141	∓ 0,2898	− 0,1138	± 0,2077	+ 0,1939
± 0,233	+ 1,0000	± 0,2330	− 0,4186	∓ 0,3179	+ 0,1843	± 0,3316	− 0,0119	∓ 0,2894	− 0,1160	± 0,2062	+ 0,1956
± 0,234	+ 1,0000	± 0,2340	− 0,4179	∓ 0,3190	+ 0,1828	± 0,3322	− 0,0098	∓ 0,2890	− 0,1182	± 0,2046	+ 0,1973
± 0,235	+ 1,0000	± 0,2350	− 0,4172	∓ 0,3201	+ 0,1813	± 0,3327	− 0,0077	∓ 0,2886	− 0,1204	± 0,2030	+ 0,1990
± 0,236	+ 1,0000	± 0,2360	− 0,4165	∓ 0,3211	+ 0,1797	± 0,3332	− 0,0056	∓ 0,2881	− 0,1226	± 0,2014	+ 0,2006
± 0,237	+ 1,0000	± 0,2370	− 0,4158	∓ 0,3222	+ 0,1782	± 0,3338	− 0,0035	∓ 0,2876	− 0,1248	± 0,1997	+ 0,2022
± 0,238	+ 1,0000	± 0,2380	− 0,4150	∓ 0,3233	+ 0,1766	± 0,3343	− 0,0013	∓ 0,2871	− 0,1270	± 0,1981	+ 0,2038
± 0,239	+ 1,0000	± 0,2390	− 0,4143	∓ 0,3244	+ 0,1751	± 0,3348	+ 0,0008	∓ 0,2866	− 0,1291	± 0,1964	+ 0,2054
± 0,240	+ 1,0000	± 0,2400	− 0,4136	∓ 0,3254	+ 0,1735	± 0,3353	+ 0,0029	∓ 0,2861	− 0,1313	± 0,1948	+ 0,2070
± 0,241	+ 1,0000	± 0,2410	− 0,4129	∓ 0,3265	+ 0,1720	± 0,3358	+ 0,0051	∓ 0,2856	− 0,1335	± 0,1930	+ 0,2085
± 0,242	+ 1,0000	± 0,2420	− 0,4122	∓ 0,3276	+ 0,1704	± 0,3363	+ 0,0072	∓ 0,2850	− 0,1356	± 0,1913	+ 0,2100
± 0,243	+ 1,0000	± 0,2430	− 0,4114	∓ 0,3286	+ 0,1688	± 0,3367	+ 0,0093	∓ 0,2845	− 0,1377	± 0,1895	+ 0,2115
± 0,244	+ 1,0000	± 0,2440	− 0,4107	∓ 0,3297	+ 0,1673	± 0,3372	+ 0,0115	∓ 0,2839	− 0,1399	± 0,1878	+ 0,2129
± 0,245	+ 1,0000	± 0,2450	− 0,4100	∓ 0,3307	+ 0,1657	± 0,3377	+ 0,0136	∓ 0,2834	− 0,1420	± 0,1860	+ 0,2144
± 0,246	+ 1,0000	± 0,2460	− 0,4092	∓ 0,3318	+ 0,1641	± 0,3381	+ 0,0157	∓ 0,2827	− 0,1441	± 0,1842	+ 0,2158
± 0,247	+ 1,0000	± 0,2470	− 0,4085	∓ 0,3328	+ 0,1624	± 0,3385	+ 0,0179	∓ 0,2820	− 0,1462	± 0,1824	+ 0,2171
± 0,248	+ 1,0000	± 0,2480	− 0,4077	∓ 0,3339	+ 0,1609	± 0,3389	+ 0,0200	∓ 0,2813	− 0,1483	± 0,1805	+ 0,2185
± 0,249	+ 1,0000	± 0,2490	− 0,4070	∓ 0,3349	+ 0,1593	± 0,3393	+ 0,0221	∓ 0,2806	− 0,1504	± 0,1787	+ 0,2199
± 0,250	+ 1,0000	± 0,2500	− 0,4063	∓ 0,3359	+ 0,1577	± 0,3397	+ 0,0243	∓ 0,2799	− 0,1525	± 0,1768	+ 0,2212
± 0,251	+ 1,0000	± 0,2510	− 0,4055	∓ 0,3370	+ 0,1561	± 0,3401	+ 0,0264	∓ 0,2792	− 0,1545	± 0,1749	+ 0,2224
± 0,252	+ 1,0000	± 0,2520	− 0,4047	∓ 0,3380	+ 0,1545	± 0,3405	+ 0,0286	∓ 0,2784	− 0,1565	± 0,1730	+ 0,2237
± 0,253	+ 1,0000	± 0,2530	− 0,4039	∓ 0,3390	+ 0,1529	± 0,3408	+ 0,0307	∓ 0,2777	− 0,1586	± 0,1710	+ 0,2249
± 0,254	+ 1,0000	± 0,2540	− 0,4031	∓ 0,3400	+ 0,1513	± 0,3412	+ 0,0328	∓ 0,2769	− 0,1606	± 0,1691	+ 0,2261
± 0,255	+ 1,0000	± 0,2550	− 0,4024	∓ 0,3411	+ 0,1497	± 0,3415	+ 0,0350	∓ 0,2762	− 0,1626	± 0,1672	+ 0,2274
± 0,256	+ 1,0000	± 0,2560	− 0,4016	∓ 0,3421	+ 0,1480	± 0,3419	+ 0,0371	∓ 0,2754	− 0,1646	± 0,1651	+ 0,2285
± 0,257	+ 1,0000	± 0,2570	− 0,4008	∓ 0,3431	+ 0,1464	± 0,3422	+ 0,0392	∓ 0,2745	− 0,1666	± 0,1631	+ 0,2296
+ 0,258	+ 1,0000	± 0,2580	− 0,4001	∓ 0,3441	+ 0,1448	± 0,3425	+ 0,0414	∓ 0,2737	− 0,1686	± 0,1611	+ 0,2307
± 0,259	+ 1,0000	± 0,2590	− 0,3993	∓ 0,3451	+ 0,1431	± 0,3428	+ 0,0435	∓ 0,2729	− 0,1706	± 0,1591	+ 0,2318
± 0,260	+ 1,0000	± 0,2600	− 0,3985	∓ 0,3461	+ 0,1415	± 0,3431	+ 0,0456	∓ 0,2720	− 0,1725	± 0,1571	+ 0,2329
± 0,261	+ 1,0000	± 0,2610	− 0,3977	∓ 0,3470	+ 0,1399	± 0,3433	+ 0,0478	∓ 0,2711	− 0,1745	± 0,1550	+ 0,2338
± 0,262	+ 1,0000	± 0,2620	− 0,3969	∓ 0,3480	+ 0,1382	± 0,3436	+ 0,0499	∓ 0,2702	− 0,1764	± 0,1529	+ 0,2348
± 0,263	+ 1,0000	± 0,2630	− 0,3962	∓ 0,3490	+ 0,1366	± 0,3438	+ 0,0520	∓ 0,2693	− 0,1783	± 0,1508	+ 0,2358
± 0,264	+ 1,0000	± 0,2640	− 0,3954	∓ 0,3500	+ 0,1349	± 0,3441	+ 0,0541	∓ 0,2684	− 0,1802	± 0,1487	+ 0,2367
± 0,265	+ 1,0000	± 0,2650	− 0,3947	∓ 0,3510	+ 0,1332	± 0,3443	+ 0,0563	∓ 0,2675	− 0,1821	± 0,1466	+ 0,2377
± 0,266	+ 1,0000	± 0,2660	− 0,3939	∓ 0,3519	+ 0,1316	± 0,3445	+ 0,0584	∓ 0,2665	− 0,1840	± 0,1444	+ 0,2385
± 0,267	+ 1,0000	± 0,2670	− 0,3931	∓ 0,3529	+ 0,1299	± 0,3447	+ 0,0605	∓ 0,2655	− 0,1858	± 0,1422	+ 0,2394
± 0,268	+ 1,0000	± 0,2680	− 0,3923	∓ 0,3539	+ 0,1282	± 0,3449	+ 0,0626	∓ 0,2645	− 0,1877	± 0,1401	+ 0,2402
± 0,269	+ 1,0000	± 0,2690	− 0,3915	∓ 0,3548	+ 0,1266	± 0,3451	+ 0,0648	∓ 0,2635	− 0,1895	± 0,1379	+ 0,2410
± 0,270	+ 1,0000	± 0,2700	− 0,3907	∓ 0,3558	+ 0,1249	± 0,3453	+ 0,0669	∓ 0,2625	− 0,1914	± 0,1357	+ 0,2418
± 0,271	+ 1,0000	± 0,2710	− 0,3898	∓ 0,3567	+ 0,1232	± 0,3455	+ 0,0690	∓ 0,2614	− 0,1932	± 0,1335	+ 0,2425
± 0,272	+ 1,0000	± 0,2720	− 0,3890	∓ 0,3577	+ 0,1215	± 0,3456	+ 0,0711	∓ 0,2603	− 0,1950	± 0,1312	+ 0,2432
± 0,273	+ 1,0000	± 0,2730	− 0,3882	∓ 0,3587	+ 0,1198	± 0,3458	+ 0,0732	∓ 0,2592	− 0,1967	± 0,1290	+ 0,2439
± 0,274	+ 1,0000	± 0,2740	− 0,3874	∓ 0,3596	+ 0,1181	± 0,3459	+ 0,0753	∓ 0,2581	− 0,1985	± 0,1267	+ 0,2446
± 0,275	+ 1,0000	± 0,2750	− 0,3866	∓ 0,3605	+ 0,1164	± 0,3460	+ 0,0774	∓ 0,2570	− 0,2003	± 0,1245	+ 0,2453

x	P_0	P_1	P_2	P_3	P_4	P_5	P_6	P_7	P_8	P_9	P_{10}
$\pm\,0{,}275$	$+1{,}0000$	$\pm\,0{,}2750$	$-0{,}3866$	$\mp\,0{,}3605$	$+0{,}1164$	$\pm\,0{,}3460$	$+0{,}0774$	$\mp\,0{,}2570$	$-0{,}2003$	$\pm\,0{,}1245$	$+0{,}2453$
$\pm\,0{,}276$	$+1{,}0000$	$\pm\,0{,}2760$	$-0{,}3857$	$\mp\,0{,}3614$	$+0{,}1147$	$\pm\,0{,}3461$	$+0{,}0796$	$\mp\,0{,}2559$	$-0{,}2020$	$\pm\,0{,}1221$	$+0{,}2459$
$\pm\,0{,}277$	$+1{,}0000$	$\pm\,0{,}2770$	$-0{,}3849$	$\mp\,0{,}3624$	$+0{,}1130$	$\pm\,0{,}3462$	$+0{,}0817$	$\mp\,0{,}2547$	$-0{,}2037$	$\pm\,0{,}1198$	$+0{,}2464$
$\pm\,0{,}278$	$+1{,}0000$	$\pm\,0{,}2780$	$-0{,}3841$	$\mp\,0{,}3633$	$+0{,}1113$	$\pm\,0{,}3463$	$+0{,}0838$	$\mp\,0{,}2536$	$-0{,}2054$	$\pm\,0{,}1175$	$+0{,}2469$
$\pm\,0{,}279$	$+1{,}0000$	$\pm\,0{,}2790$	$-0{,}3832$	$\mp\,0{,}3642$	$+0{,}1096$	$\pm\,0{,}3464$	$+0{,}0859$	$\mp\,0{,}2524$	$-0{,}2072$	$\pm\,0{,}1152$	$+0{,}2475$
$\pm\,0{,}280$	$+1{,}0000$	$\pm\,0{,}2800$	$-0{,}3824$	$\mp\,0{,}3651$	$+0{,}1079$	$\pm\,0{,}3465$	$+0{,}0880$	$\mp\,0{,}2512$	$-0{,}2089$	$\pm\,0{,}1129$	$+0{,}2480$
$\pm\,0{,}281$	$+1{,}0000$	$\pm\,0{,}2810$	$-0{,}3816$	$\mp\,0{,}3660$	$+0{,}1062$	$\pm\,0{,}3465$	$+0{,}0900$	$\mp\,0{,}2500$	$-0{,}2105$	$\pm\,0{,}1105$	$+0{,}2484$
$\pm\,0{,}282$	$+1{,}0000$	$\pm\,0{,}2820$	$-0{,}3807$	$\mp\,0{,}3669$	$+0{,}1045$	$\pm\,0{,}3465$	$+0{,}0921$	$\mp\,0{,}2488$	$-0{,}2121$	$\pm\,0{,}1081$	$+0{,}2488$
$\pm\,0{,}283$	$+1{,}0000$	$\pm\,0{,}2830$	$-0{,}3799$	$\mp\,0{,}3678$	$+0{,}1027$	$\pm\,0{,}3466$	$+0{,}0942$	$\mp\,0{,}2475$	$-0{,}2138$	$\pm\,0{,}1057$	$+0{,}2492$
$\pm\,0{,}284$	$+1{,}0000$	$\pm\,0{,}2840$	$-0{,}3790$	$\mp\,0{,}3687$	$+0{,}1010$	$\pm\,0{,}3466$	$+0{,}0963$	$\mp\,0{,}2463$	$-0{,}2154$	$\pm\,0{,}1034$	$+0{,}2496$
$\pm\,0{,}285$	$+1{,}0000$	$\pm\,0{,}2850$	$-0{,}3782$	$\mp\,0{,}3696$	$+0{,}0993$	$\pm\,0{,}3466$	$+0{,}0984$	$\mp\,0{,}2450$	$-0{,}2170$	$\pm\,0{,}1010$	$+0{,}2500$
$\pm\,0{,}286$	$+1{,}0000$	$\pm\,0{,}2860$	$-0{,}3773$	$\mp\,0{,}3705$	$+0{,}0975$	$\pm\,0{,}3466$	$+0{,}1005$	$\mp\,0{,}2437$	$-0{,}2186$	$\pm\,0{,}0985$	$+0{,}2503$
$\pm\,0{,}287$	$+1{,}0000$	$\pm\,0{,}2870$	$-0{,}3764$	$\mp\,0{,}3714$	$+0{,}0958$	$\pm\,0{,}3466$	$+0{,}1025$	$\mp\,0{,}2424$	$-0{,}2202$	$\pm\,0{,}0961$	$+0{,}2505$
$\pm\,0{,}288$	$+1{,}0000$	$\pm\,0{,}2880$	$-0{,}3756$	$\mp\,0{,}3723$	$+0{,}0940$	$\pm\,0{,}3466$	$+0{,}1046$	$\mp\,0{,}2410$	$-0{,}2217$	$\pm\,0{,}0937$	$+0{,}2508$
$\pm\,0{,}289$	$+1{,}0000$	$\pm\,0{,}2890$	$-0{,}3747$	$\mp\,0{,}3732$	$+0{,}0923$	$\pm\,0{,}3465$	$+0{,}1068$	$\mp\,0{,}2397$	$-0{,}2233$	$\pm\,0{,}0912$	$+0{,}2510$
$\pm\,0{,}290$	$+1{,}0000$	$\pm\,0{,}2900$	$-0{,}3739$	$\mp\,0{,}3740$	$+0{,}0906$	$\pm\,0{,}3465$	$+0{,}1088$	$\mp\,0{,}2384$	$-0{,}2248$	$\pm\,0{,}0888$	$+0{,}2513$
$\pm\,0{,}291$	$+1{,}0000$	$\pm\,0{,}2910$	$-0{,}3730$	$\mp\,0{,}3749$	$+0{,}0888$	$\pm\,0{,}3464$	$+0{,}1108$	$\mp\,0{,}2370$	$-0{,}2263$	$\pm\,0{,}0863$	$+0{,}2514$
$\pm\,0{,}292$	$+1{,}0000$	$\pm\,0{,}2920$	$-0{,}3721$	$\mp\,0{,}3757$	$+0{,}0871$	$\pm\,0{,}3464$	$+0{,}1129$	$\mp\,0{,}2356$	$-0{,}2278$	$\pm\,0{,}0838$	$+0{,}2515$
$\pm\,0{,}293$	$+1{,}0000$	$\pm\,0{,}2930$	$-0{,}3712$	$\mp\,0{,}3766$	$+0{,}0853$	$\pm\,0{,}3463$	$+0{,}1149$	$\mp\,0{,}2342$	$-0{,}2292$	$\pm\,0{,}0813$	$+0{,}2516$
$\pm\,0{,}294$	$+1{,}0000$	$\pm\,0{,}2940$	$-0{,}3703$	$\mp\,0{,}3774$	$+0{,}0836$	$\pm\,0{,}3462$	$+0{,}1170$	$\mp\,0{,}2328$	$-0{,}2307$	$\pm\,0{,}0789$	$+0{,}2517$
$\pm\,0{,}295$	$+1{,}0000$	$\pm\,0{,}2950$	$-0{,}3695$	$\mp\,0{,}3783$	$+0{,}0818$	$\pm\,0{,}3461$	$+0{,}1190$	$\mp\,0{,}2314$	$-0{,}2322$	$\pm\,0{,}0764$	$+0{,}2517$
$\pm\,0{,}296$	$+1{,}0000$	$\pm\,0{,}2960$	$-0{,}3686$	$\mp\,0{,}3792$	$+0{,}0800$	$\pm\,0{,}3460$	$+0{,}1211$	$\mp\,0{,}2300$	$-0{,}2336$	$\pm\,0{,}0738$	$+0{,}2517$
$\pm\,0{,}297$	$+1{,}0000$	$\pm\,0{,}2970$	$-0{,}3677$	$\mp\,0{,}3800$	$+0{,}0783$	$\pm\,0{,}3458$	$+0{,}1232$	$\mp\,0{,}2285$	$-0{,}2349$	$\pm\,0{,}0713$	$+0{,}2516$
$\pm\,0{,}298$	$+1{,}0000$	$\pm\,0{,}2980$	$-0{,}3668$	$\mp\,0{,}3808$	$+0{,}0765$	$\pm\,0{,}3457$	$+0{,}1252$	$\mp\,0{,}2270$	$-0{,}2363$	$\pm\,0{,}0688$	$+0{,}2516$
$\pm\,0{,}299$	$+1{,}0000$	$\pm\,0{,}2990$	$-0{,}3659$	$\mp\,0{,}3817$	$+0{,}0747$	$\pm\,0{,}3455$	$+0{,}1272$	$\mp\,0{,}2256$	$-0{,}2377$	$\pm\,0{,}0662$	$+0{,}2515$
$\pm\,0{,}300$	$+1{,}0000$	$\pm\,0{,}3000$	$-0{,}3650$	$\mp\,0{,}3825$	$+0{,}0729$	$\pm\,0{,}3454$	$+0{,}1292$	$\mp\,0{,}2241$	$-0{,}2391$	$\pm\,0{,}0637$	$+0{,}2515$
$\pm\,0{,}301$	$+1{,}0000$	$\pm\,0{,}3010$	$-0{,}3641$	$\mp\,0{,}3833$	$+0{,}0712$	$\pm\,0{,}3452$	$+0{,}1312$	$\mp\,0{,}2225$	$-0{,}2404$	$\pm\,0{,}0611$	$+0{,}2513$
$\pm\,0{,}302$	$+1{,}0000$	$\pm\,0{,}3020$	$-0{,}3632$	$\mp\,0{,}3841$	$+0{,}0694$	$\pm\,0{,}3450$	$+0{,}1332$	$\mp\,0{,}2210$	$-0{,}2417$	$\pm\,0{,}0585$	$+0{,}2511$
$\pm\,0{,}303$	$+1{,}0000$	$\pm\,0{,}3030$	$-0{,}3623$	$\mp\,0{,}3849$	$+0{,}0676$	$\pm\,0{,}3448$	$+0{,}1352$	$\mp\,0{,}2194$	$-0{,}2429$	$\pm\,0{,}0560$	$+0{,}2509$
$\pm\,0{,}304$	$+1{,}0000$	$\pm\,0{,}3040$	$-0{,}3614$	$\mp\,0{,}3858$	$+0{,}0658$	$\pm\,0{,}3446$	$+0{,}1372$	$\mp\,0{,}2178$	$-0{,}2442$	$\pm\,0{,}0534$	$+0{,}2507$
$\pm\,0{,}305$	$+1{,}0000$	$\pm\,0{,}3050$	$-0{,}3605$	$\mp\,0{,}3866$	$+0{,}0640$	$\pm\,0{,}3444$	$+0{,}1392$	$\mp\,0{,}2163$	$-0{,}2455$	$\pm\,0{,}0508$	$+0{,}2505$
$\pm\,0{,}306$	$+1{,}0000$	$\pm\,0{,}3060$	$-0{,}3595$	$\mp\,0{,}3874$	$+0{,}0622$	$\pm\,0{,}3441$	$+0{,}1412$	$\mp\,0{,}2147$	$-0{,}2467$	$\pm\,0{,}0482$	$+0{,}2501$
$\pm\,0{,}307$	$+1{,}0000$	$\pm\,0{,}3070$	$-0{,}3586$	$\mp\,0{,}3882$	$+0{,}0604$	$\pm\,0{,}3439$	$+0{,}1432$	$\mp\,0{,}2131$	$-0{,}2479$	$\pm\,0{,}0456$	$+0{,}2498$
$\pm\,0{,}308$	$+1{,}0000$	$\pm\,0{,}3080$	$-0{,}3577$	$\mp\,0{,}3889$	$+0{,}0586$	$\pm\,0{,}3436$	$+0{,}1452$	$\mp\,0{,}2115$	$-0{,}2491$	$\pm\,0{,}0430$	$+0{,}2494$
$\pm\,0{,}309$	$+1{,}0000$	$\pm\,0{,}3090$	$-0{,}3568$	$\mp\,0{,}3897$	$+0{,}0568$	$\pm\,0{,}3434$	$+0{,}1472$	$\mp\,0{,}2099$	$-0{,}2503$	$\pm\,0{,}0404$	$+0{,}2490$
$\pm\,0{,}310$	$+1{,}0000$	$\pm\,0{,}3100$	$-0{,}3559$	$\mp\,0{,}3905$	$+0{,}0550$	$\pm\,0{,}3431$	$+0{,}1492$	$\mp\,0{,}2082$	$-0{,}2516$	$\pm\,0{,}0378$	$+0{,}2487$
$\pm\,0{,}311$	$+1{,}0000$	$\pm\,0{,}3110$	$-0{,}3549$	$\mp\,0{,}3913$	$+0{,}0532$	$\pm\,0{,}3428$	$+0{,}1511$	$\mp\,0{,}2066$	$-0{,}2527$	$\pm\,0{,}0352$	$+0{,}2482$
$\pm\,0{,}312$	$+1{,}0000$	$\pm\,0{,}3120$	$-0{,}3540$	$\mp\,0{,}3921$	$+0{,}0514$	$\pm\,0{,}3425$	$+0{,}1531$	$\mp\,0{,}2049$	$-0{,}2538$	$\pm\,0{,}0326$	$+0{,}2477$
$\pm\,0{,}313$	$+1{,}0000$	$\pm\,0{,}3130$	$-0{,}3530$	$\mp\,0{,}3928$	$+0{,}0496$	$\pm\,0{,}3422$	$+0{,}1550$	$\mp\,0{,}2032$	$-0{,}2549$	$\pm\,0{,}0299$	$+0{,}2471$
$\pm\,0{,}314$	$+1{,}0000$	$\pm\,0{,}3140$	$-0{,}3521$	$\mp\,0{,}3936$	$+0{,}0478$	$\pm\,0{,}3419$	$+0{,}1570$	$\mp\,0{,}2015$	$-0{,}2560$	$\pm\,0{,}0273$	$+0{,}2466$
$\pm\,0{,}315$	$+1{,}0000$	$\pm\,0{,}3150$	$-0{,}3512$	$\mp\,0{,}3944$	$+0{,}0460$	$\pm\,0{,}3416$	$+0{,}1589$	$\mp\,0{,}1998$	$-0{,}2571$	$\pm\,0{,}0247$	$+0{,}2461$
$\pm\,0{,}316$	$+1{,}0000$	$\pm\,0{,}3160$	$-0{,}3502$	$\mp\,0{,}3951$	$+0{,}0442$	$\pm\,0{,}3412$	$+0{,}1609$	$\mp\,0{,}1980$	$-0{,}2581$	$\pm\,0{,}0220$	$+0{,}2455$
$\pm\,0{,}317$	$+1{,}0000$	$\pm\,0{,}3170$	$-0{,}3493$	$\mp\,0{,}3959$	$+0{,}0423$	$\pm\,0{,}3408$	$+0{,}1628$	$\mp\,0{,}1963$	$-0{,}2591$	$\pm\,0{,}0193$	$+0{,}2448$
$\pm\,0{,}318$	$+1{,}0000$	$\pm\,0{,}3180$	$-0{,}3483$	$\mp\,0{,}3966$	$+0{,}0405$	$\pm\,0{,}3404$	$+0{,}1647$	$\mp\,0{,}1945$	$-0{,}2601$	$\pm\,0{,}0167$	$+0{,}2441$
$\pm\,0{,}319$	$+1{,}0000$	$\pm\,0{,}3190$	$-0{,}3474$	$\mp\,0{,}3973$	$+0{,}0387$	$\pm\,0{,}3401$	$+0{,}1667$	$\mp\,0{,}1928$	$-0{,}2611$	$\pm\,0{,}0140$	$+0{,}2435$
$\pm\,0{,}320$	$+1{,}0000$	$\pm\,0{,}3200$	$-0{,}3464$	$\mp\,0{,}3981$	$+0{,}0369$	$\pm\,0{,}3397$	$+0{,}1686$	$\mp\,0{,}1910$	$-0{,}2621$	$\pm\,0{,}0114$	$+0{,}2428$
$\pm\,0{,}321$	$+1{,}0000$	$\pm\,0{,}3210$	$-0{,}3454$	$\mp\,0{,}3988$	$+0{,}0351$	$\pm\,0{,}3393$	$+0{,}1705$	$\mp\,0{,}1892$	$-0{,}2630$	$\pm\,0{,}0087$	$+0{,}2420$
$\pm\,0{,}322$	$+1{,}0000$	$\pm\,0{,}3220$	$-0{,}3445$	$\mp\,0{,}3995$	$+0{,}0332$	$\pm\,0{,}3389$	$+0{,}1723$	$\mp\,0{,}1873$	$-0{,}2639$	$\pm\,0{,}0060$	$+0{,}2412$
$\pm\,0{,}323$	$+1{,}0000$	$\pm\,0{,}3230$	$-0{,}3435$	$\mp\,0{,}4002$	$+0{,}0314$	$\pm\,0{,}3384$	$+0{,}1742$	$\mp\,0{,}1855$	$-0{,}2648$	$\pm\,0{,}0033$	$+0{,}2404$
$\pm\,0{,}324$	$+1{,}0000$	$\pm\,0{,}3240$	$-0{,}3425$	$\mp\,0{,}4010$	$+0{,}0296$	$\pm\,0{,}3380$	$+0{,}1761$	$\mp\,0{,}1837$	$-0{,}2657$	$\pm\,0{,}0007$	$+0{,}2395$
$\pm\,0{,}325$	$+1{,}0000$	$\pm\,0{,}3250$	$-0{,}3416$	$\mp\,0{,}4017$	$+0{,}0277$	$\pm\,0{,}3376$	$+0{,}1780$	$\mp\,0{,}1819$	$-0{,}2666$	$\mp\,0{,}0020$	$+0{,}2387$
$\pm\,0{,}326$	$+1{,}0000$	$\pm\,0{,}3260$	$-0{,}3406$	$\mp\,0{,}4024$	$+0{,}0259$	$\pm\,0{,}3371$	$+0{,}1799$	$\mp\,0{,}1800$	$-0{,}2674$	$\mp\,0{,}0047$	$+0{,}2378$
$\pm\,0{,}327$	$+1{,}0000$	$\pm\,0{,}3270$	$-0{,}3396$	$\mp\,0{,}4031$	$+0{,}0241$	$\pm\,0{,}3366$	$+0{,}1818$	$\mp\,0{,}1781$	$-0{,}2682$	$\mp\,0{,}0074$	$+0{,}2368$
$\pm\,0{,}328$	$+1{,}0000$	$\pm\,0{,}3280$	$-0{,}3386$	$\mp\,0{,}4038$	$+0{,}0222$	$\pm\,0{,}3361$	$+0{,}1836$	$\mp\,0{,}1762$	$-0{,}2690$	$\mp\,0{,}0100$	$+0{,}2358$
$\pm\,0{,}329$	$+1{,}0000$	$\pm\,0{,}3290$	$-0{,}3376$	$\mp\,0{,}4045$	$+0{,}0204$	$\pm\,0{,}3356$	$+0{,}1855$	$\mp\,0{,}1743$	$-0{,}2698$	$\mp\,0{,}0127$	$+0{,}2349$
$\pm\,0{,}330$	$+1{,}0000$	$\pm\,0{,}3300$	$-0{,}3367$	$\mp\,0{,}4052$	$+0{,}0185$	$\pm\,0{,}3351$	$+0{,}1873$	$\mp\,0{,}1724$	$-0{,}2706$	$\mp\,0{,}0154$	$+0{,}2339$

x	P_0	P_1	P_2	P_3	P_4	P_5	P_6	P_7	P_8	P_9	P_{10}
$\pm\,0{,}330$	$+\,1{,}0000$	$\pm\,0{,}3300$	$-\,0{,}3367$	$\mp\,0{,}4052$	$+\,0{,}0185$	$\pm\,0{,}3351$	$+\,0{,}1873$	$\mp\,0{,}1724$	$-\,0{,}2706$	$\mp\,0{,}0154$	$+\,0{,}2339$
$\pm\,0{,}331$	$+\,1{,}0000$	$\pm\,0{,}3310$	$-\,0{,}3357$	$\mp\,0{,}4058$	$+\,0{,}0167$	$\pm\,0{,}3346$	$+\,0{,}1891$	$\mp\,0{,}1705$	$-\,0{,}2713$	$\mp\,0{,}0181$	$+\,0{,}2328$
$\pm\,0{,}332$	$+\,1{,}0000$	$\pm\,0{,}3320$	$-\,0{,}3347$	$\mp\,0{,}4065$	$+\,0{,}0148$	$\pm\,0{,}3340$	$+\,0{,}1910$	$\mp\,0{,}1685$	$-\,0{,}2720$	$\mp\,0{,}0208$	$+\,0{,}2317$
$\pm\,0{,}333$	$+\,1{,}0000$	$\pm\,0{,}3330$	$-\,0{,}3337$	$\mp\,0{,}4072$	$+\,0{,}0130$	$\pm\,0{,}3335$	$+\,0{,}1928$	$\mp\,0{,}1666$	$-\,0{,}2727$	$\mp\,0{,}0234$	$+\,0{,}2306$
$\pm\,0{,}334$	$+\,1{,}0000$	$\pm\,0{,}3340$	$-\,0{,}3327$	$\mp\,0{,}4078$	$+\,0{,}0111$	$\pm\,0{,}3329$	$+\,0{,}1946$	$\mp\,0{,}1646$	$-\,0{,}2734$	$\mp\,0{,}0261$	$+\,0{,}2294$
$\pm\,0{,}335$	$+\,1{,}0000$	$\pm\,0{,}3350$	$-\,0{,}3317$	$\mp\,0{,}4085$	$+\,0{,}0093$	$\pm\,0{,}3324$	$+\,0{,}1964$	$\mp\,0{,}1627$	$-\,0{,}2741$	$\mp\,0{,}0288$	$+\,0{,}2283$
$\pm\,0{,}336$	$+\,1{,}0000$	$\pm\,0{,}3360$	$-\,0{,}3307$	$\mp\,0{,}4092$	$+\,0{,}0074$	$\pm\,0{,}3318$	$+\,0{,}1982$	$\mp\,0{,}1608$	$-\,0{,}2747$	$\mp\,0{,}0315$	$+\,0{,}2271$
$\pm\,0{,}337$	$+\,1{,}0000$	$\pm\,0{,}3370$	$-\,0{,}3296$	$\mp\,0{,}4098$	$+\,0{,}0055$	$\pm\,0{,}3312$	$+\,0{,}2000$	$\mp\,0{,}1588$	$-\,0{,}2752$	$\mp\,0{,}0342$	$+\,0{,}2258$
$\pm\,0{,}338$	$+\,1{,}0000$	$\pm\,0{,}3380$	$-\,0{,}3286$	$\mp\,0{,}4105$	$+\,0{,}0037$	$\pm\,0{,}3306$	$+\,0{,}2018$	$\mp\,0{,}1568$	$-\,0{,}2758$	$\mp\,0{,}0368$	$+\,0{,}2246$
$\pm\,0{,}339$	$+\,1{,}0000$	$\pm\,0{,}3390$	$-\,0{,}3276$	$\mp\,0{,}4111$	$+\,0{,}0018$	$\pm\,0{,}3300$	$+\,0{,}2036$	$\mp\,0{,}1548$	$-\,0{,}2764$	$\mp\,0{,}0395$	$+\,0{,}2233$
$\pm\,0{,}340$	$+\,1{,}0000$	$\pm\,0{,}3400$	$-\,0{,}3266$	$\mp\,0{,}4117$	$-\,0{,}0000$	$\pm\,0{,}3294$	$+\,0{,}2053$	$\mp\,0{,}1527$	$-\,0{,}2770$	$\mp\,0{,}0422$	$+\,0{,}2220$
$\pm\,0{,}341$	$+\,1{,}0000$	$\pm\,0{,}3410$	$-\,0{,}3256$	$\mp\,0{,}4124$	$-\,0{,}0019$	$\pm\,0{,}3287$	$+\,0{,}2071$	$\mp\,0{,}1506$	$-\,0{,}2775$	$\mp\,0{,}0449$	$+\,0{,}2206$
$\pm\,0{,}342$	$+\,1{,}0000$	$\pm\,0{,}3420$	$-\,0{,}3245$	$\mp\,0{,}4130$	$-\,0{,}0038$	$\pm\,0{,}3281$	$+\,0{,}2088$	$\mp\,0{,}1485$	$-\,0{,}2780$	$\mp\,0{,}0475$	$+\,0{,}2192$
$\pm\,0{,}343$	$+\,1{,}0000$	$\pm\,0{,}3430$	$-\,0{,}3235$	$\mp\,0{,}4136$	$-\,0{,}0056$	$\pm\,0{,}3274$	$+\,0{,}2106$	$\mp\,0{,}1465$	$-\,0{,}2784$	$\mp\,0{,}0502$	$+\,0{,}2178$
$\pm\,0{,}344$	$+\,1{,}0000$	$\pm\,0{,}3440$	$-\,0{,}3225$	$\mp\,0{,}4142$	$-\,0{,}0075$	$\pm\,0{,}3267$	$+\,0{,}2123$	$\mp\,0{,}1444$	$-\,0{,}2789$	$\mp\,0{,}0529$	$+\,0{,}2164$
$\pm\,0{,}345$	$+\,1{,}0000$	$\pm\,0{,}3450$	$-\,0{,}3215$	$\mp\,0{,}4148$	$-\,0{,}0094$	$\pm\,0{,}3261$	$+\,0{,}2140$	$\mp\,0{,}1423$	$-\,0{,}2794$	$\mp\,0{,}0555$	$+\,0{,}2150$
$\pm\,0{,}346$	$+\,1{,}0000$	$\pm\,0{,}3460$	$-\,0{,}3204$	$\mp\,0{,}4154$	$-\,0{,}0112$	$\pm\,0{,}3253$	$+\,0{,}2157$	$\mp\,0{,}1402$	$-\,0{,}2797$	$\mp\,0{,}0582$	$+\,0{,}2135$
$\pm\,0{,}347$	$+\,1{,}0000$	$\pm\,0{,}3470$	$-\,0{,}3194$	$\mp\,0{,}4160$	$-\,0{,}0131$	$\pm\,0{,}3246$	$+\,0{,}2174$	$\mp\,0{,}1381$	$-\,0{,}2801$	$\mp\,0{,}0608$	$+\,0{,}2120$
$\pm\,0{,}348$	$+\,1{,}0000$	$\pm\,0{,}3480$	$-\,0{,}3183$	$\mp\,0{,}4166$	$-\,0{,}0150$	$\pm\,0{,}3239$	$+\,0{,}2191$	$\mp\,0{,}1360$	$-\,0{,}2804$	$\mp\,0{,}0635$	$+\,0{,}2104$
$\pm\,0{,}349$	$+\,1{,}0000$	$\pm\,0{,}3490$	$-\,0{,}3173$	$\mp\,0{,}4172$	$-\,0{,}0169$	$\pm\,0{,}3232$	$+\,0{,}2208$	$\mp\,0{,}1339$	$-\,0{,}2808$	$\mp\,0{,}0661$	$+\,0{,}2089$
$\pm\,0{,}350$	$+\,1{,}0000$	$\pm\,0{,}3500$	$-\,0{,}3163$	$\mp\,0{,}4178$	$-\,0{,}0187$	$\pm\,0{,}3225$	$+\,0{,}2225$	$\mp\,0{,}1318$	$-\,0{,}2812$	$\mp\,0{,}0688$	$+\,0{,}2073$
$\pm\,0{,}351$	$+\,1{,}0000$	$\pm\,0{,}3510$	$-\,0{,}3152$	$\mp\,0{,}4184$	$-\,0{,}0206$	$\pm\,0{,}3217$	$+\,0{,}2242$	$\mp\,0{,}1296$	$-\,0{,}2818$	$\mp\,0{,}0714$	$+\,0{,}2057$
$\pm\,0{,}352$	$+\,1{,}0000$	$\pm\,0{,}3520$	$-\,0{,}3141$	$\mp\,0{,}4190$	$-\,0{,}0225$	$\pm\,0{,}3209$	$+\,0{,}2258$	$\mp\,0{,}1275$	$-\,0{,}2820$	$\mp\,0{,}0740$	$+\,0{,}2040$
$\pm\,0{,}353$	$+\,1{,}0000$	$\pm\,0{,}3530$	$-\,0{,}3131$	$\mp\,0{,}4195$	$-\,0{,}0244$	$\pm\,0{,}3201$	$+\,0{,}2275$	$\mp\,0{,}1253$	$-\,0{,}2822$	$\mp\,0{,}0766$	$+\,0{,}2023$
$\pm\,0{,}354$	$+\,1{,}0000$	$\pm\,0{,}3540$	$-\,0{,}3120$	$\mp\,0{,}4201$	$-\,0{,}0262$	$\pm\,0{,}3193$	$+\,0{,}2291$	$\mp\,0{,}1231$	$-\,0{,}2824$	$\mp\,0{,}0793$	$+\,0{,}2006$
$\pm\,0{,}355$	$+\,1{,}0000$	$\pm\,0{,}3550$	$-\,0{,}3110$	$\mp\,0{,}4207$	$-\,0{,}0281$	$\pm\,0{,}3186$	$+\,0{,}2308$	$\mp\,0{,}1209$	$-\,0{,}2826$	$\mp\,0{,}0819$	$+\,0{,}1989$
$\pm\,0{,}356$	$+\,1{,}0000$	$\pm\,0{,}3560$	$-\,0{,}3099$	$\mp\,0{,}4212$	$-\,0{,}0300$	$\pm\,0{,}3177$	$+\,0{,}2324$	$\mp\,0{,}1187$	$-\,0{,}2827$	$\mp\,0{,}0845$	$+\,0{,}1971$
$\pm\,0{,}357$	$+\,1{,}0000$	$\pm\,0{,}3570$	$-\,0{,}3088$	$\mp\,0{,}4218$	$-\,0{,}0319$	$\pm\,0{,}3169$	$+\,0{,}2340$	$\mp\,0{,}1165$	$-\,0{,}2828$	$\mp\,0{,}0871$	$+\,0{,}1953$
$\pm\,0{,}358$	$+\,1{,}0000$	$\pm\,0{,}3580$	$-\,0{,}3078$	$\mp\,0{,}4223$	$-\,0{,}0338$	$\pm\,0{,}3160$	$+\,0{,}2356$	$\mp\,0{,}1143$	$-\,0{,}2829$	$\mp\,0{,}0897$	$+\,0{,}1935$
$\pm\,0{,}359$	$+\,1{,}0000$	$\pm\,0{,}3590$	$-\,0{,}3067$	$\mp\,0{,}4228$	$-\,0{,}0356$	$\pm\,0{,}3152$	$+\,0{,}2372$	$\mp\,0{,}1121$	$-\,0{,}2830$	$\mp\,0{,}0923$	$+\,0{,}1917$
$\pm\,0{,}360$	$+\,1{,}0000$	$\pm\,0{,}3600$	$-\,0{,}3056$	$\mp\,0{,}4234$	$-\,0{,}0375$	$\pm\,0{,}3144$	$+\,0{,}2388$	$\mp\,0{,}1098$	$-\,0{,}2831$	$\mp\,0{,}0948$	$+\,0{,}1899$
$\pm\,0{,}361$	$+\,1{,}0000$	$\pm\,0{,}3610$	$-\,0{,}3045$	$\mp\,0{,}4239$	$-\,0{,}0394$	$\pm\,0{,}3135$	$+\,0{,}2403$	$\mp\,0{,}1076$	$-\,0{,}2831$	$\mp\,0{,}0974$	$+\,0{,}1879$
$\pm\,0{,}362$	$+\,1{,}0000$	$\pm\,0{,}3620$	$-\,0{,}3034$	$\mp\,0{,}4244$	$-\,0{,}0413$	$\pm\,0{,}3126$	$+\,0{,}2419$	$\mp\,0{,}1053$	$-\,0{,}2831$	$\mp\,0{,}1000$	$+\,0{,}1860$
$\pm\,0{,}363$	$+\,1{,}0000$	$\pm\,0{,}3630$	$-\,0{,}3023$	$\mp\,0{,}4249$	$-\,0{,}0432$	$\pm\,0{,}3117$	$+\,0{,}2434$	$\mp\,0{,}1031$	$-\,0{,}2832$	$\mp\,0{,}1025$	$+\,0{,}1841$
$\pm\,0{,}364$	$+\,1{,}0000$	$\pm\,0{,}3640$	$-\,0{,}3013$	$\mp\,0{,}4254$	$-\,0{,}0451$	$\pm\,0{,}3108$	$+\,0{,}2450$	$\mp\,0{,}1008$	$-\,0{,}2832$	$\mp\,0{,}1051$	$+\,0{,}1821$
$\pm\,0{,}365$	$+\,1{,}0000$	$\pm\,0{,}3650$	$-\,0{,}3002$	$\mp\,0{,}4259$	$-\,0{,}0469$	$\pm\,0{,}3100$	$+\,0{,}2465$	$\mp\,0{,}0985$	$-\,0{,}2831$	$\mp\,0{,}1076$	$+\,0{,}1802$
$\pm\,0{,}366$	$+\,1{,}0000$	$\pm\,0{,}3660$	$-\,0{,}2991$	$\mp\,0{,}4264$	$-\,0{,}0488$	$\pm\,0{,}3090$	$+\,0{,}2480$	$\mp\,0{,}0962$	$-\,0{,}2830$	$\mp\,0{,}1101$	$+\,0{,}1781$
$\pm\,0{,}367$	$+\,1{,}0000$	$\pm\,0{,}3670$	$-\,0{,}2980$	$\mp\,0{,}4269$	$-\,0{,}0507$	$\pm\,0{,}3080$	$+\,0{,}2495$	$\mp\,0{,}0939$	$-\,0{,}2829$	$\mp\,0{,}1126$	$+\,0{,}1761$
$\pm\,0{,}368$	$+\,1{,}0000$	$\pm\,0{,}3680$	$-\,0{,}2969$	$\mp\,0{,}4274$	$-\,0{,}0526$	$\pm\,0{,}3070$	$+\,0{,}2510$	$\mp\,0{,}0916$	$-\,0{,}2828$	$\mp\,0{,}1151$	$+\,0{,}1740$
$\pm\,0{,}369$	$+\,1{,}0000$	$\pm\,0{,}3690$	$-\,0{,}2958$	$\mp\,0{,}4279$	$-\,0{,}0545$	$\pm\,0{,}3061$	$+\,0{,}2525$	$\mp\,0{,}0893$	$-\,0{,}2827$	$\mp\,0{,}1176$	$+\,0{,}1720$
$\pm\,0{,}370$	$+\,1{,}0000$	$\pm\,0{,}3700$	$-\,0{,}2947$	$\mp\,0{,}4284$	$-\,0{,}0564$	$\pm\,0{,}3051$	$+\,0{,}2540$	$\mp\,0{,}0870$	$-\,0{,}2826$	$\mp\,0{,}1201$	$+\,0{,}1699$
$\pm\,0{,}371$	$+\,1{,}0000$	$\pm\,0{,}3710$	$-\,0{,}2935$	$\mp\,0{,}4288$	$-\,0{,}0583$	$\pm\,0{,}3041$	$+\,0{,}2554$	$\mp\,0{,}0847$	$-\,0{,}2824$	$\mp\,0{,}1226$	$+\,0{,}1677$
$\pm\,0{,}372$	$+\,1{,}0000$	$\pm\,0{,}3720$	$-\,0{,}2924$	$\mp\,0{,}4293$	$-\,0{,}0602$	$\pm\,0{,}3031$	$+\,0{,}2569$	$\mp\,0{,}0824$	$-\,0{,}2822$	$\mp\,0{,}1251$	$+\,0{,}1655$
$\pm\,0{,}373$	$+\,1{,}0000$	$\pm\,0{,}3730$	$-\,0{,}2913$	$\mp\,0{,}4298$	$-\,0{,}0621$	$\pm\,0{,}3021$	$+\,0{,}2583$	$\mp\,0{,}0800$	$-\,0{,}2819$	$\mp\,0{,}1275$	$+\,0{,}1634$
$\pm\,0{,}374$	$+\,1{,}0000$	$\pm\,0{,}3740$	$-\,0{,}2902$	$\mp\,0{,}4302$	$-\,0{,}0639$	$\pm\,0{,}3011$	$+\,0{,}2597$	$\mp\,0{,}0777$	$-\,0{,}2817$	$\mp\,0{,}1300$	$+\,0{,}1612$
$\pm\,0{,}375$	$+\,1{,}0000$	$\pm\,0{,}3750$	$-\,0{,}2891$	$\mp\,0{,}4307$	$-\,0{,}0658$	$\pm\,0{,}3001$	$+\,0{,}2612$	$\mp\,0{,}0754$	$-\,0{,}2815$	$\mp\,0{,}1324$	$+\,0{,}1590$
$\pm\,0{,}376$	$+\,1{,}0000$	$\pm\,0{,}3760$	$-\,0{,}2879$	$\mp\,0{,}4311$	$-\,0{,}0677$	$\pm\,0{,}2990$	$+\,0{,}2626$	$\mp\,0{,}0730$	$-\,0{,}2812$	$\mp\,0{,}1348$	$+\,0{,}1567$
$\pm\,0{,}377$	$+\,1{,}0000$	$\pm\,0{,}3770$	$-\,0{,}2868$	$\mp\,0{,}4315$	$-\,0{,}0696$	$\pm\,0{,}2980$	$+\,0{,}2639$	$\mp\,0{,}0706$	$-\,0{,}2808$	$\mp\,0{,}1372$	$+\,0{,}1544$
$\pm\,0{,}378$	$+\,1{,}0000$	$\pm\,0{,}3780$	$-\,0{,}2857$	$\mp\,0{,}4320$	$-\,0{,}0715$	$\pm\,0{,}2969$	$+\,0{,}2653$	$\mp\,0{,}0682$	$-\,0{,}2805$	$\mp\,0{,}1396$	$+\,0{,}1521$
$\pm\,0{,}379$	$+\,1{,}0000$	$\pm\,0{,}3790$	$-\,0{,}2845$	$\mp\,0{,}4324$	$-\,0{,}0734$	$\pm\,0{,}2958$	$+\,0{,}2667$	$\mp\,0{,}0659$	$-\,0{,}2801$	$\mp\,0{,}1420$	$+\,0{,}1498$
$\pm\,0{,}380$	$+\,1{,}0000$	$\pm\,0{,}3800$	$-\,0{,}2834$	$\mp\,0{,}4328$	$-\,0{,}0753$	$\pm\,0{,}2948$	$+\,0{,}2681$	$\mp\,0{,}0635$	$-\,0{,}2798$	$\mp\,0{,}1444$	$+\,0{,}1476$
$\pm\,0{,}381$	$+\,1{,}0000$	$\pm\,0{,}3810$	$-\,0{,}2823$	$\mp\,0{,}4332$	$-\,0{,}0772$	$\pm\,0{,}2937$	$+\,0{,}2694$	$\mp\,0{,}0611$	$-\,0{,}2793$	$\mp\,0{,}1468$	$+\,0{,}1452$
$\pm\,0{,}382$	$+\,1{,}0000$	$\pm\,0{,}3820$	$-\,0{,}2811$	$\mp\,0{,}4336$	$-\,0{,}0791$	$\pm\,0{,}2925$	$+\,0{,}2707$	$\mp\,0{,}0587$	$-\,0{,}2789$	$\mp\,0{,}1491$	$+\,0{,}1428$
$\pm\,0{,}383$	$+\,1{,}0000$	$\pm\,0{,}3830$	$-\,0{,}2800$	$\mp\,0{,}4340$	$-\,0{,}0810$	$\pm\,0{,}2914$	$+\,0{,}2721$	$\mp\,0{,}0563$	$-\,0{,}2784$	$\mp\,0{,}1514$	$+\,0{,}1404$
$\pm\,0{,}384$	$+\,1{,}0000$	$\pm\,0{,}3840$	$-\,0{,}2788$	$\mp\,0{,}4344$	$-\,0{,}0828$	$\pm\,0{,}2903$	$+\,0{,}2734$	$\mp\,0{,}0539$	$-\,0{,}2780$	$\mp\,0{,}1538$	$+\,0{,}1380$
$\pm\,0{,}385$	$+\,1{,}0000$	$\pm\,0{,}3850$	$-\,0{,}2777$	$\mp\,0{,}4348$	$-\,0{,}0847$	$\pm\,0{,}2892$	$+\,0{,}2747$	$\mp\,0{,}0514$	$-\,0{,}2775$	$\mp\,0{,}1561$	$+\,0{,}1356$

x	P_0	P_1	P_2	P_3	P_4	P_5	P_6	P_7	P_8	P_9	P_{10}
± 0,385	+ 1,0000	± 0,3850	− 0,2777	∓ 0,4348	− 0,0847	± 0,2892	+ 0,2747	∓ 0,0514	− 0,2775	∓ 0,1561	+ 0,1356
± 0,386	+ 1,0000	± 0,3860	− 0,2765	∓ 0,4352	− 0,0866	± 0,2880	+ 0,2760	∓ 0,0490	− 0,2769	∓ 0,1583	+ 0,1331
± 0,387	+ 1,0000	± 0,3870	− 0,2754	∓ 0,4356	− 0,0885	± 0,2868	+ 0,2772	∓ 0,0466	− 0,2763	∓ 0,1606	+ 0,1306
± 0,388	+ 1,0000	± 0,3880	− 0,2742	∓ 0,4360	− 0,0904	± 0,2856	+ 0,2785	∓ 0,0442	− 0,2758	∓ 0,1629	+ 0,1281
± 0,389	+ 1,0000	± 0,3890	− 0,2730	∓ 0,4363	− 0,0923	± 0,2844	+ 0,2798	∓ 0,0417	− 0,2752	∓ 0,1651	+ 0,1256
± 0,390	+ 1,0000	± 0,3900	− 0,2719	∓ 0,4367	− 0,0942	± 0,2833	+ 0,2810	∓ 0,0393	− 0,2746	∓ 0,1674	+ 0,1231
± 0,391	+ 1,0000	± 0,3910	− 0,2707	∓ 0,4371	− 0,0961	± 0,2820	+ 0,2822	∓ 0,0368	− 0,2738	∓ 0,1696	+ 0,1205
± 0,392	+ 1,0000	± 0,3920	− 0,2695	∓ 0,4374	− 0,0979	± 0,2808	+ 0,2834	∓ 0,0344	− 0,2732	∓ 0,1717	+ 0,1180
± 0,393	+ 1,0000	± 0,3930	− 0,2683	∓ 0,4377	− 0,0998	± 0,2796	+ 0,2846	∓ 0,0319	− 0,2725	∓ 0,1739	+ 0,1154
± 0,394	+ 1,0000	± 0,3940	− 0,2671	∓ 0,4381	− 0,1017	± 0,2783	+ 0,2858	∓ 0,0294	− 0,2717	∓ 0,1761	+ 0,1128
± 0,395	+ 1,0000	± 0,3950	− 0,2660	∓ 0,4384	− 0,1036	± 0,2771	+ 0,2870	∓ 0,0270	− 0,2710	∓ 0,1783	+ 0,1102
± 0,396	+ 1,0000	± 0,3960	− 0,2648	∓ 0,4387	− 0,1055	± 0,2758	+ 0,2882	∓ 0,0245	− 0,2702	∓ 0,1804	+ 0,1075
± 0,397	+ 1,0000	± 0,3970	− 0,2636	∓ 0,4391	− 0,1074	± 0,2745	+ 0,2893	∓ 0,0220	− 0,2694	∓ 0,1825	+ 0,1049
± 0,398	+ 1,0000	± 0,3980	− 0,2624	∓ 0,4394	− 0,1092	± 0,2732	+ 0,2904	∓ 0,0196	− 0,2686	∓ 0,1846	+ 0,1022
± 0,399	+ 1,0000	± 0,3990	− 0,2612	∓ 0,4397	− 0,1111	± 0,2719	+ 0,2915	∓ 0,0171	− 0,2678	∓ 0,1867	+ 0,0995
± 0,400	+ 1,0000	± 0,4000	− 0,2600	∓ 0,4400	− 0,1130	± 0,2706	+ 0,2926	∓ 0,0146	− 0,2670	∓ 0,1888	+ 0,0968
± 0,401	+ 1,0000	± 0,4010	− 0,2588	∓ 0,4403	− 0,1149	± 0,2693	+ 0,2937	∓ 0,0121	− 0,2661	∓ 0,1908	+ 0,0941
± 0,402	+ 1,0000	± 0,4020	− 0,2576	∓ 0,4406	− 0,1168	± 0,2680	+ 0,2948	∓ 0,0096	− 0,2652	∓ 0,1928	+ 0,0914
± 0,403	+ 1,0000	± 0,4030	− 0,2564	∓ 0,4409	− 0,1186	± 0,2666	+ 0,2958	∓ 0,0071	− 0,2642	∓ 0,1948	+ 0,0886
± 0,404	+ 1,0000	± 0,4040	− 0,2552	∓ 0,4412	− 0,1205	± 0,2653	+ 0,2969	∓ 0,0046	− 0,2633	∓ 0,1968	+ 0,0759
± 0,405	+ 1,0000	± 0,4050	− 0,2540	∓ 0,4414	− 0,1224	± 0,2639	+ 0,2980	∓ 0,0021	− 0,2623	∓ 0,1988	+ 0,0831
± 0,406	+ 1,0000	± 0,4060	− 0,2528	∓ 0,4417	− 0,1243	± 0,2625	+ 0,2989	± 0,0004	− 0,2613	∓ 0,2007	+ 0,0803
± 0,407	+ 1,0000	± 0,4070	− 0,2515	∓ 0,4420	− 0,1261	± 0,2611	+ 0,2999	± 0,0029	− 0,2602	∓ 0,2026	+ 0,0775
± 0,408	+ 1,0000	± 0,4080	− 0,2503	∓ 0,4422	− 0,1280	± 0,2597	+ 0,3009	± 0,0054	− 0,2592	∓ 0,2045	+ 0,0747
± 0,409	+ 1,0000	± 0,4090	− 0,2491	∓ 0,4425	− 0,1299	± 0,2583	+ 0,3019	± 0,0079	− 0,2581	∓ 0,2064	+ 0,0719
± 0,410	+ 1,0000	± 0,4100	− 0,2479	∓ 0,4427	− 0,1318	± 0,2569	+ 0,3029	± 0,0104	− 0,2570	∓ 0,2083	+ 0,0691
± 0,411	+ 1,0000	± 0,4110	− 0,2466	∓ 0,4429	− 0,1336	± 0,2555	+ 0,3038	± 0,0129	− 0,2559	∓ 0,2101	+ 0,0662
± 0,412	+ 1,0000	± 0,4120	− 0,2454	∓ 0,4432	− 0,1355	± 0,2540	+ 0,3048	± 0,0155	− 0,2547	∓ 0,2119	+ 0,0633
± 0,413	+ 1,0000	± 0,4130	− 0,2441	∓ 0,4434	− 0,1374	± 0,2526	+ 0,3057	± 0,0180	− 0,2535	∓ 0,2137	+ 0,0604
± 0,414	+ 1,0000	± 0,4140	− 0,2429	∓ 0,4436	− 0,1392	± 0,2511	+ 0,3066	± 0,0205	− 0,2524	∓ 0,2155	+ 0,0576
± 0,415	+ 1,0000	± 0,4150	− 0,2417	∓ 0,4438	− 0,1411	± 0,2497	+ 0,3075	± 0,0230	− 0,2512	∓ 0,2173	+ 0,0547
± 0,416	+ 1,0000	± 0,4160	− 0,2404	∓ 0,4440	− 0,1429	± 0,2482	+ 0,3084	± 0,0255	− 0,2499	∓ 0,2190	+ 0,0518
± 0,417	+ 1,0000	± 0,4170	− 0,2392	∓ 0,4442	− 0,1448	± 0,2467	+ 0,3092	± 0,0281	− 0,2486	∓ 0,2207	+ 0,0489
± 0,418	+ 1,0000	± 0,4180	− 0,2379	∓ 0,4444	− 0,1467	± 0,2452	+ 0,3101	± 0,0306	− 0,2473	∓ 0,2224	+ 0,0459
± 0,419	+ 1,0000	± 0,4190	− 0,2367	∓ 0,4446	− 0,1485	± 0,2437	+ 0,3109	± 0,0331	− 0,2460	∓ 0,2241	+ 0,0430
± 0,420	+ 1,0000	± 0,4200	− 0,2354	∓ 0,4448	− 0,1504	± 0,2422	+ 0,3118	± 0,0356	− 0,2447	∓ 0,2258	+ 0,0401
± 0,421	+ 1,0000	± 0,4210	− 0,2341	∓ 0,4450	− 0,1522	± 0,2406	+ 0,3125	± 0,0381	− 0,2433	∓ 0,2274	+ 0,0371
± 0,422	+ 1,0000	± 0,4220	− 0,2329	∓ 0,4451	− 0,1540	± 0,2391	+ 0,3133	± 0,0407	− 0,2419	∓ 0,2290	+ 0,0341
± 0,423	+ 1,0000	± 0,4230	− 0,2316	∓ 0,4453	− 0,1559	± 0,2375	+ 0,3141	± 0,0432	− 0,2405	∓ 0,2306	+ 0,0312
± 0,424	+ 1,0000	± 0,4240	− 0,2303	∓ 0,4454	− 0,1577	± 0,2359	+ 0,3149	± 0,0457	− 0,2391	∓ 0,2321	+ 0,0282
± 0,425	+ 1,0000	± 0,4250	− 0,2291	∓ 0,4456	− 0,1596	± 0,2344	+ 0,3156	± 0,0482	− 0,2377	∓ 0,2337	+ 0,0252
± 0,426	+ 1,0000	± 0,4260	− 0,2278	∓ 0,4457	− 0,1614	± 0,2328	+ 0,3163	± 0,0508	− 0,2362	∓ 0,2352	+ 0,0222
± 0,427	+ 1,0000	± 0,4270	− 0,2265	∓ 0,4459	− 0,1633	± 0,2312	+ 0,3170	± 0,0533	− 0,2347	∓ 0,2366	+ 0,0192
± 0,428	+ 1,0000	± 0,4280	− 0,2252	∓ 0,4460	− 0,1651	± 0,2296	+ 0,3177	± 0,0558	− 0,2332	∓ 0,2381	+ 0,0162
± 0,429	+ 1,0000	± 0,4290	− 0,2239	∓ 0,4461	− 0,1670	± 0,2279	+ 0,3184	± 0,0583	− 0,2317	∓ 0,2396	+ 0,0132
± 0,430	+ 1,0000	± 0,4300	− 0,2226	∓ 0,4462	− 0,1688	± 0,2263	+ 0,3191	± 0,0608	− 0,2302	∓ 0,2410	+ 0,0102
± 0,431	+ 1,0000	± 0,4310	− 0,2214	∓ 0,4463	− 0,1706	± 0,2247	+ 0,3197	± 0,0633	− 0,2286	∓ 0,2424	+ 0,0072
± 0,432	+ 1,0000	± 0,4320	− 0,2201	∓ 0,4464	− 0,1725	± 0,2230	+ 0,3203	± 0,0659	− 0,2269	∓ 0,2437	+ 0,0042
± 0,433	+ 1,0000	± 0,4330	− 0,2188	∓ 0,4465	− 0,1743	± 0,2214	+ 0,3210	± 0,0684	− 0,2253	∓ 0,2450	+ 0,0012
± 0,434	+ 1,0000	± 0,4340	− 0,2175	∓ 0,4466	− 0,1761	± 0,2197	+ 0,3216	± 0,0709	− 0,2237	∓ 0,2464	− 0,0018
± 0,435	+ 1,0000	± 0,4350	− 0,2162	∓ 0,4467	− 0,1779	± 0,2180	+ 0,3222	± 0,0734	− 0,2221	∓ 0,2477	− 0,0049
± 0,436	+ 1,0000	± 0,4360	− 0,2149	∓ 0,4468	− 0,1798	± 0,2163	+ 0,3227	± 0,0759	− 0,2203	∓ 0,2489	− 0,0079
± 0,437	+ 1,0000	± 0,4370	− 0,2135	∓ 0,4469	− 0,1816	± 0,2146	+ 0,3233	± 0,0784	− 0,2186	∓ 0,2501	− 0,0109
± 0,438	+ 1,0000	± 0,4380	− 0,2122	∓ 0,4469	− 0,1834	± 0,2129	+ 0,3238	± 0,0809	− 0,2169	∓ 0,2513	− 0,0140
± 0,439	+ 1,0000	± 0,4390	− 0,2109	∓ 0,4470	− 0,1852	± 0,2112	+ 0,3243	± 0,0834	− 0,2151	∓ 0,2525	− 0,0170
± 0,440	+ 1,0000	± 0,4400	− 0,2096	∓ 0,4470	− 0,1870	± 0,2095	+ 0,3249	± 0,0859	− 0,2134	∓ 0,2537	− 0,0200

x	P_0	P_1	P_2	P_3	P_4	P_5	P_6	P_7	P_8	P_9	P_{10}
± 0,440	+ 1,0000	± 0,4400	− 0,2096	∓ 0,4470	− 0,1870	± 0,2095	+ 0,3249	± 0,0859	− 0,2134	∓ 0,2537	− 0,0200
± 0,441	+ 1,0000	± 0,4410	− 0,2083	∓ 0,4471	− 0,1888	± 0,2078	+ 0,3253	± 0,0884	− 0,2116	∓ 0,2548	− 0,0231
± 0,442	+ 1,0000	± 0,4420	− 0,2070	∓ 0,4471	− 0,1906	± 0,2060	+ 0,3258	± 0,0908	− 0,2097	∓ 0,2558	− 0,0261
± 0,443	+ 1,0000	± 0,4430	− 0,2056	∓ 0,4471	− 0,1924	± 0,2043	+ 0,3262	± 0,0933	− 0,2079	∓ 0,2569	− 0,0291
± 0,444	+ 1,0000	± 0,4440	− 0,2043	∓ 0,4472	− 0,1942	± 0,2025	+ 0,3267	± 0,0958	− 0,2060	∓ 0,2580	− 0,0322
± 0,445	+ 1,0000	± 0,4450	− 0,2030	∓ 0,4472	− 0,1960	± 0,2007	+ 0,3271	± 0,0983	− 0,2042	∓ 0,2590	− 0,0352
± 0,446	+ 1,0000	± 0,4460	− 0,2016	∓ 0,4472	− 0,1978	± 0,1989	+ 0,3275	± 0,1008	− 0,2023	∓ 0,2600	− 0,0382
± 0,447	+ 1,0000	± 0,4470	− 0,2003	∓ 0,4472	− 0,1996	± 0,1971	+ 0,3279	± 0,1032	− 0,2004	∓ 0,2609	− 0,0413
± 0,448	+ 1,0000	± 0,4480	− 0,1990	∓ 0,4472	− 0,2014	± 0,1953	+ 0,3282	± 0,1057	− 0,1984	∓ 0,2618	− 0,0443
± 0,449	+ 1,0000	± 0,4490	− 0,1976	∓ 0,4472	− 0,2032	± 0,1935	+ 0,3286	± 0,1081	− 0,1965	∓ 0,2628	− 0,0473
± 0,450	+ 1,0000	± 0,4500	− 0,1963	∓ 0,4472	− 0,2050	± 0,1917	+ 0,3290	± 0,1106	− 0,1945	∓ 0,2637	− 0,0504
± 0,451	+ 1,0000	± 0,4510	− 0,1949	∓ 0,4472	− 0,2067	± 0,1898	+ 0,3293	± 0,1130	− 0,1925	∓ 0,2645	− 0,0534
± 0,452	+ 1,0000	± 0,4520	− 0,1935	∓ 0,4471	− 0,2085	± 0,1879	+ 0,3296	± 0,1155	− 0,1905	∓ 0,2653	− 0,0564
± 0,453	+ 1,0000	± 0,4530	− 0,1922	∓ 0,4471	− 0,2103	± 0,1861	+ 0,3298	± 0,1179	− 0,1884	∓ 0,2660	− 0,0594
± 0,454	+ 1,0000	± 0,4540	− 0,1908	∓ 0,4470	− 0,2121	± 0,1843	+ 0,3301	± 0,1204	− 0,1864	∓ 0,2668	− 0,0624
± 0,455	+ 1,0000	± 0,4550	− 0,1895	∓ 0,4470	− 0,2138	± 0,1824	+ 0,3304	± 0,1228	− 0,1844	∓ 0,2676	− 0,0654
± 0,456	+ 1,0000	± 0,4560	− 0,1881	∓ 0,4469	− 0,2156	± 0,1805	+ 0,3306	± 0,1252	− 0,1822	∓ 0,2682	− 0,0684
± 0,457	+ 1,0000	± 0,4570	− 0,1867	∓ 0,4469	− 0,2174	± 0,1786	+ 0,3308	± 0,1276	− 0,1801	∓ 0,2689	− 0,0714
± 0,458	+ 1,0000	± 0,4580	− 0,1854	∓ 0,4468	− 0,2192	± 0,1768	+ 0,3310	± 0,1300	− 0,1780	∓ 0,2695	− 0,0744
± 0,459	+ 1,0000	± 0,4590	− 0,1840	∓ 0,4467	− 0,2202	± 0,1749	+ 0,3312	± 0,1324	− 0,1758	∓ 0,2701	− 0,0774
± 0,460	+ 1,0000	± 0,4600	− 0,1826	∓ 0,4467	− 0,2223	± 0,1730	+ 0,3314	± 0,1348	− 0,1737	∓ 0,2708	− 0,0803
± 0,461	+ 1,0000	± 0,4610	− 0,1812	∓ 0,4466	− 0,2243	± 0,1711	+ 0,3315	± 0,1372	− 0,1715	∓ 0,2713	− 0,0833
± 0,462	+ 1,0000	± 0,4620	− 0,1798	∓ 0,4465	− 0,2261	± 0,1691	+ 0,3316	± 0,1396	− 0,1693	∓ 0,2718	− 0,0862
± 0,463	+ 1,0000	± 0,4630	− 0,1784	∓ 0,4464	− 0,2278	± 0,1672	+ 0,3318	± 0,1420	− 0,1670	∓ 0,2722	− 0,0892
± 0,464	+ 1,0000	± 0,4640	− 0,1771	∓ 0,4463	− 0,2296	± 0,1653	+ 0,3319	± 0,1443	− 0,1648	∓ 0,2727	− 0,0921
± 0,465	+ 1,0000	± 0,4650	− 0,1757	∓ 0,4461	− 0,2313	± 0,1633	+ 0,3320	± 0,1467	− 0,1626	∓ 0,2732	− 0,0951
± 0,466	+ 1,0000	± 0,4660	− 0,1743	∓ 0,4460	− 0,2330	± 0,1613	+ 0,3320	± 0,1491	− 0,1602	∓ 0,2735	− 0,0979
± 0,467	+ 1,0000	± 0,4670	− 0,1729	∓ 0,4459	− 0,2347	± 0,1593	+ 0,3320	± 0,1514	− 0,1580	∓ 0,2739	− 0,1008
± 0,468	+ 1,0000	± 0,4680	− 0,1715	∓ 0,4457	− 0,2365	± 0,1574	+ 0,3321	± 0,1537	− 0,1556	∓ 0,2742	− 0,1037
± 0,469	+ 1,0000	± 0,4690	− 0,1701	∓ 0,4456	− 0,2382	± 0,1554	+ 0,3321	± 0,1561	− 0,1533	∓ 0,2745	− 0,1066
± 0,470	+ 1,0000	± 0,4700	− 0,1687	∓ 0,4454	− 0,2399	± 0,1534	+ 0,3321	± 0,1584	− 0,1510	∓ 0,2749	− 0,1095
± 0,471	+ 1,0000	± 0,4710	− 0,1672	∓ 0,4453	− 0,2416	± 0,1514	+ 0,3320	± 0,1607	− 0,1486	∓ 0,2750	− 0,1124
± 0,472	+ 1,0000	± 0,4720	− 0,1658	∓ 0,4451	− 0,2433	± 0,1494	+ 0,3320	± 0,1630	− 0,1462	∓ 0,2752	− 0,1152
± 0,473	+ 1,0000	± 0,4730	− 0,1644	∓ 0,4449	− 0,2450	± 0,1474	+ 0,3319	± 0,1653	− 0,1438	∓ 0,2754	− 0,1181
± 0,474	+ 1,0000	± 0,4740	− 0,1630	∓ 0,4448	− 0,2467	± 0,1453	+ 0,3318	± 0,1676	− 0,1414	∓ 0,2756	− 0,1209
± 0,475	+ 1,0000	± 0,4750	− 0,1616	∓ 0,4446	− 0,2484	± 0,1433	+ 0,3318	± 0,1699	− 0,1390	∓ 0,2757	− 0,1237
± 0,476	+ 1,0000	± 0,4760	− 0,1601	∓ 0,4443	− 0,2501	± 0,1412	+ 0,3317	± 0,1721	− 0,1366	∓ 0,2758	− 0,1265
± 0,477	+ 1,0000	± 0,4770	− 0,1587	∓ 0,4441	− 0,2517	± 0,1392	+ 0,3315	± 0,1744	− 0,1341	∓ 0,2759	− 0,1293
± 0,478	+ 1,0000	± 0,4780	− 0,1573	∓ 0,4439	− 0,2534	± 0,1371	+ 0,3313	± 0,1766	− 0,1316	∓ 0,2759	− 0,1320
± 0,479	+ 1,0000	± 0,4790	− 0,1558	∓ 0,4437	− 0,2551	± 0,1351	+ 0,3312	± 0,1788	− 0,1291	∓ 0,2758	− 0,1348
± 0,480	+ 1,0000	± 0,4800	− 0,1544	∓ 0,4435	− 0,2568	± 0,1330	+ 0,3310	± 0,1811	− 0,1267	∓ 0,2758	− 0,1375
± 0,481	+ 1,0000	± 0,4810	− 0,1530	∓ 0,4433	− 0,2584	± 0,1309	+ 0,3308	± 0,1833	− 0,1241	∓ 0,2756	− 0,1402
± 0,482	+ 1,0000	± 0,4820	− 0,1515	∓ 0,4430	− 0,2601	± 0,1288	+ 0,3305	± 0,1855	− 0,1216	∓ 0,2755	− 0,1429
± 0,483	+ 1,0000	± 0,4830	− 0,1501	∓ 0,4428	− 0,2617	± 0,1267	+ 0,3302	± 0,1877	− 0,1190	∓ 0,2753	− 0,1456
± 0,484	+ 1,0000	± 0,4840	− 0,1486	∓ 0,4425	− 0,2634	± 0,1246	+ 0,3300	± 0,1899	− 0,1165	∓ 0,2752	− 0,1483
± 0,485	+ 1,0000	± 0,4850	− 0,1472	∓ 0,4423	− 0,2650	± 0,1225	+ 0,3297	± 0,1920	− 0,1139	∓ 0,2750	− 0,1510
± 0,486	+ 1,0000	± 0,4860	− 0,1457	∓ 0,4420	− 0,2666	± 0,1203	+ 0,3294	± 0,1942	− 0,1113	∓ 0,2747	− 0,1535
± 0,487	+ 1,0000	± 0,4870	− 0,1443	∓ 0,4417	− 0,2683	± 0,1182	+ 0,3291	± 0,1963	− 0,1087	∓ 0,2744	− 0,1561
± 0,488	+ 1,0000	± 0,4880	− 0,1428	∓ 0,4415	− 0,2699	± 0,1161	+ 0,3287	± 0,1985	− 0,1060	∓ 0,2741	− 0,1587
± 0,489	+ 1,0000	± 0,4890	− 0,1413	∓ 0,4412	− 0,2715	± 0,1139	+ 0,3284	± 0,2006	− 0,1034	∓ 0,2738	− 0,1513
± 0,490	+ 1,0000	± 0,4900	− 0,1399	∓ 0,4409	− 0,2732	± 0,1118	+ 0,3280	± 0,2027	− 0,1008	∓ 0,2735	− 0,1639
± 0,491	+ 1,0000	± 0,4910	− 0,1384	∓ 0,4406	− 0,2748	± 0,1096	+ 0,3276	± 0,2048	− 0,0981	∓ 0,2730	− 0,1664
± 0,492	+ 1,0000	± 0,4920	− 0,1369	∓ 0,4402	− 0,2764	± 0,1074	+ 0,3272	± 0,2069	− 0,0954	∓ 0,2725	− 0,1689
± 0,493	+ 1,0000	± 0,4930	− 0,1354	∓ 0,4499	− 0,2780	± 0,1053	+ 0,3268	± 0,2090	− 0,0928	∓ 0,2721	− 0,1714
± 0,494	+ 1,0000	± 0,4940	− 0,1339	∓ 0,4496	− 0,2796	± 0,1031	+ 0,3263	± 0,2110	− 0,0901	∓ 0,2716	− 0,1739
∓ 0,495	+ 1,0000	± 0,4950	− 0,1325	∓ 0,4493	− 0,2812	± 0,1009	+ 0,3259	± 0,2131	− 0,0874	∓ 0,2711	− 0,1764

x	P_0	P_1	P_2	P_3	P_4	P_5	P_6	P_7	P_8	P_9	P_{10}
± 0,495	+ 1,0000	± 0,4950	− 0,1325	∓ 0,4493	− 0,2812	± 0,1009	+ 0,3259	± 0,2131	− 0,0874	∓ 0,2711	− 0,1764
± 0,496	+ 1,0000	± 0,4960	− 0,1307	∓ 0,4489	− 0,2828	± 0,0987	+ 0,3254	± 0,2151	− 0,0846	∓ 0,2705	− 0,1787
± 0,497	+ 1,0000	± 0,4970	− 0,1289	∓ 0,4486	− 0,2843	± 0,0965	+ 0,3248	± 0,2171	− 0,0819	∓ 0,2698	− 0,1811
± 0,498	+ 1,0000	± 0,4980	− 0,1276	∓ 0,4482	− 0,2859	± 0,0943	+ 0,3243	± 0,2191	− 0,0791	∓ 0,2692	− 0,1835
± 0,499	+ 1,0000	± 0,4990	− 0,1263	∓ 0,4479	− 0,2875	± 0,0921	+ 0,3238	± 0,2211	− 0,0764	∓ 0,2685	− 0,1859
± 0,500	+ 1,0000	± 0,5000	− 0,1250	∓ 0,4375	− 0,2891	± 0,0898	+ 0,3232	± 0,2231	− 0,0736	∓ 0,2679	− 0,1882
± 0,501	+ 1,0000	± 0,5010	− 0,1235	∓ 0,4371	− 0,2906	± 0,0876	+ 0,3226	± 0,2251	− 0,0709	∓ 0,2671	− 0,1905
± 0,502	+ 1,0000	± 0,5020	− 0,1220	∓ 0,4367	− 0,2922	± 0,0854	+ 0,3220	± 0,2270	− 0,0681	∓ 0,2663	− 0,1928
± 0,503	+ 1,0000	± 0,5030	− 0,1205	∓ 0,4363	− 0,2937	± 0,0831	+ 0,3214	± 0,2290	− 0,0653	∓ 0,2655	− 0,1950
± 0,504	+ 1,0000	± 0,5040	− 0,1190	∓ 0,4359	− 0,2953	± 0,0809	+ 0,3208	± 0,2309	− 0,0625	∓ 0,2647	− 0,1973
± 0,505	+ 1,0000	± 0,5050	− 0,1175	∓ 0,4355	− 0,2968	± 0,0786	+ 0,3201	± 0,2328	− 0,0597	∓ 0,2639	− 0,1995
± 0,506	+ 1,0000	± 0,5060	− 0,1159	∓ 0,4351	− 0,2983	± 0,0764	+ 0,3194	± 0,2347	− 0,0568	∓ 0,2629	− 0,2016
± 0,507	+ 1,0000	± 0,5070	− 0,1144	∓ 0,4347	− 0,2998	± 0,0741	+ 0,3187	± 0,2366	− 0,0540	∓ 0,2619	− 0,2037
± 0,508	+ 1,0000	± 0,5080	− 0,1129	∓ 0,4342	− 0,3014	± 0,0718	+ 0,3180	± 0,2384	− 0,0511	∓ 0,2610	− 0,2059
± 0,509	+ 1,0000	± 0,5090	− 0,1114	∓ 0,4338	− 0,3029	± 0,0696	+ 0,3173	± 0,2403	− 0,0483	∓ 0,2600	− 0,2080
± 0,510	+ 1,0000	± 0,5100	− 0,1099	∓ 0,4334	− 0,3044	± 0,0673	+ 0,3166	± 0,2422	− 0,0454	∓ 0,2590	− 0,2101
± 0,511	+ 1,0000	± 0,5110	− 0,1083	∓ 0,4329	− 0,3059	± 0,0650	+ 0,3157	± 0,2440	− 0,0425	∓ 0,2579	− 0,2121
± 0,512	+ 1,0000	± 0,5120	− 0,1068	∓ 0,4324	− 0,3074	± 0,0627	+ 0,3149	± 0,2458	− 0,0396	∓ 0,2568	− 0,2141
± 0,513	+ 1,0000	± 0,5130	− 0,1052	∓ 0,4320	− 0,3089	± 0,0604	+ 0,3141	± 0,2475	− 0,0368	∓ 0,2556	− 0,2161
± 0,514	+ 1,0000	± 0,5140	− 0,1037	∓ 0,4315	− 0,3104	± 0,0581	+ 0,3133	± 0,2493	− 0,0339	∓ 0,2545	− 0,2180
± 0,515	+ 1,0000	± 0,5150	− 0,1022	∓ 0,4310	− 0,3118	± 0,0558	+ 0,3125	± 0,2511	− 0,0310	∓ 0,2533	− 0,2200
± 0,516	+ 1,0000	± 0,5160	− 0,1006	∓ 0,4305	− 0,3133	± 0,0534	+ 0,3116	± 0,2528	− 0,0280	∓ 0,2520	− 0,2218
± 0,517	+ 1,0000	± 0,5170	− 0,0991	∓ 0,4300	− 0,3148	± 0,0511	+ 0,3107	± 0,2545	− 0,0251	∓ 0,2507	− 0,2237
± 0,518	+ 1,0000	± 0,5180	− 0,0975	∓ 0,4295	− 0,3162	± 0,0488	+ 0,3098	± 0,2562	− 0,0222	∓ 0,2494	− 0,2255
± 0,519	+ 1,0000	± 0,5190	− 0,0960	∓ 0,4290	− 0,3177	± 0,0464	+ 0,3089	± 0,2579	− 0,0193	∓ 0,2481	− 0,2273
± 0,520	+ 1,0000	± 0,5200	− 0,0944	∓ 0,4285	− 0,3191	± 0,0441	+ 0,3080	± 0,2596	− 0,0164	∓ 0,2468	− 0,2291
± 0,521	+ 1,0000	± 0,5210	− 0,0928	∓ 0,4280	− 0,3206	± 0,0417	+ 0,3070	± 0,2612	− 0,0134	∓ 0,2454	− 0,2308
± 0,522	+ 1,0000	± 0,5220	− 0,0913	∓ 0,4274	− 0,3220	± 0,0394	+ 0,3060	± 0,2629	− 0,0105	∓ 0,2439	− 0,2325
± 0,523	+ 1,0000	± 0,5230	− 0,0897	∓ 0,4269	− 0,3234	± 0,0370	+ 0,3050	± 0,2645	− 0,0075	∓ 0,2424	− 0,2342
± 0,524	+ 1,0000	± 0,5240	− 0,0881	∓ 0,4263	− 0,3248	± 0,0347	+ 0,3040	± 0,2661	− 0,0045	∓ 0,2409	− 0,2358
± 0,525	+ 1,0000	± 0,5250	− 0,0866	∓ 0,4258	− 0,3262	± 0,0323	+ 0,3030	± 0,2677	− 0,0016	∓ 0,2395	− 0,2375
± 0,526	+ 1,0000	± 0,5260	− 0,0850	∓ 0,4252	− 0,3276	± 0,0299	+ 0,3019	± 0,2692	+ 0,0014	∓ 0,2379	− 0,2390
± 0,527	+ 1,0000	± 0,5270	− 0,0834	∓ 0,4246	− 0,3290	± 0,0276	+ 0,3008	± 0,2708	+ 0,0044	∓ 0,2363	− 0,2405
± 0,528	+ 1,0000	± 0,5280	− 0,0818	∓ 0,4240	− 0,3304	± 0,0252	+ 0,2997	± 0,2723	+ 0,0074	∓ 0,2347	− 0,2420
± 0,529	+ 1,0000	± 0,5290	− 0,0802	∓ 0,4234	− 0,3318	± 0,0228	+ 0,2986	± 0,2738	+ 0,0103	∓ 0,2330	− 0,2435
± 0,530	+ 1,0000	± 0,5300	− 0,0787	∓ 0,4228	− 0,3332	± 0,0204	+ 0,2975	± 0,2753	+ 0,0133	∓ 0,2314	− 0,2450
± 0,531	+ 1,0000	± 0,5310	− 0,0771	∓ 0,4222	− 0,3345	± 0,0180	+ 0,2963	± 0,2767	+ 0,0163	∓ 0,2296	− 0,2463
± 0,532	+ 1,0000	± 0,5320	− 0,0755	∓ 0,4215	− 0,3359	± 0,0156	+ 0,2951	± 0,2782	+ 0,0193	∓ 0,2279	− 0,2477
± 0,533	+ 1,0000	± 0,5330	− 0,0739	∓ 0,4209	− 0,3372	± 0,0132	+ 0,2939	± 0,2796	+ 0,0223	∓ 0,2261	− 0,2490
± 0,534	+ 1,0000	± 0,5340	− 0,0723	∓ 0,4203	− 0,3386	± 0,0108	+ 0,2927	± 0,2810	+ 0,0253	∓ 0,2243	− 0,2503
± 0,535	+ 1,0000	± 0,5350	− 0,0707	∓ 0,4197	− 0,3399	± 0,0084	+ 0,2915	± 0,2824	+ 0,0283	∓ 0,2225	− 0,2516
± 0,536	+ 1,0000	± 0,5360	− 0,0690	∓ 0,4190	− 0,3412	± 0,0060	+ 0,2902	± 0,2838	+ 0,0313	∓ 0,2206	− 0,2528
± 0,537	+ 1,0000	± 0,5370	− 0,0674	∓ 0,4184	− 0,3426	± 0,0036	+ 0,2889	± 0,2851	+ 0,0343	∓ 0,2187	− 0,2539
± 0,538	+ 1,0000	± 0,5380	− 0,0658	∓ 0,4177	− 0,3439	± 0,0011	+ 0,2876	± 0,2864	+ 0,0373	∓ 0,2167	− 0,2550
± 0,539	+ 1,0000	± 0,5390	− 0,0642	∓ 0,4170	− 0,3452	∓ 0,0013	+ 0,2864	± 0,2877	+ 0,0403	∓ 0,2148	− 0,2562
± 0,540	+ 1,0000	± 0,5400	− 0,0626	∓ 0,4163	− 0,3465	∓ 0,0037	+ 0,2851	± 0,2891	+ 0,0433	∓ 0,2128	− 0,2573
± 0,541	+ 1,0000	± 0,5410	− 0,0610	∓ 0,4156	− 0,3478	∓ 0,0062	+ 0,2837	± 0,2903	+ 0,0463	∓ 0,2108	− 0,2582
± 0,542	+ 1,0000	± 0,5420	− 0,0594	∓ 0,4149	− 0,3491	∓ 0,0086	+ 0,2823	± 0,2915	+ 0,0493	∓ 0,2087	− 0,2592
± 0,543	+ 1,0000	± 0,5430	− 0,0577	∓ 0,4142	− 0,3503	∓ 0,0110	+ 0,2809	± 0,2927	+ 0,0523	∓ 0,2066	− 0,2601
± 0,544	+ 1,0000	± 0,5440	− 0,0561	∓ 0,4135	− 0,3516	∓ 0,0135	+ 0,2795	± 0,2940	+ 0,0553	∓ 0,2045	− 0,2611
± 0,545	+ 1,0000	± 0,5450	− 0,0545	∓ 0,4128	− 0,3529	∓ 0,0159	+ 0,2782	± 0,2952	+ 0,0583	∓ 0,2024	− 0,2620
± 0,546	+ 1,0000	± 0,5460	− 0,0528	∓ 0,4121	− 0,3541	∓ 0,0184	+ 0,2767	± 0,2963	+ 0,0613	∓ 0,2002	− 0,2628
± 0,547	+ 1,0000	± 0,5470	− 0,0512	∓ 0,4113	− 0,3554	∓ 0,0208	+ 0,2752	± 0,2974	+ 0,0643	∓ 0,1980	− 0,2635
± 0,548	+ 1,0000	± 0,5480	− 0,0496	∓ 0,4106	− 0,3566	∓ 0,0233	+ 0,2737	± 0,2985	+ 0,0673	∓ 0,1957	− 0,2643
± 0,549	+ 1,0000	± 0,5490	− 0,0479	∓ 0,4098	− 0,3578	∓ 0,0257	+ 0,2723	± 0,2996	+ 0,0703	∓ 0,1935	− 0,2650
± 0,550	+ 1,0000	± 0,5500	− 0,0463	∓ 0,4091	− 0,3590	∓ 0,0282	+ 0,2708	± 0,3007	+ 0,0732	∓ 0,1913	− 0,2658

x	P_0	P_1	P_2	P_3	P_4	P_5	P_6	P_7	P_8	P_9	P_{10}
± 0,550	+ 1,0000	± 0,5500	− 0,0463	∓ 0,4091	− 0,3590	∓ 0,0282	+ 0,2708	± 0,3007	+ 0,0732	∓ 0,1913	− 0,2658
± 0,551	+ 1,0000	± 0,5510	− 0,0446	∓ 0,4083	− 0,3602	∓ 0,0307	+ 0,2692	± 0,3017	+ 0,0762	∓ 0,1889	− 0,2663
± 0,552	+ 1,0000	± 0,5520	− 0,0429	∓ 0,4075	− 0,3614	∓ 0,0331	+ 0,2677	± 0,3027	+ 0,0792	∓ 0,1865	− 0,2669
± 0,553	+ 1,0000	± 0,5530	− 0,0413	∓ 0,4067	− 0,3626	∓ 0,0356	+ 0,2661	± 0,3037	+ 0,0822	∓ 0,1842	− 0,2674
± 0,554	+ 1,0000	± 0,5540	− 0,0396	∓ 0,4059	− 0,3638	∓ 0,0381	+ 0,2645	± 0,3047	+ 0,0852	∓ 0,1818	− 0,2679
± 0,555	+ 1,0000	± 0,5550	− 0,0380	∓ 0,4051	− 0,3650	∓ 0,0405	+ 0,2629	± 0,3057	+ 0,0881	∓ 0,1794	− 0,2685
± 0,556	+ 1,0000	± 0,5560	− 0,0363	∓ 0,4043	− 0,3662	∓ 0,0430	+ 0,2613	± 0,3066	+ 0,0911	∓ 0,1769	− 0,2688
± 0,557	+ 1,0000	± 0,5570	− 0,0346	∓ 0,4035	− 0,3673	∓ 0,0455	+ 0,2596	± 0,3075	+ 0,0940	∓ 0,1744	− 0,2692
± 0,558	+ 1,0000	± 0,5580	− 0,0330	∓ 0,4026	− 0,3685	∓ 0,0480	+ 0,2579	± 0,3084	+ 0,0970	∓ 0,1719	− 0,2695
± 0,559	+ 1,0000	± 0,5590	− 0,0313	∓ 0,4018	− 0,3696	∓ 0,0505	+ 0,2562	± 0,3093	+ 0,0999	∓ 0,1694	− 0,2698
± 0,560	+ 1,0000	± 0,5600	− 0,0296	∓ 0,4010	− 0,3707	∓ 0,0529	+ 0,2546	± 0,3102	+ 0,1029	∓ 0,1669	− 0,2701
± 0,561	+ 1,0000	± 0,5610	− 0,0279	∓ 0,4001	− 0,3719	∓ 0,0554	+ 0,2529	± 0,3109	+ 0,1058	∓ 0,1642	− 0,2703
± 0,562	+ 1,0000	± 0,5620	− 0,0262	∓ 0,3992	− 0,3730	∓ 0,0579	+ 0,2511	± 0,3117	+ 0,1088	∓ 0,1616	− 0,2704
± 0,563	+ 1,0000	± 0,5630	− 0,0245	∓ 0,3984	− 0,3741	∓ 0,0604	+ 0,2493	± 0,3125	+ 0,1117	∓ 0,1590	− 0,2705
± 0,564	+ 1,0000	± 0,5640	− 0,0229	∓ 0,3975	− 0,3752	∓ 0,0629	+ 0,2476	± 0,3132	+ 0,1146	∓ 0,1563	− 0,2706
± 0,565	+ 1,0000	± 0,5650	− 0,0212	∓ 0,3966	− 0,3763	∓ 0,0654	+ 0,2458	± 0,3140	+ 0,1175	∓ 0,1537	− 0,2707
± 0,566	+ 1,0000	± 0,5660	− 0,0195	∓ 0,3957	− 0,3773	∓ 0,0679	+ 0,2440	± 0,3146	+ 0,1204	∓ 0,1509	− 0,2707
± 0,567	+ 1,0000	± 0,5670	− 0,0178	∓ 0,3948	− 0,3784	∓ 0,0704	+ 0,2421	± 0,3153	+ 0,1233	∓ 0,1482	− 0,2706
± 0,568	+ 1,0000	± 0,5680	− 0,0161	∓ 0,3939	− 0,3795	∓ 0,0729	+ 0,2403	± 0,3159	+ 0,1262	∓ 0,1454	− 0,2705
± 0,569	+ 1,0000	± 0,5690	− 0,0144	∓ 0,3929	− 0,3805	∓ 0,0755	+ 0,2384	± 0,3166	+ 0,1291	∓ 0,1426	− 0,2704
± 0,570	+ 1,0000	± 0,5700	− 0,0127	∓ 0,3920	− 0,3816	∓ 0,0779	+ 0,2366	± 0,3172	+ 0,1320	∓ 0,1399	− 0,2702
± 0,571	+ 1,0000	± 0,5710	− 0,0109	∓ 0,3911	− 0,3826	∓ 0,0804	+ 0,2347	± 0,3177	+ 0,1348	∓ 0,1370	− 0,2699
± 0,572	+ 1,0000	± 0,5720	− 0,0092	∓ 0,3901	− 0,3836	∓ 0,0829	+ 0,2327	± 0,3182	+ 0,1377	∓ 0,1341	− 0,2696
± 0,573	+ 1,0000	± 0,5730	− 0,0075	∓ 0,3892	− 0,3846	∓ 0,0854	+ 0,2308	± 0,3187	+ 0,1405	∓ 0,1312	− 0,2693
± 0,574	+ 1,0000	± 0,5740	− 0,0058	∓ 0,3882	− 0,3856	∓ 0,0879	+ 0,2289	± 0,3193	+ 0,1434	∓ 0,1283	− 0,2690
± 0,575	+ 1,0000	± 0,5750	− 0,0041	∓ 0,3872	− 0,3866	∓ 0,0904	+ 0,2269	± 0,3198	+ 0,1462	∓ 0,1255	− 0,2686
± 0,576	+ 1,0000	± 0,5760	− 0,0024	∓ 0,3862	− 0,3876	∓ 0,0929	+ 0,2249	± 0,3202	+ 0,1490	∓ 0,1225	− 0,2681
± 0,577	+ 1,0000	± 0,5770	− 0,0006	∓ 0,3852	− 0,3885	∓ 0,0954	+ 0,2229	± 0,3205	+ 0,1518	∓ 0,1195	− 0,2676
± 0,578	+ 1,0000	± 0,5780	+ 0,0011	∓ 0,3842	− 0,3895	∓ 0,0979	+ 0,2209	± 0,3209	+ 0,1546	∓ 0,1165	− 0,2670
± 0,579	+ 1,0000	± 0,5790	+ 0,0029	∓ 0,3832	− 0,3904	∓ 0,1004	+ 0,2188	± 0,3213	+ 0,1574	∓ 0,1135	− 0,2665
± 0,580	+ 1,0000	± 0,5800	+ 0,0046	∓ 0,3822	− 0,3914	∓ 0,1029	+ 0,2168	± 0,3217	+ 0,1601	∓ 0,1105	− 0,2659
± 0,581	+ 1,0000	± 0,5810	+ 0,0063	∓ 0,3812	− 0,3923	∓ 0,1054	+ 0,2147	± 0,3220	+ 0,1629	∓ 0,1074	− 0,2651
± 0,582	+ 1,0000	± 0,5820	+ 0,0081	∓ 0,3801	− 0,3932	∓ 0,1078	+ 0,2126	± 0,3222	+ 0,1656	∓ 0,1043	− 0,2644
± 0,583	+ 1,0000	± 0,5830	+ 0,0098	∓ 0,3791	− 0,3941	∓ 0,1103	+ 0,2105	± 0,3225	+ 0,1683	∓ 0,1013	− 0,2636
± 0,584	+ 1,0000	± 0,5840	+ 0,0116	∓ 0,3781	− 0,3950	∓ 0,1128	+ 0,2084	± 0,3227	+ 0,1710	∓ 0,0982	− 0,2628
± 0,585	+ 1,0000	± 0,5850	+ 0,0133	∓ 0,3770	− 0,3960	∓ 0,1153	+ 0,2062	± 0,3230	+ 0,1738	∓ 0,0951	− 0,2620
± 0,586	+ 1,0000	± 0,5860	+ 0,0151	∓ 0,3759	− 0,3968	∓ 0,1178	+ 0,2040	± 0,3231	+ 0,1764	∓ 0,0919	− 0,2611
± 0,587	+ 1,0000	± 0,5870	+ 0,0169	∓ 0,3748	− 0,3977	∓ 0,1203	+ 0,2018	± 0,3232	+ 0,1791	∓ 0,0887	− 0,2601
± 0,588	+ 1,0000	± 0,5880	+ 0,0186	∓ 0,3737	− 0,3985	∓ 0,1228	+ 0,1996	± 0,3233	+ 0,1817	∓ 0,0855	− 0,2591
± 0,589	+ 1,0000	± 0,5890	+ 0,0204	∓ 0,3726	− 0,3994	∓ 0,1253	+ 0,1975	± 0,3234	+ 0,1844	∓ 0,0823	− 0,2581
± 0,590	+ 1,0000	± 0,5900	+ 0,0222	∓ 0,3716	− 0,4002	∓ 0,1278	+ 0,1953	± 0,3235	+ 0,1870	∓ 0,0792	− 0,2570
± 0,591	+ 1,0000	± 0,5910	+ 0,0239	∓ 0,3704	− 0,4011	∓ 0,1303	+ 0,1930	± 0,3235	+ 0,1896	∓ 0,0759	− 0,2558
± 0,592	+ 1,0000	± 0,5920	+ 0,0257	∓ 0,3693	− 0,4019	∓ 0,1328	+ 0,1907	± 0,3235	+ 0,1922	∓ 0,0726	− 0,2546
± 0,593	+ 1,0000	± 0,5930	+ 0,0275	∓ 0,3682	− 0,4027	∓ 0,1353	+ 0,1884	± 0,3235	+ 0,1948	∓ 0,0694	− 0,2534
± 0,594	+ 1,0000	± 0,5940	+ 0,0293	∓ 0,3670	− 0,4035	∓ 0,1378	+ 0,1861	± 0,3234	+ 0,1973	∓ 0,0661	− 0,2522
± 0,595	+ 1,0000	± 0,5950	+ 0,0310	∓ 0,3659	− 0,4043	∓ 0,1402	+ 0,1838	± 0,3234	+ 0,1999	∓ 0,0628	− 0,2509
± 0,596	+ 1,0000	± 0,5960	+ 0,0328	∓ 0,3647	− 0,4050	∓ 0,1427	+ 0,1815	± 0,3233	+ 0,2024	∓ 0,0595	− 0,2495
± 0,597	+ 1,0000	± 0,5970	+ 0,0346	∓ 0,3635	− 0,4058	∓ 0,1452	+ 0,1791	± 0,3231	+ 0,2049	∓ 0,0561	− 0,2480
± 0,598	+ 1,0000	± 0,5980	+ 0,0364	∓ 0,3624	− 0,4065	∓ 0,1477	+ 0,1768	± 0,3229	+ 0,2074	∓ 0,0528	− 0,2466
± 0,599	+ 1,0000	± 0,5990	+ 0,0382	∓ 0,3612	− 0,4073	∓ 0,1502	+ 0,1744	± 0,3228	+ 0,2099	∓ 0,0495	− 0,2451
± 0,600	+ 1,0000	± 0,6000	+ 0,0400	∓ 0,3600	− 0,4080	∓ 0,1526	+ 0,1721	± 0,3226	+ 0,2123	∓ 0,0461	− 0,2437
± 0,601	+ 1,0000	± 0,6010	+ 0,0418	∓ 0,3588	− 0,4087	∓ 0,1551	+ 0,1696	± 0,3223	+ 0,2147	∓ 0,0427	− 0,2420
± 0,602	+ 1,0000	± 0,6020	+ 0,0436	∓ 0,3576	− 0,4094	∓ 0,1576	+ 0,1672	± 0,3220	+ 0,2171	∓ 0,0393	− 0,2403
± 0,603	+ 1,0000	± 0,6030	+ 0,0454	∓ 0,3563	− 0,4101	∓ 0,1601	+ 0,1647	± 0,3217	+ 0,2195	∓ 0,0359	− 0,2387
± 0,604	+ 1,0000	± 0,6040	+ 0,0472	∓ 0,3551	− 0,4108	∓ 0,1625	+ 0,1623	± 0,3214	+ 0,2219	∓ 0,0325	− 0,2370
± 0,605	+ 1,0000	± 0,6050	+ 0,0490	∓ 0,3539	− 0,4115	∓ 0,1650	+ 0,1599	± 0,3211	+ 0,2243	∓ 0,0291	− 0,2353

x	P_0	P_1	P_2	P_3	P_4	P_5	P_6	P_7	P_8	P_9	P_{10}
$\pm$ 0,605	+ 1,0000	$\pm$ 0,6050	+ 0,0490	$\mp$ 0,3539	− 0,4115	$\mp$ 0,1650	+ 0,1599	$\pm$ 0,3211	+ 0,2243	$\mp$ 0,0291	− 0,2353
$\pm$ 0,606	+ 1,0000	$\pm$ 0,6060	+ 0,0509	$\mp$ 0,3526	− 0,4121	$\mp$ 0,1674	+ 0,1574	$\pm$ 0,3206	+ 0,2266	$\mp$ 0,0256	− 0,2334
$\pm$ 0,607	+ 1,0000	$\pm$ 0,6070	+ 0,0527	$\mp$ 0,3514	− 0,4127	$\mp$ 0,1699	+ 0,1548	$\pm$ 0,3202	+ 0,2289	$\mp$ 0,0222	− 0,2315
$\pm$ 0,608	+ 1,0000	$\pm$ 0,6080	+ 0,0545	$\mp$ 0,3501	− 0,4134	$\mp$ 0,1723	+ 0,1523	$\pm$ 0,3197	+ 0,2312	$\mp$ 0,0187	− 0,2296
$\pm$ 0,609	+ 1,0000	$\pm$ 0,6090	+ 0,0563	$\mp$ 0,3488	− 0,4140	$\mp$ 0,1748	+ 0,1498	$\pm$ 0,3193	+ 0,2334	$\mp$ 0,0152	− 0,2277
$\pm$ 0,610	+ 1,0000	$\pm$ 0,6100	+ 0,0582	$\mp$ 0,3476	− 0,4146	$\mp$ 0,1772	+ 0,1473	$\pm$ 0,3188	+ 0,2357	$\mp$ 0,0118	− 0,2258
$\pm$ 0,611	+ 1,0000	$\pm$ 0,6110	+ 0,0600	$\mp$ 0,3462	− 0,4152	$\mp$ 0,1797	+ 0,1447	$\pm$ 0,3182	+ 0,2379	$\mp$ 0,0083	− 0,2237
$\pm$ 0,612	+ 1,0000	$\pm$ 0,6120	+ 0,0618	$\mp$ 0,3449	− 0,4158	$\mp$ 0,1821	+ 0,1421	$\pm$ 0,3176	+ 0,2401	$\mp$ 0,0048	− 0,2216
$\pm$ 0,613	+ 1,0000	$\pm$ 0,6130	+ 0,0637	$\mp$ 0,3436	− 0,4163	$\mp$ 0,1845	+ 0,1396	$\pm$ 0,3170	+ 0,2422	$\mp$ 0,0013	− 0,2195
$\pm$ 0,614	+ 1,0000	$\pm$ 0,6140	+ 0,0655	$\mp$ 0,3423	− 0,4169	$\mp$ 0,1869	+ 0,1370	$\pm$ 0,3164	+ 0,2444	$\pm$ 0,0022	− 0,2174
$\pm$ 0,615	+ 1,0000	$\pm$ 0,6150	+ 0,0673	$\mp$ 0,3410	− 0,4175	$\mp$ 0,1894	+ 0,1344	$\pm$ 0,3158	+ 0,2466	$\pm$ 0,0057	− 0,2152
$\pm$ 0,616	+ 1,0000	$\pm$ 0,6160	+ 0,0692	$\mp$ 0,3396	− 0,4180	$\mp$ 0,1918	+ 0,1317	$\pm$ 0,3151	+ 0,2486	$\pm$ 0,0093	− 0,2129
$\pm$ 0,617	+ 1,0000	$\pm$ 0,6170	+ 0,0711	$\mp$ 0,3383	− 0,4185	$\mp$ 0,1942	+ 0,1291	$\pm$ 0,3143	+ 0,2507	$\pm$ 0,0128	− 0,2106
$\pm$ 0,618	+ 1,0000	$\pm$ 0,6180	+ 0,0729	$\mp$ 0,3369	− 0,4190	$\mp$ 0,1966	+ 0,1264	$\pm$ 0,3136	+ 0,2527	$\pm$ 0,0163	− 0,2083
$\pm$ 0,619	+ 1,0000	$\pm$ 0,6190	+ 0,0748	$\mp$ 0,3356	− 0,4195	$\mp$ 0,1990	+ 0,1238	$\pm$ 0,3128	+ 0,2548	$\pm$ 0,0198	− 0,2059
$\pm$ 0,620	+ 1,0000	$\pm$ 0,6200	+ 0,0766	$\mp$ 0,3342	− 0,4200	$\mp$ 0,2014	+ 0,1211	$\pm$ 0,3121	+ 0,2568	$\pm$ 0,0234	− 0,2036
$\pm$ 0,621	+ 1,0000	$\pm$ 0,6210	+ 0,0785	$\mp$ 0,3328	− 0,4205	$\mp$ 0,2038	+ 0,1184	$\pm$ 0,3112	+ 0,2587	$\pm$ 0,0269	− 0,2011
$\pm$ 0,622	+ 1,0000	$\pm$ 0,6220	+ 0,0803	$\mp$ 0,3314	− 0,4209	$\mp$ 0,2062	+ 0,1156	$\pm$ 0,3103	+ 0,2607	$\pm$ 0,0305	− 0,1986
$\pm$ 0,623	+ 1,0000	$\pm$ 0,6230	+ 0,0822	$\mp$ 0,3300	− 0,4213	$\mp$ 0,2086	+ 0,1129	$\pm$ 0,3094	+ 0,2626	$\pm$ 0,0340	− 0,1960
$\pm$ 0,624	+ 1,0000	$\pm$ 0,6240	+ 0,0841	$\mp$ 0,3286	− 0,4217	$\mp$ 0,2110	+ 0,1102	$\pm$ 0,3085	+ 0,2645	$\pm$ 0,0376	− 0,1935
$\pm$ 0,625	+ 1,0000	$\pm$ 0,6250	+ 0,0859	$\mp$ 0,3272	− 0,4223	$\mp$ 0,2133	+ 0,1075	$\pm$ 0,3076	+ 0,2664	$\pm$ 0,0411	− 0,1910
$\pm$ 0,626	+ 1,0000	$\pm$ 0,6260	+ 0,0878	$\mp$ 0,3257	− 0,4227	$\mp$ 0,2157	+ 0,1047	$\pm$ 0,3065	+ 0,2682	$\pm$ 0,0447	− 0,1882
$\pm$ 0,627	+ 1,0000	$\pm$ 0,6270	+ 0,0897	$\mp$ 0,3243	− 0,4231	$\mp$ 0,2181	+ 0,1019	$\pm$ 0,3055	+ 0,2700	$\pm$ 0,0482	− 0,1855
$\pm$ 0,628	+ 1,0000	$\pm$ 0,6280	+ 0,0916	$\mp$ 0,3228	− 0,4234	$\mp$ 0,2204	+ 0,0991	$\pm$ 0,3044	+ 0,2718	$\pm$ 0,0518	− 0,1828
$\pm$ 0,629	+ 1,0000	$\pm$ 0,6290	+ 0,0935	$\mp$ 0,3213	− 0,4238	$\mp$ 0,2228	+ 0,0963	$\pm$ 0,3034	+ 0,2736	$\pm$ 0,0554	− 0,1800
$\pm$ 0,630	+ 1,0000	$\pm$ 0,6300	+ 0,0954	$\mp$ 0,3199	− 0,4242	$\mp$ 0,2251	+ 0,0935	$\pm$ 0,3023	+ 0,2753	$\pm$ 0,0589	− 0,1773
$\pm$ 0,631	+ 1,0000	$\pm$ 0,6310	+ 0,0973	$\mp$ 0,3184	− 0,4245	$\mp$ 0,2275	+ 0,0906	$\pm$ 0,3011	+ 0,2770	$\pm$ 0,0625	− 0,1744
$\pm$ 0,632	+ 1,0000	$\pm$ 0,6320	+ 0,0992	$\mp$ 0,3169	− 0,4248	$\mp$ 0,2298	+ 0,0878	$\pm$ 0,2999	+ 0,2786	$\pm$ 0,0660	− 0,1714
$\pm$ 0,633	+ 1,0000	$\pm$ 0,6330	+ 0,1011	$\mp$ 0,3154	− 0,4252	$\mp$ 0,2321	+ 0,0849	$\pm$ 0,2987	+ 0,2802	$\pm$ 0,0696	− 0,1685
$\pm$ 0,634	+ 1,0000	$\pm$ 0,6340	+ 0,1030	$\mp$ 0,3139	− 0,4255	$\mp$ 0,2344	+ 0,0821	$\pm$ 0,2975	+ 0,2819	$\pm$ 0,0731	− 0,1656
$\pm$ 0,635	+ 1,0000	$\pm$ 0,6350	+ 0,1048	$\mp$ 0,3124	− 0,4258	$\mp$ 0,2368	+ 0,0792	$\pm$ 0,2963	+ 0,2835	$\pm$ 0,0767	− 0,1627
$\pm$ 0,636	+ 1,0000	$\pm$ 0,6360	+ 0,1068	$\mp$ 0,3108	− 0,4260	$\mp$ 0,2390	+ 0,0763	$\pm$ 0,2950	+ 0,2850	$\pm$ 0,0802	− 0,1596
$\pm$ 0,637	+ 1,0000	$\pm$ 0,6370	+ 0,1087	$\mp$ 0,3093	− 0,4263	$\mp$ 0,2413	+ 0,0734	$\pm$ 0,2936	+ 0,2865	$\pm$ 0,0837	− 0,1565
$\pm$ 0,638	+ 1,0000	$\pm$ 0,6380	+ 0,1106	$\mp$ 0,3077	− 0,4265	$\mp$ 0,2436	+ 0,0704	$\pm$ 0,2923	+ 0,2880	$\pm$ 0,0872	− 0,1534
$\pm$ 0,639	+ 1,0000	$\pm$ 0,6390	+ 0,1125	$\mp$ 0,3062	− 0,4268	$\mp$ 0,2459	+ 0,0675	$\pm$ 0,2909	+ 0,2894	$\pm$ 0,0908	− 0,1503
$\pm$ 0,640	+ 1,0000	$\pm$ 0,6400	+ 0,1144	$\mp$ 0,3046	− 0,4270	$\mp$ 0,2482	+ 0,0646	$\pm$ 0,2895	+ 0,2909	$\pm$ 0,0943	− 0,1471
$\pm$ 0,641	+ 1,0000	$\pm$ 0,6410	+ 0,1164	$\mp$ 0,3030	− 0,4272	$\mp$ 0,2505	+ 0,0616	$\pm$ 0,2880	+ 0,2922	$\pm$ 0,0978	− 0,1439
$\pm$ 0,642	+ 1,0000	$\pm$ 0,6420	+ 0,1183	$\mp$ 0,3015	− 0,4274	$\mp$ 0,2527	+ 0,0588	$\pm$ 0,2865	+ 0,2936	$\pm$ 0,1013	− 0,1406
$\pm$ 0,643	+ 1,0000	$\pm$ 0,6430	+ 0,1202	$\mp$ 0,2999	− 0,4275	$\mp$ 0,2550	+ 0,0558	$\pm$ 0,2850	+ 0,2949	$\pm$ 0,1048	− 0,1373
$\pm$ 0,644	+ 1,0000	$\pm$ 0,6440	+ 0,1221	$\mp$ 0,2983	− 0,4277	$\mp$ 0,2572	+ 0,0528	$\pm$ 0,2835	+ 0,2962	$\pm$ 0,1083	− 0,1341
$\pm$ 0,645	+ 1,0000	$\pm$ 0,6450	+ 0,1240	$\mp$ 0,2967	− 0,4279	$\mp$ 0,2595	+ 0,0498	$\pm$ 0,2820	+ 0,2975	$\pm$ 0,1118	− 0,1308
$\pm$ 0,646	+ 1,0000	$\pm$ 0,6460	+ 0,1260	$\mp$ 0,2950	− 0,4280	$\mp$ 0,2617	+ 0,0468	$\pm$ 0,2804	+ 0,2987	$\pm$ 0,1152	− 0,1273
$\pm$ 0,647	+ 1,0000	$\pm$ 0,6470	+ 0,1279	$\mp$ 0,2934	− 0,4281	$\mp$ 0,2639	+ 0,0437	$\pm$ 0,2787	+ 0,2998	$\pm$ 0,1187	− 0,1239
$\pm$ 0,648	+ 1,0000	$\pm$ 0,6480	+ 0,1298	$\mp$ 0,2917	− 0,4282	$\mp$ 0,2661	+ 0,0407	$\pm$ 0,2770	+ 0,3010	$\pm$ 0,1221	− 0,1205
$\pm$ 0,649	+ 1,0000	$\pm$ 0,6490	+ 0,1318	$\mp$ 0,2901	− 0,4283	$\mp$ 0,2683	+ 0,0377	$\pm$ 0,2754	+ 0,3021	$\pm$ 0,1256	− 0,1170
$\pm$ 0,650	+ 1,0000	$\pm$ 0,6500	+ 0,1338	$\mp$ 0,2884	− 0,4284	$\mp$ 0,2705	+ 0,0347	$\pm$ 0,2737	+ 0,3032	$\pm$ 0,1290	− 0,1136
$\pm$ 0,651	+ 1,0000	$\pm$ 0,6510	+ 0,1357	$\mp$ 0,2868	− 0,4285	$\mp$ 0,2727	+ 0,0316	$\pm$ 0,2719	+ 0,3042	$\pm$ 0,1324	− 0,1100
$\pm$ 0,652	+ 1,0000	$\pm$ 0,6520	+ 0,1377	$\mp$ 0,2851	− 0,4285	$\mp$ 0,2748	+ 0,0286	$\pm$ 0,2701	+ 0,3052	$\pm$ 0,1358	− 0,1064
$\pm$ 0,653	+ 1,0000	$\pm$ 0,6530	+ 0,1396	$\mp$ 0,2834	− 0,4286	$\mp$ 0,2770	+ 0,0255	$\pm$ 0,2683	+ 0,3062	$\pm$ 0,1392	− 0,1029
$\pm$ 0,654	+ 1,0000	$\pm$ 0,6540	+ 0,1416	$\mp$ 0,2817	− 0,4286	$\mp$ 0,2792	+ 0,0224	$\pm$ 0,2665	+ 0,3071	$\pm$ 0,1426	− 0,0993
$\pm$ 0,655	+ 1,0000	$\pm$ 0,6550	+ 0,1435	$\mp$ 0,2800	− 0,4286	$\mp$ 0,2813	+ 0,0193	$\pm$ 0,2647	+ 0,3081	$\pm$ 0,1459	− 0,0957
$\pm$ 0,656	+ 1,0000	$\pm$ 0,6560	+ 0,1455	$\mp$ 0,2782	− 0,4286	$\mp$ 0,2834	+ 0,0162	$\pm$ 0,2627	+ 0,3089	$\pm$ 0,1493	− 0,0920
$\pm$ 0,657	+ 1,0000	$\pm$ 0,6570	+ 0,1475	$\mp$ 0,2765	− 0,4285	$\mp$ 0,2856	+ 0,0131	$\pm$ 0,2607	+ 0,3097	$\pm$ 0,1526	− 0,0882
$\pm$ 0,658	+ 1,0000	$\pm$ 0,6580	+ 0,1495	$\mp$ 0,2748	− 0,4285	$\mp$ 0,2876	+ 0,0100	$\pm$ 0,2588	+ 0,3105	$\pm$ 0,1559	− 0,0845
$\pm$ 0,659	+ 1,0000	$\pm$ 0,6590	+ 0,1514	$\mp$ 0,2730	− 0,4284	$\mp$ 0,2898	+ 0,0069	$\pm$ 0,2568	+ 0,3113	$\pm$ 0,1592	− 0,0808
$\pm$ 0,660	+ 1,0000	$\pm$ 0,6600	+ 0,1534	$\mp$ 0,2713	− 0,4284	$\mp$ 0,2919	+ 0,0038	$\pm$ 0,2548	+ 0,3120	$\pm$ 0,1625	− 0,0771

x	P_0	P_1	P_2	P_3	P_4	P_5	P_6	P_7	P_8	P_9	P_{10}
$\pm$ 0,660	+ 1,0000	$\pm$ 0,6600	+ 0,1534	$\mp$ 0,2713	− 0,4284	$\mp$ 0,2919	+ 0,0038	$\pm$ 0,2548	+ 0,3120	$\pm$ 0,1625	− 0,0771
$\pm$ 0,661	+ 1,0000	$\pm$ 0,6610	+ 0,1555	$\mp$ 0,2695	− 0,4282	$\mp$ 0,2939	+ 0,0007	$\pm$ 0,2527	+ 0,3126	$\pm$ 0,1657	− 0,0733
$\pm$ 0,662	+ 1,0000	$\pm$ 0,6620	+ 0,1575	$\mp$ 0,2677	− 0,4281	$\mp$ 0,2960	− 0,0025	$\pm$ 0,2506	+ 0,3132	$\pm$ 0,1689	− 0,0694
$\pm$ 0,663	+ 1,0000	$\pm$ 0,6630	+ 0,1595	$\mp$ 0,2659	− 0,4280	$\mp$ 0,2981	− 0,0057	$\pm$ 0,2485	+ 0,3138	$\pm$ 0,1721	− 0,0656
$\pm$ 0,664	+ 1,0000	$\pm$ 0,6640	+ 0,1614	$\mp$ 0,2641	− 0,4279	$\mp$ 0,3001	− 0,0088	$\pm$ 0,2464	+ 0,3144	$\pm$ 0,1754	− 0,0617
$\pm$ 0,665	+ 1,0000	$\pm$ 0,6650	+ 0,1633	$\mp$ 0,2623	− 0,4278	$\mp$ 0,3022	− 0,0120	$\pm$ 0,2443	+ 0,3150	$\pm$ 0,1786	− 0,0579
$\pm$ 0,666	+ 1,0000	$\pm$ 0,6660	+ 0,1653	$\mp$ 0,2605	− 0,4276	$\mp$ 0,3042	− 0,0151	$\pm$ 0,2420	+ 0,3154	$\pm$ 0,1817	− 0,0540
$\pm$ 0,667	+ 1,0000	$\pm$ 0,6670	+ 0,1673	$\mp$ 0,2586	− 0,4274	$\mp$ 0,3062	− 0,0183	$\pm$ 0,2397	+ 0,3158	$\pm$ 0,1848	− 0,0500
$\pm$ 0,668	+ 1,0000	$\pm$ 0,6680	+ 0,1693	$\mp$ 0,2568	− 0,4272	$\mp$ 0,3082	− 0,0215	$\pm$ 0,2375	+ 0,3162	$\pm$ 0,1879	− 0,0461
$\pm$ 0,669	+ 1,0000	$\pm$ 0,6690	+ 0,1713	$\mp$ 0,2549	− 0,4270	$\mp$ 0,3102	− 0,0247	$\pm$ 0,2352	+ 0,3166	$\pm$ 0,1910	− 0,0421
$\pm$ 0,670	+ 1,0000	$\pm$ 0,6700	+ 0,1734	$\mp$ 0,2531	− 0,4268	$\mp$ 0,3122	− 0,0279	$\pm$ 0,2330	+ 0,3170	$\pm$ 0,1941	− 0,0382
$\pm$ 0,671	+ 1,0000	$\pm$ 0,6710	+ 0,1754	$\mp$ 0,2512	− 0,4265	$\mp$ 0,3142	− 0,0311	$\pm$ 0,2305	+ 0,3173	$\pm$ 0,1971	− 0,0342
$\pm$ 0,672	+ 1,0000	$\pm$ 0,6720	+ 0,1774	$\mp$ 0,2493	− 0,4262	$\mp$ 0,3161	− 0,0343	$\pm$ 0,2281	+ 0,3175	$\pm$ 0,2001	− 0,0301
$\pm$ 0,673	+ 1,0000	$\pm$ 0,6730	+ 0,1794	$\mp$ 0,2474	− 0,4259	$\mp$ 0,3181	− 0,0375	$\pm$ 0,2257	+ 0,3176	$\pm$ 0,2031	− 0,0261
$\pm$ 0,674	+ 1,0000	$\pm$ 0,6740	+ 0,1814	$\mp$ 0,2455	− 0,4256	$\mp$ 0,3200	− 0,0407	$\pm$ 0,2233	+ 0,3178	$\pm$ 0,2061	− 0,0221
$\pm$ 0,675	+ 1,0000	$\pm$ 0,6750	+ 0,1834	$\mp$ 0,2436	− 0,4254	$\mp$ 0,3219	− 0,0439	$\pm$ 0,2209	+ 0,3180	$\pm$ 0,2091	− 0,0180
$\pm$ 0,676	+ 1,0000	$\pm$ 0,6760	+ 0,1855	$\mp$ 0,2417	− 0,4250	$\mp$ 0,3238	− 0,0471	$\pm$ 0,2184	+ 0,3180	$\pm$ 0,2119	− 0,0140
$\pm$ 0,677	+ 1,0000	$\pm$ 0,6770	+ 0,1875	$\mp$ 0,2398	− 0,4246	$\mp$ 0,3257	− 0,0504	$\pm$ 0,2158	+ 0,3180	$\pm$ 0,2148	− 0,0099
$\pm$ 0,678	+ 1,0000	$\pm$ 0,6780	+ 0,1895	$\mp$ 0,2378	− 0,4243	$\mp$ 0,3276	− 0,0536	$\pm$ 0,2133	+ 0,3180	$\pm$ 0,2177	− 0,0058
$\pm$ 0,679	+ 1,0000	$\pm$ 0,6790	+ 0,1916	$\mp$ 0,2359	− 0,4239	$\mp$ 0,3294	− 0,0568	$\pm$ 0,2107	+ 0,3180	$\pm$ 0,2205	− 0,0017
$\pm$ 0,680	+ 1,0000	$\pm$ 0,6800	+ 0,1936	$\mp$ 0,2339	− 0,4236	$\mp$ 0,3313	− 0,0601	$\pm$ 0,2081	+ 0,3179	$\pm$ 0,2234	+ 0,0024
$\pm$ 0,681	+ 1,0000	$\pm$ 0,6810	+ 0,1956	$\mp$ 0,2319	− 0,4231	$\mp$ 0,3331	− 0,0633	$\pm$ 0,2054	+ 0,3177	$\pm$ 0,2261	+ 0,0066
$\pm$ 0,682	+ 1,0000	$\pm$ 0,6820	+ 0,1977	$\mp$ 0,2299	− 0,4227	$\mp$ 0,3349	− 0,0666	$\pm$ 0,2028	+ 0,3175	$\pm$ 0,2288	+ 0,0107
$\pm$ 0,683	+ 1,0000	$\pm$ 0,6830	+ 0,1997	$\mp$ 0,2279	− 0,4222	$\mp$ 0,3367	− 0,0698	$\pm$ 0,2001	+ 0,3172	$\pm$ 0,2315	+ 0,0149
$\pm$ 0,684	+ 1,0000	$\pm$ 0,6840	+ 0,2018	$\mp$ 0,2260	− 0,4218	$\mp$ 0,3385	− 0,0731	$\pm$ 0,1974	+ 0,3170	$\pm$ 0,2342	+ 0,0190
$\pm$ 0,685	+ 1,0000	$\pm$ 0,6850	+ 0,2038	$\mp$ 0,2240	− 0,4213	$\mp$ 0,3404	− 0,0764	$\pm$ 0,1947	+ 0,3168	$\pm$ 0,2369	+ 0,0232
$\pm$ 0,686	+ 1,0000	$\pm$ 0,6860	+ 0,2059	$\mp$ 0,2219	− 0,4208	$\mp$ 0,3421	− 0,0796	$\pm$ 0,1918	+ 0,3163	$\pm$ 0,2394	+ 0,0273
$\pm$ 0,687	+ 1,0000	$\pm$ 0,6870	+ 0,2080	$\mp$ 0,2199	− 0,4203	$\mp$ 0,3438	− 0,0828	$\pm$ 0,1890	+ 0,3159	$\pm$ 0,2419	+ 0,0315
$\pm$ 0,688	+ 1,0000	$\pm$ 0,6880	+ 0,2100	$\mp$ 0,2178	− 0,4198	$\mp$ 0,3456	− 0,0861	$\pm$ 0,1862	+ 0,3154	$\pm$ 0,2445	+ 0,0357
$\pm$ 0,689	+ 1,0000	$\pm$ 0,6890	+ 0,2121	$\mp$ 0,2158	− 0,4192	$\mp$ 0,3473	− 0,0893	$\pm$ 0,1833	+ 0,3150	$\pm$ 0,2470	+ 0,0399
$\pm$ 0,690	+ 1,0000	$\pm$ 0,6900	+ 0,2142	$\mp$ 0,2137	− 0,4187	$\mp$ 0,3490	− 0,0926	$\pm$ 0,1805	+ 0,3146	$\pm$ 0,2495	+ 0,0440
$\pm$ 0,691	+ 1,0000	$\pm$ 0,6910	+ 0,2162	$\mp$ 0,2116	− 0,4181	$\mp$ 0,3507	− 0,0959	$\pm$ 0,1775	+ 0,3139	$\pm$ 0,2519	+ 0,0482
$\pm$ 0,692	+ 1,0000	$\pm$ 0,6920	+ 0,2183	$\mp$ 0,2096	− 0,4175	$\mp$ 0,3524	− 0,0992	$\pm$ 0,1746	+ 0,3132	$\pm$ 0,2542	+ 0,0524
$\pm$ 0,693	+ 1,0000	$\pm$ 0,6930	+ 0,2204	$\mp$ 0,2075	− 0,4168	$\mp$ 0,3540	− 0,1024	$\pm$ 0,1716	+ 0,3125	$\pm$ 0,2566	+ 0,0566
$\pm$ 0,694	+ 1,0000	$\pm$ 0,6940	+ 0,2225	$\mp$ 0,2054	− 0,4162	$\mp$ 0,3557	− 0,1057	$\pm$ 0,1686	+ 0,3119	$\pm$ 0,2589	+ 0,0607
$\pm$ 0,695	+ 1,0000	$\pm$ 0,6950	+ 0,2245	$\mp$ 0,2033	− 0,4156	$\mp$ 0,3573	− 0,1090	$\pm$ 0,1657	+ 0,3112	$\pm$ 0,2613	+ 0,0649
$\pm$ 0,696	+ 1,0000	$\pm$ 0,6960	+ 0,2266	$\mp$ 0,2011	− 0,4149	$\mp$ 0,3589	− 0,1122	$\pm$ 0,1626	+ 0,3103	$\pm$ 0,2634	+ 0,0691
$\pm$ 0,697	+ 1,0000	$\pm$ 0,6970	+ 0,2287	$\mp$ 0,1990	− 0,4142	$\mp$ 0,3604	− 0,1155	$\pm$ 0,1595	+ 0,3094	$\pm$ 0,2656	+ 0,0733
$\pm$ 0,698	+ 1,0000	$\pm$ 0,6980	+ 0,2308	$\mp$ 0,1968	− 0,4135	$\mp$ 0,3619	− 0,1188	$\pm$ 0,1564	+ 0,3085	$\pm$ 0,2678	+ 0,0774
$\pm$ 0,699	+ 1,0000	$\pm$ 0,6990	+ 0,2329	$\mp$ 0,1947	− 0,4128	$\mp$ 0,3635	− 0,1220	$\pm$ 0,1533	+ 0,3076	$\pm$ 0,2699	+ 0,0816
$\pm$ 0,700	+ 1,0000	$\pm$ 0,7000	+ 0,2350	$\mp$ 0,1925	− 0,4121	$\mp$ 0,3650	− 0,1253	$\pm$ 0,1502	+ 0,3067	$\pm$ 0,2721	+ 0,0858
$\pm$ 0,701	+ 1,0000	$\pm$ 0,7010	+ 0,2371	$\mp$ 0,1903	− 0,4113	$\mp$ 0,3667	− 0,1286	$\pm$ 0,1469	+ 0,3056	$\pm$ 0,2740	+ 0,0900
$\pm$ 0,702	+ 1,0000	$\pm$ 0,7020	+ 0,2392	$\mp$ 0,1881	− 0,4105	$\mp$ 0,3682	− 0,1318	$\pm$ 0,1437	+ 0,3045	$\pm$ 0,2759	+ 0,0941
$\pm$ 0,703	+ 1,0000	$\pm$ 0,7030	+ 0,2413	$\mp$ 0,1859	− 0,4097	$\mp$ 0,3697	− 0,1351	$\pm$ 0,1405	+ 0,3033	$\pm$ 0,2779	+ 0,0982
$\pm$ 0,704	+ 1,0000	$\pm$ 0,7040	+ 0,2434	$\mp$ 0,1837	− 0,4089	$\mp$ 0,3712	− 0,1383	$\pm$ 0,1373	+ 0,3022	$\pm$ 0,2798	+ 0,1024
$\pm$ 0,705	+ 1,0000	$\pm$ 0,7050	+ 0,2455	$\mp$ 0,1815	− 0,4081	$\mp$ 0,3727	− 0,1416	$\pm$ 0,1340	+ 0,3011	$\pm$ 0,2818	+ 0,1065
$\pm$ 0,706	+ 1,0000	$\pm$ 0,7060	+ 0,2477	$\mp$ 0,1792	− 0,4072	$\mp$ 0,3741	− 0,1448	$\pm$ 0,1307	+ 0,2997	$\pm$ 0,2835	+ 0,1106
$\pm$ 0,707	+ 1,0000	$\pm$ 0,7070	+ 0,2498	$\mp$ 0,1770	− 0,4063	$\mp$ 0,3755	− 0,1481	$\pm$ 0,1274	+ 0,2983	$\pm$ 0,2852	+ 0,1147
$\pm$ 0,708	+ 1,0000	$\pm$ 0,7080	+ 0,2519	$\mp$ 0,1747	− 0,4054	$\mp$ 0,3769	− 0,1513	$\pm$ 0,1240	+ 0,2970	$\pm$ 0,2869	+ 0,1187
$\pm$ 0,709	+ 1,0000	$\pm$ 0,7090	+ 0,2540	$\mp$ 0,1725	− 0,4045	$\mp$ 0,3783	− 0,1546	$\pm$ 0,1207	+ 0,2956	$\pm$ 0,2887	+ 0,1228
$\pm$ 0,710	+ 1,0000	$\pm$ 0,7100	+ 0,2562	$\mp$ 0,1702	− 0,4036	$\mp$ 0,3796	− 0,1578	$\pm$ 0,1173	+ 0,2943	$\pm$ 0,2904	+ 0,1269
$\pm$ 0,711	+ 1,0000	$\pm$ 0,7110	+ 0,2583	$\mp$ 0,1679	− 0,4026	$\mp$ 0,3810	− 0,1611	$\pm$ 0,1139	+ 0,2927	$\pm$ 0,2918	+ 0,1309
$\pm$ 0,712	+ 1,0000	$\pm$ 0,7120	+ 0,2604	$\mp$ 0,1656	− 0,4017	$\mp$ 0,3823	− 0,1643	$\pm$ 0,1104	+ 0,2911	$\pm$ 0,2933	+ 0,1348
$\pm$ 0,713	+ 1,0000	$\pm$ 0,7130	+ 0,2626	$\mp$ 0,1633	− 0,4007	$\mp$ 0,3836	− 0,1675	$\pm$ 0,1069	+ 0,2895	$\pm$ 0,2948	+ 0,1388
$\pm$ 0,714	+ 1,0000	$\pm$ 0,7140	+ 0,2647	$\mp$ 0,1610	− 0,3997	$\mp$ 0,3849	− 0,1707	$\pm$ 0,1035	+ 0,2879	$\pm$ 0,2963	+ 0,1428
$\pm$ 0,715	+ 1,0000	$\pm$ 0,7150	+ 0,2668	$\mp$ 0,1587	− 0,3987	$\mp$ 0,3862	− 0,1740	$\pm$ 0,1000	+ 0,2863	$\pm$ 0,2977	+ 0,1468

x	P_0	P_1	P_2	P_3	P_4	P_5	P_6	P_7	P_8	P_9	P_{10}
$\pm$ 0,715	+ 1,0000	$\pm$ 0,7150	+ 0,2668	$\mp$ 0,1587	− 0,3987	$\mp$ 0,3862	− 0,1740	$\pm$ 0,1000	+ 0,2863	$\pm$ 0,2977	+ 0,1468
$\pm$ 0,716	+ 1,0000	$\pm$ 0,7160	+ 0,2690	$\mp$ 0,1563	− 0,3976	$\mp$ 0,3874	− 0,1771	$\pm$ 0,0965	+ 0,2844	$\pm$ 0,2990	+ 0,1507
$\pm$ 0,717	+ 1,0000	$\pm$ 0,7170	+ 0,2712	$\mp$ 0,1540	− 0,3965	$\mp$ 0,3886	− 0,1804	$\pm$ 0,0929	+ 0,2826	$\pm$ 0,3002	+ 0,1546
$\pm$ 0,718	+ 1,0000	$\pm$ 0,7180	+ 0,2733	$\mp$ 0,1516	− 0,3954	$\mp$ 0,3898	− 0,1836	$\pm$ 0,0893	+ 0,2808	$\pm$ 0,3014	+ 0,1585
$\pm$ 0,719	+ 1,0000	$\pm$ 0,7190	+ 0,2755	$\mp$ 0,1492	− 0,3944	$\mp$ 0,3910	− 0,1867	$\pm$ 0,0857	+ 0,2790	$\pm$ 0,3026	+ 0,1624
$\pm$ 0,720	+ 1,0000	$\pm$ 0,7200	+ 0,2776	$\mp$ 0,1469	− 0,3933	$\mp$ 0,3922	− 0,1899	$\pm$ 0,0822	+ 0,2771	$\pm$ 0,3038	+ 0,1663
$\pm$ 0,721	+ 1,0000	$\pm$ 0,7210	+ 0,2798	$\mp$ 0,1445	− 0,3921	$\mp$ 0,3933	− 0,1931	$\pm$ 0,0785	+ 0,2751	$\pm$ 0,3048	+ 0,1700
$\pm$ 0,722	+ 1,0000	$\pm$ 0,7220	+ 0,2819	$\mp$ 0,1420	− 0,3909	$\mp$ 0,3944	− 0,1963	$\pm$ 0,0748	+ 0,2730	$\pm$ 0,3058	+ 0,1738
$\pm$ 0,723	+ 1,0000	$\pm$ 0,7230	+ 0,2841	$\mp$ 0,1396	− 0,3897	$\mp$ 0,3955	− 0,1994	$\pm$ 0,0712	+ 0,2709	$\pm$ 0,3067	+ 0,1775
$\pm$ 0,724	+ 1,0000	$\pm$ 0,7240	+ 0,2863	$\mp$ 0,1372	− 0,3885	$\mp$ 0,3966	− 0,2026	$\pm$ 0,0675	+ 0,2689	$\pm$ 0,3077	+ 0,1813
$\pm$ 0,725	+ 1,0000	$\pm$ 0,7250	+ 0,2884	$\mp$ 0,1347	− 0,3874	$\mp$ 0,3977	− 0,2058	$\pm$ 0,0638	+ 0,2668	$\pm$ 0,3086	+ 0,1850
$\pm$ 0,726	+ 1,0000	$\pm$ 0,7260	+ 0,2906	$\mp$ 0,1323	− 0,3861	$\mp$ 0,3987	− 0,2089	$\pm$ 0,0601	+ 0,2645	$\pm$ 0,3093	+ 0,1886
$\pm$ 0,727	+ 1,0000	$\pm$ 0,7270	+ 0,2928	$\mp$ 0,1299	− 0,3848	$\mp$ 0,3996	− 0,2120	$\pm$ 0,0563	+ 0,2622	$\pm$ 0,3100	+ 0,1922
$\pm$ 0,728	+ 1,0000	$\pm$ 0,7280	+ 0,2950	$\mp$ 0,1274	− 0,3835	$\mp$ 0,4006	− 0,2151	$\pm$ 0,0525	+ 0,2599	$\pm$ 0,3107	+ 0,1958
$\pm$ 0,729	+ 1,0000	$\pm$ 0,7290	+ 0,2972	$\mp$ 0,1249	− 0,3822	$\mp$ 0,4016	− 0,2182	$\pm$ 0,0488	+ 0,2576	$\pm$ 0,3113	+ 0,1994
$\pm$ 0,730	+ 1,0000	$\pm$ 0,7300	+ 0,2994	$\mp$ 0,1225	− 0,3810	$\mp$ 0,4026	− 0,2214	$\pm$ 0,0450	+ 0,2553	$\pm$ 0,3120	+ 0,2030
$\pm$ 0,731	+ 1,0000	$\pm$ 0,7310	+ 0,3015	$\mp$ 0,1199	− 0,3796	$\mp$ 0,4035	− 0,2244	$\pm$ 0,0411	+ 0,2528	$\pm$ 0,3124	+ 0,2064
$\pm$ 0,732	+ 1,0000	$\pm$ 0,7320	+ 0,3037	$\mp$ 0,1174	− 0,3782	$\mp$ 0,4044	− 0,2275	$\pm$ 0,0373	+ 0,2503	$\pm$ 0,3128	+ 0,2098
$\pm$ 0,733	+ 1,0000	$\pm$ 0,7330	+ 0,3059	$\mp$ 0,1149	− 0,3768	$\mp$ 0,4052	− 0,2306	$\pm$ 0,0334	+ 0,2477	$\pm$ 0,3132	+ 9,2132
$\pm$ 0,734	+ 1,0000	$\pm$ 0,7340	+ 0,3081	$\mp$ 0,1124	− 0,3754	$\mp$ 0,4061	− 0,2336	$\pm$ 0,0296	+ 0,2451	$\pm$ 0,3135	+ 0,2167
$\pm$ 0,735	+ 1,0000	$\pm$ 0,7350	+ 0,3103	$\mp$ 0,1098	− 0,3740	$\mp$ 0,4070	− 0,2367	$\pm$ 0,0257	+ 0,2426	$\pm$ 0,3139	+ 0,2201
$\pm$ 0,736	+ 1,0000	$\pm$ 0,7360	+ 0,3126	$\mp$ 0,1073	− 0,3726	$\mp$ 0,4077	− 0,2397	$\pm$ 0,0218	+ 0,2398	$\pm$ 0,3140	+ 0,2233
$\pm$ 0,737	+ 1,0000	$\pm$ 0,7370	+ 0,3148	$\mp$ 0,1047	− 0,3711	$\mp$ 0,4085	− 0,2427	$\pm$ 0,0179	+ 0,2370	$\pm$ 0,3141	+ 0,2265
$\pm$ 0,738	+ 1,0000	$\pm$ 0,7380	+ 0,3170	$\mp$ 0,1021	− 0,3696	$\mp$ 0,4093	− 9,2457	$\pm$ 0,0140	+ 0,2343	$\pm$ 0,3142	+ 9,2296
$\pm$ 0,739	+ 1,0000	$\pm$ 0,7390	+ 0,3192	$\mp$ 0,0995	− 0,3681	$\mp$ 0,4100	− 0,2488	$\pm$ 0,0100	+ 0,2315	$\pm$ 0,3142	+ 0,2329
$\pm$ 0,740	+ 1,0000	$\pm$ 0,7400	+ 0,3214	$\mp$ 0,0969	− 0,3666	$\mp$ 0,4107	− 0,2518	$\pm$ 0,0061	+ 0,2287	$\pm$ 0,3142	+ 0,2361
$\pm$ 0,741	+ 1,0000	$\pm$ 0,7410	+ 0,3236	$\mp$ 0,0943	− 0,3650	$\mp$ 0,4114	− 0,2547	$\pm$ 0,0021	+ 0,2257	$\pm$ 0,3142	+ 0,2390
$\pm$ 0,742	+ 1,0000	$\pm$ 0,7420	+ 0,3259	$\mp$ 0,0917	− 0,3634	$\mp$ 0,4120	− 0,2576	$\mp$ 0,0019	+ 0,2227	$\pm$ 0,3140	+ 0,2420
$\pm$ 0,743	+ 1,0000	$\pm$ 0,7430	+ 0,3281	$\mp$ 0,0891	− 0,3618	$\mp$ 0,4126	− 0,2506	$\mp$ 0,0059	+ 0,2197	$\pm$ 0,3137	+ 0,2450
$\pm$ 0,744	+ 1,0000	$\pm$ 0,7440	+ 0,3303	$\mp$ 0,0864	− 0,3602	$\mp$ 0,4133	− 0,2635	$\mp$ 0,0099	+ 0,2167	$\pm$ 0,3134	+ 0,2479
$\pm$ 0,745	+ 1,0000	$\pm$ 0,7450	+ 0,3325	$\mp$ 0,0838	− 0,3586	$\mp$ 0,4139	− 0,2665	$\mp$ 0,0139	+ 0,2137	$\pm$ 0,3131	+ 0,2509
$\pm$ 0,746	+ 1,0000	$\pm$ 0,7460	+ 0,3348	$\mp$ 0,0811	− 0,3569	$\mp$ 0,4144	− 0,2693	$\mp$ 0,0180	+ 0,2105	$\pm$ 0,3126	+ 0,2536
$\pm$ 0,747	+ 1,0000	$\pm$ 0,7470	+ 0,3370	$\mp$ 0,0784	− 0,3552	$\mp$ 0,4149	− 0,2722	$\mp$ 0,0220	+ 0,2073	$\pm$ 0,3120	+ 0,2563
$\pm$ 0,748	+ 1,0000	$\pm$ 0,7480	+ 0,3393	$\mp$ 0,0757	− 0,3535	$\mp$ 0,4154	− 0,2751	$\mp$ 0,0261	+ 0,2041	$\pm$ 0,3115	+ 0,2590
$\pm$ 0,749	+ 1,0000	$\pm$ 0,7490	+ 0,3415	$\mp$ 0,0730	− 0,3518	$\mp$ 0,4159	− 0,2779	$\mp$ 0,0301	+ 0,2008	$\pm$ 0,3109	+ 0,2617
$\pm$ 0,750	+ 1,0000	$\pm$ 0,7500	+ 0,3438	$\mp$ 0,0703	− 0,3501	$\mp$ 0,4164	− 0,2808	$\mp$ 0,0342	+ 0,1976	$\pm$ 0,3103	+ 0,2644
$\pm$ 0,751	+ 1,0000	$\pm$ 0,7510	+ 0,3460	$\mp$ 0,0676	− 0,3483	$\mp$ 0,4168	− 0,2836	$\mp$ 0,0383	+ 0,1942	$\pm$ 0,3094	+ 0,2668
$\pm$ 0,752	+ 1,0000	$\pm$ 0,7520	+ 0,3483	$\mp$ 0,0648	− 0,3465	$\mp$ 0,4171	− 0,2863	$\mp$ 0,0424	+ 0,1907	$\pm$ 0,3086	+ 0,2692
$\pm$ 0,753	+ 1,0000	$\pm$ 0,7530	+ 0,3505	$\mp$ 0,0621	− 0,3447	$\mp$ 0,4175	− 0,2891	$\mp$ 0,0465	+ 0,1873	$\pm$ 0,3077	+ 0,2716
$\pm$ 0,754	+ 1,0000	$\pm$ 0,7540	+ 0,3528	$\mp$ 0,0593	− 0,3428	$\mp$ 0,4178	− 0,2919	$\mp$ 0,0506	+ 0,1838	$\pm$ 0,3068	+ 0,2740
$\pm$ 0,755	+ 1,0000	$\pm$ 0,7550	+ 0,3550	$\mp$ 0,0566	− 0,3410	$\mp$ 0,4182	− 0,2947	$\mp$ 0,0547	+ 0,1804	$\pm$ 0,3059	+ 0,2763
$\pm$ 0,756	+ 1,0000	$\pm$ 0,7560	+ 0,3573	$\mp$ 0,0538	− 0,3391	$\mp$ 0,4184	− 0,2974	$\mp$ 0,0589	+ 0,1767	$\pm$ 0,3047	+ 0,2785
$\pm$ 0,757	+ 1,0000	$\pm$ 0,7570	+ 0,3596	$\mp$ 0,0510	− 0,3372	$\mp$ 0,4186	− 0,3000	$\mp$ 0,0630	+ 0,1731	$\pm$ 0,3034	+ 0,2806
$\pm$ 0,758	+ 1,0000	$\pm$ 0,7580	+ 0,3619	$\mp$ 0,0482	− 0,3352	$\mp$ 0,4189	− 0,3027	$\mp$ 0,0671	+ 0,1694	$\pm$ 0,3022	+ 0,2827
$\pm$ 0,759	+ 1,0000	$\pm$ 0,7590	+ 0,3641	$\mp$ 0,0454	− 0,3333	$\mp$ 0,4191	− 0,3054	$\mp$ 0,0713	+ 0,1658	$\pm$ 0,3012	+ 0,2848
$\pm$ 0,760	+ 1,0000	$\pm$ 0,7600	+ 0,3664	$\mp$ 0,0426	− 0,3314	$\mp$ 0,4193	− 0,3081	$\mp$ 0,0754	+ 0,1621	$\pm$ 0,2997	+ 0,2869
$\pm$ 0,761	+ 1,0000	$\pm$ 0,7610	+ 0,3687	$\mp$ 0,0397	− 0,3294	$\mp$ 0,4194	− 0,3107	$\mp$ 0,0796	+ 0,1582	$\pm$ 0,2982	+ 0,2887
$\pm$ 0,762	+ 1,0000	$\pm$ 0,7620	+ 0,3710	$\mp$ 0,0368	− 0,3273	$\mp$ 0,4195	− 0,3132	$\mp$ 0,0837	+ 0,1544	$\pm$ 0,2966	+ 0,2904
$\pm$ 0,763	+ 1,0000	$\pm$ 0,7630	+ 0,3733	$\mp$ 0,0340	− 0,3253	$\mp$ 0,4196	− 0,3158	$\mp$ 0,0879	+ 0,1505	$\pm$ 0,2950	+ 0,2922
$\pm$ 0,764	+ 1,0000	$\pm$ 0,7640	+ 0,3756	$\mp$ 0,0311	− 0,3233	$\mp$ 0,4196	− 0,3184	$\mp$ 0,0921	+ 0,1467	$\pm$ 0,2935	+ 0,2940
$\pm$ 0,765	+ 1,0000	$\pm$ 0,7650	+ 0,3778	$\mp$ 0,0283	− 0,3212	$\mp$ 0,4197	− 0,3210	$\mp$ 0,0962	+ 0,1428	$\pm$ 0,2919	+ 0,2957
$\pm$ 0,766	+ 1,0000	$\pm$ 0,7660	+ 0,3701	$\mp$ 0,0254	− 0,3191	$\mp$ 0,4197	− 0,3234	$\mp$ 0,1003	+ 0,1387	$\pm$ 0,2900	+ 0,2971
$\pm$ 0,767	+ 1,0000	$\pm$ 0,7670	+ 0,3824	$\mp$ 0,0224	− 0,3169	$\mp$ 0,4196	− 0,3259	$\mp$ 0,1045	+ 0,1347	$\pm$ 0,2880	+ 0,2985
$\pm$ 0,768	+ 1,0000	$\pm$ 0,7680	+ 0,3747	$\mp$ 0,0195	− 0,3148	$\mp$ 0,4195	− 0,3283	$\mp$ 0,1087	+ 0,1306	$\pm$ 0,2861	+ 0,2999
$\pm$ 0,769	+ 1,0000	$\pm$ 0,7690	+ 0,3770	$\mp$ 0,0166	− 0,3126	$\mp$ 0,4194	− 0,3308	$\mp$ 0,1129	+ 0,1265	$\pm$ 0,2842	+ 0,3013
$\pm$ 0,770	+ 1,0000	$\pm$ 0,7700	+ 0,3894	$\mp$ 0,0137	− 0,3104	$\mp$ 0,4193	− 0,3333	$\mp$ 0,1171	+ 0,1225	$\pm$ 0,2823	+ 0,3027

x	P_0	P_1	P_2	P_3	P_4	P_5	P_6	P_7	P_8	P_9	P_{10}
$\pm$ 0,770	$+$ 1,0000	$\pm$ 0,7700	$+$ 0,3894	$\mp$ 0,0137	$-$ 0,3104	$\mp$ 0,4193	$-$ 0,3333	$\mp$ 0,1171	$+$ 0,1225	$\pm$ 0,2823	$+$ 0,3027
$\pm$ 0,771	$+$ 1,0000	$\pm$ 0,7710	$+$ 0,3917	$\mp$ 0,0107	$-$ 0,3082	$\mp$ 0,4191	$-$ 0,3356	$\mp$ 0,1213	$+$ 0,1183	$\pm$ 0,2800	$+$ 0,3037
$\pm$ 0,772	$+$ 1,0000	$\pm$ 0,7720	$+$ 0,3940	$\mp$ 0,0077	$-$ 0,3059	$\mp$ 0,4189	$-$ 0,3379	$\mp$ 0,1255	$+$ 0,1140	$\pm$ 0,2777	$+$ 0,3047
$\pm$ 0,773	$+$ 1,0000	$\pm$ 0,7730	$+$ 0,3963	$\mp$ 0,0048	$-$ 0,3036	$\mp$ 0,4186	$-$ 0,3403	$\mp$ 0,1297	$+$ 0,1098	$\pm$ 0,2755	$+$ 0,3058
$\pm$ 0,774	$+$ 1,0000	$\pm$ 0,7740	$+$ 0,3986	$\mp$ 0,0018	$-$ 0,3013	$\mp$ 0,4184	$-$ 0,3426	$\mp$ 0,1338	$+$ 0,1055	$\pm$ 0,2732	$+$ 0,3068
$\pm$ 0,775	$+$ 1,0000	$\pm$ 0,7750	$+$ 0,4009	$\pm$ 0,0012	$-$ 0,2991	$\mp$ 0,4182	$-$ 0,3449	$\mp$ 0,1380	$+$ 0,1013	$\pm$ 0,2709	$+$ 0,3078
$\pm$ 0,776	$+$ 1,0000	$\pm$ 0,7760	$+$ 0,4033	$\pm$ 0,0042	$-$ 0,2967	$\mp$ 0,4178	$-$ 0,3471	$\mp$ 0,1422	$+$ 0,0968	$\pm$ 0,2683	$+$ 0,3084
$\pm$ 0,777	$+$ 1,0000	$\pm$ 0,7770	$+$ 0,4056	$\pm$ 0,0073	$-$ 0,2943	$\mp$ 0,4174	$-$ 0,3493	$\mp$ 0,1463	$+$ 0,0924	$\pm$ 0,2656	$+$ 0,3090
$\pm$ 0,778	$+$ 1,0000	$\pm$ 0,7780	$+$ 0,4079	$\pm$ 0,0103	$-$ 0,2919	$\mp$ 0,4170	$-$ 0,3515	$\mp$ 0,1505	$+$ 0,0880	$\pm$ 0,2630	$+$ 0,3096
$\pm$ 0,779	$+$ 1,0000	$\pm$ 0,7790	$+$ 0,4103	$\pm$ 0,0133	$-$ 0,2895	$\mp$ 0,4166	$-$ 0,3537	$\mp$ 0,1547	$+$ 0,0836	$\pm$ 0,2604	$+$ 0,3102
$\pm$ 0,780	$+$ 1,0000	$\pm$ 0,7800	$+$ 0,4126	$\pm$ 0,0164	$-$ 0,2871	$\mp$ 0,4162	$-$ 0,3559	$\mp$ 0,1588	$+$ 0,0791	$\pm$ 0,2578	$+$ 0,3108
$\pm$ 0,781	$+$ 1,0000	$\pm$ 0,7810	$+$ 0,4149	$\pm$ 0,0195	$-$ 0,2846	$\mp$ 0,4156	$-$ 0,3579	$\mp$ 0,1629	$+$ 0,0746	$\pm$ 0,2548	$+$ 0,3112
$\pm$ 0,782	$+$ 1,0000	$\pm$ 0,7820	$+$ 0,4173	$\pm$ 0,0226	$-$ 0,2821	$\mp$ 0,4151	$-$ 0,3600	$\mp$ 0,1671	$+$ 0,0700	$\pm$ 0,2518	$+$ 0,3115
$\pm$ 0,783	$+$ 1,0000	$\pm$ 0,7830	$+$ 0,4196	$\pm$ 0,0257	$-$ 0,2796	$\mp$ 0,4145	$-$ 0,3620	$\mp$ 0,1712	$+$ 0,0654	$\pm$ 0,2488	$+$ 0,3118
$\pm$ 0,784	$+$ 1,0000	$\pm$ 0,7840	$+$ 0,4220	$\pm$ 0,0287	$-$ 0,2770	$\mp$ 0,4139	$-$ 0,3641	$\mp$ 0,1753	$+$ 0,0608	$\pm$ 0,2459	$+$ 9,3118
$\pm$ 0,785	$+$ 1,0000	$\pm$ 0,7850	$+$ 0,4243	$\pm$ 0,0318	$-$ 0,2745	$\mp$ 0,4134	$-$ 0,3661	$\mp$ 0,1795	$+$ 0,0562	$\pm$ 0,2429	$+$ 0,3117
$\pm$ 0,786	$+$ 1,0000	$\pm$ 0,7860	$+$ 0,4267	$\pm$ 0,0350	$-$ 0,2719	$\mp$ 0,4126	$-$ 0,3680	$\mp$ 0,1836	$+$ 0,0515	$\pm$ 0,2396	$+$ 0,3114
$\pm$ 0,787	$+$ 1,0000	$\pm$ 0,7870	$+$ 0,4291	$\pm$ 0,0381	$-$ 0,2692	$\mp$ 0,4119	$-$ 0,3699	$\mp$ 0,1876	$+$ 0,0468	$\pm$ 0,2362	$+$ 0,3111
$\pm$ 0,788	$+$ 1,0000	$\pm$ 0,7880	$+$ 0,4314	$\pm$ 0,0413	$-$ 0,2666	$\mp$ 0,4111	$-$ 0,3718	$\mp$ 0,1917	$+$ 0,0420	$\pm$ 0,2329	$+$ 0,3109
$\pm$ 0,789	$+$ 1,0000	$\pm$ 0,7890	$+$ 0,4338	$\pm$ 0,0444	$-$ 0,2640	$\mp$ 0,4104	$-$ 0,3737	$\mp$ 0,1958	$+$ 0,0373	$\pm$ 0,2296	$+$ 0,3106
$\pm$ 0,790	$+$ 1,0000	$\pm$ 0,7900	$+$ 0,4362	$\pm$ 0,0476	$-$ 0,2613	$\mp$ 0,4097	$-$ 0,3756	$\mp$ 0,1999	$+$ 0,0326	$\pm$ 0,2263	$+$ 0,3103
$\pm$ 0,791	$+$ 1,0000	$\pm$ 0,7910	$+$ 0,4385	$\pm$ 0,0508	$-$ 0,2586	$\mp$ 0,4087	$-$ 0,3773	$\mp$ 0,2039	$+$ 0,0277	$\pm$ 0,2226	$+$ 0,3098
$\pm$ 0,792	$+$ 1,0000	$\pm$ 0,7920	$+$ 0,4409	$\pm$ 0,0540	$-$ 0,2558	$\mp$ 0,4078	$-$ 0,3790	$\mp$ 0,2079	$+$ 0,0228	$\pm$ 0,2189	$+$ 0,3091
$\pm$ 0,793	$+$ 1,0000	$\pm$ 0,7930	$+$ 0,4433	$\pm$ 0,0572	$-$ 0,2530	$\mp$ 0,4069	$-$ 0,3807	$\mp$ 0,2119	$+$ 0,0180	$\pm$ 0,2152	$+$ 0,3083
$\pm$ 0,794	$+$ 1,0000	$\pm$ 0,7940	$+$ 0,4457	$\pm$ 0,0604	$-$ 0,2503	$\mp$ 0,4060	$-$ 0,3824	$\mp$ 0,2160	$+$ 0,0131	$\pm$ 0,2116	$+$ 0,3075
$\pm$ 0,795	$+$ 1,0000	$\pm$ 0,7950	$+$ 0,4480	$\pm$ 0,0637	$-$ 0,2475	$\mp$ 0,4051	$-$ 0,3842	$\mp$ 0,2200	$+$ 0,0082	$\pm$ 0,2079	$+$ 0,3065
$\pm$ 0,796	$+$ 1,0000	$\pm$ 0,7960	$+$ 0,4504	$\pm$ 0,0669	$-$ 0,2446	$\mp$ 0,4040	$-$ 0,3857	$\mp$ 0,2239	$+$ 0,0032	$\pm$ 0,2039	$+$ 0,3054
$\pm$ 0,797	$+$ 1,0000	$\pm$ 0,7970	$+$ 0,4528	$\pm$ 0,0702	$-$ 0,2417	$\mp$ 0,4029	$-$ 0,3872	$\mp$ 0,2278	$-$ 0,0017	$\pm$ 0,1999	$+$ 0,3042
$\pm$ 0,798	$+$ 1,0000	$\pm$ 0,7980	$+$ 0,4552	$\pm$ 0,0735	$-$ 0,2388	$\mp$ 0,4017	$-$ 0,3887	$\mp$ 0,2318	$-$ 0,0067	$\pm$ 0,1959	$+$ 0,3030
$\pm$ 0,799	$+$ 1,0000	$\pm$ 0,7990	$+$ 0,4576	$\pm$ 0,0767	$-$ 0,2359	$\mp$ 0,4006	$-$ 0,3903	$\mp$ 0,2357	$-$ 0,0117	$\pm$ 0,1919	$+$ 0,3018
$\pm$ 0,800	$+$ 1,0000	$\pm$ 0,8000	$+$ 0,4600	$\pm$ 0,0800	$-$ 0,2330	$\mp$ 0,3995	$-$ 0,3918	$\mp$ 0,2397	$-$ 0,0167	$\pm$ 0,1879	$+$ 0,3005
$\pm$ 0,801	$+$ 1,0000	$\pm$ 0,8010	$+$ 0,4624	$\pm$ 0,0833	$-$ 0,2300	$\mp$ 0,3982	$-$ 0,3931	$\mp$ 0,2435	$-$ 0,0217	$\pm$ 0,1835	$+$ 0,2990
$\pm$ 0,802	$+$ 1,0000	$\pm$ 0,8020	$+$ 0,4648	$\pm$ 0,0867	$-$ 0,2270	$\mp$ 0,3969	$-$ 0,3945	$\mp$ 0,2473	$-$ 0,0268	$\pm$ 0,1792	$+$ 0,2974
$\pm$ 0,803	$+$ 1,0000	$\pm$ 0,8030	$+$ 0,4672	$\pm$ 0,0900	$-$ 0,2240	$\mp$ 0,3956	$-$ 0,3958	$\mp$ 0,2512	$-$ 0,0319	$\pm$ 0,1749	$+$ 0,2957
$\pm$ 0,804	$+$ 1,0000	$\pm$ 0,8040	$+$ 0,4696	$\pm$ 0,0933	$-$ 0,2210	$\mp$ 0,3943	$-$ 0,3971	$\mp$ 0,2550	$-$ 0,0370	$\pm$ 0,1705	$+$ 0,2939
$\pm$ 0,805	$+$ 1,0000	$\pm$ 0,8050	$+$ 0,4720	$\pm$ 0,0967	$-$ 0,2179	$\mp$ 0,3930	$-$ 0,3985	$\mp$ 0,2588	$-$ 0,0420	$\pm$ 0,1662	$+$ 0,2920
$\pm$ 0,806	$+$ 1,0000	$\pm$ 0,8060	$+$ 0,4745	$\pm$ 0,1000	$-$ 0,2147	$\mp$ 0,3915	$-$ 0,3996	$\mp$ 0,2626	$-$ 0,0472	$\pm$ 0,1615	$+$ 0,2899
$\pm$ 0,807	$+$ 1,0000	$\pm$ 0,8070	$+$ 0,4769	$\pm$ 0,1034	$-$ 0,2116	$\mp$ 0,3900	$-$ 0,4007	$\mp$ 0,2663	$-$ 0,0523	$\pm$ 0,1569	$+$ 0,2878
$\pm$ 0,808	$+$ 1,0000	$\pm$ 0,8080	$+$ 0,4793	$\pm$ 0,1068	$-$ 0,2084	$\mp$ 0,3885	$-$ 0,4019	$\mp$ 0,2700	$-$ 0,0575	$\pm$ 0,1522	$+$ 0,2856
$\pm$ 0,809	$+$ 1,0000	$\pm$ 0,8090	$+$ 0,4817	$\pm$ 0,1102	$-$ 0,2052	$\mp$ 0,3870	$-$ 0,4030	$\mp$ 0,2737	$-$ 0,0626	$\pm$ 0,1476	$+$ 0,2834
$\pm$ 0,810	$+$ 1,0000	$\pm$ 0,8100	$+$ 0,4842	$\pm$ 0,1136	$-$ 0,2021	$\mp$ 0,3855	$-$ 0,4041	$\mp$ 0,2774	$-$ 0,0678	$\pm$ 0,1429	$+$ 0,2810
$\pm$ 0,811	$+$ 1,0000	$\pm$ 0,8110	$+$ 0,4868	$\pm$ 0,1171	$-$ 0,1988	$\mp$ 0,3838	$-$ 0,4050	$\mp$ 0,2810	$-$ 0,0729	$\pm$ 0,1380	$+$ 0,2784
$\pm$ 0,812	$+$ 1,0000	$\pm$ 0,8120	$+$ 0,4892	$\pm$ 0,1205	$-$ 0,1955	$\mp$ 0,3821	$-$ 0,4059	$\mp$ 0,2846	$-$ 0,0781	$\pm$ 0,1330	$+$ 0,2758
$\pm$ 0,813	$+$ 1,0000	$\pm$ 0,8130	$+$ 0,4915	$\pm$ 0,1239	$-$ 0,1922	$\mp$ 0,3804	$-$ 0,4068	$\mp$ 0,2882	$-$ 0,0834	$\pm$ 0,1281	$+$ 0,2730
$\pm$ 0,814	$+$ 1,0000	$\pm$ 0,8140	$+$ 0,4939	$\pm$ 0,1274	$-$ 0,1890	$\mp$ 0,3787	$-$ 0,4077	$\mp$ 0,2918	$-$ 0,0885	$\pm$ 0,1231	$+$ 0,2701
$\pm$ 0,815	$+$ 1,0000	$\pm$ 0,8150	$+$ 0,4963	$\pm$ 0,1309	$-$ 0,1856	$\mp$ 0,3770	$-$ 0,4086	$\mp$ 0,2953	$-$ 0,0938	$\pm$ 0,1182	$+$ 0,2672
$\pm$ 0,816	$+$ 1,0000	$\pm$ 0,8160	$+$ 0,4988	$\pm$ 0,1344	$-$ 0,1822	$\mp$ 0,3751	$-$ 0,4093	$\mp$ 0,2988	$-$ 0,0990	$\pm$ 0,1129	$+$ 0,2642
$\pm$ 0,817	$+$ 1,0000	$\pm$ 0,8170	$+$ 0,5012	$\pm$ 0,1379	$-$ 0,1788	$\mp$ 0,3732	$-$ 0,4099	$\mp$ 0,3022	$-$ 0,1042	$\pm$ 0,1077	$+$ 0,2611
$\pm$ 0,818	$+$ 1,0000	$\pm$ 0,8180	$+$ 0,5037	$\pm$ 0,1414	$-$ 0,1753	$\mp$ 0,3712	$-$ 0,4106	$\mp$ 0,3056	$-$ 0,1094	$\pm$ 0,1025	$+$ 0,2579
$\pm$ 0,819	$+$ 1,0000	$\pm$ 0,8190	$+$ 0,5061	$\pm$ 0,1449	$-$ 0,1719	$\mp$ 0,3693	$-$ 0,4113	$\mp$ 0,3090	$-$ 0,1147	$\pm$ 0,0973	$+$ 0,2546
$\pm$ 0,820	$+$ 1,0000	$\pm$ 0,8200	$+$ 0,5086	$\pm$ 0,1484	$-$ 0,1685	$\mp$ 0,3674	$-$ 0,4119	$\mp$ 0,3124	$-$ 0,1199	$\pm$ 0,0920	$+$ 0,2513
$\pm$ 0,821	$+$ 1,0000	$\pm$ 0,8210	$+$ 0,5111	$\pm$ 0,1520	$-$ 0,1649	$\mp$ 0,3653	$-$ 0,4124	$\mp$ 0,3156	$-$ 0,1251	$\pm$ 0,0865	$+$ 0,2477
$\pm$ 0,822	$+$ 1,0000	$\pm$ 0,8220	$+$ 0,5135	$\pm$ 0,1556	$-$ 0,1613	$\mp$ 0,3631	$-$ 0,4128	$\mp$ 0,3189	$-$ 0,1303	$\pm$ 0,0810	$+$ 0,2440
$\pm$ 0,823	$+$ 1,0000	$\pm$ 0,8230	$+$ 0,5160	$\pm$ 0,1591	$-$ 0,1578	$\mp$ 0,3610	$-$ 0,4132	$\mp$ 0,3221	$-$ 0,1356	$\pm$ 0,0755	$+$ 0,2402
$\pm$ 0,824	$+$ 1,0000	$\pm$ 0,8240	$+$ 0,5185	$\pm$ 0,1627	$-$ 0,1542	$\mp$ 0,3589	$-$ 0,4136	$\mp$ 0,3253	$-$ 0,1408	$\pm$ 0,0700	$+$ 0,2363
$\pm$ 0,825	$+$ 1,0000	$\pm$ 0,8250	$+$ 0,5209	$\pm$ 0,1663	$-$ 0,1506	$\mp$ 0,3567	$-$ 0,4140	$\mp$ 0,3286	$-$ 0,1460	$\pm$ 0,0646	$+$ 0,2323

x	P_0	P_1	P_2	P_3	P_4	P_5	P_6	P_7	P_8	P_9	P_{10}
± 0,825	+ 1,0000	± 0,8250	+ 0,5209	± 0,1663	− 0,1506	∓ 0,3567	− 0,4140	∓ 0,3286	− 0,1460	± 0,0646	+ 0,2323
± 0,826	+ 1,0000	± 0,8260	+ 0,5234	± 0,1699	− 0,1469	∓ 0,3544	− 0,4142	∓ 0,3316	− 0,1512	± 0,0588	+ 0,2283
± 0,827	+ 1,0000	± 0,8270	+ 0,5269	± 0,1736	− 0,1430	∓ 0,3520	− 0,4143	∓ 0,3346	− 0,1564	± 0,0531	+ 0,2224
± 0,828	+ 1,0000	± 0,8280	+ 0,5294	± 0,1772	− 0,1395	∓ 0,3496	− 0,4145	∓ 0,3376	− 0,1616	± 0,0474	+ 0,2199
± 0,829	+ 1,0000	± 0,8290	+ 0,5309	± 0,1808	− 0,1358	∓ 0,3473	− 0,4146	∓ 0,3407	− 0,1668	± 0,0416	+ 0,2157
± 0,830	+ 1,0000	± 0,8300	+ 0,5334	± 0,1845	− 0,1321	∓ 0,3449	− 0,4148	∓ 0,3437	− 0,1720	± 0,0359	+ 0,2114
± 0,831	+ 1,0000	± 0,8310	+ 0,5358	± 0,1882	− 0,1282	∓ 0,3423	− 0,4149	∓ 0,3465	− 0,1771	± 0,0300	+ 0,2068
± 0,832	+ 1,0000	± 0,8320	+ 0,5383	± 0,1919	− 0,1244	∓ 0,3397	− 0,4149	∓ 0,3493	− 0,1822	± 0,0240	+ 0,2021
± 0,833	+ 1,0000	± 0,8330	+ 0,5408	± 0,1956	− 0,1205	∓ 0,3371	− 0,4148	∓ 0,3520	− 0,1874	± 0,0181	+ 0,1974
± 0,834	+ 1,0000	± 0,8340	+ 0,5433	± 0,1993	− 0,1167	∓ 0,3345	− 0,4145	∓ 0,3548	− 0,1925	± 0,0122	+ 0,1926
± 0,835	+ 1,0000	± 0,8350	+ 0,5458	± 0,2030	− 0,1128	∓ 0,3319	− 0,4141	∓ 0,3577	− 0,1976	± 0,0062	+ 0,1877
± 0,836	+ 1,0000	± 0,8360	+ 0,5484	± 0,2067	− 0,1088	∓ 0,3291	− 0,4137	∓ 0,3602	− 0,2027	± 0,0001	+ 0,1825
± 0,837	+ 1,0000	± 0,8370	+ 0,5509	± 0,2105	− 0,1048	∓ 0,3263	− 0,4133	∓ 0,3627	− 0,2077	∓ 0,0060	+ 0,1773
± 0,838	+ 1,0000	± 0,8380	+ 0,5534	± 0,2143	− 0,1008	∓ 0,3234	− 0,4128	∓ 0,3653	− 0,2127	∓ 0,0121	+ 0,1721
± 0,839	+ 1,0000	± 0,8390	+ 0,5559	± 0,2180	− 0,0968	∓ 0,3206	− 0,4124	∓ 0,3678	− 0,2178	∓ 0,0182	+ 0,1669
± 0,840	+ 1,0000	± 0,8400	+ 0,5584	± 0,2218	− 0,0928	∓ 0,3177	− 0,4120	∓ 0,3703	− 0,2228	∓ 0,0243	+ 0,1617
± 0,841	+ 1,0000	± 0,8410	+ 0,5609	± 0,2256	− 0,0887	∓ 0,3147	− 0,4113	∓ 0,3726	− 0,2277	∓ 0,0306	+ 0,1560
± 0,842	+ 1,0000	± 0,8420	+ 0,5635	± 0,2294	− 0,0845	∓ 0,3116	− 0,4105	∓ 0,3749	− 0,2326	∓ 0,0368	+ 0,1504
± 0,843	+ 1,0000	± 0,8430	+ 0,5660	± 0,2332	− 0,0804	∓ 0,3085	− 0,4098	∓ 0,3771	− 0,2375	∓ 0,0431	+ 0,1447
± 0,844	+ 1,0000	± 0,8440	+ 0,5685	± 0,2371	− 0,0762	∓ 0,3054	− 0,4090	∓ 0,3794	− 0,2424	∓ 0,0493	+ 0,1390
± 0,845	+ 1,0000	± 0,8450	+ 0,5710	± 0,2409	− 0,0721	∓ 0,3023	− 0,4083	∓ 0,3816	− 0,2473	∓ 0,0556	+ 0,1334
± 0,846	+ 1,0000	± 0,8460	+ 0,5736	± 0,2448	− 0,0678	∓ 0,2990	− 0,4072	∓ 0,3835	− 0,2521	∓ 0,0619	+ 0,1273
± 0,847	+ 1,0000	± 0,8470	+ 0,5761	± 0,2486	− 0,0635	∓ 0,2957	− 0,4062	∓ 0,3855	− 0,2568	∓ 0,0683	+ 0,1212
± 0,848	+ 1,0000	± 0,8480	+ 0,5787	± 0,2525	− 0,0592	∓ 0,2923	− 0,4051	∓ 0,3874	− 0,2616	∓ 0,0746	+ 0,1151
± 0,849	+ 1,0000	± 0,8490	+ 0,5812	± 0,2564	− 0,0549	∓ 0,2890	− 0,4041	∓ 0,3894	− 0,2663	∓ 0,0810	+ 0,1090
± 0,850	+ 1,0000	± 0,8500	+ 0,5838	± 0,2603	− 0,0506	∓ 0,2857	− 0,4030	∓ 0,3913	− 0,2710	∓ 0,0873	+ 0,1029
± 0,851	+ 1,0000	± 0,8510	+ 0,5863	± 0,2643	− 0,0461	∓ 0,2821	− 0,4016	∓ 0,3929	− 0,2756	∓ 0,0937	+ 0,0965
± 0,852	+ 1,0000	± 0,8520	+ 0,5889	± 0,2682	− 0,0417	∓ 0,2785	− 0,4002	∓ 0,3945	− 0,2802	∓ 0,1001	+ 0,0900
± 0,853	+ 1,0000	± 0,8530	+ 0,5914	± 0,2722	− 0,0372	∓ 0,2749	− 0,3989	∓ 0,3961	− 0,2848	∓ 0,1065	+ 0,0835
± 0,854	+ 1,0000	± 0,8540	+ 0,5940	± 0,2761	− 0,0328	∓ 0,2773	− 0,3975	∓ 0,3977	− 0,2893	∓ 0,1129	+ 0,0770
± 0,855	+ 1,0000	± 0,8550	+ 0,5965	± 0,2801	− 0,0284	∓ 0,2677	− 0,3961	∓ 0,3993	− 0,2939	∓ 0,1193	+ 0,0705
± 0,856	+ 1,0000	± 0,8560	+ 0,5991	± 0,2841	− 0,0248	∓ 0,2638	− 0,3943	∓ 0,4005	− 0,2981	∓ 0,1257	+ 0,0636
± 0,857	+ 1,0000	± 0,8570	+ 0,6017	± 0,2881	− 0,0191	∓ 0,2600	− 0,3925	∓ 0,4018	− 0,3024	∓ 0,1321	+ 0,0568
± 0,858	+ 1,0000	± 0,8580	+ 0,6043	± 0,2921	− 0,0145	∓ 0,2561	− 0,3907	∓ 0,4030	− 0,3066	∓ 0,1385	+ 0,0499
± 0,859	+ 1,0000	± 0,8590	+ 0,6068	± 0,2961	− 0,0099	∓ 0,2522	− 0,3889	∓ 0,4042	− 0,3108	∓ 0,1450	+ 0,0431
± 0,860	+ 1,0000	± 0,8600	+ 0,6094	± 0,3001	− 0,0053	∓ 0,2484	− 0,3872	∓ 0,4055	− 0,3150	∓ 0,1514	+ 0,0362
± 0,861	+ 1,0000	± 0,8610	+ 0,6120	± 0,3042	− 0,0006	∓ 0,2443	− 0,3850	∓ 0,4063	− 0,3190	∓ 0,1577	+ 0,0291
± 0,862	+ 1,0000	± 0,8620	+ 0,6146	± 0,3083	+ 0,0042	∓ 0,2401	− 0,3829	∓ 0,4071	− 0,3230	∓ 0,1641	+ 0,0219
± 0,863	+ 1,0000	± 0,8630	+ 0,6172	± 0,3124	+ 0,0089	∓ 0,2360	− 0,3808	∓ 0,4079	− 0,3270	∓ 0,1704	+ 0,0148
± 0,864	+ 1,0000	± 0,8640	+ 0,6198	± 0,3165	+ 0,0137	∓ 0,2318	− 0,3786	∓ 0,4088	− 0,3309	∓ 0,1768	+ 0,0076
± 0,865	+ 1,0000	± 0,8650	+ 0,6223	± 0,3205	+ 0,0185	∓ 0,2277	− 0,3765	∓ 0,4096	− 0,3349	∓ 0,1831	+ 0,0004
± 0,866	+ 1,0000	± 0,8660	+ 0,6249	± 0,3247	+ 0,0234	∓ 0,2233	− 0,3740	∓ 0,4100	− 0,3385	∓ 0,1894	− 0,0070
± 0,867	+ 1,0000	± 0,8670	+ 0,6275	± 0,3288	+ 0,0283	∓ 0,2189	− 0,3714	∓ 0,4104	− 0,3422	∓ 0,1956	− 0,0144
± 0,868	+ 1,0000	± 0,8680	+ 0,6301	± 0,3330	+ 0,0332	∓ 0,2144	− 0,3689	∓ 0,4108	− 0,3458	∓ 0,2019	− 0,0218
± 0,869	+ 1,0000	± 0,8690	+ 0,6327	± 0,3371	+ 0,0381	∓ 0,2100	− 0,3663	∓ 0,4112	− 0,3494	∓ 0,2081	− 0,0292
± 0,870	+ 1,0000	± 0,8700	+ 0,6354	± 0,3413	+ 0,0431	∓ 0,2056	− 0,3638	∓ 0,4116	− 0,3530	∓ 0,2143	− 0,0366
± 0,871	+ 1,0000	± 0,8710	+ 0,6380	± 0,3455	+ 0,0481	∓ 0,2009	− 0,3610	∓ 0,4116	− 0,3563	∓ 0,2204	− 0,0441
± 0,872	+ 1,0000	± 0,8720	+ 0,6406	± 0,3497	+ 0,0532	∓ 0,1962	− 0,3581	∓ 0,4115	− 0,3595	∓ 0,2265	− 0,0517
± 0,873	+ 1,0000	± 0,8730	+ 0,6432	± 0,3539	+ 0,0583	∓ 0,1915	− 0,3551	∓ 0,4114	− 0,3627	∓ 0,2325	− 0,0593
± 0,874	+ 1,0000	± 0,8740	+ 0,6458	± 0,3581	+ 0,0634	∓ 0,1868	− 0,3520	∓ 0,4113	− 0,3660	∓ 0,2386	− 0,0669
± 0,875	+ 1,0000	± 0,8750	+ 0,6484	± 0,3623	+ 0,0685	∓ 0,1820	− 0,3489	∓ 0,4112	− 0,3692	∓ 0,2447	− 0,0745
± 0,876	+ 1,0000	± 0,8760	+ 0,6511	± 0,3666	+ 0,0737	∓ 0,1770	− 0,3457	∓ 0,4106	− 0,3720	∓ 0,2505	− 0,0822
± 0,877	+ 1,0000	± 0,8770	+ 0,6537	± 0,3709	+ 0,0789	∓ 0,1720	− 0,3423	∓ 0,4100	− 0,3747	∓ 0,2563	− 0,0899
± 0,878	+ 1,0000	± 0,8780	+ 0,6563	± 0,3751	+ 0,0842	∓ 0,1670	− 0,3389	∓ 0,4095	− 0,3775	∓ 0,2621	− 0,0976
± 0,879	+ 1,0000	± 0,8790	+ 0,6590	± 0,3794	+ 0,0894	∓ 0,1620	− 0,3356	∓ 0,4089	− 0,3803	∓ 0,2680	− 0,1053
± 0,880	+ 1,0000	± 0,8800	+ 0,6616	± 0,3837	+ 0,0947	∓ 0,1570	− 0,3322	∓ 0,4083	− 0,3830	∓ 0,2738	− 0,1130
± 0,881	+ 1,0000	± 0,8810	+ 0,6643	± 0,3880	+ 0,1001	∓ 0,1517	− 0,3284	∓ 0,4072	− 0,3853	∓ 0,2793	− 0,1207
± 0,882	+ 1,0000	± 0,8820	+ 0,6669	± 0,3924	+ 0,1055	∓ 0,1464	− 0,3245	∓ 0,4061	− 0,3876	∓ 0,2848	− 0,1285
± 0,883	+ 1,0000	± 0,8830	+ 0,6695	± 0,3967	+ 0,1109	∓ 0,1411	− 0,3207	∓ 0,4050	− 0,3898	∓ 0,2903	− 0,1362
± 0,884	+ 1,0000	± 0,8840	+ 0,6722	± 0,4010	+ 0,1163	∓ 0,1358	− 0,3169	∓ 0,4038	− 0,3921	∓ 0,2958	− 0,1439
± 0,885	+ 1,0000	± 0,8850	+ 0,6748	± 0,4054	+ 0,1217	∓ 0,1304	− 0,3130	∓ 0,4027	− 0,3944	∓ 0,3013	− 0,1517

x	P_0	P_1	P_2	P_3	P_4	P_5	P_6	P_7	P_8	P_9	P_{10}
± 0,885	+ 1,0000	± 0,8850	+ 0,6748	± 0,4054	+ 0,1217	∓ 0,1304	− 0,313	∓ 0,403	− 0,394	∓ 0,301	− 0,152
± 0,886	+ 1,0000	± 0,8860	+ 0,6775	± 0,4098	+ 0,1273	∓ 0,1248	− 0,309	∓ 0,401	− 0,396	∓ 0,306	− 0,159
± 0,887	+ 1,0000	± 0,8870	+ 0,6802	± 0,4142	+ 0,1329	∓ 0,1192	− 0,304	∓ 0,399	− 0,397	∓ 0,311	− 0,167
± 0,888	+ 1,0000	± 0,8880	+ 0,6828	± 0,4196	+ 0,1384	∓ 0,1135	− 0,300	∓ 0,397	− 0,399	∓ 0,316	− 0,174
± 0,889	+ 1,0000	± 0,8890	+ 0,6855	± 0,4220	+ 0,1440	∓ 0,1079	− 0,296	∓ 0,396	− 0,401	∓ 0,321	− 0,182
± 0,890	+ 1,0000	± 0,8900	+ 0,6882	± 0,4274	+ 0,1496	∓ 0,1023	− 0,291	∓ 0,394	− 0,403	∓ 0,326	− 0,190
± 0,891	+ 1,0000	± 0,8910	+ 0,6908	± 0,4319	+ 0,1553	∓ 0,0963	− 0,287	∓ 0,392	− 0,404	∓ 0,331	− 0,197
± 0,892	+ 1,0000	± 0,8920	+ 0,6935	± 0,4364	+ 0,1610	∓ 0,0904	− 0,282	∓ 0,389	− 0,405	∓ 0,335	− 0,205
± 0,893	+ 1,0000	± 0,8930	+ 0,6962	± 0,4408	+ 0,1668	∓ 0,0844	− 0,277	∓ 0,387	− 0,406	∓ 0,340	− 0,212
± 0,894	+ 1,0000	± 0,8940	+ 0,6989	± 0,4453	+ 0,1726	∓ 0,0785	− 0,272	∓ 0,385	− 0,407	∓ 0,345	− 0,220
± 0,895	+ 1,0000	± 0,8950	+ 0,7015	± 0,4498	+ 0,1783	∓ 0,0725	− 0,267	∓ 0,383	− 0,408	∓ 0,349	− 0,227
± 0,896	+ 1,0000	± 0,8960	+ 0,7042	± 0,4543	+ 0,1843	∓ 0,0663	− 0,262	∓ 0,380	− 0,408	∓ 0,353	− 0,234
± 0,897	+ 1,0000	± 0,8970	+ 0,7069	± 0,4589	+ 0,1902	∓ 0,0600	− 0,257	∓ 0,377	− 0,409	∓ 0,357	− 0,241
± 0,898	+ 1,0000	± 0,8980	+ 0,7096	± 0,4634	+ 0,1961	∓ 0,0537	− 0,252	∓ 0,374	− 0,409	∓ 0,361	− 0,249
± 0,899	+ 1,0000	± 0,8990	+ 0,7123	± 0,4680	+ 0,2020	∓ 0,0474	− 0,246	∓ 0,371	− 0,409	∓ 0,365	− 0,256
± 0,900	+ 1,0000	± 0,9000	+ 0,7150	± 0,4725	+ 0,2079	∓ 0,0411	− 0,241	∓ 0,368	− 0,410	∓ 0,369	− 0,263
± 0,901	+ 1,0000	± 0,9010	+ 0,7177	± 0,4771	+ 0,2140	∓ 0,0345	− 0,235	∓ 0,364	− 0,409	∓ 0,373	− 0,270
± 0,902	+ 1,0000	± 0,9020	+ 0,7204	± 0,4817	+ 0,2201	∓ 0,0279	− 0,230	∓ 0,360	− 0,409	∓ 0,376	− 0,277
± 0,903	+ 1,0000	± 0,9030	+ 0,7231	± 0,4863	+ 0,2262	∓ 0,0213	− 0,224	∓ 0,357	− 0,408	∓ 0,379	− 0,283
± 0,904	+ 1,0000	± 0,9040	+ 0,7258	± 0,4909	+ 0,2323	∓ 0,0147	− 0,218	∓ 0,353	− 0,408	∓ 0,382	− 0,290
± 0,905	+ 1,0000	± 0,9050	+ 0,7285	± 0,4956	+ 0,2384	∓ 0,0081	− 0,212	∓ 0,349	− 0,407	∓ 0,386	− 0,297
± 0,906	+ 1,0000	± 0,9060	+ 0,7312	± 0,5002	+ 0,2447	∓ 0,0011	− 0,206	∓ 0,345	− 0,406	∓ 0,388	− 0,303
± 0,907	+ 1,0000	± 0,9070	+ 0,7339	± 0,5049	+ 0,2509	± 0,0059	− 0,199	∓ 0,341	− 0,405	∓ 0,390	− 0,309
± 0,908	+ 1,0000	± 0,9080	+ 0,7366	± 0,5096	+ 0,2572	± 0,0128	− 0,193	∓ 0,336	− 0,403	∓ 0,393	− 0,315
± 0,909	+ 1,0000	± 0,9090	+ 0,7394	± 0,5143	+ 0,2635	± 0,0198	− 0,186	∓ 0,332	− 0,402	∓ 0,395	− 0,322
± 0,910	+ 1,0000	± 0,9100	+ 0,7422	± 0,5190	+ 0,2698	± 0,0268	− 0,180	∓ 0,327	− 0,401	∓ 0,398	− 0,328
± 0,911	+ 1,0000	± 0,9110	+ 0,7449	± 0,5237	+ 0,2762	± 0,0343	− 0,173	∓ 0,322	− 0,399	∓ 0,399	− 0,333
± 0,912	+ 1,0000	± 0,9120	+ 0,7476	± 0,5284	+ 0,2827	± 0,0418	− 0,166	∓ 0,317	− 0,397	∓ 0,401	− 0,338
± 0,913	+ 1,0000	± 0,9130	+ 0,7504	± 0,5332	+ 0,2891	± 0,0493	− 0,159	∓ 0,312	− 0,394	∓ 0,403	− 0,344
± 0,914	+ 1,0000	± 0,9140	+ 0,7531	± 0,5379	+ 0,2956	± 0,0568	− 0,142	∓ 0,307	− 0,392	∓ 0,404	− 0,349
± 0,915	+ 1,0000	± 0,9150	+ 0,7558	± 0,5427	+ 0,3020	± 0,0634	− 0,145	∓ 0,301	− 0,390	∓ 0,406	− 0,355
± 0,916	+ 1,0000	± 0,9160	+ 0,7586	± 0,5475	+ 0,3087	± 0,0710	− 0,138	∓ 0,295	− 0,387	∓ 0,406	− 0,359
± 0,917	+ 1,0000	± 0,9170	+ 0,7613	± 0,5523	+ 0,3153	± 0,0787	− 0,130	∓ 0,289	− 0,383	∓ 0,407	− 0,364
± 0,918	+ 1,0000	± 0,9180	+ 0,7641	± 0,5571	+ 0,3219	± 0,0864	− 0,123	∓ 0,283	− 0,380	∓ 0,407	− 0,368
± 0,919	+ 1,0000	± 0,9190	+ 0,7668	± 0,5619	+ 0,3286	± 0,0940	− 0,115	∓ 0,277	− 0,377	∓ 0,408	− 0,373
± 0,920	+ 1,0000	± 0,9200	+ 0,7696	± 0,5667	+ 0,3352	± 0,1018	− 0,108	∓ 0,271	− 0,373	∓ 0,408	− 0,377
± 0,921	+ 1,0000	± 0,9210	+ 0,7724	± 0,5716	+ 0,3420	± 0,1098	− 0,099	∓ 0,264	− 0,369	∓ 0,407	− 0,380
± 0,922	+ 1,0000	± 0,9220	+ 0,7752	± 0,5765	+ 0,3489	± 0,1179	− 0,091	∓ 0,257	− 0,365	∓ 0,407	− 0,384
± 0,923	+ 1,0000	± 0,9230	+ 0,7780	± 0,5814	+ 0,3557	± 0,1259	− 0,083	∓ 0,250	− 0,361	∓ 0,406	− 0,387
± 0,924	+ 1,0000	± 0,9240	+ 0,7807	± 0,5863	+ 0,3625	± 0,1339	− 0,075	∓ 0,243	− 0,356	∓ 0,405	− 0,391
± 0,925	+ 1,0000	± 0,9250	+ 0,7834	± 0,5911	+ 0,3693	± 0,1420	− 0,067	∓ 0,236	− 0,352	∓ 0,404	− 0,394
± 0,926	+ 1,0000	± 0,9260	+ 0,7862	± 0,5960	+ 0,3763	± 0,1504	− 0,058	∓ 0,229	− 0,346	∓ 0,402	− 0,396
± 0,927	+ 1,0000	± 0,9270	+ 0,7890	± 0,6010	+ 0,3833	± 0,1589	− 0,049	∓ 0,221	− 0,341	∓ 0,400	− 0,398
± 0,928	+ 1,0000	± 0,9280	+ 0,7918	± 0,6060	+ 0,3903	± 0,1673	− 0,040	∓ 0,213	− 0,335	∓ 0,398	− 0,400
± 0,929	+ 1,0000	± 0,9290	+ 0,7946	± 0,6109	+ 0,3973	± 0,1757	− 0,032	∓ 0,205	− 0,330	∓ 0,396	− 0,402
± 0,930	+ 1,0000	± 0,9300	+ 0,7974	± 0,6159	+ 0,4044	± 0,1842	− 0,023	∓ 0,197	− 0,324	∓ 0,394	− 0,404
± 0,931	+ 1,0000	± 0,9310	+ 0,8001	± 0,6209	+ 0,4115	± 0,1930	− 0,013	∓ 0,189	− 0,317	∓ 0,391	− 0,405
± 0,932	+ 1,0000	± 0,9320	+ 0,8029	± 0,6259	+ 0,4187	± 0,2018	− 0,003	∓ 0,180	− 0,310	∓ 0,388	− 0,405
± 0,933	+ 1,0000	± 0,9330	+ 0,8057	± 0,6310	+ 0,4259	± 0,2106	+ 0,006	∓ 0,171	− 0,303	∓ 0,384	− 0,406
± 0,934	+ 1,0000	± 0,9340	+ 0,8085	± 0,6360	+ 0,4332	± 0,2195	+ 0,016	∓ 0,162	− 0,297	∓ 0,380	− 0,406
± 0,935	+ 1,0000	± 0,9350	+ 0,8113	± 0,6410	+ 0,4403	± 0,2283	+ 0,025	∓ 0,153	− 0,290	∓ 0,376	− 0,407
± 0,936	+ 1,0000	± 0,9360	+ 0,8142	± 0,6461	+ 0,4477	± 0,2375	+ 0,035	∓ 0,143	− 0,282	∓ 0,371	− 0,405
± 0,937	+ 1,0000	± 0,9370	+ 0,8170	± 0,6512	+ 0,4551	± 0,2467	+ 0,045	∓ 0,133	− 0,274	∓ 0,366	− 0,404
± 0,938	+ 1,0000	± 0,9380	+ 0,8198	± 0,6563	+ 0,4625	± 0,2559	+ 0,055	∓ 0,124	− 0,266	∓ 0,361	− 0,403
± 0,939	+ 1,0000	± 0,9390	+ 0,8226	± 0,6614	+ 0,4699	± 0,2651	+ 0,065	∓ 0,114	− 0,258	∓ 0,356	− 0,402
± 0,940	+ 1,0000	± 0,9400	+ 0,8254	± 0,6665	+ 0,4773	± 0,2744	+ 0,075	∓ 0,104	− 0,249	∓ 0,350	− 0,400
± 0,941	+ 1,0000	± 0,9410	+ 0,8282	± 0,6716	+ 0,4850	± 0,2839	+ 0,086	∓ 0,093	− 0,240	∓ 0,344	− 0,397
± 0,942	+ 1,0000	± 0,9420	+ 0,8310	± 0,6768	+ 0,4928	± 0,2936	+ 0,097	∓ 0,082	− 0,230	∓ 0,337	− 0,394
± 0,943	+ 1,0000	± 0,9430	+ 0,8339	± 0,6819	+ 0,5006	± 0,3033	+ 0,108	∓ 0,071	− 0,220	∓ 0,330	− 0,390
± 0,944	+ 1,0000	± 0,9440	+ 0,8367	± 0,6871	+ 0,5084	± 0,3129	+ 0,118	∓ 0,060	− 0,210	∓ 0,322	− 0,387
± 0,945	+ 1,0000	± 0,9450	+ 0,8396	± 0,6923	+ 0,5152	± 0,3226	+ 0,129	∓ 0,049	− 0,200	∓ 0,314	− 0,383

x	P_0	P_1	P_2	P_3	P_4	P_5	P_6	P_7	P_8	P_9	P_{10}
± 0,945	+ 1,0000	± 0,9450	+ 0,8396	± 0,6923	+ 0,5152	± 0,2326	+ 0,129	∓ 0,049	− 0,200	∓ 0,314	− 0,383
± 0,946	+ 1,0000	± 0,9460	+ 0,8424	± 0,6975	+ 0,5230	± 0,3325	+ 0,141	∓ 0,037	− 0,189	∓ 0,306	− 0,378
± 0,947	+ 1,0000	± 0,9470	+ 0,8452	± 0,7027	+ 0,5308	± 0,3426	+ 0,152	∓ 0,025	− 0,178	∓ 0,297	− 0,372
± 0,948	+ 1,0000	± 0,9480	+ 0,8480	± 0,7080	+ 0,5385	± 0,3527	+ 0,164	∓ 0,013	− 0,167	∓ 0,288	− 0,367
± 0,949	+ 1,0000	± 0,9490	+ 0,8509	± 0,7132	+ 0,5463	± 0,3628	+ 0,175	∓ 0,001	− 0,156	∓ 0,278	− 0,361
± 0,950	+ 1,0000	± 0,9500	+ 0,8538	± 0,7184	+ 0,5541	± 0,3729	+ 0,187	± 0,011	− 0,144	∓ 0,268	− 0,355
± 0,951	+ 1,0000	± 0,9510	+ 0,8566	± 0,7237	+ 0,5621	± 0,3832	+ 0,199	± 0,024	− 0,132	∓ 0,257	− 0,347
± 0,952	+ 1,0000	± 0,9520	+ 0,8595	± 0,7290	+ 0,5701	± 0,3936	+ 0,212	± 0,037	− 0,119	∓ 0,246	− 0,339
± 0,953	+ 1,0000	± 0,9530	+ 0,8623	± 0,7343	+ 0,5780	± 0,4040	+ 0,224	± 0,051	− 0,106	∓ 0,235	− 0,331
± 0,954	+ 1,0000	± 0,9540	+ 0,8652	± 0,7397	+ 0,5860	± 0,4145	+ 0,237	± 0,064	− 0,093	∓ 0,223	− 0,322
± 0,955	+ 1,0000	± 0,9550	+ 0,8680	± 0,7450	+ 0,5940	± 0,4251	+ 0,249	± 0,078	− 0,079	∓ 0,211	− 0,312
± 0,956	+ 1,0000	± 0,9560	+ 0,8709	± 0,7503	+ 0,6022	± 0,4358	+ 0,262	± 0,092	− 0,064	∓ 0,198	− 0,302
± 0,957	+ 1,0000	± 0,9570	+ 0,8738	± 0,7557	+ 0,6103	± 0,4467	+ 0,275	± 0,107	− 0,049	∓ 0,185	− 0,291
± 0,958	+ 1,0000	± 0,9580	+ 0,8767	± 0,7611	+ 0,6185	± 0,4577	+ 0,288	± 0,121	− 0,034	∓ 0,171	− 0,280
± 0,959	+ 1,0000	± 0,9590	+ 0,8795	± 0,7665	+ 0,6267	± 0,4686	+ 0,301	± 0,136	− 0,019	∓ 0,157	− 0,268
± 0,960	+ 1,0000	± 0,9600	+ 0,8824	± 0,7718	+ 0,6349	± 0,4796	+ 0,315	± 0,151	− 0,004	∓ 0,142	− 0,255
± 0,961	+ 1,0000	± 0,9610	+ 0,8853	± 0,7773	+ 0,6433	± 0,4907	+ 0,329	± 0,166	+ 0,012	∓ 0,127	− 0,242
± 0,962	+ 1,0000	± 0,9620	+ 0,8882	± 0,7827	+ 0,6517	± 0,5020	+ 0,343	± 0,182	+ 0,028	∓ 0,111	− 0,228
± 0,963	+ 1,0000	± 0,9630	+ 0,8911	± 0,7882	+ 0,6601	± 0,5134	+ 0,357	± 0,198	+ 0,045	∓ 0,094	− 0,213
± 0,964	+ 1,0000	± 0,9640	+ 0,8940	± 0,7936	+ 0,6684	± 0,5249	+ 0,371	± 0,214	+ 0,062	∓ 0,077	− 0,197
± 0,965	+ 1,0000	± 0,9650	+ 0,8968	± 0,7991	+ 0,6768	± 0,5364	+ 0,385	± 0,230	+ 0,080	∓ 0,059	− 0,181
± 0,966	+ 1,0000	± 0,9660	+ 0,8997	± 0,8046	+ 0,6854	± 0,5480	+ 0,399	± 0,247	+ 0,098	∓ 0,041	− 0,164
± 0,967	+ 1,0000	± 0,9670	+ 0,9026	± 0,8101	+ 0,6940	± 0,5697	+ 0,414	± 0,264	+ 0,117	∓ 0,022	− 0,146
± 0,968	+ 1,0000	± 0,9680	+ 0,9055	± 0,8156	+ 0,7026	± 0,5715	+ 0,429	± 0,282	+ 0,136	∓ 0,003	− 0,127
± 0,969	+ 1,0000	± 0,9690	+ 0,9084	± 0,8212	+ 0,7112	± 0,5834	+ 0,444	± 0,299	+ 0,155	± 0,017	− 0,108
± 0,970	+ 1,0000	± 0,9700	+ 0,9114	± 0,8267	+ 0,7198	± 0,5954	+ 0,459	± 0,317	+ 0,174	± 0,038	− 0,087
± 0,971	+ 1,0000	± 0,9710	+ 0,9143	± 0,8323	+ 0,7286	± 0,6075	+ 0,475	± 0,335	+ 0,195	± 0,060	− 0,066
± 0,972	+ 1,0000	± 0,9720	+ 0,9172	± 0,8379	+ 0,7374	± 0,6197	+ 0,491	± 0,354	+ 0,216	± 0,082	− 0,044
± 0,973	+ 1,0000	± 0,9730	+ 0,9201	± 0,8435	+ 0,7462	± 0,6320	+ 0,506	± 0,373	+ 0,237	± 0,104	− 0,021
± 0,974	+ 1,0000	± 0,9740	+ 0,9230	± 0,8491	+ 0,7550	± 0,6444	+ 0,521	± 0,382	+ 0,258	± 0,127	+ 0,002
± 0,975	+ 1,0000	± 0,9750	+ 0,9259	± 0,8547	+ 0,7638	± 0,6567	+ 0,537	± 0,401	+ 0,280	± 0,151	+ 0,027
± 0,976	+ 1,0000	± 0,9760	+ 0,9289	± 0,8603	+ 0,7728	± 0,6692	+ 0,554	± 0,422	+ 0,303	± 0,176	+ 0,053
± 0,977	+ 1,0000	± 0,9770	+ 0,9319	± 0,8660	+ 0,7818	± 0,6818	+ 0,570	± 0,444	+ 0,326	± 0,201	+ 0,080
± 0,978	+ 1,0000	± 0,9780	+ 0,9348	± 0,8717	+ 0,7908	± 0,6946	+ 0,587	± 0,467	+ 0,349	± 0,227	+ 0,107
± 0,979	+ 1,0000	± 0,9790	+ 0,9377	± 0,8773	+ 0,7999	± 0,7075	+ 0,604	± 0,499	+ 0,372	± 0,253	+ 0,135
± 0,980	+ 1,0000	± 0,9800	+ 0,9406	± 0,8830	+ 0,8089	± 0,7205	+ 0,620	± 0,511	+ 0,397	± 0,280	+ 0,165
± 0,981	+ 1,0000	± 0,9810	+ 0,9435	± 0,8887	+ 0,8181	± 0,7336	+ 0,638	± 0,533	+ 0,422	± 0,308	+ 0,195
± 0,982	+ 1,0000	± 0,9820	+ 0,9465	± 0,8945	+ 0,8273	± 0,7468	+ 0,655	± 0,555	+ 0,448	± 0,337	+ 0,227
± 0,983	+ 1,0000	± 0,9830	+ 0,9494	± 0,9002	+ 0,8366	± 0,7600	+ 0,672	± 0,577	+ 0,474	± 0,367	+ 0,260
± 0,984	+ 1,0000	± 0,9840	+ 0,9524	± 0,9059	+ 0,8458	± 0,7732	+ 0,690	± 0,599	+ 0,500	± 0,397	+ 0,293
± 0,985	+ 1,0000	± 0,9850	+ 0,9553	± 0,9117	+ 0,8550	± 0,7866	+ 0,708	± 0,621	+ 0,527	± 0,429	+ 0,328
± 0,986	+ 1,0000	± 0,9860	+ 0,9583	± 0,9175	+ 0,8645	± 0,8001	+ 0,726	± 0,644	+ 0,555	± 0,461	+ 0,364
± 0,987	+ 1,0000	± 0,9870	+ 0,9613	± 0,9233	+ 0,8739	± 0,8138	+ 0,745	± 0,667	+ 0,584	± 0,494	+ 0,401
± 0,988	+ 1,0000	± 0,9880	+ 0,9642	± 0,9291	+ 0,8834	± 0,8276	+ 0,763	± 0,691	+ 0,613	± 0,528	+ 0,440
± 0,989	+ 1,0000	± 0,9890	+ 0,9672	± 0,9349	+ 0,8928	± 0,8414	+ 0,781	± 0,715	+ 0,641	± 0,562	+ 0,480
± 0,990	+ 1,0000	± 0,9900	+ 0,9702	± 0,9408	+ 0,9022	± 0,8553	+ 0,800	± 0,739	+ 0,671	± 0,597	+ 0,520
± 0,991	+ 1,0000	± 0,9910	+ 0,9731	± 0,9466	+ 0,9119	± 0,8694	+ 0,819	± 0,764	+ 0,702	± 0,633	+ 0,562
± 0,992	+ 1,0000	± 0,9920	+ 0,9761	± 0,9525	+ 0,9216	± 0,8836	+ 0,839	± 0,789	+ 0,733	± 0,671	+ 0,606
± 0,993	+ 1,0000	± 0,9930	+ 0,9791	± 0,9584	+ 0,9312	± 0,8978	+ 0,858	± 0,814	+ 0,764	± 0,709	+ 0,650
± 0,994	+ 1,0000	± 0,9940	+ 0,9820	± 0,9643	+ 0,9409	± 0,9120	+ 0,878	± 0,839	+ 0,796	± 0,747	+ 0,696
± 0,995	+ 1,0000	± 0,9950	+ 0,9850	± 0,9702	+ 0,9506	± 0,9263	+ 0,898	± 0,865	+ 0,828	± 0,787	+ 0,743
± 0,996	+ 1,0000	± 0,9960	+ 0,9880	± 0,9762	+ 0,9605	± 0,9408	+ 0,918	± 0,892	+ 0,861	± 0,828	+ 0,791
± 0,997	+ 1,0000	± 0,9970	+ 0,9910	± 0,9821	+ 0,9703	± 0,9554	+ 0,938	± 0,919	+ 0,895	± 0,870	+ 0,841
± 0,998	+ 1,0000	± 0,9980	+ 0,9930	± 0,9881	+ 0,9802	± 0,9701	+ 0,959	± 0,946	+ 0,930	± 0,913	+ 0,893
± 0,999	+ 1,0000	± 0,9990	+ 0,9960	± 0,9940	+ 0,9901	± 0,9850	+ 0,979	± 0,973	+ 0,965	± 0,956	+ 0,946
± 1,000	+ 1,0000	± 1,0000	+ 1,0000	± 1,0000	+ 1,0000	± 1,0000	+ 1,000	± 1,000	+ 1,000	± 1,000	+ 1,000

x	$P'_3(\pm x)$	$P'_4(\pm x)$	$P'_5(\pm x)$	$P'_6(\pm x)$	x	$P'_3(\pm x)$	$P'_4(\pm x)$	$P'_5(\pm x)$	$P'_6(\pm x)$
0,000	$-1{,}5000_{0}$	$\mp 0{,}0000_{75}$	$+1{,}8750_{1}$	$\pm 0{,}0000_{132}$	0,050	$-1{,}4813_{8}$	$\mp 0{,}3728_{74}$	$+1{,}8096_{26}$	$\pm 0{,}6464_{125}$
0,001	$-1{,}5000_{0}$	$\mp 0{,}0075_{75}$	$+1{,}8749_{1}$	$\pm 0{,}0132_{131}$	0,051	$-1{,}4805_{8}$	$\mp 0{,}3802_{74}$	$+1{,}8070_{27}$	$\pm 0{,}6589_{125}$
0,002	$-1{,}5000_{0}$	$\mp 0{,}0150_{75}$	$+1{,}8748_{1}$	$\pm 0{,}0263_{131}$	0,052	$-1{,}4797_{8}$	$\mp 0{,}3876_{74}$	$+1{,}8043_{27}$	$\pm 0{,}6714_{125}$
0,003	$-1{,}5000_{1}$	$\mp 0{,}0225_{75}$	$+1{,}8747_{2}$	$\pm 0{,}0394_{131}$	0,053	$-1{,}4789_{8}$	$\mp 0{,}3950_{73}$	$+1{,}8016_{28}$	$\pm 0{,}6839_{125}$
0,004	$-1{,}4999_{1}$	$\mp 0{,}0300_{75}$	$+1{,}8745_{2}$	$\pm 0{,}0525_{131}$	0,054	$-1{,}4781_{8}$	$\mp 0{,}4023_{73}$	$+1{,}7988_{29}$	$\pm 0{,}6964_{124}$
0,005	$-1{,}4998_{1}$	$\mp 0{,}0375_{75}$	$+1{,}8743_{3}$	$\pm 0{,}0656_{132}$	0,055	$-1{,}4773_{8}$	$\mp 0{,}4096_{73}$	$+1{,}7959_{29}$	$\pm 0{,}7088_{124}$
0,006	$-1{,}4997_{1}$	$\mp 0{,}0450_{75}$	$+1{,}8740_{4}$	$\pm 0{,}0788_{131}$	0,056	$-1{,}4765_{8}$	$\mp 0{,}4169_{73}$	$+1{,}7930_{30}$	$\pm 0{,}7212_{124}$
0,007	$-1{,}4996_{1}$	$\mp 0{,}0525_{75}$	$+1{,}8736_{4}$	$\pm 0{,}0919_{131}$	0,057	$-1{,}4757_{9}$	$\mp 0{,}4242_{73}$	$+1{,}7900_{30}$	$\pm 0{,}7336_{124}$
0,008	$-1{,}4995_{1}$	$\mp 0{,}0600_{75}$	$+1{,}8732_{4}$	$\pm 0{,}1050_{131}$	0,058	$-1{,}4748_{9}$	$\mp 0{,}4315_{73}$	$+1{,}7870_{30}$	$\pm 0{,}7460_{123}$
0,009	$-1{,}4994_{1}$	$\mp 0{,}0675_{75}$	$+1{,}8728_{4}$	$\pm 0{,}1181_{131}$	0,059	$-1{,}4739_{9}$	$\mp 0{,}4388_{74}$	$+1{,}7840_{30}$	$\pm 0{,}7583_{123}$
0,010	$-1{,}4993_{2}$	$\mp 0{,}0750_{75}$	$+1{,}8724_{5}$	$\pm 0{,}1312_{131}$	0,060	$-1{,}4730_{9}$	$\mp 0{,}4462_{73}$	$+1{,}7810_{32}$	$\pm 0{,}7706_{122}$
0,011	$-1{,}4991_{2}$	$\mp 0{,}0825_{75}$	$+1{,}8719_{6}$	$\pm 0{,}1443_{131}$	0,061	$-1{,}4721_{9}$	$\mp 0{,}4535_{73}$	$+1{,}7778_{32}$	$\pm 0{,}7828_{122}$
0,012	$-1{,}4989_{2}$	$\mp 0{,}0900_{75}$	$+1{,}8713_{7}$	$\pm 0{,}1574_{131}$	0,062	$-1{,}4712_{9}$	$\mp 0{,}4608_{73}$	$+1{,}7746_{32}$	$\pm 0{,}7950_{122}$
0,013	$-1{,}4987_{2}$	$\mp 0{,}0975_{75}$	$+1{,}8706_{7}$	$\pm 0{,}1705_{131}$	0,063	$-1{,}4703_{10}$	$\mp 0{,}4681_{73}$	$+1{,}7714_{33}$	$\pm 0{,}8072_{122}$
0,014	$-1{,}4985_{2}$	$\mp 0{,}1050_{75}$	$+1{,}8699_{7}$	$\pm 0{,}1836_{131}$	0,064	$-1{,}4693_{10}$	$\mp 0{,}4754_{73}$	$+1{,}7681_{33}$	$\pm 0{,}8194_{122}$
0,015	$-1{,}4983_{2}$	$\mp 0{,}1125_{75}$	$+1{,}8692_{8}$	$\pm 0{,}1966_{131}$	0,065	$-1{,}4683_{10}$	$\mp 0{,}4827_{73}$	$+1{,}7648_{34}$	$\pm 0{,}8316_{121}$
0,016	$-1{,}4981_{2}$	$\mp 0{,}1200_{75}$	$+1{,}8684_{10}$	$\pm 0{,}2097_{131}$	0,066	$-1{,}4673_{10}$	$\mp 0{,}4900_{73}$	$+1{,}7614_{35}$	$\pm 0{,}8437_{121}$
0,017	$-1{,}4979_{2}$	$\mp 0{,}1275_{75}$	$+1{,}8674_{10}$	$\pm 0{,}2228_{131}$	0,067	$-1{,}4663_{10}$	$\mp 0{,}4973_{73}$	$+1{,}7579_{35}$	$\pm 0{,}8558_{121}$
0,018	$-1{,}4976_{3}$	$\mp 0{,}1350_{75}$	$+1{,}8664_{10}$	$\pm 0{,}2359_{130}$	0,068	$-1{,}4653_{10}$	$\mp 0{,}5046_{72}$	$+1{,}7544_{35}$	$\pm 0{,}8679_{120}$
0,019	$-1{,}4973_{3}$	$\mp 0{,}1425_{74}$	$+1{,}8654_{11}$	$\pm 0{,}2489_{130}$	0,069	$-1{,}4643_{10}$	$\mp 0{,}5118_{72}$	$+1{,}7509_{36}$	$\pm 0{,}8799_{120}$
0,020	$-1{,}4970_{3}$	$\mp 0{,}1499_{75}$	$+1{,}8645_{11}$	$\pm 0{,}2619_{130}$	0,070	$-1{,}4633_{11}$	$\mp 0{,}5190_{73}$	$+1{,}7473_{37}$	$\pm 0{,}8919_{119}$
0,021	$-1{,}4967_{3}$	$\mp 0{,}1574_{75}$	$+1{,}8634_{12}$	$\pm 0{,}2749_{130}$	0,071	$-1{,}4622_{11}$	$\mp 0{,}5263_{73}$	$+1{,}7436_{37}$	$\pm 0{,}9038_{119}$
0,022	$-1{,}4964_{3}$	$\mp 0{,}1649_{74}$	$+1{,}8622_{12}$	$\pm 0{,}2879_{130}$	0,072	$-1{,}4611_{11}$	$\mp 0{,}5336_{72}$	$+1{,}7399_{37}$	$\pm 0{,}9157_{119}$
0,023	$-1{,}4961_{3}$	$\mp 0{,}1723_{75}$	$+1{,}8610_{12}$	$\pm 0{,}3009_{130}$	0,073	$-1{,}4600_{11}$	$\mp 0{,}5408_{72}$	$+1{,}7362_{38}$	$\pm 0{,}9276_{119}$
0,024	$-1{,}4957_{4}$	$\mp 0{,}1798_{74}$	$+1{,}8598_{12}$	$\pm 0{,}3139_{130}$	0,074	$-1{,}4589_{11}$	$\mp 0{,}5480_{72}$	$+1{,}7324_{38}$	$\pm 0{,}9395_{119}$
0,025	$-1{,}4953_{4}$	$\mp 0{,}1872_{75}$	$+1{,}8586_{13}$	$\pm 0{,}3269_{130}$	0,075	$-1{,}4578_{11}$	$\mp 0{,}5552_{72}$	$+1{,}7286_{39}$	$\pm 0{,}9514_{118}$
0,026	$-1{,}4949_{4}$	$\mp 0{,}1947_{75}$	$+1{,}8573_{14}$	$\pm 0{,}3399_{130}$	0,076	$-1{,}4567_{11}$	$\mp 0{,}5624_{72}$	$+1{,}7247_{40}$	$\pm 0{,}9632_{117}$
0,027	$-1{,}4945_{4}$	$\mp 0{,}2022_{75}$	$+1{,}8559_{14}$	$\pm 0{,}3529_{130}$	0,077	$-1{,}4556_{12}$	$\mp 0{,}5696_{72}$	$+1{,}7207_{40}$	$\pm 0{,}9749_{117}$
0,028	$-1{,}4941_{4}$	$\mp 0{,}2097_{74}$	$+1{,}8545_{14}$	$\pm 0{,}3658_{129}$	0,078	$-1{,}4544_{12}$	$\mp 0{,}5738_{71}$	$+1{,}7167_{40}$	$\pm 0{,}9866_{117}$
0,029	$-1{,}4937_{4}$	$\mp 0{,}2171_{74}$	$+1{,}8530_{15}$	$\pm 0{,}3787_{129}$	0,079	$-1{,}4532_{12}$	$\mp 0{,}5839_{71}$	$+1{,}7127_{41}$	$\pm 0{,}9983_{117}$
0,030	$-1{,}4933_{5}$	$\mp 0{,}2245_{75}$	$+1{,}8514_{16}$	$\pm 0{,}3916_{129}$	0,080	$-1{,}4520_{12}$	$\mp 0{,}5910_{72}$	$+1{,}7086_{42}$	$\pm 1{,}0100_{116}$
0,031	$-1{,}4928_{5}$	$\mp 0{,}2320_{75}$	$+1{,}8498_{16}$	$\pm 0{,}4045_{129}$	0,081	$-1{,}4508_{12}$	$\mp 0{,}5982_{72}$	$+1{,}7044_{42}$	$\pm 1{,}0216_{116}$
0,032	$-1{,}4923_{5}$	$\mp 0{,}2395_{75}$	$+1{,}8482_{16}$	$\pm 0{,}4174_{129}$	0,082	$-1{,}4496_{12}$	$\mp 0{,}6054_{72}$	$+1{,}7002_{42}$	$\pm 1{,}0332_{115}$
0,033	$-1{,}4918_{5}$	$\mp 0{,}2470_{74}$	$+1{,}8465_{17}$	$\pm 0{,}4303_{129}$	0,083	$-1{,}4484_{13}$	$\mp 0{,}6126_{71}$	$+1{,}6960_{42}$	$\pm 1{,}0447_{115}$
0,034	$-1{,}4913_{5}$	$\mp 0{,}2544_{74}$	$+1{,}8447_{18}$	$\pm 0{,}4432_{128}$	0,084	$-1{,}4471_{13}$	$\mp 0{,}6197_{71}$	$+1{,}6918_{44}$	$\pm 1{,}0562_{115}$
0,035	$-1{,}4908_{5}$	$\mp 0{,}2618_{74}$	$+1{,}8429_{19}$	$\pm 0{,}4560_{128}$	0,085	$-1{,}4458_{13}$	$\mp 0{,}6268_{71}$	$+1{,}6874_{45}$	$\pm 1{,}0677_{114}$
0,036	$-1{,}4903_{5}$	$\mp 0{,}2692_{74}$	$+1{,}8410_{19}$	$\pm 0{,}4688_{128}$	0,086	$-1{,}4445_{13}$	$\mp 0{,}6339_{71}$	$+1{,}6829_{45}$	$\pm 1{,}0791_{114}$
0,037	$-1{,}4898_{5}$	$\mp 0{,}2766_{74}$	$+1{,}8391_{19}$	$\pm 0{,}4816_{128}$	0,087	$-1{,}4432_{13}$	$\mp 0{,}6410_{71}$	$+1{,}6784_{45}$	$\pm 1{,}0905_{113}$
0,038	$-1{,}4892_{6}$	$\mp 0{,}2840_{74}$	$+1{,}8372_{20}$	$\pm 0{,}4944_{128}$	0,088	$-1{,}4419_{13}$	$\mp 0{,}6481_{71}$	$+1{,}6739_{45}$	$\pm 1{,}1018_{113}$
0,039	$-1{,}4886_{6}$	$\mp 0{,}2914_{75}$	$+1{,}8352_{21}$	$\pm 0{,}5072_{128}$	0,089	$-1{,}4406_{13}$	$\mp 0{,}6552_{75}$	$+1{,}6694_{46}$	$\pm 1{,}1131_{113}$
0,040	$-1{,}4880_{6}$	$\mp 0{,}2989_{74}$	$+1{,}8331_{22}$	$\pm 0{,}5200_{127}$	0,090	$-1{,}4393_{14}$	$\mp 0{,}6622_{71}$	$+1{,}6650_{47}$	$\pm 1{,}1244_{112}$
0,041	$-1{,}4874_{6}$	$\mp 0{,}3063_{74}$	$+1{,}8309_{22}$	$\pm 0{,}5327_{127}$	0,091	$-1{,}4379_{14}$	$\mp 0{,}6693_{71}$	$+1{,}6603_{47}$	$\pm 1{,}1356_{111}$
0,042	$-1{,}4868_{6}$	$\mp 0{,}3137_{74}$	$+1{,}8287_{22}$	$\pm 0{,}5454_{127}$	0,092	$-1{,}4365_{14}$	$\mp 0{,}6764_{71}$	$+1{,}6556_{47}$	$\pm 1{,}1467_{111}$
0,043	$-1{,}4862_{7}$	$\mp 0{,}3211_{77}$	$+1{,}8265_{22}$	$\pm 0{,}5581_{127}$	0,093	$-1{,}4351_{14}$	$\mp 0{,}6835_{70}$	$+1{,}6509_{48}$	$\pm 1{,}1578_{111}$
0,044	$-1{,}4855_{7}$	$\mp 0{,}3285_{74}$	$+1{,}8243_{23}$	$\pm 0{,}5708_{127}$	0,094	$-1{,}4337_{14}$	$\mp 0{,}6905_{70}$	$+1{,}6461_{48}$	$\pm 1{,}1689_{111}$
0,045	$-1{,}4848_{7}$	$\mp 0{,}3359_{74}$	$+1{,}8220_{24}$	$\pm 0{,}5835_{126}$	0,095	$-1{,}4323_{14}$	$\mp 0{,}6975_{70}$	$+1{,}6413_{49}$	$\pm 1{,}1800_{110}$
0,046	$-1{,}4841_{7}$	$\mp 0{,}3433_{74}$	$+1{,}8196_{25}$	$\pm 0{,}5961_{126}$	0,096	$-1{,}4309_{14}$	$\mp 0{,}7045_{70}$	$+1{,}6364_{50}$	$\pm 1{,}1910_{109}$
0,047	$-1{,}4834_{7}$	$\mp 0{,}3507_{74}$	$+1{,}8171_{25}$	$\pm 0{,}6087_{126}$	0,097	$-1{,}4295_{15}$	$\mp 0{,}7115_{70}$	$+1{,}6314_{50}$	$\pm 1{,}2019_{109}$
0,048	$-1{,}4827_{7}$	$\mp 0{,}3581_{74}$	$+1{,}8146_{25}$	$\pm 0{,}6213_{126}$	0,098	$-1{,}4280_{15}$	$\mp 0{,}7185_{70}$	$+1{,}6264_{50}$	$\pm 1{,}2128_{109}$
0,049	$-1{,}4820_{7}$	$\mp 0{,}3655_{73}$	$+1{,}8121_{25}$	$\pm 0{,}6339_{125}$	0,099	$-1{,}4265_{15}$	$\mp 0{,}7255_{70}$	$+1{,}6214_{50}$	$\pm 1{,}2237_{109}$
0,050	$-1{,}4813_{8}$	$\mp 0{,}3728_{74}$	$+1{,}8096_{26}$	$\pm 0{,}6464_{125}$	0,100	$-1{,}4250_{15}$	$\mp 0{,}7325_{70}$	$+1{,}6164_{51}$	$\pm 1{,}2346_{107}$

x	$P'_3(\pm x)$	$P'_4(\pm x)$	$P'_5(\pm x)$	$P'_6(\pm x)$	x	$P'_3(\pm x)$	$P'_4(\pm x)$	$P'_5(\pm x)$	$P'_6(\pm x)$
0,100	$-1{,}4250_{15}$	$\mp 0{,}7325_{70}$	$+1{,}6164_{51}$	$\pm 1{,}2346_{107}$	0,150	$-1{,}3313_{23}$	$\mp 1{,}0659_{63}$	$+1{,}3043_{74}$	$\pm 1{,}7095_{80}$
0,101	$-1{,}4235_{15}$	$\mp 0{,}7395_{70}$	$+1{,}6113_{52}$	$\pm 1{,}2453_{107}$	0,151	$-1{,}3290_{23}$	$\mp 1{,}0722_{63}$	$+1{,}2969_{74}$	$\pm 1{,}7175_{80}$
0,102	$-1{,}4220_{15}$	$\mp 0{,}7465_{70}$	$+1{,}6061_{52}$	$\pm 1{,}2560_{107}$	0,152	$-1{,}3267_{23}$	$\mp 1{,}0785_{63}$	$+1{,}2895_{74}$	$\pm 1{,}7255_{79}$
0,103	$-1{,}4205_{16}$	$\mp 0{,}7535_{69}$	$+1{,}6009_{52}$	$\pm 1{,}2667_{107}$	0,153	$-1{,}3244_{23}$	$\mp 1{,}0848_{63}$	$+1{,}2821_{75}$	$\pm 1{,}7334_{78}$
0,104	$-1{,}4189_{16}$	$\mp 0{,}7604_{69}$	$+1{,}5957_{53}$	$\pm 1{,}2774_{107}$	0,154	$-1{,}3221_{23}$	$\mp 1{,}0911_{62}$	$+1{,}2746_{75}$	$\pm 1{,}7412_{77}$
0,105	$-1{,}4173_{16}$	$\mp 0{,}7673_{69}$	$+1{,}5904_{54}$	$\pm 1{,}2881_{106}$	0,155	$-1{,}3198_{23}$	$\mp 1{,}0973_{62}$	$+1{,}2671_{76}$	$\pm 1{,}7489_{76}$
0,106	$-1{,}4157_{16}$	$\mp 0{,}7742_{69}$	$+1{,}5850_{54}$	$\pm 1{,}2987_{105}$	0,156	$-1{,}3175_{23}$	$\mp 1{,}1035_{62}$	$+1{,}2595_{76}$	$\pm 1{,}7565_{76}$
0,107	$-1{,}4141_{16}$	$\mp 0{,}7811_{69}$	$+1{,}5796_{54}$	$\pm 1{,}3092_{104}$	0,157	$-1{,}3152_{24}$	$\mp 1{,}1097_{62}$	$+1{,}2519_{77}$	$\pm 1{,}7641_{75}$
0,108	$-1{,}4125_{16}$	$\mp 0{,}7880_{69}$	$+1{,}5742_{55}$	$\pm 1{,}3196_{104}$	0,158	$-1{,}3128_{24}$	$\mp 1{,}1159_{62}$	$+1{,}2442_{77}$	$\pm 1{,}7716_{75}$
0,109	$-1{,}4109_{16}$	$\mp 0{,}7949_{68}$	$+1{,}5687_{56}$	$\pm 1{,}3300_{103}$	0,159	$-1{,}3104_{24}$	$\mp 1{,}1221_{62}$	$+1{,}2365_{77}$	$\pm 1{,}7791_{74}$
0,110	$-1{,}4093_{17}$	$\mp 0{,}8017_{69}$	$+1{,}5631_{56}$	$\pm 1{,}3403_{103}$	0,160	$-1{,}3080_{24}$	$\mp 1{,}1283_{61}$	$+1{,}2288_{78}$	$\pm 1{,}7865_{74}$
0,111	$-1{,}4076_{17}$	$\mp 0{,}8086_{69}$	$+1{,}5575_{56}$	$\pm 1{,}3506_{102}$	0,161	$-1{,}3056_{24}$	$\mp 1{,}1344_{61}$	$+1{,}2210_{78}$	$\pm 1{,}7939_{73}$
0,112	$-1{,}4059_{17}$	$\mp 0{,}8155_{68}$	$+1{,}5519_{57}$	$\pm 1{,}3608_{102}$	0,162	$-1{,}3032_{24}$	$\mp 1{,}1405_{61}$	$+1{,}2132_{79}$	$\pm 1{,}8012_{72}$
0,113	$-1{,}4042_{17}$	$\mp 0{,}8223_{68}$	$+1{,}5462_{57}$	$\pm 1{,}3710_{102}$	0,163	$-1{,}3008_{24}$	$\mp 1{,}1466_{61}$	$+1{,}2053_{79}$	$\pm 1{,}8084_{71}$
0,114	$-1{,}4025_{17}$	$\mp 0{,}8291_{68}$	$+1{,}5405_{57}$	$\pm 1{,}3812_{102}$	0,164	$-1{,}2983_{25}$	$\mp 1{,}1527_{61}$	$+1{,}1974_{79}$	$\pm 1{,}8155_{70}$
0,115	$-1{,}4008_{17}$	$\mp 0{,}8359_{68}$	$+1{,}5347_{58}$	$\pm 1{,}3914_{101}$	0,165	$-1{,}2958_{25}$	$\mp 1{,}1588_{61}$	$+1{,}1895_{80}$	$\pm 1{,}8225_{70}$
0,116	$-1{,}3991_{17}$	$\mp 0{,}8427_{68}$	$+1{,}5289_{59}$	$\pm 1{,}4015_{100}$	0,166	$-1{,}2933_{25}$	$\mp 1{,}1649_{61}$	$+1{,}1815_{80}$	$\pm 1{,}8295_{69}$
0,117	$-1{,}3974_{17}$	$\mp 0{,}8495_{68}$	$+1{,}5230_{59}$	$\pm 1{,}4115_{100}$	0,167	$-1{,}2908_{25}$	$\mp 1{,}1710_{61}$	$+1{,}1735_{80}$	$\pm 1{,}8364_{68}$
0,118	$-1{,}3956_{18}$	$\mp 0{,}8563_{68}$	$+1{,}5171_{59}$	$\pm 1{,}4214_{99}$	0,168	$-1{,}2883_{25}$	$\mp 1{,}1770_{60}$	$+1{,}1655_{81}$	$\pm 1{,}8432_{67}$
0,119	$-1{,}3938_{18}$	$\mp 0{,}8631_{67}$	$+1{,}5112_{60}$	$\pm 1{,}4313_{98}$	0,169	$-1{,}2858_{25}$	$\mp 1{,}1830_{60}$	$+1{,}1574_{81}$	$\pm 1{,}8500_{67}$
0,120	$-1{,}3920_{18}$	$\mp 0{,}8698_{67}$	$+1{,}5052_{61}$	$\pm 1{,}4411_{97}$	0,170	$-1{,}2833_{26}$	$\mp 1{,}1890_{60}$	$+1{,}1493_{82}$	$\pm 1{,}8567_{66}$
0,121	$-1{,}3902_{18}$	$\mp 0{,}8765_{67}$	$+1{,}4991_{61}$	$\pm 1{,}4508_{97}$	0,171	$-1{,}2807_{26}$	$\mp 1{,}1950_{60}$	$+1{,}1411_{82}$	$\pm 1{,}8633_{66}$
0,122	$-1{,}3884_{18}$	$\mp 0{,}8832_{67}$	$+1{,}4930_{61}$	$\pm 1{,}4605_{97}$	0,172	$-1{,}2781_{26}$	$\mp 1{,}2010_{59}$	$+1{,}1329_{83}$	$\pm 1{,}8699_{65}$
0,123	$-1{,}3866_{19}$	$\mp 0{,}8899_{67}$	$+1{,}4869_{61}$	$\pm 1{,}4702_{97}$	0,173	$-1{,}2755_{26}$	$\mp 1{,}2069_{59}$	$+1{,}1246_{83}$	$\pm 1{,}8764_{64}$
0,124	$-1{,}3847_{19}$	$\mp 0{,}8966_{67}$	$+1{,}4807_{62}$	$\pm 1{,}4799_{96}$	0,174	$-1{,}2729_{26}$	$\mp 1{,}2128_{59}$	$+1{,}1163_{83}$	$\pm 1{,}8828_{63}$
0,125	$-1{,}3828_{19}$	$\mp 0{,}9033_{67}$	$+1{,}4744_{63}$	$\pm 1{,}4895_{95}$	0,175	$-1{,}2703_{26}$	$\mp 1{,}2187_{59}$	$+1{,}1080_{84}$	$\pm 1{,}8891_{63}$
0,126	$-1{,}3809_{19}$	$\mp 0{,}9100_{67}$	$+1{,}4681_{63}$	$\pm 1{,}4990_{94}$	0,176	$-1{,}2677_{26}$	$\mp 1{,}2246_{59}$	$+1{,}0996_{84}$	$\pm 1{,}8954_{62}$
0,127	$-1{,}3790_{19}$	$\mp 0{,}9167_{67}$	$+1{,}4618_{63}$	$\pm 1{,}5084_{94}$	0,177	$-1{,}2651_{27}$	$\mp 1{,}2305_{58}$	$+1{,}0912_{84}$	$\pm 1{,}9016_{61}$
0,128	$-1{,}3771_{19}$	$\mp 0{,}9234_{66}$	$+1{,}4554_{64}$	$\pm 1{,}5178_{94}$	0,178	$-1{,}2624_{27}$	$\mp 1{,}2363_{58}$	$+1{,}0828_{85}$	$\pm 1{,}9077_{60}$
0,129	$-1{,}3752_{19}$	$\mp 0{,}9300_{66}$	$+1{,}4490_{64}$	$\pm 1{,}5272_{93}$	0,179	$-1{,}2597_{27}$	$\mp 1{,}2421_{58}$	$+1{,}0743_{85}$	$\pm 1{,}9137_{60}$
0,130	$-1{,}3733_{20}$	$\mp 0{,}9366_{66}$	$+1{,}4426_{65}$	$\pm 1{,}5365_{92}$	0,180	$-1{,}2570_{27}$	$\mp 1{,}2479_{58}$	$+1{,}0658_{86}$	$\pm 1{,}9196_{59}$
0,131	$-1{,}3713_{20}$	$\mp 0{,}9432_{66}$	$+1{,}4361_{65}$	$\pm 1{,}5457_{91}$	0,181	$-1{,}2543_{27}$	$\mp 1{,}2537_{58}$	$+1{,}0572_{86}$	$\pm 1{,}9255_{58}$
0,132	$-1{,}3693_{20}$	$\mp 0{,}9498_{66}$	$+1{,}4296_{66}$	$\pm 1{,}5548_{91}$	0,182	$-1{,}2516_{27}$	$\mp 1{,}2595_{58}$	$+1{,}0486_{86}$	$\pm 1{,}9313_{58}$
0,133	$-1{,}3673_{20}$	$\mp 0{,}9564_{66}$	$+1{,}4230_{66}$	$\pm 1{,}5639_{91}$	0,183	$-1{,}2489_{28}$	$\mp 1{,}2653_{57}$	$+1{,}0400_{86}$	$\pm 1{,}9370_{57}$
0,134	$-1{,}3653_{20}$	$\mp 0{,}9629_{65}$	$+1{,}4164_{67}$	$\pm 1{,}5730_{90}$	0,184	$-1{,}2461_{28}$	$\mp 1{,}2710_{57}$	$+1{,}0314_{87}$	$\pm 1{,}9427_{57}$
0,135	$-1{,}3633_{20}$	$\mp 0{,}9654_{66}$	$+1{,}4097_{68}$	$\pm 1{,}5820_{89}$	0,185	$-1{,}2433_{28}$	$\mp 1{,}2767_{57}$	$+1{,}0227_{88}$	$\pm 1{,}9483_{56}$
0,136	$-1{,}3613_{20}$	$\mp 0{,}9760_{65}$	$+1{,}4029_{68}$	$\pm 1{,}5909_{88}$	0,186	$-1{,}2405_{28}$	$\mp 1{,}2824_{57}$	$+1{,}0139_{88}$	$\pm 1{,}9539_{54}$
0,137	$-1{,}3593_{21}$	$\mp 0{,}9825_{65}$	$+1{,}3961_{68}$	$\pm 1{,}5997_{88}$	0,187	$-1{,}2377_{28}$	$\mp 1{,}2881_{57}$	$+1{,}0051_{88}$	$\pm 1{,}9593_{53}$
0,138	$-1{,}3572_{21}$	$\mp 0{,}9890_{65}$	$+1{,}3893_{68}$	$\pm 1{,}6085_{88}$	0,188	$-1{,}2349_{28}$	$\mp 1{,}2938_{56}$	$+0{,}9963_{88}$	$\pm 1{,}9646_{53}$
0,139	$-1{,}3551_{21}$	$\mp 0{,}9955_{65}$	$+1{,}3825_{69}$	$\pm 1{,}6173_{88}$	0,189	$-1{,}2321_{28}$	$\mp 1{,}2994_{56}$	$+0{,}9875_{88}$	$\pm 1{,}9699_{52}$
0,140	$-1{,}3530_{21}$	$\mp 1{,}0020_{65}$	$+1{,}3756_{69}$	$\pm 1{,}6261_{87}$	0,190	$-1{,}2293_{29}$	$\mp 1{,}3050_{56}$	$+0{,}9787_{89}$	$\pm 1{,}9751_{51}$
0,141	$-1{,}3509_{21}$	$\mp 1{,}0085_{65}$	$+1{,}3687_{69}$	$\pm 1{,}6348_{86}$	0,191	$-1{,}2264_{29}$	$\mp 1{,}3106_{56}$	$+0{,}9698_{89}$	$\pm 1{,}9802_{50}$
0,142	$-1{,}3488_{21}$	$\mp 1{,}0150_{64}$	$+1{,}3618_{70}$	$\pm 1{,}6434_{85}$	0,192	$-1{,}2235_{29}$	$\mp 1{,}3162_{55}$	$+0{,}9609_{90}$	$\pm 1{,}9852_{50}$
0,143	$-1{,}3467_{22}$	$\mp 1{,}0214_{64}$	$+1{,}3548_{71}$	$\pm 1{,}6519_{84}$	0,193	$-1{,}2206_{29}$	$\mp 1{,}3217_{55}$	$+0{,}9519_{90}$	$\pm 1{,}9902_{49}$
0,144	$-1{,}3445_{22}$	$\mp 1{,}0278_{64}$	$+1{,}3467_{72}$	$\pm 1{,}6603_{83}$	0,194	$-1{,}2177_{29}$	$\mp 1{,}3272_{55}$	$+0{,}9429_{91}$	$\pm 1{,}9951_{48}$
0,145	$-1{,}3423_{22}$	$\mp 1{,}0342_{64}$	$+1{,}3405_{72}$	$\pm 1{,}6686_{82}$	0,195	$-1{,}2148_{29}$	$\mp 1{,}3327_{55}$	$+0{,}9338_{91}$	$\pm 1{,}9999_{47}$
0,146	$-1{,}3401_{22}$	$\mp 1{,}0406_{64}$	$+1{,}3333_{72}$	$\pm 1{,}6768_{82}$	0,196	$-1{,}2119_{29}$	$\mp 1{,}3382_{55}$	$+0{,}9247_{91}$	$\pm 2{,}0046_{46}$
0,147	$-1{,}3379_{22}$	$\mp 1{,}0470_{63}$	$+1{,}3261_{72}$	$\pm 1{,}6850_{82}$	0,197	$-1{,}2090_{30}$	$\mp 1{,}3437_{55}$	$+0{,}9156_{92}$	$\pm 2{,}0092_{46}$
0,148	$-1{,}3357_{22}$	$\mp 1{,}0533_{63}$	$+1{,}3189_{73}$	$\pm 1{,}6932_{82}$	0,198	$-1{,}2060_{30}$	$\mp 1{,}3492_{54}$	$+0{,}9064_{92}$	$\pm 2{,}0138_{45}$
0,149	$-1{,}3335_{22}$	$\mp 1{,}0596_{63}$	$+1{,}3116_{73}$	$\pm 1{,}7014_{81}$	0,199	$-1{,}2030_{30}$	$\mp 1{,}3546_{54}$	$+0{,}8972_{92}$	$\pm 2{,}0183_{45}$
0,150	$-1{,}3313_{23}$	$\mp 1{,}0659_{63}$	$+1{,}3043_{74}$	$\pm 1{,}7095_{80}$	0,200	$-1{,}2000_{30}$	$\mp 1{,}3600_{54}$	$+0{,}8880_{93}$	$\pm 2{,}0227_{44}$

x	$P'_3(\pm x)$	$P'_4(\pm x)$	$P'_5(\pm x)$	$P'_6(\pm x)$
0,200	$-1{,}2000_{30}$	$\mp 1{,}3600_{54}$	$+0{,}8880_{93}$	$\pm 2{,}0227_{43}$
0,201	$-1{,}1970_{30}$	$\mp 1{,}3654_{54}$	$+0{,}8787_{93}$	$\pm 2{,}0270_{43}$
0,202	$-1{,}1940_{30}$	$\mp 1{,}3708_{53}$	$+0{,}8694_{93}$	$\pm 2{,}0313_{42}$
0,203	$-1{,}1910_{31}$	$\mp 1{,}3761_{53}$	$+0{,}8601_{93}$	$\pm 2{,}0355_{41}$
0,204	$-1{,}1879_{31}$	$\mp 1{,}3814_{53}$	$+0{,}8508_{93}$	$\pm 2{,}0396_{40}$
0,205	$-1{,}1848_{31}$	$\mp 1{,}3867_{53}$	$+0{,}8414_{94}$	$\pm 2{,}0436_{39}$
0,206	$-1{,}1817_{31}$	$\mp 1{,}3920_{53}$	$+0{,}8320_{95}$	$\pm 2{,}0475_{38}$
0,207	$-1{,}1786_{31}$	$\mp 1{,}3973_{53}$	$+0{,}8225_{95}$	$\pm 2{,}0513_{37}$
0,208	$-1{,}1755_{31}$	$\mp 1{,}4025_{52}$	$+0{,}8130_{95}$	$\pm 2{,}0550_{37}$
0,209	$-1{,}1724_{31}$	$\mp 1{,}4077_{52}$	$+0{,}8035_{95}$	$\pm 2{,}0587_{36}$
0,210	$-1{,}1693_{32}$	$\mp 1{,}4129_{52}$	$+0{,}7940_{95}$	$\pm 2{,}0623_{35}$
0,211	$-1{,}1661_{32}$	$\mp 1{,}4181_{52}$	$+0{,}7845_{96}$	$\pm 2{,}0658_{34}$
0,212	$-1{,}1629_{32}$	$\mp 1{,}4233_{52}$	$+0{,}7749_{97}$	$\pm 2{,}0692_{34}$
0,213	$-1{,}1597_{32}$	$\mp 1{,}4284_{51}$	$+0{,}7652_{97}$	$\pm 2{,}0725_{33}$
0,214	$-1{,}1565_{32}$	$\mp 1{,}4335_{51}$	$+0{,}7555_{97}$	$\pm 2{,}0758_{33}$
0,215	$-1{,}1533_{32}$	$\mp 1{,}4386_{51}$	$+0{,}7458_{98}$	$\pm 2{,}0790_{31}$
0,216	$-1{,}1501_{32}$	$\mp 1{,}4437_{50}$	$+0{,}7360_{98}$	$\pm 2{,}0821_{30}$
0,217	$-1{,}1469_{33}$	$\mp 1{,}4487_{50}$	$+0{,}7262_{98}$	$\pm 2{,}0851_{29}$
0,218	$-1{,}1436_{33}$	$\mp 1{,}4537_{50}$	$+0{,}7164_{98}$	$\pm 2{,}0880_{28}$
0,219	$-1{,}1403_{33}$	$\mp 1{,}4587_{50}$	$+0{,}7066_{99}$	$\pm 2{,}0908_{28}$
0,220	$-1{,}1370_{33}$	$\mp 1{,}4637_{49}$	$+0{,}6967_{99}$	$\pm 2{,}0936_{27}$
0,221	$-1{,}1337_{33}$	$\mp 1{,}4686_{48}$	$+0{,}6868_{99}$	$\pm 2{,}0963_{26}$
0,222	$-1{,}1304_{33}$	$\mp 1{,}4735_{49}$	$+0{,}6769_{99}$	$\pm 2{,}0989_{25}$
0,223	$-1{,}1271_{34}$	$\mp 1{,}4784_{49}$	$+0{,}6670_{100}$	$\pm 2{,}1014_{24}$
0,224	$-1{,}1237_{34}$	$\mp 1{,}4833_{49}$	$+0{,}6570_{100}$	$\pm 2{,}1038_{23}$
0,225	$-1{,}1203_{34}$	$\mp 1{,}4882_{48}$	$+0{,}6470_{100}$	$\pm 2{,}1061_{22}$
0,226	$-1{,}1169_{34}$	$\mp 1{,}4930_{48}$	$+0{,}6370_{101}$	$\pm 2{,}1083_{21}$
0,227	$-1{,}1135_{34}$	$\mp 1{,}4978_{48}$	$+0{,}6269_{101}$	$\pm 2{,}1104_{21}$
0,228	$-1{,}1101_{34}$	$\mp 1{,}5026_{48}$	$+0{,}6168_{101}$	$\pm 2{,}1125_{20}$
0,229	$-1{,}1067_{34}$	$\mp 1{,}5074_{47}$	$+0{,}6067_{101}$	$\pm 2{,}1145_{19}$
0,230	$-1{,}1033_{35}$	$\mp 1{,}5121_{47}$	$+0{,}5966_{102}$	$\pm 2{,}1164_{18}$
0,231	$-1{,}0998_{35}$	$\mp 1{,}5168_{47}$	$+0{,}5864_{102}$	$\pm 2{,}1182_{17}$
0,232	$-1{,}0963_{35}$	$\mp 1{,}5215_{47}$	$+0{,}5762_{102}$	$\pm 2{,}1199_{16}$
0,233	$-1{,}0928_{35}$	$\mp 1{,}5262_{46}$	$+0{,}5660_{103}$	$\pm 2{,}1215_{15}$
0,234	$-1{,}0893_{35}$	$\mp 1{,}5308_{46}$	$+0{,}5557_{103}$	$\pm 2{,}1230_{15}$
0,235	$-1{,}0858_{35}$	$\mp 1{,}5354_{46}$	$+0{,}5454_{103}$	$\pm 2{,}1245_{14}$
0,236	$-1{,}0823_{35}$	$\mp 1{,}5400_{46}$	$+0{,}5351_{103}$	$\pm 2{,}1259_{13}$
0,237	$-1{,}0788_{36}$	$\mp 1{,}5446_{45}$	$+0{,}5248_{104}$	$\pm 2{,}1272_{12}$
0,238	$-1{,}0752_{36}$	$\mp 1{,}5491_{45}$	$+0{,}5144_{104}$	$\pm 2{,}1284_{10}$
0,239	$-1{,}0716_{36}$	$\mp 1{,}5536_{45}$	$+0{,}5040_{104}$	$\pm 2{,}1294_{9}$
0,240	$-1{,}0680_{36}$	$\mp 1{,}5581_{45}$	$+0{,}4936_{104}$	$\pm 2{,}1303_{9}$
0,241	$-1{,}0644_{36}$	$\mp 1{,}5626_{44}$	$+0{,}4832_{105}$	$\pm 2{,}1312_{8}$
0,242	$-1{,}0608_{36}$	$\mp 1{,}5670_{44}$	$+0{,}4727_{105}$	$\pm 2{,}1320_{7}$
0,243	$-1{,}0572_{37}$	$\mp 1{,}5714_{44}$	$+0{,}4622_{105}$	$\pm 2{,}1327_{7}$
0,244	$-1{,}0535_{37}$	$\mp 1{,}5758_{44}$	$+0{,}4517_{105}$	$\pm 2{,}1334_{6}$
0,245	$-1{,}0498_{37}$	$\mp 1{,}5802_{43}$	$+0{,}4412_{105}$	$\pm 2{,}1340_{5}$
0,246	$-1{,}0461_{37}$	$\mp 1{,}5845_{43}$	$+0{,}4307_{106}$	$\pm 2{,}1345_{4}$
0,247	$-1{,}0424_{37}$	$\mp 1{,}5888_{43}$	$+0{,}4201_{106}$	$\pm 2{,}1349_{3}$
0,248	$-1{,}0387_{37}$	$\mp 1{,}5931_{43}$	$+0{,}4095_{106}$	$\pm 2{,}1352_{1}$
0,249	$-1{,}0350_{37}$	$\mp 1{,}5974_{42}$	$+0{,}3989_{107}$	$\pm 2{,}1353_{1}$
0,250	$-1{,}0313_{38}$	$\mp 1{,}6016_{42}$	$+0{,}3882_{106}$	$\pm 2{,}1354_{1}$

x	$P'_3(\pm x)$	$P'_4(\pm x)$	$P'_5(\pm x)$	$P'_6(\pm x)$
0,250	$-1{,}0313_{38}$	$\mp 1{,}6016_{42}$	$+0{,}3882_{106}$	$\pm 2{,}1354_{1}$
0,251	$-1{,}0275_{38}$	$\mp 1{,}6058_{42}$	$+0{,}3776_{107}$	$\pm 2{,}1353_{1}$
0,252	$-1{,}0237_{38}$	$\mp 1{,}6100_{41}$	$+0{,}3669_{107}$	$\pm 2{,}1352_{2}$
0,253	$-1{,}0199_{38}$	$\mp 1{,}6141_{41}$	$+0{,}3562_{108}$	$\pm 2{,}1350_{2}$
0,254	$-1{,}0161_{38}$	$\mp 1{,}6182_{41}$	$+0{,}3454_{108}$	$\pm 2{,}1348_{3}$
0,255	$-1{,}0123_{38}$	$\mp 1{,}6223_{41}$	$+0{,}3346_{108}$	$\pm 2{,}1345_{4}$
0,256	$-1{,}0085_{38}$	$\mp 1{,}6264_{40}$	$+0{,}3238_{108}$	$\pm 2{,}1341_{5}$
0,257	$-1{,}0047_{39}$	$\mp 1{,}6304_{40}$	$+0{,}3130_{108}$	$\pm 2{,}1336_{6}$
0,258	$-1{,}0008_{39}$	$\mp 1{,}6344_{40}$	$+0{,}3022_{109}$	$\pm 2{,}1329_{8}$
0,259	$-0{,}9969_{39}$	$\mp 1{,}6384_{40}$	$+0{,}2913_{109}$	$\pm 2{,}1321_{8}$
0,260	$-0{,}9930_{39}$	$\mp 1{,}6424_{39}$	$+0{,}2804_{109}$	$\pm 2{,}1313_{9}$
0,261	$-0{,}9891_{39}$	$\mp 1{,}6463_{39}$	$+0{,}2695_{109}$	$\pm 2{,}1304_{10}$
0,262	$-0{,}9852_{39}$	$\mp 1{,}6502_{39}$	$+0{,}2586_{109}$	$\pm 2{,}1294_{11}$
0,263	$-0{,}9813_{40}$	$\mp 1{,}6541_{39}$	$+0{,}2477_{109}$	$\pm 2{,}1283_{12}$
0,264	$-0{,}9773_{40}$	$\mp 1{,}6580_{38}$	$+0{,}2368_{110}$	$\pm 2{,}1271_{13}$
0,265	$-0{,}9733_{40}$	$\mp 1{,}6618_{38}$	$+0{,}2258_{110}$	$\pm 2{,}1258_{14}$
0,266	$-0{,}9693_{40}$	$\mp 1{,}6656_{38}$	$+0{,}2148_{110}$	$\pm 2{,}1244_{15}$
0,267	$-0{,}9653_{40}$	$\mp 1{,}6694_{37}$	$+0{,}2038_{110}$	$\pm 2{,}1229_{16}$
0,268	$-0{,}9613_{40}$	$\mp 1{,}6731_{37}$	$+0{,}1928_{111}$	$\pm 2{,}1213_{16}$
0,269	$-0{,}9573_{40}$	$\mp 1{,}6768_{37}$	$+0{,}1817_{111}$	$\pm 2{,}1197_{17}$
0,270	$-0{,}9533_{41}$	$\mp 1{,}6805_{37}$	$+0{,}1706_{111}$	$\pm 2{,}1180_{18}$
0,271	$-0{,}9492_{41}$	$\mp 1{,}6842_{36}$	$+0{,}1595_{111}$	$\pm 2{,}1162_{19}$
0,272	$-0{,}9451_{41}$	$\mp 1{,}6878_{36}$	$+0{,}1484_{111}$	$\pm 2{,}1143_{20}$
0,273	$-0{,}9410_{41}$	$\mp 1{,}6914_{36}$	$+0{,}1373_{111}$	$\pm 2{,}1123_{21}$
0,274	$-0{,}9369_{41}$	$\mp 1{,}6950_{36}$	$+0{,}1262_{112}$	$\pm 2{,}1102_{22}$
0,275	$-0{,}9328_{41}$	$\mp 1{,}6986_{35}$	$+0{,}1150_{112}$	$\pm 2{,}1080_{23}$
0,276	$-0{,}9287_{41}$	$\mp 1{,}7021_{35}$	$+0{,}1048_{112}$	$\pm 2{,}1057_{24}$
0,277	$-0{,}9246_{42}$	$\mp 1{,}7056_{34}$	$+0{,}0936_{112}$	$\pm 2{,}1033_{25}$
0,278	$-0{,}9204_{42}$	$\mp 1{,}7090_{34}$	$+0{,}0814_{112}$	$\pm 2{,}1008_{27}$
0,279	$-0{,}9162_{42}$	$\mp 1{,}7124_{34}$	$+0{,}0702_{112}$	$\pm 2{,}0981_{27}$
0,280	$-0{,}9120_{42}$	$\mp 1{,}7158_{34}$	$+0{,}0590_{112}$	$\pm 2{,}0954_{27}$
0,281	$-0{,}9078_{42}$	$\mp 1{,}7192_{33}$	$+0{,}0478_{113}$	$\pm 2{,}0927_{29}$
0,282	$-0{,}9036_{42}$	$\mp 1{,}7225_{33}$	$+0{,}0365_{113}$	$\pm 2{,}0898_{30}$
0,283	$-0{,}8994_{43}$	$\mp 1{,}7258_{33}$	$+0{,}0252_{113}$	$\pm 2{,}0868_{31}$
0,284	$-0{,}8951_{43}$	$\mp 1{,}7291_{33}$	$+0{,}0139_{113}$	$\pm 2{,}0837_{32}$
0,285	$-0{,}8908_{43}$	$\mp 1{,}7324_{32}$	$+0{,}0026_{113}$	$\pm 2{,}0805_{33}$
0,286	$-0{,}8865_{43}$	$\mp 1{,}7356_{32}$	$-0{,}0087_{113}$	$\pm 2{,}0772_{34}$
0,287	$-0{,}8822_{43}$	$\mp 1{,}7388_{32}$	$-0{,}0200_{113}$	$\pm 2{,}0738_{34}$
0,288	$-0{,}8779_{43}$	$\mp 1{,}7420_{31}$	$-0{,}0313_{114}$	$\pm 2{,}0704_{35}$
0,289	$-0{,}8736_{43}$	$\mp 1{,}7451_{31}$	$-0{,}0427_{114}$	$\pm 2{,}0669_{36}$
0,290	$-0{,}8693_{44}$	$\mp 1{,}7482_{30}$	$-0{,}0541_{114}$	$\pm 2{,}0633_{37}$
0,291	$-0{,}8649_{44}$	$\mp 1{,}7512_{30}$	$-0{,}0655_{114}$	$\pm 2{,}0596_{38}$
0,292	$-0{,}8605_{44}$	$\mp 1{,}7542_{30}$	$-0{,}0769_{114}$	$\pm 2{,}0558_{40}$
0,293	$-0{,}8561_{44}$	$\mp 1{,}7572_{30}$	$-0{,}0883_{114}$	$\pm 2{,}0518_{40}$
0,294	$-0{,}8517_{44}$	$\mp 1{,}7602_{30}$	$-0{,}0997_{115}$	$\pm 2{,}0478_{41}$
0,295	$-0{,}8473_{44}$	$\mp 1{,}7632_{29}$	$-0{,}1112_{114}$	$\pm 2{,}0437_{42}$
0,296	$-0{,}8429_{44}$	$\mp 1{,}7661_{29}$	$-0{,}1226_{115}$	$\pm 2{,}0395_{43}$
0,297	$-0{,}8385_{45}$	$\mp 1{,}7690_{29}$	$-0{,}1341_{115}$	$\pm 2{,}0352_{44}$
0,298	$-0{,}8340_{45}$	$\mp 1{,}7719_{28}$	$-0{,}1456_{115}$	$\pm 2{,}0308_{45}$
0,299	$-0{,}8295_{45}$	$\mp 1{,}7747_{28}$	$-0{,}1571_{115}$	$\pm 2{,}0263_{46}$
0,300	$-0{,}8250_{45}$	$\mp 1{,}7775_{28}$	$-0{,}1686_{115}$	$\pm 2{,}0217_{46}$

x	$P'_3(\pm x)$	$P'_4(\pm x)$	$P'_5(\pm x)$	$P'_6(\pm x)$	x	$P'_3(\pm x)$	$P'_4(\pm x)$	$P'_5(\pm x)$	$P'_6(\pm x)$
0,300	$-0{,}8250_{45}$	$\mp 1{,}7775_{28}$	$-0{,}1686_{115}$	$\pm 2{,}0217_{46}$	0,350	$-0{,}5813_{53}$	$\mp 1{,}8747_{11}$	$-0{,}7498_{116}$	$\pm 1{,}6723_{94}$
0,301	$-0{,}8205_{45}$	$\mp 1{,}7803_{27}$	$-0{,}1801_{115}$	$\pm 2{,}0171_{47}$	0,351	$-0{,}5760_{53}$	$\mp 1{,}8758_{10}$	$-0{,}7614_{116}$	$\pm 1{,}6629_{95}$
0,302	$-0{,}8160_{45}$	$\mp 1{,}7830_{27}$	$-0{,}1916_{115}$	$\pm 2{,}0124_{48}$	0,352	$-0{,}5707_{53}$	$\mp 1{,}8768_{10}$	$-0{,}7730_{116}$	$\pm 1{,}6534_{95}$
0,303	$-0{,}8115_{45}$	$\mp 1{,}7857_{27}$	$-0{,}2031_{116}$	$\pm 2{,}0072_{49}$	0,353	$-0{,}5654_{53}$	$\mp 1{,}8778_{9}$	$-0{,}7846_{116}$	$\pm 1{,}6439_{96}$
0,304	$-0{,}8069_{46}$	$\mp 1{,}7884_{26}$	$-0{,}2147_{115}$	$\pm 2{,}0023_{49}$	0,354	$-0{,}5601_{53}$	$\mp 1{,}8787_{9}$	$-0{,}7962_{116}$	$\pm 1{,}6343_{97}$
0,305	$-0{,}8023_{46}$	$\mp 1{,}7910_{26}$	$-0{,}2262_{116}$	$\pm 1{,}9974_{51}$	0,355	$-0{,}5548_{53}$	$\mp 1{,}8796_{9}$	$-0{,}8078_{116}$	$\pm 1{,}6246_{98}$
0,306	$-0{,}7977_{46}$	$\mp 1{,}7936_{26}$	$-0{,}2378_{115}$	$\pm 1{,}9923_{52}$	0,356	$-0{,}5495_{53}$	$\mp 1{,}8805_{8}$	$-0{,}8194_{116}$	$\pm 1{,}6148_{99}$
0,307	$-0{,}7931_{46}$	$\mp 1{,}7962_{25}$	$-0{,}2493_{116}$	$\pm 1{,}9871_{53}$	0,357	$-0{,}5442_{54}$	$\mp 1{,}8813_{8}$	$-0{,}8310_{116}$	$\pm 1{,}6049_{100}$
0,308	$-0{,}7885_{46}$	$\mp 1{,}7987_{25}$	$-0{,}2609_{115}$	$\pm 1{,}9818_{53}$	0,358	$-0{,}5388_{54}$	$\mp 1{,}8821_{7}$	$-0{,}8426_{116}$	$\pm 1{,}5949_{101}$
0,309	$-0{,}7839_{46}$	$\mp 1{,}8012_{25}$	$-0{,}2724_{116}$	$\pm 1{,}9761_{54}$	0,359	$-0{,}5334_{54}$	$\mp 1{,}8828_{7}$	$-0{,}8542_{115}$	$\pm 1{,}5848_{102}$
0,310	$-0{,}7793_{47}$	$\mp 1{,}8037_{24}$	$-0{,}2840_{116}$	$\pm 1{,}9707_{56}$	0,360	$-0{,}5280_{54}$	$\mp 1{,}8835_{7}$	$-0{,}8657_{116}$	$\pm 1{,}5746_{103}$
0,311	$-0{,}7746_{47}$	$\mp 1{,}8061_{24}$	$-0{,}2956_{116}$	$\pm 1{,}9651_{57}$	0,361	$-0{,}5226_{54}$	$\mp 1{,}8842_{6}$	$-0{,}8773_{115}$	$\pm 1{,}5643_{104}$
0,312	$-0{,}7699_{47}$	$\mp 1{,}8085_{24}$	$-0{,}3072_{116}$	$\pm 1{,}9594_{58}$	0,362	$-0{,}5172_{54}$	$\mp 1{,}8848_{6}$	$-0{,}8888_{115}$	$\pm 1{,}5539_{104}$
0,313	$-0{,}7652_{47}$	$\mp 1{,}8109_{24}$	$-0{,}3188_{116}$	$\pm 1{,}9536_{59}$	0,363	$-0{,}5118_{55}$	$\mp 1{,}8854_{6}$	$-0{,}9003_{115}$	$\pm 1{,}5435_{105}$
0,314	$-{,}7605_{47}$	$\mp 1{,}8132_{23}$	$-0{,}3304_{116}$	$\pm 1{,}9477_{61}$	0,364	$-0{,}5063_{55}$	$\mp 1{,}8860_{5}$	$-0{,}9118_{115}$	$\pm 1{,}5330_{106}$
0,315	$-0{,}7558_{47}$	$\mp 1{,}8155_{23}$	$-0{,}3420_{116}$	$\pm 1{,}9416_{61}$	0,365	$-0{,}5008_{55}$	$\mp 1{,}8865_{5}$	$-0{,}9233_{115}$	$\pm 1{,}5224_{107}$
0,316	$-0{,}7511_{47}$	$\mp 1{,}8178_{22}$	$-0{,}3536_{117}$	$\pm 1{,}9355_{62}$	0,366	$-0{,}4953_{55}$	$\mp 1{,}8870_{5}$	$-0{,}9348_{115}$	$\pm 1{,}5117_{108}$
0,317	$-0{,}7464_{48}$	$\mp 1{,}8200_{22}$	$-0{,}3653_{116}$	$\pm 1{,}9293_{63}$	0,367	$-0{,}4898_{55}$	$\mp 1{,}8875_{4}$	$-0{,}9463_{115}$	$\pm 1{,}5009_{109}$
0,318	$-0{,}7416_{48}$	$\mp 1{,}8222_{22}$	$-0{,}3769_{116}$	$\pm 1{,}9230_{63}$	0,368	$-0{,}4843_{55}$	$\mp 1{,}8879_{4}$	$-0{,}9578_{115}$	$\pm 1{,}4900_{110}$
0,319	$-0{,}7368_{48}$	$\mp 1{,}8244_{22}$	$-0{,}3885_{116}$	$\pm 1{,}9167_{65}$	0,369	$-0{,}4788_{55}$	$\mp 1{,}8883_{3}$	$-0{,}9693_{114}$	$\pm 1{,}4790_{110}$
0,320	$-0{,}7320_{48}$	$\mp 1{,}8266_{21}$	$-0{,}4001_{117}$	$\pm 1{,}9102_{66}$	0,370	$-0{,}4733_{56}$	$\mp 1{,}8886_{3}$	$-0{,}9807_{115}$	$\pm 1{,}4680_{111}$
0,321	$-0{,}7272_{48}$	$\mp 1{,}8287_{21}$	$-0{,}4118_{116}$	$\pm 1{,}9036_{67}$	0,371	$-0{,}4677_{56}$	$\mp 1{,}8889_{3}$	$-0{,}9922_{114}$	$\pm 1{,}4569_{112}$
0,322	$-0{,}7224_{48}$	$\mp 1{,}8308_{20}$	$-0{,}4234_{117}$	$\pm 1{,}8969_{68}$	0,372	$-0{,}4621_{56}$	$\mp 1{,}8892_{2}$	$-1{,}0036_{114}$	$\pm 1{,}4457_{113}$
0,323	$-0{,}7176_{49}$	$\mp 1{,}8328_{20}$	$-0{,}4351_{116}$	$\pm 1{,}8901_{68}$	0,373	$-0{,}4565_{56}$	$\mp 1{,}8894_{2}$	$-1{,}0150_{114}$	$\pm 1{,}4344_{115}$
0,324	$-0{,}7127_{49}$	$\mp 1{,}8348_{20}$	$-0{,}4467_{117}$	$\pm 1{,}8833_{69}$	0,374	$-0{,}4509_{56}$	$\mp 1{,}8896_{1}$	$-1{,}0264_{114}$	$\pm 1{,}4229_{115}$
0,325	$-0{,}7078_{49}$	$\mp 1{,}8368_{19}$	$-0{,}4584_{117}$	$\pm 1{,}8764_{70}$	0,375	$-0{,}4453_{56}$	$\mp 1{,}8897_{0}$	$-1{,}0378_{114}$	$\pm 1{,}4114_{116}$
0,326	$-0{,}7029_{49}$	$\mp 1{,}8387_{19}$	$-0{,}4701_{116}$	$\pm 1{,}8694_{71}$	0,376	$-0{,}4397_{56}$	$\mp 1{,}8897_{1}$	$-1{,}0492_{114}$	$\pm 1{,}3998_{117}$
0,327	$-0{,}6980_{49}$	$\mp 1{,}8406_{19}$	$-0{,}4817_{117}$	$\pm 1{,}8623_{72}$	0,377	$-0{,}4341_{57}$	$\mp 1{,}8898_{0}$	$-1{,}0606_{113}$	$\pm 1{,}3881_{117}$
0,328	$-0{,}6931_{49}$	$\mp 1{,}8425_{18}$	$-0{,}4934_{116}$	$\pm 1{,}8551_{74}$	0,378	$-0{,}4284_{57}$	$\mp 1{,}8897_{0}$	$-1{,}0719_{113}$	$\pm 1{,}3764_{118}$
0,329	$-0{,}6882_{49}$	$\mp 1{,}8443_{18}$	$-0{,}5050_{117}$	$\pm 1{,}8477_{75}$	0,379	$-0{,}4227_{57}$	$\mp 1{,}8897_{0}$	$-1{,}0832_{113}$	$\pm 1{,}3646_{119}$
0,330	$-0{,}6833_{50}$	$\mp 1{,}8461_{17}$	$-0{,}5167_{116}$	$\pm 1{,}8402_{75}$	0,380	$-0{,}4170_{57}$	$\mp 1{,}8897_{1}$	$-1{,}0945_{113}$	$\pm 1{,}3527_{119}$
0,331	$-0{,}6783_{50}$	$\mp 1{,}8478_{17}$	$-0{,}5283_{117}$	$\pm 1{,}8327_{75}$	0,381	$-0{,}4113_{57}$	$\mp 1{,}8896_{1}$	$-1{,}1058_{113}$	$\pm 1{,}3408_{120}$
0,332	$-0{,}6733_{50}$	$\mp 1{,}8495_{17}$	$-0{,}5400_{117}$	$\pm 1{,}8252_{75}$	0,382	$-0{,}4056_{57}$	$\mp 1{,}8895_{1}$	$-1{,}1171_{113}$	$\pm 1{,}3288_{122}$
0,333	$-0{,}6683_{50}$	$\mp 1{,}8512_{17}$	$-0{,}5517_{116}$	$\pm 1{,}8176_{77}$	0,383	$-0{,}3999_{58}$	$\mp 1{,}8894_{2}$	$-1{,}1284_{112}$	$\pm 1{,}3166_{123}$
0,334	$-0{,}6633_{50}$	$\mp 1{,}8529_{17}$	$-0{,}5633_{117}$	$\pm 1{,}8099_{78}$	0,384	$-0{,}3941_{58}$	$\mp 1{,}8892_{3}$	$-1{,}1396_{112}$	$\pm 1{,}3043_{124}$
0,335	$-0{,}6583_{50}$	$\mp 1{,}8546_{16}$	$-0{,}5750_{117}$	$\pm 1{,}8021_{80}$	0,385	$-0{,}3883_{58}$	$\mp 1{,}8889_{4}$	$-1{,}1508_{112}$	$\pm 1{,}2919_{124}$
0,336	$-0{,}6533_{50}$	$\mp 1{,}8562_{16}$	$-0{,}5867_{116}$	$\pm 1{,}7941_{81}$	0,386	$-0{,}3825_{58}$	$\mp 1{,}8885_{4}$	$-1{,}1620_{112}$	$\pm 1{,}2795_{125}$
0,337	$-0{,}6483_{51}$	$\mp 1{,}8578_{15}$	$-0{,}5983_{117}$	$\pm 1{,}7860_{82}$	0,387	$-0{,}3767_{58}$	$\mp 1{,}8881_{4}$	$-1{,}1732_{112}$	$\pm 1{,}2670_{126}$
0,338	$-0{,}6432_{51}$	$\mp 1{,}8593_{15}$	$-0{,}6100_{117}$	$\pm 1{,}7778_{84}$	0,388	$-0{,}3709_{58}$	$\mp 1{,}8877_{4}$	$-1{,}1844_{112}$	$\pm 1{,}2544_{127}$
0,339	$-0{,}6381_{51}$	$\mp 1{,}8608_{14}$	$-0{,}6217_{116}$	$\pm 1{,}7694_{85}$	0,389	$-0{,}3651_{58}$	$\mp 1{,}8873_{4}$	$-1{,}1956_{111}$	$\pm 1{,}2417_{128}$
0,340	$-0{,}6330_{51}$	$\mp 1{,}8622_{14}$	$-0{,}6333_{117}$	$\pm 1{,}7609_{86}$	0,390	$-0{,}3593_{59}$	$\mp 1{,}8869_{5}$	$-1{,}2067_{111}$	$\pm 1{,}2289_{128}$
0,341	$-0{,}6279_{51}$	$\mp 1{,}8636_{14}$	$-0{,}6450_{116}$	$\pm 1{,}7523_{87}$	0,391	$-0{,}3534_{59}$	$\mp 1{,}8864_{5}$	$-1{,}2178_{111}$	$\pm 1{,}2161_{129}$
0,342	$-0{,}6228_{51}$	$\mp 1{,}8650_{13}$	$-0{,}6566_{117}$	$\pm 1{,}7436_{87}$	0,392	$-0{,}3475_{59}$	$\mp 1{,}8859_{6}$	$-1{,}2289_{111}$	$\pm 1{,}2032_{130}$
0,343	$-0{,}6177_{52}$	$\mp 1{,}8663_{13}$	$-0{,}6683_{116}$	$\pm 1{,}7349_{88}$	0,393	$-0{,}3416_{59}$	$\mp 1{,}8853_{6}$	$-1{,}2400_{111}$	$\pm 1{,}1902_{131}$
0,344	$-0{,}6125_{52}$	$\mp 1{,}8676_{13}$	$-0{,}6799_{117}$	$\pm 1{,}7261_{88}$	0,394	$-0{,}3357_{59}$	$\mp 1{,}8847_{7}$	$-1{,}2511_{110}$	$\pm 1{,}1771_{131}$
0,345	$-0{,}6073_{52}$	$\mp 1{,}8689_{12}$	$-0{,}6916_{116}$	$\pm 1{,}7173_{89}$	0,395	$-0{,}3298_{59}$	$\mp 1{,}8840_{7}$	$-1{,}2621_{110}$	$\pm 1{,}1640_{132}$
0,346	$-0{,}6021_{52}$	$\mp 1{,}8701_{12}$	$-0{,}7032_{117}$	$\pm 1{,}7084_{90}$	0,396	$-0{,}3239_{59}$	$\mp 1{,}8833_{8}$	$-1{,}2731_{110}$	$\pm 1{,}1508_{133}$
0,347	$-0{,}5969_{52}$	$\mp 1{,}8713_{12}$	$-0{,}7149_{116}$	$\pm 1{,}6994_{90}$	0,397	$-0{,}3180_{60}$	$\mp 1{,}8825_{8}$	$-1{,}2841_{110}$	$\pm 1{,}1375_{134}$
0,348	$-0{,}5917_{52}$	$\mp 1{,}8725_{11}$	$-0{,}7265_{116}$	$\pm 1{,}6904_{90}$	0,398	$-0{,}3120_{60}$	$\mp 1{,}8817_{8}$	$-1{,}2951_{110}$	$\pm 1{,}1241_{135}$
0,349	$-0{,}5865_{52}$	$\mp 1{,}8736_{11}$	$-0{,}7381_{117}$	$\pm 1{,}6814_{91}$	0,399	$-0{,}3060_{60}$	$\mp 1{,}8809_{9}$	$-1{,}3061_{109}$	$\pm 1{,}1106_{136}$
0,350	$-0{,}5813_{53}$	$\mp 1{,}8747_{11}$	$-0{,}7498_{116}$	$\pm 1{,}6723_{94}$	0,400	$-0{,}3000_{60}$	$\mp 1{,}8800_{9}$	$-1{,}3170_{109}$	$\pm 1{,}0970_{137}$

x	$P'_3(\pm x)$	$P'_4(\pm x)$	$P'_5(\pm x)$	$P'_6(\pm x)$	x	$P'_3(\pm x)$	$P'_4(\pm x)$	$P'_5(\pm x)$	$P'_6(\pm x)$
0,400	$-0,3000_{60}$	$\mp 1,8800_{9}$	$-1,3170_{109}$	$\pm 1,0970_{137}$	0,450	$+0,0188_{68}$	$\mp 1,7803_{32}$	$-1,8260_{92}$	$\pm 0,3286_{170}$
0,401	$-0,2940_{60}$	$\mp 1,8791_{10}$	$-1,3279_{109}$	$\pm 1,0833_{137}$	0,451	$+0,0256_{68}$	$\mp 1,7771_{32}$	$-1,8352_{92}$	$\pm 0,3116_{170}$
0,402	$-0,2880_{60}$	$\mp 1,8781_{10}$	$-1,3388_{109}$	$\pm 1,0696_{138}$	0,452	$+0,0324_{68}$	$\mp 1,7739_{32}$	$-1,8444_{92}$	$\pm 0,2946_{171}$
0,403	$-0,2820_{61}$	$\mp 1,8771_{10}$	$-1,3497_{108}$	$\pm 1,0558_{138}$	0,453	$+0,0392_{68}$	$\mp 1,7707_{33}$	$-1,8536_{91}$	$\pm 0,2775_{172}$
0,404	$-0,2759_{61}$	$\mp 1,8761_{11}$	$-1,3605_{108}$	$\pm 1,0420_{139}$	0,454	$+0,0460_{67}$	$\mp 1,7674_{33}$	$-1,8627_{91}$	$\pm 0,2603_{172}$
0,405	$-0,2698_{61}$	$\mp 1,8750_{11}$	$-1,3713_{108}$	$\pm 1,0281_{140}$	0,455	$+0,0527_{68}$	$\mp 1,7641_{34}$	$-1,8718_{90}$	$\pm 0,2431_{172}$
0,406	$-0,2637_{61}$	$\mp 1,8739_{12}$	$-1,3821_{108}$	$\pm 1,0141_{141}$	0,456	$+0,0595_{68}$	$\mp 1,7607_{35}$	$-1,8808_{90}$	$\pm 0,2259_{173}$
0,407	$-0,2576_{61}$	$\mp 1,8727_{12}$	$-1,3929_{107}$	$\pm 1,0000_{142}$	0,457	$+0,0663_{69}$	$\mp 1,7572_{35}$	$-1,8898_{89}$	$\pm 0,2086_{173}$
0,408	$-0,2515_{61}$	$\mp 1,8715_{13}$	$-1,4036_{107}$	$\pm 0,9858_{142}$	0,458	$+0,0732_{69}$	$\mp 1,7537_{35}$	$-1,8987_{89}$	$\pm 0,1913_{174}$
0,409	$-0,2454_{61}$	$\mp 1,8702_{13}$	$-1,4143_{107}$	$\pm 0,9716_{143}$	0,459	$+0,0801_{69}$	$\mp 1,7502_{36}$	$-1,9076_{89}$	$\pm 0,1739_{175}$
0,410	$-0,2393_{62}$	$\mp 1,8689_{14}$	$-1,4250_{106}$	$\pm 0,9573_{144}$	0,460	$+0,0870_{69}$	$\mp 1,7466_{36}$	$-1,9165_{88}$	$\pm 0,1564_{175}$
0,411	$-0,2331_{62}$	$\mp 1,8675_{14}$	$-1,4356_{106}$	$\pm 0,9429_{145}$	0,461	$+0,0939_{69}$	$\mp 1,7430_{37}$	$-1,9253_{88}$	$\pm 0,1389_{176}$
0,412	$-0,2269_{62}$	$\mp 1,8661_{14}$	$-1,4462_{106}$	$\pm 0,9284_{145}$	0,462	$+0,1008_{69}$	$\mp 1,7393_{37}$	$-1,9341_{87}$	$\pm 0,1213_{176}$
0,413	$-0,2207_{62}$	$\mp 1,8647_{15}$	$-1,4568_{106}$	$\pm 0,9139_{146}$	0,463	$+0,1077_{70}$	$\mp 1,7356_{38}$	$-1,9428_{86}$	$\pm 0,1037_{176}$
0,414	$-0,2145_{62}$	$\mp 1,8632_{15}$	$-1,4674_{106}$	$\pm 0,8993_{147}$	0,464	$+0,1147_{70}$	$\mp 1,7318_{38}$	$-1,9514_{86}$	$\pm 0,0861_{177}$
0,415	$-0,2083_{62}$	$\mp 1,8617_{16}$	$-1,4780_{105}$	$\pm 0,8846_{147}$	0,465	$+0,1217_{70}$	$\mp 1,7280_{39}$	$-1,9600_{85}$	$\pm 0,0684_{177}$
0,416	$-0,2021_{62}$	$\mp 1,8601_{16}$	$-1,4885_{105}$	$\pm 0,8699_{148}$	0,466	$+0,1287_{70}$	$\mp 1,7241_{39}$	$-1,9685_{85}$	$\pm 0,0507_{177}$
0,417	$-0,1959_{63}$	$\mp 1,8585_{16}$	$-1,4990_{105}$	$\pm 0,8551_{149}$	0,467	$+0,1357_{70}$	$\mp 1,7202_{40}$	$-1,9770_{85}$	$\pm 0,0330_{178}$
0,418	$-0,1896_{63}$	$\mp 1,8569_{17}$	$-1,5095_{105}$	$\pm 0,8402_{149}$	0,468	$+0,1427_{70}$	$\mp 1,7162_{40}$	$-1,9854_{84}$	$\pm 0,0152_{178}$
0,419	$-0,1833_{63}$	$\mp 1,8552_{17}$	$-1,5199_{104}$	$\pm 0,8252_{150}$	0,469	$+0,1497_{70}$	$\mp 1,7122_{40}$	$-1,9938_{84}$	$\mp 0,0027_{179}$
0,420	$-0,1770_{63}$	$\mp 1,8535_{18}$	$-1,5303_{103}$	$\pm 0,8102_{151}$	0,470	$+0,1568_{71}$	$\mp 1,7081_{41}$	$-2,0022_{83}$	$\mp 0,0206_{179}$
0,421	$-0,1707_{63}$	$\mp 1,8517_{18}$	$-1,5406_{103}$	$\pm 0,7951_{152}$	0,471	$+0,1639_{71}$	$\mp 1,7040_{42}$	$-2,0105_{83}$	$\mp 0,0385_{180}$
0,422	$-0,1644_{63}$	$\mp 1,8499_{19}$	$-1,5509_{103}$	$\pm 0,7799_{153}$	0,472	$+0,1710_{71}$	$\mp 1,6998_{42}$	$-2,0188_{82}$	$\mp 0,0565_{180}$
0,423	$-0,1581_{64}$	$\mp 1,8480_{19}$	$-1,5612_{103}$	$\pm 0,7646_{153}$	0,473	$+0,1781_{71}$	$\mp 1,6956_{43}$	$-2,0270_{81}$	$\mp 0,0745_{181}$
0,424	$-0,1517_{64}$	$\mp 1,8461_{20}$	$-1,5715_{103}$	$\pm 0,7493_{154}$	0,474	$+0,1852_{70}$	$\mp 1,6913_{43}$	$-2,0351_{81}$	$\mp 0,0926_{181}$
0,425	$-0,1453_{64}$	$\mp 1,8441_{20}$	$-1,5818_{102}$	$\pm 0,7339_{154}$	0,475	$+0,1922_{71}$	$\mp 1,6870_{44}$	$-2,0432_{80}$	$\mp 0,1107_{182}$
0,426	$-0,1389_{64}$	$\mp 1,8421_{20}$	$-1,5920_{102}$	$\pm 0,7185_{155}$	0,476	$+0,1993_{71}$	$\mp 1,6826_{44}$	$-2,0512_{80}$	$\mp 0,1289_{182}$
0,427	$-0,1325_{64}$	$\mp 1,8401_{21}$	$-1,6022_{101}$	$\pm 0,7030_{156}$	0,477	$+0,2064_{72}$	$\mp 1,6782_{45}$	$-2,0592_{79}$	$\mp 0,1471_{182}$
0,428	$-0,1261_{64}$	$\mp 1,8380_{22}$	$-1,6123_{101}$	$\pm 0,6874_{157}$	0,478	$+0,2136_{72}$	$\mp 1,6737_{45}$	$-2,0671_{79}$	$\mp 0,1653_{183}$
0,429	$-0,1197_{64}$	$\mp 1,8358_{22}$	$-1,6224_{101}$	$\pm 0,6717_{157}$	0,479	$+0,2208_{72}$	$\mp 1,6792_{46}$	$-2,0750_{78}$	$\mp 0,1836_{183}$
0,430	$-0,1133_{65}$	$\mp 1,8336_{22}$	$-1,6325_{100}$	$\pm 0,6560_{158}$	0,480	$+0,2280_{72}$	$\mp 1,6646_{46}$	$-2,0828_{78}$	$\mp 0,2019_{184}$
0,431	$-0,1068_{65}$	$\mp 1,8314_{23}$	$-1,6425_{100}$	$\pm 0,6402_{159}$	0,481	$+0,2352_{72}$	$\mp 1,6600_{47}$	$-2,0906_{77}$	$\mp 0,2203_{184}$
0,432	$-0,1003_{65}$	$\mp 1,8291_{23}$	$-1,6525_{100}$	$\pm 0,6243_{159}$	0,482	$+0,2424_{72}$	$\mp 1,6553_{47}$	$-2,0983_{76}$	$\mp 0,2387_{184}$
0,433	$-0,0938_{65}$	$\mp 1,8268_{24}$	$-1,6625_{99}$	$\pm 0,6084_{160}$	0,483	$+0,2496_{72}$	$\mp 1,6506_{48}$	$-2,1059_{76}$	$\mp 0,2571_{184}$
0,434	$-0,0873_{65}$	$\mp 1,8244_{24}$	$-1,6724_{99}$	$\pm 0,5924_{160}$	0,484	$+0,2568_{72}$	$\mp 1,6458_{48}$	$-2,1135_{75}$	$\mp 0,2755_{184}$
0,435	$-0,0808_{65}$	$\mp 1,8220_{25}$	$-1,6823_{98}$	$\pm 0,5764_{161}$	0,485	$+0,2642_{73}$	$\mp 1,6410_{49}$	$-2,1210_{75}$	$\mp 0,2939_{185}$
0,436	$-0,0743_{65}$	$\mp 1,8195_{25}$	$-1,6921_{98}$	$\pm 0,5603_{162}$	0,486	$+0,2715_{73}$	$\mp 1,6361_{49}$	$-2,1285_{74}$	$\mp 0,3124_{185}$
0,437	$-0,0678_{66}$	$\mp 1,8170_{25}$	$-1,7019_{98}$	$\pm 0,5441_{162}$	0,487	$+0,2788_{73}$	$\mp 1,6312_{50}$	$-2,1359_{73}$	$\mp 0,3309_{186}$
0,438	$-0,0612_{66}$	$\mp 1,8145_{26}$	$-1,7117_{98}$	$\pm 0,5279_{163}$	0,488	$+0,2861_{73}$	$\mp 1,6262_{50}$	$-2,1432_{73}$	$\mp 0,3495_{186}$
0,439	$-0,0546_{66}$	$\mp 1,8119_{26}$	$-1,7215_{97}$	$\pm 0,5116_{163}$	0,489	$+0,2934_{74}$	$\mp 1,6212_{51}$	$-2,1505_{72}$	$\mp 0,3681_{186}$
0,440	$-0,0480_{66}$	$\mp 1,8093_{27}$	$-1,7312_{97}$	$\pm 0,4953_{164}$	0,490	$+0,3008_{73}$	$\mp 1,6161_{51}$	$-2,1577_{72}$	$\mp 0,3867_{187}$
0,441	$-0,0414_{66}$	$\mp 1,8066_{27}$	$-1,7409_{96}$	$\pm 0,4789_{164}$	0,491	$+0,3081_{74}$	$\mp 1,6110_{52}$	$-2,1649_{71}$	$\mp 0,4054_{187}$
0,442	$-0,0348_{66}$	$\mp 1,8039_{28}$	$-1,7505_{96}$	$\pm 0,4625_{165}$	0,492	$+0,3155_{74}$	$\mp 1,6058_{52}$	$-2,1720_{71}$	$\mp 0,4241_{187}$
0,443	$-0,0282_{67}$	$\mp 1,8011_{28}$	$-1,7601_{95}$	$\pm 0,4460_{166}$	0,493	$+0,3229_{74}$	$\mp 1,6006_{53}$	$-2,1791_{70}$	$\mp 0,4428_{187}$
0,444	$-0,0215_{67}$	$\mp 1,7983_{29}$	$-1,7696_{95}$	$\pm 0,4294_{167}$	0,494	$+0,3303_{74}$	$\mp 1,5953_{53}$	$-2,1861_{70}$	$\mp 0,4615_{187}$
0,445	$-0,0148_{67}$	$\mp 1,7954_{29}$	$-1,7791_{95}$	$\pm 0,4127_{167}$	0,495	$+0,3377_{74}$	$\mp 1,5900_{54}$	$-2,1930_{69}$	$\mp 0,4802_{188}$
0,446	$-0,0081_{67}$	$\mp 1,7925_{30}$	$-1,7886_{94}$	$\pm 0,3960_{168}$	0,496	$+0,3451_{74}$	$\mp 1,5846_{55}$	$-2,1999_{68}$	$\mp 0,4990_{188}$
0,447	$-0,0014_{67}$	$\mp 1,7895_{30}$	$-1,7980_{94}$	$\pm 0,3792_{168}$	0,497	$+0,3525_{75}$	$\mp 1,5791_{55}$	$-2,2067_{67}$	$\mp 0,5178_{188}$
0,448	$+0,0053_{67}$	$\mp 1,7865_{31}$	$-1,8074_{94}$	$\pm 0,3624_{169}$	0,498	$+0,3600_{75}$	$\mp 1,5736_{55}$	$-2,2134_{66}$	$\mp 0,5366_{188}$
0,449	$+0,0120_{68}$	$\mp 1,7834_{31}$	$-1,8167_{93}$	$\pm 0,3455_{169}$	0,499	$+0,3675_{75}$	$\mp 1,5681_{56}$	$-2,2200_{66}$	$\mp 0,5554_{188}$
0,450	$+0,0188_{68}$	$\mp 1,7803_{32}$	$-1,8260_{92}$	$\pm 0,3286_{170}$	0,500	$+0,3750_{75}$	$\mp 1,5625_{57}$	$-2,2266_{66}$	$\mp 0,5742_{189}$

x	$P'_3(\pm x)$	$P'_4(\pm x)$	$P'_5(\pm x)$	$P'_6(\pm x)$	x	$P'_3(\pm x)$	$P'_4(\pm x)$	$P'_5(\pm x)$	$P'_6(\pm x)$
0,500	$+0{,}3750_{75}$	$\mp 1{,}5625_{57}$	$-2{,}2266_{66}$	$\mp 0{,}5742_{189}$	0,550	$+0{,}7688_{82}$	$\mp 1{,}2134_{84}$	$-2{,}4626_{26}$	$\mp 1{,}5236_{187}$
0,501	$+0{,}3825_{75}$	$\mp 1{,}5568_{57}$	$-2{,}2332_{65}$	$\mp 0{,}5931_{189}$	0,551	$+0{,}7770_{83}$	$\mp 1{,}2050_{85}$	$-2{,}4652_{25}$	$\mp 1{,}5423_{187}$
0,502	$+0{,}3900_{75}$	$\mp 1{,}5511_{57}$	$-2{,}2397_{64}$	$\mp 0{,}6120_{189}$	0,552	$+0{,}7853_{83}$	$\mp 1{,}1965_{85}$	$-2{,}4677_{24}$	$\mp 1{,}5610_{187}$
0,503	$+0{,}3975_{76}$	$\mp 1{,}5454_{58}$	$-2{,}2451_{63}$	$\mp 0{,}6309_{189}$	0,553	$+0{,}7936_{83}$	$\mp 1{,}1880_{86}$	$-2{,}4701_{24}$	$\mp 1{,}5797_{186}$
0,504	$+0{,}4051_{76}$	$\mp 1{,}5396_{59}$	$-2{,}2524_{62}$	$\mp 0{,}6498_{190}$	0,554	$+0{,}8019_{83}$	$\mp 1{,}1794_{86}$	$-2{,}4725_{23}$	$\mp 1{,}5983_{186}$
0,505	$+0{,}4127_{76}$	$\mp 1{,}5337_{60}$	$-2{,}2586_{62}$	$\mp 0{,}6688_{189}$	0,555	$+0{,}8102_{83}$	$\mp 1{,}1708_{87}$	$-2{,}4748_{22}$	$\mp 1{,}6168_{185}$
0,506	$+0{,}4203_{76}$	$\mp 1{,}5277_{60}$	$-2{,}2648_{61}$	$\mp 0{,}6877_{190}$	0,556	$+0{,}8185_{83}$	$\mp 1{,}1621_{88}$	$-2{,}4770_{20}$	$\mp 1{,}6353_{185}$
0,507	$+0{,}4279_{76}$	$\mp 1{,}5217_{60}$	$-2{,}2709_{60}$	$\mp 0{,}7067_{190}$	0,557	$+0{,}8268_{84}$	$\mp 1{,}1533_{88}$	$-2{,}4790_{20}$	$\mp 1{,}6538_{184}$
0,508	$+0{,}4355_{76}$	$\mp 1{,}5157_{60}$	$-2{,}2769_{60}$	$\mp 0{,}7257_{190}$	0,558	$+0{,}8352_{84}$	$\mp 1{,}1445_{89}$	$-2{,}4810_{19}$	$\mp 1{,}6722_{184}$
0,509	$+0{,}4431_{77}$	$\mp 1{,}5097_{61}$	$-2{,}2829_{59}$	$\mp 0{,}7447_{190}$	0,559	$+0{,}8436_{84}$	$\mp 1{,}1356_{89}$	$-2{,}4829_{18}$	$\mp 1{,}6906_{184}$
0,510	$+0{,}4508_{76}$	$\mp 1{,}5036_{61}$	$-2{,}2888_{59}$	$\mp 0{,}7637_{190}$	0,560	$+0{,}8520_{84}$	$\mp 1{,}1267_{90}$	$-2{,}4847_{17}$	$\mp 1{,}7090_{183}$
0,511	$+0{,}4584_{77}$	$\mp 1{,}4975_{62}$	$-2{,}2947_{58}$	$\mp 0{,}7827_{191}$	0,561	$+0{,}8604_{84}$	$\mp 1{,}1177_{91}$	$-2{,}4864_{16}$	$\mp 1{,}7273_{183}$
0,512	$+0{,}4661_{77}$	$\mp 1{,}4913_{63}$	$-2{,}3005_{57}$	$\mp 0{,}8018_{191}$	0,562	$+0{,}8688_{84}$	$\mp 1{,}1086_{91}$	$-2{,}4880_{15}$	$\mp 1{,}7456_{183}$
0,513	$+0{,}4738_{77}$	$\mp 1{,}4850_{64}$	$-2{,}3062_{56}$	$\mp 0{,}8209_{191}$	0,563	$+0{,}8772_{85}$	$\mp 1{,}0995_{91}$	$-2{,}4895_{14}$	$\mp 1{,}7639_{183}$
0,514	$+0{,}4815_{77}$	$\mp 1{,}4786_{64}$	$-2{,}3118_{55}$	$\mp 0{,}8400_{191}$	0,564	$+0{,}8857_{85}$	$\mp 1{,}0904_{92}$	$-2{,}4909_{13}$	$\mp 1{,}7822_{182}$
0,515	$+0{,}4892_{77}$	$\mp 1{,}4722_{65}$	$-2{,}3173_{55}$	$\mp 0{,}8591_{190}$	0,565	$+0{,}8942_{85}$	$\mp 1{,}0812_{93}$	$-2{,}4922_{12}$	$\mp 1{,}8004_{181}$
0,516	$+0{,}4969_{77}$	$\mp 1{,}4657_{65}$	$-2{,}3228_{54}$	$\mp 0{,}8781_{191}$	0,566	$+0{,}9027_{85}$	$\mp 1{,}0719_{94}$	$-2{,}4934_{11}$	$\mp 1{,}8185_{181}$
0,517	$+0{,}5046_{78}$	$\mp 1{,}4592_{66}$	$-2{,}3282_{54}$	$\mp 0{,}8972_{190}$	0,567	$+0{,}9112_{85}$	$\mp 1{,}0625_{94}$	$-2{,}4945_{10}$	$\mp 1{,}8366_{180}$
0,518	$+0{,}5124_{78}$	$\mp 1{,}4526_{66}$	$-2{,}3336_{53}$	$\mp 0{,}9162_{191}$	0,568	$+0{,}9197_{85}$	$\mp 1{,}0531_{95}$	$-2{,}4955_{9}$	$\mp 1{,}8546_{180}$
0,519	$+0{,}5202_{78}$	$\mp 1{,}4460_{66}$	$-2{,}3389_{52}$	$\mp 0{,}9353_{191}$	0,569	$+0{,}9282_{86}$	$\mp 1{,}0436_{95}$	$-2{,}4964_{8}$	$\mp 1{,}8726_{179}$
0,520	$+0{,}5280_{78}$	$\mp 1{,}4394_{67}$	$-2{,}3441_{51}$	$\mp 0{,}9544_{190}$	0,570	$+0{,}9368_{85}$	$\mp 1{,}0341_{96}$	$-2{,}4972_{7}$	$\mp 1{,}8905_{179}$
0,521	$+0{,}5358_{78}$	$\mp 1{,}4327_{68}$	$-2{,}3492_{51}$	$\mp 0{,}9734_{191}$	0,571	$+0{,}9453_{86}$	$\mp 1{,}0245_{97}$	$-2{,}4979_{6}$	$\mp 1{,}9084_{178}$
0,522	$+0{,}5436_{78}$	$\mp 1{,}4259_{68}$	$-2{,}3543_{50}$	$\mp 0{,}9925_{191}$	0,572	$+0{,}9539_{86}$	$\mp 1{,}0148_{97}$	$-2{,}4985_{5}$	$\mp 1{,}9262_{178}$
0,523	$+0{,}5514_{79}$	$\mp 1{,}4191_{69}$	$-2{,}3593_{49}$	$\mp 1{,}0116_{190}$	0,573	$+0{,}9625_{86}$	$\mp 1{,}0051_{97}$	$-2{,}4990_{4}$	$\mp 1{,}9440_{178}$
0,524	$+0{,}5593_{79}$	$\mp 1{,}4122_{70}$	$-2{,}3642_{47}$	$\mp 1{,}0306_{191}$	0,574	$+0{,}9711_{86}$	$\mp 0{,}9954_{98}$	$-2{,}4994_{4}$	$\mp 1{,}9618_{177}$
0,525	$+0{,}5672_{79}$	$\mp 1{,}4052_{71}$	$-2{,}3689_{47}$	$\mp 1{,}0497_{191}$	0,575	$+0{,}9797_{86}$	$\mp 0{,}9856_{99}$	$-2{,}4998_{3}$	$\mp 1{,}9795_{176}$
0,526	$+0{,}5751_{79}$	$\mp 1{,}3981_{71}$	$-2{,}3736_{46}$	$\mp 1{,}0688_{191}$	0,576	$+0{,}9883_{86}$	$\mp 0{,}9757_{100}$	$-2{,}5001_{2}$	$\mp 1{,}9971_{175}$
0,527	$+0{,}5830_{79}$	$\mp 1{,}3910_{71}$	$-2{,}3782_{46}$	$\mp 1{,}0879_{191}$	0,577	$+0{,}9969_{87}$	$\mp 0{,}9657_{100}$	$-2{,}5003_{2}$	$\mp 2{,}0146_{175}$
0,528	$+0{,}5909_{79}$	$\mp 1{,}3839_{71}$	$-2{,}3828_{45}$	$\mp 1{,}1070_{191}$	0,578	$+1{,}0056_{87}$	$\mp 0{,}9557_{101}$	$-2{,}5001_{2}$	$\mp 2{,}0321_{174}$
0,529	$+0{,}5988_{80}$	$\mp 1{,}3768_{71}$	$-2{,}3873_{44}$	$\mp 1{,}1261_{191}$	0,579	$+1{,}0143_{87}$	$\mp 0{,}9456_{101}$	$-2{,}4999_{3}$	$\mp 2{,}0495_{174}$
0,530	$+0{,}6068_{79}$	$\mp 1{,}3697_{72}$	$-2{,}3917_{43}$	$\mp 1{,}1452_{190}$	0,580	$+1{,}0230_{87}$	$\mp 0{,}9355_{102}$	$-2{,}4996_{4}$	$\mp 2{,}0669_{173}$
0,531	$+0{,}6147_{80}$	$\mp 1{,}3625_{73}$	$-2{,}3960_{43}$	$\mp 1{,}1642_{191}$	0,581	$+1{,}0317_{87}$	$\mp 0{,}9253_{103}$	$-2{,}4992_{5}$	$\mp 2{,}0842_{172}$
0,532	$+0{,}6227_{80}$	$\mp 1{,}3552_{74}$	$-2{,}4003_{42}$	$\mp 1{,}1833_{190}$	0,582	$+1{,}0404_{87}$	$\mp 0{,}9150_{103}$	$-2{,}4987_{6}$	$\mp 2{,}1014_{172}$
0,533	$+0{,}6307_{80}$	$\mp 1{,}3478_{75}$	$-2{,}4045_{41}$	$\mp 1{,}2023_{191}$	0,583	$+1{,}0491_{88}$	$\mp 0{,}9047_{103}$	$-2{,}4981_{6}$	$\mp 2{,}1186_{171}$
0,534	$+0{,}6387_{80}$	$\mp 1{,}3403_{76}$	$-2{,}4086_{40}$	$\mp 1{,}2214_{191}$	0,584	$+1{,}0579_{88}$	$\pm 0{,}8944_{104}$	$-2{,}4975_{7}$	$\mp 2{,}1357_{170}$
0,535	$+0{,}6467_{80}$	$\mp 1{,}3327_{76}$	$-2{,}4126_{39}$	$\mp 1{,}2405_{190}$	0,585	$+1{,}0667_{88}$	$\mp 0{,}8840_{105}$	$-2{,}4968_{9}$	$\mp 2{,}1527_{170}$
0,536	$+0{,}6547_{80}$	$\mp 1{,}3251_{76}$	$-2{,}4165_{38}$	$\mp 1{,}2595_{190}$	0,586	$+1{,}0755_{88}$	$\mp 0{,}8735_{106}$	$-2{,}4959_{10}$	$\mp 2{,}1697_{169}$
0,537	$+0{,}6627_{81}$	$\mp 1{,}3175_{77}$	$-2{,}4203_{38}$	$\mp 1{,}2785_{190}$	0,587	$+1{,}0843_{88}$	$\mp 0{,}8629_{106}$	$-2{,}4949_{11}$	$\mp 2{,}1866_{168}$
0,538	$+0{,}6708_{81}$	$\mp 1{,}3098_{77}$	$-2{,}4241_{37}$	$\mp 1{,}2975_{190}$	0,588	$+1{,}0931_{88}$	$\mp 0{,}8523_{107}$	$-2{,}4938_{12}$	$\mp 2{,}2034_{167}$
0,539	$+0{,}6789_{81}$	$\mp 1{,}3021_{77}$	$-2{,}4278_{36}$	$\mp 1{,}3164_{189}$	0,589	$+1{,}1019_{89}$	$\mp 0{,}8416_{107}$	$-2{,}4926_{12}$	$\mp 2{,}2201_{167}$
0,540	$+0{,}6870_{81}$	$\mp 1{,}2944_{78}$	$-2{,}4314_{35}$	$\mp 1{,}3353_{189}$	0,590	$+1{,}1108_{88}$	$\mp 0{,}8309_{108}$	$-2{,}4914_{13}$	$\mp 2{,}2368_{166}$
0,541	$+0{,}6951_{81}$	$\mp 1{,}2866_{79}$	$-2{,}4349_{34}$	$\mp 1{,}3542_{189}$	0,591	$+1{,}1196_{89}$	$\mp 0{,}8201_{109}$	$-2{,}4901_{15}$	$\mp 2{,}2534_{165}$
0,542	$+0{,}7032_{81}$	$\mp 1{,}2787_{80}$	$-2{,}4383_{33}$	$\mp 1{,}3731_{189}$	0,592	$+1{,}1285_{89}$	$\mp 0{,}8092_{110}$	$-2{,}4886_{17}$	$\mp 2{,}2699_{165}$
0,543	$+0{,}7113_{82}$	$\mp 1{,}2707_{80}$	$-2{,}4416_{33}$	$\mp 1{,}3920_{189}$	0,593	$+1{,}1374_{89}$	$\mp 0{,}7982_{110}$	$-2{,}4869_{18}$	$\mp 2{,}2864_{164}$
0,544	$+0{,}7195_{82}$	$\mp 1{,}2627_{81}$	$-2{,}4449_{32}$	$\mp 1{,}4109_{189}$	0,594	$+1{,}1463_{89}$	$\mp 0{,}7872_{110}$	$-2{,}4851_{19}$	$\mp 2{,}3028_{163}$
0,545	$+0{,}7277_{82}$	$\mp 1{,}2546_{81}$	$-2{,}4481_{31}$	$\mp 1{,}4298_{188}$	0,595	$+1{,}1552_{89}$	$\mp 0{,}7762_{111}$	$-2{,}4832_{20}$	$\mp 2{,}3191_{162}$
0,546	$+0{,}7359_{82}$	$\mp 1{,}2465_{82}$	$-2{,}4512_{30}$	$\mp 1{,}4486_{188}$	0,596	$+1{,}1641_{89}$	$\mp 0{,}7651_{112}$	$-2{,}4812_{21}$	$\mp 2{,}3353_{161}$
0,547	$+0{,}7441_{82}$	$\mp 1{,}2383_{83}$	$-2{,}4542_{29}$	$\mp 1{,}4674_{188}$	0,597	$+1{,}1730_{90}$	$\mp 0{,}7539_{113}$	$-2{,}4791_{22}$	$\mp 2{,}3514_{160}$
0,548	$+0{,}7523_{82}$	$\mp 1{,}2300_{83}$	$-2{,}4571_{28}$	$\mp 1{,}4862_{187}$	0,598	$+1{,}1820_{90}$	$\mp 0{,}7426_{113}$	$-2{,}4769_{24}$	$\mp 2{,}3674_{158}$
0,549	$+0{,}7605_{83}$	$\mp 1{,}2217_{83}$	$-2{,}4599_{27}$	$\mp 1{,}5049_{187}$	0,599	$+1{,}1910_{90}$	$\mp 0{,}7313_{113}$	$-2{,}4745_{25}$	$\mp 2{,}3832_{158}$
0,550	$+0{,}7688_{82}$	$\mp 1{,}2134_{84}$	$-2{,}4626_{26}$	$\mp 1{,}5236_{187}$	0,600	$+1{,}2000_{90}$	$\mp 0{,}7200_{114}$	$-2{,}4720_{26}$	$\mp 2{,}3990_{157}$

x	$P'_3(\pm x)$	$P'_4(\pm x)$	$P'_5(\pm x)$	$P'_6(\pm x)$	x	$P'_3(\pm x)$	$P'_4(\pm x)$	$P'_5(\pm x)$	$P'_6(\pm x)$
0,600	$+1{,}2000_{90}$	$\mp 0{,}7200_{114}$	$-2{,}4720_{26}$	$\mp 2{,}3990_{157}$	0,650	$+1{,}6688_{97}$	$\mp 0{,}0691_{147}$	$-2{,}1869_{92}$	$\mp 3{,}0445_{92}$
0,601	$+1{,}2090_{90}$	$\mp 0{,}7086_{115}$	$-2{,}4694_{27}$	$\mp 2{,}4147_{157}$	0,651	$+1{,}6785_{98}$	$\mp 0{,}0544_{147}$	$-2{,}1777_{93}$	$\mp 3{,}0537_{91}$
0,602	$+1{,}2180_{90}$	$\mp 0{,}6971_{116}$	$-2{,}4667_{28}$	$\mp 2{,}4304_{156}$	0,652	$+1{,}6883_{98}$	$\mp 0{,}0396_{148}$	$-2{,}1684_{95}$	$\mp 3{,}0628_{90}$
0,603	$+1{,}2270_{90}$	$\mp 0{,}6855_{116}$	$-2{,}4639_{29}$	$\mp 2{,}4460_{155}$	0,653	$+1{,}6981_{98}$	$\mp 0{,}0247_{149}$	$-2{,}1589_{96}$	$\mp 3{,}0718_{88}$
0,604	$+1{,}2361_{91}$	$\mp 0{,}6739_{117}$	$-2{,}4610_{30}$	$\mp 2{,}4615_{154}$	0,654	$+1{,}7079_{98}$	$\mp 0{,}0098_{149}$	$-2{,}1493_{98}$	$\mp 3{,}0806_{87}$
0,605	$+1{,}2452_{91}$	$\mp 0{,}6622_{118}$	$-2{,}4580_{32}$	$\mp 2{,}4769_{153}$	0,655	$+1{,}7177_{98}$	$\pm 0{,}0052_{150}$	$-2{,}1395_{100}$	$\mp 3{,}0893_{85}$
0,606	$+1{,}2543_{91}$	$\mp 0{,}6504_{119}$	$-2{,}4548_{33}$	$\mp 2{,}4922_{151}$	0,656	$+1{,}7275_{98}$	$\pm 0{,}0202_{151}$	$-2{,}1295_{101}$	$\mp 3{,}0978_{82}$
0,607	$+1{,}2634_{91}$	$\mp 0{,}6385_{119}$	$-2{,}4515_{34}$	$\mp 2{,}5073_{150}$	0,657	$+1{,}7373_{99}$	$\pm 0{,}0353_{152}$	$-2{,}1194_{102}$	$\mp 3{,}1060_{80}$
0,608	$+1{,}2725_{91}$	$\mp 0{,}6266_{119}$	$-2{,}4481_{36}$	$\mp 2{,}5223_{150}$	0,658	$+1{,}7472_{99}$	$\pm 0{,}0505_{153}$	$-2{,}1092_{106}$	$\mp 3{,}1140_{78}$
0,609	$+1{,}2816_{92}$	$\mp 0{,}6147_{119}$	$-2{,}4445_{37}$	$\mp 2{,}5373_{149}$	0,659	$+1{,}7571_{99}$	$\pm 0{,}0658_{154}$	$-2{,}0988_{106}$	$\mp 3{,}1218_{77}$
0,610	$+1{,}2908_{91}$	$\mp 0{,}6028_{120}$	$-2{,}4408_{38}$	$\mp 2{,}5522_{147}$	0,660	$+1{,}7670_{99}$	$\pm 0{,}0812_{155}$	$-2{,}0882_{108}$	$\mp 3{,}1295_{75}$
0,611	$+1{,}2999_{92}$	$\mp 0{,}5908_{121}$	$-2{,}4370_{39}$	$\mp 2{,}5669_{147}$	0,661	$+1{,}7769_{99}$	$\pm 0{,}0967_{155}$	$-2{,}0774_{109}$	$\mp 3{,}1370_{74}$
0,612	$+1{,}3091_{92}$	$\mp 0{,}5787_{122}$	$-2{,}4331_{40}$	$\mp 2{,}5816_{146}$	0,662	$+1{,}7868_{99}$	$\pm 0{,}1122_{155}$	$-2{,}0665_{110}$	$\mp 3{,}1444_{72}$
0,613	$+1{,}3183_{92}$	$\mp 0{,}5665_{123}$	$-2{,}4291_{41}$	$\mp 2{,}5962_{145}$	0,663	$+1{,}7967_{100}$	$\pm 0{,}1277_{156}$	$-2{,}0555_{111}$	$\mp 3{,}1516_{70}$
0,614	$+1{,}3275_{92}$	$\mp 0{,}5542_{123}$	$-2{,}4250_{43}$	$\mp 2{,}6107_{143}$	0,664	$+1{,}8067_{100}$	$\pm 0{,}1433_{157}$	$-2{,}0444_{112}$	$\mp 3{,}1586_{66}$
0,615	$+1{,}3367_{92}$	$\mp 0{,}5419_{124}$	$-2{,}4207_{44}$	$\pm 2{,}6250_{142}$	0,665	$+1{,}8167_{100}$	$\pm 0{,}1589_{157}$	$-2{,}0332_{114}$	$\mp 3{,}1652_{65}$
0,616	$+1{,}3459_{92}$	$\mp 0{,}5295_{125}$	$-2{,}4163_{46}$	$\mp 2{,}6392_{141}$	0,666	$+1{,}8267_{100}$	$\pm 0{,}1746_{158}$	$-2{,}0218_{116}$	$\mp 3{,}1717_{63}$
0,617	$+1{,}3551_{93}$	$\mp 0{,}5170_{125}$	$-2{,}4117_{47}$	$\mp 2{,}6533_{139}$	0,667	$+1{,}8367_{100}$	$\pm 0{,}1904_{159}$	$-2{,}0102_{118}$	$\mp 3{,}1780_{61}$
0,618	$+1{,}3644_{93}$	$\mp 0{,}5045_{126}$	$-2{,}4070_{48}$	$\mp 2{,}6672_{138}$	0,668	$+1{,}8467_{100}$	$\pm 0{,}2063_{160}$	$-1{,}9984_{120}$	$\mp 3{,}1841_{60}$
0,619	$+1{,}3737_{93}$	$\mp 0{,}4919_{126}$	$-2{,}4022_{49}$	$\mp 2{,}6810_{138}$	0,669	$+1{,}8567_{101}$	$\pm 0{,}2223_{161}$	$-1{,}9864_{123}$	$\mp 3{,}1901_{58}$
0,620	$+1{,}3830_{93}$	$\mp 0{,}4793_{127}$	$-2{,}3973_{50}$	$\mp 2{,}6948_{136}$	0,670	$+1{,}8668_{100}$	$\pm 0{,}2384_{162}$	$-1{,}9741_{124}$	$\mp 3{,}1959_{56}$
0,621	$+1{,}3923_{93}$	$\mp 0{,}4666_{128}$	$-2{,}3923_{52}$	$\mp 2{,}7084_{135}$	0,671	$+1{,}8768_{101}$	$\pm 0{,}2546_{162}$	$-1{,}9617_{125}$	$\mp 3{,}2015_{54}$
0,622	$+1{,}4016_{93}$	$\mp 0{,}4538_{128}$	$-2{,}3871_{53}$	$\mp 2{,}7219_{134}$	0,672	$+1{,}8869_{101}$	$\pm 0{,}2708_{162}$	$-1{,}9492_{125}$	$\mp 3{,}2069_{51}$
0,623	$+1{,}4109_{94}$	$\mp 0{,}4410_{129}$	$-2{,}3818_{54}$	$\mp 2{,}7353_{133}$	0,673	$+1{,}8970_{101}$	$\pm 0{,}2870_{163}$	$-1{,}9367_{127}$	$\mp 3{,}2120_{49}$
0,624	$+1{,}4203_{94}$	$\mp 0{,}4281_{130}$	$-2{,}3764_{56}$	$\mp 2{,}7486_{132}$	0,674	$+0{,}9071_{101}$	$\pm 0{,}3033_{163}$	$-1{,}9240_{129}$	$\mp 3{,}2169_{47}$
0,625	$+1{,}4297_{94}$	$\mp 0{,}4151_{131}$	$-2{,}3708_{57}$	$\mp 2{,}7618_{130}$	0,675	$+1{,}9172_{101}$	$\pm 0{,}3196_{164}$	$-1{,}9111_{130}$	$\mp 3{,}2216_{45}$
0,626	$+1{,}4391_{94}$	$\mp 0{,}4020_{132}$	$-2{,}3651_{58}$	$\mp 2{,}7748_{129}$	0,676	$+1{,}9273_{101}$	$\pm 0{,}3360_{165}$	$-1{,}8981_{132}$	$\mp 3{,}2261_{43}$
0,627	$+1{,}4485_{94}$	$\mp 0{,}3888_{132}$	$-2{,}3593_{60}$	$\mp 2{,}7877_{127}$	0,677	$+1{,}9374_{102}$	$\pm 0{,}3525_{166}$	$-1{,}8849_{134}$	$\mp 3{,}2304_{41}$
0,628	$+1{,}4579_{94}$	$+0{,}3756_{132}$	$-2{,}3533_{61}$	$\mp 2{,}8004_{126}$	0,678	$+1{,}9476_{102}$	$\pm 0{,}3691_{167}$	$-1{,}8715_{136}$	$\mp 3{,}2345_{38}$
0,629	$+1{,}4673_{95}$	$\mp 0{,}3624_{132}$	$-2{,}3472_{63}$	$\mp 2{,}8130_{125}$	0,679	$+1{,}9578_{102}$	$\pm 0{,}3858_{168}$	$-1{,}8579_{138}$	$\mp 3{,}2383_{35}$
0,630	$+1{,}4768_{94}$	$\mp 0{,}3492_{133}$	$-2{,}3409_{66}$	$\mp 2{,}8255_{123}$	0,680	$+1{,}9680_{102}$	$\pm 0{,}4026_{168}$	$-1{,}8441_{139}$	$\mp 3{,}2418_{33}$
0,631	$+1{,}4862_{95}$	$\mp 0{,}3359_{134}$	$-2{,}3345_{65}$	$\mp 2{,}8378_{122}$	0,681	$+1{,}9782_{102}$	$\pm 0{,}4194_{169}$	$-1{,}8302_{141}$	$\mp 3{,}2451_{32}$
0,632	$+1{,}4957_{95}$	$\mp 0{,}3225_{135}$	$-2{,}3280_{66}$	$\mp 2{,}8500_{121}$	0,682	$+1{,}9884_{102}$	$\pm 0{,}4363_{169}$	$-1{,}8161_{142}$	$\mp 3{,}2483_{30}$
0,633	$+1{,}5052_{95}$	$\mp 0{,}3090_{136}$	$-2{,}3214_{68}$	$\mp 2{,}8621_{120}$	0,683	$+1{,}9986_{103}$	$\pm 0{,}4532_{170}$	$-1{,}8019_{144}$	$\mp 3{,}2513_{28}$
0,634	$+1{,}5147_{95}$	$\mp 0{,}2954_{137}$	$-2{,}3146_{69}$	$\mp 2{,}8741_{118}$	0,684	$+2{,}0089_{103}$	$\pm 0{,}4702_{171}$	$-1{,}7875_{146}$	$\mp 3{,}2541_{26}$
0,635	$+1{,}5242_{95}$	$\mp 0{,}2817_{138}$	$-2{,}3077_{71}$	$\mp 2{,}8859_{116}$	0,685	$+2{,}0192_{103}$	$\pm 0{,}4873_{172}$	$-1{,}7729_{148}$	$\mp 3{,}2567_{24}$
0,636	$+1{,}5337_{95}$	$\mp 0{,}2679_{138}$	$-2{,}3006_{72}$	$\mp 2{,}8975_{115}$	0,686	$+2{,}0295_{103}$	$\pm 0{,}5045_{172}$	$-1{,}7581_{150}$	$\mp 3{,}2591_{21}$
0,637	$+1{,}5432_{96}$	$\mp 0{,}2541_{138}$	$-2{,}2934_{73}$	$\mp 2{,}9090_{114}$	0,687	$+2{,}0398_{103}$	$\pm 0{,}5217_{173}$	$-1{,}7431_{151}$	$\mp 3{,}2612_{17}$
0,638	$+1{,}5528_{96}$	$\mp 0{,}2403_{138}$	$-2{,}2861_{75}$	$\mp 2{,}9204_{112}$	0,688	$+2{,}0501_{103}$	$\pm 0{,}5390_{174}$	$-1{,}7280_{152}$	$\mp 3{,}2629_{14}$
0,639	$+1{,}5624_{96}$	$\mp 0{,}2264_{139}$	$-2{,}2786_{76}$	$\mp 2{,}9316_{110}$	0,689	$+2{,}0604_{104}$	$\pm 0{,}5564_{175}$	$-1{,}7128_{154}$	$\mp 3{,}2643_{11}$
0,640	$+1{,}5720_{96}$	$\mp 0{,}2125_{140}$	$-2{,}2710_{78}$	$\mp 2{,}9426_{108}$	0,690	$+2{,}0708_{103}$	$\pm 0{,}5739_{175}$	$-1{,}6974_{156}$	$\mp 3{,}2654_{9}$
0,641	$+1{,}5816_{96}$	$\mp 0{,}1985_{141}$	$-2{,}2632_{79}$	$\mp 2{,}9534_{107}$	0,691	$+2{,}0811_{104}$	$\pm 0{,}5914_{176}$	$-1{,}6818_{158}$	$\mp 3{,}2663_{8}$
0,642	$+1{,}5912_{96}$	$\mp 0{,}1844_{142}$	$-2{,}2553_{80}$	$\mp 2{,}9641_{106}$	0,692	$+2{,}0915_{104}$	$\pm 0{,}6090_{177}$	$-1{,}6660_{159}$	$\mp 3{,}2671_{6}$
0,643	$+1{,}6008_{97}$	$\mp 0{,}1702_{143}$	$-2{,}2473_{82}$	$\mp 2{,}9747_{105}$	0,693	$+2{,}1019_{104}$	$\pm 0{,}6267_{178}$	$-1{,}6501_{161}$	$\mp 3{,}2677_{5}$
0,644	$+1{,}6105_{97}$	$\mp 0{,}1559_{143}$	$-2{,}2391_{83}$	$\mp 2{,}9852_{104}$	0,694	$+2{,}1123_{104}$	$\pm 0{,}6445_{178}$	$-1{,}6340_{163}$	$\mp 3{,}2682_{3}$
0,645	$+1{,}6202_{97}$	$\mp 0{,}1416_{144}$	$-2{,}2308_{85}$	$\mp 2{,}9956_{102}$	0,695	$+2{,}1227_{104}$	$\pm 0{,}6623_{179}$	$-1{,}6177_{165}$	$\mp 3{,}2685_{2}$
0,646	$+1{,}6299_{97}$	$\mp 0{,}1272_{144}$	$-2{,}2223_{86}$	$\mp 3{,}0058_{99}$	0,696	$+2{,}1331_{104}$	$\pm 0{,}6802_{180}$	$-1{,}6012_{166}$	$\mp 3{,}2683_{5}$
0,647	$+1{,}6396_{97}$	$\mp 0{,}1128_{145}$	$-2{,}2137_{88}$	$\mp 3{,}0157_{98}$	0,697	$+2{,}1435_{105}$	$\pm 0{,}6982_{180}$	$-1{,}5846_{168}$	$\mp 3{,}2678_{8}$
0,648	$+1{,}6493_{97}$	$\mp 0{,}0983_{146}$	$-2{,}2049_{89}$	$\mp 3{,}0255_{96}$	0,698	$+2{,}1540_{105}$	$\pm 0{,}7163_{181}$	$-1{,}5678_{170}$	$\mp 3{,}2670_{10}$
0,649	$+1{,}6590_{98}$	$\mp 0{,}0837_{146}$	$-2{,}1960_{91}$	$\mp 3{,}0351_{96}$	0,699	$+2{,}1645_{105}$	$\pm 0{,}7344_{181}$	$-1{,}5508_{172}$	$\mp 3{,}2660_{13}$
0,650	$+1{,}6688_{97}$	$\mp 0{,}0691_{147}$	$-2{,}1869_{92}$	$\mp 3{,}0445_{92}$	0,700	$+2{,}1750_{105}$	$\pm 0{,}7525_{182}$	$-1{,}5336_{175}$	$\mp 3{,}2647_{15}$

x	$P'_3(\pm x)$	$P'_4(\pm x)$	$P'_5(\pm x)$	$P'_6(\pm x)$	x	$P'_3(\pm x)$	$P'_4(\pm x)$	$P'_5(\pm x($	$P'_6(\pm x)$
0,700	$+2{,}1750_{105}$	$\pm0{,}7525_{182}$	$-1{,}5336_{175}$	$\mp3{,}2647_{15}$	0,750	$+2{,}7188_{112}$	$\pm1{,}7578_{221}$	$-0{,}4321_{272}$	$\mp2{,}8224_{174}$
0,701	$+2{,}1855_{105}$	$\pm0{,}7707_{183}$	$-1{,}5161_{176}$	$\mp3{,}2632_{18}$	0,751	$+2{,}7300_{113}$	$\pm1{,}7799_{221}$	$-0{,}4049_{274}$	$\mp2{,}8050_{178}$
0,702	$+2{,}1960_{105}$	$\pm0{,}7890_{184}$	$-1{,}4985_{177}$	$\mp3{,}2614_{20}$	0,752	$+2{,}7413_{113}$	$\pm1{,}8020_{222}$	$-0{,}3775_{276}$	$\mp2{,}7872_{182}$
0,703	$+2{,}2065_{106}$	$\pm0{,}8074_{185}$	$-1{,}4808_{178}$	$\mp3{,}2594_{22}$	0,753	$+2{,}7526_{113}$	$\pm1{,}8242_{223}$	$-0{,}3499_{278}$	$\mp2{,}7690_{186}$
0,704	$+2{,}2171_{106}$	$\pm0{,}8259_{186}$	$-1{,}4630_{180}$	$\mp3{,}2572_{25}$	0,754	$+2{,}7639_{113}$	$\pm1{,}8465_{224}$	$-0{,}3221_{280}$	$\mp2{,}7504_{190}$
0,705	$+2{,}2277_{106}$	$\pm0{,}8445_{187}$	$-1{,}4450_{182}$	$\mp3{,}2547_{28}$	0,755	$+2{,}7752_{113}$	$\pm1{,}8689_{225}$	$-0{,}2941_{282}$	$\mp2{,}7314_{194}$
0,706	$+2{,}2383_{106}$	$\pm0{,}8632_{187}$	$-1{,}4268_{185}$	$\mp3{,}2519_{31}$	0,756	$+2{,}7865_{113}$	$\pm1{,}8914_{226}$	$-0{,}2659_{285}$	$\mp2{,}7120_{198}$
0,707	$+2{,}2489_{106}$	$\pm0{,}8819_{188}$	$-1{,}4083_{186}$	$\mp3{,}2488_{34}$	0,757	$+2{,}7978_{114}$	$\pm1{,}9140_{226}$	$-0{,}2374_{287}$	$\mp2{,}6922_{202}$
0,708	$+2{,}2595_{106}$	$\pm0{,}9007_{188}$	$-1{,}3897_{189}$	$\mp3{,}2454_{37}$	0,758	$+2{,}8092_{114}$	$\pm1{,}9366_{227}$	$-0{,}2087_{289}$	$\mp2{,}6720_{206}$
0,709	$+2{,}2701_{107}$	$\pm0{,}9195_{189}$	$-1{,}3708_{190}$	$\mp3{,}2417_{41}$	0,759	$+2{,}8206_{114}$	$\pm1{,}9593_{228}$	$-0{,}1798_{292}$	$\mp2{,}6514_{210}$
0,710	$+2{,}2808_{106}$	$\pm0{,}9384_{190}$	$-1{,}3518_{192}$	$\mp3{,}2376_{43}$	0,760	$+2{,}8320_{114}$	$\pm1{,}9821_{229}$	$-0{,}1506_{294}$	$\mp2{,}6304_{214}$
0,711	$+2{,}2914_{107}$	$\pm0{,}9574_{191}$	$-1{,}3326_{194}$	$\mp3{,}2333_{45}$	0,761	$+2{,}8434_{114}$	$\pm2{,}0050_{229}$	$-0{,}1212_{296}$	$\mp2{,}6090_{218}$
0,712	$+2{,}3021_{107}$	$\pm0{,}9765_{192}$	$-1{,}3132_{196}$	$\mp3{,}2288_{48}$	0,762	$+2{,}8548_{114}$	$\pm2{,}0279_{230}$	$-0{,}0916_{297}$	$\mp2{,}5872_{222}$
0,713	$+2{,}3128_{107}$	$\pm0{,}9957_{192}$	$-1{,}2936_{197}$	$\mp3{,}2240_{50}$	0,763	$+2{,}8662_{115}$	$\pm2{,}0509_{231}$	$-0{,}0619_{300}$	$\mp2{,}5650_{225}$
0,714	$+2{,}3235_{107}$	$\pm1{,}0149_{193}$	$-1{,}2739_{199}$	$\mp3{,}2190_{53}$	0,764	$+2{,}8777_{115}$	$\pm2{,}0740_{232}$	$-0{,}0319_{302}$	$\mp2{,}5425_{229}$
0,715	$+2{,}3342_{107}$	$\pm1{,}0342_{194}$	$-1{,}2540_{201}$	$\mp3{,}2137_{56}$	0,765	$+2{,}8892_{115}$	$\pm2{,}0972_{233}$	$-0{,}0017_{305}$	$\mp2{,}5196_{233}$
0,716	$+2{,}3449_{107}$	$\pm1{,}0536_{194}$	$-1{,}2339_{203}$	$\mp3{,}2081_{59}$	0,766	$+2{,}9007_{115}$	$\pm2{,}1205_{233}$	$+0{,}0288_{307}$	$\mp2{,}4963_{238}$
0,717	$+2{,}3556_{108}$	$\pm1{,}0730_{195}$	$-1{,}2136_{205}$	$\mp3{,}2022_{63}$	0,767	$+2{,}9122_{115}$	$\pm2{,}1438_{234}$	$+0{,}0595_{309}$	$\mp2{,}4725_{243}$
0,718	$+2{,}3664_{108}$	$\pm1{,}0925_{196}$	$-1{,}1931_{208}$	$\mp3{,}1959_{67}$	0,768	$+2{,}9237_{115}$	$\pm2{,}1672_{235}$	$+0{,}0904_{311}$	$\mp2{,}4482_{248}$
0,719	$+2{,}3772_{108}$	$\pm1{,}1121_{197}$	$-1{,}1723_{209}$	$\mp3{,}1892_{71}$	0,769	$+2{,}9352_{116}$	$\pm2{,}1907_{236}$	$+0{,}1215_{314}$	$\mp2{,}4234_{252}$
0,720	$+2{,}3980_{108}$	$\pm1{,}1318_{198}$	$-1{,}1514_{211}$	$\mp3{,}1821_{73}$	0,770	$+2{,}9668_{115}$	$\pm2{,}2143_{237}$	$+0{,}1529_{316}$	$\mp2{,}3982_{256}$
0,721	$+2{,}3988_{108}$	$\pm1{,}1516_{199}$	$-1{,}1303_{213}$	$\mp3{,}1748_{75}$	0,771	$+2{,}9583_{116}$	$\pm2{,}2380_{238}$	$+0{,}1845_{318}$	$\mp2{,}3726_{260}$
0,722	$+2{,}4096_{108}$	$\pm1{,}1715_{199}$	$-1{,}1090_{215}$	$\mp3{,}1673_{78}$	0,772	$+2{,}9699_{116}$	$\pm2{,}2618_{238}$	$+0{,}2163_{320}$	$\mp2{,}3466_{264}$
0,723	$+2{,}4204_{109}$	$\pm1{,}1914_{200}$	$-1{,}0875_{216}$	$\mp3{,}1595_{80}$	0,773	$+2{,}9815_{116}$	$\pm2{,}2856_{239}$	$+0{,}2483_{323}$	$\mp2{,}3202_{267}$
0,724	$+2{,}4313_{109}$	$\pm1{,}2114_{200}$	$-1{,}0659_{218}$	$\mp3{,}1515_{84}$	0,774	$+2{,}9931_{116}$	$\pm2{,}3095_{240}$	$+0{,}2806_{325}$	$\mp2{,}2935_{271}$
0,725	$+2{,}4422_{109}$	$\pm1{,}2314_{201}$	$-1{,}0441_{221}$	$\mp3{,}1431_{87}$	0,775	$+3{,}0047_{116}$	$\pm2{,}3335_{240}$	$+0{,}3131_{327}$	$\mp2{,}2664_{276}$
0,726	$+2{,}4531_{109}$	$\pm1{,}2515_{202}$	$-1{,}0220_{222}$	$\mp3{,}1344_{91}$	0,776	$+3{,}0163_{116}$	$\pm2{,}3575_{241}$	$+0{,}3458_{330}$	$\mp2{,}2388_{281}$
0,727	$+2{,}4640_{109}$	$\pm1{,}2717_{203}$	$-0{,}9998_{225}$	$\mp3{,}1253_{95}$	0,777	$+3{,}0279_{117}$	$\pm2{,}3816_{243}$	$+0{,}3788_{332}$	$\mp2{,}2107_{287}$
0,728	$+2{,}4749_{109}$	$\pm1{,}2920_{204}$	$-0{,}9773_{227}$	$\mp3{,}1158_{98}$	0,778	$+3{,}0396_{117}$	$\pm2{,}4059_{244}$	$+0{,}4120_{335}$	$\mp2{,}1820_{292}$
0,729	$+2{,}4858_{110}$	$\pm1{,}3124_{204}$	$-0{,}9546_{228}$	$\mp3{,}1060_{101}$	0,779	$+3{,}0513_{117}$	$\pm2{,}4303_{244}$	$+0{,}4455_{337}$	$\mp2{,}1528_{295}$
0,730	$+2{,}4968_{409}$	$\pm1{,}3328_{205}$	$-0{,}9318_{230}$	$\mp3{,}0959_{105}$	0,780	$+3{,}0630_{117}$	$\pm2{,}4547_{245}$	$+0{,}4792_{339}$	$\mp2{,}1233_{300}$
0,731	$+2{,}5077_{110}$	$\pm1{,}3533_{206}$	$-0{,}9088_{232}$	$\mp3{,}0854_{108}$	0,781	$+3{,}0747_{117}$	$\pm2{,}4792_{246}$	$+0{,}5131_{341}$	$\mp2{,}0933_{304}$
0,732	$+2{,}5187_{110}$	$\pm1{,}3739_{207}$	$-0{,}8856_{234}$	$\mp3{,}0746_{111}$	0,782	$+3{,}0864_{117}$	$\pm2{,}5038_{246}$	$+0{,}5472_{344}$	$\mp2{,}0629_{308}$
0,733	$+2{,}5297_{110}$	$\pm1{,}3946_{207}$	$-0{,}8622_{237}$	$\mp3{,}0635_{113}$	0,783	$+3{,}0981_{118}$	$\pm2{,}5284_{247}$	$+0{,}5816_{346}$	$\mp2{,}0321_{312}$
0,734	$+2{,}5407_{110}$	$\pm1{,}4153_{208}$	$-0{,}8385_{239}$	$\mp3{,}0522_{115}$	0,784	$+3{,}1099_{118}$	$\pm2{,}5531_{248}$	$+0{,}6162_{348}$	$\mp2{,}0009_{317}$
0,735	$+2{,}5517_{110}$	$\pm1{,}4361_{209}$	$-0{,}8146_{241}$	$\mp3{,}0407_{119}$	0,785	$+3{,}1217_{118}$	$\pm2{,}5779_{249}$	$+0{,}6510_{350}$	$\mp1{,}9692_{322}$
0,736	$+2{,}5627_{110}$	$\pm1{,}4570_{210}$	$-0{,}7905_{242}$	$\mp3{,}0288_{124}$	0,786	$+3{,}1335_{118}$	$\pm2{,}6028_{250}$	$+0{,}6860_{353}$	$\mp1{,}9370_{327}$
0,737	$+2{,}5737_{111}$	$\pm1{,}4780_{211}$	$-0{,}7663_{245}$	$\mp3{,}0164_{128}$	0,787	$+3{,}1453_{118}$	$\pm2{,}6278_{251}$	$+0{,}7213_{356}$	$\mp1{,}9043_{332}$
0,738	$+2{,}5848_{111}$	$\pm1{,}4991_{211}$	$-0{,}7418_{247}$	$\mp3{,}0036_{133}$	0,788	$+3{,}1571_{118}$	$\pm2{,}6529_{251}$	$+0{,}7569_{359}$	$\mp1{,}8711_{337}$
0,739	$+2{,}5959_{111}$	$\pm1{,}5202_{212}$	$-0{,}7171_{248}$	$\mp2{,}9903_{136}$	0,789	$+3{,}1689_{118}$	$\pm2{,}6780_{252}$	$+0{,}7928_{362}$	$\mp1{,}8374_{343}$
0,740	$+2{,}6070_{111}$	$\pm1{,}5414_{213}$	$-0{,}6923_{250}$	$\mp2{,}9767_{138}$	0,790	$+3{,}1808_{118}$	$\pm2{,}7032_{253}$	$+0{,}8290_{364}$	$\mp1{,}8031_{348}$
0,741	$+2{,}6181_{111}$	$\pm1{,}5627_{214}$	$-0{,}6673_{253}$	$\mp2{,}9629_{142}$	0,791	$+3{,}1926_{119}$	$\pm2{,}7285_{254}$	$+0{,}8654_{366}$	$\mp1{,}7683_{351}$
0,742	$+2{,}6292_{111}$	$\pm1{,}5841_{214}$	$-0{,}6420_{255}$	$\mp2{,}9487_{144}$	0,792	$+3{,}2045_{119}$	$\pm2{,}7539_{255}$	$+0{,}9020_{367}$	$\mp1{,}7332_{355}$
0,743	$+2{,}6403_{112}$	$\pm1{,}6055_{215}$	$-0{,}6165_{257}$	$\mp2{,}9343_{148}$	0,793	$+3{,}2164_{119}$	$\pm2{,}7794_{255}$	$+0{,}9387_{370}$	$\mp1{,}6977_{360}$
0,744	$+2{,}6515_{112}$	$\pm1{,}6270_{216}$	$-0{,}5908_{259}$	$\mp2{,}9195_{152}$	0,794	$+3{,}2283_{119}$	$\pm2{,}8049_{256}$	$+0{,}9757_{372}$	$\mp1{,}6617_{364}$
0,745	$+2{,}6627_{112}$	$\pm1{,}6486_{217}$	$-0{,}5649_{261}$	$\mp2{,}9043_{156}$	0,795	$+3{,}2402_{119}$	$\pm2{,}8305_{257}$	$+1{,}0129_{375}$	$\mp1{,}6253_{369}$
0,746	$+2{,}6739_{112}$	$\pm1{,}6703_{218}$	$-0{,}5388_{264}$	$\mp2{,}8887_{160}$	0,796	$+3{,}2521_{119}$	$\pm2{,}8562_{258}$	$+1{,}0504_{377}$	$\mp1{,}5884_{375}$
0,747	$+2{,}6851_{112}$	$\pm1{,}6921_{218}$	$-0{,}5124_{266}$	$\mp2{,}8727_{165}$	0,797	$+3{,}2640_{119}$	$\pm2{,}8820_{259}$	$+1{,}0881_{380}$	$\mp1{,}5509_{381}$
0,748	$+2{,}6963_{112}$	$\pm1{,}7139_{219}$	$-0{,}4858_{267}$	$\mp2{,}8562_{167}$	0,798	$+3{,}2760_{120}$	$\pm2{,}9079_{260}$	$+1{,}1261_{383}$	$\mp1{,}5128_{387}$
0,749	$+2{,}7075_{113}$	$\pm1{,}7358_{220}$	$-0{,}4591_{270}$	$\mp2{,}8395_{174}$	0,799	$+3{,}2880_{120}$	$\pm2{,}9339_{261}$	$+1{,}1644_{386}$	$\mp1{,}4741_{395}$
0,750	$+2{,}7188_{112}$	$\pm1{,}7578_{221}$	$-0{,}4321_{272}$	$\mp2{,}8224_{171}$	0,800	$+3{,}3000_{120}$	$\pm2{,}9600_{262}$	$+1{,}2030_{388}$	$\mp1{,}4347_{398}$

x	$P'_3(\pm x)$	$P'_4(\pm x)$	$P'_5(\pm x)$	$P'_6(\pm x)$	x	$P'_3(\pm x)$	$P'_4(\pm x)$	$P'_5(\pm x)$	$P'_6(\pm x)$
0,800	$+3{,}3000_{120}$	$\pm2{,}9600_{262}$	$+1{,}2030_{388}$	$\mp1{,}4347_{398}$	0,850	$+3{,}9188_{127}$	$\pm4{,}3722_{305}$	$+3{,}4634_{524}$	$\pm1{,}2299_{690}$
0,801	$+3{,}3120_{120}$	$\pm2{,}9862_{262}$	$+1{,}2418_{390}$	$\mp1{,}3949_{401}$	0,851	$+3{,}9315_{128}$	$\pm4{,}4027_{306}$	$+3{,}5158_{526}$	$\pm1{,}2989_{696}$
0,802	$+3{,}3240_{120}$	$\pm3{,}0124_{263}$	$+1{,}2808_{393}$	$\mp1{,}3548_{406}$	0,852	$+3{,}9443_{128}$	$\pm4{,}4333_{307}$	$+3{,}5684_{528}$	$\pm1{,}3685_{702}$
0,803	$+3{,}3360_{121}$	$\pm3{,}0387_{264}$	$+1{,}3201_{395}$	$\mp1{,}3142_{410}$	0,853	$+3{,}9571_{128}$	$\pm4{,}4640_{307}$	$+3{,}6212_{530}$	$\pm1{,}4347_{707}$
0,804	$+3{,}3481_{121}$	$\pm3{,}0651_{265}$	$+1{,}3596_{397}$	$\mp1{,}2732_{414}$	0,854	$+3{,}9699_{128}$	$\pm4{,}4947_{308}$	$+3{,}6742_{532}$	$\pm1{,}5094_{713}$
0,805	$+3{,}3602_{121}$	$\pm3{,}0916_{266}$	$+1{,}3993_{400}$	$\mp1{,}2318_{420}$	0,855	$+3{,}9827_{128}$	$\pm4{,}5255_{309}$	$+3{,}7274_{535}$	$\pm1{,}5807_{721}$
0,806	$+3{,}3723_{121}$	$\pm3{,}1182_{266}$	$+1{,}4393_{403}$	$\mp1{,}1898_{426}$	0,856	$+3{,}9955_{128}$	$\pm4{,}5564_{310}$	$+3{,}7809_{539}$	$\pm1{,}6528_{729}$
0,807	$+3{,}3844_{121}$	$\pm3{,}1448_{267}$	$+1{,}4796_{405}$	$\mp1{,}1472_{433}$	0,857	$+4{,}0083_{129}$	$\pm4{,}5874_{311}$	$+3{,}8348_{543}$	$\pm1{,}7257_{736}$
0,808	$+3{,}3965_{121}$	$\pm3{,}1715_{268}$	$+1{,}5201_{408}$	$\mp1{,}1039_{439}$	0,858	$+4{,}0212_{129}$	$\pm4{,}6185_{312}$	$+3{,}8891_{547}$	$\pm1{,}7993_{744}$
0,809	$+3{,}4086_{122}$	$\pm3{,}1983_{269}$	$+1{,}5609_{411}$	$\mp1{,}0600_{445}$	0,859	$+4{,}0341_{129}$	$\pm4{,}6497_{313}$	$+3{,}9438_{551}$	$\pm1{,}8737_{751}$
0,810	$+3{,}4208_{121}$	$\pm3{,}2252_{270}$	$+1{,}6020_{414}$	$\mp1{,}0155_{449}$	0,860	$+4{,}0470_{129}$	$\pm4{,}6810_{314}$	$+3{,}9989_{553}$	$\pm1{,}9488_{758}$
0,811	$+3{,}4329_{122}$	$\pm3{,}2522_{271}$	$+1{,}6434_{416}$	$\mp0{,}9706_{454}$	0,861	$+4{,}0599_{129}$	$\pm4{,}7124_{315}$	$+4{,}0542_{556}$	$\pm2{,}0246_{764}$
0,812	$+3{,}4451_{122}$	$\pm3{,}2793_{272}$	$+1{,}6850_{418}$	$\mp0{,}9252_{459}$	0,862	$+4{,}0728_{129}$	$\pm4{,}7439_{316}$	$+4{,}1098_{558}$	$\pm2{,}1010_{770}$
0,813	$+3{,}4573_{122}$	$\pm3{,}3065_{272}$	$+1{,}7268_{420}$	$\mp0{,}8793_{465}$	0,863	$+4{,}0857_{129}$	$\pm4{,}7755_{316}$	$+4{,}1656_{560}$	$\pm2{,}1780_{777}$
0,814	$+3{,}4695_{122}$	$\pm3{,}3337_{273}$	$+1{,}7688_{423}$	$\mp0{,}8328_{468}$	0,864	$+4{,}0987_{130}$	$\pm4{,}8071_{316}$	$+4{,}2216_{562}$	$\pm2{,}2557_{783}$
0,815	$+3{,}4817_{122}$	$\pm3{,}3610_{274}$	$+1{,}8111_{426}$	$\mp0{,}7860_{475}$	0,865	$+4{,}1117_{130}$	$\pm4{,}8388_{317}$	$+4{,}2778_{565}$	$\pm2{,}3340_{791}$
0,816	$+3{,}4939_{122}$	$\pm3{,}3884_{275}$	$+1{,}8537_{429}$	$\mp0{,}7385_{481}$	0,866	$+4{,}1247_{130}$	$\pm4{,}8706_{319}$	$+4{,}3343_{569}$	$\pm2{,}4131_{799}$
0,817	$+3{,}5061_{123}$	$\pm3{,}4159_{276}$	$+1{,}8966_{432}$	$\mp0{,}6904_{487}$	0,867	$+4{,}1377_{130}$	$\pm4{,}9025_{320}$	$+4{,}3912_{573}$	$\pm2{,}4930_{807}$
0,818	$+3{,}5184_{123}$	$\pm3{,}4435_{277}$	$+1{,}9398_{434}$	$\mp0{,}6417_{493}$	0,868	$+4{,}1507_{130}$	$\pm4{,}9345_{321}$	$+4{,}4485_{577}$	$\pm2{,}5737_{815}$
0,819	$+3{,}5307_{123}$	$\pm3{,}4712_{277}$	$+1{,}9832_{436}$	$\mp0{,}5924_{500}$	0,869	$+4{,}1637_{131}$	$\pm2{,}9666_{322}$	$+4{,}5062_{580}$	$\pm2{,}6552_{822}$
0,820	$+3{,}5430_{123}$	$\pm3{,}4989_{278}$	$+2{,}0268_{439}$	$\mp0{,}5424_{505}$	0,870	$+4{,}1768_{130}$	$\pm4{,}9988_{323}$	$+4{,}5642_{583}$	$\pm2{,}7374_{829}$
0,821	$+3{,}5553_{123}$	$\pm3{,}5267_{279}$	$+2{,}0707_{442}$	$\mp0{,}4919_{510}$	0,871	$+4{,}1898_{131}$	$\pm5{,}0311_{324}$	$+4{,}6225_{586}$	$\pm2{,}8203_{835}$
0,822	$+3{,}5676_{123}$	$\pm3{,}5546_{280}$	$+2{,}1149_{444}$	$\mp0{,}4409_{515}$	0,872	$+4{,}2029_{131}$	$\pm5{,}0635_{325}$	$+4{,}6811_{588}$	$\pm2{,}9038_{842}$
0,823	$+3{,}5799_{124}$	$\pm3{,}5826_{281}$	$+2{,}1593_{447}$	$\mp0{,}3894_{520}$	0,813	$+4{,}2160_{131}$	$\pm5{,}0960_{325}$	$+4{,}7399_{590}$	$\pm2{,}9880_{849}$
0,824	$+3{,}5923_{124}$	$\pm3{,}6107_{283}$	$+2{,}2040_{450}$	$\mp0{,}3374_{525}$	0,874	$+4{,}2291_{131}$	$\pm5{,}1285_{325}$	$+4{,}7989_{590}$	$\pm3{,}0729_{856}$
0,825	$+3{,}6047_{124}$	$\pm3{,}6390_{284}$	$+2{,}2490_{453}$	$\mp0{,}2849_{531}$	0,875	$+4{,}2422_{131}$	$\pm5{,}1611_{326}$	$+4{,}8582_{593}$	$\pm3{,}1585_{864}$
0,826	$+3{,}6171_{124}$	$\pm3{,}6674_{284}$	$+2{,}2943_{455}$	$\mp0{,}2318_{538}$	0,876	$+4{,}2553_{131}$	$\pm5{,}1938_{328}$	$+4{,}9178_{596}$	$\pm3{,}2449_{872}$
0,827	$+3{,}6295_{124}$	$\pm3{,}6958_{284}$	$+2{,}3398_{458}$	$\mp0{,}1780_{545}$	0,877	$+4{,}2684_{132}$	$\pm5{,}2266_{329}$	$+4{,}9778_{600}$	$\pm3{,}3321_{881}$
0,828	$+3{,}6419_{124}$	$\pm3{,}7242_{285}$	$+2{,}3856_{461}$	$\mp0{,}1235_{552}$	0,878	$+4{,}2816_{132}$	$\pm5{,}2595_{331}$	$+5{,}0381_{603}$	$\pm3{,}4202_{890}$
0,829	$+3{,}6543_{125}$	$\pm3{,}7527_{286}$	$+2{,}4317_{464}$	$\mp0{,}0683_{558}$	0,879	$+4{,}2948_{132}$	$\pm5{,}2026_{331}$	$+5{,}0989_{608}$	$\pm3{,}5092_{897}$
0,830	$+3{,}6668_{124}$	$\pm3{,}7813_{287}$	$+2{,}4781_{467}$	$\mp0{,}0125_{562}$	0,880	$+4{,}3080_{132}$	$\pm5{,}3258_{333}$	$+5{,}1600_{611}$	$\pm3{,}5989_{904}$
0,831	$+3{,}6792_{125}$	$\pm3{,}8100_{288}$	$+2{,}5248_{469}$	$\pm0{,}0437_{568}$	0,881	$+4{,}3212_{132}$	$\pm5{,}3591_{334}$	$+5{,}2214_{616}$	$\pm3{,}6893_{911}$
0,832	$+3{,}6917_{125}$	$\pm3{,}8388_{289}$	$+2{,}5717_{471}$	$\pm0{,}1005_{573}$	0,882	$+4{,}3344_{132}$	$\pm5{,}3925_{334}$	$+5{,}2830_{619}$	$\pm3{,}7804_{918}$
0,833	$+3{,}7042_{125}$	$\pm3{,}8677_{290}$	$+2{,}6188_{474}$	$\pm0{,}1578_{580}$	0,883	$+3{,}3476_{133}$	$\pm5{,}4259_{334}$	$+5{,}3449_{621}$	$\pm3{,}8732_{924}$
0,834	$+3{,}7167_{125}$	$\pm3{,}8967_{290}$	$+2{,}6662_{477}$	$\pm0{,}2158_{586}$	0,884	$+4{,}3609_{133}$	$\pm5{,}4593_{334}$	$+5{,}4070_{625}$	$\pm3{,}9646_{932}$
0,835	$+3{,}7292_{125}$	$\pm3{,}9257_{291}$	$+2{,}7139_{480}$	$\pm0{,}2744_{592}$	0,885	$+4{,}3742_{133}$	$\pm5{,}4927_{335}$	$+5{,}4695_{629}$	$\pm4{,}0578_{941}$
0,836	$+3{,}7417_{125}$	$\pm3{,}9548_{292}$	$+2{,}7619_{483}$	$\pm0{,}3336_{599}$	0,886	$+4{,}3875_{133}$	$\pm5{,}5262_{337}$	$+5{,}5324_{633}$	$\pm4{,}1519_{949}$
0,837	$+3{,}7542_{126}$	$\pm3{,}9840_{293}$	$+2{,}8102_{485}$	$\pm0{,}3935_{606}$	0,887	$+4{,}4008_{133}$	$\pm5{,}5599_{338}$	$+5{,}5957_{635}$	$\pm4{,}2468_{958}$
0,838	$+3{,}7668_{126}$	$\pm4{,}0133_{294}$	$+2{,}8587_{488}$	$\pm0{,}4541_{612}$	0,888	$+4{,}4141_{133}$	$\pm5{,}5938_{340}$	$+5{,}6592_{638}$	$\pm4{,}3426_{967}$
0,839	$+3{,}7794_{126}$	$\pm4{,}0427_{296}$	$+2{,}9075_{492}$	$\pm0{,}5154_{618}$	0,889	$+4{,}4274_{134}$	$\pm5{,}6278_{342}$	$+5{,}7230_{641}$	$\pm4{,}4383_{976}$
0,840	$+3{,}7920_{126}$	$\pm4{,}0723_{297}$	$+2{,}9567_{495}$	$\pm0{,}5772_{623}$	0,890	$+4{,}4408_{133}$	$\pm5{,}6620_{343}$	$+5{,}7871_{645}$	$\pm4{,}5369_{983}$
0,841	$+3{,}8046_{126}$	$\pm4{,}1020_{297}$	$+3{,}0062_{497}$	$\pm0{,}6395_{630}$	0,891	$+4{,}4541_{134}$	$\pm5{,}6963_{343}$	$+5{,}8516_{648}$	$\pm4{,}6352_{990}$
0,842	$+3{,}8172_{126}$	$\pm4{,}1317_{298}$	$+3{,}0559_{499}$	$\pm0{,}7025_{636}$	0,892	$+4{,}4675_{134}$	$\pm5{,}7306_{343}$	$+5{,}9164_{651}$	$\pm4{,}7342_{997}$
0,843	$+3{,}8298_{127}$	$\pm4{,}1615_{298}$	$+3{,}1058_{502}$	$\pm0{,}7661_{643}$	0,893	$+4{,}4809_{134}$	$\pm5{,}7649_{343}$	$+5{,}9815_{654}$	$\pm4{,}8339_{1004}$
0,844	$+3{,}8425_{127}$	$\pm4{,}1913_{299}$	$+3{,}1560_{504}$	$\pm0{,}8304_{648}$	0,894	$+4{,}4943_{134}$	$\pm5{,}7992_{344}$	$+6{,}0469_{657}$	$\pm4{,}9343_{1011}$
0,845	$+3{,}8552_{127}$	$\pm4{,}2212_{300}$	$+3{,}2064_{507}$	$\pm0{,}8952_{655}$	0,895	$+4{,}5077_{134}$	$\pm5{,}8336_{345}$	$+6{,}1127_{661}$	$\pm5{,}0354_{1021}$
0,846	$+3{,}8679_{127}$	$\pm4{,}2512_{301}$	$+3{,}2571_{511}$	$\pm0{,}9607_{662}$	0,896	$+4{,}5211_{134}$	$\pm5{,}8681_{347}$	$+6{,}1788_{664}$	$\pm5{,}1375_{1030}$
0,847	$+3{,}8806_{127}$	$\pm4{,}2813_{302}$	$+3{,}3082_{514}$	$\pm1{,}0269_{669}$	0,897	$+4{,}5345_{135}$	$\pm5{,}9028_{348}$	$+6{,}2452_{667}$	$\pm5{,}2405_{1039}$
0,848	$+3{,}8933_{127}$	$\pm4{,}3115_{303}$	$+3{,}3596_{517}$	$\pm1{,}0938_{677}$	0,898	$+4{,}5480_{135}$	$\pm5{,}9376_{349}$	$+6{,}3119_{671}$	$\pm5{,}3444_{1048}$
0,849	$+3{,}9060_{128}$	$\pm4{,}3418_{304}$	$+3{,}4113_{521}$	$\pm1{,}1615_{684}$	0,899	$+4{,}5615_{135}$	$\pm5{,}9725_{350}$	$+6{,}3790_{674}$	$\pm5{,}4492_{1057}$
0,850	$+3{,}9188_{127}$	$\pm4{,}3722_{305}$	$+3{,}4634_{524}$	$\pm1{,}2299_{690}$	0,900	$+4{,}5750_{135}$	$\pm6{,}0075_{351}$	$+6{,}4464_{677}$	$\pm5{,}5549_{1065}$

x	$P'_3(\pm x)$	$P'_4(\pm x)$	$P'_5(\pm x)$	$P'_6(\pm x)$	x	$P'_3(\pm x)$	$P'_4(\pm x)$	$P'_5(\pm x)$	$P'_6(\pm x)$
0,900	$+4{,}5750_{135}$	$\pm6{,}0075_{351}$	$+6{,}4464_{677}$	$\pm5{,}5549_{1055}$	0,950	$+5{,}2688_{142}$	$\pm7{,}8791_{390}$	$+10{,}2556_{853}$	$\pm11{,}9792_{1533}$
0,901	$+4{,}5885_{135}$	$\pm6{,}0426_{352}$	$+6{,}5141_{680}$	$\pm5{,}6614_{1072}$	0,951	$+5{,}2830_{143}$	$+7{,}9190_{400}$	$+10{,}3409_{856}$	$\pm12{,}1325_{1544}$
0,902	$+4{,}6020_{135}$	$\pm6{,}0778_{353}$	$+6{,}5821_{684}$	$\pm5{,}7686_{1080}$	0,952	$+5{,}2973_{143}$	$\pm7{,}9590_{401}$	$+10{,}4265_{861}$	$\pm12{,}2869_{1555}$
0,903	$+4{,}6155_{136}$	$\pm6{,}1131_{353}$	$+6{,}6505_{688}$	$\pm5{,}8766_{1088}$	0,953	$+5{,}3116_{143}$	$\pm7{,}9991_{402}$	$+10{,}5126_{865}$	$\pm12{,}4424_{1566}$
0,904	$+4{,}6291_{136}$	$\pm6{,}1484_{354}$	$+6{,}7192_{691}$	$\pm5{,}9854_{1095}$	0,954	$+5{,}3259_{143}$	$\pm8{,}0393_{404}$	$+10{,}5991_{869}$	$\pm12{,}5990_{1577}$
0,905	$+4{,}6427_{136}$	$\pm6{,}1838_{355}$	$+6{,}7884_{694}$	$\pm6{,}0949_{1104}$	0,955	$+5{,}3402_{143}$	$\pm8{,}0797_{405}$	$+10{,}6860_{873}$	$\pm12{,}7567_{1586}$
0,906	$+4{,}6563_{136}$	$\pm6{,}2193_{356}$	$+6{,}8578_{697}$	$\mp6{,}2053_{1114}$	0,956	$+5{,}3545_{143}$	$\pm8{,}1202_{406}$	$+10{,}7733_{877}$	$\pm12{,}9153_{1595}$
0,907	$+4{,}6699_{136}$	$\pm6{,}2549_{357}$	$+6{,}9275_{701}$	$\pm6{,}3167_{1124}$	0,957	$+5{,}3688_{144}$	$\pm8{,}1608_{406}$	$+10{,}8610_{880}$	$\pm13{,}0748_{1604}$
0,908	$+4{,}6835_{136}$	$\pm6{,}2906_{359}$	$+6{,}9976_{704}$	$\pm6{,}4291_{1134}$	0,958	$+5{,}3832_{144}$	$\pm8{,}2014_{407}$	$+10{,}9490_{883}$	$\pm13{,}2352_{1613}$
0,909	$+4{,}6971_{137}$	$\pm6{,}3265_{360}$	$+7{,}0680_{708}$	$\pm6{,}5425_{1143}$	0,959	$+5{,}3976_{144}$	$\pm8{,}2421_{408}$	$+11{,}0373_{887}$	$\pm13{,}3965_{1622}$
0,910	$+4{,}7108_{136}$	$\pm6{,}3625_{361}$	$+7{,}1388_{712}$	$\pm6{,}6568_{1151}$	0,960	$+5{,}4120_{144}$	$\pm8{,}2829_{409}$	$+11{,}1260_{891}$	$\pm13{,}5587_{1634}$
0,911	$+4{,}7244_{137}$	$\pm6{,}3986_{361}$	$+7{,}2100_{716}$	$\pm6{,}7719_{1159}$	0,961	$+5{,}4264_{144}$	$\pm8{,}3238_{410}$	$+11{,}2151_{895}$	$\pm13{,}7221_{1647}$
0,912	$+4{,}7381_{137}$	$\pm6{,}4347_{362}$	$+7{,}2816_{119}$	$\pm6{,}8878_{1167}$	0,962	$+5{,}4408_{144}$	$\pm8{,}3648_{411}$	$+11{,}3046_{899}$	$\pm13{,}8868_{1660}$
0,913	$+4{,}7518_{137}$	$\pm6{,}4709_{363}$	$+7{,}3535_{723}$	$\pm7{,}0045_{1174}$	0,963	$+5{,}4552_{145}$	$\pm8{,}4059_{413}$	$+11{,}3945_{903}$	$\pm14{,}0528_{1673}$
0,914	$+4{,}7655_{137}$	$\pm6{,}5072_{364}$	$+7{,}4258_{726}$	$\pm7{,}1219_{1182}$	0,964	$+5{,}4697_{145}$	$\pm8{,}4472_{414}$	$+11{,}4848_{907}$	$\pm14{,}2201_{1683}$
0,915	$+4{,}7792_{137}$	$\pm6{,}5436_{366}$	$+7{,}4984_{728.}$	$\pm7{,}2401_{1192}$	0,965	$+5{,}4842_{145}$	$\pm8{,}4886_{415}$	$+11{,}5755_{911}$	$\pm14{,}3884_{1694}$
0,916	$+4{,}7929_{137}$	$\pm6{,}5802_{368}$	$+7{,}5712_{730}$	$\pm7{,}3593_{1202}$	0,966	$+5{,}4987_{145}$	$\pm8{,}5301_{416}$	$+11{,}6666_{915}$	$\pm14{,}5578_{1704}$
0,917	$+4{,}8066_{138}$	$\pm6{,}6160_{369}$	$+7{,}6442_{733}$	$\pm7{,}4795_{1212}$	0,967	$+5{,}5132_{145}$	$\pm8{,}5717_{416}$	$+11{,}7581_{919}$	$\pm14{,}7282_{1715}$
0,918	$+4{,}8204_{138}$	$\pm6{,}6529_{370}$	$+7{,}7175_{736}$	$\pm7{,}6007_{1223}$	0,968	$+5{,}5277_{145}$	$\pm8{,}6133_{417}$	$+11{,}8500_{922}$	$\pm14{,}8997_{1727}$
0,919	$+4{,}8342_{138}$	$\pm6{,}6899_{371}$	$+7{,}7911_{739}$	$\pm7{,}7230_{1233}$	0,969	$+5{,}5422_{146}$	$\pm8{,}6550_{418}$	$+11{,}9422_{926}$	$\pm15{,}0724_{1737}$
0,920	$+4{,}8480_{138}$	$+6{,}7270_{371}$	$+7{,}8650_{743}$	$\pm7{,}8463_{1241}$	0,970	$+5{,}5568_{145}$	$\pm8{,}6968_{419}$	$+12{,}0348_{930}$	$\pm15{,}2461_{1748}$
0,921	$+4{,}8618_{138}$	$\pm6{,}7641_{371}$	$+7{,}9393_{747}$	$\pm7{,}9704_{1249}$	0,971	$+5{,}5713_{146}$	$\pm8{,}7387_{420}$	$+12{,}1278_{934}$	$\pm15{,}4209_{1759}$
0,922	$+4{,}8756_{138}$	$\pm6{,}8012_{371}$	$+8{,}0140_{752}$	$\pm8{,}0953_{1257}$	0,972	$+5{,}5859_{146}$	$\pm8{,}7807_{421}$	$+12{,}2212_{938}$	$\pm15{,}5968_{1771}$
0,923	$+4{,}8894_{139}$	$\pm6{,}8383_{372}$	$+8{,}0892_{757}$	$\pm8{,}2210_{1265}$	0,973	$+5{,}6005_{146}$	$\pm8{,}8228_{423}$	$+12{,}3150_{942}$	$\pm15{,}7739_{1782}$
0,924	$+4{,}9033_{139}$	$\pm6{,}8755_{374}$	$+8{,}1649_{761}$	$\pm8{,}3475_{1273}$	0,974	$+5{,}6151_{146}$	$\pm8{,}8651_{424}$	$+12{,}4092_{945}$	$\pm15{,}9521_{1793}$
0,925	$+4{,}9172_{139}$	$\pm6{,}9129_{375}$	$+8{,}2410_{764}$	$\pm8{,}4748_{1283}$	0,975	$+5{,}6297_{146}$	$\pm8{,}9075_{425}$	$+12{,}5037_{949}$	$\pm16{,}1314_{1805}$
0,926	$+4{,}9311_{139}$	$\pm6{,}9504_{376}$	$+8{,}3174_{767}$	$\pm8{,}6031_{1294}$	0,976	$+5{,}6443_{146}$	$\pm8{,}9500_{426}$	$+12{,}5986_{954}$	$\pm16{,}3119_{1817}$
0,927	$+4{,}9450_{139}$	$\pm6{,}9880_{377}$	$+8{,}3941_{770}$	$\pm8{,}7325_{1305}$	0,977	$+5{,}6589_{147}$	$\pm8{,}9926_{427}$	$+12{,}6940_{958}$	$\pm16{,}4936_{1829}$
0,928	$+4{,}9589_{139}$	$\pm7{,}0257_{378}$	$+8{,}4711_{772}$	$\pm8{,}8630_{1315}$	0,978	$+5{,}6736_{147}$	$\pm9{,}0353_{428}$	$+12{,}7898_{962}$	$\pm16{,}6765_{1841}$
0,929	$+4{,}9728_{140}$	$\pm7{,}0635_{378}$	$+8{,}5483_{776}$	$\pm8{,}9945_{1326}$	0,979	$+5{,}6883_{147}$	$\pm9{,}0781_{428}$	$+12{,}8860_{967}$	$\pm16{,}8606_{1852}$
0,930	$+4{,}9868_{139}$	$\pm7{,}1013_{379}$	$+8{,}6259_{780}$	$\pm9{,}1271_{1336}$	0,980	$+5{,}7030_{147}$	$\pm9{,}1209_{429}$	$+12{,}9827_{970}$	$\pm17{,}0458_{1863}$
0,931	$+5{,}0007_{140}$	$\pm7{,}1392_{380}$	$+8{,}7039_{784}$	$\pm9{,}2605_{1342}$	0,981	$+5{,}7177_{147}$	$\pm9{,}1638_{431}$	$+13{,}0797_{974}$	$\pm17{,}2321_{1875}$
0,932	$+5{,}0147_{140}$	$\pm7{,}1772_{380}$	$+8{,}7823_{788}$	$\pm9{,}3947_{1351}$	0,982	$+5{,}7324_{147}$	$\pm9{,}2069_{432}$	$+13{,}1771_{978}$	$\pm17{,}4196_{1886}$
0,933	$+5{,}0287_{140}$	$\pm7{,}2153_{381}$	$+8{,}8611_{791}$	$\pm9{,}5298_{1361}$	0,983	$+5{,}7471_{148}$	$\pm9{,}2501_{433}$	$+13{,}2749_{982}$	$\pm17{,}6082_{1897}$
0,934	$+5{,}0427_{140}$	$\pm7{,}2536_{383}$	$+8{,}9402_{794}$	$\pm9{,}6659_{1370}$	0,984	$+5{,}7619_{148}$	$\pm9{,}2934_{434}$	$+13{,}3731_{986}$	$\pm17{,}7979_{1909}$
0,935	$+5{,}0567_{140}$	$\pm7{,}2920_{385}$	$+9{,}0196_{798}$	$\pm9{,}8029_{1380}$	0,985	$+5{,}7767_{148}$	$\pm9{,}3368_{435}$	$+13{,}4717_{990}$	$\pm17{,}9888_{1921}$
0,936	$+5{,}0707_{140}$	$\pm7{,}3305_{386}$	$+9{,}0994_{802}$	$\pm9{,}9409_{1391}$	0,986	$+5{,}7915_{148}$	$\pm9{,}3803_{436}$	$+13{,}5707_{994}$	$\pm18{,}1809_{1934}$
0,937	$+5{,}0847_{141}$	$\pm7{,}3691_{386}$	$+9{,}1796_{806}$	$\pm10{,}0800_{1402}$	0,987	$+5{,}8063_{148}$	$\pm9{,}4239_{437}$	$+13{,}6701_{999}$	$\pm18{,}3743_{1947}$
0,938	$+5{,}0988_{141}$	$\pm7{,}4077_{387}$	$+9{,}2602_{810}$	$\pm10{,}2202_{1411}$	0,988	$+5{,}8211_{148}$	$\pm9{,}4676_{438}$	$+13{,}7700_{1002}$	$\pm18{,}5690_{1960}$
0,939	$+5{,}1129_{141}$	$\pm7{,}4464_{388}$	$+9{,}3412_{813}$	$\pm10{,}3613_{1421}$	0,989	$+5{,}8359_{149}$	$\pm9{,}5114_{438}$	$+13{,}8702_{1006}$	$\pm18{,}7650_{1972}$
0,940	$+5{,}1270_{141}$	$\pm7{,}4852_{389}$	$+9{,}4225_{816}$	$\pm10{,}5034_{1430}$	0,990	$+5{,}8508_{148}$	$\pm9{,}5552_{439}$	$+13{,}9708_{1010}$	$\pm18{,}9622_{1984}$
0,941	$+5{,}1411_{141}$	$\pm7{,}5241_{390}$	$+9{,}5041_{819}$	$\pm10{,}6464_{1440}$	0,991	$+5{,}8656_{149}$	$\pm9{,}5991_{440}$	$+14{,}0718_{1014}$	$\pm19{,}1606_{1995}$
4,242	$+5{,}1552_{141}$	$\pm7{,}5631_{391}$	$+9{,}5860_{823}$	$\pm10{,}7904_{1450}$	0,992	$+5{,}8805_{149}$	$\pm0{,}6431_{442}$	$+14{,}1732_{1019}$	$\pm19{,}3601_{2006}$
0,943	$+5{,}1693_{142}$	$\pm7{,}6022_{393}$	$+9{,}6683_{828}$	$\pm10{,}9354_{1460}$	0,993	$+5{,}8954_{149}$	$\pm9{,}6873_{444}$	$+14{,}2751_{1024}$	$\pm19{,}5607_{2018}$
0,944	$+5{,}1835_{142}$	$\pm7{,}6415_{394}$	$+9{,}7511_{832}$	$\pm11{,}0814_{1470}$	0,994	$+5{,}9103_{149}$	$\pm9{,}7317_{446}$	$+14{,}3775_{1027}$	$\pm19{,}7625_{2028}$
0,945	$+5{,}1977_{142}$	$\pm7{,}6809_{395}$	$+9{,}8343_{836}$	$\pm11{,}2284_{1480}$	0,995	$+5{,}9252_{149}$	$\pm9{,}7763_{447}$	$+14{,}4802_{1031}$	$\pm19{,}9653_{2041}$
0,946	$+5{,}2119_{142}$	$\pm7{,}7204_{396}$	$+9{,}9179_{839}$	$\pm11{,}3764_{1491}$	0,996	$+5{,}9401_{149}$	$\pm9{,}8210_{447}$	$+14{,}5833_{1035}$	$\pm20{,}1694_{2055}$
0,947	$+5{,}2261_{142}$	$\pm7{,}7600_{396}$	$+10{,}0018_{842}$	$\pm11{,}5255_{1502}$	0,997	$+5{,}9550_{150}$	$\pm9{,}8657_{447}$	$+14{,}6868_{1039}$	$\pm20{,}3749_{2069}$
0,948	$+5{,}2403_{142}$	$\pm7{,}7996_{397}$	$+10{,}0860_{846}$	$\pm11{,}6757_{1512}$	0,998	$+5{,}9700_{150}$	$\pm9{,}9104_{448}$	$+14{,}7907_{1044}$	$\pm20{,}5818_{2086}$
0,949	$+5{,}2545_{143}$	$\pm7{,}8393_{398}$	$+10{,}1706_{850}$	$\pm11{,}8269_{1523}$	0,999	$+5{,}9850_{150}$	$\pm9{,}9552_{448}$	$+14{,}8951_{1049}$	$\pm20{,}7902_{2098}$
0,950	$+5{,}2688_{142}$	$\pm7{,}8791_{390}$	$+10{,}2556_{853}$	$\pm11{,}9792_{1533}$	1,000	$+6{,}0000_{150}$	$\pm10{,}0000_{448}$	$+15{,}0000$	$\pm21{,}0000$

x	$P_{0,1}(\pm x)$	$P_{1,1}(\pm x)$	$P_{2,1}(\pm x)$	$P_{3,1}(\pm x)$	$P_{4,1}(\pm x)$	$P_{5,1}(\pm x)$	$P_{6,1}(\pm x)$
0,000	$\pm 0{,}00000$	$+0{,}0000000_{5}$	$\mp 0{,}00000_{50}$	$-0{,}0000000$	$\pm 0{,}00000_{38}$	$+0{,}0000000$	$\mp 0{,}00000_{31}$
0,001	$\pm 0{,}00100$	$+0{,}0000005_{15}$	$\mp 0{,}00050_{50}$	$-0{,}0000038$	$\pm 0{,}00038_{37}$	$+0{,}0000047$	$\mp 0{,}00031_{32}$
0,002	$\pm 0{,}00200$	$+0{,}0000020_{25}$	$\mp 0{,}00100_{50}$	$-0{,}0000075$	$\pm 0{,}00075_{38}$	$+0{,}0000094$	$\mp 0{,}00063_{31}$
0,003	$\pm 0{,}00300$	$+0{,}0000045_{35}$	$\mp 0{,}00150_{50}$	$-0{,}0000113$	$\pm 0{,}00113_{37}$	$+0{,}0000141$	$\mp 0{,}00094_{31}$
0,004	$\pm 0{,}00400$	$+0{,}0000080_{45}$	$\mp 0{,}00200_{50}$	$-0{,}0000150$	$\pm 0{,}00150_{38}$	$+0{,}0000188$	$\mp 0{,}00125_{31}$
0,005	$\pm 0{,}00500$	$+0{,}0000125_{55}$	$\mp 0{,}00250_{50}$	$-0{,}0000188_{1}$	$\pm 0{,}00188_{37}$	$+0{,}0000235_{2}$	$\mp 0{,}00156_{32}$
0,006	$\pm 0{,}00600$	$+0{,}0000180_{65}$	$\mp 0{,}00300_{50}$	$-0{,}00003_{1}$	$\pm 0{,}00225_{37}$	$+0{,}00004_{1}$	$\mp 0{,}00188_{31}$
0,007	$\pm 0{,}00700$	$+0{,}0000245_{75}$	$\mp 0{,}00350_{50}$	$-0{,}00004_{1}$	$\pm 0{,}00262_{38}$	$+0{,}00005_{2}$	$\mp 0{,}00219_{31}$
0,008	$\pm 0{,}00800$	$+0{,}0000320_{85}$	$\mp 0{,}00400_{50}$	$-0{,}00005_{1}$	$\pm 0{,}00300_{37}$	$+0{,}00007_{1}$	$\mp 0{,}00250_{31}$
0,009	$\pm 0{,}00900$	$+0{,}0000405_{95}$	$\mp 0{,}00450_{50}$	$-0{,}00006_{2}$	$\pm 0{,}00337_{38}$	$+0{,}00008_{1}$	$\mp 0{,}00281_{31}$
0,010	$\pm 0{,}01000$	$+0{,}00005_{1}$	$\mp 0{,}00500_{50}$	$-0{,}00008_{1}$	$\pm 0{,}00375_{37}$	$+0{,}00009_{3}$	$\mp 0{,}00312_{31}$
0,011	$\pm 0{,}01100$	$+0{,}00006_{1}$	$\mp 0{,}00550_{50}$	$-0{,}00009_{2}$	$\pm 0{,}00412_{38}$	$+0{,}00012_{2}$	$\mp 0{,}00343_{32}$
0,012	$\pm 0{,}01200$	$+0{,}00007_{1}$	$\mp 0{,}00600_{50}$	$-0{,}00011_{2}$	$\pm 0{,}00450_{38}$	$+0{,}00014_{3}$	$\mp 0{,}00375_{31}$
0,013	$\pm 0{,}01300$	$+0{,}00008_{2}$	$\mp 0{,}00650_{50}$	$-0{,}00013_{2}$	$\pm 0{,}00488_{37}$	$+0{,}00017_{2}$	$\mp 0{,}00406_{31}$
0,014	$\pm 0{,}01400$	$+0{,}00010_{1}$	$\mp 0{,}00700_{50}$	$-0{,}00015_{2}$	$\pm 0{,}00525_{38}$	$+0{,}00019_{2}$	$\mp 0{,}00437_{31}$
0,015	$\pm 0{,}01500$	$+0{,}00011_{2}$	$\mp 0{,}00750_{50}$	$-0{,}00017_{3}$	$\pm 0{,}00563_{37}$	$+0{,}00021_{3}$	$\mp 0{,}00468_{31}$
0,016	$\pm 0{,}01600$	$+0{,}00013_{1}$	$\mp 0{,}00800_{50}$	$-0{,}00020_{2}$	$\pm 0{,}00600_{38}$	$+0{,}00024_{4}$	$\mp 0{,}00490_{31}$
0,017	$\pm 0{,}01700$	$+0{,}00014_{2}$	$\mp 0{,}00850_{50}$	$-0{,}00022_{3}$	$\pm 0{,}00638_{37}$	$+0{,}00028_{3}$	$\mp 0{,}00530_{31}$
0,018	$\pm 0{,}01800$	$+0{,}00016_{2}$	$\mp 0{,}00900_{50}$	$-0{,}00025_{2}$	$\pm 0{,}00675_{37}$	$+0{,}00031_{3}$	$\mp 0{,}00561_{31}$
0,019	$\pm 0{,}01900$	$+0{,}00018_{2}$	$\mp 0{,}00950_{50}$	$-0{,}00027_{3}$	$\pm 0{,}00712_{38}$	$+0{,}00034_{4}$	$\mp 0{,}00592_{31}$
0,020	$\pm 0{,}02000$	$+0{,}00020_{2}$	$\mp 0{,}01000_{49}$	$-0{,}00030_{3}$	$\pm 0{,}00750_{37}$	$+0{,}00038_{4}$	$\mp 0{,}00623_{31}$
0,021	$\pm 0{,}02100$	$+0{,}00022_{2}$	$\mp 0{,}01049_{50}$	$-0{,}00033_{4}$	$\pm 0{,}00787_{37}$	$+0{,}00042_{4}$	$\mp 0{,}00654_{31}$
0,022	$\pm 0{,}02200$	$+0{,}00024_{2}$	$\mp 0{,}01099_{50}$	$-0{,}00037_{3}$	$\pm 0{,}00824_{37}$	$+0{,}00046_{4}$	$\mp 0{,}00685_{31}$
0,023	$\pm 0{,}02300$	$+0{,}00026_{3}$	$\mp 0{,}01149_{50}$	$-0{,}00040_{4}$	$\pm 0{,}00861_{38}$	$+0{,}00050_{4}$	$\mp 0{,}00716_{31}$
0,024	$\pm 0{,}02400$	$+0{,}00029_{2}$	$\mp 0{,}01199_{50}$	$-0{,}00044_{3}$	$\pm 0{,}00899_{37}$	$+0{,}00054_{5}$	$\mp 0{,}00747_{31}$
0,025	$\pm 0{,}02500$	$+0{,}00031_{3}$	$\mp 0{,}01249_{50}$	$-0{,}00047_{4}$	$\pm 0{,}00936_{37}$	$+0{,}00059_{5}$	$\mp 0{,}00748_{31}$
0,026	$\pm 0{,}02600$	$+0{,}00034_{2}$	$\mp 0{,}01299_{50}$	$-0{,}00051_{4}$	$\pm 0{,}00973_{37}$	$+0{,}00064_{5}$	$\mp 0{,}00809_{30}$
0,027	$\pm 0{,}02700$	$+0{,}00036_{3}$	$\mp 0{,}01349_{50}$	$-0{,}00055_{4}$	$\pm 0{,}01010_{37}$	$+0{,}00069_{5}$	$\mp 0{,}00839_{31}$
0,028	$\pm 0{,}02800$	$+0{,}00039_{3}$	$\mp 0{,}01399_{50}$	$-0{,}00059_{4}$	$\pm 0{,}01047_{37}$	$+0{,}00074_{5}$	$\mp 0{,}00870_{31}$
0,029	$\pm 0{,}02900$	$+0{,}00042_{3}$	$\mp 0{,}01449_{51}$	$-0{,}00063_{5}$	$\pm 0{,}01084_{38}$	$+0{,}00079_{5}$	$\mp 0{,}00901_{31}$
0,030	$\pm 0{,}03000$	$+0{,}00045_{3}$	$\mp 0{,}01499_{49}$	$-0{,}00068_{4}$	$\pm 0{,}01122_{37}$	$+0{,}00084_{6}$	$\mp 0{,}00932_{30}$
0,031	$\pm 0{,}03100$	$+0{,}00048_{3}$	$\mp 0{,}01548_{50}$	$-0{,}00072_{5}$	$\pm 0{,}01159_{37}$	$+0{,}00090_{6}$	$\mp 0{,}00962_{31}$
0,032	$\pm 0{,}03200$	$+0{,}00051_{3}$	$\mp 0{,}01598_{50}$	$-0{,}00077_{5}$	$\pm 0{,}01196_{37}$	$+0{,}00096_{6}$	$\mp 0{,}00993_{30}$
0,033	$\pm 0{,}03300$	$+0{,}00054_{4}$	$\mp 0{,}01648_{50}$	$-0{,}00082_{5}$	$\pm 0{,}01233_{37}$	$+0{,}00102_{6}$	$\mp 0{,}01023_{31}$
0,034	$\pm 0{,}03400$	$+0{,}00058_{3}$	$\mp 0{,}01698_{50}$	$-0{,}00087_{5}$	$\pm 0{,}01270_{37}$	$+0{,}00108_{7}$	$\mp 0{,}01054_{30}$
0,035	$\pm 0{,}03500$	$+0{,}00061_{4}$	$\mp 0{,}01748_{50}$	$-0{,}00092_{5}$	$\pm 0{,}01307_{37}$	$+0{,}00115_{6}$	$\mp 0{,}01084_{31}$
0,036	$\pm 0{,}03600$	$+0{,}00065_{3}$	$\mp 0{,}01798_{49}$	$-0{,}00097_{6}$	$\pm 0{,}01344_{37}$	$+0{,}00121_{7}$	$\mp 0{,}01115_{30}$
0,037	$\pm 0{,}03700$	$+0{,}00068_{4}$	$\mp 0{,}01847_{50}$	$-0{,}00103_{6}$	$\pm 0{,}01381_{37}$	$+0{,}00128_{7}$	$\mp 0{,}01145_{30}$
0,038	$\pm 0{,}03800$	$+0{,}00072_{4}$	$\mp 0{,}01897_{50}$	$-0{,}00109_{5}$	$\pm 0{,}01418_{37}$	$+0{,}00135_{7}$	$\mp 0{,}01175_{31}$
0,039	$\pm 0{,}03900$	$+0{,}00076_{4}$	$\mp 0{,}01947_{50}$	$-0{,}00114_{6}$	$\pm 0{,}01455_{37}$	$+0{,}00142_{7}$	$\mp 0{,}01206_{30}$
0,040	$\pm 0{,}04000$	$+0{,}00080_{4}$	$\mp 0{,}01997_{50}$	$-0{,}00120_{6}$	$\pm 0{,}01492_{37}$	$+0{,}00149_{8}$	$\mp 0{,}01236_{30}$
0,041	$\pm 0{,}04100$	$+0{,}00084_{4}$	$\mp 0{,}02047_{49}$	$-0{,}00126_{7}$	$\pm 0{,}01529_{37}$	$+0{,}00157_{8}$	$\mp 0{,}01260_{30}$
0,042	$\pm 0{,}04200$	$+0{,}00088_{4}$	$\mp 0{,}02096_{50}$	$-0{,}00133_{6}$	$\pm 0{,}01566_{37}$	$+0{,}00165_{8}$	$\mp 0{,}01296_{30}$
0,043	$\pm 0{,}04300$	$+0{,}00092_{5}$	$\mp 0{,}02146_{50}$	$-0{,}00139_{6}$	$\pm 0{,}01603_{36}$	$+0{,}00173_{8}$	$\mp 0{,}01326_{30}$
0,044	$\pm 0{,}04400$	$+0{,}00097_{4}$	$\mp 0{,}02196_{49}$	$-0{,}00145_{7}$	$\pm 0{,}01639_{37}$	$+0{,}00181_{8}$	$\mp 0{,}01356_{31}$
0,045	$\pm 0{,}04500$	$+0{,}00101_{5}$	$\mp 0{,}02245_{50}$	$-0{,}00152_{7}$	$\pm 0{,}01676_{37}$	$+0{,}00189_{9}$	$\mp 0{,}01387_{29}$
0,046	$\pm 0{,}04600$	$+0{,}00106_{4}$	$\mp 0{,}02295_{50}$	$-0{,}00159_{7}$	$\pm 0{,}01713_{37}$	$+0{,}00198_{9}$	$\mp 0{,}01416_{30}$
0,047	$\pm 0{,}04700$	$+0{,}00110_{5}$	$\mp 0{,}02345_{49}$	$-0{,}00166_{7}$	$\pm 0{,}01749_{37}$	$+0{,}00207_{8}$	$\mp 0{,}01446_{30}$
0,048	$\pm 0{,}04800$	$+0{,}00115_{5}$	$\mp 0{,}02394_{50}$	$-0{,}00173_{7}$	$\pm 0{,}01786_{37}$	$+0{,}00215_{9}$	$\mp 0{,}01476_{30}$
0,049	$\pm 0{,}04900$	$+0{,}00120_{5}$	$\mp 0{,}02444_{50}$	$-0{,}00180_{7}$	$\pm 0{,}01823_{36}$	$+0{,}00224_{9}$	$\mp 0{,}01506_{29}$
0,050	$\pm 0{,}05000$	$+0{,}00125_{5}$	$\mp 0{,}02494_{49}$	$-0{,}00187_{8}$	$\pm 0{,}01859_{37}$	$+0{,}00233_{10}$	$\mp 0{,}01535_{30}$

x	$P_{0,1}(\pm x)$	$P_{1,1}(\pm x)$	$P_{2,1}(\pm x)$	$P_{3,1}(\pm x)$	$P_{4,1}(\pm x)$	$P_{5,1}(\pm x)$	$P_{6,1}(\pm x)$
0,050	± 0,05000	+ 0,00125$_{5}$	∓ 0,02494$_{49}$	− 0,00187$_{8}$	± 0,01859$_{37}$	+ 0,00233$_{10}$	∓ 0,01535$_{30}$
0,051	± 0,05100	+ 0,00130$_{5}$	∓ 0,02543$_{50}$	− 0,00195$_{8}$	± 0,01896$_{36}$	+ 0,00243$_{9}$	∓ 0,01565$_{29}$
0,052	± 0,05200	+ 0,00135$_{5}$	∓ 0,02593$_{50}$	− 0,00203$_{8}$	± 0,01932$_{37}$	+ 0,00252$_{10}$	∓ 0,01594$_{30}$
0,053	± 0,05300	+ 0,00140$_{5}$	∓ 0,02643$_{49}$	− 0,00211$_{8}$	± 0,01969$_{36}$	+ 0,00262$_{10}$	∓ 0,01624$_{29}$
0,054	± 0,05400	+ 0,00145$_{6}$	∓ 0,02692$_{50}$	− 0,00219$_{7}$	± 0,02005$_{37}$	+ 0,00272$_{10}$	∓ 0,01653$_{30}$
0,055	± 0,05500	+ 0,00151$_{6}$	∓ 0,02742$_{49}$	− 0,00226$_{9}$	± 0,02042$_{36}$	+ 0,00282$_{10}$	∓ 0,01683$_{29}$
0,056	± 0,05600	+ 0,00157$_{5}$	∓ 0,02791$_{50}$	− 0,00235$_{9}$	± 0,02078$_{36}$	+ 0,00292$_{11}$	∓ 0,01712$_{29}$
0,057	± 0,05700	+ 0,00162$_{5}$	∓ 0,02841$_{49}$	− 0,00244$_{8}$	± 0,02114$_{37}$	+ 0,00303$_{11}$	∓ 0,01741$_{29}$
0,058	± 0,05800	+ 0,00168$_{6}$	∓ 0,02890$_{50}$	− 0,00252$_{9}$	± 0,02151$_{36}$	+ 0,00314$_{10}$	∓ 0,01770$_{29}$
0,059	± 0,05900	+ 0,00174$_{6}$	∓ 0,02940$_{49}$	− 0,00261$_{8}$	± 0,02187$_{36}$	+ 0,00324$_{11}$	∓ 0,01799$_{29}$
0,060	± 0,06000	+ 0,00180$_{6}$	∓ 0,02989$_{50}$	− 0,00269$_{10}$	± 0,02223$_{36}$	+ 0,00335$_{11}$	∓ 0,01828$_{29}$
0,061	± 0,06100	+ 0,00186$_{6}$	∓ 0,03039$_{49}$	− 0,00279$_{9}$	± 0,02259$_{36}$	+ 0,00346$_{12}$	∓ 0,01857$_{29}$
0,062	± 0,06200	+ 0,00192$_{6}$	∓ 0,03088$_{50}$	− 0,00288$_{9}$	± 0,02295$_{36}$	+ 0,00358$_{12}$	∓ 0,01886$_{29}$
0,063	± 0,06300	+ 0,00198$_{7}$	∓ 0,03138$_{49}$	− 0,00297$_{9}$	± 0,02331$_{36}$	+ 0,00369$_{11}$	∓ 0,01915$_{29}$
0,064	± 0,06400	+ 0,00205$_{6}$	∓ 0,03187$_{49}$	− 0,00306$_{10}$	± 0,02367$_{36}$	+ 0,00381$_{12}$	∓ 0,01944$_{28}$
0,065	± 0,06500	+ 0,00211$_{7}$	∓ 0,03236$_{50}$	− 0,00316$_{10}$	± 0,02403$_{36}$	+ 0,00392$_{11}$	∓ 0,01972$_{28}$
0,066	± 0,06600	+ 0,00218$_{6}$	∓ 0,03286$_{49}$	− 0,00326$_{10}$	± 0,02439$_{36}$	+ 0,00405$_{12}$	∓ 0,02000$_{28}$
0,067	± 0,06700	+ 0,00224$_{7}$	∓ 0,03335$_{49}$	− 0,00336$_{10}$	± 0,02475$_{36}$	+ 0,00417$_{12}$	∓ 0,02028$_{29}$
0,068	± 0,06800	+ 0,00231$_{7}$	∓ 0,03384$_{50}$	− 0,00346$_{10}$	± 0,02511$_{36}$	+ 0,00429$_{13}$	∓ 0,02057$_{28}$
0,069	± 0,06900	+ 0,00238$_{7}$	∓ 0,03434$_{49}$	− 0,00356$_{10}$	± 0,02547$_{35}$	+ 0,00442$_{12}$	∓ 0,02085$_{28}$
0,070	± 0,07000	+ 0,00245$_{7}$	∓ 0,03483$_{49}$	− 0,00366$_{11}$	± 0,02582$_{36}$	+ 0,00454$_{13}$	∓ 0,02113$_{28}$
0,071	± 0,07100	+ 0,00252$_{7}$	∓ 0,03532$_{49}$	− 0,00377$_{11}$	± 0,02618$_{35}$	+ 0,00467$_{14}$	∓ 0,02141$_{28}$
0,072	± 0,07200	+ 0,00259$_{7}$	∓ 0,03581$_{50}$	− 0,00388$_{10}$	± 0,02653$_{36}$	+ 0,00481$_{13}$	∓ 0,02169$_{28}$
0,073	± 0,07300	+ 0,00266$_{8}$	∓ 0,03631$_{49}$	− 0,00398$_{11}$	± 0,02689$_{35}$	+ 0,00494$_{13}$	∓ 0,02197$_{28}$
0,074	± 0,07400	+ 0,00274$_{7}$	∓ 0,03680$_{49}$	− 0,00409$_{11}$	± 0,02724$_{36}$	+ 0,00507$_{14}$	∓ 0,02225$_{28}$
0,075	± 0,07500	+ 0,00281$_{8}$	∓ 0,03729$_{49}$	− 0,00420$_{11}$	± 0,02760$_{35}$	+ 0,00521$_{14}$	∓ 0,02253$_{28}$
0,076	± 0,07600	+ 0,00289$_{7}$	∓ 0,03778$_{49}$	− 0,00431$_{12}$	± 0,02795$_{36}$	+ 0,00535$_{14}$	∓ 0,02281$_{27}$
0,077	± 0,07700	+ 0,00296$_{8}$	∓ 0,03827$_{49}$	− 0,00443$_{11}$	± 0,02831$_{35}$	+ 0,00549$_{14}$	∓ 0,02308$_{27}$
0,078	± 0,07800	+ 0,00304$_{8}$	∓ 0,03876$_{49}$	− 0,00454$_{12}$	± 0,02866$_{35}$	+ 0,00563$_{14}$	∓ 0,02335$_{27}$
0,079	± 0,07900	+ 0,00312$_{8}$	∓ 0,03925$_{49}$	− 0,00466$_{11}$	± 0,02901$_{35}$	+ 0,00577$_{14}$	∓ 0,02362$_{27}$
0,080	± 0,08000	+ 0,00320$_{8}$	∓ 0,03974$_{49}$	− 0,00477$_{13}$	± 0,02936$_{35}$	+ 0,00591$_{15}$	∓ 0,02389$_{27}$
0,081	± 0,08100	+ 0,00328$_{8}$	∓ 0,04023$_{49}$	− 0,00490$_{12}$	± 0,02971$_{35}$	+ 0,00606$_{15}$	∓ 0,02416$_{27}$
0,082	± 0,08200	+ 0,00336$_{8}$	∓ 0,04072$_{49}$	− 0,00502$_{12}$	± 0,03006$_{35}$	+ 0,00621$_{15}$	∓ 0,02443$_{27}$
0,083	± 0,08300	+ 0,00344$_{9}$	∓ 0,04121$_{49}$	− 0,00514$_{12}$	± 0,03041$_{35}$	+ 0,00636$_{15}$	∓ 0,02470$_{27}$
0,084	± 0,08400	+ 0,00353$_{8}$	∓ 0,04170$_{49}$	− 0,00526$_{13}$	± 0,03076$_{35}$	+ 0,00651$_{15}$	∓ 0,02497$_{27}$
0,085	± 0,08500	+ 0,00361$_{8}$	∓ 0,04219$_{49}$	− 0,00539$_{13}$	± 0,03111$_{35}$	+ 0,00666$_{16}$	∓ 0,02524$_{27}$
0,086	± 0,08600	+ 0,00369$_{9}$	∓ 0,04268$_{49}$	− 0,00552$_{13}$	± 0,03146$_{34}$	+ 0,00682$_{16}$	∓ 0,02551$_{26}$
0,087	± 0,08700	+ 0,00378$_{9}$	∓ 0,04317$_{49}$	− 0,00565$_{12}$	± 0,03180$_{35}$	+ 0,00698$_{15}$	∓ 0,02577$_{26}$
0,088	± 0,08800	+ 0,00387$_{9}$	∓ 0,04366$_{49}$	− 0,00577$_{13}$	± 0,03215$_{35}$	+ 0,00713$_{16}$	∓ 0,02603$_{26}$
0,089	± 0,08900	+ 0,00396$_{9}$	∓ 0,04415$_{49}$	− 0,00590$_{13}$	± 0,03250$_{34}$	+ 0,00729$_{16}$	∓ 0,02629$_{26}$
0,090	± 0,09000	+ 0,00405$_{9}$	∓ 0,04464$_{48}$	− 0,00603$_{14}$	± 0,03284$_{35}$	+ 0,00745$_{17}$	∓ 0,02655$_{26}$
0,091	± 0,09100	+ 0,00414$_{9}$	∓ 0,04512$_{49}$	− 0,00617$_{14}$	± 0,03319$_{34}$	+ 0,00762$_{16}$	∓ 0,02681$_{26}$
0,092	± 0,09200	+ 0,00423$_{9}$	∓ 0,04561$_{48}$	− 0,00631$_{13}$	± 0,03353$_{34}$	+ 0,00778$_{17}$	∓ 0,02707$_{26}$
0,093	± 0,09300	+ 0,00432$_{10}$	∓ 0,04609$_{49}$	− 0,00644$_{14}$	± 0,03387$_{35}$	+ 0,00795$_{17}$	∓ 0,02733$_{26}$
0,094	± 0,09400	+ 0,00442$_{9}$	∓ 0,04658$_{49}$	− 0,00658$_{14}$	± 0,03422$_{34}$	+ 0,00812$_{17}$	∓ 0,02759$_{25}$
0,095	± 0,09500	+ 0,00451$_{10}$	∓ 0,04707$_{49}$	− 0,00672$_{14}$	± 0,03456$_{34}$	+ 0,00829$_{17}$	∓ 0,02784$_{26}$
0,096	± 0,09600	+ 0,00461$_{9}$	∓ 0,04756$_{48}$	− 0,00686$_{15}$	± 0,03490$_{34}$	+ 0,00846$_{17}$	∓ 0,02810$_{25}$
0,097	± 0,09700	+ 0,00470$_{10}$	∓ 0,04804$_{49}$	− 0,00701$_{14}$	± 0,03524$_{34}$	+ 0,00863$_{18}$	∓ 0,02835$_{25}$
0,098	± 0,09800	+ 0,00480$_{10}$	∓ 0,04853$_{48}$	− 0,00715$_{14}$	± 0,03558$_{34}$	+ 0,00881$_{17}$	∓ 0,02860$_{25}$
0,099	± 0,09900	+ 0,00490$_{10}$	∓ 0,04901$_{49}$	− 0,00729$_{15}$	± 0,03592$_{34}$	+ 0,00898$_{18}$	∓ 0,02885$_{25}$
0,100	± 0,10000	+ 0,00500$_{10}$	∓ 0,04950$_{48}$	− 0,00744$_{15}$	± 0,03626$_{34}$	+ 0,00916$_{18}$	∓ 0,02910$_{25}$

x	$P_{0,1}(\pm x)$	$P_{1,1}(\pm x)$	$P_{2,1}(\pm x)$	$P_{3,1}(\pm x)$	$P_{4,1}(\pm x)$	$P_{5,1}(\pm x)$	$P_{6,1}(\pm x)$
0,100	$\pm 0{,}10000$	$+0{,}00500_{10}$	$\mp 0{,}04950_{48}$	$-0{,}00744_{15}$	$\pm 0{,}03626_{34}$	$+0{,}00916_{18}$	$\mp 0{,}02910_{25}$
0,101	$\pm 0{,}10100$	$+0{,}00510_{10}$	$\mp 0{,}04998_{48}$	$-0{,}00759_{15}$	$\pm 0{,}03660_{33}$	$+0{,}00934_{18}$	$\mp 0{,}02935_{25}$
0,102	$\pm 0{,}10200$	$+0{,}00520_{10}$	$\mp 0{,}05046_{49}$	$-0{,}00774_{15}$	$\pm 0{,}03693_{34}$	$+0{,}00952_{18}$	$\mp 0{,}02950_{24}$
0,103	$\pm 0{,}10300$	$+0{,}00530_{10}$	$\mp 0{,}05095_{49}$	$-0{,}00789_{15}$	$\pm 0{,}03727_{33}$	$+0{,}00971_{19}$	$\mp 0{,}02984_{24}$
0,104	$\pm 0{,}10400$	$+0{,}00540_{10}$	$\mp 0{,}05144_{48}$	$-0{,}00804_{15}$	$\pm 0{,}03760_{34}$	$+0{,}00989_{18}$	$\mp 0{,}03009_{24}$
0,105	$\pm 0{,}10500$	$+0{,}00551_{11}$	$\mp 0{,}05192_{49}$	$-0{,}00819_{15}$	$\pm 0{,}03794_{33}$	$+0{,}01007_{19}$	$\mp 0{,}03033_{24}$
0,106	$\pm 0{,}10600$	$+0{,}00562_{10}$	$\mp 0{,}05241_{48}$	$-0{,}00834_{16}$	$\pm 0{,}03827_{33}$	$+0{,}01026_{19}$	$\mp 0{,}03057_{24}$
0,107	$\pm 0{,}10700$	$+0{,}00572_{11}$	$\mp 0{,}05289_{48}$	$-0{,}00866_{16}$	$\pm 0{,}03860_{34}$	$+0{,}01045_{19}$	$\mp 0{,}03081_{24}$
0,108	$\pm 0{,}10800$	$+0{,}00583_{11}$	$\mp 0{,}05337_{48}$	$-0{,}00850_{16}$	$\pm 0{,}03894_{33}$	$+0{,}01064_{20}$	$\mp 0{,}03105_{24}$
0,109	$\pm 0{,}10900$	$+0{,}00594_{11}$	$\mp 0{,}05385_{48}$	$-0{,}00882_{16}$	$\pm 0{,}03927_{33}$	$+0{,}01084_{20}$	$\mp 0{,}03129_{24}$
0,110	$\pm 0{,}11000$	$+0{,}00605_{12}$	$\mp 0{,}05433_{49}$	$-0{,}00898_{16}$	$\pm 0{,}03960_{33}$	$+0{,}01103_{19}$	$\mp 0{,}03153_{23}$
0,111	$\pm 0{,}11100$	$+0{,}00617_{10}$	$\mp 0{,}05481_{48}$	$-0{,}00914_{16}$	$\pm 0{,}03993_{33}$	$+0{,}01122_{20}$	$\mp 0{,}03177_{23}$
0,112	$\pm 0{,}11200$	$+0{,}00627_{11}$	$\mp 0{,}05530_{48}$	$-0{,}00930_{17}$	$\pm 0{,}04026_{32}$	$+0{,}01142_{20}$	$\mp 0{,}03200_{23}$
0,113	$\pm 0{,}11300$	$+0{,}00638_{11}$	$\mp 0{,}05578_{48}$	$-0{,}00947_{17}$	$\pm 0{,}04058_{33}$	$+0{,}01162_{20}$	$\mp 0{,}03223_{23}$
0,114	$\pm 0{,}11400$	$+0{,}00649_{11}$	$\mp 0{,}05626_{48}$	$-0{,}00964_{17}$	$\pm 0{,}04091_{33}$	$+0{,}01182_{20}$	$\mp 0{,}03246_{23}$
0,115	$\pm 0{,}11500$	$+0{,}00661_{12}$	$\mp 0{,}05674_{48}$	$-0{,}00981_{17}$	$\pm 0{,}04124_{33}$	$+0{,}01202_{20}$	$\mp 0{,}03269_{23}$
0,116	$\pm 0{,}11600$	$+0{,}00673_{11}$	$\mp 0{,}05722_{48}$	$-0{,}00998_{17}$	$\pm 0{,}04157_{33}$	$+0{,}01222_{20}$	$\mp 0{,}03292_{23}$
0,117	$\pm 0{,}11700$	$+0{,}00684_{12}$	$\mp 0{,}05770_{48}$	$-0{,}01015_{17}$	$\pm 0{,}04190_{32}$	$+0{,}01242_{21}$	$\mp 0{,}03315_{23}$
0,118	$\pm 0{,}11800$	$+0{,}00696_{12}$	$\mp 0{,}05818_{48}$	$-0{,}01032_{17}$	$\pm 0{,}04222_{32}$	$+0{,}01263_{21}$	$\mp 0{,}03338_{22}$
0,119	$\pm 0{,}11900$	$+0{,}00708_{12}$	$\mp 0{,}05866_{48}$	$-0{,}01049_{18}$	$\pm 0{,}04254_{32}$	$+0{,}01284_{21}$	$\mp 0{,}03360_{22}$
0,120	$\pm 0{,}12000$	$+0{,}00720_{12}$	$\mp 0{,}05914_{49}$	$-0{,}01067_{18}$	$\pm 0{,}04286_{32}$	$+0{,}01305_{21}$	$\mp 0{,}03382_{22}$
0,121	$\pm 0{,}12100$	$+0{,}00732_{12}$	$\mp 0{,}05963_{46}$	$-0{,}01085_{18}$	$\pm 0{,}04318_{32}$	$+0{,}01326_{21}$	$\mp 0{,}03404_{22}$
0,122	$\pm 0{,}12200$	$+0{,}00744_{12}$	$\mp 0{,}06009_{48}$	$-0{,}01103_{18}$	$\pm 0{,}04350_{32}$	$+0{,}01347_{21}$	$\mp 0{,}03426_{22}$
0,123	$\pm 0{,}12300$	$+0{,}00756_{13}$	$\mp 0{,}06057_{48}$	$-0{,}01121_{18}$	$\pm 0{,}04382_{32}$	$+0{,}01368_{22}$	$\mp 0{,}03448_{22}$
0,124	$\pm 0{,}12400$	$+0{,}00769_{12}$	$\mp 0{,}06105_{47}$	$-0{,}01139_{18}$	$\pm 0{,}04414_{32}$	$+0{,}01390_{22}$	$\mp 0{,}03470_{21}$
0,125	$\pm 0{,}12500$	$+0{,}00781_{13}$	$\mp 0{,}06152_{48}$	$-0{,}01157_{18}$	$\pm 0{,}04446_{32}$	$+0{,}01412_{22}$	$\mp 0{,}03491_{21}$
0,126	$\pm 0{,}12600$	$+0{,}00794_{12}$	$\mp 0{,}06200_{48}$	$-0{,}01175_{18}$	$\pm 0{,}04478_{32}$	$+0{,}01434_{22}$	$\mp 0{,}03512_{21}$
0,127	$\pm 0{,}12700$	$+0{,}00806_{13}$	$\mp 0{,}06248_{47}$	$-0{,}01193_{19}$	$\pm 0{,}04510_{32}$	$+0{,}01456_{22}$	$\mp 0{,}03533_{21}$
0,128	$\pm 0{,}12800$	$+0{,}00819_{13}$	$\mp 0{,}06295_{48}$	$-0{,}01212_{19}$	$\pm 0{,}04542_{31}$	$+0{,}01478_{22}$	$\mp 0{,}03554_{21}$
0,129	$\pm 0{,}12900$	$+0{,}00832_{13}$	$\mp 0{,}06343_{47}$	$-0{,}01231_{19}$	$\pm 0{,}04573_{31}$	$+0{,}01500_{23}$	$\mp 0{,}03575_{21}$
0,130	$\pm 0{,}13000$	$+0{,}00845_{13}$	$\mp 0{,}06390_{48}$	$-0{,}01250_{19}$	$\pm 0{,}04604_{31}$	$+0{,}01523_{22}$	$\mp 0{,}03596_{21}$
0,131	$\pm 0{,}13100$	$+0{,}00858_{13}$	$\mp 0{,}06438_{47}$	$-0{,}01269_{19}$	$\pm 0{,}04635_{31}$	$+0{,}01545_{23}$	$\mp 0{,}03617_{21}$
0,132	$\pm 0{,}13200$	$+0{,}00871_{13}$	$\mp 0{,}06485_{47}$	$-0{,}01288_{19}$	$\pm 0{,}04666_{31}$	$+0{,}01568_{23}$	$\mp 0{,}03638_{20}$
0,133	$\pm 0{,}13300$	$+0{,}00884_{13}$	$\mp 0{,}06532_{48}$	$-0{,}01307_{19}$	$\pm 0{,}04697_{31}$	$+0{,}01591_{23}$	$\mp 0{,}03658_{20}$
0,134	$\pm 0{,}13400$	$+0{,}00897_{14}$	$\mp 0{,}06580_{47}$	$-0{,}01326_{20}$	$\pm 0{,}04728_{31}$	$+0{,}01614_{23}$	$\mp 0{,}03678_{20}$
0,135	$\pm 0{,}13500$	$+0{,}00911_{14}$	$\mp 0{,}06627_{47}$	$-0{,}01346_{20}$	$\pm 0{,}04759_{31}$	$+0{,}01637_{23}$	$\mp 0{,}03698_{20}$
0,136	$\pm 0{,}13600$	$+0{,}00925_{13}$	$\mp 0{,}06674_{47}$	$0{,}01366_{20}$	$\pm 0{,}04790_{31}$	$+0{,}01660_{23}$	$\mp 0{,}03718_{20}$
0,137	$\pm 0{,}13700$	$+0{,}00938_{14}$	$\mp 0{,}06721_{47}$	$-0{,}01386_{20}$	$\pm 0{,}04821_{31}$	$+0{,}01683_{24}$	$\mp 0{,}03738_{20}$
0,138	$\pm 0{,}13800$	$+0{,}00952_{14}$	$\mp 0{,}06768_{48}$	$-0{,}01406_{20}$	$\pm 0{,}04852_{30}$	$+0{,}01707_{24}$	$\mp 0{,}03758_{19}$
0,139	$\pm 0{,}13900$	$+0{,}00966_{14}$	$\mp 0{,}06816_{47}$	$-0{,}01426_{20}$	$\pm 0{,}04882_{30}$	$+0{,}01731_{24}$	$\mp 0{,}03777_{19}$
0,140	$\pm 0{,}14000$	$+0{,}00980_{14}$	$\mp 0{,}06863_{47}$	$-0{,}01446_{20}$	$\pm 0{,}04912_{30}$	$+0{,}01755_{24}$	$\mp 0{,}03796_{19}$
0,141	$\pm 0{,}14100$	$+0{,}00994_{14}$	$\mp 0{,}06910_{47}$	$-0{,}01466_{20}$	$\pm 0{,}04942_{30}$	$+0{,}01779_{24}$	$\mp 0{,}03815_{19}$
0,142	$\pm 0{,}14200$	$+0{,}01008_{14}$	$\mp 0{,}06957_{47}$	$-0{,}01486_{21}$	$\pm 0{,}04972_{30}$	$+0{,}01803_{24}$	$\mp 0{,}03834_{19}$
0,143	$\pm 0{,}14300$	$+0{,}01022_{15}$	$\mp 0{,}07004_{47}$	$-0{,}01507_{21}$	$\pm 0{,}05002_{30}$	$+0{,}01827_{24}$	$\mp 0{,}03853_{19}$
0,144	$\pm 0{,}14400$	$+0{,}01037_{14}$	$\mp 0{,}07051_{47}$	$-0{,}01528_{21}$	$\pm 0{,}05032_{30}$	$+0{,}01851_{25}$	$\mp 0{,}03872_{18}$
0,145	$\pm 0{,}14500$	$+0{,}01051_{15}$	$\mp 0{,}07098_{46}$	$-0{,}01549_{21}$	$\pm 0{,}05062_{30}$	$+0{,}01876_{25}$	$\mp 0{,}03890_{18}$
0,146	$\pm 0{,}14600$	$+0{,}01066_{14}$	$\mp 0{,}07144_{47}$	$-0{,}01570_{21}$	$\pm 0{,}05092_{30}$	$+0{,}01901_{24}$	$\mp 0{,}03908_{18}$
0,147	$\pm 0{,}14700$	$+0{,}01080_{15}$	$\mp 0{,}07191_{49}$	$-0{,}01591_{22}$	$\pm 0{,}05122_{30}$	$+0{,}01925_{25}$	$\mp 0{,}03926_{18}$
0,148	$\pm 0{,}14800$	$+0{,}01095_{15}$	$\mp 0{,}07240_{45}$	$-0{,}01613_{22}$	$\pm 0{,}05152_{30}$	$+0{,}01950_{25}$	$\mp 0{,}03944_{18}$
0,149	$\pm 0{,}14900$	$+0{,}01110_{15}$	$\mp 0{,}07285_{45}$	$-0{,}01635_{22}$	$\pm 0{,}05181_{29}$	$+0{,}01975_{25}$	$\mp 0{,}03962_{17}$
0,150	$\pm 0{,}15000$	$+0{,}01125_{15}$	$\mp 0{,}07331_{46}$	$-0{,}01656_{22}$	$\pm 0{,}05210_{29}$	$+0{,}02000_{25}$	$\mp 0{,}03979_{17}$

x	$P_{0,1}\,(\pm x)$	$P_{1,1}\,(\pm x)$	$P_{2,1}\,(\pm x)$	$P_{3,1}\,(\pm x)$	$P_{4,1}\,(\pm x)$	$P_{5,1}\,(\pm x)$	$P_{6,1}\,(\pm x)$
$0{,}150$	$\pm\,0{,}15000$	$+\,0{,}01125_{15}$	$\mp\,0{,}07331_{47}$	$-\,0{,}01656_{22}$	$\pm\,0{,}05210_{29}$	$+\,0{,}02000_{25}$	$\mp\,0{,}03979_{17}$
$0{,}151$	$\pm\,0{,}15100$	$+\,0{,}01140_{15}$	$\mp\,0{,}07378_{47}$	$-\,0{,}01678_{22}$	$\pm\,0{,}05239_{29}$	$+\,0{,}02025_{25}$	$\mp\,0{,}03996_{17}$
$0{,}152$	$\pm\,0{,}15200$	$+\,0{,}01155_{15}$	$\mp\,0{,}07424_{48}$	$-\,0{,}01700_{22}$	$\pm\,0{,}05268_{29}$	$+\,0{,}02050_{26}$	$\mp\,0{,}04013_{17}$
$0{,}153$	$\pm\,0{,}15300$	$+\,0{,}01170_{16}$	$\mp\,0{,}07471_{47}$	$-\,0{,}01722_{22}$	$\pm\,0{,}05297_{29}$	$+\,0{,}02076_{26}$	$\mp\,0{,}04030_{17}$
$0{,}154$	$\pm\,0{,}15400$	$+\,0{,}01186_{15}$	$\mp\,0{,}07517_{47}$	$-\,0{,}01744_{22}$	$\pm\,0{,}05326_{29}$	$+\,0{,}02102_{26}$	$\mp\,0{,}04047_{17}$
$0{,}155$	$\pm\,0{,}15500$	$+\,0{,}01201_{16}$	$\mp\,0{,}07564_{46}$	$-\,0{,}01766_{22}$	$\pm\,0{,}05355_{28}$	$+\,0{,}02128_{26}$	$\mp\,0{,}04064_{17}$
$0{,}156$	$\pm\,0{,}15600$	$+\,0{,}01217_{15}$	$\mp\,0{,}07610_{47}$	$-\,0{,}01788_{22}$	$\pm\,0{,}05383_{29}$	$+\,0{,}02154_{26}$	$\mp\,0{,}04081_{16}$
$0{,}157$	$\pm\,0{,}15700$	$+\,0{,}01232_{16}$	$\mp\,0{,}07657_{46}$	$-\,0{,}01810_{23}$	$\pm\,0{,}05412_{28}$	$+\,0{,}02180_{26}$	$\mp\,0{,}04097_{16}$
$0{,}158$	$\pm\,0{,}15800$	$+\,0{,}01248_{16}$	$\mp\,0{,}07703_{46}$	$-\,0{,}01833_{23}$	$\pm\,0{,}05440_{29}$	$+\,0{,}02206_{26}$	$\mp\,0{,}04113_{16}$
$0{,}159$	$\pm\,0{,}15900$	$+\,0{,}01264_{16}$	$\mp\,0{,}07749_{46}$	$-\,0{,}01856_{23}$	$\pm\,0{,}05469_{28}$	$+\,0{,}02232_{27}$	$\mp\,0{,}04129_{16}$
$0{,}160$	$\pm\,0{,}16000$	$+\,0{,}01280_{16}$	$\mp\,0{,}07795_{46}$	$-\,0{,}01879_{23}$	$\pm\,0{,}05497_{28}$	$+\,0{,}02259_{26}$	$\mp\,0{,}04145_{16}$
$0{,}161$	$\pm\,0{,}16100$	$+\,0{,}01296_{16}$	$\mp\,0{,}07841_{46}$	$-\,0{,}01902_{23}$	$\pm\,0{,}05525_{28}$	$+\,0{,}02285_{27}$	$\mp\,0{,}04161_{15}$
$0{,}162$	$\pm\,0{,}16200$	$+\,0{,}01312_{16}$	$\mp\,0{,}07887_{46}$	$-\,0{,}01925_{23}$	$\pm\,0{,}05553_{28}$	$+\,0{,}02312_{27}$	$\mp\,0{,}04176_{15}$
$0{,}163$	$\pm\,0{,}16300$	$+\,0{,}01328_{17}$	$\mp\,0{,}07933_{46}$	$-\,0{,}01948_{24}$	$\pm\,0{,}05581_{28}$	$+\,0{,}02339_{27}$	$\mp\,0{,}04191_{15}$
$0{,}164$	$\pm\,0{,}16400$	$+\,0{,}01345_{16}$	$\mp\,0{,}07979_{46}$	$-\,0{,}01972_{24}$	$\pm\,0{,}05609_{28}$	$+\,0{,}02366_{27}$	$\mp\,0{,}04206_{15}$
$0{,}165$	$\pm\,0{,}16500$	$+\,0{,}01361_{17}$	$\mp\,0{,}08025_{46}$	$-\,0{,}01996_{24}$	$\pm\,0{,}05637_{28}$	$+\,0{,}02393_{27}$	$\mp\,0{,}04221_{15}$
$0{,}166$	$\pm\,0{,}16600$	$+\,0{,}01378_{16}$	$\mp\,0{,}08071_{46}$	$-\,0{,}02020_{23}$	$\pm\,0{,}05665_{27}$	$+\,0{,}02420_{27}$	$\mp\,0{,}04236_{15}$
$0{,}167$	$\pm\,0{,}16700$	$+\,0{,}01394_{17}$	$\mp\,0{,}08117_{46}$	$-\,0{,}02043_{24}$	$\pm\,0{,}05692_{27}$	$+\,0{,}02447_{27}$	$\mp\,0{,}04251_{15}$
$0{,}168$	$\pm\,0{,}16800$	$+\,0{,}01411_{17}$	$\mp\,0{,}08163_{46}$	$-\,0{,}02067_{24}$	$\pm\,0{,}05719_{27}$	$+\,0{,}02474_{28}$	$\mp\,0{,}04265_{14}$
$0{,}169$	$\pm\,0{,}16900$	$+\,0{,}01428_{17}$	$\mp\,0{,}08209_{45}$	$-\,0{,}02091_{24}$	$\pm\,0{,}05746_{27}$	$+\,0{,}02502_{28}$	$\mp\,0{,}04279_{14}$
$0{,}170$	$\pm\,0{,}17000$	$+\,0{,}01445_{17}$	$\mp\,0{,}08254_{46}$	$-\,0{,}02115_{24}$	$\pm\,0{,}05773_{27}$	$+\,0{,}02530_{28}$	$\mp\,0{,}04293_{14}$
$0{,}171$	$\pm\,0{,}17100$	$+\,0{,}01462_{17}$	$\mp\,0{,}08300_{46}$	$-\,0{,}02139_{24}$	$\pm\,0{,}05800_{27}$	$+\,0{,}02558_{28}$	$\mp\,0{,}04307_{14}$
$0{,}172$	$\pm\,0{,}17200$	$+\,0{,}01479_{17}$	$\mp\,0{,}08346_{45}$	$-\,0{,}02163_{25}$	$\pm\,0{,}05827_{27}$	$+\,0{,}02586_{28}$	$\mp\,0{,}04321_{14}$
$0{,}173$	$\pm\,0{,}17300$	$+\,0{,}01496_{18}$	$\mp\,0{,}08391_{46}$	$-\,0{,}02188_{25}$	$\pm\,0{,}05854_{27}$	$+\,0{,}02614_{28}$	$\mp\,0{,}04334_{13}$
$0{,}174$	$\pm\,0{,}17400$	$+\,0{,}01514_{17}$	$\mp\,0{,}08437_{45}$	$-\,0{,}02213_{25}$	$\pm\,0{,}05881_{26}$	$+\,0{,}02642_{28}$	$\mp\,0{,}04347_{13}$
$0{,}175$	$\pm\,0{,}17500$	$+\,0{,}01531_{18}$	$\mp\,0{,}08482_{45}$	$-\,0{,}02238_{25}$	$\pm\,0{,}05907_{27}$	$+\,0{,}02670_{28}$	$\mp\,0{,}04360_{13}$
$0{,}176$	$\pm\,0{,}17600$	$+\,0{,}01549_{17}$	$\mp\,0{,}08527_{46}$	$-\,0{,}02263_{25}$	$\pm\,0{,}05934_{26}$	$+\,0{,}02698_{28}$	$\mp\,0{,}04373_{13}$
$0{,}177$	$\pm\,0{,}17700$	$+\,0{,}01566_{18}$	$\mp\,0{,}08573_{45}$	$-\,0{,}02288_{25}$	$\pm\,0{,}05960_{26}$	$+\,0{,}02726_{28}$	$\mp\,0{,}04386_{13}$
$0{,}178$	$\pm\,0{,}17800$	$+\,0{,}01584_{18}$	$\mp\,0{,}08618_{45}$	$-\,0{,}02313_{25}$	$\pm\,0{,}05986_{26}$	$+\,0{,}02754_{29}$	$\mp\,0{,}04398_{12}$
$0{,}179$	$\pm\,0{,}17900$	$+\,0{,}01602_{18}$	$\mp\,0{,}08663_{45}$	$-\,0{,}02338_{25}$	$\pm\,0{,}06012_{26}$	$+\,0{,}02783_{29}$	$\mp\,0{,}04410_{12}$
$0{,}180$	$\pm\,0{,}18000$	$+\,0{,}01620_{18}$	$\mp\,0{,}08708_{45}$	$-\,0{,}02364_{26}$	$\pm\,0{,}06038_{26}$	$+\,0{,}02812_{29}$	$\mp\,0{,}04422_{12}$
$0{,}181$	$\pm\,0{,}18100$	$+\,0{,}01638_{18}$	$\mp\,0{,}08753_{47}$	$-\,0{,}02390_{26}$	$\pm\,0{,}06064_{26}$	$+\,0{,}02841_{29}$	$\mp\,0{,}04434_{12}$
$0{,}182$	$\pm\,0{,}18200$	$+\,0{,}01656_{18}$	$\mp\,0{,}08800_{44}$	$-\,0{,}02416_{26}$	$\pm\,0{,}06090_{25}$	$+\,0{,}02870_{29}$	$\mp\,0{,}04446_{12}$
$0{,}183$	$\pm\,0{,}18300$	$+\,0{,}01674_{19}$	$\mp\,0{,}08844_{44}$	$-\,0{,}02442_{26}$	$\pm\,0{,}06115_{25}$	$+\,0{,}02899_{29}$	$\mp\,0{,}04458_{12}$
$0{,}184$	$\pm\,0{,}18400$	$+\,0{,}01693_{18}$	$\mp\,0{,}08888_{45}$	$-\,0{,}02468_{26}$	$\pm\,0{,}06140_{25}$	$+\,0{,}02928_{29}$	$\mp\,0{,}04469_{11}$
$0{,}185$	$\pm\,0{,}18500$	$+\,0{,}01711_{19}$	$\mp\,0{,}08933_{45}$	$-\,0{,}02494_{26}$	$\pm\,0{,}06165_{25}$	$+\,0{,}02958_{30}$	$\mp\,0{,}04480_{11}$
$0{,}186$	$\pm\,0{,}18600$	$+\,0{,}01730_{18}$	$\mp\,0{,}08978_{45}$	$-\,0{,}02520_{26}$	$\pm\,0{,}06190_{25}$	$+\,0{,}02987_{29}$	$\mp\,0{,}04491_{11}$
$0{,}187$	$\pm\,0{,}18700$	$+\,0{,}01748_{19}$	$\mp\,0{,}09023_{44}$	$-\,0{,}02546_{26}$	$\pm\,0{,}06215_{25}$	$+\,0{,}03016_{30}$	$\mp\,0{,}04502_{11}$
$0{,}188$	$\pm\,0{,}18800$	$+\,0{,}01767_{19}$	$\mp\,0{,}09067_{45}$	$-\,0{,}02572_{27}$	$\pm\,0{,}06240_{25}$	$+\,0{,}03046_{30}$	$\mp\,0{,}04513_{11}$
$0{,}189$	$\pm\,0{,}18900$	$+\,0{,}01786_{19}$	$\mp\,0{,}09112_{45}$	$-\,0{,}02599_{27}$	$\pm\,0{,}06265_{25}$	$+\,0{,}03076_{30}$	$\mp\,0{,}04523_{10}$
$0{,}190$	$\pm\,0{,}19000$	$+\,0{,}01805_{19}$	$\mp\,0{,}09157_{45}$	$-\,0{,}02626_{27}$	$\pm\,0{,}06289_{25}$	$+\,0{,}03106_{30}$	$\mp\,0{,}04533_{10}$
$0{,}191$	$\pm\,0{,}19100$	$+\,0{,}01824_{19}$	$\mp\,0{,}09202_{44}$	$-\,0{,}02653_{27}$	$\pm\,0{,}06314_{24}$	$+\,0{,}03136_{30}$	$\mp\,0{,}04543_{10}$
$0{,}192$	$\pm\,0{,}19200$	$+\,0{,}01843_{19}$	$\mp\,0{,}09246_{45}$	$-\,0{,}02680_{27}$	$\pm\,0{,}06338_{24}$	$+\,0{,}03166_{30}$	$\mp\,0{,}04553_{10}$
$0{,}193$	$\pm\,0{,}19300$	$+\,0{,}01862_{20}$	$\mp\,0{,}09291_{44}$	$-\,0{,}02707_{27}$	$\pm\,0{,}06362_{24}$	$+\,0{,}03196_{30}$	$\mp\,0{,}04563_{10}$
$0{,}194$	$\pm\,0{,}19400$	$+\,0{,}01882_{19}$	$\mp\,0{,}09335_{44}$	$-\,0{,}02734_{28}$	$\pm\,0{,}06386_{24}$	$+\,0{,}03226_{30}$	$\mp\,0{,}04572_{9}$
$0{,}195$	$\pm\,0{,}19500$	$+\,0{,}01901_{20}$	$\mp\,0{,}09379_{44}$	$-\,0{,}02762_{27}$	$\pm\,0{,}06410_{24}$	$+\,0{,}03256_{30}$	$\mp\,0{,}04581_{9}$
$0{,}196$	$\pm\,0{,}19600$	$+\,0{,}01921_{19}$	$\mp\,0{,}09423_{45}$	$-\,0{,}02789_{27}$	$\pm\,0{,}06434_{24}$	$+\,0{,}03286_{30}$	$\mp\,0{,}04590_{9}$
$0{,}197$	$\pm\,0{,}19700$	$+\,0{,}01940_{20}$	$\mp\,0{,}09468_{44}$	$-\,0{,}02816_{28}$	$\pm\,0{,}06458_{24}$	$+\,0{,}03316_{30}$	$\mp\,0{,}04599_{9}$
$0{,}198$	$\pm\,0{,}19800$	$+\,0{,}01960_{20}$	$\mp\,0{,}09512_{44}$	$-\,0{,}02844_{28}$	$\pm\,0{,}06482_{23}$	$+\,0{,}03346_{30}$	$\mp\,0{,}04607_{8}$
$0{,}199$	$\pm\,0{,}19900$	$+\,0{,}01980_{20}$	$\mp\,0{,}09556_{44}$	$-\,0{,}02872_{28}$	$\pm\,0{,}06505_{23}$	$+\,0{,}03377_{31}$	$\mp\,0{,}04615_{8}$
$0{,}200$	$\pm\,0{,}20000$	$+\,0{,}02000_{20}$	$\mp\,0{,}09600_{44}$	$-\,0{,}02900_{28}$	$\pm\,0{,}06528_{23}$	$+\,0{,}03408_{31}$	$\mp\,0{,}04623_{8}$

x	$P_{0,1}\,(\pm x)$	$P_{1,1}\,(\pm x)$	$P_{2,1}\,(\pm x)$	$P_{3,1}\,(\pm x)$	$P_{4,1}\,(\pm x)$	$P_{5,1}\,(\pm x)$	$P_{6,1}\,(\pm x)$
0,200	$\pm\,0{,}20000$	$+\,0{,}02000_{20}$	$\mp\,0{,}09600_{44}$	$-\,0{,}02900_{28}$	$\pm\,0{,}06528_{23}$	$+\,0{,}03408_{31}$	$\mp\,0{,}04623_{8}$
0,201	$\pm\,0{,}20100$	$+\,0{,}02020_{20}$	$\mp\,0{,}09644_{44}$	$-\,0{,}02928_{28}$	$\pm\,0{,}06551_{23}$	$+\,0{,}03439_{31}$	$\mp\,0{,}04631_{8}$
0,202	$\pm\,0{,}20200$	$+\,0{,}02040_{20}$	$\mp\,0{,}09688_{44}$	$-\,0{,}02957_{29}$	$\pm\,0{,}06574_{23}$	$+\,0{,}03470_{31}$	$\mp\,0{,}04639_{8}$
0,203	$\pm\,0{,}20300$	$+\,0{,}02060_{21}$	$\mp\,0{,}09732_{45}$	$-\,0{,}02985_{28}$	$\pm\,0{,}06597_{23}$	$+\,0{,}03501_{31}$	$\mp\,0{,}04647_{7}$
0,204	$\pm\,0{,}20400$	$+\,0{,}02081_{20}$	$\mp\,0{,}09777_{42}$	$-\,0{,}03013_{28}$	$\pm\,0{,}06620_{22}$	$+\,0{,}03532_{31}$	$\mp\,0{,}04654_{7}$
0,205	$\pm\,0{,}20500$	$+\,0{,}02101_{21}$	$\mp\,0{,}09819_{44}$	$-\,0{,}03042_{28}$	$\pm\,0{,}06642_{23}$	$+\,0{,}03563_{31}$	$\mp\,0{,}04661_{7}$
0,206	$\pm\,0{,}20600$	$+\,0{,}02122_{20}$	$\mp\,0{,}09863_{44}$	$-\,0{,}03070_{29}$	$\pm\,0{,}06665_{22}$	$+\,0{,}03594_{31}$	$\mp\,0{,}04668_{7}$
0,207	$\pm\,0{,}20700$	$+\,0{,}02142_{21}$	$\mp\,0{,}09907_{43}$	$-\,0{,}03099_{29}$	$\pm\,0{,}06687_{22}$	$+\,0{,}03625_{31}$	$\mp\,0{,}04675_{7}$
0,208	$\pm\,0{,}20800$	$+\,0{,}02163_{21}$	$\mp\,0{,}09950_{44}$	$-\,0{,}03128_{29}$	$\pm\,0{,}06709_{22}$	$+\,0{,}03656_{32}$	$\mp\,0{,}04682_{6}$
0,209	$\pm\,0{,}20900$	$+\,0{,}02184_{21}$	$\mp\,0{,}09994_{43}$	$-\,0{,}03157_{29}$	$\pm\,0{,}06731_{22}$	$+\,0{,}03688_{32}$	$\mp\,0{,}04688_{6}$
0,210	$\pm\,0{,}21000$	$+\,0{,}02205_{21}$	$\mp\,0{,}10037_{43}$	$-\,0{,}03186_{29}$	$\pm\,0{,}06753_{22}$	$+\,0{,}03720_{31}$	$\mp\,0{,}04694_{6}$
0,211	$\pm\,0{,}21100$	$+\,0{,}02226_{21}$	$\mp\,0{,}10080_{44}$	$-\,0{,}03215_{29}$	$\pm\,0{,}06775_{22}$	$+\,0{,}03751_{32}$	$\mp\,0{,}04700_{6}$
0,212	$\pm\,0{,}21200$	$+\,0{,}02247_{21}$	$\mp\,0{,}10124_{43}$	$-\,0{,}03244_{29}$	$\pm\,0{,}06797_{21}$	$+\,0{,}03783_{32}$	$\mp\,0{,}04706_{5}$
0,213	$\pm\,0{,}21300$	$+\,0{,}02268_{22}$	$\mp\,0{,}10167_{43}$	$-\,0{,}03273_{30}$	$\pm\,0{,}06818_{21}$	$+\,0{,}03815_{32}$	$\mp\,0{,}04711_{5}$
0,214	$\pm\,0{,}21400$	$+\,0{,}02290_{21}$	$\mp\,0{,}10210_{43}$	$-\,0{,}03303_{30}$	$\pm\,0{,}06839_{21}$	$+\,0{,}03847_{32}$	$\mp\,0{,}04716_{5}$
0,215	$\pm\,0{,}21500$	$+\,0{,}02311_{22}$	$\mp\,0{,}10253_{43}$	$-\,0{,}03333_{30}$	$\pm\,0{,}06860_{21}$	$+\,0{,}03879_{32}$	$\mp\,0{,}04721_{5}$
0,216	$\pm\,0{,}21600$	$+\,0{,}02333_{21}$	$\mp\,0{,}10296_{43}$	$-\,0{,}03363_{30}$	$\pm\,0{,}06881_{21}$	$+\,0{,}03911_{32}$	$\mp\,0{,}04726_{5}$
0,217	$\pm\,0{,}21700$	$+\,0{,}02354_{22}$	$\pm\,0{,}10339_{43}$	$-\,0{,}03393_{30}$	$\pm\,0{,}06902_{21}$	$+\,0{,}03943_{32}$	$\mp\,0{,}04731_{5}$
0,218	$\pm\,0{,}21800$	$+\,0{,}02376_{22}$	$\mp\,0{,}10382_{43}$	$-\,0{,}03423_{30}$	$\pm\,0{,}06923_{21}$	$+\,0{,}03975_{32}$	$\mp\,0{,}04736_{4}$
0,219	$\pm\,0{,}21900$	$+\,0{,}02398_{22}$	$\mp\,0{,}10425_{43}$	$-\,0{,}03453_{31}$	$\pm\,0{,}06944_{20}$	$+\,0{,}04007_{33}$	$\mp\,0{,}04740_{4}$
0,220	$\pm\,0{,}22000$	$+\,0{,}02420_{22}$	$\mp\,0{,}10468_{42}$	$-\,0{,}03484_{30}$	$\pm\,0{,}06964_{20}$	$+\,0{,}04040_{32}$	$\mp\,0{,}04744_{4}$
0,221	$\pm\,0{,}22100$	$+\,0{,}02442_{22}$	$\mp\,0{,}10510_{43}$	$-\,0{,}03514_{30}$	$\pm\,0{,}06984_{20}$	$+\,0{,}04072_{32}$	$\mp\,0{,}04748_{3}$
0,222	$\pm\,0{,}22200$	$+\,0{,}02464_{22}$	$\mp\,0{,}10553_{43}$	$-\,0{,}03544_{31}$	$\pm\,0{,}07004_{20}$	$+\,0{,}04104_{33}$	$\mp\,0{,}04751_{3}$
0,223	$\pm\,0{,}22300$	$+\,0{,}02486_{23}$	$\mp\,0{,}10596_{42}$	$-\,0{,}03575_{31}$	$\pm\,0{,}07024_{20}$	$+\,0{,}04137_{33}$	$\mp\,0{,}04754_{3}$
0,224	$\pm\,0{,}22400$	$+\,0{,}02509_{22}$	$\mp\,0{,}10638_{42}$	$-\,0{,}03606_{31}$	$\pm\,0{,}07044_{20}$	$+\,0{,}04170_{33}$	$\mp\,0{,}04757_{3}$
0,225	$\pm\,0{,}22500$	$+\,0{,}02531_{23}$	$\mp\,0{,}10680_{43}$	$-\,0{,}03637_{31}$	$\pm\,0{,}07064_{20}$	$+\,0{,}04203_{32}$	$\mp\,0{,}04760_{3}$
0,226	$\pm\,0{,}22600$	$+\,0{,}02554_{22}$	$\mp\,0{,}10723_{42}$	$-\,0{,}03668_{31}$	$\pm\,0{,}07084_{19}$	$+\,0{,}04235_{33}$	$\mp\,0{,}04763_{3}$
0,227	$\pm\,0{,}22700$	$+\,0{,}02576_{23}$	$\mp\,0{,}10765_{42}$	$-\,0{,}03699_{31}$	$\pm\,0{,}07103_{19}$	$+\,0{,}04268_{33}$	$\mp\,0{,}04766_{2}$
0,228	$\pm\,0{,}22800$	$+\,0{,}02599_{23}$	$\mp\,0{,}10807_{43}$	$-\,0{,}03730_{31}$	$\pm\,0{,}07122_{19}$	$+\,0{,}04301_{33}$	$\mp\,0{,}04768_{2}$
0,229	$\pm\,0{,}22900$	$+\,0{,}02622_{23}$	$\mp\,0{,}10850_{42}$	$-\,0{,}03761_{32}$	$\pm\,0{,}07141_{19}$	$+\,0{,}04334_{33}$	$\mp\,0{,}04770_{2}$
0,230	$\pm\,0{,}23000$	$+\,0{,}02645_{23}$	$\mp\,0{,}10892_{42}$	$-\,0{,}03793_{31}$	$\pm\,0{,}07160_{19}$	$+\,0{,}04367_{33}$	$\mp\,0{,}04772_{2}$
0,231	$\pm\,0{,}23100$	$+\,0{,}02668_{23}$	$\mp\,0{,}10934_{43}$	$-\,0{,}03824_{31}$	$\pm\,0{,}07179_{19}$	$+\,0{,}04400_{33}$	$\mp\,0{,}04774_{2}$
0,232	$\pm\,0{,}23200$	$+\,0{,}02691_{23}$	$\mp\,0{,}10977_{41}$	$-\,0{,}03855_{32}$	$\pm\,0{,}07198_{19}$	$+\,0{,}04433_{33}$	$\mp\,0{,}04776_{1}$
0,233	$\pm\,0{,}23300$	$+\,0{,}02714_{24}$	$\mp\,0{,}11018_{41}$	$-\,0{,}03887_{32}$	$\pm\,0{,}07217_{18}$	$+\,0{,}04466_{33}$	$\mp\,0{,}04777_{1}$
0,234	$\pm\,0{,}23400$	$+\,0{,}02738_{23}$	$\mp\,0{,}11059_{42}$	$-\,0{,}03919_{32}$	$\pm\,0{,}07235_{18}$	$+\,0{,}04499_{33}$	$\mp\,0{,}04778_{0}$
0,235	$\pm\,0{,}23500$	$+\,0{,}02761_{24}$	$\mp\,0{,}11101_{42}$	$-\,0{,}03951_{32}$	$\pm\,0{,}07253_{18}$	$+\,0{,}04532_{33}$	$\mp\,0{,}04778_{1}$
0,236	$\pm\,0{,}23600$	$+\,0{,}02785_{23}$	$\mp\,0{,}11143_{41}$	$-\,0{,}03983_{32}$	$\pm\,0{,}07271_{18}$	$+\,0{,}04565_{33}$	$\mp\,0{,}04779_{1}$
0,237	$\pm\,0{,}23700$	$+\,0{,}02808_{24}$	$\mp\,0{,}11184_{42}$	$-\,0{,}04015_{32}$	$\pm\,0{,}07289_{18}$	$+\,0{,}04598_{33}$	$\mp\,0{,}04780_{1}$
0,238	$\pm\,0{,}23800$	$+\,0{,}02832_{24}$	$\mp\,0{,}11226_{41}$	$-\,0{,}04047_{33}$	$\pm\,0{,}07307_{18}$	$+\,0{,}04631_{34}$	$\mp\,0{,}04781_{0}$
0,239	$\pm\,0{,}23900$	$+\,0{,}02856_{24}$	$\mp\,0{,}11267_{42}$	$-\,0{,}04080_{33}$	$\pm\,0{,}07325_{17}$	$+\,0{,}04665_{34}$	$\mp\,0{,}04781_{1}$
0,240	$\pm\,0{,}24000$	$+\,0{,}02880_{24}$	$\mp\,0{,}11309_{41}$	$-\,0{,}04113_{32}$	$\pm\,0{,}07342_{17}$	$+\,0{,}04699_{34}$	$\mp\,0{,}04780_{1}$
0,241	$\pm\,0{,}24100$	$+\,0{,}02904_{24}$	$\mp\,0{,}11350_{41}$	$-\,0{,}04145_{33}$	$\pm\,0{,}07359_{17}$	$+\,0{,}04733_{34}$	$\mp\,0{,}04779_{1}$
0,242	$\pm\,0{,}24200$	$+\,0{,}02928_{24}$	$\mp\,0{,}11391_{42}$	$-\,0{,}04178_{33}$	$\pm\,0{,}07376_{17}$	$+\,0{,}04767_{33}$	$\mp\,0{,}04778_{0}$
0,243	$\pm\,0{,}24300$	$+\,0{,}02952_{25}$	$\mp\,0{,}11433_{41}$	$-\,0{,}04211_{33}$	$\pm\,0{,}07393_{17}$	$+\,0{,}04800_{34}$	$\mp\,0{,}04778_{1}$
0,244	$\pm\,0{,}24400$	$+\,0{,}02977_{24}$	$\mp\,0{,}11474_{41}$	$-\,0{,}04244_{33}$	$\pm\,0{,}07410_{17}$	$+\,0{,}04834_{34}$	$\mp\,0{,}04777_{1}$
0,245	$\pm\,0{,}24500$	$+\,0{,}03001_{25}$	$\mp\,0{,}11515_{41}$	$-\,0{,}04277_{33}$	$\pm\,0{,}07427_{16}$	$+\,0{,}04868_{33}$	$\mp\,0{,}04776_{1}$
0,246	$\pm\,0{,}24600$	$+\,0{,}03026_{24}$	$\mp\,0{,}11556_{41}$	$-\,0{,}04310_{33}$	$\pm\,0{,}07443_{16}$	$+\,0{,}04901_{34}$	$\mp\,0{,}04775_{2}$
0,247	$\pm\,0{,}24700$	$+\,0{,}03050_{25}$	$\mp\,0{,}11597_{40}$	$-\,0{,}04343_{33}$	$\pm\,0{,}07459_{16}$	$+\,0{,}04935_{34}$	$\mp\,0{,}04773_{2}$
0,248	$\pm\,0{,}24800$	$+\,0{,}03075_{25}$	$\mp\,0{,}11637_{42}$	$-\,0{,}04376_{33}$	$\pm\,0{,}07475_{16}$	$+\,0{,}04969_{34}$	$\mp\,0{,}04771_{2}$
0,249	$\pm\,0{,}24900$	$+\,0{,}03100_{25}$	$\mp\,0{,}11679_{40}$	$-\,0{,}04409_{34}$	$\pm\,0{,}07491_{16}$	$+\,0{,}05003_{34}$	$\mp\,0{,}04769_{2}$
0,250	$\pm\,0{,}25000$	$+\,0{,}03125_{25}$	$\mp\,0{,}11719_{40}$	$-\,0{,}04443_{34}$	$\pm\,0{,}07507_{16}$	$+\,0{,}05037_{34}$	$\mp\,0{,}04767_{3}$

x	$P_{0,1}(\pm x)$	$P_{1,1}(\pm x)$	$P_{2,1}(\pm x)$	$P_{3,1}(\pm x)$	$P_{4,1}(\pm x)$	$P_{5,1}(\pm x)$	$P_{6,1}(\pm x)$
0,250	$\pm\,0{,}25000$	$+\,0{,}03125_{25}$	$\mp\,0{,}11719_{40}$	$-\,0{,}04443_{34}$	$\pm\,0{,}07507_{16}$	$+\,0{,}05037_{34}$	$\mp\,0{,}04767_{3}$
0,251	$\pm\,0{,}25100$	$+\,0{,}03150_{25}$	$\mp\,0{,}11759_{41}$	$-\,0{,}04477_{34}$	$+\,0{,}07523_{16}$	$+\,0{,}05071_{34}$	$\mp\,0{,}04764_{3}$
0,252	$\pm\,0{,}25200$	$+\,0{,}03175_{25}$	$\mp\,0{,}11800_{40}$	$-\,0{,}04511_{34}$	$\pm\,0{,}07539_{15}$	$+\,0{,}05105_{34}$	$\mp\,0{,}04761_{3}$
0,253	$\pm\,0{,}25300$	$+\,0{,}03200_{25}$	$\mp\,0{,}11840_{41}$	$-\,0{,}04545_{34}$	$\pm\,0{,}07554_{15}$	$+\,0{,}05139_{34}$	$\mp\,0{,}04758_{3}$
0,254	$\pm\,0{,}25400$	$+\,0{,}03225_{26}$	$\mp\,0{,}11881_{40}$	$-\,0{,}04579_{34}$	$\pm\,0{,}07569_{15}$	$+\,0{,}05173_{35}$	$\mp\,0{,}04755_{3}$
0,255	$\pm\,0{,}25500$	$+\,0{,}03251_{26}$	$\mp\,0{,}11921_{40}$	$-\,0{,}04613_{34}$	$\pm\,0{,}07584_{15}$	$+\,0{,}05208_{34}$	$\mp\,0{,}04752_{4}$
0,256	$\pm\,0{,}25600$	$+\,0{,}03277_{25}$	$\mp\,0{,}11961_{40}$	$-\,0{,}04647_{34}$	$\pm\,0{,}07599_{15}$	$+\,0{,}05242_{34}$	$\mp\,0{,}04748_{4}$
0,257	$\pm\,0{,}25700$	$+\,0{,}03302_{26}$	$\mp\,0{,}12001_{40}$	$-\,0{,}04681_{34}$	$\pm\,0{,}07614_{15}$	$+\,0{,}05276_{34}$	$\mp\,0{,}04744_{4}$
0,258	$\pm\,0{,}25800$	$+\,0{,}03328_{26}$	$\mp\,0{,}12041_{40}$	$-\,0{,}04715_{34}$	$\pm\,0{,}07629_{14}$	$+\,0{,}05310_{34}$	$\mp\,0{,}04740_{4}$
0,259	$\pm\,0{,}25900$	$+\,0{,}03354_{26}$	$\mp\,0{,}12081_{40}$	$-\,0{,}04749_{35}$	$\pm\,0{,}07643_{14}$	$+\,0{,}05344_{34}$	$\mp\,0{,}04736_{4}$
0,260	$\pm\,0{,}26000$	$+\,0{,}03380_{26}$	$\mp\,0{,}12121_{40}$	$-\,0{,}06784_{35}$	$\pm\,0{,}07657_{14}$	$+\,0{,}05379_{34}$	$\mp\,0{,}04732_{5}$
0,261	$\pm\,0{,}26100$	$+\,0{,}03406_{26}$	$\mp\,0{,}12161_{39}$	$-\,0{,}04819_{35}$	$\pm\,0{,}07671_{14}$	$+\,0{,}05413_{34}$	$\mp\,0{,}04727_{5}$
0,262	$\pm\,0{,}26200$	$+\,0{,}03432_{26}$	$\mp\,0{,}12200_{40}$	$-\,0{,}04854_{35}$	$\pm\,0{,}07685_{14}$	$+\,0{,}05447_{35}$	$\mp\,0{,}04722_{5}$
0,263	$\pm\,0{,}26300$	$+\,0{,}03458_{27}$	$\mp\,0{,}12240_{40}$	$-\,0{,}04889_{35}$	$\pm\,0{,}07699_{14}$	$+\,0{,}05482_{34}$	$\mp\,0{,}04717_{5}$
0,264	$\pm\,0{,}26400$	$+\,0{,}03485_{24}$	$\mp\,0{,}12280_{40}$	$-\,0{,}04924_{35}$	$\pm\,0{,}07713_{13}$	$+\,0{,}05516_{34}$	$\mp\,0{,}04712_{6}$
0,265	$\pm\,0{,}26500$	$+\,0{,}03511_{27}$	$\mp\,0{,}12320_{38}$	$-\,0{,}04959_{35}$	$\pm\,0{,}07726_{13}$	$+\,0{,}05550_{35}$	$\mp\,0{,}04706_{6}$
0,266	$\pm\,0{,}26600$	$+\,0{,}03538_{26}$	$\mp\,0{,}12358_{40}$	$-\,0{,}04994_{35}$	$\pm\,0{,}07739_{13}$	$+\,0{,}05585_{34}$	$\mp\,0{,}04700_{6}$
0,267	$\pm\,0{,}26700$	$+\,0{,}03564_{27}$	$\mp\,0{,}12398_{40}$	$-\,0{,}05029_{35}$	$\pm\,0{,}07752_{13}$	$+\,0{,}05619_{35}$	$\mp\,0{,}04694_{6}$
0,268	$\pm\,0{,}26800$	$+\,0{,}03591_{27}$	$\mp\,0{,}12438_{39}$	$-\,0{,}05064_{35}$	$\pm\,0{,}07765_{13}$	$+\,0{,}05654_{34}$	$\mp\,0{,}04688_{6}$
0,269	$\pm\,0{,}26900$	$+\,0{,}03618_{27}$	$\mp\,0{,}12477_{39}$	$-\,0{,}05099_{36}$	$\pm\,0{,}07778_{12}$	$+\,0{,}05688_{35}$	$\mp\,0{,}04682_{7}$
0,270	$\pm\,0{,}27000$	$+\,0{,}03645_{27}$	$\mp\,0{,}12516_{39}$	$-\,0{,}05135_{36}$	$\pm\,0{,}07790_{12}$	$+\,0{,}05723_{34}$	$\mp\,0{,}04675_{7}$
0,271	$\pm\,0{,}27100$	$+\,0{,}03672_{27}$	$\mp\,0{,}12555_{39}$	$-\,0{,}05171_{36}$	$\pm\,0{,}07802_{12}$	$+\,0{,}05757_{35}$	$\mp\,0{,}04668_{7}$
0,272	$\pm\,0{,}27200$	$+\,0{,}03699_{27}$	$\mp\,0{,}12594_{39}$	$-\,0{,}05207_{36}$	$\pm\,0{,}07814_{12}$	$+\,0{,}05792_{34}$	$\mp\,0{,}04661_{7}$
0,273	$\pm\,0{,}27300$	$+\,0{,}03726_{28}$	$\mp\,0{,}12633_{38}$	$-\,0{,}05243_{36}$	$\pm\,0{,}07826_{13}$	$+\,0{,}05826_{35}$	$\mp\,0{,}04654_{7}$
0,274	$\pm\,0{,}27400$	$+\,0{,}03754_{27}$	$\mp\,0{,}12671_{39}$	$-\,0{,}05279_{36}$	$\pm\,0{,}07839_{12}$	$+\,0{,}05861_{35}$	$\mp\,0{,}04647_{8}$
0,275	$\pm\,0{,}27500$	$+\,0{,}03781_{28}$	$\mp\,0{,}12710_{39}$	$-\,0{,}05315_{36}$	$\pm\,0{,}07851_{12}$	$+\,0{,}05896_{34}$	$\mp\,0{,}04639_{8}$
0,276	$\pm\,0{,}27600$	$+\,0{,}03809_{27}$	$\mp\,0{,}12749_{38}$	$-\,0{,}05351_{36}$	$\pm\,0{,}07863_{11}$	$+\,0{,}05930_{35}$	$\mp\,0{,}04631_{8}$
0,277	$\pm\,0{,}27700$	$+\,0{,}03836_{28}$	$\mp\,0{,}12787_{39}$	$-\,0{,}05387_{36}$	$\pm\,0{,}07874_{11}$	$+\,0{,}05965_{34}$	$\mp\,0{,}04623_{8}$
0,278	$\pm\,0{,}27800$	$+\,0{,}03864_{28}$	$\mp\,0{,}12826_{38}$	$-\,0{,}05423_{36}$	$\pm\,0{,}07885_{11}$	$+\,0{,}05999_{35}$	$\mp\,0{,}04615_{8}$
0,279	$\pm\,0{,}27900$	$+\,0{,}03892_{28}$	$\mp\,0{,}12864_{38}$	$-\,0{,}05459_{37}$	$\pm\,0{,}07896_{11}$	$+\,0{,}06034_{35}$	$\mp\,0{,}04607_{9}$
0,280	$\pm\,0{,}28000$	$+\,0{,}03920_{28}$	$\mp\,0{,}12902_{39}$	$-\,0{,}05496_{36}$	$\pm\,0{,}07907_{11}$	$+\,0{,}06069_{34}$	$\mp\,0{,}04598_{9}$
0,281	$\pm\,0{,}28100$	$+\,0{,}03948_{28}$	$\mp\,0{,}12941_{38}$	$-\,0{,}05532_{37}$	$\pm\,0{,}07918_{10}$	$+\,0{,}06103_{35}$	$\mp\,0{,}04589_{9}$
0,282	$\pm\,0{,}28200$	$+\,0{,}03976_{28}$	$\mp\,0{,}12979_{38}$	$-\,0{,}05569_{37}$	$\pm\,0{,}07928_{10}$	$+\,0{,}06138_{35}$	$\mp\,0{,}04580_{9}$
0,283	$\pm\,0{,}28300$	$+\,0{,}04004_{29}$	$\mp\,0{,}13017_{38}$	$-\,0{,}05606_{37}$	$\pm\,0{,}07938_{10}$	$+\,0{,}06173_{34}$	$\mp\,0{,}04571_{10}$
0,284	$\pm\,0{,}28400$	$+\,0{,}04033_{28}$	$\mp\,0{,}13055_{38}$	$-\,0{,}05643_{37}$	$\pm\,0{,}07948_{10}$	$+\,0{,}06207_{35}$	$\mp\,0{,}04561_{10}$
0,285	$\pm\,0{,}28500$	$+\,0{,}04061_{29}$	$\mp\,0{,}13093_{37}$	$-\,0{,}05680_{37}$	$\pm\,0{,}07958_{10}$	$+\,0{,}06242_{35}$	$\mp\,0{,}04551_{10}$
0,286	$\pm\,0{,}28600$	$+\,0{,}04090_{28}$	$\mp\,0{,}13130_{38}$	$-\,0{,}05717_{37}$	$\pm\,0{,}07968_{10}$	$+\,0{,}06277_{34}$	$\mp\,0{,}04541_{10}$
0,287	$\pm\,0{,}28700$	$+\,0{,}04118_{29}$	$\mp\,0{,}13168_{38}$	$-\,0{,}05754_{37}$	$\pm\,0{,}07978_{10}$	$+\,0{,}06311_{35}$	$\mp\,0{,}04531_{10}$
0,288	$\pm\,0{,}28800$	$+\,0{,}04147_{29}$	$\mp\,0{,}13206_{37}$	$-\,0{,}05791_{37}$	$\pm\,0{,}07988_{9}$	$+\,0{,}06346_{35}$	$\mp\,0{,}04521_{10}$
0,289	$\pm\,0{,}28900$	$+\,0{,}04176_{29}$	$\mp\,0{,}13243_{38}$	$-\,0{,}05828_{37}$	$\pm\,0{,}07997_{9}$	$+\,0{,}06381_{34}$	$\mp\,0{,}04511_{11}$
0,290	$\pm\,0{,}29000$	$+\,0{,}04205_{29}$	$\mp\,0{,}13281_{37}$	$-\,0{,}05865_{37}$	$\pm\,0{,}08006_{9}$	$+\,0{,}06415_{35}$	$\mp\,0{,}04500_{11}$
0,291	$\pm\,0{,}29100$	$+\,0{,}04234_{29}$	$\mp\,0{,}13318_{37}$	$-\,0{,}05902_{38}$	$\pm\,0{,}08015_{9}$	$+\,0{,}06450_{35}$	$\mp\,0{,}04489_{11}$
0,292	$\pm\,0{,}29200$	$+\,0{,}04263_{29}$	$\mp\,0{,}13355_{37}$	$-\,0{,}05940_{38}$	$\pm\,0{,}08024_{9}$	$+\,0{,}06485_{34}$	$\mp\,0{,}04478_{11}$
0,293	$\pm\,0{,}29300$	$+\,0{,}04292_{30}$	$\mp\,0{,}13392_{37}$	$-\,0{,}05978_{38}$	$\pm\,0{,}08033_{8}$	$+\,0{,}06519_{35}$	$\mp\,0{,}04467_{11}$
0,294	$\pm\,0{,}29400$	$+\,0{,}04322_{29}$	$\mp\,0{,}13429_{37}$	$-\,0{,}06016_{38}$	$\pm\,0{,}08041_{8}$	$+\,0{,}06554_{34}$	$\mp\,0{,}04455_{12}$
0,295	$\pm\,0{,}29500$	$+\,0{,}04351_{30}$	$\mp\,0{,}13466_{37}$	$-\,0{,}06054_{38}$	$\pm\,0{,}08049_{8}$	$+\,0{,}06588_{35}$	$\mp\,0{,}04443_{12}$
0,296	$\pm\,0{,}29600$	$+\,0{,}04381_{29}$	$\mp\,0{,}13503_{37}$	$-\,0{,}06092_{38}$	$\pm\,0{,}08057_{8}$	$+\,0{,}06623_{35}$	$\mp\,0{,}04431_{12}$
0,297	$\pm\,0{,}29700$	$+\,0{,}04410_{30}$	$\mp\,0{,}13540_{37}$	$-\,0{,}06130_{38}$	$\pm\,0{,}08065_{8}$	$+\,0{,}06658_{34}$	$\mp\,0{,}04419_{12}$
0,298	$\pm\,0{,}29800$	$+\,0{,}04440_{30}$	$\mp\,0{,}13577_{36}$	$-\,0{,}06168_{38}$	$\pm\,0{,}08073_{8}$	$+\,0{,}06692_{35}$	$\mp\,0{,}04407_{13}$
0,299	$\pm\,0{,}29900$	$+\,0{,}04470_{30}$	$\mp\,0{,}13613_{37}$	$-\,0{,}06206_{38}$	$\pm\,0{,}08081_{7}$	$+\,0{,}06727_{34}$	$\mp\,0{,}04394_{13}$
0,300	$\pm\,0{,}30000$	$+\,0{,}04500_{30}$	$\mp\,0{,}13650_{36}$	$-\,0{,}06244_{38}$	$\pm\,0{,}08088_{7}$	$+\,0{,}06761_{35}$	$\mp\,0{,}04381_{13}$

x	$P_{0,1}(\pm x)$	$P_{1,1}(\pm x)$	$P_{2,1}(\pm x)$	$P_{3,1}(\pm x)$	$P_{4,1}(\pm x)$	$P_{5,1}(\pm x)$	$P_{6,1}(\pm x)$
0,300	$\pm\,0{,}30000$	$+0{,}04500_{30}$	$\mp 0{,}13650_{36}$	$-0{,}06244_{38}$	$\pm 0{,}08088_{7}$	$+0{,}06761_{35}$	$\mp 0{,}04381_{13}$
0,301	$\pm\,0{,}30100$	$+0{,}04530_{30}$	$\mp 0{,}13686_{37}$	$-0{,}06282_{39}$	$\pm 0{,}08095_{7}$	$+0{,}06796_{34}$	$\mp 0{,}04368_{13}$
0,302	$\pm\,0{,}30200$	$+0{,}04560_{30}$	$\mp 0{,}13723_{37}$	$-0{,}06321_{38}$	$\pm 0{,}08102_{7}$	$+0{,}06830_{35}$	$\mp 0{,}04355_{14}$
0,303	$\pm\,0{,}30300$	$+0{,}04590_{31}$	$\mp 0{,}13759_{36}$	$-0{,}06359_{39}$	$\pm 0{,}08109_{7}$	$+0{,}06865_{34}$	$\mp 0{,}04341_{14}$
0,304	$\pm\,0{,}30400$	$+0{,}04621_{30}$	$\mp 0{,}13795_{36}$	$-0{,}06398_{38}$	$\pm 0{,}08116_{6}$	$+0{,}06899_{35}$	$\mp 0{,}04327_{14}$
0,305	$\pm\,0{,}30500$	$+0{,}04651_{31}$	$\mp 0{,}13831_{36}$	$-0{,}06436_{39}$	$\pm 0{,}08122_{6}$	$+0{,}06934_{34}$	$\mp 0{,}04313_{14}$
0,306	$\pm\,0{,}30600$	$+0{,}04682_{30}$	$\mp 0{,}13867_{36}$	$-0{,}06475_{39}$	$\pm 0{,}08128_{6}$	$+0{,}06968_{35}$	$\mp 0{,}04299_{14}$
0,307	$\pm\,0{,}30700$	$+0{,}04712_{31}$	$\mp 0{,}13903_{36}$	$-0{,}06514_{39}$	$\pm 0{,}08134_{6}$	$+0{,}07003_{34}$	$\mp 0{,}04285_{14}$
0,308	$\pm\,0{,}30800$	$+0{,}04743_{31}$	$\mp 0{,}13939_{36}$	$-0{,}06553_{38}$	$\pm 0{,}08140_{6}$	$+0{,}07037_{34}$	$\mp 0{,}04271_{15}$
0,309	$\pm\,0{,}30900$	$+0{,}07774_{31}$	$\mp 0{,}13975_{35}$	$-0{,}06591_{39}$	$\pm 0{,}08146_{6}$	$+0{,}07071_{35}$	$\mp 0{,}04256_{15}$
0,310	$\pm\,0{,}31000$	$+0{,}04805_{31}$	$\mp 0{,}14010_{36}$	$-0{,}06630_{40}$	$\pm 0{,}08152_{5}$	$+0{,}07106_{34}$	$\mp 0{,}04241_{15}$
0,311	$\pm\,0{,}31100$	$+0{,}04836_{31}$	$\mp 0{,}14046_{35}$	$-0{,}06670_{39}$	$\pm 0{,}08157_{5}$	$+0{,}07140_{34}$	$\mp 0{,}04226_{15}$
0,312	$\pm\,0{,}31200$	$+0{,}04867_{31}$	$\mp 0{,}14081_{36}$	$-0{,}06709_{39}$	$\pm 0{,}08162_{5}$	$+0{,}07174_{34}$	$\mp 0{,}04211_{15}$
0,313	$\pm\,0{,}31300$	$+0{,}04898_{31}$	$\mp 0{,}14117_{35}$	$-0{,}06748_{39}$	$\pm 0{,}08167_{5}$	$+0{,}07208_{35}$	$\mp 0{,}04196_{16}$
0,314	$\pm\,0{,}31400$	$+0{,}04930_{31}$	$\mp 0{,}14152_{35}$	$-0{,}06787_{40}$	$\pm 0{,}08172_{5}$	$+0{,}07243_{34}$	$\mp 0{,}04180_{16}$
0,315	$\pm\,0{,}31500$	$+0{,}04961_{32}$	$\mp 0{,}14187_{35}$	$-0{,}06827_{39}$	$\pm 0{,}08177_{5}$	$+0{,}07277_{34}$	$\mp 0{,}04164_{16}$
0,316	$\pm\,0{,}31600$	$+0{,}04993_{31}$	$\mp 0{,}14222_{35}$	$-0{,}06866_{40}$	$\pm 0{,}08182_{4}$	$+0{,}07311_{34}$	$\mp 0{,}04148_{16}$
0,317	$\pm\,0{,}31700$	$+0{,}05024_{32}$	$\mp 0{,}14257_{35}$	$-0{,}06906_{39}$	$\pm 0{,}08186_{4}$	$+0{,}07345_{34}$	$\mp 0{,}04132_{16}$
0,318	$\pm\,0{,}31800$	$+0{,}05056_{32}$	$\mp 0{,}14292_{35}$	$-0{,}06945_{40}$	$\pm 0{,}08190_{4}$	$+0{,}07379_{34}$	$\mp 0{,}04116_{17}$
0,319	$\pm\,0{,}31900$	$+0{,}05088_{32}$	$\mp 0{,}14327_{35}$	$-0{,}06985_{40}$	$\pm 0{,}08194_{4}$	$+0{,}07413_{34}$	$\mp 0{,}04099_{17}$
0,320	$\pm\,0{,}32000$	$+0{,}05120_{32}$	$\mp 0{,}14362_{34}$	$-0{,}07025_{40}$	$\pm 0{,}08198_{4}$	$+0{,}07447_{34}$	$\mp 0{,}04082_{17}$
0,321	$\pm\,0{,}32100$	$+0{,}05152_{32}$	$\mp 0{,}14396_{35}$	$-0{,}07065_{39}$	$\pm 0{,}08202_{3}$	$+0{,}07481_{34}$	$\mp 0{,}04065_{17}$
0,322	$\pm\,0{,}32200$	$+0{,}05184_{32}$	$\mp 0{,}14431_{34}$	$-0{,}07104_{40}$	$\pm 0{,}08205_{3}$	$+0{,}07515_{34}$	$\mp 0{,}04048_{17}$
0,323	$\pm\,0{,}32300$	$+0{,}05216_{32}$	$\mp 0{,}14465_{35}$	$-0{,}07144_{40}$	$\pm 0{,}08208_{3}$	$+0{,}07549_{34}$	$\mp 0{,}04031_{17}$
0,324	$\pm\,0{,}32400$	$+0{,}05248_{33}$	$\mp 0{,}14500_{34}$	$-0{,}07184_{40}$	$\pm 0{,}08211_{3}$	$+0{,}07583_{34}$	$\mp 0{,}04014_{18}$
0,325	$\pm\,0{,}32500$	$+0{,}05281_{33}$	$\mp 0{,}14534_{34}$	$-0{,}07224_{40}$	$\pm 0{,}08214_{3}$	$+0{,}07617_{34}$	$\mp 0{,}03996_{18}$
0,326	$\pm\,0{,}32600$	$+0{,}05314_{32}$	$\mp 0{,}14568_{34}$	$-0{,}07264_{40}$	$\pm 0{,}08217_{2}$	$+0{,}07651_{34}$	$\mp 0{,}03978_{18}$
0,327	$\pm\,0{,}32700$	$+0{,}05346_{33}$	$\mp 0{,}14602_{34}$	$-0{,}07304_{40}$	$\pm 0{,}08219_{2}$	$+0{,}07685_{34}$	$\mp 0{,}03960_{18}$
0,328	$\pm\,0{,}32800$	$+0{,}05379_{33}$	$\mp 0{,}14636_{33}$	$-0{,}07344_{41}$	$\pm 0{,}08221_{2}$	$+0{,}07719_{33}$	$\mp 0{,}03942_{19}$
0,329	$\pm\,0{,}32900$	$+0{,}05412_{33}$	$\mp 0{,}14669_{34}$	$-0{,}07385_{41}$	$\pm 0{,}08223_{2}$	$+0{,}07752_{33}$	$\mp 0{,}03923_{19}$
0,330	$\pm\,0{,}33000$	$+0{,}05445_{33}$	$\mp 0{,}14703_{34}$	$-0{,}07426_{41}$	$\pm 0{,}08225_{2}$	$+0{,}07785_{33}$	$\mp 0{,}03904_{19}$
0,331	$\pm\,0{,}33100$	$+0{,}05478_{33}$	$\mp 0{,}14737_{33}$	$-0{,}07467_{41}$	$\pm 0{,}08227_{2}$	$+0{,}07818_{34}$	$\mp 0{,}03885_{19}$
0,332	$\pm\,0{,}33200$	$+0{,}05511_{33}$	$\mp 0{,}14770_{34}$	$-0{,}07508_{41}$	$\pm 0{,}08229_{1}$	$+0{,}07852_{34}$	$\mp 0{,}03866_{19}$
0,333	$\pm\,0{,}33300$	$+0{,}05544_{34}$	$\mp 0{,}14804_{33}$	$-0{,}07549_{41}$	$\pm 0{,}08230_{1}$	$+0{,}07886_{33}$	$\mp 0{,}03847_{19}$
0,334	$\pm\,0{,}33400$	$+0{,}05578_{33}$	$\mp 0{,}14837_{33}$	$-0{,}07590_{41}$	$\pm 0{,}08231_{1}$	$+0{,}07919_{33}$	$\mp 0{,}03828_{20}$
0,335	$\pm\,0{,}33500$	$+0{,}05611_{34}$	$\mp 0{,}14870_{33}$	$-0{,}07631_{41}$	$\pm 0{,}08232_{1}$	$+0{,}07952_{33}$	$\mp 0{,}03808_{20}$
0,336	$\pm\,0{,}33600$	$+0{,}05645_{33}$	$\mp 0{,}14903_{33}$	$-0{,}07672_{42}$	$\pm 0{,}08233_{0}$	$+0{,}07985_{33}$	$\mp 0{,}03788_{20}$
0,337	$\pm\,0{,}33700$	$+0{,}05678_{34}$	$\mp 0{,}14936_{33}$	$-0{,}07714_{41}$	$\pm 0{,}08233_{1}$	$+0{,}08018_{33}$	$\mp 0{,}03768_{20}$
0,338	$\pm\,0{,}33800$	$+0{,}05712_{34}$	$\mp 0{,}14969_{33}$	$-0{,}07755_{41}$	$\pm 0{,}08234_{0}$	$+0{,}08051_{33}$	$\mp 0{,}03748_{20}$
0,339	$\pm\,0{,}33900$	$+0{,}05746_{34}$	$\mp 0{,}15002_{33}$	$-0{,}07796_{41}$	$\pm 0{,}08234_{1}$	$+0{,}08084_{33}$	$\mp 0{,}03728_{20}$
0,340	$\pm\,0{,}34000$	$+0{,}05780_{34}$	$\mp 0{,}15035_{32}$	$-0{,}07837_{41}$	$\pm 0{,}08235_{1}$	$+0{,}08117_{33}$	$\mp 0{,}03708_{21}$
0,341	$\pm\,0{,}34100$	$+0{,}05814_{34}$	$\mp 0{,}15067_{33}$	$-0{,}07878_{41}$	$\pm 0{,}08234_{0}$	$+0{,}08150_{33}$	$\mp 0{,}03687_{21}$
0,342	$\pm\,0{,}34200$	$+0{,}05848_{34}$	$\mp 0{,}15100_{32}$	$-0{,}07919_{41}$	$\pm 0{,}08234_{1}$	$+0{,}08183_{32}$	$\mp 0{,}03666_{21}$
0,343	$\pm\,0{,}34300$	$+0{,}05882_{34}$	$\mp 0{,}15132_{33}$	$-0{,}07960_{41}$	$\pm 0{,}08233_{0}$	$+0{,}08215_{33}$	$\mp 0{,}03645_{21}$
0,344	$\pm\,0{,}34400$	$+0{,}05916_{35}$	$\mp 0{,}15165_{32}$	$-0{,}08001_{41}$	$\pm 0{,}08233_{1}$	$+0{,}08248_{33}$	$\mp 0{,}03624_{21}$
0,345	$\pm\,0{,}34500$	$+0{,}05951_{34}$	$\mp 0{,}15197_{32}$	$-0{,}08042_{42}$	$\pm 0{,}08232_{1}$	$+0{,}08281_{32}$	$\mp 0{,}03603_{21}$
0,346	$\pm\,0{,}34600$	$+0{,}05985_{35}$	$\mp 0{,}15229_{32}$	$-0{,}08084_{41}$	$\pm 0{,}08231_{1}$	$+0{,}08313_{33}$	$\mp 0{,}03582_{22}$
0,347	$\pm\,0{,}34700$	$+0{,}06020_{35}$	$\mp 0{,}15261_{32}$	$-0{,}08125_{42}$	$\pm 0{,}08230_{1}$	$+0{,}08346_{32}$	$\mp 0{,}03560_{22}$
0,348	$\pm\,0{,}34800$	$+0{,}06055_{35}$	$\mp 0{,}15293_{32}$	$-0{,}08167_{41}$	$\pm 0{,}08229_{2}$	$+0{,}08378_{33}$	$\mp 0{,}03538_{22}$
0,349	$\pm\,0{,}34900$	$+0{,}06090_{35}$	$\mp 0{,}15325_{31}$	$-0{,}08208_{42}$	$\pm 0{,}08227_{2}$	$+0{,}08411_{32}$	$\mp 0{,}03516_{22}$
0,350	$\pm\,0{,}35000$	$+0{,}06125_{35}$	$\mp 0{,}15356_{32}$	$-0{,}08250_{42}$	$\pm 0{,}08225_{2}$	$+0{,}08443_{32}$	$\mp 0{,}03494_{22}$

x	$P_{0,1}(\pm x)$	$P_{1,1}(\pm x)$	$P_{2,1}(\pm x)$	$P_{3,1}(\pm x)$	$P_{4,1}(\pm x)$	$P_{5,1}(\pm x)$	$P_{6,1}(\pm x)$
0,350	$\pm 0{,}35000$	$+0{,}06125_{35}$	$\mp 0{,}15356_{32}$	$-0{,}08250_{42}$	$\pm 0{,}08225_{2}$	$+0{,}08443_{32}$	$\mp 0{,}03494_{22}$
0,351	$\pm 0{,}35100$	$+0{,}06160_{35}$	$\mp 0{,}15388_{31}$	$-0{,}08292_{41}$	$\pm 0{,}08223_{2}$	$+0{,}08475_{32}$	$\mp 0{,}03472_{22}$
0,352	$\pm 0{,}35200$	$+0{,}06195_{35}$	$\mp 0{,}15419_{30}$	$-0{,}08333_{42}$	$\pm 0{,}08221_{2}$	$+0{,}08507_{32}$	$\mp 0{,}03450_{23}$
0,353	$\pm 0{,}35300$	$+0{,}06230_{35}$	$\mp 0{,}15449_{33}$	$-0{,}08375_{42}$	$\pm 0{,}08219_{2}$	$+0{,}08539_{32}$	$\mp 0{,}03427_{23}$
0,354	$\pm 0{,}35400$	$+0{,}06265_{36}$	$\mp 0{,}15482_{31}$	$-0{,}08417_{42}$	$\pm 0{,}08217_{3}$	$+0{,}08571_{32}$	$\mp 0{,}03404_{23}$
0,355	$\pm 0{,}35500$	$+0{,}06301_{36}$	$\mp 0{,}15513_{31}$	$-0{,}08459_{42}$	$\pm 0{,}08214_{3}$	$+0{,}08603_{32}$	$\mp 0{,}03381_{23}$
0,356	$\pm 0{,}35600$	$+0{,}06337_{35}$	$\mp 0{,}15544_{31}$	$-0{,}08501_{43}$	$\pm 0{,}08211_{3}$	$+0{,}08635_{32}$	$\mp 0{,}03358_{23}$
0,357	$\pm 0{,}35700$	$+0{,}06372_{36}$	$\mp 0{,}15575_{31}$	$-0{,}08544_{42}$	$\pm 0{,}08208_{3}$	$+0{,}08667_{32}$	$\mp 0{,}03335_{24}$
0,358	$\pm 0{,}35800$	$+0{,}06408_{36}$	$\mp 0{,}15606_{30}$	$-0{,}08586_{42}$	$\pm 0{,}08205_{4}$	$+0{,}08699_{32}$	$\mp 0{,}03311_{24}$
0,359	$\pm 0{,}35900$	$+0{,}06444_{36}$	$\mp 0{,}15636_{31}$	$-0{,}08628_{42}$	$\pm 0{,}08201_{4}$	$+0{,}08731_{31}$	$\mp 0{,}03287_{24}$
0,360	$\pm 0{,}36000$	$+0{,}06480_{36}$	$\mp 0{,}15667_{31}$	$-0{,}08670_{43}$	$\pm 0{,}08197_{4}$	$+0{,}08762_{32}$	$\mp 0{,}03263_{24}$
0,361	$\pm 0{,}36100$	$+0{,}06516_{36}$	$\mp 0{,}15698_{30}$	$-0{,}08713_{42}$	$\pm 0{,}08193_{4}$	$+0{,}08794_{31}$	$\mp 0{,}03239_{24}$
0,362	$\pm 0{,}36200$	$+0{,}06552_{36}$	$\mp 0{,}15728_{30}$	$-0{,}08755_{43}$	$\pm 0{,}08189_{4}$	$+0{,}08825_{31}$	$\mp 0{,}03215_{24}$
0,363	$\pm 0{,}36300$	$+0{,}06588_{37}$	$\mp 0{,}15758_{30}$	$-0{,}08798_{42}$	$\pm 0{,}08185_{4}$	$+0{,}08856_{31}$	$\mp 0{,}03191_{24}$
0,364	$\pm 0{,}36400$	$+0{,}06625_{36}$	$\mp 0{,}15788_{31}$	$-0{,}08840_{43}$	$\pm 0{,}08181_{5}$	$+0{,}08887_{31}$	$\mp 0{,}03167_{25}$
0,365	$\pm 0{,}36500$	$+0{,}06661_{37}$	$\mp 0{,}15819_{29}$	$-0{,}08883_{42}$	$\pm 0{,}08176_{5}$	$+0{,}08918_{31}$	$\mp 0{,}03142_{25}$
0,366	$\pm 0{,}36600$	$+0{,}06698_{36}$	$\mp 0{,}15848_{31}$	$-0{,}08925_{43}$	$\pm 0{,}08171_{5}$	$+0{,}08949_{31}$	$\mp 0{,}03117_{25}$
0,367	$\pm 0{,}36700$	$+0{,}06734_{37}$	$+0{,}15879_{29}$	$-0{,}08968_{43}$	$\pm 0{,}08166_{5}$	$+0{,}08980_{31}$	$\mp 0{,}03092_{25}$
0,368	$\pm 0{,}36800$	$+0{,}06771_{37}$	$\mp 0{,}15908_{30}$	$-0{,}09011_{43}$	$\pm 0{,}08161_{5}$	$+0{,}09011_{30}$	$\mp 0{,}03067_{25}$
0,369	$\pm 0{,}36900$	$+0{,}06808_{37}$	$\mp 0{,}15938_{29}$	$-0{,}09054_{42}$	$\pm 0{,}08156_{6}$	$+0{,}09041_{30}$	$\mp 0{,}03042_{25}$
0,370	$\pm 0{,}37000$	$+0{,}06845_{37}$	$\mp 0{,}15967_{30}$	$-0{,}09096_{43}$	$\pm 0{,}08150_{6}$	$+0{,}09071_{31}$	$\mp 0{,}03017_{25}$
0,371	$\pm 0{,}37100$	$+0{,}06882_{37}$	$\mp 0{,}15997_{29}$	$-0{,}09139_{43}$	$\pm 0{,}08144_{6}$	$+0{,}09102_{31}$	$\mp 0{,}02992_{26}$
0,372	$\pm 0{,}37200$	$+0{,}06919_{37}$	$\mp 0{,}16026_{29}$	$-0{,}09182_{43}$	$\pm 0{,}08138_{6}$	$+0{,}09133_{30}$	$\mp 0{,}02966_{26}$
0,373	$\pm 0{,}37300$	$+0{,}06956_{38}$	$\mp 0{,}16055_{29}$	$-0{,}09225_{43}$	$\pm 0{,}08132_{6}$	$+0{,}09163_{30}$	$\mp 0{,}02940_{26}$
0,374	$\pm 0{,}37400$	$+0{,}06994_{37}$	$\mp 0{,}16084_{29}$	$-0{,}09268_{43}$	$\pm 0{,}08126_{6}$	$+0{,}09193_{30}$	$\mp 0{,}02914_{26}$
0,375	$\pm 0{,}37500$	$+0{,}07031_{37}$	$\mp 0{,}16113_{29}$	$-0{,}09311_{43}$	$\pm 0{,}08120_{7}$	$+0{,}09223_{30}$	$\mp 0{,}02888_{26}$
0,376	$\pm 0{,}37600$	$+0{,}07068_{38}$	$\mp 0{,}16142_{29}$	$-0{,}09354_{43}$	$\pm 0{,}08113_{7}$	$+0{,}09253_{30}$	$\mp 0{,}02862_{26}$
0,377	$\pm 0{,}37700$	$+0{,}07106_{38}$	$\mp 0{,}16171_{29}$	$-0{,}09397_{43}$	$\pm 0{,}08106_{7}$	$+0{,}09283_{30}$	$\mp 0{,}02836_{26}$
0,378	$\pm 0{,}37800$	$+0{,}07144_{38}$	$\mp 0{,}16200_{28}$	$-0{,}09440_{44}$	$\pm 0{,}08099_{7}$	$+0{,}09313_{29}$	$\mp 0{,}02810_{27}$
0,379	$\pm 0{,}37900$	$+0{,}07182_{38}$	$\mp 0{,}16228_{28}$	$-0{,}09484_{43}$	$\pm 0{,}08092_{8}$	$+0{,}09342_{29}$	$\mp 0{,}02783_{27}$
0,380	$\pm 0{,}38000$	$+0{,}07220_{38}$	$\mp 0{,}16256_{29}$	$-0{,}09527_{43}$	$\pm 0{,}08084_{8}$	$+0{,}09371_{30}$	$\mp 0{,}02756_{27}$
0,381	$\pm 0{,}38100$	$+0{,}07258_{38}$	$\mp 0{,}16285_{28}$	$-0{,}09570_{44}$	$\pm 0{,}08076_{8}$	$+0{,}09401_{30}$	$\mp 0{,}02729_{27}$
0,382	$\pm 0{,}38200$	$+0{,}07296_{38}$	$\mp 0{,}16313_{28}$	$-0{,}09614_{43}$	$\pm 0{,}08068_{8}$	$+0{,}09431_{29}$	$\mp 0{,}02702_{27}$
0,383	$\pm 0{,}38300$	$+0{,}07334_{39}$	$\mp 0{,}16341_{28}$	$-0{,}09657_{43}$	$\pm 0{,}08060_{8}$	$+0{,}09460_{29}$	$\mp 0{,}02675_{27}$
0,384	$\pm 0{,}38400$	$+0{,}07373_{38}$	$\mp 0{,}16369_{28}$	$-0{,}09700_{44}$	$\pm 0{,}08052_{8}$	$+0{,}09489_{29}$	$\mp 0{,}02648_{28}$
0,385	$\pm 0{,}38500$	$+0{,}07411_{39}$	$\mp 0{,}16397_{27}$	$-0{,}09744_{43}$	$\pm 0{,}08044_{8}$	$+0{,}09518_{29}$	$\mp 0{,}02620_{27}$
0,386	$\pm 0{,}38600$	$+0{,}07450_{38}$	$\mp 0{,}16424_{28}$	$-0{,}09787_{44}$	$\pm 0{,}08036_{9}$	$+0{,}09547_{29}$	$\mp 0{,}02593_{28}$
0,387	$\pm 0{,}38700$	$+0{,}07488_{39}$	$\mp 0{,}16452_{27}$	$-0{,}09831_{43}$	$\pm 0{,}08027_{9}$	$+0{,}09576_{29}$	$\mp 0{,}02565_{28}$
0,388	$\pm 0{,}38800$	$+0{,}07527_{39}$	$\mp 0{,}16479_{28}$	$-0{,}09874_{44}$	$\pm 0{,}08018_{9}$	$+0{,}09605_{28}$	$\mp 0{,}02537_{28}$
0,389	$\pm 0{,}38900$	$+0{,}07566_{39}$	$\mp 0{,}16507_{27}$	$-0{,}09918_{44}$	$\pm 0{,}08009_{9}$	$+0{,}09633_{28}$	$\mp 0{,}02509_{28}$
0,390	$\pm 0{,}39000$	$+0{,}07605_{39}$	$\mp 0{,}16534_{27}$	$-0{,}09962_{43}$	$\pm 0{,}08000_{10}$	$+0{,}09661_{28}$	$\mp 0{,}02481_{28}$
0,391	$\pm 0{,}39100$	$+0{,}07644_{39}$	$\mp 0{,}16561_{27}$	$-0{,}10005_{44}$	$\pm 0{,}07990_{10}$	$+0{,}09689_{28}$	$\mp 0{,}02453_{28}$
0,392	$\pm 0{,}39200$	$+0{,}07683_{39}$	$\mp 0{,}16588_{27}$	$-0{,}10049_{44}$	$\pm 0{,}07980_{10}$	$+0{,}09717_{28}$	$\mp 0{,}02425_{28}$
0,393	$\pm 0{,}39300$	$+0{,}07722_{40}$	$\mp 0{,}16615_{27}$	$-0{,}10093_{44}$	$\pm 0{,}07970_{10}$	$+0{,}09745_{28}$	$\mp 0{,}02397_{29}$
0,394	$\pm 0{,}39400$	$+0{,}07762_{39}$	$\mp 0{,}16642_{27}$	$-0{,}10137_{43}$	$\pm 0{,}07960_{10}$	$+0{,}09773_{28}$	$\mp 0{,}02368_{29}$
0,395	$\pm 0{,}39500$	$+0{,}07801_{40}$	$\mp 0{,}16669_{26}$	$-0{,}10180_{44}$	$\pm 0{,}07950_{10}$	$+0{,}09801_{28}$	$\mp 0{,}02339_{29}$
0,396	$\pm 0{,}39600$	$+0{,}07841_{39}$	$\mp 0{,}16695_{27}$	$-0{,}10224_{44}$	$\pm 0{,}07940_{11}$	$+0{,}09829_{28}$	$\mp 0{,}02310_{29}$
0,397	$\pm 0{,}39700$	$+0{,}07880_{40}$	$\mp 0{,}16722_{26}$	$-0{,}10268_{44}$	$\pm 0{,}07929_{11}$	$+0{,}09857_{27}$	$\mp 0{,}02281_{29}$
0,398	$\pm 0{,}39800$	$+0{,}07920_{40}$	$\mp 0{,}16748_{26}$	$-0{,}10312_{44}$	$\pm 0{,}07918_{11}$	$+0{,}09884_{27}$	$\mp 0{,}02252_{29}$
0,399	$\pm 0{,}39900$	$+0{,}07960_{40}$	$\mp 0{,}16774_{26}$	$-0{,}10356_{44}$	$\pm 0{,}07907_{11}$	$+0{,}09911_{27}$	$\mp 0{,}02223_{29}$
0,400	$\pm 0{,}40000$	$+0{,}08000_{40}$	$\mp 0{,}16800_{26}$	$-0{,}10400_{44}$	$\pm 0{,}07896_{11}$	$+0{,}09938_{27}$	$\mp 0{,}02194_{29}$

x	$P_{0,1}(\pm x)$	$P_{1,0}(\pm x)$	$P_{2,1}(\pm x)$	$P_{3,1}(\pm x)$	$P_{4,1}(\pm x)$	$P_{5,1}(\pm x)$	$P_{0,1}(\pm x)$
0,400	$\pm 0{,}40000$	$+0{,}08000_{40}$	$\mp 0{,}16800_{26}$	$-0{,}10400_{44}$	$\pm 0{,}07896_{11}$	$+0{,}09938_{27}$	$\mp 0{,}02194_{29}$
0,401	$\pm 0{,}40100$	$+0{,}08040_{40}$	$\mp 0{,}16826_{26}$	$-0{,}10444_{44}$	$\pm 0{,}07885_{11}$	$+0{,}09965_{27}$	$\mp 0{,}02165_{29}$
0,402	$\pm 0{,}40200$	$+0{,}08080_{40}$	$\mp 0{,}16852_{26}$	$-0{,}10488_{44}$	$\pm 0{,}07873_{12}$	$+0{,}09992_{27}$	$\mp 0{,}02136_{30}$
0,403	$\pm 0{,}40300$	$+0{,}08120_{41}$	$\mp 0{,}16878_{25}$	$-0{,}10532_{44}$	$\pm 0{,}07861_{12}$	$+0{,}10019_{26}$	$\mp 0{,}02106_{30}$
0,404	$\pm 0{,}40400$	$+0{,}08161_{40}$	$\mp 0{,}16903_{26}$	$-0{,}10576_{44}$	$\pm 0{,}07849_{12}$	$+0{,}10045_{26}$	$\mp 0{,}02076_{30}$
0,405	$\pm 0{,}40500$	$+0{,}08201_{41}$	$\mp 0{,}16929_{25}$	$-0{,}10620_{45}$	$\pm 0{,}07837_{12}$	$+0{,}10071_{26}$	$\mp 0{,}02046_{30}$
0,406	$\pm 0{,}40600$	$+0{,}08242_{40}$	$\mp 0{,}16954_{25}$	$-0{,}10665_{44}$	$\pm 0{,}07825_{12}$	$+0{,}10097_{26}$	$\mp 0{,}02016_{30}$
0,407	$\pm 0{,}40700$	$+0{,}08282_{41}$	$\mp 0{,}16979_{25}$	$-0{,}10709_{44}$	$\pm 0{,}07813_{13}$	$+0{,}10123_{26}$	$\mp 0{,}01986_{30}$
0,408	$\pm 0{,}40800$	$+0{,}08323_{41}$	$\mp 0{,}17004_{25}$	$-0{,}10753_{44}$	$\pm 0{,}07800_{13}$	$+0{,}10149_{26}$	$\mp 0{,}01956_{30}$
0,409	$\pm 0{,}40900$	$+0{,}08364_{41}$	$\mp 0{,}17029_{25}$	$-0{,}10797_{44}$	$\pm 0{,}07787_{13}$	$+0{,}10175_{26}$	$\mp 0{,}01926_{30}$
0,410	$\pm 0{,}41000$	$+0{,}08405_{41}$	$\mp 0{,}17054_{25}$	$-0{,}10841_{45}$	$\pm 0{,}07774_{13}$	$+0{,}10201_{26}$	$\mp 0{,}01896_{30}$
0,411	$\pm 0{,}41100$	$+0{,}08446_{41}$	$\mp 0{,}17079_{24}$	$-0{,}10886_{44}$	$\pm 0{,}07761_{14}$	$+0{,}10227_{26}$	$\mp 0{,}01866_{30}$
0,412	$\pm 0{,}41200$	$+0{,}08487_{41}$	$\mp 0{,}17103_{25}$	$-0{,}10930_{44}$	$\pm 0{,}07747_{14}$	$+0{,}10253_{26}$	$\mp 0{,}01836_{31}$
0,413	$\pm 0{,}41300$	$+0{,}08528_{42}$	$\mp 0{,}17128_{24}$	$-0{,}10974_{45}$	$\pm 0{,}07733_{14}$	$+0{,}10279_{25}$	$\mp 0{,}01805_{31}$
0,414	$\pm 0{,}41400$	$+0{,}08570_{41}$	$\mp 0{,}17152_{24}$	$-0{,}11019_{44}$	$\pm 0{,}07719_{14}$	$+0{,}10304_{25}$	$\mp 0{,}01774_{31}$
0,415	$\pm 0{,}41500$	$+0{,}08611_{42}$	$\mp 0{,}17176_{24}$	$-0{,}11063_{45}$	$\pm 0{,}07705_{14}$	$+0{,}10329_{25}$	$\mp 0{,}01743_{30}$
0,416	$\pm 0{,}41600$	$+0{,}08653_{41}$	$\mp 0{,}17200_{25}$	$-0{,}11108_{44}$	$\pm 0{,}07691_{14}$	$+0{,}10354_{25}$	$\mp 0{,}01713_{31}$
0,417	$\pm 0{,}41700$	$+0{,}08694_{42}$	$\mp 0{,}17225_{23}$	$-0{,}11152_{44}$	$\pm 0{,}07677_{14}$	$+0{,}10379_{24}$	$\mp 0{,}01682_{31}$
0,418	$\pm 0{,}41800$	$+0{,}08736_{42}$	$\mp 0{,}17248_{24}$	$-0{,}11196_{45}$	$\pm 0{,}07663_{15}$	$+0{,}10403_{24}$	$\mp 0{,}01651_{31}$
0,419	$\pm 0{,}41900$	$+0{,}08778_{42}$	$\mp 0{,}17272_{24}$	$-0{,}11241_{44}$	$\pm 0{,}07648_{15}$	$+0{,}10427_{24}$	$\mp 0{,}01620_{31}$
0,420	$\pm 0{,}42000$	$+0{,}08820_{42}$	$\mp 0{,}17296_{23}$	$-0{,}11285_{45}$	$\pm 0{,}07633_{15}$	$+0{,}10451_{24}$	$\mp 0{,}01589_{31}$
0,421	$\pm 0{,}42100$	$+0{,}08862_{42}$	$\mp 0{,}17319_{23}$	$-0{,}11330_{44}$	$\pm 0{,}07618_{15}$	$+0{,}10475_{24}$	$\mp 0{,}01558_{31}$
0,422	$\pm 0{,}42200$	$+0{,}08904_{42}$	$\mp 0{,}17342_{24}$	$-0{,}11374_{45}$	$\pm 0{,}07603_{16}$	$+0{,}10499_{24}$	$\mp 0{,}01527_{31}$
0,423	$\pm 0{,}42300$	$+0{,}08946_{43}$	$\mp 0{,}17366_{23}$	$-0{,}11419_{44}$	$\pm 0{,}07587_{16}$	$+0{,}10523_{24}$	$\mp 0{,}01496_{32}$
0,424	$\pm 0{,}42400$	$+0{,}08989_{42}$	$\mp 0{,}17389_{23}$	$-0{,}11463_{45}$	$\pm 0{,}07571_{16}$	$+0{,}10547_{23}$	$\mp 0{,}01464_{32}$
0,425	$\pm 0{,}42500$	$+0{,}09031_{43}$	$\mp 0{,}17412_{22}$	$-0{,}11508_{44}$	$\pm 0{,}07555_{16}$	$+0{,}10570_{23}$	$\mp 0{,}01432_{32}$
0,426	$\pm 0{,}42600$	$+0{,}09074_{42}$	$\mp 0{,}17434_{23}$	$-0{,}11552_{45}$	$\pm 0{,}07539_{16}$	$+0{,}10593_{23}$	$\mp 0{,}01400_{32}$
0,427	$\pm 0{,}42700$	$+0{,}09116_{43}$	$\mp 0{,}17457_{23}$	$-0{,}11597_{45}$	$\pm 0{,}07523_{16}$	$+0{,}10616_{23}$	$\mp 0{,}01368_{31}$
0,428	$\pm 0{,}42800$	$+0{,}09159_{43}$	$\mp 0{,}17480_{22}$	$-0{,}11642_{44}$	$\pm 0{,}07507_{17}$	$+0{,}10639_{23}$	$\mp 0{,}01337_{32}$
0,429	$\pm 0{,}42900$	$+0{,}09202_{43}$	$\mp 0{,}17502_{23}$	$-0{,}11686_{45}$	$\pm 0{,}07490_{17}$	$+0{,}10662_{23}$	$\mp 0{,}01305_{32}$
0,430	$\pm 0{,}43000$	$+0{,}09245_{43}$	$\mp 0{,}17525_{22}$	$-0{,}11731_{44}$	$\pm 0{,}07473_{17}$	$+0{,}10685_{23}$	$\pm 0{,}01273_{32}$
0,431	$\pm 0{,}43100$	$+0{,}09288_{43}$	$\mp 0{,}17547_{22}$	$-0{,}11775_{45}$	$\pm 0{,}07456_{17}$	$+0{,}10708_{23}$	$\mp 0{,}01241_{32}$
0,432	$\pm 0{,}43200$	$+0{,}09331_{43}$	$\mp 0{,}17569_{22}$	$-0{,}11820_{45}$	$\pm 0{,}07439_{17}$	$+0{,}10731_{22}$	$\mp 0{,}01209_{32}$
0,433	$\pm 0{,}43300$	$+0{,}09374_{44}$	$\mp 0{,}17591_{22}$	$-0{,}11865_{44}$	$\pm 0{,}07422_{18}$	$+0{,}10753_{22}$	$\mp 0{,}01177_{32}$
0,434	$\pm 0{,}43400$	$+0{,}09418_{43}$	$\mp 0{,}17613_{21}$	$-0{,}11909_{45}$	$\pm 0{,}07404_{18}$	$+0{,}10775_{22}$	$\mp 0{,}01145_{32}$
0,435	$\pm 0{,}43500$	$+0{,}09461_{44}$	$\mp 0{,}17634_{22}$	$-0{,}11954_{45}$	$\pm 0{,}07386_{18}$	$+0{,}10797_{22}$	$\mp 0{,}01113_{33}$
0,436	$\pm 0{,}43600$	$+0{,}09505_{43}$	$\mp 0{,}17656_{22}$	$-0{,}11999_{44}$	$\pm 0{,}07368_{18}$	$+0{,}10819_{21}$	$\mp 0{,}01080_{32}$
0,437	$\pm 0{,}43700$	$+0{,}09548_{44}$	$\mp 0{,}17678_{21}$	$-0{,}12043_{45}$	$\pm 0{,}07350_{18}$	$+0{,}10840_{21}$	$\mp 0{,}01048_{32}$
0,438	$\pm 0{,}43800$	$+0{,}09592_{44}$	$\mp 0{,}17699_{21}$	$-0{,}12088_{45}$	$\pm 0{,}07332_{18}$	$+0{,}10861_{21}$	$\mp 0{,}01016_{33}$
0,439	$\pm 0{,}43900$	$+0{,}09636_{44}$	$\mp 0{,}17720_{21}$	$-0{,}12133_{44}$	$\pm 0{,}07314_{19}$	$+0{,}10882_{21}$	$\mp 0{,}00983_{32}$
0,440	$\pm 0{,}44000$	$+0{,}09680_{44}$	$\mp 0{,}17741_{21}$	$-0{,}12177_{45}$	$\pm 0{,}07295_{19}$	$+0{,}10903_{21}$	$\mp 0{,}00951_{32}$
0,441	$\pm 0{,}44100$	$+0{,}09724_{44}$	$\mp 0{,}17762_{21}$	$-0{,}12222_{45}$	$\pm 0{,}07276_{19}$	$+0{,}10924_{21}$	$\mp 0{,}00919_{33}$
0,442	$\pm 0{,}44200$	$+0{,}09768_{44}$	$\mp 0{,}17783_{20}$	$-0{,}12267_{45}$	$\pm 0{,}07257_{19}$	$+0{,}10945_{21}$	$\mp 0{,}00886_{33}$
0,443	$\pm 0{,}44300$	$+0{,}09812_{45}$	$\mp 0{,}17803_{20}$	$-0{,}12312_{44}$	$\pm 0{,}07238_{19}$	$+0{,}10966_{20}$	$\mp 0{,}00853_{32}$
0,444	$\pm 0{,}44400$	$+0{,}09857_{44}$	$\mp 0{,}17823_{20}$	$-0{,}12356_{45}$	$\pm 0{,}07219_{20}$	$+0{,}10986_{20}$	$\mp 0{,}00821_{33}$
0,445	$\pm 0{,}44500$	$+0{,}09901_{45}$	$\mp 0{,}17844_{20}$	$-0{,}12401_{45}$	$\pm 0{,}07199_{20}$	$+0{,}11006_{20}$	$\mp 0{,}00788_{33}$
0,446	$\pm 0{,}44600$	$+0{,}09946_{44}$	$\mp 0{,}17864_{20}$	$-0{,}12446_{44}$	$\pm 0{,}07179_{20}$	$+0{,}11026_{20}$	$\mp 0{,}00755_{33}$
0,447	$\pm 0{,}44700$	$+0{,}09990_{45}$	$\mp 0{,}17884_{20}$	$-0{,}12490_{45}$	$\pm 0{,}07159_{20}$	$+0{,}11046_{20}$	$\mp 0{,}00722_{32}$
0,448	$\pm 0{,}44800$	$+0{,}10035_{45}$	$\mp 0{,}17904_{20}$	$-0{,}12535_{45}$	$\pm 0{,}07139_{20}$	$+0{,}11066_{19}$	$\mp 0{,}00690_{33}$
0,449	$\pm 0{,}44900$	$+0{,}10080_{45}$	$\mp 0{,}17924_{20}$	$-0{,}12580_{45}$	$\pm 0{,}07119_{20}$	$+0{,}11085_{19}$	$\mp 0{,}00657_{33}$
0,450	$\pm 0{,}45000$	$+0{,}10125_{45}$	$\mp 0{,}17944_{19}$	$-0{,}12625_{44}$	$\pm 0{,}07099_{21}$	$+0{,}11104_{19}$	$\mp 0{,}00624_{33}$

x	$P_{0,1}(\pm x)$	$P_{2,1}(\pm x)$	$P_{2,1}(\pm x)$	$P_{3,1}(\pm x)$	$P_{4,1}(\pm x)$	$P_{5,1}(\pm x)$	$P_{6,1}(\pm x)$
0,450	$\pm 0{,}45000$	$+0{,}10125_{45}$	$\mp 0{,}17944_{19}$	$-0{,}12625_{44}$	$\pm 0{,}07099_{21}$	$+0{,}11104_{19}$	$\mp 0{,}00624_{33}$
0,451	$\pm 0{,}45100$	$+0{,}10170_{45}$	$\mp 0{,}17963_{20}$	$-0{,}12669_{44}$	$\pm 0{,}07078_{21}$	$+0{,}11123_{19}$	$\mp 0{,}00591_{33}$
0,452	$\pm 0{,}45200$	$+0{,}10215_{45}$	$\mp 0{,}17983_{19}$	$-0{,}12714_{45}$	$\pm 0{,}07057_{21}$	$+0{,}11142_{19}$	$\mp 0{,}00558_{33}$
0,453	$\pm 0{,}45300$	$+0{,}10260_{46}$	$\mp 0{,}18002_{19}$	$-0{,}12759_{45}$	$\pm 0{,}07036_{21}$	$+0{,}11161_{19}$	$\mp 0{,}00525_{33}$
0,454	$\pm 0{,}45400$	$+0{,}10306_{45}$	$\mp 0{,}18021_{19}$	$-0{,}12803_{44}$	$\pm 0{,}07015_{21}$	$+0{,}11180_{18}$	$\mp 0{,}00492_{33}$
0,455	$\pm 0{,}45500$	$+0{,}10351_{46}$	$\mp 0{,}18040_{19}$	$-0{,}12848_{45}$	$\pm 0{,}06994_{21}$	$+0{,}11198_{18}$	$\mp 0{,}00459_{33}$
0,456	$\pm 0{,}45600$	$+0{,}10397_{45}$	$\mp 0{,}18059_{19}$	$-0{,}12893_{45}$	$\pm 0{,}06973_{22}$	$+0{,}11216_{18}$	$\mp 0{,}00426_{33}$
0,457	$\pm 0{,}45700$	$+0{,}10442_{46}$	$\mp 0{,}18078_{18}$	$-0{,}12938_{45}$	$\pm 0{,}06951_{22}$	$+0{,}11234_{18}$	$\mp 0{,}00393_{33}$
0,458	$\pm 0{,}45800$	$+0{,}10488_{46}$	$\mp 0{,}18096_{19}$	$-0{,}12982_{44}$	$\pm 0{,}06929_{22}$	$+0{,}11252_{18}$	$\mp 0{,}00360_{33}$
0,459	$\pm 0{,}45900$	$+0{,}10534_{46}$	$\mp 0{,}18115_{18}$	$-0{,}13027_{45}$	$\pm 0{,}06907_{22}$	$+0{,}11270_{17}$	$\mp 0{,}00327_{33}$
0,460	$\pm 0{,}46000$	$+0{,}10580_{46}$	$\mp 0{,}18133_{19}$	$-0{,}13072_{44}$	$\pm 0{,}06885_{22}$	$+0{,}11287_{17}$	$\mp 0{,}00294_{33}$
0,461	$\pm 0{,}46100$	$+0{,}10626_{46}$	$\mp 0{,}18152_{18}$	$-0{,}13116_{45}$	$\pm 0{,}06863_{22}$	$+0{,}11304_{17}$	$\mp 0{,}00261_{34}$
0,462	$\pm 0{,}46200$	$+0{,}10672_{46}$	$\mp 0{,}18170_{18}$	$-0{,}13161_{45}$	$\pm 0{,}06841_{23}$	$+0{,}11321_{17}$	$\mp 0{,}00227_{33}$
0,463	$\pm 0{,}46300$	$+0{,}10718_{47}$	$\mp 0{,}18188_{17}$	$-0{,}13306_{44}$	$\pm 0{,}06818_{23}$	$+0{,}11338_{17}$	$\mp 0{,}00194_{33}$
0,464	$\pm 0{,}46400$	$+0{,}10765_{46}$	$\mp 0{,}18205_{18}$	$-0{,}13250_{44}$	$\pm 0{,}06795_{23}$	$+0{,}11355_{16}$	$\mp 0{,}00161_{33}$
0,465	$\pm 0{,}46500$	$+0{,}10811_{47}$	$\mp 0{,}18223_{17}$	$-0{,}13294_{45}$	$\pm 0{,}06772_{23}$	$+0{,}11371_{16}$	$\mp 0{,}00128_{33}$
0,466	$\pm 0{,}46600$	$+0{,}10858_{46}$	$\mp 0{,}18240_{18}$	$-0{,}13339_{45}$	$\pm 0{,}06749_{23}$	$+0{,}11387_{16}$	$\mp 0{,}00095_{34}$
0,467	$\pm 0{,}46700$	$+0{,}10904_{47}$	$\mp 0{,}18258_{17}$	$-0{,}13384_{45}$	$\pm 0{,}06726_{24}$	$+0{,}11403_{16}$	$\mp 0{,}00061_{33}$
0,468	$\pm 0{,}46800$	$+0{,}10951_{47}$	$\mp 0{,}18275_{17}$	$-0{,}13429_{44}$	$\pm 0{,}06702_{24}$	$+0{,}11419_{16}$	$\mp 0{,}00028_{33}$
0,469	$\pm 0{,}46900$	$+0{,}10998_{47}$	$\mp 0{,}18292_{17}$	$-0{,}13473_{45}$	$\pm 0{,}06678_{14}$	$+0{,}11435_{15}$	$\pm 0{,}00005_{33}$
0,470	$\pm 0{,}47000$	$+0{,}11045_{47}$	$\mp 0{,}18309_{17}$	$-0{,}13518_{44}$	$\pm 0{,}06654_{24}$	$+0{,}11450_{15}$	$\pm 0{,}00038_{33}$
0,471	$\pm 0{,}47100$	$+0{,}11092_{47}$	$\mp 0{,}18326_{16}$	$-0{,}13562_{45}$	$\pm 0{,}06630_{24}$	$+0{,}11465_{15}$	$\pm 0{,}00071_{34}$
0,472	$\pm 0{,}47200$	$+0{,}11139_{47}$	$\mp 0{,}18342_{17}$	$-0{,}13607_{44}$	$\pm 0{,}06606_{25}$	$+0{,}11480_{15}$	$\pm 0{,}00105_{33}$
0,473	$\pm 0{,}47300$	$+0{,}11186_{48}$	$\mp 0{,}18359_{16}$	$-0{,}13651_{45}$	$\pm 0{,}06581_{25}$	$+0{,}11495_{15}$	$\pm 0{,}00138_{33}$
0,474	$\pm 0{,}47400$	$+0{,}11234_{47}$	$\mp 0{,}18375_{17}$	$-0{,}13696_{44}$	$\pm 0{,}06556_{25}$	$+0{,}11510_{14}$	$\pm 0{,}00171_{33}$
0,475	$\pm 0{,}47500$	$+0{,}11281_{48}$	$\mp 0{,}18392_{15}$	$-0{,}13740_{45}$	$\pm 0{,}06531_{25}$	$+0{,}11524_{14}$	$\pm 0{,}00204_{34}$
0,476	$\pm 0{,}47600$	$+0{,}11329_{47}$	$\mp 0{,}18407_{17}$	$-0{,}13785_{44}$	$\pm 0{,}06506_{25}$	$+0{,}11538_{14}$	$\pm 0{,}00238_{33}$
0,477	$\pm 0{,}47700$	$+0{,}11376_{48}$	$\mp 0{,}18424_{15}$	$-0{,}13829_{44}$	$\pm 0{,}06481_{25}$	$+0{,}11552_{14}$	$\pm 0{,}00271_{33}$
0,478	$\pm 0{,}47800$	$+0{,}11424_{48}$	$\mp 0{,}18439_{16}$	$-0{,}13873_{45}$	$\pm 0{,}06456_{25}$	$+0{,}11566_{14}$	$\pm 0{,}00304_{33}$
0,479	$\pm 0{,}47900$	$+0{,}11472_{48}$	$\mp 0{,}18455_{15}$	$-0{,}13918_{44}$	$\pm 0{,}06431_{25}$	$+0{,}11580_{14}$	$\pm 0{,}00337_{33}$
0,480	$\pm 0{,}48000$	$+0{,}11520_{48}$	$\mp 0{,}18470_{16}$	$-0{,}13962_{45}$	$\pm 0{,}06406_{25}$	$+0{,}11593_{13}$	$\pm 0{,}00370_{33}$
0,481	$\pm 0{,}48100$	$+0{,}11568_{48}$	$\mp 0{,}18486_{15}$	$-0{,}14007_{44}$	$\pm 0{,}06381_{25}$	$+0{,}11606_{13}$	$\pm 0{,}00403_{33}$
0,482	$\pm 0{,}48200$	$+0{,}11616_{48}$	$\mp 0{,}18501_{15}$	$-0{,}14051_{44}$	$\pm 0{,}06356_{26}$	$+0{,}11619_{13}$	$\pm 0{,}00436_{33}$
0,483	$\pm 0{,}48300$	$+0{,}11664_{49}$	$\mp 0{,}18516_{15}$	$-0{,}14095_{44}$	$\pm 0{,}06330_{25}$	$+0{,}11632_{13}$	$\pm 0{,}00469_{33}$
0,484	$\pm 0{,}48400$	$+0{,}11713_{48}$	$\mp 0{,}18531_{15}$	$-0{,}14139_{45}$	$\pm 0{,}06305_{26}$	$+0{,}11645_{13}$	$\pm 0{,}00502_{33}$
0,485	$\pm 0{,}48500$	$+0{,}11761_{49}$	$\mp 0{,}18546_{14}$	$-0{,}14184_{44}$	$\pm 0{,}06279_{26}$	$+0{,}11657_{12}$	$\pm 0{,}00535_{33}$
0,486	$\pm 0{,}48600$	$+0{,}11810_{48}$	$\mp 0{,}18560_{15}$	$-0{,}14228_{44}$	$\pm 0{,}06253_{27}$	$+0{,}11669_{12}$	$\pm 0{,}00568_{33}$
0,487	$\pm 0{,}48700$	$+0{,}11858_{49}$	$\mp 0{,}18575_{14}$	$-0{,}14272_{44}$	$\pm 0{,}06226_{27}$	$+0{,}11681_{12}$	$\pm 0{,}00601_{33}$
0,488	$\pm 0{,}48800$	$+0{,}11907_{49}$	$\mp 0{,}18589_{15}$	$-0{,}14316_{44}$	$\pm 0{,}06199_{27}$	$+0{,}11693_{12}$	$\pm 0{,}00634_{33}$
0,489	$\pm 0{,}48900$	$+0{,}11956_{49}$	$\mp 0{,}18604_{14}$	$-0{,}14360_{45}$	$\pm 0{,}06172_{27}$	$+0{,}11705_{12}$	$\pm 0{,}00667_{33}$
0,490	$\pm 0{,}49000$	$+0{,}12005_{49}$	$\mp 0{,}18618_{13}$	$-0{,}14405_{44}$	$\pm 0{,}06145_{28}$	$+0{,}11716_{11}$	$\pm 0{,}00700_{33}$
0,491	$\pm 0{,}49100$	$+0{,}12054_{49}$	$\mp 0{,}18631_{14}$	$-0{,}14449_{44}$	$\pm 0{,}06117_{28}$	$+0{,}11727_{11}$	$\pm 0{,}00732_{33}$
0,492	$\pm 0{,}49200$	$+0{,}12103_{49}$	$\mp 0{,}18645_{14}$	$-0{,}14493_{44}$	$\pm 0{,}06089_{28}$	$+0{,}11738_{11}$	$\pm 0{,}00765_{33}$
0,493	$\pm 0{,}49300$	$+0{,}12152_{50}$	$\mp 0{,}18659_{13}$	$-0{,}14537_{44}$	$\pm 0{,}06061_{28}$	$+0{,}11749_{11}$	$\pm 0{,}00798_{33}$
0,494	$\pm 0{,}49400$	$+0{,}12202_{49}$	$\mp 0{,}18672_{14}$	$-0{,}14581_{44}$	$\pm 0{,}06033_{29}$	$+0{,}11759_{10}$	$\pm 0{,}00830_{32}$
0,495	$\pm 0{,}49500$	$+0{,}12251_{50}$	$\mp 0{,}18686_{13}$	$-0{,}14625_{43}$	$\pm 0{,}06004_{29}$	$+0{,}11769_{10}$	$\pm 0{,}00863_{33}$
0,496	$\pm 0{,}49600$	$+0{,}12301_{50}$	$\mp 0{,}18699_{13}$	$-0{,}14668_{44}$	$\pm 0{,}05975_{29}$	$+0{,}11779_{10}$	$\pm 0{,}00896_{32}$
0,497	$\pm 0{,}49700$	$+0{,}12350_{50}$	$\mp 0{,}18712_{13}$	$-0{,}14712_{44}$	$\pm 0{,}05946_{29}$	$+0{,}11789_{10}$	$\pm 0{,}00928_{32}$
0,498	$\pm 0{,}49800$	$+0{,}12400_{50}$	$\mp 0{,}18725_{12}$	$-0{,}14756_{44}$	$\pm 0{,}05917_{29}$	$+0{,}11798_{9}$	$\pm 0{,}00960_{32}$
0,499	$\pm 0{,}49900$	$+0{,}12450_{50}$	$\mp 0{,}18737_{13}$	$-0{,}14800_{44}$	$\pm 0{,}05888_{29}$	$+0{,}11807_{9}$	$\pm 0{,}00993_{33}$
0,500	$\pm 0{,}50000$	$+0{,}12500_{50}$	$\mp 0{,}18750_{13}$	$-0{,}14844_{43}$	$\pm 0{,}05859_{29}$	$+0{,}11816_{9}$	$\pm 0{,}01025_{33}$

x	$P_{0,1}(\pm x)$	$P_{1,1}(\pm x)$	$P_{2,1}(\pm x)$	$P_{3,1}(\pm x)$	$P_{4,1}(\pm x)$	$P_{5,1}(\pm x)$	$P_{6,1}(\pm x)$
0,500	$\pm\,0{,}50000$	$+\,0\;12500_{50}$	$\mp\,0{,}18750_{12}$	$-\,0{,}14844_{43}$	$\pm\,0{,}05859_{29}$	$+\,0{,}11816_{9}$	$\pm\,0{,}01025_{33}$
0,501	$\pm\,0{,}50100$	$+\,0{,}12550_{50}$	$\mp\,0{,}18762_{13}$	$-\,0{,}14887_{44}$	$\pm\,0{,}05830_{29}$	$+\,0{,}11825_{8}$	$\pm\,0{,}01058_{32}$
0,502	$\pm\,0{,}50200$	$+\,0{,}12600_{50}$	$\mp\,0{,}18775_{12}$	$-\,0{,}14931_{44}$	$\pm\,0{,}05801_{29}$	$+\,0{,}11833_{9}$	$\pm\,0{,}01090_{32}$
0,503	$\pm\,0{,}50300$	$+\,0{,}12650_{51}$	$\mp\,0{,}18787_{12}$	$-\,0{,}14975_{44}$	$\pm\,0{,}05772_{29}$	$+\,0{,}11842_{9}$	$\pm\,0{,}01122_{32}$
0,504	$\pm\,0{,}50400$	$+\,0{,}12701_{50}$	$\mp\,0{,}18799_{12}$	$-\,0{,}15019_{43}$	$\pm\,0{,}05743_{30}$	$+\,0{,}11851_{8}$	$\pm\,0{,}01154_{32}$
0,505	$\pm\,0{,}50500$	$+\,0{,}12751_{51}$	$\mp\,0{,}18811_{11}$	$-\,0{,}15062_{44}$	$\pm\,0{,}05713_{30}$	$+\,0{,}11859_{8}$	$\pm\,0{,}01186_{32}$
0,506	$\pm\,0{,}50600$	$+\,0{,}12802_{50}$	$\mp\,0{,}18822_{12}$	$-\,0{,}15106_{44}$	$\pm\,0{,}05683_{30}$	$+\,0{,}11867_{7}$	$\pm\,0{,}01218_{32}$
0,507	$\pm\,0{,}50700$	$+\,0{,}12852_{51}$	$\mp\,0{,}18834_{11}$	$-\,0{,}15150_{43}$	$\pm\,0{,}05653_{30}$	$+\,0{,}11874_{7}$	$\pm\,0{,}01250_{32}$
0,508	$\pm\,0{,}50800$	$+\,0{,}12903_{51}$	$\mp\,0{,}18845_{11}$	$-\,0{,}15193_{43}$	$\pm\,0{,}05623_{30}$	$+\,0{,}11881_{7}$	$\pm\,0{,}01282_{32}$
0,509	$\pm\,0{,}50900$	$+\,0{,}12954_{51}$	$\mp\,0{,}18856_{11}$	$-\,0{,}15236_{43}$	$\pm\,0{,}05593_{30}$	$+\,0{,}11888_{7}$	$\pm\,0{,}01314_{31}$
0,510	$\pm\,0{,}51000$	$+\,0{,}13005_{51}$	$\mp\,0{,}18867_{11}$	$-\,0{,}15279_{44}$	$\pm\,0{,}05563_{31}$	$+\,0{,}11895_{7}$	$\pm\,0{,}01345_{32}$
0,511	$\pm\,0{,}51100$	$+\,0{,}13056_{51}$	$\mp\,0{,}18878_{11}$	$-\,0{,}15323_{43}$	$\pm\,0{,}05532_{31}$	$+\,0{,}11902_{6}$	$\pm\,0{,}01377_{32}$
0,512	$\pm\,0{,}51200$	$+\,0{,}13107_{51}$	$\mp\,0{,}18889_{11}$	$-\,0{,}15366_{43}$	$\pm\,0{,}05501_{31}$	$+\,0{,}11908_{6}$	$\pm\,0{,}01409_{32}$
0,513	$\pm\,0{,}51300$	$+\,0{,}13158_{51}$	$\mp\,0{,}18900_{11}$	$-\,0{,}15409_{43}$	$\pm\,0{,}05470_{31}$	$+\,0{,}11914_{6}$	$\pm\,0{,}01441_{31}$
0,514	$\pm\,0{,}51400$	$+\,0{,}13210_{51}$	$\mp\,0{,}18910_{11}$	$-\,0{,}15452_{43}$	$\pm\,0{,}05439_{31}$	$+\,0{,}11920_{6}$	$\pm\,0{,}01472_{31}$
0,515	$\pm\,0{,}51500$	$+\,0{,}13261_{52}$	$\mp\,0{,}18921_{9}$	$-\,0{,}15495_{43}$	$\pm\,0{,}05408_{31}$	$+\,0{,}11926_{5}$	$\pm\,0{,}01503_{31}$
0,516	$\pm\,0{,}51600$	$+\,0{,}13313_{51}$	$\mp\,0{,}18930_{11}$	$-\,0{,}15538_{43}$	$\pm\,0{,}05377_{31}$	$+\,0{,}11931_{5}$	$\pm\,0{,}01534_{31}$
0,517	$\pm\,0{,}51700$	$+\,0{,}13364_{52}$	$\mp\,0{,}18941_{10}$	$-\,0{,}15581_{43}$	$\pm\,0{,}05346_{31}$	$+\,0{,}11936_{5}$	$\pm\,0{,}01565_{31}$
0,518	$\pm\,0{,}51800$	$+\,0{,}13416_{52}$	$\mp\,0{,}18951_{9}$	$-\,0{,}15624_{43}$	$\pm\,0{,}05315_{32}$	$+\,0{,}11941_{5}$	$\pm\,0{,}01596_{31}$
0,519	$\pm\,0{,}51900$	$+\,0{,}13468_{52}$	$\mp\,0{,}18960_{10}$	$-\,0{,}15667_{43}$	$\pm\,0{,}05283_{32}$	$+\,0{,}11946_{5}$	$\pm\,0{,}01627_{31}$
0,520	$\pm\,0{,}52000$	$+\,0{,}13520_{52}$	$\mp\,0{,}18970_{9}$	$-\,0{,}15710_{43}$	$\pm\,0{,}05251_{32}$	$+\,0{,}11951_{4}$	$\pm\,0{,}01658_{31}$
0,521	$\pm\,0{,}52100$	$+\,0{,}13572_{52}$	$\mp\,0{,}18979_{9}$	$-\,0{,}15753_{43}$	$\pm\,0{,}05219_{32}$	$+\,0{,}11955_{4}$	$\pm\,0{,}01689_{31}$
0,522	$\pm\,0{,}52200$	$+\,0{,}13624_{52}$	$\mp\,0{,}18988_{9}$	$-\,0{,}15796_{43}$	$\pm\,0{,}05187_{32}$	$+\,0{,}11959_{4}$	$\pm\,0{,}01720_{31}$
0,523	$\pm\,0{,}52300$	$+\,0{,}13676_{53}$	$\mp\,0{,}18997_{9}$	$-\,0{,}15839_{43}$	$\pm\,0{,}05155_{33}$	$+\,0{,}11963_{4}$	$\pm\,0{,}01751_{30}$
0,524	$\pm\,0{,}52400$	$+\,0{,}13729_{52}$	$\mp\,0{,}19006_{9}$	$-\,0{,}15882_{42}$	$\pm\,0{,}05122_{33}$	$+\,0{,}11967_{3}$	$\pm\,0{,}01781_{30}$
0,525	$\pm\,0{,}52500$	$+\,0{,}13781_{53}$	$\mp\,0{,}19015_{8}$	$-\,0{,}15924_{43}$	$\pm\,0{,}05089_{32}$	$+\,0{,}11970_{3}$	$\pm\,0{,}01811_{30}$
0,526	$\pm\,0{,}52600$	$+\,0{,}13834_{52}$	$\mp\,0{,}19023_{9}$	$-\,0{,}15967_{43}$	$\pm\,0{,}05057_{33}$	$+\,0{,}11973_{3}$	$\pm\,0{,}01841_{30}$
0,527	$\pm\,0{,}52700$	$+\,0{,}13886_{53}$	$\mp\,0{,}19032_{8}$	$-\,0{,}16010_{42}$	$\pm\,0{,}05024_{33}$	$+\,0{,}11976_{3}$	$\pm\,0{,}01871_{30}$
0,528	$\pm\,0{,}52800$	$+\,0{,}13939_{53}$	$\mp\,0{,}19040_{8}$	$-\,0{,}16052_{42}$	$\pm\,0{,}04991_{33}$	$+\,0{,}11979_{2}$	$\pm\,0{,}01901_{30}$
0,529	$\pm\,0{,}52900$	$+\,0{,}13992_{53}$	$\mp\,0{,}19048_{8}$	$-\,0{,}16094_{42}$	$\pm\,0{,}04958_{33}$	$+\,0{,}11981_{2}$	$\pm\,0{,}01931_{30}$
0,530	$\pm\,0{,}53000$	$+\,0{,}14045_{53}$	$\mp\,0{,}19056_{8}$	$-\,0{,}16136_{43}$	$\pm\,0{,}04925_{33}$	$+\,0{,}11983_{2}$	$\pm\,0{,}01961_{30}$
0,531	$\pm\,0{,}53100$	$+\,0{,}14098_{53}$	$\mp\,0{,}19064_{8}$	$-\,0{,}16179_{42}$	$\pm\,0{,}04892_{34}$	$+\,0{,}11985_{2}$	$\pm\,0{,}01991_{30}$
0,532	$\pm\,0{,}53200$	$+\,0{,}14151_{53}$	$\mp\,0{,}19072_{7}$	$-\,0{,}16221_{42}$	$\pm\,0{,}04858_{34}$	$+\,0{,}11987_{2}$	$\pm\,0{,}02021_{29}$
0,533	$\pm\,0{,}53300$	$+\,0{,}14204_{53}$	$\mp\,0{,}19079_{8}$	$-\,0{,}16263_{42}$	$\pm\,0{,}04824_{34}$	$+\,0{,}11989_{1}$	$\pm\,0{,}02050_{29}$
0,534	$\pm\,0{,}53400$	$+\,0{,}14257_{54}$	$\mp\,0{,}19087_{7}$	$-\,0{,}16305_{42}$	$\pm\,0{,}04790_{34}$	$+\,0{,}11990_{1}$	$\pm\,0{,}02079_{29}$
0,535	$\pm\,0{,}53500$	$+\,0{,}14311_{54}$	$\mp\,0{,}19094_{6}$	$-\,0{,}16347_{42}$	$\pm\,0{,}04756_{34}$	$+\,0{,}11991_{0}$	$\pm\,0{,}02108_{29}$
0,536	$\pm\,0{,}53600$	$+\,0{,}14365_{53}$	$\mp\,0{,}19100_{8}$	$-\,0{,}16389_{42}$	$\pm\,0{,}04722_{34}$	$+\,0{,}11991_{0}$	$\pm\,0{,}02137_{29}$
0,537	$\pm\,0{,}53700$	$+\,0{,}14418_{54}$	$\mp\,0{,}19108_{6}$	$-\,0{,}16431_{42}$	$\pm\,0{,}04688_{34}$	$+\,0{,}11991_{0}$	$\pm\,0{,}02166_{29}$
0,538	$\pm\,0{,}53800$	$+\,0{,}14472_{54}$	$\mp\,0{,}19114_{6}$	$-\,0{,}16473_{42}$	$\pm\,0{,}04654_{35}$	$+\,0{,}11991_{0}$	$\pm\,0{,}02195_{29}$
0,539	$\pm\,0{,}53900$	$+\,0{,}14526_{54}$	$\mp\,0{,}19120_{7}$	$-\,0{,}16515_{41}$	$\pm\,0{,}04619_{35}$	$+\,0{,}11991_{0}$	$\pm\,0{,}02224_{28}$
0,540	$\pm\,0{,}54000$	$+\,0{,}14580_{54}$	$\mp\,0{,}19127_{6}$	$-\,0{,}16556_{42}$	$\pm\,0{,}04585_{35}$	$+\,0{,}11991_{0}$	$\pm\,0{,}02252_{29}$
0,541	$\pm\,0{,}54100$	$+\,0{,}14634_{54}$	$\mp\,0{,}19133_{6}$	$-\,0{,}16598_{42}$	$\pm\,0{,}04550_{35}$	$+\,0{,}11991_{1}$	$\pm\,0{,}02281_{28}$
0,542	$\pm\,0{,}54200$	$+\,0{,}14688_{54}$	$\mp\,0{,}19139_{6}$	$-\,0{,}16640_{41}$	$\pm\,0{,}04515_{35}$	$+\,0{,}11990_{1}$	$\pm\,0{,}02309_{28}$
0,543	$\pm\,0{,}54300$	$+\,0{,}14742_{55}$	$\mp\,0{,}19145_{5}$	$-\,0{,}16681_{41}$	$\pm\,0{,}04480_{35}$	$+\,0{,}11989_{1}$	$\pm\,0{,}02337_{28}$
0,544	$\pm\,0{,}54400$	$+\,0{,}14797_{54}$	$\mp\,0{,}19150_{6}$	$-\,0{,}16722_{41}$	$\pm\,0{,}04445_{35}$	$+\,0{,}11988_{1}$	$\pm\,0{,}02365_{28}$
0,545	$\pm\,0{,}54500$	$+\,0{,}14851_{55}$	$\mp\,0{,}19156_{6}$	$-\,0{,}16763_{41}$	$\pm\,0{,}04410_{35}$	$+\,0{,}11987_{2}$	$\pm\,0{,}02393_{28}$
0,546	$\pm\,0{,}54600$	$+\,0{,}14906_{54}$	$\mp\,0{,}19162_{5}$	$-\,0{,}16804_{41}$	$\pm\,0{,}04375_{35}$	$+\,0{,}11985_{2}$	$\pm\,0{,}02421_{28}$
0,547	$\pm\,0{,}54700$	$+\,0{,}14960_{55}$	$\mp\,0{,}19167_{5}$	$-\,0{,}16845_{41}$	$\pm\,0{,}04340_{36}$	$+\,0{,}11983_{2}$	$\pm\,0{,}02449_{27}$
0,548	$\pm\,0{,}54800$	$+\,0{,}15015_{55}$	$\mp\,0{,}19172_{5}$	$-\,0{,}16886_{41}$	$\pm\,0{,}04304_{36}$	$+\,0{,}11981_{3}$	$\pm\,0{,}02476_{27}$
0,549	$\pm\,0{,}54900$	$+\,0{,}15070_{55}$	$\mp\,0{,}19177_{5}$	$-\,0{,}16927_{41}$	$\pm\,0{,}04268_{36}$	$+\,0{,}11978_{3}$	$\pm\,0{,}02503_{27}$
0,550	$\pm\,0{,}55000$	$+\,0{,}15125_{55}$	$\mp\,0{,}19181_{4\;5}$	$-\,0{,}16968_{41}$	$\pm\,0{,}04232_{36}$	$+\,0{,}11975_{3}$	$\pm\,0{,}02530_{27}$

x	$P_{0,1}\,(\pm x)$	$P_{1,1}\,(\pm x)$	$P_{2,1}\,(\pm x)$	$P_{3,1}\,(\pm x)$	$P_{4,1}\,(\pm x)$	$P_{5,1}\,(\pm x)$	$P_{6,1}\,(\pm x)$
$0{,}550$	$\pm 0{,}55000$	$+0{,}15125_{55}$	$\mp 0{,}19181_{5}$	$-0{,}16968_{41}$	$\pm 0{,}04232_{36}$	$+0{,}11975_{3}$	$\pm 0{,}02530_{27}$
$0{,}551$	$\pm 0{,}55100$	$+0{,}15180_{55}$	$\mp 0{,}19186_{4}$	$-0{,}17009_{41}$	$\pm 0{,}04196_{36}$	$+0{,}11972_{3}$	$\pm 0{,}02557_{27}$
$0{,}552$	$\pm 0{,}55200$	$+0{,}15235_{55}$	$\mp 0{,}19190_{5}$	$-0{,}17050_{41}$	$\pm 0{,}04160_{36}$	$+0{,}11969_{3}$	$\pm 0{,}02584_{27}$
$0{,}553$	$\pm 0{,}55300$	$+0{,}15290_{56}$	$\mp 0{,}19195_{3}$	$-0{,}17091_{41}$	$\pm 0{,}04124_{36}$	$+0{,}11966_{4}$	$\pm 0{,}02611_{27}$
$0{,}554$	$\pm 0{,}55400$	$+0{,}15346_{55}$	$\mp 0{,}19198_{4}$	$-0{,}17132_{40}$	$\pm 0{,}04088_{37}$	$+0{,}11962_{4}$	$\pm 0{,}02638_{27}$
$0{,}555$	$\pm 0{,}55500$	$+0{,}15401_{56}$	$\mp 0{,}19202_{4}$	$-0{,}17172_{41}$	$\pm 0{,}04051_{36}$	$+0{,}11958_{4}$	$\pm 0{,}02665_{26}$
$0{,}556$	$\pm 0{,}55600$	$+0{,}15457_{55}$	$\mp 0{,}19206_{4}$	$-0{,}17213_{40}$	$\pm 0{,}04015_{36}$	$+0{,}11954_{4}$	$\pm 0{,}02691_{26}$
$0{,}557$	$\pm 0{,}55700$	$+0{,}15512_{56}$	$\mp 0{,}19210_{3}$	$-0{,}17253_{40}$	$\pm 0{,}03979_{36}$	$+0{,}11950_{5}$	$\pm 0{,}02717_{26}$
$0{,}558$	$\pm 0{,}55800$	$+0{,}15568_{56}$	$\mp 0{,}19213_{3}$	$-0{,}17293_{40}$	$\pm 0{,}03943_{37}$	$+0{,}11945_{5}$	$\pm 0{,}02743_{25}$
$0{,}559$	$\pm 0{,}55900$	$+0{,}15624_{56}$	$\mp 0{,}19216_{3}$	$-0{,}17333_{40}$	$\pm 0{,}03906_{37}$	$+0{,}11940_{5}$	$\pm 0{,}02768_{25}$
$0{,}560$	$\pm 0{,}56000$	$+0{,}15680_{56}$	$\mp 0{,}19219_{3}$	$-0{,}17373_{40}$	$\pm 0{,}03869_{37}$	$+0{,}11935_{6}$	$\pm 0{,}02793_{25}$
$0{,}561$	$\pm 0{,}56100$	$+0{,}15736_{56}$	$\mp 0{,}19222_{3}$	$-0{,}17413_{40}$	$\pm 0{,}03832_{38}$	$+0{,}11929_{6}$	$\pm 0{,}02818_{25}$
$0{,}562$	$\pm 0{,}56200$	$+0{,}15792_{56}$	$\mp 0{,}19225_{3}$	$-0{,}17453_{40}$	$\pm 0{,}03794_{38}$	$+0{,}11923_{6}$	$\pm 0{,}02843_{25}$
$0{,}563$	$\pm 0{,}56300$	$+0{,}15848_{56}$	$\mp 0{,}19228_{2}$	$-0{,}17493_{40}$	$\pm 0{,}03756_{38}$	$+0{,}11917_{6}$	$\pm 0{,}02868_{25}$
$0{,}564$	$\pm 0{,}56400$	$+0{,}15904_{57}$	$\mp 0{,}19230_{2}$	$-0{,}17533_{40}$	$\pm 0{,}03718_{38}$	$+0{,}11911_{6}$	$\pm 0{,}02893_{24}$
$0{,}565$	$\pm 0{,}56500$	$+0{,}15961_{57}$	$\mp 0{,}19232_{2}$	$-0{,}17573_{40}$	$\pm 0{,}03680_{37}$	$+0{,}11905_{7}$	$\pm 0{,}02917_{25}$
$0{,}566$	$\pm 0{,}56600$	$+0{,}16018_{56}$	$\mp 0{,}19234_{2}$	$-0{,}17613_{40}$	$\pm 0{,}03643_{38}$	$+0{,}11898_{7}$	$\pm 0{,}02942_{25}$
$0{,}567$	$\pm 0{,}56700$	$+0{,}16074_{57}$	$\mp 0{,}19236_{2}$	$-0{,}17653_{39}$	$\pm 0{,}03605_{38}$	$+0{,}11891_{7}$	$\pm 0{,}02967_{24}$
$0{,}568$	$\pm 0{,}56800$	$+0{,}16131_{57}$	$\mp 0{,}19238_{1}$	$-0{,}17692_{39}$	$\pm 0{,}03567_{38}$	$+0{,}11884_{7}$	$\pm 0{,}02991_{24}$
$0{,}569$	$\pm 0{,}56900$	$+0{,}16188_{57}$	$\mp 0{,}19239_{1}$	$-0{,}17731_{39}$	$\pm 0{,}03529_{38}$	$+0{,}11877_{7}$	$\pm 0{,}03015_{24}$
$0{,}570$	$\pm 0{,}57000$	$+0{,}16245_{57}$	$\mp 0{,}19240_{2}$	$-0{,}17770_{39}$	$\pm 0{,}03491_{38}$	$+0{,}11870_{8}$	$\pm 0{,}03039_{24}$
$0{,}571$	$\pm 0{,}57100$	$+0{,}16302_{57}$	$\mp 0{,}19242_{1}$	$-0{,}17809_{39}$	$\pm 0{,}03453_{38}$	$+0{,}11862_{8}$	$\pm 0{,}03063_{23}$
$0{,}572$	$\pm 0{,}57200$	$+0{,}16359_{57}$	$\mp 0{,}19243_{1}$	$-0{,}17848_{39}$	$\pm 0{,}03415_{38}$	$+0{,}11854_{8}$	$\pm 0{,}03086_{23}$
$0{,}573$	$\pm 0{,}57300$	$+0{,}16416_{58}$	$\mp 0{,}19244_{0}$	$-0{,}17887_{39}$	$\pm 0{,}03377_{39}$	$+0{,}11845_{9}$	$\pm 0{,}03109_{23}$
$0{,}574$	$\pm 0{,}57400$	$+0{,}16474_{57}$	$\mp 0{,}19244_{1}$	$-0{,}17926_{39}$	$\pm 0{,}03338_{39}$	$+0{,}11836_{9}$	$\pm 0{,}03132_{23}$
$0{,}575$	$\pm 0{,}57500$	$+0{,}16531_{58}$	$\mp 0{,}19245_{0}$	$-0{,}17965_{39}$	$\pm 0{,}03299_{39}$	$+0{,}11827_{9}$	$\pm 0{,}03155_{23}$
$0{,}576$	$\pm 0{,}57600$	$+0{,}16589_{57}$	$\mp 0{,}19245_{0}$	$-0{,}18004_{39}$	$\pm 0{,}03260_{39}$	$+0{,}11818_{9}$	$\pm 0{,}03178_{22}$
$0{,}577$	$\pm 0{,}57700$	$+0{,}16646_{58}$	$\mp 0{,}19245_{0}$	$-0{,}18043_{38}$	$\pm 0{,}03221_{39}$	$+0{,}11809_{10}$	$\pm 0{,}03200_{22}$
$0{,}578$	$\pm 0{,}57800$	$+0{,}16704_{58}$	$\mp 0{,}19245_{0}$	$-0{,}18081_{38}$	$\pm 0{,}03182_{39}$	$+0{,}11799_{10}$	$\pm 0{,}03222_{22}$
$0{,}579$	$\pm 0{,}57900$	$+0{,}16762_{58}$	$\mp 0{,}19245_{1}$	$-0{,}18119_{38}$	$\pm 0{,}03143_{39}$	$+0{,}11789_{10}$	$\pm 0{,}03244_{22}$
$0{,}580$	$\pm 0{,}58000$	$+0{,}16820_{58}$	$\mp 0{,}19244_{0}$	$-0{,}18157_{38}$	$\pm 0{,}03104_{39}$	$+0{,}11779_{11}$	$\pm 0{,}03266_{22}$
$0{,}581$	$\pm 0{,}58100$	$+0{,}16878_{58}$	$\mp 0{,}19244_{1}$	$-0{,}18195_{38}$	$\pm 0{,}03065_{39}$	$+0{,}11768_{11}$	$\pm 0{,}03288_{21}$
$0{,}582$	$\pm 0{,}58200$	$+0{,}16936_{58}$	$\mp 0{,}19243_{1}$	$-0{,}18233_{38}$	$\pm 0{,}03026_{40}$	$+0{,}11757_{11}$	$\pm 0{,}03309_{21}$
$0{,}583$	$\pm 0{,}58300$	$+0{,}16994_{58}$	$\mp 0{,}19242_{1}$	$-0{,}18271_{38}$	$\pm 0{,}02986_{40}$	$+0{,}11746_{11}$	$\pm 0{,}03330_{21}$
$0{,}584$	$\pm 0{,}58400$	$+0{,}17053_{59}$	$\mp 0{,}19241_{1}$	$-0{,}18309_{38}$	$\pm 0{,}02946_{40}$	$+0{,}11735_{11}$	$\pm 0{,}03351_{21}$
$0{,}585$	$\pm 0{,}58500$	$+0{,}17111_{58}$	$\mp 0{,}19240_{1}$	$-0{,}18347_{38}$	$\pm 0{,}02906_{39}$	$+0{,}11724_{12}$	$\pm 0{,}03372_{20}$
$0{,}586$	$\pm 0{,}58600$	$+0{,}17169_{59}$	$\mp 0{,}19239_{2}$	$-0{,}18385_{38}$	$\pm 0{,}02867_{39}$	$+0{,}11712_{12}$	$\pm 0{,}03392_{20}$
$0{,}587$	$\pm 0{,}58700$	$+0{,}17228_{59}$	$\mp 0{,}19237_{2}$	$-0{,}18423_{37}$	$\pm 0{,}02828_{40}$	$+0{,}11700_{12}$	$\pm 0{,}03412_{20}$
$0{,}588$	$\pm 0{,}58800$	$+0{,}17287_{59}$	$\mp 0{,}19235_{2}$	$-0{,}18460_{37}$	$\pm 0{,}02788_{40}$	$+0{,}11688_{12}$	$\pm 0{,}03432_{20}$
$0{,}589$	$\pm 0{,}58900$	$+0{,}17346_{59}$	$\mp 0{,}19233_{2}$	$-0{,}18497_{37}$	$\pm 0{,}02748_{40}$	$+0{,}11676_{12}$	$\pm 0{,}03452_{20}$
$0{,}590$	$\pm 0{,}59000$	$+0{,}17405_{59}$	$\mp 0{,}19231_{2}$	$-0{,}18534_{37}$	$\pm 0{,}02708_{40}$	$+0{,}11664_{13}$	$\pm 0{,}03472_{20}$
$0{,}591$	$\pm 0{,}59100$	$+0{,}17464_{59}$	$\mp 0{,}19229_{3}$	$-0{,}18571_{37}$	$\pm 0{,}02668_{40}$	$+0{,}11651_{13}$	$\pm 0{,}03492_{19}$
$0{,}592$	$\pm 0{,}59200$	$+0{,}17523_{59}$	$\mp 0{,}19226_{2}$	$-0{,}18608_{37}$	$\pm 0{,}02628_{40}$	$+0{,}11638_{13}$	$\pm 0{,}03511_{19}$
$0{,}593$	$\pm 0{,}59300$	$+0{,}17582_{60}$	$\mp 0{,}19224_{3}$	$-0{,}18645_{37}$	$\pm 0{,}02588_{40}$	$+0{,}11625_{14}$	$\pm 0{,}03530_{19}$
$0{,}594$	$\pm 0{,}59400$	$+0{,}17642_{59}$	$\mp 0{,}19221_{3}$	$-0{,}18682_{37}$	$\pm 0{,}02548_{41}$	$+0{,}11611_{14}$	$\pm 0{,}03549_{19}$
$0{,}595$	$\pm 0{,}59500$	$+0{,}17701_{60}$	$\mp 0{,}19218_{4}$	$-0{,}18719_{37}$	$\pm 0{,}02507_{40}$	$+0{,}11597_{14}$	$\pm 0{,}03568_{18}$
$0{,}596$	$\pm 0{,}59600$	$+0{,}17761_{59}$	$\mp 0{,}19214_{3}$	$-0{,}18756_{36}$	$\pm 0{,}02467_{40}$	$+0{,}11583_{14}$	$\pm 0{,}03586_{18}$
$0{,}597$	$\pm 0{,}59700$	$+0{,}17820_{60}$	$\mp 0{,}19211_{3}$	$-0{,}18792_{36}$	$\pm 0{,}02427_{41}$	$+0{,}11569_{15}$	$\pm 0{,}03604_{18}$
$0{,}598$	$\pm 0{,}59800$	$+0{,}17880_{60}$	$\mp 0{,}19208_{4}$	$-0{,}18828_{36}$	$\pm 0{,}02386_{41}$	$+0{,}11554_{15}$	$\pm 0{,}03622_{18}$
$0{,}599$	$\pm 0{,}59900$	$+0{,}17940_{60}$	$\mp 0{,}19204_{4}$	$-0{,}18864_{36}$	$\pm 0{,}02345_{41}$	$+0{,}11539_{15}$	$\pm 0{,}03639_{17}$
$0{,}600$	$\pm 0{,}60000$	$+0{,}18000_{60}$	$\mp 0{,}19200_{4}$	$-0{,}18900_{36}$	$\pm 0{,}02304_{41}$	$+0{,}11524_{15}$	$\pm 0{,}03656_{17}$

x	$P_{0,1}(\pm x)$	$P_{1,1}(\pm x)$	$P_{2,1}(\pm x)$	$P_{3,1}(\pm x)$	$P_{4,1}(\pm x)$	$P_{5,1}(\pm x)$	$P_{6,1}(\pm x)$
0,600	$\pm 0{,}60000$	$+ 0{,}18000_{60}$	$\mp 0{,}19200_{4}$	$- 0{,}18900_{36}$	$\pm 0{,}02304_{41}$	$+ 0{,}11524_{15}$	$\pm 0{,}03656_{17}$
0,601	$\pm 0{,}60100$	$+ 0{,}18060_{60}$	$\mp 0{,}19196_{4}$	$- 0{,}18936_{36}$	$\pm 0{,}02263_{41}$	$+ 0{,}11509_{16}$	$\pm 0{,}03673_{17}$
0,602	$\pm 0{,}60200$	$+ 0{,}18120_{60}$	$\mp 0{,}19192_{5}$	$- 0{,}18972_{36}$	$\pm 0{,}02222_{41}$	$+ 0{,}11493_{16}$	$\pm 0{,}03690_{17}$
0,603	$\pm 0{,}60300$	$+ 0{,}18180_{61}$	$\mp 0{,}19187_{5}$	$- 0{,}19008_{36}$	$\pm 0{,}02181_{41}$	$+ 0{,}11477_{16}$	$\pm 0{,}03707_{16}$
0,604	$\pm 0{,}60400$	$+ 0{,}18241_{60}$	$\mp 0{,}19182_{4}$	$- 0{,}19044_{35}$	$\pm 0{,}02140_{41}$	$+ 0{,}11461_{16}$	$\pm 0{,}03723_{16}$
0,605	$\pm 0{,}60500$	$+ 0{,}18301_{61}$	$\mp 0{,}19178_{5}$	$- 0{,}19079_{35}$	$\pm 0{,}02099_{41}$	$+ 0{,}11445_{17}$	$\pm 0{,}03739_{16}$
0,606	$\pm 0{,}60600$	$+ 0{,}18362_{60}$	$\mp 0{,}19173_{5}$	$- 0{,}19114_{35}$	$\pm 0{,}02058_{41}$	$+ 0{,}11428_{17}$	$\pm 0{,}03755_{16}$
0,607	$\pm 0{,}60700$	$+ 0{,}18422_{61}$	$\mp 0{,}19168_{6}$	$- 0{,}19149_{35}$	$\pm 0{,}02017_{41}$	$+ 0{,}11411_{17}$	$\pm 0{,}03771_{15}$
0,608	$\pm 0{,}60800$	$+ 0{,}18483_{61}$	$\mp 0{,}19162_{5}$	$- 0{,}19184_{35}$	$\pm 0{,}01976_{41}$	$+ 0{,}11394_{17}$	$\pm 0{,}03786_{15}$
0,609	$\pm 0{,}60900$	$+ 0{,}18544_{61}$	$\mp 0{,}19157_{6}$	$- 0{,}19219_{35}$	$\pm 0{,}01935_{42}$	$+ 0{,}11377_{18}$	$\pm 0{,}03801_{15}$
0,610	$\pm 0{,}61000$	$+ 0{,}18605_{61}$	$\mp 0{,}19151_{6}$	$- 0{,}19254_{35}$	$\pm 0{,}01893_{41}$	$+ 0{,}11359_{18}$	$\pm 0{,}03816_{14}$
0,611	$\pm 0{,}61100$	$+ 0{,}18666_{61}$	$\mp 0{,}19145_{6}$	$- 0{,}19289_{35}$	$\pm 0{,}01852_{42}$	$+ 0{,}11341_{18}$	$\pm 0{,}03830_{14}$
0,612	$\pm 0{,}61200$	$+ 0{,}18727_{61}$	$\mp 0{,}19139_{6}$	$- 0{,}19324_{34}$	$\pm 0{,}01810_{42}$	$+ 0{,}11323_{18}$	$\pm 0{,}03844_{14}$
0,613	$\pm 0{,}61300$	$+ 0{,}18788_{61}$	$\mp 0{,}19133_{7}$	$- 0{,}19358_{34}$	$\pm 0{,}01768_{42}$	$+ 0{,}11305_{19}$	$\pm 0{,}03858_{14}$
0,614	$\pm 0{,}61400$	$+ 0{,}18850_{62}$	$\mp 0{,}19126_{6}$	$- 0{,}19392_{34}$	$\pm 0{,}01726_{42}$	$+ 0{,}11286_{19}$	$\pm 0{,}03872_{14}$
0,615	$\pm 0{,}61500$	$+ 0{,}18911_{61}$	$\mp 0{,}19120_{7}$	$- 0{,}19426_{34}$	$\pm 0{,}01684_{41}$	$+ 0{,}11267_{19}$	$\pm 0{,}03886_{13}$
0,616	$\pm 0{,}61600$	$+ 0{,}18973_{61}$	$\mp 0{,}19113_{7}$	$- 0{,}19460_{34}$	$\pm 0{,}01643_{42}$	$+ 0{,}11248_{19}$	$\pm 0{,}03899_{13}$
0,617	$\pm 0{,}61700$	$+ 0{,}19034_{62}$	$\mp 0{,}19106_{7}$	$- 0{,}19494_{34}$	$\pm 0{,}01601_{42}$	$+ 0{,}11229_{20}$	$\pm 0{,}03912_{13}$
0,618	$\pm 0{,}61800$	$+ 0{,}19096_{62}$	$\mp 0{,}19099_{8}$	$- 0{,}19528_{34}$	$\pm 0{,}01559_{42}$	$+ 0{,}11209_{20}$	$\pm 0{,}03925_{13}$
0,619	$\pm 0{,}61900$	$+ 0{,}19158_{62}$	$\mp 0{,}19091_{7}$	$- 0{,}19562_{33}$	$\pm 0{,}01517_{42}$	$+ 0{,}11189_{20}$	$\pm 0{,}03938_{12}$
0,620	$\pm 0{,}62000$	$+ 0{,}19220_{62}$	$\mp 0{,}19084_{8}$	$- 0{,}19595_{33}$	$\pm 0{,}01475_{42}$	$+ 0{,}11169_{20}$	$\pm 0{,}03950_{12}$
0,621	$\pm 0{,}62100$	$+ 0{,}19282_{62}$	$\mp 0{,}19076_{8}$	$- 0{,}19628_{33}$	$\pm 0{,}01433_{42}$	$+ 0{,}11149_{21}$	$\pm 0{,}03962_{12}$
0,622	$\pm 0{,}62200$	$+ 0{,}19344_{62}$	$\mp 0{,}19068_{8}$	$- 0{,}19661_{33}$	$\pm 0{,}01391_{42}$	$+ 0{,}11128_{21}$	$\pm 0{,}03974_{11}$
0,623	$\pm 0{,}62300$	$+ 0{,}19406_{63}$	$\mp 0{,}19060_{9}$	$- 0{,}19694_{33}$	$\pm 0{,}01349_{42}$	$+ 0{,}11107_{21}$	$\pm 0{,}03985_{11}$
0,624	$\pm 0{,}62400$	$+ 0{,}19469_{62}$	$\mp 0{,}19051_{8}$	$- 0{,}19727_{33}$	$\pm 0{,}01307_{43}$	$+ 0{,}11086_{21}$	$\pm 0{,}03996_{11}$
0,625	$\pm 0{,}62500$	$+ 0{,}19531_{63}$	$\mp 0{,}19043_{9}$	$- 0{,}19760_{33}$	$\pm 0{,}01264_{42}$	$+ 0{,}11065_{21}$	$\pm 0{,}04007_{10}$
0,626	$\pm 0{,}62600$	$+ 0{,}19594_{62}$	$\mp 0{,}19034_{8}$	$- 0{,}19793_{33}$	$\pm 0{,}01222_{42}$	$+ 0{,}11044_{22}$	$\pm 0{,}04017_{10}$
0,627	$\pm 0{,}62700$	$+ 0{,}19656_{63}$	$\mp 0{,}19026_{10}$	$- 0{,}19826_{32}$	$\pm 0{,}01180_{42}$	$+ 0{,}11022_{22}$	$\pm 0{,}04027_{10}$
0,628	$\pm 0{,}62800$	$+ 0{,}19719_{63}$	$\mp 0{,}19016_{9}$	$- 0{,}19858_{32}$	$\pm 0{,}01138_{42}$	$+ 0{,}11000_{22}$	$\pm 0{,}04037_{10}$
0,629	$\pm 0{,}62900$	$+ 0{,}19782_{63}$	$\mp 0{,}19007_{9}$	$- 0{,}19890_{32}$	$\pm 0{,}01096_{43}$	$+ 0{,}10978_{22}$	$\pm 0{,}04047_{10}$
0,630	$\pm 0{,}63000$	$+ 0{,}19845_{63}$	$\mp 0{,}18998_{10}$	$- 0{,}19922_{32}$	$\pm 0{,}01053_{42}$	$+ 0{,}10956_{23}$	$\pm 0{,}04057_{9}$
0,631	$\pm 0{,}63100$	$+ 0{,}19908_{63}$	$\mp 0{,}18988_{10}$	$- 0{,}19954_{32}$	$\pm 0{,}01011_{42}$	$+ 0{,}10933_{23}$	$\pm 0{,}04066_{9}$
0,632	$\pm 0{,}63200$	$+ 0{,}19971_{63}$	$\mp 0{,}18978_{10}$	$- 0{,}19986_{32}$	$\pm 0{,}00969_{43}$	$+ 0{,}10910_{23}$	$\pm 0{,}04075_{9}$
0,633	$\pm 0{,}63300$	$+ 0{,}20034_{64}$	$\mp 0{,}18968_{10}$	$- 0{,}20018_{31}$	$\pm 0{,}00926_{43}$	$+ 0{,}10887_{23}$	$\pm 0{,}04084_{9}$
0,634	$\pm 0{,}63400$	$+ 0{,}20098_{63}$	$\mp 0{,}18958_{10}$	$- 0{,}20049_{31}$	$\pm 0{,}00883_{43}$	$+ 0{,}10864_{23}$	$\pm 0{,}04093_{8}$
0,635	$\pm 0{,}63500$	$+ 0{,}20161_{64}$	$\mp 0{,}18948_{11}$	$- 0{,}20080_{31}$	$\pm 0{,}00840_{42}$	$+ 0{,}10841_{24}$	$\pm 0{,}04101_{8}$
0,636	$\pm 0{,}63600$	$+ 0{,}20225_{63}$	$\mp 0{,}18937_{11}$	$- 0{,}20111_{31}$	$\pm 0{,}00798_{42}$	$+ 0{,}10817_{24}$	$\pm 0{,}04109_{7}$
0,637	$\pm 0{,}63700$	$+ 0{,}20288_{64}$	$\mp 0{,}18926_{11}$	$- 0{,}20142_{31}$	$\pm 0{,}00756_{43}$	$+ 0{,}10793_{24}$	$\pm 0{,}04116_{7}$
0,638	$\pm 0{,}63800$	$+ 0{,}20352_{64}$	$\mp 0{,}18915_{11}$	$- 0{,}20173_{31}$	$\pm 0{,}00713_{43}$	$+ 0{,}10769_{25}$	$\pm 0{,}04123_{7}$
0,639	$\pm 0{,}63900$	$+ 0{,}20416_{64}$	$\mp 0{,}18904_{11}$	$- 0{,}20204_{30}$	$\pm 0{,}00670_{43}$	$+ 0{,}10744_{25}$	$\pm 0{,}04130_{6}$
0,640	$\pm 0{,}64000$	$+ 0{,}20480_{64}$	$\mp 0{,}18893_{12}$	$- 0{,}20234_{30}$	$\pm 0{,}00627_{42}$	$+ 0{,}10719_{25}$	$\pm 0{,}04136_{6}$
0,641	$\pm 0{,}64100$	$+ 0{,}20544_{64}$	$\mp 0{,}18881_{11}$	$- 0{,}20264_{30}$	$\pm 0{,}00585_{43}$	$+ 0{,}10694_{25}$	$\pm 0{,}04142_{6}$
0,642	$\pm 0{,}64200$	$+ 0{,}20608_{64}$	$\mp 0{,}18870_{12}$	$- 0{,}20294_{30}$	$\pm 0{,}00542_{43}$	$+ 0{,}10669_{25}$	$\pm 0{,}04148_{6}$
0,643	$\pm 0{,}64300$	$+ 0{,}20672_{65}$	$\mp 0{,}18858_{13}$	$- 0{,}20324_{30}$	$\pm 0{,}00499_{43}$	$+ 0{,}10644_{25}$	$\pm 0{,}04154_{6}$
0,644	$\pm 0{,}64400$	$+ 0{,}20737_{64}$	$\mp 0{,}18845_{12}$	$- 0{,}20354_{30}$	$\pm 0{,}00456_{43}$	$+ 0{,}10619_{26}$	$\pm 0{,}04160_{5}$
0,645	$\pm 0{,}64500$	$+ 0{,}20801_{65}$	$\mp 0{,}18833_{13}$	$- 0{,}20384_{30}$	$\pm 0{,}00413_{42}$	$+ 0{,}10593_{26}$	$\pm 0{,}04165_{5}$
0,646	$\pm 0{,}64600$	$+ 0{,}20866_{64}$	$\mp 0{,}18820_{12}$	$- 0{,}20414_{30}$	$\pm 0{,}00371_{43}$	$+ 0{,}10567_{26}$	$\pm 0{,}04170_{4}$
0,647	$\pm 0{,}64700$	$+ 0{,}20930_{65}$	$\mp 0{,}18808_{13}$	$- 0{,}20444_{29}$	$\pm 0{,}00328_{43}$	$+ 0{,}10541_{27}$	$\pm 0{,}04174_{4}$
0,648	$\pm 0{,}64800$	$+ 0{,}20995_{65}$	$\mp 0{,}18795_{13}$	$- 0{,}20473_{29}$	$\pm 0{,}00285_{43}$	$+ 0{,}10514_{27}$	$\pm 0{,}04178_{4}$
0,649	$\pm 0{,}64900$	$+ 0{,}21060_{65}$	$\mp 0{,}18782_{13}$	$- 0{,}20502_{29}$	$\pm 0{,}00242_{43}$	$+ 0{,}10487_{27}$	$\pm 0{,}04182_{4}$
0,650	$\pm 0{,}65000$	$+ 0{,}21125_{65}$	$\mp 0{,}18769_{14}$	$- 0{,}20531_{29}$	$\pm 0{,}00199_{42}$	$+ 0{,}10460_{27}$	$\pm 0{,}04186_{3}$

x	$P_{0,1}(\pm x)$	$P_{1,1}(\pm x)$	$P_{2,1}(\pm x)$	$P_{3,1}(\pm x)$	$P_{4,1}(\pm x)$	$P_{5,1}(\pm x)$	$P_{6,1}(\pm x)$
0,650	$\pm 0,65000$	$+0,21125_{65}$	$\mp 0,18769_{14}$	$-0,20531_{29}$	$\pm 0,00199_{42}$	$+0,10460_{27}$	$\pm 0,04186_{3}$
0,651	$\pm 0,65100$	$+0,21190_{65}$	$\mp 0,18755_{13}$	$-0,20560_{29}$	$\pm 0,00157_{43}$	$+0,10433_{27}$	$\pm 0,04189_{3}$
0,652	$\pm 0,65200$	$+0,21255_{65}$	$\mp 0,18742_{14}$	$-0,20589_{29}$	$\pm 0,00114_{43}$	$+0,10406_{27}$	$\pm 0,04192_{3}$
0,653	$\pm 0,65300$	$+0,21320_{66}$	$\mp 0,18728_{14}$	$-0,20617_{28}$	$\pm 0,00071_{43}$	$+0,10379_{28}$	$\pm 0,04195_{3}$
0,654	$\pm 0,65400$	$+0,21386_{65}$	$\mp 0,18714_{14}$	$-0,20645_{28}$	$\pm 0,00028_{43}$	$+0,10351_{28}$	$\pm 0,04198_{3}$
0,655	$\pm 0,65500$	$+0,21451_{66}$	$\mp 0,18700_{15}$	$-0,20673_{28}$	$\mp 0,00015_{43}$	$+0,10323_{28}$	$\pm 0,04200_{2}$
0,656	$\pm 0,65600$	$+0,21517_{65}$	$\mp 0,18685_{14}$	$-0,20701_{28}$	$\mp 0,00058_{43}$	$+0,10295_{29}$	$\pm 0,04201_{1}$
0,657	$\pm 0,65700$	$+0,21582_{66}$	$\mp 0,18671_{15}$	$-0,20729_{28}$	$\mp 0,00101_{42}$	$+0,10266_{29}$	$\pm 0,04202_{1}$
0,658	$\pm 0,65800$	$+0,21648_{66}$	$\mp 0,18656_{16}$	$-0,20757_{27}$	$\mp 0,00143_{43}$	$+0,10237_{29}$	$\pm 0,04203_{1}$
0,659	$\pm 0,65900$	$+0,21714_{66}$	$\mp 0,18640_{15}$	$-0,20784_{27}$	$\mp 0,00186_{43}$	$+0,10208_{29}$	$\pm 0,04204_{1}$
0,660	$\pm 0,66000$	$+0,21780_{66}$	$\mp 0,18625_{15}$	$-0,20811_{27}$	$\mp 0,00229_{43}$	$+0,10179_{29}$	$\pm 0,04205_{0}$
0,661	$\pm 0,66100$	$+0,21846_{66}$	$\mp 0,18610_{16}$	$-0,20838_{27}$	$\mp 0,00272_{43}$	$+0,10150_{30}$	$\pm 0,04205_{0}$
0,662	$\pm 0,66200$	$+0,21912_{66}$	$\mp 0,18594_{15}$	$-0,20865_{27}$	$\mp 0,00315_{43}$	$+0,10120_{30}$	$\pm 0,04205_{1}$
0,663	$\pm 0,66300$	$+0,21978_{67}$	$\mp 0,18579_{17}$	$-0,20892_{26}$	$\mp 0,00358_{42}$	$+0,10090_{30}$	$\pm 0,04204_{0}$
0,664	$\pm 0,66400$	$+0,22045_{66}$	$\mp 0,18562_{16}$	$-0,20918_{26}$	$\mp 0,00400_{43}$	$+0,10060_{30}$	$\pm 0,04204_{1}$
0,665	$\pm 0,66500$	$+0,22111_{67}$	$\mp 0,18546_{17}$	$-0,20944_{26}$	$\mp 0,00443_{43}$	$+0,10030_{30}$	$\pm 0,04203_{2}$
0,666	$\pm 0,66600$	$+0,22178_{66}$	$\mp 0,18529_{16}$	$-0,20970_{26}$	$\mp 0,00486_{43}$	$+0,10000_{31}$	$\pm 0,04201_{2}$
0,667	$\pm 0,66700$	$+0,22244_{67}$	$\mp 0,18513_{16}$	$-0,20996_{26}$	$\mp 0,00529_{42}$	$+0,09969_{31}$	$\pm 0,04199_{2}$
0,668	$\pm 0,66800$	$+0,22311_{67}$	$\mp 0,18496_{17}$	$-0,21022_{26}$	$\mp 0,00571_{43}$	$+0,09938_{31}$	$\pm 0,04197_{2}$
0,669	$\pm 0,66900$	$+0,22378_{67}$	$\mp 0,18479_{17}$	$-0,21048_{25}$	$\mp 0,00614_{43}$	$+0,09907_{31}$	$\pm 0,04195_{2}$
0,670	$\pm 0,67000$	$+0,22445_{66}$	$\mp 0,18462_{17}$	$-0,21073_{25}$	$\mp 0,00657_{42}$	$+0,09876_{31}$	$\pm 0,04193_{3}$
0,671	$\pm 0,67100$	$+0,22511_{68}$	$\mp 0,18445_{18}$	$-0,21098_{25}$	$\mp 0,00699_{43}$	$+0,09845_{31}$	$\pm 0,04190_{4}$
0,672	$\pm 0,67200$	$+0,22579_{67}$	$\mp 0,18427_{18}$	$-0,21123_{25}$	$\mp 0,00742_{43}$	$+0,09814_{32}$	$\pm 0,04186_{3}$
0,673	$\pm 0,67300$	$+0,22646_{68}$	$\mp 0,18409_{18}$	$-0,21148_{25}$	$\mp 0,00785_{42}$	$+0,09782_{32}$	$\pm 0,04183_{4}$
0,674	$\pm 0,67400$	$+0,22714_{67}$	$\mp 0,18391_{18}$	$-0,21173_{24}$	$\mp 0,00827_{43}$	$+0,09750_{32}$	$\pm 0,04179_{4}$
0,675	$\pm 0,67500$	$+0,22781_{68}$	$\mp 0,18373_{19}$	$-0,21197_{24}$	$\mp 0,00870_{42}$	$+0,09718_{32}$	$\pm 0,04175_{4}$
0,676	$\pm 0,67600$	$+0,22849_{67}$	$\mp 0,18354_{18}$	$-0,21221_{24}$	$\mp 0,00912_{43}$	$+0,09686_{32}$	$\pm 0,04171_{5}$
0,677	$\pm 0,67700$	$+0,22916_{68}$	$\mp 0,18336_{19}$	$-0,21245_{24}$	$\mp 0,00955_{42}$	$+0,09654_{33}$	$\pm 0,04166_{5}$
0,678	$\pm 0,67800$	$+0,22984_{68}$	$\mp 0,18317_{19}$	$-0,21269_{24}$	$\mp 0,00997_{43}$	$+0,09621_{33}$	$\pm 0,04161_{5}$
0,679	$\pm 0,67900$	$+0,23052_{68}$	$\mp 0,18298_{20}$	$-0,21293_{24}$	$\mp 0,01040_{42}$	$+0,09588_{33}$	$\pm 0,04156_{6}$
0,680	$\pm 0,68000$	$+0,23120_{68}$	$\mp 0,18278_{19}$	$-0,21317_{23}$	$\mp 0,01082_{42}$	$+0,09555_{33}$	$\pm 0,04150_{7}$
0,681	$\pm 0,68100$	$+0,23188_{68}$	$\mp 0,18259_{20}$	$-0,21340_{23}$	$\mp 0,01124_{43}$	$+0,09522_{33}$	$\pm 0,04143_{7}$
0,682	$\pm 0,68200$	$+0,23256_{68}$	$\mp 0,18239_{20}$	$-0,21363_{23}$	$\mp 0,01167_{42}$	$+0,09489_{34}$	$\pm 0,04136_{7}$
0,683	$\pm 0,68300$	$+0,23324_{69}$	$\mp 0,18220_{21}$	$-0,21386_{23}$	$\mp 0,01209_{42}$	$+0,09455_{34}$	$\pm 0,04129_{7}$
0,684	$\pm 0,68400$	$+0,23393_{68}$	$\mp 0,18199_{20}$	$-0,21409_{22}$	$\mp 0,01251_{42}$	$+0,09421_{34}$	$\pm 0,04122_{7}$
0,685	$\pm 0,68500$	$+0,23461_{69}$	$\mp 0,18179_{21}$	$-0,21431_{22}$	$\mp 0,01293_{42}$	$+0,09387_{34}$	$\pm 0,04115_{8}$
0,686	$\pm 0,68600$	$+0,23530_{68}$	$\mp 0,18158_{20}$	$-0,21453_{22}$	$\mp 0,01335_{42}$	$+0,09353_{34}$	$\pm 0,04107_{8}$
0,687	$\pm 0,68700$	$+0,23598_{69}$	$\mp 0,18138_{21}$	$-0,21475_{22}$	$\mp 0,01377_{42}$	$+0,09319_{35}$	$\pm 0,04099_{8}$
0,688	$\pm 0,68800$	$+0,23667_{69}$	$\mp 0,18117_{21}$	$-0,21497_{22}$	$\mp 0,01419_{42}$	$+0,09284_{35}$	$\pm 0,04091_{9}$
0,689	$\pm 0,68900$	$+0,23736_{69}$	$\mp 0,18096_{21}$	$-0,21519_{22}$	$\mp 0,01461_{42}$	$+0,09249_{35}$	$\pm 0,04082_{9}$
0,690	$\pm 0,69000$	$+0,23805_{69}$	$\mp 0,18075_{22}$	$-0,21541_{21}$	$\mp 0,01503_{42}$	$+0,09214_{35}$	$\pm 0,04073_{10}$
0,691	$\pm 0,69100$	$+0,23874_{69}$	$\mp 0,18053_{22}$	$-0,21562_{21}$	$\mp 0,01545_{42}$	$+0,09179_{35}$	$\pm 0,04063_{10}$
0,692	$\pm 0,69200$	$+0,23943_{69}$	$\mp 0,18031_{21}$	$-0,21583_{21}$	$\mp 0,01587_{42}$	$+0,09144_{35}$	$\pm 0,04053_{10}$
0,693	$\pm 0,69300$	$+0,24012_{70}$	$\mp 0,18010_{23}$	$-0,21604_{21}$	$\mp 0,01629_{42}$	$+0,09109_{35}$	$\pm 0,04043_{10}$
0,694	$\pm 0,69400$	$+0,24082_{69}$	$\mp 0,17987_{22}$	$-0,21625_{20}$	$\mp 0,01671_{41}$	$+0,09074_{36}$	$\pm 0,04033_{10}$
0,695	$\pm 0,69500$	$+0,24151_{70}$	$\mp 0,17965_{23}$	$-0,21645_{20}$	$\mp 0,01712_{42}$	$+0,09038_{36}$	$\pm 0,04023_{11}$
0,696	$\pm 0,69600$	$+0,24221_{69}$	$\mp 0,17942_{22}$	$-0,21665_{20}$	$\mp 0,01754_{42}$	$+0,09002_{36}$	$\pm 0,04012_{12}$
0,697	$\pm 0,69700$	$+0,24290_{70}$	$\mp 0,17920_{23}$	$-0,21685_{20}$	$\mp 0,01796_{41}$	$+0,08966_{36}$	$\pm 0,04000_{12}$
0,698	$\pm 0,69800$	$+0,24360_{70}$	$\mp 0,17897_{24}$	$-0,21705_{20}$	$\mp 0,01837_{41}$	$+0,08930_{36}$	$\pm 0,03988_{12}$
0,699	$\pm 0,69900$	$+0,24430_{70}$	$\mp 0,17873_{23}$	$-0,21725_{19}$	$\mp 0,01878_{41}$	$+0,08894_{37}$	$\pm 0,03976_{12}$
0,700	$\pm 0,70000$	$+0,24500_{70}$	$\mp 0,17850_{24}$	$-0,21744_{19}$	$\mp 0,01919_{41}$	$+0,08857_{37}$	$\pm 0,03964_{13}$

x	$P_{0,1}(\pm x)$	$P_{1,1}(\pm x)$	$P_{2,1}(\pm x)$	$P_{3,1}(\pm x)$	$P_{4,1}(\pm x)$	$P_{5,1}(\pm x)$	$P_{6,1}(\pm x)$
0,700	$\pm 0{,}70000$	$+ 0{,}24500_{70}$	$\mp 0{,}17850_{24}$	$- 0{,}21744_{19}$	$\mp 0{,}01919_{41}$	$+ 0{,}08857_{37}$	$\pm 0{,}03964_{13}$
0,701	$\pm 0{,}70100$	$+ 0{,}24570_{70}$	$\mp 0{,}17826_{23}$	$- 0{,}21763_{19}$	$\mp 0{,}01960_{41}$	$+ 0{,}08820_{37}$	$\pm 0{,}03951_{13}$
0,702	$\pm 0{,}70200$	$+ 0{,}24640_{70}$	$\mp 0{,}17803_{24}$	$- 0{,}21782_{19}$	$\mp 0{,}02001_{41}$	$+ 0{,}08783_{37}$	$\pm 0{,}03938_{13}$
0,703	$\pm 0{,}70300$	$+ 0{,}24710_{71}$	$\mp 0{,}17779_{25}$	$- 0{,}21801_{18}$	$\mp 0{,}02042_{41}$	$+ 0{,}08746_{37}$	$\pm 0{,}03925_{14}$
0,704	$\pm 0{,}70400$	$+ 0{,}24781_{70}$	$\mp 0{,}17754_{24}$	$- 0{,}21819_{18}$	$\mp 0{,}02083_{41}$	$+ 0{,}08709_{37}$	$\pm 0{,}03911_{14}$
0,705	$\pm 0{,}70500$	$+ 0{,}24851_{71}$	$\mp 0{,}17730_{25}$	$- 0{,}21837_{18}$	$\mp 0{,}02124_{41}$	$+ 0{,}08672_{37}$	$\pm 0{,}03897_{14}$
0,706	$\pm 0{,}70600$	$+ 0{,}24922_{70}$	$\mp 0{,}17705_{24}$	$- 0{,}21855_{18}$	$\mp 0{,}02165_{41}$	$+ 0{,}08635_{37}$	$\pm 0{,}03883_{15}$
0,707	$\pm 0{,}70700$	$+ 0{,}24992_{71}$	$\mp 0{,}17681_{26}$	$- 0{,}21873_{18}$	$\mp 0{,}02206_{41}$	$+ 0{,}08598_{38}$	$\pm 0{,}03868_{15}$
0,708	$\pm 0{,}70800$	$+ 0{,}25063_{71}$	$\mp 0{,}17655_{25}$	$- 0{,}21891_{17}$	$\mp 0{,}02247_{40}$	$+ 0{,}08560_{38}$	$\pm 0{,}03853_{15}$
0,709	$\pm 0{,}70900$	$+ 0{,}25134_{71}$	$\mp 0{,}17630_{26}$	$- 0{,}21908_{17}$	$\mp 0{,}02287_{40}$	$+ 0{,}08522_{38}$	$\pm 0{,}03838_{15}$
0,710	$\pm 0{,}71000$	$+ 0{,}25205_{71}$	$\mp 0{,}17604_{25}$	$- 0{,}21925_{17}$	$\mp 0{,}02327_{41}$	$+ 0{,}08484_{38}$	$\pm 0{,}03823_{16}$
0,711	$\pm 0{,}71100$	$+ 0{,}25276_{71}$	$\mp 0{,}17579_{26}$	$- 0{,}21942_{17}$	$\mp 0{,}02368_{40}$	$+ 0{,}08446_{38}$	$\pm 0{,}03807_{16}$
0,712	$\pm 0{,}71200$	$+ 0{,}25347_{71}$	$\mp 0{,}17553_{26}$	$- 0{,}21959_{17}$	$\mp 0{,}02408_{40}$	$+ 0{,}08408_{38}$	$\pm 0{,}03791_{17}$
0,713	$\pm 0{,}71300$	$+ 0{,}25418_{72}$	$\mp 0{,}17527_{27}$	$- 0{,}21976_{17}$	$\mp 0{,}02448_{40}$	$+ 0{,}08370_{38}$	$\pm 0{,}03774_{17}$
0,714	$\pm 0{,}71400$	$+ 0{,}25490_{71}$	$\mp 0{,}17500_{26}$	$- 0{,}21992_{16}$	$\mp 0{,}02488_{40}$	$+ 0{,}08332_{39}$	$\pm 0{,}03757_{17}$
0,715	$\pm 0{,}71500$	$+ 0{,}25561_{72}$	$\mp 0{,}17474_{27}$	$- 0{,}22008_{16}$	$\mp 0{,}02528_{40}$	$+ 0{,}08293_{39}$	$\pm 0{,}03740_{18}$
0,716	$\pm 0{,}71600$	$+ 0{,}25633_{71}$	$\mp 0{,}17447_{27}$	$- 0{,}22024_{15}$	$\mp 0{,}02568_{40}$	$+ 0{,}08254_{39}$	$\pm 0{,}03722_{18}$
0,717	$\pm 0{,}71700$	$+ 0{,}25704_{72}$	$\mp 0{,}17420_{27}$	$- 0{,}22039_{15}$	$\mp 0{,}02608_{39}$	$+ 0{,}08215_{39}$	$\pm 0{,}03704_{18}$
0,718	$\pm 0{,}71800$	$+ 0{,}25776_{72}$	$\mp 0{,}17393_{28}$	$- 0{,}22054_{15}$	$\mp 0{,}02647_{39}$	$+ 0{,}08176_{39}$	$\pm 0{,}03686_{18}$
0,719	$\pm 0{,}71900$	$+ 0{,}25848_{72}$	$\mp 0{,}17365_{27}$	$- 0{,}22069_{15}$	$\mp 0{,}02686_{39}$	$+ 0{,}08137_{39}$	$\pm 0{,}03668_{19}$
0,720	$\pm 0{,}72000$	$+ 0{,}25920_{72}$	$\mp 0{,}17338_{28}$	$- 0{,}22084_{14}$	$\mp 0{,}02725_{39}$	$+ 0{,}08098_{39}$	$\pm 0{,}03649_{18}$
0,721	$\pm 0{,}72100$	$+ 0{,}25992_{72}$	$\mp 0{,}17310_{28}$	$- 0{,}22098_{14}$	$\mp 0{,}02764_{39}$	$+ 0{,}08059_{39}$	$\pm 0{,}03631_{19}$
0,722	$\pm 0{,}72200$	$+ 0{,}26064_{72}$	$\mp 0{,}17282_{28}$	$- 0{,}22112_{14}$	$\mp 0{,}02803_{39}$	$+ 0{,}08020_{39}$	$\pm 0{,}03612_{19}$
0,723	$\pm 0{,}72300$	$+ 0{,}26136_{72}$	$\mp 0{,}17254_{29}$	$- 0{,}22126_{14}$	$\mp 0{,}02842_{39}$	$+ 0{,}07981_{40}$	$\pm 0{,}03593_{19}$
0,724	$\pm 0{,}72400$	$+ 0{,}26208_{73}$	$\mp 0{,}17225_{29}$	$- 0{,}22140_{14}$	$\mp 0{,}02881_{39}$	$+ 0{,}07941_{40}$	$\pm 0{,}03574_{20}$
0,725	$\pm 0{,}72500$	$+ 0{,}26281_{73}$	$\mp 0{,}17196_{29}$	$- 0{,}22154_{13}$	$\mp 0{,}02920_{39}$	$+ 0{,}07901_{40}$	$\pm 0{,}03554_{21}$
0,726	$\pm 0{,}72600$	$+ 0{,}26354_{72}$	$\mp 0{,}17167_{29}$	$- 0{,}22167_{13}$	$\mp 0{,}02959_{39}$	$+ 0{,}07861_{40}$	$\pm 0{,}03533_{22}$
0,727	$\pm 0{,}72700$	$+ 0{,}26426_{73}$	$\mp 0{,}17138_{29}$	$- 0{,}22180_{13}$	$\mp 0{,}02998_{39}$	$+ 0{,}07821_{40}$	$\pm 0{,}03511_{22}$
0,728	$\pm 0{,}72800$	$+ 0{,}26499_{73}$	$\mp 0{,}17109_{30}$	$- 0{,}22193_{13}$	$\mp 0{,}03037_{38}$	$+ 0{,}07781_{40}$	$\pm 0{,}03489_{23}$
0,729	$\pm 0{,}72900$	$+ 0{,}26572_{73}$	$\mp 0{,}17079_{30}$	$- 0{,}22206_{13}$	$\mp 0{,}03075_{38}$	$+ 0{,}07741_{40}$	$\pm 0{,}03466_{23}$
0,730	$\pm 0{,}73000$	$+ 0{,}26645_{73}$	$\mp 0{,}17049_{30}$	$- 0{,}22219_{12}$	$\mp 0{,}03113_{38}$	$+ 0{,}07701_{40}$	$\pm 0{,}03443_{23}$
0,731	$\pm 0{,}73100$	$+ 0{,}26718_{73}$	$\mp 0{,}17019_{30}$	$- 0{,}22231_{12}$	$\mp 0{,}03151_{38}$	$+ 0{,}07661_{40}$	$\pm 0{,}03420_{23}$
0,732	$\pm 0{,}73200$	$+ 0{,}26791_{73}$	$\mp 0{,}16989_{30}$	$- 0{,}22243_{12}$	$\mp 0{,}03189_{38}$	$+ 0{,}07621_{41}$	$\pm 0{,}03397_{23}$
0,733	$\pm 0{,}73300$	$+ 0{,}26864_{74}$	$\mp 0{,}16959_{31}$	$- 0{,}22255_{11}$	$\mp 0{,}03227_{38}$	$+ 0{,}07580_{41}$	$\pm 0{,}03374_{23}$
0,734	$\pm 0{,}73400$	$+ 0{,}26938_{73}$	$\mp 0{,}16928_{31}$	$- 0{,}22266_{11}$	$\mp 0{,}03265_{37}$	$+ 0{,}07539_{41}$	$\pm 0{,}03351_{23}$
0,735	$\pm 0{,}73500$	$+ 0{,}27011_{74}$	$\mp 0{,}16897_{32}$	$- 0{,}22277_{11}$	$\mp 0{,}03302_{37}$	$+ 0{,}07498_{40}$	$\pm 0{,}03328_{24}$
0,736	$\pm 0{,}73600$	$+ 0{,}27085_{73}$	$\mp 0{,}16865_{31}$	$- 0{,}22288_{10}$	$\mp 0{,}03339_{37}$	$+ 0{,}07458_{41}$	$\pm 0{,}03304_{24}$
0,737	$\pm 0{,}73700$	$+ 0{,}27158_{74}$	$\mp 0{,}16834_{31}$	$- 0{,}22298_{10}$	$\mp 0{,}03376_{37}$	$+ 0{,}07417_{41}$	$\pm 0{,}03280_{24}$
0,738	$\pm 0{,}73800$	$+ 0{,}27232_{74}$	$\mp 0{,}16803_{32}$	$- 0{,}22308_{10}$	$\mp 0{,}03413_{37}$	$+ 0{,}07376_{41}$	$\pm 0{,}03256_{25}$
0,739	$\pm 0{,}73900$	$+ 0{,}27306_{74}$	$\mp 0{,}16771_{32}$	$- 0{,}22318_{10}$	$\mp 0{,}03450_{37}$	$+ 0{,}07335_{41}$	$\pm 0{,}03231_{25}$
0,740	$\pm 0{,}74000$	$+ 0{,}27380_{74}$	$\mp 0{,}16739_{33}$	$- 0{,}22328_{10}$	$\mp 0{,}03487_{37}$	$+ 0{,}07294_{41}$	$\pm 0{,}03206_{25}$
0,741	$\pm 0{,}74100$	$+ 0{,}27454_{74}$	$\mp 0{,}16706_{32}$	$- 0{,}22338_{9}$	$\mp 0{,}03524_{36}$	$+ 0{,}07253_{41}$	$\pm 0{,}03181_{26}$
0,742	$\pm 0{,}74200$	$+ 0{,}27528_{74}$	$\mp 0{,}16674_{32}$	$- 0{,}22347_{9}$	$\mp 0{,}03560_{36}$	$+ 0{,}07212_{41}$	$\pm 0{,}03155_{26}$
0,743	$\pm 0{,}74300$	$+ 0{,}27602_{74}$	$\mp 0{,}16642_{33}$	$- 0{,}22356_{9}$	$\mp 0{,}03596_{36}$	$+ 0{,}07171_{41}$	$\pm 0{,}03129_{26}$
0,744	$\pm 0{,}74400$	$+ 0{,}27676_{75}$	$\mp 0{,}16609_{33}$	$- 0{,}22365_{9}$	$\mp 0{,}03632_{36}$	$+ 0{,}07130_{42}$	$\pm 0{,}03103_{26}$
0,745	$\pm 0{,}74500$	$+ 0{,}27751_{75}$	$\mp 0{,}16576_{34}$	$- 0{,}22374_{8}$	$\mp 0{,}03668_{36}$	$+ 0{,}07088_{41}$	$\pm 0{,}03077_{27}$
0,746	$\pm 0{,}74600$	$+ 0{,}27826_{74}$	$\mp 0{,}16542_{33}$	$- 0{,}22382_{9}$	$\mp 0{,}03704_{36}$	$+ 0{,}07047_{41}$	$\pm 0{,}03050_{27}$
0,747	$\pm 0{,}74700$	$+ 0{,}27900_{75}$	$\mp 0{,}16509_{34}$	$- 0{,}22390_{8}$	$\mp 0{,}03740_{35}$	$+ 0{,}07006_{42}$	$\pm 0{,}03023_{27}$
0,748	$\pm 0{,}74800$	$+ 0{,}27975_{75}$	$\mp 0{,}16475_{34}$	$- 0{,}22398_{7}$	$\mp 0{,}03775_{35}$	$+ 0{,}06964_{42}$	$\pm 0{,}02996_{28}$
0,749	$\pm 0{,}74900$	$+ 0{,}28050_{75}$	$\mp 0{,}16441_{35}$	$- 0{,}22405_{7}$	$\mp 0{,}03810_{35}$	$+ 0{,}06922_{42}$	$\pm 0{,}02968_{28}$
0,750	$\pm 0{,}75000$	$+ 0{,}28125_{75}$	$\mp 0{,}16406_{34}$	$- 0{,}22412_{7}$	$\mp 0{,}03845_{35}$	$+ 0{,}06880_{41}$	$\pm 0{,}02940_{28}$

x	$P_{0,1}(\pm x)$	$P_{1,1}(\pm x)$	$P_{2,1}(\pm x)$	$P_{3,1}(\pm x)$	$P_{4,1}(\pm x)$	$P_{5,1}(\pm x)$	$P_{6,1}(\pm x)$
0,750	$\pm 0{,}75000$	$+0{,}28125_{75}$	$\mp 0{,}16406_{34}$	$-0{,}22412_{7}$	$\mp 0{,}03845_{35}$	$+0{,}06880_{41}$	$\pm 0{,}02940_{28}$
0,751	$\pm 0{,}75100$	$+0{,}28200_{75}$	$\mp 0{,}16372_{35}$	$-0{,}22419_{7}$	$\mp 0{,}03880_{35}$	$+0{,}06839_{41}$	$\pm 0{,}02912_{29}$
0,752	$\pm 0{,}75200$	$+0{,}28275_{75}$	$\mp 0{,}16337_{35}$	$-0{,}22426_{6}$	$\mp 0{,}03915_{35}$	$+0{,}06797_{42}$	$\pm 0{,}02883_{29}$
0,753	$\pm 0{,}75300$	$+0{,}28350_{76}$	$\mp 0{,}16302_{35}$	$-0{,}22432_{6}$	$\mp 0{,}03950_{34}$	$+0{,}06755_{42}$	$\pm 0{,}02854_{29}$
0,754	$\pm 0{,}75400$	$+0{,}28426_{75}$	$\mp 0{,}16267_{35}$	$-0{,}22438_{6}$	$\mp 0{,}03984_{34}$	$+0{,}06713_{42}$	$\pm 0{,}02825_{29}$
0,755	$\pm 0{,}75500$	$+0{,}28501_{76}$	$\mp 0{,}16232_{36}$	$-0{,}22444_{5}$	$\mp 0{,}04018_{34}$	$+0{,}06671_{41}$	$\pm 0{,}02796_{30}$
0,756	$\pm 0{,}75600$	$+0{,}28577_{75}$	$\mp 0{,}16196_{36}$	$-0{,}22449_{5}$	$\mp 0{,}04052_{34}$	$+0{,}06630_{42}$	$\pm 0{,}02766_{30}$
0,757	$\pm 0{,}75700$	$+0{,}28652_{76}$	$\mp 0{,}16160_{36}$	$-0{,}22454_{5}$	$\mp 0{,}04086_{34}$	$+0{,}06588_{42}$	$\pm 0{,}02736_{30}$
0,758	$\pm 0{,}75800$	$+0{,}28728_{76}$	$\mp 0{,}16124_{36}$	$-0{,}22459_{5}$	$\mp 0{,}04120_{33}$	$+0{,}06546_{42}$	$\pm 0{,}02706_{30}$
0,759	$\pm 0{,}75900$	$+0{,}28804_{76}$	$\mp 0{,}16088_{34}$	$-0{,}22464_{5}$	$\mp 0{,}04153_{33}$	$+0{,}06504_{42}$	$\pm 0{,}02676_{31}$
0,760	$\pm 0{,}76000$	$+0{,}28880_{76}$	$\mp 0{,}16051_{37}$	$-0{,}22469_{4}$	$\mp 0{,}04186_{33}$	$+0{,}06462_{42}$	$\pm 0{,}02645_{31}$
0,761	$\pm 0{,}76100$	$+0{,}28956_{76}$	$\mp 0{,}16014_{36}$	$-0{,}22473_{4}$	$\mp 0{,}04219_{33}$	$+0{,}06420_{42}$	$\pm 0{,}02614_{31}$
0,762	$\pm 0{,}76200$	$+0{,}29032_{76}$	$\mp 0{,}15978_{37}$	$-0{,}22477_{4}$	$\mp 0{,}04252_{33}$	$+0{,}06378_{42}$	$\pm 0{,}02583_{31}$
0,763	$\pm 0{,}76300$	$+0{,}29108_{77}$	$\mp 0{,}15941_{38}$	$-0{,}22480_{3}$	$\mp 0{,}04285_{33}$	$+0{,}06336_{42}$	$\pm 0{,}02552_{31}$
0,764	$\pm 0{,}76400$	$+0{,}29185_{76}$	$\mp 0{,}15903_{38}$	$-0{,}22483_{3}$	$\mp 0{,}04318_{33}$	$+0{,}06294_{42}$	$\pm 0{,}02520_{32}$
0,765	$\pm 0{,}76500$	$+0{,}29261_{77}$	$\mp 0{,}15865_{38}$	$-0{,}22486_{3}$	$\mp 0{,}04350_{32}$	$+0{,}06252_{42}$	$\pm 0{,}02488_{32}$
0,766	$\pm 0{,}76600$	$+0{,}29338_{76}$	$\mp 0{,}15827_{38}$	$-0{,}22489_{2}$	$\mp 0{,}04382_{32}$	$+0{,}06210_{42}$	$\pm 0{,}02456_{32}$
0,767	$\pm 0{,}76700$	$+0{,}29414_{77}$	$\mp 0{,}15789_{38}$	$-0{,}22491_{2}$	$\mp 0{,}04414_{32}$	$+0{,}06168_{42}$	$\pm 0{,}02424_{32}$
0,768	$\pm 0{,}76800$	$+0{,}29491_{77}$	$\mp 0{,}15751_{39}$	$-0{,}22493_{2}$	$\mp 0{,}04445_{31}$	$+0{,}06126_{42}$	$\pm 0{,}02391_{33}$
0,769	$\pm 0{,}76900$	$+0{,}29568_{77}$	$\mp 0{,}15712_{39}$	$-0{,}22495_{2}$	$\mp 0{,}04476_{31}$	$+0{,}06084_{41}$	$\pm 0{,}02358_{33}$
0,770	$\pm 0{,}77000$	$+0{,}29645_{79}$	$\mp 0{,}15673_{79}$	$-0{,}22497_{1}$	$\mp 0{,}04507_{31}$	$+0{,}06043_{42}$	$\pm 0{,}02325_{34}$
0,771	$\pm 0{,}77100$	$+0{,}29722_{77}$	$\mp 0{,}15634_{39}$	$-0{,}22498_{1}$	$\mp 0{,}04538_{31}$	$+0{,}06001_{42}$	$\pm 0{,}02291_{34}$
0,772	$\pm 0{,}77200$	$+0{,}29799_{77}$	$\mp 0{,}15595_{39}$	$-0{,}22499_{1}$	$\mp 0{,}04569_{31}$	$+0{,}05959_{42}$	$\pm 0{,}02257_{34}$
0,773	$\pm 0{,}77300$	$+0{,}29876_{78}$	$\mp 0{,}15556_{40}$	$-0{,}22500_{1}$	$\mp 0{,}04600_{31}$	$+0{,}05917_{42}$	$\pm 0{,}02223_{34}$
0,774	$\pm 0{,}77400$	$+0{,}29954_{77}$	$\mp 0{,}15516_{40}$	$-0{,}22500_{0}$	$\mp 0{,}04630_{30}$	$+0{,}05875_{42}$	$\pm 0{,}02189_{34}$
0,775	$\pm 0{,}77500$	$+0{,}30031_{78}$	$\mp 0{,}15476_{40}$	$-0{,}22500_{0}$	$\mp 0{,}04660_{30}$	$+0{,}05833_{42}$	$\pm 0{,}02155_{35}$
0,776	$\pm 0{,}77600$	$+0{,}30109_{77}$	$\mp 0{,}15435_{40}$	$-0{,}22500_{1}$	$\mp 0{,}04690_{29}$	$+0{,}05791_{42}$	$\pm 0{,}02120_{35}$
0,777	$\pm 0{,}77700$	$+0{,}30186_{78}$	$\mp 0{,}15395_{40}$	$-0{,}22499_{1}$	$\mp 0{,}04719_{29}$	$+0{,}05749_{42}$	$\pm 0{,}02085_{35}$
0,778	$\pm 0{,}77800$	$+0{,}30264_{78}$	$\mp 0{,}15355_{42}$	$-0{,}22498_{1}$	$\mp 0{,}04748_{29}$	$+0{,}05707_{41}$	$\pm 0{,}02050_{35}$
0,779	$\pm 0{,}77900$	$+0{,}30342_{78}$	$\mp 0{,}15313_{41}$	$-0{,}22497_{1}$	$\mp 0{,}04777_{29}$	$+0{,}05666_{41}$	$\pm 0{,}02015_{35}$
0,780	$\pm 0{,}78000$	$+0{,}30420_{78}$	$\mp 0{,}15272_{41}$	$-0{,}22496_{2}$	$\mp 0{,}04806_{29}$	$+0{,}05625_{42}$	$\pm 0{,}01980_{36}$
0,781	$\pm 0{,}78100$	$+0{,}30498_{78}$	$\mp 0{,}15231_{41}$	$-0{,}22494_{2}$	$\mp 0{,}04835_{28}$	$+0{,}05583_{42}$	$\pm 0{,}01944_{36}$
0,782	$\pm 0{,}78200$	$+0{,}30576_{78}$	$\mp 0{,}15190_{41}$	$-0{,}22492_{2}$	$\mp 0{,}04863_{28}$	$+0{,}05541_{42}$	$\pm 0{,}01908_{36}$
0,783	$\pm 0{,}78300$	$+0{,}30654_{79}$	$\mp 0{,}15148_{42}$	$-0{,}22490_{2}$	$\mp 0{,}04891_{28}$	$+0{,}05499_{41}$	$\pm 0{,}01872_{36}$
0,784	$\pm 0{,}78400$	$+0{,}30733_{78}$	$\mp 0{,}15105_{43}$	$-0{,}22487_{3}$	$\mp 0{,}04919_{28}$	$+0{,}05458_{41}$	$\pm 0{,}01836_{37}$
0,785	$\pm 0{,}78500$	$+0{,}30811_{78}$	$\mp 0{,}15063_{42}$	$-0{,}22484_{4}$	$\mp 0{,}04947_{27}$	$+0{,}05417_{42}$	$\pm 0{,}01799_{37}$
0,786	$\pm 0{,}78600$	$+0{,}30889_{79}$	$\mp 0{,}15021_{43}$	$-0{,}22480_{4}$	$\mp 0{,}04974_{27}$	$+0{,}05375_{41}$	$\pm 0{,}01762_{37}$
0,787	$\pm 0{,}78700$	$+0{,}30968_{79}$	$\mp 0{,}14978_{43}$	$-0{,}22476_{4}$	$\mp 0{,}05001_{27}$	$+0{,}05334_{41}$	$\pm 0{,}01725_{37}$
0,788	$\pm 0{,}78800$	$+0{,}31047_{79}$	$\mp 0{,}14935_{43}$	$-0{,}22472_{4}$	$\mp 0{,}05028_{27}$	$+0{,}05293_{41}$	$\pm 0{,}01688_{37}$
0,789	$\pm 0{,}78900$	$+0{,}31126_{79}$	$\mp 0{,}14892_{43}$	$-0{,}22468_{4}$	$\mp 0{,}05055_{26}$	$+0{,}05252_{41}$	$\pm 0{,}01651_{37}$
0,790	$\pm 0{,}79000$	$+0{,}31205_{79}$	$\mp 0{,}14848_{44}$	$-0{,}22464_{4}$	$\mp 0{,}05081_{26}$	$+0{,}05211_{41}$	$\pm 0{,}01614_{38}$
0,791	$\pm 0{,}79100$	$+0{,}31284_{79}$	$\mp 0{,}14804_{44}$	$-0{,}22458_{5}$	$\mp 0{,}05107_{26}$	$+0{,}05170_{41}$	$\pm 0{,}01576_{38}$
0,792	$\pm 0{,}79200$	$+0{,}31363_{79}$	$\mp 0{,}14760_{44}$	$-0{,}22453_{5}$	$\mp 0{,}05133_{25}$	$+0{,}05129_{41}$	$\pm 0{,}01538_{38}$
0,793	$\pm 0{,}79300$	$+0{,}31442_{80}$	$\mp 0{,}14716_{45}$	$-0{,}22448_{6}$	$\mp 0{,}05158_{25}$	$+0{,}05088_{41}$	$\pm 0{,}01500_{38}$
0,794	$\pm 0{,}79400$	$+0{,}31522_{79}$	$\mp 0{,}14671_{44}$	$-0{,}22442_{6}$	$\mp 0{,}05183_{25}$	$+0{,}05047_{40}$	$\pm 0{,}01462_{38}$
0,795	$\pm 0{,}79500$	$+0{,}31601_{80}$	$\mp 0{,}14627_{45}$	$-0{,}22436_{7}$	$\mp 0{,}05208_{24}$	$+0{,}05007_{41}$	$\pm 0{,}01424_{38}$
0,796	$\pm 0{,}79600$	$+0{,}31681_{79}$	$\mp 0{,}14582_{45}$	$-0{,}22429_{7}$	$\mp 0{,}05232_{24}$	$+0{,}04966_{40}$	$\pm 0{,}01386_{39}$
0,797	$\pm 0{,}79700$	$+0{,}31760_{80}$	$\mp 0{,}14537_{45}$	$-0{,}22422_{7}$	$\mp 0{,}05256_{24}$	$+0{,}04926_{40}$	$\pm 0{,}01347_{39}$
0,798	$\pm 0{,}79800$	$+0{,}31840_{80}$	$\mp 0{,}14492_{46}$	$-0{,}22415_{7}$	$\mp 0{,}05280_{24}$	$+0{,}04886_{40}$	$\pm 0{,}01308_{39}$
0,799	$\pm 0{,}79900$	$+0{,}31920_{80}$	$\mp 0{,}14446_{46}$	$-0{,}22408_{8}$	$\mp 0{,}05304_{24}$	$+0{,}04846_{40}$	$\pm 0{,}01269_{39}$
0,800	$\pm 0{,}80000$	$+0{,}32000_{80}$	$\mp 0{,}14400_{46}$	$-0{,}22400_{8}$	$\mp 0{,}05328_{23}$	$+0{,}04806_{40}$	$\pm 0{,}01230_{39}$

x	$P_{0,1}(\pm x)$	$P_{1,1}(\pm x)$	$P_{2,1}(\pm x)$	$P_{3,1}(\pm x)$	$P_{4,1}(\pm x)$	$P_{5,1}(\pm x)$	$P_{6,1}(\pm x)$
0,800	$\pm 0{,}80000$	$+0{,}32000_{80}$	$\mp 0{,}14400_{46}$	$-0{,}22400_{8}$	$\mp 0{,}05328_{23}$	$+0{,}04806_{40}$	$\pm 0{,}01230_{39}$
0,801	$\pm 0{,}80100$	$+0{,}32080_{80}$	$\mp 0{,}14354_{46}$	$-0{,}22392_{9}$	$\mp 0{,}05351_{23}$	$+0{,}04766_{40}$	$\pm 0{,}01191_{39}$
0,802	$\pm 0{,}80200$	$+0{,}32160_{80}$	$\mp 0{,}14308_{47}$	$-0{,}22383_{9}$	$\mp 0{,}05374_{23}$	$+0{,}04726_{40}$	$\pm 0{,}01152_{40}$
0,803	$\pm 0{,}80300$	$+0{,}32240_{80}$	$\mp 0{,}14261_{46}$	$-0{,}22374_{9}$	$\mp 0{,}05397_{23}$	$+0{,}04686_{39}$	$\pm 0{,}01112_{40}$
0,804	$\pm 0{,}80400$	$+0{,}32320_{81}$	$\mp 0{,}14215_{48}$	$-0{,}22365_{9}$	$\mp 0{,}05420_{22}$	$+0{,}04647_{39}$	$\pm 0{,}01072_{40}$
0,805	$\pm 0{,}80500$	$+0{,}32401_{81}$	$\mp 0{,}14167_{48}$	$-0{,}22356_{10}$	$\mp 0{,}05442_{21}$	$+0{,}04608_{39}$	$\pm 0{,}01032_{40}$
0,806	$\pm 0{,}80600$	$+0{,}32482_{80}$	$\mp 0{,}14119_{47}$	$-0{,}22346_{10}$	$\mp 0{,}05463_{21}$	$+0{,}04569_{39}$	$\pm 0{,}00992_{40}$
0,807	$\pm 0{,}80700$	$+0{,}32562_{81}$	$\mp 0{,}14072_{48}$	$-0{,}22336_{10}$	$\mp 0{,}05484_{21}$	$+0{,}04530_{39}$	$\pm 0{,}00952_{40}$
0,808	$\pm 0{,}80800$	$+0{,}32643_{81}$	$\mp 0{,}14024_{48}$	$-0{,}22325_{11}$	$\mp 0{,}05505_{21}$	$+0{,}04491_{39}$	$\pm 0{,}00912_{40}$
0,809	$\pm 0{,}80900$	$+0{,}32724_{81}$	$\mp 0{,}13976_{48}$	$-0{,}22314_{11}$	$\mp 0{,}05526_{20}$	$+0{,}04452_{38}$	$\pm 0{,}00872_{41}$
0,810	$\pm 0{,}81000$	$+0{,}32805_{81}$	$\mp 0{,}13928_{49}$	$-0{,}22303_{12}$	$\mp 0{,}05546_{20}$	$+0{,}04414_{39}$	$\pm 0{,}00831_{40}$
0,811	$\pm 0{,}81100$	$+0{,}32886_{81}$	$\mp 0{,}13879_{48}$	$-0{,}22291_{12}$	$\mp 0{,}05566_{20}$	$+0{,}04375_{38}$	$\pm 0{,}00791_{40}$
0,812	$\pm 0{,}81200$	$+0{,}32967_{81}$	$\mp 0{,}13831_{49}$	$-0{,}22279_{12}$	$\mp 0{,}05586_{19}$	$+0{,}04337_{38}$	$\pm 0{,}00751_{41}$
0,813	$\pm 0{,}81300$	$+0{,}33048_{82}$	$\mp 0{,}13782_{50}$	$-0{,}22267_{12}$	$\mp 0{,}05605_{19}$	$+0{,}04299_{38}$	$\pm 0{,}00710_{41}$
0,814	$\pm 0{,}81400$	$+0{,}33130_{81}$	$\mp 0{,}13732_{49}$	$-0{,}22255_{13}$	$\mp 0{,}05624_{19}$	$+0{,}04261_{38}$	$\pm 0{,}00669_{41}$
0,815	$\pm 0{,}81500$	$+0{,}33211_{82}$	$\mp 0{,}13683_{50}$	$-0{,}22242_{14}$	$\mp 0{,}05643_{18}$	$+0{,}04223_{38}$	$\pm 0{,}00628_{41}$
0,816	$\pm 0{,}81600$	$+0{,}33293_{81}$	$\mp 0{,}13633_{50}$	$-0{,}22228_{14}$	$\mp 0{,}05661_{18}$	$+0{,}04185_{37}$	$\pm 0{,}00587_{41}$
0,817	$\pm 0{,}81700$	$+0{,}33374_{82}$	$\mp 0{,}13583_{50}$	$-0{,}22214_{14}$	$\mp 0{,}05679_{18}$	$+0{,}04148_{37}$	$\pm 0{,}00546_{41}$
0,818	$\pm 0{,}81800$	$+0{,}33456_{82}$	$\mp 0{,}13533_{51}$	$-0{,}22200_{14}$	$\mp 0{,}05697_{17}$	$+0{,}04111_{37}$	$\pm 0{,}00505_{41}$
0,819	$\pm 0{,}81900$	$+0{,}33538_{82}$	$\mp 0{,}13482_{50}$	$-0{,}22186_{14}$	$\mp 0{,}05714_{17}$	$+0{,}04074_{37}$	$\pm 0{,}00464_{41}$
0,820	$\pm 0{,}82000$	$+0{,}33620_{82}$	$\mp 0{,}13432_{51}$	$-0{,}22172_{15}$	$\mp 0{,}05731_{16}$	$+0{,}04037_{37}$	$\pm 0{,}00423_{41}$
0,821	$\pm 0{,}82100$	$+0{,}33702_{82}$	$\mp 0{,}13381_{51}$	$-0{,}22157_{15}$	$\mp 0{,}05747_{16}$	$+0{,}04000_{37}$	$\pm 0{,}00382_{41}$
0,822	$\pm 0{,}82200$	$+0{,}33784_{82}$	$\mp 0{,}13330_{52}$	$-0{,}22142_{16}$	$\mp 0{,}05763_{16}$	$+0{,}03963_{36}$	$\pm 0{,}00341_{41}$
0,823	$\pm 0{,}82300$	$+0{,}33866_{83}$	$\mp 0{,}13278_{52}$	$-0{,}22126_{16}$	$\mp 0{,}05779_{16}$	$+0{,}03927_{36}$	$\pm 0{,}00300_{42}$
0,824	$\pm 0{,}82400$	$+0{,}33949_{82}$	$\mp 0{,}13226_{52}$	$-0{,}22110_{16}$	$\mp 0{,}05795_{16}$	$+0{,}03891_{36}$	$\pm 0{,}00258_{42}$
0,825	$\pm 0{,}82500$	$+0{,}34031_{83}$	$\mp 0{,}13174_{52}$	$-0{,}22094_{17}$	$\mp 0{,}05811_{15}$	$+0{,}03855_{35}$	$\pm 0{,}00216_{41}$
0,826	$\pm 0{,}82600$	$+0{,}34114_{82}$	$\mp 0{,}13122_{52}$	$-0{,}22077_{17}$	$\mp 0{,}05826_{15}$	$+0{,}03820_{35}$	$\pm 0{,}00175_{41}$
0,827	$\pm 0{,}82700$	$+0{,}34196_{83}$	$\mp 0{,}13070_{53}$	$-0{,}22060_{18}$	$\mp 0{,}05841_{14}$	$+0{,}03785_{35}$	$\pm 0{,}00134_{41}$
0,828	$\pm 0{,}82800$	$+0{,}34279_{83}$	$\mp 0{,}13017_{53}$	$-0{,}22042_{18}$	$\mp 0{,}05855_{14}$	$+0{,}03750_{35}$	$\pm 0{,}00093_{42}$
0,829	$\pm 0{,}82900$	$+0{,}34362_{83}$	$\mp 0{,}12964_{53}$	$-0{,}22024_{18}$	$\mp 0{,}05869_{13}$	$+0{,}03715_{35}$	$\pm 0{,}00051_{42}$
0,830	$\pm 0{,}83000$	$+0{,}34445_{83}$	$\mp 0{,}12911_{54}$	$-0{,}22006_{19}$	$\mp 0{,}05882_{13}$	$+0{,}03680_{34}$	$\pm 0{,}00009_{41}$
0,831	$\pm 0{,}83100$	$+0{,}34528_{83}$	$\mp 0{,}12857_{53}$	$-0{,}21987_{19}$	$\mp 0{,}05895_{12}$	$+0{,}03646_{34}$	$\mp 0{,}00032_{42}$
0,832	$\pm 0{,}83200$	$+0{,}34611_{83}$	$\mp 0{,}12804_{54}$	$-0{,}21968_{19}$	$\mp 0{,}05907_{12}$	$+0{,}03612_{34}$	$\mp 0{,}00074_{42}$
0,833	$\pm 0{,}83300$	$+0{,}34694_{84}$	$\mp 0{,}12750_{55}$	$-0{,}21949_{20}$	$\mp 0{,}05919_{12}$	$+0{,}03578_{34}$	$\mp 0{,}00116_{42}$
0,834	$\pm 0{,}83400$	$+0{,}34778_{83}$	$\mp 0{,}12695_{54}$	$-0{,}21929_{20}$	$\mp 0{,}05931_{12}$	$+0{,}03544_{33}$	$\mp 0{,}00158_{41}$
0,835	$\pm 0{,}83500$	$+0{,}34861_{84}$	$\mp 0{,}12641_{55}$	$-0{,}21909_{21}$	$\mp 0{,}05943_{11}$	$+0{,}03511_{33}$	$\mp 0{,}00199_{42}$
0,836	$\pm 0{,}83600$	$+0{,}34945_{83}$	$\mp 0{,}12586_{54}$	$-0{,}21888_{21}$	$\mp 0{,}05954_{10}$	$+0{,}03478_{33}$	$\mp 0{,}00241_{41}$
0,837	$\pm 0{,}83700$	$+0{,}35028_{84}$	$\mp 0{,}12532_{56}$	$-0{,}21867_{21}$	$\mp 0{,}05964_{10}$	$+0{,}03445_{32}$	$\mp 0{,}00282_{41}$
0,838	$\pm 0{,}83800$	$+0{,}35112_{84}$	$\mp 0{,}12476_{55}$	$-0{,}21846_{21}$	$\mp 0{,}05974_{10}$	$+0{,}03413_{32}$	$\mp 0{,}00323_{41}$
0,839	$\pm 0{,}83900$	$+0{,}35196_{84}$	$\mp 0{,}12421_{55}$	$-0{,}21825_{22}$	$\mp 0{,}05984_{10}$	$+0{,}03381_{32}$	$\mp 0{,}00364_{41}$
0,840	$\pm 0{,}84000$	$+0{,}35280_{84}$	$\mp 0{,}12365_{56}$	$-0{,}21803_{23}$	$\mp 0{,}05994_{9}$	$+0{,}03349_{32}$	$\mp 0{,}00405_{41}$
0,841	$\pm 0{,}84100$	$+0{,}35364_{84}$	$\mp 0{,}12309_{56}$	$-0{,}21780_{23}$	$\mp 0{,}06003_{9}$	$+0{,}03317_{31}$	$\mp 0{,}00446_{41}$
0,842	$\pm 0{,}84200$	$+0{,}35448_{84}$	$\mp 0{,}12253_{56}$	$-0{,}21757_{23}$	$\mp 0{,}06012_{8}$	$+0{,}03286_{31}$	$\mp 0{,}00487_{41}$
0,843	$\pm 0{,}84300$	$+0{,}35532_{85}$	$\mp 0{,}12197_{58}$	$-0{,}21734_{23}$	$\mp 0{,}06020_{8}$	$+0{,}03255_{31}$	$\mp 0{,}00528_{41}$
0,844	$\pm 0{,}84400$	$+0{,}35617_{84}$	$\mp 0{,}12139_{56}$	$-0{,}21711_{24}$	$\mp 0{,}06028_{8}$	$+0{,}03224_{31}$	$\mp 0{,}00569_{41}$
0,845	$\pm 0{,}84500$	$+0{,}35701_{85}$	$\mp 0{,}12083_{58}$	$-0{,}21687_{25}$	$\mp 0{,}06036_{7}$	$+0{,}03193_{30}$	$\mp 0{,}00610_{41}$
0,846	$\pm 0{,}84600$	$+0{,}35786_{84}$	$\mp 0{,}12025_{57}$	$-0{,}21662_{25}$	$\mp 0{,}06043_{6}$	$+0{,}03163_{30}$	$\mp 0{,}00651_{41}$
0,847	$\pm 0{,}84700$	$+0{,}35870_{85}$	$\mp 0{,}11968_{58}$	$-0{,}21637_{25}$	$\mp 0{,}06049_{6}$	$+0{,}03133_{29}$	$\mp 0{,}00692_{47}$
0,848	$\pm 0{,}84800$	$+0{,}35955_{85}$	$\mp 0{,}11910_{58}$	$-0{,}21612_{25}$	$\mp 0{,}06055_{6}$	$+0{,}03104_{29}$	$\mp 0{,}00733_{40}$
0,849	$\pm 0{,}84900$	$+0{,}36040_{85}$	$\mp 0{,}11852_{58}$	$-0{,}21587_{25}$	$\mp 0{,}06061_{5}$	$+0{,}03075_{29}$	$\mp 0{,}00773_{40}$
0,850	$\pm 0{,}85000$	$+0{,}36125_{85}$	$\mp 0{,}11794_{59}$	$-0{,}21562_{27}$	$\mp 0{,}06066_{4}$	$+0{,}03046_{28}$	$\mp 0{,}00813_{40}$

x	$P_{0,1}(\pm x)$	$P_{1,1}(\pm x)$	$P_{2,1}(\pm x)$	$P_{3,1}(\pm x)$	$P_{4,1}(\pm x)$	$P_{5,1}(\pm x)$	$P_{6,1}(\pm x)$
0,850	$\pm 0,85000$	$+0,36125_{85}$	$\mp 0,11794_{59}$	$-0,21562_{27}$	$\mp 0,06066_{4}$	$+0,03046_{28}$	$\mp 0,00813_{40}$
0,851	$\pm 0,85100$	$+0,36210_{85}$	$\mp 0,11735_{58}$	$-0,21535_{27}$	$\mp 0,06070_{4}$	$+0,03018_{28}$	$\mp 0,00853_{40}$
0,852	$\pm 0,85200$	$+0,36295_{85}$	$\mp 0,11677_{59}$	$-0,21508_{27}$	$\mp 0,06074_{4}$	$+0,02990_{28}$	$\mp 0,00893_{40}$
0,853	$\pm 0,85300$	$+0,36380_{86}$	$\mp 0,11618_{60}$	$-0,21481_{27}$	$\mp 0,06078_{4}$	$+0,02962_{28}$	$\mp 0,00933_{40}$
0,854	$\pm 0,85400$	$+0,36466_{85}$	$\mp 0,11558_{59}$	$-0,21454_{27}$	$\mp 0,06082_{4}$	$+0,02935_{27}$	$\mp 0,00973_{40}$
0,855	$\pm 0,85500$	$+0,36551_{86}$	$\mp 0,11499_{60}$	$-0,21427_{28}$	$\mp 0,06086_{3}$	$+0,02908_{26}$	$\mp 0,01013_{39}$
0,856	$\pm 0,85600$	$+0,36637_{85}$	$\mp 0,11439_{60}$	$-0,21399_{29}$	$\mp 0,06089_{2}$	$+0,02882_{26}$	$\mp 0,01052_{39}$
0,857	$\pm 0,85700$	$+0,36722_{86}$	$\mp 0,11379_{60}$	$-0,21370_{29}$	$\mp 0,06091_{2}$	$+0,02856_{26}$	$\mp 0,01091_{39}$
0,858	$\pm 0,85800$	$+0,36808_{86}$	$\mp 0,11319_{61}$	$-0,21341_{29}$	$\mp 0,06093_{1}$	$+0,02830_{26}$	$\mp 0,01130_{39}$
0,859	$\pm 0,85900$	$+0,36894_{86}$	$\mp 0,11258_{61}$	$-0,21312_{30}$	$\mp 0,06094_{1}$	$+0,02804_{25}$	$\mp 0,01169_{39}$
0,860	$\pm 0,86000$	$+0,36980_{86}$	$\mp 0,11197_{61}$	$-0,21282_{30}$	$\mp 0,06095_{1}$	$+0,02779_{24}$	$\mp 0,01208_{39}$
0,861	$\pm 0,86100$	$+0,37066_{86}$	$\mp 0,11136_{61}$	$-0,21252_{31}$	$\mp 0,06096_{0}$	$+0,02755_{24}$	$\mp 0,01247_{39}$
0,862	$\pm 0,86200$	$+0,37152_{86}$	$\mp 0,11075_{61}$	$-0,21221_{31}$	$\mp 0,06096_{1}$	$+0,02731_{24}$	$\mp 0,01286_{38}$
0,863	$\pm 0,86300$	$+0,37238_{87}$	$\mp 0,11014_{63}$	$-0,21190_{31}$	$\mp 0,06095_{1}$	$+0,02707_{24}$	$\mp 0,01324_{38}$
0,864	$\pm 0,86400$	$+0,37325_{86}$	$\mp 0,10951_{62}$	$-0,21159_{32}$	$\mp 0,06094_{2}$	$+0,02683_{24}$	$\mp 0,01362_{38}$
0,865	$\pm 0,86500$	$+0,37411_{87}$	$\mp 0,10889_{62}$	$-0,21127_{33}$	$\mp 0,06092_{3}$	$+0,02659_{23}$	$\mp 0,01400_{37}$
0,866	$\pm 0,86600$	$+0,37498_{86}$	$\mp 0,10827_{62}$	$-0,21094_{33}$	$\mp 0,06089_{3}$	$+0,02636_{22}$	$\mp 0,01437_{37}$
0,867	$\pm 0,86700$	$+0,37584_{87}$	$\mp 0,10765_{63}$	$-0,21061_{33}$	$\mp 0,06086_{3}$	$+0,02614_{22}$	$\mp 0,01474_{37}$
0,868	$\pm 0,86800$	$+0,37671_{87}$	$\mp 0,10702_{64}$	$-0,21028_{33}$	$\mp 0,06083_{3}$	$+0,02592_{21}$	$\mp 0,01511_{37}$
0,869	$\pm 0,86900$	$+0,37758_{87}$	$\mp 0,10638_{63}$	$-0,20995_{34}$	$\mp 0,06080_{4}$	$+0,02571_{20}$	$\mp 0,01548_{36}$
0,870	$\pm 0,87000$	$+0,37845_{87}$	$\mp 0,10575_{64}$	$-0,20961_{34}$	$\mp 0,06076_{5}$	$+0,02551_{20}$	$\mp 0,01584_{36}$
0,871	$\pm 0,87100$	$+0,37932_{87}$	$\mp 0,10511_{64}$	$-0,20927_{35}$	$\mp 0,06071_{6}$	$+0,02531_{20}$	$\mp 0,01620_{36}$
0,872	$\pm 0,87200$	$+0,38019_{87}$	$\mp 0,10447_{64}$	$-0,20892_{35}$	$\mp 0,06065_{6}$	$+0,02511_{20}$	$\mp 0,01656_{36}$
0,873	$\pm 0,87300$	$+0,38106_{88}$	$\mp 0,10383_{65}$	$-0,20857_{35}$	$\mp 0,06059_{5}$	$+0,02491_{19}$	$\mp 0,01692_{36}$
0,874	$\pm 0,87400$	$+0,38194_{87}$	$\mp 0,10318_{64}$	$-0,20822_{36}$	$\mp 0,06054_{6}$	$+0,02472_{18}$	$\mp 0,01728_{35}$
0,875	$\pm 0,87500$	$+0,38281_{88}$	$\mp 0,10254_{65}$	$-0,20786_{37}$	$\mp 0,06048_{7}$	$+0,02454_{17}$	$\mp 0,01763_{34}$
0,876	$\pm 0,87600$	$+0,38369_{87}$	$\mp 0,10189_{65}$	$-0,20749_{37}$	$\mp 0,06041_{8}$	$+0,02437_{17}$	$\mp 0,01797_{34}$
0,877	$\pm 0,87700$	$+0,38456_{88}$	$\mp 0,10124_{66}$	$-0,20712_{37}$	$\mp 0,06033_{8}$	$+0,02420_{17}$	$\mp 0,01831_{34}$
0,878	$\pm 0,87800$	$+0,38544_{88}$	$\mp 0,10058_{66}$	$-0,20675_{38}$	$\mp 0,06025_{9}$	$+0,02403_{17}$	$\mp 0,01865_{34}$
0,879	$\pm 0,87900$	$+0,38632_{88}$	$\mp 0,09992_{66}$	$-0,20637_{38}$	$\mp 0,06016_{9}$	$+0,02386_{16}$	$\mp 0,01899_{34}$
0,880	$\pm 0,88000$	$+0,38720_{88}$	$\mp 0,09926_{66}$	$-0,20599_{38}$	$\mp 0,06007_{10}$	$+0,02370_{16}$	$\mp 0,01933_{33}$
0,881	$\pm 0,88100$	$+0,38808_{88}$	$\mp 0,09860_{66}$	$-0,20561_{39}$	$\mp 0,05997_{10}$	$+0,02354_{15}$	$\mp 0,01966_{33}$
0,882	$\pm 0,88200$	$+0,38896_{88}$	$\mp 0,09794_{67}$	$-0,20522_{39}$	$\mp 0,05987_{11}$	$+0,02339_{15}$	$\mp 0,01999_{32}$
0,883	$\pm 0,88300$	$+0,38984_{89}$	$\mp 0,09727_{68}$	$-0,20483_{40}$	$\mp 0,05976_{11}$	$+0,02324_{15}$	$\mp 0,02031_{32}$
0,884	$\pm 0,88400$	$+0,39073_{88}$	$\mp 0,09659_{66}$	$-0,20443_{41}$	$\mp 0,05965_{11}$	$+0,02310_{14}$	$\mp 0,02063_{32}$
0,885	$\pm 0,88500$	$+0,39161_{89}$	$\mp 0,09593_{69}$	$-0,20402_{41}$	$\mp 0,05954_{12}$	$+0,02297_{13}$	$\mp 0,02095_{31}$
0,886	$\pm 0,88600$	$+0,39250_{88}$	$\mp 0,09524_{67}$	$-0,20361_{41}$	$\mp 0,05942_{13}$	$+0,02285_{12}$	$\mp 0,02126_{30}$
0,887	$\pm 0,88700$	$+0,39338_{89}$	$\mp 0,09457_{68}$	$-0,20320_{42}$	$\mp 0,05929_{14}$	$+0,02273_{12}$	$\mp 0,02156_{30}$
0,888	$\pm 0,88800$	$+0,39427_{89}$	$\mp 0,09389_{69}$	$-0,20278_{42}$	$\mp 0,05915_{14}$	$+0,02262_{11}$	$\mp 0,02186_{30}$
0,889	$\pm 0,88900$	$+0,39516_{89}$	$\mp 0,09320_{69}$	$-0,20236_{42}$	$\mp 0,05901_{15}$	$+0,02251_{11}$	$\mp 0,02216_{30}$
0,890	$\pm 0,89000$	$+0,39605_{89}$	$\mp 0,09251_{68}$	$-0,20194_{43}$	$\mp 0,05886_{16}$	$+0,02240_{11}$	$\mp 0,02246_{29}$
0,891	$\pm 0,89100$	$+0,39694_{89}$	$\mp 0,09183_{69}$	$-0,20151_{44}$	$\mp 0,05870_{16}$	$+0,02230_{9}$	$\mp 0,02275_{28}$
0,892	$\pm 0,89200$	$+0,39783_{89}$	$\mp 0,09114_{70}$	$-0,20107_{44}$	$\mp 0,05854_{16}$	$+0,02221_{9}$	$\mp 0,02303_{28}$
0,893	$\pm 0,89300$	$+0,39872_{90}$	$\mp 0,09044_{70}$	$-0,20063_{44}$	$\mp 0,05838_{17}$	$+0,02212_{9}$	$\mp 0,02331_{28}$
0,894	$\pm 0,89400$	$+0,39962_{89}$	$\mp 0,08974_{70}$	$-0,20019_{45}$	$\mp 0,05821_{17}$	$+0,02203_{8}$	$\mp 0,02359_{27}$
0,895	$\pm 0,89500$	$+0,40051_{90}$	$\mp 0,08904_{70}$	$-0,19974_{45}$	$\mp 0,05804_{19}$	$+0,02195_{7}$	$\mp 0,02386_{27}$
0,896	$\pm 0,89600$	$+0,40141_{89}$	$\mp 0,08834_{70}$	$-0,19929_{46}$	$\mp 0,05785_{19}$	$+0,02188_{6}$	$\mp 0,02413_{26}$
0,897	$\pm 0,89700$	$+0,40230_{90}$	$\mp 0,08764_{71}$	$-0,19883_{46}$	$\mp 0,05766_{19}$	$+0,02182_{6}$	$\mp 0,02439_{25}$
0,898	$\pm 0,89800$	$+0,40320_{90}$	$\mp 0,08693_{72}$	$-0,19837_{46}$	$\mp 0,05747_{20}$	$+0,02177_{5}$	$\mp 0,02404_{25}$
0,899	$\pm 0,89900$	$+0,40410_{90}$	$\mp 0,08621_{71}$	$-0,19791_{47}$	$\mp 0,05727_{20}$	$+0,02172_{5}$	$\mp 0,02489_{24}$
0,900	$\pm 0,90000$	$+0,40500_{90}$	$\mp 0,08550_{72}$	$-0,19744_{48}$	$\mp 0,05707_{22}$	$+0,02167_{3}$	$\mp 0,02513_{23}$

x	$P_{0,1}(\pm x)$	$P_{1,1}(\pm x)$	$P_{2,1}(\pm x)$	$P_{3,1}(\pm x)$	$P_{4,1}(\pm x)$	$P_{5,1}(\pm x)$	$P_{6,1}(\pm x)$
0,900	$\pm\,0{,}90000$	$+0{,}40500_{90}$	$\mp\,0{,}08550_{72}$	$-0{,}19744_{48}$	$\mp\,0{,}05707_{22}$	$+0{,}02167_{3}$	$\mp\,0{,}02513_{23}$
0,901	$\pm\,0{,}90100$	$+0{,}40590_{90}$	$\mp\,0{,}08478_{71}$	$-0{,}19696_{48}$	$\mp\,0{,}05685_{22}$	$+0{,}02164_{3}$	$\mp\,0{,}02536_{23}$
0,902	$\pm\,0{,}90200$	$+0{,}40680_{90}$	$\mp\,0{,}08407_{72}$	$-0{,}19648_{48}$	$\mp\,0{,}05663_{22}$	$+0{,}02161_{3}$	$\mp\,0{,}02559_{23}$
0,903	$\pm\,0{,}90300$	$+0{,}40770_{91}$	$\mp\,0{,}08335_{73}$	$-0{,}19600_{49}$	$\mp\,0{,}05641_{23}$	$+0{,}02158_{2}$	$\mp\,0{,}02582_{23}$
0,904	$\pm\,0{,}90400$	$+0{,}40861_{90}$	$\mp\,0{,}08262_{73}$	$-0{,}19551_{49}$	$\mp\,0{,}05618_{24}$	$+0{,}02156_{2}$	$\mp\,0{,}02605_{22}$
0,905	$\pm\,0{,}90500$	$+0{,}40951_{91}$	$\mp\,0{,}08189_{74}$	$-0{,}19502_{50}$	$\mp\,0{,}05596_{25}$	$+0{,}02154_{0}$	$\mp\,0{,}02627_{21}$
0,906	$\pm\,0{,}90600$	$+0{,}41042_{90}$	$\mp\,0{,}08125_{72}$	$-0{,}19452_{51}$	$\mp\,0{,}05571_{25}$	$+0{,}02154_{1}$	$\mp\,0{,}02648_{20}$
0,907	$\pm\,0{,}90700$	$+0{,}41132_{91}$	$\mp\,0{,}08043_{74}$	$-0{,}19401_{51}$	$\mp\,0{,}05546_{25}$	$+0{,}02155_{1}$	$\mp\,0{,}02668_{20}$
0,908	$\pm\,0{,}90800$	$+0{,}41223_{91}$	$\mp\,0{,}07969_{73}$	$-0{,}19350_{51}$	$\mp\,0{,}05521_{26}$	$+0{,}02156_{1}$	$\mp\,0{,}02688_{19}$
0,909	$\pm\,0{,}90900$	$+0{,}41314_{91}$	$\mp\,0{,}07896_{75}$	$-0{,}19299_{51}$	$\mp\,0{,}05495_{26}$	$+0{,}02157_{2}$	$\mp\,0{,}02707_{18}$
0,910	$\pm\,0{,}91000$	$+0{,}41405_{91}$	$\mp\,0{,}07821_{74}$	$-0{,}19248_{52}$	$\mp\,0{,}05469_{27}$	$+0{,}02159_{3}$	$\mp\,0{,}02725_{17}$
0,911	$\pm\,0{,}91100$	$+0{,}41496_{91}$	$\mp\,0{,}07747_{74}$	$-0{,}19196_{53}$	$\mp\,0{,}05442_{28}$	$+0{,}02162_{4}$	$\mp\,0{,}02742_{17}$
0,912	$\pm\,0{,}91200$	$+0{,}41587_{91}$	$\mp\,0{,}07673_{75}$	$-0{,}19143_{54}$	$\mp\,0{,}05414_{29}$	$+0{,}02166_{5}$	$\mp\,0{,}02759_{17}$
0,913	$\pm\,0{,}91300$	$+0{,}41678_{92}$	$\mp\,0{,}07598_{74}$	$-0{,}19089_{53}$	$\mp\,0{,}05385_{29}$	$+0{,}02171_{5}$	$\mp\,0{,}02776_{16}$
0,914	$\pm\,0{,}91400$	$+0{,}41770_{91}$	$\mp\,0{,}07522_{75}$	$-0{,}19036_{53}$	$\mp\,0{,}05356_{30}$	$+0{,}02176_{6}$	$\mp\,0{,}02792_{15}$
0,915	$\pm\,0{,}91500$	$+0{,}41861_{92}$	$\mp\,0{,}07447_{76}$	$-0{,}18983_{54}$	$\mp\,0{,}05326_{31}$	$+0{,}02182_{7}$	$\mp\,0{,}02807_{14}$
0,916	$\pm\,0{,}91600$	$+0{,}41953_{91}$	$\mp\,0{,}07371_{75}$	$-0{,}18929_{55}$	$\mp\,0{,}05295_{32}$	$+0{,}02189_{7}$	$\mp\,0{,}02821_{13}$
0,917	$\pm\,0{,}91700$	$+0{,}42044_{92}$	$\mp\,0{,}07296_{77}$	$-0{,}18874_{56}$	$\mp\,0{,}05263_{32}$	$+0{,}02196_{8}$	$\mp\,0{,}02834_{12}$
0,918	$\pm\,0{,}91800$	$+0{,}42136_{92}$	$\mp\,0{,}07219_{77}$	$-0{,}18818_{56}$	$\mp\,0{,}05231_{32}$	$+0{,}02204_{9}$	$\mp\,0{,}02846_{12}$
0,919	$\pm\,0{,}91900$	$+0{,}42228_{92}$	$\mp\,0{,}07142_{76}$	$-0{,}18762_{57}$	$\mp\,0{,}05199_{33}$	$+0{,}02213_{10}$	$\mp\,0{,}02858_{11}$
0,920	$\pm\,0{,}92000$	$+0{,}42320_{92}$	$\mp\,0{,}07066_{76}$	$-0{,}18705_{57}$	$\mp\,0{,}05166_{34}$	$+0{,}02223_{11}$	$\mp\,0{,}02869_{10}$
0,921	$\pm\,0{,}92100$	$+0{,}42412_{92}$	$\mp\,0{,}06988_{77}$	$-0{,}18648_{57}$	$\mp\,0{,}05132_{35}$	$+0{,}02234_{12}$	$\mp\,0{,}02879_{10}$
0,922	$\pm\,0{,}92200$	$+0{,}42504_{92}$	$\mp\,0{,}06911_{77}$	$-0{,}18591_{58}$	$\mp\,0{,}05097_{35}$	$+0{,}02246_{12}$	$\mp\,0{,}02889_{9}$
0,923	$\pm\,0{,}92300$	$+0{,}42596_{93}$	$\mp\,0{,}06834_{79}$	$-0{,}18533_{58}$	$\mp\,0{,}05062_{36}$	$+0{,}02258_{13}$	$\mp\,0{,}02898_{8}$
0,924	$\pm\,0{,}92400$	$+0{,}42689_{92}$	$\mp\,0{,}06755_{77}$	$-0{,}18475_{59}$	$\mp\,0{,}05026_{36}$	$+0{,}02271_{13}$	$\mp\,0{,}02906_{8}$
0,925	$\pm\,0{,}92500$	$+0{,}42781_{93}$	$\mp\,0{,}06678_{79}$	$-0{,}18416_{60}$	$\mp\,0{,}04990_{37}$	$+0{,}02284_{14}$	$\mp\,0{,}02914_{7}$
0,926	$\pm\,0{,}92600$	$+0{,}42874_{92}$	$\mp\,0{,}06599_{79}$	$-0{,}18356_{60}$	$\mp\,0{,}04953_{38}$	$+0{,}02298_{15}$	$\mp\,0{,}02921_{5}$
0,927	$\pm\,0{,}92700$	$+0{,}42966_{93}$	$\mp\,0{,}06520_{79}$	$-0{,}18296_{60}$	$\mp\,0{,}04915_{39}$	$+0{,}02313_{16}$	$\mp\,0{,}02926_{4}$
0,928	$\pm\,0{,}92800$	$+0{,}43059_{93}$	$\mp\,0{,}06441_{79}$	$-0{,}18236_{61}$	$\mp\,0{,}04876_{39}$	$+0{,}02329_{17}$	$\mp\,0{,}02930_{3}$
0,929	$\pm\,0{,}92900$	$+0{,}43152_{93}$	$\mp\,0{,}06362_{80}$	$-0{,}18175_{61}$	$\mp\,0{,}04837_{40}$	$+0{,}02346_{19}$	$\mp\,0{,}02933_{3}$
0,930	$\pm\,0{,}93000$	$+0{,}43245_{93}$	$\mp\,0{,}06282_{80}$	$-0{,}18114_{62}$	$\mp\,0{,}04797_{41}$	$+0{,}02365_{20}$	$\mp\,0{,}02936_{2}$
0,931	$\pm\,0{,}93100$	$+0{,}43338_{93}$	$\mp\,0{,}06202_{80}$	$-0{,}18052_{63}$	$\mp\,0{,}04756_{42}$	$+0{,}02385_{20}$	$\mp\,0{,}02938_{1}$
0,932	$\pm\,0{,}93200$	$+0{,}43431_{93}$	$\mp\,0{,}06122_{80}$	$-0{,}17989_{63}$	$\mp\,0{,}04714_{42}$	$+0{,}02405_{21}$	$\mp\,0{,}02939_{0}$
0,933	$\pm\,0{,}93300$	$+0{,}43524_{94}$	$\mp\,0{,}06042_{81}$	$-0{,}17926_{63}$	$\mp\,0{,}04672_{43}$	$+0{,}02426_{21}$	$\mp\,0{,}02939_{0}$
0,934	$\pm\,0{,}93400$	$+0{,}43618_{93}$	$\mp\,0{,}05961_{81}$	$-0{,}17863_{63}$	$\mp\,0{,}04629_{43}$	$+0{,}02447_{21}$	$\mp\,0{,}02939_{2}$
0,935	$\pm\,0{,}93500$	$+0{,}43711_{94}$	$\mp\,0{,}05880_{81}$	$-0{,}17800_{64}$	$\mp\,0{,}04586_{44}$	$+0{,}02468_{23}$	$\mp\,0{,}02937_{3}$
0,936	$\pm\,0{,}93600$	$+0{,}43805_{93}$	$\mp\,0{,}05799_{81}$	$-0{,}17736_{65}$	$\mp\,0{,}04542_{45}$	$+0{,}02491_{24}$	$\mp\,0{,}02934_{4}$
0,937	$\pm\,0{,}93700$	$+0{,}43898_{94}$	$\mp\,0{,}05718_{82}$	$-0{,}17671_{66}$	$\mp\,0{,}04497_{46}$	$+0{,}02515_{26}$	$\mp\,0{,}02930_{5}$
0,938	$\pm\,0{,}93800$	$+0{,}43992_{94}$	$\mp\,0{,}05636_{83}$	$-0{,}17605_{66}$	$\mp\,0{,}04451_{47}$	$+0{,}02541_{26}$	$\mp\,0{,}02925_{6}$
0,939	$\pm\,0{,}93900$	$+0{,}44086_{94}$	$\mp\,0{,}05553_{82}$	$-0{,}17539_{66}$	$\mp\,0{,}04404_{48}$	$+0{,}02567_{27}$	$\mp\,0{,}02919_{8}$
0,940	$\pm\,0{,}94000$	$+0{,}44180_{94}$	$\mp\,0{,}05471_{83}$	$-0{,}17473_{67}$	$\mp\,0{,}04356_{48}$	$+0{,}02594_{28}$	$\mp\,0{,}02911_{9}$
0,941	$\pm\,0{,}94100$	$+0{,}44274_{94}$	$\mp\,0{,}05388_{83}$	$-0{,}17406_{68}$	$\mp\,0{,}04308_{49}$	$+0{,}02622_{29}$	$\mp\,0{,}02902_{10}$
0,942	$\pm\,0{,}94200$	$+0{,}44368_{94}$	$\mp\,0{,}05305_{83}$	$-0{,}17338_{68}$	$\mp\,0{,}04259_{49}$	$+0{,}02651_{30}$	$\mp\,0{,}02892_{10}$
0,943	$\pm\,0{,}94300$	$+0{,}44462_{95}$	$\mp\,0{,}05222_{84}$	$-0{,}17270_{68}$	$\mp\,0{,}04210_{50}$	$+0{,}02681_{31}$	$\mp\,0{,}02882_{10}$
0,944	$\pm\,0{,}94400$	$+0{,}44557_{94}$	$\mp\,0{,}05138_{83}$	$-0{,}17202_{68}$	$\mp\,0{,}04160_{51}$	$+0{,}02712_{31}$	$\mp\,0{,}02872_{11}$
0,945	$\pm\,0{,}94500$	$+0{,}44651_{95}$	$\mp\,0{,}05055_{85}$	$-0{,}17134_{69}$	$\mp\,0{,}04109_{52}$	$+0{,}02743_{32}$	$\mp\,0{,}02861_{13}$
0,946	$\pm\,0{,}94600$	$+0{,}44746_{94}$	$\mp\,0{,}04970_{83}$	$-0{,}17065_{70}$	$\mp\,0{,}04057_{53}$	$+0{,}02775_{33}$	$\mp\,0{,}02848_{14}$
0,947	$\pm\,0{,}94700$	$+0{,}44840_{95}$	$\mp\,0{,}04887_{85}$	$-0{,}16995_{70}$	$\mp\,0{,}04004_{54}$	$+0{,}02808_{35}$	$\mp\,0{,}02834_{16}$
0,948	$\pm\,0{,}94800$	$+0{,}44935_{95}$	$\mp\,0{,}04802_{85}$	$-0{,}16924_{71}$	$\mp\,0{,}03950_{54}$	$+0{,}02843_{36}$	$\mp\,0{,}02818_{18}$
0,949	$\pm\,0{,}94900$	$+0{,}45030_{95}$	$\mp\,0{,}04717_{86}$	$-0{,}16853_{71}$	$\mp\,0{,}03896_{55}$	$+0{,}02879_{38}$	$\mp\,0{,}02800_{19}$
0,950	$\pm\,0{,}95000$	$+0{,}45125_{95}$	$\mp\,0{,}04631_{85}$	$-0{,}16781_{72}$	$\mp\,0{,}03841_{56}$	$+0{,}02917_{37}$	$\mp\,0{,}02781_{19}$

Tafel der Kugelfunktion sowie ihrer Abteilungen und Integrale.

x	$P_{0,1}(\pm x)$	$P_{1,1}(\pm x)$	$P_{2,1}(\pm x)$	$P_{3,1}(\pm x)$	$P_{4,1}(\pm x)$	$P_{5,1}(\pm x)$	$P_{6,1}(\pm x)$
0,950	$\pm 0{,}95000$	$+0{,}45125_{95}$	$\mp 0{,}04631_{85}$	$-0{,}16781_{73}$	$\mp 0{,}03841_{56}$	$+0{,}02917_{37}$	$\mp 0{,}02781_{19}$
0,951	$\pm 0{,}95100$	$+0{,}45220_{95}$	$\mp 0{,}04546_{86}$	$-0{,}16708_{73}$	$\mp 0{,}03785_{57}$	$+0{,}02954_{39}$	$\mp 0{,}02762_{20}$
0,952	$\pm 0{,}95200$	$+0{,}45315_{95}$	$\mp 0{,}04460_{86}$	$-0{,}16635_{73}$	$\mp 0{,}03728_{57}$	$+0{,}02993_{40}$	$\mp 0{,}02742_{22}$
0,953	$\pm 0{,}95300$	$+0{,}45410_{96}$	$\mp 0{,}04374_{87}$	$-0{,}16562_{73}$	$\mp 0{,}03671_{58}$	$+0{,}03033_{41}$	$\mp 0{,}02720_{23}$
0,954	$\pm 0{,}95400$	$+0{,}45506_{95}$	$\mp 0{,}04287_{86}$	$-0{,}16489_{74}$	$\mp 0{,}03613_{59}$	$+0{,}03074_{42}$	$\mp 0{,}02697_{24}$
0,955	$\pm 0{,}95500$	$+0{,}45601_{96}$	$\mp 0{,}04201_{87}$	$-0{,}16415_{75}$	$\mp 0{,}03554_{60}$	$+0{,}03116_{44}$	$\mp 0{,}02673_{25}$
0,956	$\pm 0{,}95600$	$+0{,}45697_{95}$	$\mp 0{,}04114_{87}$	$-0{,}16340_{76}$	$\mp 0{,}03494_{61}$	$+0{,}03160_{44}$	$\mp 0{,}02648_{27}$
0,957	$\pm 0{,}95700$	$+0{,}45792_{96}$	$\mp 0{,}04027_{88}$	$-0{,}16264_{76}$	$\mp 0{,}03433_{61}$	$+0{,}03204_{45}$	$\mp 0{,}02621_{29}$
0,958	$\pm 0{,}95800$	$+0{,}45888_{96}$	$\mp 0{,}03939_{88}$	$-0{,}16188_{76}$	$\mp 0{,}03372_{62}$	$+0{,}03249_{46}$	$\mp 0{,}02592_{30}$
0,959	$\pm 0{,}95900$	$+0{,}45984_{96}$	$\mp 0{,}03851_{88}$	$-0{,}16112_{76}$	$\mp 0{,}03310_{63}$	$+0{,}03295_{47}$	$\mp 0{,}02562_{31}$
0,960	$\pm 0{,}96000$	$+0{,}46080_{96}$	$\mp 0{,}03763_{88}$	$-0{,}16036_{77}$	$\mp 0{,}03247_{64}$	$+0{,}03342_{48}$	$\mp 0{,}02531_{32}$
0,961	$\pm 0{,}96100$	$+0{,}46176_{96}$	$\mp 0{,}03675_{89}$	$-0{,}15959_{78}$	$\mp 0{,}03183_{65}$	$+0{,}03390_{49}$	$\mp 0{,}02499_{34}$
0,962	$\pm 0{,}96200$	$+0{,}46272_{96}$	$\mp 0{,}03586_{88}$	$-0{,}15881_{79}$	$\mp 0{,}03118_{66}$	$+0{,}03439_{51}$	$\mp 0{,}02465_{35}$
0,963	$\pm 0{,}96300$	$+0{,}46368_{97}$	$\mp 0{,}03498_{90}$	$-0{,}15802_{79}$	$\mp 0{,}03052_{66}$	$+0{,}03490_{53}$	$\mp 0{,}02430_{36}$
0,964	$\pm 0{,}96400$	$+0{,}46465_{96}$	$\mp 0{,}03408_{89}$	$-0{,}15723_{80}$	$\mp 0{,}02986_{67}$	$+0{,}03543_{53}$	$\mp 0{,}02394_{37}$
0,965	$\pm 0{,}96500$	$+0{,}46561_{97}$	$\mp 0{,}03319_{91}$	$-0{,}15643_{81}$	$\mp 0{,}02919_{68}$	$+0{,}03596_{54}$	$\mp 0{,}02357_{39}$
0,966	$\pm 0{,}96600$	$+0{,}46658_{96}$	$\mp 0{,}03228_{89}$	$-0{,}15562_{81}$	$\mp 0{,}02851_{69}$	$+0{,}03650_{55}$	$\mp 0{,}02318_{41}$
0,967	$\pm 0{,}96700$	$+0{,}46754_{97}$	$\mp 0{,}03139_{91}$	$-0{,}15481_{81}$	$\mp 0{,}02782_{70}$	$+0{,}03705_{57}$	$\mp 0{,}02277_{42}$
0,968	$\pm 0{,}96800$	$+0{,}46851_{97}$	$\mp 0{,}03048_{91}$	$-0{,}15400_{81}$	$\mp 0{,}02712_{71}$	$+0{,}03762_{58}$	$\mp 0{,}02235_{44}$
0,969	$\pm 0{,}96900$	$+0{,}46948_{97}$	$\mp 0{,}02957_{91}$	$-0{,}15319_{82}$	$\mp 0{,}02641_{71}$	$+0{,}03820_{59}$	$\mp 0{,}02191_{46}$
0,970	$\pm 0{,}97000$	$+0{,}47045_{97}$	$\mp 0{,}02866_{91}$	$-0{,}15237_{83}$	$\mp 0{,}02570_{72}$	$+0{,}03879_{60}$	$\mp 0{,}02145_{46}$
0,971	$\pm 0{,}97100$	$+0{,}47142_{97}$	$\mp 0{,}02775_{91}$	$-0{,}15154_{84}$	$\mp 0{,}02498_{74}$	$+0{,}04939_{61}$	$\mp 0{,}02099_{48}$
0,972	$\pm 0{,}97200$	$+0{,}47239_{97}$	$\mp 0{,}02684_{92}$	$-0{,}15070_{84}$	$\mp 0{,}02424_{74}$	$+0{,}04000_{62}$	$\mp 0{,}02051_{49}$
0,973	$\pm 0{,}97300$	$+0{,}47336_{98}$	$\mp 0{,}02592_{93}$	$-0{,}14986_{85}$	$\mp 0{,}02350_{75}$	$+0{,}04062_{64}$	$\mp 0{,}02002_{51}$
0,974	$\pm 0{,}97400$	$+0{,}47434_{97}$	$\mp 0{,}02499_{92}$	$-0{,}14901_{85}$	$\mp 0{,}02275_{76}$	$+0{,}04126_{66}$	$\mp 0{,}01951_{53}$
0,975	$\pm 0{,}97500$	$+0{,}47531_{98}$	$\mp 0{,}02407_{93}$	$-0{,}14816_{86}$	$\mp 0{,}02199_{77}$	$+0{,}04192_{67}$	$\mp 0{,}01898_{55}$
0,976	$\pm 0{,}97600$	$+0{,}47629_{97}$	$\mp 0{,}02314_{92}$	$-0{,}14730_{86}$	$\mp 0{,}02122_{78}$	$+0{,}04259_{67}$	$\mp 0{,}01843_{56}$
0,977	$\pm 0{,}97700$	$+0{,}47726_{98}$	$\mp 0{,}02222_{94}$	$-0{,}14644_{87}$	$\mp 0{,}02044_{79}$	$+0{,}04326_{69}$	$\mp 0{,}01787_{58}$
0,978	$\pm 0{,}97800$	$+0{,}47824_{98}$	$\mp 0{,}02128_{94}$	$-0{,}14557_{87}$	$\mp 0{,}01965_{79}$	$+0{,}04395_{70}$	$\mp 0{,}01729_{60}$
0,979	$\pm 0{,}97900$	$+0{,}47922_{98}$	$\mp 0{,}02034_{94}$	$-0{,}14470_{88}$	$\mp 0{,}01886_{80}$	$+0{,}04465_{71}$	$\mp 0{,}01669_{62}$
0,980	$\pm 0{,}98000$	$+0{,}48020_{98}$	$\mp 0{,}01940_{94}$	$-0{,}14382_{89}$	$\mp 0{,}01806_{81}$	$+0{,}04536_{72}$	$\mp 0{,}01607_{64}$
0,981	$\pm 0{,}98100$	$+0{,}48118_{98}$	$\mp 0{,}01846_{94}$	$-0{,}14293_{89}$	$\mp 0{,}01725_{82}$	$+0{,}04608_{74}$	$\mp 0{,}01543_{65}$
0,982	$\pm 0{,}98200$	$+0{,}48216_{98}$	$\mp 0{,}01752_{95}$	$-0{,}14204_{90}$	$\mp 0{,}01643_{83}$	$+0{,}04682_{76}$	$\mp 0{,}01478_{66}$
0,983	$\pm 0{,}98300$	$+0{,}48314_{99}$	$\mp 0{,}01657_{95}$	$-0{,}14114_{90}$	$\mp 0{,}01560_{84}$	$+0{,}04758_{76}$	$\mp 0{,}01412_{67}$
0,984	$\pm 0{,}98400$	$+0{,}48413_{98}$	$\mp 0{,}01562_{95}$	$-0{,}14024_{91}$	$\mp 0{,}01476_{86}$	$+0{,}04834_{78}$	$\mp 0{,}01345_{69}$
0,985	$\pm 0{,}98500$	$+0{,}48511_{99}$	$\mp 0{,}01467_{97}$	$-0{,}13933_{92}$	$\mp 0{,}01390_{86}$	$+0{,}04912_{80}$	$\mp 0{,}01276_{70}$
0,986	$\pm 0{,}98600$	$+0{,}48610_{98}$	$\mp 0{,}01370_{95}$	$-0{,}13841_{92}$	$\mp 0{,}01304_{87}$	$+0{,}04992_{81}$	$\mp 0{,}01206_{73}$
0,987	$\pm 0{,}98700$	$+0{,}48708_{99}$	$\mp 0{,}01275_{96}$	$-0{,}13749_{93}$	$\mp 0{,}01217_{88}$	$+0{,}05073_{82}$	$\mp 0{,}01133_{76}$
0,988	$\pm 0{,}98800$	$+0{,}48807_{99}$	$\mp 0{,}01179_{97}$	$-0{,}13656_{93}$	$\mp 0{,}01129_{89}$	$+0{,}05155_{83}$	$\mp 0{,}01057_{79}$
0,989	$\pm 0{,}98900$	$+0{,}48906_{99}$	$\mp 0{,}01082_{97}$	$-0{,}13563_{93}$	$\mp 0{,}01040_{89}$	$+0{,}05238_{85}$	$\mp 0{,}00978_{80}$
0,990	$\pm 0{,}99000$	$+0{,}49005_{99}$	$\mp 0{,}00985_{97}$	$-0{,}13470_{94}$	$\mp 0{,}00951_{90}$	$+0{,}05323_{86}$	$\mp 0{,}00898_{81}$
0,991	$\pm 0{,}99100$	$+0{,}49104_{99}$	$\mp 0{,}00888_{97}$	$-0{,}13376_{95}$	$\mp 0{,}00861_{91}$	$+0{,}05409_{88}$	$\mp 0{,}00817_{83}$
0,992	$\pm 0{,}99200$	$+0{,}49203_{99}$	$\mp 0{,}00791_{98}$	$-0{,}13281_{95}$	$\mp 0{,}00770_{93}$	$+0{,}05497_{89}$	$\mp 0{,}00734_{84}$
0,993	$\pm 0{,}99300$	$+0{,}49302_{100}$	$\mp 0{,}00693_{99}$	$-0{,}13186_{96}$	$\mp 0{,}00677_{94}$	$+0{,}05586_{90}$	$\mp 0{,}00650_{86}$
0,994	$\pm 0{,}99400$	$+0{,}49402_{99}$	$\mp 0{,}00594_{97}$	$-0{,}13090_{97}$	$\mp 0{,}00583_{95}$	$+0{,}05676_{92}$	$\mp 0{,}00564_{88}$
0,995	$\pm 0{,}99500$	$+0{,}49501_{100}$	$\mp 0{,}00497_{100}$	$-0{,}12993_{98}$	$\mp 0{,}00488_{96}$	$+0{,}05768_{93}$	$\mp 0{,}00476_{90}$
0,996	$\pm 0{,}99600$	$+0{,}49601_{99}$	$\mp 0{,}00397_{98}$	$-0{,}12895_{98}$	$\mp 0{,}00392_{97}$	$+0{,}05861_{95}$	$\mp 0{,}00386_{93}$
0,997	$\pm 0{,}99700$	$+0{,}49700_{100}$	$\mp 0{,}00299_{99}$	$-0{,}12797_{98}$	$\mp 0{,}00295_{98}$	$+0{,}05956_{97}$	$\mp 0{,}00293_{96}$
0,998	$\pm 0{,}99800$	$+0{,}49800_{100}$	$\mp 0{,}00200_{100}$	$-0{,}12698_{99}$	$\mp 0{,}00197_{98}$	$+0{,}06053_{98}$	$\mp 0{,}00197_{98}$
0,999	$\pm 0{,}99900$	$+0{,}49900_{100}$	$\mp 0{,}00100_{100}$	$-0{,}12599_{99}$	$\mp 0{,}00099_{99}$	$+0{,}06151_{99}$	$\mp 0{,}00099_{99}$
1,000	$\pm 1{,}00000$	$+0{,}50000$	$\mp 0{,}00000$	$-0{,}12500$	$\mp 0{,}00000$	$+0{,}06250$	$\mp 0{,}00000$

x	$P_{0,2}(\pm x)$	$P_{1,2}(\pm x)$	$P_{2,2}(\pm x)$	$P_{3,2}(\pm x)$	$P_{4,2}(\pm x)$	$P_{5,2}(\pm x)$	$P_{6,2}(\pm x)$
0,000	$+0{,}0000000_5$	$\pm 0{,}00000_0$	$-0{,}00000_0$	$\mp 0{,}00000_0$	$+0{,}00000_0$	$\pm 0{,}00000_0$	$-0{,}00000_0$
0,001	$+0{,}0000005_{15}$	$\pm 0{,}00000_0$	$-0{,}00000_0$	$\mp 0{,}00000_0$	$+0{,}00000_0$	$\pm 0{,}00000_0$	$-0{,}00000_0$
0,002	$+0{,}0000020_{25}$	$\pm 0{,}00000_0$	$-0{,}00000_0$	$\mp 0{,}00000_0$	$+0{,}00000_0$	$\pm 0{,}00000_0$	$-0{,}00000_0$
0,003	$+0{,}0000045_{35}$	$\pm 0{,}00000_0$	$-0{,}00001_1$	$\mp 0{,}00000_0$	$+0{,}00000_0$	$\pm 0{,}00000_0$	$-0{,}00000_0$
0,004	$+0{,}0000080_{45}$	$\pm 0{,}00000_0$	$-0{,}00002_1$	$\mp 0{,}00000_0$	$+0{,}00000_0$	$\pm 0{,}00000_0$	$-0{,}00000_1$
0,005	$+0{,}0000125_{55}$	$\pm 0{,}00000_0$	$-0{,}00002_0$	$\mp 0{,}00000_0$	$+0{,}00001_0$	$\pm 0{,}00000_0$	$-0{,}00001_0$
0,006	$+0{,}0000180_{65}$	$\pm 0{,}00000_0$	$-0{,}00002_0$	$\mp 0{,}00000_0$	$+0{,}00001_0$	$\pm 0{,}00000_0$	$-0{,}00001_0$
0,007	$+0{,}0000245_{75}$	$\pm 0{,}00000_0$	$-0{,}00002_0$	$\mp 0{,}00000_0$	$+0{,}00001_0$	$\pm 0{,}00000_0$	$-0{,}00001_1$
0,008	$+0{,}0000320_{85}$	$\pm 0{,}00000_0$	$-0{,}00002_1$	$\mp 0{,}00000_0$	$+0{,}00001_0$	$\pm 0{,}00000_0$	$-0{,}00002_0$
0,009	$+0{,}0000405_{95}$	$\pm 0{,}00000_0$	$-0{,}00003_0$	$\mp 0{,}00000_0$	$+0{,}00002_0$	$\pm 0{,}00000_0$	$-0{,}00002_0$
0,010	$+0{,}00005_1$	$\pm 0{,}00000_0$	$-0{,}00003_0$	$\mp 0{,}00000_0$	$+0{,}00002_0$	$\pm 0{,}00000_0$	$-0{,}00002_0$
0,011	$+0{,}00006_1$	$\pm 0{,}00000_0$	$-0{,}00003_1$	$\mp 0{,}00000_0$	$+0{,}00002_1$	$\pm 0{,}00000_0$	$-0{,}00002_0$
0,012	$+0{,}00007_1$	$\pm 0{,}00000_0$	$-0{,}00004_0$	$\mp 0{,}00000_0$	$+0{,}00003_0$	$\pm 0{,}00000_0$	$-0{,}00002_1$
0,013	$+0{,}00008_2$	$\pm 0{,}00000_0$	$-0{,}00004_1$	$\mp 0{,}00000_0$	$+0{,}00003_1$	$\pm 0{,}00000_0$	$-0{,}00003_0$
0,014	$+0{,}00010_1$	$\pm 0{,}00000_0$	$-0{,}00005_0$	$\mp 0{,}00000_0$	$+0{,}00004_0$	$\pm 0{,}00000_0$	$-0{,}00003_0$
0,015	$+0{,}00011_2$	$\pm 0{,}00000_0$	$-0{,}00005_1$	$\mp 0{,}00000_0$	$+0{,}00004_1$	$\pm 0{,}00000_0$	$-0{,}00003_1$
0,016	$+0{,}00013_1$	$\pm 0{,}00000_0$	$-0{,}00006_1$	$\mp 0{,}00000_0$	$+0{,}00005_0$	$\pm 0{,}00000_0$	$-0{,}00004_0$
0,017	$+0{,}00014_2$	$\pm 0{,}00000_0$	$-0{,}00007_1$	$\mp 0{,}00000_0$	$+0{,}00005_1$	$\pm 0{,}00000_0$	$-0{,}00004_1$
0,018	$+0{,}00016_2$	$\pm 0{,}00000_0$	$-0{,}00008_1$	$\mp 0{,}00000_0$	$+0{,}00006_0$	$\pm 0{,}00000_0$	$-0{,}00005_0$
0,019	$+0{,}00018_2$	$\pm 0{,}00000_0$	$-0{,}00009_1$	$\mp 0{,}00000_0$	$+0{,}00006_1$	$\pm 0{,}00000_0$	$-0{,}00005_1$
0,020	$+0{,}00020_2$	$\pm 0{,}00000_0$	$-0{,}00010_1$	$\mp 0{,}00000_0$	$+0{,}00007_1$	$\pm 0{,}00000_0$	$-0{,}00006_1$
0,021	$+0{,}00022_2$	$\pm 0{,}00000_0$	$-0{,}00011_1$	$\mp 0{,}00000_0$	$+0{,}00008_1$	$\pm 0{,}00000_0$	$-0{,}00007_1$
0,022	$+0{,}00024_2$	$\pm 0{,}00000_0$	$-0{,}00012_2$	$\mp 0{,}00000_0$	$+0{,}00009_1$	$\pm 0{,}00000_0$	$-0{,}00008_0$
0,023	$+0{,}00026_3$	$\pm 0{,}00000_0$	$-0{,}00014_1$	$\mp 0{,}00000_0$	$+0{,}00010_1$	$\pm 0{,}00000_0$	$-0{,}00008_1$
0,024	$+0{,}00029_2$	$\pm 0{,}00000_0$	$-0{,}00015_1$	$\mp 0{,}00000_0$	$+0{,}00011_1$	$\pm 0{,}00000_0$	$-0{,}00009_1$
0,025	$+0{,}00031_3$	$\pm 0{,}00000_0$	$-0{,}00016_1$	$\mp 0{,}00000_0$	$+0{,}00012_1$	$\pm 0{,}00000_0$	$-0{,}00010_1$
0,026	$+0{,}00034_2$	$\pm 0{,}00000_0$	$-0{,}00017_2$	$\mp 0{,}00000_0$	$+0{,}00013_1$	$\pm 0{,}00000_1$	$-0{,}00011_1$
0,027	$+0{,}00036_3$	$\pm 0{,}00000_0$	$-0{,}00019_1$	$\mp 0{,}00000_0$	$+0{,}00014_1$	$\pm 0{,}00001_0$	$-0{,}00012_0$
0,028	$+0{,}00039_3$	$\pm 0{,}00000_0$	$-0{,}00020_1$	$\mp 0{,}00000_0$	$+0{,}00015_1$	$\pm 0{,}00001_0$	$-0{,}00012_1$
0,029	$+0{,}00042_3$	$\pm 0{,}00000_0$	$-0{,}00021_2$	$\mp 0{,}00000_1$	$+0{,}00016_1$	$\pm 0{,}00001_0$	$-0{,}00013_1$
0,030	$+0{,}00045_3$	$\pm 0{,}00000_0$	$-0{,}00023_1$	$\mp 0{,}00001_0$	$+0{,}00017_1$	$\pm 0{,}00001_0$	$-0{,}00014_1$
0,031	$\pm 0{,}00048_3$	$\pm 0{,}00000_0$	$-0{,}00024_1$	$\mp 0{,}00001_0$	$+0{,}00018_1$	$\pm 0{,}00001_0$	$-0{,}00015_1$
0,032	$+0{,}00051_3$	$\pm 0{,}00000_0$	$-0{,}00025_1$	$\mp 0{,}00001_0$	$+0{,}00019_2$	$\pm 0{,}00001_0$	$-0{,}00016_1$
0,033	$+0{,}00054_4$	$\pm 0{,}00000_0$	$-0{,}00026_2$	$\mp 0{,}00001_0$	$+0{,}00021_1$	$\pm 0{,}00001_0$	$-0{,}00017_1$
0,034	$+0{,}00058_3$	$\pm 0{,}00000_1$	$-0{,}00028_2$	$\mp 0{,}00001_0$	$+0{,}00022_1$	$\pm 0{,}00001_0$	$-0{,}00018_1$
0,035	$+0{,}00061_4$	$\pm 0{,}00001_0$	$-0{,}00030_2$	$\mp 0{,}00001_0$	$+0{,}00023_1$	$\pm 0{,}00001_0$	$-0{,}00019_1$
0,036	$+0{,}00065_3$	$\pm 0{,}00001_0$	$-0{,}00032_2$	$\mp 0{,}00001_0$	$+0{,}00024_2$	$\pm 0{,}00001_0$	$-0{,}00020_1$
0,037	$+0{,}00068_4$	$\pm 0{,}00001_0$	$-0{,}00034_2$	$\mp 0{,}00001_0$	$+0{,}00026_1$	$\pm 0{,}00001_1$	$-0{,}00021_1$
0,038	$+0{,}00072_4$	$\pm 0{,}00001_0$	$-0{,}00036_2$	$\mp 0{,}00001_0$	$+0{,}00027_2$	$\pm 0{,}00002_0$	$-0{,}00022_1$
0,039	$+0{,}00076_4$	$\pm 0{,}00001_0$	$-0{,}00038_2$	$\mp 0{,}00001_1$	$+0{,}00029_1$	$\pm 0{,}00002_0$	$-0{,}00023_2$
0,040	$+0{,}00080_4$	$\pm 0{,}00001_0$	$-0{,}00040_2$	$\mp 0{,}00002_0$	$+0{,}00030_2$	$\pm 0{,}00002_0$	$-0{,}00025_1$
0,041	$+0{,}00084_4$	$\pm 0{,}00001_0$	$-0{,}00042_2$	$\mp 0{,}00002_0$	$+0{,}00032_1$	$\pm 0{,}00002_0$	$-0{,}00026_2$
0,042	$+0{,}00088_4$	$\pm 0{,}00001_0$	$-0{,}00044_2$	$\mp 0{,}00002_0$	$+0{,}00033_2$	$\pm 0{,}00002_1$	$-0{,}00028_1$
0,043	$+0{,}00092_5$	$\pm 0{,}00001_0$	$-0{,}00046_2$	$\mp 0{,}00002_0$	$+0{,}00035_1$	$\pm 0{,}00003_0$	$-0{,}00029_2$
0,044	$+0{,}00097_4$	$\pm 0{,}00001_1$	$-0{,}00048_2$	$\mp 0{,}00002_0$	$+0{,}00036_2$	$\pm 0{,}00003_0$	$-0{,}00031_1$
0,045	$+0{,}00101_5$	$\pm 0{,}00002_0$	$-0{,}00050_2$	$\mp 0{,}00002_0$	$+0{,}00038_2$	$\pm 0{,}00003_0$	$-0{,}00032_1$
0,046	$+0{,}00106_4$	$+0{,}00002_0$	$-0{,}00052_2$	$\mp 0{,}00002_0$	$+0{,}00040_2$	$\pm 0{,}00003_0$	$-0{,}00033_2$
0,047	$+0{,}00110_5$	$\pm 0{,}00002_0$	$-0{,}00054_2$	$\mp 0{,}00002_1$	$+0{,}00042_1$	$\pm 0{,}00003_1$	$-0{,}00035_1$
0,048	$+0{,}00115_5$	$\pm 0{,}00002_0$	$-0{,}00056_3$	$\mp 0{,}00003_0$	$+0{,}00043_2$	$\pm 0{,}00004_0$	$-0{,}00036_2$
0,049	$+0{,}00120_5$	$\pm 0{,}00002_0$	$-0{,}00059_3$	$\mp 0{,}00003_0$	$+0{,}00045_2$	$\pm 0{,}00004_0$	$-0{,}00038_1$
0,050	$+0{,}00125_5$	$\pm 0{,}00002_0$	$-0{,}00062_2$	$\mp 0{,}00003_0$	$+0{,}00047_2$	$\pm 0{,}00004_0$	$-0{,}00039_1$

x	$P_{0,2}(\pm x)$	$P_{1,2}(\pm x)$	$P_{2,2}(\pm x)$	$P_{3,2}(\pm x)$	$P_{4,2}(\pm x)$	$P_{5,2}(\pm x)$	$P_{6,2}(\pm x)$
0,050	$+0{,}00125_{5}$	$+0{,}00002_{0}$	$-0{,}00062_{2}$	$\mp0{,}00003_{0}$	$+0{,}00047_{2}$	$\pm0{,}00004_{0}$	$-0{,}00039_{1}$
0,051	$+0{,}00130_{5}$	$+0{,}00002_{0}$	$-0{,}00064_{3}$	$\mp0{,}00003_{0}$	$+0{,}00049_{2}$	$\pm0{,}00004_{0}$	$-0{,}00040_{1}$
0,052	$+0{,}00135_{5}$	$+0{,}00002_{1}$	$-0{,}00067_{3}$	$\mp0{,}00003_{1}$	$+0{,}00051_{1}$	$\pm0{,}00004_{1}$	$-0{,}00041_{2}$
0,053	$+0{,}00140_{5}$	$+0{,}00003_{0}$	$-0{,}00070_{3}$	$\mp0{,}00004_{0}$	$+0{,}00052_{2}$	$\pm0{,}00005_{0}$	$-0{,}00043_{2}$
0,054	$+0{,}00145_{6}$	$+0{,}00003_{0}$	$-0{,}00073_{3}$	$\mp0{,}00004_{0}$	$+0{,}00054_{2}$	$\pm0{,}00005_{0}$	$-0{,}00045_{2}$
0,055	$+0{,}00151_{6}$	$+0{,}00003_{0}$	$-0{,}00076_{2}$	$\mp0{,}00004_{0}$	$+0{,}00056_{2}$	$\pm0{,}00005_{1}$	$-0{,}00047_{1}$
0,056	$+0{,}00157_{5}$	$+0{,}00003_{0}$	$-0{,}00078_{3}$	$\mp0{,}00004_{0}$	$+0{,}00058_{2}$	$\pm0{,}00006_{0}$	$-0{,}00048_{2}$
0,057	$+0{,}00162_{6}$	$+0{,}00003_{1}$	$-0{,}00081_{3}$	$\mp0{,}00004_{1}$	$+0{,}00060_{2}$	$\pm0{,}00006_{0}$	$-0{,}00050_{2}$
0,058	$+0{,}00168_{6}$	$+0{,}00004_{0}$	$-0{,}00084_{3}$	$\mp0{,}00005_{0}$	$+0{,}00062_{2}$	$\pm0{,}00006_{1}$	$-0{,}00052_{2}$
0,059	$+0{,}00174_{6}$	$+0{,}00004_{0}$	$-0{,}00087_{3}$	$\mp0{,}00005_{0}$	$+0{,}00064_{3}$	$\pm0{,}00007_{0}$	$-0{,}00054_{2}$
0,060	$+0{,}00180_{6}$	$+0{,}00004_{0}$	$-0{,}00090_{3}$	$\mp0{,}00005_{0}$	$+0{,}00067_{2}$	$\pm0{,}00007_{0}$	$-0{,}00056_{2}$
0,061	$+0{,}00186_{6}$	$+0{,}00004_{0}$	$-0{,}00093_{3}$	$\mp0{,}00005_{1}$	$+0{,}00069_{3}$	$\pm0{,}00007_{1}$	$-0{,}00058_{2}$
0,062	$+0{,}00192_{6}$	$+0{,}00004_{1}$	$-0{,}00096_{3}$	$\mp0{,}00006_{0}$	$+0{,}00072_{2}$	$\pm0{,}00008_{0}$	$-0{,}00060_{1}$
0,063	$+0{,}00198_{7}$	$+0{,}00005_{0}$	$-0{,}00099_{3}$	$\mp0{,}00006_{1}$	$+0{,}00074_{3}$	$\pm0{,}00008_{1}$	$-0{,}00061_{2}$
0,064	$+0{,}00205_{6}$	$+0{,}00005_{0}$	$-0{,}00102_{3}$	$\mp0{,}00007_{0}$	$+0{,}00077_{2}$	$\pm0{,}00009_{0}$	$-0{,}00063_{2}$
0,065	$+0{,}00211_{7}$	$+0{,}00005_{0}$	$-0{,}00105_{3}$	$\mp0{,}00007_{0}$	$+0{,}00079_{2}$	$\pm0{,}00009_{0}$	$-0{,}00065_{2}$
0,066	$+0{,}00218_{6}$	$+0{,}00005_{0}$	$-0{,}00108_{3}$	$\mp0{,}00007_{1}$	$+0{,}00081_{3}$	$\pm0{,}00009_{1}$	$-0{,}00067_{2}$
0,067	$+0{,}00224_{7}$	$+0{,}00005_{1}$	$-0{,}00111_{3}$	$\mp0{,}00008_{0}$	$+0{,}00084_{2}$	$\pm0{,}00010_{0}$	$-0{,}00069_{2}$
0,068	$+0{,}00231_{7}$	$+0{,}00006_{0}$	$-0{,}00114_{4}$	$\mp0{,}00008_{1}$	$+0{,}00086_{3}$	$\pm0{,}00010_{1}$	$-0{,}00071_{2}$
0,069	$+0{,}00238_{7}$	$+0{,}00006_{0}$	$-0{,}00118_{4}$	$\mp0{,}00009_{0}$	$+0{,}00089_{2}$	$\pm0{,}00011_{0}$	$-0{,}00073_{2}$
0,070	$+0{,}00245_{7}$	$+0{,}00006_{0}$	$-0{,}00122_{3}$	$\mp0{,}00009_{0}$	$+0{,}00091_{3}$	$\pm0{,}00011_{0}$	$-0{,}00075_{2}$
0,071	$+0{,}00252_{7}$	$+0{,}00006_{0}$	$-0{,}00125_{3}$	$\mp0{,}00009_{0}$	$+0{,}00094_{3}$	$\pm0{,}00011_{1}$	$-0{,}00077_{3}$
0,072	$+0{,}00259_{7}$	$+0{,}00006_{1}$	$-0{,}00128_{4}$	$\mp0{,}00009_{1}$	$+0{,}00097_{2}$	$\pm0{,}00012_{0}$	$-0{,}00080_{2}$
0,073	$+0{,}00266_{8}$	$+0{,}00007_{0}$	$-0{,}00132_{4}$	$\mp0{,}00010_{0}$	$+0{,}00099_{3}$	$\pm0{,}00012_{1}$	$-0{,}00082_{3}$
0,074	$+0{,}00274_{7}$	$+0{,}00007_{0}$	$-0{,}00136_{4}$	$\mp0{,}00010_{0}$	$+0{,}00102_{3}$	$\pm0{,}00013_{0}$	$-0{,}00085_{2}$
0,075	$+0{,}00281_{8}$	$+0{,}00007_{0}$	$-0{,}00140_{3}$	$\mp0{,}00010_{1}$	$+0{,}00105_{3}$	$\pm0{,}00013_{1}$	$-0{,}00087_{2}$
0,076	$+0{,}00289_{7}$	$+0{,}00007_{1}$	$-0{,}00143_{4}$	$\mp0{,}00011_{0}$	$+0{,}00108_{3}$	$\pm0{,}00014_{0}$	$-0{,}00089_{2}$
0,077	$+0{,}00296_{8}$	$+0{,}00008_{0}$	$-0{,}00147_{4}$	$\mp0{,}00011_{1}$	$+0{,}00111_{2}$	$\pm0{,}00014_{1}$	$-0{,}00091_{3}$
0,078	$+0{,}00304_{8}$	$+0{,}00008_{1}$	$-0{,}00151_{4}$	$\mp0{,}00012_{0}$	$+0{,}00113_{3}$	$\pm0{,}00015_{0}$	$-0{,}00094_{2}$
0,079	$+0{,}00312_{8}$	$+0{,}00009_{0}$	$-0{,}00155_{4}$	$\mp0{,}00012_{1}$	$+0{,}00116_{3}$	$\pm0{,}00015_{1}$	$-0{,}00096_{2}$
0,080	$+0{,}00320_{8}$	$+0{,}00009_{0}$	$-0{,}00159_{4}$	$\mp0{,}00013_{0}$	$+0{,}00119_{3}$	$\pm0{,}00016_{1}$	$-0{,}00098_{2}$
0,081	$+0{,}00328_{8}$	$+0{,}00009_{0}$	$-0{,}00163_{4}$	$\mp0{,}00013_{1}$	$+0{,}00122_{3}$	$\pm0{,}00017_{0}$	$-0{,}00100_{3}$
0,082	$+0{,}00336_{8}$	$+0{,}00009_{1}$	$-0{,}00167_{4}$	$\mp0{,}00014_{0}$	$+0{,}00125_{3}$	$\pm0{,}00017_{1}$	$-0{,}00103_{2}$
0,083	$+0{,}00344_{9}$	$+0{,}00010_{0}$	$-0{,}00171_{4}$	$\mp0{,}00014_{1}$	$+0{,}00128_{3}$	$\pm0{,}00018_{0}$	$-0{,}00105_{3}$
0,084	$+0{,}00353_{8}$	$+0{,}00010_{0}$	$-0{,}00175_{5}$	$\mp0{,}00015_{0}$	$+0{,}00131_{3}$	$\pm0{,}00018_{1}$	$-0{,}00108_{2}$
0,085	$+0{,}00361_{8}$	$+0{,}00010_{0}$	$-0{,}00180_{4}$	$\mp0{,}00015_{1}$	$+0{,}00134_{3}$	$\pm0{,}00019_{1}$	$-0{,}00110_{3}$
0,086	$+0{,}00369_{9}$	$+0{,}00010_{1}$	$-0{,}00184_{4}$	$\mp0{,}00016_{0}$	$+0{,}00137_{3}$	$\pm0{,}00020_{1}$	$-0{,}00113_{2}$
0,087	$+0{,}00378_{9}$	$+0{,}00011_{0}$	$-0{,}00188_{4}$	$\mp0{,}00016_{1}$	$+0{,}00140_{4}$	$\pm0{,}00021_{0}$	$-0{,}00115_{3}$
0,088	$+0{,}00387_{9}$	$+0{,}00011_{1}$	$-0{,}00192_{5}$	$\mp0{,}00017_{0}$	$+0{,}00144_{3}$	$\pm0{,}00021_{1}$	$-0{,}00118_{2}$
0,089	$+0{,}00396_{9}$	$+0{,}00012_{0}$	$-0{,}00197_{5}$	$\mp0{,}00017_{1}$	$+0{,}00147_{3}$	$\pm0{,}00022_{1}$	$-0{,}00120_{3}$
0,090	$+0{,}00405_{9}$	$+0{,}00012_{0}$	$-0{,}00202_{4}$	$\mp0{,}00018_{1}$	$+0{,}00150_{3}$	$\pm0{,}00023_{1}$	$-0{,}00123_{3}$
0,091	$+0{,}00414_{9}$	$+0{,}00012_{1}$	$-0{,}00206_{4}$	$\mp0{,}00019_{1}$	$+0{,}00153_{3}$	$\pm0{,}00024_{0}$	$-0{,}00126_{3}$
0,092	$+0{,}00423_{9}$	$+0{,}00013_{0}$	$-0{,}00210_{5}$	$\mp0{,}00020_{0}$	$+0{,}00156_{4}$	$\pm0{,}00024_{1}$	$-0{,}00129_{2}$
0,093	$+0{,}00432_{10}$	$+0{,}00013_{1}$	$-0{,}00215_{5}$	$\mp0{,}00020_{1}$	$+0{,}00160_{3}$	$\pm0{,}00025_{0}$	$-0{,}00131_{3}$
0,094	$+0{,}00442_{9}$	$+0{,}00014_{0}$	$-0{,}00220_{5}$	$\mp0{,}00021_{1}$	$+0{,}00163_{3}$	$\pm0{,}00025_{1}$	$-0{,}00134_{3}$
0,095	$+0{,}00451_{10}$	$+0{,}00014_{1}$	$-0{,}00225_{4}$	$\mp0{,}00022_{1}$	$+0{,}00166_{4}$	$\pm0{,}00026_{1}$	$-0{,}00137_{3}$
0,096	$+0{,}00461_{9}$	$+0{,}00015_{0}$	$-0{,}00229_{5}$	$\mp0{,}00023_{0}$	$+0{,}00170_{3}$	$\pm0{,}00027_{1}$	$-0{,}00140_{3}$
0,097	$+0{,}00470_{10}$	$+0{,}00015_{1}$	$-0{,}00234_{5}$	$\mp0{,}00023_{1}$	$+0{,}00173_{4}$	$\pm0{,}00028_{1}$	$-0{,}00143_{2}$
0,098	$+0{,}00480_{10}$	$+0{,}00016_{0}$	$-0{,}00239_{5}$	$\mp0{,}00024_{0}$	$+0{,}00177_{3}$	$\pm0{,}00029_{1}$	$-0{,}00145_{3}$
0,099	$+0{,}00490_{10}$	$+0{,}00016_{1}$	$-0{,}00244_{5}$	$\mp0{,}00024_{1}$	$+0{,}00180_{4}$	$\pm0{,}00030_{1}$	$-0{,}00148_{3}$
0,100	$+0{,}00500_{10}$	$+0{,}00017_{0}$	$-0{,}00249_{5}$	$\mp0{,}00025_{1}$	$+0{,}00184_{4}$	$\pm0{,}00031_{1}$	$-0{,}00151_{3}$

x	$P_{0,2}(\pm x)$	$P_{1,2}(\pm x)$	$P_{2,2}(\pm x)$	$P_{3,2}(\pm x)$	$P_{4,2}(\pm x)$	$P_{5,2}(\pm x)$	$P_{6,2}(\pm x)$
0,100	$+\,0{,}00500_{10}$	$\pm\,0{,}00017_{0}$	$-\,0{,}00249_{5}$	$\mp\,0{,}00025_{1}$	$+\,0{,}00184_{4}$	$\pm\,0{,}00031_{1}$	$-\,0{,}00151_{3}$
0,101	$+\,0{,}00510_{10}$	$\pm\,0{,}00017_{1}$	$-\,0{,}00254_{5}$	$\mp\,0{,}00026_{1}$	$+\,0{,}00188_{4}$	$\pm\,0{,}00032_{1}$	$-\,0{,}00154_{3}$
0,102	$+\,0{,}00520_{10}$	$\pm\,0{,}00018_{0}$	$-\,0{,}00259_{5}$	$\mp\,0{,}00027_{0}$	$+\,0{,}00192_{3}$	$\pm\,0{,}00033_{1}$	$-\,0{,}00157_{2}$
0,103	$+\,0{,}00530_{10}$	$\pm\,0{,}00018_{1}$	$-\,0{,}00264_{5}$	$\mp\,0{,}00027_{1}$	$+\,0{,}00195_{4}$	$\pm\,0{,}00034_{1}$	$-\,0{,}00159_{3}$
0,104	$+\,0{,}00540_{11}$	$\pm\,0{,}00019_{0}$	$-\,0{,}00269_{5}$	$\mp\,0{,}00028_{1}$	$+\,0{,}00199_{4}$	$\pm\,0{,}00035_{1}$	$-\,0{,}00162_{3}$
0,105	$+\,0{,}00551_{11}$	$\pm\,0{,}00019_{1}$	$-\,0{,}00274_{5}$	$\mp\,0{,}00029_{1}$	$+\,0{,}00203_{4}$	$\pm\,0{,}00036_{1}$	$-\,0{,}00165_{3}$
0,106	$+\,0{,}00562_{10}$	$\pm\,0{,}00020_{0}$	$-\,0{,}00279_{6}$	$\mp\,0{,}00030_{1}$	$+\,0{,}00207_{4}$	$\pm\,0{,}00037_{1}$	$-\,0{,}00168_{3}$
0,107	$+\,0{,}00572_{11}$	$\pm\,0{,}00020_{1}$	$-\,0{,}00285_{5}$	$\mp\,0{,}00031_{0}$	$+\,0{,}00211_{3}$	$\pm\,0{,}00038_{1}$	$-\,0{,}00171_{4}$
0,108	$+\,0{,}00583_{11}$	$\pm\,0{,}00021_{0}$	$-\,0{,}00290_{6}$	$\mp\,0{,}00031_{1}$	$+\,0{,}00214_{4}$	$\pm\,0{,}00039_{1}$	$-\,0{,}00175_{3}$
0,109	$+\,0{,}00594_{11}$	$\pm\,0{,}00021_{1}$	$-\,0{,}00296_{5}$	$\mp\,0{,}00032_{1}$	$+\,0{,}00218_{4}$	$\pm\,0{,}00040_{1}$	$-\,0{,}00178_{3}$
0,110	$+\,0{,}00605_{12}$	$\pm\,0{,}00022_{1}$	$-\,0{,}00301_{5}$	$\mp\,0{,}00033_{1}$	$+\,0{,}00222_{4}$	$\pm\,0{,}00041_{1}$	$-\,0{,}00181_{3}$
0,111	$+\,0{,}00617_{10}$	$\pm\,0{,}00023_{0}$	$-\,0{,}00306_{6}$	$\mp\,0{,}00034_{1}$	$+\,0{,}00226_{4}$	$\pm\,0{,}00042_{1}$	$-\,0{,}00184_{3}$
0,112	$+\,0{,}00627_{11}$	$\pm\,0{,}00023_{1}$	$-\,0{,}00312_{5}$	$\mp\,0{,}00035_{1}$	$+\,0{,}00230_{5}$	$\pm\,0{,}00043_{2}$	$-\,0{,}00187_{4}$
0,113	$+\,0{,}00638_{11}$	$\pm\,0{,}00024_{0}$	$-\,0{,}00317_{5}$	$\mp\,0{,}00036_{1}$	$+\,0{,}00235_{4}$	$\pm\,0{,}00045_{1}$	$-\,0{,}00191_{3}$
0,114	$+\,0{,}00649_{12}$	$\pm\,0{,}00024_{1}$	$-\,0{,}00322_{6}$	$\mp\,0{,}00037_{1}$	$+\,0{,}00239_{4}$	$\pm\,0{,}00046_{1}$	$-\,0{,}00194_{3}$
0,115	$+\,0{,}00661_{12}$	$\pm\,0{,}00025_{1}$	$-\,0{,}00328_{6}$	$\mp\,0{,}00038_{1}$	$+\,0{,}00243_{4}$	$\pm\,0{,}00047_{1}$	$-\,0{,}00197_{3}$
0,116	$+\,0{,}00673_{11}$	$\pm\,0{,}00026_{1}$	$-\,0{,}00334_{6}$	$\mp\,0{,}00039_{1}$	$+\,0{,}00247_{4}$	$\pm\,0{,}00048_{1}$	$-\,0{,}00200_{4}$
0,117	$+\,0{,}00684_{12}$	$\pm\,0{,}00027_{0}$	$-\,0{,}00340_{5}$	$\mp\,0{,}00040_{1}$	$+\,0{,}00251_{5}$	$\pm\,0{,}00049_{2}$	$-\,0{,}00204_{3}$
0,118	$+\,0{,}00696_{12}$	$\pm\,0{,}00027_{1}$	$-\,0{,}00345_{6}$	$\mp\,0{,}00041_{1}$	$+\,0{,}00256_{4}$	$\pm\,0{,}00051_{1}$	$-\,0{,}00207_{4}$
0,119	$+\,0{,}00708_{12}$	$\pm\,0{,}00028_{1}$	$-\,0{,}00351_{6}$	$\mp\,0{,}00042_{1}$	$+\,0{,}00260_{4}$	$\pm\,0{,}00052_{1}$	$-\,0{,}00211_{3}$
0,120	$+\,0{,}00720_{12}$	$\pm\,0{,}00029_{1}$	$-\,0{,}00357_{6}$	$\mp\,0{,}00043_{1}$	$+\,0{,}00264_{4}$	$\pm\,0{,}00053_{1}$	$-\,0{,}00214_{3}$
0,121	$+\,0{,}00732_{12}$	$\pm\,0{,}00030_{1}$	$-\,0{,}00363_{6}$	$\mp\,0{,}00044_{1}$	$+\,0{,}00268_{4}$	$\pm\,0{,}00054_{2}$	$-\,0{,}00217_{4}$
0,122	$+\,0{,}00744_{12}$	$\pm\,0{,}00031_{0}$	$-\,0{,}00369_{7}$	$\mp\,0{,}00045_{1}$	$+\,0{,}00272_{5}$	$\pm\,0{,}00056_{1}$	$-\,0{,}00221_{3}$
0,123	$+\,0{,}00756_{13}$	$\pm\,0{,}00031_{1}$	$-\,0{,}00376_{6}$	$\mp\,0{,}00046_{1}$	$+\,0{,}00277_{4}$	$\pm\,0{,}00057_{2}$	$-\,0{,}00224_{4}$
0,124	$+\,0{,}00769_{12}$	$\pm\,0{,}00032_{1}$	$-\,0{,}00382_{6}$	$\mp\,0{,}00047_{1}$	$+\,0{,}00281_{4}$	$\pm\,0{,}00059_{1}$	$-\,0{,}00228_{3}$
0,125	$+\,0{,}00781_{13}$	$\pm\,0{,}00033_{1}$	$-\,0{,}00388_{6}$	$\mp\,0{,}00048_{1}$	$+\,0{,}00285_{5}$	$\pm\,0{,}00060_{1}$	$-\,0{,}00231_{4}$
0,126	$+\,0{,}00794_{12}$	$\pm\,0{,}00034_{1}$	$-\,0{,}00394_{6}$	$\mp\,0{,}00049_{1}$	$+\,0{,}00290_{4}$	$\pm\,0{,}00061_{2}$	$-\,0{,}00235_{3}$
0,127	$+\,0{,}00806_{13}$	$\pm\,0{,}00035_{0}$	$-\,0{,}00400_{7}$	$\mp\,0{,}00050_{1}$	$+\,0{,}00294_{5}$	$\pm\,0{,}00063_{1}$	$-\,0{,}00238_{4}$
0,128	$+\,0{,}00819_{13}$	$\pm\,0{,}00035_{1}$	$-\,0{,}00407_{6}$	$\mp\,0{,}00051_{1}$	$+\,0{,}00299_{4}$	$\pm\,0{,}00064_{2}$	$-\,0{,}00242_{3}$
0,129	$+\,0{,}00832_{13}$	$\pm\,0{,}00036_{1}$	$-\,0{,}00413_{6}$	$\mp\,0{,}00052_{2}$	$+\,0{,}00303_{5}$	$\pm\,0{,}00066_{1}$	$-\,0{,}00245_{4}$
0,130	$+\,0{,}00845_{13}$	$\pm\,0{,}00037_{1}$	$-\,0{,}00419_{6}$	$\mp\,0{,}00054_{1}$	$+\,0{,}00308_{5}$	$\pm\,0{,}00067_{2}$	$-\,0{,}00249_{4}$
0,131	$+\,0{,}00858_{13}$	$\pm\,0{,}00038_{1}$	$-\,0{,}00425_{7}$	$\mp\,0{,}00055_{2}$	$+\,0{,}00313_{5}$	$\pm\,0{,}00069_{1}$	$-\,0{,}00253_{3}$
0,132	$+\,0{,}00871_{13}$	$\pm\,0{,}00039_{0}$	$-\,0{,}00432_{6}$	$\mp\,0{,}00057_{1}$	$+\,0{,}00318_{4}$	$\pm\,0{,}00070_{2}$	$-\,0{,}00256_{4}$
0,133	$+\,0{,}00884_{13}$	$\pm\,0{,}00039_{1}$	$-\,0{,}00438_{7}$	$\mp\,0{,}00058_{1}$	$+\,0{,}00322_{5}$	$\pm\,0{,}00072_{1}$	$-\,0{,}00260_{3}$
0,134	$+\,0{,}00897_{14}$	$\pm\,0{,}00040_{1}$	$-\,0{,}00445_{6}$	$\mp\,0{,}00059_{2}$	$+\,0{,}00327_{5}$	$\pm\,0{,}00073_{2}$	$-\,0{,}00263_{4}$
0,135	$+\,0{,}00911_{14}$	$\pm\,0{,}00041_{1}$	$-\,0{,}00451_{7}$	$\mp\,0{,}00061_{1}$	$+\,0{,}00332_{5}$	$\pm\,0{,}00075_{2}$	$-\,0{,}00267_{4}$
0,136	$+\,0{,}00925_{13}$	$\pm\,0{,}00042_{1}$	$-\,0{,}00458_{7}$	$\mp\,0{,}00062_{2}$	$+\,0{,}00337_{5}$	$\pm\,0{,}00077_{1}$	$-\,0{,}00271_{4}$
0,137	$+\,0{,}00938_{14}$	$\pm\,0{,}00043_{1}$	$-\,0{,}00465_{6}$	$\mp\,0{,}00064_{1}$	$+\,0{,}00342_{4}$	$\pm\,0{,}00078_{2}$	$-\,0{,}00275_{3}$
0,138	$+\,0{,}00952_{14}$	$\pm\,0{,}00044_{1}$	$-\,0{,}00471_{7}$	$\mp\,0{,}00065_{2}$	$+\,0{,}00346_{5}$	$\pm\,0{,}00080_{1}$	$-\,0{,}00278_{4}$
0,139	$+\,0{,}00966_{14}$	$\pm\,0{,}00045_{1}$	$-\,0{,}00478_{7}$	$\mp\,0{,}00067_{1}$	$+\,0{,}00351_{5}$	$\pm\,0{,}00081_{2}$	$-\,0{,}00282_{4}$
0,140	$+\,0{,}00980_{14}$	$\pm\,0{,}00046_{1}$	$-\,0{,}00485_{7}$	$\mp\,0{,}00068_{1}$	$+\,0{,}00356_{5}$	$\pm\,0{,}00083_{2}$	$-\,0{,}00286_{4}$
0,141	$+\,0{,}00994_{14}$	$\pm\,0{,}00047_{1}$	$-\,0{,}00492_{7}$	$\mp\,0{,}00069_{2}$	$+\,0{,}00361_{5}$	$\pm\,0{,}00085_{2}$	$-\,0{,}00290_{4}$
0,142	$+\,0{,}01008_{14}$	$\pm\,0{,}00048_{0}$	$-\,0{,}00499_{7}$	$\mp\,0{,}00071_{1}$	$+\,0{,}00366_{4}$	$\pm\,0{,}00087_{2}$	$-\,0{,}00294_{3}$
0,143	$+\,0{,}01022_{15}$	$\pm\,0{,}00048_{1}$	$-\,0{,}00506_{7}$	$\mp\,0{,}00072_{2}$	$+\,0{,}00370_{5}$	$\pm\,0{,}00089_{2}$	$-\,0{,}00297_{4}$
0,144	$+\,0{,}01037_{14}$	$\pm\,0{,}00049_{1}$	$-\,0{,}00513_{7}$	$\mp\,0{,}00074_{1}$	$+\,0{,}00375_{5}$	$\pm\,0{,}00091_{2}$	$-\,0{,}00301_{4}$
0,145	$+\,0{,}01051_{15}$	$\pm\,0{,}00050_{1}$	$-\,0{,}00520_{7}$	$\mp\,0{,}00075_{2}$	$+\,0{,}00380_{5}$	$\pm\,0{,}00093_{2}$	$-\,0{,}00305_{4}$
0,146	$+\,0{,}01066_{14}$	$\pm\,0{,}00051_{1}$	$-\,0{,}00527_{7}$	$\mp\,0{,}00077_{1}$	$+\,0{,}00385_{5}$	$\pm\,0{,}00095_{2}$	$-\,0{,}00309_{4}$
0,147	$+\,0{,}01080_{15}$	$\pm\,0{,}00052_{1}$	$-\,0{,}00534_{8}$	$\mp\,0{,}00078_{2}$	$+\,0{,}00390_{6}$	$\pm\,0{,}00097_{1}$	$-\,0{,}00313_{4}$
0,148	$+\,0{,}01095_{15}$	$\pm\,0{,}00053_{1}$	$-\,0{,}00542_{7}$	$\mp\,0{,}00080_{1}$	$+\,0{,}00396_{5}$	$\pm\,0{,}00098_{2}$	$-\,0{,}00317_{4}$
0,149	$+\,0{,}01110_{15}$	$\pm\,0{,}00054_{2}$	$-\,0{,}00549_{7}$	$\mp\,0{,}00081_{2}$	$+\,0{,}00401_{5}$	$\pm\,0{,}00100_{2}$	$-\,0{,}00321_{4}$
0,150	$+\,0{,}01125_{15}$	$\pm\,0{,}00056_{1}$	$-\,0{,}00556_{8}$	$\mp\,0{,}00083_{2}$	$+\,0{,}00406_{5}$	$\pm\,0{,}00102_{2}$	$-\,0{,}00325_{4}$

x	$P_{0,2}(\pm x)$	$P_{1,2}(\pm x)$	$P_{2,2}(\pm x)$	$P_{3,2}(\pm x)$	$P_{4,2}(\pm x)$	$P_{5,2}(\pm x)$	$P_{6,2}(\pm x)$
0,150	$+0{,}01125_{15}$	$\pm0{,}00056_{1}$	$-0{,}00556_{8}$	$\mp0{,}00083_{2}$	$+0{,}00406_{5}$	$\pm0{,}00102_{2}$	$-0{,}00325_{4}$
0,151	$+0{,}01140_{15}$	$+0{,}00057_{1}$	$-0{,}00564_{7}$	$\mp0{,}00085_{2}$	$+0{,}00411_{6}$	$\pm0{,}00104_{2}$	$-0{,}00329_{4}$
0,152	$+0{,}01155_{15}$	$\pm0{,}00058_{2}$	$-0{,}00571_{8}$	$\mp0{,}00087_{1}$	$+0{,}00417_{5}$	$\pm0{,}00106_{3}$	$-0{,}00333_{3}$
0,153	$+0{,}01170_{16}$	$\pm0{,}00060_{1}$	$-0{,}00579_{7}$	$\mp0{,}00088_{2}$	$+0{,}00422_{6}$	$\pm0{,}00109_{2}$	$-0{,}00336_{4}$
0,154	$+0{,}01186_{15}$	$\pm0{,}00061_{1}$	$-0{,}00586_{8}$	$\mp0{,}00090_{2}$	$+0{,}00428_{5}$	$\pm0{,}00111_{2}$	$-0{,}00340_{4}$
0,155	$+0{,}01201_{16}$	$\pm0{,}00062_{1}$	$-0{,}00594_{8}$	$\mp0{,}00092_{2}$	$+0{,}00433_{5}$	$\pm0{,}00113_{2}$	$-0{,}00344_{4}$
0,156	$+0{,}01217_{15}$	$\pm0{,}00063_{1}$	$-0{,}00602_{7}$	$\mp0{,}00094_{2}$	$+0{,}00438_{6}$	$\pm0{,}00115_{2}$	$-0{,}00348_{4}$
0,157	$+0{,}01232_{16}$	$\pm0{,}00064_{2}$	$-0{,}00609_{8}$	$\mp0{,}00096_{1}$	$+0{,}00444_{5}$	$\pm0{,}00117_{2}$	$-0{,}00352_{5}$
0,158	$+0{,}01248_{16}$	$\pm0{,}00066_{1}$	$-0{,}00617_{7}$	$\mp0{,}00097_{2}$	$+0{,}00449_{6}$	$\pm0{,}00119_{2}$	$-0{,}00357_{4}$
0,159	$+0{,}01264_{16}$	$\pm0{,}00067_{1}$	$-0{,}00624_{8}$	$\mp0{,}00099_{2}$	$+0{,}00455_{5}$	$\pm0{,}00121_{2}$	$-0{,}00361_{4}$
0,160	$+0{,}01280_{16}$	$\pm0{,}00068_{1}$	$-0{,}00632_{8}$	$\mp0{,}00101_{2}$	$+0{,}00460_{5}$	$\pm0{,}00123_{2}$	$-0{,}00365_{4}$
0,161	$+0{,}01296_{16}$	$\pm0{,}00069_{2}$	$-0{,}00640_{8}$	$\mp0{,}00103_{2}$	$+0{,}00465_{6}$	$\pm0{,}00125_{3}$	$-0{,}00369_{4}$
0,162	$+0{,}01312_{16}$	$\pm0{,}00071_{1}$	$-0{,}00648_{7}$	$\mp0{,}00105_{2}$	$+0{,}00471_{5}$	$\pm0{,}00128_{2}$	$-0{,}00373_{5}$
0,163	$+0{,}01328_{17}$	$\pm0{,}00072_{2}$	$-0{,}00655_{8}$	$\mp0{,}00107_{2}$	$+0{,}00476_{6}$	$\pm0{,}00130_{3}$	$-0{,}00378_{4}$
0,164	$+0{,}01345_{16}$	$\pm0{,}00074_{1}$	$-0{,}00663_{8}$	$\mp0{,}00109_{2}$	$+0{,}00482_{5}$	$\pm0{,}00133_{2}$	$-0{,}00382_{4}$
0,165	$+0{,}01361_{17}$	$\pm0{,}00075_{1}$	$-0{,}00671_{8}$	$\mp0{,}00111_{2}$	$+0{,}00487_{6}$	$\pm0{,}00135_{2}$	$-0{,}00386_{4}$
0,166	$+0{,}01378_{16}$	$\pm0{,}00076_{2}$	$-0{,}00679_{8}$	$\mp0{,}00113_{2}$	$+0{,}00493_{6}$	$\pm0{,}00137_{3}$	$-0{,}00390_{4}$
0,167	$+0{,}01394_{17}$	$\pm0{,}00078_{1}$	$-0{,}00687_{9}$	$\mp0{,}00115_{2}$	$+0{,}00499_{5}$	$\pm0{,}00140_{2}$	$-0{,}00394_{4}$
0,168	$+0{,}01411_{17}$	$\pm0{,}00079_{2}$	$-0{,}00696_{8}$	$\mp0{,}00117_{2}$	$+0{,}00504_{6}$	$\pm0{,}00142_{3}$	$-0{,}00399_{4}$
0,169	$+0{,}01428_{17}$	$\pm0{,}00081_{1}$	$-0{,}00704_{8}$	$\mp0{,}00119_{2}$	$+0{,}00510_{6}$	$\pm0{,}00145_{2}$	$-0{,}00403_{4}$
0,170	$+0{,}01445_{17}$	$\pm0{,}00082_{1}$	$-0{,}00712_{8}$	$\mp0{,}00121_{2}$	$+0{,}00516_{6}$	$\pm0{,}00147_{3}$	$-0{,}00407_{4}$
0,171	$+0{,}01462_{17}$	$\pm0{,}00083_{2}$	$-0{,}00720_{9}$	$\mp0{,}00123_{2}$	$+0{,}00522_{6}$	$\pm0{,}00150_{3}$	$-0{,}00411_{5}$
0,172	$+0{,}01479_{17}$	$\pm0{,}00085_{1}$	$-0{,}00729_{8}$	$\mp0{,}00125_{3}$	$+0{,}00528_{5}$	$\pm0{,}00153_{2}$	$-0{,}00416_{4}$
0,173	$+0{,}01496_{18}$	$\pm0{,}00086_{2}$	$-0{,}00737_{9}$	$\mp0{,}00128_{2}$	$+0{,}00533_{6}$	$\pm0{,}00155_{3}$	$-0{,}00420_{5}$
0,174	$+0{,}01514_{17}$	$\pm0{,}00088_{1}$	$-0{,}00746_{8}$	$\mp0{,}00130_{2}$	$+0{,}00539_{6}$	$\pm0{,}00158_{3}$	$-0{,}00425_{4}$
0,175	$+0{,}01531_{18}$	$\pm0{,}00089_{2}$	$-0{,}00754_{9}$	$\mp0{,}00132_{2}$	$+0{,}00545_{6}$	$\pm0{,}00161_{3}$	$-0{,}00429_{4}$
0,176	$+0{,}01549_{17}$	$\pm0{,}00091_{1}$	$-0{,}00763_{8}$	$\mp0{,}00134_{2}$	$+0{,}00551_{6}$	$\pm0{,}00164_{2}$	$-0{,}00433_{5}$
0,177	$+0{,}01566_{18}$	$\pm0{,}00092_{2}$	$-0{,}00771_{9}$	$\mp0{,}00136_{3}$	$+0{,}00557_{6}$	$\pm0{,}00166_{3}$	$-0{,}00438_{4}$
0,178	$+0{,}01584_{18}$	$\pm0{,}00094_{1}$	$-0{,}00780_{8}$	$\mp0{,}00139_{2}$	$+0{,}00563_{6}$	$\pm0{,}00169_{2}$	$-0{,}00442_{5}$
0,179	$+0{,}01602_{18}$	$\pm0{,}00095_{2}$	$-0{,}00788_{9}$	$\mp0{,}00141_{2}$	$+0{,}00569_{6}$	$\pm0{,}00171_{3}$	$-0{,}00447_{4}$
0,180	$+0{,}01620_{18}$	$\pm0{,}00097_{2}$	$-0{,}00797_{9}$	$\mp0{,}00143_{3}$	$+0{,}00575_{6}$	$\pm0{,}00174_{3}$	$-0{,}00451_{4}$
0,181	$+0{,}01638_{18}$	$\pm0{,}00099_{2}$	$-0{,}00806_{9}$	$\mp0{,}00146_{2}$	$+0{,}00581_{6}$	$\pm0{,}00177_{3}$	$-0{,}00455_{5}$
0,182	$+0{,}01656_{18}$	$\pm0{,}00101_{1}$	$-0{,}00815_{8}$	$\mp0{,}00148_{3}$	$+0{,}00587_{7}$	$\pm0{,}00180_{3}$	$-0{,}00460_{4}$
0,183	$+0{,}01674_{19}$	$\pm0{,}00102_{2}$	$-0{,}00823_{9}$	$\mp0{,}00151_{2}$	$+0{,}00594_{6}$	$\pm0{,}00183_{3}$	$-0{,}00464_{5}$
0,184	$+0{,}01693_{18}$	$\pm0{,}00104_{2}$	$-0{,}00832_{9}$	$\mp0{,}00153_{3}$	$+0{,}00600_{6}$	$\pm0{,}00186_{3}$	$-0{,}00469_{4}$
0,185	$+0{,}01711_{19}$	$\pm0{,}00106_{2}$	$-0{,}00841_{9}$	$\mp0{,}00156_{2}$	$+0{,}00606_{6}$	$\pm0{,}00189_{3}$	$-0{,}00473_{5}$
0,186	$+0{,}01730_{18}$	$\pm0{,}00108_{1}$	$-0{,}00850_{9}$	$\mp0{,}00158_{3}$	$+0{,}00612_{6}$	$\pm0{,}00192_{3}$	$-0{,}00478_{4}$
0,187	$+0{,}01748_{19}$	$\pm0{,}00109_{2}$	$-0{,}00859_{9}$	$\mp0{,}00161_{2}$	$+0{,}00618_{7}$	$\pm0{,}00195_{3}$	$-0{,}00482_{5}$
0,188	$+0{,}01767_{19}$	$\pm0{,}00111_{1}$	$-0{,}00868_{9}$	$\mp0{,}00163_{3}$	$+0{,}00625_{6}$	$\pm0{,}00198_{3}$	$-0{,}00487_{4}$
0,189	$+0{,}01786_{19}$	$\pm0{,}00112_{2}$	$-0{,}00877_{9}$	$\mp0{,}00166_{2}$	$+0{,}00631_{6}$	$\pm0{,}00201_{3}$	$-0{,}00491_{5}$
0,190	$+0{,}01805_{19}$	$\pm0{,}00114_{2}$	$-0{,}00886_{9}$	$\mp0{,}00168_{3}$	$+0{,}00637_{6}$	$\pm0{,}00204_{3}$	$-0{,}00496_{5}$
0,191	$+0{,}01824_{19}$	$\pm0{,}00116_{2}$	$-0{,}00895_{10}$	$\mp0{,}00171_{3}$	$+0{,}00643_{7}$	$\pm0{,}00207_{3}$	$-0{,}00501_{4}$
0,192	$+0{,}01843_{19}$	$\pm0{,}00118_{1}$	$-0{,}00905_{9}$	$\mp0{,}00174_{2}$	$+0{,}00650_{6}$	$\pm0{,}00210_{3}$	$-0{,}00505_{5}$
0,193	$+0{,}01862_{20}$	$\pm0{,}00119_{2}$	$-0{,}00914_{10}$	$\mp0{,}00176_{3}$	$+0{,}00656_{7}$	$\pm0{,}00213_{3}$	$-0{,}00510_{4}$
0,194	$+0{,}01882_{19}$	$\pm0{,}00121_{2}$	$-0{,}00924_{9}$	$\mp0{,}00179_{3}$	$+0{,}00663_{6}$	$\pm0{,}00216_{3}$	$-0{,}00514_{5}$
0,195	$+0{,}01901_{20}$	$\pm0{,}00123_{2}$	$-0{,}00933_{9}$	$\mp0{,}00182_{3}$	$+0{,}00669_{6}$	$\pm0{,}00219_{3}$	$-0{,}00519_{5}$
0,196	$+0{,}01921_{19}$	$\pm0{,}00125_{2}$	$-0{,}00942_{10}$	$\mp0{,}00185_{3}$	$+0{,}00675_{7}$	$\pm0{,}00222_{4}$	$-0{,}00524_{4}$
0,197	$+0{,}01940_{20}$	$\pm0{,}00127_{2}$	$-0{,}00952_{9}$	$\mp0{,}00188_{2}$	$+0{,}00682_{6}$	$\pm0{,}00226_{3}$	$-0{,}00528_{5}$
0,198	$+0{,}01960_{20}$	$\pm0{,}00129_{2}$	$-0{,}00961_{10}$	$\mp0{,}00190_{3}$	$+0{,}00688_{7}$	$\pm0{,}00229_{4}$	$-0{,}00533_{4}$
0,199	$+0{,}01980_{20}$	$\pm0{,}00131_{2}$	$-0{,}00971_{9}$	$\mp0{,}00193_{3}$	$+0{,}00695_{6}$	$\pm0{,}00233_{3}$	$-0{,}00537_{5}$
0,200	$+0{,}02000_{20}$	$\pm0{,}00133_{2}$	$-0{,}00980_{10}$	$\mp0{,}00196_{3}$	$+0{,}00701_{7}$	$\pm0{,}00236_{6}$	$-0{,}00542_{5}$

x	$P_{0,2}(\pm x)$	$P_{1,2}(\pm x)$	$P_{2,2}(\pm x)$	$P_{3,2}(\pm x)$	$P_{4,2}(\pm x)$	$P_{5,2}(\pm x)$	$P_{6,2}(\pm x)$
0,200	$+0{,}02000_{20}$	$\pm0{,}00133_{2}$	$-0{,}00980_{10}$	$\mp0{,}00196_{3}$	$+0{,}00701_{7}$	$\pm0{,}00236_{4}$	$-0{,}00542_{5}$
0,201	$+0{,}02020_{20}$	$\pm0{,}00135_{2}$	$-0{,}00990_{9}$	$\mp0{,}00199_{3}$	$+0{,}00708_{6}$	$\pm0{,}00240_{3}$	$-0{,}00547_{4}$
0,202	$+0{,}02040_{20}$	$\pm0{,}00137_{3}$	$-0{,}00999_{10}$	$\mp0{,}00202_{3}$	$+0{,}00714_{7}$	$\pm0{,}00243_{4}$	$-0{,}00551_{5}$
0,203	$+0{,}02060_{21}$	$\pm0{,}00140_{2}$	$-0{,}01009_{9}$	$\mp0{,}00205_{3}$	$+0{,}00721_{6}$	$\pm0{,}00247_{3}$	$-0{,}00556_{4}$
0,204	$+0{,}02081_{20}$	$\pm0{,}00142_{2}$	$-0{,}01018_{10}$	$\mp0{,}00208_{3}$	$+0{,}00727_{7}$	$\pm0{,}00250_{4}$	$-0{,}00560_{5}$
0,205	$+0{,}02101_{21}$	$\pm0{,}00144_{2}$	$-0{,}01028_{10}$	$\mp0{,}00211_{3}$	$+0{,}00734_{7}$	$\pm0{,}00254_{4}$	$-0{,}00565_{5}$
0,206	$+0{,}02122_{20}$	$\pm0{,}00146_{2}$	$-0{,}01038_{10}$	$\mp0{,}00214_{3}$	$+0{,}00741_{6}$	$\pm0{,}00258_{3}$	$-0{,}00570_{4}$
0,207	$+0{,}02142_{21}$	$\pm0{,}00148_{2}$	$-0{,}01048_{10}$	$\mp0{,}00217_{3}$	$+0{,}00747_{7}$	$\pm0{,}00261_{4}$	$-0{,}00574_{5}$
0,208	$+0{,}02163_{21}$	$\pm0{,}00150_{2}$	$-0{,}01058_{10}$	$\mp0{,}00220_{3}$	$+0{,}00754_{6}$	$\pm0{,}00265_{3}$	$-0{,}00579_{4}$
0,209	$+0{,}02184_{21}$	$\pm0{,}00152_{2}$	$-0{,}01068_{10}$	$\mp0{,}00223_{3}$	$+0{,}00760_{7}$	$\pm0{,}00268_{4}$	$-0{,}00583_{5}$
0,210	$+0{,}02205_{21}$	$\pm0{,}00154_{2}$	$-0{,}01078_{10}$	$\mp0{,}00226_{3}$	$+0{,}00767_{7}$	$\pm0{,}00272_{4}$	$-0{,}00588_{5}$
0,211	$+0{,}02226_{21}$	$\pm0{,}00156_{3}$	$-0{,}01088_{10}$	$\mp0{,}00229_{4}$	$+0{,}00774_{7}$	$\pm0{,}00276_{4}$	$-0{,}00593_{5}$
0,212	$+0{,}02247_{21}$	$\pm0{,}00159_{2}$	$-0{,}01098_{11}$	$\mp0{,}00233_{3}$	$+0{,}00781_{7}$	$\pm0{,}00280_{3}$	$-0{,}00598_{4}$
0,213	$+0{,}02268_{22}$	$\pm0{,}00161_{3}$	$-0{,}01109_{10}$	$\mp0{,}00236_{4}$	$+0{,}00788_{7}$	$\pm0{,}00283_{4}$	$-0{,}00602_{5}$
0,214	$+0{,}02290_{21}$	$\pm0{,}00164_{2}$	$-0{,}01119_{10}$	$\mp0{,}00240_{3}$	$+0{,}00795_{7}$	$\pm0{,}00287_{4}$	$-0{,}00607_{5}$
0,215	$+0{,}02311_{22}$	$\pm0{,}00166_{2}$	$-0{,}01129_{10}$	$\mp0{,}00243_{3}$	$+0{,}00802_{7}$	$\pm0{,}00291_{4}$	$-0{,}00612_{5}$
0,216	$+0{,}02333_{21}$	$\pm0{,}00168_{2}$	$-0{,}01139_{11}$	$\mp0{,}00246_{4}$	$+0{,}00809_{7}$	$\pm0{,}00295_{4}$	$-0{,}00617_{4}$
0,217	$+0{,}02354_{22}$	$\pm0{,}00170_{3}$	$-0{,}01150_{10}$	$\mp0{,}00250_{3}$	$+0{,}00816_{6}$	$\pm0{,}00299_{4}$	$-0{,}00621_{5}$
0,218	$+0{,}02376_{22}$	$\pm0{,}00173_{2}$	$-0{,}01160_{11}$	$\mp0{,}00253_{4}$	$+0{,}00822_{7}$	$\pm0{,}00303_{4}$	$-0{,}00626_{4}$
0,219	$+0{,}02398_{22}$	$\pm0{,}00175_{2}$	$-0{,}01171_{10}$	$\mp0{,}00257_{3}$	$+0{,}00829_{7}$	$\pm0{,}00307_{4}$	$-0{,}00630_{5}$
0,220	$+0{,}02420_{22}$	$\pm0{,}00177_{3}$	$-0{,}01181_{11}$	$\mp0{,}00260_{3}$	$+0{,}00836_{7}$	$\pm0{,}00311_{4}$	$-0{,}00635_{5}$
0,221	$+0{,}02442_{22}$	$\pm0{,}00180_{2}$	$-0{,}01192_{10}$	$\mp0{,}00263_{4}$	$+0{,}00843_{7}$	$\pm0{,}00315_{4}$	$-0{,}00640_{5}$
0,222	$+0{,}02464_{22}$	$\pm0{,}00182_{3}$	$-0{,}01202_{11}$	$\mp0{,}00267_{3}$	$+0{,}00850_{7}$	$\pm0{,}00319_{4}$	$-0{,}00645_{4}$
0,223	$+0{,}02486_{23}$	$\pm0{,}00185_{2}$	$-0{,}01213_{10}$	$\mp0{,}00270_{4}$	$+0{,}00857_{7}$	$\pm0{,}00323_{4}$	$-0{,}00649_{5}$
0,224	$+0{,}02509_{22}$	$\pm0{,}00187_{3}$	$-0{,}01223_{11}$	$\mp0{,}00274_{3}$	$+0{,}00864_{7}$	$\pm0{,}00327_{4}$	$-0{,}00654_{5}$
0,225	$+0{,}02531_{22}$	$\pm0{,}00190_{3}$	$-0{,}01234_{11}$	$\mp0{,}00277_{4}$	$+0{,}00871_{7}$	$\pm0{,}00331_{4}$	$-0{,}00659_{5}$
0,226	$+0{,}02554_{22}$	$\pm0{,}00193_{2}$	$-0{,}01245_{11}$	$\mp0{,}00281_{4}$	$+0{,}00878_{7}$	$\pm0{,}00335_{5}$	$-0{,}00664_{5}$
0,227	$+0{,}02576_{23}$	$\pm0{,}00195_{3}$	$-0{,}01256_{10}$	$\mp0{,}00285_{3}$	$+0{,}00885_{8}$	$\pm0{,}00340_{4}$	$-0{,}00669_{4}$
0,228	$+0{,}02599_{23}$	$\pm0{,}00198_{2}$	$-0{,}01266_{11}$	$\mp0{,}00288_{4}$	$+0{,}00893_{7}$	$\pm0{,}00344_{5}$	$-0{,}00673_{5}$
0,229	$+0{,}02622_{23}$	$\pm0{,}00200_{3}$	$-0{,}01277_{11}$	$\mp0{,}00292_{4}$	$+0{,}00900_{7}$	$\pm0{,}00349_{4}$	$-0{,}00678_{5}$
0,230	$+0{,}02645_{23}$	$\pm0{,}00203_{3}$	$-0{,}01288_{11}$	$\mp0{,}00296_{4}$	$+0{,}00907_{7}$	$\pm0{,}00353_{4}$	$-0{,}00683_{5}$
0,231	$+0{,}02668_{23}$	$\pm0{,}00206_{2}$	$-0{,}01299_{11}$	$\mp0{,}00300_{4}$	$+0{,}00914_{7}$	$\pm0{,}00357_{5}$	$-0{,}00688_{5}$
0,232	$+0{,}02691_{23}$	$\pm0{,}00208_{3}$	$-0{,}01310_{11}$	$\mp0{,}00304_{4}$	$+0{,}00921_{7}$	$\pm0{,}00362_{4}$	$-0{,}00693_{4}$
0,233	$+0{,}02714_{24}$	$\pm0{,}00211_{2}$	$-0{,}01321_{11}$	$\mp0{,}00308_{4}$	$+0{,}00928_{7}$	$\pm0{,}00366_{5}$	$-0{,}00697_{5}$
0,234	$+0{,}02738_{23}$	$\pm0{,}00213_{3}$	$-0{,}01332_{11}$	$\mp0{,}00312_{4}$	$+0{,}00935_{7}$	$\pm0{,}00371_{4}$	$-0{,}00702_{5}$
0,235	$+0{,}02761_{24}$	$\pm0{,}00216_{3}$	$-0{,}01343_{11}$	$\mp0{,}00316_{4}$	$+0{,}00942_{7}$	$\pm0{,}00375_{5}$	$-0{,}00707_{5}$
0,236	$+0{,}02785_{23}$	$\pm0{,}00219_{3}$	$-0{,}01354_{11}$	$\mp0{,}00320_{4}$	$+0{,}00949_{8}$	$\pm0{,}00380_{4}$	$-0{,}00712_{5}$
0,237	$+0{,}02808_{24}$	$\pm0{,}00222_{2}$	$-0{,}01365_{12}$	$\mp0{,}00324_{4}$	$+0{,}00957_{7}$	$\pm0{,}00384_{5}$	$-0{,}00717_{4}$
0,238	$+0{,}02832_{24}$	$\pm0{,}00224_{3}$	$-0{,}01377_{11}$	$\mp0{,}00328_{4}$	$+0{,}00964_{8}$	$\pm0{,}00389_{4}$	$-0{,}00721_{5}$
0,239	$+0{,}02856_{24}$	$\pm0{,}00227_{3}$	$-0{,}01388_{11}$	$\mp0{,}00332_{4}$	$+0{,}00972_{7}$	$\pm0{,}00393_{5}$	$-0{,}00726_{5}$
0,240	$+0{,}02880_{24}$	$\pm0{,}00230_{3}$	$-0{,}01399_{11}$	$\mp0{,}00336_{4}$	$+0{,}00979_{7}$	$\pm0{,}00398_{5}$	$-0{,}00731_{5}$
0,241	$+0{,}02904_{24}$	$\pm0{,}00233_{3}$	$-0{,}01410_{12}$	$\mp0{,}00340_{4}$	$+0{,}00986_{8}$	$\pm0{,}00403_{5}$	$-0{,}00736_{5}$
0,242	$+0{,}02928_{24}$	$\pm0{,}00236_{3}$	$-0{,}01422_{11}$	$\mp0{,}00344_{4}$	$+0{,}00994_{7}$	$\pm0{,}00408_{4}$	$-0{,}00741_{4}$
0,243	$+0{,}02952_{25}$	$\pm0{,}00239_{3}$	$-0{,}01433_{12}$	$\mp0{,}00348_{4}$	$+0{,}01001_{8}$	$\pm0{,}00412_{5}$	$-0{,}00745_{5}$
0,244	$+0{,}02977_{24}$	$\pm0{,}00242_{3}$	$-0{,}01445_{11}$	$\mp0{,}00352_{4}$	$+0{,}01009_{7}$	$\pm0{,}00417_{5}$	$-0{,}00750_{5}$
0,245	$+0{,}03001_{25}$	$\pm0{,}00245_{3}$	$-0{,}01456_{12}$	$\mp0{,}00356_{4}$	$+0{,}01016_{7}$	$\pm0{,}00422_{5}$	$-0{,}00755_{5}$
0,246	$+0{,}03026_{24}$	$\pm0{,}00248_{3}$	$-0{,}01468_{11}$	$\mp0{,}00360_{5}$	$+0{,}01023_{8}$	$\pm0{,}00427_{5}$	$-0{,}00760_{5}$
0,247	$+0{,}03050_{25}$	$\pm0{,}00251_{3}$	$-0{,}01479_{12}$	$\mp0{,}00365_{4}$	$+0{,}01031_{7}$	$\pm0{,}00432_{5}$	$-0{,}00765_{4}$
0,248	$+0{,}03075_{25}$	$\pm0{,}00254_{3}$	$-0{,}01491_{11}$	$\mp0{,}00369_{5}$	$+0{,}01038_{8}$	$\pm0{,}00437_{5}$	$-0{,}00769_{5}$
0,249	$+0{,}03100_{25}$	$\pm0{,}00257_{3}$	$-0{,}01502_{12}$	$\mp0{,}00374_{4}$	$+0{,}01046_{7}$	$\pm0{,}00442_{5}$	$-0{,}00774_{5}$
0,250	$+0{,}03125_{25}$	$\pm0{,}00260_{3}$	$-0{,}01514_{12}$	$\mp0{,}00378_{5}$	$+0{,}01053_{8}$	$\pm0{,}00447_{5}$	$-0{,}00779_{5}$

x	$P_{0,2}(\pm x)$	$P_{1,2}(\pm x)$	$P_{2,2}(\pm x)$	$P_{3,2}(\pm x)$	$P_{4,2}(\pm x)$	$P_{5,2}(\pm x)$	$P_{6,2}(\pm x)$
0,250	$+0{,}03125_{25}$	$\pm 0{,}00260_{3}$	$-0{,}01514_{12}$	$\mp 0{,}00378_{5}$	$+0{,}01053_{8}$	$\pm 0{,}00447_{5}$	$-0{,}00779_{5}$
0,251	$+0{,}03150_{25}$	$\pm 0{,}00263_{4}$	$-0{,}01526_{12}$	$\mp 0{,}00383_{5}$	$+0{,}01061_{8}$	$\pm 0{,}00452_{5}$	$-0{,}00784_{5}$
0,252	$+0{,}03175_{25}$	$\pm 0{,}00267_{3}$	$-0{,}01538_{12}$	$\mp 0{,}00388_{5}$	$+0{,}01068_{7}$	$\pm 0{,}00457_{5}$	$-0{,}00788_{4}$
0,253	$+0{,}03200_{25}$	$\pm 0{,}00270_{4}$	$-0{,}01549_{11}$	$\mp 0{,}00392_{4}$	$+0{,}01076_{8}$	$\pm 0{,}00462_{5}$	$-0{,}00793_{5}$
0,254	$+0{,}03225_{26}$	$\pm 0{,}00274_{3}$	$-0{,}01561_{12}$	$\mp 0{,}00397_{5}$	$+0{,}01083_{7}$	$\pm 0{,}00467_{5}$	$-0{,}00797_{4}$
0,255	$+0{,}03251_{26}$	$\pm 0{,}00277_{3}$	$-0{,}01573_{12}$	$\mp 0{,}00402_{5}$	$+0{,}01091_{8}$	$\pm 0{,}00472_{5}$	$-0{,}00802_{5}$
0,256	$+0{,}03277_{25}$	$\pm 0{,}00280_{3}$	$-0{,}01585_{12}$	$\mp 0{,}00407_{4}$	$+0{,}01099_{7}$	$\pm 0{,}00477_{6}$	$-0{,}00807$
0,257	$+0{,}03302_{26}$	$\pm 0{,}00283_{4}$	$-0{,}01597_{12}$	$\mp 0{,}00411_{4}$	$+0{,}01106_{7}$	$\pm 0{,}00483_{5}$	$-0{,}00812_{5}$
0,258	$+0{,}03328_{24}$	$\pm 0{,}00287_{3}$	$-0{,}01509_{12}$	$\mp 0{,}00416_{5}$	$+0{,}01114_{7}$	$\pm 0{,}00488_{6}$	$-0{,}00816_{4}$
0,259	$+0{,}03354_{26}$	$\pm 0{,}00290_{3}$	$-0{,}01621_{12}$	$\mp 0{,}00420_{4}$	$+0{,}01121_{8}$	$\pm 0{,}00494_{5}$	$-0{,}00821_{5}$
0,260	$+0{,}03380_{26}$	$\pm 0{,}00293_{3}$	$-0{,}01633_{12}$	$\mp 0{,}00425_{5}$	$+0{,}01129_{8}$	$\pm 0{,}00499_{5}$	$-0{,}00826_{5}$
0,261	$+0{,}03406_{26}$	$\pm 0{,}00296_{4}$	$-0{,}01645_{12}$	$\mp 0{,}00430_{5}$	$+0{,}01137_{8}$	$\pm 0{,}00504_{6}$	$-0{,}00831_{5}$
0,262	$+0{,}03432_{26}$	$\pm 0{,}00300_{3}$	$-0{,}01657_{13}$	$\mp 0{,}00435_{4}$	$+0{,}01145_{7}$	$\pm 0{,}00510_{5}$	$-0{,}00836_{4}$
0,263	$+0{,}03458_{27}$	$\pm 0{,}00303_{4}$	$-0{,}01670_{12}$	$\mp 0{,}00439_{5}$	$+0{,}01152_{8}$	$\pm 0{,}00515_{6}$	$-0{,}00840_{5}$
0,264	$+0{,}03485_{24}$	$\pm 0{,}00307_{3}$	$-0{,}01682_{12}$	$\mp 0{,}00444_{5}$	$+0{,}01160_{8}$	$\pm 0{,}00521_{5}$	$-0{,}00845_{5}$
0,265	$+0{,}03511_{27}$	$\pm 0{,}00310_{4}$	$-0{,}01694_{12}$	$\mp 0{,}00449_{5}$	$+0{,}01168_{8}$	$\pm 0{,}00526_{6}$	$-0{,}00850_{5}$
0,266	$+0{,}03538_{26}$	$\pm 0{,}00314_{3}$	$-0{,}01706_{13}$	$\mp 0{,}00454_{5}$	$+0{,}01176_{7}$	$\pm 0{,}00532_{5}$	$-0{,}00855$
0,267	$+0{,}03564_{27}$	$\pm 0{,}00317_{4}$	$-0{,}01719_{12}$	$\mp 0{,}00459_{5}$	$+0{,}01183_{8}$	$\pm 0{,}00537_{6}$	$-0{,}00859_{4}$
0,268	$+0{,}03591_{27}$	$\pm 0{,}00321_{3}$	$-0{,}01731_{13}$	$\mp 0{,}00464_{5}$	$+0{,}01191_{7}$	$\pm 0{,}00543_{5}$	$-0{,}00864_{5}$
0,269	$+0{,}03618_{27}$	$\pm 0{,}00324_{4}$	$-0{,}01744_{12}$	$\mp 0{,}00469_{5}$	$+0{,}01198_{7}$	$\pm 0{,}00548_{6}$	$-0{,}00868_{4}$
0,270	$+0{,}03645_{27}$	$\pm 0{,}00328_{4}$	$-0{,}01756_{13}$	$\mp 0{,}00474_{5}$	$+0{,}01206_{8}$	$\pm 0{,}00554_{6}$	$-0{,}00873_{5}$
0,271	$+0{,}03672_{27}$	$\pm 0{,}00332_{4}$	$-0{,}01769_{12}$	$\mp 0{,}00479_{5}$	$+0{,}01214_{8}$	$\pm 0{,}00560_{6}$	$-0{,}00878_{4}$
0,272	$+0{,}03699_{27}$	$\pm 0{,}00336_{3}$	$-0{,}01781_{13}$	$\mp 0{,}00484_{6}$	$+0{,}01222_{7}$	$\pm 0{,}00566_{5}$	$-0{,}00882_{5}$
0,273	$+0{,}03726_{28}$	$\pm 0{,}00339_{4}$	$-0{,}01794_{12}$	$\mp 0{,}00490_{5}$	$+0{,}01229_{8}$	$\pm 0{,}00571_{6}$	$-0{,}00887_{4}$
0,274	$+0{,}03754_{27}$	$\pm 0{,}00343_{4}$	$-0{,}01806_{13}$	$\mp 0{,}00495_{5}$	$+0{,}01237_{8}$	$\pm 0{,}00577_{6}$	$-0{,}00891_{5}$
0,275	$+0{,}03781_{28}$	$\pm 0{,}00347_{4}$	$-0{,}01819_{13}$	$\mp 0{,}00500_{5}$	$+0{,}01245_{8}$	$\pm 0{,}00583_{6}$	$-0{,}00896_{5}$
0,276	$+0{,}03809_{27}$	$\pm 0{,}00351_{4}$	$-0{,}01832_{13}$	$\mp 0{,}00505_{6}$	$+0{,}01253_{8}$	$\pm 0{,}00589_{6}$	$-0{,}00901_{5}$
0,277	$+0{,}03836_{28}$	$\pm 0{,}00355_{3}$	$-0{,}01845_{12}$	$\mp 0{,}00511_{5}$	$+0{,}01261_{8}$	$\pm 0{,}00595_{6}$	$-0{,}00906_{5}$
0,278	$+0{,}03864_{28}$	$\pm 0{,}00358_{4}$	$-0{,}01857_{13}$	$\mp 0{,}00516_{5}$	$+0{,}01269_{8}$	$\pm 0{,}00601_{6}$	$-0{,}00910_{4}$
0,279	$+0{,}03892_{28}$	$\pm 0{,}00362_{4}$	$-0{,}01870_{13}$	$\mp 0{,}00522_{5}$	$+0{,}01277_{8}$	$\pm 0{,}00607_{6}$	$-0{,}00915_{5}$
0,280	$+0{,}03920_{28}$	$\pm 0{,}00366_{4}$	$-0{,}01883_{13}$	$\mp 0{,}00527_{6}$	$+0{,}01285_{8}$	$\pm 0{,}00613_{6}$	$-0{,}00920_{4}$
0,281	$+0{,}03948_{28}$	$\pm 0{,}00370_{4}$	$-0{,}01896_{13}$	$\mp 0{,}00533_{5}$	$+0{,}01293_{8}$	$\pm 0{,}00619_{6}$	$-0{,}00924_{5}$
0,282	$+0{,}03976_{28}$	$\pm 0{,}00374_{3}$	$-0{,}01909_{13}$	$\mp 0{,}00538_{6}$	$+0{,}01301_{8}$	$\pm 0{,}00625_{7}$	$-0{,}00929_{5}$
0,283	$+0{,}04004_{29}$	$\pm 0{,}00377_{4}$	$-0{,}01922_{13}$	$\mp 0{,}00544_{5}$	$+0{,}01309_{8}$	$\pm 0{,}00632_{6}$	$-0{,}00933_{4}$
0,284	$+0{,}04033_{28}$	$\pm 0{,}00381_{4}$	$-0{,}01935_{13}$	$\mp 0{,}00549_{5}$	$+0{,}01317_{8}$	$\pm 0{,}00638_{6}$	$-0{,}00938_{5}$
0,285	$+0{,}04061_{29}$	$\pm 0{,}00385_{4}$	$-0{,}01948_{13}$	$\mp 0{,}00555_{6}$	$+0{,}01325_{8}$	$\pm 0{,}00644_{6}$	$-0{,}00942_{5}$
0,286	$+0{,}04090_{28}$	$\pm 0{,}00389_{4}$	$-0{,}01961_{13}$	$\mp 0{,}00561_{6}$	$+0{,}01333_{8}$	$\pm 0{,}00650_{7}$	$-0{,}00947_{4}$
0,287	$+0{,}04118_{29}$	$\pm 0{,}00393_{5}$	$-0{,}01974_{14}$	$\mp 0{,}00567_{5}$	$+0{,}01341_{8}$	$\pm 0{,}00657_{7}$	$-0{,}00951_{4}$
0,288	$+0{,}04147_{29}$	$\pm 0{,}00398_{4}$	$-0{,}01988_{13}$	$\mp 0{,}00572_{6}$	$+0{,}01349_{8}$	$\pm 0{,}00663_{7}$	$-0{,}00956_{5}$
0,289	$+0{,}04176_{29}$	$\pm 0{,}00402_{4}$	$-0{,}02001_{13}$	$\mp 0{,}00578_{6}$	$+0{,}01357_{8}$	$\pm 0{,}00670_{6}$	$-0{,}00960_{4}$
0,290	$+0{,}04205_{29}$	$\pm 0{,}00406_{4}$	$-0{,}02014_{13}$	$\mp 0{,}00584_{6}$	$+0{,}01365_{8}$	$\pm 0{,}00676_{6}$	$-0{,}00965_{4}$
0,291	$+0{,}04234_{29}$	$\pm 0{,}00410_{5}$	$-0{,}02027_{14}$	$\mp 0{,}00590_{6}$	$+0{,}01373_{8}$	$\pm 0{,}00682_{7}$	$-0{,}00969$
0,292	$+0{,}04263_{29}$	$\pm 0{,}00415_{4}$	$-0{,}02041_{13}$	$\mp 0{,}00596_{6}$	$+0{,}01381_{7}$	$\pm 0{,}00689_{6}$	$-0{,}00974_{5}$
0,293	$+0{,}04292_{30}$	$\pm 0{,}00419_{5}$	$-0{,}02054_{14}$	$\mp 0{,}00602_{6}$	$+0{,}01388_{8}$	$\pm 0{,}00695_{7}$	$-0{,}00978_{4}$
0,294	$+0{,}04322_{29}$	$\pm 0{,}00424_{4}$	$-0{,}02068_{13}$	$\mp 0{,}00608_{6}$	$+0{,}01396_{8}$	$\pm 0{,}00702_{6}$	$-0{,}00983_{5}$
0,295	$+0{,}04351_{30}$	$\pm 0{,}00428_{4}$	$-0{,}02081_{14}$	$\mp 0{,}00614_{6}$	$+0{,}01404_{8}$	$\pm 0{,}00708_{7}$	$-0{,}00987_{4}$
0,296	$+0{,}04381_{29}$	$\pm 0{,}00432_{5}$	$-0{,}02095_{13}$	$\mp 0{,}00620_{6}$	$+0{,}01412_{8}$	$\pm 0{,}00715_{7}$	$-0{,}00991_{5}$
0,297	$+0{,}04410_{30}$	$\pm 0{,}00437_{4}$	$-0{,}02108_{14}$	$\mp 0{,}00626_{7}$	$+0{,}01420_{9}$	$\pm 0{,}00722_{6}$	$-0{,}00996_{4}$
0,298	$+0{,}04440_{30}$	$\pm 0{,}00441_{5}$	$-0{,}02122_{13}$	$\mp 0{,}00633_{6}$	$+0{,}01429_{8}$	$\pm 0{,}00728_{7}$	$-0{,}01000_{5}$
0,299	$+0{,}04470_{30}$	$\pm 0{,}00446_{4}$	$-0{,}02135_{14}$	$\mp 0{,}00639_{6}$	$+0{,}01437_{8}$	$\pm 0{,}00735_{7}$	$-0{,}01005_{5}$
0,300	$+0{,}04500_{30}$	$\pm 0{,}00450_{5}$	$-0{,}02149_{14}$	$\mp 0{,}00645_{6}$	$+0{,}01445_{8}$	$\pm 0{,}00742_{7}$	$-0{,}01009_{4}$

x	$P_{0,2}(\pm x)$	$P_{1,2}(\pm x)$	$P_{2,2}(\pm x)$	$P_{3,2}(\pm x)$	$P_{4,2}(\pm x)$	$P_{5,2}(\pm x)$	$P_{6,2}(\pm x)$
0,300	$+0{,}04500_{30}$	$\pm0{,}00450_{5}$	$-0{,}02149_{14}$	$\mp0{,}00645_{6}$	$+0{,}01445_{8}$	$\pm0{,}00742_{7}$	$-0{,}01009_{4}$
0,301	$+0{,}04530_{30}$	$\pm0{,}00455_{4}$	$-0{,}02163_{13}$	$\mp0{,}00651_{6}$	$+0{,}01453_{8}$	$\pm0{,}00749_{7}$	$-0{,}01013_{5}$
0,302	$+0{,}04560_{30}$	$\pm0{,}00459_{5}$	$-0{,}02176_{14}$	$\mp0{,}00657_{7}$	$+0{,}01461_{9}$	$\pm0{,}00756_{6}$	$-0{,}01018_{4}$
0,303	$+0{,}04590_{31}$	$\pm0{,}00464_{4}$	$-0{,}02190_{13}$	$\mp0{,}00664_{6}$	$+0{,}01470_{8}$	$\pm0{,}00762_{7}$	$-0{,}01022_{4}$
0,304	$+0{,}04621_{30}$	$\pm0{,}00468_{5}$	$-0{,}02203_{13}$	$\mp0{,}00670_{6}$	$+0{,}01478_{8}$	$\pm0{,}00769_{7}$	$-0{,}01026_{4}$
0,305	$+0{,}04651_{31}$	$\pm0{,}00473_{5}$	$-0{,}02217_{14}$	$\mp0{,}00676_{7}$	$+0{,}01486_{8}$	$\pm0{,}00776_{7}$	$-0{,}01031_{4}$
0,306	$+0{,}04682_{30}$	$\pm0{,}00478_{4}$	$-0{,}02231_{14}$	$\mp0{,}00683_{6}$	$+0{,}01494_{8}$	$\pm0{,}00783_{7}$	$-0{,}01035_{5}$
0,307	$+0{,}04712_{31}$	$\pm0{,}00482_{5}$	$-0{,}02245_{14}$	$\mp0{,}00689_{6}$	$+0{,}01502_{8}$	$\pm0{,}00790_{7}$	$-0{,}01040_{4}$
0,308	$+0{,}04743_{31}$	$\pm0{,}00487_{5}$	$-0{,}02259_{14}$	$\mp0{,}00696_{6}$	$+0{,}01510_{8}$	$\pm0{,}00797_{7}$	$-0{,}01044_{4}$
0,309	$+0{,}04774_{31}$	$\pm0{,}00492_{5}$	$-0{,}02273_{14}$	$\mp0{,}00702_{7}$	$+0{,}01518_{8}$	$\pm0{,}00804_{7}$	$-0{,}01048_{4}$
0,310	$+0{,}04805_{31}$	$\pm0{,}00497_{5}$	$-0{,}02287_{14}$	$\mp0{,}00709_{7}$	$+0{,}01526_{8}$	$\pm0{,}00811_{7}$	$-0{,}01053_{4}$
0,311	$+0{,}04836_{31}$	$\pm0{,}00502_{5}$	$-0{,}02301_{14}$	$\mp0{,}00716_{7}$	$+0{,}01534_{8}$	$\pm0{,}00818_{7}$	$-0{,}01057_{4}$
0,312	$+0{,}04867_{31}$	$\pm0{,}00507_{4}$	$-0{,}02315_{14}$	$\mp0{,}00723_{7}$	$+0{,}01542_{8}$	$\pm0{,}00825_{7}$	$-0{,}01061_{4}$
0,313	$+0{,}04898_{32}$	$\pm0{,}00511_{4}$	$-0{,}02330_{15}$	$\mp0{,}00729_{6}$	$+0{,}01551_{9}$	$\pm0{,}00833_{8}$	$-0{,}01065_{4}$
0,314	$+0{,}04930_{31}$	$\pm0{,}00516_{5}$	$-0{,}02344_{14}$	$\mp0{,}00736_{7}$	$+0{,}01559_{8}$	$\pm0{,}00840_{7}$	$-0{,}01070_{5}$
0,315	$+0{,}04961_{32}$	$\pm0{,}00521_{5}$	$-0{,}02358_{14}$	$\mp0{,}00743_{7}$	$+0{,}01567_{8}$	$\pm0{,}00847_{7}$	$-0{,}01074_{4}$
0,316	$+0{,}04993_{31}$	$\pm0{,}00526_{5}$	$-0{,}02372_{14}$	$\mp0{,}00750_{7}$	$+0{,}01575_{8}$	$\pm0{,}00854_{8}$	$-0{,}01078_{4}$
0,317	$+0{,}05024_{32}$	$\pm0{,}00531_{5}$	$-0{,}02386_{14}$	$\mp0{,}00757_{7}$	$+0{,}01583_{8}$	$\pm0{,}00862_{7}$	$-0{,}01082_{4}$
0,318	$+0{,}05056_{32}$	$\pm0{,}00535_{4}$	$-0{,}02401_{15}$	$\mp0{,}00764_{7}$	$+0{,}01592_{9}$	$\pm0{,}00869_{8}$	$-0{,}01086_{4}$
0,319	$+0{,}05088_{32}$	$\pm0{,}00540_{6}$	$-0{,}02415_{14}$	$\mp0{,}00771_{6}$	$+0{,}01600_{8}$	$\pm0{,}00877_{7}$	$-0{,}01090_{4}$
0,320	$+0{,}05120_{32}$	$\pm0{,}00546_{5}$	$-0{,}02429_{14}$	$\mp0{,}00777_{7}$	$+0{,}01608_{8}$	$\pm0{,}00884_{7}$	$-0{,}01094_{4}$
0,321	$+0{,}05152_{32}$	$\pm0{,}00551_{6}$	$-0{,}02443_{15}$	$\mp0{,}00784_{7}$	$+0{,}01616_{8}$	$\pm0{,}00891_{8}$	$-0{,}01098_{4}$
0,322	$+0{,}05184_{32}$	$\pm0{,}00557_{5}$	$-0{,}02458_{14}$	$\mp0{,}00791_{7}$	$+0{,}01624_{9}$	$\pm0{,}00899_{7}$	$-0{,}01102_{4}$
0,323	$+0{,}05216_{32}$	$\pm0{,}00562_{5}$	$-0{,}02472_{15}$	$\mp0{,}00798_{7}$	$+0{,}01633_{8}$	$\pm0{,}00906_{8}$	$-0{,}01106_{4}$
0,324	$+0{,}05248_{33}$	$\pm0{,}00567_{5}$	$-0{,}02487_{14}$	$\mp0{,}00805_{8}$	$+0{,}01641_{8}$	$\pm0{,}00914_{7}$	$-0{,}01110_{4}$
0,325	$+0{,}05281_{33}$	$\pm0{,}00572_{5}$	$-0{,}02501_{15}$	$\mp0{,}00813_{7}$	$+0{,}01649_{8}$	$\pm0{,}00921_{8}$	$-0{,}01114_{4}$
0,326	$+0{,}05314_{32}$	$\pm0{,}00577_{6}$	$-0{,}02516_{14}$	$\mp0{,}00820_{8}$	$+0{,}01657_{8}$	$\pm0{,}00929_{8}$	$-0{,}01118_{4}$
0,327	$+0{,}05346_{33}$	$\pm0{,}00583_{5}$	$-0{,}02530_{15}$	$\mp0{,}00828_{7}$	$+0{,}01665_{9}$	$\pm0{,}00937_{7}$	$-0{,}01122_{4}$
0,328	$+0{,}05379_{33}$	$\pm0{,}00588_{6}$	$-0{,}02545_{14}$	$\mp0{,}00835_{7}$	$+0{,}01674_{8}$	$\pm0{,}00944_{7}$	$-0{,}01126_{4}$
0,329	$+0{,}05412_{33}$	$\pm0{,}00594_{5}$	$-0{,}02559_{15}$	$\mp0{,}00842_{8}$	$+0{,}01682_{8}$	$\pm0{,}00952_{8}$	$-0{,}01130_{4}$
0,330	$+0{,}05445_{33}$	$\pm0{,}00599_{6}$	$-0{,}02574_{15}$	$\mp0{,}00850_{8}$	$+0{,}01690_{8}$	$\pm0{,}00960_{8}$	$-0{,}01134_{4}$
0,331	$+0{,}05478_{33}$	$\pm0{,}00605_{5}$	$-0{,}02589_{15}$	$\mp0{,}00858_{7}$	$+0{,}01698_{8}$	$\pm0{,}00968_{8}$	$-0{,}01138_{4}$
0,332	$+0{,}05511_{33}$	$\pm0{,}00610_{6}$	$-0{,}02604_{14}$	$\mp0{,}00865_{8}$	$+0{,}01706_{9}$	$\pm0{,}00976_{7}$	$-0{,}01142_{3}$
0,333	$+0{,}05544_{34}$	$\pm0{,}00616_{5}$	$-0{,}02618_{14}$	$\mp0{,}00873_{7}$	$+0{,}01715_{8}$	$\pm0{,}00983_{8}$	$-0{,}01145_{4}$
0,334	$+0{,}05578_{33}$	$\pm0{,}00621_{6}$	$-0{,}02633_{15}$	$\mp0{,}00880_{7}$	$+0{,}01723_{8}$	$\pm0{,}00991_{8}$	$-0{,}01149_{4}$
0,335	$+0{,}05611_{34}$	$\pm0{,}00627_{6}$	$-0{,}02648_{15}$	$\mp0{,}00887_{7}$	$+0{,}01731_{8}$	$\pm0{,}00999_{8}$	$-0{,}01153_{4}$
0,336	$+0{,}05645_{33}$	$\pm0{,}00633_{5}$	$-0{,}02663_{15}$	$\mp0{,}00895_{7}$	$+0{,}01739_{8}$	$\pm0{,}01007_{8}$	$-0{,}01157_{4}$
0,337	$+0{,}05678_{34}$	$\pm0{,}00638_{6}$	$-0{,}02678_{15}$	$\mp0{,}00902_{8}$	$+0{,}01747_{9}$	$\pm0{,}01015_{8}$	$-0{,}01161_{3}$
0,338	$+0{,}05712_{34}$	$\pm0{,}00644_{5}$	$-0{,}02693_{15}$	$\mp0{,}00910_{8}$	$+0{,}01756_{8}$	$\pm0{,}01023_{8}$	$-0{,}01164_{4}$
0,339	$+0{,}05746_{34}$	$\pm0{,}00649_{6}$	$-0{,}02708_{15}$	$\mp0{,}00918_{8}$	$+0{,}01764_{8}$	$\pm0{,}01031_{8}$	$-0{,}01168_{4}$
0,340	$+0{,}05780_{34}$	$\pm0{,}00655_{6}$	$-0{,}02723_{15}$	$\mp0{,}00926_{8}$	$+0{,}01772_{8}$	$\pm0{,}01039_{8}$	$-0{,}01172_{4}$
0,341	$+0{,}05814_{34}$	$\pm0{,}00661_{6}$	$-0{,}02738_{15}$	$\mp0{,}00934_{8}$	$+0{,}01780_{9}$	$\pm0{,}01047_{9}$	$-0{,}01176_{3}$
0,342	$+0{,}05848_{34}$	$\pm0{,}00667_{6}$	$-0{,}02753_{16}$	$\mp0{,}00942_{8}$	$+0{,}01789_{8}$	$\pm0{,}01056_{8}$	$-0{,}01179_{4}$
0,343	$+0{,}05882_{34}$	$\pm0{,}00673_{6}$	$-0{,}02769_{15}$	$\mp0{,}00950_{8}$	$+0{,}01797_{9}$	$\pm0{,}01064_{9}$	$-0{,}01183_{3}$
0,344	$+0{,}05916_{35}$	$\pm0{,}00679_{6}$	$-0{,}02784_{15}$	$\mp0{,}00958_{7}$	$+0{,}01806_{8}$	$\pm0{,}01073_{8}$	$-0{,}01186_{4}$
0,345	$+0{,}05951_{34}$	$\pm0{,}00685_{6}$	$-0{,}02799_{15}$	$\mp0{,}00965_{8}$	$+0{,}01814_{8}$	$\pm0{,}01081_{8}$	$-0{,}01190_{4}$
0,346	$+0{,}05985_{35}$	$\pm0{,}00691_{6}$	$-0{,}02814_{15}$	$\mp0{,}00973_{8}$	$+0{,}01822_{8}$	$\pm0{,}01089_{8}$	$-0{,}01194_{3}$
0,347	$+0{,}06020_{35}$	$\pm0{,}00697_{6}$	$-0{,}02829_{16}$	$\mp0{,}00981_{8}$	$+0{,}01830_{9}$	$\pm0{,}01097_{9}$	$-0{,}01197_{4}$
0,348	$+0{,}06055_{35}$	$\pm0{,}00703_{6}$	$-0{,}02845_{15}$	$\mp0{,}00989_{9}$	$+0{,}01839_{8}$	$\pm0{,}01106_{8}$	$-0{,}01201_{3}$
0,349	$+0{,}06090_{35}$	$\pm0{,}00709_{6}$	$-0{,}02860_{15}$	$\mp0{,}00998_{8}$	$+0{,}01847_{8}$	$\pm0{,}01114_{8}$	$-0{,}01204_{4}$
0,350	$+0{,}06125_{35}$	$\pm0{,}00715_{6}$	$-0{,}02875_{15}$	$\mp0{,}01006_{8}$	$+0{,}01855_{8}$	$\pm0{,}01122_{9}$	$-0{,}01208_{3}$

x	$P_{0,2}(\pm x)$	$P_{1,2}(\pm x)$	$P_{2,2}(\pm x)$	$P_{3,2}(\pm x)$	$P_{4,2}(\pm x)$	$P_{5,2}(\pm x)$	$P_{6,2}(\pm x)$
0,350	$+0{,}06125_{35}$	$\pm 0{,}00715_{6}$	$-0{,}02875_{15}$	$\mp 0{,}01006_{8}$	$+0{,}01855_{8}$	$\pm 0{,}01122_{9}$	$-0{,}01208_{3}$
0,351	$+0{,}06160_{35}$	$\pm 0{,}00721_{6}$	$-0{,}02890_{16}$	$\mp 0{,}01014_{9}$	$+0{,}01863_{8}$	$\pm 0{,}01131_{8}$	$-0{,}01211_{4}$
0,352	$+0{,}06195_{35}$	$\pm 0{,}00727_{7}$	$-0{,}02906_{15}$	$\mp 0{,}01023_{8}$	$+0{,}01871_{9}$	$\pm 0{,}01139_{8}$	$-0{,}01215_{3}$
0,353	$+0{,}06230_{35}$	$\pm 0{,}00734_{6}$	$-0{,}02921_{16}$	$\mp 0{,}01031_{9}$	$+0{,}01880_{9}$	$\pm 0{,}01148_{9}$	$-0{,}01218_{4}$
0,354	$+0{,}06265_{35}$	$\pm 0{,}00740_{6}$	$-0{,}02937_{15}$	$\mp 0{,}01040_{8}$	$+0{,}01888_{8}$	$\pm 0{,}01156_{8}$	$-0{,}01222_{4}$
0,355	$+0{,}06301_{36}$	$\pm 0{,}00746_{6}$	$-0{,}02952_{16}$	$\mp 0{,}01048_{9}$	$+0{,}01896_{8}$	$\pm 0{,}01165_{9}$	$-0{,}01225_{3}$
0,356	$+0{,}06337_{35}$	$\pm 0{,}00752_{7}$	$-0{,}02968_{15}$	$\mp 0{,}01057_{8}$	$+0{,}01904_{8}$	$\pm 0{,}01174_{8}$	$-0{,}01228_{4}$
0,357	$+0{,}06372_{36}$	$\pm 0{,}00759_{6}$	$-0{,}02983_{16}$	$\mp 0{,}01065_{9}$	$+0{,}01912_{9}$	$\pm 0{,}01182_{9}$	$-0{,}01232_{3}$
0,358	$+0{,}06408_{36}$	$\pm 0{,}00765_{7}$	$-0{,}02999_{15}$	$\mp 0{,}01074_{8}$	$+0{,}01921_{8}$	$\pm 0{,}01191_{9}$	$-0{,}01235_{4}$
0,359	$+0{,}06444_{36}$	$\pm 0{,}00772_{6}$	$-0{,}03014_{16}$	$\mp 0{,}01082_{9}$	$+0{,}01929_{8}$	$\pm 0{,}01199_{8}$	$-0{,}01239_{3}$
0,360	$+0{,}06480_{36}$	$\pm 0{,}00778_{7}$	$-0{,}03030_{16}$	$\mp 0{,}01091_{9}$	$+0{,}01937_{8}$	$\pm 0{,}01208_{9}$	$-0{,}01242_{3}$
0,361	$+0{,}06516_{36}$	$\pm 0{,}00785_{6}$	$-0{,}03046_{16}$	$\mp 0{,}01100_{9}$	$+0{,}01945_{8}$	$\pm 0{,}01217_{9}$	$-0{,}01245_{4}$
0,362	$+0{,}06552_{36}$	$\pm 0{,}00791_{7}$	$-0{,}03062_{15}$	$\mp 0{,}01109_{9}$	$+0{,}01953_{8}$	$\pm 0{,}01226_{9}$	$-0{,}01249_{4}$
0,363	$+0{,}06588_{37}$	$\pm 0{,}00798_{6}$	$-0{,}03077_{16}$	$\pm 0{,}01117_{8}$	$+0{,}01962_{8}$	$\pm 0{,}01234_{8}$	$-0{,}01252_{3}$
0,364	$+0{,}06625_{36}$	$\pm 0{,}00804_{7}$	$-0{,}03093_{16}$	$\mp 0{,}01126_{9}$	$+0{,}01970_{8}$	$\pm 0{,}01243_{9}$	$-0{,}01256_{4}$
0,365	$+0{,}06661_{37}$	$\pm 0{,}00811_{7}$	$-0{,}03109_{16}$	$\mp 0{,}01135_{9}$	$+0{,}01978_{8}$	$\pm 0{,}01252_{9}$	$-0{,}01259_{3}$
0,366	$+0{,}06698_{36}$	$\pm 0{,}00818_{6}$	$-0{,}03125_{16}$	$\mp 0{,}01144_{9}$	$+0{,}01986_{8}$	$\pm 0{,}01261_{9}$	$-0{,}01262_{3}$
0,367	$+0{,}06734_{37}$	$\pm 0{,}00824_{7}$	$-0{,}03141_{15}$	$\mp 0{,}01153_{9}$	$+0{,}01994_{9}$	$\pm 0{,}01270_{9}$	$-0{,}01265_{2}$
0,368	$+0{,}06771_{37}$	$\pm 0{,}00831_{6}$	$-0{,}03156_{16}$	$\mp 0{,}01162_{9}$	$+0{,}02003_{8}$	$\pm 0{,}01279_{9}$	$-0{,}01267_{3}$
0,369	$+0{,}06808_{37}$	$\pm 0{,}00837_{7}$	$-0{,}03172_{16}$	$\mp 0{,}01171_{9}$	$+0{,}02011_{8}$	$\pm 0{,}01288_{9}$	$-0{,}01270_{3}$
0,370	$+0{,}06845_{37}$	$\pm 0{,}00844_{7}$	$-0{,}03188_{16}$	$\mp 0{,}01180_{9}$	$+0{,}02019_{8}$	$\pm 0{,}01297_{9}$	$-0{,}01273_{3}$
0,371	$+0{,}06882_{37}$	$\pm 0{,}00851_{7}$	$-0{,}03204_{16}$	$\mp 0{,}01189_{9}$	$+0{,}02027_{8}$	$\pm 0{,}01306_{9}$	$-0{,}01276_{3}$
0,372	$+0{,}06919_{37}$	$\pm 0{,}00858_{7}$	$-0{,}03220_{16}$	$\mp 0{,}01198_{10}$	$+0{,}02035_{8}$	$\pm 0{,}01315_{10}$	$-0{,}01279_{2}$
0,373	$+0{,}06956_{38}$	$\pm 0{,}00865_{7}$	$-0{,}03236_{16}$	$\mp 0{,}01208_{9}$	$+0{,}02043_{8}$	$\pm 0{,}01325_{9}$	$-0{,}01281_{3}$
0,374	$+0{,}06994_{37}$	$\pm 0{,}00872_{7}$	$-0{,}03252_{16}$	$\mp 0{,}01217_{9}$	$+0{,}02051_{8}$	$\pm 0{,}01334_{9}$	$-0{,}01284_{3}$
0,375	$+0{,}07031_{37}$	$\pm 0{,}00879_{7}$	$-0{,}03268_{16}$	$\mp 0{,}01226_{9}$	$+0{,}02059_{8}$	$\pm 0{,}01343_{9}$	$-0{,}01287_{3}$
0,376	$+0{,}07068_{38}$	$\pm 0{,}00886_{7}$	$-0{,}03284_{16}$	$\mp 0{,}01235_{10}$	$+0{,}02067_{8}$	$\pm 0{,}01352_{10}$	$-0{,}01290_{3}$
0,377	$+0{,}07106_{38}$	$\pm 0{,}00893_{8}$	$-0{,}03300_{17}$	$\mp 0{,}01245_{9}$	$+0{,}02075_{9}$	$\pm 0{,}01362_{10}$	$-0{,}01293_{3}$
0,378	$+0{,}07144_{38}$	$\pm 0{,}00901_{7}$	$-0{,}03317_{16}$	$\mp 0{,}01254_{10}$	$+0{,}02084_{8}$	$\pm 0{,}01371_{10}$	$-0{,}01296_{3}$
0,379	$+0{,}07182_{38}$	$\pm 0{,}00908_{7}$	$-0{,}03333_{16}$	$\mp 0{,}01264_{9}$	$+0{,}02092_{8}$	$\pm 0{,}01381_{10}$	$-0{,}01299_{3}$
0,380	$+0{,}07220_{38}$	$\pm 0{,}00915_{7}$	$-0{,}03349_{16}$	$\mp 0{,}01273_{10}$	$+0{,}02100_{8}$	$\pm 0{,}01390_{9}$	$-0{,}01302_{3}$
0,381	$+0{,}07258_{38}$	$\pm 0{,}00922_{7}$	$-0{,}03365_{17}$	$\mp 0{,}01283_{9}$	$+0{,}02108_{8}$	$\pm 0{,}01399_{10}$	$-0{,}01305_{2}$
0,382	$+0{,}07296_{38}$	$\pm 0{,}00929_{8}$	$-0{,}03382_{16}$	$\mp 0{,}01292_{10}$	$+0{,}02116_{8}$	$\pm 0{,}01409_{9}$	$-0{,}01307_{3}$
0,383	$+0{,}07334_{39}$	$\pm 0{,}00937_{7}$	$-0{,}03398_{17}$	$\mp 0{,}01302_{9}$	$+0{,}02124_{8}$	$\pm 0{,}01418_{10}$	$-0{,}01310_{2}$
0,384	$+0{,}07373_{38}$	$\pm 0{,}00944_{7}$	$-0{,}03415_{16}$	$\mp 0{,}01311_{10}$	$+0{,}02132_{8}$	$\pm 0{,}01428_{9}$	$-0{,}01312_{3}$
0,385	$+0{,}07411_{39}$	$\pm 0{,}00951_{8}$	$-0{,}03431_{16}$	$\mp 0{,}01321_{10}$	$+0{,}02140_{8}$	$\pm 0{,}01437_{10}$	$-0{,}01315_{3}$
0,386	$+0{,}07450_{38}$	$\pm 0{,}00959_{7}$	$-0{,}03447_{17}$	$\mp 0{,}01331_{10}$	$+0{,}02148_{8}$	$\pm 0{,}01447_{9}$	$-0{,}01318_{3}$
0,387	$+0{,}07488_{39}$	$\pm 0{,}00966_{8}$	$-0{,}03464_{16}$	$\mp 0{,}01341_{9}$	$+0{,}02156_{8}$	$\pm 0{,}01456_{10}$	$-0{,}01321_{2}$
0,388	$+0{,}07527_{39}$	$\pm 0{,}00974_{7}$	$-0{,}03480_{16}$	$\mp 0{,}01350_{10}$	$+0{,}02164_{8}$	$\pm 0{,}01466_{9}$	$-0{,}01323_{3}$
0,389	$+0{,}07566_{39}$	$\pm 0{,}00981_{8}$	$-0{,}03496_{17}$	$\mp 0{,}01360_{10}$	$+0{,}02172_{8}$	$\pm 0{,}01475_{10}$	$-0{,}01326_{3}$
0,390	$+0{,}07605_{39}$	$\pm 0{,}00989_{8}$	$-0{,}03513_{17}$	$\mp 0{,}01370_{10}$	$+0{,}02180_{8}$	$\pm 0{,}01485_{10}$	$-0{,}01329_{2}$
0,391	$+0{,}07644_{39}$	$\pm 0{,}00997_{7}$	$-0{,}03530_{16}$	$\mp 0{,}01380_{10}$	$+0{,}02188_{8}$	$\pm 0{,}01495_{9}$	$-0{,}01331_{2}$
0,392	$+0{,}07683_{39}$	$\pm 0{,}01004_{8}$	$-0{,}03546_{17}$	$\mp 0{,}01390_{11}$	$+0{,}02196_{8}$	$\pm 0{,}01504_{10}$	$-0{,}01333_{3}$
0,393	$+0{,}07722_{40}$	$\pm 0{,}01012_{7}$	$-0{,}03563_{16}$	$\mp 0{,}01401_{10}$	$+0{,}02204_{8}$	$\pm 0{,}01514_{9}$	$-0{,}01336_{3}$
0,394	$+0{,}07762_{39}$	$\pm 0{,}01019_{8}$	$-0{,}03579_{17}$	$\mp 0{,}01411_{10}$	$+0{,}02212_{8}$	$\pm 0{,}01523_{10}$	$-0{,}01338_{2}$
0,395	$+0{,}07801_{40}$	$\pm 0{,}01027_{8}$	$-0{,}03596_{17}$	$\mp 0{,}01421_{10}$	$+0{,}02220_{8}$	$\pm 0{,}01533_{10}$	$-0{,}01340_{2}$
0,396	$+0{,}07841_{39}$	$\pm 0{,}01035_{8}$	$-0{,}03613_{17}$	$\mp 0{,}01431_{10}$	$+0{,}02228_{8}$	$\pm 0{,}01543_{10}$	$-0{,}01342_{3}$
0,397	$+0{,}07880_{40}$	$\pm 0{,}01043_{8}$	$-0{,}03630_{16}$	$\mp 0{,}01441_{11}$	$+0{,}02236_{8}$	$\pm 0{,}01553_{10}$	$-0{,}01345_{3}$
0,398	$+0{,}07920_{40}$	$\pm 0{,}01051_{8}$	$-0{,}03646_{17}$	$\mp 0{,}01452_{11}$	$+0{,}02244_{8}$	$\pm 0{,}01563_{10}$	$-0{,}01347_{2}$
0,399	$+0{,}07960_{40}$	$\pm 0{,}01059_{8}$	$-0{,}03663_{17}$	$\mp 0{,}01462_{10}$	$+0{,}02252_{8}$	$\pm 0{,}01573_{10}$	$-0{,}01350_{3}$
0,400	$+0{,}08000_{40}$	$\pm 0{,}01067_{8}$	$-0{,}03680_{17}$	$\mp 0{,}01472_{11}$	$+0{,}02260_{8}$	$\pm 0{,}01583_{10}$	$-0{,}01352_{2}$

x	$P_{0,2}(\pm x)$	$P_{1,2}(\pm x)$	$P_{2,2}(\pm x)$	$P_{3,2}(\pm x)$	$P_{4,2}(\pm x)$	$P_{5,2}(\pm x)$	$P_{6,2}(\pm x)$
0,400	$+0,08000_{40}$	$\pm 0,01067_{8}$	$-0,03680_{17}$	$\mp 0,01472_{11}$	$+0,02260_{8}$	$\pm 0,01583_{10}$	$-0,01352_{2}$
0,401	$+0,08040_{40}$	$\pm 0,01075_{8}$	$-0,03697_{17}$	$\mp 0,01483_{10}$	$+0,02268_{8}$	$\pm 0,01593_{10}$	$-0,01354_{2}$
0,402	$+0,08080_{40}$	$\pm 0,01083_{8}$	$-0,03714_{16}$	$\mp 0,01493_{11}$	$+0,02276_{7}$	$\pm 0,01603_{10}$	$-0,01356_{2}$
0,403	$+0,08120_{41}$	$\pm 0,01091_{8}$	$-0,03730_{17}$	$\mp 0,01504_{10}$	$+0,02283_{8}$	$\pm 0,01613_{10}$	$-0,01358_{2}$
0,404	$+0,08161_{40}$	$\pm 0,01099_{8}$	$-0,03747_{17}$	$\mp 0,01514_{11}$	$+0,02291_{8}$	$\pm 0,01623_{10}$	$-0,01360_{2}$
0,405	$+0,08201_{41}$	$\pm 0,01107_{8}$	$-0,03764_{17}$	$\mp 0,01525_{11}$	$+0,02299_{8}$	$\pm 0,01633_{10}$	$-0,01362_{2}$
0,406	$+0,08242_{40}$	$\pm 0,01115_{9}$	$-0,03781_{17}$	$\mp 0,01536_{10}$	$+0,02307_{8}$	$\pm 0,01643_{10}$	$-0,01364_{2}$
0,407	$+0,08282_{41}$	$\pm 0,01124_{8}$	$-0,03798_{17}$	$\mp 0,01546_{11}$	$+0,02315_{7}$	$\pm 0,01653_{10}$	$-0,01366_{2}$
0,408	$+0,08323_{41}$	$\pm 0,01132_{9}$	$-0,03815_{17}$	$\mp 0,01557_{10}$	$+0,02322_{8}$	$\pm 0,01663_{10}$	$-0,01368_{2}$
0,409	$+0,08364_{41}$	$\pm 0,01141_{8}$	$-0,03832_{17}$	$\mp 0,01567_{11}$	$+0,02330_{8}$	$\pm 0,01673_{10}$	$-0,01370_{2}$
0,410	$+0,08405_{41}$	$\pm 0,01149_{8}$	$-0,03849_{17}$	$\mp 0,01578_{11}$	$+0,02338_{8}$	$\pm 0,01683_{10}$	$-0,01372_{2}$
0,411	$+0,08446_{41}$	$\pm 0,01157_{9}$	$-0,03866_{17}$	$\mp 0,01589_{11}$	$+0,02346_{8}$	$\pm 0,01693_{11}$	$-0,01374_{2}$
0,412	$+0,08487_{41}$	$\pm 0,01166_{8}$	$-0,03883_{17}$	$\mp 0,01600_{11}$	$+0,02354_{7}$	$\pm 0,01704_{10}$	$-0,01376_{1}$
0,413	$+0,08528_{42}$	$\pm 0,01174_{9}$	$-0,03901_{17}$	$\mp 0,01611_{11}$	$+0,02361_{8}$	$\pm 0,01714_{11}$	$-0,01377_{2}$
0,414	$+0,08570_{41}$	$\pm 0,01183_{8}$	$-0,03918_{17}$	$\mp 0,01622_{11}$	$+0,02369_{8}$	$\pm 0,01725_{10}$	$-0,01379_{2}$
0,415	$+0,08611_{42}$	$\pm 0,01191_{9}$	$-0,03935_{17}$	$\mp 0,01633_{11}$	$+0,02377_{8}$	$\pm 0,01735_{10}$	$-0,01381_{2}$
0,416	$+0,08653_{41}$	$\pm 0,01200_{9}$	$-0,03952_{17}$	$\mp 0,01644_{11}$	$+0,02385_{7}$	$\pm 0,01745_{11}$	$-0,01383_{2}$
0,417	$+0,08694_{42}$	$\pm 0,01209_{8}$	$-0,03969_{18}$	$\mp 0,01655_{12}$	$+0,02392_{8}$	$\pm 0,01756_{10}$	$-0,01385_{1}$
0,418	$+0,08736_{42}$	$\pm 0,01217_{9}$	$-0,03987_{17}$	$\mp 0,01667_{11}$	$+0,02400_{7}$	$\pm 0,01766_{11}$	$-0,01386_{2}$
0,419	$+0,08778_{42}$	$\pm 0,01226_{9}$	$-0,04004_{17}$	$\mp 0,01678_{11}$	$+0,02407_{8}$	$\pm 0,01777_{10}$	$-0,01388_{2}$
0,420	$+0,08820_{42}$	$\pm 0,01235_{9}$	$-0,04021_{17}$	$\mp 0,01689_{11}$	$+0,02415_{8}$	$\pm 0,01787_{10}$	$-0,01390_{1}$
0,421	$+0,08862_{42}$	$\pm 0,01244_{9}$	$-0,04038_{18}$	$\mp 0,01700_{12}$	$+0,02423_{7}$	$\pm 0,01797_{11}$	$-0,01391_{2}$
0,422	$+0,08904_{42}$	$\pm 0,01253_{8}$	$-0,04056_{17}$	$\mp 0,01712_{11}$	$+0,02430_{8}$	$\pm 0,01808_{10}$	$-0,01393_{1}$
0,423	$+0,08946_{43}$	$\pm 0,01261_{9}$	$-0,04073_{18}$	$\mp 0,01723_{12}$	$+0,02438_{7}$	$\pm 0,01818_{11}$	$-0,01394_{2}$
0,424	$+0,08989_{42}$	$\pm 0,01270_{9}$	$-0,04091_{17}$	$\mp 0,01735_{11}$	$+0,02445_{8}$	$\pm 0,01829_{10}$	$-0,01396_{1}$
0,425	$+0,09031_{43}$	$\pm 0,01279_{9}$	$-0,04108_{17}$	$\mp 0,01746_{12}$	$+0,02453_{8}$	$\pm 0,01839_{11}$	$-0,01397_{1}$
0,426	$+0,09074_{42}$	$\pm 0,01288_{9}$	$-0,04125_{18}$	$\mp 0,01758_{11}$	$+0,02461_{7}$	$\pm 0,01850_{10}$	$-0,01398_{2}$
0,427	$+0,09116_{43}$	$\pm 0,01297_{10}$	$-0,04143_{17}$	$\mp 0,01769_{12}$	$+0,02468_{7}$	$\pm 0,01860_{11}$	$-0,01400_{1}$
0,428	$+0,09159_{43}$	$\pm 0,01307_{9}$	$-0,04160_{18}$	$\mp 0,01781_{11}$	$+0,02476_{7}$	$\pm 0,01871_{10}$	$-0,01401_{2}$
0,429	$+0,09202_{43}$	$\pm 0,01316_{9}$	$-0,04178_{17}$	$\mp 0,01792_{12}$	$+0,02483_{8}$	$\pm 0,01881_{11}$	$-0,01403_{1}$
0,430	$+0,09245_{43}$	$\pm 0,01325_{9}$	$-0,04195_{18}$	$\mp 0,01804_{12}$	$+0,02491_{7}$	$\pm 0,01892_{11}$	$-0,01404_{1}$
0,431	$+0,09288_{43}$	$\pm 0,01334_{10}$	$-0,04213_{17}$	$\mp 0,01816_{12}$	$+0,02498_{8}$	$\pm 0,01903_{11}$	$-0,01405_{1}$
0,432	$+0,09331_{43}$	$\pm 0,01344_{9}$	$-0,04230_{18}$	$\mp 0,01828_{12}$	$+0,02506_{8}$	$\pm 0,01914_{10}$	$-0,01406_{1}$
0,433	$+0,09374_{44}$	$\pm 0,01353_{10}$	$-0,04248_{17}$	$\mp 0,01840_{12}$	$+0,02513_{7}$	$\pm 0,01924_{11}$	$-0,01407_{1}$
0,434	$+0,09418_{43}$	$\pm 0,01363_{9}$	$-0,04265_{18}$	$\mp 0,01852_{12}$	$+0,02521_{7}$	$\pm 0,01935_{11}$	$-0,01408_{1}$
0,435	$+0,09461_{44}$	$\pm 0,01372_{10}$	$-0,04283_{18}$	$\mp 0,01864_{12}$	$+0,02528_{7}$	$\pm 0,01946_{11}$	$-0,01409_{1}$
0,436	$+0,09505_{43}$	$\pm 0,01382_{9}$	$-0,04301_{17}$	$\mp 0,01876_{12}$	$+0,02535_{8}$	$\pm 0,01957_{11}$	$-0,01410_{1}$
0,437	$+0,09548_{44}$	$\pm 0,01391_{10}$	$-0,04318_{17}$	$\mp 0,01888_{11}$	$+0,02543_{7}$	$\pm 0,01968_{10}$	$-0,01411_{2}$
0,438	$+0,09592_{44}$	$\pm 0,01401_{9}$	$-0,04336_{17}$	$\mp 0,01899_{12}$	$+0,02550_{8}$	$\pm 0,01978_{11}$	$-0,01413_{1}$
0,439	$+0,09636_{44}$	$\pm 0,01410_{10}$	$-0,04353_{18}$	$\mp 0,01911_{12}$	$+0,02558_{7}$	$\pm 0,01989_{11}$	$-0,01414_{1}$
0,440	$+0,09680_{44}$	$\pm 0,01420_{10}$	$-0,04371_{18}$	$\mp 0,01923_{12}$	$+0,02565_{7}$	$\pm 0,02000_{11}$	$-0,01415_{1}$
0,441	$+0,09724_{44}$	$\pm 0,01430_{10}$	$-0,04389_{18}$	$\mp 0,01935_{13}$	$+0,02572_{7}$	$\pm 0,02011_{11}$	$-0,01416_{1}$
0,442	$+0,09768_{44}$	$\pm 0,01440_{9}$	$-0,04407_{17}$	$\mp 0,01948_{12}$	$+0,02579_{8}$	$\pm 0,02022_{11}$	$-0,01417_{0}$
0,443	$+0,09812_{45}$	$\pm 0,01449_{10}$	$-0,04424_{18}$	$\mp 0,01960_{13}$	$+0,02587_{7}$	$\pm 0,02033_{11}$	$-0,01417_{1}$
0,444	$+0,09857_{44}$	$\pm 0,01459_{10}$	$-0,04442_{18}$	$\mp 0,01973_{12}$	$+0,02594_{7}$	$\pm 0,02044_{11}$	$-0,01418_{1}$
0,445	$+0,09901_{45}$	$\pm 0,01469_{10}$	$-0,04460_{18}$	$\mp 0,01985_{12}$	$+0,02601_{7}$	$\pm 0,02055_{11}$	$-0,01419_{1}$
0,446	$+0,09946_{44}$	$\pm 0,01479_{10}$	$-0,04478_{18}$	$\mp 0,01997_{13}$	$+0,02608_{7}$	$\pm 0,02066_{11}$	$-0,01420_{1}$
0,447	$+0,09990_{45}$	$\pm 0,01489_{10}$	$-0,04496_{18}$	$\mp 0,02010_{12}$	$+0,02615_{8}$	$\pm 0,02077_{11}$	$-0,01421_{0}$
0,448	$+0,10035_{45}$	$\pm 0,01499_{10}$	$-0,04514_{18}$	$\mp 0,02022_{13}$	$+0,02623_{7}$	$\pm 0,02088_{11}$	$-0,01421_{1}$
0,449	$+0,10080_{45}$	$\pm 0,01509_{10}$	$-0,04532_{18}$	$\mp 0,02035_{12}$	$+0,02630_{7}$	$\pm 0,02099_{11}$	$-0,01422_{1}$
0,450	$+0,10125_{45}$	$\pm 0,01519_{10}$	$-0,04550_{18}$	$\mp 0,02047_{13}$	$+0,02637_{7}$	$\pm 0,02110_{11}$	$-0,01423_{0}$

x	$P_{0,2}\,(\pm x)$	$P_{1,2}\,(\pm x)$	$P_{2,2}\,(\pm x)$	$P_{3,2}\,(\pm x)$	$P_{4,2}\,(\pm x)$	$P_{5,2}\,(\pm x)$	$P_{6,2}\,(\pm x)$
0,450	$+\,0{,}10125_{45}$	$\pm\,0{,}01519_{10}$	$-\,0{,}04550_{18}$	$\mp\,0{,}02047_{13}$	$+\,0{,}02637_{7}$	$\pm\,0{,}02110_{11}$	$-\,0{,}01423_{0}$
0,451	$+\,0{,}10170_{45}$	$\pm\,0{,}01529_{10}$	$-\,0{,}04568_{18}$	$\mp\,0{,}02060_{13}$	$+\,0{,}02644_{7}$	$\pm\,0{,}02121_{11}$	$-\,0{,}01423_{1}$
0,452	$+\,0{,}10215_{45}$	$\pm\,0{,}01539_{11}$	$-\,0{,}04586_{18}$	$\mp\,0{,}02073_{13}$	$+\,0{,}02651_{6}$	$\pm\,0{,}02132_{11}$	$-\,0{,}01424_{1}$
0,453	$+\,0{,}10260_{45}$	$\pm\,0{,}01550_{10}$	$-\,0{,}04604_{18}$	$\mp\,0{,}02086_{13}$	$+\,0{,}02657_{6}$	$\pm\,0{,}02144_{12}$	$-\,0{,}01424_{0}$
0,454	$+\,0{,}10306_{46}$	$\pm\,0{,}01560_{10}$	$-\,0{,}04622_{18}$	$\mp\,0{,}02099_{13}$	$+\,0{,}02664_{7}$	$\pm\,0{,}02155_{11}$	$-\,0{,}01425_{1}$
0,455	$+\,0{,}10351_{45}$	$\pm\,0{,}01570_{10}$	$-\,0{,}04640_{18}$	$\mp\,0{,}02112_{13}$	$+\,0{,}02671_{7}$	$\pm\,0{,}02166_{11}$	$-\!-\,0{,}01425_{0}$
0,456	$+\,0{,}10397_{45}$	$\pm\,0{,}01580_{11}$	$-\,0{,}04658_{18}$	$\mp\,0{,}02125_{13}$	$+\,0{,}02678_{7}$	$\pm\,0{,}02177_{11}$	$-\,0{,}01426_{0}$
0,457	$+\,0{,}10442_{46}$	$\pm\,0{,}01591_{10}$	$-\,0{,}04676_{18}$	$\mp\,0{,}02138_{12}$	$+\,0{,}02685_{7}$	$\pm\,0{,}02188_{12}$	$-\,0{,}01426_{1}$
0,458	$+\,0{,}10488_{46}$	$\pm\,0{,}01601_{11}$	$-\,0{,}04694_{18}$	$\mp\,0{,}02150_{13}$	$+\,0{,}02692_{7}$	$\pm\,0{,}02200_{11}$	$-\,0{,}01427_{0}$
0,459	$+\,0{,}10534_{46}$	$\pm\,0{,}01612_{10}$	$-\,0{,}04712_{18}$	$\mp\,0{,}02163_{13}$	$+\,0{,}02699_{7}$	$\pm\,0{,}02211_{11}$	$-\,0{,}01427_{1}$
0,460	$+\,0{,}10580_{46}$	$\pm\,0{,}01622_{11}$	$-\,0{,}04730_{18}$	$\mp\,0{,}02176_{13}$	$+\,0{,}02706_{7}$	$\pm\,0{,}02222_{11}$	$-\,0{,}01428_{0}$
0,461	$+\,0{,}10626_{46}$	$\pm\,0{,}01633_{11}$	$-\,0{,}04748_{19}$	$\mp\,0{,}02189_{13}$	$+\,0{,}02713_{7}$	$\pm\,0{,}02233_{12}$	$-\,0{,}01428_{0}$
0,462	$+\,0{,}10672_{46}$	$\pm\,0{,}01644_{10}$	$-\,0{,}04767_{18}$	$\mp\,0{,}02202_{14}$	$+\,0{,}02720_{6}$	$\pm\,0{,}02245_{11}$	$-\,0{,}01428_{0}$
0,463	$+\,0{,}10718_{47}$	$\pm\,0{,}01654_{11}$	$-\,0{,}04785_{19}$	$\mp\,0{,}02216_{13}$	$+\,0{,}02726_{7}$	$\pm\,0{,}02256_{12}$	$-\,0{,}01428_{0}$
0,464	$+\,0{,}10765_{46}$	$\pm\,0{,}01665_{11}$	$-\,0{,}04804_{18}$	$\mp\,0{,}02229_{13}$	$+\,0{,}02733_{7}$	$\pm\,0{,}02268_{11}$	$-\,0{,}01428_{0}$
0,465	$+\,0{,}10811_{47}$	$\pm\,0{,}01676_{11}$	$-\,0{,}04822_{18}$	$\mp\,0{,}02242_{13}$	$+\,0{,}02740_{7}$	$\pm\,0{,}02279_{11}$	$-\,0{,}01428_{0}$
0,466	$+\,0{,}10858_{46}$	$\pm\,0{,}01687_{11}$	$-\,0{,}04840_{18}$	$\mp\,0{,}02255_{14}$	$+\,0{,}02747_{7}$	$\pm\,0{,}02290_{12}$	$-\,0{,}01428_{0}$
0,467	$+\,0{,}10904_{47}$	$\pm\,0{,}01698_{10}$	$-\,0{,}04858_{19}$	$\mp\,0{,}02269_{13}$	$+\,0{,}02754_{6}$	$\pm\,0{,}02302_{11}$	$-\,0{,}01428_{1}$
0,468	$+\,0{,}10951_{47}$	$\pm\,0{,}01708_{11}$	$-\,0{,}04877_{18}$	$\mp\,0{,}02282_{14}$	$+\,0{,}02760_{7}$	$\pm\,0{,}02313_{12}$	$-\,0{,}01429_{0}$
0,469	$+\,0{,}10998_{47}$	$\pm\,0{,}01719_{11}$	$-\,0{,}04895_{18}$	$\mp\,0{,}02296_{13}$	$+\,0{,}02767_{7}$	$\pm\,0{,}02325_{11}$	$-\,0{,}01429_{0}$
0,470	$+\,0{,}11045_{47}$	$\pm\,0{,}01730_{11}$	$-\,0{,}04913_{18}$	$\mp\,0{,}02309_{14}$	$+\,0{,}02774_{6}$	$\pm\,0{,}02336_{11}$	$-\,0{,}01429_{0}$
0,471	$+\,0{,}11092_{47}$	$\pm\,0{,}01741_{11}$	$-\,0{,}04931_{18}$	$\mp\,0{,}02323_{13}$	$+\,0{,}02780_{7}$	$\pm\,0{,}02347_{12}$	$-\,0{,}01429_{0}$
0,472	$+\,0{,}11139_{47}$	$\pm\,0{,}01752_{12}$	$-\,0{,}04949_{19}$	$\mp\,0{,}02336_{14}$	$+\,0{,}02787_{6}$	$\pm\,0{,}02359_{11}$	$-\,0{,}01429_{1}$
0,473	$+\,0{,}11186_{48}$	$\pm\,0{,}01764_{11}$	$-\,0{,}04968_{18}$	$\mp\,0{,}02350_{14}$	$+\,0{,}02793_{7}$	$\pm\,0{,}02370_{12}$	$-\,0{,}01430_{0}$
0,474	$+\,0{,}11234_{47}$	$\pm\,0{,}01775_{11}$	$-\,0{,}04986_{18}$	$\mp\,0{,}02363_{14}$	$+\,0{,}02800_{6}$	$\pm\,0{,}02382_{11}$	$-\,0{,}01430_{0}$
0,475	$+\,0{,}11281_{48}$	$\pm\,0{,}01786_{11}$	$-\,0{,}05004_{18}$	$\mp\,0{,}02377_{14}$	$+\,0{,}02806_{7}$	$\pm\,0{,}02393_{12}$	$-\,0{,}01430_{1}$
0,476	$+\,0{,}11329_{47}$	$\pm\,0{,}01797_{12}$	$-\,0{,}05022_{19}$	$\mp\,0{,}02391_{14}$	$+\,0{,}02813_{6}$	$\pm\,0{,}02405_{11}$	$-\,0{,}01429_{0}$
0,477	$+\,0{,}11376_{48}$	$\pm\,0{,}01809_{11}$	$-\,0{,}05041_{18}$	$\mp\,0{,}02405_{14}$	$+\,0{,}02819_{7}$	$\pm\,0{,}02416_{12}$	$-\,0{,}01429_{1}$
0,478	$+\,0{,}11424_{48}$	$\pm\,0{,}01820_{12}$	$-\,0{,}05059_{19}$	$\mp\,0{,}02418_{13}$	$+\,0{,}02826_{6}$	$\pm\,0{,}02428_{11}$	$-\,0{,}01428_{0}$
0,479	$+\,0{,}11472_{48}$	$\pm\,0{,}01832_{11}$	$-\,0{,}05078_{18}$	$\mp\,0{,}02432_{14}$	$+\,0{,}02832_{7}$	$\pm\,0{,}02439_{12}$	$-\,0{,}01428_{1}$
0,480	$+\,0{,}11520_{48}$	$\pm\,0{,}01843_{12}$	$-\,0{,}05096_{19}$	$\mp\,0{,}02446_{14}$	$+\,0{,}02839_{6}$	$\pm\,0{,}02451_{12}$	$-\,0{,}01427_{0}$
0,481	$+\,0{,}11568_{48}$	$\pm\,0{,}01855_{12}$	$-\,0{,}05115_{18}$	$\mp\,0{,}02460_{14}$	$+\,0{,}02845_{7}$	$\pm\,0{,}02463_{12}$	$-\,0{,}01427_{1}$
0,482	$+\,0{,}11616_{48}$	$\pm\,0{,}01867_{11}$	$-\,0{,}05133_{19}$	$\mp\,0{,}02474_{14}$	$+\,0{,}02852_{7}$	$\pm\,0{,}02475_{12}$	$-\!-\,0{,}01426_{1}$
0,483	$+\,0{,}11664_{49}$	$\pm\,0{,}01878_{12}$	$-\,0{,}05152_{18}$	$\mp\,0{,}02489_{15}$	$+\,0{,}02858_{7}$	$\pm\,0{,}02486_{11}$	$-\,0{,}01425_{0}$
0,484	$+\,0{,}11713_{48}$	$\pm\,0{,}01890_{12}$	$-\,0{,}05170_{19}$	$\mp\,0{,}02503_{14}$	$+\,0{,}02865_{6}$	$\pm\,0{,}02498_{12}$	$-\,0{,}01425_{1}$
0,485	$+\,0{,}11761_{49}$	$\pm\,0{,}01902_{12}$	$-\,0{,}05189_{19}$	$\mp\,0{,}02517_{14}$	$+\,0{,}02871_{6}$	$\pm\,0{,}02510_{12}$	$-\,0{,}01424_{0}$
0,486	$+\,0{,}11810_{48}$	$\pm\,0{,}01914_{12}$	$-\,0{,}05208_{18}$	$\mp\,0{,}02531_{14}$	$+\,0{,}02877_{6}$	$\pm\,0{,}02522_{11}$	$-\,0{,}01424_{1}$
0,487	$+\,0{,}11858_{49}$	$\pm\,0{,}01926_{11}$	$-\,0{,}05226_{19}$	$\mp\,0{,}02545_{14}$	$+\,0{,}02883_{7}$	$\pm\,0{,}02533_{12}$	$-\,0{,}01423_{0}$
0,488	$+\,0{,}11907_{49}$	$\pm\,0{,}01937_{12}$	$-\,0{,}05245_{18}$	$\mp\,0{,}02560_{15}$	$+\,0{,}02890_{6}$	$\pm\,0{,}02545_{11}$	$-\,0{,}01423_{1}$
0,489	$+\,0{,}11956_{49}$	$\pm\,0{,}01949_{12}$	$-\,0{,}05263_{19}$	$\mp\,0{,}02574_{14}$	$+\,0{,}02896_{6}$	$\pm\,0{,}02556_{12}$	$-\,0{,}01422_{0}$
0,490	$+\,0{,}12005_{49}$	$\pm\,0{,}01961_{12}$	$-\,0{,}05282_{19}$	$\mp\,0{,}02588_{15}$	$+\,0{,}02902_{6}$	$\pm\,0{,}02568_{12}$	$-\,0{,}01422_{1}$
0,491	$+\,0{,}12054_{49}$	$\pm\,0{,}01973_{12}$	$-\,0{,}05201_{18}$	$\mp\,0{,}02603_{14}$	$+\,0{,}02908_{6}$	$\pm\,0{,}02580_{12}$	$-\,0{,}01421_{1}$
0,492	$+\,0{,}12103_{49}$	$\pm\,0{,}01985_{12}$	$-\,0{,}05319_{19}$	$\mp\,0{,}02617_{14}$	$+\,0{,}02914_{6}$	$\pm\,0{,}02592_{11}$	$-\,0{,}01420_{1}$
0,493	$+\,0{,}12152_{50}$	$\pm\,0{,}01997_{12}$	$-\,0{,}05338_{18}$	$\mp\,0{,}02632_{15}$	$+\,0{,}02920_{6}$	$\pm\,0{,}02603_{12}$	$-\,0{,}01419_{1}$
0,494	$+\,0{,}12202_{49}$	$\pm\,0{,}02009_{12}$	$-\,0{,}05356_{19}$	$\mp\,0{,}02646_{14}$	$+\,0{,}02926_{6}$	$\pm\,0{,}02615_{12}$	$-\,0{,}01418_{1}$
0,495	$+\,0{,}12251_{50}$	$\pm\,0{,}02021_{13}$	$-\,0{,}05375_{19}$	$\mp\,0{,}02661_{15}$	$+\,0{,}02932_{6}$	$\pm\,0{,}02627_{12}$	$-\,0{,}01417_{1}$
0,496	$+\,0{,}12301_{49}$	$\pm\,0{,}02034_{12}$	$-\,0{,}05394_{19}$	$\mp\,0{,}02676_{14}$	$+\,0{,}02938_{6}$	$\pm\,0{,}02639_{12}$	$-\,0{,}01416_{1}$
0,497	$+\,0{,}12350_{50}$	$\pm\,0{,}02046_{12}$	$-\,0{,}05413_{18}$	$\mp\,0{,}02690_{14}$	$+\,0{,}02944_{6}$	$\pm\,0{,}02651_{11}$	$-\,0{,}01415_{1}$
0,498	$+\,0{,}12400_{50}$	$\pm\,0{,}02059_{13}$	$-\,0{,}05431_{19}$	$\mp\,0{,}02704_{15}$	$+\,0{,}02950_{6}$	$\pm\,0{,}02662_{12}$	$-\,0{,}01414_{0}$
0,499	$+\,0{,}12450_{50}$	$\pm\,0{,}02071_{12}$	$-\,0{,}05450_{19}$	$\mp\,0{,}02719_{15}$	$+\,0{,}02956_{6}$	$\pm\,0{,}02674_{12}$	$-\,0{,}01414_{1}$
0,500	$+\,0{,}12500_{50}$	$\pm\,0{,}02083_{12}$	$-\,0{,}05469_{18}$	$\mp\,0{,}02734_{15}$	$+\,0{,}02962_{5}$	$\pm\,0{,}02686_{12}$	$-\,0{,}01413_{1}$

x	$P_{0,2}(\pm x)$	$P_{1,2}(\pm x)$	$P_{2,2}(\pm x)$	$P_{3,2}(\pm x)$	$P_{4,2}(\pm x)$	$P_{5,2}(\pm x)$	$P_{6,2}(\pm x)$
0,500	$+\,0{,}12500_{50}$	$\pm\,0{,}02083_{12}$	$-\,0{,}05469_{18}$	$\mp\,0{,}02734_{15}$	$+\,0{,}02962_{5}$	$\pm\,0{,}02686_{12}$	$-\,0{,}014130_{10}$
0,501	$+\,0{,}12550_{50}$	$\pm\,0{,}02095_{13}$	$-\,0{,}05487_{19}$	$\mp\,0{,}02749_{15}$	$+\,0{,}02967_{6}$	$\pm\,0{,}02698_{12}$	$-\,0{,}014120_{10}$
0,502	$+\,0{,}12600_{51}$	$\pm\,0{,}02108_{13}$	$-\,0{,}05506_{19}$	$\mp\,0{,}02764_{15}$	$+\,0{,}02973_{6}$	$\pm\,0{,}02710_{11}$	$-\,0{,}014110_{10}$
0,503	$+\,0{,}12651_{51}$	$\pm\,0{,}02121_{12}$	$-\,0{,}05525_{18}$	$\mp\,0{,}02779_{15}$	$+\,0{,}02979_{5}$	$\pm\,0{,}02721_{12}$	$-\,0{,}014099_{11}$
0,504	$+\,0{,}12702_{50}$	$\pm\,0{,}02133_{13}$	$-\,0{,}05543_{18}$	$\mp\,0{,}02794_{15}$	$+\,0{,}02984_{6}$	$\pm\,0{,}02733_{12}$	$-\,0{,}014088_{11}$
0,505	$+\,0{,}12752_{51}$	$\pm\,0{,}02146_{13}$	$-\,0{,}05562_{19}$	$\mp\,0{,}02809_{15}$	$+\,0{,}02990_{6}$	$\pm\,0{,}02745_{11}$	$-\,0{,}014076_{12}$
0,506	$+\,0{,}12803_{50}$	$\pm\,0{,}02159_{13}$	$-\,0{,}05581_{19}$	$\mp\,0{,}02824_{15}$	$+\,0{,}02996_{5}$	$\pm\,0{,}02756_{12}$	$-\,0{,}014064_{13}$
0,507	$+\,0{,}12853_{50}$	$\pm\,0{,}02172_{13}$	$-\,0{,}05600_{19}$	$\mp\,0{,}02839_{15}$	$+\,0{,}03001_{6}$	$\pm\,0{,}02768_{12}$	$-\,0{,}014051_{13}$
0,508	$+\,0{,}12903_{51}$	$\pm\,0{,}02185_{13}$	$-\,0{,}05619_{19}$	$\mp\,0{,}02854_{15}$	$+\,0{,}03007_{6}$	$\pm\,0{,}02780_{12}$	$-\,0{,}014038_{13}$
0,509	$+\,0{,}12954_{51}$	$\pm\,0{,}02198_{13}$	$-\,0{,}05638_{19}$	$\mp\,0{,}02869_{16}$	$+\,0{,}03013_{6}$	$\pm\,0{,}02792_{12}$	$-\,0{,}014025_{14}$
0,510	$+\,0{,}13005_{51}$	$\pm\,0{,}02211_{13}$	$-\,0{,}05657_{18}$	$\mp\,0{,}02885_{15}$	$+\,0{,}03019_{5}$	$\pm\,0{,}02804_{11}$	$-\,0{,}014011_{14}$
0,511	$+\,0{,}13056_{51}$	$\pm\,0{,}02224_{13}$	$-\,0{,}05675_{19}$	$\mp\,0{,}02900_{16}$	$+\,0{,}03024_{5}$	$\pm\,0{,}02815_{12}$	$-\,0{,}013997_{14}$
0,512	$+\,0{,}13107_{52}$	$\pm\,0{,}02237_{14}$	$-\,0{,}05694_{19}$	$\mp\,0{,}02916_{15}$	$+\,0{,}03029_{6}$	$\pm\,0{,}02827_{12}$	$-\,0{,}013983_{14}$
0,513	$+\,0{,}13159_{51}$	$\pm\,0{,}02251_{13}$	$-\,0{,}05713_{19}$	$\pm\,0{,}02931_{15}$	$+\,0{,}03035_{5}$	$\pm\,0{,}02839_{12}$	$-\,0{,}013969_{15}$
0,514	$+\,0{,}13210_{51}$	$\pm\,0{,}02264_{13}$	$-\,0{,}05732_{19}$	$\mp\,0{,}02946_{15}$	$+\,0{,}03040_{5}$	$\pm\,0{,}02851_{12}$	$-\,0{,}013954_{15}$
0,515	$+\,0{,}13261_{52}$	$\pm\,0{,}02277_{13}$	$-\,0{,}05751_{19}$	$\mp\,0{,}02961_{16}$	$+\,0{,}03046_{5}$	$\pm\,0{,}02863_{12}$	$-\,0{,}013939_{15}$
0,516	$+\,0{,}13313_{52}$	$\pm\,0{,}02290_{13}$	$-\,0{,}05770_{19}$	$\mp\,0{,}02977_{15}$	$+\,0{,}03051_{5}$	$\pm\,0{,}02875_{12}$	$-\,0{,}013924_{15}$
0,517	$+\,0{,}13364_{52}$	$\pm\,0{,}02303_{13}$	$-\,0{,}05789_{19}$	$\mp\,0{,}02992_{15}$	$+\,0{,}03056_{5}$	$\pm\,0{,}02887_{12}$	$-\,0{,}013909_{16}$
0,518	$+\,0{,}13416_{52}$	$\pm\,0{,}02316_{13}$	$-\,0{,}05808_{19}$	$\mp\,0{,}03008_{16}$	$+\,0{,}03062_{6}$	$\pm\,0{,}02899_{12}$	$-\,0{,}013893_{16}$
0,519	$+\,0{,}13468_{52}$	$\pm\,0{,}02329_{14}$	$-\,0{,}05827_{19}$	$\mp\,0{,}03024_{16}$	$+\,0{,}03067_{6}$	$\pm\,0{,}02911_{12}$	$-\,0{,}013877_{16}$
0,520	$+\,0{,}13520_{52}$	$\pm\,0{,}02343_{13}$	$-\,0{,}05846_{19}$	$\mp\,0{,}03040_{15}$	$+\,0{,}03073_{5}$	$\pm\,0{,}02923_{12}$	$-\,0{,}013861_{17}$
0,521	$+\,0{,}13572_{53}$	$\pm\,0{,}02356_{14}$	$-\,0{,}05865_{19}$	$\mp\,0{,}03055_{16}$	$+\,0{,}03078_{5}$	$\pm\,0{,}02935_{12}$	$-\,0{,}013844_{17}$
0,522	$+\,0{,}13625_{52}$	$\pm\,0{,}02370_{14}$	$-\,0{,}05884_{19}$	$\mp\,0{,}03071_{16}$	$+\,0{,}03083_{6}$	$\pm\,0{,}02947_{12}$	$-\,0{,}013827_{18}$
0,523	$+\,0{,}13677_{52}$	$\pm\,0{,}02384_{14}$	$-\,0{,}05903_{19}$	$\mp\,0{,}03087_{16}$	$+\,0{,}03089_{5}$	$\pm\,0{,}02959_{12}$	$-\,0{,}013809_{18}$
0,524	$+\,0{,}13729_{52}$	$\pm\,0{,}02398_{13}$	$-\,0{,}05922_{19}$	$\mp\,0{,}03103_{16}$	$+\,0{,}03094_{5}$	$\pm\,0{,}02971_{12}$	$-\,0{,}013791_{18}$
0,525	$+\,0{,}13781_{53}$	$\pm\,0{,}02411_{13}$	$-\,0{,}05941_{19}$	$\mp\,0{,}03119_{16}$	$+\,0{,}03099_{5}$	$\pm\,0{,}02983_{12}$	$-\,0{,}013773_{18}$
0,526	$+\,0{,}13834_{52}$	$\pm\,0{,}02425_{14}$	$-\,0{,}05960_{19}$	$\mp\,0{,}03135_{16}$	$+\,0{,}03104_{5}$	$\pm\,0{,}02995_{12}$	$-\,0{,}013755_{18}$
0,527	$+\,0{,}13886_{53}$	$\pm\,0{,}02439_{14}$	$-\,0{,}05979_{19}$	$\mp\,0{,}03151_{16}$	$+\,0{,}03109_{5}$	$\pm\,0{,}03007_{12}$	$-\,0{,}013737_{19}$
0,528	$+\,0{,}13939_{52}$	$\pm\,0{,}02453_{14}$	$-\,0{,}05998_{19}$	$\mp\,0{,}03167_{16}$	$+\,0{,}03114_{5}$	$\pm\,0{,}03019_{12}$	$-\,0{,}013718_{19}$
0,529	$+\,0{,}13991_{54}$	$\pm\,0{,}02467_{14}$	$-\,0{,}06017_{19}$	$\mp\,0{,}03183_{16}$	$+\,0{,}03119_{5}$	$\pm\,0{,}03031_{12}$	$-\,0{,}013699_{19}$
0,530	$+\,0{,}14045_{53}$	$\pm\,0{,}02481_{14}$	$-\,0{,}06036_{19}$	$\mp\,0{,}03199_{17}$	$+\,0{,}03124_{4}$	$\pm\,0{,}03043_{12}$	$-\,0{,}013680_{20}$
0,531	$+\,0{,}14098_{53}$	$\pm\,0{,}02495_{14}$	$-\,0{,}06055_{19}$	$\mp\,0{,}03216_{16}$	$+\,0{,}03128_{5}$	$\pm\,0{,}03055_{12}$	$-\,0{,}013660_{20}$
0,532	$+\,0{,}14151_{54}$	$\pm\,0{,}02509_{15}$	$-\,0{,}06074_{19}$	$\mp\,0{,}03232_{16}$	$+\,0{,}03133_{5}$	$\pm\,0{,}03067_{12}$	$-\,0{,}013640_{21}$
0,533	$+\,0{,}14205_{54}$	$\pm\,0{,}02524_{14}$	$-\,0{,}06093_{19}$	$\mp\,0{,}03248_{17}$	$+\,0{,}03138_{5}$	$\pm\,0{,}03079_{12}$	$-\,0{,}013619_{21}$
0,534	$+\,0{,}14258_{54}$	$\pm\,0{,}02538_{15}$	$-\,0{,}06112_{19}$	$\mp\,0{,}03265_{16}$	$+\,0{,}03143_{5}$	$\pm\,0{,}03091_{12}$	$-\,0{,}013598_{21}$
0,535	$+\,0{,}14312_{54}$	$\pm\,0{,}02553_{14}$	$-\,0{,}06131_{19}$	$\mp\,0{,}03281_{16}$	$+\,0{,}03148_{4}$	$\pm\,0{,}03103_{12}$	$-\,0{,}013577_{21}$
0,536	$+\,0{,}14366_{53}$	$\pm\,0{,}02567_{14}$	$-\,0{,}06150_{19}$	$\mp\,0{,}03297_{17}$	$+\,0{,}03152_{5}$	$\pm\,0{,}03115_{12}$	$-\,0{,}013556_{21}$
0,537	$+\,0{,}14419_{53}$	$\pm\,0{,}02581_{14}$	$-\,0{,}06169_{19}$	$\mp\,0{,}03314_{16}$	$+\,0{,}03157_{5}$	$\pm\,0{,}03127_{12}$	$-\,0{,}013535_{22}$
0,538	$+\,0{,}14472_{54}$	$\pm\,0{,}02595_{14}$	$-\,0{,}06188_{19}$	$\mp\,0{,}03330_{16}$	$+\,0{,}03162_{5}$	$\pm\,0{,}03139_{12}$	$-\,0{,}013513_{22}$
0,539	$+\,0{,}14526_{54}$	$\pm\,0{,}02609_{15}$	$-\,0{,}06207_{20}$	$\mp\,0{,}03346_{17}$	$+\,0{,}03167_{5}$	$\pm\,0{,}03151_{12}$	$-\,0{,}013491_{22}$
0,540	$+\,0{,}14580_{54}$	$\pm\,0{,}02624_{14}$	$-\,0{,}06227_{19}$	$\mp\,0{,}03363_{16}$	$+\,0{,}03172_{4}$	$\pm\,0{,}03163_{12}$	$-\,0{,}013469_{23}$
0,541	$+\,0{,}14634_{55}$	$\pm\,0{,}02638_{15}$	$-\,0{,}06246_{19}$	$\mp\,0{,}03379_{16}$	$+\,0{,}03176_{5}$	$\pm\,0{,}03175_{12}$	$-\,0{,}013446_{23}$
0,542	$+\,0{,}14689_{54}$	$\pm\,0{,}02653_{15}$	$-\,0{,}06265_{19}$	$\mp\,0{,}03395_{17}$	$+\,0{,}03181_{4}$	$\pm\,0{,}03187_{12}$	$-\,0{,}013423_{24}$
0,543	$+\,0{,}14743_{55}$	$\pm\,0{,}02668_{15}$	$-\,0{,}06284_{20}$	$\mp\,0{,}03412_{16}$	$+\,0{,}03185_{5}$	$\pm\,0{,}03199_{12}$	$-\,0{,}013399_{24}$
0,544	$+\,0{,}14798_{54}$	$\pm\,0{,}02683_{15}$	$-\,0{,}06304_{19}$	$\mp\,0{,}03428_{17}$	$+\,0{,}03190_{4}$	$\pm\,0{,}03211_{12}$	$-\,0{,}013375_{24}$
0,545	$+\,0{,}14852_{55}$	$\pm\,0{,}02698_{15}$	$-\,0{,}06323_{19}$	$\mp\,0{,}03445_{17}$	$+\,0{,}03194_{4}$	$\pm\,0{,}03223_{12}$	$-\,0{,}013351_{24}$
0,546	$+\,0{,}14907_{54}$	$\pm\,0{,}02713_{15}$	$-\,0{,}06342_{19}$	$\mp\,0{,}03462_{17}$	$+\,0{,}03198_{5}$	$\pm\,0{,}03235_{12}$	$-\,0{,}013327_{24}$
0,547	$+\,0{,}14961_{55}$	$\pm\,0{,}02728_{15}$	$-\,0{,}06361_{19}$	$\mp\,0{,}03479_{17}$	$+\,0{,}03203_{4}$	$\pm\,0{,}03247_{12}$	$-\,0{,}013303_{24}$
0,548	$+\,0{,}15016_{54}$	$\pm\,0{,}02743_{15}$	$-\,0{,}06380_{19}$	$\mp\,0{,}03496_{17}$	$+\,0{,}03207_{5}$	$\pm\,0{,}03259_{12}$	$-\,0{,}013279_{24}$
0,549	$+\,0{,}15070_{55}$	$\pm\,0{,}02758_{15}$	$-\,0{,}06399_{20}$	$\mp\,0{,}03513_{17}$	$+\,0{,}03212_{4}$	$\pm\,0{,}03271_{12}$	$-\,0{,}013255_{25}$
0,550	$+\,0{,}15125_{55}$	$\pm\,0{,}02773_{15}$	$-\,0{,}06419_{19}$	$\mp\,0{,}03530_{17}$	$+\,0{,}03216_{4}$	$\pm\,0{,}03283_{12}$	$-\,0{,}013230_{26}$

Tafel der Kugelfunktion sowie ihrer Abteilungen und Integrale.

x	$P_{0,2}(\pm x)$	$P_{1,2}(\pm x)$	$P_{2,2}(\pm x)$	$P_{3,2}(\pm x)$	$P_{4,2}(\pm x)$	$P_{5,2}(\pm x)$	$P_{6,2}(\pm x)$
0,550	$+0{,}15125_{55}$	$\pm 0{,}02773_{15}$	$-0{,}06419_{19}$	$\mp 0{,}03530_{17}$	$+0{,}03216_{4}$	$\pm 0{,}03283_{12}$	$-0{,}013230_{26}$
0,551	$+0{,}15180_{55}$	$\pm 0{,}02788_{15}$	$-0{,}06438_{19}$	$\mp 0{,}03547_{17}$	$+0{,}03220_{4}$	$\pm 0{,}03295_{12}$	$-0{,}013204_{26}$
0,552	$+0{,}15235_{55}$	$\pm 0{,}02803_{15}$	$-0{,}06457_{19}$	$\mp 0{,}03564_{17}$	$+0{,}03224_{4}$	$\pm 0{,}03307_{12}$	$-0{,}013178_{26}$
0,553	$+0{,}15290_{56}$	$\pm 0{,}02818_{15}$	$-0{,}06476_{19}$	$\mp 0{,}03581_{17}$	$+0{,}03228_{5}$	$\pm 0{,}03319_{12}$	$-0{,}013152_{26}$
0,554	$+0{,}15346_{55}$	$\pm 0{,}02833_{16}$	$-0{,}06495_{20}$	$\mp 0{,}03598_{18}$	$+0{,}03233_{4}$	$\pm 0{,}03331_{12}$	$-0{,}013126_{26}$
0,555	$+0{,}15401_{56}$	$\pm 0{,}02849_{15}$	$-0{,}06515_{19}$	$\pm 0{,}03616_{17}$	$+0{,}03237_{4}$	$\pm 0{,}03343_{12}$	$-0{,}013100_{27}$
0,556	$+0{,}15457_{55}$	$\pm 0{,}02864_{15}$	$-0{,}06534_{19}$	$\mp 0{,}03633_{17}$	$+0{,}03241_{4}$	$\pm 0{,}03355_{12}$	$-0{,}013073_{27}$
0,557	$+0{,}15512_{56}$	$\pm 0{,}02879_{16}$	$-0{,}06553_{19}$	$\mp 0{,}03650_{17}$	$+0{,}03245_{4}$	$\pm 0{,}03367_{12}$	$-0{,}013046_{27}$
0,558	$+0{,}15568_{56}$	$\pm 0{,}02895_{16}$	$-0{,}06572_{20}$	$\mp 0{,}03667_{17}$	$+0{,}03249_{4}$	$\pm 0{,}03379_{11}$	$-0{,}013019_{27}$
0,559	$+0{,}15624_{56}$	$\pm 0{,}02911_{16}$	$-0{,}06592_{19}$	$\mp 0{,}03684_{18}$	$+0{,}03253_{3}$	$\pm 0{,}03390_{12}$	$-0{,}012992_{27}$
0,560	$+0{,}15680_{56}$	$\pm 0{,}02927_{15}$	$-0{,}06611_{19}$	$\mp 0{,}03702_{17}$	$+0{,}03256_{4}$	$\pm 0{,}03402_{12}$	$-0{,}012964_{28}$
0,561	$+0{,}15736_{56}$	$\pm 0{,}02942_{16}$	$-0{,}06630_{19}$	$\mp 0{,}03719_{17}$	$+0{,}03260_{4}$	$\pm 0{,}03414_{12}$	$-0{,}012936_{28}$
0,562	$+0{,}15792_{56}$	$\pm 0{,}02958_{16}$	$-0{,}06649_{19}$	$\mp 0{,}03736_{17}$	$+0{,}03264_{4}$	$\pm 0{,}03426_{12}$	$-0{,}012908_{28}$
0,563	$+0{,}15848_{56}$	$\pm 0{,}02974_{16}$	$-0{,}06668_{20}$	$\mp 0{,}03753_{18}$	$+0{,}03268_{4}$	$\pm 0{,}03438_{12}$	$-0{,}012879_{29}$
0,564	$+0{,}15904_{57}$	$\pm 0{,}02990_{16}$	$-0{,}06688_{19}$	$\mp 0{,}03771_{18}$	$+0{,}03272_{3}$	$\pm 0{,}03450_{12}$	$-0{,}012850_{29}$
0,565	$+0{,}15961_{57}$	$\pm 0{,}03006_{16}$	$-0{,}06707_{19}$	$\mp 0{,}03789_{17}$	$+0{,}03275_{4}$	$\pm 0{,}03462_{12}$	$-0{,}012821_{29}$
0,566	$+0{,}16018_{56}$	$\pm 0{,}03022_{16}$	$-0{,}06726_{19}$	$\mp 0{,}03806_{18}$	$+0{,}03279_{4}$	$\pm 0{,}03474_{12}$	$-0{,}012792_{30}$
0,567	$+0{,}16074_{57}$	$\pm 0{,}03038_{16}$	$-0{,}06745_{20}$	$\mp 0{,}03824_{18}$	$+0{,}03283_{3}$	$\pm 0{,}03486_{12}$	$-0{,}012762_{30}$
0,568	$+0{,}16131_{57}$	$\pm 0{,}03054_{16}$	$-0{,}06765_{19}$	$\mp 0{,}03842_{18}$	$+0{,}03286_{4}$	$\pm 0{,}03498_{12}$	$-0{,}012732_{30}$
0,569	$+0{,}16188_{57}$	$\pm 0{,}03070_{17}$	$-0{,}06784_{19}$	$\mp 0{,}03860_{18}$	$+0{,}03290_{3}$	$\pm 0{,}03510_{11}$	$-0{,}012702_{30}$
0,570	$+0{,}16245_{57}$	$\pm 0{,}03087_{16}$	$-0{,}06803_{19}$	$\mp 0{,}03878_{17}$	$+0{,}03293_{4}$	$\pm 0{,}03521_{12}$	$-0{,}012672_{31}$
0,571	$+0{,}16302_{57}$	$\pm 0{,}03103_{16}$	$-0{,}06822_{19}$	$\mp 0{,}03895_{18}$	$+0{,}03297_{3}$	$\pm 0{,}03533_{12}$	$-0{,}012641_{31}$
0,572	$+0{,}16359_{57}$	$\pm 0{,}03119_{16}$	$-0{,}06841_{20}$	$\mp 0{,}03913_{18}$	$+0{,}03300_{4}$	$\pm 0{,}03545_{12}$	$-0{,}012610_{31}$
0,573	$+0{,}16416_{58}$	$\pm 0{,}03135_{17}$	$-0{,}06861_{19}$	$\mp 0{,}03931_{18}$	$+0{,}03304_{3}$	$\pm 0{,}03557_{12}$	$-0{,}012579_{31}$
0,574	$+0{,}16474_{57}$	$\pm 0{,}03152_{17}$	$-0{,}06880_{19}$	$\mp 0{,}03949_{18}$	$+0{,}03307_{3}$	$\pm 0{,}03569_{12}$	$-0{,}012548_{31}$
0,575	$+0{,}16531_{58}$	$\pm 0{,}03169_{16}$	$-0{,}06899_{19}$	$\mp 0{,}03967_{18}$	$+0{,}03310_{4}$	$\pm 0{,}03581_{11}$	$-0{,}012517_{32}$
0,576	$+0{,}16589_{57}$	$\pm 0{,}03185_{16}$	$-0{,}06918_{20}$	$\mp 0{,}03985_{18}$	$+0{,}03314_{3}$	$\pm 0{,}03592_{12}$	$-0{,}012485_{32}$
0,577	$+0{,}16646_{58}$	$\pm 0{,}03201_{17}$	$-0{,}06938_{19}$	$\mp 0{,}04003_{18}$	$+0{,}03317_{3}$	$\pm 0{,}03604_{12}$	$-0{,}012453_{32}$
0,578	$+0{,}16704_{58}$	$\pm 0{,}03218_{17}$	$-0{,}06957_{19}$	$\mp 0{,}04021_{18}$	$+0{,}03320_{3}$	$\pm 0{,}03616_{12}$	$-0{,}012421_{32}$
0,579	$+0{,}16762_{58}$	$\pm 0{,}03235_{17}$	$-0{,}06976_{19}$	$\mp 0{,}04039_{18}$	$+0{,}03323_{3}$	$\pm 0{,}03628_{12}$	$-0{,}012389_{32}$
0,580	$+0{,}16820_{58}$	$\pm 0{,}03252_{17}$	$-0{,}06995_{20}$	$\mp 0{,}04057_{18}$	$+0{,}03326_{3}$	$\pm 0{,}03640_{11}$	$-0{,}012356_{33}$
0,581	$+0{,}16878_{58}$	$\pm 0{,}03269_{17}$	$-0{,}07015_{19}$	$\mp 0{,}04075_{18}$	$+0{,}03329_{3}$	$\pm 0{,}03651_{12}$	$-0{,}012323_{33}$
0,582	$+0{,}16936_{58}$	$\pm 0{,}03286_{17}$	$-0{,}07034_{19}$	$\mp 0{,}04093_{18}$	$+0{,}03332_{3}$	$\pm 0{,}03663_{12}$	$-0{,}012290_{33}$
0,583	$+0{,}16994_{58}$	$\pm 0{,}03303_{17}$	$-0{,}07053_{19}$	$\mp 0{,}04111_{19}$	$+0{,}03335_{3}$	$\pm 0{,}03675_{12}$	$-0{,}012257_{33}$
0,584	$+0{,}17053_{59}$	$\pm 0{,}03320_{17}$	$-0{,}07072_{20}$	$\mp 0{,}04130_{19}$	$+0{,}03338_{3}$	$\pm 0{,}03687_{11}$	$-0{,}012224_{33}$
0,585	$+0{,}17111_{58}$	$\pm 0{,}03337_{17}$	$-0{,}07092_{19}$	$\mp 0{,}04149_{18}$	$+0{,}03341_{3}$	$\pm 0{,}03698_{12}$	$-0{,}012190_{34}$
0,586	$+0{,}17169_{59}$	$\pm 0{,}03354_{17}$	$-0{,}07111_{19}$	$\mp 0{,}04167_{18}$	$+0{,}03344_{3}$	$\pm 0{,}03710_{12}$	$-0{,}012156_{34}$
0,587	$+0{,}17228_{59}$	$\pm 0{,}03371_{17}$	$-0{,}07130_{19}$	$\mp 0{,}04185_{18}$	$+0{,}03347_{3}$	$\pm 0{,}03722_{12}$	$-0{,}012122_{34}$
0,588	$+0{,}17287_{59}$	$\pm 0{,}03388_{17}$	$-0{,}07149_{20}$	$\mp 0{,}04203_{19}$	$+0{,}03350_{2}$	$\pm 0{,}03734_{11}$	$-0{,}012088_{34}$
0,589	$+0{,}17346_{59}$	$\pm 0{,}03405_{18}$	$-0{,}07169_{19}$	$\mp 0{,}04222_{19}$	$+0{,}03352_{3}$	$\pm 0{,}03745_{12}$	$-0{,}012054_{35}$
0,590	$+0{,}17405_{59}$	$\pm 0{,}03423_{17}$	$-0{,}07188_{19}$	$\mp 0{,}04241_{18}$	$+0{,}03355_{3}$	$\pm 0{,}03757_{12}$	$-0{,}012019_{35}$
0,591	$+0{,}17464_{59}$	$\pm 0{,}03440_{17}$	$-0{,}07207_{19}$	$\mp 0{,}04259_{18}$	$+0{,}03358_{3}$	$\pm 0{,}03769_{11}$	$-0{,}011984_{35}$
0,592	$+0{,}17523_{59}$	$\pm 0{,}03457_{18}$	$-0{,}07226_{19}$	$\mp 0{,}04277_{19}$	$+0{,}03361_{2}$	$\pm 0{,}03780_{12}$	$-0{,}011949_{35}$
0,593	$+0{,}17582_{60}$	$\pm 0{,}03475_{18}$	$-0{,}07245_{20}$	$\mp 0{,}04296_{19}$	$+0{,}03363_{3}$	$\pm 0{,}03792_{11}$	$-0{,}011914_{35}$
0,594	$+0{,}17642_{59}$	$\pm 0{,}03493_{18}$	$-0{,}07265_{19}$	$\mp 0{,}04315_{19}$	$+0{,}03366_{2}$	$\pm 0{,}03803_{12}$	$-0{,}011879_{35}$
0,595	$+0{,}17701_{60}$	$\pm 0{,}03511_{17}$	$-0{,}07284_{19}$	$\mp 0{,}04334_{19}$	$+0{,}03368_{3}$	$\pm 0{,}03815_{12}$	$-0{,}011843_{36}$
0,596	$+0{,}17761_{59}$	$\pm 0{,}03528_{18}$	$-0{,}07303_{19}$	$\mp 0{,}04353_{19}$	$+0{,}03371_{2}$	$\pm 0{,}03827_{11}$	$-0{,}011807_{36}$
0,597	$+0{,}17820_{60}$	$\pm 0{,}03546_{18}$	$-0{,}07322_{20}$	$\mp 0{,}04372_{18}$	$+0{,}03373_{3}$	$\pm 0{,}03838_{12}$	$-0{,}011771_{36}$
0,598	$+0{,}17880_{60}$	$\pm 0{,}03564_{18}$	$-0{,}07342_{19}$	$\mp 0{,}04390_{19}$	$+0{,}03376_{2}$	$\pm 0{,}03850_{11}$	$-0{,}011735_{36}$
0,599	$+0{,}17940_{60}$	$\pm 0{,}03582_{18}$	$-0{,}07361_{19}$	$\mp 0{,}04409_{19}$	$+0{,}03378_{2}$	$\pm 0{,}03861_{12}$	$-0{,}011699_{36}$
0,600	$+0{,}18000_{60}$	$\pm 0{,}03600_{18}$	$-0{,}07380_{19}$	$\mp 0{,}04428_{19}$	$+0{,}03380_{3}$	$\pm 0{,}03873_{11}$	$-0{,}011663_{37}$

x	$P_{0,2}(\pm x)$	$P_{1,2}(\pm x)$	$P_{2,2}(\pm x)$	$P_{3,2}(\pm x)$	$P_{4,2}(\pm x)$	$P_{5,2}(\pm x)$	$P_{6,2}(\pm x)$
0,600	$+0{,}18000_{60}$	$\pm0{,}03600_{18}$	$-0{,}07380_{19}$	$\mp0{,}04428_{19}$	$+0{,}03380_{3}$	$\pm0{,}03873_{11}$	$-0{,}011663_{37}$
0,601	$+0{,}18060_{60}$	$\pm0{,}03618_{18}$	$-0{,}07399_{19}$	$\mp0{,}04447_{19}$	$+0{,}03383_{2}$	$\pm0{,}03884_{12}$	$-0{,}011626_{37}$
0,602	$+0{,}18120_{60}$	$\pm0{,}03636_{18}$	$-0{,}07418_{20}$	$\mp0{,}04466_{19}$	$+0{,}03385_{2}$	$\pm0{,}03896_{11}$	$-0{,}011589_{37}$
0,603	$+0{,}18180_{61}$	$\pm0{,}03654_{18}$	$-0{,}07438_{19}$	$\mp0{,}04485_{19}$	$+0{,}03387_{2}$	$\pm0{,}03907_{12}$	$-0{,}011552_{37}$
0,604	$+0{,}18241_{60}$	$\pm0{,}03672_{19}$	$-0{,}07457_{19}$	$\mp0{,}04504_{19}$	$+0{,}03389_{2}$	$\pm0{,}03919_{11}$	$-0{,}011515_{37}$
0,605	$+0{,}18301_{61}$	$\pm0{,}03691_{18}$	$-0{,}07476_{19}$	$\mp0{,}04523_{19}$	$+0{,}03391_{2}$	$\pm0{,}03930_{12}$	$-0{,}011478_{37}$
0,606	$+0{,}18362_{60}$	$\pm0{,}03709_{18}$	$-0{,}07495_{19}$	$\mp0{,}04542_{19}$	$+0{,}03393_{2}$	$\pm0{,}03942_{11}$	$-0{,}011441_{38}$
0,607	$+0{,}18422_{61}$	$\pm0{,}03727_{18}$	$-0{,}07514_{19}$	$\mp0{,}04561_{19}$	$+0{,}03395_{2}$	$\pm0{,}03953_{12}$	$-0{,}011403_{38}$
0,608	$+0{,}18483_{61}$	$\pm0{,}03745_{19}$	$-0{,}07533_{20}$	$\mp0{,}04580_{19}$	$+0{,}03397_{2}$	$\pm0{,}03965_{17}$	$-0{,}011365_{38}$
0,609	$+0{,}18544_{61}$	$\pm0{,}03764_{19}$	$-0{,}07553_{19}$	$\mp0{,}04599_{20}$	$+0{,}03399_{2}$	$\pm0{,}03976_{11}$	$-0{,}011327_{38}$
0,610	$+0{,}18605_{61}$	$\pm0{,}03783_{18}$	$-0{,}07572_{19}$	$\mp0{,}04619_{19}$	$+0{,}03401_{2}$	$\pm0{,}03987_{12}$	$-0{,}011289_{38}$
0,611	$+0{,}18666_{61}$	$\pm0{,}03801_{19}$	$-0{,}07591_{19}$	$\mp0{,}04638_{19}$	$+0{,}03403_{2}$	$\pm0{,}03999_{11}$	$-0{,}011251_{38}$
0,612	$+0{,}18727_{61}$	$\pm0{,}03820_{19}$	$-0{,}07610_{19}$	$\mp0{,}04657_{19}$	$+0{,}03405_{2}$	$\pm0{,}04010_{11}$	$-0{,}011213_{39}$
0,613	$+0{,}18788_{62}$	$\pm0{,}03839_{19}$	$-0{,}07629_{19}$	$\mp0{,}04676_{19}$	$+0{,}03407_{2}$	$\pm0{,}04021_{12}$	$-0{,}011174_{39}$
0,614	$+0{,}18850_{61}$	$\pm0{,}03858_{19}$	$-0{,}07648_{20}$	$\mp0{,}04695_{20}$	$+0{,}03409_{1}$	$\pm0{,}04033_{11}$	$-0{,}011135_{39}$
0,615	$+0{,}18911_{62}$	$\pm0{,}03877_{19}$	$-0{,}07668_{19}$	$\mp0{,}04715_{19}$	$+0{,}03410_{2}$	$\pm0{,}04044_{11}$	$-0{,}011096_{39}$
0,616	$+0{,}18973_{61}$	$\pm0{,}03896_{19}$	$-0{,}07687_{19}$	$\mp0{,}04734_{19}$	$+0{,}03412_{2}$	$\pm0{,}04055_{11}$	$-0{,}011057_{39}$
0,617	$+0{,}19034_{62}$	$\pm0{,}03915_{19}$	$-0{,}07706_{19}$	$\mp0{,}04753_{20}$	$+0{,}03414_{1}$	$\pm0{,}04066_{12}$	$-0{,}011018_{39}$
0,618	$+0{,}19096_{62}$	$\pm0{,}03934_{19}$	$-0{,}07725_{19}$	$\mp0{,}04773_{20}$	$+0{,}03415_{2}$	$\pm0{,}04078_{11}$	$-0{,}010979_{39}$
0,619	$+0{,}19158_{62}$	$\pm0{,}03953_{19}$	$-0{,}07744_{19}$	$\mp0{,}04793_{20}$	$+0{,}03417_{1}$	$\pm0{,}04089_{11}$	$-0{,}010940_{40}$
0,620	$+0{,}19220_{62}$	$\pm0{,}03972_{19}$	$-0{,}07763_{19}$	$\mp0{,}04813_{20}$	$+0{,}03418_{2}$	$\pm0{,}04100_{11}$	$-0{,}010900_{39}$
0,621	$+0{,}19282_{62}$	$\pm0{,}03991_{19}$	$-0{,}07782_{19}$	$\mp0{,}04833_{19}$	$+0{,}03420_{1}$	$\pm0{,}04111_{11}$	$-0{,}010861_{40}$
0,622	$+0{,}19344_{62}$	$\pm0{,}04010_{19}$	$-0{,}07801_{19}$	$\mp0{,}04852_{19}$	$+0{,}03421_{1}$	$\pm0{,}04122_{11}$	$-0{,}010821_{40}$
0,623	$+0{,}19406_{63}$	$\pm0{,}04029_{20}$	$-0{,}07820_{19}$	$\mp0{,}04871_{20}$	$+0{,}03422_{2}$	$\pm0{,}04133_{11}$	$-0{,}010781_{40}$
0,624	$+0{,}19469_{62}$	$\pm0{,}04049_{20}$	$-0{,}07839_{19}$	$\mp0{,}04891_{20}$	$+0{,}03424_{1}$	$\pm0{,}04144_{12}$	$-0{,}010741_{40}$
0,625	$+0{,}19531_{63}$	$\pm0{,}04069_{19}$	$-0{,}07858_{19}$	$\mp0{,}04911_{20}$	$+0{,}03425_{1}$	$\pm0{,}04156_{11}$	$-0{,}010701_{40}$
0,626	$+0{,}19594_{62}$	$\pm0{,}04088_{19}$	$-0{,}07877_{19}$	$\mp0{,}04931_{20}$	$+0{,}03426_{1}$	$\pm0{,}04167_{11}$	$-0{,}010661_{40}$
0,627	$+0{,}19656_{63}$	$\pm0{,}04107_{20}$	$-0{,}07896_{19}$	$\mp0{,}04951_{20}$	$+0{,}03427_{2}$	$\pm0{,}04178_{11}$	$-0{,}010621_{40}$
0,628	$+0{,}19719_{63}$	$\pm0{,}04127_{20}$	$-0{,}07915_{19}$	$\mp0{,}04971_{20}$	$+0{,}03429_{1}$	$\pm0{,}04189_{11}$	$-0{,}010581_{40}$
0,629	$+0{,}19782_{63}$	$\pm0{,}04147_{20}$	$-0{,}07934_{19}$	$\mp0{,}04991_{20}$	$+0{,}03430_{1}$	$\pm0{,}04200_{11}$	$-0{,}010541_{41}$
0,630	$+0{,}19845_{63}$	$\pm0{,}04167_{20}$	$-0{,}07953_{19}$	$\mp0{,}05011_{20}$	$+0{,}03431_{1}$	$\pm0{,}04211_{11}$	$-0{,}010500_{40}$
0,631	$+0{,}19908_{63}$	$\pm0{,}04187_{20}$	$-0{,}07972_{19}$	$\mp0{,}05031_{20}$	$+0{,}03432_{1}$	$\pm0{,}04222_{10}$	$-0{,}010460_{41}$
0,632	$+0{,}19971_{63}$	$\pm0{,}04207_{20}$	$-0{,}07991_{19}$	$\mp0{,}05051_{20}$	$+0{,}03433_{1}$	$\pm0{,}04232_{11}$	$-0{,}010419_{41}$
0,633	$+0{,}20034_{64}$	$\pm0{,}04227_{20}$	$-0{,}08010_{19}$	$\mp0{,}05071_{20}$	$+0{,}03434_{1}$	$\pm0{,}04243_{11}$	$-0{,}010378_{41}$
0,634	$+0{,}20098_{63}$	$\pm0{,}04247_{20}$	$-0{,}08029_{19}$	$\mp0{,}05091_{20}$	$+0{,}03435_{1}$	$\pm0{,}04254_{11}$	$-0{,}010337_{41}$
0,635	$+0{,}20161_{64}$	$\pm0{,}04267_{20}$	$-0{,}08048_{19}$	$\mp0{,}05111_{20}$	$+0{,}03436_{0}$	$\pm0{,}04265_{11}$	$-0{,}010296_{41}$
0,636	$+0{,}20225_{63}$	$\pm0{,}04287_{20}$	$-0{,}08067_{19}$	$\mp0{,}05131_{20}$	$+0{,}03436_{1}$	$\pm0{,}04276_{11}$	$-0{,}010255_{41}$
0,637	$+0{,}20288_{64}$	$\pm0{,}04307_{20}$	$-0{,}08086_{19}$	$\mp0{,}05151_{20}$	$+0{,}03437_{1}$	$\pm0{,}04287_{10}$	$-0{,}010214_{41}$
0,638	$+0{,}20352_{64}$	$\pm0{,}04327_{21}$	$-0{,}08105_{19}$	$\mp0{,}05171_{20}$	$+0{,}03438_{1}$	$\pm0{,}04297_{11}$	$-0{,}010173_{41}$
0,639	$+0{,}20416_{64}$	$\pm0{,}04348_{21}$	$-0{,}08124_{19}$	$\mp0{,}05191_{20}$	$+0{,}03439_{0}$	$\pm0{,}04308_{11}$	$-0{,}010132_{42}$
0,640	$+0{,}20480_{64}$	$\pm0{,}04369_{20}$	$-0{,}08143_{19}$	$\mp0{,}05211_{20}$	$+0{,}03439_{1}$	$\pm0{,}04319_{11}$	$-0{,}010090_{41}$
0,641	$+0{,}20544_{64}$	$\pm0{,}04389_{20}$	$-0{,}08162_{19}$	$\mp0{,}05231_{20}$	$+0{,}03440_{0}$	$\pm0{,}04330_{10}$	$-0{,}010049_{41}$
0,642	$+0{,}20608_{64}$	$\pm0{,}04409_{21}$	$-0{,}08181_{18}$	$\mp0{,}05251_{20}$	$+0{,}03440_{1}$	$\pm0{,}04340_{11}$	$-0{,}010008_{42}$
0,643	$+0{,}20672_{65}$	$\pm0{,}04430_{21}$	$-0{,}08199_{19}$	$\mp0{,}05271_{21}$	$+0{,}03441_{1}$	$\pm0{,}04351_{11}$	$-0{,}009966_{42}$
0,644	$+0{,}20737_{64}$	$\pm0{,}04451_{21}$	$-0{,}08218_{19}$	$\mp0{,}05292_{21}$	$+0{,}03442_{0}$	$\pm0{,}04362_{10}$	$-0{,}009924_{42}$
0,645	$+0{,}20801_{65}$	$\pm0{,}04472_{21}$	$-0{,}08237_{19}$	$\mp0{,}05313_{20}$	$+0{,}03442_{1}$	$\pm0{,}04372_{11}$	$-0{,}009882_{41}$
0,646	$+0{,}20866_{64}$	$\pm0{,}04493_{21}$	$-0{,}08256_{19}$	$\mp0{,}05333_{20}$	$+0{,}03443_{0}$	$\pm0{,}04383_{10}$	$-0{,}009841_{41}$
0,647	$+0{,}20930_{65}$	$\pm0{,}04514_{21}$	$-0{,}08275_{19}$	$\mp0{,}05353_{20}$	$+0{,}03443_{0}$	$\pm0{,}04393_{11}$	$-0{,}009800_{42}$
0,648	$+0{,}20995_{65}$	$\pm0{,}04535_{21}$	$-0{,}08294_{18}$	$\mp0{,}05373_{21}$	$+0{,}03443_{1}$	$\pm0{,}04404_{10}$	$-0{,}009758_{42}$
0,649	$+0{,}21060_{65}$	$\pm0{,}04556_{21}$	$-0{,}08312_{19}$	$\mp0{,}05394_{21}$	$+0{,}03444_{0}$	$\pm0{,}04414_{11}$	$-0{,}009716_{42}$
0,650	$+0{,}21125_{65}$	$\pm0{,}04577_{21}$	$-0{,}08331_{19}$	$\mp0{,}05415_{20}$	$+0{,}03444_{0}$	$\pm0{,}04425_{10}$	$-0{,}009674_{42}$

x	$P_{0,2}(\pm x)$	$P_{1,2}(\pm x)$	$P_{2,2}(\pm x)$	$P_{3,2}(\pm x)$	$P_{4,2}(\pm x)$	$P_{5,2}(\pm x)$	$P_{6,2}(\pm x)$
0,650	$+\,0{,}21125_{65}$	$\pm\,0{,}04577_{21}$	$-\,0{,}08331_{19}$	$\mp\,0{,}05415_{20}$	$+\,0{,}03444_{0}$	$\pm\,0{,}04425_{10}$	$-\,0{,}009674_{42}$
0,651	$+\,0{,}21190_{65}$	$\pm\,0{,}04598_{21}$	$-\,0{,}08350_{19}$	$\mp\,0{,}05435_{20}$	$+\,0{,}03444_{0}$	$\pm\,0{,}04435_{11}$	$-\,0{,}009632_{42}$
0,652	$+\,0{,}21255_{65}$	$\pm\,0{,}04619_{21}$	$-\,0{,}08369_{18}$	$\mp\,0{,}05456_{20}$	$+\,0{,}03444_{0}$	$\pm\,0{,}04446_{10}$	$-\,0{,}009590_{42}$
0,653	$+\,0{,}21320_{66}$	$\pm\,0{,}04640_{22}$	$-\,0{,}08387_{19}$	$\mp\,0{,}05476_{21}$	$+\,0{,}03444_{0}$	$\pm\,0{,}04456_{10}$	$-\,0{,}009548_{42}$
0,654	$+\,0{,}21386_{65}$	$\pm\,0{,}04662_{22}$	$-\,0{,}08406_{19}$	$\mp\,0{,}05497_{21}$	$+\,0{,}03444_{0}$	$\pm\,0{,}04466_{10}$	$-\,0{,}009506_{42}$
0,655	$+\,0{,}21451_{66}$	$\pm\,0{,}04684_{21}$	$-\,0{,}08425_{19}$	$\mp\,0{,}05518_{20}$	$+\,0{,}03444_{0}$	$\pm\,0{,}04477_{10}$	$-\,0{,}009464_{42}$
0,656	$+\,0{,}21517_{65}$	$\pm\,0{,}04705_{21}$	$-\,0{,}08444_{18}$	$\mp\,0{,}05538_{21}$	$+\,0{,}03444_{0}$	$\pm\,0{,}04487_{10}$	$-\,0{,}009422_{42}$
0,657	$+\,0{,}21582_{66}$	$\pm\,0{,}04726_{22}$	$-\,0{,}08462_{19}$	$\mp\,0{,}05559_{21}$	$+\,0{,}03444_{0}$	$\pm\,0{,}04497_{11}$	$-\,0{,}009380_{42}$
0,658	$+\,0{,}21648_{66}$	$\pm\,0{,}04748_{22}$	$-\,0{,}08481_{19}$	$\mp\,0{,}05580_{21}$	$+\,0{,}03444_{1}$	$\pm\,0{,}04508_{10}$	$-\,0{,}009338_{42}$
0,659	$+\,0{,}21714_{66}$	$\pm\,0{,}04770_{22}$	$-\,0{,}08500_{18}$	$\mp\,0{,}05601_{21}$	$+\,0{,}03443_{0}$	$\pm\,0{,}04518_{10}$	$-\,0{,}009296_{42}$
0,660	$+\,0{,}21780_{66}$	$\pm\,0{,}04792_{21}$	$-\,0{,}08518_{19}$	$\mp\,0{,}05622_{20}$	$+\,0{,}03443_{0}$	$\pm\,0{,}04528_{10}$	$-\,0{,}009254_{42}$
0,661	$+\,0{,}21846_{66}$	$\pm\,0{,}04813_{22}$	$-\,0{,}08537_{18}$	$\mp\,0{,}05642_{21}$	$+\,0{,}03443_{0}$	$\pm\,0{,}04538_{10}$	$-\,0{,}009212_{42}$
0,662	$+\,0{,}21912_{66}$	$\pm\,0{,}04835_{22}$	$-\,0{,}08555_{19}$	$\mp\,0{,}05663_{21}$	$+\,0{,}03443_{1}$	$\pm\,0{,}04548_{10}$	$-\,0{,}009170_{43}$
0,663	$+\,0{,}21978_{67}$	$\pm\,0{,}04857_{22}$	$-\,0{,}08574_{19}$	$\mp\,0{,}05684_{21}$	$+\,0{,}03442_{0}$	$\pm\,0{,}04558_{11}$	$-\,0{,}009127_{42}$
0,664	$+\,0{,}22045_{66}$	$\pm\,0{,}04879_{22}$	$-\,0{,}08593_{18}$	$\mp\,0{,}05705_{21}$	$+\,0{,}03442_{0}$	$\pm\,0{,}04569_{10}$	$-\,0{,}009085_{42}$
0,665	$+\,0{,}22111_{67}$	$\pm\,0{,}04901_{22}$	$-\,0{,}08611_{19}$	$\mp\,0{,}05726_{21}$	$+\,0{,}03442_{1}$	$\pm\,0{,}04579_{10}$	$-\,0{,}009043_{42}$
0,666	$+\,0{,}22178_{66}$	$\pm\,0{,}04923_{22}$	$-\,0{,}08630_{18}$	$\mp\,0{,}05747_{21}$	$+\,0{,}03441_{1}$	$\pm\,0{,}04589_{10}$	$-\,0{,}009001_{42}$
0,667	$+\,0{,}22244_{67}$	$\pm\,0{,}04945_{22}$	$-\,0{,}08648_{19}$	$\mp\,0{,}05768_{21}$	$+\,0{,}03440_{0}$	$\pm\,0{,}04599_{9}$	$-\,0{,}008959_{42}$
0,668	$+\,0{,}22311_{67}$	$\pm\,0{,}04967_{23}$	$-\,0{,}08667_{18}$	$\mp\,0{,}05789_{21}$	$+\,0{,}03440_{1}$	$\pm\,0{,}04608_{10}$	$-\,0{,}008917_{42}$
0,669	$+\,0{,}22328_{67}$	$\pm\,0{,}04990_{23}$	$-\,0{,}08685_{19}$	$\mp\,0{,}05810_{21}$	$+\,0{,}03439_{0}$	$\pm\,0{,}04618_{10}$	$-\,0{,}008875_{41}$
0,670	$+\,0{,}22445_{66}$	$\pm\,0{,}05013_{22}$	$-\,0{,}08704_{18}$	$\mp\,0{,}05831_{21}$	$+\,0{,}03439_{1}$	$\pm\,0{,}04628_{10}$	$-\,0{,}008834_{42}$
0,671	$+\,0{,}22511_{68}$	$\pm\,0{,}05035_{22}$	$-\,0{,}08722_{18}$	$\mp\,0{,}05852_{21}$	$+\,0{,}03438_{1}$	$\pm\,0{,}04638_{10}$	$-\,0{,}008792_{42}$
0,672	$+\,0{,}22579_{67}$	$\pm\,0{,}05057_{23}$	$-\,0{,}08740_{19}$	$\mp\,0{,}05873_{21}$	$+\,0{,}03437_{0}$	$\pm\,0{,}04648_{10}$	$-\,0{,}008750_{42}$
0,673	$+\,0{,}22646_{68}$	$\pm\,0{,}05080_{23}$	$-\,0{,}08759_{18}$	$\mp\,0{,}05894_{21}$	$+\,0{,}03437_{1}$	$\pm\,0{,}04658_{10}$	$-\,0{,}008708_{42}$
0,674	$+\,0{,}22714_{67}$	$\pm\,0{,}05103_{23}$	$-\,0{,}08777_{19}$	$\mp\,0{,}05915_{22}$	$+\,0{,}03436_{1}$	$\pm\,0{,}04668_{9}$	$-\,0{,}008666_{42}$
0,675	$+\,0{,}22781_{68}$	$\pm\,0{,}05126_{23}$	$-\,0{,}08796_{18}$	$\mp\,0{,}05937_{21}$	$+\,0{,}03435_{1}$	$\pm\,0{,}04677_{10}$	$-\,0{,}008624_{42}$
0,676	$+\,0{,}22849_{67}$	$\pm\,0{,}05149_{23}$	$-\,0{,}08814_{18}$	$\mp\,0{,}05958_{21}$	$+\,0{,}03434_{1}$	$\pm\,0{,}04687_{10}$	$-\,0{,}008582_{42}$
0,677	$+\,0{,}22916_{68}$	$\pm\,0{,}05172_{23}$	$-\,0{,}08832_{19}$	$\mp\,0{,}05979_{21}$	$+\,0{,}03433_{1}$	$\pm\,0{,}04697_{9}$	$-\,0{,}008540_{42}$
0,678	$+\,0{,}22984_{68}$	$\pm\,0{,}05195_{23}$	$-\,0{,}08851_{18}$	$\mp\,0{,}06000_{21}$	$+\,0{,}03432_{1}$	$\pm\,0{,}04706_{10}$	$-\,0{,}008498_{41}$
0,679	$+\,0{,}23052_{68}$	$\pm\,0{,}05218_{23}$	$-\,0{,}08869_{18}$	$\mp\,0{,}06021_{22}$	$+\,0{,}03431_{1}$	$\pm\,0{,}04716_{10}$	$-\,0{,}008457_{41}$
0,680	$+\,0{,}23120_{68}$	$\pm\,0{,}05241_{23}$	$-\,0{,}08887_{19}$	$\mp\,0{,}06043_{21}$	$+\,0{,}03430_{1}$	$\pm\,0{,}04726_{9}$	$-\,0{,}008416_{42}$
0,681	$+\,0{,}23188_{68}$	$\pm\,0{,}05264_{23}$	$-\,0{,}08906_{18}$	$\mp\,0{,}06064_{21}$	$+\,0{,}03429_{1}$	$\pm\,0{,}04735_{10}$	$-\,0{,}008374_{42}$
0,682	$+\,0{,}23256_{68}$	$\pm\,0{,}05287_{23}$	$-\,0{,}08924_{18}$	$\mp\,0{,}06085_{21}$	$+\,0{,}03428_{1}$	$\pm\,0{,}04745_{9}$	$-\,0{,}008332_{41}$
0,683	$+\,0{,}23324_{69}$	$\pm\,0{,}05310_{23}$	$-\,0{,}08942_{18}$	$\mp\,0{,}06106_{22}$	$+\,0{,}03427_{2}$	$\pm\,0{,}04754_{10}$	$-\,0{,}008291_{41}$
0,684	$+\,0{,}23393_{68}$	$\pm\,0{,}05333_{24}$	$-\,0{,}08960_{18}$	$\mp\,0{,}06128_{22}$	$+\,0{,}03425_{1}$	$\pm\,0{,}04764_{9}$	$-\,0{,}008250_{41}$
0,685	$+\,0{,}23461_{69}$	$\pm\,0{,}05357_{23}$	$-\,0{,}08978_{19}$	$\mp\,0{,}06150_{21}$	$+\,0{,}03424_{1}$	$\pm\,0{,}04773_{9}$	$-\,0{,}008209_{41}$
0,686	$+\,0{,}23530_{68}$	$\pm\,0{,}05380_{23}$	$-\,0{,}08997_{18}$	$\mp\,0{,}06171_{21}$	$+\,0{,}03423_{2}$	$\pm\,0{,}04782_{10}$	$-\,0{,}008168_{41}$
0,687	$+\,0{,}23598_{69}$	$\pm\,0{,}05403_{24}$	$-\,0{,}09015_{18}$	$\mp\,0{,}06192_{22}$	$+\,0{,}03421_{1}$	$\pm\,0{,}04792_{9}$	$-\,0{,}008127_{41}$
0,688	$+\,0{,}23667_{69}$	$\pm\,0{,}05427_{24}$	$-\,0{,}09033_{18}$	$\mp\,0{,}06214_{22}$	$+\,0{,}03420_{1}$	$\pm\,0{,}04801_{9}$	$-\,0{,}008086_{41}$
0,689	$+\,0{,}23736_{69}$	$\pm\,0{,}05451_{24}$	$-\,0{,}09051_{18}$	$\mp\,0{,}06236_{22}$	$+\,0{,}03419_{2}$	$\pm\,0{,}04810_{9}$	$-\,0{,}008045_{40}$
0,690	$+\,0{,}23805_{69}$	$\pm\,0{,}05475_{24}$	$-\,0{,}09069_{18}$	$\mp\,0{,}06258_{21}$	$+\,0{,}03417_{1}$	$\pm\,0{,}04819_{10}$	$-\,0{,}008005_{41}$
0,691	$+\,0{,}23874_{69}$	$\pm\,0{,}05499_{24}$	$-\,0{,}09087_{18}$	$\mp\,0{,}06279_{21}$	$+\,0{,}03416_{2}$	$\pm\,0{,}04829_{9}$	$-\,0{,}007964_{41}$
0,692	$+\,0{,}23943_{69}$	$\pm\,0{,}05523_{24}$	$-\,0{,}09105_{18}$	$\mp\,0{,}06300_{22}$	$+\,0{,}03414_{2}$	$\pm\,0{,}04838_{9}$	$-\,0{,}007923_{41}$
0,693	$+\,0{,}24012_{70}$	$\pm\,0{,}05547_{24}$	$-\,0{,}09123_{18}$	$\mp\,0{,}06322_{22}$	$+\,0{,}03412_{1}$	$\pm\,0{,}04847_{9}$	$-\,0{,}007882_{40}$
0,694	$+\,0{,}24082_{69}$	$\pm\,0{,}05571_{24}$	$-\,0{,}09141_{18}$	$\mp\,0{,}06344_{22}$	$+\,0{,}03411_{2}$	$\pm\,0{,}04856_{9}$	$-\,0{,}007842_{40}$
0,695	$+\,0{,}24151_{70}$	$\pm\,0{,}05595_{24}$	$-\,0{,}09159_{18}$	$\mp\,0{,}06366_{21}$	$+\,0{,}03409_{2}$	$\pm\,0{,}04865_{9}$	$-\,0{,}007802_{40}$
0,696	$+\,0{,}24221_{69}$	$\pm\,0{,}05619_{24}$	$-\,0{,}09177_{18}$	$\mp\,0{,}06387_{21}$	$+\,0{,}03407_{1}$	$\pm\,0{,}04874_{9}$	$-\,0{,}007762_{40}$
0,697	$+\,0{,}24290_{70}$	$\pm\,0{,}05643_{24}$	$-\,0{,}09195_{18}$	$\mp\,0{,}06408_{22}$	$+\,0{,}03406_{2}$	$\pm\,0{,}04883_{9}$	$-\,0{,}007722_{40}$
0,698	$+\,0{,}24360_{70}$	$\pm\,0{,}05667_{25}$	$-\,0{,}09213_{18}$	$\mp\,0{,}06430_{22}$	$+\,0{,}03404_{2}$	$\pm\,0{,}04892_{9}$	$-\,0{,}007682_{40}$
0,699	$+\,0{,}24430_{70}$	$\pm\,0{,}05692_{25}$	$-\,0{,}09231_{18}$	$\mp\,0{,}06452_{22}$	$+\,0{,}03402_{2}$	$\pm\,0{,}04901_{9}$	$-\,0{,}007642_{39}$
0,700	$+\,0{,}24500_{70}$	$\pm\,0{,}05717_{24}$	$-\,0{,}09249_{18}$	$\mp\,0{,}06474_{22}$	$+\,0{,}03400_{2}$	$\pm\,0{,}04910_{9}$	$-\,0{,}007603_{40}$

x	$P_{0,2}\,(\pm x)$	$P_{1,2}\,(\pm x)$	$P_{2,2}\,(\pm x)$	$P_{3,2}\,(\pm x)$	$P_{4,2}\,(\pm x)$	$P_{5,2}\,(\pm x)$	$P_{6,1}\,(\pm x)$
0,700	$+0{,}24500_{70}$	$\pm0{,}05717_{24}$	$-0{,}09249_{18}$	$\mp0{,}06474_{22}$	$+0{,}03400_{2}$	$\pm0{,}04910_{9}$	$-0{,}007603_{40}$
0,701	$+0{,}24570_{70}$	$\pm0{,}05741_{24}$	$-0{,}09267_{17}$	$\mp0{,}06496_{22}$	$+0{,}03398_{2}$	$\pm0{,}04919_{8}$	$-0{,}007563_{40}$
0,702	$+0{,}24640_{70}$	$\pm0{,}05765_{25}$	$-0{,}09284_{18}$	$\mp0{,}06518_{22}$	$+0{,}03396_{2}$	$\pm0{,}04927_{9}$	$-0{,}007523_{39}$
0,703	$+0{,}24710_{71}$	$\pm0{,}05790_{25}$	$-0{,}09302_{18}$	$\mp0{,}06540_{21}$	$+0{,}03394_{2}$	$\pm0{,}04936_{9}$	$-0{,}007484_{39}$
0,704	$+0{,}24781_{70}$	$\pm0{,}05815_{25}$	$-0{,}09320_{18}$	$\mp0{,}06561_{22}$	$+0{,}03392_{2}$	$\pm0{,}04945_{9}$	$-0{,}007445_{39}$
0,705	$+0{,}24851_{71}$	$\pm0{,}05840_{25}$	$-0{,}09338_{17}$	$\mp0{,}06583_{22}$	$+0{,}03390_{2}$	$\pm0{,}04954_{8}$	$-0{,}007406_{39}$
0,706	$+0{,}24922_{70}$	$\pm0{,}05865_{25}$	$-0{,}09355_{18}$	$\mp0{,}06605_{22}$	$+0{,}03388_{2}$	$\pm0{,}04962_{9}$	$-0{,}007367_{39}$
0,707	$+0{,}24992_{71}$	$\pm0{,}05890_{25}$	$-0{,}09373_{18}$	$\mp0{,}06627_{22}$	$+0{,}03386_{3}$	$\pm0{,}04971_{8}$	$-0{,}007328_{39}$
0,708	$+0{,}25063_{71}$	$\pm0{,}05915_{25}$	$-0{,}09391_{17}$	$\mp0{,}06649_{22}$	$+0{,}03383_{2}$	$\pm0{,}04979_{9}$	$-0{,}007289_{38}$
0,709	$+0{,}25134_{71}$	$\pm0{,}05940_{25}$	$-0{,}09408_{18}$	$\mp0{,}06671_{21}$	$+0{,}03381_{2}$	$\pm0{,}04988_{9}$	$-0{,}007251_{38}$
0,710	$+0{,}25205_{71}$	$\pm0{,}05965_{25}$	$-0{,}09426_{18}$	$\mp0{,}06692_{21}$	$+0{,}03379_{2}$	$\pm0{,}04997_{8}$	$-0{,}007213_{38}$
0,711	$+0{,}25276_{71}$	$\pm0{,}05990_{25}$	$-0{,}09444_{17}$	$\mp0{,}06714_{22}$	$+0{,}03376_{2}$	$\pm0{,}05005_{8}$	$-0{,}007175_{38}$
0,712	$+0{,}25347_{71}$	$\pm0{,}06015_{25}$	$-0{,}09461_{18}$	$\mp0{,}06736_{22}$	$+0{,}03374_{2}$	$\pm0{,}05013_{8}$	$-0{,}007137_{38}$
0,713	$+0{,}25418_{72}$	$\pm0{,}06040_{26}$	$-0{,}09479_{17}$	$\mp0{,}06758_{22}$	$+0{,}03372_{2}$	$\pm0{,}05022_{9}$	$-0{,}007099_{38}$
0,714	$+0{,}25490_{71}$	$\pm0{,}06066_{26}$	$-0{,}09496_{18}$	$\mp0{,}06780_{22}$	$+0{,}03369_{3}$	$\pm0{,}05030_{8}$	$-0{,}007061_{38}$
0,715	$+0{,}25561_{72}$	$\pm0{,}06092_{25}$	$-0{,}09514_{17}$	$\mp0{,}06802_{22}$	$+0{,}03366_{2}$	$\pm0{,}05039_{8}$	$-0{,}007024_{37}$
0,716	$+0{,}25633_{71}$	$\pm0{,}06117_{26}$	$-0{,}09531_{18}$	$\mp0{,}06824_{22}$	$+0{,}03364_{3}$	$\pm0{,}05047_{8}$	$-0{,}006987_{37}$
0,717	$+0{,}25704_{72}$	$\pm0{,}06143_{26}$	$-0{,}09549_{17}$	$\mp0{,}06846_{22}$	$+0{,}03361_{2}$	$\pm0{,}05055_{8}$	$-0{,}006950_{37}$
0,717	$+0{,}25776_{72}$	$\pm0{,}06169_{26}$	$-0{,}09566_{17}$	$\mp0{,}06869_{23}$	$+0{,}03359_{2}$	$\pm0{,}05063_{8}$	$-0{,}006913_{37}$
0,719	$+0{,}25848_{72}$	$\pm0{,}06195_{26}$	$-0{,}09583_{18}$	$\mp0{,}06891_{22}$	$+0{,}03356_{3}$	$\pm0{,}05071_{8}$	$-0{,}006876_{37}$
0,720	$+0{,}25920_{72}$	$\pm0{,}06221_{26}$	$-0{,}09601_{17}$	$\mp0{,}06913_{22}$	$+0{,}03354_{2}$	$\pm0{,}05079_{9}$	$-0{,}006839_{36}$
0,721	$+0{,}25992_{72}$	$\pm0{,}06247_{26}$	$-0{,}09618_{17}$	$\mp0{,}06935_{22}$	$+0{,}03351_{3}$	$\pm0{,}05088_{8}$	$-0{,}006803_{36}$
0,722	$+0{,}26064_{72}$	$\pm0{,}06273_{26}$	$-0{,}09635_{18}$	$\mp0{,}06957_{22}$	$+0{,}03348_{3}$	$\pm0{,}05096_{8}$	$-0{,}006767_{36}$
0,723	$+0{,}26136_{72}$	$\pm0{,}06299_{26}$	$-0{,}09653_{17}$	$\mp0{,}06979_{22}$	$+0{,}03345_{3}$	$\pm0{,}05104_{8}$	$-0{,}006731_{36}$
0,724	$+0{,}26208_{73}$	$\pm0{,}06325_{26}$	$-0{,}09670_{17}$	$\mp0{,}07001_{22}$	$+0{,}03342_{3}$	$\pm0{,}05112_{8}$	$-0{,}006695_{36}$
0,725	$+0{,}26281_{73}$	$\pm0{,}06351_{26}$	$-0{,}09687_{17}$	$\mp0{,}07023_{22}$	$+0{,}03339_{3}$	$\pm0{,}05120_{7}$	$-0{,}006659_{35}$
0,726	$+0{,}26354_{72}$	$\pm0{,}06377_{26}$	$-0{,}09704_{17}$	$\mp0{,}07045_{23}$	$+0{,}03336_{3}$	$\pm0{,}05127_{8}$	$-0{,}006624_{35}$
0,727	$+0{,}26426_{73}$	$\pm0{,}06403_{27}$	$-0{,}09721_{17}$	$\mp0{,}07068_{23}$	$+0{,}03333_{3}$	$\pm0{,}05135_{8}$	$-0{,}006589_{35}$
0,728	$+0{,}26499_{73}$	$\pm0{,}06430_{27}$	$-0{,}09738_{18}$	$\mp0{,}07090_{22}$	$+0{,}03330_{3}$	$\pm0{,}05143_{8}$	$-0{,}006554_{35}$
0,729	$+0{,}26572_{73}$	$\pm0{,}06457_{27}$	$-0{,}09756_{17}$	$\mp0{,}07112_{22}$	$+0{,}03327_{3}$	$\pm0{,}05150_{7}$	$-0{,}006519_{35}$
0,730	$+0{,}26645_{73}$	$\pm0{,}06484_{26}$	$-0{,}09773_{17}$	$\mp0{,}07134_{22}$	$+0{,}03324_{3}$	$\pm0{,}05158_{8}$	$-0{,}006484_{34}$
0,731	$+0{,}26718_{73}$	$\pm0{,}06510_{27}$	$-0{,}09790_{17}$	$\mp0{,}07156_{23}$	$+0{,}03321_{3}$	$\pm0{,}05166_{8}$	$-0{,}006450_{34}$
0,732	$+0{,}26791_{73}$	$\pm0{,}06537_{27}$	$-0{,}09807_{17}$	$\mp0{,}07179_{23}$	$+0{,}03318_{3}$	$\pm0{,}05174_{7}$	$-0{,}006416_{34}$
0,733	$+0{,}26864_{73}$	$\pm0{,}06564_{27}$	$-0{,}09824_{17}$	$\mp0{,}07201_{22}$	$+0{,}03315_{3}$	$\pm0{,}05181_{7}$	$-0{,}006382_{34}$
0,734	$+0{,}26938_{74}$	$\pm0{,}06591_{27}$	$-0{,}09841_{17}$	$\mp0{,}07223_{22}$	$+0{,}03312_{4}$	$\pm0{,}05189_{8}$	$-0{,}006348_{33}$
0,735	$+0{,}24011_{74}$	$\pm0{,}06618_{27}$	$-0{,}09858_{16}$	$\mp0{,}07245_{23}$	$+0{,}03308_{3}$	$\pm0{,}05197_{7}$	$-0{,}006315_{33}$
0,736	$+0{,}27085_{73}$	$\pm0{,}06645_{27}$	$-0{,}09874_{17}$	$\mp0{,}07268_{22}$	$+0{,}03305_{3}$	$\pm0{,}05204_{7}$	$-0{,}006282_{33}$
0,737	$+0{,}27158_{74}$	$\pm0{,}06672_{27}$	$-0{,}09891_{17}$	$\mp0{,}07290_{22}$	$+0{,}03302_{3}$	$\pm0{,}05211_{8}$	$-0{,}006249_{33}$
0,738	$+0{,}27232_{74}$	$\pm0{,}06699_{27}$	$-0{,}09908_{17}$	$\mp0{,}07312_{23}$	$+0{,}03298_{3}$	$\pm0{,}05219_{7}$	$-0{,}006216_{32}$
0,739	$+0{,}27306_{74}$	$\pm0{,}06726_{28}$	$-0{,}09925_{17}$	$\mp0{,}07335_{22}$	$+0{,}03295_{4}$	$\pm0{,}05226_{7}$	$-0{,}006184_{32}$
0,740	$+0{,}27380_{74}$	$\pm0{,}06754_{27}$	$-0{,}09942_{16}$	$\mp0{,}07357_{22}$	$+0{,}03291_{3}$	$\pm0{,}05233_{8}$	$-0{,}006152_{32}$
0,741	$+0{,}27454_{74}$	$\pm0{,}06781_{27}$	$-0{,}09958_{17}$	$\mp0{,}07379_{23}$	$+0{,}03288_{4}$	$\pm0{,}05241_{7}$	$-0{,}006120_{32}$
0,742	$+0{,}27528_{74}$	$\pm0{,}06808_{28}$	$-0{,}09975_{17}$	$\mp0{,}07402_{22}$	$+0{,}03284_{3}$	$\pm0{,}05248_{7}$	$-0{,}006088_{32}$
0,743	$+0{,}27602_{74}$	$\pm0{,}06836_{28}$	$-0{,}09992_{16}$	$\mp0{,}07424_{22}$	$+0{,}03281_{4}$	$\pm0{,}05255_{7}$	$-0{,}006056_{31}$
0,744	$+0{,}27676_{75}$	$\pm0{,}06864_{28}$	$-0{,}10008_{17}$	$\mp0{,}07446_{23}$	$+0{,}03277_{4}$	$\pm0{,}05262_{7}$	$-0{,}006025_{31}$
0,745	$+0{,}27751_{75}$	$\pm0{,}06892_{27}$	$-0{,}10025_{16}$	$\mp0{,}07469_{22}$	$+0{,}03273_{3}$	$\pm0{,}05269_{7}$	$-0{,}005994_{30}$
0,746	$+0{,}27826_{74}$	$\pm0{,}06919_{28}$	$-0{,}10041_{17}$	$\mp0{,}07491_{22}$	$+0{,}03270_{4}$	$\pm0{,}05276_{7}$	$-0{,}005964_{30}$
0,747	$+0{,}27900_{75}$	$\pm0{,}06947_{28}$	$-0{,}10058_{16}$	$\mp0{,}07513_{23}$	$+0{,}03266_{4}$	$\pm0{,}05283_{7}$	$-0{,}005934_{30}$
0,748	$+0{,}27975_{75}$	$\pm0{,}06975_{28}$	$-0{,}10074_{17}$	$\mp0{,}07536_{22}$	$+0{,}03262_{4}$	$\pm0{,}05290_{7}$	$-0{,}005904_{30}$
0,749	$+0{,}28050_{75}$	$\pm0{,}07003_{28}$	$-0{,}10091_{16}$	$\mp0{,}07558_{23}$	$+0{,}03258_{3}$	$\pm0{,}05297_{7}$	$-0{,}005874_{30}$
0,750	$+0{,}28125_{75}$	$\pm0{,}07031_{28}$	$-0{,}10107_{17}$	$\mp0{,}07581_{22}$	$+0{,}03255_{4}$	$\pm0{,}05304_{7}$	$-0{,}005844_{29}$

x	$P_{0,2}\,(\pm x)$	$P_{1,2}\,(\pm x)$	$P_{2,2}\,(\pm x)$	$P_{3,2}\,(\pm x)$	$P_{4,2}\,(\pm x)$	$P_{5,2}\,(\pm x)$	$P_{6,2}\,(\pm x)$
0,750	$+0{,}28125_{75}$	$\pm0{,}07031_{28}$	$-0{,}10107_{17}$	$\mp0{,}07581_{22}$	$+0{,}03255_{4}$	$\pm0{,}05304_{7}$	$-0{,}005844_{29}$
0,751	$+0{,}28200_{75}$	$\pm0{,}07059_{28}$	$-0{,}10124_{16}$	$\mp0{,}07603_{22}$	$+0{,}03251_{4}$	$\pm0{,}05311_{7}$	$-0{,}005815_{29}$
0,752	$+0{,}28275_{75}$	$\pm0{,}07087_{28}$	$-0{,}10140_{16}$	$\mp0{,}07625_{23}$	$+0{,}03247_{4}$	$\pm0{,}05318_{7}$	$-0{,}005786_{29}$
0,753	$+0{,}28350_{76}$	$\pm0{,}07115_{29}$	$-0{,}10156_{17}$	$\mp0{,}07648_{22}$	$+0{,}03243_{4}$	$\pm0{,}05325_{7}$	$-0{,}005757_{28}$
0,754	$+0{,}28426_{75}$	$\pm0{,}07144_{29}$	$-0{,}10173_{16}$	$\mp0{,}07670_{23}$	$+0{,}03239_{4}$	$\pm0{,}05332_{6}$	$-0{,}005729_{28}$
0,755	$+0{,}28501_{76}$	$\pm0{,}07173_{28}$	$-0{,}10189_{16}$	$\mp0{,}07693_{22}$	$+0{,}03235_{4}$	$\pm0{,}05338_{7}$	$-0{,}005701_{28}$
0,756	$+0{,}28577_{75}$	$\pm0{,}07201_{28}$	$-0{,}10205_{16}$	$\mp0{,}07715_{23}$	$+0{,}03231_{4}$	$\pm0{,}05345_{6}$	$-0{,}005673_{27}$
0,757	$+0{,}28652_{76}$	$\pm0{,}07229_{29}$	$-0{,}10221_{16}$	$\mp0{,}07738_{22}$	$+0{,}03227_{4}$	$\pm0{,}05351_{6}$	$-0{,}005646_{27}$
0,758	$+0{,}28728_{76}$	$\pm0{,}07258_{29}$	$-0{,}10237_{17}$	$\mp0{,}07760_{23}$	$+0{,}03223_{4}$	$\pm0{,}05358_{7}$	$-0{,}005619_{27}$
0,759	$+0{,}28804_{76}$	$\pm0{,}07287_{29}$	$-0{,}10254_{16}$	$\mp0{,}07783_{22}$	$+0{,}03219_{4}$	$\pm0{,}05365_{7}$	$-0{,}005592_{27}$
0,760	$+0{,}28880_{76}$	$\pm0{,}07316_{29}$	$-0{,}10270_{16}$	$\mp0{,}07805_{22}$	$+0{,}03215_{5}$	$\pm0{,}05371_{6}$	$-0{,}005565_{26}$
0,761	$+0{,}28956_{76}$	$\pm0{,}07345_{29}$	$-0{,}10286_{16}$	$\mp0{,}07827_{23}$	$+0{,}03210_{4}$	$\pm0{,}05377_{7}$	$-0{,}005539_{26}$
0,762	$+0{,}29032_{76}$	$\pm0{,}07374_{29}$	$-0{,}10302_{16}$	$\mp0{,}07850_{22}$	$+0{,}03206_{4}$	$\pm0{,}05384_{6}$	$-0{,}005513_{26}$
0,763	$+0{,}29108_{77}$	$\pm0{,}07403_{29}$	$-0{,}10318_{16}$	$\mp0{,}07872_{23}$	$+0{,}03202_{5}$	$\pm0{,}05390_{7}$	$-0{,}005487_{26}$
0,764	$+0{,}29185_{76}$	$\pm0{,}07432_{30}$	$-0{,}10334_{16}$	$\mp0{,}07895_{22}$	$+0{,}03197_{4}$	$\pm0{,}05397_{6}$	$-0{,}005461_{25}$
0,765	$+0{,}29261_{77}$	$\pm0{,}07462_{29}$	$-0{,}10350_{15}$	$\mp0{,}07917_{23}$	$+0{,}03193_{4}$	$\pm0{,}05403_{6}$	$-0{,}005436_{24}$
0,766	$+0{,}29338_{76}$	$\pm0{,}07491_{29}$	$-0{,}10365_{16}$	$\mp0{,}07940_{22}$	$+0{,}03189_{5}$	$\pm0{,}05409_{6}$	$-0{,}005412_{24}$
0,767	$+0{,}29414_{77}$	$\pm0{,}07520_{29}$	$-0{,}10381_{16}$	$\mp0{,}07962_{23}$	$+0{,}03184_{4}$	$\pm0{,}05415_{6}$	$-0{,}005388_{24}$
0,768	$+0{,}29491_{77}$	$\pm0{,}07549_{30}$	$-0{,}10397_{16}$	$\mp0{,}07985_{22}$	$+0{,}03180_{5}$	$\pm0{,}05421_{6}$	$-0{,}005364_{24}$
0,769	$+0{,}29568_{77}$	$\pm0{,}07579_{30}$	$-0{,}10413_{15}$	$\mp0{,}08007_{23}$	$+0{,}03175_{5}$	$\pm0{,}05427_{7}$	$-0{,}005340_{24}$
0,770	$+0{,}29645_{77}$	$\pm0{,}07609_{29}$	$-0{,}10428_{16}$	$\mp0{,}08030_{22}$	$+0{,}03171_{5}$	$\pm0{,}05434_{6}$	$-0{,}005316_{23}$
0,771	$+0{,}29722_{77}$	$\pm0{,}07638_{30}$	$-0{,}10444_{16}$	$\mp0{,}08052_{23}$	$+0{,}03166_{6}$	$\pm0{,}05440_{5}$	$-0{,}005293_{23}$
0,772	$+0{,}29799_{77}$	$\pm0{,}07668_{30}$	$-0{,}10460_{15}$	$\mp0{,}08075_{22}$	$+0{,}03162_{5}$	$\pm0{,}05445_{6}$	$-0{,}005270_{22}$
0,773	$+0{,}29876_{78}$	$\pm0{,}07698_{30}$	$-0{,}10475_{16}$	$\mp0{,}08097_{23}$	$+0{,}03157_{4}$	$\pm0{,}05451_{6}$	$-0{,}005248_{22}$
0,774	$+0{,}29954_{77}$	$\pm0{,}07728_{30}$	$-0{,}10491_{15}$	$\mp0{,}08120_{22}$	$+0{,}03153_{5}$	$\pm0{,}05457_{6}$	$-0{,}005226_{22}$
0,775	$+0{,}30031_{78}$	$\pm0{,}07758_{30}$	$-0{,}10506_{16}$	$\mp0{,}08142_{23}$	$+0{,}03148_{5}$	$\pm0{,}05463_{6}$	$-0{,}005204_{21}$
0,776	$+0{,}30109_{77}$	$\pm0{,}07788_{30}$	$-0{,}10522_{15}$	$\mp0{,}08165_{22}$	$+0{,}03143_{4}$	$\pm0{,}05469_{6}$	$-0{,}005183_{21}$
0,777	$+0{,}30186_{78}$	$\pm0{,}07818_{30}$	$-0{,}10537_{15}$	$\mp0{,}08187_{23}$	$+0{,}03139_{5}$	$\pm0{,}05475_{5}$	$-0{,}005162_{21}$
0,778	$+0{,}30264_{78}$	$\pm0{,}07848_{30}$	$-0{,}10552_{16}$	$\mp0{,}08210_{22}$	$+0{,}03134_{5}$	$\pm0{,}05480_{6}$	$-0{,}005141_{20}$
0,779	$+0{,}30342_{78}$	$\pm0{,}07878_{31}$	$-0{,}10568_{15}$	$\mp0{,}08232_{23}$	$+0{,}03129_{5}$	$\pm0{,}05486_{6}$	$-0{,}005121_{20}$
0,780	$+0{,}30420_{78}$	$\pm0{,}07909_{30}$	$-0{,}10583_{15}$	$\mp0{,}08255_{22}$	$+0{,}03124_{5}$	$\pm0{,}05492_{5}$	$-0{,}005101_{20}$
0,781	$+0{,}30498_{78}$	$\pm0{,}07939_{30}$	$-0{,}10598_{16}$	$\mp0{,}08277_{23}$	$+0{,}03120_{5}$	$\pm0{,}05497_{6}$	$-0{,}005081_{19}$
0,782	$+0{,}30576_{78}$	$\pm0{,}07969_{31}$	$-0{,}10614_{15}$	$\mp0{,}08300_{22}$	$+0{,}03115_{5}$	$\pm0{,}05503_{5}$	$-0{,}005062_{19}$
0,783	$+0{,}30654_{79}$	$\pm0{,}08000_{31}$	$-0{,}10629_{15}$	$\mp0{,}08322_{23}$	$+0{,}03110_{5}$	$\pm0{,}05508_{6}$	$-0{,}005043_{18}$
0,784	$+0{,}30733_{78}$	$\pm0{,}08031_{31}$	$-0{,}10644_{15}$	$\mp0{,}08345_{22}$	$+0{,}03105_{5}$	$\pm0{,}05514_{6}$	$-0{,}005025_{18}$
0,785	$+0{,}30811_{78}$	$\pm0{,}08062_{31}$	$-0{,}10659_{15}$	$\mp0{,}08367_{23}$	$+0{,}03100_{5}$	$\pm0{,}05520_{5}$	$-0{,}005007_{18}$
0,786	$+0{,}30889_{79}$	$\pm0{,}08093_{31}$	$-0{,}10674_{15}$	$\mp0{,}08390_{22}$	$+0{,}03095_{5}$	$\pm0{,}05525_{5}$	$-0{,}004989_{17}$
0,787	$+0{,}30968_{79}$	$\pm0{,}08124_{31}$	$-0{,}10689_{15}$	$\mp0{,}08412_{23}$	$+0{,}03090_{5}$	$\pm0{,}05530_{5}$	$-0{,}004972_{17}$
0,788	$+0{,}31047_{79}$	$\pm0{,}08155_{31}$	$-0{,}10704_{15}$	$\mp0{,}08435_{22}$	$+0{,}03085_{5}$	$\pm0{,}05535_{6}$	$-0{,}004955_{17}$
0,789	$+0{,}31126_{79}$	$\pm0{,}08186_{31}$	$-0{,}10719_{15}$	$\mp0{,}08457_{23}$	$+0{,}03080_{5}$	$\pm0{,}05541_{5}$	$-0{,}004938_{17}$
0,790	$+0{,}31205_{79}$	$\pm0{,}08217_{31}$	$-0{,}10734_{14}$	$\mp0{,}08480_{22}$	$+0{,}03075_{5}$	$\pm0{,}05546_{5}$	$-0{,}004921_{16}$
0,791	$+0{,}31284_{79}$	$\pm0{,}08248_{31}$	$-0{,}10748_{15}$	$\mp0{,}08502_{23}$	$+0{,}03070_{5}$	$\pm0{,}05551_{5}$	$-0{,}004905_{16}$
0,792	$+0{,}31363_{79}$	$\pm0{,}08279_{31}$	$-0{,}10763_{15}$	$\mp0{,}08525_{22}$	$+0{,}03065_{5}$	$\pm0{,}05556_{5}$	$-0{,}004889_{15}$
0,793	$+0{,}31442_{80}$	$\pm0{,}08310_{32}$	$-0{,}10778_{15}$	$\mp0{,}08547_{23}$	$+0{,}03060_{6}$	$\pm0{,}05561_{6}$	$-0{,}004874_{15}$
0,794	$+0{,}31522_{79}$	$\pm0{,}08342_{32}$	$-0{,}10793_{14}$	$\mp0{,}08570_{22}$	$+0{,}03054_{5}$	$\pm0{,}05567_{6}$	$-0{,}004859_{14}$
0,795	$+0{,}31601_{80}$	$\pm0{,}08374_{31}$	$-0{,}10807_{15}$	$\mp0{,}08592_{22}$	$+0{,}03049_{5}$	$\pm0{,}05572_{5}$	$-0{,}004845_{14}$
0,796	$+0{,}31681_{79}$	$\pm0{,}08405_{32}$	$-0{,}10822_{14}$	$\mp0{,}08614_{23}$	$+0{,}03044_{5}$	$\pm0{,}05577_{5}$	$-0{,}004831_{14}$
0,797	$+0{,}31760_{80}$	$\pm0{,}08437_{32}$	$-0{,}10836_{15}$	$\mp0{,}08637_{22}$	$+0{,}03039_{6}$	$\pm0{,}05582_{4}$	$-0{,}004817_{13}$
0,798	$+0{,}31840_{80}$	$\pm0{,}08469_{32}$	$-0{,}10851_{14}$	$\mp0{,}08659_{23}$	$+0{,}03033_{5}$	$\pm0{,}05586_{5}$	$-0{,}004804_{13}$
0,799	$+0{,}31920_{80}$	$\pm0{,}08501_{32}$	$-0{,}10865_{15}$	$\mp0{,}08682_{22}$	$+0{,}03028_{5}$	$\pm0{,}05591_{5}$	$-0{,}004791_{13}$
0,800	$+0{,}32000_{80}$	$\pm0{,}08533_{32}$	$-0{,}10880_{14}$	$\mp0{,}08704_{22}$	$+0{,}03023_{5}$	$\pm0{,}05596_{5}$	$-0{,}004778_{12}$

x	$P_{0,2}\,(\pm x)$	$P_{1,2}\,(\pm x)$	$P_{2,2}\,(\pm x)$	$P_{3,2}\,(\pm x)$	$P_{4,2}\,(\pm x)$	$P_{5,2}\,(\pm x)$	$P_{6,2}\,(\pm x)$
0,800	$+0{,}32000_{80}$	$\pm 0{,}08533_{32}$	$-0{,}10880_{14}$	$\mp 0{,}08704_{22}$	$+0{,}03023_{5}$	$\pm 0{,}05596_{5}$	$-0{,}004778_{12}$
0,801	$+0{,}32080_{80}$	$\pm 0{,}08565_{32}$	$-0{,}10894_{15}$	$\mp 0{,}08726_{23}$	$+0{,}03018_{6}$	$\pm 0{,}05601_{5}$	$-0{,}004766_{11}$
0,802	$+0{,}32160_{80}$	$\pm 0{,}08597_{32}$	$-0{,}10909_{14}$	$\mp 0{,}08749_{22}$	$+0{,}03012_{5}$	$\pm 0{,}05606_{4}$	$-0{,}004755_{11}$
0,803	$+0{,}32240_{80}$	$\pm 0{,}08629_{32}$	$-0{,}10923_{14}$	$\mp 0{,}08771_{23}$	$+0{,}03007_{6}$	$\pm 0{,}05610_{5}$	$-0{,}004744_{11}$
0,804	$+0{,}32320_{81}$	$\pm 0{,}08661_{32}$	$-0{,}10937_{15}$	$\mp 0{,}08794_{22}$	$+0{,}03001_{5}$	$\pm 0{,}05615_{5}$	$-0{,}004733_{11}$
0,805	$+0{,}32401_{81}$	$\pm 0{,}08694_{32}$	$-0{,}10952_{14}$	$\mp 0{,}08816_{22}$	$+0{,}02996_{6}$	$\pm 0{,}05620_{4}$	$-0{,}004722_{10}$
0,806	$+0{,}32482_{80}$	$\pm 0{,}08726_{32}$	$-0{,}10966_{14}$	$\mp 0{,}08838_{23}$	$+0{,}02990_{5}$	$\pm 0{,}05624_{5}$	$-0{,}004712_{10}$
0,807	$+0{,}32562_{81}$	$\pm 0{,}08758_{33}$	$-0{,}10980_{14}$	$\mp 0{,}08861_{22}$	$+0{,}02985_{6}$	$\pm 0{,}05629_{4}$	$-0{,}004702_{9}$
0,808	$+0{,}32643_{81}$	$\pm 0{,}08791_{33}$	$-0{,}10994_{14}$	$\mp 0{,}08883_{22}$	$+0{,}02979_{5}$	$\pm 0{,}05633_{5}$	$-0{,}004693_{9}$
0,809	$+0{,}32724_{81}$	$\pm 0{,}08824_{33}$	$-0{,}11008_{14}$	$\mp 0{,}08905_{23}$	$+0{,}02974_{5}$	$\pm 0{,}05638_{4}$	$-0{,}004684_{9}$
0,810	$+0{,}32805_{81}$	$\pm 0{,}08857_{33}$	$-0{,}11022_{14}$	$\mp 0{,}08928_{22}$	$+0{,}02969_{6}$	$\pm 0{,}05642_{5}$	$-0{,}004675_{8}$
0,811	$+0{,}32886_{81}$	$\pm 0{,}08890_{33}$	$-0{,}11036_{13}$	$\mp 0{,}08950_{22}$	$+0{,}02963_{6}$	$\pm 0{,}05647_{4}$	$-0{,}004667_{8}$
0,812	$+0{,}32967_{81}$	$\pm 0{,}08923_{33}$	$-0{,}11049_{14}$	$\mp 0{,}08972_{22}$	$+0{,}02957_{5}$	$\pm 0{,}05651_{4}$	$-0{,}004659_{7}$
0,813	$+0{,}33048_{82}$	$\pm 0{,}08956_{33}$	$-0{,}11063_{14}$	$\mp 0{,}08994_{23}$	$+0{,}02952_{6}$	$\pm 0{,}05655_{4}$	$-0{,}004652_{7}$
0,814	$+0{,}33130_{81}$	$\pm 0{,}08989_{33}$	$-0{,}11077_{14}$	$\mp 0{,}09017_{22}$	$+0{,}02946_{5}$	$\pm 0{,}05659_{5}$	$-0{,}004645_{7}$
0,815	$+0{,}33211_{82}$	$\pm 0{,}09022_{34}$	$-0{,}11091_{13}$	$\mp 0{,}09039_{22}$	$+0{,}02941_{6}$	$\pm 0{,}05664_{4}$	$-0{,}004638_{6}$
0,816	$+0{,}33293_{81}$	$\pm 0{,}09056_{33}$	$-0{,}11104_{14}$	$\mp 0{,}09061_{22}$	$+0{,}02935_{6}$	$\pm 0{,}05668_{4}$	$-0{,}004632_{5}$
0,817	$+0{,}33374_{82}$	$\pm 0{,}09089_{33}$	$-0{,}11118_{13}$	$\mp 0{,}09083_{23}$	$+0{,}02929_{6}$	$\pm 0{,}05672_{4}$	$-0{,}004627_{5}$
0,818	$+0{,}33456_{82}$	$\pm 0{,}09122_{33}$	$-0{,}11131_{14}$	$\mp 0{,}09106_{22}$	$+0{,}02923_{5}$	$\pm 0{,}05676_{4}$	$-0{,}004622_{5}$
0,819	$+0{,}33538_{82}$	$\pm 0{,}09155_{34}$	$-0{,}11145_{13}$	$\mp 0{,}09128_{22}$	$+0{,}02918_{6}$	$\pm 0{,}05680_{4}$	$-0{,}004617_{4}$
0,820	$+0{,}33620_{82}$	$\pm 0{,}09189_{34}$	$-0{,}11158_{14}$	$\mp 0{,}09150_{22}$	$+0{,}02912_{6}$	$\pm 0{,}05684_{4}$	$-0{,}004613_{3}$
0,821	$+0{,}33702_{82}$	$\pm 0{,}09223_{34}$	$-0{,}11172_{13}$	$\mp 0{,}09172_{22}$	$+0{,}02906_{5}$	$\pm 0{,}05688_{4}$	$-0{,}004610_{3}$
0,822	$+0{,}33784_{82}$	$\pm 0{,}09257_{34}$	$-0{,}11185_{13}$	$\mp 0{,}09194_{22}$	$+0{,}02901_{6}$	$\pm 0{,}05692_{4}$	$-0{,}004607_{3}$
0,823	$+0{,}33866_{83}$	$\pm 0{,}09291_{34}$	$-0{,}11198_{14}$	$\mp 0{,}09216_{23}$	$+0{,}02895_{6}$	$\pm 0{,}05696_{4}$	$-0{,}004604_{2}$
0,824	$+0{,}33949_{82}$	$\pm 0{,}09325_{34}$	$-0{,}11212_{13}$	$\mp 0{,}09239_{22}$	$+0{,}02889_{6}$	$\pm 0{,}05700_{4}$	$-0{,}004602_{2}$
0,825	$+0{,}34031_{83}$	$\pm 0{,}09359_{34}$	$-0{,}11225_{13}$	$\mp 0{,}09261_{22}$	$+0{,}02883_{6}$	$\pm 0{,}05704_{4}$	$-0{,}004600_{2}$
0,826	$+0{,}34114_{82}$	$\pm 0{,}09393_{34}$	$-0{,}11238_{13}$	$\mp 0{,}09283_{22}$	$+0{,}02877_{5}$	$\pm 0{,}05708_{4}$	$-0{,}004598_{2}$
0,827	$+0{,}34196_{83}$	$\pm 0{,}09427_{34}$	$-0{,}11251_{13}$	$\mp 0{,}09305_{22}$	$+0{,}02872_{6}$	$\pm 0{,}05712_{4}$	$-0{,}004596_{2}$
0,828	$+0{,}34279_{83}$	$\pm 0{,}09461_{34}$	$-0{,}11264_{13}$	$\mp 0{,}09327_{22}$	$+0{,}02866_{6}$	$\pm 0{,}05716_{3}$	$-0{,}004594_{2}$
0,829	$+0{,}34362_{83}$	$\pm 0{,}09495_{35}$	$-0{,}11277_{13}$	$\mp 0{,}09349_{22}$	$+0{,}02860_{6}$	$\pm 0{,}05719_{4}$	$-0{,}004592_{1}$
0,830	$+0{,}34445_{83}$	$\pm 0{,}09530_{34}$	$-0{,}11290_{13}$	$\mp 0{,}09371_{22}$	$+0{,}02854_{6}$	$\pm 0{,}05723_{4}$	$-0{,}004591_{0}$
0,831	$+0{,}34528_{83}$	$\pm 0{,}09564_{34}$	$-0{,}11303_{13}$	$\mp 0{,}09393_{22}$	$+0{,}02848_{6}$	$\pm 0{,}05727_{3}$	$-0{,}004591_{1}$
0,832	$+0{,}34611_{83}$	$\pm 0{,}09598_{35}$	$-0{,}11316_{13}$	$\mp 0{,}09415_{22}$	$+0{,}02842_{6}$	$\pm 0{,}05730_{4}$	$-0{,}004592_{1}$
0,833	$+0{,}34694_{84}$	$\pm 0{,}09633_{35}$	$-0{,}11329_{13}$	$\mp 0{,}09437_{22}$	$+0{,}02836_{6}$	$\pm 0{,}05734_{3}$	$-0{,}004593_{1}$
0,834	$+0{,}34778_{83}$	$\pm 0{,}09668_{35}$	$-0{,}11341_{12}$	$\mp 0{,}09459_{22}$	$+0{,}02830_{6}$	$\pm 0{,}05737_{4}$	$-0{,}004594_{1}$
0,835	$+0{,}34861_{84}$	$\pm 0{,}09703_{35}$	$-0{,}11354_{13}$	$\mp 0{,}09481_{22}$	$+0{,}02824_{6}$	$\pm 0{,}05741_{3}$	$-0{,}004595_{2}$
0,836	$+0{,}34945_{83}$	$\pm 0{,}09738_{35}$	$-0{,}11367_{12}$	$\mp 0{,}09503_{21}$	$+0{,}02818_{6}$	$\pm 0{,}05744_{4}$	$-0{,}004597_{3}$
0,837	$+0{,}35028_{84}$	$\pm 0{,}09773_{35}$	$-0{,}11379_{13}$	$\mp 0{,}09524_{22}$	$+0{,}02812_{5}$	$\pm 0{,}05748_{3}$	$-0{,}004600_{3}$
0,838	$+0{,}35112_{84}$	$\pm 0{,}09808_{35}$	$-0{,}11392_{12}$	$\mp 0{,}09546_{22}$	$+0{,}02807_{6}$	$\pm 0{,}05751_{4}$	$-0{,}004603_{3}$
0,839	$+0{,}35196_{84}$	$\pm 0{,}09843_{35}$	$-0{,}11404_{13}$	$\mp 0{,}09568_{22}$	$+0{,}02801_{6}$	$\pm 0{,}05755_{3}$	$-0{,}004606_{4}$
0,840	$+0{,}35280_{84}$	$\pm 0{,}09878_{35}$	$-0{,}11417_{12}$	$\mp 0{,}09590_{22}$	$+0{,}02795_{6}$	$\pm 0{,}05758_{3}$	$-0{,}004610_{5}$
0,841	$+0{,}35364_{84}$	$\pm 0{,}09913_{35}$	$-0{,}11429_{12}$	$\mp 0{,}09612_{21}$	$+0{,}02789_{6}$	$\pm 0{,}05761_{4}$	$-0{,}004615_{5}$
0,842	$+0{,}35448_{84}$	$\pm 0{,}09948_{36}$	$-0{,}11441_{12}$	$\mp 0{,}09633_{22}$	$+0{,}02783_{6}$	$\pm 0{,}05765_{3}$	$-0{,}004620_{5}$
0,843	$+0{,}35532_{85}$	$\pm 0{,}09984_{36}$	$-0{,}11453_{13}$	$\mp 0{,}09655_{22}$	$+0{,}02777_{6}$	$\pm 0{,}05768_{3}$	$-0{,}004625_{6}$
0,844	$+0{,}35617_{84}$	$\pm 0{,}10020_{36}$	$-0{,}11466_{12}$	$\mp 0{,}09677_{22}$	$+0{,}02771_{6}$	$\pm 0{,}05771_{3}$	$-0{,}004631_{6}$
0,845	$+0{,}35701_{85}$	$\pm 0{,}10056_{35}$	$-0{,}11478_{12}$	$\mp 0{,}09699_{21}$	$+0{,}02765_{7}$	$\pm 0{,}05774_{4}$	$-0{,}004637_{6}$
0,846	$+0{,}35786_{84}$	$\pm 0{,}10091_{36}$	$-0{,}11490_{12}$	$\mp 0{,}09720_{22}$	$+0{,}02758_{6}$	$\pm 0{,}05778_{3}$	$-0{,}004643_{7}$
0,847	$+0{,}35870_{85}$	$\pm 0{,}10127_{36}$	$-0{,}11502_{12}$	$\mp 0{,}09742_{22}$	$+0{,}02752_{6}$	$\pm 0{,}05781_{3}$	$-0{,}004650_{7}$
0,848	$+0{,}35955_{85}$	$\pm 0{,}10163_{36}$	$-0{,}11514_{11}$	$\mp 0{,}09764_{21}$	$+0{,}02746_{6}$	$\pm 0{,}05784_{3}$	$-0{,}004657_{7}$
0,849	$+0{,}36040_{85}$	$\pm 0{,}10199_{36}$	$-0{,}11525_{12}$	$\mp 0{,}09785_{22}$	$+0{,}02740_{6}$	$\pm 0{,}05787_{3}$	$-0{,}004664_{8}$
0,850	$+0{,}36125_{85}$	$\pm 0{,}10235_{36}$	$-0{,}11537_{12}$	$\mp 0{,}09807_{21}$	$+0{,}02734_{6}$	$\pm 0{,}05790_{3}$	$-0{,}004672_{9}$

x	$P_{0,2}(\pm x)$	$P_{1,2}(\pm x)$	$P_{2,2}(\pm x)$	$P_{3,2}(\pm x)$	$P_{4,2}(\pm x)$	$P_{5,2}(\pm x)$	$P_{6,2}(\pm x)$
0,850	$+0{,}36125_{85}$	$\pm 0{,}10235_{36}$	$-0{,}11537_{12}$	$\mp 0{,}09807_{21}$	$+0{,}02734_{6}$	$\pm 0{,}05790_{3}$	$-0{,}004672_{9}$
0,851	$+0{,}36210_{85}$	$\pm 0{,}10271_{36}$	$-0{,}11549_{12}$	$\mp 0{,}09828_{22}$	$+0{,}02728_{6}$	$\pm 0{,}05793_{3}$	$-0{,}004681_{9}$
0,852	$+0{,}36295_{85}$	$\pm 0{,}10307_{36}$	$-0{,}11561_{11}$	$\mp 0{,}09850_{21}$	$+0{,}02722_{6}$	$\pm 0{,}05796_{3}$	$-0{,}004690_{9}$
0,853	$+0{,}36380_{86}$	$\pm 0{,}10343_{37}$	$-0{,}11572_{12}$	$\mp 0{,}09871_{22}$	$+0{,}02716_{6}$	$\pm 0{,}05799_{3}$	$-0{,}004699_{9}$
0,854	$+0{,}36466_{85}$	$\pm 0{,}10380_{37}$	$-0{,}11584_{12}$	$\mp 0{,}09893_{21}$	$+0{,}02710_{6}$	$\pm 0{,}05802_{3}$	$-0{,}004708_{9}$
0,855	$+0{,}36551_{86}$	$\pm 0{,}10417_{36}$	$-0{,}11596_{11}$	$\mp 0{,}09914_{22}$	$+0{,}02704_{6}$	$\pm 0{,}05804_{2}$	$-0{,}004718_{10}$
0,856	$+0{,}36637_{85}$	$\pm 0{,}10453_{37}$	$-0{,}11607_{11}$	$\mp 0{,}09936_{21}$	$+0{,}02698_{6}$	$\pm 0{,}05807_{3}$	$-0{,}004728_{10}$
0,857	$+0{,}36722_{86}$	$\pm 0{,}10490_{37}$	$-0{,}11618_{12}$	$\mp 0{,}09957_{21}$	$+0{,}02692_{6}$	$\pm 0{,}05810_{3}$	$-0{,}004739_{11}$
0,858	$+0{,}36808_{86}$	$\pm 0{,}10527_{37}$	$-0{,}11630_{11}$	$\mp 0{,}09978_{21}$	$+0{,}02686_{6}$	$\pm 0{,}05813_{3}$	$-0{,}004750_{11}$
0,859	$+0{,}36894_{86}$	$\pm 0{,}10564_{37}$	$-0{,}11641_{11}$	$\mp 0{,}10000_{22}$	$+0{,}02679_{7}$	$\pm 0{,}05816_{3}$	$-0{,}004761_{11}$
0,860	$+0{,}36980_{86}$	$\pm 0{,}10601_{37}$	$-0{,}11652_{11}$	$\mp 0{,}10021_{21}$	$+0{,}02673_{6}$	$\pm 0{,}05819_{3}$	$-0{,}004773_{12}$
0,861	$+0{,}37066_{86}$	$\pm 0{,}10638_{37}$	$-0{,}11663_{12}$	$\mp 0{,}10042_{22}$	$+0{,}02667_{6}$	$\pm 0{,}05822_{3}$	$-0{,}004786_{13}$
0,862	$+0{,}37152_{86}$	$\pm 0{,}10675_{37}$	$-0{,}11675_{12}$	$\mp 0{,}10064_{21}$	$+0{,}02661_{6}$	$\pm 0{,}05825_{2}$	$-0{,}004799_{13}$
0,863	$+0{,}37238_{87}$	$\pm 0{,}10712_{37}$	$-0{,}11686_{11}$	$\mp 0{,}10085_{21}$	$+0{,}02655_{6}$	$\pm 0{,}05827_{3}$	$-0{,}004812_{13}$
0,864	$+0{,}37325_{86}$	$\pm 0{,}10749_{38}$	$-0{,}11697_{11}$	$\mp 0{,}10106_{21}$	$+0{,}02649_{6}$	$\pm 0{,}05830_{3}$	$-0{,}004825_{14}$
0,865	$+0{,}37411_{87}$	$\pm 0{,}10787_{37}$	$-0{,}11708_{10}$	$\mp 0{,}10127_{21}$	$+0{,}02643_{6}$	$\pm 0{,}05833_{2}$	$-0{,}004839_{14}$
0,866	$+0{,}37498_{86}$	$\pm 0{,}10824_{37}$	$-0{,}11718_{11}$	$\mp 0{,}10148_{21}$	$+0{,}02637_{6}$	$\pm 0{,}05835_{3}$	$-0{,}004853_{15}$
0,867	$+0{,}37584_{87}$	$\pm 0{,}10861_{38}$	$-0{,}11729_{11}$	$\mp 0{,}10169_{21}$	$+0{,}02631_{6}$	$\pm 0{,}05838_{3}$	$-0{,}004868_{15}$
0,868	$+0{,}37671_{87}$	$\pm 0{,}10899_{38}$	$-0{,}11740_{11}$	$\mp 0{,}10190_{21}$	$+0{,}02625_{6}$	$\pm 0{,}05841_{2}$	$-0{,}004883_{15}$
0,869	$+0{,}37758_{87}$	$\pm 0{,}10937_{38}$	$-0{,}11751_{10}$	$\mp 0{,}10211_{21}$	$+0{,}02619_{6}$	$\pm 0{,}05843_{3}$	$-0{,}004898_{15}$
0,870	$+0{,}37845_{87}$	$\pm 0{,}10975_{38}$	$-0{,}11761_{11}$	$\mp 0{,}10232_{21}$	$+0{,}02613_{7}$	$\pm 0{,}05846_{2}$	$-0{,}004913_{16}$
0,871	$+0{,}37932_{87}$	$\pm 0{,}11013_{38}$	$-0{,}11772_{10}$	$\mp 0{,}10253_{21}$	$+0{,}02606_{6}$	$\pm 0{,}05848_{3}$	$-0{,}004929_{17}$
0,872	$+0{,}38019_{87}$	$\pm 0{,}11051_{38}$	$-0{,}11782_{11}$	$\mp 0{,}10274_{21}$	$+0{,}02600_{6}$	$\pm 0{,}05851_{2}$	$-0{,}004946_{17}$
0,873	$+0{,}38106_{88}$	$\pm 0{,}11089_{38}$	$-0{,}11793_{10}$	$\mp 0{,}10295_{21}$	$+0{,}02594_{6}$	$\pm 0{,}05853_{3}$	$-0{,}004963_{17}$
0,874	$+0{,}38194_{87}$	$\pm 0{,}11127_{38}$	$-0{,}11803_{10}$	$\mp 0{,}10316_{21}$	$+0{,}02588_{6}$	$\pm 0{,}05856_{2}$	$-0{,}004980_{17}$
0,875	$+0{,}38281_{88}$	$\pm 0{,}11165_{38}$	$-0{,}11813_{10}$	$\mp 0{,}10337_{20}$	$+0{,}02582_{6}$	$\pm 0{,}05858_{3}$	$-0{,}004997_{18}$
0,876	$+0{,}38369_{87}$	$\pm 0{,}11203_{38}$	$-0{,}11823_{11}$	$\mp 0{,}10357_{21}$	$+0{,}02576_{6}$	$\pm 0{,}05861_{2}$	$-0{,}005015_{18}$
0,877	$+0{,}38456_{88}$	$\pm 0{,}11241_{39}$	$-0{,}11834_{10}$	$\mp 0{,}10378_{21}$	$+0{,}02570_{6}$	$\pm 0{,}05863_{3}$	$-0{,}005033_{18}$
0,878	$+0{,}38544_{88}$	$\pm 0{,}11280_{39}$	$-0{,}11844_{10}$	$\mp 0{,}10399_{21}$	$+0{,}02564_{6}$	$\pm 0{,}05866_{2}$	$-0{,}005051_{19}$
0,879	$+0{,}38632_{88}$	$\pm 0{,}11319_{39}$	$-0{,}11854_{10}$	$\mp 0{,}10420_{20}$	$+0{,}02558_{6}$	$\pm 0{,}05868_{2}$	$-0{,}005070_{19}$
0,880	$+0{,}38720_{88}$	$\pm 0{,}11358_{39}$	$-0{,}11864_{10}$	$\mp 0{,}10440_{21}$	$+0{,}02552_{6}$	$\pm 0{,}05870_{3}$	$-0{,}005089_{20}$
0,881	$+0{,}38808_{88}$	$\pm 0{,}11397_{39}$	$-0{,}11874_{9}$	$\mp 0{,}10461_{20}$	$+0{,}02546_{6}$	$\pm 0{,}05873_{2}$	$-0{,}005109_{20}$
0,882	$+0{,}38896_{88}$	$\pm 0{,}11436_{39}$	$-0{,}11883_{10}$	$\mp 0{,}10481_{20}$	$+0{,}02540_{6}$	$\pm 0{,}05875_{2}$	$-0{,}005129_{20}$
0,883	$+0{,}38984_{89}$	$\pm 0{,}11475_{39}$	$-0{,}11893_{10}$	$\mp 0{,}10502_{20}$	$+0{,}02534_{6}$	$\pm 0{,}05877_{2}$	$-0{,}005149_{20}$
0,884	$+0{,}39073_{88}$	$\pm 0{,}11514_{39}$	$-0{,}11903_{10}$	$\mp 0{,}10522_{20}$	$+0{,}02528_{6}$	$\pm 0{,}05880_{2}$	$-0{,}005169_{20}$
0,885	$+0{,}39161_{89}$	$\pm 0{,}11553_{39}$	$-0{,}11913_{9}$	$\mp 0{,}10543_{20}$	$+0{,}02522_{6}$	$\pm 0{,}05882_{2}$	$-0{,}005190_{21}$
0,886	$+0{,}39250_{88}$	$\pm 0{,}11592_{39}$	$-0{,}11922_{9}$	$\mp 0{,}10563_{20}$	$+0{,}02516_{6}$	$\pm 0{,}05884_{3}$	$-0{,}005211_{21}$
0,887	$+0{,}39338_{89}$	$\pm 0{,}11631_{39}$	$-0{,}11931_{9}$	$\mp 0{,}10583_{20}$	$+0{,}02510_{6}$	$\pm 0{,}05887_{2}$	$-0{,}005232_{21}$
0,888	$+0{,}39427_{88}$	$\pm 0{,}11670_{39}$	$-0{,}11941_{10}$	$\mp 0{,}10604_{21}$	$+0{,}02504_{5}$	$\pm 0{,}05889_{2}$	$-0{,}005254_{22}$
0,889	$+0{,}39516_{89}$	$\pm 0{,}11709_{39}$	$-0{,}11950_{10}$	$\mp 0{,}10624_{20}$	$+0{,}02499_{5}$	$\pm 0{,}05891_{2}$	$-0{,}005276_{22}$
0,890	$+0{,}39605_{89}$	$\pm 0{,}11749_{40}$	$-0{,}11960_{9}$	$\mp 0{,}10644_{20}$	$+0{,}02493_{6}$	$\pm 0{,}05893_{3}$	$-0{,}005298_{23}$
0,891	$+0{,}39694_{89}$	$\pm 0{,}11789_{40}$	$-0{,}11969_{9}$	$\mp 0{,}10664_{20}$	$+0{,}02487_{6}$	$\pm 0{,}05896_{2}$	$-0{,}005321_{23}$
0,892	$+0{,}39783_{89}$	$\pm 0{,}11829_{40}$	$-0{,}11978_{9}$	$\mp 0{,}10684_{20}$	$+0{,}02481_{6}$	$\pm 0{,}05898_{2}$	$-0{,}005344_{23}$
0,893	$+0{,}39872_{90}$	$\pm 0{,}11869_{40}$	$-0{,}11987_{9}$	$\mp 0{,}10704_{21}$	$+0{,}02475_{6}$	$\pm 0{,}05900_{2}$	$-0{,}005367_{23}$
0,894	$+0{,}39962_{89}$	$\pm 0{,}11909_{40}$	$-0{,}11996_{9}$	$\mp 0{,}10725_{20}$	$+0{,}02469_{6}$	$\pm 0{,}05902_{2}$	$-0{,}005390_{24}$
0,895	$+0{,}40051_{90}$	$\pm 0{,}11949_{40}$	$-0{,}12005_{9}$	$\mp 0{,}10745_{19}$	$+0{,}02463_{5}$	$\pm 0{,}05904_{3}$	$-0{,}005414_{24}$
0,896	$+0{,}40141_{89}$	$\pm 0{,}11989_{40}$	$-0{,}12014_{9}$	$\mp 0{,}10764_{20}$	$+0{,}02458_{6}$	$\pm 0{,}05907_{2}$	$-0{,}005438_{24}$
0,897	$+0{,}40230_{90}$	$\pm 0{,}12029_{40}$	$-0{,}12023_{9}$	$\mp 0{,}10784_{20}$	$+0{,}02452_{6}$	$\pm 0{,}05909_{2}$	$-0{,}005462_{24}$
0,898	$+0{,}40320_{90}$	$\pm 0{,}12069_{40}$	$-0{,}12031_{8}$	$\mp 0{,}10804_{20}$	$+0{,}02446_{6}$	$\pm 0{,}05911_{2}$	$-0{,}005486_{25}$
0,899	$+0{,}40410_{90}$	$\pm 0{,}12109_{41}$	$-0{,}12040_{9}$	$\mp 0{,}10824_{20}$	$+0{,}02440_{5}$	$\pm 0{,}05913_{2}$	$-0{,}005511_{25}$
0,900	$+0{,}40500_{90}$	$\pm 0{,}12150_{40}$	$-0{,}12049_{8}$	$\mp 0{,}10844_{20}$	$+0{,}02435_{6}$	$\pm 0{,}05915_{3}$	$-0{,}005536_{25}$

x	$P_{0,2}(\pm x)$	$P_{1,2}(\pm x)$	$P_{2,2}(\pm x)$	$P_{3,2}(\pm x)$	$P_{4,2}(\pm x)$	$P_{5,2}(\pm x)$	$P_{6,2}(\pm x)$
0,900	$+0{,}40500_{90}$	$\pm0{,}12150_{40}$	$-0{,}12049_{8}$	$\mp0{,}10844_{20}$	$+0{,}02435_{6}$	$\pm0{,}05915_{3}$	$-0{,}005536_{25}$
0,901	$+0{,}40590_{90}$	$\pm0{,}12190_{41}$	$-0{,}12057_{9}$	$\mp0{,}10864_{20}$	$+0{,}02429_{6}$	$\pm0{,}05918_{3}$	$-0{,}005561_{26}$
0,902	$+0{,}40680_{90}$	$\pm0{,}12231_{41}$	$-0{,}12066_{8}$	$\mp0{,}10884_{20}$	$+0{,}02423_{5}$	$\pm0{,}05920_{2}$	$-0{,}005587_{26}$
0,903	$+0{,}40770_{91}$	$\pm0{,}12272_{41}$	$-0{,}12074_{8}$	$\mp0{,}10904_{19}$	$+0{,}02418_{6}$	$\pm0{,}05922_{2}$	$-0{,}005613_{26}$
0,904	$+0{,}40861_{90}$	$\pm0{,}12313_{41}$	$-0{,}12082_{9}$	$\mp0{,}10923_{19}$	$+0{,}02412_{6}$	$\pm0{,}05924_{2}$	$-0{,}005639_{26}$
0,905	$+0{,}40951_{91}$	$\pm0{,}12354_{41}$	$-0{,}12091_{8}$	$\mp0{,}10942_{20}$	$+0{,}02406_{5}$	$\pm0{,}05926_{2}$	$-0{,}005665_{26}$
0,906	$+0{,}41042_{90}$	$\pm0{,}12395_{41}$	$-0{,}12099_{8}$	$\mp0{,}10962_{20}$	$+0{,}02401_{6}$	$\pm0{,}05928_{3}$	$-0{,}005691_{27}$
0,907	$+0{,}41132_{91}$	$\pm0{,}12436_{41}$	$-0{,}12107_{8}$	$\mp0{,}10982_{20}$	$+0{,}02395_{5}$	$\pm0{,}05931_{2}$	$-0{,}005718_{27}$
0,908	$+0{,}41223_{91}$	$\pm0{,}12477_{41}$	$-0{,}12115_{8}$	$\mp0{,}11001_{19}$	$+0{,}02390_{6}$	$\pm0{,}05933_{2}$	$-0{,}005745_{27}$
0,909	$+0{,}41314_{91}$	$\pm0{,}12518_{41}$	$-0{,}12123_{8}$	$\mp0{,}11020_{19}$	$+0{,}02384_{5}$	$\pm0{,}05935_{2}$	$-0{,}005772_{27}$
0,910	$+0{,}41405_{91}$	$\pm0{,}12560_{41}$	$-0{,}12131_{7}$	$\mp0{,}11039_{20}$	$+0{,}02379_{6}$	$\pm0{,}05937_{2}$	$-0{,}005799_{27}$
0,911	$+0{,}41496_{91}$	$\pm0{,}12601_{41}$	$-0{,}12138_{8}$	$\mp0{,}11059_{19}$	$+0{,}02373_{5}$	$\pm0{,}05939_{2}$	$-0{,}005826_{28}$
0,912	$+0{,}41587_{91}$	$\pm0{,}12642_{42}$	$-0{,}12146_{8}$	$\mp0{,}11078_{19}$	$+0{,}02368_{6}$	$\pm0{,}05941_{2}$	$-0{,}005854_{28}$
0,913	$+0{,}41678_{92}$	$\pm0{,}12684_{42}$	$-0{,}12154_{7}$	$\mp0{,}11097_{19}$	$+0{,}02362_{5}$	$\pm0{,}05943_{3}$	$-0{,}005882_{28}$
0,914	$+0{,}41770_{91}$	$\pm0{,}12726_{42}$	$-0{,}12161_{8}$	$\mp0{,}11116_{19}$	$+0{,}02357_{5}$	$\pm0{,}05946_{2}$	$-0{,}005910_{28}$
0,915	$+0{,}41861_{92}$	$\pm0{,}12768_{42}$	$-0{,}12169_{7}$	$\mp0{,}11135_{19}$	$+0{,}02352_{6}$	$\pm0{,}05948_{2}$	$-0{,}005938_{28}$
0,916	$+0{,}41953_{91}$	$\pm0{,}12810_{42}$	$-0{,}12176_{7}$	$\mp0{,}11154_{19}$	$+0{,}02346_{5}$	$\pm0{,}05950_{2}$	$-0{,}005966_{28}$
0,917	$+0{,}42044_{92}$	$\pm0{,}12852_{42}$	$-0{,}12183_{8}$	$\mp0{,}11173_{19}$	$+0{,}02341_{5}$	$\pm0{,}05952_{2}$	$-0{,}005994_{28}$
0,918	$+0{,}42136_{92}$	$\pm0{,}12894_{42}$	$-0{,}12191_{7}$	$\mp0{,}11192_{19}$	$+0{,}02336_{5}$	$\pm0{,}05954_{3}$	$-0{,}006022_{28}$
0,919	$+0{,}42228_{92}$	$\pm0{,}12936_{42}$	$-0{,}12198_{7}$	$\mp0{,}11211_{18}$	$+0{,}02331_{6}$	$\pm0{,}05957_{2}$	$-0{,}006050_{29}$
0,920	$+0{,}42320_{92}$	$\pm0{,}12978_{42}$	$-0{,}12205_{7}$	$\mp0{,}11229_{19}$	$+0{,}02325_{5}$	$\pm0{,}05959_{2}$	$-0{,}006079_{29}$
0,921	$+0{,}42412_{92}$	$\pm0{,}13020_{42}$	$-0{,}12212_{7}$	$\mp0{,}11248_{19}$	$+0{,}02320_{5}$	$\pm0{,}05961_{2}$	$-0{,}006108_{29}$
0,922	$+0{,}42504_{92}$	$\pm0{,}13062_{43}$	$-0{,}12219_{7}$	$\mp0{,}11267_{19}$	$+0{,}02315_{5}$	$\pm0{,}05963_{3}$	$-0{,}006137_{29}$
0,923	$+0{,}42596_{93}$	$\pm0{,}13105_{43}$	$-0{,}12226_{7}$	$\mp0{,}11286_{18}$	$+0{,}02310_{5}$	$\pm0{,}05966_{2}$	$-0{,}006166_{29}$
0,924	$+0{,}42689_{92}$	$\pm0{,}13148_{43}$	$-0{,}12233_{7}$	$\mp0{,}11304_{18}$	$+0{,}02305_{5}$	$\pm0{,}05968_{2}$	$-0{,}006195_{29}$
0,925	$+0{,}42781_{93}$	$\pm0{,}13191_{43}$	$-0{,}12240_{6}$	$\mp0{,}11322_{19}$	$+0{,}02300_{5}$	$\pm0{,}05970_{2}$	$-0{,}006224_{29}$
0,926	$+0{,}42874_{92}$	$\pm0{,}13234_{43}$	$-0{,}12246_{6}$	$\mp0{,}11341_{18}$	$+0{,}02295_{5}$	$\pm0{,}05972_{3}$	$-0{,}006253_{29}$
0,927	$+0{,}42966_{93}$	$\pm0{,}13277_{43}$	$-0{,}12252_{7}$	$\mp0{,}11359_{18}$	$+0{,}02290_{5}$	$\pm0{,}05975_{2}$	$-0{,}006282_{29}$
0,928	$+0{,}43059_{93}$	$\pm0{,}13320_{43}$	$-0{,}12259_{6}$	$\mp0{,}11377_{18}$	$+0{,}02285_{5}$	$\perp0{,}05077_{2}$	$0{,}006311_{29}$
0,929	$+0{,}43152_{33}$	$\pm0{,}13363_{43}$	$-0{,}12265_{7}$	$\mp0{,}11395_{18}$	$+0{,}02280_{4}$	$\pm0{,}05979_{3}$	$-0{,}006340_{30}$
0,930	$+0{,}43245_{93}$	$\pm0{,}13406_{43}$	$-0{,}12272_{6}$	$\mp0{,}11413_{18}$	$+0{,}02276_{5}$	$\pm0{,}05982_{2}$	$-0{,}006370_{30}$
0,931	$+0{,}43338_{93}$	$\pm0{,}13449_{43}$	$-0{,}12278_{6}$	$\mp0{,}11431_{18}$	$+0{,}02271_{5}$	$\pm0{,}05984_{3}$	$-0{,}006400_{30}$
0,932	$+0{,}43431_{93}$	$\pm0{,}13492_{43}$	$-0{,}12284_{6}$	$\mp0{,}11449_{18}$	$+0{,}02266_{5}$	$\pm0{,}05987_{2}$	$-0{,}006430_{29}$
0,933	$+0{,}43524_{93}$	$\pm0{,}13535_{44}$	$-0{,}12290_{7}$	$\mp0{,}11467_{18}$	$+0{,}02261_{4}$	$\pm0{,}05989_{2}$	$-0{,}006459_{29}$
0,934	$+0{,}43618_{93}$	$\pm0{,}13579_{44}$	$-0{,}12297_{6}$	$\mp0{,}11485_{18}$	$+0{,}02257_{5}$	$\pm0{,}05991_{3}$	$-0{,}006488_{29}$
0,935	$+0{,}43711_{94}$	$\pm0{,}13623_{44}$	$-0{,}12303_{5}$	$\mp0{,}11503_{18}$	$+0{,}02252_{4}$	$\pm0{,}05994_{2}$	$-0{,}006517_{30}$
0,936	$+0{,}43805_{93}$	$\pm0{,}13667_{44}$	$-0{,}12308_{6}$	$\mp0{,}11521_{18}$	$+0{,}02248_{5}$	$\pm0{,}05996_{3}$	$-0{,}006547_{29}$
0,937	$+0{,}43898_{94}$	$\pm0{,}13711_{44}$	$-0{,}12314_{6}$	$\mp0{,}11539_{18}$	$+0{,}02243_{4}$	$\pm0{,}05999_{2}$	$-0{,}006576_{29}$
0,938	$+0{,}43992_{94}$	$\pm0{,}13755_{44}$	$-0{,}12320_{5}$	$\mp0{,}11557_{17}$	$+0{,}02239_{5}$	$\pm0{,}06001_{3}$	$-0{,}006605_{29}$
0,939	$+0{,}44086_{94}$	$\pm0{,}13799_{44}$	$-0{,}12325_{6}$	$\mp0{,}11574_{17}$	$+0{,}02234_{4}$	$\pm0{,}06004_{2}$	$-0{,}006634_{29}$
0,940	$+0{,}44180_{94}$	$\pm0{,}13843_{44}$	$-0{,}12331_{5}$	$\mp0{,}11591_{18}$	$+0{,}02230_{5}$	$\pm0{,}06006_{3}$	$-0{,}006663_{29}$
0,941	$+0{,}44274_{94}$	$\pm0{,}13887_{44}$	$-0{,}12336_{5}$	$\mp0{,}11609_{17}$	$+0{,}02225_{4}$	$\pm0{,}06009_{3}$	$-0{,}006692_{29}$
0,942	$+0{,}44368_{94}$	$\pm0{,}13931_{44}$	$-0{,}12341_{5}$	$\mp0{,}11626_{17}$	$+0{,}02221_{4}$	$\pm0{,}06012_{2}$	$-0{,}006721_{29}$
0,943	$+0{,}44462_{95}$	$\pm0{,}13975_{45}$	$-0{,}12346_{6}$	$\mp0{,}11643_{17}$	$+0{,}02217_{4}$	$\pm0{,}06014_{3}$	$-0{,}006750_{29}$
0,944	$+0{,}44557_{94}$	$\pm0{,}14020_{45}$	$-0{,}12352_{5}$	$\mp0{,}11660_{17}$	$+0{,}02213_{5}$	$\pm0{,}06017_{3}$	$-0{,}006779_{29}$
0,945	$+0{,}44651_{95}$	$\pm0{,}14065_{45}$	$-0{,}12357_{5}$	$\mp0{,}11677_{17}$	$+0{,}02208_{4}$	$\pm0{,}06020_{3}$	$-0{,}006808_{28}$
0,946	$+0{,}44746_{94}$	$\pm0{,}14110_{45}$	$-0{,}12362_{5}$	$\mp0{,}11694_{17}$	$+0{,}02204_{3}$	$\pm0{,}06023_{2}$	$-0{,}006836_{28}$
0,947	$+0{,}44840_{95}$	$\pm0{,}14155_{45}$	$-0{,}12367_{5}$	$\mp0{,}11711_{17}$	$+0{,}02201_{3}$	$\pm0{,}06025_{3}$	$-0{,}006864_{28}$
0,948	$+0{,}44935_{95}$	$\pm0{,}14200_{45}$	$-0{,}12372_{6}$	$\mp0{,}11728_{17}$	$+0{,}02197_{4}$	$\pm0{,}06028_{3}$	$-0{,}006892_{28}$
0,949	$+0{,}45030_{95}$	$\pm0{,}14245_{45}$	$-0{,}12376_{5}$	$\mp0{,}11745_{17}$	$+0{,}02193_{4}$	$\pm0{,}06031_{3}$	$-0{,}006920_{28}$
0,950	$+0{,}45125_{95}$	$\pm0{,}14290_{45}$	$-0{,}12381_{5}$	$\mp0{,}11762_{17}$	$+0{,}02189_{4}$	$\pm0{,}06034_{3}$	$-0{,}006948_{28}$

x	$P_{0,2}(\pm x)$	$P_{1,2}(\pm x)$	$P_{2,2}(\pm x)$	$P_{3,2}(\pm x)$	$P_{4,2}(\pm x)$	$P_{5,2}(\pm x)$	$P_{6,2}(\pm x)$
0,950	$+0{,}45125_{95}$	$\pm0{,}14290_{45}$	$-0{,}12381_{5}$	$\mp0{,}11762_{17}$	$+0{,}02189_{4}$	$\pm0{,}06034_{3}$	$-0{,}006948_{28}$
0,951	$+0{,}45220_{95}$	$\pm0{,}14335_{45}$	$-0{,}12386_{4}$	$\mp0{,}11779_{17}$	$+0{,}02185_{4}$	$\pm0{,}06037_{3}$	$-0{,}006976_{28}$
0,952	$+0{,}45315_{95}$	$\pm0{,}14380_{45}$	$-0{,}12390_{4}$	$\mp0{,}11796_{17}$	$+0{,}02181_{4}$	$\pm0{,}06040_{3}$	$-0{,}007004_{27}$
0,953	$+0{,}45410_{96}$	$\pm0{,}14425_{45}$	$-0{,}12394_{5}$	$\mp0{,}11813_{16}$	$+0{,}02177_{3}$	$\pm0{,}06043_{3}$	$-0{,}007031_{27}$
0,954	$+0{,}45506_{95}$	$\pm0{,}14470_{46}$	$-0{,}12399_{4}$	$\mp0{,}11829_{16}$	$+0{,}02174_{4}$	$\pm0{,}06046_{3}$	$-0{,}007058_{27}$
0,955	$+0{,}45601_{96}$	$\pm0{,}14516_{46}$	$-0{,}12403_{4}$	$\mp0{,}11845_{17}$	$+0{,}02170_{3}$	$\pm0{,}06049_{3}$	$-0{,}007085_{27}$
0,956	$+0{,}45697_{95}$	$\pm0{,}14562_{46}$	$-0{,}12407_{4}$	$\mp0{,}11862_{16}$	$+0{,}02167_{4}$	$\pm0{,}06052_{3}$	$-0{,}007112_{26}$
0,957	$+0{,}45792_{96}$	$\pm0{,}14608_{46}$	$-0{,}12411_{4}$	$\mp0{,}11878_{16}$	$+0{,}02163_{3}$	$\pm0{,}06055_{4}$	$-0{,}007138_{26}$
0,958	$+0{,}45888_{96}$	$\pm0{,}14654_{46}$	$-0{,}12415_{4}$	$\mp0{,}11894_{16}$	$+0{,}02160_{4}$	$\pm0{,}06059_{3}$	$-0{,}007164_{26}$
0,959	$+0{,}45984_{96}$	$\pm0{,}14700_{46}$	$-0{,}12419_{4}$	$\mp0{,}11910_{16}$	$+0{,}02156_{3}$	$\pm0{,}06062_{3}$	$-0{,}007190_{25}$
0,960	$+0{,}46080_{96}$	$\pm0{,}14746_{46}$	$-0{,}12423_{4}$	$\mp0{,}11926_{16}$	$+0{,}02153_{3}$	$\pm0{,}06065_{4}$	$-0{,}007215_{25}$
0,961	$+0{,}46176_{96}$	$\pm0{,}14792_{46}$	$-0{,}12427_{3}$	$\mp0{,}11942_{16}$	$+0{,}02150_{3}$	$\pm0{,}06069_{3}$	$-0{,}007240_{25}$
0,962	$+0{,}46272_{96}$	$\pm0{,}14838_{46}$	$-0{,}12430_{4}$	$\mp0{,}11958_{16}$	$+0{,}02147_{3}$	$\pm0{,}06072_{3}$	$-0{,}007265_{25}$
0,963	$+0{,}46368_{97}$	$\pm0{,}14884_{46}$	$-0{,}12434_{3}$	$\mp0{,}11974_{16}$	$+0{,}02144_{3}$	$\pm0{,}06075_{3}$	$-0{,}007290_{24}$
0,964	$+0{,}46465_{96}$	$\pm0{,}14930_{47}$	$-0{,}12437_{4}$	$\mp0{,}11990_{15}$	$+0{,}02141_{3}$	$\pm0{,}06079_{4}$	$-0{,}007314_{24}$
0,965	$+0{,}46561_{97}$	$\pm0{,}14977_{46}$	$-0{,}12441_{3}$	$\mp0{,}12005_{16}$	$+0{,}02138_{3}$	$\pm0{,}06082_{4}$	$-0{,}007338_{23}$
0,966	$+0{,}46658_{96}$	$\pm0{,}15023_{47}$	$-0{,}12444_{3}$	$\mp0{,}12021_{16}$	$+0{,}02135_{3}$	$\pm0{,}06086_{4}$	$-0{,}007361_{23}$
0,967	$+0{,}46754_{97}$	$\pm0{,}15070_{47}$	$-0{,}12447_{3}$	$\mp0{,}12037_{16}$	$+0{,}02132_{3}$	$\pm0{,}06090_{4}$	$-0{,}007384_{22}$
0,968	$+0{,}46851_{97}$	$\pm0{,}15117_{47}$	$-0{,}12450_{3}$	$\mp0{,}12053_{15}$	$+0{,}02129_{2}$	$\pm0{,}06094_{3}$	$-0{,}007406_{22}$
0,969	$+0{,}46948_{97}$	$\pm0{,}15164_{47}$	$-0{,}12453_{3}$	$\mp0{,}12068_{15}$	$+0{,}02127_{3}$	$\pm0{,}06097_{4}$	$-0{,}007428_{22}$
0,970	$+0{,}47045_{97}$	$\pm0{,}15211_{47}$	$-0{,}12456_{3}$	$\mp0{,}12083_{15}$	$+0{,}02124_{2}$	$\pm0{,}06101_{4}$	$-0{,}007450_{21}$
0,971	$+0{,}47142_{97}$	$\pm0{,}15258_{47}$	$-0{,}12459_{3}$	$\mp0{,}12098_{15}$	$+0{,}02122_{3}$	$\pm0{,}06105_{4}$	$-0{,}007471_{21}$
0,972	$+0{,}47239_{97}$	$\pm0{,}15305_{47}$	$-0{,}12462_{2}$	$\mp0{,}12113_{15}$	$+0{,}02119_{2}$	$\pm0{,}06109_{4}$	$-0{,}007492_{20}$
0,973	$+0{,}47336_{98}$	$\pm0{,}15352_{48}$	$-0{,}12464_{3}$	$\mp0{,}12128_{15}$	$+0{,}02117_{3}$	$\pm0{,}06113_{4}$	$-0{,}007512_{20}$
0,974	$+0{,}47434_{97}$	$\pm0{,}15400_{48}$	$-0{,}12467_{3}$	$\mp0{,}12143_{15}$	$+0{,}02114_{2}$	$\pm0{,}06117_{4}$	$-0{,}007532_{19}$
0,975	$+0{,}47531_{98}$	$\pm0{,}15448_{47}$	$-0{,}12470_{2}$	$\mp0{,}12158_{15}$	$+0{,}02112_{2}$	$\pm0{,}06121_{5}$	$-0{,}007551_{18}$
0,976	$+0{,}47629_{97}$	$\pm0{,}15495_{48}$	$-0{,}12472_{2}$	$\mp0{,}12173_{15}$	$+0{,}02110_{2}$	$\pm0{,}06126_{4}$	$-0{,}007569_{18}$
0,977	$+0{,}47726_{98}$	$\pm0{,}15543_{48}$	$-0{,}12474_{2}$	$\mp0{,}12188_{15}$	$+0{,}02108_{2}$	$\pm0{,}06130_{4}$	$-0{,}007587_{17}$
0,978	$+0{,}47824_{98}$	$\pm0{,}15591_{48}$	$-0{,}12476_{2}$	$\mp0{,}12203_{14}$	$+0{,}02106_{2}$	$\pm0{,}06134_{5}$	$-0{,}007604_{17}$
0,979	$+0{,}47922_{98}$	$\pm0{,}15639_{48}$	$-0{,}12478_{2}$	$\mp0{,}12217_{14}$	$+0{,}02104_{2}$	$\pm0{,}06139_{4}$	$-0{,}007621_{16}$
0,980	$+0{,}48020_{98}$	$\pm0{,}15687_{48}$	$-0{,}12480_{2}$	$\mp0{,}12231_{14}$	$+0{,}02102_{2}$	$\pm0{,}06143_{5}$	$-0{,}007637_{16}$
0,981	$+0{,}48118_{98}$	$\pm0{,}15735_{48}$	$-0{,}12482_{2}$	$\mp0{,}12245_{14}$	$+0{,}02100_{1}$	$\pm0{,}06148_{5}$	$-0{,}007653_{15}$
0,982	$+0{,}48216_{98}$	$\pm0{,}15783_{48}$	$-0{,}12484_{2}$	$\mp0{,}12259_{14}$	$+0{,}02099_{2}$	$\pm0{,}06153_{4}$	$-0{,}007668_{15}$
0,983	$+0{,}48314_{99}$	$\pm0{,}15831_{48}$	$-0{,}12486_{1}$	$\mp0{,}12273_{14}$	$+0{,}02097_{1}$	$\pm0{,}06157_{5}$	$-0{,}007683_{14}$
0,984	$+0{,}48413_{98}$	$\pm0{,}15879_{49}$	$-0{,}12487_{2}$	$\mp0{,}12287_{14}$	$+0{,}02096_{2}$	$\pm0{,}06162_{5}$	$-0{,}007697_{13}$
0,985	$+0{,}48511_{99}$	$\pm0{,}15928_{48}$	$-0{,}12489_{1}$	$\mp0{,}12301_{14}$	$+0{,}02094_{1}$	$\pm0{,}06167_{5}$	$-0{,}007710_{12}$
0,986	$+0{,}48610_{98}$	$\pm0{,}15976_{49}$	$-0{,}12490_{1}$	$\mp0{,}12315_{14}$	$+0{,}02093_{1}$	$\pm0{,}06172_{5}$	$-0{,}007722_{12}$
0,987	$+0{,}48708_{99}$	$\pm0{,}16025_{49}$	$-0{,}12491_{2}$	$\mp0{,}12329_{14}$	$+0{,}02092_{1}$	$\pm0{,}06177_{5}$	$-0{,}007734_{11}$
0,988	$+0{,}48807_{99}$	$\pm0{,}16074_{49}$	$-0{,}12493_{2}$	$\mp0{,}12343_{14}$	$+0{,}02091_{2}$	$\pm0{,}06182_{5}$	$-0{,}007745_{10}$
0,989	$+0{,}48906_{99}$	$\pm0{,}16123_{49}$	$-0{,}12494_{1}$	$\mp0{,}12357_{13}$	$+0{,}02089_{1}$	$\pm0{,}06187_{5}$	$-0{,}007755_{9}$
0,990	$+0{,}49005_{99}$	$\pm0{,}16172_{49}$	$-0{,}12495_{1}$	$\mp0{,}12370_{14}$	$+0{,}02088_{1}$	$\pm0{,}06192_{6}$	$-0{,}007764_{8}$
0,991	$+0{,}49104_{99}$	$\pm0{,}16221_{49}$	$-0{,}12496_{1}$	$\mp0{,}12384_{13}$	$+0{,}02087_{0}$	$\pm0{,}06198_{5}$	$-0{,}007772_{7}$
0,992	$+0{,}49203_{99}$	$\pm0{,}16270_{49}$	$-0{,}12497_{0}$	$\mp0{,}12397_{13}$	$+0{,}02087_{1}$	$\pm0{,}06203_{6}$	$-0{,}007779_{6}$
0,993	$+0{,}49302_{100}$	$\pm0{,}16319_{49}$	$-0{,}12497_{1}$	$\mp0{,}12410_{13}$	$+0{,}02086_{1}$	$\pm0{,}06209_{6}$	$-0{,}007785_{5}$
0,994	$+0{,}49402_{99}$	$\pm0{,}16368_{50}$	$-0{,}12498_{1}$	$\mp0{,}12423_{13}$	$+0{,}02085_{0}$	$\pm0{,}06215_{5}$	$-0{,}007780_{4}$
0,995	$+0{,}49501_{100}$	$\pm0{,}16418_{49}$	$-0{,}12499_{0}$	$\mp0{,}12436_{13}$	$+0{,}02085_{1}$	$\pm0{,}06220_{6}$	$-0{,}007794_{4}$
0,996	$+0{,}49601_{99}$	$\pm0{,}16467_{50}$	$-0{,}12499_{0}$	$\mp0{,}12449_{13}$	$+0{,}02084_{0}$	$\pm0{,}06226_{6}$	$-0{,}007798_{4}$
0,997	$+0{,}49700_{100}$	$\pm0{,}16517_{50}$	$-0{,}12499_{1}$	$\mp0{,}12462_{13}$	$+0{,}02084_{0}$	$\pm0{,}06232_{6}$	$-0{,}007802_{4}$
0,998	$+0{,}49800_{100}$	$\pm0{,}16567_{50}$	$-0{,}12500_{0}$	$\mp0{,}12475_{13}$	$+0{,}02084_{0}$	$\pm0{,}06238_{6}$	$-0{,}007806_{4}$
0 999	$+0{,}49900_{100}$	$\pm0{,}16617_{50}$	$-0{,}12500_{0}$	$\mp0{,}12488_{12}$	$+0{,}02084_{1}$	$\pm0{,}06244_{6}$	$-0{,}007810_{3}$
1,000	$+0{,}50000$	$\pm0{,}16667$	$-0{,}12500$	$\mp0{,}12500$	$+0{,}02083$	$\pm0{,}06250$	$-0{,}007813$